中国高等植物

·修订版·

HIGHER PLANTS OF CHINA
· Revised Edition ·

主 编
EDITORS-IN-CHIEF

傅立国　陈潭清　郎楷永　洪　涛　林　祁　李　勇
FU LIKUO, CHEN TANQING, LANG KAIYUNG, HONG TAO, LIN QI AND LI YONG

第十二卷

VOLUME

12

编 辑
EDITORS

林 祁　傅立国
LIN QI AND FU LIKUO

青岛出版社
QINGDAO PUBLISHING HOUSE

中国高等植物（修订版）

主编单位	中国科学院植物研究所				
	深圳仙湖植物园				
主　编	傅立国	陈潭清	郎楷永	洪　涛	林　祁	李　勇
副主编	傅德志	李沛琼	覃海宁	张宪春	张明理	贾　渝
	杨亲二	李　楠				
编　委	(按姓氏笔画排列)	王文采	王印政	包伯坚	石　铸
	朱格麟	吉占和	向巧萍	邢公侠	林　祁	林尤兴
	陈心启	陈艺林	陈书坤	陈守良	陈伟球	陈潭清
	应俊生	李沛琼	李秉滔	李　楠	李　勇	李锡文
	吴珍兰	吴德邻	吴鹏程	何廷农	谷粹芝	张永田
	张宏达	张宪春	张明理	陆玲娣	杨汉碧	杨亲二
	郎楷永	胡启明	罗献瑞	洪　涛	洪德元	高继民
	梁松筠	贾　渝	黄普华	覃海宁	傅立国	傅德志
	鲁德全	潘开玉	黎兴江			
责任编辑	高继民	张　潇				

中国高等植物（修订版）第十二卷

编　辑	林　祁	傅立国				
编著者	梁松筠	陈守良	李　恒	戴伦凯	赵奇僧	吴珍兰
	刘　亮	洪德元	孙　坤	潘开玉	李沛琼	张树仁
	吴国芳	陈文莉	钱士心	陈三阳	裴盛基	马炜梁
	林　祁	金岳杏	盛国英	庄体德	邹惠渝	汤徽杉
	傅晓平	向巧萍	王忠涛	王勇进	陈家宽	
责任编辑	高继民	张　潇				

HIGHER PLANTS OF CHINA REVISED EDITION

Principal Responsible Institutions

Institute of Botany, Chinese Academy of Sciences

Shenzhen Fairy Lake Botanical Garden

Editors-in-Chief   Fu Likuo, Chen Tanqing, Lang Kaiyung, Hong Tao, Lin Qi and Li Yong

Vice Editors-in-Chief   Fu Dezhi, Li Peichun, Qin Haining, Zhang Xianchun, Zhang Mingli, Jia Yu, Yang Qiner and Li Nan

Editorial Board (alphabetically arranged)   Bao Bojian, Chang Hungta, Chang Yongtian, Chen Shouling, Chen Shukun, Chen Singchi, Chen Tanqing, Chen Weichiu, Chen Yiling, Chu Gelin, Fu Dezhi, Fu Likuo, Gao Jimin, He Tingnung, Hong Deyuang, Hong Tao, Hu Chiming, Huang Puhwa, Jia Yu, Ku Tsuechih, Lang Kaiyung, Lee Shinchiang, Li Hsiwen, Li Nan, Li Peichun, Li Pingtao, Li Yong, Liang Songjun, Lin Qi, Lin Youxing, Lo Hsienshui, Lu Dequan, Lu Lingti, Pan Kaiyu, Qin Haining, Shih Chu, Shing Kunghsia, Tsi Zhanhuo, Wang Wentsai, Wang Yingzheng, Wu Pancheng, Wu Telin, Wu Zhenlan, Xiang Qiaoping, Yang Hanpi, Yang Qiner, Ying Tsunshen, Zhang Mingli and Zhang Xianchun

Responsible Editors   Gao Jimin and Zhang Xiao

HIGHER PLANTS OF CHINA   REVISED EDITION   Volume 12

Editors   Lin Qi and Fu Likuo

Authors   Chao Chison, Chen Jiakuan, Chen Sanyang, Chen Shouliang, ChenWenli,Dai Lunkai, Fu Xiaoping, Hong Deyuan, Jin Yuexing, Li Heng, Li Peichun, Liang Songjun, Lin Qi, Liu Liang, Ma Weiliang, Pan Kaiyu, Pei Shengji, Qian Shixin, Sheng Guoying, Sun Kun, Tang Jingshan, Wang Yongjin, Wang Zhongtao, Wu Kuofang, Wu Zhenlan,XiangQiaoping, Zhang Shuren, Zhuang Tide and Zou Huiyu

Responsible Editors   Gao Jimin and Zhang Xiao

第 十 二 卷　被子植物门
Volume 12 ANGIOSPERMAE

科　次

216. 花蔺科 BUTOMACEAE

（孙　坤）

多年生水生草本，丛生。根茎粗壮，匍匐，节生多数须根。叶基生，三棱状条形，无柄，基部鞘状。花葶长，直立；顶生伞形花序，花序基部具 3 苞片。花两性；具花梗；花被片 6，整齐，分离，2 轮，外轮 3 枚萼片状，绿色，近革质，宿存，内轮 3 枚花瓣状，粉红色，膜质；雄蕊 9，花丝分离，扁平，基部较宽，花药底着，2 室，纵裂；心皮 6，基部联合，子房上位，1 室，胚珠多数，着生心皮内壁，柱头纵折状外曲。蓇葖果，沿腹缝开裂，顶端具长喙。种子多数，细小，具沟纹；胚直立，无内胚乳。

单型科，1 属 1 种。分布于欧亚大陆温带地区。我国有分布。

花蔺属　Butomus Linn.

属的形态特征及分布同科。

1 种，我国有分布。

花蔺

图　1

Butomus umbellatus Linn. Sp. Pl. 372. 1753.

多年生水生草本，丛生。根茎横走或斜生，节生多数须根。叶基生，上部伸出水面，三棱状条形，长 0.3-1.2 米，宽 0.3-1 厘米，先端渐尖，基部鞘状，鞘缘膜质。花葶圆柱形，长 0.7-1.5 米。伞形花序顶生，具多花；苞片 3，卵形，长约 2 厘米，先端渐尖。花两性；花梗长 4-10 厘米；花径 1.5-2.5 厘米；花被片 6，宿存，外轮花被片较小，萼片状，绿色，稍带红色，内轮的较大，花瓣状，粉红色；雄蕊 9，花丝扁，基部稍宽；心皮 6，1 轮，基部联合成环，胚珠多数，柱头纵折状，外曲。蓇葖果沿腹缝开裂，顶端具长喙。种子多数，细小，具沟纹。花果期 7-9 月。

产黑龙江、吉林、辽宁、内蒙古、河北、山东、山西、河南、陕西、新疆、江苏及安徽，生于湖泊、水塘、沟渠浅水中或沼泽地。亚洲及欧洲温带地区有分布。

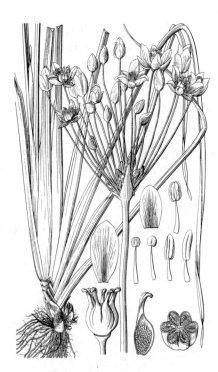

图 1　花蔺　（引自《图鉴》）

217. 黄花蔺科 LIMNOCHARITACEAE
（孙　坤）

　　一年生或多年生沼生或水生草本，具乳汁管。根茎匍匐。叶基生，沉水叶线形，浮水叶具叶片和叶柄，叶片披针形、卵形或心形，叶脉弧形，次级横脉斜伸；叶柄基部鞘状。花葶直立；顶生伞形花序或单花顶生，具苞片。花两性，辐射对称；花被片6，2轮，外轮3枚草质，萼片状，宿存，具乳汁管，内轮3枚质薄，花瓣状，白或黄色，早萎；雄蕊6-9或多数，花丝分离，扁平或基部稍宽，花药底着；心皮3-6或多数，1轮，稀2轮，分离或基部合生，子房上位，1室，胚珠多数，花柱短或几无，柱头稍外弯。蓇葖果，腹缝开裂。种子多数，细小，马蹄形，无胚乳，胚马蹄形。

　　4属，约8种，分布于热带至暖温带。我国2属2种。

1. 叶椭圆状披针形或椭圆形；内轮花被片白色，雄蕊通常9，无退化雄蕊，心皮4-9 ⋯⋯⋯ 1. 拟花蔺属 Butomopsis
1. 叶卵形或近圆形；内轮花被片淡黄色，雄蕊多数，外围1轮为退化雄蕊，心皮多数 ⋯ 2. 黄花蔺属 Limnocharis

1. 拟花蔺属 Butomopsis Kunth

　　一年生半水生或沼生草本，植株有乳汁。叶基生，直立，椭圆形或椭圆状披针形，长5-15厘米，宽1-5厘米，先端锐尖，基部楔形，3-7脉；叶柄长12-16厘米，基部宽鞘状。花葶直立，高10-30厘米；花3-15朵排成顶生伞形花序；苞片3，佛焰苞状，长1-1.3厘米，膜质。花梗长5-12厘米，基部具1枚膜质小苞片；花被片6，2轮，外轮3枚，萼片状，宽椭圆形，长5-6毫米，先端圆或微凹，边缘干膜质，宿存，内轮花被片白色，长6-7毫米，花瓣状，早萎；雄蕊通常9，均可育，花丝扁，长1.5-3厘米，基部稍宽，花药窄，长1-1.5毫米；心皮4-9，1轮，子房圆柱形，长约5毫米，柱头黄色，外弯，胚珠多数，散生于网状分枝的侧膜胎座。蓇葖果，腹缝开裂。种子小，钩状弯曲；胚马蹄形。

　　单种属。

拟花蔺

图　2

Butomopsis latifolia (D. Don) Kunth, Enum. Pl. 3: 165. 1841.

Butomus latifolia D. Don, Prodr. Fl. Nepal. 22. 1825.

Tenagocharis latifolia (D. Don) Buch.; 中国高等植物图鉴 5: 21. 1976.

　　形态特征同属。

　　产云南南部，生于沼泽中。澳大利亚、印度、非洲北部有分布。

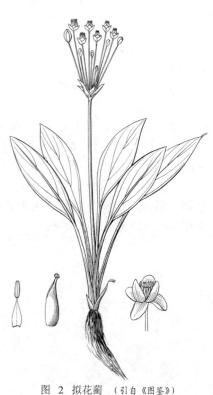

图　2　拟花蔺　（引自《图鉴》）

2. 黄花蔺属 Limnocharis Humb. et Bonpl.

水生草本。叶基生，挺出水面；叶卵形或近圆形，幼时拳卷，先端圆或微凹，基部楔形、钝圆或浅心形；叶柄粗长，三棱柱形。花葶直立；伞形花序顶生，花 2-15，具苞片。花两性；花被片 6，外轮花被片 3，萼片状，宿存，抱果，内轮花被片 3，花瓣状，淡黄色，基部色较深，宽卵形或圆形，质薄，易脱落；雄蕊多数，外围 1 轮为退化雄蕊，花丝扁平，花药 2 室，侧面纵裂；心皮多数，1 轮，分离，两侧扁，无花柱，外向柱头线形。蓇葖果环形，聚集成头状，背壁厚，为宿存萼片状花被所包。种子小，多数，褐或暗褐色，马蹄形，种皮脆壳质，具多数横肋；胚马蹄形。

单种属。

黄花蔺　　　　　　　　　　　　　　　图 3

Limnocharis flava (Linn.) Buch. in Abh. Naturwiss Vereine Bremen 2: 2. 1868.

Alisma flava Linn. Sp. Pl. 343. 1753.

形态特征同属。花期 3-4 月。

产广东沿海岛屿、香港及云南南部，常成片生于海拔 600-700 米沼泽地或浅水中。缅甸南部、泰国、斯里兰卡、马来西亚、印度尼西亚、亚南巴斯群岛、加里曼丹岛及美洲热带有分布。

图 3　黄花蔺　（吴锡麟绘）

218. 泽泻科 ALISMATACEAE
（孙　坤　陈家宽）

多年生、稀一年生沼生或水生草本；具乳汁或无。有根茎、匍匐茎、球茎或珠芽。叶基生，直立，挺水、浮水或沉水；叶线形、条形、披针形、卵形、椭圆形、心形或箭形，全缘，叶脉平行；叶柄长短随水位深浅有变异，基部具鞘，边缘膜质或否。花序总状、圆锥状或成圆锥状聚伞花序，稀 1-3 花单生或簇生。花两性、单性或杂性，辐射对称；花被片 6，2 轮，覆瓦状，外轮萼片状，宿存，内轮花瓣状，易枯萎，凋落；雄蕊 6 或多数，花药 2 室，外向，纵裂，花丝分离，向下渐宽，或上下等宽；心皮多数，轮生，或螺旋状排列，分离，化柱宿存，胚珠通常 1，有时数枚，着生子房基部。瘦果两侧扁，或为小坚果，多少胀圆。种子弯曲，褐、深紫或紫色；胚马蹄形，无胚乳。

　　11 属，约 100 种，主产北温带至热带地区、大洋洲及非洲有分布。我国 4 属 20 种、1 亚种、1 变种、1 变型。

1. 非大型圆锥状花序，最下方 1-2 轮具分枝；心皮螺旋状排列。
　　3. 花序具花 1 至多轮，每轮通常 3 花；花单性或两性；果喙长约 1 毫米 ……………… 1. **慈姑属 Sagittaria**
　　3. 花序有 1-3 花；花两性；果喙长约 5 毫米 ………………………… 2. **毛茛泽泻属 Ranalisma**
1. 大型圆锥状聚伞或复伞形花序，分枝达上部；心皮轮生。
　　2. 果不扁平，背部无沟，具脊，成熟时簇生扁平花托上 ………………… 3. **泽苔草属 Caldesia**
　　2. 果两侧扁，背部具沟，成熟时排成规则的环形或三角形 ……………… 4. **泽泻属 Alisma**

1. 慈姑属 Sagittaria Linn.

　　多年生，稀一年生沼生或水生草本。具根茎、匍匐茎、球茎或珠芽。叶基生；叶线形、披针形、卵形、心形或箭形；具鞘，有柄或无柄。挺水、浮水或沉水。花序总状或圆锥状，具 1 至多轮花，最下方一轮分枝，每轮（1-）3 花，基部具 3 枚离生或基部合生的苞片；花单性或两性，通常花序下部为雌花或两性花，上部为雄花。花梗直立或斜伸，雌花梗花后常增粗，有时下弯；花被片通常 6，雌、雄花的花被片相似，外轮 3 枚绿色，萼片状，反折或紧贴，内轮 3 枚花瓣状，白色，稀粉红色，稀基部具紫色斑点；雄蕊 6 至多数，花丝线形、钻形或膨大，花药黄色，稀紫色，底着；心皮多数，离生，1 室，密集于球形花托上，胚珠 1。瘦果两侧扁，具喙，长约 1 毫米，背部具翅。种子马蹄形。染色体基数 x=11。

　　约 30 种，广布世界各地，北温带地区种类较多。我国 9 种 1 亚种 2 变种 1 变型。

　　重要水生经济植物，有的种类球茎作蔬菜，有的全草入药或供观赏。

1. 宿存萼片花后紧贴果实；果柄增粗，下弯或向下叉开。
　　2. 叶浮水或沉水，浮水叶心状卵形，沉水叶带形或披针形；花杂性；瘦果具翅，翅缘鸡冠状齿裂 ……………
　　　　……………………………………… 1. **冠果草 S. guyanensis** subsp. **lappula**
　　2. 叶挺水，叶箭形；花单性；瘦果背翅极窄，腹翅不明显 ……………… 2. **利川慈姑 S. lichuanensis**
1. 宿存萼片花后反折；果柄不增粗，向上伸展。
　　3. 果喙顶生，直立。
　　　　4. 浮叶草本；成年植株叶披针形、线形、心形或箭形，箭形叶基部裂片短于顶端裂片 ……………
　　　　……………………………………………………………… 3. **浮叶慈姑 S. natans**
　　　　4. 挺水草本；成年植株全为箭形叶，基部裂片长于顶端裂片或近等长。
　　　　　　5. 野生；球茎长 2-3 厘米或更小；叶较窄，顶端裂片与基部裂片间不缢缩；花序分枝少；雌花通常 1-3 轮。
　　　　　　　　6. 花药黄色；叶基部裂片长于顶端裂片 ……………………… 4. **野慈姑 S. trifolia**
　　　　　　　　6. 花药紫色；叶基部裂片与顶端裂片近等长 …………… 4(附). **欧洲慈姑 S. sagitifolia**
　　　　　　5. 栽培；球茎长 5-10 厘米；叶较宽，顶端裂片与基部裂片间通常缢缩；花序分枝多；雌花 5-8 轮 ……
　　　　　　　　……………………………………………… 4(附). **慈姑 S. trifolia** var. **sinensis**
　　3. 果喙侧生。
　　　　7. 瘦果背翅全缘或波状；叶鞘内具珠芽；叶非带形，有叶片与叶柄之分 …… 5. **小叶慈姑 S. potamogetifolia**
　　　　7. 瘦果背翅具鸡冠状齿裂；叶鞘内无珠芽；叶带形，无叶片与叶柄之分 …… 6. **矮慈姑 S. pygmaea**

1. 冠果草 图 4

Sagittaria guyanensis H. B. K. subsp. **lappula** (D. Don) Bojin in Mem. New York Bot Gard. 2:192. 1955.

Sagittaria lappula D. Don, Prodr. Fl. Nep. 22. 1825. nom. nud.

Lophotocarpus guyanensis (H. B. K.) Smith; 中国高等植物图鉴 5: 19. 1976.

多年生水生浮叶草本。叶基生, 沉水或浮水; 沉水叶无叶柄与叶片之分, 带形或披针形; 浮水叶心状卵形, 叶长 1.2-11 厘米, 先端钝圆, 基部深心形, 叶脉 11-17 条, 居中 4-8 条向叶先端伸展, 其余的沿 2 基部裂片下延; 叶柄长短因水深而异。花序总状, 挺出水面, 花 2-6 轮, 下部 1-4 轮为两性花, 上部为雄花; 苞片 3, 基部连合。两性花: 花梗下弯, 果时增粗; 萼片宽三角状卵形, 宿存, 花后紧贴果实; 花瓣白色, 基部淡黄色, 倒卵形或卵圆形; 雄蕊 6-12; 心皮多数。雄花: 花梗细, 长 2-5 厘米, 花被同两性花; 雄蕊 6 至多数, 花丝丝状, 花药椭圆形。聚合果球状; 瘦果两侧扁, 椭圆形或倒卵圆形, 长 2-3 毫米, 具短柄, 具膜质翅, 翅缘有鸡冠状齿裂, 喙通常侧生。染色体 2n=22。

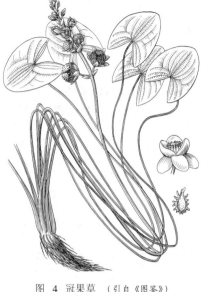

图 4 冠果草 (引自《图鉴》)

产安徽、浙江、台湾、福建、江西、湖南、广东、香港、海南、广西、贵州及云南, 生于湖沼、池塘、水沟浅水处和水田等静水或缓流水体中。亚洲热带地区、尼泊尔、印度和热带非洲有分布。

2. 利川慈姑 图 5

Sagittaria lichuanensis J. K. Chen et al. in Bull. Bot. Res. (Harbin) 4 (2): 129. 1984.

多年生沼生草本。叶基生, 挺水, 直立; 叶箭形, 顶端裂片长 4.5-8 厘米, 宽 2-9 厘米, 7-9 脉, 基部裂片长为顶端裂片 1-1.5 倍, 5-7 脉, 先端和末端均渐尖或尖; 叶柄长 26-28 厘米, 基部具鞘, 鞘内具珠芽, 珠芽褐色, 倒卵形, 长 0.5-1.5 厘米, 径 3-8 毫米。花序圆锥状, 长 15-20 厘米, 花数轮, 每轮 3 花; 总花梗长 32-60 厘米; 苞片 3, 分离或基部合生; 花单性, 下部为雌花, 少数, 上部均为雄花。雌花: 花梗粗; 萼片卵形, 长约 7 毫米, 宿存, 花后紧贴果实, 包至顶部; 花瓣白色, 与萼片等长或稍短; 心皮多数, 花柱侧生。雄花: 萼片、花瓣与雌花相同; 雄蕊 15-18, 花丝长 1-1.2 毫米, 花药黄色, 长约 2 毫米。瘦果小, 喙侧生,

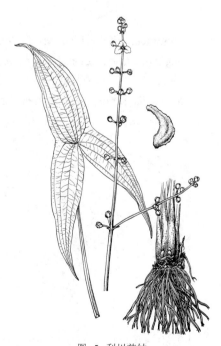

图 5 利川慈姑
(引自《中国慈姑属的系统与进化植物学的研究》)

背翅极窄，腹翅不明显。染色体2n=22。

　　产浙江、福建、江西、湖北及广东东北部，生于海拔500-1650米沼泽、沟谷浅水湿地或水田中。

3. 浮叶慈姑　　　　　　　　　　　　　　　　图 6

Sagittaria natans Pall. Reise 3: 757. 1776.

多年生或一年生水生浮叶草本。叶基生，沉水或浮水；沉水叶叶柄状；浮水叶线形，披针形、心形或箭形；箭形叶顶端裂片长4.5-12厘米，叶脉3-7，基部裂片耳状，短于顶端裂片，叶脉3；叶柄长度常因水的深浅而异。花单性，稀两性；花序总状，花2-6轮，下部1-2轮为雌花，余为雄花；花序梗长度因水深浅而异；苞片3，披针形，离生。雄花：花梗长1-2厘米；萼片卵形，长约5毫米，通常反折；花瓣白色，倒卵形，长约为萼片2倍；雄蕊多数，花丝长0.5-1毫米，花药黄色。雌花：花梗长0.5-1.2厘米；萼片及花瓣与雄花相似；心皮多数，两侧扁。瘦果两侧扁，窄倒卵圆形，喙顶生，直立。染色体2n=22。

图 6 浮叶慈姑
（引自《中国水生高等植物图说》）

　　产黑龙江、吉林、辽宁、内蒙古及新疆，生于池塘、沟渠等静水或缓流水中。俄罗斯、蒙古及欧洲有分布。

4. 野慈姑　慈姑　　　　　　　　　　　　图 7 彩片1

Sagittaria trifolia Linn. Sp. Pl. 993. 1753.

Sagittaria trifolia Linn. f. *longiloba* (Turcz.) Makino; 中国植物志 8: 132. 1992.

Sagittaria sagittifolia auct. non Linn.: 中国高等植物图鉴 5: 18. 1972.

多年生沼生草本。具匍匐茎或球茎；球茎小，最长2-3厘米。叶基生，挺水；叶片箭形，大小变异很大，顶端裂片与基部裂片间不缢缩，顶端裂片短于基部裂片，比值约1:1.2-1:1.5，基部裂片尾端线尖；叶柄基部鞘状。花序圆锥状或总状，总花梗长20-70厘米，花多轮，最下一轮常具1-2分枝；苞片3，基部多少合生。花单性，下部1-3轮为雌花，上部多轮为雄花；萼片椭圆形或宽卵形，长3-5毫米，反折；花瓣白色，约为萼片2倍。雄花：

图 7 野慈姑　（引自《图鉴》）

雄蕊多数，花丝丝状，长1.5-2.5毫米，花药黄色，长1-1.5毫米。雌花：心皮多数，离生。瘦果两侧扁，倒卵圆形，具翅，背翅宽于腹翅，具微齿，喙顶生，直立。

产黑龙江、吉林、辽宁、内蒙古、河北、山东、山西、河南、陕西、宁夏、甘肃、青海、新疆、江苏、安徽、浙江、台湾、福建、江西、湖北、湖南、广东、海南、广西、贵州、四川及云南，生于湖泊、沼泽、池塘、沟渠或水田中。广布亚洲各地。

[附] 慈姑　华夏慈姑 **Sagittaria trifolia** Linn. var. **sinensis** (Sims) Makino, Ill. Fl. Nippon 886. pl. 2657. 1940. —— *Sagittaria sinensis* Sims in Bot. Mag. Tokyo 39: 163. 1814. —— *Sagittaria sagitifolia* auct. non Linn.: 中国高等植物图鉴 5: 18. 1976. 与野慈姑的区别：匍匐茎末端球茎长 5-10 厘米，径 4-6 厘米；叶宽大肥厚，顶端裂片与基部裂片间通常缢缩，顶端裂片宽卵形；花序分枝多，最下方 1-2（3）轮常有 3 分枝，雌花常 5-8 轮。江苏、安徽、浙江、台湾、福建、江西、湖北、湖

5. 小叶慈姑　　　　　　　　　　图 8

Sagittaria potamogetifolia Merr. in Sunyatsenia 1: 189. 1934.

多年生沼生草本。叶基生，通常出水；叶披针形、长卵形、椭

圆形或箭形，长 3.5-11 厘米，顶端裂片长 1.5-5 厘米，先端渐尖；叶柄长 7-25 厘米，基部鞘状，每一叶鞘内具珠芽 1 或 3 枚，珠芽淡紫红色，圆锥形。花序总状，花 2 至多轮，每轮 3 花；总花梗长 18-36 厘米；苞片 3，离生；花单性，最下 1 轮除具 1-2 雄花外，常具 1-2 雌花；余各轮为雄花。雄花：花梗长 1.2-4.2 厘米；萼片卵形，长 3-4.5 毫米；花瓣白色，宽倒卵形，长 0.4-1 厘米；雄蕊 9-21，花丝长 0.6-0.8 毫米，花药黄色。雌花：花梗长 0.2-0.7 毫米；萼片、花瓣与雄花相似，花萼果期反折；心皮多数，离生，两侧扁，花柱侧生。瘦果倒卵圆形，扁，具背翅，背翅全缘或波状，喙侧生。染色体 2n=22。

产安徽、浙江、福建、江西、广东、海南及广西，生于水田、沼泽或溪沟浅水处。

6. 矮慈姑　　　　　　　　　　图 9

Sagittaria pygmaea Miq. in Ann. Mus. Lugduno-Batavum 2: 138. 1865

一年生沼生或沉水草本，稀具越冬球茎为多年生。匍匐茎细短，末端小球茎常当年萌发形成新株。叶基生，带形，稀匙形，长 2-30 厘米，无叶片与叶柄之分，基部鞘状。花序总状，花 2-3 轮；花序梗长 5-37 厘米；苞片长椭圆形；花单性，最下 1 轮具雌花 1（2）朵，雄花 2-8 朵。萼片倒卵形，长 6-7 毫米，宿存；花瓣白色，近圆形，长及宽 1-1.5 厘米。雄花：花梗长 0.5-3 厘米；雄蕊 6-21，花丝通常宽短，

南、广东、香港、澳门、海南、广西、贵州、四川及云南广泛栽培。日本、朝鲜半岛有栽培。球茎作蔬菜。

[附] 欧洲慈姑 **Sagittaria sagittifolia** Linn. Sp. Pl. 993. 1753. 与野慈姑的区别：通常无球茎或球茎甚小；叶基部裂片与顶端裂片近等长；花药紫色。产新疆，生于海拔约 600 米湖边、沼泽、水塘中或缓流溪水中。欧洲各国有分布。

图 8　小叶慈姑
（引自《中国水生高等植物图说》）

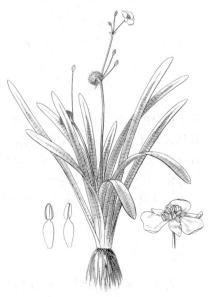

图 9　矮慈姑（引自《图鉴》）

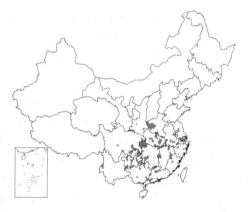

长1-1.5毫米，花药黄色。雌花：几无梗；心皮多数，离生，两侧扁，密集成球状，花柱侧生。瘦果宽倒卵圆形，扁，背腹两面具薄翅，背翅具鸡冠状齿裂，喙侧生。染色体2n=22。

产内蒙古、河南、陕西、江苏、安徽、浙江、台湾、福建、江西、湖北、湖南、广东、海南、广西、贵州、四川及云南，生于沼泽、湿地、湖边或水田等处。朝鲜半岛、日本、越南、泰国及不丹有分布。全草入药，清热、解毒、利尿。

2. 毛茛泽泻属 Ranalisma Stapf.

多年生沼生或水生草本。根茎匍匐。叶基生，莲座状，直立或开展，幼时沉水，老时浮水或挺水；叶线形、披针形、卵形或卵状椭圆形，全缘，具长柄。花1-3朵生于总花梗顶端，总花梗直立。花两性，辐射对称；花被片6，2轮，柔软，外轮3，绿色，萼片状，宿存，果时反折，内轮白色，花瓣状，长于外轮或近等长；雄蕊（6-）9（-12）；心皮多数，密集，近螺旋状着生凸起花托上，花柱腹面生，或近顶生，直立。瘦果侧扁，具翅，喙长约5毫米。

约2种，分布于亚洲和非洲热带至亚热带地区。我国1种。

长喙毛茛泽泻   图 10

Ranalisma rostratum Stapf. in Hook. Icon. Pl. 7: 4. t. 2652. 1900.

多年生沼生或水生草本。根茎匍匐。叶基生，多数，幼时沉水，

老时浮水或挺水；叶薄纸质，沉水叶线形或披针形，长3-7厘米，浮水叶或挺水叶卵形或卵状椭圆形，长3-4.5厘米，先端钝尖，基部浅心形，全缘；叶柄长12-22厘米，基部鞘状。花1-3着生总花梗顶部，总花梗长10-20厘米或更长；苞片2，长约7毫米。花两性；外轮花被片3，绿色，宽椭圆形，长约5毫米，内轮花被片白色，倒卵状椭圆形，与外轮花被片近等长或稍长；雄蕊9，长为花被片1/2；心皮多数，分离，花柱长喙状，近顶生，长于心皮，宿存；花托凸起呈球形，花后伸长。瘦果侧扁，近倒三角形，长3-5毫米，顶端具长喙状宿存花柱。

产浙江、江西及湖南，现濒临灭绝，生于池沼浅水中。越南、

图 10 长喙毛茛泽泻 （引自《图鉴》）

马来西亚、印度及非洲热带地区有分布。

3. 泽苔草属 Caldesia Parl.

水生草本。根粗壮，或稍肉质。具匍匐根茎或无。叶基生，多数，幼时沉水，老时沉水、浮水或挺水；沉水叶通常较小，淡绿色；浮水叶和挺水叶较大；叶卵形、心形或椭圆形，坚纸质或近革质；挺水叶

叶柄直立。圆锥状或圆锥状聚伞花序，挺出水面，分枝轮生，每轮3-6分枝，基部具披针形苞片。花两性；花被片6，2轮，外轮萼片状，内轮大于外轮，花瓣状；雄蕊6至多数，1轮；心皮2-9，或多数，离生，簇生扁平花托上，胀圆或稍扁，花柱顶生。小坚果具脊，或脊不明显；果喙宿存，直立。

约4种，分布于亚洲、欧洲、非洲和大洋洲。我国2种。

泽苔草

图　11

Caldesia parnassifolia (Bassi ex Linn.) Parl. Nuov. Gen . et Spec. Monocot. 57. 1854.

Alisma parnassifolia Bassi ex Linn. Syst. Nat. ed. 12, 3: 230. 1768.

Caldesia reniformis (D. Don) Makino; 中国高等植物图鉴 5: 20. 1976.

图　11　泽苔草　（引自《图鉴》）

多年生水生草本。根茎细长，横走。叶全基生；沉水叶较小，卵形或椭圆形，淡绿色；浮水叶长2-10厘米，先端钝圆，基部心形或深心形，叶脉9-15；叶柄长短随水位深浅而有差异。花葶直立，高0.3-1.25米；花序长20-35厘米，分枝轮生，每轮3（-6）分枝，下面2-3轮侧枝再分枝，组成大型圆锥状聚伞花序；苞片披针形。花两性；花梗长2.5-4厘米；外轮花被片卵

圆形，长3.5-5毫米，宿存，内轮花被片白色，大于外轮，长为外轮1.5倍，边缘不整齐，花后脱落；雄蕊6，花药黄色，花丝长2-2.5毫米，向基部渐宽；心皮（5-）8-10，稍扁，花柱自腹侧伸出，直立，柱头小。小坚果倒卵形或椭圆形，长约3毫米，具3-5脊；果喙直立，果柄长约0.5毫米，外果皮海绵质，内果皮革质。种子微弯，长2-2.5毫米。染色体2n=22。

产黑龙江、内蒙古、江苏、浙江、福建、湖北及云南，生于湖泊、沼泽、池塘等静水水域。日本、朝鲜半岛、俄罗斯、欧洲、非洲及大洋洲有分布。可作花卉栽培，供观赏。

4. 泽泻属 Alisma Linn.

多年生水生或沼生草本。具块茎或无，稀具根茎。叶基生，沉水或挺水，线形或卵形，全缘；挺水叶具白色小鳞片，叶脉3-7，近平行，具横脉。花葶直立；花序分枝轮生，通常（1）2至多轮，每分枝1-3次分枝，组成大型圆锥状复伞形花序，稀伞形花序；分枝基部具苞片及小苞片。花两性或单性，辐射对称；花被片6，2轮，外轮萼片状，5-7脉，绿色，宿存，内轮花瓣状，比外轮大1-2倍，花后脱落；雄蕊6，成3对着生内轮花被片基部两侧，花药2室，纵裂，花丝由下向上骤窄；心皮多数，1轮，分离，两侧扁，花柱直立、弯曲或卷曲，顶生或侧生，花托球形、平或凹。瘦果成熟时排成规则环形或三角形，两侧扁，腹侧具窄翅或无，背部具1-2浅沟，或具深沟。种子直立，有光泽，马蹄形。

约11种，分布于北半球温带和亚热带地区及大洋洲。我国6种。

本属植物多可供药用。

1. 挺水叶宽披针形、椭圆形或卵形。

 2. 内轮花被片边缘具不规则粗齿；心皮排列整齐；果期花托平 ·················· **1. 泽泻 A. plantago-aquatica**

2. 内轮花被片边缘无齿；心皮排列不整齐；果期花托凹形 ·························· 2. 东方泽泻 A. orientale

1. 挺水叶窄披针形或宽披针形。

  3. 瘦果背部边缘无棱，中部具深沟；叶窄披针形，稍弯 ··················· 3. 窄叶泽泻 A. canaliculatum

  3. 瘦果背部边缘多少有棱，中部具1-2浅沟；叶宽披针形。

    4. 瘦果两侧果皮薄膜质，透明；花丝基部宽约0.6毫米，向上渐窄 ··············· 4. 膜果泽泻 A. lanceolatum

    4. 瘦果两侧果皮纸质或厚纸质，不透明；花丝基部宽约1毫米，向上骤窄 ········· 5. 草泽泻 A. gramineum

1. 泽泻

图 12 图 15：3-7

Alisma plantago-aquatica Linn. Sp. Pl. 342. 1753.

多年生水生或沼生草本。块茎径1-3.5厘米，或更大。叶多数；沉水叶条形或披针形；挺水叶窄椭圆形或卵形，长2-11厘米，宽1.5-7厘米，先端渐尖，基部宽楔形或浅心形，5脉；叶柄长5-30厘米，基部渐宽，边缘膜质。花葶高0.8-1米；花序长15-55厘米，3-8轮分枝，每轮具分枝3-9。花两性；花梗长1-3.5厘米；外轮花被片宽卵形，长2.5-3.5毫米，7脉，边缘膜质，内轮花被片近圆形，大于外轮，边缘具不规则粗齿，白色，粉红或浅紫色；雄蕊6，花丝长约1.6毫米，基部宽约0.5毫米；心皮17-23，排列整齐，花柱直立，长0.7-1.5厘米，长于心皮；花托果期平。瘦果椭圆形，长约2.5毫米，背部具1-2条不明显浅沟，果喙自腹侧伸出，喙基部凸起。种子紫褐色，具凸起。染色体2n=14。

图 12 泽泻 （引自《中国水生植物图说》）

产黑龙江、吉林、辽宁、内蒙古、河北、山东、山西、新疆、湖北、广西、贵州、四川及云南，生于湖边、溪流、池塘或沼泽等处。俄罗斯、日本、欧洲、北美洲和大洋洲有分布。可栽培供观赏。块茎入药，主治肾炎、水肿、小便不利。

2. 东方泽泻 泽泻

图 13 图 15：8-10 彩片2

Alisma orientale (Sam.) Juz. in Kom. Fl. URSS I：281. 1934.

Alisma plantago-aquatica Linn. var. *orientale* Sam. in Acta Hort. Gothob. 2：84. 1926.

多年生水生或沼生草本。块茎径1-2厘米或更大。叶多数；挺水叶宽披针形或椭圆形，长3.5-11.5厘米，先端渐尖，基部近圆或浅心形，叶脉5-7；叶柄较粗，长3.2-34

图 13 东方泽泻 （引自《图鉴》）

厘米，基部渐宽，边缘膜质。花葶高35-90厘米或更高；花序长20-70厘米，分枝3-9轮，每轮3-9分枝。花两性，径约6毫米；花梗长1-2.5厘米；外轮花被片卵形，长2-2.5毫米，边缘膜质，5-7脉，内轮花被片近圆形，大于外轮，白、粉红或黄绿色，边缘无齿；雄蕊6，花丝长1-1.2毫米，基部宽约0.3毫米，向上渐窄；心皮多数，排列不整齐，花柱直立，长约0.5毫米，柱头长约为花柱1/5；花托果期凹形。瘦果椭圆形，长1.5-2毫米，背部具1-2浅沟，腹部具膜质翅，两侧果皮纸质，半透明或否，果喙自腹侧中上部伸出。种子紫红色，长约1毫米。染色体2n=14。

产黑龙江、吉林、辽宁、内蒙古、河北、山东、山西、河南、陕西、甘肃、青海、新疆、江苏、安徽、浙江、湖北、湖南、广西、贵州、四川及云南，生于湖泊、水塘或沟渠沼泽中。俄罗斯西伯利亚和远东地区、蒙古及日本有分布。块茎药用，主治肾炎水肿、肠炎泄泻、小便不利等症。

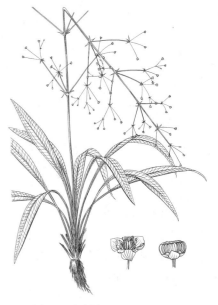

图 14 窄叶泽泻 （引自《图鉴》）

3. 窄叶泽泻　　　　　　　图 14 图 15：11-12

Alisma canaliculatum A. Braun et Bouche. Ind. Sem. Hort. Berol. 4. 1867.

多年生水生或沼生草本。块茎径1-3厘米。沉水叶条形；挺水叶窄披针形，稍镰状弯曲，长6-45厘米，3-5脉；叶柄长9-27厘米，基部较宽，边缘膜质。花葶高0.4-1米；花序长35-65厘米，分枝3-6轮，每轮具3-9分枝。花两性；花梗长2-4.5厘米；外轮花被片长圆形，长3-3.5毫米，5-7脉，边缘膜质，内轮花被片近圆形，白色，边缘不整齐；雄蕊6，花丝长约1毫米，基部宽约0.5毫米，向上渐窄；心皮多数，排列整齐，花柱长约0.5毫米，柱头极小，长约为花柱1/3，向背部弯曲；花托果期外凸，半球形。瘦果倒卵形或近三角形，长2-2.5毫米，背部边缘无棱，中部具深沟，两侧果皮厚纸质，不透明；果喙自顶部伸出。种子深紫色，矩圆形。染色体2n=42。

产山东、河南、江苏、安徽、浙江、福建、江西、湖北、湖南、贵州及四川，生于湖泊、溪流、水塘、沼泽或积水湿地。日本南部有分布。全草入药，主治皮肤疱疹、小便不通、水肿、蛇咬伤。

4. 膜果泽泻　　　　　　　图 15：1-2

Alisma lanceolatum Wither. Bot. Arang. Brit. Pl. ed. 3, 2: 362. 1796.

多年生水生或沼生草本。块茎径1-2厘米。沉水叶少数，线状披针形；挺水叶多数，披针形或宽披针形，长9-13厘米，5-7脉；叶柄长13-25厘米，近海绵质。花葶高35-85厘米；花序长15-46厘米，分

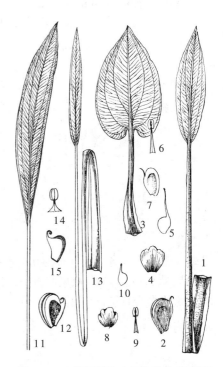

图 15：1-2.膜果泽泻 3-7.泽泻 8-10.东方泽泻 11-12.窄叶泽泻 13-15.草泽泻 （引自《中国植物志》）

枝3-5轮，每轮4-6分枝。花两性；花梗长1.5-2.5厘米，细弱；外轮花被片宽卵形，长1.5-3.2毫米，5-7脉，内轮花被片白或淡红色，近圆

形，长4-6.5毫米，边缘不整齐；雄蕊6，花丝长1.2-1.4毫米，基部宽约0.6毫米，向上渐窄；心皮排列整齐，花柱直，生于子房上部，柱头长为花柱1/2-1/3；花托凸，圆形或椭圆形。瘦果扁平，倒卵形，长1.6-2毫米，12-15枚轮生于花托上，背部边缘多少有棱，中部具1-2浅沟，果喙自腹侧上部生出，腹部具薄翅，背部具不明显浅沟，两侧果皮薄膜质，透明。种子黑紫色，有光泽。染色体2n=26，28。

产新疆，生于湖边、河湾或溪沟浅水地。中亚、欧洲、大洋洲及非洲北部有分布。

5. 草泽泻　　　　　　　　　　图 16

Alisma gramineum Lej. Fl. Env. Sp. 1: 175. 1811.

多年生沼生草本。块茎小或不明显。叶多数，丛生；叶披针形，长2.7-12.4厘米，3-5脉；叶柄粗，长2-3厘米，基部鞘状。花葶高13-80厘米；花序长6-56厘米，分枝2-5轮，每轮2-9分枝或更多。花两性；花梗长1.5-4.5厘米；外轮花被片宽卵形，长2.5-4.5毫米，内轮花被片近圆形，大于外轮，白色，边缘整齐；雄蕊6，花丝长约0.5毫米，基部宽约1毫米，向上骤窄；心皮轮生，排列整齐，花柱长约0.4毫米，柱头极小，长约为花柱1/3-1/2，背曲，花托平凸。瘦果两侧扁，倒卵形或近三角形，长2-3毫米，背部边缘多少有棱，有时具1-2浅沟，腹部具窄翅，两侧果皮纸质或厚

图 16 草泽泻 （引自《中国植物志》）

纸质，不透明，有光泽；果喙短，侧生。种子紫褐色，中部微凹。染色体2n=14。

产黑龙江、辽宁、内蒙古、山西、河南、宁夏、甘肃、青海及新疆，生于湖边、沼泽、水塘、沟渠或湿地。欧洲、亚洲、非洲及北美洲有分布。

219. 水鳖科 HYDROCHARITACEAE

（孙　坤）

一年生或多年生淡水或海水草本，沉水或浮水。根生于泥中或浮水。茎通常短，直立或匍匐。叶基生或茎生，基生叶多密集，茎生叶对生、互生或轮生；叶片大小及叶形多变异；叶柄有或无，托叶有或无。花序腋生，佛焰苞合生，稀离生，无梗或有梗，常具肋或翅，先端多2裂，内具1至数花。花辐射对称，稀左右对称，单性，稀两性，常具退化雌蕊或雄蕊；花被片3或6，离生，有或无花萼花瓣之分；雄蕊1至多枚，花药底部着生，2-4室，纵裂；子房下位，心皮2-15，合生，1室，侧膜胎座，有时向子房中央突出，不相连，花柱2-5，2裂，胚珠多数，倒生或直生，珠被2层。果肉果状，果皮腐烂开裂。种子多数，种皮光滑或有毛，有时具瘤状凸起；胚直立，胚芽极不明显，海生种类胚芽发达，无胚乳。

17属，约80种，广布热带、亚热带地区，少数种类至温带。我国9属20种4变种。

1. 淡水草本。
　2. 叶带形、披针形或近圆形，具柄；花大；果球形、倒卵形、圆柱形、纺锤形或椭圆形。
　　3. 根生于泥中；无匍匐茎 ·· 1. 水车前属 Ottelia
　　3. 根浮于水中；具匍匐茎 ··· 2. 水鳖属 Hydrocharis
　2. 叶线形，无柄；花小；果长圆柱形或线形。
　　4. 叶基生或茎生。
　　　5. 子房具长喙，雌花（或两性花）花梗较短 ······························· 5. 水筛属 Blyxa
　　　5. 子房无长喙，雌花花梗极长 ··· 6. 苦草属 Vallisneria
　　4. 叶茎生。
　　　6. 叶互生或近对生。
　　　　7. 花单性；萼片卵形或倒卵形，两轮近等长 ···················· 7. 虾子草属 Nechamandra
　　　　7. 花两性或单性；萼片线形或披针形，内轮长于外轮 ············ 5. 水筛属 Blyxa
　　　6. 叶轮生 ··· 8. 黑藻属 Hydrilla
1. 海水草本。
　8. 叶革质，带形，无柄，2列簇生于根状茎。
　　9. 叶长0.3-1.5米；根茎具残存纤维质叶鞘；雌花序梗长达50厘米，螺旋状 ··········· 3. 海菖蒲属 Enhalus
　　9. 叶长6-12（-40）厘米；根茎无残存纤维质叶鞘；雌花序梗短 ············· 4. 泰来藻属 Thalassia
　8. 叶薄膜质，线形、披针形、椭圆形或卵圆形，具柄 ······················· 9. 喜盐草属 Halophila

1. 水车前属 (海菜花属) Ottelia Pers.

沉水或浮水淡水生草本。根生于泥中。无匍匐茎，茎短。叶基生；叶带形、披针形或近圆形，基部楔形、平截或心形，叶脉3-11，平行或弧形，有细小平行横脉；具柄。花两性或单性异株；佛焰苞椭圆形或卵形，具6至多条脊状凸起，有2-6翅，有时无脊无翅，常有成行的刺或瘤，具1至多花。两性花或雌花具短梗或无梗，花大，雄花具较长花梗；萼片3，线形、长圆形或卵形，绿色；花瓣3，宿存，圆形、长圆形、宽倒卵形或倒心形，比萼片长2-3倍，白、黄、淡紫或其他颜色；雄蕊3-15，花丝线形，扁平，花药长圆形，药隔明显，药室侧裂；雄花中除可育雄蕊外，常有3枚退化雄蕊，中央常具退化雌蕊集成的球状体。雌花子房下位，心皮3、6或9，1室或成不完全多室，侧膜胎座，胚珠多数，花柱3、6或9枚，2深裂；常具3枚退化雄蕊。果圆柱形、纺锤形或圆锥形；果皮厚，含胶质。种子多数，长圆形或纺锤形；种皮厚，有毛或无毛。

约21种，分布于热带、亚热带和温带。我国4种4变种。

1. 花两性；佛焰苞通常具翅。
　2. 佛焰苞具1花；叶柄无鞘 ··· 1. 龙舌草 O. alismoides
　2. 佛焰苞具3-11花；叶柄具鞘 ··· 2. 贵州水车前 O. sinensis
1. 花单性；佛焰苞通常无翅。
　3. 佛焰苞具雌花2-3朵；花柱3；果圆锥形 ······························· 3. 海菜花 O. acuminata
　3. 佛焰苞具雌花1朵；花柱9-18；果长椭圆形 ························ 4. 水菜花 O. cordata

1. 龙舌草　　　　　　　　　　　图 17 彩片3

Ottelia alismoides (Linn.) Pers. Syn. Pl. 1: 400. 1805.

Statiotes alismoides Linn. Sp. Pl. 1: 535. 1753.

沉水草本。具须根。根状茎短。叶基生，膜质；幼叶线形或披针形，成熟叶多宽卵形、卵状椭圆形、近圆形或心形，长约20厘米，全缘或有细齿；叶柄长短随水体深浅而异，通常长2-40厘米，无鞘。花两性，偶单性；佛焰苞椭圆形或卵形，具1花，长2.5-4厘米，顶端2-3浅裂，有3-6纵翅，翅有时呈摺叠波状，有时极窄，在翅不发达的脊上有时具瘤状凸起；总花梗长40-

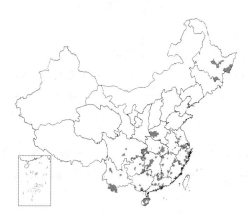

图 17 龙舌草　（陈宝联绘）

50厘米。花无梗，单生；花瓣白、淡紫或浅蓝色；雄蕊3-9（-12），花丝具腺毛，花药条形，长2-4毫米，药隔扁平；子房下位，心皮3-9（-10），花柱6-10，2深裂。果圆锥形，长2-5厘米。种子多数，纺锤形，长1-2毫米，种皮有纵条纹，被白毛。染色体2n=44。

产黑龙江、河南、江苏、安徽、浙江、台湾、福建、江西、湖北、湖南、广东、香港、海南、广西、贵州、四川及云南，生于湖泊、沟渠、水塘、水田或积水洼地。广布于亚洲东部、东南部至澳大利亚热带地区及非洲东北部。全株可作蔬菜、饵料、绿肥，亦可供药用。

2. 贵州水车前　　　　　　　　　　图 18

Ottelia sinensis (Lévl. et Vaniot) Lévl. ex Dandy in Journ. Bot. 72: 137. 1934.

Boottia sinensis Lévl. et Vaniot ex Lévl. in Fedde, Repert Sp Nov. 5 (79-80): 10. 20. 1908.

一年生或多年生沉水草本。根茎短。叶基生，幼叶线形或披针形，成熟叶具叶柄和叶片；叶绿色透明，长圆形或卵形，长20-40厘米，先

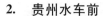

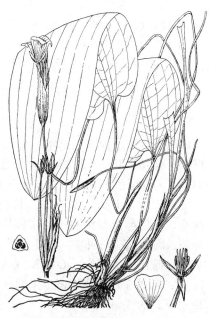

图 18 贵州水车前　（陈宝联绘）

端尖或圆钝，基部楔形、圆或心形，全缘，波状，纵脉7，中脉明显，横脉不甚明显；叶柄基部鞘状。花两性；佛焰苞椭圆形，长3-6厘米，两侧常具翅，有多条纵棱，棱有疣突；佛焰苞梗长50-70厘米；每佛焰苞具3-11花。萼片3，绿色，披针形，长2-2.5厘米；花瓣3，白色，基部黄色，倒三角形或倒卵圆形，长2-3厘米，具纵褶；雄蕊3，与萼片对生，花丝长4-5毫米，花药椭圆形，长3-4毫米，药隔不发达，无退化雄蕊；腺体3，白色，与花瓣对生；心皮3，花柱3，2深裂，黄色，有毛。果绿色，三棱状圆锥形，长5-9厘米，萼宿存。种子多数，圆柱形或纺锤形，长3-4毫米。染色体2n=44。

产广西、贵州及云南，生于湖泊、河流或池塘中。越南北部有分布。

3. 海菜花 龙爪菜　　　　　　　　图 19 彩片4

Ottelia acuminata (Gagnep.) Dandy in Journ. Bot. 72: 137. 1934.

Boottia acuminata Gagnep. in Bull. Soc. Bot. France 54: 538. 1907.

沉水草本。茎短。叶基生，叶线形、披针形、长椭圆形、卵形或宽心形，先端钝，基部心形，稀渐窄，全缘或有细锯齿；叶柄长短随水体深浅而异，深水湖中长达2-3米，浅水田中长4-20厘米，柄及叶下面沿脉常具肉刺。花单性异株；佛焰苞无翅，具2-6棱，无刺或有刺；雄佛焰苞具40-50雄花，花梗长4-10厘米；萼片3，开展；花瓣3，白色，基部黄色，倒心形，长1-3.5厘米；雄蕊9-12，花丝扁平，花药卵状椭圆形，退化雄蕊3。雌佛焰苞具2-3雌花，花梗短，花萼、花瓣与雄花相似；子房三棱柱形，花柱3，橙黄色，2深裂至基部，裂片线形，长约1.4厘米；退化雄蕊3。果褐色，圆锥形，长约8厘米，棱有肉刺和疣凸。种子多数，无毛。染色体2n=22。

产广西、贵州及云南，生于湖泊、池塘、沟渠或水田中。

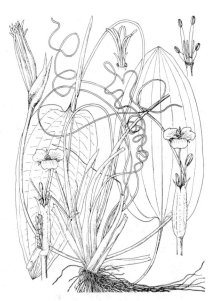

图 19 海菜花　（陈宝联绘）

4. 水菜花　　　　　　　　　　　图 20

Ottelia cordata (Wall.) Dandy in Journ. Bot. 72: 137. 1934.

Boottia cordata Wall., Pl. Asiat. Rar. 1: 52. t. 65. 1830.

一年生或多年生水生草本。须根多数，长15-30厘米。茎极短。叶基生，异型；沉水叶长椭圆形、披针形或带形，长30-60厘米，全缘，无毛，叶脉5-7条；叶柄长30-50厘米，基部有鞘，带形叶近无柄；浮水叶宽披针形或长卵形，长10-20厘米，先端尖或渐尖，基

图 20 水菜花　（引自《中国水生植物图说》）

部心形，全缘，叶脉9；叶柄长0.5-1.2米。花单性，雌雄异株；佛焰苞腋生，具长梗，长卵形，长3.4-8厘米，具6纵棱，有成行疣点，先端不规则2裂；雄佛焰苞内有花10-30朵，萼片3，宽披针形，长1.5-2.8厘米，淡黄色；花瓣3，倒卵形，长2.5-4.5厘米，白色，具纵纹；雄蕊12，2轮，花丝密被绒毛，药隔明显；退化雄蕊3，扁平，有乳头状突起；腺体3，与花瓣对生；退化雌蕊1，圆球形。雌佛焰苞内具1花，花被与雄花的相似；子房下位，不完全9-15室，花柱9-18，顶端2裂；退化雄蕊3-8，腺体3。果长椭圆形，长4-4.5厘米，种子多数。

产海南，生于淡水沟或池塘中。缅甸、泰国及柬埔寨有分布。

2. 水鳖属 Hydrocharis Linn.

浮水草本。根浮于水中。匍匐茎横走，顶端有芽。叶漂水或沉水，稀挺水；叶卵形、圆形或肾形，先端圆或尖，基部心形或肾形，全缘，有时在远轴面中部有宽卵形蜂窝状贮气组织，叶脉弧形，5或5条以上；具叶柄和托叶。花大，单性，雌雄同株；雄花序具梗，佛焰苞2，具雄花数朵；萼片3；花瓣3，白色，圆形或宽卵形；雄蕊6-12，花药2室，纵裂。雌佛焰苞具1朵雌花，花较大；萼片3；花瓣3，白色，较大，形态同雄花；子房下位，椭圆形，6心皮合生成不完全6室，花柱6，柱头扁平，2裂。果椭圆形、倒卵圆形或球形，有6肋，顶端不规则开裂。种子多数，椭圆形。

3种，分布世界各地。我国1种。

水鳖

图 21 彩片5

Hydrocharis dubia (Bl.) Backer, Handb. Fl. Java. 1:64. 1925.

Pontederia dubia Bl. Enum. Pl. Java. 1:33. 1827.

浮水草本。须根长达30厘米。匍匐茎顶端生芽。叶簇生，多漂浮，有时伸出水面；叶心形或圆形，长4.5-5厘米，先端圆，基部心形，全缘，远轴面有蜂窝状贮气组织。雄花序腋生；花序梗长0.5-3.5厘米；佛焰苞2，膜质透明，具红紫色条纹，苞内具雄花5-6，每次1花开放；花梗长5-6.5厘米；萼片3，离生，长椭圆形，长约6毫米；花瓣3，黄色，与萼片互生，近圆形，

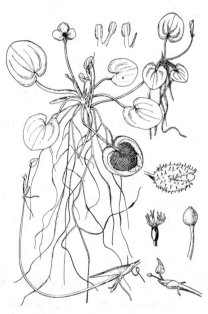

图 21 水鳖 （陈宝联绘）

长约1.3厘米；雄蕊4轮，每轮3枚，最内轮3枚为退化雄蕊。雌佛焰苞小，苞内雌花1朵；花梗长4-8.5厘米；花径约3厘米；萼片3，长约1.1厘米；花瓣3，白色，基部黄色，宽倒卵形或圆形，长约1.5厘米；退化雄蕊6，成对并列；腺体3，与萼片互生；子房下位，不完全6室，花柱6，2深裂，密被腺毛。果浆果状，球形或倒卵圆形，长0.8-1厘米。种子多数，椭圆形。染色体2n=16。

产黑龙江、吉林、辽宁、河北、山东、河南、陕西、江苏、安徽、浙江、台湾、福建、江西、湖北、湖南、广东、四川及云南，生于静水池沼中。亚洲其他地区和大洋洲有分布。可作饲料、沤绿肥；幼叶柄作蔬菜。

3. 海菖蒲属 Enhalus R. C. Rich.

多年生海生沉水草本。根状茎径约 1.5 厘米，节密集，常被纤维质残存叶鞘；须根长 10-20 厘米，径 3-5 毫米。叶革质，带形，长 0.3-1.5 米，先端钝圆，微斜，基部扁平，具膜质叶鞘，全缘，叶脉 13-19，有 30-40 条气道与叶脉平行；无柄。花单性，雌雄异株；雄花序具梗，有 2 佛焰苞片，外苞片紧包内苞片，苞片中肋有毛；雄花多数，微小，包于佛焰苞内，花梗短，早断落，成熟花浮于水面开放，花萼、花瓣与雄蕊均白色。雌花序具梗长达 50 厘米，花后螺旋状扭曲；佛焰苞片 2，苞片长 4-6 厘米，中肋具粗毛，具 1 雌花；萼片淡红色，花瓣白色，长条形，褶叠，受粉后伸展，长 4-5 厘米，长为花萼 2 倍，被腊质及乳凸，无退化雄蕊；心皮 6 枚合生，子房卵圆形，有 6 棱，扁，被长毛，侧膜胎座，花柱 6，2 裂。果卵圆形，长 3-7 厘米，具喙，密被 2 叉状附属物，不规则开裂。种子少数，具棱角，径 1-1.5 厘米。

单种属。

海菖蒲

图 22

Enhalus acoroides (Linn. f.) Steud. Nom. Bot. 1554. 1840.

Statiotes acoroides Linn. f. Suppl. 268. 1781.

形态特征同属。花果期 8-10 月。

产海南沿海，生于中潮带沙滩。广布西太平洋和印度洋沿海。果可炒食。

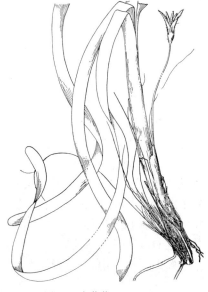

图 22 海菖蒲 （陈宝联绘）

4. 泰来藻属 Thalassia Bank et Solander ex Koenig

海生沉水草本。根短，不分枝，密生根毛。根状茎长，有纵裂气道，幼时节生膜质鳞片。直立茎极短，节密集成环纹状。叶 2-6，2 列，基部包于膜质鞘内；叶革质，带状，多少镰刀状弯曲，具极细纵裂气道，叶缘具极细锯齿，先端圆钝，基部具膜质叶鞘，叶脉 9-15，平行，先端连接；无柄。花单性，雌雄异株；雄株具 1-3 花序，雌株具 1 花序；雄花序的佛焰苞具 1 朵具长梗雄花；花被片 3，椭圆形；雄蕊 3-12，花丝极短，花药长圆形，2-4 室，纵裂，花粉粒球形，黄色，初包在胶质团内，后成念珠状，常在接触柱头前萌发；无退化雌蕊。雌花序具短梗；佛焰苞具 1 雌花；雌花近无梗；花被片 3，淡黄色；子房具长喙，花柱 6，柱头 2 裂。果球形或椭圆形，平滑或有凸刺，顶部开裂为多个果片，裂片辐射状排列。种子多数。

2 种，分布于西太平洋、印度洋热带及印度西部沿海。我国 1 种。

泰来藻

图 23

Thalassia hemperichii (Ehrenb.) Asch. in Petermanns Geogr. Mitt. 17:

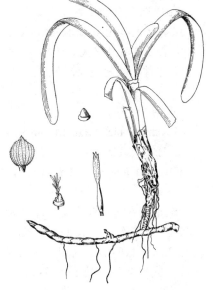

图 23 泰来藻 （陈宝联绘）

242. 1871.

Schizotheca hemperichii Ehrenb., Abh. Acad. Berl. Wiss. 1: 406. 1832.

多年生海水草本。根具纵裂气道。根状茎长，横走，有节与节间，节生直立茎；直立茎节密集。叶带形，略镰状弯曲，长6-12（-40）厘米，宽4-8（-11）毫米，基部具膜质鞘，鞘常残留茎上。雌雄异株；雄花序生于叶鞘内，梗长2-3厘米；佛焰苞线形，稍宽，具2苞片，内生1雄花；花被片3，卵形，花瓣状；雄蕊3-12，通常6枚，花丝极短；无退化雌蕊。雌佛焰苞内生1雌花，雌花无梗；花被片3；子房圆锥形，侧膜胎座，花柱6，柱头2裂，长1-1.5厘米。果球形，淡绿色，长2-2.5厘米，顶端裂成8-20个果爿，果爿外卷。种子多数。

产台湾及海南，生于高潮带及中潮带沙质海滩。幼叶及果为海生动物和鱼类食物。

5. 水筛属 **Blyxa** Thou. ex Rich.

一年生或多年生沉水草本。茎短或长，直立、斜卧或匍匐，单一或分枝。叶基生或茎生；茎生叶螺旋状排列，披针形或线形，先端渐尖，基部有鞘，具细齿，绿色；叶脉3至多条，中脉显著，侧脉与中脉平行；无柄。佛焰苞管状，有短梗或无梗，具纵棱，先端2裂；花两性或单性；花梗较短；雄佛焰苞内有雄花1朵或数朵；萼片（花被片）3，线形或披针形，宿存；花瓣（花被片）3，较萼片长，白色，柔软；雄蕊3-9，1-3轮，花丝纤细，花药4室，内向或侧向开裂，花粉粒球形，无萌发孔，具刺状纹饰。雌花或两性花单生佛焰苞内，萼片、花瓣均与雄花的相似；子房具3心皮，下位，顶端伸长成喙，胚珠多数，花柱3。果长圆柱形。种子多数，矩状纺锤形或卵圆形，平滑或有棘突，两端有或无尾状附属物。

约11种，分布于热带和亚热带地区。我国5种。

1. 直立茎明显；叶茎生。
  2. 直立茎高10-20厘米；佛焰苞无梗；花柱长3-4毫米 ·················· 1. 水筛 **B. japonica**
  2. 直立茎高2-6厘米；佛焰苞梗长0.2-2.2厘米；花柱长5-6毫米 ·········· 2. 光滑水筛 **B. leiosperma**
1. 茎极短；叶基生。
  3. 花两性；雄蕊3。
    4. 种子两端无尾状附属物，无明显棘突 ·················· 3. 无尾水筛 **B. aubertii**
    4. 种子两端具尾状附属物，具棘突 ·················· 4. 有尾水筛 **B. echinosperma**
  3. 花单性；雄蕊9；种子无尾状附属物，有8行刺状突起 ·········· 4(附). 八药水筛 **B. octandra**

1. 水筛　　　　　　　　　　　　　图 24

Blyxa japonica (Miq.) Maxim. ex Asch. et Gürk. in Engl. u. Prant. Pflanzenf. 2(1): 253. 1889.

Hydrilla japonica Miq. in Ann. Mus. Bot. Lugduno -Batavum 2: 271. 1866.

沉水草本。具根状茎。直立茎分枝，高10-20厘米。叶茎生，螺旋状排列，披针形，长3-6厘米，绿色微紫，基部半抱茎，有细锯齿，叶脉3，中脉明显；无柄。佛焰苞腋生，无梗，长管状，绿色，具细棱，先端2裂，长1-3厘米。花两性；萼片3，线状披针形，长2-4毫米，绿色，中脉紫色；花瓣3，白色，线形，长0.6-1厘米；

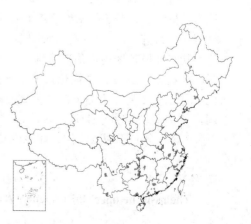

雄蕊3，与萼片对生，花丝纤细，光滑，长1-3毫米，花药黄色；子房圆锥形，花柱3，长3-4毫米。果圆柱形，长1-2.5厘米。种子30-60，长椭圆形，长1-2毫米，光滑。花果期5-10月。染色体2n=72。

产辽宁、河南、江苏、安徽、浙江、台湾、福建、江西、湖北、湖南、广东、香港、海南、广西、贵州、四川及云南，生于水田、池塘或水沟中。朝鲜半岛、日本、马来西亚、印度、孟加拉国、尼泊尔、意大利及葡萄牙有分布。

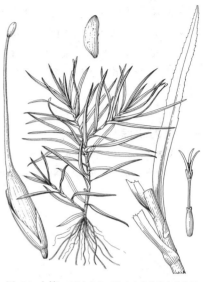

图 24 水筛 （冀朝祯仿《华东水生维管束植物》）

2. 光滑水筛   图 25

Blyxa leiosperma Koidz. in Bot. Mag. Tokyo 31: 257. 1917.

沉水草本。根状茎匍匐，圆柱形，淡黄色。直立茎高2-6厘米，基部分枝。叶茎生，螺旋状排列，披针形，长6-9厘米，基部半抱茎，有锯齿，叶脉3，中脉明显；无柄。佛焰苞腋生，梗绿色，长0.2-2.2厘米，苞鞘长管状，膜质，绿色，具细棱，先端2裂，长2.5-3厘米。花两性；萼片3，线状披针形，长4-5毫米，淡黄绿色；花瓣3，长0.9-1厘米，宽约1毫米；雄蕊3，与萼片对生，花丝淡绿或白色，长3-6毫米，花药黄色；子房圆锥形，花柱3，白色，长5-6毫米。果圆柱形，长2.5-3厘米。种子40-60粒，纺锤形，光滑。花果期5-9月。

产安徽、浙江、台湾、福建、江西、广东及海南，生于水田中。日本有分布。

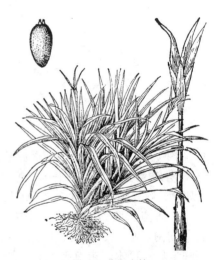

图 25 光滑水筛
（引自《中国水生高等植物图说》）

3. 无尾水筛   图 26

Blyxa aubertii Rich. in Mém. Inst. Natl. Sci. Paris 12 (2): 19. 77. t. 4. 1812.

沉水草本。茎极短，单一或分枝。叶基生，绿色，线形，长5-17厘米，有细锯齿，叶脉7-9，中脉明显；无柄。佛焰苞梗长3-8厘米，苞鞘扁平，长管状，绿色，先端两齿裂，长2.9-5厘米。花两性，单生佛焰苞内；萼片3，线状披针形，绿带紫红色，长5-7毫米；花瓣3，白色，长条形，长0.9-1.6厘米；雄蕊3，花丝白色，长3-6毫米，花药白或淡黄色；子房长圆柱形。果圆柱形，长4-8厘米。种

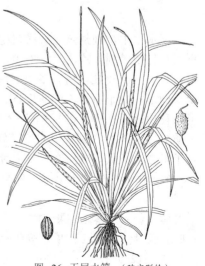

图 26 无尾水筛 （陈宝联绘）

子 30-70，矩状纺锤形，长 1.2-1.5 毫米，无疣状棘突，两端无尾状附属物或有小尖头。花果期 5-9 月。染色体 2n=16。

产浙江、台湾、福建、江西、湖南、广东、香港、海南、广西、四川及云南，生于水田或水沟中。马来西亚、印度、澳大利亚及马达加斯加有分布。

4. 有尾水筛　　　　　　　　　　　　　　图 27

Blyxa echinosperma (Clarke) Hook. f. Fl. Brit. Ind. 5: 661. 1888.

Hydrotrophus echinospermus Clarke in Journ. Linn. Soc. Bot. 14: 4. pl. 1. 1873.

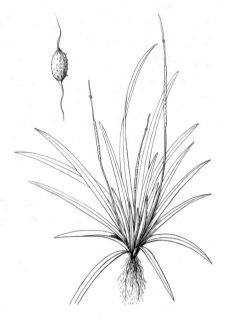

图 27　有尾水筛　（蔡淑琴绘）

沉水草本。茎极短。叶基生，绿色，有时基部紫红色，条形，长 10-20 (-40) 厘米，有细锯齿，叶脉 7-9，中脉明显；无柄。佛焰苞梗纤细，扁平，长 2-12 厘米，苞鞘扁平，长管状，绿色，先端 2 裂，长 2-5 厘米。花两性；萼片 3，线形，绿色，长约 6 毫米；花瓣 3，白色，长条形，长 1-1.4 厘米；雄蕊 3，长 4-6 毫米；子房下位，绿色或上部淡紫色，长圆柱形，花柱

3，扁平，长 0.6-1.5 毫米。果长圆柱形，长 4-7 厘米。种子 30-50，纺锤形或矩状纺锤形，长 1-1.5 毫米，黄色，具疣状棘突，两端有尾状附属物，附属物长 0.2-1.2 厘米。花果期 6-10 月。染色体 2n=42。

产河南、陕西、江苏、安徽、浙江、台湾、福建、江西、湖北、湖南、广东、广西、贵州、四川及云南，生于水田或沟渠中。朝鲜半岛、日本、东南亚及太平洋西南部岛屿、印度有分布。

[附] **八药水筛 Blyxa octandra** (Roxb.) Planch. ex Thw. Enum. Pl. Zeyl. 332. 1864. —— *Vallisneria octandra* Roxb. Pl. Corom. 2: 34. t. 165. 1802. 与有尾水筛的区别：花单性；雄蕊 9；种子无尾状附属物，有 8 行刺状突起。产广东、香港、广西、四川及云南。斯里兰卡、印度、孟加拉、澳大利亚及巴布亚新几内亚有分布。

6. 苦草属 **Vallisneria** Linn.

沉水草本。匍匐茎光滑或粗糙。无直立茎。叶基生，线形或带形，先端钝，基部稍鞘状，全缘或有细锯齿，气道纵列多行，叶脉 3-9，平行，直达叶端，脉间有横脉。花单性，异株；雄佛焰苞卵形或宽披针形，扁平，具短梗，内有多数具短梗的雄花，成熟后顶端开裂，雄花极小，浮出水面开放，萼片 3，卵形或长卵形，大小不等，花期反折；花瓣 3，极小；雄蕊 1-3。雌佛焰苞管状，顶端 2 裂，裂片圆钝或三角形，花梗极长，将花托出水面，受精后螺旋状卷曲；雌花单生佛焰苞内，萼片 3，质较厚；花瓣 3，极小，膜质；子房下位，圆柱形或长三角柱形，胚珠多数，花柱 3，2 裂。果圆柱形或三棱状柱形，光滑或有翅。种子多数，长圆形或纺锤形，内种皮具瘤状颗粒。

6-10 种，分布于热带、亚热带、暖温带。我国 3 种。

1. 叶脉无刺；雄蕊 1；果圆柱形 ··· 1. 苦草 **V. natans**
1. 叶脉有刺；雄蕊 2；果三棱状圆柱形。
　2. 种子有 2-5 翅 ··· 2. 刺苦草 **V. spinulosa**

2. 种子无翅 ······························· 2(附). 密刺苦草 **V. denserrulata**

1. 苦草　　　　　　　　　　　　　　　图 28

Vallisneria natans (Lour.) Hara in Journ. Jap. Bot. 49: 136. 1974.

Physkium natans Lour. Fl. Cochinch. 663. 1790.

Vallisneria spiralis auct non Linn.: 中国高等植物图鉴 5: 23. 1976.

沉水草本。匍匐茎光滑或稍粗糙，白色，有越冬块茎。叶基生，线形或带形，长0.2-2米，绿色或略带紫红色，先端钝，全缘或有不明显细锯齿，叶脉5-9；无叶柄。花单性，异株；雄佛焰苞卵状圆锥形，长1.5-2厘米，每佛焰苞具雄花200余朵或更多，成熟雄花浮水面开放；萼片3，大小不等，两片较大，长0.4-0.6毫米，呈舟形浮于水面，中间一片较小，中肋龙骨状，雄蕊1，花丝基部具毛状凸起和1-2枚膜状体，顶端不裂或部分2裂。雌佛焰苞筒状，长1-2厘米，顶端2裂，绿或暗紫色；花梗细，长30-50厘米，受精后螺旋状卷曲；雌花单生佛焰苞内，萼片3，绿紫色，长2-4毫米；花瓣3，极小，白色；退化雄蕊3；子房圆柱形，光滑，胚珠多数，花柱3，顶端2裂。果圆柱形。种子多数，倒长卵圆形，有腺毛状凸起。染色体2n=20。

产黑龙江、吉林、辽宁、河北、山东、江苏、安徽、浙江、福建、江西、湖北、湖南、广东、香港、广西、贵州、四川及云南，生于溪沟、池塘、河流或湖泊中。日本、马来西亚、中南半岛、印度及澳大利亚有分布。

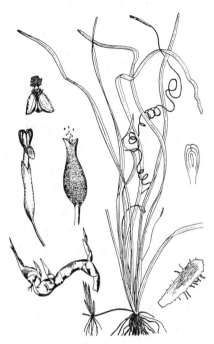

图 28 苦草　（陈宝联绘）

2. 刺苦草　　　　　　　　　　　　图 29：1-4

Vallisneria spinulosa Yan in Journ. Sci. Med. Jinan Univ. 2: 161. f. 108. 1982.

沉水草本。匍匐茎有小刺，有越冬块茎。无直立茎。叶基生，线形，长20-50厘米，最长达2米，绿色，有少数棕红色条纹或斑点，有锯齿，中脉有1行小刺，侧脉平行。花单性，雌雄异株；雄佛焰苞圆锥形，长1-1.5厘米，具雄花300-800朵，佛焰苞梗长2-6厘米；雄花小；萼片3，不等大；花瓣2，膜质，着生花丝基部；雄蕊2。雌佛焰苞扁筒形，长1-2厘米，顶端2裂，苞内具1雌花，佛焰苞梗细长，受精

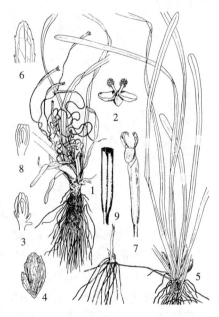

图 29：1-4.刺苦草　5-9.密刺苦草
（陈宝联绘）

后卷曲；萼片3，长圆形，长约4毫米；花瓣3，极小；花柱3，2深裂，裂缝基部具退化雄蕊，子房

二棱状圆柱形，胚珠多数。果三棱状圆柱形，长 8-20 厘米，棱有刺。种子多数，具 2-5 翅。花期 8-10 月。染色体 2n=20。

产江苏、湖北及湖南，生于池塘或湖泊中。

[附] **密刺苦草** 图 29:5-9 **Vallisneria denseserrulata** (Makino) Makino in Journ. Jap. Bot. 2: 19. 1921. —— *Vallisneria spiralis* Linn. var. *denseserrulata* Makino in Bot. Mag. Tokyo 28: 27. 1914. 与刺苦草的区别：种子无翅。产广东及广西，生于溪沟和湖泊中。日本有分布。

7. 虾子草属 Nechamandra Planch.

沉水草本。茎纤细，淡紫红色，光滑，多分枝。叶互生，下部叶常对生，侧枝顶端叶丛生；叶线形，长 2-7 厘米，有细锯齿，基部鞘状，无毛或具短刚毛。花单性，雌雄异株，腋生；雄佛焰苞卵形，膜质，长约 5 毫米，顶端 2 裂，内有 60-100 朵雄花，着生总花梗；花梗长约 6 毫米，纤细；萼片 3，卵形，白色，透明，先端外面淡紫色；花瓣 3，短小；雄蕊 2（3），与萼片对生，花丝长 0.2-0.3 毫米，花药在顶端结成球状，常具退化雄蕊。雌佛焰苞筒状，长约 5 毫米，白色，膜质，先端 2 裂，无梗，内具 1 朵雌花；花被管细长，伸出；萼片 3，卵形，长 0.5-1 毫米，光滑；花瓣 3，极小；花柱 3，顶端微凹，密被乳凸，子房下位，1 室，顶端具喙；无退化雄蕊。果圆柱形，种子多数。

单种属。

虾子草 软骨草

Nechamandra alternifolia (Roxb.) Thw. Enum. Pl. Zeyl. 332. 1864.

图 30

Vallisneria alternifolia Roxb. Pl. Corom. 234 . t. 165. 1802.

Lagarosiphon alternifolia (Roxb.) Druce; 中国高等植物图鉴 5: 22. 1976.

形态特征同属。花期 9-10 月。

产广东、广西及云南，生于池塘、湖泊、缓流河水或沟渠中。亚洲热带有分布。

图 30 虾子草 （陈宝联绘）

8. 黑藻属 Hydrilla Rich.

多年生沉水草本。茎纤细，圆柱形，具纵细棱，多分枝。具长卵圆形休眠芽，芽苞叶多数，螺旋状排列，白或淡黄色，窄披针形或披针形。叶 3-8 轮生，线形、长条形、披针形或长椭圆形，长 0.7-1.7 厘米，常具紫红或黑色斑点，具锯齿，主脉 1；无叶柄，具腋生小鳞片。花单性，雌雄同株或异株，单生叶腋；雄佛焰苞膜质，近球形，长 1.5-2 毫米，顶端具凸刺，无梗，每佛焰苞具 1 雄花；萼片 3，白或绿色，卵形或倒卵形；花瓣 3，匙形，反折，白或粉红色，较萼片窄长；雄蕊 3，成熟后浮水面开花。雌佛焰苞管状，长 2-5 毫米，顶端 2 齿裂，花瓣与雄花相似，稍窄；子房下位，1 室，侧膜胎座，倒生胚珠少数，花柱（2）3，有流苏状乳凸。果圆柱形，长约 7 毫米，有 5-9 刺状突起。种子 2-6，矩圆形，被瘤状颗粒。

单种属，1 变种。

1. 休眠芽长卵圆形，芽苞叶窄披针形，具锯齿 ·············· **黑藻 H. verticilata**

1. 休眠芽长椭圆形，芽苞叶卵圆形，具不明显锯齿 ·················· (附). **罗氏轮叶黑藻 H. verticilata var. roxburghii**

黑藻   图 31

Hydrilla verticillata (Linn. f.) Royle, Ill. Bot. Him. 1: 376. 1839.

Serpicula verticillata Linn. f. Suppl. 416. 1781.

形态特征同属。花果期 5-10 月。

产黑龙江、辽宁、河北、山东、河南、陕西南部、江苏、安徽、浙江、台湾、福建、江西、湖北、湖南、广东、香港、海南、广西、贵州、四川及云南，生淡水中。植株以休眠芽繁殖为主。

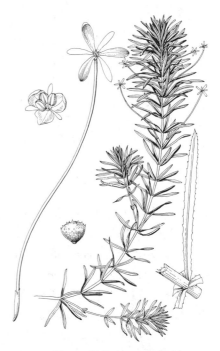

图 31 黑藻 （冀朝祯绘）

广布欧亚大陆热带至温带地区。

[附] **罗氏轮叶黑藻 Hydrolla verticillata** (Linn. f.) Royle var. **roxburghii** Casp. in Jahrb. Wiss. Bot. 1: 494. 1858. 与黑藻的区别：休眠芽长椭圆形，芽苞叶卵圆形，具不明显锯齿；果无刺状凸起，稀有 1-3 小凸起。产地同黑藻。

9. 喜盐草属 Halophila Thou.

海生沉水草本。节生根 1 至多条，根纤细，不分枝。茎匍匐，柔软细长，分枝；每节具 2 鳞片，抱茎，有腋芽。叶薄膜质，线形、披针形、椭圆形或卵圆形，全缘或有锯齿，中脉 1，缘脉 2，有横脉相连；通常具柄。花单性，雌雄同株或异株；佛焰苞具 2 膜质苞片，椭圆形、倒卵形或近圆形，先端锐尖、圆钝或微缺，中肋稍龙骨状凸起，无梗。雄花具梗；花被片 3，覆瓦状排列；雄蕊 3，与花被互生，花丝无，花药 2-4 室，外向开裂，花粉粒圆形，常多粒粘连成链状。雌花无梗或近无梗；子房 1 室，椭圆形或卵形，有 3 枚极小退化花被片，花柱 2-6，丝状。果卵形，具喙，果皮膜质。种子少数至多数，球形或近球形。

约 9 种，分布于西印度洋至南太平洋和东非沿海。我国 3 种。

1. 叶卵形或长椭圆形；直立茎长不及 1 厘米，节生 1 对叶片；中脉和缘脉有横脉相连。
 2. 叶长 1-4 厘米，具 12-25 对横脉，横脉与中脉交角为 45-60° ·················· 1. **喜盐草 H. ovalis**
 2. 叶长 0.5-1.5 厘米，具 3-8 对横脉，横脉与中脉交角为 70-90° ·················· 1(附). **小喜盐草 H. minor**
1. 叶长椭圆形或披针形；直立茎长 1-1.5 厘米，叶 6-10 枚簇生枝顶，中脉和缘脉无横脉相连 ·················
  ·················· 2. **贝克喜盐草 H. beccarii**

1. 喜盐草   图 32

Halophila ovalis (R. Br.) Hook. f. Pl. Tasn. 2: 45. 1858.

Caulinia ovalis R. Br. Prod. Fl. Nov. Holl. 1: 339. 1810.

多年生海草。茎匍匐，易折断，节间长 1-5 厘米，每节生细根 1 条和鳞片 2 枚，鳞片膜质，外鳞片长 5-5.5 毫米，内鳞片长 4-4.5 毫米；直立茎长不及 1 厘米。叶 2 枚，生于鳞片腋部；叶薄膜质，淡绿色，有褐色斑纹，透明，长椭圆形或卵形，长 1-4 厘米，全缘波状，叶脉 3，具 12-25 对横脉，横脉与中脉交角 45-60°；叶柄长 1-4.5 厘米。花单性，雌雄异株；雄佛焰苞宽披针

形，长约4毫米，顶端锐尖；雄花被片椭圆形，长约4毫米，白色，具黑色条纹，透明。雌佛焰苞苞片2，宽披针形，外苞片紧裹内苞片，均螺旋状扭转，似长颈瓶，颈部长约为膨大部分2倍；子房长1-1.5毫米，花柱细长，柱头3，细丝状，长2-3厘米。果近球形，径3-4毫米，喙长4-5毫米。种子多数，近球形，种皮具疣状凸起与网状纹饰。染色体2n=18。

产台湾、广东沿海岛屿、香港及海南。广布红海至印度洋、西太平洋沿海。

[附] **小喜盐草 Halophila minor** (Zoll.) Hartog in Steen. Fl. Males. 5 (4): 410. f. 17. 1957. —— *Lemnopsis minor* Zoll. Syst. Verz. 1: 75. 1854. 与喜盐草的区别：叶长0.5-1.5厘米，具3-5对横脉，横脉与中脉交角70-90°。产海南，生于浅海滩。西太平洋及印度洋有分布。

图 32 喜盐草
（引自《中国水生高等植物图说》）

2. 贝克喜盐草 图 33

Halophila beccarii Asch. in Nuovo Giorn. Bot. Ital. 3: 302. 1817.

海生草本。茎纤细，多匍匐，节间长1-2厘米，每节生根1条，

鳞片2，鳞片抱茎，膜质，透明，外面1片长2-3毫米，宽2-2.5毫米，先端微凹，内面1片长4-6毫米，宽4-4.5毫米，先端微尖；直立茎长1-1.5厘米。叶6-10枚簇生直立茎顶端；叶长椭圆形或披针形，长0.6-1.1厘米，宽1-2毫米，先端钝圆或尖，基部楔形，全缘，中脉较宽，明显，近基部分出1对缘脉，至顶端与中脉相接，无横脉；叶柄长1-2厘米，具鞘，鞘膜质，透明，长3-4毫米，顶端圆。花单性，雌雄同株；佛焰苞苞片长圆形或披针形，长约2.5毫米，先端锐尖，中肋凸起，全缘；苞内具雄花或雌花1朵；子房长约1毫米，花柱伸长，柱头2-3，胚珠2-4。果卵形，长0.5-1.5毫米，具喙，锐尖。种子小，种皮具网状纹饰。

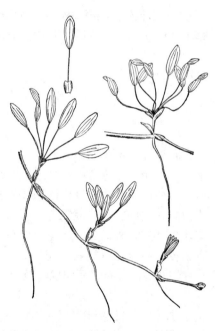

图 33 贝克喜盐草 （陈宝联绘）

产台湾、广东及海南，生于浅海中。亚洲大陆东南沿海、东南亚、马来西亚及菲律宾有分布。

220. 水薤科 APONOGETONACEAE

（孙 坤）

多年生淡水草本。根茎块状，有乳汁，下部生有多数纤维质须根。叶基生；叶宽椭圆形或线形，全缘或波状，浮水或沉水，具平行脉数条和多数横脉；通常具长柄，基部具鞘。穗状花序单一或二叉状分枝，花期挺出水面；佛焰苞常早落，稀宿存。花两性，无梗；花被片1-3，稀无，离生，白、黄、玫瑰或紫色，通常宿存；雄蕊6至多数，离生，2轮，宿存，花丝较长，线形或扁平，花药外向，2室，纵裂；心皮3-6（-8），离生或基部联合，成熟时分离，子房上位，花柱短，每心皮胚珠2-8，着生子室近基部边缘。蓇葖果。种子无胚乳；胚直立，子叶顶生。

1属，约47种，分布于亚洲、非洲及大洋洲，热带地区种类最多。我国1种。

水薤属 Aponogeton Linn. f.

属的特征及分布同科。

水薤　　　　　　　　　　　　　　　　　图 34

Aponogeton lakhonensis A. Camus in Not. Syst. 1: 123. f. 18. 1909.
Aponogeton natans auct. non (Linn.) Engl. et Krause: 中国高等植物图鉴 5: 15. 1976.

多年生淡水草本。根茎卵球形或锥形，长达2厘米，常具细丝状叶鞘残迹，下部生有多数纤维质须根。叶沉水或浮水，草质，叶窄卵形或披针形，全缘，长4-6厘米，基部心形或圆，中肋1，平行脉3-4对，横脉多数；沉水叶柄长9-15厘米，浮水叶柄长40-60厘米。花葶长约21厘米；穗状花序单一，顶生，长约5厘米，花期顶出水面；佛焰苞早落。花两性，无梗；花被

片2，黄色，离生，匙状倒卵形，长约2毫米，中脉1；雄蕊6，离生，花丝向基部渐宽，2轮，外轮先熟，花药2室；雌蕊3-6，离生或基部联合，子房上位，1室，每室胚珠4-6。蓇葖果卵形，顶端具外弯短喙。

产浙江、福建、江西、广东、香港、海南及广西，生于浅水

图 34 水薤 （陈宝联绘）

塘、溪沟或蓄水稻田中。泰国、柬埔寨、越南、马来西亚及印度有分布。

221. 冰沼草科(芝菜科) SCHEUCHZERIACEAE

（孙　坤）

多年生沼生草本。根茎横走，长15-30厘米。地上茎短，直立，节间短。叶基生或茎生，具开放叶鞘，鞘内生有多数长毛，鞘顶部具叶舌，叶舌长3-5毫米；基生叶直立，紧靠，长20-30厘米；茎生叶互生，对折，长2-13厘米，叶线形，半圆柱形而中实，上部筒状，先端近轴面有孔。总状花序短，顶生，具（3-）5（-12）花，花茎高12-30厘米，无毛。花两性；花梗长2-4毫米，基部具叶状苞片；花被片6，2轮，黄绿色，萼片状，外轮花被片宿存，内轮易枯萎、凋落；雄蕊6或多数，花药2室，外向，纵裂；心皮3（-6），基部稍合生，每心皮具干乳头状、外向、无柄柱头，直立倒生胚珠2- 数枚，生于子室基部边缘。蓇葖果长5-7毫米，几无喙；果柄长0.6-2.2厘米。种子无胚乳，胚芽小，子叶圆形。

1 属。

冰沼草属 (芝菜属) Scheuchzeria Linn.

属的特征及分布同科。

单种属。

冰沼草　芝菜　　　　　　　　　　　　　　　　图 35

Scheuchzeria palustris Linn. Sp. Pl. 338. 1753.

形态特征同科。花期6-7月。

产黑龙江、吉林、辽宁及四川西部，生于沼泽或湿地。北半球寒温带地区有分布。

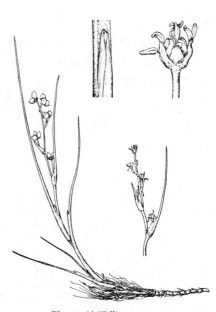

图 35 冰沼草 （陈宝联绘）

222. 水麦冬科 JUNCAGINACEAE

（孙　坤）

多年生或一年生湿生或水生草本。具根茎。叶通常基生，线形或条形，直立，全缘，基部具鞘。花葶直立；花序总状或穗状，较长，顶生，无苞片。花小，两性或单性，雌雄异株，辐射对称，稀稍两侧对称，3数或2数；花被片6，稀4或8，2轮，萼片状，绿或稍带红色；雄蕊6或4（稀3）枚，2轮，贴生花被片基部，无花丝或花丝极短，花药2室，外向，纵裂；心皮6（有时3枚不发育）或4，离生，基部稍合生，或合生，果时分开；子房上位，花柱粗短或无，柱头具不规则裂片，倒生胚珠1，通常直立，双珠被，厚珠心。果开裂或不裂。种子无胚乳；胚直。

4属约18种，分布于温带至亚热带地区，澳大利亚种类最多。我国1属2种。

水麦冬属 Triglochin Linn.

多年生湿生草本。根茎短或长，常有纤维质叶鞘残迹，密生须根，须根末端有时块状。叶全基生，条形或锥状条形，全缘，基部具鞘，鞘缘膜质。花葶直立；花序总状，较长，顶生，花密集或较疏散；无苞片。花较小，两性，辐射对称；花梗短；花被片6，2轮，卵形，绿色；雄蕊6，2轮，与花被片对生，花药2室，外向，纵裂，无花丝；心皮6，有时3枚不发育，合生于中轴，果时分开，子房上位，胚珠1，基生，柱头毛笔状。果长圆柱形、棒状条形、椭圆形或卵圆形，成熟后3瓣或6瓣裂。

约15种，广布于寒带至温带地区，澳大利亚种类最多。我国2种。

1. 心皮3；蒴果棒状条形，成熟时3瓣裂；总状花序，花较疏散 ···································· 1. **水麦冬 T. palustre**
1. 心皮6；蒴果棱状椭圆形或卵圆形，成熟时6瓣裂；总状花序，花较紧密 ·············· 2. **海韭菜 T. maritimum**

1. 水麦冬

图 36 彩片6

Triglochin palustre Linn. Sp. Pl. 338. 1753.

多年生湿生草本，植株弱小。根茎短，常有纤维质叶鞘残迹，须根多数。叶基生，条形，长达20厘米，先端钝，基部具鞘，鞘缘膜质。花葶直立，细长，圆柱形，无毛；花序总状，花较疏散，无苞片。花梗长约2毫米；花被片6，2轮，绿紫色，椭圆形或舟形，长2-2.5毫米；雄蕊6，近无花丝，花药卵形，长约1.5毫米，2室；雌蕊由3枚合生心皮组成，柱头毛笔状。

蒴果棒状条形，长6-8毫米或更长，径1.5毫米，成熟时由下向上3瓣裂，顶部联合。果期6-10月。染色体2n=24。

产黑龙江、吉林、辽宁、内蒙古、河北、山东、山西、河南、陕西、宁夏、甘肃、青海、新疆、四川、云南及西藏，常生于咸湿地或浅水处，最高海拔可达5000米（西藏）。北美、欧洲及亚洲其他地区有分布。

图 36 水麦冬 （引自《图鉴》）

2. 海韭菜

图 37 彩片7

Triglochin maritimum Linn. Sp. Pl. 339. 1753

多年生湿生草本，植株稍粗壮。根茎短，常有棕色纤维质叶鞘残迹，须根多数。叶基生，条形，长7-30厘米，基部具鞘，鞘缘膜质。花葶直立，较粗壮，圆柱形，无毛；总状花序顶生，花较紧密，无苞片。花梗长约1毫米，花后长2-4毫米；花被片6，2轮，绿色，外轮宽卵形，内轮较窄；雄蕊6，无花丝；雌蕊由6枚合生心皮组成，柱头毛笔状。蒴果6棱状椭圆形或卵圆形，长3-5毫米，径约2毫米，成熟时6瓣裂，顶部联合。花果期6-10月。染色体2n=48，60，96，120。

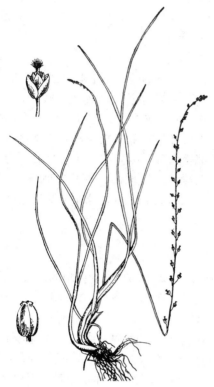

产吉林、辽宁、内蒙古、河北、山东、山西、陕西、甘肃、宁夏、青海、新疆、四川、云南及西藏，生于湿沙地或海边盐滩，最高海拔可达5100米（西藏）。分布于北半球温带至寒带。

图 37 海韭菜 （陈宝联绘）

223. 眼子菜科 POTAMOGETONACEAE

（孙 坤）

一年生或多年生水生草本。横走根茎，节生须根和直立茎，稀无根茎。叶互生，有时在花序下方近对生，沉水或浮水，或兼具沉水叶与浮水叶；具柄或鞘，或柄鞘均无，托叶膜质，稀草质，鞘状抱茎，与叶片离生或贴生叶片基部成叶鞘，开放，稀合生成套管状。穗状花序顶生或腋生，伸出水面开放或沉水，具花2至多数，3数轮状排列，花序梗较发达。花两性，无梗或近无梗，风媒或水面传粉；花被片4，1轮，萼片状，基部常具爪；雄蕊4，与花被片对生，几无花丝，花药外向，纵裂；雌蕊多4枚，稀2或1枚，离生，稀基部稍合生，子房1室，花柱粗短，柱头头状或盾状，胚珠1。果核果状，顶端具直生或斜伸短喙。种子无胚乳；胚弯曲，钩状或螺旋状。

2属，约100种，广布全球，北半球温带较多。我国1属。

眼子菜属 Potamogeton Linn.

水生草本。根茎横走，或无根茎。茎圆柱形或极扁。叶互生，有时在花序下方近对生，单型或两型，沉水或浮水，具柄或无柄；叶矩圆形、椭圆形、卵形、披针形、条形或线形，叶脉3至多数，平行，于叶片先端汇合；托叶鞘与叶片离生或贴生成叶鞘，抱茎，稀合生成套管状。穗状花序顶生或腋生，具梗。花两性，几无梗；花被片4，1轮，淡绿至绿色，有时外面稍带红褐色，基部常具爪，先端钝圆或微凹；雄蕊4，花药长圆形；雌蕊1-4。子房上位，1室，花柱短，柱头头状或盾形。果核果状，外果皮近革质，或松软稍海绵质，内果皮骨质，背部具萌发时开裂的盖状物，盖状物中肋常凸起成龙骨脊。种子弯曲；胚弯生，钩状或螺旋状。染色体2n=26，28，38，42，52，78，88。

约100种，广布世界各地，北半球温带地区较多。我国约29种，4变种。

大多数种类可作草食性鱼类饵料和水禽饲料；有些种类为水田杂草。

1. 叶浮水或沉水，具柄或无柄，托叶与叶片离生，稀基部稍合生，不形成叶鞘；穗状花序花期伸出水面，风媒传粉；内果皮背部盖状物自基部直达顶部。

　2. 叶单型，全部为沉水叶。

　　3. 叶线形，宽1-4毫米，无柄。

　　　4. 茎极扁，横切面棱形；雌蕊1；果矩圆形或近圆形，中脊略成波状窄翅 …… 1. **单果眼子菜 P. acutifolius**

　　　4. 茎圆柱形或近圆柱形；雌蕊4；果斜倒卵圆形或倒卵圆形，中脊钝圆或锐。

　　　　5. 叶宽2-3毫米，基部与托叶合生成叶鞘，边缘疏生微齿 ………………… 2. **微齿眼子菜 P. maackianus**

　　　　5. 叶宽1-3毫米，基部与托叶离生，全缘。

　　　　　6. 叶宽约1毫米，托叶边缘合生，呈套管状抱茎；休眠芽腋生，纤细，纺缍状；果长1.5-2毫米
　　　　　　　………………………………………………………………… 3. **小眼子菜 P. pusillus**

　　　　　6. 叶宽1.5-3毫米，托叶不合生为套管状，两侧边缘叠压抱茎；休眠芽侧生，短枝状，多叶；果长3-3.5毫米。

　　　　　　7. 茎节具1对腺体；叶两侧近平行；休眠芽不明显特化；果斜倒卵圆形，长约3毫米 …………
　　　　　　　………………………………………………………………… 4. **钝叶眼子菜 P. obtusifolius**

　　　　　　7. 茎节无腺体；叶中部较宽，两端渐窄，常镰状；休眠芽明显特化；果倒卵圆形，长3-3.5毫米 ……………………………………………… 5. **尖叶眼子菜 P. oxyphyllus**

　　3. 叶非线形，通常宽5毫米以上，无柄、近无柄至具短柄或长柄。

　　　8. 休眠芽松果状，长1-3厘米；果基部连合，喙长达2毫米，背脊约1/2以下具齿 ……… 6. **菹草 P. crispus**

　　　8. 无特化休眠芽；果离生，喙长不及0.5毫米，背脊无齿。

　　　　9. 叶无柄，基部钝圆、心形或近心形，耳状抱茎。

　　　　　10. 叶卵状披针形、宽卵形或近圆形，边缘具微齿 ………………… 7. **穿叶眼子菜 P. perfoliatus**

　　　　　10. 叶线状披针形或披针形，全缘，先端常勺状 ………………… 8. **白茎眼子菜 P. praelongus**

　　　　9. 叶无柄至具短柄，或具长柄，基部楔形或近楔形，不呈耳状抱茎。

　　　　　11. 叶线形或长椭圆形，具长柄 ………………………………………… 9. **竹叶眼子菜 P. malaianus**

　　　　　11. 叶披针形或椭圆状披针形，无柄、近无柄或具短柄。

　　　　　　12. 叶长椭圆形、卵状椭圆形或披针状椭圆形，宽1-3.5厘米，先端尖锐或具芒状尖头，无柄、近无柄或具短柄；果长3毫米，背部中脊稍锐 …………… 10. **光叶眼子菜 P. lucens**

　　　　　　12. 叶披针形，宽0.5-0.8毫米，先端渐尖，无柄；果长约2.5毫米，背脊钝 …………
　　　　　　　………………………………………………………… 10(附). **禾叶眼子菜 P. gramineus**

　2. 叶两型，有浮水叶和沉水叶之分；浮水叶革质或近革质，沉水叶草质。

　　13. 雌蕊4。

　　　14. 浮水叶小，长圆形、长圆状卵形或椭圆形，长0.8-2.5厘米，宽0.5-1.2厘米，通常在开花时或近花期时出现；沉水叶线形，宽1-1.5毫米，无柄。

　　　　15. 果背脊钝，无凸起 ………………………………… 11. **钝脊眼子菜 P. octandrus var. miduhikimo**

　　　　15. 果背脊具翅状凸起，有时腹面有凸起。

16. 果背脊鸡冠状，喙长约 1 毫米 ·· 12. 鸡冠眼子菜 **P. cristatus**

16. 果背脊具 3 个翅状凸起，喙长约 0.5 毫米 ················ 12(附). 湖北眼子菜 **P. hubeiensis**

14. 浮水叶长 4 厘米以上，宽 2 厘米以上，苗期出现；沉水叶条形或披针形，具柄或无柄。

17. 植株上部多分枝；沉水叶多数，披针形或窄披针形，无柄。

18. 浮水叶之叶柄长于或等于叶片，叶缘通常疏生细牙齿；果长 2.5 毫米 ··· 10(附). 禾叶眼子菜 **P. gramineus**

18. 浮水叶之叶柄短于叶片，叶全缘；果长约 3 毫米 ··········· 13. 异叶眼子菜 **P. heterophyllus**

17. 植株通常不分枝；沉水叶少数，叶柄状，卵形、矩圆状卵形、线形或披针形，具柄，常早落。

19. 浮水叶叶片与叶柄连接处反折；沉水叶半圆柱状线形，叶柄状；果灰黄色 ·· 14. 浮叶眼子菜 **P. natans**

19. 浮水叶叶片与叶柄连接处不反折；沉水叶披针形或线形。

20. 浮水叶基部圆或近心形；果红褐色，长 2-2.5 毫米，背脊钝圆 ··· 14(附). 蓼叶眼子菜 **P. polygonifolius**

20. 浮水叶基部宽楔形或近圆；果淡紫红色，长 3-4 毫米，背部 3 脊，中脊锐 ··· 14(附). 小节眼子菜 **P. nodosus**

13. 雌蕊 2（1-3）；浮水叶卵状披针形、宽披针形或披针形；果背部 3 脊，中脊锐，上部隆起，喙斜生于果腹面顶端 ·· 15. 眼子菜 **P. distinctus**

1. 叶全为沉水叶，无柄，托叶与叶片基部贴生，形成叶鞘；穗状花序花期浮水，水面传粉；内果皮背部盖状物较短小，自基部向上达果长约 2/3。

21. 叶鞘两侧边缘合生，呈套管状抱茎。

22. 果喙不明显，呈疣状小凸起。

23. 叶丝状，宽 0.3-0.5 毫米，叶鞘细套管状 ··········· 16. 丝叶眼子菜 **P. filiformis**

23. 叶线形，宽 1-2.5 毫米，叶鞘为稍膨大套管状 ·········· 17. 帕米尔眼子菜 **P. pamiricus**

22. 果喙尖锐，稍向果后部弯曲 ··········· 17(附). 钝叶菹草 **P. amblyophyllus**

21. 叶鞘边缘离生，相互叠压而抱茎。

24. 叶宽 0.2-1 毫米，先端无小尖头 ··········· 18. 篦齿眼子菜 **P. pectinatus**

24. 叶宽 2-2.5 毫米，先端具小突尖 ··········· 18(附). 铺散眼子菜 **P. pectinatus** var. **diffusus**

1. 单果眼子菜 图 38

Potamogeton acutifolius Link in Roem. et Schult. Syst. Veg. 3: 513. 1818.

沉水草本，无根茎。茎极扁，宽约 1 毫米，横切面梭形，近节收缩呈近圆柱形，具分枝，近基部常匍匐，节生白色须根；茎节无腺体，节间长 3-7 厘米。沉水叶线形，长 3-10 厘米，宽 2-3 毫米，先端渐尖，或具细小尖头，全缘，叶脉 9-15，平行，顶端连接，中脉显著，两侧有数条通气组织所形成的细纹，侧脉较细弱，无柄，托叶膜质，与叶片离生，长 1-3 厘米，多脉，

边缘抱茎；休眠芽侧生，短枝状，特化，深绿色，质硬，多叶。穗状花序顶生，具花（2-）4 轮；花序梗椭圆状柱形，长 2-6 厘米。花

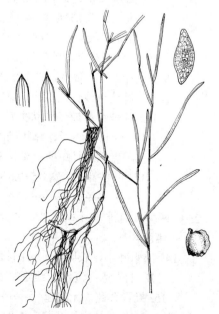

图 38 单果眼子菜 （陈宝联绘）

小，花被片绿色；雌蕊通常 1 枚。果矩圆形或近圆形，长约 3.5 毫米，果喙稍后弯，背部中脊略成波状窄翅，侧脊不明显。花果期 7-9 月。染色体 2n=26。

产黑龙江、吉林、辽宁、内蒙古及陕西北部，生于湖泊、池塘或水沟。欧洲至亚洲北部有分布。

2. 微齿眼子菜

图 39

Potamogeton maackianus A. Benn. in Journ. Bot. 42: 74. 1904.

多年生沉水草本，无根茎。茎细长，圆柱形或近圆柱形，径 0.5-1 毫米，具分枝，近基部常匍匐，节生须根，节间长 2-10 厘米。叶线形，长 2-6 厘米，宽 2-3 毫米，先端钝圆，基部与托叶贴生成短鞘，疏生微齿，叶脉 3-7，平行，顶端连接，中脉显著，侧脉较细，次级脉不明显；无柄，基部与托叶合生成叶鞘，长 3-6 毫米，抱茎，顶端具长 3-5 毫米膜质小舌片。穗状花序顶生，花 2-3 轮；花序梗与茎近等粗，长 1-4 厘米。花小，花被片 4，淡绿色，雌蕊 4，稀少于 4 枚，离生。果斜倒卵圆形或倒卵圆形，长约 4 毫米，喙长约 0.5 毫米，背部 3 脊，中脊窄翅状，钝圆，侧脊稍钝。花果期 6-9 月。

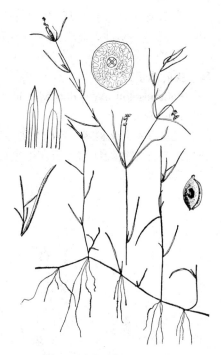

图 39 微齿眼子菜 （引自《图鉴》）

产黑龙江、吉林、辽宁、内蒙古、河北、山东、山西、河南、江苏、安徽、浙江、台湾、福建、江西、湖北、湖南、贵州、四川、云南及西藏，生于湖泊或池塘。俄罗斯远东地区、朝鲜半岛及日本有分布。

3. 小眼子菜 丝藻

图 40

Potamogeton pusillus Linn. Sp. Pl. 127. 1753.

沉水草本，无根茎。茎椭圆状柱形或近圆柱形，纤细，径约 0.5 毫米，具分枝，近基部常匍匐地面，节疏生白色须根，茎节无腺体，偶有不明显腺体，节间长 1.5-6 厘米。叶线形，长 2-6 厘米，宽约 1 毫米，先端渐尖，全缘，叶脉 1 或 3，中脉明显，两侧有通气组织所形成的细纹，侧脉无或不明显；无柄，托叶透明膜质，与叶离生，长 0.5-1.2 厘米，边缘合生成套管状抱茎（或幼时套管状），常早落；休眠芽腋生，纤细纺锤状，长 1-2.5 厘米，下面具 2 或 3 枚小苞叶。穗状花序顶生，花 2-3 轮，间断排列；花序梗与茎相似或稍粗于茎。花小，花被片 4，绿色；雌蕊 4。果斜倒卵圆形，长 1.5-2 毫米，顶端具稍后弯短喙，龙骨脊钝圆。花果期 5-10 月。染

图 40 小眼子菜 （陈宝联绘）

色体2n=26。

产黑龙江、吉林、辽宁、内蒙古、河北、山东、山西、河南、陕西、宁夏、甘肃、青海、新疆、安徽、浙江、台湾、福建、江西、湖北、湖南、广西、贵州、四川、云南及西藏，生于池塘、湖泊、沼泽、水田或沟渠。北半球温带水域常见。

4. 钝叶眼子菜 图 41

Potamogeton obtusifolius Mert. et Koch in Roling, Deutschl. Fl. 1: 855. 1823.

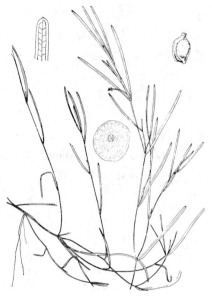

沉水草本。无根茎。茎椭圆状柱形或近圆柱形，径约0.8毫米，具

分枝，近基部常匍匐，节疏生须根；茎节生1对较大腺体，节间长3-7厘米。叶线形，长3-6厘米，宽约2毫米，全缘，两侧近平行，叶脉3或5，中脉明显，两侧有数条通气组织所形成的细纹，侧脉较细弱；无柄，托叶淡绿或近无色，膜质，与叶片离生，长1-1.2厘米，不成套管状，边缘抱茎；休眠芽侧

图 41 钝叶眼子菜 （陈宝联绘）

生短枝状，多叶，不明显特化。穗状花序顶生或假腋生，花2-3轮；花序梗自下而上稍膨大，略扁。花小，花被片绿色，雌蕊4。果斜倒卵圆形，长约3毫米，果喙近头状，龙骨脊锐。花果期6-10月。染色体2n=26。

产黑龙江、吉林、辽宁、河南、陕西、甘肃、新疆及云南，生于清水河溪。欧洲、北美洲及日本有分布。

5. 尖叶眼子菜 线叶藻 图 42

Potamogeton oxyphyllus Miq. in Ann. Mus. Bot. Lugduno-Batavum 3: 161. 1867.

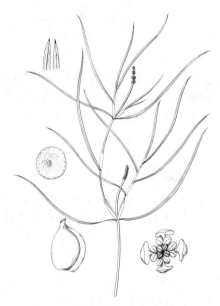

沉水草本。无根茎。茎椭圆状柱形或近圆柱形，径0.5-1毫米，具

分枝，基部常匍匐地面，节疏生须根，长达10余厘米，淡黄色；节间长2-5厘米。叶线形，长3-10厘米，宽1.5-3毫米，中部较宽，两端渐窄，常镰状，全缘，叶脉7-11，平行，于叶端连接，中脉显著，两侧伴有通气组织形成的细条纹，侧脉较细弱；无柄，托叶膜质，与叶离生，长0.6-1.2厘米，多脉，鞘状抱茎，常早萎，纤维质宿存；休眠芽侧

图 42 尖叶眼子菜 （引自《图鉴》）

生，短枝状，多叶，特化。穗状花序顶生，花3-4轮；花序梗自下而上成棒状。花小，花被片绿色；雌蕊4。果倒卵圆形，长3-3.5毫米，果喙长约0.5毫米，背部3脊，侧脊较钝，中脊锐窄翅状。花果期6-10月。染色体2n=26。

产辽宁、河南、陕西南部、青海、江苏、浙江、台湾、江西、湖北、湖南、贵州、云南及西藏，生于池塘或溪沟。俄罗斯远东地区、日本及朝鲜半岛有分布。

6. 菹草 虾藻
图 43

Potamogeton crispus Linn. Sp. Pl. 126. 1753.

多年生沉水草本。根茎圆柱形。茎稍扁，多分枝，近基部常匍匐地面，节生须根。叶条形，长3-8厘米，宽0.5-1厘米，先端钝圆，基部约1毫米与托叶合生，不形成叶鞘，叶缘多少浅波状，具细锯齿，叶脉3-5，平行，顶端连接，中脉近基部两侧伴有通气组织形成的细纹；无柄，托叶薄膜质，长0.5-1厘米，早落；休眠芽腋生，松果状，长1-3厘米，革质叶2列密生，基部肥厚，坚硬，具细齿。穗状花序顶生，花2-4轮，初每轮2朵对生，穗轴伸长后常稍不对称；花序梗棒状，较茎细。花小，花被片4，淡绿色，雌蕊4，基部合生。果基部连合，卵圆形，长约3.5毫米，果喙长达2毫米，稍弯，背脊约1/2以下具齿。花果期4-7月。染色体2n=52。

产辽宁、内蒙古、河北、山东、山西、河南、陕西、甘肃、青

图 43 菹草 （引自《图鉴》）

海、江苏、安徽、浙江、台湾、福建、江西、湖北、湖南、贵州、四川及云南，生于池塘、稻田、灌渠或缓流河水中。世界广布种。为草食性鱼类的良好天然食料。可供水田养鱼的草种。

7. 穿叶眼子菜
图 44

Potamogeton perfoliatus Linn. Sp. Pl. 126. 1753.

多年生沉水草本。根茎白色，节生须根。茎圆柱形，径0.5-2.5毫米，上部多分枝。叶宽卵形、卵状披针形或近圆形，先端钝圆，基部心形，耳状抱茎，边缘波状，具微齿，基出3脉或5脉，弧形，顶端连接，次级脉细弱；无柄，托叶较小，膜质，无色，长3-7毫米，早落；无特化休眠芽。穗状花序顶生，花4-7轮，密集或稍密集；花序梗与茎近等粗，长2-4厘米。花小，花被片4，淡绿或绿色；雌蕊4，离生。果离生，倒卵圆形，长3-5毫米，顶端具0.5毫米长的短喙，背部3脊，中脊稍锐，侧脊不明显，边缘无齿。花果期5-10月。染色体2n=52。

产黑龙江、吉林、辽宁、内蒙古、河北、山东、山西、河南、陕西、宁夏、甘肃、青海、新疆、湖北、湖南、贵州、云南及西

图 44 穿叶眼子菜 （引自《图鉴》）

藏，生于湖泊、池塘、灌渠或河流。世界广布。

8. 白茎眼子菜　　　　　　　　　　　图 45

Potamogeton praelongus Wulf. in Arch. (Leipzig) Bot. 3(3): 331. 1805.

多年生沉水草本。具根茎。茎圆柱形，径约 1 毫米，不分枝或分

枝稀疏，通常节间长达10余厘米或上部较短。叶条状披针形或披针形，先端常匙状，基部钝圆，略耳状抱茎，中脉显著；无柄，托叶膜质，无色或淡绿色，抱茎，与叶片离生，长 1-2.5 厘米，常早落；无特化休眠芽。穗状花序顶生，花4-6轮，稍密集；花序梗稍粗于茎，长 2-5 厘米。花小，花被片4，绿色；雌蕊4，离生。花果期7-9月。染色体2n=52。

产黑龙江、吉林、辽宁及新疆，生于静水沟塘。欧洲、北美及中亚、日本有分布。

图 45　白茎眼子菜　（陈宝联绘）

9. 竹叶眼子菜　箬叶藻　　　　　　　图 46

Potamogeton malaianus Miq. Ill. Fl. Arch. Ind. 46. 1871.

多年生沉水草本。根茎白色，节生须根。茎圆柱形，径约 2 毫米，

不分枝或具少数分枝，节间长达10余厘米。叶线形或长椭圆形，长 5-19 厘米，宽 1-2.5 厘米，先端钝圆具小凸尖，基部钝圆或楔形，边缘浅波状，有细微锯齿，中脉显著；叶柄长 2 厘米以上，托叶大，近膜质，无色或淡绿色，与叶片离生，鞘状抱茎，长 2.5-5 厘米。无特化休眠芽。穗状花序顶生，花多轮，密集或

图 46　竹叶眼子菜　（引自《图鉴》）

稍密集；花序梗稍粗于茎，长 4-7 厘米。花小，花被片4，绿色；雌蕊4，离生。果离生，倒卵圆形，长约 3 毫米，两侧稍扁，背部3脊，边缘平滑，中脊窄翅状，侧脊锐，喙长约0.5毫米。花果期6-10月。染色体2n=52。

产黑龙江、吉林、辽宁、内蒙古、河北、山东、河南、陕西、宁夏、青海、新疆、江苏、安徽、浙江、台湾、福建、江西、湖北、湖南、广东、广西、贵州及云南，生于灌渠、池塘或河流。俄罗斯、朝鲜半岛、日本、东南亚各国及印度有分布。

10. 光叶眼子菜　　　　　　　　　　　图 47

Potamogeton lucens Linn. Sp. Pl. 126. 1753.

多年生沉水草本。具根茎。茎圆柱形，径约 2 毫米，上部多分枝，节间较短，下部节间长达 20 余厘米。叶长椭圆形、卵状椭圆形或披

针状椭圆形，长2-18厘米，宽1-3.5厘米，质薄，先端尖锐，常具0.5-2厘米长的芒状尖头，基部楔形，边缘浅波状，疏生细小锯齿，叶脉5-9，中脉粗，侧脉细弱，与中脉平行，顶端连接，次级叶脉细弱；无柄或具短柄，有时柄长达2厘米，托叶大，绿色，与叶片离生，长1-5厘米，先端钝圆，常宿存。无特化休眠芽。穗状花序顶生，花多轮，密集；花序梗棒状，较茎粗，长3-20厘米。花小，花被片4，绿色；雌蕊4，离生。果离生，卵圆形，长约3毫米，背部3脊，边缘平滑，中脊稍锐，侧脊不明显，喙长0.5毫米。花果期6-10月。染色体2n=52。

　产辽宁、内蒙古、河北、山东、山西、河南、陕西、宁夏、青海、新疆、江苏、安徽、江西湖南、贵州及云南，生于湖泊或沟塘。北半球广布。

　[附] **禾叶眼子菜 Potamogeton gramineus** Linn. Sp. Pl. 127. 1753. 与光叶眼子菜的区别：叶披针形，宽0.5-0.8毫米，先端渐尖，无柄；果长2.5毫米，背脊钝。产黑龙江、吉林、辽宁及陕西北部，生于池沼、沟塘。欧洲、中亚、北美洲及日本有分布。

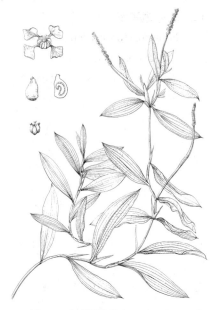

图 47　光叶眼子菜　（引自《图鉴》）

11. 钝脊眼子菜　　　　　　　　　　　图 48

Potamogeton octandrus Poir. var. **miduhikimo** (Makino) Hara in Journ. Jap. Bot. 20: 331. 1944.

Potamogeton miduhikimo Makino, Ill. Fl. Jap. 2. t. 54. 1891.

　多年生水生草本，花前沉没水中。无根状茎。茎纤细，圆柱形或近圆柱形，径约0.5毫米，近基部常匍匐，节生须根，具分枝。叶两型，花前全为沉水叶，线形，互生，长2-6厘米，宽约1毫米，先端渐尖，全缘，叶脉3；无柄，近花期或花时生出浮水叶，互生，或花序梗下面的叶近对生，具柄，叶椭圆形、长圆形或长圆状卵形，革质，长1.5-2.5厘米，宽0.7-1.2厘米，基部近圆，全缘，平行叶脉多条；托叶膜质，与叶离生。穗状花序顶生，花4轮；花序梗稍膨大，略粗于茎，长1-1.5厘米。花小，花被片4；绿色，雌蕊4，离生。果倒卵圆形，长约2.5毫米，背脊钝，无凸起。花果期5-10月。染色体2n=28。

图 48　钝脊眼子菜　（陈宝联绘）

　产吉林、辽宁、内蒙古、河南、陕西南部、江苏、浙江、湖北、湖南、广东、海南、广西及云南，生于池塘或缓流河沟中。俄罗斯远东地区、朝鲜半岛及日本有分布。

12. 鸡冠眼子菜 小叶眼子菜 图 49

Potamogeton cristatus Rgl. et Maack in Regel, Tent. Fl. Ussur. 153. pl. 10. f. 3-6. 1861.

多年生水生草本，开花前全沉水中。无明显根茎。茎纤细，圆柱形或近圆柱形，近基部常匍匐地面，节处生须根，具分枝。叶两型；花期前全为沉水叶，线形，互生，长 2.5-7 厘米，全缘；无柄。近花期或开花时生出浮水叶，通常互生，花序梗下近对生，叶椭圆形、长圆形或长圆状卵形，稀披针形，革质，长 1.5-2.5 厘米，全缘；叶柄长 1-1.5 厘米，托叶膜质，与叶离生。

图 49 鸡冠眼子菜
（引自《华东水生维管束植物》）

休眠芽腋生，明显特化呈细小纺锤状，长 1.5-3 厘米，下面具 3-5 枚直伸针状小苞叶。穗状花序顶生，或假腋生，具花 3-5 轮，密集；花序梗稍膨大，略粗于茎，长 0.8-1.5 厘米。花小，花被片 4；雌蕊 4，离生。果斜倒卵圆形，长约 2 毫米，背部中脊成鸡冠状；喙长约 1 毫米，斜伸。花果期 5-9 月。

产辽宁、河北、山东、河南、安徽、浙江、台湾、福建、江西、湖北、湖南及四川，生于静水池塘或水稻田中。俄罗斯远东地区、朝鲜半岛及日本有分布。为稻田杂草。

[附] **湖北眼子菜 Potamogeton hubeiensis** W. X. Wang in Acta Phytotax. Sin. 26 (2): 160. 1988. 与鸡冠眼子菜的区别：果背脊具 3 个翅状凸起，喙长约 0.5 毫米。产湖北及湖南，生于湖泊、池塘或沟渠中。

13. 异叶眼子菜 图 50

Potamogeton heterophyllus Schreb. Spicil. Fl. Lips. 21. 1771.

多年生水生草本。植株常略带红色，上部多分枝，根茎发达。茎圆柱形，长 0.5-2 米，径 1.5-2 毫米，上部常有分枝。浮水叶椭圆形或宽披针形，长约 8 厘米，宽约 2 厘米，全缘，叶脉（5）7-13；沉水叶多数，披针形、线状披针形或长条状椭圆形，长约 15 厘米（有时达 25 厘米），宽 1.5-2.5（-3.5）厘米，全缘，叶脉多条，具次级平行脉数条；叶柄短于叶片，托叶草质略厚，微带红综色，有时略抱茎。穗状花序顶生，长 6-15 厘米，开花时伸出水面；花序梗稍粗于茎。花被片 4，黄绿色；雌蕊 4，离生。果倒卵圆形，长约 3 毫米，背脊略锐，侧脊

图 50 异叶眼子菜 （陈宝联绘）

不明显，具短喙。花果期 7-9 月。染色体 2n=26，52。

产黑龙江、内蒙古、新疆、云南及西藏，生于水塘、湖泊或池沼。日本、中亚、欧洲、北美等北温带地区有分布。

14. 浮叶眼子菜

图 51

Potamogeton natans Linn. Sp. Pl. 126. 1753.

多年生水生草本。根茎白色，常具红色斑点，多分枝，节处生须根。茎圆柱形，径 1.5－2 毫米，通常不分枝，或极少分枝。浮水叶少数，革质，卵形或矩圆状卵形，有时卵状椭圆形，长 4－9 厘米，先端圆或具钝尖头，基部心形或圆，稀渐窄，叶脉 23－35，于叶端连接，其中 7－10 条显著；具长柄，叶柄与叶片连接处反折。沉水叶质厚，叶柄状，半圆柱状线形，长 10－20 厘

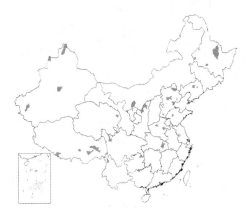

米，3－5 脉不明显，常早落；托叶近无色，长 4－8 厘米，鞘状抱茎，多脉，常呈纤维质宿存。穗状花序顶生，长 3－5 厘米，花多轮，开花时伸出水面；花序梗稍膨大，粗于茎或与茎等粗，开花时通常直立，花后弯曲而使穗沉没水中，长 3－8 厘米。花小，花被片 4，绿色，肾形或近圆形，径约 2 毫米；雌蕊 4，离生。果倒卵形，常灰黄色，长 3.5－4.5 毫米；背部钝圆，或具不明显中脊。花果期 7－10 月。染色体 2n=52。

产黑龙江、吉林、辽宁、内蒙古、河北、山东、河南、陕西、宁夏、青海、新疆、湖北、湖南、云南及西藏，生于湖泊或沟塘。北半球广布种。

[附] **蓼叶眼子菜 Potamogeton polygonifolius** Pour. in Mem. Acad. Sci. Toulouse 3: 325. 1788. 与浮叶眼子菜的区别：浮水叶叶片与叶柄连接处不反折；浮水叶基部圆或近心形，沉水叶披针形或条形；果红褐色，长 2－2.5 毫米。产新疆，生于静水中。中亚、印度、蒙古、日本、欧

图 51 浮叶眼子菜 （陈宝联绘）

洲及北美洲有分布。

[附] **小节眼子菜 Potamogeton nodosus** Poir. in Lam. Encycl. Meth. Bot. Suppl. 4: 535. 1816. 与浮叶眼子菜的区别：浮水叶与叶柄连接处不反折；浮水叶基部圆或宽楔形，沉水叶披针形；果淡紫红色，长 3－4 毫米，背部具 3 脊，中脊锐。产陕西北部及新疆，生于湖泊、沟塘。中亚、欧洲及北美洲有分布。

15. 眼子菜　浮叶眼子菜

图 52

Potamogeton distinctus A. Benn. in Journ. Bot. 42: 72. 1904.

Potamogeton natans auct. non Linn.: 中国高等植物图鉴 5: 6. 1976.

多年生水生草本。根茎白色，径 1.5－2 毫米，多分枝，顶端具纺锤状休眠芽体，节处生须根。茎圆柱形，径 1.5－2 毫米，通常不分枝。浮水叶革质，披针形、宽披针形或卵状披针形，长 2－10 厘米，叶脉多条，顶端连接；叶柄长 5－20 厘米。沉水叶披针形或窄披针形，草质，常早落，具柄；托叶膜质，长 2－7 厘米，鞘状抱茎。穗状花序顶生，花多轮，开

花时伸出水面，花后沉没水中；花序梗稍膨大，粗于茎，花时直立，花后自基部弯曲，长 3－10 厘米。花小，花被片 4，绿色；雌蕊 2，（稀 1 或 3）。果宽倒卵圆形，长约 3.5 毫米，背部 3 脊，中脊锐，上部隆起，侧脊稍钝。基部及上部各具 2 凸起，喙略下陷而斜，斜生于果腹面顶端。花果期 5－10 月。染色体 2n=52。

产辽宁、内蒙古、河北、山东、山西、河南、陕西、宁夏、甘肃、青海、新疆、江苏、安徽、

浙江、台湾、福建、江西、湖北、湖南、贵州、四川及云南，生
于池塘、水田或水沟。俄罗斯远东地区、朝鲜半岛及日本有分布。常
见的稻田杂草，有时是恶性杂草。

16. 丝叶眼子菜

图 53

Potamogeton filiformis Pers. Syn. Pl. 1: 152. 1850.

沉水草本。根茎细长，白色，径约1毫米，具分枝，常于春末至
秋季在根茎及分枝顶端形成卵球形休眠芽体。茎圆柱形，纤细，径约0.5
毫米，基部多分枝，或少分枝；节间长0.5-2厘米，或伸长。全为沉
水叶，叶丝状，长3-7厘米，宽0.3-0.5毫米，先端钝，基部与托叶
贴生成鞘，鞘长0.8-1.5厘米，绿色，合生成细套管状抱茎（或至少在幼时为合生的管状），顶端具长0.5-1.5厘米膜质舌片，叶脉3，平行，顶端连接，中脉显著，边脉细弱，次级脉极不明显。穗状花序顶生，具花2-4轮，间断排列；花序梗细，长10-20厘米，与茎近等粗。花被片4，近圆形，径0.8-1毫米；

雌蕊4，离生，1-2枚发育。果倒卵形，长2-3毫米，喙极短，呈疣状，背脊通常钝圆。花果期7-10月。染色体2n=78。

产陕西西北部、宁夏东部、青海及新疆，生于沟塘或湖沼。中亚、欧洲及北美温带水域有分布。

17. 帕米尔眼子菜

Potamogeton pamiricus Baag. in Vidensk. Medd. Natur. Foren. 182. 1903.

沉水草本。根茎白色，径1-1.5毫米，具分枝，节处生须根。茎圆柱形，径0.5-0.8毫米，不分枝。叶硬挺，线形，先端钝圆，长4-12厘米，宽1-2.5毫米，基部与托叶贴生成鞘，叶鞘长1.5-3.5厘米，稍膨大套管状，中脉绿色，多脉，近边缘膜质，叶鞘下部合生成套管状抱茎，顶端具膜质舌片，舌片宿存，叶脉3（-5），中脉与边脉有与之垂直的次级脉相连。穗状花序顶生，花数

轮，单数排列；花序梗直而稍硬挺，与茎近等粗，长3-5厘米。花小，花被片4，近圆形；雌蕊4，离生。果斜倒卵圆形，具极短的喙。花果期7-9月。

图 52 眼子菜 （陈宝联绘）

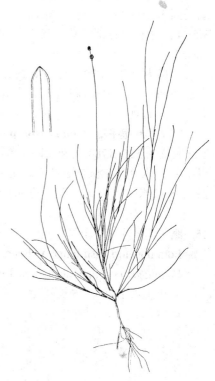

图 53 丝叶眼子菜 （陈宝联绘）

产甘肃、青海、新疆、四川及西藏，生于湖泊或沼泽。俄罗斯有分布。

[附] **钝叶菹草 Potamogeton**

amblyophyllus C. A. Mey. in Beitr. Pflanzenk. Russ. Reiches 6: 10. 1849. 与帕米尔眼子菜的区别：茎多分枝；果喙尖锐，稍向果后弯。产甘肃东部及云南西北部，生于池塘中。俄罗斯有分布。

18. 篦齿眼子菜 图 54

Potamogeton pectinatus Linn. Sp. Pl. 127. 1753.

图 54 篦齿眼子菜 （陈宝联绘）

沉水草本。根茎白色，径1-2毫米，具分枝，常于春末夏初至秋季之间在根茎及分枝顶端形成长0.7-1厘米的卵形休眠芽体。茎长0.5-2米，近圆柱形，纤细，径0.5-1毫米，下部分枝稀疏，上部分枝稍密集。叶线形，长2-10厘米，宽0.2-1毫米，先端渐尖或尖，基部与托叶贴生成鞘，鞘长1-4厘米，绿色，边缘叠压抱茎，顶端具长4-8毫米小舌片，叶脉3，平行，顶端连接，中脉显著，有与之近于垂直的次级叶脉，边脉细弱。穗状花序顶生，具花4-7轮，间断排列；花序梗细长，与茎近等粗。花被片4，圆形或宽卵形，径约1毫米；雌蕊4，通常1-2发育。果倒卵圆形，长3.5-5毫米，顶端斜生长约0.3毫米的喙，背部钝圆。花果期5-10月。染色体2n=78。

产黑龙江、吉林、辽宁、内蒙古、河北、山东、山西、河南、陕西、宁夏、甘肃、青海、新疆、安徽、浙江、台湾、福建、湖北、湖南、贵州、四川、云南及西藏，生于河沟、水渠或池塘。世界广布，两半球温带水域较习见。全草入药，有清热解毒之功效，主治肺炎、疮疖等。

[附] **铺散眼子菜 Potamogeton pectinatus** Linn. var. **diffusus** Hagstrom in Kongl. Svenska Vetenskapsakad. Handl. 55(5): 46. f. 18L. 1916. 与篦齿眼子菜的区别：叶宽2-2.5毫米，先端具小突尖；植株较粗壮。产陕西及甘肃，生于河沟流水中。俄罗斯及挪威有分布。

224. 川蔓藻科 RUPPIACEAE

（孙　坤）

多年生或一年生沉水草本。根茎细，质硬，匍生泥中，节疏生须根。直立茎细长或极短。叶互生，有时在花序下方近对生；叶片窄线形，全缘或先端两侧具细齿，基部具鞘，叶鞘离生或抱茎，两侧具叶耳；无柄。穗状花序具 2 至数花，顶生或腋生，初具短花序梗，包于叶鞘内，果时伸长或略伸长，浮水或沉水。花小，两性；无花被片；雄蕊 2，花药 2 室，外向，纵裂，花粉粒弓曲；雌蕊具离生心皮 4 枚或更多，柱头小，盾状或盘状，子房颈瓶状，1 室，胚珠 1，悬垂。瘦果，不对称，顶端常具短喙；果柄长；果皮厚，外果皮松软易腐，内果皮质硬，棕或棕褐色。种子无胚乳。染色体 2n=20，40。

1 属，广布于温带、亚热带海域和盐湖。

川蔓藻属 Ruppia Linn.

形态特征及分布同科。

约 8 种。我国 1 种。

川蔓藻

Ruppia maritima Linn. Sp. Pl. 127. 1753.

Ruppia rostellata Koch; 中国高等植物图鉴 5: 12. 1976.

沉水草本。地下根茎质硬。直立茎多分枝，丛生状，长约 40 厘米，散布展开面达 1 平方米，节明显，节间长 1-6 厘米。叶窄线形，长 2-10 厘米，先端渐尖或尖，基部叶鞘多少抱茎，鞘长 0.2-1 厘米，叶耳钝圆，中肋显著。穗状花序长 2-4 厘米，具 2 花，包于叶鞘内的短梗上，花后梗伸出鞘外。瘦果略斜宽，宽卵圆形，不裂，长约 2 毫米，柄长 0.5-1.7 厘米，4-6 枚簇生于长约 5 厘米的总梗。花果期 4-6 月。染色体 2n=20。

产辽宁、山东、宁夏、青海、新疆、江苏、浙江、台湾、福建、广东、香港、海南及广西，生于海边盐田或内陆盐碱湖。温带、亚热带海域及盐湖有分布。

图 55

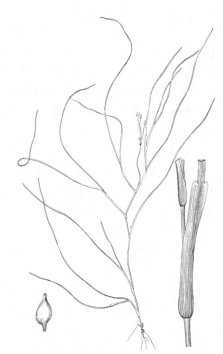

图 55 川蔓藻　（引自《图鉴》）

225. 茨藻科 NAJADACEAE

（孙　坤　陈家宽）

一年生沉水草本。茎节生须根，扎根水底。植株纤细，柔软，节部易断裂，分枝多，光滑或具刺；无导管。叶近对生或假轮生，叶线形或线状披针形，具中脉，具锯齿或全缘，基部成鞘，鞘内具2鳞片，无叶舌，常具叶耳；无柄。花单性，雌雄同株或异株；单生或簇生叶腋，无梗。雄花具长颈瓶状佛焰苞，稀无；花被膜质，短颈瓶状，先端2裂；雄蕊1，花药1或4室，纵裂或不规则开裂。雌花无花被和佛焰苞，少数种具一多少与子房粘连的佛焰苞；雌蕊1，子房1室，具一倒生、底着、直立胚珠，花柱短，柱头2-4枚。瘦果长圆形，果皮薄膜质，常为膜质叶鞘所包。种子长圆形或卵圆形，种皮厚；胚直立，顶生子叶斜出，胚芽侧生。x=6。

1属，广布于温带、亚热带和热带地区。

茨藻属 Najas Linn.

形态特征及分布同科。

约40种。我国9种3变种。植株可作绿肥和饲料。

1. 雌雄异株；外种皮细胞排列不规则。
　2. 茎节间具刺；叶下面沿脉具刺 ·· 1. 大茨藻 N. marina
　2. 茎除顶端外，茎节间无刺；叶下面无刺 ················· 1(附). 短果茨藻 N. marina var. brachycarpa
1. 雌雄同株；外种皮细胞排成纵列。
　3. 花药1室。
　　4. 瘦果窄椭圆形，上部渐窄，稍弯；外种皮细胞纺锤形，横向长于轴向，梯状排列 ·················
　　·· 2. 小茨藻 N. minor
　　4. 瘦果长椭圆形，常不弯曲；种皮细胞长方形，轴向大于横向，或几相等。
　　　5. 多为5叶假轮生；叶耳截圆或倒心形 ································· 3. 纤细茨藻 N. gracillima
　　　5. 3叶假轮生；叶耳短三角形 ······································· 4. 高雄茨藻 N. browniana
　3. 花药4室，稀2室。
　　6. 雄花具瓶形佛焰苞；叶耳截圆或倒心形。
　　　7. 瘦果新月形 ··· 5. 弯果茨藻 N. ancistrocarpa
　　　7. 瘦果长椭圆形。
　　　　8. 外种皮细胞四边形或稍不规则，排列整齐 ····················· 6. 东方茨藻 N. orientalis
　　　　8. 外种皮细胞六边形，横向大于轴向，梯状排列 ··········· 6(附). 澳古茨藻 N. oguraensis
　　6. 雄花无佛焰苞；叶耳长三角形 ······································· 7. 草茨藻 N. graminea

1.　大茨藻　茨藻　　　　　　　　　　图 56

Najas marina Linn. Sp. Pl. 1015. 1753.

一年生沉水草本，植株高0.3-1米，多汁。茎较粗壮，径1-4.5毫米，黄绿至墨绿色，质脆，节间长1-10厘米，节部易断裂；分枝多，二叉状，常疏生锐尖粗刺，刺长1-2毫米，先端黄褐色，表皮与皮层分界明显。叶近对生或3叶轮生，叶线状披针形，稍上弯，长1.5-3厘米；先端黄褐色刺尖，具粗锯齿，下面沿中脉疏生长约2毫米的刺，全缘或上部疏生细齿，齿端黄褐色刺尖；无柄，叶鞘圆形，抱茎。花单

性，雌雄异株，单生叶腋；雄花长约 5 毫米，具瓶状佛焰苞；花被片 1，先端 2 裂；雄蕊 1，花药 4 室。雌花无花被；雌蕊 1，子房 1 室，花柱短，柱头 2-3 裂。瘦果椭圆形或倒卵状椭圆形，长 4-6 毫米。种子卵圆形或椭圆形，种皮质硬，易碎，外种皮细胞多边形，排列不规则。染色体 2n=12，24，60。

产黑龙江、吉林、辽宁、内蒙古、河北、山东、山西、河南、宁夏、新疆、江苏、安徽、浙江、台湾、江西、湖北、湖南、广东、广西、贵州及云南，生于湖泊、池塘或缓流河水中，常群聚成丛，多生于 0.5-3 米或更深的水体，海拔达 2690 米。朝鲜半岛、日本、马来西亚、印度、非洲、欧洲及北美洲有分布。

[附] **短果茨藻 Najas marina** Linn. var. **brachycarpa** Trautv. in Bull. Soc. Nat. Mosc. 40(3): 97. 1867. 与大茨藻的区别：茎除顶端外，节间无刺；叶下面无刺。产内蒙古及新疆，生于池沼中。中亚有分布。

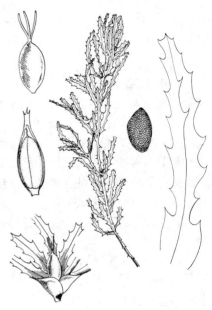

图 56　大茨藻　（陈宝联绘）

2.　小茨藻　　　　　　　　　　　　　　　图 57

Najas minor All. Fl. Ped. 2: 221. 1785.

一年生沉水草本。植株纤细，下部匍匐，上部直立，节部易断裂。

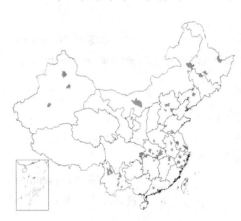

茎光滑，黄绿至深绿色，分枝二叉状，基部节生不定根。茎下部叶近对生，上部叶呈 3 叶假轮生，于枝端较密集。叶线形，长 1-3 厘米，具锯齿，上部渐窄向背面弯曲，先端黄褐色刺尖；无柄；叶鞘上部倒心形，长约 2 毫米，叶耳近圆形，上部及外侧具细齿。花小，单性同株，单生叶腋。雄花浅黄绿色，长约 1 毫米，

具瓶状佛焰苞；花被囊状，先端 2 浅裂；雄蕊 1，花药 1 室。雌花无佛焰苞和花被，雌蕊 1，花柱细长，柱头 2 裂。瘦果黄褐色，窄椭圆形，长 2-3 毫米，上部渐窄而稍弯。种皮坚硬，易碎，表皮细胞纺缍形，横向长于轴向，梯状排列，于两尖端连接处形成脊状突起。染色体 2n=12，24。

产黑龙江、吉林、辽宁、内蒙古、河北、山东、河南、宁夏、新疆、江苏、安徽、浙江、台湾、福建、江西、湖北、湖南、广东、香港、海南、广西及云南，常成丛生于湖泊、池塘、水沟或稻

图 57　小茨藻　（陈宝联绘）

田中。亚洲、非洲、欧洲及美洲有分布。

3.　纤细茨藻　　　　　　　　　　　　　　图 58

Najas gracillima (A. Br. ex Engelm.) Magnus, Beitr. 23. 1870.

Najas indica (Willd.) Cham. var. *gracillima* A. Br. ex Engelm. in A. Gray. Man. Bot. 681. 1868.

一年生沉水草本，高 10-20 厘米。植株纤细，易碎，茎圆柱形，节间长 1-2 厘米，分枝二叉状，节部易断裂。叶多为 5 叶假轮生，稀

3 叶或 5 叶以上假轮生，多呈簇生数叶与单枚叶拟对生状，叶片窄线形或刚毛状，长约 2 厘米，下部几无齿，上部具刺状细齿，齿端具黄褐色刺尖；无柄，叶鞘抱茎，叶耳

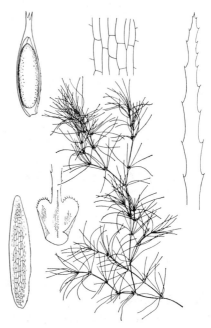

截圆或倒心形，先端具数枚刺状细齿。花单性，雌雄同株；1-4朵腋生。两朵以上者多只有1朵雄花，余为雌花；雄花极小，黄绿色，具瓶状佛焰苞；花被1，囊状，先端2浅裂；雄蕊1，花药1室。雌花无佛焰苞和花被，雌蕊1，花柱长1-2毫米，柱头2裂。瘦果褐色，长椭圆形，长约2毫米，常成对生于茎节。种皮细胞长方形，轴向大于横向。花果期6-8月。染色体2n=12，24。

产黑龙江、吉林、辽宁、内蒙古、江苏、浙江、台湾、江西、湖北、广东、香港、海南、贵州及云南，生于池塘、水沟、稻田或藕田中，海拔达1800米。日本及美洲等地有分布。

图 58 纤细茨藻 （陈宝联绘）

4. 高雄茨藻　　　　　　　　　　　　　　　　　图 59

Najas browniana Rendle in Trans. Linn. Soc. Lond. Bot. 5: 420. 1899.

一年生沉水草本，植株纤弱，高20-30厘米，易碎，下部匍匐，上部直立，基部节生不定根；茎圆柱形，径约1毫米，节间长1-3厘米；分枝二叉状。叶3叶假轮生，于枝端较密集；叶线形，长1-2厘米，渐尖，有细锯齿，齿端有褐色刺尖；叶脉1；无柄，叶基成鞘，抱茎，叶耳短三角形，长约2毫米，先端具数枚细齿，略撕裂状。花小，单性；多单生，或2-3枚聚生叶腋。雄花具1佛焰苞和1花被；雄蕊1，花药1室。雌花窄长椭圆形，长约1毫米，无佛焰苞和花被，雌蕊1，柱头2裂。瘦果窄长椭圆形，长1.5-1.7毫米。种皮细胞数十列，近四方形或五角形。花果期8-11月。染色体2n=12。

产台湾，生于水深0.5-1米咸水中。印度尼西亚、巴布亚新几内亚及澳大利亚有分布。

图 59 高雄茨藻 （陈宝联绘）

5. 弯果茨藻　　　　　　　　　　　　　　　　　图 60

Najas ancistrocarpa A. Br. ex Magnus, Beitr. 7. 1870.

一年生沉水草本。植株纤弱，高10-30厘米，易碎，下部匍匐，节生不定根，上部直立；分枝二叉状；茎圆柱形，光滑，节间长1-3厘米。叶近对生或3叶假轮生，于枝端较密集；叶窄线形或线形，长1-2厘米，先端具1-2细齿，边缘具刺状齿；无柄，叶耳截圆或倒心形，叶鞘圆，抱茎，长1-1.5毫米，上半部边缘具细锯齿。花单性；单生叶腋。雄花椭圆形，长0.5-1.5毫米，佛焰苞短颈瓶形，口缘具4-5枚黄褐色刺尖；花被1，先端2裂；

雄蕊1，花药4室。雌花佛焰苞囊状，口缘具数枚黄褐色刺尖；花柱超出佛焰苞之上，柱头2裂，不等长。瘦果黄褐色，新月形，长1-2毫米。种子镰刀状，背脊具1纵列瘤状突起。外种皮细胞数十列，在种子中部呈长方形，至末端渐为不规则多边形或四方形。花果期7-10月。染色体2n=12，24。

产浙江、台湾、福建、江西及湖北，生于0.5-2米深静水中。日本有分布。

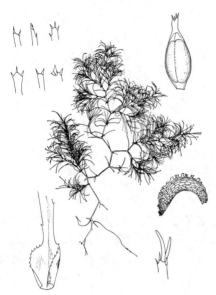

图 60 弯果茨藻 （陈宝联绘）

6. 东方茨藻　　　　　　　　　图 61

Najas orientalis Triest et Uotila in Ann. Bot. Fenn. 23: 169. 1986.

一年生沉水草本。植株纤细，高10-15厘米，易折断，基部节生不定根，下部匍匐，上部直立；茎圆柱形，光滑，节间长0.5-3厘米，分枝二叉状。叶近对生或3叶假轮生；叶片线形或窄披针形，长1-3厘米，伸展或稍下弯，先端有1-2黄褐色刺尖细齿，边缘有细锯齿，齿端具黄褐色刺尖，叶脉1；无柄，叶耳截圆或倒心形，叶鞘圆，抱茎，长约2毫米，具细锯齿，齿端均有

黄褐色刺尖头。花单性，单生，稀2朵并生叶腋。雄花椭圆形，浅黄绿色，长约1毫米，通常生于植株上半部，具1篦齿状佛焰苞；花被1，2裂；雄蕊1，花药4室。雌花无佛焰苞和花被，椭圆形；雌蕊1，长约2.5毫米，花柱长约1毫米，柱头2裂。瘦果灰白或黑褐色，长椭圆形，长2-2.5毫米。种子略肾形，常有金属光泽，网隙可见；外种皮细胞四边形，排列整齐。花果期5-8月。染色体2n=12。

产吉林、辽宁、江苏、浙江、福建、江西、湖北、广东、海南及云南，生于池塘、水沟、藕田、水稻田或缓流河中。日本及欧洲有分布。

[附] **澳古茨藻 Najas oguraensis** Miki in Bot. Mag. Tokyo 49: 587. 775.

7. 草茨藻　　　　　　　　　图 62

Najas graminea Del. Fl. Egypt. 282. t. 50. f. 3. 1813.

一年生沉水草本。植株纤细，高10-20厘米，茎光滑，基部分枝较多，上部分枝较少，分枝二叉状。叶3枚假轮生，或2枚近对生；

图 61 东方茨藻 （陈宝联绘）

1935. 与东方茨藻的区别：外种皮细胞六边形，横向大于轴向，梯形排列。产江西及湖北，生于0.5-2米深静水中。日本有分布。

叶片线形，长1-2.5厘米，先端渐尖，边缘具较密微小细齿，齿端具黄褐色刺细胞；无柄，叶基鞘状抱

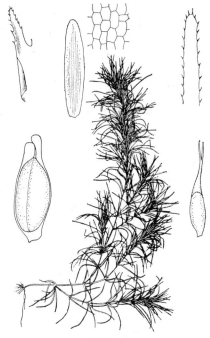

茎，叶耳长三角形，长1-2毫米，两侧具数枚褐色刺状细齿。花单性同株，常单生，或2-3朵聚生叶腋；雄花极小，浅黄绿色，椭圆形，长约1毫米，无佛焰苞；花被1，圆形，先端2浅裂；雄蕊1，花药4室；雌花无佛焰苞和花被，雌蕊1，长圆形，柱头2-4裂。瘦果长椭圆形，黄褐色，长1.5-1毫米。种子窄长圆形；种皮坚硬，易碎，外种皮细胞六边形至多边形，成行排列，轴向长于横向。染色体2n=12，24，36。

产黑龙江、辽宁、河北、河南、宁夏、江苏、安徽、浙江、台湾、福建、湖北、广东、香港、海南、广西、四川及云南，生于湖泊、池塘、藕田或稻田中，可生于水深0.2-1米的水底，海拔达1800米（云南昆明等地）。广布于朝鲜半岛、日本、马来西亚、印度及大洋洲、非洲、欧洲、美洲的热带及亚热带地区。

图 62 草茨藻 （陈宝联绘）

226. 角果藻科 ZANNICHELLIACEAE
（孙 坤）

一年生或多年生沉水草本，生于淡水或咸水中。根茎匍匐，每节疏生须根。茎直立，或下部匍匐状，细弱，丝状，多分枝。叶互生，有时近对生。叶线形，全缘；无柄，基部鞘状，叶鞘离生或贴生于叶，常有叶舌，叶鞘内小鳞片通常2枚，丝状。花小，单性，雌雄同株或异株；单生或簇生叶腋。雌花包于杯状佛焰苞中；无花被，或退化成1枚3裂或3枚离生的鳞片；雄蕊1、2或3，具花丝或无，花药2或1室，纵裂，花粉球形；雌蕊1-3（-9）心皮，离生，花柱长，通常宿存，柱头漏斗状、匙状或斜盾状，胚珠1，悬垂。瘦果或坚果状。种子无胚乳。

4属约6种，广布世界各地。我国1属。

角果藻属 Zannichellia Linn.

多年生，稀一年生沉水草本。根茎匍匐，每节疏生须根。茎直立，细弱，长3-10（-20）厘米，下部匍匐状、丝状，多分枝。叶互生或近对生，叶线形，长2-10厘米，宽0.3-0.5毫米，全缘；无柄，基部鞘状，膜质。花小，单性，雌雄同株或异株；花单生或簇生叶腋。雌花花被杯状，具4枚离生心皮，稀至6枚，子房椭圆形，花柱粗短，后伸长，宿存，柱头斜盾状或不对称漏斗状，胚珠1，垂悬。雄花无花被，雄蕊1，花药2-4室，纵裂，药隔延至顶端，花丝细长，着生雌花基部。果肾形或新月形，略扁，长

2-6毫米，常2-4枚簇生叶腋，果脊有钝齿，喙长于或等于果长，略背弯。种子直生，子叶卷曲。

单种属。我国1种1变种。

角果藻　角茨藻　　　　　　　　　　　　　　　图 63

Zannichellia palustris Linn. Sp. Pl. 969. 1753.

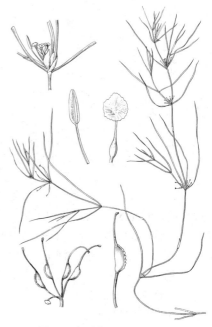

形态特征同属。2n=24，34。

产黑龙江、辽宁、内蒙古、河北、山东、山西、河南、陕西、宁夏、甘肃、青海、新疆、江苏、安徽、浙江、台湾、福建、湖北、湖南、云南及西藏，生于淡水或咸水中，也见于海滨或内陆盐碱湖泊。全球广布。

图 63 角果藻 （引自《图鉴》）

227. 波喜荡科 POSIDONIACEAE
（孙　坤）

多年生海生沉水草本。根状茎匍匐，单轴分枝；每节具1鞘状鳞片，节上生须根1（-2）条。直立茎短；根状茎及直立茎被残存纤维质鳞片或叶鞘。叶基生或互生；叶线形，扁平，稍镰状，全缘或上部有极浅钝齿，先端钝圆，叶基具长鞘，全抱茎，或基部边缘相互覆盖，成半抱茎的开口鞘，叶脱落后宿存，叶耳和叶舌明显，或否，叶脉多条，平行。花序具1至数枚穗状花序或分枝，分枝包于叶状苞内，生于花序梗上，成聚伞状，每穗3-6花。花两性（有时小穗最上部的花雌蕊退化），无花被或具3枚早落小鳞片；雄蕊3，无花丝，花药具肥厚药隔，药室2，纵裂；雌蕊1，子房上位，1室，柱头歪生，不规则分裂，胚珠1，悬垂。果肉质，浆果状，卵圆形，平滑或具瘤。种子长圆形，无胚乳；胚直生。染色体2n=20。

1属，间断分布于西太平洋沿海和地中海，澳大利亚沿海种类最多。我国亦产。

波喜荡属 **Posidonia** Koenig

属的形态特征及分布同科。

约8种，我国1种。

波喜荡 图 64

Posidonia australis Hook. f. Fl. Tasman. 2: 43. 1858.

多年生海生沉水草本。根茎匍匐，侧扁，棕红色，密被厚层长纤维（叶鞘残迹）。直立茎短。叶互生；叶质韧，线形，略弯，长 60-90 厘米，全缘，先端钝圆或平截，基部稍窄，叶脉 11-21，平行；叶鞘长约 12 厘米，基部边缘相覆盖，呈开口鞘状，边缘内折，叶耳生于内折边缘上部，叶舌长 0.5-1 厘米。穗状花序 2-7 枚着生花序梗，最下面的小穗包于退化叶状苞内，穗长

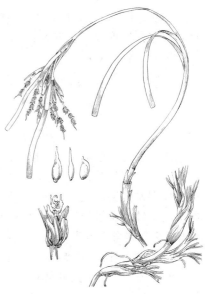

图 64 波喜荡 （引自《Engl. Pflanzenr.》）

3-7.5 厘米，每穗 3-6 花。花两性，无花被；雄蕊 3，无花丝，花药 2 室，红色，长约 3.5 毫米，生于倒披针形、厚大药隔的基部，药隔中肋隆起；雌蕊 1，长 4-5 毫米，倒长卵形，柱头不规则浅裂，多少呈马蹄铁形。果斜倒卵圆形，长 1.5-3 厘米，平滑，稀具瘤，喙尖，微弯，无柄，托以宿存药隔所形成的苞状物；果皮肉质，松软，绿色，干后暗棕色，种子萌发前自基部不规则裂成若干瓣。种子 1，背面

较腹面宽；种皮膜质。

产海南，喜生于浅海海底低潮线上。主产西太平洋热带沿海，澳大利亚及印度有分布。

228. 丝粉藻科 **CYMODOCEACEAE**

（孙　坤）

多年生海生沉水草本。根茎匍匐，草质或木质，单轴分枝或合轴分枝，具叶或鳞片状叶，节部生须根和直立多叶的茎；直立茎短或长。叶 2 列；叶线形、丝状带形，稀圆柱状或钻状，全缘或具微齿，叶脉 3 至数条，平行，侧脉明显或不明显；基部具鞘，叶鞘抱茎，基部开放，叶耳与叶舌明显。花小，单性，雌雄异株，通常生于直立茎或其分枝顶端，针叶藻属为腋生聚伞花序。花无被，常为叶鞘所包；雄花近无花梗或具梗，由 2 枚花药背部多少合生的雄蕊组成，雄蕊几无花丝，花药 2 室，外向，纵裂，药隔常伸长，花粉粒线状，长约 5 毫米，无外壁。雌花无梗或具短梗，由 2 枚离生心皮组成；花柱长，柱头不裂，或花柱短，柱头 2 或 3 裂，丝状，胚珠 1，悬垂。小坚果，不裂，顶端常具喙；外果皮质硬。种子无胚乳，有时在母体上萌发。

5 属约 18 种，分布于热带、亚热带地区海滩，太平洋南部及印度洋沿海种类最多。我国 3 属约 4 种。

1. 叶钻状或长圆柱状针形；聚伞花序 ··· 2. 针叶藻属 Syringodium
1. 叶扁平，线形或线状带形；花单生。
　2. 叶具 3 脉；根不分枝；柱头 1，不裂，2 枚花药不等高 ······················ 1. 二药藻属 Halodule
　2. 叶具 7-17 脉；根通常分枝；柱头 2 裂，2 枚花药等高 ······················ 3. 丝粉藻属 Cymodocea

1. 二药藻属 Halodule Endl.

　　浅海生沉水草本。根茎匍匐，淡黄棕色，纤细而坚韧，单轴分枝，节明显，生数条粗短、不分枝须根。直立茎短，基生鳞片 2。茎生叶 1-4，互生，2 列；叶片线形，全缘，先端常具 2 至数齿，叶脉 3，平行，中脉顶端常扩展，或 2 叉状，侧脉边缘生，常不明显；叶鞘稍扁，脱落后在茎上留下环痕，叶耳与叶舌明显。花单性，雌雄异株；单生于茎顶或侧枝顶端，幼时为叶鞘所包，后伸出。雄花具梗，具 2 枚无花丝的雄蕊，2 枚雄蕊的花药背部合生，不等高，花药 2 室，外向，纵裂，花粉粒线形。雌花几无梗，具 2 离生心皮，花柱略长，柱头不裂。果卵圆形，稍扁，坚硬，具喙，不裂。种子 1，悬垂。

　　约 7 种，广布于热带海滩，常生于热带浅海高潮线与低潮线间砂质或泥质海滩。我国 2 种。

1. 叶先端常具 3 齿，中齿多少钝尖或 2 裂（或具数枚细齿），2 侧齿略外斜，叶宽 0.8-1.4 毫米，基部渐窄 ········
　··· 1. 二药藻 H. uninervis
1. 叶先端常平截或钝圆，无中齿，具 2 侧齿，发育较差，叶宽 0.5-0.8 毫米 ············ 2. 羽叶二药藻 H. pinifolia

1.　二药藻　　　　　　　　　　　　图　65

Halodule uninervis (Forsk.) Asch. in Boiss. Fl. Orient. 5: 24. 1882.

Diplanthera uninervis Forsk. Fl. Aegypt. Arab. 120: 157. 1775.

浅海生沉水草本。根茎匍匐，节间长 2.5-5 厘米；直立茎短，基部常为残存叶鞘包被。叶互生；叶线形，长 4-15 厘米，宽 0.8-1.4 毫米，上部有时镰状，基部渐窄，叶先端常具 3 齿，中齿与侧齿等长，或稍长于侧齿，多少钝尖或 2 裂，或具数枚细齿，2 侧齿略外斜，叶脉 3，平行，中脉明显，先端常略扩展或分叉，末梢于叶端突出成中齿，侧脉发育正常；叶鞘长 2-3 厘米，扁筒形，初抱茎，后分离。花小，无花被；雄花花药微红，长约 3 毫米，无花丝，贴生于长 1-2 厘米的花梗上，2 花药着生高低相距约 0.5 毫米；雌花花柱长 3-4 毫米，顶生。果不裂，卵圆形，长 2.5 毫米，略扁，喙顶生，长约 1 毫米。种子 1，直生。

产台湾及海南，生于浅海高潮与中潮带间的海滩。广布于热带浅

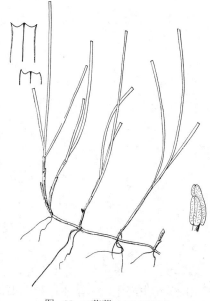

图 65　二药藻　（陈宝联绘）

海，从西太平洋到印度洋，沿东非至红海。

2.　羽叶二药藻　　　　　　　图　66

Halodule pinifolia (Miki) Hartog in Blumea 12: 309. f. 10. 1964.

Diplanthera pinifolia Miki in Bot. Mag. Tokyo 46: 787. f. 9. 1932.

浅海生沉水草本。根茎匍匐，节间长 1-3 厘米；节生鳞片卵形，

膜质，每节须根2-3条。直立茎短。叶1-4互生；叶线形，长2-8厘米，宽0.5-0.8毫米，先端平截或钝圆，有时有2侧齿，叶脉3，中脉明显，顶端常稍扩展或分叉，侧脉常不明显；叶鞘长1-1.4（-2.8）厘米，抱轴。花小，无花被；雄花花药无花丝，贴生于长约1厘米的花梗，2花药高低相距约0.5毫米，有时基部具小鳞片。雌花无梗，心皮卵圆形，长约1毫米，花柱侧生，长约1.3毫米。果卵圆形，长约2毫米，喙侧生，长约1毫米。

产台湾及海南。广布于西太平洋及其邻海、日本、马来西亚、澳大利亚、斐济、汤加及新喀里多尼亚。

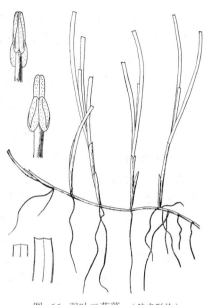

图 66 羽叶二药藻 （陈宝联绘）

2. 针叶藻属 Syringodium Kütz.

海生沉水草本。根茎匍匐，单轴分枝；皮层有多条维管束；节间长1-4厘米，每节生须根1至多条。直立茎短。茎生叶2-3，互生；叶钻状或长圆柱状针形，横断面具1中心维管束和6-8个薄壁细胞形成的通气腔道，外围有一圈排列规则、数目多变的维管束；叶鞘较宽，长1.5-6厘米，具叶耳和叶舌，叶鞘脱落后常在茎形成开口环痕。聚伞花序腋生，常排成扇状。花单性，雌雄异株，通常包于具退化叶片的苞鞘内；雄花具梗，雄蕊2，无花丝，着生于小花梗上同一高度，背着。雌花无梗，具离生雌蕊2，花柱极短，柱头较长，2裂。果长椭圆形或斜倒卵圆形，长4-7毫米；外果皮质硬，背部具不明显中脊；喙顶生，较短。

2种，1种分布于加勒比海，1种分布于太平洋至印度洋，喜生于富含盐分的海底，从低潮线以下至水深约6米处。我国1种。

针叶藻   图 67

Syringodium isoetifolium (Asch.) Dandy in Journ. Bot. 77: 116. 1939.

Cymodocea isoetifolium Asch. in Sitzungsber Ges. Naturf. Frunde Berlin 3. 1867.

多年生海生沉水草本，植株高约25厘米。根茎较纤细，节间长1.5-3.5厘米，每节生须根1-3条，具分枝或否。直立茎短，节间短。叶2-3，互生，常生于短茎上部；叶钻状针形，长7-10厘米，宽1-2毫米，皮层中具维管束（7）8（-10）条，稀达15条，直径明显小于中心维管束；叶鞘长1.5-4厘米，常带红色。聚伞花序下部分枝二歧式，上

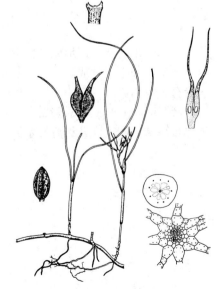

图 67 针叶藻 （陈宝联绘）

部为单歧分枝；花序退化叶片的苞鞘最长达 7 毫米，自下而上渐短。雄花梗长约 7 毫米；花药卵形，长约 4 毫米。雌花无梗，子房椭圆形，长 3-4 毫米，花柱长约 2 毫米，柱头 2 裂，长 4-8 毫米。果斜倒卵圆形，长约 4 毫米；喙长约 2 毫米。

产广东，生于低潮线以下的泥质海底。广布于西太平洋及印度洋热带海域，从斯里兰卡、印度至澳大利亚西部和斐济。

3. 丝粉藻属 Cymodocea Koenig

浅海生沉水草本。根茎匍匐，单轴分枝，每节疏生 1-5 条多少分枝的根和直立短茎。直立茎端具叶 2-7。叶线形，全缘或具微齿，基部常略窄，具鞘；叶脉 7-17，平行，近边缘的侧脉于叶片先端汇合，具次级横脉；叶鞘抱茎，上部具叶耳和叶舌，宿存时间略长于叶片，脱落后常在茎上留下环状叶痕。花单性，雌雄异株，单生茎端。无花被；雄蕊具梗，雄蕊 2，花药 2，背部多少合生，等高，纵裂，药隔顶部钻状，花粉粒丝状。雌花无梗或几无梗，离生心皮 2，花柱短，柱头 2 裂，丝状，子房具 1 悬垂胚珠。果半卵圆形或椭圆形，侧扁；外果皮骨质，具背脊和短喙，不裂。胚弯曲。染色体 2n=14，28。

约 7 种，分布于东半球热带至亚热带海域，从西太平洋、印度洋至红海。我国 1 种。

丝粉藻　　　　　　　　　　　　　　　图 68

Cymodocea rotundata Asch. et Schweinf. in Sitzungsber, Ges. Naturf. Freunde Berlin 84. 1870.

海生沉水草本。根茎匍匐，较纤细，每节具 1-3 条分枝的根和 1 条直立短茎；茎端簇生叶 2-5。叶线形，稍镰状，长 7-15 厘米，宽 4 毫米以下，全缘，先端钝圆形或平截，有时先端两侧边缘有极细齿，叶脉 9-15，平行，脉间横脉相连，边缘叶脉于顶端汇合；叶鞘长 1.5-4 厘米，微紫，顶端具 1 对叶耳，叶鞘脱落后常在茎形成闭合环痕。雄花花药长约 1 厘米；雌花子房小，与花柱长约 5 毫米。果略斜半圆形或半卵圆形，侧扁，长约 1 厘米，宽约 6 毫米，无柄，外果皮骨质，具 3 条平行背脊，中脊具 6-8 尖突齿，有时腹脊有 3-4 齿。

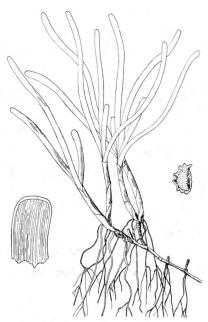

图 68　丝粉藻　（陈宝联绘）

产海南，生于浅海低潮线泥质海滩，多生于红树林下。主产西太平洋热带海域、印度洋及红海等水域。

229. 大叶藻科 ZOSTERACEAE

（孙　坤）

多年生海生沉水草本。根状茎木质或草质，匍匐，稀块状，合轴分枝或单轴分枝，皮层具2-12条维管束；节具先出叶1枚，生须根2至多数；营养枝极短或长，生于匍匐茎节，常具生殖枝。叶丛生状或互生，2列；叶线形，全缘，有时边缘或先端具不规则细齿，叶脉3至数条，平行，于叶片顶端或近顶端连接或否；基部具鞘，叶鞘膜质或近革质，两侧稍扁，边缘抱茎，或合生成套管状，通常具透明叶耳和叶舌。肉穗花序腋生，无梗，生于叶片状佛焰苞鞘内，果时外露；穗轴扁平，两侧具膜质小苞片状附属物或无，花生于扁平轴一侧；花小，单性，雌雄花在花序轴交替排成2列，或雌雄异株。雄花具1雄蕊，几无花丝，花药背部着生，贴生穗轴，2-4室，药隔脊状，花粉丝状。雌花具1雌蕊，子房1室，花柱极短，柱头2，丝状或钻形，胚珠1，直生，下垂。果不裂或自顶端不规则开裂。种子无胚乳。

3属约18种，分布于除南美洲的温带沿海水域。我国2属约7种。

1. 叶非革质，叶鞘凋落，不形成纤维束；雌雄同株；果不弯曲 ⋯⋯⋯⋯⋯⋯⋯⋯⋯⋯⋯⋯ 1. **大叶藻属 Zostera**
1. 叶革质或近革质，叶鞘腐烂后于植株基部形成丛状纤维束；雌雄异株；果弯曲 ⋯⋯⋯ 2. **虾海藻属 Phyllospadix**

1. 大叶藻属 Zostera Linn.

多年生海生沉水草本。根茎草质，匍匐或近直立，单轴分枝。植株具营养枝和生殖枝。叶丛生，2列；叶线形，全缘，非革质，稀近先端边缘具细齿，顶端钝圆，具突尖或微凹，基出脉3-11，平行，于叶片顶端或近顶端连接；基部具鞘，叶鞘扁，边缘抱茎，或合生成套管状，先端具叶耳及极短叶舌。生殖枝通常较长，合轴分枝，每分枝生有叶状佛焰苞数枚，苞鞘开放；肉穗花序无梗，生佛焰苞鞘内，穗轴扁平，边缘具膜质小苞片状附属物或无；花单性，雌雄同株，雌雄花在穗轴的正面交互成2列。雄花具1雄蕊，花丝近无，花药背部着生，平卧穗轴，花粉丝状。雌花具1雌蕊，花柱粗短，柱头2，丝状或钻形，胚珠1，直生，下垂。果卵圆形或椭圆形，光滑或具纵棱，顶端常具侧生短喙；外果皮通常干膜质，不裂或自顶端不规则撕裂。种子与果同形，光滑、具棱或具脊；胚椭圆状圆柱形，胚轴发达，无胚乳。

约14种，世界广布，北半球温带沿海水域种类较多。我国5种。

1. 根茎皮层最内层具纤维束；叶鞘开放型，边缘膜质，抱茎，叶具初级脉3条；肉穗花序穗轴边缘具苞片状附属物 ⋯⋯⋯⋯⋯⋯⋯⋯⋯⋯⋯⋯⋯⋯⋯⋯⋯⋯⋯⋯⋯⋯⋯⋯⋯⋯⋯⋯⋯ 1. **矮大叶藻 Z. japonica**
1. 根茎皮层最外层具纤维束；叶鞘管状，叶具初级脉5-9条；肉穗花序穗轴边缘无苞片状附属物，或最下面具1枚。
　2. 叶宽3-5毫米；种子具纵肋 ⋯⋯⋯⋯⋯⋯⋯⋯⋯⋯⋯⋯⋯⋯⋯⋯⋯⋯⋯⋯ 2. **大叶藻 Z. marina**
　2. 叶宽5-8毫米；种子平滑 ⋯⋯⋯⋯⋯⋯⋯⋯⋯⋯⋯⋯⋯⋯⋯⋯⋯ 3. **具茎大叶藻 Z. caulescens**

1. 矮大叶藻　　　　　　　　　　　　图 69

Zostera japonica Asch. et Graebn. in Engl. Pflanzenr. 31 (IV 11): 32. 1907.

Zostera nana auct. non Roth.: 中国高等植物图鉴 5: 13. 1976.

多年生草本。根茎匍匐，节生1枚先出叶和2条纤细根，最内层具纤维束，先出叶具鞘，无叶片，长约2厘米，抱茎，膜质，无叶耳。营养枝具叶2-4；叶长5-35厘米，宽1-2毫米，先端钝或微凹，初级脉3，平行，中脉于顶端增宽或分叉，侧脉边缘生，与中脉在叶片顶端连接，脉间附束3-5条，次级脉与初级脉垂直排列；叶鞘开放型，长

2-10厘米，边缘膜质，叶耳钝圆，鞘内具小鳞片2。生殖枝长10-30厘米，具佛焰苞数枚至多枚；佛焰苞梗扁平，自基部向上渐宽，长1-1.5厘米；佛焰苞鞘长1-2厘米，鞘内具小鳞片2，苞鞘顶端的叶片长3-7厘米，与营养叶近等宽。肉穗花序穗轴扁平，顶端常具钝突尖，边缘有与雌花同数的苞片状附属物；花药纺锤形，长约2毫米；子房与花柱等长，柱头2，钻形。果椭圆形或长圆柱形，长约2毫米，光滑，喙长1毫米；外果皮红褐至淡紫褐色。种子棕色。花果期6-9月。染色体2n=12。

产辽宁、河北、山东、台湾及香港沿海。俄罗斯东部沿海及日本有分布。

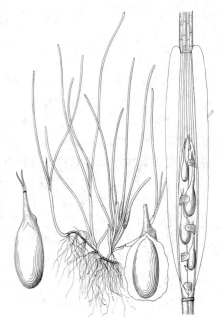

图 69　矮大叶藻　（引自《图鉴》）

2. 大叶藻　　　　　　　　　　　　　　　　图 70

Zostera marina Linn. Sp. Pl. 968. 1753.

多年生草本。根茎匍匐，外层具纤维束，每节生1枚先出叶和多数

须根。先出叶具鞘而无叶片，长2-5毫米，膜质，半透明，呈套管状，鞘内具小鳞片2或4。营养枝短，具叶3-8；叶线形，长达50厘米以上，宽3-5毫米，全缘，先端钝圆或稍具突尖，初级脉5-7，与侧脉在叶端以下拱形连接，脉间附束4-5条，次级脉与初级叶脉多少垂直；叶鞘膜质，管状，长5-15厘米，后不规则

撕裂状，叶耳长约1毫米，叶舌长不及0.5毫米，鞘内小鳞片2或4。生殖枝长达1米，疏生分枝；佛焰苞多数；苞梗扁平，宽1-2.5毫米；苞鞘长4-8厘米，边缘无色，膜质，苞耳钝圆或平截，苞舌极短；苞鞘顶端的叶片长5-20厘米，基部缢缩，5-7脉。肉穗花序长4-6厘米；穗轴扁平，条形，顶端钝。雄花花药长4-5毫米，通常无苞片状附属物；雌花子房长2-3毫米，花柱长1.5-2.5毫米，柱头2，刚毛状，长约3毫米。果椭圆形或长圆形，长约4毫米，具喙，外果皮褐色，干膜质或近革质，具纵纹。种子暗褐色，具纵肋。花果期3-7月。染色体2n=12。

产辽宁、河北及山东沿海，多生于近岸边浅海中。广布欧亚、北非、北美沿海，南至北纬约35°，北达北极圈内。

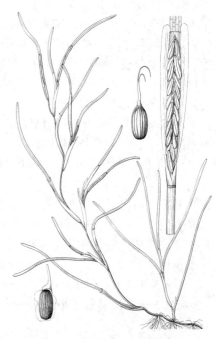

图 70　大叶藻　（引自《图鉴》）

3. 具茎大叶藻　　　　　　　　　　　　　　图 71

Zostera caulescens Miki in Bot. Mag. Tokyo 46: 779. f. 4. pl. 13A–C. F. 1932.

多年生草本。根茎匍匐，外层具纤维束，节生1枚先出叶和多数须根。先出叶具鞘，无叶片，长约5厘米，呈膜质半透明管状。营养枝具叶数枚；叶长达50厘米，宽5-8毫米，初级叶脉5-9，脉间附束4-

6级，次级叶脉与初级脉垂直；叶鞘长达15厘米，膜质，呈管状，后不规则撕裂状，叶耳长约2毫米，叶舌长1-1.5毫米，鞘内具小鳞片2。生殖枝长达1米，分枝稀疏，通常

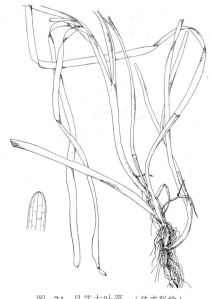

下部数分枝有佛焰苞，上部分枝有营养枝；佛焰苞梗扁平；苞鞘长5-8厘米，苞耳钝或平截，苞舌极短，鞘内有小鳞片2；苞鞘顶端叶片长8-15厘米，基部缢缩。肉穗花序生佛焰苞鞘内；穗轴扁平，边缘无苞片状附属物。雄花花药长4.5-6毫米；雌花子房长2毫米，花柱与子房等长，柱头2，钻形，长2.5-3毫米。果长椭圆形，长约4毫米，具喙；外果皮干膜质或近革质，褐色，平滑。种子浅褐色，平滑。花果期4-6月。染色体2n=12。

产辽宁，生于沿海。朝鲜半岛东南及南部沿海至日本东西沿海有分布。

图 71 具茎大叶藻 （陈宝联绘）

2. 虾海藻属 Phyllospadix Hook.

多年生海生沉水草本。根茎粗短，单轴分枝，皮层内具2条维管束；节生叶1枚，须根2至数条。直立茎近无或极短。叶丛生状，2列；叶线形，长达2米，革质或近革质，边缘常具鳍刺或不规则细齿，叶脉3-7，平行，于叶片顶端连接，或否；具叶鞘，叶鞘长达20余厘米，两侧稍扁，抱轴，多脉，腐烂后常于植株基部形成丛状深色纤维束。花序腋生，单一或数枚佛焰苞组成复合花序，呈扇形或圆锥状排列；佛焰苞梗扁平，苞鞘两端缢缩，向腹面弯曲呈虾形，苞内肉穗花序无梗。花单性，雌雄异株；雌雄花序均生于穗轴两侧各具小苞片1列。雄花具1雄蕊，数至多枚贴生穗轴腹面，花丝无，花药2室，药隔脊状；雌花具1枚雌蕊，数枚纵列于穗轴腹面，常间有退化雄蕊，花柱极短，柱头2，丝毛状。果弯曲；外果皮柔软，内果皮纤维质。种子椭圆形。

约5种，广布于太平洋北部（亚洲东海岸和北美西海岸）。我国2种。

1. 叶宽1.5-2.5毫米，先端常微凹，3脉，侧脉与中肋间的距离宽于侧脉与叶缘间距离；茎基硬毛状纤维黑褐色 ∙∙ 黑纤维虾海藻 P. japonica

1. 叶宽2-4.5毫米，先端钝圆，5脉，稀3脉，若为3脉，侧脉与中肋间和侧脉与叶缘间距离相等；茎基硬毛状纤维红棕色 ∙∙ (附). 红纤维虾海藻 P. iwatensis

黑纤维虾海藻 虾海藻   图 72

Phyllospadix japonica Makino in Bot. Mag. Tokyo 11: 137. 1897.

根茎粗短，匍匐，径3-4毫米，每节具叶1枚和2条不分枝的根。植株基部常为黑褐色毛状纤维所包；茎短，节间长3-5毫米。叶互生，3脉；叶线形，长0.25-1米，宽1.5-2.5毫米，全缘，先端钝圆，初级叶脉3，侧脉边缘生，侧脉与中脉的间距宽于侧脉与叶缘的间距，次级脉与初级脉垂直；具鞘，叶鞘长4-20厘米，抱轴，背部绿色，两侧边缘膜质，无色，叶耳钝尖，叶舌短，挺直。花序腋生，具佛焰苞1枚；苞梗扁平，长1-3厘米，稀达7.5厘米；苞鞘长3-4.5厘米，抱轴，弯虾形，背部绿色，3脉；雄花花药2室；小苞片卵状披针形，

单脉；雌花心皮箭头形或心形，花柱短，柱头2。果背腹扁，长2-2.5毫米，宽4-5毫米，新月形，喙顶生，后期具弯曲刚毛。花期3-5月，果期6-8月。染色体2n=12，20。

产辽宁及山东沿海，生于低潮线礁石或硬质砂地，最深达水下10米。俄罗斯远东地区、日本、朝鲜半岛及北美太平洋沿海有分布。

[附] **红纤维虾海藻 Phyllospadix iwatensis** Makino in Journ. Jap. Bot. 7: 15. 1931. 与黑纤维虾海藻的区别：茎基硬毛状纤维红色；叶宽2-4.5毫米，5脉，侧脉与中脉间距等于侧脉与叶缘的间距。产辽宁、山东及河北沿海，生于低潮线下岩石上，最深达水下8米处。日本及朝鲜半岛有分布。

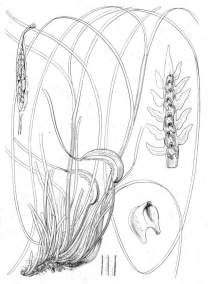

图 72　黑纤维虾海藻　（引自《图鉴》）

230. 霉草科 TRIURIDACEAE

（孙　坤）

菌根营养腐生草本。植株淡红、紫或黄色，高3-18厘米。根茎生1至数条直立茎。叶鳞片状，有时甚少，无叶绿素，互生。花小，单性，稀两性；雌雄同株或异株（稀杂性），整齐，下位；顶生总状花序或近聚伞花序。花梗下弯，每花有1小苞片；花被片3-10（多为6枚），镊合状排列，1轮，花被片常基部合生，先端具髯毛或为其他形态，花后反折；雄蕊（2-）4或6枚，着生花托或花被基部，花药2-4室，外向，2药室常于尖端融合，横裂或纵裂，药隔常延伸为纤细顶端附属物；雌蕊具6-50分离心皮，每心皮具顶生、侧生或基侧生花柱，直立、倒生胚珠1，基底胎座。蓇葖果。种子富含蛋白质和油质胚乳；胚小。

7属，约80种，广布于热带和亚热带，生于林下草丛中、朽木上，稀生于白蚁穴上。我国1属。

喜荫草属 Sciaphila Bl.

根具疏柔毛。茎短小，纤细，直立，常左右弯曲。花序总状；花单性或两性，稀杂性；单性花雌雄同株或异株。花具梗；花被片3-8（-10），先端具髯毛或否；雄蕊2-3或6枚，无花丝或花丝极短，陷入花托内，花药3-4室，药隔不延伸；心皮多数，离生，花柱侧生或基生，柱头形态多样；无退化雄蕊和退化雌蕊。蓇葖果纵裂。种子梨形或椭圆形。

约50余种，产热带、亚热带地区。我国3种。

喜荫草　霉草　　　　　　　　　　　图　73　彩片8

Sciaphila tenella Bl. Bijdragen 514. 1825.

腐生细弱草本。茎直立或弯曲，纤细，高7-18厘米。无叶，下部具鳞状叶，鳞状叶膜质，互生，宽卵形，长约2毫米，基部近抱茎。总状花序长5-14厘米；苞片披针形，长约2毫米，着生花梗基部；花7-18朵，排列疏散。花梗长4-6毫米，花时下弯；两性花径约1.5毫米，花被片6，3枚较大，披针形，先端尖或渐尖，具髯毛；雄蕊6，着生花托，基部不联合，花药3室；心皮约20，花柱短，侧生，柱头画笔状；雄花径约2.5毫米，花被片与两性花相似，雄蕊6，花丝短，基部联合，花药3室。蓇葖果径1.5-2毫米。种子椭圆形，种皮近草质，具3棱。

产海南，生于林下。菲律宾及印度尼西亚有分布。

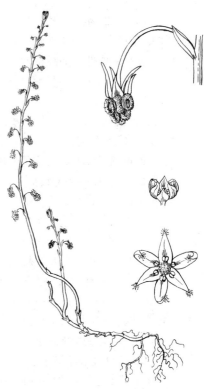

图　73　喜荫草　（蔡淑琴绘）

231. 棕榈科 PALMAE (ARECACEAE)

（陈三阳　裴盛基　王勇进）

灌木、藤本或乔木。茎通常不分枝，单生或丛生，平滑、粗糙、有刺、被残存叶柄基部或有叶痕，稀被柔毛。叶互生，芽时折叠，羽状或掌状分裂，稀全缘或近全缘；叶柄基部通常扩大成鞘。花小，单性或两性，雌雄同株或异株，有时杂性；佛焰花序分枝或不分枝（或肉穗花序），被一个或多个鞘状或管状佛焰苞所包。花萼和花瓣均3片，离生或合生，覆瓦状或镊合状排列；雄蕊通常6，2轮，稀多数或更少，花药2室，纵裂，基着或背着，退化雄蕊通常存在，稀缺；子房1-3室或3心皮离生或基部合生，柱头3，每心皮有1-2胚珠。核果或硬浆果，1-3室；果皮光滑或有毛、有刺、粗糙或被覆瓦状鳞片。种子通常1，有时2-3，多达10，与外果皮分离或粘合，外种皮薄或肉质，胚乳均匀或嚼烂状，胚顶生、侧生或基生。

约210属2800种，分布于热带、亚热带地区，主产热带亚洲及美洲，少数产非洲。我国约28属100余种（含常见栽培属、种）。

大多数种类均有较高经济价值，许多种类为热带亚热带优美风景树。

1. 花被发育，非倒披针形，6 片，花后增大包果。
　2. 花单生或簇生；叶掌状（扇状）或羽状分裂，裂片（或羽片）内向折叠或外向折叠。
　　3. 花两性、单性异株或杂性异株；心皮 3，离生或合生，花后分离成 1-3 光滑浆果；叶掌状或羽状分裂，内向折叠，稀外向折叠（如石山棕属 Guihaia）。
　　　4. 心皮离生。
　　　　5. 叶羽状全裂，内向折叠，基部羽片刺状；花单性，雌雄异株 ·························· 1. **刺葵属 Phoenix**
　　　　5. 叶掌状分裂或全缘，内向折叠或外向折叠，无刺状羽片；花两性或单性或杂性异株或雌雄异株。
　　　　　6. 叶裂片单折；果或种子通常肾形；种脊有大凹穴 ················· 2. **棕榈属 Trachycarpus**
　　　　　6. 叶裂片单折至数折；果或种子非肾形。
　　　　　　7. 叶裂片单折（稀 2 折），外向折叠，最外裂片半折；茎短；叶鞘具针刺状或网状（筛格状）纤维；每花有 1 心皮发育成果；果球形或椭圆形；种子侧面具种脐，扁平，有圆形珠被（种皮）侵入，胚侧生 ···························· 3. **石山棕属 Guihaia**
　　　　　　7. 叶裂片数折、截状，内折；茎细长；叶鞘具网状纤维；每花 1-3 心皮发育成果；果球形或倒卵圆形；种子球形或近球形，种脊附近有球形海绵组织（珠被）侵入，胚近基生或侧生 ········
　　　　　　　··· 4. **棕竹属 Rhapis**
　　　4. 心皮完全合生或部分合生。
　　　　8. 心皮基部离生，花柱合生。
　　　　　9. 叶分裂成整齐的具单折（稀数折）的裂片；内果皮骨质或木质；花丝下部合生成肉质环，顶部短钻状，离生 ··· 5. **蒲葵属 Livistona**
　　　　　9. 叶分裂成具单折至数折楔形平截裂片或不裂；内果皮薄，壳质。
　　　　　　10. 叶分裂成单折至数折楔形平截裂片或不裂；花丝分离或下部合生成管，顶端具等长 6 齿或具 3 裂雄蕊环 ······································· 6. **轴榈属 Licuala**
　　　　　　10. 叶分裂成单折裂片；花丝长，着生花冠管口，基部肉质，向上渐窄 ······· 7. **丝葵属 Washingtonia**
　　　　8. 心皮基部合生或完全合生。
　　　　　11. 心皮基部合生，花柱离生；胚顶生或基生。
　　　　　　12. 花丝基部肉质，向顶端钻状；子房球形，具 3 沟；胚顶生 ······· 8. **贝叶棕属 Corypha**
　　　　　　12. 花丝全肉质，基部宽并连合；子房三棱状椭圆形；胚基生 ······· 9. **琼棕属 Chuniophoenix**
　　　　　11. 心皮完全合生，具 3 沟槽；胚侧生或近背生 ······························· 10. **菜棕属 Sabal**
　　3. 花单性，雌雄异株，通常二型；心皮 3，完全合生，光滑，每心皮发育成 1 个分果核（内果皮），内果皮硬骨质；叶掌状分裂，内向折叠；雄花着生圆柱状小穗轴深凹穴内 ················· 11. **糖棕属 Borassus**
　2. 花常 3 朵聚生（中间 1 朵雌花，两侧各有 1 朵雄花），稀单生或簇生；叶羽状分裂，稀掌状分裂（我国不产），羽片通常外向折叠，稀内向折叠，羽片具啮蚀状尖头。
　　13. 花两性或单性，稀有二型花，雌雄同株，雌雄异株或杂性；花成对着生或单生；心皮及果被鳞片，心皮 3，紧密合生，通常 1 心皮发育成具 1 种子和具薄的或木质内果皮的鳞果；子房不完全 3 室；叶外向折叠，羽状分裂。
　　　14. 雌雄同株，一次开花结实；无茎或乔木状；小穗轴的苞片具单花，下部的为雌花，上部的为雄花，花单生于苞片腋内，分枝花序轴基部的雌花具 2 小苞片，顶部的雄花具 1 小苞片；果鳞片大 ·········
　　　　　··· 12. **酒椰属 Raphia**
　　　14. 雌雄异株，多次开花结实或一次开花结实；无茎、直立状或攀援状；分枝花序轴通常具佛焰苞。
　　　　　15. 一次开花结实；叶轴顶端常延伸为纤鞭；雄花序苞片成对着生，每 2 朵花并生于分枝花序轴的凹痕内或单生花，雌花序花单生，分枝花序轴为佛焰苞所包 ················· 13. **钩叶藤属 Plectocomia**
　　　　　15. 多次开花结实，稀一次开花结实；少数直立或无茎；雄花序具成对着生或单生的花，雌花序成对着生雌花和中性花（不育雄花）。

16. 茎短或近无茎，丛生；叶先端无纤鞭；花序短，花蕾时包在叶鞘内，雌雄花序的分枝花序荑荑状圆柱形；胚乳均匀，顶端具孔穴 ······················· 14. **蛇皮果属 Salacca**

16. 茎攀援，少数种茎直立；叶先端常延伸为纤鞭或花序轴顶端延伸为纤鞭。

  17. 花序轴佛焰苞舟状或圆筒状，花前包花序，花后脱落，花序较短，无钩刺；胚乳深嚼烂状 ······················· ······················· 15. **黄藤属 Daemonorops**

  17. 花序轴佛焰苞长管状或鞘状，不包花序，花序较长，一般有钩刺；胚乳均匀或嚼烂状 ······················· ······················· 16. **省藤属 Calamus**

13. 花单性，稀两性，雌雄同株或异株，3 朵聚生或成对着生或单生；心皮和果无鳞片，苞片退化，心皮 3，稍合生，子房 3-2-1 室；叶羽状分裂，外向折叠，稀内向折叠。

  18. 一次开花结实或多次开花结实；雌雄同株，稀雌雄异株，花序两性或 3 朵聚生为单性；子房 3 室；果具 1-3 种子；叶一回羽状或二回羽状分裂，内向折叠，羽片啮蚀状。

    19. 花雌雄同株同序；胚乳嚼烂状；叶二回羽状全裂 ······················· 18. **鱼尾葵属 Caryota**

    19. 花雌雄同株异序或异株，稀两性花；胚乳均匀；叶一回羽状分裂。

      20. 一次开花结实；花序单性；雄花花萼圆筒状或杯状，雄蕊（3-）6（-15）；浆果具 1-2（3）种子 ······················· 19. **瓦理棕属 Wallichia**

      20. 多次开花结实或一次开花结实；花序有时两性；雄花萼片离生，覆瓦状排列，雄蕊（6-）多数；浆果具 1-3 种子 ······················· 17. **桄榔属 Arenga**

  18. 多次开花结实，花序两性，稀单性；子房假 1 室、1 胚珠，或 3 室 3 胚珠；果具 1-3 或更多种子；叶羽状分裂，外向折叠，羽片通常尖或啮蚀状。

    21. 子房通常假 1 室、1 胚珠，稀 3 室 3 胚珠；内果皮薄，稀厚；通常果具 1 种子（具 3 胚珠的属稀 2-3 种子，则果具裂片），无明显的 3 孔。

      22. 雌花花瓣基部合生，先端镊合状；退化雄蕊杯状，贴生花冠基部；子房 1 室、1 胚珠，宿存柱头留果基部；花序生于叶下，分枝 4 级；羽片全缘；雄花近对称，雄蕊 6-12，子房近球形，花柱不分离，柱头 3；果倒卵形、长圆状椭圆形或近球形 ······················· 21. **王棕属 Roystonea**

      22. 雌花花瓣离生，覆瓦状；退化雄蕊齿状。

        23. 雄花对称，略圆形或子弹形；花序多生于叶腋，穗状或 3-4 级分枝；雄蕊 3 或 6，子房 1 室 1 胚珠，柱头 3，残留果基部；果球形、椭圆形或纺锤形，稀弯曲状 ······················· 20. **马岛椰属 Dypsis**

        23. 雄花通常不对称，非圆形或子弹形；柱头常残留果顶部。

          24. 花序分枝 2-3 级，下垂，小穗轴通常之字形曲折，花螺旋状着生，雌花小于雄花，雄蕊 9-24；果球形或椭圆形；种子胚乳嚼烂状 ······················· 22. **假槟榔属 Archontophoenix**

          24. 花序分枝 3 级，通常不扩展，小穗轴直，花螺旋状、2 列或轮生，或在小穗轴一侧；雄花通常长于雌花 3 倍或更长。

            25. 花序雄花先熟，穗状或分枝 1-3 级；小穗轴和穗轴下部有少数花为 3 朵聚生，上部为成对着生或单生的、螺旋状排列、2 列或单侧雄花；雄蕊 3、6、9 或多达 30 或更多；柱头 3 ······················· ······················· 23. **槟榔属 Areca**

            25. 花序雌花先熟，穗状或分枝 1 级；小穗轴着生螺旋状排列的或 2 列的 3 朵聚生的花，或 3 朵聚生成 2-4 或 6 列；雄蕊 12-30，稀 6；柱头卷迭，无柄或在短花柱上 ··········· 24. **山槟榔属 Pinanga**

    21. 子房 3 室 3 胚珠；果不裂，内果皮厚骨质，具 1-3 种子，稀更多，具 3 个或更多孔。

      26. 雌雄同株异序；雄花序分枝的序轴指状排列，顶端尖头状，花单生于小穗轴深凹穴内；雌花序小穗轴较粗，顶端为木质刺，基部具少花，着生小穗轴近表面或部分为膜质苞片包被；内果皮萌发孔在顶端；胚乳均匀 ······················· 25. **油棕属 Elaeis**

      26. 花雌雄同序；雄花着生于花序分枝上部及顶部；雌花着生于序轴基部的表面或浅凹穴内；内果皮萌发孔在基部或近基部；胚乳均匀或嚼烂状。

27. 雌花着生于花序分枝下部，或雌雄花混生，雄花成对着生或单生顶部；雌花球状卵形；果长 15-25 厘米，外果皮光滑，中果皮纤维质，内果皮木质；种子 1，幼时具液状胚乳，成熟时胚乳中心有大空腔 ⋯⋯⋯⋯⋯⋯⋯⋯⋯⋯⋯⋯⋯⋯⋯⋯⋯⋯⋯⋯⋯⋯⋯⋯⋯⋯⋯⋯⋯⋯⋯ 26. 椰子属 Cocos

27. 花 3 朵聚生于花序分枝基部，顶部着生成对或单生雄花；雌花卵形或圆锥状卵形；果较小，外果皮光滑或具纵纹，中果皮肉质或干燥，具纤维，内果皮木质；种子 1（2），胚乳均匀或嚼烂状，有时中央有空腔 ⋯⋯⋯⋯⋯⋯⋯⋯⋯⋯⋯⋯⋯⋯⋯⋯⋯⋯⋯⋯⋯⋯⋯⋯⋯⋯⋯⋯ 27. 金山葵属 Syagrus

1. 花被倒披针形，6 片，离生；果序球形；雄花具 3 雄蕊，合生成雄蕊柱，雌花裸露；内果皮海绵状 ⋯⋯⋯⋯⋯⋯⋯⋯⋯⋯⋯⋯⋯⋯⋯⋯⋯⋯⋯⋯⋯⋯⋯⋯⋯⋯⋯⋯⋯ 28. 水椰属 Nypa

1. 刺葵属 (海枣属) Phoenix Linn.

灌木或乔木状。茎单生或丛生，有时很短，直立或倾斜，通常被老叶柄基部或具叶痕。叶羽状全裂，羽片窄披针形或线形，芽时内向折叠，基部羽片刺状。花序生于叶间，直立或果时下垂；佛焰苞鞘状，革质。花单性，雌雄异株；花小，黄色，革质；雄花花萼杯状，顶端具 3 齿，花瓣 3，镊合状排列，雄蕊 6 或 3（9），花丝极短或几无；雌花球形，花萼与雄花的相似，花后增大，花瓣 3，覆瓦状排列，退化雄蕊 6，心皮 3，离生，每室具 1 直立胚珠，通常 1 枚成熟，无花柱。果长圆形成近球形，外果皮肉质，内果皮薄膜质。种子 1，腹面具纵沟，胚乳均匀或稍嚼烂状，胚侧生或近基生。

约 17 种，分布于亚洲与非洲热带及亚热带地区。我国 2 种，引入多种。多为观赏植物。

1. 乔木状，高达 35 米；果长达 6.5 厘米，肉厚，熟时深橙黄色 ⋯⋯⋯⋯⋯⋯⋯⋯⋯⋯ 1. 海枣 Ph. dactylifera
1. 灌木状，茎丛生或单生；果长不及 3 厘米，肉薄，熟时枣红或紫黑色。
　2. 羽片 2 列，下面叶脉被灰白色糠秕状鳞秕；雌花序分枝长而纤细，不明显的之字形曲折；雌花花萼先端具短尖头；果熟时枣红色，有枣味 ⋯⋯⋯⋯⋯⋯⋯⋯⋯ 2. 江边刺葵 Ph. roebelenii
　2. 羽片 4 列，下面叶脉无灰白色糠秕状鳞秕；雌花序分枝粗短，之字形曲折；雌花花萼先端无短尖头；果熟时紫黑色，无枣味 ⋯⋯⋯⋯⋯⋯⋯⋯⋯⋯⋯⋯⋯⋯⋯ 3. 刺葵 Ph. hanceana

1. 海枣　伊拉克枣　枣椰子　　　　　　图 74

Phoenix dactylifera Linn. Sp. Pl. 188. 1753.

乔木状，高达 35 米。茎具宿存叶柄基部，上部叶斜升。叶长达 6 米，羽片线状披针形，长 18-40 厘米，灰绿色，具龙骨突起，2 或 3 片聚生，被毛，下部羽片成针刺状；叶柄细长，扁平。佛焰苞长，大而肥厚；密集的圆锥花序。雄花具短梗，白色；花萼杯状，先端具 3 钝齿；花瓣 3，斜卵形；雄蕊 6，花丝极短。雌花近球形，具短梗；花萼与雄花相似，花后增大，短于花冠 1-2 倍；花瓣圆形；退化雄蕊 6，鳞片状。果长圆形或长圆状椭圆形，长 3.5-6.5 厘米，成熟时深橙黄色，果肉肥厚。种子 1，扁平，两端尖，腹面具纵沟。花期 3-4 月，果期 9-10 月。

原产西亚和北非。福建、广东、香港、台湾、广西、云南有栽培，云南、广西等地露地栽培能结实。干热地区重要果树之一，有大面积栽培，伊拉克为多，占世界 1/3。果供食用，花序汁液可制糖；叶可造纸；树干作建筑材料与水槽。树形美观，常作观赏树。

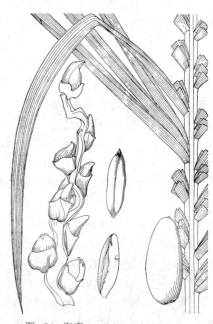

图 74　海枣　（引自《云南树木图志》）

2. 江边刺葵 软叶刺葵 图 75 彩片9

Phoenix roebelenii O'Brien in Gard. Chron. ser. 3, 6: 475. f. 68. 1889.

茎丛生，栽培时常单生，高1-3米，稀更高，径约10厘米，具宿存三角状叶柄基部。叶长1-1.5（-2）米；羽片线形，较软，长20-30（-40）厘米，两面深绿色，下面沿叶脉被灰白色糠秕状鳞秕，2列，下部羽片成细长软刺。佛焰苞长30-50厘米，上部2裂；雄花序与佛焰苞近等长，雌花序短于佛焰苞；花序分枝细长，长达20厘米，呈不明显"之"字形曲折。雄花花萼长约1毫米，先端具三角状齿；花瓣3，披针形，长约9毫米；雄蕊6，雌花近卵形，长约6毫米；花萼先端具短尖头。果长圆形，长1.4-1.8厘米，顶端具短尖头，成熟时枣红色，果肉薄，有枣味。

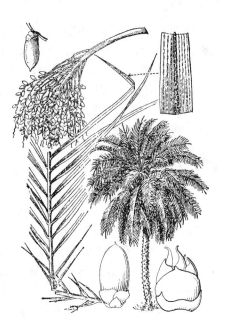

图 75 江边刺葵 （引自《图鉴》）

产云南，生于海拔480-900米江岸边。台湾、福建、广东、香港及广西有栽培。缅甸、越南、印度有分布。可作观赏树。

3. 刺葵 图 76 彩片10

Phoenix hanceana Naud. in Journ. Bot. 17: 174. 1879.

茎丛生或单生，高2-5米，径达30厘米以上。叶长达2米；羽片线形，长15-35厘米，单生或2-3片聚生，4列。佛焰苞长15-20厘米，褐色，不裂为2舟状瓣；花序梗长60厘米以上；雌花序分枝粗短，长7-15厘米，之字形曲折。雄花近白色；花萼长1-1.5毫米，先端具3齿；花瓣3，长4-5毫米；雄蕊6。雌花花萼长约1毫米，先端无短尖头；花瓣圆形，径约2毫米；心皮

图 76 刺葵 （引自《图鉴》）

3，卵形，长约1.5厘米。果长圆形，长1.5-2厘米，成熟时紫黑色，杯状花萼宿存。

产台湾、广东、香港、海南、广西及云南南部，生于海拔800-1500米阔叶林或针阔混交林中。树形美观；果可食；嫩芽可作蔬菜；叶可作扫帚。

2. 棕榈属 Trachycarpus H. Wendl.

（陈三阳 裴盛基）

乔木状或灌木状，树干被覆下悬枯叶或部分裸露；叶鞘成网状粗纤维，环抱树干，顶端具干膜质褐色

舌状附属物。叶片半圆或近圆形，掌状分裂成具单折裂片，内折；叶柄两侧具瘤突或细圆齿，顶端有戟突。花单性，雌雄异株，稀雌雄同株或杂性；花序粗壮，生于叶间，雌雄花序相似，多次分枝或二次分枝；佛焰苞数个，包花序梗和分枝；花2-4朵簇生，稀单生于小花枝上。雄花花萼3深裂或几分离，花冠长于花萼；雄蕊6，花丝分离，花药背着。雌花花萼与花冠如雄花；雄蕊6，花药不育，箭头形；心皮3，分离，有毛，卵形，花柱短圆锥状，胚珠基生。果宽肾形或长圆状椭圆形，有脐或种脊稍具沟槽，外果皮膜质，中果皮稍肉质，内果皮壳质贴生种子。种子胚乳均匀，角质，种脊有大凹穴；胚侧生或背生。

约8种，分布于印度、中南半岛至中国和日本。我国约3种。

1. 树干被宿存枯叶，叶鞘网状纤维包树干。
　　2. 乔术状；花序多次分枝，生于叶腋 ·· 1. 棕榈 **T. fortunei**
　　2. 灌木状；花序2次分枝，从地面直立生出 ···································· 2. 龙棕 **T. nana**
1. 幼龄植株有少量叶宿存，叶鞘网状纤维包树干，后脱落，乔木状；花序粗壮，3-4次分枝，生于叶腋 ······
　　··· 1(附). 贡山棕榈 **T. princeps**

1. 棕榈 棕树

图 77：1-4 彩片11

Traehycarpus fortunei (Hook.) H. Wendl. in Bull. Soc. Bot. France 8: 429. 1861.

Chaemaerops fortunei Hook. in Curtis's Bot. Mag. 86: t. 5221. 1860.

乔木状，高3-10米或更高，树干圆柱形，被叶柄基部密集的网状纤维。叶片3/4圆形或近圆形，深裂成30-50片具皱折的线状剑形裂片，裂片长60-70厘米，先端2短裂或2齿；叶柄长75-80厘米或更长，两侧具细圆齿，顶端有戟突。花序多次分枝，生于叶腋，雌雄异株。雄花序长约40厘米，具2-3分枝；雄花无梗，每2-3朵簇生，黄绿色，卵球形；花萼3，卵形，几分离；

花冠长为花萼2倍，花瓣宽卵形，雄蕊6。雌花序长80-90厘米，序梗长约40厘米，有3个佛焰苞；分枝花序4-5，2-3次分枝；雌花球形，淡绿色，2-3朵聚生，无梗；萼片宽卵形，3裂，基部合生，花瓣卵状圆形，退化雄蕊6，心皮被银色毛。果宽肾形，宽1.1-1.2厘米，成熟时淡蓝色，有白粉；柱头宿存。

产陕西、甘肃、安徽、浙江、福建、湖北、湖南、广东、广西、贵州、四川及云南。常见栽培，稀野生。日本有分布。棕皮纤维，可编绳索、蓑衣、棕绷、地毡，制刷子和作沙发填充料等；嫩叶可制扇和草帽；花苞称"棕鱼"，供食用；棕皮及叶柄煅炭入药有止血作用，果、叶、花、根等入药；树形优美，为庭园绿化优良树种。

[附] 贡山棕榈 **Trachycarpus princeps** Gibbons, Spanner et S. Y. Chen in Principes 39 (2): 65-74. 1995. *Trachycarpus martianus* auct. non H. Wendl.:

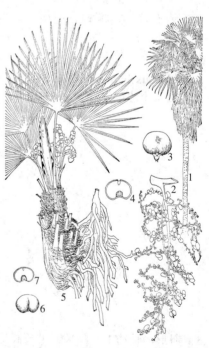

图 77：1-4.棕榈 5-7.龙棕 （刘 泗绘）

中国植物志 13(1): 14. 1991. 与棕榈的区别：幼龄植株有少量叶宿存，网状纤维叶鞘初包树干，后脱落；花序3-4次分枝。产云南贡山县丙中洛乡及怒江岸边石门关，生于海拔1550-1850米悬崖峭壁。

2. 龙棕　　　　　　　　　图　77：5-7 彩片12

Trachycarpus nana Becc. in Webbia 3: 187. 1910.

灌木状，高50-80厘米。无地上茎；地下茎节密集，多须根，向上弯曲，如龙状，名龙棕。叶簇生地面，如棕榈叶，裂片线状披针形，长25-55厘米，先端2浅裂，上面绿色，下面苍白色；叶柄长25-35厘米，两侧有或无密齿。花序生于地面，长40-48厘米，通常2次分枝；花雌雄异株，雄花序的花比雌花序密集。雄花黄绿色，球形，无毛，发育雄蕊6，退化雄蕊3；雌花淡绿色，球状卵形，心皮被银色毛，胚珠3。果肾形，蓝黑色，宽1-1.2厘米，高6-8毫米。种子1，胚乳均匀，胚侧生，偏向种脐。

产贵州及云南，海拔1500-2300米有少量分布。植株低矮、树形美观，宜做高级盆景观赏和庭园绿化植物。

3. 石山棕属 Guihaia J. Dransf., S. K. Lee et F. N. Wei
（陈三阳　裴盛基）

植株矮，丛生。茎短。叶鞘被针刺状或网状纤维；叶掌状分裂，扇形或近圆形，裂片外向折叠，具单折，稀2折，最外裂片半折，深裂至3/4或4/5，上面深绿色，无毛，下面密被毡状银白色绒毛或无毛，具星散点状鳞片，边缘具细齿或光滑；叶柄无刺，上面扁平或稍圆，下面圆，具早落绒毛，顶端具圆形戟突（舌状体）。花雌雄异株，多次开花结实；花序单生叶腋，分枝达4级，雄花序和雌花序相似；花序梗稍扁，被早落鳞片，无苞片；花序轴有苞片（一级佛焰苞）2-5，一级分枝4-5，贴生花序轴，二级苞片不明显；小序轴平展，少数至多数，无毛或被星散早落鳞片，轴上螺旋状排列单花。雄花小，对称；萼片3，合生，略圆形或卵形，外面被毛和流苏状绒毛；花瓣基部1/3-1/2合生，顶端裂片圆形，无毛；雄蕊6，贴生花冠，花药双生，无退化雌蕊。雌花与雄花相似；花瓣较长，基部1/3连接；退化雄蕊6，生于花瓣；心皮3，分离，无毛，花柱短，胚珠基生。果由1心皮发育而成，球形或椭圆形，蓝黑色，被白蜡，柱头残留顶部。种子一侧扁平，具侧生种脐和圆形珠被侵入物；胚乳均匀，胚侧生。

2种，产我国及越南。

1. 茎高0.5-1米，通常为老叶鞘所包；叶下面被毡状银白色绒毛，叶鞘成针刺状纤维；萼片外面被柔毛，内面无鳞片，边缘具纤毛；果近球形 ·· 1. 石山棕 **G. argyrata**
1. 茎高达1.8米，顶部具老叶鞘；叶下面疏被点状鳞片，叶鞘成筛格状宽扁纤维，边缘完整；萼片外面无毛，内面被鳞片，边缘无纤毛；果椭圆形 ·············· 2. 两广石山棕 **G. grossefibrosa**

1. 石山棕　崖棕　　　　　　　图　78：1-6 彩片13

Guihaia argyrata (S. K. Lee et F. N. Wei) S. K. Lee, F. N. Wei et J. Dransf. in Principes 29: 9-12. 1985.

Trachycarpus argyratus S. K. Lee et F. N. Wei in Guihaia 2: 131. t. 4. 1982.

植株丛生，高0.5-1米。茎外倾或直立，径3-5厘米，通常为老叶鞘所包，具密集叶痕。叶掌状深裂，扇形或近圆形，径40-50厘米，深裂至3/4-4/5，裂片20-26，裂片单折，稀2折，外向折叠，宽约2.5厘米，先端2浅裂，上面绿色，下面被毡状银白色绒毛；叶柄长达 1 米或更长，幼时被早落绢状毛，顶端具戟突，幼时被流苏状毛，叶鞘初管状，后成针刺状、直立、深褐色、长约 14 厘米、宽 1 毫米的纤维。花序长 30-80 厘米，具 2-5 分枝，分枝达 4 级；分枝序轴很细，雌序轴长约 5 厘米，雄序轴较细短。雄花花蕾时长约 1.5 毫米，萼片 3，基部合生，卵形，长 1 毫米，外面被柔毛，内面无鳞片，边缘具纤毛；花冠略长于花萼，无毛，3 裂，基部合生；雄蕊 6，无退化雌蕊。雌花花萼、花冠与雄花相似，退化雄蕊 6。果近球形，径约 6 毫米，蓝黑色，被蜡层。种子径 4-5 毫米，胚乳均匀；胚侧生。

产广东、广西及云南南部。植株矮小，树形美观，宜做盆景。

图 78：1-6.石山棕 7-8.两广石山棕
（刘　泗绘）

2. 两广石山棕　　　　　　　　　　图 78：7-8

Guihaia grossefibrosa (Gagnep.) J. Dransf., S. K. Lee et F. N. Wei in Principes: 29: 12. t. 8. 1985.

Rhapis grossefibrosa Gagnep. in Notul. Syst. (Paris) 6: 159. 1937.

Rhapis filiformis Burret; 中国植物志 13(1): 24. 1991.

植株丛生，高达 1.8 米。茎直立或外倾，径 2-3 厘米，顶部具老叶鞘。叶掌状深裂至 4/5 或近基部，裂片 10-21，单折，稀 2 折，先端 2 短裂外向折叠，上面无毛，下面稍苍白，疏被点状鳞片；叶柄长 40-50 厘米，最长达 1.8 米，宽 3-4 毫米，无刺，顶端戟突圆形，被早落流苏状毛，叶鞘管状，在叶柄对面延伸为三角形的舌状裂片，渐成筛格状宽扁纤维，边缘完整。花序长约 80 厘米，具 2-5 分枝，分枝达 4 级；花序梗长约 40 厘米，具 1 苞片，花序分枝的序轴长 10 厘米。雄花长约 2.2 毫米；萼片

长宽均约 0.8 毫米，短尖，外面无毛，内面被鳞片；花冠长约 2 毫米，裂片内面具附属体。雌花长约 2.2 毫米；萼片长宽均 1 毫米，卵圆形，外面无毛，内面被鳞片，边缘无纤毛；花冠长约 2 毫米，裂片内面具附属体；退化雄蕊小。果椭圆形，长 6-8 毫米，蓝黑色。种子椭圆形，长约 5 毫米。

产广东南部、广西西南部及贵州东南部。越南北部有分布。

4. 棕竹属 Rhapis Linn. f. ex Ait.
（王勇进）

丛生灌木。茎细长如竹，直立，上部常被网状纤维叶鞘所包。叶聚生茎顶，扇形，掌状深裂近基部，裂片数折、平截、内折、线形、线状椭圆形或披针形，先端短锐裂，具微齿，叶脉明显；叶柄两面凸起或上面平，边缘无刺，顶端有小戟突。花单性，雌雄异株或杂性，肉穗花序腋生，具 2-4 佛焰苞。雄花：花萼杯状，3 齿裂，花冠倒卵形或棍棒状，3 浅裂，雄蕊 6，着生花冠，2 轮，无退化雌蕊。雌花：花萼与花冠均与雄花近似，花冠稍短；雌蕊具分离 3 心皮，背面凸起，每心皮具 1 基生胚珠，退化雄蕊 6。每雌花 1-3 心皮发育成果，果球形或倒卵形。种子单生，球形或近球形，种脊有球形海绵组织浸入；胚近基生或侧生，胚乳均匀。

约 12 种，分布于亚洲东部及东南部。我国 5 种，分布于西南部至南部。

1. 叶掌状深裂为 4-10-20 裂片，裂片条状披针形或线形，肋脉 2-5。

2. 叶鞘具淡黑色、粗网状纤维，叶掌状深裂成4-10裂片，裂片具2-5肋脉，先端平截；花序具2-3分枝花序；宿存花冠管不成实心柱状体 ·································· 1. **棕竹 Rh. excelsa**

2. 叶鞘具褐色、纤细网状纤维，叶掌状深裂为10-20裂片，裂片具1-3肋脉，先端有尖齿；花序具3-4分枝花序；宿存花冠管成实心柱状体 ·································· 2. **矮棕竹 Rh. humilis**

1. 叶掌状深裂为2-4裂片，裂片长圆状披针形或披针形，具3-4肋脉。

　　3. 叶裂片2-4，边缘及肋脉有细锯齿，叶柄上面扁平，下面圆；花序分枝少 ············· 3. **细棕竹 Rh. gracilis**

　　3. 叶裂片4，边缘具细锯齿，叶柄两面凸圆；花序三回分枝 ····················· 3(附). **粗棕竹 Rh. robusta**

1. 棕竹

图 79 彩片14

Rhapis excelsa (Thunb.) Henry ex Rehd. in Journ. Arn. Arb. 11: 153. 1930.

Chamaerops excelsa Thunb. Fl. Jap. 130. 1784. non Mart. 1849.

　　丛生灌木，高2-3米。茎圆柱形，有节，径2-3厘米。叶掌状，4-10深裂，裂片条状披针形，长20-30厘米，具2-5肋脉，先端平截，边缘有不规则锯齿，横脉多而明显；叶柄长8-20厘米，稍扁平，截面椭圆形，顶端小戟突常半圆形，叶鞘淡黑色，裂成粗纤维质网状。肉穗花序长达30厘米，具2-3分枝花序，每分枝花序具一至二回分枝，总花序梗及分枝花序梗基部各有1枚佛焰苞；佛焰苞管状，被棕色弯卷绒毛。花单性，雌雄异株；雄花长约3毫米，淡黄色，无梗，成熟时花冠管伸长，花时棍棒状椭圆形，长5-6毫米；花萼杯状，3深裂，裂片半卵形；花冠3裂，裂片三角形。雌花卵状球形，长约4毫米。浆果球形，径0.8-1厘米，宿存花冠管不成实心柱状体。种子球形。花期6-7月，果期9-11月。

　　产福建、广东、香港、海南、广西、贵州、四川及云南，生于海拔300-500米山地疏林中。日本有分布。南方普遍栽培作庭园观赏树；秆可作手杖和伞柄；根和叶鞘可药用。

图 79 棕竹 （引自《图鉴》）

2. 矮棕竹

图 80

Rhapis humilis Bl. in Rumphia 2: 54. 1836.

　　丛生灌木，高1-3米或更高。茎圆柱形，有节，上部密被叶鞘，叶鞘纤维呈纤细网状分裂，褐色。叶掌状深裂近基部，裂片10-20，线形，长23-25厘米，具1-3肋脉，先端有尖齿，有细锯齿，横脉疏而不明显；叶柄两面凸起，长约30厘米，顶端小戟突三角形。花单性，雌雄异株；雄花序腋生，长约30厘米，具3-4分枝；总花序梗及分枝花序梗基部各有1枚佛焰苞，佛焰苞顶端被毛，雄花互生或螺旋状排列于序轴。雄花萼杯状钟形，不整齐3裂，成熟棍棒状，长约6毫米，

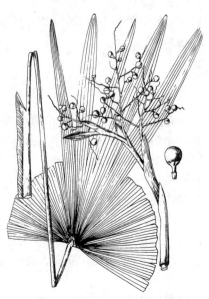

图 80 矮棕竹 （引自《图鉴》）

花冠长为花萼4-5倍，3浅裂，下部管状，雄蕊6，花丝贴生花冠管。果球形，径约7毫米，单生或成对着生于宿存花冠管，花冠管成实心柱状体。种子1，球形，径约4.5毫米。花期7-8月，果期11月至翌年4月。

产福建、广东、香港、广西、贵州及云南，生于山地密林中。各地常见栽培供观赏。日本有栽培。秆可作手杖、伞柄等。

3. 细棕竹 图 81:1-4

Rhapis gracilis Burret in Notizbl. Bot. Gart. Berlin-Dahlem 10: 883. 1930.

丛生灌木，高1-1.5米。茎圆柱形，有节，径约1厘米。叶掌状深裂，裂片2-4，长圆状披针形或披针形，长15-18厘米，具3-4肋脉，有不规则尖齿，边缘及肋脉有细锯齿，横纹少数，波状；叶柄纤细，长8-11厘米，上面扁平，下面圆，边缘具脱落性鳞秕，顶端有圆小戟突；叶鞘褐色，分裂呈网状细纤维。肉穗花序长约20厘米，分枝少，开展；花序梗具佛焰苞

2-3，佛焰苞管状，长4-7厘米，顶端一侧开裂；花小，雌雄异株。果球形，蓝绿色，径约1厘米，果被高5毫米，宿存花萼几裂至一半，裂片三角形；宿存花冠管成实心柱状体。种子1，球形，径6-7毫米。果期10月。

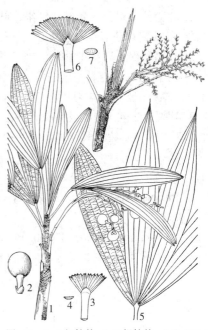

图 81:1-4.细棕竹 5-7.粗棕竹 （刘 泗绘）

产广东西部、海南、贵州及广西南部，生于疏林或密林中。树形优美，各地多栽培供观赏。

[附] 粗棕竹 图 81:5-7 **Rhapis robusta** Burret in Notizbl. Bot. Gard. Berlin-Dahlem 13: 587. 1937. 与细棕竹的区别：叶裂片4，边缘具细锯齿，叶柄两面凸圆；花序三回分枝。产广西西南部，生于山坡林下。须根药用，可接骨；秆可作手杖及伞柄。

5. 蒲葵属 Livistona R. Br.

（王勇进）

乔木。茎直立，单生，粗糙或有宿存叶基，具环状叶痕。叶大，掌状分裂至中部或中部以下，裂片多数，单折，稀数折，芽时内折，线形或线状披针形，先端2裂；叶柄长，上面平或具浅槽，下面凸起，两侧多少具刺或齿或几无刺，顶端上面具小戟突；叶鞘具棕色网状纤维。肉穗圆锥花序，腋生，具管状佛焰苞，多分枝，果时下垂；花两性，小，单生或簇生。花萼3深裂或几裂为3片，覆瓦状排列；花冠3裂近基部，裂片镊合状排列；雄蕊6，花丝下部合生成肉质环，顶部短钻状，离生，花药直立，背着；雌蕊具3心皮，花柱合生，每心皮具1基生胚珠。核果球形、卵球形、椭圆形或长圆形，外果皮肉质，平滑，内果皮骨质或木质。种子腹面有凹穴，胚乳均匀。

约30种，分布于亚洲、大洋洲热带地区及非洲。我国3-4种，分布于东南部至西南部。

1. 叶裂片先端裂成2丝状下垂小裂片，叶柄下部两侧有下弯黄绿或淡褐色短刺；果椭圆形，长1.8-2.2厘米，径

1-1.2 厘米，黑褐色 ·· 1. 蒲葵 **L. chinensis**
1. 叶裂片先端 2 浅裂，小裂片不下垂，叶柄两侧密被粗壮、下弯黑褐色扁刺；果倒卵圆形或椭圆形，长 2.3-
　3.5 厘米，淡蓝色。
　2. 花淡紫色，花药长椭圆形；果椭圆形，长 3-3.5 厘米，径 2-2.5 厘米 ············ 2. **大叶蒲葵 L. saribus**
　2. 花黄绿色，花药近圆形；果倒卵形，长 2.3-2.5 厘米，径 1.5-2 厘米 ············ 2(附). **美丽蒲葵 L. speciosa**

1. 蒲葵　　　　　　　　　　　　　　　图 82：1-5 彩片15

Livistona chinensis (Jacq.) R. Br. Prodr. Fl. Nov. Holl. 268. 1810.

Latania chinensis Jacq. Fragm. Bot. 16. t. 11. f. 1. 1809.

乔木，高达 20 米。叶宽肾状扇形，径达 1 米以上，掌状深裂至中部，裂片线状披针形，宽 1.8-2 厘米，2 深裂，长达 50 厘米，先端裂成 2 丝状下垂小裂片，两面绿色；叶柄长 1-2 米，下部两侧有下弯黄绿或淡褐色短刺。肉穗圆锥花序，长 1 米余，腋生，约 6 个分枝花序，总梗具 6-7 佛焰苞，佛焰苞棕色，管状，坚硬；分枝花序长 10-20 厘米。花小，两性，黄绿色，长约 2 毫米；

花萼裂至基部成 3 个宽三角形裂片，裂片覆瓦状排列；花冠 2 倍长于花萼，几裂至基部；雄蕊 6，花丝合生成环。核果椭圆形，长 1.8-2.2 厘米，径 1-1.2 厘米，黑褐色。种子椭圆形，长 1.5 厘米。花果期 4 月。

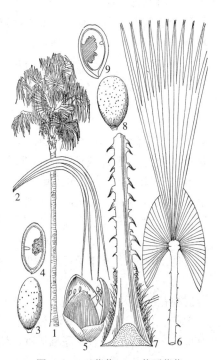

图 82：1-5.蒲葵 6-9.美丽蒲葵
（刘　泗绘）

　产台湾、福建、广东、香港、海南、广西及云南南部。越南及日本有分布。各地普遍栽培供观赏。嫩叶可制葵扇，老叶制蓑衣；叶裂片中脉可制牙签；果药用，治癌肿、白血病，根治哮喘，叶治功能性子宫出血。

2. 大叶蒲葵　高山蒲葵　　　　　　　　　图 83

Livistona saribus (Lour.) Merr. ex A. Chev. in Bull. Econ. Indo-chine 21:501. 1919.

Corypha saribus Lour. Fl. Cochichin. 1: 212. 1790.

　　乔木，高达 20 余米，径 20-30 厘米。叶径达 1.2 米，圆形或心状圆形，掌状深裂至中部或以下，裂片先端 2 浅裂，小裂片长 6-10 厘米，不下垂；叶柄长 1.5-2.5 米，粗壮，钝三棱形，两侧下部密被黑褐色下弯粗壮扁刺。肉穗花序腋生，长约 1.5 米，分枝花序 5-6，长 30-60 厘米，有佛焰苞，

图 83　大叶蒲葵 （引自《海南植物志》）

2-3次分枝，小花枝长约15厘米，花着生处具小瘤突；花2-3朵或6-8朵聚生，淡紫色，长约2.5毫米。花萼裂至近基部成3个半卵形裂片；花冠与花萼等长或稍长，裂至近基部成3个宽三角形裂片；雄蕊6，在基部与花冠裂片合生，花丝宽三角形，成钻状尖头，花药长椭圆形；子房具深雕纹。果椭圆形，长3-3.5厘米，径2-2.5厘米，淡蓝色。种子椭圆形或近卵球形，长2-2.5厘米。花期3-4月，果期10-11月。

产福建、广东、海南及云南，散生于海拔200-1000米山地密林、疏林中。越南、马来西亚有分布。

[附] 美丽蒲葵 图 82：6-9
Livistona speciosa Kurz in Journ. Asiat. Soc. Bengal 240. t. 13, 14. 1874. 与大叶蒲葵的区别：花黄绿色，花药近圆形；果倒卵形，长2.3-2.5厘米，径1.5-2厘米。产云南东南部。缅甸有分布。热带地区有栽培。供观赏。

6. 轴榈属 Licuala Thunb.
（王勇进）

灌木。茎丛生或单生，具环状叶痕。叶片圆形或扇形，掌状深裂，裂片单折至数折，或不裂，裂片先端平截或有齿；叶柄边缘具刺，叶鞘纤维质。花序生于叶腋，分枝或不分枝，被管状、革质、宿存佛焰苞。花小，两性；苞片或小苞片小或不明显；花萼杯状或管状，3齿裂或不整齐劈裂；花冠3深裂；裂片镊合状排列；雄蕊6，花丝分离或下部合生成管，顶端具等长6齿或具3裂雄蕊环，花药心形，背着；雌蕊具3个分离或近分离的心皮，花柱合生，细长，柱头细点状，倒生胚珠基着。核果小，球形或椭圆形，外果皮膜质，光滑，中果皮肉质，稍具纤维，内果皮薄，壳质，柱头宿存。种子球形，腹面光滑或有大裂片状种皮侵入物，胚乳角质，均匀，胚侧生。

约108种，分布于亚洲热带地区、澳大利亚和太平洋群岛。我国3种，产南部及西南部。

1. 肉穗花序2次或3次分枝；叶深裂近基部，叶柄基部的刺密 ·················· **1. 刺轴榈 L. spinosa**
1. 肉穗花序1次分枝；叶深裂至基部，叶柄两侧具疏刺。
  2. 花2-3朵聚生分枝花序轴周围近梗状小瘤突上；茎干不明显；叶片上面无蓝绿色斑纹，裂片16-20 ·············
  ·· **2. 穗花轴榈 L. fordiana**
  2. 花8-10朵直列，着生分枝花序轴周围短小瘤突上；茎干明显；叶片上面具蓝绿色斑纹，裂片7-9 ···········
  ··· **3. 毛花轴榈 L. dasyantha**

1. 刺轴榈
图 84 图 85：5-6

Licuala spinosa Thunb. in Kongl. Vetensk. Acad. Nya Handl. 3: 284. 1782.

丛生灌木，高2-5米。叶近扇形，径达1米，掌状深裂近基部，裂片8-22，楔形，中裂片长30-50厘米，余稍窄，先端有啮蚀状小裂片；叶柄长0.7-1米，顶端有小戟突，通常两侧或近基部两侧有密刺。

肉穗花序长1-2米，2次或3次分枝；分枝花序圆锥状，有5个以上穗状花序；佛焰苞管状，长10厘米以上，被红褐色易脱落糠秕，顶端撕裂；花两性，2-3朵聚生，螺旋状排列于分枝花序轴，无梗。花萼筒状，长1.5-2毫米，3齿裂；花冠长约为花萼1.5-2倍，裂片长圆形，花时外

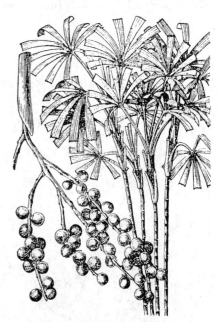

图 84 刺轴榈 （引自《图鉴》）

弯；雄蕊6，基部合生成环状；心皮3，基部稍合生。核果球形或倒卵形，径7-9毫米，成熟时橙黄或紫红色。花期3-4月，果期5-6月。

产海南及广西西南部，生于海拔300-800米山地密林中。印度、泰国、越南、老挝、柬埔寨及东南亚热带地区有分布。南方多栽培供观赏。

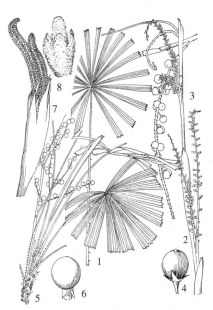

图 85：1-4.穗花轴榈 5-6.刺轴榈
7-8.毛花轴榈 （刘 泗绘）

2. 穗花轴榈 图 85：1-4

Licuala fordiana Becc. in Malesia 3: 198. 1886.

丛生灌木，高1.5-3米。茎干不明显。叶片圆扇形，掌状深裂至基部，裂片16-20，楔形，长25-42厘米，近基部宽2.5-4厘米，主脉2-3，先端具4钝齿；叶柄长0.85-1米或更长，下部两侧有疏刺，顶端戟突扁三角形。肉穗花序长0.5-1米，一次分枝，具2-3个长10-20厘米的小穗状花序；分枝花序轴密被丛卷毛状鳞秕；花2-3朵聚生于分枝花序轴周围的近梗状小瘤突上，近纺锤形，长6-8毫米。

花萼管状钟形，基部柄状，3齿裂，先端具淡褐色丛卷毛；花冠长约为花萼1.5倍，裂片长圆形。核果球形，径约8毫米。花期5-7月，果期9-12月。

产广东东南部、海南及香港，生于海拔600米以下山地密林中。

3. 毛花轴榈 图 85：7-8

Licuala dasyantha Burret in Notizbl. Bot. Gart. Berlin-Dahlem 15:334.1941.

灌木。茎高1-2米。叶片2/3圆形，上面具蓝绿色斑纹，折叠状，掌状深裂达基部，裂片7-9，楔形，具多条直达顶端粗脉，横脉细，波状，中裂片长约45厘米，先端宽约50厘米，平截，具微缺，余裂片斜截，较短，较窄，先端深裂，最边缘裂片长约25厘米，先端宽约5厘米；叶柄长约60厘米，基部两侧具疏刺，下面有褐色鳞秕。花序长约50厘米，1次

分枝，具2小穗状花序；花序梗长4-10厘米，被1-2佛焰苞所包，佛焰苞外面被深褐色鳞秕；小穗状花序长8-14厘米，序轴密被丛卷毛状鳞秕；花8-10朵直列，着生分枝花序轴周围短小瘤突上，每花为披针形苞片所托。花萼管状钟形，被丛卷毛，3裂；花冠长约为花萼1.5倍，裂片圆形。核果倒卵圆形，径5-8毫米，熟时暗红色。花期3-5月，果期10-12月。

产广西西南部及云南东南部。

7. 丝葵属 Washingtonia H. Wendl.
（陈三阳　裴盛基）

乔木状，多次开花结实。茎单生，无刺，部分或全部被覆宿存枯叶，具密集环状叶痕，有时基部膨大。叶掌状，具肋，内折，宿存，叶片裂至1/3-2/3成线形具单折裂片，裂片先端2裂，边缘有丝状纤维，下面中脉突起，横小脉不明显；叶柄边缘具弯齿，顶端上面具戟突，戟突膜质，三角形，边缘不整齐和撕裂状，叶鞘密被早落绒毛，边缘纤维状。花序生于叶间，分枝三（四）回，与叶等长或长于叶；花序梗短，花

序轴长于花梗，分枝花序轴多数，细、短、无毛。花小，两性，单生，螺旋状着生，具短梗；花萼膜片状，具3个不整齐撕裂裂片，宿存；花冠基部管状，上部裂片窄卵形，几薄膜状，花时反折；雄蕊6，着生花冠管口（喉部），花丝长，肉质，着生花冠管口，基部向上渐窄，花药丁字着生，侧向，药隔窄；雌蕊陀螺形，心皮3，基部分离，花柱细长，胚珠基生，直立。果小，宽椭圆形、卵球形或球形，顶端残留淡黑色柱头和不育心皮，内果皮薄，壳质。种子椭圆形或卵球形，稍扁，种脐偏离基部，种脊延伸至长度2/3，种皮侵入物很薄，胚乳均匀，胚基生。

约2种，分布于美国西部及墨西哥西部。我国南部有引种。

1. 树干基部不膨大，去枯叶后灰色，具纵裂缝和不明显环状叶痕，叶基密集，不规则；叶径达1.8米，灰绿色，约裂至中部，裂片边缘丝状纤维宿存；叶柄绿色，长约1.8米，下部边缘具小刺 …… 1. **丝葵 W. filifera**
1. 树干基部膨大，去枯叶后淡褐色，有明显环状叶痕和不明显纵裂缝；叶片径1-1.5米，亮绿色，裂至2/3，裂片边缘的丝状纤维易脱落；叶柄淡红褐色，边缘具粗壮钩刺 …………………… 2. **大丝葵 W. robusta**

1. 丝葵 华盛顿椰子 图 86：1-4

Washingtonia filifera (Lind. ex André) H. Wendl. in Bot. Zeitung (Berlin) 37：68. 1879.

Pritchardia filifera Lind. ex André in Ill. Hort. 24：32, 105. 1877.

乔木状，高18-21米，树干基部不膨大，圆柱状，被覆下垂枯叶，去枯叶后呈灰色，有纵裂缝和不明显环状叶痕。叶基密集，不规则，叶片径达1.8米，灰绿色，约裂至中部，裂片50-80，无毛，每裂片先端分裂，在裂片之间及边缘具灰白色宿存丝状纤维，中裂片宽4-4.5厘米，两侧裂片较窄、较短、深裂；叶柄绿色，约与叶片等长，下部边缘具小刺，基部成革质鞘，叶轴横切面三棱形，戟突三角形，边缘干膜质。花序弓状下垂，长2.7-3.6米，三回分枝。花萼管状钟形，裂片3，先端稍被锈色鳞秕；花冠长2倍于花萼，下部1/5管，裂片披针形；与花冠裂片对生的雄蕊粗纺锤形，与花冠裂片互生的雄蕊圆柱形，花药披针状箭头形，顶端2短裂；子房陀螺形，3裂，花柱丝状，柱头具细点，不裂。果卵球形，长约9.5毫米，亮黑色，宿存花柱刚毛状。种子卵形，长约7毫米，胚乳均匀，胚基生。

原产美国西南部及墨西哥。台湾、福建、广东、香港及云南南部有栽培。

2. 大丝葵 图 86：5-7

Washingtonia robusta H. Wendl. in Berlin Gart. Zeitung 2：198. 1883.

乔木状，高18-27米。树干基部膨大，去覆被枯叶，呈淡褐色，具环状叶痕和不明显纵裂缝。叶片径1-1.5米，亮绿色，裂至2/3，裂片60-70，下部边缘被脱落性绒毛，幼龄树叶裂片边缘具丝状纤维，随年龄成长而消失；叶柄粗壮，淡红褐色，直立，长1-1.5米，基部宽10-12.7厘米，上面凹，边缘具粗壮钩刺，戟突纸质渐尖，撕裂，长2-5厘米。花序长于叶，下垂；花单生，不整齐着生。花萼钟状，半裂成3个卵形裂片，裂片边缘具纤毛状小裂片；花冠长于花萼，裂至下部1/4成3个披针形裂片；雄蕊6，2轮，等长，与花瓣等长，与花瓣对生的3枚具粗状花丝，另3枚圆柱形，花药长5毫米，线状箭头形，

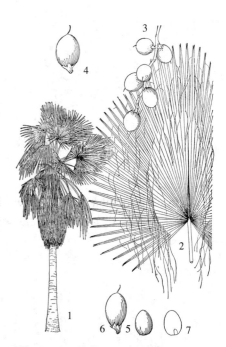

图 86：1-4.丝葵 5-7.大丝葵 （刘 泗绘）

顶端2裂；子房陀螺形，柱头3短裂。果椭圆形，长约1厘米，径约8.5毫米，亮黑色，刚毛状花柱宿存。种子卵球形，长6-7毫米，径约5毫米，种脊略脐状凹入，胚乳均匀，胚基生。

原产墨西哥西北部。我国南方有栽培。叶片可盖屋顶，编织篮子等；果及顶芽可食用。

8. 贝叶棕属 Corypha Linn.

（陈三阳）

乔木状，一次开花结实后枯死。叶大，圆形或半圆形，扇状分裂，裂片具粗壮中肋和横向小脉，先端 2 裂或具 2 齿；叶柄边缘具刺，上面具深槽，下面凸圆，顶端延伸为外弯叶轴。花序顶生，大型，半球形、圆锥形或金字塔形，三回分枝，各回分枝均由管状佛焰苞所包；花小，两性，成团集聚伞状着生小花枝上，每朵花均具鳞片状小苞片。无花梗，有时花萼基部成实心梗状；花萼杯状，3 裂；花瓣 3；雄蕊 6，花丝基部肉质邻接，向顶端钻状，顶部弯曲，花药背着；子房球形，具 3 沟，3 室，每室 1 胚珠，花柱钻状，柱头 3。果 1-3 集生，球形，基部具花柱残留物和 2 小瘤状突起。种子球形、略卵球形或长圆形；胚乳均匀，中央具小孔穴，胚顶生或近顶生。

约 8 种，分布于亚洲热带地区至大洋洲北部。我国引入栽培 1 种。

贝叶棕

图 87

Corypha umbraculifera Linn. Sp. Pl. ed. 3, 1657. 1764.

乔木状，高 18-25 米，径达 90 厘米。茎密被环状叶痕。叶扇状深裂，长 1.5-2 米，宽 2.5-3.5 米，裂片 80-100，裂至中部，剑形，先端 2 浅裂，长 0.6-1 米；叶柄长 2.5-3 米，粗壮，上面有沟槽，边缘具短齿，顶端延伸成下弯中肋状叶轴，长 70-90 厘米。圆锥花序顶生、直立，长 4-5 米或更长，四回分枝；序轴被多数佛焰苞，从缝中抽出分枝花序，分枝花序 30-35，下部分枝长约 3.5 米，上部的长约 1 米，末回分枝螺旋状着生几个长 15-20 厘米小花枝。花小，两性，乳白色。果球形，径 3.2-3.5 厘米。种子近球形或卵球形，径 1.8-2 厘米；胚顶生。

原产印度、斯里兰卡等亚洲热带国家，随小乘佛教传播引入我国，已有 700 多年历史。福建、广东及云南有少量栽植于佛寺旁边和植物园内。树形美观，为优良绿化观赏树种；花序含糖分，可制酒、醋或熬糖；树干髓心捣碎经水浸提取淀粉，供食用。

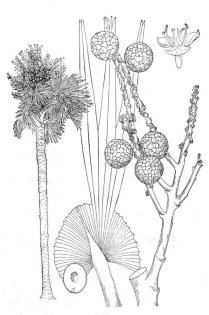

图 87 贝叶棕 （刘 泗绘）

9. 琼棕属 Chuniophoenix Burret

（王勇进）

灌木或小乔木。茎单生或丛生，无刺，具环状叶痕。叶圆扇形，掌状深裂，分裂近基部成单折至数折裂片，内折；叶柄上面具沟槽，顶端无戟突。圆锥状肉穗花序腋生，分枝疏散；佛焰苞多数，管状或漏斗状，紧包花序轴及分枝；花两性，稀杂性异株，多次开花结实。花单生或 3-4 聚生；花萼筒状，顶端 2-3 裂，宿存；花瓣 3，肉质，披针形，先端兜状，花时反折；雄蕊 4-6，花丝基部宽并连合，肉质，花药 2 室，纵裂，"丁"字着生；雌蕊具 3 心皮，子房三棱状椭圆形，3 室，每室有倒生胚珠 1 颗，花柱短，具 3 沟槽，顶端 3 裂。浆果状核果，近球形，成熟时深红色，1 种子。种子不整齐球形，胚乳嚼烂状或均匀；胚基生。

2 种，分布于中国（海南）及越南北部。我国均产。

1. 灌木或小乔木，高 3-8 米；茎径 4-8 厘米；叶裂片 14-16，裂片长达 50 厘米；肉穗花序多分枝；花紫红色；果径约 1.5 厘米；胚乳嚼烂状 ·· 1. 琼棕 Ch. hainanensis
1. 灌木，高不及 2 米；茎径 1-2 厘米；叶裂片 4-7，裂片长 20-25 厘米；肉穗花序不分枝或一回分枝；花淡黄色；果径约 1.2 厘米；胚乳均匀 ·· 2. **矮琼棕 Ch. nana**

1. 琼棕

图 88：1-3

Chuniophoenix hainanensis Burret in Notizbl. Bot. Gart. Berlin-Dahlem 13：583. 1937.

丛生灌木或小乔木，高3-8米。茎径4-8厘米。叶鞘生出吸芽；

叶鞘脱落后茎干灰褐色，有环纹。叶片团扇形，簇生茎顶，掌状深裂，裂片14-16，线形，长达50厘米，不裂或2浅裂，上面中脉凹下；叶柄无刺，上面有深凹槽，顶端无小戟突。肉穗花序腋生，多分枝，呈圆锥花序，下弯，主轴和分枝上有紧接的管状苞片和漏斗状小苞片。花两性，雌雄同株，紫红色；花萼筒

图 88：1-3.琼棕 4-7.矮琼棕 （刘 泗绘）

状，长约2毫米，宿存；花瓣卵状长圆形，长5-6毫米；雄蕊4-6，花丝基部扩大并连合；子房长圆形，柱头3裂。浆果球形，径约1.5厘米，外果皮薄革质，中果皮肉质，内果皮薄。种子球形，灰白色，胚乳嚼烂状，胚基生。花期4-5月，果期6-10月。

产海南，成片生于海拔500-800米山地林中。为国家重点保护稀有植物。

2. 矮琼棕

图 88：4-7

Chuniophoenix nana Burret in Notizbl. Bot. Gart. Berlin-Dahlem 15：97. 1940.

丛生灌木状，高1.5-2米。茎径1-2厘米，被残存褐色叶鞘。叶扇状半圆形，深裂近基部，裂片4-7，披针形或倒披针形，长20-25厘米，中裂片较大，最外侧裂片最小，主脉2-5，两面微凸；叶柄长25-50厘米，宽约5毫米，上面有凹槽，叶鞘包茎，叶落后残存茎上。肉穗花序腋

生，不分枝或一回分枝，圆锥花序，下弯，主轴和分枝有紧接管状苞

片和漏斗状小苞片。花两性，雌雄同株，淡黄色；花萼筒状，长约5毫米；花瓣披针形，长5-6毫米；雄蕊6；子房椭圆形，柱头3裂。果扁球形，径约1.2厘米，成熟时鲜红色，外果皮光滑，中果皮肉质。种子近球形，具不规则沟槽，淡棕色，胚乳均匀，胚基生。花期4-5月，果期8-10月。

产海南。越南有分布。为国家重点保护稀有植物。

10. 菜棕属 (箬棕属) Sabal Adans.

（陈三阳）

植株矮小或高大，单生，近无茎或直立，无刺，多次开花结实。茎常被叶基，具粗条纹和不明显的环或略光滑、灰色。叶多数，具肋掌状叶，内折，凋存；叶片扁平至多数为弓形，裂片线形、单折，先端2裂，有时纤维状，裂片下面中脉突起，裂片弯缺处具苍白丝状纤维或无，有时下面较苍白；叶柄较长，上面具沟槽，下面圆，有时被早落毛被，上面的戟突短、平截、尖或渐尖，边缘锐利，下面的戟突有时低脊状，叶鞘在叶柄下面半裂，边缘具纤维。花序生于叶间，分枝3-4级；花序梗有数个管状佛焰苞，花序轴及各级分枝的佛焰苞管状；小穗轴细长，具螺旋状排列小佛焰苞，每个托单花的短枝。花两性，对称；花萼基部

管状，顶端3浅裂；花冠下部管状，上部裂片椭圆形；雄蕊6，花丝稍肉质、扁平，约在与花萼等高处合生成管状，贴生花冠管口，上部分离，花药背着，多少丁字着生或直立；心皮3，合生，子房3裂，花柱具3沟槽，3裂，具乳头状突起，倒生胚珠基生。果球形或梨形，基部具柱头痕迹和不发育心皮。种子亮褐色，球形，中央凹陷，种脊和种脐基生，胚乳均匀，具浅的种皮侵入物，胚侧生或近背生。

约14种，分布于哥伦比亚至墨西哥东北部和美国东南部。我国南方常见栽培2种。

1. 矮小灌木状，高约1米，无茎或具短茎；叶掌状分裂，3/4圆形，裂片20-38，弯缺处具早落丝状纤维；花序直立，长达1.5米 ·· 1. 矮菜棕 S. minor
1. 乔木状，高9-18米；叶具肋掌状，裂片达80，弯缺处具宿存丝状纤维；花序花时下垂，长1.8米以上 ·· 2. 菜棕 S. palmetto

1. 矮菜棕　　　　　　　　　　　　　图 89：1-4

Sabal minor (Jacq.) Pers. Synop. Pl. 1:399. 1805.

Corypha minor Jacq. Hort. Vind. 3:8. t. 8. 1776.

矮小灌木状，高约1米或更高。无茎或具短茎。叶掌状分裂，淡蓝绿色，3/4圆形，长60-90厘米，裂片20-38，中裂片较长，先端渐尖，2短裂，弯缺处具早落丝状纤维；叶柄与叶片近等长，上面近基部具宽沟槽，顶端具近三角形戟突；叶轴短或无。花序生于叶间，直立，长达1.5米，3-4级分枝，花序梗长约1米，连同序轴被多个管状佛焰苞所包。花黄白色，螺旋状着生；花萼杯状，3半裂，裂片三角形；花瓣长于花萼1.5-2倍，卵状椭圆形，基部合生成短管状；雄蕊钻状，花药心状箭头形；子房三棱状金字塔形，长2.5-2.8毫米，具3沟槽，柱头头状，3裂，具乳头状突起。果球形，成熟时亮黑色，径8-9毫米，基部具宿存柱头痕迹。种子近球形，基部稍扁平，径约6毫米，种脐偏；胚乳均匀，胚位于一侧中部或稍下。

原产美国东南部。台湾、福建、广东、广西及云南有栽培。

2. 菜棕　箬棕　　　　　　　　　图 89：5-8

Sabal palmetto (Walt.) Lodd. ex Roem. et Schult. f. Syst. Veg. 7(2): 1487. No. 5. 1830.

Corypha palmetto Walt. Flor. Carol. 119. 1788.

乔木状。茎单生，高9-18米，径约60厘米，基部常密被根；上部被交叉状叶基，叶基浅裂成不规则裂缝。叶具肋掌状，长达1.8米，裂片达80，长1.3-1.4米，先端2深裂，两面同色，绿或黄绿色，弯缺处具宿存丝状纤维；叶柄长于叶片，粗壮，上面扁平，下面凸起，基部劈裂，顶端上面具披针形戟突；叶轴粗壮，下弯而延伸几达叶顶端。大复合圆锥花序，与叶片等长或长于叶，花时下垂，4级分枝；花螺旋状排列在末一级小花枝上，每花基部有大苞片和小苞片。花萼短钟状，裂至中部成3个三角形裂片；花冠2倍长于花萼，下部管状；雄蕊与花瓣等长或略长，花丝钻状，花药丁字着，卵状箭头形；花柱柱状近3棱，柱头细头状。果近球形或梨形，黑色，径1.1-1.3厘米，基部有花柱残留物。种子近球形，宽约7毫米；胚位于一侧近中部。

原产美国东南部北卡罗来纳至佛罗里达。台湾、福建、广东、广西及云南南部有栽培。

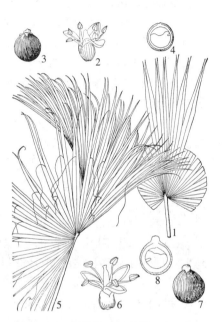

图 89：1-4.矮菜棕 5-8.菜棕 （刘 泅绘）

11. 糖棕属 Borassus Linn.

（陈三阳　裴盛基）

乔木状，无刺，高达30米。叶生于茎顶，掌状分裂，具中肋，内折，近圆形或扇形，裂成多数具单折裂片，裂片先端 2 浅裂或不裂；叶柄粗壮，边缘具齿状刺，上部戟突明显。花单性，雌雄异株，花序大，生于叶腋，下垂；花序梗被几个佛焰苞所包；雄花序二回分枝；分枝花序轴粗壮，圆柱形，上面密被覆瓦状排列鳞片状小苞片；雄花小，着生圆柱状小穗轴深凹穴内；萼片 3，覆瓦状排列，花瓣 3，短于萼片，覆瓦状排列，雄蕊 6，花丝短，三角形，花药中着，退化雌蕊小。雌花序不分枝或一回分枝，分枝花序轴粗壮，着生少数单生雌花；雌花较大，每花有 2 小苞片，萼片 3，覆瓦状排列，花瓣 3，较小，退化雄蕊 6-9，雌蕊近球形，3 心皮，每心皮具 1 基着直生胚珠。果近球形，种子 1-3，外果皮光滑，中果皮厚，纤维质，内果皮具 1-3 个硬骨质分果核；柱头残留顶端。种子具 2 裂片，具尖头，种皮粘着分果核，胚乳均匀，有空腔，胚近顶生。

约 8 种，产亚洲热带地区和非洲。我国引入栽培 1 种。

糖棕

图 90

Borassus flabellifer Linn. Sp. Pl. 1187. 1753.

植株高 13-20（-33）米，径 45-60（-90）厘米。叶掌状分裂，近圆形，径 1-1.5（-3）米，裂片 60-80，裂至中部，线状披针形，先端 2 裂；叶柄粗壮，长约 1 米，边缘具齿状刺。雄花序长达 1.5 米，分枝 3-5，长约 35 厘米或更长，每分枝掌状分裂为 1-3 小花枝；分枝花序轴略圆柱状，长约 25 厘米；雄花小，多数，黄色，着生于小苞片的凹穴内；萼片 3，下部合生，花瓣较短，匙形，雄蕊 6，花丝与花冠合生成梗状，花药大，长圆形。雌花序长约 80 厘米，约 4 分枝，分枝花序长 30-50 厘米，粗壮，轴长 20-25 厘米；雌花球形，径约 2.5 厘米，退化雄蕊 6-9。果近球形，扁，径 10-15（-20）厘米，外果皮光滑，黑褐色，中果皮纤维质，内果皮具 3 分果核。种子 3，胚乳角质，均匀，有空腔，胚近顶生。

原产亚洲热带地区和非洲。云南有栽培。印度、缅甸、斯里兰卡、马来西亚利用粗壮花序梗割取汁液制糖、酿酒、制醋和饮料。叶片可刻写文字或经文、盖屋顶、编席子和篮子，作绿肥；果未熟时种子内含一层凝胶状胚乳和少量水液可食和饮用；种子萌发嫩芽和肉质根可食用；树干木质坚硬部分可做椽子、木桩、围栏、输水管、水槽等。

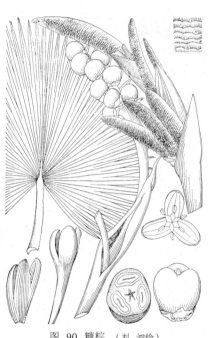

图 90 糖棕 （刘 泗绘）

12. 酒椰属 Raphia Beauv.

（陈三阳 裴盛基）

茎单生或丛生，无茎或乔木状。叶羽状全裂，宿存，羽片具单折，线形，多数，中脉及边缘具短刺；叶柄无刺。花序大型，生于近顶端叶腋，下垂，或聚生成直立、粗壮复花序，一次开花结实后枯死；花雌雄同序，具多次 2 列分枝穗状花序，雌花序在下部，雄花序在上部，雌花具 2 小苞片，雄花具 1 小苞片。雄花花萼管状，3 浅裂，花冠长于花萼，基部管状，具 3 个细长三角形或刺状裂片；雄蕊 6-30，花丝窄纺锤形，连接花冠近基部，离生或合生成肉质管，花药细长，无退化雌蕊。雌花花萼管状，多少平截或 3 浅裂，花冠长于或等长于花萼，下部管状，上部裂成 3 个三角形裂片，退化雄蕊在花冠上合生成环，具 6-16 齿，花药箭头形；雌蕊 3 心皮，花柱短，柱头圆锥状，3 裂。果大，卵球形或椭圆形，顶端具残留柱头，外果皮被凸起覆瓦状排列大鳞片，中果皮粉质，含油。种子 1，胚乳嚼烂状，胚侧生。

约 28 种，产热带非洲。我国引入栽培 4 种。

酒椰

图 91

Raphia vinifera Beauv. Fl. Owar. et Bén. 1: 77 1806.

茎直立，乔木状，高 5-10 米。叶羽状全裂，长 12-13 米，羽片

线形，长 1.2-2 米，宽 3-5 厘米，中脉及边缘具刺，上面绿色，下面

灰白色；叶柄粗壮，长1.5-1.8米，基部边缘成撕裂纤维状。多个花序生于顶部叶腋，粗壮，下垂，长1-4米，花序轴为多数佛焰苞包被，每佛焰苞内着生1个穗状花序，长10-15厘米，雄花生于上部，雌花生于基部。雄花长5-8毫米，稍弯曲，雄蕊（6-）9，花丝粗；雌花长约2厘米，花萼3齿裂，花冠略长于花萼，分裂成3个半裂尖裂片。果椭圆形或倒卵球形，长约6厘米或更长，径4.2-4.8厘米，被覆瓦状排列的稍凸起鳞片9纵列，鳞片中央有宽沟槽，淡褐色，边缘具暗褐色流苏，果顶具短尖喙。种子卵状长椭圆形，钝头，长约5.5厘米，径3-3.5厘米；胚乳嚼烂状，胚侧生中部。

　　原产非洲热带地区。台湾、福建、广东、广西及云南有栽培。幼嫩花序割取汁液可制棕榈酒；树形优美，果形独特，有很好的观赏价值。树叶耐腐，可盖屋顶，羽片中肋可作纺织材料，羽片下表皮可制"拉菲亚纤维"。

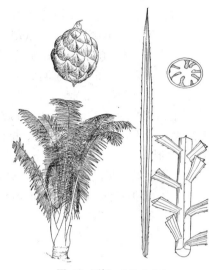

图 91 酒椰 （刘 泗绘）

13. 钩叶藤属 Plectocomia Mart. ex Bl.

（陈三阳）

　　攀援藤本，一次开花结实后枯死。叶鞘管状，有针状刺；叶羽状全裂；叶轴顶端延伸为具爪状刺纤鞭；羽片披针形或线状披针形，无刺，两面绿色或下面白色；无托叶鞘。雌雄异株，雌雄花序相似，生于最上部退化叶腋，二回分枝；分枝花序穗状，下垂；一级佛焰苞管状，二级佛焰苞为内凹苞片状，包被分枝花序轴；雄分枝花序轴花较多，雌分枝花序轴花较少，花单生，均具小苞片。雄花每2朵并生于分枝花序轴的凹痕内或花单生；花萼具3齿裂；花冠几倍长于花萼，深裂成3个镊合状排列的裂片，雄蕊6，花药直立，药室平行。雌花大于雄花，花萼3深裂，花冠长于花萼，退化雄蕊6，基部合生；子房球形或卵球形，被鳞片，3室，3胚珠，1室发育，花柱短，柱头3，钻状。果球形，果皮薄，被多数小鳞片。种子球形或扁球形，胚乳均匀，胚基生。

　　约16种，分布于亚洲热带地区及大洋洲。我国3种，分布于西南部及南部。

1. 羽片上面绿色，下面粉白色，先端尖或渐尖，披针形或长圆状披针形，长16-30厘米，宽3-4厘米，边缘疏被微刺；二级佛焰苞外面无毛，近菱形，长2.2厘米，宽1.3厘米 ·················· **小钩叶藤 P. microstachys**
1. 羽片两面绿色，窄披针形，长30-50厘米，宽3.5-5.5厘米，边缘具纤毛状微刺，先端具丝状尖；二级佛焰苞外面被细绒毛，长圆状倒楔形，长4-4.5厘米，宽约2厘米 ·················· (附). **高地钩叶藤 P. himalayana**

小钩叶藤　钩叶藤　　　　　　　　图 92

Plectocomia microstachys Burret in Notizbl. Bot. Gart. Berlin –Dahlem 15: 731. 1942.

Plectocomia kerrana auct. non Becc.: 中国植物志 13(1): 53. 1991.

　　攀援藤本。带鞘茎径约2厘米。叶羽片部分长约1米，顶端具纤鞭，叶轴下面具单生或2-3个合生疏离爪刺，羽片不规则排列，几片成组着生，披针形或长圆状披针形，长16-30厘米，宽3-4厘米，先

图 92 小钩叶藤 （引自《图鉴》）

端尖或渐尖，上面绿色，下面被粉，白色，边缘疏被微刺，边缘肋脉与中脉近等粗；叶鞘具稍密针状刺。雄花序长约 70 厘米，有多个穗状分枝花序，长约 50 厘米，穗轴细，基部径约 2.5 毫米，曲折，密被锈色柔毛状鳞秕，二级佛焰苞两面无毛，长约 2.2 厘米，宽 1.3 厘米，近菱形，小穗轴长约 1.2 厘米，纤细，基部多少被锈色柔毛，上面近无毛或无毛，着生 8-12 花。雄花长约 5 毫米，稍宽披针形，无毛，花萼 3 深裂，无毛，花瓣披针形，雄蕊 6，花药线形，长约 2.5 毫米，基部箭头形。

产海南及云南，生于海拔 800-1400 米密林中。泰国西北部有分布。

[附] 高地钩叶藤 Plectocomia himalayana Griff. in Calcutta Journ. Nat. Hist. 5: 100. 1845. 与小钩叶藤的区别：羽片两面绿色，窄披针形，长 30-50 厘米，宽 3.5-5.5 厘米，边缘具纤毛状微刺，先端具丝状尖；二级佛焰苞外面被细绒毛，长圆状倒楔形，长 4-5.5 厘米，宽约 2 厘米。产云南，生于海拔 1600-1800 米山地常绿阔叶林中。印度北部有分布。

14. 蛇皮果属 Salacca Reinw.

（陈三阳　裴盛基）

植株丛生。茎短或几无茎，有刺。叶羽状全裂，羽片披针形或线状披针形，呈"S"形或镰刀形。花序短，生于叶间，花蕾时包在叶鞘内；雌雄异株；雌雄花序异型；雄花序具分枝；分枝花序荑葇状圆柱形；总花序梗及花序分枝包于宿存佛焰苞内；雄花成对着生于小佛焰苞（苞片）腋内，通常伴有被毛小苞片；花萼和花冠管状，3 裂；雄蕊 6，着生于花冠管口，花丝短，基部宽。雌花序分枝较少，较大；雌花成对着生或单生，比雄花大；佛焰苞片 2；中性花伴有雌花，有 1 个佛焰苞；花萼基部管状，3 裂；花冠与花萼近等长或稍长，3 裂；退化雄蕊 6；雌蕊具 3 心皮，3 胚珠，不完全 3 室，被扁平、光滑或直立带刺尖鳞片，花柱短，柱头 3。果球形、陀螺形或卵球形，顶端具宿存柱头，外果皮薄，被覆瓦状反折鳞片，鳞片尖，光滑或刺尖，中果皮薄，内果皮不明显。种子 1-3，长圆形、球形或钝三棱形，肉质种皮厚，酸或甜；胚乳均匀，坚硬，顶端深孔穴内有珠被侵入物，胚基生。

约 14 种，分布于印度、中南半岛至马来群岛等亚洲热带地区。我国 1 种，引入栽培 1 种。

滇西蛇皮果　　　　　　　　　　　　　　图 93

Salacca secunda Griff. in Calcutta Journ. Nat. Hist. 5: 12. 1844.

植株丛生，几无茎。叶长约 6 米，叶轴下部下面有针刺；羽片整齐排列，披针形，长 0.5-1 米，两面绿色，具 3 肋，上面有刚毛。雄花序序轴粗壮，具几个穗状花序的分枝花序，穗状花序长 6-7 (-14) 厘米，雄花成对着生，长 8 毫米；小苞片线形，被鳞毛；花萼 3 深裂；花冠 3 裂，稍长于花萼。雌花序序轴粗壮，有几个粗短穗状花序的分枝花序，穗状花序长 6-9 厘米；每个小佛焰苞

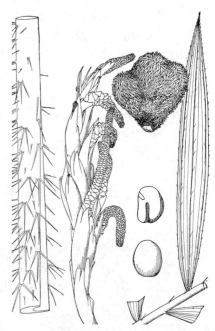

具 1 朵雌花和 1 朵中性花；小苞片密被长柔毛状纤毛；雌花球状卵形，径 8 毫米；花萼裂成 3 个卵形裂片；花冠稍长于花萼，裂至中部；无退化雄蕊；子房球形，3 室，密被针刺状鳞片。果球形（含 1 种子）、近双生形（含 2 种子）或近三菱形（含 3 种子），径 6-6.5 厘米，果皮壳质，密被钻状披针形，长 0.8-1 厘米暗褐色有光泽的鳞片。种子球

图 93 滇西蛇皮果　（刘　泗绘）

形、半球形或钝三棱形，径2.5-3厘米，顶端有小孔穴至胚乳1/2，内含珠被（种皮）侵入物；胚乳角质、坚硬，胚近侧生，近基部。

产云南西部，生于海拔270-1000米林中。印度、缅甸有分布。

15. 黄藤属 Daemonorops Bl.

（陈三阳）

茎攀援或直立，单生或丛生，多次开花，稀一次开花结实。叶羽状全裂，羽片多数，叶轴顶端常延伸为具爪状刺纤鞭；叶鞘圆筒形，有散生或横列刺。雌雄异株；雌雄花序相似，花前为纺锤形或圆筒形；花序总梗的大佛焰苞初舟状或圆筒状，外面具直刺，花后纵裂或张开成扁平状并脱落；分枝的二级佛焰苞具极短或近漏斗状瓣片。雄花序花时在舟状佛焰苞组的种类中呈密集圆锥状，在早落佛焰苞组（我国不产）的种类中窄而直，稀铺散状；雄分枝花序的花互生，2列；小佛焰苞鳞片状；花萼近杯状，具3齿或圆筒状；花冠深裂至基部成3片，雄蕊6。雌花序圆锥状，多少铺散；每朵雌花常伴有1朵中性花，小佛焰苞短环状，稀漏斗形；总苞托梗状，顶端着生总苞；中性花的小窠明显；雌花大于雄花，卵形，花萼杯状，平截或3浅齿，花冠长于花萼，退化雄蕊6，基部合生成环状；子房被鳞片，不完全3室，胚珠3，花柱短或圆锥状，柱头3。果球形、卵形或椭圆形，顶端多少具喙，宿存柱头外弯，外果皮薄，被紧贴外折鳞片。种子通常1颗，球形或稍扁，种皮肉质；胚乳深嚼烂状，胚基生。

约115种，分布于亚洲热带。我国1种。

有些种类的果实分泌红褐色树脂，可作染料和中药"血竭"。多数种类的茎可供编织。

黄藤　　　　　　　　　　　图　94　彩片16

Daemonorops margaritae (Hance) Becc. in Rec. Bot. Surv. India 2:220. 1902.

Calamus margaritae Hance in Journ. Bot. 12:266. 1874.

茎初直立，后攀援。叶羽状全裂；顶端延伸为具爪状刺纤鞭；叶轴具刺，在下部上面的为直刺，下面沿中央为单刺，在上部为2-5个合生刺，在纤鞭为半轮生爪；叶柄下面具疏刺，上面密被合生短刺；叶鞘具囊状凸起，初被红褐色鳞秕，具多数细长、轮生的刺，大刺间密生针刺。羽片多数，等距排列，两面绿色，线状剑形，先端钻尖，长30-45厘米，具3

图 94 黄藤　（引自《图鉴》）

(-5)肋，上面具刚毛，下面中肋具疏刚毛，边缘具细密纤毛。雌雄异株；花序直立，花前为佛焰苞所包，纺锤形，长25-30厘米，外面佛焰苞舟状，具直刺，内面的少刺或无刺；雄花序分枝密集，长约3厘米，花密集，雄花长圆状卵形，长5毫米；花萼杯状，3浅齿，花冠3裂，长于花萼2倍，总苞浅杯状。雌花序分枝长2-4厘米，"之"形曲折，每侧有4-7花；总苞托苞片状，总苞杯状；中性花小窠稍凹陷。果球形，径1.7-2厘米，顶端喙粗短，鳞片18-20纵列，鳞片中央有宽槽，具光泽，暗草黄色，具稍淡边缘和较暗内缘线。

产福建、广东、香港、海南、广西及贵州，云南有栽培。藤茎质地中上等，供编织。

16. 省藤属 Calamus Linn.

（陈三阳　裴盛基）

攀援藤本或直立灌木，丛生或单生。叶鞘通常圆筒形，具刺；叶柄具刺或无刺，基部呈囊状凸起（膝曲状）；叶轴具刺，顶端延伸为带爪状刺纤鞭或无纤鞭；叶羽状全裂；羽片（小叶）单片或数片着生叶轴两侧，具刚毛。雌雄异株，雌雄花序同型或异型，较长，一般有钩刺，顶端具纤鞭或尾状附属物；一级佛焰苞长管状或鞘状，不包花序，有刺或无刺，二级佛焰苞较小，与一级佛焰苞相似；雄花序通常三回分枝，分枝生小穗状花序，着生小佛焰苞；雄花生于小佛焰苞腋内，总苞杯状；花萼管状或杯状，3裂，花冠3裂，雄蕊6。雌花序二回分枝，稀一回分枝；小穗状花序较粗；花萼管状，3裂，花冠长于花萼，3裂，与花萼均宿存，宿存花被（果期称果被）开裂或基部不裂而稍膨大成梗状，退化雄蕊6，花丝下部成杯状体，子房被鳞片，3室，每室1胚珠，花柱短或圆锥状，柱头3。果球形、卵球形或椭圆形，花柱宿存；外果皮薄壳质，被覆瓦状排列鳞片。种子1（2-3），长圆形、近球形，稀棱角形或扁形，平滑、具洼点或具沟纹，合点处常凹入或成孔穴，充满肉质珠被；胚乳均匀或嚼烂状，胚基生或近基生，稀侧生。

约370种，广布于亚洲热带和亚热带地区，少数分布大洋洲和非洲。我国约34种、20变种。

多数种类的藤茎柔韧，供编织藤器和家具。

1. 叶轴顶端不延伸为具爪状刺的纤鞭；茎直立或攀援。
  2. 茎直立，稀半攀援状（大喙省藤）；花序轴顶端通常无纤鞭或尾状附属物，稀花序轴顶端具尾状附属物（直立省藤）；胚乳均匀，稀嚼烂状（直立省藤）。
    3. 雌花序较粗壮，二回分枝或一回分枝（雄花序三回或部分三回分枝）；果具短喙，鳞片边缘无毛或被流苏状纤毛，中央无或有沟槽；羽片下面无灰白色毛被和刚毛。
      4. 羽片每2-6片成组排列，指向不同方向；果小，果被（果时花被片）梗状（花萼裂至中部），鳞片边缘具流苏状纤毛。
        5. 几无茎；雄花序的一级佛焰苞撕裂成纤维状，长于分枝花序约1倍；果鳞片中央无槽 ·· 1. **毛鳞省藤 C. thysanolepis**
        5. 茎直立，高2-5米；雄花序的一级佛焰苞上部撕裂成片状，长度等于分枝花序或略长；果鳞片有不明显浅槽；种子扁球形或卵状半球形 ·················· 2. **高毛鳞省藤 C. hoplites**
      4. 羽片整齐2列；果较大，果被平展或扁平（花萼裂至基部），鳞片边缘无毛，中央有槽。
        6. 雌花序顶端无或具纤弱短尾状附属物；果椭圆形或卵状椭圆形，长2.7-3.5厘米，径约1.8厘米 ·· 3. **直立省藤 C. erectus**
        6. 雌花序顶端具较长尾状附属物；果椭圆形，长约2.2厘米，径约1.5厘米 ················ 3(附). **滇缅省藤 C. erectus var. birmanicus**
    3. 雌花序较纤细，一回分枝或基部二回分枝；果具长喙，鳞片边缘密被锈色或栗褐色绒毛；羽片下面被灰白或褐色毛被和刚毛。
      7. 羽片每2-3（4）片成组着生，长25-30（-40）厘米，宽3.5-4厘米，下面被灰白或褐色绵毛和星散刺状刚毛；果长卵形，长2.5-3厘米，径1.1-1.3厘米，鳞片23-24纵列，边缘密被锈色绒毛；种子长圆状，腹面稍扁，两端窄 ······················· 4. **尖果省藤 C. oxycarpus**
      7. 羽片整齐排列，长（16-）20-36厘米，宽1.4-1.5厘米，下面被灰白色鳞毛和刚毛；果卵球形，长2.5-2.7厘米，径1.5厘米，鳞片22-24纵列，边缘苍白色，被栗褐色绒毛；种子卵状半球形 ·············· 5. **大喙省藤 C. macrorrhynchus**
  2. 茎攀援；花序轴顶端延为纤鞭或尾状附属物；胚乳均匀或嚼烂状。
    8. 胚乳均匀。
      9. 羽片整齐（等距）或稍整齐排列；果被梗状，稀平展。
        10. 羽片线状披针形，长达35厘米，宽1.7-2厘米，下面中脉具少数刚毛，叶轴下面具单生黑尖爪状刺；

果卵球形，长约6毫米，鳞片15-18纵列。

　　11. 分枝花序的小穗状花序较长，最下部的长5-6厘米 ·················· 6. **大白藤 C. faberii**

　　11. 分枝花序的小穗状花序较短，最下部的长约3.5厘米 ········ 6(附). **短穗省藤 C. faberii** var. **brevispicatus**

　10. 羽片线形，长33-43厘米，宽1.3-2厘米，下面无刺；果近球形，径约1.5厘米，鳞片21纵列 ········
　　·· 6(附). **台湾省藤 C. formosanus**

　9. 羽片成组或不等距排列；果被平展。

　　12. 羽片窄披针形，指向不同方向，长15-40厘米，宽1.5-2.8厘米；叶轴具单生或2-3个聚生的长1-4厘米的直刺，叶柄两侧具直刺；果径8-9毫米，鳞片16-18纵列 ······ 7. **勐捧省藤 C. viminalis** var. **fasciculatus**

　　12. 羽片线状披针形，较小；叶轴下面具短的下弯爪状针刺，叶柄边缘具直刺或钩刺；果鳞片21或18纵列。

　　　13. 羽片每3-4片或多片靠近成组排列，长15-22厘米，宽1-1.3厘米；果径1厘米，鳞片21纵列，草黄色，边缘有窄暗色带 ······················· 8. **小白藤 C. balansaeanus**

　　　13. 羽片较小，每2-4片成组或近等距排列；果径5-6毫米，鳞片18纵列，边缘具栗褐色外缘线 ········
　　　··· 8(附). **褐鳞省藤 C. balansaeanus** var. **castaneolepis**

　8. 胚乳嚼烂状，稀近均匀。

　　14. 羽片整齐排列；果被平展。

　　　15. 果椭圆形，长1-1.2厘米，径7-8毫米，鳞片草黄色 ···················· 9. **杖藤 C. rhabdocladus**

　　　15. 果近球形，径0.7-1厘米，鳞片暗褐色 ················ 9(附). **弓弦藤 C. rhabdocladus** var. **globulosus**

　　14. 羽片成组或不等距排列；果被梗状，鳞片中央有沟槽。

　　　16. 羽片每2-3片成组排列，披针形、披针状椭圆形或倒披针形，中脉无刺或具少数微刺，余无刺，边缘具微刺，先端具刚毛。

　　　　17. 羽片长15-30厘米，具3-5（-7）叶脉；雌花序长0.6-1米，分枝花序5-8；果鳞片20-21纵列 ······
　　　　··· 10. **多穗白藤 C. bonianus**

　　　　17. 羽片长10-20厘米，3条叶脉，两面无刺；雌花序长7-15厘米，分枝花序3-4；果鳞片21-23纵列 ··· 11. **白藤 C. tetradactylus**

　　　16. 羽片（2）3-5片成组排列，倒披针形或椭圆状披针形，长15-35厘米，3-5（-7）脉，叶脉上面、中脉下面及边缘具微刺，先端具刚毛；果卵状椭圆形，橙红色，长2.5-3厘米，鳞片19-21纵列 ······
　　　·· 12. **小省藤 C. gracilis**

1. 叶轴顶端延伸为具爪状刺纤鞭；茎攀援。

　18. 花序轴顶端具尾状附属物。

　　19. 雄花序长2米以上，一级分枝花序长40-50厘米；叶鞘大刺间有小刺 ·············· 13. **泽生藤 C. palustris**

　　19. 雄花序较泽生藤长约1.5倍，分枝花序长60厘米；叶鞘大刺间几无小刺 ·············
　　·· 13(附). **长穗省藤 C. palustris** var. **longistachys**

　18. 花序轴顶端无纤鞭或尾状附属物。

　　20. 羽片不规则排列（基生叶2-3片成组排列），窄披针形或披针形，长36-40厘米，宽2-5厘米；果近球形，长2.8-3厘米，径2-2.3厘米，鳞片18纵列 ············· 14. **单叶省藤 C. simplicifolius**

　　20. 羽片整齐排列（幼龄株的不整齐），披针形，长30-43厘米，宽3-5厘米；果椭圆形，长约1.6厘米，径约1.2厘米，鳞片14-17纵列 ··················· 14(附). **阔叶省藤 C. orientalis**

1. 毛鳞省藤　　　　　　　　　　　　　　　　　　图 95

Calamus thysanolepis Hance in Journ. Bot. 12: 265. 1874.

　植株几无茎，丛生，高2-3米。叶长0.8-1.6米，无纤鞭；羽片两面黄绿色，每2-6片成组聚生，指向不同方向，剑形，长30-37厘米，叶脉及边缘疏被微刺，叶轴下面具单生爪状刺；叶柄疏被带黑尖直刺，叶鞘渐延伸成叶柄，无囊状凸起。雄花序三回分枝，长约50厘米，分枝花序约6个，长约15厘米；一级佛焰苞撕裂成纤维

状，长于分枝花序约1倍；小穗状花序长3-4厘米，每侧有花12-15；雄花长4.5毫米，花萼杯状，长2.5毫米，花冠裂片长于花萼2倍。雌花序粗壮，顶端无纤鞭，二回分枝，下弯分枝花序约6个，长约20厘米；一级佛焰苞与雄花序的相似；小穗状花序长约7.5厘米；序轴四棱状，花密集；小佛焰苞短管状漏斗形，一侧成三角形尖头。果被梗状；果宽卵状椭圆形，长1.5厘米，具短圆锥状的喙，鳞片18-21纵列，中央无槽，淡红黄色，向顶端淡红褐色，边缘具细流苏状纤毛。种子椭圆形，稍扁，背面略有小瘤状突起，种脊有深合点孔穴；胚乳均匀，胚基生。

产浙江、福建、江西、湖南、广东及香港。

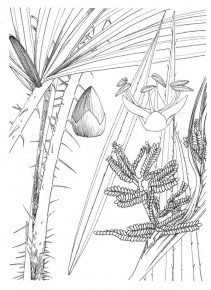

图 95 毛鳞省藤 （刘怡涛绘）

2. 高毛鳞省藤 图 96

Calamus hoplites Dunn in Journ. Linn. Soc. Bot. 38: 369. 1908.

茎直立，丛生，高2-5米。叶羽状全裂，无纤鞭，长2米以上；羽片多数，每2-6片成组聚生，指向不同方向，线状剑形，长达50厘米，叶轴下面具单生爪刺；叶柄下面及两侧具黑刺，叶鞘密被黑刺。雄花序长65-85厘米，三回分枝；一级佛焰苞与分枝花序近等长或略长，上部撕裂成片状，每个分枝花序有7-8小分枝，其上有7-8小穗状花序；雄花黄色，2列，卵状椭圆形；花萼杯状，顶端3裂，花冠裂片椭圆形。雌花序二回分枝，长65厘米，约6个分枝花序；一级佛焰苞被肉桂色或淡褐色鳞秕，上部撕裂成纤维状；分枝花序长约30厘米，小穗状花序长5-7厘米。果4列；果被略梗状；总苞托近盘状，总苞杯状，中性花的小窠大而深；果椭圆形或卵形，长约1.2厘米，具喙，鳞片21纵列，黄色，有不明显浅槽，先端深褐色，边缘有流苏状纤毛。种子扁球形或卵状半球形，长

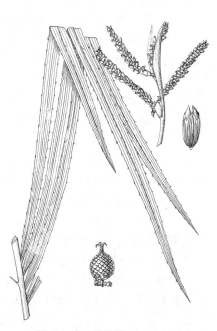

图 96 高毛鳞省藤 （孙英宝绘）

9毫米；胚乳均匀。花期5-6月，果期11月。

产福建、江西、湖南及广东。

3. 直立省藤 图 97

Calamus erectus Roxb. Fl. Ind. ed. 2, 3: 774. 1832.

茎直立，粗壮，丛生，高5米以上，裸茎径5-6厘米。叶羽状全裂，长2.5-3.5米，顶端无纤鞭；叶轴下面由下部向上部具半轮生或单生刺；羽片整齐2列，剑形，最大的长60-75厘米，中脉粗壮，两面

具刺状刚毛，边缘疏被微刺，先端具刚毛；叶柄近圆柱形，具轮生或半轮生长刺，叶鞘腹面张开，密被长刺，托叶鞘在成龄叶腹面纵裂成2

长耳，密被黑色刚毛。雄花序基部三回分枝，上部二回分枝，长约3米，具4-5分枝花序，顶端无或具尾状附属物；下部的分枝花序长30-50厘米，二次分枝，每侧约有10小穗状花序，小穗状花序长15厘米，每侧约有15-20花；各级佛焰苞均被褐色鳞秕，一级佛焰苞管状纵裂成纤维状，多少具刺，小佛焰苞不对称漏斗形；雄花长约9毫米，径3毫米。雌花序长约1.3米，二回分枝，顶端具1个小穗状花序或纤弱短尾状附属物，具7-8分枝花序，每个分枝花序有7-10小小穗状花序；下部的小穗状花序长约15厘米，有10-15花；各级佛焰苞与雄的相似；雌花宽圆锥状，长约6毫米。果被扁平；果椭圆形或卵状椭圆形，长2.7-3.5米，径约1.8厘米，鳞片12纵列；鳞片中央有宽槽，边缘无毛。种子长卵球形，长2-2.4厘米，具稍细洼点，胚乳嚼烂状。

产云南西部，生于海拔270-500米林中。印度及缅甸有分布。

[附] **滇缅省藤 Calamus erectus** Roxb. var. **birmanicus** Becc. in Rec. Bot. Surv. Ind. 2: 197. 1902. 与直立省藤的区别：花序较纤细；雌花序顶端具较长尾状附属物；果椭圆形，长约2.2厘米，径约1.5厘米。产云南。缅甸有分布。

图 97 直立省藤 （引自《云南树木图志》）

4. 尖果省藤

图 98

Calamus oxycarpus Becc. in Ann. Roy. Bot. Gard. (Calcutta) 11(Suppl.): 138. S. t. 81. 1913.

茎直立，丛生灌木状，高约2米。叶羽状全裂，长约2米，顶端无纤鞭；羽片2-3（4）片成组着生，披针形或倒披针形，长25-30（-40）厘米，宽3.5-4厘米，上面无毛，下面被灰或褐色绵毛和星散刺状刚毛；叶轴背面疏被直刺。雌花序细鞭状，长达1米以上，先端不延伸，基部二回分枝，上部一回分枝，小穗状花序少数，花序轴直立，长10-12厘米，顶端具丝状、无刺尾状附属物；一级佛焰苞初细长管状，后深纵裂，具刺；小佛焰苞斜漏斗状，有绒毛，一侧为三角形尖头；总苞深杯状，陷入小佛焰苞内；中性花的小窠在总苞托外连合成杯状总苞。雌花长7毫米，长卵形；花萼钟状，裂至中部；花冠长于花萼1.5倍，裂片披针形，被微柔毛；退化雄蕊具窄长花丝和长箭头形花药；子房密被褐色绒毛，柱头下弯。

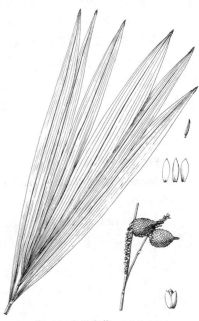

图 98 尖果省藤 （孙英宝绘）

果被凸起，略梗状；果长卵形，长2.5-3厘米，径1.1-1.3厘米，顶部具长喙，鳞片23-24纵列，中央无沟槽，黄或淡红黄色，向顶尖渐亮黑色，边缘密被锈色绒毛。种子长圆状，腹面稍扁，两端窄，长1.8-2.2厘米；胚乳均匀。花期2月，果期8月。

产广西中部及贵州南部。

5. 大喙省藤 图 99

Calamus macrorrhynchus Burret in Notizbl. Bot. Gart. Berlin –Dahlem 13: 590. 1937.

茎直立或半攀援，长 2-4 米，幼株被淡褐色鳞秕状绒毛。叶羽状全裂，长 0.9-1 米，顶端无纤鞭；羽片 10-15，整齐排列，线状披针形，长（16-）20-36 厘米，宽 1.4-1.5 厘米，下面被灰白色鳞毛和刚毛；叶柄与叶轴均被淡褐色鳞秕，下部边缘具叉开长约 1（2）厘米直刺，叶鞘无囊状凸起，疏被扁刺。雌花序较纤细，长 45 厘米，一回分枝；花序轴顶端不延伸，具小刺；

图 99 大喙省藤 （引自《图鉴》）

着生几个小穗状花序；一级佛焰苞上部撕裂成纤维状，被淡褐色鳞秕；分枝花序轴长约 4 厘米；小佛焰苞漏斗形；总苞托在小佛焰苞内梗状；花萼裂至 3/4，基部有宽圆形突起，裂片卵状长圆形；花冠裂片窄三角形，比花萼裂片长。果被非梗状，略凸起；果卵球形，长 2.5-2.7 厘米，径 1.5 厘米，具长喙，鳞片 22-24 纵列，栗褐或褐色，边缘苍白色，密被栗褐色绒毛。种子卵状半球形，长 1.6-1.7 厘米，胚乳均匀。果期 12 月。

产广东、广西及贵州南部。

6. 大白藤 多果省藤 图 100

Calamus faberii Becc. in Ann. Roy. Bot. Gard. (Calcutta) 11 (1): 274. t. 99. 1908.

Calamus walkerii Hance; 中国植物志 13(1): 75. 1991.

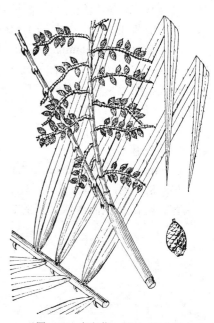

图 100 大白藤 （引自《图鉴》）

攀援藤本。茎长达 30 米。叶羽状全裂，顶端无纤鞭，羽片多数，等距整齐排列，两面同色，线状披针形，长达 35 厘米，宽 1.7-2 厘米，上面 3 脉，具刚毛，下面中脉具少数刚毛；叶轴横断面三角状，下面圆，具单生黑尖爪状刺；叶柄两侧及下面具直刺，叶鞘具囊状凸起，上面具单生或几个合生三角形扁刺。雌花序二回分枝，长鞭状；序轴顶端延伸为长纤鞭，分枝花序稀

疏，一级佛焰苞管状，扁，两侧具锐尖边缘，紧密，疏被短刺，开口斜截或短裂，一侧为短三角形尖头；分枝花序从佛焰苞内伸出，稍硬，尖塔形，长 12-18 厘米，每侧有 10-15 小穗状花序；二级佛焰苞

圆筒状，无刺，开口平截，一侧为三角形尖头；小穗状花序生于佛焰苞口，微弓形，平展或下弯，最下部的长 5-6 厘米，每侧有 12-13 花，上部的短，顶端少花；雌花小，2 列，长 3 毫米；花萼裂至中部成 3 个宽三角形裂片；花冠裂片卵形，长于花萼约 2 倍。果被短梗状；果卵球形，长约 6 毫米，鳞片 15-18

纵列，基部草黄色，具红褐色宽边，干膜质，细啮蚀状，中央凸起。胚乳均匀。

产广东、香港及海南。越南有分布。藤茎供编织。

[附] **短穗省藤 Calamus faberii** var **brevispicatus** (C. F. Wei) S. J. Pei et S. Y. Chen in Acta Phytotax. Sin. 27: 133. 1989.——*Calamus tonkinensis* Becc. var. *brevispicatus* C. F. Wei in Guihaia 6: 31. 1986. 与大白藤的区别：小穗状花序较短，最下部的长约3.5厘米。产广东。用途与大白藤相同。

7. 勐捧省藤 图 101 彩片17

Calamus viminalis Willd. var. **fasciculatus** (Roxb.) Becc. in Hook. f. Fl. Brit. Ind. 6: 444. 1892.

Calamus fasciculatus Roxb. Fl. Ind. 3: 779. 1832.

攀援藤本，丛生。带鞘茎径2-3厘米，裸茎径约1.5厘米。叶羽状全裂，长1-1.5米，顶端无纤鞭；羽片2-4片成组着生，指向不同方向，窄披针形，长15-40厘米，宽1.5-2.8厘米，3脉，中脉尖突，余脉较细，两面被微刺，边缘具微刺，叶轴具长1-4厘米单生或2-3聚生直刺；叶柄长10-20厘米，两侧具直刺，叶鞘具囊状凸起，被单生或几个合生长1-2.5厘米扁刺，托叶鞘短。雌花序二

回分枝，长约3米，顶端具带爪状刺长纤鞭，分枝花序4，长30-40厘米，每侧有10-15小穗状花序，长2.5-13厘米；一级佛焰苞长管状，具散生爪状短刺；二级佛焰苞管状漏斗形。果被平展；果豌豆状，球形或稍扁，有时近陀螺形，径8-9毫米，顶端具窄圆柱形喙，鳞片16-18纵列，草黄色，有光泽，中央有浅沟。种子近球形，扁，宽约6毫米，厚4毫米，具凸起和深洼穴，种脊稍扁平，中央有圆的合点孔穴；胚乳均匀，胚基生。

产云南。印度、孟加拉国、缅甸、泰国、越南、老挝及柬埔寨有分布。勐腊傣族村寨中常见栽培。供编织。

8. 小白藤 图 102

Calamus balansaeanus Becc. in Webbia 3: 230. 1910.

茎纤细，高1.5米，多少攀援状。叶羽状全裂，长达85厘米，顶端无纤鞭，每侧有羽片25-28；羽片不整齐3-4或多片靠近成组排列，线状披针形，长15-22厘米，宽1-3厘米，上面及边缘被微刺，下面几无刺，先端具刚毛，叶轴下面有下弯爪状针刺；叶柄边缘具直刺或钩刺，叶鞘具浅囊状凸起，有散生直刺。雄花序二回分枝，长约1米，顶端具细纤鞭，分枝花序4-6；一级佛焰苞管状，两侧具龙骨状突起，疏被小爪状刺；二级佛焰苞及小佛焰苞均斜漏斗状，每分枝花序有小穗

[附] **台湾省藤 Calamus formosanus** Becc. in Rec. Bot. Surv. India 2: 211. 1902. 与大白藤的区别：羽片线形，长33-43厘米，宽1.3-2厘米，3脉，下面无刺；果近球形，径约1.5厘米，鳞片21纵列。产台湾，生于低海拔至中海拔阔叶林中。

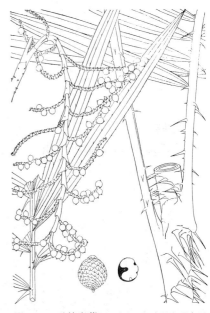

图 101 勐捧省藤 （引自《云南树木图志》）

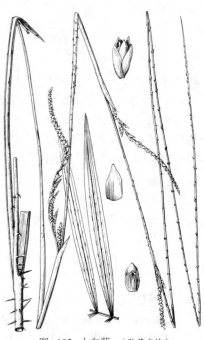

图 102 小白藤 （孙英宝绘）

状花序2-5，小穗状花序每侧密生5-12花；总苞近杯状，具深凹缺；雄花长4-5毫米，花萼杯状，具3小齿，花冠稍长于花萼，裂片披针形。雌花序纤鞭状，顶端具纤细纤鞭；一级佛焰苞管状，具刺；分枝花序2-3，长10-12厘米；二级佛焰苞和小佛焰苞均斜漏斗状，无刺；小穗状花序长1.5-2厘米，生5-6花；总苞托和总苞相似，杯状。果被扁平；果球形，径约1厘米，具短喙，鳞片21纵列，草黄色，边缘有窄暗色带，中央具窄槽。种子不规则球形，径7毫米；胚乳均匀，胚基生。果期3月。

产广西及贵州南部。越南有分布。藤茎供编织。

[附] **褐鳞省藤 Calamus balansaeanus** var. **castaneolepis** (C. F. Wei) S. J. Pei et S. Y. Chen in Acta Phytotax. Sin. 27: 134. 1989.——*Calamus henryanus* Becc.var. *castaneolepis* C. F. Wei in Guihaia 6: 32. 1986. 与模式变种的区别：叶羽片较小，每2-4片成组或近等距离排列；果径5-6毫米，鳞片18纵列，有栗褐色外缘线。产广西东部。

9. 杖藤

图 103 彩片18

Calamus rhabdocladus Burret in Notizbl. Bot. Gart. Berlin-Dahlem 10: 884. 1930.

攀援藤本，丛生。叶羽状全裂，长1.2-1.8米，无纤鞭；羽片整齐排列，线形，长45-50厘米，两面及边缘和先端均有刚毛状刺，叶轴具成列直刺或单生爪；叶柄长25-35厘米，被黑褐色鳞秕，具成列长黑刺，叶鞘密被红褐或黑褐色鳞秕和成列黑褐色刺。雄花序长鞭状，三回分枝，长达8米，分枝3-4，长40厘米，顶端有尾状附属物，二级分枝约20，长7-15厘米，小穗状花序约20，长2-3厘米，每侧有5-15花；一级佛焰苞长管状，具成列或轮生刺，二级佛焰苞管状或管状漏斗形，三级佛焰苞管状漏斗形，小佛焰苞不对称漏斗形；雄花长圆形，长约5毫米，花萼管3齿裂，花冠长于花萼2倍。雌花序二回分枝，长7-8米，顶端具纤鞭，分枝花序7，长70-85厘米，顶端有尾状附属物，小穗状花序每侧5-10个，长13-20厘米，每侧有20-25花；一、二级及小佛焰苞与雄的相似。果被平展；果椭圆形，长1-1.2厘米，径7-8毫米，具喙，鳞片15纵列，草黄色，边缘具流苏状鳞毛。种子宽椭圆形，长8毫米，有瘤突；胚乳浅嚼烂状，胚基生。花果期4-6月。

产福建、广东、海南、广西、贵州及云南。藤茎质地中等，坚

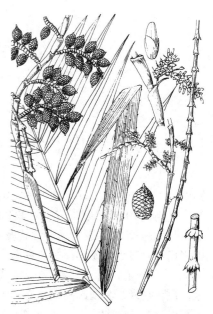

图 103 杖藤 （引自《图鉴》）

硬，适宜作藤器骨架及手杖。

[附] **弓弦藤 Calamus rhabdocladus** Burret var. **globulosus** S. J. Pei et S. Y. Chen in Acta Phytotax. Sin. 27: 137. 1989. 与杖藤的区别：果近球形，径0.7-1厘米，鳞片暗褐色。产云南南部，生于林中。

10. 多穗白藤

图 104

Calamus bonianus Becc. in Webbia 3: 231. 1910.

攀援藤本，丛生。叶羽状全裂，羽片约30片，长50-70厘米，无纤鞭；每2-3羽片成组不等距离排列，披针形、披针状椭圆形或倒披

针形，长15-30厘米，3-5（-7）脉，中脉无刺，稀具疏刺，边缘具微刺，先端具刚毛；叶轴下面有星散爪，叶鞘稍具囊状凸起，疏被直刺，幼时具纤鞭。雄花序长约60厘米，三回分枝，一级分枝长6-14厘米，二级分枝长5-6厘米，小穗状花序每侧4-5，弓形，近蝎尾状，长1-2厘米，下部的有花15-20；一级佛焰苞管状，具少数星散爪；二、三级佛焰苞管状漏斗形，无刺；小佛焰苞不对称漏斗形；总苞近苞片状，3裂；雄花窄卵状椭圆形，长3.5毫米，花萼杯状钟形，3裂片，花冠长于花萼2倍，裂片披针形。雌花序二回分枝，长0.6-1米，顶端纤鞭长约50厘米；一、二级佛焰苞与雄花序相似，分枝花序5-8，长10-15厘米，小穗状花序每侧5-10，着生佛焰苞口的外面，最大的长5-7厘米，每侧有10-14花；总苞托及总苞圆盘形；中性花的小窠胼胝体状。果被梗状；果球形，径0.8-1厘米，具喙，鳞片20-21纵列，淡黄色，中央有浅槽。种子球形，径5-6毫米；胚乳浅嚼烂状，胚基生。花果期6月。

产广东及海南。云南有栽培。越南有分布。藤茎质地中等，供编织藤器。

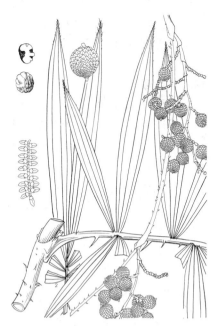

图 104 多穗白藤 （刘怡涛绘）

11. 白藤

图 105：1-3 彩片19

Calamus tetradactylus Hance in Journ. Bot. 13: 289. 1875.

攀援藤本，丛生。茎细长。叶羽状全裂，长45-50厘米，无纤鞭，羽片2-3片成组不等距排列，披针状椭圆形或长圆状披针形，长10-20厘米，先端具刚毛，边缘具微刺；3脉；叶柄短，无刺或少刺，叶轴两侧无刺，下面具星散爪刺，叶鞘稍具囊状凸起，无刺。雄花序三回分枝，长约50厘米，分枝花序少数，下部的长约8厘米；小穗状花序长1-1.2厘米，每侧有4-6花；一级佛焰苞管状，疏被小爪刺；二级佛焰苞管状漏斗形；小佛焰苞漏斗状；雄花长3毫米，花萼杯状，3裂，花冠长于花萼约2倍。雌花序二回分枝，顶端纤鞭具爪；一级佛焰苞有2龙骨状突起，无刺或少刺；分枝花序3-4，长7-15厘米，最大的每侧有5-7小穗状花序；二级佛焰苞管状；小穗状花序着生佛焰苞口或稍上，弓形，下部的长2.5-5厘米，每侧5-6花；小佛焰苞斜漏斗形；总苞托略具梗，总苞较大，超

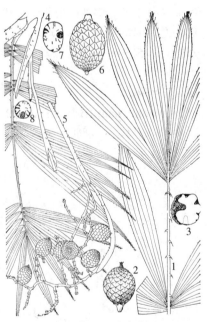

图 105：1-3.白藤 4-8.小省藤 （刘 泗绘）

出总苞托，中性花的小窠深凹；雌花长3-4毫米，花萼3裂，花冠稍长于花萼。果被梗状；果球形，径0.8-1厘米，具喙，鳞片21-23纵列，中央有槽，淡黄色。种子不整齐球形，径约6毫米；胚乳近均匀或浅嚼烂状。花果期5-6月。

产福建、广东、香港、海南及广西南部。越南有分布。藤茎质地中上等，供编织藤器。

12. 小省藤

图 105：4-8

Calamus gracilis Roxb. Fl. Ind. 3: 781. 1832.

攀援藤本，丛生。叶羽状全裂，长30-45厘米，无纤鞭；羽片每（2）3-5成组、不等距排列，倒披针形或椭圆状披针形，长15-35厘米，3-5（-7）脉，上面沿脉被微刺，先端具刚毛，边缘具微刺，叶轴被暗褐色鳞秕，两侧及下面具爪；叶柄短。雄花序二回至三回分枝，长约1.1米，顶端具纤鞭；分枝花序7，最下部的长15-20厘米，每侧有4-6小穗状花序；小穗状花序每侧有6花；一级佛焰苞管状，爪稀疏；二级佛焰苞管状漏斗形，均被暗褐色鳞秕和条纹脉；小佛焰苞宽漏斗形或苞片状；总苞片近半杯状；雄花卵形，花萼钟形，3浅裂。雌花序二回分枝，长50-80厘米，顶端具纤鞭，分枝花序5-7，最下部的长10-20厘米，每侧有小穗状花序3-5，长4-6厘米，每侧5-7花；佛焰苞与雄花相似，具密爪；小佛焰苞管状漏斗形；总苞托盘状；总苞圆形，浅碟形或几扁平；中性花的小寒凹陷，近半月形；雌花长约3.5毫米，花萼短圆筒状，3浅裂，花冠稍长于花萼。果被梗状；果卵状椭圆形，长2.5-3厘米，鳞片19-21纵列，鲜时橙红色；中央有深槽。种子椭圆形；胚乳深嚼烂状，胚侧生。花果期5-6月。

产海南及云南，生于较低海拔林中。印度和孟加拉国有分布。藤茎质地优良，是编织藤器的好原料。

13. 泽生藤

图 106

Calamus palustris Griff. in Calcutta Journ. Nat. Hist. 5: 61. 1844.

攀援藤本。叶羽状全裂，长约2.5米，顶端纤鞭具爪状刺，长1.2米，羽片2-3成组排列，椭圆状披针形或披针形，长30-50厘米，先端具刚毛，无刺，叶轴中上部边缘及下面有少数单生爪状刺或爪，叶脉长10-15厘米，上面无刺或具少数短刺，下面无刺；叶鞘具囊状凸起，上面无刺，余部具少数外折刺，大刺间有小刺。雄花序长2米以上，基部的三回分枝，上部的二回分枝；分枝花序轴顶端有尾状附属物，一级分枝花序长40-50厘米；二级分枝花序长10-15厘米，小穗状花序约20；一级佛焰苞管状，具下弯爪状刺；二级与三级佛焰苞均无刺，小佛焰苞近苞片状；总苞半杯状；雄花长约4毫米，花萼3深裂，花冠长于花萼2倍。雌花序二回分枝，有多个分枝花序，顶端有短尾状附属物；一、二级佛焰苞与雄花的相似；小佛焰苞短漏斗形；总苞托近杯状，从小佛焰苞内半伸出；总苞稍超出总苞托，在中性花一侧凹入；中性花的小寒新月形；雌花长约4毫米，花萼裂至中部，花冠裂片披针形，与花萼裂片等长。果卵状椭圆形或近倒卵球形，长1.5-1.8厘米，

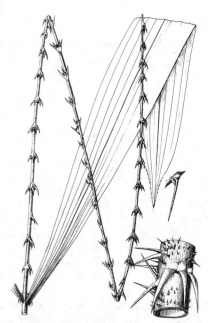

图 106 泽生藤 （孙英宝绘）

鳞片18纵列，鳞片中央有浅槽，草黄色。种子卵球形，长1厘米；胚乳中央部分均匀，周围浅嚼烂状。花期4-5月。

产香港、广西西部及云南南部，生于海拔600-900米林中。泰国、缅甸及印度有分布。藤茎质地中上等，供编织。

[附] **长穗省藤 Calamus palustris Griff. var. longistachys** S. J. Pei et S. Y. Chen in Acta Phytotax. Sin. 27: 143. 1989. 与泽生藤的区别：雄花序长于泽生藤1.5倍，分枝花序长约60厘米；叶鞘大刺间无小刺。花期4-5月。产云南南部，生于林中。藤茎质地及用途同泽生藤。

14. 单叶省藤　省藤　　　　　　　　　图 107

Calamus simplicifolius C. F. Wei in Guihaia 6: 36. t. 3. 1986.

Calamus platyacanthoides Merr.; 中国高等植物图鉴 5: 347. 1976.

攀援藤本。叶羽状全裂，长2-3米，上部叶具粗的长纤鞭，具3-7基部合生、半轮生爪状刺；羽片不规则单生或2-3片成组聚生（基生叶），窄披针形或披针形，长36-40厘米，宽2-5厘米，叶轴中下部具直刺，中上部下面具合生的或半轮生的爪；叶鞘具囊状凸起，被多数黄绿色扁刺及小刺。雄花序三回分枝；三级佛焰苞管状漏斗形，长1.5-2.5厘米，无刺；小佛焰苞兜状；总苞杯状；小穗状花序长2.5-4.5厘米，有10-20花；雄花卵状长圆形，长7-7.5毫米，花萼钟形，长约4.5毫米，顶端3裂，花冠长于花萼约2/3，基部与花丝基部合生成柄，雄蕊6。雌花序长45-60厘米，二回分枝；一级佛焰苞管状漏斗形，长5-9厘米，具疏锐刺；二级佛焰苞较小，无刺；小佛焰苞漏斗形，长4-5毫米，顶端具短纤毛，总苞托浅漏斗形，基部与小穗状花序轴合生；总苞杯状，顶端倾斜，侧面具中性花的小窠。果被梗状，长约4毫米；果近球形，长2.8-3厘米，径2-2.3厘

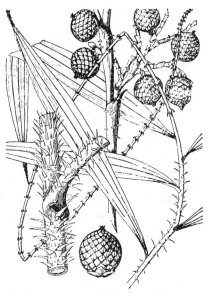

图 107　单叶省藤　（引自《图鉴》）

米，具喙，鳞片约18纵列，黄白色。种子球形或近球形，稍扁，长1.2-1.4厘米；胚乳嚼烂状，胚基生。果期10-12月。

产海南及广西。

[附]　**阔叶省藤 Calamus orientalis** C. E. Chang in Quart. Journ. Chin. Forest. 21(1): 107. f. 2. 1988. 与单叶省藤的区别：羽状复叶的羽片排列整齐，羽片披针形，长30-40厘米，宽3-5厘米；果椭圆形，长约1.6厘米，径1.2厘米，鳞片14-17纵列。产台湾，生于海拔300-2500米林中。

17. 桄榔属 Arenga Labill.

（陈三阳）

乔木或灌木状。茎单生或丛生，茎密被黑色纤维状叶鞘。叶奇数羽状全裂，稀扇状不裂，羽片内折，近线形、不整齐波状椭圆形或近菱形，基部楔形，一侧或两侧耳垂状，先端啮蚀状。花雌雄同株，稀雌雄异株，多次开花结实或一次开花结实；花序有时两性，生于叶腋或脱落叶腋，直立或下垂；花序梗为多个佛焰苞所包被，多分枝，稀不分枝；花单生或3朵聚生，2朵雄花间有1朵雌花。雄花花萼3，圆形，覆瓦状排列，花冠基部合生，具3片卵形或长圆状三角形裂片，镊合状排列，雄蕊通常多至15枚以上，稀6-9，花丝短，花药长，药隔有时延伸顶尖；无退化雌蕊。雌花通常球形，花萼与花冠花后膨大，萼片3，圆形，覆瓦状排列；花瓣3，合生至中部，顶端三角形，覆瓦状排列；退化雄蕊3-0；子房3室，能育室2-3，柱头2-3。果球形或椭圆形，常具3棱，顶端具柱头残留物。种子1-3，平凸或扁；胚乳均匀。

约21种，分布于亚洲南部、东南部至大洋洲热带地区。我国4种。

1. 乔木状。
　2. 株高约 5 米；叶长 3.5-5.5 米，羽片 2 列，基部有 1 或 2 耳垂；雄蕊 100 枚以上；果近球形，灰褐色 ………………………………………………………………………………………………… 1. **桄榔 A. westerhoutii**
　2. 株高 10 米；叶长 6-8 米，羽片 4-5 列，基部两侧有不等耳垂；雄蕊 50-80；果长圆形，淡黄色 …………………………………………………………………………………………… 1(附). **砂糖椰子 A. pinnata**
1. 丛生灌木，高 2-3 米；叶长 2-3 米，羽片长 30-55 厘米，宽 2-3 厘米，基部一侧有耳垂；雄蕊约 40 …………………………………………………………………………………………………… 2. **山棕 A. engleri**

1. 桄榔 莎木 　　　　　　　　　图 108：1-6 彩片20

Arenga westerhoutii Griff. in Calcutta Journ. Nat. Hist. 5: 474. 1845.

Arenga pinnata auct. non Merr.: 中国高等植物图鉴 5: 353. 1976; 中国植物志 13(1): 110. 1991.

乔木状。茎粗壮，高约 5 米，径 15-20 厘米，有疏离环状叶痕。

叶簇生茎顶，长 3.5-5.5 米，羽状全裂；羽片 2 列，线形，长 0.6-1.5 米，基部有 1 或 2 耳垂，顶端有啮蚀状齿或 2 裂，上面绿色，下面苍白色；叶鞘具黑色网状纤维和针刺状纤维。花序腋生，长 0.45-1.5（-1.8）米，从上部至下部生出若干花序，最下部花序的果成熟时，植株死亡；花序梗粗壮，下弯，分枝多，长 0.4-1.2 米，佛焰苞多个，螺旋状排列于花序轴。雄花长约 1.9 厘米，花萼、花瓣各 3 片，雄蕊 100 枚以上；雌花花萼及花瓣各 3 片，花后膨大。果近球形，径 4-5 厘米，钝 3 棱，顶端凹陷，成熟时灰褐色，未熟果干后黑色。种子 3，黑色，卵状三棱形，胚乳均匀，胚背生。

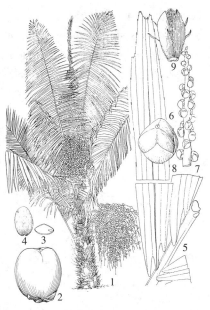

图 108：1-6.桄榔 7-9.山棕 （刘 泗绘）

　产海南、广西南部、云南及西藏。中南半岛及东南亚有分布。花序汁液可制糖、酿酒；树干髓心含淀粉，供食用；幼嫩种子胚乳可用糖制成蜜饯，果肉汁液有强烈刺激性和腐蚀性，必须小心取出种子；幼嫩茎尖作蔬菜食用；叶鞘纤维强韧，耐湿耐腐，可制绳缆。

　　[附] **砂糖椰子** 糖树 **Arenga pinnata** (Wurmb.) Merr. Interpret. Herb. Amb. 119. 1917.—— *Saguerus pinnata* Wurmb. in Verh. Bot. Gen. 1: 351. 1779. 与桄榔的区别：树高 10 米；叶长 6-8 米，羽片 4-5 列，基部两侧有不等耳垂；雄蕊 50-80；果长圆形，淡黄色。福建、广东及海南有栽培。用途与桄榔相同。

2. 山棕 矮桄榔 　　　　　　　图 108：7-9 图 109 彩片21

Arenga engleri Becc. in Malesia 3: 184. 1889.

丛生灌木，高 2-3 米。叶羽状全裂，长 2-3 米，羽片互生，长 30-55 厘米，宽 2-3 厘米，基部羽片较窄短，上部的较宽短，线形，基部窄，一侧有耳垂，顶部具细齿，中部以上边缘具啮蚀状齿，顶部羽片

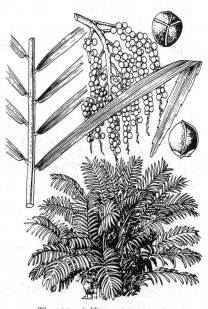

图 109 山棕 （引自《图鉴》）

先端宽，具啮蚀状齿，上面深绿色，下面灰绿色；叶柄基部上面具凹槽，下面凸圆，余近半圆柱形，叶轴三棱形，与叶柄均被黑色鳞秕，叶鞘为黑色网状纤维。花序生于叶间，长30-50厘米，分枝多，长约30厘米，螺旋状排列于花序轴上。花雌雄同株；雄花长约1.5厘米，黄色，有香气，萼片3，覆瓦状排列成杯状，花瓣3，长椭圆形，长1.5厘米，雄蕊约40，无芒尖；雌花近球形，花萼近圆形，花瓣三角形，长约6毫米，宽约5毫米。果近球形，钝3棱，成熟时红色，长1.7厘米，径约1.8厘米。种子3，通常1种子发育不全，黑褐色，钝三棱状，长约1厘米，宽约0.8厘米，厚约0.6厘米，胚乳均匀，胚背生。

产台湾、福建及广西。广东及云南有栽培。日本（琉球）有分布。

18. 鱼尾葵属 Caryota Linn.

（陈三阳）

植株矮小或乔木状。茎单生或丛生，裸露或被叶鞘，具环状叶痕。叶大，聚生茎顶，二回羽状全裂，芽时内折；羽片菱形、楔形或披针形，先端极偏斜，有不规则齿缺，啮蚀状；叶柄基部膨大，叶鞘纤维质。佛焰苞3-5，管状；花序生于叶腋，分枝花序长而下垂，稀不分枝；花单性，雌雄同株同序，通常3朵聚生，中间1朵较小为雌花。雄花萼片3，离生，覆瓦状排列；花瓣3，镊合状排列；雄蕊9-多数，花丝短，花药线形。雌花花萼3，覆瓦状排列；花瓣3，镊合状排列；退化雄蕊0-6；子房3室，柱头2-3裂。果近球形，种子1-2。种子直立；胚乳嚼烂状，胚侧生。

约13种，分布于亚洲南部、东南部至澳大利亚热带地区。我国4种，产南部至西南部。

1. 茎丛生，矮小；雄花萼片先端全缘；果熟时紫红色。
  2. 茎无微白色毡状绒毛；花序常不分枝，偶基部生1短枝；雄花萼片先端无睫毛；果球形，径2.5-3.5厘米
  ·· 1. **单穗鱼尾葵 C. monostachya**
  2. 茎被微白色毡状绒毛；花序分枝多而密集；雄花萼片先端具密集睫毛；果球形，径1.2-1.5厘米··········
  ·· 2. **短穗鱼尾葵 C. mitis**
1. 茎单生，乔木状；雄花萼片顶端非全缘；果熟时红、深红或紫黑色。
  3. 茎绿色，被白色毡状绒毛；雄花花萼与花瓣无脱落性黑褐色毡状绒毛；果红色 ········· 3. **鱼尾葵 C. ochlandra**
  3. 茎黑褐色，无白色毡状绒毛；雄花花萼与花瓣被脱落性棕黑色毡状绒毛。
    4. 茎高5-12米，径25-30厘米，中下部不膨大成瓶状；果红色 ····················· 4. **董棕 C. urens**
    4. 茎高达25米，径60-80厘米，中下部膨大成瓶状；果深红或紫黑色 ··············· 4(附). **大董棕 C. no**

1. 单穗鱼尾葵

图 110 彩片22

Caryota monostachya Becc. in Webbia 3: 196. 1910.

茎丛生，高2-4米，径3.5-4厘米，茎绿色，无微白色毡状绒毛。叶长2.5-3.5米；羽片楔形或斜楔形，长11-18（-27）厘米，基部两侧不对称，幼叶薄而脆，老叶近革质，外缘直，内缘弧曲或不规则齿缺，成尾尖；叶柄长1-1.25米，横切面近圆形，径1.5-2.5厘米，叶鞘具细条纹，边缘具网状褐色纤维。佛焰苞管状，长20-30厘米，顶端斜截，套接，被毡状褐色绒毛；花序长40-80厘米，不分枝，稀基部有短枝，无毛。雄花蕾时短圆锥状，花时椭圆形，萼片宽卵形，长4-5毫米，先端全缘，无睫毛；花瓣长圆形，长0.9-1.1厘米，紫红

色；雄蕊90-130，花药线形，长约8毫米，黄色，花丝短，近白色。雌花萼片宽卵形，长3-4毫米，先端全缘或微凹，无毛；花瓣窄卵形，长5-7毫米，先端具尖头，紫红色；退化雄蕊2-3，丝状，淡绿色，与花瓣对生；子房卵状三棱形，柱头无柄。果球形，径2.5-3.5厘米，成熟时紫红色。种子2，半球形；胚乳嚼烂状。

产广西、贵州西南部及云南，生于海拔130-1600米山坡或沟谷林中。越南及老挝有分布。

2. 短穗鱼尾葵　　　　　　　　　　　图　111

Caryota mitis Lour. Fl. Cochinch. 2: 569. 1790.

丛生，小乔木状，高5-8米，径8-15厘米。茎绿色，被微白色毡状绒毛。叶长3-4米，下

图 110 单穗鱼尾葵 （刘 泗绘）

部羽片小于上部羽片，羽片楔形或斜楔形，外缘直，内缘1/2以上弧曲成不规则齿缺，延伸成尾尖或短尖，淡绿色，幼叶较薄，老叶近革质；叶柄被褐黑色毡状绒毛，叶鞘边缘具网状棕黑色纤维。佛焰苞与花序被糠秕状鳞秕，花序长25-40厘米，具密集穗状分枝花序。雄花萼片宽倒卵形，长约2.5毫米，宽4毫米，先端全缘，具密集睫毛；花瓣窄长圆形，长约1.1厘米，宽2.5毫米，淡绿色；雄蕊15-20（-25），几无花丝。雌花萼片宽倒卵形，长为花瓣1/3倍；花瓣卵状三角形，长3-4毫米；退化雄蕊3，长为花瓣1/2（-1/3）倍。果球形，径1.2-1.5厘米，成熟时紫红色，1种子。花期4-6月，果期8-11月。

产海南及广西，生于山谷林中；亦栽于庭园。越南、缅甸、印度、马来西亚、菲律宾及印度尼西亚有分布。茎髓心含淀粉，供食用；花序液汁含糖分，供制糖或酿酒。

3. 鱼尾葵　　　　　　　　　　　图　112 彩片23

Caryota ochlanda Hance in Journ, Bot. 17: 176. 1879.

乔木状，高10-15（-20）米，径15-35厘米。茎单生，绿色，被白色毡状绒毛，具环状叶痕。叶长3-4米，幼叶近革质，老叶厚革质；羽片长15-20厘米，宽3-10厘米，互生，稀顶部的近对生，最上部的1片较大，楔形，先端2-3裂，侧边的较小，半菱形，外缘直，内缘上半部

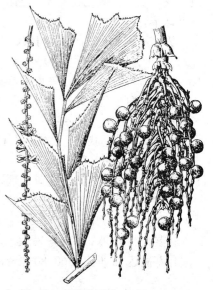

图 111 短穗鱼尾葵 （引自《图鉴》）

或1/4以上弧曲成不规则齿缺，延伸成短尖或尾尖。佛焰苞与花序无糠秕状鳞秕，花序长3-3.5（-5）米，具多数穗状分枝花序，长1.5-2.5米。雄花花萼与花瓣无脱落性毡状绒毛；萼片宽圆形，长约5毫米，盖萼片小于被盖的侧萼片，具疣状凸起，边缘无半圆齿，无毛；花

瓣椭圆形，长约 2 厘米，黄色；雄蕊（31-）50-111，花药线形，长约 9 毫米，黄色，花丝近白色。雌花花萼长约 3 毫米，宽 5 毫米，先端全缘，花瓣长约 5 毫米；退化雄蕊 3，钻状，长为花冠 1/3；子房近卵状三棱形，柱头 2 裂。果球形，成熟时红色，径 1.5-2 厘米。种子 1，稀 2，胚乳嚼烂状。

产福建、广东、海南、广西、贵州及云南，生于海拔 300-1400 米山坡或沟谷林中。亚热带地区有分布。树形美观，可作庭园绿化树种，热带地区园林广为栽培；茎髓含淀粉，可作桄榔粉代用品。

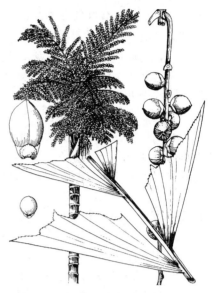

图 112 鱼尾葵 （引自《图鉴》）

4. 董棕
图 113 彩片24

Caryota urens Linn. Sp. Pl. 1181 1753.

乔木状，高 5-12 米，径 25-30 厘米。茎黑褐色，中下部不膨大成瓶状，无白色毡状绒毛，具环状叶痕。叶长 3.5-5 米，弓状下弯；羽片宽楔形或窄斜楔形，长 15-29 厘米；幼叶近革质，老叶厚革质，最下部的紧贴分枝叶轴基部，边缘具规则齿缺，基部以上的渐窄楔形，外缘直，内缘斜伸或弧曲成不规则齿缺，延伸成尾尖，最顶端羽片宽楔形，先端 2-3 裂；叶柄长 1.3-2 米，

下面凸圆，上面凹，基部径约 5 厘米，被脱落性棕黑色毡状绒毛，叶鞘边缘具网状棕黑色纤维。佛焰苞长 30-45 厘米；花序长 1.5-2.5 米，穗状分枝花序多数、密集，长 1-1.8 米，花序梗圆柱形，粗壮，密被覆瓦状苞片。雄花花萼与花瓣被脱落性黑褐色毡状绒毛；萼片近圆形，盖萼片大于被盖的侧萼片，无疣状凸起，边缘具半圆齿；雄蕊（30-）80-100，花丝短，近白色，花药线形。雌花与雄花相似，花萼稍宽，花瓣较短，退化雄蕊 3；子房倒卵状三棱形，柱头无柄，2 裂。果球形或扁球形，径 1.5-2.4 厘米，成熟时红色。种子 1-2，近球形或半球形，胚乳嚼烂状。

产广西西南部及云南，生于海拔 370-1500（-2450）米石灰岩山地或沟谷林中。印度、斯里兰卡、缅甸、越南、老挝、柬埔寨及泰国有分布。木质坚硬，可作水槽与水车；髓心含淀粉，可代西谷米；叶鞘纤维坚韧可制棕绳；幼树茎尖可作蔬菜；树形美观，可作绿化观赏树种。

[附] **大董棕** 彩片25 **Caryota no** Becc. ex J. Dransfield in Principes 18 (3): 87. 1974. 与董棕的区别：茎高达 25 米，径 70-80 厘米，干下部常

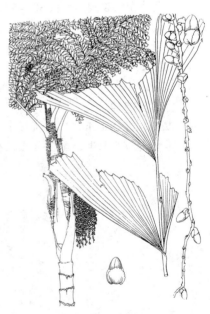

图 113 董棕 （刘怡涛绘）

膨大成瓶状；果深红或紫黑色；种子通常 2。产云南南部，生于海拔 800-1200 米林中。马来西亚及印度西尼亚有分布。用途与董棕相同。

19. 瓦理棕属 **Wallichia** Roxb.

（陈三阳）

灌木或小乔木状，丛生或单生。叶羽状全裂，螺旋状排列或 2 列，羽片内折，线状披针形，不规则菱形或深裂，上部边缘啮蚀状或不规则齿缺，基部楔形，无耳垂，上面无毛，下面密被苍白色毛和星散褐色鳞片

带，中脉1，扇状叶脉多条。花序单性，生于叶间，雌雄同株或杂性异株，一次开花结实；雄花序多分枝密集，雌花序分枝较稀；佛焰苞多数，基部管状，上部劈裂，包被花序梗，密被褐色鳞片或绒毛；雄花成对着生，有时中间有1朵不发育雌花，或单生。雄花花萼圆筒状或杯状，平截，3裂或具3齿；花冠长于花萼，近基部圆筒状，3深裂，裂片长圆形，镊合状排列；雄蕊（3-）6（-15），花丝基部合生成柱状，部分或完全贴生花冠管，有时贴生花冠裂片，花药线形；无退化雌蕊。雌花单生，螺旋状排列；萼片3，圆形，覆瓦状排列，多少分裂或基部稍合生；花瓣3，合生至中部，镊合状排列；退化雄蕊3-0；子房2-3室，柱头圆锥形，胚珠2-3，着生基部，半倒生。浆果小，卵状长圆形，顶端具残留柱头。种子1-2（3），椭圆形或平凹；胚乳均匀，胚背生或侧生。

　　约9种，分布于喜马拉雅山东部至中国南部及中南半岛。我国6种。

1. 乔木状，高5-8米；叶2列，羽片2-5片聚生，长30-60厘米，宽4-6厘米；雄花花萼杯状，3浅裂，花冠3倍长于花萼 ·· **1. 二列瓦理棕 W. disticha**
1. 灌木状，高0.5-4米；叶螺旋状排列。
　2. 羽片互生或叶轴下部2-4片聚生。
　　3. 羽片长圆状，长（30-）60-75厘米，宽11-12厘米，边缘深波状裂，具啮蚀状齿；雄花花萼圆筒形，近全缘，花冠与花萼等长 ·· **2. 密花瓦理棕 W. densiflora**
　　3. 羽片楔状长圆形，长30-45厘米，宽8-10厘米，边缘提琴状浅裂，裂片具锐尖啮蚀状齿；雄花花萼管状杯形，3浅裂，花冠2倍长于花萼 ·· **2(附). 琴叶瓦理棕 W. caryotoides**
　2. 羽片互生或近对生，长20-35（-45）厘米，宽达10厘米，下部宽楔形，具深波状缺刻，先端略钝，具锐齿 ·· **3. 瓦理棕 W. chinensis**

1. 二列瓦理棕　　　　　　　　　　图 114

Wallichia disticha T. Anders. in Journ. Linn. Soc. Bot. 11: 6. 1871.

乔木状。茎单生，高5-8米，径10-15厘米。叶2列，互生，长2-4米；羽片每2-5片聚生叶轴两侧，线状披针形，长30-60厘米，宽4-6厘米，先端平截或楔形，具流苏状齿，两侧边缘中部至顶部具疏离小齿，上面绿色，下面略白色，具叶脉；叶柄基部具坚硬网状纤维，抱茎。雄花序长0.9-1.2米，一回分枝，具长约10厘米、下弯、密集、纤细小穗状花序；雄花密

集，花萼杯状，3浅裂，花冠3倍长于花萼。雌花序长1.8-2.4米，粗壮，花序梗径4厘米，下垂，一回分枝，小穗状花序达200，下垂，小穗状花序长约40厘米，螺旋状排列于花序轴；雌花绿色，螺旋状排列，花冠长于子房。果长圆形，长约1.9厘米，淡红色，顶端不明显2-3裂。胚乳均匀，胚背生，偏离。

　　产云南西部及西藏，生于低海拔阔叶林中。缅甸及印度有分布。树形优美，供观赏；树干髓心含淀粉，供食用。

图 114 二列瓦理棕 （刘怡涛绘）

2. 密花瓦理棕

图 115：1-3

Wallichia densiflora Mart. Hist. Nat. Palm. 3: 189. 1823.

株高2-4米。茎短或几无茎。叶长2-4米，羽状全裂；羽片互生或叶轴下部2-4片聚生，长圆状，长（30-）60-75厘米，宽11-12厘米，基部楔形，具不规则深波状裂片及啮蚀状齿，上面绿色，下面稍白色，具粗壮褐色中脉和多数平行侧脉；叶鞘被鳞秕和长柔毛，边缘粗纤维质，叶柄及叶轴粗，被褐色鳞秕。花雌雄同株，异序；雄花序长约30厘米，分枝多而纤细；雄花小，淡黄色，单生或在下部每2朵雄花间有1朵不育雌花；花萼圆筒形，近全缘；花冠与花萼等长，3深裂；雄蕊6；无退化雌蕊。雌花序较粗壮，长达80厘米，多分枝；分枝长35-40厘米，螺旋状排列；雌花球形，淡紫色，密集成多列着生于分枝序轴；花萼短，半裂成3个宽圆齿；花冠短于子房，3裂，裂片宽半卵形，子房2室。果长圆形，长1.8厘米，径9毫米，暗紫或深红色，顶端具尖头（柱头残留物）。种子2，平凸；胚乳均匀，胚背生。

产云南西部，生于低海拔林中。印度、缅甸、孟加拉国有分布。树形美观，可作为庭园绿化树种。

[附] **琴叶瓦理棕 Wallichia caryotoides** Roxb. Pl. Corom. 3: 91. t. 295.

3. 瓦理棕

图 115：4-7

Wallichia chinensis Burret in Notizbl. Bot. Gart. Berlin -Dahlem 13: 602. 1937.

丛生灌木，高2-3米。叶羽状全裂，羽片互生或近对生，长20-35（-45）厘米，最宽处达10厘米，下部宽楔形，中部及上部具深波状缺刻，具锐齿，顶端羽片常具波状3裂，具不规则锐齿，上面绿色，下面稍苍白色；叶鞘边缘网状抱茎。花序生于叶间，雌雄同株；佛焰苞5个或更多，包花序梗，外面被暗褐色鳞秕，具密集条纹脉；雄花序纤细，

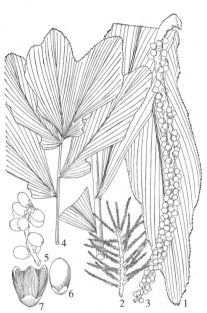

图 115：1-3.密花瓦理棕 4-7.瓦理棕
（刘 泗绘）

1820. 与密花瓦理棕的区别：羽片长30-45厘米，宽8-10厘米，楔状长圆形，边缘提琴状浅裂；雄花花萼管状杯形，3浅裂，花冠2倍长于花萼。产云南。缅甸、孟加拉国有分布。可作庭园绿化树种。

多而密集，长5-8厘米，2朵雄花间有1朵雌花；雄花长圆形，长约5.5毫米，顶端稍圆；花萼浅杯状，长约2毫米，3浅裂，裂片宽圆形，裂片间波状弯曲；花瓣长圆形，具密集条纹脉；雄蕊6（-9）。雌花近球形，长约2毫米；萼片圆形；花瓣三角形。果卵状椭圆形，稍弯，长约1.4厘米，径0.7-1厘米。种子1-2，长圆形，长约1.2厘米；胚乳均匀，胚位于种脊中部。

产湖南、广西、云南及西藏。越南有分布。可作庭园绿化树种。

20. 马岛椰属 Dypsis Noronha ex Mart.
（陈三阳）

单生或丛生灌木，茎极短至粗大，稀具地下茎、匍匐根状茎，直立，稀攀援（1种），有时茎节生有

2歧气生根。叶羽状或具肋羽状分裂，叶片全缘、全缘2裂或裂成单折或多折的外向折叠的羽片；羽片两面常被多数细点状鳞片，背面叶肋被小鳞片；叶柄几无或短至长，无毛或被毛或被鳞片，叶鞘管状，稀开裂，常形成冠茎，有时具纤维，叶鞘被鳞片或蜡质或无毛。花序多生于叶腋，穗状或3-4级分枝；花序梗伸长；雌雄同株，多次开花结实。花在小穗轴上3朵（2雄1雌）聚生。雄花对称，略圆形或子弹形；萼片覆瓦状排列；花瓣镊合状排列，基部稍合生；雄蕊3或6。雌花萼片圆形，宽覆瓦状排列；花瓣覆瓦状排列；退化雄蕊齿状；子房1室，不对称，柱头3，残留果实基部。果球形、椭圆形或纺锤形，稀弯曲状，外果皮颜色鲜明或亮乌黑色，稀暗绿或褐色；中果皮薄，肉质或具纤维；内果皮薄，纤维质。种子紧贴内果皮，胚乳均匀，有时有沟槽或嚼烂状；胚近基生。

140种，主产马达加斯加，2种分布至科摩罗群岛，1种产坦桑尼亚奔巴岛。我国引入栽培1种。

散尾葵 黄椰子 图 116 彩片26

Dypsis lutescens (H. Wendl.) Noronha ex Mart. in Palms in Palms of Madagascar, 125. 1995.

Chrysalidocarpus lutescens H. Wendl. in Bot. Zeit. 36: 117. 1878; 中国植物志 13(1): 125. 1991; 中国高等植物图鉴 5: 357. 1976.

丛生灌木，高2-5米。茎径4-5厘米，基部略膨大。叶羽状全裂，长约1.5米，羽片40-60对，2列，黄绿色，有蜡质白粉，披针形，长35-50厘米，宽1.2-2厘米，先端长尾状渐尖，2短裂，上部羽片长约10厘米；叶柄及叶轴光滑，黄绿色，上面具槽，下面圆，叶鞘长而略膨大，黄绿色，初被蜡质白粉，有纵沟。圆锥花序生于叶鞘之下，长约80厘米，2-3次分枝；分枝花序长20-30厘米，穗状花序8-10，长12-18厘米。花卵球形，金黄色，螺旋状着生；雄花萼片和花瓣均3片，上面具纹脉，雄蕊6，花药多少丁字着；雌花萼片和花瓣与雄花略同，子房1室，花柱短，柱头粗。果略陀螺形或倒卵形，长1.5-1.8厘米，径0.8-1厘米，鲜时土黄色，干时紫黑色，外果皮光滑。种子略倒卵形；胚乳均匀，中央有窄长空腔，胚侧生。

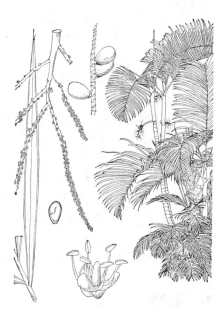

图 116 散尾葵 （刘　泗绘）

原产马达加斯加。我国南方常见栽培。树形优美，是良好的庭园绿化树。

21. 王棕属 Roystonea O. F. Cook
（陈三阳）

乔木状，高10-40米。叶羽状全裂，2列或数列，羽片多数窄长，先端尖，中脉突起，下面中脉常被鳞片；叶鞘形成"冠茎"。花雌雄同株，多次开花结实；花序着生于叶下叶鞘的基部，分枝4级，花序梗短，具2个大佛焰苞；花着生于直的或波状弯曲的小穗轴上，花3朵聚生（2雄1雌），顶部雄花成对或单生。雄花萼片3，分离，三角形；花瓣3，分离，卵状椭圆形或卵形，长于萼片；雄蕊6-12，花丝钻状，花蕾时直立，花药丁字着，基部箭头状；退化雄蕊近球形或3裂。雌花近圆锥形或短卵形，萼片3，分离，圆形；花瓣3，卵形，近基部合生，先端镊合状；退化雄蕊6，杯状6裂，贴生花冠基部；子房近球形，1室，1胚珠，花柱不分离，柱头3。果倒卵形、长圆状椭圆形或近球形，宿存柱头近基部。种子椭圆形；胚乳均匀，胚近基生。

约17种，产中美洲至南美洲。我国南部引入栽培2种。

1. 树高25-40米，树干基部膨大，向上圆柱形；叶羽片2列 ·················· 1. **菜王棕 R. oleracea**
1. 树高10-20米，树干近中部不规则膨大，基部不膨大或膨大，向上部渐窄；叶羽片4列 ······ 2. **王棕 R. regia**

1. 菜王棕 图 117:7

Roystonea oleracea (Jacq.) O. F. Cook in Bull Torrey Bot. Club. 28:554.1901.

Areca oleracca Jacq. Am. Select. 278. 1763.

乔木状，高25-40米，基部膨大，向上圆柱形。叶羽状全裂，长3-4米，羽片100片或更多，羽片2列，线状披针形，先端2裂，长0.5-1米，宽5厘米。花序长90厘米或更长，多分枝，小穗轴波状弯曲，半伸出佛焰苞。雄花长6毫米，萼片3，分离，三角形；花瓣3，分离，长于萼片，雄蕊6，花丝钻状，伸出花瓣。雌花圆锥状；萼片3，分离，圆形；花瓣3，卵形，近基部合生；退化雄蕊6，成杯状体，与花冠基部贴生。果长圆状椭圆形，一侧凸起，成熟时淡紫黑色，长1.5-2厘米，径0.9-1厘米。

我国南方热带地区有栽培。树形优美，常作行道树和庭园绿化树种。茎的嫩心可作蔬菜，髓部产淀粉。

2. 王棕 图 117:1-6 彩片27

Roystonea regia (Kunth) O. F. Cook in Science ser. 2, 12:479. 1900.

Oreodoxa regia Kunth in Humb. et Bonpl. Nov. Gen. et Sp. Pl. 1:244. 1815.

乔木状，高10-20米。茎幼时基部膨大，老时近中部不规则膨大，向上部渐窄。叶羽状全裂，弓形，尾部常下垂，长4-5米，叶轴每侧羽片多达250片，羽片4列，线状披针形，先端2浅裂，长0.9-1米，宽3-5厘米，顶部羽片渐短而窄，中脉两侧具粗脉。花序长达1.5米，多分枝；佛焰苞2，开花前棒状，花后鞘状，外面1枚较短，长约为内面的1/2，先端具睫毛；雌雄同株。雄花长6-7毫米，雄蕊6，与花瓣等长。雌花长约为雄花之半；花冠壶状，3裂至中部。果近球形

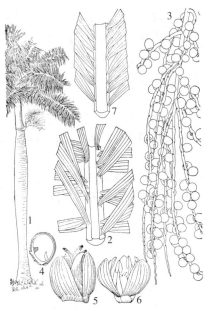

图 117：1-6.王棕 7.菜王棕 （刘 泗绘）

或倒卵形，长约1.3厘米，径约1厘米，暗红或淡紫色。种子1，歪卵形，一侧扁；胚乳均匀，胚近基生。花期秋末冬初。

原产古巴。台湾、福建、广东、广西、香港及澳门常见栽培。树形优美，多作行道树和庭园绿化树种。果含油，可作猪饲料。

22. 假槟榔属 Archontophoenix H. Wendl. et Drude
（陈三阳）

乔木状。茎单生，高而细，具环状叶痕。叶生于茎顶，羽状全裂，裂片线状披针形，先端渐尖或具2齿，上面绿色，下面被银色鳞片，呈灰色，中脉明显，叶轴长，上面扁平，侧面具槽，被鳞片和褐色小斑点；叶柄短，上面具槽，下面圆，叶鞘管状，形成冠茎，基部稍膨大。花雌雄同株，多次开花结实；花序生于叶下，分枝2-3级，分枝花序和序轴弯曲，下垂，无毛；小穗轴之字形，曲折，花螺旋状着生；分枝花序轴下部的花3朵聚生（2雄1雌），由小佛焰苞衬托，上部为雄花，单生或成对着生。雄花不对称，萼片3，离生，宽卵形；花瓣3，离生，约5倍长于萼片，窄卵形；雄蕊9-24，花丝锥形，直立，花药线形，背着，基部2裂，顶部尖或微缺；退化雌蕊长于雄蕊一半或等长，具3裂或圆柱形。雌花小于雄花，卵形，萼片3，离生，与萼片相似，较长；退化雄蕊3，齿状，着生于雌蕊一侧；子房1室，1胚珠，柱头3，外弯。果球形或椭圆形，淡红或红色，柱头残留顶部。种子椭圆形或球形，种脐在基部，延长，种脊分枝网结；胚乳嚼烂状，胚基生。

约14种，分布于澳大利亚东部。我国常见栽培1种。

假槟榔 图 118 彩片28

Archontophoenix alexandrae (F. Muell.) H. Wendl. et Drude in Linnaea 39:212. 1875.

Ptychosperma alexandrae F. Muell. in Fragm. Phytograph. Austral.

5: 47, t. 43-44. 1865.

乔木状。茎高 10-25 米，径约 15 厘米，圆柱状，基部略膨大。叶生于茎顶，羽状全裂，长 2-3 米，羽片 2 列，线状披针形，长达 45 厘米，全缘或有缺刻，上面绿色，下面被灰白色鳞秕状物，中脉明显；叶轴和叶柄宽厚，无毛或稍被鳞秕，叶鞘绿色，膨大包茎，形成冠茎。花序生于叶鞘下，圆锥花序式，下垂，长 30-40 厘米，多分枝，花序轴略具棱和弯曲，具 2 个鞘状佛焰苞，长达 45 厘米；花雌雄同株，白色。雄花：萼片 3，三角状圆形，长约 3 毫米；花瓣 3，斜卵状长圆形，长约 6 毫米；雄蕊 9-10。雌花：萼片和花瓣均 3 片，圆形，长 3-4 毫米。果卵球形，红色，长 1.2-1.4 厘米。种子卵球形，长约 8 毫米，径约 7 毫米；胚乳嚼烂状，胚基生。

原产澳大利亚东部。台湾、福建、广东、海南、香港、澳门、广西及云南有栽培。树形优美，供园林绿化。

图 118 假槟榔 （刘 泗绘）

23. 槟榔属 Areca Linn.

（陈三阳）

乔木状或丛生灌木状。茎有环状叶痕。叶簇生茎顶，羽状全裂，羽片多数，生于叶轴顶端的合生。花序穗状或分枝 1-3 级，生于叶丛之下；佛焰苞早落；花单性，雌雄同序；雄花先熟，多数，单生或 2 朵聚生，生于花序分枝上部或整个分枝上；萼片 3，小，略呈覆瓦状排列；花瓣 3，镊合状排列，雄蕊 3、6、9 或多达 30 枚或更多，花丝短或无，花药基生。雌花少数，萼片 3，覆瓦状排列；花瓣 3，镊合状排列；退化雄蕊 3-9 或无；子房 1 室，柱头 3，无柄，胚珠 1，基生，直立。果球形、卵形或纺锤形，柱头宿存顶部。种子卵形或纺锤形；胚乳深嚼烂状，胚基生。

约 60 种，分布于亚洲热带地区和澳大利亚。我国 1 种，引入栽培 1 种。

1. 茎单生，乔木状；雄花具 6 雄蕊；果长圆形或卵球形，径 3-5 厘米，熟时橙黄色 ········ 1. **槟榔 A. catechu**
1. 茎丛生，高 3-4 米；雄花具 3 雄蕊；果卵状纺锤形，径约 1.5 厘米，熟时深红色 ······ 2. **三药槟榔 A. triandra**

1. 槟榔

图 119: 1-5 彩片29

Areca catechu Linn. Sp. Pl. 1189. 1753.

乔木状，高 10（-30）米。茎有环状叶痕。叶簇生茎顶，长 1.3-2 米，羽片多数，两面无毛，窄长披针形，长 30-60 厘米，宽 2.5-4 厘米，上部羽片合生，先端有不规则齿裂。雌雄同株，花序多分枝，花序轴粗扁，分枝曲折，长 25-30 厘米，上部纤细，着生 1 列或 2 列雄花，雌花单生于分枝基部。雄花小，无梗，通常单生，稀成对着生，萼片卵形，长不及 1 毫米；花瓣长圆形，

长 4-6 毫米；雄蕊 6，花丝短；退化雌蕊 3，线形。雌花较大，萼片卵形；花瓣近圆形，长 1.2-1.5 厘米；退化雄蕊 6，合生；子房长圆

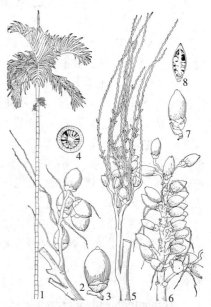

图 119: 1-5.槟榔 6-8.三药槟榔
（刘 泗绘）

形。果长圆形或卵球形，长3-5厘米，橙黄色，中果皮厚，纤维质。种子卵形，基部平截。

产福建、海南及云南南部。亚洲热带地区广泛栽培。重要中药材，南方少数民族常有将果实作为咀嚼嗜好品。为优美园林观赏树。

2. 三药槟榔 图 119：6-8 彩片30

Areca triandra Roxb. ex Buch. - Ham. in Mem. Wern. Nat. Hist. Soc. 5：310. 1826.

茎丛生，高3-4米或更高，径2.5-4厘米，绿色，具环状叶痕。叶羽状全裂，长1米或更长，约17对羽片；羽片长35-60厘米，具2-6肋脉，顶端的1对合生，下部和中部的披针形，镰刀状渐尖，上部及顶端的较短而稍钝，具齿裂；叶柄长达10厘米或更长。佛焰苞1，革质，扁，光滑，长30厘米，花后脱落；花单性，雌雄同株；花序多分枝；花序轴扁；分枝曲折，上部着1-2列雄花，雌花单生于分枝基部。雄花有3枚雄蕊，无梗，单生。雌花具6枚退化雄蕊。果卵状纺锤形，长约3.5厘米，径约1.5厘米，具小乳突，熟时由黄变深红色。种子椭圆形或倒卵球形，长1.5-1.8厘米，径1-1.2厘米。

原产印度、越南、老挝、柬埔寨、泰国及马来西亚。福建、台湾、广东南部、香港、澳门及云南南部有栽培。为优美园林观赏树。

24. 山槟榔属 Pinanga Bl.

（陈三阳）

灌木状。茎直立，有环状叶痕。叶羽状全裂，上部的羽片合生，稀单叶。花序生于叶丛之下，雌花先熟，穗状或分枝1级；佛焰苞单生；花雌雄同序，每3朵（2朵雄花之间有1朵雌花）聚生，2-4或6列。雄花斜三棱形；萼片尖，具龙骨突起，镊合状排列；花瓣卵形或披针形，镊合状排列；雄蕊12-30，稀6，花药近无柄，底着，直立。雌花比雄花小，卵形或球形，萼片和花瓣同形，覆瓦状排列，子房1室，柱头3，卷迭，无柄或在短花柱上，胚珠1，基生，直立。果球形、椭圆形或纺锤形，外果皮纤维质。胚乳嚼烂状，胚基生。

约120种，分布亚洲热带地区。我国8种。多数种类树形美观，可作庭园绿化树；茎秆可作手杖。多数种类的种子可作槟榔代用品。

1. 花序长25-34厘米，分枝4-5或更多，花序轴扁、直 ·················· 1. **长枝山竹 P. macroclada**
1. 花序长10-18厘米，2-4分枝，序轴扁、曲折。
  2. 花序长15-18厘米。
    3. 叶上面深绿色，下面灰白色，叶下面及叶脉具苍白色鳞毛和褐色点状鳞片，叶脉被淡褐色线状鳞片 ········
    ··· 2. **变色山槟榔 P. discolor**
    3. 叶两面绿色，下面具淡褐色鳞片和淡色细柔毛，小叶脉稍苍白 ············ 2(附). **绿色山槟榔 P. viridis**
  2. 花序长10-14厘米。
    4. 叶上面深绿色，下面灰白或灰绿色，叶脉及小叶脉被白色柔毛和密被褐色点状鳞片 ·············
    ·· 3. **燕尾山槟榔 P. sinii**
    4. 叶上面绿色；下面灰白色，叶脉及小叶脉具乳突 ························· 3(附). **华山竹 P. chinensis**

1. 长枝山竹 图 120：1-2

Pinanga macroclada Burret in Notizbl. Bot. Gart. Berlin -Duhlem l3: 188. 1936.

丛生灌木。茎高2.5-5米，径2-2.2厘米或更粗，密被深褐或紫褐色头屑状斑点，间有淡色斑点。叶鞘及叶柄有深褐色鳞秕，叶轴鳞秕早落；叶羽状全裂，长约1.3米，约有10对羽片；羽片长方形，顶端1对长约30厘米，宽约5厘米，先端平截，有短齿，2微裂，6-7脉，以下的羽片稍窄，稍"S"字形，向基部微弯曲，向上部镰刀状渐尖，长达45厘米，宽3-4厘米，具

3-4脉；叶上面深绿色，下面灰白色，细脉多，稍苍白，具淡褐色鳞片。花序分枝4-5或更多，下弯，长25-34厘米，花序轴直，扁。萼片宽圆形，具短尖头，有纤毛，花瓣与萼片同形和等长。果2列，幼时连果被长约1.6厘米，窄圆柱形，径约4毫米，成长后近纺锤形，顶端稍窄，连果被长达1.8厘米，径5毫米，具纵纹。

产云南，生于海拔600-1700米林中。越南有分布。

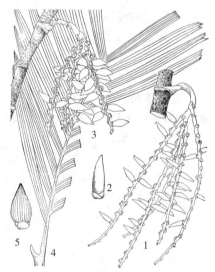

图 120 ：1-2.长枝山竹 3-5.华山竹
（刘　泗绘）

2. 变色山槟榔　　　　　　　　　　　　图 121

Pinanga discolor Burret in Notizbl. Bot. Gart. Berlin -Duhlem 13: 187. 1936.

丛生灌木。茎高3米或更高，径1.5-2厘米，密被深褐色头屑状斑

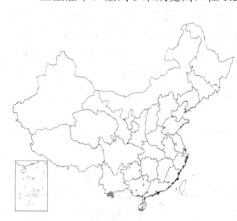

点，间有浅色斑纹。叶鞘、叶柄及叶轴均被褐色鳞秕；叶片羽状，长0.65-1米，有7-10对对生羽片，顶端1对或2对羽片较宽，先端平截，具不等锐齿裂，长约30厘米，宽5-7厘米，9-10脉，下部的羽片微S字形弯曲，向上镰刀状渐尖，4-5脉，上面深绿色，下面灰白色，脉间及叶脉均具苍白色鳞毛、褐色点状鳞片和淡褐色的线状鳞片。花序2-4分枝，下弯，长15-18厘米；序轴曲折，扁；花2列。果近纺锤形，长2-2.2厘米，径7-9毫米，有纵纹。果期10月。

产福建、广东南部、海南、广西南部及云南南部。

[附] **绿色山槟榔 Pinanga viridis** Burret in Notizbl. Bot. Gart. Berlin - Duhlem 13: 186. 1936. 与变色山槟榔的区别：叶两面绿色，下面具淡褐色鳞片和淡色细柔毛，小叶脉稍苍白。产广东中部、广西西南部及云南，生于海拔600-1200米林中。

图 121 变色山槟榔 （引自《图鉴》）

3. 燕尾山槟榔　　　　　　　　　　　　图 122

Pinanga sinii Burret in Notizbl. Bot. Gart. Berlin -Duhlem 10: 882. 1930 et 13: 186. 1936.

丛生灌木。茎高3米或更高，径1-1.3厘米，密被紫或紫褐色头屑状物，间有浅色斑纹。叶鞘、叶柄和叶轴均有褐或红褐色鳞秕状斑点；叶片羽状，长50-60厘米，约有5对对生羽片，顶部有1对羽片稍窄长

图 122 燕尾山槟榔 （引自《图鉴》）

方形，长约 18 厘米，先端平截，具锐齿裂，9-11 脉；顶端以下的羽片 S 字形弯曲，向上部镰刀状弯曲，向基部稍窄，长 30-38 厘米，3-6 脉，上面深绿色，下面灰白或灰绿色，叶脉及小叶脉被白色柔毛和密被褐色点状鳞片。花序具 2-4 分枝，稀不分枝，下弯，长 11-14 厘米；序轴曲折；花 2 列。果未熟时窄圆柱形，成熟时红色，卵状椭圆形，长 1.6-1.8 厘米，径约 8 毫米，顶端具短尖头。胚乳嚼烂状。果期 10-11 月。

产广东西部及广西，生于海拔 450-850 米林中。

[附] **华山竹** 图 120：3-5

Pinanga chinensis Becc. in Webbia 1: 326. 1905. 与燕尾山槟榔的区别：叶上面绿色，下面灰白色，叶脉和小脉稍具乳突。产云南，生于海拔 800-1200 米林中。

25. 油棕属 Elaeis Jacq.

（陈三阳）

直立，通常乔木状。叶簇生茎顶，羽状全裂，裂片外折，线状披针形，叶轴下部羽片成针刺。花单性，雌雄同株，异序；花序腋生，分枝短而密，总花梗短，为疏散、覆瓦状排列苞片状佛焰苞所承托；雄花序具几个指状排列的穗状花序，密生雄花，小穗轴顶端尖头状；花单生于小穗轴深凹穴内。雄花萼片 3，离生，长圆形或披针形，内凹，覆瓦状排列；花瓣 3，离生，长圆形，镊合状排列；雄蕊 6，花丝基部合生成坛状，顶端分离。雌花序近头状，小穗轴较粗，顶端为木质刺，基部具少花，着生小穗轴近表面或部分为 2 膜质小苞片包被。雌花萼片和花瓣均 3，卵形或卵状长圆形，覆瓦状排列，花后增大；子房卵形或近圆柱形，3 室，通常 1-2 室不发育，花柱短，柱头 3，线形。果卵球形或倒卵球形，外果皮光滑，中果皮厚，肉质，具纤维，内果皮骨质，坚硬，顶端有 3 个萌发孔。种子 1-3，胚乳均匀，胚近顶侧生。

2 种，产非洲热带地区和南美洲。我国有引种栽培。

油棕 图 123

Elaeis guineensis Jacq. Select. Amer. 280. t. 172. 1763.

乔木状。茎高达 10 米，径达 50 厘米。叶羽状全裂，簇生茎顶，长 3-4.5 米；羽片外折，线状披针形，长 70-80 厘米，下部的成针刺状；叶柄宽。花雌雄同株异序；雄花序具多个指状穗状花序，长 7-12 厘米，径 1 厘米，花朵密集；穗轴顶端尖头状；苞片长圆形，顶端具刺状小尖头；雄花萼片与花瓣均长圆形，长 4 毫米。雌花序近头状，密集，长 20-30 厘米；苞片长 2 厘米；雌花萼片与花瓣均卵形或卵状长圆形，长 5 毫米；子房长约 8 毫米。果卵球形或倒卵球形，长 4-5 厘米，熟时橙红色。种子近球形或卵球形。花期 6 月，果期 9 月。

原产非洲热带地区。台湾、福建、广东、香港、澳门、海南及云南有栽培，为重要油料作物，油供食用和工业用。树形美观，供观赏。

图 123 油棕 （刘 泗绘）

26. 椰子属 Cocos Linn.

（陈三阳）

乔木状，高 15-30 米。茎粗壮，有环状叶痕，基部粗，常有簇生气根。叶羽状全裂，长 3-4 米，簇生茎顶，羽片多数，外折，革质，线状披针形，长 0.7-1 米；叶柄粗壮，长 1 米以上。圆锥花序生于叶丛中，长1.5-2米，多分枝；佛焰苞2，纺锤形，厚木质，最下部的长0.6-1米，脱落；花单性，雌雄同株；雄花多数，聚生于花序分枝上部及顶部；雌花大，球状卵形，少数，生于分枝下部或雌雄花混生。雄花萼片3，鳞片状，长3-4毫米；花瓣3，卵状长圆形，长1-1.5厘米；雄蕊6，内藏；退化雌蕊极小或缺。雌花基部有数枚小苞片；萼片3，宽圆形，宽约2.5厘米；花瓣3；子房3室，每室1胚珠，1室发育，花柱短，柱头3，外弯。果卵球形或近球形，长15-25厘米，顶端微具3棱，外果皮薄，中果皮厚纤维质，内果皮木质，基部有3孔，1孔与胚相对。种子1，萌发时由孔穿出，果腔富含胚乳（"果肉"或椰仁）和汁液（椰子水）。

　　单种属。

椰子
图　124 彩片31

Cocos nucifera Linn. Sp. Pl. 1188. 1753.

形态特征同属。花果期主要在秋季。

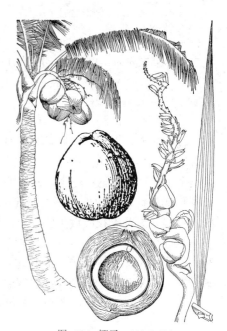

　　产广东南部、海南及云南南部，产区多栽培。全株有很高的经济价值，未熟种子胚乳称"椰仁"，制高级点心和糖果，椰子水富含营养，供饮料和组织培养的良好促进剂；成熟种子胚乳称"椰肉"，含脂肪达70%，可榨取椰油；椰壳制工艺品；椰纤维制毛刷、地毯、缆绳等；树干供建筑材料；树叶盖屋顶、编织；根药用。树形高耸、壮观、优美，标志热带风光。

图　124　椰子　（刘　泗绘）

27. 金山葵属 (皇后葵属) Syagrus Mart.
（陈三阳）

　　植株矮小或高大，单生或丛生，无刺或有刺。茎具叶痕，有时有条纹，基部有时膨大。叶羽状，宿存或脱落；叶鞘成交织纤维，叶柄边缘光滑或具早落纤维，稀为刺状纤维，无毛或被绒毛或鳞片，有时被蜡质；叶轴被鳞片、绒毛或无毛；羽片外折，线形，2浅裂，羽片上面无毛或疏被鳞片或毛，有时被蜡质，下面通常沿中脉被鳞片，稀被灰色毛被。花序单生叶腋，通常一回分枝，稀为一小穗状花序，短于叶；花序梗的大佛焰苞宿存，管状，花蕾时包花序，纺锤形，后展开成匀状，具喙，多少木质化，具纵槽；小穗轴螺旋状排列，为短三角形苞片包着，常之字形曲折，近基部每3朵花（2雄花间1雌花）聚生，顶部着生成对或单生雄花。雄花不对称，萼片3，离生；花瓣3，离生，长于萼片；雄蕊6，退化雌蕊小，3裂或缺。雌花卵形或圆锥状卵形；萼片3，离生，有时被绒毛或鳞片；花瓣3，离生，稍短于或稍长于萼片，退化雄蕊环膜质，略具6齿，有时无；雌蕊柱状、圆锥状或卵形，3室，3胚珠，胚珠侧生。果球形、卵球形或椭圆形，黄、淡红或橙黄色，有时具喙，外果皮光滑或具纵纹，无毛或被毛，中果皮肉质或干燥，具纵向纤维，内果皮木质，基部或近基部有孔，有时具喙，具3纵棱，内果皮腔不整齐或截面圆，稀三角形。种子1（2），胚乳均匀或嚼烂状，有时中央有空腔；胚基生或近基生，与内果皮的1个孔相对。

　　约32种，主产南美洲，委内瑞拉南至阿根廷，巴西种类最多。我国南方常见栽培1种。

金山葵　皇后葵　　　　　　　　　　　　图　125　彩片32

Syagrus romanzoffiana (Cham.) Glassm. in Fieldiana, Botany 31: 382. f. 10 t 14. 1968.

Cocos romanzoffiana Cham. Chir. Voy. Pi?t. 5. t. 5-6. 1822.

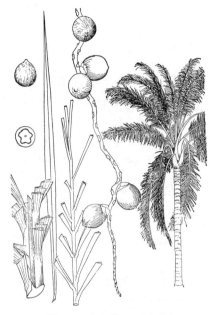

乔木状，高10-15米，径20-40厘米。叶羽状全裂，长4-5米，羽片每2-5片排成几列，线状披针形，最大羽片长0.95-1米，线形，具中脉，横脉细密，两面及边缘无刺，下面中脉被鳞秕，羽片先端2浅裂；叶柄及叶轴被易脱落褐色鳞秕状绒毛。花序生于叶腋，长达1米以上，一回分枝，分枝多达80个或更多，每分枝长30-50厘米，之字形弯曲，基部至中部着生雌花，顶部着生雄花；花序梗的大佛焰苞舟状，木质化，长达1.5米，顶端长喙状，背面具纵槽。花雌雄同株；雄花长0.7-1.6厘米；雌花长4.5-6毫米。果近球形或倒卵球形，长3厘米，外果皮光滑，鲜时橙黄色，干后褐色，中果皮肉质，具纤维，内果皮骨质，内果皮腔近基部有3个萌发孔。种子与内果皮同形，胚乳均匀，具棱，中央有小空腔，胚近基生。

图　125　金山葵　（刘　泗绘）

原产巴西，广泛栽培于热带和亚热带地区。台湾、福建、广东、广西、海南、香港、澳门及云南南部常见栽培于庭园，作观赏树。果味甜，可食。

28. 水椰属 Nypa Steck

丛生型棕榈。根茎粗壮，具匍匐茎。叶羽状全裂，外折，长4-7米，羽片多数，线状披针形，外折，长50-80厘米，宽3-5厘米，全缘，中脉凸起，下面沿中脉近基部有纤维束状、丁字着生膜质小鳞片。花序单生叶间，长达1米，直立，分枝5（6）级，花序梗圆柱形，有几个管状佛焰苞；花单性，雌雄同株；雄花序荑黄状，着生雌花序侧边；雌花序头状，顶生。雄花每花具1小苞片，萼片3，离生，倒披针形；花瓣3，离生，与萼片相似，稍小；雄蕊3，花丝和花药合生成雄蕊柱，花丝细长；无退化雌蕊。雌花萼片3，离生，不整齐倒披针形；花瓣3，与雄花相似，无退化雄蕊；心皮3（4），离生，略倒卵球形，倒生胚珠3。果序球形，32-38果簇生；核果状，褐色，有光泽，倒卵球形，长9-11厘米，略扁，具6棱，外果皮光滑，中果皮肉质具纤维，内果皮海绵状。种子卵球形或宽卵球形。长3-4厘米，径约4厘米；胚乳白色，均匀，中空，胚基生。

单种属。

水椰　　　　　　　　　　　　图　126

Nypa fructicans Wurmb. in Verh. Batar. Geneotsch. Kunsten 1: 349. 1779.

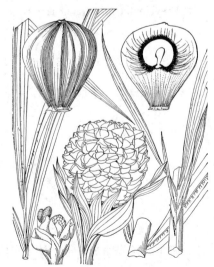

形态特征同属。花期7月。

产海南东南部，生于沿海港湾泥沼地带。亚洲东部及南部至澳大利亚、所罗门群岛有分布。嫩果可生食或糖渍；花序割取汁液可制糖、酿酒、制醋；树叶盖屋、编织用具；也是防海潮、固海堤、绿化港口、海湾的好树种。

图　126　水椰　（刘　泗绘）

232. 露兜树科 PANDANACEAE
（孙　坤）

常绿乔木、灌木或攀援藤本，稀草本。茎多假二叉式分枝，偶扭曲状，常具气根。叶带状，硬革质，3-4 列或螺旋状排列，聚生茎顶。叶缘和下面凸起中脉有锐刺，叶脉平行；叶基具开放叶鞘，脱落后枝有密集环痕。花单性，雌雄异株；花序腋生或顶生，分枝或否，穗状、头状或圆锥状，有时肉穗状，常为数枚叶状佛焰苞所包，佛焰苞和花序多有香气；花被无或合生鳞片状。雄花具 1 至多枚雄蕊，花丝常上部分离，下部合生成束，每一雄蕊束为一朵花，花药直立，基着，2 室，纵裂，无退化雌蕊或极少。雌花无退化雄蕊或有不定数退化雄蕊包雌蕊基部；花柱极短或无，柱头形态多样，子房上位，1 室，每室胚珠 1 至多粒，倒生胚珠基生或着生边缘胎座。聚花果卵球形或圆柱状，由多数核果或核果束组成，或浆果状。种子极小，有油质胚乳和微小基生胚。x=30。

3 属，约 800 种，广布于亚洲、非洲和大洋洲热带地区，少数至暖温带。我国 2 属，10 种，2 变种。

1. 雌花有退化雄蕊，分离或合生成束的 1 室子房内多数胚珠着生 3 至多个侧膜胎座；浆果状核果 ·· 1. 藤露兜树属 Freycinetia
1. 雌花无退化雄蕊，分离或合生成束的 1 室子房内有 1 个胚珠着生基底胎座；果木质或核果 ·· 2. 露兜树属 Pandanus

1. 藤露兜树属 Freycinetia Gaud.

攀援藤本或灌木，具伸长的茎和气根。叶基具鞘，顶端分离部分窄长，全缘或有锯齿；中脉凸起。花单性异株；成束肉穗花序顶生，包被于数枚肉质、常具颜色的佛焰苞内；无花被。雄花由数枚具短花丝的雄蕊组成；雌花有退化雄蕊，子房成束，1 室，具多数生于侧膜胎座的胚珠。浆果状核果。种子多数。

100 余种，分布于亚洲热带及大洋洲。我国 2 种。

1. 叶长 60-90 厘米，宽 2-3 厘米；聚花果圆柱形；小枝径 2-3 厘米 ·················· 山露兜 F. formosana
1. 叶长 10-20 厘米，宽 0.8-1.2 厘米；聚花果卵球形；小枝径约 5 毫米 ·········· （附）. 菲岛山林投 F. williamsii

山露兜

图 127

Freycinetia formosana Hemsl. in Kew Bull. 1896: 166. 1896.

攀援藤本，高约 10 米。枝径 2-3 厘米，具气根。叶硬革质，条状披针形，长 60-90 厘米，有时达 1-2 米，宽 2-3 厘米，先端长，渐尖，基部窄，边缘有前伸尖锐锯齿，下面沿中脉疏生刺。肉穗花序 2-4 枚总状排列，生于长约 5 厘米粗壮花序梗；佛焰苞黄色。聚花果圆柱形，长 8-11 厘米，径 1.5-2 厘米，由多数密集浆果状核果组成，每一核果宽约 1 厘米，具不对称棱角。

产台湾近海滨岛屿。

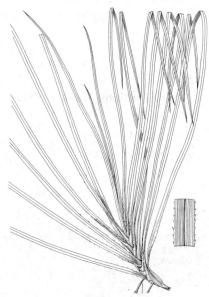

图 127　山露兜　（孙英宝绘）

[附] **菲岛山林投 Freycinetia williamsii** Merr. in Philipp. Journ. Sci. Bot. 3: 315. 1908. 与山露兜的区别：小枝纤细，径约 5 毫米；叶条状披针形，长 10-20 厘米，宽 0.8-1.2 厘米，上部全缘，下部有锯齿。聚花果卵球形，长 2.5-3.5 厘米，每一核果长约 5 毫米，宽约 4 毫米。产台湾。菲律宾有分布。

2. 露兜树属 Pandanus Linn. f.

常绿乔木或灌木，直立，分枝或不分枝。茎常具气根；少数为地上茎极短的草本。叶常聚生枝顶；叶革质，带状，边缘及下面沿中脉具锐刺，无柄，具鞘。花单性，雌雄异株；无花被；花序穗状、头状或圆锥状，具佛焰苞。雄花多数，每花雄蕊多枚。雌花无退化雄蕊，心皮 1 至多数，有时联合成束，子房上位，1 至多室，每室胚珠 1，着生基底胎座。聚花果圆球形或椭圆形，由多数木质、有棱角核果或核果束组成，宿存柱头头状、齿状或马蹄状。

约 600 种，分布于东半球热带和亚热带。我国 8 种。

1. 乔木或灌木。
  2. 具 1 室或 2 室核果束，每 1 核果顶端宿存柱头二歧分叉刺状 ·············· 1. **分叉露兜 P. furcatus**
  2. 具 2 至多室核果束，每 1 核果顶端宿存柱头非二歧分叉刺状。
    3. 核果束 2-3 室 ·············· 2. **簕古子 P. forceps**
    3. 核果束 4-12 室。
      4. 子房 5-12 室；聚花果长达 17 厘米，径约 15 厘米 ·············· 3. **露兜树 P. tectorius**
      4. 子房 4-7 室；聚花果长约 8 厘米，径约 8 厘米 ·············· 3(附). **林投 P. tectorius var. sinensis**
1. 草本。
  5. 灌木状分枝草本；叶窄条形，长达 62 厘米，宽约 1.5 厘米；聚花果长约 6 厘米 ····· 4. **小露兜 P. gressittii**
  5. 多年生常绿草本；叶带状，长达 2 米，宽 4-5 厘米；聚花果长约 10 厘米，径约 5 厘米 ·············· 5. **露兜草 P. austrosinensis**

1. 分叉露兜

图 128

Pandanus furcatus Roxb. Fl. Ind. 3: 744. 1832.

常绿乔木，高 7-12 米。茎端二歧分枝，气根粗壮。叶聚生茎顶；叶革质，带状，长 1-4 米，具三棱形鞭状尾尖，具较密细锯齿状上弯利刺，下面沿中脉疏生上弯利刺，中脉两侧有一凸出侧脉。雌雄异株；雄花序为金黄色、圆柱状穗状花序，长 10-15 厘米，佛焰苞长达 1 米，宽约 10 厘米；雄花多数，雄蕊常 3-5 簇生花丝束顶端，花药线形，长约 5 毫米，药隔顶端具长而弯的芒尖。雌花序头状，具多数佛焰苞；雌花心皮通常 1 枚，稀 2 枚，柱头二歧刺状弯曲。聚花果椭圆形，红棕色；外果皮肉质，有香甜味；核果或核果束骨质，顶端金字塔形，1-2 室，宿存柱头二歧分叉刺状。花期 8 月。

产广东、香港、广西、云南及西藏南部，生于水边、林中沟边。

图 128 分叉露兜 （引自《图鉴》）

可栽培作绿篱。印度北部、泰国、越南、老挝、柬埔寨有分布。叶编席，制篷衣；根药用，治感冒及肾炎水肿等症，果治痢疾。

2. 簕古子 山簕古 图 129

Pandanus forceps Martelli in Webbia 1: 363. 1905.

常绿灌木或小乔木，高 1-3 米。茎有分枝，无气根。叶带状，长1（-4）米，先端具长鞭尾，边缘具刺，向上贴叶缘，叶下面横脉与纵脉成方格，沿中脉具刺，生于下部的刺尖向下，上部的刺尖向上，中部常二者兼有，有时两两相对。雌雄异株；雄穗状花序长约10厘米，下部的佛焰苞长达45厘米，宽 4.5 厘米；雄花白色，芳香，雄蕊 10（-20），着生 7 毫米长的花丝束近顶

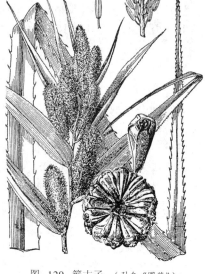

图 129 簕古子 （引自《图鉴》）

端，伞状排列，花药长椭圆形，长约 3 毫米，基部耳形。雌花序头状，圆锥形，长约 4 厘米，佛焰苞多枚，长 14-20 厘米，宽 2-3 厘米；雌花柱头短，2 个齿状分叉对生或斜上，心皮 2-3 成束，2-3 室，每室 1 胚珠。聚花果椭圆形，具 150 多个核果束；核果束倒圆锥形，2-3 室，长约 3 厘米，上部突出部分五角形，宿存柱头 2，对生，分叉，齿状。

花期 5-6 月。

产广东南部、香港、海南、云南及西藏，生于旷野、海边、林中。可作绿篱。越南有分布。嫩芽供食用。

3. 露兜树 图 130 彩片33

Pandanus tectorius Sol. in Journ. Voy. H. M. S. Endeav. 46. 1773.

常绿分枝灌木或小乔木，常左右扭曲，具多分枝或不分枝气根。叶簇生枝顶，3 行螺旋状排列，条形，长达 80 厘米，先端长尾尖，叶缘和下面中脉有粗壮锐刺。雄穗状花序长约 5 厘米；佛焰苞长披针形，长 10-26 厘米，宽 1.5-4 厘米，近白色，边缘和下面中脉具细锯齿；雄花芳香，雄蕊 10（-25）枚，生于长达 9 毫米花丝束，总状排列。雌花序头状，单生枝顶，圆球形；佛焰苞

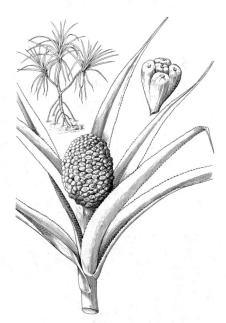

图 130 露兜树 （引自《图鉴》）

多枚，乳白色，长 15-30 厘米，宽 1.4-2.5 厘米，边缘具疏密相间细锯齿，心皮 5-12 成束，中下部联合，上部分离，子房 5-12 室，每室 1 胚珠。聚花果悬垂，具 40-80 核果束，圆球形或长圆形，长达 17 厘米，径约 15 厘米，成熟时桔红色；核果束倒圆锥形，长约 5 厘米，宿存柱头乳头状、耳状或马蹄状。花期 1-5 月。

产台湾、福建、广东、香港、海南、广西及云南，生于海边沙地。栽培作绿篱。亚洲热带、澳大利亚南部有分布。叶纤维编制蓆、帽等工艺品；嫩芽可食；根与果入

药，治感冒发热、肾炎、水肿、腰腿痛、疝气痛等。

[附] **林投 Pandanus tectorius** Sol. var. **sinensis** Warb. in Engl. Pflanzenr. 3(IV, 9): 48. 1900. 与露兜树的区别：叶较窄，先端尾尖，长达 15 厘米；子房（4）5-6（7）室；果圆球形，长约 8 厘米，径 8 厘米，具 50-60 核果束，每一核果束长约 2.5 厘米，径约 2 厘米。产台湾、广东、海南及广西，生于海边沙地。

4. 小露兜　　　　　　　　　　图 131　彩片34

Pandanus gressittii B. C. Stone in Journ. Arn. Arb. 43: 348. 1962.

多年生常绿草本或小灌木状，具分枝。叶窄条形，长达 62 厘米，宽 1.5 厘米，叶缘和下面中脉有向上锐刺。雌雄异株；雄花序穗状，分枝，长 2-5 厘米；佛焰苞长 3.5-14 厘米，宽 0.6-2 厘米，中上部边缘具小刺或无；雄花具雄蕊 10-16，雄蕊着生长达 7 毫米花丝束，花药长圆形，长约 1 厘米，宽约 7 毫米，药隔顶端小尖头长约 1.2 毫米。雌花序头状，长椭圆形，长约 3 厘米；佛焰苞长 10-24 厘米，宽 1-4 厘米，边缘疏生小刺或无；雌花心皮 1，子房上位，1 室，胚珠 1，近基生，柱头尖舌状，向上外伸，背面光滑，腹面粗糙。聚花果椭圆形或圆球形，长约 6 厘米，具多数核果，核果倒圆锥形，成熟后分离，长约 1.2 厘米，径 2-3 毫米；宿存柱头尖刺状，向上斜举。花期 4-5 月。

产海南，生于林中水边、河边。越南有分布。果药用，治小肠疝气。

图 131　小露兜　（引自《图鉴》）

5. 露兜草　　　　　　　　　　图 132

Pandanus austrosinensis T. L. Wu, in Fl. Hainan. 4: 535. t. 1076. 1977.

多年生常绿草本。地下茎横卧，分枝，有不定根。地上茎短，不分枝。叶近革质，带状，长达 2 米，宽 4-5 厘米，先端渐尖成三棱形、具鞭状尾尖，基部折叠，边缘具向上钩状锐刺，下面中脉疏生弯刺，下部少数刺尖向下，余刺尖向上，沿中脉两侧有纵沟。花单性，雌雄异株；雄穗状花序长达 10 厘米；雄花具 6 雄蕊，花丝下部联合成束，长约 3.2 毫米，着生穗轴，伞状排列，花药线形，长约 3 毫米，2 室。雌花心皮多数，上端分离，下端粘合，子房上位，1 室，胚珠 1，花柱短，柱头分叉或不分叉，角质，向上斜钩。聚花果椭圆状圆柱形或近圆球形，长约 10 厘米，径约 5 厘米，由多达 250 余个核果组成，成熟核果的果皮纤维质，核果倒圆锥状，5-6 棱，宿存柱头刺状，斜上。花期 4-5 月。

产广东、海南及广西，生于林中、溪边或路旁。

图 132　露兜草　（张宝联绘）

233. 天南星科 ARACEAE

（李　恒）

　　草本，具块茎或根茎；稀攀援灌木或附生藤本，富含苦液或乳汁。叶单一或少数，有时花后生出，通常基生，茎生叶互生，2列或螺旋状排列，叶柄基部或部分鞘状；叶全缘，或掌状、鸟足状、羽状或放射状分裂；多具网状脉，稀平行脉（菖蒲属 Acorus）。花小或微小，常极臭；肉穗花序，花序包有佛焰苞。花两性或单性，雌雄同株，同序或异株；雌雄同序者雌花生于花序下部，雄花生于花序上部。两性花有花被或无，花被2轮，花被片2或3，整齐或不整齐，覆瓦状排列，常倒卵形，先端内弯，稀合生成坛状；雄蕊通常与花被片同数、对生，分离；无花被的花中，雄蕊2-4-8或多数，分离或合生为雄蕊柱，花药2室，药室对生或近对生，室孔纵长，花粉分离或集成条状，花粉粒头状椭圆形或长圆形，光滑，常有假雄蕊（不育雄蕊）；雌花序的假雄蕊围绕雌蕊，有时单一、位于雌蕊下侧；雌雄同序，有时多数假雄蕊位于雌花群之上，或常合生成假雄蕊柱，全部假雄蕊常合生与肉穗花序轴上部形成海绵质附属器。雌花子房上位，稀陷入肉穗花序轴内，1至多室，基底、顶生、中轴或侧膜胎座，胚珠直生、横生或倒生，1至多数，具内珠被和外珠被，外珠被常于珠孔附近成流苏状；花柱宿存或脱落，柱头全缘或分裂。浆果，极稀结合为聚合果。种子1-多数，圆形、椭圆形、肾形或伸长，外种皮肉质，有的上部流苏状；内种皮光滑，有窝孔，具疣或肋状条纹，种脐扁平或隆起，短或长；胚乳厚，肉质，稀少或无。

　　105属，3000余种，分布于热带和亚热带地区。我国35属206种，其中4属20种引入栽培。

　　50%以上种类为药用植物，菖蒲、天南星、半夏、虎掌、千年健为常用中药；芋属、磨芋属的块茎常供食用及工业糊料；大藻为优良水生饲料。

1. 花两性；肉穗花序上部无附属器。
　　2. 花有花被。
　　　3. 直立或匍匐草本；叶柄非扁平，非叶状。
　　　　4. 佛焰苞和叶片同形、同色 ·· **1. 菖蒲属 Acorus**
　　　　4. 佛焰苞和叶片分异，具特异颜色。
　　　　　5. 佛焰苞扁平；子房2室 ·· **2. 花烛属 Anthurium**
　　　　　5. 佛焰苞多少抱肉穗花序；子房1室。
　　　　　　6. 佛焰苞罩状，包肉穗花序；叶片心状，全缘 ··············· **11. 臭菘属 Symplocarpus**
　　　　　　6. 佛焰苞非罩状，渐尖；叶片箭状戟形。
　　　　　　　7. 胚珠2，稀1，或多数，侧膜胎座上近横生；种子边缘有鸡冠状突起 ······ **13. 曲籽芋属 Cyrtosperma**
　　　　　　　7. 胚珠1，室顶悬垂；种子无鸡冠状突起 ······················ **14. 刺芋属 Lasia**
　　　3. 攀援植物；叶柄扁平，叶状。
　　　　8. 子房3室；花序梗腋生或腋下生，基部有3-8苞片；肉穗花序球形、卵圆形或倒卵圆形，稀圆柱形 ·· **3. 石柑属 Pothos**
　　　　8. 子房1室；花枝腋上生，基部有1-2苞片；肉穗花序圆柱形 ··············· **4. 假石柑属 Pothoidium**
　　2. 花无花被。
　　　9. 水生草本；佛焰苞宿存 ·· **12. 水芋属 Calla**
　　　9. 陆生攀援藤本；佛焰苞脱落。
　　　　10. 肉穗花序具梗。
　　　　　11. 胚珠2，着生侧膜胎座中部以下 ································· **6. 雷公连属 Amydrium**
　　　　　11. 胚珠1，着生基底胎座中央 ······································· **5. 上树南星属 Anadendrum**
　　　　10. 肉穗花序无梗。
　　　　　12. 浆果分离；子房1室或不完全2室。

13. 每室胚珠 2-4（6-8）······8. 麒麟叶属 Epipremnum

13. 每室胚珠 1 ······9. 藤芋属 Scindapsus

12. 浆果粘合。

14. 每室胚珠多数，珠柄长；藤本 ······7. 崖角藤属 Rhaphidophora

14. 每室胚珠 2，珠柄短；攀援灌木 ······10. 龟背竹属 Monstera

1. 花单性，雌雄同株或异株；无花被或环状。

15. 肉穗花序无不育附属器。

16. 肉穗花序与佛焰苞分离或部分合生；陆生草本。

17. 草本，直立或上升。

18. 雄蕊分离；雌花有假雄蕊或无。

19. 胚珠多数；果包于宿存或花后膨大的佛焰苞内；雌花常具假雄蕊。

20. 佛焰苞檐部宿存；肉穗花序与佛焰苞分离。

21. 佛焰苞檐部展开为漏斗状，先端后仰；子房每室 4 胚珠；浆果每室 1-2 种子 ······

······15. 马蹄莲属 Zantedeschia

21. 佛焰苞檐部展开为舟状，先端内弯；子房每室多数胚珠；浆果每室多数种子

······16. 千年健属 Homalomena

20. 佛焰苞基部环状脱落；肉穗雌花序一侧与佛焰苞合生 ······17. 落檐属 Schismatoglottis

19. 胚珠 1；果外露；雌花假雄蕊极少 ······18. 广东万年青属 Aglaonema

18. 雄蕊合生成一体。

22. 侧膜胎座，胚珠多数。

23. 佛焰苞卵形或卵状披针形，不分化为管部和檐部，基部席卷，向上展开；雌花有假雄蕊 ······

······19. 泉七属 Steudnera

23. 佛焰苞筒部席卷，檐部平或后反卷；雌花无假雄蕊 ······20. 岩芋属 Remusatia

22. 基底胎座。

24. 佛焰苞檐部席卷，管部 2 节（中部缢缩）；肉穗花序与佛焰苞分离；子房胚珠多数 ······

······20. 岩芋属 Remusatia

24. 佛焰苞檐部反折，管部 1 节；肉穗花序的雌花序贴生佛焰苞管部，单侧着花；子房胚珠单生 ······

······21. 细柄芋属 Hapaline

17. 攀援植物 ······24. 喜林芋属 Philodendron

16. 肉穗花序背面与佛焰苞合生 2/3；漂浮植物 ······32. 大藻属 Pistina

15. 肉穗花序有顶生附属器。

25. 胚珠倒生；花时无叶或有叶 ······25. 磨芋属 Amorphophallus

25. 胚珠直生。

26. 雄蕊分离。

27. 佛焰苞管部喉部内无隔膜。

28. 雌雄同株。

29. 胚珠 6 或多数，侧膜胎座；叶戟状箭形或箭形 ······26. 疆南星属 Arum

29. 胚珠 1-2，基生；叶箭状戟形或 3-5 浅裂 ······27. 犁头尖属 Typhonium

28. 雌雄异株，稀同株；胚珠 1-2（-9），基生 ······29. 天南星属 Arisaema

27. 佛焰苞管部喉部内具隔膜或闭合。

30. 佛焰苞管部长圆形，筒状无缝 ······28. 斑龙芋属 Sauromatum

30. 佛焰苞管部席卷成筒状。

31. 两性花序的雄花序部分伸出佛焰苞外；子房分离；雌花序背面与佛焰苞合生，单侧着花 ······

1. 菖蒲属 Acorus Linn.

多年生常绿草本，植株含芳香油。根茎匍匐，肉质，分枝。叶2列，基出，嵌列状，箭形，无柄；具叶鞘。佛焰苞很长部分与花序柄合生，在肉穗花序着生点以上分离，叶状、箭形、直立、宿存；花序生于当年枝叶腋，梗长，全部贴生佛焰苞鞘，三棱形；肉穗花序圆锥形或鼠尾状，花密，自下而上开放。花两性；花被片6，拱形，靠合，近平截，外轮3；雄蕊6，花丝线形，与花被片等长，顶端渐窄成药隔，花药短，药室长圆状椭圆形，近对生，超出药隔，室缝纵长，全裂，药室内壁前方瓣片前卷，后方的边缘反折；子房倒圆锥状长圆形，与花被片等长，顶端近平截，2-3室，每室胚珠多数，直生，珠柄短，海绵质，着生子室顶下垂，略纺锤形，近珠孔的外珠被多少流苏状，珠孔内陷，花柱极短，柱头小。浆果长圆形，顶端近圆锥状，红色，藏于宿存花被之下，2-3室，有的室不育。种子长圆形，外种皮肉质，长于内种皮，达珠孔附近，流苏状，内种皮薄，具小尖头；胚乳肉质，胚轴圆柱形，长与胚乳相等。

4种，分布于北温带至亚洲热带。我国均产。

1. 叶具中肋，叶片剑状线形，长0.9-1.5米 ·· 1. 菖蒲 A. calamus
1. 叶无中肋，叶片线形，长20-30厘米。

2. 叶片宽0.7-1.3厘米；叶状佛焰苞长13-25厘米 ······························ 2. 石菖蒲 A. tatarinowii

2. 叶片宽不及6毫米；叶状佛焰苞长3-9（-14）厘米 ······················ 3. 金钱蒲 A. gramineus

1. 菖蒲 臭蒲 泥菖蒲　　　　　　图 133：1-4 彩片35

Acorus calamus Linn. Sp. Pl. 324. 1753.

多年生草本。根茎横走，稍扁，分枝，径0.5-1厘米，黄褐色，芳香。叶基生，基部两侧膜质叶鞘宽4-5毫米，向上渐窄，脱落；叶片剑状线形，长0.9-1（-1.5）米，基部对褶，中部以上渐窄，草质，绿色，光亮，两面中肋隆起，侧脉3-5对，平行，纤弱，伸至叶尖。花序梗三棱形，长（15-）40-50厘米；叶状佛焰苞剑状线形，长30-40厘米；肉穗花序斜上或近直立，圆柱形，长4.5-6.5（-8）厘米。花黄绿色，花被片长约2.5毫米，宽约1毫米；花丝长2.5毫米。浆果长圆形，成熟时红色。花期（2-）6-9月。

除台湾和海南外，其余各省区均产，生于海拔2600米以下水边、沼泽湿地或湖泊浮岛上，常有栽培。南北两半球温带、亚热带有分布。根

图 133：1-4.菖蒲 5.石菖蒲
6-12.上树南星 （肖 溶绘）

茎入药，治痰壅闭、神识不清、慢性气管炎、痢疾、肠炎、腹胀腹痛、食欲不振、风寒湿痹，外用敷疮疥，兽医用全草治牛膛胀病、肚胀病、百叶胃病、胀胆病、发疯狂、泻血痢、炭疽病、伤寒等。

2. 石菖蒲　　　　　　　　　　图　133:5　彩片36

Acorus tatarinowii Schott in Osterr. Bot. Zeitschr. 9: 101. 1859.

多年生草本。根茎芳香，径2-5毫米，淡褐色，节间长3-5毫米，上部分枝密。植株丛生状。叶薄，暗绿色，线形，长20-30（-50）厘米，基部对折，中部以下平展，先端渐窄，无中肋，平行脉多数，稍隆起；叶无柄，基部两侧膜质叶鞘宽达5毫米，上延达叶中部，渐窄，脱落。花序梗腋生，长14-15厘米，三棱形；叶状佛焰苞长13-25厘米；肉穗花序圆柱状，长（2.5-）4-6.5（-8.5）厘米，径4-7毫米，上部渐尖，直立或稍弯。花白色。果序长7-8厘米，径达1厘米，幼果绿色，成熟时黄绿或黄白色。花果期2-6月。

产河南、江苏、安徽、浙江、福建、江西、湖北、湖南、广东、香港、广西、贵州、四川及云南，生于海拔2600米以下密林下、湿地或溪边石缝中。印度东北部至泰国北部有分布。

3. 金钱蒲　　　　　　　　　　图　134　彩片37

Acorus gramineus Soland. in Ait. Hort. Kew. ed. 1: 474. 1789.

多年生草本。根茎长5-10厘米，芳香。叶基对折，两侧膜质叶鞘棕色，脱落；叶片质较厚，线形，绿色，长20-30厘米，宽不及6毫米，无中肋，平行脉多数。花序梗长2.5-9（-15）厘米，叶状佛焰苞长3-9（-14）厘米，宽1-2毫米；肉穗花序黄绿色，圆柱形，长3-9.5厘米，径3-5毫米。果序径达1厘米；果黄绿色。花期5-6月，果期7-8月。

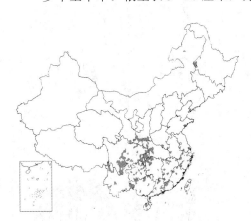

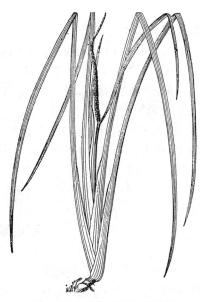

图　134　金钱蒲　（引自《图鉴》）

产内蒙古、山东、河南、陕西、甘肃、江苏、安徽、浙江、台湾、江西、湖北、湖南、广东、香港、海南、广西、贵州、四川、云南及西藏，生于海拔1800米以下水边湿地或岩石上。各地常栽培。根茎药用，药效同菖蒲。

2. 花烛属 Anthurium Schott

上升或匍匐草本，或攀援灌木。叶全缘、浅裂、深裂或掌状分裂；叶柄基部具短鞘，近顶端有关节。佛焰苞宿存，扁平，披针形、卵形或椭圆形，绿、紫、白或红色，基部常下延；肉穗花序无梗或具短梗，圆柱形、圆锥形或尾状，绿、青紫，稀白、黄或红色。花两性；花瓣4，长宽近相等，先端拱状内弯，靠合，近平截，外轮2枚较宽，内轮内藏，果期增大；雄蕊4，花丝扁，与花瓣等长，花药药室外向纵裂，子房2室，每室胚珠2或1，倒生或弯生，柱头盘状，2浅裂。浆果肉质，绿、橙黄、红或紫色。种皮具疣突；胚乳丰富，胚轴近圆柱形。

约550种，产热带美洲。我国引入栽培2种。

1. 叶片圆形，径40-50厘米，7-13深裂，裂片披针形或线状披针形，叶柄长达1米；佛焰苞长15厘米，淡红色 ·· 1. 掌叶花烛 A. pedato-radiatum
1. 叶片7-9全裂，裂片长披针形或披针状长圆形，长约20厘米，宽2-4厘米，叶柄长0.5-1厘米；佛焰苞长6厘米，深绿色 ·· 2. 深裂花烛 A. variabile

1. 掌叶花烛　　　　　　　　　　图 135

Anthurium pedato-radiatum Shott in Bonplandia 7: 337. 1859.

茎上升，长过1米，径5厘米。叶片圆形，径40-50厘米，亮绿色，有光泽，7-13深裂，裂片披针形或线状披针形，外侧的镰状，裂片基部连合1/5-1/4；叶柄圆柱形，长达1米，关节长。花序梗长40-60厘米；佛焰苞长15厘米，披针形，淡红色，直立，后反折；肉穗花序长10厘米，径7.5毫米，梗长3毫米。花被长宽2毫米。果序长15厘米，绿色。浆果长1.5厘米，径1.2厘米，倒卵形，橙黄色。种皮黄色，有细疣。花期7-8月（昆明）。

原产墨西哥。广东及云南栽培。供观赏。

2. 深裂花烛　　　　　　　　　　图 136

Anthurium variabile Kunth, Enum. Pl. 3: 81. 1841.

攀援植物。幼枝纤细，节间长。叶片7-9全裂，裂片分离，长披针形或披针状长圆形，长约20厘米，宽2-4厘米，侧裂片外侧圆或耳状；叶柄圆柱形，长30-45厘米，关节短。佛焰苞披针形，长6厘米，宽1.5厘米；花序梗长3-10厘米，肉穗花序锥状圆柱形，青紫色，长约10厘米，下部径1.5厘米，无梗。花瓣宽大于长。浆果长4毫米，倒卵状圆形，深绿色，顶端紫色。种子短卵圆形，顶端平截。

原产巴西。福建及广东栽培。供观赏。

3. 石柑属 Pothos Linn.

附生、攀援灌木或亚灌木。枝下部具根，上部披散。芽腋生或穿叶鞘腋下生。叶线状披针形、披针形或卵状披针形、椭圆形、卵状长圆形，多少不等侧，侧脉基出，或1-2对生于中肋中部；叶柄叶状，平展，上端耳状。花序梗腋生或腋下生、劲直、反折或弯曲，基部苞片3-8、坚硬、革质；佛焰苞卵形；肉穗花序具长梗，球形、卵圆形或倒卵圆形，稀圆柱形。花两性；花被周位，6枚，先端拱形内弯；雄蕊6，花丝短，顶端骤窄成药隔，花药短，与花丝近等长，药室椭圆形，超出药隔，外向纵裂；子房卵状长圆形或扁圆形，3室，每室1胚珠，珠柄短，由基底上举，无花柱，柱头脐状突起。浆果椭圆状、倒卵状，红色，种子1-3。种子扁椭圆形，中部着生，种皮稍厚；无胚乳，胚具长柄。

约75种，印度至太平洋诸岛，西南至马达加斯加均有分布。我国

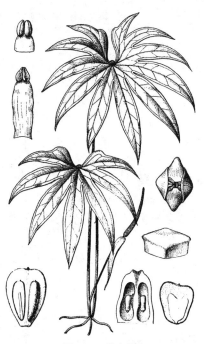

图 135 掌叶花烛
（引自《Engl. Pflanzenr.》）

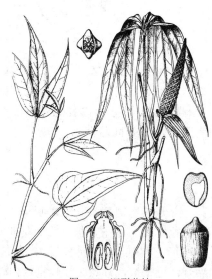

图 136 深裂花烛
（引自《Engl. Pflanzenr.》）

8种。

1. 叶柄长约等于或短于叶片；肉穗花序椭圆形或近球形。

  2. 叶柄与叶片近等长，叶片长4-8厘米；肉穗花序长5-6毫米 ·················· 1. 螳螂跌打 **P. scandens**

  2. 叶柄短于叶片，叶片长6-13厘米。

    3. 叶柄倒卵状长圆形或楔形，长1-4厘米，叶上面中肋稍下凹；小枝无4棱；花序梗长0.8-2厘米 ··········

    ·················· 2. 石柑子 **P. chinensis**

    3. 叶柄倒卵形，长1-2.2厘米，叶脉隆起；小枝具4棱；花序梗长3-5厘米 ········ 2(附). 长梗石柑 **P. kerrii**

1. 叶柄长13-15厘米，叶片长3-4厘米；肉穗花序细圆柱形，长5-6厘米 ·················· 3. 百足藤 **P. repens**

1. 螳螂跌打　　　　　　　　　　图 137：1-7

Pothos scandens Linn. Sp. Pl. 968. 1753.

附生藤本，长4-6米。茎圆柱形，径1.5-2毫米，节间长2-2.5厘米。叶披针形或线状披针形，长4-8厘米，下面淡绿色，基脉3对，纤细，细脉倾斜，网结；叶柄楔形，顶端平截或微下凹，长4-9（-10）厘米，宽1-2.3厘米，多少具耳，多脉，平行。花序单生叶腋，序梗长5-8毫米；基部苞片6-8，绿色，覆瓦状排列，卵形，锐尖，上部的长约4毫米；佛焰苞直立，紫色，舟状，长5-6毫米；肉穗花序下垂或扭向一侧，淡绿、淡黄或黄色，近球形或椭圆形，长5-6毫米，梗长4-5毫米。浆果成熟时红或黄色，长圆状卵圆形，长不及1厘米。花果期四季。

产广西、云南及西藏，生于海拔200-1000米山坡、平坝或河漫滩林中，多附生树干或石崖。自孟加拉锡尔赫特，南达斯里兰卡，东经安达曼群岛、中南半岛至菲律宾，东南经马来半岛、苏门答腊至爪哇、加里曼丹均有分布。茎叶入药，治跌打损伤、骨折、风湿骨痛、腰腿痛。傣族用叶泡水代茶饮。

图 137：1-7.螳螂跌打 8.石柑子
9.长梗石柑 10.百足藤 （肖 溶绘）

2. 石柑子　石蒲藤　　　　　图 137：8　图 138

Pothos chinensis (Raf.) Merr. in Journ. Arn. Arb. 19: 210. 1948.

Tapanava chinensis Raf. Fl. Tellur. 4:14. 1838.

附生藤本，长0.4-6米。茎亚木质，淡褐色，近圆柱形，具纵纹，径约2厘米，节间长1-4厘米，节上常束生长1-3厘米气生根；分枝，枝下部常具1鳞叶，鳞叶线形，长4-8厘米，平行脉多数。叶椭圆形、披针状卵形或披针状长圆形，长6-13厘米，鲜时上面深绿色，中肋稍下凹，下面淡绿色，先端常有芒状尖头，侧脉4对，最下1对基出，弧形上升，细脉多数，近平行；叶柄倒卵状长圆形或楔形，长1-4厘米。花序腋生，基部具苞片4-5（6），苞片卵形，长5毫米，上部的渐大，纵

图 138 石柑子 （引自《图鉴》）

脉多数；花序梗长 0.8-1.8（-2）厘米；佛焰苞宽卵状，绿色，长 8 毫米，宽 1（-1.5）厘米，锐尖；肉穗花序椭圆形或近球形，淡绿或淡黄色，长 7-8（-11）毫米，梗长 3-5（-8）毫米。浆果黄绿至淡红色，卵圆形或长圆形，长约 1 厘米。花果期四季。

产台湾、湖南、广东、香港、海南、广西、贵州、四川、云南及西藏，生于海拔 2400 米以

下阴湿密林中，常匍匐岩石或附生树干。越南、老挝及泰国有分布。

[附] **长梗石柑** 图 137：9 **Pothos kerrii** Buchet ex Gagn. in Lecomte, Fl. Gen. Indo-Chine 6: 1085. f. 102: 5. 1942. 本种与石柑子的区别：叶脉隆起，叶柄倒卵形，长 1-2.2 厘米；小枝具 4 棱；花序梗长 3-5 厘米。花期 8 月。产广西，生于海拔 300-500 米山谷密林中，附生石上。老挝有分布。全株药用，治跌打。

3. **百足藤** 蜈蚣藤   图 137：10 图 139 彩片38

Pothos repens (Lour.) Druce in Bot. Soc. Exch. Club. Brit. Isles 4: 641. 1917.

Flagellaria repens Lour. Fl. Cochinch. 212. 1790.

附生藤本，长 1-20 米。分枝较细，营养枝具棱，常曲折，节间长 0.5-1.5 厘米；花枝圆柱形，节间长 1-1.5 厘米，亦常无气生根，多披散或下垂。叶披针形，长 3-4 厘米，与叶柄均具平行脉，细脉网结，极不明显；叶柄长楔形，顶端微凹，长 13-15 厘米。总花序梗腋生和顶生，长 2-3 厘米；苞片 3-5，披针形，长 1-5 厘米，覆瓦状排列或疏生，花序腋内生，序梗细，长 11-13

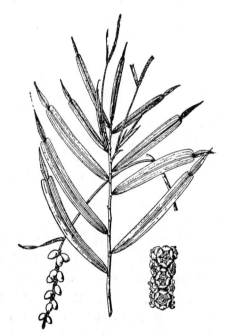

图 139 百足藤 （引自《图鉴》）

厘米，基部有长 1-2 厘米线形小苞片；佛焰苞绿色，线状披针形，长 4-6 厘米；肉穗花序黄绿色（雄蕊黄，雌蕊淡绿），细圆柱形，长 5-6 厘米，果时长达 10 厘米，梗长 5-6 毫米。花密，径约 2 毫米；花被片 6，黄绿色；雄蕊和柱头稍超出花被，花药黄色。浆果成熟时焰红色，卵圆形，长约 1 厘米。花期 3-4 月，果期 5-7 月。

产广东、香港、海南、广西南部、贵州、四川及云南，生于海拔 900 米以下林内，常附生岩石及树干。越南北部有分布。

4. 假石柑属 Pothoidium Schott

攀援灌木，长 10-15 米，分枝腋上生。小枝长，节间长 0.75-1 厘米。叶 2 列，坚硬、光滑，长圆状三角形或三角状披针形，长 2.5-4 厘米；叶柄叶状平展，顶端平截，基部稍窄，脉平行，长 7.5-10 厘米。花枝腋上生，基部具卵形或长圆形鳞叶，苞片 1-2；花序多数于枝顶排成总状；佛焰苞卵形，长 5-7.5 毫米，有时无；肉穗花序圆柱形，长 1.5-2.5 厘米，生于序梗顶端。花两性和雌性；花被片 6，拱状内弯。两性花：雄蕊 3，花丝长于花被片，渐窄成药隔，花药短，药室卵圆形，超出药隔，外向纵裂，雌蕊扁球状，无花柱。雌花：假雄蕊 3，与花被近等长，有时较短；雌蕊卵圆形，子房 1 室，胚珠 1，珠柄短，由基底一侧

上举，无花柱，柱头脐状突起。浆果卵圆形或长圆形，长1.2厘米。种子1，长圆形或长倒卵圆形；无胚乳。

单种属。

假石柑 图 140

Pothoidium lobbianum Schott in Osterr. Bot. Wochenbl. 7: t. 57. 1857.

形态特征同属。花期2-5月，果期7-11月。

产台湾。菲律宾群岛和印度尼西亚苏拉威西至马鲁古群岛有分布。

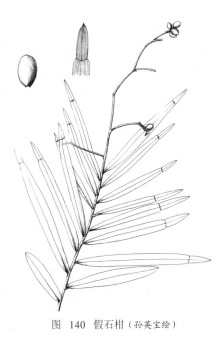

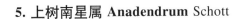

图 140 假石柑（孙英宝绘）

5. 上树南星属 Anadendrum Schott

攀援藤本。叶2列，叶片偏斜，卵状长圆形或卵状披针形，全缘，或沿中脉有穿孔及羽状分裂（我国不产），2级侧脉与1级侧脉不平行，常在1级侧脉间网结成集合脉；叶柄具鞘几达顶部，叶鞘宿存或早落。花序腋生和顶生，常呈短扇状聚伞花序式，有线形苞片或无，花序梗长；佛焰苞长圆状卵形，舟形，白色，具喙；肉穗花序梗圆柱形，花密。花两性；花被膜质，壶形、环状或平截；雄蕊4，花丝短，基部宽，匙形，顶端渐窄为药隔，花药稍短于花丝，药室线状椭圆形，超出药隔，基部叉开，顶部连接，纵裂；子房倒圆锥形或倒金字塔形，顶端常四边形，1室，胚珠1，珠柄短，基底着生，向室腔上举，无花柱，柱头横向长圆形或近头状。浆果卵圆形，1种子。种子近球形，种皮厚；无胚乳，胚具柄。

9种，分布于印度至马来西亚。我国2种。

上树南星 杯被藤 图 133: 6-12 图 141

Anadendrum montanum (Bl.) Schott in Bonplandia 5: 45. 1857.

Calla montana Bl. in Flora 8: 147. 1825.

附生攀援藤本。茎径4-5毫米，节间长2.5厘米，上部者甚短，节生肉质气生根，长1-2厘米。叶长圆状披针形，全缘，长15-20厘米，极不等侧，常一侧比另侧宽1/2，先端常具芒状尖头，基部钝或微心形，侧脉7-8对，基部有2-3条2级侧脉，网结；叶柄长10-15厘米，叶鞘几达叶柄顶端，长9-14厘米，展开，宽达1厘米，大部分早落，沿叶柄的少部分宿存。花序腋生和顶生，序梗长10-15厘米，从鞘状苞片中伸出。

图 141 上树南星 （引自《图鉴》）

苞片线形，长约7厘米，先端具长5-7毫米的线状尖头；佛焰苞席卷，近圆柱形，展开为卵状披针形，长3-6厘米。花密；花被环状，高为子房1/2或稍多；雄蕊4，花药外向，药室卵形，顶端与子房平；子房倒圆锥形，顶端宽3毫米，柱头长圆形。浆果卵圆形，长8毫米，顶端平截。花果期6-10月。

产海南及云南东南部，生于海拔500米以下，附生于林内树干或岩石。越南、老挝、泰国、马来西亚、新加坡及印度尼西亚有分布。

6. 雷公连属 Amydrium Schott

攀援藤本。叶疏生；叶片全缘，具穿孔或羽状分裂，穿孔圆形或卵形；叶柄基部或几全部鞘状。花序梗单生；佛焰苞卵形，反折；肉穗花序具长梗，稀无梗。花两性；无花被；雄蕊4-6，花丝短，宽线形，花药卵圆形，与花丝等长或稍短，药室卵圆形，侧向纵裂；雌蕊倒金字塔形或倒圆锥形，子房1室，胚珠2，倒生或横生，珠柄着生于隆起侧膜胎座中部以下，柱头小，长圆形或圆形。浆果近球形，顶部平截。种子1或2，近球形；无胚乳，胚具长轴。

约6种，分布于印度至马来西亚，我国2种。

1. 叶片全缘、完整；肉穗花序倒卵圆形，长4厘米，上部径约1.8厘米；柱头近圆形 ⋯ 1. **雷公连 A. sinense**
1. 叶片两侧沿中脉有长圆形或卵形穿孔或无；肉穗花序圆柱形，长6厘米，径约1.3厘米；柱头长圆形 ⋯⋯⋯⋯⋯⋯⋯⋯⋯⋯⋯⋯⋯⋯⋯⋯⋯⋯⋯⋯⋯⋯⋯⋯⋯⋯⋯⋯⋯⋯⋯⋯⋯⋯ 2. **穿心连 A. hainanense**

1. 雷公连　　　　　　　　　　　图 142：1-3

Amydrium sinense (Engl.) H. Li, Fl. Reipubl. Popul. Sin. 13 (2): 23. 1979.

Scindapsus sinensis Engl. in Engl. Bot. Jahrb. 29: 234. 1900.

附生藤本。茎径3-5毫米，节间长3-5厘米。叶革质，镰状披针形，全缘，不等侧，长13-23厘米，锐尖，下面黄绿色，侧脉极多数，与中肋成30°锐角斜伸，至边缘连接，细脉网状；叶柄长8-15厘米，上部有长约1厘米关节。花序梗淡绿色，长5.5厘米；佛焰苞肉质，席卷为纺锤形，长7厘米，中部径2.2厘米，花时展开成短舟状，近卵圆形，长8-9厘米，展平宽11.5厘米，

黄绿至黄色；肉穗花序倒卵圆形，长约4厘米，上部径约1.8厘米，梗长0.5-1厘米。花两性；花丝基部宽，长4毫米，骤窄为长1.2毫米线形药隔，药室长圆形，长3毫米，外露或否，从顶部外向纵裂；子房顶部五或六边形，宽5毫米，长4毫米，柱头多少下凹，近圆形，胚珠2，近横生于侧膜胎座中下部。浆果绿色，成熟时黄、红色，味臭。种子1-2，棕褐色，倒卵状肾形，长约2毫米，腹面扁。花期6-7月，果期7-11月。

产湖北西部、湖南、广西、贵州、四川及云南，生于海拔550-

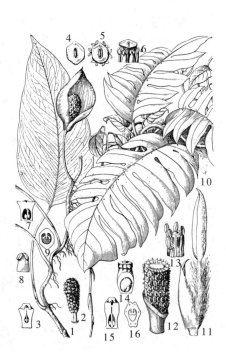

图 142：1-3.雷公连　4-9.穿心连
10-16.麒麟叶（肖　溶绘）

1100米常绿阔叶林中，常附生树干或石崖。茎叶入药，治骨折、跌打、心绞痛。

2. 穿心连   图 142：4-9

Amydrium hainanense (Ting et Wu ex H. Li et al.) H. Li, Fl. Reipubl. Popul. Sin. 13(2): 24. 1979.

Epipremnopsis hainanensis Ting et Wu ex H. Li et al. in Acta Phytotax. Sin. 15(2): 102. 1977.

攀援藤本。茎圆柱形，干时黑色，节间长 2-3 厘米。叶卵状披针形或镰状披针形，基部圆或浅心形；幼枝叶长 13-15 厘米，略不等侧，全缘，两侧沿中肋有长圆形或卵形穿孔或无；老枝（花枝）叶长 28-35 厘米，1 级侧脉 5-7 对，弧曲上升，2 级侧脉细弱，细脉网结，1 级侧脉间有卵形或长圆形穿孔，穿孔长 4-6 厘米，宽 1.5-4 厘米，有时内伸至中肋、外延及边缘；叶

柄长 20-30 厘米，几至顶部具鞘。花序梗单生枝顶叶腋，圆柱形，长 8-10 厘米；佛焰苞黄红色，革质，短舟状，长 8.5 厘米，展平宽 8-9 厘米，具短喙；肉穗花序梗长 0.8-1 厘米；肉穗花序圆柱形，长 6 厘米。花两性，无花被；雄蕊 6，稍短于子房，花丝扁平，药室长圆形，外向纵裂；子房角柱状，顶近六边形，长约 3 毫米，宽约 2.5 毫米，无花柱，柱头长圆形，长约 1.5 毫米，1 室，侧膜胎座脊状，胚珠 2，倒生，珠柄短，对生于胎座中部以下。花期 4 月（海南）或 10 月（广西阳朔）。

产湖南南部、广东、海南、广西及云南东南部，生于海拔 1300 米以下山谷或水旁密林中，附生树干或岩石。

7. 崖角藤属 Rhaphidophora Hassk.

藤本。茎匍匐攀援。叶 2 列，披针形或长圆形，多少不等侧，全缘，羽状深裂或全裂，1、2、3 级侧脉几平行，从中肋伸出；叶柄长，具关节，多少具鞘。花序顶生和腋生，有时 2-3 个排成扇形聚伞状；佛焰苞舟形，果后宿存或脱落；肉穗花序无梗，短于佛焰苞。花密集，两性，或少数为雌性，无花被；雄蕊 4，花丝线形，稍宽，顶端渐窄为药隔，花药短于花丝，药室线状椭圆形，有细锐尖，超过药隔，背缝纵裂；子房平截，四角形或六角形，角柱状，不完全 2 室，每室倒生胚珠多数，珠柄长，2 列，直立，着生凸起侧膜胎座，花柱几无或长圆锥形，柱头椭圆形或长圆形，纵向。浆果密接，粘合，后分离，丝状撕裂脱落，红色，近 2 室，每室种子多数。种子长圆形，珠柄长，外种皮分离，种皮薄；胚乳丰富，胚具轴，直立。

约 100 种，分布于印度至马来西亚。我国 9 种。

1. 叶全缘。
  2. 叶镰状披针形或镰状椭圆形，宽 15 厘米以下。
    3. 叶基部斜圆；佛焰苞桔红色，背面带绿色；肉穗花序长 7 厘米，径 1.3 厘米 ········· 1. 上树蜈蚣 R. lancifolia
    3. 叶基部窄楔形；佛焰苞绿或淡黄色；肉穗花序长 5-8 厘米，径 1.5-3 厘米 ····· 3. 狮子尾 R. hongkongensis
  2. 叶长圆形、卵状长圆形，宽 50-70 厘米；肉穗花序圆柱形，长 17-20 厘米，径 2-3 厘米 ·············
    ·· 2. 大叶崖角藤 R. megaphylla
1. 叶羽状深裂。
  4. 无花柱；叶卵形或卵状披针形，长 10-27 厘米，老枝之叶羽状深裂，稀全缘，裂片 2-3 对，或一侧全缘；
    肉穗花序长 12-13 厘米 ··· 4. 绿春崖角藤 R. luchunensis
  4. 花柱明显；叶卵形或卵状长圆形，长 30-70 厘米，裂片多数，6-10 对以上；肉穗花序长 10-17 厘米。
    5. 叶裂片沿中肋常有穿孔，叶长 30-55 厘米，宽 22-36 厘米；肉穗花序长圆锥形 ·························
    ··· 5. 粗茎崖角藤 R. crassicaulis

5. 叶裂片沿中肋无穿孔，叶长60-70厘米，宽40-50厘米；肉穗花序圆柱形 ·················· **6. 爬树龙 R. decursiva**

1. 上树蜈蚣

图 143：1-2

Rhaphidophora lancifolia Schott in Bonplandia 5：45. 1857.

附生藤本。茎径1-2厘米，绿色，长20米以上；分枝常披散。花枝节间长1-2厘米；营养枝节间长1-2毫米，节环状，具灰白色半月形叶痕。叶镰状披针形或卵状长圆形，稀卵形，长25-40厘米，不等侧，先端长渐尖，基部斜圆，薄革质，1级侧脉7-8对，2、3级侧脉5-7条，平行；叶柄深绿色，长14-30厘米，顶部关节膨大，长1-1.5厘米，关节以下具膜质叶鞘，上面具槽。花序顶生，长7-10厘米，顶部下弯，基部膜质苞片披针形，长10厘米，包花序梗，早落；佛焰苞席卷成卵状披针形，有长2-3厘米的喙，花时展开，宽舟形，肉质，桔红色，长12.5厘米，展平宽10厘米，基部两侧折断、与花序轴成直角，花后脱落，有苍白色斜环形苞痕；肉穗花序无梗，圆柱形，长7厘米。花密，两性；子房角柱状，顶部四边形或不规则五边形，中央下凹，柱头长圆形，黑色，胚珠多数。果序长9厘米，径1.5-2厘米。浆果灰绿色。种子多数，圆柱形，黄色，长1.5-2毫米。花期10-11月，果期翌年秋季。

产广西西部、四川及云南，生于海拔480-2500米常绿阔叶林中，常附生树干，达树冠层。孟加拉及印度东北部有分布。

图 143：1-2.上树蜈蚣　3-4.狮子尾
5-7.爬树龙　（肖　溶绘）

2. 大叶崖角藤

图 144：1-5

Rhaphidophora megaphylla H. Li in Acta Phytotax. Sin. 15(2)：102. pl. 5：2(6-10). pl. 6：4. 1977.

附生藤本，长达30米以上。茎圆柱形，径3-4厘米，节间长1-6厘米。叶革质，卵状长圆形，全缘，长50-70厘米，先端骤尖，基部心形，1级侧脉10-13对，与中肋成80-90°角，至边缘弧曲上升并连接，2、3级侧脉较纤细，极多，与1级侧脉平行，具网状细脉；叶柄近圆柱形，长50-70厘米，基部径约2厘米，两侧有膜质叶鞘达关节，关节长3厘米。花序顶生和腋生，基部有长25厘米、宽4-5厘米披针形苞片，花序梗长15-16厘米；佛焰苞席卷，蕾时长20-27厘米，绿白色，长渐尖，展

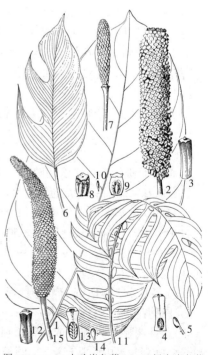

图 144：1-5.大叶崖角藤　6-10.绿春崖角藤
11-15.粗茎崖角藤　（肖　溶绘）

平宽16厘米，花时舟状展开，淡黄色，肉质，顶端盔状；肉穗花序无梗，淡黄绿色，圆柱形，长17-20厘米，径2-3厘米。花密集，两性；雄蕊花丝扁，长2-3毫米，花药黄色；子房长7毫米，顶部平截，四边形或六边形，柱头头状，胚珠8-多数，珠柄基部具微毛，生于侧膜胎座。花期4-8月。

产云南南部，生于海拔600-1300米潮湿密林中，攀援大树及石灰岩崖壁。

3. 狮子尾　崖角藤　　图 143：3-4　图 145

Rhaphidophora hongkongensis Schott in Bonplandia 5: 45. 1857.

附生藤本，匍匐地面、崖石或攀援树上。茎稍肉质，径0.5-1厘米，节间长1-4厘米，分枝常披散。叶通常镰状椭圆形，有时长圆状披针形或倒披针形，长20-35厘米，基部窄楔形，上面绿色，下面淡绿色，1、2级侧脉多数，细弱，斜伸，与中肋成45°角，近边缘向上弧曲；叶柄长5-10厘米，关节长0.4-1厘米。花序顶生和腋生，花序梗圆柱形，长4-5厘米；佛焰苞绿或淡黄色，卵形，渐尖，长6-9厘米，蕾时席卷，花时脱落；肉穗花序圆柱形，长5-8厘米，径1.5-3厘米，粉绿或淡黄色；子房顶部近六边形，长约4毫米，宽2毫米，柱头黑色，近头状。浆果黄绿色。花期4-8月，果翌年成熟。

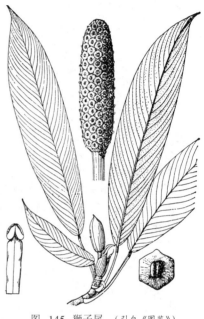

图 145 狮子尾　（引自《图鉴》）

产台湾、福建南部、湖南、广东、香港、广西、贵州南部及云南，生于海拔80-2000米林内，常攀附树干或石崖。缅甸、越南、老挝、泰国及加里曼丹岛有分布。全株药用，治脾肿大、高烧、风湿腰痛；外用治跌打损伤、骨折、烫伤。有毒，内服用微量。

4. 绿春崖角藤　　图 144：6-10

Rhaphidophora luchunensis H. Li in Acta Phytotax. Sin. 15(2): 103. f. 5: 2(1-5). pl. 6: 1-3. 1977.

附生藤本。幼茎深绿色，贴附地面腐殖质层或树干苔藓层，下面圆、串珠状或节节状，每节长1-2厘米，径6-7毫米，节间缢缩，每节具3个外凸半月形叶痕；分枝节间长7-8厘米。叶卵形或卵状披针形，长10-27厘米，基部斜圆，一侧略下延，不等羽状深裂，裂片2-3对，或一侧全缘，或花枝叶片羽裂，有时全株叶片全缘；叶柄长20-25厘米，顶部关节长约1厘米。花序生于分枝近顶部节腋，梗长12-14厘米；佛焰苞淡黄绿色，早落，有高约5毫米的草黄色斜环形苞痕；肉穗花序无梗，长12-13厘米，圆柱形，径2-3厘米，基部斜。花两性；雄蕊几无花丝，花药贴生子房周围的上部；子房顶平，五边形，柱头稍外凸，胚珠多数，长圆形，珠柄纤细，着生侧膜胎座。浆果倒圆锥状，具4-6钝棱，长约6毫米，成熟时桔红色。种子多数。花期9-11月，果期翌年6-7月。

产云南及西藏，生于海拔1700-2150米常绿阔叶林和苔藓林大树树干。

5. 粗茎崖角藤　　　　图 144：11-15

Rhaphidophora crassicaulis Engl. et Krause in Engl. Pflanzenr. 37 (4, 23B):52. 1908.

分枝圆柱形，径3-6厘米，节间短。叶革质，卵形，长30-55厘米，宽22-36厘米，羽状分裂至中肋或近中肋，裂片6-10对以上，线形，近镰状，先端斜截，常沿中肋有长0.8-2厘米，宽2-5毫米的穿孔，中部裂片长15-21厘米；中肋粗，1级侧脉明显（每裂片有2-4条），与中肋成锐角，2级侧脉细，多数；叶柄长25厘米，径1.2厘米。花序梗圆柱形，长12-20厘米；肉穗花序无梗，浅白色，长圆锥形，长10-17厘米，下部径2-2.5厘米；雌花圆柱状，长6-8毫米，柱头圆，胚珠小，多数，长圆形，珠柄长。果期11-12月。

产海南、广西南部及云南东南部，生于海拔1300米以下密林中树干或石上。越南北部有分布。

6. 爬树龙　裂叶崖角藤　　图 143：5-7　图 146 彩片39

Rhaphidophora decursiva (Roxb.) Schott in Bonplandia 5:45. 1857.

Pothos decursiva Roxb. Fl. Ind. 1:418. 1870.

附生藤本。茎径3-5厘米，节间长1-2厘米。叶卵状长圆形或卵形，长60-70厘米，宽22-36厘米，基部浅心形，不等侧羽状深裂达中肋，裂片6-9（-15）对，中部裂片长20厘米以上，宽3-5厘米，中央有1条（基生裂片有3条）隆起的1级侧脉或2-3条2级侧脉。花序腋生，序梗长10-20厘米；佛焰苞肉质，黄色，卵状长圆形，长17-20厘米，宽10-12厘米，蕾时席卷，花时展开成舟

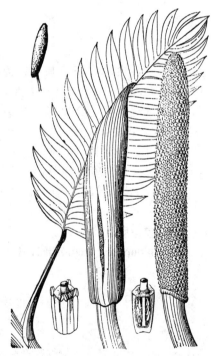

图 146 爬树龙 （引自《图鉴》）

状；肉穗花序无梗，灰绿色，圆柱形，长15-16厘米，径2-3厘米，基部斜。子房正六角状锥形，长5毫米，花柱长约1厘米，柱头长圆形，纵向，黄色，胚珠每室多数。果序棒状，长15-20厘米，径5-5.5厘米；浆果锥状楔形，绿白色，长1.8厘米，果皮厚，富含无色粘液。花期5-8月，果翌年秋成熟。

产台湾、福建、广东、香港、广西、贵州、四川、云南及西藏东南部，生于海拔2200米以下季雨林和亚热带沟谷常绿阔叶林内，匍匐地面、石上或攀附树干。孟加拉、印度东北部、斯里兰卡、缅甸、老挝、越南至印度尼西亚爪哇岛有分布。茎叶药用，接骨、消肿、清热解毒、止血、止痛、镇咳，主治跌打损伤、骨折、蛇咬伤、痈疮节肿、小儿百日咳、咽喉肿痛、感冒、风湿性腰腿痛。

8. 麒麟叶属 Epipremnum Schott

藤本，常攀附岩石或树干。叶大，全缘或羽状分裂，沿中肋两侧常有小孔；叶柄具鞘，上端有关节。

花序梗粗壮；佛焰苞卵形，多少渐尖；肉穗花序无梗，全部具花。花两性，稀下部具雌花，极稀单性；无花被；雄蕊4（-6），花丝线形，宽，渐窄为细长药隔，花药短于花丝，药室线状椭圆形，锐尖，高出药隔，外向纵裂；子房顶部平截，多边形，1室，倒生胚珠2-4，着生侧膜胎座基部，稀6-8个2列于侧膜胎座，珠柄短，无花柱，柱头线状长圆形，纵向。浆果小。种子肾形，单一者稍圆，多数者有棱，种皮厚，壳状，胚弯曲。

26种，分布于印度至马来西亚。我国3种。

麒麟叶

图 142：10-16 图 147

Epipremnum pinnatum (Linn.) Engl. in Engl. Pflanzenr. 37(4, 23B): 60. t. 1. f. 25. 1908.

Pothos pinnata Linn. Sp. Pl. ed. 2: 1374. 1763.

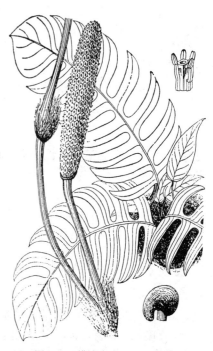

攀援藤本。茎圆柱形，下部径2.5-4厘米，多分枝；气生根具发达皮孔，平伸，紧贴树皮或岩石。叶薄革质，叶宽长圆形，基部宽心形，长40-60厘米，沿有肋有2列星散长达2毫米小穿孔，两侧不等羽状深裂；叶柄长25-40厘米，上部有膨大关节，长2.2厘米，叶鞘膜质，上达关节，渐撕裂，脱落。花序梗圆柱形，粗壮，长10-14厘米，基部有鞘状鳞叶包被；佛焰苞外面绿色，内面黄色，长10-12厘米，渐尖；肉穗花序圆柱形，长约10厘米，径3厘米。雌蕊具棱，长5-6毫米，顶平，柱头线形，纵向，胚珠2-4。种子肾形，稍光滑。花期4-5月。

图 147 麒麟叶 （引自《图鉴》）

产台湾、广东、海南、广西及云南，生于林中，附生大树或岩壁。福建等地有栽培。自印度、马来半岛至菲律宾、太平洋诸岛和大洋洲均有分布。茎叶药用，消肿止痛，治跌打损伤、风湿关节、痈肿疮毒。

9. 藤芋属 Scindapsus Schott

攀援藤本，具气生根。茎常粗壮。叶长圆状披针形、卵状披针形或卵形，1、2、3级侧脉近等粗，从中肋伸出，几平行，弧曲上升；叶柄长，具鞘，上部有关节。花序梗短；佛焰苞舟状，展开，脱落；肉穗花序多少具梗，圆柱状，略短于佛焰苞。花密，两性，无花被；雄蕊4，花丝宽，顶端渐窄为细尖药隔，花药2室；子房近四边形，倒金字塔形或角柱状，顶部平，1室，1胚珠，胚珠倒生，珠柄短，生于基底，柱头圆或椭圆形，纵长。浆果较大，紧靠，成熟时革质，垂直组织与果盖分离，多浆。种子1，圆形、近肾形、扁圆形，基着；种皮稍厚，被小疣；无胚乳，胚马蹄形。

约40种。分布于印度至马来西亚。我国1种。

海南藤芋　大叶藤芋

图 148

Scindapsus maclurei (Merr.) Merr. et Metc. in Lingnan. Sci. Journ. 21: 5. 1945.

Rhaphidophora maclurei Merr. in Philipp. Journ. Sci. Bot. 21: 337. 1922.

攀援藤本，长约10米。茎粗壮，上部径达2.5厘米。叶2裂，密，革质，全缘，长圆状卵形或卵状椭圆形，长23-46厘米，先端锐尖或短渐尖，基部心形或圆，稍不等侧，上面深绿色，下面浅绿色，干时淡褐色，侧脉极多数，平行，纤细，与中肋成70°-80°角，至边缘弧曲上升，脉距1-2毫米；叶柄覆瓦状排列，长26-32厘米，上部径约1厘米，基部宽达4厘米，对折抱茎，具鞘几达顶部。佛焰苞杏黄色，革质，披针形，蕾时席卷，长18-22厘米；肉穗花序圆柱形，干后长约15厘米，径2.5厘米，无梗。花丝长4毫米，

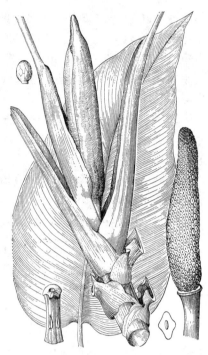

花药卵圆形，长3毫米，不外露。未成熟浆果倒金字塔形，具棱，顶平，长9毫米，径5毫米，1室，种子1。花期11-12月，果于翌年花期成熟。

产海南，生于海拔400-600米密林中石壁或大树上。越南、泰国有分布。

图 148 海南藤芋 (肖 溶绘)

10. 龟背竹属 Monstera Adans.

攀援灌木。幼株的叶常小，卵形或卵状心形，叶片紧贴茎，具短柄。成年植株叶片多长圆形，不等侧，有时具空洞，稀羽状分裂；叶柄具鞘，叶鞘达叶柄中部或中部以上，宿存或撕裂为麻屑状，或全部脱落。花序梗由枝顶附近单出或多少形成扇形合轴；佛焰苞卵形或长圆状卵形，舟状展开，果时枯萎脱落；肉穗花序无梗，与佛焰苞分离，近圆柱形，稍短于佛焰苞。花多而密，最下部的花不育，余为两性，无花被。能育花：雄蕊4，花丝扁平，药隔细窄，花药2室，药室长圆形，近对生，外向纵裂达基部；子房倒圆锥角柱状，2室，每室2倒生胚珠，珠柄短，基底着生，花柱与子房等长，粗壮，柱头扁长圆形或线形。不育花：假雄蕊4，圆锥状；退化子房角柱状，胚珠发育不全，柱头扁。浆果密集，果皮膜质，每室1-3种子。种子倒卵形或心形，扁，外种皮分离，种皮厚；胚具长柄，无胚乳。

约50种，分布于拉丁美洲热带地区。我国引入栽培1种。

龟背竹   图 149 彩片40

Monstera deliciosa Liebm. in Vidensk. Meddel. Dansk Naturhist. Foren. Kjobenhavn 19. 1849-50.

攀援灌木。茎粗壮，绿色，长3-6米，径6厘米，叶痕半月形环状，节间长6-7厘米，具气生根。叶片心状卵形，宽40-60厘米，厚革质，下面绿白色，边缘羽状分裂，侧脉间有1-2空洞，侧脉8-10对，网脉不明显；叶柄绿色，长达1米，下面扁平，宽4-5厘米，上面钝圆，边缘锐尖，基部对折抱茎，两侧叶鞘宽。花序梗长15-30厘米，径1-3厘米，绿色，粗糙；佛焰苞厚革质，宽卵形，舟状，近直立，先端具喙，长20-25厘米，苍白带黄色；肉穗花序近

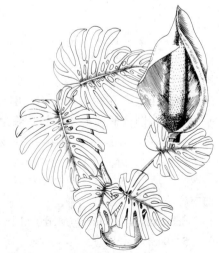

图 149 龟背竹 (孙英宝绘)

圆柱形，长 17.5-20 厘米，径 4-5 厘米，淡黄色。雄蕊花丝线形，花粉黄白色；雌蕊陀螺状，长 7-8 毫米，柱头线形，黄色。浆果淡黄色，柱头有黄紫色斑点，长 1 厘米，径 7.5 毫米。花期 8-9 月，果于翌年花期后成熟。

福建、广东及云南南部露地栽培，北京、湖北、江苏等地温室栽培。原产墨西哥，热带地区多引种栽培，供观赏。

11. 臭菘属 Symplocarpus Salisb.

宿根草本。根茎粗壮，径达 7 厘米；一年抽叶，翌年生出鳞叶和花序。叶基生；叶片浅心形或心状卵形，长 20-40 厘米，宽 15-35 厘米，先端渐窄或钝圆，1 级侧脉较粗，至叶缘弧曲，2 级脉纤细，贯穿于 1 级侧脉间，成集合脉，细脉网状；叶柄长 10-20 厘米，具长鞘。花序梗外被鳞片，长 10-40 厘米；佛焰苞厚，罩状，基部席卷，中部肿胀，半扩张成卵状球形，先端下弯成喙状；肉穗花序青紫色，圆球形，短于佛焰苞。花两性，有臭味；花被片 4，拱状，顶部凸起；雄蕊 4，花丝稍扁，顶端为细尖药隔，超出子房，花药短，药室对生，超出药隔，纵裂达基部；子房长，下部陷入花序轴，1 室，1 胚珠，近室顶下垂，珠柄极短。

单种属。

臭菘

图 150：1-4

Symplocarpus foetidus (Linn.) Salisb. in Nutt. Gen. N. Amer. Pl. 1: 105. 1818.

Dracontium foetidum Linn. Sp. Pl. 967. 1753.

形态特征同属。花期 5-6 月。

产黑龙江，生于海拔 300 米以下潮湿针叶林或混交林下，在沼泽地成大片生长。俄罗斯（西伯利亚鄂霍次克）、日本中部至北部、北美有分布。

图 150：1-4.臭菘 5-10.水芋 （肖 溶绘）

12. 水芋属 Calla Linn.

多年生水生草本。根茎匍匐，圆柱形，长达 50 厘米，径 1-2 厘米，节具纤维质细根。叶片心形、宽卵形或圆形，长宽均 6-14 厘米，先端骤尖，叶脉弧曲；叶柄圆柱形，长 12-24 厘米，叶鞘长 7-8 厘米，上部与叶柄分离。花序长 10-20 厘米，佛焰苞宽卵形或椭圆形，长 3-5 厘米，先端凸尖或短尾尖，宿存；肉穗花序短圆柱形，长 1.5-2 厘米，径 0.5-1 厘米，花序梗长 0.7-1 厘米；花多为两性，花序顶端者为雄性。无花被；雄蕊 6，花丝扁平，顶端为细药隔，药室椭圆形，盾状着生，侧向纵裂；子房短卵圆形，1 室，无花柱，侧生胚珠 6-9，着生基底胎座。果序近球形或宽椭圆形，长 4.5 厘米，径 3 厘米，柄长 5-7 厘米；浆果靠合，橙红色。

单种属。

水芋

Calla palustris Linn. Sp. Pl. 968. 1753.

图 150：5-10　图 151

形态特征同属。花期6-7月，果期8月。

产黑龙江、吉林、辽宁及内蒙古，生于海拔1100米以下草甸、沼泽、林下浅水中，成片生长。欧洲、亚洲、美洲北温带和亚北极地区广泛分布。

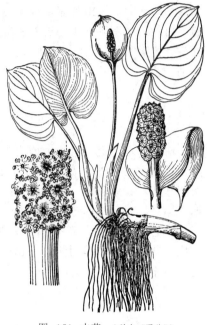

图 151　水芋　（引自《图鉴》）

13. 曲籽芋属 Cyrtosperma Griff.

草本，具短茎或块茎。叶戟状箭形，前裂片和后裂片中肋近等长，1级侧脉斜伸，至边缘斜升并连结，羽状分裂或3全裂；叶柄和花序梗有粗皮刺或小疣突。佛焰苞卵状披针形，后期张开，极稀上部螺旋状，宿存；肉穗花序梗与佛焰苞合生，或无梗，圆柱形，短于佛焰苞。花两性；花被片4-5-6，拱形内弯；雄蕊4-5-6，花丝宽短，上部短渐窄；花柱不明显，子房1室，胚珠多数或2、稀1，近横生，珠柄长，2列或成对着生龙骨状隆起侧膜胎座。浆果光滑，种子1，稀5-7。种子近肾形，边缘鸡冠状突起，种皮厚；胚乳肉质，疏松，胚马蹄形。

18种，分布于热带地区。我国1种。

曲籽芋

图 152

Cyrtosperma merkusii (Hassk.) Schott in Osterr. Bot. Wochenbl. 61: 1859.

Lasia merkusii Hassk. Cat. Bot. 59. 1844.

Cyrtosperma lasioides Griff.; 中国植物志 13(2): 13. 1979.

草本，高约2米。叶长30-50厘米，箭状戟形，裂片近等长，前裂片长圆状三角形，长15-45厘米，后裂片披针形，镰状，长17-40厘米，先端略内弯，极不等侧，裂片中肋疏生小皮刺，1级侧脉近边缘弧曲上升；叶柄长0.4-1米，关节长约2厘米，褐色，下部皮刺长0.5-1厘米，较上的皮刺弯曲、密，上部的稀疏。花序梗长50-80厘米，径2厘米，疏生小皮刺；佛焰苞宽卵状披针形，长8-30厘米，外面紫色，内面淡绿色；肉穗花序长4厘米，径1厘米，梗长1厘米，圆柱形、黄色。花被片6，长约3毫米；雄蕊6，长约2毫米；雌蕊与花被片近等长；胚珠2。果序长14厘米，径3.5厘米；浆果淡紫色，倒卵圆形，长1厘米，径8毫米，垫状柱头宿存。种子肾形，有纵沟，

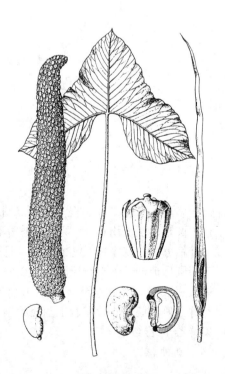

图 152　曲籽芋
（引自《Engl. Pflanzenr》）

沟间密生疣突，暗棕色。

据文献记载，产海南，生于沼泽地、浅水域。文莱、马来西亚、爪哇、波里尼西亚诸岛、菲律宾诸岛、新加坡、印度尼西亚及新几内亚有分布。

14. 刺芋属 Lasia Lour.

湿生草本。茎粗壮，匍匐。幼叶箭形或箭状戟形，不裂，成年叶鸟足-羽状分裂，下部裂片再分裂，1、2级脉下面疏具肉刺，2级脉形成的集合脉与叶缘稍疏离；叶柄长，基部具鞘，疏生皮刺。花序梗长，具皮刺，佛焰苞细长，下部张开，内包短肉穗花序，上部长，旋转；肉穗花序短圆柱形，无梗。花密，两性，花被片4，稀6，拱形，早花期覆瓦状，先端近平截；雄蕊4-6，花丝宽短，先端增厚，渐窄为药隔，花药短于花丝，药室椭圆形，短锐尖，超出药隔，外向纵裂；子房卵圆形，花柱粗短，1室，胚珠1，悬垂室顶，横生，柱头头状、扁球形。浆果顶部四角形，1室。种子1，近楔形，扁，种皮厚，种柄附近具疣皱；胚乳无，胚具长柄，弯生。

2种，分布于热带亚洲。我国1种。

刺芋

图　153　彩片41

Lasia spinosa (Linn.) Thwait. En. Pl. Zeyl. 336. 1864.

Dracontium spinosum Linn. Sp. Pl. 967. 1753.

多年生有刺常绿草本，高达1米。肉质根圆柱形。茎灰白色，圆柱形，径达4厘米，横走，多少具皮刺，节间长2-5厘米。幼株叶戟形，成年植株叶鸟足-羽状深裂，长宽均20-60厘米，下面淡绿，脉疏生皮刺，基部弯缺宽短，稀平截，侧裂片2-3，线状长圆形或长圆状披针形，向基部渐窄，最下部的裂片3裂，小裂片长15-20厘米，宽2-3厘米；叶柄长20-50厘米。花序梗长20-35厘米，径0.3-1厘米；佛焰苞长15-30厘米，管部长3-5厘米，

图　153　刺芋　（引自《图鉴》）

檐部长25厘米，上部螺状旋转；肉穗花序圆柱形，长2-3（4）厘米，黄绿色。果序长6-8厘米，径3-3.5厘米；浆果倒卵圆状，长1厘米，顶部四角形，顶端密生小疣突。种子长5毫米。花期9月，翌年2月果熟。

产广东、海南、广西、云南及西藏，生于海拔1530米以下田边、沟旁、阴湿草丛、竹丛中。孟加拉、印度东北部、缅甸、泰国、马来西亚、中南半岛至印度尼西亚有分布。幼叶供蔬食；根茎

药用，消炎止痛、消食、健胃，治淋巴结核、淋巴腺炎、胃炎、消化不良、毒蛇咬伤、跌打损伤、风湿关节炎；兽医治牛马劳伤，催膘。

15. 马蹄莲属 Zantedeschia Spreng.

多年生草本。根茎粗厚，叶和花序同年抽出。叶片披针形、箭形、戟形，稀心状箭形；叶柄长，海绵质，有时下部被刚毛；1、2级侧脉多数，达叶缘。花序梗长，与叶等长或长于叶。佛焰苞绿白、白、

黄绿或硫黄色，稀玫瑰红色，有时内面基部紫红色；管部宿存，喉部张开，檐部广展，先端骤尖，后仰，花单性，无花被。雄花：雄蕊2-3，花药楔状四棱形，扁，无花丝，药隔粗厚，顶端平截，药室长圆形，外向下延近基部，顶孔开裂，花粉粉末状。雌花：心皮1-5，多无假雄蕊，稀有3假雄蕊，匙形，顶端厚；子房1-5室，每室胚珠4，2列，倒生，珠柄短，胎座棱状，柱头半头状或盘状。浆果倒卵圆形或近球形，1-5室，每室1-2种子。种子卵圆形，种脐稍凸起成种阜，种皮具稍隆起条纹，内种皮薄，光滑，胚轴埋于胚乳中。

8-9种，产非洲南部及东北部。我国引入栽培4种。

1. 雌花序多数雌花具假雄蕊；叶片心状箭形或箭形，无斑块 ·· 1. 马蹄莲 Z. aethiopica
1. 雌花序全部雌花或中部和上部雌花无假雄蕊；叶片箭形、戟形、心形或披针形，具斑块或无。
  2. 叶片线状披针形，基部窄楔形，下延；佛焰苞玫瑰红紫色 ························· 2. 红马蹄莲 Z. rehmannii
  2. 叶片箭形、戟形或心形，具白色斑块；佛焰苞黄、绿或白色。
    3. 叶柄长0.5-1米，无毛；佛焰苞白或绿色 ····························· 3. 白马蹄莲 Z. albo-maculata
    3. 叶柄长20-50厘米，下部具小刚毛；佛焰苞黄色，内面基部深紫色 ·········· 4. 紫心黄马蹄莲 Z. melanoleuca

1. 马蹄莲   图 154 彩片42

Zantedeschia aethiopica (Linn.) Spreng. Syst. Veg. 3: 765. 1826.

Calla aethiopica Linn. Sp. Pl. 986. 1753.

多年生粗壮草本。叶基生；叶片心状箭形或箭形，全缘，长15-45厘米，宽10-25厘米，无斑块，后裂片长6-7厘米；叶柄长0.4-1（-1.5）米，下部具鞘。花序梗长40-50厘米，光滑；佛焰苞长10-25厘米，管部短，黄色，檐部稍后仰，具锥状尖头，亮白色，有时带绿色；肉穗花序圆柱形，长6-9厘米，径4-7毫米，黄色；雌花序长1-2.5厘米；雄花序长5-6.5厘米。子房3-5室，假雄蕊3。浆果短卵圆形，淡黄色，径1-1.2厘米，花柱宿存。种子倒卵状球形，径3毫米。花期2-3月，果期8-9月。

原产非洲北部及南部。北京、陕西南部、江苏、台湾、福建、四川及云南有栽培，供观赏。

图 154 马蹄莲 （引自《图鉴》）

2. 红马蹄莲   图 155

Zantedeschia rehmannii in Engl. Bot. Jahrb. 4: 63. 1883.

多年生草本。叶片线状披针形，长20-30厘米，宽3厘米，上下面均有透明线形斑纹，基部不等侧，沿叶柄下延；叶柄光滑，长15-20厘米，具鞘。花序梗长15-20厘米；佛焰苞长7-11厘米，管部长3.5-5.5厘米，檐部偏斜，反卷，具锥状尖头，玫瑰红紫色，内面绿白色，基部紫或白色，边缘玫瑰红色；肉穗花序长3-5厘米，具短梗；雌花序比雄花序短。浆果倒卵圆形或扁球形，长6毫米，径5-8毫米，1-2室，每室1种子。种子长5毫米。

原产非洲纳塔尔。云南昆明栽培。

3. 白马蹄莲   图 156

Zantedeschia albo-maculata (Hook. f.) Baill. in Bull. Mens. Soc. Linn. Paris 1: 254. 1880.

图 155 红马蹄莲 （孙英宝仿《Curtis's Bot. Mag.》）

Ricardia albo-maculata Hook. f. in Curtis's Bot. Mag. t. 5140. 1859.

多年生草本。叶片长戟形，稀心状箭形，长 20-40 厘米，宽 7.5-10 厘米，上下面均有白色斑块，侧脉细，极多，在上面略下凹，下面稍隆起。佛焰苞长约 10 厘米，白色，有时绿色，管部比檐部短 1/2，斜漏斗状，内面基部深紫色，檐部具锥形尖头。雌肉穗花序长 1.5-2 厘米，径 4-5 毫米；雄花序与雌花序近等长，稍细。子房 4-5 室，无花柱，柱头盘状。浆果扁球形，径 1.3 厘米，绿色，每室种子 1-2。果期 8 月。

原产非洲。云南昆明栽培，供观赏。

图 156 白马蹄莲 （孙英宝仿《 Curtis's Bot. Mag.》）

4. 紫心黄马蹄莲　　　　　　　　　　　　图 157

Zantedeschia melanoleuca (Hook. f.) Engl. in Engl. Bot. Jahrb. 4. 64. 1883.

Ricardia melanoleuca Hook. f. in Curtis's Bot. Mag. t. 5765. 1869.

多年生草本。叶片戟形，疏被白色透明斑块，前裂片长三角形，长 10-15 厘米，宽 5-9 厘米，后裂片披针形，外展，长 7-9 厘米，侧脉密集，在上面稍凹下，下面不显；叶柄长 20-50 厘米，下部具小刚毛，下部 1/3 以上具宽鞘。花序梗长 20-30 厘米，下部疏被黑色刚毛；佛焰苞长圆形，长 8-9 厘米，展开宽 6-7 厘米，黄色，内面基部深紫色，先端后仰，具长 0.5-1 厘米硬尖头，管部长 6-7 毫米，喉部开扩，檐部斜漏斗形；肉穗花序长 3.2 厘米，具梗；雌花序绿色，长 1.2 厘米，径 5 毫米，上部雄花序橙黄色，圆柱形，长 2 厘米。子房近球形，2-3 室，柱头盘状。橙黄色。花期 8 月。

原产非洲南部。云南昆明栽培，供观赏。

16. 千年健属 **Homalomena** Schott

亚灌木状草本。具地上茎。叶膜质或纸质，通常无毛，稀沿中肋或叶脉被柔毛，披针形、椭圆形、长圆形或近三角形，基部心形或箭形，常渐尖或具管状尖头，1 级侧脉出自中肋，或基出，稀连成后裂片主脉，2、3 级侧脉近平行，较纤细，近边缘弧曲连接；叶柄下部具鞘。花序梗通常比叶柄短；佛焰苞直立，常浅绿色，稀白、浅黄或红色，下部席卷，上部展开，管部不明显或下部管状，多少偏肿，向上收缩，渐成近管状、渐尖的檐部，有时闭合，宿存；肉穗花序具梗或无，比佛焰苞短，有时近等长；下部雌花序圆柱形；雄花序与雌花序紧接，极稀间断，通常全部花能育，稀下部的不育。花单性；无花被；能育雄花有雄蕊 2-4，稀 5-6，雄蕊短，顶平，药隔厚，药室靠近，卵圆形或长圆形，平行，花丝（罕见）长度等于或短于花药，花药顶孔开裂，不育雄花如存在，有假雄蕊 2-4，近菱形，顶端圆；雌

图 157 紫心黄马蹄莲
（孙英宝仿《Curtis's Bot. Mag.》）

花心皮 2-4（5），具假雄蕊 1（2-3），与子房等长或长 1 倍，有时无，不完全 2-4（5）室，中轴胎座，稀为内凹中央胎座，胚珠多数，半倒生，无花柱，柱头盘状，全缘或 2-4 浅裂。浆果每室种子多数。种子椭圆形或长椭圆形，种脐突起，种皮厚，多汁；胚具轴，胚乳丰富。

约 140 种，分布于热带亚洲和美洲。我国 3 种。

1. 叶心形或箭状心形，长 15-30 厘米 ································ 千年健 **H. occulta**

1. 叶卵状长圆形，长18厘米 ·· (附). **海南千年健 H. hainanensis**

千年健　　　　　　　　　图 158 图 161：6-11

Homalomena occulta (Lour.) Schott, Melet. 1: 20. 1832.

Calla occulta Lour. Fl. Cochinch. 532. 1790.

多年生草本。肉质根圆柱形，径3-4毫米；根茎匍匐，径1.5厘米。直立茎高30-50厘米。鳞叶线状披针形，长13-16厘米，叶膜质或纸质，箭状心形或心形，长15-30厘米，1级侧脉7对，中部3-4对基出，2、3级侧脉极多数，近平行，细弱；叶柄长25-40厘米，下部具宽3-5毫米的鞘。花序1-3，花序长10-15厘米；佛焰苞绿白色，长圆形或椭圆形，长5-6.5厘米，花前席卷成纺锤形，径3-3.2厘米，花时上部成短舟状，展平宽5-6厘米，喙长约1厘米；肉穗花序具短梗或无，长3-5厘米；雄花序长2-3厘米，径3-4毫米；雌花序长1-1.5厘米，径4-5毫米。子房长圆形，基部一侧具假雄蕊1，柱头盘状，子房3室，胚珠多数。种子褐色，长圆形。花期7-9月。

产广东、海南、广西及云南，生于海拔80-1100米沟谷密林下、竹林和山坡灌丛中。老挝、泰国及越南有分布。根茎入药，治跌打损伤、骨折、外伤出血、四肢麻木、筋脉拘挛、风湿腰腿痛、类风湿关节炎、胃痛、肠胃炎、疹症等。

[附] **海南千年健 Homalomena hainanensis** H. Li in Acta Phytotax. Sin. 15 (2): 103. t. 5: 3. 1977. 与千年健的主要区别：叶卵状长圆形，长18厘

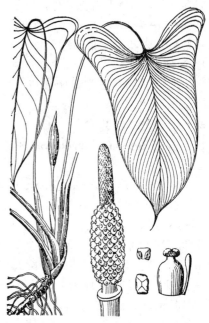

图 158 千年健 （引自《图鉴》）

米；佛焰苞黄绿色，小舟状，长3.5厘米，径1.2厘米，喙长3-4毫米；肉穗花序长2.5厘米；子房卵圆形，柱头圆。花期10月。产海南，生于山坑疏林中。

17. 落檐属 Schismatoglottis Zoll. et Mor.

草本。根茎匍匐或具地上茎。叶纸质，上面绿色，具粉绿或黄色斑块或无，下面苍白至粉绿色，披针形、心形或箭形，2、3级侧脉与1级侧脉平行，近边缘连成集合脉；叶柄长于叶片，下部具鞘，先于花序的叶柄具长鞘。花序梗短于叶柄；佛焰苞管部席卷、宿存，檐部较窄，席卷，基部环状脱落；肉穗花序短于佛焰苞，花单性，雌雄同序：雌花序下部一侧与佛焰苞合生，有时基部具中性器官；雄花序紧接雌花序或间断（间隔短，近裸秃或疏生中性花），棒状，下部能育，上部为中性花。能育雄花有雄蕊2-3，雄蕊短、扁、近楔形，顶部平截，药隔厚，药室对生；不育雄花的假雄蕊比能育雄蕊小、扁，倒圆锥状或棒状。雌花心皮2-4，侧膜胎座2-4，胚珠多数，短椭圆状，具纵肋；稀具假雄蕊1-4。

100 种，分布于马来西亚（马来亚地区）。我国 4 种，引入栽培 1 种。

1. 叶椭圆形或长圆状披针形，基部圆或钝尖；佛焰苞长 7 厘米，花序梗长 13 厘米 ·········· 1. **落檐 S. hainanensis**

1. 叶长圆形，基部深心形；佛焰苞长 12-15 厘米，花序梗长 40 厘米 ·················· 2. **广西落檐 S. calyptrata**

1. 落檐

图 159:1-8 彩片43

Schismatoglottis hainanensis H. Li in Acta Phytotax. Sin. 15(2): 103. pl. 5:4(1-8). 1977.

多年生草本。叶基生；叶椭圆形或长圆状披针形，长16-17厘米，上面暗绿色，下面粉绿色，两面密被窝点，基部圆或钝尖，全缘，1级侧脉8-10对，2、3级侧脉平行；叶柄长20-30厘米，下部1/2鞘状，花序梗生于叶柄鞘，长13厘米。佛焰苞淡绿或白色，长7厘米，席卷，管部长2.5厘米，宿存，檐部卷成角状，基部环状脱落；雌肉穗花序长2.5厘米，背面与佛焰苞管部合生；雌花子房长圆形，1室，倒生，胚珠多数。雄花序与雌花序紧接，圆柱形，长1.5厘米，径4毫米；雄花花药近楔形，无花丝，顶孔开裂；肉穗花序上部为不育雄花序，粗棒状，长1.3厘米；不育雄花圆柱状，顶部中央下凹成杯状。花期8-10月。

产海南，生于海拔140-190米密林下石缝中。

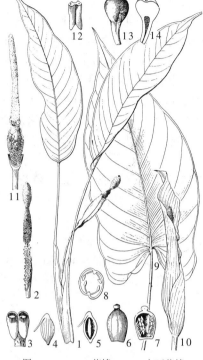

图 159：1-8.落檐 9-14.广西落檐
（肖 溶绘）

2. 广西落檐

图 159:9-14

Schismatoglottis calyptrata (Roxb.) Zoll. et Mor. Syst. Verz. 83. 1854.
Calla calyptrata Roxb. Fl. Ind. 3: 514. 1832.

多年生草本，高30-80厘米。根黑色。叶纸质，长圆形，先端尖，基部深心形，长15-20厘米，上面深绿，下面淡绿色，密被窝点，侧脉10对，下部2-3对基出；叶柄长30-40厘米，下部约1/3鞘状。花序梗长40厘米，佛焰苞绿色，长12-15厘米；管部长5-7厘米，纺锤形，径1.5-2厘米，多少一侧肿胀，檐部卷成角状，长7-8厘米，径0.7-1.2厘米，后期张开；雌肉穗花序长约3.4厘米，径1.4厘米，背面2/3与佛焰苞管部合生；雌蕊间星散少数不育雄花；腹面中部以上有密集不育雄花，雌花散生；紧接的能育雄花序长3-3.5厘米，径5-6毫米，向上为长4-6厘米的圆柱形中性花序；雌蕊倒圆锥形，顶部扁平，柱头盘状；雄花有雄蕊2，顶部扁平，长圆形或肾形，药室对生，顶孔开裂；假雄蕊棒状。花期6月。

产广西西南部，生于海拔740-880米密林下或石缝中。东南亚至太平洋诸岛有分布。茎入药，治体弱、腰骨痛，有肥儿作用。

18. 广东万年青属 **Aglaonema** Schott

草本。茎直立，极稀匍匐，不分枝，稀为分枝灌木。枝具环状叶痕，光滑，绿色。叶长圆形或长圆状披针形，稀卵状披针形，中肋稍粗，1级侧脉4-7对或较多，直伸或上举，弯拱，近边缘上升，2、3级侧脉多数，与1级侧脉平行，侧脉间细脉交织；叶柄大部具长鞘。花序梗短于叶柄；佛焰苞直立，黄绿或绿色，内面白色，下部常席卷，上部张开，管部和檐部不明显，卵状披针形或卵形，凋萎、基部脱落；肉穗花序近无梗或具短梗，与佛焰苞等长或较短，或超过；花单性，雌雄同序，雌花序在下、少花、长为雄花序 1/3-1/4；雄花序接雌花序，圆柱形或长圆形，稀棒状，花密。无花被；雄花具雄蕊 2，花丝短，药隔粗厚，药室对生，倒卵圆形，着生药隔顶部，纵裂或横裂成肾形裂缝；雌花心皮 1（2）；假雄蕊极少，扁，围子房；子房 1（2）室，每室 1 胚珠，倒生，短卵圆形，珠柄极短，着生基底胎座，花柱短，柱头盘状或漏斗状，下凹。浆果卵形或长圆形，深黄或朱红色，1 室，1 种子。种子卵圆形或长圆形，直立，种皮薄，近平滑，内种皮不明显；胚具长柄，无胚乳。

50 种，分布于印度至马来西亚。我国 2 种。

本属植物水培，长年不枯萎，为优美常青观赏植物，江南多栽培。

1. 肉穗花序长为佛焰苞 2/3，雄花序径 3-4 毫米 ································ 1. **广东万年青 A. modestum**
1. 肉穗花序比佛焰苞稍长或近等长，雄花序径 0.9-1.1 厘米 ··············· 2. **越南万年青 A. tenuipes**

1. 广东万年青 亮丝草 图 160 彩片44

Aglaonema modestum Schott ex Engl. in DC. Monogr. Phan. 2:442. 1879.

多年生常绿草本，高 40-70 厘米，径 1.5 厘米。茎节间长 1-2 厘米。

鳞叶草质，披针形，长 7-8 厘米，基部抱茎。叶片深绿色，卵形或卵状披针形，长 15-25 厘米，宽（6-）10-13 厘米，不等侧，先端渐尖头长 2 厘米，侧脉 4-5 对，在上面凹下，网脉细，不明显；叶柄长（5-）20 厘米，1/2 以上具鞘。花序梗纤细，长（5-）10-12.5 厘米，佛焰苞长圆状披针形，长（5.5-）6-7 厘

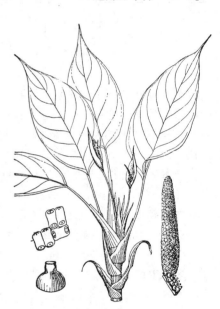

图 160 广东万年青 （引自《图鉴》）

米，宽 1.5 厘米，肉穗花序长为佛焰苞 2/3，圆柱形，花序梗长 1 厘米；雌花序长 5-7.5 毫米，径 5 毫米；雄花序长 2-3 厘米，径 3-4 毫米。雄蕊顶端常四方形，花药每室有 2（1）圆形顶孔。雌蕊近球形，花柱短，柱头盘状。浆果绿至黄红色，长圆形，长 2 厘米，径 8 毫米，柱头宿存。花期 5 月，果期 10-11 月。

产湖南西南部、广东、海南、广西及云南东南部，生于海拔 500-1700 米密林下。南北各地多盆栽供药用和观赏。越南、菲律宾有分布。全草敷治蛇咬伤、咽喉肿痛、疔疮，煎水可洗痔疮。

2. 越南万年青 图 161：1-5

Aglaonema tenuipes Engl. in Bot. Tidsskr. 24:275. 1902.

多年生常绿草本，高 40-80 厘米。茎深绿色，圆柱形，光滑，径 1-2 厘米，直立或上升；节间长 2-3 厘米，上部的较短。叶在茎上部密集，5-6 叶，卵状长圆形，长 10-25 厘米，先端尾尖，基部截圆、微心形，稀稍下延，上面深绿，下面淡绿色，纸质；1 级侧脉 6-8 对，弧曲上升，2、3 级侧脉 3-10，细脉横生；叶柄长 6-15 厘米，绿色，下部 2-6 厘米具宽鞘，上部略圆柱形，径 2-3 毫米。花序 1-2，直立，

图 161：1-5.越南万年青 6-11.千年健
（肖 溶绘）

花序梗长2-6厘米，绿色；佛焰苞长3-4.5厘米，蕾时纺锤形，径1.3厘米，展开卵形，舟状；肉穗花序长2.5-4.5厘米，比佛焰苞稍长或近等长，径0.9-1.1厘米；下部雌花序长5毫米，雄花序长2-3厘米。雄花有雄蕊4，花药2室，短，顶部平截，钝四角形，宽约1毫米；子房球形，宽2毫米，被灰白色疣点，1室，基底胎座，柱头盘状，环形，径1.5毫米。果熟时长圆形，长1.2-1.8厘米，径0.7-1厘米。种子长圆形。花期4-6月，果期9-10月。

产广西西部及云南，生于海拔1500米以下河谷或箐沟密林下。老挝、越南、泰国有分布。茎入药，可导泻。

19. 泉七属 Steudnera C. Koch

多年生常绿草本。茎匍匐或上升，残存鳞叶撕裂状。叶盾状，凹陷，卵形或卵状长圆形，先端渐尖，基部常外凸，前裂片长为后裂片2.5-4倍，1级侧脉6-7对，与中肋成锐角，后裂片基脉叉开成10-20°，2级侧脉多数、密集、于1级侧脉间汇合成集合脉，叶缘集合脉2-3圈，较疏离；叶柄长，圆柱形，下部具鞘。花序梗短；佛焰苞黄色或内面多少带紫红色，卵形或卵状披针形，基部席卷，向上展开，直立，渐后仰；肉穗花序贴生佛焰苞，无不育附属器。花单性；无花被；雄花为棱柱状或近圆柱形合生雄蕊柱，雄蕊3-6，药隔厚，顶部嵌入，花药长圆形，靠近，长不达雄蕊柱基部，顶孔开裂；雌花心皮2-5，假雄蕊2-5，短棒状，围绕子房，稀无假雄蕊；子房近球形，花柱短或无，柱头星状2-5裂或全缘、裂片三棱形、锐尖，1室，侧膜胎座稍隆起，半倒生胚珠多数，珠柄短，2列。浆果卵形，种子4-6。种子卵圆形，种柄旁侧有种阜，表皮透明，膜质，种皮厚，具纵棱；胚乳丰富。胚具轴。

8-9种，分布于印度、缅甸、泰国、老挝及越南。我国2种。

1. 叶卵形，叶柄长30-50厘米；雌花具假雄蕊，柱头4-5浅裂 ……………… 泉七 S. colocasiaefolia
1. 叶卵状长圆形，叶柄长25-30厘米；雌花无假雄蕊，柱头全缘 …………… (附). 全缘泉七 S. griffithii

泉七

Steudnera colocasiaefolia C. Koch in Wochenscher. Gartnbaues 5: 114. 1862.

茎短、圆柱形、上升，径2-3厘米。叶薄革质，上面淡绿，下面绿白色，卵形，长20-30厘米，先端锐尖或渐尖，基部微凹或稍外凸，侧脉5-7对，弯拱；叶柄绿色，稀带青紫色，纤细，长30-50厘米，下部具鞘。花序梗绿或青紫色，长8-15厘米；佛焰苞外面黄色，基部紫色，内面深紫色，卵状披针形或长圆状披针形，长10-15厘米，展开宽5-7厘米，初直立，后反卷；肉穗花序长3-4厘米；雌花序长2-2.5厘米，径2-3毫米，背面3/4与佛焰苞合生；雄花序长1-1.5厘米，径5-6毫米。雌花子房近球形，柱头4-5浅裂，裂片短棒状，子房周围常有假雄蕊。花期3-4月。

产广西东部及云南南部，生于海拔650-1400米密林下潮湿地或水边。缅甸北部、老挝、泰国及越南北部有分布。根茎有毒，入药，治刀枪伤、创伤出血、蛇虫咬伤、血栓性脉管炎、疮疡肿毒。

[附] **全缘泉七** 图 162：11-15
Steudnera griffithii Schott in Bonplandia 10: 222. 1862. 本种与泉七的主要区别：叶卵状长圆形，叶柄长25-30厘米；雌花无假雄蕊，柱

头全缘。产云南东南部，生于海拔100-500米沟谷疏林或灌丛中湿润地。　　印度东北部及缅甸有分布。

20. 岩芋属 Remusatia Schott

多年生草本。块茎芽条直立或匍匐，具多数鳞芽。花叶同出或先花后叶。叶片盾状，心状卵形或披针形，叶柄长。花序梗短，常包在披针形鳞叶内；佛焰苞管部长，席卷，喉部收缩，宿存，果期增大；檐部长为管部2倍以上，平展或后反折，脱落；肉穗花序短于佛焰苞，雌雄同株，雌花序在下，近圆柱形，不育雄花序细圆柱形；能育雄花序在上，椭圆状或近棒状，无不育附属器。花单性，无花被；能育雄花为合生楔棒状雄蕊柱，顶平、侧面有4-6深槽，包雄蕊2-3，药隔厚，药室长圆形，顶孔短裂；不育雄花为假雄蕊柱、扁平、半球形、近垫状；雌花：胚珠多数，半直立，珠柄长，2列着生2-4侧膜胎座或基底胎座。浆果包于佛焰苞管内，倒卵形或球形，1室，种子多数。种子卵形，顶端微凹，种皮厚、肉质、光亮，内种皮薄；胚乳丰富，胚具轴。

4种，分布于旧世界热带。我国4种。

1. 先花后叶。
　2. 佛焰苞檐部展开后反折；芽条直立或上升，不分枝或稀疏分枝；侧膜胎座 ……………… 1. 岩芋 **R. vivipara**
　2. 佛焰苞檐部直立，半展开；芽条匍匐或下垂，多分枝或不分枝；侧膜或基底胎座 ……………………………………………………………… 2. 早花岩芋 **R. hookeriana**
1. 花叶同出；佛焰苞檐部直立，半展开，后席卷，下部半展开；芽条常直立；基底胎座 ……………………………………………………………………………………………… 3. 曲苞岩芋 **R. pumila**

1. 岩芋　　　　　　　　　　　　　图 162：1-8

Remusatia vivipara (Lodd.) Schott, Melet. 1: 18. 1832.

Caladium viviparum Lodd. Bot. Cab. t. 281. 1820.

块茎扁球形，紫红色，径4-5厘米，颈部密生长达10余厘米须根

和红黄至紫红色芽条，芽条长30-40厘米，径5毫米，直立或上升，不分枝或稀疏分枝，鳞腋生多数鳞芽，芽鳞刺状，勾曲。叶宽心状卵形，长30-40厘米，宽20-25厘米，前裂片宽卵形，侧脉3-4对，外伸至叶缘成集合脉；叶柄圆柱形，长40-50厘米。花序先叶生；花序梗长10-15厘米；佛焰苞管部外面浅绿色，内面苍白色，窄长圆形，长4-4.5厘米，径约1厘米，檐部下部1/4黄色，上部紫红色，梯形，反折，长8-9厘米，上部1/3等宽，具3-5毫米长的凸尖；肉穗花序长不及佛焰苞管；雌花序长不及2厘米，径6-7毫米，绿色，侧膜胎座；不育雄花序长1.7厘米，径3毫米，能育雄花序椭圆形或圆柱形，长1.5-2.2厘米，径4-7毫米，黄色。花期4-9月。

产台湾、四川、云南及西藏，生于海拔750-1900米河谷疏林或灌丛中，常附生岩石。阿曼、斯里兰卡、尼泊尔、印度、缅甸、泰国、

图 162：1-8.岩芋　9-10.早花岩芋
11-15.全缘泉七　（肖　溶绘）

越南、印度尼西亚（爪哇）、帝汶岛、澳大利亚、非洲西部至东部和马达加斯加有分布。块茎入药，有

大毒，外敷对乳腺炎、跌打瘀肿、痈疖疮毒、癣疥、无名肿毒、风湿关节疼痛有效。

2. 早花岩芋　　　　　　　　　　　　　　图 162：9-10

Remusatia hookeriana Schott in Osterr. Bot. Wochenbl. 7: 133. 1858.

块茎扁球形，紫红色，径 2-3 厘米，高约 2 厘米，须根少。1-2 年生植株无明显芽条，多年生植株芽条纤细，匍匐或下垂，多分枝或不分枝，从树干下垂，密生紫色鳞芽，芽鳞黄白色，线形，卷曲。叶近肉质，上面绿色，下面侧脉间紫或绿色，盾状，窄披针形，长 7-25 厘米，基部圆或浅心形；叶柄绿色，肉质，圆柱形，长 12-18 厘米。花序梗长 7-10 厘米；佛焰苞长 3-7 厘米，管部席卷呈长圆形，长 1.3-2.7 厘米，外面绿色，内面黑紫色，喉部收缩，檐部两面黄色，卵形，长 2-4.5 厘米，展开宽达 3.3 厘米，半展开，脱落；肉穗花序比佛焰苞短，无梗；雌花序近圆柱形，黄绿色，长达 1.1 厘米；不育雄花序黄色，长 7 毫米；能育雄花序头状或椭圆状，长达 9 毫米，伸出佛焰苞管外；不育雌花黄色，球形；雌花心皮 4，子房卵形，1 室，胚珠多数，侧膜或基底胎座，柱头圆；不育雄花为合生假雄蕊柱。能育雄花具雄蕊 2-3，合生成雄蕊柱，药室顶部孔裂。花期 5 月。染色体 2n=3x=42。

产云南。印度及尼泊尔有分布。

3. 曲苞岩芋　曲苞芋　　　　　　　图 163 彩片45

Remusatia pumila (D. Don) H. Li et A. Hay in Acta Bot. Yunnan. suppl. V: 32. 1992.

Caladium pumilum D. Don, Prodr. Fl. Nepal. 21: 1825.

Gonatanthus pumilus (D. Don) Engl. et Krause; 中国植物志 13(2): 63. 1979.

块茎球形，径 1-2 厘米，黄棕色。芽条细长，直立，分枝，芽鳞线形，先端下弯。鳞叶多数，长披针形，长 2-3 厘米，常纤维状撕裂，宿存。叶革质，上面暗绿色，下面淡绿或青紫色，卵形或长圆状卵形，长 8-20 厘米，基部心形；叶柄圆柱形，绿色，长 25-40 厘米，下部 1/3 具鞘。花叶同出；花序梗圆柱形，长 6-10 厘米，淡绿色；佛焰苞管部绿色，长圆状卵形，长 1.2-1.5 厘米，径 1 厘米，檐部两面淡黄或黄绿色，直立，花时后倾，最下部 1-2 厘米成球形，半展开，后席卷，向上缢缩，扁舟状檐部长 13-19 厘米，平展宽 1.8-2.5 厘米，长圆状披针形；雌肉穗花序浅绿色，长 6-8 毫米；不育雄花序黄色，长 4-5 毫米；能育雄花序短棒状，青紫色，长 1 厘米。不育雄花菱形或长方形，扁平；雌花子房绿色，无花柱，柱头扁球形，胚珠多数，卵状长圆形，珠柄细长，基底胎座。花期 5-7 月。染色体 2n=28。

产云南及西藏。印度、尼泊尔及泰国北部有分布。

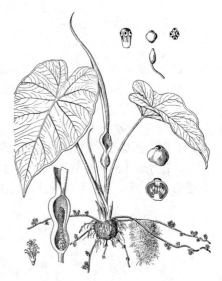

图 163　曲苞岩芋　（肖　溶绘）

21. 细柄芋属 Hapaline Schott

纤弱矮小草本。块茎小。叶和花序同出。叶心状箭形，1级侧脉稀疏，集合脉3。花序梗比叶柄长；佛焰苞窄，管部短，席卷，檐部线状披针形，比管部几长2倍，反折；肉穗花序纤细，比佛焰苞略短，下部雌花序贴生佛焰苞，单侧着花，与佛焰苞管部等长；花疏，2行；雄花序与雌花序有不育花序相接，花密，钻状圆锥形，单性，近圆球形，悬于盾状体边缘。上部不育雄花稀疏，尖头状或无，下部的为小盾片状合生假雄蕊块。雌花子房1室，花柱极短，柱头扁圆，倒生胚珠单生，直立，珠柄短，着生室侧壁中部以下。

5种，分布于亚洲东南部。我国1种。

细柄芋

图 164：1-5

Hapaline ellipticifolium C. Y. Wu et H. Li in Acta Phytotax. Sin. 15 (2): 104. t. 7: 1. 1977.

多年生草本。块茎圆柱形，长1-2厘米，密生纤维状须根及小球茎。鳞叶披针形，膜质，长3-4厘米；叶2-3，长圆状椭圆形，长10-17厘米，盾状着生，前裂片长8-13厘米，骤窄凸尖，后裂片三角形，长2-4厘米，多少外展；1级侧脉3对，背面隆起，2级侧脉多数，斜升后网结，集合脉3圈；叶柄长20-30厘米，圆柱形，径4毫米，向上渐细。花序梗2-3，长18-30厘米，

径不及1毫米，基部具长约8厘米的线形鳞叶；佛焰苞长5厘米，管部长2厘米，席卷，径1-2毫米，檐部披针形，长3厘米，展开，后反折；肉穗花序长4.5厘米：雌花序长1.5厘米，背部贴生佛焰苞管部，单侧着花，子房4-12，长圆形，具多数纵棱，柱头近盘状，中央下陷，1室，胚珠1，着生基底，珠柄短；不育花序长7毫米，无花；能育雄花序长1.5厘米：雄花盾状，长六边形，表面长5毫米，药室10，悬于盾片边缘；先端不育雄花序长7毫米，花盾片状，极细小。花期

图 164：1-5.细柄芋　6-9.大藻
（肖　溶绘）

4月。

产云南东南部，生于海拔约250米。

22. 芋属 Colocasia Schott

多年生草本。具块茎、根茎或直立茎。叶盾状着生，卵状心形或箭状心形，后裂片圆，连合部分短或达1/2，稀全合生；1级侧脉多数，由中肋伸出，于边缘连成2-3集合脉，2、3级脉纤细，在侧脉间合成集合脉，后裂片基部具侧脉数条；叶柄长，下部鞘状。花序梗通常多数，生于叶腋；佛焰苞管部短，为檐部长1/2-1/5，卵圆形或长圆形，席卷，宿存，果期增大，不规则撕裂，檐部长圆形或窄披针形，脱落；肉穗花序短于佛焰苞：雌花序短，不育雄花序（中性花序）短而细，能育雄花序长圆柱形，不育附属器直立，长圆锥状或纺锤形、钻形，或成小尖头。花单性；无花被；能育雄花为合生雄蕊，雄蕊3-6，倒金字塔形，顶部几平截，不规则多边形，药室线形或线状长圆形，下部略窄，靠近，比雄蕊柱短，裂缝短、纵裂。不育雄花：合生假雄蕊扁平、倒圆锥形，顶部平截，侧扁。雌花心皮3-4，子房卵圆形或长圆形，无花柱，柱头扁头状，有3-5浅槽，子房1室，胚珠多数或少数，半直立或近直立，珠柄长，2列着生2-4隆起侧膜

胎座。浆果绿色，倒圆锥形或长圆形，具残存柱头。种子多数，长圆形，外种皮薄，透明，内种皮厚，有槽纹，胚乳丰富，胚具轴。

13 种，分布于亚洲热带及亚热带地区。我国 4 种。

1. 佛焰苞檐部粉白色，舟形展开、基部兜状；附属器长 1-5 毫米；有直立根茎 ················ 1. **大野芋 C. gigantea**
1. 佛焰苞非白色；附属器长 1.5 厘米以上；无地上茎。
　　2. 叶长 8-15 厘米；佛焰苞檐部淡绿或黄色；无假雄蕊；具匍匐芽条；块茎球形 ············ 2. **假芋 C. fallax**
　　2. 叶长 20-50 厘米。
　　　3. 叶柄绿色，叶卵状或盾状卵形。
　　　　4. 无芽条；附属器长约 1 厘米 ················ 3. **芋 C. esculenta**
　　　　4. 有芽条；附属器长 4-8 厘米 ················ 3(附). **野芋 C. esculenta var. antiquorum**
　　　3. 叶柄紫褐色，叶卵状箭形；附属器长 2 厘米 ················ 4. **紫芋 C. tonoimo**

1. 大野芋　　　　　　　　　　图 165：11-17 彩片46

Colocasia gigantea (Bl.) Hook. f. Fl. Brit. Ind. 6: 524. 1893.

Caladium giganteum Bl. ex Hassk, Cat. Hort. Bogor. 56. 1844.

多年生常绿草本。根茎倒圆锥形，长 5-10 厘米，直立。叶丛生；叶长圆状心形，长达 1.3 米，边缘波状，后裂片圆形，裂弯开展；叶柄淡绿色，具白粉，长达 1.5 米，下部 1/2 鞘状，闭合。花序梗近圆柱形，常 5-8 枚生于叶柄鞘内，长 30-80 厘米，径 1-2 厘米，花序梗围以 1 枚鳞叶，鳞叶膜质，披针形，与花序梗近相等，展平宽 3 厘米，背部有 2 棱凸；佛焰苞长 12-24 厘米，管部绿色，

椭圆状，长 3-6 厘米，径 1.5-2 厘米，席卷，檐部长 8-19 厘米，粉白色，长圆形或椭圆状长圆形，基部兜状，舟形展开，径 2-3 厘米，锐尖，直立；肉穗花序长 9-20 厘米；雌花序圆锥状，奶黄色，基部斜截；不育雄花序长圆锥状，长 3-4.5 厘米，下部径 1-2 厘米；能育雄花序长 5-14 厘米，雄花棱柱状，长 4 毫米，雄蕊 4，药室长圆柱形；附属器锥状，长 1-5 毫米。浆果圆柱形，长 5 毫米。种子多数，纺锤形，有纵棱。花期 4-6 月，果期 9 月。

产江苏、安徽南部、浙江、福建、江西、湖南、广东、海南、广西、贵州及云南，生于海拔 100-700 米石灰岩地区沟谷地带、林下湿地或石缝中。马来半岛和中南半岛有分布。根茎入药，解毒消肿，祛痰镇痉。

2. 假芋　　　　　　　　　　图 165：1-3

Colocasia fallax Schott in Bonplandia 7: 28. 1859.

块茎球形，径 1-1.5 厘米。具匍匐芽条。叶薄革质，卵形、近圆形、盾状，长 8-15 厘米；前裂片宽卵形，长 5-10 厘米，先端短骤尖，边缘略波状，1 级侧脉 3-5 对，伸至边缘，后裂片圆形，长 2.5-6.5 厘米，2/3 合生，基部弯缺略钝，深 0.8-2 厘米，基脉相交成 20°角，外侧脉 2-3、内侧脉 1-2；叶柄细圆柱形，长 8-30 厘米，基部径 0.8-1 厘米，向上渐细。花序梗纤细，长 7-15 厘米；佛焰苞淡绿或黄色，管部椭圆状纺锤形、卵圆形，长 2.3 厘米，果时常展开，席卷，檐部长圆形，长 4-6.5 厘米，反折；雌肉穗花序长 1.5 厘米，径 5 毫米，圆柱形；雄花序长 1.3-1.8 厘米，径 4 毫米；中间中性花序细圆柱形，长 1 厘米，径 1-2 毫米；附属器窄纺锤形，锐尖，长 3 厘米；无假雄蕊。

子房近球形，胚珠多数。合生雄蕊柱顶部盾状，截平。花期9月。

产四川、云南南部及西藏，生于海拔850-1400米山谷林下或灌丛中。印度东北部、孟加拉北部及泰国有分布。叶供蔬食。

3. 芋　芋头　　　　　　　　　　　　　　　　　　图　166

Colocasia esculenta (Linn.) Schott, Melet. 1: 18. 1832.

Arum esculentum Linn. Sp. Pl. 965. 1753.

湿生草本。块茎通常卵形，生多数小块茎，富含淀粉。叶2-3枚或更多；叶卵状，长20-50厘米，先端短尖或短渐尖，侧脉4对，斜伸达叶缘，后裂片圆，合生长度1/2-1/3，弯缺较钝，深3-5厘米，基脉相交成30°角，外侧脉2-3，内侧1-2条，不显；叶柄长20-90厘米，绿色。花序梗常单生，短于叶柄；佛焰苞长短不一，约20厘米，管部绿色，长卵形，长约4厘米，檐部披针形或椭圆形，长约17厘米，展开成舟状，边缘内卷，淡黄或绿白色；肉穗花序长约10厘米；雌花序长圆锥状，长3-3.5厘米，下部径1.2厘米；中性花序细圆柱状，长3-3.3厘米；有假雄蕊；雄花序圆柱形，长4-4.5厘米，顶端骤窄，附属器钻形，长约1厘米，径不及1毫米。花期2-4月（云南）、8-9月（秦岭）。

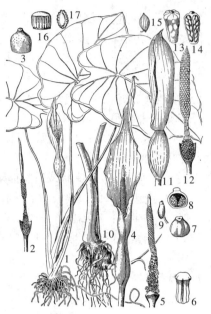

图 165：1-3.假芋　4-10.紫芋
11-17.大野芋　（肖　溶绘）

原产我国、印度和马来半岛。我国南北各地广为栽培。埃及、菲律宾、印度尼西亚、爪哇等热带地区盛行栽种。块茎可食，作羹菜，代粮或制淀粉；叶柄可剥皮煮食或晒干贮用；全株为猪饲料；块茎入药，治乳腺炎、口疮、痈肿疔疮、颈淋巴结核、烧烫伤、外伤出血，叶治荨麻疹、疮疥。

[附] **野芋** 彩片47 **Colocasia esculenta** var. **antiquorum** (Schott) Hubb. et Rehd. in Bot. Mus. Leafl. 1(1): 5. 1932. —— *Colocasia antiquorum* Schott, Melet. 1: 18. 1832; 中国植物志 13(2): 71. 1979. 与模式变种的主要区别：具长匍匐芽条；附属器长。多野生或经栽培野化。

4. 紫芋　　　　　　　　　　　　　　　　　　图　165：4-10

Colocasia tonoimo Nakai, Icon. Pl. Asiat. Orient. 3(3): 231. t. 85. 1940.

块茎粗厚，侧生小球茎倒卵形，稍具柄，须根褐色。叶1-5，生于块茎顶部，高1-1.2米；叶盾状，卵状箭形，长40-50厘米，宽25-30厘米，基部弯缺，侧脉粗，边缘波状；叶柄圆柱形，紫褐色。花序梗单一，外露部分长12-15厘米，径1厘米，先端污绿色，余紫褐色；佛焰苞管部长4.5-7.5厘米，径2-2.7厘米，稍具纵棱，檐部席卷成角状，长19-20厘米，金黄色，基部前面张开。肉穗花序基部雌花序长3-4.5厘米，雌蕊间有棒状中性花，不育雄花序长1.5-2.2厘米，花黄色，顶部带紫色；雄花序长3.5-5.7厘米，雄花黄色；附属器角状，长2厘米，径4毫米。柱头脐状，4-5浅裂，侧膜胎座5，胚珠多数。

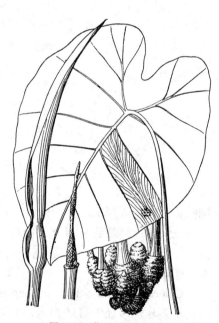

图　166　芋　（引自《图鉴》）

花期7-9月。

各地栽培。块茎、须根、叶柄、花序均可作蔬菜。

23. 海芋属 **Alocasia** (Schott) G. Don

多年生草本。茎粗厚，多为地下茎，稀上升或直立地上茎，密被叶柄痕。叶幼常盾状，成年植株叶多箭状心形，全缘或浅波状，有的羽状分裂近中肋（我国不产），后裂片卵形或三角形，常部分联合；下部1级侧脉下弯，稀辐射状，多与后裂片基脉成直角或锐角，稀成钝角，由中肋中部伸出1级侧脉多对，斜举，集合脉2-3，近叶缘，2、3级脉由1级侧脉伸出，纤细，在1级侧脉间合为集合脉；叶柄长，下部多少具长鞘。花序梗后叶抽出，常多数集成短的、具苞片的合轴；佛焰苞管部卵形、长圆形，席卷，宿存，果期不整齐撕裂，檐部长圆形，舟状，后期后反，从管部上缘脱落；肉穗花序短于佛焰苞，圆柱形，直立；雌花序锥状圆柱形，不育雄花序（中性花序）窄。能育雄花为合生雄蕊柱，倒金字塔形，顶部近六角形，有雄蕊3-8，花药线状长圆形，具药隔，紧靠，裂缝短，上部圆；不育雄花为合生假雄蕊，扁平，倒金字塔形，顶部平截。雌花有心皮3-4，子房卵形或长圆形，花柱短，后不明显，柱头扁头状，3-4裂，1室，有时顶部3-4室，胚珠少数，直生、半倒生，珠柄极短，基底胎座。浆果红色，椭圆形、倒圆锥状椭圆形或近球形，柱头宿存。种子少数或1，近球形，直立，种阜不明显，种皮厚，光滑，内种皮薄，光滑；胚乳丰富。

约70种，分布热带亚洲。我国4种。

1. 叶宽卵状心形，长10-16厘米，前裂片最下2对侧脉基出，下倾，弧曲上升；附属器窄圆锥形，长3.5厘米；浆果1种子 ⋯⋯⋯⋯⋯⋯⋯⋯⋯⋯⋯⋯⋯⋯⋯⋯⋯⋯⋯⋯⋯⋯⋯ **1. 尖尾芋 A. cucullata**
1. 叶箭状卵形或箭形，侧脉斜伸。
　2. 大型草本；叶柄长达1.5米；叶箭状卵形，长50-90厘米；附属器圆锥状，长3-5.5厘米 ⋯⋯⋯⋯⋯⋯
　　⋯⋯⋯⋯⋯⋯⋯⋯⋯⋯⋯⋯⋯⋯⋯⋯⋯⋯⋯⋯⋯⋯⋯⋯⋯⋯⋯ **2. 海芋 A. odora**
　2. 中型植物；叶长箭形，长25-45厘米；附属器圆柱形，长4.5厘米 ⋯⋯⋯⋯ **3. 箭叶海芋 A. longiloba**

1.　尖尾芋

图 167:9 彩片48

Alocasia cucullata (Lour.) Schott in Osterr. Bot. Wochenbl. 4:410. 1854.

Arum cucullatum Lour. Fl. Cochinch. 536. 1790.

直立草本。地上茎圆柱形，径3-6厘米，黑褐色，具环形叶痕，基部生芽条，发出新枝，丛生状。叶膜质或亚革质，宽卵状心形，长10-16（-40）厘米，先端骤凸尖，基部圆，前裂片最下2对侧脉基出，下倾，弧曲上升；叶柄绿色，长25-30（-80）厘米，中部至基部成宽鞘。花序梗圆柱形，常单生，长20-30厘米；佛焰苞近肉质，淡绿至深绿色，管部长圆状卵形，长4-8厘米，檐部窄舟状，长5-10厘米，边缘内卷，先端具窄长凸尖；肉穗花序长约10厘米；雌花序圆柱形，长1.5-2.5厘米，基部斜截；不育雄花序长2-3厘米，径约3毫米；能育雄花序近纺锤形，长3.5厘米，中部径8毫米，黄色；附属器淡绿色，窄圆锥形，长约3.5厘米，下部径6毫米。浆果近球形，径6-8毫米，种子1。花期5月。

产浙江、台湾、福建、广东、香港、海南、广西、贵州、四川及云南，生于海拔2000米以下溪谷湿地或田边，有栽培。孟加拉、斯里兰卡、缅甸及泰国有分布。全株药用，为治毒蛇咬伤要药，能清热解毒、消肿镇痛之功效，有毒。

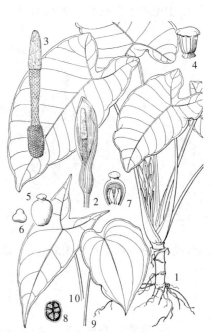

图 167：1-8.海芋 9.尖尾芋 10.箭叶海芋
（吴锡麟绘）

2. 海芋

图 167：1-8 彩片49

Alocasia odora (Roxb.) Koch in Ind. Sem. Horth. Enum. Pl. 3:40. 1841.

Arum odorum Roxb. Fl. Ind. 3:499. 1832.

Alocasia macrorrhiza (Linn.) Schott; 中国植物志 13(2):76. 1979.

大型常绿草本。具匍匐根茎。有直立地上茎，茎高有的不及10厘米，有的高3-5米，基部生不定芽条。叶多数；亚革质，草绿色，箭状卵形，长50-90厘米，边缘波状，后裂片连合1/5-1/10，侧脉斜升；叶柄绿或污紫色，螺旋状排列，粗厚，长达1.5米。花序梗2-3丛生，圆柱形，长12-60厘米，绿色，有时污紫色；佛焰苞管部绿色，卵形或短椭圆形，长3-5厘米，檐部黄绿色、舟状，长圆形，长10-30厘米，略下弯，先端喙状；肉穗花序芳香；雌花序白色，长2-4厘米，不育雄花序绿白色，长（2.5-）5-6厘米；能育雄花序淡黄色，长3-7厘米；附属器淡绿或乳黄色，圆锥状，长3-5.5厘米，具不规则槽纹。浆果红色，卵状，长0.8-1厘米，种子1-2。花期四季，密林下常不开花。

产江苏、台湾、福建、江西、湖北、湖南、广东、香港、海南、广西、贵州、四川、云南及西藏，生于海拔1700米以下林缘或河谷野芭蕉林下。孟加拉、印度东北部至马来半岛、中南半岛、菲律宾及印度尼西亚有分布或栽培。根茎药用，全株有毒。

3. 箭叶海芋

图 167：10

Alocasia longiloba Miq. Fl. Ind. Bat. 3:207. 1855.

中型多年生草本。根茎圆柱形，长15-20厘米，下部生细圆柱形须根，上部被宿存叶鞘。叶绿色或幼时上面淡蓝绿色，成年植株叶长箭形，长25-45厘米，前裂片长圆状三角形，长15-27厘米，先端渐尖，侧脉4-7，斜伸，后裂片长三角形，长10-18厘米，基部连合2-3.5厘米，弯缺锐三角形，基脉成60-80°角；叶柄绿色，长25-32厘米，基部鞘状。花序梗长18-25厘米；佛焰苞淡绿色，管部长2-3.5厘米，卵形或纺锤形，果时长达5厘米，径约2厘米，檐部长圆形或披针形，长6-8厘米；肉穗花序长7-8厘米；雌花序圆柱形，长1.2厘米；雄花序能育部分长2厘米；附属器长4.5厘米，圆柱形，渐尖。雄花雄蕊3；雌花子房卵圆形，顶端渐窄，柱头肾形，胚珠半直立，基生。浆果近球形，淡绿色，径6-8毫米，圆球形种子1。果期8-10月。

产广东、海南及云南南部，生于海拔90-1020米林下或灌丛中。广州有栽培。中南半岛、马来半岛、加里曼丹岛和印度尼西亚爪哇有分布。

24. 喜林芋属 *Philodendron* Schott

攀援植物。小枝多叶。叶纸质或亚革质，长圆形或卵形，基部心形、戟形、箭形、不规则浅裂、3全裂或羽裂，侧脉平行；叶柄圆柱形、扁平、具槽或上面深凹，边缘纤维质或肥大，叶鞘顶部常舌状。花序梗短；佛焰苞肉质，白、黄或红色，管部席卷，宿存，后期不规则撕裂，檐部舟状卵形、长圆形或披针形，多直立，果期肉质，宿存；肉穗花序直立，与佛焰苞近等长，无梗或具短梗；雌花序圆柱形；雄花序下部不育，上部能育。花单性，无花被；雄花具2-6雄蕊。雌花子房2-多室，柱头半球形或2裂。浆果密接，室壁纸质，透明；种子每室多数、少数或单一。种子卵圆形、长圆形或椭圆形，外种皮肉质，种脐宽；胚轴与种子近等长，胚乳稍厚。

275 种，分布于热带美洲。我国台湾、广东引入栽培 6 种。

三裂喜林芋

图 168

Philodendron tripartitum (Jacq.) Schott, Melet. 1: 19. 1832.

Arum tripartitum Jacq., Pl. Rar. Hort. Caes. Schoenbr. 2: 33, t. 190. 1797.

附生或地生藤本。茎节间长 5-12 厘米，径 1-1.5 厘米。鳞叶长披针形，脱落。叶薄革质，淡绿或黄绿色，3 深裂，裂片近相等，长 15-25 厘米，宽 4-7 厘米，中裂片长披针形，侧裂片不等侧，前裂片侧脉 2 对，上升，侧裂片外侧有 4 侧脉，内侧有 1-2 侧脉；叶柄圆柱形，长 20-30 厘米，下部径 1.2-1.6 厘米。花序梗长 3-5 厘米；佛焰苞淡白或白绿色，向上黄色；管部长圆形，长 3-4 厘米，檐部卵形或卵状长圆形，长 5-6 厘米；肉穗花序梗长 2-4 厘米，指状；雌花序长 3-4 厘米；雄花序长 3.5-5 厘米。雌蕊子房 7-11 室，每室 1-2 胚珠，柱头圆。浆果鲜红色。

原产拉丁美洲。北京温室栽培，福建、广东露地荫棚下栽培，供观赏。

图 168 三裂喜林芋
（孙英宝仿《Engl. Pflanzenr.》）

25. 磨芋属 Amorphophallus Bl.

多年生草本。具球形或圆柱形块茎或根茎，数枚块茎组成连体。鳞叶 1-4；花时无叶或有叶。叶 1；叶片通常 3 全裂，羽状分裂或二次羽状分裂，或二歧分裂后再羽状分裂，小裂片近长圆形，锐尖；叶柄光滑或具疣，粗壮，具斑块或绿色无斑块。花序 1，通常具长梗，稀短；佛焰苞漏斗状、钟状或舟状，基部席卷，内面下部常多疣或具线形凸起，檐部稍展开，脱落或宿存；肉穗花序直立，长于或短于佛焰苞，下部为雌花序，上接能育雄花序，顶端为附属器，附属器粗或长。花单性；无花被；雄花有雄蕊 1-3-4-5-6，通常合生成雄蕊柱，花药近无柄或生于雄蕊柱上，药室倒卵圆形或长圆形，室孔顶生，常两孔汇合成横裂缝；雌花有心皮 1-3-4，子房近球形或倒卵形，1-2-3-4 室，每室胚珠 1，倒生，柱头头状，2-4 裂，微凹或全缘。浆果具 1 或少数种子。种子无胚乳。

约 130 种，分布于东半球。我国 22 种。

1. 花序梗长于佛焰苞或等长。
　2. 根茎不规则念珠状，2-6 节相连；叶生于节；常绿草本，花时有叶 2-3，每叶存活 2-3 年；叶片无珠芽；花序梗绿色，无斑块，肉穗花序与佛焰苞均长 10-15 厘米 ·················· **1. 节节磨芋 A. pingbianensis**
　2. 块茎扁球形，每块茎生 1 叶。
　　3. 肉穗花序长于佛焰苞或等长。
　　　4. 肉穗花序长于佛焰苞；附属器长圆锥形，佛焰苞漏斗形、斜坛状。
　　　　5. 附属器被直立深紫色硬毛，长 25-73 厘米；果青紫色 ·················· **2. 密毛磨芋 A. hirtus**
　　　　5. 附属器无毛，长 20-25 厘米；果黄绿色 ·················· **3. 磨芋 A. konjac**
　　　4. 肉穗花序近等长于佛焰苞。
　　　　6. 佛焰苞上部钟状展开；无中性花序；附属器纺锤状圆锥形或长纺锤形，基部外面绿色具白色斑块；成熟果蓝色 ·················· **4. 东亚磨芋 A. kiusianus**
　　　　6. 佛焰苞舟状，绿色；附属器长圆锥形；中性花序生于雌、雄花序间。
　　　　　7. 叶柄和花序梗绿色，长约 40 厘米；中性花序长 1 厘米，黄色；果红色 ·········· **5. 白磨芋 A. albus**
　　　　　7. 叶柄和花序梗淡绿色，具深绿色泪滴状斑块，长 0.2-1.25 米；中性花序长 1.8 厘米，花白色

.... 6. 西盟磨芋 **A. krausei**

3. 肉穗花序短于佛焰苞，佛焰苞舟状；附属器短圆锥形、卵形或圆筒形。

　8. 叶中央和裂片分叉处具球形珠芽，叶柄和花序梗绿色，无斑块；佛焰苞舟状，粉红色，附属器圆锥形
　　　或圆柱形，长 1.5-2.8 厘米 ·· 7. 攸乐磨芋 **A. yuloensis**

　8. 叶无珠芽，叶柄和花序梗绿或灰色具斑块；附属器宽圆锥形或卵形。

　　9. 附属器乳白或暗青紫色，短圆锥形，长 3.8-5 厘米 ································ 8. 滇磨芋 **A. yunnanensis**

　　9. 附属器白色、黄白色，长圆锥形或纺锤形，长 4.5-14 厘米 ··················· 9. 南蛇棒 **A. dunnii**

1. 花序梗短于佛焰苞。

　10. 佛焰苞斜漏斗状或斜钟形，先端渐尖，外伸、反折；附属器暗紫或黄色，长 16 厘米以上。

　　11. 佛焰苞与肉穗花序近等长或稍长，长 25 厘米；附属器长 16 厘米，基径 3.5-4.5 厘米 ···············
　　　　··· 10. 矮磨芋 **A. nanus**

　　11. 佛焰苞短于肉穗花序；附属器长 15-36 厘米 ································· 11. 台湾磨芋 **A. henryi**

　10. 佛焰苞卵形，檐部荷叶状，花序梗具疣凸，长 3-5 厘米，肉穗花序无梗；附属器圆锥形，长 7-20 厘米；
　　　果红色 ··· 12. 疣柄磨芋 **A. paeoniifolius**

1.　节节磨芋 屏边磨芋　　　　　　　　　图 169

Amorphophallus pingbianensis H. Li et C. L. Long in Aroideana 11(1): 4. 1988.

常绿草本。根茎不规则念珠状，多年生宿存，2-6 节相连，每节根茎近球形，径 3-5 厘米，黑褐色，内面黄色。叶 2-3，每节生 1 叶，每叶存活 2-3 年，花时有叶；叶裂片倒披针形，长 15-20 厘米，深绿色，侧脉 20-30 对，斜伸近叶缘连合为集合脉；叶柄长 0.8-1.2 厘米，径 1-2 厘米，绿色，无斑纹，无疣，基部常有芽；叶轴无斑纹。花序从新叶叶柄中生出，花序梗长 10-

35 厘米，径 0.6-1 厘米，绿色，无斑；佛焰苞披针形，长 10-15 厘米，绿色，边缘和顶端染紫色，内面白色，先端渐尖，席卷；肉穗花序长 10-15 厘米；雌花序长 1.5-2 厘米；雄花序圆柱形，长 3-4 厘米；附属器长圆锥形，长 5.5-7 厘米，直立，具浅皱纹，绿或黄绿色。子房近球形或半球形，径约 1.5 毫米，乳白或黄白色，1 室，胚珠 1。果淡蓝紫色，卵形或卵状椭圆形。花期 3 月。

2.　密毛磨芋　　　　　　　　　　　图 170

Amorphophallus hirtus N. E. Brown in Journ. Linn. Soc. Bot. 36: 181. 1903.

块茎扁球形，具根茎状小块茎。叶 1，叶径 0.3-1 米，小裂片倒卵形或椭圆状卵形，长 5.5-11 厘米，先端长渐尖；叶柄长 0.2-1 米，深绿色具绿黑色斑块和灰绿色大斑块。花序梗高约 1 米，径 2-9 厘米；佛

图 169　节节磨芋　（引自《Aroideana》）

产云南东南部，生于海拔 300-900 米湿润河谷林下、灌丛中或沟边湿地。越南北部有分布。

焰苞色同叶柄，钟状，基部与檐部间缢缩，基部席卷，斜坛状，厚、外面淡绿染紫或深灰绿色，具多数

浅绿白色斑块，内面栗黑色，有脊状疣突，檐部向外平展或斜伸，边缘波状，外面淡绿具绿白色斑块，边缘污紫色，内面栗褐具绿白色斑块；肉穗花序无梗，长圆柱形，长31-89厘米，为佛焰苞长约2倍；雌花序长1.6-2.5厘米，径1.1-3.5厘米；雄花序深黄色，坛状，长4-9厘米，径0.9-3.1厘米，花密，中性花散生；附属器长圆锥形，长25-73厘米，深紫色，有不规则扁圆形斑块，密生长1厘米直立硬毛；子房近球形，长2毫米，白色，2室，花柱长1毫米，深紫色，渐窄，柱头黄色，2浅裂，每室胚珠1；雄蕊具雄蕊3-6，黄色，无花丝，横生，4室，径1毫米。果青紫色。花期6月。

产台湾，生于海拔20-660米竹林、次生阔叶林中多石处。

图 170 密毛磨芋
(孙英宝仿《Bot.Bull.Acad.Sin.》)

3. 磨芋　　　　　　　　　　　　图 171 彩片50

Amorphophallus konjac K. Koch. Matsum et Hayata in Journ. Coll. Sci. Univ. Tokyo 22: 457. 1906.

Amorphophallus rivieri Durieu; 中国高等植物图鉴 5: 370. 1976; 中国植物志 13(2): 96. 1979.

块茎扁球形，径7.5-25厘米，暗红褐色。叶绿色，径达1米，小裂片互生，基部较小，向上渐大，长圆状椭圆形，长2-8厘米，骤渐尖，基部宽楔形，外侧下延成翅状；叶柄长0.5-1.5米，黄绿色，光滑，有黑色、绿褐或白色斑块。花序梗长50-70厘米，径1.5-2厘米；佛焰苞漏斗形，长20-30厘米，基部席卷，管部长6-8厘米，径3-4厘米，苍绿色，杂以暗绿色

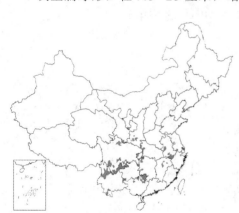

斑块，边缘紫红色，檐部心状圆形，长15-20厘米，锐尖，边缘折波状，外面绿色，内面深紫色；肉穗花序比佛焰苞长1倍；雌花序圆柱形，长约6厘米，紫色；雄花序紧接，长8厘米；附属器长圆锥形，长20-25厘米，无毛，中空；花丝长1毫米，花药长2毫米；子房苍绿或紫红色，2室。浆果球形或扁球形，成熟时黄绿色。花期4-6月，果期8-9月。

产陕西、宁夏、甘肃、江苏、安徽、江西、湖北、湖南、广西、贵州、四川及云南，生于疏林下、林缘或溪旁湿润地或栽培。喜马拉雅山区至泰国、越南有分布。块茎有毒，可加工成磨芋豆腐（褐

图 171 磨芋　（引自《图鉴》）

腐）供食用。块茎提取的淀粉可用作浆纱、造纸、瓷器或建筑等胶粘剂；块茎入药，解毒消肿、灸后健胃、治疗疮、无名肿毒、眼睛蛇咬伤、火烫伤。

4. 东亚磨芋 疏毛磨芋 图 172 彩片51

Amorphophallus kiusianus (Makino) Makino in Bot. Mag. Tokyo 27: 244. 1913.

Amorphophallus konjac K. Koch var *kiusiana* Makino in Bot. Mag. Tokyo 25: 16. 1911.

Amorphophallus sinensis Belval; 中国植物志 13(2): 87. 1979.

块茎扁球形，径3-20厘米。叶单一，径60-90厘米，小裂片长椭圆形或披针形，长6-20厘米。花序梗长0.4-1米，绿色，具叶柄同样的斑块，粗壮，光滑，长约10厘米；叶柄光滑，暗绿色，密被灰绿色斑块和多数斑点，长达1.5米。佛焰苞下部席卷，上部钟状展开，长9-25厘米，展开宽4-13厘米，基部和檐部间稍缢缩，基部外面绿色具灰白色斑块，内面深紫，具疣突，檐

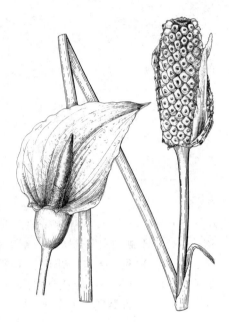

图 172 东亚磨芋 (孙英宝绘)

部外面绿褐色，内面淡绿色，均具白色斑块，先端渐尖；肉穗花序无梗，长9-22厘米；雌花序花密，长2-4.5厘米，径1-1.2厘米；雄花序长3厘米，径1厘米；附属器纺锤状圆锥形或长纺锤形，长4-16厘米，墨绿或紫色，向上渐细，有不规则扁圆形斑块，具紫色长毛或光滑，雌花序中散生紫色长毛（中性花）。子房近球形，淡绿或淡黄色，径3毫米，2室，柱头头状，紫色；雄花小，黄色，花药横生，无

花丝，长2毫米，2室。果近球形，红至蓝色。花期5月。

产台湾，生于海拔150-900米次生林、灌丛中。日本有分布。块茎大毒，不含葡萄甘露聚糖，不可食用，供药用。

5. 白磨芋 图 173 彩片52

Amorphophallus albus P. Y. Liu et J. F. Chen in Journ. SW Agric. College 1: 67. f. 1. 1984.

块茎近球形，径0.7-10厘米，具匍匐根状茎，紫褐色，内面白色。叶绿色，径60-70厘米，小裂片互生，大小不等，长圆状椭圆形，骤渐尖，基部宽楔形，外侧下延成翅状，侧脉多数，纤细，平行，近边缘连合为集合脉；叶柄长约40厘米，基部径0.5-2厘米，淡绿或绿色，光滑，有微小白或草绿色斑块。花序梗长约30厘米，径0.5-2厘米，色同叶柄；佛焰苞舟状，长20-15厘

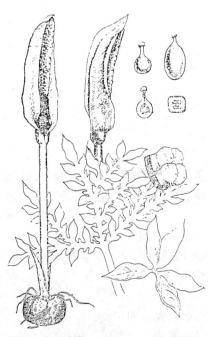

米，外面绿色，无斑块，内面白色，基部席卷，长1.5-2厘米，宽3-4厘米，淡绿色，无斑块，檐部长10-13厘米，宽4-5厘米；肉穗花序等于或短于佛焰苞；雌花序长约1厘米，径1.2厘米，淡绿色，雌花

图 173 白磨芋 (引自《西南农学院学报》)

序和雄花序间有长1厘米黄色中性花序；雄花序长圆筒形，长约3厘米；附属器长圆锥状圆形，长6-9厘米，有乳突，黄色。雄花花丝长2毫米，花药4室，黄色；子房淡绿色，长2毫米，1室1胚珠，花柱长2.5毫米，柱头圆，不裂，具乳突。果椭圆形，初淡绿，成熟时红色。花期4-6月。

产四川南部及云南东北部，生于海拔700-1100米草坡或疏林中，西南各省区有引种。白磨芋精粉白净，膨胀系数大，葡萄甘露聚糖含量高，为磨芋食品工业的优质原料。

6. 西盟磨芋　　　　　　　　　图 174

Amorphophallus krausei Engl. in Engl. Pflanzenr. 48 (4, 23C): 94. 1911.

块茎扁球形，径达25厘米。鳞叶3，膜质，长约25厘米，绿色，具暗绿或近黑色斑块。叶径1-1.6米，小裂片披针形，长11-48厘米，基部下延，上面绿或灰绿色，下面淡绿色；叶柄长0.2-1.25米，径1-3厘米，淡绿色，基部常具椭圆形、泪滴状斑块，深绿至绿黑色。花序梗色同叶柄，长0.25-1米，径0.8-2厘米；佛焰苞直立，舟状，卵形或卵状长圆形，长11-33厘米，外面淡绿色，内面淡黄绿色，内面基部具多数小疣突；肉穗花序与佛焰苞近等长，长8-22.5厘米；雌雄花间的中性花序长1.8厘米；中性花白色，长宽约2毫米，附属器无柄，长圆锥形，长8厘米，径约1.5厘米，淡绿色。花期8月。

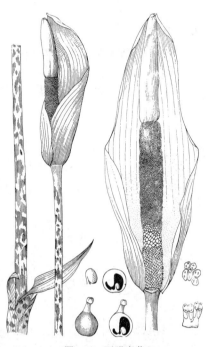

图 174 西盟磨芋
（引自《武汉植物学研究》）

产云南南部，生于海拔1500米以下疏林、常绿阔叶混交林、竹林或次生灌丛中。西盟等地长期栽培。泰国北部及缅甸北部有分布。块茎葡萄甘露聚糖含量最高，为食品工业优质原料。

7. 攸乐磨芋　　　　　　　　　图 175

Amorphophallus yuloensis H. Li in Journ. Wuhan Bot. Res. 6 (3): 211. f. 2. 1988.

块茎球形，黑褐色，径2.5-4.5厘米。叶绿色，径50-65厘米，2-3次分裂，小裂片长圆形或倒卵形，长5-10厘米，叶中央和裂片分叉处具球形珠芽，珠芽径1-2厘米；叶柄圆柱形，绿色，无斑块，长20厘米，径0.5-1厘米。花序梗绿色，无斑块，长6-7.5厘米，径4-8毫米；佛焰苞舟状，长5-7厘米，直立，粉红色，背面有白色斑块和深绿色斑点，基部白色，具乳突；肉穗花序无梗，长4-5.6厘米；雌花序短圆柱

图 175 攸乐磨芋
（引自《武汉植物学研究》）

形，长7毫米；雄花序近圆柱形，长2-3厘米；附属器无柄，圆锥形或圆柱形，长1.5-2.8厘米，常两侧扁，浅黄色。雌花子房淡黄或青紫色，倒卵形，柱头盘状，1室，1胚珠；雄花密集，黄绿色，单雄蕊，花丝短，药室顶缝开裂。果序直立；浆果蓝色，近球形。花期6-8月，果期翌年4-5月。

产广西及云南，生于海拔700米以下石灰岩山地。

8. 滇磨芋   图 176：1-3

Amorphophallus yunnanensis Engl. in Engl. Pflanzenr. 48 (4, 23C): 109. 1911.

块茎球形，径4-7厘米。叶单生，直立，无毛，叶深绿色，径

0.8-1米，下部小裂片椭圆形或披针形，长5-7.5厘米，顶生小裂片披针形，长15-25厘米，锐尖，基部一侧下延达4-8毫米；叶柄长达1米，绿色，具暗绿、绿白色菱形斑块。花序梗长25-80厘米，径1厘米，与叶柄具同样斑块；佛焰苞长15-18厘米，舟状，卵形或披针形，直立，径3-5厘米，基部席

卷，绿色，具绿白色斑点；肉穗花序长6.8-9厘米，梗长0.5-1.3厘米或无梗；雌花序长1.5-3.5厘米，绿色；雄花序圆柱形或椭圆状，长1.5-4厘米，白色；附属器短圆锥形，长3.8-5厘米，平滑，乳白或暗青紫色。雄花花丝分离，极短，花药长2-5毫米，倒卵状长圆形，顶部平截，肾形，室孔邻接；雌花子房球形，花柱长1.5毫米，柱头点

状。花期4-5月。

产广西西部、贵州南部及云南，生于海拔200-2000米山坡密林下、河谷疏林中及荒地。泰国北部有分布。

9. 南蛇棒   图 176：4-8 彩片53

Amorphophallus dunnii Tutcher in Journ. Bot. 49: 273. 1911.

块茎扁球形，厚2-8厘米，径4.5-13厘米，具肉质根。叶3全裂，裂片离基10厘米以上2次分叉，顶生小裂片椭圆形，长7-8厘米，先端骤渐尖，基部楔形，一侧下延，长14-18厘米，上面绿色，下面淡绿色；叶柄长50-90厘米，径1厘米，干时绿白色，有暗绿色小块斑点。花序梗长23-60厘米，淡绿具白色斑块；佛焰苞淡红、淡绿色具白色圆形小斑块，舟状，直立，长12-16厘米；肉穗花序长8-19厘米，具短梗或无；

雌花序长1.5-3厘米，径1-3厘米；雄花序长1.4-4.5厘米，径1-3厘米；附属器长圆锥形或纺锤形，长4.5-14厘米，白、黄白色。雄花具雄蕊1，花丝短，花药圆柱形，黄色，长1毫米；雌花子房淡红色，倒卵形，长1-2.5毫米，花柱明显，柱头盘状，2-3-4微浅裂。浆果蓝色。种子黑色。花期3-4月，果期7-8月。

产湖南、广东、香港、海南、广西及云南东南部，生于海拔220-800米林下。

图 176：1-3.滇磨芋 4-8.南蛇棒
（肖 溶绘）

10. 矮磨芋 图 177

Amorphophallus nanus H. Li et C. L. Long in Aroideana 11 (1): 8. 1988.

块茎扁球形，径 10-15 厘米。鳞叶 3-4，膜质，长约 13 厘米，红色具绿或蓝绿色斑块，边缘紫红色，小裂片卵形、椭圆形、长圆形或披针形，长 6-12 厘米，集合脉距边缘 2.5 毫米；叶柄长 40-60 厘米，径 1.5-2 厘米，淡绿或绿色，无毛，具不规则深绿色斑块。花序梗长 9-14 厘米，径 1.5-3 厘米，黄绿色，具不规则及圆形暗绿色斑块；佛焰苞长 25 厘米，宽 20 厘米，紫、浅黄、黄白、白色，斜漏斗状，檐部渐尖，外仰，内面基部紫红色，余白至红棕色；肉穗花序与佛焰苞近等长或稍长，长 25 厘米，径 2-3 毫米；雌花序黄色，长 4-5 厘米，径 2-2.5 厘米；雄花序黄色，长 4-4.5 厘米，径约 2.5 厘米，紫或浅黄色；附属器长圆锥形，长 16 厘米，基部径 3.5-4.5 厘米，暗紫色，常具纵沟。雌花子房近球形或扁球形，径约 1.5 毫米，黄色，1 室，花柱及柱头长 4 毫米，紫色。雄花雄蕊柱花药顶孔开裂。花期 4 月。

产云南，生于海拔 130-380 米草坡、灌丛中。块茎制磨芋食品。产区多栽培。

图 177 矮磨芋 （引自《Aroideana》）

11. 台湾磨芋 图 178

Amorphophallus henryi N. E. Brown in Journ. Linn. Soc. Bot. 36: 181. 1903.

块茎近球形，径 3-11 厘米。叶径 0.45-1 米；小裂片椭圆状卵形、椭圆形或披针形，长 4-26 厘米，上面绿色，边缘红至绿或白色，下面淡绿色，渐尖或长渐尖；叶柄光滑，长 30-60 厘米，近基部径 1-2 厘米，绿至暗绿色，具不规则淡白色卵形斑块和多数白色小斑点。花序梗长 5-40 厘米；佛焰苞钟形，长 9-23 厘米，宽 8-22 厘米，基部和檐部间缢缩，基部席卷成坛状，檐部宽三角状卵形，外面淡绿色常染红色和具少数淡白色斑点，内面深栗色，具白或绿紫色斑点，檐部具波状褶皱，外面淡绿带红紫色，边缘栗色，内面淡栗色，边缘绿或淡绿色，内面基部具疣凸；肉穗花序无梗，长 20-45 厘米；雌花序圆柱形，长 1.5-4 厘米；雄花序倒圆锥形，长 2-4 厘

图 178 台湾磨芋
（李爱莉仿《Bot. Bull. Acad. Sin.》）

米；附属器长纺锤形或长圆锥形，长 15-36 厘米，具不规则皱纹，深褐色，具腐臭气；子房球形，绿色，2 室，花柱长 1-1.5 毫米，柱头头状，2-3 (4) 浅裂；雄花有雄蕊 (2) 3-6，乳白色。成熟时蓝色。花期 5-6 月。

特产台湾，生于海拔 20-660 米。

12. 疣柄磨芋　　　　　　　　　图　179　彩片54

Amorphophallus paeoniifolius (Dennst.) Nicolson in Taxon 26 (213): 338. 1977.

Dracontium paeoniifolium Dennst. Schl. Hort. Ind. Mal. 13. 21. 38. ('paeoniaefolium'). 1818.

Amorphophallus virosus N. E. Brown; 中国植物志 13 (2): 89. 1979.

图　179　疣柄磨芋　（曾孝濂绘）

块茎扁球形, 径 20-50 厘米。叶单一, 有时多叶, 径 0.8-2 米, 小裂片长圆形、倒卵形、三角形或卵状三角形, 长 5-16 厘米, 骤尖或渐尖, 不等侧, 下延; 叶柄长 0.5-2 米, 深绿色, 具苍白色斑块, 具疣凸。花序梗圆柱形, 长 3-5 厘米, 具疣凸; 佛焰苞长 20 厘米以上, 卵形, 喉部宽 2.5 厘米, 外面绿色, 有紫色条纹和绿白色斑块, 内面具疣, 深紫色, 基部肉质, 漏斗状, 檐部膜质, 荷叶状, 绿

色, 边缘波状; 肉穗花序无梗; 雌花序长 5-7 厘米, 圆柱形, 紫褐色; 雄花序倒圆锥形, 黄绿色, 长 3-5 厘米; 附属器圆锥形, 长 7-20 厘米, 钝圆, 青紫或褐色, 海绵质, 具纵沟和疣凸。雄蕊 4-6; 子房球形, 长宽均 2-3 毫米, 花柱长 1 厘米, 柱头 2-4 浅裂, 被长柔毛及腺毛。果序圆柱形, 具不明显 3 棱, 长 25-37 厘米, 具疣突, 无毛。浆果椭圆状, 长 2.5-3 厘米, 红色, 具疣突, 2 室, 每室 1 种子。种子长圆形, 腹平, 背凸, 长 1.4 厘米, 径 7 毫米, 光滑。花期 4-5 月, 果期 10-11 月。

产台湾、广东、海南、广西南部及云南, 生于海拔 750 米以下江边草坡、灌丛或荒地, 有栽培。世界热带地区广布。全株作猪饲料, 催膘; 块茎富含淀粉, 工业用作胶粘剂。

26. 疆南星属 Arum Linn.

多年生草本。块茎圆形, 叶和花序从中央发出或叶侧生。芽萌发后, 生少数鳞叶, 后生 2 叶及 1（2）个花序梗。叶戟状箭形或箭形; 叶柄具鞘。花序梗长或短; 佛焰苞凋萎, 管部长圆形或卵形, 喉部略缢缩, 檐部卵状披针形或长圆状披针形, 后内弯; 肉穗花序比佛焰苞短; 雌花序无梗, 圆柱形; 雄花序较短; 雌雄花序间常生不育中性花, 稀无花; 雄花序上部有 1-6 轮中性花, 后成圆锥形、圆柱形或棒状暗紫或黄色附属器。花单性, 雌雄同株, 无花被; 雄花有雄蕊 3-4, 雄蕊短, 钝四边形, 药隔细, 稍外突, 花药倒卵形, 长不及雄蕊基部, 对生或近对生, 顶孔开裂, 卵形; 中性花基部稍粗, 疣状、短钻形或线形, 下部的（雌雄花序之间的）下弯, 上部的（雄花序以上的）上弯; 雌花心皮 1, 子房 1 室, 侧膜胎座稍隆起, 胚珠 6, 直生, 或多数, 葫芦状, 珠柄短, 2 列, 柱头半头状。浆果倒卵圆形, 种子多数。

15 种, 分布于欧洲、地中海地区至中亚地区。我国 1 种。

疆南星

Arum korolkowii Regel. in A. H. P. 2: 407. 1877.

块茎扁球形。叶片心状戟形或三角形；叶柄基部 1/3 鞘状，比叶片长。花序梗长于叶柄或近等长，长 50-60 厘米；佛焰苞绿色，管部窄，檐部长披针形，内面淡绿色；附属器圆柱形，红色，比雄花序长 1/2-1 倍；基部中性花扁，3 轮。果红色。花期 4-5 月。

产新疆南部，生于山地岩缝、石堆中。伊朗和中亚地区有分布。

27. 犁头尖属 Typhonium Schott

多年生草本。块茎小。叶多数，和花序梗同出。叶箭状戟形或 3-5 浅裂、3 裂或鸟足状分裂，集合脉 3，2 条近边缘，第三条较疏离；叶柄稍长，稀顶部生珠芽。花序梗短，稀长；佛焰苞管部席卷，喉部多少缢缩，檐部后期后仰，卵状披针形或披针形，常紫红、稀白色；肉穗花序两性，雌花序短，与雄花序间有较长间隔；附属器具短柄，基部近平截、圆锥形、线状圆锥形、棒状或纺锤状。花单性，无花被；雄花：雄蕊 1-3，无花丝，花药扁，药隔薄，有时稍突出药室之上，药室卵圆形，对生或近对生，由顶部向下开裂或顶孔开裂。雌花：子房卵圆形或长圆状卵圆形，1 室，胚珠 1-2，卵圆形或近葫芦形，珠柄短，基生；无花柱，柱头半头状。中性花同型或异型，上部的与雌花相邻（假雌蕊），棒状、匙状、钻状、疣状，或无，或圆柱状线形，或近钻形，上部的细小。浆果卵圆形。种子 1-2，球形，顶部尖，有皱纹，种柄与种阜汇合，种皮薄，珠孔稍凸出；胚乳丰富，胚具轴。

35 种，分布于印度至马来西亚一带。我国 15 种。

1. 中性花序中下部的中性花棒状，上部的近钻形或疣状。
  2. 叶片非鸟足状分裂。
    3. 叶片箭形或箭状戟形。
      4. 中性花序全部具花，下部中性花棒状，中、上部的钻形；附属器直立，圆柱形或棒状，长 2-6 厘米；叶长 15-45 厘米，宽 9-25 厘米 ·············· 1. 独角莲 T. giganteum
      4. 中性花序上部无花，下部的中性花头状，具细梗，长 2 毫米，兼有上弯线形棒状中性花；附属器细长圆柱形，长 7 厘米；叶片 3-5 深裂，长 6-10 厘米，宽 10-16 厘米 ··· 1(附). 藏南犁头尖 T. austro-tibeticum
    3. 叶片箭状长圆形或箭状披针形；附属器线形，长 1.3 厘米；下部中性花棒状，长约 2 毫米，径不及 1 毫米。
      5. 佛焰苞檐部披针形，长约 3 厘米；叶长箭形、箭状长圆形或箭状卵圆形，前裂片长 3-5 厘米；附属器长约 1.3 厘米，无柄 ·············· 2. 高山犁头尖 T. alpinum
      5. 佛焰苞檐部长鞭状或长渐尖，长 7.5-25 厘米；叶戟状长圆形，长 8-20 厘米；附属器长 16-17 厘米，柄长 2.5 毫米 ·············· 6. 鞭檐犁头尖 T. flagelliforme
  2. 叶片鸟足状分裂，裂片 9-13；附属器棒状或圆柱形。
    6. 叶片及叶柄有紫斑；子房胚珠 1；叶裂片全缘 ·············· 3. 单籽犁头尖 T. calcicolum
    6. 叶片及叶柄无紫斑；子房胚珠 2；叶裂片具波状圆齿 ·············· 7. 昆明犁头尖 T. kunmingense
1. 中性花序的中性花同型，圆柱形、线形、近锥形或棒状。
  7. 叶片不裂，卵状心形、心状或戟状箭形。
    8. 佛焰苞先端扭卷成鞭状或螺状旋卷。
      9. 中性花序棒状，长 2 厘米，直立；叶脉浅白色 ·············· 8. 白脉犁头尖 T. albidinervum
      9. 中性花序线形，长 1.7-4 厘米，上升或下弯；叶脉绿色 ·············· 9. 犁头尖 T. blumei
    8. 佛焰苞先端不扭卷成鞭状。
      10. 中性花序线形，卷曲；附属器长 5-12 厘米 ·············· 4. 马蹄犁头尖 T. trilobatum
      10. 中性花序圆柱形，反折；附属器鼠尾状，长 12-15 厘米 ·············· 5. 金慈姑 T. roxburgii
  7. 叶片鸟足状分裂或深裂。

11. 叶片3深裂，裂片线形，中裂片长8-10厘米，宽3-8毫米；中性花序线形弯曲 ⋯ 10. **三叶犁头尖 T. trifoliatum**

11. 叶片鸟足状深裂，裂片7-11；附属器纺锤形；中性花序具线形中性花 ⋯⋯⋯⋯⋯⋯ 11. **西南犁头尖 T. omeiense**

1. 独角莲　　　　　　　　　　　　　　图 180 图 187：6-8 彩片55

Typhonium giganteum Engl. in Engl. Bot. Jahrb. 4: 66. t. 1. 1883.

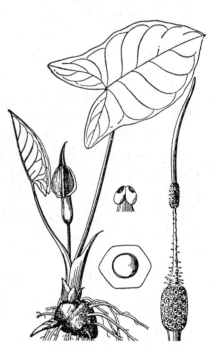

图 180 独角莲 （引自《图鉴》）

块茎倒卵形、卵球形或卵状椭圆形，径2-4厘米，被暗褐色鳞片，有7-8环状节，颈部生须根。1-2年生植株有1叶，3-4年生的有3-4叶，叶与花序同出。幼叶内卷角状，后展开，箭形，长15-45厘米，宽9-25厘米，先端渐尖，基部箭状，后裂片叉开，1级侧脉7-8对，最下部的2条基部重叠，集合脉与边缘相距5-6毫米；叶柄圆柱形，长约60厘米，密生紫色斑点，中部以下具膜质叶鞘。花序梗长15厘米；佛焰苞紫色，管部圆筒形或长圆状卵形，长约6厘米，径3厘米，檐部卵形，展开，长达15厘米，先端渐尖常弯曲；肉穗花序几无梗，长达14厘米；雌花序圆柱形，长约3厘米；中性花序全部具花，长3厘米，下部中性花棒状，中上部的钻形；雄花序长2厘米；附属器圆柱形或棒状，紫色，长（2-）6厘米，直立，基部无柄。雄花无梗，药室卵圆形，顶孔开裂。雌花子房圆柱形，顶部截平，胚珠2，柱头圆。花期6-8月，果期7-9月。

产吉林、辽宁、河北、山东、山西、河南、陕西、甘肃、湖北、广西、四川、云南及西藏南部，生于海拔1500米以下荒地、山坡、水沟旁，辽宁、吉林、广东、广西有栽培。块茎药用，祛痰、去寒湿、镇痉，治头痛、半身不遂。中药"白附子"由独角莲加工而成。

[附] **藏南犁头尖** 图 187：9-11 **Typhonium austro-tibeticum** H. Li in Acta Phytotax. Sin. 15(2): 104. pl. 7: 2 (1-3). 1977. 与独角莲的区别：叶3-5深裂，长6-10厘米，宽10-16厘米；中性花序上部无花，下部的中性花头状，具细梗，长约2毫米，兼有上弯线形棒状中性花；附属器细长圆柱形，长约7厘米；叶片3-5深裂，长6-10厘米，宽10-16厘米。产西藏南部，生于海拔2300-3200米山坡林内。

2. 高山犁头尖　　　　　　　　　　　　图 181：1-2

Typhonium alpinum C. Y. Wu ex H. Li et al. in Acta Phytotax. Sin. 15(2): 104. pl. 7: 3(8-9). pl. 8:1. 1977.

多年生草本，高10-20厘米。块茎球形，径0.8-1.2厘米，上半部具长1-2厘米纤维状根；叶与花序从块茎顶部同出。叶绿色，长箭形、箭状长圆形或箭状卵圆形，前裂片长圆形或卵圆形，长3-5厘米，后裂片三角状披针形，长1-2.5厘米，外展，侧脉7-8对，集合脉2圈，外圈靠边缘；叶柄长4-9厘米，下部不明显鞘状。花序梗纤细，长6-7厘米；佛焰苞绿色，常具深紫色纵纹，内面紫色，长4厘米，管部近卵球形，长0.8-1厘米，檐部披针形，长约3厘米；肉穗花序长2.5厘米，极纤细；雌花序长约2毫米；中性花序长6毫米；雄花序长2.5毫米；附属器线形，长1.3厘米，无柄。中性花：下部的棒状，长约2毫米，斜伸或近直立，中、上部的钻形，稀疏。雄花：花药卵圆形，顶孔开裂；雌花：子房1室，胚珠1，直立基底。浆果长圆形或卵圆形，长2毫米。种子1。花期6月，果期7月。

产云南东北部，生于海拔3350-4000米高山潮湿草地或草坝。

3. 单籽犁头尖　岩生犁头尖　　　　　　　图 181：3-7　图 182

Typhonium calcicolum C. Y. Wu ex H. Li et al. in Acta Phytotax. Sin. 15 (2): 104. pl. 7: 3 (10-14). 1977.

多年生草本，高0.4-1米。块茎近球形，高1.8厘米，径1-2厘米，密生纤维状根。鳞叶1，膜质，披针形，长3-7厘米；叶与花序同出。叶1；叶上面亮绿色，有紫斑，下面淡绿色，鸟足状分裂，裂片9-13，全缘中裂片长圆形，全缘，长达15厘米，尾状渐尖，基部宽楔形；集合脉2圈，外圈近缘；叶柄长25-60厘米，淡绿或紫绿色，有深紫色斑点，下部6-8厘米具鞘。花序1-3，

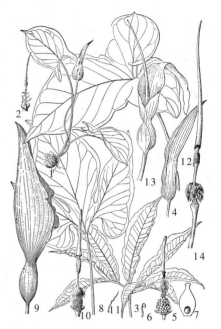

图 181：1-2.高山犁头尖　3-7.单籽犁头尖　8-11.马蹄犁头尖　12-14.金慈姑
（肖　溶绘）

梗长5-10厘米；佛焰苞长12厘米，淡绿色，管部长3-4厘米，基部径1.5厘米，向上渐窄，檐部长8-9厘米，展开宽1.5厘米，长尾尖；肉穗花序长7厘米；雌花序长1.3厘米；中性花序长1.5厘米；雄花序长5毫米，最上部具不育假雄蕊；附属器棒状，长约3.5厘米，基部无柄。雄花：近无花丝，药室卵形，由顶部向下开裂。雌花：子房长圆形，长3.5毫米，外被细小白点，1室，直生胚珠1，珠柄极短，柱头圆。中性花：最下部的少数为棒状，极多数为长线形，长6-7毫米，上部为疣状突起。花期6月。

产云南，生于海拔1200-1550米常绿阔叶林中草地或石崖。

4. 马蹄犁头尖　　　　　　　　　　　　图 181：8-11

Typhonium trilobatum (Linn.) Schott in Wiener. Z. Kunst. 3: 72. 1829.

Arum trilobatum Linn. Sp. Pl. 965. 1753.

块茎近球形或长圆形，肉质根长5-10厘米。叶2-4；幼株叶片戟形，前裂片三角形，长4厘米，基部宽2厘米，后裂片窄披针形，长3.5厘米，基部宽5毫米，多年生植株叶片宽心状卵形，长10-15厘米，3浅裂或深裂，中裂片卵形或菱状卵形，渐尖，侧裂片斜卵形，长8-13厘米，

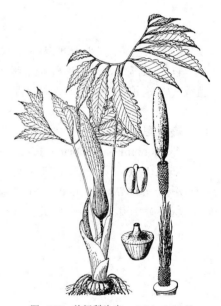

图 182　单籽犁头尖　（引自《图鉴》）

外侧常耳状；中裂片侧脉约10对，斜伸，常分叉，集合脉2，细脉网状；叶柄长25-35厘米，下部具宽鞘。花序梗长5-10厘米；佛焰苞淡紫带绿色，内面紫色，管部长圆形，长2.5-3.5厘米，檐部长卵状披针形，长15厘米以上，外面干时绿

白色，内面紫红色，展开宽5-8厘米；雌肉穗花序短圆柱形，长约7毫米，雌花子房黄绿色，柱头紫色。中性花序长2.8厘米，下半部具花，上半部无花，中性花黄色，线形，长约7毫米，卷曲。雄花序粉红色，长1.25-1.7厘米，径约5毫米；附属器紫红色，长圆锥形，具短柄，基部径4-7毫米，长5-12厘米，直立。花期5-7月。

产广东、香港、广西及云南，生于海拔650米以下芭蕉林、灌丛、草地、荒地、路旁，为常见杂草。孟加拉、印度东北部、斯里兰卡、缅甸、泰国、老挝、越南、柬埔寨、马来西亚、新加坡和印度尼西亚有分布。块茎入药，功效同犁头尖。

5. 金慈姑　　　　　　图 181：12-14

Typhonium roxburgii Schott, Aroid. 1: 12. 1855 excl. t. 17.

块茎近球形。叶3-4，丛生；叶戟状3浅裂或3深裂，渐尖，中裂片卵形，长（5-）9-17厘米，侧裂片不等侧卵形或长圆状卵形，长10厘米，侧脉多数，扇形展开，网脉明显，集合脉1，距缘3-5毫米；叶柄长10-35厘米，下部具鞘。花序梗长2-9厘米，肉红色，有暗紫色斑纹，佛焰苞长17-19厘米，管部卵圆形，长2-2.5厘米，苍白或淡绿色，具紫色条纹，檐部卵状披针形，长13-15厘米，基部展开宽5厘米，向上长渐尖，外面肉红带土绿色，具紫色纵纹，内面褐紫带肉红色纹；雌肉穗花序圆柱形或短圆锥形，长4-5毫米；中性花序圆柱形，反折，长1.5-2.2厘米，下部5-7毫米密布中性花，余无花，白色；雄花序长1厘米；附属器鼠尾状，淡蜡褐色，长12-15厘米，具长约2毫米淡紫红色的柄。雄花：雄蕊2-3，土黄色，无花丝，药室卵形，外向由顶部向下开裂，花粉红色。雌花：心皮2-3，子房卵形，白色，柱头盘状，紫红色，1室，胚珠1，半倒生，珠柄明显；中性花：蜡黄色，圆柱形，肉质，长8-9毫米，反折。浆果卵圆形，淡绿色，种子1。花果期5-8月。

产台湾及云南西部。斯里兰卡、马来半岛和印度尼西亚有分布。块茎入药，治风湿关节痛。

6. 鞭檐犁头尖　　　　图 183 彩片56

Typhonium flagelliforme (Lodd.) Bl. in Engl. Pflanzenr. 73(4, 23F): 112. f. 16. 1920.

Arum flagelliforme Lodd. Bot. Cab. t. 396. 1819.

块茎径1-2厘米。叶和花序同出。叶3-4；叶戟状长圆形，长8-20厘米，基部心形或下延，前裂片长圆形或长圆状披针形，长5-14厘米，侧裂片外展或下倾，长三角形，长4-5厘米，侧脉4-5对，1对基出，2级侧脉和网脉极纤细，集合脉2，外圈近缘；叶柄长15-30厘米，中部以下具宽鞘。花序梗长5-10（-20）厘米；佛焰苞管部绿色，卵圆形或长圆形，长1.5-2.5厘米，檐部绿或绿白色，长鞭状或长渐尖，长7.5-25厘米，下部展平宽5-8厘米；肉穗花序长达20余厘米；雌花序卵形，长1.5-1.8厘米；中性花

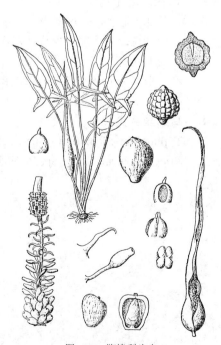

图 183 鞭檐犁头尖
（引自《Engl. Pflenzenr.》）

序长 1.7 厘米；雄花序长 5-6 毫米；附属器淡黄绿色，长 16-17 厘米，柄长 2.5 毫米。雄花：雄蕊 2，药室近圆球形。雌花：子房倒卵形或近球形，无花柱，柱头小。中性花：中部以下的棒状，长达 4 毫米，上弯，黄色，先端紫色，上部的锥形，长 2-3 毫米，淡黄色，下倾，有时内弯。浆果卵圆形，绿色。花期 4-5 月。

产广东、广西南部、贵州及云南东南部，生于海拔 350 米以下山溪浅水中、水田、田边、湿地。孟加拉、印度东部、斯里兰卡、缅甸、中南半岛、马来半岛、印度尼西亚、帝汶岛和菲律宾均有分布。块茎入药，燥湿化痰、止咳，内服治咳嗽痰多、支气管炎，常与半夏通用；外用治跌打损伤、疮毒。

7. 昆明犁头尖   图 184

Typhonium kunmingense H. Li in Acta Phytotax. Sin. 15(2): 104. 1977.

多年生草本。块茎扁球形，径 4 厘米或更大，高 2.5 厘米，淡褐色，多皱，有小球茎及芽眼。鳞片披针形，长 6-7 厘米；叶 1，叶鸟足状分裂，裂片 9-11，椭圆形，上面暗绿色，发亮，下面淡绿色，渐尖，基部无柄，外延，老叶具波状圆齿，中裂片比邻近 1 对侧裂片短，长 6.5-10 厘米，邻近侧裂片长 8-12 厘米，外侧的渐小，最外的长 1-3 厘米；叶柄长 20-30 厘米，下部 10-15 厘米鞘状，绿或粉红色。花序 1，花序梗由叶柄鞘中抽出，长 6-15 厘米，圆柱形，淡绿色；佛焰苞外面淡绿色，具紫褐色斑点，内面乳白色，中部有紫褐色斑点，或两面无斑点，海绵质，长 17 厘米，管部卵形，席卷，长 3-4 厘米，檐部长 10-13 厘米，近直立，卵状披针形，舟状展开，两侧内卷，展平宽 4-5 厘米，先端尾尖，席卷为角状；肉穗花序具粪臭；雌花序淡黄色，圆柱形，长 6 毫米；中性花序长 3 厘米，黄白色；雄花序长约 1 厘米，淡黄色；附属器圆柱状或棒状，长 4-5 厘米，直立，基部具柄。雄花：雄蕊 1-2，花丝短，药室 2，侧向纵裂。雌花：子房棱柱状，顶部略外凸，胚珠 2，无花柱，柱头圆；中性花：最下部的 2 裂，最下 1 轮棒状，长 3 毫米，棒头金黄色，后为大量线形花，长 5-6 毫米，上半部的为少数锥状突起，有时上半部无花。花期 5-7 月。

产贵州及云南，生于海拔 1800-2100 米常绿阔叶林下。

图 184 昆明犁头尖 （肖 溶绘）

8. 白脉犁头尖   图 185

Typhonium albidinervum C. Z. Tang et H. Li in Acta Phytotax. Sin. 15 (2): 105. pl. 8: 3. 1977.

多年生草本。块茎近圆球形，径约 2 厘米，具多数芽眼，翌年萌发成新植株。鳞叶膜质，三角形或披针形。叶 2-3；叶上面绿色，下面淡绿色，芽时席卷，展开卵状心形，前裂片长 3-5（-8）厘米，侧裂片耳状，圆形，中肋及 1 级侧脉上面下凹，浅白色，下面淡绿色，

图 185 白脉犁头尖 （唐振缙 肖 溶绘）

集合脉距缘2-4毫米；叶柄长15-25厘米，下部3-4厘米鞘状，绿白色，腹面具浅槽。花序梗长4-5厘米，略伸出叶柄鞘外，黄绿色；佛焰苞管部卵状，黄绿色，具暗红色条纹和斑块，长1.8厘米，檐部长披针形，外面淡紫褐色，内面深褐色，下部席卷，长10厘米，中部展开宽2.3厘米，线形，先端螺状旋卷，两面淡绿色；肉穗花序长13.4厘米，极臭；雌花序长3-4毫米，径3毫米；中性花序棒状，长2厘米，直立，下部具1-3轮花；雄花序圆柱状，黄色，长4毫米；附属器褐紫色，长10厘米，鼠尾状，基部无柄。雄花：雄蕊1，花药2室，药隔宽厚，药室圆球形，顶孔开裂。雌花：短圆柱形，淡绿色，长约1毫米，柱头圆。中性花，粗棒状，长3-4毫米，棒头金黄色，棒柄青紫色，单生，或2-3枚基部合生。浆果倒圆锥状，淡绿色，长6毫米。花期5月。

产广东，广州及昆明有栽培。块茎入药，功效同犁头尖。

9. 犁头尖

图 186 彩片57

Typhonium blumei Nicolson et Sivaasan in Blumea 27: 494. 1981.

Typhonium divaricatum (Linn.) Decne; 中国植物志 13 (2): 111. 1979; 中国高等植物图鉴 5:371. 1976.

块茎近球形、头状或椭圆形，径1-2厘米，褐色，具环节，颈部生纤维状须根。多年生植株有叶4-8；叶戟状三角形，前裂片卵形，长7-10厘米，后裂片长卵形，外展，长6厘米，基部弯缺，叶脉绿色，侧脉3-5对，集合脉2圈；叶柄长20-24厘米，基部4厘米鞘状、鸢尾式排列，上部圆柱形。花序梗单一，生于叶腋，长9-11厘米，淡绿色，圆柱形，径2毫米，直立；佛焰苞管部绿色，卵形，长1.6-3厘米，檐部绿紫色，卷成长角状，长12-18厘米，花时展开，后仰，卵状长披针形，宽4-5厘米，中部以上骤窄成下垂带状，先端旋曲，内面深绿色，外面绿紫色；肉穗花序无梗；雌花序圆锥形，长1.5-3毫米；中性花序线形，长1.7-4厘米，上升或下弯，下部7-8毫米处具花，连花径4毫米，无花部分径约1毫米，淡绿色；雄花序长4-9毫米，橙黄色；附属器深紫色，具强烈粪臭，长10-13厘米，基部斜截，具细柄，向上成鼠尾状，近直立，下部1/3具疣皱。雄花近无梗，雄蕊2，药室2。雌花子房卵形，黄色，无花柱，柱头盘状，具乳突，红色。中性花线形，长约4毫米，两头黄色，中部红色。花期5-7月。

图 186 犁头尖 （引自《图鉴》）

产浙江、台湾、福建、江西、湖北、湖南、广东、香港、海南、广西、贵州、四川及云南，生于海拔1200米以下地边、田头、草坡、石隙。印度、缅甸、越南、泰国、印度尼西亚、帝汶岛和日本有分布。块茎入药。有毒，外用解毒消肿、散结、止血。

10. 三叶犁头尖

图 187：1-2

Typhonium trifoliatum Wang et Lo ex H. Li et al in Acta Phytotax. Sin. 15 (2): 105. pl. 7: 2 (4-5). 1977.

多年生草本。块茎长圆形或圆球形，高1.5厘米，径1.2厘米。叶

多数，丛生；叶常鸟足状3深裂近基部，裂片线形，无柄，中裂片长8-10厘米，宽3-8毫米，渐尖，侧裂片平展，长1.7-4.5厘米；叶柄长6-12厘米，基部鞘状。花序梗生于叶丛，长8-10厘米；佛焰苞深紫色，管部卵圆形，长1.5厘米，上部缢缩，檐部卵状披针形，长17厘米，中部以上长渐尖，上部线形，后仰；肉穗花序长13-17厘米；下部雌花序长5毫米，中性花序线形弯曲，长1.4厘米，下部1-2毫米具花，余裸秃；雄花序长0.8-1.8厘米；附属器具短柄，基部近平截，长10-13厘米，下部径3-5毫米，向上渐细，近直立。雌花子房卵形，柱头盘状，胚珠1，基生。中性花线形，长5-6毫米，弯曲，密集。浆果卵球形，种子1。花果期7-8月。

产内蒙古、河北、山西及陕西北部。山西用块茎代半夏入药。

图 187：1-2.三叶犁头尖 3-5.西南犁头尖 6-8.独角莲 9-11.藏南犁头尖 （肖 溶绘）

11. 西南犁头尖

图 187：3-5

Typhonium omeiense H. Li in Acta Phytotax. Sin. 15 (2): 105. pl. 7: 2 (6). pl. 8: 4. 1977.

块茎近球形，径1-2厘米。鳞片2-3；叶1-2；叶绿色，鸟足状深裂，裂片7-11，无柄，基部多少联合，全缘，中裂片椭圆形或倒椭圆状披针形，长6.5-11厘米，侧裂片渐短小，最外侧的长2-2.5厘米，裂片无柄，中肋常红色，侧脉4-6对，纤细，集合脉2圈，外圈极近缘，内圈距缘5-6毫米；叶柄红色，长20-45厘米，下部5-10厘米鞘状，上部圆柱形，纤细。花序梗比叶柄短，生于叶柄鞘中，长9-19厘米，顶部粗；佛焰苞绿色，长约10厘米，管部卵圆形，长3厘米，向上缢缩，檐部长圆状披针形，长5-7厘米；雌肉穗花序短圆柱形，长4-6毫米；中性花序长3厘米，几全长具花，中性花线形，密，下部的长7毫米，向上渐小，最上部的长2-3毫米；雄花序圆柱形，长7毫米；附属器纺锤形，长2.2厘米，中部径7毫米，具长5-6毫米的细柄。浆果卵圆形，长5毫米。种子1，棕色。花期5-6月，果期7-8月。

产广西、贵州及四川，生于竹林下杂草丛中。

28. 斑龙芋属 Sauromatum Schott

多年生草本。块茎近球形。通常一年生出1叶，翌年出鳞叶及花序，稀营养叶和花序同出，块茎多年出叶后出花。叶鸟足状全裂或深裂；叶柄圆柱形，稍具斑块。花序梗短；佛焰苞凋存，管部长圆形，基部偏肿，前面多少闭合，檐部长披针形，内面深紫色，常具斑块，后期螺状旋卷；肉穗花序比佛焰苞短，下部为圆锥形雌花序，上部为近圆柱形雄花序，雌雄花序间有长达4倍中性花序，中性花序下部1/2以上疏生中性花；附属器圆柱形，长于具花的肉穗花序。花单性；无花被；雄花具少数雄蕊，无花丝，花药扁，药隔细，药室对生，长圆状倒卵形，室孔卵形，顶裂。雌花：子房1室，花柱极短，后内凹，柱头盘状，胚珠2-4，直立，葫芦状，着生室底具乳突垫状胎座。中性花：呈棒状，稀圆柱状，伸展，稀疏。浆果倒圆锥状，具皱褶，顶端细尖，一侧平，光滑。种阜倒圆锥形，种皮薄，珠孔稍明显；胚乳丰富，胚具轴。

　　6种，分布于非洲、东南亚至大洋洲。我国2种。

1. 叶中裂片长圆形，长10厘米，宽4.5厘米 ································· 斑龙芋 S. venosum
1. 叶中裂片线状披针形，长11厘米，宽1.2厘米 ···················· (附). 短柄斑龙芋 S. brevipes

斑龙芋　　　　　　　　　　　图　188：1-10　彩片58

Sauromatum venosum (Aiton) Kunth, Enum. Pl. 3: 281. 1841.

Arum venosum Aiton, Hort. Kew. 3: 315. 1789.

块茎径3.5厘米，有多数小球茎。鳞叶多数，从侧芽萌出。叶1；叶圆心形，鸟足状深裂；裂片9，无柄，中裂片长圆形，渐尖，长10厘米，宽4.5厘米，侧裂片椭圆形，内侧的长9厘米，向外渐小，最外的长2.5厘米；叶柄长20厘米，圆柱形，黄绿色，有紫褐色斑块。花序梗长7厘米（果期），绿白色，具斑块；佛焰苞管部长5-10厘米，下部略偏肿，上部近圆柱形，径2-2.5厘米，檐部席卷为圆筒状，直立，基部肿胀，先端细渐尖，展开为长圆状披针形，长30-70厘米，下部不规则浅波状，上部窄，下部紫色，中、上部亮绿色，具深紫色斑块；肉穗花序为佛焰苞长约1/3；雌花序长2-2.5厘米；中性花序长8-8.5厘米，下部2-2.5厘米具花；雄花序长1.5厘米；附属器圆柱形，长达30厘米，淡棕或淡紫色。雌花雌蕊倒卵圆形，顶部近平截，胚珠2。雄花花丝极短；中性花疏生，棒状。果序长圆形；浆果棱柱状，长5毫米，具5纵肋，柱头盘状下凹。果期7月。

　　产云南及西藏东南部，生于海拔1900-2030米常绿阔叶林下或山坡草地。尼泊尔、印度和缅甸北部有分布。

　　[附] **短柄斑龙芋**　图 188：11 **Sauromatum brevipes** (Hook. f.) N. E. Brown

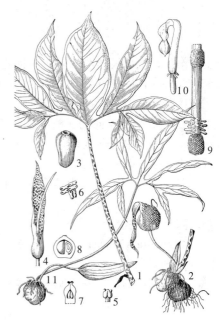

图　188：1-10.斑龙芋　11.短柄斑龙芋
（肖　溶绘）

in Gard. Chron. ser. 3, 34 (2): 93. 1903.
—— *Typhonium brevipes* Hook. f. Fl. Brit. Ind. 6: 51. 1893. 与斑龙芋的区别：叶中裂片线状披针形，长11（-25）厘米，宽1.2厘米。产西藏南部，生于海拔2400米山坡草地。尼泊尔及印度东北部有分布。

29. 天南星属 Arisaema Mart.

多年生草本。具块茎或圆柱形根茎。鳞叶3-5；叶1-2（3）；叶3浅裂、3全裂或3深裂，有时鸟足状或放射状全裂，裂片5-11或更多，卵形、卵状披针形、披针形，全缘或啮齿状，无柄或具柄，中肋稍粗宽，1、2级侧脉隆起，集合脉3圈，沿缘伸延；叶柄具长鞘，常与花序梗具同样斑纹。佛焰苞管部席卷，圆筒形或喉部宽，喉部边缘有时具宽耳，檐部盔状，通常长渐尖；肉穗花序单性或两性；雌花序花密；雄花序花疏；两性花序接于雌花序之上，上部常有少数钻形或多数线形中性花，有时至花序轴顶部；附属器达佛焰苞喉部，或稍伸出喉外，有时长线形，裸秃，稀具不育中性花。花单性，雌雄异株，稀同株；雄花有雄蕊2-5，无花丝或有花丝，药隔纤细不明显，药室短卵圆形，室孔或室缝外向开裂，有时2药室汇合，裂缝连成马蹄形，极稀环状开裂。中性花钻形或线形。雌花密集，子房1室，卵圆形或长圆状卵形，渐窄为花柱，胚珠1-9，直生，珠柄短，着生基底胎座。浆果倒卵圆形、倒圆锥形，1室。种子球状卵圆形，具锥尖；胚乳丰富，胚具轴。

约150种，多分布于亚洲热带、亚热带，少数产热带非洲，中美和北美有数种。我国91种。

1. 叶掌状3裂。
  2. 附属器纤细，常线形，下弯。
    3. 附属器上部中性花多数，线形，有时至顶部。
      4. 叶2；植株具根茎，节膨大。
        5. 佛焰苞檐部二色。
          6. 根茎长4.5-6.5厘米，径2-3毫米，内面白色，节球形；佛焰苞绿色，檐下部具白色圆形斑块 ⋯⋯⋯⋯⋯⋯⋯⋯⋯⋯⋯⋯⋯⋯⋯⋯⋯⋯⋯ 1. 屏边南星 **A. pingbianense**
          6. 根茎近圆柱形，径2厘米以上，内面血红色；佛焰苞黄绿具白色条纹 ⋯⋯ 1(附). 红根南星 **A. calcareum**
        5. 佛焰苞檐部白或淡绿色；附属器长4-5厘米，上部密被长约2毫米的中性花 ⋯⋯⋯⋯⋯⋯⋯⋯⋯⋯⋯⋯⋯⋯⋯⋯⋯⋯⋯⋯⋯⋯⋯⋯⋯ 2. 画笔南星 **A. penicillatum**
      4. 叶1；附属器长不及2.5厘米；中性花长约1毫米，散生于附属器上部和下部 ⋯⋯⋯⋯⋯⋯⋯⋯⋯⋯⋯⋯⋯⋯⋯⋯⋯⋯⋯⋯⋯⋯⋯⋯⋯⋯⋯⋯ 3(附). 滇南星 **A. austro-yunnanense**
    3. 附属器无中性花，有时基部有钻形中性花。
      7. 根茎圆柱形，长6-7厘米，内面紫或青紫色；雄肉穗花序附属器细圆柱形，直立，无中性花，雌附属器下部具中性花，上部外弯 ⋯⋯⋯⋯⋯⋯⋯⋯⋯⋯ 3. 三匹箭 **A. inkiangense**
      7. 块茎扁球形，每年换头（老块茎生出新块茎）。
        8. 附属器近直立，棒形或圆柱形，雌附属器光滑或下部具少数钻形中性花；叶柄淡绿色 ⋯⋯⋯⋯⋯⋯⋯⋯⋯⋯⋯⋯⋯⋯⋯⋯⋯⋯⋯⋯⋯⋯⋯ 4. 瑶山南星 **A. sinii**
        8. 附属器外弯或下垂。
          9. 叶1（2）。
            10. 叶片全缘或3裂，裂片窄，中裂片长10-17厘米；附属器线形，长6-16厘米，常弯曲 ⋯⋯⋯⋯⋯⋯⋯⋯⋯⋯⋯⋯⋯⋯⋯⋯⋯⋯⋯⋯ 5. 银南星 **A. bathycoleum**
            10. 叶片3全裂，中裂片椭圆形或椭圆状披针形，长10-19厘米；附属器圆柱形，长5-6厘米，外弯 ⋯⋯⋯⋯⋯⋯⋯⋯⋯⋯⋯⋯⋯⋯⋯⋯⋯⋯ 6. 山珠南星 **A. yunnanense**
          9. 叶2；附属器线形，长8-40厘米，下垂；叶中裂片卵状长圆形，长22-24厘米 ⋯⋯⋯⋯⋯⋯⋯⋯⋯⋯⋯⋯⋯⋯⋯⋯⋯⋯⋯ 6(附). 河谷南星 **A. prazeri**
  2. 附属器多少粗厚，非线形。
    11. 药室马蹄形或新月形开裂；附属器上部长鞭状，伸出佛焰苞很长，下垂，下部粗壮，基部常盘状，具柄。
      12. 根茎曲迴延伸或匍匐；花序梗长10-15厘米；附属器鞭状，长20-80厘米，下部粗，上部下垂；果倒卵状纺锤形，具8纵棱 ⋯⋯⋯⋯⋯⋯⋯⋯⋯⋯⋯⋯⋯ 10. 美丽南星 **A. speciosum**
      12. 块茎球形或扁球形。
        13. 叶中裂片椭圆形、长圆形、卵形或菱形，长大于宽。
          14. 叶裂片侧脉极多数，平行；附属器具柄，长5-8毫米 ⋯⋯⋯⋯⋯⋯⋯ 11. 多脉南星 **A. costatum**
          14. 叶裂片侧脉较少。
            15. 叶裂片边缘红色，中裂片扁菱形或卵状菱形；佛焰苞檐部倒卵形，背面有白色纵脉 ⋯⋯⋯⋯⋯⋯⋯⋯⋯⋯⋯⋯⋯⋯⋯⋯⋯⋯⋯⋯⋯⋯⋯ 12. 网檐南星 **A. utile**
            15. 叶裂片边缘绿色；佛焰苞檐部卵状披针形，全缘，长7-16厘米 ⋯⋯ 13. 高原南星 **A. intermedium**

13. 叶中裂片宽倒卵形、倒三角形或倒心形，长小于宽。

  16. 附属器中部密被苍白色乳突；佛焰苞白绿、浅黄或紫色具白或黄色条纹 ……… 14. 疣序南星 A. handelii

  16. 附属器无乳突。

    17. 叶柄和花序梗具疣或刺。

      18. 附属器圆柱形，近直立，长 6.5-9 厘米；叶柄和叶下面中肋具弯刺 ……… 15. 刺柄南星 A. asperatum

      18. 附属器下部圆锥形，中部向上渐窄，外弯或之字形上升；叶柄和花序梗无刺。

        19. 雌附属器柄长 3-5 毫米，基部平截；叶中裂片宽短倒卵形 …………… 16. 川中南星 A. wilsonii

        19. 雌附属器柄长 0.5-1 厘米，基部柄状；叶中裂片倒卵形 ………………… 17. 象南星 A. elephas

    17. 叶柄和花序光滑。

      20. 小草本；叶中裂片宽倒卵形或倒心形，长 3-6.5 厘米；附属器纤细，下部径约 2 毫米，基部盘状 ………………………………………………………………………………… 18. 小南星 A. parvum

      20. 中型草本；叶中裂片菱形，长 15-30 厘米；附属器圆锥形，曲膝状，下部径 1.5-1.8 厘米，基部非盘状 ……………………………………………………………………… 19. 粗序南星 A. dilatatum

11. 药室裂缝非新月形。

  21. 附属器倒棒状或细长纺锤形，近直立或稍下弯，向下渐窄，基部渐窄成柄状，非平截。

    22. 佛焰苞白色；附属器无柄，有时基部纺锤形 …………………………… 7. 白苞南星 A. candidissimum

    22. 佛焰苞紫色具白或绿白色条纹。

      23. 附属器圆锥状，长 3.5-6 厘米；柱头凸起 …………………………… 8. 象头花 A. franchetianum

      23. 附属器粗壮，长圆锥状，长 4.5-9 厘米；柱头画笔状 ………………… 9. 螃蟹七 A. fargesii

  21. 附属器圆柱形，稍伸出佛焰苞喉外，直立，基部近平截，具柄。

    24. 佛焰苞喉部具宽耳，外展；叶中裂片无柄。

      25. 附属器圆柱形，黄绿色具玫瑰红或紫色斑点；佛焰苞檐部宽卵形，喉部两侧具圆形宽耳 ………………………………………………………………………………… 20. 双耳南星 A. wattii

      25. 附属器棒状或长圆锥形，白色无斑点；佛焰苞檐部盔状，喉部具外卷的耳 …… 21. 普陀南星 A. ringens

    24. 佛焰苞喉部无耳，斜截；叶中裂片具 1.5-5 厘米长的柄；附属器绿白色，无斑点 ……………………………………………………………………………………… 22. 花南星 A. lobatum

1. 叶片鸟足状、掌状或辐射状分裂。

  26. 叶片鸟足状或掌状分裂。

    27. 附属器上部长，无柄。

      28. 附属器之字形上升，向上渐细。

        29. 佛焰苞全缘，不裂。

          30. 肉穗花序两性或雄花序单性。

            31. 叶裂片 5-17，菱状卵形、长圆形或披针形 …………………… 23. 曲序南星 A. tortuosum

            31. 叶裂片 13-19，倒披针形、长圆形或线状长圆形 …………… 24. 天南星 A. heterophyllum

          30. 肉穗花序单性；叶裂片 5-7，线形、椭圆形或卵状披针形；佛焰苞檐部椭圆状披针形或披针形 …… ……………………………………………………………………………… 25. 岩生南星 A. saxatile

        29. 佛焰苞檐部 3 深裂至喉部，顶生裂片卵形，长 3-4 厘米，尾尖 ……… 26. 长耳南星 A. auriculatum

      28. 附属器下垂或弯曲，下部粗厚，向上长鞭状或线形。

        32. 佛焰苞绿或黄绿色，檐部窄卵状披针形；附属器长 10-14 厘米；叶裂片 3-5 (-7)，侧裂片无柄，掌状 ………………………………………………………………………… 28. 旱生南星 A. aridum

        32. 佛焰苞青紫色，檐部三角状卵形，喉部边缘具宽耳；附属器下部纺锤形，上部线形，长 15-27 厘米 ……………………………………………………………………… 29. 心檐南星 A. cordatum

    27. 附属器短或长，直立或略下弯，有柄或无柄。

33. 佛焰苞长 2.5-6 厘米，管部卵圆形或球形，檐部长圆状卵形，略下弯；附属器长 2-5 毫米，短椭圆形；叶片鸟足状分裂 ·· 27. **黄苞南星 A. flavum**

33. 佛焰苞大，管部漏斗形或圆柱形。

  34. 植株具圆柱形或圆锥形根茎。

    35. 佛焰苞绿色具白色条纹或无；附属器光滑；叶裂片 5-7 ·················· 30. **奇异南星 A. decipiens**

    35. 佛焰苞黄绿、黄或红色，具深紫或黑色斑块；附属器深紫色具黑斑，顶部有肉质刺；叶裂片 3-5 ······

      ··· 31. **雪里见 A. rhizomatum**

  34. 植株具球形或扁球形块茎。

    36. 附属器具柄。

      37. 块茎扁球形；叶裂片 5-7。

        38. 叶裂片卵形、卵状长圆形或长圆形，中裂片具柄，长 0.5-2.5 厘米；浆果长圆锥状，黄色 ···········

        ·· 32. **灯台莲 A. bockii**

        38. 叶裂片倒披针形，中裂片近无柄；浆果截球形，黄色 ·············· 33. **猪笼南星 A. nepenthoides**

      37. 块茎球形；叶裂片 3-9。

        39. 叶裂片（3-）5（-9），卵形、长圆形或倒披针形；附属器径 1 毫米 ·······························

        ··· 34. **藏南绿南星 A. jacquemontii**

        39. 叶裂片 3-6，椭圆形；附属器径 2.5-3 毫米 ···················· 35. **隐序南星 A. wardii**

    36. 附属器无柄。

      40. 附属器长圆柱形，略棒状，基部具钻形中性花；叶裂片 7-9，长 6-7 厘米 ···········

      ··· 36. **云台南星 A. du-bois-reymondiae**

      40. 附属器纺锤形或线形，具头状尖头。

        41. 附属器长圆状锥形，顶端外倾，长 4-7 厘米；雌花序附属器具钻形中性花，雄花序的无中性花；叶裂片 7-9 ·· 37. **湘南星 A. hunanense**

        41. 附属器细圆柱形，长 2.6-7 厘米，顶端棒状或圆锥状；叶裂片 11-15 ····· 38. **棒头南星 A. clavatum**

26. 叶片放射状分裂，裂片 7-20 枚或更多。

  42. 叶柄和花序梗红或深绿色具密集褐色斑块；附属器棒状或圆柱形，基部无或偶有中性花 ············

  ··· 39. **一把伞南星 A. reubescens**

  42. 叶柄和花序梗绿色无杂色斑块或斑点；附属器具柄，粗棒状或圆柱形，顶端被刺毛，佛焰苞檐部绿色具白色条纹 ····································· 40. **刺棒南星 A. echinatum**

1. 屏边南星

图 189

Arisaema pingbianense H. Li in Bull. Bot. Res. (Harbin) 8 (3): 99. f. 2. 1988.

    根状茎细，长 4.5-6.5 厘米，径 2-3 毫米，内面白色，节球形。鳞叶 3，淡绿具青紫色斑块，包花序梗。叶 2；叶 3 裂，绿色，膜质，中裂片椭圆形，长 9-13.5 厘米，柄长 1.7 厘米，侧裂片斜卵状披针形，基部斜截，柄长 3-6 毫米，侧脉 5-7 对，集合脉距缘 1-2 毫米；叶柄圆柱形，绿色，长 20 厘米，基部具短鞘。雌雄异株；花序梗圆柱形，绿色，长 15 厘米；佛焰苞管部近圆柱形，长 4-4.5 厘米，喙部外卷，檐部长圆形，长 3.5-4 厘米，先端具线形长尾，绿色，下部具白色圆形斑块；雄肉穗花序无梗，长 3 厘米，径 4 毫米，疏生雄花；附属器近线形，长 3 厘米，上部 1 厘米密生多数线形中性花。雄花具 2-3 合生雄蕊，褐色，花药球形，顶部 2 孔裂；中性花黑褐色，线形，长 2-3 毫米，稍弯。花期 12 月。

产云南东南部，生于海拔 1600 米以下常绿阔叶林内。越南北部有分布。

[附] **红根南星** 图 191：10-12 **Arisaema calcareum** H. Li in Acta Phytotax. Sin. 15 (2): 106. pl. 9: 1 (3-5). 1977. 与屏边南星的区别：根茎近圆柱形，径 2 厘米以上，内面血红色；佛焰苞黄绿色，具白色条纹。产云南东南部，生于石灰岩山地常绿阔叶林或灌丛中。根茎入药，清热、消炎，外用治痈疽、无名肿毒。有剧毒，不可内服；中草药称 "红根"。

2. 画笔南星 顶刷南星　　　　　　　　　图 190 图 193：11-13

Arisaema penicillatum N. E. Brown in Journ. Linn. Soc. Bot. 18: 248. t. 5. 1880.

多年生草本。根茎长 2-3 厘米，径约 2 厘米。叶 2；叶 3 全裂，中裂片具柄，椭圆形，长 14 厘米，侧裂片近无柄，长圆状披针形，长约 10 厘米，基部稍偏斜，具芒状尖头，边缘皱波状，侧脉脉距 6-7 毫米；叶柄中部以上具鞘。花序梗比叶柄短；佛焰苞管部绿色，近圆柱形，长 4-6 厘米，喉部边缘稍外卷，檐部淡绿或白色，长圆形，长 2-5 厘米，具尾状尖头；肉穗花序单性，雄花序圆锥形，花疏，长 1.5-3.5 厘米，下部径 4 毫米；附属器长 4-5 厘米，渐窄，上部稍弯，密生长约 2 毫米线形中性花；雄花具短梗，雄蕊 3，药室卵圆形，纵裂。雌花序长 1 厘米，花密，附属器中部以下疏生，长 3 毫米线形中性花，上部密生较短中性花；雌花子房卵圆形，花柱短，柱头头状，胚珠 5。花果期 4-6 月。

产广东、香港、海南、广西及云南东南部，生于海拔 1000 米以下密林中。

3. 三匹箭　　　　　　　　　　　　　　图 191：1-7

Arisaema inkiangense H. Li in Acta Phytotax. Sin. 15 (2): 106. pl. 9: 1 (6-12). 1977.

多年生常绿草本。根茎圆柱形，淡黄色，内面紫或青紫色，长 6-7 厘米，节间散生锥形芽眼，芽萌发后，成新植株，每芽出 1 鳞叶、1 营养叶，然后出 2 鳞叶及花序。叶纸质，绿色，3 全裂，中裂片具长 2 厘米的柄，椭圆形，长 9-25 厘米，基部短楔形，先端尾状，有长 4-5 毫米管状小尖头；侧裂片柄长 0.5-1 厘米，披针状椭圆形，长 8-20 厘米；叶柄长 25-30 厘米，淡绿色，无斑纹。花序梗圆柱形，长 15-20 厘米；佛焰苞管部筒状，长 5 厘米，基部 1 厘米白色，余绿白色，喉

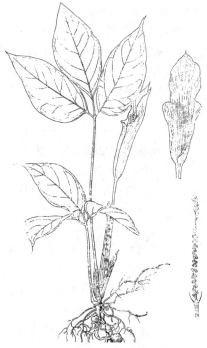

图 189 屏边南星　(肖 溶绘)

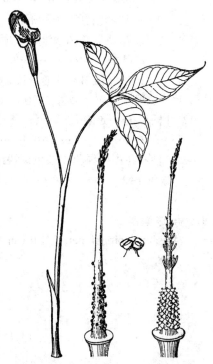

图 190 画笔南星　(引自《图鉴》)

部边缘耳状外卷；檐部两面绿色，卵状披针形，长 6 厘米，膜质，下弯，有尾尖；肉穗花序雌雄同株和

雄性单株；两性花序：下部雌花序圆柱形，长1.5厘米，花密，雌附属器下部具中性花，上部外弯；雌花子房长圆形，花柱短，柱头头状，具微柔毛，胚珠2-4；上部雄花序长1.5厘米，花疏，雄花近无梗；附属器绿色，无中性花，细圆柱形，长4毫米，直立，无梗。单性花序雄性：长2厘米，梗长2毫米，黄绿带紫色；雄花近无梗，较疏，花药2-3，药室卵圆形，纵裂，裂缝紫色；附属器下部有2-3个钻形中性花或无。花期10-11月。

产云南，生于海拔380-1700米山谷或箐沟密林中。

[附] **滇南星** 图 191:8-9 **Arisaema austro-yunnanense** H. Li in Acta Phytotax. Sin. 15 (2): 105. pl. 9: 1 (1-2). 1977. 与三匹箭的区别：叶1；附属器长不及2.5厘米；中性花长约1毫米，散生于附属器上部和下部。产云南景洪县小勐养，生于海拔780米。

图 191: 1-7.三匹箭 8-9.滇南星 10-12.红根南星 （肖 溶绘）

4. 瑶山南星　　　　　图 195:10-11

Arisaema sinii Krause in Notizbl. Bot. Gart. Berlin-Dahlem 10: 1047. 1930.

块茎扁球形，径1.5-2厘米。叶2或1；叶薄纸质，绿色，3裂，中裂片卵形或卵状长圆形，先端窄长渐尖，基部渐窄，长12-15厘米，侧裂片斜卵形或卵状长圆形，先端长渐尖，基部不等侧，长10-14厘米；叶柄长25-30厘米，径4-6毫米，淡绿色。佛焰苞绿白、白色，长约10厘米，管部席卷，径1.2-1.4厘米，喉部具浅耳，稍外卷，檐部与管部近等长，先端渐尖；肉穗花序单性，雄花序窄圆锥形，长2-2.5厘米；雄花无梗，花药1-4，药室顶孔开裂；雌花序短圆柱表，长1-1.5厘米，径0.8-1.2厘米。子房无花柱，柱头圆；附属器棒形或圆柱形，近直立，长3-3.5厘米，径约2毫米；雌花序的附属器光滑或下部具少数钻形中性花。花期5-6月，果期7-8月。

产湖南南部、广西、贵州南部、四川西南部及云南，生于海拔1000-2300米山谷密林中。

5. 银南星　高鞘南星　　　图 192 图 193:8-10 彩片59

Arisaema bathycoleum Hand.-Mazt. in Sitz. Akad. Wiss. Wien, Math.-Nat. 61: 122. 1924.

块茎扁球形，径1-2厘米。鳞叶2。叶1；叶绿色，全缘或3全裂，裂片窄，无柄或具短柄，中裂片长10-17厘米，侧裂片长4-12厘米，均窄披针形或椭圆形，单叶全缘，线形、披针形或长圆形，长15-18厘米；叶柄长9-25厘米，下部2/3鞘状。花序梗长15-28厘米，径1-1.5毫米，向上增粗；佛焰苞绿或淡黄色，长8.5-17厘米，管部漏斗状，长5-6厘米，喉部径1-2厘米，斜截，边缘略反卷，无耳，檐

部与管部近等长，较宽，卵状披针形或披针形，平展或内凹；肉穗花序单性，纤细，下部2-3厘米具花；附属器线形，长6-16厘米，常弯曲，紫或苍白色，无柄，基部径1.25-1.5毫米，长9-20厘米，渐窄为线形长尾，弯曲，下垂；雄花序紫色，花疏，无梗。雄花雄蕊4，花药卵圆形，顶孔开裂。雌花序黄绿色，花较密；雌花子房长卵圆形，花柱短，柱头头状。果序长3-4厘米；浆果种子1-4。花期7月，果期8月。

产四川及云南，生于海拔1600-3400米松林下、草坡或高山草地。块茎入药，代半夏。

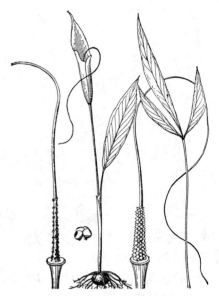

图 192　银南星　（引自《图鉴》）

6. 山珠南星　滇南星　　　　　　　图 193：1-7 彩片60

Arisaema yunnanense Buchet in Lecomte, Not. Syst. 1 (12): 367. 1911.

块茎扁球形或近球形，径0.5-4厘米。叶1（2）；幼株叶片全缘，长圆状三角形；成年植株叶片3全裂，中裂片具长达1.5厘米的柄，椭圆形或椭圆状披针形，稀卵形，长10-19厘米，侧裂片近无柄或具短柄，卵形或椭圆状披针形，基部楔形，略偏斜，长9-15厘米；叶柄长40-70厘米，下部1/6-1/7鞘状。花序梗比叶柄长1倍，稀短于叶柄，绿色；佛焰苞长约20厘米，绿白色，背面有

浅绿色纵条纹，管部长2-2.5厘米，径1-1.5厘米，喉部斜截，无耳，檐部直立或稍下弯，长5-8厘米，宽2-3.5厘米，先端渐尖；肉穗花序单性，附属器短于佛焰苞或近等长，圆柱形，长5-6厘米，外弯；雄花序长圆锥形，长约2厘米，花疏，下部的花梗长0.7-1毫米，上部的花具短梗；雄花雄蕊2，药室球形，几分离，顶孔圆裂。雌花序长1.5厘米，圆锥形，花密集；雌花子房倒卵圆形，花柱长0.5毫米，柱头扁球形，胚珠3。果序近圆柱形，长3-10厘米；浆果红色，常大部分不育。种子2-3，卵球形，红或红褐色。花期5-7月，果8-9月成熟。

产贵州、四川及云南，生于海拔700-3200米松林、松栎混交林中、荒坡、荒地及高山草地。块茎代半夏药用，称山珠半夏；茎、叶为良好猪饲料。

[附]**河谷南星**　图 193：14 **Arisaema prazeri** Hook. f. Fl. Brit. Ind. 6: 501. 1893. 与山珠南星的区别：叶2；叶中裂片卵状长圆形，长22-24厘米；佛焰苞绿色，有白色条纹，附属器线形，长8-40厘米，下垂。

7. 白苞南星　极白南星　　　　图 194 图 195：6-7 彩片61

Arisaema candidissimum W. W. Smith. in Notes Roy. Bot. Gard. Edinb. 10: 8. 1917.

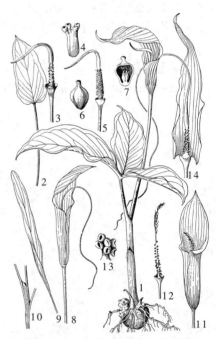

图 193：1-7.山珠南星　8-10.银南星 11-13.画笔南星　14.河谷南星　（肖 溶绘）

产云南，生于海拔150-1500米干热河谷灌丛中。缅甸有分布。块茎药用，与半夏混用。

块茎扁球形，径3-5厘米。叶1；叶近革质，3全裂，裂片无柄，

卵圆形或圆形，具长0.5-1厘米凸尖，中裂片长6-8厘米，宽7-9厘米，基部短楔形，侧裂片稍偏斜，长5-7厘米，宽4-8厘米；叶柄长15-30厘米，基部径1厘米。花序先叶抽出，花序梗与叶柄近等长；佛焰苞白色，具绿色条纹或无，管部圆柱形，长3-4厘米，径约2厘米，喉部边缘反卷，檐部卵形或卵状披针形，长5-6厘米，尾尖长2-3厘米，宽3-4厘米，下部边缘反卷；雄肉穗花序长1.6厘米，径3-4毫米；雄花较密，无梗，花药2-3，药室球形，顶孔开裂。雌花子房倒卵形，柱头扁圆，撕裂状；附属器细长纺锤形，无柄，基部渐窄或柄状，直立或下弯，长3.2-3.7厘米，径2-3毫米，顶部径约1毫米。花期5-6月。

产四川西南部、云南西北部及西藏，生于海拔2250-3300米栎林或河谷灌丛中。

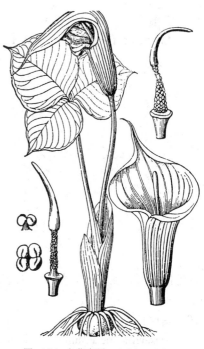

图 194 白苞南星 （引自《图鉴》）

8. 象头花 紫盔南星　　　　　　图 195:1-5 彩片62

Arisaema franchetianum Engl. in Engl. Bot. Jahrb. 1:487. 1881.

块茎扁球形，径1-6厘米，有多数小球茎，肉红色（称红半夏、红南星）。鳞叶2-3。叶1；幼株叶心状箭形，全缘，两侧基部近圆；成年植株叶近革质，3全裂，裂片近无柄，中裂片卵形、宽椭圆形或近倒卵形，长7-23厘米，全缘；叶柄长20-50厘米，肉红色，下部1/4-1/5鞘状。花序梗长10-15厘米，肉红色，果期下弯；佛焰苞污紫或深紫色，具白或绿白色宽条纹，管部长

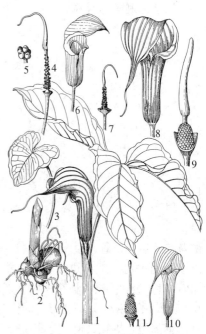

4-6厘米，圆筒形，喉部边缘反卷，檐部盔状，长4.5-11厘米，有线状尾尖，下垂；雄肉穗花序紫色，长圆锥形，长1.5-4厘米，花疏；雄花具粗短梗，花药2-5，药室球形，顶孔开裂；附属器绿紫色，圆锥状，长3.5-6厘米，向下渐窄成短柄，中部以下下弯，有时成圆圈，稀近直立。雌花序圆柱形，长1.2-3.8厘米，花密；雌花子房绿紫色，顶部近五角形，柱头凸起，胚珠2，近纺锤形，白色。浆果红色，倒圆锥形，长约1.2厘米。种子1-2，种皮淡褐色，骨质，泡沫状。花期5-7月，果期9-10月。

产甘肃南部、湖北西部、湖南北部、广西西部、贵州西南部、四

图 195：1-5.象头花　6-7.白苞南星　8-9.螃蟹七　10-11.瑶山南星 （肖　溶绘）

川西南部及云南，生于海拔960-3000米林下、灌丛或草坡。块茎入药，有毒，功效同天南星。

9. 螃蟹七 图 195：8-9

Arisaema fargesii Buchet in Lecomte, Not. Syst. 1 (12): 371. 1911.

块茎扁球形，径 3-5 厘米，具多数小球茎。鳞叶 3。叶 3 深裂或全裂，裂片无柄，全缘，中裂片近菱形、卵状长圆形或卵形，基部短楔形或与侧裂片联合，长 12-17-32 厘米，侧裂片斜椭圆形或半卵形，长 9-23 厘米；叶柄长 20-40 厘米，下部 1/4 具鞘。花序梗长 18-26 厘米；佛焰苞紫色，有苍白色线状条纹，管部近圆柱形，长 4-8 厘米，喉部边缘耳状反卷，檐部长圆状三角形，下

弯或近直立，长 6-12 厘米，长渐尖，具尾尖；雄肉穗花序长约 2 厘米，花密；雌花序长约 2 厘米，花密生，雌花子房具棱，顶部圆，花柱粗短，柱头画笔状，有毛，胚珠少数；附属器粗壮，长圆锥状，长 4.5-9 厘米，下部径 0.7-1.5 厘米，基部成短柄，径 1.5-5 毫米，近直立或上部略弯。花期 5-6 月。

产甘肃南部、湖北、四川及云南，生于海拔 900-1600 米林下或灌丛内多石处。块茎入药，治跌打损伤、风湿性关节炎、肢体麻木。

10. 美丽南星 图 196：1-4

Arisaema speciosum (Wall.) Mart. in Flora 14: 458. 1831 in nota; Kunth, Enum. Pl. 3: 18. 1841.

Arum speciosum Wall. Tent. Fl. Nepal. 29, t. 20. 1824.

根茎曲迴延伸或匍匐，长 4-10 厘米，径 2-4 厘米，有时分叉。叶 1，叶 3 全裂，裂片椭圆形或卵形，先端渐尖，柄长 0.5-1.5 厘米，绿色，边缘红色，中裂片长 13-40 厘米，基部近心形，侧裂片与中裂片近等长，斜卵状披针形，外侧基部圆，宽为内侧 2 倍，内侧基部楔形；叶柄长（20-）30-60 厘米，下部径 1.5-3 厘米，具青紫色斑块。花序梗长 10-15 厘米，径 0.8-1.5 厘米；佛焰苞暗紫黑色，管部短圆柱形，长 3.5-7 厘米，径 2-3 厘米，具白色条纹，两面平滑，喉部边缘外卷，檐部披针状卵形，长 8-20 厘米，背面有白色条纹；雄肉穗花序圆锥形，长约 2.5 厘米，花疏；雌花序长 1.7 厘米，花密；附属器鞭状，长 20-80 厘米，暗紫色，光滑，上部下垂，下部粗。雄花具梗，花药（3）4-5，马蹄形开裂；雌花子房长圆形，胚珠多数，柱头盘状。浆果倒卵状纺锤形，具 8 纵棱。花期 4-6 月。

图 196：1-4.美丽南星 5-8.多脉南星 9-11.网檐南星 12.高原南星 （肖 溶绘）

产云南西北部及西藏南部，生于海拔 2400-2500 米阔叶林下。尼泊尔、不丹和印度东北部有分布。

11. 多脉南星 图 196：5-8

Arisaema costatum (Wall.) Mart. in Flora 14: 458. 1831, in nota; Bl. in Rumphia 1: 101. 1835.

Arum costatum Wall. Tent. Fl. Nepal. 28. t. 19. 1824.

块茎扁球形，径 3-5 厘米。叶 1；叶 3 全裂，上面深绿色，下面淡绿色，裂片具短柄或近无柄，侧

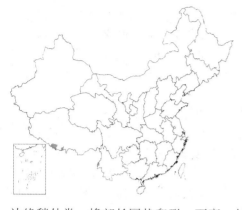

脉极多数，平行，中裂片椭圆形或长圆形，长16-30厘米，渐尖，侧裂片极偏斜，外侧基部耳状，内侧渐窄；叶柄绿色，常带紫色，长30-55厘米，下部1/4-1/3具鞘，上部径1厘米。花序梗长20-45厘米；佛焰苞暗紫色，具白色纵纹，管部圆柱形，长4-8厘米，内面有肋脊，喉部边缘稍外卷，檐部长圆状卵形，下弯，长4-10厘米，先端尾尖长1-4

厘米。雄肉穗花序长2-3.7厘米，花疏；雄花具梗，花药3-5，裂缝马蹄形。雌花序长2.5-3厘米，径1.5厘米，雌花子房花柱短，柱头盘状，白色；附属器长30-50厘米，暗紫色，基底截平，向上线形，伸出佛焰苞，下垂，柄长5-8毫米，径2-3毫米。花期6月。

产云南西部及西藏南部，生于海拔2300-2400米林间草地。尼泊尔有分布。

12. 网檐南星　　　　　　图 196：9-11 彩片63

Arisaema utile Hook. f. ex Schott, Prodr. 30. 1860.

块茎扁球形，径3-5厘米，具小球茎。鳞叶窄，尖，内面的长9厘米。叶1-2；叶3全裂，裂片近无柄，绿色，边缘红色，侧脉较少，下面红色，中裂片扁菱形或卵状菱形，渐尖，长7-15（-20）厘米，侧裂片偏斜，渐尖，内侧基部楔形，外侧圆，长10-13厘米，宽5-10厘米；叶柄长20-40厘米，具黑色斑块，下部1/3鞘状。花序梗长18-23厘米；佛焰苞管部圆柱形，紫褐色具白条纹，

长5-10厘米，檐部倒卵形，盔状下弯，长5-13厘米，宽3-11厘米，暗紫褐色，背面有白色纵脉；雄肉穗花序长1.5-2.5厘米，花疏；雄花具

长梗，花药3-5，马蹄形开裂。雌花序圆锥形，长2.5-6厘米；雌花子房倒卵圆形，绿色，花柱极短，暗紫色；附属器鞭状，褐色，散布紫色小斑点，长7-20厘米，具5-8毫米长的柄，伸出佛焰苞外，基部径0.5-1.5厘米，平截，向上渐窄，在管内直立，于喉部水平外伸，后之字形上升或下垂。浆果卵圆形，幼时有白色条纹。花期5-6月。

产云南及西藏南部，生于海拔2300-4000米灌丛、铁杉林、冷杉林、冷杉桦木林、杜鹃林中及高山草地。克什米尔地区、印度、尼泊尔和不丹有分布。

13. 高原南星　　　　　　图 196：12 彩片64

Arisaema intermedium Bl. in Rumphia 1: 102. 1835.

块茎扁球形，径2-4厘米。鳞叶2-3。叶1-2；叶片3全裂，裂片边缘绿色，侧脉较少，无柄或具短柄，中裂片卵形、菱形或椭圆形，长（7-）9-12厘米，宽3-11厘米，侧裂片斜卵形或菱形，外侧较内侧宽，与中裂片近等大；叶柄长15-50厘米，下部径1-1.5厘米，绿色。花序梗长10-26厘米，绿色；佛焰苞暗紫或绿色，具绿或白色条纹，管部宽圆柱形，长（3）4-8厘米，径1.5-2.5厘米，内面光滑，

喉部边缘斜截，檐部卵状披针形，全缘，深紫、黄绿或绿色，具绿或白色条纹，管部宽圆柱形，长（3）4-8厘米，径1.5-2.5厘米，内面光滑，喉部边缘斜截，檐部卵状披针形，深紫、黄绿或绿色，长7-16厘米，宽2-6.5厘米，长尾尖；雄肉穗花序长2厘米，花疏；雌花序长1.5厘米，花密；附属器长鞭状，长15-45厘米，下部纺锤形或圆锥形，径达1厘米，基部渐窄成柄，伸出佛焰苞，暗

紫色，弯曲，上部线形下垂。雄花花药4，黄色，裂缝马蹄形。雌花：子房倒卵圆形，花柱短，柱头小。花期5月（西藏），8-9月（云南）。

产云南西北部及西藏南部，生于海拔2600-3400米高山草坡或铁杉林下。印度和尼泊尔有分布。

14. 疣序南星

图 199：3-4 彩片65

Arisaema handelii Stapf ex Hand. -Mazt. Symb. Sin. 7: 1367. 1936.

块茎近球形，径2-4.5厘米。鳞叶1-2；叶1；叶绿色，膜质，3全裂，裂片无柄，中裂片宽倒卵形或倒心形，长7-13（-19）厘米，顶部平截，有锐尖头，侧裂片宽卵形或近菱形，长13-18（-30）厘米，基部偏斜；叶柄长17-50厘米，粗壮，光滑或具疣，无鞘。花序梗长4.5-16厘米，光滑；佛焰苞白绿、淡黄或紫色具白或黄色条纹，管部圆柱形，长3.5-6厘米，喉部斜截，檐部盔状下弯，与管部近等长，宽2-3厘米，长渐尖或近尾状；雄肉穗花序长1.5-3厘米，花疏；雄花具短梗，花药4，马蹄形开裂；附属器具柄长约1厘米，基部径1-2厘米，中部密被苍白色乳突，弯曲上升，伸出喉外成细鞭状，长15-30厘米。雌花序长3-4.5厘米，花密；雌花子房卵圆形，长约4毫米，柱头盘状。花期5-6月。

产四川、云南西北部及西藏，生于海拔2800-3500米山坡杂木林中或草地。

15. 刺柄南星

图 197：1-4

Arisaema asperatum N. E. Brown in Journ. Linn. Soc. Bot. 36: 176. 1903.

块茎扁球形，径约3厘米。叶1；叶3全裂，裂片无柄，中裂片宽倒卵形，先端微凹，具细尖头，长16-23厘米，侧裂片菱状椭圆形，长17-28厘米，下面中肋具白色弯刺；叶柄长30-50厘米，密被乳突状白色弯刺，基部5厘米鞘筒状。花序梗长25-60厘米，具疣；佛焰苞暗紫黑色，具绿色纵纹，管部圆柱形，长5-6厘米，喉部无耳，檐部倒披针形或卵状披针形，近直立，长8-12厘米；雄肉穗花序圆柱形，长约3厘米；雄花具短梗，花药2-3，黄色，药室扁圆球形，汇合，顶部马蹄形开裂。雌花序圆锥状，长2-3厘米；雌花子房圆柱状，柱头盘状；附属器圆柱形，长6.5-9厘米，基部径2.5-4毫米，基部平截，具柄，长3-5毫米，伸出喉外，近直立。花期5-6月。

产河南西部、陕西、甘肃南部、湖北西部、湖南、贵州及四川东部，生于海拔1300-2900米干旱山坡林下或灌丛中。块茎入药，内服治

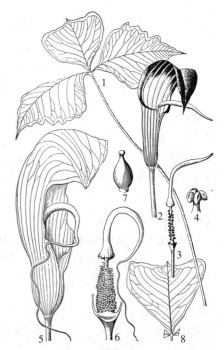

图 197：1-4.刺柄南星 5-8.川中南星
（肖　溶绘）

劳伤，祛痰、止咳、镇痛，外敷治疥疮、痈疽。

16. 川中南星

图 197：5-8 彩片66

Arisaema wilsonii Engl. in Engl. Pflanzenr. 73 (4, 23F): 212. 1920.

块茎球形。叶大，3全裂，裂片全缘，侧脉7-8，与2级侧脉及

网脉在下面均隆起，中裂片宽短倒卵形，长（6-）15-26厘米，侧裂片菱形或斜卵形，骤窄渐尖，比中裂片长；叶柄长30-50厘米。花序梗长50厘米以上，径5毫米；佛焰苞内外均紫色，具苍白色宽条纹，管部圆柱形，长6-8厘米，径3厘米，檐部长约10厘米，宽5-8厘米，下弯，倒卵状长圆形；肉穗花序单性，长3.5-4厘米；雄花序径6-7毫米，花疏；雄花具梗，花药3-4；雌花序径8毫米，雌花子房卵圆形，花柱短，柱头头状；附属器具柄，长3-5毫米，下部圆锥形，基部平截，向上渐窄，至喉外下弯，骤细，下垂，全长20厘米，下部苍白色，上部紫色。花期4-7月。

产贵州、四川、云南及西藏，生于海拔1900-3600米林内或草地。

17. 象南星 象鼻南星　　图 198　图 199：5-6 彩片67

Arisaema elephas Buchet in Lecomte, Not. Syst. 1 (12): 370. 1911.

块茎近球形，径3-5厘米。鳞叶3-4。叶1；叶3全裂，稀3深裂，裂片具柄，长0.5-1厘米或无柄，中裂片倒卵形，先端平截，下凹，具尖头，长（5-）9-9.5厘米，宽（6-）10.5-12.5厘米，侧裂片长6.5-13厘米，宽斜卵形；叶柄长20-30厘米，黄绿色，基部径达2厘米，无鞘，多少具疣突。花序梗长9-25厘米，绿或淡紫色，具疣凸或无；佛焰苞青紫色，基部黄绿色，管部具白色条纹，上部深紫色，管部圆柱形，长2.4-6.5厘米，喉部边缘斜截，檐部长圆状披针形，长4.5-10厘米，先端骤窄渐尖；雄肉穗花序长1.5-3厘米，花疏；附属器基部柄状，中部以上线形，从佛焰苞喉部下弯，后上升或下垂。雌花序长1-2.5厘米；附属器具柄长0.5-1厘米，余同雄序附属器。雄花具长梗，花药2-5，药室顶部融合，马蹄形开裂；雌花子房长卵圆形，花柱短，柱头盘状，密被绒毛，1室，胚珠6-10。浆果砖红色，椭圆状，长约1厘米。种子5-8，卵形，淡褐色，具喙。花期5-6月，果期8月。

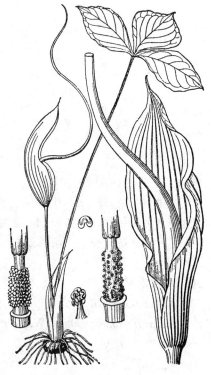

图 198 象南星 （引自《图鉴》）

产河南、陕西、宁夏、甘肃、湖北、湖南、贵州西部、四川、云南及西藏，生于海拔1800-4000米河岸、山坡林下、草地或荒地。块茎入药，剧毒，治腹痛，用微量。

18. 小南星　　　　　　　图 199：1-2

Arisaema parvum N. E. Brown in Journ. Linn. Soc. Bot. 29: 320. 1893.

小草本。块茎球形，径1.2-1.8厘米。叶1；叶3全裂，裂片无柄，中裂片宽倒卵形或倒心形，长3-3.7（-6.5）厘米；叶柄长6-18厘米，极纤细。花序梗长5-10厘米；佛焰苞管部圆柱形，深

紫色，长 1.5-2.5（-4.5）厘米，喉部边缘无耳，斜截，檐部绿或紫色，下部有白条纹或无，披针形，下弯，长 3-4.5 厘米；雄肉穗花序长 6 毫米；雄花具梗，花药 2；附属器纤细，下部径约 2 毫米，略短于佛焰苞，具短柄，基部盘状，由喉部伸出，先端下弯或上升。花期 5-6 月。

产四川、云南及西藏东南部，生于海拔 3000-3600 米高山草地。

19. 粗序南星　　　　　　　　　　　图 199：7-9 彩片68

Arisaema dilatatum Buchet in Lecomte, Not. Syst. 1 (12): 369. 1911.

中型草本。块茎近球形，黄红色，径约 4 厘米。叶 1；叶 3 全裂，裂片具长 1 厘米的柄或近无柄，中裂片菱形，长宽 15-30 厘米，侧裂片斜卵状菱形，长 17-30 厘米，疏生不规则波状齿或无；叶柄长 45 厘米，径 8 毫米，具短鞘，长 2-4 厘米。花序梗长 20 厘米，细弱；佛焰苞深红色，有绿色条纹，管部长 5 厘米，径 2.5-3 厘米，喉部斜截，檐部长约 10 厘米，长圆形，近直立，有时长三角形，展平宽 4-6 厘米；雄肉穗花序长 3.5 厘米，径 5-6 毫米，具长约 5 毫米的柄，花疏；雌花序长 4 厘米，径 1.2 厘米，无梗；附属器具长 1-1.5 厘米的柄，除柄长 11-12 厘米，圆锥形，曲膝状，下部径 1.5-1.8 厘米。雄花具长梗，花药 2-5，药室裂缝汇合成马蹄形。雌花子房

图 199：1-2.小南星　3-4.疣序南星
5-6.象南星　7-9.粗序南星　（肖 溶绘）

椭圆形，花柱明显，柱头盘状。果序长 14-15 厘米，圆柱形，径 2 厘米；浆果长 7 毫米，径 4 毫米，种子 6。花期 5-6 月。

产四川西部及云南西北部，生于海拔 2100-3350 米林下。

20. 双耳南星　　　　　　　　　　　图 200：1-3

Arisaema wattii Hook. Fl. Brit. Ind. 6: 498. 1893.

Arisaema biauriculatum W. W. Sm. ex Hand. -Mazt.; 中国植物志 13 (2): 153. 1979.

块茎扁球形，径 2.5-4 厘米，常侧生小球茎。鳞叶 3-4；叶 2；叶 3 裂，裂片无柄，膜质，中裂片椭圆形，长 15-21 厘米，宽 4-9 厘米，侧裂片披针形或卵形，与中裂片等长或稍长，基部不对称，外侧耳状，集合脉距缘 2-3 毫米；叶柄长 8-30 厘米，下部 2/3 具鞘。花序梗与叶柄近等长，先叶抽出；佛焰苞淡紫褐或紫色，先端绿色，长 11-13 厘米，管部圆柱形，长 4.5-6.5 厘米，喉部两侧具圆形宽耳，檐部宽卵形，长 6-7 厘米，先端短渐尖；雄肉穗花序长 1.5-3 厘米；雄花具短梗，花药

图 200：1-3.双耳南星　4-6.普陀南星
（肖 溶绘）

2，药室球形，顶孔圆。雌花序长 1.5-2.2 厘米，近圆锥形；雌花子房倒卵形，花柱短，柱头盘状，胚珠 4；附属器圆柱形，长 2.5-4.5 厘米，黄绿色具玫瑰红或紫色斑点，直立，有细柄。果序长 5-6 厘米；浆果绿色，种子 4。花期 4-5 月，果期 5-6 月。

产四川西南部及云南，生于海拔 2100-3300 米河边、山坡荒草地、杂木林或山毛榉 - 杜鹃苔藓林中。

21. 普陀南星　　　　　　图 200：4-6

Arisaema ringens (Thunb.) Schott, Melet. 1: 17. 1832.

Arum ringens Thunb. in Trans. Soc. Linn. Lond. 2: 337. 1794.

块茎扁球形，具小球茎。内面鳞片长约 12 厘米。叶 2（1）；叶 3 全裂，裂片无柄或具短柄，中裂片宽椭圆形，长 16-23 厘米，侧裂片偏斜，长圆形或椭圆形，长 15-18 厘米，先端渐尖，具长 1-1.5 厘米的锥状突尖；叶柄长 15-30 厘米，径 7-8 毫米，下部 1/3 具管状鞘，口部平截。花序梗短于叶柄，有时长为叶柄 1/2；佛焰苞管部绿色，宽倒圆锥形，长 3.6-4 厘米，喉部具宽耳，耳内面深紫，外卷，檐部盔状，前檐具卵形唇片，下垂，先端外弯；雄肉穗花序无梗，圆柱形，长 1.5 厘米，径 8 毫米；雄花螺旋状排列，花药 2，花丝短，2 室，药室顶孔横裂。雌花序近球形，长宽均 1.5 厘米；雌花子房卵圆形，胚珠 1；附属器棒状或长圆锥形，白色无斑点，长 3.5-4.5 厘米，基部径 0.9-1.2 厘米，具柄，长 0.5-1 厘米，向上渐窄，上部径 5-8 毫米。花期 4 月。

产江苏、浙江、台湾及湖北西部。日本及朝鲜半岛南部有分布。

22. 花南星　浅裂南星　　　图 201 彩片69

Arisaema lobatum Engl. in Engl. Bot. Jahrb. 1: 487. 1811.

块茎近球形，径 1-4 厘米。叶 1 或 2；叶 3 全裂，中裂片具 1.5-5 厘米长的柄，长圆形或椭圆形，长 8-22 厘米，侧裂片无柄，长圆形，外侧宽为内侧 2 倍，下部 1/3 具宽耳，长 5-23 厘米；叶柄长 17-35 厘米，下部 1/2-2/3 具鞘，黄绿色，有紫色斑块。花序梗与叶柄近等长，常较短；佛焰苞外面淡紫色，管部漏斗状，长 4-7 厘米，上部径 1-2.5 厘米，喉部无耳，斜截，檐部披针形，

长 4-7 厘米，深紫或绿色；雄肉穗花序长 1.5-2.5 厘米，花疏；雌花序圆柱形或近球形，长 1-2 厘米；附属器绿白色，无斑点，具长 6 毫米的细柄，基部平截，径 4-6 毫米，中部稍缢缩，向上棒状，先端钝圆，长 4-5 厘米，直立。雄花具短梗，花药 2-3，药室卵圆形，青紫色，顶孔纵裂；雌花子房倒卵圆形，无花柱。浆果种子 3。花期 4-7 月，果期 8-9 月。

产河南、陕西、甘肃、安徽、浙江、福建、江西、湖北、湖南、广西、贵州、四川及云南，生于海拔 600-3300 米林下、草坡或

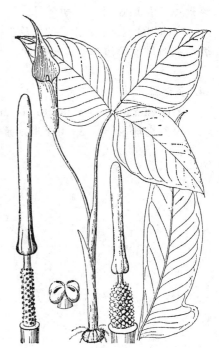

图 201　花南星　（引自《图鉴》）

荒地。块茎入药，代天南星，作箭毒药，可治眼睛蛇咬伤，也可外包治疟疾。

23. 曲序南星

图 202：1-4 彩片70

Arisaema tortuosum (Wall.) Schott, Melet. 1: 17. 1832.

Arum tortuosum Wall. Pl. Asiat. Rar. 2: 10, t. 114. 1831.

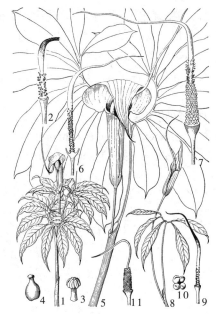

块茎扁球形，径 2-6 厘米，内面白色。叶 2-3，稀 1；叶鸟足状分裂，裂片 5-17，菱状卵形、长圆形或披针形，具短柄或无柄，侧脉多数，上面略下凹，集合脉距叶缘较远，中裂片长 5-30 厘米，侧裂片渐小；叶柄长 5-30 厘米，下部 2/3-5/6 具钝鞘。花序梗生于叶柄鞘，长 30-45 厘米；佛焰苞淡绿，有时粉绿或暗紫色，管部圆柱形或漏斗形，长 2.5-7 厘米，喉部边缘不反卷，檐部卵形或

长圆形，长 4-12 厘米；肉穗花序两性或单性；两性花序长 7.5 厘米，下部雌花序长 2-4 厘米，上部雄花序长 3-3.5 厘米；单性雄花序长 3-4 厘米；雌花序长 0.3-1.2 厘米，附属器无柄，向上渐细，伸至喉部外弯，后直立或下弯。雄花具长梗，花药（1）2-3，黄或紫色，裂缝长圆形；雌花子房卵圆形，直立胚珠 3-5，花柱短，柱头盘状。果序近球形，径 2-3 厘米；浆果短卵圆形，种子 3-5，陀螺状，径 2-3 毫米，淡褐色。花期 6 月，果期 8 月。

图 202：1-4.曲序南星 5-7.天南星 8-11.岩生南星 （肖　溶绘）

产四川西南部、云南西北部及西藏，生于海拔 2200-3900 米多石山坡、乱石堆或河边林中。尼泊尔、不丹及印度有分布。

24. 天南星　异叶天南星

图 202：5-7　图 203 彩片71

Arisaema heterophyllum Bl. in Rumphia 1: 110. 1835.

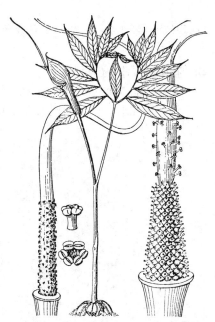

块茎扁球形，径 2-4 厘米。鳞叶 4-5。叶 1；叶鸟足状分裂，裂片 13-19，倒披针形、长圆形或线状长圆形，先端骤窄渐尖，全缘，暗绿色，下面淡绿色，中裂片无柄或具长 1.5 厘米的柄，长 3-15 厘米，侧裂片长 7.7-24.2（-31）厘米，向外渐小，排成蝎尾状；叶柄圆柱形，粉绿色，长 30-50 厘米，下部 3/4 鞘筒状，鞘端斜截。花序梗长 30-55 厘米；佛焰苞

图 203 天南星　（引自《图鉴》）

管部圆柱形，长 3.2-8 厘米，粉绿色，喉部平截，外缘稍外卷，檐部卵形或卵状披针形，长 4-9 厘米，下弯近盔状，背面深绿、淡绿或淡黄色，先端骤窄渐尖；肉穗花序两性和雄花序单性；两性花序：下部雌花序长 1-2.2 厘米，上部雄花序长 1.5-3.2 厘米，大部不育，有的

为钻形中性花；单性雄花序长 3-5 厘米；花序附属器基部径 0.5-1.1 厘米，苍白色，向上细，长 10-20 厘米，至佛焰苞喉部上升。雌花球形，花柱明显，柱头小，胚珠 3-4；雄花具梗，花药 2-4，白色，顶孔横裂。浆果黄红、红色，圆

柱形，长约5毫米。种子1，黄色，具红色斑点。花期4-5月，果期7-9月。

产黑龙江、吉林、辽宁、河北、山东、河南、陕西、江苏、安徽、浙江、台湾、福建、江西、湖北、湖南、广东、香港、广西、贵州、四川及云南，生于海拔2700米以下林下、灌丛或草地。日本、朝鲜半岛有分布。块茎含淀粉28.05%，可制酒精、糊料，有毒，不可食用；入药称天南星，为历史悠久中药，解毒消肿、祛风定惊、化痰散结。

25. 岩生南星

图 202：8-11

Arisaema saxatile Buchet in Lecomte, Not. Syst. 2 (4): 124. 1911.

块茎近球形，径1-3厘米。鳞叶2-3；叶1-2；叶鸟足状分裂，裂片5-7，靠近、线形、椭圆形或卵状披针形，中裂片具长0.5-1厘米的柄或无，长6-17厘米，侧裂片近无柄，长5-15厘米，全缘，侧脉稀疏，近平行，斜伸；叶柄长16-40厘米，下部1/2-2/3具宽鞘，绿褐或绿白色。花序梗长10-39厘米，有纵纹；肉穗花序单性，佛焰苞黄绿、绿白、淡黄色，长5-10厘米，管部长椭圆形或圆柱形，长2.2-3厘米，喉部边缘无耳，斜截，檐部近直立，椭圆状披针形或披针形，长6-7厘米；雄肉穗圆柱形，长1.8-2.2厘米，径3-4毫米，花密；雄花无梗；花药2-4，药室近球形，顶孔开裂；雌花序圆锥形，长1.2-2厘米，下部径1厘米；雌花子房绿白色，倒卵形，柱头盘状，花柱短，胚珠3。浆果种子1，近球形。花果期6-10月。

产四川西南部及云南，生于海拔1800-2800米草坡或河谷灌丛中。

26. 长耳南星　大耳南星

图 204　图 211：6-7　彩片72

Arisaema auriculatum Buchet. in Lecomte, Not. Syst. 2 (4): 123. 1911.

块茎小，扁球形，径1-2厘米。鳞叶2-3。叶1；叶鸟足状分裂，裂片（7-）9-15，无柄，倒披针形或长圆形，全缘或啮齿状，中裂片长10-12厘米，与邻近2侧裂片近等大，向外的渐小，最外的长1.5-4厘米；叶柄长20-30厘米，下部1/3具鞘。花序先叶抽出，序梗长12-21厘米；佛焰苞长9-11厘米，暗灰或紫色，有浅红色斑点，喉部有黑色斑点，檐部暗绿具浅红褐色条纹，管部圆筒形，长5-6厘米，喉部窄缩，两侧具长耳，耳展开椭圆形，长2-3厘米，深紫色，檐部长3.5-4.5厘米，3深裂至喉部，顶生裂片卵形，长3-4厘米，尾尖；雄肉穗花序长1.5厘米，花疏；雄花无梗，花药2，药室圆球形，顶孔圆；雌花序长圆形，长1.5厘米；花密，雌花子房卵圆形，柱头小，近无花柱；附属器纤细，基部径1-2毫米，具略细不明显的柄，向上线形，连柄长7-10.5厘米。花期5月。

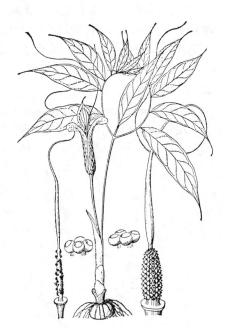

图 204　长耳南星　（引自《图鉴》）

产四川及云南西北部，生于海拔1450-3100米箐沟杂木林或竹林内。

27. 黄苞南星 黄花南星　　　　　　　　图 205 彩片73

Arisaema flavum (Forsk.) Schott, Prodr. 40. 1860.

Arum flavum Forsk. Fl. Aeg. Arab. 157. 1775.

块茎近球形，径1.5-2.5厘米。鳞叶3-5。叶2-1；叶鸟足状分裂，裂片5-11（-15），长圆披针形或倒卵状长圆形，长2.5-12厘米，亮绿色；叶柄长12-27厘米，具鞘4/5。花序梗先叶，长15-30厘米，绿色；佛焰苞长2.5-6厘米，管部卵圆形或球形，长1-1.5厘米，黄绿色，喉部略缢缩，上部深紫色，具纵纹，檐部长圆状卵形，长1.5-4.5厘米，黄或绿色，略下弯；肉穗花序两性，长1-2厘米；下部雌花序长3-7毫米；雌花子房倒卵圆形，柱头盘状；上部雄花序长3-7毫米；雄花密，雄蕊2，近无花柱，药室裂孔圆；附属器短椭圆状，长2-5毫米，绿或黄色。果序圆球形，径1.7厘米，附属器宿存；浆果干时黄绿色，倒卵圆形，长3-4毫米。种子3，卵形或倒卵形，浅黄色，长2-2.5毫米。花期5-6月，果期7-10月。

产四川西部、云南西北部及西藏，生于海拔2200-4400米碎石坡或灌丛中。阿富汗、克什米尔地区、印度西北部、尼泊尔、不丹有分布。块茎药用，退烧、杀菌、杀虫等，治慢性支气管炎。

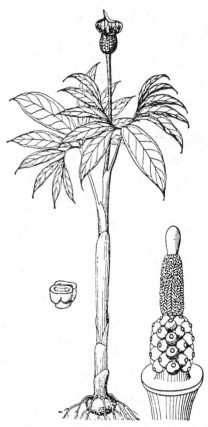

图 205 黄苞南星 （引自《图鉴》）

28. 旱生南星　　　　　　　　图 206：1-3

Arisaema aridum H. Li in Acta Phytotax. Sin. 15 (2): 107. pl. 9: 4. 1977.

块茎近球形，径1.5厘米。鳞叶2。叶1；叶鸟足状分裂，裂片（3-）5（-7），椭圆形，中裂片长4-5厘米，侧裂片无柄，掌状，长3.5-4厘米；叶柄长10-18厘米，下部1/2具窄鞘。花序梗长12-22厘米；佛焰苞绿或黄绿色，管部圆筒形，长2.5厘米，喉部斜截，无耳，檐部窄卵状披针形，长约6厘米。雄肉穗花序圆柱形，长1.5厘米，径2毫米，花疏；雄花具短梗，花药2，药室圆球形，顶孔圆；附属器纤细，无柄，线形，径不及1毫米，长10-14厘米，由喉部平伸。花期6月。

产四川西南部及云南西北部，生于海拔2250-2500米干旱河谷灌丛或石灰岩缝中。

图 206：1-3.旱生南星　4-5.奇异南星
6-8.雪里见 （肖　溶绘）

29. 心檐南星

图 211：4-5

Arisaema cordatum N. E. Brown in Journ. Linn. Soc. Bot. 36:177. 1903.

纤弱草本。块茎球形，径 1-1.5 厘米。鳞叶 2-3。叶 1；叶鸟足状分裂，裂片（5-）7，膜质，长圆形，淡绿色，长 7-10 厘米，中裂片基部宽楔形，近无柄，外侧 2 对多少偏斜；叶柄纤细，长 10-30 厘米。花序梗短，纤细，长 2-4.5 厘米；佛焰苞干时青紫色，管部窄漏斗形，长 3-3.5 厘米，喉部边缘具圆形宽耳，耳宽达 1 厘米，檐部三角状卵形，长 3.5 厘米；肉穗花序单性，雄花序长 1 厘米，径 3 毫米，雄花序具短梗，花药 2，药室球形，顶孔开裂；附属器无柄，长 15-27 厘米，下部纺锤形，径达 4 毫米，上部伸出喉外成线形，下垂。花期 4 月。

产广东、香港及广西中部。

30. 奇异南星

图 206：4-5

Arisaema decipiens Schott in Osterr. Bot. Zeitschr. 7: 373. 1857.

根茎圆柱形。鳞叶线状披针形。叶 2；叶片鸟足状分裂，裂片 5-7，椭圆状披针形，尾尖，下面常粉绿色，中裂片长 20-29 厘米，柄长 2.5-5 厘米，侧裂片柄长 1-2 厘米，最外侧裂片长 6-20 厘米，宽 4.5-7 厘米；叶柄至中部具鞘，鞘顶部斜截，长 30-90 厘米。花序梗杂色，长约为叶柄 1/2，佛焰苞管部圆柱形，绿色，具白色条纹或无，长 5-6 厘米，径 1-2 厘米，喉部稍展开，不外卷，檐部长圆状披针形，近边缘杂有紫色，中部紫色，长 7 厘米，宽 2.5-3 厘米，下弯，尾尖头长 4-12 厘米；肉穗花序单性，雄花序长 2.5 厘米，径 6 毫米，花疏，附属器具短柄，光滑，径达 7 毫米，长 5-7 厘米，伸出喉外；雌花序圆锥形，长 3.5 厘米，径 1-1.5 厘米。雄花具 3 雄蕊。雌花密集，子房倒卵形，无花柱，柱头盘状。浆果 3 种子。种子倒卵形，长 5 毫米，直立。花期 9 月，果期 11 月。

产广西东南部及云南，生于海拔 800-3400 米山坡灌丛中。印度有分布。

31. 雪里见

图 206：6-8 图 207

Arisaema rhizomatum C. E. C. Fischer in Kew Bull. 1936: 283. 1936.

根茎横卧，圆锥形或圆柱形，长 5-9 厘米，具节。鳞叶 2-3，披针形，长 4-15 厘米；叶 2；叶鸟足状分裂，裂片 3-5，上面绿色，下面常有紫色斑块，长椭圆形或长圆状披针形，中裂片具长柄，长 8-20 厘米，侧裂片具短柄或无柄至基部连合，外侧的长 5-17 厘米；叶柄长 15-35 厘米，下部 1/2-1/3 具鞘，暗褐或绿色，散生紫或白色斑块。花序梗长 5-21 厘

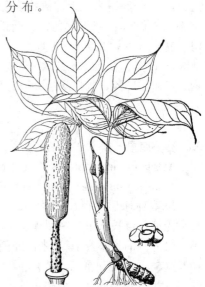

图 207 雪里见 （引自《图鉴》）

米；佛焰苞黄绿、黄或红色，具深紫或黑色斑点，管部圆柱形，长4-6厘米，喉部斜截，略外卷，檐部披针形或卵状披针形，长4-9.5厘米；雄肉穗花序长2-2.5厘米；雌花序窄圆锥形，长1.5-2厘米；附属器深紫色，有黑斑，长2-3.5厘米，具长5毫米细柄，圆柱形，基部平截，中部以上缢缩为颈状，先端棒状，顶部有肉质钻形刺。雄花较疏，下部的具梗，花药2-3，纵裂；雌花密，子房近球形，花柱明显，柱头近盾状。浆果倒卵形，种子1。花期8-11月，果期1-2月。

产湖北西部、湖南西南部、广西、贵州、四川南部、云南及西藏东南部，生于海拔650-2800（-3200）米常绿阔叶林和苔藓林下石缝中。

32. 灯台莲　全缘灯台莲　　　　　图　208：1-2 彩片74

Arisaema bockii Engl. in Engl. Bot. Jahrb. 29:235. 1900.

Arisaema sikokianum Franch. et Sav. var. *serratum* (Makino) Hand.-Mazz.; 中国植物志 13(2):175. 1979.

块茎扁球形，径 2-3厘米。鳞叶2。叶2；叶鸟足状5-7裂，裂片卵形、卵状长圆形或长圆形，全缘或具锯齿，中裂片具长0.5-2.5厘米的柄，长13-18厘米，侧裂片与中裂片距1-4厘米，与中裂片近相等，具短柄或无，外侧裂片无柄，较小，内侧基部楔形，外侧圆或耳状；叶柄长20-30厘米，下部1/2鞘筒状，鞘筒上缘几平截。花序梗略短于叶柄或几等长；佛焰苞淡绿或暗紫色，具淡紫色条纹，管部漏斗状，长4-6厘米，上部径1.5-2厘米，喉部边缘近平截，无耳，檐部卵状披针形或长圆状披针形，长6-10厘米，稍下弯；雄肉穗花序圆柱形，长2-3厘米，花疏，雄花近无梗，花药2-3，药室卵形，外向纵裂；雌花序近圆锥形，长2-3厘米，下部径1厘米，花密，雌花子房卵圆形，柱头圆，胚珠3-4；附属器具细柄，直立，径4-5毫米，上部棒状或近球形。果序长5-6厘米，圆锥状，下部径3厘米；浆果黄色，长圆锥状。种子1-2（3），卵圆形，光滑。花期5月，果期8-9月。

产河南、陕西、江苏、安徽、浙江、福建、江西、湖北、湖南、广东、广西、贵州及四川，生于海拔650-1500米山坡林下或沟谷岩石上。

33. 猪笼南星　猪笼草状南星　　　　图　209：1-4

Arisaema nepenthoides (Wall.) Mart. in Flora: 458. 1831.

Arum nepenthoides Wall. Tent. Fl. Nepal. 26. t. 18. 1824.

块茎扁球形，径6-7厘米。叶2（3）；叶掌5（-7）裂，裂片近无柄，倒披针形，中裂片长16-20厘米，宽2-6厘米，侧裂片渐小，最外侧的长不及16厘米，外侧基部常宽耳状，侧脉6-12对；叶柄长（5-）7-30厘米，黄褐色，具深紫色斑块，3/4具管状鞘，上端斜耳状。花序梗从叶柄鞘中抽出，黄褐色；佛焰苞粉绿褐或暗红褐

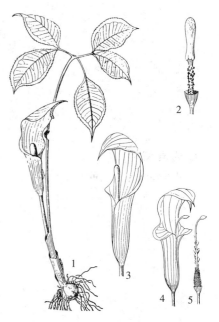

图 208：1-2.灯台莲　3.云台南星
4-5.棒头南星　（肖　溶绘）

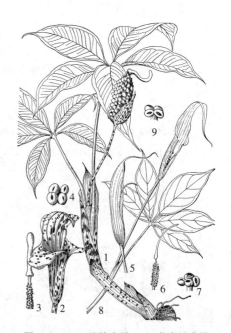

图 209：1-4.猪笼南星　5-7.藏南绿南星
8-9.隐序南星　（肖　溶绘）

色，有不规则暗色斑块及白色条纹，管圆柱形，长3-8厘米，喉部有半圆形耳，外反，檐部长3-10厘米，三角状卵形，下弯；肉穗花序单性，雌花序倒卵圆形，花密，长2厘米；雄花序圆柱形；附属器深紫色，圆柱形，长2-7.5厘米，上部棒状，具细柄。浆果红色，截球形，宿存柱头黑色。种子1，圆球形，褐色，有疣。花期5-6月，果期7-8月。

产云南西北部及西藏南部，生于海拔2700-3600米铁杉林及高山栎林下。尼泊尔、不丹、印度东北部、缅甸北部有分布。

34. 藏南绿南星　　　　　　　　　　图 209：5-7

Arisaema jacquemontii Bl. in Rumphia 1：95. 1835.

块茎近球形，径1.2-3厘米。鳞叶1-2，下部筒状，上部宽线

形。叶1-2，掌状或鸟足状分裂，裂片（3-）5（-9），卵形、长圆形或倒披针形，无柄，长3-7（-18）厘米，宽0.8-2.5（-7）厘米；叶柄长（2.5-）20-30厘米，绿色，下部4/5具鞘。花序梗绿色，长（3.5-）5-25厘米；佛焰苞绿色，内面淡绿色，管部圆柱形，长2.5-5（-9）厘米，喉部边缘斜截或稍外卷，檐部卵形或窄卵形，长2-6厘米，骤渐尖，绿或暗紫色，具淡绿或白色条纹，先端尾尖，长1.2-3厘米。肉穗花序单性，雄花序圆锥形，长2-3厘米，花疏；雌花序长1.5-3厘米，花密；附属器长2-8厘米，径1毫米，基部径3-5毫米，具短柄，露出佛焰苞管外，略弯。花期6-7月。

产西藏南部，生于海拔3000-4000米针叶林林间隙地或草甸。巴基斯坦、克什米尔地区、尼泊尔、不丹、印度北部及东北部有分布。

35. 隐序南星　　　　　　　　　　图 209：8-9

Arisaema wardii Marq. et Shaw in Journ. Linn. Soc. Bot. 48：229. 1929.

块茎球形，径1.5-2.2厘米。鳞叶2-3，线形，最内的长9-25厘米。叶掌状或放射状分裂，裂片3-6，无柄，椭圆形，长7-11厘米，宽2.5-5厘米，先端尾尖长1厘米，全缘；叶柄长20-35厘米，下部2/3具鞘。花序梗长27-45厘米；佛焰苞绿色，无条纹，稀具淡绿色条纹，长12-13厘米，管部圆柱形，长5-6.5厘

米，檐部卵形或卵状披针形，先端尾尖长3-5厘米；肉穗花序单性，雄花序圆柱形，长2.5厘米；雌花序长2.2厘米；附属器绿色，圆柱形，长2.6-3.2厘米，径2.5-3毫米，基部径4-5毫米，柄长3毫米，内藏佛焰苞管内，果期增长露出。浆果干时桔红色，卵形。花期6-7月，果期7-8月。

产陕西南部、青海东部及西藏，生于海拔2400-4200米林下或草地。

36. 云台南星　　江苏南星　　　　图 208：3　图 210 彩片75

Arisaema du-bois-reymondiae Engl. in Engl. Pflanzenr. 73（4, 23F)：173. 1920.

块茎近球形，径2厘米，高1.5厘米。鳞叶3。叶2；叶鸟足状分裂，裂片7-9，倒披针形或披针形，下面略粉绿色，中裂片具短柄，长6-7厘米，侧裂片渐小，最外侧的

长 5 厘米；叶柄绿色，长约 20 厘米，中部以下具鞘。花序梗长 13-15 厘米，高出叶柄鞘 2-4 厘米；佛焰苞淡白绿色，内面具 3-5 条白色纵纹，长 15 厘米，管部漏斗状，长 5.5-6 厘米，喉部宽 2-2.5 厘米，边缘略反卷，檐部长圆形，长 7 厘米，有长 0.5-1 厘米渐尖头；雄肉穗花序长约 2 厘米，花较疏；附属器无柄，长圆柱形，略棒状，长 7 厘米，光滑，基部长约 1 厘米具少数长 3-5 毫米的钻形中性花。雄花有雄蕊 2-4，药室圆球形，顶孔圆形开裂。花期 4-5 月，稀至 10 月。

产河南、陕西、江苏、安徽、浙江、福建、江西、湖北、湖南、广东北部及贵州，生于海拔 1800 米以下竹林内、灌丛中。块茎入药，外用治无名肿毒初起、面神经麻痹、毒蛇咬伤、神经性皮炎，炙后内服治肺痈咳嗽。

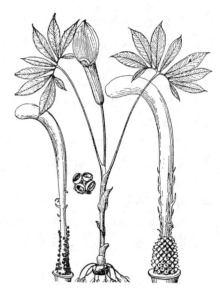

图 210 云台南星 （引自《图鉴》）

37. 湘南星   图 211：1-3 彩片76

Arisaema hunanense Hand.-Mazt. Symb. Sin. 7: 1365. 1936.

块茎扁球形，径 2 厘米。鳞叶膜质，线状披针形，内面的长 10-15 厘米。叶 2；叶鸟足状分裂，裂片 7-9，倒披针形，长 10-25 厘米，中裂片具短柄，比侧裂片大，侧裂片无柄，间距 4-6 毫米；叶柄长 45-55 厘米，下部 1/2 具鞘。花序梗短于叶柄，伸出叶柄鞘 3-6 厘米；佛焰苞干时内面淡红色，管部圆柱形，长 7 厘米，上部径 2 厘米，喉部边缘稍外卷，檐部卵状披针形，长 6 厘米；雄肉穗花序长 1.5 厘米；雌花序长 2.5 厘米；附属器无柄，长圆状锥形，长 4-7 厘米，上部外弯或近直立，顶端外倾；雌花序下部 1.5 厘米具长 4-5 毫米钻形中性花或无。雌花子房椭圆形，长约 3 毫米，花柱短，柱头画笔状。花期 3-5 月。

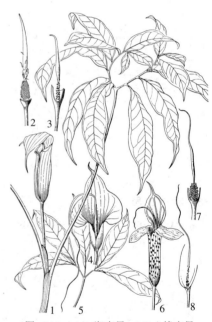

图 211：1-3.湘南星 4-5.心檐南星
6-7.长耳南星 （李锡畴绘）

产浙江、湖南、广东北部、贵州及四川东部，生于海拔 200-750 米。

38. 棒头南星   图 208：4-5

Arisaema clavatum Buchet in Lecomte, Not. Syst. 2 (4): 121. 1911.

块茎近球形或卵球形，径 2-4 厘米。鳞叶 3。叶 2；叶鸟足状分裂，裂片（7-）11-15，纸质，长圆形或披针形，先端骤窄尾状渐尖，基部楔形，无柄，中间 5 裂片近等大，长 10-19 厘米，外侧裂片渐小，最外侧的长 2-4 厘米；叶柄长 40-60 厘米，下部 1/2 鞘

状。花序梗长 30-46 厘米；佛焰苞长 7.5-16 厘米，绿色，管部带紫色，檐部内面有 5 条苍白色条纹，有时无条纹，管部圆柱形或长漏斗

状，长3.5-8厘米，喉部边缘斜截或圆，不外卷，檐部与管部近等长，近菱形或短椭圆形，锐尖；雄肉穗花序圆柱形，长1.2-1.7厘米；雌花序椭圆状或圆锥状，长2-2.5厘米；附属器细圆柱形，长（2.6-）7厘米，无柄，基部1/4具钻形及钩状中性花，顶端棒头状或圆锥状，密生向上肉质棒状突起。雄花紫色，具短梗或近无梗，花药2-3，药室圆球形，顶孔开裂；雌花子房淡绿色，倒卵圆形，花柱长约1毫米，柱头半球状，胚珠3-4。花期2-4月，果期4-6月。

产湖北西部、贵州北部及四川，生于海拔650-1400米林下或湿润地。

39. 一把伞南星 天南星　　　图 212：1-8 彩片77

Arisaema erubescens (Wall.) Schott, Melet. 1: 17. 1832.

Arum erubescens Wall., Pl. As. Rar. 2: 30, t. 135. 1831.

块茎扁球形，径达6厘米。鳞叶绿白或粉红色，有紫褐色斑纹。叶1，极稀2；叶放射状分裂，幼株裂片3-4，多年生植株裂片多至20，披针形、长圆形或椭圆形，无柄，长（6-）8-24厘米，长渐尖，具线形长尾或无；叶柄长40-80厘米，中部以下具鞘，红或深绿色，具褐色斑块。花序梗比叶柄短，色泽与斑块和叶柄同，直立；佛焰苞绿色，背面有白色条纹，或淡紫色，管部圆筒形，长4-8毫米，喉部边缘平截或稍外卷，檐部三角状卵形或长

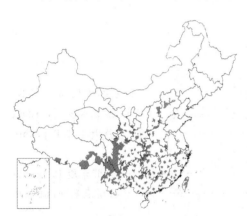

圆状卵形，长4-7厘米，先端渐窄，略下弯；雄肉穗花序长2-2.5厘米，花密；雌花序长约2厘米；附属器棒状或圆柱形，长2-4.5厘米；雄花序的附属器下部光滑或有少数中性花；雌花序的具多数中性花。雄花具短梗，淡绿、紫或暗褐色，雄蕊2-4，药室近球形，顶孔开裂；雌花子房卵圆形，无花柱。浆果红色，种子1-2。花期5-7，果期9月。

产河北、山西、河南、陕西、宁夏、甘肃、青海、安徽、浙

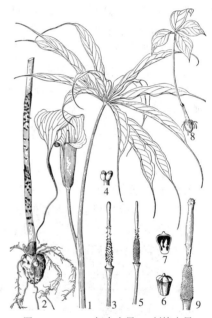

图 212：1-8.一把伞南星 9.刺棒南星
（肖 溶绘）

江、台湾、福建、江西、湖北、湖南、广东、香港、广西、贵州、四川、云南及西藏，生于海拔3200米以下林下、灌丛、草坡、荒地。印度北部和东北部、尼泊尔、缅甸、泰国北部有分布。

40. 刺棒南星　　　图 212：9 彩片78

Arisaema echinatum (Wall.) Schott, Melet. 1: 17. 1832.

Arum echinatum Wall. Pl. Asiat. Rar. 2: 30. t. 136. 1831.

块茎扁球形，径2-4厘米。鳞叶2-4，下部管状，上部线状长圆形，膜质，外面的长4-5厘米，内面的长13-20厘米，与叶柄具杂色斑块。叶1或2；叶放射状分裂，裂片7-18，无柄，倒披针形，长5-20厘米；叶柄长25-55厘米，绿色，有时紫色。花序梗长14-20厘米；佛焰苞黄绿色，管部圆柱形，长4.5-8厘米，绿色或具白色和紫色条纹，喉部展开，檐部卵形，长4-8厘米，绿色，具白色条纹，先

端具线形长尾；雄肉穗花序细圆锥形，长1.5-3厘米；雌花序卵圆形或圆锥形，长1-3厘米，花密；附属器粗棒状或圆柱形，长2.2-6厘米，淡绿色；雌花序附属器具长约1厘米的细柄，顶端密被刺毛；雄花序附属器近无柄，基部有中性花，顶端有疣突和刺毛。雄花有花药4，紫色，顶部孔裂；雌花子房倒卵形，上部有8个增厚的疣状裂片，花柱

明显，柱头盘状。花期6月。

产云南西北部及西藏，生于海拔2600-3200米山坡林下。印度北部、不丹、尼泊尔有分布。

30. 半夏属 Pinellia Tenore

多年生草本。具块茎。叶和花序同出。叶全缘，3深裂、3全裂或鸟足状分裂，裂片长椭圆形或卵状长圆形，侧脉纤细，近边缘有集合脉3条；叶柄下部、上部或叶片基部常有珠芽。花序梗单生，与叶柄等长或超过；佛焰苞宿存，管部席卷，有厚横隔膜，喉部几闭合，檐部长圆形，长约为管部2倍，舟形；肉穗花序下部雌花序与佛焰苞合生至隔膜（在喉部），单侧着花，内藏于佛焰苞管部；雄花序位隔膜以上，圆柱形，短，附属器线状圆锥形，长于佛焰苞。花单性；无花被；雄花有雄蕊2，雄蕊短，扁，药隔细，顶孔纵向开裂。雌花子房卵圆形，1室，1胚珠，直立，珠柄短。浆果长圆状卵形、略尖，有不规则疣皱。种子胚乳丰富，胚具轴。

9种，产亚洲东部。我国8种。

1. 叶片全缘。
　2. 叶非盾状着生。
　　3. 叶卵形或长圆形，基部非心形 ·························· 1. **石蜘蛛 P. integrifolia**
　　3. 叶心形、心状三角形、心状长圆形或心状戟形，下面淡绿或红紫色，基部心形 ·········· 2. **滴水珠 P. cordata**
　2. 叶盾状着生，卵形或长圆形 ························· 2(附). **盾叶半夏 P. peltata**
1. 叶片3裂或鸟足状分裂。
　4. 叶3全裂 ···································· 3. **半夏 P. ternata**
　4. 叶鸟足状分裂 ································ 4. **虎掌 P. pedatisecta**

1. 石蜘蛛　　　　　　　　　　　　图 213

Pinellia integrifolia N. E. Brown in Hook. f. Icon. Pl. 19: t. 1875.
块茎小，扁球形，颈部生根。鳞叶1，披针形，长约1厘米。叶1-3；叶卵形或长圆形，长4-19厘米，宽1.5-6厘米，先端渐尖或锐尖，淡绿色，全缘，侧脉6-7对；叶柄纤细，长5-15厘米，下部略具鞘。花序梗短于叶柄；佛焰苞长约3厘米，管部长圆形，长6-7毫米，径3-4毫米，檐部披针形，长2.5厘米，宽5-6毫米；肉穗花序：雌花序长约6毫米；雄花序长约3毫米，间距短；附

属器线形，S形下弯，长约4厘米，上部极纤细。浆果卵圆形，具花喙。

产湖北及四川。全株入药，有小毒，能解毒散结，止痛通窍，主治跌打损伤、淋浊。

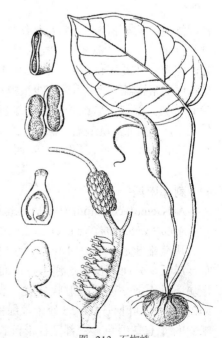

图 213 石蜘蛛
(引自《Engl. Pflanzenr.》)

2. 滴水珠

图 214 : 8-10

Pinellia cordata N. E. Brown in Journ. Linn. Soc. Bot. 36: 173. 1900.

块茎球形、卵球形或长圆形，长2-4厘米，密生多数须根。叶1；幼株叶心状长圆形，长4厘米，多年生植株叶心形、心状三角形、心状长圆形或心状戟形，全缘，上面绿、暗绿色，下面淡绿或红紫色，

两面沿脉颜色较淡，先端长渐尖，有时尾状，基部心形，长6-25厘米，后裂片圆形或尖，稍外展；叶柄长12-25厘米，常紫或绿色具紫斑，几无鞘，下部及顶头有珠芽。花序梗长3.7-18厘米；佛焰苞绿、淡黄带紫或青紫色，长3-7厘米，管部长1.2-2厘米，檐部椭圆形，长1.8-4.5厘米，直立或稍下弯，展平宽1.2-3厘米；雌肉穗花序长1-1.2厘米；雄花序长5-7毫米；附属器青绿色，长6.5-20厘米，线形，略上升。花期3-6月，果期8-9月。

产河南东南部、安徽、浙江、福建、江西、湖北、湖南、广东、广西及贵州，生于海拔800米以下林下溪旁、潮湿草地、岩石边、岩隙或岩壁。块茎入药，有小毒，能解毒止痛、散结消肿，主治毒蛇咬伤、胃痛、腰痛、漆疮、过敏性皮炎；外用治痈疮肿毒、跌打损伤、颈淋巴结核、乳腺炎、深部脓肿。

[附] **盾叶半夏 Pinellia peltata** Pei in Contr. Biol. Lab. Sci. Soc. China, Bot. ser. 10(1):1. f. 1. 1935. 与滴水珠的区别：叶盾状着生，卵形或长圆形。产浙江及福建，生于林下岩石上。

3. 半夏

图 214 : 1-7 彩片79

Pinellia ternata (Thunb.) Breit. in Bot. Zeitung (Berlin) 37: 687. f. 1-4. 1879.

Arum ternatum Thunb. Fl. Jap. 233. 1784.

块茎圆球形，径1-2厘米。叶2-5；幼叶卵状心形或戟形，全缘，长2-3厘米，老株叶3全裂，裂片绿色，长圆状椭圆形或披针形，中裂片长3-10厘米，侧裂片稍短，全缘或具不明显浅波状圆齿；叶柄长15-20厘米，基部具鞘，鞘内、鞘部以上或叶片基部（叶柄顶端）有径3-5毫米的珠芽。花序梗长25-30（-35）厘米；佛焰苞绿或绿白色，管部窄圆柱形，长1.5-2厘米，檐部长圆

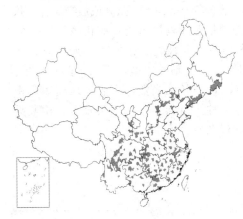

形，绿色，有时边缘青紫色，长4-5厘米；雌肉穗花序长2厘米，雄花序长5-7毫米，间隔33毫米；附属器绿至青紫色，长6-10厘米，直立，有时弯曲。浆果卵圆形，黄绿色，花柱宿存。花期5-7月，果期8月。

产黑龙江、吉林、辽宁、河北、山东、山西、河南、陕西、宁夏、甘肃、江苏、安徽、浙江、台湾、福建、江西、湖北、湖南、广东、香港、广西、贵州、四川及云南，生于海拔2500米以下草坡、荒地、玉米地、田地或疏林下，为旱地杂草；多栽培。朝鲜半岛及日本有分布。喜暖温潮湿，耐蔽荫；可栽培林下或果树行间，或与其它

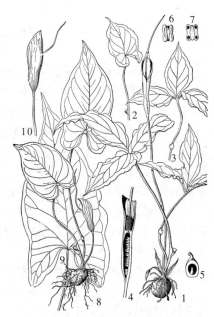

图 214 : 1-7.半夏 8-10.滴水珠
（肖 溶绘）

作物间作；可用块茎、珠芽或种子繁殖。块茎入药，有毒，燥湿化痰，降逆止呕，消痞肿；主治咳嗽痰多、恶心呕吐；外用治急性乳腺炎、急慢性化浓性中耳炎。兽医用治锁喉癀。

4. 虎掌 狗爪半夏

图 215

Pinellia pedatisecta Schott in Osterr. Bot. Wochenbl. 7: 341. 1857.

块茎近圆球形，径达 4 厘米，常生小球茎。叶 1-3 或更多；叶鸟足状分裂，裂片 6-11，披针形，中裂片长 15-18 厘米，两侧裂片渐短小，最外的长 4-5 厘米；叶柄淡绿色，长 20-70 厘米，下部具鞘。花序梗长 20-50 厘米，直立；佛焰苞淡绿色，管部长圆形，长 2-4 厘米，径约 1 厘米，向下渐收缩，檐部长披针形，长 8-15 厘米，基部展平宽 1.5 厘米；雌肉穗花序长 1.5-3 厘米；雄花序长 5-7 毫米；附属器黄绿色，细线形，长 10 厘米，直立或略弯曲。浆果卵圆形，绿至黄白色，小，包于宿存佛焰苞管部内。花期 6-7 月，果期 9-11 月。

产河北、山东、山西、河南、陕西、甘肃、江苏、浙江、安徽、福建、湖北、湖南、广西、贵州、四川及云南东北部，生于海

图 215 虎掌 （陈蒔香绘）

拔 1000 米以下林下、山谷或河谷阴湿处。块茎供药用，《名医别录》："虎掌微寒，有大毒"。

31. 隐棒花属 Cryptocoryne Fischer ex Wydler

多年生草本。根茎常分枝，有时具匍匐茎。叶心形、椭圆形或披针形，或线形无叶柄，1 次侧脉 3-6 对，上举，不伸至顶端，细脉横生，网结；叶柄具长鞘。花序梗通常短；佛焰苞管部藏于地下或水中，下部包花序，通常较上部粗短，管内花序上方有钟形隔片覆盖雄花序，檐部多少披针形，张开或边缘靠合，张口窄，常长尾状，劲直或螺状扭旋；肉穗花序纤细；附属器杯状，与佛焰苞管隔片相连；雌花序常具花 4-7，花 1 轮或 2 轮，上轮花不育，下轮花连生；雄花序多花密集，与雌花序间裸秃。花单性；无花被；雄花有雄蕊 1-2，雄蕊短，无花丝，下部的 4 室，上部具短药隔，退废，扁，顶端平截，下凹，药室对生，顶端有锥状突起，顶孔开裂。雌花心皮 1，轮生，靠合；子房 1 室，直立胚珠多数，直生，珠柄短，密生长毛，着生侧膜胎座下部，2-4 列，珠孔环状，花柱粗短，外弯，柱头盘状，下凹。果聚合，由浆果合生，瓣裂，背部外果皮撕裂状。种子倒卵状长圆形，干时具疣皱状纵条纹，有肋，珠孔稍突出；胚乳丰富，胚具轴。

约 50 种，分布于印度至马来西亚一带。我国 4 种。

1. 佛焰苞较长，管部具花的下部长 1-1.5 厘米，无花上部长 3-10 厘米，檐部长 7-8 厘米 ⋯⋯⋯⋯⋯⋯⋯⋯⋯⋯⋯⋯⋯⋯⋯⋯⋯⋯⋯⋯⋯⋯⋯⋯⋯ 1. 旋苞隐棒花 **C. retrospiralis**
1. 佛焰苞较短，管部具花的下部长 1.5 厘米，无花上部长 2.5-4 厘米，檐部长 2.5-5.5 厘米 ⋯ 2. 隐棒花 **C. sinensis**

1. 旋苞隐棒花

Crytocoryne retrospiralis (Roxb.) Fisch. ex Wydler in Linnaea 5: 428. 1830.

Ambrosinica retrospiralis Roxb. Fl. Ind. 3: 492. 1832.

根茎直立或斜伸，径 0.5-1 厘米，节间长 0.5-1 厘米或极短；根

茎上部生多数圆柱形肉质根，长 4-11 厘米。叶多数，丛生；叶线状披针形，淡绿色，薄，长 10-30 厘米；叶柄长 1-5 厘米，鞘状，膜

质。花序梗长 1-2 厘米；佛焰苞长 7-8 厘米，淡绿带淡红色，管下部具花序部分长 1-1.5 厘米，径 4-5 毫米，上部无花部分长 3-10 厘米，中部径 2 毫米，檐部线状披针形，长 7-8 厘米，螺旋状上升；肉穗花序：雌花序绿色，与雄花序间距约 6 毫米；雄花序短圆柱状，淡绿色，长约 2 毫米；附属物极短。雌花子房长圆形，胚珠 2 列，花柱短，柱头近圆，合生心皮卵球形，径约 1 厘米。花期 11 月。

产广东，生于路旁水中。印度、孟加拉、缅甸、老挝及马来半岛有分布。

图 216 隐棒花 （曾孝濂绘）

2. 隐棒花　　　　　　　　　　图 216 彩片80

Crytocoryne sinensis Merr. in Sunyatsen. 3: 247. 1937.

C. yunnanensis H. Li；中国植物志 13 (2): 198. 1979.

根茎圆柱形，长 3-4 厘米，径 3-10 毫米，节间长 0.1-2 厘米。叶丛生，线状长圆形，连鞘长 10-20 厘米，宽 0.3-1 厘米；叶柄长 1-9 厘米，鞘状，膜质。花序梗长 0.5-1 厘米；佛焰苞长 6-9 厘米，管部具花下部长圆状卵形，长 1.5 厘米，径 4-10 毫米，无花上部长 2.5-4 厘米，圆柱形，径 2.5 毫米，檐部窄披针形，长 2.5-5.5 厘米，下部宽约 6 毫米，螺旋状扭曲；肉穗花序：雌花序淡黄色，圆锥状，长 3 毫米；雄花序黄色，附属器球形，白色，长 1-2 毫米。聚合果椭球形或卵球形，长 1-1.3 厘米。花期 11 月至翌年 4 月。

产广西、贵州西南部及云南，生于河滩水边。根茎含淀粉，可作糊料，漂水去毒后可食；全株可作饲料；全草入药，治跌打损伤、风湿关节炎、痧症、急性肠胃炎（云南思茅）。

32. 大藻属 Pistia Linn.

水生草本，飘浮。茎节间短。叶螺旋状排列，淡绿色，二面密被细毛，初为圆形或倒卵形，略具柄，后为倒卵状楔形、倒卵状长圆形或近线状长圆形，叶脉 7-13-15，纵向，下面隆起，近平行；叶鞘托叶状，几从叶的基部与叶分离，干膜质。芽由叶基背面的旁侧萌发，最初生出干膜质细小帽状鳞叶，后伸长为匍匐茎，形成新株分离。花序梗极短；佛焰苞极小，叶状，白色，内面光滑，外面被毛，中部两侧窄缩，管部卵圆形，边缘合生至中部，檐部卵形，锐尖，近兜状，不等侧展开；肉穗花序短于佛焰苞，超出管部，背面与佛焰苞合生长达 2/3；花单性同序，下部雌花序具单花，上部雄花序有花 2-8，无附属器；雄花轮状排列；花序轴超出轮状雄花序或否；雄花序以下有绿色盘状物（由不育合生雄花所组成的轮状花序演化而来），盘下具易脱落的绿色小鳞片（不育花）。花无花被；雄花有雄蕊 2，轮生，雄蕊极短，合生成柱，雄蕊柱基部宽，无柄，长卵圆形，顶部稍扁平，花药 2 室，对生，纵裂；雌花单一，子房卵圆形，斜生于肉穗花序轴上，1 室，胚珠多数，直生，无柄，4-6 列密集于与肉穗花序轴平行的胎座上。浆果小，卵圆形，种子多数或少数，不规则断落。种子无柄，圆柱形，基部略窄，顶端近平截，中央内凹，外种皮厚，向珠孔增厚，形成珠孔的外盖，内种皮薄，向上扩大形成填充珠孔的内盖；胚乳丰富，胚小，倒卵圆形，上部具茎基。

1 种。

大藻 图 164：6-9 图 217 彩片81

Pistia stratiotes Linn. Sp. Pl. 963. 1753.

形态特征同属。花期5-11月。

河南南部、江苏南部、安徽南部、浙江、台湾、福建、江西、湖北、湖南、广东、香港、海南、广西及云南有野生或逸为野生，山东、江苏、安徽、浙江、湖北、湖南及四川等省均有栽培。热带及亚热带地区广布。全株作猪饲料；入药外敷无名肿毒；煮水可洗汗瘪、血热作痒、消跌打肿痛；煎水内服可通经，治水肿、小便不利、汗皮疹、水蛊（荆州）。

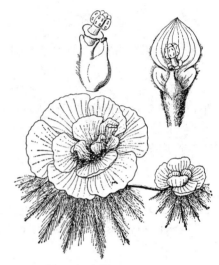

图 217 大藻 （引自《图鉴》）

234. 浮萍科 LEMNACEAE

（林 祁）

飘浮或沉水小草本。根丝状，或无根。茎不发育，具圆形或长圆形小叶状体。叶状体绿色，扁平，稀背面凸起。无叶，或茎基部具细小膜质鳞片。根丝状，或无根。无性繁殖，在叶状体边缘的侧囊中形成小叶状体，幼叶状体长大从侧囊中浮出，新植株与母体联系或分离。稀开花，每花序常有1-2雄花和1雌花，外围膜质佛焰苞。花单性，无花被，生于茎基侧囊中；雄花有雄蕊1；雌花单一，子房1室，胚珠1-6。果不裂。种子1-6。

4 属，约30种，全球广泛分布。我国3属，6种。

1. 植株有根。
   2. 根成束，多条 ·· 1. 紫萍属 Spirodela
   2. 根1条 ·· 2. 浮萍属 Lemna
1. 植株无根 ·· 3. 芜萍属 Wolffia

1. 紫萍属 Spirodela Schleid.

水生漂浮草本。叶状体盘状，具 3-12 脉，背面的根多条，束生，具薄的根冠和 1 条维管束。花序藏于叶状体侧囊中；佛焰苞袋状，具 2 朵雄花和 1 朵雌花。花药 2 室。子房 1 室，胚珠 2。果球状，边缘有翅。

6 种，分布于温带和热带地区。我国 2 种。

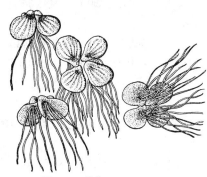

紫萍 水萍 图 218

Spirodela polyrrhiza (Linn.) Schleid. in Linnaea 13: 392. 1839.

Lemna polyrrhiza Linn. Sp. Pl. 970. 1753.

叶状体扁平，宽倒卵形，长 5-8 毫米，宽 4-6 毫米，先端钝圆，上面绿色，下面紫色，掌状脉 5-11，下面中央生根 5-11 条，根长 3-5 厘米，白绿色；根基附近一侧囊内形成圆形新芽，萌发后的幼小叶状体从囊内浮出，由一细弱的柄与母体相连。肉穗花序有雄花 2 朵和雌花 1 朵。

产全国各地，生于水田、水塘、湖湾和水沟中，常与浮萍（Lemna minor）形成覆盖水面的漂浮植物群落。全球温带至热带地区广泛分布。全草入药，具发汗、利尿之功效，治感冒、斑疹、水肿、小便不利、皮肤湿热等症。可作猪、鸭、鱼饲料或饵料。

图 218 紫萍 （引自《图鉴》）

2. 浮萍属 Lemna Linn.

飘浮或悬浮水生草本。根 1 条，无维管束。叶状体扁平，两面绿色，具 1-5 脉；叶状体基部两侧具囊，囊内生营养芽和花芽；营养芽萌发后，新的叶状体通常脱离母体，或数代与母体相连。花单性，雌雄同株；佛焰苞膜质，每花序有雄花 2 朵，雌花 1 朵。雄蕊花丝细小，花药 2 室。子房 1 室，胚珠 1-6。果卵状。种子 1，具肋突。

约 15 种，广泛分布于温带地区。我国 3 种。

1. 悬浮植物；叶状体具细柄，长 0.5-1 厘米 ·· 1. 品藻 **L. trisulca**
1. 飘浮植物；叶状体无柄或极短。
　2. 叶状体对称，近圆形、倒卵形或倒卵状椭圆形；胚珠弯生 ······························ 2. 浮萍 **L. minor**
　2. 叶状体不对称，斜倒卵形或斜倒卵状长圆形；胚珠直生 ·················· 2(附). 稀脉浮萍 **L. perpusilla**

1. 品藻 图 219

Lemna trisulca Linn. Sp. Pl. 970. 1753.

水生草本，悬浮水面，常聚集成堆团或成片。叶状体膜质或纸质，两面暗绿色，有时带紫色，多少透明，椭圆形、披针形或倒披针形，先端钝圆，基部渐窄，全缘或具不规则细齿，具长 0.5-1 厘米的细柄，细柄与母体相连，脉 3 条，背面生 1 细根；幼叶状体于母体基部两侧的囊中萌发，浮出后与母体构成品字形。果卵状。种子具突起脉纹。

产全国各地，生于静水池沼或浅水中。全球温带地区较常见。

2. 浮萍 图 220

Lemna minor Linn. Sp. Pl. 970. 1753.

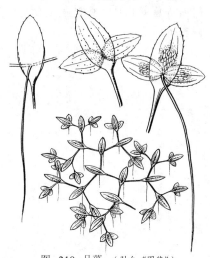

图 219 品藻 （引自《图鉴》）

飘浮植物。叶状体对称，上面绿色，下面浅黄、绿白或紫色，近圆形、倒卵形或倒卵状椭圆形，全缘，长1.5-5毫米，宽2-3毫米，脉3条，下面垂生丝状根1条，长3-4厘米；叶状体下面一侧具囊，新叶状体于囊内形成浮出，以极短的柄与母体相连，后脱落。胚珠弯生。果近陀螺状。种子具12-15条纵肋。

产全国各地，生于水田、池沼等静水水域，常与紫萍 Spirodela polyrrhiza 混生，形成密布水面的飘浮植物群落。全球温暖地区广泛分布。为良好的猪、鸭饲料和草鱼饵料。全草入药，能发汗、利尿、消肿毒，治风湿脚气、风疹热毒、水肿、小便不利、斑疹、感冒等症。

[附] **稀脉浮萍 Lemna perpusilla** Torr. Fl. N. York 1: 245. 1843. 与浮萍的区别：叶状体不对称，斜倒卵形或斜倒卵状长圆形；胚珠直生。产江苏、台湾及福建，生于池沼中。全球热带广布。

3. 芜萍属 Wolffia Hork. ex Schleid.

飘浮草本，植株细小如沙粒。无根。叶状体具1个侧囊，从中发育新的叶状体，通常上面凸起，单一或2个相连。花生于叶状体上面的囊内，无佛焰苞；花序具1朵雄花和1朵雌花。花药1室。子房具胚珠1枚。果圆球状，光滑。

约10种，分布于热带至亚热带。我国1种。

芜萍　　　　　　　　　　　　　　　　图 221

Wolffia arrhiza (Linn.) Wimmer, Fl. Schles. 140. 1857.

Lemna arrhiza Linn. Mantiss 294. 1767.

飘浮水面或悬浮水中，细小如沙粒，为世界上最小的种子植物。叶状体卵状半球形，单一或2代相连，径约1毫米，扁平，上面绿色，具多数气孔，下面凸起，淡绿色，表皮细胞五至六边形；无叶脉和根。

产全国各地，生于静水池沼中。全球各地有分布。富含淀粉、蛋白质等营养物质，可供蔬菜食用，亦为幼鱼的优良饵料，也是鸭、鹅喜食的饲料。

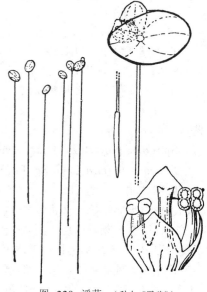

图 220 浮萍 （引自《图鉴》）

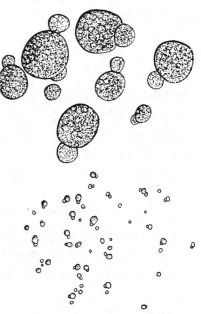

图 221 芜萍 （引自《图鉴》）

235. 黄眼草科 XYRIDACEAE

（向巧萍）

多年生、稀一年生草本。根茎粗短，呈球茎状，稀具平展、葡匐长根茎。叶常丛生基部，2列或螺旋状排列；叶扁平，套折成剑形或丝状，稀近圆柱形或稍扁；基部鞘状，无舌片或叶鞘上端具膜状舌片；气孔平列型，不凹陷。球形花序或穗状花序，花葶直立坚挺；苞片覆瓦状排列，颖状，坚硬，褐黄至黑褐色，有光泽，边缘干膜质，先端圆，微凹或尖，具1花，稀2花。花无小苞片，无花梗或花梗不明显，辐射对称或两侧对称，3基数；萼片（外轮花被片）通常离生；花瓣（内轮花被片）较大，两侧对称或辐射对称，檐部裂片卵形或窄椭圆形，有长爪，等长或几相等，黄色，稀白或蓝色，分离或连合成筒；雄蕊3，与花瓣对生，花丝短，花药2室，外向或内向，纵裂，退化雄蕊单一或2裂，稀4裂；雌蕊具3心皮，子房上位，1室或3室或不完全3室，侧膜胎座、基生胎座、中轴胎座或特立中央胎座，花柱顶端3裂，胚珠倒生、近弯生或直生。蒴果小，室背开裂，为宿存花被所包。种子卵球形、椭圆形或球形，具纵脊，有时两端有小尖头；胚乳富含糊粉粒和复合淀粉粒，有时具油脂，胚小，透镜状。

4属，约270种，主要分布于热带和亚热带地区，美洲最多。我国1属。

黄眼草属 Xyris Linn.

多年生，稀一年生草本。具纤维质根。叶基生，2列，剑状、线形或丝状，有时扭曲，叶无毛或具多数小乳突；叶鞘常有膜质边缘，叶舌存在或缺。头状花序具少花或多花，生于花葶顶部，花葶圆柱形或扁，有时具翅或棱，无毛或具多数乳突；苞片覆瓦状排列，紧密，下部苞片有时组成总苞；苞片全缘，具纤毛，流苏状或撕裂状，具1主脉和次级纵脉。花两性，3基数，生于苞腋；花萼两侧对称，侧生萼片舟状或匙形，龙骨状凸起，全缘、具齿牙或纤毛，边缘膜质，全缘或具缘毛，中间萼片膜质，常兜帽状，冠于花冠上，具1-3（-5）脉，花时展开，早落；花冠辐射对称，黄或白色，花瓣具圆形或倒卵形檐部和窄长爪部，分离或下部联合；雄蕊3，贴生花瓣，退化雄蕊3，与花瓣互生，稀缺，或雄蕊6，全部能育，花丝短，花药基部着生，外向纵裂；子房上位，无柄或具柄，1室或3室，或不完全3室，侧膜胎座，中轴胎座或基生胎座，花柱丝状，上端3分枝，柱头多头状。蒴果室背3瓣裂。种子椭圆形或倒卵球形，通常具纵纹。

约250种，主产南、北美洲，少数产澳大利亚、亚洲和非洲。我国6种。

1. 叶干后具多数短而突出横肋与纵脉相连，叶宽4-6毫米；植株粗壮 ┄┄┄┄┄ 1. **黄眼草 X. indica**
1. 叶干后无上述横肋，叶宽0.5-3.5毫米。
  2. 苞片无斑点状乳突区；侧生萼片背部脊无齿 ┄┄┄┄┄ 2. **黄谷精 X. capensis** var. **schoenoides**
  2. 苞片上部或先端有乳突区。
    3. 叶坚挺，边缘厚革质；花葶扁圆形，边缘有2条革质粗糙的棱，常向左扭曲 ┄┄ 3. **硬叶葱草 X. complanata**
    3. 叶较柔软，边缘非革质；花葶近圆柱形，无棱 ┄┄┄┄┄ 4. **葱草 X. pauciflora**

1. 黄眼草

图 222：1-5

Xyris indica Linn. Sp. Pl. 42. 1753.

多年生粗壮草本。叶剑状线形，基部套折，长15-60厘米，宽4-6毫米，海绵质，无毛，干后具多数短而突出横肋与纵脉相连；叶鞘长7-20（-25）厘米。花葶长15-63厘米，扁或圆柱状，具深槽纹；头状花序卵形、长圆状卵形或椭圆状，有时近球形，长1.2-3.5厘米；苞片倒卵形或近圆形，长5-8毫米，黄褐色，革质，有光泽。萼片半透明膜质，为苞片所包，侧生2片线状匙形，长5-7毫米，背面龙骨

状凸起，中萼片风帽状，长4-6毫米，宽2-2.5毫米，下部成柄状；花瓣淡黄至黄色，檐部倒卵形或近圆形，长3-4.5毫米，具波状齿，爪部长3.5-5毫米；雄蕊贴生花瓣，花药卵形，顶部有缺刻，花丝宽短，退化雄蕊与花瓣互生，画笔状；子房卵圆形，1室，花柱上端3裂。蒴果倒卵圆形或球形，长3-4毫米。种子卵形，黄棕色。花期9-11月，果期10-12月。

产广东、香港、海南及广西南部，生于海拔250-600米湿草地、田边、山谷或平地。斯里兰卡、印度、越南、马来西亚、印度尼西亚、菲律宾至澳大利亚有分布。

图 222:1-5.黄眼草 6-9.葱草 （蔡淑琴绘）

2. 黄谷精　　　　　　　　　　　　图 223：7-12

Xyris capensis Thunb. var. **schoenoides** (Mart.) Nilsson in Kongl. Svensk. Vetensk. Acad. Handl. 14: 41. 1892.

Xyris schoenoides Mart. in Wall. Numer. List: 208, n. 6084. 1831-32.

丛生草本。具根茎。叶坚硬，剑状线形，长10-40厘米，中部

宽0.5-2毫米；叶鞘长6-15厘米，叶舌长0.5-1毫米。花葶圆柱形或稍扁，长25-48厘米或更长，近基部棕红色；花序近球形或倒卵形，径0.6-1.1厘米，基部苞片不开展，近圆形，中部苞片长圆形或椭圆形，长5.3-7毫米，革质，棕色，具5-7脉，中部外拱，有时背部成脊。萼片3，侧生2片舟状，长5-6.5毫米，半透明膜质，背部隆起成脊，脊无齿，中萼片风帽状，长约5毫米，膜质；花冠花时伸出苞片外，黄色，花瓣在花蕾时螺旋状排列，檐部倒卵形，长4-5毫米，爪部长6-6.5毫米；雄蕊花丝长约0.5毫米，退化雄蕊较正常雄蕊短，顶端2裂，上部撕裂成细丝状；子房1室，具3个侧膜胎座，花柱长2.6-3.2毫米，顶端3分叉，柱头漏斗状。蒴果倒卵状长圆形。种子长卵圆形，棕色，有纵纹。花期7-9月，果期8-10月。

产香港、四川及云南，生于海拔2400-2700米开阔坡地或山谷潮湿处。

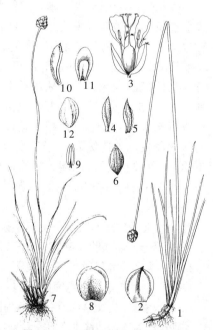

图 223：1-6.硬叶葱草 7-12.黄谷精
（蔡淑琴绘）

3. 硬叶葱草　　　　　　　　　　图 223：1-6

Xyris complanata R. Br. Prodr. Fl. Nov. Holl. 256. 1810.

多年生草本。叶厚而坚挺，线形，长（5-）10-25（40）厘米，宽1.2-2.5毫米，边缘厚革质；叶鞘长2.5-7.5厘米。花葶直立，长10-40（-60）厘米，扁圆形，边缘有2条革质粗糙的棱，常向左扭曲；花序长圆状卵形或圆柱形，长0.8-2厘米；苞片近圆形或宽倒卵形，长5-5.5毫米，革质，淡褐色，背部具龙骨状突起，背面隆起上部有近三

角形乳突区。萼片3，侧生2片舟状，薄革质，长3.8-4.5毫米，先端钝圆，背部有棱脊，脊有锐齿或毛状，中萼片风帽状，长3-3.5毫米，膜质，具1或3脉；花瓣黄色，长5-6毫米，檐部倒卵形或倒

三角形，先端边缘撕裂状，爪部窄长；雄蕊3，花药长卵形，顶端深凹，药室不等长，花丝长约1毫米，退化雄蕊与花瓣互生，2裂，长约1.5毫米，上部画笔状；子房倒卵球形，花柱长3-5毫米，上部3裂，顶端漏斗状，具撕裂边缘。蒴果卵形，长3-3.5毫米。种子卵圆形或椭圆形，有纵纹。花期8-9月，果期9-10月。

产福建、海南及广西，生于低海拔荒地、田野或海岸沙土。马来西亚、菲律宾、印度尼西亚、印度、斯里兰卡及澳大利亚有分布。

4. 葱草

图 222：6-9

Xyris pauciflora Willd. Phytogr. 1: 2. t. 1. f. 1. 1794.

直立簇生或散生草本。叶窄线形，较柔软，长8-22厘米，宽1-3毫米，两面及边缘疏生乳突；叶鞘长1.5-6厘米。花葶近圆柱形，长5-35厘米；花序卵形或球形，长0.6-1.3厘米；苞片宽倒卵形或近圆形，常内凹，长3-5毫米，革质，先端有小刺尖和三角形灰白色（干时）乳突区。侧生2萼片舟状，膜质，长3.5-4.5毫米，背部有龙骨状突起的窄脊棱，具粗浅齿，无

毛，中萼片风帽状，长约3.5毫米；花时花冠伸出苞片外，花瓣黄色，檐部倒卵形，长2.5-3.5毫米，基部爪长3-4毫米；雄蕊贴生花瓣，长0.9-1.3毫米，花药宽卵形，花丝极短，退化雄蕊较正常雄蕊短，顶端2分叉，画笔状；子房倒卵形，花柱3裂，顶部鸡冠状。蒴果卵圆形或椭圆形，有时倒卵形。种子椭圆形，有纵棱。花期9-11月，果期10-12月。

产台湾、福建、广东、香港、海南、广西、四川西南部及云南，生于海拔350-900米山谷、原野、沼泽湿地或稻田中。马来西亚、菲律宾、印度尼西亚、印度、斯里兰卡及澳大利亚有分布。

236. 鸭跖草科 COMMELINACEAE

（洪德元　潘开玉）

一年或多年生草本，有的茎下部木质化。茎有节和节间。叶互生，叶鞘开口或闭合。蝎尾状聚伞花序，单生或集成圆锥花序，有的伸长，有的缩短成头状，有的无花序梗而花簇生，或退化为单花，顶生或腋生，腋生聚伞花序有的穿叶鞘而出鞘外。花两性，稀单性。萼片3，分离或基部连合，常舟状或龙骨状，有的顶端盔状；花瓣3，分离，在 Cyanotis 和 Amischophacelus 中，花瓣中段合生成筒，两端分离；雄蕊6，全育或2-3枚能育，1-3枚为退化雄蕊，花丝有念珠状长毛或无毛，花药并行或稍叉开，纵缝开裂，稀顶孔开裂，退化雄蕊顶端4裂成蝴蝶状、3全裂、2裂叉开成哑铃状，或不裂；子房（2）3室，每室有1至数颗直生胚珠。蒴果室背开裂，稀浆果。种子大，多数，富含胚乳，种脐条状或点状，胚盖位于种脐背面或背侧面。

约40属，600种，主产热带，少数产亚热带，个别种分布至温带。我国13属53种，另有3个常见栽培并已野化。

1. 花序在叶鞘基部穿叶鞘而出，无总梗，成密集头状；能育雄蕊6。
　2. 直立草本，不分枝；花药纵缝开裂 ……………………………………… 5. **穿鞘花属 Amischotolype**
　2. 攀援草本，分枝；花药顶孔开裂 ……………………………………………… 6. **孔药花属 Porandra**
1. 花序不穿叶鞘，不成无总梗的头状花序，有的具穿鞘的侧枝；能育雄蕊6或较少。
　3. 缠绕草本；总苞片佛焰苞状，圆锥花序中下部的蝎尾状聚伞花序的花为两性花，余为雄花。
　　4. 聚伞花序全部具总苞片，侧枝每节生花序；子房每室2胚珠 ……………… 1. **竹叶子属 Streptolirion**
　　4. 聚伞花序基部1个具总苞片，侧枝多数节无花序；子房每室8胚珠 …………… 2. **竹叶吉祥草属 Spatholirion**
　3. 直立或匍匐草本；总苞片佛焰苞状或否；花全为两性花。
　　5. 果浆果状不裂，果皮黑或蓝黑色，薄而多少有光泽；花序顶生；种子每室4至多颗，多角形 ……………………………………………………………………………………………… 10. **杜若属 Pollia**
　　5. 蒴果开裂；花序顶生或否。
　　　6. 圆锥花序顶生，扫帚状，花小而极多；蒴果小，2室，每室1种子；雄蕊5-6 …… 7. **聚花草属 Floscopa**
　　　6. 花序顶生或否，非扫帚状；蒴果3室，稀2室，如2室则能育雄蕊3枚。
　　　　7. 总苞片佛焰苞状。
　　　　　8. 花瓣中部合生成管，两端分离；雄蕊6，全育；苞片镰刀状弯曲，覆瓦状排列，成2列 …………………………………………………………………………………………… 4. **蓝耳草属 Cyanotis**
　　　　　8. 花瓣全离生；能育雄蕊3或6；苞片非上述。
　　　　　　9. 花两侧对称；能育雄蕊3，位于一侧，退化雄蕊4裂，蝴蝶状；蒴果通常2片裂，背面一室常不裂 ……………………………………………………………………………… 13. **鸭跖草属 Commelina**
　　　　　　9. 花辐射对称；能育雄蕊6；蒴果3片裂 …………………………… 14. **紫万年青属 Tradescantia**
　　　　7. 总苞片有或无，有则非佛焰苞状，平展或成鞘状。
　　　　　10. 花序无总梗或极短，花集成头状或近头状或簇生叶鞘内；雄蕊6枚全育，稀1-3枚。
　　　　　　11. 花瓣粉红、蓝或紫色；花丝被须状毛，药隔窄；柱头头状 ………… 3. **假紫万年青属 Belosynapsis**
　　　　　　11. 花瓣白色；花丝无毛，药隔宽，四方形、三角形、长圆形，稀窄；柱头画笔状 …………………………………………………………………………………………… 15. **洋竹草属 Callisia**
　　　　　10. 花序具总梗，顶生或兼腋生；能育雄蕊2-3。
　　　　　　12. 退化雄蕊钝，戟状2浅裂或3全裂，能育雄蕊3（有时1-2败育）；蒴果每室2至数颗种子 … …………………………………………………………………………………………… 8. **水竹叶属 Murdannia**
　　　　　　12. 退化雄蕊顶端哑铃状，能育雄蕊2-3，位于前方或后方。

13. 能育雄蕊位于前方；蒴果圆柱状，长为宽2-3倍，每室有4-7种子 ·················· 9. 三瓣果属 Tricarpelema
13. 能育雄蕊位于后方；蒴果圆球状，每室1种子。

    14. 果无带钩腺毛；花瓣无爪，通常白色 ··························· 11. 网籽草属 Dictyospermum
    14. 果具带钩腺毛；近轴（上面）花瓣具短爪，淡紫或蓝色 ·············· 12. 钩毛子草属 Rhopalephora

1. 竹叶子属 Streptolirion Edgew.

    多年生攀援草本。侧枝穿鞘，每节生花序，基部具叶鞘。茎长0.5-6米，常无毛。叶柄长3-10厘米；叶片心状卵圆形，长5-15厘米，宽3-13厘米，先端尾尖，基部深心形，上面多少被柔毛。蝎尾状聚伞花序多个集成大圆锥花序，圆锥花序与叶对生，自叶鞘口伸出，每一个聚伞花序基部均托有总苞片，总苞片在圆锥花序下部的叶状，与叶同型，长2-6厘米，向花序上部渐少，卵状披针形，最下一个聚伞花序的花为两性，余为雄性或两性。花无梗；萼片3，分离，长3-5毫米，舟状，顶端盔状；花瓣3，分离，白色、淡紫后白色，线状匙形，长于萼片；雄蕊6，全育，相等而离生，花丝线状，密生念珠状长毛，药室椭圆状，并行；子房无柄，椭圆状三棱形，3室，每室2胚珠。蒴果椭圆状三棱形，长4-7毫米，顶端有长达3毫米的芒状突尖，3片裂，每室2种子。种子垒置，多皱，褐灰色，长约2.5毫米，种脐在腹面，线状，胚盖位于背侧。

    单种属。

竹叶子

图 224 彩片82

Streptolirion volubile Edgew. in Proc. Linn. Soc. Lond. 1: 254. 1845.

图 224 竹叶子 （许梅娟绘）

形态特征同属。花期7-8月，果期9-10月。

产吉林、辽宁、内蒙古、河北、山东、山西、河南、陕西、甘肃、浙江、湖北、湖南、广西、贵州、四川、云南及西藏，生于海拔2000米以下山地，在云南德钦和维西、西藏门工海拔达3200米。不丹、印度东北部至越南、老挝、柬埔寨、朝鲜半岛及日本有分布。

    [附] **红毛竹叶子 Streptolirion volubile** subsp. **khasianum** (C. B. Clarke) Hong in Acta Phytotax. Sin. 12 (4): 463. 1974.——*Streptolirion volubile* var. *khasianum* C. B. Clarke in DC. Monogr. Phanerog. 3: 262. 1881. 与模式亚种的主要区别：植株全体密生棕色多细胞长毛，全为缠绕习性。产贵州西南部及云南。

2. 竹叶吉祥草属 Spatholirion Ridl.

    缠绕草本，茎细长。侧枝穿鞘，多数节无花序。圆锥花序具长梗，与叶对生，自叶鞘口伸出，多个聚伞花序组成圆锥花序，最下1个聚伞花序基部有1叶状总苞片，余无总苞片。圆锥花序最下1个聚伞花序上的花为两性，其余聚伞花序上的花均为雄性。萼片3，分离，舟状，草质；花瓣宽条形；雄蕊6，相等，全育，花丝被绵毛；子房3室，每室8胚珠。果卵状三棱形，3片裂。种子2列垒置，多角形，具网纹，种脐线状，胚盖位于背侧。

3种，我国和越南产2种，1种产泰国。

竹叶吉祥草
图 225 彩片83

Spatholirion longifolium (Gagnep.) Dunn in Kew Bull. 1911: 162. 1911.

Streptolirion longifolium Gagnep. in Bull. Bot. Soc. France 47: 334. 1900.

图 225 竹叶吉祥草 （许梅娟绘）

多年生缠绕草本，全株近无毛或被柔毛。根须状，数条，径约3毫米。茎长达3米。叶柄长1-3厘米；叶片披针形或卵状披针形，长10-20厘米，宽1.5-6厘米，先端渐尖。圆锥花序总梗长达10厘米；总苞片卵圆形，长4-10厘米，宽2.5-6厘米。花无梗；萼片长6毫米，草质；花瓣紫或白色，略短于萼片。蒴果卵状三棱形，长1.2厘米，顶端有芒状突尖，每室种子6-8。种

子酱黑色。花期6-8月，果期7-9月。

产浙江、福建、江西、湖北、湖南、广东北部、广西、贵州、四川及云南，生于海拔2700米以下山谷密林下，疏林中或山谷草地稀少，多攀援树干。越南有分布。

3. 假紫万年青属 Belosynapsis Hassk.

多年生匍匐草本。根状茎长。蝎尾状聚伞花序有花数朵（稀单朵），顶生或腋生，总梗短，总苞片叶状，非佛焰苞状。萼片3，分离，基部稍连合；花瓣3，粉红、蓝或紫色，分离；雄蕊6，全育，分离而等长，花丝被须状毛，药隔窄；子房3室，每室胚珠2，柱头头状。蒴果椭圆状，具3沟。种子每室1-2，垒置，具网纹，种脐点状，胚盖位于顶端。

3种，分布于亚洲南部。我国1种。

假紫万年青
图 226

Belosynapsis ciliata (Bl.) Rolla Rao in Notes Roy. Bot. Gard. Edinb. 25: 187. 1964.

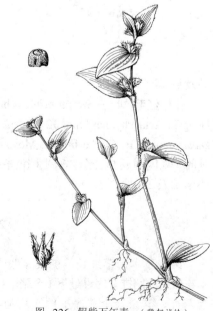

图 226 假紫万年青 （冀朝祯绘）

Tradescantia ciliata Bl. Cat. Buitenzorg 61. 1823.

根状茎和茎总长50厘米以上。茎无毛或有1列柔毛。叶鞘长约3毫米，膜质，被长睫毛；叶片披针形或长卵形，长1.5-5厘米，宽1-1.5厘米，边缘有睫毛，余无毛或下面疏生细长硬毛。蝎尾状聚伞花序有花2至数朵，顶生兼腋生，

几无总梗或侧枝的花序总梗长达 1.5 厘米；总苞片叶状，比叶宽圆。花各部分除花冠外均被睫毛；苞片倒卵状匙形或披针形，长 0.5-1 厘米，宽 2-3 毫米；花无梗或梗长达 2 毫米；萼片卵状披针形，长 4-6 毫米；花瓣蓝或蓝紫色；子房上部被硬毛。蒴果长圆状，有 3 纵沟，长 2.5-3 毫米，顶端被刚毛。种子灰色，近棱状柱形，长略过 1 毫米。花期 6-7 月。

产台湾、广东、香港、海南、广西及云南南部，生于海拔 2300 米以下林中石上。日本经菲律宾、印度尼西亚至印度、巴布亚新几内亚有分布。

4. 蓝耳草属 Cyanotis D. Don

一年生或多年生草本。茎直立或匍匐。叶通常线形，稀长矩圆形。蝎尾状聚伞花序无总梗，为佛焰苞状总苞片所托，苞片镰刀状弯曲，覆瓦状排列，成 2 列。花无梗，整齐；萼片 3，几分离或基部连合；花瓣长，中部合生成管，两端分离；雄蕊 6，全育，同形，花丝被念珠状长绒毛，极稀无毛；子房 3 室，每室 2 胚珠。蒴果 3 室，3 片裂，每室 1-2 颗种子。种子柱状金字塔形，种脐圆，位于两种子接触处，胚盖位于另一端。

约 50 种，产亚洲、非洲热带和亚热带地区。我国 5 种。

1. 蝎尾状聚伞花序具多花，从佛焰苞状苞片中伸出。
  2. 基生叶非莲座状；叶、总苞片和苞片被硬毛或柔毛，极少疏生蛛丝状毛；根更细小。
    3. 叶片线形或线状披针形；蝎尾状聚伞花序非鸡冠状；苞片镰刀状弯曲，渐尖，窄，长 0.5-1 厘米，无缘毛 ·· 1. 蓝耳草 C. vaga
    3. 叶片通常窄长圆形；蝎尾状聚伞花序半圆形、鸡冠状；苞片长 1-1.5 厘米，疏被多细胞缘毛 ·· 2(附). 四孔草 C. cristata
  2. 基生叶莲座状；叶、总苞片和苞片密被蛛丝状毛；根径 1-1.5 毫米 ············ 2. 蛛丝毛蓝耳草 C. arachnoidea
1. 蝎尾状聚伞花序具 3-6 花，包藏于叶鞘内 ·· 3. 鞘苞花 C. axillaris

1. 蓝耳草   图 227

Cyanotis vaga (Lour.) Roem. et Shult. Syst. Veg. 7 (2): 1153. 1830.

Tradescantia vaga Lour. Fl. Cochinchin. 193. 1790.

多年生披散草本，全株密被长硬毛或蛛丝状毛，有时近无毛，基部有球状被毛的鳞茎，鳞茎径约 1 厘米。茎基部多分枝，或上部分枝，或少分枝，长 10-60 厘米。叶线形或线状披针形，长 0.5-1 (1.5) 厘米，宽 0.3-1 (1.5) 厘米。蝎尾状聚伞花序顶生兼腋生，单生，多花，稀顶端数个聚生成头状；总苞片较叶宽短，佛焰苞状；苞片镰刀状弯曲渐尖，长 0.5-1 厘米，宽约 3 毫米，2 列，每列覆瓦状排列。萼片基部连合，长圆状披针形，长约 5 毫米，外被白色长硬毛；花瓣蓝或蓝紫色，长 6-8 毫米，顶端裂片匙状长圆形；花丝被蓝色绵毛。蒴果倒卵状三棱形，顶端被细长硬毛，长约 2.5 毫米，径约 3

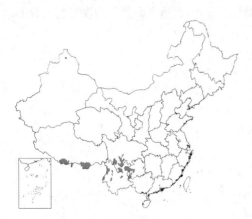

图 227 蓝耳草 （冀朝祯绘）

毫米。种子灰褐色，具多数小窝孔。花期7-9月，果期10月。

产台湾、广东、香港、海南、贵州、四川、云南及西藏，生于海拔3300米以下疏林下或山坡草地。尼泊尔、印度至越南、老挝、柬埔寨有分布。

2. 蛛丝毛蓝耳草

图 228：1

Cyanotis arachnoidea C. B. Clarke in DC. Monogr. Phanerog. 3: 250. 1881.

多年生草本。根须状，径达2毫米。主茎短缩。基生叶莲座状，

可育叶生于叶丛下部，披散或匍匐，节上生根，长20-70厘米，有疏或密蛛丝状毛。主茎的叶丛生，禾叶状或带状，长8-35厘米，宽0.5-1.5厘米，上面疏生蛛丝状毛至近无毛，下面常密被毛；可育茎的叶长不及7厘米，被蛛丝状毛；叶鞘几密被蛛丝状毛。蝎尾状聚伞花序常数个簇生枝顶或叶腋，无梗而呈头状，或有长

图 228：1.蛛丝毛蓝耳草 2-5.鞘苞花
（冀朝祯绘）

达4厘米的花序梗；总苞片佛焰苞状，先端渐尖，长1-2（-3.5）厘米，被密或疏蛛丝状毛，背面基部密；苞片长7-8毫米。花无梗；萼片线状披针形，基部连合，长约5毫米，外被蛛丝状毛；花瓣蓝紫、蓝或白色，比萼片长；花丝被蓝色蛛丝状毛。蒴果小，宽长圆状三棱形，长2.5毫米，顶端密生细长硬毛。种子灰褐色，有小窝孔。花期6-9月，果期10月。

产浙江、台湾、福建、江西南部、广东、海南、广西、贵州及云南，生于海拔2700米以下溪边、山谷湿地及湿润岩石上。印度、斯里兰卡至越南、老挝及柬埔寨有分布。根入药，通经活络、除湿止痛，主治风湿关节疼痛。植株含脱皮激素。

[附] **四孔草 Cyanotis cristata** (Linn.) D. Don, Fl. Prod. Nepal. 46. 1825, in adnot. —— *Commelina cristata* Linn. Sp. Pl. 42. 1753. 与蛛丝毛蓝耳草的

区别：茎下部匍匐生根；无基生叶，茎生叶窄长圆形、披针形、卵状披针形或长椭圆形，长2-8厘米，宽0.8-2厘米；苞片长1-1.5厘米，多片排成鸡冠状；种子有4窝孔。花期7-8月，果期9-10月。产广东、海南、广西、贵州西南部及云南，生于海拔2000米以下林下、山谷溪边或开旷潮湿处。印度、斯里兰卡、缅甸、老挝、柬埔寨、越南、泰国、马来西亚、印度尼西亚及菲律宾有分布。

3. 鞘苞花 鞘花蓝耳草

图 228：2-5

Cyanotis axillaris (Linn.) D. Don ex Sweet, Hort. Brit. 430. 1826.

Commelina axillaris Linn. Sp. Pl. 42. 1753.

Amischophacelus axillaris (Linn.) Rolla Rao et Kammathy; 中国植物志 13 (3): 320. 1997.

一年生草本，多分枝，无毛，间节伸长，下部节上生根。叶线形，无毛或疏生柔毛，长2-8厘米，宽5-8毫米；叶鞘闭合，膜质，长0.5-1厘米，边缘无毛或疏生睫毛。短缩聚伞花序，有3-6花，无总梗，腋生，包在稍膨胀的叶鞘内；苞片线形或披针形，非覆瓦状排列。萼片分离，线状匙形，长6-9毫米，宽1.5-2毫米；花瓣蓝色，中部连合成筒，长约1.2厘米，先端3裂，裂片圆形；雄蕊6，全育，花

丝被毛或否，药室长圆状，并行，基部开裂；子房3室，每室2胚珠，无毛或有微毛，花柱长约1.3厘米。蒴果长圆状三棱形，长4-5毫米，径约2毫米，室背3裂，顶端有6个带刚毛、长约1毫米的裂片状附属物，每个裂瓣有2附属物，种子1-6。种子柱状，灰黑或灰褐色，长2毫米，有窝孔，胚盖位于顶端，种脐圆，位于基部边缘。花期春秋二季。

产台湾、香港及海南，生于低海拔湿润砂地。斯里兰卡、印度至中南半岛、马来西亚、印度尼西亚、菲律宾、大洋洲热带有分布。

5. 穿鞘花属 Amischotolype Hassk.

多年生粗壮直立草本。具根状茎。茎不分枝。叶常大型，椭圆形。花序在茎中部每节1个，穿叶鞘基部，常密集为头状，无总梗。花无梗，近整齐；萼片3，分离，龙骨状，草质，绿色；花瓣3，分离，倒卵圆形，凋而不落；雄蕊6，全育，近相等，花丝有念珠状长毛，花药卵圆形，药室并行，纵裂；子房无柄，3室，卵状，每室2胚珠，有时后面1室具1胚珠。蒴果三棱状球形或三棱状卵形，3片裂，每室种子2，稀1颗。种子叠置排列，柱状三棱形，多皱，具网状纹饰，胚盖位于背侧，种脐条状，位于腹面。

约20种，分布于亚洲热带及非洲热带。我国2种。

1. 蒴果顶端钝，卵球状三棱形，长7毫米；萼片舟状，背面中脉密生长硬毛 ·················· 1. 穿鞘花 A. hispida
1. 蒴果顶端渐尖，长卵状三棱形，长1-1.5厘米；萼片卵状长圆形，近无毛 ·················· 2. 尖果穿鞘花 A. hookeri

1. 穿鞘花

图 229：1-3 彩片84

Amischotolype hispida (Less. et A. Rich.) D. Y. Hong in Acta Phytotax. Sin. 12 (4): 461. 1974.

Forrestia hispida Less. et A. Rich. Sert. Astrolab. 2. t. 1. 1834.

多年生大草本。根状茎长，节上生根，无毛。茎直立，径0.5-1.5厘米，根状茎和茎总长达1米多。叶鞘长达4厘米，密生褐黄色细长硬毛，口部有褐黄色硬毛；叶椭圆形，长15-50厘米，宽5-10.5厘米，先端尾状，基部楔状渐窄成翅状柄，两面近边缘及叶下面主脉下半密生褐黄色细长硬毛。头状花序大，常有花数十朵，果期径达4-6厘米；苞片卵形，先端尖，疏生睫毛。萼片舟状，顶端盔状，花期长约5毫米，果期长达1.3厘米，背面中脉通常密生棕色长硬毛，稀近无毛，余无毛或少毛；花瓣长圆形，稍短于萼片。蒴果卵球状三棱形，顶端钝，近顶端疏被细硬毛，长约7毫米。种子长约3毫米，径约2毫米。花期7-8月，果期9月以后。

产台湾、福建南部、广东、香港、海南、广西、贵州、云南及

图 229：1-3.穿鞘花 4.尖果穿鞘花
（冀朝祯绘）

西藏东南部，生于海拔2100米以下林下及山谷溪边。日本、巴布亚新几内亚、印度尼西亚至中南半岛有分布。全株作马饲料。

2. 尖果穿鞘花

图 229：4

Amischotolype hookeri (Hassk.) Hara, Fl. East. Himal. 1: 399. 1966.

Forrestia hookeri Hassk., Flora, 629. 1864.

多年生粗壮草本。茎下部倾卧，上部节生根，长1-3米，径

约1厘米。叶椭圆形，长约30厘米，宽5-10厘米，先端尾尖，基部楔形，上面疏生毛或无毛，下面叶脉或各部被黄色长硬毛；茎上部叶鞘重叠，密被棕黄色长硬毛。花序具共数朵至10余朵。萼片长6毫米，宽4毫米，卵状长圆形，近无毛；花瓣淡紫红色。蒴果长卵状三棱形，顶端渐尖锥状，疏被棕色细毛，长1-1.5厘米，径约5毫米。种子长约4毫米，径2.5毫米，多皱。幼果期7月。

产云南及西藏，生于海拔1200米以下常绿阔叶林下。尼泊尔、不丹、印度、孟加拉国及中南半岛有分布。全株作马饲料。

6. 孔药花属 Porandra D. Y. Hong

多年生攀援草本。茎细长，下部木质化，长达7米，上部多分枝。花序头状，无总梗，穿叶鞘基部，有花数朵。花整齐；萼片3，分离，龙骨状，覆瓦状排列；花瓣3，分离，椭圆形，覆瓦状排列；雄蕊6枚全育，近相等，花丝伸出，被多细胞长绵毛，药室大部连合，长矩圆状或滴水状，顶孔开裂；子房球状三棱形，3室，每室2胚珠。蒴果球状椭圆形，有3棱，3片裂，每室种子2。种子全置，柱状三棱形，多皱，有细网纹，胚盖位于背侧。

3种，分布于亚洲东南部。我国均产。

1. 花药滴水状，萼片及果被长硬毛；叶下面多少被硬毛 ·· 1. 孔药花 P. ramosa
1. 花药长圆形，萼片及果无毛或被微毛；叶下面常无毛 ·································· 2. 攀援孔药花 P. scandens

1. 孔药花

图 230 : 1-5

Porandra ramosa D. Y. Hong in Acta Phytotax. Sin. 12 (4): 462. pl. 89. f. 1-5. 1974.

茎高达4米，无毛，上部分枝，节间长5-20厘米。叶鞘长2.5-6厘米，初被硬毛，后无毛，棕色，口部有长睫毛；叶柄长5-7毫米；叶片椭圆形或披针形，长8-16厘米，宽2-4.5厘米，基部圆钝或宽楔形，先端渐尖或尾尖，下面多少被硬毛。头状花序有花数朵；苞片三角状卵圆形，长3毫米，无毛或有疏硬毛。萼片长圆形，龙骨状，长5-7毫米，宽3毫米，外被长硬毛；花瓣粉红色，长圆形，长7毫米，宽约3毫米；花丝长7毫米，花药滴水状，药室顶端分离，顶孔开裂，长2毫米，宽1.5毫米；子房被多细胞长硬毛，花柱长4毫米。蒴果卵球形，3棱，长7-9毫米，径5-6毫米，被长硬毛，每室2种子。种子长3-4毫米。花期4-8月。

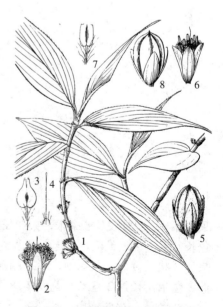

图 230 : 1-5.孔药花 6-8攀援孔药花
（蔡淑琴绘）

产广西西部、贵州西南部及云南，生于海拔400-2400米林中。

2. 攀援孔药花

图 230：6-8

Porandra scandens D. Y. Hong in Acta Phytotax. Sin. 12 (4): 462. pl. 89. f. 6-8. 1974.

茎细长，长4-7米，林中攀援，基径达1.5厘米，上部分枝，节间长5-15厘米。叶鞘长约3厘米，口部被长睫毛；叶柄极短；叶片长卵形或披针形，长15-25厘米，宽2-6厘米，基部楔形或圆钝，先端渐尖或尾尖，下面常无毛，边缘有1列长硬毛。头状花序有花数朵；苞片三角状卵圆形，长约2毫米。萼片长圆形，龙骨状，无毛，长5-7毫米，宽3毫米；花瓣绿色，分离，3枚，椭圆形，长6毫米，宽2.5毫米；花丝长，伸出花外，花药长圆形，长2.5毫米，宽不及1毫米，顶端孔裂；子房径1毫米，疏被极短的毛，花柱长9毫米。蒴果卵球形，3棱，无毛，长0.8-1.1厘米，径6毫米。种子长4-6毫米。花期4-6月，果期8-11月。

产云南，生于海拔650-1100米林中。泰国和中南半岛北部有分布。

7. 聚花草属 Floscopa Lour.

多年生草本。聚伞花序多个，组成单圆锥花序或复圆锥花序，花序顶生，或兼腋生于茎顶端叶腋，常在茎顶端呈扫帚状；苞片常小。萼片3，分离，圆形或椭圆形，稍舟状，革质，宿存；花瓣3，分离，倒卵状椭圆形，无爪或有短爪，稍长于萼片；雄蕊5-6，全育而相等，花丝无毛，药室连合，下部稍叉开，椭圆状；子房柄极短，2室，稍扁，无毛，每室1胚珠。蒴果小，稍扁，每面有1沟槽，室背2片裂，每室1种子，果皮壳质，光滑而有光泽。种子半球状或半椭圆状，种脐条状，位于腹面，胚盖位于背面。

约15种，广布于热带和亚热带。我国2种。

1. 复圆锥花序，总梗几无，花序密被长腺毛；种子半椭圆形，灰蓝色，浅辐射纹，胚盖白色，位于背面；叶无柄或有带翅短柄 ··· **聚花草 F. scandens**
1. 单圆锥花序，总梗长4-5厘米，花序被细短毛；种子半圆形，灰褐色，格状网纹，胚盖棕色，位于背侧；叶柄长1-1.5厘米 ··· (附). **云南聚花草 F. yunnanensis**

聚花草

图 231：1-5 彩片85

Floscopa scandens Lour. Fl. Cochinch. 193. 1790.

植株具极长根状茎，根状茎节上密生须根。全株或仅叶鞘及花序各部被多细胞腺毛，有时叶鞘一侧被毛。茎高20-70厘米，不分枝。叶无柄或有带翅短柄；叶片椭圆形或披针形，长4-12厘米，宽1-3厘米，上面有鳞片状突起。圆锥花序多个，顶生兼腋生，组成长达8厘米、宽达4厘米扫帚状复圆锥花序，密被长腺毛，几无总梗，下部总苞片叶状，与叶同型，同大，上部的比叶小。花梗极短；苞片鳞片状；萼片长2-3毫米，浅舟状；花瓣蓝或紫色，稀白色，倒卵形，比萼

图 231：1-5.聚花草 6.云南聚花草
（冀朝祯绘）

片略长；花丝长而无毛。蒴果卵圆状，长宽 2 毫米，侧扁。种子半椭圆形，灰蓝色，胚盖生出浅辐射纹；胚盖白色，位于背面。花果期 7-11 月。

产浙江南部、台湾、福建、江西、湖南、广东、香港、海南、广西、贵州、四川、云南及西藏，生于海拔 1700 米以下水边、山沟边草地或林中。亚洲热带及大洋洲热带广布。全草药用，苦凉，有清热解毒、利尿消肿之效，可治疮疖肿毒、淋巴结肿大、急性肾炎。

[附] 云南聚花草 图 231:6 **Floscopa yunnanensis** D. Y. Hong in Acta Phytotax. Sin. 12 (4): 464. pl. 93. f. 1. 1974. 本种与聚花草的主要区别：单圆锥花序，被细短毛，总梗长 4-5 厘米，苞片杯状；种子半圆形，灰褐色，具粗大格状网纹，胚盖棕色，位于背侧面；叶柄长 1-1.5 厘米。产云南西双版纳，生于海拔 800 米的密林中。

8. 水竹叶属 Murdannia Royle

多年生（稀一年生）草本。叶片通常窄长，带状，主茎多不育而叶密集呈莲座状。根纺锤状。茎花葶状或否。花序具总梗，蝎尾状聚伞花序单生或复出组成圆锥花序，有时缩短为头状，有时退化为单花。萼片 3，浅舟状；花瓣 3，分离，近相等；能育雄蕊 3，对萼，有时 1 枚（稀 2）败育，退化雄蕊 3（稀 2、1 枚或无），对瓣，顶端钝，戟状 2 浅裂或 3 全裂，花丝有毛或无毛；子房 3 室，每室 1 胚珠至数颗。蒴果 3 室，室背 3 片裂，每室种子 2 至数颗，稀 1 颗，排成 1 或 2 列。种脐点状，胚盖位于背侧面，具各式纹饰。

约 50 种，广布于热带及亚热带地区。我国 20 种。

1. 退化雄蕊顶端戟状不裂；花 1-5 朵簇生叶腋；根茎长而横走；水生或沼生草本。
  2. 蒴果卵圆状三棱形，长 5-7 毫米，两端钝或短尖；种子不扁；萼片长 4-6 毫米 ⋯⋯ **1. 水竹叶 M. triquetra**
  2. 蒴果长椭圆状，不明显 3 棱，长 0.8-1 厘米，两端尖；种子稍扁；萼片长 0.6-1 厘米 ⋯⋯⋯⋯⋯⋯⋯⋯⋯⋯⋯⋯⋯⋯⋯⋯⋯⋯⋯⋯⋯⋯⋯⋯⋯⋯⋯⋯⋯⋯⋯⋯ **1(附). 疣草 M. keisak**
1. 退化雄蕊顶端 3 全裂；顶生圆锥花序，或多个聚伞花序集于鞘状总苞片内（花梗有鞘状膜质小苞片）；多数无长而横走的根茎；陆生或湿地生。
  3. 叶全基生，茎花葶状，无叶；根部分纺锤状，密被长绵毛 ⋯⋯⋯⋯⋯⋯⋯⋯⋯⋯ **3. 葶花水竹叶 M. edulis**
  3. 茎多少有叶。
    4. 总苞片鞘状，近等长，长 1-2.5 厘米，内有数至多个具单花的聚伞花序。
      5. 叶片剑形，宽 1-2 厘米；根长约 2 厘米，末端纺锤状，有不粗而长的根；总苞片被长硬毛 ⋯⋯⋯⋯⋯⋯⋯⋯⋯⋯⋯⋯⋯⋯⋯⋯⋯⋯⋯⋯⋯⋯⋯⋯⋯⋯ **2. 腺毛水竹叶 M. spectabilis**
      5. 叶片长条形，宽 3-6 毫米；根长数厘米，中部纺锤状；总苞片无毛 ⋯⋯⋯ **2(附). 少叶水竹叶 M. medica**
    4. 总苞片非鞘状，由下向上渐短，聚伞花序非单花。
      6. 蒴果每室种子 3 至多颗；花疏散，非头状。
        7. 茎直立，节不生根。
          8. 蒴果长 6.5-8 毫米；叶片披针形或禾叶状，长 5-15 厘米；植株高 15-60 厘米 ⋯⋯⋯⋯⋯⋯⋯⋯⋯⋯⋯⋯⋯⋯⋯⋯⋯⋯⋯⋯⋯⋯⋯⋯⋯⋯⋯⋯ **4. 紫背水竹叶 M. divergens**
          8. 蒴果长 1.7 厘米；叶片禾叶状，长 40-50 厘米；植株高约 1 米 ⋯⋯⋯ **4(附). 大果水竹叶 M. macrocarpa**
        7. 茎多少下部匍匐生根；植株具长而横走的根状茎。
          9. 蒴果长 3-4 毫米；茎纤细，下部匍匐；叶片长卵形或披针形，长 1.5-3.5 厘米 ⋯⋯⋯⋯⋯⋯⋯⋯⋯⋯⋯⋯⋯⋯⋯⋯⋯⋯⋯⋯⋯⋯⋯⋯⋯⋯ **5. 矮水竹叶 M. spirata**
          9. 蒴果长 6-7 毫米；茎粗壮，下部或下半部匍匐；叶片披针形，长 12 厘米，宽 1-2.2 厘米 ⋯⋯⋯⋯⋯⋯⋯⋯⋯⋯⋯⋯⋯⋯⋯⋯⋯⋯⋯⋯⋯⋯ **6. 根茎水竹叶 M. hookeri**
      6. 蒴果每室种子 2；聚伞花序花密集，花期成头状，果期头状或否；叶片多禾叶状。
        10. 种子有深窝孔，有时孔浅，有白色瘤突；主茎可育，植株基部无成丛基生叶；花梗细而伸直；

叶鞘多被长刚毛，有时一侧被毛 ·· **7. 裸花水竹叶 M. nudiflora**

10. 种子有纹饰而无窝孔；主茎不育，节间短，叶成丛；花梗果期弯曲或伸直；叶鞘多沿口部一侧有长硬毛。

　11. 根须状，径不及1毫米；茎常匍匐，下部节生根；聚伞花序1-2个，稀3个，花期头状，果期头状或近头状。

　　12. 聚伞花序头状或密穗状；花梗果期弯曲；苞片长5-7毫米；基生叶长20-30厘米，宽1.2-1.8厘米 ··········
··· **8(附). 大苞水竹叶 M. bracteata**

　　12. 蝎尾状聚伞花序；花梗果期稍弯曲；苞片长4毫米；基生叶长5-15（-30）厘米，宽不及1厘米 ··········
··· **8. 牛轭草 M. loriformis**

　11. 根粗，径1-3毫米；茎直立或上升；蝎尾状聚伞花序数个，集成圆锥花序，果期非头状。

　　13. 根径2-3毫米；叶片宽0.6-1.5厘米；种子有辐射状白色瘤点 ················ **9. 细竹蒿草 M. simplex**

　　13. 根径约1毫米；叶片宽4-5毫米；种子有辐射状条纹 ················ **9(附). 狭叶水竹叶 M. kainantensis**

1. 水竹叶　　　　　　　　　　图 232：1-3 彩片86

Murdannia triquetra (Wall. ex Clarke) Brückn. in Engl. u. Prantl, Nat. Pflanzenfam. ed. 2, 15a:173. 1930.

Aneilema triquetrum Wall. ex Clarke Commel. et Cyrt. Beng. 31. t. 19. 1874.

多年生草本。根状茎长而横走，具叶鞘，节间长约6厘米，节具细长须状根。茎肉质，下部匍匐，节生根，上部上升，多分枝，长达40厘米，节间长8厘米，密生1列白色硬毛。叶无柄；叶片下部有睫毛和叶鞘合缝处有1列毛，叶片竹叶形，平展或稍折叠，长2-6厘米，宽5-8毫米，先端渐钝尖。花序具单花，顶生兼腋生，花序梗长1-4厘米，顶生者梗长，腋生者短，花序梗中部有一条状苞片，有时苞片腋部生1花。萼片绿色，窄长圆形，浅舟状，长4-6毫米，无毛，果期宿存；花瓣粉红、紫红或蓝紫色，倒卵圆形，稍长于萼片；雄蕊顶端截状，花丝密生长须毛。蒴果卵圆状三棱形，长5-7毫米，径3-4毫米，两端钝或短尖，每室3种子，有时1-2颗。种子短柱状，不扁，红灰色。花期9-10月（云南5月开花），果期10-11月。

产山东、河南、陕西、江苏、安徽、浙江、福建、江西、湖北、湖南、广东、海南、广西、贵州、四川及云南，生于海拔1600米以下水稻田边或湿地。印度至越南、老挝、柬埔寨有分布。为南方常见稻田杂草，速生、全年生长。蛋白质含量颇高，鲜草含蛋白质2.8%，可作饲料，幼嫩茎叶可食用，全草有清热解毒、利尿消肿之效，可治蛇虫咬伤。

　[附] **疣草** 图 232：4 **Murdannia keisak** (Hassk.) Hand. -Mazz. Symb. Sin. 7: 1243. 1936.——*Aneilema keisak* Hassk. Commel. Ind. 32. 1870. 与水

图 232：1-3.水竹叶　4.疣草　（许梅娟绘）

竹叶的主要区别：萼片长0.6-1厘米；蒴果长椭圆状，两端尖，不明显3棱，长0.8-1厘米，径2-3毫米，每室种子4，有时较少；种子灰色，稍扁；萼片长0.6-1厘米。花期8-9月。产吉林东南部、辽宁、浙江东北部、江西北部及福建东南部，生于湿地。朝鲜半岛、日本及北美东部有分布。

2. 腺毛水竹叶

图 233

Murdannia spectabilis (Wall. ex Kurz) Faden in Taxon 29 (1): 74. 1980.

Aneilema spectabile Wall. ex Kurz in Journ. Asiat. Soc. Bengal. part 2, 40: 77. 1871.

Murdannia loureirii (Hance) Rolla Rao et Kammathy; 中国高等植物图鉴 5: 398. 1975.

多年生草本。根多数，大部长约 2 厘米，末端纺锤状，径达 1 厘米，密被长绵毛，少数根长而不粗。基生叶数片，莲座状，剑形，长 5-15 厘米，宽 1-2 厘米；叶鞘生柔毛，叶片边缘皱波状，下部边缘有长睫毛。茎单支，直立，高 8-32 厘米，径 1.5-3 毫米，无毛或被密细硬毛，叶 1-2。花数朵簇生总苞片腋间，在茎顶端集成长 4-8 厘米穗状花序；总苞片鞘状，有时

最下 1 枚稍叶状，长 1-2.5 厘米，疏被长硬毛。花梗被头状腺毛，长达 2 厘米，中部有 1 鞘状膜质小苞片，中上部有关节；萼片披针形，浅舟状，先端渐尖，长 5-6 毫米，外被腺毛；花瓣紫、紫红或蓝色，圆形，有爪，长 8 毫米；雄蕊 2 枚能育，花丝下部有绵毛。蒴果宽椭圆状三棱形，与宿存萼片几等长。种子每室 4 颗，灰色。花期 5-7 月，果期 6-7 月。

产广东、海南及云南南部，生于海拔 1550 米以下林下、灌丛中或岩石上。菲律宾、越南、老挝、柬埔寨至缅甸有分布。

图 233 腺毛水竹叶 （许梅娟绘）

[附] 少叶水竹叶 **Murdannia medica** (Lour.) D. Y. Hong in Acta Phytotax. Sin. 12 (4): 470. 1974. —— *Commelina medica* Lour. Fl. Cochinch., 40. 1790. 本种与腺毛水竹叶的主要区别：根长数厘米；叶片长条形，宽 3-6 毫米；花梗被腺毛；总苞片无毛。花果期 8-9 月。产广东东南部及海南，生于空旷湿地及湿草地。泰国、柬埔寨及越南有分布。

3. 葶花水竹叶

图 234

Murdannia edulis (Stokes) Faden in Taxon 29 (1): 77. 1980.

Commelina edulis Stokes, Bot. Materia Med. 1: 184. 1812.

多年生草本。根多条，长达 10 厘米以上，径（1）2-4 毫米，密被长绵毛，部分根（或全部）近末端纺锤状块形，块状根径达 8 毫米。叶全基生，集成莲座状，6 片以上，剑形，长 10-42 厘米，宽 2-4.5 厘米，两面无毛或疏生短细毛，边缘皱波状，常有疏硬睫毛。花葶数支，从主茎基部叶丛中或叶丛下部生出，与叶等长，径约 2 毫米，几无毛或较密短刚毛。总苞片鞘状，由花葶下部向上部渐小，长 2 毫米，下部的长达 3 厘米，总苞片腋内为单蝎尾状聚伞花序，或为几个聚伞花序组成的花序分

图 234 葶花水竹叶 （孙英宝绘）

枝，单聚伞花序的花序梗有鞘状膜质总苞片，聚伞花序梗长 1-2 厘米，常 1-2 花结实，苞片杯状，红色。花梗果期长约 5-8 毫米；萼片披针形，浅舟状，无毛，长 4 毫米，果期宿存，长达 7 毫米；花瓣粉红或紫色，长于萼片。蒴果椭圆状三棱形，长约 7 毫米，每室 5 种子。种子稍背腹扁，具网纹，种脐椭圆形，胚盖在背面。果期 8-9 月。

产台湾、广东东南部、海南及广西东南部，生于海拔 1000 米以下林中。尼泊尔、印度东部经泰国、越南、老挝、柬埔寨至菲律宾和巴布亚新几内亚有分布。

4. 紫背水竹叶 紫背鹿衔草　　　　　图 235

Murdannia divergens (C. B. Clarke) Brückn. in Engl. u. Prantl, Nat. Pflanzenfam. ed. 2, 15a:173. 1930.

Aneilema divergens C. B. Clarke, Commel. et Cyrt. Beng. 28. t. 16. 1874.

多年生草本，高 15-60 厘米。根多数，须状，长 5 厘米以上，径

1.5-4 毫米，中段稍纺锤状加粗，疏或密地被绒毛。茎单支，直立，通常不分枝，高 15-60 厘米，疏被毛。叶全部茎上着生，4 至 10 多枚；叶鞘长约 2 厘米，通常仅沿口部一侧被白色硬毛，有时遍布硬毛；叶片披针形或禾叶状，长 5-15 厘米，宽 1-2.5 厘米，常无毛，有时背面被硬毛。蝎尾状聚伞花序多数，对生或轮生，组成顶生圆锥花序，个别为复圆锥花序，各部无毛；总苞片卵形或披针形，很小，长不及 1 厘米，小至仅长 2 毫米；聚伞花序长 2-4 厘米，有花数朵；苞片卵形，长 1-3 毫米；花梗挺直而细，果期长 0.5-1 厘米；萼片卵圆形，舟状，7-8 毫米；花瓣紫色或紫红色，或紫蓝色，倒卵圆形，长近 1 厘米；全部花线有紫色绵毛。蒴果倒卵状三棱形或椭圆状三棱形，顶端有突尖，长约 6.5-8 毫米（不包括突尖），萼片宿存。种子每室 3-5 颗，1 列，灰黑色。花期 6-9 月，果期 8-9 月。

产广西、贵州、四川及云南，生于海拔 1500-3400 米林下、林缘或湿润草地中。印度、尼泊尔、不丹及缅甸有分布。

[附] **大果水竹叶** 图 237:3-5 **Murdannia macrocarpa** D. Y. Hong in Acta Phytotax. Sin. 12(4): 471. pl. 91. 1974. 与紫背水竹叶的区别：茎单生，

5. 矮水竹叶　　　　　图 236

Murdannia spirata (Linn.) Brückn. in Engl. u. Prantl, Nat. Pflanzenfam. ed. 2, 15a: 173. 1930.

Commelina spirata Linn. Mant. 2: 176. 1771.

根状茎细长横走，径 1-1.5 毫米，节有短鞘，间长达 4 厘米，密生 1 列棕黄色硬毛。茎纤细，径约与根状茎相等，下部匍匐，节生根，上部上升，长达 35 厘米，分枝或不分枝，密生 1 列硬毛，节间长 1.5-4.5 厘米。叶鞘长约 5 毫米，沿口部一侧密生 1 列硬毛；叶片长卵形或披针形，基部稍抱茎，长 1.5-3.5 厘米，宽 0.5-1 厘米，边缘皱波状，

图 235　紫背水竹叶　（许梅娟绘）

高约 1 米，直立，不分枝；茎生叶 3-5，叶片禾叶状，长 40-50 厘米；圆锥花序无毛，蝎尾状聚伞花序长 8 厘米；萼片椭圆形，长 1-1.2 厘米；蒴果长 1.7 厘米。花期 6-10 月。产广东南部、贵州西南部及云南，生于海拔 1600 米以下林中或无林湿地。泰国有分布。

两面无毛。蝎尾状聚伞花序 1-4 个，在茎顶集成疏散圆锥花序，最上 1 枚总苞片红色，膜质，鞘状，下部 1-2 枚与叶同型，聚伞花序纤细，长达 7 厘米，花序无毛；苞片极小。花梗细长，果期长约 7 毫米；萼片椭圆形，舟状，长 3-4 毫米；花瓣淡蓝或几白色，倒卵圆形，大于萼片；能育雄蕊 3，花丝具长绵毛。蒴果长圆状三棱形，顶端有突尖，长 3-4 毫米，萼片宿存。种子每室 3-7 颗，单列垒置，灰白色，有瘤点。全年开花结果。

产台湾、福建东南部、海南、广西东北部及云南西南部，生于海拔 1000 米以下林下、湿润荒地或溪边沙地。斯里兰卡、印度至印度尼西亚、菲律宾、太平洋岛屿（萨摩亚）有分布。

6. 根茎水竹叶　　　　　　　　　　　　图 237：1-2

Murdannia hookeri (C. B. Clarke) Brückn. in Engl. u. Prantl, Nat. Pflanzenfam. ed. 2, 15a: 173. 1930.

Aneilema hookeri C. B. Clarke, Commel. et Cyrt. Beng. 29. t. 17. 1874.

多年生草本。根状茎横走，径约 3 毫米，无毛。茎粗壮，上升，下部或下半部匍匐，节生根，长 60 厘米，有时分枝，径 3-5 毫米，密生 1 列毛。叶披针形，基部稍抱茎，长 12 厘米，宽 1-2.2 厘米，无毛，叶鞘密生 1 列长硬毛。圆锥花序顶生，由数个蝎毛状聚伞花序组成；最下 1-2 个总苞片叶状，几与叶等大，其余的长不及 1 厘米；花序无毛；蝎毛状聚伞花序长 2-4 厘米，苞片长约 2 毫米。花梗果期长约 6 毫米，伸直；萼片长 4 毫米，舟状、无毛；花瓣淡紫或近白色，倒卵圆形，长约 6 毫米；能育雄蕊 3。蒴果长椭圆状三棱形，顶端突尖，长 6-7 毫米，每室 3 种子。种子灰色，有红色斑点。花果期 6-9 月。

产福建北部、湖南、广东北部、广西东北部、贵州、四川及云南东北部，生于海拔 2800 米以下林下或山谷沟边。印度东部有分布。

7. 裸花水竹叶　　　　　　　　　　　　图 238：1-2

Murdannia nudiflora (Linn.) Brenan in Kew Bull. 7: 189. 1952.

Commelina nudiflora Linn. Sp. Pl. 1: 41. 1753. pro part.

多年生草本。根须状，径不及 0.3 毫米，无毛或被长绒毛。茎多条生基部，披散，下部节生根，长 10-50 厘米，无毛。叶几全茎生，有时有 1-2 枚条形长达 10 厘米的基生叶，茎生叶叶鞘长不及 1 厘米，被长刚毛，有时口部一侧密生长刚毛而余无毛；叶片禾叶状或披针形，两面无毛或疏生刚毛，长 2.5-10 厘米，宽 0.5-1 厘米。蝎尾状聚伞花序数个，排成顶生圆锥花序，或单个；总苞片下部的叶状，上部的长不及 1 厘米，

图 236　矮水竹叶　（引自《海南植物志》）

图 237：1-2.根茎水竹叶　3-5.大果水竹叶
（许梅娟绘）

聚伞花序花数朵密集，总梗纤细，长达 4 厘米；苞片早落。花梗细而伸直，长 3-5 毫米；萼片草质，卵状椭圆形，浅舟状，长约 3 毫米；花瓣紫色，长约 3 毫米；能育雄蕊 2，不育雄蕊 2-4，花丝下部有须

毛。蒴果卵圆状三棱形，长3-4毫米。每室2种子。种子黄棕色，有深窝孔，或兼有浅窝孔和辐射状白色瘤突。花果期（6-）8-9（10）月。

产山东东部、河南南部、江苏、安徽、浙江、福建、江西、湖南、广东、香港、海南、广西、贵州、四川及云南，生于低海拔水边湿地，也见于草地，云南海拔达1500米处。老挝、印度、斯里兰卡、日本、印度尼西亚、巴布亚新几内亚、夏威夷等太平洋岛屿及印度洋岛屿有分布。全草和烧酒捣烂，外敷治疮疖红肿。

8. 牛轭草

图 238:3-4

Murdannia loriformis (Hassk.) Rolla Rao et Kammathy in Bull. Bot. Surv. India 3: 393. 1961.

Aneilema loriforme Hassk. in Miquel, Pl. Jungh. 143. 1852.

多年生草本。根须状，径0.5-1毫米。主茎不发育，有莲座状叶丛，多条可育茎生叶丛中，披散或上升，下部节生根，无毛，或一侧有短毛，长15-50（100）厘米。主茎叶密集，成莲座状、禾叶状或剑形，长5-15（-30）厘米，宽不及1厘米，下部边缘有睫毛；可育茎的叶较短，叶鞘沿口部一侧有硬睫毛。蝎尾状聚伞花序单支顶生或2-3支集成圆锥花序；总苞片下部的叶状而较小，上部的长不及1厘米；聚伞花序总梗长达2.5厘米，有数花。几集

成头状；苞片早落，长约4毫米。花梗果期长2.5-4毫米，稍弯曲；萼片草质，卵状椭圆形，浅舟状，长约3毫米；花瓣紫红或蓝色，倒卵圆形，长5毫米；能育雄蕊2。蒴果卵圆状三棱形，长3-4毫米。种子黄棕色，具辐射条纹及细网纹。花果期5-10月。

产安徽西南部、浙江南部、台湾、福建、江西、湖南南部、广东、香港、海南、广西、贵州、四川东南部、云南及西藏东南部，

9. 细竹篙草

图 238:5-6 图 239

Murdannia simplex (Vahl) Brenan in Kew Bull. 7: 186. 1952.

Commelina simplex Vahl, Enum. 2: 177. 1806.

多年生草本，全株近无毛。根须状，多条等粗，径2-3毫米，

图 238: 1-2.裸花水竹叶 3-4.牛轭草 5-6.细竹篙草 （许梅绢绘）

生于低海拔山谷溪边林下或山坡草地。日本、菲律宾、巴布亚新几内亚、印度尼西亚、越南、泰国、印度东部及斯里兰卡有分布。

[附] **大苞水竹叶 Murdannia bracteata** (C. B. Clarke) J. K. Morton ex D. Y. Hong in Acta Phytotax. Sin. 12 (4): 473. 1974. —— *Aneilema nudiflorum* var. *bracteatum* C. B. Clarke in DC. Monogr. Phanerog. 3: 211. 1881. 与牛轭草的主要区别：主茎基生叶长20-30厘米，宽1.2-1.8厘米；可育茎的叶宽1厘米以上；聚伞花序头状或密穗状；苞片长5-7毫米；花梗短，果期弯曲。花果期5-11月。产广东、海南、广西及云南南部，生于山谷水边或溪边沙地。中南半岛有分布。

密被长绒毛。主茎不育，短缩，有丛生而长的叶，可育茎生主茎基部，单支或2-4支，直立或上升，

高达50厘米。主茎的叶丛生，禾叶状，长15-35厘米，宽0.6-1.5厘米；可育茎的叶2-3，有时多枚，下部的长达12厘米，上部的长1厘米。蝎尾状聚伞花序数个，组成顶成窄圆锥花序，长约5厘米；聚伞花序长达2厘米；总苞片膜质，早落，卵形或卵状披针形，长不及1厘米；花序梗长达1厘米。花在花蕾时下垂，花后上升；苞片早落，约与萼片等长；花梗果期长约5毫米，直伸；萼片浅舟状，长约4毫米；花瓣紫色；能育雄蕊2，退化雄蕊3，花丝被长须毛。蒴果卵圆状三棱形，长4-5毫米。种子褐黑色，具多数白色瘤点，瘤点辐射状排列。花期4-9月。

产湖南、广东、香港、海南、广西、贵州、四川及云南，生于海拔2700米以下林下、沼地、湿润草地或水田边。非洲东部、印度至印度尼西亚有分布。

[附] **狭叶水竹叶 Murdannia kainantensis** (Masam.) D. Y. Hong in Acta Phytotax. Sin. 12 (4): 474. 1974.——*Aneilema kainantense* Masam. in Trans. Nat. Hist. Soc. Taiwan 33: 27. 1943. 本种与细竹篙草的主要区别：叶片长

图 239 细竹篙草 （引自《图鉴》）

8-20厘米，宽4-5毫米，常被毛；根径约1毫米；种子有辐射状条纹。花果期4-5月。产福建东部、广东、香港、海南及广西南部，生于疏林下。

9. 三瓣果属 Tricarpelema J. K. Morton

多年生草本。茎高大直立。圆锥花序顶生，由蝎尾状聚伞花序组成；总苞片及苞片早落。萼片3，分离，舟状；花瓣3，分离，前方1枚较窄；能育雄蕊3，位于前方，中间1枚对瓣，其花药略小，花丝比两侧的略短，退化雄蕊3，顶端哑铃状，位于后方，顶端2裂，花丝无毛。蒴果圆柱状，顶端有喙，长为宽2-3倍，3室，3片裂，每室种子1列，4-7颗。种子多皱，种脐条形，胚盖位于背侧。

3种，产喜马拉雅山区。我国2种。

1. 花瓣圆形及倒卵形，具短爪，花柱长达1.5厘米；花梗花期长3-5毫米，果期长0.5-1厘米；叶长15-30厘米，宽4-7厘米 ··· 三瓣果 **T. chinense**
1. 花瓣卵状椭圆形，无爪，花柱长约5毫米；花梗花期长7毫米，初花期和末花期等长；叶长9-14厘米，宽2.2-4.5厘米 ··· (附). 西藏三瓣果 **T. xizangense**

三瓣果

图 240:1-4

Tricarpelema chinense D. Y. Hong in Acta Phytotax. Sin. 12 (4): 475. pl. 92. 1974.

根状茎长而横走，分枝，节鞘长0.5-1厘米。茎基部稍倾斜上升，上部直立，高达1米，不分枝，被柔毛。叶在茎中下部疏生，在茎顶端密集；叶鞘长1-2厘米，被柔毛，口部密被长毛；叶片椭圆形，长15-30厘米，宽4-7厘米，基部楔状渐窄成短柄，先端渐尖，两面疏被短硬毛。花序疏生长腺毛，总梗长8-11厘米；蝎尾状聚伞花序长2.5-

5 厘米。花梗花期长 3-5 毫米，果期伸长达 1 厘米，挺直；萼片后面 1 枚长 7 毫米，圆卵形，另 2 枚长 5 毫米，长圆形，浅舟状，脉上疏生柔毛；花瓣紫、蓝紫或淡蓝色，长 8 毫米，后面 2 枚圆形，前面 1 枚倒卵形，全具短爪；花丝无毛，2 枚对萼的能育雄蕊的花丝花期长达 1.5 厘米，其余的短，花药长圆形，药室连接，长约 1.5 毫米；子房椭圆状三棱形，疏被腺毛，花柱长达 1.5 厘米。蒴果长 1.3-1.5 厘米，径 3-4 毫米，灰黄色，稍有光泽。种子每室 4-5，淡灰色，长 1.5-2.5 厘米。花期 7-8 月。

产四川，生于海拔约 1500 米山谷林下。

[附] **西藏三瓣果** 图 240：5-7 **Tricarpelema xizangense** D. Y. Hong in Acta Phytotax. Sin. 19 (4): 529. f. 1. 1981. 与三瓣果的主要区别：花瓣卵状椭圆形，无爪，长 6 毫米，花柱长约 5 毫米；叶披针形，长 9-14 厘米，宽 2.2-4.5 厘米。产西藏东南部，生于海拔约 1800 米阔叶林下。

图 240：1-4.三瓣果 5-7.西藏三瓣果
（蔡淑琴 路桂兰绘）

10. 杜若属 Pollia Thunb.

多年生草本。具走茎或根状茎。茎近直立，通常不分枝。圆锥花序顶生，粗大坚挺，或披散成伞状，蝎尾状聚伞花序有数花；总苞片下部的近叶状，上部的小；苞片膜质，抱花序轴。萼片 3，分离，椭圆形，中间凹入稍舟状，常宿存；花瓣 3，分离，卵圆形，有时具短爪；雄蕊 6，全育，近相等或 3 枚较小，药室长圆形，前方（远轴面）3 枚能育，另 3 枚不育，不育雄蕊的花药三角状披针形或戟形，花丝无毛；子房无柄，3 室，卵状，每室胚珠 5-10（稀 2-1）。果浆果状，不裂，黑或蓝黑色，多少有光泽，3 室，每室种子 4- 多颗（稀 2-1）。种子多 2 列，稍扁而多角形，种脐在腹面，点状，胚盖在背面。

约 15 种，分布于亚洲、非洲和大洋洲的热带、亚热带地区。我国 7 种。

1. 能育雄蕊 6，稀 1-2 雄蕊退化。
　2. 叶无柄，稀有带翅的柄，叶长（10）15-35 厘米；聚伞花序 10 个以上。
　　3. 花序总梗长 15-30 厘米，蝎尾状聚伞花序常疏离轮生；萼片外面无毛 ……………… 1. 杜若 P. japonica
　　3. 花序总梗长 1-10 厘米，蝎尾状聚伞花序不成轮；萼片外面被毛。
　　　4. 圆锥花序具长 5-10 厘米的总梗，花序长 10-15 厘米；萼片脱落 ……………… 2. 大杜若 P. hasskarlii
　　　4. 圆锥花序无总梗或总梗长 1 厘米，花序长 4-6 厘米；萼片宿存 ……………… 3(附). 密花杜若 P. thyrsiflora
　2. 叶有柄，有时长达 1.5 厘米；叶片长 5-15 厘米；聚伞花序 2 至数个 ……………… 3. 川杜若 P. miranda
1. 能育雄蕊 3，位于前方（远轴面），后方 3 枚不育。
　5. 伞房状复圆锥花序；叶下面密生细柔毛，无柄 ……………… 4. 长花枝杜若 P. secundiflora
　5. 单圆锥花序，常不分枝；叶下面无毛或近无毛，具长 2-4 厘米叶柄 ……………… 4(附). 长柄杜若 P. siamensis

1. 杜若　　　　　图 241 图 242：2-4 彩片87

Pollia japonica Thunb. Fl. Jap. 138. 1784.

多年生草本。根状茎长而横走。茎直立或上升，粗壮，不分枝，高 30-80 厘米，被短柔毛。叶鞘无毛；叶无柄或叶基渐窄，下延成带翅的柄；叶片长椭圆形，长 10-30 厘米，宽 3-7 厘米，基部楔形，先端长渐尖，近无毛，上面粗糙。蝎尾状聚伞花序长 2-4 厘米，常成数个疏离的轮，或不成轮，总梗长 15-30 厘米，花序轴和花梗密被钩状毛；总苞片披针形。花梗长约 5 毫米；萼片 3，长约 5 毫米，无毛，宿存；花瓣白色，倒卵状匙形，长约 3 毫米；雄蕊 6 枚全育，近相等，有时 3 枚略小，偶 1-2 枚不育。果球状，黑色，径约 5 毫米，每室种子数颗。种子灰带紫色。花期 7-9 月，

果期 9-10 月。

产河南、江苏南部、安徽、浙江、台湾、福建、江西、湖北、湖南、广东、广西、贵州及四川东南部，生于海拔 1200 米以下山谷林下。日本及朝鲜半岛有分布。药用，治蛇、虫咬伤及腰痛。

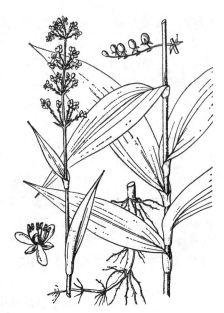

图 241 杜若 （引自《图鉴》）

2. 大杜若

图 242：1 彩片88

Pollia hasskarlii Rolla Rao in Notes Roy. Bot. Gard. Edinb. 25: 188. 1964.

粗壮大草本，除花序外全株无毛。根状茎长而横走，长达 1 米余，节间长达 18 厘米，节有膜质叶鞘，节上根径达 3 毫米。茎上升，高达 1 米，径约 1 厘米。叶鞘长 3-5 厘米，在茎中上部重叠；叶椭圆形或倒卵状披针形，长 15-35 厘米，宽 4-9 厘米，无柄或基部楔状渐窄，下延成短柄。圆锥花序顶生，长 10-15 厘米，总梗长 5-10 厘米，蝎尾状聚伞花序多个，不成轮状；花序总梗、总轴及花序轴密被灰白色钩状毛；聚伞花序梗长 2-4 厘米；总苞片膜质，长约 1 厘米，早落；苞片膜质，抱梗，长 1-3 毫米，大部早落。花梗极短，果期长达 5 毫米；萼片膜质，近花瓣状，浅舟状，长 3-4 毫米，外面被短细腺毛，脱落；花瓣白或浅紫色，倒卵圆形，长约 5 毫米；雄蕊 6 枚全育，近相等；花柱长约 1 厘米。幼果绿色，成熟果黑色，球状，径 4-5 毫米。种子灰带紫色。花期 3-6 月，果期 7 月以后。

产广东、海南、广西、贵州西南部、四川南部、云南及西藏东南部，生于海拔 1700 米以下山谷阴湿处或密林下。尼泊尔、不丹、印度、缅甸、泰国、越南、老挝及柬埔寨有分布。

图 242：1.大杜若 2-4.杜若 5-7.川杜若
（许梅娟绘）

3. 川杜若

图 242：5-7 图 243 彩片89

Pollia miranda (Lévl.) Hara in Journ. Jap. Bot. 59: 182. 1984.

Tovaria miranda Lévl. in Mem. Pont. Accad, Rom. Muovi Lincei 23: 361. 1905.

Pollia omeiensis Hong; 中国高等植物图鉴 5: 396. 1975.

根状茎细长横走，具膜质鞘，径 1.5-3 厘米，节间长 1-6 厘米。茎上升，细弱，径不及 3 毫米，高 20-50 厘米，下部节间长达 10 厘米，节具叶鞘或小叶片，上部节间短而叶密集。叶鞘长 1-2 厘米，被疏或密短细柔毛；叶椭圆形或卵状椭圆形，长 5-15 厘米，宽 2-5 厘米，上面被粒状糙毛，下面疏生短硬毛或无毛，近无柄或柄长 1.5 厘米。圆锥花序单个顶生，与顶端叶片近等长，具 2- 数个蝎尾状聚伞花序，总梗长 2-6 厘米，与总轴及花序轴均被

细硬毛；聚伞花序互生，长1-3.5厘米，具数花；总苞片下部的长5-8毫米，上部的鞘状抱茎；苞片小、漏斗状。花梗短，果期长约4毫米，挺直；萼片卵圆形，舟状，无毛，长2.5毫米，宿存；花瓣白色，具粉红色斑点，卵圆形，具短爪，长约4毫米；雄蕊6，全育而相等，花丝略短于花瓣；子房每室4-5胚珠。果成熟时黑色，球状，径约5毫米。种子扁平，多角形，蓝灰色。花期6-8月，果期8-9月。

产台湾、广西、贵州、四川及云南东南部，生于海拔1600米以下山谷林下。日本（九州）有分布。

[附] **密花杜若** 彩片90 **Pollia thyrsiflora** (Bl.) Endl. ex Hassk. Pl. Jungh. 150. 1852.——*Tradescantia thyrsiflora* Bl. Enum. Pl. Jav. 6. 1827. 与川杜若的主要区别：叶片倒披针形或长椭圆形，长15-25厘米，宽3-5厘米，无柄或具长达3厘米的翅状柄；圆锥花序长4-6厘米，无总梗，或总梗长1厘米，藏于叶丛中；萼片宿存。花期3-4月，果期5月以后。产海南及云南，生于山谷林内潮湿土壤。巴布亚新几内亚、印度尼西亚、菲律宾、中南半岛及印度安达曼群岛有分布。

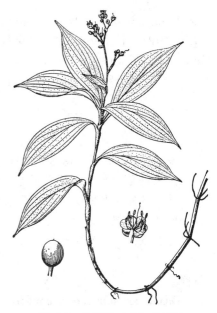

图 243　川杜若　（引自《图鉴》）

4. 长花枝杜若　　　　图 244：1-2 彩片91

Pollia secundiflora (Bl.) Bakh. f. in Backer, Bekn. Fl. Java 10, Fam. 211, 10. 1949.

Commelina secundiflora Bl. Enum. Pl. Jav. 1: 3. 1827.

多年生草本，根状茎细长横走。茎直立，高1-2米，径约7毫米，

疏被白色柔毛。叶无柄，椭圆形，长约20厘米，宽约5厘米，先端渐尖，基部楔状渐窄，上面具瘤状突起，下面密生细柔毛；叶鞘长约2.5厘米，被密柔毛。花序长于叶片，具3-4分枝，下部花序分枝具长达20厘米以上的总梗，成伞房状复圆锥花序；蝎尾状聚伞花序多个，成轮或不成轮；总花序梗、花序轴

图 244：1-2.长花枝杜若　3.长柄杜若
（许梅绢绘）

均密被棕黄色具弯钩硬毛；总苞片下部的叶状，几与叶等大，上部的小，长约5毫米；苞片膜质，无毛。萼片卵圆状，花期长约3毫米，幼果期达5毫米，舟状，外面无毛，果期宿存；花瓣白色，倒卵形，长约5毫米，舟状浅凹；雄蕊3枚能育，位于远轴面，3枚不育，花丝较短。果成熟时黑色，径约6毫米。花期4月。

产江西南部、湖南、广东、香港、海南、广西、贵州南部及云南，生于低海拔山谷密林下。不丹、越南、老挝、柬埔寨、印度、斯里兰卡、孟加拉国、缅甸、泰国及印度尼西亚爪哇有分布。

[附] **长柄杜若** 图 244：3 **Pollia siamensis** (Craib) Faden, Fl. Reipul.

Popul. Sin. 13 (3): 89. 1997.——*Aneilema siamense* Craib in Kew Bull. 10: 415. 1912. 与长花枝杜若的主要区别：叶柄长 2-4 厘米，叶下面无毛；花序为单圆锥花序，常不分枝。花期 4-8 月，果期 8 月以后。产海南、香港、广西西南部及云南，生于海拔 1200 米以下山谷林下或湿润沙土。

菲律宾、印度尼西亚、越南、老挝、柬埔寨、泰国及巴布亚新几内亚有分布。

11. 网籽草属 Dictyospermum Wight

多年生草本。聚伞花序多花而长，组成顶生圆锥花序。萼片和花瓣均 3 枚，分离，大小近相等，花瓣无爪，白色；能育雄蕊位于花后方（近轴面），3 枚，中间 1 枚对瓣；退化雄蕊 3 枚或缺，顶端 2 裂，横叉开；子房 3 室，每室 1 胚珠。蒴果圆球状，稍三棱形，果皮常硬壳质，有光泽，有时被毛。种子具网纹或否，胚盖位于背侧。

约 4-5 种，分布于亚洲热带。我国 1 种。

网籽草

图 245：1-3

Dictyospermum conspicuum (Bl.) Hassk. Commel. Ind. 22. 1870.

Commelina conspicua Bl. Enum. Pl. Jav. 1: 4. 1827.

根状茎横走，节有棕黄色叶鞘，分枝由叶鞘基部穿出。根极细长。

茎上升或直立，高 10-35（-70）厘米，下部节间长，有时达 14 厘米，无毛。叶在茎中下部疏离，在茎顶密集，叶鞘棕色或棕黄色，无毛或沿鞘口疏生睫毛，长达 2.5 厘米；叶片在茎下部的小，在茎顶端的大，椭圆形，长 7-17 厘米，宽 2-5 厘米，两面无毛。圆锥花序顶生，几无总梗或有长达 2 厘米的总梗，花序轴密生弯钩状短毛；总苞片棕色，长不及 1 厘米；蝎尾状聚伞花序多个，长达 5 厘米，花疏离；苞片小而早落。花梗无毛，花期长 3-4 毫米，果期长 5 毫米，稍弯曲；萼片舟状，长 2.5-3 毫米，宿存，无毛；花瓣白色；能育雄蕊 3，花丝无毛。蒴果卵球状，顶端尖，稍 3 棱，长 5-6 毫米，径约 4 毫米，黄色，有光泽。种子长圆形，褐灰色，腹面平，种脐条形，背面臌，具瘤点，瘤点以胚盖为中心辐射状排列，成

图 245：1-3.网籽草 4-5.钩毛子草
6-7.鸭跖草 （冀朝祯绘）

网状。花期 5-7 月，果期翌年 5 月。

产广西西南部、海南及云南南部，生于海拔 1200 米以下山谷林下或沟谷阴湿处。印度至印度尼西亚有分布。

12. 钩毛子草属 Rhopalephora Hassk.

多年生草本。茎匍匐，远端上升。叶 2 列或螺旋排列。花序伞房状，伞形，由数个至多数伸长的蝎尾状聚伞花序在茎顶和分支顶点聚集而成。花两侧对称；萼片离生，舟状；花瓣离生，白、淡紫或蓝色，上面 2 个具短爪。能育雄蕊 3，位于后方，对瓣雄蕊小于 2 个对萼的雄蕊，花丝无毛，退化雄蕊 3，或对萼的一枚缺失，退化花药 2 裂；子房 1-3 室；每室胚珠 1 或 2。蒴果近球状，1-3 片裂，上面一片具 1 种子，不裂，有时脱落；下面两片如发育则无种子或具 1-2 种子，开裂。种子有皱纹，种脐条形。

4 种，分布于非洲、亚洲南部和太平洋岛屿。我国 1 种。

钩毛子草 毛果网籽草 图 245：4-5 图 246

Rhopalephora scaberrima (Bl.) Faden in Phytologia 37: 480. 1977.

Commelina scaberrima Bl. Enum. Pl. Jav. 1: 4. 1827.

Dictyospermum scaberrimum (Bl.) J. K. Morton ex D. Y. Hong; 中国高等植物图鉴 5: 401. 1975; 中国植物志 13 (3): 117. 1997.

根状茎长而分枝。茎长 0.5-1 米，分枝下部近无毛，上端被腺毛。

叶鞘长 2-4 厘米，被毛；叶柄短或无，叶片卵状披针形，长（5-）10-18 厘米，宽 2-4.5 厘米，上面被糙伏毛。蝎尾状聚伞花序疏散而长，常由几个形成顶生伞形花序；总苞片长矩圆形或卵圆形，长达 1 厘米，无毛；苞片小，膜质，包蝎尾状聚伞花序轴。花梗纤细，长 1-1.5 毫米；萼片绿色，舟状，长约 2 毫米，草质，无毛，宿存；花瓣淡紫或蓝色，近轴花瓣具短爪。蒴果近球形，径 3 毫米以上，密被顶端带钩腺毛。种子灰蓝色，多皱。花果期（6-）8-11 月。

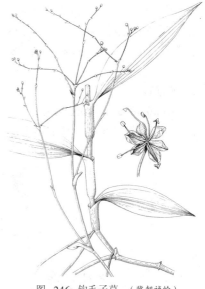

图 246 钩毛子草 （冀朝祯绘）

产台湾、湖南、广东、海南、广西、贵州西南部、云南及西藏东南部，生于海拔 800-2100 米沟谷林中。

13. 鸭跖草属 Commelina Linn.

一年生或多年生草本。茎上升或匍匐生根，通常多分枝。蝎尾状聚伞花序包于佛焰苞状总苞片内；总苞片基部开口或合缝成漏斗状、僧帽状；苞片非镰刀状弯曲，极小或缺失；生于聚伞花序下部分枝的花较小，早落，生于上部分枝的花正常发育。花两侧对称；萼片 3，膜质，内方 2 枚基部常合生；花瓣 3，蓝色，内方（前方）2 枚较大，具爪；能育雄蕊 3，位于一侧，2 枚对萼，1 枚对瓣，退化雄蕊 2-3，顶端 4 裂，裂片蝴蝶状，花丝长而无毛；子房无柄，无毛，3 或 2 室，背面 1 室 1 胚珠，有时胚珠败育或缺失；腹面 2 室每室 2-1 胚珠。蒴果包于总苞片内，3-2（1）室，通常 2-3 片裂至基部，常 2 片裂，背面 1 室常不裂，腹面 2 室每室有 2-1 种子，有时无种子。种子椭圆状或金字塔状，黑或褐色，具网纹或近平滑，种脐条形，位于腹面，胚盖位于背侧面。

约 170 种，广布全世界，主产热带、亚热带地区。我国 9 种。

1. 佛焰苞边缘分离，基部心形或圆。
　2. 蒴果 2 室；总苞片基部心形，花不伸出佛焰苞 ················· 1. 鸭跖草 C. communis
　2. 蒴果 3 室；总苞片披针形或卵状披针形，花伸出佛焰苞 ················· 1(附). 节节草 C. diffusa
1. 佛焰苞下缘连合成漏斗状或风帽状。
　3. 蒴果 2 片裂，一室不裂，每室 2（1）种子；叶有柄，叶片卵形，长 3-7 厘米 ······ 2. 饭包草 C. bengalensis
　3. 蒴果 3 片裂或 2 片裂，每室 1 种子；叶无柄，如有柄，则总苞片很小，叶片披针形至卵状披针形，长可达 15 厘米。
　　4. 佛焰苞大，长约 2 厘米或更大；植株被毛，稀无毛；叶片长 6 厘米以上。
　　　5. 植株粗壮，高达 1 米；叶片长 7-20 厘米，宽 2-7 厘米，叶鞘口部密被棕色细长刚毛；佛焰苞 4-10，在茎顶集成头状 ················· 3. 大苞鸭跖草 C. paludosa

5. 植株较细弱，常匍匐分枝；叶片长 4-10 厘米，宽 1.5-2.5 厘米，叶鞘口部被黄或黄棕色睫毛；佛焰苞 1
　　至多个集成头状 ·· 4. **地地藕 C. maculata**
4. 佛焰苞小，长约 1 厘米；植株无毛，叶片长 2-4（6）厘米 ···················· 4(附). **耳苞鸭跖草 C. auriculata**

1. 鸭跖草　　　　　　　　　　图 245：6-7　图 247 彩片92

Commelina communis Linn. Sp. Pl. 1：40. 1753.

一年生披散草本。茎匍匐生根，多分枝，长达 1 米，下部无毛，上部被短毛。叶披针形或卵状披针形，长 3-9 厘米，宽 1.5-2 厘米。总苞片佛焰苞状，柄长 1.5-4 厘米，与叶对生，折叠状，展开后心形，顶端短尖，基部心形，长 1.2-2.5 厘米，边缘常有硬毛；聚伞花序，下面一枝有 1 花，梗长 8 毫米，不孕；上面一枝具 3-4 花，具短梗，几不伸出总苞片。花梗花期长 3 毫米，果期弯曲，长不及 6 毫米；萼片膜质，长约 5 毫米，内面 2 枚常靠近或合生；花瓣深蓝色，内面 2 枚具爪，长约 1 厘米。蒴果椭圆形，长 5-7 毫米，2 室，2 片裂，种子 4。种子长 2-3 毫米，棕黄色，一端平截，腹面平，有不规则窝孔。

图 247　鸭跖草　（冀朝祯绘）

产黑龙江、吉林、辽宁、内蒙古、河北、山东、河南、陕西、宁夏、甘肃、江苏、安徽、浙江、台湾、福建、江西、湖北、湖南、广东、香港、广西、贵州、四川及云南，生于湿地。越南、朝鲜半岛、日本、俄罗斯远东地区及北美有分布。药用，为消肿利尿、清热解毒之良药，对麦粒肿、咽炎、扁桃体炎、宫颈糜烂、腹蛇咬伤有良好疗效。

[附] **节节草** 彩片93 **Commelina diffusa** Burm. f. Fl. Ind. 18. t. 7：2. 1768. 与鸭跖草的主要区别：佛焰苞披针形；花伸出佛焰苞；叶鞘有 1 列毛

或全被毛；蒴果长圆状三棱形，长约 5 毫米，3 室。花果期 5-11 月。产台湾、广东、海南、广西西南部、贵州西南部、云南及西藏东南部，生于海拔 2100 米以下林中、灌丛中、溪边或潮湿旷野。广布热带、亚热带地区。药用，能消热、散毒、利尿；花汁可作青碧色颜料，用于绘画。

2. 饭包草　　　　　　　　　　图 248 彩片94

Commelina bengalensis Linn. Sp. Pl. 1：41. 1753.

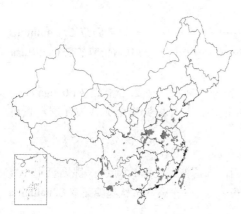

多年生披散草本。茎大部分匍匐，节生根，上部及分枝上部上升，长达 70 厘米，被疏柔毛。叶有柄；叶片卵形，长 3-7 厘米，宽 1.5-3.5 厘米，近无毛；叶鞘口沿有疏而长的睫毛。佛焰苞漏斗状，与叶对生，常数个集于枝顶，下部边缘合生，长 0.8-1.2 厘米，被疏毛，柄极

短；花序下面一枝具细长梗，具 1-3 朵不孕花，伸出总苞片，上面一枝有数花，结实，不伸出总苞片。萼片膜质，披针形，长 2 毫米，无毛；花瓣蓝色，圆形，长 3-5 毫米；内面 2 枚具长爪。蒴果椭圆状，长 4-6 毫米，3 室，腹面 2 室每室 2 种子，2 片裂，后面一室 1 种子，或无种子，不裂。种子长约 2 毫米，多皱，有不规则网纹，黑色。花期夏秋。

产河北、山东、河南、陕西、甘肃、江苏、安徽、浙江、台湾、福建、江西、湖北、湖南、广东、香港、海南、广西、四川及云南，生于海拔2300米以下湿地。亚洲和非洲热带、亚热带广布。

3. 大苞鸭跖草 图 249

Commelina paludosa Bl. Enum. Pl. Jav. 3. 1827.

多年生粗壮大草本。茎常直立，有时基部节生根，高达1米，不

分枝或上部分枝，无毛或疏生短毛（幼时一侧被1列棕色柔毛）。叶无柄；叶片披针形或卵状披针形，长7-20厘米，宽2-7厘米，两面无毛或上面生粒状毛，下面密被细长硬毛；叶鞘长1.8-3厘米，通常口沿及一侧密生棕色长刚毛，有时几无毛，有的全面被细长硬毛。佛焰苞漏斗状，长约2厘米，宽1.5-2厘米，无毛，

图 248 饭包草 （冀朝祯绘）

无柄，常数个（4-10）在茎顶端集成头状，下缘合生，上缘尖或短尖；蝎尾状聚伞花序有数花，几不伸出，花序梗长约1.2厘米。花梗长约7毫米，折曲；萼片膜质，长3-6毫米，披针形；花瓣蓝色，匙形或倒卵状圆形，长5-8毫米，宽4毫米，内面2枚具爪。蒴果卵球状三棱形，3室，3片裂，每室1种子，长4毫米。种子椭圆状，黑褐色，腹面稍扁，长约3.5毫米，具细网纹。花期8-10月，果期10月至翌年4月。

产台湾、福建、江西、湖南、广东、香港、海南、广西、贵州、四川、云南及西藏东南部，生于海拔2800米以下林下及山谷溪边。尼泊尔、印度至印度尼西亚有分布。

图 249 大苞鸭跖草 （冀朝祯绘）

4. 地地藕 小竹叶菜 图 250

Commelina maculata Edgew. in Trans. Linn. Soc. 20: 89. 1846.

多年生草本。有一至数支天门冬状根，根径达5毫米。植株细弱，

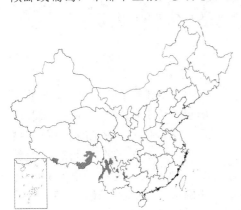

倾卧或匍匐，下部节生根，多分枝。茎细长，无毛、疏生短毛或有1列硬毛，节间长达15厘米。叶鞘长约1厘米，口沿生白色、黄或棕黄色睫毛，余无毛或有1列硬毛；叶片卵状披针形或披针形，长4-10厘米，宽1.5-2.5厘米，两面疏生细长伏毛。佛焰苞下缘合生成漏斗状，2-3（4）个在茎顶端集成头状，无柄，或柄长不及5毫米，总苞片长1.5-2

图 250 地地藕 （冀朝祯绘）

厘米，无毛或疏生倒伏刚毛。聚伞花序有数花，常3-4朵，盛开的花伸出总苞片外，果期包在总苞片内。花梗长约3毫米；萼片卵圆形，膜质，黄白色，长约4毫米；花瓣蓝色，前方2枚长达1厘米，圆形，下部有长3毫米的爪，后方1枚无爪，长4毫米。蒴果圆球状三棱形，3室或一室不育为2室，每室1种子，长4毫米，萼片宿存。种子灰黑色，椭圆状，稍扁，近光滑，长3毫米，胚盖位于背侧面。花果期6-8月。

产广西西部、贵州、四川、云南及西藏，生于海拔2900米以下林缘、草地、路边、水沟边等湿润处。印度及缅甸有分布。

种与地地藕的主要区别：佛焰苞长约1厘米，下缘一半连合；叶椭圆形或披针形，长2-6厘米，宽1-2厘米，叶柄长约3毫米。果期11月。产台湾、福建南部、广东及澳门，生于低海拔丘陵丛林中或山沟水边。日本、印度尼西亚及大洋洲西部有分布。

[附] **耳苞鸭跖草 Commelina auriculata** Bl. Enum. Pl. Java. 2. 1827. 本

14. 紫万年青属 Tradescantia Linn.

多年生草本。无根茎。茎下倾、上升或直立。叶2列或螺旋排列。蝎尾状聚伞花序假顶生或侧生，单生、簇生或形成圆锥花序，无梗；总苞片多佛焰苞状；苞片丝状。花辐射对称；萼片离生或基部合生，舟状；花瓣离生或爪部基部合生，白或粉色；雄蕊6，全能育，近等大或对瓣的3个较短，花丝无毛或有须毛，药室椭圆状或长圆状，纵裂；子房3室，每室2胚珠。蒴果3片裂，卵状。种子每片（1）2颗，近金字塔状，多皱，具网纹；种脐条形，小。

约70种，主产美洲热带。我国引入2种栽培。

紫万年青

Tradescantia spathacea Swartz, Prodr. 57. 1788.

多年生草本。茎直立，不分枝，无毛。叶互生，无柄；叶鞘有时口部有长柔毛；叶片上面深绿色，下面紫色，长圆状披针形，长20-40厘米，宽3-6厘米，无毛，多少肉质，基部窄，半抱茎。花腋生，具总梗，形成不分叉或分叉的、多花伞形花序，下面托有2个大而对折的卵状苞片，苞片长3厘米。花瓣白色、卵形，长5-8厘米，先端突尖。种子多皱。

原产加勒比海地区和中美洲。我国广泛栽培供观赏，在香港野化。花药用，治痢疾。

15. 洋竹草属 Callisia Loefling

多年生草本。无根茎。茎匍匐或下部倾卧。叶2列或螺旋状排列。蝎尾状聚伞花序顶生或腋生，或兼有，成对或聚生，稀单生；总苞片非佛焰苞状。花辐射对称；花梗短；萼片2或3，离生；花瓣2或3，白色，离生，披针形；雄蕊（1-3）6，全育，稀1或多个为退化雄蕊，不等大，花丝无毛；药室圆，纵裂，药隔宽，四方形、三角形或长圆形，稀窄长；子房长圆形，不明显3棱，2或3室，每室2胚珠。蒴果2或3片裂。种子每片（1）2或3，短圆柱状，3棱，多皱或具辐射条纹；种脐圆，小。

约20种，分布于美洲。我国引入1种。

洋竹草

Callisia repens (Jacquin) Linn. Sp. Pl. ed. 2, 1: 62. 1762.

Hapalanthus repens Jacquin, Enum. Syst. Pl. 1: 12. 1760.

多年生草本。茎匍匐，形成垫状，多分枝，节生根。叶2列，沿花枝渐小；叶片卵形或披针形，长1-4厘米，宽0.6-1.2厘米，边缘和顶端粗糙，余光滑无毛，基部抱茎，近心形或钝，先端渐尖。蝎尾状聚伞花序稀单生，常成对，无梗，在茎顶腋生，集成密花序。

花两性或雄性；萼片绿色，条状长圆形，长3-4厘米，沿中脉被长硬毛，边缘干膜质；花瓣白色，披针形，长3-6毫米；雄蕊3，花丝长，伸出，药隔宽三角形；子房长圆形，不明显3棱，2室，顶端有长柔毛，每室 2 胚珠，花柱丝状，柱头画笔状。蒴果长圆形，长约 1.5 毫米，2 片裂。种子每爿 2 粒，棕色，长约 1 毫米，多皱。染色体 2n=12。

原产美洲，从美国南部至阿根廷。我国香港栽培，已野化，生于屋顶。

237. 谷精草科 ERIOCAULACEAE

（马炜梁）

草本，沼泽生或水生。叶丛生，狭窄，质薄，常具半透明方格状"膜孔"。头状花序；花葶细长，直立，具棱，常高于叶，基部被鞘状叶所包；外苞片（总苞片）位于花序下面，1 至多列，覆瓦状排列，苞片较外苞片窄；花单性，集生花序托，常雌雄同序。花被膜质，3 或 2 基数，2 轮；雄花：花萼常合成佛焰苞状，远轴面开裂；花冠常合成柱状或倒圆锥状富含水分的结构，顶端 3 或 2 裂；雄蕊 3-6。雌花：萼片离生或合生；花瓣常离生；子房上位，3-1 室，每室 1 胚珠，花柱 1，柱头与子室同数，直生胚珠基底着生。蒴果，室背开裂。种子有六角形网格，网格底边伸出 T 字形、条形或齿状突起，胚乳富含淀粉粒，胚小。

10 属约 1150 种，广布于热带和亚热带地区，美洲热带为多。我国 1 属，约 35 种。

谷精草属 Eriocaulon Linn.

沼泽生，稀水生草本。茎短至极短，稀长。叶丛生，狭窄，膜质，常有"膜孔"。头状花序，生于多少扭转的花葶顶端；外苞片覆瓦状排列；苞片与花被常有短白毛或细柔毛。花 3 或 2 基数，单性，雌雄花混生；花被 2 轮，有时花瓣退化。雄花：花萼常成佛焰苞状，偶离生；花冠下部合生成柱状，顶端 3-2 裂，内面近顶处常有腺体；雄蕊 6，2 轮，花药 2 室，常黑色，有时乳黄或白色。雌花：萼片 3 或 2，离生或合生；花瓣离生，3 或 2 枚内面顶端常有腺体，或花瓣缺；子房 3-1 室。蒴果，室背开裂，每室 1 种子。种子椭圆形，橙红或黄色，常具横格及突起。染色体基数 x=8，10，20。

1. 花 3 数，有时其中一部退化或愈合而减少；子房 3 室或 1 室。
  2. 雌花萼片离生，2 或 3 数。
    3. 雌花有花瓣。
      4. 雌花萼片 3。
        5. 苞片背面上部有白毛，有时外围花的苞片无毛。
          6. 总（花）托具毛。
            7. 雄花冠中裂片较侧面 2 片大。
              8. 叶中部宽 2-3 毫米；总苞片倒卵状长圆形；雌花萼片有龙骨状突起 … 1. 南投谷精草 **E. nantoense**
              8. 叶中部宽 1-2.5 毫米；总苞片近圆形；雌花萼片中肋加厚，无龙骨状突起 …………………………
              ……………………………………………………………… 2. 狭叶谷精草 **E. angustulum**

　7. 雄花冠 3 裂片等大。

　　　9. 雌、雄花的花萼侧片均有翅；叶长达 35 厘米 ·························· 3. 毛谷精草 E. australe

　　　9. 花萼无翅，无龙骨状突起 ···························· 4. 云南谷精草 E. brownianum

　　6. 总（花）托无毛或偶有疏短毛。

　　　10. 花药黑色；种子六角形网格有乳突、条状突起或 T 形毛。

　　　　11. 雄花冠 3 裂片等大。

　　　　　12. 非沉水草本，茎不伸长。

　　　　　　13. 苞片背上部有疏白毛 ························· 5. 华南谷精草 E. sexangulare

　　　　　　13. 苞片背面及花被密生白毛，苞背毛有时早落；花序常有染黑色苞片 ············

　　　　　　··· 6. 云贵谷精草 E. schochianum

　　　　　12. 沉水草本，茎长达 20 厘米以上；叶丝状 ············· 7. 丝叶谷精草 E. setaceum

　　　　11. 雄花冠中瓣较侧瓣大。

　　　　　14. 叶中部宽不及 4.5 毫米。

　　　　　　15. 茎长约 1 厘米；叶脉 10；雌花萼片常有龙骨状突起 ······ 8. 大药谷精草 E. sollyanum

　　　　　　15. 茎长 2-6 厘米；叶脉 12-20；雌花萼片无龙骨状突起 ······ 9. 老谷精草 E. senile

　　　　　14. 叶中部宽 6-8 毫米 ··························· 10. 尼泊尔谷精草 E. nepalense

　　　10. 花药乳黄至淡棕色；种子横格不明显，无乳突 ············ 11. 瑶山谷精草 E. yaoshanense

　　5. 苞片背面上部无毛，偶有数根白毛；总（花）托无毛；雌花萼片背面有龙骨状突起，雌花花瓣先

　　　端凹，无毛 ································· 12. 裂瓣谷精草 E. bilobatum

　4. 雌花萼片 2（外围雌花萼片有时 3）；总（花）托无毛；外苞片长约 2.5 毫米；花瓣具黑色腺体 ······

　　··· 13. 珍珠草 E. truncatum

3. 雌花无花瓣，萼片常 2 枚。

　16. 外苞片先端尖或圆钝；雌花萼片线形 ····················· 14. 白药谷精草 E. cinereum

　16. 外苞片先端尾尖或渐尖；雌花萼片背部有翅 ·············· 15. 尖苞谷精草 E. echinulatum

2. 雌花花萼合生成佛焰苞状，顶端 3 裂。

　17. 子房 3 室。

　　18. 苞片背面上部密生白毛。

　　　19. 外苞片倒卵形或近圆形，长 2-2.5 毫米 ·············· 16. 谷精草 E. buergerianum

　　　19. 外苞片披针形或线状披针形，长 6-7.5 毫米 ·········· 17. 米氏谷精草 E. miqualianum

　　18. 苞片无毛或边缘有少数短毛。

　　　20. 外苞片长及花序之半，外观花序黄色黑心；种子每横格有 1-2T 形突起 ······ 18. 高山谷精草 E. alpestre

　　　20. 外苞片长不及花序之半；种子每横格有 2-4T 形、Y 形或条形突起 ········ 19. 宽叶谷精草 E. robustius

　17. 子房 1 室；植株高 15-35 厘米 ························· 20. 江南谷精草 E. faberi

1. 花 2 数；子房 2 室，有时一室发育 ························· 21. 长苞谷精草 E. decemflorum

1. 南投谷精草　　　　　　　　　　　　　　　　　　图 251

Eriocaulon nantoense Hayata, Ic. Pl. Formos. 10: 51. 272. f. 28. 1921.

草本。叶线形，丛生，长 2.5-4 厘米，中部宽 2-3 毫米，具横格。花
葶 7-15，长 11-15（-20）厘米，扭曲，具 4-5 棱；鞘状苞片长 2.5-4 厘
米。花序熟时近球形，灰黑色，长 3.5-4 毫米；总苞片倒卵状长圆形，
长 1.6-1.9（-2.3）毫米；总（花）托有密毛；苞片倒卵形或倒披针
形，长 1.5（-2）毫米，背面上部及顶端有白毛。雄花：花萼漏斗状，
前面开裂，先端近平截或钝，3 浅裂至深裂，长 1.6-2.3 毫米，背面上

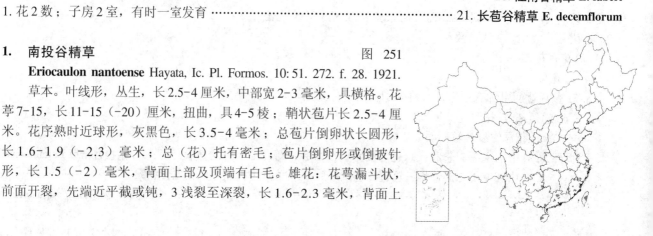

部及顶端有白毛；花冠3裂，近先端常有腺体，中裂片长圆状三角形，端部及内面有白毛，侧裂片较小；雄蕊6，花药黑色。雌花：萼片3，舟形，背部有窄龙骨状突起，长1.2-1.8（-2）毫米，上部及顶端有白毛；花瓣3，倒披针状线形，近先端无或有小腺体，有白毛；子房3室，花柱分枝3。种子卵圆形，具横格，每横格具1-6条状突起。花果期9-11月。

产浙江、台湾、福建、广东、香港、海南、广西、贵州及云南，生于沼泽或稻田中。

2. 狭叶谷精草 图 252

Eriocaulon angustulum W. L. Ma in Acta Phytotax. Sin. 29 (4): 295. f. 2: 1-15. 1991.

草本。叶线形，丛生，长2.5-8厘米，中部宽1-2.5毫米，具横格。花葶数十个，高10-30厘米，扭转，具5-6棱；鞘状苞片长2-5厘米。花序熟时近球形，淡棕或灰黑色，径约4毫米；总苞片近圆形，长1.6-2毫米，无毛；总（花）托有密长毛；苞片倒卵形或倒披针形，长1.5-2毫米，背面上部及顶端具白毛，外周苞片少毛，向内渐多。雄花：花萼佛焰苞状，3浅裂至深裂，

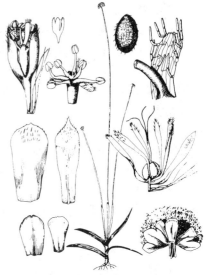

图 251 南投谷精草 （马炜梁绘）

背上部及顶端有白毛；花冠裂片3，1-3片有黑色或棕色腺体，长圆形，先端及侧面有短毛，中裂片大于侧片；雄蕊6，花药黑色。雌花：萼片3，离生，舟形，中肋加厚，无龙骨突起，带黑色，长1.2-1.8毫米，上部及顶端有白毛；花瓣3，倒披针状线形，膜质，无腺体，有时其中2片近顶处有不明显腺体，先端及边缘有白毛；子房3室，花柱分枝3。种子卵圆形，具横格，每横格具条状突起2-5。花果期8-12月。

产浙江南部、广东、海南及广西，生于山沟或池塘边。

图 252 狭叶谷精草
（引自《植物分类学报》）

3. 毛谷精草 图 253：1-11

Eriocaulon australe R. Br. Prodr. 254. 1810.

大型草本。叶窄带形，丛生，长10-35厘米，两面疏被长柔毛，脉10-15。花葶10-15，长15-73厘米，扭转，具5-7棱；鞘状苞片长6-20厘米，被长柔毛；花序近球形，灰白色，径约6毫米；外苞片圆肾形或卵状楔形，禾秆色，软骨质，背面有疏毛；总（花）托有毛；苞片倒卵形或菱状楔形，长2.3-3.2毫米，背面上部密生白毛。雄花：花萼合生，长2-2.3毫米，3裂，侧裂片舟状，背面顶部有毛，具翅；中片条形，与侧片全结合或大部结合，无毛；花冠3裂，裂片条形，等大，有黑色长卵状腺体，上部有白毛；雄蕊6，花药黑色。雌花：萼片3，离生，长2-2.3毫米，侧萼片有宽翅，背面顶部有毛，

中萼片线形，无毛；花瓣3，线形，稍肉质，近先端有黑色腺体，端部具白毛，中部疏生长柔毛；子房3室，花柱分枝3。种子卵圆形，具横格，每格具1-2T形突起。花果期夏秋季。

产福建、江西、湖南、广东、香港、海南及广西，生于水塘或湿地。泰国和大洋洲有分布。干燥花序药用，为中药"谷精珠"。

4. 云南谷精草　　　　　　　　　　　　图 254

Eriocaulon brownianum Mart. in Wall. Pl. Asiat. Rar. 3:25. Pl. 248. 1832.

Eriocaulon brownianum Mart. var. *nilagirense* (Steud.) Fyson; 中国植物志 13(3):35. 1997.

大型草本。叶线形，丛生，长35-50厘米，两面均有微毛。花葶长达50厘米，稍扭转，具5-7棱，有微毛；鞘状苞片长14-28厘米；花序扁球形，粉白色，径1-1.5厘米；外苞片长圆形，禾秆色或稍黑色，硬纸质，长3.5-4毫米，背面上部及边缘有短毛；总（花）托有密毛；苞片倒披针状楔形，长3.5-3.8毫米，背面上部及先端密生白毛。雄花：花萼佛焰苞状，常3浅裂，连柄长3.2-3.7毫米，背

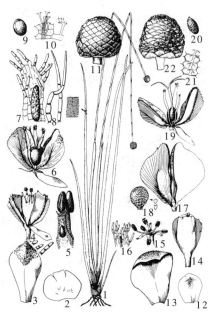

图 253：1-11.毛谷精草
12-22.华南谷精草 （马炜梁绘）

面上部及顶端密生白毛，无翅，无龙骨突起；花冠（2）3裂，裂片卵形，近等大，上部具黑色腺体，先端有白毛；雄蕊（4）6，花药黑色。雌花：萼片3，舟形，长3-3.5毫米，端部簇生白毛，无翅，无龙骨突起；花瓣3，膜质，窄倒披针状条形，先端簇生白毛，侧面及腹面上部有长毛，近顶有黑色腺体；子房3室，花柱分枝3。种子长卵圆形，长0.7-0.8毫米，具横格及T形或条状突起。花果期8-12月。

产湖南南部、广东北部及云南南部，生于海拔1000-1500米向阳沼泽地。印度、印度尼西亚、泰国及斯里兰卡有分布。

5. 华南谷精草　　　　　　图 253:12-22　图 255

Eriocaulon sexangulare Linn. Sp. Pl. 87. 1753.

大型草本。叶丛生，线形，长10-37厘米，脉15-37。花葶5-20，长达60厘米，扭转，具4-6棱；鞘状苞片长4-12厘米；花序近球形，灰白色，径6.5毫米；外苞片倒卵形，宽2.2-2.4毫米，背面有疏白毛；总（花）托无毛；苞片倒卵形或倒卵状楔形，宽2-2.5毫米，背上部有

图 254 云南谷精草 （马炜梁绘）

白毛。雄花：花萼合生，佛焰苞状，先端（2）3浅裂，有时不裂，两侧裂片具翅，无毛；花冠3裂，裂片条形，有不明显腺体，裂片先端有毛；雄蕊（4-5）6，花药黑色。雌花：萼片（2）3，无毛，侧裂片2，舟形，长2-2.3毫米，背面有宽翅，中萼片无翅，长1.7-2.5毫米，线形、圆形或二叉状，或退

化；花瓣3，膜质，线形，中片稍大，近顶处有淡棕色、不明显腺体，先端有白毛；子房3室，花柱扁，分枝3。种子卵圆形，长0.58-0.7毫米，具横格及T形毛。花果期夏秋至冬季。

产台湾、福建、湖北、广东、香港、海南、广西及云南，生于海拔760米以下水坑、池塘或稻田。日本、印度、斯里兰卡、缅甸、泰国、印度尼西亚、马来西亚、菲律宾、新加坡、越南、老挝、柬埔寨及马达加斯加有分布。

图 255 华南谷精草 （蔡淑琴绘）

6. 云贵谷精草 图 256

Eriocaulon schochianum Hand.-Mazz. in Sitz. Akad. Wiss. Wien, Math.-Nat. 57: 238. 1920.

草本。叶丛生，剑状线形，长3-10厘米。花葶常少数，稀多达20，长约15厘米，扭转，具5棱；鞘状苞片长2-7厘米。花序球形，径5-6毫米，粉白色；外苞片卵形或倒卵形，宽1.5-2毫米，几无毛；总（花）托无毛；苞片倒卵形或倒披针形，染黑色，长1.5-2.5毫米，背面上部及边缘密生白毛。雄花：花萼染黑色，3深裂，长1.5-2毫米，上部及先端有长毛；花冠

（2）3裂，倒披针状匙形，近等大，近先端有腺体，裂片内面、先端及边缘密生白毛；雄蕊6，花药黑色。雌花：萼片3，离生，染黑色，背面上部及边缘密生白毛，侧萼片倒披针状舟形，无龙骨状突起，中萼片平展；花瓣3，倒披针状匙形，中片稍大或近等大，密生白毛，近端有黑色大腺体；子房（2）3室，花柱分枝3。种子近圆形，径约0.5毫米，具横格，横格四周有条状突起。花果期3-6月。

产广西、贵州、四川及云南，生于水边或池塘。

图 256 云贵谷精草 （马炜梁 孙英宝绘）

7. 丝叶谷精草 图 257

Eriocaulon setaceum Linn. Sp. Pl. 87. 1753.

沉水草本。茎长达20厘米以上。叶丝状，长3-4厘米，具横格，1脉。花葶5-15，伞形排列，长达11厘米，扭转，具6棱；鞘状苞片长2-2.5厘米；花序近球形，灰黑色，长2.5毫米；外苞片卵圆形，黄色，反折，宽1-1.1毫米，无毛；总（花）托被长0.5毫米毛；苞

片近圆形或倒披针形，长1.2-1.4毫米，背面上部有白毛。雄花：花萼合生，佛焰苞状（2）3裂，裂片近等大，先端平截，背上部与端部有毛，长0.8-1毫米；花冠合生，3裂，裂片锥形或椭圆形，近等大，端部及内面常有白毛，均有黑色腺体；雄蕊6，花药黑色。雌花：萼片3，离生，舟状，倒卵形，长

0.7-0.9毫米，背面及边缘有白毛；花瓣3，倒披针状条形，中片稍大，边缘及顶端有白毛，有黑色腺体；子房3室，花柱分枝3。种子长卵形，有横格，每格有1-2条状突起。花果期8-10月。

产广东、香港、海南、广西、四川及云南，生于池塘或沼泽。印度、孟加拉、斯里兰卡、缅甸、泰国、越南、老挝、柬埔寨及澳大利亚北部有分布。

图 257 丝叶谷精草 （马炜梁绘）

8. 大药谷精草

图 258

Eriocaulon sollyanum Royle, Ill. Bot. Himal. 409. f. 1. 1830.

草本。茎长约1厘米。叶线形，丛生，长3-4.5厘米，中部宽3毫米，先端钝圆，半透明，具横格，叶脉约10条。花葶5-10，长10-15厘米，扭转，具5-6棱；鞘状苞片长约4厘米；花序近球形，黑色，长3毫米；外苞片长圆状倒卵形，先端平截，长1.5-1.9毫米，无毛；总（花）托无毛；苞片长圆形或倒卵状楔形，长1.6-2毫米，带黑色，背上部有白毛。雄花：花萼佛焰苞状，3半裂至深裂，侧裂片舟形，先端及背部沿中脊有毛，中裂片稍平展，长1.6-1.8毫米，带黑色；花冠3裂，裂片微小，中瓣稍大，先端具白毛，侧瓣无毛，各裂片先端常有腺体；雄蕊6，花药黑色。雌花：萼片3，离生，长1.5-1.8毫米，带黑色，背面及先端有白毛，侧片舟形，其中1片或2片有龙骨状突起；花瓣3，倒披针状线形，膜质，端部凹缺，缺口有腺体，边缘有毛，中片内面及先端有毛；子房3室，花柱分枝3。种子卵形，具横格，每格具3-4条状突起。花果期7-11月。

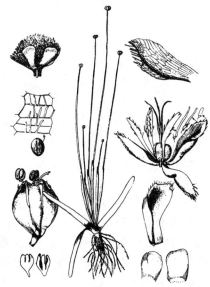

图 258 大药谷精草 （马炜梁绘）

产贵州、云南及西藏，生于海拔2300-2800米池沼水边。印度、斯里兰卡及非洲有分布。

9. 老谷精草 小谷精草

图 259

Eriocaulon senile Honda in Bot. Mag. Tokyo 43: 507. 1928.

Eriocaulon luzulaefolium auct. non Mart.: 中国高等植物图鉴 5: 391. 1976.

草本。茎长2-6厘米。叶线形，丛生或茎生，长4-8（-11）厘米，先端钝圆，具12-20脉。花葶5-15，长12-25厘米，具4-7棱；鞘状苞片长3-6厘米；花序近球形，灰黑至棕黑色，径约5毫米；外

图 259 老谷精草 （引自《图鉴》）

苞片倒卵状楔形，长 2-2.7 毫米，无毛；苞片倒披针状楔形，长 1.7-2.2 毫米，先端、边缘及背上部有毛。雄花：花萼合生，3 浅裂至深裂，长 1.5-2 毫米，先端及背上部有白毛；花冠裂片 3，中片稍大，先端、内面、侧面均有白毛，侧片较小而少毛，有黑色腺体；雄蕊 6，花药黑色。雌花：萼片 3，舟形，无龙骨状突起，带黑色，长 1.5-2 毫米，中萼片有时退化，背面中肋上部及边缘有毛；花瓣 3，倒披针状线形，1-3 片先端有腺体，先端、内面及边缘有毛；子房 3 室，花柱分枝 3。

种子长卵圆形，具横格，每格具 1-4 条状突起。花期 4-9 月。

产浙江、福建、江西、湖南、广东、四川及云南，生于海拔 1700 米以下沼泽湿地。日本有分布。

10. 尼泊尔谷精草　疏毛谷精草　褐色谷精草　　　图 260

Eriocaulon nepalense Prescott ex Bongard in Mem. Acad. Imp. Sci. St. Petersb. ser. 6, Scil. Math. 1: 610. 1831.

Eriocaulon nantoense Hayata var. *parviceps* (Hand. -Mazz.) W. L. Ma; 中国植物志 13 (3): 28. 1997.

Eriocaulon pullum T. Koyama; 中国植物志 13 (3): 40. 1997.

草本。茎长达 6 厘米。叶线形，丛生或茎生，长 4-8（-11）厘米，中部宽 6-8 毫米，具 12-20 脉。花葶 5-15，长 12-25 厘米；鞘状苞片长 3-6 厘米；花序近球形，灰黑或棕黑色，径约 5 毫米；外苞片倒卵状楔形，稍反折，几无毛；花序托几无毛；苞片倒卵形或倒披针状楔形，有毛。雄花：花萼 3 浅裂至深裂，有白毛；花冠裂片 3，中片稍大，有白毛，常有 1 黑腺体；雄蕊 6。雌花：萼片 3，舟形，带黑色，中萼片有时小至无，有毛；花瓣 3，倒披针状线形，有毛，常有腺体；子房 3 室。种子长卵圆形，每横格具条状突起 1-4。花果期 4-9 月。

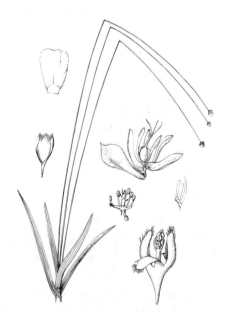

图 260 尼泊尔谷精草　（孙英宝绘）

产浙江、台湾、福建、江西、广东、广西、贵州、四川、云南及西藏，生于海拔 1700 米以下沼泽湿地。喜马拉雅山区、印度、泰国、缅甸及日本有分布。

11. 瑶山谷精草　溪生谷精草　　　图 261

Eriocaulon yaoshanense Ruhl. in Notizbl. Bot. Gart. Berlin -Dahlem 10: 1043. 1930.

Eriocaulon fluviatile auct. non Trim.: 中国高等植物图鉴 5: 390. 1977.

草本。茎长 1-2 厘米。叶丝状，丛生，长 2-9 厘米，脉 5（-7）。花葶 1 至数个，长 7-18 厘米，稍扭转，5-7 棱；鞘状苞片长 2.5-3.7 厘米；花序近球形，棕黑色，径 3-6 毫米；外苞片卵形或倒卵形，长 1.7-2.5 毫米，总（花）托无毛；苞片倒卵形或近匙形，长 1.7-2.2 毫米，苞片背面上部与先端被白毛。雄花：花萼佛焰苞状，3 浅裂至深裂，侧裂片舟形，中裂片较平张，长 1.3-2.1 毫米，背上部及先端有疏白毛；花冠 3 裂，中

图 261 瑶山谷精草　（马炜梁绘）

裂片较大，椭圆形或倒卵形，近先端有腺体，内面及先端有白毛；雄蕊6，花药乳黄或淡棕色。雌花：萼片3，多少结合或离生，侧萼片舟形，中片较平，长1.3-1.7毫米，背上部及先端有白毛；花瓣3，离生，倒披针状线形，近肉质，有黑色腺体，内面及先端有白毛；子房3室，花柱分枝3。种子卵形，具不明显横格，无乳突。花果期10-翌年1月。

产广东、香港及广西，生于路旁湿地。斯里兰卡有分布。

12. 裂瓣谷精草 图 262

Eriocaulon bilobatum W. L. Ma in Acta Phytotax. Sin. 29 (4): 301. f. 3: 9-20. 1991.

草本。叶丝状，丛生，长3.5-6厘米，脉约4条。花葶多数，长4-10厘米，扭转，4-5棱；鞘状苞片长1.2-1.8毫米；花序卵状球形，灰黑色，径2-3.5毫米；外苞片倒卵形或长圆形，禾秆色，熟时反折，长1.3-1.5毫米，无毛；总（花）托无毛；苞片倒卵形或倒披针状舟形，长1-1.2毫米，无毛或偶见1-2根毛。雄花：花萼佛焰苞状，3裂或不规则分裂，长0.9-1.2毫米，无毛；花冠3裂，裂片微小，中片有时稍

图 262 裂瓣谷精草
（引自《植物分类学报》）

大，先端有黑色腺体，无毛或中片偶见少数毛；雄蕊6，花药黑色。雌花：位于花序外周，苞片较宽；萼片3，披针形，背面中肋有龙骨状突起，长0.7-1.2毫米，几无毛；花瓣3，离生，线状披针形，先端凹，凹口有腺体，无毛；子房3室，花柱分枝3。种子卵形或长卵形，有横格，无突起。花果期9-12月。

产贵州、四川及云南，生于约1000米湿地或沟边。

13. 珍珠草 流星谷精草 图 263

Eriocaulon truncatum Buch.-Ham. ex Mart. in Wall. Pl. Asiat. Rar. 3: 29. 1832.

Eriocaulon merrillii Ruhl. ex Perkins; 中国植物志 13 (3): 47. 1997.

叶线形，丛生，长2.5-5（-6.5）厘米，脉8-11（-20）。花葶5-10，长5-10（-18）厘米，扭转，具（4）5（6）棱；鞘状苞片长2-3.8厘米；花序半球形或近球形，长2-3毫米；外苞片长卵形或倒卵形，长1.5-2.5毫米，无毛；总（花）托无毛；苞片倒卵形或倒披针形，长1.5-2.2毫

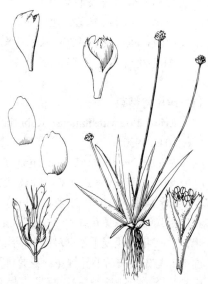

图 263 珍珠草 （引自《图鉴》）

米，无毛或背部疏生毛。雄花：花萼佛焰苞状，前面深裂，先端2（3）浅裂，长1-1.8毫米，带黑色，无毛；花冠裂片3，卵形或线形，先端有黑色腺体及白毛；雄蕊6，花药黑色。雌花：萼片2（3），上部带黑色，中萼片常小或无，无毛；花瓣3，倒披针状线形，先端有黑腺体，内面及边缘有长毛，先端有白毛；子房3室，花柱分枝3。种子卵圆形或椭圆形，具方形或纵向六角形网格，网线翅状。花果期5-12月。

产山东、台湾、福建、广东、香港、海南、广西及贵州，生于塘边草地。菲律宾有分布。

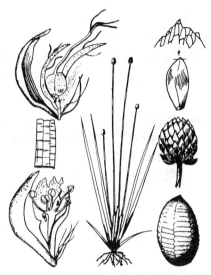

图 264 白药谷精草 （马炜梁绘）

14. 白药谷精草　　　　　　　　　　图 264

Eriocaulon cinereum R. Br. Prodr. 254. 1810.

Eriocaulon sieboldianum Sieb. et Zucc. ex Steud.; 中国高等植物图鉴 5: 389. 1976.

一年生草本。叶丛生，窄线形，长2-5（-8）厘米，无毛。花葶6-30，长6-9（-19）厘米，扭转，具5棱；鞘状苞片长1.5-2（-3.5）厘米；花序宽卵状或近球形，淡黄或墨绿色，长4毫米；外苞片倒卵形或长椭圆形，淡黄绿或灰黑色，长0.9-1.9毫米，先端尖或圆钝，无毛；总（花）托有密生；苞片长圆形或倒披针形，长1.5-2毫米，无毛。雄花：花萼佛焰苞状，3裂，长1.3-1.9毫米，无毛；花冠裂片3，卵形或长圆形，有腺体，先端有毛，中片稍大；雄蕊6，花药白色或淡黄褐色。雌花：萼片2（3），线形，带黑色，侧片长1-1.7毫米，

中片缺或长0.1-1毫米；无花瓣；子房3室，花柱分枝。种子卵圆形，有六边形横格，无突起。花期6-8月，果期9-10月。

产山东、河南、陕西、甘肃、江苏、安徽、浙江、台湾、福建、江西、湖北、湖南、广东、香港、海南、广西、贵州、四川及云南，生于海拔1200米以下稻田或水沟中。阿富汗、尼泊尔、印度尼西亚、印度、斯里兰卡、泰国、越南、老挝、柬埔寨、菲律宾、朝鲜半岛、日本、澳大利亚及非洲有分布。

15. 尖苞谷精草　　　　　　　　　　图 265

Eriocaulon echinulatum Mart. in Wall. Pl. Asiat. Ras. 3: 29. 1832.

草本。叶丝状，丛生，长3.5-5.5厘米，脉7-9。花葶约12，长6-9（-20）厘米，扭转，具4棱；鞘状苞片长2-4厘米；花序卵形，长4-5毫米；外苞片约12，披针形或菱形，长2.2-2.9毫米，先端渐尖或尾尖，无毛；总（花）托及花梗有密毛；苞片倒披针状舟形，长2-3毫米，先端尾尖，无毛。雄花：花萼结合成筒状，3浅裂或佛焰苞状，前面深裂，长1.1-1.7毫米，侧面稍龙骨状突起，无毛；花冠结合，

图 265 尖苞谷精草 （孙英宝绘）

裂片无或成 1－2 小裂片，无毛，腺体 0（1）；雄蕊 5（6），花药黑色。雌花：萼片 2（3），离生，侧萼片倒披针状舟形，长 1.2－1.7 毫米，背部有龙骨状宽翅，中萼片窄，较平展，有的窄线形，无毛；无花瓣；子房 3 室，花柱分枝 3。种子长卵形，具横格及片状小突起。

花期 9－11 月，果期 10－12 月。

产福建、江西、广东及广西，生于山坡湿地。马来西亚、菲律宾、越南、缅甸及印度有分布。

16. 谷精草　　　　　　　　　　图 266

Eriocaulon buergerianum Koern. in Ann. Mus. Bot. Lugduno -Batavum 3: 163. 1867.

草本。叶线形，丛生，长 4－10（－20）厘米，脉 7－12（－18）。

花葶多数，长 25（－30）厘米，扭转，4－5 棱；鞘状苞片长 3－5 厘米；花序近球形，禾秆色，长 3－5 毫米；外苞片倒卵形或近圆形，长 2－2.5 毫米，无毛或下部的有毛；总（花）托常有密柔毛；苞片倒卵形或长倒卵形，长 1.7－2.5 毫米，背面上部及先端有白毛。雄花：花萼佛焰苞状，外侧裂开，3 浅裂，长 1.8－2.5 毫

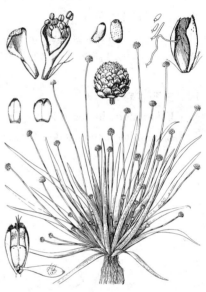

图 266 谷精草
（引自《图鉴》、《中国植物志》）

米，背面及先端多少有毛；花冠裂片 3，近锥形，几等大，近顶处有黑色腺体，端部常有白毛；雄蕊 6，花药黑色。雌花：萼合生呈佛焰苞状，先端 3 浅裂，长 1.8－2.5 毫米，背面及先端有毛；花瓣 3，离生，扁棒形，肉质，先端具黑色腺体及白毛，内面常有长柔毛；子房 3 室，花柱分枝 3。种子长圆状，具横格及 T 形突起。花果期 7－12 月。

产河南、江苏、安徽、浙江、台湾、福建、江西、湖北、湖南、广东、海南、广西、贵州、四川及云南，生于稻田或水边。朝鲜半岛及日本有分布。全草药用。

17. 米氏谷精草　　　　　　　　图 267

Eriocaulon miquelianum Koern. in Ann. Mus. Bot. Lugduno -Batavum 3: 162. 1867.

Eriocaulon sikokianum Maxim.; 中国植物志 13 (3): 54. 1997.

草本。叶线形，丛生，长 6－14 厘米，脉 4－7。花葶 8，长 18－23 厘米，扭转，4－5 棱；鞘状苞片长 5－7.5 厘米；花序倒锥形，淡禾秆色，长 4－5 毫米；外苞片线状披针形或披针形，有 1－3 脉，膜质或软骨质，不反折，最外面的长 6－7.5 毫米，向内渐小，无毛或边缘有睫毛；总（花）托幼时无毛，老时有毛；苞片长倒卵形，长 2－2.5 毫米，背上部及先端有密白毛，侧缘

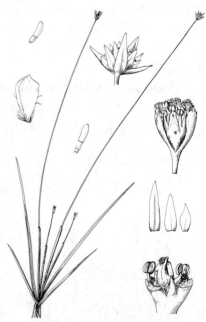

图 267 米氏谷精草　（孙英宝绘）

有疏长柔毛。雄花：花萼佛焰苞状，3 浅裂，背上部及先端有毛；花冠合生，3 裂，中瓣较大，长卵形，近顶处有黑色腺体，先端有睫毛；雄蕊 6，花药黑色。雌花：花萼佛焰苞状，边缘及外面疏被长柔毛，先端 3 浅裂，有睫毛状白毛；花瓣 3，棒状，离生，近肉质，近顶处有黑色腺体，内面有长柔毛，先端密生睫毛状毛；子房 3 室，花柱分枝 3，与花柱近等长。种子具横格及 T 形毛。花果期 8-12 月。

产浙江及湖南，生于湿地。日本有分布。

18. 高山谷精草　　　　　　　　　　　图 268

Eriocaulon alpestre Hook. f. et Thoms. ex Koern. in Ann. Mus. Bot. Lugdno –Batavum 3: 163. 1867.

草本。叶线形，丛生，长 8-15 厘米，脉 12-20。花葶约 30，长 14-20 厘米，扭转，3-5 棱；鞘状苞片长 5-8 厘米；花序倒圆锥形，下部禾秆色，上部黑或棕色，长 3-4 毫米，外苞片卵形，黄绿色，常有绢丝光泽，不反折，硬膜质，长 1.5-2 (-3.8) 毫米，无毛；总（花）托几无毛；苞片倒卵形或倒披针形，长 1.5-1.9 毫米，无毛。雄花：花萼佛焰苞状，长 1.4-2 毫米，3 浅裂

或近平截，无毛或边缘有泡状微毛；花冠裂片 3，几等大，肉质，锥形，无毛，先端具黑色腺体；雄蕊 6，花药黑色。雌花：花萼佛焰苞状，黑色，3 裂，长 1.8-2.2 毫米，无毛；花瓣 3，长卵形，下部

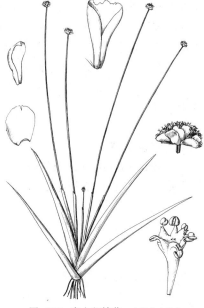

图 268 高山谷精草 （孙英宝绘）

收缩成柄，肉质，近顶处有黑色腺体，内面有长柔毛；子房 3 室，花柱分枝 3。种子长卵圆形，具横格，每格有 T 形突起 1-2 (-4)。

产黑龙江、吉林、安徽、江西、湖北、贵州、云南及西藏，生于海拔 3500 米以下水田或湿地。日本、朝鲜半岛、印度及喜马拉雅山区有分布。

19. 宽叶谷精草　　　　　　　　　　　图 269

Eriocaulon robustius (Maxim.) Makino in Journ. Jap. Bot. 3 (7): 27. 1926.

Eriocaulon alpestre var. *robustius* Maxim. Diagn. 8: 25. 1892.

草本。叶线形，丛生，长 6-15 厘米，脉 7-12。花葶多数，长 9-15 (-20) 厘米，扭转，具 4 (-5) 棱；鞘状苞片长 5-6 厘米；花序近球形，长 2.5-3.5 毫米，黑褐色；外苞片宽卵形或矩圆形，平展或稍反折，长 1.5-2.5 毫米，无毛或上部边缘疏生毛；总（花）托无毛；苞片倒卵形或倒披针形，长 1.5-2 毫米，无毛或疏生毛。雄花：花萼佛焰苞状，3 浅裂，长 1.4-1.8 毫米，无毛

或先端疏生毛；花冠 3 裂，裂片锥形，具黑色腺体，无毛；雄蕊 6，

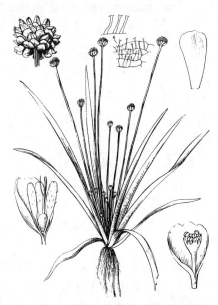

图 269 宽叶谷精草 （引自《图鉴》）

花药黑色。雌花：花萼佛焰苞状，3浅裂，长1.5-2毫米，无毛；花瓣3，披针状匙形，肉质，内面有长柔毛，先端无毛，具黑色腺体；子房3室，花柱分枝3。种子倒卵圆形，具横格，每格有2-4枚Y形、条形或少数T形突起。花果期7-11月。

产黑龙江、辽宁及内蒙古，生于河滩水边。俄罗斯远东地区、朝鲜半岛及日本有分布。

20. 江南谷精草 图 270

Eriocaulon faberi Ruhl. in Engl. Pflanzenr. 4 (30): 95. 1903.

草本，高15-35厘米。叶丛生，线形，长4-12厘米，脉5-15。

花葶多数，长（7-）20-35（-50）厘米，扭转，4-5棱；鞘状苞片长3-7厘米；花序半球形或圆锥状柱形，禾秆色，长4（-7）毫米；外苞片长圆形或卵形，长（2）3-4.5毫米，上部边缘有易落毛；总（花）托有密长毛；苞片倒卵形或倒披针形，长1.8-2.7毫米，背面上部及边缘有毛。雄花：花萼佛焰苞状，长1.5-2.2毫米，端部近平截或3浅裂，先端具多数白毛，背面上部毛较少；花冠合生，3裂，裂片宽卵形，有黑色腺体，端部多有泡状白毛；雄蕊6，花药黑色。雌花：萼合生，佛焰苞状，长1.5-2毫米，3浅裂，先端具毛，中部边缘毛较长，背部具疏毛；花瓣3，棒槌

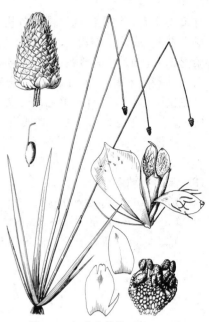

图 270 江南谷精草 （孙英宝绘）

形，肉质，上端具黑色或棕色腺体及多数毛，内面有长毛；子房1室，柱头1。种子椭圆形或近圆形，有横格，每格有1个T形突起。花果期6-11月。

产江苏、浙江、福建、江西、湖北及湖南，生于稻田、水沟或沼泽地。

21. 长苞谷精草 图 271

Eriocaulon decemflorum Maxim. Diagn. 7: 7. 1892.

草本。叶丛生，线形，长（4-）6-10（-13）厘米，脉3-7（-11）。花葶10，长10-20（-30）厘米，3-4（5）棱；鞘状苞片长3-5（-7）厘米；花序倒圆锥形或半球形，连总苞片长4-5毫米；外苞片约14，长圆形或倒披针形，长3.5（内）-6（外）毫米，外部的无毛，内部的背面有白毛；总（花）托多无毛；苞片倒披针形或长倒卵形，长2-3.7毫米，背面上部及边缘有密毛。雄花：花萼3深裂，有时成单裂片，裂片舟形，长1.6-2.2毫米，背面与先端有毛；花冠裂片2（1），长卵形或椭圆形，近先端有腺体及多数白毛；雄蕊4（2-5），花药黑色。雌花：花萼2裂或单裂片，

图 271 长苞谷精草 （马炜梁绘）

长 1.8-2.3 毫米，背面与先端具毛；花瓣 2，倒披针状线形，近肉质，有黑色腺体，端部具白毛；子房 2（1）室，花柱分枝 2（1）。种子近圆形，具横格及 T 形毛。花期 8-9 月，果期 9-10 月。

产黑龙江、吉林、辽宁、河北、山东、江苏、浙江、福建、江西、湖北、湖南及广东，生于山坡湿地或稻田。日本及俄罗斯有分布。

238. 须叶藤科 FLAGELLARIACEAE

（王忠涛）

亚木质藤本。茎实心，生于根茎，茎端常假 2 叉分枝，无腋芽，常以叶卷须攀援。叶 2 列；叶长达 30 厘米，宽约 2 厘米，多脉，顶端卷须状；叶鞘闭合抱茎，具短柄与叶片相连；气孔平列型。圆锥花序顶生。花小，两性，稀单性，辐射对称，无梗；花被片 6，近花瓣状，白色，2 轮，宿存；雄蕊 6，2 轮，稍贴生花被片基部，花丝分离，花药箭形，基着，2 室，边向纵裂，花粉粒具远极孔；雌蕊具 3 心皮，子房上位，3 室，中轴胎座，花柱短，柱头 3，直生胚珠，每室 1 颗。核果红或黑色，径达 1 厘米，具 1 稀 2 颗种子。种子胚小，富含淀粉质胚乳。染色体基数 x=19。

本科植物导管具单穿孔和梯状穿孔板。表皮细胞有不整齐的壁。

1 属 4 种，广布于热带亚洲、非洲、澳大利亚和太平洋岛屿，常生于潮湿林地和雨林林缘。我国 1 种。

须叶藤属 Flagellaria Linn.

木质粗壮藤本，全株无毛。茎圆柱形，实心而坚硬。叶 2 列，先端渐窄成扁平、盘卷的卷须；坚纸质，具密纵脉和多数短而斜的横细脉；几无柄，叶鞘筒状抱茎。圆锥花序顶生。花两性；苞片鳞片状；花被片 6，离生，近花瓣状，膜质，内轮 3 片大，宿存；雄蕊具长花丝，伸出花被片，花药线形或线状长圆形，基部 2 裂；子房窄，钝三角形，花柱短，柱头线形或棍棒状，伸出花被外。核果近球形，外果皮薄，肉质，内果皮骨质。种子 1（2），球形或略扁，种皮坚脆。

约 4 种，分布于热带亚洲、非洲和澳大利亚。我国 1 种。

须叶藤

图 272 彩片95

Flagellaria indica Linn. Sp. Pl. 333. 1753.

多年生攀援藤本，长 2-15 米。茎圆柱形，径 5-8 毫米，下部常粗壮，上部木质或半木质，分枝，具紧包叶鞘。叶披针形，2 列，长 7-25 厘米，无毛，叶扁平，基部圆，先端渐窄成扁平、盘卷的卷须，上面深绿色，有光泽，平行脉多数，细密，下面脉明显；叶片与叶鞘相连处窄缩成一背部平扁的短柄，叶鞘圆筒形，长 2-7 厘米，叶柄两侧具圆形耳状物。圆锥花序直立，顶生，长 10-25 厘米，有多级分枝。花较小，两性，密集，无梗，有气味；苞片鳞片状，卵形，长约 1.5 毫米；花被片白色，薄膜质，

背面有隆起的脉，外轮3枚宽卵形，长2-2.5毫米，内轮3（2）枚卵状长圆形，长2.2-3毫米，先端圆钝；雄蕊6，伸出花被外，花丝丝状，长4-5毫米，花药长卵形，黄色，药隔黑褐色；子房窄三棱形，花柱短，柱头3。核果球形，径4-6毫米，幼时绿色，光亮，成熟时带黄红色，种子1。花期4-7月，果期9-11月。

产台湾及海南，生于沿海地区海拔40-450（-1500）米沟边或河边疏林中。印度、泰国、越南、老挝、柬埔寨、菲律宾、印度尼西亚及澳大利亚有分布。茎可编织篮、筐；幼茎和叶用以洗发；茎及根茎供药用，有利尿之效。

图 272 须叶藤 （蔡淑琴绘）

239. 帚灯草科 RESTIONACEAE

（王 忠 涛）

多年生草本。根茎匍匐，被叠生鳞叶，无毛或密被绵毛。茎单一或分枝，圆柱形、四方形、多角形或扁平，实心或中空，有时多曲折。叶不发达，有叶鞘，无叶片，或叶片为短舌状体或短尖头，常脱落；叶鞘顶端渐尖或圆，紧贴茎或疏松宽大，宿存或脱落；少数种类叶鞘与叶片连接处有膜质短舌状体，或在叶片两侧，叶鞘边缘延伸为两个膜质裂片；气孔平列型，常具禾草型保卫细胞。花小，单性，雌雄异株，稀雌雄同株，或两性，花组成小穗或再排成穗状圆锥花序；小穗具1至多花，通常基部有革质或膜质鞘状宿存苞片。花被辐射对称；花被片通常6，稀4或5，2轮，有时3枚或缺，通常离生或内轮基部连合；雄花具雄蕊3或2，稀1，雄蕊与内轮花被片对生，花丝有时联合成柱，花药背着或基着，1室，稀2室，2室花药侧向开裂，1室者内向开裂，常有不发育子房，花粉粒具小网眼和远极孔，具环带或否；雌花子房无柄或具短柄，1-3室，每室有1悬垂直生胚珠，花柱1-3，分离或合生，有乳头状突起或羽毛状短柱头，有退化雄蕊或缺。蒴果室背开裂或小坚果。种子具双凸镜状或倒卵形胚和丰富胚乳。染色体基数x=7，8，9，11，12，13。

40属，约400种，广泛分布于南半球，非洲南部和澳大利亚尤盛。薄果草属向北分布至马来西亚及中国东南部。我国1属。

薄果草属 Leptocarpus R. Br.

多年生草本。根茎常被覆瓦状鳞片和密绵毛。茎单一或分枝，圆柱状，中空。叶仅具叶鞘，无叶片和叶舌，叶鞘膜质，基部边缘覆盖，宿存，有时具干膜质边缘和伸长的顶端。雌、雄小穗状花序具覆瓦状苞片，常密集成簇；小穗由多花组成，稀雌小穗具 1 花，常成圆锥花序式。花单性，雌雄异株，稀同株或两性；花被片 4-6。雄花：雄蕊 3 或 2，稀 1，花丝舌状或丝状，分离，花药 1 室，背着内向，具细尖头；退化雌蕊小或无。雌花：子房上位，1 室，有 1 悬垂直生胚珠，花柱 3，稀 2，丝状，分离或基部连合，分离部分为柱头；退化雄蕊 3 或无。两性花具 1 枚雌蕊和 1-3 枚雄蕊。果窄椭圆形、卵球形或倒卵球形，果皮薄，一侧开裂或果皮较厚，在棱角开裂。

约 40 种，主要分布于非洲南部、澳大利亚及新西兰，少数种至智利、马来西亚、越南及中国。我国 1 种。

薄果草

图 273

Leptocarpus disjunctus Mast. in Journ. Linn. Soc. Bot. 17: 344. 1879.

多年生草本，高 40-70（-100）厘米。根茎匍匐，木质粗壮，密被灰黄色绒毛；根粗而挺。茎直立，圆柱状，不分枝或少分枝，径 1.5-3 毫米，绿色，具细密条纹。叶鞘革质，紧密包茎，长 1-1.5 厘米，黄褐色，上部和边缘膜质，顶端具 2-5 毫米长的小尖头。花序由密集穗状花序排成稀疏的窄圆锥花序。花雌雄异株及杂性同株。雄花：小苞片窄卵形，长 2-2.5 毫米；

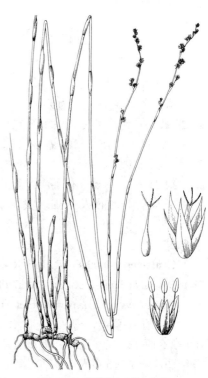

花被片 4-6，外轮 2 枚长圆形，长 1.7-2 毫米，对生，舟状，暗褐色，内轮 2-4 枚窄椭圆形，较外轮小，边缘稍内卷，淡褐色；雄蕊 3，花丝宽线形，长约 1.5 毫米，花药 1 室，长 0.7-1 毫米，先端具棕褐色小尖头；退化雌蕊有时存在。雌花：花被片 6-8，椭圆形，长 1-1.5 毫米，先端尖，基部稍窄；子房三棱状椭圆形，花柱短，柱头通常 3。果椭圆形，长约 1 毫米。种子长约 0.5 毫米。花期 4-7 月，果期 5-8 月。

产海南，生于海拔 40-50 米海滨沙地或林中湿地。越南、泰国、柬埔寨及马来半岛有分布。茎用于编织草席。

图 273 薄果草 （蔡淑琴绘）

240. 刺鳞草科 CENTROLEPIDACEAE

（王忠涛）

一年生或多年生小草本。多年生植株具根茎。叶丛生茎基部或覆瓦状着生茎上，线形、披针形或刚毛状，基部具膜质、开放宽叶鞘，顶端常尖锐和透明；气孔平列型，属禾草型。穗状或头状花序顶生，有2至数个颖状苞片；每个苞片包围数朵雄花或1至数朵雌花，通常具1或多朵两性假单花（pseudanthia），每个（花序）为一小穗状花序或为1-2朵雄花和1至几朵叠生或并列的雌花所成的扇状聚伞花序；并生时，雌花多少合生；假单花通常有1-3枚小而透明的苞片和小苞片；雄蕊（即雄花）花丝丝状，花药背着，丁字药，1室，纵裂，花粉粒具远极孔；子房（即雌花）胞囊状，单心皮，1室，有1下垂直生胚珠，花柱单一，丝状，上部一侧为柱状（有乳状突起）。蓇葖果具膜质果皮，或由并列的蓇葖果合生成1蒴果状聚花果。种子具薄种皮和粉质胚乳，胚小。染色体基数 x=10-13。

5属，约35种，主要分布于澳大利亚、新西兰，少数种至马来西亚、亚洲东南部，南至南美洲。我国1属，1种。

刺鳞草属 Centrolepis Labill.

一年生或多年生丛生草本。叶基生或2列，线形或丝状。头状花序具1-13花，花序托以2枚近对生的苞片；花两性，无梗，如为数花，互生并列成1或2排，花时离心开放。每朵花由1-3枚小苞片、1枚雄蕊和2-20枚心皮组成；小苞片膜质透明，不等长，先端啮蚀状；雄蕊位于心皮和小苞片之间，花丝细长，花药1室，背着；心皮2-20枚在不同高度生于线状花序（柄）的一面，成1或2列叠生，分离或连合，每心皮有悬垂胚珠1颗，花柱顶生，分离或基部联合，末端扭曲或卷缩，柱头有乳突。成熟心皮纵裂。

约25种，主要分布于澳大利亚、塔斯马尼亚、新西兰、马来西亚、巴布亚新几内亚、菲律宾、印度尼西亚、泰国、越南及中国。我国1种。

刺鳞草　　　　　　　　　　　　　　图 274

Centrolepis banksii (R. Br.) Roem. et Schult. Syst. Veg. 1: 44. 1817.

Devauxia banksii R. Br. Prodr. Fl. Nov. Holl. 1: 253. 1810.

Centrolepis hainanensis Merr. et Metcalf; 中国高等植物图鉴 5: 386. 1976.

一年生小草本，密丛生，高2-5厘米。叶基生，丝状或线形，长0.7-2.5厘米，先端锐尖；叶鞘膜质，边缘透明，有时上部疏生毛。花葶细弱，长1.2-5厘米，基部具鞘；头状花序有6-13花；苞片宽卵形，长2-3毫米，草黄或紫褐色，先端钝或稍尖，边缘膜质，具缘毛。花两性，每朵花有2枚膜质透明小苞片；小苞片舟状长圆形或线状倒披针形，长约2毫米，先端有微齿；雄蕊1，花丝细长，长2-3毫米，花药卵球形，黄色；心皮14，离生，2列，侧面贴生心皮柄，花柱分离，长1-3毫米，最下面的1个最长，每心皮有1悬垂胚珠。果小，果皮膜质，易与种子分离。种子卵形，长约0.1毫米，两端尖，光滑，黄棕色。

图 274 刺鳞草 （蔡淑琴绘）

花果期11月至翌年2月。

产海南，生于海拔10-100米草地、旱田、旷野或河边沙质土。越南、马来西亚及澳大利亚有分布。

241. 灯心草科 JUNCACEAE

（吴国芳　钱士心）

多年生、稀一年生草本，极稀灌木状。根状茎直伸或横走。茎丛生，圆柱形或扁圆柱形，不分枝，具纵沟，具间断或不间断的髓心或中空。叶基生或兼茎生，茎生叶常3列，稀2列，低出叶（芽苞叶）鞘状或鳞片状；叶线形、圆筒形或披针形，稀毛发状或芒刺状；叶鞘开放或闭合，叶鞘与叶片连接处有或无叶耳。花单生，穗状或头状花序，头状花序常组成圆锥状、总状、伞形或伞房状复花序；具苞片及小苞片（先出叶）。花两性，稀单性异株；花被片6，2轮，稀内轮退化；雄蕊6，与花被片对生，有时内轮的3枚退化，花药基着，药室纵裂；雌蕊具3心皮，子房上位，1室或3室，有时不完全3室，柱头3，通常扭曲，胚珠3至多数。蒴果，室背开裂。种子一端或两端具尾状附属物。

约8属300余种，广布于温带、寒带，热带山地种类较少。我国2属，约93种、3亚种和13变种。

1. 叶鞘开放，叶无毛；子房1室或3室，每室多数胚珠 ·················· 1. 灯心草属 **Juncus**
1. 叶鞘闭合，叶边缘具毛；子房1室，3胚珠 ·························· 2. 地杨梅属 **Luzula**

1. 灯心草属 **Juncus** Linn.

多年生，稀一年生草本。根状茎横走或直伸。茎丛生，直立。叶基生和茎生或全基生，有时仅具低出叶；叶鞘开放，偶闭合，有叶耳或缺；叶片扁平、圆柱状、毛发状或芒刺状。花单一顶生，成聚伞花序或头状花序，头状花序单一或多枚，组成聚伞状或圆锥状花序，顶生或假侧生，苞片叶状或似茎的延伸；有小苞片或无。花被片6，2轮，外轮具脊；雄蕊6或3；子房1室、3室或不完全3室，每室多数胚珠，柱头3。蒴果3瓣裂，种子多数。种子极小，两端有白色附属物或无。染色体基数 x=20。

约240种，广布于世界各地。我国77种、2亚种和10变种。

1. 叶鞘状或鳞片状的低出叶包茎基部，叶刺芒状；苞片圆柱形，似茎的延伸；花序假侧生；花有小苞片。
  2. 雄蕊6。
    3. 苞片长及茎1/4；花序具多花，成疏散圆锥状花序。
      4. 茎径1.2-4毫米，具片状髓；花被片长2.5-3.5毫米；蒴果三棱状长卵形或三棱状长圆形，顶端短尖或钝。
        5. 低出叶红褐色，无光泽；外轮花被片长于内轮；蒴果成熟时与外花被片近等长 ··················
        ··· 1. 片髓灯心草 **J. inflexus**
        5. 低出叶粟色，有光泽；花被片近等长；蒴果顶端钝，成熟时通常长于花被片 ··················
        ················· 1(附). 西南灯心草 **J. inflexus** subsp. **austro-occidentalis**
      4. 茎径0.6-1毫米，髓白色；花被片长约2.5毫米；蒴果三棱状倒卵形，顶端无短尖 ··················
        ·· 1(附). 疏花灯心草 **J. pauciflorus**
    3. 苞片与茎等长或长为茎1.5倍；花序具3-6（-10）花，聚伞状花序 ············· 2. 丝状灯心草 **J. filiformis**
  2. 雄蕊3。
    6. 茎径1.5-4毫米；花被片线状披针形；蒴果长圆形或卵形，3室 ··················· 3. 灯心草 **J. effusus**
    6. 茎径1-1.5毫米；花被片卵状披针形；蒴果卵形或圆球形，1室（具3个不完全半月形隔膜）。
      7. 茎直立，有深纵沟；苞片直立；蒴果卵形 ·················· 4. 野灯心草 **J. sechuensis**
      7. 茎常弧形弯斜，有浅纵沟；苞片弯曲；蒴果圆球形 ··········· 4(附). 假灯心草 **J. setchuensis** var. **effusoides**
1. 叶基生和茎生或全基生；苞片叶状或无苞片；花无或稀具小苞片；花序顶生，稀假侧生，如假侧生，其苞片叶状，稍扁平。
  8. 一年生草本；无根状茎。

9. 疏散二歧聚伞花序或圆锥花序。

  10. 花单生，疏散二歧聚伞花序或圆锥花序；内轮花被片稍尖，比蒴果长；种子椭圆形 ……………… …………………………………………………………………… 5. 小灯心草 J. bufonius

  10. 花常数朵聚生成簇，组成疏散聚伞花序；内轮花被片稍钝，比蒴果短；种子卵形或宽椭圆形 ……… …………………………………………………………………… 6. 簇花灯心草 J. ranarius

9. 花单一顶生；花被片黄白色 …………………………………………… 7. 单花灯心草 J. perparvus

8. 多年生草本；有根状茎。

  11. 花多数，聚伞状或圆锥状花序。

    12. 花被片长 1.8-3.5 毫米，先端钝，花药长于花丝或近等长；叶耳长 1-1.5 毫米。

      13. 花药与花丝近等长或稍长于花丝，花被片长 1.8-2.6 毫米，先端钝圆；蒴果卵球形 ……………… ………………………………………………………… 8. 扁茎灯心草 J. compressus

      13. 花药长于花丝 3 倍，花被片长 3.1-3.5 毫米；蒴果三棱状椭圆形或卵状长圆形 ……………… …………………………………………… 8(附). 七河灯心草 J. heptapotamicus

    12. 花被片长（3.1-）3.5-4 毫米，先端锐尖，花药短于花丝；叶耳长 2-4 毫米。

      14. 雄蕊 6；叶基生 ……………………………………………… 9. 坚被灯心草 J. tenuis

      14. 雄蕊 3；叶基生和茎生 ……………………………… 10. 洮南灯心草 J. taonanensis

  11. 花 2- 多朵成头状花序，稀（1）2-5 花成聚伞花序，头状花序单生茎顶或 2- 多个成聚伞状或圆锥状花序。

    15. 叶具横隔，叶片圆柱形、稍扁或扁平。

      16. 种子两端具白色附属物，锯屑状。

        17. 头状花序单一顶生，有 7-25 花；雄蕊伸出花外；叶基生和茎生 ……… 11. 葱状灯心草 J. allioides

        17. 头状花序 2-3，成聚伞状，每个头状花序有 2-5 花；雄蕊不伸出花外；叶基生 ……………… ………………………………………… 11(附). 假粟花灯心草 J. pseudocastaneus

      16. 种子两端无附属物，非锯屑状。

        18. 叶具完全横隔，叶圆柱形或扁圆柱形。

          19. 雄蕊 6。

            20. 植株粗壮，高 40-70（-120）厘米，径 2-4 毫米；头状花序 30-70，球形，每一头状花序具 6-16 花 ……………………………………………………… 12. 黑头灯心草 J. atratus

            20. 植株较细，高通常 45 厘米以下，径通常不及 2 毫米；头状花序 30 枚以下，通常半球形，稀近圆球形，每一头状花序具 2-6（-10）花。

              21. 植株高 15-45 厘米；花被片等长或外轮稍长，花药线形或长圆形，长 0.7-1 毫米。

                22. 花被片长 2-2.4 毫米，花药短于花丝；头状花序具 3-6 花；蒴果长 2.6-3 毫米，叶具不明显横隔 ……………………………………………… 13. 尖被灯心草 J. turczaninowii

                22. 花被片长 2.5-3 毫米，花药与花丝等长或稍长；头状花序具 5-10（-15）花；蒴果长 3-3.5 毫米；叶具横隔，叶耳长而钝 ……………………… 14. 小花灯心草 J. articulatus

              21. 植株高 4-18 厘米；花被片内轮比外轮稍长，花药卵形，长 0.5-0.6 毫米 ……………… ………………………………………………………… 15. 短喙灯心草 J. krameri

          19. 雄蕊 3。

            23. 蒴果披针状锥形或三棱状，顶端长渐尖或喙状。

              24. 复聚伞花序大而开展，有头状花序 20 个以上，每个头状花序常具 2-4 花；花被片窄披针形；蒴果长 3-3.5 毫米，顶端长渐尖；植株有细小乳突 …… 16. 乳头灯心草 J. papillosus

              24. 复聚伞花序有 6-20 个头状花序，每个头状花序有 4-9 花；外轮花被片舟形，内轮的披针形；蒴果长 3.5-4 毫米，顶端喙状；植株无乳突 …… 17. 细子灯心草 J. leptospermus

            23. 蒴果三棱状长圆形，顶端骤尖有短尖头；头状花序具 4-6 花 ……… 18. 针灯心草 J. wallichianus

18. 叶具不完全横隔，稀具完全横隔，叶片扁平，稀圆柱形。

　25. 雄蕊6；茎扁，两侧具窄翅 ··· 19. **翅茎灯心草 J. alatus**

　25. 雄蕊3；茎圆柱形或稍扁，两侧几无翅或略有窄翅。

　　26. 花被片等长或内轮稍短；头状花序半球形或近球形；蒴果三棱状圆锥形；茎圆柱形或稍扁，几无翅。

　　　27. 叶线形，扁平，具不完全横隔 ······························· 20. **笄石菖 J. prismatocarpus**

　　　27. 叶圆柱形，具完全横隔 ················ 20(附). **圆柱叶灯心草 J. prismatocarpus subsp. teretifolius**

　　26. 花被片内轮比外轮长；头状花序星芒状球形；蒴果三棱状长圆柱形；茎微扁，上部两侧略有窄翅 ·····

　　　　··· 21. **星花灯心草 J. diastrophanthus**

15. 叶无横隔或横隔不明显；叶扁平，有时折叠或圆柱形（有时叶片内卷呈圆柱状）、稍扁或线形。

　28. 种子无附属物；基生叶线形，茎生叶线形或圆柱形，无横隔 ··········· 22. **羽序灯心草 J. ochraceus**

　28. 种子具附属物；叶圆柱形、披针形或线形，稀毛鬃状。

　　29. 单一头状花序，稀（1）2-5 头状花序组成聚伞状。

　　　30. 叶圆柱形、稍扁或线形，有叶耳。

　　　　31. 叶全基生。

　　　　　32. 花序下面苞片比花序短或等长，有时最下面 1-2 枚略长于花序。

　　　　　　33. 苞片紧贴花；雄蕊与花被片近等长，花药长圆形，长 0.7-1 毫米 ······ 23. **贴苞灯心草 J. triglumis**

　　　　　　33. 苞片开展；雄蕊长于花被片，花药线形，长 1.6-2 毫米 ········· 24. **展苞灯心草 J. thomsonii**

　　　　　32. 花序最下面 1 枚苞片长于花序，余均较短。

　　　　　　34. 柱头 3 分叉。

　　　　　　　35. 茎径 0.5-0.9 毫米；叶对折呈线形，长 1-8 厘米，宽 0.6-1 毫米；头状花序径 0.6-1.5 厘米 ······

　　　　　　　　··· 25. **长苞灯心草 J. leucomelas**

　　　　　　　35. 茎径 1-1.3 毫米；叶圆柱形，长 7-15 厘米，径 1.2-2 毫米；头状花序径 1.4-1.9 厘米 ··········

　　　　　　　　··· 26. **金灯心草 J.kingii**

　　　　　　34. 柱头头状或近圆球形；茎高（3-）5-10（-18）厘米 ········· 27. **短柱灯心草 J. brachystigma**

　　　　31. 叶基生和茎生。

　　　　　36. 头状花序通常有（1）2-3 花或 3-5 花组成聚伞花序。

　　　　　　37. 聚伞花序 3（-5）花；花梗细，长达 2 厘米 ··················· 28. **分枝灯心草 J. modestus**

　　　　　　37. 头状花序 2 花；花梗长约 1 毫米 ························· 29. **单枝灯心草 J. potaninii**

　　　　　36. 头状花序有（3）4-18 花。

　　　　　　38. 头状花序最下面 1（2）枚苞片与花序等长或长 1-3 倍，稀短于花序。

　　　　　　　39. 叶横隔不明显；植株高 20-45 厘米 ··················· 30. **膜耳灯心草 J. membranaceus**

　　　　　　　39. 叶无横隔；植株高 7-20 厘米。

　　　　　　　　40. 基生叶 1-2，叶长 3-12 厘米；苞片 3-5 枚 ············ 31. **孟加拉灯心草 J. benghalensis**

　　　　　　　　40. 基生叶 1，叶长 2-3 厘米；苞片 2 ···················· 32. **显苞灯心草 J. bracteatus**

　　　　　　38. 头状花序下的苞片比花序短或等长，稀最下面的 1-2 枚稍长于花序。

　　　　　　　41. 柱头头状或近圆球形；植株高 5-15 厘米；茎纤细；叶耳稍突起或不明显 ··················

　　　　　　　　··· 33. **头柱灯心草 J. cephalostigma**

　　　　　　　41. 柱头 3 分叉。

　　　　　　　　42. 花柱长 0.8-1.5 毫米，花梗长 0.5-1 毫米；茎纤细，鬃毛状，径 0.3-0.5 毫米 ················

　　　　　　　　　·· 34. **多花灯心草 J. modicus**

　　　　　　　　42. 花柱长 2-4 毫米。

　　　　　　　　　43. 茎生叶 2；低出叶褐色，有光泽 ··············· 35. **甘川灯心草 J. leucanthus**

　　　　　　　　　43. 茎生叶 1；低出叶无光泽或常干枯。

44. 柱头长0.6-0.9毫米，花丝长6毫米，近顶端细而色淡；种子长卵形，长0.7毫米，连附属物长1.2-1.5毫米；叶先端常膨大胼胝体状 ·································· 36. 陕甘灯心草 **J. tanguticus**

44. 柱头长约2毫米，花丝长4.5-5.5毫米，近顶端不细；种子长圆形，长约1毫米，连附属物长约2毫米；叶先端不膨大 ······················· 37. 长柱灯心草 **J. przewalskii**

30. 叶片扁平，线状或披针状，无叶耳。

 45. 花序2花，径5-7毫米；蒴果三棱状卵形 ············· 38. 单叶灯心草 **J. unifolius**

 45. 花序3-6花，径0.8-1.4厘米；蒴果三棱状长圆形 ·········· 39. 矮灯心草 **J. minimus**

29. 花序由2-15个头状花序组成。

 46. 雄蕊长于花被片。

  47. 叶稍扁或圆柱状，宽0.3-1.1厘米；聚伞花序具2-5个头状花序，每个头状花序有（3-）5-7花；蒴果具3隔膜 ··· 40. 雅灯心草 **J. concinnus**

  47. 叶扁平，条形或线状披针形。

   48. 头状花序径1.2-2厘米；花长4.5-7毫米，花药线形，长约2.5毫米。

    49. 叶缘非膜质，全缘；聚伞花序具3-6头状花序；花柱长1.5-2毫米 ······· 41. 印度灯心草 **J. clarkei**

    49. 叶缘膜质，具细锯齿或流苏状；聚伞花序具1-3头状花序；花柱长2.5-4毫米 ·· 41(附). 膜边灯心草 **J. clarkei** var. **marginatus**

   48. 头状花序径0.5-1厘米；花长2.8-3.5毫米，花药长圆形，长1.5-1.8毫米 ··· 42. 细茎灯心草 **J. gracilicaulis**

 46. 雄蕊短于花被片或近等长。

  50. 叶全基生；花序具2个头状花序，叶状苞片顶生，直立，花序假侧生；花药较花丝长2-3倍 ·· 43. 锡金灯心草 **J. sikkimensis**

  50. 叶基生和茎生；花序具3-15（-19）个头状花序，叶状苞片侧生；花药短或稍长于花丝。

   51. 花药稍长于花丝；根状茎长而横走。

    52. 叶基生和茎生；茎高20-40厘米 ·················· 44. 走茎灯心草 **J. amplifolius**

    52. 叶基生，茎生叶无或1片；茎高5-10厘米 ············· 44(附). 矮茎灯心草 **J. amplifolius** var. **pumilus**

   51. 花药短于花丝。

    53. 花被片长4-5（6）毫米；果长于花被片。

     54. 茎高15-40厘米；头状花序有4-10花；花被片外轮稍长于内轮；蒴果顶端喙状，长6-7毫米，深褐色 ·································· 45. 栗花灯心草 **J. castaneus**

     54. 茎高30-70厘米；头状花序有3-8花；花被片近等长；蒴果顶端具短尖头，长（6.5）7-8毫米，黄褐色 ································· 46. 喜马灯心草 **J. himalensis**

    53. 花被片长7-9毫米；果短于花被片；叶具叶耳 ········· 47. 枯灯心草 **J. sphacelatus**

1. 片髓灯心草　　　　　　　　　　　　　　图 275

Juncus inflexus Linn. Sp. Pl. 326. 1753.

多年生草本，高40-80厘米或更高。根状茎粗壮而横走，具红褐色须根。茎圆柱形，径1.2-4毫米，具片状髓。叶全为鞘状低出叶，包被茎基部，长1-13厘米，红褐色，无光泽；叶片刺芒状。花序圆锥状，假侧生，具多花；苞片顶生，圆柱形，长6-24厘米；花序分枝数枚具膜质苞片；小苞片2，卵状披针形或宽卵形，长1-1.6毫米。花淡绿色，稀淡红褐色；花被片窄披针形，长2.5-3.5毫米，背部厚，边缘膜质，外轮长于内轮；雄蕊6，长1.5毫米，花药长圆形，长约0.6毫米，花丝淡红褐色；子房3室，花柱3分叉。蒴果长圆形或长卵形，三棱状，成熟时与外轮花被片近等长，黄绿至黄褐色，顶端短尖。

种子长圆形，棕褐色。染色体2n=38，40，42。花期6-7月，果期7-9月。

产陕西、甘肃、青海、新疆、云南及西藏，生于海拔1100-1450米河滩荒草地及沼泽水旁。欧洲及非洲有分布。

[附] **西南灯心草 Juncus inflexus** subsp. **austro-occidentalis** K. F. Wu in Fl. Reipubl. Popul. Sin.

13 (3): 261 (Add.), 1997. 与模式亚种的区别: 低出叶栗色, 有光泽; 花被片近等长; 蒴果顶端钝, 成熟时长于花被片。产广西、贵州、四川、云南及西藏, 生于海拔 1450-2600 米沼泽、林地水沟边及河岸边坡地。

[附] 疏花灯心草 Juncus pauciflorus R. Br. Prodr. Fl. Nov. Holl. 259. 1810. 与片髓灯心草的区别: 茎纤细, 径 0.6-1 毫米, 髓白色; 花被片长约 2.5 毫米; 蒴果三棱状倒卵形, 顶端无短尖。产湖北及四川, 生于湿草地。澳大利亚及朝鲜半岛有分布。

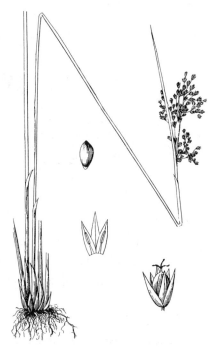

图 275 片髓灯心草 (蔡淑琴绘)

2. 丝状灯心草　　　　　　　　图 276: 1-4

Juncus filiformis Linn. Sp. Pl. 326. 1753.

多年生草本, 高 7-50 厘米。根状茎细, 须根黄褐色。茎丛生, 近圆柱形或稍扁, 径约 1 毫米。

叶为鞘状低出叶, 2 枚, 生于茎基部, 长 1.5-5 厘米; 叶片刺芒状。花序聚伞状, 假侧生, 具 3-6 (-10) 花; 苞片圆柱形, 与茎等长或长为茎 1.5 倍, 顶端尖, 在相对方位有 1 枚叶状苞片; 小苞片 2, 宽卵形, 长 1.2-2 毫米。花淡绿或淡红褐色, 花被片窄披针形, 外轮稍长于内轮, 长 3-5 毫米, 先端尖, 膜质, 透明, 背部厚, 内轮长 2-2.5 毫米, 先端渐尖; 雄蕊长约为内轮花被片 2/3; 子房 3 室, 花柱短或几无, 柱头 3 分叉。蒴果三棱状卵形或球形, 长 3-3.5 毫米, 淡黄褐色, 与花被片近等长。种子斜卵形, 长约 0.5 毫米, 淡黄褐色。染色体 2n=84。花期 8 月, 果期 9 月。

产黑龙江及新疆, 生于海拔 1800-2700 米河谷水旁。欧洲及北美洲有分布。

图 276: 1-4.丝状灯心草　5-8.坚被灯心草 (蔡淑琴绘)

3. 灯心草　　　　　　　　　　图 277

Juncus effusus Linn. Sp. Pl. 326. 1753.

多年生草本, 高 27-90 厘米。根状茎粗壮, 横走, 须根黄褐色。茎丛生, 圆柱形, 径 1.5-4 毫米, 髓白色。叶全为低出叶, 鞘状或鳞片状, 生于茎基部, 长 1-22 厘米, 基部红褐至黑褐色; 叶片刺芒状。聚伞花序假侧生, 具多花; 苞片圆柱形, 生于茎顶, 长 5-28 厘米, 顶端尖; 小苞片 2, 宽卵形, 膜质。花淡绿色; 花被片线状披针形, 外轮长 2-2.7 毫米, 先端尖, 背部厚, 边缘膜质, 内轮稍短于外轮; 雄蕊 3, 稀 6, 长为花被片 2/3, 花药长

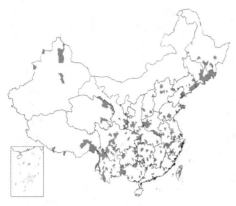

圆形，黄色，长约 0.7 毫米，花丝稍长于花药；子房 3 室，花柱极短，柱头 3 分叉。蒴果长圆形或卵形，长约 2.8 毫米，顶端钝或微凹，黄褐色。种子卵状长圆形，长 0.5-0.6 毫米，黄褐色。染色体 2n=40，42。花期 4-7 月，果期 6-9 月。

产黑龙江、吉林、辽宁、河北、山东、山西、河南、陕西、宁夏、甘肃、青海、江苏、安徽、浙江、台湾、福建、江西、湖北、湖南、广东、香港、广西、贵州、四川、云南及西藏，生于海拔 1650-3400 米河边、池旁、沟边、稻田旁、草地及沼泽。温带地区有分布。茎髓供点灯、制烛心；可入药，有利尿、清凉和镇静作用。

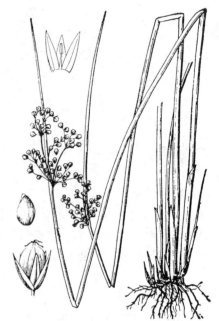

图 277 灯心草 （引自《图鉴》）

4. 野灯心草　　　　　　　　　图 278：1-4

Juncus setchuensis Buchen. in Engl. Bot. Jahrb. 36 (Beibl. 82): 17. 1905.

多年生草本，高 25-65 厘米。根状茎短而横走，须根黄褐色。茎丛生，直立，圆柱形，有深沟，径 1-1.5 毫米，髓白色。叶全为低出叶，鞘状，包茎基部，长 1-9.5 厘米，基部红褐至棕褐色；叶片刺芒状。聚伞花序假侧生，具多花；苞片生于茎顶，圆柱形，直立，长 5-15 厘米，顶端尖；小苞片 2，三角状卵形，长 1-1.2 毫米。花淡绿色，花被片卵状披针形，长 2-3 毫米，内、外轮近等长，边缘宽膜质；雄蕊 3，稍短于花被片，花药长圆形，长约 0.8 毫米，花丝长约 1 毫米；子房 1 室，有不完全 3 隔膜，花柱极短，柱头 3 分叉。蒴果卵形，长于花被片，黄褐至棕褐色。种子斜倒卵形，长 0.5-0.7 毫米。花期 5-7 月，果期 6-9 月。

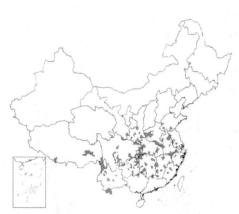

产山东、河南、陕西、甘肃、江苏、安徽、浙江、福建、江西、湖北、湖南、广东、广西、贵州、四川、云南及西藏，生于海拔 800-1700 米山沟、林下阴湿处、溪旁及道旁浅水处。

[附] **假灯心草** 图 278：5 **Juncus setchuensis** var. **effusoides** Buchen. in Bot. Jahrb. 36 (Beihl. 82): 18. 1905. 与模式变种的区别：茎常弧形弯斜，具浅纵沟；苞片常弯曲；蒴果圆球形。产陕西、甘肃、江苏、浙江、

图 278：1-4. 野灯心草 5. 假灯心草 （引自《图鉴》）

湖北、湖南、广西、云南、贵州及四川，生于海拔 560-1700 米阴湿山坡、山沟林下及潮湿地。朝鲜半岛及日本有分布。

5. 小灯心草　　　　　　　　　图 279

Juncus bufonius Linn. Sp. Pl. 328. 1753.

一年生草本，高 4-20（-30）厘米。无根状茎，须根多细，浅

褐色。茎丛生，细弱，直立或斜生，有时下弯，基部红褐色。叶

基生和茎生，茎生叶常1枚；叶片线形，长1-13厘米，叶鞘具膜质边缘，无叶耳，顶生二歧聚伞花序或圆锥花序，长约植株1/4-4/5，分枝细弱弯曲；苞片叶状，长1-9厘米，短于花序；小苞片2-3，三角状卵形，膜质，长1.3-2.5毫米。花被片披针形，外轮长3.2-6毫米，背部中间绿色较厚，两侧白色膜质，内轮稍短，全膜质；雄蕊6，长为花被片1/3-1/2，花药长圆形，淡黄色；子房具短花柱，柱头3，外弯。蒴果三棱状椭圆形，长3-4毫米，黄褐色，3室。种子椭圆形，长0.4-0.6毫米，黄褐色，有纵纹。染色体2n=100-110。花期5-7月，果期6-9月。

产黑龙江、吉林、辽宁、内蒙古、河北、山东、山西、河南、陕西、宁夏、甘肃、青海、新疆、江苏、安徽、浙江、福建、江西、湖北、湖南、贵州、四川、云南及西藏，生于海拔160-3200米湿草地、湖边、河边、沼泽地。朝鲜半岛、日本、俄罗斯（西伯利亚）、哈萨克斯坦、欧洲及北美洲有分布。

图 279 小灯心草 （蔡淑琴绘）

6. 簇花灯心草　　　　　　　　　图 280

Juncus ranarius Song. et Perr. in Billot. Annot. 192. 1860.

一年生草本，高6-12厘米。须根黄褐色。茎丛生，细弱。叶基生和茎生；基生叶鞘状或线形，长1.5-4.5厘米，茎生叶1枚；叶片线形，宽不及1毫米；叶长7-9毫米，边缘膜质，无叶耳。聚伞花序生于茎端或分枝顶端；苞片叶状；小苞片2，宽卵形或三角状卵形，膜质，长1.5-2毫米；花常数朵密集成簇。花被片披针形，淡白色，外轮长3-5毫米，背部较厚，绿色，边缘膜质，内轮稍短，脊部绿色，余白色膜质；雄蕊6，花药长圆形，长0.5-0.7毫米，淡黄色，花丝长1-1.3毫米；子房3室。蒴果三棱状长椭圆形，长3-4毫米，黄至黄褐色。种子卵形或宽椭圆形，长0.4-0.5毫米，黄褐色。染色体2n=34。花期5-6月，果期7-9月。

据文献记载，产内蒙古及新疆，生于海拔1200-1500米河边、沟边。欧洲北部、中部和东部有分布。

7. 单花灯心草　　　　　　　　　图 281

Juncus perparvus K. F. Wu in Acta Phytotax. Sin. 32 (5): 448. 1994.

一年生草本，高4-9厘米。须根浅褐色。茎丛生，细弱，直立。叶基生和茎生，有鞘状低出叶；基生叶线形，叶片较短；茎生叶常2，下部1枚位于茎中部以下，叶片线形，长4-5.5厘米，叶鞘长1.1-1.4厘米，叶耳圆钝；上部1枚位于茎上端，叶片连叶鞘长1-2厘米，叶耳不明显。花单生茎顶（偶2花并生）；小苞片2，卵形或

图 280 簇花灯心草 （蔡淑琴绘）

宽卵形，长2-2.5毫米，膜质。花被片披针形或卵状披针形，长2.5-3毫米，外轮稍短，先端稍尖，内轮钝，黄白色，边缘膜质；雄蕊6，

与内轮花被片近等长，花药长圆形，长 0.8-0.9 毫米，淡黄色，花丝丝状，长 2.1-2.4 毫米，淡黄色；子房 1 室，花柱长约 1 毫米，柱头短，分叉不明显。蒴果三棱状长圆形，长约 3 毫米，褐棕色。种子两端有短附属物。花期 7 月，果期 8 月。

产吉林、青海及云南，生于海拔 1800-4100 米高山草地、山沟林下或岩石。

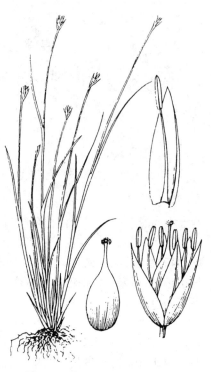

图 281　单花灯心草　（蔡淑琴绘）

8. 扁茎灯心草　细灯心草　　　　　图 282

Juncus compressus Jacq. Enum. Stirp. Vindob. 60 et 235. 1762.

Juncus gracillimus (Buchen.) V. Krecz. et Gontschi; 中国高等植物图鉴 5: 410. 1976.

多年生草本，高（8-）15-40（-70）厘米。根状茎粗壮，横走，须根黄褐色。茎丛生，直立，圆柱形或稍扁，径 0.5-1.5 毫米。叶基生和茎生，低出，叶鞘状，长 1.5-3 厘米，基生叶 2-3，叶片线形，长 3-15 厘米；茎生叶 1-2，叶片线形，长 10-15（-20）厘米；叶鞘长 2-9 厘米，松散抱茎；叶耳圆，长 1-1.5 毫米。复聚伞花序顶生；苞片叶状，线形，长于花序；花序分枝纤细，长者 4-6 厘米，顶端一至二回或多回分枝；花单生；小苞片 2，宽卵形，长约 1 毫米，膜质。花被片披针形或长圆状披针形，长 1.8-2.6 毫米，先端钝圆，外轮稍长于内轮，背部淡绿色，顶端和边缘褐色；雄蕊 6，花药长圆形，基部略箭形，长 0.8-1 毫米，黄色，花丝与花药近等长或稍长；子房长圆形，花柱短，柱头 3 分叉。蒴果卵球形，长约 2.5 毫米，超出花被，有 3 隔膜，褐色、光亮。种子斜卵形，具纵纹，褐色。花期 5-7 月，果期 8 月。

产黑龙江、吉林、辽宁、内蒙古、河北、山东、山西、河南、陕西、宁夏、甘肃、青海、新疆、江苏、安徽、浙江、江西、湖北及湖南，生于海拔 540-1500 米河岸、塘边、田埂、沼泽及草原湿地。俄罗斯、格鲁吉亚及欧洲有分布。

图 282　扁茎灯心草　（引自《图鉴》）

[附] **七河灯心草 Juncus heptapotamicus** V. Krecz. et Gontsch. in Kom. Fl. URSS 3: 530. 628. 1935. 与扁茎灯心草的区别：花被片长 3.1-3.5 毫米，花药长于花丝 3 倍；蒴果三棱状椭圆形或卵状长圆形。产新疆，生于海拔 2400-3000 米草地。俄罗斯、土库曼斯坦、乌兹别克斯坦、吉尔吉斯斯坦有分布。

9. 坚被灯心草

图 276：5-8

Juncus tenuis Willd. Sp. Pl. 2 (1): 214. 1753.

多年生草本，高 10-40 厘米。根状茎短，须根褐色。茎丛生，圆柱形或稍扁，径 0.6-1.2 毫米，深绿色。叶基生；叶片线形，长 4-23 厘米，边缘内卷；叶鞘边缘膜质；叶耳白膜质，长 2-4 毫米，钝圆。圆锥花序顶生，长 3-7 厘米，6-40 花；花顶生及侧生；苞片叶状，2 枚，长 4-18 厘米，小苞片 2，长约 2 毫米，卵形，黄白色，先端渐尖。花被片披针形，长 3.5-4 毫米，内、外轮几等长或外轮稍长，纸质，淡绿色，先端锐尖，边缘膜质，背部隆起，两侧与膜质边缘间有 2 条黄色纵纹；雄蕊 6，花药长圆形，黄色，长约 0.8 毫米，花丝长约 1.2 毫米；花柱短，柱头 3 分叉，长 1.6 毫米，红褐色。蒴果三棱状卵形，黄绿色，与花被片近等长，顶端具短尖头，有 3 个不完全隔膜。种子长 0.4-0.5 毫米，红褐色，基部有白色附属物。染色体 2n=30，32。花期 6-7 月，果期 8-9 月。

产山东、江苏、浙江、台湾等省，生于海拔 350 米河旁、溪边、湿草地。日本、格鲁吉亚、欧洲有分布。

10. 洮南灯心草

图 283

Juncus taonanensis Satake et Kitag. in Bot. Mag. Tokyo 48: 610. f. 17. 1934.

多年生草本，高 5-20 厘米。茎丛生，圆柱形，稍扁。叶基生和茎生；基生叶 3-4，茎生叶 1-2，线形，长 6-20 厘米，先端针状；叶鞘松散抱茎，边缘膜质，叶耳圆钝，长约 3 毫米。聚伞花序顶生，有 3-26 花；花单生；叶状苞片与花序近等长，长 2-7 厘米；小苞片 2，卵形，长 1.8-2.5 毫米，膜质，先端钝圆，黄绿色。花被片近等长或外轮稍长，披针状长圆形，长 3.1-4 毫米，先端尖，边缘宽膜质；雄蕊 3，花药长圆形，黄色，长 0.5-0.9 毫米，花丝长 1.2-1.5 毫米；子房长圆形，3 室，花柱极短，柱头 3 分叉，长 0.5-1 毫米，褐色。蒴果长圆状卵形，长约 3 毫米，比花被片短，淡褐色，有光泽。种子椭圆形，暗红色。花期 6-8 月，果期 7-9 月。

图 283 洮南灯心草 （蔡淑琴绘）

产黑龙江、吉林、辽宁、内蒙古、河北、山东及江苏，生于河边、塘边湿地或湿草甸。

11. 葱状灯心草

图 284：1-3

Juncus allioides Franch. in Nouv. Arch. Mus. Hist. Nat. Paris ser. 2, 10: 99. 1887.

Juncus concinnus auct. non D. Don.: 中国高等植物图鉴 5: 415. 1977.

多年生草本，高 10-55 厘米。根状茎具褐色须根。茎疏丛生，圆柱形，径 0.8-2 毫米，有纵纹。叶基生和茎生，低出叶褐色鳞片状；基生叶 1，长达 21 厘米；茎生叶 1，稀 2，长 1-5 厘米；叶片圆柱形，稍扁，径 1-1.5 毫米，具横隔；叶鞘边缘膜质，叶耳长 2-3 毫米，钝圆。头状花序单一顶生，有 7-25

花，径 1-2.5 厘米；苞片 3-5，披针形，褐或灰色，最下方（1）2 枚长 1.5-2.3 厘米，花蕾期包花序呈佛焰苞状，其余长 1.2 厘米。花具梗；小苞片卵形，长约 2.2 毫米；花被片披针形，长 5-8 毫米，内外轮近等长，灰白或淡黄色，膜质，具 3 纵脉；雄蕊 6，伸出花外，花药线形，长 2-4 毫米，淡黄色，花丝长 4-7 毫米，上部紫黑色，基部红色；花柱较长，柱头 3 分叉，长约 1.2 毫米。蒴果长卵形，长 5-7 毫米，顶端有尖头，1 室，成熟时黄褐色。种子长圆形，长约 1 毫米，黄褐色，两端有白色附属物，锯屑状。花期 6-8 月，果期 7-9 月。

产辽宁、河南西部、陕西、宁夏、甘肃、青海、新疆、湖北西部、四川、云南及西藏，生于海拔 1800-4700 米山坡、草地和林下潮湿处。

[附] **假栗花灯心草** 图 284：4-6 **Juncus pseudocastaneus** (Lingelsh.. ex Limpr. f.) G. Sam. in Hand.-Mazz. Symb. Sin. 7: 1230. 1936. — *Juncus sikkimensis* Hook. f. var. *pseudocastaneus* Lingelsh. ex Limpr. f. in Fedde, Repert. Sp. Nov. Beih. 12: 316. 1922. 与葱状灯心草的区别：叶基生；头状花序 2-3，每个头状花序有 2-5 花；雄蕊不伸出花外。产西藏，生于海拔 4100-4600 米山地阴湿处。尼泊尔及印度北部有分布。

图 284：1-3.葱状灯心草 4-6.假栗花灯心草 （蔡淑琴绘）

12. 黑头灯心草

图 285：1-2

Juncus atratus Krock. Fl. Siles. 1: 562. 1787.

多年生草本，粗壮，高 40-70（-120）厘米。茎直立，圆柱形，径 2-4 毫米，中空。基生叶早枯落，茎生叶 3-4（5），叶片圆柱形，具棱条，长 8-23 厘米，径 1-2.5（-3）毫米，顶端尖，具完全横隔；叶鞘长 3-10 厘米，叶耳圆钝。花序顶生，33-70 个头状花序排成复聚伞状，有 3-5 分枝，花序具梗；头状花序球形，径约 6 毫米，具 6-16 花；苞片叶状，线形或线状披针形，长 7-10 厘米，花序分枝具 1 苞片。花具短梗；花被片披针形，黄褐色，1-3 脉，内轮长 2.5-3 毫米，外轮长 2-2.5 毫米；雄蕊 6，短于花被片，花药长圆形，长 0.7-1 毫米，黄白色，花丝丝状，与花药近等长或稍短；子房长卵形，花柱线形，长约 1.5 毫米，柱头 3 分叉，长约 2 毫米。蒴果三棱状卵形，长 2.2-2.6 毫米，顶端具短喙，棕褐色，1 室，无隔膜。种子卵形，长 0.3-0.5 毫米，两端短尖，有网纹，黄褐色。

图 285：1-2.黑头灯心草 3-4.乳头灯心草 5-6.细子灯心草 7-8.针灯心草 （蔡淑琴绘）

花期 7-8 月，果期 8-9 月。

产新疆，生于海拔 550 米湖边潮湿地。俄罗斯（西伯利亚）、格鲁吉亚、欧洲有分布。

13. 尖被灯心草 图 286

Juncus turczaninowii (Buchen.) V. Krecz. in Kom. Fl. URSS 3: 629. 1935.

Juncus lampocarpus Ehrh. ex Hoffm. var. *turczaninowii* Buchen. in Engl. Bot. Jahrb. 12: 378. 1890.

多年生草本，高20-45厘米。茎密丛生，直立，圆柱形，径1-1.5毫米，具纵沟。基生叶1-2；

茎生叶2；叶片扁圆柱形，长5-15厘米，宽1-1.5毫米，顶端针形，横隔不明显，关节状；叶鞘长3-7厘米，松散抱茎，顶端具窄叶耳。复聚伞花序顶生，具多数头状花序；头状花序半球形，径2-5毫米，有（2）3-6（7）花；叶状苞片1，短于花序；头状花序基部有2苞片和1小苞片。

图 286 尖被灯心草 （蔡淑琴绘）

花被片近等长，披针形或卵状披针形，长2-2.4毫米，边缘膜质；雄蕊6，短于花被片，花药线形或长圆形，长0.8-0.9毫米，花丝长1-1.1毫米。蒴果三棱状长圆形或椭圆形，长2.6-3毫米，黑褐或褐色，有光泽，顶端具短尖头。种子椭圆形或近卵形，长约0.5毫米，棕色，具网纹。花期6-7月，果期7-9月。

产黑龙江、吉林、辽宁、内蒙古、河北及新疆，生于海拔720-1350米河边湿草地、沼泽草甸。俄罗斯东部及西伯利亚有分布。

14. 小花灯心草 图 287

Juncus articulatus Linn. Sp. Pl. 327. 1753.

Juncus lampocarpus Ehrh. ex Hoffm.; 中国高等植物图鉴 5: 412. 1976.

多年生草本，高（10-）15-40（-60）厘米。根状茎粗壮，横走，具细密褐黄色须根。茎

密丛生，圆柱形，径0.8-1.5毫米，叶基生和茎生，具少数鞘状低出叶；基生叶1-2，茎生叶1-2（-4），叶片扁圆筒形，长2.5-6（-10）厘米，具横隔；叶鞘长0.8-3.5厘米，叶耳长而钝。花序具5-30头状花序，排成顶生复聚伞花序；头状花序半球形或近球形，径6-8毫米，有5-10（-15）

图 287 小花灯心草 （蔡淑琴绘）

花；叶状苞片1，长1.5-5厘米，具横隔，短于花序；苞片披针形或三角状披针形，长2.5-3毫米，3脉，膜质边缘宽，幼时黄绿色，后淡红褐色。雄蕊6，长约为花被片1/2，花药长圆形，黄色，长0.7-1毫米，花丝长0.7-0.9毫米；花柱极短，柱头3分叉。蒴果三棱状长卵形，长3-3.5毫米，顶端具短尖头，1室，深褐色，光亮。种子卵圆形，

长0.5-0.7毫米，一端具短尖，黄褐色，具纵纹及细横纹。花期6-7月，果期8-9月。

　　产黑龙江、吉林、辽宁、内蒙古、河北、山东、山西、河南、陕西、宁夏、甘肃、青海、新疆、江苏、安徽、浙江、福建、江西、湖北、湖南、贵州、四川、云南及西藏，生于海拔1200-3680米草甸、沙滩、河边、沟边湿地。亚洲北部、北美洲、欧洲及非洲有分布。

15. 短喙灯心草　　　　　　　　　　图 288

Juncus krameri Franch. et Savat. Enum. Pl. Jap. 2: 99. et 534. 1876.

多年生草本，高4-18厘米。根状茎短，横走，黄褐色。茎丛生，坚挺，近圆柱形，径约0.8毫米，黄褐色，有沟纹。叶基生和茎生；叶片线形，长2-9厘米，先端钝，多少具横隔；叶鞘边缘膜质；叶耳钝圆。花序由3-26个头状花序排成聚伞状，长1.5-11厘米；每一头状花序具2-4（-6）花，径3-4毫米；叶状苞片长0.6-4.2厘米；小苞片1，宽卵形，长约1.2毫米，先端渐尖，膜质，黄绿色。花被片披针形，长约2.5毫米，边缘膜质，禾秆色，内轮比外轮稍长或近等长；雄蕊6，花药卵形，长0.5-0.6毫米，黄色，花丝长约1毫米；花柱长0.4毫米，柱头3分叉，长约1.2毫米。蒴果三棱状椭圆形，长约3.1毫米，超出花被片，顶端具短尖头，红褐色。种子倒卵形，长约0.5毫米，黄褐色，有网纹。花期7-8月，

图 288　短喙灯心草　（蔡淑琴绘）

果期8-9月。

　　产黑龙江、吉林及辽宁，生于海拔170-1300米山坡、路旁、河边、湿草地。日本和朝鲜半岛有分布。

16. 乳头灯心草　　　　　　　　　　图 285：3-4

Juncus papillosus Franch. et Savat. Enum. Pl. Jap. 2: 533. 1789.

多年生草本，高15-50厘米，全株有细小乳突。茎直立，圆柱形，径1-2毫米。基生叶2-3，茎生叶2，叶片细长圆柱形，长3-10厘米，中空，有横隔，先端近针形；叶鞘长2-4厘米，松散抱茎，边缘膜质，顶端具窄叶耳。复聚伞花序顶生，开展，分枝直立，具20个以上头状花序，头状花序倒圆锥形，具2-4花；叶状苞片1，短于花序；苞片卵形，边缘膜质。花被片窄披针形，长约2毫米，内轮比外轮稍长；雄蕊3，花药长圆形，长0.5-0.8毫米，花丝长1.4-1.6毫米。蒴果三棱状披针形或披针状三角锥形，顶端长渐尖，长3-3.5毫米。种子窄椭圆形或倒卵形，长约0.5毫米，黄色，基部棕色，具网纹。花期7-8月，果期8-9月。

　　产黑龙江、吉林、辽宁、内蒙古、河北、山东及河南，生于海拔1200-1500米湿草甸。朝鲜半岛及日本有分布。

17. 细子灯心草

图 285：5-6

Juncus leptospermus Buchen. in Engl. Bot. Jahrb. 6: 203. 1885.

多年生草本，高35-70厘米。茎圆柱形或稍扁，径1-2毫米。叶基生和茎生；茎生叶2-4（5）；叶片圆柱形，茎下部叶长达25厘米，上部叶较短，直立，刚硬，顶端尖，横隔明显；叶鞘窄，叶耳明显。花序具6-20个头状花序，排成顶生复聚伞状；叶状苞片披针形，长1.1-2.2厘米，短于花序；头状花序倒圆锥形或半球形，4-9花。花被片外轮舟形，长2.3-2.5毫米，背面具隆起的脉，黄褐或黄绿色，边缘膜质，内轮披针形，长约3毫米，背部厚，有3脉；雄蕊3，短于外轮花被片并与之对生，花药长圆形，淡黄色，长0.7-1毫米，花丝淡褐色，长1.4-1.6毫米。蒴果披针状三角锥形或三棱状披针形，红褐至棕色，长3.5-4毫米，顶端喙状，有光亮纵纹。种子纺锤形，长0.5-0.7毫米，棕黄色，具长方形网纹。花期6-8月，果期8-10月。

产云南，生于海拔1450-2800米塘边潮湿地。印度有分布。

18. 针灯心草

图 285：7-8

Juncus wallichianus Laharpe in Mem. Soc. Hist. Nat. Paris. 3: 139. 1827.

多年生草本，高25-40厘米。根状茎横走，须根红褐色。茎密丛生，

圆柱形，具纵纹，径1-2毫米。基生叶1-2；茎生叶2；叶片细长圆柱形，长3-15厘米，中空，具横隔，先端尖锐；叶鞘长2-6厘米；叶耳钝圆，宽约1毫米。复聚伞花序顶生，具多数头状花序；头状花序半球形，径2-5毫米，有（2-）4-6（-10）花；叶状苞片1，长3-5厘米，常短于花序；苞片卵形，长约2毫米，膜质。花具短梗；花被片披针形，长2-2.8毫米，淡黄褐或淡紫褐色，边缘膜质，内轮长于外轮；雄蕊3，短于花被片，花药窄长圆形，长约0.7毫米，淡黄色，花丝长约1毫米；花柱长约0.8毫米，柱头3分叉，长0.8-1毫米。蒴果三棱状长圆形，长3-3.5毫米，顶端骤尖，棕褐色，有光泽。种子长卵形，长约0.5毫米，有小尖头，红褐色。花期7-8月，果期8-9月。

产黑龙江、吉林、辽宁、内蒙古、山东、甘肃、台湾、四川及云南，生于海拔1130-1680米河边、沼泽草甸。日本、朝鲜半岛北部及俄罗斯远东地区有分布。

19. 翅茎灯心草

图 289

Juncus alatus Franch. et Savat. Enum. Pl. Jap. 2: 98. 1876.

多年生草本，高11-48厘米。茎丛生，扁，两侧有窄翅，宽2-4毫米，横隔不明显。基生叶多枚，茎生叶1-2；叶片扁平，线形，长5-16厘米，具不明显横隔或几无横隔；叶鞘两侧扁，边缘膜质，叶耳不显著。花序具（4-）7-27个头状花序，排成聚伞状；叶状苞片长2-9厘米；头状花序扁，有3-7花；苞片2-3，宽卵形，膜质，长2-2.5毫米，小苞片1，卵形。花淡绿或黄绿色；花梗极短；花被片披针形，外轮长3-3.5毫米，边缘膜质，脊明显，内轮稍长；雄蕊6，花药长圆形，长约0.8毫米，黄色，花丝基部扁，长约1.7毫米；子房椭圆形，1室，花柱短，柱头3分叉，长约0.8毫米。蒴果三棱状圆柱形，

长 3.5-5 毫米，顶端具突尖，淡黄褐色。种子椭圆形，长约 0.5 毫米，黄褐色，具纵纹。花期 4-7 月，果期 5-10 月。

产河北、山东、河南、陕西、甘肃、江苏、安徽、浙江、福建、江西、湖北、湖南、香港、广西、贵州、四川及云南，生于海拔 400-2300 米水边、田边、湿草地、山坡林下阴湿处。日本及朝鲜半岛有分布。

20. 笄石菖 江南灯心草 图 290

Juncus prismatocarpus R. Br. Prodr. Fl. Nov. Holl. 259. 1810.

Juncus leschenaultii J. Gay ex Laharpe; 中国高等植物图鉴 5: 411. 1976.

多年生草本，高 17-65 厘米。茎丛生，圆柱形或稍扁，径 1-3 毫米。叶基生和茎生；基生叶少数，茎生叶 2-4；叶片线形，扁平，长 10-25 厘米，具不完全横隔；叶鞘长 2-10 厘米，叶耳稍钝。花序具 5-20 (-30) 头状花序，排成顶生复聚伞花序；头状花序半球形或近球形，径 0.7-1 厘米，有 (4-) 8-15 (-20) 花；叶状苞片线形，短于花序；苞片多枚，宽卵形或卵状披针形，长 2-2.5 毫米，先端锐尖或尾尖，膜质，1 脉。花被片线状披针形或窄披针形，长 3.5-4 毫米，或内轮稍短，绿或淡红褐色，背面有纵脉，边缘窄膜质；雄蕊 3，花药线形，长 0.9-1 毫米，淡黄色，花丝长 1.2-1.4 毫米；花柱短，柱头 3 分叉，常弯曲。蒴果三棱状圆锥形，长 3.8-4.5 毫米，具短尖头，1 室，淡褐或黄褐色。种子长卵形，长 0.6-0.8 毫米，具小尖头，蜡黄色，具纵纹及细横纹。花期 3-6 月，果期 7-8 月。

产吉林、辽宁、河北、山东、山西、河南、陕西、宁夏、江苏、安徽、浙江、台湾、福建、江西、湖北、湖南、广东、香港、海南、广西、贵州、四川、云南及西藏，生于海拔 500-1800 米田地、溪边、路旁沟边、疏林草地及山坡湿地。日本、俄罗斯东部、马来西亚、泰国、印度、斯里兰卡、澳大利亚和新西兰有分布。

[附] 圆柱叶灯心草 **Juncus prismatocarpus** subsp. **teretifolius** K. F. Wu in Acta Phytotax. Sin. 32 (5): 456. 1994. 与模式亚种的区别：叶圆柱形，具完全横隔。产江苏、浙江、广东、云南及西藏，生于海拔 50-2940 米山坡林下、灌丛中或沟谷水旁。

21. 星花灯心草 图 291

Juncus diastrophanthus Buchen. in Engl. Bot. Jahrb. 12: 309. 1890.

多年生草本，高 (5-) 15-25 (-35) 厘米。茎丛生，微扁，两侧略有窄翅，宽 1-2.5 毫米。叶基生和茎生，具鞘状低出叶；基生叶

图 289 翅茎灯心草 （蔡淑琴绘）

图 290 笄石菖 （蔡淑琴绘）

叶片较短；茎生叶 1-3，叶片线形，长 4-10 厘米，与基生叶均具短叶鞘，有不明显横隔；叶耳稍钝。花

序具（3-）6-24 头状花序，排成顶生复聚伞状；头状花序星芒状球形，径 0.6-1 厘米，有 5-14 花；叶状苞片线形，长 3-7 厘米，短于花序；苞片 2-3，披针形；小苞片 1，卵状披针形。花绿色；花被片窄披针形，外轮长 3-4 毫米，内轮稍长，顶端具芒尖，边缘膜质，中脉明显；雄蕊 3，长为花被片 1/2-2/3；子房 1 室，花柱短，柱头 3 分叉，深褐色。蒴果三棱状长圆柱形，长 4-5 毫米，超过花被片，顶端锐尖，黄绿至黄褐色，光亮。种子倒卵状椭圆形，长 0.5-0.7 毫米，两端有小尖头，黄褐色，具纵纹。花期 5-6 月，果期 6-7 月。

产山东、河南、陕西、甘肃、江苏、安徽、浙江、福建、湖北、湖南、贵州、四川及云南，生于海拔 650-900 米溪边、田边、疏林下水湿处。日本、朝鲜半岛及印度有分布。

图 291 星花灯心草 （蔡淑琴绘）

22. 羽序灯心草 图 292

Juncus ochraceus Buchen. in Abh. Naturwiss. Vereine Bremen 3: 292. 1872.

多年生草本，高 15-33 厘米。茎丛生，圆柱形，有纵沟，径约 1 毫米。叶基生和茎生；基生叶线形，叶片长（4-）9-13 厘米，茎生叶 2-3，线形或圆柱状，长 7-17 厘米；叶鞘长 2.5-4 厘米，叶耳稍钝。花序复出分枝，成聚伞状；苞片叶状，最下 1 枚短于或长于花序，余较短；花序分枝具多数羽毛状不育花，能育花常位于花序基部。花被片披针形，长 4-5 毫米，内轮比外轮长，

边缘膜质，背部稍厚，淡绿色，1 脉，先端锐尖；雄蕊 6，与花被片近等长，花药线形，长约 2.2 毫米，黄色，花丝丝状，长约 2 毫米；子房三棱状卵形，1 室，花柱长约 2.6 毫米，柱头 3 分叉，线形，长约 3.2 毫米。蒴果三棱状长圆形，长约 3.5 毫米，深黄色。花期 9-10 月，果期 10-11 月。

图 292 羽序灯心草 （蔡淑琴绘）

产四川及云南，生于海拔 2500-4000 米山坡、沟边杂木林中。印度北部及尼泊尔有分布。

23. 贴苞灯心草 图 293

Juncus triglumis Linn. Sp. Pl. 328. 1753.

多年生草本，高 7-20（-31）厘米。茎丛生，圆柱形，淡绿色，光滑，径 0.7-1 毫米。叶全基生，短于茎；叶片线形，长 2-6 厘米；叶鞘长 1-4 厘米，边缘膜质，叶耳钝圆，常带淡紫红色。头状花序单一顶生，径 5-9 毫米，有（2）3-5 花；苞片 3-4，紧贴花，宽卵形，长 4-6 毫米，暗棕色，有时最下面 1 枚稍长。花具短梗；花被片披针

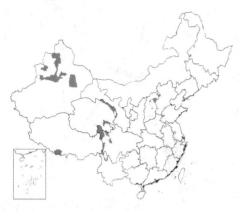

形，长3-4毫米，外轮比内轮稍长，膜质，黄白色；雄蕊6，与花被片近等长，花药长圆形，长0.7-1毫米，淡黄色，花丝长约3毫米，黄白色；子房椭圆形，花柱长约0.8毫米，柱头3分叉，稍长于花柱。蒴果三棱状长圆形，长约4毫米，具3隔膜，顶端具短尖头，红褐色。种子长圆形，锯屑状，两端具白色附属物，连附属物长约2毫米。花期6-7月，果期7-8月。

产河北、山西、青海、新疆、四川、云南及西藏，生于海拔600-4500米山坡、河旁。印度北部、日本、俄罗斯（西伯利亚）、中亚、瑞典及克什米尔地区有分布。

图 293 贴苞灯心草 （蔡淑琴绘）

24. 展苞灯心草   图 294

Juncus thomsonii Buchen. in Bot. Zeitung (Berlin) 25: 148. 1867.

多年生草本，高（5-）10-20（-30）厘米。茎丛生，圆柱形，径0.6-1毫米，淡绿色。叶基生，常2枚；叶片细线形，长1-10厘米，先端有胼胝体；叶鞘红褐色，边缘膜质，叶耳钝圆。头状花序单一顶生，径0.5-1厘米，有4-8花；苞片3-4，开展，卵状披针形，长3-8毫米，红褐色。花具短梗；花被片长圆状披针形，等长或内轮稍短，长约5毫米，先端钝，黄或淡黄白色，后期背部褐色；雄蕊6，长于花被片，花药线形，黄色，长1.6-2毫米，花丝长4.3-6毫米；花柱短，柱头3分叉，线形，长1.1-2.2毫米。蒴果三棱状椭圆形，长5.5-6毫米，顶端有短尖，具3隔膜，红褐至黑褐色。种子长圆形，长约1毫米，两端具白色附属物，连种子长约2.8毫米，锯屑状。花期7-8月，果期8-9月。

产河北、山西、陕西、甘肃、青海、新疆、四川、云南及西藏，生于海拔2800-4300米高山草甸、池边、沼泽地及林下潮湿处。中亚、喜马拉雅山区有分布。

图 294 展苞灯心草 （蔡淑琴绘）

25. 长苞灯心草   图 295

Juncus leucomelas Royle ex D. Don in Trans. Linn. Soc. Lond. 18: 319. 1840.

多年生草本，高5-16（-25）厘米。茎直立，纤细，扁圆柱形，径0.5-0.9毫米，有纵纹。叶1-2，基生；低出叶鞘状或鳞片状；叶片对折呈线形，长1-8厘米，宽0.6-1毫米；叶鞘边缘膜质，叶耳钝圆。头状花序单一顶生，径0.6-1.5厘米，

有 6-13 花；苞片 3-5，宽卵形或窄披针形，最下 1 片（有时 2 片）叶状，长 1-2.5 厘米，余较小，稍短于花，膜质，淡褐色。花梗长 1.2-2 毫米；花被片披针形，长 5.2-6 毫米，膜质，黄褐或背部红褐色，边缘黄色，内外轮近等长；雄蕊 6，长于花被片，花药线形，黄色，长约 2.5 毫米，花丝红褐色，长 4-5.5 毫米；子房卵形，花柱长 1.8-2.5 厘米，柱头 3 分叉，长 0.9-2.1 毫米。蒴果卵状长圆形，顶端有短尖，短于花被片，具 3 隔膜。种子锯屑状，两端有附属物。花期 7-8 月，果期 8-9 月。

产甘肃、青海、新疆、四川、云南及西藏，生于海拔 3000-4500 米山坡草地。印度及不丹有分布。

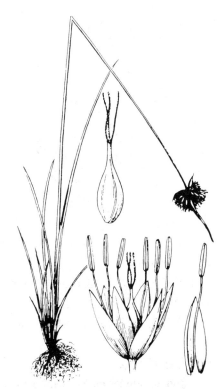

图 295 长苞灯心草 （蔡淑琴绘）

26. 金灯心草 　　　　　　　　　　图 296

Juncus kingii Rendle in Journ. Bot. 44: 45. 1906.

多年生草本，高 15-35 厘米。茎丛生，径 1-1.3 毫米。低出叶鞘状，禾秆色，长 1-3 厘米；基生叶 1，长约为茎 1/2-3/4；叶片圆柱形，长 8-15 厘米，径 1.2-2 毫米，先端具硬尖头；叶鞘长 3-6 厘米，边缘膜质，叶耳钝圆。头状花序单一，顶生，近圆球形，径 1.4-1.9 厘米，有 12-22 花；苞片数枚，宽卵形或卵状披针形，1 脉，最下 1 枚叶状，长 1.5-4（-7）厘米，余与花序等长或稍长。

花梗长 1.2-2 毫米；花被片长披针形，近等长或内轮稍长，长 4.8-6 毫米，膜质，1 脉，禾秆色；雄蕊 6，长于花被片，花药线形，长 2-2.5 毫米，黄色，花丝长 6-7 毫米，深黄色；子房卵形，花柱长 2-2.5 毫米，柱头 3 分叉，长约 1.8 毫米。蒴果三棱状卵形，长约 4 毫米，短于花被片，具 3 隔膜，顶端具短尖，黄褐色。种子纺锤形，长约 1.2 毫米，两端均有白色尾状附属物。花期 7-8 月，果期 8-9 月。

产四川、云南及西藏，生于海拔 4100-5000 米山坡、路旁、灌丛草甸中。尼泊尔有分布。

27. 短柱灯心草 　　　　　　　　　图 297

Juncus brachystigma G. Sam. in Hand.-Mazz. Symb. Sin. 7: 1236. 1936.

多年生草本，高（3-）5-10（-18）厘米。茎圆柱形，纤细。叶全基生，最下部为鞘状低出叶，淡红褐色，无光亮，边缘膜质，

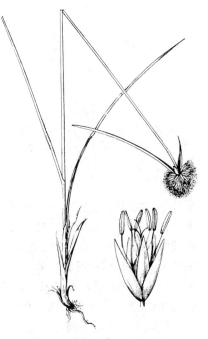

图 296 金灯心草 （蔡淑琴绘）

先端具短尖；基生叶线形；叶片稍扁，长 3-11 厘米，宽 0.2-1.2 毫米。头状花序单一顶生，半球形，

径 1.1-1.7 厘米，有（3-）7-15（-20）花；苞片数枚，卵形或卵状披针形，最下 1 片叶状，比花序长，余较花序短，或最下第二片稍长于花序，膜质，淡白至栗褐色。花具短梗；花被片卵状披针形，近等长，长 4-5.5 毫米，膜质，禾秆色，3 脉；雄蕊 6，长于花被片，花药线形，长 1.2-1.4 毫米，淡白色，花丝与花被片近等长或稍短，淡白或暗棕色；子房卵形或椭圆形，花柱线形，长约 4 毫米，柱头头状或近圆球形，径约 0.4 毫米。蒴果三棱状长圆形，棕色，长 3-3.5 毫米，1 室。种子近三角状卵形，长 0.6-0.7 毫米，黄褐色，有纵纹，一侧有窄翅状附属物，两端有附属物，连种子长 1.2-1.5 毫米。花期 6-7 月，果期 8 月。

产云南及西藏，生于海拔 3100-4600 米山地。不丹有分布。

28. 分枝灯心草　　　　　　　　　　　图 298

Juncus modestus Buchen. in Engl. Bot. Jahrb. 12: 203. 1890.

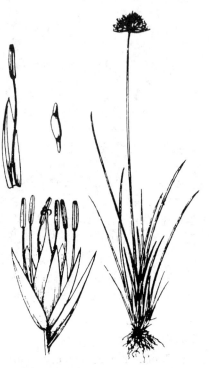

图 297　短柱灯心草　（蔡淑琴绘）

多年生草本，高 10-20 厘米。茎密丛生，纤细，径约 0.3 毫米。叶基生和茎生；低出叶鞘状或鳞片状，长 0.7-2.5 厘米，黄褐至褐色，光亮，有时顶端具刺芒状叶片；茎生叶 2，细线形，上方 1 枚长 1-3 厘米，下方 1 枚短或长于花序；叶鞘长 0.7-2.5 厘米，叶耳钝圆。花 3-5 排列成顶生聚伞花序。花梗细，长达 2 厘米，基部有 2 苞片，外面 1 枚顶端呈刺芒状，内面 1 枚包花梗基部；小苞片 2，宽卵形，芒尖，淡黄褐色。花被片披针形，外轮长 4.3-5.5 毫米，内轮长 5-7 毫米，先端锐尖，绿白或淡黄绿色；雄蕊 6，花药线形或线状长圆形，长 1.5-2 毫米，白色，花丝丝状，长 2.5-3.5 毫米，白色；子房长卵形或椭圆形，花柱长约 3 毫米，柱头长约 1 毫米。蒴果三棱状卵形，长约 5 毫米，顶端有喙，1 室，栗褐色。种子长圆形，长约 0.8 毫米，黄褐色，两端有白色附属物。花期 7-8 月，果期 8-9 月。

产陕西、甘肃、湖北、贵州、四川及云南，生于海拔 2150-2600 米阴湿岩石或林下潮湿处。

29. 单枝灯心草　　　　　　　　　　　图 299

Juncus potaninii Buchen. in Engl. Bot. Jahrb. 12: 394. 1890.

多年生草本，高 6-15 厘米。茎丛生，径约 0.3 毫米。叶基生和

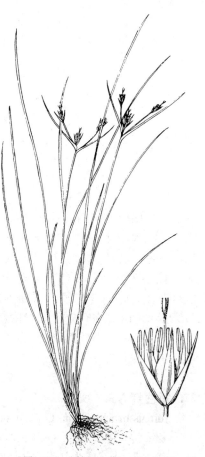

图 298　分枝灯心草　（蔡淑琴绘）

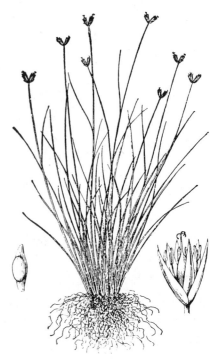

茎生，低出叶鞘状或鳞片状，褐色；茎生叶2，叶片丝状，下方1枚，长5-11厘米，上方的长约2厘米，叶鞘紧密抱茎，叶耳钝圆。头状花序单生茎顶，具2花，稀1花；苞片2-3，宽卵形，膜质，先端尖，下面2片基部稍合生。花梗长约1毫米；花被片披针形，外轮长约4毫米，先端尖，内轮稍长，白或淡黄色，有时外轮淡褐色；雄蕊6，与花被片近等长或稍长，花药线状长圆形，长约1毫米，黄色，花丝丝状，长为花药2.5-3倍；花柱长约1毫米，柱头3分叉，裂片扁厚反卷。蒴果卵状长圆形，稍长于花被片，具短尖，1室，成熟时暗褐色。种子卵形，黄褐色，具纵纹，连白色附属物长约0.8毫米。花期6-8月，果期7-9月。

产河南、陕西、宁夏、甘肃、青海、湖北、贵州、四川、云南及西藏，生于海拔2300-3900米山坡林下阴湿地或岩缝中。

图 299 单枝灯心草 （引自《图鉴》）

30. 膜耳灯心草

图 300

Juncus membranaceus Royle ex D. Don in Trans. Linn. Soc. Lond. 18: 320. 1840.

多年生草本，高20-45厘米。茎直立，圆柱形，径0.8-1.5毫米。

叶基生和茎生；基生叶1-2，叶片圆柱形，长7-14厘米，具不明显横隔；叶鞘比叶片短，叶耳明显；茎生叶常1枚，较小，横隔不明显；叶鞘边缘膜质，叶耳较小。头状花序单一，顶生，有8-20花；苞片数枚，最下1片与头状花序等长或长于花序，余短于花序，宽卵形，膜质，淡黄白色。花具短梗；花被片披针形，长约6毫米，内、外轮近等长或内轮稍长，黄白色；雄蕊6，花药线形，长约2毫米，花丝丝状，稍长于花被片。蒴果三棱状长卵形，长于花被，黄褐色，光亮。种子长圆形，长约1毫米，褐黄色，两端具白色尾状附属物，连种子长约2毫米，锯屑状。花期6-7月，果期7-8月。

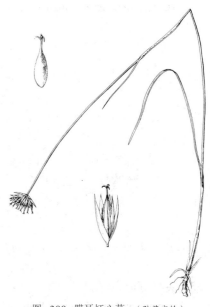

图 300 膜耳灯心草 （孙英宝绘）

产云南及西藏，生于海拔3000-4000米山坡草地或路旁沟边。喜马拉雅山区广布。

31. 孟加拉灯心草

图 301：1-2

Juncus benghalensis Kunth, Enum. Pl. 3: 360. 1841.

多年生草本，高7-20厘米。茎丛生，纤细。叶基生和茎生；低

出叶鞘状抱茎，有时早枯；基生叶1-2；叶片线形，长3-12厘米，叶

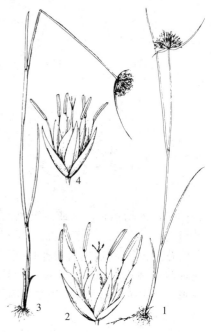

鞘长 1-2.5 厘米，淡绿或淡红色，叶耳钝圆，淡红紫色。头状花序单一，顶生，径 1-1.8 厘米，有 4-8 花；苞片 3-5，宽卵形或卵状披针形，淡紫红色，最下 1 枚叶状，长于花序，长 1-4 厘米，余与花近等长。花梗长 1.5-2 毫米；花被片长披针形，长 5-6 毫米，膜质，禾秆色；雄蕊 6，长于花被片，花药线形，长约 3 毫米，淡黄色，花丝长 5-6 毫米，深黄色；花柱线形，长 1.5-2 毫米，柱头 3 分叉，长约 1 毫米。蒴果椭圆形，长约 4.5 毫米，1 室，花柱宿存，栗褐色。种子纺锤形，长约 1 毫米，两端有白色尾状附属物。花期 7-8 月，果期 8-9 月。

产云南及西藏，生于海拔 2200-4200 米山坡石砾或草原湿地。尼泊尔、孟加拉国有分布。

图 301：1-2.孟加拉灯心草
3-4.显苞灯心草　（蔡淑琴绘）

32. 显苞灯心草　　　　　　　　　　图 301：3-4

Juncus bracteatus Buchen. in Engl. Bot. Jahrb. 6: 220. 1885.

多年生草本，高 14-20 厘米。茎直立，径 0.2-0.5 毫米。叶基生和茎生；低出叶鞘状或鳞片状，暗褐色；基生叶 1；叶片线形，长 2-3 厘米；茎生叶 1，生于茎中部；叶片线形，长 2.5-3 厘米；叶鞘紧密抱茎，长 1.5-2 厘米，基部和边缘常带淡红褐色，叶耳钝圆，边缘黑褐色。头状花序单一顶生，半球形，径 1.1-1.3 厘米，有 4-5 花；苞片 2，黄褐至深褐色，下方 1 片宽卵形，杓状，向上渐细长，长于花序。花具短梗；花被片披针形，长 5-6 毫米，内、外轮近等长，白至淡黄色；雄蕊 6，长于花被，花药线形，比花丝短，淡黄色，花丝丝状，与花被近等长；花柱长，柱头 3 分叉。蒴果三棱状卵形，顶端具喙，1 室，栗褐色。花期 7-8 月，果期 8-9 月。

产四川、云南及西藏，生于海拔 3100-4000 米高山草甸潮湿地或山沟林下。印度北部有分布。

33. 头柱灯心草　　　　　　　　　　图 302

Juncus cephalostigma G. Sam. in Hand.-Mazz., Symb. Sin. 7: 1233. 1936.

多年生草本，高 5-15（-18）厘米。茎圆柱形，径 0.3-0.5 毫米。叶基生和茎生；低出叶鞘状，淡红或淡棕色，有光亮；基生叶长 3-13 厘米；叶片筒状或稍扁，叶鞘淡棕红色；茎生叶 1（偶无），生于茎中部以上，短于茎，叶片线形，长 2.5-6 毫米；叶耳稍突起或不明显。头状花序单一，顶生，半球形，径 0.9-1.5 厘米，有（2-）4-6（-9）花；苞片 3-5，长卵形或卵状披针形，长 5-7 毫米，栗褐色。花被片披针形，近等长，长 5-7 毫米，膜质，淡黄色；雄蕊 6，花药线形，长 2-2.6 毫米，淡黄色，花丝长 5-7 毫米，深黄色；

子房长圆状卵形，花柱线形，长2-3.5毫米，柱头头状或近圆球形，径0.4-0.6毫米。果三棱状卵球形，短于花被片，1室。种子锯屑状，具尾状附属物，长1-1.5毫米。花期6-7月，果期7-8月。

产云南及西藏，生于海拔2130-4200米高山草地。尼泊尔、不丹、缅甸有分布。

34. 多花灯心草　　　　　　　　　　　　　图 303

Juncus modicus N. E. Brown in Journ. Linn. Soc. Bot. 36: 165. 1903.

多年生草本，高4-15厘米。茎密丛生，鬈毛状，径0.3-0.5毫米。

叶基生和茎生；低出叶鞘状或鳞片状；茎生叶2，线形，扁圆，叶鞘松散抱茎，具膜质边缘，叶耳明显，下部叶片长5-8厘米，上部叶片较短，长1-2厘米。头状花序单生茎顶，径6-9毫米，4-8花；苞片2-3，披针形或卵状披针形，长约3毫米，与花序近等长或稍短，淡黄或乳白色。花梗长0.5-1毫米；花被片线状披针形，长3-4毫米，内、外轮近等长，乳白或淡黄色；雄蕊6，长于花被片，花药线形，长1.2-2.2毫米，淡黄色，花丝长3.2-4毫米；花柱长0.8-1.5毫米，柱头3分叉，长约0.8毫米。蒴果三棱状卵形，长约4.5毫米，具喙，1室，黄褐色。种子长圆形，黄褐色，两端具白色附属物，连种子长1.2-1.8毫米，锯屑状。花期6-8月，果期9月。

产河南、陕西、甘肃、青海、湖北、贵州、四川、云南及西藏，生于海拔1700-2900米山谷、山坡阴湿岩缝中和林下湿地。

35. 甘川灯心草　　　　　　　　　　　　　图 304

Juncus leucanthus Royle ex D. Don in Trans. Linn. Soc. Lond. 18: 318. 1840.

多年生草本，高7-16（-25）厘米。茎丛生，圆柱形，径约1毫

米。叶基生和茎生；低出叶鞘状，长约1.5厘米，有时顶端具刺芒状叶片，褐色，光亮；茎生叶2，下方1枚叶片长8-15厘米；叶鞘长2-5厘米；上方1枚叶片线形，长1-3厘米，叶耳钝圆，淡褐色。头状花序单一顶生，径0.4-1.8厘米，有（2-）4-10花；苞片3-5，披针形，与

图 302 头柱灯心草 （蔡淑琴绘）

图 303 多花灯心草 （引自《图鉴》）

花序近等长或稍短，褐黄色。花被片长圆状披针形，长约5毫米，3脉，淡黄或白色，内外轮近等长；

雄蕊6，长于花被片，花药线形，黄色，长1.8-3毫米，花丝长3-5毫米；子房椭圆形，1室，具不完全3隔膜，花柱长约2毫米，柱头3分叉，长约0.8毫米。蒴果三棱状卵形，与花被片等长，顶端有短尖头，黄褐色。种子斜卵形，长约0.7毫米，黄褐色，锯屑状，两端具白色附属物。花期6-7月，果期7-8月。

产陕西、甘肃、青海、湖北、四川、云南及西藏，生于海拔3000-4000米高山草甸、阴坡湿地。印度及不丹有分布。

图 304　甘川灯心草　（引自《图鉴》）

36. 陕甘灯心草　图 305

Juncus tanguticus G. Sam. in Hand.-Mazz. Symb. Sin. 7: 1233. 1936.

多年生草本，高8-25厘米。茎圆柱形，径0.6-0.9毫米。叶基生和茎生；低出叶鞘状，灰黄或栗褐色，常干枯；基生叶圆线形，径0.6-1毫米；茎生叶1，偶无茎生叶，着生茎中部以上，叶片长0.6-1厘米，先端常膨大胼胝体状；叶鞘长1.1-2.4厘米，叶耳明显。头状花序单一顶生，倒圆锥形或半球形，径0.8-1.2厘米，有4-8花；苞片4-5，卵状披针形，长5.5-7毫米，与头状花序近等长，膜质，栗褐色，3-5脉。花被片外轮舟形，内轮披针形，长约5毫米，膜质，淡白或栗色；雄蕊伸出花外，花药线形，长2-2.5（-3）毫米，淡白色，花丝长约6毫米，淡白或棕黑色，近顶端细，色淡；花柱长2-3毫米，柱头3分叉，长0.6-0.9毫米。蒴果三棱状卵球形，略短于花被片，棕色，1室。种子长卵形，长0.7毫米，两端具附属物，连种子长1.2-1.5毫米，褐黄色。花期7-8月，果期8-9月。

产陕西、甘肃、青海及四川，生于海拔3400-4000米山地。

图 305　陕甘灯心草　（蔡淑琴绘）

37. 长柱灯心草　图 306

Juncus przewalskii Buchen. in Engl. Bot. Jahrb. 12: 401. 1890.

多年生草本，高8-26厘米。茎丛生，圆柱形，有纵条纹，径0.5-1毫米。叶基生和茎生；低出叶鞘状或鳞片状，常早枯；基生叶1，扁圆柱形，长5-9厘米，宽0.5-1毫米；叶鞘黄褐色，叶耳钝圆；茎生叶1，生于茎中部以上，叶片线形，长1-2厘米；叶鞘带褐色，叶耳不明

图 306　长柱灯心草　（引自《图鉴》）

显。头状花序单一顶生，4-8 花，径 0.7-1.5 厘米；苞片 3-5，卵形或卵状披针形，最下 1-2 枚稍长于花序，膜质，黄褐色。花被片披针形，长 5-7 毫米，内、外轮近等长，背部有脊，黄褐色；雄蕊 6，长于花被片，花药长圆形，长约 2.6 毫米，浅黄色，花丝长 4.5-5.5 毫米；子房卵形，花柱长 2.5-4 毫米，柱头 3 分叉，长约 2 毫米。蒴果三棱状长圆形，长约 4.8 毫米，具喙长约 1 毫米，红褐色，有 3 隔膜。种子长圆形，锯屑状，长约 1 毫米，黄褐色，两端具白色附属物，连附属物长 2 毫米。花期 7-8 月，果期 8-9 月。

产陕西、甘肃、青海、四川及云南，生于海拔 2000-4000 米高山潮湿草地。

38. 单叶灯心草　　　　　　　　图 307

Juncus unifolius A. M. Lu et Z. Y. Zhang in Acta Phytotax. Sin. 17 (3): 125. 1979.

图 307　单叶灯心草　（蔡淑琴绘）

多年生草本，高 4-5 厘米。茎丛生，径 0.5 毫米，有条纹。叶基生，1 枚；低出叶鞘状，黄褐色；叶片线状披针形，长 1-3 厘米，宽 1.5-2 毫米，基部具鞘；叶鞘边缘膜质，无叶耳。头状花序单生茎顶，径 5-7 毫米，2 花；苞片最下 1 片叶状，超出头状花序，披针形，长 0.7-1.2 厘米，栗色。花被片披针形，长 3-4 毫米，膜质，边缘黑栗色，内轮较长；雄蕊 6，与花被近等长，花丝长 3-4 毫米，花药硫磺色，长约 1 毫米。蒴果三棱状卵形，具短尖头，超出花被，具不完全 3 隔膜，黑栗色。种子锯屑状，微白色，长 1-1.2 毫米。花期 7-8 月，果期 8-9 月。

产云南及西藏，生于海拔 4000-4250 米山坡水边或石灰岩缝中。

39. 矮灯心草　　　　　　　　图 308

Juncus minimus Buchen. in Bot. Zeitung (Berlin) 25: 145. 1867.

多年生草本，高 3-7 厘米。茎丛生，圆柱形，有纵棱，径 0.6-0.9 毫米。叶通常基生（偶 1 枚茎生）；叶片扁平，宽线形或窄披针形，长 1.5-6 厘米，宽 1-3 毫米，黄绿色；叶鞘开放或闭合，鞘口两侧稍波状皱褶，无叶耳。头状花序单一顶生，有（2）3-6 花，径 0.8-1.4 厘米；苞片 3-4，卵状披针形或披针形，长 3-7 毫米，宽 1.7-2.5 毫米，最下 1 片长于花序，长 1-2 厘米。花被片披针形，长 4-4.5 毫米，内外轮等长或内轮稍长，褐黄或栗黄色；雄蕊 6，花药长圆形，长约 0.7 毫米，淡黄色，花丝长约 3.5 毫米；花柱短，柱头 3 分叉，长约 1.5 毫米。蒴果三棱状长圆形，长 5-6 毫米，

图 308　矮灯心草　（蔡淑琴绘）

栗褐色，顶端短尖，具不完全3隔膜。种子长圆形，周围具白色附属物，连尾状附属物长1.1-1.5毫米。花期6-7月，果期7-8月。

产四川、云南及西藏，生于海拔4360米河岸沙地边。尼泊尔、不丹及印度北部有分布。

40. 雅灯心草　　　　　　　　　　　　　图　309：1-3

Juncus concinnus D. Don, Prodr. Fl. Nepal. 44. 1825.

多年生草本，高16-43厘米。茎丛生，圆柱形，径0.5-1毫米。叶基生和茎生；低出叶1-2，鞘状，淡黄褐色，长2-4厘米；基生叶1-2，叶片线形，长4.5-12厘米，叶鞘长2-8厘米；茎生叶1-3，叶片稍扁或圆柱状，长1.6-16厘米，宽0.3-1.1毫米，叶鞘长1.5-4厘米，叶耳不明显。花序具2-5（-7）头状花序成聚伞状；头状花序半球形，径0.8-1厘米，有（3-）5-7花；叶状苞片线状披针形，长1-3.5厘米，苞片披针形或卵形，长2-7毫米。花被片黄白色，外轮披针形，长3-3.5毫米，1脉，内轮稍长，长圆形；雄蕊6，花药长圆形，长1-1.5毫米，淡黄色，花丝黄褐色，长4-5毫米；雌蕊与内轮花被片近等长，花柱长1.2-1.8毫米，柱头3分叉，长0.5-0.8毫米。蒴果三棱状卵形或椭圆形，长3-3.5毫米，具3隔膜，黄色。种子卵形或长圆形，长0.6-0.7毫米，有网格，黄褐色，两端具

图　309：1-3.雅灯心草　4-6.印度灯心草
7-10.锡金灯心草　11-14.走茎灯心草
（蔡淑琴绘）

附属物。花期7-8月，果期8-9月。

产湖北、四川、云南及西藏，生于海拔1500-3900米山坡林下、草地、沟边潮湿处。尼泊尔及不丹有分布。

41. 印度灯心草　　　　　　　　　　　　图　309：4-6

Juncus clarkei Buchen. in Engl. Bot. Jahrb. 6: 210. 1885.

多年生草本，高22-31厘米。茎圆柱形，稍扁，径1-2毫米。叶基生和茎生；基生叶3，叶片条形，长8-25厘米，无膜质边缘，叶鞘长4-7厘米，边缘窄膜质；茎生叶2，叶片线状披针形，长9-25厘米，叶鞘长3-6厘米，无叶耳。花序具3-6头状花序，成顶生聚伞花序；头状花序具4-12花，径1.2-2厘米；叶状苞片2-3，长于花序，最下1片长2.5-11厘米；苞片数枚，卵形或卵状披针形。花被片披针形，近等长，长4.5-7毫米，膜质，黄白色；雄蕊6，长于花被片，花药线形，长约2.5毫米，黄色，花丝长4-5毫米，橙黄色；子房纺锤形，花柱线形，长1.5-2毫米，柱头3分

叉。蒴果卵形或椭圆形，长4.5-5.4毫米，1室，成熟时橙黄色，有光亮。种子椭圆形，长约1毫米，连两端白色尾状附属物长2.5-3毫米。花期7-8月，果期8-9月。

产四川、云南及西藏，生于海拔2100-2300米林缘或潮湿草地。印度有分布。

[附] **膜边灯心草 Juncus clarkei** Buchen. var. **marginatus** A. Camus in Lecomte, Not. Syst. 1: 278. 1910. 与印度灯心草的区别：叶边缘膜质，具细齿或流苏状；聚伞花序具1-3头状花序；花柱长2.5-4毫米。产四川及云南，生于海拔3600-4700米高山草甸或沟边、岩缝中。

42. 细茎灯心草

图 310：1-2

Juncus gracilicaulis A. Camus in Lecomte, Not. Syst. 1: 279. 1910.

多年生草本，高 10-28 厘米。茎丛生，径 0.6-1 毫米。叶基生和茎生；低出叶鞘状，淡黄褐色，长 1-2.5 厘米；基生叶 1-2，叶片线状披针形，长 5-30 厘米；叶鞘长 1-4.5 厘米；茎生叶 1，叶片长 5-15 厘米，叶鞘长 1-4 厘米，叶耳突出。花序具 3-4 头状花序，组成顶生聚伞花序；头状花序半球形或近圆球形，径 0.5-1 厘米，有 3-7 花；叶状苞片长于花序，长 3-15 厘米；苞片数枚，短于花序，披针形或卵状披针形，黄白色。花被片乳白色，披针形，膜质，外轮长 2.8-3.5 毫米，内轮长 3-4 毫米；雄蕊 6，花药长圆形，长 1.5-1.8 毫米，黄白色，花丝线形，超出花被片；子房卵球形，花柱长约 2 毫米，柱头 3 分叉，长 1-1.5 毫米。蒴果三棱状椭圆形，长 3.5-5 毫米，1 室，淡黄色。种子长卵形，长 0.7-0.9 毫米，棕褐色，两端有尾状附属物，一侧有窄翅，种子连附属物长 1-1.4 毫米。花期 6-7 月，果期 8-9 月。

产四川及云南，生于海拔 2700-3600 米山顶、采伐迹地、溪边、山坡林下岩缝中。

图 310：1-2.细茎灯心草 3-6.栗花灯心草
（蔡淑琴绘）

43. 锡金灯心草

图 309：7-10 图 311

Juncus sikkimensis Hook. f. Fl. Brit. Ind. 6: 399. 1894.

多年生草本，高 10-26 厘米。茎圆柱形，稍扁，径 0.9-1.2 毫米。叶全基生；低出叶鞘状，棕褐或红褐色；基生叶 2-3，叶片近圆柱形或稍扁，长 7-14 厘米，宽 1-2 毫米，有时具棕色小点；叶鞘边缘膜质，具圆钝叶耳。花序假侧生，具 2 个头状花序；叶状苞片顶生，直立，卵状披针形，长 1.5-2.5 厘米；头状花序有 2-5 花，径 0.6-1.2 厘米；苞片 2-4，宽卵形，长 0.5-1.3 厘米，黑褐色。花被片披针形，黑褐色，质稍厚，外轮长 6.5-8 毫米，有背脊，内轮稍短，具宽膜质边缘；雄蕊 6，短于花被片，花药长圆形，长 3-4 毫米，黄色，花丝宽，长 1-1.5 毫米，黄褐色；子房卵形，花柱长 2.5-3 毫米，柱头 3 分叉，长 3-4.2 毫米。蒴果三棱状卵形，长 5-5.9 毫米，有喙，具 3 个隔膜，栗褐色，光亮。种子长圆形，锯屑状，长约 1 毫米，两端具白色附属物，连种子长约 2.8 毫米。花期

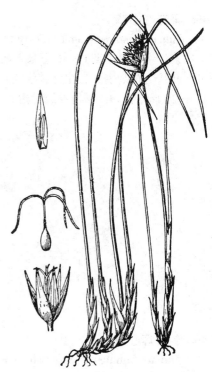

图 311 锡金灯心草 （引自《图鉴》）

6-8 月，果期 7-9 月。

产甘肃、四川、云南及西藏，生于海拔 4000-4600 米山坡草丛、林下、沼泽湿地。尼泊尔、不丹及印度有分布。

44. 走茎灯心草　　　　　　　　　　　图 309：11-14

Juncus amplifolius A. Camus in Lecomte. Not. Syst. 1: 281. 1910.

多年生草本，高 20-40（-49）厘米。根状茎长而横走。茎圆柱形或稍扁，径 1-2 毫米。叶基生和茎生；低出叶鞘状或鳞片状，微红褐色；基生叶长达 14 厘米；叶片线形，宽 2-6 毫米；叶鞘边缘近膜质，无明显叶耳；茎生叶 1-2（3），长 5-10 厘米。花序具 2-5 头状花序，组成顶生聚伞花序；头状花序有 3-10 花，径 0.8-1.5 厘米；叶状苞片长 1-6 厘米；苞片数枚，披针形或卵状披针形，长约 5 毫米，褐色。花被片披针形，长约 6 毫米，红褐或紫褐色，外轮稍短；雄蕊 6，短于花被片，花药长圆形，长 2.5-3 毫米，浅黄色，花丝褐色，长 1.5-2 毫米；花柱长约 2 毫米，柱头 3 分叉，线形，长 2-4.8 毫米，暗褐色。蒴果长椭圆形，长约 7 毫米，伸出花被片外，具喙状短尖，深褐色，具 3 隔膜。种子卵形，红褐色，锯屑状，长约 0.8 毫米，两端具长 1-1.5 毫米的白色附属物。花期 5-7 月，果期 6-8 月。

产陕西、甘肃、青海、四川、云南及西藏，生于海拔 1700-4889 米高山湿草地、林下石缝及河边。

[附] **矮茎灯心草 Juncus amplifolius** A. Camus var. **pumilus** A. Camus in Lecomte, Not. Syst. 1: 282. 1910. 与走茎灯心草的区别：茎高 5-10 厘米；叶基生，茎生叶无或 1 片。产云南及西藏，生于海拔 3500 米山坡湿地。

45. 栗花灯心草　　　　　　　　　　　图 310：3-6

Juncus castaneus Smith, Fl. Brit. 1: 383. 1800.

多年生草本，高 15-40 厘米。茎单生或丛生，圆柱形，径 2-3.5 毫米。叶基生和茎生；低出叶鞘状或鳞片状，褐或红褐色；基生叶 2-4，长 6-25 厘米，边缘常内卷或对褶；叶鞘长 5-11 厘米，无叶耳；茎生叶 1 或缺，叶片扁平或边缘内卷。花序具 2-8 头状花序，排成顶生聚伞状；叶状苞片 1-2，线状披针形，长于花序；头状花序具 4-10 花，径 7-8 毫米；苞片 2-3，披针形。花被片披针形，长 4-5 毫米，外轮背脊明显，稍长于内轮，暗褐或淡褐色；雄蕊 6，短于花被片，花药黄色，长约 1 毫米，花丝长约 2 毫米；花柱长 1-1.5 毫米，柱头 3 分叉，长 2-3 毫米。蒴果三棱状长圆形，长 6-7 毫米，顶端喙状，具 3 隔膜，深褐色。种子长圆形，长约 1 毫米，黄色，锯屑状，两端有长约 1 毫米白色附属物。花期 7-8 月，果期 8-9 月。

产黑龙江、吉林、内蒙古、河北、山西、陕西、宁夏、甘肃、青海、新疆、四川及云南，生于海拔 2100-3100 米山地湿草甸、沼泽地。蒙古、俄罗斯东部、欧洲及北美洲有分布。

46. 喜马灯心草　　　　　　　　　　　图 312

Juncus himalensis Klotzsch in Klotzsch & Garcke, Bot. Reise Prinz Waldemar 60. f. 97. 1862.

多年生草本，高 30-70 厘米。茎圆柱形，径 1-2.5 毫米。叶基生和茎生；低出叶鞘状，暗褐或红褐色；基生叶 3-4，叶片平展或对褶，长 14-24 厘米，叶鞘长 6-15 厘米，基部红褐色；茎生叶 1-2，叶片线形，长 18-31 厘米，边缘常内卷或对褶，叶耳小或上部叶片无叶耳。花序具 3-7 头状花序，组成顶生聚伞花序；头状花序密生，径 0.6-1 厘米，有 3-8 花；叶状苞片 1-2，线

状披针形，长 4-10（-20）厘米；苞片 3-5，披针形，短于花序；小苞片披针形，淡褐色。花被片窄披针形，长 5-6 毫米，近等长或内轮较短，褐或淡褐色；雄蕊 6，短于花被片，花药线形，长 1-1.5 毫米，淡黄或白色，花丝线形，长 2.5-3.5 毫米；花柱长约 1 毫米，柱头 3 分叉，线形，长 2-2.5 毫米。蒴果三棱状长圆形，长（6.5）7-8 毫米，具短尖头，有 3 个不完全隔膜，成熟时黄褐色。种子长圆形，长 0.7-1 毫米，两端具白色附属物，连种子长 3-3.5 毫米。花期 6-7 月，果期 7-9 月。

产甘肃、青海、四川、云南及西藏，生于海拔 2400-3900 米山坡、草地、河谷水湿处。印度、巴基斯坦、尼泊尔及不丹有分布。

图 312 喜马灯心草 （引自《图鉴》）

47. 枯灯心草

图 313

Juncus sphacelatus Decne. in Jacquem. Voy. 4, Bot.: 172. t. 172. 1835.

多年生草本，高 17-56 厘米。茎粗壮，圆柱形，径 2-3.5 毫米。叶基生和茎生；低出叶鞘状，长 2-7 厘米，淡黄褐色；基生叶 2-3，叶片线状披针形，长 4-14 厘米，常对摺，叶鞘长 4-7 厘米；茎生叶 1-2，叶片与基生叶相似，连同叶鞘内面均具白色膜，有长圆形网格，叶耳钝圆。花序顶生，具 2-5（-8）头状花序，组成聚伞状花序，头状花序半球形或近球形，径 1.2-2 厘米，

有 5-7 花；叶状苞片侧生，线状披针形，长 5-15 厘米；每个花序梗基部具 1 苞片，头状花序下具苞片数枚。花被片披针形，长 7-9 毫米，近等长，膜质，栗褐或黑褐色，1-3 脉；雄蕊 6，花药线状长圆形，长 2-2.5 毫米，淡黄色，药隔短，花丝线形，扁平，长 2-4 毫米；子房椭圆形，花柱长 1.5-2 毫米，柱头 3 分叉，长 2-3 毫米。蒴果三棱状长圆形，长 6-8 毫米，淡黄或黄褐色，光亮，顶端圆，具短尖，有 3 隔膜。种子椭圆形，长 0.7-0.9 毫米，黄褐色，两端具白色附属物，连种子长 3-4 毫米。花期 7-8 月，果期 8-9 月。

图 313 枯灯心草 （引自《图鉴》）

产青海、四川、云南及西藏，生于海拔 3300-4800 米山坡、沟旁或河边湿地。印度、尼泊尔、阿富汗及克什米尔地区有分布。

2. 地杨梅属 Luzula DC.

多年生草本。根状茎短，直伸或横走，须根细弱。茎直立，多丛生，通常圆柱形，具纵沟纹。叶基生和茎生，常具低出叶，最下面几片常于花期干枯宿存；茎生叶较少，常较窄短；叶片平，线形或披针形，

边缘常具白色丝状缘毛；叶鞘闭合呈筒状包茎，鞘口常密生丝状长毛，无叶耳。花序复聚伞状、伞状或伞房状，或多花成头状或穗状花序；花单生或簇生分枝顶端，花下具 2 小苞片，小苞片具缘毛或撕裂状，有时具小裂齿。花被片 6，2 轮，颖状，绿、褐，稀黄白色，内、外轮近等长；雄蕊（3）6，短于花被片，花药长圆形或线形，黄色，花丝线形；子房 1 室，花柱线形或短，柱头 3 分叉，线形，胚珠 3，着生子房基部。蒴果 3 瓣裂。种子 3，基部（或顶端）多少具淡黄或白色种阜，或无种阜。

约 70 种，广布于温带和寒带地区，北半球最多，少数种分布至热带高山地区。我国 16 种，1 亚种和 3 变种。

1. 花单生或 2-3 朵集生花序枝端，通常具长花梗；花序疏散扩展，有时分枝辐射状。
　2. 种子具种阜，种阜与种子等长或稍短；疏散聚伞花序或伞形，花单生。
　　3. 单伞形花序状，伞状花序枝通常不分叉或复伞状；花被片长 2.5-3 毫米，花药通常长于花丝；种阜比种子短。
　　　4. 植株高 10-25 厘米；叶宽 2-4 毫米；花被片长 2.5-3 毫米，先端渐尖；蒴果与花被片近等长或稍长，长 2.8-3.2 毫米 ··· **1. 火红地杨梅 L. rufescens**
　　　4. 植株高达 40 厘米；叶宽 4-5 毫米；花被片长 3-3.5 毫米，先端长渐尖；蒴果长于花被片，长 4-5 毫米 ·· **1(附). 大果地杨梅 L. rufescens var. macrocarpa**
　　3. 伞形复聚伞花序，花序枝常分叉；花被片长 3-4 毫米，雄蕊花药通常短于花丝或近等长；种阜与种子等长 ·· **2. 羽毛地杨梅 L. plumosa**
　2. 种子无种阜或种阜长不及 0.3 毫米；聚伞花序多回分枝，多少伞房状；花单生或 2-3 朵聚生。
　　5. 花序顶生和茎上部 2-3 片叶腋；花单生，疏散；花梗向两侧伸展，长达 3 厘米；花药稍短于花丝。
　　　6. 茎径 1-3 毫米；叶宽 0.2-1 厘米；花被片黄绿或淡褐色；柱头长 0.8-1 毫米 ····· **3. 散序地杨梅 L. effusa**
　　　6. 茎径 2.5-6 毫米；叶宽 0.6-2.5 厘米；花被片红褐或暗褐色；柱头长 1-1.6 毫米 ·· **3(附). 中国地杨梅 L. effusa var. chinensis**
　　5. 花序通常顶生；花 2-3 朵集生，稀单生；具花梗或花梗短而近于小头状；花药与花丝等长；种子基部有丝状附属物。
　　　7. 小苞片具缘毛；最下苞片长 0.5-1.5 厘米；花 2-3 朵聚生，花梗不明显；叶宽 2-4 毫米 ·· **4. 云间地杨梅 L. wahlenbergii**
　　　7. 小苞片近全缘或稍撕裂；最下苞片长 2.5-6 厘米；花单生；花梗明显；叶宽 0.4-1 厘米 ·· **5. 小花地杨梅 L. parviflora**
1. 花数朵或多朵密集成穗状或头状花簇，或数个至多个头状花簇排成近伞状、聚伞状。
　8. 花序由数个至多个头状花簇组成，近伞状、聚伞状，常直立；小苞片近全缘或撕裂。
　　9. 花被片内、外轮等长或近相等。
　　　10. 花被片长 2.5-4 毫米。
　　　　11. 最下叶状苞片通常短于花序或等长，稀稍长；花药长于花丝，花柱长于子房或近等长。
　　　　　12. 花药长为花丝 2-5 倍，花柱稍长于子房；茎疏丛生；根状茎匍匐 ············· **6. 地杨梅 L. campestris**
　　　　　12. 花药比花丝长，小于 1.5 倍，花柱与子房近等长；茎密丛生；根茎直伸。
　　　　　　13. 蒴果兴倒卵形，紫褐或红褐色；花被片同形 ················ **7. 多花地杨梅 L. multiflora**
　　　　　　13. 蒴果兴卵形或宽椭圆形，暗褐或黑褐色；内轮花被片先端具小尖头，两侧常有小锯齿 ·· **7(附). 硬杆地杨梅 L. multiflora subsp. frigida**
　　　　11. 最下的叶状总苞片比花序长，稀较长；花药短于花丝，花柱短于子房 ·· **8. 西藏地杨梅 L. jilongensis**
　　　10. 花被片长 1.8-2.1 毫米；小苞片近全缘 ············· **9. 华北地杨梅 L. oligantha**
　　9. 花被片内轮短于外轮，花柱短于子房 ··· **10. 淡花地杨梅 L. pallescens**
　8. 花序为紧密或间断穗状或头状花簇，稀为 2-3 个头状花簇，花序下垂；小苞片具缘毛或流苏状 ·· **11. 穗花地杨梅 L. spicata**

1. 火红地杨梅

图 314：1-6

Luzula rufescens Fisch. ex E. Mey. in Linnaea 22: 385. 1849.

多年生草本，高 10-25 厘米。根状茎横走，具褐或黄褐色须根。茎

径约 0.5 毫米。叶基生和茎生；基生叶多数，线形或线状披针形，长 5-12 厘米，宽 2-4 毫米，边缘具丝状缘毛；茎生叶 2-3，长 2-4 厘米，叶鞘筒状，鞘口密生丝状长毛。花序为疏散单伞形花序状；叶状苞片披针形或卵形，长 1-5 厘米，边缘具丝状长柔毛；花单生。花梗纤细，基部有苞片，每花有 2 枚膜质小苞

片，卵形，长 1.5-2 毫米，边缘具丝状长柔毛，有时不规则撕裂；花被片披针形或卵状披针形，长 2.5-3 毫米，先端渐尖，内外轮近等长，中央红褐色，边缘膜质白色；花药窄长圆形，长 1-1.3 毫米，黄色，花丝长 0.6-0.9 毫米；子房卵形，长约 1 毫米，花柱长约 0.9 毫米，柱头 3 分叉，长约 2 毫米。蒴果三棱状卵形，长 2.8-3.2 毫米，顶端具短尖，麦秆黄色。种子卵形或椭圆形，长约 1.1 毫米，暗红色；种阜淡黄色，长约 1 毫米。花期 5-6 月，果期 6-7 月。

产黑龙江、吉林、辽宁及内蒙古，生于海拔 800 米林缘湿草地、山坡路旁、田间、沼泽潮湿处。日本、朝鲜半岛、蒙古、俄罗斯（西伯利亚）及加拿大有分布。

[附] **大果地杨梅** 图 314：7-9 **Luzula rufescens** var. **macrocarpa** Buchen. in Engl. Pflanzenr. 25 (IV. 36): 47. f. 38. F. 1906. 与模式变种的区别：植株

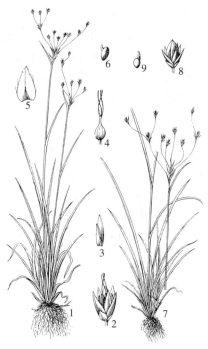

图 314：1-6.火红地杨梅 7-9.大果地杨梅
（蔡淑琴绘）

高达 40 厘米；叶宽 4-5 毫米；花被片长 3-3.5 毫米，先端长渐尖；蒴果长 4-5 毫米，长于花被片。产黑龙江、吉林及辽宁，生于山沟路旁及水边湿地。日本、朝鲜半岛及俄罗斯东部有分布。

2. 羽毛地杨梅

图 315

Luzula plumosa E. Mey. in Linnaea 22: 385. 1849.

多年生草本，高 8-25 厘米。根状茎横走，须根褐色。茎丛生，圆

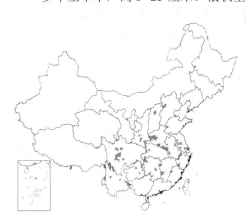

柱形，有纵纹。叶基生和茎生，禾叶状；基生叶数枚，叶片线状披针形，长 8-18 厘米，先端胼胝状，边缘疏生长柔毛；茎生叶 1-3，长 2-7 厘米，叶鞘筒状，鞘口密生丝状长毛。花序顶生，聚伞花序具 2-3 花，再排成伞形复聚伞状。花梗长短不等；叶状苞片长 1-3 厘米；花梗基部有 1 苞片；每花下具膜质小苞片

2 枚，小苞片卵形，长 1.5-2 毫米，边缘疏生丝状毛或撕裂，淡黄褐色；花被片披针形或卵状披针形，长 3-4 毫米，外轮背脊明显，具芒尖，内

图 315 羽毛地杨梅 （蔡淑琴绘）

轮稍长，均具膜质边缘，淡褐色；雄蕊6，花药窄长圆形，长约1毫米，黄色，花丝长1-1.2毫米；花柱比子房短，柱头3分叉，长1.5-2毫米。蒴果三棱状宽卵形，长3.2-4毫米，黄绿色。种子卵形或椭圆形，长1-1.4毫米，红褐色，顶端具黄白色种阜，弯曲，与种子等长。花期3-4月，果期5-6月。

产河北、山西、河南、陕西、甘肃、江苏、安徽、浙江、台湾、福建、江西、湖北、湖南、贵州、四川、云南及西藏，生于海拔1100-3000米山坡林缘、路旁、水边潮湿处。不丹、印度、日本有分布。

3. 散序地杨梅　　　　　　　　图 316：1-4

Luzula effusa Buchen. Krit. Verzeichn. Juncac. 53, 88. 1880.

多年生草本，高20-70厘米。根状茎短而直伸。茎圆柱形，径1-3毫米。叶基生和茎生，禾叶状；基生叶数枚，花期常干枯宿存；茎生叶3-5，叶片披针形或窄披针形，长5-18厘米，边缘疏生长缘毛，叶鞘口密生白色丝状柔毛。多回分枝聚伞花序，近伞房状，生于茎顶和上部叶腋；花单生，疏散排列于花序分枝顶端，叶状苞片披针形或卵状披针形，长1.5-3（-6）毫米，

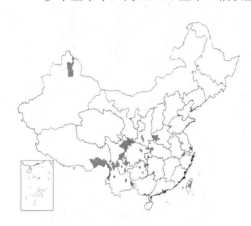

宽0.2-1厘米，有疏缘毛；小苞片2，卵形，长1-1.5毫米，边缘撕裂状，疏生丝状毛。花梗向两侧伸展，长达3厘米；花被片披针形或卵状披针形，长2-2.5毫米，内、外轮近等长或内轮稍长，黄绿或淡褐色；雄蕊6，花药长圆形，长0.6-0.8毫米，黄色，花丝长0.8-1毫米；子房卵形，长约1毫米，花柱长0.5-0.7毫米，柱头3分叉，长0.8-1毫米。蒴果三棱状卵形，稍长于花被片，黄绿或黄褐色。种子扁长圆形，红褐或栗褐色，长1.3-1.6毫米，无种阜。花期5-6月，果期6-8月。

产陕西、甘肃、新疆、浙江、台湾、湖北、湖南、贵州、四川、

图 316：1-4.散序地杨梅　5-8.云间地杨梅
（蔡淑琴绘）

云南及西藏，生于海拔1700-3600米山坡林下、灌木丛中、路旁河边湿地。尼泊尔、印度北部、不丹、马来西亚、缅甸有分布。

[附] **中国地杨梅 Luzula effusa var. chinensis** (N. E. Brown) K. F. Wu in Journ. E. China Normal Univ. (Nat. Sci.) 3: 92. 1992.——*Luzula chinensis* N. E. Brown. in Jour. Linn. Soc., Bot. 36 (251): 161. 1903. 与模式变种的区别：茎径2.5-6毫米；叶宽0.6-2.5厘米；花被片红褐或暗褐色；柱头长1-1.6毫米。产贵州、四川及云南，生于海拔1500-3000米竹林下、河边和路旁阴湿处。

4. 云间地杨梅　　　　　　　　图 316：5-8

Luzula wahlenbergii Rupr. in Beitr. Pflanzenk. Russ. Reiches 2: 58. 1845.

多年生草本，高7-25厘米。茎圆柱形，具纵纹。叶基生和茎生；基生叶数枚，线形或线状披针形，长4-12厘米，宽2-4毫米，边缘具疏柔毛；茎生叶1-3，长2-9厘米，叶鞘鞘口密生丝状长柔毛。花序有10-30朵花，成复聚伞状，稍下垂，花序梗纤细；花2-3朵聚生；花梗不明显；叶状苞片线形，长0.5-1.5厘米；花序梗和花梗基部有苞片，最下苞片长0.5-1.5厘米，每花有2膜质小苞片，小苞片具缘毛。花被片披针形，长2-2.5毫米，内、外轮近等长，顶端锐尖，边缘膜质，黄褐或褐色；雄蕊6，花药长圆形，长约0.8毫米，淡黄色，花

丝长约 0.8 毫米；子房椭圆形，花柱长约 0.6 毫米，柱头 3 分叉，长约 1 毫米。蒴果三棱状卵形，长 2-2.5 毫米，栗褐色。种子长圆形，长 1.2-1.4 毫米，红褐色，基部具丝状附属物。染色体 2n=24，36。花期 6-7 月，果期 7-8 月。

产黑龙江及吉林，生于海拔 2400-2700 米山坡荒地。日本、朝鲜半岛、俄罗斯东部、美国（阿拉斯加）及欧洲有分布。

5. 小花地杨梅　　　　　　　　　图 317

Luzula parviflora (Ehrh.) Desv. in Journ. Bot. Rédigé 1: 144. 1808.

Juncus parviflorus Ehrh. in Beitr. 6: 139. 1791.

多年生草本，高 16-60 厘米。茎圆柱形，径 1.2-3.5 毫米，具纵纹。叶基生和茎生；基生叶多数，禾叶状，叶片披针形，长 4-12 厘米，宽 0.4-1 厘米，边缘无丝状毛，叶鞘鞘口部无毛；茎生叶 2-3，比基生叶稍窄。花序成伞形；花在分枝上单生，较密集，花序分枝及花梗纤细；叶状苞片披针形，长 2.5-4 厘米；花序梗或花梗基部各有 1 枚披针形苞片，最下苞片长 2.5-6 厘米，花下有 2 枚小苞片，小苞片近全缘或撕裂。花被片披针形，长 1.5-2.2 毫米，内、外轮近等长，质薄，淡紫红色；雄蕊 6，花药长圆形，长 0.5 毫米，黄色，与花丝近等长；子房卵形，花柱与子房等长或短于子房，柱头 3 分叉，长约 1 毫米。蒴果三棱状卵形或长圆形，长约 2 毫米，成熟时黑褐色，顶端具小尖头。种子椭圆形，长约 1.3 毫米，红褐色；种阜不明显。花期 6-7 月，果期 8-9 月。

产新疆，生于海拔 2200-2400 米山坡林下、岩石缝中。欧洲、俄罗斯（西伯利亚）、北美洲有分布。

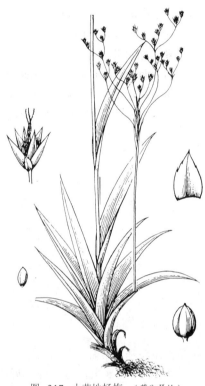

图 317　小花地杨梅　（蔡淑琴绘）

6. 地杨梅　　　　　　　　　图 318：1-5

Luzula campestris (Linn.) DC. in Lam. et DC. Fl. France ed. 3, 3: 161. 1805.

Juncus campestris Linn. Sp. Pl. 329. 1753.

多年生草本，高 9-28（-40）厘米。根状茎匍匐，须根褐色。茎疏丛生，圆柱形，径 0.8-1.5 毫米，具纵纹。叶基生和茎生，禾叶状；基生叶长 3-8 厘米，先端成胼胝状，边缘具缘毛；茎生叶 1-2，叶鞘鞘口有较密丝状毛。花序具 3-7 头状花序，成聚伞状；叶状苞片线

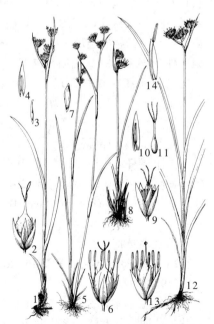

图 318：1-5.地杨梅　　6-9.多花地杨梅
10-14.硬杆地杨梅　（蔡淑琴绘）

形，长 1.5-2.5 厘米，稍短于花序；头状花序半球形或球形，径 6-8 毫米，具 5-10 (-12) 花。花梗短，基部有 2 苞片；每朵花下具 2 枚膜质小苞片，花被片披针形或长圆状披针形，长 3-4 毫米，内、外轮近等长，淡红褐或黄褐色；雄蕊 6，花药长圆形，长 1.8-2.2 毫米，黄色，花丝长 0.4-0.5 毫米；子房卵形，长约 1 毫米，花柱长约 1.1 毫米，稍长于子房，柱头 3 分叉，长约 2 毫米。蒴果三棱状宽长圆形或球形，稍

短于花被片，黄褐色。种子长圆形，长 1.1-1.3 毫米，红褐色，基部具黄白色种阜，长 0.4-0.6 毫米。染色体 2n=12。花期 5-6 月，果期 6-7 月。

产云南，生于山坡林下。欧亚大陆及北美有分布。

7. 多花地杨梅　　　　图 318：6-9　图 319

Luzula multiflora (Retz.) Lej. Fl. Envir. Spa. 1: 169. 1811.

Juncus multiflorus Retz. Fl. Scand. Prodr. ed. 2: 82. 1759.

多年生草本，高 16-35 厘米。根状茎直伸，具深褐色须根。茎密丛生，圆柱形，径 0.6-1 毫米。叶基生和茎生；基生叶丛生；茎生叶 1-3，线状披针形，长 4-11 厘米，叶片先端钝圆成胼胝状，边缘具白色丝状长毛，叶鞘鞘口密生丝状长毛。花序具 5-9 (-12) 头状花序，成近伞形顶生聚伞花序；叶状苞片线状披针形，长 2-5 厘米；头状花序半球形，径 4-7 毫米，具 3-8 花。

花梗甚短，基部常有 1-2 枚苞片；花下具 2 枚膜质小苞片；花被片披针形，长 2.5-3 毫米，内、外轮近等长，同形，淡褐或红褐色；雄蕊 6，花药窄长圆形，长 1-1.5 毫米，黄色，花丝长 0.6-0.8 毫米；花柱长 0.7-0.9 毫米，与子房近等长，柱头 3 分叉，螺旋状扭转，长 1.4-1.8 毫米。蒴果三棱状倒卵形，与花被片近等长，果爿倒卵形，红褐或紫褐色。种子卵状椭圆形，棕褐色，长约 1.2 毫米，基部具淡黄色种阜。染色体 2n=24，36。花期 5-7 月，果期 7-8 月。

产黑龙江、吉林、辽宁、内蒙古、河北、河南、陕西、甘肃、青海、新疆、江苏、安徽、浙江、台湾、江西、湖北、湖南、贵州、四川、云南、西藏等省区，生于海拔 2200-3600 米山坡草地、林缘水沟旁、溪边潮湿处。亚洲、大洋洲、欧洲、北美有分布。

[附] **硬杆地杨梅** 图 318：10-14 **Luzula multiflora** subsp. **frigida** (Buchen.) V. Krecz. in Bot. Zur. 12: 490. 1928.——*Luzula campestris* (Linn.) DC. var. *frigida* Buchen. in Osterr. Bot. Zeitschr. 48: 284. 1898. 与模式变种

图 319　多花地杨梅　（引自《图鉴》）

的区别：内轮花被片先端具小尖头，两侧常有小锯齿；蒴果爿卵形或宽椭圆形，暗褐或黑褐色。染色体 2n=36。产陕西、甘肃及新疆，生于海拔 1900-3000 米高山草地、山谷坡地。俄罗斯（西伯利亚）及欧洲有分布。

8. 西藏地杨梅

Luzula jilongensis K. F. Wu in Journ. E. China Normal. Univ. (Nat. Sci.) 3: 95. 1992.

多年生草本，高 15-30 厘米。叶基生和茎生，禾叶状；基生叶数片，花期部分干枯；茎生叶 2-3；叶片线形或线状披针形，长 6-12 厘米，边缘疏生长柔毛，叶鞘鞘口有白色丝状长毛。花序具 9-18 头状

花序，成近伞形；叶状苞片线形，长 5.5-8.5 厘米，最下面的 1 枚比花序长；头状花序近球形，径 4-6 毫米，具 3-9 花。花梗极短，基部常有 2 枚宽卵形苞片；每朵花下有 2 枚

膜质小苞片；花被片披针形，长2.3-3毫米，内、外轮等长或外轮稍长，棕褐或红褐色；雄蕊6，花药线形，长0.7-1毫米，黄色，花丝丝状，长1.3-1.5毫米；花柱长约0.4毫米，短于子房，柱头3分叉，长约1.4毫米。蒴果三棱状倒卵形或宽椭圆形，长2-2.5毫米，黄褐色。种子椭圆形，长1-1.2毫米，黄褐色；种阜黄色，长0.3-0.4毫米。花期5-6月，果期6-7月。

产云南及西藏，生于海拔3400-3800米山坡林下或林间空地。

9. 华北地杨梅 图 320

Luzula oligantha G. Sam. in Hulten, Fl. Kamt. 1: 227. 1927.

多年生草本，高8-20厘米。茎丛生，圆柱形，有纵纹，径约1毫

米。叶基生和茎生；基生叶较多，叶片线状披针形，长4-8厘米，先端胼胝状，边缘疏生长毛；茎生叶1-2，叶鞘鞘口簇生丝状长毛。花序具4-12个小头状花序，成伞形；叶状苞片线形，长1.4-3厘米，短于花序；头状花序径约4毫米，具3-7花。花梗甚短，基部有1苞片；每朵花下具2枚膜质全缘小苞片；花被片披针形，长1.8-2.1毫米，内、外轮近等长，先端尖，边缘膜质，暗褐色；雄蕊6，花药长圆形，长约0.8毫米，黄色，通常短于花丝；花柱短于子房，柱头3分叉，长1.5-1.8毫米。蒴果三棱状椭圆形，长1.8-2毫米，顶端有小尖，深褐色。种子椭圆形，长约1.2毫米，淡黄色；种阜极短。花期6-7月，果期7-8月。

产黑龙江、吉林、河北、山西、河南、陕西、江苏北部、安徽北部、云南及西藏，生于海拔1900-3700米山坡林下、荒草地。俄罗斯东部、朝鲜半岛、日本及喜马拉雅山区有分布。

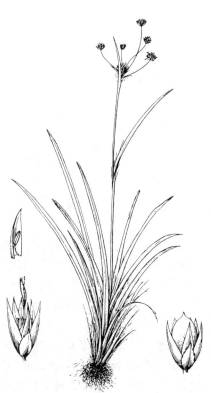

图 320 华北地杨梅 （蔡淑琴绘）

10. 淡花地杨梅 图 321

Luzula pallescens (Wahl.) Swartz, Summa Veg. Scand. 13. 1814.

Juncus pallescens Wahl. Fl. Lapp. 87. 1812.

多年生草本，高10-36厘米。茎丛生，圆柱形，径0.8-2毫米。叶基生和茎生，禾叶状；基生叶线形或线状披针形，长4-15厘米，先端胼胝状，边缘具丝状毛；茎生叶2-3，稍短于基生叶，叶鞘鞘口簇生白色丝状长毛。花序具5-15小头状花簇成伞形；叶状苞片线状披针形，长于花序；头状花簇长圆形或圆球形，具7-20花。花梗极短，基部具1-2枚苞片；每朵花下有2枚膜质小苞片；花被片披针形，淡黄褐或黄白色，外轮长2-2.6毫米，内轮长1.6-2毫米；雄蕊6，花药长圆形，长约0.8毫米，黄色，花丝与花药近等长；花柱长0.5毫米，短于子房，柱头3分叉，长约1.5毫

米。蒴果三棱状倒卵形或三棱状椭圆形，长1.8-2.1毫米，黄褐色。种子卵形，长约1毫米，褐色；种阜黄白色，长约0.4毫米。花期5-7月，果期6-8月。

产黑龙江、吉林、辽宁、内蒙古、河北、山西、新疆等省区，生于海拔1150-3600米山坡林下、路边、荒草地。日本、朝鲜半岛、俄罗斯（西伯利亚）、中亚、欧洲有分布。

11. 穗花地杨梅

图 322

Luzula spicata (Linn.) DC. in Lam. et DC. Fl. France ed. 3, 3: 161. 1805.

Juncus spicatus Linn. Sp. Pl. 330. 1753.

多年生草本，高7-32厘米。茎丛生，圆柱形，径0.8-1.2毫米，具纵纹。叶基生和茎生；基生叶数片，叶片线形或线状披针形，长3-9厘米，先端胼胝状，边缘有时具丝状长毛；茎生叶1-2，叶鞘鞘口簇生丝状长毛。花序具多花，密集成穗状花序，有时间断或头状花簇，或有2-3分枝，花序长圆形或卵形，下垂；叶状苞片线形，短或长于花序。花梗短，有苞片；每朵花下有2枚膜质小苞片，小苞片具缘毛或流苏状；花被片披针形，长2.7-3.2毫米，外轮稍长于内轮，先端具刚毛状尖头，红褐或栗色；雄蕊6，花药长圆形，黄色，与花丝等长或稍短；花柱稍短于子房，柱头3分叉，长约1.8毫米。蒴果三棱状卵形或宽椭圆形，长2.2-3毫米，栗褐或黑褐色。种子椭圆形，长约1.2毫米，红褐或褐黄色；种阜黄白色，长约0.2毫米，基部具丝状附属物。花期6-7月，果期7-8月。

产青海、新疆、四川及云南，生于海拔2400-3400米高山草甸、山坡林下、河堤旁沟边、村旁湿草地。印度、俄罗斯（西伯利亚）、中亚、欧洲、北美有分布。

图 321 淡花地杨梅 （王金凤绘）

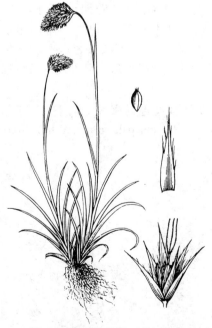

图 322 穗花地杨梅 （蔡淑琴绘）

242. 莎草科 CYPERACEAE

（梁松筠　戴伦凯　李沛琼　张树仁）

多年生草本，稀一年生。多具根状茎，有的具地下匍匐茎，稀地下匍匐茎顶端具小块茎。秆多三棱形，稀圆柱形，丛生或散生。叶基生和秆生或仅有基生叶或秆生叶，通常具闭合叶鞘和窄长叶片，或仅具叶鞘无叶片。花序由几个至多数单生或簇生小穗组成头状、穗状或总状花序，长侧枝聚伞花序或圆锥花序，稀小穗单一顶生。小穗具 1 至多花，花两性或单性，雌雄同株，稀雌雄异株，单生于鳞片腋内；鳞片覆瓦状螺旋排或 2 列生于小穗轴，花被退化成下位鳞片或下位刚毛或无花被，有的雌花为先出叶形成的果囊所包；雄蕊 3，稀 2-1，花丝线形，花药基着；子房 1 室，1 胚珠，花柱单一，柱头 2-3。小坚果，长三棱状、双凸状、平凸状或球形。

104 属 5000 余种。我国 37 属 850 余种，广布于全国各地。

1. 花两性或单性；通常无先出叶所形成的果囊。
  2. 花两性或兼有单性。
    3. 鳞片螺旋状排列，稀近 2 列；花具下位刚毛或下位鳞片，稀无下位刚毛。
      4. 小穗具多数两性花，基部 1-2 鳞片内无花（羊胡子草属 Eriophorum 小穗基部 3-4 鳞片内无花）。
        5. 花柱基部不膨大，与小坚果连接处不明显。
          6. 下位刚毛全为刚毛状，稀无下位刚毛，稍粗短，（3-5）6 条，稀 7-9 条。
            7. 小穗簇生或排成长侧枝聚伞花序，稀单生。
              8. 秆具节，通常具叶片；花序基部具伸展叶状苞片。
                9. 小穗长 2-7（-9）毫米，宽 2.5-3 毫米；鳞片无毛 ·············· 1. **藨草属 Scirpus**
                9. 小穗长 0.8-2 厘米，宽 0.5-8 毫米；鳞片外面被毛 ············· 2. **三棱草属 Bolboschoenus**
              8. 秆无节，基部叶鞘通常无叶片。
                10. 花序基部具叶状苞片 ······················· 3. **大藨草属 Actinoscirpus**
                10. 花序基部具鳞片状苞片或为秆的延长。
                  11. 苞片为秆的延长；花序假侧生。
                    12. 小坚果长 1-2.6 毫米；花具下位刚毛，下位刚毛通常具倒刺 ······ 4. **水葱属 Schoenoplectus**
                    12. 小坚果长 0.45-0.9 毫米；花无下位刚毛 ············· 5. **细莞属 Isolepis**
                  11. 苞片鳞片状；花序顶生 ····················· 6. **针蔺属 Trichophorum**
            7. 小穗排成 2 列穗状花序 ························· 7. **扁穗草属 Blysmus**
          6. 下位刚毛丝状、花瓣状、钻状或部分刚毛状。
            13. 下位刚毛丝状，多数 ························· 8. **羊胡子草属 Eriophorum**
            13. 下位刚毛 3-6，内轮花瓣状，外轮钻状 ················· 9. **芙兰草属 Fuirena**
        5. 花柱基部膨大，宿存或脱落，与小坚果连接处明显。
          14. 小穗单一，顶生；叶具叶鞘无叶片；花柱基部膨大，宿存，具下位刚毛 ······ 10. **荸荠属 Eleocharis**
          14. 小穗多数，稀 1 个，簇生或排成长侧枝聚伞花序；叶具叶片；花柱基部稍膨大，无下位刚毛。
            15. 花柱基部盘状或小球状，宿存 ··················· 11. **球柱草属 Bulbostylis**
            15. 花柱基部膨大，脱落 ······················ 12. **飘拂草属 Fimbristylis**
      4. 小穗具 1-4 两性花，有的兼有单性花，小穗基部通常 3-6 鳞片内无花，稀 2 鳞片内无花。
        16. 小坚果双凸状，顶端具圆锥形花柱基，柱头 2 ············· 13. **刺子莞属 Rhynchospora**
        16. 小坚果三棱状或钝三棱状圆筒形，顶端无宿存花柱基，柱头 3。
          17. 植株通常高 0.3-1 米，稀 20 多厘米或达 2.5 米，秆圆柱状，稀较扁，具基生叶和秆生叶，疏生；小穗单生或簇生，排成总状、头状或圆锥花序，小穗具几朵两性花或兼具单性花。

18. 根状茎短；鳞片2列，最下部的鳞片内无花，花通常生于小穗中部鳞片内 ······ **14. 赤箭莎属 Schoenus**

18. 根状茎较长或短，鳞片螺旋状排列，稀近2列；花通常生于小穗顶端或近顶端的鳞片内。

  19. 叶中脉明显或不明显，若无中脉，则2列套叠；圆锥花序疏散或小头状花序；花具下位刚毛或无；小坚果顶端常喙状。

    20. 叶背腹压扁，中脉明显，边缘粗糙；鳞片螺旋状排列 ······ **15. 克拉莎属 Cladium**

    20. 叶两侧压扁，中脉不明显，2列套叠，边缘平滑；鳞片近2列 ······ **16. 剑叶莎属 Machaerina**

  19. 叶中脉不明显或叶圆柱状；圆锥花序密集窄长或大而疏散，花具下位鳞片或无；小坚果顶端非喙状。

    21. 叶圆柱状或扁平；花具下位鳞片。

      22. 叶圆柱状；下位鳞片基部连合，无毛；小坚果平滑 ······ **17. 鳞子莎属 Lepidosperma**

      22. 叶扁平；下位鳞片分离，被毛；小坚果具网纹 ······ **18. 三肋果莎属 Tricostularia**

    21. 叶边缘内卷成圆柱状或线形；花无下位刚毛或下位鳞片 ······ **19. 黑莎草属 Gahnia**

17. 植株通常高不及13厘米，秆近三棱状，具条纹；秆生叶多数密生；穗状花序2-7个成簇，着生秆顶端；小穗具1朵两性花 ······ **20. 海滨莎属 Remirea**

3. 鳞片2列，花无下位刚毛或下位鳞片。

  23. 小穗轴基部无关节，成熟时宿存，鳞片脱落。

    24. 柱头3；小坚果三棱状 ······ **21. 莎草属 Cyperus**

    24. 柱头2；小坚果双凸状或平凸状。

      25. 小坚果背腹扁，面向小穗轴 ······ **22. 水莎草属 Juncellus**

      25. 小坚果两侧扁，棱向小穗轴 ······ **23. 扁莎属 Pycreus**

  23. 小穗轴基部具关节，鳞片通常宿存于小穗轴，与小穗轴一起脱落。

    26. 小穗轴基部具关节。

      27. 柱头3；小坚果三棱状，面向小穗轴。

        28. 小穗稍圆或扁圆；鳞片背面龙骨状突起无翅 ······ **24. 砖子苗属 Mariscus**

        28. 小穗扁；鳞片背面龙骨状突起具翅 ······ **25. 翅鳞莎属 Courtoisia**

      27. 柱头2；小坚果扁双凸状，棱向小穗轴 ······ **26. 水蜈蚣属 Kyllinga**

    26. 小穗轴基部具多数关节，每一关节均脱落 ······ **27. 断节莎属 Torulinium**

2. 花单性，稀两性。

  29. 小穗组成的穗状花序单生或2至多数穗状花序组成圆锥状或头状，小坚果下部无下位盘。

  30. 小穗具2片小鳞片，有1朵两性花 ······ **28. 湖瓜草属 Lipocarpha**

  30. 小穗具2至多数小鳞片，有3至多数单性花。

    31. 圆锥花序伞房状或头状，稀穗状花序头状，单一，顶生；苞片叶状或鳞片状。

      32. 小穗的舟状小鳞片和雌花间具空的小鳞片或具雄花的小鳞片；柱头3。

        33. 穗状花序排成伞房状圆锥花序 ······ **29. 野长蒲属 Thoracostachyum**

        33. 穗状花序聚生成头状，稀单一，顶生 ······ **30. 擂鼓芳属 Mapania**

      32. 小穗的舟状小鳞片和雌花间无鳞片；柱头2；穗状花序排成伞房状或头状 ······
                                        ······ **31. 割鸡芒属 Hypolytrum**

    31. 穗状花序单一，假侧生；苞片秆状 ······ **32. 石龙刍属 Lepironia**

  29. 小穗少数至多数组成圆锥花序，稀成间断穗状或簇生；小坚果具下位盘。

  34. 小穗排成圆锥花序或间断穗状花序；小坚果不为鳞片所包 ······ **33. 珍珠茅属 Seleria**

  34. 小穗簇生叶腋；小坚果为2片对生鳞片所包 ······ **34. 裂颖茅属 Diplaerum**

1. 花单性；支小穗为部分合生的先出叶或全部合生的先出叶形成的果囊所包。

  35. 支小穗两性或单性，具1至几朵单性花；两性支小穗通常雄雌顺序，单性支小穗具1雄花或1雌花，包支小穗的先出叶边缘分离或部分合生，稀合生成囊状 ······ **35. 嵩草属 Kobresia**

35. 支小穗具1单性花，包支小穗的先出叶合生成囊状 ································· 36. 薹草属 Carex

1. 藨草属 Scirpus Linn.
（梁松筠）

具匍匐根状茎或无。秆具节，散生或丛生。叶秆生或基生；苞片叶状。长侧枝聚伞花序多次复出；小穗长2-7（-9）毫米，宽-2.5-3毫米，具多数两性花，基部1-2鳞片内无花，鳞片无毛；下位刚毛6或较少，较小坚果长或等长，具倒刺或顺刺，弯曲或直；花柱基部不膨大，与小坚果连接处不明显，柱头3。小坚果三棱形，顶端细尖。

约35种，主要分布北半球温带地区。我国12种。

1. 小穗暗绿色。
  2. 下位刚毛直，全部具倒刺，等长或稍长于小坚果；鳞片背面3脉；各次辐射枝和小穗柄上部粗糙 ·········
    ·· 1. 东方藨草 S. orientalis
  2. 下位刚毛长而弯曲，近顶端稍具倒刺，长于小坚果3-4倍；鳞片背面具中肋；各次辐射枝和小穗柄几不粗
    糙 ··· 2. 单穗藨草 S. radicans
1. 小穗褐红色。
  3. 鳞片先端尖。
    4. 下位刚毛长而弯曲，长于小坚果数倍。
      5. 小穗5-10聚成头状，长6-9毫米；鳞片长圆状卵形或披针形，长2.5-3毫米；秆丛生 ···············
        ··· 3. 华东藨草 S. karuizawensis
      5. 小穗单生或2-4簇生，长3-6毫米；鳞片三角状卵形，长约1.5毫米；秆单生 ·······················
        ··· 4. 庐山藨草 S. lushanensis
    4. 下位刚毛直，与小坚果近等长，下部无毛，上部密被黄棕色长柔毛 ········ 5. 海南藨草 S. hainanensis
  3. 鳞片先端钝或近圆。
    6. 鳞片背面3脉 ·· 6. 百球藨草 S. rosthornii
    6. 鳞片背面1脉 ·· 7. 百穗藨草 S. ternatanus

1. 东方藨草　朔北林生藨草　　　　　　　　图 323

Scirpus orientalis Ohwi in Acta Phytotax. Geobot. 1: 76. 1932.

Scirpus sylvaticus Linn. var. *maximowiczii* Regel；中国植物志 11: 9. 1961；中国高等植物图鉴 5: 211. 1976.

具匍匐根状茎。秆高0.8-1.2米，径0.7-1.2厘米，近花序部分三棱形，有秆生叶和节。叶等长或短于花序，宽0.5-1.5厘米，叶片边缘和背面中肋常有锯齿，叶鞘和叶片背面有隆起横脉；苞片2-4枚，叶状，下面1-2枚长于花序。多次复出长侧枝聚伞花序顶生，辐射枝多数，长达10厘米，辐射枝和小穗柄上部粗糙。小穗暗绿色，单生或2-3（-5）聚合，卵状披针形或卵形，长4-6毫米，宽约2毫米，多花；鳞片宽

图 323 东方藨草
（引自《图鉴》、《东北草本植物志》）

卵形，膜质，长约 1.5 毫米，背面黄绿色，3 脉，稀 5 脉，两侧黑绿色；下位刚毛直，5-6，等长或稍长于小坚果，全部有倒刺；雄蕊 3，花药线状长圆形，长约 1 毫米，药隔稍突出；花柱中等长，柱头 3。小坚果倒卵形或宽倒卵形，扁三棱形，淡黄色。花期 6-7 月，果期 8 月。

产黑龙江、吉林、辽宁、内蒙古、河北、山东、山西、陕西、甘肃及新疆，生于海拔 1300-2700 米水边、山上阴湿处或山沟浅水中。俄罗斯远东地区、朝鲜半岛及日本有分布。

图 324　单穗藨草　（引自《中国植物志》）

2.　单穗藨草　东北藨草　　　　　　　　　图 324

Scirpus radicans Schk. in Usteri, Ann. 4: 48. 1793.

散生草本。秆粗壮，高 65-90 厘米，有节，近花序部分三棱形，稍粗糙，具基生叶与秆生叶。叶较花序短，宽 0.7-1 厘米，平滑，叶鞘长；苞片叶状，2-3 枚，下面 1-2 枚长于花序。多次复出长侧枝聚伞花序顶生，第一次辐射枝长达 9 厘米。小穗暗绿色，多单生或 2-4 簇生辐射枝顶端，长圆状卵形，长 6-7 毫米，宽 2 毫米，多花；鳞片紧密，长圆形，长约 2 毫米，背面中肋淡

黄色，两边黑色，有时基部麦秆色，上部边缘稍啮蚀状；下位刚毛 6，长为小坚果 3-4 倍，弯曲藏于鳞片内，近顶端稍有倒刺；花药长约 1 毫米，线状长圆形；花柱稍短，柱头 3，具乳头状小突起。小坚果倒卵形，扁三棱形，长约 1 毫米，淡黄色。花期 6-7 月。

产黑龙江、吉林、辽宁及内蒙古，生于海拔约 850 米水中。俄罗斯远东地区、朝鲜半岛及日本有分布。

3.　华东藨草　　　　　　　　　图 325：1-5

Scirpus karuizawensis Makino in Bot. Mag. Tokyo 18: 119. 1904.

根状茎短，无匍匐根状茎。秆粗壮，坚硬，丛生，高 0.8-1.5 米，不明显三棱形，5-7 节，具基生叶和秆生叶，少数基生叶仅具叶鞘而无叶片，鞘常红棕色，叶坚硬，短于秆，宽 0.4-1 厘米；苞片叶状，1-4 枚，较花序长。长侧枝聚伞花序 2-4 或 1 个，顶生和侧生，花序相距较远，集成圆锥状，顶生长侧枝聚伞花序有时复出，侧生长侧枝聚伞花序具 5 至少数辐射枝，辐射枝较短，

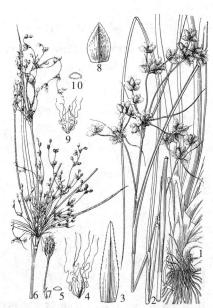

稀长达 7 厘米。小穗褐红色，5-10 聚成头状，着生辐射枝顶端，长圆形或卵形，长 6-9 毫米，宽 3-4 毫米，密生多花。鳞片披针形或长圆状卵形，先端尖，膜质，长 2.5-3 毫米，背面 1 脉；下位刚毛 6，下

图 325：1-5.华东藨草　6-10.庐山藨草
（引自《中国植物志》）

部卷曲，白色，较小坚果长，伸出鳞片外，先端疏生顺刺；花药线形；花柱中等长，柱头3，具乳头状小突起。小坚果长圆形或倒卵形，扁三棱形，长约1毫米（不连喙），淡黄色，稍有光泽，喙短。

产吉林、辽宁、山东、河南、陕西、江苏、安徽、湖北、湖南、贵州及云南，生于海拔600-1200米河旁、溪边近水处或干枯河底。朝鲜半岛及日本有分布。

4. 庐山藨草　茸球藨草　　　　　　　　图 325：6-10　图 326

Scirpus lushanensis Ohwi in Acta Phytotax. Geobot. 7: 134. 1934.

Scirpus asiaticus Beetle；中国植物志 11: 12. 1961.

散生，根状茎粗短，无匍匐根状茎。秆粗壮，单生，高1-1.5米，坚硬，钝三棱形，5-8节，节间长，具秆生叶和基生叶。叶短于秆，宽0.5-1.5厘米，稍坚硬，叶鞘长3-10厘米，通常红棕色；苞片叶状，2-4枚，通常短于花序，稀长于花序。多次复出长侧枝聚伞花序，第一次辐射枝细，长达15厘米，疏展，各次辐射枝及小穗柄均粗糙。小穗褐红色，单生，或2-4成簇顶生，椭圆形或近球形，长3-6毫米，花密生。鳞片三角状卵形、卵形或长圆状卵形，先端尖，膜质，长约1.5毫米，锈色，背部有1淡绿色脉；下位刚毛6，下部卷曲，较小坚果长，上端疏生顺刺；花药线状长圆形；花柱中等长，柱头3。小坚果倒卵形，扁三棱形，长约1毫米，淡黄色，具喙。

图 326　庐山藨草　（引自《东北草本植物志》）

花期6-7月，果期8-9月。

产吉林、辽宁、山东、河南、陕西、江苏、安徽、浙江、福建、江西、湖北、湖南、广东、贵州、四川、云南及西藏，生于海拔300-2800米山路旁、阴湿草丛中、沼地、溪旁或山麓空旷处。俄罗斯远东地区、朝鲜半岛、日本及印度有分布。

5. 海南藨草　　　　　　　　　　　　　　图 327

Scirpus hainanensis S. M. Huang in Fl. Hainan. 4: 275. 538. 1976.

根状茎短或无。秆直立，丛生，高60-90厘米，圆柱形，无毛，具节，具纵槽纹。叶基生成丛或3-5枚生于秆上，短于秆，宽3-5毫米，线形，平展，背面中脉和边缘粗糙，叶鞘长1.5-3厘米，棕色，鞘口斜截；苞片叶状，常较花序短，向上渐短，具鞘。圆锥花序由1个顶生和3-5侧生长侧枝聚伞花序组成；长侧枝聚伞花序具长梗，稍疏离，具3-12小穗；小穗褐红色，单生，长圆形或卵状长圆形，长5-7毫米，宽2-3毫米，有10-15花，有时小穗生出幼株。鳞片卵形或长圆状卵形，长2-2.5毫米，先端尖或

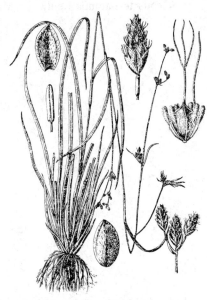

图 327　海南藨草　（引自《海南植物志》）

具短尖头，膜质，背面中部黄绿色，1脉，两侧黄棕或淡黄色，有深棕色条纹；下位刚毛直，6条，长约1.5毫米，下部无毛，上部密被黄棕色长柔毛；雄蕊1，花药长圆形，长不及1毫米，药隔突出；花柱长约1.5毫米，基部稍膨大，柱头3。小坚果倒卵形或宽倒卵形、三棱形，长约1.5毫米，成熟后黄棕色。花果期6-9月。

产福建、江苏、香港及海南，多生于山谷林中或近水边潮湿处。

6. 百球藨草

Scirpus rosthornii Diels in Engl. Bot. Jahrb. 29: 228. 1901.

图 328：1-5

根状茎短。秆粗壮，高0.7-1米，坚硬，三棱形，节间长，具秆生叶。叶较坚挺，秆上部的叶高出花序，宽0.6-1.5厘米，叶缘和下面中肋粗糙，叶鞘长3-12厘米，横脉突出；苞片叶状，3-5，常长于花序。多次复出长侧枝聚伞花序顶生，具6-7个第一次辐射枝，辐射枝长达12厘米，均粗糙；4-15小穗聚成头状着生辐射枝顶端。小穗褐红色，无柄，卵形或椭圆形，长2-3毫米，宽约1.5毫米，小花多数。鳞片宽卵形，先端钝，长约1毫米，3脉，2侧脉隆起，两侧脉间黄绿色，余麦秆黄或棕色，后深褐色；下位刚毛2-3，较小坚果稍长，直，中部以上有顺刺；柱头2。小坚果椭圆形或近圆形，双凸状，长0.6-0.7毫米，黄色。花果期5-9月。

产山东、河南、陕西、甘肃、安徽、浙江、福建、湖北、湖南、广东、贵州、四川、云南及西藏，生于海拔350-2600米林中、林缘、山坡、山脚、路旁、湿地、溪边或沼泽地。

图 328：1-5.百球藨草　6-8.百穗藨草
（引自《中国植物志》）

7. 百穗藨草

Scirpus ternatanus Reinw. ex Miq. Fl. Ind. Batav. 3: 307. 1856.

图 328：6-8

秆粗壮，高0.6-1米，三棱形，有节，具秆生叶。叶长于秆，宽0.1-1.5厘米，平展，革质，边缘常粗糙，下部叶鞘黑紫色；苞片叶状，5-6，下面3-4枚长于花序。长侧枝聚伞花序具5至多数辐射枝，辐射枝粗壮，平滑，长达9厘米；小穗褐红色，无柄，4-6（10）聚为头状着生辐射枝顶端，卵形、椭圆形或长圆形，长3-8毫米，宽约2毫米，多花。鳞片紧密，宽卵球形，膜质，长约1毫米，棕色，1脉，淡棕色；下位刚毛2-3，较小坚果稍长，直，中部以上疏生顺刺；柱头2。小坚果椭圆形、倒卵形或近圆形，双凸状，长不及1毫米，淡黄色。花果期7-8月。

产山东、安徽、台湾、福建、湖北、湖南、广东、香港、海南、广西、四川及云南，生于潮湿处或山坡。日本、印度及马来西亚有分布。

2. 三棱草属 Bolboschoenus (Aschers.) Palla

（梁松筠）

具匍匐根状茎，顶端成球状块茎。秆具节，散生，秆生叶多数，基部叶鞘无叶片；苞片叶状。顶生长侧枝聚伞花序短，辐射枝较少。小穗长 0.8-2 厘米，宽 3.5-8 毫米，多花。鳞片先端缺刻状撕裂具芒，外面被毛；下位刚毛 6 或较少，刚毛状或针状，长为小坚果 1/2 或稍长，具倒刺；雄蕊 3。果较大。

　　约 10 种。我国 4 种。

1. 柱头（2）3；小坚果三棱状倒卵形；下位刚毛与小坚果等长或稍长；鳞片芒长 2-3 毫米；长侧枝聚伞花序 ·· 1. 荆三棱 B. yagara
1. 柱头 2；小坚果倒卵形、宽倒卵形或近圆形；下位刚毛长为小坚果 1/2 或稍长；鳞片芒较短；花序头状，或具 1 个小穗，稀为简单长侧枝聚伞花序。
　　2. 鳞片褐或深褐色，长 6-8 毫米；小坚果两面稍凹，长 3-3.5 毫米 ·················· 2. 扁秆荆三棱 B. planiculmis
　　2. 鳞片淡黄色，长 5-6 毫米；小坚果两面微凸，长约 2.5 毫米 ·················· 3. 球穗荆三棱 B. strobilinus

1.　荆三棱　　　　　　　　　　图 329 图 330：12-16

Bolboschoenus yagara (Ohwi) Y. C. Yang et M. Zhan in Acta Biol. Plat. Sin. 7: 14. 1987.

Scirpus yagara Ohwi, Cyper. Jap. 2: 100. 1944；中国植物志 11: 7. 1961；中国高等植物图鉴 5:210. 1976.

根状茎粗长，匍匐状，顶生球状块茎，块茎生匍匐根状茎。秆高 0.7-1.5 米，锐三棱形，平滑，基部膨大，具秆生叶。叶线形，宽 0.5-1 厘米，稍坚挺，上部叶片边缘粗糙，叶鞘长达 20 厘米；苞片叶状，3-4 枚，长于花序。长侧枝聚伞花序具 3-8 辐射枝，辐射枝长达 7 厘米；每辐射枝具 1-3（4）小穗。小穗卵形或长圆形，锈褐色，长 1-2 厘米，宽 5-8（-10）毫米，多花。鳞片密覆瓦状，膜质，长圆形，长约 7 毫米，外被短柔毛，具中肋，顶端芒长 2-3 毫米；下位刚毛 6，几与小坚果等长或稍长，上有倒刺；雄蕊 3，花药线形，长约 4 毫米；花柱细长，柱头（2）3。小坚果三棱状倒卵形，黄白色。花期 5-7 月。

图 329　荆三棱（引自《东北草本植物志》）

　　产黑龙江、吉林、辽宁、内蒙古、河北、山东、河南、江苏、安徽、浙江、湖北、湖南、贵州及云南，生于湖、河浅水中。朝鲜半岛及日本有分布。供药用；供制电木粉、高级胶压绝缘隔音板、超级恒久浮生圈、酒精、甘油、炸药等，也可作饲料。

2.　扁秆荆三棱　扁秆藨草　　　　图 330：1-7

Bolboschoenus planiculmis (Fr. Schmidt) Egorova in Grabov, Pl. Asiae Centr. 3: 20. 1967.

Scirpus planiculmis Fr. Schmidt in Reis Amurl. u. Ins. Sachl. 190. 1868；中国植物志 11: 7. 1961；中国高等植物图鉴 5: 211. 1976.

具匍匐根状茎和块茎。秆高 0.6-1 米，较细，三棱形，平滑，近花序部分粗糙，基部膨大，具秆生叶。叶扁平，宽 2-5 毫米，先端渐窄，叶鞘长；苞片叶状，1-3，长于花序，边缘粗糙。长侧枝聚伞花序头状，或具少数辐射枝，具 1-6 小穗。小穗卵形或长圆状卵形，锈褐色，长 1-1.6 厘米，宽 4-8 毫米，花多数。鳞片膜质，长圆形或椭圆形，长 6-8 毫米，褐或深褐色，疏被柔毛，中肋稍宽，先端稍缺刻状撕裂，具芒；下位刚毛 4-6，生倒

刺，长为小坚果 1/2-2/3；雄蕊 3，花药线形，长约 3 毫米，药隔稍突出；花柱长，柱头 2。小坚果宽倒卵形或倒卵形，扁，两面稍凹，长 3-3.5 毫米。花期 5-6 月，果期 7-9 月。

产黑龙江、吉林、辽宁、内蒙古、河北、山东、山西、河南、陕西、宁夏、甘肃、青海、新疆、江苏、安徽、浙江、台湾、湖北及云南，生于海拔 100-1600 米湖、河边近水处。朝鲜半岛及日本有分布。黑龙江作麝鼠冬粮。

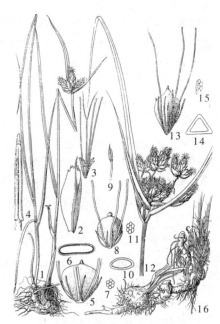

图 330：1-7.扁秆荆三棱　8-11.球穗荆三棱　12-16.荆三棱　（引自《中国植物志》）

3. 球穗荆三棱　球穗藨草　　　　　　图 330：8-11

Bolboschoenus strobilinus (Roxb.) V. Krecz. in P. H. Ovcz. Fl. Tadzh. SSR 2: 47. 1963.

Scirpus strobilinus Roxb. in Fl. Ind. ed. Carey 1: 222. 1820；中国植物志 11: 8. 1961.

多年生草本，散生，具匍匐根状茎和卵形块茎。秆高 10-50 厘米，三棱形，平滑，中部以上生叶。叶线形，稍坚挺，宽 1-4 毫米，秆上部的叶长于秆或等长，边缘和背面中肋不粗糙或稍粗糙；苞片叶状，2-3，长于花序。长侧枝聚伞花序常头状，稀具短辐射枝，具 1-10 余小穗。小穗卵形，长 1-1.6 厘米，宽 3.5-7 毫米，多花。鳞片长圆状卵形，膜质，淡黄色，长 5-6 毫米，外面微被短毛，先端有缺刻，具中肋，先端具芒；下位刚毛 6，4 短，2 较长，长为小坚果 1/2 或稍长，生倒刺；雄蕊 3，花药线状长圆形，长约 1 毫米，药隔锥形；花柱细长，柱头 2。小坚果宽倒卵形，两面微凸，双凸状，长约 2.5 毫米，黄白色，成熟时深褐色。花果期 6-9 月。

产内蒙古、宁夏、甘肃、青海及新疆，生于海拔 2600-2900 米路旁凹地、砂丘湿地、沼泽或盐土地。俄罗斯高加索、中亚、伊朗及印度有分布。

3. 大藨草属 Actinoscirpus (Ohwi) R. Haines et Lye

（梁松筠）

具匍匐根状茎。秆高 1-2 米，锐三棱形，无节，基部具 1-2 叶鞘，鞘无叶片，膜质部分撕裂成网状。叶短于秆，宽 0.7-1.2 厘米，具隆起横脉；苞片叶状，3-4，下部 1-3 枚长于花序，上端边缘粗糙。复出长侧枝聚伞花序顶生，花序基部具叶状苞片，辐射枝 10 余个，细，长达 5 厘米；小穗单生，卵形或椭圆形，长 3-6 毫米，宽 2.5-3 毫米，两性花 10-20 余花；鳞片椭圆形或宽卵形，长约 2 毫米，膜质，锈色，中脉疏被糙硬毛，先端具小突尖，具缘毛；下位刚毛 5-6，长约 1.5 毫米，具倒刺；雄蕊 3，花药线形，药隔黑色，突出部分膨大；花柱较长，柱头 3，细长。小坚果倒卵形或近椭圆形，扁三棱形，长约 1.5 毫米，褐或褐黄色，喙短。

单种属。

硕大蔗草 图 331

Actinoscirpus grossus (Linn. f.) Goetghebeur et D. A. Simpson. in Kew Bull. 46: 171. 1991.

Scirpus grossus Linn. f. Suppl. Sp. Pl. 104. 1781；中国植物志 11: 16. 1961.

形态特征同属。花果期 7-10 月。

产台湾、广东及海南，生于潮湿处、浅水中或海滨沼泽。印度、东南亚、澳大利亚北部及日本有分布。

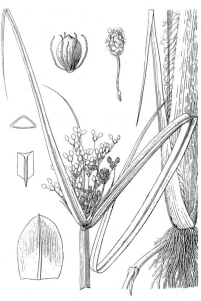

图 331 硕大蔗草 （引自《中国植物志》）

4. 水葱属 Schoenoplectus (Reichb.) Palla

（梁松筠）

具匍匐根状茎，无块茎。秆散生或丛生，无节。叶通常简化成鞘；苞片为秆的延长。简单长侧枝聚伞花序假侧生，有时复出。小穗大或中等大，多花；鳞片边缘具缺刻和微毛；下位刚毛6或较少，针状，具倒刺；雄蕊3。小坚果双凸状，长 1-2.6 毫米，平滑或微有皱纹。

约 77 种，遍布全世界。我国 22 种。

1. 鳞片先端具芒；小坚果平滑；秆单生于匍匐根状茎节上。
　2. 下位刚毛羽毛状 ·· 1. 钻苞水葱 **S. litoralis**
　2. 下位刚毛具倒刺。
　　3. 秆锐三棱形，或秆上部三棱形，下部圆柱形；匍匐根状茎细。
　　　4. 小穗长圆形或圆筒形，长 1.4-2 厘米；下位刚毛（2）3（4）；柱头 3-2 ········ 2. 青岛水葱 **S. trisetosus**
　　　4. 小穗卵形或长圆形，长 0.6-1.2 厘米；下位刚毛（2）3-5；柱头 2 ········ 3. 三棱水葱 **S. triqueter**
　　3. 秆圆柱状；匍匐根状茎粗壮 ····································· 4. 水葱 **S. tabernaemontani**
1. 鳞片先端尖，骤短尖或钝；小坚果多有皱纹；秆丛生。
　5. 秆锐三棱形；鳞片先端骤短尖；小坚果稍有皱纹 ················ 5. 水毛花 **S. mucronatus** subsp. **robustus**
　5. 秆圆柱状（仰卧水葱秆三棱形）。
　　6. 鳞片宽卵形或卵形，先端尖或骤短尖。
　　　7. 秆无棱；鳞片无缘毛。
　　　　8. 小穗 3-5 聚成头状，宽 3.5-4 毫米；小坚果平凸状，长约 2.5 毫米 ················ 6. 萤蔺 **S. juncoides**
　　　　8. 小穗单生或 2-3 聚成头状，宽 3.5-6.5 毫米；小坚果三棱形，长约 2.5 毫米 ················
　　　　　　　　　　　　　　　　　　　　　　　　　　　　 6(附). 细秆萤蔺 **S. juncoides** var. **hotarui**
　　　7. 秆具 3-5 棱；鳞片具缘毛 ································· 7. 五棱水葱 **S. trapezoideus**
　　6. 鳞片长圆状卵形或窄倒卵形。
　　　9. 鳞片长圆状卵形，先端渐尖。
　　　　10. 秆基部叶鞘无叶片。
　　　　　11. 下位刚毛 4，长为小坚果 1.5 倍或稍长 ························· 8. 猪毛草 **S. wallichii**

11. 下位刚毛4-5，比小坚果长1倍 ·· 9. **吉林水葱 S. komarovii**

10. 秆基部叶鞘顶端具叶片；无下位刚毛或具痕迹 ················ 10. **仰卧水葱 S. supinus** subsp. **lateriflorus**

9. 鳞片窄倒卵形，先端长尾状渐尖外弯 ·· 11. **毛述水葱 S. squarrosus**

1. 钻苞水葱　　　　　　　　　　　　　　　　　　图　332

Schoenoplectus litoralis (Schrader) Pall in Bot Jahrb. 10: 299. 1889.

Scirpus littoralis Schrader, Fl. German. 1: 142. 1806；中国高等植物图鉴 5: 213. 1976.

匍匐根状茎短而不明显。秆单生，粗壮，高0.5-1米，有3钝棱。

无叶片或具1枚叶片，秆基部叶鞘长达28厘米；苞片1枚，为秆的延长，近钻状。长侧枝聚伞花序有5-7辐射枝，最长的达4.5厘米，扁三棱状，基部有1白色膜质小苞片，上部着生1-2小穗。小穗卵形或长圆形，长0.6-1.2厘米，多花。鳞片膜质，长圆形，长3-4毫米，先端具芒，红棕色，边缘白色半透明状；下位刚毛3-4，羽毛状，长于小坚果；雄蕊3；柱头2。小坚果宽倒卵形，平滑，长约2毫米。

产宁夏、甘肃、新疆及四川西部，生于湿地。欧洲、中亚地区及埃及有分布。

图　332　钻苞水葱　（引自《图鉴》）

2. 青岛水葱　青岛藨草　　　　　　　　　图　333: 1-5

Schoenoplectus trisetosus (Tang et Wang) S. Y. Liang, comb. nov.

Scirpus trisetosus Tang et Wang, Fl. Reipubl. Popul. Sin. 11: 18. 221. 1961.

匍匐根状茎细。秆粗壮，高0.8-1.2米，锐三棱形，平滑，基部

鞘暗褐或棕色，纸质或近干膜质，有横脉。无叶片；苞片1，为秆的延长，常短于花序。简单长侧枝聚伞花序假侧生，具3-4辐射枝，辐射枝长达4厘米，具1-5小穗。小穗长圆形或圆筒状，长1.4-2厘米，宽约4毫米，棕色，多花密生。鳞片紧密，椭圆形，先端微缺，膜质，长约4毫米，黄棕色，下部有紫褐色条纹，有中肋，绿色，稍伸出顶端，边缘啮蚀状；下位刚毛（2）3（4），稍短于小坚果，具倒刺；雄蕊3，花丝扁平，花药线形；花

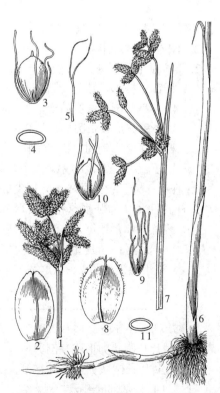

图 333: 1-5.青岛水葱　6-11.三棱水葱
（引自《中国植物志》）

柱长，柱头3-2。小坚果倒卵形或椭圆形，平滑，平凸状，长2.5-3毫米，褐色。花果期7-10月。

产山东及河南，生于海拔约200米河边湿地。

3. 三棱水葱 蔍草　　　　　　　图 333：6-11

Schoenoplectus triqueter (Linn.) Palla in Engl. Bot. Jahrb. 10: 229. 1888.

Scirpus triqueter Linn. Mant. 1: 29. 1767；中国植物志 11: 18. 1961；中国高等植物图鉴 5: 214. 1976.

匍匐根状茎细长，径1-5毫米，干时红棕色。秆散生，粗壮，

高20-90厘米，三棱形，基部具2-3膜质鞘，横脉隆起，最上部鞘具叶片。叶片扁平，长1.3-5.5（-8）厘米，宽1.5-2毫米；苞片1，为秆的延长，三棱形，长1.5-7厘米。简单长侧枝聚伞花序假侧生，辐射枝1-8，三棱形，棱粗糙，长达5厘米，每辐射枝顶端簇生1-8小穗。小穗卵形或长圆形，长0.6-1.2（-1.4）厘米，宽3-7毫米，密生多花。鳞片长圆形、椭圆形或宽卵形，先端微凹或圆，长3-4毫米，膜质，黄棕色，具中肋，先端短尖，边缘疏生缘毛；下位刚毛（2）3-5，几等长或稍长于小坚果，有倒刺；雄蕊3，花药线形，药隔暗褐色，稍突出；花柱短，柱头2，细长。小坚果倒卵形，平凸状，长2-3毫米，成熟时褐色。花果期6-9月。

产黑龙江、吉林、辽宁、内蒙古、河北、山东、山西、河南、陕西、宁夏、甘肃、青海、新疆、江苏、安徽、浙江、台湾、福建、湖北、广西、四川、云南、西藏等省区，生于海拔2000米以下水沟、水塘、山溪边或沼泽地。俄罗斯、日本、朝鲜半岛、中亚、欧洲及美洲有分布。秆可代麻。

4. 水葱 南水葱　　　　　　　图 334

Schoenoplectus tabernaemontani (Gmel.) Palla in Sitzb. Zool.- Bot. Gesel. Wien 38: 49. 1888.

Scirpus tabernaemontani Gmel. Fl. Bad. 1: 108. 1805；中国高等植物图鉴 5: 214. 1976；中国植物志 11: 19. 1961.

Schoenoplectus tabernaemontani var. *laeviglumis* Tang et Wang, Fl. Reip. Pop. Sin. 11: 20. t. 9: 6-7. 1961.

匍匐根状茎粗壮，须根多数。秆圆柱状，高1-2米，平滑，基部叶鞘3-4，鞘长达38厘米，膜质，最上部叶鞘具叶片。叶片线形，长

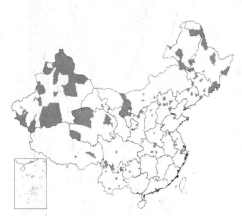

1.5-11厘米；苞片1，为秆的延长，直立，钻状，常短于花序，稀稍长于花序。长侧枝聚伞花序简单或复出，假侧生，辐射枝4-13或更多，长达5厘米，一面凸，一面凹，边缘有锯齿。小穗单生或2-3簇生辐射枝顶端，卵形或长圆形，长0.5-1厘米，宽2-3.5毫米，多花。鳞片椭圆形或宽卵形，先端稍凹，具短尖，膜质，长约3毫米，棕或紫褐色，背面有锈色小点突起，1脉，边缘具缘毛；下位刚毛6，等长于小坚果，红棕色，有倒刺；雄蕊3，花

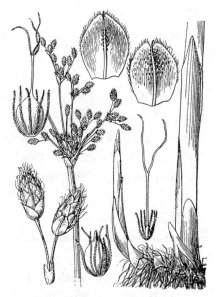

图 334 水葱 （引自《中国植物志》）

药线形，药隔突出；花柱中等长，柱头2（3），长于花柱。小坚果倒卵形或椭圆形，双凸状，稀三棱形，长约2毫米。花果期6-9月。

产黑龙江、吉林、辽宁、内蒙古、河北、山东、山西、河南、陕西、宁夏、甘肃、青海、新疆、江苏、浙江、广东、贵州、四川、云南、西藏等省区，生于海拔 1300-3200 米湖边或浅水塘中。朝鲜半岛、日本、澳大利亚、南北美洲有分布。秆作编织席子材料。

5. 水毛花 图 335 图 337：8-13

Schoenoplectus mucronatus (Linn.) Palla subsp. **robustus** (Miq.) T. Koyama, Fl. Taiwan 5: 214. 1978.

Scirpus mucronatus Linn. var. *robustus* Miq. in Ann. Mus. Bot. Lugd.-Bot. 2: 143. 1865.

Scirpus triangulatus Roxb. Fl. Ind. ed. Carey 1: 219. 1820；中国植物志 11: 21. 1961；中国高等植物图鉴 5: 215. 1976.

根状茎粗短，须根细长。秆丛生，稍粗壮，高 0.5-1 米，锐三棱形，基部具 2 棕色叶鞘，长 7-23 厘米，顶端斜截，无叶片；苞片 1，为秆的延长，直立或稍展开，长 2-9 厘米。小穗（2-）5-9（-20）聚成头状，假侧生，卵形、长圆状卵形、圆筒形或披针形，长 0.8-1.6 厘米，宽 4-6 毫米，多花。鳞片卵形或长圆状卵形，先端骤短尖，近革质，长 4-4.5 毫米，淡棕色，具红棕色短条纹，1 脉；下位刚毛 6，有倒刺，较小坚果长 1/2、等长或稍短；雄蕊 3，花药线形，长约 2 毫米，药隔稍突出；花柱长，柱头 3。小坚果倒卵形或宽倒卵形，扁三棱形，长 2-2.5 毫米，成熟时暗棕色，稍有皱纹。花果期 5-8 月。

图 335 水毛花 （引自《图鉴》）

产黑龙江、山东、山西、河南、陕西、江苏、安徽、浙江、福建、江西、湖北、湖南、广东、海南、广西、贵州、四川、西藏等省区，生于海拔 500-3100 米水塘边、沼泽地、溪边牧草地、湖边等，常和慈菇、莲花伴生。朝鲜半岛、日本、亚洲其他国家、马尔加什及欧洲均有分布。秆作蒲包材料。

6. 萤蔺 图 336

Schoenoplectus juncoides (Roxb.) Palla in Engl. Bot. Jahrb. Syst. 10(4): 299. 1888.

Scirpus juncoides Roxb. Fl. Ind. ed. Carey 1: 216. 1820；中国植物志 11: 23. 1961；中国高等植物图鉴 5: 215. 1976.

根状茎短，须根多数。秆丛生，稍坚挺，圆柱状，无棱，稀近有棱，平滑，基部具 2-3 鞘，鞘口斜截，边缘干膜质，无叶片；苞片 1，为秆的延长，直立，长 3-15 厘米。小穗（2）3-5（-7）聚成头状，假侧生，卵形或长圆状卵形，长 0.8-1.7 厘米，宽 3.5-4 毫米，棕或淡棕色，多花。鳞片宽卵形或卵形，先端骤短尖；近纸质，长

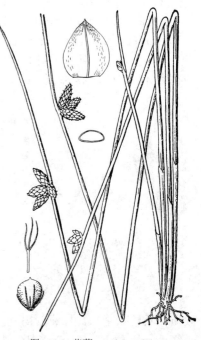

图 336 萤蔺 （引自《图鉴》）

3.5-4毫米，背面绿色，具中肋，两侧棕色或具深棕色条纹；下位刚毛5-6，等长于或短于小坚果，有倒刺；雄蕊3，花药长圆形，药隔突出；花柱中等长，柱头2（3）。小坚果宽倒卵形或倒卵形，平凸状，长约2.5毫米，稍皱缩，无明显横皱纹，成熟时黑褐色。花果期8-11月。

辽宁、河北、山东、山西、河南、陕西、甘肃、新疆、江苏、安徽、浙江、台湾、福建、江西、湖北、湖南、广东、香港、海南、广西、贵州、四川、云南、西藏等省区，生于海拔300-2000米路旁、荒地潮湿处、水田边、池塘边、溪旁或沼泽中。亚洲热带和亚热带地区、澳大利亚及北美洲有分布。

[附] **细秆萤蔺 Schoenoplectus juncoides** var. **hotarui** (Ohwi) S. Y. Liang, comb. nov. —— *Scirpus juncoides* var. *hotarui* Ohwi in Mem. Coll. Sci. Kyoto Imper. Univ. ser. B, 18: 114. 1944; 中国植物志11: 24. 1961. 与模式变种的区别：小穗单生或2-3聚成头状，宽3.5-6毫米；小坚果三棱形，长约2.5毫米。产辽宁南部。朝鲜半岛及日本有分布。

7. 五棱水葱　五棱藨草　　　　　图 337：1-7

Schoenoplectus trapezoideus (Koidz.) Hayas. et H. ohashi in Journ. Jap. Bot. 75(4)：224. 2000

Scirpus xtrapezoideus Koidz. in Bot. Mag. Toyko 39: 26. 1925；中国植物志11: 33. 1961.

根状茎短，具须根。秆丛生，高40-70厘米，直立，圆柱状，较细，3-5棱。叶鞘长达12厘米，顶端无叶片，鞘口斜截，基部的淡褐色；苞片1，直立，如秆之延长，长5-15厘米。长侧枝聚伞花序聚成头状，假侧生，具2-9小穗；小穗无柄，长圆状卵形或卵形，长0.8-1.4厘米，宽4-6毫米，淡锈褐色；鳞片宽椭圆形，先端尖，淡锈褐色，长3-4毫米，稍革质，背部绿色，具缘毛，背具中脉，具小尖头；下位刚毛6，长约为小坚果2/3，具倒刺；雄蕊3，花药线形，长1.2-1.5毫米。小坚果宽倒卵形或近圆形，长约2毫米，双凸状或不等双凸状，黑褐色，无明显皱纹；花柱长约3毫米，柱头3（2）。

产吉林，生于湿地。日本有分布。

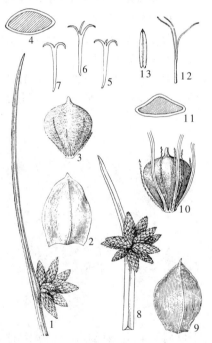

图 337：1-7.五棱水葱 8-13.水毛花
（引自《中国植物志》）

8. 猪毛草　　　　　图 338

Schoenoplectus wallichii (Nees) T. Koyoma in Fl. Taiwan 5: 210. 1978.

Scirpus wallichii Nees in Wight, Contrib. Bot. Ind. 112. 1834；中国植物志11: 25. 1961；中国高等植物图鉴5: 216. 1976.

无根状茎。秆丛生，细弱，高10-40厘米，圆柱状，平滑，基部具2-3鞘，鞘管状，近膜质，长3-9厘米，上端开口斜截，口部

边缘干膜质，无叶片；苞片1，为秆的延长，直立，先端尖，长4.5-13厘米，基部稍扩大。小穗单生或2-3成簇，假侧生，长圆状卵形，长0.7-1.7厘米，宽3-6毫米，淡绿或淡棕绿色，10多朵至多花。鳞片长圆状卵形，先端渐尖，近革质，长4-5.5毫米，背面较宽部分绿色，具中脉，先端短尖，两侧淡棕、淡棕绿色或近白色半透明，具深棕色短条纹；下位刚毛4，长于小坚果，上部有倒刺；雄蕊3，花药长圆形，药隔稍突出；花柱中等长，柱头2。小坚果宽椭圆形，平凸状，长约2毫米，黑褐色，有不明显皱纹。花果期9-11月。

产江苏、安徽、台湾、福建、江西、湖北、广东、广西、贵州及云南，生于稻田中、溪边或河旁近水处，云南生于海拔1000米。朝鲜半岛、日本及印度有分布。全草药用，清热利尿。

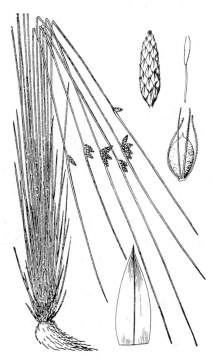

图 338 猪毛草 （引自《图鉴》）

9. 吉林水葱　　　　　图 339：1-4

Schoenoplectus komarovii (Roschev.) Sojak in Cas. Nan. Mua. (Prague) 140 (3-4)：127.1972.

Scirpus komarovii Roschev. in Kom. Fl. URSS. 3: 54. 1935；中国植物志 11: 26. 1961.

密丛生草本，根状茎短，无匍匐根状茎，具须根。秆稍细，高10-50厘米，圆柱状，平滑；基部具2-3鞘，鞘长1-10厘米，绿色，有时基部淡棕色，上端开口斜截，边缘干膜质，无叶片；苞片1，为秆的延长，长8-18厘米，基部稍扩大。小穗无柄，2-10多个聚伞头状，假侧生，卵形或长圆状卵形，长4-7（-10）毫米，宽2-3毫米，多花。鳞片长圆形，先端具短尖，膜质，长约2毫米，背面绿色，两侧淡棕色，稍有深棕色条纹，脉不明显；下位刚毛4-5，有倒刺，约为小坚果长1倍；雄蕊3，花药披针形，短，药隔稍突出；花柱长，柱头2。小坚果宽倒卵形，扁双凸状，长1-1.5毫米，黑褐色，有不明显横皱纹。花果期6-10月。

产黑龙江、吉林、辽宁及内蒙古，生于水田或沼泽地。俄罗斯及日本有分布。

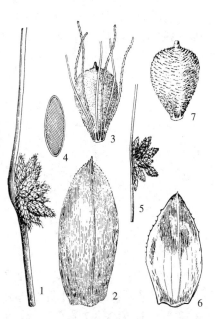

图 339：1-4.吉林水葱 5-7.仰卧水葱
（引自《东北草本植物志》）

10. 仰卧水葱　　　　　图 339：5-7　图 340

Schoenoplectus supinus Palla subsp. **lateriflorus** (Gmel.) T. Koyama in Hara & Williams, Pl. Nepal 119. 1978.

Scirpus lateriflorus Gmel. Syst. Veg. 127. 1791.

秆丛生，高7-30厘米，径1-1.7毫米，三棱形，基部叶鞘2-3，顶端具叶片，鞘长0.5-1.5厘米，膜质，淡绿色，鞘口斜截具长2-4毫米短尖，最上部的鞘长1-2厘米；苞片1或2，1苞片直立，长3-12厘米，另一苞片长2-4厘米。花序假侧生，头状或聚伞状，具4短的辐

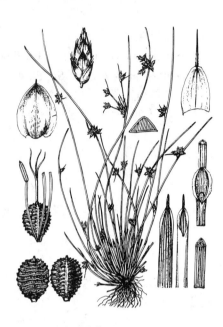

射枝。小穗披针形或长圆形，长 4-8 毫米，宽 2-3 毫米，淡绿色，后禾秆色，稍密，多花，聚集辐射枝顶端。鳞片椭圆形，长 1.8-2.5 毫米，船形，绿色，3 脉，苍白色，边缘膜质，常具锈点，先端具短尖。无下位刚毛或具痕迹。小坚果宽倒卵形，长 1-1.3 毫米，三棱形，顶端具短尖，棱面具横皱纹，成熟时黑色；花柱长 1.5 厘米，柱头 3。

产江苏南部、安徽、台湾、广东、香港、海南、广西及云南，生于潮湿处及稻田中。亚洲热带及澳大利亚有分布。

11. 毛述水葱　新华蔗草　　　　　　图 341

Schoenoplectus squarrosus (Linn.) S. Y. Liang, comb. nov.

Scirpus squarrosus Linn. Mant. 181. 1771.

Scirpus neochinensis Tang et Wang; 中国植物志 11: 28. 1961.

图 340　仰卧水葱　（引自《Fl. Taiwan》）

一年生草本，无根状茎。秆丛生，高 5-20 厘米，圆柱形，纤细，平滑，基部具 1-2 圆筒形叶鞘，膜质，红棕色，上部的具叶片，叶片细，长 5-1.5 毫米；苞片 1，为秆的延长，长 0.3-1.2 厘米。花序头状，假侧生，具（1）2-3 小穗。小穗无柄，卵形或椭圆形，毛述状，长 2.5-6 毫米，两性花多数。鳞片螺旋状排列，易脱落，膜质，窄倒卵形，长约 1.5 毫米，先端长尾状渐尖外弯，5-7 脉，中脉明显绿色，两侧淡黄或红棕色；无下位刚毛；雄蕊 1（2），花药长圆形，黄色，药隔不突出；花柱极短，柱头 3。小坚果窄倒卵形，三棱形，长约 0.5 毫米，黄棕色，成熟时灰黑色，具不明显疣状突起。花期 11 月。

产广东及海南，生于密荫沙土或空旷草地。印度及马来西亚有分布。

图 341　毛述水葱　（引自《中国植物志》）

5. 细莞属 Isolepis R. Br.

（梁松筠）

无根茎及块茎。秆丛生，矮小，无节。具多数基生叶，刚毛状；苞片秆状。头状花序假侧生，具 1-3 小穗。小穗小，多数两性花。无下位刚毛；雄蕊 2。小坚果长 0.45-0.9 毫米，具横长圆状网纹。

约 60 种，几遍布全世界，分布中心在南非和澳大利亚。我国 1 种。

细莞 细秆藨草 图 342

Isolepis setacea (Linn.) R. Br. Prodr. 222. 1810.

*Scirpus setaceu*s Linn. Sp. Pl. 49. 1753；中国植物志 11: 29. 1961；中国高等植物图鉴 5: 216. 1976.

矮小丛生草本，无匍匐根状茎。秆丛生，高 3-12 厘米，径约 0.5 毫米，圆柱状，无节。叶基生，线状，常短于秆，宽约 0.5 毫米，有时三角形，或仅有叶鞘；苞片 1-2，卵状披针形，先端有长芒或具短尖，基部两侧暗紫红色，长 0.3-1（-1.2）厘米。头状花序假侧生，小穗单生或 2-3 簇生秆顶端，卵形，长 2.5-4 毫米，多花。鳞片卵形或近椭圆形，长 1.5 毫米，1 脉，绿色，两

侧暗紫红或紫红色；无下位刚毛；雄蕊 2，花丝初粗短，有棕色细点，花药长圆形，药隔稍突出；花柱短，柱头 2-3，细长。小坚果宽倒卵形或近圆形，平凸状或近三棱形，长 0.7 毫米，淡棕色，具多数纵肋和细密平行横纹。

产陕西、宁夏、甘肃、青海、新疆、江西、四川、云南及西藏，

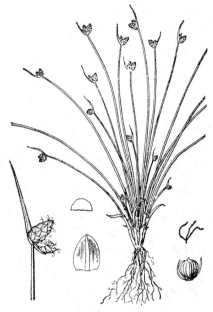

图 342 细莞 （引自《图鉴》）

生于海拔 1900-4000 米河滩、水中或潮湿山坡。亚洲其他地区、欧洲、大洋洲有分布。

6. 针蔺属 Trichophorum Pers

（梁松筠）

根状茎短或具细长匍匐根状茎。秆细，基部具几枚无叶片的叶鞘。花序具几枚长侧枝聚伞花序或顶生 1 小穗；苞片鳞片状。小穗卵形或椭圆形，鳞片覆瓦状排列，膜质，淡褐色；下位刚毛 6 或不发育；雄蕊 3；柱头 3（2）。小坚果长圆状倒卵形或倒卵形，有时具 3 棱，黑褐色，平滑。

约 10 种，分布热带亚洲高山和北欧阿尔卑斯山。我国 6 种。

1. 下位刚毛 6，具顺刺；小坚果长圆形或长圆状倒卵形。
　2. 秆三棱形 ·· 1. 三棱针蔺 T. mattfeldianum
　2. 秆近圆柱形 ·· 2. 玉山针蔺 T. subcapitatum
1. 下位刚毛不发育；小坚果长圆状倒卵形或宽倒卵形。
　3. 花两性；小坚果长圆状倒卵形，三棱形，长约 1.5 毫米；柱头 3 ·············· 3. 矮针蔺 T. pumilum
　3. 花单性，雌雄异株；小坚果宽倒卵形，平凸状，长约 2 毫米；柱头 2 ······· 4. 双柱头针蔺 T. distigmaticum

1. 三棱针蔺 三棱秆藨草 图 343

Trichophorum mattfeldianum (Kükenth.) S. Y. Liang, comb. nov.

Scirpus mattfeldianus Kükenth. in Fedde, Repert. Nov. Sp. 27: 108. 1929；中国植物志 11: 30. 1961；中国高等植物图鉴 5: 217. 1976.

根状茎短，木质，须根细长。秆密丛生，细长，坚挺，高 0.2-1 米，三棱形，无节，平滑，下部具 4-6 淡棕色叶鞘，裂口薄膜质，棕色，最上部的长达 20 厘米，顶端叶片退化成短尖或钻状，长 0.3-1.2 厘米，

边缘粗糙；苞片鳞片状，披针形或长圆状卵形，具短尖；小穗单一顶生，或 2-4 排成蝎尾状聚伞花序，椭圆形或长圆形，长 6-7 毫米，宽 2-3 毫米，少花。鳞片疏散，长圆状卵形，膜质，长 3-4 毫米，红

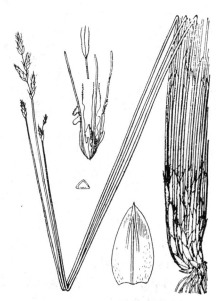

棕或棕色，背具中肋，先端短尖；下位刚毛6，长于小坚果，上部疏生顺刺；雄蕊6，花药线形，长约2毫米；花柱细长，柱头3，细长。小坚果长圆形或长圆形倒卵形，三棱形，长约1.8毫米，褐色。花果期4-5月。

产河南、安徽、浙江、湖北、贵州及广东，生于海拔约840米林缘湿地。

图 343 三棱针蔺 （引自《图鉴》）

2. 玉山针蔺 类头状花序蘑草 台湾蘑草 图 344

Trichophorum subcapitatum (Thwaites et Hook) D. A. Simpson in Kew Bull. 53(1): 227. 1998.

Scirpus subcapitatus Thwaites et Hook. Enum. Pl. Zeyl. 351. 1864；中国植物志 11: 30. 1961.

Scirpus subcapitatus var. *morrisonensis* (Hayata) Ohwi；中国植物志 11: 31. 1961；中国高等植物图鉴 5: 217. 1976.

根状茎短，密丛生。秆细长，高20-90厘米，径0.7-1毫米，近圆柱形，平滑，稀上端粗糙，无秆生叶，基部具5-6黄色叶鞘，裂口薄膜质，棕色，最上部的长达15厘米，顶端具钻状叶片，最长的叶片达2厘米，边缘粗糙；苞片鳞片状，卵形或长圆形，长3-7毫米，先端短尖较长。蝎尾状聚伞花序具2-4（-6）小穗；小穗卵形或披针形，长0.5-1厘米，宽约2毫米，具几朵至十几朵花。鳞片疏散，卵形或长圆状卵形，膜质，长3.5-4.5毫米，麦秆黄或棕色，1脉绿色；下位刚毛6，较小坚果长约1倍，幼时较子房长2倍，上部具顺刺；雄蕊3，花丝长，花药线形，长约2毫米；花柱短，柱头3，细长，被乳头状小突起。小坚果长圆形或长圆状倒卵形，三棱形，长约2毫米，黄褐色。花果期3-6月。

产安徽、浙江、台湾、福建、江西、湖北、湖南、广东、香港、广西、贵州及四川，生于海拔700-2300米林缘湿地、溪边、

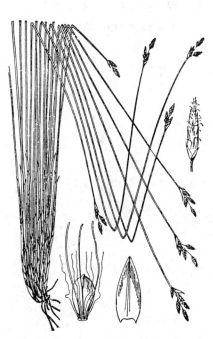

图 344 玉山针蔺 （引自《图鉴》）

山坡路旁湿地或灌木丛中。日本、菲律宾、马来西亚及斯里兰卡有分布。

3. 矮针蔺 矮蘑草 图 345：1-5

Trichophorum pumilum (Vahl) Schinz. et Tell. in Vierfelijahrsschr. Naturf. Ges. Zürich 6: 265. 1921.

Scirpus pumilus Vahl, Enum. Pl. 2: 243. 1806；中国植物志 11: 32. 1961；

中国高等植物图鉴 5: 218. 1976.

散生，匍匐根状茎细长。秆纤细，高5-15厘米，干时具纵槽。叶

半圆柱状，具槽，长0.7-1.6厘米，极细；叶鞘棕色。花两性；小穗单生秆顶，倒卵形或椭圆形，长约4.5毫米，宽2.5毫米，少花。鳞片膜质，卵形或椭圆形，长2.5毫米，1脉绿色，两侧黄褐色，边缘无色透明，最下部2鳞片内无花，有花鳞片稍大；下位刚毛不发达；雄蕊3，花药线状长圆形，药隔稍突出；花柱中等长，柱头3，细长，有乳头状小突起。小坚果长圆状倒卵形，三棱形，长约1.5毫米。花果期5月。

　　产内蒙古、河北、宁夏、甘肃、新疆、四川及西藏西部，生于海拔约1400米沟边草地或湿润处。伊朗、中亚、俄罗斯西伯利亚、欧洲及北美洲有分布。

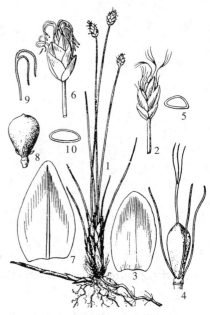

图 345：1-5.矮针蔺　6-10.双柱头针蔺
（引自《图鉴》、《中国植物志》）

4. 双柱头针蔺　双柱头蔍草　　　图 345：6-10

Trichophorum distigmaticum (Kükenth.) Egorova in Grubov, Pl. Asiae Centr. 3: 14. 1967.

Scirpus pumilus Vahl. subsp. *distigmaticus* Kükenth. in Acta Hort. Geothob. 5: 34. 1929.

Scirpus distigmaticus (Kükenth.) Tang et Wang；中国植物志 11: 32. 1961.

　　匍匐根状茎细长。秆纤细，高10-25厘米，近圆柱状，平滑，无秆生叶，具基生叶。叶片刚毛状，长达1.8厘米，叶鞘长达2.5厘米，棕色，最下部2-3个有叶鞘而无叶片。花单性，雌雄异株；小穗单一，顶生，卵形，长约5毫米，宽2.5-3毫米，少花。鳞片卵形，薄膜质，长约3.5毫米，麦秆黄色，半透明，或有时下部边缘白色，上部棕色；无下位刚毛；退化雄蕊3；花柱长，柱头2，被乳头状小突起。小坚果宽倒卵形，平凸状，长约2毫米，成熟时黑色。花果期7-8月。

　　产宁夏、甘肃、青海、四川及西藏，生于海拔2000-3600米高山草原。

7. 扁穗草属 **Blysmus** Panz.
（梁松筠）

　　多年生草本，具匍匐根状茎。秆有节或无，三棱形。叶基生或秆生。苞片叶状；小苞片鳞片状。穗状花序单一，顶生，具数个至10多个小穗，2列或近2列；小穗具少数两性花。鳞片覆瓦状，近2列；具下位刚毛或不发育，通常生倒刺；雄蕊3，药隔突出；花柱基部不膨大，脱落，柱头2。小坚果平凸状。

　　约4种。我国3种。

1. 无下位刚毛或退化成痕迹 ·· 1. **内蒙古扁穗草 B. rufus**
1. 下位刚毛3-6，卷曲，长于小坚果。
　2. 下位刚毛6，基部微卷曲，长约为小坚果1倍；花药长约2毫米 ············ 2. **扁穗草 B. compressus**

2. 下位刚毛卷曲，细长，长约为小坚果 2-3 倍；花药长约 3 毫米。

    3. 秆高 5-20 厘米，中部以下生叶 ·· 3. **华扁穗草 B. sinocompressus**

    3. 秆高 26-60 厘米，中部以上生叶 ····················· 3(附). **节秆扁穗草 B. sinocompressus var. nodosus**

1. 内蒙古扁穗草 图 346

Blysmus rufus (Huds.) Link, Hort. Berol. 1: 278. 1827.

Schoenus rufus Huds. Fl. Angl. 15. 1762.

根状茎细，匍匐。秆高 3-20 厘米，近圆形，常簇生。基部叶鞘褐色，无叶片，秆生叶细线形，有沟，带褐色，与秆等长或较短；苞片鳞片状，先端尖，棕褐色，多脉，有时具绿色小叶片。花序长 0.7-1.7 厘米，棕褐色，具 4-7 小穗，2 列。小穗长 5-6 毫米，2-3 花。鳞片椭圆状卵形，2-3 脉，长约 5 毫米；无下位刚毛或退化成痕迹；雄蕊 3，花药长 3-4 毫米（包括附属物）。小坚果淡黄色，长圆状卵形，平凸状，长约 3.5 毫米，宽约 1.5 毫米，基部近圆，具短柄，顶端具小尖；柱头 2。

产黑龙江、吉林、辽宁、内蒙古、宁夏、青海及新疆，生于海拔 900-3000 米盐碱地附近草甸或湿沙地。蒙古、俄罗斯及其他欧洲国家有分布。

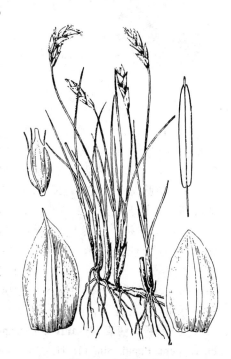

图 346 内蒙古扁穗草
（引自《东北草本植物志》）

2. 扁穗草 图 347：5

Blysmus compressus (Linn.) Panz. in Link, Hort. Berol. 1: 278. 1827.

Schoenus compressus Linn. Sp. Pl. 43. 1753.

匍匐根状茎短，根状茎长 1-1.5 厘米，径 1.5-2 厘米。秆近散生，三棱形，中部以下生叶，基部老叶鞘黑色，高 9-30 厘米。叶平展，近先端三棱形有细齿，短于秆，宽 1-3.5 毫米，鞘褐色或锈色，叶舌短，平截，膜质，锈色。苞片叶状，稍短或稍长于花序；穗状花序 1，顶生，长圆形或倒卵形，长 1-2.2 厘米，宽 4-9 毫米；小穗 3-12，2 列，密，最下部小穗常疏离，长椭圆形，长 5-7 毫米。鳞片近 2 列，长圆状卵形，膜质，长 5 毫米，7 脉，中部非龙骨状突起；下位刚毛 6，基部微卷曲，长于小坚果（不连花柱和柱头）约 1 倍，有倒刺；花药长圆形，长 2 毫米；柱头 2，与花柱等长。小坚果倒卵形，平凸状，褐色，长 2 毫米。花果期 7-8 月。

产青海、新疆及西藏，生于海拔 2000-4700 米河滩湿地。欧洲及中亚有分布。

3. 华扁穗草 图 347：1-4

Blysmus sinocompressus Tang et Wang, Fl. Reipub. Popul. Sin. 11: 41. 224. 1961.

多年生草本，匍匐根状茎长，黄色，长 2-7 厘米，径 2.5-3.5 厘米，

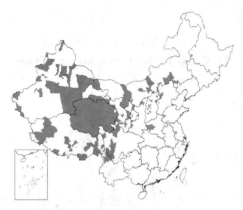

鳞片黑色。秆近散生，高5-20（-26）厘米，扁三棱形，具槽，中部以下生叶，基部老叶鞘褐或紫褐色。叶平展，边缘内卷，疏生细齿，先端三棱形，短于秆，宽1-3.5毫米，叶舌短，白色，膜质。苞片叶状，高出花序，小苞片鳞片状，膜质；穗状花序1，顶生，长圆形或窄长圆形，长1.5-3厘米，宽0.6-1.1厘米；小穗3-10多个，2列或近2列，密，最下部1至数个小穗通常疏离。小穗卵状披针形、卵形或长椭圆形，长5-7毫米，有2-9朵两性花。鳞片近2列，长卵形，锈褐色，膜质，3-5脉，中脉龙骨状突起，绿色，长3.5-4.5毫米；下位刚毛3-6，卷曲，细长，长于小坚果2-3倍，有倒刺；雄蕊3，花药窄长圆形，具短尖，长3毫米；柱头2，长于花柱的1倍。小坚果宽倒卵形，平凸状，深褐色，长2毫米。花果期6-9月。

产内蒙古、河北、山西、河南、陕西、宁夏、甘肃、青海、新疆、四川、云南及西藏，生于海拔1000-4800米山溪边、河床、沼泽地、草地等潮湿地区。喜马拉雅山西部及东部地区可能有分布。

[附] **节秆扁穗草 Blysmus sinocompressus** var. **nodosus** Tang et Wang, Fl. Reipubl. Popul. Sin. 11: 41. 224. 1961. 本变种与模式变种的区别：秆高

图 347：1-4.华扁穗草 5.扁穗草
（引自《中国植物志》）

26-60厘米，有节，中部以上生叶。产内蒙古、河北及山西，生于潮湿处。

8. 羊胡子草属 Eriophorum Linn.
（梁松筠）

多年生草本，具根状茎，有时兼具匍匐根状茎。秆丛生或近散生，钝三棱柱状，具基生叶和秆生叶，秆生叶有时只有鞘而无叶片。苞片叶状、佛焰苞状或鳞片状；长侧枝聚伞花序顶生，具1至几个至多数小穗。花两性。鳞片螺旋状排列，通常下部几个鳞片内无花；下位刚毛多数，丝状，稀6条，花后长于鳞片；雄蕊2-3；花柱单一，基部不膨大，与小坚果连接处不明显，柱头3。小坚果三棱形。

我国8种。

1. 复出长侧枝聚伞花序伞房状；鳞片先端短尖；叶平展，近先端三棱形；苞片叶状 ……………………………………………………………………………………………… 1. **丛毛羊胡子草 E. comosum**
1. 简单长侧枝聚伞花序；鳞片先端钝或尖；苞片佛焰苞状、鳞片状或鞘状。
　2. 小穗少数至10个顶生。
　　3. 鳞片具1脉或不明显2-3脉；叶片平展，宽2-7毫米 …………… 2. **东方羊胡子草 E. polystachion**
　　3. 鳞片具多脉；叶片扁三棱形，宽1-1.5毫米 ………………… 3. **细秆羊胡子草 E. gracile**
　2. 小穗单一顶生。
　　4. 秆密丛生，形成踏头，无匍匐根状茎；下位刚毛白色；小坚果棱平滑 ……… 4. **白毛羊胡子草 E. vaginatum**
　　4. 秆散生，具匍匐根状茎；下位刚毛淡红褐或红褐色；小坚果上部边缘具小刺 …………………………………………………………………………………………… 5. **红毛羊胡子草 E. russeolum**

1. 丛毛羊胡子草

图 348

Eriophorum comosum Nees in Wight, Contrib. Bot. Ind. 110. 1834.

根状茎粗短。秆密丛生，钝三棱形，稀圆筒状，无毛，高 14-78

厘米，径 1-2 毫米，基部有宿存黑或褐色鞘。秆生叶无，基生叶多数。叶平展，线形，近先端三棱形，边缘内卷，具细齿，向上渐成刚毛状，长于花序，宽 0.5-1 毫米。苞片叶状，长于花序，小苞片披针形，上部刚毛状，边缘有细齿；复出长侧枝聚伞花序伞房状，长 6-22 厘米，小穗多数。小穗单个或 2-3 簇生，

长圆形，花时椭圆形，长 0.6-1.2 厘米，基部有空鳞片 4，两大两小，卵形，先端短尖，褐色，膜质，中肋龙骨状突起，有花鳞片长 2.3-3 毫米；下位刚毛极多数，成熟时长达 7 毫米，无细刺；雄蕊 2，花药顶端具紫黑色、披针形短尖；柱头 3。小坚果窄长圆形或扁三棱形，有喙，深褐色，有的下部具棕色斑点，长（连喙）2.5 毫米，宽约 0.5 毫米。花果期 6-11 月。

产甘肃南部、湖北、湖南西北部、广西、贵州、四川、云南及

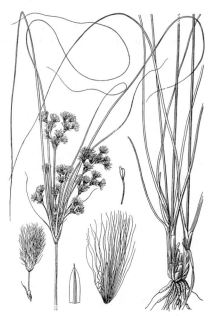

图 348 丛毛羊胡子草
（引自《中国植物志》）

西藏，生于海拔 520-2800 米岩壁上。印度北部、越南、缅甸及印度尼西亚（爪哇）有分布。叶可编草鞋。

2. 东方羊胡子草

图 349:1-6

Eriophorum polystachion Linn. Sp. Pl. 52. 1753.

Eriophorum latifolium (non Hoppe) Tang et Wang. Fl. Reipubl. Popularis Sin. 11: 37. Pl: 15: 1-4. 1961.

根状茎短，具匍匐茎。秆散生，高 40-80 厘米，近圆柱形，上部

稍三棱形。基生叶平展，革质，秆生叶对折或平展，宽 3-5（-7）毫米，边缘粗糙，先端长渐尖，上部三棱形；苞片 1-2，佛焰苞状，基部鞘状，褐色，顶端三棱形，绿色。小穗少数，排成简单长侧枝聚伞花序，辐射枝 3-10，稍下垂。小穗花期卵形或椭圆形，长 1-1.5 厘米，宽 5-7 毫米。鳞片宽披针形，淡褐灰

色，膜质，长 5-5.5 毫米，宽 1.8-2 毫米，先端钝，1 脉，有时下部具 2-3 不明显侧脉；下位刚毛多数，白色，柔软，花后长 2.5-3.5 毫米；雄蕊 3，花药线形，长 3-4 毫米。小坚果暗褐色，长倒卵形，扁三棱形，具短尖，长 2.5-3 毫米，宽约 1 毫米；花柱细，柱头 3。

产黑龙江、吉林、辽宁、内蒙古及四川，生于海拔 450-480 米沼

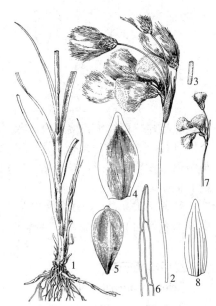

图 349:1-6.东方羊胡子草
7-8.细秆羊胡子草（引自《东北草本植物志》）

泽、漂筏甸子或湿地。俄罗斯及一些欧洲国家、朝鲜半岛、日本及北美洲有分布。

3. 细秆羊胡子草

图 349：7-8

Eriophorum gracile Koch in Roth, Catalect. 2: 259. 1800.

匍匐根状茎细长。秆细弱，散生，圆柱状，上部钝三角形，平滑，高达50余厘米。基生叶线形，扁三棱形，宽1-1.5毫米，秆生叶1-2，长1-5.3厘米，鞘褐色，几不膨大。苞片1-2，直立或斜立，下部鞘状，暗绿色，上部扁三棱形；长侧枝聚伞花序简单，小穗3-4。小穗初花时长圆状披针形，盛花时倒卵形，长0.6-1厘米，小穗具柄，被黄色绒毛。鳞片卵状披针形或长圆状披针形，先端钝，暗绿色，中肋明显，脉多数；下位刚毛极多数，长2厘米。小坚果长圆形，扁三棱形，黄褐色，长约3毫米。花果期6-7月。

产黑龙江、吉林、辽宁、内蒙古、新疆及四川，生于路边水湿地。北极和亚北极地区、中欧、北欧高山地区、日本、朝鲜半岛及俄罗斯欧洲部分和东西伯利亚有分布。

4. 白毛羊胡子草

图 350：1-8

Eriophorum vaginatum Linn. Sp. Pl. 52. 1753.

无匍匐根状茎。秆密丛生，形成踏头，圆柱状，无毛，近花序部分钝三角形，有时稍粗糙，高43-80厘米，基部叶鞘褐色，稍分裂成纤维状。基生叶线形，三棱状，粗糙，宽1毫米，秆生叶1-2，鞘无叶片，鞘具小横脉，上部膨大，常黑色，膜质，长3-6厘米。苞片鳞片状，薄膜质，灰黑色，边缘干膜质，卵形，3-7脉。小穗单一顶生，多花，长1-3厘米，花后连刚毛呈倒卵状球形。鳞片卵状披针形，薄膜质，灰黑色，边缘干膜质，灰白色，1脉，下部约10多个鳞片内无花；下位刚毛极多数，白色，长1.5-2.5厘米。小坚果三棱状倒卵形，棱平滑，褐色，长约2毫米，宽1毫米。花果期6月。

产黑龙江、吉林、辽宁及内蒙古，喜生于湿润旷野或水中。欧洲、俄罗斯东西伯利亚、蒙古、朝鲜半岛及日本有分布。

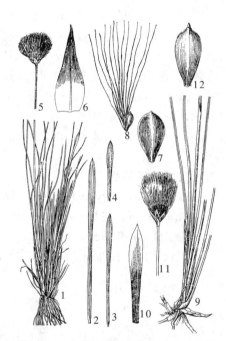

图 350：1-8.白毛羊胡子草 9-12.红毛羊胡子草 （引自《图鉴》、《东北草本植物志》）

5. 红毛羊胡子草

图 350：9-12

Eriophorum russeolum Fries in Hartm. Handb. Fl. ed. 3, 13. 1838.

Eriophorum russeolum var. *majus* Sommier；中国植物志 11: 39. 1961.

具匍匐根状茎。秆散生，高30-60厘米，直立，单一或少数，近圆柱形，基部叶鞘1-2，微膨大，淡紫红或灰褐色，下部的具短叶片，上部的无叶片。叶与秆等长或较长，窄线形，宽约1毫米。苞片鳞片状，卵状披针形，3-9脉。小穗单一顶生，淡红褐色，花期长圆状圆柱形，长1.5-2厘米，果期倒卵形，长3-4厘米。鳞片长圆状披针形，褐灰色，膜质状，具宽的白色边缘，先端钝，长约7厘米，1脉；雄蕊3；下位刚毛淡红褐或红褐色，花后长约3厘米。小坚果倒卵形，扁三棱状，长约2.5毫米，顶端具小尖，上部边缘具小刺；柱头3。

产黑龙江、吉林及内蒙古，生于潮湿处。瑞典、俄罗斯远东地区、朝鲜半岛、日本及北美洲有分布。

9. 芙兰草属 Fuirena Rottb.

（梁松筠）

一年生或多年生草本；植株通常被毛。秆丛生或近丛生。叶窄长，鞘具膜质叶舌。长侧枝聚伞花序简单或复出，顶生和侧生兼有，组成窄圆锥花序。小穗聚生成圆簇，具少数至多数两性花。鳞片螺旋状排列；下位刚毛3-6，外轮3，钻状，或无，内轮3条花瓣状，膜质或肉质，下部具爪或柄，与外轮互生；雄蕊3；花柱基部与子房连生，不膨大，柱头3。小坚果三棱形，具子房柄，平滑或具纹理。

约30余种，分布热带和温带地区，我国3种。

1. 下位刚毛6，外轮3，钻状，内轮3花瓣状，具爪，上部肉质；秆高7-40厘米，基部不膨大 ·················· 1. 毛芙兰草 F. ciliaris
1. 下位刚毛外轮无，内轮3，花瓣状，纸质，上部非肉质，爪很短；秆高0.6-1.2米，基部膨大成球茎 ·················· 2. 芙兰草 F. umbellata

1. 毛芙兰草 毛瓣莎　　　图 351：1-6

Fuirena ciliaris (Linn.) Roxb. in Hort. Benge 8. 1814.

Scirpus ciliaris Linn. Mant. 2: 182. 1771.

根状茎短。秆丛生，三棱形，被疏柔毛，高7-40厘米，基部有1-2鞘，无叶片，被疏柔毛。叶秆生，平展，向先端渐窄，缘被疏柔毛，有时叶片两面脉被毛，宽3-7毫米，下部叶较短，鞘长1-3.5厘米，初被疏柔毛，后无毛，叶舌膜质，干后锈色或带红色，平截。苞片叶状，小苞片刚毛状，无鞘；圆锥花序由顶生和侧生简单长侧枝聚伞花序组成，长侧枝聚伞化序（有时成圆簇）

图 351：1-6.毛芙兰草 7.芙兰草
（引自《中国植物志》）

梗不伸出鞘外，被疏柔毛，长0.7-1.5厘米；小穗3-15聚成圆簇，径1-3厘米。小穗卵形或长圆形，多花，长5-8毫米，宽2.5-3毫米。鳞片倒卵形，平展近方形，先端微凹，长1.25-2毫米，下部黄褐色，上部灰黑色，膜质，3脉，芒长1毫米；下位刚毛6，外轮3，钻状，有倒刺，内轮3，花瓣状，瓣片方形，基部具2耳，先端具3钝齿，海绵质，褐色，3脉，具爪；雄蕊3；子房三棱状长圆形，柱头3。小坚果三棱状倒卵形，褐色，子房柄短。花果期7-12月。

产山东、江苏、台湾、福建、广东、香港、海南、广西及云南，生于田边草地、水稻田等潮湿处。喜马拉雅山东部地区、斯里兰卡、马来西亚、越南、泰国、日本、朝鲜半岛、热带非洲及大洋洲有分布。

2. 芙兰草　　　图 351：7

Fuirena umbellata Rottb. Descr. et Icon. 70. t. 19. f. 3. 1773.

根状茎短。秆近丛生，近五棱形，上部被疏柔毛，高0.6-1.2米，

基部成球茎，黄绿色，多脉，外被老叶鞘，长2厘米，宽1.1-1.3厘米。秆生叶平展，宽0.9-1.9厘米，向先端窄，5脉，在叶背面隆起，叶面被短硬毛，下部叶较短，鞘长1.2-6.5厘米，叶舌膜质，锈色，平截。苞片叶状；小苞片刚毛状，无鞘；圆锥花序由顶生和侧生长侧枝聚伞花序组成，长侧枝聚伞花序梗被白绒毛，伸出鞘外，长1-3.5厘米。小穗6-15聚生成簇，簇4-20个，径1.5-2.5厘米。小穗卵形或长圆形，长0.7-1.2厘米，宽3毫米，多花。鳞片宽椭圆形或长圆形，微凹，褐色，膜质，长2毫米，3脉，芒长约1毫米，疏被柔毛；下位刚毛褐色，外轮无，内轮3条花瓣状，倒卵形或长圆状倒卵形，爪很短，先端近平截微缺，纸质，有缘毛，3脉，具芒状短尖；雄蕊3；柱头3。小坚果倒卵形，三棱形，成熟时褐色，连柄长1毫米。花果期6-11月。

产台湾、福建、广东、香港、海南、广西及云南，生于海拔1000米以下湿地草原、河边等处。印度、越南、印度尼西亚有分布。

10. 荸荠属 Eleocharis R. Br.
（戴伦凯）

多年生或一年生草本。根状茎短或无，具地下匍匐茎。秆丛生或单生，圆柱状通常具纵肋，稀三至五棱柱状。叶具叶鞘，无叶片，稀鳞片状；苞片无。小穗1，顶生，直立或斜生，通常具多数两性花，少数具几朵至10余朵两性花。鳞片螺旋状排列，稀近2列，最下部的1-2片鳞片中空无花，稀3-4片鳞片内无花，其余各鳞片内具1朵两性花。花具下位刚毛，稀无下位刚毛，通常4-8条，下位刚毛有或多或少倒刺；雄蕊1-3；花柱细，花柱基部膨大，形成各种形状，宿存，柱头2-3，丝状。小坚果倒卵形或圆倒卵形，稀长圆形或椭圆形，三棱状或双凸状，平滑或具网纹，稀具洼穴。

约150余种，除两极外，广布于各大洲，热带、亚热带地区种类多。我国20余种。

1. 小穗圆柱状，不比秆粗；叶鞘口斜截；鳞片革质或近革质，边缘常干膜质，中脉不明显，有
　　多条纵纹，近绿、黄绿或麦秆黄色。
　2. 秆有横隔膜，干后有节；小穗基部1或2鳞片内无花；小坚果平滑。
　　3. 花柱基部扁，窄长三角形；小穗宽3-5毫米。
　　　4. 小穗宽约3毫米；小坚果倒卵形；鳞片较疏散，基部1鳞片内无花；秆径2-3毫米 ⋯⋯⋯⋯
　　　⋯⋯⋯⋯⋯⋯⋯⋯⋯⋯⋯⋯⋯⋯⋯⋯⋯⋯⋯⋯⋯⋯⋯⋯⋯⋯⋯ 1. 木贼状荸荠 E. equisetina
　　　4. 小穗宽4-5毫米；小坚果宽倒卵形；鳞片较多，较密，基部（1）2鳞片内无花；秆径4-7毫米 ⋯⋯
　　　⋯⋯⋯⋯⋯⋯⋯⋯⋯⋯⋯⋯⋯⋯⋯⋯⋯⋯⋯⋯⋯⋯⋯ 2. 野荸荠 E. plantagineiformis
　　3. 花柱基部具领状环；小穗宽6-7毫米 ⋯⋯⋯⋯⋯⋯⋯⋯⋯⋯⋯⋯⋯⋯ 3. 荸荠 E. dulcis
　2. 秆无横隔膜，干后无节；小穗基部1鳞片内无花；小坚果具横长圆形网纹。
　　5. 秆锐三棱柱状。
　　　6. 秆粗壮，具髓部；鳞片宽卵形或近四方形，长宽均3-5毫米 ⋯⋯⋯⋯ 4. 螺旋鳞荸荠 E. spiralis
　　　6. 秆细弱，几中空；鳞片窄卵形，长约4.5毫米，宽2.5毫米 ⋯⋯⋯⋯ 5. 锐棱荸荠 E. acutangula
　　5. 秆圆柱状；鳞片宽长圆形 ⋯⋯⋯⋯⋯⋯⋯⋯⋯⋯⋯⋯⋯⋯⋯⋯ 6. 假马蹄 E. ochrostachys
1. 小穗非圆柱状，常比秆粗；叶鞘口平或斜截，稀具鳞状叶片；鳞片通常膜质，中脉明显，稀不明显。
　7. 花柱基和小坚果之间不缢缩，花柱基成三棱形短尖 ⋯⋯⋯⋯⋯⋯ 7. 少花荸荠 E. quinqueflora
　7. 花柱基和小坚果之间缢缩，花柱基膨大成各种形状。
　　8. 柱头3。
　　　9. 小穗具几朵花，下部鳞片近2列，最下部鳞片具1朵两性花；小坚果具横线形网纹；秆毛发状，高

2-12 厘米 ……………………………………………………………………………………… 8. 牛毛毡 **E. yokoscensis**

9. 小穗具多花，稀几朵花；鳞片螺旋状排列，小穗基部 1-3 鳞片内无花；小坚果平滑；秆高于 15 厘米，稀稍矮。

　　10. 秆锐 3-5 棱柱状；小穗斜生秆顶；小坚果淡褐色。

　　　　11. 下位刚毛疏生倒刺 …………………………………………………… 9. 龙师草 **E. tetraquetra**

　　　　11. 下位刚毛密生白色毛，呈羽毛状 …………………………………… 10. 羽毛荸荠 **E. wichurai**

　　10. 秆圆柱状；小穗直立秆顶；小坚果幼时橄榄绿色，后淡黄色。

　　　　12. 花柱基的基部不下延，非蕚盖状。

　　　　　　13. 秆高 5-30 厘米，径 0.5-1 毫米；下位刚毛比小坚果长 0.5 倍，密生倒刺；小坚果长约 1.2 毫米，花柱基三角形 …………………………………………………… 11. 透明鳞荸荠 **E. pellucida**

　　　　　　13. 秆较矮，毛发状；下位刚毛比小坚果稍短，疏生倒刺；小坚果长 0.8-0.9 毫米，花柱基长三角形 …………………………………………………… 11(附). 稻田荸荠 **E. pellucida** var. **japonica**

　　　　12. 花柱基基部稍下延呈蕚盖状，早期较明显。

　　　　　　14. 具根茎；秆高 20-50 厘米；小穗长 0.6-1 厘米；下位刚毛密生倒刺 …… 12. 渐尖穗荸荠 **E. attenuata**

　　　　　　14. 无根茎；秆较矮；小穗较短；下位刚毛疏生倒刺 … 12(附). 无根状茎荸荠 **E. attenuata** var. **erhizomatosa**

8. 柱头 2。

　　15. 花柱基非海绵质；无匍匐根茎；小穗长 3-8 毫米，卵形或宽卵形。

　　　　16. 小坚果成熟时淡棕色；花柱基扁三角形 ………………………………… 13. 卵穗荸荠 **E. ovata**

　　　　16. 小坚果成熟时微紫黑或紫黑色；花柱基短圆锥形或盘状。

　　　　　　17. 下位刚毛 6-8，锈色；花柱基短圆锥形，基部两侧微上折；小穗基部无花鳞片 3-4 ……………………………………………………………………………… 14. 黑籽荸荠 **E. geniculata**

　　　　　　17. 下位刚毛 4-6，白色；花柱基盘状；小穗基部无花鳞片 2 ………… 15. 紫果蔺 **E. atropurpurea**

　　15. 花柱基海绵质，稀不明显；具匍匐根茎；小穗长 0.8-2 厘米，长圆状卵形、长圆状披针形或长圆形。

　　　　18. 小穗基部 2 鳞片无花，抱小穗基部 1/2 周或稍过。

　　　　　　19. 小坚果顶端缢缩部分不为花柱基基部所掩盖，花柱基窄圆锥形或短圆锥形；秆有钝肋或纵槽。

　　　　　　　　20. 花柱基窄圆锥形；鳞片长圆状披针形；下位刚毛 4 ………… 16. 江南荸荠 **E. migoana**

　　　　　　　　20. 花柱基短圆锥形；鳞片长圆状卵形或卵形；下位刚毛 4-6 ……………………………………………………………………… 17. 圆果乳头基荸荠 **E. mamillata** var. **cyclocarpa**

　　　　　　19. 小坚果顶端缢缩部分常为花柱基基部所掩盖；花柱基扁圆形；秆有少数锐肋 ……………………………………………………………………………… 18. 具刚毛荸荠 **E. valleculosa** f. **setosa**

　　　　18. 小穗最下部的 1 鳞片无花，抱小穗基部 1/2 周多或近 1 周。

　　　　　　21. 花柱基宽卵形，长为小坚果 2/3 或更长；下位刚毛退化 ……… 19. 无刚毛荸荠 **E. kamtschatica** f. **reducta**

　　　　　　21. 花柱基长约为小坚果 1/4-1/3；下位刚毛 4-6，稍长或几等长于小坚果。

　　　　　　　　22. 花柱基短圆锥形，花柱基不下延；小坚果顶端缢缩部分裸露；下位刚毛 4 ……………………………………………………………………………… 20. 中间型荸荠 **E. intersita**

　　　　　　　　22. 花柱基近圆，基部下延；小坚果顶端缢缩部分为下延花柱基部所掩盖；下位刚毛 6 ……………………………………………………………………………… 21. 单鳞苞荸荠 **E. uniglumis**

1. **木贼状荸荠**　　　　　　　　　　　　　　图 352：5-7

Eleocharis equisetina J. et C. Presl, Reliq. Haenk. 1: 195. 1830.

根状茎细长，匍匐。秆丛生，圆柱状，高 0.4-1 米，直径 2-3 毫米，有横隔膜，干后有节，灰绿色，平滑。叶无叶片，秆基部具 2-3 叶鞘，叶鞘长 7-15 厘米，淡棕色，膜质，平滑，鞘口斜截。小穗圆柱状，长

2-4 厘米，宽约 3 毫米，基部 1 鳞片无花，抱小穗基部一周，或有短鞘，余鳞片内均有 1 两性花。鳞片较疏松覆瓦状排列，宽长圆形，先端圆形，

长5-6毫米，宽约4毫米，近革质，边缘干膜质，黄绿色，有纵纹，中脉不明显；下位刚毛7-8，长为小坚果1.5倍，有倒刺；柱头3。小坚果倒卵形，扁双凸状，长约2毫米，平滑，黄色，具六角形网纹，顶端不缢缩；花柱基扁，窄长三角形，非海绵质。花果期5-10月。

产江苏、湖北、湖南西部、广东、香港、海南及广西，生于田边、湖边等潮湿处。缅甸、泰国、越南、柬埔寨、马来西亚、菲律宾及印度有分布。

2. 野荸荠　　　　　　　　　　　　　图 352：8-10

Eleocharis plantagineiformis Tang et Wang, Fl. Reipubl. Popul. Sin. 11: 48. 1961.

匍匐根状茎长。秆丛生，圆柱状，高0.3-1米，直径4-7毫米，灰绿色，有横隔膜，干后有节。秆基部有2-3叶鞘，无叶片，叶鞘长7-26厘米，膜质，紫红、微红、淡褐或麦秆黄色，无毛，鞘口斜截。小穗圆柱状，长1.5-4.5厘米，宽4-5毫米，具多花，小穗基部有（1）2鳞片无花，各抱小穗基部一周，其余鳞片内均有1两性花；鳞片较密覆瓦状排列，宽长圆形，先端圆形，长约5毫米，绿白色，密生红棕色细点，中脉较明显；下位刚毛7-8，较小坚果长，有倒刺；柱头3。小坚果宽倒卵形，扁双凸状，平滑，长2-2.5毫米，黄色，具四至六角形网纹，顶端不缢缩；花柱基部宽，向上渐窄成三角形，扁，非海绵质。花果期6-10月。

产福建、广东及海南，生于水田中、池塘边或潮湿地。

3. 荸荠　　　　　　　　　　　　　图 352：1-4

Eleocharis dulcis (Burm. f.) Trin. ex Henschel, Vita Rumph. 185. 1833.

Andropogon dulcis Burm. f. Fl. Ind. 219. 1768.

Eleocharis tuberosa (Roxb.) Roem et Schult；中国高等植物图鉴 5: 221. 1976.

匍匐根状茎细长，顶端生块茎。秆丛生，圆柱状，高15-60厘米，直径1.5-3毫米，有横隔膜，干后有节，灰绿色，平滑。秆基部具2-3叶鞘，无叶片，鞘长2-20厘米，绿黄、紫红或褐色，近膜质，鞘口斜截。小穗圆柱形，长1.5-4厘米，宽6-7毫米，具多花，基部有2鳞片无花，抱小穗轴一周，余鳞片均具1两性花；鳞片松散覆瓦状排列，宽长圆形或卵状长圆形，先端钝圆，长3-5毫米，宽2.5-3.5毫米，背面灰绿色，近革质，边缘淡黄色干膜质，具淡棕色细点，中脉明显；下位刚毛7，长于小坚果1.5倍，有倒刺；柱头3。小坚果宽倒卵形，双凸状，长约2.4毫米，顶端不缢缩且具领状环，棕色，具四至六角形网纹；花柱基扁，三角形，宽为小坚果1/2。

全国各地均有栽培。朝鲜半岛、日本、越南及印度有分布。块茎供食用。

4. 螺旋鳞荸荠　　　　　　　　　　　图 353：1-3

Eleocharis spiralis (Rottb.) R. Br. Prodr. 312. 1810.

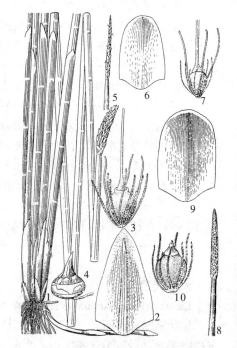

图 352：1-4.荸荠　5-7.木贼状荸荠 8-10.野荸荠　（引自《中国植物志》）

Scirpus spiralis Rottb. Decser. et Icon. 45. t. 15. f. 1. 1773.

匍匐根状茎细长。秆丛生，粗壮，锐三棱柱状，高50-60厘米，淡绿色，具髓部，无横隔膜，干后无节。叶无叶片，秆基部具3-4叶鞘，鞘长3-21厘米，膜质，紫红或黑褐色，鞘口斜，深裂。小穗圆柱形，长1.5-3厘米，宽5-6毫米，具很多花，基部1鳞片内无花，抱小穗基部一周，余鳞片均有1两性花，鳞片紧密覆瓦状排列，近四方形，先端近平截，长宽均3-3.5毫米，

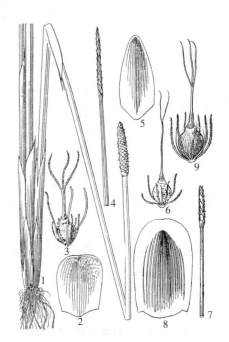

图 353：1-3.螺旋鳞荸荠 4-6.锐棱荸荠
7-9.假马蹄 （引自《中国植物志》）

背面中间革质，苍白色，具棕红色细点，两侧干膜质，白色透明，有很少棕红色细点，中脉明显；下位刚毛6，长约等于或稍短于小坚果，疏生倒刺；柱头3。小坚果倒卵形或宽倒卵形，扁双凸状，两侧稍具窄边，长1.2-1.5毫米，成熟时深棕色，有横长圆形网纹，顶端不缢缩，环不明显；花柱基三角形，宽几为小坚果的1/2。花果期11-翌年1月。

产香港及海南，生于近海旷野水湿地方。越南、缅甸及印度有分布。

5. 锐棱荸荠　　　　　　　　图 353：4-6

Eleocharis acutangula (Roxb.) Schult, Mant. 2: 29. 1824.

Scirpus acutangula Roxb. Fl. Ind. 1: 216. 1820.

Heleocharis fistulosa (Poir.) Link；中国植物志11: 51, t. 19, f. 7-9, 1961.

匍匐根状茎细长。秆丛生，细弱，几中空，锐三棱柱状，高14-40厘米，径2-3毫米，无节。秆基部具2-3叶鞘，叶鞘长5-8厘米，暗红色，鞘口斜截。小穗圆柱状，长1.5-4厘米，宽3-4毫米，淡绿或黄绿色，具多数花，基部1鳞片无花，抱小穗基部一周，余鳞片均有1两性花，鳞片松散覆瓦状排列，窄卵形，长约4.5毫米，宽2.5毫米，背面革质，

边缘干膜质，淡绿色，具紫红色斑点，多脉，中脉明显；下位刚毛6，长为小坚果1.5倍，具倒刺；柱头3。小坚果宽倒卵形，双凸状，长1.5-2毫米，微黄色，具横长方形网纹，顶端急窄且具明显的领状环；花柱基扁三角形，不为海绵质，基部宽为小坚果的3/5。花果期6-9月。

产台湾、福建、香港、海南、广西及云南，生于海拔500-1800米溪边、沼泽地或潮湿草地。越南、缅甸、印度、马来西亚、斯里兰卡有分布。

6. 假马蹄　　　　　　图 353：7-9　图 354

Eleocharis ochrostachys Steud. Synops. Pl. Glum. 2: 80. 1855.

根状茎细长。秆丛生，圆柱状，高35-75厘米，直径2-3毫米，无节，干后具纵纹。秆基部具2-3叶鞘，叶鞘长6-18厘米，紫红色，鞘口斜截。小穗圆柱形，长2-4厘米，宽约4毫米，苍白色，具较少

数花，基部1鳞片无花，抱小穗基部一周；余鳞片均有1两性花，鳞片松散覆瓦状排列，宽长圆形，先端圆或钝，长约5毫米，近革质，

边缘宽干膜质，麦秆黄或淡棕色，具紫色细点，多脉，中脉不明显；下位刚毛6，长小坚果约2倍，具倒刺；柱头3。小坚果宽倒卵形，扁双凸状，长约2毫米，微黄白色，成熟后褐色，具横长圆形网纹，顶端颈形具领状环；花柱基扁窄长三角形，宽为小坚果1/2。

产台湾、广东、香港及海南，生于旷野路旁或池塘中。越南、缅甸、印度、马来西亚及印度尼西亚有分布。

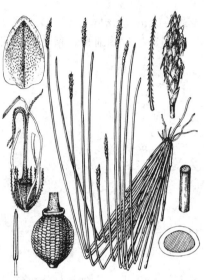

图 354　假马蹄　（引自《Fl.Taiwan》）

7. 少花荸荠

Eleocharis quinqueflora (Hartm.) O. Schwarz, Mitt. Thüring. Bot. Ges. 1(1): 89. 1949.

Scirpus quinqueflorus Hartm. in Primae Lin. Inst. Bot. 85. 1767.

Eleocharis pauciflora (Light. f.) Link; 中国植物志 11: 52–53. 1961.

匍匐根状茎细，直径1毫米。秆丛生，高3–30厘米，钝五棱柱状，细，灰绿色，秆基部具1–2叶鞘，鞘长1–4厘米，红褐或褐色，鞘口平。小穗卵形或球形，长4–7毫米，宽1.5–4毫米，淡褐色，具2–7朵花，基部1鳞片无花，

抱小穗基部一周，长为小穗1/2或几等长，余鳞片全有花，鳞片卵状披针形，先端急尖，长4.5毫米，背面栗褐色，边缘宽或窄，干膜质；下位刚毛0–5，长短不一，通常为小坚果的1/2，有倒刺；柱头3。小坚果倒卵形，平凸状，长约2毫米，灰黄色，平滑；花柱基不膨大，向上渐窄成三棱状短尖，长为小坚果1/5–1/4。花果期6–7月。

产内蒙古、山西、甘肃、新疆及西藏，生于海拔800–4700米水边湿地、沼泽地。俄罗斯、巴基斯坦、印度西北部、欧洲、北美有分布。

8. 牛毛毡

图 355

Eleocharis yokoscensis (Franch. et Savat.) Tang et Wang, Fl. Republ. Popul. Sin. 11: 54. 1961.

Scirpus yokoscensis Franch. et Savat. Enum. Pl. Jap. 2: 109. 543. 1879.

匍匐根状茎细。秆密丛生，高2–12厘米，细如毛发。叶鳞片状，叶鞘长0.5–1.5厘米，微红色。小穗卵形，长2–4毫米，宽约2毫米，淡紫色，具几朵花，基部1鳞片具花，抱小穗基部一周，上

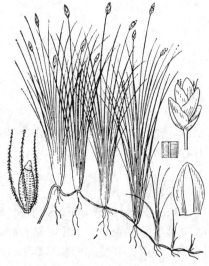

图 355　牛毛毡　（引自《图鉴》）

部的鳞片螺旋状排列，下部的近2列，卵形，长约3.5毫米，膜质，中间微绿色，两侧紫色，边缘无色，中脉明显，下位刚毛3-4，长为小坚果约2倍，具倒刺；柱头3。小坚果窄长圆形，钝圆三棱状，无明显棱，长约1.5毫米，微黄白色，具横矩形网纹，顶端缢缩，无领状环；花柱基细小圆锥形，基部宽约为小坚果1/3。花果期4-11月。

产黑龙江、吉林、辽宁、河北、山东、山西、河南、陕西、新

疆、江苏、安徽、浙江、台湾、福建、江西、湖北、湖南、广东、香港、广西、贵州、四川、云南等省区，生于海拔3000米以下池塘边、水田中或潮湿地。俄罗斯远东地区、朝鲜半岛、日本、越南、缅甸及印度有分布。

9. 龙师草　　　　　　图 356

Eleocharis tetraquetra Nees in Wight, Contrib. Bot. Ind. 113. 1834.

根状茎短。秆丛生，锐四棱柱状，高0.3-0.9（-1）米，直径

1.5-2.5毫米，秆基部具2-3叶鞘，叶鞘长7-10厘米，下部紫红色，上部灰绿色，鞘口近平截，顶端短三角形具短尖。小穗稍斜生秆顶端，长卵状卵形或长圆形，长0.7-2厘米，宽3-5毫米，褐绿色，具多花，基部3鳞片无花，上面2片对生，下部1片抱小穗基部一周。余鳞片均有1两性花，鳞片紧密覆瓦状排列，长圆形，先端钝舟状，长约3毫米，纸质，背部中间绿色，两侧近锈色，边缘干膜质，1脉；下位刚毛6，稍长或等长于小坚果，疏生倒刺；柱头3。小坚果倒卵形或宽倒卵形，微扁三棱状，背面隆起，长约1.2毫米，淡褐色，近平滑，具粗短小柄；花柱基三棱状圆锥形，疏生乳头状突起，宽约为小坚果2/3-3/4。花果期9-11月。

产黑龙江、辽宁、河南、江苏、安徽、浙江、台湾、福建、江西、湖南、广东、香港、海南、广西、贵州、四川及云南，生于

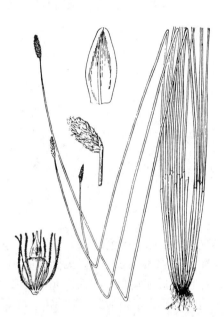

图 356 龙师草　（引自《图鉴》）

海拔约500米山坡路旁阴湿地、山谷溪边、沟边、水塘边或水甸中。日本、马来西亚、印度尼西亚、印度及澳大利亚有分布。

10. 羽毛荸荠　　　　　图 357：1-4

Eleocharis wichurai Böcklr. in Linnaea 36：448, 1870.

无匍匐根状茎或具很短匍匐根状茎。秆疏丛生，高30-50厘米，锐

四棱柱状，较细，秆基部具1-2紫红色叶鞘，鞘口很斜深裂。一侧小穗斜生，长圆形或披针形，长0.8-1.2厘米，宽3-5毫米，淡绿色，具多数花，基部2鳞片无花，对生，下部1片抱小穗基部近一周。余鳞片均有花。鳞片紧密螺旋状排列，长圆形或椭圆形，先端钝圆，长约3毫

米，膜质，中间淡绿色，中脉不明显，两侧具锈色条纹，边缘宽干膜质；下位刚毛6，几与小坚果（包括花柱基）等长，密生白色疏柔毛，呈羽毛状；柱头3。小坚果倒卵形或宽倒卵形，背面隆起，腹面微凸，长1.3-1.5毫米，成熟时淡褐色；花柱基圆锥形，稍扁，白色，密生乳头状突起，长为小坚果的3/5，基部宽为小坚果2/3-4/5。花果期7-9月。

产黑龙江、吉林、辽宁、内

蒙古、河北、山东、河南、陕西、甘肃、江苏、安徽、浙江及湖北，生于海拔980-1680米山坡洼地或水边草丛中。俄罗斯远东地区、朝鲜半岛及日本有分布。

11. 透明鳞荸荠　　　　图 357：5-6　图 358：1-3

Eleocharis pellucida Presl. Rel. Haenk. 1: 196. 1828.

Heleocharis pellucida Presl；中国植物志 11: 57. 1961.

无根状茎。秆丛生或密丛生，近圆柱状，高5-30厘米，直径0.5-1毫米，有少数肋条，秆基部具2叶鞘，叶鞘长1.5-4厘米，下部稍带紫红色，鞘口平截，顶端具三角形小齿。小穗直立秆顶端，长圆状卵形或披针形，稀圆卵形，长3-8毫米，宽1.5-3毫米，苍白色，具少数至多数花，基部的1鳞片无花，抱小穗基部一周。余鳞片均有花，鳞片长圆形，先端钝或圆，长约2毫米，膜质，淡锈色，中脉淡绿色，边缘干膜质；下位刚毛6，比小坚果长0.5倍，密生倒刺；柱头3。小坚果倒卵形，三棱状，长约1.2毫米，幼时橄榄绿色，后淡黄色，三面凸起，棱具窄边；花柱基三角形，顶端渐尖，宽约等于小坚果1/2。花果期4-11月。

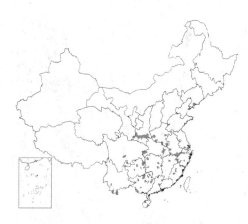

辽宁、陕西、河南、江苏、安徽、浙江、福建、江西、湖北、湖南、广东、香港、海南、广西、贵州、四川、云南等省区，生于海拔175-1700米山坡、山谷沼地、溪边、湖边、沟边等阴湿地或水田中。朝鲜半岛、日本、俄罗斯远东地区、缅甸、越南、印度尼西亚及印度有分布。

[附] 稻田荸荠 Eleocharis pellucida var. **japonica** (Miq.) Tang et Wang, Fl. Reipubl. Popul. Sin. 11: 58. 1961.——*Eleocharis japonica* Miq. in Ann. Mus. Bot. Lugduno -Batavum 2: 142. 1865. 与模式变种的区别：秆较矮，毛发状；下位刚毛比小坚果稍短，疏生倒刺；小坚果长0.8-0.9毫米，花柱基长三角形。产河南、江苏、安徽、浙江、福建、江西、湖北、湖南、贵州、四川及云南，生于海拔260-1700米山坡路旁、山谷田边、水边湿地或稻田中。朝鲜半岛及日本有分布。

12. 渐尖穗荸荠　　　　图 359

Eleocharis attenuata (Franch. et Savat.) Palla in Monde Pl. 12: 40. 1910.

Scirpus attenuata Franch. et Savat. Enum. Pl. Jap. 2: 110. 1876.

根状茎斜升或直立。秆丛生或密丛生，高20-50厘米，细弱，具少数肋条，秆基部具2叶鞘，鞘长2.5-7厘米，下部血红或淡血红色，上部土黄色，鞘口平截，顶端具短芒或短尖。小穗卵形或长卵形，长0.6-1厘米，宽约3毫米，麦秆黄色，顶端微锈色，具密生的多数花，

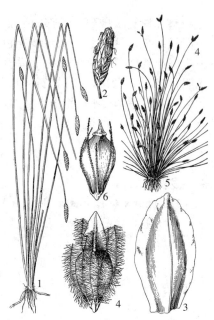

图 357：1-4.羽毛荸荠 5-6.透明鳞荸荠
（引自《东北草本植物志》）

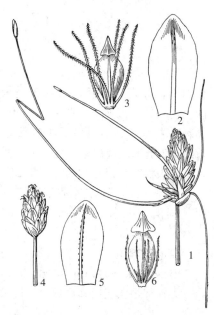

图 358：1-3.透明鳞荸荠 4-6.无根状茎荸荠
（引自《中国植物志》）

基部1鳞片无花，抱小穗基部一周，余鳞片均有花，鳞片紧密排列，长圆形，先端圆，长约2.2毫米，苍白色，有的微带淡锈色，中脉绿色，边缘干膜质；下位刚毛6，等长或稍短于小坚果，密生倒刺；柱

头 3。小坚果倒卵形，三棱状，三面凸起，长 1.2 毫米，蜡黄色，平滑，花柱基三角形，基部下延如蕈盖，宽微窄或等宽于小坚果。花果期 5-9 月。

产河南、陕西、江苏、安徽、浙江、福建、湖北、广西及四川，生于海拔 150-600 米山坡湿地、水塘边、水田边湿处或庭院内阴湿地。朝鲜半岛及日本有分布。

[附] **无根状茎荸荠** 图 358:4-6 **Eleocharis attenuata** var. **erhizomatosa** Tang et Wang, Fl. Reipubl. Popul. Sin. 11: 59. 1961. 与模式变种的区别：无根状茎；秆较矮；小穗较短；下位刚毛疏生倒刺。产浙江、福建、湖南及广西。

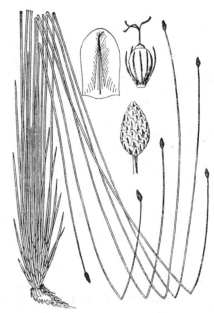

图 359 渐尖穗荸荠 （引自《图鉴》）

13. 卵穗荸荠　　　　　　　图 360:1-4

Eleocharis soloniensis (Dubois) Hara in Journ. Japon. Bot. 14: 338. 1938.

Scirpus soloniensis Dubois, Meth, Orlé an 295. 1803.

无匍匐根状茎。秆丛生，高 4-50 厘米，圆柱状，较细，具少数圆肋，基部具 1-3 叶鞘，叶鞘长 0.5-3 厘米，上部淡绿或麦秆黄色，下部微红色，鞘口斜截。小穗卵形或宽卵形，长 4-8 毫米，宽 3-4 毫米，锈色，密生多数花，基部 2 鳞片无花，下面 1 片抱小穗基部 3/4 周或近一周，余鳞片均有花。鳞片松散覆瓦状排列，卵形，长圆状卵形或宽卵形，长约 1.5 毫米，膜质，背面中间微绿色，具中脉，两侧血红色，边缘窄干膜质；下位刚毛 6，长为小坚果近 2 倍，具倒刺；柱头 2。小坚果倒卵形，双凸状，背面凸，腹面微凸，长约 0.8 毫米，成熟时淡棕色；花柱基扁三角形，基部宽为小坚果 1/2，非海绵质。

图 360：1-4.卵穗荸荠　5-7.黑籽荸荠
（引自《中国植物志》）

产黑龙江、吉林、辽宁、内蒙古及河北，生于海拔 100-2500 米沼泽地或水边。日本、亚洲北部、俄罗斯远东地区和欧洲部分、北美洲有分布。

14. 黑籽荸荠　　　　　　　图 360:5-7

Eleocharis geniculata (Linn.) Roem et Schult. Syst. Veg. 2: 150. 1817.

Scirpus geniculata Linn. Sp. Pl. 1: 48. 1753.

Eleocharis caribacus Rottb. 中国植物志 11: 61. 1961.

一年生草本，无匍匐根状茎。秆丛生或密丛生，高3-40厘米，细弱，具少数肋，秆基部具2叶鞘，鞘长1-1.5厘米，基部微红色，鞘口斜截。小穗球形或圆卵形，长3-5毫米，宽3-3.5毫米，淡锈色，具多数花，基部3-4鳞片无花，最下部2片对生，各抱小穗基部半周，余鳞片全有花；鳞片较松散覆瓦状排列，宽椭圆形，长1.6-2毫米，淡锈色，中脉不明显，边缘窄干膜质；下位刚毛6-8，稍短于小坚果，锈色，疏生倒刺；柱头2。小坚果宽倒卵形或圆倒卵形，双凸状，长约1毫米，微紫黑色，平滑；花柱基短圆锥形，基部两侧微向上折，基部宽为小坚果1/7-1/4，非海绵质。花果期1-4月。

产台湾、福建、广东、香港及海南，生于海边沙滩、路边湿地或沼泽草丛中。日本琉球群岛、缅甸、泰国、马来西亚、印度尼西亚及印度有分布。

15. 紫果蔺　　图 361

Eleocharis atropurpurea (Retz.) Presl, Reliq. Haenk. 1: 196. 1828.

Scirpus atropurpurea Retz. in Observ. Bot. 5: 14. 1789.

无匍匐根状茎。秆丛生，高2-15厘米，圆柱状，毫发状，基部具1-2叶鞘，叶鞘长0.5-1.5厘米，下部紫红色，鞘口斜截。小穗卵形、长圆状卵形或近球形，长2-5.5毫米，宽1.5-2.5毫米，褐色，基部2鳞片无花，下部1片抱小穗基部1/2周。余鳞片全有花，鳞片松散覆瓦状排列，长圆形或椭圆形，先端钝圆，长约1毫米，膜质，背面中间绿色，中脉不明显，两侧血红色，边缘窄干膜质；下位刚毛4-6，稍长或稍短于小坚果，白色，疏生细倒刺；柱头2。小坚果倒卵形或宽倒卵形，双凸状，长0.5-0.75毫米，成熟时紫黑色，平滑；花柱基顶基扁呈盘状，宽约为小坚果1/4，非海绵质。花果期6-10月。

产山东、江苏、安徽、台湾、江西、湖南、广东、香港、海南、广西、贵州、四川及云南，生于海拔230-1400米水田中、田边

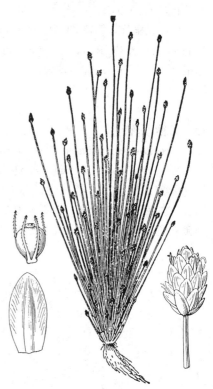

图 361 紫果蔺 （引自《图鉴》）

湿地或路旁潮湿处。热带和亚热带地区有分布。

16. 江南荸荠　　图 362: 5-7

Eleocharis migoana Ohwi et T. Koyama in Bull. Nat. Sci. Mus. Tokyo 3: 27. 1956.

具匍匐根状茎。秆丛生或密丛生，高20-50厘米，较细，干后稍扁，具钝肋和横脉，干后稍呈疣状，基部具2叶鞘，叶鞘长3-10厘米，下部淡红或褐色，鞘口平截。小穗长圆状披针形，长1-1.8厘米，淡血红色，具很多花，基部2鳞片无花，下部1片抱小穗基部1/2周或稍过。余鳞片全有花，鳞片稍密覆瓦状排列，长圆状披针形，先端近急尖，长3.5-4.5

毫米，膜质，背面中间色淡，中脉淡绿色，两侧淡血红色，边缘窄干膜质；下位刚毛4，长为小坚果1.5-2倍，密生倒刺；柱头2。小坚果倒卵形，双凸状，长1.1-1.3毫米，黄或淡黄色；花柱基窄圆锥形，宽

17. 圆果乳头基荸荠

图 362:8-10

Eleocharis mamillata Lindb. f. var. **cyclocarpa** Kitag. in Lineam. Fl. Mansh. 119. 1939.

匍匐根状茎长，节间长。秆单生，稀丛生，高13-70厘米，稍细，干后扁或略扁，具纵槽和多数疣状突起，基部具1-2叶鞘，叶鞘长5-10厘米，下部紫红色，鞘口微斜截或平截。小穗圆筒状披针形，长1-2厘米，宽2-6毫米，淡褐色，具极多数花，基部2鳞片无花，下部1片抱小穗基部半周。余鳞片全有花，鳞片紧密覆瓦状排列，后松散，长圆状卵形或卵形，先端急尖，长3-4毫米，具中脉，两侧红褐色，上部边缘宽干膜质；下位刚毛（3）4-5（6）条，稍长于小坚果，疏生倒刺；柱头2。小坚果宽倒卵形或圆倒卵形，双凸状，长1-1.5毫米，后期成熟时淡褐色，平滑，顶端缢缩；花柱基部短圆锥形，宽为小坚果约1/2，稍海绵质。花果期7月。

产黑龙江、吉林、辽宁、内蒙古、河北及山西，生于海拔150-1800米水塘边、沟边或河滩湿地。

18. 具刚毛荸荠

图 362:1-4

Eleocharis valleculosa Ohwi f. **setosa** (Ohwi) Kitag. in Lineam, Fl. Mansh. 121. 1939.

Eleocharis valleculosa Ohwi var. *setosa* Ohwi in Acta Phytotax. et Geobot. 2: 29. 1933.

具匍匐根状茎。秆单生或丛生，圆柱形，干后略扁，高6-50厘米，稍粗，有少数锐肋，基部具1-2叶鞘，叶鞘长3-10厘米，下部紫红色，鞘口平截。小穗长圆状卵形或长圆形，长0.7-2厘米，宽2.5-3.5毫米，麦秆黄色，具多数花，基部2鳞片无花，抱小穗基部约1/2-2/3周。余鳞片全有花，鳞片卵形或长圆状卵形，先端钝，长约3毫米，膜质，背面淡绿色，具中脉，两侧淡血红色，边缘宽干膜质；下位刚毛4，长于小坚果1/3，密生倒刺；柱头2。小坚果圆倒卵形，双凸状，长约1毫米，淡黄色，顶端缢缩部分常为花柱基部所掩盖；花柱基扁圆形，宽约为小坚果1/2，海绵质。花果期6-8月。

产全国各地，生于海拔100-1600米溪边、沟边、塘边湿地、沼泽地或浅水中。朝鲜半岛及日本有分布。

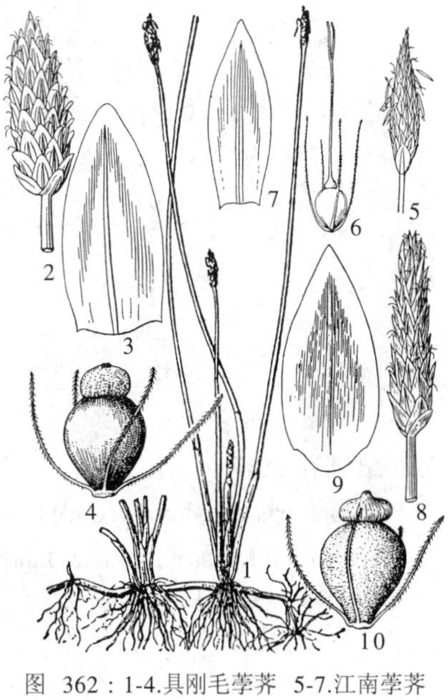

图 362:1-4.具刚毛荸荠 5-7.江南荸荠 8-10.圆果乳头基荸荠 （引自《中国植物志》）

19. 无刚毛荸荠

图 363:1-5

Eleocharis kamtschatica (C. A. Mey.) Kom. f. **reducta** (Ohwi) Ohwi in Mem. Coll. Sci. Kyoto Imp. Univ. ser. B, 18: 45. 1944.

Eleocharis kamtschatica (C. A. Mey.) Kom. var. *reducta* Ohwi in Bot. Mag. Tokyo 45: 185. 1931.

多年生草本，具匍匐根状茎。秆高20-40厘米，稍细，圆柱状，具钝肋，基部具1-2叶鞘，鞘长6-10厘米，下部淡紫褐色，鞘口微斜截，顶端具三角形短尖。小穗卵形或披针形，长1-2厘米，宽约4毫米，淡红褐色，具多数花，基部1鳞片无花，抱小穗基部1/2周多。余鳞片全有花，鳞片紧密覆瓦状排列，长圆状卵形或近长圆形，先端

为小坚果约1/3。花果期4-8月。

产江苏、安徽、浙江及江西，生于山坡湿地草丛中或水边湿地。

钝，长约 4 毫米，淡红褐色，多少具血红色条纹，中脉不明显，边缘干膜质；无下位刚毛或具残余痕迹；柱头 2。小坚果宽倒卵形或倒卵形，双凸状，长 1-1.5 毫米，淡黄色，平滑；花柱基半长圆形或长圆状圆锥形，长为小坚果 2/3 或更长，宽为小坚果的 1/2，海绵质。花果期 7-8 月。

产辽宁、河北、四川等省区，生于海滩或湿地。朝鲜半岛及日本有分布。

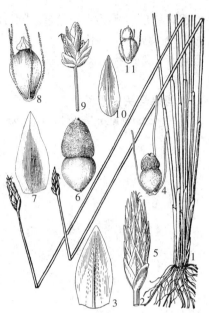

图 363：1-5.无刚毛荸荠　6-7.中间型荸荠
8-11.单鳞苞荸荠
（引自《图鉴》、《中国植物志》）

20. 中间型荸荠　　　　　图 363：6-7

Eleocharis intersita Zinserl. in Kom. Fl. URSS 3: 76. 581. 1935.

匍匐根状茎长。秆丛生，高 10-60 厘米，圆柱形，较细，具钝肋，基部 1-2 叶鞘，叶鞘长 4-8 厘米，基部红褐色，鞘口平截。小穗长圆状卵形或宽披针形，长 0.7-1.5 厘米，宽 3-5 毫米，具多数密生的花；基部 1 鳞片无花，抱小穗基部半周；余鳞片均有花，鳞片稍疏松覆瓦状排列，长圆状卵形或卵形，先端急尖，长 3-4 毫米，暗褐色，中间绿色，具中脉，边缘宽干膜质；下位刚毛 4，

稍长或几等长于小坚果，微弯曲，密生倒刺；柱头 2。小坚果倒卵形

或宽倒卵形；双凸状，长约 1.2 毫米，成熟时褐色，平滑；花柱基短圆锥形，基部不下延，宽约为小坚果 1/3，海绵质。花果期 6-7 月。

产黑龙江、吉林、内蒙古、河北、陕西、宁夏、甘肃、青海及新疆，生于海拔 100-3800 米河滩或低洼潮湿地或沼泽地。欧洲、俄罗斯、蒙古、朝鲜半岛、日本及北美洲有分布。

21. 单鳞苞荸荠　　　　　图 363：8-11

Eleocharis uniglumis (Link.) Schult. Mant. 2: 88. 1824.

Scirpus uniglumis Linn. in Jahrb. Gewöchsk. 3: 77. 1820.

根状茎匍匐。秆单生或丛生，高 10-15 厘米，细弱，有少数钝肋，基部具 2-3 叶鞘，鞘长 1-4 厘米，上部黄绿色，下部血红色，鞘口平截或微斜。小穗窄卵形、卵形或长圆形，长 3-8 毫米，宽 1.5-3 毫米，具 4-10 余花，基部 1 鳞片无花，抱小穗基部一周。余鳞片全有花，鳞片松散螺旋状排列，长圆状披针形，先端钝，长 4 毫米，膜质，背部中间淡褐色，

两侧血紫色，具干膜质边缘，具中脉；下位刚毛 6，等长或稍长于小坚果，白色，密生倒刺，柱头 2。小坚果顶端缢缩部分为下延花柱基掩盖，倒卵形或宽倒卵形，双凸状或近钝三棱形，长 1.4-1.7 毫米；花柱基近圆，基部下延，宽为小坚果 1/2，海绵质，白色。花果期 4-6 月。

产内蒙古、河北、山西、陕西、甘肃、青海、新疆及云南，生于海拔 100-2820 米河边、湖边、池塘水中或沼泽地。欧洲、俄罗斯、蒙古、朝鲜半岛、日本及印度有分布。

11. 球柱草属 Bulbostylis Kunth

（梁松筠）

一年生或多年生草本。秆丛生，细。叶基生，线形；叶鞘顶端有长柔毛或长丝状毛。长侧枝聚伞花序简单或复出或头状，小穗多数，稀具 1 小穗；苞片极细，叶状。小穗具多花；花两性。鳞片覆瓦状排列，最下部 1-2 鳞片无花；无下位刚毛；雄蕊 1-3；花柱细长，基部小球状或盘状，宿存，与小坚果连接处明显，柱头 3，细尖，有附属物。小坚果倒卵形、三棱形。

约 100 余种，遍布热带至暖温带，集中分布热带非洲和南美。我国 3 种。

1. 小穗单个排成简单或复出长侧枝聚伞花序；鳞片棕或暗棕色。
  2. 鳞片无毛，先端钝；小坚果具透明小突起 ⋯⋯⋯⋯⋯⋯⋯⋯⋯⋯⋯⋯⋯⋯ 1. 丝叶球柱草 B. densa
  2. 鳞片被短柔毛，先端有外弯短尖；小坚果具波状皱纹 ⋯⋯⋯⋯⋯⋯⋯⋯ 2. 毛鳞球柱草 B. puberula
1. 小穗成簇排成头状长侧枝聚伞花序；鳞片棕或黄绿色，先端具外弯芒状短尖 ⋯⋯⋯⋯⋯ 3. 球柱草 B. barbata

1. 丝叶球柱草

图 364：1-6

Bulbostylis densa (Wall.) Hand.-Mzt. in Karst. et Schenck. Vegetatb. 20(7): 16. 1930.

Scirpus densus Wall. in Roxb. Fl. Ind. ed. Carey 1: 231. 1820.

一年生草本，无根状茎。秆丛生，细，无毛，高 7-23（-35）厘米。叶纸质，线形，长 5-10（-13）厘米，宽 0.5 毫米，细而多，全缘，边缘微外卷，背面叶脉间疏被微柔毛，叶鞘薄膜质，顶端具长柔毛；苞片 2-3，线形，基部膜质，全缘，边缘微外卷，背面疏被微柔毛，长 0.8-1.5 厘米或较短。长侧枝聚伞花序简单或近复出，具 1 个稀 2-3 个散生小穗。顶生小穗无柄，长圆状

卵形或卵形，长 3-6（-9）毫米，宽 1.5 毫米，具 7-17 花。鳞片膜质，无毛，卵形或近宽卵形，长 1.5-2 毫米，宽 1-1.5 毫米，棕色，先端钝，稀近尖，基部圆，下部无花鳞片有时具芒状短尖，背面具龙骨状突起，黄绿色脉 1-3，具缘毛；雄蕊 2，花药长圆状卵形或卵形，顶端尖。小坚果倒卵形，三棱形，长 0.8 毫米，宽 0.5-0.6 毫米，成熟时灰紫色，具透明小突起，顶端平截或微凹；花柱基盘状。花果期 4-12 月。

产黑龙江、辽宁、河北、山东、河南、江苏、安徽、浙江、台湾、福建、江西、湖北、湖南、广东、香港、广西、贵州、四川、

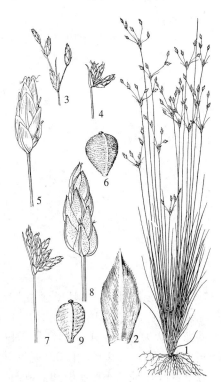

图 364：1-6.丝叶球柱草 7-9.毛鳞球柱草
（引自《中国植物志》）

云南及西藏，生于海拔 100-3200 米海边、河边沙地、荒坡上、路边及林下。印度至美国均有分布。

2. 毛鳞球柱草

图 364：7-9

Bulbostylis puberula (Poir.) C. B. Clarke in Fl. Brit. Ind. 6: 652. 1893.

Scirpus puberulus Poir. Encycl. 6: 767. 1804.

一年生草本，无根状茎。秆丛生，细，无毛，高 13-30 厘米。叶纸质，线形，长 4-6 厘米，宽 0.4-0.8 毫米，全缘，边缘微外卷，背面叶脉间疏被微柔毛，叶鞘薄膜质，先端被

长毛，脉被微柔毛；苞片2-3，叶状，线形，长不及8毫米，基部膜质，背面被微柔毛，边缘被长柔毛状缘毛。长侧枝聚伞花序分枝短，简单或复出。小穗1-3个或多个，卵状长圆形或卵形，长3-6毫米，宽1-2毫米，具7-21花。鳞片膜质，卵形或宽卵形，长1.5-2毫米，宽1-1.5毫米，棕或暗棕色，先端有外弯短尖，背面具龙骨状突起，被短柔毛，边缘具缘毛，脉1-3黄绿色；雄蕊1，花药长圆形，顶端尖。小坚果倒卵形，三棱形，长0.8毫米，宽0.5-0.6毫米，白或淡黄色，具波状皱纹，顶端平截或微凹；花柱基盘状。花果期2-6月。

产福建南部、广东、香港及海南，生于沙地。印度、斯里兰卡、新加坡、马来西亚、越南、柬埔寨及老挝有分布。

3. 球柱草　　　　图 365

Bulbostylis barbata (Rottb.) C. B. Clarke in Hook. f. Fl. Brit. Ind. 6: 651. 1893.

Scirpus barbata Rottb. Descr. et Icon. 52. 5. 17. f. 4. 1773.

一年生草本，无根状茎。秆丛生，细，无毛，高6-20厘米。叶纸质，线形，长4-8厘米，宽0.4-0.8毫米，全缘，边缘微外卷，背面叶脉间疏被微柔毛，叶鞘薄膜质，边缘具白色长柔毛状缘毛；苞片2-3，极细，线形，边缘外卷，背面疏被微柔毛，长1-2.5厘米或较短。长侧枝聚伞花序头状，具密聚的无柄小穗3至数个。小穗披针形或卵状披针形，长3-6.5毫米，宽1-1.5毫米，具7-13花。鳞片膜质，卵形或近宽卵形，长1.5-2毫米，宽1-1.5毫米，棕或黄绿色，先端具外弯芒状短尖，被疏缘毛或背面被疏微柔毛，背面具龙骨状突起，脉1（3），黄绿色，雄蕊1（2），花药长圆形。小坚果倒卵形，三棱形，长0.8毫米，宽0.5-0.6毫米，白或淡黄色，呈方形网纹，顶端平截或微凹；花柱基盘状。花果期4-10月。

产辽宁、内蒙古、河北、山东、河南、江苏、安徽、浙江、台湾、福建、江西、湖北、湖南、广东、香港、海南及广西，生于

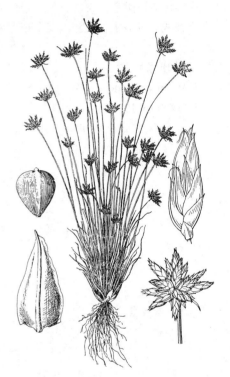

图 365　球柱草　（引自《东北草本植物志》）

海拔130-2000米海边沙地、河滩沙地、田边、沙田湿地。日本、朝鲜半岛、菲律宾、老挝、越南、柬埔寨、泰国及印度有分布。

12. 飘拂草属 Fimbristylis Vahl

（梁松筠）

一年生或多年生草本，具根状茎或无，稀具匍匐根状茎。秆丛生或不丛生，较细。叶基生，或有叶鞘无叶片。简单、复出或多次复出长侧枝聚伞花序顶生，稀成头状或具1小穗。小穗单生或簇生，具几朵至多数两性花。鳞片常螺旋状排列或下部鳞片2列或近2列，最下部1-2（3）鳞片无花；无下位刚毛；雄蕊1-3；花柱基部膨大，脱落，有时上部被缘毛，柱头2-3。小坚果倒卵形、三棱形或双凸状，有网纹或疣状突起，或两者兼有，具柄（子房柄）或柄不显著。

约300余种，遍布热带至暖温带、温带，集中分布于亚洲东南部、马来西亚和澳大利亚东北部。我国62种。

1. 小穗近球形、长圆形、圆卵形或圆柱形；鳞片螺旋状排列。
　2. 小穗（1）2- 多数；苞片非鳞片状；具叶片。
　　3. 柱头（2）3，花柱不扁，稀稍扁，顶端无毛。
　　　4. 秆下部的鞘具叶片。
　　　　5. 小坚果长圆形。
　　　　　6. 鳞片黄绿、淡白或淡麦秆黄色；小坚果两侧有具柄的球形乳头状突起（后脱落）。
　　　　　　7. 鳞片具直的短尖；小坚果具乳头状突起 ·························· 1. 疣果飘拂草 F. verrucifera
　　　　　　7. 鳞片具外弯长芒；小坚果两侧有具柄乳头状突起 ·············· 2. 起绒飘拂草 F. dipsacea
　　　　　6. 鳞片锈色，先端短尖不外弯；小坚果无乳头状突起 ············· 3. 烟台飘拂草 F. stauntoni
　　　　5. 小坚果倒卵形、椭圆状倒卵形或椭圆形；鳞片黄绿、淡褐、栗褐或褐色；叶舌短或平截，具缘毛。
　　　　　8. 柱头2；鳞片具3脉，背面具龙骨状突起；小坚果椭圆状倒卵形、倒卵形或椭圆形 ··········
　　　　　　·· 4. 宜昌飘拂草 F. henryi
　　　　　8. 柱头3。
　　　　　　9. 小坚果白、褐、黄白或黄色。
　　　　　　　10. 苞片叶状。
　　　　　　　　11. 鳞片具5-7脉；小坚果长圆状倒卵形，长1.5-2毫米 ········ 5. 西南飘拂草 F. thomsonii
　　　　　　　　11. 鳞片具1脉；小坚果倒卵形或宽倒卵形，长1.5毫米。
　　　　　　　　　12. 秆粗壮，高50-70厘米；叶宽3-5毫米 ············· 6. 扁鞘飘拂草 F. complanata
　　　　　　　　　12. 秆细，高（10-）20-50厘米；叶宽1-2.5毫米 ················
　　　　　　　　　　············· 6(附). 矮扁鞘飘拂草 F. complanata var. kraussiana
　　　　　　　10. 苞片钻状或鳞片状；鳞片具3脉；小坚果宽倒卵形，长约1毫米 ···············
　　　　　　　　·· 7. 东南飘拂草 F. pierotii
　　　　　　9. 小坚果紫黑或灰黑色。
　　　　　　　13. 植株各部密被白色绢毛；小穗聚成头状，长0.6-1厘米，宽2-3.5毫米；根状茎长，分枝 ···
　　　　　　　　·· 8. 绢毛飘拂草 F. sericea
　　　　　　　13. 植株各部无毛；小穗单生或2-3簇生；根状茎短，不分枝。
　　　　　　　　14. 小穗长3-5毫米 ·· 9. 佛焰苞飘拂草 F. spathacea
　　　　　　　　14. 小穗长1-2厘米 ·· 10. 硬穗飘拂草 F. insignis
　　　4. 秆下部具1-3无叶片的鞘，鞘管状或侧扁。
　　　　15. 叶片侧扁，剑状，鞘侧扁；苞片刚毛状；小穗球形或近球形，长1.5-5毫米；鳞片卵形，长约
　　　　　1毫米；柱头3 ··· 11. 水虱草 F. miliacea
　　　　15. 叶片不侧扁，非剑形，鞘不侧扁。
　　　　　16. 长侧枝聚伞花序多次复出；鳞片中脉两侧各有2深褐色条纹。
　　　　　　17. 苞片4，刚毛状；小穗卵形，顶端尖，长2-3毫米。
　　　　　　　18. 秆具叶1-3；小穗长2-3（-5）毫米；雄蕊1。
　　　　　　　　19. 秆高14-70厘米；小穗长2-3毫米 ············· 12. 五棱秆飘拂草 F. quinguangularis
　　　　　　　　19. 秆高达1.2米；小穗长3-5毫米 ········· 12(附). 高五棱飘拂草 F. quinguangularis var. elata
　　　　　　　18. 秆无叶；小穗长3-5毫米；雄蕊2 ··· 12(附). 异五棱飘拂草 F. quinguangularis var. bistaminifera
　　　　　　17. 苞片3，叶状，披针形；小穗卵形、球状椭圆形或椭圆形，长3.5-6.5毫米 ············
　　　　　　　·· 13. 球穗飘拂草 F. globulosa

16. 长侧枝聚伞花序简单或近复出；鳞片中脉两侧无深褐色条纹 ·············· 14. **拟二叶飘拂草 F. diphylloides**
3. 柱头 2（3），花柱扁，上部具缘毛。
　20. 小穗无棱角。
　　21. 小穗少数至多数（绣鳞飘拂草 F. ferruginea 小穗 1-3）。
　　　22. 小穗卵形、长圆状卵形或椭圆形。
　　　　23. 具匍匐根状茎；小坚果具横长圆形网纹，长约 1.3 毫米，纵肋不显著 ·············
　　　　　·· 15. **匍匐茎飘拂草 F. stolonifera**
　　　　23. 无匍匐根状茎；小坚果多具六角形网纹（两歧飘拂草 F. dichotoma 小坚果具长圆形网纹，纵肋隆
　　　　　起；绣鳞飘拂草 F. ferruginea 网纹不明显）。
　　　　　24. 秆基部不具无叶片的鞘；鳞片具 3 至多脉，背面无毛；叶宽于 1 毫米。
　　　　　　25. 根状茎不显著；鳞片具 3-5 脉。
　　　　　　　26. 小坚果有横长圆形网纹，纵脉显著；叶与叶鞘有时被疏柔毛。
　　　　　　　　27. 叶线形，宽 1-2.5 毫米；秆高 15-50 厘米 ·············· 16. **两歧飘拂草 F. dichotoma**
　　　　　　　　27. 叶刚毛状；秆高 5-17 厘米 ·············· 16(附). **矮两歧飘拂草 F. dichotoma f. depauperata**
　　　　　　　26. 小坚果有六角形网纹，肋不显著。
　　　　　　　　28. 除小穗外，各部被长柔毛 ·············· 17. **拟两歧飘拂草 F. dichotomoides**
　　　　　　　　28. 植株各部无毛或近无毛 ·············· 18. **长穗飘拂草 F. longispica**
　　　　　　25. 根状茎木质，横生；鳞片具多脉；叶鞘和叶片被柔毛 ·············· 19. **结壮飘拂草 F. rigidula**
　　　　　24. 秆基部具无叶片的鞘；鳞片具 1 脉，背面上部被短柔毛；叶宽 1 毫米；小坚果近平滑。
　　　　　　29. 秆细而坚挺，高 20-65 厘米；长侧枝聚伞花序简单，稀近复出；小穗单生辐射枝顶端 ·······
　　　　　　　·· 20. **绣鳞飘拂草 F. ferrugineae**
　　　　　　29. 秆细弱，高 10-30 厘米；长侧枝聚伞花序有 1-2（3-5）小穗 ·············
　　　　　　　·· 20(附). **弱绣鳞飘拂草 F. ferrugineae var. sieboldii**
　　　22. 小穗线形、圆柱形或窄披针形；小坚果有疣状突起和横长圆形网纹。
　　　　30. 小穗单生辐射枝顶端；鳞片灰绿色 ·············· 21. **罗浮飘拂草 F. fordii**
　　　　30. 小穗指状簇生或单生辐射枝顶端；鳞片麦秆黄或绿黄色 ·············· 22. **金色飘拂草 F. hookeriana**
　　21. 小穗 1-2（3）。
　　　31. 小坚果黄白、黄褐或褐色，圆倒卵形、近圆形或倒卵形，具六角形网纹。
　　　　32. 鳞片先端圆，黄白色；小坚果黄白色 ·············· 23. **少穗飘拂草 F. schoenoides**
　　　　32. 鳞片先端钝，棕色；小坚果褐或黄褐色。
　　　　　33. 小穗 1（2），顶生；秆高 7-60 厘米；苞片无或 1 枚，长于花序 ··· 24. **双穗飘拂草 F. subbispicata**
　　　　　33. 小穗 3-6；秆高 20-90 厘米；苞片 1，较花序短 ·············· 25. **三穗飘拂草 F. tristachya**
　　　31. 小坚果灰黑色，倒卵形，具横长圆形网纹和疣状突起；鳞片苍白色，半透明 ·············
　　　　　·· 26. **细叶飘拂草 F. polytrichoides**
　20. 小穗具棱角，鳞片具龙骨状突起。
　　34. 花柱基部有长柔毛。
　　　35. 鳞片顶端芒外弯，长为鳞片约 1/2；小坚果长约 1 毫米 ·············· 27. **畦畔飘拂草 F. squarrosa**
　　　35. 鳞片顶端芒稍外弯，长为鳞片约 1/5；小坚果长约 0.5 毫米 ·············· 28. **短尖飘拂草 F. velata**
　　34. 花柱基部无毛。
　　　36. 小坚果宽倒卵形，具横长圆形网纹；叶宽 0.7-1.5 毫米 ·············· 29. **复序飘拂草 F. bisumbellata**
　　　36. 小坚果倒卵形，近平滑；叶宽 0.5-1 毫米 ·············· 30. **夏飘拂草 F. aestivalis**
2. 小穗 1，顶生；苞片鳞片状或无；有叶鞘无叶片。
　37. 小坚果窄长圆形，具六角形网纹；花柱扁，具缘毛；鳞片先端圆，具多脉；秆四棱形 ·············

1. 疣果飘拂草　　　　　　　　　　　　图 366：1-3

Fimbristylis verrucifera (Maxim.) Makino in Bot. Mag. Tokyo 9: 259. 1895.

Isolepis verrucifera Maxim. Prim. Fl. Amur. 300. 1859.

无根状茎。秆密丛生，高2-10厘米，细，光滑，秆下部的鞘具叶片。叶较秆短，毛发状，柔软，内卷或近平展，长3-5厘米，宽2.5-5毫米，鞘锈褐色，无毛，薄膜质，鞘口斜裂；苞片3-10，毛发状，最下部1-2有时稍高于花序；长侧枝聚伞花序简单或近复出，有少数至多数小穗，辐射枝3-10不等长，细，张开；小穗单生，稀2个并生，长圆形或圆卵形，长3-6毫米，宽2-2.5毫米，多花；鳞片长圆形或长圆状卵形，薄膜质，淡白或淡麦秆黄色，具直的短尖，龙骨状突起绿色，1脉，长约1毫米（不连短尖），短尖长0.25-0.3毫米；雄蕊1，花药披针形，顶端具短尖；花柱无毛，柱头2，小坚果窄长圆形，两侧有4-6个白色、具柄、球形的乳头状突起（后脱落），基部具细柄，有近六角形横网纹或近线形横纹

图 366：1-3.疣果飘拂草　4.起绒飘拂草
5-7.水虱草　（引自《东北草本植物志》）

产黑龙江、浙江及安徽，生于河岸沙地。俄罗斯远东地区、朝鲜半岛及日本有分布。

2. 起绒飘拂草　　　　　　　　　　　　图 366：4

Fimbristylis dipsacea (Rottb.) C. B. Clarke in Hook. f. Fl. Brit. Ind. 6: 635. 1895.

Scirpus dipsaceus Rottb. Descr. et Icon. 56. t. 12. f. 1. 1773.

无根状茎。秆丛生，无毛，高2.5-15厘米，秆下部的鞘具叶片。

叶与秆等长或短于秆，毛发状；苞片数枚，毛发状，高出花序；长侧枝聚伞花序简单或近复出，径2-7.5厘米，有2-3至8-12小穗。小穗近球

形，径3-6毫米；鳞片椭圆形，苍白色，龙骨状突起绿色，1脉，具外弯长芒；雄蕊1-2，花药长圆形；子房幼时两边常有乳头状突起，花柱纤细，无毛，柱头2。小坚果窄长圆形，扁，稍短于鳞片，淡褐色，两侧有具柄球形乳头状突起（后脱落）。

产广东、海南、广西等省区，生于潮湿草地。越南、缅甸、印度、斯里兰卡、马来西亚至非洲有分布。

3. 烟台飘拂草 图 367

Fimbristylis stauntoni Debeaux et Franch. in Acta Soc. Linn. Bordeaux 31: 31. t. 3. 1877.

无根状茎。秆丛生，扁三棱形，高4-40厘米，具纵槽，无毛，基部有少数叶。叶短于秆，平展，无毛，向上端渐窄，宽1-2.5毫米；鞘前面膜质，鞘口斜裂，淡棕色，长0.5-7厘米，叶舌平截，具缘毛；苞片2-3，叶状；小苞片钻状或鳞片状，具芒。长侧枝聚伞花序简单或复出，长1-7厘米，宽1.5-7厘米，辐射枝少数，细，长1-7厘米。小穗单生辐射枝顶，宽卵形或长圆形，长

3-7毫米，宽1.5-2.5毫米，多花。鳞片膜质，长圆状披针形，锈色，龙骨状突起，绿色，1脉，先端具短尖，不外弯；雄蕊1，花药长约0.4毫米，顶端具短尖；花柱近圆柱状，无毛，基部球形，柱头2-3。小坚果长圆形，近圆筒状，黄白色，顶端稍膨大如盘，顶端以下缩成短颈，具横长圆形网纹，长1毫米；花柱宿存。花果期7-10月。

产辽宁、河北、山东、河南、陕西、甘肃、江苏、安徽、浙江、湖北、湖南及四川，生于海拔160-660米耕地、稻田埂、砂土湿地或杂草丛中。日本及朝鲜半岛有分布。

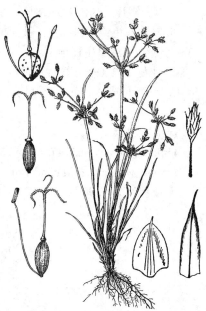

图 367 烟台飘拂草 （引自《东北草本植物志》）

4. 宜昌飘拂草 图 368

Fimbristylis henryi C. B. Clarke in Journ. Linn. Soc. Bot. 36: 237. 1903.

无根状茎。秆丛生，三棱形，高3-20厘米，有沟槽，无毛，基部2叶。叶长于秆，宽1-3毫米，平展，无毛，向顶端渐窄，边缘具细齿；鞘前面膜质，鞘口斜裂，锈色，长1-3.5厘米，叶舌平展，具缘毛；苞片叶状，2-3（4）；小苞片钻状，边缘膜质。长侧枝聚伞花序简单、复

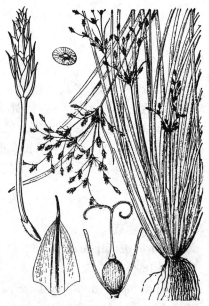

图 368 宜昌飘拂草 （引自《图鉴》）

出或多次复出，辐射枝2-4，径1-5厘米，长0.5-3厘米。小穗单生，窄长圆形、长椭圆形，稀卵形，长3-8毫米，宽1-1.5毫米，有8-10余花。鳞片卵形或卵状披针形，长2毫米，先端有硬尖，黄绿或淡褐色，龙骨状突起绿色，具膜质宽边缘，3脉；雄蕊1，花药长圆形，具短尖，长0.5毫米，约为花丝长1/5-1/4；花柱基部圆锥形，柱头2，长为花柱1/2。小坚果椭圆状倒卵形、倒卵形或椭圆形，平凸状，淡黄色，有横长圆形网纹，长约1毫米。花果期8-11月。

产河南、陕西、江苏、安徽、浙江、江西、湖北、湖南、广东、广西、贵州、四川及云南，生于海拔130-2000米耕地、岩石上、沼泽地、河边、溪边、山谷水塘边或沟边。

5. 西南飘拂草　　　　　　　　图 369：6-9

Fimbristylis thomsonii Böcklr. in Linnaea 37: 37. 1871.

根状茎短；秆丛生，扁钝三棱形，高（11-）25-70厘米，具沟槽，基部多叶。叶短于秆，宽2-4.5毫米，平展，坚硬，边缘有细齿，鞘褐色，前面膜质，铁锈色，顶端平截；叶状苞片2-3，较花序短；小苞片钻状，基部较宽。长侧枝聚伞花序复出或多次复出，辐射枝2-4，稍扁，长0.7-3.5厘米。小穗单生，长圆状卵形或椭圆形，长0.5-1厘米，宽2-3毫米，有7-10多朵花。鳞片凹，卵形，长2.2-3.5毫米，栗褐色，边缘膜质，色较淡，5-7脉，中肋绿色，延伸成硬尖；雄蕊3，花药窄长圆形，长2毫米，较花丝长约1倍，顶端尖，药隔不突出；子房近似三棱状长圆形，花柱三棱形，无缘毛，基部长圆状圆锥形，柱头3，稍长于花柱。小坚果长圆状倒卵形，钝三棱形，长（1.5-）2毫米，黄白或黄色，具横长圆形网纹和横长圆形或圆形疣状突起。花果期5-6月。

产台湾、广东、香港、海南、广西及云南，生于海拔170-3100米草坡。印度、缅甸、越南及老挝有分布。

6. 扁鞘飘拂草　　　　　　　　图 369：1-5

Fimbristylis complanata (Retz.) Link, Hort. Berol. 1: 292. 1827.

Scirpus complanatus Retz. in Observ. Bot. Descript. Pl. Nov. Herb. Van Heurchiani 5: 14. 1789.

根状茎直伸，有时近横生。秆丛生，扁三棱形或四棱形，高50-70厘米，具槽，粗壮，花序以下有时具翅，基部多叶，苗期有时具有无叶片的鞘。叶短于秆，宽3-5毫米，平展，厚纸质，上部边缘具细齿，鞘两侧扁，背部具龙骨状突起，前面锈色，膜质，鞘口斜裂，具缘毛，叶舌短，具缘毛；苞片2-4，近直立；小苞片刚毛状。长侧枝聚伞花序多次复出，长7.5-10.5厘米，宽4-7厘米，辐射枝3-4，小穗多，辐射枝扁，粗糙，长1-7厘米。小穗单生，长圆形或卵状披针形，长5-9毫米，宽1.2-2毫米，5-13花。鳞片卵形，长3毫米，褐色，龙骨状突起黄绿色，1脉延伸成短尖；

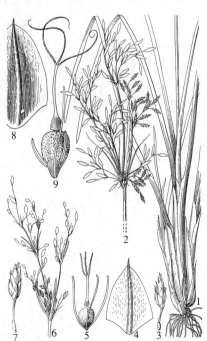

图 369：1-5.扁鞘飘拂草　6-9.西南飘拂草
（引自《中国植物志》）

雄蕊 3，花药长圆形，顶端尖，长 1 毫米，约为花丝长 1/4；子房三棱状长圆形，花柱三棱形，无毛，基部圆锥状，柱头 3，约与花柱等长。小坚果倒卵形或宽倒卵形，钝三棱形，长 1.5 毫米，白或黄白色，有横长圆形网纹。花果期 7-10 月。

产山东、河南、江苏、安徽、浙江、台湾、福建、江西、湖北、湖南、广东、香港、海南、广西、贵州、四川、云南及西藏，生于海拔 500-3000 米山谷潮湿处、溪边、草地及路边。印度、马来西亚、中南半岛、日本及朝鲜半岛有分布。

[附] **矮扁鞘飘拂草 Fimbristylis complanata** var. **kraussiana** C. B. Clarke

7. 东南飘拂草　　　　　　　　　　　图 370

Fimbristylis pierotii Miq. in Ann. Mus. Bot. Lugduno-Batavum 2: 145. 1865.

匍匐根状茎径达 2 毫米，被卵形鳞片。秆单生，扁三棱形，高

13-35 厘米，上部粗糙，基部 4-6 叶，最下部有 1-2 个无叶片的叶鞘。叶短于或几等长于秆，宽 1.2-2 毫米，平展或边缘反卷，先端尖，有时钻状，边缘具细齿，鞘前面部分膜质，锈色，鞘口斜裂，无缘毛，无叶舌；苞片 1-3，钻状或鳞片状具长芒。长侧枝聚伞花序简单，长 1.5-2.5 厘米，小穗 2-7。小穗长圆形、椭圆形或卵形，长 0.6-1 厘米，宽 2.5-4 毫米，9 花。鳞片宽卵形，长 4 毫米，栗褐色，边缘膜质，白色，3 脉，龙骨状突起绿色，最下的 1-2 鳞片顶端有短硬尖；雄蕊 3，花药线状长圆形，长 2 毫米，约为花丝长的 1/4；子房长圆形，三棱形，花柱三棱形，基部圆锥状，柱头 3，几与花柱等长。小坚果宽倒卵形，平凸状，长约 1 毫米，褐色，有细疣状突起。花果期 5-6 月。

8. 绢毛飘拂草　　　　　　　　　　　图 371

Fimbristylis sericea (Poir.) R. Br. Prodr. 228. 1810.

Scirpus sericeus Poir. Encycl. Suppl. 5. 99. 1804.

根状茎长，斜升或横行，分枝，被黑褐色枯叶鞘，鞘常纤维状，长达 10 厘米。秆散生，高 15-30 厘米，钝三棱形，被白色绢毛，基部生叶。叶平展，宽 1.5-3.2 毫米，弯卷，两面密被白色绢毛，鞘前面膜质，锈色，鞘口斜裂，

in Hook. f. Fl. Brit. Ind. 6: 646. 1893. 与模式变种的区别：秆细，高（10-）20-50 厘米；叶宽 1-2.5 毫米。产山东、江苏、安徽、浙江、台湾、福建、江西、湖北、湖南、广东、广西及及贵州。斯里兰卡、马来西亚、朝鲜半岛、日本及非洲有分布。

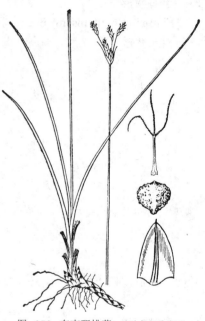

图 370　东南飘拂草　（引自《图鉴》）

产山东、河南东南部、江苏、安徽、浙江、福建及云南，生于海拔 3000 米以下。印度、尼泊尔、日本及朝鲜半岛有分布。

无叶舌；苞片 2-3，叶状，两面被白色绢毛。长侧枝聚伞花序简单，辐射枝 2-4，扁，长 0.7-2.5 毫米，被白色绢毛。小穗 3-15 聚成头状，长圆状卵形或长圆形，长 0.6-1 厘米，宽 2-3.5 毫米。鳞片卵形，具短硬尖，长 3 毫米，中部有紫红色纵纹，具白色宽边缘，背面被白色绢毛，1 脉；雄蕊 3，花药窄长圆形，药隔突出，长 3 毫米；子房长圆形，双凸状，花柱稍扁，基部

略膨大，有毛，上部被微柔毛，柱头2，略短于花柱。小坚果椭圆状倒卵形或倒卵形，双凸状，长1.5毫米，成熟时紫黑色，有不明显近方形细网纹或近光滑。花果期8-10月。

产江苏、浙江、台湾、福建、广东、香港及海南，生于海滨砂地或砂丘。大洋洲、马来西亚、越南、泰国、日本、朝鲜半岛有分布。

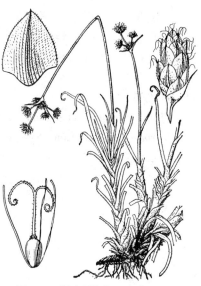

图 371 绢毛飘拂草 （引自《图鉴》）

9. 佛焰苞飘拂草　　图 372

Fimbristylis spathacea Roth, Nov. Sp. Pl. 24. 1821.

根状茎短，不分枝。秆高4-40厘米，钝三棱形，具槽，基部生叶，被黑褐色、纤维状老叶鞘。叶较秆短，宽1-3毫米，线形，坚硬，平展，边缘略反卷，有疏细齿，鞘前面膜质，白色，鞘口斜裂，无叶舌；苞片1-3，直立，叶状。长侧枝聚伞花序复出或多次复出，长1.5-2.5厘米，宽1-3厘米；辐射枝3-6，钝三棱形，长0.3-1.5厘米。小穗单生，或2-3簇生，卵形或长圆形，长3-5毫米，宽1.5-2.5毫米，密生多花。鳞片宽卵形，膜质，长1.25毫米，锈色，有无色透明宽边，3-5脉，有时仅中脉呈龙骨状突起；雄蕊3，花药窄长圆形，长约1毫米，为花丝长1/2；子房长圆形，花柱略扁，无缘毛，柱头2（3），长约与花柱等。小坚果倒卵形或宽倒卵形，双凸状，紫黑色，长1毫米。花果期7-10月。

产浙江、台湾、福建、广东、海南及广西，生于海拔350米以下河滩石砾间和海边砂地。非洲、斯里兰卡、印度、马来西亚、越南、泰国及日本有分布。

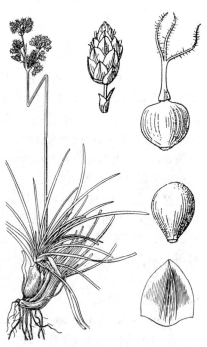

图 372 佛焰苞飘拂草 （引自《中国植物志》）

10. 硬穗飘拂草　　图 373

Fimbristylis insignis Thw. Enum. Pl. Zeyl. 349. 1894.

根状茎短。秆高20-40厘米，稍坚挺，圆柱形，上部有时稍扁，具纵槽纹，平滑，基部叶鞘具叶片。叶长为秆1/3-1/2，宽1-2.5毫米，平展，近革质，边缘具细齿，叶鞘长不及5厘米，革质，无叶舌；苞片叶状，2-3，较花序短。长侧枝聚伞花序简单或复出，具3-5分枝和10余个小穗；伞梗扁圆柱形，稍坚挺，长2-4厘米。小穗单生，长圆状披针形，近圆柱状，长1-2厘米，宽约4毫米。鳞片密螺旋状排列，长圆形，长约6毫米，具短尖，背面上部常龙骨状突起，中脉明显，最下部2-3枚无花；雄蕊3，花药线状长圆形，长约2毫米；花柱三棱形，长4-5毫米，上部具缘毛，柱头3。小坚果宽倒心形，三棱形，长约1.5毫米，成熟时灰黑色，具六角形网纹和疣状突起。花果期6月。

产广东及海南，生于干旱瘠薄荒坡。印度、斯里兰卡、越南、马来西亚、印度尼西亚及澳大利亚有分布。

11. 水虱草　　　　　　　　　图 374：1-5　图 366：5-7

Fimbristylis miliacea (Linn.) Vahl, Enum. Pl. 2: 287. 1806.

Scirpus miliaceus Linn. Syst. ed. 10, 868. 1759.

无根状茎。秆丛生，高（1.5-）10-60厘米，扁四棱形，具纵槽，基部包1-3无叶片的鞘，鞘侧扁，鞘口斜裂，有时刚毛状，长（1.5-）3.5-9厘米。叶侧扁，套褶，剑状，有稀疏细齿，先端刚毛状，宽（1-）1.5-2毫米，鞘侧扁，背面锐龙骨状，前面具膜质、锈色的边，鞘口斜裂，无叶舌；苞片2-4，刚毛状，具锈色、膜质边缘。长侧枝聚伞花序复出或多次复出，稀简单，小

穗多数，辐射枝3-6，细而粗糙，长0.8-5厘米。小穗单生辐射枝顶端，球形或近球形，长1.5-5毫米，宽1.5-2毫米。鳞片膜质，卵形，长约1毫米，栗色，具白色窄边，具龙骨状突起，3脉，沿侧脉深褐色，中脉绿色；雄蕊2，花药长圆形，长0.75毫米；花柱三棱形，无缘毛，柱头3。小坚果倒卵形或宽倒卵形，钝三棱形，长1毫米，麦秆黄色，具疣状突起和横长圆形网纹。

产河北、山东、河南、陕西、甘肃、江苏、安徽、浙江、台湾、福建、江西、湖北、湖南、广东、海南、广西、贵州、四川及云南，生于河边草丛、田间、草甸。印度、马来西亚、斯里兰卡、泰国、越南、老挝、朝鲜半岛、日本、玻里尼西亚及大洋洲有分布。

12. 五棱秆飘拂草　　　　　　　图 374：6-9

Fimbristylis quinquangularis (Vahl) Kunth, Enum. Pl. 2: 229. 1837.

Scirpus quinquangularis Vahl, Enum. Pl. 2: 279. 1806.

无根状茎或根状茎很短。秆丛生，具5棱，高14-70厘米，基部有1-3无叶片的鞘，鞘管状，鞘口斜，长3-17厘米。叶1-3，叶片平展，短于秆，或近等长，宽2-3毫米，有细齿；鞘前面膜质，锈色，鞘口斜裂，无叶舌；苞片4，刚毛状，有细齿。长侧枝聚伞花序多次复出，长5-

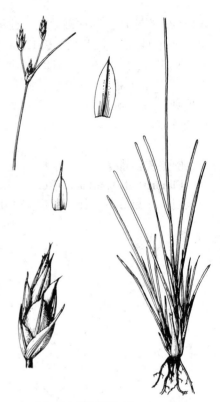

图 373　硬穗飘拂草　（孙英宝绘）

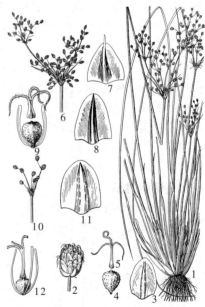

图 374：1-5.水虱草　6-9.五棱秆飘拂草
10-12.球穗飘拂草　（引自《中国植物志》）

9厘米，宽3-6厘米；辐射枝4，粗糙，长1-4厘米。小穗单生辐射枝顶，卵形，长2-3（-5）毫米，宽1.2-1.5毫米。鳞片卵形，具短

尖，长 2 毫米，栗褐色，边色较淡，具龙骨状突起，3 脉，中脉两侧各有 2 深褐色条纹；雄蕊 1，花药长圆形，长约 0.5 毫米，药隔微突出；花柱三棱形，上端被微柔毛，柱头 3，稍长于花柱。小坚果倒卵形，三棱形，长 0.8 毫米，有疣状突起，具横线形网纹。花果期 8-10 月。

产安徽、浙江、台湾、福建、江西、湖南、海南、广西、贵州、四川、云南及西藏，生于海拔 850-2100 米沟边或水稻田边。斯里兰卡、马来西亚、印度、越南、老挝及大洋洲有分布。

[附] **高五棱飘拂草 Fimbristylis quinquangularis** var. **elata** Tang et Wang, Fl. Reipubl. Popul. Sin. 11: 87. 1961. 与模式变种的区别：秆高达1.2

米；小穗长 3-5 毫米。产福建、台湾、广东及海南，海拔 830 米。

[附] **异五棱飘拂草 Fimbristylis quinquangularis** var. **bistaminifera** Tang et Wang, Fl. Reipubl. Popul. Sin. 11: 87. 1961. 与模式变种的区别：秆无叶；小穗长 3-5 毫米；雄蕊 2。产贵州。

13. 球穗飘拂草　　　　　　　　　图 374：10-12

Fimbristylis globulosa (Retz.) Kunth, Enum. Pl. 2: 231. 1837.

Scirpus globulosus Retz. Observ. Bot. Descript. Pl. Nov. Herb. Van Heurchiani 6: 19. 1791.

根状茎短。秆丛生，高 30-75 厘米，扁钝三棱形，具槽，基部

有 2-3 无叶片的鞘，鞘管状，前面边膜质，褐色，鞘口斜裂，长 2-19 厘米。叶短于秆，宽 2.5-3 毫米，平展，边缘稍内卷，上部有细齿，鞘前面膜质，锈色，鞘口斜裂，叶舌退化为一圈毛；苞片 3，叶状，披针形，长 0.8-1.1 厘米，上端具齿，有褐色膜质边缘。长侧枝聚伞花序简单或近复出，长 1.5-4 厘米，宽 1.3-4 厘米，辐射枝 3-8，扁，长 0.7-2.5 厘米。小穗单生辐射枝顶，卵形、球状椭圆形或椭圆形，长 3.5-6.5 毫米，多花。鳞

片密螺旋状排列，膜质，卵形或近椭圆形，凹形，最下部 2-3 鳞片无花，无花鳞片具龙骨状突起，具短尖；有花鳞片顶端圆，无短尖，长约 2 毫米，棕色，边缘白色，半透明，3 脉，沿中脉两侧红褐色；雄蕊 3，花药短，线形；花柱长，扁三棱形，基部膨大，无缘毛，柱头（2）3，扁平，具乳头状突起。小坚果倒卵形或圆倒卵形，三棱形或稍扁，长约 1 毫米，黄色，无柄，具横矩形网纹和疏疣状突起。花果期 8-10 月。

产海南、广西及云南，生于海拔约 300 米沼泽地或浅水处。越南、尼泊尔、缅甸、印度、斯里兰卡及马来西亚有分布。

14. 拟二叶飘拂草　　　　　　图 375

Fimbristylis diphylloides Makino in Makino et Nemoto, Fl. Jap. 1389. 1925.

无根状茎或根状茎很短。秆丛生，细，扁四棱形，具纵槽，高 15-50

厘米，基部具 1-2 无叶片的鞘，鞘管状，长 2.5-6.5 厘米，鞘口斜截，老叶鞘纤维状。叶短于或等长于秆，平展，具疏细齿，宽 1.2-2.2 毫米，鞘前面膜质，锈色，鞘口斜裂，无叶舌；苞片 4-6，刚毛状，具细齿。长侧枝聚伞花序简单或近复出，长 1.5-6 厘米，宽 2-6 厘米，辐射枝 4-8，粗糙，

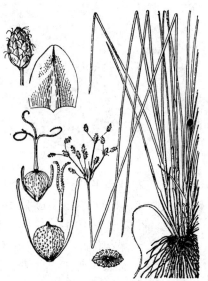

图 375 拟二叶飘拂草 （引自《图鉴》）

长0.6-4厘米。小穗单生辐射枝顶，卵形或长圆状卵形，长2.5-7.5厘米，宽1.5-2.5（-3）毫米，密生多花。鳞片膜质，宽卵形，长约2毫米，褐或红褐色，具白色干膜质边缘，3脉绿色，稍龙骨状突起；雄蕊2，花药长圆形，长0.8毫米；花柱基部稍膨大，无缘毛，柱头2-3，稍长于花柱或近等长。小坚果宽倒卵形，三棱形或不等双凸状，长约1毫米，褐色，疏生疣状突起，具横长圆形网纹。花果期6-9月。

产河南、江苏、安徽、浙江、福建、江西、湖北、湖南、广东、香港、广西、贵州及四川，生于海拔100-2100米路边稻田埂、溪旁、山沟潮湿地、水塘中或水稻田中。日本及朝鲜半岛有分布。

15. 匍匐茎飘拂草 图 381：6-8

Fimbristylis stolonifera C. B. Clarke in Hook. f. Fl. Brit. Ind. 6: 637. 1893.

具匍匐根状茎。秆高30-70厘米。叶线形，两面被毛，长约为秆1/3，宽1.5-2毫米，中脉明显；叶状苞片2-3。长侧枝聚伞花序简单或近复出，辐射枝3-6。小穗单生或2-3簇生辐射枝顶，卵形或长圆状卵形，长0.7-1.3厘米，宽3-4毫米，下部1-2鳞片无花。有花鳞片长圆状卵形，栗色，有光泽，长3-4毫米，脉5-7，具短尖；雄蕊3；花柱扁，基部稍膨大，有缘毛，柱头3。小坚果倒卵形，双凸状，白或淡棕色，长约1.3毫米，具横长圆形网纹，纵肋不显著，有时具疣状突起。花果期8-9月。

产河北、浙江、广西、东、贵州、四川及云南，生于海拔约1000米山坡沟边。印度、尼泊尔及喜马拉雅山东部有分布。

16. 两歧飘拂草 线叶两歧飘拂草 图 381：12-16 图 376

Fimbristylis dichotoma (Linn.) Vahl, Enum. Pl. 2: 287. 1806.

Scirpus dichotomus Linn. Sp. Pl. 50. 1753.

Fimbristylis dichotoma f. *annua* (All.) Ohwi；中国植物志11: 90. 1961.

秆丛生，高15-50厘米，无毛或被疏柔毛。叶线形，略短于秆或

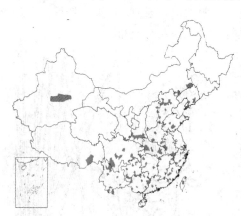

与秆等长，宽1-2.5毫米，被柔毛或无，鞘革质，上端近平截，膜质部分较宽浅棕色；苞片3-4，叶状。长侧枝聚伞花序复出，稀简单。小穗单生辐射枝顶，卵形、椭圆形或长圆形，长0.4-1.2厘米，宽约2.5毫米，多花。鳞片卵形、长圆状卵形或长圆形，长2-2.5毫米，褐色，脉3-5，具短尖；雄蕊1-2，花丝较短；花柱扁平，长于雄蕊，上部有缘毛，柱头2。小坚果宽倒卵形，双凸状，长约1毫米，纵肋7-9，网纹近横长圆形，无疣状突起，柄褐色。花果期7-10月。

产辽宁、内蒙古、河北、山东、山西、河南、陕西、甘肃、新疆、江苏、安徽、浙江、台湾、福建、江西、湖北、湖南、广东、香港、海南、广西、贵州、四川、云南及西藏，生于稻田或空旷草

图 376 两歧飘拂草 （《东北草本植物志》）

地。印度、中南半岛、大洋洲及非洲有分布。

　　[附] 矮两歧飘拂草 Fimbristylis

dichotoma f. depauperata (C. B. Clarke) Ohwi in Mem. Coll. Sci. Kyoto Imp. Univ. ser . B, 18: 81. 1944. —— *Fimbristylis diphylla* (Retz.) Vahl var. *depauperata* C. B. Clarke in Hook. f. Fl. Brit. Ind. 6: 637. 1893. 与模式变种的区别: 秆高5-17厘米; 叶刚毛状; 小穗单个顶生, 或2-3小穗组成聚伞状。产辽宁、河北及湖南, 生于沼泽浅水处。印度及日本有分布。

17. 拟两歧飘拂草

图 377

Fimbristylis dichotomoides Tang et Wang, Fl. Reipubl. Popul. Sin. 11: 91. 1961.

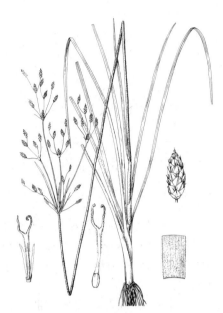

图 377 拟两歧飘拂草 (孙英宝绘)

秆丛生, 高0.2-1米, 被长柔毛。叶长于秆约2/3, 宽2毫米, 两面被长柔毛, 先端尖; 苞片叶状, 2-3, 短于花序, 被长柔毛。长侧枝聚伞花序复出或多次复出, 辐射枝多数。小穗单生辐射枝顶, 长圆状卵形或卵形, 长0.7-1.2厘米, 宽2.5-3毫米, 最下部1-3鳞片无花。有花鳞片长圆状椭圆形, 浅棕色, 长约3毫米, 3-7脉, 具短尖; 雄蕊3; 花柱扁平, 上部有缘毛, 柱头2。小坚果宽倒卵形, 双凸状, 长约1毫米, 乳白色, 具褐色短柄, 有六角形网纹, 略具纵肋及稀疏疣状突起。花果期7月。

产江西、广东、海南及广西, 生于山坡草地。

18. 长穗飘拂草

图 378

Fimbristylis longispica Steud. Synops. 2: 118. 1855.

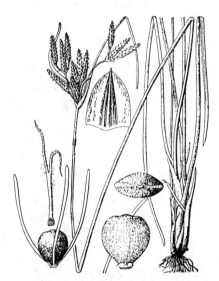

图 378 长穗飘拂草 (引自《图鉴》)

根状茎短。秆丛生, 高25-60厘米。叶短于秆, 近无毛, 宽1.5-2.5毫米, 边缘常内卷, 先端钝; 苞片2-3, 叶状, 最下部1片较花序长。长侧枝聚伞花序复出、多次复出或简单, 辐射枝3-6。小穗单生辐射枝顶, 窄长圆形、长圆形或长圆状卵形, 长0.6-2厘米。鳞片宽卵形, 舟状, 长约3毫米, 3-5脉棕或浅棕色, 无毛, 具短尖; 雄蕊3; 花柱略长于小坚果, 上部有缘毛, 柱

头2。小坚果圆倒卵形, 双凸状, 长1.2-1.5毫米, 浅棕色, 无柄, 具六角形网纹。花果期8-9月。

产辽宁、山东、陕西、江苏、浙江、福建、广西及云南, 生于海拔约600米海边或湿地。马来西亚、朝鲜半岛、日本及越南有分布。

19. 结壮飘拂草

图 379

Fimbristylis rigidula Nees in Wight, Contrib. Bot. Ind. 99. 1834.

根状茎粗短, 木质, 横生。秆丛生, 高15-50厘米, 扁圆柱形, 具纵槽, 基部常具残存老叶鞘。叶短于秆, 宽2-3毫米, 平展, 两

面被疏柔毛，灰绿色；苞片叶状，3-5，短于花序，少数与花序等长。长侧枝聚伞花序复出，稀简单，辐射枝3-6，最长达3厘米。小穗单生第一次或第二次辐射枝顶，卵形或椭圆形，长0.5-1厘米，宽3-4毫米，多花。鳞片密，卵形或宽卵形，具短尖，长约4毫米，红褐色，多脉，基部2片鳞片无花，小于具花鳞片，短尖稍长；雄蕊3，花药线形，长约1.5毫米；花柱长而扁平，上端具缘毛，柱头2。小坚果宽倒卵形或近椭圆形，长1.2-1.5毫米，具细小六角形网纹。花果期4-6月。

产河南、江苏、安徽、浙江、江西、湖北、湖南、广东、香港、广西、贵州、四川及云南，生于海拔300-2600米山坡、路旁、草地、荒地或林下。缅甸、泰国、印度及菲律宾有分布。

图 379 结壮飘拂草 （引自《图鉴》）

20. 锈鳞飘拂草 图 380

Fimbristylis ferrugineae (Linn.) Vahl, Enum. Pl. 2: 291. 1806.

Scirpus ferrugineus Linn. Sp. Pl. 50. 1753.

根状茎短，木质，横生。秆丛生，细而坚挺，高20-65厘米，扁三棱形，平滑，灰绿色，基部稍膨大，具少数叶。下部的叶仅具叶鞘，无叶片，鞘灰褐色，上部的叶常对摺，线形，先端钝，长为秆的1/3或更短，宽约1毫米；苞片2-3，线形，短于或稍长于花序，近直立。长侧枝聚伞花序简单，稀近复出，辐射枝少数，长不及1厘米。小穗单生辐射枝顶，长圆状

卵形、长圆形或长圆状披针形，圆柱状，长0.7-1.5厘米，宽约3毫米，密生多花。鳞片近膜质，卵形或椭圆形，具短尖，长3-4毫米，灰褐色，中部具深棕色条纹，具中肋，上部被灰白色短柔毛，边缘具缘毛；雄蕊3，花药线形，药隔稍突出；花柱长而扁平，具缘毛，柱头2。小坚果倒卵形或宽倒卵形，扁双凸状，长1-1.5毫米，近平滑，成熟时棕或黑棕色，柄很短。花果期6-8月。

产江苏、台湾、福建、广东、香港及海南，生于海边或盐沼地。印度、日本琉球群岛及全世界温暖地区沿海地方有分布。

[附] **弱锈鳞飘拂草 Fimbristylis ferrugineae** var. **sieboldii** (Miq. ex Franch. et Sav.) Ohwi in Journ. Jap. Bot. 14: 576. 1938. —— *Fimbristylis*

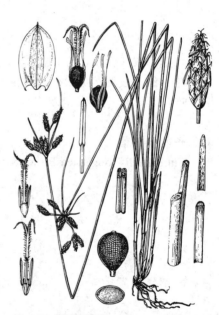

图 380 锈鳞飘拂草 （引自《Fl. Taiwan》）

sieboldii Miq. ex Franch. et Sav. Enum. Pl. Japon. 2: 118. 1877. 与模式变种的区别：秆高10-30厘米，细弱；长侧枝聚伞花序有1-2（3-5）小穗。花果期7-9月。产山东、江苏、浙江、安徽及广东。朝鲜半岛、日本及琉球群岛有分布。

21. 罗浮飘拂草   图 381：9-11

Fimbristylis fordii C. B. Clarke in Journ. Linn. Soc. Bot. 36: 236. 1903.

无根状茎。秆丛生，高 6-40 厘米。叶几与秆等长，有缘毛，中脉较明显，先端尖，宽 1-2.5 毫米；苞片 2-5，叶状，长达 8 厘米。长侧枝聚伞花序简单，稀复出，辐射枝少数细长。小穗单生辐射枝顶，窄披针形或线形，长 0.7-1.7 厘米，宽约 2 毫米，最下部 1-2 片鳞片无花。有花鳞片长圆状卵形，长 2.5-3.5 毫米，灰绿或略带棕色，边缘膜质透明，3 脉或更多，具芒或短尖，最下部 3-4 鳞片芒较长，有时被毛；雄蕊 3；花柱长而扁，上部具缘毛，柱头 2。小坚果倒卵形，双凸状，长约 1 毫米，白色，有疣状突起。花果期 8 月。

产福建、广东及香港，生于海拔约 1000 米溪边岩石上或草丛中。

22. 金色飘拂草   图 381：1-5

Fimbristylis hookeriana Böcklr. in Linnaea 37: 22. 1871.

无根状茎。秆丛生，高 5-25 厘米。叶稍短于秆，无毛，先端渐尖，宽 1-2.5 毫米；苞片叶状 2-4，通常较花序长，宽约 1 毫米，先端渐尖。长侧枝聚伞花序简单或复出；小穗 2-6 指状簇生或单生辐射枝顶，圆柱形，长 1-1.5 厘米，宽 2 毫米。鳞片长圆状卵形，长约 5 毫米，麦秆黄或绿黄色，边缘干膜质，色较淡，3 脉，1 条较明显，锈色，具短尖，雄蕊 2；花柱长，扁平，上部具缘毛，柱头 2。小坚果倒卵形，双凸状，长约 1.2 毫米，子房柄很短，具疣状突起和横长圆形网纹。花果期 10 月间。

产江苏、浙江及江西，生于山坡岩石上。菲律宾、印度、越南、老挝及泰国有分布。

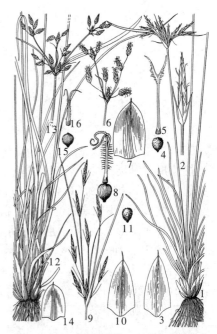

图 381：1-5.金色飘拂草 6-8.匍匐茎飘拂草
9-11.罗浮飘拂草 12-16.两歧飘拂草
（引自《中国植物志》）

23. 少穗飘拂草   图 382

Fimbristylis schoenoides (Retz.) Vahl, Enum. Pl. 2: 286. 1806.

Scirpus schoenoides Retz. in Observ. Bot. 5: 14. 1789.

根状茎极短，具须根。秆丛生，细长，高 5-40 厘米，稍扁，平滑，具纵槽，基部具叶。叶短于秆，宽 0.5-1 毫米，两边常内卷，上部边缘具小刺；苞片无或 1-2，线形，长达 2.5 厘米。长侧枝聚伞花序具 1-2（3）小穗。小穗无柄或具柄，宽卵形、卵形或长圆状卵形，长 0.5-1.2（-1.6）厘米，宽 3-4 毫米，多花。鳞片密，膜质，宽圆卵形，凹，先端圆，长约 3 毫米，黄白色，具棕色条纹，无龙骨状突起，多脉；雄蕊 3，花药线形，药隔白色，呈短尖；花柱长而扁平，中部以上具缘毛，柱头 2。小坚果圆倒卵形或近圆形，双凸状，长

约1.5毫米（连柄），具短柄，黄白色，具六角形网纹。花期8-9月，果期10-11月。

产浙江、台湾、福建、江西、广东、香港、海南、广西及云南，生于海拔300-1000米溪边、荒地、沟边、路旁、水田边等低洼潮湿处。亚洲东南部及澳大利亚北部有分布。

24. 双穗飘拂草 单穗飘拂草   图 383

Fimbristylis subbispicata Nees ex Meyen in Nov. Actorum Acad. Caes. Leop-Carol. Not. Cur. 19, Suppl. 1: 75. 1843.

无根状茎。秆丛生，细弱，高7-60厘米，扁三棱形，灰绿色，平滑，具多条纵槽，基部具少数叶。叶短于秆，宽约1毫米，稍坚挺，平展，上端边缘具小刺，有时内卷；苞片无或1枚，直立，线形，长于花序，长0.7-10厘米。小穗1（2），顶生，卵形、长圆状卵形或长圆状披针形，圆柱状，长0.8-3厘米，宽4-8毫米，多花。鳞片螺旋状排列，膜质，卵形、宽卵形或近椭圆形，具硬短尖，长5-7毫米，棕色，具锈色短条纹，无龙骨状突起，多脉；雄蕊3，花药线形，长2-2.5毫米；花柱长而扁平，具缘毛，柱头2。小坚果圆倒卵形，扁双凸状，长1.5-1.7毫米，褐色，具柄，具六角形网纹。花期6-8月，果期9-10月。

产辽宁、河北、山东、山西、河南、陕西、江苏、安徽、浙江、台湾、福建、湖南、广东、香港、海南、广西及贵州，生于海拔300-1200米山坡、山谷空地、沼泽地、溪边或沟旁近水处、海边及盐沼地。朝鲜半岛及日本有分布。

25. 三穗飘拂草   图 384

Fimbristylis tristachya R. Br. Prodr. Fl. Nov. Holl 1: 266. 1810.

根状茎短。秆丛生，高20-90厘米，扁三棱形，细弱，平滑，具纵槽纹，基部叶少数。叶较秆短，宽约2毫米，坚挺，边缘稍反卷，上部边缘具细齿，叶鞘浅棕色，鞘口斜裂，腹侧和鞘口边缘膜质，叶舌成一簇短毛；苞片1，叶状，较花序短，边缘具细齿，直立，基部鞘状。长侧枝聚伞花序具3-6小穗。小穗卵形或长圆状卵形，圆柱状，长0.8-2.3厘

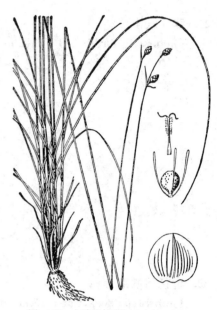

图 382 少穗飘拂草 （引自《图鉴》）

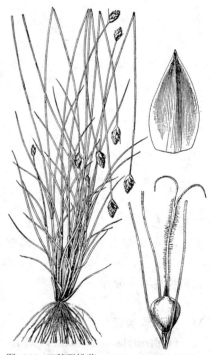

图 383 双穗飘拂草 （引自《东北草本植物志》）

米，宽4-6毫米，多花。鳞片螺旋状排列，近革质，卵形或宽卵形，长5-6毫米，宽4-4.5毫米，具短尖，背部稍龙骨状突起，两侧棕色，具锈色短条纹，脉多条明显；雄蕊3，花药线形，长2-2.5毫米；花柱长约3.5毫米，扁平，具缘毛，

柱头2。小坚果倒卵形，扁双凸状，连柄长约2毫米，成熟时黄褐色，具六角形网纹，具褐色短柄，长约0.5毫米。花果期6-10月。

产香港及海南，生于山坡、山谷、溪边、田中或海边盐沼地。印度、越南、马来西亚、印度尼西亚及澳大利亚有分布。

26. 细叶飘拂草　　　　　　　　　　　　　　图 385

Fimbristylis polytrichoides (Retz.) Vahl, Enum. Pl. 2: 248. 1806.

Scirpus polytrichoides Retz. in Observ. Bot. 4: 11. 1786.

根状茎极短或无，须根多。秆密丛生，较细，高5-25厘米，圆柱形，具纵槽，平滑，基部具少数叶。叶短于秆，近灯心草状，径约1毫米，平滑，叶鞘短，黄棕色，草质，边缘干膜质，无毛。苞片1或无，针形，边缘膜质，长0.5-1.2厘米。小穗单个顶生，椭圆形或长圆形，长5-8毫米，宽3-3.5毫米，10至多花。鳞片密螺旋状排列，膜质，长圆形，无短尖或极短硬尖，长约3毫米，苍白色，半透明，中间具棕色短条纹，有时上部两侧稍带黄褐色，1脉；雄蕊3，花药线形，药隔不突出；花柱长，稍扁，中部以上具缘毛，柱头2。小坚果倒卵形，双凸状，长约1毫米，灰黑色，具稀疏疣状突起和横长圆形网纹，具暗褐色短柄。花果期3-9月。

产台湾、福建、广东、香港及海南，生于海边湿润盐土或水田中。印度、斯里兰卡、马来西亚及菲律宾有分布。

27. 畦畔飘拂草　　　　　　　　　　　　　图 386：1-4

Fimbristylis squarrosa Vahl, Enum. Pl. 2: 289. 1806.

一年生草本，无根状茎。秆密丛生，纤细，高6-20厘米，扁，基部具少数叶。叶短于秆，极细，宽不及1毫米，平展，两面均被疏柔毛，鞘淡棕色，密被长柔毛；苞片3-5，丝状。长侧枝聚伞花序简单或近复出，辐射枝少数至10余个，长达3厘米。小穗单生第一次或第二次辐射枝顶，卵形或披针形，长3-6毫米（连芒），宽2-3毫米，具10几朵花。鳞片稍疏，螺旋状排列，膜质，长圆形或长圆状卵形，长1.5-2毫米（连芒），3脉，绿色，龙骨状突起，顶端芒外弯，长为鳞片约1/2，两侧淡黄色，有时稍黄棕色；

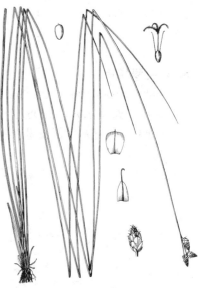

图 384 三穗飘拂草　（孙英宝绘）

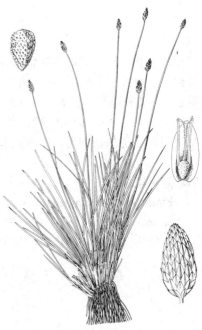

图 385 细叶飘拂草　（孙英宝绘）

雄蕊1，花药长圆形，具短尖；花柱长而扁平，具下垂丝状柔毛，上部有疏缘毛，柱头2。小坚果倒卵形，双凸状，长约1毫米，具短柄，淡黄色，几平滑。花期9月。

产黑龙江、河北、山东、河南、江苏、安徽、浙江、台湾、福建、广东、广西、贵州、云南及西藏，生于海拔100-2200米湿处。印度、缅甸、日本、俄罗斯阿穆尔州、朝鲜半岛、南欧至南非有分布。

28. 短尖飘拂草　　　　　　　　　　图 386:5-7

Fimbristylis velata R. Br. Prodr. 227. 1810.

Fimbristylis makinoana Ohwi; 中国植物志 11: 98. 1961.

图 386 : 1-4.畦畔飘拂草　5-7.短尖飘拂草
（引自《图鉴》、《中国植物志》）

无根状茎。秆丛生，细弱，高 10-25 厘米，扁钝三棱形，基部具

少数叶。叶短于秆，宽不及 1 毫米，平展或对摺，被疏柔毛，鞘淡棕色，被较密柔毛；苞片 3-7，叶状，最下部苞片等长或稍短于花序，余均短于花序，被稍密柔毛。长侧枝聚伞花序复出或多次复出，疏散，辐射枝多数至少数，长达 2.5 厘米，稍细。小穗单生辐射枝顶，披针形或长圆形，长 3-7 毫米，宽 1.2-2 毫米，多花。鳞片较疏螺旋状排列，膜质，长圆形，长 1.5-2 毫米，黄棕色，下部色常较淡，中脉稍隆起，顶端芒长为鳞片约 1/5，稍外弯；雄蕊 1，花药线形，长约 0.5 毫米，药隔稍突出；花柱长，稍扁，具疏缘毛，具白色下垂丝状柔毛，常复盖小坚果顶部；花柱 2，具乳头状突起。小坚果倒卵形，扁双凸状，长约 0.5 毫米，黄色，具短柄。

近平滑或极不明显六角形网纹。

产黑龙江、山东、江苏、福建、湖北、香港及海南，生于水边或水湿地。朝鲜半岛及日本有分布。

29. 复序飘拂草　　　　　　　　　　图 387

Fimbristylis bisumbellata (Forsk.) Bubani, Dodecanth. 30. 1850.

Scirpus bisumbellatus Forsk, Fl. Aegypt-Arab. 15. 1775.

图 387　复序飘拂草　（引自《图鉴》）

一年生草本，无根状茎，具须根。秆密丛生，较细弱，高 4-20

厘米，扁三棱形，平滑，基部具少数叶。叶短于秆，宽 0.7-1.5 毫米，平展，顶端边缘具小刺，有时背面被疏硬毛，叶鞘短，黄绿色，具锈色斑纹，被白色长柔毛；苞片叶状，2-5，近直立，下部的 1-2 枚较长或等长于花序，余短于花序，线形。长侧枝聚伞花序复出或多次复出，疏散，辐射枝 4-10，纤细，长达 4 厘米。小穗单生于第一次或第二次辐射枝顶，长圆状卵形、卵形或长圆形，长 2-7 毫米，宽 1-1.8 毫米，花 10-20 余朵。鳞片稍密螺旋状排列，膜质，宽卵形，棕色，长 1.2-2 毫米，龙骨状突起绿色，3 脉；雄蕊 1-2，花药长圆状披针形，药隔稍突出；花柱长而扁，无

毛，具缘毛，柱头 2。小坚果宽倒卵形，双凸状，长约 0.8 毫米，黄

白色，柄极短，具横长圆形网纹。花果期7-9（-11）月。

产河北、山东、山西、河南、陕西、新疆、江苏、安徽、浙江、台湾、湖北、湖南、广东、广西、贵州、四川及云南，生于海拔100-1500米河边、沟旁、溪边、沙地、沼地及山坡潮湿地方。非洲、印度及日本琉球群岛有分布。

30. 夏飘拂草　　　　　　　　　图 388

Fimbristylis aestivalis (Retz.) Vahl, Enum. Pl. 2: 288. 1806.

Scirpus aestivalis Retz. in Observ. Bot. 4: 12. 1786.

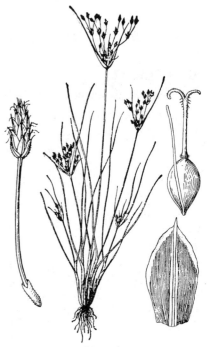

图 388 夏飘拂草 （引自《图鉴》）

无根状茎。秆密丛生，纤细，高3-12厘米，扁三棱形，平滑，基部具少数叶。叶短于秆，宽0.5-1毫米，丝状，平展，边缘稍内卷，两面被疏柔毛，叶鞘短，棕色，外面被长柔毛；苞片3-5，丝状，被疏硬毛。长侧枝聚伞花序复出，疏散，辐射枝3-7，纤细，长达3厘米。小穗单生于第一次或第二次辐射枝顶，卵形、长圆状卵形或披针形，长2.5-6毫米，宽1-1.5毫米，多花。

鳞片稍密螺旋状排列，膜质，卵形或长圆形，具短尖，红棕色，长约1毫米，龙骨状突起绿色，3脉；雄蕊1，花药披针形，药隔突出，红色；花柱长而扁平，无毛，上部具缘毛，柱头2，较短。小坚果倒卵形，双凸状，长约0.6毫米，黄色，近无柄，近平滑，有时具不明显六角形网纹。花期5-8月。

产黑龙江、河南、陕西、安徽、浙江、台湾、福建、江西、湖北、广东、香港、海南、广西、贵州、四川及云南，生于海拔420-2200米荒草地、沼地或稻田中。日本、尼泊尔、印度及澳大利亚有分布。

31. 四棱飘拂草　　　　　　　　图 389：1-4

Fimbristylis tetragona R. Br. Prodr. 226. 1810.

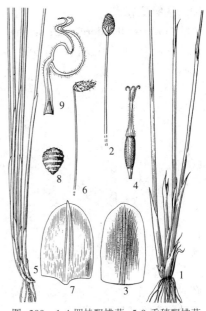

图 389：1-4.四棱飘拂草　5-9.垂穗飘拂草
（引自《中国植物志》）

根状茎不发达，须根多。秆密丛生，高（8-）18-50（-60）厘米，四棱形，平滑，基部具少数叶鞘，叶鞘顶端斜截，具棕色膜质边，无叶片；无苞片。小穗单生秆顶，卵形或椭圆形，长0.5-1厘米，宽3-6毫米，多花。鳞片密螺旋状排列，膜质，长圆形，先端圆，长

3.5-5毫米，淡棕黄色，近扁平，多脉，中间3脉较粗；雄蕊3，花药线形，长1.2-1.5毫米；花柱长而扁平，具疏缘毛，柱头2-3。小坚果窄长圆形，双凸状，淡棕色，长2.5毫米，柄较长，有明显六角形网

纹。花果期9-10月。

产台湾、福建、广东、香港、海南及广西，多生于沼泽地。越

南、缅甸、尼泊尔、斯里兰卡、印度、马来西亚及澳大利亚有分布。

32. 垂穗飘拂草

图 389：5-9

Fimbristylis nutans (Retz.) Vahl, Enum. Pl. 2: 285. 1806.

Scirpus nutans Retz. in Observ. Bot. 4: 12. 1786.

根状茎极短或无。秆密丛生，坚挺，高15-85厘米，近圆柱形，具纵槽，无毛，平滑，基部具叶鞘，叶片无，下部叶鞘鳞片状，上部叶鞘筒状，顶端斜截，边缘膜质，褐色；苞片1，鳞片状，卵形，长2-4.5毫米，具硬短尖。长侧枝聚伞花序仅具1小穗。小穗顶生，稍俯垂，卵形、椭圆形或长圆状卵形，长0.5-1.5厘米，宽2-5毫米，具10朵至多花。鳞片稍密螺旋状排列，纸质，宽卵形或近椭圆形，具短尖，长3-5毫米，褐色，具锈色短条纹，多脉不明显；雄蕊3，花药线形；花柱长而扁平，上部具疏缘毛，柱头2，短。小坚果倒卵形，扁双凸状，有时一面近平，长1.2-1.5毫米，白色，具极短褐色子房柄，有横波纹状隆起，边缘具疣状突起。花果期7-8月。

产台湾、福建东南部、湖南南部、广东、香港、海南及广西，生于潮湿处。越南、缅甸、斯里兰卡、泰国、印度、日本及澳大利亚有分布。

33. 褐鳞飘拂草

图 390

Fimbristylis nigrobrunnea Thw. Enum. Pl. Zeyl. 434. 1864.

根状茎短；秆丛生，稍粗糙，高10-45厘米，基部有根生叶。叶线形，长为秆1/4-1/3，宽1-2.5毫米，边缘粗糙，鞘革质，顶端斜裂，裂口膜质浅棕色；苞片叶状或鳞片状，2-4，长0.2-1.3厘米，上端渐窄。长侧枝聚伞花序简单，稀近复出，辐射枝少数，稍细，长0.5-3厘米。小穗稍扁，2-4簇生，稀单生辐射枝顶，长圆形或卵形，长6-8毫米，宽约2.5毫米，多花。下部鳞片有时不明显2列，鳞片皮纸质，宽卵形，舟状，具硬尖，长2-3毫米，褐色，边缘白色，干膜质，无毛，具中脉；雄蕊3，花药线状长圆形，长1-1.5毫米；子房窄长圆形，花柱三棱形，无毛，柱头3。小坚果倒卵形，扁三棱形，白色，长1-1.2毫米，有疣状突起和近六角形网纹。花果期4-7月。

图 390 褐鳞飘拂草 （孙英宝绘）

产广东、海南、广西及云南，生于海拔175-2500米沼地、河流边沿或山涧岩石上。印度、斯里兰卡及柬埔寨有分布。

34. 知风飘拂草

图 391　图 394：12-14

Fimbristylis eragrostis (Nees) Hance in Journ. Linn. Soc. Bot. 13: 172. 1873.

Abildgaardia eragrostis Nees in Wight, Contrib. Bot. Ind. 95. 1834.

无根状茎。秆丛生，高20-50厘米，基部有少数根生叶。叶镰刀状，无毛，长10-20厘米，宽1-3毫米，先端有细尖，边缘粗糙，鞘革质，顶端斜裂，裂口有淡棕色膜

质边缘；苞片近叶状，2-4，长0.3-1.5厘米，上端渐窄；小苞片浅棕色，长2-3毫米。长侧枝聚伞花序复出，辐射枝2至多数。小穗单生辐射枝顶，长圆形、长圆状卵形或卵形，长0.6-1厘米，宽2-3毫米，小花多数，最下部的1-2鳞片无花。有花鳞片宽卵形或近三角形，长2.5-3.5毫米，黄褐色，中脉呈龙骨状隆起，具硬尖；雄蕊3；子房圆筒形，有沟槽，白色，花柱三棱形，棕褐色，柱头3。小坚果宽倒卵形，三棱形，长0.7-0.8毫米，白或稍带棕色，有疣状突起。花果期6-9月。

产台湾、福建、江西、广东、香港、海南及广西，生于海拔50-280米山坡草丛中或草地。

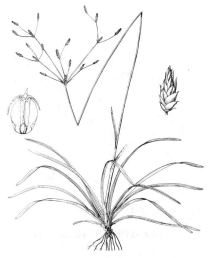

图 391 知风飘拂草 （孙英宝绘）

35. 红鳞飘拂草　　　　　　　　　　　图 392

Fimbristylis disticha Boeck. in Linnaea 38: 393. 1874.

Fimbristylis rufoglumosa Tang et Wang；中国植物志 11: 104. 228. 1941.

秆丛生，无毛，高10-30厘米。叶线形，略弯曲，长为秆1/4-1/3，

宽1-2.5毫米，两面被糙伏毛，或毛脱落仅留存于叶片末端与边缘，鞘上端斜裂，裂口有淡棕色膜质边缘；苞片叶状，3-4，最下部苞片最长可达2.8厘米。长侧枝聚伞花序复出，辐射枝较多。小穗单生辐射枝顶，卵形或长圆状卵形，稍扁，长3-6毫米，宽1.5-2.5毫米，下部的1-2鳞片无花。鳞片宽卵形，无毛，长约2.5毫米，红褐色，中脉呈龙骨状隆起，具硬尖；雄蕊3；花柱三棱形，无缘毛，柱头3。小坚果三棱状倒卵形，长约0.7毫米，白色，有疣状突起。花果期8-9月。

产福建、广东及广西，生于路旁。印度、中南半岛、马来西亚及苏门答腊有分布。

图 392 红鳞飘拂草 （孙英宝绘）

36. 暗褐飘拂草　　　　　图 393　图 394：15-21

Fimbristylis fusca (Nees) Benth. in Hook. f. Fl. Brit. Ind. 6: 649. 1894.

Abildgaerdia fusca Nees in Wight, Contrib. Bot. Ind. 95. 1834.

无根状茎。秆丛生，高20-40厘米，具根生叶。叶线形，两面被毛，长5-15厘米，宽1-3毫米；苞片2-4，叶状，长0.8-3.5厘米，被毛，向先端渐窄，先端具短尖。长侧枝聚伞花序复出，辐射枝多数，

图 393 暗褐飘拂草 （引自《图鉴》）

被毛。小穗单生辐射枝顶，披针形或长圆状披针形，长0.6-1厘米，上端渐窄，最下部的2-3鳞片无花。有花鳞片厚纸质，卵状披针形，先端有硬尖，长4-5毫米，被粗糙短毛，棕色或近黑棕色，有时边缘膜质，白色，中脉稍隆起；雄蕊3；花柱长4-5毫米，柱头3。小坚果倒卵形，三棱形，几无柄，长约0.9毫米，淡棕或白色，有疣状突起。花果期6-9月。

产安徽、浙江、福建、湖南、广东、香港、海南、广西、贵州、云南等省区，生于海拔100-2000米山顶、草坡、草地或田中。马来西亚、印度、泰国、越南、缅甸及喜马拉雅山区有分布。

37. 华飘拂草 　　　　　　　　图 394：1-11

Fimbristylis chinensis (Benth.) Tang et Wang, Fl. Reipubl. Popul. Sin. 11: 106. 1961.

Arthrostylis chinensis Benth. Fl. Hongkong 3 97. 1861.

秆丛生，三棱形，高15-40厘米，纤细，基部有2鞘，鞘无叶片，棕色，具隆起肋，鞘口斜截，膜质，色较深，顶部尾状，下部的一个鞘向顶部渐窄，非尾状；苞片钻状，短于花序。小穗1-2（-6）簇生秆顶，披针形，长6-8毫米，宽0.5-2毫米，少花。鳞片5-7，下部的2列，最下部的3鳞片无花，最上部的1片有花而不育，自下而上半圆形、宽卵形或长圆状卵形，长0.25-2毫米，褐色，膜质，无毛，3脉，先端短尖直，下部鳞片短尖愈长；雄蕊3；柱头3。

产海南，生于林中岩石上。

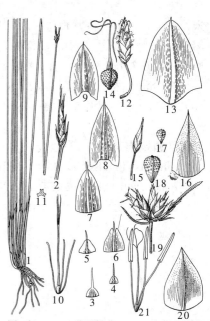

图 394：1-11.华飘拂草　12-14.知风飘拂草　15-21.暗褐飘拂草　（引自《中国植物志》）

38. 独穗飘拂草 　　　　　　　　图 395

Fimbristylis ovata (Burm. f.) Kerm in Blumea 15: 126. 1967.

Carex ovata Burm. f. Fl. Ind. 194. 1768.

根茎短。秆丛生，纤细，高15-35厘米。叶窄，长为秆1/2-2/3，宽0.5-1毫米；苞片1-3，鳞片状，短尖长2-3毫米，最下部的一片有时叶状。小穗单个顶生，卵形、椭圆形或长圆状卵形，稍扁，长0.7-1.3厘米，宽约5毫米，下部的鳞片2列，上部的螺旋状排列。鳞片宽卵形或卵形，长

图 395 独穗飘拂草 （引自《图鉴》）

3-6毫米，黄绿色，近革质，有光泽，3脉，中间1条明显，先端短硬尖；雄蕊3；花柱三棱形，柱头3。小坚果倒卵形，三棱形，长约2毫米，有短柄，具疣状突起。花果期6-9月。

产浙江、台湾、福建、湖南、广东、香港、海南、广西、贵州、四川及云南，海拔100-1400米。亚洲、非洲和大洋洲温暖地区有分布。

13. 刺子莞属 Rhynchospora Vahl
（梁松筠）

多年生草本，丛生。秆三棱形或圆柱状。叶基生或秆生，扁平，鞘合生；苞片叶状，具鞘。圆锥花序具2至少数长侧枝聚伞花序，或为头状花序。鳞片紧包，下部的鳞片多少2列，质坚硬，上部的螺旋状覆瓦式排列，质薄，最下的3-4鳞片无花，上部的1-3鳞片各具1两性花（刺子莞 R. rubra 为单性花）；具下位刚毛，具刺或无刺；雄蕊（1-2）3；花柱长，基部膨大，柱头2。小坚果扁，双凸状，具花纹或刺状突起，顶部具宿存圆锥状花柱基。

250余种，生于温带及热带地区，主要分布于热带美洲。我国8种。

1. 圆锥花序非球形头状花序；花两性或雄花具不发育雌蕊，无雌花；柱头2。
  2. 顶生枝花序发育，伞房状，复出；小穗多数；花柱基长于小坚果，共长9毫米；叶宽0.9-1.7厘米；秆粗壮，高0.6-1米 ·············· 1. 三俭草 R. corymbosa
  2. 顶生枝花序退化，伞房状或簇生，小穗数个至40多个；花柱基短于或等长于小坚果，稀稍长于小坚果，共长5毫米；叶宽不及4毫米。秆较纤细，稀高不及60厘米。
    3. 下位刚毛6条以下；鳞片褐或锈棕色。
      4. 叶宽1.5-3毫米；下位刚毛被顺刺；小坚果宽椭圆状倒卵形。
        5. 小穗长4.5毫米；小坚果长1.7毫米 ·············· 2. 白喙刺子莞 R. rugosa subsp. brownii
        5. 小穗长7毫米；小坚果长3.7毫米 ·············· 3. 华刺子莞 R. chinensis
      4. 叶宽0.5-1毫米；下位刚毛被倒刺；小坚果倒卵圆形或宽倒卵形 ·············· 4. 细叶刺子莞 R. faberi
    3. 下位刚毛9-13，具倒刺，近基部被顺向柔毛；鳞片初黄白色，成熟时淡褐色 ······ 5. 白鳞刺子莞 R. alba
1. 头状花序球形；花单性。
  6. 小坚果倒卵形；下位刚毛长为小坚果1/2-1/3 ·············· 6. 刺子莞 R. rubra
  6. 小坚果线状长圆形，下位刚毛较小坚果稍长或稍过宿存花柱基顶端 ·············· 7. 类缘刺子莞 R. submarginata

1. 三俭草　　　　　　　　　图 396

Rhynchospora corymbosa (Linn.) Britt. in Trans. New York Acad. Sci. 11: 84. 1892.

Scirpus corymbosa Linn. Cent. pl. 2 : 7. 1756.

根状茎粗短。秆直立，粗壮，高0.6-1米，三棱形，兼具基生叶和秆生叶。叶鞘管状，抱秆，长2-6厘米，叶舌宽短膜质；叶线形，宽0.9-1.7厘米，扁平，平滑，边缘粗糙；顶生枝花序下部的苞片3-5，叶状，具短鞘或几无鞘，最下部1-2枚较花序长，宽约1.1厘米。圆锥花序

图 396 三俭草 （引自《图鉴》）

具顶生或侧生伞房状长侧枝聚伞花序，复出，辐射枝多数，疏散，具多数小穗，顶生长侧枝聚伞花序或总状花序，第二次辐射枝顶生总状花序或近总状花序，展开；侧生枝花序的总花梗略扁，长4-10厘米，生于苞片鞘中；小苞片刚毛状。小穗簇生，直立或斜展，窄披针形或纺锤形，长0.7-1厘米，具1朵两性花，1-2朵雄花，7-8鳞片，下部4鳞片无花。无花鳞片较有花鳞片短，卵形或卵状披针形；有花鳞片较长，卵状披针形、披针形或窄披针形，最上部1片鳞片无花；下位刚毛6，与小坚果等长，粗糙；雄蕊3，花丝长；花柱长1.7厘米，柱头2。小坚果长圆倒卵形，褐色，长3.5毫米，扁，两面常凹凸不平；花柱基钻状圆锥形，稍扁，长5.5毫米，两面有浅槽。花果期3-12月。

产台湾、湖南、广东、香港、海南、广西及云南，生于海拔120-900米溪旁或山谷湿草地。广布于热带及亚热带地区。

2. 白喙刺子莞　　　　　　　　　图 397

Rhynchospora rugosa (Vahl) Gale subsp. **brownii** (Romer et Schultes) T. Koyama in Williams, Pl. Coll. Nepal. 118. 1978.

Rhynchospora brownii Romer et Schult. Syst. Veg. 2: 86. 1817；中国植物志 11: 111. 1961.

根状茎极短。秆丛生，直立，纤细，高30-50（-96）厘米，三棱形，无毛，顶部粗糙。叶鞘闭合，长2.6-6厘米，无毛，多肋，叶舌极短；叶多数基生，秆生叶少而疏，窄线形，三棱形，较秆短，宽1.5-3毫米，边缘微粗糙；苞片叶状，下部的具鞘，最上的无鞘。圆锥花序具顶生和侧生伞房状长侧枝聚伞花序，小穗多数，顶生枝花序复出，疏散；小苞片刚毛状。小穗椭圆形或近卵形，长4.5毫米，锈棕色。鳞片7-8，花3-4，最下部的3-4鳞片内无花，无花鳞片椭圆状卵形，较有花鳞片短而小；有花鳞片3，较大，宽卵形，最上的鳞片无花或极不发达，其下通常为3朵两性花，最上1朵雌蕊极不发达。鳞片中脉突起；下位刚毛6，具顺刺；雄蕊（1-2）3，花丝长；子房倒卵形，花柱细长，柱头2，与花柱等长。小坚果宽椭圆状倒卵形，淡锈色，长1.7毫米，双凸状，具较深色横皱

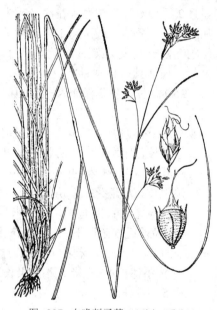

图 397　白喙刺子莞　（引自《图鉴》）

纹；花柱基宽圆锥形，被白色粉状物。花果期6-10月。

产浙江、台湾、福建、江西、湖南、广东、广西、贵州、四川及云南，生于海拔1000-2400米沼泽或河边潮湿地方。广布于热带及亚热带地区。

3. 华刺子莞　　　　　　　　　图 398：1-3

Rhynchospora chinensis Nees et Mey. ex Nees in Wight, Contrib. Bot. Ind. 115. 1834. pro part.

根状茎极短。秆丛生，直立，纤细，高0.3-0.6（1.3）米，三棱形，下部平滑，上部粗糙，基部具1-2无叶片的鞘，鞘缘膜质。叶基生和秆生，窄线形，长不过花序，宽1.5-2.5毫米，三棱形，边缘粗糙；苞片窄线形，叶状，下部的具鞘，最上的具短鞘或无鞘。圆锥花序具顶生和侧生伞房状长侧枝聚伞花序，小穗多数。小穗2-9簇生成头状，披针形或卵状披针形，长约7毫米，褐色；鳞片7-8，有2-3两性花，最下部1朵结果，最下部2-3鳞片无花。无花鳞片椭圆状卵形

或卵形，较有花鳞片短小，有花鳞片2-3，宽卵形或披针状椭圆形，较长而大，鳞片1脉均隆起，最上的鳞片不发达，无花；下位刚毛6，被顺刺；雄蕊3，花药线形；柱头2。小坚果宽椭圆状倒卵形，长3.7毫米，双凸状，栗色，具皱纹；

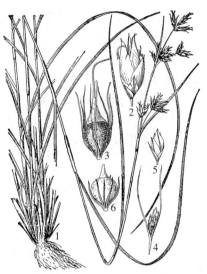

宿存花柱基（喙）长于或等于小坚果，窄圆锥状。花果期5-10月。

产山东、江苏、安徽、浙江、台湾、福建、江西、湖北、广东、香港、海南、广西及云南，生于海拔150-1400米沼泽或潮湿地方。马尔加什、斯里兰卡、缅甸、印度、越南、印度尼西亚及日本有分布。

图 398：1-3.华刺子莞 4-6.细叶刺子莞
（引自《图鉴》、《中国植物志》）

4. 细叶刺子莞

图 398：4-6

Rhynchospora faberi C. B. Clarke in Journ. Linn. Soc. Bot. 36: 259. 1903.

根状茎极短，须根细密。秆丛生，直立，纤细，三棱形，高20-40（-60）厘米，径0.5-1毫米，基部具无叶片的鞘，鞘淡黄色，具纵肋，边缘膜质。叶基生和少数秆生，毫发状，较秆短，宽0.5-1毫米，先端细尖，三棱形，粗糙；苞片叶状或刚毛状，具鞘。圆锥花序具顶生和3-4侧生长侧枝聚伞花序，长侧枝聚伞花序疏离，小穗少数。小穗直立，卵状披针形，长3.5毫米，褐色，鳞片5-6，花1-2，最下部3-4鳞片无花。无花鳞片窄卵形，较有花鳞片短小；有花鳞片1-2，卵形或椭圆状卵形，最上部1鳞片无花

或不发育，其下具雌雄花各1，或均为两性花，上部1朵雌花不发育；下位刚毛6，较小坚果稍长，被倒刺；雄蕊1，花丝长；花柱细长，柱头2。小坚果倒卵状圆形或宽倒卵形，长1.5毫米，双凸状，褐或淡栗色，微具横皱纹；宿存花柱基（喙）长约为小坚果2/3或1/2，窄圆锥形。花果期8-10月。

产山东、江苏、浙江、福建、江西及广东，生于沼泽或溪边。日本及朝鲜半岛有分布。

5. 白鳞刺子莞

图 399：4-6

Rhynchospora alba (Linn.) Vahl, Enum. Pl. 2: 236. 1806.

Schoenus alba Linn. Sp. Pl. 44. 1753.

匍匐枝极短。秆近丛生，高20-30厘米，径0.5-0.8毫米，细弱，三棱形，具沟，下部平滑，上部粗糙，基部具鞘，鞘无叶片或具短叶片，淡褐色，具纵肋。叶片窄线形，长达秆1/3或1/2，宽0.7-1.5毫米，纸质，平滑，上端渐窄，边缘内卷；苞片叶状，下部的具鞘，上部的无鞘。圆锥花序具顶生和侧生近头状长侧枝聚伞花序。小穗3-7成簇，披

针形或卵状披针形，长5-6毫米；鳞片5-6，花2。鳞片卵形或卵状披针形，有花鳞片较无花的大，膜质，初黄白色，成熟时淡褐色，具龙骨状突起，具短尖，最上部2片鳞片具两性花，顶端1朵具不育雌蕊；下位刚毛9-13，具倒刺，近基部被顺向柔毛，长于小坚果；雄蕊2花丝长，花药线形，在能育花中早落；花柱细长，柱头2。小坚果倒卵形，长2-2.5毫米，双凸状，黄绿或绿褐色，具不明显横皱纹，花柱基圆锥状，扁。花果期8月。

产吉林及台湾，生于海拔约900米沼泽地。欧洲、美洲、俄罗斯、朝鲜半岛及日本有分布。

6. 刺子莞　　　　　　　　　　　　　　图 399：1-3

Rhynchospora rubra (Lour.) Makino in Bot. Mag. Tokyo 17: 180. 1903.

Schoenus ruber Lour. Fl. Cochinch. 41. 1790.

根状茎极短。秆丛生，直立，圆柱状，高30-65厘米或稍长，平滑，

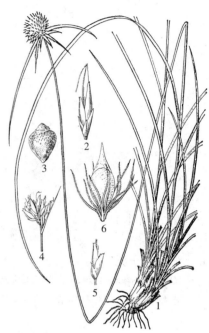

图 399：1-3.刺子莞 4-6.白鳞刺子莞
（引自《图鉴》）

径0.8-2毫米，具细条纹，基部不具无叶片的鞘。叶基生，叶片钻状线形，长达秆1/2或2/3，宽1.5-3.5毫米，纸质，三棱形，稍粗糙；苞片4-10，叶状，长1-5（-8.5）厘米，下部或近基部具密缘毛，上部或基部以上粗糙且多少反卷，背面中脉隆起粗糙，先端渐尖。头状花序顶生，球形，径1.5-1.7厘米，棕色，小穗多数。

小穗钻状披针形，长约8毫米，鳞片7-8，有2-3单性花。鳞片卵状披针形或椭圆状卵形，有花鳞片较大，棕色，中脉隆起，上部几龙骨状，具短尖，最上部1或2鳞片具雄花，其下1枚具雌花；下位刚毛4-6，长为小坚果1/2-1/3；雄蕊2-3，花丝短或微露出鳞片，花药线形，药隔突出；花柱细长，柱头2。小坚果倒卵形，长1.5-1.8毫米，双凸状，近顶端被短柔毛，上部边缘具细缘毛，成熟后黑褐色，具细点；宿存花柱三角形。花果期5-11月。

江苏、安徽、浙江、台湾、福建、江西、湖北、湖南、广东、香港、海南、广西、贵州及云南，生于海拔1400米以下。亚洲、非洲、大洋洲热带地区有分布。

7. 类缘刺子莞　　　　　　　　　　　图 400

Rhynchospora submarginata Kukenth. in Engl. Bot. Jahrb. 74: 498. 1949.

无根状茎。秆直立，丛生，高10-60厘米。纤细，三棱柱形，平滑。叶多数，丛生或生于秆下部，线形，长为秆1/4-3/4，宽2-2.5毫米，无毛或被毛，边缘稍内卷，叶鞘腹侧和鞘口边缘膜质呈苍白色；苞片3-6，叶状，长达15厘米，下部具缘毛，上部边缘稍内卷，先端渐窄。头状花序单生于顶端，径1.2-2厘米。小穗披针形，长5-6毫米；鳞片6-7，卵状披针形或椭圆状披针形，锈棕色，具中脉，背面稍龙骨状突起，最下部3-4片较小，无花，中部1片长约4毫米，具雌花，最上2-3片具雄花。下位刚毛6，较小坚果稍长或稍超过宿存花柱基顶端，具顺向小刺；雄蕊2-3，

图 400 类缘刺子莞　（引自《海南植物志》）

花药线形，长约2毫米，药隔红色，稍突出，被毛。小坚果线状长圆形，长约3.5毫米，近双凸状，被短硬毛，成熟时黑色；花柱基长约为小坚果1/2，浅棕色。花果期夏、秋季。

产海南，生于空旷沙质草地和田野。越南、马来西亚及澳大利亚有分布。

14. 赤箭莎属 Schoenus Linn.

（梁松筠）

多年生丛生草本，根状茎短。秆圆柱状，基部有枯萎的叶鞘或无，鞘红棕色。叶基生和秆生，疏生，扁平或三棱状半圆柱形，具红棕色张开或闭合的鞘；苞片叶状，具鞘，鞘闭合。圆锥花序、总状花序或头状花序。小穗单生或簇生，通常具1-4朵两性花。鳞片2列，紧抱，坚硬，上部的较薄，中部鳞片有花，最下部2-3鳞片无花；具下位刚毛，稀无；雄蕊3；花柱长，柱头3。小坚果无喙，三棱形，常具网纹，着生"之"字形小穗轴凹穴中。

约100种，主产大洋洲，数种广布全世界。我国4种。

1. 小穗长2-2.4厘米；下位刚毛4-6；基生叶2列套叠，3脉 …………………… 1. 长穗赤箭莎 S. calostachyus
1. 小穗长7-8毫米；下位刚毛3；基生叶非2列套叠，7脉 …………………… 2. 赤箭莎 S. falcatus

1. 长穗赤箭莎　图 401

Schoenus calostachyus (R. Br.) Poir. Encycl. Suppl. 2: 251. 1811.

Chaetospora calostachya R. Br. Prodr. 233. 1810.

根状茎短。秆丛生，高70-90厘米，直立，下部圆柱状，平滑，上部具深槽，槽边缘粗糙。叶基生或少数秆生，基生叶2列套叠，叶鞘开裂，秆生叶叶鞘闭合，均线形，长为秆1/2-1/3，宽1-2毫米，质厚硬，边缘粗糙，上面平滑具槽，下面具3隆起纵脉；苞片叶状，鞘长1-2.5厘米，暗紫色，鞘口斜，膜质，多少被缘毛。总状花序长达40厘米，疏离，每节1-2小穗。

小穗披针形或卵状披针形，长2-2.4厘米，宽约4毫米，两侧扁，最下的小穗柄长达15厘米，向上渐短，扁平，无毛。每小穗具9-11鳞片，2列，卵形、卵状披针形或披针形，长0.5-1.8厘米，下部的深褐色，革质，上部的浅褐色，近革质，上半部密被长缘毛，背面龙骨状突起，中部3-4片各具1两性花，最上部1-2片和最下部4-5片无花；下位刚毛4-6，白色，较小坚果短2-3倍，易脱落；雄蕊3，花药线形，药隔暗紫色突出。小坚果倒卵形，三棱形，灰褐色，具网状皱纹，无毛，无柄。花果期秋季至翌年1月。

图 401　长穗赤箭莎　（引自《海南植物志》）

产广东、香港、广西及海南，生于平地、山坡、山顶空旷向阳处。日本琉球群岛、新加坡、印度尼西亚、马来西亚、越南及大洋洲有分布。

2. 赤箭莎　图 402

Schoenus falcatus R. Br. Prodr. 232. 1810.

疏丛生草本，须根粗长。秆直立，圆柱状，高约85厘米，径

1.2-4毫米，基部叶鞘紫红或黑红色。叶基生和秆生，鞘长3-4厘米，

基部宽0.5-1厘米，无叶舌，叶片线形，宽1-5毫米，边缘粗糙，7脉隆起；秆生叶1-3，疏离，较短，鞘红棕色，口偏斜，边缘膜质，下部的长约3.5厘米，上部的1.5-2.2厘米；苞片叶状，鞘棕或棕红色。窄圆锥花序疏散，分枝6-10，通常1-3分枝从苞片鞘中生出。小穗直立，扁，具短柄，披针形，长7-8毫米，棕色。鳞片6-7，2列，卵状披针形或卵形，边缘近白色，龙骨状突起黄绿色，先端细尖、具短尖或微凹，下部2-3鳞片无花；下位刚毛3，纤细，具短柔毛，最上部的花无下位刚毛；雄蕊3，花丝带状，花药栗棕色，线形，早落，药隔突出；花柱长几与鳞片相等，柱头3，被短柔毛。小坚果倒卵形，棕色，长1-1.3毫米，三棱形，无喙，有网纹，顶端有白色糙伏毛。花果期5-7月。

产台湾、广东、香港、广西及贵州，生于海拔约330米沼泽地。越南及日本琉球群岛有分布。

图 402　赤箭莎　(引自《中国植物志》)

15. 克拉莎属 Cladium P. Browne

（梁松筠）

多年生草本。根状茎较长。秆粗壮，圆柱形，多节，秆生叶多数，螺旋状排列，宽线形，平展，先端渐窄呈三棱形，边缘和背面中脉具细齿，具长鞘；苞片叶状，具鞘。小穗卵形，聚成小头状花序。鳞片6-8，不规则螺旋状排列，下部4-6片无花，上部2片具两性花，仅1朵花结果；无下位刚毛；花药2；柱头3。小坚果卵形或近圆柱状，具喙。

4种，分布欧亚大陆热带和暖温带、太平洋岛屿、美国南部和北部。我国2种。

华克拉莎

图 403

Cladium jamaicense Grantz. Instit. 1: 362. 1766.

Cladium chinense Nees；中国植物志 11: 118. 1961.

多年生草本，匍匐根状茎短。秆粗壮，高1-2.5米，圆柱形，秆生叶多数。叶剑形，革质，长60-80厘米或更长，宽0.8-1厘米，先端渐窄呈三棱形，边缘及背面中脉具细齿；苞片叶状，具鞘。花序长30-60厘米，具5-8疏离、侧生伞房花序，总花梗扁平；小苞片鳞片状，有棕色条纹。小穗4-12聚成小头状，径4-7毫米；小穗卵状披针形，果期近宽卵形，暗褐色，长约3毫米。鳞片6，宽卵形，下面4鳞片无花，最上部2鳞片各有1朵两性花，下部1朵雌蕊不发育；无下位刚毛；雄

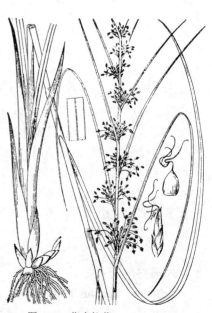

图 403　华克拉莎　(引自《图鉴》)

蕊 2；柱头 3。小坚果长圆状卵形，长约 2.5 毫米，褐色。

产台湾、广东、香港、海南、广西、云南及西藏，生于湿处。

朝鲜半岛及日本有分布。

16. 剑叶莎属 Machaerina Vahl

（梁松筠）

多年生草本，具匍匐根状茎。秆扁平或圆柱形，有节。叶 2 列套叠，叶片剑状或近圆柱形，边缘平滑，中脉不明显，无叶舌；苞片叶状，具鞘。复合圆锥花序具多数小穗，2-4 小穗簇生成头状。小穗具 2-4 花，下部的 1-2 花结果；鳞片螺旋状排列或下部近 2 列；下位刚毛达 6 或无；雄蕊 3；花柱基部不明显变粗，宿存，顶端 3 裂。小坚果卵形、倒卵形或长圆形，三棱形，具 3 肋或具翅，具柄或无柄，具喙，平滑或具皱纹。

约 70 种，分布热带和亚热带，主产澳大利亚。我国 2 种。

多花剑叶莎 多花克拉莎

图 404

Machaerina myriantha (Chun et How) Y. C. Tang in Fl. Hainan. 4: 536. 1976.

Cladium myrianthum Chun et How in Acta Phytotax. Sin. 7: 83. t. 26. f. 1. 1958.

根状茎短，须根粗。秆粗壮，高约 2 米，扁，有节。叶基生和秆生，2 列套叠，革质，剑形，两侧扁，长达 1.5 米，宽 1.8-2.2 厘米，无中脉，具多数纵脉和小横脉，平滑；苞片叶状，具鞘。圆锥花序具数枝多次复出聚伞花序，长 40-60 厘米。小穗 2-4 簇生成头状，长约 5 毫米，有 2-4 花，下部 1-2 花结果。鳞片褐色，长方形，对摺，最下部的长约 4 毫米，上部的渐小，被微柔毛，边缘膜质，具缘毛，背面具龙骨状突起；下位刚毛 4-6，褐色，短于花柱；雄蕊 3，花丝扁；花柱由上而下渐粗，中部以下具白色毡毛；柱头（2）3。小坚果倒卵形，有锐棱，长约 1 毫米，褐色，

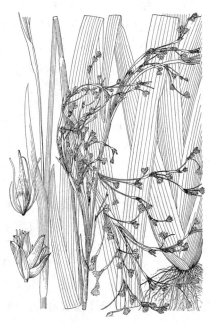

图 404 多花剑叶莎 （引自《中国植物志》）

具喙。

产海南，生于海拔 900-2800 米河边及林中。

17. 鳞籽莎属 Lepidosperma Labill.

（梁松筠）

多年生草本，丛生，匍匐根状茎粗壮，刚硬，无毛。秆圆柱状，直立，粗壮。叶基生，具鞘，叶片圆柱状。圆锥花序窄长，具多数小穗。小穗密聚，鳞片 5-10，最下部的数鳞片内无花，上部的有 2-3 花，均能结果，稀 1 花结果，最下部的花具不完全的雌、雄蕊；下位鳞片（3）6，基部连合，无毛；雄蕊 3；花柱细长，基部无毛或近无毛，柱头 3，细长。小坚果三棱形，平滑，无喙，基部为硬化鳞片所包。

约 50 余种，主要分布于大洋洲、新西兰和亚洲热带地区。我国 1 种。

鳞籽莎

图 405

Lepidosperma chinense Nees in Linnaea 9: 302. 1834.

具匍匐根状茎和须根。秆丛生，高 45-90 厘米，圆柱状或近圆柱状，

直立，坚挺，基部被宿存紫黑、淡紫黑或麦秆黄色叶鞘，长 3-8 厘米，

开裂，边缘膜质，叶舌不显著。叶圆柱状，基生，较秆稍短，径2-3毫米，平滑，坚挺，无毛；苞片具鞘，圆柱状或半圆柱状，与鞘等长或稍长，顶端稍扁，无毛。圆锥花序穗状，长3-10厘米。小穗密集，纺锤状长圆形，长6-8毫米，鳞片5，有1-2花。鳞片卵形或卵状披针形，长4-6.5毫米，具短尖，背面龙骨状突起粗糙，略被白粉，最下部2鳞片内无花，上部2鳞片各具1两性花，下部1花雌蕊不发育，或下部1鳞片无花，最上部的鳞片不发达；下位鳞片6，很短；雄蕊3，花丝较花药长1倍半，花药线形，药隔突出；花柱细长，柱头3，较花柱稍短。小坚果椭圆形，长3.5-4毫米，褐黄色。花果期7-12月，有时5月抽穗。

产浙江南部、福建、湖南南部、广东、香港、海南及广西东部，生于海拔800-1500米山边、山谷疏荫下、湿地或溪边。马来西亚有分布。

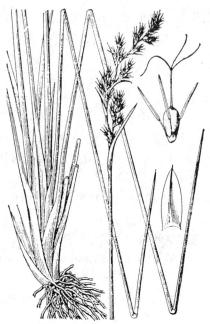

图 405 鳞籽莎 （引自《图鉴》）

18. 三肋果莎属 Tricostularia Nees

（梁松筠）

多年生草本，根状茎短。秆丛生，直立，圆柱形或三棱形。叶基生，扁平，稀1-2枚着生秆上，常鞘状，无叶舌。圆锥花序多分枝。小穗单生或丛生，扁平，长圆状披针形，无柄或具柄；小穗轴宿存，直，节间短；鳞片4-6，2列，膜质，龙骨状，1脉，灰棕色，最下部的2-4鳞片无花，花被片鳞片状，（3-）6披针形或线形，短，白色至锈色，花后不增厚，被毛；雄蕊3，花药线形，药隔突出；花柱3裂。小坚果小，倒卵形或梨形，三棱状，棕色，具网纹，3肋，顶端稍被刚毛，外果皮薄。

6种，主要分布澳大利亚，斯里兰卡、马来西亚和亚洲东南部有分布。我国1种。

三肋果莎

图 406

Tricostularia undulata (Thw.) Kern in Acta Bot. Neerl. 8: 267. 1959.
Cladium undulatum Thw. Enum. Pl. Zeyl. 353. 1864.

根状茎短。秆丛生，高30-60厘米，径1-2毫米，钝三棱形，具条纹，平滑，坚挺。叶基生，丛生，短于秆或与秆等长，宽1-3毫米，平展，坚挺，边缘稍粗糙；苞片最下部的叶状，短于或稍长于花序，向上渐短，具短鞘，鞘红褐色。圆锥花序多分枝，2-3分枝生于苞片的鞘中。小穗长4-5毫米，宽1-1.5毫米，几无柄。每小穗具4鳞片，上部的鳞片具1花，下部的鳞片无花，鳞片长圆状披针形，上部的长4-5毫米，下部的长约2毫米；花被片6，近2轮，鳞片状，白色，披针形或线状披针形，长约0.5

图 406 三肋果莎 （余 峰绘）

毫米，被毛，下部较宽，非刚毛状；花药长约 2 毫米。小坚果钝三棱形，外果皮薄，稍具网状皱纹，棕色至黑色，长 1.3-1.5 毫米，宽 0.6-0.8 毫米，具 3 肋。

产海南，生于海边水旁。

19. 黑莎草属 Gahnia J. R. Forst et G. Forst.

（梁松筠）

多年生草本，匍匐根状茎坚硬。秆高而粗壮，稀较细，圆柱状，有节，具叶。叶席卷呈圆柱状或线形。圆锥花序大而疏散或穗状。小穗具 1-2 花，上部 1 两性花结果，下部为雄花或不育。鳞片螺旋状覆瓦状排列，黑或暗褐色，下部鳞片 3-6 或更多，无花，最上部的 2-3 鳞片异形，下部 1 鳞片具雄花，中间鳞片具两性花，最上部 1 片无花或缺如；无下位刚毛；雄蕊（3）4（-6），花丝长，药隔突出；花柱细长，基部宿存，柱头 3-5。小坚果骨质，卵球形、倒卵状球形或近纺锤形，圆筒状或不明显三棱形，成熟时常有光泽，外果皮质薄，内果皮质厚坚硬，无子房柄。

约 50 种，产亚洲、大洋洲等热带地区。我国 4 种。

1. 圆锥花序穗状，分枝直立紧贴花序轴；小穗长 0.8-1 厘米；小坚果倒卵状长圆形，长 4-4.5 毫米，黑色 ………………………………………………………………………………… 1. 黑莎草 G. tristis
1. 圆锥花序宽而疏散，分枝外倾或下弯；小穗长 4-5 毫米；小坚果窄椭圆形，长约 3 毫米，红褐色 ………………………………………………………………………… 2. 散穗黑莎草 G. baniensis

1. 黑莎草

图 407

Gahnia tristis Nees in Hook. et Arn. Bot. Beech. Voy. 228. 1836.

丛生，须根粗，具根状茎。秆粗壮，高 0.5-1.5 米，圆柱状，坚实，空心。叶基生和秆生，鞘红棕色，长 10-20 厘米，叶片窄长，硬纸质或几革质，长 40-60 厘米，宽 0.7-1.2 厘米，先端钻形，边缘通常内卷，边缘及背面具刺状细齿；苞片叶状，具长鞘，向上鞘渐短，边缘及背面具刺状细齿。圆锥花序穗状，长 14-35 厘米，具 7-15 卵形或矩形穗状花序，分枝直立紧贴花序轴；小苞片鳞片状，卵状披针形。小穗排列紧密，纺锤形，长 0.8-1 厘米，鳞片 8，稀 10 片螺旋状排列，基部 6 鳞片无花，初黄棕色，后暗褐色，卵状披针形，1 脉，坚硬，最上部的 2 片鳞片最小，宽卵形，先端微凹并微具缘毛，其中 1 片具两性花，下部 1 片具雄蕊或无花；无下位刚毛；雄蕊 3，花药线状长圆形或线形；花柱细长，柱头 3。小坚果倒卵状长圆形，三棱形，长 4-4.5 毫米，平滑，成熟时黑色。花果期 3-12 月。

产浙江、台湾、福建、江西、湖南、广东、香港、海南、广西及贵州，生于海拔 130-800 米干旱荒坡或灌木丛中。印度、马来西亚、印度尼西亚及日本琉球群岛有分布。植株可作屋顶盖草和墙壁材料；小坚果可榨油。

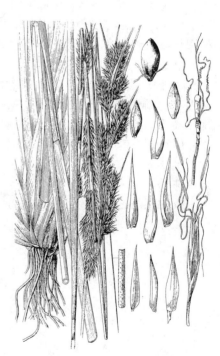

图 407　黑莎草　（引自《中国植物志》）

2. 散穗黑莎草

Gahnia baniensis Benl. in Fedde, Repert Sp. Nov. 44: 197. t. 248. 1938.

秆圆柱状，高约90厘米，粗壮，坚硬。叶与花序等长或稍长，宽0.8-1.2厘米，纸质或近革质，先端渐尖，边缘内卷，叶缘、叶背及中脉具细齿，叶鞘闭合，长8-15厘米；苞片叶状，下部的具长鞘，上部的短于花序。圆锥花序宽而疏散，长40-70厘米，宽6-15厘米，具顶生和数个侧生圆锥花序，分枝外倾或下弯，小苞片刚毛状或鳞片状，边缘具细齿，先端具短芒或凸尖，黑色。小穗长圆形，长4-5毫米。鳞片7-8，近黑色，下部的5-6片无花，卵形或卵状椭圆形，长2-3毫米，具短尖，上部2片卵状椭圆形，长约2毫米，最上1片具两性花，其下1片具雄花或兼具不发育雌蕊；雄蕊3，花丝宿存；柱头3。小坚果窄椭圆形，三棱形，长约3毫米，平滑，红褐色，花丝宿存，迟落。

产福建、广东、海南及广西，多生于湿润丘陵地和阳坡。日本琉球群岛、中南半岛、印度尼西亚、澳大利亚及加罗林群岛有分布。

20. 海滨莎属 Remirea Aubl.

（梁松筠）

多年生草本，匍匐根状茎长。秆高6-13厘米，近三棱状，具多数条纹。叶多数，密生，披针形，长于秆，宽4.5-6.5毫米，中脉下凹，革质，叶鞘革质，棕色；苞片叶状，长于花序。穗状花序2-7成簇，着生秆顶，无柄，长圆状椭圆形或卵状长圆形，长1-2厘米，宽0.7-1厘米，小穗多数，密集。小穗纺锤状椭圆形，长约5毫米，基部小苞片鳞片状，卵状披针形，长约3毫米，有棕色条纹，1脉；鳞片4，近2列，第1鳞片宽卵形，长约2毫米，具2脉及棕色条纹；第2鳞片卵形，长约4毫米，7脉；第3鳞片较第2鳞片稍长，鳞片均无花；第4鳞片肉质，长约3毫米，内卷，无脉，有棕色小斑点，先端细尖，具1朵两性花；雄蕊3，子房长圆形，三棱形，花柱短，柱头3，细长。小坚果长圆形，长约2毫米，黑棕色，扁三棱形，无柄，无毛，具小突起。

单种属。

海滨莎

Remirea maritima Aubl. Hist. Pl. Guian. France 1: 45. t. 16. 1775.

图 408

形态特征同属。花果期9-12月。

产台湾、广东、香港及海南，生于海边。广布全球热带。

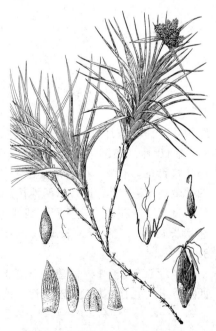

图 408 海滨莎 （引自《中国植物志》）

21. 莎草属 Cyperus Linn.
（戴伦凯）

一年生或多年生草本，具根状茎或无，有的具地下匍匐茎，稀地下匍匐茎顶端生小块茎或无根状茎，仅生须根。秆丛生，稀散生，三棱柱状，稀稍扁或近圆柱形。叶生于秆基部或下部，具叶鞘，叶片窄长；苞片 2-3，叶状，稀 4-10（-20），生于花序基部。小穗几个至多数，排成穗状或头状，生于辐射枝上端，组成简单或复出长侧枝聚伞花序，稀近头状花序。小穗具几朵至 40 余朵两性花，通常无柄；小穗轴基部无关节，宿存，具窄翅或无翅。鳞片 2 列，稀螺旋状排列，最下部 1-2 片无花，余鳞片具 1 两性花，成熟时鳞片脱落。无下位刚毛，雄蕊（1-2）3，花柱细，柱头（2）3，脱落。小坚果三棱状，稀平凸状。

约 500 余种，广泛分布于全球。我国 40 余种。

1. 小穗排在长花序轴上成穗状花序。
　2. 小穗轴具翅；花柱较长，稀较短。
　　3. 穗状花序圆筒形，小穗多数。
　　　4. 长侧枝聚伞花序多次复出，穗状花序的总花梗短，小穗近 2 列，较疏或较密；鳞片先端具直的短尖；花药线形。
　　　　5. 小穗较疏或稍密，长 4-6 毫米，具 6-16 花 ·················· 1. 高秆莎草 C. exaltatus
　　　　5. 小穗密集，长达 1.4 厘米，具 12-25 花 ·············· 1(附). **长穗高秆莎草 C. exaltatus** var. **megalanthus**
　　　4. 长侧枝聚伞花序复出，穗状花序无总花梗，小穗多列，紧密；鳞片先端具外弯短尖；花药长圆形 ······
　　　　·· 2. **迭穗莎草 C. imbricatus**
　　3. 穗状花序宽卵形、陀螺形或长圆形，稀圆筒形，小穗较少，稀具多数小穗（C. glomeratus 和 C. eleusinoides）。
　　　6. 地下匍匐茎长，具块茎；鳞片稍密覆瓦状排列。
　　　　7. 鳞片两侧紫红或红棕色，卵形或长圆状卵形 ·················· 3. **香附子 C. rotundus**
　　　　7. 鳞片两侧褐黄或麦秆黄色，宽卵形或椭圆形 ·············· 3(附). **假香附子 C. tuberosus**
　　　6. 根状茎短或根出苗，无地下匍匐茎和块茎；鳞片疏列。
　　　　8. 秆细长；穗状花序宽卵形；小穗近四棱状，斜展，后近平展；鳞片长约 4 毫米 ···············
　　　　　·· 4. **四棱穗莎草 C. tenuiculmis**
　　　　8. 秆稍粗壮；穗状花序非宽卵形；小穗略扁平，近直立，稀平展；鳞片长约 2 毫米。
　　　　　9. 小穗疏列，斜展或平展，宽约 1 毫米；鳞片两侧暗血红色 ·············· 5. **疏穗莎草 C. distans**
　　　　　9. 小穗较密或密，直立，后期不外展，较粗短，宽 1 毫米以上；鳞片红棕或黄棕色。
　　　　　　10. 多年生草本，根茎短；鳞片先端圆或具短尖。
　　　　　　　11. 小穗线形或线状披针形；小坚果长圆形或倒卵状长圆形 ·············· 6. **垂穗莎草 C. nutans**
　　　　　　　11. 小穗线状长圆形；小坚果倒卵形 ·············· 7. **穆穗莎草 C. eleusinoides**
　　　　　　10. 一年生草本，无根茎，具须根；鳞片先端钝；小穗密列 ·············· 8. **头状穗莎草 C. glomeratus**
　2. 小穗轴无翅或具白色窄边；花柱短。
　　12. 多年生草本，地下匍匐茎长；小穗稍圆；鳞片背面无龙骨状突起，边缘常内卷。
　　　13. 秆基部具长鞘，叶鞘顶端具短叶片或无；穗状花序轴无毛 ··· 9. **单叶茳芏 C. malaccensis** subsp. **monophyllus**
　　　13. 秆基部具叶，叶鞘顶端具长叶片；穗状花序轴被黄色硬毛。
　　　　14. 小穗窄披针形，长 0.5-1.4 厘米，具 8-24 花；鳞片两侧褐、红褐或深紫色。
　　　　　15. 鳞片宽卵形，两侧褐或红褐色 ·················· 10. **毛轴莎草 C. pilosus**
　　　　　15. 鳞片近圆形，两侧深紫色 ·············· 10(附). **紫穗毛轴莎草 C. pilosus** var. **purpurascens**
　　　　14. 小穗近长圆形，长 2.5-6 毫米，具 4-8 花；鳞片两侧苍白或红棕色，先端无短尖或具小短尖。
　　　　　16. 小穗长 2.5-3 毫米；鳞片两侧苍白色，先端具小短尖 ··· 10(附). **白花毛轴莎草 C. pilosus** var. **obliquus**
　　　　　16. 小穗长 3-6 毫米；鳞片两侧红综色，先端无短尖 ··· 10(附). **少花毛轴莎草 C. pilosus** var. **pauciflorus**

12. 一年生草本，无地下匍匐茎，须根较多；小穗稍扁平；鳞片背面具龙骨状突起，边缘不内卷。

  17. 穗状花序轴长；小穗疏列；鳞片较疏；小坚果几与鳞片等长。

    18. 长侧枝聚伞花序复出；小穗直立或稍斜展。

      19. 小穗轴无翅；鳞片先端干膜质，微缺，具极短短尖 ······················· 11. 碎米莎草 C. iria

      19. 小穗轴具白色透明窄翅；鳞片先端圆，具短尖，长约 1.5 毫米 ······ 12. 具芒碎米莎草 C. microiria

    18. 长侧枝聚伞花序简单；小穗近平展。

      20. 穗状花序轴无毛；鳞片紫红或褐色，先端具稍外弯的短尖 ·········· 13. 阿穆尔莎草 C. amuricus

      20. 穗状花序轴的棱被白色硬毛；鳞片两侧暗血红色，先端圆，无短尖 ····· 14. 三轮草 C. orthostachyus

  17. 穗状花序轴短，近头状；鳞片密覆瓦状排列，两侧苍白或麦秆黄色 ·············· 15. 扁穗莎草 C. compressus

1. 小穗密集短花序轴上，不成穗状花序。

  21. 长侧枝聚伞花序疏展，辐射枝长。

    22. 多年生草本，根状茎短或具地下匍匐茎；小穗单生或几个集生于极短花序轴上。

      23. 秆基部具无叶片的叶鞘；叶状苞片 10-20 余枚；鳞片密覆瓦状排列，卵形 ··············

        ··· 16. 风车草 C. alternifolius var. flabelliformis

      23. 秆基部具叶片；叶状苞片几枚至 10 枚；鳞片较疏松排列，宽卵形或近圆卵形，先端具短尖。

        24. 根状茎短；叶状苞片 6-10；小穗 1-3 生于辐射枝顶端，小穗轴具窄翅；鳞片两侧淡红棕色，脉 7-

          11，先端具外弯短尖；雄蕊 3 ························· 17. 多脉莎草 C. diffusus

        24. 地下匍匐茎木质；叶状苞片 2-3；小穗 3-10 集生指状排列于辐射枝顶端，小穗轴无翅；鳞片两侧

          黑紫色，3 脉，先端有时具极短短尖；雄蕊 2 ············· 18. 云南莎草 C. duclouxii

    22. 一年生草本（C. haspan 为多年生草本）具须根；小穗 10 余个至多数，稀几个小穗，集生极短的花序

      轴上，排成指状或头状花序。

      25. 小穗 5-10 余个，有时几个排成指状或近头状；鳞片宽卵形、椭圆形或长圆形。

        26. 鳞片宽卵形，先端钝圆；小坚果椭圆形，无小疣状突起 ·············· 19. 褐穗莎草 C. fuscus

        26. 鳞片椭圆形或长圆形，先端钝或近平截；小坚果宽倒卵形、倒卵形或长圆状倒卵形，具小疣状突起。

          27. 鳞片膜质；小坚果倒卵形或宽倒卵形。

            28. 叶状苞片长于花序；鳞片疏松排列，先端钝或近平截；花药线形；小坚果长约 0.3 毫米 ·············

            ·· 20. 窄穗莎草 C. tenuispica

            28. 叶状苞片短于花序；鳞片密覆瓦状排列，先端具短尖；花药窄长圆形；小坚果长约 0.5 毫米 ······

            ··· 21. 畦畔莎草 C. haspan

          27. 鳞片纸质或厚膜质，先端具较长外弯的芒，长 1-1.5 毫米；小坚果长圆状倒卵形或近长圆形，长

           0.5-0.8毫米 ··································· 22. 长尖莎草 C. cuspidatus

      25. 小穗多数，排成球形头状花序；鳞片近扁圆形 ················ 23. 异型莎草 C. difformis

  21. 长侧枝聚伞花序成密集头状，辐射枝极短，稀辐射枝稍长。

    29. 小穗多数，长 0.5-2.5 厘米；鳞片覆瓦状排列。

      30. 小穗长 0.7-2.5 厘米，宽 3-5 毫米，小穗轴无翅；鳞片披针状卵形，先端钝；雄蕊 3，花药近线形；

        柱头 3 ·· 24. 南莎草 C. niveus

      30. 小穗长 3-8 毫米，宽 1.5-2 毫米，小穗轴具白色透明翅；鳞片宽卵形，先端具小短尖；雄蕊 2，花

        药窄长圆形，柱头 2 ·························· 25. 白鳞莎草 C. nipponicus

    29. 小穗极多数，长 3-4 毫米；鳞片螺旋状排列 ················· 26. 旋鳞莎草 C. michelianus

1. 高秆莎草

图 409：1-6

Cyperus exaltatus Retz. in Observ. Bot. 5: 11. 1789.

根状茎短，须根多。秆高 1-1.5 米，钝三棱状，粗壮，基部生多

叶。叶几与秆等长，宽 0.6-1 米，边缘粗糙；叶鞘长，紫褐色；叶

状苞片3-6，下部几枚长于花序。长侧枝聚伞花序复出，第一次辐射枝5-10，长达18厘米，第二次辐射枝长1-4厘米；穗状花序圆筒形，长2-5厘米，宽0.7-1厘米。小穗多数，具短柄；近2列，斜展，较疏或稍密，长圆状披针形，扁平，长4-6毫米，宽1-1.5毫米，具6-16朵花；小穗轴具白色透明窄翅。鳞片稍密覆瓦状排列，卵形，先端具短尖，长约1.5毫米，背面具龙骨状突起，绿色，3-5脉，两侧栗色或黄褐色；雄蕊3，花药线形；花柱细长，柱头3。小坚果倒卵形或近椭圆形，三棱状，长不及鳞片1/2，光滑。花果期6-8月。

产吉林、山东、江苏、安徽、台湾、福建、湖北、广东、香港、海南及贵州，生于湖边、塘边或山坡阴湿处。越南、印度、印度尼西亚、马来西亚、菲律宾、澳大利亚及非洲有分布。秆供编织席子。

[附] **长穗高秆莎草 Cyperus exaltatus** var. **megalanthus** Kükenth. in Fedde, Repert. Sp. Nov. 27: 107. 1929-1930. 本变种与模式变种的区别：小

图 409：1-6.高秆莎草 7-11.迭穗莎草
（引自《中国植物志》）

穗密集，长达1.4厘米，具12-25花。产江苏及浙江，生于海拔约100米湖边湿地。

2. 迭穗莎草　　　　　　　图 409：7-11

Cyperus imbricatus Retz. in Observ. Bot. 5: 12. 1789.

根状茎短，须根多数。秆高0.7-1（-1.5）米，粗壮，钝三棱状，平滑，基部具少数叶鞘。叶基生，短于秆，宽0.5-1.5厘米，基部摺合，上部平展；叶鞘长，红褐或暗褐色；叶状苞片3-5，长于花序。长侧枝聚伞花序复出，第一辐射枝6-10，长达16厘米，每辐射枝具3-10第二次辐射枝；穗状花序，紧密排列，圆柱状，长1.5-4厘米，宽0.6-1.1厘米，具多数小穗，无总花梗。小穗多列，紧密，卵状披针形或长圆状披针形，长4-6毫米，宽1.5-2毫米，稍扁，具8-20朵花；小穗轴具白色透明窄翅。鳞片紧贴覆瓦状排列，宽卵形，长约1.5毫米，背面龙骨状突起绿色，3-5脉，两侧棕黄或麦秆黄色，先端具外弯短尖；雄蕊3，花药长圆形；花柱长，柱头3。小坚果倒卵形或椭圆形，三棱状，长为鳞片1/2，平滑。花果期9-10月。

产台湾、广东、香港及海南，生于海拔100米以下浅水塘中或塘边湿地。

3. 香附子　　　　　　　　图 410

Cyperus rotundus Linn. Sp. Pl. 45. 1753.

匍匐根状茎长，具圆卵形块茎。秆高15-95厘米，稍细，锐三棱状，基部块茎状。叶稍多，短于秆，宽2-5毫米，平展；叶鞘棕色，常裂成纤维状。叶状苞片2-3（-5），长于花序，有时短于花序。长侧枝聚伞花序简单或复出，辐射枝（2）3-10，长达12厘米，有时具第二次辐射枝；穗状花序具3-10小穗，稍疏列。小穗斜展，线形，长

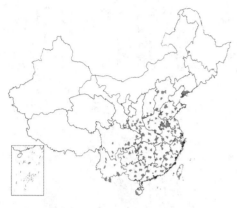

1-3 厘米，宽 1.5-2 毫米，具 8-28 朵花；小穗轴具白色透明较宽的翅。鳞片稍密覆瓦状排列，卵形或长圆状卵形，先端急尖或钝，长约 3 毫米，中间绿色，两侧紫红或红棕色，5-7 脉；雄蕊 3，花药线形；花柱长，柱头 3，细长。小坚果长圆状倒卵形，三棱状，长为鳞片 1/3-2/5，具细点。花果期 5-11 月。

产辽宁、河北、山东、山西、河南、陕西、甘肃南部、江苏、安徽、浙江、台湾、福建、江西、湖北、湖南、广东、香港、海南、广西、贵州、四川及云南，生于海拔 100-1650 米山坡山谷草丛中、路旁、湖边、河边、水田或旱田中、庭院草地。广布世界各地。块茎名香附子，药用。

[附] **假香附子 Cyperus tuberosus** Rottb. Deser. et Icon. 28. 1773. 本种与香附子的主要区别：鳞片两侧褐黄或麦秆黄色，宽卵形或椭圆形。产云南及四川，生于海拔约 1700 米路旁或园内草丛中。日本、印度、澳大利亚及非洲有分布。

图 410 香附子 （引自《图鉴》）

4. 四棱穗莎草

图 411

Cyperus tenuiculmis Böcklr. in Linnaea 36: 286. 1870.

Cyperus zollingeri Steud.; 中国植物志 11: 137. 1961.

根状茎短，木质。秆疏丛生，高 40-70 厘米，细长，锐三棱状，平滑，基部块茎状。叶较少，短于秆，宽 2-6 毫米，边缘常外卷，叶鞘棕色；叶状苞片 2-3，最下部的苞片长于花序，余苞片短于花序。长侧枝聚伞花序简单，稀复出，辐射枝 2-7，长达 10 厘米；穗状花序倒卵形，小穗 3-14，疏列斜展，后近平展，线状披针形或线形，长 1-2 厘米，宽 1.5-2 毫米，近四棱状，具 6-14 朵花；小穗轴曲折，后暗褐色，具翅。鳞片稍松排列，椭圆形，先端钝，长约 4 毫米，背面具绿色龙骨状突起，两侧黄或黄褐色，7-9 脉；雄蕊 3，花药线形；花柱长，柱头 3。小坚果椭圆形或倒卵形，三棱状，各面稍凹，长为鳞片 1/2，黑色，密生细点。花果期 5-11 月。

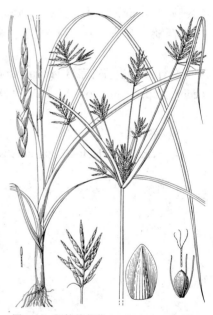

图 411 四棱穗莎草 （引自《中国植物志》）

产浙江、福建、台湾、广东、香港、海南、广西及云南，生于海拔 200-1600 米山坡、山谷林缘、路旁潮湿地、溪边湿地或田边。尼泊尔、印度、马来西亚、印度尼西亚、日本、澳大利亚及非洲有分布。

5. 疏穗莎草

图 412:1-4

Cyperus distans Linn. f. Suppl. Sp. Pl. 103. 1781.

根状茎短，具小块茎。秆散生或疏丛生，高 0.4-1.1 米，稍粗壮，

扁三棱状，平滑，基部稍膨大。叶短于秆，宽 4-6 毫米，边缘稍粗糙；叶鞘长，棕色；叶状苞片 4-6，下部的 2-3 枚长于花序，余短于花序。长侧枝聚伞花序复出，第一次辐射枝 6-10，长达 15 厘米，每辐射枝具 4-8 第二次辐射枝；穗状花序具 8-20 小穗，疏列。小穗近 2 列，斜展或平展，线形，长 0.8-4 厘米，宽约 1 毫米，具 6-32 朵花；小穗轴曲折，具白色透明翅，翅早落。鳞片疏列，椭圆形，先端圆，长约 2 毫米，膜质，背面稍龙骨状突起，绿色，两侧暗血红色，先端边缘为白色透明，3-5 脉，雄蕊 3，花药线形；花柱短，柱头 3。小坚果长圆形，三棱状，长为鳞片约 2/3，黑褐色，具稍突起细点。花果期 7-8 月。

产台湾、广东、香港、海南、广西及云南，生于海拔 50-1750 米山坡、山谷疏林下、路旁草地、沟边、溪边、田边潮湿处或沼泽中。喜马拉雅山区、尼泊尔、斯里兰卡、印度、缅甸、越南、菲律宾、澳大利亚、非洲及美洲沿大西洋区域有分布。

图 412：1-4.疏穗莎草 5-8.头状穗莎草
（引自《中国植物志》）

6. 垂穗莎草　　　　　　　　图 413：1-4

Cyperus nutans Vahl, Enum. Pl. 2: 363. 1806.

多年生草本。根状茎短，木质。秆高 0.8-1.1 米，粗壮，扁三棱状，平滑。叶短于秆，宽 0.6-1.2 厘米，边缘粗糙；叶状苞片 4-8，下部的 3-4 片长于花序，边缘和两侧脉粗糙。长侧枝聚伞花序复出，第一次辐射枝 8-10，长达 16 厘米，每辐射枝具 4-10 第二次辐射枝；穗状花序圆柱状，小穗多数。小穗近直立，线形或线状披针形，长 0.5-1.1 厘米，宽约 1.5 毫米，具 6-10 朵花；小穗轴具白色透明翅；

鳞片疏列，椭圆形，先端圆，长约 2 毫米，膜质，背面中间红棕色，具龙骨状突起，两侧淡黄色，具锈色斑纹，7-9 脉；雄蕊 3，花药窄长圆形；花柱极短，柱头 3，细长。小坚果长圆形或倒卵状长圆形，三棱状，长为鳞片约 2/3，密被微突起细点。花果期 5-10 月。

产台湾、湖南、广东、香港、海南、广西、贵州、四川及云南，

7. 穆穗莎草　　　　　　　　图 413：5-8

Cyperus eleusinoides Kunth, Enum. Pl. 2: 39. 1837.

根状茎短。秆高达 1 米，粗壮，三棱状，平滑，基部块茎状。

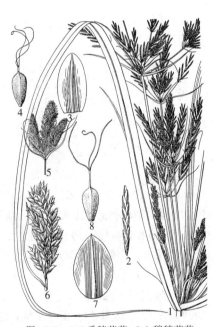

图 413：1-4.垂穗莎草 5-8.穆穗莎草
（引自《中国植物志》）

生于海拔 40-1600 米山坡草地、路旁、林下、沟边、溪边水旁或田野。越南、印度、马来西亚、印度尼西亚及非洲有分布。

叶短于秆，宽 0.6-1.2 厘米，革质，边缘粗糙，叶鞘长，棕色；叶状

苞片6，下部的2-3片长于花序。长侧枝聚伞花序复出，第一次辐射枝6-12，长达18厘米，每辐射枝具3-6第二次辐射枝，长达4厘米；穗状花序长圆形或圆筒形，小穗极多数，紧密排列。小穗多列，线状长圆形，长4-8毫米，宽约2毫米，具6-12朵花；小穗轴具白色透明翅，翅早落。鳞片疏松排列，卵状椭圆形，先端钝，具短尖，长约2毫米，背面具绿色龙骨状突起，两侧苍白具棕色斑纹，上端边缘白色透明，5-7脉；雄蕊3，花药线形；花柱短，柱头3。小坚果倒卵形，三棱状，长为鳞片2/3，深褐色，密被微突起细点。花果期9-12月。

产台湾、福建、广东、广西及云南，生于海拔280-2500米山地或水边阳处。印度及澳大利亚有分布。

8. 头状穗莎草　聚穗莎草　　　　　　　图 412:5-8　图 414

Cyperus glomeratus Linn. Cent. Pl. 2: 5. 1756.

一年生草本，具须根。秆散生，高50-95厘米，钝三棱状，平滑，基部稍膨大，具少数叶。叶短于秆，宽4-8毫米，边缘不粗糙；叶鞘长，红棕色；叶状苞片3-4，较花序长，边缘粗糙。长侧枝聚伞花序复出，辐射枝3-8，长达12厘米，每辐射枝具几个穗状花序；穗状花序近圆形或椭圆形，长1-3厘米，小穗极多数，无总花梗。小穗多列，紧密排列，线状披针形或线

形，稍扁，长0.5-1厘米，宽1.5-2毫米，具8-16朵花；小穗轴具白色透明翅。鳞片疏松排列，近长圆形，先端钝，长约2毫米，膜质，红棕色，脉不明显，边缘稍内卷；雄蕊3，花药短，长圆形；花柱长，柱头3。小坚果长圆形，三棱状，长为鳞片1/2，灰色，具网纹。花果期6-10月。

产黑龙江、吉林、辽宁、内蒙古、河北、山东、山西、河南、陕西、宁夏、甘肃、江苏、安徽、浙江及湖北，生于海拔100-1300

图 414　头状穗莎草　（引自《图鉴》）

米山坡草地阳处、河边、沟边、田边潮湿地、水田中或浅水中阳处。亚洲东部及中部温带地区、欧洲中部有分布。

9. 单叶莎草　短叶莎草　　　　　　　　图 415

Cyperus malaccensis Lam. subsp. **monophyllus** (Vahl.) T. Koyama in Fl. Taiwan 5: 266. 1987.

Cyperus monophyllus Vahl, Enum. Pl. 2: 352. 1806.

Cyperus malaccensis var. *brevifolius* Böcklr.; 中国植物志 11: 141. 1961.

匍匐根状茎长，木质。秆高0.8-1米，锐三棱状，平滑，基部具1-2叶及长鞘。叶片短或极短，宽3-8毫米，叶鞘长，棕色，顶端具短叶片或无；叶状苞片3，短于花序。长侧枝聚伞花序复出，第一次辐射枝6-10，长达9厘米，每辐射枝具3-8第二次辐射枝；穗状花序具5-10

小穗，疏列，具总花梗，花序轴无毛。小穗极展开，线形，长0.5-2.5（-5）厘米，宽约1.5毫米，具10-42朵花；小穗轴具透明窄边。鳞片稍疏松排列，宽卵形，先端钝，长2-2.5毫米，厚纸质，红棕色，边缘黄或麦秆黄色，脉不明显；雄蕊3，花药线形；花柱短，柱头3，细长。小坚果窄长圆形，三棱状，与鳞片近等长，成熟时暗褐色。花果期6-11月。

产浙江、台湾、福建、江西、广东、香港、海南、广西及四川，生于海拔460-650米溪边、田间、水边湿地或海滩。日本有分布。秆可编席。

10. 毛轴莎草 　图 416

Cyperus pilosus Vahl, Enum. Pl. 2: 354. 1806.

匍匐根状茎细长。秆散生，高25-80厘米，粗壮，锐三棱状，有时秆上部棱粗糙，基部具叶。叶短于秆，宽6-8毫米，边缘粗糙，叶鞘短，淡褐色，顶端具长叶片。叶状苞片3，长于花序，边缘粗糙。长侧枝聚伞花序复出，第一次辐射枝3-10，长达14厘米，每第一次辐射枝具3-7第二次辐射枝；穗状花序具较多小穗，稀疏列，近无总花梗；花序轴被黄色硬毛。小穗2列，排列疏松平展，窄披针形，稍肿胀，长0.5-1.4厘米，宽1.5-2.5毫米，具8-24朵花，小穗轴具窄边。鳞片稍疏松排列，宽卵形，先端钝，具很短短尖或无短尖，长约2毫米，背面龙骨状突起不明显，绿色，两侧红褐或褐色。边缘白色透明，5-7脉；雄蕊3，花药窄长圆形；花柱短，柱头3。小坚果宽椭圆形或宽倒卵形，三棱状，长为鳞片1/2-3/5，顶端具短尖，成熟时黑色。花果期8-11月。

产江苏、安徽、浙江、台湾、福建、江西、湖北、湖南、广东、香港、海南、广西、贵州、四川、云南及西藏，生于海拔60-1000米山地路旁、山坡水湿地、溪边、沟边、山谷水旁、田边、水田中或疏林下。喜马拉雅山区、尼泊尔、印度、马来西亚、印度尼西亚、越南、日本及澳大利亚有分布。

[附] **白花毛轴莎草 Cyperus pilosus** var. **obliquus** (Nees) C. B. Clarke in Journ. Linn. Soc. Bot. 21: 151. 1884.—— *Cyperus obliquus* Nees in Wight, Contrib. Bot. Ind. 86, 1834. 与模式变种的区别：小穗长2.5-3毫米，具4-7朵花；鳞片两侧苍白色，先端具小短尖。产安徽、福建、江西、广东及四川，生于海拔160-500米山坡水旁、潮湿处、灌木丛下、路旁、山谷水边、田边潮湿地或田中。

[附] **紫穗毛轴莎草 Cyperus pilosus** var. **purpurascens** L. K. Dai, Fl. Reipubl. Popul. Sin. 11: 231. 1961. 本变种与模式变种的区别：鳞片近圆形，先端钝圆，两侧深紫色。产四川及云南，生于海拔约2100米草坡。

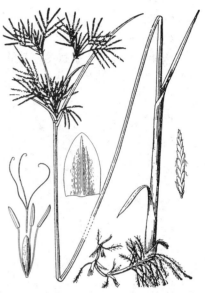

图 415　单叶茳芏 （引自《图鉴》）

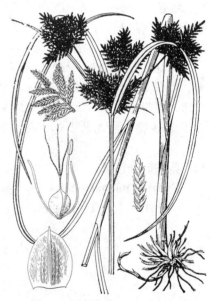

图 416　毛轴莎草 （引自《图鉴》）

[附] **少花毛轴莎草 Cyperus pilosus** var. **pauciflorus** L. K. Dai, Fl. Reipubl. Popul. Sin. 11: 231. 1961. 与模式变种的区别：小穗长3-6毫米，宽1-1.5毫米，具6-8朵花；鳞片两侧红棕色，先端无短尖。产台湾、浙江、江西、广东、四川及云南，生于海拔400-1800米山坡、山谷、溪边、水边、沼泽地、田野或庭园。

11. 碎米莎草　　　　　　　　　　　图　417：1-5

Cyperus iria Linn. Sp. Pl. 45. 1753.

一年生草本，无根状茎，具须根。秆丛生，高8-85厘米，扁三棱状，基部具少数叶。叶短于秆，宽2-5毫米，平展或折合，叶鞘短，红棕或紫棕色；叶状苞片3-5，下部的2-3片较花序长。长侧枝聚伞花序复出，辐射枝4-9，每辐射枝具5-10穗状花序或更多；穗状花序卵形或长圆状卵形，长1-4厘米，具5-22小穗。小穗松散排列，斜展，长圆形、披针形或线状披针形，长0.4-1厘米，宽约2毫米，具6-22朵花；小穗轴近无翅。鳞片疏松排列，宽倒卵形，先端微缺，长约1.5毫米，具极短短尖，膜质，背面龙骨状突起，绿色，两侧黄或麦秆黄色，上端边缘白色透明，3-5脉；雄蕊3，花药短，椭圆形；花柱短，柱头3。小坚果倒卵形或椭圆形，三棱状，与鳞片等长，褐色，密被微突起细点。花果期6-10月。

产辽宁、河北、山东、河南、陕西、甘肃、新疆、江苏、安徽、浙江、台湾、福建、江西、湖北、湖南、广东、香港、海南、广西、贵州、四川、云南及西藏，生于海拔30-1900米山坡、山谷疏林下、林缘、灌木丛下、路旁、沟边、水边、旱田、水田中、田

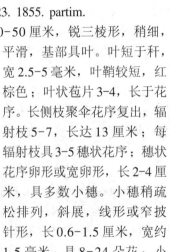

图　417：1-5.碎米莎草　6-8.具芒碎米莎草
（引自《图鉴》、《中国植物志》）

埂、荒地、草地阳处或潮湿处。俄罗斯远东地区、朝鲜半岛、日本、越南、印度、伊朗、非洲北部、澳大利亚及美洲有分布。

12. 具芒碎米莎草　　　　　　　　图　417：6-8

Cyperus microiria Steud. Synops. 2: 23. 1855. partim.

一年生草本，具须根。秆丛生，高20-50厘米，锐三棱形，稍细，平滑，基部具叶。叶短于秆，宽2.5-5毫米，叶鞘较短，红棕色；叶状苞片3-4，长于花序。长侧枝聚伞花序复出，辐射枝5-7，长达13厘米；每辐射枝具3-5穗状花序；穗状花序卵形或宽卵形，长2-4厘米，具多数小穗。小穗稍疏松排列，斜展，线形或窄披针形，长0.6-1.5厘米，宽约1.5毫米，具8-24朵花；小穗轴具白色透明窄边。鳞片疏松排列，宽倒卵形或近圆形，先端圆，具

短尖，长约1.5毫米，背面具绿色龙骨状突起，两侧麦秆黄色，3-5脉；雄蕊3，花药长圆形；花柱极短，柱头3。小坚果长圆状倒卵形，三棱状，与鳞片近等长，深褐色，密被微突起细点。花果期8-10月。

产吉林、辽宁、内蒙古、河北、山东、山西、河南、陕西、江苏、安徽、浙江、福建、江西、湖北、湖南、广东、广西、贵州、四川、云南等省区，生于海拔100-3800米山坡疏密林下、灌木丛下、路旁草地、田边、河边或庭院平地。朝鲜半岛及日本有分布。

13. 阿穆尔莎草　　　　　　　　　　图　418

Cyperus amuricus Maxim. Prim. Fl. Amur. 296. 1859.

一年生草本，具须根。秆丛生，高5-50厘米，扁三棱状，平滑，

基部具较多叶。叶短于秆，宽2-4毫米，边缘不粗糙；叶鞘短；叶

状苞片3-5,下部2片长于花序。长侧枝聚伞花序简单,辐射枝2-10,长达12厘米;穗状花序宽卵形或长圆形,长1-2.5厘米,花序轴无毛,小穗几个至多数。小穗疏松排列,斜展,后期近平展,条形或窄披针形,长0.5-1.5厘米,宽1-2毫米,具8-20朵花;小穗轴具白色透明翅,翅宿存。鳞片稍松排列,近圆形或宽倒卵形,先端圆,长约1毫米,具短尖,膜质,紫红或褐色,5脉,中脉绿色;雄蕊3,花药短,椭圆形;花柱极短,柱头3。小坚果倒卵形或近长圆形,三棱状,几与鳞片等长,顶端具小短尖,黑褐色,密被微突起细点。花果期7-10月。

产吉林、辽宁、河北、山东、山西、河南、陕西、江苏、安徽、浙江、台湾、福建、江西、湖北、湖南、广西北部、贵州北部、四川、云南及西藏,生于海拔20-2030米山坡、山谷溪边、沟边或河滩沙地。俄罗斯远东地区有分布。

图 418 阿穆尔莎草 (引自《图鉴》)

14. 三轮草　　　　　　　　　　　　　　图 419

Cyperus orthostachyus Franch. et Savat. Enum. Pl. Jap. 2: 218. 1879.

一年生草本,无根状茎,具须根。秆丛生,高8-65厘米,扁三棱形,平滑。叶少,短于秆,宽3-5毫米,边缘具密刺;叶鞘较长,褐色;叶状苞片3-4,下部1-2片长于花序。长侧枝聚伞花序简单,辐射枝4-9,长达20厘米;穗状花序宽卵形或卵状长圆形,长1-3.5厘米,小穗5-32,小穗稍疏排列,后期平展,披针形或条形,稍肿胀,长0.4-2.5厘米,宽1.5-2毫米,具6-46朵花;小穗轴具白色透明窄边。鳞片稍疏排列,宽卵形或椭圆形,先端圆,有时微凹,无短尖,长约1.5毫米,膜质,背面稍龙骨状突起,绿色,两侧暗血红色,上端边缘白色透明,脉5-7,不明显;雄蕊3,花药短,椭圆形;花柱短,柱头3稍短。小坚果倒卵形,顶端具短尖,三棱状,与鳞片近等长,棕色,密被细点。花果期8-10月。

产黑龙江、吉林、辽宁、内蒙古、河北、山东、河南、陕西、安徽、浙江、福建、江西、湖北、湖南、贵州及四川,生于海拔20-1500米山坡林下、林缘草地、山脚路旁、水边湿地或稻田中。俄罗斯东部、朝鲜半岛及日本有分布。

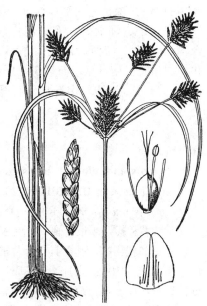

图 419 三轮草 (引自《图鉴》)

[附] **长苞三轮草 Cyperus orthostachyus** var. **longibracteatus** L. K. Dai, Fl. Reipubl. Popul. Sin. 11: 231. 1961. 本变种与模式变种的区别:叶状苞片较花序长;穗状花序长圆形或长圆状圆柱形,小穗多数;小穗密排列,近直立,长3-6毫米,宽约1毫米,花6-12。产黑龙江及辽宁,生于沼泽地。

15. 扁穗莎草

图 420

Cyperus compressus Linn. Sp. Pl. 46. 1753.

一年生草本，具须根。秆丛生，高5-25厘米，锐三棱状，基部叶较多。叶短于或几等长于秆，宽1.5-3毫米，折合或平展，叶鞘短，紫褐色；叶状苞片3-5，长于花序。长侧枝聚伞花序简单，辐射枝（1）2-7，长达5厘米；穗状花序近头状，小穗3-10，花序轴很短。小穗密排列，斜展，窄披针形，长1-2.5厘米，宽约4毫米，稍扁，具8-40朵花；鳞片密覆瓦状排列，卵形，具稍长短尖，长约3毫米，近革质，背面龙骨状突起，绿色，两侧苍白或麦秆黄色，有时有锈色斑纹，脉9-13；雄蕊3，花药线形；花柱长，柱头3，较短。小坚果倒卵形，三棱状，三面稍凹，长为鳞片的1/3，深棕色，密被细点。花果期7-12月。

产辽宁、河北、山东、河南、甘肃南部、江苏、安徽、浙江、台湾、福建、江西、湖北、湖南、广东、香港、海南、广西、贵州、四川及云南，生于海拔50-1600米山坡路旁、林下、灌木丛中、田边、海边、湖边等潮湿地。喜马拉雅山区、印度、越南及日本有分布。

图 420 扁穗莎草 （引自《中国植物志》）

16. 风车草

图 421

Cyperus alternifolius Linn. subsp. flabelliformis (Rottb.) Kükenth. in Engl. Pflanzenr. Heft 101, IV, 20: 193. 1935.

Cyperus flabelliformis Rottb. Deser. et Icon. 42. t. 12. f. 2. 1773.

根状茎粗短，须根坚硬。秆疏丛生，高0.3-1.5米，钝三棱状或近圆柱状，上部稍粗糙，基部具无叶片的叶鞘，叶鞘闭合，鞘口斜截形，棕色；叶状苞片10-20余片，比花序长约2倍，宽0.2-1.2厘米，展开。长侧枝聚伞花序复出，疏展，第一次辐射枝多数，长达8厘米，每辐射枝具4-10第二次辐射枝，长达1.5厘米；穗状花序具3-8小穗，花序轴短；小穗密集第二次辐射枝上端，斜展，椭圆形或长圆状披针形，长3-8毫米，宽1.5-3毫米，扁，具6-30朵花。小穗轴无翅。鳞片密覆瓦状排列，卵形，先端具短尖，长约2毫米，膜质，背面中间绿色，两侧苍白色或具锈色斑点，脉3-5；雄蕊3，花药线形；花柱短，柱头3。小坚果椭圆形或倒卵状椭圆形，近三棱状，长为鳞片约1/3，褐色。

图 421 风车草 （引自《中国植物志》）

观赏植物，我国南北各省区均有栽培。原产非洲，生于湖、河边的沼泽中。

17. 多脉莎草

图 422

Cyperus diffusus Vahl, Enum. Pl. 2: 321. 1806.

根状茎极短，须根纤细。秆高25-80厘米，锐三棱状，平滑，基部具较多叶片。叶几等长或稍短于秆，宽0.3-1.5厘米，边缘粗糙，叶鞘短，红褐色。叶状苞片6-10，长于花序，宽达1.2厘米。长侧枝聚伞花序复出，第一次辐射枝多数，

长达12厘米,辐射枝具第二次辐射枝或第三次辐射枝;小穗单生或2-3或更多指状排列于辐射枝顶端,长圆形或窄长圆形,长3-6毫米,宽1.5-2毫米,稍肿胀,具6-12朵花;小穗轴具窄翅。鳞片较松排列,宽卵形或圆卵形,先端圆,具外弯短尖,长约2毫米,膜质,背面中间绿色,两侧淡红棕色,脉7-11;雄蕊3,花药线形;花柱极短,柱头3。小坚果椭圆形,三棱状,长为鳞片3/4,深褐色。花果期6-9月。

产台湾、广东、香港、海南、广西及云南,生于海拔100-1700米山坡、山谷疏密林下、路边草地、溪边或水田潮湿地。印度、马来西亚及印度尼西亚有分布。

图 422 多脉莎草 (引自《Fl. Taiwan》)

18. 云南莎草 图 423:1-7

Cyperus duclouxii E.G. Camus in Lecomte, Notul. Syst. 1: 244, 1910.

多年生草本,匍匐根状茎木质。秆散生,高15-65厘米,扁三棱状,平滑,基部具少数叶。叶短于秆,稀长于秆,宽0.5-1厘米,背面具稍隆起小横脉,叶鞘短,红褐色;叶状苞片2-3,长于花序,边缘粗糙。长侧枝聚伞花序复出,第一次辐射枝4-8,长达3.5厘米,每辐射枝具3-6第二次辐射枝。小穗3-10成指状排列于辐射枝顶端,卵形或披针形,长2-6毫米,宽1.5-2毫米,具4-16朵花;小穗轴无翅。鳞片密覆瓦状排列,圆卵形或近圆形,先端圆,有时具极短短尖,长约1.5毫米,膜质,背面稍龙骨状突起,黄绿色,两侧黑紫色,上端边缘白色透明,3脉;雄蕊2,花药窄长圆形;花柱中等长,柱头3。小坚果长圆形或椭圆形,三棱状,长为鳞片2/3,淡黄色。花果期6-11月。

产贵州、四川及云南,生于海拔1200-2500米山坡、山谷草地、溪边或沟边潮湿地。

图 423:1-7.云南莎草 8-12.异型莎草
(引自《中国植物志》)

19. 褐穗莎草 图 424

Cyperus fuscus Linn. Sp. Pl. 46. 1753.

一年生草本,具须根。秆丛生,高6-30厘米,较细,扁锐三棱状,平滑,基部具少数叶。叶短于或与秆近等长,宽2-4毫米,平展或折合,边缘不粗糙,叶鞘短;叶状苞片2-3,长于花序。长侧枝聚

伞花序复出或简单,第一次辐射枝3-5,长达3厘米,每辐射枝具1-5第二次辐射枝;小穗5-10余个密聚在辐射枝顶端,近头状,窄披针形

或近条形，长 3-6 毫米，宽约 1.5 毫米，稍扁，具 8-24 朵花；小穗轴无翅。鳞片覆瓦状排列，宽卵形，先端钝圆，长约 1 毫米，膜质，背面中间黄绿色，两侧深紫褐或褐色，3 脉不明显；雄蕊 2，花药椭圆形；花柱短，柱头 3。小坚果椭圆形，三棱状，长为鳞片 2/3，淡黄色。花果期 7-10 月。

产黑龙江、辽宁、内蒙古、河北、山东、山西、河南、陕西、宁夏、甘肃、新疆、江苏、安徽等省区，生于海拔 120-1900 米溪边、湖边、田边、沟边或沼泽地。欧洲、俄罗斯、印度、喜马拉雅山西北部及越南有分布。

图 424 褐穗莎草 （引自《图鉴》）

20. 窄穗莎草 图 425

Cyperus tenuispica Steud. Synops. Pl. Glumac. 2: 11. 1855.

一年生草本，具须根。秆丛生，高 3-30 厘米，细，扁三棱状，平滑，基部具少数叶。叶短于秆，宽 2-3 毫米，叶鞘稍长；叶状苞片 2，1 片长于花序。长侧枝聚伞花序复出或简单，辐射枝 4-8，长达 7 厘米；小穗 3-12 指状排列，线形，长 0.3-1.2 厘米，宽约 1 毫米，具 10-40 朵花；小穗轴无翅。鳞片疏松排列，椭圆形，先端钝或近平截，长不及 1 毫米，膜质，背面中间黄绿色，两侧深褐色，脉不明显；雄蕊 1-2，花药线形；花柱长，柱头 3。小坚果倒卵形，三棱状，长约 0.3 毫米，淡黄色，具小疣状突起。花果期 9-11 月。

图 425 窄穗莎草 （引自《中国植物志》）

产江苏、安徽、浙江、台湾、江西、湖南、广东、香港、海南、广西、贵州及四川，生于海拔 350-500 米路旁、田野或水田边。朝鲜半岛、日本、越南、印度尼西亚、马来西亚、印度及非洲有分布。

21. 畦畔莎草 图 426

Cyperus haspan Linn. Sp. Pl. 45. 1753.

多年生草本，根状茎短。秆丛生或散生，高 0.1-1 米，扁三棱形，平滑。叶短于秆，宽 2-3 毫米，或有时具叶鞘而无叶片；叶状苞片 2，较花序短，稀长于花序。长侧枝聚伞花序复出或简单，第一次辐射枝 10 余个，长达 17 厘米；小穗 3-6（-10）指状排列于辐射

图 426 畦畔莎草 （引自《图鉴》）

枝顶端，条形或窄披针形，长0.2-1.2厘米，宽1-1.5毫米，具6-24朵花；小穗轴无翅。鳞片密覆瓦状排列，近长圆形，先端钝圆，具短尖，长约1.5毫米，背面稍龙骨状突起，绿色，两侧紫红或苍白色，3脉；雄蕊3-1，花药窄长圆形；花柱中等长，柱头3。小坚果宽倒卵形，三棱

状，长约0.5毫米，淡黄色，具疣状小突起。

产河南、江苏、浙江、台湾、福建、江西、湖北、湖南、广东、香港、海南、广西、云南及西藏，生于海拔1500米以下山坡湿地、山谷、沟边、河边、海边沙地、田边或水田中。朝鲜半岛、日本、越南、马来西亚、菲律宾、印度尼西亚、印度及非洲有分布。

22. 长尖莎草　　　　　　　　　图　427

Cyperus cuspidatus Kunth. Nov. Gen. et Sp. 1: 204. 1815.

一年生草本，有须根。秆丛生，高1.5-15厘米，较细，三棱状，平滑，具少数叶。叶短于秆，宽1-2毫米，常折合；叶状苞片2-3，较窄，长于花序。长侧枝聚伞花序简单，辐射枝2-5，长达2厘米；小穗5至多数排成摺扇状，线形，长0.4-1.2厘米，宽约1.5毫米，具8-26朵花；鳞片较松覆瓦状排列，长圆形，先端近平截，具较长外弯的芒，长1-1.5毫米，芒长为鳞片2/3，膜质，

图　427　长尖莎草　　（引自《图鉴》）

背面具龙骨状突起，绿色，两侧紫红或褐色，3脉；雄蕊3，花药短，椭圆形；花柱长，柱头3。小坚果长圆状倒卵形或长圆形，三棱状，长0.5-0.8毫米，深褐色，密被疣状小突起。花果期6-9月。

产山东、江苏、安徽、浙江、台湾、福建、江西、广东、香港、海南、广西、四川、云南及西藏，生于海拔40-2000米山坡草地、林下、

河边、湖边或海边沙滩。菲律宾、马来西亚、印度尼西亚、印度、澳大利亚、非洲及北美洲有分布。

23. 异型莎草　　　　　　　　图　423：8-12

Cyperus difformis Linn. Gent. Pl. 2: 6. 1756.

一年生草本，具须根。秆丛生，高5-65厘米，稍粗或细，扁三棱状，平滑，下部叶较多。叶短于秆，宽2-6毫米，平展或折合，上端边缘稍粗糙；叶鞘稍长，褐色；叶状苞片2-3，长于花序。长侧枝聚伞花序简单，稀复出，辐射枝3-9，长达3厘米；小穗多数，密聚辐射枝

顶成球形头状花序，披针形或条形，长2-8毫米，宽约1毫米，具8-28朵花；小穗轴无翅。鳞片稍松排列，近扁圆形，先端圆，长不及1毫米，背面中间淡黄色，两侧深紫红或栗色，边缘白色透明，3脉不明显；雄蕊（1）2，花药椭圆形；花柱极短，柱头3。小坚果倒卵状椭圆形，三棱状，与鳞片近等长，淡黄色。花果期7-10月。

产黑龙江、吉林、辽宁、内

蒙古、河北、山东、山西、河南、陕西、宁夏、甘肃、新疆、江苏、安徽、浙江、台湾、福建、江西、湖北、湖南、广东、香港、海南、广西、贵州、四川及云南，生于海拔80-2700米山坡、山谷路旁、溪边、湖边水田中或沼泽地。俄罗斯、日本、朝鲜半岛、印度、非洲及中美洲有分布。

24. 南莎草
图 428：5-7

Cyperus niveus Retz. in Observ. Bot. 5: 12. 1791.

多年生草本，根状茎短。秆丛生，高10-70厘米，三棱状，平滑，基部鳞茎状。叶短于秆或与秆近等长，宽2-3毫米，折合或平展；叶状苞片2-3，长于花序。小穗6-20余个密集秆顶端成头状花序，长圆状披针形或披针形，长0.7-2.5厘米，宽3-5毫米，扁平，具8-48朵花；小穗轴无翅。鳞片密覆瓦状排列，披针状卵形，先端钝，长4-4.5毫米，纸质，多脉，中脉绿色，两侧黄白或淡麦秆黄色，常有红褐色短条纹；雄蕊3，花药近线形；花柱长，柱头3。小坚果圆卵形，三棱状，长为鳞片1/3，黑色。花果期9-10月。

产四川、云南及西藏，生于海拔540-1400米山坡、河边沙地潮湿处。尼泊尔、喜马拉雅山区及印度有分布。

25. 白鳞莎草
图 428：1-4

Cyperus nipponicus Franch. et Savat, Enum. Pl. Jap. 2: 537. 1879.

一年生草本，细长须根多而密。秆密丛生，高5-20厘米，细，扁三棱状，平滑，基部具少数叶。叶通常短于秆或与秆等长，宽1.5-2毫米，平展或折合，叶鞘短，膜质，淡红棕或紫褐色；叶状苞片3-5，较花序长。长侧枝聚伞花序头状，近圆球形，直径1-2厘米，有时辐射枝稍长，小穗多数密生。小穗披针形或卵状长圆形，扁平，长3-8毫米，宽1.5-2毫米，具8-30朵花；小穗轴具白色透明翅。鳞片稍疏覆瓦状排列，宽卵形，先端急尖，具小短尖，长约2毫米，膜质，中脉绿色，两侧白色透明，有时具疏的锈色短条纹，多脉；雄蕊2，花药窄长圆形；花柱长，柱头2。小坚果椭圆形，平凸状或稍凹凸状，长为鳞片1/2，黄棕色。花果期8-9月。

产辽宁、河北、山东、山西、河南、江苏、安徽、浙江、江

图 428：1-4.白鳞莎草 5-7.南莎草
（引自《中国植物志》）

西、湖北及湖南，生于空旷田野或路旁。朝鲜半岛及日本有分布。

26. 旋鳞莎草
图 429

Cyperus michelianus (Linn.) Link. Hort. Bot. Perol. 1: 303. 1827.

Scirpus michelianus Linn. Sp. Pl. 52. 1753.

一年生草本，具须根。秆密丛生，高5-25厘米，扁三棱状，平滑，基部具少数叶。叶短于秆或稍长于秆，宽1-2.5毫米，平展或对折，叶鞘短，基部的紫红色；叶状苞片3-6，较花序长。长侧枝聚伞花序简单，具1至几个短辐射枝，每辐射枝顶端密集多数小穗成卵形或近球形

头状花序，直径0.5-1.5厘米；小穗卵形或披针形，长3-4毫米，宽约1.5毫米，花10-20余朵。鳞片螺旋状排列，长圆状披针形，先端具短尖，长约2毫米，膜质，中脉呈龙骨状突起，绿色，两侧淡黄白色，有的近中间部分具红褐色短条纹，脉3-5；雄蕊2（1），花药长圆形；花柱长，柱头2（3）。小坚果窄长圆形，三棱状，长为鳞片1/3-1/2，有白色透明的膜。花果期6-9月。

产黑龙江、吉林、辽宁、河北、山东、河南、新疆、江苏、安徽、浙江、福建、湖北、湖南、广东、广西、云南及西藏，生于海拔100-500米山麓湿地、江边或水田中。俄罗斯及日本有分布。

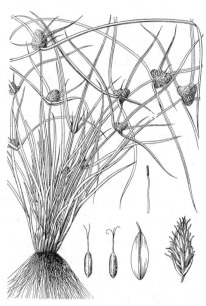

图 429　旋鳞莎草　（引自《中国植物志》）

22. 水莎草属 Juncellus (Griseb.) C. B. Clarke
（戴伦凯）

一年生或多年生草本，具根状茎或无。秆丛生或散生，扁三棱形或三棱形。叶通常生于秆基部，叶鞘较长，叶片通常较短，窄，稀较宽；苞片叶状，3-4，生于花序基部。小穗几个至多数，排成穗状或头状，生于辐射枝上端，组成简单或复出的长侧枝聚伞花序，或辐射枝极短成头状花序。小穗具10-30余朵两性花，通常无柄；小穗轴基部无关节，宿存，具窄翅或无翅。鳞片2列，最下部1-2鳞片无花，余鳞片具1朵两性花，成熟时鳞片脱落；花无下位刚毛或鳞片状花被，雄蕊3（2-1），花柱长或较短，基部不增粗，柱头2（3），脱落。小坚果双凸状或平凸状，背腹扁，面向小穗轴。

约10余种，分布世界各地。我国3种1变种1变型。

1. 长侧枝聚伞花序复出或简单，辐射枝长，小穗排成穗状，生辐射枝上端。
  2. 长侧枝聚伞花序复出，具第一次和第二次辐射枝；小穗长0.8-2厘米 ⋯⋯⋯⋯⋯⋯⋯ 1. 水莎草 J. serotinus
  2. 长侧枝聚伞花序简单，仅具第一次辐射枝；小穗较短 ⋯⋯⋯⋯⋯ 1(附). 少花水莎草 J. serotinus f. depauperatus
1. 长侧枝聚伞花序的辐射枝极短，小穗排成头状 ⋯⋯⋯⋯⋯⋯⋯⋯⋯⋯⋯⋯ 2. 花穗水莎草 J. pannonicus

1. 水莎草
图 430

Juncellus serotinus (Rottb.) C. B. Clarke in Hook. f. Fl. Brit. Ind. 6: 594. 1893.

Cyperus serotinus Rottb. Progr. 18. 1772.

多年生草本，根状茎长。秆散生，高0.4-1米，粗壮，扁三棱状，平滑，具少数叶。叶短于秆或长于秆，宽0.3-1厘米，基部折合，上部平展，平滑；叶状苞片3（4），较花序长。长侧枝聚伞花序复出，第一次辐射枝4-7，长达16厘米，每辐射枝具1-5第二次辐射枝，第二次辐射枝上端具穗状花序；穗状花序具5-10多个小穗；花序轴疏被短硬毛。小穗稍松排列，近平展，披针形或窄披针形，长0.8-2厘米，宽约3毫米，具10-30多朵花，无柄；小穗轴具白色透明的翅。鳞片稍密，宽卵形，先端钝圆或微缺，长2.5毫米，纸质，中脉绿色，两侧深红褐色，边缘黄白色透明，脉5-7；雄蕊3，花药线形；花柱短，柱头2，细长。小坚果近圆形或宽椭圆形，平凸状，长为鳞片4/5，棕色，具突起细点。花果期7-10月。

产黑龙江、吉林、辽宁、内蒙古、河北、山东、山西、河南、陕西、宁夏、甘肃、新疆、江苏、安徽、浙江、台湾、福建、江西、湖北、湖南、广东、香港、广西、贵州、四川及云南，生于海拔1650米以下林缘路旁、山谷疏林下潮湿地、沼泽中、河边、湖边、稻田中、水沟浅水中或潮湿土地。朝鲜半岛、日本、喜马拉雅山西北部、欧洲中部及地中海地区有分布。

[附] **少花水莎草 Juncellus serotinus f. depauperatus** (Kükenth) L. K. Dai, Fl. Reipubl. Popul. Sin. 11: 160. 1961.——*Cyperus serotinus* Rottb. f. *depauperatus* Kükenth. in Engl. Pflanzenr. Heft 101 (IV, 20): 318. 1936. 与模式变型的区别：长侧枝聚伞花序简单；小穗较短。产内蒙古、河北、河南及陕西，生于海拔100-1100米河边浅水中或水边湿地。朝鲜半岛有分布。花果期8-9月。

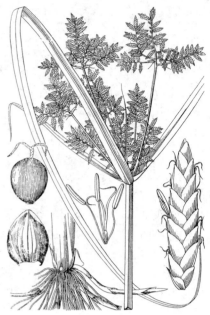

图 430 水莎草 （引自《中国植物志》）

2. 花穗水莎草　　　　　　　　　　　图 431

Juncellus pannonicus (Jacq.) C. B. Clarke in Kew Bull. Add. ser. 8: 3. 1908.

Cyperus pannonicus Jacq. Fl. Austr. v. App. 24. t . 6. 1778.

根状茎短，具须根。秆密丛生，高2-18厘米，扁三棱状，平滑，基部具少数无叶片的鞘和1叶。叶片长不及2.5厘米，宽约1毫米，鞘较长；叶状苞片3，2片长于花序。长侧枝聚伞花序成头状，小穗1-8。小穗卵状长圆形或长圆形，稍肿胀，长0.5-1.5厘米，宽2-5毫米，具10-32朵花；小穗轴近四棱状。鳞片密覆瓦状排列，圆卵形，先端钝圆，有时具极短短尖，长约3毫米，近纸质，背面中间黄绿色，两侧暗血红色，具红褐色斑纹，多脉；雄蕊3，花药线形；花柱长，柱头2。小坚果近圆形、宽椭圆形或宽倒卵形，平凸状，稍短于鳞片，黄色，具网纹。花果期8-9月。

图 431 花穗水莎草 （引自《图鉴》）

产黑龙江、吉林、内蒙古、河北、山西、河南、陕西、宁夏、甘肃及新疆，生于海拔140-1290米河边、湖边、沟边水旁、潮湿地或沼泽地。俄罗斯及欧洲中部有分布。

23. 扁莎属 Pycreus P. Beauv.

（戴伦凯）

一年生或多年生草本，具根状茎或无。秆丛生，稀散生，三棱状或扁三棱状。叶生于秆基部，叶鞘较长，叶片短于秆；叶状苞片2-4（5-6），生于花序基部。小穗几个至多数，排成穗状或头状，生于辐射枝上端，组成简单或复出长侧枝聚伞花序，或辐射枝极短成头状花序。小穗具几朵至30（-60）余朵两性花；

小穗轴基部无关节，宿存，无翅，稀有窄翅。鳞片2列，最下部1-2片无花，余鳞片具1两性花，成熟时脱落；花无下位刚毛或鳞片状花被，雄蕊1-3，花柱较长，柱头2，脱落。小坚果双凸状或扁双凸状，两侧扁，棱向小穗轴，具细网纹、微突起细点或稍隆起横波纹。

约70余种，分布世界各地。我国10余种。

1. 小坚果具六角形网纹或微突起细点。
  2. 鳞片两侧无宽槽。
    3. 小穗椭圆形或长圆状卵形；鳞片长4-5毫米；雄蕊3 ·················· 1. **浙江扁莎 P. chekiangensis**
    3. 小穗窄长圆形、窄条形、近线形、窄披针形或披针形；鳞片长不及2毫米；雄蕊2-1（3）。
      4. 鳞片先端钝或急尖，无短尖，稀具很短的短尖。
        5. 鳞片黄褐、红褐或暗紫红色；雄蕊2，花药长圆形。
          6. 小穗宽1.5-3毫米，鳞片稍疏排列 ·················· 2. **球穗扁莎 P. flavidus**
          6. 小穗宽不及1.5毫米，鳞片密排列。
            7. 叶通常短于秆；小穗长0.6-1余厘米，具10-30余朵花 … 2(附). **小球穗扁莎 P. flavidus** var. **nilagiricus**
            7. 叶通常长于秆；小穗长3-7毫米，具6-10余朵花 ········ 2(附). **直球穗扁莎 P. flavidus** var. **strictus**
        5. 鳞片麦秆黄、淡褐黄或稍带红棕色；雄蕊1-2，花药线形或窄长圆形。
          8. 简单长侧枝聚伞花序，小穗3-15排成穗状，小穗斜展或平展；小坚果两面具稍凹槽；雄蕊1 ········
          ······························· 3. **槽果扁莎 P. sulcinux**
          8. 复出长侧枝聚伞花序，小穗多数排成密集短穗状花序，小穗近直立；小坚果两面无凹槽；雄蕊2
          （1）····························· 4. **多枝扁莎 P. polystachyus**
      4. 鳞片先端平截或微凹，具外弯短尖 ························ 5. **矮扁莎 P. pumilus**
  2. 鳞片两侧具较宽微凹槽；小坚果双凸状 ···················· 6. **红鳞扁莎 P. sanguinolentus**
1. 小坚果具横波纹 ································ 7. **拟宽穗扁莎 P. pseudo-latespicatus**

1. 浙江扁莎

图 432

Pycreus chekiangensis Tang et Wang, Fl. Reipubl. Popul. Sin. 11: 165. 232. t. 58: 5-6. 1961.

根状茎短，须根细长。秆丛生，高50-60厘米，较细，三棱状，平滑，基部叶少数。叶短于秆，宽约4毫米，常折合，或平展，叶鞘长，褐红色；叶状苞片3，下部2片较花序长。长侧枝聚伞花序简单，辐射枝3-4，长达6厘米，每辐射枝具4-9小穗。小穗疏松排列，两侧小穗平展，椭圆形或长圆状卵形，扁平，长0.6-1厘米，宽3.5-5毫米，具6-12朵花；小穗轴多次曲折，无翅。鳞片稍松覆瓦状排列，卵形，先端急尖，长4-5毫米，近革质，背面龙骨状突起，绿色，3脉较粗，两侧麦秆黄或稍带红棕色；雄蕊3，花药线形；花柱长，柱头2，细长。小坚果倒卵形或椭圆形，双凸状，黄白色，密被突起细点。花果期9-10月。

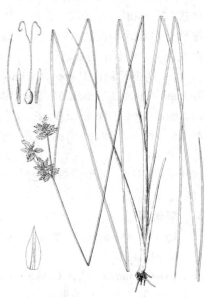

图 432 浙江扁莎 （孙英宝绘）

产浙江及广东，生于海拔约200米山坡、山谷田野、溪边水旁或浅水中。

2. 球穗扁莎

图 433：1-4

Pycreus flavidus (Retz.) T. Koyama in Journ. Bot. 51: 316. 1976.

Cyperus flavidus Retz. in Observ. Bot. 5: 13. 1789.

Pycreus globosus (All.) Reichb.；中国植物志 11: 166. 1961.

根状茎短，具须根。秆丛生，高 7-50 厘米，细钝三棱状，一面具沟，平滑，叶少数。叶短于秆，宽 1-2 毫米，折合或平展，叶鞘长，下部红棕色；叶状苞片 2-4，较花序长。长侧枝聚伞花序简单，辐射枝 1-6，长达 6 厘米，有的极短缩成头状，每辐射枝具 5-20 余小穗。小穗密集辐射枝上端，辐射展开，窄长圆形或窄条形，扁平，长 0.6-1.8 厘米，宽 1.5-3 毫米，具 12-34

（60）朵花；小穗轴近四棱状，两侧有具横隔的槽。鳞片稍疏松排列，长圆状卵形，先端钝，长 1.5-2 毫米，膜质，背面龙骨状突起绿色，3 脉，两侧黄褐、红褐或暗紫红色，边缘白色透明；雄蕊 2，花药长圆形；花柱中等长，柱头 2，细长。小坚果倒卵形，具短尖，双凸状，长为鳞片 1/3，褐色，具白色透明膜和微突起细点。花果期 6-11 月。

产黑龙江、吉林、辽宁、河北、山东、山西、河南、陕西、宁夏、甘肃、江苏、安徽、浙江、台湾、福建、江西、湖北、湖南、广东、香港、海南、广西、贵州、四川、云南及西藏，生于海拔 90-3400 米山坡路旁草地、林下或灌丛中、山谷、溪边、沟边潮湿地、沼地或稻田浅水中。俄罗斯、朝鲜半岛、日本、越南、印度、澳大利亚及非洲有分布。

[附] **小球穗扁莎 Pycreus flavidus** var. **nilagiricus** (Hochst.) C. B. Clarke in Journ. Linn. Soc. Bot. 36: 204. 1903. —— *Cyperus nilagiricus* Hochst. ex Steud. Syn. Cyper. 2: 1855. 与模式变种的区别：叶通常短于秆；小穗长 0.6-1 厘米，具 10-30 余朵花；鳞片紧密排列，栗色或紫褐色。产河北、陕西、甘肃、浙江、广东及云南，生于海拔 100-2400 米浅水中或溪边潮湿地。俄罗斯东部地区、朝鲜半岛、日本、越南、印度、马

图 433：1-4.球穗扁莎 5.槽果扁莎
（引自《图鉴》）

来西亚、菲律宾及澳大利亚有分布。花果期 7-9 月。

[附] **直球穗扁莎 Pycreus flavidus** var. **strictus** (Roxb.) C. B. Clarke in Journ. Linn. Soc. Bot. 36: 205. 1903. —— *Cyperus strictus* Roxb. Pl. Ind. ed 2, 1: 200. 1832. 与模式变种的区别：秆较坚挺；叶通常长于秆；小穗长 3-7 毫米，具 6-14 朵花；鳞片淡棕或褐黄色。花果期 6-8 月。产辽宁、河北、山西、河南、陕西、甘肃、江苏、浙江、福建、江西、广东、广西、贵州、四川及云南。

3. 槽果扁莎

图 433：5

Pycreus sulcinux (C. B. Clarke) C. B. Clarke in Hook. f., Fl. Brit. Ind. 6: 593. 1893.

Cyperus sulcinux C. B. Clarke in Journ. Linn. Soc. Bot. 21: 56. 1884.

一年生草本，有须根。秆高 5-40 厘米，细，三棱状，平滑。叶短于秆，宽 1-2 毫米，常折合，上端边缘粗糙，叶鞘紫褐色；叶状苞片 3-5，1 片长于花序。长侧枝聚伞花序简单，辐射枝 3-8，细，长达 7 厘米。小穗 3-15 排成穗状，斜展或平展，线形，扁平，长 0.5-1.5 厘米，宽约 1.5 毫米，具 8-20 余朵花；小穗轴无明显的翅。鳞片疏松排

列，卵形或长圆状卵形，先端钝，长约1.8毫米，膜质，3脉绿色，两侧麦秆黄或褐黄色，边缘白色半透明；雄蕊1，花药窄长圆形；花柱中等长，柱头2。小坚果长圆形，稍扁，长为鳞片的2/3，两面具稍凹槽，黑棕色，密被细点。花果期6-8月。

产台湾、广东、海南、广西南部及云南，生于海拔100-450米山坡路旁、山谷斜坡疏林下湿地。越南、印度、马来西亚及菲律宾有分布。

4.　多枝扁莎　多穗扁莎　　　　图 434

Pycreus polystachyus (Rottb.) P. Beauv. Fl. Oware 2: 48. 1807.

Cyperus polystachyus Rottb. Descr. et Icon. 39. t. 11. f. 1. 1773.

根状茎短，须根多。秆密丛生，高15-60厘米，较坚挺，扁三棱状，平滑，叶短于秆，宽2-4毫米，平展或折合；叶状苞片4-6，长于花序。长侧枝聚伞花序复出，辐射枝多数，长达3.5厘米，小穗多数排成密集短穗状花序。小穗近直立，线形，长0.7-1.8厘米，宽约1.5毫米，具10-30余朵花；小穗轴多次曲折，具窄翅。鳞片密覆瓦状排列，卵状长圆形，先端有时具极短的短尖，长约2毫米，膜质，3脉，绿色，两侧麦秆黄或红棕色；雄蕊2（1），花药线形；花柱细长，柱头2。小坚果近长圆形或卵状长圆形，双凸状，长为鳞片1/2，顶端具短尖，具微突起细点。花果期5-10月。

图 434　多枝扁莎　（引自《图鉴》）

产辽宁南部、江苏、浙江、台湾、福建、广东、香港、海南及广西东部，生于海拔10-300米山谷、平地、稻田边潮湿地或海边沙地。朝鲜半岛、日本、越南及印度有分布。

5.　矮扁莎　　　　图 435

Pycreus pumilus (Linn.) Domin in Biol. Bot. Heft 85: 417. 1915.

Cyperus pumilus Linn. Gent. Pl. 2: 6. 1756.

一年生草本，具须根。秆丛生，高5-15厘米，扁三棱状，平滑，叶少数。叶短于或长于秆，宽约2毫米，折合或平展；叶状苞片3-5，长于花序。长侧枝聚伞花序简单，辐射枝3-5，长达2厘米，有时成头状，每辐射枝具10-30小穗，密集辐射枝上端成近球形穗状花序。小穗长圆形或窄长圆形，长0.3-1.5厘米，宽1.5-2毫米，扁平，具8-40朵花；小穗轴直，无翅。鳞片密覆瓦状排列，卵形，先

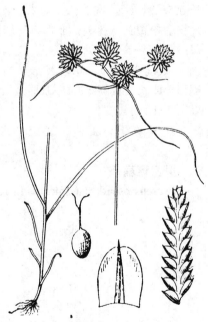

图 435　矮扁莎　（引自《图鉴》）

端平截或微凹，具外弯短尖，长约1.2毫米，膜质，背面龙骨突起绿色，3-5脉，两侧苍白或淡黄色；雄蕊1，花药长圆形；花柱中等长，

柱头2。小坚果倒卵形或长圆形，双凸状，长为鳞片1/3-2/5，顶端具短尖，灰褐色，密被微突起细点。花果期8-11月。

产台湾南部、福建、江西、广东、香港、海南及广西东南部，生于海拔100-500米水边或田野潮湿地。越南、缅甸、尼泊尔、印度、印度尼西亚、马来西亚、菲律宾及喜马拉雅山区有分布。

6. 红鳞扁莎　　　　　　　　　　　　图 436：1-4

Pycreus sanguinolentus (Vahl) Nees in Linnaea 9: 283. 1835.

Cyperus sanguinolentus Vahl, Enum. Pl. 2: 351. 1806.

一年生草本，具须根。秆密丛生，高10-50厘米，扁三棱状，平滑，下部叶稍多。叶常短于秆，稀长于秆，宽2-4毫米，边缘具细刺，鞘稍短，淡绿色，最下部叶鞘稍带棕色；叶状苞片3-4，近平展，长于花序。长侧枝聚伞花序简单，辐射枝3-5，长达4.5厘米，有的极短，辐射枝上端具4-10多个小穗密集成短穗状花序。小穗辐射展开，窄长圆形或长圆状披针形，

长0.5-2厘米，宽2.5-3毫米，具6-30朵花；小穗轴直，无翅。鳞片稍疏松覆瓦状排列，卵形，先端钝，长约2毫米，膜质，背面中间黄绿色，3-5脉，两侧麦秆黄或褐黄色，具较宽微凹槽，边缘暗褐红色；雄蕊3（2），花药线形；花柱长，柱头2，细长。小坚果宽倒卵形或长圆状倒卵形，双凸状，长为鳞片1/2-3/5，成熟时黑色。花果期7-12月。

产黑龙江、吉林、辽宁、内蒙古、河北、山东、山西、河

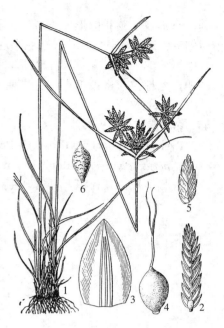

图 436：1-4.红鳞扁莎 5-6.拟宽穗扁莎
（引自《图鉴》）

南、陕西、宁夏、甘肃、新疆、江苏、安徽、浙江、台湾、福建、江西、湖北、湖南、广东、香港、海南、广西、贵州、四川、云南及西藏，生于海拔3400米以下山坡草地、山谷、溪边、水旁、稻田边或庭院草丛中。日本、俄罗斯东西伯利亚、越南、菲律宾、印度、印度尼西亚、非洲及中亚地区有分布。

7. 拟宽穗扁莎　　　　　　　　　　　　图 436：5-6

Pycreus pseudo-latespicatus L. K. Dai, Fl. Reipubl. Popul. Sin. 11: 173. t. 58: 16-18. 1961.

一年生草本，具须根。秆高3-15厘米，稍细，三棱状，平滑，基部叶少数。叶宽1-3毫米，平展，近顶端边缘具疏刺，叶鞘短，红棕色，常开裂；叶状苞片3-4，长于花序，近平展。长侧枝聚伞花序简单，辐射枝3-5，长达2.5厘米，每辐射枝具3-8小穗。小穗密集辐射枝上端，辐射展开，长圆状卵形或近卵形，长3-4毫米，宽约1.5毫米，具8-14朵

花，小穗轴近直，无翅。鳞片稍疏松覆瓦状排列，卵形，先端钝，长约3毫米，膜质，凹形，麦秆黄或黄褐色，3脉稍粗；雄蕊2，花药线形；花柱细长，柱头2。小坚果倒卵形，双凸状，顶端具短尖，长为鳞片1/3，淡棕色，具横波纹。花果期8-9月。

产贵州（据文献记载）及四川，生于海拔1500-2100米山坡、山脚稻田边或水边。

24. 砖子苗属 Mariscus Gaertn.

（戴伦凯）

多年生草本，稀一年生，根状茎短或无，具须根。秆多丛生，稀散生，多三棱状，稀圆柱状。叶基生，稀秆生，叶鞘紫红、紫褐或暗棕色，叶片平展，或基部折合；叶状苞片 3-6（-10）。小穗多数，排成穗状或头状，生于辐射枝上端，组成简单或复出长侧枝聚伞花序。小穗具几朵至 10 余朵两性花；小穗轴近基部具关节，成熟时关节断落，通常具翅。鳞片 2 列，背面龙骨状突起无翅，最下部 1-2 鳞片无花，余鳞片均具 1 两性花，鳞片多宿存，常与小穗轴一齐脱落；花无下位刚毛或鳞片状花被，雄蕊 3（1）；花柱基部不增粗，柱头 3，稀 2。小坚果三棱状，面向小穗轴。

约 200 余种，主要分布亚热带与热带地区。我国 7 种。

1. 小穗具 4-10 具花鳞片；鳞片不紧包小坚果。
  2. 多年生草本；鳞片先端无短尖或具很短短尖；雄蕊 3。
    3. 穗状花序密集多数小穗，长侧枝聚伞花序复出；鳞片无龙骨状突起。
      4. 穗状花序球形或半球形；小穗线形；小坚果窄长圆形。
        5. 穗状花序球形，直径 0.8-2 厘米；小穗长 0.5-1.1 厘米，花 3-7 ·············· 1. 密穗砖子苗 **M. compactus**
        5. 穗状花序半球形，直径 2.5-3.5 厘米；小穗长 1.2-1.8 厘米，花 10-12 ··············
        ···················· 1(附). 大密穗砖子苗 **M. compactus** var. **macrostachys**
      4. 穗状花序圆筒形，长 1.5-3 厘米；小穗长圆状披针形；小坚果宽椭圆形或倒卵状椭圆形 ··············
      ···················· 2. 羽状穗砖子苗 **M. javanicus**
    3. 穗状花序密集 5-10 余个小穗，长侧枝聚伞花序简单（**M. trialatus** 长侧枝聚伞花序复出或简单）；鳞片具龙骨状突起。
      6. 秆高 35-70 厘米，棱具翅；鳞片淡灰褐色；小坚果卵形 ·············· 3. 三翅秆砖子苗 **M. trialatus**
      6. 秆高 2-6 厘米，钝三棱形，棱无翅；鳞片紫红或苍白色，具紫红色条纹；小坚果宽椭圆形 ··············
      ···················· 4. 辐射穗砖子苗 **M. radians**
  2. 一年生草本；鳞片先端具外弯长芒；雄蕊 1 ·············· 5. 具芒鳞砖子苗 **M. aristatus**
1. 小穗具 1-3（4）具花鳞片；鳞片紧包小坚果。
  7. 穗状花序圆筒形或长圆形，小穗果期平展或稍下垂；鳞片长圆形，膜质，淡黄或绿白色。
    8. 穗状花序宽 0.6-1 厘米，辐射枝长达 10 厘米；小穗长 3-7 毫米。
      9. 叶片宽 3-6 毫米；小穗长 3-5 毫米；小坚果 1-2 ·············· 6. 砖子苗 **M. sumatrensis**
      9. 叶片宽达 7.5 毫米；小穗长 5-7 毫米；小坚果 2-4 ······· 6(附). 展穗砖子苗 **M. sumatrensis** var. **evolutior**
    8. 穗状花序宽不及 5 毫米，辐射枝极短；小穗长约 3 毫米 ··· 6(附). 小穗砖子苗 **M. sumatrensis** var. **microstachys**
  7. 穗状花序宽圆筒形、宽长圆形、椭圆形或宽椭圆形；小穗斜展或近直立；鳞片椭圆形，纸质，灰绿或麦秆黄色，具淡褐色短条纹。
    10. 长侧枝聚伞花序的辐射枝长达 4.5 厘米，穗状花序长 1.2-1.8 厘米；小穗近直立或斜展 ··············
    ···················· 7. 莎草砖子苗 **M. cyperinus**
    10. 长侧枝聚伞花序的辐射枝极短，花序密聚成头状，穗状花序长 1-1.5 厘米；小穗果期平展 ··············
    ···················· 7(附). 孟加拉砖子苗 **M. cyperinus** var. **bengalensis**

1. 密穗砖子苗 图 437

Mariscus compactus (Retz.) Druce in Rep. Bot. Exch. Club. Brit. Isles 1916. 634. 1917.

Cyperus compactus Retz. in Observ. Bot. 5: 10. 1789.

多年生草本，根茎短。秆散生，高 0.5-1 米，圆柱状，下部具叶，基部稍膨大。叶长于或稍短于秆，宽 5-9 毫米，平展，边缘和背面中脉粗糙，叶鞘长，紫红色，膜质部分开裂；叶状苞片 3-5，较花序长。

长侧枝聚伞花序复出，第一次辐射枝7-9，长达15厘米，每辐射枝具5-10第二次辐射枝，第二次辐射枝长不及2厘米，斜展；穗状花序球形，直径0.8-2厘米，小穗多数。小穗密排列，辐射展开，线形，长0.5-1.1厘米，宽不及1毫米，具3-7朵花；小穗轴具白色透明翅。具花鳞片3-7，紧贴小穗轴，窄长圆形，先端钝或急尖，长3-3.5毫米，血红或红棕色，脉5-7，绿色；雄蕊3，花药短线形；花柱中等长，柱头3，细长。小坚果窄长圆形，三棱状，顶端具短尖，长为鳞片1/2-3/5，黄棕色，密被细点。

产台湾、广东、海南、广西、贵州南部及云南，生于海拔120-1000米山坡路旁、疏林下阴处、山谷湿地、溪边或水田中。缅甸、越南、菲律宾、马来西亚、印度尼西亚、尼泊尔、锡金及印度有分布。

[附] **大密穗砖子苗** Mariscus compactus var. **macrostachys** (Böcklr.) How in Fl. Guongzhouica 747. 1956. —— *Cyperus dilutus* Vahl var. *macrostachys* B?cklr. in Linnaea 36: 355. 1870. 与模式变种的区别：穗状花序半球形，直径2.5-3.5厘米；小穗长1.2-1.8厘米，具10-12朵花。产福建、广东、海南及广西，生于山麓、空旷草地或田边。印度北部及马来西亚有分布。

图 437 密穗砖子苗　（引自《图鉴》）

2. 羽状穗砖子苗　　　　　图 438 彩片96

Mariscus javanicus (Houtt.) Merr. et Metc. in Lingnan. Sci. Journ. 21: 4. 1945.

Cyperus javanicus Houtt. in Nat. Hist. 2: 13. t. 88. f. 1. 1782.

多年生草本，根状茎粗短，木质。秆散生，高0.4-1.1米，粗壮，钝三棱状，具极微小的乳头状突起，下部具叶。叶长于秆，宽0.8-1.2厘米，坚挺，基部折合，向上渐成平展，横脉明显，边缘具锐刺，叶鞘黑棕色；叶状苞片5-6，较花序长。长侧枝聚伞花序复出，第一次辐射枝6-10，长达10厘米，每辐射枝具3-7第二次辐射枝；穗状花序生辐射枝上端，圆筒状，长

1.5-3厘米，小穗多数。小穗稍密排列，平展或稍下垂，长圆状披针形，稍鼓胀，长4.5-7毫米，宽1.8-2.5毫米，具4-6朵花；小穗轴具宽翅。鳞片稍密覆瓦状排列，宽卵形，先端尖，长约3毫米，

图 438 羽状穗砖子苗　（孙英宝绘）

淡棕或麦秆黄色，具锈色短条纹，边缘白色半透明，近革质，多脉；雄蕊3，花药线形；花柱长，柱头3。小坚果宽椭圆形或倒卵状椭圆形，三棱状，长为鳞片1/2，黑褐色，密被微突起细点。

产台湾、香港及海南，生于海拔100米以下沿海地区海边沙滩、沼泽地或潮湿地。缅甸、马来西亚、菲律宾、日本琉球群岛、美国夏威

夷群岛、澳大利亚及非洲有分布。

3. 三翅秆砖子苗

图 439：1-3

Mariscus trialatus (B?cklr.) Tang et Wang, Fl. Reipubl. Popul. Sin. 11: 176. t. 59: 6-8. 1961.

Scirpus trialatus B?cklr. in Flora 42: 445. 1859.

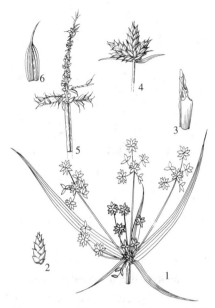

多年生草本，根状茎短，木质。秆丛生，高35-70厘米，扁锐三柱状，棱具翅，平滑，下部叶较多。叶短于秆或稍长于秆，宽0.8-1.2厘米，不粗糙；叶状苞片3-5，下部2-3片长于花序。长侧枝聚伞花序复出或简单，第一次辐射枝8-10，长达5.5厘米，每辐射枝具2-7（-16）第二次辐射枝，第二次辐射枝长达1.5厘米；小穗5-18密集辐射枝顶端成球形头状花序。小穗卵形

图 439：1-3.三翅秆砖子苗 4.辐射穗砖子苗
5-6.具芒鳞砖子苗 （引自《中国植物志》）

或长圆状卵形，肿胀，长3-5.5毫米，宽1.8-2.5毫米，具6-10朵花；小穗轴无翅。鳞片密覆瓦状排列，扁圆卵形，先端具外弯短尖，长2-2.5毫米，膜质，淡灰褐色，背面具绿色龙骨状突起，多脉；雄蕊3，花药短线形；花柱极短，柱头3。小坚果卵形，三棱状，长约1.8毫米，深棕色，密被微突起细点。

产广东及海南，生于海拔约100米林下、灌木丛中或水边湿地。越南、马来西亚及菲律宾有分布。

4. 辐射穗砖子苗

图 439：4

Mariscus radians (Nees et Meyen) Tang et Wang, Fl. Reipubl. Popul. Sin. 11: 177. 1961.

Cyperus radians Nees et Meyen in Linnaea 9: 285. 1835. nomen et in Nov. Acta. Acad. Caes. Leop.-Carol. 19 Suppl. 1: 63. 1843.

多年生草本，根状茎短。秆丛生，高2-6厘米，稍粗壮，钝三棱状，棱无翅。叶长于秆，宽2-4毫米，常折合，叶鞘紫褐色；叶状苞片3-7，等长或短于花序。长侧枝聚伞花序简单，辐射枝2-7，长达10厘米；小穗5-20密集辐射枝顶端成球形头状花序。小穗卵形或卵状披针形，长0.5-1.2厘米，宽2-5毫米，具4-10几朵花；小穗轴具膜质窄边。鳞片密覆瓦状排列，宽卵形，先端具外弯短尖，长3.5-4毫米，厚纸质，背面龙骨状突起绿色，两侧苍白色，具紫红色条纹或紫红色，脉11-13；雄蕊3，花药线形；花柱长，柱头3。小坚果宽椭圆形，三棱状，三面微凹，长为鳞片1/2，黑褐色，具微突起细点。

产山东、浙江、台湾、福建、广东、香港及海南，生于海边沙地或沙丘。越南、马来西亚有分布。

5. 具芒鳞砖子苗

图 439：5-6

Mariscus aristatus (Rottb.) Tang et Wang, Fl. Reipubl. Popul. Sin. 11: 178. t. 59: 12-13. 1961.

Cyperus aristatus Rottb. Descr. et Icon. 23. t. 6. f. 1. 1773.

一年生草本，具须根。秆密丛生，高2-10厘米，扁三棱状，平滑，下部具叶。叶长于或稍短于

秆，宽约 2 毫米，叶鞘紫褐色；叶状苞片 3-5，长于花序。长侧枝聚伞花序简单，聚成头状，辐射枝 2-5 (-7)，长约 2.5 厘米，有时极短；穗状花序生辐射枝上端，卵形或长圆状卵形，长 1-1.5 厘米，小穗多数，较密，平展，窄长圆形或长圆形，稍扁，长 4-5 毫米，宽约 1.5 毫米（不包括芒长），具 8-10 朵花；小穗轴直，无翅。鳞片稀疏，果期脱落，

卵状长圆形，先端具外弯长芒，长约 2.5 毫米（包括芒长 1 毫米），具龙骨状突起，两侧红棕或棕色，7 脉；雄蕊 1，花药椭圆形；花柱细长，柱头 3。小坚果倒卵状长圆形，三棱状，具短尖，栗色，具细点。

产四川、云南及西藏，生于海拔 1200-3980 米山坡林下草地、河边、田边潮湿地或林下多岩石地。越南、尼泊尔、印度、喜马拉雅山区及非洲有分布。

6. 砖子苗

图 440：1-3

Mariscus sumatrensis (Retz.) J. Raynal in Adansonia 15: 110, 1975.

Kyllinga sumatrensis Retz. in Observ. Bot. 4: 13. 1786.

Mariscus umbellartus (Rottb.) Vahl；中国植物志 11: 179. 1961.

多年生草本，根状茎短。秆疏丛生，高 10-50 厘米，锐三棱状，平滑，基部膨大。叶稍多，短于秆或几等长于秆，宽 3-6 毫米，下部常折合，向上渐平展，边缘不粗糙；叶鞘褐或红棕色；叶状苞片 5-8，长于花序。长侧枝聚伞花序简单，辐射枝 5-12，或更多些，长达 10 厘米；穗状花序圆筒形或长圆形，长 1-2.5 厘米，宽 0.6-1 厘米，密生多数小穗。小穗平展或稍俯垂，线状披针

图 440：1-3.砖子苗 4-5.莎草砖子苗
（引自《图鉴》、《中国植物志》）

形，长 3-5 毫米，宽约 0.7 毫米，具 4-5 鳞片和 1-2 花；小穗轴具宽翅。鳞片长圆形，先端钝，长约 3 毫米，膜质，边缘常内卷，紧包小坚果，淡黄或绿白色，多脉，中间 3 脉稍粗，绿色；雄蕊 3，花药线形；花柱短，柱头 3，细长。每小穗具 1-2 小坚果，小坚果窄长圆形，三棱状，长为鳞片 2/3，初麦秆黄色，果期黑棕色，具微突起细点。

产河南、陕西、甘肃南部、江苏、安徽、浙江、台湾、福建、江西、湖北、湖南、广东、香港、海南、广西、贵州、四川、云南及西藏，生于海拔 200-3200 米山坡林下、灌木丛中、山谷、山沟水旁、河边或田边潮湿地。朝鲜半岛、日本、越南、缅甸、尼泊尔、马来西亚、印度尼西亚、菲律宾、印度、非洲及美国夏威夷有分布。

　　[附] **展穗砖子苗 Mariscus sumatrensis** var. **evolutior** (C. B. Clarke) L. K. Dai, comb. nov. —— *Mariscus sieberianus* Nees var. *evolutior* C. B. Clarke in Hook. f. Fl. Brit. Ind. 6: 622. 1893. —— *Mariscus umbellatus* Vahl var. *evolutior* (C. B. Clarke) E. G. Camus；中国植物志 11: 181. 1961. 与模式变种的区别：叶片宽达 7.5 毫米；小穗长 5-7 毫米，具 2-4 个小坚果。

产广西、贵州、四川及云南，生于海拔 260-1400 米山坡草地或山谷。喜马拉雅山区、尼泊尔、马来西亚、印度尼西亚及非洲有分布。

　　[附] **小穗砖子苗 Mariscus sumatrensis** var. **microstachys** (Kükenth.) L. K. Dai, comb. nov. —— *Mariscus cyperoide* O. Kuntze var. *microstachys* Kükenth. in Engl. Pflanzenr. Heft 101 (IV. 20): 518. 1936. —— *Mariscus umbellatus* Vahl var. *microstachys* (Kükenth.) Tang et Wang；中国植物志 11: 181. 1961. 与模式变种的区别：穗状花序宽不及 5

毫米，无总花梗或总花梗很短；小穗长约 3 毫米。产浙江、福建、广东及海南，生于海拔 150-540 米河边湿地灌木丛、草丛中或稍干旱山坡。

朝鲜半岛、日本及菲律宾有分布。

7. 莎草砖子苗
图 440:4-5

Mariscus cyperinus (Retz.) Vahl. Enum. Pl. 2: 377. 1806.

Kyllinga cyperina Retz. in Observ. Bot. 6: 21. 1791.

多年生草本，根状茎短。秆散生，高 15-70 厘米，稍粗壮，锐三棱状，平滑，基部叶多数。叶短于秆，宽 5-7 毫米，下部常折合，向

上渐平展，边缘粗糙，叶鞘紫红色；叶状苞片 6-10，长于或稍短于花序。长侧枝聚伞花序简单，辐射枝 6-10，长达 4.5 厘米，穗状花序生辐射枝顶端，宽圆筒形或宽长圆形，长 1.2-1.8 厘米。小穗多数，紧密排列，近直立或斜展，窄披针形，长 4-6.5 毫米，宽约 1 毫米，具 4-7 鳞片和 2-3 花；小穗轴具宽翅。鳞片紧贴，椭圆形，先端钝或急尖，长约 3.5 毫米，背面稍龙骨状突起，绿色，两侧灰绿或麦秆黄色，具淡褐色短条纹，多脉，中间 3 脉较粗；雄蕊 3，花药线形；花柱中等长，柱头 3。小坚果窄长圆形，三棱状，稍弯，长为鳞片 2/3，栗色，密被微突起细点。花果期 7-9 月。

产浙江、台湾、福建、江西、湖南、广东、海南、香港、广西、四川及云南，生于海拔 360-1800 米山坡路旁湿地、山麓、山谷沟边、水边、田埂或水田中。越南、缅甸、日本琉球群岛、菲律宾、印度尼西亚、印度及澳大利亚有分布。

[附] **孟加拉砖子苗 Mariscus cyperinus** var. **bengalensis** C. B. Clarke in Hook. f. Fl. Brit. Ind. 6: 621. 1893. 与模式变种的区别：长侧枝聚伞花序密聚成头状，辐射枝极短或近无；穗状花序宽圆筒形，长 1-1.5 厘米；小穗果期平展，具 2-4 朵花。花果期 4-5 月。产台湾、广东、海南、广西及云南，生于海拔 300-1000 米山谷溪边、水旁草地或路旁。喜马拉雅山东部、印度尼西亚及印度有分布。

25. 翅鳞莎属 Courtoisia Nees
（戴伦凯）

一年生草本，具须根。秆散生，下部具叶。叶通常基生，具叶鞘；叶状苞片 3-5。小穗多数，密集辐射枝上端成头形穗状花序，组成复出长侧枝聚伞花序。小穗扁，具 1-3 两性花，无柄；小穗轴基部具关节，果期从关节处脱落。鳞片 2 列，宿存，鳞片背面龙骨状突起具较宽的翅；花无下位刚毛或鳞片状花被片；雄蕊 3；花柱短，基部不膨大，柱头 3，脱落。小坚果三棱状，面向小穗轴。

3 种，分布于中国西南部、印度、越南及非洲。我国 1 种。

翅鳞莎
图 441

Courtoisia cyperoides Nees in Linnaea 9: 286. 1834.

一年生草本，无根状茎，具须根。秆散生，高 8-38 厘米，扁圆柱状，近花序部分呈稍钝三棱状，平滑，基部叶较多。叶短于或等长于秆，宽 2-3 毫米，末端边缘具小刺，叶鞘短，常开裂；叶状苞片 3-5，最下部 2-3 片长于花序。长侧枝聚伞花序复出，第一次辐射枝 1-7，长达 4.5 厘米，每辐射枝具 3-6 个第二次辐射枝，第二次辐射枝长不及 1.5 厘米；穗状花序球形，直径 5-9 毫米。小穗多数，密集，宽椭圆形或椭圆形，扁，长约 3 毫米，宽 1.5-1.8 毫米，具 1-2 朵花；鳞片舟状，长 3 毫米，先端具短尖，膜质，黄

图 441 翅鳞莎 （引自《图鉴》）

棕色，背面龙骨状突起具较宽的翅，两侧无脉；雄蕊 3，花药长圆形；花柱短，柱头 3，稍长于花柱，疏生乳头状小突起。小坚果窄长圆形，顶端渐尖，三棱状，暗红棕色，密被微突起细点。花果期 6-9 月。

产云南，生于海拔 1000-1700 米山坡草地、平坦草地或沟边路旁。越南及印度有分布。

26. 水蜈蚣属 Kyllinga Rottb.
（戴伦凯）

多年生草本，稀一年生，具匍匐根状茎或无。秆丛生或散生，扁三棱状，通常稍细。叶基生或秆生，具叶鞘，有的基部叶鞘无叶片。叶状苞片（2）3-4。小穗多数，密集成近头形穗状花序，穗状花序 1-3，生于秆顶端，无总花梗。小穗具 1-2（-5）两性花，小穗轴近基部具关节，果时从关节处脱落。鳞片 2 列，最下 2 鳞片无花，最上 1 鳞片无花，稀具 1 雄花，果时与小穗轴一起脱落；花无下位刚毛或鳞片状花被，雄蕊 1-3，花柱基部不增粗，柱头 2。小坚果扁双凸状，棱向小穗轴。

约 40 余种，主要分布于亚热带和热带地区。我国 6 种。

1. 鳞片背面龙骨状突起无翅。
  2. 根状茎长，横向匍匐，每节生 1 秆；秆散生，扁三棱形；穗状花序单生，稀 2-3。
    3. 植株高 0.3-1.2 米，基部稍增粗；穗状花序卵形、长圆状卵形或球形，小穗具 1-2 花；鳞片背面龙骨状突起具刺 ················· 1. **黑籽水蜈蚣 K. melanosperma**
    3. 植株高 7-32（-45）厘米，基部不增粗；穗状花序球形或卵球形，小穗具 1 花；鳞片背面龙骨状突起具刺或无刺。
      4. 小穗宽约 1 毫米，扁；鳞片背面龙骨状突起具刺，先端具外弯短尖 ············· 2. **短叶水蜈蚣 K. brevifolia**
      4. 小穗宽约 1.5 毫米，稍肿胀；鳞片背面龙骨状突起无刺，先端无短尖或具直的短尖 ················· 2(附). **无刺鳞水蜈蚣 K. brevifolia var. leiolepis**
  2. 根状茎短；秆丛生，三棱形；穗状花序 3，稀 1-2 ················· 3. **圆筒穗水蜈蚣 K. cylindrica**
1. 鳞片背面龙骨状突起具翅，翅边缘具细刺 ················· 4. **单穗水蜈蚣 K. nemoralis**

1. 黑籽水蜈蚣

图 442

Kyllinga melanosperma Nees in Wight, Contrib. Bot. Ind. 91. 1834.

多年生草本，匍匐根状茎长而粗，每节生 1 秆。秆近散生，高 0.3-1.2 米，稍粗，扁三棱状，平滑，基部稍增粗，具无叶片的鞘，鞘口斜截形，顶端具短尖，边缘干膜质，最上部 1-2 叶鞘具较短叶片。叶较短于秆，宽 3-5 毫米，上端边缘具疏刺，叶鞘长，褐色，不裂；叶状苞片 3-4，平展，或有时向下折，较花序长。穗状花序单生秆顶端，稀 2-3 簇生，卵形、长圆状卵形或球形，长 0.6-1.2 厘米，密生极多数小

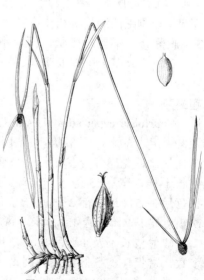

图 442 黑籽水蜈蚣 （孙英宝绘）

穗。小穗近披针形或长圆状披针形，扁，长约3毫米，具1-2花。鳞片卵状披针形，先端具短尖，长约3毫米，膜质，麦秆黄色，具锈色短条纹，背面龙骨状突起具刺，脉5-7；雄蕊3，花药线形；花柱长，柱头2，短于花柱。小坚果长圆形或窄倒卵形，平凸状，具短尖，长为鳞片1/2，初淡黄色，成熟时黑褐色，密被微突起细点。花果期5-9月。

产广东、海南、广西及云南，生于海拔50-500米路旁或水边湿地。菲律宾、印度尼西亚、斯里兰卡、印度及非洲有分布。

2. 短叶水蜈蚣 水蜈蚣　　　　　　　　　图 443：1-3

Kyllinga brevifolia Rottb. Descr. et Icon. 13. t. 4. f. 3. 1773.

多年生草本，匍匐根状茎长，根状茎被膜质、褐色鳞片，每节生

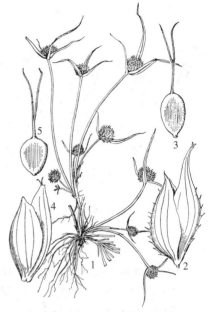

图 443：1-3.短叶水蜈蚣 4-5.无刺鳞水蜈蚣
（引自《东北草本植物志》）

1秆。秆成列散生，高7-30厘米，细，扁三棱状，平滑，基部不增粗，具1-2无叶片的鞘。叶短于或稍长于秆，宽2-4毫米，背面中肋上和上部边缘具细刺，叶鞘较长，棕或紫棕色；叶状苞片3，平展，后期常向下折。穗状花序单个顶生，稀2-3，球形或卵球形，长0.5-1.1厘米，密生极多数小穗。小穗长圆状披

针形或披针形，扁，长约3毫米，宽约1毫米，具1两性花。鳞片卵状长圆形或近卵形，先端具外弯短尖，长约3毫米，下部鳞片稍短，膜质，苍白或麦秆黄色，具锈色斑点，背面龙骨状突起绿色，具刺，5-7脉；雄蕊3-1，花药线形；花柱细长，柱头2，短于花柱。小坚果倒卵状长圆形，扁双凸状，长为鳞片1/2，成熟时褐色，密被细点。花果期5-9月。

产黑龙江、吉林、辽宁、山东、河南、陕西、甘肃南部、江苏、安徽、浙江、台湾、福建、江西、湖北、湖南、广东、香港、海南、广西、贵州、四川、云南及西藏，生于海拔90-2800米山坡林下、路边草丛中、山谷灌丛下、溪边、沟边、稻田边潮湿地、空旷草地、庭园草丛中或海边沙滩。越南、缅甸、马来西亚、印度尼西亚、印度、菲律宾、日本琉球群岛、澳大利亚、非洲及美洲有分布。

3. 圆筒穗水蜈蚣　　　　　　　　　图 444

Kyllinga cylindrica Nees in Wight, Contrib. Bot. Ind. 91. 1834.

多年生草本，根状茎短。秆丛生，高8-32厘米，较细，三棱状，平滑，基部叶少数。叶短于秆，宽2-4毫米，边缘具细刺；叶鞘短，淡棕色，基部的1-2叶鞘无叶片；叶状苞片3-5，较花序长，平展或向下折。穗状花序3，稀1-2，生于秆顶端，居中1个长圆状圆筒形或长圆形，长0.6-1.4厘米，侧生2个较短而窄，均密生极多数小穗。小

[附] **无刺鳞水蜈蚣** 图 443：4-5 **Kyllinga brevifolia** var. **leiolepis** (Franch. et Savat.) Hara in Journ. Jap. Bot. 14: 339. 1938. —— *Kyllinga monocephala* Rottb. var. *leiolepis* Franch. et Savat. Enum. Pl. Jap. 2: 108. 1879. 与模式变种的区别：小穗宽约1.5毫米，稍肿胀；鳞片背面龙骨状突起无刺，先端无短尖或具直的短尖。花果期5-10月。产吉林、辽宁、河北、山东、山西、河南、陕西、甘肃及江苏，生于海拔1200米以下山沟水边、河边湿地、稻田边、浅水中或海边湿地。俄罗斯远东地区、朝鲜半岛及日本有分布。

穗椭圆形或卵状椭圆形，稍肿胀，长2-2.5毫米，宽1-1.3毫米，具1-2花。鳞片宽卵形，先端具短尖，长约2毫米，膜质，淡绿黄或微黄色，背面龙骨状突起无刺，多脉；雄蕊2，花药线形；花柱中等长，柱头

2。小坚果椭圆状倒卵形或近椭圆形，扁双凸状，初黄色，成熟时暗棕色，具微突起细点。花果期 5-7 月。

产台湾、福建、江西南部、广东、贵州东北部及云南，生于海拔 50-1400 米阳坡、路边、田中、田边草地或沟边。尼泊尔、马来西亚、印度尼西亚、印度、越南、菲律宾、日本琉球群岛及非洲有分布。

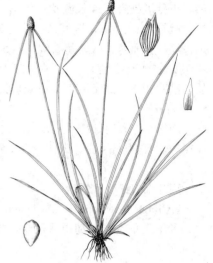

图 444 圆筒穗水蜈蚣 （孙英宝绘）

4. 单穗水蜈蚣   图 445

Kyllinga nemoralis (J. R. Forster et G. Forster) Dandy ex Hutchinson et Dalz. Fl. West Trop. Aft. 2: 487. 1936.

Thryocephalon nemoralis J. R. Forster et G. Forster, Char. Gen. Pl. 130. 1776.

Kyllinga monocephala Rottb.；中国植物志 11: 190. 1961.

Kyllinga cororata (Linn.) Druce；中国高等植物图鉴 5: 253. 1976.

多年生草本，匍匐根状茎长。秆散生或疏丛生，高 10-45 厘米，扁锐三棱状，基部不膨大，下部叶较多。叶短于秆，宽 2-4.5 毫米，柔软，边缘具疏锯齿，叶鞘短，褐或紫褐色，最下部的叶鞘无叶片；叶状苞片 3-4，较花序长。穗状花序 1（2-3），生于秆顶端，圆卵形或球形，长 5-9 毫米，密生极多数小穗。小穗近倒卵形或披针状长圆形，扁，长 2.5-3.5 毫米，宽约 1.5 毫米，

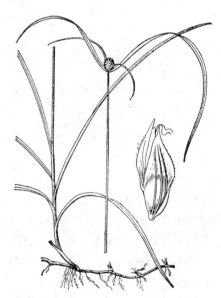

图 445 单穗水蜈蚣 （引自《图鉴》）

具 1 花。鳞片舟状，先端具短尖，长 2.5-3.5 毫米，膜质，苍白或麦秆黄色，具锈色斑点，背面龙骨状突起具翅，下部翅窄，向上较宽，翅边缘具细刺，两侧各具 3-4 脉；雄蕊 3；花柱长，柱头 2。小坚果倒卵形或长圆状倒卵形，扁平凸状，顶端具短尖，长约 1.5 毫米，棕色，密被细点。花果期 5-8 月。

产台湾、广东、香港、海南、广西及云南，生于海拔 100-1350 米山坡、路旁疏林下、灌丛中、草地、山谷沼泽地、河边水旁、路旁湿地、较干旱山坡及庭院草丛中。日本琉球群岛、菲律宾、越南、尼泊尔、马来西亚、印度尼西亚、印度及非洲有分布。

27. 断节莎属 Torulinium Desvaux
（戴伦凯）

一年生或多年生草本，根状茎短或细长。秆散生或丛生，三棱状，基部膨大成块茎或不膨大。叶基生或秆生，平展或折合，具叶鞘；叶状苞片多枚，生于花序基部。长侧枝聚伞花序简单或复出，辐射枝少数至多数；小穗少数至多数排成穗状花序，生于第一次或第二次辐射枝上端。小穗具几朵至多数两性花；小穗轴具

多数关节，关节位于上下 2 花间，每关节均脱落。鳞片 2 列，最下部的 2-3 鳞片无花，余鳞片均具 1 两性花；花无下位刚毛或鳞片状花被；雄蕊 3，花药线形；柱头 3。小坚果三棱状，常为小穗轴上的翅所包。

约 10 种，主要分布于热带地区，多数种类产美洲。我国 1 种。

断节莎 图 446

Torulinium odoratum (Linn.) S. Hooper in Kew Bull. 26: 579. 1972.

Cyperus odoratus Linn. Sp. Pl. 46. 1753.

Torulinium ferax (L. C. Rich.) Urb.；中国植物志 11: 191. 1961.

根状茎短，须根多而硬。秆散生或疏丛生，高 0.3-1.2 米，粗壮，三棱状，平滑，基部膨大呈块茎，下部具叶。叶短于秆，宽 0.4-1 厘米，叶鞘长，棕紫色；叶状苞片 6-8，下部的苞片长于花序。长侧枝聚伞花序复出，疏展，第一次辐射枝 5-12，长达 20 厘米，每辐射枝具多个第二次辐射枝，长不及 3 厘米；穗状花序长圆状圆筒形，长 2-3 厘米。小穗多数，稀疏排列，平展或下折，

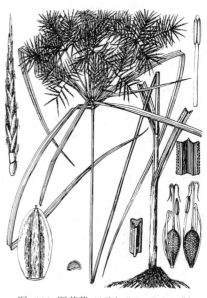

图 446 断节莎（引自《Fl. Taiwan》）

线形，近圆柱状，长 1-2.5 厘米，宽 1-1.5 毫米，具 10-25 朵花；小穗轴具关节，具椭圆形宽翅，翅后期增厚，边缘内卷，紧包小坚果。鳞片稍松排列，卵状椭圆形，先端钝，稀具短尖，长 2-3.5 毫米，中间绿色，两侧黄棕或麦秆黄色，稍带红色，脉 7-9；雄蕊 3，花药线形；花柱中等长，柱头 3。小坚果长圆形或倒卵状长圆形，三棱状，长为鳞片 2/3，红色，成熟时黑色，稍弯。

产台湾。热带地区均有分布。

28. 湖瓜草属 Lipocarpha R. Br.

（戴伦凯）

一年生草本，稀多年生，一年生植株无根状茎。秆丛生，稍矮而扁。叶基生，具叶鞘，最下部的叶鞘无叶片，上部的具叶片；叶状苞片 2-3。穗状花序 2-5 簇生秆顶端，稀单生，穗状花序具多数小苞片和小穗，每小苞片具 1 小穗。小穗具 2 小鳞片和 1 朵两性花，小鳞片沿小穗轴腹背排列，互生，膜质，下部 1 小鳞片无花，上部 1 小鳞片包 1 朵两性花；花无下位刚毛，雄蕊 2；柱头 3。小坚果三棱状，双凸状或平凸状，顶端具小短尖，为小鳞片所包。

约 10 余种，分布于暖温带地区。我国 3 种。

1. 叶片宽 2-3 毫米；穗状花序（3）4-7 簇生；小苞片苍白色，倒披针形，先端近平截，具三角形短尖；秆高 20-60 厘米 ·· 1. **华湖瓜草 L. chinensis**
1. 叶片宽 1-2 毫米；穗状花序 2-3（4）簇生；小苞片淡绿色，常有红棕色条纹，倒披针形，先端尾状细尖外弯；秆高 10-20 厘米 ·· 2. **银穗湖瓜草 L. microcephala**

1. 华湖瓜草 图 447

Lipocarpha chinensis (Osbeck) Kern. in Blumea Suppl. 4: 167. 1958.

Scirpus chinensis Osbeck in Dagbok, Ostind. Resa 220. 1757.

Lipocarpha senegalensis (Lam.) Dandy；中国植物志 11: 193. 1961.

一年生草本，稀多年生，无明显根状茎。秆丛生，高 20-60 厘米，稍粗，扁三棱状或扁平，基

部叶少数，最下部的叶鞘无叶片。叶长为秆 1/2，宽 2-3 毫米，中脉不明显，平展或边缘内卷，叶鞘长 2-3 厘米，苍白或麦秆黄色；叶状苞片 2-3，长于花序。穗状花序（3）4-7 簇生秆顶端，无柄，卵形或宽卵形，长 0.5-1 厘米，宽约 5 毫米，具多数螺旋状覆瓦状排列的小苞片，每小苞片具 1 小穗；小苞片倒披针形，先端近平截，具三角形短尖，长约 2 毫米，近膜质，背面具龙骨状突起，苍白色。小穗具 2 小鳞片和 1 两性花；小鳞片卵状披针形，先端尖，长约 2 毫米，膜质，具数条稍粗的脉；雄蕊 2，花药窄长圆形；花柱细长，柱头 3。小坚果长圆状倒卵形，双凸状，具小短尖，长为鳞片 1/2，褐色，具细皱纹。花果期 5-10 月。

产台湾、福建、广东、香港、海南、广西、贵州、云南及西藏，生于海拔 1100-1900 米河边、沟边、水稻田、沼泽地或路边潮湿处。印度、缅甸、泰国、越南、马来西亚、新加坡、锡兰及非洲有分布。

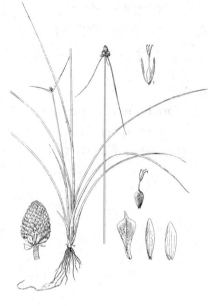

图 447 华湖瓜草 （引自《中国植物志》）

2. 银穗湖瓜草 湖瓜草 图 448

Lipocarpha microcephala (R. Br.) Kunth, Enum. Pl. 2: 268. 1837.

Hypaelyptum microcephala R. Br. Prodr. Fl. Nov. Holl. 220. 1810.

Lipocarpha chinensis (Osbeck) Tang et Wang；中国植物志 11: 194. 1961.

一年生草本，无根状茎，具须根。秆丛生，高 10-20 厘米，细，近扁平，被微柔毛。叶基生，短于秆，宽 1-2 毫米，中脉不明显，边缘常内卷；叶鞘最下部的无叶片，上部的具叶片，长 1.5-2.5 厘米，无毛；叶状苞片 2-3，较花序长。穗状花序 2-3（4）簇生秆顶端，无柄，卵形，长 3-5 毫米，具多数螺旋状覆瓦状排列小苞片，每小苞片具 1 小穗；小苞片倒披针形，先端尾状细尖外弯，长 1-1.5 毫米，薄膜质，淡绿色。小穗具 2 小鳞片和 1 两性花；小鳞片长圆形，先端急尖或钝，长约 1 毫米，膜质，具数条粗脉；雄蕊 2，花药窄长圆形；花柱细长，柱头 3，被微柔毛。小坚果窄长圆形，三棱状，长约 1 毫米，顶端具微小短尖，麦秆黄色，有

图 448 银穗湖瓜草 （引自《图鉴》）

细皱纹。花果期 6-10 月。

产辽宁、河北、山东、河南、江苏、安徽、浙江、台湾、福建、江西、湖北、湖南、广东、香港、海南、广西、贵州、四川及云南，生于海拔约 400 米河边、水稻田边或沼泽中。日本、越南、马来西亚、澳大利亚及印度有分布。

29. 野长蒲属 Thoracostachyum Kurz
（戴伦凯）

多年生草本，具根状茎。秆粗壮，三棱状。叶基生和秆生，具柄或无柄而具鞘，3 脉，上端三棱状，边缘粗糙或具细锯齿；苞片叶状，比花序长；支花序基部的苞片短于花序。穗状花序多数，排成伞房状圆锥花序，椭圆形，具多数小苞片，螺旋状排列，基部 1-2 小苞片无小穗，余小苞片均具 1 小穗；小穗具 6 小鳞片，有 3 雄花和 1 雌花；基部 1 对小鳞片位于两侧，对生，舟状，各具 1 雄花，余 4 小鳞片窄长圆形，其中外面 1 片具 1 雄花，里面 3 小鳞片轮生，中间具 1 雌花；雄花有 1 雄蕊；雌花具 1 雌蕊；柱头 3。小坚果三棱状，顶端具喙。

7 种，分布于亚洲东南部和南部。我国 1 种。

露兜树叶野长蒲　野长蒲　　　　　　　　　　图 449

Thoracostachyum pandanophyllum (F. V. Muell.) Domin in Biblioth. Bot. Heft 85(4): 484. 1915.

图 449 露兜树叶野长蒲　（引自《图鉴》）

Hypolytrum pandanophyllum F. V. Muell. in Fragm. Phytogr. Austr 9: 16. 1875.

多年生草本，具根状茎。秆高 1 米多，粗壮，三棱状，无毛。叶基生和秆生，基生叶具叶柄，秆生叶具叶鞘，叶片长约 2 米，宽 2.4-3 厘米，基部略对折，上端渐窄成三棱状，上部边缘粗糙或疏生细齿，3 脉，中脉在叶背面隆起，2 侧脉在叶上面隆起；叶状苞片 4-5，长于花序，支花序基部的苞片短于花序，向上部苞片渐短，最上部的苞片近鳞片状。圆锥花序伞房状，长约 5 厘米，宽约 8 厘米，具多个支花序和多数穗状花序；穗状花序单生或 3-5 簇生支花序顶端，椭圆形，长 5-6 毫米，无柄，具多数鳞片状小苞片和小穗；小苞片密覆瓦状排列，椭圆形或宽椭圆形，先端钝圆，长 2.5 毫米，脉不明显。小穗两性，具 6 小鳞片和 4 单性花；小鳞片膜质，下部两侧 2 片舟状，背面具龙骨状突起，龙骨状突起具长硬毛，各具 1 雄花，余 4 小鳞片线状长圆形，外面 1 片具 1 雄花，余 3 片中间具 1 雌花；雄花具 1 雄蕊，花丝短，花药线形或线状长圆形；雌花花柱较短，柱头 3，微被疏柔毛。花期 3-4 月。

产云南东南部，生于海拔约 1100 米疏林下潮湿处。马来西亚、印度尼西亚及澳大利亚有分布。

30. 擂鼓芳属 Mapania Aubl.
（戴伦凯）

多年生草本，匍匐根状茎粗、木质。秆侧生，三棱状，较粗壮。叶基生成丛，带状，基部具不闭合叶鞘；苞片鳞片状，短于花序。穗状花序几个，聚生成头状，稀单生，具多数鳞片状小苞片和小穗，每小苞片具 1 小穗；小苞片螺旋状覆瓦状排列，小穗两性，无柄，具 5-6 小鳞片和 3-4 单性花。小鳞片 6，下部 1 轮（2）3 片，2 片位于两侧，1 片生于远轴一边，各具 1 朵有 1 个雄蕊的雄花，有的生于远轴的小鳞片内花不育，上部 1 轮 3 小鳞片无花，顶端具 1 朵雌花；雌花花柱细长，宿存，柱头 3，细长。小坚果骨质或多汁，具喙或无喙。

约 40 余种，分布热带地区。我国 2 种。

1. 穗状花序 4，簇生秆顶端，宽卵形，长 1.8-2.4 厘米 ·················· 1. 华擂鼓芳 M. sinensis
1. 穗状花序单一顶生，椭圆形或倒卵形，长约 3 厘米 ·················· 2. 长秆擂鼓芳 M. wallichii

1. 华擂鼓荞 擂鼓荞　　　　　　　　　　　图 450

Mapania sinensis H. Uittien in Rev. Trav. Bot. Né erland 33: 288. 1936.

根状茎木质，粗壮。秆侧生，高25-54厘米，稍粗壮，基部具几枚鳞片和无叶片的鞘。叶基生，2列，基部套叠，带形，向顶端呈尾尖，长达1.3米，宽2.5-3.5厘米，薄革质，光滑，3脉，上部边缘和背面中脉具细齿，叶鞘不闭合，基部对折，边缘厚膜质；苞片短于花序，卵形，长1.5-2.5厘米。头状花序具4个穗状花序簇生秆顶端；穗状花序宽卵形，长1.8-2.4厘米，具多数鳞片状小苞片和小穗；小苞片螺旋状覆瓦状排列，厚纸质，窄长圆形，长约1厘米，麦秆黄色。小穗具6小鳞片和4单性花，下部3小鳞片成1轮，2片位于两侧，对生，稍短于小苞片，舟状，纸质，背面具龙骨状突起，龙骨状突起上部具细刺，第三小鳞片窄长圆形，每小鳞片具1雄花，内轮的3小鳞片窄长圆形，中间具1雌花；雄花具1雄蕊；雌花雌蕊的花柱细长基部弯曲，柱头3。小坚果倒卵形，钝三棱状，长4-4.5毫米，顶端具圆锥状短喙，深褐色，平滑。花果期10月。

产广西，生于海拔约650米林下。

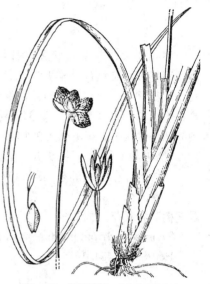

图 450 华擂鼓荞 （引自《图鉴》）

2. 长秆擂鼓荞　　　　　　　　　　　图 451

Mapania wallichii C. B. Clarke in Hook. f. Fl. Brit. Ind. 6: 682. 1894.

Mapania dolichopoda Tang et Wang；中国植物志 11: 197. 1961.

根状茎木质，长而粗壮，径达3.5厘米，被红棕色鳞片，具稍粗须根。秆侧生，高30-70厘米，稍细，钝三棱状，基部具10余鳞片和无叶片的鞘。叶基生，2列，套叠，带形，长1-1.2米，宽2-3.5厘米，先端鞭形锐三棱状，薄革质，边缘和叶背中脉具小锯齿；叶鞘不闭合，基部对折；苞片3，鳞片状，稍短或几等长于花序，卵状披针形，先端钝，长1.8-2.6厘米，革质，黄色，边缘厚膜质，褐色。穗状花序单一顶生，椭圆形或倒卵形，长约3厘米，具多数鳞片状小苞片和小穗；小苞片螺旋状覆瓦状排列，长椭圆形，长1.2-1.5厘米，黄色，背面中脉隆起。小穗具6小鳞片和4朵单性花，下部的3小鳞片成1轮，2片位于两侧，对生，舟状，长1厘米，黄色，膜质，具龙骨状突起，龙骨状突起具细刺，每小鳞片具1雄花，第三片小鳞片窄长圆形，具1雄花，内轮3小鳞片窄长圆形，中间具1雌花；雄花具1雄蕊，雌花的雌蕊具细长花柱，基部有时弯曲，柱头3。小坚果倒卵形，钝三棱状，长约7.5毫米，深褐色，喙圆锥形，长约2毫米。花果期10-11月。

产广东、香港、海南及广西，生于海拔约500米山谷沟边、河边或密林下。印度、马来西亚及印度尼西亚有分布。

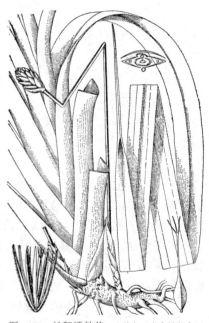

图 451 长秆擂鼓荞 （引自《海南植物志》）

31. 割鸡芒属 **Hypolytrum** L. C. Rich.
（戴伦凯）

多年生草本，根状茎木质。营养苗具基生叶，花苗基部具鳞片和无叶片的鞘，有的不分营养苗和花苗。基生叶2列，套叠，叶片平展，向基部渐对折，基部具不闭合叶鞘；苞片叶状，小苞片鳞片状。穗状花序排成伞房状圆锥花序、伞房花序或头状，具多数鳞片状小苞片和小穗；每小苞片具1小穗，小苞片螺旋状覆瓦状排列。小穗具2小鳞片、2雄花和1雌花；小鳞片舟状，对生、合生或离生或近轴面合生；雄花具1雄蕊，生于小鳞片腋内，雌花有1雌蕊，生于小穗顶端，雄花和雌花间无小鳞片，柱头2。小坚果双凸状，骨质，平滑或具皱纹，喙圆锥状或为短尖。

约60余种，分布热带和亚热带地区。我国4种。

割鸡芒 宽叶割鸡芒   图 452

Hypolytrum nemorum (Vahl) Spreng. Syst. Veg. 1: 233. 1824.

Schoenus nemorum Vahl, Symb. Bot. 3: 8. 1794.

Hypolytrum latifolium L. C. Rich.；中国植物志 11: 199. 1961.

根状茎被粗短红棕色鳞片。植株不分营养苗和花苗。秆高30-90厘米，稍细，三棱状。基生叶3-5，秆生叶1，带形，长0.4-1.2米，宽0.8-2.6厘米，近革质，平展，向基部近对折，上部边缘和背面中脉具细刺，基部叶鞘不闭合，淡褐色，边缘厚膜质，基生叶下部具少数无叶片的鞘；叶状苞片1-2（3），最下部1片长于花序，小苞片鳞片状。穗状花序长3-7毫米，宽3-5.5毫米，单生或2-3簇生分枝顶，排成伞房状圆锥花序；穗状花序的鳞片状小苞片倒卵形，长约2毫米，具短尖，褐色，具中脉。小苞片内的小穗具2小鳞片和2雄花、1雌花，小鳞片长2毫米；雄蕊花药窄长圆形；柱头2。小坚果圆卵形，双凸状，长2-2.5毫米，褐色，具少数隆起

图 452 割鸡芒 （引自《图鉴》）

纵皱纹，喙圆锥状。花果期4-8月。

产台湾、福建、广东、香港、海南、广西及云南，生于海拔650-1200米林下或灌木丛中湿处。缅甸、越南、泰国、印度及锡兰有分布。

32. 石龙刍属 **Lepironia** L. C. Rich.
（戴伦凯）

多年生草本，匍匐根状茎木质。秆高，成列密生，圆柱状，内具横隔膜，干后多节状，基部具鞘，无叶片；苞片秆状，直立，圆柱状钻形。穗状花序单一，假侧生，具多数鳞片状小苞片和小穗；小苞片螺旋状覆瓦状排列。小穗两性，具2舟状小鳞片和多数条形小鳞片，具8或更多雄花和1雌花；舟状小鳞片位于两侧，对生，背面具龙骨状突起，沿龙骨状突起具柔毛，各具1雄花，余小鳞片成多轮，窄长，每鳞片具1雄花或无花，雌花生于中间，雄花具1雄蕊；雌花雌蕊花柱稍短，柱头2，细长。小坚果扁，平凸状，无喙。

1种，分布亚洲热带地区。我国也产。

短穗石龙刍   图 453

Lepironia articulata (Retz.) Domin in Biblioth. Bot. Heft 85 (4): 486. 1915.

Restis articulata Retz. in Observ. Bot. 4: 14. 1786.

Lepironia mucronata L. C. Rich. var. *compressa* (B?cklr.) E. G. Camus；

中国植物志 11: 202. 1961.

秆圆柱状，高 0.7-2 米，稍粗，干后呈多节状，基部具 3-4 个无叶片的鞘。无叶片，叶鞘不闭合，纸质，边缘厚膜质，长达 27 厘米，

褐或微红色；苞片为秆的延长，钻状，长 2.5-5 厘米。穗状花序单个，假侧生，椭圆形，长 1-2 厘米，棕或栗色，具多数鳞片状小苞片，每一小苞片具 1 小穗；小苞片卵形、宽卵形或倒卵状长圆形，先端圆，长 4-5 毫米，稍凹，淡棕色具棕色短条纹，成熟时脱落。小穗具多数小鳞片，基部 2 片位于两侧，舟状，膜质，棕色，沿龙骨状突起具白柔毛，各具 1 雄花；余小鳞片线形或极窄匙形；外轮每一小鳞片具 1 雄蕊，少数小鳞片无花，内两轮小鳞片中间具 1 雌花；雄花具 1 雄蕊，花药线状长圆形；雌花的雌蕊柱头 2。小坚果倒卵形，顶端具短尖，扁平凸状，长约 4 毫米，初淡黄绿色，成熟时褐色，两面各具 7-9 深褐色纵条纹，边缘具锐龙骨状突起，沿龙骨状突起至短尖具细刺。花果期 2-6 月。

产台湾、广东及海南，多栽培于池塘中。越南、斯里兰卡、马来

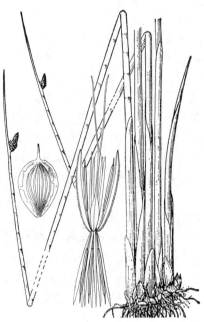

图 453 短穗石龙刍 （引自《图鉴》）

西亚、印度尼西亚、澳大利亚及马达加斯加有分布。茎可编织草帽、草席和草包等。

33. 珍珠茅属 Scleria Berg.

（张树仁）

多年生或一年生草本。秆直立，三棱状，稀圆柱状，具秆生叶或兼具基生叶。叶线形，稍粗糙，3 脉较粗，具鞘，在秆中部的叶鞘具翅或无翅，鞘口与叶片相对一侧大多具叶舌（稀不具叶舌）。圆锥花序顶生，具 1 枚顶生和数枚侧生分枝，稀为纤细间断的穗状；苞片多为叶状，具鞘，稀鳞片状；小苞片刚毛状，稀鳞片状；花单性。小穗最下部的 2-4 鳞片无花；雄小穗具数朵雄花；雌小穗具 1 雌花；两性小穗下部 1 朵为雌花，以上数朵为雄花；雄蕊 3-1，花药线形或线状长圆形，药隔钻形；花柱基部不膨大，柱头 3。小坚果球形或卵形，钝三棱状，骨质，具网纹、皱纹或平滑，被毛或无毛，多有光泽，通常具稍 3 裂或全缘的下位盘。

约 200 种，主要分布于热带地区，有些类群至温带地区。我国 17 种。

1. 花序为纤细间断的穗状；苞片鳞片状 ·· 1. 纤秆珍珠茅 S. pergracilis
1. 圆锥花序；苞片叶状。
  2. 一年生草本，无根状茎或根状茎短；植株较矮而纤细。
    3. 侧生支花序下弯；小坚果直径 1.5 毫米；下位盘裂片半圆形，先端圆 ·············· 2. 垂序珍珠茅 S. rugosa
    3. 侧生支花序直立和斜出；小坚果直径约 2 毫米；下位盘裂片先端急尖、渐尖或尾尖。
      4. 叶鞘被长柔毛；小坚果顶端具黄白色短尖；下位盘裂片先端急尖，黄白色 ······ 3. 小型珍珠茅 S. parvula
      4. 叶鞘无毛；小坚果顶端具黑紫色短尖；下位盘裂片先端渐尖或尾尖，黄褐色。
        5. 下位盘裂片约为小坚果 1/2，披针形，渐尖 ·············· 4. 二花珍珠茅 S. biflora
        5. 下位盘裂片约为小坚果 1/3，下部卵形，上部骤缩成尾状短尖 ······················
            ········ 4(附). 锈色珍珠茅 S. biflora subsp. ferruginea

2. 多年生草本，根状茎长或短；植株高大粗壮。

  6. 秆圆柱状或略钝三棱状；秆中部的叶鞘无翅 ·························· 5. 圆秆珍珠茅 S. harlandii

  6. 秆三棱状；秆中部的叶鞘通常具翅。

    7. 小坚果平滑或具不明显皱纹，无毛。

      8. 小坚果的下位盘不发达 ································· 6. 石果珍珠茅 S. lithosperma

      8. 小坚果的下位盘发达。

        9. 植株各部被毛；下位盘碟状不裂 ··············· 7. 越南珍珠茅 S. tonkinensis

        9. 植株局部被毛；下位盘 3 裂 ······················· 8. 光果珍珠茅 S. radula

    7. 小坚果多少具网纹或具皱纹，被毛。

      10. 鳞片黑紫色；叶鞘的翅不明显；圆锥花序分枝相距紧密 ··············· 9. 黑鳞珍珠茅 S. hookeriana

      10. 鳞片褐或红褐色；叶鞘的翅明显；圆锥花序具 1-3 个相距稍远的侧生分枝。

        11. 叶舌舌状，长 0.4-1.2 厘米 ······················· 10. 缘毛珍珠茅 S. ciliaris

        11. 叶舌半圆形或近半圆形，长不及 4 毫米。

          12. 小坚果的下位盘 3 深裂，裂片披针状三角形 ··············· 11. 毛果珍珠茅 S. laevis

          12. 小坚果的下位盘 3 浅裂或几不裂，裂片半圆形 ··············· 12. 高秆珍珠茅 S. terrestris

1. 纤秆珍珠茅   图 454：1-7

Scleria pergracilis (Nees) Kunth, Enum. 2: 354. 1837.

Hypoporum pergracile Nees in Edinb. New Philos. Journ. 17: 267. 1834.

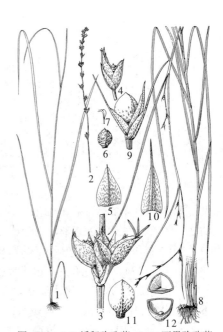

一年生草本，无根状茎。秆丛生，直立，极纤细，三棱状，高 11-30 厘米，直径约 0.5 毫米，无毛，具细槽。叶基生和秆生，具鞘，丝状，宽约 1 毫米；苞片鳞片状。纤细间断的穗状花序长 2.5-8.5 厘米；小穗 2-3 聚生呈簇状，从下而上每簇相距 0.2-1.7 厘米间断排列。小穗多为两性，卵形，长 3-4 毫米，稀最下部的小穗为单性具 1 朵雄花；鳞片卵形，膜质，有红棕色条纹，

先端具短尖，具龙骨状突起，最上部 1-2 鳞片具雄花，其下的 1 片具雌花，最下部 2 片无花；雄花具 3 雄蕊；柱头 3，细。小坚果近球形，微三棱状，顶端具细尖，直径约 1 毫米，白色，具波状横皱纹，基部具很不明显的下位盘，具褐色柄。花果期 8-10 月。

图 454：1-7.纤秆珍珠茅 8-12.石果珍珠茅
（引自《中国植物志》）

产江苏南部、云南东南部及西藏东部，生于海拔 1200-4000 米高山草地、牧场、水边湿地。印度、老挝、泰国、斯里兰卡、马来西亚、 菲律宾、巴布亚新几内亚和热带非洲有分布。

2. 垂序珍珠茅 毛垂序珍珠茅   图 456：6

Scleria rugosa R. Br. Prod. 240. 1810.

Scleria onoei Franch. et Savat.；中国植物志 11: 209. 1961.

Scleria onoei var. *pubigera* Ohwi；中国植物志 11: 209. 1961.

一年生草本，无根状茎。秆丛生，直立，三棱状，纤细，高 10-25 厘米，直径约 1 毫米。叶秆生，线形，宽 2-4 毫米，两面被微柔毛，叶鞘几无翅，被微柔毛，叶舌半圆形，具缘毛；苞片叶状，具鞘，鞘口

具缘毛；小苞片短小，无鞘。圆锥花序具顶生和2-4侧生分枝，分枝长0.7-1.5厘米，下弯，疏离，具少数小穗，分枝花序柄长0.4-4厘米，通常具翅。小穗披针形或卵状披针形，长2-4毫米，多为单性；雌小穗具3-5鳞片和1雌花；子房倒卵形，平滑，无毛。小坚果球形或近球形，顶端微尖，直径1.5毫米，白或灰白色，平滑，具不规则纵横皱纹，上部纵横皱纹粗而隆起成多数小穴；下位盘3裂，裂片半圆形，先端圆。花果期约8月。

产台湾、福建西南部、广东、香港、海南及云南南部，生于海拔650米牧场草地。朝鲜半岛及日本有分布。

3. 小型珍珠茅 图 455

Scleria parvula Steud. Syn. 2: 174. 1865.

Scleria biflora auct. non Roxb.: 中国植物志 11: 208. 1961.

一年生草本，根状茎粗短或不发达。秆丛生，纤细，三棱状，高40-60厘米，直径约1.5毫米。叶秆生，线形，宽3.5-5.5毫米，被毛，秆中部以上的叶鞘具窄翅，被长柔毛，叶舌半圆形；苞片叶状，具鞘，鞘口密被褐色微柔毛；小苞片刚毛状，与小穗等长或稍长。圆锥花序具顶生和2-3侧生分枝，分枝疏离，长1.2-3厘米，具少数小穗。小穗披针形，长4-5毫米，多为单

性；雌小穗具4-5鳞片和1雌花；雄花具2-3雄蕊。小坚果近球形，长约2.5毫米，直径约2毫米，无毛或被褐色微柔毛，具方格纹，顶端具白色短尖；下位盘黄白色，3浅裂，裂片卵状三角形或近圆形，长为小坚果1/3-1/4，先端急尖，边缘反折。花果期7-10月。

产山东、江苏东北部、浙江、福建、江西中南部、湖南、广东、香港、贵州、四川、云南及西藏东南部，生于海拔770-2000米溪边、山谷湿地、稻田或林中。越南、老挝、印度、尼泊尔、斯里兰卡、朝鲜半岛、日本、马来西亚、菲律宾、巴布亚新几内亚及大洋洲有分布。

4. 二花珍珠茅 图 456:1-5

Scleria biflora Roxb. Fl. Ind. ed 3, 573. 1874.

Scleria tessellata auct. non Willd.: 中国植物志 11: 208. 1961.

一年生草本，根状茎短或无。秆丛生，纤细，三棱状，高30-40厘米，直径约1.5毫米。叶秆生，线形，宽2.5-5.5毫米，无毛，叶鞘几无翅，无毛，叶舌半圆形，被短柔毛；苞片叶状，具鞘，鞘口被棕色短柔毛；小苞片刚毛状，无鞘，长于小穗。圆锥花序具顶生和1-2侧生分枝，分枝长1.5-2.5厘米，疏离，具多数小穗。小穗披针形，长3.5-4

图 455 小型珍珠茅 （引自《图鉴》）

图 456：1-5.二花珍珠茅 6.垂序珍珠茅
（引自《图鉴》、《中国植物志》）

毫米，多为单性；雌小穗具4-5鳞片和1雌花；雄花具2-3雄蕊；子房倒卵形，密被柔毛，有细微网纹。小坚果近球形，直径约2毫米，白或淡黄色，微被褐色疏柔毛，具近方格状网纹，顶端具黑紫色短尖；下位盘长为小坚果1/2，3深裂，裂片披针形，先端渐尖，黄褐色。花果期8-9月。

产江苏北部、台湾、福建、广东、香港、海南、广西及云南，生

于海拔600米左右的田边或草场。越南、印度、马来西亚及日本有分布。

[附] **绣色珍珠茅 Scleria biflora** subsp. **ferruginea** (Ohwi) Kern in Reinwardtia 6: 76. 1961. —— *Scleria ferruginea* Ohwi in Acta Phytotax. Geobot. 7: 37. 1938. 与模式亚种的区别：下位盘裂片约为小坚果1/3，下部卵形，上部骤缩成尾状短尖。产台湾。

5. 圆秆珍珠茅

图 457：1-3

Scleria harlandii Hance in Ann. Sci. Nat. (Paris) ser. 5, 5: 248. 1866.

多年生草本，根状茎长，植株粗壮。秆近圆柱状或略钝三棱状，高达1米以上，直径约6毫米。叶线形，长约30厘米，宽6-8毫米，无毛，叶鞘紧抱秆，多少具紫色条纹，有时被长柔毛，无翅，秆上部的常重叠，叶舌半圆形，紫色，具长约1毫米缘毛。圆锥花序具顶生和7-8个相距稍远的侧生分枝，长达40厘米；小苞片刚毛状，几与小穗等长，基部有耳，耳具髯毛。小穗长3-4毫米，浅锈色或紫色，多为单性。小坚果近球形，钝三棱形，顶端具短尖，直径约2.5毫米，白色，平滑，顶部疏被微硬毛；下位盘直径较小坚果略小，3裂，裂片三角形，先端急尖或渐尖，或有2-3齿，边缘反折，金黄色，具浅锈色条纹。花果期3-9月。

图 457：1-3.圆秆珍珠茅 4-6.光果珍珠茅 7-8.缘毛珍珠茅 （引自《中国植物志》）

产广东、香港、海南、广西及云南东南部，生于海拔250米左右的田边或草地。

6. 石果珍珠茅

图 454：8-12

Scleria lithosperma (Linn.) Sw. Prodr. 18. 1788.

Scirpus lithosperma Linn. Sp. Pl. 51. 1753.

匍匐根状茎短、木质。秆丛生，纤细，三棱状，高30-50厘米，直径1.4-2毫米。基生叶仅有鞘，秆生叶具长叶片，宽1.5-2毫米，叶鞘三棱形，被微柔毛；苞片叶状，具鞘。圆锥花序长达30厘米以上，下部具1-3侧生分枝花序

或无分枝花序，上部常退化为穗状。小穗长3-4.5毫米，具4-5鳞片，多为两性，其中有1-2雄花和1雌花，雌花生于雄花的下部；鳞片卵状披针形，两侧膜质有褐色短条纹，背面具龙骨状突起，先端具短尖。小坚果宽倒卵形或近椭圆形，长1.5-2.5毫米，平滑，白色，基部三角形，下位盘不发达。花果期6-10月。

产台湾、广东、香港、海南

及云南东南部，生于海拔 400-1000 米或较低处密林中。印度、马来西亚及非洲有分布。

7. 越南珍珠茅

图 458

Scleria tonkinensis C. B. Clarke in Kew Bull. Add. ser. 8, 57. 1908.

Scleria radula auct. non Hance: 中国植物志 11: 206. 1961.

图 458 越南珍珠茅 （引自《中国植物志》）

匍匐根状茎短粗，密被褐色鳞片。秆纤细，锐三棱状，长达 70 厘米以上，上部被长柔毛。基生叶仅具叶鞘，被柔毛，秆生叶叶片宽 1.2-1.5 厘米，两面被长柔毛，叶鞘顶端具短三角形、膜质叶舌；苞片叶状，具鞘，小苞片刚毛状，均被长柔毛。圆锥花序长 2.5-6 厘米。小穗披针形，长 0.8-1 厘米，被长柔毛，两性小穗具 14-16 鳞片，鳞片淡褐或黄绿色，基部 1-2 片无花，其上片具雌花，余均为雄花。雄花具 3 雄蕊，花药线形，药隔突出；花柱细长，柱头 3，多少被微柔毛。小坚果宽卵形或近圆形，略三棱形，长 3-3.5 毫米，顶端具细尖，白或微灰白色，平滑或具不明显皱纹，无毛，具短柄；下位盘碟状，不裂。花果期 4-7 月。

产广东、海南及广西。马来西亚及越南有分布。

8. 光果珍珠茅

图 457: 4-6

Scleria radula Hance in Ann. Sci. Nat. (Paris) ser. 4, Bot. 18: 232. 1862.

Scleria laeviformis Tang et Wang, 中国植物志 11: 215. 235. 1961.

多年生草本，植株粗壮。秆三棱状，高约 1 米，直径约 1 厘米。叶长 15-50 厘米，宽 1.5-2.5 厘米，叶鞘宽松，有时被微柔毛，秆中部的具翅，宽 1-4 毫米，稀翅不明显；叶舌三角形，紫色。圆锥花序具顶生和 4-5 侧生分枝，分枝长 6-15 厘米，宽 5-10 厘米，紧密，斜立，小穗极多，2/3 为雄小穗；小苞片刚毛状，被微柔毛。雄小穗长圆状卵形，鳞片膜质，棕色具锈色短条纹；雌小穗通常生于分枝基部，披针形或窄卵形，鳞片厚膜质，色较深，常疏被糙伏毛，具短尖；雄花具 3 雄蕊；柱头 3。小坚果卵形，钝三棱形，长 2.5 毫米，直径 2 毫米，白色，无毛，顶端具短尖；下位盘直径约 1.5 毫米，3 裂，裂片半圆形，反折形成厚的边缘，金黄色。花果期 4-8 月。

产广东西南部、香港、海南、广西及云南，生于海拔 140-650 米山坡、山谷、路边、林中或溪边。

9. 黑鳞珍珠茅

图 459

Scleria hookeriana Böcklr. in Linnaea 38: 498. 1874.

匍匐根状茎密被紫红色鳞片。秆直立，三棱状，高 0.6-1 米，直径 2-4 毫米。叶片长达 45 厘米，宽 4-8 毫米；基部叶鞘紫红或淡褐色，秆中部的绿色；叶舌半圆形，被紫色髯毛。圆锥花序分枝相距紧密，具多数小穗；小苞片刚毛状，基部有耳，耳具髯毛。雄小穗长圆状卵形，鳞片卵状披针形或长圆状卵形；雌小穗披针形或窄卵形，鳞片宽卵形、三角形或卵状披针形，黑紫色；雄花具 3 雄蕊；子房被长柔

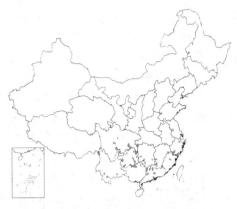

毛，柱头 3。小坚果卵形，钝三棱形，直径 2 毫米，白色，具网纹或皱纹，常呈锈色并被微柔毛，顶端具短尖；下位盘直径稍小于小坚果，或稍 3 裂，裂片半圆状三角形，先端圆钝，边缘反折，淡黄色。花果期 5-7 月。

产浙江南部、福建、江西、湖北西部、湖南、广东、广西、贵州、四川及云南，生于海拔 1400-2200 米山坡或山顶草地。越南及喜马拉雅山地区有分布。

10. 缘毛珍珠茅　华珍珠茅　　　　图 457:7-8

Scleria ciliaris Nees in Wright, Contrib. Bot. Ind. 117. 1834.

Scleria chinensis Kunth; 中国植物志 11: 211. 1961.

根状茎被紫或紫褐色鳞片。秆疏丛生，三棱形，高 0.7-1.2 米，直径约 5 毫米，无毛。叶片长 15-35 厘米，宽 6-9 毫米，无毛；近秆基部叶鞘无翅，中部的具翅，叶舌长 0.4-1.2 厘米，无毛。圆锥花序侧生分枝相距稍远，分枝长 6-10 厘米，宽 2-6 厘米；小苞片刚毛状，基部有耳，耳有长硬毛。雄小穗长圆状卵形，鳞片膜质，褐或红褐色，有时具缘毛，具芒或短尖；雌小穗通常生于

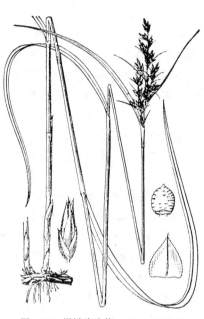

图 459　黑鳞珍珠茅　（引自《图鉴》）

分枝基部，披针形，鳞片宽卵形或卵状披针形，具芒或短尖；雄花有 3 雄蕊；子房被短柔毛，柱头 3。小坚果近球形，略三棱形，直径 2.5 毫米，白色，具网纹，纹被微硬毛；下位盘直径 1.6-2 毫米，3 裂，裂片近半圆形，先端圆钝，黄色，常有锈色条纹。花果期 12 月至翌年 4 月。

产广东、香港、海南，生于海拔 350-850 米山沟、林中、草地或山顶等处。马来西亚、越南及大洋洲热带地区有分布。

11. 毛果珍珠茅　柔毛果珍珠茅　　　　图 460

Scleria laevis Retz. in Observ. Bot. 4: 13. 1786.

Scleria hebecarpa Nees; 中国植物志 11: 213. 1961.

Scleria hebecarpa var. *pubescens* (Steud.) C. B. Clarke; 中国植物志 11: 214. 1961.

匍匐根状茎被紫色鳞片。秆三棱形，高 70-90 厘米，直径 3-5 毫米，被微柔毛。叶片长约 30 厘米，宽 0.7-1 厘米；基部叶鞘无翅，中部以上的具宽 1-3 毫米的翅；叶舌近半圆形，具髯毛。圆锥花

图 460　毛果珍珠茅　（引自《图鉴》）

序的侧生分枝相距稍远，分枝长3-8厘米，宽1.5-3厘米；小苞片刚毛状，基部有耳，耳具髯毛。雄小穗窄卵形，鳞片厚膜质，疏生缘毛；雌小穗生于分枝基部，披针形，鳞片宽卵形或卵状披针形，具锈色短条纹，多少具缘毛；雄蕊3；柱头3。小坚果球形或卵形，直径约2毫米钝三棱形，顶端具短尖，白色，具略波状横皱纹，多少被微硬毛；下位盘较小坚果略窄，3深裂，裂片披针状三角形，先端急尖或具2-3小齿，淡黄色。花果期6-10月。

产江苏、安徽、浙江、台湾、福建、江西、湖北、湖南、广东、香港、海南、广西、贵州、四川、云南及西藏，生于海拔180-1280米山坡、山顶、路边、林下或草地。越南、印度、斯里兰卡、日本、马来西亚、印度尼西亚及大洋洲有分布。

12. 高秆珍珠茅 宽叶珍珠茅 图 461

Scleria terrestris (Linn.) Fass. in Rhodora 6: 159. 1924.

Zizania terrestris Linn. Sp. Pl. 991. 1753.

Scleria elata Thwaites; 中国植物志 11: 211. 1961.

Scleria elata Thwaites var. *latior* C. B. Clarke; 中国植物志 11: 213. 1961.

匍匐根状茎被深紫色鳞片。秆三棱形，高0.6-1米，直径4-7毫米，无毛。叶片长30-40厘米，宽0.6-1厘米；基部叶鞘无翅，中部的具宽1-3毫米的翅，叶舌半圆形，被紫色髯毛。圆锥花序的分枝相距稍远；小苞片刚毛状，基部被微硬毛。雌小穗通常生于分枝基部，鳞片宽卵形或卵状披针形，长2-4毫米，有时具锈色短条纹，先端具短尖；雄蕊3；柱头3。小坚果球形或近卵形，直径2.5毫米，有时略三棱形，顶端具短尖，白或淡褐色，具网纹，横纹断续被微硬毛；下位盘直径1.8毫米，3浅裂或几不裂，裂片半圆形，先端圆钝，边缘反折，黄色。花果期5-10月。

图 461 高秆珍珠茅 （引自《图鉴》）

产浙江、台湾、福建、江西、湖南南部、广东、香港、海南、广西、贵州、四川、云南及西藏，生于海拔160-1850米山谷、山坡、林中、草地或路边。越南、泰国、印度、斯里兰卡、马来西亚及印度尼西亚有分布。

34. 裂颖茅属 Diplacrum R. Br.

（张树仁）

一年生细弱草本，须根较纤细。叶秆生，线形，短，无叶舌。聚伞花序头状，从叶鞘中抽出。小穗较小，花单性，雌雄异穗；雌小穗生于分枝顶端，具2鳞片和1雌花，鳞片对生，等大，具多脉或仅中脉明显，先端3裂或不裂，具硬尖。雄小穗侧生于雌小穗的下部，约具3鳞片和1-2雄花；鳞片质薄而窄；雄蕊1-3；柱头3。小坚果小，球形，具纵肋或网纹，有时顶部被毛，基部具下位盘，为2片对生鳞片所包。

约6种，分布于热带地区。我国2种。

1. 雌鳞片先端3裂，具多脉；小坚果球形，具不规则长方形粗网纹 ·········· 裂颖茅 **D. caricinum**
1. 鳞片先端不裂，中脉明显；小坚果扁球形，具不规则四方形网纹 ·········· （附）. 网果裂颖茅 **D. reticulatum**

裂颖茅 图 462

Diplacrum caricinum R. Br. Prodr. 241. 1810.

须根紫色，纤细。秆斜升，后直立，三棱形，高10-40厘米，细

弱，无毛。叶线形，长1-4厘米，宽1.5-3毫米；叶鞘具窄翅，向上部渐宽大，无叶舌。从秆下部至顶端每节有1-2小头状聚伞花序；小苞片叶状或鳞片状，长0.3-1厘米，绿色纸质。雄小穗具3鳞片和1-2雄花，鳞片干膜质；雌小穗生于分枝顶部，具2片对生鳞片和1雌花，鳞片膜质，近长圆形，长约1.8毫米，绿黄色，多脉隆起，先端3裂，中裂片较长而大，具硬尖；雄蕊1-2，柱头3，被短柔毛。小坚果包于2鳞片内，球形，直径0.8-1毫米，有3条隆起纵肋和长方形粗网纹，近顶部具疏柔毛；下位盘碟状，紧贴小坚果基部。花果期9-10月。

产江苏南部、浙江南部、台湾、福建、广东、香港、海南及广西东南部，生于田边、旷野水边或荫蔽山坡。印度、越南、马来西亚、菲律宾、日本及大洋洲有分布。

[附] **网果裂颖茅 Diplacrum reticulatum** Holtt. in Gard. Bull. Straits Settlem. 11: 295. 1947. 与裂颖茅的区别：秆高5-12厘米；雌小穗陀螺形，长1.2-1.5毫米；鳞片卵形或长圆形，长1.2毫米，中脉明显，侧脉不明显，先端不裂，具短硬尖头；小坚果扁球形，具3条隆起纵肋

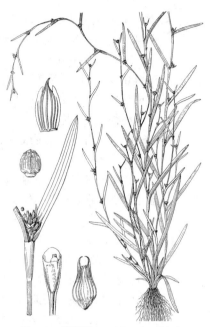

图 462 裂颖茅 （引自《中国植物志》）

和不规则四方形网纹。产海南，生于潮湿草地。缅甸、泰国及马来西亚有分布。

35. 嵩草属 Kobresia Willd.

（李沛琼）

多年生草本；根状茎短或长而匍匐。秆密丛生，直立，三棱形或圆柱形，基部具或疏或密的宿存叶鞘。叶基生，较少秆生，平展或边缘外卷呈线形。小穗多数或单一顶生，如为多数则组成穗状花序或穗状圆锥花序，两性或单性，后者为雌雄同株异序或异株，含多数支小穗；支小穗单性或两性，单性者含1朵雄花或1朵雌花，两性者通常为雄雌顺序，即在基部1朵雌花之上具1至若干朵雄花。雄花具1枚鳞片，雄蕊2-3枚生于鳞片腋内；雌花亦具1枚鳞片，1枚由2枚小苞片愈合成的先出叶生于鳞片腋内并与之对生，雌蕊1枚，被先出叶所包；子房上位，柱头2-3。小坚果三棱状、双凸状或平凸状，完全或不完全为先出叶所包。退化小穗轴通常存在于雌性支小穗之中。

70余种；分布于中国、尼泊尔、印度北部、阿富汗、克什米尔地区、哈萨克斯坦、格鲁吉亚（高加索）、塔吉克斯坦（帕米尔）、吉尔吉斯（天山）、俄罗斯（阿尔泰山和西西伯利亚）、欧洲其他国家及北美洲。我国59种，4变种。

1. 花序为开展或紧缩穗状圆锥花序或穗状花序，由多数或少数小穗组成；小穗含若干枚支小穗，通常顶生的雄性，侧生的雌性或雄雌顺序。
  2. 先出叶边缘连合至中部、中部以上至顶部，呈囊状；退化小穗轴如存在则比果长；叶基生或秆生；花序开展或微开展。
    3. 枝先出叶囊状，囊内具1雌花；先出叶无毛，顶端具喙；根状茎丛生或匍匐，不肥大。
      4. 退化花被片1-4；鳞片、先出叶褐白或淡绿色，有深褐色短纹；侧生支小穗全部雌性；花序长1-5厘米，直径4-8毫米；小穗长5-7毫米；叶边缘内卷或平展，细线形，宽0.5-1.5毫米 ·· 1. 囊状嵩草 K. fragilis

4. 退化花被片不存在；鳞片、先出叶为其它颜色，无深色短纹。

　　5. 侧生支小穗雄雌顺序；鳞片白或淡黄白色；先出叶淡绿色，长5-6毫米；叶平展，宽1.5-2毫米 ………………………………………………………………………………………… **2. 黑麦嵩草 K. loliacea**

　　5. 侧生支小穗全部雌性，鳞片和先出叶褐、淡褐或淡黄褐色。

　　　　6. 叶平展，宽2-2.5毫米；花序具6-10疏生开展的小穗；先出叶线状长圆形，长5-5.5毫米；退化小穗轴两侧无齿 ……………………………………………………………… **3. 疏穗嵩草 K. laxa**

　　　　6. 叶边缘内卷呈线形或下部平展，宽0.5-2毫米，上部卷曲；花序具3-7枚排列稍紧密而斜展的小穗；先出叶椭圆形，长2-3毫米；退化小穗轴扁，两侧有细齿 ……… **3(附). 弯叶嵩草 K. curvata**

　　3. 枝先出叶鞘状，内无花；先出叶上部密被短柔毛，淡绿色，无喙；根状茎块状；侧生支小穗雌性；退化小穗轴伸出先出叶外；秆坚挺，直径2-3毫米 ……………………… **4. 钩状嵩草 K. uncinoides**

2. 先出叶边缘分离至基部或近基部；退化小穗轴如存在则甚短于果；叶通常基生；花序紧缩。

　　7. 根状茎短；小坚果三棱状，或三棱状与双凸状并存，基部几无柄或具短柄，顶端具喙，稀无喙；柱头3或2-3同时存在。

　　　　8. 叶内卷呈细线形，宽不及1毫米。

　　　　　　9. 小坚果成熟时褐或暗褐色，有光泽，三棱状与双凸状并存；柱头2-3。

　　　　　　　　10. 花序长1-2.5厘米，直径5-7毫米；先出叶长圆形，长3.5-4毫米，背面具不明显1-2脊，脊间无脉 …………………………………………………………………… **5. 丝叶嵩草 K. filifolia**

　　　　　　　　10. 花序长2.5-4厘米，直径0.8-1厘米；先出叶窄披针形，长4-5毫米，背面具微粗糙2脊，脊间具数细脉 ………………………………………………… **5(附). 祁连嵩草 K. macroprophylla**

　　　　　　9. 小坚果成熟时褐色，无光泽，扁三棱状；柱头3 ……………… **6. 赤箭嵩草 K. schoenoides**

　　　　8. 叶平展，宽2-6毫米。

　　　　　　11. 侧生支小穗全为雄雌顺序；花序长1-3.5（-5.6）厘米；小坚果三棱状，成熟时淡灰褐色 ………………………………………………………………………………… **7. 喜马拉雅嵩草 K. royleana**

　　　　　　11. 侧生支小穗雌性与雄雌顺序并存。

　　　　　　　　12. 花序通常为圆锥形或长圆状圆柱形，长3.5-6.5厘米；雌花鳞片两侧黑褐或暗褐色；秆粗壮，高30-90厘米，直径3-4毫米，基部的宿存叶鞘黑褐色，有光泽 ………… **8. 甘肃嵩草 K. kansuensis**

　　　　　　　　12. 花序非上述形状，长不及4厘米；雌花鳞片褐或栗褐色；秆高不及30厘米，直径1-2毫米，基部的宿存叶鞘褐或黑褐色，无光泽。

　　　　　　　　　　13. 花序分枝2-3，集生基部，无梗；先出叶背面2脊光滑 ……… **9. 苔穗嵩草 K. caricina**

　　　　　　　　　　13. 花序分枝4枚以上，不集生基部，至少基部1-2分枝有短梗；先出叶背面2脊粗糙。

　　　　　　　　　　　　14. 小坚果窄长圆形，顶端具长喙，喙长及果1/3 ……… **10. 细果嵩草 K. stenocarpa**

　　　　　　　　　　　　14. 小坚果长圆形，顶端具短喙 ………………………… **11. 岷山嵩草 K. minshanica**

　　7. 根状茎细长而匍匐；小坚果双凸状，卵圆形或宽椭圆形，基部具长柄，无喙；柱头2。

　　　　15. 鳞片与先出叶成熟后包小坚果 ………………………………………… **12. 大花嵩草 K. macrantha**

　　　　15. 鳞片与先出叶成熟后脱落，小坚果裸露 ……… **12(附). 裸果嵩草 K. macrantha** var. **nudicarpa**

1. 花序简单穗状，稀基部有短分枝。

　　16. 支小穗顶生者雄性，侧生者雄雌顺序，基部雌花之上具1至若干朵雄花。

　　　　17. 先出叶边缘分离至基部或1/3以下连合。

　　　　　　18. 根状茎短；先出叶膜质或纸质；小坚果三棱形，基部几无柄，顶端具短喙。

　　　　　　　　19. 植株较粗壮，秆坚挺，高30-60厘米，直径2-3毫米；花序长3-6厘米，径0.6-1.2厘米。

　　　　　　　　　　20. 鳞片先端具芒；秆基部的宿存叶鞘暗褐色。

　　　　　　　　　　　　21. 花序长3-6厘米，直径0.9-1.2厘米；先出叶长6-8毫米，背面具2脊及数脉；叶平展或对折，宽2-4毫米 ………………………………………………………… **13. 截形嵩草 K. cuneata**

21. 花序长 2.5-3 厘米，直径 6-7 毫米；先出叶长 4.2-5 毫米，背面具 2 脊，无脉；叶对折，宽约 2 毫米，坚挺 ·· 14. 粉绿嵩草 K. glaucifolia

20. 鳞片先端无芒；秆基部的宿存叶鞘淡褐色；雌花鳞片淡褐色；先出叶背面具 1-2 脊及 1-2 脉；小坚果成熟时淡黄绿色 ·· 15. 藏西嵩草 K. deasyi

19. 植株较细弱，高 2-30 厘米，直径 1-2 毫米；花序长 1-4.5 厘米，直径 2-5.5 毫米。

22. 花序圆柱形或线状圆柱形，长 1-4.5 厘米，径 2-5 毫米。

23. 侧生支小穗内的雌花之上有 2-5 朵雄花；先出叶边缘分离近基部；花序圆柱形，径 3-4 毫米。

24. 叶对折，稍坚挺，宽 1-2 毫米；鳞片纸质，中间淡绿色，两侧褐色，有或无白色膜质边缘；苞片鳞片状，具长芒 ·· 16. 四川嵩草 K. setchwanensis

24. 叶边缘内卷呈丝状，柔软；鳞片膜质，褐或栗褐色，中间色淡部分不明显，两侧具宽的白色薄膜质边缘；苞片鳞片状，具短尖 ·· 17. 线叶嵩草 K. capillifolia

23. 侧生支小穗内的雌花之上具 1（2）雄花；先出叶腹面边缘分离至 2/3；花序线状圆柱形，直径约 2 毫米 ·· 18. 嵩草 K. myosuroides

22. 花序长圆形、椭圆形或卵圆形，长 0.8-2 厘米，直径 3-5.5 毫米。

25. 叶边缘内卷呈线形或丝状；先出叶背面无脊、无脉；雌花鳞片褐或栗褐色；植株高 10-50 厘米。

26. 叶丝状，柔软，宽不及 1 毫米；秆纤细，直径 1-1.5 毫米 ········· 19. 西藏嵩草 K. tibetica

26. 叶质稍硬，坚挺，宽 1-1.5 毫米；秆坚挺，质硬，直径 2-3 毫米 … 19(附). 藏北嵩草 K. littledalei

25. 叶平展或下部对折而上部平展；先出叶背面通常具脊或脉；鳞片褐或淡褐色；植株高 2-10 厘米。

27. 小坚果平凸状或双凸状；柱头 2 ·· 20. 高原嵩草 K. pusilla

27. 小坚果三棱状；柱头 3 ·· 20(附). 矮生嵩草 K. humilis

18. 根状茎细长匍匐；先出叶厚纸质或近革质；小坚果长圆形，双凸状，基部具长柄，顶端无喙；柱头 2 ·· 21. 匍茎嵩草 K. stolonifera

17. 先出叶边缘连合至中部或中部以上。

28. 花序粗壮圆柱形，长 2-8 厘米，直径 0.7-1 厘米；侧生支小穗长 0.6-1 厘米，在基部雌花之上具 3-4 雄花；先出叶背面具平滑不甚明显 2 脊，脊间有数细脉；叶片对折，质硬，宽 1-2 毫米 ·· 22. 粗壮嵩草 K. robusta

28. 花序线状圆柱形，长 2-3 厘米，直径 2-3 毫米；侧生支小穗长 3-4 毫米，在基部雌花之上具 1（2）雄花；先出叶背面具粗糙 2 脊，脊间无脉；叶平展，质软，宽 1.5-3 毫米 ········ 23. 线形嵩草 K. duthiei

16. 支小穗单性，雌雄异株、雌雄同株同序，如为雌雄同序则顶生的雄性，侧生的雌性，稀为雄雌顺序。

29. 花雌雄同株同序。

30. 侧生支小穗有雌性与雄雌顺序同生于一花序上，后者在基部雌花之上具 1-2 雄花或仅有不育的雄花鳞片；先出叶边缘分离近基部。

31. 雄花部分不育，如可育，则每一鳞片内含 1-2 雄蕊；先出叶长 2-3 毫米；小坚果线状长圆形，长 2-2.5 毫米，顶端具圆锥状喙，伸出先出叶外；秆高 8-25 厘米，直径约 0.5 毫米 … 24. 蕨状嵩草 K. filicina

31. 雄花全部发育，每一鳞片内含 3 雄蕊；先出叶长 4.5-4.8 毫米；小坚果椭圆形，长 2.8-3 毫米，顶端具短喙，不伸出先出叶之外；秆稍坚挺，高 30-35 厘米，直径约 1 毫米 … 24(附). 长芒嵩草 K. longearistita

30. 侧生支小穗全部雌性。

32. 先出叶边缘分离近基部。

33. 叶平展，宽 2-4 毫米；花序线状圆柱形，长 2-4 厘米，雌花鳞片先端钝，有短尖 ·· 25. 坚挺嵩草 K. seticulmis

33. 叶边缘内卷或对折呈线形，宽 0.5-2 毫米。

34. 垫状草本，秆高 1-10 厘米；花序椭圆形，长 0.3-1 厘米，有 5-10 花；小坚果椭圆形或倒卵状椭圆形，长 1.5-2 毫米，顶端几无喙；叶边缘内卷呈线形，坚挺，宽约 0.5 毫米。

35. 秆高 1-3.5 厘米；花序长 3-5 毫米，具 5-7 支小穗 ·································· **26. 高山嵩草 K. pygmaea**

35. 秆高 5-10 厘米；花序长 0.5-1 厘米，具 7-10 支小穗 ·········· **26(附). 新都嵩草 K. pygmaea var. filiculmis**

34. 丛生草本，秆高 10-35 厘米；花序线状圆柱形或线形，长 1.7-7 厘米，具多数密生或疏生的花；先出叶披针形或窄椭圆形，长 4.5-6.7 毫米；小坚果线状长圆形，顶端具长 0.5-1 毫米喙。

　　36. 秆直径约 1 毫米；叶对折，宽 1-2 毫米；花序线状圆柱形，直径 3-6 毫米；支小穗密生 ··············
　　·· **27. 尾穗嵩草 K. cercostachya**

　　36. 秆与叶均纤细如发丝；花序线形，直径约 2 毫米；支小穗疏生 ··
　　··· **27(附). 发秆嵩草 K. cercostachya var. capillacea**

32. 先出叶边缘连合至顶部呈囊状。

　37. 花序线形，长 3.5-8.5 厘米，具多数密生支小穗；先出叶膜质，黄绿色；小坚果顶端具长喙，不伸出或略伸出先出叶外；退化小穗轴短于果 ···································· **28. 尼泊尔嵩草 K. nepalensis**

　37. 花序长圆形，长 2-3 厘米，具 10 支小穗；先出叶近革质，栗褐色，有光泽；小坚果顶端几无喙；退化小穗轴长于果 ··· **29. 膨囊嵩草 K. inflata**

29. 花雌雄异株。

38. 先出叶边缘分离近基部，窄椭圆形，长 4-5.5 毫米；雌花序线形或线状圆柱形，长 6-7.5 厘米，直径 3-6 毫米；植株高 30-45 厘米 ······················ **30. 禾叶嵩草 K. graminifolia**

38. 先出叶边缘连合中部至顶部呈囊状。

　39. 叶平展，宽 2-3 毫米，先出叶线状长圆形，长 2.5-3 毫米 ······················ **31. 三脉嵩草 K. esanbeckii**

　39. 叶边缘内卷呈线形；先出叶长圆形、椭圆形或倒卵形，长 2.5-3.5 毫米。

　　40. 小坚果顶端具长喙；雌花鳞片褐或栗褐色 ······································ **32. 短轴嵩草 K. vidua**

　　40. 小坚果顶端无喙；雌花鳞片淡褐色 ··· **33. 不丹嵩草 K. prainii**

1. 囊状嵩草

图 463

Kobresia fragilis C. B. Clarke in Hook. f. Fl. Brit. Ind. 6: 699. 1894.

根状茎短。秆丛生，纤细，高 4-35 厘米，基部具少数淡褐色宿存叶鞘。叶基生和秆生，细线形，内卷或平展，宽 0.5-1.5 毫米。圆锥花序微开展，长 1-5 厘米，直径 4-8 毫米；苞片刚毛状，最下部的 1-2 枚长于花序；小穗 3-7，稍密生，长 5-7 毫米，雄雌顺序；枝先出叶囊状，囊内具 1 雌花；支小穗少数，单性，顶生的雄性，侧生的雌性；雌花鳞片披针形或长圆形，长 2.5-4 毫米，先端尖或渐尖，膜质，褐白色，有深褐色短纹；先出叶囊状，椭圆形，长 2.7-4 毫米，膜质，淡绿色，有深褐色短纹，腹面边缘连合至中部以上或至顶部，背面具微粗糙 2 脊，几无柄，上部渐窄成喙，喙口斜裂，具 2 小齿。小坚果长圆形，三棱状，长 2-2.4 毫米，黄色，无柄，具短喙或几无喙；退化花被片 1-4，线状披针形，白色膜质，花柱基部不增粗，柱头 3；退化小穗轴扁，长于果，不伸出先出叶外。花果期 6-9 月。

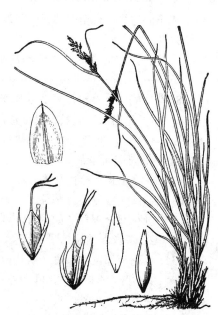

图 463　囊状嵩草　（引自《图鉴》）

产青海南部、四川、云南西北部及西藏，生于海拔 2700-4500 米常绿阔叶林林缘、高山栎林下及高山灌丛草甸。尼泊尔有分布。

2. 黑麦嵩草 图 464

Kobresia loliacea Wang et Tang ex P. C. Li in Acta Bot. Yunnan. 12 (1): 13. f. 3. 1990.

根状茎短。秆丛生，纤细，高 15-40 厘米，基部具稀少褐色宿存叶鞘。叶基生和秆生，短于秆，平展，宽 1.5-2 毫米。苞片刚毛状，最下部的 1 枚长于花序；圆锥花序微开展，长 2.5-6 厘米，宽 4-5 毫米；小穗 3-6，疏生，长 0.7-1.5 厘米；枝先出叶囊状，囊内具 1 雌花；支小穗少数，密生，顶生的雄性，侧生的雄雌顺序，在基部雌花之上具 1-4 雄花；雌花鳞片长圆形，长 5-5.5 毫米，先端渐尖，膜质，白或淡黄白色，中间绿色，有 3 脉；先出叶长圆形，长 5-6 毫米，囊状，膜质，淡绿色，腹面边缘连合至顶部，背面具光滑 2 脊，脊间具数短脉，上部渐窄成喙，喙口斜裂。小坚果倒卵状长圆形，三棱状，长 3-3.5 毫米，暗灰褐色，无柄，无喙；花柱基部略增粗，柱头 3。退化小穗轴长及果 1/2。花果期 7-9 月。

产四川西南部、云南西北部及西藏东部，生于海拔 3100-3300 米石灰岩山坡草地、山顶草地、高山栎或云杉林林缘。

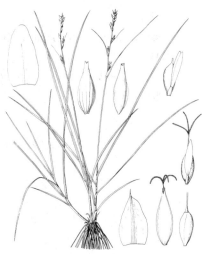

图 464 黑麦嵩草 （孙英宝绘）

3. 疏穗嵩草 图 465

Kobresia laxa Nees in Wight, Contr. Bot. Ind. 119. 1834.

根状茎稍延长。秆疏丛生，高 40-60 厘米，基部具少数淡褐色宿存叶鞘。叶基生和秆生，平展，宽 2-2.5 毫米。圆锥花序长 7-10 厘米，具 6-10 疏生开展小穗；苞片叶状，线形，最下部的 1 枚长于或等长于花序；枝先出叶囊状，内具 1 雌花；小穗雄雌顺序，线形，长 1.2-2 厘米，具少数疏生支小穗；支小穗单性，顶生的雄性，侧生的雌性；雌花鳞片披针形，长 4-4.5 毫米，先端渐尖，纸质，褐色，有光泽，边缘白色膜质；先出叶囊状，线状长圆形，长 5-5.5 毫米，褐色，膜质，腹面边缘连合至顶部，背面具粗糙 2 脊，无柄，上部渐窄成长喙，喙口斜裂。小坚果线状长圆形，三棱状，长 2.7-3 毫米，淡黄褐色，具长喙；花柱甚长，基部不增粗，柱头 3。退化小穗轴刚毛状，伸出或不伸出先出叶之外。花果期 5-7 月。

产西藏南部，生于海拔 2600-2700 米铁杉林下水沟边。克什米尔地区、印度北部、尼泊尔有分布。喜马拉雅山区分布普遍。

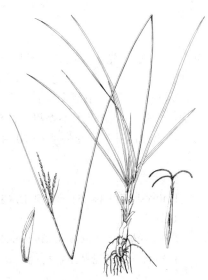

图 465 疏穗嵩草 （孙英宝绘）

[附] 弯叶嵩草 Kobresia curvata (Boott) Kükenth. in Engl. Pflanzenr. Heft 38(IV, 20): 48. t. 12. 1909. —— *Carex curvata* Boott, Illustr. carex 1: 2, t. 5, 1858. 与疏穗嵩草的区别：叶边缘内卷呈线形或下部平展，宽 0.5-2 毫米，上部卷曲；花序具小穗 3-7，小穗排列较密，斜展；先出叶椭圆形，长 2-3 毫米；退化小穗轴扁，两侧有细齿。产西藏南部，生于海拔约 3700 米砂质山坡。印度北部有分布。

4.　钩状嵩草　　　　　　　　　　　　　　　　图 466

Kobresia uncinoides (Boott) C. B. Clarke in Hook. f. Fl. Brit. Ind. 6: 698. 1894.

Carex uncinoides Boott, Illustr. Carex 1: 8. 1858.

根状茎肥大块状。秆疏丛生或单生，高 20-45 厘米，坚挺，直径 2-3 毫米，基部具稀疏淡褐色宿存叶鞘。叶基生和秆生，甚短于秆，平展，宽 2-6 毫米。圆锥花序微开展，长 3-7 厘米；苞片鳞片状，具长芒；小穗 4-8，雄雌顺序，长 1.5-2 厘米；枝先出叶鞘状，内无花；支小穗多数，单性，顶生的雄性，侧生的雌性；雌花鳞片长圆形或长圆状披针形，长 6-7 毫米，先端渐尖，

纸质，褐色；先出叶囊状，长圆形，长 6-8 毫米，淡绿色，膜质，上部密被短柔毛，腹面边缘连合至顶部，背面具粗糙 2 脊，脊间有数短脉，无柄，无喙。小坚果窄长圆形，三棱状，长 4-4.5 毫米，褐色，无柄，无喙；花柱基部不增粗，柱头 3。退化小穗轴扁，长于小坚果，通常伸出先出叶外。花果期 6-10 月。

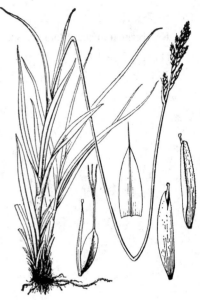

图 466　钩状嵩草　（引自《图鉴》）

产四川、云南西北部及西藏，生于海拔 3400-4500 米高山灌丛草甸、沼泽化草甸、河滩草地、林边草地。不丹、印度北部及尼泊尔有分布。

5.　丝叶嵩草　　　　　　　　　　　　　　　　图 467:1-4

Kobresia filifolia (Turcz.) C. B. Clarke in Journ. Linn. Soc. Bot. 20: 381. 1884.

Elyna filifolia Turcz. in Bull. Soc. Nat. Mosc. 28: 353. 1855.

根状茎短。秆密丛生，纤细，高 15-40 厘米，基部具褐色宿存叶鞘。叶短于秆，内卷呈细线形。穗状圆锥花序长 1-2.5 厘米，直径 5-7 毫米；苞片鳞片状，长约 5.5 毫米，具短芒；小穗 3-13，卵圆形，长 0.5-1 厘米；支小穗少数，顶生的雄性，侧生的雄雌顺序，在基部雌花上具 1-6 朵雄花；雌花鳞片卵形或长圆形，长 3-4 毫米，先端钝或渐尖，膜质，褐色，具宽的白色膜质边

缘；先出叶长圆形，长 3.5-4 毫米，褐色，薄膜质，腹面边缘分离近基部，背面具不明显 1-2 脊，脊间无脉。小坚果倒卵圆形或倒卵状长圆形，三棱状有时与双凸状并存，长 2-3 毫米，暗褐色，有光泽，几无柄，顶端收缩成短喙；花柱基部不增粗，柱头 3 或 2。花果期 5-10 月。

产内蒙古、河北、山西、甘肃、青海及新疆，生于海拔 1700-2750 米

图 467：1-4.丝叶嵩草　5-7.祁连嵩草
（引自《中国植物志》）

山坡草地。俄罗斯西伯利亚有分布。

[附] 祁连嵩草　图 467：5-7

Kobresia macroprophylla (Y. C. Yang) P. C. Li, in Fl. Reipubl. Popul. Sin. 12: 17. pl. 3. f. 9–11. 2000. —— *Kobresia filifolia* (Turcz.) C.B. Clarke var. *macroprophylla* Y. C. Yang in Acta Biol. Plateau Sin. 2: 8. f. 5. 1984. 与丝叶嵩草的区别：花序长 2.5–4 厘米，直径 0.8–1 厘米；先出叶窄披针形，长 4–5 毫米，背面具微粗糙 2 脊，脊间具数细脉。产甘肃西部及青海东北部，生于海拔 2400–2800 米阳坡、半阴坡和山麓草地。

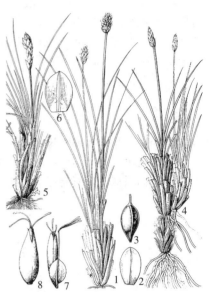

图 468：1-3.赤箭嵩草 4.藏西嵩草
5-8.粗壮嵩草 （张荣生 谭丽霞绘）

6. 赤箭嵩草　　　　　　　　　　图 468：1-3

Kobresia schoenoides (C. A. Mey.) Steud. Synops. Cyper. 246. 1855.

Elyma schoenoides C. A. Mey. in Ledeb. Fl. Alta. 4: 235. 1833.

根状茎短。秆密丛生，高 15–60 厘米，基部具褐色宿存叶鞘。叶短于秆或长于秆，内卷呈细线形。圆锥花序穗状，长 1–2.5 厘米；苞片鳞片状，长 4–5 毫米，先端钝；小穗 8–10，长 5–8 毫米，通常下部的 2–3 枚有分枝；支小穗稍密生，顶生的雄性，侧生的雄雌顺序，在基部 1 雌花以上具 2–3 雄花。雌花鳞片长圆形，长 3–4 毫米，先端钝，膜质，栗褐色，有宽白色薄膜质边缘，中间淡黄褐色，1–3 脉。先出叶长圆形，长 3.5–4.5 毫米，下部淡黄色，上部栗褐色，膜质，腹面边缘分离近基部，背面具不明显 2 脊，脊间无脉，先端全缘。小坚果长圆形或倒卵状长圆形，扁三棱状，长

2.5–3 毫米，褐色，无光泽，几无柄，具短喙；花柱基部不增粗，柱头 3。花果期 5–9 月。

产新疆、四川、云南西北部及西藏东部，生于海拔 2500–3500 米山坡草地。不丹、尼泊尔、克什米尔地区、哈萨克斯坦、格鲁吉亚（高加索）、俄罗斯西伯利亚地区有分布。

7. 喜马拉雅嵩草　　　　　　　　图 469

Kobresia royleana (Nees) Bocklr. in Linnaea 39: 8. 1875.

Trilepis royleana Nees in Linnaea 9: 305. 1834.

根状茎短或稍延长。秆丛生，高 6–35 厘米，基部宿存叶鞘深褐色。叶短于秆，平展，宽 2–4 毫米。圆锥花序穗状，长 1–3.5（–5.6）厘米；苞片鳞片状，基部 1 枚先端具短芒；小穗 10 或稍多，密生，长 0.5–1 厘米。支小穗多数，上部数枚雄性，余雄雌顺序，基部 1 雌花以上具 1–3 雄花；雌花鳞片卵状长圆形或长圆状披针形，长 3–4 毫米，先端渐尖或钝，纸质，淡褐、褐或深褐色，具宽的白色膜质边缘，中间绿色，3 脉；先出叶长圆形，与鳞片近等长，膜质，淡褐至深褐色，腹面边缘分离近基部，背面具稍粗糙 2 脊，

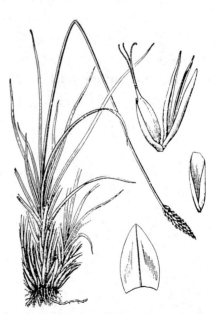

图 469 喜马拉雅嵩草 （引自《图鉴》）

脊间具数条细脉或脉不明显。小坚果长圆形或倒卵状长圆形，三棱状，长 2.5-3.5 毫米，淡灰褐色，有光泽，几无柄，具短喙；花柱基部不增粗，柱头 3，稀 2。

产青海、新疆、四川、云南西北部及西藏，生于海拔 3700-5300 米高山草甸、高山灌丛草甸、沼泽草甸、河漫滩等。尼泊尔、印度北部、阿富汗、塔吉克斯坦（帕米尔）及哈萨克斯坦有分布。

8. 甘肃嵩草　　　　图 470:1-5

Kobresia kansuensis Kükenth. in Acta Hort. Gothob. 5: 38. 1930.

根状茎短。秆密丛生，粗壮，高 30-90 厘米，直径 3-4 毫米，基部宿存叶鞘黑褐色，有光泽。叶短于秆，平展，宽 0.6-1 厘米。圆锥花序圆锥形或长圆状圆柱形，长 3.5-6.5 厘米，直径 1-1.2 厘米；苞片鳞片状，具芒；小穗多数，密集，下部的线状长圆形，长 1.5-2.5 厘米，上部的渐短；支小穗多数，密生，顶生的雄性，侧生的雌性或与雄雌顺序并存，后者基部 1 雌花以上具 1-3 雄花。雌花鳞片长圆状披针形，长 4-6 毫米，先端渐尖，纸质，两侧黑褐或暗褐色，有窄白色膜质边缘。先出叶窄长圆形，长 5-6.5 毫米，纸质，下部黄白色，上部黑褐或暗褐色，腹面边缘宽白色膜质，分离近基部，背面具粗糙 2 脊，脊间无明显脉。小坚果窄长圆形，三棱状，长 3-5 毫米，成熟时灰褐色，具短柄，顶端具短喙；花柱基部不增粗，柱头 3。退化小穗轴刚毛状，长及果 1/3。花果期 5-9 月。

产甘肃、青海、四川、云南西北部及西藏，生于海拔 3000-4800 米

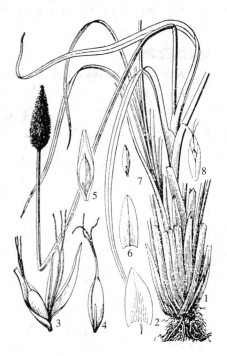

图 470：1-5.甘肃嵩草　6-8.苔穗嵩草
（引自《图鉴》、《中国植物志》）

高山灌丛、河漫滩、潮湿草地、山坡阴处和林缘草地。

9. 苔穗嵩草　　　　图 470:6-8

Kobresia caricina Willd. Sp. Pl. 4: 206. 1805.

根状茎短。秆密丛生，高 20-25 厘米，直径约 2 毫米，基部具褐色纤维状宿存叶鞘。叶短于秆，平展，宽 2-3 毫米。圆锥花序长圆形，长 1-2.5 厘米，基部 2-3 分枝，分枝无梗；苞片鳞片状；小穗 3-4，窄长圆形或长圆形，长 0.6-1 厘米，无梗；支小穗多数，顶生的雄性，侧生的雌性，较少为雄雌顺序，后者雌花以上具 1 雄花。雌花鳞片长圆形，长 4-4.2 毫米，先端钝，纸质，褐或栗褐色，具宽白色膜质边缘。先出叶长圆形，长约 4 毫米，褐色，膜质，腹面边缘分离近基部，背面具光滑 2 脊。小坚果长圆形，扁三棱状，长约 3 毫米，淡褐色，具短柄，顶端具短喙；花柱基部不增粗，柱头 3。退化小穗轴与小坚果柄近等长。

产西藏，生于海拔 3500-4600 米沼泽化草甸及河漫滩。欧洲、北美洲、格鲁吉亚（高加索）、哈萨克斯坦、西喜马拉雅至尼泊尔有分布。

10. 细果嵩草

图 471

Kobresia stenocarpa (Kar. et Kir.) Steud. Synops. Cyper. 246. 1855.

Elyna stenocarpa Kar. et Kir. in Bull. Soc. Nat. Mosc. 15: 526. 1842.

根状茎稍长。秆疏丛生，高 5-30 厘米，直径 1.5-2 毫米，基部具稀疏褐色宿存叶鞘。叶短于秆，平展，宽 2-3 毫米。圆锥花序卵圆形或椭圆形，长 1-3 厘米，4-5 分枝，下部的 1-2 分枝具短梗；苞片鳞片状；小穗多数，密生，下部的长 0.8-1.2 厘米，上部的渐短；支小穗多数，顶生数枚雄性，侧生的雌性兼有雄雌顺序，后者在基部雌花以上具 1-3 雄花。雌花鳞片卵状披针形或长圆状披针形，长 3.5-4.5 毫米，先端渐尖，膜质，褐色，有白色薄膜质边缘，中间淡黄色，1 脉。先出叶窄长圆形，长 4-5 毫米，膜质，下部白色，上部褐色，腹面边缘分离近基部，背面具粗糙 2 脊。小坚果窄长圆形，扁三棱状，长 3-4 毫米，淡褐色，有光泽，几无柄，顶端具长喙，喙长及果 1/3；花柱基部不增粗，柱头 3，偶 2。退化小穗轴刚毛状，长及果 1/3。

产甘肃、青海、新疆及西藏，生于海拔 2600-4600 米山坡湿润草甸、河漫滩或山坡。哈萨克斯坦有分布。

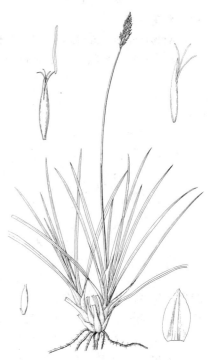

图 471 细果嵩草 （孙英宝绘）

11. 岷山嵩草

图 472

Kobresia minshanica Tang et Wang ex Y. C. Yang. in Acta Plat. Biol. Sin. 2: 1. f. 1. 1984.

根状茎短。秆密丛生，高 30-75 厘米，基部具黑褐色宿存叶鞘。叶短于秆，平展，线形，宽 1.5-2.5 毫米。圆锥花序穗状，长圆形或卵状长圆形，长 1.2-3.5 厘米，基部有分枝；苞片鳞片状，具短芒；小穗 10 或略多，稍密生，卵状长圆形，最下部的 1 枚长 1-1.5 厘米，具多花，上部的渐短，花渐少；支小穗密生，顶生的雄性，侧生的雌性与雄雌顺序并存，后者基部雌花以上具 2-5 雄花。雌花鳞片卵状长圆形，长 3.5-4 毫米，先端渐尖，膜质，两侧褐色，具白色薄膜质边缘。先出叶卵状长圆形，长 3.5-4 毫米，膜质，褐色，腹面边缘分离近基部，背面具粗糙 2 脊。小坚果长圆形，三棱状，长约 3 毫米，几无柄，顶端具短喙；花柱基部不增粗，柱头 3。退化小穗轴刚毛状，甚短于果。

产甘肃东南部及四川，生于海拔 3800 米高山灌丛草甸。

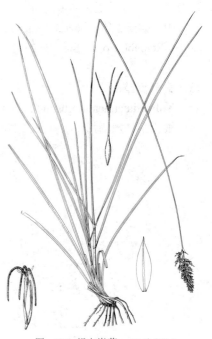

图 472 岷山嵩草 （孙英宝绘）

12. 大花嵩草

图 473

Kobresia macrantha Bocklr. Cyper. Nov. 1: 39. 1888.

具细长匍匐根状茎。秆高6-20厘米，基部具稀少淡褐色宿存叶鞘。

叶短于秆，平展，宽1.5-3毫米。圆锥花序穗状，卵圆形或卵状长圆形，长1-2厘米；苞片鳞片状，具长芒；小穗3-9，密生，椭圆形，长4-7毫米，雄雌顺序；支小穗10余枚，单性，顶生及上部的3-5枚雄性，余雌性，稀雄雌顺序，雌花以上有1-3雄花。雌花鳞片长圆状披针形或卵状披针形，长4-5毫米，渐尖，膜质，栗褐或褐色，具宽白色薄膜质边缘。先出叶卵状披针形，长2.5-3毫米，膜质，下部黄白色，上部栗褐色，腹面边缘分离近基部，背面具平滑2脊。小坚果卵圆形或宽椭圆形，双凸状，长约2毫米，褐色，有光泽，柄长1毫米，无喙；花柱基部不增粗，柱头2。退化小穗轴刚毛状，与果柄近等长。鳞片与先出叶成熟后包小坚果。

产甘肃、青海、四川及西藏，生于海拔3600-4700米高山草甸、湖边及沟边草地。尼泊尔有分布。

[附] **裸果嵩草 Kobresia macrantha** var. **nudicarpa** (Y. C. Yang) P. C. Li, Fl. Reipubl. Popul. Sin 12: 26. 2000.—— *Blysmocarex nudicarpa* Y. C.

图 473 大花嵩草 （引自《图鉴》）

Yang in Acta Bot. Yunnan. 4(4): 325. f. 1. 1982. 与模式变种的区别：雌花鳞片与先出叶成熟后脱落，小坚果裸露。产甘肃西南部、青海东南部、四川西北部及西藏东北部，生于海拔3300-4200米山坡草地。

13. 截形嵩草

图 474

Kobresia cuneata Kükenth. in Acta Hort. Gothob. 5: 39. 1929.

根状茎具短匍匐枝。秆密丛生，高25-55厘米，直径2-3毫米，基部具暗褐色宿存叶鞘。

叶短于秆，平展或对折，宽2-4毫米，柔软。穗状花序圆柱形或长圆状圆柱形，长3-6厘米，直径0.9-1.2厘米；支小穗多数，密生，下部的有时疏生，长圆形，长7-9毫米，顶生的雄性，长3-7毫米，侧生的雄雌顺序，基部雌花以上具3-8雄花。雌花鳞片长圆形，长5-6毫米，先端圆、平截或微凹，具1-4毫米长的芒，纸质，栗褐色，有时具白色膜质边缘，中间绿色，3脉。先出叶长圆形，长6-8毫米，纸质，下部白色，上部栗褐色，腹面边缘分离近基部，背面具2脊，脊间3-8脉，顶端平截或微凹。小坚果倒卵状长圆形或长圆形，三棱状，长3-4.5毫米，黄色，顶端具短喙；花柱基部不增粗，柱头3。

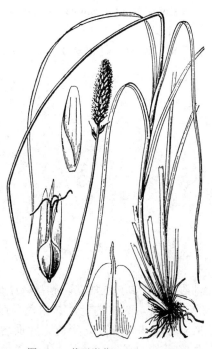

图 474 截形嵩草 （引自《图鉴》）

产甘肃、青海、四川、云南及西藏，生于海拔3000-4750米高山灌丛草甸、高山草甸带沼泽地、林间草地或山坡阴湿处。

14. 粉绿嵩草

图 475

Kobresia glaucifolia Wang et Tang ex P. C. Li in Acta Phytotax. Sin. 37(2): 153. f. 1. 1999.

根状茎短。秆密丛生，高25-50厘米，直径约2毫米，圆柱形，基部具暗褐色宿存叶鞘。叶短于秆，对折，宽约2毫米，坚挺。穗状花序圆柱形，长2.5-3厘米，直径6-7毫米；支小穗多数，密生，顶生的雄性，侧生的雄雌顺序，基部雌花以上具1-7雄花。雌花鳞片卵状长圆形，长4-5毫米，先端圆，具芒，通常下部鳞片的芒较长，纸质，栗褐色，无白色膜质边缘，中间绿色，1-3脉。先出叶长圆形，长4.2-5毫米，纸质，下部白色，上部栗褐色，腹面边缘分离近基部，背面具微粗糙2脊，脊间无脉。小坚果倒卵状长圆形，三棱状，长约3毫米，褐色，基部圆，顶端具短喙；花柱基部不增粗，柱头3个。

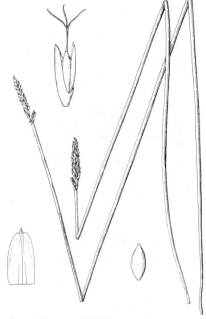

图 475 粉绿嵩草 （孙英宝绘）

产新疆南部及西藏南部，生于海拔3600-4800米高山灌丛草甸和沼泽草甸。塔什库尔干沼泽草甸中为优势种。

15. 藏西嵩草

图 468:4

Kobresia deasyi C. B. Clarke in Kew Bull. 1908: 68. 1909.

根状茎短。秆密丛生，粗壮，高30-50厘米，直径2-3.5毫米，基部具密集、淡褐色、具光泽的宿存叶鞘。叶短于秆，对折，宽约2毫米。穗状花序通常圆柱形，稀长圆状圆柱形，长2.5-4.5厘米，直径4-8毫米；支小穗密集，顶生的雄性，侧生的雄雌顺序，基部雌花以上具2-6雄花。雌花鳞片长圆形，长5-6.5厘米，先端钝或渐尖，纸质，淡褐色，有窄白色膜质边缘，中间淡绿色，3脉。先出叶长圆形，长4-5毫米，纸质，下部黄白，上部淡褐色，腹面边缘分离近基部，背面具1-2脊，脊间1-2脉。小坚果倒卵状长圆形或椭圆形，三棱状，长2.5-3毫米，淡黄绿色，有光泽，具短喙；花柱基部稍增粗，柱头3。

产新疆及西藏，生于海拔3800-5000米沼泽草甸或潮湿草地。尼泊尔、阿富汗、吉尔吉斯斯坦和塔吉克斯坦有分布。

16. 四川嵩草

图 476

Kobresia setchwanensis Hand.-Mazz. Symb. Sin. 7(5): 1254. 1936.

根状茎短。秆密丛生，纤细，高5-40厘米，直径1-1.5毫米，基部密生栗褐色宿存叶鞘。叶短于秆，对折，稍坚挺，宽1-2毫米。花序穗状，基部常有1-2短分枝，圆柱形，长1-3.5厘米；苞片鳞片状，具长芒；支小穗多数，密生，顶生及上部的数枚雄性，余雄雌顺序，基部雌花以上具2-5雄花。雌花鳞片长圆形或长圆状披针形，长3.5-4.5毫

米，先端圆或渐尖，纸质，两侧淡褐或褐色，具宽白色膜质边缘或无，中间淡绿色，3脉，下部的数枚先端具芒。先出叶长圆形，长3-4.5毫米，膜质，上部淡褐或褐色，下部白色，腹面边缘分离近基部，背面具光滑2脊，脊间无脉。小坚果卵圆形、长圆形或倒卵状长圆形，扁三棱状，长2-3毫米，黄色，干后褐色，几无柄，顶端具短喙；花柱基部不增粗，柱头3。花果期5-9月。

产青海东南部、四川、云南西北部及西藏东部，生于海拔2300-4300米亚高山草甸、林间和林缘草地及湿润草地。

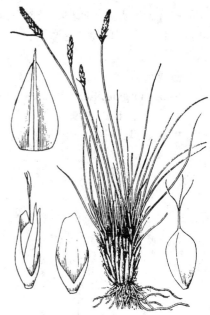

图 476 四川嵩草 （引自《中国植物志》）

17. 线叶嵩草　　　　　　　　　　　　　图 477

Kobresia capillifolia (Decne.) C. B. Clarke in Journ. Linn. Soc. Bot. 20: 378. 1883.

Elyna capillifolia Decne. in Jacquem. Voy. Bot. 4: 173. 1844.

根状茎短。秆密丛生，高10-45厘米，直径约1毫米，基部具栗褐色宿存叶鞘。叶短于秆，边缘内卷呈丝状，柔软。穗状花序线状圆柱形，长2-4.5厘米，径2-3毫米；苞片鳞片状，具短尖；支小穗多数，密生，顶生的雄性，侧生的雄雌顺序，基部雌花以上具2-4雄花。雌花鳞片长圆形或披针形，长4-6毫米，先端渐尖或钝，膜质，褐色或栗褐色，边缘具宽的白色膜质，中间淡褐色，有3脉。先出叶椭圆形或窄长圆形，长3.5-6毫米，膜质，褐或栗褐色，下部白色，腹面边缘分离近基部，背面具1-2脊，脊间1-2脉，先端圆或平截。小坚果椭圆形或倒卵状椭圆形，三棱状或扁三棱状，深灰褐色，有光泽，几无柄，具短喙或几无喙；花柱基部不增粗，柱头3。花果期5-9月。

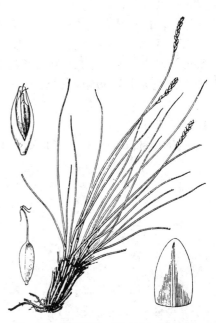

图 477 线叶嵩草 （引自《中国植物志》）

产内蒙古、甘肃、青海、新疆、四川、云南西北部及西藏，生于海拔1800-4800米山坡灌丛草甸、林缘草地或湿润草地。哈萨克斯坦、塔吉克斯坦、吉尔吉斯斯坦、蒙古西部、阿富汗、克什米尔地区、尼泊尔有分布。

18. 嵩草　　　　　　　　　　　　　　　图 478

Kobresia myosuroides (Villars) Fiori in Fiori et Paol. Fl. Anal. Ital. 1: 125. 1896.

Carex myosuroides Villars, Prosp. Pl. Dauph. 17. 1779.

Kobresia bellardii (All.) Degland; 中国高等植物图鉴 5: 261. 1976.

根状茎短。秆密丛生，高10-50

厘米，直径1毫米以下，基部具褐色有光泽宿存叶鞘。叶短于秆，丝状。穗状花序线状圆柱形，长1-3.5厘米，径2（3）毫米；支小穗多数，顶生的雄性，侧生的雄雌顺序，基部雌花以上具1（2）雄花；雌花鳞片长圆形或披针形，长2.5-4毫米，先端钝或渐尖，纸质，栗褐色，有光泽，有宽的白色膜质边缘。先出叶卵形或长圆形，长2-3.5毫米，膜质，下部白色，上部栗褐色，腹面边缘分离至2/3，背面具微粗糙2脊，脊间无脉。小坚果倒卵圆形或长圆形，三棱状，有时双凸状，长2-2.5毫米，暗灰褐色，有光泽，几无柄，具短喙；花柱基部稍增粗，柱头3，有时2。花果期5-9月。

产黑龙江、吉林、辽宁、内蒙古、河北、山西、河南东北部、宁夏、甘肃、青海、新疆、四川、云南及西藏，生于海拔2600-4800米河漫滩、湿润草地、林下、沼泽草甸和灌丛草甸。俄罗斯、哈萨克斯坦、吉尔吉斯斯坦、朝鲜半岛、日本、蒙古、欧洲、北美洲有分布。

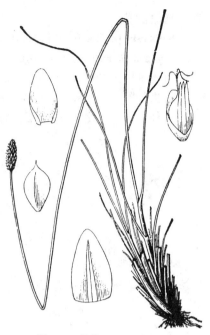

图 478 嵩草 （引自《图鉴》）

19. 西藏嵩草 图 479

Kobresia tibetica Maxim. in Bull. Acad. Imp. Sci. St. Petersb. 29: 219. 1883.

根状茎短。秆密丛生，纤细，高20-50厘米，直径1-1.5毫米，基部具褐或褐棕色宿存叶鞘。叶短于秆，丝状，柔软，宽不及1毫米。穗状花序椭圆形或长圆形，长1.3-2厘米，直径3-5毫米；支小穗多数，密生，顶生的雄性，侧生的雄雌顺序，基部雌花以上具3-4雄花。雌花鳞片长圆形或长圆状披针形，长3.5-4.5毫米，先端圆或钝，膜质，褐或栗褐色，边缘及上部均为白色透明

薄膜质。先出叶长圆形或卵状长圆形，长2.5-3.5毫米，膜质，淡褐色，腹面边缘分离近基部，背面无脊无脉。小坚果长圆形或倒卵状长圆形，扁三棱状，长2.3-3毫米，暗灰色，有光泽，几无柄，具短喙；花柱基部微增粗，柱头3。花果期5-8月。

产甘肃、青海、新疆、四川、云南及西藏，生于海拔3000-4600米河滩地、湿润草地、高山灌丛草甸。

[附] **藏北嵩草 Kobresia littledalei** C. B. Clarke in Kew Bull. Add. ser.

图 479 西藏嵩草 （引自《图鉴》）

8, 67. 1908. 与西藏嵩草的区别：叶质稍硬，坚挺，宽1-1.5毫米；秆坚挺，质硬，直径2-3毫米。产新疆南部及西藏，生于海拔4200-5400米高山草甸或沼泽草甸。

20. 高原嵩草　　　　　　　　　　　　图 480：5-7

Kobresia pusilla Ivan. in Journ. Bot. URSS 24: 496. 1939.

Kobresia humilis auct. non (C. A. Mey. ex Trautv.) Sergiev: 中国高等植物图鉴 5: 261. 1976. *pro. part.*, excl. pl. Xinjiang. et fig.

根状茎短。秆密丛生，低矮，高 2-12 厘米，基部具褐色宿存叶鞘。叶短于秆，对折，宽 1-1.5（2）毫米。穗状花序椭圆形或长圆形，长 0.5-1.2 厘米，直径 3-4 毫米；支小穗少数，密生，顶生的雄性，侧生的雄雌顺序，基部雌花以上具 3-4 雄花。雌花鳞片长圆形或披针形，长 3.2-5 毫米，先端钝或锐尖，纸质，两侧褐色淡褐色，有白色膜质边缘，中间绿色，3 脉，基部 1 鳞片具短芒。先出叶长圆形，长 4-5.5 毫米，膜质，淡褐色，腹面边缘分离

至基部，背面有微粗糙 2 脊，脊间 1-2 短脉。小坚果倒卵圆形或长圆形，双凸状或平凸状，长 2-2.5 毫米，几无柄，具短喙，暗灰褐色，有光泽；花柱基部不增粗，柱头 2。花果期 5-10 月。

产内蒙古、河北、宁夏、甘肃、青海、新疆、四川、云南及西藏，生于海拔 3200-5300 米高山草甸或沼泽草甸。

[附] **矮生嵩草** 图 480：1-4 **Kobresia humilis** (C. A. Mey. ex Trautv.) Sergiev in Kom. Fl. URSS 3: 111. 1935. excl. syn. K. persica Kükenth. et Bornm. —— *Elyna humilis* C. A. Mey. ex Trautv. in Acta Hort. Petrop. 1: 21. 1871.

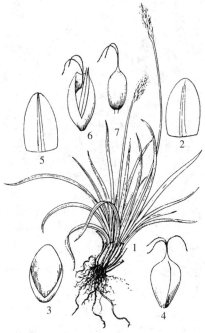

图 480：1-4.矮生嵩草　5-7.高原嵩草
（引自《中国植物志》）

与高原嵩草的区别：小坚果三棱状；柱头 3。产新疆，生于海拔 2500-3200 米高山草甸带山坡阳处。哈萨克斯坦、吉尔吉斯斯坦有分布。

21. 匍茎嵩草　　　　　　　　　　　　图 481

Kobresia stolonifera Y. C. Tang ex P. C. Li in Acta Phytotax. Sin. 37 (2): 154. f. 2. 1999.

具细长匍匐根状茎。秆单生，高 6-28 厘米，纤细，基部具褐或淡褐色无叶鞘和宿存叶鞘。叶短于秆，丝状。花序为简单穗状，稀基部有短分枝，椭圆形或卵状椭圆形，长 1-2 厘米；支小穗排列紧密，顶生及上部的 3-10 雄性，余 3-7 雄雌顺序，基部雌花以上具 1-10 雄花。雌花鳞片长圆形，长 5.5-8 毫米，先端渐尖，基部的 1 个鳞片具芒，厚纸质，两侧褐或栗褐色，具白色膜质边缘，中间绿色，1-3 脉。先出叶窄椭圆形，长 7-8 毫米，厚纸质或近革质，下部黄白色，上部褐或栗褐色，腹面边缘分离近基部，背面 2

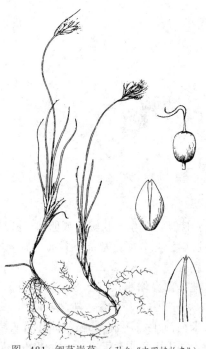

图 481　匍茎嵩草　（引自《中国植物志》）

脊，脊间1-2短脉。小坚果长圆形，双凸状，长约3.5毫米，基部具0.8毫米长的柄，顶端圆，无喙，暗灰褐色；花柱短，基部不增粗，柱头2。花果期6-9月。

产新疆南部及西藏，生于海拔4500-5300米沙丘、河谷砂地、砂砾地和湖边草地。

22. 粗壮嵩草　　　　　　　图 468：5-8　图 482

Kobresia robusta Maxim. in Bull. Acad. Imp. Sci. St. Petersb. 29: 218. 1883.

根状茎短。秆密丛生，粗壮，高15-30厘米，基部具淡褐色宿存叶鞘。叶短于秆，对折，宽1-2毫米，质硬，穗状花序圆柱形，长2-8厘米，直径0.7-1厘米；支小穗多数，通常上部的排列较紧密，顶生的雄性，侧生的雄雌顺序，基部雌花以上具3-4雄花。雌花鳞片卵形、宽卵形、长圆形或卵状披针形，长0.6-1厘米，先端圆或钝，厚纸质，两侧淡褐色，稀褐色，具宽白色膜质边缘，中间淡黄绿色，3脉。先出叶囊状，椭圆形或卵状披针形，长0.8-1厘米，厚纸质，淡褐或褐色，腹面边缘连合至中部或中部以上，背面具平滑不甚明显2脊，脊间具4-5脉，上部渐窄成短的或中等长的喙，喙口斜，白色膜质。小坚果椭圆形，三棱状，棱面平或凹，长4-7毫米，黄绿色，具短柄，无喙；花柱基部稍增粗，柱头3。花果期5-9月。

图 482　粗壮嵩草　（引自《中国植物志》）

产甘肃、青海、新疆及西藏，生于海拔2900-5300米高山灌丛草甸、沙丘或河滩沙地。

23. 线形嵩草　　　　　　　图 483

Kobresia duthiei C. B. Clarke in Hook. f. Fl. Brit. Ind. 6: 697. 1894.

根状茎短。秆密丛生，高10-30厘米，基部具稀疏褐色宿存叶鞘。叶短于秆，平展或基部对折，宽1.5-3毫米。穗状花序线状圆柱形，长2-3厘米，直径2-3毫米，基部向上渐粗；支小穗多数，密生，顶生的雄性，侧生的雄雌顺序，长3-4毫米，在基部雌花以上具1（2）雄花。雌花鳞片卵状长圆形，长2.5-3毫米，先端锐尖或钝，纸质，两侧淡黄褐色，有白色膜质边缘，中间淡绿色，3脉。先出叶线状长圆形，长2.5-3毫米，膜质，淡黄褐色，腹面边缘连合至中部或中部以上，背面具粗糙2脊，脊间无脉，先端2浅裂。小坚果长圆形，三棱状，长2-2.5毫米；花柱基部不增粗，柱头

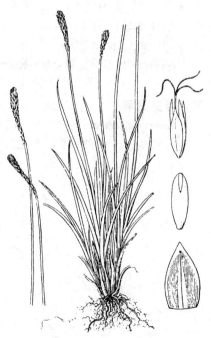

图 483　线形嵩草　（蔡淑琴绘）

3。花果期7-9月。

产四川西南部、云南西北部及西藏，生于海拔4100-4400米高山灌丛草甸。尼泊尔、印度北部至西喜马拉雅山区有分布。

24. 蕨状嵩草

图 484：1-5

Kobresia filicina (C. B. Clarke) C. B. Clarke in Hook. f. Fl. Brit. Ind. 6：696. 1894.

Hemicarex filicina C. B. Clarke in Journ. Linn. Soc. Bot. 20: 384. 1883.

根状茎稍长。秆疏丛生，高8-25厘米，直径约0.5毫米，三棱柱形，沿棱密生短糙毛，基部具褐色宿存叶鞘。叶短于秆，下部平展，宽1-2毫米，上部线形，边缘及下面中脉疏生短糙毛。花序线形，长2-3厘米，径约1.5毫米；支小穗多数，密生，长圆形，长3-3.5毫米，顶生的雄性，侧生的雌性或雄雌顺序，后者基部雌花以上具1-2雄花。雄花鳞片内有1-2雄蕊或部分不育；雌花鳞片卵状长圆形，长2.5-3毫米，先端具1.2-2毫米长的芒，膜质，两侧褐或淡褐色，中间绿色，3脉。先出叶线状长圆形，长2-3毫米，膜质，淡褐带深色点和短线，腹面边缘分离至基部，背面具微粗糙2脊。小坚果线状长圆形，三棱状，长2-2.5毫米，淡褐色，具短柄，顶端具圆锥状喙，常伸出先出叶外；花柱基部略粗，柱头3，外卷。退化小穗轴与小坚果柄近等长。花果期7-8月。

产云南西北部及西藏东部，生于海拔2900-4000米林下或河边岩石上。印度北部有分布。

[附] **长芒嵩草** 图 484：6-8 **Kobresia longearistita** P. C. Li in Acta Bot.

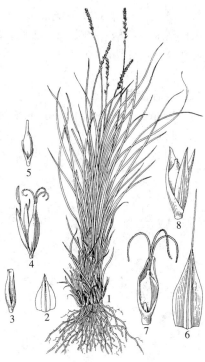

图 484：1-5.蕨状嵩草 6-8.长芒嵩草
（蔡淑琴绘）

Yunnan. 12(1): 16. f. 8. 1990. 与蕨状嵩草的区别：秆稍坚挺，高30-35厘米，直径约1毫米；雄花全部发育，每一鳞片内具3雄蕊；雌花鳞片先端具4-5毫米长之芒，下部者，芒长达1厘米；先出叶长4.5-4.8毫米；小坚果椭圆形，长2.8-3毫米，顶端具短喙，不伸出先出叶外。产四川西南部。

25. 坚挺嵩草

图 485：1-4

Kobresia seticulmis B?cklr. in Linnaea 39: 3. 1875.

根状茎短。秆密丛生，直立，高10-30厘米，基部具褐色宿存叶鞘。叶短于秆或等长，平展，宽2-4毫米，幼时背面沿脉疏生短糙毛。穗状花序通常为雄雌顺序，偶全部雌性，线状圆柱形，长2-4厘米；雄花部分长4-7毫米，雌花部分具多数密生支小穗。雌花鳞片长圆形，长2.5-4毫米，先端钝，具短尖，纸质，两侧褐或栗褐色，中间绿色，1-3脉。先出叶长圆形，长2.5-4毫米，下部淡褐色，上部褐色，背面具粗糙2脊，脊间无脉，腹面边缘幼时通常连合至中部以上，果成熟后裂至中部或基部。小坚果线状长圆形，钝三棱状，长4.5-5.5毫米，褐色，几无柄，具直或内弯长喙；花柱基部不增粗，柱头3。退化小穗轴略扁，长及果1/4。

产四川西南部、云南及西藏东南部，生于海拔3600-4300米高山灌丛草甸带岩石上。印度北部及尼泊尔有分布。

26. 高山嵩草　　　　　　　　　　　　　　　图 486

Kobresia pygmaea C. B. Clarke in Hook. f. Fl. Brit. Ind. 6: 696. 1894.

垫状草本。秆高 1-3.5 厘米，基部具密的褐色宿存叶鞘。叶与秆近等长，线形，坚挺。穗状花序雄雌顺序，稀雌雄异序，椭圆形，长 3-5 毫米；支小穗 5-7，密生，顶生及上部的 2-3 雄性，侧生的雌性，稀全为单性。雌花鳞片宽卵形、卵形或卵状长圆形，长 2-4 毫米，先端圆或钝，具短尖或短芒，纸质，褐色，具窄白色膜质边缘，中部淡黄绿色，3 脉。先出叶椭圆形，长 2-4 毫米，膜质，褐色，先端白色，腹面边缘分离达基部，背面具粗糙 2 脊。小坚果椭圆形或倒卵状椭圆形，扁三棱状，长 1.5-2 毫米，成熟时暗褐色，几无喙；花柱短，基部不增粗，柱头 3，退化小穗轴扁，长为果 1/2。

产内蒙古、河北、山西、宁夏北部、甘肃、青海、新疆南部、四川、云南及西藏，生于海拔 3200-5400 米高山灌丛草甸和高山草甸。不丹、印度北部、尼泊尔至克什米尔地区有分布。青藏高原及喜马拉雅山区常为高山草甸带建群种。优良牧草。

[附] **新都嵩草 Kobresia pygmaea** var. **filiculmis** Kükenth. in Acta Hort. Gothob. 5: 37. 1930. 与模式变种的区别：秆高 5-10 厘米。穗状花序长 0.5-1 厘米，具 7-10 支小穗。产四川西部、云南西北部及西藏，生于海拔 3500-4600 米山谷林间湿润草地。优良牧草。

27. 尾穗嵩草　　　　　　　　　　　　　　　图 485：5-7

Kobresia cercostachya (Franch.) C. B. Clarke in Journ. Linn. Soc. Bot. 36: 267. 1903. pro. part.

Carex cercostachya Franch. in Bull. Soc. Philom ser. 8, 7: 27. 1895.

根状茎短。秆密丛生，高 10-35 厘米，直径约 1 毫米，基部有褐色宿存叶鞘。叶短于秆或近等长，对折，宽 1-2 毫米。穗状花序线状圆柱形，长 1.7-7 厘米，直径 3-6 毫米，雄雌顺序，偶雌雄异序，具多数密生支小穗；雌性支小穗通常仅具 1 朵雌花，偶在雌花以上有 1-2 雄花。雌花鳞片长圆状披针形，长 4-7.5 毫米，先端渐尖或钝，纸质，褐色，

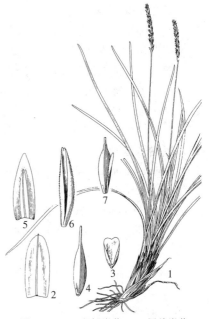

图 485：1-4.坚挺嵩草 5-7.尾穗嵩草
（冀朝祯绘）

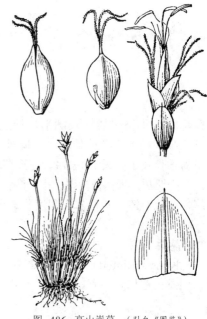

图 486 高山嵩草 （引自《图鉴》）

有宽白色膜质边缘，中间黄绿色，3 脉。先出叶披针形或窄椭圆形，长 4.5-6.7 毫米，纸质，下部淡黄绿色，上部褐色，先端白色膜质，截形或 2 浅裂，腹面边缘分离近基部，背面具 2 脊，脊具小刺，脊间有 2 短脉。小坚果线状长圆形，三棱

状，长2.5-4毫米，淡褐色，具圆锥状短喙；花柱基部稍增粗，柱头3。退化小穗轴长为果1/3。花果期7-10月。

产四川、云南及西藏，生于海拔3600-5000米高山灌丛草甸和高山草甸碎石上或流石滩边缘，在横断山的一些地区为斑状草甸的建群种。

[附] **发秆嵩草 Kobresia cercostachya** var. **capillacea** P. C. Li in Acta Bot. Yunnan. 12(1): 17. 1990. 与模式变种的区别：叶和秆均纤细如发，柔软；花序线形，直径约2毫米；支小穗疏生。产云南西北部及西藏东部，生于海拔4000-4500米高山灌丛草甸带岩石上。

28. 尼泊尔嵩草　　　　　　　　　　　　　　图 487

Kobresia nepalensis (Nees) Kükenth. in Engl. Pflanzenr. Heft 38(IV, 20): 40. f. 9. 1909.

Uncinia nepalensis Nees in Wight. Contr. Bot. Ind. 129. 1834.

根状茎短。秆密丛生，纤细，高10-40厘米，基部具褐或淡褐色宿存叶鞘。叶与秆近等长，线形。穗状花序雄雌顺序，线形，长3.5-8.5厘米，具多数密生支小穗。雌花鳞片长圆形或长圆状披针形，长3.5-4.5毫米，先端渐尖或钝，纸质，褐色，有时有白色膜质边缘，中间淡绿色，3脉。先出叶线状长圆形，长5-7.5毫米，膜质，黄绿色，腹面边缘连合近顶部呈囊状，背面具粗糙2脊，脊间无脉，口部斜。小坚果线状长圆形，钝三棱状，长3.5-5.5毫米，褐色，具长喙，不伸出或略伸出先出叶外；花柱基部略增粗，柱头3。退化小穗轴长及小坚果1/3-1/4。花果期6-10月。

产四川、云南及西藏，生于海拔3600-4600米高山灌丛草甸和高山草甸或流石滩。尼泊尔、印度北部至克什米尔地区有分布。

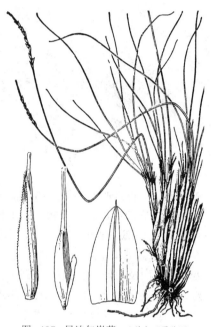

图 487　尼泊尔嵩草　（引自《图鉴》）

29. 膨囊嵩草　　　　　　　　　　　　　　图 488

Kobresia inflata P. C. Li in Acta Bot. Yunnan. 12(1): 16. f. 7. 1990.

根状茎稍长。秆疏丛生，纤细，高6-12厘米，基部具淡褐色宿存叶鞘。叶短于秆，平展，宽2-3毫米，先端卷曲。穗状花序雄雌顺序，长圆形，长2-3厘米，基部有时1-2分枝；苞片鳞片状，长7-8毫米，先端具长芒；支小穗10，单性，通常上部3-4枚雄性，余雌性4-10枚。雌花鳞片卵形或卵状长圆形，长7-7.2毫米，先端渐尖，纸质，栗褐色，有

图 488　膨囊嵩草　（孙英宝绘）

光泽，具窄白色膜质边缘，中间绿色，3 脉。先出叶囊状，长圆形，长约 8 毫米，膨胀，近革质，下部黄色，上部栗褐色，有光泽，腹面边缘连合近顶部，背面具光滑 2 脊，脊间具数细脉，上部具中等长的喙，喙口白色膜质，斜裂。小坚果倒卵状椭圆形，三棱状，长约 3 毫米，几无喙，淡褐色；花柱基部略增粗，柱头 3。退化小穗轴扁，长于果，不伸出先出叶外，顶端有时尚存 1 发育雄花。花果期 7-9 月。

产云南西北部及西藏，生于海拔 4500-4600 米高山草甸。

30. 禾叶嵩草 图 489

Kobresia graminifolia C. B. Clarke in Journ. Linn. Soc. Bot. 36: 268. 1903.

根状茎短。秆密丛生，坚挺，高 30-45 厘米，基部宿存叶鞘淡褐色，有光泽，高及秆 1/4-1/3。叶短于秆或与秆近等长，对折，线形，宽 1-2 毫米。穗状花序单性，雌雄异株；雄花序线状圆柱形，长 4-5 厘米；雌花序线形或线状圆柱形，长 6-7.5 厘米，直径 3-6 毫米，具多数支小穗。雌花鳞片窄长圆形，长 6-7 毫米，纸质，先端钝，两侧褐色，有窄白色膜质边缘，中间淡黄色，1-3 脉。先出叶窄椭圆形，长 4-5.5 毫米，纸质，下部黄白色，上部褐色，在腹面，边缘分离近基部，背面具微粗糙的 2 脊，脊间无脉或具细脉，顶端白色膜质，截形或浅 2 裂。小坚

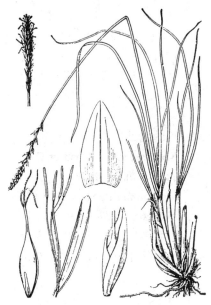

图 489 禾叶嵩草 （引自《图鉴》）

果窄椭圆形，三棱状，长 3.5-5.5 毫米，淡褐色，具短柄，顶端渐窄成圆锥状的喙，不伸出或略伸出先出叶外；花柱基部不增粗，柱头 3。退化小穗轴扁，长为小坚果的 1/3。花果期 6-9 月。

产陕西甘肃南部、青海、云南及西藏，生于海拔 3100-3800 米的山顶、岩缝中或林间草地。

31. 三脉嵩草 图 490

Kobresia esanbeckii (Kunth) Wang et Tang ex P. C. Li in Vascul. Plant. Hengduan Mount. 2352. 1994.

Carex esanbeckii Kunth, Enum. Pl. 2: 522. 1837.

根状茎短。秆密丛生，纤细，高 20-30 厘米，基部具暗褐色宿存叶鞘。叶长于秆，平展，宽 2-3 毫米。穗状花序单性，雌雄异株；雄花序未见；雌花序线状，长 4-5 厘米，具多数密生支小穗。雌花鳞片长圆形，长 2.8-3 毫米，先端渐尖或钝，纸质，栗褐色，上部具窄白色膜质边缘，中间黄绿色，3 脉。先出叶线状长圆形，长 2.5-3 毫米，囊状，膜质，栗褐色，腹面边缘连合近顶部，背面具粗糙 2 脊，脊间无脉。小坚果线状长圆形，扁

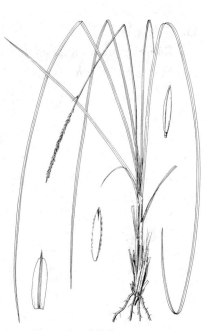

图 490 三脉嵩草 （孙英宝绘）

三棱状，长2-2.5毫米，淡褐色，顶端具圆锥状的喙，不伸出先出叶外；花柱基部不增粗，柱头3。退化小穗轴长为小坚果1/4。花果期5-10月。

产云南西北部及西藏南部，生于海拔3200-3400米高山栎林下岩石上。印度北部及尼泊尔有分布。

32. 短轴嵩草

图 491：1-4

Kobresia vidua (Boott ex C. B. Clarke) Kükenth. in Engl. Pflanzenr. Heft. 38(IV. 20): 40. 1909.

Carex vidua Boott ex C. B. Clarke in Hook. f. Fl. Brit. Ind. 6: 713. 1894.

Kobresia prattii C. B. Clarke; 中国高等植物图鉴 5: 264. 1976.

根状茎短。秆密丛生，高10-40厘米，基部具褐色或暗褐色宿存叶鞘。叶短于秆，线形，宽0.5-1毫米。穗状花序单性，雌雄异株；雄花序椭圆形，长1-2.5厘米；雌花序圆柱形，长1.3-3.5厘米。雌花鳞片卵形或长圆形，长2.2-4毫米，先端钝，厚纸质，褐或栗褐色，具窄白色膜质边缘，中间黄绿色，3脉。先出叶囊状，长圆形或椭圆形，长2.2-4毫米，纸质，下部黄褐色，上部褐或栗褐色，腹面边缘连合至顶部，背面具2脊，具短喙。

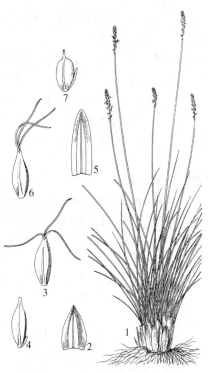

图 491：1-4.短轴嵩草 5-7.不丹嵩草（冀朝祯绘）

小坚果倒卵状长圆形，扁三棱状，长2-3.8毫米，淡褐色，有微小突起，具长喙，不伸出或略伸出先出叶之外；花柱基部不增粗，柱头3。退化小穗轴长为果1/3-1/4。花果期5-9月。

产甘肃、青海、四川、云南西北部及西藏，生于海拔3000-5100米湿润草地、沼泽草甸及高山灌丛草甸。尼泊尔有分布。

33. 不丹嵩草

图 491：5-7

Kobresia prainii Kükenth. in Bull. Herb. Boissier sér. 2, 4: 50. 1904.

根状茎短。秆密丛生，高10-25厘米，基部具淡褐色宿存叶鞘。叶短于秆，线形，宽不及1毫米。穗状花序单性，雌雄异株；雄花序圆柱形，长2-3厘米；雌花序圆柱形或长圆状圆柱形，长1-3.5厘米；支小穗多数，密生。雌花鳞片窄长圆形，长5-6.5毫米，先端钝或圆，纸质，淡褐色，具宽白色膜质边缘，中间黄色，3脉。先出叶囊状，长圆形或窄长圆形，长4-6毫米，膜

质，下部黄白色，上部淡褐色，腹面边缘连合至顶部，背面具微粗糙2脊，顶端渐窄，口部斜裂。小坚果长圆形或倒卵状长圆形，扁三棱状，长约2.5毫米，褐色，无柄，无喙，不伸出先出叶外；花柱短，基部不增粗，柱头3。退化小穗轴扁，长为果1/2。花果期5-9月。

产四川西部及西藏，生于海拔4100-5300米高山灌丛草甸和高山草甸。不丹有分布。

36. 薹草属 Carex Linn.

（戴伦凯　梁松筠　李沛琼）

多年生草本，具根状茎。秆丛生或散生，中生或侧生，直立，三棱形，基部常具无叶片的鞘。叶基生或兼具秆生叶，平展，稀边缘卷曲，条形或线形，稀披针形，基部常具鞘。苞片叶状，稀鳞片状或刚毛状，具苞鞘或无苞鞘。花单性，由1雌花或1雄花组成1个支小穗，雌性支小穗外包边缘完全合生的先出叶，即果囊，果囊内有的具退化小穗轴，基部具1鳞片状小苞片。小穗由多数支小穗组成，单性或两性，两性小穗雄雌顺序或雌雄顺序，通常雌雄同株，稀雌雄异株，具柄或无柄；小穗柄基部具枝先出叶或无，鞘状或囊状；小穗1至多数，单一顶生或多数排成穗状、总状或圆锥花序。雄花具3雄蕊，稀2枚；雌花具1雌蕊，花柱基部不增粗或增粗，柱头2-3。果囊三棱状、平凸状或双凸状，具喙；小坚果包于果囊内，三棱状或平凸状。

约2000余种，除两极外，广布各大洲。我国500余种。

1. 小穗少数至多数，稀单个顶生，通常较稀疏排成总状或圆锥花序，稀排成穗状花序，单性或两性，具柄，稀柄很短或近无柄；枝先出叶囊状或鞘状；柱头通常3，稀2个。
　　2. 小穗两性，雄雌顺序，稀单性，通常排成复花序；小穗基部的枝先出叶囊状，内有时具1雌花 ……………………………………………………………………………………………… 1. 复序薹草亚属 Subgen. Indocarex
　　2. 小穗单性或单性与两性兼有，稀全为两性，小穗单个或多个生于苞片腋内，稀排成复花序，小穗基部的枝先出叶鞘状（多见于下部的小穗），内无花 …………… 2. 薹草亚属 Subgen. Carex
1. 小穗多数，全为两性，无柄，常密集排成穗状花序；枝先出叶不发育；柱头通常2，稀3个 ……… ……………………………………………………………………………………… 3. 二柱薹草亚属 Subgen. Vignea

亚属 1. 复序薹草亚属 Subgen. 1. Indocarex Baill.

（李沛琼）

花序为简单或复出圆锥花序；小穗多数或少数，通常两性，雄雌顺序，稀单性；枝先出叶囊状，囊状枝先出叶内有1朵发育雌花或无花。

我国33种3变种。

1. 全部枝先出叶内均具1发育雌花；穗状花序；小穗多数，密集 ……………… 1. 砂地薹草 C. satsumensis
1. 全部枝先出叶内均无花；圆锥花序或穗状圆锥花序。
　2. 圆锥花序。
　　3. 小穗两性，雄雌顺序；叶下面无乳头状突起。
　　　4. 秆中生；秆生叶发达。
　　　　5. 果囊肿胀，倒卵状球形或近球形，近革质，成熟时鲜红或紫红色 ……………… 2. 浆果薹草 C. baccans
　　　　5. 果囊非上述情况。
　　　　　6. 小穗圆柱形，长2-6厘米，具多花。
　　　　　　7. 果囊倒卵形或卵圆形，扁三棱状，长3-3.5毫米，上部疏被短柔毛，不完全为小坚果所充满；雌花鳞片疏被短柔毛，3脉；宿存叶鞘淡褐色 ……………………… 3. 复序薹草 C. composita
　　　　　　7. 果囊窄椭圆形、倒卵状椭圆形，钝三棱状，长3.5-4毫米，上部两侧边缘微粗糙，完全为小坚果所充满；雌花鳞片无毛，1脉；宿存叶鞘暗褐色。
　　　　　　　8. 支花序具少数小穗，小穗常单生；雌花鳞片淡绿色，有淡褐色膜质边缘 ……………… ……………………………………………………………………………………… 3(附). 鼠尾薹草 C. myosurus
　　　　　　　8. 支花序具多数小穗，小穗单生或2-3簇生；雌花鳞片褐或紫褐色，有白色膜质边缘 ………… ……………………………………………………………………………………… 3(附). 显异薹草 C. emineus
　　　　　6. 小穗长圆形，长不及2厘米，具少花。

9. 雌花鳞片先端具芒；果囊长 0.35-1 厘米，淡褐、淡褐白、淡黄褐、淡绿或褐绿色；花柱基部增粗。

　　10. 小穗雄花部分长圆形，长 6-7 毫米，宽 2-3 毫米；果囊长 0.5-1 厘米，喙细长，几为果囊 1.5 倍；支花序具少数小穗；叶宽 2-2.5 毫米 ·· 4. **细长喙薹草 C. commixta**

　　10. 小穗雄花部分长圆状圆柱形或圆柱形，长 5-8 毫米，宽约 1 毫米；果囊长 3.5-5 毫米，喙短于果囊或两者近等长；支花穗具多数小穗；叶宽 0.5-1.2 厘米。

　　　　11. 雌花鳞片先端具外弯或扭曲芒，芒长于鳞片 1-2 倍。

　　　　　　12. 支圆锥花序紧密；小穗雄花部分长于雌花部分或二者近等长；果囊卵圆形或椭圆形，微肿胀三棱状，绿色，干后淡褐色；雌花鳞片两侧淡褐色，长及果囊 1/2-2/3 ·· 5. **印度薹草 C. indica**

　　　　　　12. 支圆锥花序疏散开展；小穗雄花部分长及雌花部分 1/3-1/5；果囊卵形或菱状卵形，三棱状，不肿胀，淡绿色；雌花鳞片淡黄白色，长及果囊 1/4 ·· 6. **印度型薹草 C. indicaeformis**

　　　　11. 雌花鳞片先端具直伸芒，芒短于鳞片；果囊长 3-3.5 毫米，淡褐白或淡黄绿色。

　　　　　　13. 雌花鳞片与果囊均淡褐白色，密生棕褐色点和短线；支花序轴密被短粗毛；果囊喙口具 2 小齿 ·· 7. **十字薹草 C. cruciata**

　　　　　　13. 雌花鳞片与果囊均淡黄绿色，干后麦秆黄色；支花序轴疏被微毛或近无毛；果囊喙口斜截 ·· 7(附). **草黄薹草 C. stramentitia**

9. 雌花鳞片先端无芒，如具短芒或短尖，则背面通常疏被短粗毛；果囊长不及 3 毫米，褐、红褐或淡褐白色，密生红褐色点和短线（仅近蕨薹草 C. subfilicinoides 果囊色较淡）；花柱基部不增粗或稍增粗。

　　14. 雌花鳞片先端无芒，背面无毛；果囊无毛。

　　　　15. 支圆锥花序三角状卵圆形；雌花鳞片和果囊褐、红褐或淡褐色，密生红褐色点和短线 ·· 8. **蕨状薹草 C. filicina**

　　　　15. 支圆锥花序披针形；雌花鳞片淡绿色，果囊淡褐或淡黄绿色，有时疏生褐色点和短线 ·· 9. **近蕨薹草 C. subfilicinoides**

　　14. 雌花鳞片先端具短芒或短尖，背面疏被短粗毛；果囊上部疏被短粗毛。

　　　　16. 支圆锥花序卵状三角形，5-9；果囊淡褐白色，密生棕褐色点和短线，喙外弯，稍短于果囊或长为果囊 1/2；花柱基部稍增粗 ·· 10. **连续薹草 C. continua**

　　　　16. 支圆锥花序长圆状披针形，通常双生；果囊红褐色，喙口具 2 小齿，与果囊近等长；花柱基部不增粗 ·· 11. **红头薹草 C. rafflesiana**

4. 秆侧生；秆生叶佛焰苞状。

　17. 基生叶簇生或丛生，叶片芦叶状。

　　18. 圆锥花序复出，有数枚支花序；秆坚挺。

　　　19. 支花序圆锥状，具 10-20 小穗；小穗雄花部分线状披针形。

　　　　20. 叶两面无毛或下面粗糙；花柱基部不增粗。

　　　　　21. 小穗雄花部分短于雌花部分，或二者近等长 ·· 12. **花葶薹草 C. scaposa**

　　　　　21. 小穗雄花部分长于雌花部分 ·· 12(附). **长雄薹草 C. scaposa var. dolicostachya**

　　　　20. 叶下面密被短粗毛；花柱基部稍增粗 ·· 12(附). **糙叶花葶薹草 C. scaposa var. hirsuta**

　　　19. 支花序伞房花序状，具 4-12 小穗；小穗雄花部分圆形或长圆形。

　　　　22. 叶窄椭圆形、椭圆状披针形或窄椭圆状倒披针形，稀窄椭圆状带形；果囊椭圆形，喙长为囊体 1/2 或稍短。

　　　　　23. 叶缘密生流苏状长硬毛，两面无毛或下面密被短粗毛，叶柄被短粗毛；小坚果椭圆形。

　　　　　　24. 叶两面无毛或下面粗糙 ·· 13. **流苏薹草 C. densefimbriata**

　　　　　　24. 叶下面密被短粗毛 ·· 13(附). **粗毛流苏薹草 C. densefimbriata var. hirsuta**

　　　　　23. 叶缘无毛，下面密被短粗毛，叶柄无毛；小坚果卵圆形 ·· 14. **广东薹草 C. adrienii**

　　　　22. 叶带形或带状倒披针形；果囊卵圆形，喙长为果囊体 1/4 ·· 14(附). **刘氏薹草 C. liouana**

18. 圆锥花序简单，通常具 1 枚顶生支花序，稀具 1-2 侧生支花序；秆柔弱。

25. 叶带形，边缘平展；小穗雄花部分长圆状圆柱形；秆疏被直立短粗毛 … 15. 丫蕊薹草 **C. ypsilandraefolia**

25. 叶窄椭圆形或窄椭圆状带形，边缘呈密裙褶状；小穗雄花部分圆形或长圆形；秆疏被倒生短粗毛 ……
………………………………………………………………… 15(附). **林氏薹草 C. lingii**

17. 基生叶数枚常形成较高分蘖枝，叶禾叶状 ………………………………… 16. **少穗薹草 C. oligostachya**

3. 小穗单性，雌雄同株异序，雄性支小穗生于上部，雌性的生于下部；叶下面具乳头状突起 …………………
………………………………………………………………… 17. **宝兴薹草 C. moupinensis**

2. 穗状圆锥花序；小穗密生呈头状 ……………………………………… 18. **三头薹草 C. tricephala**

1. 砂地薹草　　　　　　　　　图 492

Carex satsumensis Franch. et Sav. Enum. Pl. Jap. 2: 132. 1877.

根茎长而匍匐。秆疏丛生，高 7-20 厘米。叶短于或长于秆，平展，宽 1.5-7 毫米，基部具黑褐色、纤维状宿存叶鞘。苞片线形，短于花序，无苞鞘。穗状花序单一顶生，长圆状圆柱形，长 3-8 厘米。小穗多数，密集而平展，全部从囊状内具 1 朵发育雌花的枝先出叶中生出，雄雌顺序，长圆形，长 0.6-1 厘米，基部的数枚有时具分枝；雄花部分有 4-5 花；雌花部分具多数密生花。雌花鳞

片卵形，长 2-2.5 毫米，先端尖，膜质，淡黄或两侧淡褐色，边缘白色膜质。果囊开展，稍长于鳞片，长圆状披针形，钝三棱状，长 2.5-3 毫米，膜质，淡绿色，腹面具 2 侧脉及数细脉，背面色淡无脉，基部成短柄，顶端具长喙，喙口斜截。小坚果长圆形，钝三棱状，长约 1.5 毫米，淡黄色；花柱基部略增粗，柱头 3。花果期 5-8 月。

产台湾，生于砂质或砂砾质坡地。日本、越南及菲律宾有分布。

图 492　砂地薹草　（吴彰桦绘）

2. 浆果薹草　　　　　　　　图 493 彩片97

Carex baccans Nees in Wight. Contr. Bot. Ind. 122. 1834.

根茎木质。秆密丛生，直立粗壮，高 0.8-1.5 米。叶基生和秆生，平展，宽 0.8-1.2 厘米，基部具红褐色宿存叶鞘。苞片叶状，长于花序，具长苞鞘。圆锥花序复出，长 10-35 厘米，支花序 3-8，单生，长圆形，长 5-6 厘米，下部的 1-3，疏离，余接近；支花序梗坚挺，基部的 1 枚长 12-14 厘米，上部的渐短，通常不伸出苞鞘。小穗多数，全部从囊状、内无

图 493　浆果薹草　（引自《图鉴》）

花的枝先出叶中生出，圆柱形，长3-6厘米，两性，雄雌顺序。雌花鳞片宽卵形，长2-2.5毫米，先端具长芒，纸质，紫褐或栗褐色，边缘白色膜质。果囊倒卵状球形或近球形，肿胀，长3.5-4.5毫米，近革质，成熟时鲜红或紫红色，有光泽，纵脉多数，具短柄，顶端具短喙，喙口具2小齿。小坚果椭圆形，三棱状，长3-3.5毫米，褐色；花柱基部不增粗，柱头3。花果期8-12月。

产浙江南部、台湾、福建、广东、香港、海南、广西、贵州、四川及云南，生于海拔200-2700米林边、河边及村边。马来西亚、越南、尼泊尔及印度有分布。

3. 复序薹草　　　　　　　　　　　　　图 494

Carex composita Boott, Illustr. Carex 1: 3. t. 8. 1858.

根茎木质。秆丛生，高40-60厘米。叶基生和秆生，平展，宽2-3

图 494　复序薹草　（引自《图鉴》）

毫米，上部粗糙，边缘具刺毛状细齿，基部具淡褐色宿存叶鞘。圆锥花序长20-30厘米，支花序2-4，总状，单生，具3-8小穗。小穗圆柱形，长2-6厘米，具多花，两性，雄雌顺序。雌花鳞片长圆状披针形，长2.5-3毫米，先端渐尖，具短芒，膜质，两侧红褐色，中间黄绿色，3脉，具白色窄膜质边缘，疏被短柔毛。果囊倒卵圆形或卵圆形，扁三棱状，稍肿胀，不完全被小坚果所充满，长3-3.5毫米，纸质，淡绿色，具褐或紫褐色斑点，有数条细脉，上部疏被短柔毛，几无柄，顶端具短喙，喙口具2小齿。小坚果卵形或三角状卵形，三棱状，长约1.5毫米，褐色，具短柄，顶端具扭曲短尖；花柱基部稍增粗，柱头3。花果期7-11月。

产贵州西南部及云南，生于海拔1300-2500米常绿阔叶林或针阔叶混交林缘草地。不丹和印度北部有分布。

[附] **鼠尾薹草 Carex myosurus** Nees in Wight, Contrib. Bot. Ind. 122. 1834. 与复序薹草的区别：宿存叶鞘暗褐色；支花序具少数小穗，小穗常单生；雌花鳞片无毛，淡绿色，有淡褐色膜质边缘，有1脉；果

囊倒卵状椭圆形，三棱状，长3.5-4毫米，上部两侧边缘微粗糙，完全被小坚果所充满。产云南西北部及西藏东南部，生于海拔1200-2000米常绿阔叶林下或林缘。印度、缅甸及越南有分布。

[附] **显异薹草 Carex emineus** Nees in Wight, Contr. Bot. Ind. 122. 1834. 与复序薹草的区别：宿存叶鞘暗褐色；支花序具多数小穗，小穗单生或2-3簇生；雌花鳞片无毛，褐或紫褐色，有白色膜质边缘，有1脉；果囊倒卵状椭圆形或窄椭圆形，三棱状，长3-4毫米，完全被小坚果所充满。产湖南、四川及西藏，生于海拔350-2000米常绿阔叶林林缘。不丹、印度北部、尼泊尔至克什米尔地区有分布。

4. 细长喙薹草　　　　　　　　　　　　图 495

Carex commixta Steud. Syn. 2: 207. 1855.

根状茎较粗。秆丛生，粗壮，高0.3-1米。叶基生和秆生，带形，宽2-2.5厘米，有3条隆起的脉，宿存叶鞘褐色。圆锥花序简单或复出，长25-30厘米，具1-5支花序；支花序卵状三角形，长4-10厘米，单生，有时双生，具少数小穗。枝先出叶囊状，内无花，小穗全部从枝先出叶中生出，两性，雄雌顺序，长0.7-1.8厘米；雄花部分长圆形，长6-7毫米，宽2-3毫米，雌花部分短于雄花部分。雌花鳞片披针形，

长4.5-5.5毫米，先端渐尖或微凹，膜质，淡黄白或淡褐色，背面疏被短粗毛，具芒。果囊近菱形，钝三棱状，长0.5-1厘米，淡褐或淡绿色，多脉，疏被短柔毛，顶端具长喙，喙长几为果囊2/3，喙口斜截。小坚果椭圆形，三棱状，长3-3.5毫米，褐色；花柱基部增粗，柱头3。花果期3-7月。

产海南，生于海拔600-1300米林下或林缘。缅甸、泰国、越南、马来西亚及印度尼西亚有分布。

5. 印度薹草　　　　　　　　　　图 496:6-8

Carex indica Linn. Mant. 2: 574. 1771.

根状茎粗壮，丛生，木质。秆高0.4-1米。叶基生和秆生，平展，宽6-8毫米，两面粗糙，3脉隆起，基部具暗褐色宿存叶鞘。圆锥花序复出，长20-30厘米，支圆锥花序5-6，紧密，单生，卵状长圆形，长4-5厘米，小穗多数，密生，全部从囊状、内无花的枝先出叶中生出，两性，雄雌顺序，长0.6-1厘米；雄花部分长于雌花部分或二者近等长。雌花鳞片卵形或长圆形，长2-2.5毫米，具长芒，纸质，中部淡黄褐或黄白色，3脉，两侧淡褐色，有白色宽膜质边缘；果囊开展，卵圆形或椭圆形，微肿胀三棱状，长约3.5毫米，纸质，无毛，绿色，干后淡褐色，有多数脉，顶端具中等长的喙，喙略短于果囊，喙口斜截形。小坚果长圆形，三棱状，长约2毫米；花柱基部增粗，柱头3。果期4月。

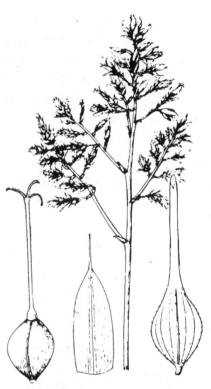

图 495 细长喙薹草　（吴彰桦绘）

产海南、广西及贵州，生于海拔800-900米山坡草地。缅甸、泰国、越南、老挝、柬埔寨、印度、马来西亚、菲律宾、巴布亚新几内亚、所罗门群岛、斐济、澳大利亚及新喀里多尼亚有分布。

6. 印度型薹草　　　　　　　　　　图 496:1-5

Carex indicaeformis Wang et Tang ex P. C. Li in Acta Phytotax. Sin. 37(2): 156. f. 1. 1999.

根状茎粗壮，木质。秆丛生，高0.6-1米。叶基生和秆生，平展，宽0.8-1.5厘米，基部具淡褐色宿存叶鞘。圆锥花序复出；支圆锥花序4-6，疏松，开展，单生，近三角状卵圆形，长5-8厘米；枝先出叶囊状，内无花。小穗多数，全部从枝先出叶中生出，疏松，开展，顶生者长1-2厘米，侧生者长0.5-1.6厘米，雄雌顺序；雄花部分长圆形，长约为雌花部分1/3-1/5。雌花鳞片卵形或长圆形，长1-1.5毫米，先端具

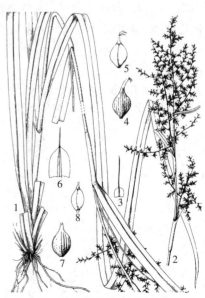

图 496：1-5.印度型薹草　6-8.印度薹草
（吴彰桦绘）

长芒，膜质，淡黄白色。果囊斜展，较鳞片长，卵形或菱状卵形，三棱状，长 4-4.2 毫米，纸质，淡绿色，无毛，具多脉，顶端具中等长的喙，喙口斜截。小坚果卵形或菱状卵形，三棱状，长约 2 毫米，褐色；花柱基部圆锥状，柱头 3。花果期 3-4 月。

产海南、广西西部、贵州西南部及云南东南部，生于海拔 400-1000 米密林下或山坡阴处。

7. 十字薹草 图 497

Carex cruciata Wahlenb. in Vet.-Acad. Nya Handl. 23: 149. 1803.

图 497 十字薹草 （引自《图鉴》）

根状茎粗壮，木质，具匍匐枝。秆丛生，高 40-90 厘米。叶基生和秆生，平展，宽 0.4-1.3 厘米，基部具暗褐色宿存叶鞘。圆锥花序复出，长 20-40 厘米；支圆锥花序单生，稀双生，卵状三角形，长 4-15 厘米；支花序轴密被短粗毛。枝先出叶囊状，内无花，背面有数脉，被短粗毛。小穗多数，全部从枝先出叶中生出，横展，长 0.5-1.2 厘米，两性，雄雌顺序；雄花部分与雌花部分近等长。

雌花鳞片卵形，长约 2 毫米，先端具直伸短芒，膜质，淡褐白色，密生棕褐色点和短线，3 脉。果囊长于鳞片，椭圆形，肿胀三棱状，长 3-3.2 毫米，淡褐白色，具棕褐色斑点和短线，脉数条隆起，上部具中等长的喙，喙长及果囊 1/3，喙口具 2 小齿。小坚果卵状椭圆形，三棱状，长约 1.5 毫米，暗褐色；花柱基部增粗，柱头 3。花果期 5-11 月。

产浙江、台湾、福建、江西、湖北西部、湖南、广东、香港、海南、广西、贵州、四川、云南及西藏，生于海拔 330-2500 米林边、沟边草地、路旁或火烧迹地。喜马拉雅山地区（印度北部至克什米尔地区）、印度、马达加斯加、印度尼西亚、越南、老挝、柬埔寨、泰国及日本南部有分布。

[附] **草黄薹草 Carex stramentitia** Boott ex Böcklr. in Linnaea 40: 351. 1876. 与十字薹草的区别：雌花鳞片与果囊均淡黄绿色，干后麦秆黄色；支花序轴疏被微柔毛或近无毛；果囊喙口斜截。产广西、贵州及云南南部，生于海拔 170-1000 米林缘草地。印度东北部、尼泊尔、缅甸、泰国及越南有分布。

8. 蕨状薹草 图 498

Carex filicina Nees in Wight. Contr. Bot. Ind. 123. 1834.

根状茎粗壮，木质。秆密丛生，高 40-90 厘米。叶平展，宽 0.5-1.4 厘米，基部具紫红或紫褐色宿存叶鞘。圆锥花序复出，长 20-50 厘米；支圆锥花序 4-8，疏散，三角状卵圆形，长 4-15 厘米，单生，稀双生。小穗多数，排列疏松，全部从囊状、内无花的支先出叶中生出，两性，雄雌顺序，长圆形或长圆状圆柱形，长 0.5-1.5 厘米；雄花部分短于雌花部

图 498 蕨状薹草 （引自《图鉴》）

分。雌花鳞片卵形或披针形，长1.5-2毫米，先端渐尖或急尖，膜质，褐、红褐或淡褐色，密生红褐色斑点和短线，无毛。果囊椭圆形或窄椭圆形，三棱状，长约3毫米，下部黄白色，上部与鳞片同色，膜质，无毛，腹面具2侧脉及数条细脉，上部具稍外弯至微下弯长喙，喙长为果囊1/2，喙口斜截。小坚果椭圆形，三棱状，长约1.5毫米，黄褐色；花柱基部不增粗，柱头3。花果期5-11月。

产浙江、台湾、福建、江西、湖北、湖南、广东、香港、海南、广西、贵州、四川、云南及西藏，生于海拔1200-2800米林间或林缘湿润草地。印度、尼泊尔、斯里兰卡、缅甸、越南、马来西亚、印度尼西亚及菲律宾有分布。

图 499：1-4.近蕨薹草 5-7.连续薹草
（引自《中国植物志》、《图鉴》）

9. 近蕨薹草　　　　　图 499：1-4

Carex subfilicinoides Kükenth. in Acta Hort. Gothob. 5: 42. 1930.

根状茎具粗须根。秆丛生，高50-90厘米。叶基生和秆生，平展，宽0.7-1.2厘米，基部具紫红色宿存叶鞘。圆锥花序复出，长20-50厘米；支圆锥花序4-9，疏离，双生，稀单生，披针形，长3.5-9厘米。小穗多数，全部从内无花的囊状支先出叶中生出，两性，雄雌顺序，卵形或长圆形，长0.5-1厘米，雄花部分比雌花部分细短。雌花鳞片卵形，长1.7-1.8毫米，先端钝，膜质，淡绿色，两侧白或淡褐色，无毛。果囊开展，椭圆形，长3-3.5毫米，膜质，淡褐或淡黄绿色，有时疏生褐色斑点和

短线，背面无脉，腹面具2-4条隆起的脉，无毛或上部疏生短粗毛，上部渐窄成中等长、稍外弯的喙，喙口斜截。小坚果椭圆形，三棱状，长约1.5毫米；花柱基部稍增粗，柱头3。花果期6-8月。

产台湾、湖北西部、四川及云南，生于海拔1200-2900米常绿阔叶林林缘、山坡阴处、路旁草丛中或田埂。

10. 连续薹草　　　　　图 499：5-7

Carex continua C. B. Clarke in Hook. f., Fl. Brit. Ind. 6: 717. 1894.

根状茎具粗须根。秆丛生，高60-90厘米。叶基生和秆生，平展，宽6-8毫米，基部具暗褐色宿存叶鞘。圆锥花序复出，长约30厘米；支圆锥花序5-9，卵状三角形，长3-8厘米，单生，有时双生。小穗多数，全部从囊状、内无花的支先出叶中生出，开展，两性，雄雌顺序，长圆状圆柱形或长圆形，长0.4-1厘米；雄花部分略短于雌花部分。雌花鳞片卵形，长1.8-2.5毫米，先端急

尖，具芒或短尖，膜质，淡褐白色，密生棕褐色斑点和短线，疏被短粗毛，后无毛。果囊椭圆形，三棱状，长2.7-3毫米，膜质，淡褐绿色，密生棕褐色点和短线，上部疏被短粗毛，脉数条隆起，上部具外弯长喙，喙口斜截。小坚果椭圆形，三棱状，长约1.7毫米；花柱基部稍增粗，柱头3。花果期8-10月。

产云南南部，生于海拔1100米山坡灌丛中。菲律宾、泰国、越南、老挝、缅甸及印度有分布。

11. 红头薹草

Carex rafflesiana Boott in Trans. Linn. Soc. 20: 132. 1846.

根状茎短，近木质。秆疏丛生或单生，高 0.8-2 米。基部为 1-2 枚红褐色叶鞘所包。叶短于秆，平展，宽 1-1.3 厘米；宿存叶鞘红褐色。圆锥花序复出，长约 20 厘米；支圆锥花序 8-10，通常双生，长圆状披针形，长 5-15 厘米，稍密生，下部的有分枝。小穗多数，卵状长圆形，长 3-6 毫米，两性，雄雌顺序；雄花部分与雌花部分近等长。雌花鳞片卵形或卵状披针形，长 1.5-2 毫米，白色，具红褐色斑点，被短粗毛，中脉延伸成短尖。果囊长圆形或椭圆状长圆形，三棱状，长 2.7-3.5 毫米，草质，红褐色，上部被短粗毛，具数脉，上部具喙，喙略外弯，与果囊近等长，喙口具 2 小齿。小坚果椭圆形，三棱状，长约 1.5 毫米；花柱基部不增粗，柱头 3。

产台湾，生于海拔 500-600 米林缘或山坡草地。泰国、马来西亚、印度尼西亚（爪哇）、菲律宾及澳大利亚（昆士兰）有分布。

12. 花葶薹草

图 500：1-4

Carex scaposa C. B. Clarke in Hook. f. in Curtis's Bot. Mag. 113: t. 6940. 1887.

根状茎匍匐，木质。秆侧生，高 20-80 厘米，坚挺。叶基生和秆生；基生叶丛生，窄椭圆形、椭圆状披针形或椭圆状带形，长 10-35 厘米，先端渐尖，两面无毛或下面粗糙，有 3 条隆起脉及多数细脉；叶柄不明显至长达 30 厘米；秆生叶佛焰苞状。圆锥花序复出；支花序 3 至数枚，圆锥状，长 2-3.5 厘米，单生或双生，具 10-20 小穗。小穗从囊状、内无花的支先出叶中生出，两性，雄雌顺序，长圆状圆柱形，长 0.5-1.4 厘米；雄花部分线状披针形，短于雌花部分，或二者近等长。雌花鳞片卵形，长 2-2.5 毫米，先端渐尖，膜质，黄绿色，有褐色斑点，3 脉。果囊椭圆形，三棱状，长 3-4 毫米，纸质，淡黄绿色，密生褐色斑点，腹面具 2 侧脉，顶端具喙，喙长为果囊 1/2，喙口微凹。小坚果椭圆形，三棱状，长 1.5-2.2 毫米，褐色；花柱基部不增粗，柱头 3。花果期 5-11 月。

产浙江、江西、福建、湖北西部、湖南、广东、香港、海南、广西、贵州、四川东南部及云南，生于海拔 400-1500 米常绿阔叶林林下、水旁、山坡阴处或石灰岩山坡峭壁。越南有分布。

[附] **长雄薹草 Carex scaposa** var. **dilicostachya** Wang et Tang in Contr. Inst. Bot. Nat. Acad. Peiping 6(2): 58. 1949. 与模式变种的区别：小穗雄花部分长于雌花部分。产广东及广西，生于海拔约 800 米林下。

图 500：1-4.花葶薹草　5-8.流苏薹草　9-13.广东薹草　（吴彰桦绘）

[附]　**糙叶花葶薹草　Carex scaposa** var. **hirsuta** P. C. Li in Acta Phytotax. Sin. 37(2): 162. 1999. 与模式变种的区别：叶下面密被短粗毛；花柱基部稍增粗。产湖南、广东及四川南部，生于海拔 200-700 米疏林下、山谷阴处或水边。

13. 流苏薹草 图 500:5-8

Carex densefimbriata Wang et Tang ex S. Y. Liang in Acta Phytotax. Sin. 24(3): 240. f. 1. 1986.

根状茎短，木质。秆丛生，侧生，高30-80厘米，密被短粗毛，

稀无毛。叶基生和秆生；基生叶数枚丛生，窄椭圆形、窄椭圆状披针形或窄椭圆状倒披针形，长25-40厘米，两面无毛或下面粗糙，具3条隆起的脉和多数细脉，叶缘密生流苏状长硬毛，先端渐尖；叶柄长2-20厘米，被短粗毛；秆生叶佛焰苞状，边缘密被长硬毛。圆锥花序复出；支花序近伞房状，单生或双生，长1.5-2.5厘米，具4-12枚小穗。小穗平展，两性，雄雌顺序，卵形或长圆形，长0.5-1厘米；雄花部分长圆形，长于或等长于雌花部分。雌花鳞片卵状长圆形，长2.8-3毫米，纸质，褐白色，密生褐色斑点和

短线。果囊椭圆形，三棱状，长3-3.5毫米，淡黄白色，疏生褐色斑点和短线，腹面具2侧脉，喙长为果囊1/2或稍短，喙口斜截。小坚果椭圆形，三棱形，长约2毫米，褐色；花柱基部增粗，柱头3。花果期5-11月。

产湖北西部、湖南、广西及贵州，生于海拔300-1400米疏林下、山坡阴湿处、山谷或沟边。

[附] **粗毛流苏薹草 Carex densefimbriata** var. **hirsuta** P. C. Li in Acta Phytotax. Sin. 37 (2): 162. 1999. 与模式变种的区别：叶下面密被短粗毛。产湖南及贵州，生于山谷草丛中。

14. 广东薹草 图 500:9-13

Carex adrienii E. G. Camus in Lecomte, Fl. Gén. Indo-Chine 7: 186. 1912.

根状茎几木质。秆丛生，侧生，高30-50厘米，密被短粗毛。叶

基生和秆生，基生叶数枚丛生，窄椭圆形或窄椭圆状披针形，长25-35厘米，下面密被短粗毛，具3条隆起的脉及多数细脉，叶柄长5-15厘米，无毛；秆生叶佛焰苞状，边缘疏被短粗毛。圆锥花序复出；支花序近伞房状，单生或双生，长1.5-2厘米。小穗从囊状、内无花的支先出叶中生出，平展，两性，雄雌顺序，长0.7-1厘米，雄花部分长于雌花部分，长圆形。雌花鳞片卵状长圆形，长2.5-3毫米，膜质，褐白色，密生褐色斑点和短线。果囊椭圆形，三棱状，长约3毫米，膜质，褐白色，密生褐色斑点和短线，

腹面具2侧脉，喙长为果囊1/2或稍短，喙口斜截。小坚果卵形，三棱状，长约1.5毫米，褐色；花柱基部增粗，柱头3。花果期5-6月。

产福建南部、湖南、广东、广西、四川等省区，生于海拔500-1200米常绿阔叶林林下、水旁或阴湿地。越南及老挝有分布。

[附] **刘氏薹草 Carex liouana** Wang et Tang in Contrib. Inst. Bot. Nat. Acad. Peiping 6(2): 59. 1949. 与广东薹草的区别：叶带形或带状倒披针形；果囊卵圆形，喙长为果囊的1/4。产福建、江西、湖南、广东及广西，生于海拔300-1000米林下。

15. 丫蕊薹草 图 501

Carex ypsilandraefolia Wang et Tang in Contrib. Inst. Bot. Nat. Acad. Peiping 6(2): 58. 1949.

根状茎木质。秆丛生，侧生，高15-20厘米，柔弱，疏被短粗毛。叶基生和秆生；基生叶数枚丛生，带形，长15-25厘米，平展，先端渐尖；叶柄长1-10厘米，基部被淡褐色宿存叶鞘所包，上部具窄翅；秆生

叶佛焰苞状。圆锥花序简单，通常具1枚顶生支花序，稀1-2侧生，三角状卵形，长1.5-3厘米。小穗少数，从囊状、内无花的枝先出叶中生出，长0.7-1厘米，两性，雄雌

顺序；雄花部分长圆状圆柱形，与雌花部分近等长。雌花鳞片披针形，长 2-3 毫米，先端急尖，膜质，淡褐白色，密生褐色斑点和短线。果囊开展，菱状卵形或椭圆形，钝三棱状，长 3.5-4 毫米，膜质，与鳞片同色，腹面具 2 侧脉，喙长为果囊 1/2 或稍短，喙口斜截。小坚果近卵形，三棱状，长 1.5-2 毫米，褐色；花柱基部增粗，柱头 3。花果期 5-11 月。

产福建南部、江西南部、湖南南部及广东，生于海拔 700-1650 米林下或山坡阴湿处。

[附] **林氏薹草 Carex lingii** Wang et Tang in Contrib. Inst. Bot. Nat. Acad. Peiping 6(2): 60. 1949. 与丫蕊薹草的区别：秆疏被倒生短粗毛；叶窄椭圆形或窄椭圆状带形，边缘呈密裙摺状；小穗雄花部分圆形或长圆形。产浙江及福建，生于疏林下。

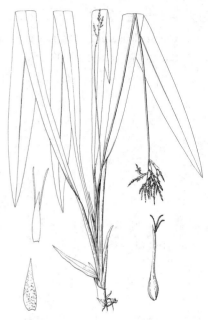

图 501　丫蕊薹草　（孙英宝绘）

16. 少穗薹草

Carex oligostachya Nees ex Hook. Journ. Bot. Kew. Gard. Misc. 6: 29. 1854.

根状茎匍匐，木质。秆侧生，高 20-80 厘米，三棱形，平滑。叶基生和秆生；基生叶数枚一束，形成较高分蘖枝，叶禾叶状，平展，宽 2-5 毫米，基部为褐色宿存叶鞘所包；秆生叶佛焰苞状，褐色。圆锥花序复出，具 6-12 疏生支花序，支花序近伞房状，单生或双生，具 3-5 小穗。小穗开展，两性，雄雌顺序，长 0.4-1 厘米；雄花部分长于雌花部分或二者近等长。雌花鳞片卵形或卵状披针形，长 2-3 毫米，先端钝，有短尖，淡褐色，密生紫红色斑点和短线，上部疏被短粗毛，有白色膜质边缘。果囊开展，长圆形，稍肿胀三棱状，长 2.5-4 毫米，褐绿或紫褐色，脉数条，隆起，疏被短粗毛，喙长为果囊 1/3，喙口具 2 齿。小坚果椭圆形，三棱状，长 2-2.3 毫米；花柱基部不增粗，柱头 3。

产广西及贵州，生于海拔 900-1200 米山坡草地。印度、缅甸、越南北部、马来西亚、印度尼西亚、菲律宾及巴布亚新几内亚有分布。

17. 宝兴薹草

图 502

Carex moupinensis Franch. in Nouv. Arch. Mus. Hist. Nat. ser. 2, 10: 102. 1888.

根状茎长而匍匐，木质。秆高 20-50 厘米，基部以上至花序以下生叶，基部具褐色宿存叶鞘。叶平展，宽 3-5 毫米，下面有乳头状突起。圆锥花序复出，长 10-20 厘米，具 4-10 支花序，支花序近伞房状，长 2-3 厘米，单生。小穗单性，雌雄同株异序，雄性的生于上部，雌性的生于下部。小穗从囊状、内无花的枝先出叶中生出，雄性的长圆形，长 0.6-1 厘米；雌性的长圆形，长 0.7-1 厘米，具多数密生的花。雌花

鳞片披针形，长 2.5-3.5 毫米，褐白色，密生棕褐色斑点。果囊斜展，倒卵形，微肿胀三棱状，长约 2 毫米，纸质，无毛，褐白色，密生棕褐色树脂状小点，腹面具 2 侧脉，顶端具短喙，喙口斜截。小坚果倒卵形，三棱状。长约 1.2 毫米，黄白色；花柱基部增粗，柱头 3。花果期 4-6 月。

产湖北、贵州、四川及云南，生于山坡阴处、路旁、沟边。

18. 三头薹草

Carex tricephala Böcklr. Flora 58. 263. 1875.

根状茎斜生。秆丛生，高 18-40 厘米，纤细，三棱形，上部粗糙。

叶基生和秆生，平展，宽 4-8 毫米，基部具褐色宿存叶鞘。穗状圆锥花序具 1-4 支花序，支花序几无柄，具少数小穗，下部的有时具不育小穗。小穗密生，两性，雄雌顺序，卵圆形，长 5-8 毫米，几无柄；雄花部分不明显，通常不伸出或微伸出雌花部分之外。雌花鳞片披针形，长 3-3.5 毫米，先端渐尖，具短芒，膜质，黄白色，密被短粗毛。果囊椭圆形，微肿胀三棱状，长 4.5-5 毫米，膜质，黄白色，具 2 侧脉及多数细脉，密被短粗毛，边

图 502　宝兴薹草　（孙英宝绘）

缘具极窄之翅，顶端具长喙，喙口具 2 小齿。小坚果卵形，三棱状，长约 3 毫米，淡黄色；花柱基部梨形，柱头 3。果期 8 月。

产云南南部，生于海拔 700-1060 米林中。泰国、老挝、越南、柬埔寨、缅甸及印度尼西亚有分布。

亚属 2. 薹草亚属 Subgen. 2. Carex
（戴伦凯、梁松筠、李沛琼）

多年生草本，根状茎具地下匍匐茎或无。花单性，雌雄同株；小穗 1 至多数，单性或单性与两性兼有，稀全为两性，两性者雄雌顺序或雌雄顺序，单个顶生或单个、多个生于苞片腋内，少数种类排列成复花序；枝先出叶鞘状，内无花。果囊三棱状、平凸状或双凸状。小坚果三棱状，平凸状或双凸状；花柱稍细长，花柱基部增粗或不增粗；柱头 3 个，少数 2 个。

38 组。

1. 小穗 2 至多数，常 1 至几个生于苞鞘内，少数排成圆锥花序或总状花序。
　2. 果囊三棱状，柱头 3。
　　3. 果囊近无喙或具短喙，喙口平截、微缺或微凹成 2 齿。
　　　4. 雌小穗花密生；苞片通常无鞘或具很短的鞘。
　　　　5. 雌小穗较密集、间距短或很短，稀下面 1-2 小穗间距稍长，无柄或柄很短，稀最下面 1 小穗具较长的柄。
　　　　　6. 苞片叶状或下部的苞片为叶状，稀刚毛状；顶生小穗雌雄顺序，稀为雄小穗 ………………………………………………………………………………… 1. 黑穗薹草组 Sect. Racemosae
　　　　　6. 苞片鳞片状或下部的苞片纤细叶状，上部的鳞片状；顶生小穗为雄小穗。
　　　　　　7. 果囊被毛或具乳头状突起，喙口微凹或成 2 齿。
　　　　　　　8. 果囊具乳头状突起；花柱基部增粗 ……………………………… 2. 米柱薹草组 Sect. Glaucaeformes

8. 果囊被毛；花柱基部不增粗 ⋯⋯⋯⋯⋯⋯⋯⋯⋯⋯⋯⋯⋯⋯⋯⋯⋯ 3. **玉簪薹草组 Sect. Acrocystis**

7. 果囊无毛，有光泽，喙口斜截；花柱基部增粗 ⋯⋯⋯⋯⋯⋯⋯⋯⋯ 4. **黄囊薹草组 Sect. Lamprochlaenae**

5. 雌小穗间距较长，具柄。

9. 雄小穗2-6（Carex inanis1 个）；果囊被短硬毛 ⋯⋯⋯⋯⋯⋯⋯⋯ 5. **糙果薹草组 Sect. Trachychlaenae**

9. 雄小穗1，顶生；果囊无毛 ⋯⋯⋯⋯⋯⋯⋯⋯⋯⋯⋯⋯⋯⋯⋯⋯⋯ 6. **异穗薹草组 Sect. Anomalae**

4. 雌小穗花疏生；苞片通常具鞘。

10. 果囊被毛，稀无毛。

11. 苞片具短苞叶；小坚果顶端常膨大成环状；花柱基部膨大呈各种形状。

12. 小坚果顶端具宿存弯曲花柱基部 ⋯⋯⋯⋯⋯⋯⋯⋯⋯⋯⋯⋯ 7. **隐穗薹草组 Sect. Cryptostachyae**

12. 小坚果顶端无宿存花柱基部，若具宿存花柱基部则直而不弯曲或稍膨大呈僧帽状尖端。

13. 小坚果上端具圆柱状颈，顶端凹陷，宿存花柱基部不膨大，僧帽状尖端 ⋯⋯⋯⋯⋯⋯⋯
⋯⋯⋯⋯⋯⋯⋯⋯⋯⋯⋯⋯⋯⋯⋯⋯⋯⋯⋯⋯⋯ 8. **匏囊薹草组 Sect. Lageniformes**

13. 小坚果上端不具颈，稍膨大呈盘状，顶端不凹陷，宿存花柱基部膨大，似僧帽状尖端 ⋯⋯⋯
⋯⋯⋯⋯⋯⋯⋯⋯⋯⋯⋯⋯⋯⋯⋯⋯⋯⋯⋯⋯ 9. **灰帽薹草组 Sect. Mitratae**

11. 苞片通常佛焰苞状，无苞叶，稀叶状；小坚果顶端不膨大呈环状；花柱基部稍增粗或不增粗，稀膨大呈圆锥状。

14. 苞片叶状，稀鞘状；小穗两性，雄雌顺序；果囊近革质或纸质；花柱基部膨大呈圆锥状 ⋯⋯⋯⋯⋯
⋯⋯⋯⋯⋯⋯⋯⋯⋯⋯⋯⋯⋯⋯⋯⋯⋯⋯⋯ 10. **根穗薹草组 Sect. Radicales**

14. 苞片佛焰苞状，稀鞘状；小穗单性，雄小穗顶生，雌小穗侧生；果囊膜质，花柱基部稍增粗或不增粗 ⋯⋯⋯⋯⋯⋯⋯⋯⋯⋯⋯⋯⋯⋯⋯⋯⋯⋯⋯ 11. **指状薹草组 Sect. Digitatae**

10. 果囊无毛或微粗糙。

15. 叶缘常内卷；苞片鞘状，无苞叶；雄小穗具少花；花柱基部膨大呈小球状 ⋯⋯⋯⋯⋯⋯⋯
⋯⋯⋯⋯⋯⋯⋯⋯⋯⋯⋯⋯⋯⋯⋯⋯⋯⋯⋯ 12. **白鳞薹草组 Sect. Albae**

15. 叶平展；苞片叶状或近佛焰苞状，具短苞叶；雄小穗具多花；花柱基部不增粗。

16. 秆中生；叶通常宽2-5毫米；小穗单性；雌花鳞片红棕或棕色。

17. 苞片具短鞘；雌小穗生多花至少花，小穗柄细长，常下垂；花柱伸出果囊外 ⋯⋯⋯⋯
⋯⋯⋯⋯⋯⋯⋯⋯⋯⋯⋯⋯⋯⋯⋯⋯⋯⋯⋯ 13. **湿生薹草组 Sect. Limosae**

17. 苞片具长鞘；雌小穗具疏花，小穗柄稍粗，直立；花柱不伸出果囊外（柱头伸出）⋯⋯⋯⋯⋯⋯
⋯⋯⋯⋯⋯⋯⋯⋯⋯⋯⋯⋯⋯⋯⋯⋯ 14. **少花薹草组 Sect. Paniceae**

16. 秆侧生；叶宽0.6-3厘米（个别种叶片宽3-6毫米）；小穗两性，雄雌顺序；雌花鳞片淡褐、苍白或中间绿色 ⋯⋯⋯⋯⋯⋯⋯⋯⋯⋯⋯⋯ 15. **宽叶薹草组 Sect. Siderostictae**

3. 果囊具长喙或中等长喙（Sect. Paludosae 喙较短），喙口具2齿，稀近平截或微具2齿。

18. 叶无小横隔脉。

19. 雌花鳞片暗紫红、淡褐、血红或深褐色；果囊扁三棱状，稀三棱状。

20. 小穗多数，两性，雄雌顺序，通常数个生于一苞鞘内 ⋯⋯⋯⋯⋯⋯⋯ 16. **美穗薹草组 Sect. Decorae**

20. 小穗2-7，单性，单个生于苞鞘内，顶生小穗雄性，稀雌雄顺序，侧生小穗雌性 ⋯⋯⋯⋯
⋯⋯⋯⋯⋯⋯⋯⋯⋯⋯⋯⋯⋯⋯⋯⋯⋯⋯ 17. **冻原薹草组 Sect. Aulocystis**

19. 雌花鳞片色淡，稀深褐色；果囊三棱状或鼓胀三棱状（Sect. Secalinae 果囊近平凸状）。

21. 秆中生；小坚果棱不缢缩，无刻痕；花柱基部不增粗。

22. 顶生小穗为雄小穗，稀为雄雌顺序或雌雄顺序；果囊膜质或纸质，稀近革质。

23. 雌小穗通常具疏花（Sect. Hymenochlaenae 具较密花）；苞片具鞘；果囊直立或稍斜展，淡绿或淡绿黄色，脉不明显。

24. 雌小穗长圆形或短圆柱形；果囊长不超过3毫米 ⋯⋯⋯ 18. **绿穗薹草组 Sect. Chlorostachyae**

24. 雌小穗圆柱形，窄圆柱形或线状圆柱形；果囊长 4-7 毫米，稀 3-3.5 毫米。

25. 雌小穗圆柱形，花较密；果囊卵圆形、近卵圆形或椭圆形，喙口具 2 短齿 ··· 19. 膜囊薹草组 Sect. Hymenochlaenae

25. 雌小穗窄长圆柱形或线状圆柱形，花疏生；果囊长圆状披针形、披针形或窄长圆形，喙口斜截或有时微呈 2 齿 ················· 20. 瘦果薹草组 Sect. Debiles

23. 雌小穗密生多花；苞片通常无鞘或鞘很短；果囊后期叉开或平展或向下反折，稀斜展，多脉。

26. 雌花鳞片具长芒，稀具短尖（Carex ischnostachyae 和 Carex subtumida 无长芒或短尖）；果囊后期平展或微向下反折，稀稍叉开，成熟时褐绿、暗褐或黑褐色 ··· 21. 密花薹草组 Sect. Confertiflorae

26. 雌花鳞片具短尖或无短尖，稀具芒；果囊后期斜展，稀平展，成熟时淡绿黄或麦秆黄色，稀褐黄色 ·· 22. 柔果薹草组 Sect. Mollichulae

22. 雄小穗 1-3，生于上端；果囊革质，近平凸状 ················ 23. 离穗薹草组 Sect. Secalinae

21. 秆侧生，稀中生；小坚果棱通常缢缩或具刻痕，稀不缢缩，无刻痕；花柱基部增粗或膨大，宿存，稀不增粗。

27. 雌小穗花多而密；小坚果棱常缢缩或具刻痕，稀棱不缢缩 ······· 24. 菱形果薹草组 Sect. Rhomboidales

27. 雌小穗花少而疏；小坚果棱不缢缩 ················ 25. 疏花薹草组 Sect. Laxiflorae

18. 叶具小横隔脉。

28. 果囊无毛。

29. 雌花鳞片具长芒；果囊后期平展或向下反折，果囊钝三棱状，具长喙，喙口具 2 长齿 ··· 26. 似莎薹草组 Sect. Pseudo-cypereae

29. 雌花鳞片无短尖或具短尖，稀具芒；果囊后期斜展，稀平展或向下反折，果囊鼓胀三棱状或稍鼓胀三棱状，具中等长或短喙。

30. 雌花鳞片长圆状披针形或窄卵形，无短尖或芒；果囊鼓胀三棱状，膜质或近革质，喙中等长 ··· 27. 胀囊薹草组 Sect. Physocarpae

30. 雌花鳞片卵形或宽卵形，具短尖，稀具芒；果囊稍鼓胀三棱状，革质或木栓质，喙很短 ··· 28. 沼生薹草组 Sect. Paludosae

28. 果囊多少被毛，稀无毛或喙缘具缘毛。

31. 雌花鳞片卵形或宽卵形，先端急尖，具小短尖；果囊钝三棱状，长 4 毫米，稀 5 毫米，具短喙，喙口具 2 短齿 ················ 29. 硬毛果薹草组 Sect. Occlusae

31. 雌花鳞片披针形、窄卵形或长圆状卵形，先端渐尖，具芒或短尖（Carex latisquamea 雌花鳞片宽卵形）；果囊稍鼓胀或鼓胀三棱状，长 0.5-1 厘米，稀长 4 毫米，喙中等长，喙口具 2 长齿或中等长的齿 ··· 30. 薹草组 Sect. Carex

2. 果囊平凸状或双凸状；柱头 2。

32. 苞片无鞘；雌小穗花密生。

33. 小穗具柄，多少下垂。

34. 花序每苞片腋内具 2-6 小穗 ················ 31. 图们薹草组 Sect. Tuminenses

34. 花序每苞片腋内具单生小穗；雌花鳞片先端平截或微凹，具短芒 ····· 32. 帚状薹草组 Sect. Proelongatae

33. 小穗近无柄或基部小穗柄较长。

35. 果囊喙长 0.5-1.5 毫米，喙口具 2 齿 ················ 33. 溪水薹草组 Sect. Forficulae

35. 果囊无喙或具短喙，喙口平截或微凹 ················ 34. 急尖薹草组 Sect. Phacocystis

32. 苞片具鞘；雌小穗花疏生，稀较密生 ················ 35. 细柄薹草组 Sect. Gracilis

1. 小穗单一顶生。

36. 雌花鳞片早落；果囊成熟后向下反折，侧脉不比背腹面的脉明显；具延伸小穗轴，通常长于小坚果 ··· 36. 尖苞薹草组 Sect. Orthocerafes

36. 雌花鳞片与果囊同时或晚于果囊脱落；果囊成熟后不显著向下反折，侧脉比背面的脉明显；无延伸小穗轴，
若存在则短于或近等长于小坚果。

37. 小坚果基部通常具退化小穗轴 ··· **37. 石薹草组 Sect. Rupestres**

37. 小坚果基部无退化小穗轴 ··· **38. 单穗薹草组 Sect. Rarae**

组 1. 黑穗薹草组 Sect. Racemosae G. Don (Sect. Atratae)
（梁松筠）

小穗直立，稀下垂，顶生小穗通常雌雄顺序，稀雄性；侧生的雌性，稀顶端具雄花。苞片叶状，稀刚毛状。雌花鳞片大部分暗紫色。果囊膜质或革质，椭圆形、卵圆形或倒卵圆形，黄绿或淡褐色，常具乳突或细点，无毛，具短喙，喙口全缘或具 2 齿。花柱基部不膨大，柱头 3，稀 2。

约 60 种。我国 28 种。

1. 雌花鳞片长 0.9–1 厘米 ··· **19. 沙生薹草 C. praeclara**

1. 雌花鳞片长不及 8 毫米。

　2. 果囊密被乳头状突起，淡灰绿色；雌小穗长 0.5–1.2 厘米，均无柄 ·········· **20. 乌拉草 C. meyeriana**

　2. 果囊平滑或具细点，黄绿、麦秆黄、淡棕或暗紫红色，稀淡灰绿色。

　　3. 顶生小穗雄性。

　　　4. 小穗稍疏离；叶柔软 ··· **21. 短鳞薹草 C. augustinowiczii**

　　　4. 小穗密生，基部小穗稍疏离；叶革质 ··································· **22. 青藏薹草 C. moorcroftii**

　　3. 顶生小穗雌雄顺序。

　　　5. 果囊上部边缘生小刺 ··· **23. 刺囊薹草 C. obscura var. brachycarpa**

　　　5. 果囊边缘无小刺。

　　　　6. 果囊脉不明显。

　　　　　7. 雌花鳞片长 2–3 毫米；雌小穗长 0.4–1.5 厘米。

　　　　　　8. 果囊肿胀，成熟后平展 ······································· **27. 点叶薹草 C. hancockiana**

　　　　　　8. 果囊略扁或稍膨胀，成熟后非平展。

　　　　　　　9. 植株高 35–60 厘米；雌花鳞片边缘白色膜质 ··········· **25. 圆穗薹草 C. angarae**

　　　　　　　9. 植株高 10–25 厘米；雌花鳞片边缘无白色膜质 ········· **26. 高山薹草 C. infuscata var. gracilenta**

　　　　　7. 雌花鳞片长 4–6 毫米；雌小穗长（1.5）2.5–3.5 厘米。

　　　　　　10. 果囊近等长于鳞片，顶端具短喙，喙口具 2 齿 ··········· **24. 甘肃薹草 C. kansuensis**

　　　　　　10. 果囊短于鳞片，喙极短或无，喙口微凹 ··········· **28. 尖鳞薹草 C. atrata subsp. pullata**

　　　　6. 果囊脉明显。

　　　　　11. 果囊椭圆形或椭圆状披针形。

　　　　　　12. 小穗疏离；雌花鳞片苍白或淡锈色；果囊黄绿色，喙口具 2 齿 ······ **29. 白头山薹草 C. peiktusani**

　　　　　　12. 小穗接近；雌花鳞片暗紫红色；果囊喙口紫红色，微凹 ······ **30. 川滇薹草 C. schneideri**

　　　　　11. 果囊倒卵状椭圆形、倒卵圆形或倒披针形。

　　　　　　13. 果囊膨胀，长 2–2.2 毫米；雌花鳞片宽卵形，长约 1.2 毫米 ·········· **31. 膨囊薹草 C. lehmanii**

　　　　　　13. 果囊不膨胀，倒披针形或窄椭圆状披针形，长 3–3.5 毫米；雌花鳞片卵形或卵状披针形，长 2–2.2
毫米 ··· **32. 紫喙薹草 C. serreana**

19. 沙生薹草　　　　　　　　　　　　　　　图 503

Carex praeclara Nelmes in Hook. Icon. Pl. 5 sér. 5. t. 3403. 1940.

根状茎匍匐，粗壮。秆高 20–30 厘米，三棱形，稍坚硬，基部具　　　紫褐色叶鞘。叶短于秆，宽 3–5 毫米，平展，先端渐尖；苞片最下

部的 1 枚刚毛状，无鞘，余鳞片状。小穗 3-8，密集呈头状花序，基部 1-2 雌性，余均雄雌顺序，长圆形，长 1.3-2.5 厘米；小穗近无柄。雌花鳞片长椭圆形或长圆状披针形，长 0.9-1 厘米，宽 3.5-4 毫米，暗紫红色，具宽白色膜质边缘，1 脉。果囊长为鳞片 1/2-1/3，椭圆形或长椭圆形，扁三棱状，淡褐色，上部密被乳头

图 503 沙生薹草 （引自《图鉴》）

状突起，脉不明显，基部收缩，顶端具短喙，喙口具 2 齿。小坚果倒卵状长圆形或椭圆形，三棱状，长约 2.5 毫米，淡褐色；柱头 3。花果期 9 月。

产云南及西藏，生于海拔 4800-5700 米山坡草地或沙质土。印度北部有分布。

20. 乌拉草　　　　　　　　　　　　　　　图 504

Carex meyeriana Kunth, Enum. Pl. 2: 438. 1837.

根状茎短，形成踏头。秆丛生，高 20-50 厘米，径 1-1.5 毫米，三

棱形，坚硬，基部叶鞘无叶片，棕褐色，有光泽，微细裂或纤维状。叶短于或近等长于秆，刚毛状，内折，质硬，边缘粗糙；苞片最下部的刚毛状，无鞘，上部的鳞片状。小穗 2-3，接近，顶生 1 个雄性，圆柱形，长 1.5-2 厘米；侧生小穗雌性，球形或卵圆形，长 0.5-1.2 厘米，宽约 5 毫米，均无柄，花密生。雌

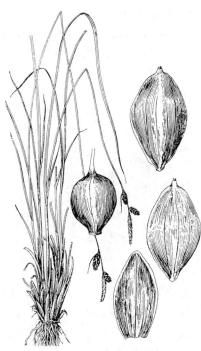

花鳞片卵状椭圆形，长 2.8-3.5 毫米，深紫黑或红褐色，背面中部色淡，具不明显 3 脉，具窄白色膜质边缘。果囊等长或稍长于鳞片，卵圆形或椭圆形，扁三棱状，长 2.5-3 毫米，淡灰绿色，密被乳头状突起，5-6 脉，基部稍圆，具短柄，顶端具柱状短喙，喙口全缘。小坚果紧包于果囊中，倒卵状椭圆形，扁三棱状，褐色，长 1.5-2 毫米，具短柄；花柱基部不膨大，柱头 3。花果期 6-7 月。

图 504 乌拉草 （引自《东北草本植物志》）

产黑龙江、吉林、内蒙古及四川，生于海拔约 3560 米沼泽。俄罗斯、蒙古、朝鲜半岛及日本有分布。

21. 短鳞薹草　钝鳞苔草　　　　　　　　　图 505

Carex augustinowiczii Meinsh. ex Korsh. in Acta Hort. Petrop 12: 411. 1892.

根状茎具短匍匐茎。秆丛生，高 30-50 厘米，三棱形，纤细，稍

粗糙，基部叶鞘无叶片，紫红褐色，稍细裂成纤维状。叶稍短于秆或与秆近等长，宽 2-3 毫米，绿色，

柔软；苞片最下部的 1 枚叶状，余刚毛状。小穗 3-5，稍疏离，顶生 1 个雄性，圆柱形，长 1-1.7 厘米；侧生小穗雌性，稀基部具极少雄花，圆柱形，长 1.5-3.5 厘米；最下部的 1 个小穗具短柄，余近无柄。雌花鳞片长圆形，长 2-2.8 毫米，中间淡绿色，两侧暗血红或紫红色。果囊长于鳞片，卵状披针形或长圆状披针形，不明显三棱状，长约 3 毫米，淡灰绿或黄绿色，具多条细脉，基部近楔形，柄极短，顶端渐窄为喙，喙口微凹。小坚果椭圆形，三棱状，长 2 毫米；花柱细长，基部不增大，柱头 3。花果期 5-6 月。

产黑龙江、吉林、辽宁、河北及内蒙古，生于林下、河边或沙质湿地。

图 505 短鳞薹草 （引自《图鉴》）

22. 青藏薹草　　　　　　　　　　　图 506

Carex moorcroftii Falc. ex Boott in Trans. Linn. Soc. 20: 140. 1846.

匍匐根状茎粗壮，外被撕裂成纤维状残存叶鞘。秆高 7-20 厘米，三棱形，坚硬，基部具褐色分裂成纤维状叶鞘。叶短于秆，宽 2-4 毫米，平展，革质，边缘粗糙；苞片刚毛状，无鞘，短于花序。小穗 4-5，密生，基部小穗稍疏离；顶生 1 个雄性，长圆形或圆柱形，长 1-1.8 厘米；侧生小穗雌性，卵圆形或长圆形，长 0.7-1.8 厘米；基部小穗具短柄，余无柄。雌花鳞片卵状披针形，长 5-6 毫米，紫红色，具宽白色膜质边缘。果囊等长或稍短于鳞片，椭圆状倒卵圆形，三棱状，革质，黄绿色，上部紫色，脉不明显，顶端具短喙，喙口具 2 齿。小坚果倒卵形，三棱状，长 2-2.3 毫米；柱头 3。花果期 7-9 月。

产内蒙古、青海、新疆、四川西部及西藏，生于海拔 3400-5700 米

图 506 青藏薹草 （引自《图鉴》）

高山灌丛草甸、高山草甸、湖边草地或低洼处。印度北部有分布。

23. 刺囊薹草　紫鳞苔草　　　　　图 507

Carex obscura Nees var. **brachycarpa** C. B. Clarke in Hook. f. Fl. Brit. Ind. 6: 731. 1894.

Carex souliei Franch.；中国高等植物图鉴 5: 294. 1976.

根状茎短，稀斜生。秆丛生，高 15-80 厘米，锐三棱形，下部平滑，上部粗糙，基部叶鞘紫红色。叶短于秆，宽 2-5 毫米，平展，边缘粗糙，先端长渐尖；苞片叶状，最下部的 1-2 枚长于花序，无鞘。小穗 3-6，顶生 1 个雌雄顺序，长圆形，长 1-1.5 厘米；侧生小穗雌性，长圆形，长 0.8-1.2 厘

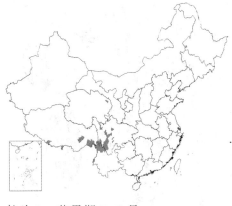

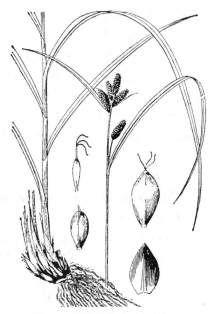

米；小穗柄短或近无柄。雌花鳞片卵形或宽卵形，长1.8-2毫米，暗紫红色。果囊长于鳞片，倒卵状椭圆形或宽椭圆形，三棱状，长2-2.5毫米，淡绿色，脉不明显，上部边缘生小刺，喙极短，喙口微凹。小坚果倒卵形或倒卵状椭圆形，三棱状，栗色，长1.5-2毫米；花柱短，柱头3。花果期7-8月。

产四川、云南西北部及西藏，生于海拔2700-4100米高山针叶林下阴湿处、浅水中或草甸。喜马拉雅山有分布。

图 507 刺囊薹草 （引自《图鉴》）

24. 甘肃薹草 图 508

Carex kansuensis Nelmes in Kew Bull. 1939: 201. 1939.

根状茎短。秆丛生，高0.45-1米，锐三棱形，坚硬，基部具紫红色、无叶片的叶鞘。叶短于秆，宽5-7毫米，平展，边缘粗糙；苞片最下部的短叶状，边缘粗糙，上部的刚毛状，无鞘，短于花序。小穗4-6，接近，顶生1个雌雄顺序；余雌性，雌小穗基部有时具少数雄花，花密生，长圆状圆柱形，长1.5-3.5厘米；小穗柄纤细，下部的长约2厘米，下垂。雌花鳞片椭圆状披针形，长4-4.5毫米，暗紫色，具窄白色膜质边缘。果囊近等长于鳞片，扁，麦秆黄色，有时上部黄褐或具紫红色斑点，无脉，顶端具短喙，喙口具2齿。小坚果疏松包于果囊中，长圆形或倒卵状长圆形，三棱状，长约2毫米；柱头3。花果期7-9月。

产陕西、甘肃、青海、四川、云南西北部及西藏，生于海拔3400-4600米高山灌丛草甸、湖泊岸边、湿润草地。

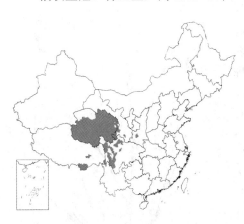

图 508 甘肃薹草 （引自《图鉴》）

25. 圆穗薹草 图 509

Carex angarae Steud. Synops. Cyper. 190. 1855.

根状茎短，匍匐茎短。秆高35-60厘米，三棱形，纤细，上部粗糙，稀平滑，基部具紫红色无叶片的叶鞘。叶短于秆，宽2-3毫米，平展，边缘稍反卷，先端渐尖；苞片叶状，无鞘，长于花序。小穗3-5，上部3个接近，最下部1个疏离，顶生1个雌雄顺序，长圆形，长6-8毫米；侧生小穗雌性，卵圆形，长4-5毫米；最下部1个小穗具柄，上部的近无柄。雌花鳞片长圆状卵形，长约2毫米，褐紫色，

具窄白色膜质边缘，背部3脉。果囊长于鳞片，长圆状倒卵圆形或长圆状椭圆形，稍膨大三棱状，长2.2-3毫米，薄膜质，淡黄绿色，后黄褐色，基部具短柄，具圆柱状短喙，褐色，喙口微凹。小坚果疏松包于果囊中，椭圆状倒卵圆形或椭圆形，三棱状，长约2毫米，具短喙；花柱稍弯曲，基部不增粗，柱头3。花果期6-8月。

产黑龙江、吉林、河北及内蒙古，生于海拔650-700米林下湿地或林缘草甸。俄罗斯及蒙古北部有分布。

26. 高山薹草　　　　　　　　　　　图 510

Carex infuscata Nees var. **gracilenta** (Boott ex Strachey) P. C. Li in Vascul. Plant Hengduan Mount. 2: 2373. 1994.

Carex gracilenta Boott ex Strachey. Cat. Pl. Kumaon 73. 1854.

具匍匐根状茎。秆高10-25厘米，纤细，三棱形，平滑，基部具紫红色、后变褐色、细裂成纤维状老叶鞘。叶短于或稍长于秆，宽1.5-3毫米，平展，稍柔软，先端渐尖；苞片最下部的1-2个刚毛状，短于花序，上部的鳞片状。小穗3-5，顶端1个雌雄顺序，倒卵状披针形，长1-1.5厘米；侧生的雌性，卵圆形或长圆形，长0.8-1.2厘米，最下部的具短柄。雌花鳞片卵形或卵状长圆形，先端具小尖头，长2.3-3毫米，中间绿色，两侧紫褐色，无白色膜质边缘。果囊长于鳞片，椭圆形，长3-3.5毫米，黄绿或淡绿褐色，膜质，无脉，基部窄，具短柄，顶端具喙，喙口斜截。小坚果疏松包于果囊中，倒卵形，三棱状，长1.5-2.7毫米，淡褐色；花柱细长，柱头3。花果期6月。

产四川、云南西北部及西藏，生于海拔2700-3600米亚高山草甸或林缘。

27. 点叶薹草　　　　　　　　　　　图 511

Carex hancockiana Maxim. in Bull. Soc. Nat. Mosc. 54(1): 66. 1879.

根状茎短，木质，匍匐茎短。秆丛生，高30-80厘米，纤细，三棱形，上部稍粗糙，基部叶鞘无叶片，紫红色，细裂成网状。叶片短于或长于秆，宽2-5毫米，平展，边缘粗糙，下面密生小点；苞片叶状，长于花序，无鞘。小穗3-5，顶生1个雌雄顺序，圆柱形，长1-2厘米，密花；小穗柄纤细，常下倾；侧生小穗雌性，长圆形，长1-1.5厘米，基部的长1.5-3厘米，上部的渐短。雌花鳞片卵状披针形，长约2毫米，紫褐色，中部淡绿色，宽的白色膜质边缘，3脉。果囊长于鳞片，椭圆形或倒披针形，肿胀，成熟后平展，长2.5-3毫米，黄绿色，脉不明显，基部渐窄，顶端具

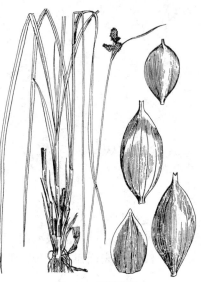

图 509　圆穗薹草
（引自《东北草本植物志》）

图 510　高山薹草　（孙英宝绘）

短喙，喙口具2齿。小坚果倒卵形，三棱状，长约1.5毫米；柱头3。花果期6-7月。

产吉林、内蒙古、河北、山西、河南、陕西、甘肃、青海、新疆、湖北西部及四川，生于海拔1300-2200米林中草地、水旁湿处和高山草甸。俄罗斯西伯利亚、蒙古及朝鲜半岛有分布。

28. 尖鳞薹草 图 512

Carex atrata Linn. subsp. **pullata** (Boott) Kükenth. in Engl. Pflanzenr. Heft 38(IV. 20): 400. 1909.

Carex atrata var. *pullata* Boott. Illustr. Carex 3: 114. t. 364. 1862.

根状茎匍匐。秆高16-65厘米，三棱形，基部叶鞘无叶片，紫红

色，稍网状分裂。叶短于秆，宽3-5毫米，稍粗糙；苞片最下部的1-2枚叶状，无鞘，上部的刚毛状或鳞片状。小穗3-5，接近，顶生小穗雌雄顺序，倒卵形或长圆状倒卵形；侧生小穗雌性，长圆形，长1-1.5厘米，下部2个柄较长，下垂。雌花鳞片卵形或窄卵形，长4-6毫米，黑褐或紫褐色，背部中脉色淡。果囊椭圆形或卵形，长3-3.5毫米，淡褐色，或带紫褐色，无脉，无毛，基部圆，具短柄，喙极短或无喙，喙口微凹。小坚果倒卵形，三棱状，长1.5-1.7毫米；柱头3。

产陕西、青海、四川西部、云南西北部及西藏东南部，生于海拔3000-4800米高山灌丛草甸、沼泽草甸和高山草甸及林间空地。尼泊尔、印度北部、缅甸及泰国有分布。

图 511 点叶薹草 （引自《图鉴》）

图 512 尖鳞薹草 （引自《西藏植物志》）

29. 白头山薹草 图 513

Carex peiktusani Kom. in Acta Horti Petrop. 18: 445. 1901.

根状茎短。秆丛生，高30-60厘米，三棱形，基部叶鞘无叶片，紫红色，稍细裂成纤维状。叶长于秆，宽2-4.5毫米，平展，灰绿

色，边缘粗糙，先端细；苞片叶状，长于花序，基部无鞘。小穗3-4，疏离，顶生1个雌雄顺序，长2-2.5厘米，圆柱形，柄长0.7-1厘米；侧生小穗雌性，长1.8-2.5厘米，长圆形或长圆柱形；小穗柄纤细，最下部的柄长2-3厘米，微下垂，上部的柄渐短。雌花鳞片披针形或卵状披针形，

图 513 白头山薹草 （引自《图鉴》）

长3-4毫米，先端具短尖，淡锈色或苍白色，背面具3脉，脉间淡绿色。果囊斜展，等长或稍长于鳞片，长3.5-4毫米，椭圆形，三棱状，微扁，黄绿色，5-6脉，喙短，喙口具2齿。小坚果倒卵形或倒卵状椭圆形，三棱状，长约2毫米，具短柄；柱头3。花果期6-8月。

产黑龙江、吉林、辽宁、河北、山东及山西，生于海拔1000-1640米林下或河边。俄罗斯远东地区有分布。

30. 川滇薹草　　　　　　　　　　　　　　　图514

Carex schneideri Nelmes in Kew Bull. 1939: 201. 1939.

根状茎短。秆丛生，高60-90厘米，下部平滑，上部粗糙，基部具紫褐色分裂成网状叶鞘。叶短于秆，宽2-4毫米，平展，边缘粗糙，先端渐尖；苞片叶状，基部1枚长于花序，无鞘。小穗4-5，接近，顶生1个雌雄顺序，长圆状圆柱形，长1.5-2厘米；侧生小穗雌性，长圆状圆柱形或圆柱形，长2-2.5厘米；小穗柄纤细，最下部1枚长2-4厘米，稀长达15厘米，向上渐短。雌花鳞片披针形，长3.5-4.5毫米，暗紫红色，背面具1脉。果囊短于或长于鳞片，椭圆状披针形，三棱状，长3.5-4毫米，黄绿色，微肿胀，

图514　川滇薹草　（引自《图鉴》）

脉明显，喙短，喙口紫红色，微凹。小坚果疏松包于果囊中，长圆形，三棱状，长2毫米；柱头3。花果期7-8月。

产陕西、四川、云南及西藏，生于海拔2900-4100米灌丛下、草坡或砾石山坡。

31. 膨囊薹草　　　　　　　　　　　　　　　图515

Carex lehmanii Drejer, Symb. Caric. 13. t. 2. 1844.

根状茎具匍匐茎。秆高15-70厘米，纤细，三棱形，基部具紫褐色叶鞘。叶与秆近等长，宽2-5毫米，平展，柔软；苞片叶状，长于花序。小穗3-5，顶生1个雌雄顺序，长圆形，长5-8毫米；侧生小穗雌性，卵形或长圆形，长5-9毫米；小穗柄纤细，最下部的长1-4厘米，上部的柄渐短。雌花鳞片宽卵形，长约1.2毫米，暗紫或中间淡绿色，两侧深棕色，1-3脉。果囊长于鳞片1倍，倒卵形或倒卵状椭圆形，三棱状，长2-2.2毫米，膨胀，淡黄绿色，脉明显，顶端具暗紫红色短喙，喙口微凹或平截。小坚果倒卵形，三棱状，长1.2-1.7毫米；花柱短，柱头3。花果期7-8月。

产陕西、宁夏、甘肃、青海、湖北西部、四川、云南西北部及

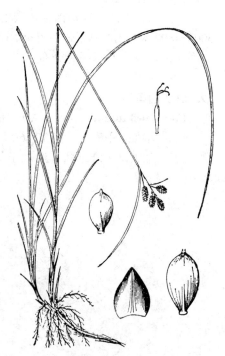

图515　膨囊薹草　（引自《图鉴》）

西藏，生于海拔2800-4100米山坡草地、林中或溪边。尼泊尔、印度北部、朝鲜半岛及日本有分布。

32. 紫喙薹草　　　　　　　　　　　图 516

Carex serreana Hand.-Mazz. in Qest. Bot. Zeit. 85: 225. 1936.

根状茎短。秆丛生，高25-60厘米，三棱形，纤细，平滑，基部具紫褐色叶鞘。叶短于秆，宽2-3毫米，柔软；苞片刚毛状，无鞘。

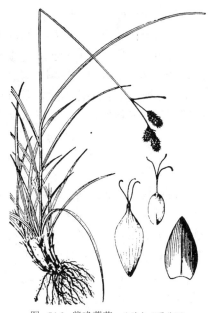

小穗2-3，接近，顶生1个雌雄顺序，卵形或长圆形，长0.8-1厘米；侧生小穗雌性，卵圆形或长圆形，长0.5-1厘米；小穗柄纤细，最下部的柄长0.5-1.2厘米，上部的具短柄。雌花鳞片卵形或卵状披针形，长2-2.2毫米，暗紫红色，具窄白色膜质边缘，背面具3脉。果囊长于鳞片，倒披针形或窄椭圆状披针形，三棱状，长3-3.5毫米，宽约1毫米，不膨胀，黄绿或淡褐色，脉明显，喙长0.5毫米，喙口暗紫色，具2齿。小坚果长圆形，三棱状，长约2毫米；花柱长，基部不增粗，柱头3。花果期7-8月。

图 516 紫喙薹草　（引自《图鉴》）

产河北、内蒙古、山西、甘肃及青海，生于林下或潮湿处。

组 2. 米柱薹草组 Sect. Glaucaeformes Ohwi
（戴伦凯）

根状茎具地下匍匐茎。苞片无鞘。小穗少数，疏生，雄小穗1（2），生于顶端；雌小穗侧生，密生多花，无柄或柄很短。雌花鳞片卵形，暗红褐色。果囊斜展，卵形或宽卵形，鼓胀三棱状，近革质，黄褐色，具脉和乳头状突起，顶端具短喙，喙口微凹；花柱基部增粗，柱头3。

1 种。

33. 米柱薹草　　　　　　　　　　　图 517

Carex glaucaeformis Meinsh. in Acta Hort. Petrop. 18: 389. 1901.

根状茎具细的地下匍匐茎。秆疏丛生，高30-70厘米，锐三棱形，下部平滑，上部棱粗糙，基部具紫褐色无叶片的鞘，老叶鞘有时细裂成网状。叶稍短于秆，叶片宽2-3毫米，平展或下部折合，稍坚挺；具红褐色较长叶鞘；苞片叶状，通常稍短于花序，无苞鞘。小穗3-4，稍疏离，顶端1-2小穗为雄小穗，窄长圆形或披针形，长（1）2-3厘米，近无柄；雌小穗2-3，长圆形或卵圆形，长0.8-2厘米，密生多花，最

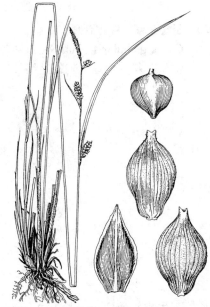

图 517 米柱薹草　（引自《东北草本植物志》）

下面的小穗具短柄，上面的小穗无柄。雌花鳞片卵形或长圆状卵形，先端急尖或渐尖，有时具短尖，长约 3 毫米，膜质，两侧暗红褐色，中部淡褐色，1 脉。果囊斜展，椭圆形或近卵圆形，稍鼓胀三棱状，长 2.5-3 毫米，近革质，多脉，淡绿褐色，无毛，具细小乳头状突起，基部具短柄，顶端具很短的喙，喙口微凹。小坚果较松包于果囊内，宽倒卵圆形，三棱状，长约 2 毫米，麦秆黄色，基部宽楔形，顶端具小短尖；花柱基部增粗，柱头 3。花果期 5-6 月。

产黑龙江、吉林、辽宁及内蒙古，生于山坡湿处、河边或沟边。俄罗斯东西伯利亚和远东地区、朝鲜半岛有分布。

组 3. 玉簪薹草组 Sect. Acrocystis Dumortier
（戴伦凯）

植株通常较矮而细。叶较窄，下部的叶鞘常红棕色；苞片鳞片状或最下面的有的线状或刚毛状，短于花序。小穗 3-5，间距较接近，顶生小穗为雄小穗，侧生小穗为雌小穗，无柄或近无柄。鳞片红褐色。果囊斜展，倒卵形或卵圆形，鼓胀三棱状，膜质，通常被毛，具短喙，喙口微凹或微 2 齿。小坚果紧包于果囊内，三棱状；花柱基部不增粗，柱头 3。

我国 5 种。

1. 果囊具脉。
  2. 叶无毛；雌花鳞片卵形，长约 2 毫米，先端钝，无短尖；果囊宽倒卵圆形或宽椭圆形，长 2.5-3 毫米 ……………………………………………………………………………………………… 34. 玉簪薹草 C. globularis
  2. 叶上面疏被短硬毛；雌花鳞片长圆形，长约 4 毫米，先端微凹，具短尖或短芒；果囊长圆状倒卵形，长 4-4.5 毫米 ……………………………………………………………… 35. 卷叶薹草 C. ulobasis
1. 果囊脉不明显。
  3. 下部的苞片叶状，有时较细，上部的苞片鳞片状；雌花鳞片先端无短尖。
    4. 雌花鳞片宽卵形，长 2.2-2.5 毫米；果囊倒卵形，长约 2.8 毫米，淡黄绿色 …… 36. 兴安薹草 C. chinganensis
    4. 雌花鳞片卵形，长约 3 毫米；果囊长圆状倒卵形，长 3-3.5 毫米，淡黄褐色 …………………………………………………………………………………………………… 37. 球穗薹草 C. amgunensis
  3. 全部苞片均鳞片状；雌花鳞片卵形，长约 2.5 毫米，先端具短尖；果囊椭圆形或倒卵形，长 2.5-3 毫米 …………………………………………………………………………………………………… 38. 鳞苞薹草 C. vanheurckii

34. 玉簪薹草　球穗苔草　　　　　　　　图 518

Carex globularis Linn. Sp. Pl. 976. 1753.

根状茎斜升，地下匍匐茎细长，外被红褐色的鞘。秆疏丛生，高 20-60 厘米，较细，三棱状，上部稍粗糙，基部具红褐色无叶片的鞘，鞘膜质部分常裂成网状。叶等长或稍短于秆，宽 1-2 毫米，较软，边缘下卷，无毛，先端边缘粗糙，鞘较长；苞片下部的叶状，线形，短于花序，上部的苞片鳞片状，无鞘。小穗 3-4，雄小穗与相邻雌小穗间距很近，余雌小穗间距稍长，顶生雄小穗线形，长 1-2 厘米，近无柄；余 2-3 小穗为雌小穗，

图 518 玉簪薹草
（引自《东北草本植物志》）

长圆形、卵形或近球形，长0.5-1.2厘米，具少花，最下部的小穗柄很短，上部的小穗无柄。雌花鳞片卵形，长约2毫米，先端钝，无短尖，膜质，中间黄褐色，边缘淡黄白色，3脉。果囊斜展，宽倒卵形或宽椭圆形，钝三棱状，长2.5-3毫米，膜质，绿褐色，多脉，密被短硬毛，基部宽楔形，喙很短，喙口微凹。小坚果紧包于果囊中，倒卵形或宽倒卵形，三棱状，长1.8-2毫米，暗棕色，顶端具短尖；花柱粗短，基部不增粗，柱头3。花果期6-8月。

产黑龙江、吉林及内蒙古，生于山坡草地、林下湿地或沼泽地。日本、朝鲜半岛、俄罗斯和一些欧洲国家有分布。优良牧草。

35. 卷叶薹草

图 519

Carex ulobasis V. Krecz. in Kom. Fl. URSS 3: 608. et 311. 1935.

根状茎短，木质。秆密丛生，高15-25厘米，稍扁三棱状，下部

平滑，上部稍粗糙，基部具带红褐色无叶片的鞘，老叶鞘常细裂成纤维状。叶等长或稍短于秆，宽1-2.5毫米，较坚挺，平展，上面疏被短硬毛，边缘粗糙，具红褐色稍长叶鞘，鞘膜质一侧常开裂，基部老叶后期常卷曲；苞片鳞片状，卵形，基部抱茎，先端具芒。小穗2-3，较密集于秆上端，雄小穗顶生，披针形或棒形，长0.8-1.5厘米，近无柄；余为雌小穗，卵形，长0.8-1.2厘米，密生10余花，无柄。雌花鳞片长圆形，长约4毫米，先端微凹，具短尖或短芒，膜质，锈褐色，具1中脉。果囊斜展，长圆状倒卵圆形，扁三棱状，长4-4.5毫米，淡黄绿色，上端至喙常锈褐色，多脉，疏被白色长柔毛，具短柄，顶端具短喙，喙口斜截或微凹。小坚果较紧包于果囊内，卵形或长圆状卵形，三棱状，长约2.5毫米，褐色，基部具很短的柄；花柱基部不增粗，柱头3。花果期5-7月。

产黑龙江及内蒙古，生于山坡疏林下、灌丛下或草甸。俄罗斯远东地区和东西伯利亚、朝鲜半岛有分布。

图 519 卷叶薹草 （引自《东北草本植物志》）

36. 兴安薹草

图 520

Carex chinganensis Litw. in Sched. ad. Herb. Fl. Ross. 4: 135. 1909.

根状茎细长，匍匐或斜升，常包以红褐色、无叶片的鞘。秆丛生，高20-40厘米，纤细，扁三棱状，下部平滑，上部棱粗糙，基部叶鞘常红褐色。叶短于秆，宽1-1.5毫米，平展，上面和边缘均粗糙，具叶鞘，鞘一侧常开裂；苞片最下部的叶状，线形，上部的鳞片状，

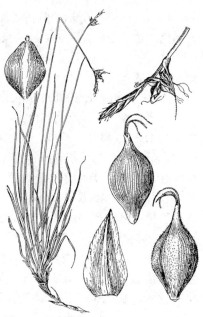

图 520 兴安薹草 （引自《东北草本植物志》）

具芒，无苞鞘。小穗2-3，生于秆上端，最下部1个稍疏离，雄小穗顶生，棒形或线形，长0.8-1.2厘米，近无柄，余为雌小穗，球形或宽卵形，长约5毫米，少花，无柄。雌花鳞片宽卵形，长2.2-2.5毫米，先端渐尖，中间淡黄绿色，两侧淡褐色，边缘白色透明，具1中脉。果囊斜展，倒卵形，钝三棱状，长约2毫米，草质，淡黄绿色，密被短硬毛，无脉或具不明显的数脉，顶端具短喙，喙口斜截或微凹，小坚果紧包果囊内，近椭圆形或椭圆状倒卵形，钝三棱状，长约2毫米，淡黄色，顶端具短尖；花柱基部不增粗，柱头3。花果期6-7月。

产黑龙江、吉林及内蒙古，生于山地林下。俄罗斯远东地区有分布。

37. 球穗薹草 图 521：1-4

Carex amgunensis Fr. Schmidt. in Mém. Acad. Imp. Sci. St. Petersb. sér. 7, 12: 69. t. 1. f. 4-5. 1868.

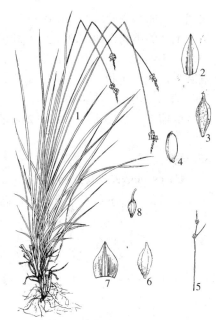

图 521：1-4.球穗薹草 5-8.鳞苞薹草
（李爱莉绘）

根茎细长，葡匐或斜升，地下葡匐茎细。秆密丛生，高15-35厘米，纤细，三棱状，平滑，上部棱粗糙，基部具少数褐色无叶片的鞘，老叶鞘常纤维状。叶短于秆或近等长于秆，宽1-2毫米，平展，较柔软，上面和边缘均粗糙，叶鞘稍长，老叶鞘膜质部分常开裂；最下部苞片叶状，长于小穗，余鳞片状，淡褐色，无苞鞘。小穗2-3（4），密集秆上端，雄小穗顶生，披针形，长0.5-1厘米，近无柄；余为雌小穗，近球形或宽卵形，长5-6毫米，6-10花，无柄。雌花鳞片卵形，长约3毫米，先端急尖，淡黄褐色，边缘白色，具1中脉。果囊斜展，长圆状倒卵形，平凸状三

棱状，长3-3.5毫米，草质，淡黄褐色，上部密被短硬毛，脉不明显，顶端具短喙，喙口斜截或微凹。小坚果紧包于果囊内，椭圆形，三棱状，长约2.5毫米，麦秆黄色，柄很短；花柱基部不增粗，柱头3。花果期5-6月。

产黑龙江（据文献记载）及河北，生于海拔约2000米山坡阴处或潮湿沼泽地。蒙古、俄罗斯及乌克兰有分布。

38. 鳞苞薹草 图 521：5-8

Carex vanheurckii Müell. Arg. in Van Heurck Observ. Bot. 1: 30. 1870.

根状茎细长，具地下葡匐茎，常包以暗褐色无叶片的鞘。秆丛生，高10-30厘米，纤细，钝三棱形，上部微粗糙，基部包以褐色细裂成纤维状残存老叶鞘。叶稍短于秆，宽1-2毫米，平展，上面和边缘均粗糙，干时有的边缘稍背卷，叶鞘较长；苞片鳞片状，最下部苞片钻状，具长芒。小穗2-3，密集秆上端，有时最下部1个雌小穗稍疏离；雄小穗顶生，线形或近纺锤形，长0.7-1.5厘米，近无柄；余为雌小穗，球形或卵形，长4-7毫米，少花，无柄。雌花鳞片卵形，长约2.5毫米，先端渐尖，具短尖，中脉色淡，两边褐色，上部边缘白色，具1中脉。果囊斜展，椭圆形或倒卵形，平凸状三棱状，长2.5-3毫米，淡黄绿色，上部稍褐色，无脉，疏生短

硬毛，顶端具短喙，边缘具短硬毛，喙口微凹。小坚果紧包于果囊内，宽倒卵形，三棱状，长约1.7毫米；花柱基部不增粗，柱头3。花果期5-6月。

据文献记载，产黑龙江、吉林、辽宁及内蒙古，生于海拔约1200米疏林下或山坡草地。俄罗斯东西伯利亚和远东地区、蒙古及朝鲜半岛有分布。

组 4. 黄囊薹草组 Sect. Lamprochlaenae Drejer

（戴伦凯）

具匍匐根状茎。秆丛生，较纤细，基部常包以红褐色无叶片的鞘。叶通常较窄；苞片鳞片状或最下部的 1 枚具纤细的苞叶，稀刚毛状，近于无苞鞘或苞鞘很短。小穗 2-5，雄小穗顶生，个别种具 1-2 雄小穗，线状披针形、披针形或棒形；雌小穗侧生，卵形、宽卵形或近卵球形，花较密，无柄或少数具短柄。雌花鳞片红褐或黄褐色。果囊斜展或后期叉开，倒卵形或椭圆状倒卵形，钝三棱状或鼓胀三棱状，无毛，稀被毛，有光泽，喙短，喙口斜截或微缺成 2 小齿。小坚果紧包于果囊内；花柱基部稍增粗，柱头 3。

我国 7 种。

1. 秆高 2-5 厘米；雌小穗密集秆基部，常藏于叶丛中；苞片刚毛状；果囊长 2.5-3 毫米 ……………………………………………………………………… 39. 唐古拉薹草 C. tangulashanensis
1. 秆高 10-35 厘米；雌小穗密集秆上端，或最下面 1 个雌小穗较疏离，不藏于叶丛中；苞片鳞片状或最下部的苞片叶状，上部的苞片鳞片状或刚毛状；果囊长 3-4 毫米。
  2. 苞片鳞片状，最下部的苞片具长芒，无苞鞘；雌小穗长 0.5-1 厘米，小穗无柄。
    3. 雌小穗密集秆上端，密生几朵花；雌花鳞片先端具短尖；果囊卵形，长 3.5-4 毫米，成熟后暗棕色 …………………………………………………… 40. 无穗柄薹草 C. ivanoviae
    3. 雌小穗最下部 1 个稍疏离，密生几朵至 10 余朵花；雌花鳞片先端无短尖；果囊倒卵形或椭圆形，长 3-4 毫米，成熟时鲜黄或淡黄绿色。
      4. 果囊倒卵形或椭圆形，鼓胀三棱状，长 3-4 毫米，鲜黄色 ………… 41. 黄囊薹草 C. korshinskyi
      4. 果囊倒卵圆形，钝三棱状，长约 3 毫米，淡黄绿色 ………………… 42. 干生薹草 C. aridula
  2. 最下部的苞片叶状，上部的苞片鳞片状或刚毛状，具短苞鞘；雌小穗长（0.5-）0.8-1.5 厘米，具短柄或最下部的小穗柄较长。
    5. 小穗 3-5，最下部的小穗稍疏离，上部的密集秆上端，顶端 1-2 个为雄小穗；雌小穗 2-4，密生几朵至 10 余朵花，具短柄；果囊无毛 ……………… 43. 新疆薹草 C. turkestanica
    5. 小穗 2-3，密集秆上端，顶生 1 个为雄小穗；雌小穗 1-2，疏生几朵花，最下部的小穗柄较细长，上部的具短柄或近无柄；果囊被短糙硬毛 ……………… 44. 粗糙囊薹草 C. asperifructus

39. 唐古拉薹草

图 522

Carex tangulashanensis Y. C. Yang in Acta Phytotax. Sin. 18(3): 362. f. 2. 1980.

根状茎细长。秆疏丛生，高 2-5 厘米，扁三棱形，平滑，基部具少数深褐色无叶片的鞘。叶稍短于秆，宽 2-3 毫米，平展，稍坚挺，上部边缘和脉稍粗糙；苞片刚毛状，具膜质鞘，或呈小短尖状，常为基生叶鞘所包。小穗 3-4，雄小穗顶生，与雌小穗稍疏离，披针形或披针状卵形，长 0.6-1.2 厘米；余为雌小穗，密集秆基部，常藏于叶丛中，卵形或卵圆形，长 4-7 毫米，密生 5-10 花，具短柄。雌花鳞片卵形，长 2.5-3 毫米，先端急尖，有时

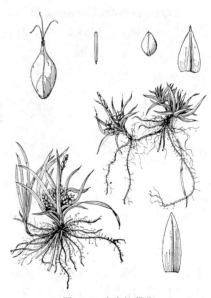

图 522 唐古拉薹草
（引自《植物分类学报》）

具短尖，膜质，两侧黄褐色，具白色膜质边缘，中间黄绿色，具 1 中脉。果囊稍斜展，椭圆形，钝三棱状，长 2.5-3 毫米，薄革质，黄褐色，喙短，喙口微缺。小坚果椭圆形，钝三棱状，长约 1.5 毫米，淡黄色；花柱稍粗短，柱头 3。花果期 6-8 月。

产青海及西藏，生于海拔 4000-4750 米潮湿地。

40. 无穗柄薹草　　　　　　　　　图 523

Carex ivano viae Egorova in Novit. Syst. Pl. Vascul. 1966: 34. 1966.

根状茎较长，匍匐或斜升。秆密丛生，高 10-15 厘米，近半圆柱

形，平滑，基部具褐色残存老叶片和叶鞘；叶短于秆，宽不及 1 毫米，常卷成针状，平滑，具淡褐色膜质的鞘；苞片鳞片状，披针形，先端具长芒，长于或稍短于小穗，无鞘。小穗 2-4，常密集秆上端，雄小穗顶生，窄披针形，长 0.8-1.5 厘米，无柄；雌小穗侧生，卵形，长 5-8（-10）毫米，密生几朵花，无柄。

雌花鳞片卵形，长 3.5-4 毫米，先端急尖，具短尖，膜质，暗棕色，上部具白色膜质边缘，中脉淡黄色。果囊近直立或稍斜展，卵形，钝三棱状，长 3.5-4 毫米，薄革质，暗棕色，有光泽，脉不明显，具短柄，喙短，喙口具 2 小齿。小坚果近椭圆形，三棱状，长约 2 毫米，淡褐黄色，无柄，顶端具小短尖；花柱短，基部微增粗，柱头 3。花

图 523　无穗柄薹草　（马 平绘）

果期 6-8 月。

产内蒙古、青海及西藏，生于海拔 4000-5300 米山坡草地、河边或湖边草地。

41. 黄囊薹草　　　　　　　　　图 524

Carex korshinskyi Kom. Fl. Mansh. 1: 393. 1901.

根状茎细长，匍匐或斜升。秆密丛生，高 15-35 厘米，纤细，扁三

棱形，上部微粗糙，基部具少数淡黄褐或红褐色无叶片的鞘，残存老叶鞘常裂成纤维状。叶短于或稍长于秆，宽 1-2 毫米，稍坚挺，上面和边缘粗糙，具叶鞘；苞片鳞片状，最下部苞片有的具长芒。小穗 2-3（4），上部的雌小穗靠近顶生雄小穗，最下部的雌小穗稍疏离，雄小穗顶生，棒形或披针形，长 1-2.5 厘米，无柄；雌

小穗侧生，卵形或近球形，长 0.5-1 厘米，密生几朵至 10 余朵花，无柄。雌花鳞片卵形，长约 3 毫米，先端急尖，褐色，边缘白色透明，具 1 中脉。果囊斜展，后期稍叉开，椭圆形或倒卵形，鼓胀三棱状，

图 524　黄囊薹草
（引自《东北草本植物志》）

长3-4毫米，革质，鲜黄色，平滑，有光泽，脉不明显，喙短，喙口斜截或微缺。小坚果紧包果囊内，椭圆形，三棱状，长2-2.5毫米，灰褐色，顶端具小短尖；花柱基部稍增粗，柱头3。花果期7-9月。

产黑龙江、辽宁、内蒙古、陕西、甘肃及新疆，生于海拔

700-1300米草原、山坡或沙丘地带。朝鲜半岛、蒙古、俄罗斯东西伯利亚和远东地区有分布。

42. 干生薹草 图 525

Carex aridula V. Krecz. in Not. Syst. Herb. Inst. Bot. Acad. Sci. URSS 9: 191. 1946.

根状茎具细长地下匍匐茎。秆丛生，

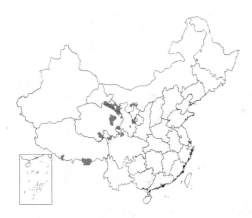

高5-20厘米，纤细，扁三棱形，下部平滑，上部棱粗糙，基部具少数红褐色无叶片的鞘，残存老叶鞘常裂成纤维状。叶短于或稍长于秆，宽1-1.5毫米，上面和边缘均粗糙；苞片鳞片状，最下部的苞片具长芒，基部抱秆。小穗2-3，最上部的雌小穗与雄小穗靠近，最下部的小穗稍疏离，雄小穗顶生，棒形，长1-1.5厘米，近无柄；余为雌

小穗，球形或长圆形，长5-8毫米，密生几朵至10余朵花，无柄。雌花鳞片卵形或宽卵形，长约3毫米，先端急尖，膜质，红褐色，边缘白色透明，具1中脉。果囊后期近平展，圆倒卵形，钝三棱状，长约3毫米，淡黄绿色，成熟时稍淡褐色，平滑，有光泽，无脉，喙很短，喙口斜截。小坚果倒卵形或宽倒卵形，三棱状，长约2毫米，暗棕色，顶端具小短尖；花柱基部增粗，柱头3。花果期6-9月。

图 525 干生薹草 （引自《中国植物志》）

产内蒙古、宁夏、甘肃、青海、四川及西藏，生于海拔2000-3900米山坡、高山草甸及沟边滩地。

43. 新疆薹草 短柱苔草 图 526

Carex turkestanica Regel in Acta Hort. Petrop. 7: 570. 1880.

根状茎长，匍匐或斜升。秆丛生，

高10-30厘米，三棱形，平滑，基部包以少数红褐色无叶的鞘，老叶鞘常裂成网状或纤维状。叶短于秆，宽1-3毫米，较坚挺，平展或有的边缘背卷，上面和边缘粗糙，叶鞘较短。苞片最下面的有时为叶状，具短鞘，上面的鳞片状，先端具长芒。小穗3-5，最下部的小穗疏离，上部的常密集秆上端，顶端1-2个为雄小穗，披针形或披针状棒形，长1-2.5厘米，近无柄；雌小穗2-4，长圆形或卵形，长1-1.5厘米，密生几朵至10余朵花，具短柄。雌花鳞片长圆状卵形，长约4毫米，先

图 526 新疆薹草 （引自《图鉴》）

端渐尖，膜质，红褐色，边缘淡黄色透明，具1中脉。果囊斜展，后期近平展，近椭圆形或椭圆状倒卵形，钝三棱状，长3.8-4毫米，革质，成熟后暗棕色，基部常黄色，平滑，脉不明显，喙中等长，喙口微缺。小坚果椭圆形或近倒卵形，三棱状，长约3毫米，灰色；先端渐尖，花柱基部稍增粗，柱头3。花果期7-9月。

产甘肃及新疆，生于海拔1000-2600米山坡、山沟中或林下。俄罗斯东西伯利亚、中亚及阿富汗有分布。

44. 粗糙囊薹草　　　　　　　　　　　　　　　　图527

Carex asperifructus Kükenth. in Acta Hort. Gothob. 5: 111. 1930.

根状茎稍长，斜升，地下匍匐茎细长。秆疏丛生，高10-20厘米，纤细，锐三棱形，平滑，基部具红褐色无叶片的鞘，残存老叶鞘常裂成纤维状。叶短于秆或近等长于秆，宽1-2毫米，平展，上面和边缘粗糙，叶鞘淡黄色，具多脉，脉有时淡红色；苞片最下部的叶状，上部的刚毛状，具短苞鞘。小穗2-3，密集秆上端，雄小穗1个，顶生，棒状线形或长圆形，长0.8-1.2厘米，近

图 527　粗糙囊薹草　（李爱莉绘）

无柄；雌小穗1-2，卵形或近椭圆形，长0.5-1.2厘米，疏生几朵花，最下部的小穗柄较细长，上部的小穗具短柄或近无柄。雌花鳞片卵形，长约3毫米，先端急尖，膜质，褐色或淡黄褐色，具1中脉。果囊斜展，倒卵形，钝三棱状，长3-3.5毫米，革质，上部麦秆黄色，基部淡褐色，背面具2侧脉，被短糙硬毛，喙短，喙口平截，膜质。小坚果椭圆形或倒卵状椭圆形，三棱状，长2.5-2.8毫米，黄色，顶端具小短尖；花柱基部稍增粗，柱头3。花果期6-9月。

产山西及青海，生于海拔2100-3700米山坡林下。

组5. 糙果薹草组 Sect. Trachychlaenae Drejer
（戴伦凯）

根状茎有时具地下匍匐茎。苞片叶状或最下部的叶状，上部的刚毛状。小穗单性或两性兼有，上面的小穗间距短，无柄，最下部的较疏离，或多少具柄，雄小穗2-6，雌小穗2-7，密生多花，有时上部具雄花。雌花鳞片具短尖或芒。果囊膜质，被白色短硬毛，喙短，喙口微缺；花柱基部不增粗，柱头3。

我国3种。

1. 根状茎粗短；雄小穗1，顶生，余为雌小穗，或有的雌小穗上部具少数雄花；果囊长2-2.5毫米，喙口具2短齿 ·· **45. 毛囊薹草 C. inanis**
1. 根状茎具细长地下匍匐茎；雄小穗2-6，生于上端，余为两性小穗，雄雌顺序或兼有雌小穗；果囊长2.5-3毫米，喙口平截，微凹。
　2. 秆高25-35厘米；小穗4-6，顶端2-4为雄小穗，圆柱形，长0.5-2.5厘米，余为两性小穗，雄雌顺序，长圆状圆柱形或窄长圆形，长2-3厘米；果囊长2.5-3毫米 ············· **46. 长茎薹草 C. setigera**
　2. 秆高8-15厘米；小穗3-4，雄小穗1，顶生，长圆状披针形，长6-8毫米，余为雌小穗，长圆形，长0.8-1厘米；果囊长约2毫米 ····················· **46(附). 小长茎薹草 C. stigera var. schlagintweitiana**

45. 毛囊薹草　　　　　　　　　　图 528　图 529：5-8

Carex inanis Kunth, Enum. Pl. 2: 522. 1837.

根状茎粗短，木质。秆密丛生，高 10-50 厘米，细弱，钝三棱形，平滑，基部具少数红褐色无叶片的鞘，老叶鞘常裂成网状或纤维状。叶短于或稍长于秆，宽 1-2 毫米，边缘粗糙，稍下卷，具叶鞘；苞片叶状，纤细，长于花序，下部的苞片具短鞘，上部的鞘更短或近无鞘。小穗 4-7，最下部的小穗近基生或较疏离，余小穗均密集秆上端，雄小穗顶生，窄圆柱形或窄披针形，长 1.5-4 厘米，近无柄，余为雌小穗，有的顶端具少数雄花或基部具小分枝，长圆形或长圆状圆柱形，长 0.8-2.5 厘米，密生多花，下部小穗具短柄，上部的小穗近无柄。雌花鳞片长圆形或近卵形，长 2-3 毫米，先端渐尖，膜质，淡黄褐色，具 1 中脉。果囊斜展，宽倒卵形或倒卵形，三棱状，长 2-2.5 毫米，膜质，麦秆黄色，密被白色短硬毛，脉不明显，喙短，喙口具 2 短齿。小坚果紧包于果囊内，倒卵圆形、宽倒卵形或近椭圆形，三棱状，长约 1.5 毫米，棕色，基部具短柄，顶端短尖扭曲；花柱基

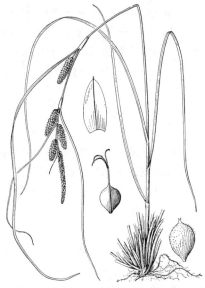

图 528　毛囊薹草　（引自《西藏植物志》）

部不增粗，柱头 3。花果期 7-8 月。

产甘肃、四川、云南及西藏，生于海拔 2300-3500 米密林下、山坡或河边。尼泊尔及印度有分布。

46. 长茎薹草　　　　　　　　　　图 529：1-4

Carex setigera D. Don in Trans. Linn. Soc. 14: 330. 1824.

根状茎具木质细长地下匍匐茎。秆疏生，高 25-35 厘米，纤细，钝三棱形，平滑，基部具红褐色无叶片的鞘，老叶鞘常裂成网状或纤维状。叶长于或稍短于秆，宽 1-3 毫米，平展，边缘粗糙，具叶鞘；苞片线形，下部的长于花序，具苞鞘，最上部的短于花序，无苞鞘。小穗 4-6，常集生秆上端，顶端雄小穗 2-4，圆柱形，长 0.5-2.5 厘米，近无柄；余为两性小穗，雄雌顺序，长圆状圆柱形或窄长圆形，长 2-3 厘米，多花稍疏生，下部的小穗具柄，最上部的无柄。雌花鳞片卵形，长约 3 毫米，先端渐尖，具短尖，膜质，紫红褐色，具 1 中脉。果囊斜展，倒卵形，三棱状，长 2.5-3 毫米，膜质，淡黄绿色，具紫红褐色斑块，疏被短硬毛，脉不明显，具短柄，喙短，喙口斜截，中间微凹。小坚果紧包于果囊内，倒卵形，三棱状，长约 1 毫米，暗棕色，柄很短，顶端具小短尖；花柱基部不增粗，柱头 3。花果期 5-6 月。

图 529：1-4.长茎薹草　5-8.毛囊薹草
（李爱莉绘）

产云南及西藏，生于海拔 2700-4100 米溪边湿地、山坡林下或草地。尼泊尔、不丹及印度有分布。

[附] **小长茎薹草 Carex setigera**

var. **schlagintweitiana** (Böeck.) Kükenth. in Engl. Pflanzenr. Heft 38(IV, 20): 419. 1909. —— *Carex schlagintweitiana* Böeck. Cyper. Nov. 1: 48. 1888. 本变种与模式变种的区别：秆高8-15厘米；小穗3-4，雄小穗1顶生，长圆状披针形，长6-8毫米，余为雌小穗，长圆形，长0.8-1厘米；

果囊长约2毫米。产云南及西藏，生于海拔2300-3000米山坡林下或草地湿处。喜马拉雅山西部地区及印度有分布。

组 6. 异囊薹草组 Sect. Anomalae Carey
（戴伦凯）

具根茎或具地下匍匐茎。苞片叶状或最下部的叶状，常具短苞鞘，上部的刚毛状，无苞鞘。小穗通常单性，雄小穗顶生，余为雌小穗，稀两性，雌雄顺序，雌小穗间距较长，密生多花，具柄。雌花鳞片常具短尖，稀无短尖。果囊膜质，无毛，有时密生紫红色腺点或斑点，具短喙，喙口近平截或微缺；花柱基部不增粗，柱头3。
我国3种。

1. 雌花鳞片卵形或窄卵形，先端急尖，具短尖；果囊椭圆形或倒卵状长圆形，不明显三棱状，具紫红色斑点；小坚果倒卵形 ·· **47. 鸭绿薹草 C. jaluensis**
1. 雌花鳞片长圆状卵形或卵形，先端近钝圆，无短尖或有时具短尖；果囊宽倒卵形或宽椭圆形，三棱状，密生紫红色乳头状突起；小坚果宽倒卵形或宽椭圆形 ············· **48. 斑点果薹草 C. maculata**

47. 鸭绿薹草　　　　　　　　　　图 530
Carex jaluensis Kom. Fl. Manshur. 1: 369. 1901.

根状茎短、木质，地下匍匐茎较粗壮。秆密丛生，高30-85厘米，

较粗壮，钝三棱形，基部具淡黄褐色无叶片或短叶片的鞘，鞘长达10厘米。叶稍短于秆，宽3-6毫米，平展，有时边缘稍下卷，稍坚挺，侧脉2，和边缘均粗糙，下部的叶具较长叶鞘；苞片下部的叶状，长于花序，具短鞘，上部的2-3枚刚毛状，短于花序，无鞘。小穗5-7，下部的1-2稍疏离，上部的间距较短；雄小穗顶生，稀具2个雄小穗，稀顶端具少数雌花，长圆状圆柱形或圆柱形，长1.5-5厘米，近无柄；余为雌小穗，窄圆柱形，长1.5-6厘米，密生多花，下部的小穗柄较细长，小穗稍下垂，上部的小穗具短柄或近无柄。雌花鳞片卵形或窄卵形，长约2.5毫米，先端急尖，具短尖，中间绿色，3脉，两侧淡黄褐色。果囊斜展，椭圆形或倒卵状长圆状，长约2.5毫米，淡绿或淡黄绿色，膜质，脉不明显，具紫红色斑点，具短柄，喙很短，喙口近平截或微凹。小坚果紧密包于果囊内，倒卵形，三棱状，长约1.5毫米，顶端具小短尖；花柱基部不增粗，

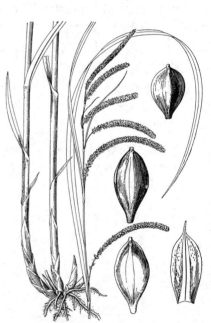

图 530 鸭绿薹草　（引自《东北草本植物志》）

柱头3。花果期5-7月。

产吉林、辽宁及河北，生于海拔400-1450米山谷河边、沟边湿地或林下。朝鲜半岛及俄罗斯远东地区有分布。

48. 斑点果薹草　斑点苔草　　　图 531
Carex maculata Boott in Trans. Linn. Soc. 20: 128. 1846.

根状茎较细长、木质。秆丛生，高30-55厘米，稍细，三棱形，

平滑，基部具少数淡黄褐色无叶片的鞘。叶通常短于秆，宽3-6毫米，

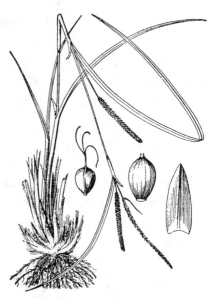

平展，平滑，具鞘；苞片叶状，最下部的鞘较长，上部的鞘较短。小穗3-4，最下部的小穗稍疏离，余聚生秆上端，雄小穗顶生，线状圆柱形，长（1.5-）2-6厘米，近无柄，侧生的雌小穗，长圆状圆柱形或圆柱形，长（1）2-4厘米，密生多花；下部的小穗柄较长，上部的具短柄。雌花鳞片长圆状卵形或卵形，长约2毫米，先端近钝圆，无短尖或具短尖，膜质，淡黄褐色，稍带锈色短条纹，3脉绿色。果囊斜展，宽倒卵形或宽椭圆形，三棱状，长约2.5毫米，膜质，成熟时暗棕色，密生紫红色乳头状突起，3-5脉，喙很短，喙口近平截或微缺。小坚果紧包于果囊内，宽倒卵形或宽椭圆形，三棱状，长约1.5毫米，淡黄褐色，具短柄，顶端具弯的短尖；花柱基部不增粗，柱头3。

产江苏、安徽、浙江、台湾、福建、江西、湖南、广东、广西及四川，生于海拔470-1250米山谷沟边湿地、林下湿地或山麓路边草

图 531 斑点果薹草 （引自《图鉴》）

地。印度、印度尼西亚及斯里兰卡有分布。

组7. 隐穗薹草组 Sect. Cryptostachyae Franch.
（梁松筠）

根状茎长，木质，外被暗褐色纤维状残存老叶鞘。秆侧生，高12-30厘米，扁三棱形，花葶状，柔弱。叶长于秆，宽0.6-1.5厘米，平展，两面平滑，边缘粗糙，革质；苞片刚毛状，鞘长0.5-1.5厘米。小穗6-10，几全为雄雌顺序（至少顶端小穗为雄雌顺序），长圆形或圆柱形，长0.8-2.5厘米，花疏生，雄花部分长3-5毫米；小穗柄长0.7-2.5厘米，纤细。雌花鳞片卵状长圆形，长约2.2毫米，淡棕或黄绿色，中脉绿色，先端尖或凸尖。果囊长于鳞片，长圆状菱形或倒卵状纺锤形，微三棱状，长4-5毫米，膜质，黄绿色，上部密被短柔毛，边缘具纤毛，多脉，基部楔形，柄长约1毫米，具短喙，喙口具2短齿。小坚果三棱状菱形，长2.5-3毫米，棱中部凹缢，三个棱面中部凸出成腰状，上下凹入；花柱基部宿存，弯曲，柱头3。

1种。

49. 隐穗薹草

图 532：1-5

Carex cryptostachys Brongn in Duperrey, Voy. Coquille Bot. 152. t. 25. 1828.

形态特征同组。花期冬季，翌年春季结果。

产台湾、福建、湖南南部、广东、香港、海南、广西及云南东南部，生于海拔100-1200米密林下湿处、溪边。越南、泰国、马来半岛、印度尼西亚、菲律宾及澳大利亚（昆士兰）有分布。

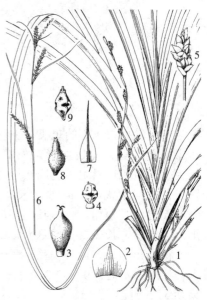

图 532：1-5.隐穗薹草 6-9.宜昌薹草
（冀朝祯绘）

组 8. 匏囊薹草组 Sect. Lageniformes (Ohwi) Nelmes
（梁松筠）

根状茎短或斜生。秆中生或侧生，柔弱或纤细，花葶状。叶长于秆；苞片短叶状或叶状，具鞘。小穗3-6或更多，顶生小穗雄性，侧生的雌性。雌花鳞片长圆状卵形或宽倒卵形。果囊纺锤形或菱状纺锤形。小坚果菱形或纺锤形，上部具圆柱状颈，顶面平截或稍凹陷，三个棱面中部凸出成腰状，上下面凹入；花柱基部稍膨大而宿存。

约 12 种。我国 6 种。

1. 果囊长4-6毫米；小坚果喙长0.5-1.5毫米。
　2. 叶宽0.6-1厘米 ··· 50. 截鳞薹草 C. truncatigluma
　2. 叶宽2-3毫米 ···························· 50(附). 喙果薹草 C. truncatigluma subsp. rhynchachaenium
1. 果囊长2-4（4.2）毫米；小坚果喙长0.1-0.3（0.5）毫米。
　3. 花序长于苞片或近等长。
　　4. 小坚果中部不凹陷；雌花鳞片先端钝圆 ···························· 51. 香港薹草 C. ligata
　　4. 小坚果中部凹陷；雌花鳞片先端芒长2-4毫米 ···················· 52. 宜昌薹草 C. ascocetra
　3. 花序短于苞片。
　　5. 花序梗粗短；果囊长3.5-4毫米 ································· 53. 短葶薹草 C. breviscapa
　　5. 花序梗纤细；果囊长2-3毫米 ································· 54. 细穗薹草 C. tenuispicula

50. 截鳞薹草

图 533：1-4

Carex truncatigluma C. B. Clarke in Journ. Linn. Soc. Bot. 36: 315. 1904.

根状茎斜生，外被暗褐色撕裂纤维。秆侧生，高10-30厘米，

三棱形，纤细，稍粗糙。叶长于秆，宽0.6-1厘米，平展，两面粗糙，草质；苞片短叶状，鞘长6-9毫米。小穗4-6，顶生小穗雄性，窄圆柱形，长1-1.5厘米，宽约1毫米；小穗无柄或柄长0.5-2厘米；侧生小穗雌性，长圆柱形，长2-5厘米，花稍疏，最上部的1个雌小穗长于雄小穗，其小穗柄包于苞鞘内，下部的疏离，小穗柄伸出苞鞘，基部的长2-4（6）厘米。雌花鳞片宽倒卵形，先端平截，宽楔形、圆形、微凹或头短尖，深黄色，具宽白色膜质边缘，中脉绿色。果囊长于鳞片，纺锤形，钝三棱状，长4-6毫米，褐绿色，膜质，被短柔毛，多脉，基部楔形，具短柄，喙口具2短齿。小坚果紧密包于果囊中，纺锤形，三棱状，长2.5-3.5毫米，喙圆柱状，喙长0.5-1.5毫米，顶面平截或稍凹陷，淡黄褐色，三个棱面中部凸出成腰状，上下面凹入，淡褐色，柄长0.5-0.7毫米；宿存花柱基部稍膨大，柱头3。花果期3-5月。

产安徽、浙江、福建、江西、湖南、广东、香港、海南、广

图 533：1-4. 截鳞薹草 5-8.短葶薹草 9-12.细穗薹草 （冀朝祯绘）

西、贵州、四川及云南，生于海拔500-1200 米林中、山坡草地或溪旁。越南及马来半岛有分布。

[附] **喙果薹草** 图 540:6-8 **Carex truncatigluma** subsp. **rhynchachaenium** (C.B.Clarke ex Merrill) Y. C. Tang et S. Y. Liang, Fl. Reipubl. Popul. Sin. 12.

146. 2000. —— *Carex rhynchachaenium* C. B. Clarke ex Merrill in Bull. Bur. Gov. Labor. Manila 35: 5. 1905. 与模式亚种的区别: 叶宽2-3毫米, 长5- 7毫米。产台湾。菲律宾及越南有分布。

51. 香港薹草

Carex ligata Boott in Benth. Fl. Hongkong 402. 1861.

根状茎短。秆侧生, 高25-50厘米, 纤细, 钝三棱形, 平滑, 基部叶鞘暗褐色, 纤维状。叶长于秆, 宽4-6毫米, 平展, 上面及边缘粗糙, 灰绿色, 坚挺; 苞片短叶状, 鞘紫色, 鞘长1-2厘米。小穗3-4, 疏离, 顶生小穗雄性, 线形, 长3-5厘米, 宽约1毫米, 小穗柄长3.5-5.5厘米; 侧生小穗雌性, 圆柱形, 长1-2厘米, 宽3-4毫米, 花稍密或近2列, 小穗柄纤细, 长1.5-3.5厘米。雌花鳞片倒卵状长圆形, 先端钝圆, 长约2.7毫米, 黄绿色, 边缘白色膜质, 背面1-3脉, 绿色, 中脉明显。果囊菱状纺锤形, 三棱状, 长4-4.2毫米, 膜质, 上部被微毛, 多脉, 具短柄, 喙长0.1毫米, 喙口具2齿。小坚果紧包于果囊中, 菱形, 三棱状, 长约2.7毫米, 喙白色, 短圆柱状, 顶面稍凹陷, 颈长0.2-0.3毫米, 三个棱面中部凸出成腰状, 上下面凹入, 柄长约0.3毫米; 花柱基部膨大, 柱头3。花果期2-3月。

产福建南部、广东及香港, 生于林下阴处。

52. 宜昌薹草

图 532: 6-9

Carex ascocetra C. B. Clarke ex Franch. in Nouv. Arch. Mus. Hist. Nat. Paris ser. 3, 9: 182. 1897.

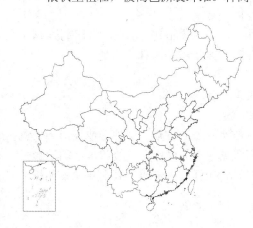

根状茎粗壮, 被褐色撕裂纤维。秆高10-60厘米, 微三棱形, 平滑, 基部叶鞘深棕色, 纤维状。叶短于或长于秆, 宽2-4毫米, 平展, 边缘粗糙; 苞片叶状, 短于花序, 鞘长0.5-1.8厘米。小穗4-6; 顶生小穗雄性, 线形, 长1-4厘米, 小穗柄长0.2-1.4厘米; 侧生小穗雌性, 长圆形或圆柱形, 长1.2-4厘米, 上部小穗接近, 最下部1小穗疏离, 花稍疏, 小穗柄直立, 几全包于苞鞘内。雌花鳞片椭圆形, 先端微凹或急尖, 长2.5-3毫米 (不连芒), 淡黄绿色, 3脉绿色, 芒长2-4毫米。果囊稍长或近等长于鳞片, 纺锤形, 长3.5- 4毫米, 膜质, 绿色, 多脉, 被短微毛, 柄长0.5-0.6毫米, 喙稍弯, 喙口斜截。小坚果紧包于果囊中, 纺锤形, 三棱状, 长约2.5毫米, 黄褐色, 具短圆柱形喙, 顶面微凹, 淡黄色, 长0.4-0.5毫米, 棱中部凹陷, 三个棱面上下凹入, 柄长约1毫米; 花柱基部稍膨大, 柱头3。花果期4-5月。

产陕西南部、安徽南部、浙江西部、湖北、湖南西部、贵州东北部及四川东部, 生于海拔125-1100米低山林下、潮湿处或路边。朝鲜半岛及日本有分布。

53. 短葶薹草

图 533: 5-8

Carex breviscapa C. B. Clarke in Hook. f. Fl. Brit. Ind. 6: 736. 1894.

根状茎短。秆高10-20厘米, 三棱形, 基部叶鞘暗褐色, 纤维状。叶长于秆, 宽5-7毫米, 平展, 两面平滑, 革质; 苞片叶状, 较花序长, 具鞘。花序梗粗短; 小穗多数, 生于3-5个节上, 每节3-5个; 顶生小穗雄性, 线形, 长1.7-4.5厘米, 宽1-1.5毫米, 具短柄; 侧生小穗雌性或大多数顶端具雄花, 窄圆柱形, 长3-4.5厘米, 宽约3毫米, 花稍疏生, 小穗无柄或具短柄。雌花鳞片卵状长圆形,

长2.5-3毫米，先端圆，具纤毛。果囊长于鳞片，菱状纺锤形，三棱状，长3.5-4毫米，膜质，绿色，多脉，无毛或上部被短柔毛，具短柄，喙圆锥形，喙长约1毫米，喙口具2齿。小坚果紧包于果囊内，菱形，三棱状，长2.5-3毫米，喙长约0.3毫米，顶面平凹，三个棱面的中部凸出成腰

状，上下面凹入，具短柄，褐或黑褐色，颈和棱黄白色；花柱基部稍膨大，柱头3。花果期冬季至翌年春季。

产台湾、福建及海南，生于海拔400-1000米山坡林下。斯里兰卡、印度尼西亚、马来西亚、缅甸、泰国、菲律宾、北至琉球群岛，南达澳大利亚昆士兰有分布。

54. 细穗薹草

Carex tenuispicula T. Tang ex S. Y. Liang in Acta Phytotax. Sin. 34 (1): 92. f. 1. 1996.

图 533：9-12

根状茎短。秆侧生，基部叶鞘暗棕色，纤维状。叶长12-40厘米，宽2-3毫米，平展，边缘粗糙，先端渐尖；苞片基部的叶状，长于花序，最上部的鳞片状。花序梗纤细；小穗5-6，近基生，顶生小穗雄性，细线形，长3-4厘米，小穗柄长3-4（-17）毫米；侧生小穗雌性，4-5，窄圆柱形，长1-4厘米，花稍疏生；小穗柄纤细，长4-10厘米。雌花鳞片宽卵形，先端圆，长1.2-1.5毫

米，具缘毛，膜质，淡褐色，边缘白色膜质，1-3绿色脉。果囊长于鳞片，菱状纺锤形，三棱状，长2-3毫米，膜质，淡褐色，多脉，被短柔毛，喙口微凹。小坚果紧包于果囊中，菱形或纺锤形，三棱状，长1.5-2毫米，喙短圆柱形，顶面平截，颈长0.1-0.2毫米，淡黄色，三个棱面的中部偏下凸出成腰凸，上下面凹入，褐色，具短柄；花柱基部不膨大，柱头3。花果期冬季。

产福建及广东，生于海拔约450米山谷杂木林下阴处。

组 9. 灰帽薹草组 Sect. Mitratae Kükenth.

（梁松筠）

小穗通常单性，顶生小穗雄性，侧生小穗多雌性，稀雄雌顺序，雌小穗长圆柱形、圆柱形或线形。果囊草质，无毛或具微毛，具短喙或近无喙，喙口平截或具2尖齿。小坚果紧包于果囊中，三棱状，上端稍膨大呈盘状，顶端不凹陷或棱上或棱面有凹陷；花柱基部膨大，宿存，似僧帽状帽顶。小坚果顶端稍膨大假帽檐；柱头3。

我国22种。

1. 小坚果棱上或棱面凹陷。
　2. 小坚果棱上凹陷。
　　3. 小坚果棱上和棱面均凹陷。
　　　4. 雄小穗长1.5-2.5厘米，柄长0.8-1.2厘米；雌小穗长1-2厘米，花近密生 …… **59. 仲氏薹草 C. chungii**
　　　4. 雄小穗长5-6厘米，柄长3.5-5厘米；雌小穗细，长3-3.5厘米，花稀疏 ………………………………
　　　　……………………………………………………… **59(附). 坚硬薹草 C. chungii var. rigida**
　　3. 小坚果仅在棱中部凹陷，棱面不凹陷 ……………………………… **55. 穿孔薹草 C. foraminata**
　2. 小坚果棱上不凹陷。

5. 果囊向轴面显著隆起，喙外弯；小坚果棱面下部稍凹陷 ·················· 56. 拟穿孔薹草 C. foraminatiformis
5. 果囊向轴面不显著隆起，喙直；小坚果棱面上、下部均凹陷。
　　6. 果囊卵状纺锤形，长 3.5-4 毫米 ···································· 57. 长穗薹草 C. dolichostachya
　　6. 果囊椭圆状菱形或菱状长圆形，长约 3 毫米 ·················· 58. 横纹薹草 C. rugata
1. 小坚果棱上和棱面均不凹陷。
　7. 雄小穗线状圆柱形或线形，稀长圆状线形(C. mitrata var. aristata)；雄花鳞片先端钝圆或平截。
　　8. 花丝扁化，花时顶端伸出鳞片。
　　　9. 雄花鳞片基部二侧边缘分离或稍合生；花丝扁化，不合生 ·················· 60. 三穗薹草 C. tristachya
　　　9. 雄花鳞片二侧边缘合生，自基部达中部以上；花丝扁化而合生 ··· 60(附). 合鳞薹草 C. rugata var. pocilliformis
　　8. 花丝细长，花时常伸出鳞片。
　　　10. 雄小穗长 1-1.7 厘米，线形；雌花鳞片先端急尖 ·················· 61. 灰帽薹草 C. mitrata
　　　10. 雄小穗长 0.5-1.5 厘米，长圆状线形；雌花鳞片具小芒尖 ··· 61(附). 具芒灰帽薹草 C. mitrata var. aristata
　7. 雄小穗近球形、卵形、长圆形或圆柱形；雄花鳞片先端钝、锐尖或多少具短尖。
　11. 苞鞘长 1.5-8 毫米。
　　12. 雄小穗柄极短或近无柄，紧靠其下部的雌小穗；雌花鳞片中间常绿色，中脉延伸成芒尖。
　　　13. 植株纤细；果囊长 2-2.5 毫米 ·················· 62. 青绿薹草 C. breviculmis
　　　13. 植株较粗壮；果囊长 3-4.5 毫米。
　　　　14. 果囊长 3-3.5 毫米 ·················· 62(附). 纤维薹草 C. breviculmis var. fibrillosa
　　　　14. 果囊长 3.5-4.5 毫米 ·················· 62(附). 直蕊薹草 C. breviculmis var. cupulifera
　　12. 雄小穗柄较长，高出其下部的雌小穗；雌花鳞片中间常绿色，先端尖或钝，中脉不延伸成小芒尖或
　　　　有延伸者则雄小穗具柄（C. kiangshuensis），不紧靠其下雌小穗。
　　　15. 果囊菱状椭圆形、宽卵形、倒卵形或宽倒卵形。
　　　　16. 果囊菱状椭圆形或宽卵形 ·················· 63. 绿囊薹草 C. hypochlora
　　　　16. 果囊倒卵形或宽倒卵形 ·················· 66. 小苞叶薹草 C. subebracteata
　　　15. 果囊椭圆状长圆形、卵状长圆形或卵状椭圆形。
　　　　17. 雌花鳞片钝或锐尖；果囊长 2.5-3 毫米 ·················· 70. 截嘴薹草 C. nervata
　　　　17. 雌花鳞片中脉延伸成短尖；果囊长 3-3.5 毫米 ·················· 71. 江苏薹草 C. kiangsuensis
　11. 苞鞘较长，最下一个通常长过 1 厘米。
　　18. 雌小穗卵形、卵状长圆形或圆柱形；果囊较密。
　　　19. 果囊近无喙，喙口近全缘 ·················· 64. 无喙囊薹草 C. davidii
　　　19. 果囊具短喙，喙口有 2 齿 ·················· 65. 短芒薹草 C. breviaristata
　　18. 雌小穗窄长圆形、线形、长圆状圆柱形或窄圆柱形；果囊较疏。
　　　20. 叶丝状，宽 0.5-2 毫米 ·················· 67. 丝叶薹草 C. capilliformis
　　　20. 叶宽 2-4 毫米。
　　　　21. 喙稍外弯，喙口无齿 ·················· 68. 类白穗薹草 C. polyschoenoides
　　　　21. 喙圆锥状，喙口具 2 齿 ·················· 69. 豌豆形薹草 C. pisiformis

55. 穿孔薹草　　　　　　　　　　　　图 534

Carex foraminata C. B. Clarke in Journ. Lim. Soc. Bot. 36: 285. 1903.

　　根状茎粗壮，外被撕裂纤维。秆高 40-70 厘米，较粗壮，三棱形，平滑，基部具暗褐色无叶片的叶鞘。叶长于或等长于秆，宽 4-7 毫米，平展，革质，两面平滑，边缘粗糙；苞片下部的短叶状，上部的刚毛状，短于小穗，鞘长 2-5 厘米。小穗 4-6，顶生小穗雄性，圆柱形，长 5-8 厘米，宽 3-5 毫米，柄长 4-6 厘米；侧生小穗雌性，疏离，圆柱形，长 5-8 厘米，宽 3-5 毫米，花密，顶端多少下垂；柄长 2-4 厘米，稍伸出苞鞘，上部者包于苞鞘内。

雌花鳞片长圆形，长3-3.5毫米，上部两侧淡栗色，背面中部略淡绿色，具中脉，侧脉不显。果囊短于鳞片，倒卵形，长2-2.5毫米（连柄），多脉隆起，疏被微毛，具短柄，喙极短，略外弯，喙口微凹。小坚果紧包果囊中，短长方形，长1.5-2毫米，草黄色，棱中部凹陷，棱面不凹陷，具短而弯的柄，喙短，圆柱状；花柱基部稍膨大，极少部分残存，柱头3。花果期4-5月。

产安徽、浙江、福建、江西及贵州，生于海拔350-800米山坡林缘、草丛中、山谷石旁阴处或沟边水中。

图 534　穿孔薹草　（引自《图鉴》）

56. 拟穿孔薹草　　图 535：1-4

Carex foraminatiformis Y. C. Tang et S. Y. Liang, Fl. Reipubl. Popul. Sin. 12: 152. 2000.

根状茎粗壮，外被纤维。秆有分枝，高30-40厘米，扁，平滑，叶鞘淡褐色无叶片，纤维状。叶长于或短于秆，宽0.6-1.2厘米，柔软，平展，两面平滑，边缘粗糙；苞片下部的短叶状，上部的刚毛状，短于小穗，鞘长1-3.5厘米。小穗4-5，顶生小穗雄性，圆柱形，长3-6厘米，柄长2-5厘米；侧生小穗雌性，间距疏离，圆柱形，长2-3.5厘米，花密生，柄长1-4.5厘米，下部者稍伸出苞鞘，上部者包于苞鞘内。雌花鳞片长圆形，先端短尖，长2-2.5毫米，两侧膜质，中部淡黄绿色，背部3脉。果囊卵形，长约2.5毫米，向轴面隆起，脉多条隆起，疏被微毛，近无柄，喙长约0.5毫米，外弯，喙口微凹。小坚果紧包于果囊中，卵形，长1.5-2毫米，成熟后褐色，棱不凹陷，棱面下部稍凹陷，近无柄，喙极短；花柱基部僧帽状，柱头3。花果期3-4月。

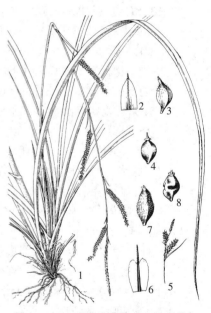

图 535：1-4.拟穿孔薹草　5-8.仲氏薹草
（冀朝祯绘）

产贵州及四川，生于海拔600-800米沟边或林下草地。

57. 长穗薹草　　图 536

Carex dolichostachya Hayata, Ic. Pl. Formos. 10: 61. f. 38. 1921.

根状茎粗壮，被纤维。秆簇生，高30-60厘米，纤细，平滑，1/2-2/3部分具小穗，基部叶鞘无叶片，紫褐或暗褐色，纤维状。叶短于或长于秆，宽0.5-1厘米，平展，革质，边缘或和上面中脉稍粗糙，鞘较短；苞片短叶状，上部的刚毛状，短于或近等长于小穗，鞘长1-3.5厘米。小穗4-5，顶生小穗雄性，细圆柱形，长3.5-5厘米；侧生小穗雌性，细圆柱形或圆柱形，长2-4厘米，花稍疏；小穗柄细，直立，长1.5-7厘米。雌花

鳞片倒卵状长圆形，长 2.5-3.5 毫米，膜质，中部带绿色，脉 1-3，中脉延伸成短尖。果囊卵状纺锤形，长 3.5-4 毫米，脉多条隆起，被微毛，具短柄，喙短，喙口有 2 短齿。小坚果紧包于果囊中，卵形，三棱状，长 2-2.5 毫米，棱面上下部均凹陷，顶端具环盘；花柱基部膨大，宿存，柱头 3。

产安徽、浙江、台湾等省区，生于海拔 800-1600 米林下或山坡沟边。日本琉球群岛及菲律宾有分布。

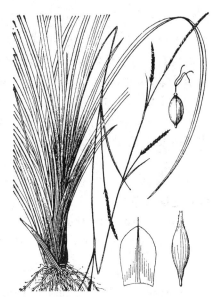

图 536 长穗薹草 （引自《图鉴》）

58. 横纹薹草 图 537

Carex rugata Ohwi in Acta Phytotax. Geobot. 1: 76. 1932.

根状茎短，具匍匐茎。秆侧生，高 20-50 厘米，纤细，钝三棱形，平滑，基部叶鞘纤维状。叶与秆近等长或稍短，宽 2-4 （5）毫米，平展，边缘粗糙，无毛，干后有的淡黄褐色；苞片叶状，长于小穗，鞘长 0.5-2.5 厘米。小穗 4-5，上部的接近，下部的疏离，顶生小穗雄性，线状圆柱形，长 1-2 厘米，无柄或具短柄，超出其下的雌小穗；侧生小穗雌性，线状圆柱形，长 1.5-2.8 厘米，花较密，小穗柄包于苞鞘内或稍伸出。雌花鳞片长圆形，先端楔形，具小短尖，长 2.5-3 毫米，黄白色，中间绿色，1 脉。果囊长于鳞片，椭圆状菱形或菱状长圆形，钝三棱状，长约 3 毫米，薄膜质，淡绿色，无毛，多脉，喙圆锥状，长 0.5 毫米，喙口具 2 小齿。小坚果紧包果囊中，长圆形，长约 2 毫米，具短柄，棱面上下凹陷，中间 1 肋，棱上不凹陷，顶端成环盘；花柱短，基部稍膨大，柱头 3。花果期 5 月。

产安徽、福建及广西东北部，生于山坡林缘、路边。日本有分布。

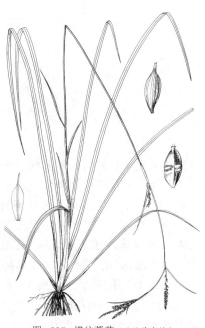

图 537 横纹薹草 （孙英宝绘）

59. 仲氏薹草 图 535：5-8

Carex chungii C. P. Wang in Journ. Nanjing Univ. 2: 44. f. 1. 1962.

根状茎短。秆丛生，高 25-50 厘米，纤细，三棱形，稍粗糙，基部叶鞘无叶片或具短叶片，常纤维状。叶长于或短于秆，宽 1.5-2 （3）毫米，平展；苞片基部的叶状，稀短叶状，长于小穗，鞘长 1-2.2 （3）厘米。小穗 （3）4-5，顶生小穗雄性，线状圆柱形，长 1.5-2.5 厘米，小穗柄伸出苞鞘，柄长 0.8-1.2 厘米；侧生小穗雌性，圆柱形，长 1-2 厘米，花近密生；下部小穗具柄，上部的近无柄。雌花鳞片倒卵形或长

圆形，长 2-2.5 毫米（不连芒），苍白色，背面 3 脉绿色，芒长 1-2.5 毫米。果囊长于鳞片，菱状椭圆形，长 3-3.5 毫米，膜质，绿色，多脉，疏被柔毛，不规则下陷，具短柄，喙短圆锥状，喙口具 2 齿。小坚果紧包于果囊中，卵圆形，长约 2 毫米，棱上中部及棱面上下凹陷，具短柄，顶端成环盘；花柱短，基部膨大成圆锥状，柱头 3。花果期 4-5 月。

产山东、河南、陕西、江苏、安徽、浙江、福建、湖南及四川，生于山坡林下或路旁。

60. 三穗薹草　　　　　　　　　　　图 538：1-4

Carex tristachya Thunb. Fl. Jap. 38. 1784.

根状茎短。秆丛生，高 20-45 厘米，纤细，钝三棱形，平滑，基部叶鞘暗褐色，纤维状。叶短于或近等长于秆，宽 2-4（5）毫米，平展，边缘粗糙；苞片叶状，长于小穗，鞘长 0.6-1.2 厘米。小穗 4-6，上部接近，排成帚状，有的最下部 1 个疏离，顶生小穗雄性，线状圆柱形，长 1-4 厘米，近无柄；侧生小穗雌性，圆柱形，长 1-3（3.5）厘米，花稍密生，上部的小穗柄短而包于苞鞘内，最下部的柄伸出，长 2.5-3.5（5.5）厘米，直立，纤细。雄花鳞片宽卵形，先端钝圆，基部 2 侧边缘分离或稍合生，花丝扁化，不合生；雌花鳞片椭圆形或长圆形，长约 2 毫米，背面中间绿色，两侧淡黄色。果囊长于鳞片，直立，卵状纺锤形，三棱状，长 3-3.2 毫米，膜质，绿色，多脉，被短柔毛，具短柄，喙口具微 2 齿。小坚果紧包于果囊中，卵形，长 2-2.5 毫米，淡褐色，顶端成环状；花柱基部圆锥状，柱头 3。花果期 3-5 月。

产江苏、安徽、浙江、福建、湖北、湖南、广东、海南及广西，生于海拔约 600 米山坡路边或林下潮湿处。朝鲜半岛及日本有分布。

[附]**合鳞薹草** 图 538：5-7 **Carex tristachya** var. **pocilliformis** (Boott) Kükenth. in Engl. Pflanzenr. Heft 38(IV. 20): 473. f. 75 A-F. 1909. —— *Carex pocilliformis* Boott, Illustr. Carex 4: 175. t. 593. 1867. 与模式变种的区别：

61. 灰帽薹草　　　　　　　　　　　图 538：8-12

Carex mitrata Franch. in Bull. Soc. Philom. Paris sér. 8, 7: 88. 1895.

根状茎短。秆高 10-30 厘米，纤细，钝三棱形，平滑，基部叶鞘褐色。叶长于秆，宽 1.5-2（3）毫米，平展，粗糙；苞片基部的刚毛状，短于花序，鞘长 3-4 毫米。小穗 3-4，上部的接近，最下部的 1 个稍疏离，顶生小穗雄性，线形，长 1-1.7 厘米，无柄或具短柄；侧生小穗雌性，圆柱形，长 0.5-1.5 厘米，花稍密，上部的小穗近无柄，

[附] **坚硬薹草 Carex chungii var. rigida** Y. C. Tang et S. Y. Liang, Fl. Reipubl. Popul. Sin. 12: 522. 2000. 与模式变种的区别：雄小穗长 5-6 厘米，柄长 3.5-5 厘米；雌小穗细，长（1.5）3-3.5 厘米，宽约 2 毫米，花稀疏。产福建及湖南，生于沙土或沼泽。

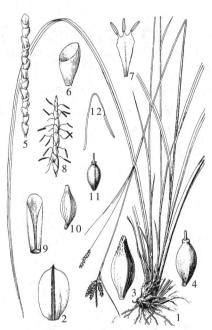

图 538：1-4.三穗薹草 5-7.合鳞薹草 8-12.灰帽薹草　（冀朝祯绘）

雄花鳞片 2 侧边缘合生，自基部达中部以上；花丝扁化而合生。产江苏、安徽、浙江、台湾、福建、江西、湖南、广东、广西及四川，生于海拔 300-1100 米山坡草地、林下或田边潮湿处。朝鲜半岛及日本有分布。

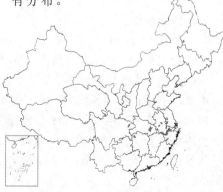

基部的小穗柄包于苞鞘内或有的稍伸出。雄花鳞片倒卵状长圆形，长约3毫米，中间绿色，花丝细长，花时常伸出鳞片；雌花鳞片倒卵状长圆形，先端尖，长约2毫米，淡褐色，背面中间绿色，1脉，短尖。果囊卵状纺锤形，钝三棱状，长2-2.5毫米，膜质，淡黄绿色，多脉，疏被微柔毛或近无毛，具短柄，喙圆锥状，喙口近全缘或微凹。小坚果紧包于果囊中，卵形，长1.5-2毫米，具短柄，顶端成环盘；花柱基部圆锥状，柱头3。花果期4-5月。

产江苏、安徽、浙江、湖北、湖南及四川，生于沙坡或竹林下。朝鲜半岛及日本有分布。

62. 青绿薹草　　　　　　　　　　图 539

Carex breviculmis R. Br. Prodr. Fl. Nov. Holl. 242. 1810.

根状茎短。秆丛生，高8-40厘米，纤细，三棱形，上部稍粗糙，基部叶鞘淡褐色，纤维状。叶短于秆，宽2-3（-5）毫米，边缘粗糙，质硬；苞片最下部的叶状，长于花序，鞘长1.5-2毫米，余刚毛状，近无鞘。小穗2-5，上部的接近，下部的疏离，顶生小穗雄性，长圆形，长1-1.5厘米，近无柄，紧靠近其下部的雌小穗；侧生小穗雌性，长圆形或长圆状卵形，稀圆柱形，长0.6-1.5（2）厘米，花稍密生，无柄或最下部的柄长2-3毫米。雌花鳞片长圆形或倒卵状长圆形，先端平截或圆，长2-2.5毫米（不包括芒），膜质，苍白色，背面中间绿色，3脉，芒长2-3.5毫米。果囊倒卵形，钝三棱状，长2-2.5毫米，宽1.2-2毫米，膜质，淡绿色，多脉，上部密被短柔毛，具短柄，喙圆，喙口微凹。小坚果紧包于果囊中，卵形，长约1.8毫米，栗色，顶端成环盘；花柱基部圆锥状，柱头3。花果期3-6月。

产黑龙江、吉林、辽宁、河北、山东、山西、河南、陕西、甘肃、青海、江苏、安徽、浙江、台湾、福建、江西、湖北、湖南、广东、香港、贵州、四川及云南，生于海拔470-2300米山坡草地、路边或山谷沟边。俄罗斯、朝鲜半岛、日本、印度及缅甸有分布。

[附] **纤维薹草 Carex breviculmis** var. **fibrillosa** (Franch. et Savat.) Kükenth. ex Matsum et Hayata, Enum. Pl. Formos. 493. 1906. —— *Carex fibrillo* sa Franch. et Savat. Enum. Pl. Jap. 2: 137. 1877 (nom. seminudum)；564. 1878 (descr.) 与模式变种的区别：植株较粗壮，具匍匐枝；果囊长

63. 绿囊薹草　　　　　　　　　　图 540:1-5

Carex hypochlora Freyn in Oesterr. Bot. Zeitschr. 53: 26. 1903.

根状茎短。秆丛生，高20-45厘米，纤细，钝三棱形。基部叶鞘

[附] **具芒灰帽薹草　Carex mitrata** var. **aristata** Ohwi in Mem. Coll. Sci. Kyoto Imp. Univ. ser. B, 5: 269. 1930. 与模式变种的区别：雄小穗长0.5-1.5厘米，长圆状线形；雌花鳞片具小芒尖。花果期4-5月。产江苏、安徽、浙江、台湾、湖北及四川，生于海拔约1650米山坡草地。日本有分布。

图 539　青绿薹草　（引自《东北草本植物志》）

3-3.5毫米。产安徽、陕西、甘肃及台湾，生于路边沙地。朝鲜半岛及日本有分布。

[附] **直蕊薹草 Carex breviculmis** var. **cupulifera** (Hayata) Y. C. Tang et S. Y. Liang Fl. Reipubl. Popul. Sin. 12: 163. 2000. —— *Carex orthostemon* Hayata var. *cupulifera* Hayata in Journ. Coll. Sci. Imp. Univ. Tokyo 30: 390. 1911. 与模式变种的区别：果囊长3.5-4.5毫米。产台湾。

黑褐色，纤维状。叶长于秆，宽1-2.5毫米，边缘粗糙；苞片最下

部的叶状，长于小穗，鞘长1-1.5毫米。小穗2-3，顶生小穗雄性，棒状，长0.8-1.5厘米，宽3-4毫米，柄长5-9毫米；侧生小穗雌性，球形、卵形或长圆形，长4-7毫米，花密生，柄长2-4毫米。雌花鳞片宽椭圆形或倒卵状长圆形，具粗糙短芒尖，长约2.5毫米，膜质，淡棕色，背面中间绿色，1脉。果囊菱状椭圆形或宽卵形，钝三棱状，长约2.5毫米，淡黄绿色，被短柔毛，腹面脉不明显，背面脉明显，柄极短，喙圆锥状，喙口具2齿。小坚果紧包于果囊中，卵形，三棱状，长约1.5毫米，淡褐色，顶端成环盘状。花果期5-6月。

产黑龙江、吉林、辽宁、内蒙古及山东，生于海拔460-500米山坡草甸或松林下。俄罗斯远东地区及朝鲜半岛有分布。

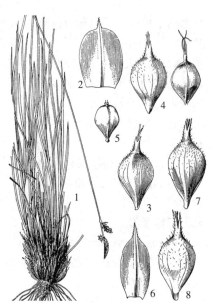

图 540：1-5.绿囊薹草 6-8.喙果薹草
（引自《东北草本植物志》）

64. 无喙囊薹草　长芒苔草　　　　图 541

Carex davidii Franch. Pl. David. 1: 319. 1884.

根状茎斜伸。秆丛生，高20-65厘米，纤细，钝三棱形，基部叶鞘暗棕褐色，纤维状。叶短于秆，宽2-5毫米，边缘粗糙；苞片短叶状，短于花序，最下部的鞘长1.5-3厘米。小穗3-5，疏离，顶生小穗雄性，棒状圆柱形，长1.2-4厘米，柄长2.5-5.5厘米；侧生小穗雌性，圆柱形，长1-3.5厘米，花稍密生；小穗柄最基部的伸出苞鞘，上部的包于苞鞘内，直立。雌花鳞片长圆形，长2.5-3毫米，先端平截或微凹，淡黄白色，背面中间绿色，3脉，芒长2.5-3毫米。果囊倒卵状椭圆形或椭圆形，三棱状，长约3毫米，膜质，绿色，多脉，被微柔毛，柄长约0.5毫米，近无喙，喙口近全缘。小坚果紧包于果囊中，倒卵形，三棱状，长约2毫米，棱面下部凹陷，顶端成小环；花柱基部稍膨大，柱头3。花果期4-6月。

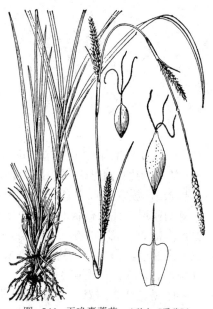

图 541 无喙囊薹草 （引自《图鉴》）

产河南、陕西、甘肃、安徽、浙江、湖北及四川，生于海拔460-1200米山坡草地或林缘。

65. 短芒薹草　　　　　　　　　图 542

Carex breviaristata K. T. Fu, Fl. Tsinling. 1(1): 444. 248. f. 213. 1976.

根状茎斜伸。秆丛生，高15-35厘米，纤细，扁三棱形，平滑，基部叶鞘暗褐色，纤维状。叶长于或短于秆，宽3-5毫米，边缘粗糙；苞片叶状，短于花序，鞘长1.2-2厘米。小穗3-4，疏离，顶生小穗雄性，棒状圆柱形，长1.5-3厘米，柄长（0.5）1.5-5厘米；侧生小穗雌性，圆柱形，长1.7-3厘米，花稍密生，柄包于苞鞘内，最下部的

伸出。雌花鳞片倒卵状长圆形，先端钝或圆，长约2.5毫米（不连芒），苍白色，背面中间绿色，3脉，芒长1.5-2毫米。果囊有时稍外弯，椭圆形或倒卵形，长约3毫米，膜质，淡绿色，多脉，疏被微柔毛，喙短，圆锥状，外弯，喙口具2齿。小坚果紧包于果囊中，倒卵形，三棱状，长约1.8毫米，淡褐色，具短柄，顶端成短颈，颈顶端具环盘；花柱基部圆锥状，柱头3。花果期4-7月。

产河南、陕西、甘肃、安徽、浙江、湖北、湖南及贵州，生于海拔400-1800米山坡草地或林下阴湿处。

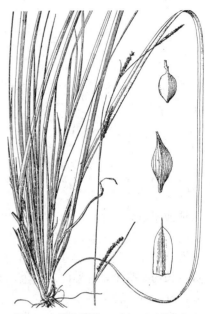

图 542 短芒薹草 （引自《秦岭植物志》）

66. 小苞叶薹草 图 543

Carex subebracteata (Kükenth.) Ohwi in Mem. Coll. Sci. Kyoto Imp. Univ. ser. B, 6: 252. 1931.

Carex pisiformis Boott var. *subebracteata* Kükenth. in Engl. Pflanzenr. Heft 38(IV. 20): 477. 1909.

根状茎细长匍匐。秆高15-30厘米，纤细，扁三棱形，平滑，基部叶鞘淡褐色或褐色，纤维状。叶短于秆，宽1.5-2.5毫米，上面及边缘粗糙；苞片刚毛状，短于小穗，鞘长5-7毫米。小穗2-3，疏离，顶生雄小穗，有的与最上部的雌小穗接近，窄圆柱形或棒状，长1.2-1.8厘米，小穗柄长0.4-2.5厘米；侧生雌小穗圆柱形或长圆形，长0.6-1.2厘米，花稍密，柄包于苞鞘内或稍伸出。雌花

鳞片倒卵形或卵形，锈色，边缘白色膜质，背面中间绿色，中脉明显，具短芒尖。果囊长于或近等长于鳞片，倒卵形或宽倒卵形，钝三棱形，长2-2.7毫米，淡绿色，脉少数不明显，疏被短柔毛，基部渐窄成柄，喙圆锥状，稍弯，喙口背面微凹，腹面平截。小坚果紧包于果囊中，宽倒卵形，钝三棱状，长1.2-1.5毫米，具短柄，顶端成环盘；柱头3。花果期6月。

产黑龙江及内蒙古，生于林中湿地或草甸。俄罗斯（西伯利亚、

图 543 小苞叶薹草
（引自《东北草本植物志》）

远东地区）、朝鲜半岛及日本有分布。

67. 丝叶薹草 图 544

Carex capilliformis Franch. in Bull. Soc. Philom. Paris sér. 8, 7: 89. 1895.

根状茎细。秆丛生，高（6-）10-50厘米，丝状，三棱形，柔

软，平滑或微粗糙，基部叶鞘紫褐色，网状。叶长于或短于秆，丝

状，宽 0.5－2 毫米，边缘内卷，粗糙；苞片近佛焰苞状，短于小穗，鞘长约 1 毫米。小穗 2－3，疏离，顶生雄小穗，线形，长约 1 厘米，淡褐色，柄长 2.9－3.3 厘米；侧生雌小穗，窄长圆形，长 0.7－1.4 厘米，花稍疏而少，柄长 1.5－2.5 厘米，丝状。雌花鳞片长圆形或长圆状卵形，先端钝或平截，长约 3 毫米（连短芒），黄褐色。果囊椭圆形或倒披针状椭圆形，钝三棱状，长约 3 毫米，暗绿色，密生短硬毛，脉不明显，具短柄，喙口近平截。小坚果紧包于果囊中，倒卵状长圆形，钝三棱状，长约 2 毫米，成熟时灰黑色，具短柄，顶端成环盘；花柱基部膨大，柱头 3。花果期 7－9 月。

产河南、陕西、宁夏、湖北及四川，生于海拔 2000－3600 米山坡林下。

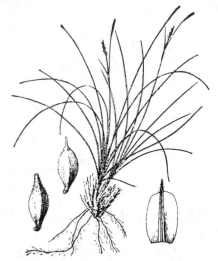

图 544 丝叶薹草 （引自《图鉴》）

68. 类白穗薹草

图 545：1－4

Carex polyschoenoides K. T. Fu, Fl. Tsinling. 1(1): 250, 444. f. 215. 1976.

根状茎稍长。秆丛生，高 20－35 厘米，纤细，柔软，扁三棱形，平滑，基部叶鞘栗褐色，纤维状。叶短于秆，宽 2－3 毫米，上面稍粗糙，边缘粗糙；苞片刚毛状，短于花序，鞘长 1－2.2 厘米。小穗 3－5，疏离，顶生雄小穗，窄圆柱形，长 2.5－4 厘米，柄长 2.5－4 厘米；侧生雌小穗，线形，长 1.3－2.7 厘米，花疏生，小穗柄包于苞鞘内。雌花鳞片卵形，先端平截或尖，长 2－2.5 毫米（不连芒），淡黄褐色，背面中脉明显。果囊椭圆形，三棱状，长约 3 毫米，淡绿色，多脉，被短硬毛，喙稍外弯，喙口全缘。小坚果紧包果囊中，倒卵状椭圆形，三棱状，长约 2.5 毫米，淡褐色，具短柄，顶端成环盘；柱头 3。花果期 4－5 月。

产河南、陕西、安徽及湖北，生于海拔 900－1900 米山谷溪边、路边或石缝中。

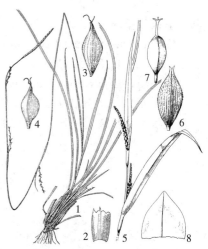

图 545：1－4.类白穗薹草 5－8.隐穗柄薹草
（引自《秦岭植物志》、《中国植物志》）

69. 豌豆形薹草 白鳞苔草

图 546

Carex pisiformis Boott in A. Gray. Narr. Exped. Perry 2: 324. 1857.

Carex polyschoena Lévl. et Vant.；中国高等植物图鉴 5: 304. 1976.

根状茎短或具匍匐茎。秆丛生，高 15－50 厘米，纤细，扁三棱

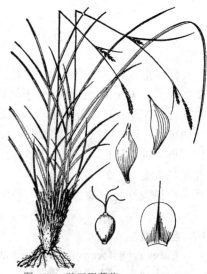

图 546 豌豆形薹草 （引自《图鉴》）

形，平滑或稍粗糙，基部叶鞘淡黄褐至锈褐色，纤维状。叶短于或长于秆，宽2-4（4）毫米，边缘粗糙；苞片下部的叶状，上部的刚毛状，短于或等长于花序，鞘长0.5-1.8厘米。小穗2-4，疏离，顶生雄小穗，窄圆柱形，长1.5-2厘米；侧生雌小穗，有的顶端具雄花，长圆状圆柱形或窄圆柱形，长1-3.5厘米，花疏生，小穗柄内藏于苞鞘或稍伸出。雌花鳞片倒卵形，先端平截，苍白或淡褐色，背面中间绿色，1-3脉，先端具芒尖。果囊长于或近等长于鳞片，卵状椭圆形，钝三棱状，长约3毫米，淡黄绿色，细脉多条，密被微柔毛，具短柄，喙圆锥状，喙口具2齿。小坚果紧包于果囊中，卵形，三棱状，长约1.5毫米，成熟时灰黑色，具短柄，顶端成环盘；柱头3。花果期5-6月。

产辽宁、河北、山东及安徽，生于海拔400-1350米山坡林下或路边。日本有分布。

70. 截嘴薹草　　　　　　　　　图 547

Carex nervata Franch. et Savat. Enum. Pl. Japon. 2: 141. 566. 1879.

根状茎细长匍匐。秆高10-27厘米，纤细，扁三棱形，平滑或微粗糙，基部叶鞘褐色，纤维状。叶短于秆，宽1.5-2.5毫米，边缘粗糙，质软；苞片刚毛状，最下部的1枚等于或长于小穗，鞘长4-8毫米。小穗2-4，上部小穗稍接近，顶生小穗雄性，窄披针形或倒披针形，长（0.5-）0.8-1.8厘米，柄长0.8-1.5厘米；侧生小穗雌性，长圆形或短圆柱形，长0.8-1.5厘米，花稍疏，柄长0.6-2厘米。雌花鳞片倒卵形或卵形，长约2.5毫米，淡锈色，边缘白色膜质，1-3脉，脉间绿色。果囊卵状椭圆形，钝三棱状，长2.5-3毫米，淡黄绿色，细脉多条，中部以上疏生短毛，基部窄楔形，喙圆锥状，喙口背面微凹，腹面平截。小坚果稍紧包于果囊中，椭圆形，三棱状，长约1.8毫米，具短柄，顶端成环盘；柱头3。花果期6-7月。

产黑龙江、吉林及内蒙古，生于山坡草地、阔叶林中或灌丛下。俄罗斯远东地区、朝鲜半岛及日本有分布。

图 547 截嘴薹草 （田 虹绘）

71. 江苏薹草　　　　　　　　　图 548

Carex kiangsuensis Kükenth. in Fedde, Repert. Sp. Nov. 27: 109. 1929.

根茎短。秆丛生，高20-45厘米，纤细，扁三棱形，平滑，上部稍粗糙，基部叶鞘无叶片，暗棕色，纤维状。叶短于秆，宽2-3毫米，边缘粗糙，质稍硬；苞片刚毛状，短于花序，鞘长（3-）5-8毫米。小穗3-4，疏离，顶生小穗雄性，长圆状椭圆形或棒状，长1.2-2.5厘米，柄长1-2厘米；侧生小穗雌性，长圆形或窄圆柱形，

图 548 江苏薹草 （引自《江苏植物志》）

长 0.8-1.5 厘米，宽 2-3 毫米，花稍密，小穗柄包于苞鞘内。雄花鳞片倒卵状长圆形，先端平截，长约 6 毫米，褐色，1 脉；雌花鳞片宽卵形或倒卵形，先端微凹或稍尖，长 2.5-3 毫米，淡褐色，边缘色淡，背面中脉明显，先端短尖。果囊卵状长圆形，三棱状，长 3-3.5 毫米，淡绿色，无毛，细脉多条，具短柄，喙圆锥状，喙口全缘。小坚果紧包于果囊中，长圆状卵形，三棱状，长约 2.5 毫米，具短柄，顶端成环盘；花柱基部膨大，柱头 3。花果期 4-5 月。

产山东、江苏、安徽及浙江，生于山坡林缘或路边草丛中。

组 10. 根穗薹草组 Sect. Radicales (Kükenth.) Nelmes
（李沛琼）

小穗两性，雄雌顺序，1 至数个，侧生者间距疏离，自秆中部和基部生出，稀间距接近；苞片叶状，长于花序，具长鞘；果囊纸质或近革质，多脉，有毛或无毛，边缘具纤毛，喙短；花柱基部通常膨大，稀不膨大。

我国 13 种。

1. 秆高 35-55 厘米，直径 4-5 毫米；叶宽 1-2 厘米；小穗 2-6，圆柱形，长 4-6 厘米，直径 3-5 毫米，柄短，不伸出苞鞘；果囊无毛；花柱基部不增粗 ·································· 72. **隐穗柄薹草 C. courtallensis**
1. 秆高不逾 30 厘米，直径不逾 2 毫米；叶宽 2-5 毫米或丝状；小穗 1-5，卵形或圆柱形，长 0.3-4 厘米，直径 2-6 毫米；小穗柄细长，通常伸出苞鞘；果囊有毛或无毛；花柱基部膨大，稀不膨大。
  2. 叶草质，柔软；秆柔软；花柱基部膨大呈卵球状或圆锥状，稀不膨大，无毛。
    3. 小穗 4-5，最下部的 1 个疏离，余间距接近，小穗柄较短，下部的伸出苞鞘，余不伸出 ·································· 73. **柱穗薹草 C. cylindriostachya**
    3. 小穗 1-3，间距疏离，除顶生的外，余从秆中部和基部生出，全部小穗具长柄伸出苞鞘；雄花部分通常短于雌花部分或二者近等长。
      4. 植株密被短粗毛及颗粒状突起；秆、雌花鳞片与果囊有颗粒状突起；花柱膨大呈卵球形 ·································· 74. **绿头薹草 C. chlorocephalula**
      4. 植株无毛；秆、雌花鳞片与果囊无颗粒状突起；花柱基部膨大呈圆锥状，稀不膨大或稍膨大。
        5. 小穗卵形或卵圆形，下部几个的雌花鳞片先端具芒。
          6. 果囊密被短粗毛；花柱疏被短柔毛；小穗长 5-8 毫米 ·································· 75. **桂龄薹草 C. chuiana**
          6. 果囊无毛；花柱光滑；小穗长 0.8-2 厘米 ·································· 76. **年佳薹草 C. delavayi**
        5. 小穗长圆形或圆柱形；雌花鳞片先端无芒。
          7. 叶平展，宽 0.4-1 厘米；果囊长圆形，长 4-5 毫米，纸质；小坚果及花柱光滑 ·································· 77. **翠丽薹草 C. speciosa**
          7. 叶线形，宽 1-1.5 毫米；果囊倒卵状长圆形，长 4-4.2 毫米，近革质；小坚果及花柱有颗粒状突起 ·································· 78. **希陶薹草 C. tsaiana**
  2. 叶近革质，质硬；秆坚挺；花柱基部膨大呈三棱状圆锥形，疏被短柔毛 ·································· 79. **尾穗薹草 C. caudispicata**

72. 隐穗柄薹草 图 545:5-8

Carex courtallensis Nees. ex Boott, Illustr. Carex 1: 52. t. 138. 1858.

根状茎长。秆疏丛生，高 35-55 厘米，直径 4-5 毫米。叶平展，宽 1-2 厘米，基部具稀少暗褐色叶鞘；苞片叶状，平展，宽 0.8-1.2 厘米，具长鞘。小穗 2-6，雄雌顺序，疏离，最下部的 1 小穗生于秆

中部或基部以上, 圆柱形, 长4-6厘米, 直径3-5毫米, 柄短, 不伸出苞鞘, 雄花部分略短于雌花部分。雌花鳞片卵形或卵状长圆形, 长3.5-4毫米, 先端圆或钝, 绿色, 纸质, 上部边缘具纤毛。果囊椭圆形, 略肿胀三棱状, 长4.8-5毫米, 绿色, 纸质, 细脉多数, 无毛, 基部渐窄, 内有海绵状组织, 边缘有窄翅, 翅缘具纤毛, 喙短, 喙口具2小齿。小坚果倒卵状长圆形, 三棱状, 长2.5-3毫米, 具短柄, 无喙, 褐色; 花柱基部不增粗, 柱头3。

产云南, 生于海拔1300-2800米常绿阔叶林下。越南、老挝、印度及尼泊尔有分布。

73. 柱穗薹草

Carex cylindriostachya Franch. in Bull. Soc. Philom. Paris ser. 8, 7: 32. 1895.

根状茎长, 匍匐或斜生。秆疏丛生, 高12-20厘米, 直径1.5-2毫米。叶平展, 宽2-3毫米, 基部具暗褐色叶鞘; 苞片叶状, 宽约2毫米, 具长鞘。小穗4-5, 雄雌顺序, 圆柱形, 长2-3厘米, 直径约2.5毫米, 最下部的1个疏离并具长柄, 余间距接近且小穗柄较短, 雄花部分长于雌花部分, 雌花部分具少数密生的花。雌花鳞片与雄花鳞片均长圆形, 长4-4.5毫米, 先端急尖, 纸质, 中间绿色, 3脉, 两侧淡绿色, 边缘白色膜质。果囊倒卵状长圆形或长圆形, 三棱状, 长4.5-5毫米, 淡绿色, 纸质, 具2侧脉及若干细脉, 密被短柔毛, 基部具柄, 内面具海绵状组织, 边缘具极窄翅及缘毛, 喙短, 喙口具2小齿。小坚果倒卵形或倒卵状长圆形, 三棱状, 长2-3毫米, 具短柄, 喙短或几无喙; 花柱基部膨大呈圆锥状, 柱头3。

产四川及云南西北部、生于海拔1900-3400米高山松林下或林间湿草地。

74. 绿头薹草

图 549: 1-4

Carex chlorocephalula Wang et Tang ex P. C. Li in Acta Bot. Yunnan. 12(2): 143. f. 8. 1990.

根状茎短。秆密丛生, 高6-30厘米, 纤细, 密被短粗毛及颗粒状突起。叶平展, 宽1.5-3毫米, 两面密被短粗毛, 边缘稍外卷, 基部具褐色宿存叶鞘; 苞片叶状, 短于花序, 具苞鞘, 密被短粗毛, 小穗2-3, 间距疏离, 长圆形, 长1-1.5厘米, 两性, 雄雌顺序, 顶生2小穗, 如具侧生者生于秆基部, 均具丝状长柄, 伸出苞鞘, 雄花部分短于雌花部分或二者近等长。雌花鳞片

长圆形, 长3.4-3.6毫米, 先端渐尖, 有短尖, 中间绿色, 3脉, 两侧淡黄绿色, 有颗粒状突起, 边缘白色膜质。果囊倒卵状长圆形, 钝

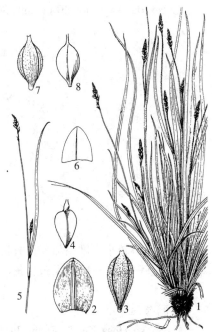

图 549: 1-4.绿头薹草 5-8.翠丽薹草
(吴彰桦绘)

三棱状，长约4毫米，淡绿色，厚纸质，有2侧脉及多数细脉，具颗粒状突起，密被短粗毛，具柄，喙短，喙口微凹。小坚果倒卵状长圆形，三棱状，长约2毫米，褐色；花柱短，膨大呈卵球形，柱头3。

75. 桂龄薹草

图 550：1-4

Carex chuiana Wang et Tang ex P. C. Li in Acta Phytotax. Sin 37(2): 167. f. 6. 1999.

根状茎短。秆密丛生，高10-20厘米，纤细，棱上粗糙。叶长于秆，宽2-3毫米，基部具棕褐色宿存叶鞘；苞片叶状，线形，具鞘。小穗单一顶生，稀2，雄雌顺序，卵圆形，长5-8毫米，侧生的生于秆基部，小穗柄长，雄花部分不明显，短于雌花部分，密生少花，雌花部分具3-4花。雌花鳞片宽卵形，长1.8-3毫米，先端急尖，具长芒，膜质，淡绿色，数脉。果囊斜展，倒卵状椭圆形，稍肿胀三棱状，长约5毫米，绿色，密被短粗毛，具2侧脉和数细脉，基部楔形，喙短，喙口具2小齿。小坚果卵圆形，三棱状，长2.2-2.8毫米，黄绿色，柄稍长；花柱增粗呈圆锥状，疏被短柔毛，柱头3；退化小穗轴有时存在，刚毛状。

76. 年佳薹草

Carex delavayi Franch. in Bull. Soc. Philom. Paris ser. 8, 7: 29. 1895.

根状茎木质，长而斜生。秆疏丛生，高10-30厘米，密生乳头状突起，棱上粗糙。叶长于秆，宽3-5毫米，基部具暗褐色宿存叶鞘；苞片叶状，线形，短于花序，具短鞘。小穗雄雌顺序，单一顶生，或2-3，如为后者，则生于秆中部和下部，小穗柄丝状，顶生小穗宽卵形或卵状球形，长0.8-2厘米，侧生者较小，雄花部分长圆状圆柱形，具少数至多数密生的花，雌花部分甚短，具3-10余朵疏生花，雌花鳞片卵形或宽卵形，长约4毫

77. 翠丽薹草

图 549：5-8

Carex speciosa Kunth. Enum. Pl. 2: 504. 1837.

根状茎长，木质。秆密丛生，高15-30厘米，纤细，稍粗糙。叶

产四川西南部及云南，生于海拔2200-2850米云南松林下或干旱山坡灌丛中。

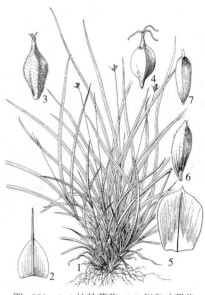

图 550：1-4.桂龄薹草 5-7.倒卵叶薹草
（引自《植物分类学报》）

产四川及云南西北部，生于高山灌丛中、草甸、高山松林或常绿阔叶林下。

米，先端急尖，纸质，中间绿色，3脉，两侧麦秆黄色，具稍外弯长芒。果囊椭圆形，长约5毫米，开展，褐绿色，近革质，无毛，具2侧脉及多数细脉，边缘有窄翅及缘毛，基部渐窄内具海绵组织，喙短，喙口具2小齿。小坚果宽卵形，三棱状，长约3.5毫米，黄褐色，花柱基部膨大呈圆锥状，光滑，柱头3。

产四川西南部及云南西北部，生于海拔1800-3700米高山灌丛草甸或次生杂木林下沟边草地。

长于秆，平展，宽0.4-1厘米，基部有暗褐色宿存叶鞘；苞片叶状，具

长鞘。小穗雄雌顺序，圆柱形，长 1-4 厘米，单一顶生或 2-3，如为后者，则生于秆中部和近基部，雄花部分通常短于雌花部分并较细，雌花部分具多数密生的花。雌花鳞片宽卵形或长圆形，长 3-4 毫米，先端急尖或渐尖，纸质，淡绿色，1-3 脉，两侧具数细脉，边缘膜质。果囊长圆形，三棱状，长 4-5 毫米，绿色，纸质，具 2 侧脉及数细脉，上部疏被短柔毛，

后变光滑，边缘具极窄翅或无翅，疏生缘毛，具短柄，喙短，喙口具 2 小齿。小坚果长圆形，长 2.5-3 毫米，光滑，具短柄；花柱基部略增粗或不增粗，光滑，柱头 3。

产四川西南部及云南，生于海拔 1000-3400 米高山栎、高山松和常绿阔叶林下、灌丛中或河边草地。印度、尼泊尔、泰国、越南、老挝、柬埔寨及印度尼西亚有分布。

78. 希陶薹草　　　　图 551: 5-7

Carex tsaiana Wang et Tang ex P. C. Li in Acta Phytotax. Sin. 37(2): 169. f. 8. 1999.

根状茎短。秆密丛生，高 13-16 厘米，丝状。叶短于或等长于秆，缘外卷呈线形，宽 1-1.5 毫米，柔软，基部具暗褐宿存叶鞘；苞片叶状，具长鞘。小穗单一，顶生，雄雌顺序，圆柱形，长 1-1.5 厘米，雄花部分略短于雌花部分，雄花部分具少花，雌花部分具 8-12 朵疏生花。雌花鳞片卵形或卵状长圆形，长 2.8-3.2 毫米，先端急尖，近革质，两侧淡绿白色，有淡褐色窄膜质边缘，具 1 绿色中脉。果囊倒卵状长圆形，长 4-4.2 毫米，淡绿色，近革质，具 2 侧脉及数细脉，下部具窄翅，边缘具缘毛，具短柄，喙短，喙口具 2 小齿。小坚果倒卵状长圆形，三棱状，长 2.3-2.5 毫米，褐色，有颗粒状突起，具短柄，无喙；花柱基部膨大呈圆锥状，有颗粒状突起，柱头 3。

产云南东南部，生于海拔 1100-1600 米林缘或疏林下岩缝中。

79. 尾穗薹草　　　　图 551: 1-4

Carex caudispicata Wang et Tang ex P. C. Li in Acta Phytotax. Sin. 37(2): 170. f. 9. 1999.

根状茎长。秆疏丛生，高 10-30 厘米，坚挺，平滑。叶长于或略短于秆，宽 4-5 毫米，质硬，两面稍粗糙，基部具暗褐色宿存叶鞘。苞片线形，基部具鞘。小穗 1-2（3），雄雌顺序，圆柱形，长 2-3 厘米；雄花部分短于雌花部分，花多数密生；侧生小穗生于秆中部，具直立长柄。雌花鳞片卵形或宽卵形，长 4-4.5 毫米，近革质，两侧淡绿白色，中间绿色，具白色窄膜质边缘，具 1 条中脉。果囊卵形，扁三棱状，长 5-5.5 毫米，绿色，近革

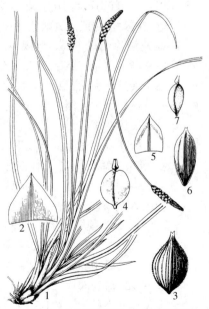

图 551: 1-4.尾穗薹草　5-7.希陶薹草
（引自《中国植物志》）

质，具2侧脉及多数细脉，疏被短柔毛，后变光滑，基部楔形，喙短，喙口具2小齿。小坚果倒卵形，扁三棱状，长3-3.5毫米，暗褐色，具短柄；花柱基部膨大呈三棱状圆锥形，疏被短柔毛，柱头3。

产云南，生于海拔1200-2800米山坡干旱草地、松林下、沟边石缝或杂木林下岩石上。

组 11. 指状薹草组 Sect. Digitatae Fries
（李沛琼）

小穗2-6，单性，通常顶生的雄性，侧生的雌性。苞片佛焰苞状，具长鞘，顶端苞片不明显，通常刚毛状或短叶状。雌花鳞片淡褐或暗紫褐色，稀淡绿或黄绿色。果囊倒卵形或倒卵状长圆形，密被短柔毛，稀无毛，喙短或近无喙。

我国27种、6变种。

1. 秆高2-6厘米，通常藏于叶丛下部。
　　2. 叶纤细如发，无毛，稀疏被短柔毛；根状茎细长，匍匐或斜生；秆疏丛生；雌小穗疏生1-3花；雌花鳞片披针形，两侧锈色或淡绣色 ·············· 80. 羊须草 C. callitrichos
　　2. 叶平展，宽1-2毫米，疏被短柔毛；根状茎短；秆密丛生；雌小穗具1-5（-7）朵疏生的花；雌花鳞片卵形，褐、红褐或紫褐色。
　　　3. 小穗2-4；雌小穗具1-4花；叶柔软，宽1-1.5毫米。
　　　　4. 雄小穗线状圆柱形，多花；雌小穗疏生2-4花 ·············· 81. 低矮薹草 C. humilis
　　　　4. 雄小穗线状长圆形，具3-4花；雌小穗具1-2花 ·············· 81(附). 矮丛薹草 C. humilis var. nana
　　　3. 小穗4-5；雌小穗具4-7花；叶质稍硬，宽约2毫米 ········· 81(附). 雏田薹草 C. humilis var. scirrobasis
1. 秆高10-40厘米，显露。
　　5. 秆侧生；雌小穗具2-10余花。
　　　6. 雄小穗常低于相邻雌小穗基部；雌小穗疏生2-4花；穗轴曲折；叶宽2-4毫米；宿存叶鞘紫红色 ········· 82. 四花薹草 C. quadriflora
　　　6. 雄小穗常高于相邻雌小穗；雌小穗具4-6花；穗轴直；叶宽6-7毫米，宿存叶鞘黑褐色 ·············· 82(附). 披针薹草 C. lancifolia
　　5. 秆中生；雌小穗具10余朵至多花，少数种具2-4花。
　　　7. 雌花鳞片淡绿或淡黄绿色 ·············· 83. 大坪子薹草 C. tapintzensis
　　　7. 雌花鳞片淡褐、褐、紫褐或暗褐色。
　　　　8. 根状茎长而匍匐；秆疏丛生。
　　　　　9. 果囊倒卵状长圆形，具2侧脉，无细脉，具内弯长柄；小穗疏离；雌小穗线形或窄长圆形，少花疏生；雌花鳞片紫褐色；叶平展，宽1-2毫米 ·············· 84. 丝秆薹草 C. filamentosa
　　　　　9. 果囊宽倒卵形，具多条隆起纵脉，几无柄；小穗接近；雌小穗长圆形，花密生或下部数花疏生；雌花鳞片褐色；叶线形，宽不及0.5毫米 ·············· 84(附). 肋脉薹草 C. pachyneura
　　　　8. 根状茎短，斜生；秆密丛生。
　　　　　10. 叶质硬，坚挺；雄小穗长5-8厘米 ·············· 85. 大雄薹草 C. macrosandra
　　　　　10. 叶草质，柔软；雄小穗长不及3厘米。
　　　　　　11. 雄小穗柄丝状，下垂，伸出苞鞘；最下部的1个小穗与上部的疏离或近基生。
　　　　　　　12. 雌花鳞片长约2毫米，淡褐色；果囊窄椭圆形，长2-2.5毫米；雄小穗基部有时有1-3雌花；雌小穗顶端有时具雄花，基部或有1-3分枝；宿存叶鞘淡褐色 ······ 86. 陕西薹草 C. shaanxiensis
　　　　　　　12. 雌花鳞片长3毫米以上，褐或紫色；果囊长圆形或倒卵状长圆形，长3-5毫米；雄小穗与雌小穗无上述情况；宿存叶鞘暗褐色。

13. 雌花鳞片长 3-3.5 毫米，无白色膜质边缘；果囊长 3-3.2 毫米 ················· **87. 明亮薹草 C. laeta**

13. 雌花鳞片长 3.8-4.7 毫米，有白色宽膜质边缘；果囊长 4-5 毫米。

　14. 雌花鳞片淡褐色，具短芒；果囊具 2 侧脉及多条细脉 ················· **88. 藏东薹草 C. cardiolepis**

　14. 雌花鳞片暗紫褐色，具短尖；果囊 2 侧脉不明显，无细脉 ················· **89. 倒卵鳞薹草 C. obovatosquamata**

11. 雌小穗柄较短，通常不伸出或略伸出苞鞘，最下部 1 个小穗与上部的小穗稍疏离，无基生者。

15. 雌小穗多花密生（少花大披针薹草 C. laceolata var. laxa 具 2-3 花）；果囊倒卵形、倒卵状长圆形，具 2 侧脉，有或无纵脉，喙短或几无喙。

　16. 叶内卷呈线形，甚短于秆；小穗下部 1 个稍疏离，余接近 ················· **90. 密生薹草 C. crebra**

　16. 叶平展，长于秆、短于秆或与秆近等长；小穗稍疏离。

　　17. 苞鞘顶端具短苞叶，鞘口边缘为窄的白色膜质，余部分绿色；小穗具多数密生的花，穗轴直；叶短于秆或近等长。

　　　18. 果囊背面无脉或具不明显短脉，腹面具 2 侧脉及数细脉 ················· **91. 柄状薹草 C. pediformis**

　　　18. 果囊背腹两面均具多条隆起纵脉 ················· **91(附). 柞薹草 C. pediformis var. pedunculata**

　　17. 苞鞘仅下部 1-2 枚的顶端具刚毛状苞叶，余具突尖，背部淡褐色，余部分绿色，腹面边缘及鞘口均为白色膜质；小穗具 5-10 余朵稍疏生的花，穗轴微"之"字形曲折；叶花后长于秆。

　　19. 雌小穗具 5-10 余花。

　　　20. 雌花鳞片披针形或倒卵状披针形；果囊具 2 侧脉及若干隆起细脉 ········ **92. 大披针薹草 C. lanceolata**

　　　20. 雌花鳞片倒卵形或倒卵状长圆形；果囊具 2 侧脉，无明显细脉 ·················
　　　　················· **92(附). 亚柄薹草 C. lanceolata var. subpediformis**

　　19. 雌小穗疏生 2-3 花 ················· **92(附). 少花大披针薹草 C. lanceolata var. laxa**

15. 雌小穗具 2-4 花；果囊宽卵圆形或倒卵状椭圆形，具 2 侧脉及多数纵脉，喙短或中等长。

21. 根状茎长而匍匐；小穗 2，雄小穗长 1.2-1.3 厘米，高于邻近雌小穗；雌花鳞片褐色；果囊绿褐色，宽卵圆形，长约 3.5 毫米，喙中等长；叶丝状 ················· **93. 蜈蚣薹草 C. scolopendriformis**

21. 根状茎短；小穗 3-4，雄小穗长约 5 毫米，低于邻近雌小穗；雌花鳞片苍白色；果囊灰绿色，具褐色斑点，倒卵状椭圆形或椭圆形，长 5-6 毫米，顶端喙短；叶平展，宽 2.5-3 毫米 ·················
················· **94. 隐匿薹草 C. infossa**

80. 羊须草　　　　　　　　　　　　图 552：1-5

Carex callitrichos V. Krecz. in Kom. Fl. URSS 3: 619. 364. 1935.

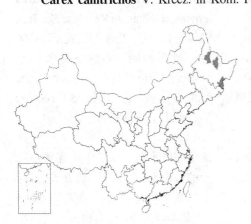

根状茎细长，匍匐或斜生。秆疏丛生，高 2-6 厘米，纤细，平滑，基部具红褐色宿存叶鞘。叶长为秆 5-6 倍，毛发状，柔软，宽 0.2-0.8（1）毫米，无毛，疏被短柔毛；苞片佛焰苞状，无明显苞叶。小穗 2-4，疏离；顶生的雄小穗，圆柱形，长 5-8 毫米，具 5-7 花；侧生雌小穗，线形，长 5-7 毫米，1-3 花疏生。雌花鳞片披针形，长 3-4 毫米，先端渐尖或急尖，具短尖，中间绿色，具中脉，两侧锈色或淡锈色，具白色宽膜质边缘。果

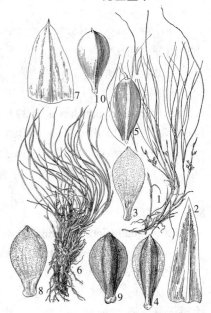

图 552：1-5. 羊须草　6-10. 矮丛薹草
（引自《东北草本植物志》）

囊倒卵形，钝三棱状，长2.5-3毫米，淡绿色，被短柔毛，具2侧脉及不明显细脉，具微内弯短柄，喙极短，喙口微凹或全缘，淡褐色。小坚果长圆状倒卵形，三棱状，长2.3-2.5毫米，褐色，具短柄，喙短；花柱基部稍增粗，柱头3。

产黑龙江，生于海拔800-1000米红松林下。俄罗斯远东地区、朝鲜半岛及日本有分布。茎叶可造纸、搓绳及包装填料之用，并可代乌拉草絮鞋取暖。

81. 低矮薹草

Carex humilis Leyss. Fl. Halens. 175. 1761.

根状茎短。秆密丛生，高2-5厘米，近圆柱状，平滑，基部具褐色宿存叶鞘。叶长于秆3-5倍，平展，宽1-1.5毫米，柔软，疏被短

柔毛；苞片佛焰苞状，淡红褐色，鞘口顶端具刚毛状苞叶。小穗2-3，疏离；顶生的雄小穗，线状圆柱形，长1-1.4厘米，多花；侧生的雌小穗，卵形或长圆形，长5-7毫米，疏生2-4花，具短柄。雌花鳞片卵形，长约4毫米，两侧红褐色，中间绿色，具中脉，有白色宽膜质边缘，果囊倒卵状长圆形，三棱状，长3-3.2毫米，膜质，淡绿色，疏生锈色斑点，密被短柔毛，具2侧脉，无明显细脉，喙短，紫红色，喙口全缘。小坚果椭圆形或倒卵状长圆形，三棱状，长2.5-3毫米，具外弯短喙，暗褐色；花柱基部稍增粗，柱头3。

产辽宁、内蒙古及安徽，生于海拔100-1000米柞树林和红松林下或山坡阳处。日本、俄罗斯、格鲁吉亚及欧洲其它国家有分布。草质优良，牲口喜食，耐践踏、再生力强，可作山地牧场栽培草种和固坡之用。

[附] **矮丛薹草** 图 552:6-10 图 553 **Carex humilis** var. **nana** (Lévl. et Vant.) Ohwi, Cyper. Japon. 1: 399. 1936. in descr. —— *Carex lanceolata* Boott. var. *nana* Lévl. et Vant. in Bull. Acad. Int. Geogr. Bot. 10: 269. 1901. —— *Carex callitrichos* V. Krecz. var. *nana* (Lévl. et Vant.) Ohwi.；中国植物志12: 186. 2000. 与模式变种的区别：雄小穗线状长圆形，具3-4花；

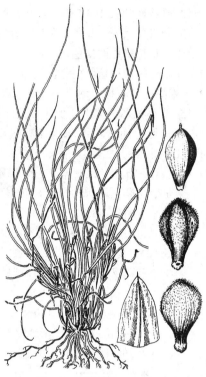

图 553 矮丛薹草 （马 平绘）

雌小穗具1-2花。产黑龙江、辽宁、内蒙古及河北，生于海拔50-1000米松树与柞树混交林下、油松林下或山坡。俄罗斯东西伯利亚和远东地区、朝鲜半岛及日本有分布。

[附] **雏田薹草** **Carex humilis** var. **scirrobasis** (Kitag.) Y. L. Chang et Y. L. Yang in Fl. Pl. Herb. Northeast. China 11: 121. 1976. —— *Carex scirrobasis* Kitag. in Reg. Inst. Sci. Res. Manch. 11: 285. 1938. 与模式变种的区别：叶质稍硬，宽约2毫米；小穗4-5；雌小穗具4-7花。产辽宁、河北及山西，生于海拔150-1000米滨海荒山上或油松林下。

82. 四花薹草   图 554

Carex quadriflora (Kükenth.) Ohwi in Acta. Phytotax. Geobot. 1: 74. 1932. *Carex digitata* Linn. subsp. *quadriflora* Kükenth. in Engl. Pflanzenr. Heft 38(IV, 20): 497. 1909.

根状茎短。秆密丛生，侧生，高15-30厘米，纤细，上部粗糙。叶短于秆，花后延伸，平展，柔软，宽2-4毫米，基部具紫红色宿存叶鞘；苞片佛焰苞状，红褐色，具芒状苞叶。小穗2-3，稍疏离；

顶生的雄小穗，常低于相邻雌小穗基部或更低，线形，长0.5-1厘米，侧生的雌小穗，线形，长1-1.5厘米，疏生2-4(-6)花，小穗柄丝状，小穗轴曲折。雌花鳞片倒卵状长圆形，长约3毫米，具短尖，两侧锈色，具白色宽膜质边

缘，中间绿色，具中脉。果囊倒卵形，钝三棱状，长4-5毫米，淡黄绿色，疏被短柔毛，腹面具2侧脉，无明显细脉，具短柄，喙短，锈色，喙口全缘。小坚果倒卵形，三棱状，长3.5-4毫米，淡锈色，具短柄，顶端具短喙；花柱短，基部不增粗，柱头3。

产黑龙江、吉林、辽宁、河北及湖北，生于海拔800-1400米山坡柞树或红松林下。俄罗斯远东地区及朝鲜半岛北部有分布。

[附] **披针薹草 Carex lancifolia** C. B. Clarke in Journ. Linn. Soc. Bot. 36: 293. 1903. 与四花薹草的区别：叶宽6-7毫米，宿存叶鞘黑褐色；雄小穗常高于相邻雌小穗；雌小穗具4-6花，穗轴直。产陕西及湖北西部，生于海拔1500-2650米山坡疏林下。

图 554 四花薹草 （引自《东北草本植物志》）

83. 大坪子薹草 图 555

Carex tapintzensis Franch. in Bull. Soc. Philom. Paris ser. 8, 8: 40. 1985.

根状茎长，木质。秆密丛生，中生，高15-70厘米，纤细而坚挺，棱上粗糙。叶短于秆，宽2-4毫米，质稍硬，微粗糙，基部具暗褐色宿存叶鞘；苞片佛焰苞状，苞鞘绿色，下部1枚苞片短于花序，余刚毛状。小穗3-5；顶生的雄小穗圆柱形，长2-3厘米，花多而密；侧生的2-4雌小穗圆柱形，疏离，长2-4厘米，花多数稍密生，有时顶端有少数雄花；小穗柄纤细。雌花鳞片长圆形或倒卵状长圆形，长4-4.5毫米，具短芒，纸质，两侧淡绿或淡黄绿色，有白色宽膜质边缘，中间深绿色，3脉。果囊长圆形或倒卵状长圆形，钝三棱状，长4-4.5毫米，纸质，淡绿色，密被短柔毛，具2侧脉及多条细脉，具长柄，喙短外弯，喙口斜截形。小坚果倒卵状长圆形，三棱状，长2.5-3毫米，褐色，基部具短柄，具外弯短喙；花柱短，

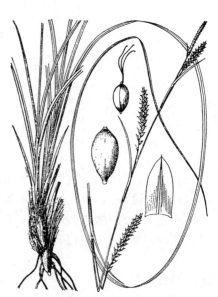

图 555 大坪子薹草 （引自《图鉴》）

基部稍增粗，柱头3。

产四川、云南及西藏东部，生于海拔2400-3800米高山松或云杉林下及亚高山灌丛中。

84. 丝秆薹草 图 556：5-7

Carex filamentosa K. T. Fu, Fl. Tsinling. 1(1): 255. f. 221. 1976.

根状茎长而匍匐，秆密丛生，中生，高15-20厘米，丝状。叶平展，短于秆，花后延长，宽1-2毫米，柔软，基部具暗褐色宿存叶鞘；苞片佛焰苞状，顶端具短苞叶。小穗2-3，基部1枚疏离或近基生，余接近；顶生的雄小穗，线形，长0.7-1厘米，少花；侧

生的雌小穗，线形或窄长圆形，长 0.7-1 厘米，少花疏生；小穗柄线状，伸出苞鞘。雌花鳞片卵状长圆形，长 3-3.8 毫米，纸质，两侧紫褐色，有白色膜质边缘，中间绿色，具中脉，脉上粗糙。果囊倒卵状长圆形，钝三棱状，长 3.5-4 毫米，纸质，绿白色，密被短柔毛，具 2 侧脉，无细脉，基部具内弯长柄，喙短外弯，喙口微凹。小坚果倒卵状长圆形，三棱状，长约 3 毫米，褐色，具短柄，喙短外弯；花柱基部稍增粗，柱头 3。

古，生于海拔约 1500 米草原地区山坡。

产河南西部、陕西、甘肃南部、青海东部、四川及云南西北部，生于海拔 2700-4000 米云杉和冷杉林下、灌丛中及高山草甸。

[附] 肋脉薹草 图 556：8-10
Carex pachyneura Kitag. in Rep. Inst. Sci. Res. Manch. 4:78. t. 1:2. 1940. 与丝秆薹草的区别：叶线形，宽不及 0.5 毫米；小穗接近，雌小穗长圆形，花密生或下部数花疏生；雌花鳞片褐色；果囊宽倒卵形，具多条隆起纵脉，几无柄。产内蒙

85. 大雄薹草

Carex macrosandra (Franch.) V. Krecz. in Not. Syst. Herb. Inst. Bot. Acad. Sci. URSS 9: 189. 1946.

Carex lanceolata Boott var. *macrosandra* Franch. in Nouv. Arch. Mus. Hist. Nat. ser. 3, 9: 169. 1897.

根状茎短，木质，斜生。秆密丛生，高 30-80 厘米。叶短于或等长于秆，宽 3-5 毫米，质硬，坚挺，基部渐窄成柄，宿存叶鞘褐色；苞片佛焰苞状，褐红色，无苞叶。小穗 4-7，疏离；顶生的雄小穗圆柱形，长 5-8 厘米，多花密

产湖北、四川及云南东南部，生于海拔 700-1000 米向阳山坡。四川南部民间常用于盖草房。

86. 陕西薹草

图 556：1-4
Carex shaanxiensis Wang et Tang ex P. C. Li. in Acta Phytotax. Sin. 37(2): 174. f. 13. 1999.

根状茎短。秆密丛生，高 30-35 厘米。叶短于秆，宽 1-2 毫米，草质柔软；基部宿存叶鞘淡褐色；苞片佛焰苞状，苞鞘淡绿色，顶端具短苞叶。小穗 3-4，最下部的 1 个疏离或近基生，余接近；顶生雄小穗圆柱形，长 1.4-1.6 厘米，基部有时有 1-3 雌花；

生，小穗柄长 4-5 厘米；侧生雌小穗线状圆柱形，长 2.5-3.5 厘米，多花密生，小穗柄纤细，伸出苞鞘外。雌花鳞片长圆形，长 3.5-3.8 毫米，先端圆，具短尖，两侧褐或褐红色，上部疏被短粗毛，有白色宽膜质边缘，中间绿色，具中脉，脉上粗糙。果囊倒卵状长圆形，钝三棱状，长 2.5-3.1 毫米，厚纸质，绿色，无明显侧脉，细脉多条，密被短粗毛，柄内弯，短喙外弯，喙口平截。小坚果倒卵状长圆形或倒卵形，三棱状，长 1.8-2 毫米，褐色；花柱基部膨大，直或外弯，柱头 3。

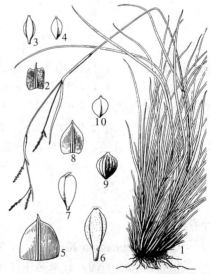

图 556：1-4.陕西薹草 5-7.丝秆薹草 8-10.肋脉薹草 （吴彰桦绘）

侧生雌小穗线状圆柱形，长1.7-3厘米，顶端有时具雄花，基部或有1-3分枝；小穗柄丝状，下垂，伸出苞鞘。雌花鳞片长圆形，长约2毫米，先端平截或微凹，具短尖，纸质，两侧淡褐色，具白色窄膜质边缘，中间绿色，3脉。果囊窄椭圆形，钝三棱状，长2-2.5毫米，纸质，淡绿色，密被短柔毛，具2侧脉，无细脉，具短柄，喙短，喙口微凹。小坚果窄椭圆形，三棱状，长1.8-2毫米，褐色；花柱基部不增粗，柱头3。

产陕西及甘肃，生于海拔2800-3200米山坡草地或河谷潮湿地。

87. 明亮薹草

图 557

Carex laeta Boott, Illustr. Carex 1: 69. t. 188. 1858.

根状茎斜生，木质。秆密丛生，高10-30厘米，纤细，平滑。叶短于秆，宽1-1.5毫米，柔软，基部宿存叶鞘暗褐色，常裂成纤维状；苞片佛焰苞状，苞鞘长，绿色，下部1枚具短苞叶。上部的呈刚毛状。小穗3-4，顶生的雄小穗长圆形，长0.8-1厘米，

图 557 明亮薹草 （引自《图鉴》）

高出其下的雌小穗；侧生雌小穗最下部1个有时基生，最上部的与雄小穗接近，余间距疏离，圆柱形，长1-2.5厘米，密生多数雌花。雌花鳞片长圆形，长3-3.5毫米，先端钝，有短尖，纸质，褐或紫褐色，无白色膜质边缘，中脉绿色。果囊长圆形或倒卵状长圆形，三棱状，长3-3.2毫米，黄褐或淡绿色，具2侧脉，无明显细脉，密被短柔毛，具短柄，喙短，喙口斜截。小坚果倒卵形，三棱状，长约2.2毫米，褐色，顶端具短喙；花柱基部不增粗，柱头3。

产四川、云南西北部及西藏，生于海拔2000-4300米高山灌丛草甸、林边或河边草地。印度北部及尼泊尔有分布。

88. 藏东薹草

图 558

Carex cardiolepis Nees in Wight. Contrib. Bot. Ind. 127. 1834.

根状茎斜生，木质。秆密丛生，高20-40厘米。叶稍短于秆或近等长，平展或对折，宽1-2毫米，柔软，基部宿存叶鞘暗褐色。苞片佛焰苞状，苞鞘绿色，具短苞叶。小穗3-4，疏离，有时最下部的1枚近基生，顶生雄小穗棒状圆柱形，长1.5-2厘米，密生多数雄花；侧生雌小穗圆柱形，长1-2厘米，疏生多数雌花；小穗柄丝状，伸出苞鞘。雌花鳞片倒卵状长圆形或长圆形，长4.3-4.7毫米，先端圆或微凹，具短芒，纸质，两侧淡褐色，有白色宽膜质边缘，中间绿色，3脉。果囊倒卵状长圆形，肿

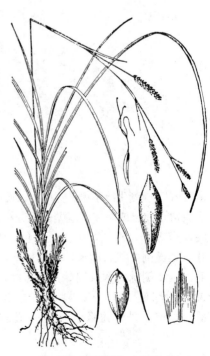

图 558 藏东薹草 （孙英宝绘）

胀三棱状，长4-4.5毫米，纸质，淡绿色，密被短柔毛，具2侧脉及多条细脉，具短柄，喙短，喙口全缘。小坚果倒卵状长圆形，三棱状，长2.5-2.8毫米；具短柄，顶端具外弯短喙，花柱基部稍增粗，柱头3。

产青海、四川、云南西北部及西藏，生于海拔3000-4300米高山灌丛草甸或林下。尼泊尔、印度北部、克什米尔地区及阿富汗有分布。

89. 倒卵鳞薹草

图 550：5-7

Carex obovatosquamata Wang et Y. L. Chang ex P. C. Lin in Acta Phytotax. Sin. 37(2): 175. f. 14. 1999.

根状茎短。秆密丛生，高20-40厘米，纤细，平滑。叶稍短于或等长于秆，宽1.3-2.2毫米，质软，基部宿存叶鞘暗褐色；苞片佛焰苞状，苞鞘长，顶端苞叶线形。小穗3-4，疏离，基部的1枚近基生；顶生的雄小穗圆柱形，长1.5-2.5厘米；侧生的雌小穗圆柱形，长2-3厘米，花多数密生；小穗柄丝状，柔软，伸出苞鞘。雌花鳞片倒卵状长圆形或长圆形，长3.5-4.8毫米，纸质，先端近圆形，具短尖，两侧暗紫褐色，上部具白色窄膜质边缘，中间绿色，3脉。果囊倒卵状长圆形，钝三棱状，长4.2-5毫米，纸质，绿色，密被白色短柔毛，2侧脉不明显，无细脉，具短柄，喙短，喙口斜裂，具2小齿。小坚果倒卵状长圆形，三棱状，长2.5-3.5毫米，褐色，具短柄；花柱基部膨大，直或微弯，柱头3。

产四川西南部、云南西北部及西藏东部，生于海拔3000-4250米高山灌丛、高山草甸及冷杉林缘草地。

90. 密生薹草

图 559

Carex crebra V. Krecz. in Not. Syst. Herb. Inst. Bot. Acad. Sci. URSS 9:190. 1946.

根状茎短。秆密丛生，高10-30厘米，叶甚短于秆，内卷呈线形，宽0.8-1毫米，稍坚挺，基部宿存叶鞘暗褐色，裂成纤维状；苞片佛焰苞状，苞鞘背面绿色，腹面紫红色，最下部1枚具刚毛状苞叶，余几无苞叶。小穗2-4，下部1个稍疏离，余接近；顶生雄小穗圆柱形，长0.8-1厘米，花多数密生；侧生雌小穗近圆柱形，长0.7-2厘米，密生4-10余花；小穗柄通常不伸出或略伸出苞鞘。雌花鳞片长圆形，长4.5-5毫米，先端急尖，有短芒，纸质，两侧紫褐色，有白色宽膜质边缘，中间绿色，3脉。果囊倒卵状长圆形，钝三棱状，长3.5-4毫米，纸质，密被短柔毛，具2侧脉及数条细脉，具短柄，喙短或几无喙，喙口平截。小坚果倒卵状椭圆形，钝三棱状，长3-3.2毫米，棱面微凹，具短柄或几无柄，顶端具外弯短喙；褐色；花柱甚短，基部不增粗，柱头3。

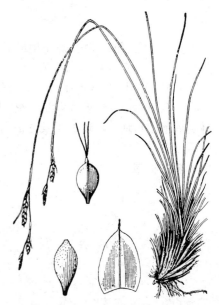

图 559 密生薹草 （引自《图鉴》）

产甘肃、青海、四川、云南西北部及西藏，生于海拔1700-3900米高山灌丛草甸阳处。

91. 柄状薹草 毛根苔草 图 560：1-6

Carex pediformis C. A. Mey. in Mém. Acad. Imp. Sci. St. Petersb. 1:219. t. 10. f. 2. 1831.

Carex rhizina Blytt ex Lindom.；中国高等植物图鉴 5: 309. 1976.

Carex sutschanensis Kom.；中国高等植物图鉴 5: 309. 1976.

根状茎斜生。秆密或疏丛生，高 25-40 厘米，纤细，略坚挺。叶短于秆，平展，宽 2-3 毫米，基部具褐或暗褐色裂成纤维状宿存叶鞘；

苞片佛焰苞状，苞鞘绿色，口部白色膜质，苞片甚短，或呈刚毛状。小穗 3-4，下部 1 个稍疏离，余较接近；顶生雄小穗棒状圆柱形，长 0.8-2 厘米，侧生雌小穗长圆形或长圆状圆柱形，长 1-2 厘米，花多数稍密生或疏生，小穗柄通常不伸出苞鞘。雌花鳞片倒卵形、卵形、卵状长圆形或长圆形，长 4-4.5 毫米，先端钝或急尖，具短尖或短芒，纸质，两侧褐或褐红色，有白色宽膜质边缘，中间绿色，1-3 脉。果囊倒卵形或倒卵状长圆形，钝三棱状，长 3.5-4.5 毫米，淡绿色，密被白色短柔毛，背面无脉，腹面具 2 侧脉及数细脉，具长柄，喙短外弯，喙口微凹。小坚果倒卵形，三棱状，长 2.5-3 毫米，黄褐色，花柱基部增粗，柱头 3。

产黑龙江、吉林、内蒙古、河北、山西、陕西、甘肃、青海、新疆及湖北西部，生于海拔 500-2000 米草原、山坡、疏林下或林间坡地。蒙古、俄罗斯西伯利亚和远东地区有分布。优良牧草，干草用作编织垫子。

[附] **柞薹草** 楔囊苔草 图 560：7-10 **Carex pediformis** C. A. Mey.

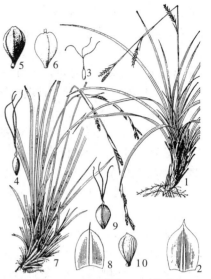

图 560：1-6.柄状薹草 7-10.柞薹草
（引自《图鉴》）

var. **pedunculata** Maxim. Prim. Fl. Amur. 310, 1859. —— *Carex reventa* V. Krecz.；中国高等植物图鉴 5: 308. 1976. 与柄状薹草的区别：果囊背腹均具多条隆起纵脉。产黑龙江、吉林及内蒙古，生于海拔 500-600 米林下。朝鲜半岛北部及俄罗斯远东地区有分布。

92. 大披针薹草 图 561：1-6

Carex lanceolata Boott in A. Gray, Narr. Exped. Perry 326. 1857.

根状茎粗壮。秆密丛生，高 10-35 厘米，叶花后长于秆，宽 1-2.5 毫米，边缘稍粗糙，基部具紫褐色裂成纤维状宿存叶鞘；苞片佛焰苞状，

背部淡褐色，余绿色，具褐色条纹，下部的具刚毛状苞叶，上部的呈突尖状。小穗 3-6，疏离；顶生雄小穗线状圆柱形，长 0.5-1.5 厘米，侧生雌小穗长圆形或长圆状圆柱形，长 1-1.7 厘米，花 5-10 余朵稍疏生或稍密生；小穗柄通常不伸出苞鞘；小穗轴微之字形曲折。雌花鳞片披针形或倒

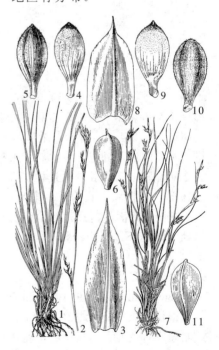

图 561：1-6.大披针薹草 7-11.亚柄薹草
（引自《东北草本植物志》）

卵状披针形，长5-6毫米，先端急尖或渐尖，具短尖，纸质，两侧紫褐色，有白色宽膜质边缘，中间淡绿色，3脉。果囊倒卵状长圆形，钝三棱状，长约3毫米，纸质，淡绿色，密被短柔毛，具2侧脉及若干隆起细脉，具长柄，喙短，喙口平截。小坚果倒卵状椭圆形，三棱状，长2.5-2.8毫米，具短柄，顶端具外弯短喙；花柱基部稍增粗，柱头3。

产黑龙江、吉林、辽宁、内蒙古、河北、山东、山西、河南、陕西、甘肃、宁夏、青海、新疆、江苏、安徽、浙江、江西、湖北、广西、贵州、四川等省区，生于海拔110-2300米林下、林缘草地或阳坡干旱草地。蒙古、朝鲜半岛、日本、俄罗斯东西伯利亚和远东地区有分布。茎叶可作造纸原料，嫩茎叶作牲畜饲料。

[附] **亚柄薹草** 图 561：7-11 **Carex lanceolata** var. **subpediformis** Kükenth. in Engl. Pflanzenr. Heft 38(IV, 20): 493. 1909. —— *Carex subpediformis* Japon. 1: 402. 1936. 与模式变种的区别：植株较小；侧生雌性小穗疏生2-3花。小穗轴明显之字形弯曲。产吉林及内蒙古，生于森林附近山坡岩石上。日本、俄罗斯东西伯利亚及远东地区有分布。

93. 蜈蚣薹草

图 562

Carex scolopendriformis Wang et Tang ex P. C. Li in Acta Bot. Yunnan. 12(2): 142. f. 7. 1990.

根状茎长而匍匐。秆高15-30厘米，纤细。叶短于或等长于秆，丝状，柔软，基部具暗褐色宿存叶鞘；苞片鞘状，褐色，顶端具刚毛状苞叶。小穗2，顶生雄小穗线形，长1.2-1.3厘米，具多数雄花；小穗柄细，长2.5-3厘米，高于邻近雌小穗；侧生雌小穗长圆形，长5-6毫米，疏生2-3花；小穗柄纤细，微伸出苞鞘。雌花鳞片近卵形，长2.4-2.6毫米，纸质，褐色，具白色宽膜质边缘，具中脉。果囊宽卵圆形，肿胀三棱状，长3.5-3.6毫米，绿褐色，密被短粗毛，具2侧脉和多条纵脉，具短柄，喙中等长，喙口具2小齿。小坚果宽倒卵形，三棱状，长约1.8毫米，棕褐色；花柱基部膨大，柱头3。

产四川西南部、云南及西藏东部，生于海拔2200-3500米山坡湿润草地、灌丛下或云南松林下。

94. 隐匿薹草

图 563

Carex infossa C. P. Wang in Journ. Nanjing Univ. 51. 1962.

根状茎短。秆高达30厘米，纤细，三棱形，基部具黑紫色无叶片或具短叶片的鞘。叶短于秆，宽2.5-3毫米，质软，两面或仅背面粗糙；苞片叶状，长于小穗，具短鞘。小穗3-4，顶生雄小穗长约5毫米，低于邻近雌小穗，窄倒卵形或近线形，长约5毫米；余为雌小穗，

(Kükenth.) Suto et Suzuki；中国高等植物图鉴 5: 310. 1976. 与模式变种的区别：雌花鳞片倒卵形或倒卵状长圆形；果囊具2侧脉，无明显细脉。产辽宁、内蒙古、河北、山西、陕西、宁夏、甘肃、湖北及四川西部，生于海拔300-2200米山坡、灌丛下、水边或耕地边。俄罗斯远东地区及日本有分布。

[附] **少花大披针薹草** **Carex lanceolata** var. **laxa** Ohwi, Cyper.

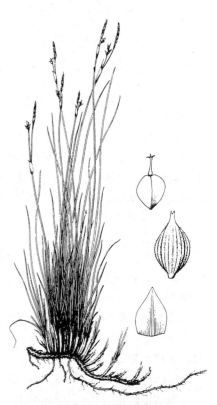

图 562 蜈蚣薹草 （吴彰桦绘）

长圆形，长 0.8-2 厘米，疏生 3-4 花，稀 5-6 花；小穗柄略伸出苞鞘。雌花鳞片长圆形或长圆状卵形，长约 3.5 毫米，具短尖或短芒，膜质，苍白色，中间淡绿色，3 脉。果囊椭圆形或倒卵状椭圆形，三棱状，长 5-6 毫米，灰绿色，具褐色斑点，被短柔毛，具 2 侧脉和若干不明显细脉，具短柄，喙短，喙口具 2 短齿。小坚果宽椭圆形，三棱状，长约 3.5 毫米，具扭曲的柄；花柱短，基部稍增粗，柱头 3。花果期 4-6 月。

产江苏及安徽，生于山坡、林下或沟边。

组 12. 白鳞薹草组 Sect. Albae Aschers. et Graebner.
（戴伦凯）

根状茎具地下匍匐茎。秆钝三棱形。叶窄，边缘内卷；苞片鞘状，无苞叶。小穗单性，顶生的雄小穗，侧生的雌小穗，疏生几朵花，小穗柄细长。雌花鳞片具无色透明宽边。果囊鼓胀三棱状，无毛，有光泽，喙短，喙口斜截。小坚果紧包于果囊内；花柱基部膨大呈小球状，成熟时脱落，柱头 3。

我国 2 种。

95. 乌苏里薹草　　　　　　　　图 564

Carex ussuriensis Kom. in Acta Hort. Petrop. 18: 443. 1901 et Fl. Mansh. 1: 375. 1901.

根状茎具细长地下匍匐茎。秆疏丛生，高 20-40 厘米，钝三棱形，平滑，基部具无叶片的鞘。叶与秆近等长，宽约 0.5 毫米，边缘微卷，质较软，叶鞘黄褐色；苞片鞘状，长达 2 厘米，鞘口具干膜质宽边，无苞叶。小穗 2-3，稍疏离，顶生的雄小穗，通常超过邻近雌小穗，线状披针形，长 1-2 厘米；侧生雌小穗长圆形，长 0.5-1 厘米，疏生 2-4 花；小穗轴微之字形曲折，小穗柄细，长达 3 厘米。雌花鳞片卵形或近椭圆形，长约 3 毫米，具硬短尖，膜质，淡黄色，边缘具无色透明较宽的边，具 1 中脉，基部环抱小穗轴。果囊近直立，倒卵圆形，不明显三棱状，长约 3 毫米，近革质，黄绿色，成熟后黑褐色，无毛，多脉微凹，无光泽，基部宽楔形或近钝圆，喙短，喙口平截。小坚果较紧包于果囊内，倒卵形，三棱状，长约 2 毫米；花柱基部增粗，柱头 3，细长。花果期 6-7 月。

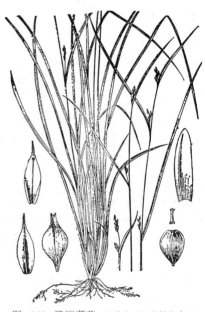

图 563　隐匿薹草　（引自《江苏植物志》）

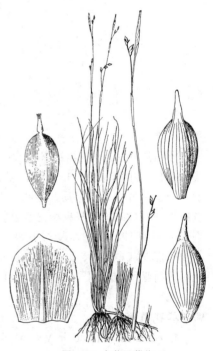

图 564　乌苏里薹草
（引自《东北草本植物志》）

产黑龙江、吉林、内蒙古、河北及陕西，生于林下或阴湿处。俄罗斯远东地区、朝鲜半岛及日本有分布。

组 13. 湿生薹草组 Sect. Limosae Tuckerm.
（戴伦凯）

根状茎具地下匍匐茎。苞片近佛焰苞状，通常具短苞叶，具苞鞘。小穗少数，单性，稍疏离，顶生的雄小穗，侧生的雌小穗，较密生少至多花，小穗柄细长，小穗常下垂。雌花鳞片具短尖或芒。果囊革质，无

毛，具乳头状突起或腺点，近无喙或喙很短，喙口平截或微缺。小坚果较紧包于果囊内；花柱伸出果囊，基部不增粗，柱头3。

　　我国2种。

1. 叶宽1.5-2.5毫米，稍对折；雄小穗线形；雌花鳞片长4-6毫米，较果囊长；果囊卵形或椭圆形，密被细点；小坚果椭圆形，稍扁三棱状 ·· 96. **湿生薹草 C. limosa**
1. 叶宽1-2毫米，平展；雄小穗窄披针形；雌花鳞片长约3毫米，较果囊短；果囊近长圆形，密被乳头状突起；小坚果倒卵形，三棱状 ·· 97. **稀花薹草 C. laxa**

96. 湿生薹草　沼生苔草

图 565

Carex limosa Linn. Sp. Pl. 977. 1753.

根状茎具长地下匍匐茎。秆丛生，高20-55厘米，三棱形，较细，

上部稍粗糙，基部具红棕色无叶片的鞘，老鞘有时裂成纤维状。叶短于秆，宽1.5-2.5毫米，稍对折或近平展，边缘粗糙，基部具鞘；苞片叶状，短于小穗，苞鞘短。小穗2-3，间距较长，顶生雄小穗线形，长2-3厘米，直立，具柄；侧生雌小穗有的顶端具少数雄花，长圆形或卵形，长1-2厘米，较密生多花；小穗柄细长，小穗常下垂。雌花鳞片卵形或卵状披针形，长4-6毫米，具硬短尖，淡黄褐色，中间绿色，1-3脉。果囊近直立，卵形或椭圆形，扁三棱状，长3.5-4毫米，革质，多脉，无毛，密被细点，具短柄，喙很短，喙口平截或微缺。小坚果稍松包果囊内，椭圆形，稍扁三棱状，长约2毫米；花柱伸出果囊，基部不增粗，宿存，柱头3。花果期5-7月。

　　产黑龙江、吉林、河北及内蒙古，常生于沼泽地和水边草地。俄罗斯西伯利亚和远东地区、蒙古、朝鲜半岛、日本及欧洲一些国家有分布。

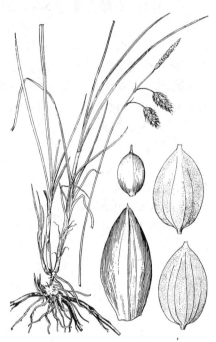

图 565 湿生薹草
（引自《东北草本植物志》）

97. 稀花薹草

图 566

Carex laxa Wahlenb. in Vet.-Akad. Nya Handl. Stockholm 24: 156. 1803.

根状茎具细长地下匍匐茎。秆丛生，高25-35厘米，细弱，有时顶端稍下垂，钝三棱形，平滑，基部具淡棕色无叶片的鞘。叶短于秆，宽1-2毫米，平展，较柔软，边缘稍粗糙，具鞘；苞片叶状，短于小穗，具短苞叶和较长苞鞘。小穗3，间距较长，顶生的雄小穗窄披针形，长约1.5厘

图 566 稀花薹草 （田 虹绘）

米，具柄；余为雌小穗，长圆形，长1-2厘米，花稍密生；小穗柄细长，小穗常下垂。雌花鳞片卵形或长圆状卵形，长约3毫米，先端钝，具短尖，膜质，淡黄褐色，1中脉。果囊近直立，近长圆形，平凸状三棱状，长约3.5毫米，革质，淡绿色，少脉，无毛，密生乳头状突起，具短柄，喙短，喙锈褐色，喙口平截。小坚果较紧包果囊内，倒卵形，三棱状；花柱伸出果囊，基部不增粗，柱头3。花果期6-8月。

产黑龙江、吉林及内蒙古，生于沼泽地和湖、河边潮湿地。俄罗斯、日本及欧洲一些国家有分布。

组14. 少花薹草组 Sect. Paniceae Tuckerm.

（戴伦凯）

根状茎具地下匍匐茎。秆较细。叶多短于秆，稀长于秆，较窄；苞片叶状，叶鞘较长。小穗单性，3-6，顶生的雄小穗，侧生的雌小穗，较疏离，花疏生，小穗具柄。雌花鳞片常具短尖。果囊膜质或近革质，鼓胀三棱状，无毛，密被细点，喙短；花柱基部不增粗或稍增粗，柱头3。

我国1种、1变种。

98. 少花薹草

Carex sparsiflora (Wehlenb.) Steud. Nomand. Bot. ed 2, 1: 296. 1841. *Carex panicea* Linn. var. *sparsiflora* Wehlenb. Fl. Lapp. 236. 1812.

根状茎具细长地下匍匐茎。秆高20-50厘米，细弱，钝三棱形，平滑，下部具叶。叶较秆短，宽3-5毫米，平展，较柔软，叶鞘棕色，有时稍紫红色；苞片具较短苞叶和较长苞鞘。小穗（2）-3-（4），间距较长，顶生雄小穗近棒状，长1-1.5厘米；侧生雌小穗长圆状圆柱形或长圆形，长1-2.5厘米，疏生几朵花，柄较长而直立。雌花鳞片宽卵形，长约3毫米，先端钝或急

尖，膜质，锈褐色，边缘无色透明，3脉绿色。果囊斜展，卵形，鼓胀三棱状，长约4毫米，近革质，黄绿色，无毛，脉不明显，喙短或中等长，喙口微缺或具2短齿。小坚果较松包于果囊内，倒卵形，三棱状，长约2.5毫米，具短柄；花柱基部稍增粗，柱头3。花果期5-7月。

产黑龙江及内蒙古，生于林下湿处或草地边缘。日本、朝鲜半岛北部、俄罗斯及欧洲一些国家有分布。

[附] **大少花薹草 Carex sparsiflora** var. **petersii** (C. A. Mey ex F. Schmidt) Kü kenth. in Engl. Pflanzenr. Heft 38(IV, 20): 513. 1909. — *Carex petersii* C. A. Mey ex F. Schmidt in Mém. Acad. Imp. Sci. St. Petersb. sér 7, 12: 194. 1868. 与模式变种的区别：叶较宽；果囊长5-6毫米。产黑龙江、吉林、辽宁及内蒙古，生于林下、灌木丛下或草地。俄罗斯及蒙古有分布。

组15. 宽叶薹草组 Sect. Siderostictae Franch.

（梁松筠）

根状茎长。秆侧生。叶披针形或宽条形，宽0.6-3（-6）毫米，下面中脉隆起，2侧脉在上面隆起。小穗两性，雄雌顺序，线形或线状柱形；苞鞘上部多少佛焰苞状，苞叶通常微小或略长于鞘。果囊三棱状，具多条隆起的脉，无喙或具短喙，喙口近平截；柱头3。

我国5种。

1. 近无苞叶或苞叶甚短于苞鞘。
 2. 果囊近无喙或喙极短。
  3. 顶生小穗雄雌顺序；果囊无毛；叶上面无毛，下面沿脉疏生柔毛 ·················· **99. 宽叶薹草 C. siderosticta**
  3. 顶生小穗常雄性；果囊具柔毛；叶两面疏生柔毛 ·············· **99(附). 毛缘宽叶薹草 C. siderosticta** var. **pilosa**

2. 果囊具短喙，喙长为果囊 1/8-1/4，下弯 ·························· **101. 长梗薹草 C. glossostigma**

1. 苞叶近等长或长于苞鞘；果囊向轴面不隆起，脉不明显，喙直 ················· **100. 大舌薹草 C. grandiligulata**

99. 宽叶薹草

图 567：1-5

Carex siderosticta Hance in Journ. Linn. Soc. Bot. 13: 89. 1873.

根状茎长。营养茎和花茎有间距，花茎近基部的叶鞘无叶片，淡棕

褐色。营养茎的叶长圆状披针形，长 10-20 厘米，宽 1-2.5（3）厘米，有时具白色条纹，中脉及 2 侧脉较明显，上面无毛，下面沿脉疏生柔毛。花茎高达 30 厘米，苞鞘佛焰苞状，长 2-2.5 厘米，苞叶长 0.5-1 厘米。小穗 3-6（-10），单生或孪生于各节，雄雌顺序，线状圆柱形，长 1.5-3 厘米，花疏生；小穗柄长 2-6 厘米，多伸出鞘外。雌花鳞片椭圆状长圆形或披针状长圆形，长 4-5 厘米，两侧透明膜质，中间绿色，3 脉，疏被锈点。果囊倒卵形或椭圆形，三棱状，长 3-4 毫米，无毛，具多条凸起细脉，具短柄，短喙或近无喙，喙口平截。小坚果紧包果囊中，椭圆形，三棱状，长约 2 毫米；花柱宿存，基部不膨大，顶端稍伸出果囊，柱头 3。花果期 4-5 月。

产黑龙江、吉林、辽宁、内蒙古、河北、山东、山西、河南、陕西、安徽、浙江、江西及湖北，生于海拔 1000-2000 米针阔叶混交林、阔叶林下或林缘。俄罗斯远东地区、朝鲜半岛及日本有分布。

[附] **毛缘宽叶薹草** 图 567：6-10 **Carex siderosticta** var. **pilosa** Lévl.

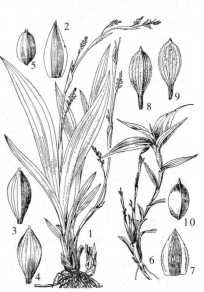

图 567：1-5. 宽叶薹草 6-10. 毛缘宽叶薹草
（引自《东北草本植物志》）

ex Nakai in Fedde, Repert. Sp. Nov. 13: 244. 1914. 与模式变种的区别：顶生小穗常雄性；果囊具柔毛；叶两面疏生柔毛，边缘具纤毛。花果期 4-5 月。产辽宁、江苏、安徽及浙江，生于较干旱草地或林缘。朝鲜半岛及日本有分布。

100. 大舌薹草

图 568

Carex grandiligulata Kükenth. in Bot. Jahrb. 36 Beibl. 82: 9. 1905.

根状茎细长。花茎和营养枝有间距，花茎近基部的叶鞘具叶片，营养

茎的叶片窄条形，长 20-40 厘米，宽 2.5-4 毫米，草质，中脉隆起，2 侧脉有时隆起，无毛。花茎高 20-30 厘米，中部以上各节具小穗，苞鞘上部不显著膨大，苞叶近等长或长于苞鞘，叶舌长达 2 毫米，基生苞鞘密生微毛。小穗雄雌顺序，1-2 个生于各节，线状圆柱形，长 1-2 厘米，雄花部分通常约等长于雌花部分，雄花较密集；雌花部分具 2-3 雌花；小穗柄长 1-5 厘米，稍伸出苞鞘。雌花鳞片卵状长圆形，长约 4 毫米，中间绿色，两侧透明膜质，带淡棕色并具

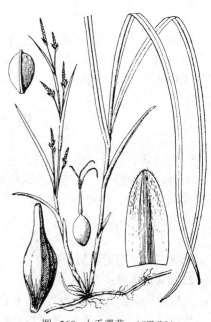

图 568 大舌薹草 （《图鉴》）

锈点。果囊椭圆形，长4-5毫米，向轴面不隆起，脉不明显，具锈点，喙直，长0.5-1毫米，喙口近平截。小坚果紧包果囊中，椭圆形，三棱状，长约2.5毫米；花柱基部不膨大，柱头3。花果期4-5月。

产陕西、安徽、湖北及四川，生于海拔1600-1800米疏林下或岩石上。

101. 长梗薹草　　图 569

Carex glossostigma Hand. -Mazz. in Sitzgsanz. Akad. Wiss. Wien, Math. -Nat. 59: 140. 1922.

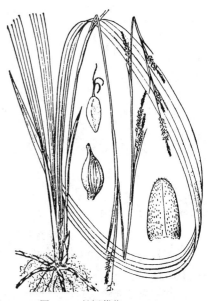

图 569　长梗薹草　（《图鉴》）

根状茎较粗长。花茎和营养茎有间距；花茎近基部的叶鞘无叶片，营养茎的叶片革质或厚纸质，宽条形，长20-40厘米，宽1-2.5厘米，两面无毛或两面或下面脉被柔毛，中脉及2侧脉较隆起；花茎高30-40厘米，上部2/3各节具小穗，苞鞘上部佛焰苞状，无毛或被短柔毛，苞叶甚短或等长于苞鞘1/2，叶舌不明显。小穗雄雌顺序，1-5个生于各节，线状圆柱形，长2-3厘米，雄花部分长约为小穗1/4-1/2，多短于雌花部分，雄花较密集；雌花部分具8-15雌花，果时果囊疏生，具长2-15厘米细柄，常伸出苞鞘。雌花鳞片卵状椭圆形，长约2.5毫米，淡棕色，具锈点，中脉明显，两侧多条细脉不明显。果囊稍长于鳞片，卵状椭圆形，三棱状，长约3毫米，脉多条隆起，短喙下弯，喙长约为果囊1/8-1/4，喙口近平截。小坚果紧包果囊中，椭圆形，三棱状，长约2.5毫米；花柱基部不膨大，柱头3。花果期5-7月。

产安徽、浙江、福建、江西、湖南、广东及广西，生于海拔800-1500米林下阴湿处。

组 16. 美穗薹草组 Sect. Decorae (Kükenth.) Ohwi
（梁松筠）

根状茎匍匐。秆稍粗。叶基生或秆生。苞片叶状，稀刚毛状，具鞘。花序圆锥状，小穗多数，侧生支花序具2-7小穗，每一支花序顶端1-2个为雄性，余雄雌顺序；小穗具柄。雌花鳞片淡褐、紫红或血红色。果囊近直立或斜展，椭圆形或卵状披针形，扁三棱状，无毛或被毛，喙长，喙口膜质。小坚果长圆形或椭圆状倒卵形，三棱状；柱头3。

约25种，分布亚洲和新几内亚。我国9种。

1. 秆具数叶，叶着生至秆端 ·· **102. 秆叶薹草 C. insignis**
1. 秆具较少叶，叶多集生秆基部。
  2. 叶宽2-5毫米；果囊长3-4毫米 ·································· **103. 丽江薹草 C. dielsiana**
  2. 叶宽0.7-1.2厘米；果囊长4.5-7.5毫米。
    3. 果囊无毛，无脉；花柱基部弯曲 ······················· **104. 镇康薹草 C. zhenkangensis**
    3. 果囊被毛，脉明显；花柱直立 ··························· **105. 霹雳薹草 C. perakensis**

102. 秆叶薹草　　图 570

Carex insignis Boott, Illustr. Carex 1: 5. t. 14, 1858.

根状茎具长匍匐茎。秆高0.9-1米，三棱形，平滑，基部具无叶片的叶鞘，紫红色。茎生叶数枚，着生至秆端，宽4-5毫米，

上面粗糙，长鞘紫红色；苞片叶状，长于小穗，长鞘带紫红色，长3.5-4.5毫米。小穗多数，3-5个从苞片腋中生出，小穗长线形，雄雌顺序或顶端的雄性，长1.5-5厘米。雌花鳞片卵形，长2-2.5毫米，淡褐色，边缘膜质，具缘毛，具粗糙芒尖。果囊长于鳞片，椭圆状三棱形，长3-3.5毫米，膜质，橄榄绿色，被紫色锈点，上部粗糙或后平滑，喙长约1毫米，有时在棱和喙缘被糙毛，喙口微凹。小坚果紧包果囊中，菱状三棱形，长约2毫米，暗栗色；花柱基部稍粗，柱头3。花果期8-10月。

产云南及西藏东南部，生于海拔1500-1800米林下及沟边。尼泊尔、不丹、印度（阿萨姆）及越南有分布。

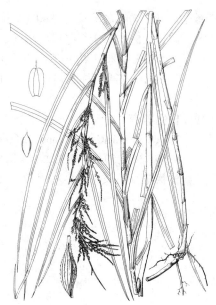

图 570 秆叶薹草 （孙英宝绘）

103. 丽江薹草　　　　　　　　　　　　　　图 571

Carex dielsiana Kükenth. in Notes Roy. Bot. Gard. Edinb. 8: 10. 19 13.

根状茎短，木质。秆密丛生，高25-60厘米，三棱形，平滑，秆具叶。叶较少，多基生，与秆近等长或长于秆，宽2-5毫米，上面粗糙，坚硬，叶鞘棕绿色，最下部的叶鞘无叶片；苞片最下部的叶状，长于花序。小穗4-7，雄雌顺序，线状圆柱形，长3-4厘米，上部通常2个，下部的单生，疏离；小穗具长柄，常下垂，稀基部分枝。雌花鳞片卵状长圆形，两侧淡红色，具小芒尖。果囊长于鳞片，椭圆形，钝三棱状，长3-4毫米，黄绿色，无毛，多脉，喙中等长，喙口膜质，斜截。小坚果疏散包果囊中，三棱状，长约1.5毫米；花柱基部粗，柱头3。花果期5-7月。

图 571 丽江薹草 （孙英宝绘）

产四川西南部及云南西北部，生于海拔1900-3800米草坡、溪边潮湿处或林缘。

104. 镇康薹草　　　　　　　　　　　　　　图 572

Carex zhenkangensis Wang et Tang in L. K. Dai et S. Y. Liang, Fl. Reipubl. Popul. Sin. 12: 523. 2000.

根状茎具匍匐茎。秆高65-70厘米，径3毫米，三棱形，平滑。叶鞘深褐色。叶与秆近等长，宽0.7-1厘米，草质，稍坚挺，先端渐尖；苞片叶状，短于花序，鞘长3-3.5毫米。花序近圆锥状，小穗多数，顶端1个为雄性，长1-1.5厘米，余雄雌顺序（雄花部分长于雌花部分），圆柱形，长1.5-4.5厘米，疏花；小穗柄纤细。

雌花鳞片长圆状披针形,长5.8-6.5毫米,黄褐色,边缘白色膜质。果囊长于鳞片,斜展,卵状披针形,长7-7.5毫米(连喙),无脉,无毛,柄长约1毫米,喙长约3.5毫米,喙口斜截。小坚果长圆形,长约2毫米,具短柄;花柱长2.5毫米,基部弯曲,无毛,柱头3。花果期6-7月。

产广西及云南,生于海拔3000-3600米草坡或亚高山灌丛中。

105. 霹雳薹草　大序苔草　　　　图573

Carex perakensis C. B. Clarke in Hook. f. Fl. Brit. Ind. 6: 720. 1894.

Carex prainii C. B. Clarke;中国高等植物图鉴 5: 314. 1976.

根状茎粗壮,木质。秆中生,高0.3-1米,稍粗,三棱形,基部具短叶或具无叶片的暗紫红色叶鞘,有时纤维状。叶基生或秆生,线形,宽0.8-1.2厘米,革质,秆生叶具长鞘;苞片叶状,下部的长于花序,向上渐短,具长鞘。圆锥花序复出,长30-40厘米,支花序单生或孪生,具多数小穗,上部小穗靠近,具短柄,下部的稍疏离,柄较长;小穗两性,雄雌顺序,披针形或长圆状披针形,长1.5-3厘米,雄花部分约占小穗长1/2-1/3。雌花鳞片宽卵形,长2.2-4.5毫米,黄褐色,中间色较淡,边缘白色膜质,具短尖头。果囊长于鳞片,倒卵状椭圆形或卵状菱形,三棱状,长4.5-6毫米,脉明显,黄绿色,密被白色短糙毛或后无毛,喙长1.5毫米,被毛,喙口具2齿。小坚果椭圆状倒卵形,三棱状,长2.5-3毫米,暗褐色,棱面下凹;花柱直立,基部稍粗,疏被小刺毛,柱头3。花果期7-10月。

产浙江、台湾、福建、江西、湖南、广东、海南、广西、贵州、四川及云南,生于海拔700-1800米林下阴湿处。中南半岛、马来西亚及印度尼西亚有分布。

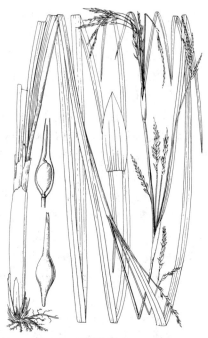

图 572　镇康薹草　(孙英宝绘)

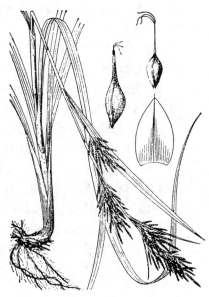

图 573　霹雳薹草　(引自《图鉴》)

组 17. 冻原薹草组 Sect. Aulocystis Dumortier
(梁松筠)

根状茎短或具匍匐茎。秆三棱状,平滑,稀上部粗糙。苞片叶状或刚毛状,常具鞘或无鞘。小穗2-7(-10),单生,顶生的雄性(有时雌雄顺序);侧生的雌性,上部的接近,下部的疏离,柄细长,常下垂。雌花鳞片暗紫红或褐色,具芒尖。果囊膜质,椭圆形、卵圆形、披针形或窄三棱状,常扁平,黄绿或褐色,被糙硬毛、无毛或边缘粗糙,喙长(稀短喙),喙口膜质,斜截或具2齿;花柱基部膨大或不膨大,柱头(2)3。

我国36种。

1. 果囊无毛；顶生小穗雌雄顺序或雄性。

　2. 顶生 1-2 或全部小穗雌雄顺序。

　　3. 全部小穗雌雄顺序；雌花鳞片先端长渐尖，长于果囊 ⋯⋯⋯⋯⋯ 109. 类黑褐穗薹草 **C. atrofuscoides**

　　3. 顶生 1-2 小穗雌雄顺序或雄性；雌花鳞片先端短尖，短于果囊 ⋯⋯⋯⋯⋯ 110. 喜马拉雅薹草 **C. nivalis**

　2. 顶生小穗雄性。

　　4. 具根状茎；果囊披针形 ⋯⋯⋯⋯⋯⋯⋯⋯⋯⋯⋯⋯⋯⋯⋯⋯⋯⋯⋯ 111. 狭囊薹草 **C. cruenta**

　　4. 具匍匐根状茎；果囊卵状三棱形、宽椭圆形、椭圆形或长圆形。

　　　5. 叶宽约 1 毫米，内卷；雌小穗无柄；果囊具长喙 ⋯⋯⋯⋯⋯ 106. 类短尖薹草 **C. mucronatiformis**

　　　5. 叶宽 2-5 毫米，平展。

　　　　6. 果囊宽椭圆形，宽约 3 毫米，具淡绿色边缘，极扁 ⋯⋯⋯⋯⋯⋯ 107. 扁囊薹草 **C. coriophora**

　　　　6. 果囊椭圆形或长圆形，宽 2.5-2.8 毫米，无淡色边缘，扁平 ⋯ 108. 黑褐穗薹草 **C. atrofusca** subsp. **minor**

1. 果囊被毛或具树脂状小突起；果喙粗糙；顶生小穗雄性。

　7. 柱头 2（3）；雌花鳞片红棕色，具白色膜质窄边缘；果囊上部红棕色，下部淡黄色 ⋯⋯⋯⋯⋯⋯⋯⋯

　　⋯⋯⋯⋯⋯⋯⋯⋯⋯⋯⋯⋯⋯⋯⋯⋯⋯⋯⋯⋯⋯⋯⋯⋯ 112. 红棕薹草 **C. przewalski**

　7. 柱头 3。

　　8. 根状茎具匍匐茎。

　　　9. 雌小穗花密生；雌花鳞片倒卵状长圆形，先端平截或微凹，具短柄，接近最上部雌小穗 ⋯⋯⋯⋯⋯

　　　　⋯⋯⋯⋯⋯⋯⋯⋯⋯⋯⋯⋯⋯⋯⋯⋯⋯⋯⋯⋯⋯ 113. 镰喙薹草 **C. drepanorhyncha**

　　　9. 雌小穗花稀疏；雌花鳞片卵状披针形或长圆形，先端尖 ⋯⋯⋯⋯ 114. 打箭薹草 **C. tasiensis**

　　8. 根状茎无匍匐茎。

　　　10. 果囊三棱状，被短柔毛。

　　　　11. 果囊无锈点 ⋯⋯⋯⋯⋯⋯⋯⋯⋯⋯⋯⋯⋯⋯⋯⋯⋯⋯⋯⋯ 115. 刺毛薹草 **C. setosa**

　　　　11. 果囊具锈点 ⋯⋯⋯⋯⋯⋯⋯⋯⋯⋯⋯⋯⋯⋯ 115(附). 锈点薹草 **C. setosa** var. **punctata**

　　　10. 果囊扁三棱状。

　　　　12. 果囊具明显绿或淡色边缘。

　　　　　13. 植株纤细，高 10-25 厘米；叶宽约 1 毫米 ⋯⋯⋯⋯ 116. 流石薹草 **C. hirtelloides**

　　　　　13. 植株稍坚挺，高 25-70 厘米；叶宽 1.5-3 毫米 ⋯⋯⋯⋯ 117. 红嘴薹草 **C. haematostoma**

　　　　12. 果囊无明显绿或淡色边缘。

　　　　　14. 果囊具长喙，果囊长 6-7 毫米；花柱被疏毛 ⋯⋯⋯⋯ 118. 糙喙薹草 **C. scabrirostris**

　　　　　14. 果囊喙短或近无喙。

　　　　　　15. 叶内卷成针状，稍坚硬；果囊具短喙 ⋯⋯⋯⋯⋯ 119. 硬毛薹草 **C. hirtella**

　　　　　　15. 叶平展，较柔软；果囊近无喙 ⋯⋯⋯⋯⋯ 120. 鹤果薹草 **C. cranaocarpa**

106. 类短尖薹草　　　　　　　　　　　　　　　　　　　图 574

Carex mucronatiformis Tang et Wang in L. K. Dai et S. Y. Liang, Fl. Reipubl. Popul. Sin. 12:229. 523. 2000.

根状茎长而匍匐。秆高 10-20 厘米，纤细，平滑，基部具淡褐色网状叶鞘。叶短于秆，宽约 1 毫米，内卷，先端渐尖，绿色，稍坚硬；苞片下部的刚毛状，具短鞘，上部的鳞片状。小穗 2-3，接近，顶生 1 个雄性，棒状，长 1-1.5 厘米，具短柄；侧生的雌性，有时顶端具少数雄花，卵形，长 0.6-1 厘米，无柄。雌花鳞片长圆状披针形，长约 4 毫米，具短尖，褐色，背面中脉色淡，具白色膜质窄边缘。果囊卵状三棱形，长 4-4.5 毫米，下部黄绿色，上部红褐色，无毛，脉

不明显，具短柄，喙长，喙口膜质，斜截，具2齿。小坚果紧包果囊中，卵状三棱形，栗色，长约2毫米；花柱基部不膨大，柱头3。

产甘肃及青海，生于海拔2800-3900米高山草甸或沙滩地。

107. 扁囊薹草　　　　　　　　　　　　图 575

Carex coriophora Fisch. et C. A. Mey. ex Kunth, Enum. Pl. 2: 463. 1847.

根状茎短，具匍匐茎。秆高50-70厘米，三棱形，径2毫米，平滑，叶鞘淡褐色，纤维状。叶短于秆，长约秆1/3，宽3-5毫米，淡绿色，先端渐尖，质硬，上端边缘粗糙；苞片叶状，短于花序，具鞘。小穗3-5，顶生1-2雄性，长圆形，长1-1.5厘米；余小穗雌性，椭圆形或长圆形，长1-1.7厘米，密花；小穗柄纤细，长2-3厘米，弯曲或下垂，平滑。雌花鳞片长圆形或披针形，长4-4.2毫米，下部淡锈色，上部紫褐色，背面中间黄绿色，具白色膜质窄边缘。果囊长于鳞片，宽椭圆形，极扁，三棱状，长4.8-5.2毫米，宽3毫米，褐色，具淡绿色边缘，无毛，无脉或具不明显细脉，有时上部两侧边缘疏生小刺，具短柄，喙短，圆柱形，喙口白色膜质，具2微齿。小坚果疏松包果囊中，长1.5毫米，淡黄色，柄长1毫米；花柱细，直立，基部不膨大，柱头3。花果期6-8月。

产黑龙江、内蒙古、河北、山西、宁夏、甘肃、青海、新疆、四川及西藏，生于海拔700-3500米河岸旁湿草地、沼泽地踏头上、山坡。俄罗斯西伯利亚及蒙古有分布。

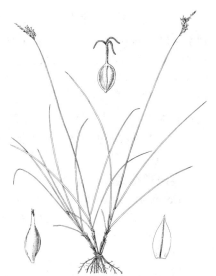

图 574　类短尖薹草　（孙英宝绘）

图 575　扁囊薹草　（引自《东北草本植物志》）

108. 黑褐穗薹草　白尖苔草　　　　　　图 576

Carex atrofusca Schkuhr subsp. **minor** (Boott) T. Koyama in Ohashi, Fl. East. Himal. 3: 122. 1975.

Carex ustulata Wahl. var. *minor* Boott, Illustr. Carex 1: 71. t. 197. f. 1. 1858.

Carex oxyleuca V. Krecz.；中国高等植物图鉴 5: 317. 1976.

根状茎长而匍匐。秆高10-70厘米，三棱形，平滑，叶鞘褐色。叶短于秆，长约秆1/7-1/5，宽（2）3-5毫米，稍坚挺，淡绿色，先端渐尖；苞片最下部的短叶状，绿色，短于小穗，具鞘，上部的鳞片状，暗紫红色。小穗2-5，顶生1-2雄性，长圆形或卵形，长0.7-1.5

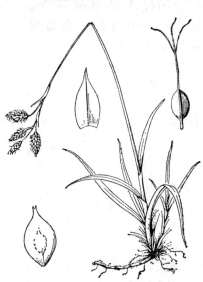

图 576　黑褐穗薹草　（引自《图鉴》）

厘米；余小穗雌性，椭圆形或长圆形，长0.8-1.8厘米，花密生；小穗柄纤细，长0.5-2.5厘米，稍下垂。雌花鳞片卵状披针形或长圆状披针形，长4.5-5毫米，暗紫红色或中间色淡，先端长渐尖，白色膜质，边缘窄白色膜质。果囊长于鳞片，长圆形或椭圆形，长4.5-5.5厘米，扁平，上部暗紫色，下部麦秆色，无淡色边缘，无脉，无毛，喙短，喙口白色膜质，具2齿。小坚果疏松包果囊中，长圆形，扁三棱状，长1.5-1.8毫米，柄长0.5-1毫米；花柱基部不膨大，柱头3。花果期

7-8月。

产山西、甘肃、青海、新疆、四川、云南西北部及西藏，生于海拔2200-4600米高山灌丛草甸、流石滩下部或杂木林下。中亚、克什米尔地区、尼泊尔及不丹有分布。

109. 类黑褐穗薹草 图 577

Carex atrofuscoides K. T. Fu, Fl. Tsinling. 1(1): 446. 258. f. 225. 1976.

根状茎短，斜生。秆高20-30厘米，径约1毫米，三棱形，平滑，老叶鞘褐色。叶短于秆，长约秆1/2，宽2-4毫米，淡绿色，边缘粗糙，先端渐尖；苞片下部的具短叶片状或刚毛状，长于或短于花序，鞘长4毫米，紫红色，上部的鳞片状。小穗2-3，雌雄顺序，卵形或椭圆形，长1-1.5厘米；小穗柄长1-2厘米，纤细，下垂。雌花鳞片披针形，长5.5-6毫米，黑紫红色，背面

图 577 类黑褐穗薹草 （张泰利绘）

中脉明显，上部具白色膜质窄边缘，先端长渐尖。果囊短于鳞片，卵状披针形，扁三棱状，长4毫米，基部禾秆色，上部暗紫褐色，膜质，无毛，无脉，喙短，喙口平滑，白色膜质，微凹，无刺毛。小坚果疏松包果囊中，椭圆形，钝三棱状，长约1.5毫米，淡褐色，柄长

0.5毫米；花柱包果囊中，直立，基部粗糙，柱头3。花果期7-8月。

产陕西、青海、四川及西藏，生于海拔3400-4700米高山灌丛草甸或高山草甸。

110. 喜马拉雅薹草 图 578

Carex nivalis Boott in Trans. Linn. Soc. 20: 136. 1846.

根状茎具匍匐茎。秆高20-40厘米，三棱形，叶鞘紫红色。叶短于秆，宽6-7毫米，先端渐尖；苞片下部的叶状，先端尾尖，具短鞘，上部的鳞片状。小穗3-5，近等高，长2-3.5厘米，圆柱形，暗紫红色，顶生1-2个雌雄顺序或雄性，无柄，下部3个雌性，具细柄。雌花鳞片披针形或长圆形，长4-5毫米，暗紫红色，背面中间黄绿色，1脉，先端短尖。果囊长于鳞片，椭圆形或卵形，扁三棱状，长5-6毫米，暗紫红色，基部色淡，纸质，无毛，无脉，柄极短，喙短，喙口膜质，斜截，具2齿。小坚果疏松

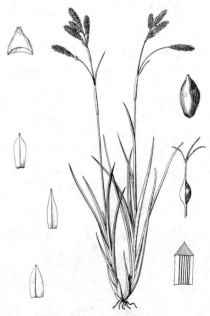

图 578 喜马拉雅薹草
（引自《Boott, Ill. Carex》）

包果囊中，长圆形或椭圆形，长约2.5毫米，具长柄；花柱基部不增粗，柱头3。花果期6-7月。

产四川、云南西北部及西藏，生于海拔3500-5200米云杉林间草地或高山灌丛草地。印度北部、尼泊尔、克什米尔地区、中亚、阿富汗及喀喇昆仑山区有分布。

111. 狭囊薹草　　　　图 579

Carex cruenta Nees in Wight, Contr. Bot. Ind. 128. 1834.

具根状茎。秆高20-75厘米，直立，锐三棱形，顶端细，稍俯垂，叶鞘褐色。叶短于秆，宽3-4毫米；苞片下部的叶状，短于花序，具长鞘，上部的鳞片状。小穗4-7，顶生1-3个雄性或雄雌混杂，余小穗雌性，长圆形，长1.5-3厘米，花密生；小穗柄纤细，长（1）2-7厘米，基部的长，向上渐短，下垂。雌花鳞片披针形，长约4毫米，黑栗色，背面中脉绿色。果囊长于鳞片，披针形，扁三棱状，长4-6毫米，膜质，无毛，无脉，基部色淡，上部暗紫红色，具短柄，喙长，喙缘绿色，稍粗糙，喙口膜质，具2齿。小坚果窄椭圆形，具长柄；花柱基部不增粗，柱头3。花果期6-7月。

图 579 狭囊薹草　（孙英宝绘）

产四川、云南西北部及西藏，生于海拔3800-5600米云杉林下、高山灌丛草甸或草地。印度北部、尼泊尔、克什米尔地区及巴基斯坦有分布。

112. 红棕薹草　　　　图 580

Carex przewalskii Egorova in Grubov. Pl. Asiae. Centr. 3: 80. 1967.
Carex digyna (Kükenth.) Tang et Wang；中国高等植物图鉴5: 315. 1976.

根状茎短，匍匐。秆丛生，高15-45厘米，直立，三棱形，具褐色纤维状老叶鞘。叶短于或等长于秆，宽2-3毫米，先端长渐尖；苞片最下部的1枚短叶状，短于花序，鞘长0.4-1厘米。小穗3-7，接近，上部1-5雄性，圆柱形，长0.7-2厘米；余雌性，顶端有时具雄花，长圆形或卵状椭圆形，长1-2厘米，花密生；小穗具短柄。雌花鳞片长圆状卵形或长圆状披针形，长3.5-5毫米，红棕色，具白色窄膜质边缘，先端尖。果囊长于鳞片，椭圆状卵形或卵状披针形，扁三棱状，长4-6毫米，膜质，上部红棕色，下部淡

图 580 红棕薹草　（引自《图鉴》）

黄色，具树脂状小突起或小刺状粗糙，喙渐窄，喙口白色膜质，微凹。小坚果疏松包果囊中，椭圆形或宽卵形，扁三棱状，长约2毫米，柄长约1毫米；花柱具疏毛，柱头2（3）。花果期6-9月。

产甘肃、青海、四川及云南西北部，生于海拔2500-4500米高山草甸、亚高山灌丛中或河滩草地。

113. 镰喙薹草 图 581

Carex drepanorhyncha Franch. Pl. David. 2: 141. 1888.

根状茎木质，斜生、坚硬，具匍匐茎。秆丛生，高20-45厘米，

图 581 镰喙薹草 （孙英宝绘）

钝三棱形，平滑，老叶鞘暗褐色纤维状。叶长于秆，宽3-5毫米，稍坚硬，淡绿色，边缘粗糙，叶下面中脉明显，上面凹；苞片鞘长0.8-1.5厘米，最下部的刚毛状。小穗4-5，顶生1个雄性，长3-5厘米，宽3-5毫米，棒状，具短柄；侧生小穗雌性，疏离，窄圆柱形，长2-5厘米，宽4-5毫米，花密生，基部稍疏。雌花鳞片倒卵状长圆

形，长3.5毫米，红棕或棕褐色，边缘白色膜质，背面中脉明显，先端平截或微凹，具短尖。果囊长于鳞片，卵状纺锤形或窄椭圆形，三棱状，长4.2-4.5毫米，膜质，密被短柔毛，黄绿带锈色，柄长约1毫米，喙长1.2-1.8毫米，喙口斜截，具2齿。小坚果紧包果囊中，卵

形，三棱状，淡褐色，长1.5-2毫米；花柱基部稍膨大，柱头3。花果期5-7月。

产四川及云南，生于海拔2450-4200米林下、高山灌丛、草甸、河滩地或路边。

114. 打箭薹草 图 582

Carex tatsiensis (Franch.) Kkenth. in Engl. Pflanzenr. Heft 38(IV. 20): 563. 1909.

Carex ferruginea Scop. var. *tatsiensis* Franch. in Nouv. Arth. Mus. Hist. Nat. ser. 3, 10: 55. 1898.

根状茎具长匍匐茎。秆高15-30厘米，纤细，锐三棱形，平滑，叶鞘紫褐色。叶短于秆，宽1-2毫米，稀对折，淡绿色，稍柔软，具

细锯齿，先端渐尖；苞片叶状，短于花序，鞘长0.7-1.5厘米，鞘口紫褐色。小穗3-5，顶端1个雄性，线形，长1-2厘米，柄稍长，疏离；余雌性，花稀疏，稀顶端有几朵雄花，长圆形，长1-2厘米，疏花；小穗柄纤细，粗糙。雌花鳞片卵状披针形或长圆形，长3.5-4毫

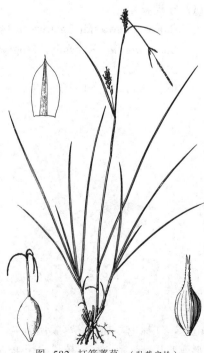

图 582 打箭薹草 （孙英宝绘）

米，先端急尖，褐或栗色，具白色宽膜质边缘，果囊稍长于鳞片，成熟时斜展，卵状椭圆形，钝三棱状，长5-5.5毫米，膜质，无毛，锈色，无脉，稍有光泽，基部楔形，喙长2-3毫米，喙缘粗糙，喙口斜截，具2齿。小坚果紧包果囊中，卵状椭圆形，三棱状，长2.8-3.2毫米，淡绿或淡褐色，柄长约1毫米；花柱直立，基部不膨大，柱头

115. 刺毛薹草　粗根苔草　图 583

Carex setosa Boott, Illustr. Carex 3: 108. t. 327. 1862.

Carex pachyrrhiza Franch.；中国高等植物图鉴 5: 318. 1976.

根状茎长，斜生。秆高15-45厘米，钝三棱形，平滑，老叶鞘暗褐色，裂成纤维状。叶短于秆，宽2-4毫米，较坚挺，绿色，具细锯齿；苞片刚毛状，鞘长1-2厘米。小穗3-7，顶生1个雄性，圆柱形，长0.6-2.5厘米；侧生小穗雌性，圆柱形，长3-4厘米，花稍疏；小穗柄细，长2.5-5.5（13）厘米，上部稍粗糙。雌花鳞片长圆形，长3-3.5毫米，先端近圆或微凹，具短芒尖，锈色，中间绿色，背面上部粗糙，具极窄白色膜质边缘。果囊与鳞片近等长，窄椭圆形，三棱状，长约4毫米，黄绿色，或上部带锈色，被短柔毛，无锈点，具短柄，上部骤缩缩成喙，喙口斜截，具2齿。小坚果紧包果囊中，长圆形或倒卵形，三棱状，长2.5-3毫米，禾秆色，具短柄；花柱直立，基部不膨大或稍膨大，柱头3。花果期6-7月。

产陕西、甘肃、青海、贵州、四川、云南及西藏，生于海拔

116. 流石薹草　图 584：6-9

Carex hirtelloides (Kükenth.) Wang et Tang ex P. C. Li in Vascul. Pl. Hengd. Mount. 2: 2379. 1994.

Carex haematostoma Nees var. *hirtelloides* Kükenth. in Fedde, Repert. Sp. Beih. 12: 311. 1922.

根状茎短，木质。秆高10-25厘米，纤细，平滑，常下弯，褐色，老叶鞘裂成纤维状。叶短于秆，宽约1毫米，细线形，稍柔弱，弯曲；苞片叶状，短于花序，具鞘。小穗3-6，近等高，顶生1个雄性，长圆形，长0.8-1.2厘米，上部的具短

3。花果期7月。

产甘肃、青海及四川，生于海拔3000-4000米高山草甸或山坡林下阴湿草地。

图 583 刺毛薹草 （引自《图鉴》）

2300-3700米亚高山灌丛草甸。尼泊尔及克什米尔地区有分布。

[附] **锈点薹草 Carex setosa** var. **punctata** S. Y. Liang, Fl. Reipbul. Popul. Sin. 12: 526. 2000. 与模式变种的区别：果囊具锈点。产广西及四川，生于山顶草地。

柄，最下部的1个具长柄，疏离。雌花鳞片卵形，长为果囊1/2-2/3，长2.6-3毫米，暗紫红色，具极窄白色膜质边缘，背面3脉绿色。果囊长于鳞片，窄长圆状披针形，扁三棱状，长4.2-4.5毫米，灰绿色，膜质，被毛，脉不明显，具短柄，先端渐窄成喙，喙口具2齿。小坚果长圆形，长2.2毫米，褐色，柄长0.5毫米；花柱稍粗糙，基部被毛，柱头3。花果期7-9月。

产四川、云南西北部及西藏，生于海拔3700-4900米山坡。

117. 红嘴薹草　　　　　　　　　　　图 585

Carex haematostoma Nees in Wright, Contr. Bot. Ind. 125. 1834.

根状茎短，木质。秆丛生，高 25-70 厘米，稍坚挺，平滑，老叶鞘淡褐色，裂成纤维状。叶短于秆，宽 1.5-3 毫米，平展或稍卷，灰绿色，具细齿，先端渐尖；苞片叶状，短于花序，具短鞘。小穗 4-8，上部 2-4 个雄性，接近，近棒状圆柱形，长 1.4-1.8 厘米；余雌性，圆柱形，长 1-3 厘米，下部的 1-2 个疏离，有时最下部的 1 个小穗，分枝成对，花密生；小穗柄长 2-8 厘

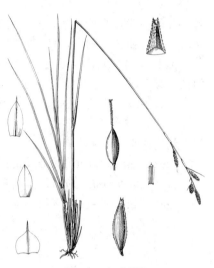

图 585　红嘴薹草
（引自《Boott, Ill. Carex》）

米，棱具细齿。雌花鳞片长圆形，长 2.5-3.5 毫米，具短尖，暗褐或暗紫红色，具极窄白色膜质边缘，背面中脉绿色，粗糙或具疏毛。果囊长于鳞片，长圆状椭圆形，扁三棱状，长 4-5 毫米，上部暗褐色，下部色淡，边缘绿色或色淡，被糙硬毛，膜质，脉不明显，密被短硬毛，喙短，喙口具 2 齿。小坚果疏松包果囊中，长圆状三棱形，稍扁，长约 1.8 毫米，淡褐色，柄长约 0.7 毫米；花柱直立，粗糙，与子房等长，柱头 3。花果期 7-8 月。

产青海、四川、云南西北部及西藏，生于海拔 2700-4700 米高山灌丛草甸、林边、流石滩下部石缝中或山坡水边。尼泊尔有分布。

118. 糙喙薹草　　　　　　　　　　　图 584：1-5

Carex scabrirostris Kükenth. in Bot. Jahrb. 36: Beibl. n. 82. 9. 1905.

根状茎垂直向下。秆高 25-70 厘米，平滑，老叶鞘暗褐色，裂成纤维状。叶短于秆，宽 1-3 毫米，边缘稍粗糙；苞片叶状，短于花序，鞘长 1.2-3 厘米。小穗 3-5，上部 1-2（3）个雄性，接近，圆柱形，长 1-2 厘米，宽 4-6 毫米。雌花鳞片卵形或卵状披针形，长 3.5-4 毫米，暗褐色，具白色膜质边缘，1 脉，有的背面脉粗糙。果囊长于鳞片近 2 倍，披针形，稍扁三棱状，长 6-7

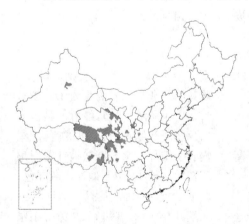

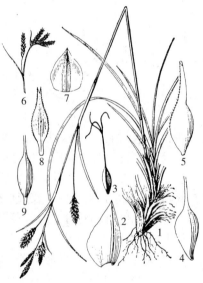

图 584：1-5.糙喙薹草　6-9.流石薹草
（引自《图鉴》、《中国植物志》）

毛，喙长，喙口斜截，白色膜质。小坚果倒卵状长圆形，扁三棱状，长 2-2.5 毫米，淡褐色；花柱细长，有疏毛，柱头 3。花果期 7-8 月。

产陕西、宁夏、甘肃、青海、新疆、四川及西藏，生于海拔 3000-4550米高山草甸或沼泽化湿地及云杉林下。

毫米，下部麦秆黄色，上部暗褐色，膜质，脉不明显，两侧边缘具短糙

119. 硬毛薹草　　　　　　　　　　　图 586

Carex hirtella Drejer, Symb. Caric. 21. 1844.

根状茎木质，斜生。秆丛生，高 20-65 厘米，纤细，钝三棱形，平滑，老叶鞘红褐或暗褐色，裂成纤维状。叶短于秆，宽约 1 毫米，

内卷成针状，稍坚硬，灰绿色，边缘粗糙，先端渐尖，稍弯；苞片刚毛状，短于花序，具鞘。小穗4-6，顶端3-4雄性，接近，线状圆柱形，长0.8-2厘米，无柄；余小穗雌性，疏离，长圆状圆柱形，长1-3厘米；小穗柄纤细，稍粗糙。雌花鳞片宽卵形或卵状长圆形，长4-4.5毫米，栗色，背面中间色淡，具白色宽膜质边缘。果囊长于鳞片，长圆状椭圆形，扁三棱状，长5-7毫米，膜质，黄绿色，上部褐色，背面4-5脉，腹面无脉，两面被短硬毛，边缘具小刺毛，具短柄，喙短，喙口白色膜质，斜截，具2齿。小坚果疏松包果囊中，长圆状倒卵形，三棱状，禾秆色，长约2.5毫米，柄长0.7毫米；花柱直立，粗糙，柱头3。花果期7月。

产四川及西藏，生于海拔3400-4250米沙丘或阳坡砾石。尼泊尔、克什米尔地区及阿富汗有分布。

图 586 硬毛薹草
（引自《Boott, Ill. Carex》）

120. 鹤果薹草 图 587

Carex cranaocarpa Nelmes in Kew Bull. 1939: 184. 1939.

根状茎斜生，木质。秆丛生，高50-80厘米，钝三棱形，平滑，最上部粗糙，老叶鞘褐色，裂成纤维状。叶短于秆，宽2-3毫米，较柔软，边缘稍粗糙，先端长渐尖；苞片短叶状，短于花序，鞘长1-2厘米。小穗4-9，上部3-5（-7）雄性，接近，圆柱形，长1-2厘米；小穗无柄；余小穗雌性，有的顶端具雄花，圆柱形或长圆形，长2-3.2厘米，密生花；小

穗具细柄，柄长1.5-5厘米，粗糙。雌花鳞片椭圆状披针形或宽卵形，长5-5.5毫米，栗色，具宽白色膜质边缘，背面中脉两侧小刺状粗糙。果囊椭圆状披针形，扁三棱状，长7-8毫米，纸质，下部麦秆黄色，上部紫褐色，密被小突起或小刺，背面脉明显，腹面脉不明显，近无喙，喙顶端斜截，喙口白色膜质。小坚果疏松包果囊中，长圆形，三棱状，长约2.5毫米，褐色，柄长0.5-0.8毫米；花柱长而直立，疏生

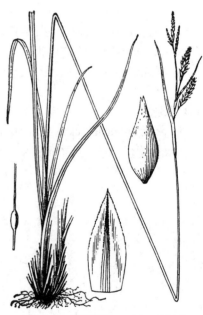

图 587 鹤果薹草 （引自《图鉴》）

毛，基部不膨大，柱头3。花果期7-9月。

产内蒙古、河北及山西，生于海拔1500-3000米山坡阳处石缝中或路边。

组 18. 绿穗薹草组 Sect. Chlorostachyae Tuckerm. ex Meinsh.

（戴伦凯）

根状茎短。秆丛生，较细。叶窄，具鞘；苞片叶状，具苞鞘。小穗少数，单生于苞片鞘内，顶生小

穗雄性或两性，有时基部或顶端具少数雌花；侧生小穗雌小穗，稀两性，常下垂，疏生或密生几朵至10几朵花，小穗柄细长，上部的较短。雌花鳞片常具无色透明的边，先端钝圆或渐尖，稀具芒或短尖，早落。果囊钝三棱状或不明显三棱状，稍膨胀，膜质，脉不明显，稀具2侧脉，喙通常很短，稀稍长，边缘粗糙，喙口平截或微凹；柱头3。

我国7种、1变种。

1. 具地下匍匐茎；小穗雄雌顺序，疏生几朵花，有的侧生小穗为雌小穗；雌花鳞片长于果囊，先端具芒 ……………………………………………………………………………………… 121. 双脉囊薹草 C. handelii
1. 无地下匍匐茎；顶生小穗为雄小穗，有时上端或基部具少数雌花，侧生小穗为雌小穗；雌花鳞片短于果囊，先端无芒或短尖，稀具短尖。
　2. 果囊成熟时锈褐、黄绿或淡黄绿色，无光泽；顶生小穗为雄小穗，有的顶端或基部具雌花。
　　3. 叶上面沿中脉具细沟；顶生小穗雄雌顺序，侧生雌小穗疏生3-5花 ………… 122. 沟叶薹草 C. sedakovii
　　3. 叶中脉无沟；顶生小穗为雄小穗或有时顶端具少数雌花；侧生雌小穗密生多花。
　　　4. 果囊宽倒卵形或近球形，长1.5-2毫米，喙极短或近无喙；顶生雄小穗有时顶端具少数雌花 ……………………………………………………………………………… 123. 小粒薹草 C. karoi
　　　4. 果囊长圆状披针形，长3-4.5毫米，具短柄，喙中等长；顶生小穗为雄小穗 ……………………………………………………………………………………………… 124. 细形薹草 C. tenuiformis
　2. 果囊成熟时暗黄绿、褐绿或棕褐色，有光泽；顶生小穗为雄小穗（Carex capillares 有时具少数雌花）。
　　5. 果囊卵状椭圆形或窄卵形，长3.5-4毫米，喙中等长，暗黄绿色或褐绿色 ……… 125. 细秆薹草 C. capillaris
　　5. 果囊卵形或倒卵状梭形，长约3毫米，喙短，成熟时棕褐色 ………………… 126. 绿穗薹草 C. chlorostachys

121. 双脉薹草

Carex handelii Kükenth. in Hand.-Mazz. Symb. Sin. 7: 1268. 1936.

根状茎稍长，具地下匍匐茎。秆密丛生，高15-25厘米，纤细，

三棱形，平滑，基部具几枚无叶片或极短叶片的鞘。叶生于秆近基部，短于或等长于秆，宽1-2毫米，较柔软，上端两面及边缘均粗糙，鞘长达3厘米；苞片下部的叶状，纤细，长于小穗，上部的刚毛状，短于小穗，具鞘。小穗（1）2（3），单生苞鞘内，间距较长，雄雌顺序，雄花部分较雌花部分长，下部疏生几朵雌花，有的侧生小穗为雌小穗；小穗圆柱形，长1.5-3厘米，柄细长。雌花鳞片窄长圆形或长圆状披针形，长约5毫米，先端渐尖，具短尖，下部鳞片有的具芒，膜质，淡褐黄色，背面具绿色中脉。果囊近直立，倒卵形，钝三棱状，长约3毫米，草质，淡绿色，背面2脉较粗，脉和边缘具白色短硬毛，喙中等长，喙口具2齿。小坚果较紧包果囊中，倒卵形，钝三棱状，长约2毫米；花柱基部增粗，宿存，柱头3，长约1.5毫米。

产贵州、四川及云南，生于海拔2500-3100米沟边杂林下、山坡林下或草丛中。

122. 沟叶薹草　　　　　　　　　　　图 588

Carex sedakovii C. A. Mey. ex Meinsh. in Acta Hort. Petrop. 18: 360. 1901.

根状茎短。秆密丛生，高8-40厘米，纤细，钝三棱形，平滑，叶基生，长为秆1/2-1/3，宽约1毫米，边缘常内卷呈毛发状，叶片上面沿中脉具细沟，边缘粗糙；鞘长1厘米，膜质部分常开裂，下部红棕色；苞片最下部1枚叶状，纤细，几与小穗等长，上部的刚毛状或近鞘状，短于小穗，苞鞘长0.8-2厘米。小穗2-4，疏离，单生苞鞘内，顶生小穗雄雌顺序，长0.7-1厘

米，上部具少数雄花，下部具3-4雌花；侧生雌小穗窄长圆形或卵圆形，长5-8毫米，疏生3-5雌花；小穗柄纤细。雌花鳞片卵形，长约2毫米，先端钝圆，膜质，淡褐黄或红棕色，背面具中脉，常早于果囊脱落。果囊近直立，倒卵形，钝三棱状，长约2.5毫米，膜质，成

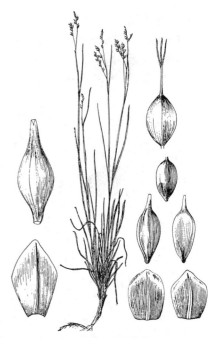

图 588 沟叶薹草
（引自《东北草本植物志》）

熟时锈褐色，无毛，脉不明显，具短柄，喙中等长，喙口斜截，边缘白色透明。小坚果较紧包果囊中，椭圆形，三棱状，长约2毫米，棕色，棱麦秆黄色；花柱基部不增粗，柱头3，短于花柱。花果期6-8月。

产黑龙江、吉林及内蒙古，生于海拔650-3200米山坡草地、林下沼泽地或河边湿处。蒙古、朝鲜半岛、俄罗斯西伯利亚和远东地区有分布。

123. 小粒薹草 图 589

Carex karoi (Freyn) Freyn in Osterr. Bot. Zeitschr. 46: 132. 1896.

Carex capillaris Linn. subsp. *karoiFreyn* in Oster. Bot. Zeitschr. 40: 303. 1890.

根状茎短。秆密丛生，高10-40厘米，稍细，上部棱稍粗糙，

叶鞘常裂成纤维状。叶近基生，短于秆，宽1-2毫米，稍坚挺，基部常折合，向上部渐平展；鞘长1-2厘米；苞片最下部1枚叶状，较小穗长，上部的苞片刚毛状，最上部的常鞘状。小穗3-4（-6），单生苞鞘内，间距下面的较长，上面的很短；顶生小穗雌雄顺序，雌花部分短于雄花部分，上端具几朵雌花，或为雄小穗，一般高出邻近雌小穗，长圆状倒卵圆形或短棒形，长0.4-1厘米；余为雌小穗，长圆形或短圆柱形，长0.4-1.5厘米，密生多花；小穗柄纤细，下部的较长，上部的短。雌花鳞片宽卵形或近圆形，长约1.5毫米，先端钝，膜质，淡黄色，半透明，具中脉。果囊斜展，宽倒卵形或近圆形，鼓胀三棱状，长1.5-2毫米，膜质，淡黄绿色，脉不明显，喙极短或近无喙，喙边缘稍粗糙，喙口斜截，边缘无色半透明。小坚果疏松包果囊中，宽椭圆形或倒卵状椭圆形，三棱状，长约1.2毫米，顶端具短尖；花柱基部不增粗，柱头3。花果期6-8月。

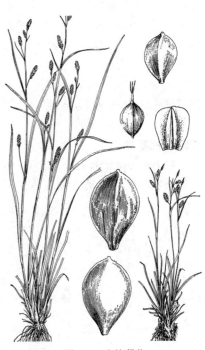

图 589 小粒薹草
（引自《东北草本植物志》）

产黑龙江、辽宁、内蒙古、河北、山西、甘肃及新疆，生于海拔1500-2900米灌木丛中潮湿处、河边、溪旁或沼泽地。蒙古及俄罗斯有分布。

124. 细形薹草　　　　　　　　　　　　　图 590

Carex tenuiformis Lévl. et Vant. in Bull. Acad. Intern. Geogr. Bot. 11: 104. 1902.

根状茎短。秆密丛生，高 20-40 厘米，钝三棱形，平滑，上部稍粗糙，下部具叶，基部叶鞘淡褐或带红褐色，老叶鞘常裂成纤维状。叶稍短于秆，宽 2-2.5 毫米，边缘微粗糙，叶鞘较长；苞片叶状，短于小穗，苞鞘较长。小穗 3，间距稍长；雄小穗顶生，披针形或条形，长 1.2-1.7 厘米，高于相邻雌小穗；侧生雌小穗条形或长圆状条形，长 1.5-2 厘米，疏生 10 几朵花；柄细长，长达 6 厘米，稍粗糙，稍下垂或直立。雌花鳞片椭圆形或倒卵状长圆形，长 2.5-3 毫米，先端钝或急尖，膜质，锈色，上端具白色透明宽边，中间淡绿色，具中脉。果囊近直立，长圆状披针形，扁三棱状，长 3-4.5 毫米，膜质，黄绿色，无脉或基部具 2 侧脉，具短柄；喙中等长，喙边缘粗糙，喙口斜截，稍带锈色。小坚果稍疏松包果囊中，倒卵形，三棱状，长约 2 毫米，顶端具小短尖；花柱基部稍增粗，柱头 3。花果期 6-7 月。

产黑龙江、吉林及内蒙古，生于林下、灌丛下、林缘草地或阳坡。俄罗斯东西伯利亚和远东地区、朝鲜半岛及日本有分布。

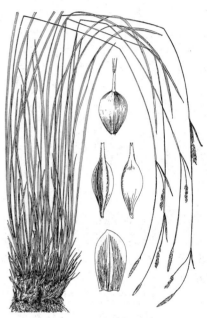

图 590 细形薹草
（引自《东北草本植物志》）

125. 细秆薹草　　　　　　　　　　　　　图 591

Carex capillaris Linn. Sp. Pl. 977. 1753.

根状茎短，无地下匍匐茎。秆密丛生，高 15-40 厘米，较细弱，钝三棱形，平滑，下部生叶，叶鞘褐色，老叶鞘常裂成纤维状。叶较秆短，宽 1.5-2 毫米，边缘稍粗糙，叶鞘较短；苞片叶状，纤细，短于小穗，苞鞘较长。小穗 3-4，间距稍长，稍下垂，雄小穗顶生，有时基部或顶端具 2-3 雌花，窄披针形，长 0.5-1 厘米，高不超过相邻雌小穗；余为雌小穗，窄长圆形，长 0.8-1.5 厘米，疏生 6-10 余朵花，小穗柄长达 5 厘米，平滑或稍粗糙。雌花鳞片倒卵形，长约 2.5 毫米，先端钝或急尖，具短尖，膜质，黄褐或栗褐色，具白色半透明宽边，3 脉，脉间绿色，中脉隆起，早落。果囊近直立，卵状椭圆形或窄卵形，钝三棱状，长 3.5-4 毫米，膜质，

图 591 细秆薹草　（引自《东北草本植物志》）

暗黄绿或褐绿色，有光泽，无脉，具短柄，喙中等长，边缘稍粗糙，喙口白色干膜质，斜截或微凹。小坚果稍紧包果囊中，倒卵形，三棱状，长约 1.5 毫米，淡黄色；花柱

基部稍增粗，柱头3。花果期6-7月。

产黑龙江、吉林、辽宁、内蒙古、河北、山西、甘肃及新疆，生于海拔1000-2650米山坡、山顶草地、河滩边、草甸或沟边。朝鲜半岛、日本、俄罗斯和一些欧洲国家及北美洲有分布。

126. 绿穗薹草　　　　　　　　　　　　　　　　　　图 592

Carex chlorostachys Steven in Mém. Soc. Nat. Mosc. 4: 68. 1813.

图 592 绿穗薹草 （引自《图鉴》）

根状茎短。秆密丛生，高10-30（-50）厘米，细而稍坚挺，钝三棱形，平滑，下部密生多叶。叶较秆短，宽2-2.5毫米，上端稍粗糙，鞘短；苞片下部的叶状，上部的刚毛状；鞘长0.5-1.5厘米。小穗3-6，下部的间距长达6厘米，上部的小穗稍密生，单生苞鞘内；顶生雄小穗长圆状披针形，长0.6-1厘米；侧生雌小穗圆筒形或长圆形，长0.8-1.8厘米，疏生6-12朵

花；小穗柄纤细，常下垂。雌花鳞片倒卵形或近椭圆形，长约2毫米，先端钝圆，膜质，淡褐黄或麦秆黄色，背面具中脉，早落。果囊斜展，卵状或倒卵状梭形，钝圆三棱状，长约3毫米，膜质，初黄绿色，成熟时棕褐色，有光泽，无脉，具短柄，喙短，喙口斜截，边缘半透明干膜质。小坚果稍松包果囊内，宽倒卵形，三棱状，长约1.5毫米，褐色，无柄；花柱基部稍增粗，柱头3，较短。花果期6-8月。

产吉林、内蒙古、河北、山西、宁夏、甘肃、青海、新疆、四川等省区，生于海拔1150-3200米高山灌木丛中、草地、河边或湖边。朝鲜半岛、日本、俄罗斯欧洲地区和西伯利亚及中亚有分布。

组 19. 膜囊薹草组 Sect. Hymenochlaenae Drejer
（戴伦凯）

小穗常两性，或两性单性兼有，稀单性，两性小穗和雌小穗圆柱形或长圆形，花密和较密，稀较疏生，小穗单生苞鞘内，稀具分枝，排成圆锥花序。苞片叶状，鞘较长。雌花鳞片披针状卵形或卵形，稀长圆形。果囊椭圆形、倒卵状椭圆形，稀窄卵形、钝三棱形或稍鼓胀三棱形，脉不明显，稀较明显，喙较长和中等长，喙口具2短齿或微缺。小坚果较松包于果囊内；花柱基部不增粗，柱头3。

我国13种、1变种。

1. 雄小穗基部或顶端有时具少数雌花；果囊长3.5-4.5毫米，喙口膜质，具2短齿。
　2. 雌小穗长圆状圆柱形或长圆形，宽3-4毫米；果囊长约3.5毫米 ⋯⋯⋯⋯⋯⋯ **127. 云南薹草 C. yunnanensis**
　2. 雌小穗长圆形或长圆状圆筒形，宽7-8毫米；果囊长4.5-5毫米 ⋯⋯⋯⋯ **128. 大果囊薹草 C. magnoutriculata**
1. 雄小穗纯雄性；果囊长5-7毫米，喙口具2深裂齿或2短齿。
　3. 雌小穗常（1）2-3个出自一苞鞘；雌花鳞片苍白色，长约3毫米，先于果囊脱落；果囊成熟时平展⋯⋯⋯⋯
　　⋯⋯⋯⋯⋯⋯⋯⋯⋯⋯⋯⋯⋯⋯⋯⋯⋯⋯⋯⋯⋯⋯⋯⋯⋯⋯⋯⋯⋯⋯⋯ **129. 九仙山薹草 C. jiuxianshanensis**
　3. 雌小穗常单个出自一苞鞘内；雌花鳞片淡黄褐色，长3.5-4毫米，不早于果囊脱落；果囊成熟时斜展。
　　4. 雄小穗2-3，生于秆上端；果囊无褐色斑点；小坚果倒卵形或宽倒卵形 ⋯⋯⋯⋯⋯ **130. 麻根薹草 C. arnellii**
　　4. 雄小穗1个，顶生；果囊具红褐色斑点；小坚果近椭圆形 ⋯⋯⋯⋯⋯⋯⋯⋯ **131. 锈果薹草 C. metallica**

127. 云南薹草 图 593：1-4

Carex yunnanensis Franch. in Bull. Soc. Philom. Paris sér. 8, 7: 31. 1895.

根状茎短，无地下匍匐茎。秆密丛生，高 20-50（-85）厘米，纤细，扁三棱形，平滑，基部具少数无叶片的鞘和多数基生叶。叶短于秆，宽 2-3 毫米，下部常折合，向上渐平展；苞片下部的叶状，上部的刚毛状，鞘长达 2 厘米。小穗 3-4，顶生小穗为雄小穗有的顶端或基部具雌花；余为雌小穗，雌小穗单生苞鞘内，长圆状圆柱形或长圆形，长（0.8-）1.5-2（-3）厘米，宽 3-4 毫米，多花密生；小穗柄细长。雌花鳞片卵状披针形，长 2.8-3 毫米，先端急尖，棕黄色，背面 3 脉绿色。果囊近直立，椭圆形，钝三棱状，长约 3.5 毫米，纸质，淡绿色，脉不明显，具短柄，喙中等长，喙口膜质，具 2 短齿，边缘红褐色。小坚果长圆状倒卵形或倒卵形，三棱状，长约 1.5 毫米，淡黄色，具柄；花柱长，柱头 3。花果期 5-6 月。

产四川、云南及西藏，生于海拔 1500-3000 米山坡、溪边或路边。

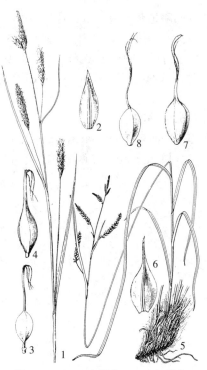

图 593：1-4.云南薹草 5-8.麻根薹草
（引自《中国植物志》、《图鉴》）

128. 大果囊薹草 图 594

Carex magnoutriculata Tang et Wang ex L. K. Dai in Acta Phytotax. Sin. 30(2): 179. f. 4:6-9. 1994.

根状茎短，木质。秆密丛生，高 30-85 厘米，扁三棱形，较细，平滑，基部少数叶鞘具很短叶片。叶短于秆或与秆近等长，宽 3-3.5 毫米，质坚挺，边缘粗糙；鞘较长，鞘口平截；苞片叶状，近线形，长不超过小穗，边缘粗糙。小穗 3-4，较疏离；雄小穗 1，顶生，有时基部或顶端具雌花，长 1.5-3.5 厘米；雌小穗 2-3，侧生，长圆形或长圆状圆筒形，长 1.5-2.5 厘米，宽 7-8 毫米，多花密生；小穗柄细长。雌花鳞片卵形，长约 2 毫米，先端急尖，膜质，褐黄色，上部边缘白色透明，中脉绿色。果囊斜展，倒卵状椭圆形，三棱状，长 4.5-5 毫米，黄绿色，脉不明显，喙长，喙口膜质，具 2 短齿。小坚果椭圆形，三棱状，褐色，长约 1.5 毫米，具短柄，柱头 3，细长。

图 594 大果囊薹草 （孙英宝绘）

产四川及云南西北部，生于海拔 1400-2600 米山坡空旷处、路旁或溪边。

129. 九仙山薹草

图 595：1-5

Carex jiuxianshanensis L. K. Dai et Y. Z. Huang, Fl. Fujian. 6: 363. f. 329. 1995.

根状茎较粗，木质。老叶鞘裂成纤维状。秆丛生，高30-70厘米，钝三棱形，平滑，基部具多叶。叶等长或稍短于秆，宽（3-）5-7毫米，两面边缘粗糙，具鞘；苞片下部的叶状，苞鞘长达3厘米，上部的刚毛状，鞘长2-3毫米。小穗8-10余个，常（1）2-3个出自一苞鞘，顶生雄小穗线形，余为雌小穗，雌小穗圆柱形，长3-6厘米，疏生多花，小穗间距长达8.5厘米，上部的间距渐短；下部的小穗柄细长，向上部柄渐短。雌花鳞片披针状卵形，长约3毫米，先端钝，具短尖或短芒，苍白色，膜质，具中脉，脉被糙硬毛，鳞片先于果囊脱落。果囊成熟时平展，椭圆状卵形，平凸状，长约6毫米，纸质，淡黄绿色，有光泽，背面5脉，喙长，喙口干膜质，具2深裂齿。小坚果疏松包于果囊内，椭圆形，三棱状，长约2

图 595：1-5.九仙山薹草　6-11.锈果薹草
（引自《中国植物志》）

毫米，具短柄；柱头3。果期5-6月。

产浙江南部及福建，生于林下湿地、草丛中或溪边。

130. 麻根薹草

图 593：5-8　图 596

Carex arnellii Christ ex Scheutz in Svensk. Vet.-Akad. Handl. N. F. 22: 177. 1887.

根状茎粗，木质，外被裂成纤维状叶鞘。秆密丛生，高25-90厘米，稍细，三棱形，下部平滑，上端稍粗糙，下部具叶。叶与秆近等长，宽3-4毫米，两面平滑，边缘粗糙，叶鞘较长；苞片下部的叶状，上部的刚毛状，短于小穗，具短鞘，长不及1厘米。小穗5-7，上部2-3雄小穗，窄长圆形，近无柄，下部3-4雌小穗，较疏离，圆柱形，长2-3.5厘米，疏生多花；小穗柄细长，多少下垂。雌花鳞片披针状卵形，先端渐尖，具芒，长3.5-4（5）毫米（包括芒长），膜质，麦秆黄或淡褐黄色，背面1-3脉绿色，中脉上部和芒均粗糙。果囊斜展，椭圆形或倒卵形，鼓胀三棱状，长约5毫米，纸质，绿黄色，有光泽，无脉，喙中等长，喙口具2裂齿。小坚果疏松包果囊内，倒卵形或宽倒卵形，三棱状，长约2.5毫米，淡黄色，无柄，顶端具短尖；柱头3，细长。花果期5-6月。

图 596 麻根薹草　（引自《东北草本植物志》）

产黑龙江、吉林、内蒙古、河北及山西，生于海拔250-1700米山坡、林下、草甸中或水边湿地。朝鲜半岛、日本、蒙古及俄罗斯有分布。

131. 锈果薹草 图 595：6-11

Carex metallica Lévl. et Vant. in Fedde, Repert. Sp. Nov. 5: 239. 1908.

根状茎短，木质。秆丛生，高15-70厘米，较细，三棱形，平滑，老叶鞘裂成纤维状。叶稍长或稍短于秆，宽3-5毫米，边缘粗糙；叶鞘膜质部分常开裂；苞片下部的叶状，具鞘，上部的刚毛状，无鞘。小穗5-8，顶生小穗雌雄顺序，稀为雄小穗，棒状圆柱形；余为雌小穗，常1（2）个出自一苞鞘，基部有的具少数雄花，圆柱形，长2.5-4.5厘米，花多数密生；小穗柄细长，上部的柄渐短。雌花鳞片卵状披针形，长约4.8毫米，先端钝，具短尖，膜质，淡黄白色，具中脉。果囊近直立，椭圆形，平凸状，长约7毫米，膜质，麦秆黄色，具红褐色斑点，稍有光泽，背面5脉不明显，具短柄，喙长，上部至喙缘均粗糙，喙口具2短齿。小坚果很松包果囊内，椭圆形，三棱状，长约2毫米，麦秆黄色，具短柄；花柱细长，柱头3。果期4-5月。

产江苏、安徽、浙江、台湾、福建及江西，生于海拔500-700米密林下。朝鲜半岛及日本有分布。

组 20. 瘦果薹草组 Sect. Debiles Carey
（戴伦凯）

小穗单性，稀两性，雌小穗线状圆柱形或圆柱形，稀近长圆形，花疏生或很疏生，常单个出自一苞鞘内，稀2-3个出自一苞鞘内或小穗排成穗状或总状并组成圆锥花序。雌花鳞片披针状卵形、长圆状卵形、卵形或长圆形。果囊长圆状披针形、披针形、窄长圆形，稀椭圆形或倒卵形，钝三棱状，脉不明显，稀具2侧脉，多具短柄，喙长，喙口斜截，有的微缺或成2短齿。小坚果紧包果囊中；花柱基部不增粗，柱头3。

我国8种、1变种。

1. 小穗多数，单性和两性兼有，顶端穗状花序的小穗和侧生穗状花序的顶生小穗均两性，雌雄顺序，余为雌小穗；果囊卵状披针形，长约5毫米 ·······················132. **簇穗薹草 C. fastigiata**
1. 小穗4-8，单性，雄小穗顶生，雌小穗侧生，小穗单生于一苞鞘内；果囊椭圆状披针形或窄披针形，长6-7毫米。
  2. 雄小穗线形，长2-5.5厘米；雌小穗窄圆柱形，长5-10厘米；雌花鳞片卵形，长约3.5毫米；果囊椭圆状披针形 ·······················133. **亮绿薹草 C. finitima**
  2. 雄小穗线状圆柱形，长2-4厘米；雌小穗圆柱形，长2-4厘米；雌花鳞片卵状披针形，长4.5-5毫米；果囊窄披针形 ·······················134. **卷柱头薹草 C. bostrychostigma**

132. 簇穗薹草 图 597：1-4

Carex fastigiata Franch. in Bull. Soc. Philom. sér. 8, 7: 35. 1895.

根状茎稍长，木质。秆丛生或疏丛生，高20-50厘米，较粗壮，钝三棱形，平滑，下部生少数叶。叶短于秆，宽5-9毫米，下部折合，上部平展，两面和边缘均粗糙；叶鞘中等长，鞘口平截；苞片叶状，短于花序，苞鞘长达6厘米，向上渐短。小穗多数，单性和两性兼有，组成穗状或总状花序并组成圆锥花序,顶端少数小穗组成的穗状花序小穗均雌雄顺序，无柄；侧生穗状花序的顶生小穗均两性，雌雄顺序，余为雌小穗，具柄，雌小穗窄圆柱形，长3-4厘米，疏生多花。雌花鳞片卵状披针形，先端渐尖，长约4毫米，膜质，淡褐黄色，具白色半

透明边，中脉龙骨状隆起。果囊近直立，卵状披针形，三棱状，长约
5 毫米，纸质，淡绿色，无毛，侧脉 2，喙长近 2 毫米，喙缘粗糙，
喙口斜截，边缘干膜质。小坚果紧包果囊中，长圆形，三棱状，长约
2 毫米，淡褐色，无柄；柱头 3。

　　产四川、云南及西藏，生于海拔 2500-3600 米山坡或山谷草地。

133. 亮绿薹草　　　　　　　　　　　　　　　　　　图 598

Carex finitima Boott, Illustr. Carex 1: 44. t. 112. 1858.

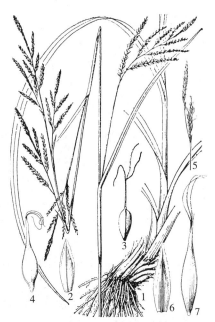

　　根状茎短，木质。秆丛生，高 40-80 厘米，稍粗壮，钝三棱形，平滑，基部叶较多。叶短于秆或与秆近等长，宽 4-8 毫米，上面脉和上端边缘粗糙，具鞘，下部的鞘长达 6 厘米，通常红棕色；苞片叶状，长于或稍短于花序，苞鞘鞘口凹。小穗 4-7，单生于一苞鞘内，顶生雄小穗线形，长 2-5.5 厘米；侧生的雌小穗下部的间距长达 10 厘米，近上部间距较短，雌小穗窄圆柱形，长

图 597：1-4.簇穗薹草　5-7.卷柱头薹草
（引自《图鉴》、《中国植物志》）

5-10 厘米，稍下垂，疏生多花，小穗柄细长。雌花鳞片卵形，先端急尖，长约 3.5 毫米，膜质，淡褐黄色，边白色半透明，上部边缘常啮蚀状，背面具 1 脉。果囊近直立，椭圆状披针形，三棱状，长 6-7 毫米，膜质，褐绿色，无毛，有光泽，背面 2 侧脉隆起，具短柄，喙长 2.5 毫米。小坚果紧包果囊中，窄椭圆形，三棱状，长约 2.5 毫米；柱头 3。花果期 6-7 月。

　　产贵州、四川、云南及西藏，生于海拔 2100-2600 米林下、路边或溪边。喜马拉雅山东部及印度有分布。

134. 卷柱头薹草　　　　　　　　　　　　　　　　　图 597：5-7

Carex bostrychostigma Maxim. in Mèl. Biol. 12: 568. 1887.

　　根状茎长，木质，外被老纤维状叶鞘。秆密丛生，高 20-50 厘米，稍细弱，钝三棱形，平滑。叶短于秆或几等长于秆，宽 3-4 毫米，上面 2 侧脉和背面中脉及边缘均粗糙，具鞘；苞片下部的 1-2 枚叶状，上部的刚毛状，稍粗糙，具苞鞘。小穗 5-8，单生于苞鞘内，顶生雄小穗线状圆柱形，长 2-4 厘米，小穗柄细；侧生雌小穗间距长达 6 厘米，近顶端间距短，圆柱形，长 2-4 厘米，

图 598　亮绿薹草　（引自《西藏植物志》）

多花疏生，小穗柄细短，常包于苞鞘内。雌花鳞片卵状披针形，先端急尖，长 4.5-5 毫米，膜质，淡褐黄色，具白色半透明宽边，背面具 3 脉，2 侧脉不明显，中脉粗糙。果囊近直立，窄披针形，三棱状，长约 7 毫米，膜质，淡黄绿色，喙长，喙口斜截，有的具 2 短齿。小坚果

紧包果囊中，窄长圆形，三棱状，长约 3.5 毫米，黄褐色，柄很短；柱头 3，较果囊长。

产黑龙江、吉林、辽宁、河北、陕西、江苏、安徽及浙江，生于海拔 220-1000 米路旁湿地、沼泽地或水沟边。朝鲜半岛、日本及俄罗斯远东地区有分布。

组 21. 密花薹草组 Sect. Confertiflorae Franch.
（戴伦凯）

小穗单性，顶生小穗雄性，侧生小穗雌性，稀雌小穗顶端具少数雄花，长圆柱形，密生多花。苞片具鞘或无鞘。雌花鳞片卵状披针形，先端具长芒，稀卵形，无长芒或短尖。果囊卵形或椭圆形，鼓胀三棱状，成熟时平展，稀下折，暗棕或褐绿色，具多脉，喙中等长或稍短，稀稍长，喙口具 2 齿。小坚果较松包果囊中；柱头 3。

我国 14 种。

1. 雄小穗线形，长不及 3 厘米；雌花鳞片卵形或宽卵形，长不及果囊 1/2，先端无短尖或芒。
   2. 雌花鳞片宽卵形；果囊近直立，卵状长圆形，长 4-5 毫米 ·················· 135. 狭穗薹草 C. ischnostachya
   2. 雌花鳞片卵形；果囊近平展，椭圆状倒卵形，长 3.2-3.5 毫米 ·················· 136. 肿胀果薹草 C. subtumida
1. 雄小穗圆柱形、窄圆柱形或棒形，稀近线形，长 3 厘米以上，稀长 1-2 厘米；雌花鳞片卵形、长圆形、卵状披针形或披针形，长于果囊 2/3 或更长，先端具短尖或芒。
   3. 果囊被短硬毛。
      4. 叶宽 6-8 毫米；雌花鳞片具芒；果囊长约 3 毫米，与鳞片近等长，褐色，喙外弯 ·················
         ·················· 137. 条穗薹草 C. nemostachys
      4. 叶宽 3-5 毫米；雌花鳞片具短尖；果囊长 2.5-2.8 毫米，长于鳞片，褐绿色，喙直 ·················
         ·················· 138. 硬果薹草 C. sclerocarpa
   3. 果囊无毛。
      5. 雌小穗长圆状圆柱形或圆筒形，长 1-3 厘米；果囊多脉。
         6. 果囊宽倒卵形，长约 3 毫米，喙短 ·················· 139. 亚澳薹草 C. brownii
         6. 果囊卵形或椭圆状卵形，长 5.5-6.5 毫米，喙长 ·················· 140. 横果薹草 C. transversa
      5. 雌小穗圆柱形，长 3-14 厘米；果囊少脉。
         7. 雄小穗近线形；雌花鳞片卵形，先端具长芒，长为鳞片 1-2.5 倍；果囊近直立或稍斜展，褐绿色，喙直 ·················· 141. 肿喙薹草 C. oedorrhampha
         7. 雄小穗窄圆柱形或圆柱形；雌花鳞片披针形、窄卵形或长圆状披针形，先端具短尖或芒，芒长不及鳞片 1/2 或稍过；果囊成熟时斜展、平展或稍下折，深褐或近黑褐色，稀黄褐色，喙稍弯。
            8. 雌小穗间距较长，花疏生；果囊平展或稍下折，近黑褐色，喙向一侧弯 ·················
               ·················· 142. 垂果薹草 C. recurvisaccus
            8. 雌小穗集生秆上端，密生多花；果囊成熟时斜展或近平展，黄褐、暗褐绿或深褐色，喙稍弯。
               9. 叶宽 0.8-1.8 厘米；雌小穗有时顶端具少数雄花；果囊鼓胀三棱状，长约 4 毫米，较松包着小坚果
                  ·················· 143. 榄绿果薹草 C. olivacea
               9. 叶宽 0.4-1.2 厘米；雌小穗上部无雄花；果囊不鼓胀或稍鼓胀，长约 3 毫米，较紧或稍松包着小坚果。
                  10. 叶宽 0.8-1.2 厘米；雌花鳞片两侧锈褐色，具芒；小坚果褐色，顶端具扭曲小短尖 ·················
                     ·················· 144. 密花薹草 C. confertiflora
                  10. 叶宽 4-8 毫米；雌花鳞片两侧红褐色，具短尖或芒；小坚果麦秆黄色，顶端具短尖 ·················
                     ·················· 145. 皱果薹草 C. dispalata

135. 狭穗薹草 图 599

Carex ischnostachya Steud. Synops. Cyper. 222. 1855.

根状茎短，木质。秆丛生，高30-60厘米，较细，三棱形，平滑，基部具多叶，最下部具紫褐色无叶片的鞘。叶稍短或近等长于秆，宽4-6毫米，较柔软，具2侧脉，叶鞘较长；苞片叶状，长于顶端小穗，苞鞘较长。小穗4-5，上部3-4常集生秆上端，最下部1-2稍疏离；顶生雄小穗线形，长1.5-3厘米，小穗柄短，余为雌小穗，窄圆柱形，长2-6厘米，疏生多花，上部小穗近

图 599 狭穗薹草 （引自《图鉴》）

无柄，下部的1-2具柄。雌花鳞片宽卵形，先端急尖，长1.5-1.8毫米，膜质，淡黄白色，具中脉。果囊近直立，卵状长圆形，钝三棱状，长4-5毫米，膜质，褐绿色，无毛，5-7脉，喙中等长，喙口微缺成2齿。小坚果较紧包果囊中，椭圆形，三棱状，长约2毫米，淡褐黄色，具短柄，顶端具短尖；花柱基部不增粗，柱头3。花果期4-5月。

产江苏、安徽、浙江、福建、江西、湖北、湖南、广东、广

西、贵州及四川，生于海拔600-800米山坡路旁草丛中或水边。朝鲜半岛及日本有分布。

136. 肿胀果薹草 图 600

Carex subtumida (Kükenth.) Ohwi in Acta Phytotax. et Geobot. 1: 75. 1932.

Carex ischostachya Steud. var. *subtumida* Kükenth. in Fedde, Repert. Sp. Nov. 27: 109. 1929.

根状茎短或稍长，木质，地下匍匐茎长。秆丛生，高45-75厘米，稍粗，三棱形，平滑，基部具少数紫褐色无叶片的鞘。叶稍短于秆，宽6-7毫米，稍坚挺，上面2侧脉明显，2侧脉和边缘粗糙，鞘长，基部叶鞘紫褐色；苞片叶状，较小穗长，具鞘，上部的鞘渐短，最上部的近无鞘。小穗4-6，下部的疏离，上部的3-4密集秆顶端；顶生雄小穗线形，长2.5-3厘米，

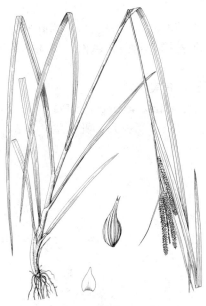

图 600 肿胀果薹草 （孙英宝绘）

近无柄；侧生雌小穗圆柱形，长3.5-7厘米，花密生，最下部的1-2具长柄，上部的近无柄。雌花鳞片卵形，先端渐尖，长约1毫米，膜质，淡黄或稍带淡褐色，具中脉。果囊近平展，椭圆状倒卵形，不明显三棱状，长3.2-3.5毫米，膜质，褐绿色，多脉，喙较短，喙口微凹成2短齿。小坚果稍紧包果囊中，椭圆形，三棱状，长约1.5毫米，麦秆

黄色，无柄，顶端具短尖；花柱基部不增粗，柱头3。花果期4-5月。

产江苏、安徽、浙江、福建、江西及湖南，生于海拔800-1000米山坡路旁草丛中、沟边或水边。

137. 条穗薹草

图 601

Carex nemostachys Steud. in Flora 29: 23. 1846.

根状茎粗短，木质，具地下匍匐茎。秆高40-90厘米，粗壮，三棱形，上部粗糙，基部具黄褐色纤维状老叶鞘。叶长于秆，宽6-8毫米，较坚挺，下部常折合，上部平展，2侧脉明显，脉和边缘均粗糙；苞片下部的叶状，上部的刚毛状，长于或短于小穗，无鞘。小穗5-8，常集生秆上部，顶生雄小穗窄圆柱形，长5-10厘米，近无柄；侧生雌小穗圆柱形，长4-12厘米，多花密生，近无柄或下部柄很短。雌花鳞片窄披针形，长3-4毫米，先端具芒，芒粗糙，膜质，苍白色，1-3脉。果囊后期外展，卵形或宽卵形，钝三棱状，长约3毫米，膜质，褐色，少脉，疏被短硬毛，喙长，外弯，喙口斜截。小坚果较松包果囊中，宽倒卵形或近椭圆形，三棱状，长约1.8毫米，淡棕黄色；花柱细长，微弯，柱头3。花果期9-12月。

产山西、河南、陕西、江苏、安徽、浙江、台湾、福建、江西、湖北、湖南、广东、香港、海南、广西、贵州、四川及云南东南部，生于海拔300-1600米溪边、沼泽地或林下阴湿处。印度、孟加拉国、泰国、越南、柬埔寨及日本有分布。

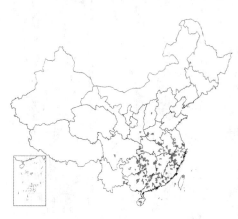

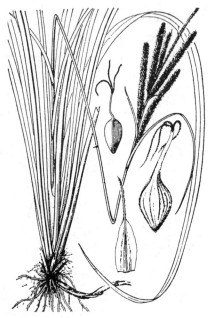

图 601 条穗薹草 （引自《图鉴》）

138. 硬果薹草

图 602

Carex sclerocarpa Franch. in Bull. Soc. Philom. sér. 8, 7: 91. 1895.

根状茎斜升。秆丛生，高30-60厘米，稍细，三棱形，平滑，基部叶鞘褐红色。叶短于秆，宽3-5毫米，侧脉2，具叶鞘，下部的常褐红色；苞片叶状，长于小穗，上面的短于小穗，苞鞘长。小穗6-7，顶生雄小穗窄圆柱形，长约4厘米，近无柄；侧生雌小穗窄圆柱形，长2.5-7厘米，多花较密生，上部的2-3小穗密集秆上端，近无柄，下部的稍疏离，柄很短。雌花鳞片披针形，长约2毫米，先端渐尖，具短尖，膜质，苍白色，具淡绿色中脉。果囊斜展，椭圆形，钝三棱状，长2.5-2.8毫米，膜质，褐绿色，5脉不明显，脉被短硬毛，喙直，中等长，喙口斜截，后微凹。小坚果较紧包果囊中，近椭圆形，三棱状，长约1毫米，淡黄色，具颗

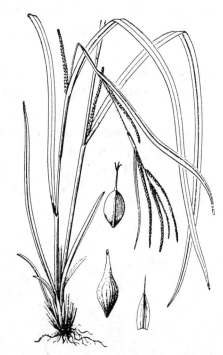

图 602 硬果薹草 （引自《图鉴》）

粒状突起；花柱基部稍增粗，柱头3，较短。花果期5-6月。

产安徽、浙江、台湾、福建、江西、湖南、贵州、四川及云南东北部，生于海拔900-1700米林下。

139. 亚澳薹草

图 603：1-4

Carex brownii Tuckerm. Enum. Meth. Carie. 21. 1843.

根状茎短。秆丛生，高30-60厘米，稍粗，平滑，基部鞘褐色无叶片，少数成纤维状。叶短于秆，宽3-4毫米，稍坚挺，具鞘；苞片叶状，长于小穗，最下部具长苞鞘，上部的短。小穗3-4，较疏离，顶生雄小穗窄圆柱形，长1-2厘米，小穗柄短；侧生雌小穗长圆状圆柱形，长1-3厘米，密生多花，最下部的小穗具长柄，上部的柄渐短。雌花鳞片卵状披针形，长约2.8毫米，先端具芒，膜质，苍白色，背面1-3脉。果囊斜展，成熟时近平展，宽倒卵形，鼓胀三棱状，长约3毫米，膜质，褐绿色，多脉，无毛，喙短，喙口具2短齿。小坚果较松包果囊中，近宽椭圆形或宽倒卵形，三棱状，长约2毫米，淡褐色，棱色淡，柱头3，较短。

产河南、甘肃、陕西、江苏、安徽、浙江、台湾、福建、江

图 603：1-4.亚澳薹草　5-7.横果薹草
（引自《中国植物志》）

西、湖北、贵州及四川东部，生于海拔400-1680米林下、沟边或洼地湿处。澳大利亚、新西兰、印度尼西亚、朝鲜半岛及日本有分布。

140. 横果薹草

图 603：5-7

Carex transversa Boott in A. Gray, Perry Exped. Jap. 2: 324. 1857.

根状茎短。秆丛生，高30-60厘米，锐三棱形，基部鞘紫褐色无叶片。叶短于或稍长于秆，宽3-5毫米，较柔软，叶鞘较长；苞片叶状，较小穗长，苞鞘较长。小穗3-5，上部2-3间距较短，下部的较疏离，顶生雄小穗窄圆柱形，长1-1.5厘米，具柄；侧生雌小穗宽圆柱形或近长圆形，长2-3厘米，密生多花，小穗柄较长。雌花鳞片卵形或长圆形，长4-5毫米（包括芒长），具长芒，膜质，两侧白色半透明，脉1-3绿色。果囊斜展，卵形或椭圆状卵形，稍鼓胀三棱状，长5.5-6.5毫米，膜质，褐绿色，无毛，多脉，喙长，喙口斜截，后稍呈2齿。小坚果较松包果囊中，宽倒卵形，三棱状，长约3毫米，淡黄色，具短柄，顶端具短尖，柱头3，较短。

产江苏、安徽、浙江、福建、江西、湖北、湖南及广东，生于海拔500-800米山坡林下、草丛中或阴湿处。朝鲜半岛及日本有分布。

141. 肿喙薹草

图 604

Carex oedorrhampha Nelmes in Kew Bull. 1939: 659. 1939.

根状茎短，木质。秆疏丛生，高40-75厘米，三棱形，平滑，基部鞘黄褐色无叶片。叶长于秆，宽3-6毫米，下部折合，上部平展，侧脉2，两面和边缘均粗糙，叶鞘长达15厘米；苞片叶状，较小穗长，苞鞘较长，向上部渐短。小穗5-6，上部的小穗间距短，下部的较疏离；顶生雄小穗近线形，长6-12厘米，柄短或近无柄；侧生雌小穗圆柱形，长（3-）5-14厘米，密生多花，柄较长，上部的柄很短。雌花鳞片卵形，长约2.8毫米，先端具长芒，长为鳞片1-2.5倍，芒边缘具短硬毛，膜质，淡黄色，具中脉。果囊稍斜展，椭圆形或近倒卵形，钝

三棱状，长2.8-3毫米，膜质、褐绿色，背面3-5脉，喙直，中等长，喙口近平截或微缺。小坚果较紧包果囊中，椭圆形，三棱状，长约1.5毫米，黄或淡褐黄色，具短柄，具短尖；柱头3。

产福建、湖南、广东、四川及云南，生于海拔700-2000米山坡、疏林下、水沟边或阴湿地。喜马拉雅山东部、印度北部、印度尼西亚、泰国及越南有分布。

图 604 肿喙薹草 （引自《秦岭植物志》）

142. 垂果薹草

图 605

Carex recurvisaccus T. Koyama in Jap. Journ. Bot. 15: 166. f. 2. 1956.

根状茎短，木质，具多数较粗须根。秆疏丛生，高55-75厘米，较粗壮，锐三棱形，上部棱稍粗糙，基部具多叶。叶长于秆，宽0.7-1.5厘米，上面2侧脉明显，上端边缘稍粗糙，叶鞘常开裂；苞片叶状，较小穗长，近无鞘。小穗通常6，上端1-2为雄小穗，窄圆柱形，长5-12厘米，具短柄或近无柄；余为雌小穗，圆柱形，长8-11厘米，花多数较密生，最下部的小穗

柄长约1厘米，向上柄短或近无柄。雌花鳞片披针形或窄卵形，长3-4毫米（包括芒长），具长芒，膜质，两侧红褐色，3脉，脉间黄绿色。果囊后期平展或稍下折，卵状长圆形，鼓胀三棱状，长4-5毫米，膜质，成熟时近黑褐色，背面5脉，具短柄，喙中等长，喙向一侧弯，喙口近平截或微缺。小坚果很松包果囊中，倒卵形，三棱状，长约2毫米，具短尖；柱头3。花果期2-3月。

产广东及云南，生于海拔约1300米山坡、疏林下、沟边或阴湿处。

图 605 垂果薹草
（引自《Journ. Jap. Bot》）

143. 榄绿果薹草

Carex olivacea Boott in Proc. Linn. Soc. 1: 286, 1845.

根状茎粗短，木质，地下匍匐茎长而较粗。秆疏丛生，高45-95厘米，锐三棱形，棱稍粗糙，基部密生多叶，秆生叶少数。叶长于秆，宽0.8-1.8厘米，上面2侧脉明显，边缘粗糙，基部叶鞘常开裂；苞片叶状，长于小穗，鞘短或近无鞘。小穗5-7，常集生秆上端，密生多花，顶端1-2雄小穗，圆柱形或窄圆柱形，长3-7厘米，柄短或近无柄；余为雌小穗，有时顶端具少数雄花，圆柱形，长5-10厘米，最下部的小穗柄较长，上部小穗具短柄或近无柄。雌花鳞片基部的近卵

形，具长芒，长约8.5毫米，芒长约5毫米，上部的长圆状披针形，长4-5毫米，先端渐尖或平截，具短芒或短尖，膜质，锈褐色，1-3脉。果囊成熟时平展，卵形、宽卵形或近倒卵形，鼓胀三棱状，长约4毫米，膜质，暗褐绿色，无毛，多脉，脉间具皱纹和少数微突起，喙中等长或稍短，喙向一侧弯，喙口微凹或具2短齿。小坚果较松包果囊中，椭圆形或近倒卵形，三棱状，长约2毫米，淡黄褐色，密生微突起，柄极短，顶端具弯的小短尖；柱头3。

产福建、湖北、贵州、四川及云南，生于海拔1250-3000米沼泽地或潮湿处。印度有分布。

图 606 密花薹草 （孙英宝绘）

144. 密花薹草　图 606

Carex confertiflora Boott in Mem. Amer. Acad. Arts 4: 418. 1859.

根状茎短，具地下匍匐茎。秆高60-95厘米，锐三棱形，上部的棱近翅状，较粗壮，基部鞘无叶片或具短叶片，上部具1-2秆生叶。叶稍短于秆，上部的叶长于秆，宽0.8-1.2厘米，2侧脉明显，边缘粗糙，具叶鞘，下部的叶鞘常开裂；苞片叶状，长于小穗，上部的苞片窄，近无鞘。小穗4-6，常集生秆上端，顶生雄小穗圆柱形或窄圆柱形，长4-8厘米，柄短；侧生雌小穗圆柱形，长（2-）3.5-8厘米，多花密生，下部1-2小穗具短柄，上部的近无柄。雌花鳞片窄长圆形或窄长圆状卵形，长3-3.5毫米，先端渐尖，具芒，膜质，两侧锈褐色，中脉麦秆黄色。果囊成熟时近平展，卵形或近倒卵形，三棱状，长约3毫米，膜质，锈褐色，背面多脉，无毛，喙短，直或稍弯，喙口斜截或微缺呈2短齿。小坚果稍松包果囊中，近倒卵形，三棱状，长约2毫米，成熟时褐色，无柄，顶端具扭曲小短尖；柱头3。花果期5-7月。

产湖北、贵州及云南，生于海拔1800-2750米林下湿处、灌木草丛中或水边。日本有分布。

145. 皱果薹草　图 607

Carex dispalata Boott ex A. Gray, Narr. Exped. Perry 2: 325. 1856-1857.

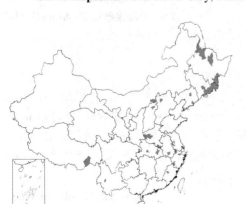

根状茎粗，木质，地下匍匐茎长而较粗。秆丛生，高40-80厘米，锐三棱形，较粗壮，上部棱稍粗糙，基部鞘红棕色无叶片，鞘一侧常裂成网状。叶几等长于秆，宽4-8毫米，2侧脉明显，上端边缘粗糙，近基部的叶鞘较长，上部的近无鞘；苞片叶状，下部的苞片长于小穗，上部的苞片短于小穗，通常近无鞘。小穗4-6，常集生秆上端，顶生雄小穗圆柱形，长4-6厘米，具柄；侧生雌小穗圆柱形，长3-9厘米，密生多花，有时顶端具少数雄花，

图 607 皱果薹草 （引自《东北草本植物志》）

近无柄或最下部的小穗柄很短。雌花鳞片卵状披针形或披针形，先端渐尖，具短尖或芒，长约 3 毫米，膜质，两侧红褐色，中间黄绿色，3 脉。果囊斜展，后期近平展，卵形，稍鼓胀三棱状，长 3-4 毫米，厚纸质，淡褐绿色，脉少数，不明显，具横皱纹，无毛，具短柄，喙中等长，稍弯曲，上端红褐色，喙口斜截，后期微缺。小坚果稍松包果囊中，倒卵形或椭圆状倒卵形，三棱状，长约 2 毫米，麦秆黄色，顶端具短尖；柱头 3。

产黑龙江、吉林、辽宁、内蒙古、河北、山西、陕西、江苏、安徽、浙江、福建、湖北、四川、云南及西藏，生于海拔 500-2900 米沟边潮湿地或沼泽地。朝鲜半岛及日本有分布。

组 22. 柔果薹草组 Sect. Molliculae Ohwi
（戴伦凯）

小穗通常单性，顶端 1-2 为雄小穗，余为雌小穗或两性小穗，少数顶端 1-2 为两性小穗，余为雌小穗，两性小穗雄雌顺序或雌雄顺序，雌小穗圆柱形，稀长圆形，密生多花。苞片通常无苞鞘或苞鞘很短。雌花鳞片卵形、披针状卵形或长圆状卵形，先端具短尖或芒，稀无短尖或芒。果囊近直立或斜展，卵形、椭圆形或长圆形，鼓胀或稍鼓胀三棱状，成熟时黄绿或麦秆黄色，多脉，喙中等长或较长，喙口具 2 短齿，稀斜截或微凹。小坚果较松包果囊中；柱头 3。

我国 16 种。

1. 小穗兼有单性和两性，最上部 1-2 小穗两性，余为雌小穗，或最上部 1-2 为雄小穗，余小穗雌性或两性，两性小穗雄雌顺序或雌雄顺序。
    2. 小穗（2）3-4，顶生小穗雌雄顺序，侧生雌小穗长圆形，长 1-1.5 厘米，集生秆上端；雌花鳞片卵形，具短芒，淡褐黄色 ·· 146. 团穗薹草 C. agglomerata
    2. 小穗 5-8，顶端 1-2 为雄小穗，余为雌小穗或两性小穗，雌小穗圆柱形，长 2.5-5.5 厘米，间距较长，不集生秆上端；雌花鳞片披针状卵形或披针形，无短尖或具短尖，褐红色 ········ 147. 葱状薹草 C. alliformis
1. 小穗通常单性，最上部 1-2 为雄小穗，稀雄小穗上端有时具雌花，余为雌小穗，稀小穗顶端具少数雄花。
    3. 小穗常集生秆上端；雄小穗线形或棍棒状，长 1-3 厘米；雌小穗球状长圆形、长圆形或长圆状圆筒形，长不超过 2.5 厘米，近无柄或具短柄。
        4. 叶宽 0.3-1 厘米；果囊长 3-4 毫米，黄绿或近麦秆黄色，脉不明显。
            5. 雌小穗长 0.8-1.7 厘米；雌花鳞片卵形或窄卵形，短尖稍长；果囊椭圆形，厚纸质，喙短 ··· 148. 匿鳞薹草 C. aphanolepis
            5. 雌小穗长 1.5-2.5 厘米；雌花鳞片长圆状卵形或近卵形，无短尖或具短尖；果囊长圆状卵形，膜质，常具皱纹，喙中等长 ·· 149. 柔果薹草 C. mollicula
        4. 叶宽 2-4 毫米；果囊长约 5 毫米，褐黄色，多脉明显 ················· 150. 似柔果薹草 C. submollicula
    3. 小穗间距较长，不集生秆上端，雄小穗和雌小穗长圆状圆柱形、线形、短圆柱形或近长圆形，长（1.5-）2.5 厘米，下部小穗柄较长，上部的柄较短。
        6. 叶宽 2-5 毫米；雌小穗长 1-4 厘米；果囊具中等长或长喙，喙口具 2 齿。
            7. 雌小穗长圆形或长圆状圆柱形，长 1.5-2.5 厘米；果囊长 4-5 毫米，黄绿或麦秆黄色，稍有光泽，脉不明显 ··· 151. 日本薹草 C. japonica
            7. 雌小穗短圆柱形、长圆形或圆柱形，长 1-4 厘米；果囊长 3-5 毫米，绿或黄绿色，无光泽，脉明显。
                8. 秆高不及 30 厘米；雄小穗线形，长 1-5 厘米；雌花鳞片长圆状卵形，先端具短尖；果囊椭圆形或长圆形，三棱状，不鼓胀。
                    9. 果囊椭圆形，长 3-3.5 毫米，喙长约为果囊 1/3 ··············· 152. 似横果薹草 C. subtransversa
                    9. 果囊长圆形，长 4-5 毫米，喙长为果囊 1/2 ································· 153. 台中薹草 C. liui
                8. 秆高 30-60 厘米。雄小穗近棍棒形，长 2-3 厘米；雌花鳞片长圆状卵形或披针状卵形，无短尖；果囊卵形，稍鼓胀 ·· 154. 禾状薹草 C. alopecuroides

6. 叶宽 0.5-1.2 厘米；雌小穗长 2-7 厘米；果囊喙较短，喙口近斜截或不明显 2 短齿。

10. 秆扁锐三棱形；雄小穗长 3-7.5 厘米，雌小穗长 3-6 厘米，有时顶端具雄花；雌花鳞片卵状披针形；果囊长圆状卵形，喙短，直；花柱宿存，柱头细长 ·················· **155.** 签草 **C. doniana**

10. 秆扁三棱形，一棱不明显；雄小穗长 2.5-3.5 厘米，上部有时具雌花，雌小穗长 1.5-4.5 厘米，顶端无雄花；雌花鳞片卵形或长圆状卵形；果囊卵形或窄卵形，喙外弯，花柱脱落，柱头较短 ·················· **156.** 扁秆薹草 **C. planiculmis**

146. 团穗薹草

图 608

Carex agglomerata C. B. Clarke in Journ. Linn. Soc. Bot. 36: 269. 1903.

根状茎较长，木质，具地下匍匐茎。秆高 20-60 厘米，稍细，锐三棱形，棱粗糙，基部鞘紫褐色无叶片，后期常丝网状。叶短于或近等长于秆，宽 2-6 毫米，边缘粗糙，干后常反卷，叶鞘淡红棕色；苞片最下部 1 枚叶状，长于小穗，上部的常芒状，通常短于小穗，无鞘。小穗（2）3-4，兼有单性和两性，集生秆上端，顶生小穗雌雄顺序，棒状长圆形，长约 1.5 厘米，少数为雄小穗，窄长圆形，近无柄；侧生雌小穗 2-3，长圆形，长 1-1.5 厘米，密生多花，近无柄。雌花鳞片卵形，长约 3 毫米，先端具短芒，膜质，淡褐黄色，具中脉，脉上部稍粗糙。果囊斜展，卵形或窄卵形，稍鼓胀三棱状，长 3.5-4 毫米，膜质，淡黄绿色，无毛，2 侧脉明显，喙稍长，喙口具 2 齿。小坚果较松包果囊中，倒卵形，三棱状，长约 2 毫米，淡黄色；花柱基部不增粗，柱头 3。花果期 4-7 月。

产河南、陕西、宁夏、甘肃、青海及四川，生于海拔 1200-3200 米山坡林下或山谷阴湿处。

图 608 团穗薹草 （引自《图鉴》）

147. 葱状薹草

图 609

Carex alliformis C. B. Clarke in Journ. Linn. Soc. Bot. 36: 270. 1903.

根状茎短，地下匍匐茎细长，外包以红棕色无叶片的鞘。秆疏丛生，高 25-45 厘米，钝三棱形，较粗壮，基部包少数无叶片的鞘。叶长于秆，宽 0.7-1.4 厘米，侧脉 2，叶鞘紫红色；苞片叶状，下部的长于小穗，上部的短于小穗，苞鞘稍长，上部的较短。小穗 5-8，下部的间距较长，上部的短；顶

图 609 葱状薹草 （引自《中国植物志》）

端1-2雄小穗，近线形，长2.5-4厘米，具柄；余为雌小穗，或基部具少数雄花，圆柱形，长2.5-5.5厘米，密生多花，下部的小穗柄较长，上部的柄较短。雌花鳞片披针状卵形或披针形，长3-4毫米，先端无短尖或具短尖，膜质，褐红色，具中脉。果囊斜展，倒卵状长圆形，鼓胀三棱状，长约4毫米，草质，绿或淡黄绿色，无毛，多脉，喙较短，喙口具2短齿。小坚果较松包果囊中，椭圆形，三棱状，长

约2毫米，灰绿色，棱淡褐黄色；花柱基部不增粗，柱头3。花果期5-7月。

产陕西、台湾、湖北、湖南、贵州及四川，生于林下、林缘或山坡空旷处。日本及越南有分布。

148. 匿鳞薹草

图 610：1-5

Carex aphanolepis Franch. et Savat. Enum. Pl. Japon. 2: 152. 1877.

根状茎具细长地下匍匐茎。秆丛生，高15-30厘米，稍细，三棱

形，微粗糙，基部叶鞘淡褐色，无叶片。叶通常长于或几等长于秆，宽3-8毫米，质软，边缘粗糙，鞘中等长，老叶鞘纤维状；苞片叶状，长于小穗，无鞘。小穗3-4，间距较短，较集生秆上端，顶生雄小穗线形，长1-3厘米，具短柄或近无柄；侧生雌小穗球状长圆形或长圆形，长0.8-1.7厘米，密生多花，下部的具短柄，上部的无柄。雌花鳞片卵形或窄卵形，长2.5-3毫米，先端具稍长短尖，膜质，两侧苍白色，中间绿色，3脉。果囊斜展，椭圆形，鼓胀三棱状，长约4毫米，厚纸质，淡黄绿色，稍有光泽，脉不明显，喙短，喙口具2短齿。小坚果较松包果囊中，椭圆形或倒卵状椭圆形，三棱状，长约2毫米，褐色；花柱短，基部稍增粗，柱头3，较长。

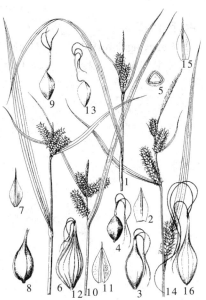

图 610：1-5.匿鳞薹草 6-9.柔果薹草 10-13.似柔果薹草 14-16.日本薹草
（引自《中国植物志》）

产江苏、安徽及浙江，生于林下或林缘阴湿处。朝鲜半岛及日本有分布。

149. 柔果薹草

图 610：6-9

Carex mollicula Boott, Illustr. Carex 4: 192. 1867.

根状茎具地下匍匐茎。秆密丛生，高15-30厘米，锐三棱形，或

具窄翅，上部棱粗糙，基部具无叶片的鞘。叶长于秆，宽4-8毫米，质较软，上面2侧脉明显，基部叶鞘棕色；苞片下部的叶状，上部的近线形，长于小穗，近无鞘。小穗3-5，常集生秆上端，间距短；顶生雄小穗线形或近棍棒形，长1-2厘米，柄很短；侧生雌小穗长圆状圆筒形，长1.5-2.5厘米，密生多花，柄很短或近无柄。雌花鳞片长圆状卵形或近卵形，长约3毫

米，先端无短尖或具短尖，膜质，淡褐黄色，具中脉。果囊斜展，后期近平展，长圆状卵形，鼓胀三棱状，长约4毫米，膜质，黄绿或近麦秆黄色，无毛，脉不明显，常具皱纹，喙中等长，喙口具2短齿。小坚果较松包果囊中，椭圆形，三棱状，长约2毫米，顶端具小短尖；花柱长，基部不增粗，柱头3。

产安徽、浙江及广西，生于林下、灌木丛中潮湿处、河边或沟边等湿地。朝鲜半岛及日本有分布。

150. 似柔果薹草

图 610：10-13

Carex submollicula Tang et Wang ex L. K. Dai in Acta Phytotax. Sin. 32(2): 186. f. 6: 5-8. 1994.

根状茎短，地下匍匐茎长。秆密丛生，高15-20厘米，锐三棱形，棱粗糙，基部具无叶片的鞘。叶较秆稍长，宽2-4毫米，侧脉2，侧脉和边缘粗糙，干时边缘稍内卷，叶鞘膜质部分常开裂；苞片叶状，长于小穗，无苞鞘。小穗3-4，常集生秆上端，间距短；顶生雄小穗棍棒状，长1.5-2厘米，柄很短；侧生雌小穗长圆形或窄长圆形，长1.2-2.5

厘米，密生多花，下部的具短柄，上部的近无柄。雌花鳞片卵形，长2.5-3毫米，先端具短尖，膜质，麦秆黄色，有的具锈点，具中脉。果囊斜展，后期平展，卵形，鼓胀三棱状，长约5毫米，膜质，褐黄色，无毛，多脉，喙短，常外弯，喙口斜截或微凹。小坚果很松包果囊内，倒卵形，三棱状，三面稍凹，长约1.5毫米，顶端具小短尖；花柱中等长，柱头3。

产浙江、福建、江西、广东及广西，生于山坡或沼泽地。

151. 日本薹草

图 610：14-16　图 611：1-5

Carex japonica Thunb. Fl. Jap. 38. 1783.

根状茎短，地下匍匐茎细长。秆疏丛生，高20-40厘米，较细，扁锐三棱形，上部棱稍粗糙，基部具少数淡褐色无叶片的鞘，鞘边缘常裂成网状。叶上部的长于秆，基部的短于秆，宽3-4毫米，稍坚挺，侧脉2，边缘粗糙，具鞘；苞片叶状，下部的长于小穗，上部的1-2短于小穗，无鞘。小穗3-4，间距较长；顶生雄小穗线形，长2-4厘米，具柄；侧生雌小穗长圆状圆柱形或长圆形，长1.5-2.5厘米，密生多花，下部的具短柄，上部的无柄或近无柄。雌花鳞片窄卵形，先端渐尖，长2.5-3毫米，膜质，苍白或稍淡褐色，3脉，脉间淡绿色。果囊斜展，椭圆状卵形或卵形，稍鼓胀三棱状，长4-5毫米，纸质，黄绿或麦秆黄色，无毛，稍有光泽，脉不明显，喙中等长，喙口具2短齿。小坚果稍松包果囊中，椭圆形或倒卵状椭圆形，三棱状，长约2毫米，淡棕色；花柱基部稍增粗；柱头3。花果期5-8月。

产辽宁、内蒙古、河北、山东、山西、河南、陕西、江苏、安徽、浙江、江西、湖北、四川及云南，生于海拔1200-2700米林下、林缘阴湿处或山谷沟旁湿地。朝鲜半岛及日本有分布。

图 611：1-5.日本薹草　6-8.似横果薹草
（引自《东北草本植物志》、《中国植物志》）

152. 似横果薹草

图 611：6-8

Carex subtransversa C. B. Clarke in Philipp. Journ. Sci. Bot. 2: 108. 1907.

根状茎短，地下匍匐茎细长。秆疏丛生，高15-30厘米，稍细，三棱形，上端棱粗糙，基部具少数淡棕色无叶片或极短叶片的鞘。叶短于秆，宽2-4毫米，稍坚挺，侧脉2，鞘较长；苞片下部的叶状，长于小穗，上部的线形较短，无苞鞘。小穗3-5，下部的1-2个间距长，上部的2-3个间距较短；顶生雄小穗线形，长1-5厘米，具短柄；侧生雌小穗短圆柱形或近长圆形，长1-3厘米，密生多花，有时顶端具少数雄花；下部的小穗具短柄，上部的近无柄。雌花鳞片长圆状卵形，长2-2.5毫米，先端急尖，具小短尖，纸质，淡棕色，具中脉。果囊近直立，椭圆形，三棱状，长3-3.5毫米，膜质，绿或黄绿色，无毛，具

多条明显细脉，喙长约为果囊1/3，喙口具2短齿。小坚果较松包果囊中，宽卵形，三棱状，长1-1.5毫米；花柱基部不增粗，柱头3。花果期6-10月。

产浙江、台湾、湖北及四川，生于海拔1300-2500米林下湿地或草地。菲律宾及日本有分布。

153. 台中薹草　　　　　图 612

Carex liui T. Koyama et Chuang in Quart. Journ. Taiwan Mus. 13: 224. f. 1. 1960.

根状茎具细长地下匍匐茎。秆疏丛生，高10-25厘米，较细，锐三棱形，平滑，基部具少数无叶片的鞘。叶近基生，短于秆，宽2-3毫米，质软，鞘长，老叶鞘黄褐色，常纤维状；苞片叶状，长于小穗，无鞘。小穗3-5，常集生秆上端；顶生雄小穗线状圆柱形，长2-4厘米，具短柄；侧生雌小穗圆柱形或长圆状圆柱形，长2-4厘米，密生多花，下部小穗柄长达5厘米，上部的柄很短。雌花鳞片长圆状卵形，长3.5-4毫米，先端急尖或钝，具短尖，膜质，淡棕色，3脉。果囊斜展，长圆形或近卵形，三棱状，长4-5毫米，膜质，黄绿色，多脉，无毛，喙长约为果囊1/2，喙口近平截或微凹。小坚果较松包果囊中，椭圆形，三棱状，长

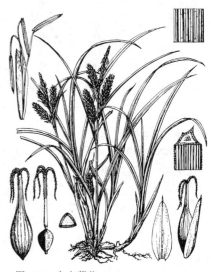

图 612 台中薹草 （引自《Fl. Taiwan》）

约1.8毫米，顶端具短尖，成熟时深棕色；花柱基部不增粗，柱头3。

产浙江及台湾，生于海拔2900米左右山坡林下。

154. 禾状薹草　　　　　图 613

Carex alopecuroides D. Don, Prodr. Fl. Nepal 43. 1825 et in Trans. Linn. Soc. 14: 332. 1825.

根状茎短，具细长地下匍匐茎。秆丛生，高30-60厘米，三棱形，上部稍粗糙，基部具少数淡棕色无叶片的鞘。叶近等长或稍长于秆，宽2-4毫米，稍坚挺，3脉，脉和上端边缘粗糙，鞘较长，膜质部分常开裂；苞片叶状，下部的长于小穗，上部的1-2枚等长或短于小穗，无鞘。小穗3-5，常集生秆上端；顶生雄小穗上部有时具雌花，近棍棒形，长

2-3厘米，具短柄或近无柄；余为雌小穗，长圆柱形，长2-3厘米，密生多花，最下部1-2小穗具短柄，上部的近无柄。雌花鳞片长圆状卵形或披针状卵形，长2-3毫米，先端渐尖或近钝形，具短尖或无短尖，短尖具短硬毛，膜质，淡麦秆黄色，具中脉。果囊初斜展，成熟后平展，卵形，稍鼓胀三棱状，长约3毫米，膜质，初绿色，成熟时麦秆黄色，无毛，细脉5，喙中等长，喙口具2短齿。小坚果稍紧包果囊中，宽卵形或近椭圆形，三棱

状，长约1.5毫米，棕色，无柄，顶端具短尖；花柱基部不增粗，柱头3。花果期4-7月。

产安徽、浙江、台湾、江西、湖北、湖南、广东、贵州、四川及云南，生于海拔450-2700米山坡林下潮湿处、沟边湿处或河滩草地。尼泊尔、印度及日本有分布。

图 613 禾状薹草 （孙英宝绘）

155. 签草

图 614

Carex doniana Spreng. Syst. Veg. 3: 825. 1826.

根状茎短，具细长地下匍匐茎。秆高30-70厘米，较粗壮，扁锐

三棱形，棱粗糙，基部叶鞘淡褐黄色，后期鞘膜质部分常开裂。叶稍长或等长于秆，宽0.5-1.2厘米，质较软，侧脉2，向上部边缘粗糙，具鞘，老叶鞘有时成纤维状；苞片叶状，上部的线形，长于小穗，无鞘。小穗3-6，下部的1-2间距稍长，上部的较集生秆上端；顶生雄小穗线状圆柱形，长3-7.5厘米，具

柄；侧生雌小穗有时顶端具少数雄花，圆柱形，长3-7厘米，密生多花，下部小穗具短柄，上部的近无柄。雌花鳞片卵状披针形，长约2.5毫米，先端具短尖，膜质，淡黄或稍带淡褐色，具中脉。果囊后期近平展，长圆状卵形，稍鼓胀三棱状，长3.5-4毫米，膜质，淡黄绿色，脉不明显，喙短直，喙口具2短齿。小坚果稍松包果囊中，倒卵形，三棱状，长约1.8毫米，深黄色，顶端具小短尖；花柱基部不增粗，柱头3，细长，宿存。花果期4-10月。

产河南、陕西、宁夏、甘肃、江苏、安徽、浙江、台湾、福建、江西、湖南、湖北、广东、广西、贵州、四川、云南及西藏，生于海拔500-3000米林下、灌木丛、草丛中潮湿处、沟边或溪边。朝鲜半岛、日本、菲律宾、印度尼西亚、喜马拉雅山东部地区及尼泊尔有分布。

图 614 签草 （引自《图鉴》）

156. 扁秆薹草

图 615

Carex planiculmis Kom. in Acta Hort. Petrop. 18: 448. 1901 et Fl. Mansh. 1: 392. 1901.

根状茎粗长，具细长地下匍匐茎。秆丛生，高30-45厘米，较粗壮，扁三棱形，一棱不明显，两棱具窄翅，棱粗糙，基部具少数无叶片的鞘。叶稍短于秆，宽0.5-1厘米，较软，侧脉2，中脉和侧脉及边缘均粗糙，无毛，鞘中等长，淡褐黄色，膜质部分常开裂；苞片下部的2-3枚叶状，长于小穗，上部的芒状，短于小穗，脉和边缘均粗糙，无苞鞘。小穗4-6，最下部的稍疏离，余小穗集生秆上端；顶生雄小穗有时上部具雌花，窄圆柱形，长2.5-3.5厘米，小

图 615 扁秆薹草
（引自《东北草本植物志》）

穗柄短；侧生雌小穗圆柱形，长 1.5-4.5 厘米，密生多花，最下部的柄稍长，余具短柄。雌花鳞片卵形或长圆状卵形，长约 2.5 毫米，先端渐尖，具短尖，膜质，淡褐黄或淡黄色，1 脉。果囊斜展，卵形或窄卵形，平凸状三棱状，长 3.5-4 毫米，膜质，黄绿色，有光泽，无毛，5 脉，喙中等长，外弯，喙口微缺。小坚果稍松包果囊中，倒卵形或近椭圆形，三棱状，长约 2 毫米，棕色；花柱基部稍增粗，柱头 3，较短。

产黑龙江、吉林、辽宁、河北、山西、河南、陕西、江苏及安徽，生于海拔 1100-1850 米溪边、沟边或林下潮湿处。俄罗斯远东地区、朝鲜半岛北部及日本有分布。

组 23. 离穗薹草组 Sect. Secalinae O. F. Lang
（戴伦凯）

根状茎较粗壮。秆丛生，粗壮，三棱形，中部以下生叶。叶较坚挺；苞片叶状，较小穗长，苞鞘稍长。小穗单性，上端 1-3 为雄小穗，余为雌小穗，多花密生；小穗柄较短。雌花鳞片中脉粗糙。果囊平凸状三棱状，长 0.5-1 厘米，革质，无毛或粗糙，多脉，喙长，喙口具稍长 2 齿；花柱基部不增粗，柱头 3。

我国 1 种。

157. 离穗薹草

图 616

Carex eremopyroides V. Krecz. in Kom. Fl. URSS 3: 617. 384. 1935.

根状茎短。秆密丛生，高 5-25 厘米，三棱形，平滑，基部鞘淡红棕色，无叶片。叶长于秆，宽 2-3 毫米，边缘粗糙，下部叶鞘常红棕色；苞片叶状，长于小穗，下部苞鞘较长，上部的较短。小穗 4-5，间距较短，最下部一个较疏离，上端 1-2 雄小穗，棒状，长 0.8-1.2 厘米，具短柄；余为雌小穗，长圆形，长 1-1.8 厘米，多花密生；上部小穗具短柄，下部的柄稍长。雌花鳞片卵形或宽卵形，长约 3 毫米，先端急尖，苍白色或稍带淡褐黄色，具无色透明宽边，3 脉，脉间绿色，脉微粗糙。果囊稍斜展，卵状披针形或长圆状卵形，平凸状三棱形，长 5-8 毫米，近革质，淡黄绿色，后稍带淡褐色，无毛，边缘具翅，锯齿状，脉 2-4，具短柄，喙较宽，中等长，喙口膜质，深裂成 2 齿。小坚果稍松包果囊中，长圆形，扁三棱状，长 3-4 毫米，深棕色，具颗粒状突起，具短柄；花柱宿存，扭曲，基部稍增粗，柱头 3。果果期 5-7 月。

图 616 离穗薹草 （引自《东北草本植物志》）

产黑龙江、吉林及内蒙古，生于沼泽地及湖、河岸边湿地。蒙古及俄罗斯有分布。

组 24. 菱形果薹草组 Sect. Rhomboidales Kükenth.
（梁松筠）

秆中生或侧生，稀极短，下部具叶。苞叶短叶状，具鞘，或叶状，无鞘。顶生小穗雄性，圆柱状、棍棒状或线形。侧生小穗雄雌顺序，顶端通常具雄花部分，稀全为雌性。雌花鳞片卵形、长圆形或卵状披针形，稀线状披针形，先端圆，具短尖或渐尖，稀先端微凹。果囊菱形、椭圆形或卵形，近革质或膜质，无毛，稀被毛，多脉，基部渐窄，顶端常骤缩成长喙，喙口具 2 齿。小坚果倒卵形或卵形，三棱状，中部棱常缢缩或只棱上有刀刻痕迹，或中部不缢缩，亦无刻痕，顶端具喙，喙弯或直，喙顶端膨大如碗状、环状或不膨大；花柱基部膨大或不膨大，柱头 3。

　　我国 33 种、3 亚种、5 变种。

1. 秆高 7 厘米以上。
　2. 小坚果中部不缢缩。
　　3. 果囊被毛。
　　　4. 雌小穗基部具雄花；果囊菱形或倒卵形，长 3-4 毫米 ·················· 158. 中华薹草 C. chinensis
　　　4. 雌小穗基部无雄花，果囊披针状卵形，长 4.5-5 毫米 ·················· 159. 秦岭薹草 C. diplodon
　　3. 果囊无毛。
　　　5. 小坚果无透明颗粒状突起；小穗疏离。
　　　　6. 苞片叶状，长于小穗；小坚果喙弯，柄弯 ·················· 160. 鄂西薹草 C. mancaeformis
　　　　6. 苞片短叶状，短于小穗；小坚果喙直，柄直 ·················· 161. 相仿薹草 C. simulans
　　　5. 小坚果成熟时有透明颗粒状突起；小穗上部的接近 ·················· 162. 尖叶薹草 C. oxyphylla
　2. 小坚果中部缢缩。
　　7. 秆侧生。
　　　8. 小坚果喙弯。
　　　　9. 雌小穗顶端雄花部分极短，短于雌花部分。
　　　　　10. 雌小穗花稀疏；果囊成熟时平展 ·················· 164. 长安薹草 C. heudesii
　　　　　10. 雌小穗花密生；果囊成熟时斜展。
　　　　　　11. 叶宽 0.6-1 厘米，平展；雄小穗线状圆柱形，长 4-5 厘米 ·················· 163. 弯柄薹草 C. manca
　　　　　　11. 叶宽 3-5 毫米，边缘反卷；雄小穗线状棒形，长 1.5-2.5 厘米 ··· 165. 太白山薹草 C. taipaishanica
　　　　9. 雌小穗顶端雄花部分通常近等长于雌花部分，花密生；果囊成熟时斜展，稀平展 ··················
　　　　　·················· 166. 藏薹草 C. thibetica
　　　8. 小坚果喙直。
　　　　12. 雌小穗圆柱形，多花；小坚果喙顶端环状 ·················· 167. 长囊薹草 C. harlandii
　　　　12. 雌小穗卵形或长圆状卵形，疏生 5-7 朵花；小坚果喙顶端非环状。
　　　　　13. 秆高 25-40 厘米；叶片宽 4-6 毫米 ·················· 168. 戟叶薹草 C. hastata
　　　　　13. 秆高 7-13 厘米；叶片宽 1-1.5 厘米 ·················· 169. 高氏薹草 C. kaoi
　　7. 秆中生。
　　　14. 秆、叶、苞片、雌花鳞片和果囊均被毛；小坚果喙弯 ·················· 170. 弯喙薹草 C. laticeps
　　　14. 秆、叶、苞片和雌花鳞片均无毛；果囊无毛或疏被短硬毛。
　　　　15. 雌花鳞片长圆状椭圆形、卵形、长圆状卵形或长圆形，先端钝、圆、平截，具短尖或芒。
　　　　　16. 小坚果中部棱具刀刻痕迹，稀无刀刻痕迹，喙长 0.5-0.8 毫米；叶纸质 ··················
　　　　　·················· 171. 长颈薹草 C. rhynchophora
　　　　　16. 小坚果中部棱缢缩，喙长 1-1.5 毫米；叶革质 ·················· 172. 灰岩生薹草 C. calcicola
　　　　15. 雌花鳞片椭圆状披针形、线状披针形或卵状披针形，先端渐窄，稀具芒。
　　　　　17. 雌花鳞片苍白或淡黄色。
　　　　　　18. 小坚果卵状椭圆形，长 3 毫米；叶宽 5-9 毫米 ·················· 173. 陈氏薹草 C. cheniana
　　　　　　18. 小坚果菱状宽椭圆形，长 4 毫米；叶宽 0.8-1 厘米 ·················· 174. 岩生薹草 C. saxicola

17. 雌花鳞片黄褐色；雌小穗顶端具少数雄花，花柱基部不膨大。

　　19. 小坚果喙长1毫米 ·· 175. **短尖薹草 C. brevicuspis**

　　19. 小坚果无喙 ·· 175(附). **基花薹草 C. brevicuspis var. basiflora**

1. 秆极短。

　　20. 雌花鳞片卵形，先端钝；果囊卵状披针形，长6-6.5毫米 ············ 176. **根花薹草 C. radiciflora**

　　20. 雌花鳞片披针形，先端锐尖；果囊椭圆形，长4.5-5毫米 ············ 177. **遵义薹草 C. zunyiensis**

158. 中华薹草

图 617

Carex chinensis Retz. in Observ. Bot. 3:42. 1783.

根状茎短，斜生，木质。秆丛生，高20-55厘米，纤细，钝三棱形，老叶鞘褐棕色纤维状。叶长于秆，宽3-9毫米，边缘粗糙，淡绿色，革质；苞片短叶状，具长鞘，鞘扩大。小穗4-5，疏离，顶生1个雄性，窄圆柱形，长2.5-4.2厘米，小穗柄长2.5-3.5厘米；侧生小穗雌性，顶端和基部常具几朵雄花，花稍密，柄直立，纤细。雌花鳞片长圆状披针形，先端平截，有时微凹或渐尖，淡白色，3脉绿色，具粗糙长芒。果囊长于鳞片，斜展，菱形或倒卵形，近膨胀三棱状，长3-4毫米，膜质，黄绿色，疏被短柔毛，多脉，基部渐窄成柄，喙中等长，喙口具2齿。小坚果紧包果囊中，菱形，三棱状，中部不缢缩，棱面凹陷，喙短，喙顶端环状；花柱基部膨大，柱头3。花果期4-6月。

产陕西、甘肃南部、江苏南部、安徽、浙江、福建、江西、湖

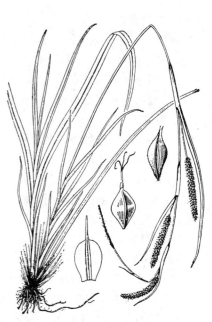

图 617 中华薹草 （引自《图鉴》）

北、湖南、广东、香港、贵州及四川，生于海拔200-1700米山谷阴处、溪边岩石上或草丛中。

159. 秦岭薹草

图 618：5-8

Carex diplodon Nelmes in Kew Bull. 1939:184. 1939.

根状茎极短。秆高19-22厘米，钝三棱形，稍粗壮，坚硬，平滑，老叶鞘褐色纤维状。叶长于秆，宽3-5毫米，微弯曲，平展或基部对折，边缘粗糙，淡绿色，稍坚硬，先端渐尖；苞片短叶状，短于小穗，具长鞘。小穗4-5，靠近，最下部1个常疏离，顶生1个雄性，窄圆柱形，棕色，长2.5-3厘米；侧生的雌性，直立，圆柱状，长2.5-5厘米，花密生，下部小穗具柄。雌花鳞片长圆状披针形，白绿色，3脉绿色，具短尖。果囊

长于和宽于鳞片，斜展，披针状卵形，近三棱状，长4.5-5毫米，膜质，疏被糙硬毛，多脉，绿褐色，中部以下窄，长喙外弯，喙圆锥状圆筒形，近平滑，喙口具2齿。小坚果紧包果囊中，椭圆形，三棱状，棱面下部凹陷，喙短，顶端稍膨大；花柱基部增粗，柱头3。果期4月。

产陕西、甘肃及湖北西北部，生于海拔1100-1600米山谷和山坡岩石上。

160. 鄂西薹草

图 619

Carex mancaeformis C. B. Clarke ex Franch. in Nouv. Arch. Mus. Hist. Nat. Paris ser. 3, 10:62. 1898.

根状茎木质，稍斜，根粗硬。秆密丛生，高30-40厘米，纤细，三棱形，稍粗糙，老叶鞘暗棕色纤维状。叶长于秆，宽5-9毫米，粉绿色，革质；苞片叶状，长于小穗，具鞘。小穗4-5，疏离，顶生1个雄性，线形，长2-3厘米，无柄，与最上部的1个雌小穗等高；侧生雌性小穗圆柱形，长2-3.5厘米，花稍稀疏，最上部的近雄小穗，近无柄，余小穗稍疏离，具短柄。雌花鳞片卵形，长5-6毫米，淡绿色，背面绿色3脉延伸成短尖。果囊长于鳞片或近等长，菱形，膨胀三棱状，长5.5-6毫米，革质，黄绿色，幼时稍被毛，后无毛，稍有光泽，多脉，喙长，喙近圆筒形，边缘平滑，喙口具2齿。小坚果紧包果囊中，卵形，三棱状，具短柄，柄弯，下部棱面凹陷，喙圆柱形，喙弯，顶端环状；花柱基部稍粗，柱头3。花果期3-4月。

产湖北西部、贵州中部及四川东南部，生于海拔约1160米疏林下。

图 619 鄂西薹草 （孙英宝绘）

161. 相仿薹草

图 618 : 1-4

Carex simulans C. B. Clarke in Journ. Linn. Soc. Bot. 36: 310. 1904.

根状茎粗，木质，坚硬。秆侧生，高30-70厘米，纤细，钝三棱形，平滑，上部粗糙，老叶鞘深褐色纤维状。叶短于秆，宽3-5毫米，淡绿色，边缘上部粗糙，反卷，先端渐尖；苞片短叶状，短于小穗，具长鞘。小穗3-4，疏离，顶生1个雄性，圆柱形，长3-6厘米；侧生小穗大部为雌花，顶端多少具雄花，圆柱形，长1.5-4.5厘米，花稍密；小穗柄直立。雌花鳞片卵状披针形或长圆状卵形，长5-5.5毫米，具芒尖，两边锈褐色，3脉绿色，先端微凹，具糙芒。果囊稍长于鳞片，斜展，卵形（喙除外），长6-8毫米（连喙），近革质，绿色，无毛，多脉，喙长，喙缘具细齿，喙口具2

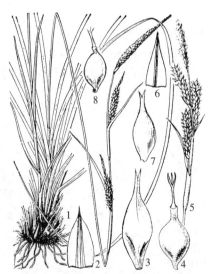

图 618 : 1-4.相仿薹草　5-8.秦岭薹草
（引自《图鉴》、《中国植物志》）

长齿。小坚果疏松包果囊中，卵形，三棱状，长5毫米（连喙），中部不缢缩，具短柄，喙直，长1毫米，喙顶端稍膨大；花柱基部增粗，柱头3。花果期3-5月。

产陕西、江苏、安徽、浙江、湖北、贵州、四川及云南，生于山坡路旁、林下或溪边。

162. 尖叶薹草

图 620

Carex oxyphylla Franch. in Nouv. Arch. Mus. Hist. Nat. Paris ser. 3, 10:57. 1898.

根状茎具匍匐茎。秆高20-40厘米，平滑。叶长于秆，宽2-4毫米，

边缘粗糙，先端长渐尖；苞片叶状，下部的具鞘，上部的鞘极短或无鞘。小穗3-5，最下部的疏离，上部的接近，顶生的雄性，长圆柱形，长2厘米，具短柄；侧生的雌性，顶端常具雄花，长圆形或圆柱形，具短柄。雌花鳞片卵状披针形或卵形，淡白色，中脉绿色，具芒。果囊与鳞片近相等，卵状三棱状，长约3毫米，绿褐色，无毛，喙短，喙口具2齿。小坚果倒卵形或宽卵形，三棱状，长约1.2毫米，成熟时有透明颗粒状突起；花柱基部不增粗，柱头3。花果期5-6月。

产四川西南部及云南西北部，生于海拔1680-3000米常绿阔叶林下或林缘。

图 620 尖叶薹草 （孙英宝绘）

163. 弯柄薹草　　　　　　　　图 621

Carex manca Boott in Benth. Fl. Hongk. 402. 1861.

根状茎粗短，木质。秆侧生，高30-70厘米，三棱形，纤细，平滑，叶鞘无叶片。不育叶长于秆，宽0.6-1厘米，平展，基部对折，上部边缘粗糙，先端渐尖，革质；苞片短叶状，具长鞘。小穗2-3，疏离，顶生1个雄性，线状圆柱形，长4-5厘米，小穗柄长约5厘米；侧生小穗雌性，长圆状圆柱形，长2-3厘米，花稍密生，小穗柄短。雌花鳞片长圆状披针形或卵状披针

图 621 弯柄薹草 （孙英宝绘）

形，具短尖，黄白色，3脉绿色。果囊长于鳞片，斜展，菱状椭圆形，三棱状，长6-7毫米，近革质，黄绿色，疏被柔毛，细脉多数，具短柄，喙长，喙缘无刺，喙口具2齿。小坚果紧包果囊中，黄褐色，卵形，三棱状，长约2.5毫米，中部棱上缢缩，下部棱面凹陷，具柄，稍弯，喙圆柱形，弯曲；花柱基部增粗，柱头3。

产福建、湖北西南部、广东及香港。

164. 长安薹草　　　　　　　　图 622

Carex heudesii Lévl. et Vant. in Bull. Acad. Int. Géogr. Bot. sér. 3, 12:12. 1903.

根状茎斜生，粗壮。秆侧生，高30-45厘米，纤细，钝三棱形，平滑，叶鞘无叶片，淡褐或暗褐色。叶长于秆，宽0.7-1.8厘米，边缘反卷，先端渐尖，上部边缘粗糙，淡绿色，革质；苞片短叶状，短

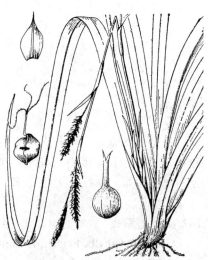

图 622 长安薹草 （引自《图鉴》）

于小穗，边缘粗糙，具长鞘。小穗3-4，顶生1个雄性，线状圆柱形，长1.5-4厘米，花多而疏生，小穗具长柄；侧生2-3个大部为雌花，顶端具极少雄花，圆柱形，长3-6毫米，花稀疏，小穗柄直立，长4.5-6厘米。雌花鳞片卵状披针形，先端渐尖或具芒，长4-5毫米，黄白色，3脉绿色。果囊长于鳞片，成熟时平展，卵球形，膨大三棱状，长4.5-6毫米，纸质，淡褐或棕橄榄色，疏被硬毛，多脉，具短柄，喙长，圆筒形，喙口具2齿。小坚果稍松包果囊中，倒卵形，三棱状，长约2毫米，深紫黑色，中部棱上缢缩，下部棱面凹陷，具短柄，柄弯曲，顶端具弯喙；花柱基斜而膨大，宿存，柱头3。花果期5-7月。

产河南、陕西、甘肃、贵州北部及四川，生于海拔1100-2000米林下隙处或湿地。

165. 太白山薹草　　　　　　　　图 623

Carex taipaishanica K. T. Fu, Fl. Tsinling. 1(1): 271. 449. 1976.

根状茎粗，木质，坚硬。秆侧生，高15-40厘米，三棱形，平滑，纤细，叶鞘无叶片，深褐色，纤维状。叶长于秆，宽3-5毫米，边缘反卷，先端渐窄，革质，绿色；苞片短叶状，具长鞘。小穗3-4，顶生1个雄性，线状棒形，红褐色，长1.5-2.5厘米；侧生2-3个雌性，顶端有少数雄花或无雄花，圆柱形，长2.5-4厘米，花密生，小穗柄直立，包于苞鞘内。雌花鳞片卵状披针形，淡绿黄色，3脉绿色，具短尖。果囊等长或长于鳞片，斜展，椭圆形，长6-6.5毫米（连喙），膜质，淡褐色，疏被短柔毛，多脉，喙长，圆柱形，喙口具2齿。小坚果疏松包果囊中，椭圆状卵形，长2.5毫米，未成熟时黄色，成熟时深褐色，中部棱缢缩，下部棱面凹陷，具短柄，喙短，稍弯；花柱基部膨大，宿存，柱头3。果期4-5月。

产河南、陕西、甘肃、湖北及四川，生于海拔约1200米山坡林下、灌木丛中或山谷。

图 623　太白山薹草　（孙英宝绘）

166. 藏薹草　西藏苔草　　　　　　图 624

Carex thibetica Franch. Pl. David 2: 141. 1888.

根状茎粗壮，木质，坚硬。秆侧生，高35-50厘米，钝三棱形，平滑，叶鞘无叶片，褐色。叶长于秆，宽0.6-1.7厘米，上部边缘粗糙，先端渐窄，淡绿色，革质；苞片短叶状，短于小穗，具长鞘。小穗4-6，顶生1个雄性，窄圆柱形，长3-6厘米，具柄；侧生小穗雄雌顺序，雄花部分与雌花部分近等长，圆柱形，长4-7厘米，花密生，小穗柄纤细，粗糙。雌花鳞片卵状披针形，淡黄带锈色，3脉绿

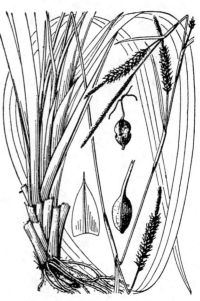

图 624　藏薹草　（引自《图鉴》）

色，具芒尖。果囊长于鳞片，倒卵形，近膨胀三棱状，长5-6毫米（连喙），成熟时斜展，稀平展，膜质，黄褐色，无毛或疏被短硬毛，多脉，喙长，喙圆柱状，微下弯，喙口具2齿。小坚果紧包果囊中，三棱状倒卵形，长约2毫米（喙除外），栗色，中部棱上缢缩，柄弯曲，细喙，

图 625 长囊薹草 （引自《图鉴》）

稍弯；花柱基部几不膨大，宿存，柱头3。花果期4-5月。

产河南、陕西、浙江、湖北、湖南、广东南部、香港、广西、贵州、四川及云南，生于海拔800-2000米林下、山谷湿地或阴湿石缝中。

167. 长囊薹草 图 625

Carex harlandii Boott, Illustr. Carex 2: 87. t. 255. 1860.

根状茎粗短，木质。秆侧生，高30-90厘米，三棱形，坚挺，平滑。不育叶长于秆，宽1-2.2厘米，基部对折，上部边缘粗糙，先端渐尖，革质；苞片叶状，长于花序，具鞘。小穗3-4，疏离，顶端1个雄性，线状圆柱形，长4.5-8厘米；具柄；侧生小穗大部为雌花，顶端有少数雄花，最上1个近雄小穗，余疏离，圆柱形，长4.5-9厘米，宽0.8-1.3厘米，多花密生，小穗柄短。

雌花鳞片卵状长圆形或长圆形，长3-3.5毫米，淡绿色，3脉绿色，具芒。果囊长0.9-1厘米（连喙），斜展，椭圆状菱形，纸质，黄绿或绿色，无毛，多脉，喙长，喙口具2齿。小坚果紧包果囊中，菱状椭圆形，三棱状，长7毫米，黄褐色，中部棱上缢缩，下部棱面凹陷，具柄，弯曲，喙细而直，喙顶端环状；花柱基部圆锥状，柱头3。花果期4-7月。

产安徽南部、浙江、福建、江西、湖南南部、广东、香港、海南及广西，生于林下、灌木丛中、溪边湿地、岩石上及山坡草地。

168. 戟叶薹草 图 626: 9-11

Carex hastata Kükenth. in Fedde, Repert. Sp. Nov. 27: 110. 1929.

根状茎短，木质。秆侧生，高25-40厘米，纤细，三棱形，上部粗糙，老叶鞘暗褐色纤维状。叶长于秆，宽4-6毫米，坚硬，先端窄，边缘粗糙，灰绿色；苞片短叶状，边缘粗糙，具鞘。小穗2-3，靠近，顶生1个雄性，线形，长约1厘米，小穗柄短；侧生小穗雌性，长圆状卵形，长达1.2厘米，宽5-7毫米，有几朵至6-7朵花，最上部1个

雌小穗与雄小穗等高，小穗柄短。雌花鳞片卵形，黄白色，3脉绿色。果囊长于鳞片，斜展，菱形，长7.5毫米，膜质，黄绿色，无毛，细脉多条，喙口具2短齿。小坚果紧包果囊中，椭圆形，三棱状，长达5毫米，黄褐色，柄长1毫米，直立，中部棱上缢缩，下部棱面凹陷，喙长1毫米，顶端稍膨大；花柱基部膨大，柱头3。果期4-5月。

产浙江、福建及湖南，生于竹林下。

169. 高氏薹草　　　　　　　　　　　　图 627

Carex kaoi Tang et Wang ex S. Y. Liang in Acta Phytotax. Sin. 36(6): 530. f. 1:1-5. 1998.

根状茎短，木质。秆侧生，高7-13厘米，扁三棱形，弯曲，平滑，具3-4无叶片的叶鞘。叶长于秆3-4倍，宽1-1.5厘米，基部对折，边缘粗糙，先端渐窄；苞片短叶状，具鞘。小穗3-4，靠近，具柄，顶生1个雄性，棍棒状，长5-7毫米；侧生小穗2-3，雌性，卵形，长1厘米，花稀疏（5-7朵）。雌花鳞片披针状宽卵形，黄白色，3脉绿色，具芒尖。果囊长于鳞

片，斜展，菱形，长7-8毫米，纸质，黄绿色，无毛，多脉，喙长2.5毫米，喙口具2齿。小坚果紧包果囊中，菱状椭圆形，三棱状，长5毫米，黑色，柄稍弯，中部棱上缢缩，下部棱面凹陷，喙长约1毫米，顶端稍膨大；花柱基部稍增粗，柱头3。果期5月。

图 627　高氏薹草　（王金凤绘）

产湖南南部及广东，生于林缘。

170. 弯喙薹草　　　　　　　　　　　　图 628

Carex laticeps C. B. Clarke ex Franch. in Nouv. Arch. Mus. Hist. Nat. Paris ser. 3, 9:178. 1897.

根状茎短，木质，坚硬，具匍匐茎。秆中生，高30-40厘米，纤细，三棱形，被疏柔毛，老叶鞘褐色纤维状。叶短于秆，宽3-5毫米，边缘反卷，灰绿色，两面被疏柔毛，先端渐尖；苞片短叶状，被毛，具长鞘。小穗2-3，疏离；顶生1个雄性，棍棒状，长1.5-2.5厘米，小穗柄被疏柔毛，长4-9毫米；侧生1-2雌性，长圆形或短圆柱形，长2-2.5厘米，宽1-1.4厘米，花密生，小穗柄被疏柔毛。雌花鳞片卵状披针形，具短芒尖，长

图 628　弯喙薹草　（引自《图鉴》）

5-6毫米，黄白色，中脉绿色。果囊倒卵形，三棱状，长7-8毫米（连喙），微镰刀弯曲，褐绿色，被短柔毛，多脉，喙长，喙圆筒形，长3毫米，顶端成2长齿。小坚果紧包果囊中，倒卵形，三棱状，长3-4毫米，黄色，成熟时黑色，中部棱上缢缩，下部棱面凹陷，具短柄，弯曲，喙短，弯曲；花柱基部稍膨大，柱头3。花果期3-4月。

产陕西、江苏、安徽、浙江、福建、江西、湖北及湖南，生于山坡林下、路旁或沟边。朝鲜半岛及日本有分布。

171. 长颈薹草

图 629

Carex rhynchophora Franch. in Bull. Soc. Philom. sér. 8, 7:90. 1895.

根状茎斜生，木质。秆中生，高 30-60 厘米，纤细，坚硬，三棱形，上部粗糙，老叶鞘暗褐色纤维状。叶长于秆，宽 2-5 毫米，线形，纸质，边缘反卷，上部边缘粗糙，先端渐窄；苞片短叶状，具长鞘。小穗 3-4，顶生 1 个雄性，圆柱形，长 2.2-6 厘米，小穗柄长；侧生小穗雄雌顺序，雄花部分长为雌花部分 1/2-1/3，圆柱形，长 2.5-4 厘米，花稍密生，小穗柄短。雌花鳞片长圆状椭圆形，锈色，3 脉绿色，具芒，芒边缘粗糙。果囊稍长于鳞片，斜展，披针状卵形（喙除外），长 6-7 毫米（连喙），近革质，绿色，无毛，多脉，喙长 2.5-3 毫米，喙口成 2 长齿。小坚果紧包果囊中，卵状椭圆形（喙除外），三棱状，长 3.5-4 毫米（连喙），具短柄，弯曲，中部棱上具刀刻痕迹，喙长 0.5-0.8 毫米，顶端环状；花柱基部几不膨大，柱头 3。花果期 3-5 月。

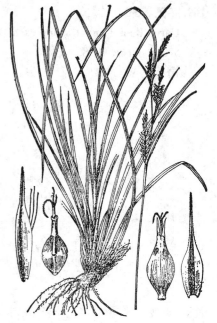

图 629 长颈薹草 （引自《江苏植物志》）

产江苏、浙江、湖北、贵州及四川，生于海拔 600-1750 米山坡或山谷石灰岩上。

172. 灰岩生薹草

图 630

Carex calcicola Tang et Wang in Acta Phytotax. Sin. 24(3): 244. f. 4. 1986.

根状茎斜生，木质，坚硬。秆高 50-60 厘米，三棱形，坚挺，上部粗糙，老叶鞘深棕色纤维状。叶长于秆，宽 0.8-1.1 厘米，革质，边缘反卷，上部边缘粗糙；苞片叶状，短于花序，具长鞘。小穗多数，顶生 1 个雄性或雄雌顺序，线状圆柱形，长 4.5-10 厘米，小穗柄长 2-3 厘米；余小穗为雄雌顺序（顶端雄性部分等长或长为小穗 1/2-1/3），圆柱形，长 3-11 厘米，宽 0.7-1.1 厘米，花密生，小穗柄短。雌花鳞片卵形，先端尖或具短尖，红褐色，具白色膜质极窄边缘，3 脉绿色。果囊长于鳞片，斜展，卵状披针形，长 6-6.5 毫米（连喙），革质，无毛，细脉多数，喙长 4 毫米，圆柱形，喙缘具细齿，喙口 2 齿张开。小坚果紧包果囊中，椭圆形（喙除外），三棱状，黄褐色，中部棱缢缩，上下部棱面凹陷，长 3-3.5 毫米（连喙），具短柄，弯曲，喙长 1-1.5 毫米；花柱基部几不膨大，柱头 3。果期 2 月。

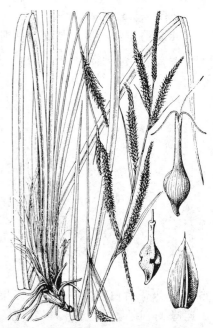

图 630 灰岩生薹草 （引自《植物分类学报》）

产广西及贵州，生于海拔 800-900 米石灰岩上。

173. 陈氏薹草

图 631

Carex cheniana Tang et Wang ex S. Y. Liang in Acta Phytotax. Sin. 36(6): 532. f. 2:1-5. 1998.

根状茎短。秆高40-57厘米，三棱形，平滑。叶长于秆，宽5-9

毫米，边缘反卷，上部边缘粗糙，先端渐窄，绿色；苞片短叶状，具长鞘。小穗4-5，顶生1个雄性，棍棒状圆柱形，长1-2.7厘米；侧生3-4雌性，顶端有极少雄花，圆柱形，长3.5-6厘米，花密生。雌花鳞片椭圆状披针形，长6-6.5毫米，光亮，无毛，苍白色，3脉绿色，具长芒。果囊斜展，菱状椭圆形（喙除外），

长7-7.5毫米（连喙），革质，黄褐色，被疏柔毛，多脉，喙扁，长4毫米，喙口具2长齿。小坚果紧包果囊中，卵状椭圆形，三棱状，长3毫米，中部棱上缢缩，上下部棱面凹陷，具短柄，弯曲，喙短，弯曲；花柱基部稍膨大，柱头3。果期4-5月。

图 631 陈氏薹草 （王金凤绘）

产浙江、福建、江西等省，生于山坡林下。

174. 岩生薹草

图 626：5-8

Carex saxicola Tang et Wang, Fl. Hainan 4: 344. 535. f. 1166. 1977.

根状茎短，木质。秆高达66厘米，坚硬，三棱形，上部微粗糙。叶长于秆，宽0.8-1厘米，上部边缘粗糙，先端渐窄；苞片叶状，长于花序，具鞘。小穗4，靠近，顶生1个雄性，线状圆柱形，长5.5-7厘米，小穗柄长；余3个多为雌花，顶部雄花部分长为雌花部分1/6，圆柱形，长6-7.5厘米，花密生，小穗柄短。雌花鳞片椭圆状披针形或披针形，长5.5-6毫米，膜质，被短

粗毛，淡黄色，3脉绿色，芒长2毫米。果囊斜展，卵状披针形，长7.5-8毫米，疏被短硬毛，多脉，具短柄，喙长2-3毫米，喙缘粗糙，喙口具2短齿。小坚果紧包果囊中，菱状宽椭圆形，三棱状，长4毫米，中部棱上缢缩，下部棱面凹陷，喙窄圆柱形，长1毫米，稍弯，顶端盘状；花柱基部稍膨大，宿存，柱头3。果期12月。

产湖南、海南及广西，生于海拔900-1100米山谷密林下、阴湿处或岩缝中。

175. 短尖薹草

图 632

Carex brevicuspis C. B. Clarke in Journ. Linn. Soc. Bot. 36: 277. 1903.

根状茎粗短。秆高20-55厘米，三棱形，坚硬，平滑，老叶鞘深棕色纤维状。叶长于秆，宽0.5-1厘米，先端渐窄；苞片短叶状，具长鞘。小穗4-5，疏离，顶生1个雄性，窄圆柱形，长2.5-4厘米，小穗柄长约4厘米；侧生小穗大部为雌花，顶端有少数雄花，圆柱形，长3.7-7厘米，花密生；最下部小穗长5-7.5厘米，平滑，余包于鞘内。雌花鳞片线状披针形，具短尖，黄褐色，3脉绿色。果囊长于或近等长

于鳞片，斜展，卵形或倒卵形（喙除外），长6-7毫米（连喙），革质，棕色，无毛或疏被短硬毛，脉多条隆起，喙长3-4毫米，无毛，喙口具2尖齿。小坚果紧包果囊中，三棱状卵形，长约2毫米，黑紫色，

具弯柄，中部棱上缢缩，下部棱面凹陷，喙长 1 毫米，喙顶端环状；花柱基部不膨大，柱头 3。果期 4-5 月。

产安徽、浙江、台湾、福建、江西、湖南及贵州，生于海拔 580-700 米山坡林下或溪旁。

[附] **基花薹草 Carex brevicuspis** var. **basiflora** (C. B. Clarke) Kükenth. in Engl. Pflanzenr. Heft 38(IV. 20): 630. 1909. —— *Carex basiflora* C. B. Clarke in Journ. Linn. Soc. Bot. 36: 274. 1903. 与模式变种的区别：叶极长于秆；小坚果无喙。产陕西及湖北。

图 632 短尖薹草 （引自《图鉴》）

176. 根花薹草
图 633

Carex radiciflora Dunn in Journ. Linn. Soc. Bot. 38: 371. 1908.

根状茎短，木质，坚硬。秆极短。叶长 25-70 厘米，宽 1.4-2 厘米，上部边缘微粗糙，先端渐尖，老叶鞘紫褐色纤维状；苞片鞘状，其下有 3 小叶包小穗成束。小穗 3-6，基生，极靠近，顶生 1 个雄性，线状圆柱形，长 1.8-2 厘米；余小穗雌性，长圆状圆柱形，长 1.8-3 厘米，花密生，具小穗柄。雌花鳞片卵形，先端钝，长约 3 毫米，淡绿褐色，两侧近白色膜质，3 脉。果囊斜展，卵状披针形，膨胀三棱状，长 6-6.5 毫米，褐色，革质，微被毛，多脉隆起，具短柄，喙缘有细齿，喙口具 2 短齿。小坚果紧包果囊中，椭圆形，三棱状，长 3.5 毫米，深紫黑色，中部棱上缢缩，柄短直，喙长不及 1 毫米，顶端碗状；花柱基部膨大，柱头 3。果期 4-5 月。

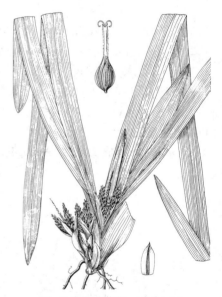
图 633 根花薹草 （孙英宝绘）

产福建、湖南、广东、广西等省区，生于海拔 600-1200 米溪边石隙中或林下阴处。

177. 遵义薹草
图 626：1-4

Carex zunyiensis Tang et Wang in Acta Phytotax. Sin. 24(3):241. 1986.

根状茎短，木质。秆极短。叶长 25-70 厘米，宽 1-1.5 厘米，深绿色，上部边缘微粗糙，老叶鞘暗棕色纤维状；苞片短叶状，无鞘。小穗 4-7，近基生，极靠近，顶生 1 个雄性，线状圆柱形，长 3.5-5 厘米；余小穗雌性，长圆状圆柱形，长 3-5 厘米，花密生，

图 626：1-4.遵义薹草 5-8.岩生薹草 9-11.戟叶薹草 （引自《海南植物志》）

具小穗柄。雌花鳞片披针形，先端锐尖，长约 4 毫米，边缘粗糙，绿黄色，中脉隆起。果囊斜展，椭圆形，长 4 - 5 毫米，膜质，橄榄绿色，疏被糙硬毛，多脉，喙近圆筒形，喙口具 2 齿。小坚果紧包果囊中，未成熟时黄色，卵状椭圆形，三棱状，中部棱上缢缩，下部棱面凹陷，喙短，弯曲，顶端碗状；花柱基部不膨大，柱头 3。花果期 3 - 4 月。

产安徽、湖南、广东、广西、贵州、四川及云南东南部，生于海拔 200 - 1350 米山谷溪边或林下石上。

组 25. 疏花薹草组 Sect. Laxiflorae Kunth.

（梁松筠）

秆中生或侧生。小穗 2 - 5，顶生 1 个雄性，稀雄雌顺序；侧生小穗雌性，通常花少，疏花或稍疏。果囊膜质，稀近革质，多脉，无毛或被毛。

约 21 种。我国 17 种。

1. 秆中生。
  2. 叶缘及两面疏生柔毛。
    3. 果囊和小穗柄无毛 ·· 182. 毛缘薹草 **C. pilosa**
    3. 果囊和小穗柄疏生毛 ················· 182(附). 刺毛缘薹草 **C. pilosa** var. **auriculata**
  2. 叶无毛。
    4. 果囊无毛。
      5. 苞片叶状。
        6. 果囊喙圆锥状，喙口斜截或微缺 ·································· 183. 少囊薹草 **C. egena**
        6. 果囊喙细长，喙口 2 齿裂 ··················· 184. 丝柄薹草 **C. filipes** var. **sparsinux**
      5. 苞片短叶状；叶短于秆，长约为秆 1/2；雌小穗卵形，长约 1 厘米 ·················
        ··· 179. 假长嘴薹草 **C. pseudo-longerostrata**
    4. 果囊被毛。
      7. 花柱基部弯曲；雌小穗具 6 - 10 花；果囊倒卵形，长 7 - 8 毫米。
        8. 根状茎无匍匐茎 ·································· 178. 长嘴薹草 **C. longerostrata**
        8. 根状茎具长匍匐茎 ················· 178(附). 细穗薹草 **C. longerostrata** var. **pallida**
      7. 花柱基部直。
        9. 果囊倒卵形，长 5 - 6 毫米；小坚果倒卵形，下部棱面凹陷，具短柄 ······ 180. 涝峪薹草 **C. giraldiana**
        9. 果囊长圆形，三棱状，长 7 - 7.5 毫米；小坚果椭圆形，腹面具沟，两侧稍凹，具长柄 ·························
          ··· 181. 沟囊薹草 **C. canaliculata**
1. 秆侧生。
  10. 果囊无毛；花柱基部不膨大 ··································· 185. 阿里山薹草 **C. arisanensis**
  10. 果囊被毛；花柱基部膨大 ··································· 186. 布里薹草 **C. blinii**

178. 长嘴薹草　　　　　　　　　　　　　　图　634

Carex longerostrata C. A. Mey. in Mém. Acad. Imp. Sci. St. Petersb. 1:220. t. 1. 1831.

根状茎短，无匍匐茎，斜生，木质。秆丛生，高 15 - 50 厘米，扁三棱形，上部微粗糙，叶鞘初淡绿色，后深棕色纤维状。叶无毛；苞片短叶状，短于花序，具鞘。小穗

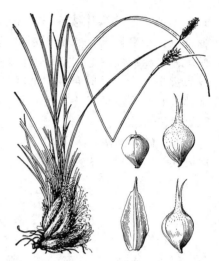

图 634 长嘴薹草 （引自《图鉴》）

2（3），顶生 1 个雄性，棍棒状，长 1-2.5 厘米，花密生；侧生小穗雌性，卵形或长圆形，长 1-1.7 厘米，具 6-10 花，小穗柄短。雌花鳞片窄椭圆形或披针形，先端平截或钝，长约 6.5 毫米，淡锈色，3 脉绿色，具糙芒。果囊斜展，倒卵形，钝三棱状，长 7-8 毫米（连喙），膜质，绿或淡棕色，被疏柔毛，多脉，喙长，喙口具 2 长齿。小坚果紧包果囊中，倒卵形，钝三棱状，长约 3 毫米，具短柄，下部棱面凹；花柱基部稍膨大，弯曲，宿存，柱头 3。花果期 5-6 月。

产黑龙江、吉林、辽宁、河北、山西、河南、陕西及甘肃，生于海拔 1250-2430 米山坡草丛中、水边或林下。俄罗斯（远东地区、堪察加）、朝鲜半岛及日本有分布。

[附] **细穗薹草 Carex longerostrata** var. **pallida** (Kitag.) Ohwi in Acta Phytot. Geobot. 4: 43. 1935. pro parte —— *Carex tenuistachya* Nakai var. *pallida* Kitag. in Bot. Mag. Tokyo 48: 25. 1934. 与模式变种的区别：根状茎具长匍匐茎。产吉林及辽宁，生于林下或草地。朝鲜半岛及日本有分布。

179. 假长嘴薹草　　　　　　　　图 635

Carex pseudo-longerostrata Y. L. Chang et Y. L. Yang in Fl. Herb. Pl. Northeast. China 11: 131. 206. t. 59: 1-5. 1976.

根状茎斜生，木质。秆密丛生，高 15-30 厘米，纤细，扁三棱形，上部稍粗糙，下部平滑，老叶鞘褐色纤维状。叶短于秆，长约为秆 1/2，

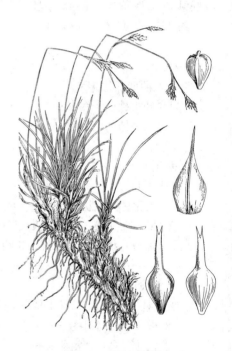

图 635 假长嘴薹草
（引自《东北草本植物志》）

宽 1.5-3.5 毫米，无毛，边缘粗糙，先端渐尖；苞片短叶状，具短鞘。小穗 2（3），顶生 1 个雄性，棍棒状，圆柱形，长约 1 厘米；侧生小穗雌性，顶端无雄花，卵形，长约 1 厘米，4-5 花，小穗具短柄。雌花鳞片卵形，棕色，中脉两侧绿色，具粗糙芒尖。果囊长于鳞片，斜展，卵形（喙除外），黄绿色，长 6 毫米（连喙），无毛，细脉多数不明显，长喙近圆筒形，喙缘粗糙，喙口具 2 齿。小坚果紧包果囊中，倒卵形，三棱状，长约 1 毫米，深栗色，中部棱上不缢缩；花柱直，基部稍膨大，柱头 3。花果期 7-8 月。

产吉林，生于海拔 1850-2300 米高山冻原、草地及疏林下草甸。朝鲜半岛北部有分布。

180. 涝峪薹草　　　　　　　　图 636: 1-4

Carex giraldiana Kükenth. in Engl. Bot. Jahrb. 36: Beibl. n. 82. 10. 1905.

根状茎木质，匍匐。秆高 16-30 厘米，扁三棱形，平滑，老叶鞘淡褐色纤维状。叶短于或等长于秆，宽 2-5 毫米，边缘粗糙，反卷，

无毛，淡绿色，稍坚硬；苞片短叶状，具鞘。小穗3-5，疏离，顶生1个雄性，棒状圆柱形，长1厘米；侧生小穗雌性，顶端常具雄花，卵形，3-5花，长6-8毫米，小穗柄三棱状，棱具疏齿，上部2小穗柄短，包于苞鞘内，下部2个柄稍长，伸出鞘外。雌花鳞片长圆形，先端近平截，淡黄白色，3脉绿色，具粗糙短尖。果囊与鳞片近等长，斜展，倒卵形，长5-6毫米，近革质，黄绿色，疏被短硬毛，多脉，具柄，稍斜，喙圆柱形，喙口具2浅齿。小坚果紧包果囊中，倒卵形，三棱状，下部棱面凹陷，具短柄，喙圆柱形，顶端环状；花柱基部膨大，柱头3。花果期3-5月。

产河北、河南及陕西，生于海拔约1200米山谷路旁。

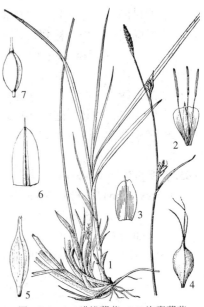

图 636：1-4.涝峪薹草 5-7.沟囊薹草
（引自《云南植物研究》、《秦岭植物志》）

181. 沟囊薹草
图 636：5-7

Carex canaliculata P. C. Li in Acta Bot. Yunnan. 12(2): 148. f. 16. 1990.

根状茎匍匐，木质。秆高18-30厘米，极纤细，平滑，基部叶鞘紫红色。叶长于秆，宽4-6毫米，边缘粗糙，无毛；苞片短叶状，具长鞘。小穗3，疏离，顶生1个雄性，圆柱形，长1.5-2厘米，小穗柄长0.5-2厘米；余小穗雌性，卵形，长0.7-1.2厘米，少花稍密，小穗柄包于苞鞘内。雌花鳞片长圆形，先端近圆，长5-5.5毫米，黄白色，3脉绿色，具短尖。果囊长圆形，三棱状，长7-7.5毫米，近革质，绿色，下部具脉，上部疏被毛，具长柄，喙长，喙口具2齿。小坚果紧包果囊中，椭圆形，长4毫米，腹面具沟，两侧稍凹，具长柄；花柱基部膨大，柱头3。花果期5月。

产四川西部及云南西北部，生于海拔约2500米山坡林下。

182. 毛缘薹草
图 637

Carex pilosa Scop. Fl. Carn. ed. 2, 2:226. 1772.

根状茎具长匍匐茎。秆高30-60厘米，三棱形，平滑，基部叶鞘

无叶片，紫红色，疏生短柔毛。叶短于秆，宽5-8毫米，边缘及两面疏生柔毛，柔软；苞片叶状，短于花序，鞘长2-5厘米。小穗3-4，疏离，顶生小穗雄性，长圆形或棒状，长2-3厘米；侧生小穗雌性，线形，长2-4厘米，8-12花，疏生，小穗柄无毛，最下部的长达12厘米。雌花鳞

图 637 毛缘薹草 （引自《东北草本植物志》）

片卵形或椭圆形，紫或锈色，中部淡黄色，3脉。果囊长于鳞片，倒卵形或近椭圆形，钝三棱状，长（3.5）4-5毫米，淡绿色，后黄色，无毛，多脉，具短柄，喙圆锥形，稍弯，喙口斜截，一侧微缺，边缘紫红色。小坚果紧包果囊中，倒卵形，钝三棱状，长约2.5毫米；花柱基部不膨大，柱头3。花果期4-5月。

产黑龙江、吉林、辽宁及河北，生于林下。俄罗斯及一些欧洲国家、朝鲜半岛北部及日本有分布。

183. 少囊薹草　少穗苔草　　　　图 638

Carex egena Lévl. et Vant. in Fedde, Repert. Sp. Nov. 4:227. 1907.

Carex filipes Franch. et Savat. var. *oligostachys* (Meinsh. ex Maxim.) Kükenth.; 中国高等植物图鉴 5: 312. 1976.

根状茎短。秆丛生，高40-70厘米，扁三棱形，平滑，顶端下垂，基部叶鞘无叶片，紫红色，边缘细裂成网状。叶稍短于秆，宽4-8毫米，较软，无毛；苞片叶状，长于小穗，鞘长1-2厘米。小穗3-4，疏离，顶生1个雄性，长圆状披针形，长1.2-2厘米，具长柄；侧生小穗雌性，长圆形，长1-2厘米，花稀疏，4-10花，柄纤细，丝状，长3.5-8厘米，下垂。雌花鳞片窄卵形，长约4

毫米，淡锈色，3脉，脉间绿色。果囊长圆状卵形或窄卵形，钝三棱状，长5.5-7毫米，淡绿色，后淡黄色，无毛，多脉，具短柄，喙圆锥状，喙口斜截或微缺。小坚果稍疏松包果囊中，倒卵形或椭圆状倒卵形，三棱状，长2.5-3毫米；花柱基部不膨大，柱头3。花果期5-6月。

产黑龙江、辽宁及河北，生于海拔1310-1350米林下。俄罗斯远东地区及朝鲜半岛北部有分布。

184. 丝柄薹草　　　　图 639

Carex filipes Franch. et Savat. var. **sparsinux** (C. B. Clarke ex Franch.) Kükenth. in Engl. Pflanzenr. Heft 38(IV. 20): 639. 1909.

Carex sparsinux C. B. Clarke ex Franch. in Nouv. Arch. Mus. Hist. Nat. ser. 3, 10:66. 1898.

根状茎短或稍长。秆高30-55厘米，扁三棱形，平滑，基部叶鞘无叶片，紫红色。叶短于秆，宽3-6毫米，先端渐尖，柔软，无毛；苞

[附] **刺毛缘薹草 Carex pilosa** var. **auriculata** Kükenth. in Engl. Pflanzenr. Heft 38 (IV. 20):637. 1909.

与模式变种的区别：果囊和小穗柄疏生毛。产黑龙江及福建，生于林下。俄罗斯远东地区及日本有分布。

图 638　少囊薹草　（引自《东北草本植物志》）

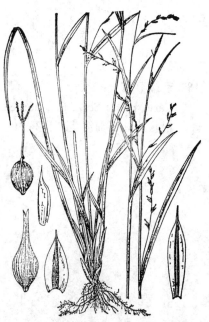

图 639　丝柄薹草　（引自《江苏植物志》）

片叶状，短于花序，具长鞘。小穗3-4，疏离，顶生小穗雄性，长圆状披针形或圆柱形，长2-3厘米，具长柄；侧生小穗雌性，花稀疏，3-6朵，小穗柄长3-6厘米，丝状，下垂。雌花鳞片卵形或卵状披针形，长5-6毫米，黄褐或黄白色，中间淡绿色，3脉，先端锐尖。果囊卵形或椭圆形，三棱状，长6-7毫米，黄绿色，多脉不明显，无毛，具短柄，喙细长，喙口2齿裂。小坚果宽倒卵形或卵形，三棱状，长2.5-3毫米，禾秆色；花柱基部不增大，柱头3。花果期3-5月。

产江苏、安徽、浙江、福建、湖北等省，生于海拔1480-2200米林下、路边湿地或草丛中。日本有分布。

185. 阿里山薹草　　　　　　　　　　　　　图 640

Carex arisanensis Hayata in Journ. Coll. Sci. Univ. Tokyo 30:378. 1911.

图 640 阿里山薹草 （引自《图鉴》）

根状茎短。秆侧生，高15-40厘米，细弱，平滑，基部具淡褐或紫红色无叶片叶鞘。叶短于或长于秆，宽4-8毫米，柔软，先端渐尖；苞片短叶状，鞘长2-4厘米。小穗3-4，顶生1个雄性，披针状长圆形，长5-8毫米，与最上的1个雌小穗极接近；余小穗雌性，长圆形，长7-10厘米，2-3花，小穗柄纤细，伸出苞鞘。雌花鳞片卵状长圆形，先端尖，长3.5-4.5厘米，苍白色，中脉绿色。果

囊卵状纺锤形，三棱状，长5.5-6.5毫米，无毛，棕绿色，草质，多脉，喙长，喙口膜质，具2齿。小坚果紧包果囊中，倒卵状椭圆形，三棱状，淡褐色，长3毫米；花柱基部不膨大，柱头3。花果期4-6月。

产台湾、福建、湖南及广西，生于海拔900-1100米林下。日本琉球南部有分布。

186. 布里薹草

Carex blinii Lévl. et Vaniot. in Bull. Soc. Bot. France. sér. 4, 6:316. 1906.

根状茎短。秆侧生，高5-12厘米，纤细，上部粗糙，平滑，基部叶鞘黑紫色。叶长于秆，宽3-7毫米，边缘粗糙；苞片叶状，长于花序，具短鞘。小穗2-4，集成头状，顶生1个雄性，线形，长0.8-1厘米，具短柄；侧生小穗雌性，长圆形或近球形，长0.8-1厘米，宽4-6毫

米，具短柄。雌花鳞片宽卵形或三角状卵形，长约2毫米，具短尖，3脉绿色，脉两侧具紫红色条纹。果囊纺锤形，三棱状，长约6毫米，黄褐色，多脉紫红色，纸质，下部具糙毛，喙口斜截。小坚果紧包果囊中，卵形，三棱状，黄褐色，长3.5毫米；花柱基部膨大，柱头3。花果期4月。

产江苏、广西等省区，生于林下或沟旁。越南有分布。

组 26. 似莎薹草组 Sect. Pseudo-cypereae Tuckerm.
（戴伦凯）

叶纵脉间具小横隔脉；苞片叶状，长于小穗，通常无鞘。小穗单性，常3-9，上部1-3个为雄小穗，窄圆柱形，余为雌小穗，单个生于苞片腋，雌小穗圆筒形或圆柱形，密生多花，具柄，上部的小穗柄短。雌

花鳞片具芒。果囊成熟后平展或反折，卵状披针形或椭圆形，钝三棱状，不鼓胀，近革质或革质，黄绿色，多脉明显，具短柄，喙较长，喙口具2长齿，齿钻状或芒状，有时外弯。小坚果较松包果囊中；花柱细长，常扭曲状，基部不增粗，柱头3。

我国2种。

187. 弓喙薹草　羊角苔草　　　　　　　图 641　图 658：7-10

Carex capricornis Meinsh. ex Maxim. in Mél. Biol. 12:569. 1887.

根状茎短。秆丛生，高30-70厘米，粗壮，三棱形，上部粗糙，

基部具少数紫褐色无叶片的鞘，老叶鞘裂成纤维状。叶长于或稍短于秆，宽3-8毫米，稍坚挺，侧脉2，纵脉间具短横隔脉，具鞘；苞片叶状，长于小穗，通常无鞘。小穗3-5，集生秆上端，有的最下部一个稍疏离；顶生雄小穗棍棒形或线状圆柱形，长2-3厘米，近无柄；侧生雌小穗长圆状卵形或短圆柱形，长

图 641　弓喙薹草　（引自《图鉴》）

2-3厘米，密生多花，具短柄或近无柄。雌花鳞片长圆形，长4-5毫米，先端渐尖，具长芒，芒几等长于鳞片，边缘粗糙，厚膜质，两侧淡褐色，中间淡绿色，3脉。果囊斜展或极叉开，窄披针形，扁三棱状，长6-8毫米，厚膜质，淡黄绿色，无毛，多脉，具短柄，喙长，具2长齿，齿向两侧外弯。小坚果较松包果囊中，椭圆形，三棱状，长1-1.5毫米，深褐色；花柱细长，多次弯曲，基部不增粗，柱

头3，较短。花果期5-8月。

产黑龙江、吉林、辽宁、内蒙古、河北、河南及江苏，生于河边、湖边、沼泽地或潮湿处。俄罗斯远东地区、朝鲜半岛北部及日本有分布。

组 27. 胀囊薹草组 Sect. Physocarpae Drejer
（戴伦凯）

秆较高，稍粗壮。叶片具小横隔脉；苞片叶状，常无苞鞘，稀具短苞鞘。小穗单性，具（2）3-7（-11）小穗，上部1-4为雄小穗，偶基部具少数雌花；余为雌小穗，偶顶端具少数雄花，多花密生，小穗柄较短。雌花鳞片先端无短尖或芒。果囊常斜展，少数后平展或稍反折，鼓胀三棱状，膜质或近革质，无毛，脉明显，喙较短，稀稍长，具2短齿或2齿不明显。小坚果很松包果囊中，三棱状；花柱细长，常扭曲状，柱头3，较短。

我国10种。

1. 果囊宽卵形、卵球形或卵形，长0.6-1.2厘米。
  2. 叶宽0.8-1.5厘米；雄小穗常3-7，有时基部具几朵雌花；雌小穗顶端偶具几朵雄花；雌花鳞片长圆状披针形；果囊成熟时平展，圆卵形或宽卵形，喙稍长 ……………………………… **188. 大穗薹草 C. rhynchophysa**
  2. 叶宽2-5毫米；雄小穗2-3，基部无雌花；雌小穗顶端无雄花；雌花鳞片窄卵形或卵状披针形；果囊成熟时斜展，长圆状卵形，喙短 ……………………………………… **189. 胀囊薹草 C. vesicaria**
1. 果囊长圆状卵形或卵形，长4-5.5毫米。
  3. 果囊成熟后平展或反折，具长约1毫米的弯柄 ……………………… **190. 柄薹草 C. mollissima**
  3. 果囊成熟后斜展，具短柄或近无柄。

188. 大穗薹草

图 642

Carex rhynchophysa C. A. Mey. in Index Semin. Hort. Bot. Petrop. 9, suppl. 9. 1844.

根状茎较粗，具地下匍匐茎。秆高0.6-1米，粗壮，三棱形，下部平滑，上部稍粗糙，基部叶鞘棕色或稍带红棕色。叶长于秆，宽0.8-1.5厘米，稍坚挺，具短横隔脉，具叶鞘；苞片叶状，长于小穗，最下部的苞片具短苞鞘，上部的苞片无苞鞘。小穗7-11，上端的3-7为雄小穗，间距短，窄圆柱形，长1.5-4.5厘米，有时基部具几朵雌花，近无柄，余为雌小穗，圆柱形，长3-7.5

厘米，密生多花，顶端偶具几朵雄花，柄短。雌花鳞片长圆状披针形，长约4.2毫米，先端急尖，无短尖，膜质，淡棕或淡黄褐色，上部边缘白色半透明，具中脉。果囊成熟时平展，圆卵形或宽卵形，鼓胀三棱状，长6.5-7毫米，膜质，黄绿色，稍有光泽，无毛，多脉，具短柄，喙稍长，喙口具2齿。小坚果很松包果囊中，倒卵形，三棱状，长约2毫米，具短柄；花柱细长，常多回扭曲，基部不增粗，柱头3，较花柱短。花果期6-7月。

产黑龙江、吉林、内蒙古及新疆，生于沼泽地、河边或湖边潮湿地。俄罗斯和一些欧洲国家、蒙古、朝鲜半岛北部及日本有分布。

图 642 大穗薹草 （引自《东北草本植物志》）

189. 胀囊薹草

图 643：1-5

Carex vesicaria Linn. Sp. Pl. 979. 1753.

根状茎具分枝地下匍匐茎。秆高0.3-1米，稍细，锐三棱形，较坚挺，上部粗糙，基部具红褐色无叶片的鞘，老叶鞘裂成网状纤维。叶稍短于秆，宽2-5毫米，稍坚挺，脉间具小横隔脉，具叶鞘；苞片叶状，长于小穗，雄小穗基部苞片芒状，短于小穗，最下部的苞片有时具短苞鞘，余苞片无苞鞘。小穗4-6，间距较长；上端2-3雄小穗，间距短，线状圆柱形，长2-3.5厘米，近无柄；余为雌小穗长圆形或长圆状圆柱形，长3-7厘米，密生多花，具短柄。雌花鳞片窄卵形或卵状披针形，长约3.2毫米，先端渐尖，无短尖，膜质，淡锈色或锈色，边缘白色半透明，3脉，脉间黄绿色。果囊成熟时斜展，卵形或

图 643：1-5. 胀囊薹草　6-9. 柄薹草
（引自《东北草本植物志》）

圆锥状卵形，鼓胀三棱状，长6-8毫米，近革质。淡黄绿色，稍有光泽，无毛，多脉，柄短，喙短，喙口具2短齿。小坚果很松包果囊中，倒卵形，三棱状，长1.7-2毫米，具短柄；花柱细长，常扭曲，基部不增粗，柱头3，较短。花果期5-7月。

产黑龙江、吉林、辽宁、内蒙古、河北及新疆，生于河边、湖边等潮湿地、沼泽或草甸。蒙古、俄罗斯、朝鲜半岛北部、日本、欧洲及北美洲有分布。

190. 柄薹草　　　　　　　　　　图 643：6-9

Carex mollissima Christ. ex Scheutz. Fl. Vasc. Jeniss. 181. 1887.

根状茎短，地下匍匐茎长。秆高30-40（-50）厘米，稍细，扁三棱状，上部稍粗糙，基部具淡黄褐色无叶片的鞘，鞘有时裂成纤维状。叶长于秆，宽2-4毫米，质软，边缘和脉稍粗糙，叶鞘长；苞片叶状，长于小穗，近无鞘或最下部的具短苞鞘。小穗3-4，最下部的小穗稍疏离，上部的间距较短；顶端1-2雄小穗线形或棍棒形，长1-1.8毫米，具短柄；余为雌小穗，长圆状圆柱形或圆柱形，长1-3.5厘米，密生多花，上部的具短柄，下部的柄长达5厘米。雌花鳞片卵状长圆形，先端钝，长约3毫米，膜质，淡锈色或苍白色，边缘白色透明，3脉。果囊成熟后平展或向下反折，卵形，鼓胀三棱状，长4-5毫米，纸质，淡黄绿色，无毛，稍有光泽，多脉，柄弯，长约1毫米，喙较长，喙口浅裂为2齿或微凹。小坚果很松包果囊中，椭圆形或近倒卵形，三棱状，长约1.5毫米，具短柄；花柱细长，基部弯曲，不增粗；柱头3，很短。花果期7-8月。

产黑龙江及内蒙古，生于高山沼泽地。俄罗斯及朝鲜半岛北部有分布。

191. 帕米尔薹草　　　　　　　　　图 644

Carex pamirensis C. B. Clarke ex B. Fedtsch. in Journ. Bot. éd. Sect. Bot. Soc. Nat. St. Petersb. 1:19. 1906.

根状茎具较粗地下匍匐茎。秆高60-90厘米，三棱形，粗壮，坚挺，下部平滑，上部粗糙，基部具红棕色无叶片的鞘。叶近等长于秆，宽0.5-1厘米，基部常折合，脉间具小横隔脉，边缘和脉粗糙；苞片叶状，长于小穗，无苞鞘或下部的具短苞鞘。小穗4-5，上端1-3为雄小穗，间距短，棍棒形或窄圆柱形，长2-4厘米，近无柄；余为雌小穗，间距较长，长圆形或短圆柱形，长2.5-3.5厘米，密生多花，具短柄。雌花鳞片披针形或窄披针形，先端近急尖，长4.2-5毫米，膜质，红褐色，具中脉。果囊斜展，长圆状卵形，鼓胀三棱状，长5-5.5毫米，麦秆黄色常带棕色，无毛，有

图 644　帕米尔薹草　（引自《图鉴》）

光泽，细脉5，柄极短，喙短，喙口微缺。小坚果宽卵形，三棱状，长约2毫米，具短柄；花柱细长，基部扭曲，柱头3，短。花果期7-8月。

产甘肃、新疆、四川北部及云南西北部，生于海拔2400-3700米高山沼泽地。俄罗斯、哈萨克斯坦及阿富汗有分布。

192. 灰株薹草

图 645

Carex rostrata Stokes in With. Arrang. Brit. Pl. ed. 2, 2: 1059. 1787.

根状茎具长而稍粗壮地下匍匐茎。秆疏丛生，高0.4-1米，较粗壮，

钝三棱形，平滑，基部具无叶片的鞘，老叶鞘常裂成纤维状。叶长于秆，宽2-5毫米，较坚挺，灰绿色，脉间常具小横隔脉，边缘稍粗糙；苞片叶状，下部苞片长于小穗，具短鞘或无鞘，上部苞片无鞘。小穗3-6，下部的间距长，上端（1）2-4为雄小穗，间距短，线状圆柱形，长1-3.5厘米，无柄或近无柄；余为雌小穗，圆柱形，长3-6厘米，密生多花，近无柄或下部的具短柄。雌花鳞片长圆状披针形，先端急尖或钝，长3.5-4毫米，膜质，锈色或淡锈色，边缘白色透明，中脉绿色。果囊斜展，后稍叉开，卵形或宽卵形，鼓胀三棱状，长约4毫米，膜质，淡黄绿色，无毛，稍有光泽，4-6脉，具短柄，喙中等长，喙口具2短齿。小坚果很松包果囊中，宽倒卵形，

图 645 灰株薹草 （引自《东北草本植物志》）

三棱状，长约1.5毫米，棕色，具短柄；花柱细长，常多回扭曲，柱头3，较短。

产黑龙江、吉林、内蒙古及新疆，生于海拔约2400米沼泽地或高山草甸。俄罗斯、蒙古、朝鲜半岛北部、欧洲一些国家及北美洲有分布。

193. 褐紫鳞薹草

图 646

Carex obscuriceps Kükenth. in Engl., Pflanznr. Heft 38(IV. 20): 723. 1909.

根状茎具地下匍匐茎。秆疏丛生，高20-45厘米，钝三棱形，坚挺，

平滑，基部具无叶片的鞘。叶短于或长于秆，宽3-5毫米，基部折合，上部平展，具叶鞘；苞片叶状，长于小穗，无苞鞘或最下部的具短苞鞘。小穗4-5，下部的小穗较疏离，上部2-3雄小穗窄圆柱形，长1.5-4厘米，近无柄；余为雌小穗，长圆状圆柱形或宽圆柱形，长2-5厘米，密生多花，具短柄。雌花鳞片披针形，先端渐尖，长约4毫米，膜质，褐色，中脉绿色。果囊斜展，后稍叉开，卵形，鼓胀三棱状，长约5毫米，膜质，麦秆黄色或部分带褐色，无毛，有光泽，5脉，喙中等长，喙口具2齿，齿稍

图 646 褐紫鳞薹草 （李爱莉绘）

外弯。柱头 3。

产四川及云南西北部，生于海拔 3100-3800 米沼泽地或潮湿处。印度北部及不丹有分布。

194. 褐黄鳞薹草 图 647

Carex vesicata Meinsh. in Acta Hort. Petrop. 18(3):367. 1901.

图 647 褐黄鳞薹草 （孙英宝绘）

根状茎具地下匍匐茎。秆高 30-70 厘米，三棱形，上部粗糙，基部叶鞘红褐色。叶短于秆，宽 3-4 毫米，较坚挺，具叶鞘；苞片叶状，长于小穗，通常无鞘或最下部的具短鞘。小穗 4-6，上端 2-3 雄小穗线形，长 2-4 厘米，近无柄，余为雌小穗，间距较长，长圆形或卵形，长 2-4 厘米，宽约 1 厘米，基部花疏生，上部密生多花，具短柄。雌花鳞片卵状披针形，长约 3.5 毫米，无短尖，锈褐色，边缘白色透明，1-3 脉。果囊斜展，卵形，鼓胀三棱状，长约 5 毫米，纸质，淡黄绿色，有时稍带棕色，无毛，3-5 脉，喙中等长，喙口具 2 短齿，齿稍向外叉。小坚果很松包果囊中，近倒卵形，三棱状，长约 1.5 毫米；花柱长，下部扭曲，基部不增粗，柱头 3，较短。花果期 6-8 月。

产黑龙江、吉林、辽宁及内蒙古，生于海拔约 600 米河边或沟边潮湿处。俄罗斯东西伯利亚和远东地区、蒙古、日本北部有分布。

组 28. 沼生薹草组 Sect. Paludosae Fries
（戴伦凯）

具地下匍匐茎。叶具小横隔脉；苞片叶状，无鞘或下部的具短鞘。小穗单性，常具 1-4 雄小穗，余为雌小穗，单生苞片腋，雌小穗圆柱形或长圆形，密生多花，具短柄或近无柄。雌花鳞片具短尖或芒。果囊斜展，稍鼓胀三棱状，革质或木栓质，无毛，多脉，稀脉不明显，喙短，喙口具 2 短齿。小坚果较松包果囊中；花柱直，稀基部稍弯曲，稀基部增粗，柱头 3。

我国 12 种。

1. 雌小穗圆柱形或短圆柱形，长 2.5-6 厘米，偶稍短；果囊近革质或革质，脉稍隆起。
  2. 雌花鳞片披针形，先端具短芒；果囊长圆状卵形或长圆状披针形，长 5-7 毫米。
    3. 雌花鳞片苍白色，3 脉；果囊长圆状卵形，鼓胀三棱状，长 5-6.5 毫米，革质，淡褐黄色，常稍带暗血红色 ·· **195. 阿齐薹草 C. argyi**
    3. 雌花鳞片锈褐色，中间绿色，1-3 脉；果囊披针形或长圆状披针形，钝三棱状，长 6-7 毫米，木栓质，橄榄绿或淡褐绿色 ····················· **196. 显脉薹草 C. kirganica**
  2. 雌花鳞片宽卵形或卵形，稀窄卵形，先端具短尖；果囊椭圆形、卵状椭圆形、卵形或宽卵形，长 3-6 毫米。
    4. 雌花鳞片宽卵形，先端具短尖；果囊椭圆形或卵状椭圆形，长 5-6 毫米，木栓质，褐绿或褐黄色，喙口微凹 ·· **197. 粗脉薹草 C. rugulosa**
    4. 雌花鳞片卵形或窄卵形，先端尖或渐尖，具短尖、短芒或无短尖；果囊卵形或宽卵形，长 3-4 毫米，革质，麦秆黄色，具红褐或锈褐色斑块，喙口具 2 短齿或稍长微叉开。
      5. 雌花鳞片先端急尖，具短尖或短芒；果囊卵形，钝三棱状，喙口 2 齿稍长微叉开 ·············

5. 雌花鳞片先端渐尖，无短尖，具短芒；果囊椭圆形或宽卵形，鼓胀三棱状，喙口2齿直·················

1. 雌小穗长圆形或卵形，长不及 2.5 厘米；果囊木栓质、革质或厚革质，脉微凹或不明显。

6. 雌花鳞片卵形或宽卵形，先端具短尖；果囊卵形或宽卵形，长 3-4 毫米，脉不明显；小坚果宽倒卵形或宽
椭圆形

6. 雌花鳞片宽卵形、卵形或窄卵形，先端具短尖或短芒；果囊长圆形、窄椭圆形或卵形，长 5-8.5 毫米，脉
明显或微凹；小坚果长圆形、窄长圆形或倒卵形。

7. 雌花鳞片宽卵形，长 5-6 毫米；果囊长 6-8.5 毫米。

8. 果囊长圆形，长 7-8.5 毫米；小坚果长圆形或窄长圆形，长 4-5.5 毫米

8. 果囊卵形，长 6-6.5 毫米；小坚果宽倒卵形或近椭圆形，长约 3.5 毫米

7. 雌花鳞片卵形或窄卵形，长 3.5-4.5 毫米；果囊长 4-5 毫米

195. 阿齐薹草　红穗苔草

图 648

Carex argyi Lével. et Vant. in Bull. Soc. Agric. Sarthe 60:78. 1905.

根状茎具粗地下匍匐茎。秆高 30-60 厘米，较坚挺，三棱形，平滑，基部叶鞘暗血红或红褐色，老叶鞘裂成纤细网状。叶短于秆，宽 3-4 毫米，坚挺，纵脉间小横隔脉明显，具叶鞘；苞片叶状，下部的长于小穗，上部的近无鞘，最下部的具短鞘。小穗5-7，上端2-4雄小穗，间距短，线状圆柱形，长 2-5 厘米，苞片短于小穗，近无柄；余为雌小穗，间距长，圆柱形，长 2.5-5 厘米，密生多花，上部的具短柄，下部的柄较长。雌花鳞片披针形，先端渐尖，长约 5 毫米，具短芒，膜质，苍白色，3 脉。果囊斜展，长圆状卵形，鼓胀三棱状，长 5-6.5 毫米，淡褐黄色，常稍带暗血红色，革质，无毛，多脉稍隆起，喙中等长稍宽，喙口 2 深裂。小坚果稍松包果囊中，倒卵形或卵形，三棱状，长约 3 毫米，具柄；花柱稍粗较硬；柱头 3。花果期 4-6 月。

图 648 阿齐薹草 （引自《图鉴》）

产河南、江苏、安徽、浙江、江西北部及湖北，生于溪边或沟边。

196. 显脉薹草

图 649：1-6

Carex kirganica Kom. in Fedde, Repert. Sp. Nov. 13:164. 1914.

根状茎具地下匍匐茎。秆疏丛生，高 40-70 厘米，三棱形，平滑，基部叶鞘红棕色无叶片，老叶鞘有时裂成网状。叶片与秆近等长，宽 2-4 毫米，质硬，稍内卷，叶鞘较长；苞片叶状，下部的长于小穗，具短鞘，上部的鞘短或近无鞘。小穗4-7，上端的2-3雄小穗，间距较近，圆柱形，长 3-4 厘米，近无柄；余为雌小穗，间距较长，圆柱形，长 2-5.5 厘米，密生多花，具短柄。雌花鳞片披针形，长约 5 毫米，先端渐尖，具短芒，膜质，锈褐色，中间绿色，1-3 脉。果囊

斜展，披针形或长圆状披针形，钝三棱状，长6-7毫米，木栓质，橄榄绿或淡褐绿色，无毛，多脉，喙稍宽短，喙口深凹成2短齿。小坚果稍紧包果囊中，椭圆形，三棱状，长2-3毫米，柄短，顶端具短尖；花柱长，基部不增粗，柱头3。花果期6-7月。

产黑龙江及内蒙古，生于沼泽地、沼泽草原或草甸。朝鲜半岛北部、俄罗斯远东和东西伯利亚地区有分布。

197. 粗脉薹草

图 649：7-11

Carex rugulosa Kükenth. in Bull. Herb. Boissier sér. 2, 4: 58. 1904.

根状茎具粗地下匍匐茎。秆疏丛生，高30-80厘米，钝三棱形，下部平滑，上部稍粗糙，基部叶鞘红褐色无叶片，老叶鞘裂成网状。叶近等长于秆，宽3-5毫米，坚挺，具叶鞘；苞片叶状，最下部的苞片长于小穗，上部的等长或短于小穗，具短鞘。小穗4-6，上端2-3雄小穗，间距短，窄披针形，长1-3.5厘米，近无柄；余为雌小穗，间距长，圆柱形或长圆状圆柱形，长2-4厘米，密生多花，基部花稍疏，柄长约1厘米。雌花鳞片宽卵形，长3.5-4毫米，先端钝，具短尖，膜质，淡锈褐色，3脉，脉间色淡。果囊斜展，椭圆形或卵状椭圆形，三棱状，长5-6毫米，木栓质，褐绿或褐黄色，多脉，喙短而稍宽，喙口微凹，具2钝齿，小坚果稍紧包果囊中，椭圆形或卵状椭圆形，三棱状，长约3毫米，具短柄；

图 649：1-6.显脉薹草 7-11.粗脉薹草
（引自《东北草本植物志》）

花柱稍长弯曲，基部不增粗，柱头3。花果期6-7月。

产黑龙江、吉林、内蒙古、河北、新疆及江苏，生于河边、湖边草地或海滩。俄罗斯远东地区及日本北部有分布。

198. 叉齿薹草

图 650

Carex gotoi Ohwi in Mem. Coll. Sci. Kyoto Imp. Univ. ser. B, 5: 248. 1930.

根状茎具长地下匍匐茎。秆疏丛生，高30-70厘米，三棱形，平滑，基部叶鞘红褐色无叶片，老叶鞘裂成网状。叶短于秆，宽2-3毫米，平展或对折，质稍硬，边缘粗糙，叶鞘较长；苞片叶状，下部的苞片长于小穗，鞘短，上部的短，近无鞘。小穗3-5，上端1-3雄小穗，间距短，窄圆柱形或披针形，长（1-）1.5-3厘米，近无柄；余为雌小穗，间距较长，圆柱形或短圆柱形，长1.5-3.5厘米，密生多花，具短柄。雌花鳞片卵形或窄卵形，长约3.5毫米，先端急尖，具边缘粗糙短尖或短芒，膜质，栗褐色，脉间和边缘

图 650 叉齿薹草 （引自《东北草本植物志》）

色浅，3脉。果囊斜展，卵形，钝三棱状，长约4毫米，革质，麦秆黄带暗红褐色斑块，无毛，细脉多条稍凸起，喙稍宽短，喙口2齿稍长微叉开。小坚果较松包果囊中，宽倒卵形或倒卵形，三棱状，长1.5-2毫米，柄短，顶斜具短尖，花柱基部不增粗，稍弯曲，柱头3。花果期5-6月。

产黑龙江、吉林、辽宁、内蒙古、河北、山东、河南、陕西及甘肃，生于海拔1000-1300米河边湿地或草甸。朝鲜半岛北部、蒙古、俄罗斯东西伯利亚和远东地区有分布。

199. 唐进薹草　东陵苔草　　　　　　　　　　图 651

Carex tangiana Ohwi in Journ. Jap. Bot. 12: 656. 1936.

根状茎具较粗坚硬地下匍匐茎。秆高30-40厘米，三棱形，平滑，上部稍粗糙，基部叶鞘红褐色无叶片。叶稍长或等长于秆，宽2-3毫米，质坚挺，边缘粗糙，叶鞘较长；苞片叶状，长于雌小穗，近无鞘，雄小穗基部苞片鳞片状。小穗3-4，上端1-2雄小穗，间距短，窄圆柱形或披针形，长1.2-2.5厘米，无柄；余为雌小穗，间距较长，圆柱形，长2.5-3.5厘米，密生多花，下部小穗具短柄，上部的近无柄。雌花鳞片卵形，长约3毫米，先端渐尖，具粗糙短芒，膜质，褐黄色，3脉，脉间色较淡。果囊斜展，椭圆形或宽卵形，近平凸状，鼓胀，长3.5-4毫米，革质，麦秆黄色，

图 651　唐进薹草　（引自《图鉴》）

无毛，稍有光泽，细脉微隆起，喙短，喙口2齿直。小坚果较松包果囊中，近倒卵形或三棱状，长约2毫米，褐色，具短柄；花柱较长，稍弯曲，基部不增粗，柱头3，较短。花果期5-7月。

产河北、山东、山西、河南、陕西、甘肃及湖北西部，生于海拔500-1400米山谷、沟边或路旁潮湿处。

200. 异穗薹草　　　　　　　　　　　　　图 652

Carex heterostachya Bunge, Enum. Pl. Chin. Bor. 69. 1832.

根状茎具长地下匍匐茎。秆高20-40厘米，较细，三棱形，下部平滑，上部稍粗糙，基部叶鞘红褐色无叶片，老叶鞘裂成纤维状。叶短于秆，宽2-3毫米，稍坚挺，边缘粗糙，叶鞘稍长；苞片长芒状，常短于小穗，最下部的叶状，稍长于小穗，无苞鞘或最下部的具短鞘。小穗3-4，常较集生秆上端，顶端1-2雄小穗，窄长圆形或棍棒形，长1-3厘米，无柄；余为雌小穗，长圆形或卵形，长0.8-1.8厘米，密生多花，近无柄，最下部小穗柄很短。雌花鳞片圆卵形或宽卵形，长约3.5毫米，先端急尖，具短尖，上端边

图 652　异穗薹草　（引自《东北草本植物志》）

缘有时啮蚀状，膜质，两侧褐色，中间淡黄褐色，边缘白色透明，3脉，中脉绿色。果囊斜展，卵形或宽卵形，钝三棱状，长3-4毫米，革质，褐色，无毛，稍有光泽，脉不明显，喙稍宽短，喙口具2短齿。小坚果较紧包果囊中，宽倒卵形或宽椭圆形，三棱状，长约2.8毫米，顶端具短尖，柄短；花柱基部不增粗，柱头3。

产黑龙江、吉林、辽宁、内蒙古、河北、山东、山西、河南、陕西、宁夏及甘肃，生于海拔300-1000米干旱山坡、草地、路旁荒地或水边潮湿处。朝鲜半岛及日本有分布。

201. 糙叶薹草

图 653

Carex scabrifolia Steud. Synops. Cyper. 237. 1855.

根状茎具地下匍匐茎。秆2-3簇生于地下匍匐茎节上，高20-60厘米，较细，三棱形，下部平滑，上部稍粗糙，基部叶鞘红褐色无叶片，老叶鞘有时裂成网状。叶短于秆或上部的稍长于秆，宽2-3毫米，坚挺，边缘粗糙，有时稍内卷，叶鞘较长；苞片下部的叶状，长于小穗，无苞鞘，上部的近鳞片状。小穗3-5，上端2-3雄小穗，间距短，窄圆柱形，长1-3.5厘米，柄短或近无柄，余为雌小穗，间距较长，长圆形或近卵形，长1.5-2厘米，密生10余花，具短柄，上部的近无柄。雌花鳞片宽卵形，长5-6毫米，先端渐尖，具短尖，膜质，棕色，中间色淡，3脉。果囊斜展，长圆形，鼓胀三棱状，长7-8.5毫米，近木栓质，棕色，无毛，多脉微凹，喙短，稍宽，喙口微凹，具2短齿。小坚果紧包果囊中，长圆形或窄长圆形，钝三棱状，长4-5.5毫米，棕色；花柱短，基部稍增粗，柱头3。花果期4-7月。

产辽宁、河北、山东、河南、江苏、浙江、台湾及福建，生于海滩沙地、沿海地区田边和湿地。俄罗斯远东地区、朝鲜半岛及日本有分布。

图 653 糙叶薹草 （引自《东北草本植物志》）

202. 矮生薹草

图 654：1-5

Carex pumila Thunb. Fl. Japan. 39. 1784.

根状茎具细长分枝地下匍匐茎。秆疏丛生，高10-30厘米，三棱形，几全为叶鞘所包，下部多枚叶鞘淡红褐色无叶片，鞘一侧裂为网状。叶长于秆或近等长，宽3-4毫米，平展或对折，坚挺，脉和边缘粗糙，具鞘；苞片下部的叶状，长于小穗，苞鞘短。小穗3-6，间距较短，上

图 654：1-5.矮生薹草 6-8.似矮生薹草
（引自《图鉴》、《中国植物志》）

端2-3雄小穗，棍棒形或窄圆柱形，长1.5-3.5厘米，具短柄；余1-3雌小穗，长圆形或长圆状圆柱形，长

1.5-2.5厘米，多花稍疏生，具短柄或近无柄。雌花鳞片宽卵形，长约5.5毫米，先端渐尖，具短尖或短芒，膜质，淡褐或带锈色短线点，中间绿色，边缘白色透明，3脉。果囊斜展，卵形，鼓胀三棱状，长6-6.5毫米，木栓质，淡黄或淡黄褐色，无毛，多脉微凹，柄粗短，喙稍宽短，喙口带血红色，具2短齿。小坚果紧包果囊中，宽倒卵形或近椭圆形，三棱状，长约3.5毫米，具短柄；花柱中等长，基部稍增粗，宿存，柱头3。

产辽宁、内蒙古、河北、山东、河南、江苏、浙江、台湾、福建、广东及香港，生于沿海地区海边沙地。俄罗斯远东地区、朝鲜半岛及日本有分布。

203. 似矮生薹草

图 654：6-8

Carex subpumila Tang et Wang ex L. K. Dai in Acta Phytotax. Sin. 37(2): 182. f. 2:14-17. 1999.

根状茎长而匍匐，须根密。秆高10-30厘米，三棱形，几全为叶鞘所包，基部叶鞘褐色无叶片。叶长于秆，宽1.5-2毫米，稍内卷，背面纵脉间具不明显小横隔脉，鞘稍长；苞片叶状，长于小穗，苞鞘短。小穗2-3，间距较短，顶生雄小穗棍棒形或窄圆柱形，长2-3.5厘米，具短柄；侧生雌小穗长圆形，长0.8-1.5厘米，疏生几朵花；具短柄。雌花鳞片卵形或窄卵形，长3.5-4.5毫米，先端渐尖，具短尖，膜质，两侧苍白色，中间淡绿色，3脉。果囊斜展，后近平展，窄椭圆形或长圆形，鼓胀三棱状，长4-5毫米，厚革质，麦秆黄色，无毛，7脉微凹，喙稍宽短，喙口半圆形下凹，具2小尖齿。小坚果紧包果囊中，长圆形，三棱状，长约3毫米；花柱基部不增粗，后脱落，柱头3。

产河北及福建，生于海滩沙地。

组 29. 硬毛果薹草组 Sect. Occlusae C. B. Clarke
（戴伦凯）

叶具小横隔脉；苞片叶状，鞘较长。小穗3-8，雄小穗1个，顶生，线状圆柱形；侧生雌小穗单生苞腋，长圆形或长圆状圆柱形，多花密生，小穗柄细。雌花鳞片具小短尖，具中脉。果囊斜展，三棱状，不鼓胀，2侧脉明显或不明显，密被短硬毛，稀毛稀疏或无毛，喙中等长或较短，喙口具2短齿。小坚果紧包果囊中，花柱基部不增粗，柱头3。

我国7种、1变种。

1. 雌小穗疏生10几朵花；雌花鳞片基部合生；果囊菱状椭圆形，三棱状，长约5毫米，灰绿色，多脉，无毛，有时边缘被毛 ·· **204. 杯鳞薹草 C. poculisquama**
1. 雌小穗疏生或密生多花；雌花鳞片基部不合生；果囊椭圆状倒卵形、倒卵形或宽倒卵形，钝三棱状，长3-5毫米，黄绿、红棕或绿褐色，侧脉2，密被短硬毛。
　　2. 果囊近2列，疏生，长约3毫米 ······································ **205. 疏果薹草 C. hebecarpa**
　　2. 果囊多列，密生或较密生，长3-4.8毫米。
　　　　3. 叶鞘较松包秆；雌花鳞片长约3毫米；果囊倒卵形，长4-5毫米 ················ **206. 舌叶薹草 C. ligulata**
　　　　3. 叶鞘套叠包秆；雌花鳞片长约1.8毫米；果囊宽倒卵形，长约3毫米 ········· **207. 套鞘薹草 C. maubertiana**

204. 杯鳞薹草

图 655：1-4

Carex poculisquama Kükenth. in Fedde, Repert. Sp. Nov. 27: 111. 1929.

根状茎短。秆密丛生，高30-50厘米，较细，三棱形，坚挺，上部微粗糙，基部叶鞘无叶片或具短叶片。叶上部的长于秆，下部的短于秆，宽3-4毫米，中脉微凹呈浅沟状，叶缘稍外卷，边缘和背面粗糙，叶鞘较长；苞片叶状，长于

小穗，苞鞘短。小穗3-4，上部小穗间距短，下部的稍疏离；顶生雄小穗线形，长1-2厘米，具短柄；侧生雌小穗窄圆柱形，长1-3厘米，疏生10几朵花，柄较细长。雌花鳞片宽卵形，长约4毫米，先端急尖，具短芒，基部合生抱小穗轴，膜质，淡黄色，具锈褐色斑点，具中脉。果囊斜展，菱状椭圆形，三棱状，长约5毫米，纸质，灰绿色，细脉多条，无毛，有时边缘被短硬毛，具短柄，喙稍宽短，喙口具2齿。小坚果紧包果囊中，椭圆形，三棱状，长约3毫米，顶端具长尖头；花柱短，基部稍增粗，柱头3。花果期5-6月。

产江苏、安徽及浙江，生于沟边或池塘边潮湿地。

205. 疏果薹草

图 655：5-8

Carex hebecarpa C. A. Mey. in Mem. Acad. Imp. Sci. St. Petersb. 1:223. t. 12. 1831.

根状茎具地下匍匐茎。秆密丛生，高30-50厘米，较细，三棱形，上端稍粗糙，基部叶鞘红褐色无叶片。叶上部的长于秆，宽2-5毫米，上面脉粗糙，叶鞘较长，叶鞘常套叠，被疏柔毛；苞片叶状，长于小穗，苞鞘较长，被疏柔毛。小穗5-6，上部的间距短，下部的间距较长；顶生雄小穗线形，长约2厘米，柄较短；侧生雌小穗窄圆柱形，长1.5-4厘米，疏生多花，下部小穗柄较细长，上部的柄较短，粗糙。雌花鳞片宽卵形，长1.8-2毫米，先端

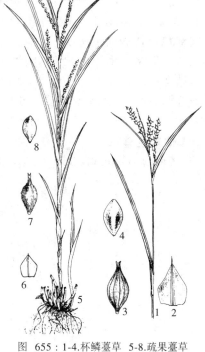

图 655：1-4.杯鳞薹草 5-8.疏果薹草
（李爱莉绘）

急尖，具短尖，膜质，苍白色，具锈褐色短条纹，3脉。果囊斜展，近2列，疏生，椭圆状倒卵形，钝三棱状，长约3毫米，近膜质，红棕色，被较密白色短硬毛，侧脉2，喙中等长，喙口具2短齿。小坚果紧包果囊中，椭圆形，三棱状，长约2毫米；花柱较短，早落，柱头3。花果期5-10月。

产福建、广东及海南，生于海拔480-900米山地沟谷湿处、林下或路旁。喜马拉雅山区附近有分布。

206. 舌叶薹草

图 656

Carex ligulata. Nees in Wight, Contr. Bot. Ind. 127. 1834.

根状茎粗短，无地下匍匐茎。秆疏丛生，高35-70厘米，较粗壮，三棱形，上部棱粗糙，基部叶鞘红褐色无叶片。叶上部的长于秆，下部的叶片短，宽0.6-1.2（-1.5）厘米，较软，边缘有时稍内卷，背面具明显小横隔脉，叶鞘长达6厘米，叶舌锈色；苞片叶状，长于小穗，下部的苞鞘稍长，上部的苞鞘短或近无鞘。小穗6-8，下部的间距稍长，上部的较短；顶生雄小穗线形，长1-3厘米；侧生雌小穗圆柱形或长圆状圆柱形，长2.5-4厘米，密生多花，具柄，上部的柄较短。雌花鳞片卵形或宽卵形，长约3毫米，先端急尖，具短尖，膜质，淡

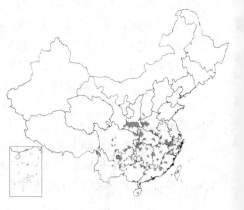

褐黄色，具锈色短条纹，中脉绿色。果囊近直立，多列，倒卵形，钝三棱状，长4-5毫米，绿褐色，具锈色短条纹，密被白色短硬毛，侧脉2，喙中等长，喙口具2短齿。小坚果紧包果囊中，椭圆形，三棱状，长2.5-3毫米，棕色；花柱短，基部稍增粗，柱头3。花果期5-7月。

产山西、河南、陕西、江苏、安徽、浙江、台湾、福建、江西、湖北、湖南、广东、香港、海南、贵州、四川及云南，生于海拔600-2000米山坡林下、草地、山谷沟边或河边湿地。日本、尼泊尔、印度及斯里兰卡有分布。

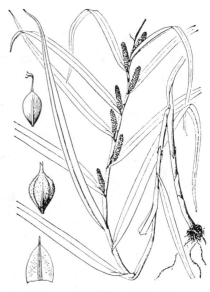

图 656 舌叶薹草 （引自《图鉴》）

207. 套鞘薹草 密叶苔草　　　　　图 657

Carex maubertiana Boott, Illustr. Carex 1: 45. t. 114. 1858.

根状茎粗短，无地下匍匐茎。秆丛生，高60-80厘米，稍细，钝三棱形，坚挺，基部叶鞘褐色无叶片。叶较密生，上部的长于秆，下部的较短，宽4-6毫米，较坚挺，边缘稍外卷，背面有小横隔脉，叶鞘较长，常套叠紧包秆，鞘口具紫红色叶舌；苞片叶状，长于小穗，具苞鞘。小穗6-9，上部小穗间距短，下部的间距较长；顶生雄小穗窄圆柱形，长2-3厘米，具短柄；侧生雌小穗圆柱形，长2-3厘米，密生多花，具短柄。雌花鳞片宽卵形，长约1.8毫米，先端急尖，具短尖，膜质，淡黄色，具锈色短条纹，中脉绿色。果囊近直立，多列，宽倒卵形，钝三棱状，长约3毫米，膜质，黄绿色，具锈色短条纹，密被白色短硬毛，侧脉2，具短柄，喙较短，喙口具2短齿。小坚果紧包果囊中，宽椭圆形，三棱状，长约2毫米，具短柄；花柱短，基部稍增粗，柱头3。花果期6-9月。

产河南、安徽、浙江、福建、江西、湖北、湖南、广东、海南、广西、贵州、四川及云南，生于海拔400-1000米山坡林下或路边

图 657 套鞘薹草 （引自《图鉴》）

阴湿处。越南、尼泊尔及印度南部有分布。

组 30. 薹草组 Sect. Carex
（戴伦凯）

叶具小横隔脉；苞片叶状，具鞘，稀鞘短或近无鞘。小穗3-8，雄小穗1-4（-7）个，生于秆上端，余为雌小穗，单生苞片腋内；雌小穗密生多花，具柄。雌花鳞片先端渐尖，具芒或短尖，3脉。果囊斜展，稍鼓胀或鼓胀三棱状，多脉，被疏、密柔毛或短硬毛，稀无毛，喙中等长或较短，喙口具长或稍短2齿。小坚果顶端常具稍长尖头；花柱基部不增粗，柱头（2）3。

我国12种、1变种。

1. 苞片上部的近无鞘，下部的具短鞘；果囊长4-5毫米，密被短硬毛，喙口具稍外弯2齿；小坚果紧包果囊

208. 毛薹草

图 658：1-6

Carex lasiocarpa Ehrh. in Hannover. Mag. 9: 132. 1784.

根状茎具无地下匍匐茎。秆疏丛生，高 0.5-1 米，较细，钝三棱形，坚挺，上部稍粗糙，基部鞘红褐色无叶片，老叶鞘裂成网状。叶短于或近等长于秆，宽 1-2 毫米，边缘稍内卷，较坚挺，具小横隔脉，鞘较长；苞片叶状，线形，长于小穗或近等长于小穗，下部苞片鞘短，上部的近无鞘。小穗 3-5，上端 1-3 雄小穗间距短，线状圆柱形。长 2-3 厘米，近无柄，余雌小穗间距长，卵形或长圆状圆柱形，长 1.5-3 厘米，密生多花，具短柄，上部的近无柄。雌花鳞片长圆状卵形或披针形，长 4.5-5 毫米，先端渐尖，具短尖，膜质，两侧褐或红褐色，中间绿色，3 脉。果囊斜展，卵形或长圆状卵形，稍鼓胀三棱状，长 4-5 毫米，革质，黄绿色，密被短硬毛，脉不明显，喙稍宽短，喙口具稍外弯 2 齿。小坚果紧包果囊中，倒卵形，三棱状，长约 2 毫米，具短柄；花柱短，基部不增粗，常弯曲，柱头 3。花果期 6-7 月。

产黑龙江及内蒙古，生于沼泽或沼泽化草甸。朝鲜半岛、蒙古、俄

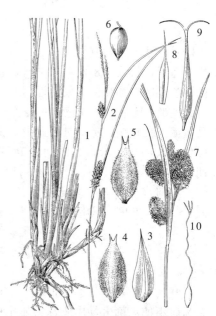

图 658：1-6.毛薹草 7-10.弓喙薹草
（引自《东北草本植物志》）

罗斯、欧洲及北美洲有分布。茎叶供造纸原料，可用作编篮子、草包和制绳。

209. 沙坪薹草

图 659

Carex wui Chü ex L. K. Dai in Acta Phytotax. Sin. 37(2):179. f. 2:1-5. 1999.

根状茎短，地下匍匐茎细长。秆高0.5-1米，较粗壮，三棱形，密被硬毛，基部叶鞘暗红褐色无叶片。叶长于秆，宽4-8毫米，密被长硬毛，鞘较长；苞片叶状，长于小穗，鞘长不及1厘米，密被长硬毛。

小穗4-5，间距较短，较集生秆上部，顶生雄小穗线状圆柱形，长5-7厘米，近无柄；余雌小穗圆柱形，长2.5-5厘米，密生多花，具短柄。雌花鳞片卵状披针形，长4-6毫米，先端渐尖，具芒，两侧暗紫红色，疏被长硬毛，中间绿色，3脉。果囊斜展，椭圆形或宽卵形，稍鼓胀三棱状，长6-7毫米，薄革质，红褐色，多脉，密被长硬毛，喙中等长，喙口具直的较长2齿。小坚果较松包果囊中，椭圆形或倒卵形，三棱状，长约3毫米，顶端具小短尖；花柱基部不增粗，柱头3。花果期5-7月。

产贵州北部及四川，生于海拔1900-2850米山坡潮湿处、水边或沟边。

图 659 沙坪薹草 （引自《图鉴》）

210. 宽鳞薹草

图 660

Carex latisquamea Kom. in Acta Hort. Petrop. 18: 477. 1901.

根状茎短，地下匍匐茎短。秆疏丛生，高30-75厘米，三棱形，被疏柔毛，基部叶鞘褐色无叶片，被短柔毛。叶等长于秆，宽3-6毫米，纵脉间具小横隔脉，疏被短柔毛，下部的叶具长鞘；苞片叶状，最下部的苞片近等长于秆，余短于秆，鞘短。小穗3-4，间距中等长；顶生雄小穗窄披针形或线形，长1-2厘米，具短柄；余为雌小穗，长

圆形或长圆状卵形，长1-2.5厘米，具10余花稍密生，下部的具短柄，上部的近无柄。雌花鳞片宽卵形，长约3毫米，先端渐尖，具短尖，膜质，两侧淡黄褐色，中间绿色，无毛或先端具缘毛，3脉。果囊斜展，长圆状卵形，钝三棱状，长5-6毫米，近革质，绿褐色，无毛，多脉凸起，具短柄，喙较短，喙

图 660 宽鳞薹草 （引自《东北草本植物志》）

口具外弯2长齿。小坚果稍紧包果囊中，倒卵形，三棱状，长2.5-3毫米，顶端具弯的小短尖；花柱基部不增粗，柱头3。花果期4-5月。

产黑龙江、吉林及辽宁，生于疏林下湿草地或草甸地带。朝鲜半岛北部、俄罗斯远东地区及日本有分布。

211. 锥囊薹草

图 661：1-4

Carex raddei Kükenth in Bot. Centralbl. 77: 67. 1899.

根状茎长而粗壮。秆疏丛生，高0.35-1米，较粗壮，锐三棱形，

坚挺，平滑，基部叶鞘红褐色无叶片，老叶鞘裂成纤维状和网状。叶短于秆，宽 3-4 毫米，边缘粗糙，稍外卷，具小横隔脉，叶鞘较长，下部叶鞘疏被短柔毛，上部的叶鞘无毛或疏被毛；苞片下部的叶状，稍短于或近等长于秆，最下部苞鞘长 1 厘米以上，上部的刚毛状，鞘短。小穗 4-6，上部的间距较短，下部的稍长；顶端 2-3 雄小穗条形或窄披针形，长 2-4 厘米，近无柄；余为雌小穗，长圆状圆柱形，长 3-5 厘米，花多数稍疏生，具短柄。雌花鳞片卵状披针形或披针形，长 6-8 毫米（包括芒长），具芒，膜质，两侧淡锈色，3 脉，色淡。果囊斜展，长圆状披针形，稍鼓胀三棱状，长 0.8-1 厘米，革质，初淡绿色，成熟时麦秆黄色，脉多条，无毛，柄短，喙较短，喙口具背腹面不等裂 2 长齿。小坚果疏松包果囊中，宽卵形，三棱状，长约 3 毫米，具短柄，顶端具短尖；花柱基部不增粗，有时弯曲，柱头 3。花果期 6-7 月。

产黑龙江、吉林、辽宁、内蒙古、河北、山东及江苏，生于河边沙地、田边湿地、浅水中、沼泽化草甸或山坡潮湿处。朝鲜半岛及俄罗斯远东地区有分布。

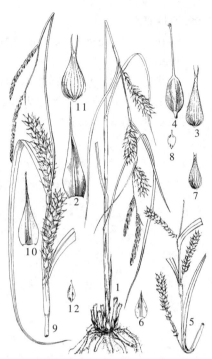

图 661：1-4.锥囊薹草　5-8.直穗薹草
9-12.毛叶薹草　（李爱莉绘）

212. 直穗薹草　　　　图 661：5-8

Carex orthostachys C. A. Mey. in Ledeb. Fl. Alt. 4: 231. 1833.

根状茎具长的地下匍匐茎。秆疏丛生，高 40-70 厘米，较粗壮，锐三棱形，平滑或上部微粗糙，基部叶鞘红褐色无叶片，老叶鞘裂成纤维状或网状。叶短于秆，宽 3-5 毫米，下面无毛，边缘稍外卷，具小横隔脉，具鞘，下部的鞘较长；苞片叶状，稍长或近等长于秆，具短鞘，雄小穗基部苞片刚毛状，短于小穗。小穗 5-7，上部的间距短，最下部的较疏离；上端 2-3 雄小穗窄披针形或条形，长 2-4 厘米，近无柄；余为雌小穗，长圆状圆柱形或圆柱形，长 3-6 厘米，具柄，下部的柄较长，上部的柄短。雌花鳞片长圆状卵形或披针形，长 4-5 毫米，具芒，芒缘粗糙，膜质，淡锈色，中间色淡，3 脉。果囊斜展，卵形，鼓胀三棱状，长 6-7 毫米，薄革质，麦秆黄色，多脉，无毛，柄短，喙中等长，喙口 2 齿较短直。小坚果疏松包果囊中，椭圆状倒卵形，三棱状，长约 2.5 毫米，具短柄，顶端具小短尖；花柱基部不增粗，柱头 3。花果期 5-7 月。

产黑龙江、吉林、辽宁、内蒙古、河北及新疆，生于沼泽地或河边潮湿地。蒙古及俄罗斯有分布。

213. 毛叶薹草　　　　图 661：9-12

Carex eriophylla (Kükenth) Kom. Mal. Opr. Rast. Dalinevost. Kr. 135. 1925.

Carex aristata R. Br. subsp. *raddei* Kükenth. var. *eriophylla* Kükenth. in Engl. Pflanzenr. Heft 38 (IV, 20): 755. 1909.

根状茎具地下匍匐茎。秆密丛生，高 0.7-1 米，稍粗，钝三棱形，平滑，基部鞘红褐色无叶片。叶短于秆，宽 5-8 毫米，边缘稍外卷，上面无毛，下面和叶鞘被柔毛，下部的叶鞘较长；苞片叶状，最下部的苞片长于秆，苞鞘中等长，被柔

毛，上部的苞片较短。小穗6-8，间距较长，上端3-4雄小穗窄圆柱形，长3-5厘米，通常无柄；余为雌小穗，长圆状圆柱形或圆柱形，长2.5-5厘米，疏生多花，最下部的小穗柄稍长，上部的柄渐短。雌花鳞片长圆状卵形或披针形，长5-8毫米，先端渐尖，具芒，基部鳞片长达1.1厘米

（包括芒长），芒粗糙，膜质，淡褐色，中间色淡，3脉，中脉有时粗糙。果囊斜展，宽卵形，鼓胀三棱状，长0.7-0.8（-1）厘米，草质，淡绿色，无毛或喙缘被毛，多脉，柄短，喙长，喙口具2长齿，叉开。小坚果较松包果囊中，倒卵形，三棱状，长约2.2毫米，具短柄，具短尖顶端；花柱基部不增粗，柱头3。花果期6-7月。

产黑龙江及吉林，生于河、湖

岸边湿地或沼泽地。俄罗斯远东地区及朝鲜半岛北部有分布。

214. 湿薹草 图 662

Carex humida Y. L. Chang et Y. L. Yang in Fl. Herb. Pl. Northeast. China 11:204. 82. pl. 34:1-6. 1976.

根状茎具长的地下匍匐茎。秆密丛生，高50-70厘米，较粗，钝三棱形，下部平滑，上部稍粗糙，基部叶鞘红褐色无叶片，老叶鞘常裂成网状。叶短于秆，宽4-6毫米，边缘稍外卷，具小横隔脉，

无毛或疏被柔毛，叶鞘较长，上部的叶鞘有的被疏柔毛；苞片叶状，最下部1片长于或近等长于小穗，上部的短于小穗，苞鞘短，最上部的近无鞘。小穗3-7，上部的间距短，下部的间距稍长，上端2-4雄小穗窄披针形，长2-3厘米，近无柄；余为雌小穗，长圆状圆柱形或圆柱形，长3-5厘米，密生多花，基部花较疏，下部的具短柄，上部的近无柄。雌花鳞片长圆状卵形或卵状披针形，长6-7.5毫米（包括芒长），先端渐尖，具长芒，膜质，淡锈色，3脉。果囊斜展，卵形，平凸状，长6-8毫米，薄革质，淡绿或黄绿色，多脉，无毛，具短柄，喙中等长，喙口深裂为2齿。小坚果疏松包果囊内，倒卵形，双凸状，长约2.5

图 662 湿薹草 （引自《东北草本植物志》）

毫米，具短柄；花柱基部不增粗，柱头2。花果期6-7月。

产黑龙江、吉林及内蒙古，生于沼泽地、沟谷、水边湿地。

215. 野笠薹草 图 663:1-4

Carex drymophyla Turcz. ex Steud. Synops. Pl. Glum 2: 238. 1855.

根状茎具地下长匍匐茎。秆疏丛生，高60-70厘米，较粗壮，钝三棱形，平滑或上端稍粗糙，基部叶鞘红褐色无叶片，老叶鞘裂成网状。叶短于秆，宽4-6毫米，无毛，边缘粗糙，叶鞘较长，无毛或鞘口膜质部分被疏柔毛；苞片叶状，最下部1-2苞片长于秆，上部的苞片常短于秆，苞鞘短。小穗5-7，下部小穗间距较长，上部的间距短。上端2-3雄小穗条形

或窄披针形，长2-4厘米，近无柄；余为雌小穗，长圆状圆柱形或圆柱形，长3-5厘米，多花稍疏生，最下部的小穗柄长6-7厘米，直立或稍下垂，上部的柄较短。雌花鳞片窄卵形或披针形，长4-4.5毫米，先

端渐尖，具短芒，膜质，两侧淡锈色，中间淡绿色，边缘无色半透明，3 脉。果囊斜展，卵形，鼓胀三棱状，长 5-7 毫米，草质，橄榄绿色，多脉，柄短，喙中等长，稍带褐色，喙缘具糙毛，喙口具直的 2 长齿。小坚果疏松包果囊中，倒卵形，三棱状，长约 3 毫米，柄短，顶端具小短尖；花柱基部不增粗，柱头 3。花果期 6-8 月。

产黑龙江、吉林及内蒙古，生于林区潮湿草地。朝鲜半岛北部、蒙古、俄罗斯远东地区和东西伯利亚地区有分布。嫩茎叶作牲畜饲料。

图 663：1-4.野笠薹草 5-8.黑水薹草
（马 平绘）

[附] **黑水薹草** 图 663：5-8 **Carex drymophyla** var. **abbreviata** (Kükenth.) Ohwi in Acta Phytotax. et Geobot. 12:107. 1943. ——*Carex amurensis* Kükenth. var. *abbreviata* Kükenth. in Bot. Centralbl. 77: 94. 1899. 本变种与模式变种的区别：秆高达 1 米；叶宽 0.5-0.8 (-1) 厘米，下面被疏柔毛；果囊上端及喙缘均具糙毛。产黑龙江、吉林及内蒙古，生于湖、河岸边潮湿处、沼泽地及草甸。俄罗斯远东地区、朝鲜半岛北部及日本有分布。

组 31. 图们薹草组 Sect. Tuminensés Y. L. Chang et Y. L. Yang
（梁松筠）

根状茎具长匍匐茎。秆丛生，粗壮，三棱形，高 0.6-1 米，上部粗糙，基部叶鞘无叶片，紫红色，边缘网状。叶短于秆，宽 0.6-1 厘米，边缘稍反卷；苞片叶状，无鞘，下部 3 个长于小穗。小穗 10-30，每 2-4 个生于苞腋。上部 3-6 雄性，有时部分小穗具雌花，棒状或圆柱形，长 1.5-5 厘米；余小穗雌性，顶端常具雄花，圆柱形或棒状，长 1.5-5.5 厘米，小穗柄纤细，粗糙，长 1-12 厘米，下垂。雌花鳞片椭圆状披针形或披针形，长 3-3.8 毫米，淡褐或锈色，中部绿色，3 脉。果囊椭圆形或卵形，双凸状，长 2.5-3 毫米，褐绿色，具褐紫色斑点，细脉 4-6，具短柄，喙短，喙口全缘。小坚果紧包果囊中，长圆形，长约 2 毫米，深栗色；花柱基部不膨大，弯曲，柱头 2。

1 种。

216. 图们薹草

图 664

Carex tuminensis Kom. in Acta Hort. Petrop. 18: 444. 1901.

形态特征同组。花果期 6-9 月。

产黑龙江及吉林，生于海拔 1200-1800 米水边潮湿处。俄罗斯远东地区及朝鲜半岛北部有分布。

图 664 图们薹草 （引自《东北草本植物志》）

组 32. 帚状薹草组 Sect. Praelongae (Kükenth.) Nelmes
（梁松筠）

根状茎短或具匍匐茎。秆锐三棱状，基部叶鞘无叶片，多少成网状。叶平展，边缘反卷；苞片叶状，无鞘。顶生小穗雄性或雌雄顺序；侧生小穗雌性，长圆柱形，多少具柄，常下垂。雌花鳞片具锈点或无，先端平截或微凹，3 脉绿色，向顶端延伸成短尖或芒尖。果囊平凸状、双凸状或成熟后膨胀，常密生乳头状突起或具紫红色点线或锈点，具短喙或几无喙，喙口全缘或具 2 齿；花柱基部直立或弯曲，柱头 2 。

我国 17 种。

1. 果囊具紫红色点线、锈点、树脂状突起或不明显小瘤状突起。
   2. 果囊成熟后不膨胀，椭圆形，喙短，有时扭转 ························· 217. **扭喙薹草 C. melinacra**
   2. 果囊成熟后膨胀，非椭圆形。
      3. 雌花鳞片长于果囊 ··························· 218. **燕子薹草 C. cremostachys**
      3. 雌花鳞片短于或等长于果囊。
         4. 果囊无喙；雌小穗长圆柱形，长 5-9 厘米，宽 5-6 毫米 ··············· 219. **川东薹草 C. fargesii**
         4. 果囊具短而直立的喙。
            5. 小穗 3-4，顶生 1 个雄性 ······················· 220. **等高薹草 C. aequialta**
            5. 小穗 5-7，上部 2-3 个雄性 ··············· 221. **长密花穗薹草 C. longispiculata**
1. 果囊密生乳头状突起。
   6. 雌花鳞片先端渐尖或近圆，具短尖或短芒尖。
      7. 雌小穗长圆状圆柱形或长圆形，宽 8-9 毫米 ················· 222. **乳突薹草 C. maximowiczii**
      7. 雌小穗圆柱形，宽 5-6 毫米 ······················· 223. **粉被薹草 C. pruinosa**
   6. 雌花鳞片先端平截或微凹，具粗糙芒尖。
      8. 顶生小穗雌雄顺序，雌花部分宽约5毫米，雄花部分宽约3毫米；侧生的雌小穗较粗，宽5-6毫米 ············
      ··································· 224. **二形鳞薹草 C. dimorpholepis**
      8. 顶生小穗雄性，窄圆柱形，宽 1.5-2 毫米；侧生的雌小穗较细，宽 3-4 毫米 ········· 225. **镜子薹草 C. phacota**

217. 扭喙薹草

图 665：1-4

Carex melinacra Franch. in Nouv. Arch. Mus. Hist. Nat. ser. 3, 9:135. 1897.

根状茎木质。秆高 50-95 厘米，径 2 毫米，锐三棱形，平滑，上部粗糙，基部叶鞘无叶片，暗紫红色，网状。叶与秆近等长或短于秆，宽 3-5 毫米，先端渐尖；苞片叶状，短于小穗，无鞘。小穗 4-5，长圆柱形，长 5.5-11 厘米，宽 3-6 毫米，顶生小穗雄性，柄长 2-5 毫米；侧生小穗雌性，最上部的 1 个与雄小穗接近，最下部的长 1.5-3.5 厘米，向上渐短。雌花鳞片卵状披针形或长圆状披针形，先端近圆，长 3 毫米，两边黑紫色，中脉绿色，具短尖。果囊椭圆形，长 2.5-3 毫米，绿色，被紫红色点线或树脂状突起，边缘平

图 665：1-4.扭喙薹草 5-7.等高薹草
（张泰利绘）

滑或稍具刺，喙短，有时扭转，喙平滑或有刺，喙口具叉开2齿；花柱基部不膨大，柱头2。花果期5月。

产四川及云南，生于海拔2100-3450米山谷或湿润草地。

218. 燕子薹草　　　　图 666

Carex cremostachys Franch. in Bull. Soc. Philom. Paris sér. 8, 7:34. 1895.

图 666 燕子薹草 （孙英宝绘）

根状茎短。秆高达90厘米，锐三棱形，平滑，基部叶鞘无叶片，深紫红色，网状。叶与秆近等长，宽4-6毫米，上部的具短柄；苞片叶状，长于小穗，无鞘。小穗7-12，圆柱形，长6-10厘米，花密生，上部的1-2个基部具雄花，余雌性，下部的具长柄，余近无柄。雌花鳞片披针形，先端长芒尖，长4毫米，宽1毫米，淡红或淡棕色，3脉绿色，具锈点。果囊卵形，长2.5-3毫米，纸质，黄绿色，具锈点，喙短，喙口具2短齿。小坚果稍松包果囊中，卵形，双凸状，长1.8毫米，栗色；花柱基部不膨大，柱头2。

产四川西部及云南西北部，生于海拔3000-3300米河谷林下或阴湿处。

219. 川东薹草　亮鞘苔草　　　图 667

Carex fargesii Franch. in Bull. Soc. Philom. Paris sér. 8, 3: 34. 1895.

根状茎木质。秆高45-95厘米，径3-5毫米，锐三棱形，粗糙，基部叶鞘深红色无叶片，网状。叶基生或秆生，长于秆或短于秆，宽0.8-1.2厘米，边缘粗糙，反卷，先端渐尖；苞片最下部的1枚叶状，长于小穗，无鞘，余刚毛状。小穗5-8，顶生1个雄性，有时顶端或中部具少数雌花，线形，长6.5-8厘米，小穗柄长2-3毫米；侧生小穗雌性，长圆柱形，长5-9厘米，宽

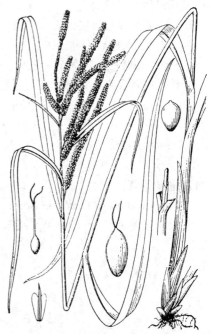

图 667 川东薹草 （引自《图鉴》）

5-6毫米，最下部的柄长2-5厘米，向上渐短。雌花鳞片倒卵形，先端平截或微凹，长1.8-2.7毫米，淡红或淡黄白色，中脉绿色，具短尖。果囊卵形或披针状长圆形，长2.8-3毫米，膜质，淡红色，具不明显锈点，脉明显，无喙，喙口具极短2齿。小坚果稍松包果囊中，卵形或倒卵形，平凸状，长约2毫米，栗色；花柱基部不增粗，柱头2。花果期5-7月。

产河南、湖北、湖南、广西、贵州及四川，生于海拔900-2250米阴处、河沟边。

220. 等高薹草 图 665：5-7

Carex aequialta Kükenth. in Engl. Pflanzenr. Heft 38 (IV. 20):354. t. 57. 1909.

根状茎短。秆丛生，高30-60厘米，三棱形，平滑，基部叶鞘无叶片，暗棕色，网状。叶与秆近等长，宽3-4毫米，坚挺；苞片叶状，长于小穗，无鞘。小穗3-4，几等高，顶生小穗雄性，线形，长2-3厘米，近无柄；侧生小穗雌性，圆柱形，长3-5厘米，花稍疏，具直立短柄。雌花鳞片长圆状卵形，先端钝，锈色，3脉绿色，有时具极短短尖。果囊与鳞片等长，较宽，开展，宽卵形，极膨胀，长2.5-3毫米，膜质，锈色，密被斑点，多脉，喙极短，喙口全缘。小坚果疏松包果囊中，圆形或倒卵形，长2毫米；花柱基部不膨大，柱头2。果期4月。

据文献记载，产江苏及安徽，生于水边。日本有分布。

图 668 长密花穗薹草 （张泰利绘）

221. 长密花穗薹草 图 668

Carex longispiculata Y. C. Yang in Acta Plat. Biol. Sin. 3:91. t. 5. 1984.

根状茎横走。秆丛生，高0.5-1厘米，锐三棱形，平滑，基部叶鞘无叶片，暗褐色。叶短于秆，宽3-5毫米，边缘粗糙，先端长渐尖，叶鞘腹部锈色，膜质；苞片下部的叶状，长于花序，无鞘。小穗5-7，上部2-3雄性，线形，长5-10厘米，锈色，柔软，具短柄；余小穗雌性，长圆柱形，长6-13厘米，花密生，下垂，柄纤细，长1-3厘米。雌花鳞片披针形，长2.5-3毫米，淡褐色，3脉绿色，具短尖。果囊卵形或卵状披针形，膨胀，长2.5-3毫米，成熟时平展，膜质，具紫红色点线或不明显小瘤状突起，具脉，喙短，喙口具极短2齿或全缘。小坚果疏松包果囊中，卵形或宽卵形，双凸状，长约1.5毫米，栗色；花柱基部不膨大，宿存，柱头2。花果期5-7月。

产甘肃、四川、云南及西藏，生于海拔1400-2800米阴坡潮湿处或河谷灌丛中。

222. 乳突薹草 图 669

Carex maximowiczii Miq. in Ann. Mus. Bot. Lugd.-Bat. 2:150. 1866.

根状茎短，稀匍匐。秆丛生，高30-75厘米，锐三棱形，稍坚硬，基部叶鞘褐或红褐色无叶片，纤维状。叶短于或近等长于秆，宽3-4毫米，平展或边缘反卷；苞片基部的叶状，长于小穗，上部的刚毛状或鳞片状。小穗2-3，顶生1个雄性，窄圆柱形，长2-4厘米，具柄；侧生小穗雌性，长圆状圆柱形或长圆形，长2.5-3厘米，宽8-9毫米，小穗柄纤细，基部的长1.5-2厘米，

图 669 乳突薹草 （引自《东北草本植物志》）

下垂，上部的柄较短，直立或下垂。雌花鳞片长圆状披针形，具短芒尖，长 4-4.5 毫米，红褐色，中间绿色，3 脉，具锈色点线。果囊宽倒卵形或宽卵形，双凸状，长 4-4.2 毫米，红褐色，密生乳头状突起和红棕色树脂状小突起，近无脉，具短柄，喙短，喙口全缘。小坚果疏松包果囊中，扁圆形，褐色，长 2-2.2 毫米；花柱长，基部不膨大，

柱头 2。花果期 6-7 月。

产辽宁、山东、河南南部、江苏、安徽及浙江，生于海拔 300-760 米山坡阳处或水边潮湿处。朝鲜半岛及日本有分布。

223. 粉被薹草 图 670

Carex pruinosa Boott in Proc. Linn. Soc. 1: 255. 1849.

根状茎短。秆丛生，高 30-80 厘米，稍坚挺，平滑，基部叶鞘红褐色。叶与秆近等长或短于秆，宽 3-5 毫米，边缘反卷；苞片叶状，长于小穗。小穗 3-5，顶生 1 个雄性，有时有数朵雌花，窄圆柱形，长 2-3 厘米，柄纤细；侧生小穗雌性，有时顶端具雄花，圆柱形，长 2-4 厘米，宽 5-6 毫米，柄纤细，长 1.5-3 厘米，下垂。雌花鳞片长圆状披针形或披针形，具短尖，长 2.8-3

毫米，中间绿色，两侧膜质，密生锈色点线，3 脉。果囊长圆状卵形，长 2.5-3 毫米，密生乳头状突起和红棕色树脂状小突起，具脉，喙短，喙口微凹。小坚果稍松包果囊中，宽卵形，双凸状，长约 2 毫米，黄褐色；柱头 2。花果期 3-6 月。

产山东、河南、江苏、安徽、浙江、福建、江西、湖北、湖南、广东、海南、广西、贵州、四川及云南，生于海拔 50-2500 米山谷或溪旁潮湿处。印度及印度尼西亚有分布。

图 670 粉被薹草 （引自《图鉴》）

224. 二形鳞薹草 图 671

Carex dimorpholepis Steud. Synops. Pl. Glum 2:214. 1855, saltem pro parte.

根状茎短。秆丛生，高 35-80 厘米，锐三棱形，上部粗糙，基部叶鞘红褐或黑褐色，无叶片。叶短于或等长于秆，宽 4-7 毫米，边缘稍反卷；苞片下部的 2 枚叶状，长于小穗，上部的刚毛状。小穗 5-6，接近，顶端的雌雄顺序，长 4-6 厘米；侧生小穗雌性，上部 3 个基部具雄花，圆柱形，长 4.5-5.5 厘米，柄纤细，长 1.5-6 厘米，向上渐短，下垂。雌花鳞片倒卵状长圆形，先端微凹或平截，具粗糙长芒（芒长约 2.2 毫米），长 4-4.5 毫米，3 脉绿色，两侧白色膜质，疏生锈色点线。果囊椭

图 671 二形鳞薹草 （引自《图鉴》）

圆形或椭圆状披针形，长约 3 毫米，略扁，红褐色，密生乳头状突起和锈点，喙短，喙口全缘；柱头 2。花果期 4-6 月。

产辽宁、山东、河南、陕西、甘肃、江苏、安徽、浙江、江西、湖北、湖南南部、广东、广西、贵州及四川，生于海拔200-1300米沟边潮湿处、路边或草地。斯里兰卡、印度、缅甸、尼泊尔、越南、朝鲜半岛及日本有分布。

225. 镜子薹草

图 672

Carex phacota Spreng . Syst. Veg. 3: 826. 1826.

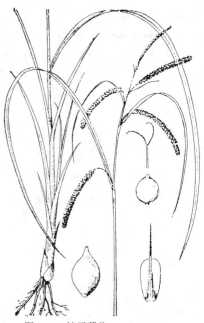

图 672 镜子薹草 （引自《图鉴》）

根状茎短。秆丛生，高20-75厘米，锐三棱形，基部叶鞘淡黄褐或深黄褐色，网状。叶与秆近等长，宽3-5毫米，边缘反卷；苞片下部的叶状，长于小穗，无鞘，上部的刚毛状。小穗3-5，接近，顶端雄性，稀顶部有少数雌花，线状圆柱形，长4.5-6.5厘米，具柄；侧生小穗雌性，稀顶部有少数雄花，长圆柱形，长2.5-6.5厘米，花密，柄纤细，最下部的柄长2-3厘米，向上

渐短，略粗糙，下垂。雌花鳞片长圆形，长约2毫米（芒除外），先端平截或凹，具粗糙芒尖，中间淡绿色，两侧苍白色，具锈色点线，3脉。果囊宽卵形或椭圆形，长2.5-3毫米，双凸状，密生乳头状突起，暗棕色，无脉，喙短，喙口全缘或微凹。小坚果稍松包果囊中，近圆形或宽卵形，长1.5毫米，褐色，密生小乳头状突起；花柱长，基部不膨大，柱头2。花果期3-5月。

产山东、江苏、安徽、浙江、台湾、福建、江西、湖南、广东、香港、海南、广西、贵州、四川及云南，生于沟边草丛中、水边或路旁潮湿处。尼泊尔、印度、印度尼西亚、马来西亚、斯里兰卡及日本有分布。

组 33. 溪水薹草组 Sect. Forficulae Franch. ex Raymond
（梁松筠）

根状茎常具匍匐茎。秆钝三棱形，基部叶鞘无叶片，稍网状。叶平展，边缘反卷；苞片叶状，无鞘。小穗3-6，上部1-2雄性；余雌性，圆柱形，花密生，上部小穗接近，无柄，最下部小穗疏离，具短柄，小穗柄直立。雌花鳞片褐或苍白色，具短尖或无。果囊膜质，平凸状或双凸状，无脉或脉不明显，具喙。

我国7种、3变种。

1. 柱头宿存，长为果囊 1/2 至 2 倍。
  2. 苞片长于小穗。
    3. 柱头长为果囊1/2 ························· **226. 点囊薹草 C. rubro-brunnea**
    3. 柱头长为果囊2倍 ············· 226(附). **大理薹草 C. rubro-brunnea** var. **taliensis**
  2. 苞片短于小穗 ············· 226(附). **短苞薹草 C. rubro-brunnea** var. **brevibracteata**
1. 柱头早落。
  4. 果囊长于鳞片。
    5. 果囊上部边缘具细锯齿，无乳头状突起和紫红色条状斑纹 ·········· **227. 溪水薹草 C. forficula**
    5. 果囊上部边缘无细锯齿，密被乳头状突起和紫红色条状斑纹 ·········· **228. 异鳞薹草 C. heterolepis**
  4. 果囊稍短于或等长于鳞片 ························· **229. 城口薹草 C. luctousa**

226. 点囊薹草 图 673：1-4

Carex rubro–brunnea C. B. Clarke in Hook. f. Fl. Brit. Ind. 6: 710. 1894.

根状茎短。秆丛生，高 20-60 厘米，三棱形，稍坚挺，平滑，上部稍粗糙，基部老叶鞘褐色网状分裂。叶长于秆，宽 3-4 毫米，革质，边缘粗糙；苞片最下部的 1-2 枚叶状，长于小穗，上部的刚毛状，无鞘。小穗 4-6，接近，排成帚状，顶生的雄性或雌雄顺序，线状圆柱形或近棒状，长 4-5.5 厘米，花密生，具柄或近无柄；侧生小穗雌性，有时顶端具雄花，圆柱形，长 3.5-7

图 673：1-4.点囊薹草 5-7.大理薹草
（引自《图鉴》）

厘米，多花密生；基部小穗柄长 1-1.5 厘米，余渐短或近无柄。雌花鳞片披针形，具短芒尖，长约 3 毫米，3 脉绿色，两侧栗色，边缘具白色窄膜质。果囊稍短于鳞片，长圆形或长圆状披针形，平凸状，长约 2.5 毫米，黄绿色，密生锈色树脂状点线，喙中等长，喙口具 2 齿。小坚果紧包果囊中，宽倒卵形，长约 1.5 毫米；柱头 2，长为果囊 1/2。花果期 6 月。

产广东、云南及西藏，生于海拔 2300-3900 米山坡草地或林下沟边湿处。印度阿萨姆有分布。

[附] **大理薹草** 图 673：5-7 **Carex rubro–brunnea** var. **taliensis** (Franch.) Kükenth. in Engl. Pflanzenr. Heft 38 (IV. 20): 344. 1909. ——*Carex taliensis* Franch. in Bull. Soc. Philom. Paris ser. 8, 7: 34. 1895；中国高等植物图鉴 5: 283. 1976. 与模式变种的区别：果囊长 3-4 毫米；柱头长为果囊 2 倍。花果期 3-5 月。产安徽、浙江、江西、湖北、广东、广西、贵州、云南、四川、陕西及甘肃，生于海拔 1500-2800 米山谷沟边或石隙、林下。

[附] **短苞薹草 Carex rubro– brunnea** var. **brevibracteata** T. Koyama in Bull. Nat. Sci. Mus. n. s. 3: 25. 1956 et Jap. Journ. Bot. 15: 168. 1956. 与模式变种的区别：苞片短于小穗；雌花鳞片与果囊近等长。花果期 5-6 月。产江西及四川，生于海拔 1500 米溪边石缝中和潮湿处。

227. 溪水薹草 图 674

Carex forficula Franch. et Sav. at Enum. Pl. Jap. 2: 131. 557. 1879.

根状茎短，形成踏头。秆紧密丛生，高 40-90 厘米，三棱形，粗糙，基部叶鞘无叶片，黄褐色，稍有光泽，网状。叶与秆等长或稍长于秆，宽 2.5-4 毫米，边缘反卷，绿色；苞片叶状，短于小穗，基部无鞘。小穗 3-5，顶生的雄性，线形，长 3-4 厘米，具柄；侧生小穗雌性，窄圆柱形，长 1.5-5 厘米，花密生，有时基部花稍稀疏，最下部的小穗具短柄，余无柄。雌花鳞片披针形或长圆形，长约 3 毫米，暗锈色或紫褐色，中部绿色，3 脉，具

图 674 溪水薹草 （引自《东北草本植物志》）

粗糙短尖。果囊长于鳞片，倒卵形或卵形，扁双凸状，长3-4毫米，黄绿色，近无脉，有时两侧具少数细脉，上部边缘具细锯齿，喙长达1.5毫米，喙缘稍细锯齿状粗糙，喙口深裂呈2齿。小坚果紧包果囊中，卵形或宽倒卵形，近双凸状，基部宽楔形，长2-2.5毫米；花柱基部不膨大，柱头2，早落。花果期6-7月。

产吉林、辽宁、河北、山东、山西、陕西及安徽，生于海拔770-850米林下、溪边或潮湿处。俄罗斯远东地区、朝鲜半岛及日本有分布。

228. 异鳞薹草

图 675

Carex heterolepis Bunge in Enum. Pl. Chin. Bor. 69. 1832.

根状茎短，匍匐茎长。秆高40-70厘米，三棱状，上部粗糙，基

部老叶鞘黄褐色网状。叶与秆近等长，宽3-6毫米，边缘粗糙；苞片叶状，最下部1枚长于小穗，基部无鞘。小穗3-6，顶生的雄性，圆柱形，长2-4厘米，柄长0.8-2厘米；侧生小穗雌性，圆柱形，直立，长1-4.5厘米，无柄，最下部的具短柄。雌花鳞片窄披针形或窄长圆形，长2-3毫米，淡褐色，中间淡绿色，

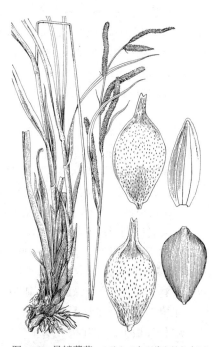

图 675 异鳞薹草 （引自《东北草本植物志》）

1-3脉，先端渐尖。果囊稍长于鳞片，倒卵形或椭圆形，扁双凸状，长2.5-3毫米，淡褐绿色，密被乳头状突起和紫红色条状斑纹，喙长约0.5毫米，喙口具2齿。小坚果紧包果囊中，宽倒卵形或倒卵形，长2-2.2毫米，暗褐色；花柱基部不膨大，柱头2。花果期4-7月。

产黑龙江、吉林、辽宁、内蒙古、河北、山东、山西、河南、陕西、甘肃、安徽、江西北部、湖北及云南西北部，生于海拔550-1900米沼泽地或水边。朝鲜半岛及日本有分布。

229. 城口薹草

图 676

Carex luctuosa Franch. in Nouv. Arch. Mus. Hist. Nat. Paris ser. 3, 9: 130. 1897.

根状茎短。秆高0.3-1米，锐三棱形，直立，较坚挺，粗糙，基部老叶鞘暗褐色网状。叶短于秆，宽3-5毫米，边缘粗糙；苞片下部

的叶状，长于小穗，无鞘，上部的刚毛状，短于小穗，无鞘。小穗4-6，顶生的雄性或雌雄顺序，窄圆柱形，长3-3.5厘米；侧生小穗雌性，圆柱形，长2-3厘米，花密生；上部小穗接近，无柄，最下部1个疏离，具短柄。雌花鳞片长圆形，长2.5-2.8毫米，先端钝或具短尖，暗血

图 676 城口薹草 （引自《秦岭植物志》）

红色，3 脉淡黄白色。果囊稍短或等长于鳞片，倒卵形，稍双凸状，长 2.3-2.8 毫米，淡褐绿色，无脉，喙短，平滑，喙口具 2 齿。小坚果倒卵形，稍双凸状，长约 1.6 毫米；柱头 2，早落。花果期 4-7 月。

产河南、陕西、甘肃、湖北西部及四川，生于海拔 1200-2600 米山坡水边、湿地或路边草地。

组 34. 急尖薹草组 Sect. Phacocystis Dumort. (Sect. Acutae Fries)
（梁松筠）

根状茎短或具匍匐茎。秆三棱形，坚挺或纤细。苞片刚毛状或叶状，无鞘。小穗上部的 1-2 个雄性，余雌性（顶端常具雄花），长圆形或圆柱形，花密生，无柄或具短柄。鳞片常暗紫或褐色。果囊近圆形、宽倒卵形或椭圆形，平凸状或双凸状，密生小瘤状突起，喙短，喙口平截，近全缘，稀为 2 齿。小坚果倒卵形或长圆形；花柱基部不膨大，柱头 2。

我国 50 种。

1. 雌花鳞片具 1 脉。
 2. 苞片基部的刚毛状。
  3. 果囊近圆形、卵状圆形或倒卵状圆形。
   4. 雌小穗卵形或长圆形，上部的无柄或最下部的柄长 2-3 毫米 ·················· 230. 圆囊薹草 C. orbicularis
   4. 雌小穗圆柱形，基部小穗柄长 1-1.8 厘米 ······························· 231. 北疆薹草 C. arcatica
  3. 果囊椭圆形或卵状椭圆形，长约 2.5 毫米；小坚果宽倒卵形·············· 232. 箭叶薹草 C. ensifolia
 2. 苞片基部的叶状；果囊宽卵形或宽椭圆形，长 2.5-3 毫米；雌花鳞片长 2.5 毫米 ··· 233. 木里薹草 C. muliensis
1. 雌花鳞片具 3 脉。
 5. 果囊上部边缘及喙缘疏生小刺 ···································· 234. 刺喙薹草 C. forrestii
 5. 果囊边缘及喙缘均无小刺。
  6. 苞片最下部的叶状。
   7. 果囊脉明显。
    8. 根状茎无匍匐茎；雌花鳞片窄椭圆形，长 1.6-2 毫米。
     9. 果囊椭圆形，长 2.2-3 毫米 ······························· 235. 灰脉薹草 C. appendiculata
     9. 果囊倒卵形或近圆形，长 1.8-2.3 毫米 ·········· 235(附). 小囊灰脉薹草 C. appendiculata var. saculiformis
    8. 根状茎具长匍匐茎；雌花鳞片长圆形，长 2.5-2.8 毫米 ·········· 236. 陌上菅 C. thunbergii
   7. 果囊脉不明显或微显。
    10. 果囊卵形，喙不明显 ································· 237. 灰化薹草 C. cinerascens
    10. 果囊宽长圆形或倒卵形，喙极短 ······················· 238. 丛生薹草 C. caespititia
  6. 苞片下部的刚毛状或叶状。
   11. 果囊倒卵形或近圆形；雌花鳞片披针形，先端锐尖 ············· 239. 瘤囊薹草 C. schmidtii
   11. 果囊卵形或椭圆形；雌花鳞片窄卵形，先端钝 ················· 240. 丛薹草 C. caespitosa

230. 圆囊薹草
图 677

Carex orbicularis Boott in Proc. Linn. Soc. 1: 254. 1845.

根状茎短，具匍匐茎。秆丛生，高 10-25 厘米，纤细，三棱形，粗糙，基部老叶鞘栗色。叶短于秆，宽 1.5-3 毫米，边缘粗糙；苞片基部的刚毛状，短于花序，无鞘，上部的鳞片状。小穗 2-3（4），顶生的雄性，圆柱形，长 1.2-2 厘米，柄长 3-9 毫米；侧生雌性小穗卵形或长圆形，长 0.5-1.5 厘米，花密生，最下部的柄长 2-3 毫米，上部的无柄。雌花鳞片长圆形或长圆状披针形，长 1.8-2.5 毫米，暗紫红或红

棕色，具白色膜质边缘，中脉色淡。果囊近圆形或倒卵状圆形，平凸状，长 2-2.7 毫米，下部淡褐色，上部暗紫色，密生瘤状小突起，脉不明显，喙极短，喙口微凹，疏生小刺。小坚果卵形，长约 2 毫米；花柱基部不膨大，柱头 2。花果期 7-8 月。

产甘肃、青海、新疆及西藏，生于海拔 2800-4600 米河漫滩或湖边盐生草甸、沼泽草甸。西亚和中亚地区、俄罗斯、印度西北部、巴基斯坦有分布。

231. 北疆薹草　　　　　　　　　　　　　　　　　　图　678

Carex arcatica Meinsh. in Acta Hort. Petrop. 18: 336. 1901.

根状茎匍匐。秆高 20-50 厘米，纤细，三棱形，粗糙，基部叶鞘黑褐色。叶短于秆，宽 2-3 毫米，边缘粗糙；苞片最下部的刚毛状，稀叶状，短于小穗，无鞘，上部的鳞片状。小穗 2-4，疏离，顶生的雄性，圆柱形，长 2-3.5 厘米，柄长 1.5-2 厘米；侧生雌性小穗圆柱形或长圆形，长（1）1.7-3 厘米，花密生，基部小穗柄长 1-1.8 厘米，向上渐短。雌花鳞片窄长圆形，长约 2.5 毫米，紫棕色，具白色膜质窄边缘，中脉绿色。果囊近圆形或倒卵形，平凸状，长约 2.5 毫米，黄棕色，密生瘤状小突起，脉不明显，具短柄，喙短，喙口微凹，口缘生小刺。小坚果倒卵形，长约 2 毫米，褐色；花柱基部不膨大，柱头 2。花果期 4-7 月。

产宁夏、甘肃、青海及新疆，生于海拔 100-3250 米沼泽地、河岸阶地或水旁。俄罗斯及中亚地区有分布。

232. 箭叶薹草　　　　　　　　　　　　　　　　　　图　679

Carex ensifolia Turcz. ex Bess. in Flora 18: Beibl. 1: 26. 1834.

具匍匐根状茎。秆高 15-60 厘米，纤细，三棱形，粗糙，基部老叶鞘栗褐色，纤维状。叶短于秆，宽 2-3 毫米，边缘粗糙；苞片刚毛状，短于小穗，无鞘。小穗 3-4，顶生的雄性，长圆状圆柱形或圆柱形，长 1-2 厘米，柄长 3-6 毫米；侧生雌性小穗长圆形、长圆状圆柱形或圆柱形，长 0.8-2 厘米，花密生，最下部的小穗柄长 3-7 毫米，余近无柄。雌花鳞片长圆形，长约 2.5 毫米，黑紫色，边缘窄，白色膜质，1 脉色淡。果

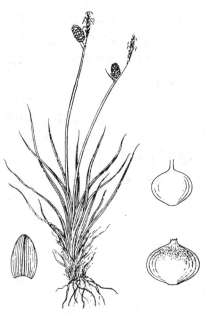

图　677　圆囊薹草　（张泰利绘）

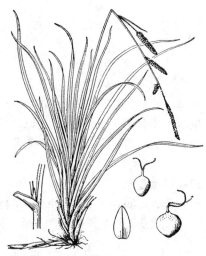

图　678　北疆薹草　（引自《图鉴》）

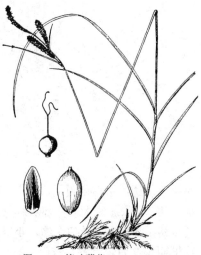

图　679　箭叶薹草　（引自《图鉴》）

囊椭圆形或卵状椭圆形，平凸状，长约2.5毫米，下部淡褐色，上部黑紫色，具小瘤状突起，脉不明显，喙短，喙口平截，全缘。小坚果紧包果囊中，宽倒卵形，长约1.5毫米，黄色；花柱基部不膨大，柱头2。花果期7-8月。

产宁夏、甘肃、青海、新疆及西藏，生于海拔1980-3500米山坡草地或潮湿处。俄罗斯及蒙古有分布。

233. 木里薹草 图 680

Carex muliensis Hand.-Mazz. Symb. Sin. 7(4-5): 1262. 1936.

图 680 木里薹草 （孙英宝绘）

根状茎短。秆高15-65厘米，径1-1.5毫米，三棱形，上部粗糙，基部叶鞘无叶片，棕色。叶短于秆，宽1.5-3毫米，边缘粗糙，常反卷；苞片基部的叶状，短于或等长于小穗，无鞘，上部的刚毛状或鳞片状。小穗3-5，接近，顶生的雄性，窄圆柱形，长1.2-3厘米，柄长0.3-1厘米，侧生的雌性，有的顶端有雄花，圆柱形或长圆形，长1-4厘米，花密生；小穗柄

纤细，长1-3厘米。雌花鳞片长圆形或长卵形，长2.5毫米，宽0.8-1.3毫米，黑紫色，中脉色淡，具白色膜质窄边缘。果囊宽卵形或宽椭圆形，长2.5-3毫米，宽约1.7毫米，淡褐色，上部黑紫色，密生小瘤状突起，脉下部明显，喙短，喙口全缘。小坚果稍紧包果囊中，倒卵形，长约2毫米，栗色，喙短；花柱基部不膨大，柱头2。花果期7-8月。

产甘肃、青海、四川及云南西北部，生于海拔3400-4600米高山草甸或沼泽草甸。

234. 刺喙薹草 图 681

Carex forrestii Kükenth. in Notes Roy. Bot. Gard. Edinb. 8: 9. 1913.

根状茎具细长匍匐茎，木质。秆高10-25厘米，纤细，锐三棱形，基部具叶。叶与秆近等长，边缘反卷，宽1.5-3毫米；苞片最下部的1枚叶状，长于或短于小穗，无鞘。小穗3-5，顶生的雄性，线状圆柱形，长2.5-4.5厘米，侧生小穗雌性或顶端具少数雄花，长1.5-2.8厘米，长圆形或卵形；最下部小穗柄长0.7-2厘米，纤细，余近无柄。雌花鳞片长圆形或长圆状披针形，长约2毫米，

深棕色，边缘窄白色膜质，3脉绿色。果囊长于并宽于鳞片，宽卵形，平凸状，长2.5毫米，上部灰绿色，下部淡棕色，具锈点，疏生小刺，具短柄，喙极短，喙口全缘。小坚果疏松包果囊中，长圆形；柱头2。花果期5-7月。

图 681 刺喙薹草 （张泰利绘）

产云南及西藏，生于海拔 2600-3200 米沼泽草甸或田边。

235. 灰脉薹草

图 682

Carex appendiculata (Trautv.) Klükenth. in Bull. Herb. Boissier sér. 2, 4: 54. 1904.

Carex acuta Linn. var. *appendiculata* Trautv. in Trautv. et C. A. Mey. Fl. Ochot. 100. 1856.

根状茎短，形成踏头。秆密丛生，高 30-75 厘米，锐三棱形，粗糙，基部叶鞘无叶片，栗褐色，边缘纤维状。叶与秆近等长，宽约 2 毫米，有时内卷，边缘粗糙；苞片最下部的叶状，等于或长于花序，无鞘。小穗 3-5，上部 1-2 个雄性，窄圆柱形，长 0.8-2.5 厘米，顶生的具柄，侧生的无柄；余小穗雌性，有时部分小穗顶端具少数雄花，长圆形或窄圆柱形，长 1-3 厘米，花密生，具短柄或近无柄。雌花鳞片窄椭圆形，长 1.6-2 毫米，紫黑色，边缘窄白色膜质，中部淡绿色，1-3 脉，2 侧脉不明显，中肋粗糙。果囊椭圆形，平凸状，长 2.2-3 毫米，宽为鳞片 2 倍，淡绿色，密生小瘤状突起，脉明显，喙短，喙口微凹。小坚果紧包果囊中，宽倒卵形或倒卵形，平凸状，长约 1.5 毫米；花柱基部不膨大，柱头 2。花果期 6-7 月。

产黑龙江、吉林及内蒙古，生于海拔约 590 米湿地或沼泽。朝鲜半岛、俄罗斯东西伯利亚和远东地区有分布。

图 682　灰脉薹草　（引自《东北草本植物志》）

　[附]　**小囊灰脉薹草　Carex appendiculata** var. **sacculiformis** Y. L. Chang et Y. L. Yang in Fl. Herb. Pl. Northeast. China 11: 161. 206. 1976. 与模式变种的区别：果囊倒卵形或近圆形，长 1.8-2.3 毫米；雌花鳞片长约 1.5 毫米。果期 6-7 月。产吉林及内蒙古，生于沼泽或湿地。

236. 陌上菅

图 683

Carex thunbergii Steud. in Flora 29: 23. 1846.

根状茎短，匍匐茎长。秆高 0.4-1 米，三棱形，平滑，上部稍粗糙，基部叶鞘无叶片或具叶片，淡褐色，稍纤维状或网状。叶短于或稍长于秆，宽约 3 毫米，边缘稍粗糙；苞片叶状，长于或等长于小穗，基部无鞘。小穗 3-5，疏离，上部 1-2 雄性，线形，长约 3.5 厘米；余雌性小穗圆柱形，长 2.5-4 厘米，花密生；下部小穗具短柄。雌花鳞片长圆形，长 2.5-2.8 毫米，锈褐色或淡褐色，边缘白色膜质，中部绿色，3 脉。果囊长于鳞片，椭圆形或长椭圆形，平凸状，膜质，绿黄色，密生小瘤状突起，4-5 脉，具

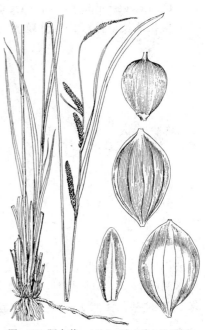

图 683　陌上菅　（引自《东北草本植物志》）

短柄，喙极短，喙口微凹或全缘。小坚果疏松包果囊中，倒卵形，平凸状；花柱基部不膨大，柱头 2。

产黑龙江、吉林、辽宁、内蒙古、四川及云南，生于湖边潮湿处。日本有分布。

237. 灰化薹草　　　　　　　　　　　　　　　图 684

Carex cinerascens Kükenth. in Bull. Herb. Boissier sér. 2, 2: 1017. 1902.

根状茎短，匍匐茎长。秆丛生，高 25-60 厘米，锐三棱形，平滑，

小穗下部稍粗糙，基部叶鞘无叶片，黄褐或褐色，稍网状分裂。叶短于或等长于秆，宽 2-4 毫米；苞片最下部的叶状，长于或等长于小穗，无鞘，余刚毛状。小穗 3-5，上部 1-2 雄性，窄圆柱形，长 2-5 厘米，余为雌性，稀顶端具少数雄花，窄圆柱形，长 1.5-3 厘米；花密生，下部的具柄，上部的无柄。雌花鳞片长圆状披针形，具小短尖，长 2.5 毫米，深棕或带紫色，3 脉淡黄绿色，边缘窄白色膜质。果囊卵形，长 3 毫米，膜质，灰、淡绿或黄绿色，脉不明显，具锈点，具短柄，喙不明显，喙口近全缘。小坚果稍紧包果囊中，倒卵状长圆形，长约 1.5 毫米；花柱基部稍膨大，柱头 2。花果期 4-5 月。

图 684 灰化薹草 （引自《东北草本植物志》）

产黑龙江、吉林、辽宁、内蒙古、河北、河南、陕西、宁夏、江苏、安徽、浙江、湖北及湖南，生于湖边、沼泽或湿地。日本有分布。

238. 丛生薹草　　　　　　　　　　　　　　　图 685

Carex caespititia Nees in Wight, Contr. Bot. Ind. 127. 1834.

根状茎长。秆高 15-20 厘米，锐三棱形，纤细，上部粗糙。叶短

于秆，宽 3-4 毫米，边缘粗糙；苞片叶状，短于小穗，无鞘。小穗 3-4，接近，顶生的雄性，圆柱形，长 2-2.2 厘米，淡褐色，柄长 0.5-1 厘米；侧生的雌性，长圆形或圆柱形，长 1.2-2 厘米，柄长 4-5 毫米，上部的近无柄。雌花鳞片长圆形或卵状披针形，长约 2 毫米，深紫红色，3 脉绿色，具短尖。果囊宽长圆形或倒卵形，平凸状，长 2.5-3 毫米，脉微显，具短柄，喙极短，喙口微凹或全缘。小坚果疏松包果囊中，宽椭圆形，平凸状，长约 1.5 毫米；花柱基部不膨大，柱头 2。花果期 6 月。

图 685 丛生薹草 （孙英宝绘）

产四川、云南及西藏，生于海拔 2000-3200 米水边。尼泊尔有分布。

239. 瘤囊薹草 图 686

Carex schmidtii Meinsh. in Baer et Helmers. Beitr. Kennt. Russ. Reiches. 26: 224, 1871.

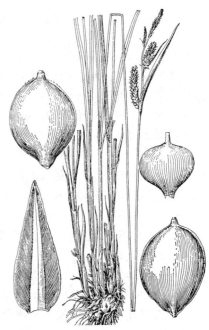

图 686 瘤囊薹草 （引自《东北草本植物志》）

根状茎短，形成踏头。秆密丛生，高 30-80 厘米，纤细，三棱形，粗糙，基部叶鞘无叶片，栗褐色，稍网状细裂。叶短于秆，宽 2-3 毫米，边缘反卷；苞片最下部 1 枚叶状，与小穗近等长，无鞘。小穗 3-5，上部 1-2（3）雄性，接近，线形或窄圆柱形，长 1-3 厘米；余为雌性，圆柱形，长 1.2-3 厘米，下部具短柄，上部近无柄。雌花鳞片披针形，先端锐尖，长约 3 毫米，两侧栗褐色，具窄白色膜质边缘，中间绿色，3 脉。果囊稍短于或等长于鳞片，宽为鳞片 2 倍，宽倒卵形或近圆形，长 2-3 毫米，膨胀，褐绿或栗棕色，密生瘤状小突起，无脉，具短柄，顶部边缘通常稍粗糙，稀平滑，喙短，喙口全缘。小坚果紧包果囊中，倒卵形，双凸状，长宽约 1.8 毫米，褐色；花柱基部不膨大，柱头 2。花果期 6-7 月。

产黑龙江、吉林、辽宁、内蒙古、陕西、青海及新疆，生于沼泽、溪边或林缘。俄罗斯、蒙古、朝鲜及日本有分布。

240. 丛薹草 褐鞘苔草 图 687

Carex caespitosa Linn. Sp. pl. 978. 1753.

Carex minuta Franch.；中国高等植物图鉴 5: 288. 1976.

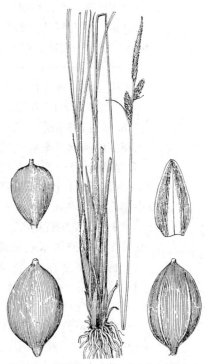

图 687 丛薹草 （引自《东北草本植物志》）

根状茎短，形成踏头。秆密丛生，高 40-90 厘米，纤细，三棱形，基部叶鞘无叶片，紫红褐或红褐色，边缘网状分裂。叶短于秆，宽 2-3.5 毫米，边缘稍外卷，粗糙；苞片刚毛状，与小穗近等长，无鞘。小穗 3-4，接近，顶生小穗雄性，线形或长圆形，长 2-3 厘米，余为雌性，有时顶部具少数雄花，长圆形或圆柱形，长 0.5-2.5 厘米，具短柄。雌花鳞片窄卵形，先端钝，紫褐或锈褐色，中部淡绿色，1 脉，边缘白色膜质。果囊卵形或椭圆形，近双凸状或平凸状，长 2-2.5（3）毫米，灰绿或淡绿褐色，密生小瘤状突起，无脉或 1-3 脉不明显，具短柄，喙短，喙口近全缘。小坚果紧包果囊中，宽倒卵形或倒卵形，双凸状，长约 1.5 毫米，具短柄；花柱基部不膨大，柱头 2。花果期 6-7 月。

产黑龙江、吉林、内蒙古、陕西、青海及新疆，生于沼泽和湿地。瑞典、芬兰、俄罗斯、朝鲜半岛及日本有分布。

组 35. 细柄薹草组 Sect. Graciles Tuckerm. ex Kükenth.
（戴伦凯）

多年生草本，根状茎短，无地下匍匐茎，稀具地下匍匐茎。苞片具鞘。小穗几个至多数，单生或几个簇生苞片鞘内，有的小穗排成圆锥状或总状，通常两性，稀单性或兼有两性、单性，两性小穗雄雌顺序，多花，稀具几朵花，花疏生或密生；小穗柄细而稍长。果囊双凸状或平凸状，多脉，常具柄，喙口具 2 短齿。小坚果扁双凸状或平凸状；花柱基部稍增粗，柱头 2，长或中等长。

我国 21 种、5 变种。

1. 果囊长不超过 4 毫米，稀达 4.5 毫米，成熟时暗棕、褐黄、淡褐黄或红褐色，被短硬毛或边缘具毛，稀无毛。
  2. 果囊长圆形或窄椭圆形，长 4-4.5 毫米，柱头长于或近等长于果囊；雌花鳞片长 4-5 毫米 ·········
  ··· 241. 长柱头薹草 C. teinogyna
  2. 果囊宽卵形、椭圆形、宽椭圆形或近圆形；柱头带短于果囊，稀稍长于果囊，雌花鳞片长（1-）2-3.5
  （-5）毫米。
    3. 小穗多数，两性，雄雌顺序。
      4. 小穗排成圆锥状或总状；果囊长 2-3（4）毫米，通常无毛。
        5. 秆高 0.8-1.4 厘米；小穗线状圆柱形，排成圆锥状；雌花鳞片卵形，先端急尖 ·····················
        ··· 242. 亨氏薹草 C. henryi
        5. 秆高 30-70 厘米；小穗窄长圆形或窄披针形，单生或 2-6 生于苞片鞘内，小穗或下部小穗常分枝，排成总状；雌花鳞片宽卵形，先端钝或圆。
          6. 根状茎长而匍匐；叶短或近等长于秆；小穗 4-8，下部的小穗常不分枝 ·····················
          ··· 243. 滇西薹草 C. mosoynensis
          6. 根状茎短；叶等长或近等长于秆，稀短于秆；小穗多数，下部的小穗常分枝。
            7. 小穗长 0.8-1.2 厘米；雌花鳞片长约 1 毫米；果囊长 2.5-3 毫米。
              8. 叶宽 2-3 毫米；果囊长约 2.5 毫米，喙中等长 ·························· 244. 亲族薹草 C. gentilis
              8. 叶宽约 4.5 毫米；果囊长约 3 毫米，喙长 ········· 244(附). 宽叶亲族薹草 C. gentilis var. intermedia
            7. 小穗长 1.5-3 厘米；雌花鳞片长约 3.5 毫米；果囊长 3.5-4 毫米 ········· 245. 日南薹草 C. nachiana
      4. 小穗单生于或几个生于苞鞘内；果囊长（2.5-）3-4 毫米，全部或部分被毛。
        9. 小穗几个至 10 几个，常 1-2 生于苞鞘内；果囊两面均被白色短硬毛 ········· 246. 褐果薹草 C. brunnea
        9. 小穗 3-5，单生苞鞘内；果囊边缘被短硬毛。
          10. 秆高 10-35 厘米；具地下匍匐茎；果囊长 3-3.5 毫米。
            11. 秆高 10-35 厘米；小穗 3-4，长圆形 ·· 247. 仙台薹草 C. sendaica
            11. 秆较高；小穗约 8 个，圆筒形 ·············· 247(附). 多穗仙台薹草 C. sendaica var. pseudo-sendaica
          10. 秆高 0.35-1 米；无地下匍匐茎；果囊长约 4 毫米 ········· 248. 滨海薹草 C. bodinieri
    3. 顶生小穗雄性，侧生小穗两性，雄雌顺序，或单性，均为雌小穗。
      12. 侧生小穗两性，雄雌顺序。
        13. 秆高 0.6-1 米，秆下部 30-50 厘米以下为深褐色无叶片的鞘所包；果囊密生 ·························
        ··· 249. 柄果薹草 C. stipitinux
        13. 秆高 50-60（-70）厘米，秆下部 10 厘米以下为少数深栗色无叶片的鞘所包；果囊疏生 ·············
        ··· 250. 秋生薹草 C. autumnalis
      12. 侧生小穗单性，全为雌小穗，小穗单生或 3-8 小穗簇生苞鞘内，1 个为雄小穗，余为雌小穗。
        14. 秆高 40-65 厘米；叶宽 0.5-1.2 厘米；3-8 小穗簇生苞鞘内，1 个为雄小穗，偶顶端具几朵雌花，余为雌小穗 ·· 251. 峨眉薹草 C. omeiensis
        14. 秆高 10-25 厘米；叶宽 1-2 毫米；小穗单生，稀 2 个生于苞鞘内 ········· 252. 纤细薹草 C. pergracilis

1. 果囊长4-6毫米，成熟时淡绿、淡黄绿或麦秆黄色，无毛或喙缘粗糙。

    15. 小穗长圆形或宽卵形，长0.8-1.5厘米；果囊密生，近圆形，长约4毫米；小坚果近圆形或宽倒卵形⋯⋯⋯

    15. 小穗圆柱形，长2-4厘米；果囊疏生，椭圆形或宽椭圆形，长5-6毫米；小坚果宽椭圆形⋯⋯⋯⋯

241. 长柱头薹草　细梗苔草　　　　　　　　图 688

Carex teinogyna Boott, Illustr. Carex 1: 60. t. 158. 1858.

根状茎短，木质。秆密丛生，高25-60（-90）厘米，较细，三棱形，稍粗糙，基部具少数无叶片的鞘。叶稍短于秆或几等长于秆，宽2.5-3毫米，下部折合，向上渐平展，边缘和脉常粗糙，基部老叶鞘常裂成纤维状；苞片短于或等长于小穗，下部的叶状，上部的刚毛状，边缘粗糙，鞘长0.5-3厘米。小穗多数，1-3生于苞鞘内，线形，长1-5厘米，雄雌顺序，雄花部分较雌花部分短，下部的有时具分枝，花疏生，具细柄。雌花鳞片长圆状卵形，长4-5毫米，先端急尖，具芒或短尖，芒和短尖具短硬毛，膜质，褐黄或淡褐黄色，3脉绿色。果囊近直立，长圆形或窄椭圆形，平凸状，长4-4.5毫米，膜质，暗棕色，被短硬毛，多脉，具短柄，喙长，喙口具2短齿。小坚果紧包果囊中，椭圆形，扁双凸状，长约2毫米，淡黄色，无柄；花柱基部稍膨大，柱头2，长于或等长于果囊，宿存。花果期9-12月。

产河南、安徽、浙江、福建、江西、湖北、湖南、广东、香

图 688 长柱头薹草 （引自《图鉴》）

港、广西、贵州及云南，生于海拔500-2000米山谷疏林下、溪边、水沟边潮湿处、岩缝中或沙地。孟加拉国、印度、缅甸、越南、日本、朝鲜半岛有分布。

242. 亨氏薹草　湖北苔草　　　　　　　　图 689

Carex henryi C. B. Clarke ex Franch. in Nouv. Arch. Mus. Hist. Nat. sér. 3, 8: 243. 1896.

根状茎短，木质，无地下匍匐茎。秆密丛生，高0.8-1.4厘米，稍粗壮，钝三棱形，平滑，具基生叶和秆生叶。叶短于秆，宽3-4毫米，基部常对折，向上渐平展，两面及边缘均粗糙，鞘长，靠近秆基部的鞘黑褐色；苞片下部的叶状，上部的刚毛状，鞘长0.5-6厘米。小穗多数，排成圆锥状，雄雌顺序，顶端具几朵雄花，余为疏生雌花，雄花部分短于雌花部分，线状圆柱形，长1-2.5厘米，柄细而稍长。雌花鳞片卵形，

图 689 亨氏薹草 （引自《图鉴》）

长约 2 毫米，先端急尖，无短尖，膜质，褐黄色，具绿色中脉。果囊近直立，椭圆形，平凸状，长约 3 毫米，棕色，无毛，5-7 脉，具短柄，喙较长，边缘被疏缘毛，喙口具 2 短齿。小坚果紧包果囊中，椭圆形，扁双凸状，长约 1.7 毫米；花柱基部稍增粗，柱头 2，细长。

产陕西、甘肃南部、河南、安徽、浙江、湖北、湖南、贵州、四川及云南，生于海拔 500-3000 米山坡路旁、林下湿处、沟边、溪边或水稻田边。

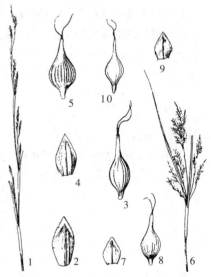

243. 滇西薹草　　　　　　　　　　　图 690：1-5

Carex mosoynensis Franch. in Bull. Soc. Philom. Paris sér. 8, 8: 31. 1895.

根状茎长，匍匐。秆疏丛生，高 30-40 厘米，纤细，三棱形，平滑。叶短于或近等长于秆，宽约 2 毫米，下部稍卷曲，向上渐平展，两面及边缘均粗糙，鞘较长，黑褐色，膜质部分常裂至基部；苞片下面的线形，上面的刚毛状，鞘较短。小穗 4-8，下部小穗常不分枝，单生或 2 个生于苞鞘内，间距长达 8 厘米，雄雌顺序，窄披针形，长 1-2 厘米，疏生几朵花。雌花鳞片宽卵形，长约 2 毫米，先端钝或圆，无短尖，膜质，淡黄褐色，1-3 脉。果囊近直立，椭圆状卵形或卵形，扁平凸状，长约 3 毫米，膜质，黄褐色，

图 690：1-5. 滇西薹草　6-8. 亲族薹草
9-10. 宽叶亲族薹草　（引自《中国植物志》）

无毛，细脉 7，柄短，喙中等长，喙口具 2 短齿。小坚果紧包果囊中，椭圆形，扁平凸状，长约 1.5 毫米，淡黄色；花柱基部稍增粗，柱头 2，稍伸出喙外。花果期 8-9 月。

产湖北西部、四川、云南及西藏，生于海拔约 1600 米林下或潮湿地。

244. 亲族薹草　小鳞苔草　　　　　图 690：6-8 图 691

Carex gentilis Franch. in Bull. Soc. Philom. Paris sér. 8, 7: 84. 1895.

根状茎短。秆密丛生，高 25-70 厘米，较细，三棱形，平滑。叶短于秆，宽 2-3 毫米，平展，两面及边缘粗糙，鞘常开裂；苞片下部 1-2 枚叶状，上部的刚毛状，稍粗糙，鞘长 0.5-2 厘米，膜质部分褐色，稍开裂。小穗多数，3-6 生于苞鞘内，下部小穗常分枝，雄雌顺序，雄花部分短于雌花部分，顶生小穗雄花部分较长，窄长圆形，长 0.8-1.2 厘米，疏生几朵雌花。雌花鳞片宽卵形，长约 1 毫米，先端急尖或钝，无短尖，膜质，褐色，边缘白色透明，或稍啮蚀状，具中脉。果囊近直立，椭圆形，平凸状，长约 2.5 毫米，膜质，红褐色，无毛，细脉 5-7，具短柄，喙中等长，喙口具 2 短齿。小坚果紧包果囊中，椭圆形，平凸状，长约 1.5 毫米，淡

图 691　亲族薹草　（引自《图鉴》）

黄色；花柱基部稍增粗，柱头2，较短。花果期8-10月。

产湖北西部、四川、云南等省，生于海拔约1500米林下、沟边或河边。

[附] **宽叶亲族薹草** 图 690：9-10 **Carex gentilis** var. **intermedia** Tang et Wang ex L. K. Dai in Acta Phytotax. Sin. 37(2)：187. 1999. 本变种与模式变种的区别：叶宽约4.5毫米；果囊长约3毫米，具长喙。产陕西、贵州、四川及云南，生于海拔1300-1950米山坡、沟边或岩缝中。

245. 日南薹草

Carex nachiana Ohwi in Acta Phytotax. et Geobot. 2：103. 1933.

根状茎短，无地下匍匐茎。秆稍疏丛生，高约70厘米，较细，坚挺，锐三棱形，上部稍粗糙或平滑，叶1-2。叶较坚挺，宽2.5-4毫米，平展，基部叶鞘棕褐色，不裂；苞片下部的叶状，上部的刚毛状，具长鞘。小穗多数，2-3或单生于分枝，组成总状，两性，雄雌顺序，圆柱形，长1.5-3厘米，疏生多花。雌花鳞片卵状长圆形，长约3.5毫米，先端急尖，无短尖，淡褐色，细脉1。果囊近直立，宽卵形或椭圆形，扁双凸状，长3.5-4毫米，膜质，褐色，多脉，边缘粗糙，柄很短，喙中等长，喙口具2短齿。小坚果紧包果囊中，圆卵形，扁双凸状，长2毫米；花柱短，基部增粗，柱头2，稍长。

产江苏及浙江，生于山坡林下。日本有分布。

246. 褐果薹草

图 692

Carex brunnea Thunb. Fl. Jap. 38. 1784.

根状茎短，无地下匍匐茎。秆密丛生，高40-70厘米，较细，锐三棱形，平滑，基部叶较多。叶长于或短于秆，宽2-3毫米，下部对折，向上渐平展，两面和边缘均粗糙，鞘长不及5厘米，膜质部分开裂；苞片下部的叶状，上部的刚毛状，鞘较短，褐绿色。小穗几个至10几个，常1-2生于苞鞘内，多数不分枝，稀疏，间距长达10余厘米，两性，雄雌顺序，雄花部分较

雌花部分短，圆柱形，长1.5-3厘米，花多数密生，具柄；下部的柄长，上部的渐短。雌花鳞片卵形，长约2.5毫米，先端急尖或钝，无短尖，膜质，淡黄褐色，具褐色短条纹，3脉。果囊近直立，椭圆形或近圆形，扁平凸状，长3-3.5毫米，膜质，褐色，细脉9，两面均被白色短硬毛，具短柄，喙短，喙口具2短齿。小坚果紧包果囊中，近圆形，扁双凸状，黄褐色；花柱基部稍增粗，柱头2。

产河南、陕西、甘肃南部、江苏、安徽、浙江、台湾、福建、江西、湖北、湖南、广东、香港、广西、贵州、四川、云南及西

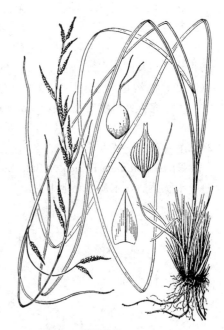

图 692 褐果薹草 （引自《图鉴》）

藏，生于海拔250-1800米山坡、山谷疏密林下、灌木丛中、河边、路边阴处或水边阳处。日本、朝鲜半岛、菲律宾、澳大利亚、越南、尼泊尔及印度有分布。

247.仙台薹草 锈鳞苔草 图 693

Carex sendaica Franch. in Bull. Soc. Philom. Paris sér. 8, 7: 42. 1895.

根状茎细长，具地下匍匐茎。秆密丛生，高10-35厘米，细弱，三棱形，平滑，向顶端稍粗糙。叶基生，短于或等长于秆，宽2-3毫米，平展或折合，边缘粗糙，鞘长2-3厘米，常开裂；苞片下部的线形，上部的刚毛状，鞘长0.5-1厘米，一面膜质，棕色。小穗3-4，单生苞鞘内，间距长达5.5厘米，向上间距渐短，两性，雄雌顺序，顶生小穗雄花部分长于雌花部分，侧生小穗常雌花部分长于雄花部分，小穗长圆形，长0.8-1.5厘米，雌花部分较密生几朵至10余朵花，小穗柄细。雌花鳞片卵形，长2-2.5毫米，先端急尖，无短尖，膜质，红棕色，3脉。果囊近直立，宽椭圆形或宽卵形，平凸状，长约3毫米，膜质，红棕色，细脉多条，具短柄，喙短，边缘具短硬毛，喙口具2短齿。小坚果紧包果囊中，近圆形，扁平凸状，长约2毫米，淡黄色，无柄；花柱基部稍增粗，柱头2，较长。花果期8-10月。

产河南、陕西南部、甘肃南部、江苏、安徽、浙江、江西北部、湖北、贵州及四川东部，生于海拔150-1850米灌木丛中、草丛中、山坡阴处、山沟边或岩缝中。日本有分布。

[附] **多穗仙台薹草 Carex sendaica** var. **pseudo**-sendaica T. Koyoma in

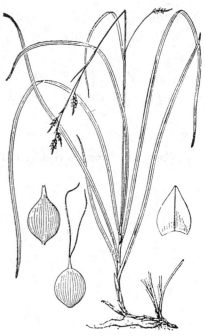

图 693 仙台薹草 （引自《图鉴》）

Journ. Jap. Bot. 29: 46. f. 2: G-H. 1954. 与模式变种的区别：秆较高；小穗多达8个，圆筒形。产河南、江苏、湖南、贵州及四川，生于海拔1000-1650米水田边或灌木丛中。日本有分布。

248.滨海薹草 锈点苔草 图 694

Carex bodinieri Franch. in Bull. Soc. Philom. Paris sér. 8, 7: 85. 1895.

根状茎短，木质，无地下匍匐茎。秆丛生或疏丛生，高0.35-1米，较细，三棱形，平滑，基部老叶鞘多少裂成纤维状。基生叶多数，秆生叶少，短于秆，宽2-4毫米，质坚挺，两面和边缘均粗糙，叶鞘短，常开裂至基部；苞叶下部的叶状，上部的线形，苞鞘下部的较长，上部的较短，上端褐绿色。小穗多数，常1-3生于苞鞘内，下部一个苞鞘内具1-3个由几个小穗排成的总状花序，间距长达18厘米，向上间距较短，两性，雄雌顺序，雄花部分较雌花部分短，稀顶生小穗雄性，窄圆柱形或近披针形，长（1-）1.5-3.5厘米，具柄。雌花鳞片宽卵形，长约3毫米，先端急尖，无短

图 694 滨海薹草 （引自《图鉴》）

尖，膜质，棕色，或中间部分色较淡并有棕色条纹，3脉绿色。果囊近直立，宽椭圆形，扁平凸状，长约4毫米，膜质，红棕色，细脉9，中部以上边缘具疏缘毛，具短柄，喙中等长，喙口具2短齿。小坚果紧包果囊中，椭圆形，扁平凸状，长约2毫米，淡黄色；花柱基部稍增粗，柱头2，稍短于果囊。花果期3-10月。

产江苏、安徽、浙江、福建、湖北西部、湖南、广东、香港、贵州及四川，生于海拔200-1000米山坡草丛中、林下或山谷阴湿处。日本有分布。

249. 柄果薹草 褐绿苔草 图 695

Carex stipitinux C. B. Clarke apud Franch. in in Bull. Soc. Philom. Paris sér. 8, 7: 31. 1895.

根状茎短，木质，无地下匍匐茎。秆丛生，高0.6-1米，稍粗，三棱形，平滑，下部叶鞘深褐色无叶片，鞘长达15厘米。叶短于秆或与秆近等长，宽4-5毫米，坚挺，背面中脉和边缘均粗糙，鞘长达11厘米，膜质部分后期裂成网状纤维；苞片最下部的叶状，上部的针状或刚毛状，短于小穗，近顶部粗糙。小穗多数，1-3生于苞鞘内，下部的苞鞘内常具2-3个由几个小穗组成的总状花序，最顶端1个为雄小穗，余为两性，雄雌顺序，雄花部分较雌花部分短，小穗线状圆柱形，长1-2.8厘米，具细柄。雌花鳞片宽卵形，长约2.5毫米，先端钝或急尖，无短尖，膜质，黄棕色，先端常白色透明，中脉绿色。果囊近直立，密生，椭圆形，平凸状，长约3毫米，绿黄色，膜质，细脉9-11，上部被白色短硬毛，具短柄，喙短，喙口具2短齿。小坚果紧包果囊中，椭圆形，扁双凸状，长约2毫米，褐色，无柄；花柱基部稍膨大，柱头2，较长。花果期6-9月。

图 695 柄果薹草 （引自《图鉴》）

产陕西、甘肃、安徽、浙江、福建、江西、湖北、湖南、广东、广西、贵州、四川及云南西北部，生于海拔180-1500米山坡、路旁阴处、山谷疏密林下或灌木丛中。

250. 秋生薹草 图 696

Carex autumnalis Ohwi in Mem. Coll. Sci. Kyoto Imp. Univ. ser. B, 5: 251. 1930.

根状茎短。秆丛生，高50-60（-70）厘米，较细，三棱形，平滑，基部具少数深栗色无叶片的鞘。叶基生，多数，短于秆，宽2-3毫米，较坚挺，下部折合，向上渐平展，边缘粗糙，叶鞘较长，膜质部分常开裂；苞片下部的线形或刚毛状，上部的近鞘状。小穗3-6，或稍多，顶生雄小穗线形，长2-3厘米，余小穗两性，雄雌顺序，雄花部分

图 696 秋生薹草 （引自《中国植物志》）

很短，有时只有1-2朵雄花或少数顶端无雄花，圆柱形，长1-2.5厘米，下部疏生雌花，具细柄。雌花鳞片卵形，长约2.5毫米，先端钝或急尖，无短尖，稀具短尖，黄棕色，膜质，具中脉。果囊疏生，斜展，宽椭圆形，平凸状，长约3.5毫米，栗褐色，膜质，细脉多条，脉疏被短硬毛，具短柄，喙中等长，喙口微缺。小坚果紧包果囊中，扁平凸状，长约1.8毫米；花柱短，基部增粗，柱头2，中等长。花果期9-10月。

产安徽南部、浙江、福建、江西、湖北及广东，生于海拔1000米以下山坡、山谷、路旁阴处或草丛中。日本有分布。

251.峨眉薹草

图 697：1-4

Carex omeiensis Tang et Wang in Bull. Fan Mem. Inst. Biol. 3: 361. 1932.

根状茎较长，横生，木质。秆疏丛生，高40-65厘米，较细，锐三棱形，平滑，近顶端稍粗糙，基部具深褐色无叶片的鞘。叶等长或稍长于秆，宽0.5-1.2厘米，上面平滑，下面和边缘粗糙，坚挺，具长鞘，深褐色，膜质部分常裂至基部；苞片下部的叶状或刚毛状，通常短于小穗，具苞鞘，上部的鞘状，长5-7毫米，稍带褐色，鞘口边缘膜质。小穗多数，3-8簇生苞鞘

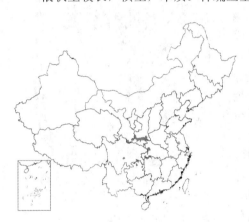

内，近顶端较密集排成总状，每簇有1个雄小穗，余为雌小穗；雄小穗线状圆柱形，长与雌小穗相等；雌小穗窄圆柱形，长1-2厘米，疏生几朵至10几朵雌花，具细柄。雌花鳞片卵形，长约2毫米，先端钝，无短尖，膜质，淡褐黄色，具中脉。果囊近直立，椭圆形，平凸状，

图 697：1-4.峨眉薹草 5-7.纤细薹草
8-10.长穗柄薹草 （引自《秦岭植物志》）

长2.5-3毫米，膜质，红棕色，无毛，脉7-9，具短柄，喙短，喙口微缺。小坚果紧包果囊中，卵形，平凸状，长约1.5毫米，淡黄褐色，无柄；花柱基部稍增粗，宿存，柱头2，较短。花果期5-8月。

产陕西、甘肃、湖北、湖南、四川及贵州，生于海拔1500-2000米山坡路旁、山谷水边或林下潮湿处。

252.纤细薹草

图 697：5-7

Carex pergracilis Nelmes in Kew Bull. 1948(1)：107. 1949.

根状茎短。秆密丛生，高10-25厘米，较细，三棱形，平滑。叶基生，较秆短，宽1-2毫米，两面平滑，上端边缘稍粗糙，鞘长不及2厘米，褐色，后期膜质部裂成纤维状；苞片下部的线形，上部的刚毛状，鞘长5-8毫米，淡褐色。小穗少数，单生苞鞘内，稀2个生于苞鞘内，间距长达5厘米，顶生雄小穗线形，长7-8毫米；侧生雌小穗长圆形，长约5毫米，疏生几朵花。雌花鳞片卵形，长约2毫米，先端

急尖，无短尖，膜质，淡黄褐带褐色条纹，具中脉。果囊近直立，椭圆形，扁平凸状，长约2.8毫米，膜质，深褐色，细脉7，具短柄，喙中等长，喙口具2短齿。小坚果紧包果囊中，倒卵状椭圆形，扁双凸状，长约1.8毫米，褐色；花柱中等长，基部稍增粗，柱头2，露出部分短于果囊。花果期6-8月。

产湖北西部、四川及云南，生于海拔1800-2450米山路旁树下或潮湿岩缝中。

253. 圆坚果薹草

图 698

Carex orbicularinucis L. K. Dai in Acta Phytotax. Sin. 37(2): 183. f. 3: 1-4. 1999.

根状茎稍长。秆疏丛生，高 35-55 厘米，稍粗，钝三棱形，平滑，基部具少数棕色无叶片的鞘，鞘干后裂成纤维状。叶下部的短于秆，上部的等长于秆，宽 3-4 毫米，稍坚挺，边缘和中脉粗糙，叶鞘稍长；苞片下部的叶状，上部的芒状，长于小穗，下部的苞片具鞘，向上鞘渐短，上部的 2-3 个近无鞘。小穗 3-5，两性，雄雌顺序，雄花部分较雌花部分短，雄花部分具几朵雄花，雌

图 698 圆坚果薹草 （李爱莉绘）

花部分密生多数雌花；小穗长圆形或宽卵形，长 0.8-1.5 厘米；最下部的小穗柄长达 7 厘米，向上柄渐短，最上部 2-3 个近无柄。雌花鳞片卵形或窄卵形，长约 3 毫米，先端渐尖，具短尖或短芒，膜质，苍白或微带淡黄褐色，3 脉绿色。果囊密生，近直立，近圆形，平凸状，长约 4 毫米，膜质，淡黄绿或麦秆黄色，无毛，脉 9-13，喙中等长，喙口具 2 短齿。小坚果紧包果囊中，宽倒卵形或近圆形，平凸状，长约

2 毫米，麦秆黄色，花柱基部增粗，宿存，柱头 2。花果期 6-9 月。

产四川南部及云南，生于海拔 1700-1900 米山坡、山谷灌丛中、草地或沟边。

254. 长穗柄薹草

图 697：8-10

Carex longipes D. Don in Trans. Linn. Soc. 14: 329. 1825.

根状茎稍长，木质，老叶鞘黑褐色裂成纤维状。秆丛生或疏丛生，高 40-70 厘米，稍细，三棱形，下部平滑，近顶端粗糙。叶基生，较秆短，宽 3-4 毫米，两面及边缘均粗糙，鞘长不及 2 厘米，常开裂；苞片下部的叶状，上部的刚毛状，顶端 1-2 个近鞘状，鞘长 0.5-4.5 厘米。小穗 3-5，圆柱形，长 2-4 厘米，单生苞鞘内，间距长达 18 厘米，近顶端间距较短，两性，雄雌顺序，上部

雌花鳞片卵状披针形，长 3.5-5 毫米，先端渐尖，具糙芒，膜质，淡黄绿色，多脉，中脉稍隆起。果囊疏生，斜展，椭圆形或宽椭圆形，平凸状，长 5-6 毫米，膜质，淡绿色，无毛，脉 5-9，喙中等长，边缘粗糙，喙口具 2 短齿。小坚果紧包果囊中，宽椭圆形，扁平凸状，长约 2.5 毫米，麦秆黄色，具短柄；花柱基部稍增粗，柱头 2，中等长。花果期 6-8 月。

产湖北西部、四川及云南，生于海拔 1200-1300 米山坡草地或河岸边。尼泊尔、印度及印度尼西亚有分布。

具几朵雄花，下部疏生 10 余朵雌花；下部的小穗柄细长，上部的柄较短。

组 36. 尖苞薹草组 Sect. Orthocerates Koch

（梁松筠）

小穗 1，顶生，雄雌顺序，椭圆形，花少而较密，无苞片。雌花鳞片早落。果囊窄披针形，横切面近圆，纸质，具多条不明显细脉，基部海绵质，初近直立，后反折。小坚果腹面具延伸小穗轴；柱头 3。我国 2 种。

1. 基部2枚雌花鳞片具短尖或短芒；果囊长6-8毫米，延伸小穗轴不伸出果囊 ················· 255. 小薹草 C. parva
1. 雌花鳞片先端钝；果囊长3.5-4.5毫米，延伸小穗轴伸出果囊 ·················· 256. 尖苞薹草 C. microglochin

255. 小薹草

图 699：1-6

Carex parva Nees in Wight, Contr. Bot. Ind. 120. 1834.

根状茎较粗壮，较长。秆疏丛生，高10-35厘米，稍柔软，扁，

平滑，基部鞘褐色无叶片，老鞘不细裂呈纤维状，秆下部具1叶，秆生叶短于秆，平展或内卷，宽1-1.2毫米，平滑。小穗1，顶生，长圆形，多少两侧扁，长约1厘米，雄雌顺序（稀全雄性）；雄花部分多花，长于雌花部分，雌花部分具2-4（-6）花。雌花鳞片长圆状披针形，长5-6.5毫米，深褐或棕色，3脉，早

落，基部2片具短尖或短芒，芒长达7毫米。果囊初近直立，成熟后反折，披针状菱形，横切面近半圆形，长6-8毫米（包括基部长约1.5毫米的海绵质），厚纸质，细脉多条，喙稍长，喙口腹面斜截。小坚果短圆柱形，三棱状，长3.5-4.5毫米，柄长约1.5毫米埋于果囊海绵质中；延伸小穗轴柔软、扁平，稍长于小坚果而不伸出果囊；柱头3。果期5-8月。

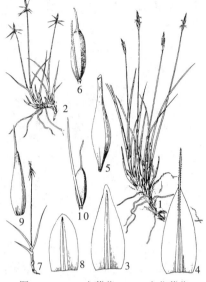

图 699：1-6.小薹草 7-10.尖苞薹草
（冀朝祯绘）

产陕西、甘肃、青海、四川、云南及西藏，生于海拔2300-4400米林缘、山坡、沼泽或河滩湿地。天山地区及喜马拉雅地区有分布。

256. 尖苞薹草

图 699：7-10

Carex microglochin Wahl. in Svensk. Vet-Akad. Handl. Stockholm 24: 140. 1803.

根状茎细弱，伸长。秆密丛或疏生，高5-20厘米，近无棱，平滑。叶短于秆，内卷如针，质硬，平滑。小穗1，顶生，雄雌顺序，椭圆形，长约1厘米，雄花部分极短，具5-7花，雌花部分比雄花部分长，具4-12花。雌花鳞片椭圆状长圆形，先端钝，长约3毫米，

毫米，淡棕色，渐窄成喙，喙口透明膜质近平截，平滑，厚纸质，细脉多条不明显，基部具海绵质。小坚果长圆形，长约2毫米，柄极短埋于果囊的海绵质基部，腹面具坚硬延伸小穗轴，先端尖锐，伸出果囊达2毫米；柱头3，伸出果囊。花果期5-8月。

产青海、新疆、四川、云南西北部及西藏，生于海拔3400-5100米湖边、河滩湿草地或高山草甸。北美洲北部、欧洲北部、中亚、俄罗斯西伯利亚及蒙古有分布。

边缘白色透明膜质，3脉，深褐或棕色，早落。果囊初近直立，后渐反折，柄极短弯曲向下，披针状钻形，横切面近圆形，长3.5-4.5

组 37. 石薹草组 Sect. Rupestres Tuckerm. ex L. H. Bailey
（梁松筠）

小穗1，顶生，雄雌顺序，花密集或稀疏。雌花鳞片宿存或迟落。果囊宽卵形或宽椭圆形，脉不明显，

喙短。小坚果基部通常具退化小穗轴；柱头3。

我国2种。

257. 北薹草

图 700

Carex obtusata Liljebl. in Svensk. Vet.-Akad. Handl. Stockholm 14: 69. t. 4. 1793.

根状茎长，匍匐。秆疏丛生，基部叶鞘紫红色，高10-20厘米，

三棱形，上部常粗糙。叶短于秆，平展或内卷，宽1-1.5毫米。小穗1，顶生，雄雌顺序，雄花部分线状圆柱形，长5-8毫米，雌花部分具3-8小花，成熟时近球形。雌花鳞片宽卵形，长约3毫米，淡红棕色，3脉，具宽白色膜质边缘。果囊厚革质，宽卵形，背面隆起，腹面稍平具2浅槽，长约3毫米，栗至黑褐

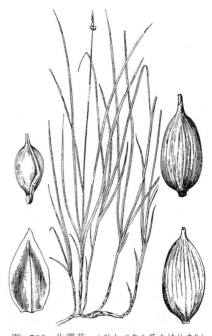

图 700 北薹草 （引自《东北草本植物志》）

色，脉不明显，喙短，喙口膜质，斜截。小坚果稍疏松包果囊中，椭圆形，三棱状，长约2毫米，基部具条形退化小穗轴，稀具不发育果囊，退化小穗轴约与小坚果等长；柱头3。果期8月。

产黑龙江、吉林、内蒙古及新疆，生于林下或林缘草地。欧洲北部和中部、亚洲北部及北美有分布。

组 38. 单穗薹草组 **Sect.** Rarae C. B. Clarke

（梁松筠）

小穗1，顶生，雄雌顺序，较密集，球形或长圆形，稀略圆柱状，基部无苞片。果囊宽卵形、卵形或披针状卵形，膜质，近无喙或具短喙（稀长达1毫米），喙口无齿或具2微齿，基部无柄，稀具短柄；柱头3。

我国9种。

258. 松叶薹草

图 701

Carex rara Boott in Proc. Linn. Soc. 1: 284. 1845.

根状茎短。秆密丛，高20-30厘米，上部平滑或微粗糙。叶短于或稍长于秆，宽0.5-1毫米，平展或内卷，平滑或前端边缘稍粗糙，基部叶鞘纤维状，灰褐色。小穗1，顶生，雄雌顺序，雄花部分线形，

长0.4-1厘米，密生6-18雌花。雌花鳞片椭圆状卵形，长1.5-2毫米，棕色，上部边缘色淡，3脉。果囊成熟时平展，宽卵形或椭圆状卵

形，稍膨胀三棱状，长1.5-2毫米，脉不明显或近基部明显，有时具锈点，喙短，喙口近平截。小坚果较紧包果囊中，椭圆形或卵形，三棱状，长1-2毫米；花柱基部不膨大，宿存，柱头3。花果期4-5月。

产黑龙江、吉林、辽宁、江苏、安徽、浙江、江西、湖南、广东、四川、云南及西藏，生于海拔1000-3300米林下、林缘、山溪旁或阴湿草地。印度东北部、尼泊尔、朝鲜半岛及日本有分布。

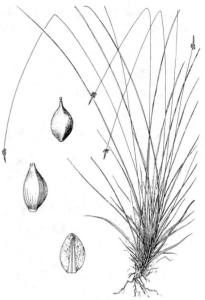

图 701 松叶薹草 （冀朝祯绘）

259.发秆薹草　　图 702

Carex capillacea Boott, Illustr. Carex 1: 44. t. 110. 1858.

根状茎短缩。秆密丛生，高15-40厘米，上部稍粗糙。叶短于秆，丝状，宽0.5-1毫米，平展或内卷，平滑，基部叶鞘纤维状，褐色。小穗1，顶生，雄雌顺序，雄花部分线形，长4-7毫米，3-7花，雌花部分卵形，长3-6毫米，密生4-10花。雌花鳞片椭圆状卵形，长约2毫米，两侧棕色，中间部分色淡，1-3脉。果囊披针状卵形，肿胀三棱状，长2.5-3毫米，2侧脉明显，中间的脉纤细不明显，成熟时平展，喙短，喙口微凹或具2微齿，有时具锈点。小坚果疏松包果囊中，椭圆形，三棱状，长约1.8毫米；花柱基部不膨大，宿存，柱头3。花果期4-5月。

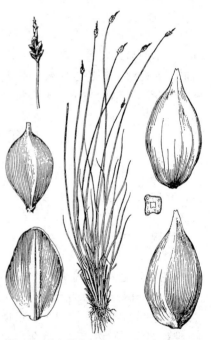

产黑龙江、吉林、辽宁、山东、河南、安徽、浙江、台湾、福建、江西、湖北、贵州、四川、云南及西藏，生于山坡湿草地或溪旁。印度尼西亚、缅甸、泰国、菲律宾及日本有分布。

图 702 发秆薹草 （引自《东北草本植物志》）

260.大针薹草　　图 703

Carex uda Maxim. in Mém. Acad. Imp. Sci. St. Pétersb. 9: 303. 1854.

根状茎短。秆丛生，高20-60厘米，柔软，平滑，下部1/3以下具叶。叶生于秆上者短于秆，生于分蘖者或长于秆，宽2-3毫米，平滑。小穗1，顶生，雄雌顺序，椭圆状卵形，长0.6-1.2厘米；雄花部分甚短，3-5花，雌花部分比雄花部分长，7-15（23）花。雌花鳞片长圆状披针形或椭圆状披针形，长约3毫米，3脉不明显，淡棕色。果囊长圆状披针形，长3.5-4毫米，膜质，背腹面具多条细脉，柄极短，顶端渐窄成喙，喙口近圆，成熟后平展或反折。小坚果疏松包果

囊中，长圆形，三棱状，长约 2 毫米；花柱基部不膨大，柱头 3。花果期 6-7 月。

产黑龙江、吉林及内蒙古，生于红松林中水湿地。俄罗斯远东地区、朝鲜半岛及日本有分布。

261. 针叶薹草

图 704

Carex onoei Franch. et Savat. Enum. Pl. Jap. 2: 551. 1879.

根状茎短。秆丛生，高 20-40 厘米，柔软，棱上稍粗糙，基部叶鞘淡褐色。叶稍短于秆，宽 1-1.5 毫米，平展，柔软。小穗 1，顶生，宽卵形或球形，长 5-7 毫米，雄雌顺序；雄花部分不显著，2-3 花；雌花部分占小穗极大部分，5-6 花。雌花鳞片宽卵形，长约 2.5 毫米，膜质，中间部分色淡，3 脉，两侧淡棕色。果囊卵圆状长圆形，略三棱状，长 2.5-3 毫米，成熟后平展，

膜质，侧脉明显，喙短，喙口有 2 微齿。小坚果紧包果囊中，倒卵圆状长圆形或椭圆形，三棱状，长约 2 毫米；花柱基部不膨大，宿存；柱头 3。

产黑龙江、吉林、辽宁、内蒙古、河北、河南、陕西、甘肃、浙江、安徽及云南西北部，生于海拔 500-1600 米林下、湿草地或溪边。日本、朝鲜半岛及俄罗斯远东地区有分布。

262. 吉林薹草

图 705

Carex kirinensis Wang et Y. L. Chang in Fl. Herb. Pl. Northeast. China 11: 174. 207. pl. 80: 6-11. 1976.

根状茎短。秆丛生，高约 20 厘米，平滑，基部叶鞘浅褐或棕褐色。叶比秆短，宽 0.5-0.8 毫米，细发状，质软。小穗 1，顶生，雄雌顺序，近球形，长约 5 毫米，雄花部分极不明显，具 2-3 雄花，雌花部分占小穗的极大部分，具 5-10 雌花。雌花鳞片卵状长圆形或长圆形，长约 2 毫米，两侧淡棕色，1-3 脉。果囊成熟时平展，椭圆形，略三棱状，长约 2 毫米，脉明显，腹面脉不明显，喙短，喙口具 2 微齿。小坚果紧密包果囊中，长圆形，三棱状，长约 1.5 毫米；花柱基部不膨大，柱头 3。

产黑龙江及吉林，生于针阔叶混交林下。

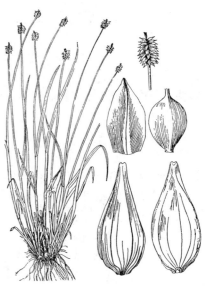

图 703 大针薹草 （引自《东北草本植物志》）

图 704 针叶薹草 （引自《东北草本植物志》）

图 705 吉林薹草 （引自《东北草本植物志》）

亚属 3. 二柱薹草亚属 Subgen. Vignea (P. Beauv. ex Lestib.) Kükenth.

（梁松筠）

根状茎短或匍匐。花单性；雌雄同株、稀异株；小穗通常多数，两性，雄雌顺序（即上部为雄花、下部为雌花）或雌雄顺序，稀部分小穗均为雄花或雌花，卵形、长圆形或球形，无柄，集生成穗状、圆锥状或头状花序。枝先出叶缺如。果囊平凸状或双凸状，稀膨胀成球形或椭圆形。小坚果平凸或双凸状；柱头 2，稀 3。

17 组、49 种。

1. 小穗雄雌顺序（稀部分小穗均为雄花或雌花），稀雌雄异株。
  2. 柱头 2；雌雄同株。
    3. 根状茎短；秆丛生。
      4. 花序分枝，圆锥状。
        5. 果囊无脉，基部无海绵质 ·················· 组 39. 类稗薹草组 Sect. Echinochloaemorphae
        5. 果囊具脉，基部具海绵质 ···························· 组 42. 海绵基薹草组 Sect. Vulpinae
      4. 花序不分枝，穗状花序。
        6. 秆具节，基部膨大呈小块茎状；果囊近革质；植株粗壮 ········ 组 40. 高秆薹草组 Sect. Thomsonianae
        6. 秆无节，基部不膨大，非小块茎状 ···················· 组 41. 多花薹草组 Sect. Phleoideae
    3. 根状茎长而匍匐。
      7. 果囊边缘具翅或上部边缘具窄翅，喙口粗糙，通常锐齿裂 ············· 组 43. 二柱薹草组 Sect. Holarrhenae
      7. 果囊边缘无翅，喙口通常斜截或浅裂。
        8. 果囊平凸状，边缘锐利 ······························· 组 44. 烈味薹草组 Sect. Foetidae
        8. 果囊双凸状，边缘钝 ······························· 组 45. 二籽薹草组 Sect. Dispermae
  2. 柱头 3；通常雌雄异株 ····································· 组 46. 筛草组 Sect. Macrocephalae
1. 小穗雌雄顺序。
  9. 柱头 3 ··· 组 47. 穹隆薹草组 Sect. Gibbae
  9. 柱头 2。
    10. 花序下部或基部苞片叶状，长于花序。
      11. 小穗疏离，成间断长穗状花序 ···················· 组 48. 薮薹草组 Sect. Remotae
      11. 小穗密集成头状花序 ···························· 组 49. 莎薹草组 Sect. Cyperoideae
    10. 花序下部苞片鳞片状或刚毛状。
      12. 果囊无细点，具长喙，喙口具 2 齿。
        13. 基部小穗的苞片叶状，长于花序 ·················· 组 50. 高秆薹草组 Sect. Planatae
        13. 基部小穗的苞片鳞片状或刚毛状 ·················· 组51. 卵果薹草组 Sect. Ovales
      12. 果囊具白色细点，具短喙，喙口近全缘或微凹 ········· 组 52. 白山薹草组 Sect. Canescentes

组 39. 尖稗薹草组 Sect. Echinochloaemorphae Y. L. Chang ex S. Y. Liang

（梁松筠）

根状茎短，木质。秆丛生，高 35-90 厘米，基部径 4 毫米，锐三棱形，上部粗糙，基部叶鞘无叶片。叶线形，生于秆中部以下，通常长于秆，宽 4-5 毫米，边缘微粗糙；苞片鳞片状。小穗多数，卵形或长圆状卵形，长 4-5 毫米，雄雌顺序；花序圆锥状，长 8-13 厘米。雌花鳞片宽卵形，中脉明显，边缘白色膜质，中间绿色，3 脉。果囊与鳞片近等长，卵形或卵圆状椭圆形，平凸状，长 2.2-3.5 毫米，膜质，淡绿色，无脉，边缘微增厚，基部无海绵质，顶端渐窄为喙，扁平，边缘粗糙，喙口 2 深齿裂。小坚果疏松包果囊中，近圆形或宽椭圆形，平凸状，长 1.3-2 毫米，宽约 1 毫米，柄短，具短尖；花柱基部稍膨大，柱头2。

　　1 种。

263. 类稗薹草

图 706

Carex echinochloaeformis
Y. L. Chang et Y. L. Yang in Fl.
Xizang. 5: 436. t. 254. 1987.

　　形态特征同组。花果期
5-6 月。

　　产云南西北部及西藏，
生于海拔约 2500 米林中。

图 706 类稗薹草　（王 颖绘）

组 40. 高节薹草组 Sect. Thomsonianae Y. L. Chang ex S. Y. Liang

（梁松筠）

　　根状茎木质，斜升。秆高，坚挺，节明显，基部膨大呈小块茎状，老叶鞘黑褐色纤维状。小穗多数，两性，雄雌顺序；穗状花序圆柱形。雌花鳞片卵形。果囊卵形或近圆形，密生紫色斑点，边缘明显，中部以上具细齿。小坚果紧包果囊中，卵形或近圆形；花柱基部不膨大，柱头2。

　　我国 2 种。

1. 果囊卵形或卵圆状椭圆形，顶端渐窄成喙，两面具多条细脉 ·················· **264. 高节薹草 C. thomsonii**
1. 果囊近圆形或宽卵状圆形，顶端骤缩成短喙，脉少数不明显至无脉 ·············· **265. 球结薹草 C. thompsonii**

264. 高节薹草

Carex thomsonii Boott, Illustr. Carex 1: 1. t. 1. 1858.

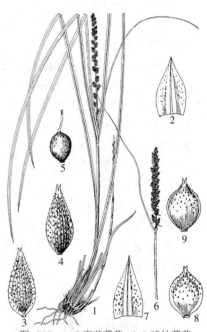

　　根状茎短，匍匐状，木质。秆丛生，高 15-30 厘米，宽 1.5-2 毫米，钝三棱形，平滑，坚挺，节明显，基部膨大呈小块茎状，老叶鞘黑褐色纤维状。叶长于秆，宽 2.5-3 毫米，平展或对折，边缘微粗糙，具长鞘；苞片刚毛状，下部的较长。小穗多数，卵形，长 5-7 毫米，宽 3-4 毫米，雄雌顺序；穗状花序长圆柱形，长 5-9.5 厘米。雌花鳞片卵形，长 2.5-2.8 毫米，具芒尖，淡锈色，具紫红色点

图 707: 1-5

线，3 脉绿或锈色，脉间苍白或淡绿色，边缘白色膜质。果囊卵形或卵圆状椭圆形，平凸状，长 2-2.5 毫米，近革质，棕褐色，具紫红色点线，平滑，细脉多条，边缘具窄翅，上部边缘具细齿，具短柄，顶端渐窄成

图 707：1-5.高节薹草　6-9.球结薹草
（王金凤绘）

喙，喙粗糙，喙口具2齿。小坚果紧包果囊中，倒卵状椭圆形，长约1.2毫米，平滑，有光泽，褐色；花柱基部不膨大，柱头2。花果期4-8月。

产湖北、广西、贵州、四川及云南，生于海拔200-1700米河边沙

地湿润处或山坡草地。越南北部、缅甸北部、印度东北部、尼泊尔及不丹有分布。

265. 球结薹草　　　　　图707:6-9

Carex thompsonii Franch. in Nouv. Arch. Mus. Hist. Nat. ser. 3, 8:212. 1896.

根状茎短，匍匐状，木质。秆丛生，高4-15厘米，钝三棱形，上部粗糙，下部平滑，基部膨大呈小块茎状，老叶鞘黑褐色纤维状。叶

长于秆，宽1.5-2毫米，平展或对折，边缘微粗糙，先端渐尖，具长鞘；苞片最下部的叶状，长于小穗，无鞘，余刚毛状。小穗多数，雄雌顺序，卵形，长6-8毫米，宽4毫米；穗状花序长圆柱形，长2.5-6.5厘米。雌花鳞片卵形，长2-2.5毫米，先端锐尖，有时具微粗糙芒尖，淡

棕褐色，3脉，脉间锈黄色，边缘白色膜质。果囊近圆形或宽卵状圆形，平凸状，长约2.5毫米，近革质，棕褐色，密被紫红色点线，脉少不明显至无脉，边缘具窄翅，中部以上边缘具细齿，具短柄，顶端骤缩成短喙，喙长约0.5毫米，喙口2齿裂。小坚果紧包果囊中，宽卵形，平凸状，长约1.5毫米，有光泽；花柱基部不膨大，柱头2。花果期4月。

产贵州南部及四川东部，生于河边沙地或山坡草地。

组41. 多花薹草组 Sect. Phleoideae (Meinsh.) Egorova

（梁松筠）

根状茎短。秆丛生，无节。苞片叶状、刚毛状或鳞片状。小穗多数，雄雌顺序；穗状花序长圆柱状。雌花鳞片卵形或卵状长圆形。果囊边缘具翅或加厚，膜质，具脉，基部无柄或具短柄，顶端喙口微2齿裂；柱头2。

10种。我国6种。

1. 果囊边缘具翅。
  2. 花序尖塔状圆柱形；果囊中部以上边缘具微波状宽翅，上部具锈点 ……………… 266. **翼果薹草 C. neurocarpa**
  2. 花序长圆柱形或卵状椭圆形；果囊边缘具窄翅，翅上部边缘具细齿，无锈点 … 267. **溪生薹草 C. fluviatilis**
1. 果囊边缘增厚或上部边缘具窄翅。
  3. 果囊近顶端有紫红色小疣状突起 ……………………………………………………… 268. **短苞薹草 C. paxii**
  3. 果囊无小疣状突起。
    4. 苞片叶状或刚毛状。
      5. 果囊无锈点。
        6. 果囊长2.5-3.5毫米，脉非褐红色；苞片下部的1-2枚叶状 ……………… 269. **云雾薹草 C. nubigena**
        6. 果囊较大，长4.5-5毫米，脉带褐红色 …………… 269(附). **褐红脉薹草 C. nubigena** subsp. **albata**
      5. 果囊密生锈点；苞片刚毛状 ………………………………………………………… 270. **尖嘴薹草 C. leiorhyncha**
    4. 苞片鳞片状 …………………………………………………………………………………… 271. **假尖嘴薹草 C. laevissima**

266. 翼果薹草　　　　　图708

Carex neurocarpa Maxim. Prim. Pl. Amur. 306. 1859.

根状茎短，木质。秆丛生，全株密生锈点，高0.2-1米，径约

2毫米，扁钝三棱形，平滑，基部叶鞘无叶片，淡黄锈色。叶短于

或长于秆，宽 2-3 毫米，边缘粗糙，先端渐尖，基部具鞘，鞘腹面膜质，锈色；苞片下部的叶状，长于花序，无鞘，上部的刚毛状。小穗多数，雄雌顺序，卵形，长 5-8 毫米；穗状花序紧密，尖塔状圆柱形，长 2.5-8 厘米，宽 1-1.8 厘米。雌花鳞片卵形或长圆状椭圆形，具芒尖，长 2-4 毫米，锈黄色，密生锈点。果囊卵形或宽卵形，长 2.5-4 毫米，稍扁，膜质，密生锈点，细脉多条，无毛，中部以上边缘具微波状宽翅，锈黄色，上部具锈点，基部具海绵状组织，具短柄，顶端骤缩成喙，喙口 2 齿裂。小坚果疏松包果囊中，卵形或椭圆形，平凸状，长约 1 毫米，淡棕色，平滑，有光泽，柄短，具小尖头；花柱基部不膨大，柱头 2。花果期 6-8 月。

产黑龙江、吉林、辽宁、内蒙古、河北、山东、山西、河南、陕西、甘肃、江苏、安徽、浙江、江西及湖北，生于海拔 100-1700 米水边湿地或草丛中。俄罗斯远东地区、朝鲜半岛及日本有分布。

图 708 翼果薹草 （引自《图鉴》）

267. 溪生薹草

图 709

Carex fluviatilis Boott, Illustr. Carex 4: 172. t. 582. 1867.

根状茎短，木质。秆丛生，高 10-70 厘米，径 1-2 毫米，三棱状，直立，坚挺，基部叶鞘棕红色；苞片下部的叶状，长于花序。小穗多数，卵形，长 5-7 毫米，雄雌顺序；穗状花序长圆柱形或卵状椭圆形，长 1.5-3.5 厘米，顶端密生，下部 1-2 小穗离生。雌花鳞片卵状披针形，具芒尖，长 2.5-3 毫米，苍白色，中间淡绿色，膜质。果囊卵状披针形或长圆状椭圆形，平凸状，长 3-3.5

图 709 溪生薹草 （孙英宝绘）

毫米，膜质，淡绿色，无毛，细脉多条，边缘具窄翅，翅上部边缘具细齿，基部具海绵质，具短柄，喙中等长，喙口 2 齿裂。小坚果疏松包果囊中，卵形或近圆形，平凸状，长 1.3-1.5 毫米，淡棕色，有光泽，具短柄；花柱基部不增粗，柱头 2。花果期 6-9 月。

产贵州、四川、云南及西藏，生于海拔1300-3200米山谷溪旁或林下湿地。缅甸及印度有分布。

268. 短苞薹草

图 710

Carex paxii Kükenth in Engl. Pflanzenr. Heft 38(IV 20)：765. 1909. pro parte

根状茎短，斜生、木质。秆丛生，高 12-55 厘米，宽 1-1.5 毫米，

直立，三棱形，基部老叶鞘暗褐色，细裂成纤维状。叶短于或长于秆，宽 1.5-2.5 毫米，平展或对折，

先端长渐尖，边缘粗糙；苞片下部的刚毛状，上部的鳞片状。小穗多数，卵形，长5-7毫米，雄雌顺序；穗状花序长圆柱形，长3-6.5厘米。雌花鳞片卵形，长2.2-3毫米，膜质，淡黄棕色，中部绿色，3脉。果囊卵状圆锥形，微双凸状，长2.5-3.2毫米，近革质，淡黄棕色，细脉多条，两面近顶端有紫红色小疣状突起，中部以上边缘具窄翅，翅缘锯齿状，基部具海绵状组织，具短柄，顶端渐窄为喙，喙口2齿裂。小坚果疏松包果囊中，卵形或近椭圆形，双凸状，长1-1.2毫米，宽约1毫米，有光泽，具短柄，顶端具小尖头；花柱基部不膨大，柱头2。花果期6-9月。

产江苏、安徽及江西，生于山坡湿地或草地。朝鲜半岛及日本有分布。

图 710　短苞薹草　(引自《江苏植物志》)

269. 云雾薹草　　　　　　　图 711

Carex nubigena D. Don in Trans. Linn. Soc. 14: 326. 1825.

根状茎短，木质。秆丛生，高10-70厘米，径约1毫米，三棱形，上部粗糙，下部平滑，基部叶鞘棕褐色无叶片。叶短于秆，宽1-2毫米，线形，平展或对折，先端渐尖，基部叶鞘腹面膜质部分具紫红色小点；苞片下部1-2枚叶状，绿色，长于花序，上部的刚毛状。小穗多数，卵形，长5-9毫米，雄雌顺序；穗状花序长圆状圆柱形，长2.5-5厘米，密集顶端，下部离生，有的基部小穗分枝。雌花鳞片卵形，具短芒尖，长2.5-2.8毫米，白绿色，膜质，中间绿色，1脉。果囊卵状披针形或长圆状椭圆形，平凸状，长2.5-3.5毫米，膜质，淡绿色，细脉多条，无毛，边缘增厚，平滑，无翅，具短柄，喙长，平滑，喙口2齿裂。小坚果紧包果囊中，宽椭圆形或近圆形，平凸状，长约1.2毫米，淡棕色，有光泽，具短柄，顶端具小尖头；花柱基部不膨大，柱头2。花果期7-8月。

产河南、陕西、宁夏、甘肃、江苏、安徽、台湾、湖北、贵州、四川、云南及西藏，生于海拔1350-3700米水边、林缘或山坡路旁。阿富汗、印度、斯里兰卡及印度尼西亚有分布。

[附] **褐红脉薹草 Carex nubigena** subsp. **albata** (Boott ex Franch.) T.

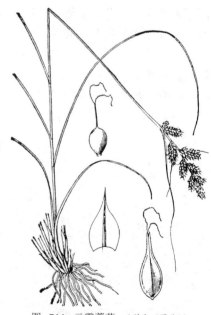

图 711　云雾薹草　(引自《图鉴》)

Koyama in Bot. Mag. Tokyo 72(853-854): 306. 1959. —— *Carex albata* Boott ex Franch. in Nouv. Arch. Mus. Paris ser. 3, 8: 216. 1896. 与模式变种的区别：果囊长4.5-5毫米，脉带褐红色。花果期6-7月。产湖北及四川，生于山坡草地。日本北海道及本州有分布。

270. 尖嘴薹草

图 712：1-4

Carex leiorhyncha C. A. Mey. in Mém. Acad. Imp. Sci. St. Petersb. 1：217. t. 9. 1831.

根状茎短，木质。全株密被锈点，秆丛生，高20-80厘米，径1.5-3毫米，三棱形，上部粗糙，下部平滑，基部叶鞘锈褐色。叶短于秆，宽3-5毫米，先端长渐尖，基部叶鞘疏松包茎，腹面膜质部分具横皱纹，先端平截；苞片刚毛状，下部1-2枚叶状，长于小穗。小穗多数，卵形，长0.5-1.2厘米，雄雌顺序。雌花鳞片卵形，先端渐尖成芒尖，长2.2-3毫米，锈黄色，边缘膜质，具紫红色点线。果囊披针状卵形或长圆状卵形，平凸状，长3.5-4毫米，膜质，淡黄或淡绿色，上部密生锈点，细脉多条，平滑，边缘无翅，基部无海绵质，具短柄，喙长，平滑，喙口2齿裂。小坚果疏松包果囊中，椭圆形或卵状椭圆形，平凸状或微双凸状，长1-1.2毫米，具小尖头；花柱基部不膨大，柱头2。花果期6-7月。

产黑龙江、吉林、辽宁、内蒙古、河北、山东、山西、河南、

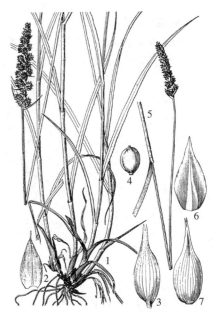

图 712：1-4. 尖嘴薹草 5-7. 假尖嘴薹草
（马 平绘）

陕西、甘肃、江苏及安徽，生于海拔200-2000米山坡草地、林缘、湿地或路旁。朝鲜半岛北部、俄罗斯东西伯利亚及远东地区有分布。

271. 假尖嘴薹草

图 712：5-7

Carex laevissima Nakai in Fedde, Repert. Sp. Nov. Regni Veg. 13：245. 1914.

根状茎短，木质。秆丛生，高25-50厘米，宽1-1.5毫米，上部稍粗糙，基部叶鞘淡褐色无叶片。叶短于秆，宽约2毫米，平展，稀对折，边缘粗糙，先端长渐尖，基部叶鞘紧密抱茎，腹面膜质部分具横皱纹，先端半月状凸起；苞片鳞片状，卵形或长圆形，顶端短刚毛状。小穗多数，卵形，长0.6-1厘米，雄雌顺序；穗状花序圆柱形，长3-4.5厘米，上部紧密，下部稍稀疏。雌花鳞片卵形或卵状长圆形，长约3毫米，锈色，中间绿色，3脉，边缘白色膜质。果囊窄卵形或披针状卵形，平凸状，长3-3.5毫米，膜质，淡绿黄色，无锈点，边缘增厚，无翅，细脉多条，喙长，微粗糙，喙口2齿裂。小坚果疏松包果囊中，椭圆形，平凸状，长1-1.2毫米，褐色，有光泽，具短柄，顶端具小尖头；花柱基部不膨大，柱头2。花果期6-8月。

产黑龙江、吉林、辽宁及内蒙古，生于海拔500-1800米草甸或林缘。俄罗斯远东地区、朝鲜半岛及日本有分布。

组42. 海绵基薹草组 Sect. Vulpinae (Carey) Christ

（梁松筠）

根状茎短。秆丛生，无节。花序穗状。果囊具脉，基部海绵质。我国4种。

272. 海绵基薹草　白绿苔草　　　　　　　　　　　图 713

Carex stipata Muhl. ex Willd. Sp. Pl. 4: 233. 1805.

根状茎短。秆丛生，高40-70厘米，宽2.5-3毫米，扁三棱形，上部粗糙，下部平滑，中部或下部具叶，基部叶鞘无叶片，黑褐色，稍纤维状。叶短于或长于秆，宽6-7毫米，柔软，淡绿色，边缘具细齿，先端渐尖，基部具叶鞘，叶鞘腹面膜质具横皱纹；苞片下部的刚毛状，上部的鳞片状。小穗稍星状开展，雄雌顺序，上部的单生，下部的复出，常间断；穗状花序圆锥状，长3.5-5厘米。雌花鳞片卵形，长3-4毫米，淡绿色，脉绿色，芒长0.5-1.2毫米。果囊三角状披针形，平凸状，长4-5毫米，膜质，淡褐色，成熟后带褐棕色，脉明显，有光泽，无毛，上部具窄翅，边缘粗糙，基部近心形，海绵质，具短柄，喙长，喙口背面深裂，具2齿。小坚果紧包果囊中，宽卵形，平凸状或微双凸状，长1.5-1.7毫米，具短柄；花柱基部稍膨大，柱头2。花果期7月。

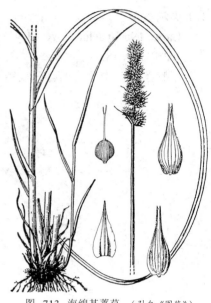

图 713　海绵基薹草　（引自《图鉴》）

　　产吉林及湖北，生于海拔780-1700米森林草甸或山沟林下。俄罗斯远东地区、朝鲜半岛、日本及北美洲有分布。

组 43. 二柱薹草组 Sect. Holarrhenae (Doell) Pax

（梁松筠）

　　具粗壮长匍匐根状茎。小穗（除单性外）为雄雌顺序。苞片通常鳞片状。果囊平凸状，纸质或膜质，脉明显，上部边缘具窄翅，喙口粗糙，2锐齿裂。小坚果疏松包果囊中，短于果囊1.5-2倍；柱头2。

　　我国10种。

1. 果囊边缘上部具翅，两面疏生短毛，有小疣 ·················· **273. 疣囊薹草 C. pallida**
1. 果囊边缘几全具窄翅。
　2. 果囊宽卵形，两边内具极宽海绵质 ·················· **274. 二柱薹草 C. lithophila**
　2. 果囊卵形、椭圆状卵形或卵状披针形，边缘无海绵质。
　　3. 小穗单性，雌雄异株，稀同株；果囊疏生锈点 ·················· **275. 单性薹草 C. unisexualis**
　　3. 小穗常两性，稀单性；果囊无锈点。
　　　4. 果囊顶端渐窄成长喙，淡黄绿色；雌花鳞片窄卵形，长约2.3毫米；匍匐茎长，横断面近圆形 ·················
　　　　················· **276. 山林薹草 C. yamatsutana**
　　　4. 果囊顶端骤缩成短喙，淡褐或禾秆色；雌花鳞片卵形或椭圆状卵形，长2.5-4毫米；匍匐茎长1-2米，横断面三棱形 ················· **277. 漂筏薹草 C. pseudo-curaica**

273. 疣囊薹草　　　　　　　　　　　图 714

Carex pallida C. A. Mey. in Mém. Acad. Imp. Sci. St. Pétersb. 1: 215. t. 8. 1831.

根状茎长而匍匐，粗壮，木质，叶鞘褐色鳞片状，纤维状。秆高0.6-1米，径约1毫米，锐三棱形，粗糙，基部叶鞘无叶片。叶短于秆，宽2-4毫米，粗糙，先端渐尖；苞片鳞片状。小穗卵形或长圆形，长0.5-1.2厘米；穗状花序圆柱形，常间断，长2-7.5厘米，上部

或下部的小穗雄雌顺序，中部的为雄小穗，或下部的均为雌小穗。雌花鳞片卵形，长2.2-3毫米，淡锈黄色，中部绿色，边缘白色。果囊宽卵形或长圆形，平凸状，长3.5-4毫米，膜质，淡黄绿色，上部具翅，翅缘具锯齿，背面8-10脉明显，腹面3-5脉，两面疏生短毛，上部较密，常具小疣，有短柄，喙中等长，喙扁平，粗糙，喙口2深齿裂。小坚果紧包果囊中，卵形或椭圆形，平凸状或微双凸状，长1.5-2毫米，具短柄，具小尖头，褐色有花纹；花柱基部不膨大，柱头2。花果期7-8月。

产黑龙江、吉林、辽宁及内蒙古，生于山坡林下或草甸。俄罗斯远东地区和东西伯利亚、朝鲜半岛及日本有分布。

图 714 疣囊薹草 （引自《东北草本植物志》）

274. 二柱薹草　卵囊苔草

图 715

Carex lithophila Turcz. in Bull. Soc. Nat. Mosc. 28(1)：328. 1855.

根状茎长而匍匐，近圆柱形，叶鞘黑褐色鳞片状。秆高10-60厘米，径1-2毫米，直立，上部粗糙，下部平滑，叶鞘无叶片。叶短于秆，宽2-4毫米，稍内卷，边缘粗糙，先端渐尖；苞片鳞片状。小穗10-20，雄小穗披针形，长5-9毫米；雌小穗宽卵形，长0.7-1厘米；穗状花序圆柱形或近圆锥形，长2-5.5厘米，下部常间断，上部及下部小穗雌性，中部和中上部为雄性，有时小穗为雄

图 715 二柱薹草 （引自《图鉴》）

雌顺序。雌花鳞片卵状披针形或长圆状卵形，长约3.5毫米，淡锈黄色，边缘白色膜质。果囊宽卵形，平凸状，长3.5-4毫米，近膜质，淡黄褐色，平滑，背面9-11脉，腹面4-7脉，边缘有窄翅，中部以上边缘具细齿，内具海绵质，具短柄，顶端骤缩为喙，喙直立，扁平，喙口2齿裂。小坚果稍松包果囊中，椭圆形或长圆状卵形，平凸状，长1.5-1.8毫米，淡黄褐色，具短柄，具小尖头；花柱基部稍膨大，柱

头2。花果期5-6月。

产黑龙江、吉林、辽宁、内蒙古、河北、山东、山西、河南、陕西、宁夏、甘肃等省区，生于海拔100-700米沼泽、河岸湿地或草甸。俄罗斯远东地区和东西伯利亚、蒙古、朝鲜半岛及日本有分布。

275. 单性薹草

图 716

Carex unisexualis C. B. Clarke in Journ. Linn. Soc. Bot. 36: 316. 1904.

根状茎匍匐、细长，叶鞘褐色，纤维状。秆高（10）15-50厘米，径1.5-2毫米，扁三棱形，基部叶鞘淡褐色。叶短于秆，宽1.5-2.5毫米，平展或对折，微弯曲，先端渐细尖；苞片刚毛状或鳞片状。小穗

15-30，单性，稀雄雌顺序，雌小穗长圆状卵形，长5-8毫米；雄小穗长圆形，长约6毫米；雌雄异株，

稀同株。雌花鳞片卵形，具芒尖，长2-3毫米，苍白绿色，中间绿色，1脉，两侧白色膜质，疏生锈点。果囊卵形，平凸状，长2-3毫米，膜质，淡绿或苍白色，疏生锈点，两面细脉多条，边缘具窄翅，翅中部以上具细锯齿，有短柄，顶端渐窄成喙，喙缘微粗糙，喙口深裂成2齿。小坚果疏松包果囊中，卵形或椭圆形，平凸状，长约1.2毫米，深褐色，有光泽，具短柄，具小尖头；花柱基部不膨大，柱头2。花果期4-6月。

产河南、陕西、江苏、安徽、浙江、江西北部、湖北、湖南、贵州、四川及云南，生于湖边、池塘、沼泽地或杂草中。日本有分布。

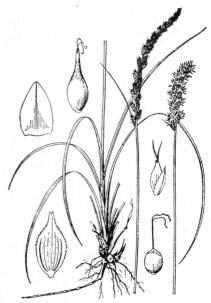

图 716 单性薹草 （引自《图鉴》）

276. 山林薹草　狭囊苔草　　　　　图 717

Carex yamatsutana Ohwi in Acta Phytotax. Geobot. 1: 72. 1932.

Carex diplasicarpa V. Krecz.；中国高等植物图鉴 5: 1976.

根状茎细长，匍匐，近圆柱形，被褐色鳞片。秆高约20厘米，细弱，三棱形，上部稍粗糙，基部叶鞘褐或淡褐色。叶与秆近等长，宽2-3毫米，边缘微粗糙，先端细渐尖；苞片鳞片状。穗状花序长圆形，长1-2厘米，有时下部间断；小穗两性，稀单性，雄雌顺序，有时花序下部小穗雌性，卵形。雌花鳞片窄卵形，长约2.3毫米，苍白或微锈色，中部绿色，边缘白色膜质。果

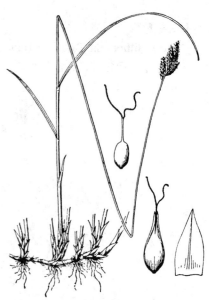

图 717 山林薹草 （引自《图鉴》）

囊卵形，平凸状，长3-4毫米，膜质，淡黄绿色，两面具4-6细脉，边缘具窄翅，翅缘有细齿，具短柄，喙长，喙口膜质，斜截，具2齿裂。小坚果稍紧包果囊中，长圆形，长约1.3毫米；花柱基部不膨大，柱头2。花果期6-7月。

产黑龙江、吉林、辽宁及内蒙古，生于山地林下。蒙古、俄罗斯东西伯利亚和远东地区有分布。

277. 漂筏薹草　　　　　图 718

Carex pseudo-curaica Fr. Schmidt in Mém. Acad. Imp. Sci. St. Pétersb. sér. 7, 12(2): 67. t. 5: 8-14. 1868.

根状茎较粗，地下匍匐茎长1-2米，褐或暗褐色。秆单生节上，排列成行或2-3束生，高15-40厘米，扁三棱形，上部稍粗糙，下部生叶，基部叶鞘无叶片，灰褐色。叶短于秆，宽1.5-3毫米，淡绿色；苞片鳞片状。穗状花序稍疏散，长圆状圆柱形，长1.5-3厘米；小穗5-10，椭圆形或椭圆状卵形，长

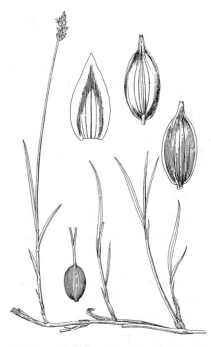

0.4-1厘米，雄雌顺序或花序上部为雄小穗，下部为雌小穗，稀全部为雌小穗。雌花鳞片卵形或椭圆状卵形，长2.5-4毫米，锈黄色，边缘白色膜质。果囊卵形或椭圆形，平凸状，长2.5-4毫米，边缘上部具窄翅，内侧周围稍具海绵质，背面6-7脉或更多，腹面脉较少，不明显，膜质，淡褐或禾秆色，具短柄，顶端具齿状窄翅，骤缩成短喙，喙稍扁，近平滑，喙口白色膜质，斜截，腹面微2齿裂。小坚果稍疏松包果囊中，卵形或椭圆形，平凸状，长1.2-1.7毫米，柄短，具小尖头；花柱基部稍膨大，柱头2。果期6月。

产黑龙江、吉林及内蒙古，生于沼泽、湖边、水甸子浅水中或河岸泛滥水中。俄罗斯远东地区和东西伯利亚、朝鲜半岛及日本有分布。

图 718 漂筏薹草 （引自《东北草本植物志》）

组44. 烈味薹草组 **Sect.** Foetidae Tuckerm. ex Kükenth.

（梁松筠）

根状茎长而匍匐。小穗卵形，雄雌顺序，聚集成紧密头状花序，花序卵形或长圆形。鳞片卵形或披针形。果囊革质或膜质，卵形或披针形，平凸状，边缘锐利，脉明显或不明显，具喙，喙口斜截。小坚果疏松包果囊中；柱头2。

9种，分布于欧洲和温带以及北美洲。我国6种。

1. 果囊革质。
  2. 雌花鳞片比果囊短，具窄白色膜质边缘；叶内卷成针状。
    3. 果囊长3-3.5毫米，宽椭圆形或宽卵形，喙短 ·················· 278. **寸草 C. duriuscula**
    3. 果囊长3.5-4.5毫米，卵形或卵状椭圆形，喙较长 ······ 278(附). **细叶薹草 C. duriuscula** subsp. **stenophylloides**
  2. 雌花鳞片比果囊长或等长，具宽的白色膜质边缘；叶平展 ··· 278(附). **白颖薹草 C. duriuscula** subsp. **rigescens**
1. 果囊纸质或膜质。
  4. 果囊具脉；叶片内卷成针状，宽1-1.5毫米 ·················· 279. **走茎薹草 C. reptabunda**
  4. 果囊无脉或脉极不明显或基部多少有脉。
    5. 秆高10-30厘米；叶片平展或对折 ·················· 280. **无脉薹草 C. enervis**
    5. 秆高5-10厘米；叶片内卷针状 ·················· 281. **无味薹草 C. pseudofoetida**

278. 寸草 卵穗苔草

图 719：1-6

Carex duriuscula C. A. Mey. in Mém. Acad. Imp. Sci. St. Pétersb. 1: 214. t. 8. 1831.

根状茎细长、匍匐。秆高5-20厘米，纤细，平滑，基部叶鞘灰褐色，裂成纤维状。叶短于秆，宽1-1.5毫米，内卷成针状，边缘稍粗糙；苞片鳞片状。穗状花序卵形或球形，长0.5-1.5厘米；小穗3-6，卵形，密生，长4-6毫米，雄雌顺序，少花。雌花鳞片宽卵形或椭圆形，长3-3.2毫米，锈褐色，边缘及先端白色膜质，具短尖。果囊宽椭圆形或宽卵形，长3-3.5毫米，平凸状，革质，锈色或黄褐色，成熟时稍有光泽，多脉，基部有海绵状组织，柄粗短，喙短，喙缘稍粗糙，喙口

白色膜质，斜截。小坚果稍疏松包果囊中，近圆形或宽椭圆形，长1.5-2毫米；花柱基部膨大，柱头2。花果期4-6月。

产黑龙江、吉林、辽宁、内蒙古、宁夏及甘肃，生于海拔250-700米草原、山坡、路边或河岸湿地。中亚地区、俄罗斯西伯利亚东部和远东地区、蒙古北部及朝鲜半岛北部有分布。

[附] **白颖薹草** 图 719:7-11 **Carex duriuscula** subsp. **rigescens** (Franch.) S. Y. Liang et Y. C. Tang in Acta Phytotax. Sin. 28(2): 153. 1990. —— *Carex stenophylla* Wahlenb. var. *rigescens* Franch. in Nouv. Arch. Mus. Hist. Nat. Paris ser. 2, 7: 128. 1884. —— *Carex rigescens* (Franch.) V. Krecz.；中国高等植物图鉴 5: 272. 1976. 本亚种与模式亚种的区别：雌花鳞片具宽白色膜质边缘；叶平展。花果期4-6月。产吉林、辽宁、内蒙古、河北、山东、山西、河南、陕西、宁夏、甘肃及青海，生于山坡、半干旱地区或草原。俄罗斯远东地区有分布。

[附] **细叶薹草** **Carex duriuscula** subsp. **stenophylloides** (V. Krecz.) S. Y. Liang et Y. C. Tang in Acta Phytotax. Sin. 28 (2): 153. 1990. —— *Carex stenophylloides* V. Krecz. in Kom. Fl. URSS 3: 592. t. 141. 1935. 本亚种与模式亚种的区别：果囊长3.5-4.5毫米，卵形或卵状椭圆形，喙较长。花果期4-6月。产内蒙古、陕西、甘肃、新疆及西藏，生于草原、河岸砾石地或沙地。俄罗斯、朝鲜半岛及蒙古有分布。

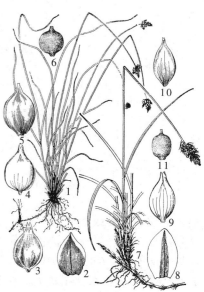

图 719：1-6.寸草 7-11.白颖薹草
（引自《图鉴》）

279. 走茎薹草

图 720

Carex reptabunda (Trautv.) V. Krecz. in Bull. Jard. Bot. Acad. Sci. URSS 30: 134. t. 2. f. 2. 1932.

Carex stenophylla Wahlenb. var. *reptabunda* Trautv. in Acta Horti Petrop. 1, 2: 194. 1871-1872.

根状茎长而匍匐。秆10-60厘米，宽0.5-1毫米，纤细，稍弯曲，平滑或上部微粗糙。叶短于秆，长5-20厘米，宽1-1.5毫米，边缘内卷，针状，稀对折，上部粗糙；苞片鳞片状。小穗2-5，卵形，雄雌顺序，集成稍疏散卵形或长圆形穗状花序，长0.8-1.2厘米。雌花鳞片宽卵形或长圆状卵形，长3-3.5毫米，锈色，具宽白色膜质边缘，1脉。果囊卵形或长圆状卵形，平凸状，长3-4.5毫米，膜质，下部黄色，上部

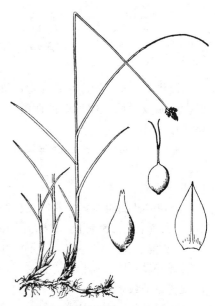

图 720 走茎薹草 （引自《图鉴》）

锈色，两面具细脉或脉不明显，边缘无翅，具短柄，喙中等长，平滑，喙口白色。小坚果疏松包果囊中，卵形，平凸状或微双凸状，长1.5-2毫米；花柱短，基部不膨大，柱头2。花果期5-7月。

产黑龙江、吉林、辽宁、内蒙古、陕西及宁夏，生于海拔580-1350米湖边沼泽化草甸及盐化草甸。俄罗斯东西伯利亚及蒙古有分布。

280. 无脉薹草

图 721：1-4

Carex enervis C. A. Mey. in Ledeb. Fl. Alt. 4: 209. 1833.

根状茎粗、长而匍匐。秆高10-30厘米，宽1-1.2毫米，三棱形，稍弯，上部粗糙，下部平滑，基部叶鞘淡褐色。叶短于秆，宽2-3毫米，平展或对折，灰绿色，边缘粗糙，先端渐尖；苞片刚毛状或鳞片状。小穗多数，雄雌顺序，较紧密集成卵形或长圆形穗状花序，花序长1-2厘米。雌花鳞片长圆状宽卵形，具短尖，长3-3.5毫米，淡褐或锈色，具极窄白色膜质边缘，中脉

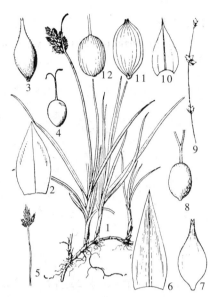

图 721：1-4.无脉薹草 5-8.无味薹草
9-12.二籽薹草 （引自《图鉴》、《中国植物志》）

1。果囊长圆状卵形或椭圆形，平凸状，长3毫米，纸质，禾秆色或锈色，边缘加厚，稍向腹面弯曲，无脉或背面基部具几条脉，腹面无脉，喙中等长，喙缘粗糙，喙口白色膜质，具2齿裂。小坚果稍紧包果囊中，椭圆状倒卵形，长1.2-1.5毫米，浅灰色，具锈色花纹，有光泽；花柱基部不膨大，柱头2。花果期6-8月。

产黑龙江、吉林、内蒙古、山西、宁夏、甘肃、青海、新疆、四川、云南及西藏，生于海拔2460-4500米潮湿处、沼泽草地或草甸。俄罗斯西伯利亚及蒙古有分布。

281. 无味薹草

图 721：5-8

Carex pseudofoetida Kükenth. in Bot. Tidsskr. 28: 225. 1908.

根状茎细长、匍匐。秆高5-10厘米，锐三棱形，平滑，基部叶鞘褐色。叶短于或近等长于秆，宽1-2毫米，平展或边缘内卷，针状，坚挺；苞片鳞片状。小穗3-5，长圆形，长5-6毫米，雄雌顺序，无柄；头状花序球形或卵圆状长圆形，花序长0.6-1.2厘米。雌花鳞片卵形或椭圆形，长3-4毫米，膜质，栗褐色，中脉明显。果囊披针形，平凸状，长3.5-4.5毫米，具柄，脉不明显，喙中等长，喙缘微粗糙，喙口栗褐色。小坚果椭圆形，平凸状，长约2毫米，淡褐色；花柱基部不膨大，柱头2。花果期4-7月。

产青海、新疆及西藏，生于海拔3700-5200米山坡、潮湿处或草甸。蒙古、俄罗斯西伯利亚西部、中亚地区、伊朗、阿富汗及印度西北部有分布。

组45. 二籽薹草组 Sect. Dispermae Ohwi
（梁松筠）

根状茎纤细，匍匐。秆高30-50厘米，锐三棱形，细弱，上部粗糙。叶短于秆，宽1-1.5毫米，柔软，鲜绿色；苞片基部的刚毛状，上部的鳞片状。小穗3-6，疏离，球形，雄雌顺序，上部具1-2雄花，下部具2-3雌花。雌花鳞片卵形，长2-2.5毫米，苍白色，中间绿色，3脉，2侧脉不明显，中脉明显，具短尖。果囊椭圆形，双凸状，长2.5-3毫米，宽约1.5毫米，革质，褐色，有光泽，多脉，下部具海绵状组织，具短柄，喙短，喙缘平滑，喙口浅裂或微凹。小坚果紧包果囊中，椭圆形，双凸状，长1.5-1.8毫米，褐色，有光泽；花柱基部不膨大，柱头2。

1 种。

282. 二籽薹草

图 721:9-12 图 722

Carex disperma Dew in Amer. Journ. Sci. 8: 266. 1824.

形态特征同组。花果期6-7月。

产黑龙江、吉林及内蒙古，生于沼泽或林下湿地。俄罗斯西伯利亚和远东地区、波兰、挪威、瑞典、芬兰、朝鲜半岛、日本及北美洲有分布。

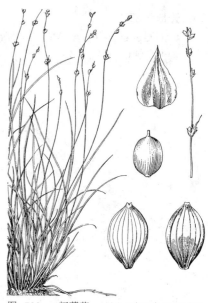

图 722 二籽薹草 （引自《东北草本植物志》）

组46. 筛草组 Sect. Macrocephalae Kükenth.

（梁松筠）

根状茎长而匍匐，木质。雌雄异株或雌雄同株；小穗多数，卵形，集成长圆状卵形穗状花序。雌花鳞片大，锈色。果囊披针状卵形，平凸状，长1-1.5厘米，厚革质，多脉，边缘的翅具齿，喙长，喙口2深齿裂；柱头（2）3。

我国1种。

283. 筛草 砂钻苔草

图 723

Carex kobomugi Ohwi in Mém. Coll. Sci. Kyoto Imp. Univ. sér. B, 5(3): 281. 1930.

根状茎长，匍匐或斜下，叶鞘黑褐色纤维状。秆高10-20厘米，径3-4毫米，粗壮，钝三棱形，平滑，基部老叶鞘纤维状。叶长于秆，宽3-8毫米，革质，黄绿色，边缘锯齿状；苞片短叶状。小穗多数，卵形，长1-1.5厘米；穗状花序雌雄异株，稀同株；雄花序长圆形，长4-5厘米；雌花序卵形或长圆形，长4-6厘米。雌花鳞片卵形，具芒尖，长1.2-1.6厘米，革质，黄绿带栗色，多脉。果囊披针形或卵圆状披针形，平凸状，长1-1.5厘米，弯曲，厚革质，栗色，无毛，有光泽，多脉，上部边缘具齿状窄翅，具短柄，喙长，稍弯，喙口具2尖齿。小坚果紧包果囊中，长

图 723 筛草 （引自《东北草本植物志》）

圆状倒卵形或长圆形，长5-5.5毫米，橄榄色；花柱下部微有毛，基部稍膨大，柱头2。花果期6-9月。

产黑龙江、辽宁、河北、山东、江苏、浙江、台湾等省，生于海滨、河边或湖边砂地。俄罗斯远东地区、朝鲜半岛及日本有分布。

组47. 穹隆薹草组 Sect. Gibbae Kükenth.

（梁松筠）

根状茎短，木质。秆丛生，高20-60厘米，径1.5厘米，直立，三棱形，基部老叶鞘褐色、纤维状。

叶长于或等长于秆，宽 3-4 毫米，柔软；苞片叶状，长于花序。小穗卵形或长圆形，长 0.5-1.2 毫米，宽 3-5 毫米，雌雄顺序，花密生；穗状花序上部小穗较接近，下部小穗疏离，基部 1 小穗有分枝，长 3-8 毫米。雌花鳞片宽卵形或倒卵状圆形，长 1.8-2 毫米，两侧白色膜质，中部绿色，3 脉，先端芒长 0.7-1 毫米。果囊宽卵形或倒卵形，平凸状，长 3.2-3.5 毫米，宽约 2 毫米，膜质，淡绿色，平滑，无脉，边缘具翅，上部边缘具不规则细齿，喙短，喙扁，喙口具 2 齿。小坚果紧包果囊中，近圆形，平凸状，长约 2.2 毫米，宽约 1.5 毫米，淡绿色；花柱基部增粗，圆锥状，柱头 3。

　　1 种，东亚特产。

284. 穹隆薹草　　　　　　　　图 724

Carex gibba Wahlenb. in Vet.-Akad. Handl. Stockholm 24: 148. 1803.

形态特征同组。花果期 4-8 月。

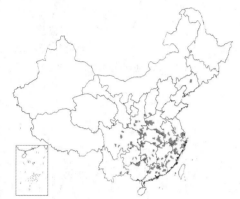

产辽宁、山西、河南、陕西、甘肃南部、江苏、安徽、浙江、福建、江西、湖北、湖南、广东、广西、贵州、四川及云南，生于海拔 240-1290 米山谷湿地、山坡草地或林下。朝鲜半岛及日本有分布。

图 724　穹隆薹草　（引自《图鉴》）

组 48. 薮薹草组 Sect. Remotae (Aschers.) C. B. Clarke
（梁松筠）

　　小穗雌雄顺序，疏离，组成间断穗状花序，花序基部苞片叶状，长于花序。果囊边缘上半部有极窄翅，无海绵状组织。

　　我国 3 种 2 亚种。

1. 果囊卵形或宽卵形，无脉或背面具 1-2 不明显脉 ························· 285. 卵穗薹草 C. ovatispiculata
1. 果囊披针形、卵状披针形、椭圆状披针形，具脉。
　　2. 小穗卵形，长 4-6 毫米 ································· 286. 丝引薹草 C. remotiuscula
　　2. 小穗长圆形，长 0.5-1.5 厘米。
　　　3. 果囊具脉。
　　　　4. 果囊背面具多脉，腹面具少脉 ························· 287. 书带薹草 C. rochebruni
　　　　4. 果囊背面脉明显，腹面脉不明显 ············· 287(附). 高山穗序薹草 C. rochebruni subsp. remotispicula
　　　3. 果囊无脉 ································· 287(附). 匍匐薹草 C. rochebruni subsp. reptans

285. 卵穗薹草　　　　　　　　图 725

Carex ovatispiculata Wang et Y. L. Chang ex S. Y. Liang in Acta Phytotax. Sin. 28(2): 153. 1990.

根状茎短，木质。秆高 25-50 厘米，平滑，基部叶鞘褐色，纤维状。叶短于或近等长于秆，宽 1-2.5 毫米，质软，边缘微粗糙，先端渐尖，叶鞘腹面膜质部分顶端凹；苞片下部的叶状，长于花序，上部的刚毛状或鳞片状。小穗 5-11，卵形，雌雄顺序，上部的接近，下部

的疏离，长 3-6 毫米。雌花鳞片卵形，宽 2-2.2 毫米，微白色，中间绿色，1 脉。果囊卵形或宽卵形，长约 2.5 毫米，膜质，淡黄绿色，无脉或背面具 1-2 不明显脉，边缘具灰绿色窄翅，中部以上粗糙，喙短，喙口 2 齿裂。小坚果紧包果囊中，椭圆状倒卵形，平凸状，长约 1.5 毫米；花柱基部膨大，柱头 2。花果期 6-8 月。

产陕西、甘肃南部、湖南、四川、云南及西藏，生于海拔 1700-3500 米溪边或湿地。

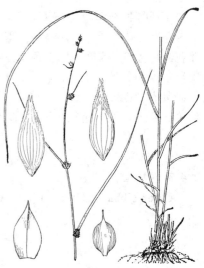

图 725 卵穗薹草 （冀朝祯绘）

286. 丝引薹草 疏穗苔草 图 726

Carex remotiuscula Wahlenb. in Kongl. Vetansk. Acad. Handl. 24: 147. 1803.

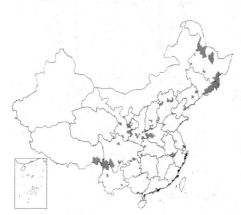

根状茎短，木质。秆丛生，高 30-50 厘米，宽 1-2 毫米，纤弱，稍粗糙。叶短于秆，宽 1-2 毫米，淡绿色，质软；苞片下部的叶状，长于花序，上部的刚毛状或鳞片状。小穗 4-10，卵形，长 4-6 毫米，雌雄顺序，上部 3-5 聚集，余离生，向下愈疏离。雌花鳞片窄卵形，长约 2.5 毫米，苍白色，中间绿色，1 脉。果囊披针形或卵状披针形，平凸状，长约 3 毫米，膜质，绿色，成熟时黄绿色，两面多脉，上部边缘具细锯齿状翅，顶端渐窄为喙，喙口 2 齿裂，背面稍深裂。小坚果紧包果囊中，椭圆状卵形，平凸状，长约 1.5 毫米，具短柄，具小尖头；花柱基部膨大，柱头 2。花果期 6-7 月。

产黑龙江、吉林、辽宁、河北、山西、河南、陕西、宁夏、甘肃、安徽、湖北西部、贵州北部、四川、云南及西藏，生于海拔 900-3700 米山坡湿草地或沼泽草地。俄罗斯远东地区、朝鲜半岛及日本北海道有分布。

图 726 丝引薹草 （引自《图鉴》）

287. 书带薹草 图 727

Carex rochebruni Franch. et Savat. Enum. Pl. Jap. 2: 126. 555. 1879.

根状茎短，粗壮，木质。秆丛生，高 25-50 厘米，纤细，三棱形，平滑，中部以下具叶，基部叶鞘无叶片，褐或淡褐色，纤维状。叶短于或长于秆，宽 2-3 毫米，质软，叶鞘腹面膜质部分具皱纹；苞片下部的叶状，长于花序，上部的刚毛状或鳞片状。小穗 5-10，长圆形，长

图 727 书带薹草 （引自《图鉴》）

0.5-1.5厘米，雌雄顺序，基部小穗疏离，上部的接近。雌花鳞片长圆形，具粗糙短芒，长2.5-3毫米，苍白色，中部绿色，3脉。果囊披针形或椭圆状披针形，平凸状，长3-4毫米，绿或绿黄色，背面多脉，腹面少脉，基部近无海绵状组织，边缘具窄翅，翅稍粗糙，具短柄，喙长，喙口2齿裂。小坚果紧包果囊中，长1.5-2毫米，具小尖头，柄短；花柱基部膨大，柱头2。花果期5-6月。

产山西南部、河南、陕西、江苏、安徽、浙江、台湾、湖北西部、湖南西部、广西北部、贵州、云南及西藏，生于林下或湿润草地。日本有分布。

[附] **匍匐薹草** Carex rochebruni subsp. **reptans** (Franch.) S. Y. Liang et Y. C. Tang in Acta Phytotax. Sin. 28 (2): 158. 1990. —— *Carex remota* Linn. var. *reptans* Franch. in Nouv. Arch. Mus. Hist. Nat. Paris ser. 3, 8: 235. 1896. 与模式亚种的区别：果囊无脉；叶鞘腹面膜质部分顶端半圆状凸起。花

果期6-8月。产陕西、甘肃、湖北、四川及云南，生于海拔1680-3700米草地潮湿处或沼泽。

[附] **高山穗序薹草** Carex rochebruni subsp. **remotispicula** (Hayata) T. Koyama in Fl. Taiwan 5: 369. 1979. —— *Carex remotispicula* Hayata, Ic. Pl. Formos. 10: 57. f. 32. 1921. 与模式亚种的区别：果囊背面脉明显，腹面脉不明显。花果期6-7月。产山西、陕西、甘肃、台湾、湖北、湖南、广西、贵州及四川。

组49. 莎薹草组 Sect. Cyperoideae Koch

（梁松筠）

小穗雌雄顺序，长圆形，集成紧密头状花序；苞片叶状，下部3枚超出花序数倍，向下膨大似花序的总苞。雌花鳞片披针形。果囊长圆状披针形，平凸状，膜质，具脉，边缘具窄锯齿状翅，基部具柄，喙极长，喙口2齿裂；花柱基部膨大，柱头2。

我国1种。

288. 莎薹草 莎状苔草
图 728

Carex bohemica Schreb. Beschr. Graser 2: 52. 1772.

根状茎短。秆丛生，高25-40厘米，宽2毫米，扁三棱状，平滑。叶短于秆，宽2-4毫米，柔软，淡绿色；苞片叶状，下部3枚长于花序数倍。小穗多数，卵状长圆形，长1-1.5厘米，雌雄顺序，集成圆形或卵形头状花序，花序长1.5-2厘米。雌花鳞片窄披针形，渐尖，长5-7毫米，淡褐色，1脉。果囊长圆状披针形，平凸状，长约1厘米，膜质，黄绿或锈黄色，两面具细脉，具

长柄，上部边缘具淡绿色锯齿状窄翅，喙长，喙口深裂，裂齿锥状，叉开。小坚果紧包果囊中，长圆形，平凸状，长1.3-1.5毫米，柄长约2毫米；花柱基部稍膨大，柱头2。花果期7月。

产黑龙江、吉林、内蒙古及新疆北部，生于海拔400-700米河边沙

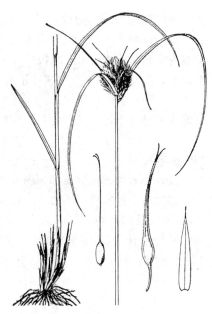

图 728 莎薹草 （引自《图鉴》）

地、湿地或沼泽边。欧洲、朝鲜和日本有分布。

组50. 高秆薹草组 Sect. Planatae Akiyama

（梁松筠）

根状茎短。苞片基部的叶状，长于花序，或刚毛状，短于花序。小穗卵形，雌雄顺序，花密生。穗状

花序上部小穗接近，中下部的疏离。果囊卵形或椭圆形，边缘具海绵状组织。小坚果疏松包果囊中。

　　我国 3 种。

1. 果囊长约2.5毫米，顶端内面具海绵状组织 ·· 289. **高秆薹草 C. alta**
1. 果囊长3-3.5毫米，两侧及基部具宽海绵状组织 ····························· 290. **缘毛薹草 C. craspedotricha**

289. 高秆薹草

图 729

Carex alta Boott in Proc. Linn. Soc. 1: 245. 1845.

图 729 高秆薹草 （引自《图鉴》）

　　根状茎短，木质。秆密丛生，高40-80厘米，钝三棱形，粗糙，中部以下具叶，基部具少数淡褐色无叶片的叶鞘，有时纤维状。叶短于秆，宽2-3毫米，边缘微粗糙；苞片下部的叶状，长于花序，上部的刚毛状或鳞片状。小穗9-22，卵形或长圆状卵形，长0.5-1.2厘米，雌雄顺序，上端的接近，下部的疏离。雌花鳞片卵形、窄卵形或披针形，长约2.5毫米，膜质，苍白色，中间绿色。果囊椭圆形或椭圆状卵形，平凸状，长约2.5毫米，膜质，淡绿色，两面具脉，背面脉较多，中部以上边缘具灰绿色翅，翅微粗糙，顶端内面具海绵状组织，喙极短，喙口2齿裂。小坚果稍松包果囊中，椭圆形，具小尖头；花柱基部稍膨大，柱头2。花果期5-7月。

　　产广西、贵州、四川、云南及西藏，生于海拔1500-2500米山坡草地或密林中湿地。越南北部、印度及印度尼西亚有分布。

290. 缘毛薹草

图 730

Carex craspedotricha Nelmes in Kew Bull. 1939: 657. 1939.

图 730 缘毛薹草 （孙英宝绘）

　　根状茎短，木质。秆丛生，高30-50厘米，宽.15-2毫米，平滑，质软，下部约1/3具叶，基部具淡褐色或褐色、无叶片的叶鞘，常纤维状。叶短于秆，宽2-3毫米，柔软，先端长渐尖，边缘粗糙；苞片下部的叶状，长于花序，向上逐渐变为刚毛状或鳞片状。小穗8-13，宽卵形或卵形，长0.5-1厘米，雌雄顺序，有的顶生小穗均为雌花；穗状花序长10-15厘米，顶端小穗接近，余疏离。雌花鳞片窄卵形或椭圆形，长1.8-2.5毫米，苍白色，中间绿色，1脉。果囊椭圆形或卵形，扁平，长3-3.5毫米，边缘中部以上具灰绿色窄翅，翅缘具细锯齿，两面中间具少数

明显的脉，两侧及基部具宽海绵状组织，基部收缩，顶端急缩成喙，喙口2深裂。小坚果疏松包果囊中，

长圆形或长圆状卵形，宽为果囊 1/3，柄短，具小尖头；花柱基部膨大，柱头 2。花果期 4 月。

产河南、浙江、福建、江西、湖南、广东及贵州，生于海拔约 300 米水边湿地或湿草地。泰国北部有分布。

组 51. 卵果薹草组 Sect. Ovales Kunth
（梁松筠）

根状茎短。秆丛生。叶近基生；苞片鳞片状或刚毛状。小穗卵形，雌雄顺序，花密生。穗状花序圆柱形。雌花鳞片卵形，尖。果囊卵形或卵圆状披针形，平凸状或双凸状，具脉，内具海绵质，边缘具窄翅，翅缘具稀疏锯齿。顶端喙口 2 齿裂。小坚果长圆形或倒卵形，双凸状，淡棕色；柱头 2。

我国 2 种。

1. 花序长 2.5-6 厘米；小穗 10-14，疏离 ·· 291. 卵果薹草 C. maackii
1. 花序长 2-2.5 厘米；小穗 4-7，接近 ·· 292. 卵形薹草 C. leporina

291. 卵果薹草　翅囊苔草　　　　　　　图 731
Carex maackii Maxim. Prim. Fl. Amur. 308. 1859.

根状茎短，木质。秆丛生，高 20-70 厘米，宽 1.5-2 毫米，直立，近三棱形，上部粗糙，中下部具叶，基部叶鞘褐色无叶片。叶短于或近等长于秆，宽 2-4 毫米，柔软，边缘具细锯齿；苞片基部的刚毛状，余鳞片状。小穗 10-14，疏离，卵形，长 0.5-1 厘米，雌雄顺序，花密生；穗状花序长圆柱形，长 2.5-6 厘米，先端紧密，下部稍疏离。雌花鳞片卵形，长 2.2-2.8 毫米，淡褐色，中间绿色，1 脉。果囊卵形或卵圆状披针形，平凸状，长 3-3.2 毫米，膜质，背面 5-7 脉，腹面 4-5 脉，边缘内面具海绵状组织，外面具窄翅，上部疏生锯齿，喙中等长，喙口 2 齿裂。小坚果疏松包果囊中，长圆形或长圆状卵形，微双凸状，长约 1.5 毫米，淡棕色，具短柄；花柱基部不膨大，柱头 2。花果期 5-6 月。

产黑龙江、吉林、辽宁、河南、江苏、安徽、浙江及湖北，生于溪边或湿地。俄罗斯远东地区、朝鲜半岛及日本有分布。

图 731　卵果薹草　（引自《图鉴》）

292. 卵形薹草　　　　　　　　　　　图 732
Carex leporina Linn. Sp. Pl. 973. 1753.

秆细，高 50-80 厘米，径 0.8-1 厘米，三棱形，平滑，上部粗糙。叶近基生，3-4 枚，宽约 1.5 毫米，极短于秆，边缘粗糙；苞片鳞片状，最下部的具长芒。小穗 4-7，接近，卵形或长圆形，长 0.5-1 厘米，雌雄顺序，无柄；穗状花序长 2-2.5 厘米，宽 0.8-1.3 厘米。雌花鳞片卵形，长约 3 毫米，淡黄褐色，中脉淡黄色，边缘宽膜质。果囊

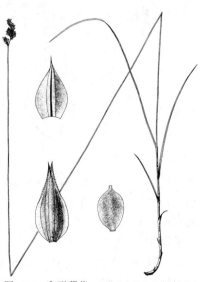

图 732　卵形薹草　（引自《植物分类学报》）

卵形，长 3.5-4 毫米，平凸状，淡褐色，平滑，背面 4-6 脉，上部具窄翅，翅缘粗糙。小坚果倒卵圆状长圆形，长约 2 毫米，扁双凸状，褐色，平滑，稍有光泽，喙短，具短柄；柱头 2。

产新疆，生于海拔 1400 米。欧洲、亚洲、北美洲及北非有分布。

组 52. 白山薹草组 Sect. Canescentes (Fries) Christ
（梁松筠）

根状茎短，或匍匐。苞片鳞片状。小穗多数，雌雄顺序或侧生的多为雌小穗，卵形或近球形，花密生；穗状花序间断或呈头状花序。果囊卵形，平凸状，密生白色小点，多脉，喙短或不明显，喙口近全缘或微凹。小坚果紧包果囊中；柱头 2。

我国 4 种。

1. 果囊喙短，喙缘稍粗糙；叶宽 2-3 毫米 ·· 293. 白山薹草 C. curta
1. 果囊喙不明显或近无喙；叶宽 1-2 毫米。
  2. 小穗球形，集成头状花序或穗状花序；果囊卵形或椭圆形，长 2-2.5 毫米 ········ 294. 细花薹草 C. tenuiflora
  2. 小穗半球形或卵形，穗状花序下部小穗疏离；果囊长圆形或长圆状卵形，长 2.5-3 毫米 ·············
  ··· 294(附). 间穗薹草 C. loliacea

293. 白山薹草

图 733：1-5

Carex curta Good. in Trans. Linn. Soc. 2: 145. 1794.

根状茎短。秆丛生，高 25-50 厘米，宽 1-1.5 毫米，直立，三棱形，上部粗糙，基部叶鞘褐色无叶片。叶短于秆，宽 2-3 毫米，边缘粗糙；苞片鳞片状，有时基部的刚毛状。小穗 4-7，卵形或长圆形，长 0.6-1 厘米，雌雄顺序；穗状花序上部小穗聚集，下部的疏离。雌花鳞片卵形，长约 2 毫米，膜质，苍白色，1 脉。果囊卵形或椭圆形，平凸状，长 2-2.2 毫米，膜质，绿褐色，具细点，两面具 5-12 条褐紫色脉，无毛，基部具海绵质组织，有短柄，喙短，喙缘稍粗糙，喙口微浅裂。小坚果紧包果囊中，椭圆形或卵形，平凸状，长约 1.5 毫米，具短柄；花柱基部不膨大，柱头 2。花果期 6-8 月。

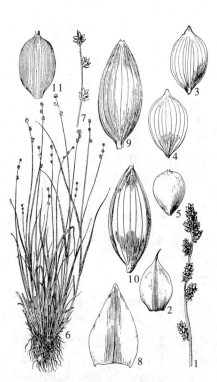

产黑龙江、吉林、内蒙古及新疆，生于海拔 900-1000 米沼泽或溪边湿地。分布于欧洲、亚洲温带及南北美洲地区。

图 733：1-5.白山薹草 6-11.间穗薹草
（引自《东北草本植物志》）

294. 细花薹草 图 734

Carex tenuiflora Wahlenb. in Vet. Akad. Nya Handl. Stockholm 24: 147. 1803.

根状茎短，匍匐茎短。秆疏丛生，高 20-50 厘米，纤细，三棱形，稍坚挺，平滑或近平滑。叶短于秆，宽 1-1.5 毫米，平展或内卷，微粗糙；苞片鳞片状。小穗 2-4，球形，长 3-4 毫米，雌雄顺序，少花，集成头状或稍疏散穗状花序。雌花鳞片卵形，长 2-2.5 毫米，苍白或淡黄色，背面中脉淡褐色，边缘膜质。果囊卵形或椭圆形，平凸状，长 2-2.5 毫米，近革质，淡黄绿色，具白色小点，两面具褐紫色脉 5-9，近无柄，喙不明显或近无喙，喙口微 2 齿裂。小坚果紧包果囊中，椭圆形或宽椭圆形，双凸状，长约 1.2 毫米，顶端圆或平截；花柱基部不膨大，柱头 2。花果期 7 月。

产吉林及内蒙古，生于沼泽。欧洲、俄罗斯、蒙古北部、朝鲜、日本、加拿大和美国有分布。

[附] **间穗薹草** 图 733：6-11 **Carex loliacea** Linn. Sp. Pl. 974. 1753. 与细花薹草的主要区别：小穗半球形或卵形，穗状花序下部小穗较疏离；

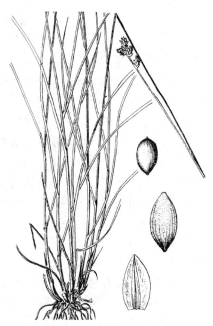

图 734 细花薹草 （马 平绘）

果囊长圆形或长圆状卵形，长 2.5-3 毫米。产黑龙江，生于林下。欧洲、中亚、蒙古、朝鲜、日本、美国及加拿大有分布。

243. 禾本科 POACEAE (GRAMINEAE)

（陈守良　赵奇僧　吴珍兰　刘　亮　金岳杏　盛国英　庄体德　邹惠渝　陈文莉　傅晓平　汤傲杉）

一年至多年生草本，秆基部常木质化，竹类常为木本（灌木或乔木）。主干圆筒形或稍扁，通称为秆，秆常中空有节，稀实心。叶互生，常 2 列，下部为叶鞘，叶鞘常一侧开裂或闭合；上部为叶片，叶片常具平行脉，有或无横隔脉；叶鞘与叶片间内侧常有一膜质透明或有缘毛的片状物称叶舌；有时叶鞘顶端两侧各有一附属物称叶耳。花序由小穗组成穗状、总状、头状、指状或圆锥状。小穗相互对生于小穗轴（极短缩的开花小枝）上，常由颖片与小花组成，颖片常位于小花之下，通常 2 片，或退化为 1 片或完全退化；小花两性或单性，常由两稃片及其内含物构成；下部的稃片称外稃，其对面稍上部常具 2 脉（呈脊状）的另一片称内稃；每一小花内具有：鳞被（亦称浆片，相当于花被片）常为2-3或5-6片或完全退化、质地透明而微小的薄片；雄蕊，常 3 枚，或 1、2、4、6 或更多，位于子房之下；雌蕊 1 枚，子房 1 室，花柱 2（1-3），花柱羽毛状或帚刷状，胚珠 1，直立于子房室基底而倒生。果常为颖果，或囊果、坚果或梨果状，具有淀粉质胚乳，外稃基部具微小胚，向内稃之一方有点状或线形种脐。染色体 x=5、7、9、10、12 等。

700 属，约万余种，广布世界各地区。我国 237 属，1500 余种。

经济价值很大，稻、麦、玉米、薏苡等为粮食，多数为饲料、饵料，纤维原料有芦苇、竹类、芦竹等；作香料的有香茅、香根草等；甘蔗为制糖原料；竹类、芦竹、蟋蟀草等为药用植物；菰与竹笋是鲜美的蔬菜；竹类、麦秆等是编织原料。竹类、芦竹等为建筑用材；竹类可造船，竹筏是旅游区的水上划船；竹类与芦竹还可制作乐器等。

1. 秆木质化；叶披针形，有明显的短叶柄，横脉明显。
　2. 地下茎合轴型，地面竹秆丛生，或地下茎秆柄延伸形成假鞭，有节无芽，地面竹秆疏散成多丛。
　　3. 地下茎具由秆柄延伸成假鞭；地面竹秆较疏生或成多丛。
　　　4. 秆壁横剖面典型维管束为紧腰型；低海拔平原丘陵竹类。
　　　　5. 秆壁厚5-7.5毫米，秆梢不下垂；箨叶窄披针形，连同箨鞘脱落；叶下面灰绿色，幼时被微毛；果梨形，长4.5-12厘米 ·············· **1. 梨竹属 Melocanna**
　　　　5. 秆壁厚1-2毫米，秆梢下垂；箨叶长三角形，易自箨鞘脱落；叶两面无毛；果小，扁球形 ·············· **3. 泡竹属 Pseudostachyum**
　　　4. 秆壁横剖面典型维管束为半开放型；秆柄短或长；秆丛生或散生；秆节内有时具一圈刺状气生根；高海拔山地竹类 ·············· **20. 箭竹属 Sinarundinaria**
　　3. 地下茎秆柄不甚延伸，无明显假鞭；地面竹秆通常为较密的单丛。
　　　6. 灌木状或攀援状竹类，稀小乔木状。
　　　　7. 亚灌木状竹类；秆实心，梢端下垂或半攀援状，分枝单一；叶基部平截；低海拔石灰岩山地竹类 ·············· **7. 单枝竹属 Monocladus**
　　　　7. 灌木状或攀援状竹类，稀小乔木状；秆节分枝多数；叶基部钝圆；高海拔山地竹类。
　　　　　8. 攀援状竹类；秆壁厚，常近实心；箨鞘宿存，箨叶锥形，直立；果稍弯短圆柱形 ·············· **8. 总序竹属 Racemobambos**
　　　　　8. 灌木状或小乔木状竹类；秆壁厚度中等；箨鞘早落，箨叶披针形或窄带状，直立或外反；果条状或葫芦状 ·············· **18. 筱竹属 Thamnocalamus**
　　　6. 中型至大型竹类；秆每节多分枝，主枝明显或不甚明显。
　　　　9. 秆攀援或梢端下垂。
　　　　　10. 秆具硅质，稍粗糙；箨鞘迟落。
　　　　　　11. 乔木状或灌木状竹类；秆上部稍具硅质，初被糙伏毛，脱落后，有疣状突起，秆壁薄 ·············· **2. 篼箬竹属 Schizostachyum**

11. 秆斜倚或攀援，微具硅质，稍粗糙，秆壁厚至实心 ………………………… 6. 梨藤竹属 Melocalamus
10. 秆无硅质；秆壁薄或甚薄。
　　12. 秆箨早落，箨耳具直立繸毛；秆每节分枝多数，呈半轮生状 ………………… 4. 空竹属 Caphalostachyum
　　12. 秆箨迟落或宿存，箨耳具放射状繸毛；秆每节分枝 2 或 3 至多数 ………… 19. 悬竹属 Ampelocalamus
9. 秆直立，梢端微弧弯或下垂，非攀援或蔓生。
　　13. 秆稍具硅质 …………………………………………………………………… 2. 薨笋竹属 Schizostachyum
　　13. 秆无硅质。
　　　　14. 植株具枝刺 ……………………………………………………………………… 9. 簕竹属 Bambusa
　　　　14. 植株无枝刺。
　　　　　　15. 箨鞘质薄，宿存，无箨耳；叶披针形或窄披针形，小横脉不明显 ……… 5. 泰竹属 Thyrsostachys
　　　　　　15. 箨鞘质坚韧，革质或软骨质，脱落。
　　　　　　　　16. 箨叶基底与箨鞘顶端近等宽，直立或外反；叶小横脉不明显 ……… 9. 簕竹属 Bambusa
　　　　　　　　16. 箨叶基底较箨鞘顶端窄（牡竹属近等宽或稍窄），开展或外反；叶小横脉稍明显。
　　　　　　　　　　17. 秆壁较薄；箨鞘顶端宽平截，稍凹下，宽为箨叶基部 2-3 倍，稀较窄；箨叶披针形，外反；
　　　　　　　　　　　　秆节间长0.3-1米或更长 …………………………………………… 9. 簕竹属 Bambusa
　　　　　　　　　　17. 秆壁多较厚；箨叶直立或外反。
　　　　　　　　　　　　18. 箨鞘坚硬，厚革质；花丝连成管状 …………………………… 10. 巨竹属 Gigantochloa
　　　　　　　　　　　　18. 箨鞘革质；花丝离生 ……………………………………… 11. 牡竹属 Dendrocalamus
2. 地下茎单轴散生型或复轴混生型。
　　19. 秆每节具 1 主枝，上部每节有时分枝较多；枝基部与秆近贴生。
　　　　20. 灌木状竹类。
　　　　　　21. 秆环隆起，曲膝状或微隆起；秆箨宿存或脱落；雄蕊 6 ………………………… 25. 赤竹属 Sasa
　　　　　　21. 秆环较平；秆箨宿存，紧抱主秆；雄蕊 3 …………………………… 27. 箬竹属 Indocalamus
　　　　20. 乔木状竹类。
　　　　　　22. 秆环较平，节间长 20-30 厘米，节内不明显；颖果 ………………… 24. 矢竹属 Pseudosasa
　　　　　　22. 秆环隆起，节间长 0.6-1.2 米，节内长 2-3 厘米；浆果状 …………… 26. 铁竹属 Ferrocalamus
　　19. 秆每节 2 分枝至多枝。
　　　　23. 秆每节 2 分枝，一粗一细，近分枝一侧节间扁平或有纵槽；雄蕊 3 ………… 14. 刚竹属 Phyllostachys
　　　　23. 秆每节 3 分枝至多分枝，枝较细短，通常不再分枝。
　　　　　　24. 秆每节（3-）5-7（-20）分枝。
　　　　　　　　25. 秆每节具 2 芽，节间分枝一侧具沟槽，秆环甚隆起；每节分枝3-6；颖果长卵圆形 …………
　　　　　　　　　　 ……………………………………………………………………… 15. 倭竹属 Shibataea
　　　　　　　　25. 秆每节具 1 芽，节间圆筒形，无沟槽，秆环稍隆起；每节分枝 7-12（-20）；颖果球形，具喙状
　　　　　　　　　　 尖头 ……………………………………………………………… 23. 短枝竹属 Gelidocalamus
　　　　　　24. 秆每节通常 3 分枝。
　　　　　　　　26. 秆每节具 3 芽。
　　　　　　　　　　27. 秆环微木栓质隆起，节内无刺状气生根；箨叶线状披针形或披针形，秆箨早落；柱头 3 …………
　　　　　　　　　　　　 …………………………………………………………………… 16. 业平竹属 Semiarundinaria
　　　　　　　　　　27. 秆环隆起，中部以下至基部节的节内环生刺状气生根；箨叶三角形或锥形，长不及 1 厘米，秆箨
　　　　　　　　　　　　 迟落或宿存；柱头 2 裂 ……………………………………… 17. 方竹属 Chimonobambusa
　　　　　　　　26. 秆每节具 1 芽。
　　　　　　　　　　28. 秆箨宿存或迟落。
　　　　　　　　　　　　29. 秆箨迟落，箨鞘基部常残留于箨环成木栓层 ……………… 22. 青篱竹属 Arundinaria

29. 秆箨宿存。

  30. 箨叶外反；秆每节 3-7 分枝，上部多分枝；节下方有白粉环，秆环隆起，幼环有棕褐色刺毛 ┄┄┄┄┄┄
┄┄┄┄┄┄┄┄┄┄┄┄┄┄┄┄┄┄┄┄┄┄┄┄┄┄┄┄┄┄ 22. **青篱竹属 Arundinaria**

  30. 箨叶直立或开展；秆中部每节 1 分枝；秆环较平，节内不明显 ┄┄┄┄┄┄┄ 24. **矢竹属 Pseudosasa**

28. 秆箨早落。

  31. 箨环具一圈毛或木栓质隆起，与秆环等高 ┄┄┄┄┄┄┄┄┄┄┄┄ 13. **唐竹属 Sinobambusa**

  31. 箨环非木栓质隆起。

   32. 秆环微隆起；箨叶较小，直立、开展或外反 ┄┄┄┄┄┄┄┄┄┄ 21. **酸竹属 Acidosa**

   32. 秆环隆起或强烈隆起；箨叶大或较大。

    33. 秆环隆起；箨叶大，直立或外反；雄蕊 6 ┄┄┄┄┄┄┄ 12. **大节竹属 Indosasa**

    33. 秆环强烈隆起；箨叶外反或开展，稀直立；雄蕊 3-4（5） ┄┄┄ 22. **青篱竹属 Arundinaria**

1. 秆常草质；叶片常为线形，若为披针形，则无明显的短柄。

34. 小穗常单性，雌雄小穗同株或异株。

 35. 雌雄小穗不在同一穗轴上；雌雄小穗常异株，若同株，则雌花序常两个并生。

  36. 低矮多年生草本，高不及 30 厘米，具匍匐茎；雌花序常头状，为膨大叶鞘所包 ┄┄ 137. **野牛草属 Buchloe**

  36. 高大如灌木状草本，高在 30 厘米以上；雌花序非上列形状。

   37. 叶簇生于秆基；雌小穗具丝状毛，排成圆锥花序 ┄┄┄┄┄┄┄ 34. **蒲苇属 Cortaderia**

   37. 叶不簇生于秆基；雌小穗无毛，集成星芒状头状花序 ┄┄┄┄┄ 183. **鬣刺属 Spinifex**

 35. 雌雄小穗常同株，雌小穗非上列形状排列。

  38. 雌雄小穗分别形成不同的花序。

   39. 雌小穗成单行交互着生于具关节能逐渐断落的序轴上 ┄┄┄┄┄┄ 234. **类蜀黍属 Euchlaena**

   39. 雌小穗 16-30 行成纵列密聚于粗厚无关节的序轴上 ┄┄┄┄┄┄ 235. **玉蜀黍属 Zea**

  38. 雌雄小穗位于同一花序上。

   40. 雌小穗裸露，无总苞。

    41. 雌小穗的第一颖长圆形或中部缢缩，边缘紧抱序轴节间，大多位于腋生总状花序之下部，顶生花
     序全为雄性；叶披针形或叶状披针形 ┄┄┄┄┄┄┄┄┄ 232. **多裔草属 Polytoca**

    41. 雌小穗嵌陷于粗厚中空的序轴节间内，其第一颖非上列形状，雌雄同序，雌小穗位于顶生指状及
     腋生总状花序之下部；叶长披针形 ┄┄┄┄┄┄┄┄┄ 233. **磨擦草属 Tripsacum**

   40. 雌小穗包藏于念珠状总苞内 ┄┄┄┄┄┄┄┄┄┄┄┄┄ 236. **薏苡属 Coix**

34. 小穗两性，若为单性，则雌雄小穗同时混生于一穗轴上。

 42. 小穗常具（1）2 小花，第一小花雄性或不育；小穗轴常不延伸于顶生小花之外。

  43. 小穗柄有关节，小穗成熟后由关节处脱落 ┄┄┄┄┄┄┄┄ 38. **棕叶芦属 Thysanolaena**

  43. 小穗柄无关节，小穗成熟后由颖上或颖下脱落。

   44. 外稃质常较颖为厚或至少同质；小穗单生或成对着生。

    45. 小穗成熟时脱节于颖之上，若脱节于颖之下，则仅有 1 小花。

     46. 小穗仅有 1 小花，脱落于颖之下。

      47. 多年生或一年生；叶片线形或窄披针形，基部非心形抱茎 ┄┄┄ 147. **耳稃草属 Garnotia**

      47. 一年生；叶片卵状心形，基部心形抱茎 ┄┄┄┄┄ 150. **稗荩属 Sphaerocaryum**

     46. 小穗有 2 小花，脱节于颖之上。

      48. 发育小花常为圆柱形；叶线形或披针形 ┄┄┄┄┄ 148. **野古草属 Arundinella**

      48. 发育小花卵形或近球形；叶卵形或披针形。

       49. 第二外稃质硬而近革质；颖几等长于小穗，迟缓脱落 ┄┄ 152. **柳叶箬属 Isachne**

       49. 第二外稃纸质；颖长为小穗之半，宿存 ┄┄┄ 151. **小丽草属 Coelachne**

45. 小穗成熟时常脱节于颖之下。

　　50. 穗状花序下部有1-2宿存的两性或雌性小穗，上部有2-6在花后即脱落的雄性小穗，成熟后穗轴卷曲形成坚
　　　　硬的瘤状构造 ·· 182. **蒭雷草属 Thuarea**

　　50. 花序非上列形状。

　　　51. 小穗下托有刚毛或总状花序轴延伸出成长刚毛或小尖头。

　　　　52. 总状花序轴常延伸出顶生小穗之外成长刚毛或小尖头，小穗下无刚毛。

　　　　　53. 总状花序轴顶端延伸成长刚毛 ··································· 179. **伪针茅属 Pseudoraphis**

　　　　　53. 总状花序轴顶端延伸成小尖头。

　　　　　　54. 小穗椭圆形，背腹扁，第二外稃骨质或具细点状 ··········· 180. **类雀稗属 Paspalidium**

　　　　　　54. 小穗卵状披针形或披针形；第二外稃平滑 ··········· 181. **钝叶草属 Stenotaphrum**

　　　　52. 小穗下部托有刚毛。

　　　　　55. 小穗脱落，刚毛宿存在花序主轴上 ····························· 176. **狗尾草属 Seteria**

　　　　　55. 小穗脱落时连同刚毛一齐脱落。

　　　　　　56. 刚毛各自分离不联合成刺苞状 ····························· 177. **狼尾草属 Pennisetum**

　　　　　　56. 刚毛下部互相联合成刺苞状 ····························· 178. **蒺藜草属 Cenchrus**

　　　51. 小穗下不包有刚毛；总状花序轴亦不延伸出顶生小穗之外。

　　57. 花序圆锥状或穗状；小穗明显有柄。

　　　58. 小穗多少两侧扁。

　　　　59. 第二颖及第一外稃无芒，第二外稃背部隆起 ····················· 153. **弓果黍属 Cyrtococcum**

　　　　59. 第二颖及第一外稃顶端具小尖头或短芒状。

　　　　　60. 第二颖具 7 脉 ··· 159. **糖蜜草属 Melinis**

　　　　　60. 第二颖具 5 脉 ··· 160. **红毛草属 Rhynchelytrum**

　　　58. 小穗背腹扁。

　　　　61. 圆锥花序穗状。

　　　　　62. 第二颖弓起呈囊状 ··· 158. **囊颖草属 Sacciolepis**

　　　　　62. 第二颖不弓起呈囊状 ··· 172. **膜稃草属 Hymenachne**

　　　　61. 圆锥花序开展或呈指状。

　　　　　63. 第二外稃在果熟时软骨质而有弹性，边缘薄膜质 ··········· 174. **薄稃草属 Leptoloma**

　　　　　63. 第二外稃在果熟时厚纸质、革质或骨质。

　　　　　　64. 植株二型 ··· 155. **二型花属 Dichanthelium**

　　　　　　64. 植株非二型。

　　　　　　　65. 两颖几等长或第一颖较短小，但第二颖等长于小穗或稍短于小穗。

　　　　　　　　66. 第二外稃基部两侧无附属物也无凹痕 ····················· 154. **黍属 Panicum**

　　　　　　　　66. 第二外稃基部两侧有附属物或凹痕 ··············· 156. **距花黍属 Ichnanthus**

　　　　　　　65. 两颖不等长，第二颖很短小至长为小穗的 2/3，若等长于小穗，则第一颖很短小至不存在。

　　　　　　　　67. 第一颖长为小穗之半，3-5 脉 ····················· 157. **露籽草属 Ottochloa**

　　　　　　　　67. 第一颖很短小或不存在，常无脉 ····················· 175. **马唐属 Digitaria**

　57. 花序总状；小穗单生或孪生，无柄或具极短的柄。

　　68. 第二外稃先端增厚而凸出或具硬刺毛或短芒。

　　　69. 第二外稃先端具短芒，果成熟时为厚纸质 ····················· 173. **毛颖草属 Alloteropsis**

　　　69. 第二外稃在果实成熟时为骨质，先端具刺毛或增厚而凸出。

　　　　70. 第二外稃先端具刺毛数根 ····································· 161. **刺毛头黍属 Setiacis**

　　　　70. 第二外稃先端增厚而凸起。

71. 第二外稃近先端增厚呈尖头状，内稃先端 2 浅裂 ┈┈┈┈┈┈┈┈┈┈ 162. 山鸡谷草属 Neohusnotia

71. 第二外稃先端两侧扁，稍扭卷呈凤头状；内稃先端具反卷二尖凸 ┈┈┈┈ 163. 凤头黍属 Acroceras

68. 第二外稃先端不增厚凸出也无硬刺毛或短芒。

72. 小穗两侧扁，第二颖在果熟时有钩状刺毛 ┈┈┈┈┈┈┈ 164. 钩毛草属 Pseudochinolaena

72. 小穗背腹扁，第二颖非上列形状。

73. 颖或第一外稃具芒，如无芒则第二外稃不紧包其内稃。

74. 叶卵形或披针形，有叶舌，第二颖常具长芒 ┈┈┈┈┈┈┈ 165. 求米草属 Oplismenus

74. 叶线形，无叶舌；第二颖先端尖或短芒状 ┈┈┈┈┈┈┈┈┈ 166. 稗属 Echinochloa

73. 颖或第一外稃无芒，第二外稃紧包其内稃。

75. 第一颖明显存在。

76. 第二外稃背部离轴性 ┈┈┈┈┈┈┈┈┈┈┈┈┈┈┈ 167. 臂形草属 Brachiaria

76. 第二外稃背部向轴性 ┈┈┈┈┈┈┈┈┈┈┈┈┈┈┈ 168. 尾稃草属 Urochloa

75. 第一颖常很退化至不存在。

77. 小穗的第一颖与第二颖下肿胀的小穗轴节间互相愈合成珠状小穗基盘至外形上不见第一颖 ┈┈┈┈┈┈┈┈┈┈┈┈┈┈┈┈┈┈┈┈┈┈┈┈┈┈┈┈┈┈┈┈┈┈┈ 169. 野黍属 Eriochloa

77. 小穗无上述形态的基盘。

78. 第二外稃背部为离轴性 ┈┈┈┈┈┈┈┈┈┈┈┈┈┈ 170. 地毯草属 Axonopus

78. 第二外稃背部为向轴性 ┈┈┈┈┈┈┈┈┈┈┈┈┈┈ 171. 雀稗属 Paspalum

44. 外稃透明膜质或膜质，较颖质薄；小穗常成对着生，一穗无柄，另一穗有柄，或单生，但外稃透明膜质。

79. 小穗多少两侧扁，通常单生于穗轴各节，若双生，则叶片为披针形。

80. 叶窄线状披针形；小穗单生于穗轴各节；第二外稃 2 裂，裂齿间伸出一芒 ┈┈┈ 213. 觿茅属 Dimeria

80. 叶披针形；小穗成对着生于穗轴各节，有柄小穗多变化，由发育至完全退化以至小穗柄均完全退化而形成每节小穗单生；第二外稃全缘或微具 2 齿，芒由其背之下部伸出 ┈┈┈┈┈ 217. 荩草属 Arthraxon

79. 小穗大都背腹扁，通常成对，稀 3 个着生于穗轴各节。

81. 穗轴节间常粗肥，通常圆筒形；小穗无芒，常不同形，不同性；有柄小穗的小穗柄与穗轴分离至完全愈合而容纳无柄小穗的腔穴。

82. 总状花序排成圆锥状或伞房兼指状，稀退化而单生；成对小穗同形，有时有柄小穗多少有些退化为两侧扁。

83. 总状花序排列为圆锥状或伞房兼指状；颖果长圆形，背腹扁 ┈┈┈┈┈ 222. 锥茅属 Thyrsia

83. 总状花序排列为伞房兼指状或单生；颖果披针形 ┈┈┈┈┈ 223. 束尾草属 Phacelurus

82. 总状花序单生或生于成束腋生的分枝顶端；成对小穗大多异形。

84. 有柄小穗发育良好，与无柄小穗近同形；总状花序轴坚韧，不逐节断落 ┈ 224. 牛鞭草属 Hemarthria

84. 有柄小穗多少退化；总状花序轴易逐节断落。

85. 总状花序有背腹之分或扁；无柄小穗不嵌入总状花序轴中。

86. 无柄小穗扁平，第一颖无蜂窝状花纹，两侧有栉齿状刺；有柄小穗退化成短柄 ┈┈┈┈┈┈┈┈┈┈┈┈┈┈┈┈┈┈┈┈┈┈┈┈┈┈┈┈┈┈ 227. 蜈蚣草属 Eremochloa

86. 无柄小穗球形，第一颖背面有蜂窝状浅穴，两侧无栉齿状脊，其边缘围抱总状花序轴间与小穗柄相愈合而形成的轴 ┈┈┈┈┈┈┈ 230. 球穗草属 Hackelochloa

85. 总状花序圆柱形；无柄小穗嵌陷肥厚穗形总状花序轴的各凹穴中。

87. 无柄小穗 2 枚并生于各节，尤以花序中部者为然 ┈┈┈┈┈ 231. 毛俭草属 Mnesithea

87. 无柄小穗单生于各节。

88. 小穗有柄，雄性或中性，其柄与总状花序轴节间分离或愈合。

89. 小穗柄与总状花序轴节间分离 ┈┈┈┈┈┈┈┈┈ 225. 空轴茅属 Coelorachis

91. 成对小穗异形且异性，小穗常背腹扁。
 109. 无柄小穗第一颖通常顶端宽而呈截平或中凹。
  110. 总状花序圆柱形，无柄小穗通常两性或雌性，覆瓦状排列，有柄小穗常退化仅一柄，或为雌性 ……………………………………………………………………………………… 201. 楔颖草属 **Apocopis**
  110. 总状花序头状，花序基部有4-6个雄性小穗轮生呈总苞状，通常具柄小穗为雌性，无柄小穗为雄性 ……………………………………………………………………………… 202. 吉蔓草属 **Germainia**
 109. 无柄小穗第一颖多少向顶端渐窄。
  111. 总状花序轴节间及小穗柄粗短呈三棱形。
   112. 总状花序常2枚紧贴成圆柱形 ………………………… 210. 鸭嘴草属 **Ischaemum**
   112. 总状花序单生于主秆或分枝顶端。
    113. 总状花序多节，具多数小穗，无舟形总苞 ………… 211. 沟颖草属 **Sehima**
    113. 总状花序 1 节，具 3 枚异形小穗，下托舟形总苞 …… 212. 水蔗草属 **Apluda**
  111. 总状花序轴非上列形状。
   114. 无柄小穗的基盘钝，其第一颖常背扁，二脊间常有沟，沿二脊常具翼。
    115. 总状花序通常单生于主秆或分枝顶端；总状花序轴节间上部粗 ……… 216. 裂稃草属 **Schizachyrium**
    115. 总状花序通常孪生或近指状排列。
     116. 叶片无香味；总状花序基部圆柱形，常全为异性对小穗所组成，无柄者能孕，有柄者不孕；总状花序轴节间线形或倒卵形 ……………………………………………… 214. 须芒草属 **Andropogon**
     116. 叶片有香味；总状花序下部 1 至数对小穗为同性对，无柄及有柄小穗均不孕；总状花序轴节间常为线形 …………………………………………………………… 215. 香茅属 **Cymbopogon**
   114. 无柄小穗的第一颖背圆。
    117. 无柄小穗的第二外稃薄膜质，线形或长圆形，通常 2 裂，裂齿间伸出一芒，或无芒。
     118. 总状花序圆锥状，有延伸的花序轴，总状花序轴节间无纵沟。
      119. 无柄小穗的第一颖背部凸起或扁平 ………………… 203. 高粱属 **Sorghum**
      119. 无柄小穗的第一颖多少两侧扁。
       120. 总状花序有数至多数小穗对；芒细弱或不显著 ……… 204. 香根草属 **Vetiveria**
       120. 总状花序顶生 3 小穗；芒短或膝曲 ………………… 205. 金须茅属 **Chrysopogon**
     118. 总状花序通常排成指状，若为圆锥状，则总状花序轴节间及小穗柄中央有半透明纵沟。
      121. 总状花序单生或近指状排列，基部常有 1 至数同性对小穗；总状花序轴节间及小穗柄中央无透明纵沟。
       122. 总状花序多指状排列，若单生，其下无窄舟形佛焰苞 …… 206. 双花草属 **Dichanthium**
       122. 总状花序单生于主秆或分枝顶端，常托有窄舟形佛焰苞 …… 207. 旱茅属 **Eremopogon**
      121. 总状花序常排成指状或圆锥状，无同性对小穗；总状花序轴节间及小穗柄中央常有 1 条半透明纵沟。
       123. 总状花序常排成指状，每一总状花序常具无柄小穗在 8 枚以上 ……… 208. 孔颖草属 **Bothriochloa**
       123. 总状花序常排成圆锥状，每一总状花序常具无柄小穗 1-5（-8）枚 ……………………………………………………………………………………… 209. 细柄草属 **Capillipedium**
    117. 无柄小穗的第二外稃退化呈棒状而质厚，其上延伸呈芒。
     124. 第二外稃先端 2 裂，具膝曲的芒，芒柱常被短硬毛 …………… 218. 苞茅属 **Hyparrhenia**
     124. 第二外稃先端全缘。
      125. 总状花序基部的两对同性对小穗不形成总苞状。
       126. 总状花序下部无同性对小穗；无柄小穗的基盘短而钝 ………… 219. 假铁秆草属 **Pseudanthistiria**
       126. 总状花序下部常具一至数对同性对小穗而排为覆瓦状；无柄小穗的基盘长而尖 …………………………………………………………………………………… 220. 黄茅属 **Heteropogon**

125. 总状花序基部的两对同性对小穗形成总苞状 ······················· 221. 菅属 Themeda
42. 小穗具多数小花，通常两侧扁，脱节于颖之上，并在各小花间逐节断落，顶生小花多少退化至不存在，或不孕小花位于结实小花之下，小穗两侧扁；小穗轴多延伸出顶生小花之外，有些小穗仅具 1 小花，其小穗轴顶端的节间业已退化，无延伸小穗轴，小穗常两侧扁。
　　127. 小穗两性或单性（菰属），其中 1 小花可结实，结实小花常位于不孕小花上部；颖常较短小或极退化；外稃草质或硬纸质，具 5 脉或多脉；颖果多包裹在边缘紧扣的稃片内，若不被包裹，则叶片具横脉或外稃具 3 芒，或小穗嵌生于穗轴凹穴中。
　　　　128. 外稃具3芒 ·· 143. 三芒草属 Aristida
　　　　128. 外稃无3芒。
　　　　　　129. 颖完全退化或极小，至少第一颖完全退化或长不及 0.5 毫米。
　　　　　　　　130. 小穗嵌生于圆柱形而逐节断落的穗轴凹穴中 ··········· 66. 细穗草属 Lepturus
　　　　　　　　130. 小穗非上列形状。
　　　　　　　　　　131. 第一颖完全退化，第二颖对折呈舟形 ············· 145. 结缕草属 Zoysia
　　　　　　　　　　131. 第二颖不对折呈舟形。
　　　　　　　　　　　　132. 内稃具 1-3 脉；两颖完全退化。
　　　　　　　　　　　　　　133. 小穗除顶生两性小花外，位于其下有 2 退化稃片 ·········· 29. 稻属 Oryza
　　　　　　　　　　　　　　133. 小穗具 1 发育小花，无退化稃片。
　　　　　　　　　　　　　　　　134. 小穗两性。
　　　　　　　　　　　　　　　　　　135. 小花无柄状基盘；叶片线状披针形 ············· 30. 假稻属 Leersia
　　　　　　　　　　　　　　　　　　135. 小花有柄状基盘。
　　　　　　　　　　　　　　　　　　　　136. 叶卵状披针形；雄蕊 6 ················ 31. 水禾属 Hygroryza
　　　　　　　　　　　　　　　　　　　　136. 叶线形；雄蕊 1 ················ 32. 山涧草属 Chikusichloa
　　　　　　　　　　　　　　　　134. 小穗单性 ······························· 33. 菰属 Zizania
　　　　　　　　　　　　132. 内稃具 2 脉；颖微小 ················ 97. 短颖草属 Brachyelytrum
　　　　　　129. 颖正常发育，第一颖长于 0.5 毫米。
　　　　　　　　137. 小穗单性；外稃囊状，无芒 ·················· 28. 囊稃竹属 Leptaspis
　　　　　　　　137. 小穗两性，如单性，外稃非囊状。
　　　　　　　　　　138. 叶片有明显横脉。
　　　　　　　　　　　　139. 叶披针形；小穗有 1 至数小花，顶生小花常退化；颖果常椭球形。
　　　　　　　　　　　　　　140. 小穗有柄，脱节于颖之上 ·············· 40. 酸模芒属 Centotheca
　　　　　　　　　　　　　　140. 小穗无柄，脱节于颖之下 ·············· 41. 淡竹叶属 Lophatherum
　　　　　　　　　　　　139. 叶宽线形；小穗具 1 小花，小穗轴不延伸；颖果倒卵球形 ·········· 142. 显子草属 Phaenosperma
　　　　　　　　　　138. 叶片无明显横脉。
　　　　　　　　　　　　141. 花序穗状，每节具 3 小穗 ·············· 70. 大麦属 Hordeum
　　　　　　　　　　　　141. 花序非上列形状。
　　　　　　　　　　　　　　142. 外稃厚膜质或近革质，常紧包内稃，露出甚少或几不外露；小穗常具 1 小花，小穗轴常不延伸。
　　　　　　　　　　　　　　　　143. 外稃无芒，基盘短钝不显著，稃成熟时软骨质，无毛，有光泽 ········ 105. 粟草属 Milium
　　　　　　　　　　　　　　　　143. 外稃有芒，基盘常尖锐或钝圆。
　　　　　　　　　　　　　　　　　　144. 外稃先端无裂齿，稀有微齿。
　　　　　　　　　　　　　　　　　　　　145. 外稃先端具膝曲、扭转宿存的芒，稃体细长圆柱形，背部具纵行或散生细长毛，有长而尖的基盘 ············ 106. 针茅属 Stipa
　　　　　　　　　　　　　　　　　　　　145. 外稃先端具直伸、易落的细芒，背部有或无毛，有光泽，基部具钝圆的基盘 ··········
　　　　　　　　　　　　　　　　　　　　　　　　　　　　　　　　······· 107. 落芒草属 Oryzopsis

144. 外稃先端 2 浅至深裂。
  146. 小穗轴微延伸于内稃之后。
   147. 外稃背部散生细柔毛；雌蕊具 3 柱头 ························· 108. 三蕊草属 Sinochasea
   147. 外稃背部在 2 裂齿基部具 1 圈冠毛状柔毛；雌蕊具 2 柱头 ············· 109. 冠毛草属 Stephanachne
  146. 小穗轴不延伸于内稃之后。
   148. 外稃先端 2 浅齿裂，具直芒，基盘钝圆。
    149. 外稃背基部疏生短毛，余无毛或稀疏贴生短毛，基盘具髯毛，芒劲直 ··············
                           110. 直芒草属 Orthoraphium
    149. 外稃背密被细柔毛，基盘无毛，芒细短，易断落 ············· 111. 沙鞭属 Psammochloa
   148. 外稃先端 2 浅至深裂，具膝曲扭转或弯拱的芒，基盘圆钝或尖锐。
    150. 芒全部被羽状柔毛；小穗柄细长 ····················· 112. 细柄茅属 Ptilagrostis
    150. 芒粗糙或具细刺毛或基部具短柔毛；小穗柄较粗短。
     151. 外稃先端 2 深齿裂，脉纹延伸 2 裂片内，不在外稃顶端交汇；植株具横走根茎 ·········
                            113. 三角草属 Trikeraia
     151. 外稃先端 2 浅齿裂，脉于顶端汇合；植株丛生，基部常具短鳞片 ····· 114. 芨芨草属 Achnatherum
142. 外稃质较薄，不紧包内稃；小穗轴常延伸出顶生小花之后。
 152. 小穗脱节于颖之下 ······························· 45. 扁穗草属 Brylkinia
 152. 小穗脱节于颖之上。
  153. 颖常明显短于小穗；外稃无芒或顶生一直芒。
   154. 花序穗状 ································· 65. 假牛鞭草属 Parapholis
   154. 花序圆锥状。
    155. 第一颖存在；小穗具不孕性小花 2 朵以上 ············· 50. 旱禾属 Eremopoa
    155. 第一颖不存在；小穗具 1 枚孕性小花 ················ 149. 莎禾属 Coleanthus
  153. 颖常与小穗几等长或稍短或稍长；外稃有芒或无芒。
   156. 两颖均具 1 脉，自先端伸出成细弱长芒，内外稃均透明膜质 ········· 144. 茅根属 Perotis
   156. 颖及稃片非上述形状。
    157. 小穗具 1 两性小花，无退化的不孕小花。
     158. 外稃具 10-11 脉；花序总状 ················· 85. 毛蕊草属 Duthiea
    158. 外稃具 1-5 脉；花序非总状。
     159. 花序指状、头状或穗状。
      160. 囊果；花序头状或穗状。
       161. 花序非头状，也不为膨大叶鞘所包；小穗脱节于颖之上 ······ 139. 鼠尾粟属 Sporobolus
       161. 花序头状，外包有膨大叶鞘；小穗脱节于颖之下 ······ 140. 隐花草属 Crypsis
      160. 颖果；花序指状或穗状单生秆顶。
       162. 外稃有芒 ··························· 133. 肠须草属 Enteropogon
      162. 外稃无芒。
       163. 穗状花序 2- 数枚在秆顶排成指状；小穗两侧扁 ······ 134. 狗牙根属 Cynodon
       163. 穗状花序单生秆顶；小穗背腹扁 ··············· 136. 小草属 Microchloa
     159. 花序为开展或紧缩的圆锥花序。
      164. 小穗脱节于颖之下。
       165. 花序疏松开展；雄蕊 1 ················· 100. 单蕊草属 Cinna
       165. 花序狭窄紧缩；雄蕊 1-3。
        166. 小穗 2-5 簇生于穗轴各节 ············· 146. 锋芒草属 Tragus

166. 小穗非上列形状簇生。

    167. 小穗无柄，常圆形 ·· 102.茵草属 Beckmannia

    167. 小穗非圆形。

        168. 两颖基部不联合，先端 2 裂，裂片间伸出细直芒 ·············· 101. 棒头草属 Polypogon

        168. 两颖基部联合，顶端钝或渐尖 ······················ 104. 看麦娘属 Alopecurus

164. 小穗脱节于颖之上。

    169. 外稃具草绿色蛇纹 ·· 141. 乱子草属 Muhlenbergia

    169. 外稃无草绿色蛇纹。

      170. 颖不等长，常短于小花。

        171. 小穗轴及外稃的基盘被长柔毛 ···················· 95. 异颖草属 Anisachne

        171. 小穗轴延伸为短小刺毛，外稃的基盘具短毛 ·········· 96. 沟稃草属 Aulacolepis

      170. 颖等长或几等长，常与小花等长或较长。

        172. 圆锥花序开展或稍紧缩；颖不等长或近等长，中脉不成脊。

          173. 外稃的基盘无毛或簇生短毛 ···················· 99. 剪股颖属 Agrostis

          173. 外稃的基盘有柔毛 ···························· 98. 拂子茅属 Calamagrostis

        172. 圆锥花序圆柱状或穗状；两颖等长，中脉成脊，先端具尖头或短芒 ·········· 103. 梯牧草属 Phleum

157. 小穗除 1 两性小花外，尚有退化的不孕小花或稃片。

  174. 花序指状着生或簇生秆顶。

    175. 外稃具芒 ·· 132. 虎尾草属 Chloris

    175. 外稃无芒 ·· 135. 真穗草属 Eustachys

  174. 花序非上列情形。

    176. 花序圆锥状。

      177. 小穗下两个不育小花的外稃退化为鳞片状 ··············· 92. 鹬草属 Phalaris

      177. 小穗下两个不育小花的外稃不退化为鳞片状或有 1 雄小花。

        178. 小穗具 2 小花，第一小花雄性，第二小花两性 ·············· 80. 燕麦草属 Arrhenatherum

        178. 小穗具 3 小花，顶生两性小花下有 2 雄性或中性小花。

          179. 圆锥花序开展或果时紧缩；小穗微圆筒形，棕色，有光泽，两颖等长 ······ 93. 茅香属 Hierochloe

          179. 圆锥花序穗状；小穗两侧扁，黄、绿或镶有紫色；两颖不等长 ······ 94. 黄花茅属 Anthoxanthum

    176. 花序由 2 至多数穗状花序总状排列于主秆上。

        180. 小穗有退化的不孕小花 ···························· 131. 格兰马草属 Bouteloua

        180. 小穗无退化的不孕小花 ······························ 138. 米草属 Spartina

126. 小穗中 2 至数小花可结实，若仅有 1 小花结实，则尚有不孕小花。

 181. 小穗轴常不延伸出顶生小花之后。

  182. 小穗脱节于颖之下；第一小花两性，无芒，第二小花雄性，具钩状芒 ·········· 81. 绒毛草属 Holcus

  182. 小穗脱节于颖之上，颖宿存；两小花均可孕。

    183. 外稃背具短糙毛，先端具直芒或无芒 ················· 82. 鹧鸪草属 Eriachne

    183. 外稃背粗糙，自稃体中下部伸出膝曲的芒或第一小花无芒 ············ 83. 银须草属 Aira

 181. 小穗轴延伸出顶生小花之后。

  184. 花序穗状或总状。

    185. 小穗嵌生于圆柱形逐节断落的穗轴凹穴中 ············· 66. 细穗草属 Lepturus

    185. 小穗不嵌生于穗轴的凹穴中。

      186. 第一颖除顶生小穗外均不存在 ···················· 57. 黑麦草属 Lolium

      186. 第一颖存在。

187. 小穗均具短柄 ………………………………………………………… 64. 短柄草属 Brachypodium
187. 小穗无柄或近无柄。
  188. 外稃具 3 脉 ……………………………………………………………… 127. 草沙蚕属 Tripogon
  188. 外稃具 5-11 脉。
   189. 小穗 2-3 枚生于穗轴各节。
    190. 两颖均存在，短于等于或长于第一小花。
     191. 小穗具 2- 数小花，生于穗轴各节；颖生于外稃背部或稍偏斜，穗轴延伸而无关节，不逐节断落。
      192. 植株无根状茎，基部无碎裂的纤维状叶鞘；叶片柔软，多扁平，绿色 ……… 67. 披碱草属 Elymus
      192. 植株具下伸或横走根状茎，基部常为纤维状叶鞘所包 ………………………… 68. 赖草属 Leymus
     191. 小穗具 1-2 小花；穗轴每节常具 3 小穗，中间小穗的颖生于外稃背面，两侧小穗的颖生于外稃两侧。
      193. 小穗 2-3 枚生于穗轴各节，均无柄，每小穗常具 1-2 小花，均可育 ……………………
       …………………………………………………………………………… 69. 新麦草属 Psathyrostacys
      193. 小穗 3 枚生于穗轴各节，具 1 小花，中间者无柄可育，两侧者无柄或有柄，不育或可育 …………
       ………………………………………………………………………………… 70. 大麦属 Hordeum
    190. 颖退化或微小，或成锥状或芒状；小穗在穗轴上排列较稀疏，成熟时开展或上举；颖位于外稃两侧 …………………………………………………………………………… 71. 猬草属 Hystrix
   189. 小穗单生于穗轴各节。
    194. 颖锥形，1 脉；外稃背脊具纤毛 ……………………………………………… 72. 黑麦属 Secale
    194. 颖披针形、卵圆形或长圆形，具 3 至数脉。
     195. 颖卵圆形或长圆形，脉在顶部不汇合，常伸出或不伸出顶端齿外；外稃的脉在顶端不汇合，无基盘。
      196. 穗状花序成熟时常自基部整个脱落或穗轴逐节断落 ………………… 73. 山羊草属 Aegilops
      196. 穗状花序成熟时不脱落；穗轴不断落 ………………………………… 74. 小麦属 Triticum
     195. 颖披针形，脉于顶端汇合或为长圆形而脉平行，顶端不裂。
      197. 顶生小穗发育正常。
       198. 小穗较密集；外稃密被长柔毛或糙硬毛，具隆起脉纹 ………………… 76. 以礼草属 Kengyilia
       198. 小穗较疏松；外稃无毛或疏被硬毛，脉纹不隆起或稍隆起。
        199. 植株无根状茎；小穗脱节于颖之上并于各小花间折断；外稃具芒或无芒 …………
         …………………………………………………………………………… 75. 鹅观草属 Roegneria
        199. 植株具根状茎；小穗成熟时脱节于颖下，小穗轴不折断；外稃常无芒或具短芒尖 …………
         …………………………………………………………………………… 77. 偃麦草属 Elytrigia
      197. 顶生小穗不正常发育，至退化为刺芒状。
       200. 多年生；穗轴不折断；颖边缘膜质 ………………………………… 78. 冰草属 Agropynon
       200. 一年生；穗轴具关节，常逐节断落；颖两侧于成熟时常硬化成角质边缘 …………
        …………………………………………………………………………… 79. 旱麦草属 Eremopyrum
184. 花序非简单穗状花序，常为圆锥花序，或紧缩呈穗状或指状。
 201. 成熟小花外稃具 5 至多脉；花序常有光泽，如无光泽，则外稃具 5 脉以上。
  202. 子房顶端常 2 浅裂，被毛。
   203. 叶鞘闭合；外稃有芒或无芒 ………………………………………… 62. 雀麦属 Bromus
   203. 叶鞘开裂；外稃无芒 …………………………………………………… 63. 扇穗茅属 Littledalea
  202. 成熟小花子房非上列形状。
   204. 圆锥花序穗状、圆柱状或头状。

205. 外稃具芒。

    206. 外稃具9至多数粗糙或羽毛状的芒 ·· 115. **九顶草属 Enneapogon**

    206. 外稃先端2裂，裂片先端锐尖或芒状，裂片间伸出膝曲的芒，芒柱扁平扭转 ····· 84. **扁芒草属 Danthonia**

205. 外稃先端尖或具小尖头或微2裂。

    207. 一年生；颖等长或几等长于小穗 ·· 86. **齿稃草属 Schismus**

    207. 多年生；颖常短于小穗 ·· 116. **獐毛属 Aeluropus**

204. 圆锥花序多少开展，常有光泽或无光泽。

  208. 圆锥花序有光泽。

    209. 小穗长不及1厘米；子房无毛；颖果无腹沟，与稃体分离。

      210. 外稃背部有脊，先端2齿裂，芒自背脊中部以上伸出 ··············· 88. **三毛草属 Trisetum**

      210. 外稃背圆，先端平截或啮蚀状，芒自背中部以下伸出或无芒 ····· 89. **发草属 Deschampsia**

    209. 小穗长逾1厘米，子房上部或全部被毛；颖果具腹沟，通常紧贴稃体。

      211. 多年生；小穗直立或开展，两颖常不等长，具1-5脉 ··············· 90. **异燕麦属 Helictotrichon**

      211. 一年生；小穗下垂，两颖近等长，具7-11脉 ························ 91. **燕麦属 Avena**

  208. 圆锥花序无光泽。

    212. 小穗二型，孕性小穗常托有不孕的小穗 ·································· 47. **洋狗尾草属 Cynosurus**

    212. 小穗一型。

      213. 一年生。

        214. 外稃具芒 ·· 43. **鼠茅属 Vulpia**

        214. 外稃无芒。

          215. 小穗柄纤细；圆锥花序多少开展，不偏向一侧。

            216. 外稃舟形 ·· 53. **凌风草属 Briza**

            216. 外稃侧面观披针形、窄长圆形或窄卵形。

              217. 圆锥花序分枝常不轮生；外稃侧面观窄卵形 ·············· 48. **早熟禾属 Poa**

              217. 圆锥花序分枝常轮生；外稃侧面观披针形或窄长圆形 ····· 50. **旱禾属 Eremopoa**

          215. 小穗柄粗；圆锥花序常偏于一侧，花序分枝粗短 ·············· 52. **硬草属 Sclerochloa**

      213. 多年生。

        218. 叶鞘全部或部分闭合。

          219. 小穗密集于圆锥花序分枝上部一侧 ······························ 46. **鸭茅属 Dactylis**

          219. 圆锥花序非上列形状。

            220. 内稃较长于外稃或几等长；外稃具（5-）7-9平行而隆起的脉 ····· 60. **甜茅属 Glyceria**

            220. 内稃多少短于外稃或几等长；外稃诸脉不平行，多少在顶端汇合。

              221. 外稃基盘密生柔毛；小穗具3-5小花，脱节于颖之上及小花间 ····· 44. **裂稃草属 Schizachne**

              221. 外稃基盘无毛，先端无芒；小穗上部有1-3不孕花，其外稃常紧密包成球形或棒状 ·············

              ··· 59. **臭草属 Melica**

        218. 叶鞘不闭合。

          222. 外稃背圆，至少下部圆，常无脊。

            223. 小花基盘通常无毛。

              224. 叶片扁平，对摺或纵卷，种脐长圆形或线形 ·············· 42. **羊茅属 Festuca**

              224. 叶片线形，内卷，种脐圆形或卵形 ····························· 51. **碱茅属 Puccinellia**

            223. 小花基盘被长1-1.6毫米的髯毛 ····························· 61. **水茅属 Scolochloa**

          222. 外稃背部具脊。

           225. 颖片膜质；子房顶端有毛 ····································· 49. **银穗草属 Leucopoa**

225. 颖片草质或仅边缘近膜质；子房顶端常无毛。
226. 外稃卵状披针形或近卵形 ·· 48. 早熟禾属 Poa
226. 外稃舟形 ··· 53. 凌风草属 Briza
201. 成熟小花外稃具（1-）3-5 脉，若有 7 脉，则高大如芦竹。
227. 小穗二型，形成紧密的簇丛花序，每丛的孕性小穗为不孕者所包托。
228. 穗形圆锥花序无间断而偏于一侧；小穗丛具1孕性小穗，下托1枚不孕的小穗 ·········· 47. 洋狗尾草属 Cynosurus
228. 穗形圆锥花序有间断而不偏于一侧；小穗丛具多数孕性小穗，下托3枚以上锥形苞片 ············· 130. 总苞草属 Elytrophorus
227. 小穗一型，常形成圆锥花序、或指状或总状。
229. 圆锥花序紧缩呈穗状，有光泽 ······································· 87. 落草属 Koeleria
229. 圆锥花序多少开展，无光泽。
230. 外稃或其基盘具长丝状柔毛或边缘具柔毛。
231. 外稃无毛，基盘棒状，有丝状柔毛 ······························· 37. 芦苇属 Phragmites
231. 外稃有毛，基盘短小或短柄状，有较短柔毛。
232. 外稃至少中部以下有丝状柔毛；基盘短小，上部两侧有毛 ············· 35. 芦竹属 Arundo
232. 外稃近边缘侧脉有柔毛，基盘短柄状，具柔毛 ·················· 36. 类芦属 Neyraudia
230. 外稃或基盘均无长丝状毛。
233. 颖果熟时肿胀而使内外稃张开常外露，或叶片显著反转。
234. 雄蕊 3 ··· 39. 麦氏草属 Molinia
234. 雄蕊 2 ·· 58. 龙常草属 Diarrhena
233. 颖果及叶片均非上列形状。
235. 小穗无柄，排列于穗轴之一侧而呈穗状，数个穗状花序在秆顶呈指状。
236. 穗状花序具顶生小穗，穗轴不延伸 ······························ 128. 穇属 Eleusine
236. 穗状花序无顶生小穗，穗轴延伸于顶生小穗成小尖头 ········ 129. 龙爪茅属 Dactyloctenium
235. 小穗多少具柄，常组成总状或圆锥花序。
237. 小穗具 1-3 小花。
238. 多年生。
239. 外稃具 3 脉，先端钝或平截，齿蚀状 ···················· 54. 沿沟草属 Catabrosa
239. 外稃下部具不明显 3-5 脉，至少中部以上近无脉，先端钝或尖。
240. 小穗具 2-4 小花 ································· 56. 小沿沟草属 Catabrosella
240. 小穗具 1 小花 ·························· 55. 假拟沿沟草属 Paracolpodium
238. 一年生 ··· 120. 弯穗草属 Dinebra
237. 小穗具数至多数小花。
241. 外稃无毛或下部边缘有微纤毛，两侧扁，背部具脊，先端钝或尖或渐尖。
242. 小穗有柄。
243. 圆锥花序；小穗脱节于颖之上 ······················· 117. 画眉草属 Eragrostis
243. 总状花序；小穗在柄的近基部脱落 ··············· 118. 镰稃草属 Harpachne
242. 小穗无柄或近无柄。
244. 穗状花序数枚或多枚着生主轴；小穗紧密排列于穗轴一侧。
245. 穗状花序简短，多数密集主轴而形成窄圆锥花序。
246. 颖短于小花 ···························· 119. 羽穗草属 Desmostachya
246. 颖长于小花 ······························· 120. 弯穗草属 Dinebra

1. 梨竹属 Melocanna Trin.

（赵奇僧　邹惠渝）

　　乔木状竹类；地下茎合轴散生型。秆直立，粗细近相等，每节具多数分枝。秆箨短于节间，箨鞘硬脆，无箨耳，箨舌短。假小穗2-4，生于花枝各节，组成大型圆锥状花枝丛；每小穗有1至数小花，通常1朵发育，小穗轴具关节。外稃卵状披针形，内稃背部圆拱；鳞被2；雄蕊6；花柱长，柱头2-4，羽状。颖果大型，浆果状，梨形，顶端尖，具长喙。种子无胚乳，能在母树上萌发，俗称"胎生"现象。

　　2种，产印度、孟加拉国及缅甸。我国引入栽培1种。

梨竹

图 735

Melocanna baccifera (Roxb.) Kurz, Prelim. Rep. For. Veg. Pegu App. B. 94 (in clav.). 1875.

Bambusa baccifera Roxb. Hort. Beng. 25. 1814.

　　地下茎假鞭长达5米。秆高8-20米，径3-7厘米，秆梢不下垂，秆壁厚5-7.5毫米；节间圆筒形，长达50厘米，幼时绿色，薄被白粉和柔毛，老时光滑。秆环平；箨环隆起；箨鞘幼时黄绿色，背面贴生脱落性白色小刺毛，顶端宽弧形下凹；箨舌短，具细齿；箨叶披针形，直立，连同箨鞘脱落。每小枝具5-10叶；叶鞘光滑，常无叶耳，鞘口具卷曲繸毛，易落；叶披针形或长圆状披针形，长15-24（-35）厘米，宽2.5-3.5厘米，上面无毛，下面灰绿色，幼时被微毛，侧脉8-12对。果梨形，长4.5-12.5厘米，径5-7厘米，鲜重47-180克，喙弯曲，长达5厘米，果皮坚硬肉质，厚2-3厘米。笋期7-10月。

　　原产印度、孟加拉国及缅甸。台湾、广东、香港及海南引种栽培。秆供造纸原料，也可劈篾供编织；果可食。假鞭可作黄藤代用品。秆形通直，枝叶婆娑，秆箨奇特，为著名庭园观赏竹种。

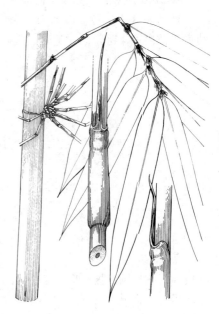

图 735 梨竹 （邓盈丰绘）

2. 薄箨竹属 Schizostachyum Nees.

（赵奇僧　邹惠渝）

　　乔木状或灌木状竹类；地下茎合轴丛生型。秆丛生，直立或尾梢下垂或攀援。节间圆筒形，上部稍具硅质，初被糙伏毛，后脱落，具疣状突起；每节多分枝，主枝不明显。箨鞘迟落，革质或厚纸质，背面具硅质，顶端平截或下凹；箨耳不明显，有时发达，鞘口具或无繸毛；箨舌短，平截；箨叶常外反，有时直立。小枝具 5 叶或更多，叶大型。假小穗数枚至少数，生于花枝各节，每小穗具发育小花 1-2，小穗轴易折断；无颖片。外稃具多脉，内稃与外稃相似，稍长；通常无鳞被；雄蕊 6；子房具柄，花柱 1，柱头 3，紫红色，羽毛状。颖果纺锤形，花柱宿存。

　　约 50 种，产亚洲南部。我国 8 种。

1. 秆灌木状，攀援性。
　2. 箨叶直立 ·· 1. 薄竹 S. chinense
　2. 箨叶反曲或内卷。
　　3. 箨鞘外缘的基部无下延的耳状物，边缘具纤毛，背面被棕色刺毛；箨舌极矮或不明显 ········
　　　 ··· 2. 沙箩竹 S. diffusum
　　3. 箨鞘外缘的基部具下延呈半圆形的耳状物。
　　　4. 箨鞘顶端两侧不对称，高耸成两圆肩，背面被白粉和棕色贴生小刺毛；箨叶长过箨鞘的 1/2 或其全长 ···
　　　　 ··· 3. 山骨罗竹 S. hainanense
　　　4. 箨鞘顶端平截，近两侧对称而不耸起，背面无毛；箨叶长不及箨鞘的 1/2 ········· 4. 苗竹仔 S. dumetorum
1. 秆乔木状，直立或近直立；箨鞘顶端两侧稍对称，外缘基部无下延的耳状物。
　5. 秆梢细长下垂或攀援状；箨叶与箨舌间无一列繸毛；箨舌边缘的流苏状毛茸长 1-2 毫米；鞘口繸毛长 1-1.8 厘米 ··· 5. 篱笆竹 S. pseudolima
　5. 秆梢劲直而不下垂；箨叶与箨舌间密生一列繸毛；箨舌边缘的流苏状毛茸长 3-5 毫米；鞘口繸毛长 5-6 毫米 ·· 6. 沙罗单竹 S. funghomii

1. 薄竹　　　　　　　　　　　　　　　　　　图 736

Schizostachyum chinense Rendle in Journ. Linn. Soc. Bot. 36:448. 1904.

　　秆高 5-8 米，径 2-3 厘米；节间通直，长 30-45 厘米，上半部于幼嫩果被白色柔毛，老时毛落，具硅质，表面糙涩。秆箨幼时紫红色，老时枯黄色，长度常为节间一半；箨鞘近梯形，背部初被白色小刺毛，老时毛落，具硅质稍糙涩，先端近平截或两侧向中央倾斜下凹；箨耳窄线形；箨舌高约 1 毫米，近全缘；箨叶窄三角形，基底宽约为箨鞘先端宽的 1/3。叶鞘无毛，先端带紫红色；叶耳和鞘口繸毛均缺；叶舌近平截，高约 1 毫米，近全缘；

叶披针形或长圆状披针形，长 15-26 厘米，宽 3-4.5 厘米，上面无毛，下面粗糙，侧脉 7-9 对，小横脉明显；叶柄带紫红色，无毛，长约 5 毫米。

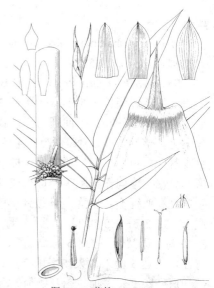

图 736　薄竹　（邓盈丰绘）

　　产云南东南部，常生于海拔 1500-2500 米山地常绿阔叶灌木林中。

2. 沙箩竹　　　　　　　　　　　　　　　　　图 737

Schizostachyum diffusum (Blanco) Merr. in Amer. Journ. Bot. 3: 62. 1916.

Bambusa diffusa Blanco, Fl. Filip. 269. 1837.

　　秆纤细，攀援状，呈"之"字形弯曲，高达 40 米，径 0.5-1.5 厘米；节间长 15-60 厘米，节下幼时被一圈白粉。秆每节多分枝。箨鞘脱落性，革质，顶端下凹，背面被棕色刺毛，边缘被纤毛；箨耳不明显；鞘口繸毛发达，弯曲；箨舌极低矮或不明显；箨叶反曲，线状披针形，先端内卷成针状。小枝具5-12叶；叶鞘长5-12厘米，外侧边缘具纤毛，叶耳不明显，繸毛发达，叶舌半圆形或近平截，齿裂；叶柄短；叶长圆状披针形，长10-25厘米，宽1.5-2.5厘米，边缘密被小刺毛。

产台湾，生于林中，在东部和南部分布海拔为250-1200米。菲律宾有分布。

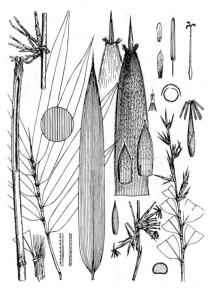

图 737 沙箪竹 （引自《Fl.Taiwan》）

3. 山骨罗竹　　　　　　　　　图 738：13-14

Schizostachyum hainanense Merr. ex McClure in Lingnan Sci. Journ. 14: 591. pl. 36. 39. f. 1. 1935.

秆蔓生，长10-23（-30）米，径2-5厘米，梢端细长下垂或攀援，节间长达75厘米，秆壁厚2-3毫米；秆环平，箨环隆起，其下密生向上棕色刺毛，脱落后有凹痕；节内长约1厘米，具扁平芽。箨鞘顶端两肩不对称隆起，基部有半圆形耳状物，鞘口繸毛每侧10-20条，长达1.5厘米；箨舌连同流苏状繸毛长0.8-1.2厘米；箨叶窄长，先端锥状或针形，腹面有小刚毛和细毛，背面无毛。小枝具5-10叶；叶鞘长4.5-5.5厘米，贴生白色刺毛，鞘口繸毛长0.8-1.5厘米，叶舌高约1毫米；叶长圆状披针形或线状披针形，长9-15（-30）厘米，宽1.2-2（-4.5）厘米。

产于海南，生于海拔800-1100米以下密林中或阴坡山沟。越南有分布。竹材坚韧，可作竹笆墙，劈篾编制篮、筐、笠帽，竹秆节间细长，可制乐管的鼻笛，也可造纸。

4. 苗竹仔　　　　　　　　　图 738：1-12

Schizostachyum dumetorum (Hance) Munro, Seem. Bot. Voy. Herald. 424. 1857.

Bambusa dumetorum Hance in Walp. Ann. 3: 781. 1853.

秆高4-5（-10）米，秆梢细弱下垂或攀援，节间长达30厘米，径0.5-1.5厘米，幼时箨环下有黄褐色刺毛。箨鞘背面近无毛，有光泽，顶端圆，两肩微隆起，外缘基部常有半圆形耳状物，鞘口繸毛长5-7毫米；箨舌无毛，高不及1毫米；箨叶线状披针形，外反，易脱落。小枝具

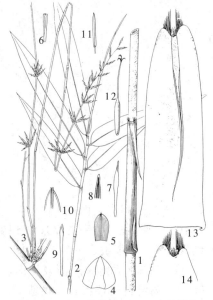

图 738：1-12.苗竹仔　13-14.山骨罗竹
（邓盈丰绘）

5-7 叶；叶鞘无毛，长 2.5-3.5 厘米，叶耳不明显，繸毛长 3-5 毫米，叶舌高不及 1 毫米，不规则浅裂；叶披针形，长 5-18 厘米，宽 1.2-1.7 厘米，上面疏被贴生刺毛，下面无毛；叶柄长约 2 毫米。果纺锤形，长 1-1.3 厘米，径约 1.5 毫米，无毛，具喙。

产广东及香港。地下茎药用。可栽培供观赏。

5. 篾箬竹　　　　　　　　　　　　　　　　　　图 739

Schizostachyum pseudolima McClure in Lingnan Sci. Journ. 19: 537. 1941.

秆高达 10 米，径约 4 厘米，梢端弯垂或攀援状，秆壁厚 1-2 毫米。

箨鞘迟落，草黄色，质脆，背面具硅质，粗糙，贴生白色刺毛，后脱落；箨舌边缘有纤毛，鞘口繸毛长 1-1.8 厘米；箨舌高 1-1.5 毫米，先端平截，边缘具纤毛；箨叶外反，线状披针形，腹面基部被硬毛和糙伏毛。每小枝 6-8（-11）叶；叶耳不明显，鞘口具肩毛；叶长圆状披针形，长 9-28 厘米，宽 1.5-4 厘米，上面疏被白色刺毛，下面密被柔毛。笋期 7-8 月。

产广东、香港、海南及云南，生于山地疏林中；村旁有栽培。越

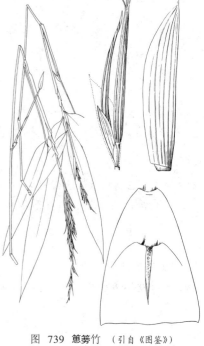

图 739　篾箬竹　（引自《图鉴》）

南北部有分布。秆用作撑篙、做竹墙，劈篾编制竹器，也可造纸。

6. 沙罗单竹　　　　　　　　　　　　　　　　　　图 740

Schizostacyum funghomii McClure in Lingnan Sci. Journ. 14: 585. 1935.

秆直立，高达 15 米，径 4-6（-10）厘米，秆梢劲直而不下垂，

秆具硅质，粗糙，初贴生小刺毛，后脱落，留有小瘤状突起。箨鞘坚脆，顶端平截，稍下凹，背面散生白色刺毛；箨耳微小，有繸毛；箨舌高 1-2 毫米，顶端浅裂或流苏状；箨叶外反，线状披针形，先端内卷，背面有棕色刺毛，箨叶与箨舌间密生 1 列繸毛，鞘口繸毛长 5-6 毫米。枝条簇生近相等；小枝有叶 4-6（-9）；叶鞘背面疏生白色刺毛，叶舌不显著；叶长圆状披针形，长 10-25 厘米，宽 2-3.2 厘米，叶柄长 2-6 毫米，上面基部及中脉被白色长柔毛，下面被白色糙毛。笋期 7-10 月。

产广东、香港、广西及云南。篾用竹，编制竹器、船篷、凉席等；竹材纤维性能极好，供造纸。为优美观赏竹种。

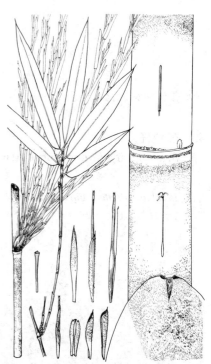

图 740　沙罗单竹　（邓盈丰绘）

3. 泡竹属 Pseudostachyum Munro
（赵奇僧　邹惠渝）

灌木状竹类。地下茎合轴散生型，秆柄可在地下横走形成长达1米以上的假鞭。秆散生，高达10米，径1.2-2厘米，秆梢下垂，秆壁厚1-2毫米；节间长17-35厘米，幼时粉绿色，节下有一圈白粉。箨鞘三角形，顶端平截，背部贴生深棕色刺毛；箨舌短，边缘具纤毛，有细齿；箨耳不显著，具成束刚毛；箨叶长三角形，先端渐长锥尖，易自箨鞘脱落。秆每节分枝多数，近相等；小枝具3-5（6-8）叶；叶长圆状披针形，长12.5-35厘米，宽2-6.8厘米，先端渐尖，具扭曲尖头，两面无毛；叶柄长3-6毫米。大型具叶圆锥花序；假小穗具发育小花1朵；颖片1。外稃与颖片相似，内稃较薄，具2脊；鳞被3-5；雄蕊6；花柱长，柱头2，羽状。颖果扁球形，果皮易与种子分离，脆骨质，外稃、内稃和鳞被均宿存。

单种属。

泡竹　　　　　　　　　　　　　　　　　图 741

Pseudostachyum polymorphum Munro in Trans. Linn. Soc. 26:142. t. 4. 1868.

形态特征同属。

产广东、广西、贵州南部及云南南部，生于海拔200-1200米山坡、丘陵地、溪边、常绿灌丛或疏林中。印度、缅甸及越南有分布。秆柄坚韧，耐海水浸泡，供制鱼苗分级筛和鱼箔。竹秆可劈篾或用全秆编制篱笆和隔墙。

图 741　泡竹　（邓盈丰绘）

4. 空竹属 Cephalostachyum Munro
（赵奇僧　邹惠渝）

灌木状或乔木状竹类；地下茎合轴丛生型。秆丛生，直立，节间长，平滑，秆环平；每节具多数分枝，分枝近等粗。秆箨早落；箨耳具直立繸毛；箨舌低矮，有时极不明显；箨叶外反，有时直立。每小枝具多叶；叶耳明显，肩毛直立；叶小至大。头状花序或组成圆锥状，着生枝端；假小穗多数，在花枝各节组成球状小穗丛，下方具苞片，每小穗具1小花，颖片2-3，先端芒刺状。外稃与颖片相似；先端具芒尖，内稃薄，具2脊，先端具2尖头；鳞被3，宿存；雄蕊6；子房具柄，柱头2-3，羽状。颖果坚果状，具喙，果皮厚，易与种子分离。

约20种，分布于印度、孟加拉、缅甸、泰国、柬埔寨、老挝、越南、非洲马达加斯加。我国4种。

1. 秆粉绿色；箨鞘厚革质，背面有光泽，栗棕色，被脱落黑色刺毛，箨叶基部两侧与波状叶耳相连 ……………
………………………………………………………………………………… 1. **糯竹 C. pergracile**
1. 秆淡黄色；箨鞘厚纸质或革质，背面无光泽，淡色或暗黄色，被柔毛或浅色长毛或贴生金黄色刚毛，箨叶基部与箨耳离生。
　2. 箨叶直立或外展，长三角形，边缘内弯，箨鞘背面贴生金黄色刚毛 ……………… 2. **金毛空竹 C. virgatum**
　2. 箨叶外反，窄披针形，箨鞘背面被疏柔毛或浅色长毛。
　　3. 秆高16-20米，径3-3.5厘米；箨鞘顶端中部深凹，两肩隆起 ……………… 3. **空竹 C. fuchsianum**
　　3. 秆高6-12米，径1.5-2.5厘米；箨鞘顶端圆或平截 ……………… 4. **小空竹 C. pallidum**

1. 糯竹 　　　　　　　　　　　图 742

Cephalostachyum pergracile Munro in Trans. Linn. Soc. 26:141. 1868.

秆直立，粉绿色，高9-12米，径5-7.5厘米，节间长30-45厘米，幼时密被贴生白色刺毛，节下被白色柔毛。秆箨迟落，短于节间，箨鞘厚革质，背面有光泽，密被黑色刺毛，脱落后栗棕色；箨耳皱折，近圆形，边缘具卷曲长毛；箨舌极低，全缘或微具齿；箨叶外反或稍外展，卵形或心形，腹面密被茸毛，基部两侧与箨耳相连。每小枝3-4叶；叶耳不明显，鞘口具易脱落肩毛，叶舌低矮；叶窄披针形，长15-35厘米，宽2.5-3.8（-6）厘米，两面粗糙。笋期7-10月。

图 742 糯竹 （邓盈丰绘）

产云南，生于海拔500-1200米；多栽培，西双版纳有纯林。缅甸有分布。竹姿优美，供观赏。傣族用竹筒蒸饭，称"糯米饭竹"；竹秆供编织及搭棚架。

2. 金毛空竹 　　　　　　　　　图 743

Cephalostachyum virgatum Kurz, For. Fl. Brit. Burm. 2:565. 1877.

Melocanna virgata Munro in Trans. Linn. Soc. 26:133. 1868.

秆直立，高12-15米，径5-10厘米，幼时被白粉和贴生刺毛，节间长45-60（-88）厘米，竹壁薄。秆箨短于节间，箨鞘近三角形，背面被金黄色贴生刚毛，顶端平截或微凹；箨耳具多数繸毛；箨舌低矮；箨叶长三角形，直立或外展，腹面密被毛，基部与箨耳离生。叶鞘光滑，叶耳不明显，鞘口有少数直立肩毛，叶舌低矮；叶长圆状披针形或条状披针形，长15-30厘米，宽2-4.5厘米，两面无毛。笋期7-9月。

图 743 金毛空竹 （引自《云南树木志》）

产云南，生于海拔700-1000米山地。印度、缅甸及中南半岛有分布。竹秆作房椽，也可劈篾编制饭盒。

3. 空竹 　　　　　　　　　　　图 744

Cephalostachyum fuchsianum Gamble in Ann. Roy. Bot. Gard. Calcutta 7: 107. pl. 94. 1896.

秆直立，高16-20米，径3-3.5厘米，秆梢细长成攀援状，节间长50-80厘米，平滑有光泽，节隆起，节下具白粉环。秆箨早落，短于节间；箨鞘薄，背面贴生棕色柔毛，顶端圆，凹下约2厘米，两肩隆起，内侧具流苏状长毛；箨舌不明显；无箨耳；箨叶窄披针形，外反，腹面被柔毛，基部与箨

耳离生。叶鞘具纤毛，叶耳窄，不明显，具直立肩毛，叶舌低矮，平截；叶卵状椭圆形或卵状披针形，长25-30厘米，宽8-10厘米，两面无毛。果长宽约1厘米。笋期7-9月。

产云南，生于海拔1200-2000米山地林中。印度及缅甸有分布。竹秆作房椽，劈篾供编织。种子可食，称竹米饭。

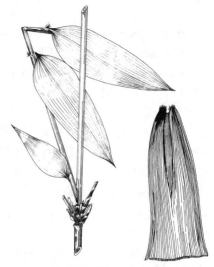

图 744 空竹 （邓盈丰绘）

4. 小空竹

图 745

Cephalostachyum pallidum Munro in Trans. Linn. Soc. 26:139. 1868.

灌木状或小乔木状竹类，半攀援，秆高6-12米，径1.5-2.5厘米，节间长50-80厘米，光滑，节隆起，下有白粉环。箨鞘厚纸质，早落，长15-20厘米，基底宽9-15厘米，两肩宽圆，顶端平截或圆；箨叶窄披针形，外反，背面网脉显著，无毛，腹面密被贴生柔毛，基部与箨耳离生。叶鞘纵肋明显，边缘具纤毛，鞘口具弯曲繸毛，脱落，叶舌明显；叶长圆形或卵状披针形，长15-25厘米，宽2-4厘米，先端成粗糙长尖头，两面无毛。

产云南及西藏东南部，生于海拔1200-2000米山地阔叶林中。印度及缅甸有分布。竹秆编织性能良好，用于编制家用品，捶打成"竹麻"制草鞋；秆节细长，可制作竹笛、围篱。

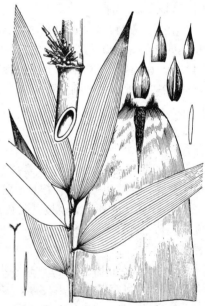

图 745 小空竹 （引自《云南树木志》）

5. 泰竹属 Thyrsostachys Gamble

（赵奇僧 邹惠渝）

中乔木状竹类；地下茎合轴丛生型。秆丛生，梢端劲直；每节具3至多枝，半轮生状。箨鞘宿存，质薄；无箨耳；箨叶窄长，直立。叶鞘无叶耳；叶披针形或窄披针形，小横脉不明显。花枝无叶，多分枝大型圆锥花序状；假小穗无柄，小穗具3-4花，最上方小花退化或不孕，小穗轴具关节，颖片1-2枚。外稃与颖片相似，稍大，内稃膜质，长于外稃，背部具2脊，脊被纤毛，先端2深裂；鳞被无或2-3枚，膜质；雄蕊6；子房具柄，花柱1，柱头1-3，羽毛状。颖果圆柱形，无毛，具喙。

2种，产印度、缅甸、泰国。我国均引入栽培。

1. 秆高8-13米，径不及5厘米；箨鞘顶端凹缺；叶宽0.7-1.5厘米 ·························· **泰竹 Th. siamensis**
1. 秆高10-25米，径5-8厘米；箨鞘顶端平截；叶宽1.2-2厘米 ·························· (附). **大泰竹 Th. oliveri**

泰竹

图 746：1-11

Thyrsostachys siamensis (Kurz ex Munro) Gamble in Ann. Roy. Bot. Gard. (Calcutta) 7: 59. pl. 51. 1896.

Bambusa siamensis Kurz ex Munro in Trans. Linn. Soc. 26: 116. 1868.

秆直立，竹丛极密，高8-13米，径3-5厘米，节间长15-30厘米，幼时被白柔毛，秆壁厚，基部近实心，秆环平，节下具高约5毫米白色毛环。芽长大于宽。箨鞘宿存，质薄，与节间近等长或稍长，背面贴生白色刺毛，顶端凹缺；箨舌低矮，先端疏生纤毛；箨叶直立，长三角形，边缘稍内卷。小枝具4-7（-12）叶；叶鞘具贴生白色刺毛，边缘有纤毛，叶耳小或缺，叶舌高约1毫米，有纤毛；叶窄披针形，长9-18厘米，宽0.7-1.5厘米，两面无毛，或幼时下面有柔毛。笋期8-10月。

原产缅甸、泰国。台湾、福建、广东及云南有引种栽培。优美观赏竹种。秆坚韧，粗细均匀，供制钓鱼秆、伞柄、农具，也可供造纸原料；笋可食。

[附] **大泰竹** 图 746：12-13 **Thyrsostachys oliveri** Gamble in Indian Forester 20:1. 1890. 与泰竹的主要区别：秆高10-25米，径5-8厘米，节间长30-60厘米；芽宽大于长；箨鞘背面被淡棕色短毛，顶端平截；叶宽1.2-2厘米。原产缅甸及泰国。云南勐腊海拔500-900米村寨附近栽培。竹姿秀美，为优良观赏竹种；竹秆用于简易建筑；竹材质脆，不宜篾用。

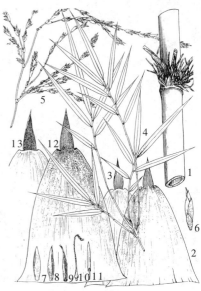

图 746：1-11.泰竹 12-13.大泰竹
（王红兵绘）

6. 梨藤竹属 Melocalamus Benth.
（赵奇僧 邹惠渝）

地下茎合轴型，秆斜倚或攀援。秆壁厚至实心，节间圆筒形，微具硅质，稍粗糙。秆芽大，呈笋状；每节多分枝，主枝1-3，1枚粗壮，常成主秆。秆箨迟落，革质坚硬，较节间短；箨耳有或无；箨舌凹下或拱形；箨叶直立或外反。小枝具数枚至10余枚叶；叶耳有或无，叶舌显著；叶大，小横脉不明显。花序续次发生，假小穗多数，成头状花序生于花枝各节；小穗绿色，细小，微扁，每小穗通常具2小花，颖片2。外稃与颖相似，边缘膜质，内稃与外稃近等长或稍长，背部具2脊，脊被纤毛；鳞被3，边缘有纤毛；雄蕊6；子房无柄，花柱1，柱头2-3，羽毛状。颖果坚果状，大型，近球形，具瘤状突起；颖、外稃、内稃宿存，顶端有宿存花柱。果皮厚，易与种子分离。种子肉质。

2-3种，产孟加拉东部、印度、缅甸。我国2种。

梨藤竹

图 747

Melocalamus compactiflorus Benth. in Trans. Linn. Soc. 19: 134. 1881.

秆高15-20厘米，径6-10厘米，斜倚或攀援。节间长达80厘米或更长，被棕色刺毛；箨环隆起，幼时下方被毛及白粉，具箨鞘基部残留物；秆环平。箨鞘坚硬、质脆，深褐色，背面无斑点，被黄褐色刺毛；箨耳发达，具繸毛；箨舌高约2毫米，先端平截；箨叶叶状，基部弧

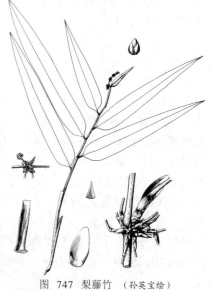

图 747 梨藤竹 （孙英宝绘）

形，直立，两面被毛。小枝具6-10叶；叶鞘光滑，具纵肋，叶耳及繸毛均发达，叶舌先端平截，高约1毫米；叶长圆状披针形，质较薄，长18-42厘米，宽3-9.5厘米，下面粗糙，侧脉8-12对，小横脉明显。

产广西及云南。印度、缅甸及孟加拉有分布。秆材坚韧，供小型建筑用材，篾性好，为编制竹器和工艺品高级材料。

7. 单枝竹属 Monocladus Chia et al.

（赵奇僧　邹惠渝）

亚灌木状竹类；地下茎合轴丛生型。单秆丛生，实心，梢端下垂或半攀援状，节稍隆起，每节具1分枝，枝实心，与主秆近等粗。秆箨宿存，革质；箨耳暗紫色，近镰刀形或宽镰刀形；箨舌低矮；箨叶直立或外展。叶大型，披针形或线状披针形，小横脉明显。花序续次发生；假小穗数枚簇生花枝各节，先出叶具2脊；每小穗有5-9小花，小穗轴逐个脱落；颖片2。外稃近革质，内稃膜质，短于外稃；鳞被3，无毛；雄蕊6；子房无毛，花柱极短，柱头3，羽毛状。

我国特有属，4种。

1. 箨舌和叶舌边缘均具纤毛。
　　2. 箨鞘背面被短绒毛和暗棕色小刺毛 ······························· 1. 单枝竹 **M. saxatilis**
　　2. 箨鞘背面光滑无毛，仅在边缘有紫褐色纤毛 ··········· 1(附). 实心单枝竹 **M. solida**
1. 箨舌和叶舌边缘均无纤毛。
　　3. 秆幼时被白色蜡粉，疏生棕色刺毛；箨叶基部歪斜心形，抱秆；叶下面粉绿色，被柔毛 ······
　　··· 2. 芸香竹 **M. amplexicaulis**
　　3. 秆无蜡粉，无毛；箨叶基部近圆，不抱秆；叶下面浅绿色，无毛 ··········· 3. 响子竹 **M. levigatus**

1. 单枝竹

图 748

Monocladus saxatilis Chia et al. in Acta Phytotax. Sin. 26(3): 215. 1988.

秆高1-4米，径4-8毫米。节间长25-40厘米，无毛，幼时被白色蜡粉。枝条长0.5-1.5米。箨鞘背面被绒毛及暗棕色刺毛；箨耳近镰刀形，抱茎，边缘具长1厘米的繸毛；箨舌边缘具长0.8-1厘米的纤毛；箨叶直立或外展，披针形，基部斜心形。叶鞘上部被白色蜡粉和绒毛，有时被贴生暗棕色刺毛，叶耳近镰刀形，边缘被长1厘米的繸毛，叶舌边缘具长0.5-1厘米的纤毛；叶长25-30厘米，宽3.5-6厘米，下面粉绿色，近无毛。

产广东及广西，生于海拔400-750米石灰岩山地。秆为优良造纸原料；竹叶制竹笠衬垫，也可作马、羊青饲料。

[附] **实心单枝竹 Monocladus solida** (C. D. Chu et C. S. Chao) Chia et al. in Acta Phytotax. Sin. 26(3): 215. 1988. —— *Indocalamus solida* C. D. Chu et C. S. Chao in Acta Phytotax. Sin. 18(1): 26. 1980. —— *Monocladus saxatilis* var. *solida* (C. D. Chu et C. S. Chao) Chia; 中国植物志 9(1): 40.

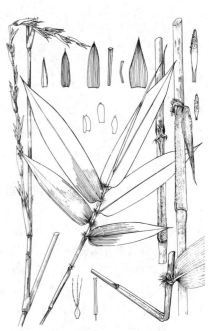

图 748 单枝竹 （邓盈丰绘）

1996. 与单枝竹的主要区别：箨鞘背面光滑无毛，仅边缘有紫褐色纤毛。产广西阳朔等地，生于石灰岩山地。

2. 芸香竹　　　　　　　　　　　　　图 749：1-3

Monocladus amplexicaulis Chia et al. in Acta Phytotax. Sin. 26(3):215. f. 2(1-3). 1988.

秆高2-5米，径0.5-1.5厘米，节间长30-50厘米，幼时被白色蜡粉及刺毛；枝条长0.5-3米。箨鞘背面被绒毛及刺毛；箨耳宽镰刀形，边缘具长1.5-2毫米的繸毛；箨舌全缘；箨叶基部歪斜心形，抱秆。叶鞘被微毛，贴生暗棕色刺毛，叶耳宽卵形，边缘具长6毫米的繸毛，叶舌全缘；叶长25-40厘米，宽4.5-8厘米，下面粉绿色，被柔毛。

产广西，生于海拔300-500米石灰岩山地。秆供制围篱、农具，做豆类植物支柱；也可作造纸原料。丛植于庭园，供观赏。

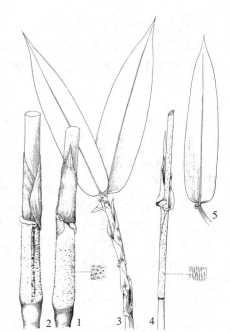

图 749：1-3.芸香竹　4-5.响子竹
（邓盈丰绘）

3. 响子竹　　　　　　　　　　　　　图 749：4-5

Monocladus levigatus Chia et al. in Acta Phytotax. Sin. 26 (3): 216. f. 2(4-5). 1988.

秆高1-5米，径0.6-1厘米，节间长25-35厘米，无毛，无蜡粉。箨鞘背面被绒毛及暗棕色刺毛；箨耳宽镰刀形，边缘具长2毫米的繸毛；箨舌全缘；箨叶卵状披针形，基部近圆。叶鞘被白色蜡粉及贴生暗棕色刺毛，叶耳长圆形或肾形，边缘具长5-7毫米的繸毛，叶舌全缘；叶长20-35厘米，宽4-6厘米，下面浅绿色，无毛。

产海南，生于海拔250-700米山地林下。

8. 总序竹属（新小竹属）**Racemobambos** Holttum (*Neomicrocalamus* Keng. f.)
（赵奇僧　邹惠渝）

攀援状竹类，地下茎合轴型。秆细长，节间圆筒形，近实心，节肿胀，每节多分枝，分枝短，通常不再分枝，有时有一较粗主枝，可代替主秆。箨鞘宿存，先端窄长尖；无箨耳和繸毛；箨舌低矮；箨叶直立。叶枝具数叶；无叶耳，叶舌明显；叶片质薄。花枝总状或圆锥状，假小穗有3-6小花；小穗轴逐节折断；通常无颖片。外稃与内稃近等长，内稃背部具2脊，脊无毛；鳞被3；雄蕊6；子房长圆形或卵形，花柱粗，具小乳突，柱头3，羽毛状。颖果短圆柱形，具腹沟。

3 种，产喜马拉雅山区。我国 2 种。

小叶总序竹　西藏新小竹　　　　　　图 750　　　35. pl. 5. 1983.

Racemobambos microphylla (Hsueh et Yi) Keng f.

Neomicrocalamus micro-phylla Hsuch et Yi in Journ. Bamb. Res. 2(1):

秆高达20米，节间长15-30厘米，无毛，有光泽，髓心海绵状，

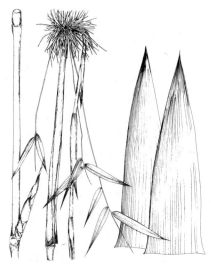

秆环隆起，木栓质，幼时被毛。箨鞘黑褐色，具暗灰色斑点和硬毛；箨舌弧形隆起，高0.5毫米；箨叶直立，锥形，背面疏生刺毛。每小枝具4-7叶；叶鞘无毛，高约1毫米，紫褐或淡紫色，先端平截；叶披针形，长4-6厘米，宽5-8毫米，薄纸质，上面深绿，下面淡绿色，两面无毛，侧脉2-3对。颖果镰状圆柱形，长（3）4-5毫米，径约1毫米。花期4-6月。

产云南西北部及西藏，生于海拔1200-2200米河岸或山地常绿阔叶林中。秆坚韧，供制编织毛衣用的毛线针。笋可食用。

图 750 小叶总序竹 （傅运辉绘）

9. 箣竹属（慈竹属 绿竹属）**Bambusa** Retz. corr. Schreber

[*Neosinocalamus* Keng f ; *Dendrocalamopsis* (Chia et H. L. Fung) Keng f.]

（赵奇僧 邹惠渝）

灌木状或乔木状竹类；地下茎合轴丛生型。秆丛生，直立，稀梢端攀援状，节间圆筒形，秆环不明显；每节具多数分枝，通常有粗大主枝；秆下部分枝有刺或无刺。秆箨早落、迟落或近宿存；箨耳发达或不明显；箨叶直立、外展或反曲。花序续次发生，假小穗单生或数枚至多数簇生于花枝各节，每小穗具2至多数小花，小穗轴具关节，果熟时逐节折断；颖片1-3，或无。内稃具2脊，与外稃近等长；鳞被2或3；雄蕊6；子房常具柄，柱头3，羽状。颖果，顶端与种子分离。

约100余种，分布于亚洲、非洲、大洋洲热带及亚热带地区。我国60种。

1. 植株有刺。
  2. 枝条的小枝常具硬刺，每节2-3枚，稀1枚或更多，有时次生枝成刺。
    3. 箨耳细小或不显著，箨鞘两肩成三角形尖头；秆下部节下常有一圈刺毛 ·············· 1. **小箣竹 B. flexuosa**
    3. 箨耳显著，箨鞘两肩不成三角形尖头。
      4. 箨耳等大或近等大。
        5. 箨鞘背面密生小刺毛，箨叶常外反，箨耳线状长圆形，常外反成新月形；枝条的刺稍个字形开展；秆壁厚，基部近实心 ······················ 2. **箣竹 B. blumeana**
        5. 箨鞘背面基部有深棕色刺毛，余无毛或有不明显小刺毛，箨叶直立或外展，箨耳长圆形或倒卵形，常稍外反，波状皱褶，腹面密生糙毛；枝条的刺丁字形开展；秆中空较大，箨环有深棕色刺毛 ············ ························· 3. **车筒竹 B. sinospinosa**
      4. 箨耳不等大。
        6. 箨鞘顶部外侧斜拱形或斜截，内侧成三角形尖头；秆节间下部常肿大；分枝的小枝有时成软刺 ······ ························· 4. **坭竹 B. gibba**
        6. 箨鞘顶部平截或拱形，两肩均不成三角形尖头；秆节间圆筒形，下部不肿大。
          7. 箨鞘鞘口繸毛发达。
            8. 箨鞘顶部不对称拱形，背面有不明显硬毛，箨耳有皱褶；二次枝的刺通常每节3枚，稍成山字形前伸 ····················· 5. **坭箣竹 B. dissimulator**
            8. 箨鞘顶部微拱，背面无毛，箨耳无皱褶；枝条每节有坚硬锐刺3枚以上 ··············

·· 5(附). **马岭竹 B. malingensis**

7. 箨鞘鞘口繸毛不发育。

　9. 秆下部节间有白色纤细纵纹或紫斑；箨鞘顶端平截，背面有深棕色刺毛，箨耳不等大，大耳比

　　小耳大不及 2 倍 ··· 6. **石竹 B. duriuscula**

　9. 秆下部节间无白色纵纹或紫斑；箨鞘顶端斜拱形，背面无毛或基部有刺毛，箨耳极不等大，大耳比小

　　耳约大 3 倍，小耳常不明显 ··· 6(附). **乡土竹 B. indigena**

2. 枝条通常无刺。

　10. 秆下部节间有红棕色刺毛；箨叶基部两侧向内缢窄，与箨耳离生，箨耳明显，不等大 ·············

　　·· 7. **木竹 B. rutila**

　10. 秆下部节间无毛或近无毛；箨叶基部两侧外延或不外延，箨耳明显或不明显，等大或不等大。

　　11. 箨叶宽三角形，基部外延，与箨耳相连，箨耳不等大，大耳长 3.5-4 厘米；次生枝成软刺 ·········

　　　·· 8. **油簕竹 B. lapidea**

　　11. 箨叶长三角形或近披针形，基部不外延，与箨耳离生，箨耳小，近等大；次生枝成弯曲软刺 ·······

　　　··· 8(附). **牛角竹 B. cornigera**

1. 植株无刺。

　12. 秆同型，节间均圆筒形，无畸形竹秆。

　　13. 箨叶直立或有时外展，稀外反（料慈竹 B. distegia）。

　　　14. 秆下部数节内和节下均有一圈白毛环；箨耳极不等大，小耳横生，大耳下延。

　　　　15. 秆绿色，节间无黄白色纵条纹。

　　　　　16. 秆节间圆筒形，无沟槽。

　　　　　　17. 秆箨鞘背面近无毛；秆节下的白毛环常比节内的窄，易脱落 ········ 9. **大眼竹 B. eutuldoides**

　　　　　　17. 秆箨鞘背面正中部分无毛，两侧密被深棕色刺毛；秆节下和节内毛环均明显 ··· 10. **马甲竹 B. tulda**

　　　　　16. 秆节间圆筒形，有沟槽；箨鞘背面无毛，鲜时有黄白色纵条纹；分枝稍高，近基部数节无分枝

　　　　　　·· 11. **青秆竹 B. tuldoides**

　　　　15. 秆绿色，下部节间有黄色纵条纹。

　　　　　18. 秆高 7-10 米，径 4-6 厘米，分枝低，秆第 1-2 节分枝，平展；箨鞘顶部斜拱形，箨叶基部两

　　　　　　侧常向内缢窄，多少与箨耳离生 ································· 12. **撑篙竹 B. pervariabilis**

　　　　　18. 秆高 4-5 米，径 2-2.5 厘米，分枝稍高，秆第 3-4 节分枝，主枝粗长，斜上；箨鞘顶端近平截，

　　　　　　箨叶基部两侧常外延，与箨耳相连 ···················· 12(附). **信宜石竹 B. subtruncata**

　　　14. 秆下部节内及节下通常无白毛环，有时 1-4 节有白毛环。

　　　　19. 箨叶基部与箨鞘顶部近等宽，箨耳细小，不明显或无。

　　　　　20. 秆高 4-7 米，径 2-3 厘米，节间常绿色，微有白粉；箨耳不明显或无 ······ 13. **孝顺竹 B. multiplex**

　　　　　20. 秆高 6-10 米，径 3-5 厘米，节间绿色，有白或黄白色纵条纹 ·············· 14. **花竹 B. albo-lineata**

　　　　19. 箨叶基部窄于箨鞘顶部，箨耳显著。

　　　　　21. 箨鞘顶部及两肩隆起成山字形；箨环残留深棕色刺毛或细毛。

　　　　　　22. 箨耳近等大，向上斜展，箨鞘背面密生深棕色刺毛；秆深绿色，节间有时有少数黄色纵条纹 ···

　　　　　　·· 15. **龙头竹 B. vulgaris**

　　　　　　22. 箨耳不等大，大耳宽 2-2.5 厘米，高 0.8-1 厘米，有时外反，箨鞘背面薄被白粉，近顶部及两

　　　　　　　侧上部被深棕色刺毛；秆绿色，无黄色纵纹 ·················· 16. **长枝竹 B. dolichoclada**

　　　　　21. 箨鞘顶部平截、斜截或斜拱形，箨环无残留刺毛。

　　　　　　23. 秆节间下部稍肿大，贴生柔毛成纵行 ······················· 17. **鱼肚腩竹 B. gibboides**

　　　　　　23. 秆节间下部不肿大，无贴生成纵行柔毛。

　　　　　　　24. 箨鞘顶端稍拱或近平截，箨耳均横生。

25. 箨叶通常短于箨鞘（秆中部以上箨叶例外），箨耳外露；秆壁厚3-5毫米，节间长40-70厘米，被白粉，有刺毛；箨叶窄长三角形，易脱落，箨耳近披针形或长圆形 ⋯⋯⋯⋯⋯⋯⋯ 18. **青皮竹 B. textilis**

　25. 箨叶长于箨鞘，卵状披针形，箨耳长圆形，多少为箨叶基部包被；灌木状，秆高3-6米，节间长23-30厘米 ⋯⋯⋯⋯⋯⋯⋯⋯⋯⋯⋯⋯⋯⋯⋯⋯⋯⋯⋯⋯⋯ 18(附). **妈竹 B. boniopsis**

24. 箨鞘顶端不对称拱形，箨耳不等大，小耳横生或与箨叶基部一侧相连，大耳下延或下倾。

　26. 灌木状，秆高3-6米，径1-2.5厘米；箨叶卵状披针形，基部抱秆，大耳长圆形 ⋯⋯⋯⋯⋯⋯⋯⋯⋯⋯⋯⋯⋯⋯⋯⋯⋯⋯⋯⋯⋯⋯⋯ 18(附). **妈竹 B. boniopsis**

　26. 乔木状，秆高5-12米，径3-6厘米。

　　27. 分枝低，秆基部1-2节分枝；箨叶基部两侧下延，与箨耳相连，大耳卵形，有皱纹，小耳椭圆形 ⋯⋯⋯⋯⋯⋯⋯⋯⋯⋯⋯⋯⋯⋯⋯⋯⋯⋯⋯ 11. **青秆竹 B. tuldoides**

　　27. 分枝稍高，秆基部1-3节无分枝；箨叶基部两侧稍向内缢窄。

　　　28. 箨耳均半圆形，箨舌高2-4毫米，边缘有细齿或啮蚀状 ⋯⋯⋯ 19. **硬头黄竹 B. rigida**

　　　28. 箨耳均长椭圆形，能外反，箨舌高约2毫米，近全缘或不规则齿裂 ⋯⋯ 19(附). **斑折竹 B. fauriei**

13. 箨叶外反，稀兼有直立。

29. 主枝纤细，较侧枝稍粗；秆壁薄，厚不及6毫米。

　30. 节间被白粉，无毛。

　　31. 秆梢端微弯；箨环初密生一圈倒生刺毛；箨鞘背面基部密被深色易脱落柔毛，箨叶背面密生刺毛 ⋯⋯⋯⋯⋯⋯⋯⋯⋯⋯⋯⋯⋯⋯⋯⋯ 20. **粉单竹 B. chungii**

　　31. 秆梢端弓形下弯；箨环无倒生刺毛；箨鞘背面被白粉和小刺毛 ⋯⋯⋯ 20(附). **单竹 B. cerosissima**

　30. 节间无明显白粉，初被刺毛，脱落后有小凹痕或乳突。

　　32. 灌木状竹类，高2-5米，径不及3厘米；节间刺毛脱落后，有乳突和凹痕；箨叶背部有小横脉 ⋯⋯⋯⋯⋯⋯⋯⋯⋯⋯⋯⋯⋯⋯⋯⋯⋯ 21. **桂单竹 B. guangxiensis**

　　32. 乔木状竹类，高达11米，径3-5厘米；节间刺毛脱落后，无乳突，有小凹痕；箨叶不易外反，背部有纵脉 ⋯⋯⋯⋯⋯⋯⋯⋯⋯⋯⋯⋯⋯⋯⋯ 22. **料慈竹 B. distegia**

29. 主枝较粗大；秆壁厚0.8-1厘米，节间初有成纵行柔毛，后脱落无毛；箨环近无毛，箨舌有流苏状缝毛 ⋯⋯⋯⋯⋯⋯⋯⋯⋯⋯⋯⋯⋯⋯⋯⋯⋯⋯⋯⋯⋯⋯ 23. **甲竹 B. remotiflora**

12. 秆异形；正常竹秆节间圆筒形；箨耳较小，圆形或长圆形；畸形竹秆节间极短，下部肿大成瓶状；箨耳镰形或长圆形，箨叶直立或外反 ⋯⋯⋯⋯⋯⋯⋯⋯⋯⋯⋯⋯ 24. **佛肚竹 B. ventricosa**

1. 小箣竹　　　　　　　　　　　　　　　　　图　751:5

Bambusa flexuosa Munro in Trans. Linn. Soc. 26: 101. 1868.

秆高4-12米，径3-6厘米，节间圆筒形，无毛或近无毛，秆下部箨环下有一圈浅棕色刺毛；秆壁较厚，秆基部近实心。秆箨迟落；箨鞘顶端弧形凹下，两肩具三角形尖头；箨耳细小；箨舌高2-7毫米；箨叶直立，三角状披针形，基部窄于箨鞘顶部。分枝低，枝条簇生，下部单生，枝条的小枝有时成短刺，常每节3刺，个字形开展。小枝具8-11叶，无刺；叶披针形或窄披针形，长4-10厘米，宽0.7-1.3厘米，两面被柔毛或近无毛，侧脉4-5对。笋期5月下旬至9月。

产广东、香港、海南及广西，多生于低山丘陵、山麓、旷野或村边。竹材坚韧，可作扁担、脚手架。华南农村多栽作围篱，防风林。

2. 簕竹 图 751：1-4

Bambusa blumeana J. A. et J. H. Schult. f. in Roem. et Schult. Syst. Veg. 7: 1343. 1830.

秆高5-10米，径8-10厘米，秆壁厚，基部近实心，节间圆筒形，初有白粉，脱落后绿色，下部节常有气根。箨鞘顶端圆或平截，背面密被黑褐或深紫色小刺毛，箨耳近等大，线状长圆形，常外反成新月形，边缘有繸毛；箨舌高3-4毫米，边缘有齿；箨叶卵形，常外反，背面被糙硬毛，腹面被暗棕色刺毛。分枝低，下部枝单生，主枝粗，实心，枝条上部每节有下弯刺2-3（-5）枚，稍个字形开展。小枝有5-12叶；叶线状披针形或窄披针形，长5-11（-20）厘米，宽1-1.8（-2.5）厘米，侧脉4-6对，两面无毛，近粗糙，下面基部常被稍密长柔毛。笋期6-9月。花期春季，有时11月中旬开花。

原产印度尼西亚及马来西亚。台湾、福建、广东、海南、广西及云南多栽培，生于低海拔地带河边或村落周围。竹材坚韧，不易虫蛀，供制扁担、撑杆、家具、棚架；笋味苦，不宜食用。可栽植作围篱及防风林。

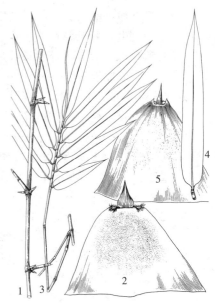

图 751：1-4.簕竹 5.小簕竹
（邓盈丰绘）

3. 车筒竹 图 752

Bambusa sinospinosa McClure in Lingnan Sci. Journ. 19(3):411. pl. 19. 1940.

秆高10-24米，径5-15厘米，秆壁厚1-3厘米，节间圆筒形，无毛；箨环密生棕色刺毛。箨鞘厚革质，背面无毛，基部有棕色刺毛；箨舌高3-6毫米，边缘有齿和繸毛；箨耳近等大，长圆形或倒卵形，稍外反，有波状皱摺，腹面密生糙毛；箨叶卵形，直立或外展，背面脉间具深棕色刺毛。主枝粗长，常之字形曲折；枝条及分枝每节有2-3刺，刺丁字形开展。小枝有6-8叶；叶线状披针形，长7-17厘米，宽0.6-2厘米，侧脉4-7对，两面无毛，有时下面基部被毛。笋期5-6月。花期8-12月。

产福建、广东、香港、广西、贵州、四川南部及云南，生于低山丘陵地带，农村多栽植。竹材坚硬，不易虫蛀，供作建筑材料、家

图 752 车筒竹 （邓盈丰绘）

具、水管、扁担、水车车筒；竹笋可食。竹秆高大，多钩刺，为优良防风林及围篱竹种。

4. 坭竹 图 753

Bambusa gibba McClure in Lingnan Univ. Sci. Bull. 9: 10. 1940.

秆高6-10米，径3-6厘米，节间圆筒形，下部膨大，初被刺毛，后脱落。箨鞘顶端外侧斜拱形或斜截，内侧成三角形尖头；箨耳不等大，大耳卵状披针形或窄长圆形，小耳卵形或椭圆形；箨舌高

约2毫米，有细齿或疏条裂；箨叶直立，三角形。秆中部以下次生枝及枝条的二次分枝有时成软

刺。小枝具7-15叶；叶线状披针形或窄披针形，长5-14厘米，宽0.8-1.4厘米，侧脉约5对，上面无毛，下面密生柔毛。

产广东、香港、海南、广西及贵州；生于低山丘陵或村落附近。越南有分布。竹材可作撑秆、脚手架、棚架、农具、渔具，也可破篾编筐。

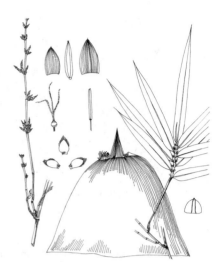

图 753 坭竹 （邓盈丰绘）

5. 坭箪竹

图 754

Bambusa dissimulator McClure in Lingnan Sci. Journ. 19(3): 413. pl. 20. 1940.

秆高10-18米，径4-7厘米，节间圆筒形，无毛，绿色，下部有时具白色纵纹；秆环微突起，下部的节稍膝曲状。箨鞘顶端不对称拱形，背面有不明显硬毛；箨耳不等大，有皱摺，鞘口繸毛发达；箨舌中部高达7毫米，有啮蚀状缺刻，先端有纤毛；箨叶卵形，直立，基部心形。秆下部枝条每节1分枝，有时为2分枝，有的分枝每节具3刺，成山字形前伸。小枝具5-14

叶；叶线状披针形或披针形，长7-17厘米，宽1-1.5厘米，上面无毛，下面疏生柔毛，侧脉3-6对。笋期7-8月。花期3-4月。

产广东，多生于丘陵旷地，村落附近多栽培。竹材作撑秆、农具、棚架；农村常栽植作绿篱。

[附] **马岭竹 Bambusa malingensis** McClure in Lingnan Univ. Sci. Bull. 9: 11. 1940. 与坭箪竹的区别：箨鞘顶部微拱，背面无毛，箨耳无皱摺；枝条每节有坚硬锐刺3枚以上。产海南，多生于丘陵或荒地；香

图 754 坭箪竹
（引自《中国植物主要图说 禾本科》）

港有栽培。竹材坚实，可作撑秆、脚手架、扁担、棚架支柱、农具。也可栽作围篱、营造防风林。

6. 石竹 蓬莱黄竹

图 755

Bambusa duriuscula W. T. Lin in Bot. Lab. North-East. For. Inst. 6: 87. f. 2. 1980.

细纵纹或紫斑；节稍隆起，下部的节内、节下常有一圈淡棕色绢毛。箨鞘顶端平截，背面贴生棕色刺毛；箨耳不等大，大耳比小耳大不及2倍，有皱摺；箨舌中部高3毫米，边缘有细齿和睫毛；箨叶直立，三角形，基部两侧稍缢窄。枝条簇生，主枝粗长；秆下部的次生枝和枝条的小枝有时成软刺。小枝有6-8叶；叶长线形，长5-18厘米，宽0.8-2厘米，上面无毛，下面被柔毛，侧脉4-6对。笋期5-10月。

产海南，生于坡地或村边，多栽培。竹材坚韧，供建筑、撑秆、扁担，为编制竹器的好材料。

[附] **乡土竹 Bambusa indigena** Chia et H. L. Fung in Acta Phytotax. Sin. 19(3): 369. pl. 13: 4. 1981. 与石竹的区别：秆下部节间无白色纵纹或紫斑；箨鞘顶端斜拱形，背面无毛或基部有刺毛，箨耳极不等大，大

耳比小耳约大3倍，小耳常不明显。产广东广州市郊，生于缓坡、路旁、溪边或村寨。竹秆坚硬，供农作物棚架、农具柄、竹杠、扁担等用，农村多栽种作高秆绿篱。

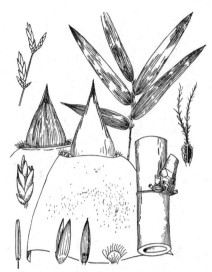

图 755 石竹 （林万涛绘）

7. 木竹

图 756

Bambusa rutila McClure in Lingnan Sci. Journ. 19(4): 533. pl. 36. 1940.

秆高8-12米，径4-6厘米，节稍隆起，下部节间稍膝曲，节间分枝一侧扁平或稍具凹槽，下部节间有红棕色刺毛，脱落后有凹痕。箨鞘顶端近平截，背面无毛；箨耳背面密生硬毛，具波状繸毛，大耳卵状长圆形、长圆形或窄肾形，有波状皱摺，宽约1.5厘米，小耳近卵形或椭圆形，具波状皱摺，宽约1厘米；箨舌中部高4-5毫米，具圆齿和纤毛状流苏；箨叶直立，三角形或三角状披针形，基部缢缩，与箨耳离生。主枝粗，基部有细长弯曲棘刺，次生枝成棘刺。小枝无刺，具10叶；叶线状披针形或窄披针形，长9.5-22厘米，宽1.5-3厘米，上面无毛，下面有刺毛或近无毛，侧脉约6对。花期10-12月。

产福建、广东、广西、贵州南部及四川，生于丘陵、旷地或村落附近。秆壁坚实，稍弯曲，宜作农作物支架。嫩笋可腌食。

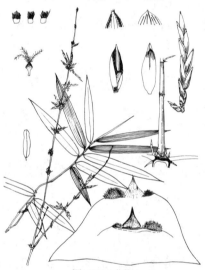

图 756 木竹
（引自《中国主要植物图说禾本科》）

8. 油箣竹

图 757

Bambusa lapidea Mc Clure in Lingnan Sci. Journ. 9(4): 531. pl. 35. 1940.

秆高达17米，径4-7厘米，秆下部节常有气根，节稍隆起，节间绿色，无毛，有时具深紫或淡绿色纵条纹。箨鞘顶部近平截或稍拱，背面无毛；箨耳不等大，大耳长圆形或长圆状倒披针形，长3.5-4厘米，小耳长圆形或卵形，长约3厘米；箨舌高4-5毫米，近全缘，密生流苏状毛；箨叶直立，宽三角

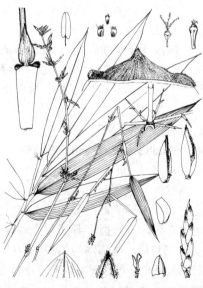

图 757 油箣竹
（引自《中国主要植物图说 禾本科》）

形，基部外延，与箨耳相连。主枝粗大，基部次生枝成软刺，枝条上部及小枝通常无刺。小枝具 3-12 叶；叶鞘无毛，外缘具纤毛；叶线状披针形或披针形，长 6-19 厘米，宽 0.8-2.5 厘米，侧脉 4-6 对。笋期 10 月。花期 8-9 月。

产广东、香港、广西、四川及云南，多生于平地、低丘陵较湿润地方、河流两岸或村落附近；香港有栽培。秆材坚韧有弹性，用作建筑工程脚手架、扁担、撑秆、竹器、渔具、农具、农村茅屋用材。为南方优良竹种。

[附] **牛角竹 Bambusa cornigera** McClure in Lingnan Univ. Sci. Bull.

9. 大眼竹 图 758

Bambusa eutuldoides McClure in Lingnan Univ. Sci. Bull. 9: 8. 1940.

秆高 10-12 米，径 5-7 厘米，间近无毛，稍被白粉，节几不隆起，

下部数节节内、节下均有白色毛环，节下毛环较窄，易脱落。箨鞘顶部不对称宽拱形，背面无毛或有易脱落刺毛；箨耳极不等大，大耳下延达箨鞘 2/5-1/2，长 5-6.5 厘米，近圆形或长圆形，宽约 1 厘米；箨舌高 3-7 毫米，齿裂，有短流苏毛；箨叶直立，近三角形，基部外延与箨相连。秆基部第 2 节分枝。小枝有 7-9 对；叶鞘无毛，叶耳不明显，叶舌极短；叶披针形或宽披针形，两面无毛，或下面有微毛，侧脉 5-9 对。

产广东及广西，生于河流两岸沙土、冲积土、平地或丘陵缓坡；香港有栽培。竹秆供制农具、农村建茅屋用材，可劈篾编制竹器。

10. 马甲竹 图 759

Bambusa tulda Roxb. Fl. Ind. ed. 2, 2: 193. 1832.

秆高 8-10 米，径 5-7 厘米，节间幼时有白粉及秕糠，节近平；秆下部数节的节内、节下均有灰白色毛环，基部节有气根。箨鞘顶端宽拱形，两面均有白粉，背面正中部分无毛，两侧密被贴生深棕色刺毛；箨耳不等大，波状皱褶，边缘具弯曲繸毛，大耳下倾，长肾形或倒卵状披针形，长 4.5-5 厘米，小耳横生，卵形；箨叶直立，宽三角形，基部圆形缢窄，有时外延与箨耳相连。小枝有 8-13 叶；叶宽线形或线状披针形，长 10-22 厘米，宽 1.5-

9: 7. 1940. 本种与油簕竹的主要区别：箨叶长三角形或近披针形，基部不外延，与箨耳离生，箨耳小，近等长；次生枝成弯曲软刺。产广东及广西，常生于溪边湿润肥沃地方，村前屋后多栽培。秆材供建筑、杠棒等用。笋浸泡后可食。

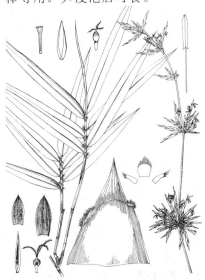

图 758 大眼竹 （邓盈丰绘）

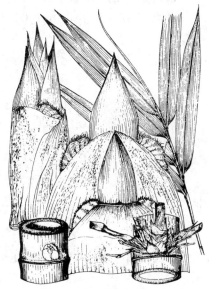

图 759 马甲竹 （俞义甫绘）

2.5 厘米，侧脉 7-8 对，上面无毛或近基部被毛，下面淡绿色，密被柔毛。

产广东、广西、云南及西藏，生于丘陵、旷地、溪边或村落附近。孟加拉、印度及缅甸有分布。秆材通直坚实，供建筑用材、脚手架、撑秆、扁担等用。

11. 青秆竹

图 760

Bambusa tuldoides Munro in Trans. Linn. Soc. 26: 93. 1868.

秆高 8-10 米，径 3-5 厘米，节间近无毛，圆筒形，有沟槽；下部数节的节内、节下均有白色毛环。秆箨脱落，箨鞘顶部斜拱状，背面无毛，鲜时近两侧边缘有数条黄白色纵条纹；箨耳不等大，边缘具波状繸毛，大耳卵形或卵状椭圆形，长约 2.5 厘米，小耳卵圆形或椭圆形，约为大耳 1/2；箨舌高 3-4 毫米；箨叶直立，三角形，基部稍缩窄。枝条簇生，秆基第 4-5 节分枝，有时 1-2 节分枝。小枝具 6 叶；叶披针形或窄披针形，长 4.5-12（-18）厘米，宽 0.6-1（2）厘米，侧脉约 3 对，上面无毛，或基部疏生柔毛，下面密被柔毛。

产福建南部、广东及香港，生于丘陵低地或溪边；村落附近多栽培。竹秆用作撑篙、棚架，劈篾编制竹器及工艺品。

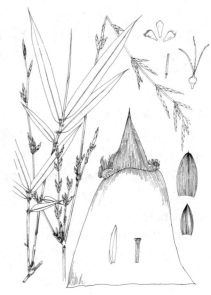

图 760 青秆竹 （邓盈丰绘）

12. 撑篙竹

图 761

Bambusa pervariabilis McClure in Lingnan Univ. Sci. Bull. 9: 13. 1940.

秆高 7-10 米，径 4-6 厘米，秆壁厚 1-1.5 厘米，节间绿色，中部以下的节间具淡黄色纵条纹和柔毛，下部数节的节内、节下均有白色毛环，下环较窄，毛易脱落。箨鞘顶部斜拱形，背面有硬毛，基部有时被易脱落栗黄色刺毛；箨舌高 2-4 毫米，有细齿；箨耳不等大，具波状皱摺，边缘被波状繸毛，大耳下倾达箨鞘 1/6-1/5，倒卵状长圆形或倒披针形，长 3.5-4 厘米，小耳近圆形或椭圆形，长约 1.5 厘米；箨舌高 3-4 毫米，先端齿裂，具流苏状毛；箨叶直立，三角形或卵状三角形，基部缩窄，多少与箨耳离生，幼时背面具黄绿色纵条纹，疏生脱落性贴伏棕色刺毛。秆基第 1-2 节分枝，下部枝条平展；枝箨嫩时内面带紫色。小枝具 5-9 叶；叶线状披针形，长 9-14 厘米，宽 1-2.5 厘米，侧脉 6-8 对。

产福建南部、广东、香港、广西及贵州，多生于河岸或村落附近。材质强韧，供建筑、棚架、撑杆、家具、编织材料。

[附] **信宜石竹 Bambusa subtruncata** Chia et H. L. Fung in Acta Phytotax.

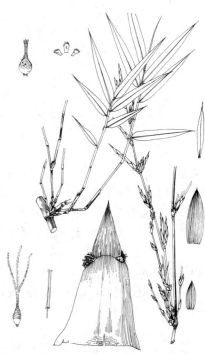

图 761 撑篙竹 （邓盈丰绘）

Sin. 19(3): 378. pl. 14: 8. 1981. 本种与撑篙竹的主要区别：秆高 4-5 米，径 2-2.5 厘米，分枝稍高，秆第 3-4 节分枝，主枝粗长，斜上；箨鞘顶端近平截，箨叶基部两侧常外延，与箨耳相连。产广东，生于山坡、村落。竹秆作围篱、支架、晒秆等用。

13. 孝顺竹 图 762 : 1—15

Bambusa multiplex (Lour.) Raeusch. ex J. A. et J. H. Schult. in Roem. et Schult. Syst. Veg. 7(2): 1350. 1830.

Arundo multiplex Lour. Fl. Cochinch. 2: 58. 1790.

秆高 4—7 米，径 2—3 厘米，节间常绿色，微被白粉。箨鞘顶端不对称拱形，背面无毛；箨耳无或不显著，有稀疏纤毛；箨舌窄，高约 1 毫米，全缘或细齿裂；箨叶直立，长三角形，基部与箨鞘顶部近等宽。分枝高，基部数节无分枝，枝条多数簇生，主枝稍粗长。小枝具 5—10 叶；叶鞘无毛，叶耳不明显，或肾形；叶线状披针形，长 4—14 厘米，宽 0.5—2 厘米，侧脉 4—8 对，上面无毛，下面灰绿色，密被柔毛。笋期 6—9 月。

产台湾、福建、湖北、湖南、广东、香港、贵州及四川。越南有分布。为丛生竹类最耐寒的竹种。竹秆细长强韧，供编筐、器具、造纸等用。常栽培作绿篱，供观赏。

[附] **凤尾竹 Bambusa multiplex** cv. ‘**Fernleaf**’ 秆密集丛生；小枝有 9—13 叶，叶片长 3.3—6.5 厘米，宽 4—7 毫米，排成 2 列。产于台湾、华东、华南、香港、西南；栽培供观赏或作绿篱。

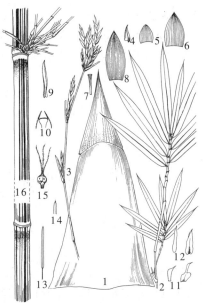

图 762 : 1—15. 孝顺竹 16. 花孝顺竹
（邓盈丰绘）

[附] **花孝顺竹** 小琴丝竹 762 : 16
Bambusa multiplex cv. ‘**Alphonse-karr**’ 秆和分枝节间金黄色，具不规则绿色纵条纹；箨鞘鲜时绿色，具黄白色纵条纹。长江以南各地栽培。供观赏，作绿篱。

14. 花竹 图 763

Bambusa albo-lineata Chia in Guihaia 8(2): 121. 1988.

秆高 6—10 米，径 3—5 厘米，秆梢下弯，秆壁厚约 2 毫米；节间长 50—80 厘米，绿色，有白或黄白色纵条纹，箨环上方有白色绢毛环。秆箨早落，箨鞘顶部宽拱形，鲜时具黄白色纵条纹，两侧被贴生暗棕色刺毛；箨耳不等大，大耳长圆形或近倒披针形，长 1.5 厘米，小耳为大耳 1/3—1/2；箨舌高 1—1.5 毫米，齿裂，被流苏状纤毛；箨叶直立，卵形或卵状三角形，基部稍缢缩，与箨耳相连。小枝具 7—10 叶；叶鞘无毛，叶耳窄卵形或镰刀形，具长䍁毛，叶舌圆拱，高不及 1 毫米；叶线形，长 7—15（—24）厘米，宽 0.9—1.5（—2.2）厘米，上面粗糙，下面被柔毛，侧脉 4—7 对。笋期 6—9 月。

产浙江、福建、台湾（据文献记载）、江西及广东，生于低丘、

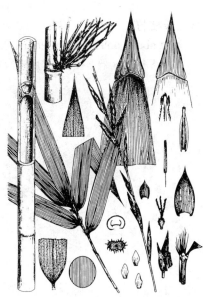

图 763 花竹 （引自《Fl. Taiwan》）

平地或溪边，多栽培。竹材柔韧，为编制竹器的优良竹材。

15. 龙头竹

图 764：1-3

Bambusa vulgaris Schrad. ex Wendl. Coll. Pl. 2: 26. pl. 27. 1810.

秆丛生，稍疏离，高8-15米，径5-9厘米，节间长20-30厘米，深绿色，有时有少数黄色纵条纹，幼时稍被白粉，贴生淡棕色刺毛，后均脱落；秆壁厚0.8-1厘米，下部稍之字形曲折，节稍隆起，秆基数节有气根，箨环上下有灰白色绢毛圈，箨环残留深棕色刺毛；箨鞘顶部成山字形，两肩稍隆起，背面密生淡棕色刺毛；箨舌高3-4毫米，有小齿；箨耳近等大，斜上，椭圆形或镰状长椭圆形，宽0.8-1厘米，具弯曲繸毛；箨叶直立，三角形或卵状三角形，基部浅心形，窄于箨鞘顶部，两面被棕色刺毛，基部较密。秆基部1-3节常无分枝；主枝粗大。小枝有7-8叶；叶鞘稍被刺毛，叶耳椭圆形，叶舌高约1.5毫米；叶窄披针形，长15-25厘米，宽2-3厘米，侧脉6-8对。两面无毛。

产云南南部，多生于河边或疏林中；华南有栽培。东南亚、斯里兰卡及印度有分布。为优美观赏竹种。竹秆高大坚实，供建筑、造纸等用，南方果园用作香蕉支柱。

[附] **黄金间碧玉** 图 764：4 彩片98 **Bambusa vulgaris** cv. 'Vittata' 秆金黄色，具绿色纵条纹；箨鞘鲜时背面具黄色纵条纹。台湾、福建、

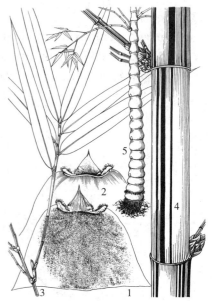

图 764：1-3.龙头竹 4.黄金间碧玉
5.大佛肚竹 （邓盈丰绘）

广东、海南、广西及云南南部等地多栽培。为著名观赏竹种。

[附] **大佛肚竹** 图 764：5 **Bambusa vulgaris** cv. 'Wamin' 秆绿色，中下部各节缩短，肿胀成盘珠状。浙江、福建、台湾、华南栽培供观赏，为著名观赏竹种。

16. 长枝竹

图 765

Bambusa dolichoclada Hayata, Ic. Pl. Formos. 6: 144. f. 54. 1916.

秆高10-20米，径5-13厘米，幼时密被白粉，脱落后绿色，老时红黄或茶褐色；秆壁厚0.8-1.5厘米；节稍隆起，箨环残留深棕色细毛。秆箨厚革质，箨鞘顶部山字形，有时稍不对称，背面薄被白粉，被深棕色刺毛，后渐脱落；箨舌高2-2.5毫米，有小齿及睫毛；箨耳不等大，大耳宽2-2.5厘米，高0.8-1厘米，有时外反，小耳约为大耳1/3；箨叶直立，卵状三角形或三角形，背面疏生暗棕刺毛至无毛，腹面有棕色刺毛。枝条簇生；小枝有8-14叶；叶鞘背面近无毛，边缘有纤毛，叶耳不等大，叶舌短；叶线形或线状披针形，长12-20厘米，宽1.4-2.2厘米，侧脉8-9对，上面无毛，有光泽，下面被柔毛。

产台湾及福建，常生于海拔300米以下林缘或村落附近。竹秆供建

图 765 长枝竹 （引自《Fl. Taiwan》）

筑、制造家具，劈篾供编制竹篓、米筛、粪箕、斗笠、捕鱼笼等。可在村庄、农田营造防风林。

17. 鱼肚腩竹 图 766

Bambusa gibboides W. T. Lin in Acta Phytotax. Sin. 16(1): 70. f. 3. 1978.

秆高 10-12 米，径 5-8 厘米，秆壁厚 1.6-2 厘米，节间下部稍肿大，

贴生成纵行柔毛，后渐脱落。秆箨脱落，箨鞘顶端不对称平截或拱形，背面贴生棕色刺毛；箨耳卵状披针形，横生，近等大，秆下部的不等大；箨舌高 2-3 毫米，近全缘或具细齿；箨叶直立，卵状长三角形，基部稍缢窄。枝条簇生，主枝粗长。小枝有 8-12 叶；叶线状披针形或窄披针形，长 12-25 厘米，宽

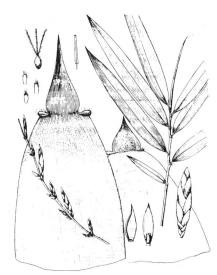

图 766 鱼肚腩竹 （引自《植物分类学报》）

1-2.5 厘米，侧脉 5-7 对，下面被柔毛。笋期 6-9 月。

产广东及香港，市郊、庭园、村落、河边多栽培，贵州（三都）有栽培。笋味鲜美，为广州郊区较普遍栽培的笋用竹。秆材供晒架、瓜棚、农具等用。

18. 青皮竹 图 767

Bambusa textilis McClure in Lingnan Univ. Sci. Bull. 9: 14. 1940.

秆高 8-10 米，径 4-6 厘米，梢端弯垂，节间长 40-70 厘米，秆壁

厚 3-5 毫米，幼时被白粉，贴生淡棕色刺毛，后脱落；节不隆起，箨环倾斜。秆箨脱落，秆箨顶端斜拱形，背面贴生柔毛，后脱落；箨耳小，不等大，大耳披针形，小耳长圆形；箨舌高约 2 毫米，有细齿或细条裂；箨叶直立，窄长三角形，易脱落。秆下部数节常无分枝，枝条纤细。小枝具 8-14 叶；叶线状

图 767 青皮竹 （邓盈丰绘）

披针形或窄披针形，长 10-25 厘米，宽 1.5-2.5 厘米，侧脉 5-6 对。笋期 5 月下旬至 9 月。

产广东、广西及云南，江苏、浙江、福建、湖南及贵州有引种栽培。速生高产，发笋多；材质柔韧，为优良篾用竹种，供编制竹器、造纸、工艺品，畅销国内外。

[附] **妈竹 Bambusa boniopsis** McClure in Lingnan Univ. Sci. Bull. 9:

7. 1940. 与青皮竹的主要区别：秆高 3-6 米，径 1-2.5 厘米，节间长 23-30 厘米，箨叶长于箨鞘，卵状披针形，箨耳长圆形，多少为箨叶基部包被。产海南，生于溪边、平地、丘陵、林下或村边。秆细而强韧，供花卉、瓜、豆类支架。

19. 硬头黄竹 图 768

Bambusa rigida Keng et Keng f. in Journ. Wash. Acad. Sci. 36(3): 81. f. 2. 1946.

秆高 5-12 米，径 3-6 厘米，节间长 30-45 厘米，无毛，幼时薄被

白粉，秆壁厚1-1.5厘米。箨鞘长约节间1/2，不易脱落，顶端斜拱形，背面无毛；箨耳不等大，均半圆形，小耳横生，大耳稍下延，边缘均有流苏状繸毛；箨舌高2-4毫米，有细齿或啮蚀状；箨叶直立，三角形或长三角形，基部两侧稍向内缢窄。秆基部1-3节常无分枝。小枝具5-12叶；叶线状披针形，长8-24厘米，宽0.9-2.7厘米，上面无毛或基部被疏毛，下面密被柔毛，侧脉4-5（-9）对。

产福建、江西、广东、广西、贵州、四川及云南，生于平原、低丘、山麓或溪边。竹材坚韧，可作担架、撑杆、农具柄，劈篾编制竹器。

[附] **斑折竹 Bambusa fauriei** Hack. in Bull. Herb. Boiss. ser. 2, 4:529. 1904. 与硬头黄竹的区别：箨耳均长椭圆形，箨舌高约2毫米，近全缘或不规则齿裂；箨叶卵状三角形。产台湾及海南沿海地区。竹材坚韧，可作撑杆、脚手架、扁担等用。

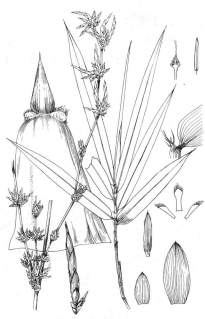

图 768 硬头黄竹 （邓盈丰 贾小辉绘）

20. 粉单竹 图 769

Bambusa chungii McClure in Lingnan Sci. Journ. 15(4): 639. f. 28. 29. 1936.

秆高达18米，径6-8厘米，梢端稍弯，节间长30-45（-100）厘米，幼时有显著白粉；秆壁厚3-5毫米；秆环平，箨环具一圈木栓质，上有倒生棕色刺毛。箨鞘背面基部密生易脱落深色柔毛；箨耳窄长，边缘有繸毛；箨舌高约1.5毫米；箨叶外反，淡黄绿色，卵状披针形，边缘内卷，背面密生刺毛。分枝高，每节具多数分枝，主枝较细，比侧枝稍粗。小枝具6-7叶；叶质较厚，披针形或线状披针形，长10-20厘米，宽1-2（-3.5）厘米，下面初被微毛，后无毛，侧脉5-6对。笋期6-9月，7月最盛。

产福建、湖南南部、广东、香港、海南、广西、贵州及云南东南部，多生于溪边或谷地；浙江、江苏南部、福建均有栽培，多栽于溪边、河岸或村旁，海拔可达400米。竹材强韧，为优良篾用竹种，供编制竹器、竹板、绞竹绳、鱼篓等，也是较好的造纸原料。笋味苦，不宜食用。华南多栽培供观赏。

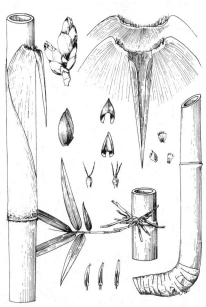

图 769 粉单竹 （黄应钦绘）

[附] **单竹 Bambusa cerosissima** McClure in Lingnan Sci. Journ. 15(4): 637. 1936. 与粉耳竹的主要区别：秆梢端弓形下弯；箨环无倒生刺毛；箨鞘背面被白粉和小刺毛，箨叶背面微具小刺毛或无毛。产广东（清远），生于山坡、谷地或沟边；广西、福建南部引种栽培。竹材薄，坚韧，适于劈篾，供编制竹器、工艺品。

21. 桂单竹 图 770

Bambusa guangxiensis Chia et H. T. Fung in Acta Phytotax. Sin. 18 (2): 214. 1980.

秆高 2-5 米，径 1.5-3 厘米，梢端弯垂，下部常曲膝状，节间长 40-60 厘米，密被疣基刺毛，脱落后有乳突及小凹痕；箨环具木栓质环，有褐色倒生刺毛，后渐脱落。箨鞘顶端平截或稍凹下，背面密被棕色疣基刺毛，脱落后，有乳突及小凹痕，鞘口具繸毛，易脆折；箨舌短，宽于箨叶基部，有流苏状繸毛；箨叶外反，披针形，易脱落，边缘内卷，两面近无毛，背面小

横脉明显。枝条纤细，簇生，主枝比侧枝稍粗。小枝有 5-7 叶；叶舌短，有小齿，叶耳半月形，有繸毛，毛长 4-6 毫米；叶披针形或窄披针形，长 6-10（-16）厘米，宽 0.6-1.5 厘米，上面近无毛，下面有微毛，侧脉约 4 对。

产广东及广西东北部，生于河岸缓坡或溪边。竹材薄，劈篾编制竹器。

图 770 桂单竹 （黄应钦绘）

22. 料慈竹 图 771

Bambusa distegia (Keng et Keng f.) Chia et H. L. Fung in Acta Phytotax. Sin. 18(2): 214. 1980.

Sinocalamus distegia Keng et Keng f. in Journ. Wash. Acad. Sci. 36: 76. 1946.

秆高 7-11 米，径 3-5 厘米，梢端稍弧曲，节间长 20-60（-100）厘米，幼时微具白粉，有白色小刺毛，脱落后有小凹痕；箨环密生向下棕黄色刺毛，后渐脱落；秆环不明显。箨鞘背面密生棕色刺毛，顶端平截稍凹下；箨耳窄长，横卧，有繸毛；箨舌高 1-2 毫米，具细齿，齿端成繸毛，易脆折；箨叶直立，不易外反，三角形或披针形，背部有纵脉，基部比箨鞘顶部

窄。秆每节具多数分枝。小枝有 10 叶以上；叶鞘无毛，叶耳叶舌均不

图 771 料慈竹
（仿《中国主要植物图说 禾本科》）

明显；叶长披针形，长 5-16 厘米，宽 0.8-1.6 厘米，上面无毛，下面被白粉和微柔毛。笋期 9-10 月。

产福建（据文献记载）、广东、广西、贵州、四川及云南，生于海拔 1100 米以下山麓或沟谷。竹材优良，为高级篾用竹种，编织凉席的最好材料，也可供造纸。

23. 甲竹 图 772

Bambusa remotiflora Kuntze, Rev. Gen. 760. 1891.

秆高 8-12 米，径 5-7.5 厘米，梢端稍弯曲，节间长 30-40 厘米，深

绿色，幼时贴生成纵行柔毛，后渐无毛，秆壁厚 0.8-1 厘米；箨环隆

起，几无毛，每节有芽，下部节稍膝曲状，节内常有白色毛环。箨鞘脱落，厚革质，背面贴生黑色柔毛，顶部平截，稍凹下；箨耳窄长，横卧，鞘口繸毛纤细，苍白色，深波折；箨舌顶部拱形或凹下，宽于箨叶基部，边缘有流苏状长繸毛；箨叶外反，卵状披针形，边缘内卷，腹面被刺毛。枝条多数簇生，主枝粗壮。小枝有7-8（-13）叶；叶鞘无毛，叶耳小，质脆，鞘口密生繸毛，叶舌短，具纤毛；叶披针形或长圆状披针形，长9-20厘米，宽1-3厘米，两面无毛，侧脉4-5对。笋期7-10月。

图 772 甲竹 （黄应钦绘）

产广东、海南及广西，生于海拔800-1100米以下山坡或溪边；在海南霸王岭密林中和常绿阔叶树混生。广州农村多栽培。越南有分布。竹壁厚，强韧，秆材作撑篙、脚手架；劈篾编制竹器。

24. 佛肚竹

图 773 彩片99

Bambusa ventricosa McClure in Lingnan Sci. Journ. 17(1): 57. pl. 5. 1938.

秆异形：正常秆高3-10米，径5-7厘米，中部节间长20-30厘米，圆筒形，深绿色，无毛，下部数节的节内、节下均有白色毛环；畸形秆高1-2.5米，径0.5-2厘米，中下部节间缩短、肿胀，呈瓶状。秆箨早落，箨鞘革质，顶部不对称拱形，背面无毛，初深绿色，后桔红色，干后浅草黄色；正常秆的箨耳较小，不等大，圆形或长圆形，畸形秆的箨耳镰形或长圆形；箨舌高不及1毫米，具纤毛；箨叶三角形，直立，秆上部的稍外反，卵状披针形，基部浅心形。小枝具7-13叶；叶鞘无毛，叶耳小，鞘口具繸毛，叶舌短；叶卵状披针形或长圆状披针形，长12-21厘米，宽1.6-3.3厘米，

图 773 佛肚竹 （邓盈丰绘）

上面无毛，下面灰绿色，被柔毛，侧脉5-9对。

产广东及广西。秆形奇特，栽培供观赏。

10. 巨竹属 Gigantochloa Kurz ex Munro

（赵奇僧 邹惠渝）

地下茎合轴型。秆丛生，高大，梢端下垂，有时攀援状，节间圆筒形，常被毛，绿色，有时具黄色条纹。分枝高，每节多枝，主枝显著，无枝刺。秆箨早落，箨鞘坚硬，厚革质，背面常密被刺毛；箨耳常不明显；箨舌显著；箨叶直立或外反，基部与箨鞘顶端等宽或稍窄。叶大型，基部楔形，小横脉常不明显。小穗具（1）2-5小花，小穗轴节间极短，无关节；颖片2-3。外稃与颖相似，厚纸质，多脉，内稃背部具2脊，脊有纤毛；鳞被无，有时具退化鳞被1-3片；雄蕊6，幼时花丝连成花丝管，花药常具小尖头；

子房被茸毛，花柱细长，柱头1或2-3裂，被毛。颖果长圆形或细长，有腹沟，果皮膜质。

约30种，主产东南亚、南亚次大陆；多生于热带雨林中。我国5种。

1. 箨鞘背部密被贴生棕色刺毛，箨舌高约4毫米，箨叶外反；小穗径2-3毫米，外稃边缘有棕色纤毛 ⋯⋯⋯⋯⋯⋯⋯⋯⋯⋯⋯⋯⋯⋯⋯⋯⋯⋯⋯⋯⋯⋯⋯⋯⋯⋯ 1. 黑毛巨竹 G. nigrociliata
1. 箨鞘背部疏被贴生棕黑色刺毛，箨舌高1-2.5厘米，箨叶直立；小穗径1-1.5毫米，外稃边缘密生白色纤毛 ⋯⋯⋯⋯⋯⋯⋯⋯⋯⋯⋯⋯⋯⋯⋯⋯⋯⋯⋯⋯⋯⋯⋯⋯⋯ 2. 白毛巨竹 G. albociliata

1. 黑毛巨竹

图 774：12-14

Gigantochloa nigrociliata (Büse) Kurz in Ind. For. 1: 345. 1875.

Bambusa nigrociliata Büse in Pl. Jungh. 1: 398. 1854.

秆高8-15米，径4-10厘米，梢端长，下垂，基部数节具气根，节间长36-46厘米，绿色，具淡黄色条纹，幼时被棕色刺毛；箨环不甚隆起；中部以下各节的节内和秆环均具灰白色绒毛圈。箨鞘长18-22厘米，背面具紫红至紫黑色纵条纹，密被棕色刺毛，顶端近平截；箨耳椭圆形或近圆形，偶具1-2条繸毛；箨舌高约4毫米，细齿裂；箨叶外反，卵形或卵状披针形，先端内卷，基部外延与箨耳相连。分枝高，自9-10节开始，多枝簇生，长2-3米，主枝较粗长。小枝具10叶；叶鞘具紫红至紫黑色纵纹，背面幼时被白色柔毛，叶耳无，叶舌平截，高约1毫米；叶披针形或窄披针形，长19-36厘米，宽3-5厘米，侧脉9-10对，小横脉明显。

产云南，生于海拔500-800米林中或溪边；香港有栽培。印度、缅甸、泰国及印度尼西亚有分布。竹材篾性柔韧，供编制器具；竹秆供制农具和建筑材料。秆具黄色条纹，可栽培供观赏。

2. 白毛巨竹

图 774：1-11

Gigantochloa albociliata (Munro) Kurz, Prelim. Rep. For. Veg. Pegu App. A: 136. App. B; 93. 1875.

Oxytenanthera albociliata Munro in Trans. Linn. Soc. 26: 129. 1868.

秆高6-10米，径2-5厘米，梢端下垂，秆壁厚0.5-1厘米；节间灰绿色，长20-35厘米，上部被白色硬毛。秆每节多枝簇生，主枝不明显。箨鞘背部疏被棕黑色刺毛，后无毛；箨耳不明显；箨舌高1-2.5厘米，不规则齿裂；箨叶直立，卵状三角形，基部圆形繸窄。小枝具8-10叶；叶鞘被灰白色柔毛，后无毛，无叶耳，叶舌高1.5-3.5毫米，具纤毛；叶线状披针形，长15-20厘米，宽1.5-2.5厘米，上面无毛，下面灰白色，叶缘有细齿，侧脉6-9对，小横脉不明显。

产云南，生于海拔500-800米平坝、旷地或林中。缅甸有分布。秋冬采伐的竹材抗虫蛀，质韧，不易破裂，供制农具。笋可食。

图 774：1-11.白毛巨竹 12-14.黑毛巨竹
（王红兵绘）

11. 牡竹属 Dendrocalamus Nees

（赵奇僧　邹惠渝）

乔木状竹类；地下茎合轴型；秆丛生，梢端常下垂，节间圆筒形，秆壁厚至近实心；秆环平，箨环隆起；每节分枝多数，簇生，中央主枝粗长，两侧各有 1 枝较粗长，有时主枝不明显。秆箨脱落，箨鞘革质，顶端平截或拱形；箨耳小或较显著；箨舌短小；箨叶常外反，稀直立。每小枝叶多数；叶片大型，无叶耳和鞘口繸毛，叶舌较发达。花序续次发生，小穗多数簇生于花枝节上，常密集成球状；每小穗具 1-5 小花，小穗轴节间极短，无关节，整个脱落；颖片 1-4，先端锐尖或具小尖头。外稃厚纸质或膜质，卵形，顶端常具针状或刺状尖头，内稃较外稃稍长或近等长，甚窄，背部具 2 脊；常无鳞被；雄蕊 6，花丝离生；子房具柄，柱头羽毛状。颖果，顶端有喙，果皮易与种子分离。

约 40 余种，分布于亚洲热带、亚热带地区。我国 26 种，引入栽培 3 种。

1. 节间幼时被毛；秆箨无箨耳及鞘口繸毛，箨鞘背面被微毛和易脱落刺毛 ············· 6. **版纳甜龙竹 D. hamiltonii**
1. 节间无毛。
　2. 秆基部数节节间缩短，一侧肿胀，上下节斜交成畸形 ·············· 3. **歪脚龙竹 D. sinicus**
　2. 秆节间正常，非畸形。
　　3. 箨鞘顶端宽圆形，呈圆口铲形。
　　　4. 秆高 20-25 米，径 15-30 厘米；箨鞘背面无毛或初被棕色刺毛，后脱落无毛 ········ 5. **麻竹 D. latiflorus**
　　　4. 秆高 6-8 米，径 3-6 厘米；箨鞘背面被贴生棕色刺毛，中下部甚密 ·············· 8. **吊丝竹 D. minor**
　　3. 箨鞘顶端非圆口铲形。
　　　5. 秆箨箨耳明显。
　　　　6. 箨叶窄长披针形，基部约为箨鞘顶端 1/2-1/3；叶耳镰状，具紫色繸毛；叶两面均被柔毛 ·················
　　　　　·· 2. **黄竹 D. membranaceus**
　　　　6. 箨叶卵状披针形，基部约为箨鞘顶端 4/5；无叶耳和鞘口繸毛；叶下面幼时被微毛 ··· 4. **龙竹 D. giganteus**
　　　5. 秆箨无箨耳或箨耳微小，极不明显。
　　　　7. 箨叶直立，两面均被柔毛；箨鞘背面常被金褐色刺毛 ·············· 1. **牡竹 D. strictus**
　　　　7. 箨叶外反。
　　　　　8. 箨舌高达 2 毫米，具长达 1 厘米的纤毛；叶两面无毛 ·············· 7. **黔竹 D. tsiangii**
　　　　　8. 箨舌高 0.4-1 厘米，具长纤毛；叶下面灰绿色，被白色微柔毛。
　　　　　　9. 秆节间绿色，无黄色纵条纹 ·············· 9. **梁山慈竹 D. farinosus**
　　　　　　9. 秆节间绿色，具黄色纵条纹 ·············· 9a. **黄纹慈竹 D. farinosus f. flavo-striatus**

1.　牡竹　　　　　　　　　　　　　　　　　　图 775

Dendrocalamus strictus (Roxb.) Nees in Linnaea 9: 476. 1835.

Bambusa stricta Roxb. Corom. Pl. 1: 59. pl. 80. 1798.

秆高 7-17 米，径 2.5-10 厘米，梢端略下垂，节间长 30-45 厘米，幼时薄被白粉，粉绿色。秆箨早落，箨鞘厚纸质，背面被金褐色刺毛，顶端圆拱；箨耳微小或无；箨舌高 1-3 毫米，具细齿裂；箨叶直立，三角形，两面均被

图 775 牡竹 （范国才绘）

柔毛，基部与箨鞘顶端近等宽。小枝5-13叶；叶鞘幼时被微毛，叶耳无或极小，具数条易脱落曲折繸毛，叶舌短；叶披针形，大叶长12-30厘米，宽1.5-3厘米，小叶长5-12.5厘米，宽1-2厘米，上面粗糙，下面被柔毛，侧脉3-6对。

产广西及云南南部，台湾及广东有栽培。印度及缅甸有分布，为印

度分布最广、利用价值高的竹种。竹秆供建筑、家具、扁担、手杖、撑秆等用，为高级造纸原料。叶作水牛、马饲料。

2. 黄竹　　　　　　　　　　　　　图 776

Dendrocalamus membranaceus Munro in Trans. Linn. Soc. 26: 149. 1868.

秆高8-15（-23）米，径7-10厘米，梢端略下垂，节间长34-45厘米，幼时被白粉。秆箨早落，箨鞘厚纸质至革质，长于节间，背面被白粉及易脱落黑褐色刺毛；箨耳明显，具数条繸毛；箨舌高0.8-1厘米，具粗齿；箨叶窄长披针形，外反，基部约为箨鞘顶端1/2-1/3，两面均被棕色硬毛。小枝具3-6叶；叶鞘背面无毛，叶耳镰状，具数条紫色繸毛，叶舌高约1毫米，波状浅裂；叶片披针形，质薄，长12.5-25厘米，宽1.2-2厘米，两面均被柔毛，侧脉4-7对。

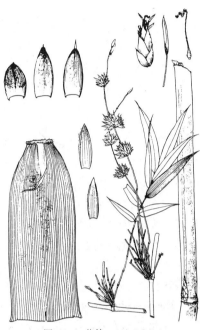

图 776 黄竹 （范国才绘）

产云南，生于海拔1000米以下山区或河谷；四川有栽培。缅甸、越南、老挝及泰国有分布。竹秆供建筑材料及造纸原料。笋经漂洗，制笋丝供食用。

3. 歪脚龙竹　　　　　　　　　图 777

Dendrocalamus sinicus Chia et J. L. Sun in Bamb. Res. 1(1): 10. 1983.

秆高20-30米，径20-30厘米，梢端下垂，基部数节节间缩短，常一侧肿胀，上下节斜交成畸形；正常节间圆筒形，长17-22厘米，无毛，幼时密被白粉，节内具宽3-4毫米的黄棕色绢毛带。箨鞘厚革质，长于节间，背面疏生柔毛；箨耳不明显；箨舌高约6毫米，齿裂；箨叶直立，稍外展，背面疏生柔毛，腹面脉间被刺毛。小枝具7-9叶；叶鞘背面幼时被毛，后无毛，无叶耳和鞘口繸毛，叶舌高1.5-2毫米；叶

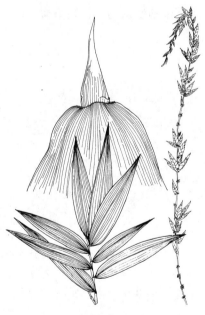

图 777 歪脚龙竹 （范国才绘）

产云南，常栽培于海拔650-1000米平缓山坡。竹秆供建筑、作引水管道。

长圆状披针形，长20-40厘米，宽4-6.5厘米，两面均疏被柔毛或近无毛，侧脉10-13对。

4. 龙竹

图 778

Dendrocalamus giganteus Munro in Trans. Linn. Soc. 26: 150. pl. 6. 1868.

秆高 20-30 米，径 20-30 厘米，梢端下垂，节间长 30-45 厘米，幼时被白粉。秆箨早落，箨鞘厚革质，鲜时带紫色，背面被贴生暗褐色刺毛；箨耳与箨叶基部相连；箨舌高 0.6-1.2 厘米，齿裂；箨叶卵状披针形，外反，稍窄于箨鞘顶端。小枝具 5-15 叶；叶鞘无毛，无叶耳和鞘口繸毛，叶舌高 1-3 毫米，齿裂；叶长圆状披针形，最大的长达 40 厘米，宽 10 厘米，下面幼时被微毛，侧脉 8-18 对，小横脉明显，叶缘具细齿，叶柄长 0.5-1 厘米。

产云南，广东、广西及台湾有栽培。亚洲热带、亚热带各国均有栽培，为世界广为使用的竹类之一，是建筑和篾用优良竹材。笋味苦，经漂洗和蒸煮后可制作笋丝、笋干。

图 778 龙竹 （范国才绘）

5. 麻竹

图 779

Dendrocalamus latiflorus Munro in Trans. Linn. Soc. 26: 152. pl. 6. 1868.

秆高 20-25 米，径 15-30 厘米，梢端弓形下弯，中部节间长 40-60 厘米，新秆被白粉，无毛；基部数节节间具黄褐色毛环，箨环常有箨鞘基部的残余物。箨鞘革质，坚而脆，顶端呈圆口铲形，两肩宽圆，背面疏被易脱落棕色刺毛，中部较密，或无毛；箨耳小，易脱落，鞘口具繸毛；箨舌高约 3 毫米，具细齿；箨叶卵状披针形，外反，腹面有毛。小枝具 6-10 叶；叶鞘背面疏生易脱落刺毛，叶耳不明显或无，鞘口无繸毛，叶舌高 1-2 毫米，先端平截；叶卵状披针形或长圆状披针形，长 18-30（-50）厘米，宽 4-8（-13）厘米，两面无毛，侧脉 11-15 对。笋期 7-9 月。

产浙江南部、台湾、福建、湖南、广东、香港、海南、广西、贵州、四川及云南，常栽植平地、缓坡、溪边；浙江南部、江西南

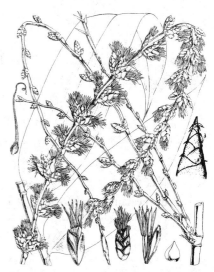

图 779 麻竹 （引自《Trans. Linn. Soc.》）

部有少量栽培。越南及缅甸有分布。为我国南方栽培最广的竹种，供建筑和篾用。笋味甜美，供制笋干、罐头，畅销国内外。竹姿雄伟优美，庭园栽培，供观赏。

6. 版纳甜龙竹

图 780

Dendrocalamus hamiltonii Nees et Arn. ex Munro in Trans. Linn. Soc. 26: 151. 1868.

秆高 12-18 米，径 9-13 厘米，梢端长而下垂，节间长 30-50 厘米，幼时被灰白色绒毛，节部具灰白或黄褐色绒毛环。秆箨早落，箨鞘革质，背面被微毛和稀疏易脱落刺毛，顶端两肩微隆起；无箨耳和鞘

口繸毛；箨舌高约1毫米，具波状齿裂；箨叶直立，长3-7厘米，腹面贴生刺毛。小枝具9-12叶；叶鞘背面贴生淡黄色刺毛，无叶耳和鞘口繸毛，叶舌高1.5-2毫米；大叶长达38厘米，宽7厘米，侧脉6-17对。

产云南南部，多栽培。印度、缅甸、尼泊尔、不丹

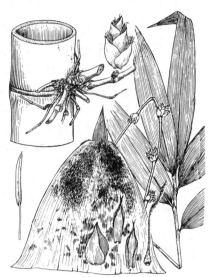

图 780 版纳甜龙竹 （引自《中国植物志》）

及老挝有分布。为产区常见笋用竹种。笋味甜美，称"甜竹"。

7. 黔竹 图 781

Dendrocalamus tsiangii (McClure) Chia et H. L. Fung in Acta Phytotax. Sin. 18(2): 216. 1980.

Lingnania tsiangii McClure in Sunyatsenia 6(1): 41. pl. 9. 1941.

秆高6-8米，径3-4厘米，梢端下弯呈钓丝状，节间长20-30（-40）

厘米，幼时被白粉，节下方具淡棕色绒毛环。秆箨早落，箨鞘厚纸质，长16-20厘米，背面贴生淡棕色刺毛；无箨耳及鞘口毛；箨舌高2毫米，具长达1厘米纤毛；箨叶披针形，外反，易脱落，基部宽约为箨鞘顶端1/3，腹面被白色硬毛。小枝具5-7叶；叶鞘无毛，无叶耳和鞘口繸毛，叶舌高1-2毫米，先端波状或

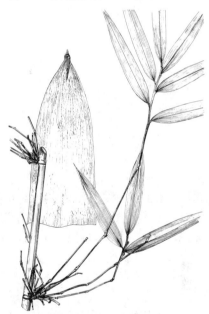

图 781 黔竹 （李 楠绘）

具细齿，具长达1厘米的纤毛；叶长圆状披针形，长6-16厘米，宽1-2厘米，两面无毛，侧脉4-6对，叶柄极短，无毛。

贵州特产。竹秆篾用价值甚高，所编织的竹席在国内外享有盛誉，为贵州著名土特产。

8. 吊丝竹 图 782

Dendrocalamus minor (McClure) Chia et H. L. Fung in Acta Phytotax. Sin. 8(2): 215. 1980.

Sinocalamus minor McClure in Sunyatsenia 6(1): 47. pl. 11. 12. 1941.

秆高6-8米，径3-6厘米，梢端拱形下垂，节间长30-40

图 782 吊丝竹 （王红兵绘）

厘米，幼秆密被白粉，无毛，基部数节节部有毛环。箨鞘鲜时草绿色，顶部圆口铲状，背面贴生棕色刺毛，中下部甚密；箨耳长 3 毫米，宽 1 毫米，易脱落，鞘口繸毛细弱，易脱落；箨舌高 3-6 毫米，先端平截，具流苏状毛；箨叶卵状披针形，外反，腹面基部被毛。小枝具 6-8 叶；叶鞘背面被刺毛，脱落，无叶耳和鞘口繸毛，叶舌高约 1 毫米，具细齿，有纤毛；叶长圆状披针形，长 10-25（-35）厘米，宽 1.5-3.5（-7）厘米，两面无毛，侧脉 8-10 对。花期 10-12 月。

产湖南南部、广东、广西及贵州，福建引种栽培；生于低山缓坡、溪边、林缘或村边。竹材篾性好，劈篾供编织；竹秆作棚架、农具柄。

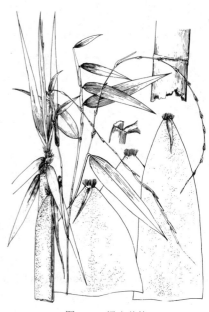

图 783 梁山慈竹
（引自《中国主要植物图说禾本科》）

9. 梁山慈竹　大叶慈　　　　图 783

Dendrocalamus farinosus (Keng et Keng f.) Chia et H. L. Fung in Acta Phytotax. Sin. 18(2): 215. 1980.

秆高 8-12 米，径 4-8 厘米，梢端弯曲或稍下垂，节间长 20-45 厘米，绿色，幼时被白粉，无毛，秆壁厚 0.4-1 厘米，秆环和箨环上下均有金色绒毛环，后脱落，箨环常有箨鞘基部残留物。箨鞘长圆状三角形，背面被深棕色刺毛，顶端平截或微凹；箨耳微弱，鞘口有少数繸毛；箨舌高 0.4-1 厘米，先端细齿状，被流苏状长纤毛；箨叶长披针形，基部稍缢缩，外反。小枝具 5-10 叶；叶鞘无毛，无叶耳和鞘口繸毛，叶舌高 1-1.5 毫米，先端平截；叶披针形，长 10-33 厘米，宽 1.5-6 厘米，上面绿色，有光泽，下面灰绿色，被白色微柔毛，侧脉 5-11 对，小横脉不明显。笋期 9 月。花期 7 月。

产广西、贵州、四川及云南，村落附近、宅旁、溪边多栽培。笋可食。竹材篾性好，供编制器具、工艺品，也是高级造纸原料。竹丛秀美，供观赏。

12. 大节竹属 Indosasa McClure

（赵奇僧　邹惠渝）

乔木状竹类；地下茎单轴型。秆散生，直立，分枝节间一侧具沟漕，沟漕长达节间 1/2 或 1/2 以上，秆内壁多少有屑状或海绵状增厚，非笛膜状；秆芽单生，中部每节分枝通常 3，中间枝略粗于两侧枝；秆环甚隆起，曲膝状，或中度隆起，非曲膝状。秆箨脱落性，革质或薄革质，常被刺毛，多无斑点；箨叶大，三角形或三角状披针形，稀带状披针形，直立或反曲。叶通常较大，横脉明显，呈方格状。出笋期春季至初夏。花序续次发生，常形成小穗丛，生于有叶小枝下部节上。假小穗粗短或细长，基部分枝形成次级假小穗或单生；有时形成花枝，假小穗基部具鞘状苞片，苞片先端有小叶；假小穗无柄。颖片 2- 数枚，与苞片相似，渐过渡；小花多数。外稃宽大，多脉；内稃较窄，与外稃等长或较短，先端钝，不裂，背部具 2 脊；鳞被 3，近相等；雄蕊 6，花丝分离，丝状；子房长椭圆形或纺缍形，花柱短，柱头 3 裂，羽毛状。颖果卵状椭圆形，花柱宿存。

约 15 种，分布于亚洲东部中国、越南和老挝。我国 13 种。

1. 每小枝通常具 1 叶，稀 2 叶，下部叶鞘超过上部叶鞘 ·· **1. 摆竹 I. shibataeoides**
1. 每小枝具 2- 数叶。
　2. 秆箨无箨耳。
　　3. 秆环、枝环甚隆起，曲膝状；叶片下面通常无毛。

4. 新秆节间无毛，平滑。

    5. 秆壁厚，基部近实心；秆箨上部一侧肿胀，极不对称，中部密被刺毛 ·················· 2. **大节竹 I. crassiflora**

    5. 秆壁薄，中空；秆箨对称，无毛或疏被刺毛 ··········· 3. **算盘竹 I. glabrata**

4. 新秆节间有毛，稍粗糙。

    6. 秆髓具圆环状增厚，新秆被易落白色长毛；秆箨具少数直立繸毛或无繸毛 ··

    ···················· 3(附). **毛算盘竹 I. glabrata var. albo-hispidula**

    6. 秆髓海绵状或屑状增厚，无圆环，新秆被贴生小刺毛；秆箨无繸毛。

      7. 秆髓微屑状增厚；叶长 14-27 厘米，宽 2.5-4.5 厘米 ··········· 4. **粗穗大节竹 I. ingens**

      7. 秆髓海绵状增厚；叶长 10-17 厘米，宽 1.2-2.5 厘米 ········· 4(附). **江华大节竹 I. spongiosa**

  3. 秆环、枝环均微隆起，非曲膝状；秆箨先端渐窄，具 2-4 条直立繸毛；叶下面被毛 ··········

  ·· 5. **甜大节竹 I. angustata**

2. 秆箨具箨耳。

  8. 秆环、枝环甚隆起，曲膝状；秆箨被簇生状刺毛。

    9. 新秆密被白粉；秆箨箨耳较小；叶长 12-22 厘米，宽 1.5-3 厘米，侧脉 5-6 对 ····· 6. **中华大节竹 I. sinica**

    9. 新秆无白粉；秆箨箨耳半圆形，长 1 厘米，高 5-7 毫米；叶长 6-14 厘米，宽 1-1.5 厘米，侧脉 3-4 对

    ·· 6(附). **小叶大节竹 I. parvifolia**

  8. 秆环、枝环中等隆起，非曲膝状，新秆密被刺毛；秆箨被散生刺毛，箨耳小，箨叶三角形或三角状披针形。

    10. 秆大枝斜展，新秆密被白粉；箨舌山峰状隆起；叶长 9-12 厘米，宽 1.2-2.6 厘米，下面无毛 ··········

    ·· 7. **棚竹 I. longispicata**

    10. 秆大枝近平展，新秆无白粉；箨舌平截或微隆起；叶长 13-25 厘米，宽 2-4 厘米，下面具白色刺毛或

    近无毛 ··· 7(附). **横枝竹 I. patens**

1. 摆竹

图 784

Indosasa shibataeoides McClure in Lingnan Univ. Sci. Bull. 9: 23. 1940.

秆高达 15 米，径 10 厘米，通常较矮小，中部节间长 40-50 厘米，新秆深绿色，无毛，节下具白粉；老秆绿黄或黄色，常具褐紫色斑点或斑纹，小竹秆环常甚隆起，高于箨环，大竹秆环微隆起，秆中部每节分枝 3，枝开展。笋期 4 月，虫害笋常为黄色。秆箨脱落性，淡桔红、淡紫红或黄色，具黑褐色条纹，疏被刺毛和白粉，无斑点或具细小斑点；箨耳较小，镰形，繸毛放射状；小秆箨常无毛，无箨耳和繸毛；箨舌微隆起或山峰状隆起，高约 2 毫米，先端具白色短纤毛；箨叶三角形或三角状披针形，基部常缢缩，绿色，具紫色脉纹。每小枝通常具 1 叶；叶鞘紫色，稀 2 叶而下部叶鞘超过上部叶鞘；叶椭圆状披针形，长 8-22 厘米，宽 1.5-3.5 厘米，两面无毛，下面粉绿色，侧脉 4-6 对。花期 6-7 月。

产湖南南部、广东及广西，生于海拔 300-1200 米山区；在广西灵川县摆竹山有大面积竹林，多生于常绿阔叶林内，组成第二层林

图 784 摆竹 （张世经绘）

木，耐荫性强。为广西北部重要经济竹种。竹秆易遭病菌侵害而形成紫黑色斑点。竹材整秆使用；笋可食。

2. 大节竹

图 785

Indosasa crassiflora McClure in Lingnan. Univ. Sci. Bull. 9: 29. 1940.

秆高 5 米，径 4 厘米，秆壁厚，基部近实心，中空小，髓薄，中部节间长 40-65 厘米；新秆绿色，节间被白粉，节下白粉较厚，无毛；秆环甚隆起，曲膝状，节内长 1 厘米，秆中部每节分枝 3，枝叶稀疏，枝环甚隆起，曲膝状。笋期 5 月上旬，笋绿或黄绿色。秆箨脱落性，短于节间，干时褐色，有深褐色纵条纹，具不明显斑点，上部两侧边缘常枯焦状，密被深褐色长粗毛，基部尤密，一侧或两侧近无毛，箨顶两侧不对称，一侧肿胀，中部密被刺毛；无箨耳，有少数卷曲繸毛；箨舌近平截，高约 2 毫米，先端有缺齿；箨叶窄三角状披针形，长 2-3 厘米，窄于箨鞘顶部，反曲，微皱缩，两面被短刺毛。每小枝 4-6 叶；叶鞘无毛，叶耳不发育，繸毛少数，直伸或脱落，叶舌高不及 1 毫米；叶带状披针形，长 11-23 厘米，宽 2-4.5 厘米，两面无毛，下面有白粉，一边有锯齿，侧脉 5-8

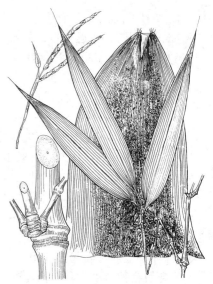

图 785 大节竹 （张世经绘）

对。花期 6 月。

产广西，多生于土壤干旱的低山灌丛中，在东兴县分布较广，为常见散生竹种。越南北部有分布。竹秆用作棚架等用。

3. 算盘竹

图 786

Indosasa glabrata C. D. Chu et C. S. Chao in Acta Phytotax. Sin. 21 (1): 64. f. 1. 1983.

秆高 3 米，径 2 厘米，秆壁厚 2-3 毫米，中空大，髓具圆环状增厚，中部节间长 20-30 厘米；新秆绿色，无毛，无白粉，节下有白粉环，光滑；老秆黄绿或黄色，有光泽；秆环甚隆起，曲膝状，节内长 0.5-1 厘米，每节分枝 3，枝环甚隆起，曲膝状。笋期 4 月下旬。秆箨迟落，绿或绿褐色，干后黄色，短于节间，无毛或疏被易落白色刺毛，无斑点；箨耳和繸毛不发育；箨舌微弧形，高 1-2 毫米；箨叶绿色，三角状披针形，开展。每小枝 2-4 叶；叶鞘除边缘外无毛，叶耳小或不明显，繸毛直伸，易落，叶舌短；叶长圆状披针形或披针形，长 8-16（-23）厘米，宽 2-2.8（-4.2）

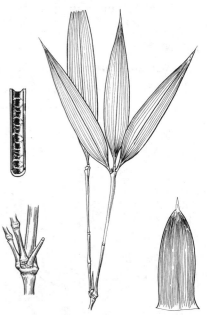

图 786 算盘竹 （张世经绘）

—— *Indosasa albo-hispidula* Q. H. Dai et C. E. Huang in Journ. Bamb. Res. 3(1): 47. f. 1. 1984. 与模式变种的区别：新秆具易落白色长毛，秆髓具圆环状增厚；秆箨有时具少数直立繸毛。产广西南部低海拔山区。

厘米，两面无毛或下面疏被毛，下面粉绿色，侧脉 5-7 对。

产浙江南部及广西南部，多生于空旷山坡或山顶。

[附] **毛算盘竹 Indosasa glabrata** var. **albo-hispidula** (Q. H. Dai et C. E. Huang) C. S. Chao et C. D. Chu, Fl. Reipubl. Popul. Sin. 9(1): 212. 1996.

4. 粗穗大节竹

图 787 : 1-8

Indosasa ingens Hsueh et Yi in Acta Bot. Yunnan. 5(1): 39. f. 1. 1983.

秆高 6 米,径 3-5 厘米,秆壁厚 5-8 毫米,中空,髓微屑状增厚,中部节间长 30-40(-65)厘米;新秆深绿或紫绿色,贴生黄褐色刺毛,粗糙,节下有白粉;秆环隆起至甚隆起,箨环无毛,节内长 1-1.3 厘米;每节分枝通常 3,下部有时 1,上部有时 5,斜展,枝环甚隆起,曲膝状。秆箨脱落性,革质,疏被黄褐色刺毛;箨耳和繸毛不发育;箨舌近平截或微隆起,高 1-1.5 毫米,先端具纤毛或近无毛;箨叶反曲,或下部者直立,卵状三角形,基部窄于箨鞘顶部。每小枝 5-9 叶;叶鞘除边缘外无毛,叶耳不发

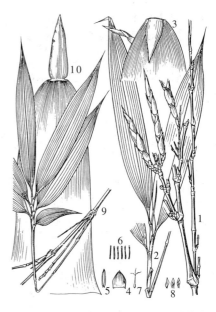

图 787 : 1-8.粗穗大节竹 9-10.江华大节竹
（张世经绘）

育,繸毛 2-3 条,易落;叶长圆状披针形或披针形,长 14-27 厘米,宽 2.5-4.5 厘米,两面绿色,无毛,侧脉 6-8 对。花期 10-12 月。

产云南东南部,生于海拔 950-1600 米荒山或溪沟边。秆供围篱及编织用;笋味苦,浸漂后可食用。

[附] **江华大节竹** 图 787 : 9-10 **Indosasa spongiosa** C. S. Chao et B. M. Yang in Bamb. Res. 1982(1): 14. f. 1. 1982. 与粗穗大节竹的主要区别:秆髓海绵状增厚;叶长 10-17 厘米,宽 1.2-2.5 厘米。产湖南南部,生于海拔约 800 米山区。竹秆供晒竿、瓜架及扫把柄等用;竹冠形态优美,可栽培供观赏。

5. 甜大节竹

图 788

Indosasa angustata McClure in Journ. Arn. Arb. 23(1): 93. 1942.

秆高 14 米,径达 10 厘米,髓海绵状增厚,具横隔,中部节间长 30-50 厘米;新秆淡绿色,疏被白色柔毛,后脱落;老秆灰绿色,秆环微隆起,箨环无毛,每节分枝多 3,有时 2 或 1,开展,枝环微隆起。笋期 4 月。秆箨脱落性,鲜时绿色,干后淡褐色,窄长,先端渐窄,脉纹明显,脉间被褐色刺毛,边缘具纤毛,无斑点,箨耳不发育,具繸毛 2-4 条,长 0.7-1.5 厘米,直立;箨舌高 2-5 毫米,先端具流苏状纤毛;箨叶披针形,淡紫红色,中间绿色,

图 788 甜大节竹 （张世经绘）

长 7-15 厘米,开展,基部较箨鞘顶端为窄,两面粗糙。每小枝具 3-6 叶;叶鞘无毛,边缘有时有纤毛,叶耳通常不发育,繸毛少数,直立,易落;叶带状披针形,长 11-28 厘米,宽 1.5-5 厘米,下面灰绿色,疏生硬毛,有锯齿,侧脉 3-7 对。

产广西南部,多生于常绿阔叶林下,较耐荫。越南北部有分布。笋味鲜美。

6. 中华大节竹

Indosasa sinica C. D. Chu et C. S. Chao in Acta Phytotax. Sin. 21(1): 65. f. 2. 1983.

图 789：1-9

秆高达 10 米，径约 6 厘米，秆壁甚厚，中空小，中部节间长 35-50 厘米；新秆绿色，密被白粉，疏生刺毛，略粗糙；老秆带褐或深绿色，秆环甚隆起，曲膝状；每节分枝 3，枝近平展，秆环隆起呈曲膝状。笋期 4 月。秆箨绿黄色，干后黄色，具隆起纵脉纹，密被簇生状刺毛，下半部尤密；箨耳较小，两面有刺毛，繸毛卷曲，长 1-1.5 厘米；箨舌高 2-3 毫米，背部有小刺毛，先端微弧形，具纤毛；箨叶绿色，三角状披针形，反曲，两面密被小刺毛。每小枝 3-9 叶；叶耳发育或不明显，繸毛带紫色，长达 8 毫米，早落；叶带状披针形，长 12-22 厘米，宽 1.5-3 厘米，顶端叶片有时宽 5-6 厘米，两面绿色，无毛，侧脉 5-6 对。花期 5 月。

产广西、贵州南部及云南，多生于低海拔地区，成片生长或散生。竹秆供小型建筑或棚架用；笋味苦。

[附] **小叶大节竹** 图 789：10-11 **Indosasa parvifolia** C. S. Chao et Q.

图 789：1-9.中华大节竹
10-11.小叶大节竹 （张世经绘）

H. Dai in Acta Phytotax. Sin. 21(1): 67. f. 3. 1983. 与中华大节竹的区别：新秆无白粉；箨耳半圆形，长约 1 厘米，宽 5-7 毫米；叶长 6-14 厘米，宽 1-1.5 厘米，侧脉 3-4 对。产广西西南部，生于海拔约 800 米荒山坡地。

7. 棚竹

Indosasa longispicata W. Y. Hsiung et C. S. Chao in Acta Phytotax. Sin. 21(1): 71. f. 5. 1983.

图 790：1-12

秆高 10-15 米，径达 6 厘米，大枝斜展，髓海绵状增厚，中部节间长 40-50 厘米；新秆绿色，密被白色刺毛和白粉；老秆黄绿色，秆环微隆起，中部每节分枝 3，上部有时 5，枝环微隆起。笋期 5 月，笋淡红褐或黄褐色，小笋绿色；下部秆箨淡红褐或黄褐色，上部者多绿色，干后灰黄褐色，密被白粉，疏生褐色刺毛，上部及小秆箨近无毛，边缘具褐色纤毛；箨耳镰状，长约 5 毫米，繸毛放射状，长 4-6 毫米；箨舌极短，隆起呈山峰状，先端具极短纤毛；箨叶鲜绿色，中部以下者多三角状，上部者三角状披针形或带状披针形，直立，贴秆，两面具极短刺毛。每小枝 3-5 叶；叶鞘边缘有纤毛，余无毛，叶耳和繸毛发育，繸毛放射状，叶舌极短，不明显；叶带状披针形或披针形，长 9-12 厘米，宽 1.2-2.6 厘米，两

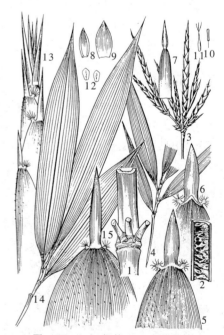

图 790：1-12.棚竹 13-15.横枝竹
（张世经绘）

面无毛，下面淡绿色，有锯齿，侧脉 4-6 对。花期 4-5 月。

产广西北部、贵州东北部及云南南部，多生于低山丘陵阔叶林下。竹材质脆，易裂，供棚架、围篱等用；竹秆通直，恣态秀丽，节间长，可栽培供观赏。

[附] **横枝竹** 图 790：13-15 **Indosasa patens** C. D. Chu et C. S. Chao in Acta Phytotax. Sin. 21(1): 72. f. 6. 1983. 与棚竹的区别：秆大枝近平展，新秆无白粉；箨舌平截或微隆起，叶长 13-25 厘米，宽达 4 厘米，下面具白色刺毛或近无毛。产广西北部低山地区，常生于阔叶林下。

13. 唐竹属 Sinobambusa Makino ex Nakai
（赵奇僧　邹惠渝）

乔木状竹类，地下茎单轴型。秆散生，直立，中空或内壁稍有海绵状增厚，节间在分枝一侧下半部扁平，具沟槽；箨环常具一圈毛或木栓质隆起；秆芽单生，每节分枝通常 3，枝开展或斜展，粗细近相等。春夏出笋。秆箨早落，革质或厚纸质，背部具疣基硬刺毛或近无毛，基底部通常密生刺毛；常具箨耳和繸毛。叶中型，网脉清晰。假小穗细长，多花，单生于有叶小枝下部节上，芽鳞和苞片渐过渡，基部数节苞片腋部有芽，可分枝形成小穗丛，无柄。外稃具多脉，先端尖，具小尖头；内稃与外稃等长或略短，背部具 2 脊，先端钝圆，脊与先端通常具纤毛；鳞被 3，膜质，具多脉，上部具纤毛；雄蕊 3，花丝分离；花柱 1，柱头 2-3 裂，羽毛状。颖果。

7-8 种，产亚洲。我国 6-7 种，产于长江流域以南各省区。

1. 新秆多少被毛，微被白粉；秆箨微被白粉或无白粉。
　　2. 秆内壁具海绵状增厚；秆箨箨耳镰刀形，高不及 6 毫米。
　　　　3. 叶下面无毛或基部有毛；秆箨鲜时具紫红色脉纹，箨叶下部边缘无刺毛。
　　　　　　4. 新秆无毛或近无毛，较光滑；秆箨微被白粉，箨耳具长约 1 厘米的繸毛 ·················· 1. 唐竹 S. tootsik
　　　　　　4. 新秆有毛，粗糙；秆箨绿色，无白粉，箨耳具长 2-3 厘米的长繸毛 ·················· 2. 晾衫竹 S. intermedia
　　　　3. 叶下面被柔毛；秆箨鲜时绿色，无紫红色脉纹，有白粉，箨叶下部边缘有刺毛；新秆被刺毛，粗糙 ········
　　　　　　·· 3. 杠竹 S. henryi
　　2. 秆壁呈屑状，无海绵状增厚；秆箨箨耳肾形，高 8-9 毫米 ·················· 4. 肾耳唐竹 S. nephroaurita
1. 新秆无毛，密被厚白粉；秆箨被厚白粉 ·· 5. 白皮唐竹 S. farinosa

1. 唐竹 疏节竹　　　　　　　　　　　　　　图 791
Sinobambusa tootsik (Sieb.) Makino in Journ. Jap. Bot. 2: 8. 1918.

　　Bambos tootsik Sieb. in Syn. Pl. Oecon. Univ. Regni Jap. 5. 1827, nom. nud.

秆高 5-10 米，径 2-6 厘米，内壁具海绵状增厚，中部节间长 30-45 厘米；新秆绿色，被白粉，节下更明显，无毛或疏被刺毛，较光滑；箨环微隆起，无箨鞘基部残留物，初被一圈棕色毛。秆箨褐绿色，略带紫红色，被白粉，具贴生棕色刺毛，基部密，毛脱落后，有疣基，边缘具褐色纤毛；箨耳镰刀形，较脆，繸毛褐色，长约 1 厘米；箨舌先端平截或拱圆，有纤毛；箨叶披针形，

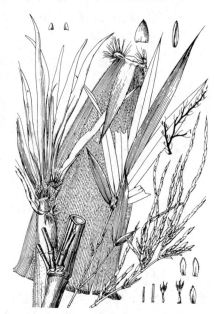

图 791 唐竹　（许基衍绘）

绿色略带紫色，外展，易脱落。每小枝 3-5 叶；叶鞘鞘口叶耳发育，或不发育，繸毛直立，略放射状，易落；叶披针形或带状披针形，长 9-18 厘米，宽 1.5-2.5 厘米，下面疏被柔毛或无毛，侧脉 5-6 对。笋期 4-5 月。

产福建南部、广东、香港等地，生于低山丘陵地区。杭州、南京等地引种栽培，生长良好。日本、美国和西欧各国栽培。竹材可供晒竿及柄材，也可栽培供观赏；笋味苦，不食用。

2. 晾衫竹 图 792

Sinobambusa intermedia McClure in Lingnan Univ. Sci. Bull. 9: 61. 1940.

秆高 4-5 米，径 2-3 厘米，内壁海绵状增厚，中部节间长 50-60 厘米；新秆绿色，密被紫色小点，具刺毛，粗糙，节下具白粉环；箨环密被棕褐色刺毛。秆箨绿色。边缘紫褐色，具棕褐色纤毛；箨鞘上半部密被棕色刺毛，基部密被棕褐色粗毛；箨耳厚，镰刀形，繸毛放射状，长 2-3 厘米；箨舌弓形或微凹，内弯，先端有纤毛；箨叶绿色，略带紫色，宽带状披针形，平展，无毛。每

图 792 晾衫竹 （赵南先绘）

小枝 4-6 叶；叶鞘鞘口叶耳发育或无，繸毛直立，长达 9 毫米；叶带状披针形或宽披针形，长 11-26 厘米，宽 1.5-3.5 厘米，两面无毛，下面灰绿色。笋期 4-5 月。

产福建、广东、广西、四川及云南，多生于低山丘陵及水沟旁。笋味苦；竹材用途同唐竹。

3. 杠竹 图 793

Sinobambusa henryi (McClure.) C. D. Chu et C. S. Chao in Acta Phytotax. Sin. 18(1): 33. 1980.

Semiarundinaria henryi McClure in Lingnan Univ. Sci. Bull. 9: 48. 1940.

秆通直，高 7-13 米，径 4-9 厘米，内壁具海绵状增厚，中部节间长 40-70 厘米；新秆绿色，节下具白粉和刺毛，粗糙，箨环密被毛。秆箨绿或黄绿色，革质，早落，与节间近等长，被白粉，密被棕色疣基刺毛，基部密被长刚毛，脉纹明显；箨耳长 0.7-1 厘米，高 4-6 毫米，极粗糙，繸毛黑棕或黄褐色，粗硬，长 1-1.5 厘米，直立或弯曲；箨舌高 2-3 毫米，先端隆起，具纤毛；箨叶直立或外

展，披针形，绿色，两面具短刺毛，粗糙，边缘基部具刺毛。每小枝 3-6 叶；叶鞘鞘口叶耳和繸毛发达；叶带状披针形或披针形，长 12-27 厘米，宽 1.5-3.5 厘米，下面带苍白色，具柔毛，侧脉 4-7 对。笋期 5 月。

产广东、广西及贵州。竹材粗大通直，材质坚硬，供杠材、柄材

图 793 杠竹 （赵南先绘）

或编箩筐、篓、箕等用；笋味苦涩，不食用。

4. 肾耳唐竹

图 794

Sinobambusa nephroaurita C. D. Chu et C. S. Chao in Acta Phytotax. Sin. 18(1): 33. pl. 6. 1980.

秆高 5-6 米，径 2-3 厘米，中空，内壁屑状，无海绵状增厚，中部节间长 30-45 厘米；新秆绿色，节间下部带黄绿色，微被白粉，具白色倒毛；箨环初被棕色粗毛，具箨鞘基部残留物，隆起。秆箨革质，短于节间，黄绿或淡黄褐色，疏生紫褐色刺毛，基部密被深褐色向下刚毛，边缘具淡黄褐色纤毛；箨耳肾形，长 1-1.5 厘米，高 8-9 毫米，被毛，粗糙，繸毛放射状，长 1-1.5 厘米；箨舌高 2-3 毫米，先端微隆起，具短纤毛；箨叶绿色，三角形或披针形，直立或开展，两面具短毛，两侧具锯齿。每小枝 3-5 叶；叶鞘上部边缘具纤毛，余无毛，叶耳不明显，繸毛直立，白色，长达 1 厘米；叶带状披针形，长 10-22 厘米，宽 1.4-2.8 厘米，两面无毛，侧脉 5-7 对；叶柄上面具短毛。笋期 4 月中下旬。

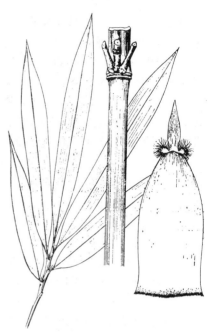

图 794 肾耳唐竹 （引自《植物分类学报》）

产广东（据文献记载）及广西，多生于低山丘陵，野生。

5. 白皮唐竹

Sinobambusa farinosa (McClure) Wen in Journ. Bamb. Res. 1(1): 35. 1982.

Semiarundinaria farinosa McClure in Lingnan Univ. Sci. Bull. 9: 45. 1940.

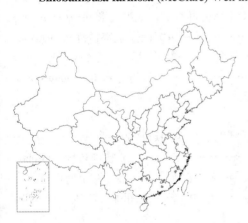

秆高 7 米，径 2-4 厘米，中部节间长 40-60 厘米；新秆无毛，密被厚白粉；箨环初被黄棕色刚毛；秆环膨大，较箨环高。秆箨革质，早落，灰绿色，初被厚白粉，后渐脱落，具紫褐色小刺毛，刺毛易脱落，上部近无毛，下半部刺毛渐多，基部密被棕黑色刺毛，纵脉较明显；箨耳中等大小，椭圆状或镰刀状，棕黑色，被粗毛，易碎，繸毛黄褐色，长达 1.4 厘米；箨舌绿色，微皱折，披针形，纸质，长 11-16 厘米，直立或外反，无毛或近无毛。每小枝具 3-6 叶；叶鞘被黄棕色柔毛，后渐脱落，叶耳不明显，繸毛淡黄色，硬直；叶薄纸质，带状披针形，长 13-19 厘米，宽 1.4-2.2 厘米，近无毛或下面被微毛，侧脉 4-6 对。笋期 5 月。

产浙江、福建、江西、广东及广西等省区。

14. 刚竹属 Phyllostachys Sieb. et Zucc.

（赵奇僧　邹惠渝）

乔木状；地下茎单轴型，顶芽不出土，横生成竹鞭，部分侧芽出土成竹，秆散生。节间在分枝一侧通常扁平或成沟槽；髓笛膜状，易与秆内壁剥离；每节通常 2 分枝，一粗一细，分枝基部具 1 早落、2 裂或不裂的前叶，再分枝的基部均裸露。笋期早春至初夏。秆箨革质，早落，具斑点或无；箨叶带状披针形或三角形。每小枝 1- 数叶，通常 2-3 叶；叶通常较小，有细锯齿，或一边全缘，方格状网脉明显。复穗状花序或密集成头状，由多数假小穗组成，生于枝顶或小枝上部叶丛间；假小穗无柄，外被数枚叶状或苞片状佛焰苞。

小花 2-6，颖片 1-3 或不发育。外稃先端锐尖；内稃有 2 脊，2 裂，裂片先端锐尖；鳞被 3，形小；雄蕊 3，花丝细长；雌蕊花柱细长，柱头羽状，3 裂。颖果。

约 50 种，黄河流域以南至南岭山地为分布中心，少数种类分布至印度及中南半岛。日本、朝鲜、北美、俄罗斯、北非、欧洲各国广为引种栽培。

本属种类多，面积大，用途广，是我国竹类中最重要的类群，在林业生产占重要地位，提供竹材、竹制品、竹笋和笋制品。不少竹种适应性强，是竹类中耐寒性较强的类群，有的可耐 -20℃ 以下低温，是发展我国北方地区竹林生产的主要引种资源。

用途广，整材用于建筑竹房、竹棚、竹筏、作脚手架，或作篙竹、柄竹、晒竿及竹制家具，亦可劈篾编织农具和生活用具；有的笋味鲜美，供鲜食或加工成笋制品，有的竹秆色泽美丽，为优良观赏竹种。

1. 秆中下部秆箨多少具斑点，或笋箨具斑点（发育不良的小竹秆，其秆箨有时无斑点）。
  2. 秆箨有箨耳和繸毛。
    3. 竹秆分枝以下秆环平，仅箨环隆起；秆箨箨耳发育微弱，繸毛发达。
      4. 竹秆基部数节间节间甚短；秆箨密被斑点或斑块，箨叶短，长三角形或披针形；叶长 4-11 厘米 ………………………………………………………………………………………… 1. **毛竹 P. edulis**
      4. 竹秆基部节间长度较均匀；秆箨被细小斑点，箨叶长达 30 厘米，带状披针形；叶长 10-15 厘米 ………………………………………………………………………………………… 2. **假毛竹 P. kwangsiensis**
    3. 竹秆分枝以下秆环、箨环均隆起。
      5. 新秆无毛；秆箨被毛，斑点较密或疏生。
        6. 新秆密被白粉。
          7. 秆箨淡红棕色，无明显紫色脉纹；秆环微隆起或较平。
            8. 新秆带紫色，中部节间长达 35 厘米；箨舌高不及 2 毫米，先端具纤毛；叶耳不发育 ………………………………………………………………………………………… 3. **灰水竹 P. platyglossa**
            8. 新秆绿色，中部节间长约 20 厘米；箨舌甚高，先端具长纤毛；叶耳卵形或半圆形 ………………………………………………………………………………………… 3(附). **红壳雷竹 P. incarnata**
          7. 秆箨非红棕色，具紫色脉纹；箨舌先端具短纤毛；新秆深绿色，秆环隆起，带紫色，中部节间长 21-25 厘米 ………………………… 4. **绿粉竹 P.viridi-glaucescens**
        6. 新秆无白粉或微被白粉。
          9. 秆箨箨耳较小，有时一侧发育，箨叶平直或微皱折。
            10. 新秆箨环无毛，节间长 25-40 厘米；箨舌绿色，先端具纤毛；叶下面近基部有毛 ………………………………………………………………………………………… 5. **桂竹 P. bambusoides**
            10. 新秆箨环具淡褐色毛，节间长 18-20 厘米；箨舌紫色，先端密被流苏状纤毛；叶下面密被细毛 ………………………………… 5(附). **毛壳花哺鸡竹 P. circumpilis**
          9. 秆箨箨耳发达，箨叶皱折。
            11. 秆环微隆起；秆箨淡黄色，疏生斑点；叶下面密被细毛 ……… 6. **白哺鸡竹 P. dulcis**
            11. 秆环突隆起；秆箨淡褐黄色，密被斑点或斑块；叶下面基部有毛 …… 6(附). **高节竹 P. prominens**
      5. 新秆被毛；秆箨疏生细小斑点，有时近无斑点。
        12. 秆箨密被小刚毛；秆较粗糙；叶宽约 1 厘米 ……… 7. **毛壳竹 P. varioauriculata**
        12. 秆箨无毛；叶宽 1.3-2.2 厘米。
          13. 新秆密被毛，老秆较粗糙，秆环隆起；秆箨箨舌先端具短纤毛 ……… 8. **黄槽竹 P. aureosulcata**
          13. 新秆疏生倒毛，老秆不粗糙，秆环微隆起；秆箨箨舌背部有紫红色长纤毛 …… 9. **黄苦竹 P. mannii**
2. 秆箨无箨耳和繸毛。
  14. 秆箨底部及新秆箨环被细毛。

15. 秆中下部节间常畸形、缩短、肿胀；秆箨疏生小斑点；笋期 4 月 ······ 10. **人面竹 P. aurea**

15. 秆节间正常，不缩短；秆箨斑点较密；笋期 4 月下旬至 5 月上旬 ······ 11. **毛环竹 P. meyeri**

14. 秆箨底部及新秆箨环无毛。

16. 秆箨疏生刺毛或脉间有微小刺毛，粗糙。

17. 新秆有紫色晕斑，被白粉；秆箨被白粉，脉纹间具疣基小刺毛，略粗糙，无叶耳和繸毛。

18. 秆箨常有紫黑色斑块，箨舌先端平截，高约 4 毫米；叶下面基部被长柔毛 ······ 12. **灰竹 P. nuda**

18. 秆箨有细小斑点，箨舌隆起，高 4-8 毫米，两侧下延；叶下面基部无毛 ······ 13. **石绿竹 P. arcana**

17. 新秆绿色，无明显白粉；秆箨无白粉，具脱落性刺毛，箨舌隆起，两侧下延，具叶耳和繸毛。

19. 秆箨绿或褐绿色，箨舌隆起，高不及 5 毫米，先端具纤毛 ······ 14. **尖头青竹 P. acuta**

19. 秆箨带红褐色，箨舌隆起，高达 1 厘米，先端具流苏状长纤毛，毛长达 1 厘米 ······

······ 14(附). **角竹 P. fimbriligula**

16. 秆箨无毛。

20. 竹秆分枝以下秆环平，箨环隆起；秆箨黄绿色，有绿色脉纹 ······ 15. **金竹 P. sulphurea**

20. 竹秆分枝以下秆环、箨环均隆起。

21. 箨舌先端平截或弧形拱起，两侧不下延或微下延。

22. 秆分枝上升，冠幅窄；秆箨黄白色，具淡紫色纵条纹，箨舌隆起，被白色长纤毛 ······

······ 16. **黄古竹 P. angusta**

22. 秆分枝开展，冠幅较宽；秆箨色较深，箨舌先端被短纤毛或紫红色长纤毛。

23. 箨舌先端被灰白色短纤毛。

24. 新秆蓝绿或淡绿色，被白粉或节下有白粉；秆箨疏生细小斑点，有时近顶端形成斑块，箨叶平直。

25. 秆箨淡红褐色（小笋带绿色），箨舌、叶舌均紫或紫褐色，箨舌先端平截，箨叶较短；新秆密被白粉，呈蓝绿色 ······ 17. **淡竹 P. glauca**

25. 秆箨淡褐或绿褐色，箨舌、叶舌淡褐或绿色。

26. 新秆被白粉，呈蓝绿色；秆箨微被白粉，箨舌弧形拱起，箨叶带状 ··· 18. **沙竹 P. propinqua**

26. 新秆绿色，节下有白粉；秆箨无白粉，箨舌先端平截，箨叶较短 ··· 19. **甜竹 P. flexuosa**

24. 新秆深绿色，无白粉；秆箨密被细小斑点，近顶端密集成斑块，箨叶皱折 ······

······ 19(附). **花哺鸡竹 P. glabrata**

23. 箨舌先端被紫红色长纤毛。

27. 秆中部节间长 25-30 厘米，新秆微被白粉，老秆常隐约有黄色纵条纹；秆箨淡红褐色，密被紫黑色小斑点；笋期 4 月中、下旬 ······ 20. **红壳竹 P. iridescens**

27. 秆中部节间长 30-40 厘米，新秆被白粉，老秆无黄色条纹；秆箨黄绿或微带紫色，具较密斑点；笋期 5 月 ······ 20(附). **台湾桂竹 P. makinoi**

21. 箨舌先端隆起，两侧下延成肩状，箨叶皱折。

28. 新秆解箨时带紫色、后深绿色，密被白粉，节带紫色，中部节间长 15-25 厘米；笋期 3 月下旬至 4 月初 ······ 21. **早竹 P. violascens**

28. 新秆绿色，微被白粉，节非紫色，中部节间长 25-35 厘米；笋期 4 月中、下旬 ······

······ 22. **乌哺鸡竹 P. vivax**

1. 秆箨或笋箨无斑点。

29. 秆箨具明显箨耳。

30. 每小枝通常 2 叶以上，稀 1 叶，叶不下倾；秆箨箨耳非箨叶基部延伸而成。

31. 秆箨淡红褐色，密被毛；新秆密被细毛，箨环有毛。

32. 秆高 3-6（-10）米，径 2-4 厘米，新秆淡绿色，一年后秆紫黑色 ······ 23. **紫竹 P. nigra**

32. 秆高达 18 米，径 5-10 厘米，新秆绿色，老秆灰绿或灰白色 ········· 23(附). **毛金竹 P. nigra** var. **henonis**
  31. 秆箨绿或暗绿色，除基部外，无毛或近无毛。
    33. 秆箨底部及新秆箨环密被毛 ·· 24. **红边竹 P. rubromarginata**
    33. 秆箨底部及新秆箨环无毛。
      34. 地下茎有通气道；秆箨有紫色纵条纹，箨舌与箨叶基部近等宽，两侧不露出，先端被粗纤毛 ············
        ·· 25. **硬头青竹 P. veitchiana**
      34. 地下茎无通气道；秆箨无紫褐色脉纹，有时先端有乳白色纵条纹，箨舌宽于箨叶基部，两侧露出，先
        端被细纤毛 ·· 25(附). **蓉城竹 P. bissetii**
  30. 每小枝通常具 1 叶，叶下倾；秆箨箨耳由箨叶基部两侧延伸而成，长达 2 厘米以上 ··· 26. **篌竹 P. nidularia**
29. 秆箨无箨耳或有微小箨耳。
  35. 箨舌先端平截或近平截。
    36. 秆箨无箨耳和繸毛；秆箨淡绿色，箨舌宽于箨叶基部，两侧明显露出，先端被紫红色长纤毛 ············
      ·· 27. **舒竹 P. shuchengensis**
    36. 秆中、上部秆箨常具微小箨耳和繸毛；新秆绿色，疏生倒毛；秆箨绿或深绿色，无放射状条纹，箨舌
      低，先端被短纤毛 ·· 28. **水竹 P. heteroclada**
  35. 箨舌先端凹缺或弧形。
    37. 新秆无白粉或微被白粉；秆箨淡绿色，具紫色纵条纹，箨舌先端凹缺；叶长 5-11 厘米 ····················
      ·· 29. **安吉水胖竹 P. rubicunda**
    37. 新秆密被白粉；秆箨淡褐或淡紫红色，箨舌先端弧形；叶长 3.5-6.2 厘米 ···································
      ·· 29(附). **安吉金竹 P. parvifolia**

1. 毛竹 茅竹 楠竹 孟宗竹   图 795 图 796：1-3
Phyllostachys edulis (Carr.) H. de Lehaie in Bamb. 1: 39. 1906.
Bambusa edulis Carr. in Rev. Hort. 37: 380. 1866.
Phyllostachys heterocycla (Carr.) Mitf. cv. 'Pubescens'；中国植物志 9(1): 275. 1996.

秆高达 20 多米，径 12-16（-30）厘米，基部节间长 1-6 厘米，中部节间长达 40 厘米；新秆密被细柔毛，有白粉，老秆无毛，节下有白粉环，后渐黑；分枝以下秆环不明显，箨环隆起，初被一圈毛，后脱落。笋期 3 月下旬至 4 月。秆箨长于节间，褐紫色，密被棕褐色毛和深褐色斑点，斑点常块状分布，下部斑点较小而稀；箨耳小，繸毛发达；箨舌宽短，弓形，两侧下延；箨叶较短，长三角形或披针形，多绿色，初直立，后反曲。枝叶二列状排列，每小枝具 2-3 叶；叶披针形，长 4-11 厘米，宽 0.5-1.2 厘米；叶耳不明显，有繸毛，后渐脱落。颖果长 2-3 厘米。幼苗分蘖丛生，每小枝 7-14 叶；叶披针形或卵状披针形，长 10-18 厘米，宽 2-4.2 厘米；叶鞘紫褐色，与叶下面均密被柔毛，叶耳小，繸毛长 1-1.5 厘米。

图 795 毛竹 （蔡淑琴绘）

产河南、江苏南部、安徽、浙江、福建、江西、湖北、湖南、广东北部、广西、贵州、四川及云南东北部，多生于海拔 1000 米以下山地；山东、河南、山西、陕西

等地引种栽培。日本、美国、俄罗斯及欧洲各国有引种栽培。

2. 假毛竹

图 796：4-6

Phyllostachys kwangsiensis W. Y. Hsiung, C. W. Die et C. K. Liu in Acta Phytotax. Sin. 18 (1): 34. f. 7. 1980.

秆高 8-16 米，径 4-10 厘米，节间长 25-35 厘米；新秆绿色，密被毛，箨环上下均有白粉环，分枝以下秆环平；老秆绿黄或黄色。笋期 4 月。秆箨紫褐色，长于节间，疏生深褐色小斑点，下部秆箨被紫褐色毛，上部秆箨近无毛；箨耳不明显，繸毛紫色；箨舌短，弧形，密生紫色长纤毛；箨叶紫褐色，带状披针形，长达 30 厘米。每小枝 1-4 叶；繸毛发达，脱落性；叶带状披针形，长 10-15 厘米，宽 0.8-1.5 厘米，下面粉绿色。花期 4-5 月。

产广西中部及北部，湖南南部等地栽培。野生假毛竹常与杉木、马尾松及阔叶树混生成林。竹秆通直，尖削度小，竹壁厚度及节间长度均匀，竹材坚韧，纹理细密，篾性优良，少虫蛀，用途广，供制家具、农具或劈篾供编织。

图 796：1-3.毛竹 4-6.假毛竹 （蔡淑琴绘）

3. 灰水竹

图 797：1-5

Phyllostachys platyglossa Z. P. Wang et Z. H. Yu in Acta Phytotax. Sin. 18 (1): 184. f. 8. 1980.

秆高 8 米，径约 3 厘米，秆中部最长节间达 35 厘米；新秆带紫色，密被白粉，无毛；老秆绿色，微被白粉，秆环微隆起。笋期 4 月中下旬。秆箨褐红色，有白粉，疏被易脱落刚毛，斑点稀疏，黑褐色，上部斑点较密，边缘有白色缘毛；箨耳矩圆形，紫褐色，带绿或淡绿色，长 0.5-1 厘米，繸毛长，弯曲；箨舌高不及 2 毫米，黑紫色，先端近平截或微弧形，密生纤毛；箨叶三角状披针形或带状，绿色带紫，皱折。每小枝 2-3 叶，稀 1 叶；叶鞘边缘幼时有毛，叶耳和繸毛不明显；叶长 8.5-14 厘米，宽 1.4-2.1 厘米，下面基部疏生毛。

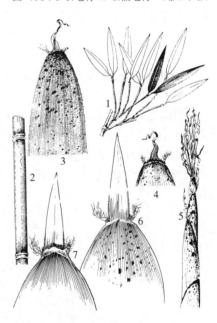

图 797：1-5.灰水竹 6-7.红壳雷竹
（引自《植物分类学报》）

产江苏南部、安徽东南部及浙江西北部，生于平原粉沙土。竹材供柄材，也可篾用，用盐水泡后可编篾席；笋味淡，供食用。

[附] **红壳雷竹** 图 797：6-7 **Phyllostachys incarnata** Wen in Bull. Bot. Res. (Harbin) 2(1): 65. f. 4. 1982. 与灰水竹的主要区别：新秆绿色，中部节间长约 20 厘米；箨舌高不及 2 毫米，先端具纤毛；叶耳不发育。产浙江南部。主要作笋用竹栽培，产量较高。

4. 绿粉竹

图 798

Phyllostachys viridi–glaucescens (Carr.) A.et C. Riv. in Bull. Soc. Natl. Acclim. France III. 5: 700. 1878.

Bambusa viridi-glaucescens Carr. in Rev. Hort. 1861: 146. 1861.

秆高 7-8 米，径 4-5 厘米，中

部节间长21-25厘米；新秆深绿色，密被白粉，无毛，节部带紫色，老秆黄绿或灰绿色，节间具细纵棱脊，秆环隆起，带紫色。笋期4月中旬。秆箨淡黄褐色，有紫色脉纹，先端较窄，被白粉和直立硬毛，

斑点较小而分散，顶部密集成块状；箨耳镰状，黄绿或绿褐色，有时仅一侧有箨耳或无，繸毛长约1厘米，弯曲；箨舌淡紫褐色，先端弧形，有白色短纤毛；箨叶带状，上半部皱折，下半部平直，反曲。每小枝2-3叶；有叶耳和繸毛，叶舌紫褐色，先端及背部有细毛；叶长6-13厘米，宽1.3-1.7厘米，下面近无毛，或密生短毛。

产江苏南部、安徽、浙江、福建、江西北部、湖南西南部及海南，多生于山坡，散生，稀成片生长。美国、俄罗斯、法国、英国引种栽培。竹材坚硬，多整材使用，供柄竹等用；笋味鲜美，供食用。

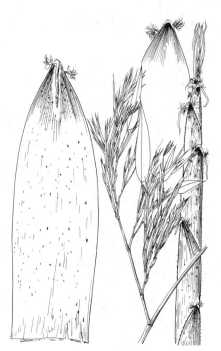

图 798 绿粉竹 （蔡淑琴绘）

5. 桂竹

图 799

Phyllostachys bambusoides Sieb.et Zucc. in Abh. Akad. Wiss. Wien, Math-Phys. 3: 746. 1843.

秆高达20米，径14-16厘米，秆中部节间长25-40厘米，箨环无毛，新秆、老秆均深绿色（小秆绿色），无白粉，无毛，秆环微隆起。笋期5月下旬。秆箨黄褐色，密被近黑色斑点，疏生硬毛，两侧或一侧有箨耳；箨耳长圆形或镰状，黄绿色，有弯曲繸毛，下部秆箨常无毛，无箨耳；箨舌微隆起，绿色，先端有纤毛；箨叶带状，桔红色有绿色边带，平直或微皱，下垂；小秆秆箨绿色，斑点分散，无箨耳或很小，无毛，箨叶绿色或边缘带桔黄色。每小枝初5-6叶，后2-3叶；有叶耳和长繸毛，后渐脱落；叶带状披针形，长7-15厘米，宽1.3-2.3厘米，下面有白粉，粉绿色，近基部有毛。

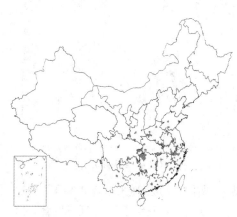

产山东、山西、河南、陕西、甘肃、江苏、安徽、浙江、福建、江西、湖北、湖南、广东、广西、贵州、四川及云南，多生于山坡下部和平地土层深厚地方。为黄河流域至长江流域各地重要竹种。日本、美国、俄罗斯及欧洲引种栽培。竹秆粗大通直，材质坚韧，篾性好，用途广，供建筑、家具、柄材等。

[附] **毛壳花哺鸡竹 Phyllostachys circumpilis** C. Y. Yao et C. Y. Chen

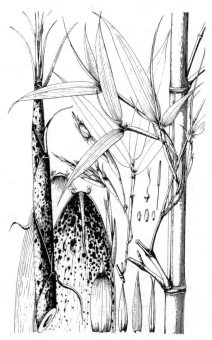

图 799 桂竹 （蔡淑琴绘）

in Acta Phytotax. Sin. 18(2): 178. f. 5. 1980. 与桂竹的主要区别：新秆箨环具淡褐色毛，节间长18-20厘米；箨舌紫色，先端密被流苏状纤毛；叶下面密被细毛。产浙江，多生于

家前屋后。竹材供柄材用，篾性较差；笋味甜，供食用。

6. 白哺鸡竹

图 800：1-4

Phyllostachys dulcis McClure in Journ. Wash. Acad. Sci. 35: 285. f. 2. 1945.

秆高 7 米，径 4-5 厘米，中部节间长约 24 厘米；新秆绿色，无毛，节下有白粉环，秆环微隆起。笋期 4 月下旬。秆箨淡黄色，顶部略带紫红色，边缘带褐色，疏生白毛及淡褐色小斑点，斑点分散；箨耳矩圆形或近半圆形，边缘有弯曲繸毛；箨舌宽为箨叶 2 倍，淡褐色，先端微隆起，有短纤毛；箨叶宽带状，淡紫红色（笋时顶部箨叶黄色，有紫色脉纹），皱折，开展，不下垂。每小枝 2-4 叶；叶鞘无叶耳和繸毛，外叶舌密生短毛，叶舌隆起，外侧幼时有毛，基部疏生长粗毛；叶宽带状披针形，长 10-16 厘米，宽 1.5-2.5 厘米，下面密生细毛，基部密。

产江苏南部、安徽东南部、浙江、福建及江西东北部，杭州及附近农村栽培普遍，多生于家前屋后，为平原竹种。喜湿润肥沃土壤。笋味鲜美，供食用，每百克鲜笋含蛋白质 3.44 克，含糖分 2.33 克，并含丰富的无机盐，为浙江重要笋用竹种，产量次于早竹。笋期短，发笋集中，称"哺鸡"，因多栽于家前屋后，称"护基竹"。竹壁较薄，易裂，可作草锄柄。主要作笋用竹种栽培。

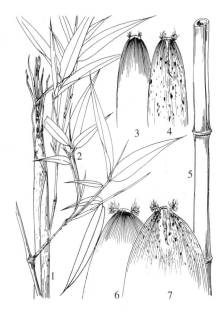

图 800：1-4. 白哺鸡竹 5-7.高节竹
（蔡淑琴绘）

[附] **高节竹** 图 800：5-7
Phyllostachys prominens W. Y. Hsiung in Acta Phytotax. Sin. 18(2): 182. f. 6. 1980. 与白哺鸡竹的主要区别：秆环隆起；秆箨淡褐黄色，密被斑点或斑块；叶下面基部有毛。产浙江临安、杭州等地，多生于平地家前屋后或河漫滩。节甚隆起，不易劈篾，多用作柄材；笋可食用。

7. 毛壳竹 乌竹

图 801

Phyllostachys varioauriculata S. C. Li et S. H. Wu in Journ. Anhui Agr. Coll. 1981(2): 49. 1981.

秆高 3-4 米，径 1-2 厘米，中部节间长 20-30 厘米，有不规则细棱脊；幼秆绿色带紫，微被白粉，有毛，略粗糙，节下白粉环明显，老秆绿或灰绿色，秆环隆起，节内长 3 毫米。笋期 4 月下旬。秆箨纸质，暗绿紫色，先端有乳白或淡紫色放射状纵条纹，密被灰白色小刚毛和白粉，边缘具纤毛，下部秆箨先端疏生棕色小点；箨耳紫色，镰刀形或微弱，或一侧发育，疏生繸毛；箨舌暗紫色，平截或微拱形，先端不整齐，具紫或白色流苏状纤毛；箨叶直立，窄三角形或披针形，基部较宽，绿紫色。每小枝 2 叶；叶耳微小，具

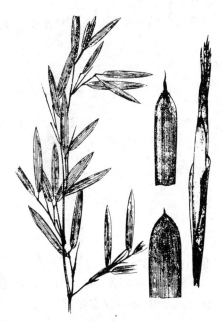

图 801 毛壳竹 （引自《植物分类学报》）

少数脱落性繸毛；叶长 5-11 厘米，宽 0.9-1.1 厘米，下面基部微被毛。

　　产江苏、安徽、浙江及福建。秆型小，壁厚，篾性差，用途一般。

8. 黄槽竹 图 802

Phyllostachys aureosulcata McClure in Journ. Wash. Acad. Sci. 35: 282. f. 3. 1945.

　　秆高达 9 米，径 2-4 厘米，通直，中部节间长 15-20 厘米，绿色，分枝一侧沟槽黄色；新秆密被细毛，后渐脱落，节下有白粉环；老秆较粗糙，秆环突隆起。笋期 4 月下旬至 5 月上旬。秆箨淡黄或淡紫色，无毛，疏生紫色斑点，有时近无斑点；箨耳镰刀形，为箨叶基部延伸而成，长 0.5-1 厘米，繸毛长，紫褐色；箨舌宽短，弧形，先端有波状齿，具纤毛；箨叶三角形或三角状披针形，初皱折，后平直，基部延伸。每小枝 1-2 叶；鞘口繸毛不发育；叶披针形或带状披针形，长 5-11 厘米，宽 0.8-1.5 厘米，下面基部微有毛。

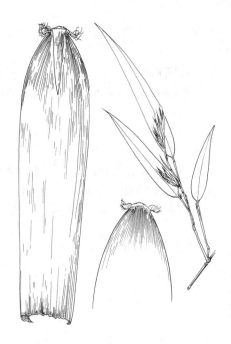

图 802 黄槽竹 （蔡淑琴绘）

　　产浙江，北京有栽培，多供观赏。耐寒性强，在北京生长良好。

9. 黄苦竹 美竹 图 803

Phyllostachys mannii Gamble in Ann. Roy. Bot. Gart. (Calcutta) 7: 28. pl. 28. 1896.

　　秆高 8-9 米，径 4-6 厘米，中部节间长 27-42 厘米；新秆鲜绿色，疏生白色倒毛，几无白粉，后节下有白粉环；老秆绿或黄绿色，秆环微隆起。笋期 4 月。下部秆箨多带淡紫色，有多数紫色脉纹，上部秆箨淡绿色，有多数黄白色条纹，多数秆箨上半部淡黄绿色，下半部淡紫色，两边带紫红色，先端宽平截（下部秆箨先端钝圆），无毛，有稀疏紫褐色小斑点或近无斑点，上部边缘有白色缘毛；箨耳窄镰形（下部秆箨有时无箨耳或箨叶基部延伸成小箨耳），紫色，长约 1 厘米，繸毛长约 8 毫米（小箨耳常无繸毛）；箨舌宽短，与箨鞘先端近等宽，紫色，先端平截或微弧形，有白色纤毛，背部具多数紫红色长纤毛；箨叶三角形（下部）、三角状披针形（中部）或宽带状（上部），下部者淡紫色，直立，上部者黄绿色，微开展或拱曲，基部与箨鞘先端近等宽，常延伸成箨耳。每

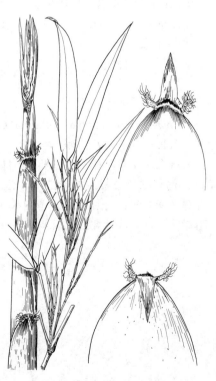

图 803 黄苦竹 （蔡淑琴绘）

小枝 1-2 叶；叶耳小或不明显，繸毛直伸，疏生，脱落或宿存；叶带状披针形或披针形，长 5-12 厘米，宽 1-2 厘米，下面无毛或基部被柔毛。

产河南、陕西、江苏、安徽、浙江、贵州、四川、云南及西藏，多生于山坡下部及河漫滩。印度有分布。江苏南部、浙江西北部栽培较普通。竹材坚韧，节间长，易劈篾，篾性甚佳，优于淡竹，所编竹器耐用，也可整材使用，做柄材、晒竿；笋味苦，一般不食用。为优良篾用竹种，宜大力推广造林。

10. 人面竹

图 804：5-7

Phyllostachys aurea Carr. ex A. et C. Riv. in Bull. Soc. (Acclim.) ser. 3, 5: 716. f. 36. 37. 1878.

秆高 5-8 米，径 2-3 厘米，通直，近基部或中部以下数节常畸形缩短，节间肿胀或缢缩，节有时斜歪，中部正常节间长 15-20 厘米，最长节间达 25 厘米；新秆绿色，微有白粉，无毛，箨环有一圈细毛；老秆黄绿或黄色，秆环与箨环均微隆起。笋期 4 月。秆箨淡褐黄色，微带红色，边缘常枯焦，无毛，底部有细毛，疏被褐色小斑点或小斑块；箨舌黄绿色，先端平截或微弧形，有纤毛；无箨耳和繸毛；箨叶带状披针形，下垂。每小枝

2-3 叶；初有叶耳和繸毛，后脱落；叶带状披针形或披针形，长 6-12 厘米，宽 1-1.8 厘米，下面近基部有毛或无毛。

产山东、河南、陕西南部、江苏、安徽、浙江、福建、江西、湖北、湖南、广东、广西、贵州、四川及云南，多生于海拔 700 米以下山地。各地园林绿化广为栽培。日本、美国、俄罗斯、欧洲及拉丁美洲引种栽培。竹秆可作手杖、钓鱼竿和制作小型工艺品等用；笋味鲜美，供食用。国外栽培多用作钓鱼竿。

11. 毛环竹

图 804：1-4

Phyllostachys meyeri McClure in Journ. Wash. Acad. Sci. 35: 286. f. 1. 1945.

秆高达 11 米，径 7 厘米，通直，中部最长节间达 35 厘米，竹壁厚约 3 毫米；新秆绿色，节下有白粉，呈蓝绿色；箨环带紫色，初被白色细毛，余处无毛；老秆绿至灰绿色，秆环微隆起。笋期 4 月下旬至 5 月上旬。秆箨淡紫褐或黄褐色，微有白粉，无毛，底部有白色细毛，箨上部有较密斑点，有时成斑块，下部斑点较小而分散，斑点紫黑色，稀有紫色条纹；无箨耳和繸毛；箨舌淡黄褐色，先端平截或微隆起，无毛；箨叶带状，外面褐紫色或内面绿紫色，有黄色窄边带，下垂。每小枝 2-3 叶；无叶耳和繸毛，叶舌隆起；叶披针形或带状披针形，长 6.5-15 厘米，宽 1-1.5 厘米，下面基部疏生白色长毛。

产河南南部、江苏、安徽、浙江、福建、江西北部、湖北、湖

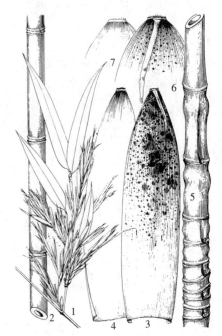

图 804：1-4. 毛环竹 5-7. 人面竹
（蔡淑琴绘）

南、广西、贵州及云南。为重要材用竹种。美国及欧洲各国引种栽

培。竹材坚韧，可做柄材，在浙江选用竹秆的最长节间作杭州绸伞的伞骨，篾性好，宜编织竹器；笋供食用。

12. 灰竹　　　　　　　　　　　　　图 805：1-5

Phyllostachys nuda McClure in Journ. Wash. Acad. Sci. 35: 288. f. 2. 1945.

秆高 8 米，径 3-4 厘米，秆壁厚，约占径 1/3-1/2，中部节间长 30 厘米；新秆深绿色，密被粘质白粉，节紫色，节间具紫色条纹；老秆绿至灰绿色，节下白粉环明显，秆环突隆起。笋期 4 月上旬，笋灰紫或灰绿色，有白粉和紫黑色斑块。秆箨淡褐紫或淡红褐色，脉间具刺毛，被白粉（林缘及小竹的秆箨带绿色，无白粉），有多数紫色脉纹和块状斑点，无毛；无箨耳和繸

图 805：1-5.灰竹　6-7.石绿竹　（蔡淑琴绘）

毛；箨舌黄绿色，高约 4 毫米，先端平截，有缺齿和纤毛；箨叶绿色，有紫色脉纹，三角状披针形，较短，幼时微皱，后平直，反曲。每小枝初 4 叶，后 2 叶，稀 1 叶；无叶耳和繸毛；叶带状披针形或披针形，长 8-16 厘米，宽 1.5-2 厘米，质较薄，下面近基部有毛。

产河南、江苏、安徽、浙江、福建、湖北及湖南，多生于山坡

下部；浙江及江苏南部丘陵山地有大面积竹林。

竹壁厚，略重，多整材使用，用于竹器家具的柱脚，也可作柄材；节部高，不易劈篾；笋供食用。

13. 石绿竹　　　　　　　　　　　　图 805：6-7

Phyllostachys arcana McClure in Journ. Wash. Acad. Sci. 35: 280. f. 1. 1945.

秆高 8 米，径 3 厘米，通直，部分竹秆下部之字形曲折，中部节间长 25 厘米；新秆鲜绿色，微被白粉，节下较多，节紫色，节间下部有紫色斑块；老秆绿或黄绿色，秆环突隆起，不分枝一侧的秆环常肿胀，沟槽宽平。笋期 4 月上旬。秆箨黄绿或带绿色，下部有时带紫色，边缘桔黄色，被白粉，脉间具刺毛，有紫色脉纹，散生紫黑色斑点，上部秆箨有时近无斑点，基部秆箨有

斑块；无箨耳和繸毛；箨舌高 4-8 毫米，弓形，黄绿色，先端有缺刻或撕裂状，有纤毛，两侧下延；箨叶带状，绿色，有紫色脉纹，平直，反曲。每小枝 2 叶，稀 1 叶；无叶耳和繸毛，叶舌较高，先端撕裂状；叶带状披针形，长 7-11 厘米，宽 1.1-1.6 厘米，无毛。

产河南、陕西南部、甘肃南部、江苏、安徽、浙江、湖北、湖南、四川南部及云南，生于海拔 1000 米以下山地及丘陵。竹材性质及用途似灰竹；笋可食用。

14. 尖头青竹　　　　　　　　　　　图 806：1-5

Phyllostachys acuta C. D. Chu et C. S. Chao in Acta Phytotax. Sin. 18 (2): 172. f. 2. 1980.

秆高 8 米，径 4-6 厘米，中部节间长 20-25 厘米，微缢缩，无白

粉；新秆深绿色，节部紫色，老秆绿或黄绿色，秆环微隆起。笋期 4 月中旬，笋绿色。秆箨绿或绿褐

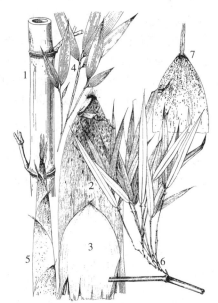

色，光滑，无白粉，疏生易落刚毛或近无毛，斑点在中部密集呈深褐色，上部和下部斑点较分散；无箨耳和繸毛；箨舌隆起，高不及5毫米，紫绿色，先端波状，有白色纤毛，两侧多少下延；箨叶带状，平直，下垂。每小枝3-5叶；叶耳半圆形，繸毛宿存，长0.5-1厘米；叶带状披针形或披针形，长9-17厘米，宽1-2.2厘米。

产江苏、浙江及福建，多生于平原肥沃湿润土壤上。笋味鲜美，供食用；为浙江杭州一带重要笋用竹种之一。

[附] **角竹** 图 806：6-7 **Phyllostachys fimbriligula** Wen in Journ. Bamb. Res. 2(1): 71. f. 22. 1983. 与尖头青竹的主要区别：秆箨带红褐色，箨舌隆起，高达1厘米，先端具流苏状长纤毛，毛长达1厘米。产浙江上虞及绍兴等地，杭州等地多栽培。笋味鲜美，富含营养，是值得推广的笋用竹种；竹材可作农具柄，也可篾用。

图 806：1-5.尖头青竹 6-7.角竹
（引自《植物分类学报》、《植物研究》）

15. 金竹

Phyllostachys sulphurea (Carr.) Aet C. Riv. in Bull. Soc. (Acclim.) ser. 3, 5: 773. 1878.

Bambusa sulphurea Carr. in Rev. Hort. 1873: 379. 1873.

秆高7-8米，径3-4厘米，中部节间长20-30厘米；新秆金黄色，节间具绿色纵条纹，无毛，微被白粉；老秆节下有白粉环，分枝以下秆环平，箨环隆起。笋期4月下旬至5月上旬。秆箨底色为黄绿或淡褐黄色，无毛，有时微有白粉，被褐或紫色斑点，有绿色脉纹；无箨耳和繸毛；箨舌绿色，近平截或微弧形，高约2毫米，有纤毛；箨叶带状披针形，外面绿色，有桔红色

图 807：1-6.刚竹 6-12.台湾桂竹
（蔡淑琴绘）

边带，内面有黄色边带，平直，下垂。每小枝2-6叶；有叶耳和长繸毛，宿存或部分脱落；叶带状披针形或披针形，长6-16厘米，宽1-2.2厘米，常有淡黄色纵条纹，下面近基部疏生毛。

产河南、江苏、安徽、浙江、江西、湖北、湖南、广西及四川，混生于刚竹林中或成片栽培。欧洲各国、美国引种栽培。竹秆金黄色，颇美观，常栽培供观赏。竹材性质和用途与刚竹同。

[附] **刚竹** 图 807：1-6 **Phyllostachys sulphurea** var. **viridis** R. A. Young in Journ. Wash. Acad. Sci. 27: 345. 1937. 竹秆高10-15米，径4-10厘米，

竹秆节间、沟槽均绿色。产河南、江苏、安徽、浙江、台湾、福建及江西，多生于低海拔丘陵山地、平原和河滩地。陕西周至楼观台、北京等地引种栽培。欧洲、北美有栽培。材质坚硬，供小型建筑及农具柄，是江浙一带重要柄用竹种；篾性差，不宜劈篾编织；

笋味略带苦涩，经水漂后可食用。

[附] **黄槽刚竹 Phyllostachys sulphurea** f. houzeauana (C. D. Chu et C. S. Chao) C. S. Chao et Renv. in Kew Bull. 43. 419. 1988. —— *Phyllostachys viridis* (R. A. Young) McClure f. houzeauana C. D. Chu et C. S. Chao in Acad. Phytotax. Sin. 18(2): 169. 1980. 竹秆绿色，具淡黄色沟槽。分布和用途与刚竹同。

16. 黄古竹　　　　　　　　图 808

Phyllostachys angusta McClure in Journ. Wash. Acad. Sci. 35: 278. f. 2. 1945.

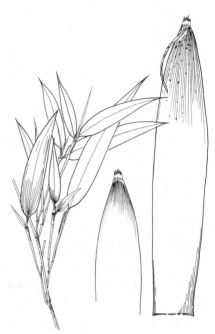

图 808 黄古竹 （蔡淑琴绘）

秆高 8 米，径 4 厘米，通直，侧枝斜上，冠尖塔形，中部最长节间长 26 厘米；新秆绿色，微有白粉，节下明显；老秆灰绿色，秆环微隆起。笋期 4 月下旬至 5 月上旬。秆箨黄白色，疏生淡紫色脉纹及淡紫褐色小斑点，无毛；无箨耳和繸毛；箨舌黄绿色，隆起，先端微弓形，撕裂状，被白色长纤毛；箨叶带状，绿色，有黄白或淡黄色边带，平直，下垂。每小枝 2 叶，稀 1 叶；叶鞘边缘初被白色长毛，无叶耳和繸毛，或幼时偶有繸毛，叶舌较高，黄绿色；叶带状披针形或披针形，长 6-16 厘米，宽 1-2 厘米，下面近基部有白毛。

　　产山东、河南、陕西南部、江苏、安徽及浙江，多生于山坡下部，混生于其它竹种或阔叶林中。竹材篾性甚好，其竹制工艺品不易变形，供编织精制出口工艺品，为优良篾用竹种；亦可整材使用；笋可食用。是值得扩大栽培的优良竹种。

17. 淡竹　　　　　　　　图 809：1-3

Phyllostachys glauca McClure in Journ. Arn. Arb. 37: 185. f. 6. 1956.

图 809：1-3.淡竹　4-6.沙竹　（蔡淑琴绘）

秆高 18 米，径达 9 厘米；梢端微弯，中部节间长 30-45 厘米；新秆密被白粉，呈蓝绿色（小竹秆微被白粉，节下较密），无毛；老秆绿或灰黄绿色，节下有白粉环，秆环稍突起。笋期 4 月。秆箨淡红褐或绿褐色，有多数紫色脉纹，无毛，被紫褐色斑点，上部秆箨斑点稀疏或近无斑点；无箨耳和繸毛；箨舌紫或紫褐色，高 1-3（4）毫米，先端平截，具波状缺齿和纤毛；箨叶带状披针形，绿色，有多数紫色脉纹，有时有黄色边带，平直，下部者开展，上部者下垂。每小枝 2-3 叶；叶鞘初具叶耳，有繸毛，后渐脱落，叶舌紫或紫褐色；叶带状披针形或披针形，长 8-16 厘米，宽 1.2-2.4 厘

米，下面近基部有毛。

产山东、山西、河南、江苏、安徽、浙江、福建及湖南，生于低山、丘陵、平地和河漫滩。材质优良，韧性强，整材可作农具柄、椽、篱、晒竿、帐竿、瓜架等用；节部不高，易劈篾，篾性好，供编织农具、帘席；笋味鲜美，供食用。为黄河至长江流域重要经济用材竹种，宜大力推广栽培。

18. 沙竹 早园竹 图 809：4-6

Phyllostachys propinqua McClure in Journ. Wash. Acad. Sci. 35: 286. f. 1. 1945.

秆高10米，径5厘米，中部节间长26-38厘米；新秆鲜绿色，节下被白粉，有时节间被白粉呈蓝绿色；老秆绿色，秆环微隆起。笋期4月上旬。秆箨淡褐或淡红褐色，有白粉，无毛，上部边缘常焦枯，下部秆箨斑点较密，深褐色，上部秆箨斑点较稀，顶部较集中；无箨耳和繸毛；箨舌淡褐色，弧形，有细齿或微波状，有纤毛或近无毛；箨叶带状，绿色，外面带紫褐色，平直，反曲。每小枝2-3叶；常无叶耳和繸毛；叶舌隆起，先端弧形，有缺裂；叶长7-16厘米，宽1.3-2厘米，下面基部有毛。

产河南南部、安徽、浙江、福建、湖北、湖南、广西、贵州及四川东部，多生于山坡下部及河漫滩。竹材用途与淡竹同。

19. 甜竹 曲秆竹 图 810：1-4

Phyllostachys flexuosa (Carr.) A. et C. Riv. in Bull. Soc. (Acclim.) ser. 3, 5: 758. 1878.

Bambusa flexuosa Carr. in Rev. Hort. 1870: 320. 1870.

秆高5-6米，径2-4厘米，中部节间长25-30厘米；新秆绿色，被白粉，节下明显，秆环微隆起。笋期4月下旬至5月上旬。秆箨绿褐色，具紫色脉纹及淡黄或绿黄色纵条纹，无毛，无白粉，有深褐色斑点；无箨耳和繸毛；箨舌淡褐或绿色，隆起，先端平截，略有缺齿，有纤毛或近无毛；箨叶带状，较短，绿褐色，平直，下垂。每小枝2-4叶；叶耳小，疏生繸毛，叶舌淡

褐或淡黄色，隆起；叶披针形或带状披针形，长5-9厘米，宽1-1.5厘米，下面有白粉，近基部有毛。

产山东、河北、山西、河南、陕西、江苏及安徽，多生于平地及低山下部。19世纪引至法国、英国、美国、俄罗斯等国栽培。竹材篾性较好，供编织各种竹器品；笋味甜，可食用。为黄河流域各地重要用材竹种之一。

[附] 花哺鸡竹 图 810：5-6 **Phyllostachys glabrata** C. Y. Yao et C. Y. Chen in Acta Phytotax. Sin. 18(2): 174. f. 3. 1980. 本种与甜竹的主要区

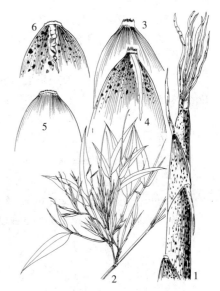

图 810：1-4.甜竹 5-6.花哺鸡竹
（蔡淑琴绘）

别：秆高10米，径7厘米，新秆深绿色，无白粉；秆箨黄色，顶端斑点密集成块；箨叶皱折，反曲。浙江余杭、杭州等地农村多栽培于家前屋后。喜肥沃湿润土壤。竹材较白哺鸡竹、乌哺鸡竹为好；笋味略差。

20. 红壳竹 红哺鸡竹 图 811

Phyllostachys iridescens C. Y. Yao et C. Y. Chen in Acta Phytotax. Sin. 18(2): 170. f. 1. 1980.

秆高 10-12 米，径 6-7 厘米，中部节间长达 30 厘米；新秆绿色，微被白粉，节下尤密呈蓝绿色，无毛；老秆绿或黄绿色，常隐约有黄色纵条纹，秆环微隆起。笋期 4 月中下旬，笋红或红褐色。秆箨淡红褐色，顶部及边缘色略深，无毛，密被紫黑色小斑点；无箨耳和䍁毛；箨舌深紫色，先端平截或微隆起，有时撕裂状，被红色长纤毛；箨叶带状，绿色，有紫色脉纹，边缘黄色，幼时微皱，后平直，下垂。每小枝 2-4 叶；叶鞘边缘带紫色，无叶耳或极微小，幼时疏生紫红色䍁毛，后脱落，叶舌紫色；叶披针形或带状披针形，长 8-13 厘米，宽 1.2-1.8 厘米，下面基部有毛或近无毛。

产江苏、安徽及浙江，多生于平原或低山地区。浙江多栽于家前屋后。笋味鲜美，供食用，为重要笋用竹种之一；竹秆供柄材及编织等用。

[附] **台湾桂竹** 图 807：7-12 **Phyllostachys makinoi** Hayata, Ic. Pl. Formos. 5: 250. 1915. 与红壳竹的区别：秆中部节间长 30-40 厘米，新秆

图 811 红壳竹 （引自《植物分类学报》）

被白粉，老秆无黄色条纹；秆箨黄绿或微带紫色，具较密斑点。笋期 5 月。产台湾，在海拔 1500 米以下组成大面积竹林；福建南部有栽培。为台湾最重要经济竹种。竹材坚韧、致密，用途广，供建筑、家具、竹帘、造纸原料等用；笋可食用。

21. 早竹 图 812

Phyllostachys violascens (Carr.) A . et C. Riv. in Bull. Soc. Acclim. France ser. 3, 5: 770. 1878.

Bambusa violascens Carr. in Kew Hort. 41: 292. f. 68. 1869.

Phyllostachys praecox C. D. Chu et C. S. Chao; 中国植物志 9(1): 273. 1996.

秆高 8-10 米，径 4-6 厘米，中部节间长 15-25 厘米，常一侧肿胀，不匀称；新秆深绿色，节部紫褐色，密被白粉，无毛；老秆绿色、带黄绿或灰绿色，有时有隐约黄色纵条纹，秆环和箨环均中度隆起。笋期 3 月下旬至 4 月初。秆箨淡黑褐或褐绿色，无毛，初多少有白粉，密被褐色斑点，有紫褐色脉纹；无箨耳和䍁毛；箨舌褐绿或紫褐色，先端弓形，有不规则波状细齿，具纤毛，两侧下延或微下延；箨叶窄带状披针形，皱折。每

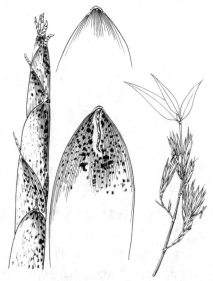

图 812 早竹 （蔡淑琴绘）

小枝 2-3 叶，稀 5-6 叶；叶鞘先端有䍁毛，后脱落或残存；叶带状披针形，最下面叶片较短，披针

形，长6-18厘米，宽1-2.2厘米，下面近基部有毛或近无毛；叶耳小，繸毛短。

产江苏、安徽及浙江，江西、湖南等地引种，浙江、江苏南部栽培最为普遍，多生于平地房前屋后、地边岸旁。笋味鲜美，供鲜食或加工制成油焖笋罐头，为江浙一带最重要的笋用竹种；竹壁薄，竹材供柄材。为长江中下游地区最有发展前途的笋用竹种。

22. 乌哺鸡竹

图 813

Phyllostachys vivax McClure in Journ. Wash. Acad. Sci. 35: 292. f. 3. 1945.

秆高10-15米，径4-8米，梢部微下弯，中部节间长25-35厘米；

新秆绿色，微被白粉，无毛；老秆灰绿或黄绿色，节下有白粉环，秆壁有细纵脊，秆环微隆起，多少不对称。笋期4月中下旬至5月上旬。秆箨淡褐黄色，密被黑褐色斑点及斑块，中部斑点密集，上部及边缘较分散；无箨耳和繸毛；箨舌高约2毫米，弓形隆起，深褐色，先端撕裂状，有纤毛或近无毛，两侧下延成肩状；箨叶带状披针形，皱折，反曲，基部宽约为箨舌宽度1/4-1/2。每小枝2-4叶；有叶耳和繸毛，老时易脱落；叶带状披针形，长9-18厘米，宽1.1-1.5（-2）厘米，深绿色，微下垂，下面基部有簇生毛或近无毛。

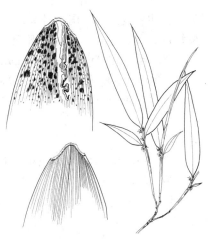

图 813 乌哺鸡竹 （蔡淑琴绘）

产山东、河南、江苏、安徽、浙江及湖北，多生于平原农村房前屋后。笋味鲜美，供食用，为江浙一带重要笋用竹种；竹材壁较薄，篾性差，竹秆供草锄的柄材，大秆可作撑篙。

23. 紫竹 乌竹

图 814

Phyllostachys nigra (Lodd. ex Lindl.) Munro in Trans. Linn. Soc. 26: 38. 1868.

Bambusa nigra Lodd. ex Lindl. Penny Cyclop. 3: 357. 1835.

秆高3-6（-10）米，径2-4厘米，秆中部节间长25-30厘米；

新秆淡绿色，密被细柔毛，有白粉，箨环有毛；1年后秆紫黑色，无毛，秆环与箨环均隆起。笋期4月下旬。秆箨短于节间，淡红褐或绿褐色，密被淡褐色毛，有黄褐色缘毛，无斑点；箨耳长椭圆形，或裂成2瓣，紫黑色，有紫黑色、弯曲长繸毛；箨舌紫色，与箨鞘顶部等宽，先端微波状，有缺刻，两侧有纤毛，中间无毛；箨叶三角形或三角状披针形，绿色，有多数紫色脉纹，舟状隆起，初皱折，直立，后微波状，外展。每小枝2-3叶；

图 814 紫竹 （引自《云南植物志》）

叶耳不明显，鞘口初被粗繸毛，后常脱落，叶舌背面基部有时被粗毛；叶披针形，长4-10厘米，宽1-1.5厘米，质较薄，下面基部有细毛。

广泛栽培于山东、陕西、江苏、安徽、浙江、福建、江西、湖北、湖南、广东、广西、贵州、四川及云南，多生于海拔1000米以下山地及平原。在湖南西南部与广西交界处尚有野生种群。日本、朝鲜半岛、印度及欧美各国引种栽培。多栽培供观赏，竹材较坚韧，供小型竹制家具、手杖、伞柄、乐器及美术工艺品等用。

[附] **毛金竹 Phyllostachys nigra** var. **henonis** (Mitf.) Stapf ex Rendle in Journ. Linn. Soc. Bot. 36: 443. 1904. —— *Phyllostachys henonis* Mitf. in Garden (London) 47: 3. 1895. 与模式变种的区别：秆高达18米，径5-10厘米，新秆绿色，老秆灰绿或灰白色，非紫黑色。产河南、陕西、甘肃南部、江苏、安徽、浙江、湖北、湖南、贵州及四川等地，多生于山坡或山谷。竹材坚韧，供建筑、撑篙、农具柄、晒竿等用，也可劈篾编织竹器；笋供食用。为长江流域山区重要用材竹种。

24. 红边竹

图 815

Phyllostachys rubromarginata McClure in Lingnan Univ. Sci. Bull. 9: 44. 1940.

秆高5-8米，径2-3厘米，中部节间长30-35厘米，绿色，无毛，秆环隆起，箨环具黄褐色毛，宿存。笋期5月上旬。秆箨绿色，具紫色脉纹，边缘带紫褐色，无斑点，无毛，底部具黄褐色毛；箨耳镰状，紫褐色，疏生繸毛；箨舌褐色，先端平截或微弧形，有长纤毛；箨叶三角状披针形或带状披针形，绿色，有紫色脉纹，直立。每小枝2-3叶；叶耳不明显，繸毛直立，后脱落；叶带状披针形，长6-11厘米，宽1-2厘米，下面基部及叶柄有毛。

产安徽、浙江、广东、广西及贵州，生于海拔500米以下沟边溪旁，为当地低海拔溪边常见竹种。笋可食用；竹材供瓜架等用。

图 815 红边竹 （蔡淑琴绘）

25. 硬头青竹

图 816：4-5

Phyllostachys veitchiana Rendle in Journ. Linn. Soc. Bot. 36: 443. 1904.

秆高3-5米，径1-2.5厘米，中部节间长20-22厘米，秆壁厚3-5毫米；幼秆被白粉，疏生柔毛，节隆起，秆环高于箨环，节内长4毫米。笋期5月。秆箨绿色，具紫色纵条纹，被白粉，无毛或近无毛，基部具柔毛和硬毛；箨耳紫色，宽镰形或镰形，直立，具弯曲繸毛；箨舌紫

图 816：1-3.蓉城竹 4-5.硬头青竹
（王 勋 蔡淑琴绘）

色，拱形，高2-3毫米，与箨叶基部近等宽，两侧不露出，先端被长2-3毫米粗纤毛；箨叶三角形或窄三角形，直立，紫或绿紫色。每小枝具1-2叶；无叶耳，具繸毛；叶长8-14厘米，宽1.2-1.8厘米。

产湖北及四川。竹秆挺直，材质优良，供竹器家具或劈篾编织。

[附] **蓉城竹** 图 816 : 1-3 **Phyllostachys bissetii** McClure in Journ. Arn. Arb. 37: 180. f. 1. 1956. 本种与硬头青竹的区别：地下茎无通气道；秆

26. 筷竹

图 817

Phyllostachys nidularia Munro in Gard. Chron. new ser. 3, 6: 773. 1876.

秆高10米，径4-8厘米，通直，分枝斜上伸展，冠尖塔形，枝叶浓密，中部节间长达40厘米；新秆绿色，有时带紫色；老秆绿色，秆环较平，箨环隆起（小秆分枝节秆环甚隆起）；槽宽平，竹壁厚约3毫米。笋期4月中下旬。秆箨短于节间，厚革质，绿色，有时上部有白色条带或条纹，中下部有紫色条纹，有白粉，无斑点，无毛或有极稀疏毛，边缘被红紫色缘毛；箨舌宽，高1-2毫米，与箨鞘顶部等宽，先端平截或微波状，几无毛；箨叶宽三角形或三角状披针形，绿色，有紫红色脉纹，舟状隆起，直立，基部延伸成箨耳；箨耳长椭圆形或镰形，长2-3.5厘米，紫褐色，弯曲包被笋体，繸毛疏生，淡紫色，（小笋有时无箨耳或一侧有小箨耳），秆箨脱落时外卷。每小枝1叶，稀2叶；叶长7-13厘米，宽1.3-2厘米，略下垂，叶柄微弯。

产河南、江苏、安徽、浙江、江西、湖北、湖南、广东、香

箨无紫色脉纹，有时先端有乳白色纵条纹，箨舌宽于箨叶基部，两侧露出，先端被细纤毛。产四川成都平原周围，生于海拔1500米以下山区。竹材供柄材或篾用；笋可食用。

图 817 筷竹 （蔡淑琴绘）

港、广西、贵州、四川及云南，多生于山区、河漫滩或低山平原，常与灌木混生。竹材壁薄，性脆，小竹秆通常编篱笆用，称"篱竹"，大竹秆劈篾编制虾笼，称"笼竹"；笋味鲜美。

27. 舒竹

Phyllostachys shuchengensis S. C. Li et S. H. Wu in Journ. Anhui Agr. Coll. 1981(2): 50. 1981.

秆高7米，径2-3厘米，秆梢下弯，中部节间长25-32厘米；新秆绿色，薄被白粉，节下疏生白毛，秆环、箨环均微隆起，节内较大。笋期5月中旬。秆箨短于节间，绿色，有紫色细脉纹（上部秆箨脉纹较少），有时纯绿色，箨边缘紫红色（小笋明显），无毛，无斑点；无箨耳和繸毛；箨舌紫色，宽为箨叶2倍，先端平截，被红棕或紫色长纤毛；下部秆箨的箨叶较小，三角形，上部的箨叶带状或带状披针形，平直，绿色，有紫色脉纹及淡黄色边缘，开展，不下垂。每小

枝1-2叶；叶耳不发达，被红棕色长繸毛，叶舌先端或外侧被长纤毛；叶窄长圆状披针形，长7-15厘米，宽1.3-2.1厘米，幼时下面基部及叶柄密生白长毛，后毛疏。

据文献记载，产河南、安徽、浙江及江西等地，生于河滩、丘陵地。竹材篾性较好，用于编织。笋可食用。

28. 水竹

图 818

Phyllostachys heteroclada Oliv. in Hook. Icon. Pl. 23: pl. 2288. 1894.

秆高8米，径2-5厘米，分枝角度大，冠开展，直立（小竹秆常

之字形曲折，尤其分枝部分），中部节间长30厘米；新秆被白粉，疏

生倒毛；秆绿色，秆环较平（小竹秆环突隆起），节内长约5毫米。笋期4月中下旬。秆箨短于节间，深绿或绿色，有紫色脉纹，上部边缘有时略带紫色，无毛或疏生刺毛，无斑点，边缘有整齐缘毛；箨耳小，淡紫色，具紫色长繸毛；箨舌宽短，先端平截或微波状，有纤毛；箨叶三角形或三角状披针形，绿色，舟状隆起，直立。每小枝2叶，稀3叶；鞘口被直立长繸毛，易脱落；叶长6.5-11厘米，宽1.3-1.6（-2）厘米，下面基部有毛。

产山东、河南、江苏、安徽、浙江、福建、江西、湖北、湖南、广东、广西、贵州、四川及云南，生于海拔1300米以下（云南达海拔1700米）山沟、溪边或河旁。节间较长，纤维细韧，竹节平，易劈篾，篾性甚佳，编织凉席（称水竹席）和竹器，经久耐用，不易虫蛀，为优良篾用竹种；笋可食用。

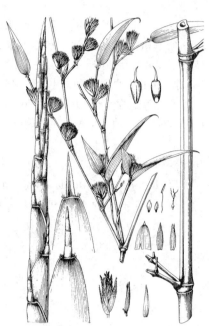

图 818　水竹　（蔡淑琴绘）

29. 安吉水胖竹　红后竹　　　　　　图 819：1-4

Phyllostachys rubicunda Wen in Acta Phytotax. Sin. 16(4): 98. 1978.

秆高6-7米，径2-4.5厘米，中部节间长28-30厘米，绿色，无毛，无白粉或微被白粉，秆环微隆起。笋期5月中下旬。秆箨淡绿色，有紫色纵条纹，无斑点，无毛，边缘密生缘毛；无箨耳和繸毛；箨舌短，先端凹缺，具纤毛；箨叶披针形或带状披针形，绿色，微带紫色，直立。每小枝2-3叶；叶耳不明显，繸毛直立，叶舌短；叶长5-11厘米，宽1-1.5厘米，下面基部密生毛。

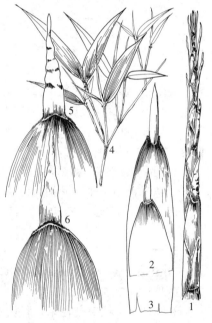

图 819：1-4.安吉水胖竹　5-6.安吉金竹
（蔡淑琴绘）

产江苏南部、安徽东南部、浙江及福建，生于山区溪边沟旁。竹材整材使用；笋可食用。

[附] **安吉金竹** 图 819：5-6 **Phyllostachys parvifolia** C. D. Chu et H. Y. Chou in Acta Phytotax. Sin. 18(2): 190. f. 12. 1980. 与安吉水胖竹的区别：新秆密被白粉；秆箨淡褐或淡紫褐色，箨舌先端弧形；叶长3.5-6.2厘米。产浙江，多生于平原房前屋后。竹秆供柄材、晒竿等用，或劈篾供编织；笋味甜，可食用。

15. 倭竹属（鹅毛竹属）Shibataea Makino ex Nakai
（赵奇僧　邹惠渝）

灌木状竹类；地下茎复轴型。秆散生，直立，常矮小，高1米以下，稀高达1米以上，略之字形曲折，节间分枝一侧具沟槽，近实心，中空极小；秆环甚隆起；秆芽2，每节具3-6分枝，每枝具2节，通常具1叶，偶2叶，下方叶鞘长于上部者。秆箨早落，纸质或膜质；箨舌三角状；箨叶常短芒状。假小穗生于有叶小枝下方节上，单生或基部分枝成次级假小穗；小穗无柄，小花3-7。外稃膜质，宽披针形，多脉，内稃与外稃近等长，具2脊；鳞被3；雄蕊3，花丝分离；花柱1，细长，柱头3裂。颖果长卵形。

约6-7种，产于中国和日本。主产我国。竹种多矮小，形态奇特，多栽培供观赏，也可制作盆景。

1. 叶卵形、卵状椭圆形或卵状披针形，长较宽大约4倍。
　　2. 秆箨背部具柔毛；叶下面被柔毛 ······················· 1. 倭竹 S. kumasasa
　　2. 秆箨背部无毛。
　　　　3. 叶下面疏生短毛，叶缘具尖锯齿 ··················· 2. 芦花竹 S. hispida
　　　　3. 叶下面无毛，叶缘具细小锯齿 ··················· 3. 鹅毛竹 S. chinensis
1. 叶披针形或椭圆状披针形，长较宽大6-10倍。
　　4. 叶下面被柔毛 ······················· 4. 狭叶倭竹 S. lanceifolia
　　4. 叶下面无毛 ······················· 4(附). 南平倭竹 S. nanpingensis

1. 倭竹
图 820

Shibataea kumasasa (Zoll. ex Steud.) Makino in Bot. Mag. Tokyo 28: 22. 1914.

Bambusa kumasasa Zoll. ex Steud, Syn. Pl. Glum. 1: 331. 1854.

秆高1-1.5米，径2-4毫米，中部节间长6-17厘米，无毛，秆壁厚，中空小；秆环肿胀。秆箨纸质，浅红色，略带黄色，被柔毛，纵脉明显；无箨耳和繸毛，或具极少繸毛；箨叶长3-4毫米。每节2-6枝，枝长约1.5厘米；每枝1-2叶；叶鞘长1.5-3厘米；叶卵形或卵状椭圆形，长3.5-14厘米，宽1-3厘米，先端短渐尖，基部圆，下面粉绿色，疏生柔毛，侧脉6-9对，横脉不明显，有锯齿；叶柄长0.3-1厘米。笋期5-6月。花期5月。

图 820 倭竹 （蔡淑琴绘）

产浙江、台湾及福建；上海、广州等地栽培供观赏。日本西南部有分布。欧洲、俄罗斯、印度尼西亚均有引种栽培。

2. 芦花竹
图 821

Shibataea hispida McClure in Lingnan Univ. Sci. Bull. 9: 57. 1940.

秆高1米多，径2-4毫米，秆中部节间长13-19厘米，无毛，中空小；秆环肿胀。秆箨深棕色，无毛，无箨耳和繸毛；箨叶极小，钻状。每节3-4枝，枝长1-4厘米。每枝1（2）叶；叶鞘长1-2厘米；叶卵状披针形，长7-12厘米，宽2-3厘米，先端突渐尖，下面灰绿色，被短毛，侧脉6-8对，横脉明显，两边有尖锯齿；叶柄长4-8毫米。

产安徽南部及浙江西部，生于山坡、山麓或丘陵林缘隙地。

3. 鹅毛竹

图 822

Shibataea chinensis Nakai in Journ. Jap. Bot. 9: 81. 1933.

秆高约 1 米，径 2-5 毫米，秆中部节间长 10-15 厘米，秆壁厚，中空小，秆淡绿色，略带紫色，无毛；秆环肿胀。秆箨纸质，无毛，边缘具纤毛；无箨耳和繸毛；箨舌高约 4 毫米；箨叶锥状。每节 3-6 分枝，枝长 1-6 厘米。每枝具 1 叶，顶生，稀 2 叶，下方叶位于上方叶之上；叶鞘无毛，无叶耳和繸毛，叶舌膜质，高 4-6 毫米，三角状；叶质薄，幼时鲜绿色，卵状披针形或宽披针形，长 5.5-11 厘米，宽 1.3-2.5 厘米，基部微圆，不对称，有细小锯齿，两面无毛，侧脉 5-8 对，横脉明显；叶柄长 3-5 毫米，紫色。笋期 5-6 月。

产江苏、安徽、浙江、福建及江西，生于山坡、林缘或林下。上海、南京、杭州等地栽培供观赏。

图 821 芦花竹
（引自《中国主要植物图说 禾本科》）

4. 狭叶倭竹

图 823

Shibataea lanceifolia C. H. Hu in Journ. Nanjing Univ. (Nat. Sci.) 1981 (2): 257. 1981.

秆高约 1 米，径 2-3 毫米，中空小，近实心，无毛，秆环隆起。秆箨纸质，早落，无毛；无箨耳和繸毛；箨叶窄披针形，长 3-6 毫米。每节 3-5 分枝，枝长 0.8-1.5 厘米。每枝具 1（2）叶；叶舌膜质，长约 5 毫米；叶披针形，长 8-12 厘米，宽 0.8-1.6 厘米，上面绿色，无毛，下面淡绿色，沿脉具较密柔毛，有锯齿，网脉清晰。笋期 5-6 月。花期 3-4 月。

产浙江、福建等省，生于海拔约 500 米丘陵山区。

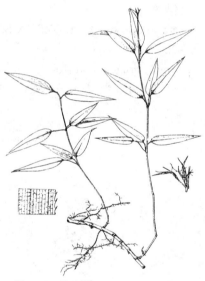

图 822 鹅毛竹 （引自《江苏植物志》）

[附] 南平倭竹 Shibataea nanpingensis Q. F. Zheng et K. F. Huang in Wuyi Sci. Journ. 2: 17. f. 1. 1982. 本种与狭叶倭竹的区别：叶椭圆状披针形，长 17-18（-24）厘米，宽 2.5-3 厘米，下面无毛。产福建南平及崇安等地。

图 823 狭叶倭竹 （蔡淑琴绘）

16. 业平竹属（短穗竹属）
Semiarundinaria Makino ex Nakai (*Brachystachyum* Keng)

（赵奇僧 邹惠渝）

小乔木状竹类，地下茎单轴散生。秆直立，节间分枝一侧下部具沟槽，箨环具箨鞘基部残留物，成木栓质隆起；秆芽3，中部节间分枝3，上部分枝有时5。秆箨早落，短于节间；箨耳发育或不发育。假小穗数个密集成穗状或头状，生于有叶小枝下方节上，假小穗基部具一组逐渐增大的苞片，上部苞片佛焰苞状；假小穗具3-7小花；颖片1-3，与外稃相似，稍短。外稃先端尖锐，具多数纵脉，内稃具2脊，先端2齿裂；鳞被3，窄长，上部具纤毛；雄蕊3，花丝分离；花柱较长，柱头3，细长，羽毛状。

5-6种，产日本和中国。我国2种，引入栽培1种。

1. 箨鞘背部无毛，箨耳不发育，具少数繸毛；假小穗长6-10厘米 ···················· 1. **业平竹 S. fastuosa**
1. 箨鞘背部疏被刺毛，箨耳发达；假小穗长1.5-6厘米。
　2. 秆髓横片状；秆箨鲜时具白或淡紫色纵条纹；叶耳不发育，具平伏繸毛；假小穗长1.5-3.5厘米 ·········
　··· 2. **短穗竹 S. densiflora**
　2. 秆髓非横片状；秆箨鲜时绿色，无纵条纹；叶耳发达，具放射状繸毛；假小穗长5-6厘米 ···············
　··· 3. **中华业平竹 S. sinica**

1. 业平竹

图 824

Semiarundinaria fastuosa (Mitf.) Makino in Journ. Jap. Bot. 2(2): 8. 1918.

Bambusa fastuosa Mitf. Bamb. Gard. 105. 1896.

秆高3-10米，径1-4厘米，中部节间长达30厘米，中空，分枝一侧下部稍扁平，分枝多为3；新秆绿色，后紫褐色，无毛。秆箨鲜时带紫色，除底部有柔毛，余处无毛；箨耳不发育，具少数繸毛；箨舌高1-1.5毫米，先端平截；箨叶线状披针形。每小枝3-7叶；叶鞘长约4厘米，叶耳不明显，繸毛少数，叶舌高1-1.5毫米；叶带状披针形，长8-20厘米，宽1.5-2.5厘米，先端渐尖，基部圆或宽楔形，侧脉6-8对，横脉明显。笋期晚春。

原产日本西南部。台湾及华东地区各大城市植物园引种栽培，供观赏。

图 824 业平竹 （王 勋仿绘）

2. 短穗竹

图 825

Semiarundinaria densiflora (Rendle) Wen in Journ. Bamb. Res. 8(1): 24. 1989.

Arundinaria densiflora Rendle in Journ. Linn. Soc. Bot. 36: 434. 1904.

Brachystachyum densiflorum (Rendle) Keng；中国植物志(1): 241. 1996.

秆高3-6米，径1.5-3厘米，中部节间长30-40厘米，秆壁厚约3毫米，髓横片状；新秆具细毛，后脱落无毛，节

图 825 短穗竹 （史渭清绘）

下具白粉，秆环隆起，箨环初具棕色毛，后脱落无毛。秆箨初绿色，干后黄绿色，疏被刺毛，边缘具纤毛，底部常被棕色毛，无斑点，常具白或淡紫色纵条纹；箨耳长椭圆形，带紫或绿色，繸毛放射状，长约1厘米；箨舌先端微弧形，具纤毛，箨叶绿色，或带紫色，披针形，斜展或平展。分枝3，上部有时5。每小枝2-4叶；叶鞘长2.5-4.5厘米，具纵脉，鞘口无叶耳，具平伏繸毛；叶披针形或带状披针形，长7-15厘米，宽1.5-2.5厘米，下面灰绿色，有柔毛，侧脉4-8对，网脉明显。笋期5月。花期5-6月。

产河南、江苏、安徽、浙江、福建、江西及湖北，生于低山丘陵、阳坡或路边，通常成灌木状。竹材供制竹器、家具或钓鱼竿；笋味略苦。

3. 中华业平竹　　图 826

Semiarundinaria sinica Wen in Journ. Bamb. Res. 8(1): 14. f. 1. 1989.

秆高3-5米，径1-1.5厘米，中部节间长27厘米，节间分枝一侧下部沟槽较明显；新秆绿色，无毛，无白粉，秆环隆起。秆箨鲜时绿色，后淡黄棕色，被脱落性刺毛，边缘及底部无毛；箨耳淡紫褐色，镰形，具棕褐色繸毛，毛长约4毫米；箨舌近平截或弧状隆起，先端无

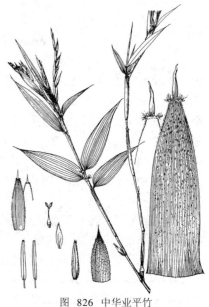

图 826 中华业平竹
（引自《竹子研究汇刊》）

毛；箨叶带紫绿色，窄披针形，通常直立。分枝3，近等粗。每小枝具3-5叶；叶鞘鞘口具叶耳，繸毛白色，长3-4毫米；叶披针形，长9-16厘米，宽1.4-2.2厘米，两面无毛，侧脉4-5对，网脉明显；叶柄长0.9-1.2厘米。笋期5月。

产江苏、浙江等省。

17. 方竹属（寒竹属　筇竹属）

Chimonobambusa Makino (*Qiongzhuea* Hsueh et Yi)

（赵奇僧　邹惠渝）

乔木状或灌木状竹类，地下茎单轴散生或复轴混生。秆圆筒形或方形，节间通常较短，分枝一侧扁平或具沟槽，秆芽3，节内通常具一圈气生根刺或无刺，每节3分枝，枝环甚隆起，曲膝状。秋冬出笋或春季出笋。秆箨迟落或宿存，质较薄，小横脉通常明显，边缘具繸毛；箨耳不发育，无繸毛或偶有繸毛；箨舌不明显；箨叶三角形或锥形，通常长不及1厘米。叶鞘鞘口无叶耳，具繸毛；叶中型，纸质，带状披针形，小横脉明显。假小穗基部分枝形成"总状"花序，或不分枝单生，假小穗细长，无小穗柄，常紫色；颖片1-3，与外稃相似。外稃先端锐尖，内稃略短于外稃，或近等长，先端钝圆或微凹，背部具2脊，无毛；鳞被3，膜质，透明，边缘有纤毛；雄蕊3；子房椭圆形；花柱短，柱头2裂，羽毛状。颖果坚果状，果皮多少肉质，干后坚韧。

约20余种。

1. 秆基部节间节内具气生根刺，稀无刺；秋冬出笋。
　2. 新秆节间无毛，平滑。
　　3. 秆箨长于节间，宿存，有斑纹；新秆箨环密生毛。
　　　4. 秆高1-3米，径约1厘米，节内通常无气生根刺或仅基部数节有刺 ·················· **1. 寒竹 C. marmorea**
　　　4. 秆高4-8米，径1-5厘米，节内具气生根刺 ·················· **2. 刺黑竹 C. neopurpurea**

3. 秆箨短于节间，脱落性，无斑纹；新秆箨环无毛，节内具 1-7 枚气生根刺 ········ 3. **冷竹 C. szechuanensis**

2. 新秆节间多少有毛，毛脱落后留有疣基，粗糙。

 5. 叶宽多 1 厘米以下，下面无毛，叶鞘鞘口有 3-5 条短繸毛；秆箨箨叶锥形，长 3-5 毫米 ·············

  ·· 4. **狭叶方竹 C. angustifolia**

5. 叶宽 1-4 厘米。

 6. 秆箨近革质，箨叶长 0.7-1.4 厘米；每小枝具 1 叶 ················· 5. **合江方竹 C. hejiangensis**

6. 秆箨纸质或厚纸质，箨叶长 1-7 毫米；每小枝具 2 叶以上。

 7. 秆间四棱形或方形，秆节内具直伸或弯曲气生根刺，箨环初被毛，后脱落无毛，幼秆密被刺毛，

  秆箨短于节间，枝环无毛；具斑纹 ················· 6. **方竹 C. quadrangularis**

 7. 秆节间圆筒形或基部数节略四棱形。

  8. 秆箨短于节间，疏生刺毛或近无毛。

   9. 秆环具宿存毛环；秆箨箨叶三角状锥形，长 4-7 毫米；叶下面微有白粉，灰绿色 ···········

    ·· 7. **金佛山方竹 C. utilis**

   9. 秆环初具毛，后脱落无毛，秆箨箨叶锥形，长 3-4 毫米；叶下面淡绿色，无白粉 ···········

    ·· 8. **刺竹子 C. pachystachys**

  8. 秆箨长于节间，密被刺毛。

   10. 秆箨密被黄褐色刺毛，毛脱落后留有棕褐色疣基；叶鞘鞘口繸毛发达，叶侧脉 4-6 对 ···········

    ·· 9. **缅甸方竹 C. armata**

   10. 秆箨密被棕色刺毛，毛脱落后留有黑色疣基；叶鞘鞘口具稀疏脱落性繸毛，叶侧脉 6-9 对 ·····

    ·· 10. **永善方竹 C. tuberculata**

1. 秆节内无气生根刺；春季出笋，稀秋季出笋。

 11. 竹秆下部不分枝处秆环甚隆起，呈扣盘状圆脊，脊上易横向断裂，裂口平整。

  12. 秆箨被棕色刺毛；叶宽 0.6-1.2 厘米，侧脉 2-4 对 ················· 11. **筇竹 C. tumidinoda**

  12. 秆箨无毛；叶宽 2-3.5 厘米，侧脉 5-8 对 ················· 12. **大叶筇竹 C. macrophylla**

 11. 竹秆下部不分枝处秆环微隆起或不隆起。

  13. 秆箨绿或墨绿色，无毛，有光泽，纵脉纹不甚明显 ················· 13. **平竹 C. communis**

  13. 秆箨紫或褐色，被刺毛，略粗糙，纵脉纹明显；幼秆节间及箨环无毛，平滑；每小枝通常具 1 叶；笋

   期 4-5 月 ·· 14. **三月竹 C. opienensis**

1. 寒竹   图 827

Chimonobambusa marmorea (Mitf.) Makino in Bot. Mag. Tokyo 28: 154. 1914.

Bambusa marmorea Mitf. in Garden 46: 547. 1894.

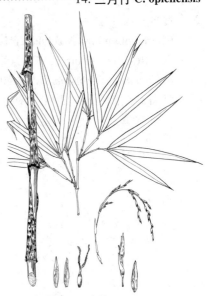

秆高 1-3 米，径 0.5-1.5 厘米，秆壁较厚，中空小，节间长 7-14 厘米，圆筒形；新秆绿色，后暗紫色，无毛；秆环微隆起，箨环初被棕褐色绒毛，后渐脱落，节内通常无气生根刺。笋期秋季。秆箨长于节间，宿存，薄纸质，紫色，具灰白色斑点，无毛，基部密被柔毛或小刺毛，边缘

图 827 寒竹 （王红兵绘）

具纤毛；无箨耳和繸毛；箨叶锥状，长 1-2 毫米。每小枝 3-4 叶；叶鞘鞘口具白色繸毛，毛长 3-4 毫米；叶纸质或薄纸质，披针形或带状披针形，长 4-14 厘米，宽 0.7-1 厘米，无毛，侧脉 4-5 对。花枝细长，具 4-5 枚假小穗；假小穗线形，长 2-4 厘米，具 4-7 小花，小穗轴长 3-4 毫米，无毛；颖片 1-2，膜质，长 6-8 毫米，先端尖或渐尖，5-7 纵脉。外稃纸质，绿或略带紫色，卵状披针形，长 6-7 毫米，无毛，6-7 纵脉。内稃薄纸质，与外稃近等长，先端平截或微具 2 齿裂，背部具 2 脊，无毛；鳞被卵形，1 枚宽披针形，长约 2 毫米。颖果柱状卵形，长约 6 毫米。

产浙江、福建等省山区。日本广泛栽培。世界各地多引种栽培。优良庭园观赏竹种。

2. 刺黑竹　　　　　　　　　图 828

Chimonobambusa neopurpurea Yi in Journ. Bamb. Res. 8(3): 22. 1989.

秆高 4-8 米，径 1-5 厘米，中部节间长 18-25 厘米，圆筒形；新秆带紫色，无毛，无白粉；老秆绿或黄绿色，平滑，中部以下各节具气生根刺，基部 1-3 节气生根刺常弯曲入土；箨环初被黄棕色毛，后脱落。秆箨紫褐色，长于或等于节间，纸质或薄纸质，迟落或宿存，疏生棕色刺毛，基底部密被刺毛，边缘具黄色纤毛，具灰白色斑点；箨叶长 1-3 毫米。大枝近平展。每小枝 2-4 叶；鞘口繸毛直立，长达 1.3 厘米，易脱落；叶纸质，带状披针形，长 9-15 厘米，宽 1-2 厘米，下面无毛或基部具淡黄色柔毛，侧脉 3-6 对，小横脉明显。笋期 9-10 月。花期 4-12 月。

产陕西南部、湖北及四川，常生于海拔 1000 米以下荒山、村旁或林下。笋可食用；秆作柄材、搭棚架及造纸。

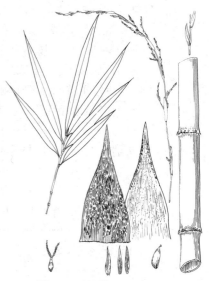

图 828　刺黑竹　（王红兵绘）

3. 冷竹　八月竹　　　　　　　图 829

Chimonobambusa szechuanensis (Rendle) Keng f. in Techn. Bull. Netl. For. Res. Bur. China 8: 15. 1948.

Arundinaria szechuanensis Rendle in Sarg. Pl. Wilson. 2: 64. 1914.

秆高 3-5 米，径 1-2 厘米，中部节间长 18-22 厘米，圆筒形；新秆无毛，节间上部带紫色，下部绿色，老秆黄绿色，平滑，秆中部以下节内具 1-7 枚气生根刺。秆箨短于节间，厚纸质，初带紫红色，后淡黄色，无毛，边缘具纤毛，无斑点；箨叶锥状三角形，长 1-5 毫米。大枝斜展；每小枝 2-3 叶；叶鞘鞘口初具繸毛，后脱落；叶带状披针形，长 10-15 厘米，宽 1.5-2.2 厘米，无毛，侧脉 4-6 对。笋期 9 月。花果期 5-6 月。

产四川，海拔 1400-2400（-3000）米地带，常组成大面积纯林或为冷杉

图 829　冷竹　（李 楠绘）

林下主要灌木。竹材供农用柱架；笋可食用。

4. 狭叶方竹

图 830

Chimonobambusa angustifolia C. D. Chu et C. S. Chao in Journ. Nanjing Techn. Coll. For. Prod. 1981(3): 36. pl. 5. 1981.

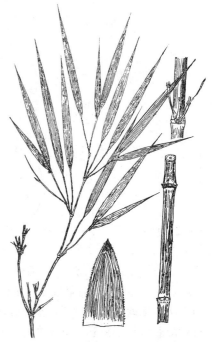

秆高 2-4 米，径约 1 厘米，节间长 8-15 厘米，圆筒形，基部数节略方形；新秆紫绿色，初被白色柔毛和稀疏刺毛，后暗绿色，近无毛，节紫色，微隆起，基部数节节内具 8-10 气生根刺。秆箨短于节间，迟落，纸质，背部无毛，下部秆箨有时疏生柔毛或小刺毛，边缘密生纤毛，无斑点，脉纹明显；箨叶锥形，长 3-5 毫米，两面近无毛。每小枝 1-2（3）叶；叶鞘边缘具纤毛，鞘口

图 830 狭叶方竹
（引自《南京林产工业学院学报》）

疏生繸毛；叶带状或带状披针形，长 8-17 厘米，宽 0.7-1.2 厘米，无毛，侧脉 3-4 对。

产陕西、湖北西部、广西、贵州等省区，为海拔 800-1200 米山区常见竹种。

5. 合江方竹

图 831

Chimonobambusa hejiangensis C. D. Chu et C. S. Chao in Journ. Nanjing Techn. Coll. For. Prod. 1981(3): 36. f. 6. 1981.

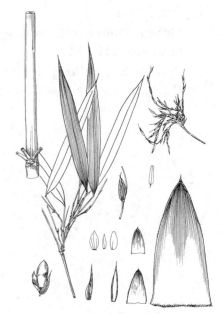

秆高 5-7 米，径 2-3 厘米，中部节间长 20 厘米，圆筒形；新秆绿色，节部带紫色，具白色柔毛和稀疏刺毛，老秆具刺毛，脱落后，有疣基及毛迹，粗糙，近基部数节具气生根刺。秆箨厚纸质或革质，短于节间，贴生棕色刺毛，基部刺毛密集，密被柔毛，边缘具极密纤毛，毛长 2 毫米，无斑点，脉不明显；箨叶锥状三角形，长 0.7-1.4 厘米，直立，基部与箨顶等宽，基部有时密被柔毛。每小枝 1 叶；叶鞘紧包，无叶耳、繸毛；叶纸质，带状披针形，长 11-20 厘米，宽 1.5-2 厘米，无毛，侧脉 4-6 对，小横脉清晰。

图 831 合江方竹 （李 楠绘）

产贵州北部及四川南部，生于海拔 700-1200 米山地林中，为常见山地竹种。

6. 方竹

图 832

Chimonobambusa quadrangularis (Fenzi) Makino in Bot. Mag. Tokyo 28: 153. 1914.

Bambusa quadrangularis Fenzi in Bull. Soc. Tosc. Ortic. 5: 401. 1880.

秆高3-8米，径1-4厘米，近方形，中部节间长10-26厘米；新秆密被刺毛和绒毛，老秆具刺毛，脱落后，有瘤状毛迹，中部以下各节具弯曲气生根刺。秆箨纸质，短于节间，黄褐色，具灰色斑点，疏生黄棕色刺毛，上部边缘具缘毛；箨叶锥形，长2.5-3.5毫米。每小枝2-4叶；无叶耳，繸毛少数，直立，长3-5毫米，易落；叶带状披针形，长10-20厘米，宽1.2-2厘米，无毛，侧脉4-6对。笋期9-10月。花期4-7月。

产安徽、浙江、台湾、福建、江西、湖南、广东北部、广西北部、贵州、四川及云南西北部，多生于海拔1000米以下至2000米山区沟谷阴湿地或林下。江苏、安徽等地栽培。日本及欧美各国引种栽培。竹秆形态奇特，多栽培供观赏；笋味鲜美，供食用；秆用于农作物支柱，幼秆可加工竹麻。

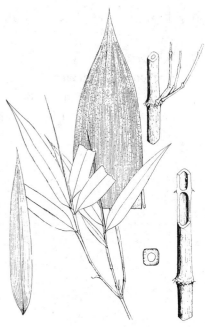

图 832 方竹 （李楠绘）

7. 金佛山方竹　　　　　　　　　　图 833

Chimonobambusa utilis (Keng) Keng f. in Techn. Bull. Natl. For. Res. Bur. China 8: 15. 1948.

Oreocalamus utilis Keng. in Sunyatsenia 4(3-4): 148. pl. 37. 1940.

秆高达10米，径2-4厘米，中部节间长20-30厘米，圆筒形，基部数节略方形；新秆密被绒毛和疏生刺毛，老秆节间上部具少量刺毛脱落后的疣基，微粗糙，或无疣基而近平滑，中下部各节具气生根刺，箨环密被宿存小刺毛。秆箨厚纸质，短于节间，疏生刺毛，易脱落，具灰白色斑点，上部边缘具纤毛；箨叶锥状三角形，长4-7毫米。大枝近平展。每小枝2-3叶；叶鞘鞘口无繸毛或具极稀的脱落性繸毛；叶厚纸质，长椭圆状披针形，长7-15厘米，宽1.2-3厘米，无毛，下面微具白粉，灰绿色，侧脉4-8对。笋期9月。花期4-5月。

图 833 金佛山方竹 （张世经绘）

产贵州、四川及云南东北部，生于海拔1000-2100米山区，组成大面积纯林。竹材供造纸原料；笋味鲜美，供鲜食或制笋干。

8. 刺竹子　　　　　　　　　　图 834

Chimonobambusa pachystachys Hsueh et Yi in Journ. Yunnan. For. Coll. 1982(1): 33. f. 1. 1982.

秆高3-7米，径1-3厘米，中部节间长15-22厘米，圆筒形或近基部数节略方形；新秆密被黄褐色绒毛，间节中上部疏被小刺毛，节内气生根刺较发达，箨环初被小刺

毛，后渐脱落无毛。秆箨纸质或厚纸质，疏生黄褐色小刺毛，或脱落后不明显，具灰白色斑点；箨叶锥形，长3-4毫米。每小枝1-3叶；叶鞘无毛，鞘口具数条繸毛，易脱落；叶带状披针形或披针形，长6-18厘米，宽1.1-2.1厘米，下面无白粉，淡绿色，侧脉4-6对。

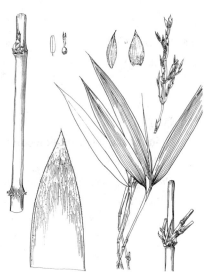

图 834 刺竹子 （李 楠绘）

产贵州北部、四川南部及云南，多生于海拔1000-2000米常绿阔叶林下。笋可食用；秆供农用，幼秆供造纸和竹麻原料。

9. 缅甸方竹　　　　　　　　　　　　　图 835

Chimonobambusa armata (Gamble) Hsueh et Yi in Journ. Bamb. Res. 2(1): 38. 1983.

Arundinaria armata Gamble in Ann. Roy. Bot. Gard. Calcutta 7: 130. pl. 119. 1896.

秆高5-7米，径1-2.5厘米，中部节间长约20厘米，圆筒形；新秆绿色，节间上半部疏生疣基小刺毛，秆环隆起，箨环及箨环下密生棕色小刺毛，后渐脱落，节内较宽，幼时密生黄褐色绒毛，具12-25枚气生根刺，刺长2-3毫米。秆箨迟落，紫红色，被较密小刺毛，毛脱落后有疣基，纵脉纹明显，小横脉不明显，边缘具灰褐色纤毛；鞘口繸毛发达；箨叶三角状锥形，长

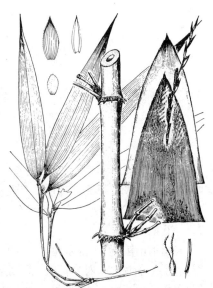

图 835 缅甸方竹 （引自《云南树木志》）

1.5-3毫米。每小枝具2-3叶，叶鞘鲜时带紫色，无毛，无叶耳，繸毛发育；叶带状披针形，长12-33厘米，宽1.5-4厘米，两面无毛，绿色，侧脉4-6对。笋期7-8月。

产云南西北部及西藏东南部，生于海拔1300-2200米阔叶林下。缅甸及印度有分布。笋可食用。

10. 永善方竹　　　　　　　　　　　　　图 836

Chimonobambusa tuberculata Hsueh et L. Z. Gao. in Journ. Bamb. Res. 6(2): 11. pl. 2. 1987.

秆高3-4米，径约1.2厘米，秆壁厚2-3毫米，节间长14-18厘米，圆筒形；新秆密被褐色疣基小刺毛，分枝以下秆环较平，箨环被棕色绒毛，节内具7-12枚气生根刺。秆箨长于节间，迟落，纸质或厚纸质，密被棕色疣基小刺毛，毛脱落后，有黑色疣基，具褐色小斑纹，纵脉

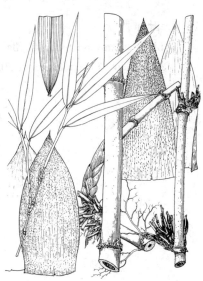

图 836 永善方竹 （王红兵绘）

纹明显，边缘具纤毛；箨叶长约 1 毫米。每小枝 3-4 叶；叶鞘鞘口具稀疏繸毛，易脱落；叶带状披针形，长 19-25 厘米，宽 2.2-3 厘米，无毛，侧脉 6-9 对。笋期 8-9 月。

产四川南部及云南东北部，生于海拔 1300-2000 米山区。

11. 筇竹　　　　　　　　　　　　　　　图 837

Chimonobambusa tumidinoda (Hsueh et Yi) Wen in Journ. Bamb. Res. 10(1): 17. 1991.

Qiongzhuea tumidinoda Hsueh et Yi in Acta Bot. Yunnan. 2(1): 98. f. 1-2. 1980.

秆高 3-6 米，径 1-3 厘米，中部节间长 15-25 厘米，圆筒形，秆壁厚，基部数节近实心；新秆绿色，无毛；秆环隆起，肿胀成圆脊，

有关节，易脆断；箨环幼时有棕褐色刺毛，后渐脱落；节内无气生根刺。秆箨早落，短于节间，厚纸质，紫红或绿紫色，纵脉纹明显，脉间具棕色刺毛，毛基部具疣点，边缘密生淡棕色纤毛；无箨耳，繸毛长 2-3 毫米；箨叶锥状披针形，长 0.5-1.7 厘米，直立，易脱落；箨舌先端密生白色纤毛。每小枝具 2-4

叶；叶鞘边缘具纤毛，鞘口具直立繸毛；叶窄披针形，长 5-14 厘米，宽 0.6-1.2 厘米，无毛，下面灰绿色，侧脉 2-4 对。笋期 4 月。花期 4 月，果期 5 月。

产四川南部及云南东北部，生于海拔 1400-2200 米地带。竹秆形态奇特，为上等手杖和烟竿材料，具较高的工艺美术价值。笋味鲜美，肉厚质脆，为著名笋用竹种。幼秆可造纸。

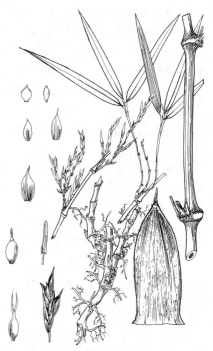

图 837　筇竹　（王红兵绘）

12. 大叶筇竹　　　　　　　　　　　图 838

Chimonobambusa macrophylla (Hsueh et Yi) Wen et D. Ohrnb. ex D. Ohrnb. Gen. Chimonobambusa 20. 1990.

Qiongzhuea macrophylla Hsueh et Yi in Acta Bot. Yunnan. 5(1): 45. f.4. 1983.

秆高 2-6 米，径 1.5-2 厘米，中部节间长 18-29 厘米，圆筒形，秆壁厚 2.5-3.5 毫米；新秆绿色，无毛；秆环肿胀成圆脊，易断裂；节内较长，无气生根刺。秆箨早落，短于节间，厚纸质，紫绿色，

图 838　大叶筇竹　（引自《云南植物研究》）

无毛，纵脉明显，边缘具纤毛；箨叶三角状锥形，长3-9毫米。每小枝2-3叶；叶鞘无叶耳和繸毛；叶带状披针形，长11-18厘米，宽2-3.5厘米，无毛，下面灰绿色，侧脉5-8对。

产四川，生于海拔1500-2200米阔叶林下。

13. 平竹   图 839

Chimonobambusa communis (Hsueh et Yi) Wen et D. Ohrnb. ex D. Ohrnb. Gen. Chimonobambusa 16. 1990.

Qiongzhuea communis Hsueh et Yi in Acta Bot. Yunnan. 2(1): 96. f. 3. 1980.

秆高3-7米，径1-3厘米，节间长15-25厘米，基部数节有时略方形，无毛；秆环在无分枝节上平或微隆起，箨环无毛，节内长2-4毫米，无气生根刺。秆箨早落，短于节间，厚纸质，鲜时墨绿色，无毛，有光泽，纵脉纹不甚明显；无箨耳和繸毛；箨叶三角状锥形，长0.5-1.1厘米，基部有关节，易脱落。大枝平展或斜展。每小枝2-3叶；叶鞘无毛，有光泽，鞘口无叶耳和繸毛，或具少数繸毛；叶披针形，长8-12厘米，宽1.3-2厘米，下面淡绿色，微有毛，侧脉4-5对。笋期5月。花期3月，果期5月。

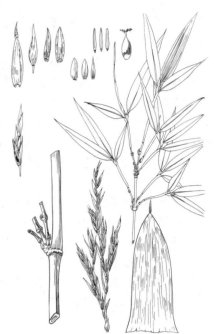

图 839 平竹 （王红兵绘）

产湖北西部、贵州及四川，生于海拔860-1800米，海拔1600米地带分布最多，组成小面积纯林或生于阔叶林下。笋供食用；竹材篾性柔软，韧性强，可编织竹席；幼秆供造纸。

14. 三月竹   图 840

Chimonobambusa opienensis (Hsueh et Yi) Wen et D. Ohrnb. ex D. Ohrnb. Gen. Chimonobambosa 30. 1990.

Qiongzhuea opienensis Hsueh et Yi in Acta Bot. Yunnan. 2(1): 98. f. 4. 1980.

秆高达7米，径1-5厘米，节间长18-25厘米，秆壁厚5-8毫米，圆筒形或基部数节有时略方形；新秆绿色，无毛，老秆黄绿色；箨环无毛，节内长2.5-4毫米，无气生根刺。秆箨早落，短于节间，厚纸质，紫褐色，疏生褐生刺毛，边缘中上部密生纤毛，纵脉纹明显；无箨

图 840 三月竹 （李 楠绘）

耳和繸毛；箨叶锥形，长4-6毫米，两面粗糙。每小枝具1（2）叶；叶鞘鞘口具易落繸毛；叶披针形，长7-17厘米，宽1.3-1.6厘米，下面淡绿色，被微毛，侧脉4-5对。笋期4-5月。

产四川峨边，生于海拔1600-1900米，生于阔叶林下或组成小面积纯林。

18. 筱竹属 Thamnocalamus Munro (*Fargesia* Franch. pro parte)
（赵奇僧　邹惠渝）

小乔木状或灌木状竹类；地下茎合轴型。秆柄粗短，秆丛生，直立，秆壁厚度中等，节间圆筒形，每节分枝多数。秆箨早落。叶较小，网脉明显或不明显。总状花序顶生；花序轴短，小穗密集，外被1- 数枚大型佛焰苞，佛焰苞长于或等于花序；小穗柄短，小穗辐射排列或幼时于佛焰苞一侧露出；颖片2，近等长。外稃先端渐尖或具芒；内稃具2脊，先端2齿裂；鳞被3，上部有纤毛；雄蕊3，花丝分离；子房无毛，花柱1，柱头3，羽毛状。果条状或葫芦状。

6种，产于亚洲东部及非洲高山地区。我国5种。

1. 叶下面小横脉明显，叶鞘鞘口常具繸毛；小穗具数朵小花，佛焰苞状苞片先端具小叶。
　　2. 秆箨无毛，先端钝圆；总状花序长 1.5-3 厘米，无毛；小穗长 1.2-1.6 厘米 …………1. **龙头竹 T. spathaceus**
　　2. 秆箨多少有毛，先端渐窄；总状花序长 3-8 厘米；小穗长 2.5-5 厘米。
　　　　3. 秆箨密被毛，无箨耳和繸毛；花序轴、小穗柄密生细毛 ……………………………… 2. **广西筱竹 T. cuspidatus**
　　　　3. 秆箨疏被疣基刺毛，具小箨耳和繸毛；花序轴、小穗柄无毛 ……………………………… 3. **有芒筱竹 T. aristatus**
1. 叶下面小横脉不明显，叶鞘鞘口无繸毛；小穗具1小花，佛焰苞状苞片先端无小叶或极小的小叶 ………………
　　……………………………………………………………………………………………………… 4. **尼泊尔筱竹 T. falconeri**

1.　龙头竹　箭竹　神农箭竹　　　　　　　　图 841

Thamnocalamus spathaceus (Franch.) Soderstrom in Brittonia 31. 495. 1979.

Fargesia spathacea Franch. in Mem. Linn. Soc. Paris 2: 1067. 1893；中国植物志9(1): 425. 1996.

Fargesia murielae (Gamble) Yi；中国植物志 9(1): 409. 1996.

秆高 5 米，径 1-2 厘米，中部节间长约 28 厘米；新秆绿色，无毛，无白粉，老秆黄绿色。秆箨淡黄褐色，无毛，先端钝圆，无斑点；箨耳和繸毛不发育；箨舌极短；箨叶窄带形，外反。枝细长；每小枝 1-2 叶；叶鞘无毛，无叶耳和繸毛；叶披针形或带状披针形，长 3.5-9.5 厘米，宽 0.7-1.2 厘米，无毛，有锯齿，侧脉 3-4 对，小横脉明显。

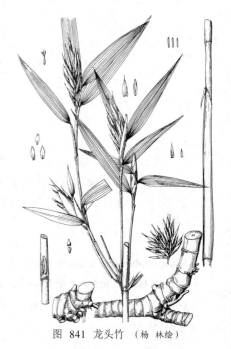

图 841 龙头竹 （杨 林绘）

产河南、陕西、甘肃、湖北西部、四川及云南，生于海拔 2400-3300 米。喜湿冷气候，在四川北部、陕西秦岭较箭竹分布高，为高山针叶林下主要灌木。是大熊猫最重要的食用竹种。

2.　广西筱竹　尖尾箭竹　　　　　　　图 842

Thamnocalamus cuspidatus (Keng) Keng f. in Techn. Bull. Natl. For. Ros. Bur. China 8: 15. 1948.

Arundinaria cuspidate Keng in Sinensia 7(3): 412. f. 3. 1936.

Fargesia cuspidata (Keng) Z. P. Wang et G. H. Ye；中国植物志 9(1):

479. 1996.

秆高5米，径约2厘米，中部节间长15-20厘米。秆箨先端渐窄。密被毛，无箨耳和繸毛；箨舌短；箨叶窄带状，直立。枝细长，长达60厘米。每小枝1-3叶；无叶耳，具少数脱落性繸毛；叶长4-12厘米，宽0.5-1厘米，下面灰白色，基部疏生毛，侧脉3-5对，小横脉明显。

产广西西北部及贵州南部，多生于海拔约1600米。

3. 有芒筱竹　　　　　　　　　　　　　　　图 843

Thamnocalamus aristatus (Gamble) E. G. Camus, Bambus 54. pl. 37. f. E. 1913.

Arundinaria aristata Gamble in Ann. Roy. Bot. Gard. (Calcutta) 7: 18. pl. 17. 1896.

图 842　广西筱竹　（杨 林绘）

秆高5-8米，径2-3（-6）厘米，有时稍曲折，节间长20-30厘米；新秆粉绿色，有白粉，老秆黄色；分枝以下秆环较平，箨环具箨鞘基部残留物，隆起。秆箨脱落性，疏生具疣基长刺毛，基部被软毛；箨耳小，繸毛疏生；箨舌微凹或平截，先端具短纤毛；箨叶窄披针形，长约4厘米，反曲。小枝带紫色，具2-3叶；叶鞘鞘口疏生繸毛；叶椭圆状披针形或披针形，长8-11厘米，宽约1厘米，无毛或下面微有毛，粉绿色，侧脉3-5对，小横脉明显。

产西藏南部，生于海拔2000-2500米高山地带。印度北部及不丹有分布。

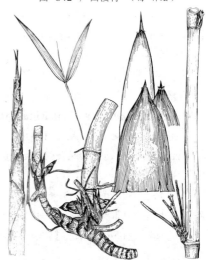

图 843　有芒筱竹　（傅远辉绘）

4. 尼泊尔筱竹　颈鞘箭竹　　　　　　　　图 844

Thamnocalamns falconeri Munro in Trans. Linn. Soc. 26: 34. 1868.

Fargesia collaris Yi；中国植物志 9(1): 3 99. 1996.

秆高7-10米，径3-8厘米，秆壁厚约4毫米，节间长20-40厘米；新秆亮绿色，无毛，有白粉，老秆带黄色，节部带紫色；秆环隆起，箨环具箨鞘基部残留物，隆起，无毛。秆箨脱落性，淡红或带紫色，干后黄色，先端常歪斜，无毛，边缘具纤毛，纵脉纹明显；无箨耳和繸毛；箨舌长1-2毫米。每小

图 844　尼泊尔筱竹（杨 林绘）

枝通常2叶；叶鞘无毛，无叶耳和繸毛；叶质薄，椭圆状披针形，长6-12厘米，宽0.6-1.2厘米，淡绿色，无毛，侧脉3-4对，小横脉不明显。

产西藏南部，生于海拔2200-3000米。主产不丹和尼泊尔高山地区。

19. 悬竹属 Ampelocalamus S. L. Chen, T. H. Wen et G. Y. Sheng
（赵奇僧　邹惠渝）

灌木状竹类；地下茎合轴型。秆丛生，直立，上部垂悬呈攀援状，节间圆筒形，无沟槽，秆芽单生，分枝3-多数，枝细长，开展。秆箨迟落或宿存，短于节间；箨耳明显，繸毛放射状；箨舌先端具流苏状纤毛；具发达的叶耳和繸毛，叶舌先端具流苏状长纤毛；叶中等大小，网脉不甚明显。圆锥花序排列疏散，生于有叶小枝顶端；每小穗具2-7小花，排列疏散；小穗轴长为小花一半，且逐节断落；颖片2，质薄。外稃纸质；内稃与外稃近等长，或稍长，背部具2脊；鳞被3，几等大，上部边缘具纤毛；雄蕊3；花柱2，基部联合，柱头羽毛状。颖果卵状长圆形，无毛。

3种，产中国、尼泊尔及不丹。

1. 秆高2-3米；节间和秆箨被刺毛；箨耳、叶耳繸毛长1.8-2.5厘米；叶质薄，两面被小刺毛 ········
··· **射毛悬竹 A. actinotrichus**
1. 秆高1.5米；节间和秆箨被柔毛；箨耳、叶耳繸毛长不及1厘米；叶近革质，两面无毛 ···········
·· （附）. **贵州悬竹 A. calcareus**

射毛悬竹   图 845

Ampelocalamus actinotrichus (Merr. et Chun) S. L. Chen, T. H. Wen et G. Y. Sheng in Acta Phytotax. *Sin.* 19(3): 332. f. 33. 1981.

Arundinaria actinotricha Merr. et Chun in Sunyatsenia 2(3-4): 206. pl. 36. 1935.

秆高2-3米，稀达5-6米，上部细柔，下垂，径1-1.5厘米，中部节间长达30厘米，灰绿色；新秆淡紫色，具倒生小刺毛，毛脱落后留有疣基或毛迹；每节分枝3-多数。秆箨迟落，绿色，短于节间，厚纸质或近革质，边缘质薄，上部无毛或疏生小刺毛，无斑点或具不明显黑褐色小点；箨耳发达，卵圆形或半月形，紫色或棕褐色，易脱落，繸毛放射状，棕红色，长约2厘米，稀达3.7厘米；箨舌短，先端平截，质硬，具流苏状长纤毛；箨叶绿色，反曲，带状披针形，短于或等长于箨鞘。叶鞘具叶耳，半月形，

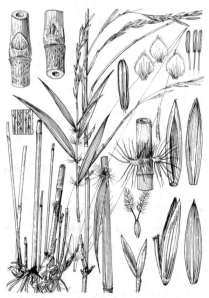

图 845 射毛悬竹　（史渭清绘）

边缘具放射状繸毛，毛长达1.8厘米，叶舌先端具流苏状纤毛；叶椭圆状披针形，薄纸质或近膜质，长12-30厘米，宽1-4厘米，两面均被小刺毛，侧脉3-6对，小横脉不明显。笋期5月。花期2-7月。

产海南，生于海拔500-1200米山坡、路边或林下。

[附] **贵州悬竹 Ampelocalamus calcareus** C. D. Chu et C. S. Chao in

Acta Phytotax. Sin. 21(2): 204. f. 1. 1983. 与射毛悬竹的区别：秆高1.5米，节间和秆箨被柔毛；箨耳、叶耳繸毛长不及1厘米；叶近革质，两面无毛。笋期4月。产贵州南部，生于海拔约500米石灰岩山地，多生于阔叶林中或林缘。

20. 箭竹属（ 玉山竹属 香竹属 镰序竹属）**Sinarundinaria** Nakai

（ *Yushania* Keng f.; *Chimonocalamus* Hsueh et Yi; *Drepanostachyum* Keng f.）

（赵奇僧 邹惠渝）

灌木状或小乔木状竹类；地下茎合轴型。秆柄短或长；秆丛生或散生，圆筒形，无沟槽或分枝一侧微具沟槽，秆芽单生，每节分枝3-多枚，节内有时具一圈刺状气生根。秆箨常稍被刺毛，稀无毛。叶通常较小，网脉多明显。圆锥花序或总状花序，顶生，苞片细小；小穗具柄，具2-数花，稀1花，颖片2。外稃先端钝尖或渐尖，脉7-11，内稃背部具2脊，先端2裂或微凹；鳞被3，膜质，边缘具纤毛；雄蕊3；花丝细长，花药黄色；子房无毛，花柱短，柱头通常2裂，羽毛状。颖果长椭圆形或纺锤形。

约90种，分布于亚洲、非洲及南美洲。我国约70种，主产西部海拔1000-3800米地带，组成高山针叶林下主要灌木，有大面积分布。

1. 秆节部具环生刺状气生根。
  2. 叶通常宽1.5-2.5厘米，侧脉4-8对；箨叶长不及3厘米，秆箨密被黄褐色刺毛；新秆箨环密被黄色长柔毛 ┄┄┄┄┄┄┄┄┄┄┄┄┄┄┄┄┄┄┄┄┄┄┄┄┄┄┄┄┄┄┄┄┄┄┄┄┄┄┄ 1. **西藏香竹 S. griffithiana**
  2. 叶宽不及1.5厘米，侧脉2-4对；箨叶长3厘米以上；新秆箨环无毛或被棕色绒毛。
    3. 箨鞘及箨舌先端平截、微突起或下凹，箨叶基部宽1厘米以下；秆箨具褐色斑块，先端弧形下凹，两侧稍高；新秆箨环无毛或被微毛 ┄┄┄┄┄┄┄┄┄┄┄┄┄┄┄┄┄┄┄┄┄ 2. **流苏香竹 S. fimbriata**
    3. 箨鞘及箨舌先端均呈"山"字形突出，箨叶基部宽1-2厘米；新秆紫褐色，被疣基糙毛；秆箨密被毡状刺毛，后渐脱落；叶下面灰绿色，鞘口繸毛发达 ┄┄┄┄┄┄┄┄┄┄┄┄┄ 2(附). **香竹 S. delicata**
1. 秆节部无刺状气生根。
  4. 秆箨具发达箨耳和繸毛。
    5. 秆箨具斑点或斑块；幼秆密被白粉。
      6. 秆箨被刺毛，具黑褐色斑块 ┄┄┄┄┄┄┄┄┄┄┄┄┄┄┄┄┄┄┄┄┄┄┄ 3. **大箭竹 S. brevipaniculata**
      6. 秆箨无毛，具褐或紫褐色小斑点 ┄┄┄┄┄┄┄┄┄┄┄┄┄┄┄┄┄ 3(附). **石棉玉山竹 S. lineolata**
    5. 秆箨无斑点，幼秆节下被白粉或微被白粉，有刺毛；叶下面有毛或初被毛。
      7. 箨耳椭圆形或窄三角形，边缘有长1-1.5厘米繸毛；叶耳小或不明显，具少数直立繸毛 ┄┄┄ 4. **毛竿玉山竹 S. hirticaulis**
      7. 箨耳镰形，边缘有2-5（-10）毫米放射状繸毛；叶耳发达，具放射状繸毛。
        8. 秆中空，幼时被疣基刺毛，毛脱落后粗糙；秆箨密被黄褐或黄色疣基长刺毛；叶耳密被繸毛，毛长0.4-1.5厘米；叶下面小横脉清晰 ┄┄┄┄┄┄┄┄┄┄┄┄┄┄┄┄┄ 5. **南岭箭竹 S. basihirsuta**
        8. 秆实心或近实心，幼时节下被刺毛，余处平滑；秆箨被较密淡黄色小刺毛，刺毛无疣基；叶耳疏生繸毛，毛长2-4毫米；叶下面小横脉不清晰 ┄┄┄┄┄┄┄┄┄┄┄┄┄┄ 5(附). **滑竹 S. polytricha**
  4. 秆箨无箨耳或有小突起，无繸毛或具少数繸毛。
    9. 秆箨具斑点。
      10. 地下茎秆柄细，长达40厘米；幼秆秆髓非海绵状；秆箨短于节间，无毛或基部被小刺毛；叶无毛 ┄┄┄┄┄┄┄┄┄┄┄┄┄┄┄┄┄┄┄┄┄┄┄┄┄┄┄┄┄┄┄┄┄┄┄┄┄┄┄ 6. **斑壳玉山竹 S. maculata**
      10. 地下茎秆柄粗，长4-11厘米；幼秆秆髓海绵状；秆箨等于或长于节间，被较密棕或棕黑色刺毛；叶下面基部被柔毛。
        11. 秆中部节间长20-23（-36）厘米，纵向细肋不甚明显；笋紫或紫红色，箨鞘鞘口具长1-4毫米易脱落繸毛；叶鞘具小叶耳，叶长10-16厘米，宽1-1.7厘米，侧脉4对 ┄┄┄┄ 7. **棉花竹 S. fungosa**
        11. 秆中部节间长35-41厘米，纵向细肋明显；笋淡绿色，箨鞘鞘口具长2-7毫米繸毛；叶鞘无叶耳，叶长4-10厘米，宽3-6.5毫米，侧脉2-3对 ┄┄┄┄┄┄┄┄┄┄┄┄┄ 7(附). **丰实箭竹 S. ferax**

9. 秆箨无斑点。

12. 秆箨箨舌高 1.5-5 毫米，先端具流苏状纤毛或短纤毛；地下茎秆柄长 3-7 厘米；秆每节分枝多数；秆箨上部边缘具刺毛，无箨耳和繸毛，箨舌先端具流苏状纤毛。

  13. 秆箨背部具刺毛 ·· 8. **樟木箭竹 S. falcata**

  13. 秆箨背部无毛 ·· 9. **圆芽箭竹 S. hookeriana**

12. 秆箨箨舌高 0.5-1 毫米，先端具短纤毛或无毛，稀高达 2 毫米，先端无毛。

  14. 秆实心或近实心。

    15. 地下茎秆粗 2.5-7 厘米；秆幼时淡绿色，无白粉或微被白粉；秆箨纵向脉纹不明显，常具紫色条纹，边缘无纤毛；叶下面灰白色，中脉两侧具灰色柔毛，小横脉不清晰 ······10. **昆明实心竹 S. yunnanensis**

    15. 地下茎秆柄粗不及 1.5 厘米；秆幼时密被白粉；秆箨纵向脉纹明显，有时具淡黄色纵条纹，边缘具小刺毛或纤毛；叶下面无毛，小横脉清晰；秆箨等于或长于节间，箨鞘鞘口繸毛长 3-8 毫米；叶长 4.5-8.5 厘米，宽 5-9 毫米 ·· 11. **紫花玉山竹 S. violascens**

  14. 秆中空。

    16. 秆幼时被刺毛。

      17. 秆柄粗，长 3-5 厘米；秆箨与节间近等长，无箨耳和繸毛；叶下面被柔毛 ······ 12. **西藏箭竹 S. maling**

      17. 秆柄细，长达 30 厘米；秆箨短于节间，上部被刺毛，箨耳细小，繸毛长约 2 毫米；叶下面无毛 ···· ··· 13. **玉山竹 S. niitakayamensis**

    16. 秆幼时无毛。

      18. 秆箨先端平截，密被紫色刺毛，箨舌先端平截，箨叶带状披针形 ·············· 14. **箭竹 S. nitida**

      18. 秆箨先端圆弧形，无毛或疏被灰色小刺毛，箨舌先端圆弧形或三角形，箨叶三角形或长三角状披针形。

        19 秆幼时无白粉或微被白粉；秆箨疏生小刺毛，箨舌先端圆弧形；叶下面被柔毛，侧脉 4-5 对，小横脉清晰 ·· 15. **糙花箭竹 S. scabrida**

        19. 秆幼时密被白粉；秆箨无毛，稀具小刺毛，箨舌三角形；叶两面无毛，侧脉 3 对，小横脉不甚清晰 ·· 15(附). **黑穗箭竹 S. melanostachys**

1. 西藏香竹　　　　　　　　　　　图 846

Sinarundinaria griffithiana (Munro) C. S. Chao et Renv. in Kew Bull. 44(2): 353. 1989.

Arundinaria griffithiana Munro in Trans. Linn. Soc. 26: 20. 1866.

Chimonocalamus tortuosus Hsueh et Yi；中国植物志 9(1): 371. 1996.

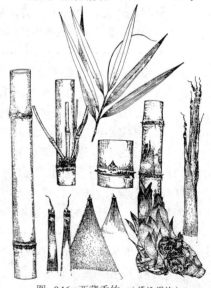

图 846 西藏香竹 （傅远辉绘）

秆高 6-10 米，径 1-4 厘米，中部节间长 18-22 厘米，黄绿色，上部微被灰色刺毛；秆环微隆起，箨环显著，幼时密被灰黄或黄褐色长柔毛，后渐脱落；节内长约 2 毫米，具 16-22 根刺状气生根，长约 2 毫米；每节分枝 2-9，斜展。秆箨紫红色，宿存，长于节间，中下部革质，上部纸质，密被向上黄褐色刺毛，毛长 1-2 毫米，纵脉及小横脉均明显，边缘密被纤毛；箨耳瘤状突起，紫红色，繸毛长 4-9 毫米；箨舌深紫色，三角状，高约 2 毫米，先端具长 2-3 毫米纤毛；箨叶长 0.3-

3 厘米，紫色，直立，纵脉明显。每小枝具 3-7 叶；叶鞘上部常紫色，无毛，鞘口无叶耳，具波状易落繸毛，毛长 0.5-1.2 厘米；叶披针形，纸质，长 12-20 厘米，宽 1.5-2.5 厘米，两面无毛，具小锯齿，侧脉 4-8 对，小横脉不甚清晰。笋期 7 月底至 8 月初。

产云南西部及西藏东南部，多生于海拔 1000-3000 米阔叶林下。印度及缅甸有分布。

2. 流苏香竹 图 847

Sinarundinaria fimbriata (Hsueh et Yi) C. S. Chao, comb. nov.

Chimonocalamus fimbriatus Hsueh et Yi in Acta Bot. Yunnan 1(2): 78. pl. 3. 1979；中国植物志 9(1): 365. 1996.

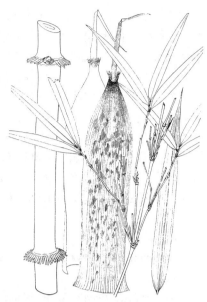

图 847 流苏香竹 （引自《云南植物研究》）

秆高 5-8 米，径 2-5 厘米，中部节间长 20-36 厘米；新秆暗绿或略带紫色，疏生易落白色小刺毛，箨环无毛或被微毛；秆壁厚 3-6 毫米；节内刺状气生根长 0.7-1.4 厘米，多达 30 多根，密集排列，中下部常愈合；每节分枝 3 或更多。秆箨薄革质，长于节间，早落，鲜时绿带紫红色，贴生棕色小刺毛，常具褐色斑块，

先端弧形下凹，两侧稍高，具 1-3 条繸毛；箨舌高 1-1.3 厘米，先端具流苏状纤毛；箨叶直立或外反，长 6-16 厘米。每小枝 3-5 叶；叶耳微小，繸毛长 0.5-1.2 厘米；叶长 5-15 厘米；宽 0.5-1.1 厘米，下面苍绿色，侧脉 3-4 对。笋期 9 月。

产云南。

[附] **香竹 Sinarundinaria delicata** (Hsueh et Yi) C. S. Chao, comb. nov. —— *Chimonocalamus delicatus* Hsueh et Yi in Acta Bot. Yunnan 1(2): 77.

pl. 1. 1979；中国植物志 9(1): 362. 1996. 与流苏香竹的主要区别：箨鞘及箨舌先端均呈"山"字形突出，箨叶基部宽 1-2 厘米；新秆紫褐色，被疣基糙毛；秆箨密被毡状刺毛，后渐脱落；叶下面灰绿色，鞘口繸毛发达。笋期 6-7 月。花期 3 月底至 4 月。产云南金平，生于海拔 1400-2000 米山区阔叶林中，多为天然分布，少量人工栽培。笋味鲜美，供食用，为当地主要笋用竹种。竹材坚硬，不易虫蛀，可用于盖房或编织。

3. 大箭竹 短锥玉山竹 图 848

Sinarundinaria brevipaniculata (Hand.-Mazz.) Keng ex Keng f. in Techn. Bull. Natl. For. Res. Bur. China 8: 13. 1948.

Arundinaria brevipaniculata Hand.-Mazz. in Anz. Akad. Wiss. Wien, Math.-Nat. 57: 237. 1920.

Yushania brevipaniculata (Hand.-Mazz.) Yi；中国植物志 9(1): 489. 1996.

秆高 2-2.5 米，径 0.5-1 厘米，中部节间长达 32 厘米；新秆密被白粉，有紫色小斑点，老时黄色，秆壁厚约 2.5

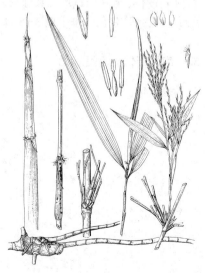

图 848 大箭竹 （杨 林绘）

毫米；秆环平或微隆起；箨环隆起，初被棕色小刺毛；每节分枝3-7，枝斜展，长达70厘米。笋紫绿色，间有淡绿色条纹；秆箨宿存，长为节间1/3，具黑褐色斑块，疏生淡黄褐色刺毛，先端圆弧形；箨耳发达，紫色，抱秆贴生，边缘具长7-8毫米繸毛；箨舌圆弧形，高达4毫米；箨叶窄长披针形，外反。每小枝通常具3叶，稀达6叶；具叶耳和繸毛；叶披针形，长7-12厘米，宽0.8-1.6厘米，两面无毛，下面淡绿色，侧脉3-5对。花期6-8月。

产于四川，生于海拔1800-3800米针叶林下或溪沟两岸。在四川卧龙、马边、宝兴、天全等地是大熊猫主要食用竹种之一。

[附] **石棉玉山竹 Sinarundinaria lineolata** (Yi) C. S. Chao comb. nov.

4. 毛竿玉山竹

图 849

Sinarundinaria hirticaulis (Z. P. Wang et G. H. Ye) C. S. Chao comb. nov.

Yushania hirticaulis Z. P. Wang et G. H. Ye in Journ. Nanjing Univ. (Nat. Sci.) 1981(1): 94. f. 2. 1981；中国植物志 9(1): 494. 1996.

秆高1-3米，径约1厘米，中部节间长14-20厘米。新秆暗紫色，密被白粉和倒生疣基长刺毛，毛渐脱落留有疣基，秆壁厚1-2毫米；秆环微隆起，箨环初被黄褐色长刺毛；每节分枝3或更多，枝直立，长10-38厘米。秆箨宿存或迟落，革质，稍短于节间，秆上部者略长于节间，被棕色平伏疣基长刺毛，毛长2-4毫米，基部刺毛尤密，边缘密生纤毛；箨耳椭圆形或窄三角形，斜上，被柔毛，上部边缘有弯曲黄褐色繸毛，毛长1-1.5厘米；箨舌暗紫色，高约1毫米，先端圆弧形，具纤毛；箨叶三角形或三角状披针形，直立，无毛，边缘暗紫色。每小枝3-5叶；叶耳小，繸毛直立，淡黄色，长

5. 南岭箭竹 毛玉山竹

图 850：8-10

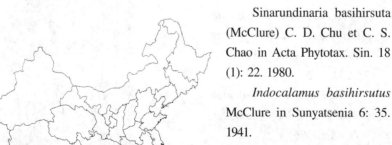

Sinarundinaria basihirsuta (McClure) C. D. Chu et C. S. Chao in Acta Phytotax. Sin. 18 (1): 22. 1980.

Indocalamus basihirsutus McClure in Sunyatsenia 6: 35. 1941.

Yushania basihirsuta (McClure) Z. P. Wang et G. H. Ye；中国植物志 9(1): 532. 1996.

秆高1.5-3米，径3-8毫

—— *Yushania lineolata* Yi in Journ. Bamb. Res. 4(2): 31. pl. 12. 1985；中国植物志 9(1): 491. 1996. 与大箭竹的主要区别：秆箨无毛，具褐或紫褐色斑点。笋期5-6月。花期5-6月。产四川西南部，生于海拔2500-3200米针叶林下。为大熊猫食用竹种之一。

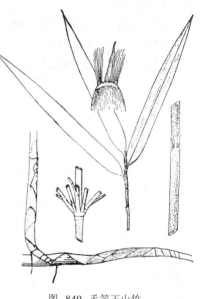

图 849 毛竿玉山竹
（引自《南京大学学报》）

0.5-1.2厘米；叶带状披针形，长10-12厘米，宽0.5-1厘米，下面淡绿色，初具柔毛，侧脉3-5对。笋期5月。

产福建及江西，生于海拔1300-2000米林下。

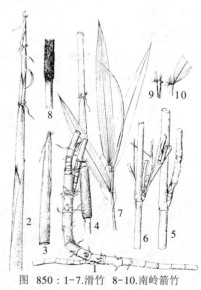

图 850：1-7.滑竹 8-10.南岭箭竹
（杨 林绘）

米，秆中空，中部节间长 10-15（-29）厘米；新秆被灰白或灰黄色疣基长刺毛，节下有白粉，毛脱落后留有疣基而粗糙；秆环在不分枝节上平，分枝节上肿胀；箨环初密被黄褐色长刺毛，后渐脱落；每节分枝 1-3，直立。笋紫色。秆箨宿存，短于节间，革质，密被黄或黄褐色疣基刺毛，基部尤密，毛长 2-3 毫米；箨耳镰形，绿带紫色，长达 6 毫米，边缘密生黄褐色弯曲繸毛，毛长 4-5（-10）毫米，放射状排列；箨舌先端密生纤毛；箨叶外反。每小枝 5-9 叶；叶鞘被刺毛，叶耳镰形，紫色，边缘密生黄褐色弯曲繸毛，毛长 0.4-1.5 厘米，放射状排列；叶披针形或长圆状披针形，长 7-18.5 厘米，宽 0.7-1.8 厘米，下面灰绿色，初被灰白色硬毛，基部尤密，后仅基部被硬毛，侧脉 4-6 对，小横脉清晰。笋期 4 月。花期 9-10 月。

产湖南及广东北部，多生于海拔 1500-1600 米山谷疏林下。

[附] **滑竹** 图 850：1-7 **Sinarundinaria polytricha** (Hsueh et Yi) C. S. Chao comb. nov. —— *Yushania polytricha* Hsueh et Yi in Journ. Bamb. Res. 5(1): 58. pl. 21. 1986；中国植物志 9(1): 532. 1996. 与南岭箭竹的主要区别：秆实心或近实心，幼时节下被刺毛，余处平滑；秆箨被较密淡黄色小刺毛，刺毛无疣基；叶耳疏生繸毛；叶下面小横脉不清晰。笋期 8 月。产云南中部及西部，多生于海拔 1900-1950 米山脊阔叶林下或云南松林下。

6. 斑壳玉山竹　　　　　　　图 851

Sinarundinaria maculata (Yi) C. S. Chao comb. nov.

Yushania maculata Yi in Journ. Bamb. Res. 5(1): 33. pl. 11. 1986；中国植物志 9(1): 507. 1996.

秆高 2-4 米，径 0.5-1 厘米，地下茎秆柄细，长达 40 厘米。秆中部节间长约 30 厘米，新秆密被白粉，具灰或淡黄色小刺毛，纵肋明显，秆髓非海绵状；秆环平，箨环隆起，初密被棕色刺毛；每节多分枝，枝长 70 厘米，直立或斜展。笋棕紫色，密被棕紫色斑点，疏生黄色小刺毛；秆箨宿存，短于节间，密被深紫褐色斑点，无毛或基部疏生棕色小刺毛，纵脉明显；无箨耳，鞘口两侧具直立繸毛，毛紫色，长 0.5-1 厘米；箨舌平截；箨叶细长，

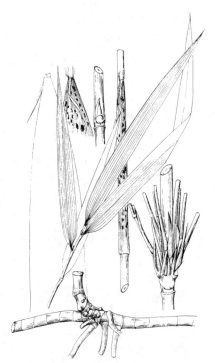

图 851 斑壳玉山竹 （杨 林绘）

外反，无毛。每小枝 3-5 叶；无叶耳，繸毛紫色，直立，长 4-7 毫米；叶带状披针形，长 9-13 厘米，宽 0.9-1.1 厘米，两面无毛，侧脉 4 对，小横脉不清晰。笋期 8 月。

产四川西南部及云南东北部，多生于海拔 1800-3500 米阴坡。秆作篱笆、扫帚；叶、嫩枝可作牛、羊饲料。

7. 棉花竹　　　　　　　图 852：10-22

Sinarundinaria fungosa (Yi) C. S. Chao comb. nov.

Fargesia fungosa Yi in Bull. Bot. Res.(Harbin) 5(4): 121. f. 1. 1985；中国植物志 9(1): 434. 1996.

秆高 4-6 米，径 1.5-2.5 厘米，中部节间长 20-36 厘米；新秆被白粉，无毛，秆髓初海绵状，后中空；秆环微隆起或隆起，箨环初被黄

褐色小刺毛；每节分枝多数，枝斜展。笋紫或紫红色，密被棕黑色刺毛。秆箨宿存，长三角形，先端渐窄，被棕黑色刺毛及褐紫色斑点，纵脉较明显；无箨耳，具数条直立黄棕色缝毛，毛长 1-4 毫米；箨舌平截，无毛；箨叶带状披针形，反曲。每小枝 3-4 叶；叶耳小，紫色，边缘具灰或灰褐色缝毛；叶披针形，长 10-16 厘米，宽 1-1.7 厘米，下面灰绿色，基部具灰白色柔毛，侧脉 4 对，小横脉清晰。笋期 7-8 月。花期 4-9 月。

产贵州西部、四川西南部及云南，多生于海拔 1800-2700 米山区。当地栽培较普遍。笋可食用；秆材劈篾富韧性，宜编织家具、农具。

[附] **丰实箭竹** 图 852：1-9 **Sinarundinaria ferax** (Keng) Keng f. in Techn. Bull. Natl. For. Res. Bur. China 8: 13. 1948. —— *Arundinaria ferax* Keng in Sinensia 7(3): 408. 1936. —— *Fargesia ferax* (Keng) Yi；中国植物志 9(1): 433. 1996. 与棉花竹的主要区别：秆中部节间长 35-41 厘米；纵肋明显；笋淡绿色，箨鞘鞘口具长 2-7 毫米缝毛；叶鞘无叶耳，叶长 4-10 厘米，宽 3-6.5 毫米，侧脉 2-3 对。笋期 7 月。花期 4 月。产四川西部，多生于海拔 1700-2600 米林下或荒山。秆可劈篾供编织农具、家具。

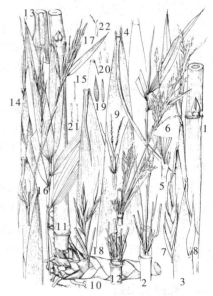

图 852：1-9.丰实箭竹 10-22.棉花竹
（杨 林绘）

8. 樟木箭竹 镰序竹   图 853：1-6

Sinarundinaria falcata (Nees) C. S. Chao et Renv. in Kew Bull. 44(2): 357. 1989.

Arundinaria falcata Nees in Linnaea 9: 478. 1837.

Drepanostachyum falcata (Nees) Keng f.；中国植物志 9(1): 373. 1996.

Fargesia ampullaris Yi；中国植物志 9(2): 401. 1996.

秆高 3-5 米，径 1-2 厘米，中部节间长 20-30 厘米；新秆密被白粉，无毛；基部数节秆壁厚或近实心，中部秆壁厚 3-4 毫米；秆环隆起，箨环隆起或肿胀，幼时被黄褐色小刺毛；每节分枝多数，枝纤细，近等粗。秆箨迟落，革质，淡黄褐色，上半部缢窄，疏被棕色刺毛，基部中央被黄褐或棕黑色刺毛，腹面先端具小刺毛，边缘上半部有小刺毛状纤毛；无箨耳和缝毛；箨舌高 1.5-4 毫米，密被小硬毛，先端具流苏状纤毛；箨叶带状披针形，反曲。

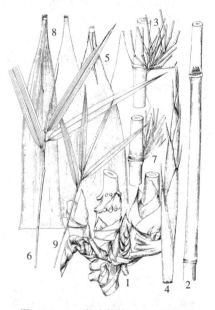

图 853：1-6.樟木箭竹 7-9.圆芽箭竹
（杨 林绘）

每小枝 3-5 叶；叶披针形，长 7-11 厘米，宽 0.6-1 厘米，下面基部疏生灰色柔毛，侧脉 2-3 对，小横脉不清晰。笋期 5-7 月。

产西藏，多生于海拔 1000-2250 米阔叶林下。尼泊尔及印度有分布。秆劈篾编织农具；枝叶在冬季作牛、羊饲料。

9. 圆芽箭竹   图 853：7-9

Sinarundinaria hookeriana (Munro) C. S. Chao et Renv. in Kew Bull.

44(2): 358. 1989.

Arundinaria hookeriana Munro in Trans Linn. Soc. 26: 29. 1866.

Fargesia semiorbiculata Yi；中国植物志 9(1): 399. 1996.

秆高 4-7 米，径 1-3 厘米，中部间长 15-20（-29）厘米；新秆密被白粉，蓝绿色，无毛，秆壁厚 2-4 毫米，秆环隆起，箨环微隆起；秆芽半圆形，边缘具纤毛；每节分枝多数，枝纤细，近等粗。笋紫色，无毛，边缘密生黄褐色纤毛。秆箨革质，上半部缢窄，纵脉明显，背面无毛，腹面上半部被小硬毛，顶部尤密，边缘上半部具小刺毛状纤毛；无箨耳和繸毛；箨舌高 1-4 毫米，内侧具流苏状小刺毛；

箨叶反曲，无毛，边缘近平滑。每小枝 2-5 叶；无叶耳和繸毛；叶窄披针形，长 5-8.5 厘米，宽 4-5 毫米，两面无毛，侧脉 2-3 对，小横脉不清晰，笋期 6 月。

产西藏南部，多生于海拔1200-2500米阔叶林下。不丹、尼泊尔、印度有分布。秆可劈篾做农具、家具；枝叶在冬季作牛、羊饲料。

10. 昆明实心竹　　　　图 854

Sinarundinaria yunnanensis (Hsueh et Yi) Hsueh et D. Z. Li in Journ. Bamb. Res. 6(2): 21. 1987.

Fargesia yunnanensis Hsueh et Yi in Bull. Bot. Res. (Harbin) 5(4): 125. f. 3. 1985；中国植物志9(1): 463. 1996.

秆高 4-10 米，径 3-6 厘米，地下茎秆柄粗 2.5-7 厘米。秆中部节间长 28-36 厘米；新秆淡绿色，无白粉或微被白粉，无毛或节下疏生棕色刺毛；老秆灰绿色，基部节间实心，向上中空渐大；秆环平或微隆起，箨环隆起；每节分枝多数，枝斜展，长达 1.6 米。笋灰绿色，被白粉，具紫色条纹，被棕色刺毛。秆箨宿存，革质，短于节间，鲜时常有紫色条纹，无毛，稀有密集成块状贴生棕色小刺毛，边缘通常无纤毛；无箨耳和繸毛；箨舌平截，紫色，高 1-2 毫米，无毛；箨叶紫绿或绿色，边缘带紫色，反曲，无毛，边缘平滑。每小枝 4-6 叶；无叶耳和繸毛，叶舌背面具灰或灰黄色短柔毛；叶披针形，长 13-19 厘米；宽 1.2-1.8 厘米，下面灰白色，中脉基部两侧有灰色柔毛，侧脉 4-5 对，小横脉不清晰。笋期 7-9 月。花期 9 月。

产四川西南部及云南，多生于海拔 1700-2400 米云南松林或阔叶林下；多栽培。笋味鲜美，昆明称甜笋，供食用；秆作抬扛和农具柄。

图 854 昆明实心竹 （杨 林绘）

11. 紫花玉山竹　　　　图 855

Sinarundinaria violascens (Keng) Keng f. in Techn. Bull. Natl. Res. Bur. China 8: 14. 1948.

Arundinaria violascens Keng in Journ. Wash. Acad. Sci. 26(10): 369. 1936.

Yushania violascens (Keng) Yi；中国植物志 9(1): 499. 1996.

秆高 2 米，径约 1 厘米，中部节间长约 15 厘米，中空小，有时近

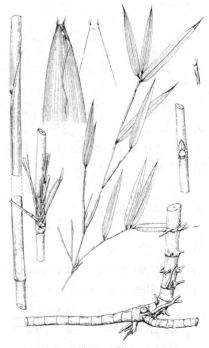

图 855 紫花玉山竹 （杨 林绘）

实心；新秆密被白粉，节间上半部疏生小刺毛，纵肋明显；秆环平或微隆起，箨环隆起，幼时有小刺毛；每节分枝多数，长达65厘米。笋紫绿或紫色，疏生黄褐色刺毛。秆箨迟落，革质，等于或长于节间，顶部宽3-6毫米，疏生淡黄色刺毛，纵脉明显；箨耳甚小，繸毛3-6条，毛长3-8毫米，弯曲，

黄褐色；箨舌深紫色，高约1毫米，先端具短纤毛；箨叶通常反曲，窄于箨鞘顶端。每小枝具4叶；叶鞘紫色，无毛，无叶耳，鞘口具弯曲短繸毛，叶舌淡绿色，无毛；叶披针形，纸质，长4.5-8.5厘米，宽5-9毫米，两面无毛，下面灰绿色，侧脉3-4对，小横脉明显。笋期6-7月。花期4-5月。

产四川西部及云南西北部，生于海拔2400-3400米山区。

12. 西藏箭竹 德钦箭竹 图 856

Sinarundinaria maling (Gamble) C. S. Chao et Renv. in Kew. Bull. 44 (2): 356. 1989.

Arundinaria maling Gamble in Kew Bull. 1912: 139. 1912.

Fargsia setosa Yi；中国植物志 9(1): 421. 1996.

Fargesia sylvestris Yi；中国植物志 9(1): 421. 1996.

秆高3-7米，径1-3厘米；秆柄粗，长3-5厘米，中部节间长17-28

厘米，秆壁厚2-3毫米；新秆被白粉，节间上半部被刺毛；秆环微隆起；箨环隆起，幼时被刺毛；每节分枝3-多数，斜展。笋紫红或绿紫色。秆箨宿存或迟落，革质，长三角状，与节间近等长，密被黄褐或棕色刺毛，纵脉明显；无箨耳和繸毛，或偶有繸毛；箨舌平截，先端具纤毛；箨叶带状披针形或

三角形披针形，反曲，基部较箨鞘先端窄，易脱落。每小枝3-5叶；无叶耳，或叶耳微小，繸毛放射状，长1-3毫米；叶披针形，长5-17厘米，宽0.4-1.8厘米，下面被灰色柔毛，基部尤密，侧脉3-4对，小横脉稍明显。笋期7月。

产云南及西藏，多生于海拔2100-3800米高山松林、云杉林下。尼泊尔、印度有分布。

13. 玉山竹 图 857

Sinarundinaria niitakayamensis (Hayata) Keng f. in Techn. Bot. Nat'l. For. Res. Bur. China 8: 4. 1948.

Arundinaria niitakayamensis Hayata in Bot. Mag. Tokyo 21: 49. 1907.

Yushania niitakayamensis (Hayata) Keng f.；中国植物志 9(1): 552. 1996.

秆高1-4米，径0.5-2厘米；秆柄细，长达30厘米。中部节间长

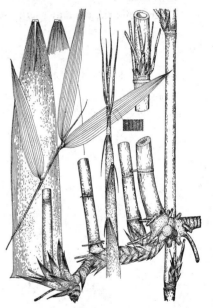

图 856 西藏箭竹 （引自《竹类研究》）

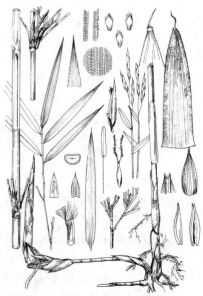

图 857 玉山竹 （引自《中国植物志》）

10-30厘米；新秆被刺毛，后脱落；秆环微隆起；箨环具箨鞘基部残留物，节内长0.5-1厘米；每节分枝3-多数，有时下部1分枝。秆箨迟落或宿存，短于节间，革质，淡棕色，密被淡黄色刺毛，边缘具棕色纤毛，纵脉明显；箨耳细小，具数条棕色短繸毛；箨舌平截，先端撕裂

状；箨叶黄绿色，带状，长1-6厘米，反曲，无毛，易脱落。每小枝3-10叶；无叶耳或不明显，鞘口两侧具弯曲繸毛；叶窄披针形，长4-18厘米，宽0.5-1.3厘米，两面无毛，侧脉3-4对，小横脉清晰。笋期4-6月。花期7月。

产台湾，多生于中央山脉海拔1800-3300米林内旷地；极普遍。菲律宾北部有分布。

14. 箭竹 华西箭竹 鄂西玉山竹 图858

Sinarundinaria nitida (Mitf. ex Stapf) Nakai in Journ. Jap. Bot. 11: 1. 1935.

Arundinaria nitida Mitf. ex Stapf in Kew Bull. Misc. Inf. 109: 20. 1896.
Yushania confusa (McClure) Z. P. Wang et G. H. Ye；中国植物志 9 (1): 549. 1996.

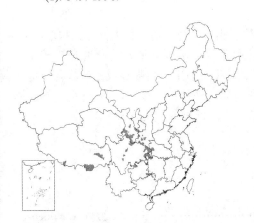

秆高2-5米，径1-1.5厘米，梢端微弯，中部节间长约20厘米，中空较小；新秆绿色，被白粉，无毛，具紫色小斑点，后带紫色；秆环平或微隆起；箨环隆起，无毛；每节分枝3-5，直立或上举。笋紫红或紫色，密被棕色刺毛。秆箨宿存或迟落，短于节间，长三角形，先端平截，密被紫色刺毛；无箨耳和繸毛；箨舌平截；箨叶带状披针形，反曲。每小枝3-5叶；叶鞘带紫色，无叶耳，具直立繸毛；叶披针形，长4.5-7厘米，宽0.5-1厘米，两面无毛或下面被柔毛，侧脉3-4对，小横脉明显。笋期6-9月。

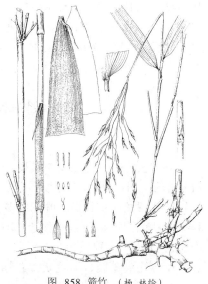

图 858 箭竹 （杨 林绘）

花期4-8月。

产陕西、甘肃、湖北、湖南、广西、贵州、四川及西藏，多生于海拔1000-2300米林下或旷地。为大熊猫主要食用竹种之一；秆可盖屋或制作竹筷和毛笔秆。

15. 糙花箭竹 图859：1-10

Sinarundinaria scabrida (Yi) C. S. Chao, com. nov.

Fargesia scabrida Yi in Journ. Bamb. Res. 4(2): 24. pl. 7. 1985；中国植物志 9(1): 416. 1996.

秆高2-4米，径1-1.5厘米，中部节间长17-25厘米，秆壁厚2-4毫米；新秆无白粉或微有白粉，无毛；秆环平；箨环隆起，宽厚，常脊状，幼时被小刺毛；节内长0.3-1.1厘米；每节分枝3-8，直立或上举。秆箨宿存，革质，淡红褐色，短于节间，三角状长圆形，先端圆弧形，疏生灰或灰黄色小刺毛，边缘密生纤毛，纵脉明显；无箨耳和繸毛，稀上部秆箨具微小箨耳和短繸毛；箨舌圆弧形，边缘密生灰色纤毛；箨叶窄三角形或带状三角形，直立，基部与箨鞘顶端等宽。每

小枝2-3（-5）叶；无叶耳或偶有微小叶耳，两侧具弯曲繸毛；叶披针形或带状披针形，长12-18厘米，宽1.1-1.8厘米，下面灰白色，疏生白色柔毛，基部密，侧脉4-5对，小横脉清晰。笋期4-5月。花期5-12月。

产甘肃南部及四川北部，多生于海拔1500-2000米阔叶林下。笋味甜，为产区内大熊猫主要食用竹种之一。

[附] **黑穗箭竹** 图 859：11-19 **Sinarundinaria melanostachys** (Hand.-Mazz.) Keng ex Keng f. in Techn. Bull. Natl. For. Res. Bur. China 8: 13. 1948. —— Arundinaria melanostachys Hand.-Mazz. in Anz. Akad. Wiss. Wien, Math.-Nat. 61: 23. 1924. —— Fargesia melanostachys (Hand.-Mazz.) Yi；中国植物志 9(1): 415. 1996. 本种与糙花箭竹的主要区别: 秆幼时密被白粉；秆箨无毛，稀具小刺毛，箨舌三角形；叶两面无毛，侧脉3对，横小脉不甚清晰。笋期7-8月。花期10月。产云南西部，生于海拔3100-3300米云杉、冷杉林下。竹秆可制钓鱼竿。

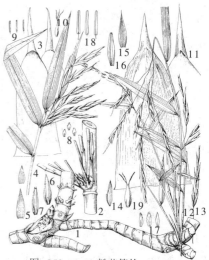

图 859：1-10.糙花箭竹 11-19.
黑穗箭竹 （杨 林绘）

21. 酸竹属（异枝竹属）Acidosasa C. D. Chu et C. S. Chao
(*Metasasa* W. T. Lin)

（赵奇僧 邹惠渝）

乔木状竹类；地下茎单轴型。秆散生，直立，节间圆筒形，分枝一侧节微有沟槽，秆内壁海绵状增厚；秆芽单生，中部每节3分枝，上部有时5分枝；秆环微隆起。秆箨脱落性，常被小刺毛；箨叶通常较小，披针形或三角状披针形。叶侧脉多数，网脉明显。出笋期春季至初夏。花序顶生，由数枚或多数小穗组成，排成总状或圆锥花序；小穗通常粗壮，小穗具柄；颖片2-4，小花多数。外稃大，多脉，网脉明显，先端渐尖或具芒，内稃较短，2脊状，多脉；鳞被3，膜质，边缘常透明；雄蕊6，花药黄色，花丝丝状；花柱1，柱头3裂，羽毛状。花期夏季或秋季。

约12种，分布于中国及越南。1种产越南，11种产我国。

1. 秆箨无箨耳和繸毛。
　2. 笋顶端扁平，秆箨先端渐窄与箨叶基部等宽；新秆密被刺毛 ······················ 1. 酸竹 A. chinensis
　2. 笋圆锥形，秆箨先端平截或钝圆，宽于箨叶基部；新秆无毛或疏生茸毛。
　　3. 秆箨多少具斑点，箨舌高7-9毫米；叶舌高0.5-1.5厘米 ················ 2. 长舌酸竹 A. nanunica
　　3. 秆箨无斑点，箨舌高2-6毫米；叶舌高1.5-4毫米。
　　　4. 秆箨被较密刺毛；新秆无毛，箨环具刺毛；叶下面小横脉明显 ··············· 3. 毛花酸竹 A. hirtiflora
　　　4. 下部秆箨疏生毛，上部者近无毛；新秆疏生刺毛，箨环无毛；叶下面小横脉不甚明显 ··············
　　　　　·· 4. 坭竹 A. venusta
1. 秆箨具箨耳和繸毛。
　5. 秆箨具褐色斑点或斑块；箨舌、叶舌隆起 ······················· 5. 斑箨酸竹 A. notata
　5. 秆箨无斑点或斑块。
　　6. 新秆及秆箨均被白粉。
　　　7. 秆箨鲜时金黄或淡红棕色，密被白粉；箨舌中部尖峰状突起；箨叶长3-6厘米 ··· 6. 橄榄竹 A. gigantea
　　　7. 秆箨鲜时绿色，被薄白粉；箨舌顶端拱形；箨叶窄，长10-20厘米 ············· 7. 粉酸竹 A. chienouensis
　　6. 新秆绿色，节下有白粉；秆箨绿色，边缘带紫色，无白粉 ············· 8. 黄甜竹 A. edulis

1. 酸竹 图 860

Acidosasa chinensis C. D. Chu et C. S. Chao in·Journ. Nanjing Techn. Coll. For. Prod. 1979(1-2): 124. pl. 1. 1979.

秆高 8 米，径 3-5 厘米，秆壁厚 3-4 毫米，中部节间长约 20 厘米；

秆绿色，幼时密被刺毛，后脱落，有毛迹，具细纵棱，秆环与箨环均微隆起；中部每节分枝 3，上部有时 5，无明显主枝。笋期 4-5 月，笋顶端扁平。秆箨质脆，褐红色，背部被易脱落刺毛，疏生斑点，边缘具纤毛，网脉明显，先端渐窄与箨叶基部近等宽；无箨耳和繸毛；箨舌短，顶端弓形，具流苏状纤毛；箨叶披针形，长 1.5-4.5 厘米，宽不及 1 厘米，直立。每小枝 2-5 叶；叶鞘无毛，通常无叶耳和繸毛；叶长 11-30 厘米，宽 2-6.5 厘米，通常长 16-22 厘米，宽 2.5-3.5 厘米，长圆状披针形或披针形，有锯齿，无毛，侧脉 6-11 对，小横脉明显。花期 10 月。

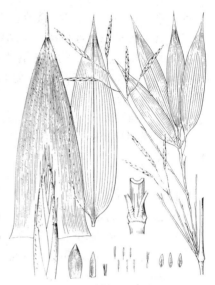

图 860 酸竹 （张世经绘）

产广东南部海拔约 700 米山区，生于疏林下或开旷地。竹秆供造纸或篾用；笋可食用或加工成腌制品，味酸，故名酸竹。

2. 长舌酸竹 长舌茶秆竹

Acidosasa nanunica (McClure) C. S. Chao et G. Y. Yang, comb. nov.

Indocalamus nanunicus McClure in Lingnan Univ. Sci. Bull. 9: 25. 1940.

Pseudosasa nanunica (McClure) Z. P. Wang et G. H. Ye; 中国植物志 9(1): 646. 1996.

秆高 3-7 米，径 1-3 厘米，中部节间长 18-28 厘米；新秆节下被白粉和毛，后成黑垢；秆环隆起；箨环明显，常具箨鞘基部残留物；秆下部每节分枝 1，中上部 3 分枝或更多，枝贴秆，后稍开展，通常无次级分枝。笋圆锥形。秆箨迟落，纸质，淡褐紫色，密被短绒毛或淡棕色刺毛，具稍明显斑点，边缘具纤毛；无箨耳和繸毛；箨舌高 7-9 毫米；箨叶带状披针形，绿带紫色，直立或反曲。每小枝 2-5 叶；叶鞘无叶耳和繸毛，叶舌突出，高 0.5-1.5 厘米；叶长椭圆形或椭圆状披针形，长 13-26 厘米，宽 2-4 厘米，上面无毛，下面灰绿色，被柔毛，侧脉 7-12 对，小横脉明显。笋期 4 月底 - 5 月。

产浙江南部、江西、湖南及广东，多生于低海拔丘陵山地或溪沟河边。

3. 毛花酸竹 图 861

Acidosasa hirtiflora Z. P. Wang et G. H. Ye in Journ. Nanjing Univ. (Nat. Sci) 1981(1): 98. f. 5. 1981.

秆高 3-10 米，径 2-8 厘米，梢端直立，秆壁厚 0.4-1 厘米，髓海绵状增厚，中部节间长 30-45 厘米；幼秆无毛，节下被白粉，箨环初具棕色刺毛；秆环隆起，中部每节分枝 3。笋期 4 月。秆箨革质，被棕色刺毛，基部密，无斑点，小横脉不明显，无箨耳和繸毛；箨舌弧

形或山峰状，高 2-6 毫米，先端具纤毛；箨叶披针形，长 5-10 厘米，直立，背面密被毛。每小枝具 4-7 叶；叶鞘无毛，无叶耳和繸毛，或偶有 2-3 条繸毛，叶舌高 1.5-4 毫米；叶质薄，披针形，长 12-21 厘米，宽 1.6-2.6 厘米，下面粉绿色，无毛或具白色柔毛，有锯齿，侧脉 5-7 对，小横脉明显。花期 5-9 月。

产广西西北部、湖南西北部及云南东南部；生于海拔 800-1600 米山区，山谷溪旁阔叶林中或成纯林。竹材供编织、篱笆等用；笋可食用，略带苦味。

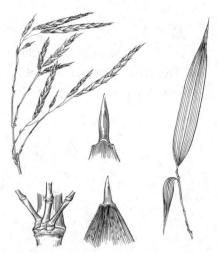

图 861　毛花酸竹　（张世经绘）

4. 坭竹　黎竹　　　　　　　　　　　　　　图 862：1

Acidosasa venusta (McClure) Z. P. Wang et G. H. Ye in Journ. Nanjing Univ. (Nat. Sci.) 1981(1): 99. 1981.

Semiarundinaria venusta McClure in Lingnan Univ. Sci. Bull. 9: 55. 1940.

秆高 1.4 米，径 8-9 毫米，节间疏生直立毛，后脱落无毛，节下有白粉，秆环隆起，中部节间每节分枝 3，开展。下部秆箨被平伏或开展脱落性毛，上部秆箨无毛或近无毛，边缘具纤毛；箨耳和繸毛不发育；箨舌先端平截，具极短纤毛；箨叶小，脱落性，带状，直立或开展，绿色略带紫色，两面粗糙。叶鞘无毛，无叶耳和繸毛，或具少数繸毛，叶舌突出；叶长圆状披针形，长 9-20 厘米，宽 1.7-2.6 厘米，两面无毛，下面常粉绿色，侧脉约 5 对，小横脉不明显。花期 11 月。

产广东。

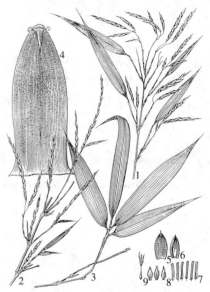

图 862：1. 坭竹　2-9. 粉酸竹
（张世经绘）

5. 斑箨酸竹　福建酸竹　　　　　　　　　图 863

Acidosasa notata (Z. P. Wang et G. H. Ye) S. S. You in Journ. Bamb. Res. 12(3): 11. 1993.

Pseudosasa notata Z. P. Wang et G. H. Ye in Journ. Nanjing Univ. (Nat. Sci.) 1981(1): 97. f. 4. 1981.

Acidosasa longiligula (Wen) C. S. Chao et C. D. Chu；中国植物志 9 (1): 568. 1996.

秆高 4-8 米，径 1-3 厘米，中部节间长 25-50 厘米；新秆被白粉，箨环幼时被毛；每节分枝多为 3，贴秆。秆箨鲜时绿色，上部略带紫色，干后草黄色，疏生褐色小斑点及易脱落贴伏刺毛，基部具茸毛圈，混生刺毛；箨耳半圆形或椭圆形，长约 4 毫米，繸毛长达 7 毫米，有时箨耳不发育；箨舌拱形，高 2-6 毫米，背面具细毛，先端有纤毛；箨叶披针形或带状披针形，绿色，反曲。每小枝 2-5 叶；叶耳和繸毛不

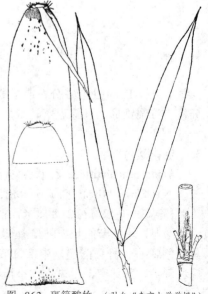

图 863　斑箨酸竹　（引自《南京大学学报》）

发育，叶舌高3-8毫米，背面被毛；叶椭圆状或带状披针形，长10-20厘米，宽1.5-2.4厘米，上面无毛，下面被柔毛，侧脉5-7对。笋期4-6月。花期4-5月。

据文献记载，产浙江南部、福建、江西、湖南、广东北部及广西北部，多生于海拔500-1000米山坡，组成纯林或成混交林。竹秆可用作农田、园艺瓜架等；笋可食，味甜。

6. 橄榄竹　　　　　　　　　　图 864

Acidosasa gigantea (Wen) Q. Z. Xie et W. Y. Zhang in Bull. Bot. Res. (Harbin) 13(1): 74. 1993.

Sinobambus giganta Wen in Journ. Bamb. Res. 2(1): 57. f. 1. 1983.

Indosasa giganta (Wen) Wen；中国植物志 9(1): 219. 1996.

秆高9-17米，径5-10厘米，中部节间长50-70厘米；新秆密被白粉，节下密，无毛，秆环隆起具脊，箨环微隆起，节内长1厘米，被白粉。秆箨革质，脱落性，三角形，先端宽2-4厘米，初金黄或淡红棕色，密被白粉，具向下紫褐色刺毛；箨耳有皱褶，长1.1厘米，宽7-8毫米，被褐色粗毛，边缘具褐棕色直立繸毛，毛长0.5-1厘米；箨舌高3-5毫米，中部尖峰状突起，先端边缘具长2-3毫米纤毛；箨叶绿色，披针形或长三角形，长3-6厘米，无白粉，两面无毛。每节分枝3。每小枝具3-4叶；无叶耳和繸毛；

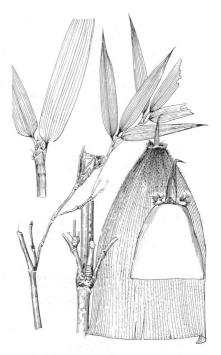

图 864 橄榄竹 （赵南先绘）

叶披针形，长8-13厘米，宽1.4-2厘米，下面淡绿色，基部有柔毛，侧脉5-6对，小横脉明显。

产福建。早年引入浙江，长势甚好。为产区有发展前途的竹种。

7. 粉酸竹　　　　　　　　　　图 862 : 2-9

Acidosasa chienouensis (Wen) C. S. Chao et Wen in Journ. Bamb. Res. 7(1): 31. 1988.

Indosasa chienouensis Wen in Journ. Bamb. Res. 2(1): 67. pl. 19. 1983.

秆高7-13米，径4-10厘米，秆壁厚3-5毫米，中部节间长30-48厘米；幼秆绿色，无毛，有白粉，秆环隆起或微隆起，箨环幼时有刺毛，旋脱落；中部每节分枝3，上部分枝渐多。笋期3-4月。秆箨短于节间，绿色，具白粉和脱落性褐色刺毛，毛脱落后有毛迹，基部密被黄褐色刺毛，网脉不明显，顶端钝圆或近平截；箨耳较小，被柔毛；繸

毛放射状，长约5毫米；箨舌弧形，高2-3毫米；箨叶绿色，窄披针形，长10-20厘米，基部宽1-1.2厘米，开展或反曲，易脱落，有锯齿。每小枝具（3）4叶；叶鞘无毛，叶耳不发育，繸毛早落；叶披针形，长10-15厘米，宽0.8-1.8厘米，下面粉绿色，侧脉4-6对，小横脉明显，无毛。花期6月。

产福建及湖南南部，生于海拔300-600米山区。

8. 黄甜竹

图 865

Acidosasa edulis (Wen) Wen in Journ. Bamb. Res. 7(1): 31. 1988.

Sinobambusa edulis Wen in Journ. Bamb. Res. 3(2): 30. f. 6. 1984.

秆高 12 米，径达 6 厘米，中部节间长 25-40 厘米，新秆绿色，无毛，节下具白粉；秆环隆起具脊，箨环无毛，节内长 8 毫米，每节分枝 3，斜举。秆箨鲜时绿色，边缘带紫色，具褐色刺毛，基部密生棕色毛，边缘具纤毛，无斑点；箨耳镰形，被棕色绒毛，边缘具少数放射状繸毛，毛长达 1.2 厘米；箨舌高 3-4 毫米，先端具纤毛；箨叶紫色，窄披针形，反曲，两面粗糙。每小枝具 4-5 叶；无叶耳和繸毛；叶长 11-18 厘米，宽 1.7-2.8 厘米，下面基部具细毛，侧脉 6-7 对，小横脉明显。笋期夏季。

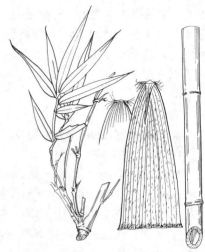

图 865 黄甜竹 （引自《竹类研究》）

产福建，浙江引种栽培。笋味鲜美，供食用或加工成笋干，为夏季笋用竹种。

22. 青篱竹属（大明竹属 少穗竹属 巴山木竹属）Arundinaria Michx.

(*Pleioblastus* Nakai; *Oligostachyum* Z. P. Wang et G. H. Ye; *Bashania* Keng f. et Yi)

（赵奇僧　邹惠渝）

小乔木状或灌木状竹类；地下茎单轴散生或复轴混生。秆直立，节间圆筒形，或分枝一侧下部具沟槽；秆环隆起或强烈隆起；秆髓内壁絮状增厚或无；中部分枝通常 3，下部有时分枝 1，上部 5-7 分枝，分枝基部贴秆或开展。秆箨宿存、迟落或早落，革质或薄革质；箨叶带状或卵状披针形。叶中等大小，横脉明显。有限花序，一次发生，侧生，总状或圆锥状，花序分枝无前出叶，具小形或退化苞片，小穗具柄；颖片通常 2 枚；小花多数，顶生小花不发育。外稃通常较内稃长，或近等长，内稃具 2 脊，先端 2 裂或不裂；雄蕊 3-4（5），鳞被 3；花柱 1，柱头 2-3 裂，羽毛状。颖果，果皮薄，花柱宿存。

约 60 种，1 种产北美洲，余分布亚洲，主产中国、日本。我国约 30 种，引入栽培数种，广布于亚热带和暖温带地区。

1. 秆高 1 米以上（冷箭竹高不及 1 米）。
　2. 秆箨无箨耳。
　　3. 箨鞘鞘口具繸毛。
　　　4. 秆箨箨叶卵状或宽卵状披针形，与箨鞘等长或略短；秆壁较薄，秆髓海绵状增厚。
　　　　5. 秆箨常密被刺毛，箨叶基部不缢缩抱茎；叶宽 1-5 厘米。
　　　　　6. 箨鞘顶端平截，箨舌背面具微毛 ·· 1. 茶秆竹 A. amabilis
　　　　　6. 箨鞘顶端两侧隆起，箨舌背面具白粉 ··················· 1(附). 福建茶秆竹 A. amabilis var. convexa
　　　　5. 秆箨疏生刺毛，具绒毛，箨叶基部缢缩抱茎；叶宽 1.2-1.7 厘米 ··············· 2. 毛花茶秆竹 A. pubiflora
　　　4. 秆箨箨叶披针形，长 3-5 厘米；秆壁厚 4-8 毫米，秆髓非海绵状 ·················3. 巴山木竹 A. fargesii
　　3. 箨鞘鞘口无繸毛，偶有 1-2 根繸毛。
　　　7. 秆箨无毛；秆髓中空或幼时横片状；叶长 3-7.5 厘米，宽 0.4-1.4 厘米，叶鞘鞘口有繸毛 ·····················
　　　　　··· 4. 冷箭竹 A. faberi
　　　7. 秆箨多少有毛。

8. 秆箨具斑点或斑块 ·· 5. 糙花青篱竹 A. scabriflora
8. 秆箨无斑点。
  9. 新秆无毛。
    10. 秆中部分枝3枚以上，节间圆筒形，沟槽不明显；叶长 15-27 厘米，宽 0.8-2 厘米 ·············
    ·· 6. 大明竹 A. graminea
    10. 秆中部分枝3，节间一侧具沟槽；叶长达 16 厘米，宽达 1.6 厘米；秆高 10-12 米；秆箨背面密被白
       粉；叶两面无毛 ·· 7. 少穗竹 A. sulcata
  9. 新秆有毛。
    11. 秆髓海绵状增厚，新秆箨环及秆箨底部密生褐色毛 ······················· 8. 凤竹 A. hupehensis
    11. 秆髓中空，新秆箨环及秆箨底部无毛。
      12. 叶长 5-14 （-18）厘米，宽 0.5-1 厘米，叶舌极短 ·················· 9. 林仔竹 A. nuspicula
      12. 叶长 7-20 厘米，宽 1-1.8 厘米，叶舌伸出 ·············· 9(附). 细柄青篱竹 A. gracilipes
2. 秆箨具箨耳和繸毛。
  13. 秆环极度肿胀，隆起 ··· 10. 肿节竹 A. oedogonata
  13. 秆环稍隆起，非极度肿胀。
    14. 秆箨具斑点。
      15. 新秆箨环具一圈棕色毛；叶鞘鞘口无叶耳和繸毛。
        16. 秆箨无油光，疏生小斑点 ·· 11. 苦竹 A. amara
        16. 秆箨具油光，密生大斑点 ··· 12. 斑苦竹 A. oleosa
      15. 新秆箨环无棕色毛环；叶鞘鞘口具叶耳和繸毛；秆每节 3-5 分枝；秆箨箨耳大，繸毛长 ··········
         ··· 13. 三明苦竹 A. sanmingensis
    14. 秆箨无斑点（广西苦竹有少数斑点）。
      17. 秆箨箨叶卵状或卵状披针形。
        18. 秆髓海绵状增厚或近实心。
          19. 新秆无毛；叶鞘鞘口具叶耳和繸毛 ······················· 14. 托竹 A. cantori
          19. 新秆有毛；叶鞘鞘口无叶耳，具繸毛 ······················ 15. 篲竹 A. hindsii
        18. 秆髓中空，无海绵状增厚，新秆无毛；箨耳、叶耳、繸毛均紫色 ·········· 16. 四季竹 A. lubrica
      17. 秆箨箨叶带状披针形或三角形。
        20. 秆髓海绵状增厚，中空小，或近实心。
          21. 新秆无毛；秆箨绿色，疏被刺毛，底部刺毛较密。
            22. 秆箨绿色，被刺毛和白粉，边缘无纤毛；箨耳繸毛长 1-1.5 厘米 ···17. 仙居苦竹 A. hsienchouensis
            22. 秆箨底部被棕色刺毛，背面无毛，边缘具纤毛；箨耳繸毛较短 ··········
               ·· 17(附). 衢县苦竹 A. hsienchouensis var. subglabrata
          21. 新秆被白色刺毛或柔毛；秆箨疏生刺毛，或间有短柔毛，箨耳繸毛短。
            23. 叶下面密被白色柔毛；秆箨黄绿色，具紫红色条纹 ···········18. 近实心茶秆竹 A. subsolida
            23. 叶下面近基部有柔毛；秆箨淡绿色，无条纹 ···········19. 实心苦竹 A. solida
        20. 秆中空。
          24. 叶鞘鞘口无叶耳和繸毛。
            25. 秆箨箨耳不明显，繸毛少而短；新秆无毛 ····························· 11. 苦竹 A. amara
            25. 秆箨箨耳匙状，繸毛长而直立；新秆被白色粗毛 ········· 11(附). 广西苦竹 A. kwangsiensis
          24. 叶鞘鞘口有叶耳和繸毛。
            26. 新秆节下有白粉；秆箨无白粉或初被白粉，底部被毛，箨叶窄三角形或三角状披针形，上部有
               时皱折 ··· 20. 皱苦竹 A. rugata

26. 新秆、秆箨均被白粉，秆箨底部无毛，箨叶带状披针形，平直 ·············· 20(附). **宜兴苦竹 A. yixingensis**

1. 秆纤细，高不及 1 米，通常在 50 厘米以下。

    27. 叶二列状排列，翠绿色，无条纹，长 4-7 厘米，两面无毛 ·············· 21. **无毛翠竹 A. pygmaea var. disticha**

    27. 叶非二列状排列，绿色具白或黄色条纹，长 6-15 厘米，两面具柔毛 ·············· 21(附). **菲白竹 A. fortunei**

1. 茶秆竹　　　　　　　　　　　　　　　图 866：1-6

Arundinaria amabilis McClure in Lingnan. Sci. Journ. 10: 6. 1931.

Pseudosasa amabilis (McClure) Keng f.；中国植物志 9(1): 641. 1996.

秆高 5-15 米，径 2-8 厘米，中部节间长 30-40 厘米，秆髓海绵状

白或枯草色；新秆疏被棕色小刺毛，老秆无毛，被灰色腊粉；秆环平，箨环线状。秆箨迟落，带棕色，革质，质脆，密被栗色刺毛，边缘具较密纤毛；无箨耳，箨鞘顶端平截，鞘口具坚硬先端略弯䍁毛，毛长达 1.5 厘米；箨舌棕褐色，高约 5 毫米，先端弧形，背面具微毛；箨叶细长，棕绿色，先端锐尖，坚硬而直立，边缘粗糙而内卷。分枝通常 1-3，分枝较短，基部贴秆，竹冠窄。每小枝 4-8 叶；无叶耳，䍁毛直伸；叶带状或带状披针形，长 18-35 厘米，宽 2-5 厘米，下面淡绿色，无毛或幼叶基部微有毛，侧脉 7-9 对，网脉明显。笋期 3 月中、下旬。花期 5-11 月。

    产福建、江西、湖南、广东及广西等省区丘陵河谷地带。浙江、江苏等地引种栽培，最北引种到山西夏县。竹秆通直，节平，壁厚，光滑，材质坚韧，可制各种竹器家具、运动器材、钓鱼秆、手杖、花架等。竹材纤维含量约 53%，纤维细长，宜作造纸和人造丝材料。

    [附] **福建茶秆竹** 图 866：7-8 **Arundinaria amabilis** var. **convexa** (Z.

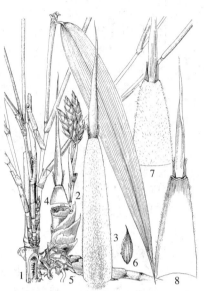

图 866：1-6.茶秆竹 7-8.福建茶秆竹
（陈荣道绘）

P. Wang et G. H. Ye) C. S. Chao et G. Y. Yang in Journ. Bamb. Res. 13(1): 5. 1994. —— *Pseudosasa amabilis* McClure var. *convexa* Z. P. Wang et G. H. Ye in Journ. Nanjing Univ. (Nat. Sci.) 1981(1): 98. 1981；中国植物志 9(1): 644. 1996. 与模式变种的区别：箨鞘顶端两侧隆起，箨舌背面具白粉。产福建、江西等地。

2. 毛花茶秆竹　　　　　　　　　　　　图 867

Arundinaria pubiflora Keng in Sinensia 7(3): 416. f. 4. 1936.

秆高 1-2 米，径 3-4 毫米，中部节间长达 24 厘米，新秆节下有倒

毛，无白粉，秆环平。秆箨迟落或宿存，近革质，疏被刺毛，两侧有绒毛，边缘具纤毛；箨耳不发育，䍁毛长达 8 毫米；箨叶直立，近纸质，宽卵状披针形，几与箨鞘等长。每小枝 2-3 叶；无叶耳，䍁毛直立或微卷曲，毛长达 1.4 厘米；叶披针形或窄披针形，长 14-19 厘米，宽

图 867 毛花茶秆竹 （引自《Sinensia》）

1.2-1.7 厘米，下面无毛或部分被灰色小刺毛，侧脉 6-7 对，网脉不明显。笋期 4 月。花期 5 月。

产江西、湖南南部及广东北部等地。

3. 巴山木竹

图 868

Arundinaria fargesii E. G. Camus in Lecomte, Not. Syst. 2: 244. 1842.

Bashania fargesii (E. G. Camus) Keng f. et Yi；中国植物志 9(1): 615. 1996.

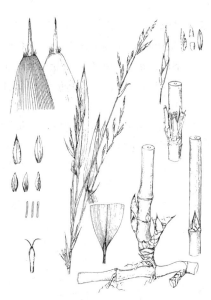

秆高达 10 米，径 4-5 厘米，中部节间长 40-60 厘米，秆壁较厚，厚 4-8 毫米，中空甚小，内壁具絮状增厚。新秆被白粉，箨环被一圈棕色毛，秆环微隆起。秆箨迟落，绿色，被贴生棕色刺毛，上部秆箨毛较少；无箨耳，具脱落性繸毛；箨舌高 2-4 毫米；箨叶披针形，直立，基部窄于箨鞘顶部。每小枝 4-6 叶；叶鞘幼时被褐或淡褐色刺毛，叶耳、繸毛不明显，叶舌伸出，高 2-4 毫米；叶带状披针形或长卵状披针形，通常长 10-20 厘米，宽 1-2.5 厘米，矮小植株叶长 20-30 厘米，宽 3-5 厘米，侧脉 5-8 对，下面沿侧脉

图 868 巴山木竹 （王 勋绘）

疏生毛或近无毛。

产陕西、贵州东北部及四川。江苏南京、浙江安吉、江西南昌引种栽培。抗寒性强，在湿度条件较好的华北山区可以发展。竹材用于造纸原料，也可编织家具。

4. 冷箭竹

图 869

Arundinaria faberi Rendle in Journ. Linn. Soc. Bot. 36: 435. 1904.

Bashania fangiana (A. Camno) Keng f. et Wen；中国植物志 9(1): 618. 1996.

秆高 1-2.5 米，径 0.4-1 厘米，生于山顶者灌木状，高 50 厘米，中部节间长 10-20 厘米；新秆绿色，常有紫色斑点，无毛，微被白粉；老秆黄绿或黄色；秆环平或微隆起。笋紫红或淡绿色，先端带紫红色。秆箨短于节间，无毛，纵脉纹明显；无箨耳，具数条紫色繸毛或无繸毛。每节通常 3 分枝，秆上部密集成束；每小枝 2-4 叶；叶鞘无叶耳，鞘口两侧具繸毛，毛长 5-7 毫米；叶披针形，长 3-7.5 厘米，宽 0.4-1.4 厘米，两面无毛，侧脉 2-5 对，横脉明显。笋期 5-8 月。花期 5-8 月；果期 7-10 月。

产贵州东北部、四川及云南东北部，生于海拔 2300-3500 米针叶林下或成纯林。为大熊猫在四川自然保护区最主要的食用竹种。

图 869 冷箭竹
（引自《中国主要植物图说 禾本科》）

5. 糙花青篱竹 糙花少穗竹　　　　　图 870

Arundinaria scabriflora (McClure) C. D. Chu et C. S. Chao in Journ. Nanjing Techn. Coll. For. Prod. 1981(3): 33. f. 2. 1981.

Semiarundinaria scabriflora McClure in Lingnan Univ. Sci. Bull. 9: 25. 1940.

Oligostachyum scabriflora (McClure) Z. P. Wang et G. H. Ye；中国植物志 9(1): 576. 1996.

秆高 5-10 米，径达 4-5.5 厘米，中部节间长达 40 厘米，分枝一侧下部扁平。新秆暗紫绿色，微被白粉，节下具白粉环；老秆黄绿色，秆环隆起，分枝开展。秆箨薄革质，下部紫绿色，上部绿色，具淡紫色斑点，疏被棕色平伏毛，有白粉，中上部秆箨有时无斑点，无毛，上部两侧常具焦边；无箨耳和繸毛；箨舌暗紫色，高 4-5 毫米，中部隆起，边缘有纤毛；箨叶披针

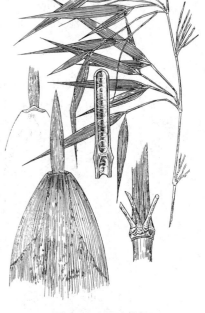

图 870 糙花青篱竹
（引自《南京林产工业学院学报》）

形或带状披针形，暗绿色，边缘带紫色或全紫色。每节 3 分枝；每小枝具 2-5 叶；无叶耳和繸毛，叶舌伸出，高 1.5-2 毫米，先端歪斜；叶长 5-14 厘米，宽 0.8-1.5 厘米，两面无毛，侧脉 3-5 对。笋期 5 月。

花期 5 月。

产浙江南部、福建、江西、湖南、广东及广西，多生于旷地或林下。

6. 大明竹　　　　　图 871

Arundinaria graminea (Bean) Makino in Bot. Mag. Tokyo 26: 18. 1912.

Arundinaria hindsii Munro var. *graminea* Bean in Gard. Chron. ser. 3, 15: 238. 1894.

Pleioblastus gramineus (Bean) Nakai；中国植物志 9(1): 590. 1996.

地下茎顶芽常出土成竹，地面竹秆丛生；秆高 3-5 米，径 1-2 厘米，中部节间长 20-25 厘米，圆筒形，绿或黄绿色，无毛，每节分枝常多于 3，贴秆上举。秆箨绿色，被较密棕色小刺毛，后脱落，无斑点；无箨耳和繸毛；箨叶长 2-3 厘米，宽 1-2 毫米。每小枝 5-10 叶；叶长 15-27 厘米，宽 0.8-2 厘米，先端尾尖，基部楔形，两面无毛，下面粉绿色，侧脉 5-6 对，横脉明显。

原产日本。江苏、浙江、台湾、福建、广东、四川等地引种栽培。恣态优美，供观赏。

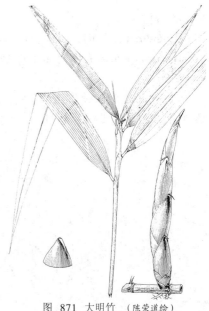

图 871 大明竹　（陈荣道绘）

7. 少穗竹　　　　　图 872

Arundinaria sulcata (Z. P. Wang et G. H. Ye) C. S. Chao et G. Y. Yang in Journ. Bamb. Res. 13(1): 10. 1994.

Oligostachyum sulcatum Z. P. Wang et G. H. Ye in Journ. Nanjing Univ. (Nat. Sci.) 1982(1): 96. f. 1. 1982；中国植物志 9(1): 579. 1996

秆高达 12 米，径达 6 厘米，中部节间长达 37 厘米，分枝一侧具沟槽；新秆紫绿色，无毛，节下有

白粉；老秆绿黄色，秆环略高于箨环。

秆箨革质，黄绿色，有厚白粉，被较密棕色平伏刺毛，基部刺毛密；无箨耳和繸毛；箨舌高约3.5毫米，中部隆起，先端具纤毛；箨叶绿色带紫，三角状卵形或披针形，基部缢缩。每小枝2-3叶；无叶耳和繸毛，叶舌高1-1.5毫米；叶带状披针形，长9-16厘米，宽1-1.5厘米，两面无毛，侧脉4-5对。笋期5月。花期4-5月。

产福建及江西南部，多生于林中。浙江引种栽培。竹秆劈篾用于箍桶。

8. 凤竹　　　　　　　　　　　　　　　图 873

Arundiaria hupehensis (J. L. Lu) C. S. Chao et G. Y. Yang in Journ. Bamb. Res. 13(1): 8. 1994.

Pleioblastus hupehensis J. L. Lu in Journ. Henan Agr. Coll. 2: 73. f. 5. 1981.

Oligostachyum hupehensis (J. L. Lu) Z. P. Wang et G. H. Ye；中国植物志 9(1): 575. 1996.

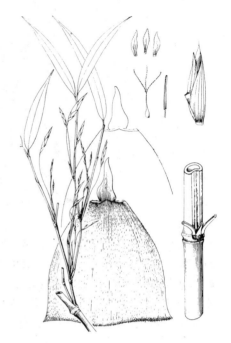

图 872 少穗竹 （蔡淑琴绘）

秆高5-10米，径2-6厘米，中部节间长20-40厘米，分枝3，圆筒形，分枝一侧下部微具沟槽；新秆淡绿紫色，被白色刺毛，秆髓海绵状增厚，秆环微隆起。秆箨早落，鲜时紫绿色，干后淡棕色，先端三角状，背面密生平伏刺毛，边缘具褐色纤毛；箨耳和繸毛不发育；箨舌拱形，高1毫米，先端具白色纤毛；箨叶三角形或三角状披针形，直立，微皱折，基部与箨鞘顶端近相等或稍窄。每小枝2-5叶；无叶耳和繸毛，叶舌伸出，高2-3毫米；叶披针形或带状披针形，长6-17厘米，宽1-2厘米，两面无毛或下面基部疏生毛。笋期4月下旬至5月。花期4月上旬。

产湖北，生于山区阔叶林下或林缘。笋味略苦，可食；竹材较脆，供造纸；秆形挺直，宜作搭棚架材料。

9. 林仔竹　　　　　　　　　　　　　图 874：1-3

Arundinaria nuspicula (McClure) C. D. Chu et C. S. Chao in Acta Phytotax. Sin. 18(1): 29. 1980.

Semiarundinaria nuspicula McClure in Lingnan Univ. Sci. Bull. 9: 50. 1940.

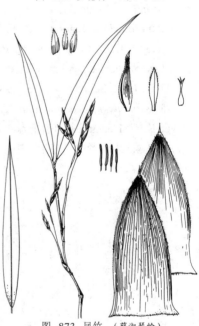

图 873 凤竹 （蔡淑琴绘）

Oligostachyum nuspicula (McClure) Z. P. Wang et G. H. Ye；中国植物志 9(1): 586. 1996.

秆高达4米，径2-3厘米，中部节间长达25厘米，分枝3，秆环明显隆起而高于箨环。秆箨绿色，无斑点，被较密的棕色刺毛，毛脱落后留有疣基，无箨耳和繸毛，或有时具少数繸毛；箨舌拱形，高约2毫米；箨叶带状，易落。小枝

2-4叶；无叶耳和繸毛，或有少数繸毛，叶舌极短；叶长达18厘米，宽0.5-1厘米，两面无毛。笋期4-5月。花期4-5月。

产海南，多生于山区阔叶林下或林缘。

[附] **细柄青篱竹** 细柄少穗竹 图874：4-6 Arundinaria gracilipes (McClure) C. D. Chu et C. S. Chao in Journ. Nanjing Techn. Coll. For. Prod. 1980(3): 26. 1986. —— *Semiarundinaria gracilipes* McClure in Lingnan Univ. Sci. Bull. 9: 47. 1940. —— *Oligostachyum gracilipes* (McClure) G. H. Ye et Z. P. Wang；中国植物志 9(1): 584. 1996. 本种与林仔竹的主要区别：叶长7-20厘米，宽1-1.8厘米，叶舌突出。产海南，多生于山区阔叶林下或林缘。

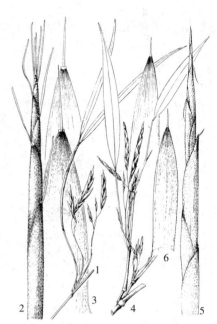

图 874：1-3.林仔竹 4-6.细柄青篱竹
（蔡淑琴绘）

10. 肿节竹 肿节少穗竹　　　　　　　　　图 875

Arundinaria oedogonata (Z. P. Wang et G. H. Ye) H. Y. Zou ex G. Y. Yang et C. S. Chao in Journ. Bamb. Res. 13(1): 11. 1994.

Pleioblastus oedogonatus Z. P. Wang et G. H. Ye in Journ. Nanjing Univ. (Nat. Sci.) 1: 96. f. 3. 1981.

Oligostachyum oedogonatum (Z. P. Wang et G. H. Ye) Q. F. Zhang et K. F. Huang；中国植物志 9(1): 572. 1996.

秆高4.5米，径约1厘米，中部节间长达33厘米，每节通常分枝5；新秆暗绿色，有时带紫色，被白粉，无毛，散生黑色小点；老秆灰绿色，秆环隆起，肿胀，箨环较平。秆箨早落，纸质，绿色带紫，两侧及顶端暗紫色，薄被白粉，中、下部秆箨被较密棕色刺毛；箨耳暗紫色，窄镰形，易落，繸毛少数，暗紫色；箨舌先端平截，高约3毫米；箨叶三角状披针形或带状，暗

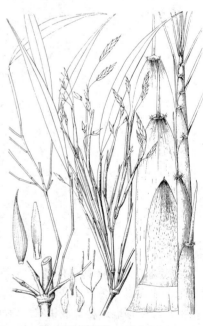

图 875 肿节竹 （蔡淑琴绘）

紫色，初开展，后反曲。每小枝2-3叶；叶鞘鞘口具暗紫色叶耳和繸毛，易落；叶长13-25厘米，宽1-3.9厘米，两面无毛，侧脉5-8对，网脉明显。笋期5月。花期4-5月。

产福建、江西及湖南北部，多生于山区林下及林缘。浙江杭州有栽培。竹节肿大，不易劈篾，竹秆可作瓜棚豆架用。

11. 苦竹 高舌苦竹　　　　　　　　　图 876

Arundinaria amara Keng in Sinensia 6(2): 148. f. 2. 1935.

Pleioblastus amarus (Keng) Keng f.；中国植物志 9(1): 598. 1996.

Pleioblastus altiligulatus S. L. Chen et G. Y. Sheng；中国植物志 9(1)：604. 1996.

秆高7米，径3厘米，中部节间长达40厘米，分枝一侧下部略扁平；新秆绿色，被白粉，节下明显；老秆绿黄色；箨环隆起，幼时被棕褐色刺毛，具箨鞘基部残留物；秆环不甚隆起；节内长约6毫米。秆箨绿色，上部边缘橙黄色，干后枯焦色，有时具紫色斑点，无毛或微被小刺毛，底部密生棕色刺毛，边缘有纤毛；箨耳不明显或微小，具少数直立繸毛，易脱落；箨舌平截，高1-2毫米，被白粉，先端具纤毛；箨叶窄披针形，绿色，开展。每小枝2-4叶；叶鞘无毛，无叶耳和繸毛；叶椭圆状披针形，长8-20厘米，宽1-2.8厘米，上面深绿色，下面淡绿色，具白色柔毛，侧脉4-8对。笋期6月。花期4-5月。

产江苏、安徽、浙江、江西、湖北、湖南、广东、广西、贵州、四川及云南，多生于阳坡或山谷平原。笋味苦，一般不食用；竹秆作伞柄，帐竿及菜园支架等用。

[附] 广西苦竹 **Arundinaria kwangsiensis** (W. Y. Hsiung et C. S. Chao)

图 876 苦竹 （史渭清绘）

C. S. Chao et G. Y. Yang comb. nov. ——*Pleioblastus kwangsiensis* W. Y. Hsiung et C. S. Chao in Acta Phytotax. Sin. 18(1): 32. f. 5. 1980. 与苦竹的主要区别：箨耳匙状，繸毛长而直立；新秆被白色粗毛。产广西北部及西北部，生于坡地或山脚。

12. 斑苦竹 油苦竹   图 877

Arundinaria oleosa (Wen) C. S. Chao et G. Y. Yang, comb. nov.

Pleioblastus oleosus Wen in Journ. Bamb. Res. 1(1): 24. pl. 3. 1982; 中国植物志 9(1): 602. 1996.

Pleioblastus maculatus (McClure) C. D. Chu et C. S. Chao；中国植物志 9(1): 601. 1996.

秆高6-8米，径2-4厘米，中部节间长40-70厘米，分枝一侧基部具沟槽，每节分枝3-5；新秆绿色，幼时被柔毛，后无毛。具脱落性白粉，箨环被棕色毛；老秆黄绿色，秆环、箨环均隆起，箨环具箨鞘基部残留物。秆箨革质，迟落，棕色带绿，具油光，无毛或疏生刺毛，底部密被棕色刺毛，具斑点和斑块，箨上部较密集；箨耳小，疏生繸毛，有时无箨耳和繸毛；箨舌红棕色，高约3毫米，先端几无毛；箨叶窄长，绿色带紫，反曲下垂。每小枝3-5叶；无叶耳和繸毛，叶披针形，长13-18厘米，宽1.3-2.9厘

图 877 斑苦竹 （史渭清绘）

米，下面近基部和沿中脉具脱落性短毛，侧脉5-7对。笋期5月上旬至6月初。

产浙江、福建、江西、湖南、广西、四川及云南，生于山区林下

或山坡。笋味苦，处理后食用；竹秆可整秆使用，也可劈篾供编织。

13. 三明苦竹　　　　　　　　　　　　图 878

Arundinaria sanmingensis (S. L. Chen et G. Y. Sheng) G. Y. Yang in Acta Agr. Nniv. Jiangxi 21(4): 583. 1999.

Pleioblastus sanmingensis S. L. Chen et G. Y. Sheng in Bull. Bot. Res. (Harbin) 11(4): 2. 1991；中国植物志 9(1): 609. 1996.

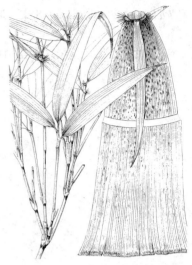

图 878　三明苦竹　（史渭清绘）

秆高 5 米，径 3 厘米，中部节间长 33-40 厘米，秆壁厚 8 毫米，每节 3-5 分枝；新秆密被白粉，老秆黄褐色，秆环高于箨环，箨环具木栓质残留物。秆箨革质，干后黄褐色，边缘乳黄色，具紫色斑点，上部明显，疏生疣基刺毛，底部密被刺毛；箨耳卵圆形或椭圆形，紫色，两面密生毛，边缘具放射状直立繸毛，毛长 1 厘米；箨舌紫色，拱形，高约 1 厘米，基部密被糙毛，先端

高低不平，无毛；箨叶绿色，带状，反曲或下垂。每小枝 3-4 叶；叶鞘基部有细毛，叶耳卵圆形或椭圆形，紫色，边缘具放射状直立繸毛；叶长圆状披针形，长 9-25 厘米，宽 1.5-3 厘米，两面无毛，侧脉 6-8 对。笋期 5 月上旬。

产福建及江西，生于向阳山地。

14. 托竹　　　　　　　　　　　　图 879：1-10

Arundinaria cantori (Munro) Chia, Honk. Bamb. 22. 1985.

Bambusa cantori Munro in Trans. Linn. Soc. 26: 111. 1868.

Pseudosasa cantori (Munro) Keng f.；中国植物志 9(1): 654. 1996.

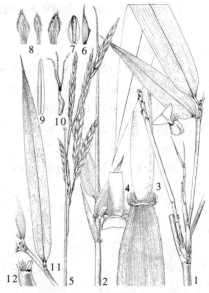

图 879：1-10.托竹 11-12.篙竹
（陈荣道绘）

秆高 2-4 米，径 0.5-1 厘米，中部节间长 20-30 厘米，髓心海绵状增厚；新秆无毛，节下具白粉环，秆环不明显，每节 3 分枝，分枝基部贴秆。秆箨迟落，鲜时绿色带紫，干后褐黄色，疏生淡棕色平伏刺毛，先端平截或微圆拱形，边缘密生金黄色纤毛；箨耳半月形或镰刀形，边缘具多数波状繸毛，毛长 0.6-1.3 厘米；箨舌先端拱形，具纤毛；箨叶紫色，宽卵状披针形，与箨鞘

近等长或稍短，基部抱茎。每小枝 5-10 叶；叶耳半月形或镰刀形，边缘具长约 5 毫米繸毛；叶窄披针形或长圆状披针形，长 12-24（-32）厘米，宽 1.6-2.5（-4.5）厘米，上面深绿色，下面淡绿色，两面无毛，侧脉 5-9 对，下面网脉明显。笋期 3 月。花期 3-4 月或 7-8 月。

产浙江东南部、福建、江西、湖南、广东、香港、海南及广西，多生于低山丘陵或沟边。

15. 篲竹 图 879：11-12，图 880

Arundinaria hindsii Munro in Trans. Linn. Soc. 26: 31. 1868.

Pseudosasa hindsii (Munro) C. D. Chu et C. S. Chao；中国植物志 9
(1): 653. 1996.

秆高 3-5 米，径 1-2 厘米，中部节间长 20-40 厘米，髓心海绵状增
厚；新秆被白色绒毛，节下有白粉；箨环、秆环均不隆起，每节 3-
5 分枝，贴秆。秆箨宿存或迟落，绿色略带紫，质较脆，疏被淡棕色
平伏刺毛和白色柔毛，边缘具纤毛；箨耳淡紫色，镰形，抱茎，边缘
具弯曲繸毛；箨叶直立，紫色，宽卵状披针形，与箨鞘近等长或稍短，
基部抱茎。每小枝 7-11 叶；叶鞘无叶耳，具直立繸毛；叶长 16-34 厘
米，宽 1-3.5 厘米，两面无毛，侧脉 5-8 对，下面网脉明显。笋期 5-
6 月。花期 7-8 月。

浙江、台湾、福建、江西、湖南、广东、香港、海南及广西有
野生或栽培，多生于低山丘陵和沟边。秆形通直，秆环不隆起，节间
匀称，尖削度小，材质优良，可代茶秆竹出口。是一种有发展前途的
用材竹种。

图 880 竹篲
（引自《中国主要植物图说　禾本科》）

16. 四季竹 图 881

Arundinaria lubrica (Wen) C. S. Chao et G. Y. Yang in Journ. Bamb.
Res. 13(1): 14. 1994.

Semiarundinaria lubrica Wen in Journ. Bamb. Res. 2(1): 64. pl. 17. 1983.

Oligostachyum lubricum (Wen) Keng f.；中国植物志 9(1): 584. 1996.

秆高 5 米，径 2 厘米，中部间长约 30 厘米，分枝一侧扁平；新
秆绿色，无毛，无白粉，节下有薄白粉。秆箨绿色，疏生白或淡黄色
刺毛，边缘具纤毛；箨耳紫色，卵状，繸毛直伸；箨舌紫色，先端平截，具紫色短纤毛；箨叶绿色，宽披针形，基部缢缩。小枝 3-4(-7) 叶；叶鞘具白色细毛，叶耳紫色，繸毛放射状，叶舌紫色，平截；叶带状披针形或披针形，长 10-15 厘米，宽 1.5-2.2 厘米，两面无毛，侧脉 6 对，小横脉明显。笋期 5-10 月。

图 881 四季竹 （许基衍绘）

产浙江、福建及江西。

17. 仙居苦竹 图 882

Arundinaria hsienchuensis (Wen) C. S. Chao et G. Y. Yang in Journ.
Bamb. Res. 13(1): 17. 1994.

Pleioblastus hsienchuensis Wen in Bull. Bot. Res. (Harbin) 3(1): 92. f.

1. 1983；中国植物志 9(1): 607. 1996.

秆高 5 米，径 2-3 厘米，秆内
壁海绵状增厚，中空小，中部节间

长约30厘米，秆环隆起，箨环具刺毛，节下有白粉。秆箨绿色，被刺毛和白粉，基部密生刺毛，边缘无纤毛；

箨耳镰状，抱茎，长7毫米，宽3毫米，繸毛直立，长1-1.5厘米，放射状排列；箨舌先端波浪状，中部略隆起；箨叶窄带状，长约为箨鞘1/3。每小枝4-5叶；叶鞘长约4厘米，有白粉，叶耳椭圆状或卵状，繸毛放射状，长达1.3厘米，叶舌高约1毫米，被白粉；叶椭圆状披针形，长7-16厘米，宽1-2.5厘米，基部钝圆，两面无毛，或下面基部有毛，侧脉5-7对，小横脉明显。笋期6月。

产浙江、福建及江西，生于低山山坡或平原。

[附] **衢县苦竹** 光箨苦竹 **Arundinaria hsienchuensis** var. **subglabrata** (S. Y. Chen) C. S. Chao et G. Y. Yang in Journ. Bamb. Res. 13(1): 17. 1994. —— *Pleioblastus amarus* (Keng) Keng. f. var. *subglabratus* S. Y. Chen in Acta Phytotax. Sin. 2(4): 413. 1983. —— *Pleioblastus juxiangensis* Wen et al.; 中国植物志 9(1): 611. 1996. 与模式变种的区别：秆箨底部被棕色刺毛，背部无毛，边缘具纤毛，箨耳繸毛较短。产浙江、福建及江西。

图 882 仙居苦竹 （引自《植物研究》）

18. 近实心茶秆竹 图 883

Arundinaria subsolida (S. L. Chen et G. Y. Shen) C. S. Chao et G. Y. Yang in Journ. Bamb. Res. 13(1): 17. 1994.

Pseudosasa subsolida S. L. Chen et G. Y. Shen in Acta Phytotax. Sin. 21(4): 405. f. 2. 1983.

秆高2-3米，径1-2厘米，中部节间长15-30厘米，分枝节间基部

有沟槽，秆壁厚，近实心，髓部海绵状；新秆被白色柔毛，节下有白粉，秆环较平或微隆起，分枝1-3，贴秆。秆箨迟落，黄绿色，有紫色条纹，疏被刺毛，边缘密生纤毛；箨耳点状，繸毛易脱落；箨舌弧形，先端具纤毛；箨叶窄披针形，下部者直立，上部者反曲。每小枝6-7叶；叶鞘具白色柔毛，鞘口无叶耳，具直立繸毛；叶长15-30厘米，宽2-3（-4）厘米，下面密生柔毛，侧脉5-6对，小横脉明显。笋期4-5月。花期4-5月。

图 883 近实心茶秆竹 （史渭清绘）

产江西及湖南，多生于丘陵山坡。

19. 实心苦竹 图 884

Arundinaria solida (S. Y. Chen) C. S. Chao et G. Y. Yang in Journ. Bamb. Res. 13(1): 18. 1994.

Pleioblastus solidus S. Y. Chen in Acta Phytotax. Sin. 21(4): 411. f. 8. 1983；中国植物志 9(1): 607. 1996.

秆高4-5米，径2厘米，中部节间长30厘米左右，分枝节间基部有沟槽，秆壁厚，近实心；新秆被白粉和白色刺毛，秆环和箨环均隆起，每节分枝5-7。秆箨淡绿色，具脱落性白色刺毛，略被白粉，边缘具纤毛，基部具脱落性绒毛；箨耳镰形，繸毛淡棕色；箨舌先端平截，黄绿色；箨叶带状披针形，反曲下垂。每小枝2-3叶；叶鞘无毛，叶耳和繸毛不发达；叶窄披针形，长11-18厘米，宽1.7-2.4厘米，下面基部有毛，侧脉5-7对，小横脉明显。笋期5-6月。

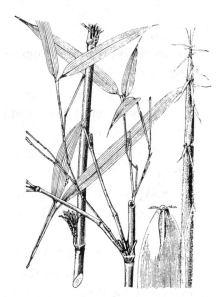

图 884 实心苦竹 （陈荣道绘）

产江苏南部、浙江、福建及江西，生于坡地。秆实心，坚硬，用作伞柄或支架。

20. 皱苦竹 图 885

Arundinaria rugata (Wen et S. Y. Chen) C. S. Chao et G. Y. Yang in Journ. Bamb. Res. 13(1): 18. 1994.

Pleioblastus rugatus Wen et S. Y. Chen in Journ. Bamb. Res. 1(1): 26. pl. 4. 1982；中国植物志9(1): 608. 1996.

秆高5米，径2厘米，中部节间长约35厘米，秆壁较厚；新秆绿色，无毛，节下有白粉，箨环具白色细毛，秆环微隆起。秆箨革质，质较硬，被脱落性刺毛，基部具绵毛；箨耳镰形开展，繸毛长约8毫米；箨舌先端微弧形或近平截，具纤毛；箨叶长三角形，直立，上半部有时具皱摺。每小枝3-4叶；叶耳和繸毛易脱落；叶椭圆状披针形，长11-18厘米，宽1.4-3厘米，通常无毛，侧脉5-7对，具小横脉。

产浙江、福建及江西。

[附] 宜兴苦竹 **Arundinaria yixingensis** (S. L. Chen et S. Y. Chen) C. S. Chao et G. Y. Yang in Journ. Bamb. Res. 13(1): 19. 1994. —— *Pleioblastus yixingensis* S. L. Chen et S. Y. Chen in Acta Phytotax. Sin. 21(4): 411. f. 9. 1983；中国植物志 9(1): 608. 1996.本种与皱苦竹的主要区别：

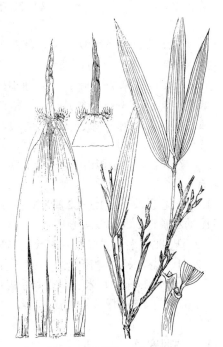

图 885 皱苦竹 （许基衍绘）

新秆、秆箨均被白粉，秆箨基底无毛，箨叶带状披针形，平直。笋期5月。产江苏南部，生于低山丘陵荒坡。浙江杭州、安吉有栽培。竹秆较硬，可作伞柄或支架。

21. 无毛翠竹　　　　　　　　　　　　　　图 886：1

Arundinaria pygmaea var. **disticha** (Mitf.) C. S. Chao et Renv. in Kew Bull. 44(2): 368. 1989.

Bambusa disticha Mitf. in Gard. Chron. 46: 547. 1894.

Sasa pygmaea var. *disticha* (Mitf.) C. S. Chao et G. G. Tang；中国植物志 9(1): 670. 1996.

秆高 20-40 厘米，径 1-2 毫米，节间、秆箨、叶鞘、叶均无毛。每小枝 7-14 叶；叶密生，二列状排列，披针形，长 4-7 厘米，宽 0.7-1 厘米，先端突渐尖或渐尖，基部近圆。

原产日本。我国引种栽培，通常栽植于庭园花坛、公园路边，也可作盆景观赏。

[附] 菲白竹 图 886：2-6 **Arundinaria fortunei** (Van Houtte) A. et. C. Riv. in Bull. Soc. Natl. Acclim. France ser. 3, 5: 797. 1878. —— *Bambusa fortunei* Van Houtte in Fl. Serr. Jard. 15: 69. t. 1535. 1863. ——*Sasa fortunei* (Van Houtti) Fiori；中国植物志 9(1): 668. 1996. 与无毛翠竹的主要区别 叶非二列状排列，绿色具白或黄色条纹，长 6-15 厘米，两面具白色柔毛。原产日本，广泛栽培作为庭院观赏竹种。江苏、浙江等城市引种栽培，供观赏，也可盆栽。

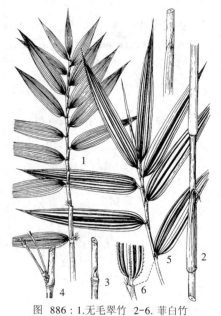

图 886：1.无毛翠竹　2-6. 菲白竹
（引自《中国树木志》）

23. 短枝竹属(井冈寒竹属) **Gelidocalamus** Wen

（赵奇僧　邹惠渝）

灌木状，地下茎复轴型。秆散生，直立，节间圆筒形，无沟槽；秆芽单生，分枝 7-12 (-10)，枝短，纤细，具 2-4 节，通常不再分枝。冬季出笋。秆箨宿存；箨耳发育或不发育；箨叶短，直立。每枝通常具 1 叶，稀 2-3 叶；叶两面小横脉明显。圆锥花序顶生，大型，开展，具多数小穗，小穗柄纤细；小穗较小，小花 3-5；颖片 2。外稃具纵脉，内稃无脉，与外稃近等长，或略长于外稃；鳞被 3，卵形，上部透明，无纵脉；雄蕊 3，花丝短，分离，花药黄色；子房无毛，花柱短，柱头 2，羽毛状。颖果球形，具喙状尖头。

约 6 种，产我国南岭山地至江西井岗山之间广大地区。

1. 幼秆无毛；叶宽 1.3-2.2 厘米 ·· 1. 井冈寒竹 **G. stellatus**
1. 幼秆被毛；叶宽 2.4-6 厘米。
　2. 秆实心，秆环甚隆起；秆箨具箨耳和繸毛；叶宽 2.5-4.5 厘米 ·········· 2. 实心短枝竹 **G. solidus**
　2. 秆中空，秆环微隆起；秆箨无箨耳、繸毛，或偶有少数繸毛。
　　3. 叶宽 2.4-3.2 厘米；秆箨具紫褐色斑纹；幼秆密被白色绒毛 ·········3. 抽筒竹 **G. tessellatus**
　　3. 叶宽 4.5-6 厘米；秆箨无斑纹；幼秆密被刺毛，甚粗糙 ··········3(附). 掌竿竹 **G. latifolius**

1. 井冈寒竹　　　　　　　　　　　　　　图 887

Gelidocalamus stellatus Wen in Journ. Bamb. Res. 1(1): 22. pl. 1. 1982.

秆高 2 米，径 8 毫米，中部节间长 25-30 厘米；幼秆绿色，无毛，节下有白粉；秆环平，箨环具秆箨基部残留物；每节分枝 7-12。秆箨宿存，具倒生刺毛或近无毛，边缘具纤毛，无斑纹；箨耳极小或无，具短繸毛；箨舌短，先端平截；箨叶长 0.5-1.2 厘米，直立。每分枝具 1 叶；叶柄着生小枝顶端；叶披针形，长 12-17 厘米，宽 1.3-2.2 厘米，基部缢缩成 2 毫米的叶柄，下面粉绿色，基部有柔毛，余无毛，

侧脉 4 − 5 对。秋冬出笋。

产江西及湖南，生于海拔 400−700 米山区林下或溪边，生长茂盛，漫延数里。因"寒露"出笋，故称"寒竹"。笋供食用；竹姿优美，供观赏。

2. 实心短枝竹 图 888

Gelidocalamus solidus C. D. Chu et C. S. Chao in Journ. Nanjing Inst. For. 1984(2): 75. f. 2. 1984.

图 887 井冈寒竹 （许基衍绘）

秆高 2 米，径 1 厘米，中部节间长 33−42 厘米，实心，分枝一侧基部扁平；幼秆绿色，具柔毛；秆环隆起，节内长 1 厘米，每节分枝 4−5。秆箨宿存，具紫褐色刺毛，无斑点，边缘具纤毛；箨耳小而明显，密被灰色柔毛，繸毛放射状，长约 5 毫米；箨舌隆起，先端有纤毛；箨叶长 2.5 厘米。每枝 1−2（3）叶；叶鞘长，幼时有白色柔毛，具叶耳和繸毛，叶舌高约 1 毫米，先端具长约 3 毫米流苏状纤毛；叶披针形，长 12−23 厘米，宽 2.5−4.5 厘米，无毛，下面粉绿色，侧脉 7−8 对；叶柄长 0.5−1 厘米。笋期 11 月。

产广西。秆可作瓜菜架或围墙，叶可作笠帽等衬垫。

3. 抽筒竹 图 889

Gelidocalamus tessellatus Wen et C. C. Chang in Journ. Bamb. Res. 1(1): 24. pl. 2. 1982.

秆高 3 米，径约 1 厘米，中部节长 30−48 厘米；新秆绿带紫色，密被白色绒毛，节下尤密；

图 888 实心短枝竹
（引自《Journ. Nanjing Inst. For.》）

老秆节间疏生刺毛；秆环稍隆起，每节分枝达 12，长短不一。秆箨宿存，具紫褐色方形块斑，疏生刺毛，近基部具细绒毛；无箨耳和繸毛，或偶有少数直立繸毛；箨舌短，密被细柔毛；箨叶长 1.3 厘米。每分枝具 1 叶；叶披针形，长 19−23 厘米，宽 2.4−3.2 厘米。下面粉绿色，沿中脉有细毛，基部尤密，侧脉 7 对。秋冬出笋。

产广西及贵州南部，在荔波县茂兰低海拔丘陵地区形成较大面积竹林。竹姿优美，可栽培供观赏。

[附] **掌竿竹 Gelidocalamus latifolius** Q. H. Dai et T. Chen in Journ. Bamb.

图 889 抽筒竹 （许基衍绘）

Res. 4(1): 53. pl. 1985. 本种与抽筒竹的主要区别：叶宽4.5-6厘米；秆箨无斑纹；幼秆密被刺毛，甚粗糙。秋冬出笋。产广西融水县海拔200米丘陵地区；常生于林下低湿地。秆劲直，当地苗族曾用竹秆制箭射猎，称"箭秆竹"；叶大，可用作包粽子或作雨蓬、笠帽衬垫。

24. 矢竹属 Pseudosasa Makino ex Nakai

（赵奇僧　邹惠渝）

小乔木状竹类，地下茎单轴型。秆散生，直立，节间圆筒形，长20-30厘米，无沟槽，秆环较平，节内不明显，中部每节1分枝，枝与秆近等至粗。秆箨宿存或迟落，与节间等长或略长；箨叶直立或开展。小枝具多叶；叶长披针形，网脉明显。圆锥花序顶生，花序轴明显；小穗线形，具柄；颖片2。外稃先端具芒状尖头，中部以上及边缘被微毛，具小横脉；内稃背面具2脊和沟槽，具小横脉；鳞被3，透明；雄蕊3，花丝分离；花柱短，柱头3裂，羽毛状。颖果无毛，具纵长腹沟。

4种，产于日本、韩国及中国。

矢竹

图 890

Pseudosasa japonica (Sieb. et Zucc. ex Steud.) Makino in Journ. Jap. Bot. 2(4): 15. 1920.

Arundinaria japonica Sieb. et Zucc. ex Steud. Syn. Pl. Glum. 1: 334. 1855.

秆高3-5米，径1-2厘米，节间长15-30厘米，绿色，无毛；秆环平，箨环具箨鞘基部残留物，节内不明显；秆中部以上分枝，每节分枝1，枝基部贴秆，中上部展开。秆箨宿存，绿色，与节间近等长或略长，密被倒生刺毛；无箨耳和繸毛；箨舌先端拱圆；箨叶线状披针形，无毛，全缘。每小枝5-9叶，枝下部叶鞘密被毛，上部叶鞘无毛；叶耳不明显，繸毛不发育或具少数白色繸毛；叶舌高1-3毫米，先端全缘；叶长披针形，长20-35厘米，宽2.5-4.5厘米，无毛，一边有锯齿，侧脉5-7，小横脉明显。笋期6月。

原产日本。江苏、上海、浙江、台湾等地引种栽培，生长良好。可栽培供观赏。

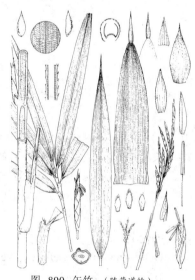

图 890 矢竹 （陈荣道绘）

25. 赤竹属 Sasa Makino et Shibata

（赵奇僧　邹惠渝）

灌木状竹类，地下茎复轴型或单轴型。秆散生或丛生，圆筒形，无沟槽，每节1分枝，枝径与秆相近；秆环显著隆起，曲膝状或微隆起，节内较大。秆箨宿存或脱落。叶大，侧脉多数，方格状网脉明显。圆锥花序顶生；小穗具柄，具数小花，颖片膜质，不等长。外稃先端尖锐或具小尖头；内稃先端2裂，背部具2脊，脊具纤毛；鳞被3，雄蕊6，分离；花柱短，柱头3裂，羽毛状。

37种，主产日本，少数分布朝鲜、俄罗斯萨哈林岛。我国约8种，产于长江流域以南各地，多分布在海拔较高山地。

1. 秆箨、叶鞘具发达箨耳、叶耳和繸毛。
  2. 秆环隆起呈曲膝状；秆箨被灰色柔毛；叶舌隆起，长达1.5厘米 ························· 1. 广西赤竹 **S. guangxiensis**
  2. 秆环微隆起，非曲膝状；秆箨密被黄色绒毛；叶舌长1-2毫米 ························· 1(附). 绒毛赤竹 **S. tomentosa**
1. 秆箨、叶鞘无箨耳、叶耳和繸毛。
  3. 秆环隆起呈曲膝状；小枝具3-15叶；叶鞘无毛，叶舌隆起，长1-1.5厘米；叶下面灰白色，具白粉

.... 2. **赤竹 S. longiligulata**

3. 秆环较平；小枝具1-3叶；叶鞘幼时密被柔毛，叶舌长1-3毫米；叶下面淡绿色 ………… 3. **华箬竹 S. sinica**

1. 广西赤竹

图 891

Sasa guangxiensis C. D. Chu et C. S. Chao in Journ. Nanjing Techn. Coll. For. Prod. 1981(3): 34. pl. 3. 1981.

秆高1米，径5毫米，节间长8-10厘米；新秆绿色，密被淡黄色

柔毛，节下毛密；老秆无毛，秆环隆起，曲膝状，节内长3-4毫米。笋期4-5月。秆箨脱落性。长于或等于节间，密被灰白色长柔毛，毛脱落后，有乳头状毛迹；箨耳新月形，繸毛长0.5-1厘米，卷曲；箨舌高达5毫米；箨叶披针形，直立。每小枝3-8叶；叶鞘幼时密被柔毛，后脱落无毛，叶舌高1.5厘米，膜质，具多数纵脉；叶椭圆状披针形或带状披针形，长13-26厘米，宽2-4.5厘米，先端长渐尖，具钻形尖头，无毛，下面有白粉，侧脉4-6；叶柄长2-5毫米。

产江西及广西，生于海拔550-1400米的山地林下或岭顶。

[附] **绒毛赤竹** 图 892 **Sasa tomentosa** C. D. Chu et C. S. Chao in Journ. Nanjing Techn. Coll. For. Prod. 1981(3): 35. pl. 4. 1981. 与广西赤竹的主要区别：秆环微隆起，非曲膝状；秆箨密被黄色绒毛；叶舌长1-2毫米。笋期4-5月。产广西融水县九万大山海拔约1400米山顶密林中，成片分布。

图 891 广西赤竹
（引自《南京林产工业学院学报》）

图 892 绒毛赤竹
（引自《南京林产工业学院学报》）

2. 赤竹

图 893

Sasa longiligulata McClure in Lingnan Sci. Journ. 19: 536. 1940.

秆高2米，径约1厘米，节间长8-13厘米；新秆被倒毛，节下较密，箨环密被金黄色毛，秆环甚隆起，曲膝状，节内长约5毫米；老秆无毛。秆箨宿存，红褐色，与节间近等长，密被褐色短刚毛，基部

密生倒毛；无箨耳和繸毛；箨舌高1-5毫米；箨叶长1.5厘米，直立，易脱落。每小枝3-15叶；叶鞘无毛，无叶耳和繸毛，叶舌高约1.5厘米，膜质，先端弧形，无毛；叶膜质，披针形或椭圆状披针形，长15-30厘米，宽3-6厘米，先端长渐尖，具钻形尖头，无毛，下面有白粉，侧

图 893 赤竹 （蔡淑琴绘）

脉 6—9 对；叶柄长约 5 毫米。

产江西、湖南及广东，生于海拔 1000 米以上山地林下。

3. 华箬竹　　　　　　　　　　　　　　图 894

Sasa sinica Keng in Sinensia 7(6): 748. 1936.

秆高 2 米，径 5 毫米，节间长约 10 厘米，中空；新秆节下有柔毛；老秆无毛，有白粉，节下明显，秆环较平。秆箨长于节间，宿存，密被长毛，后渐脱落，两侧有长毛，边缘具纤毛；无箨耳和繸毛；箨舌高 1—2 毫米；箨叶窄带状披针形，长 3—8 厘米，直立或开展。每小枝 1—3 叶；叶鞘密被柔毛，后渐脱落，无叶耳和繸毛，叶舌高约 2 毫米，背部密生柔毛；叶椭圆状披针

图 894　华箬竹　（蔡淑琴绘）

形或带状披针形，长 11—36 厘米，宽 2—5.5 厘米，两边有细锯齿，下面基部有柔毛，侧脉 6—11 对；叶柄长 0.5—1 厘米。笋期 4—5 月。

产于安徽及浙江，生于海拔 1000 米以上山地常绿、落叶阔叶混交林或落叶阔叶林下，局部地区为林下优势植物。

26. 铁竹属 Ferrocalamus Hsueh et Keng f.
（赵奇僧　邹惠渝）

乔木状竹类，地下茎单轴型。秆散生，直立，高 5—9 米，径 2—3.5（—5）厘米，梢端劲直，节间长 0.6—0.8（—1.2）米，圆筒形，无沟槽，秆壁厚，近实心，秆环在分枝相对一侧隆起，节内长 2—3 厘米；每节 1 分枝，枝与秆等粗，平行上举，枝基部膨大，具气生根刺，枝基部节间长 2 厘米，上部节间长达 65 厘米，短而密接。秆箨厚革质，坚脆易破，长约为节间 1/2，密被黑褐色刺毛和白色柔毛，刺毛脱落后，有疣基，箨鞘基部具淡黄色刺毛，毛长 1 厘米；无箨耳，繸毛发达；箨叶披针形，直立，易落；箨舌甚短，平截，背部密被锈色毛。叶长 30—55 厘米，宽 6—9 厘米，先端长尖，基部楔形，下面粉绿色，侧脉达 11 对，脉有小刺毛，网脉方格状；叶鞘密被白色柔毛和褐色小刺毛，繸毛发达，长 1—2 厘米，易脱落。叶直立，易脱落。小枝具多叶；叶大型，网脉明显，下面隆起；叶柄扁平。大型圆锥花序顶生，花序轴粗，小穗两侧扁，淡紫色，具 3—10 小花；小穗柄长约 1 厘米，颖片 2。外稃先端有柔毛，内稃具 2 脊，先端钝，被柔毛；鳞被 3；雄蕊 3，花丝分离；花柱 1，柱头 2 裂，羽毛状。果皮肉质，浆果状，扁球形，径约 2 厘米。

我国特产单种属。

铁竹　　　　　　　　　　　　　　图 895

Ferrocalamus strictus Hsueh et Keng f. in Journ. Bamb. Res. 1(2): 1. pl. 1981.

形态特征同属。花期 4 月。

产云南金平，生于海拔 900—1200 米山坡，多生于沟谷两侧土壤湿润地方，成片生长。秆壁坚硬，称"铁竹"。竹秆是制竹筷和毛线针的上等原料；新笋棕褐色，质硬，不可食。

27. 箬竹属 Indocalamus Nakai

（赵奇僧　邹惠渝）

灌木状竹类；地下茎单轴型或复轴型。秆散生或丛生，直立，节间圆筒形，无沟槽；每节1分枝，枝常直展，其直径与秆相近；秆环较平，节内较长。秆箨宿存，紧抱主秆。叶大，侧脉多数。圆锥花序顶生；小穗多数，具柄，小花数朵，颖片2，先端渐尖或尾尖。外稃具数脉，先端渐尖或尾尖；内稃先端常2裂，背部具2脊；鳞被3，近等长；雄蕊3；花柱多2，分离或基部连合，柱头2，羽毛状。

约20余种，产东亚。绝大多数种系分布我国长江流域以南亚热带地区。

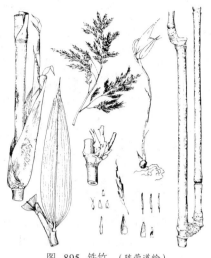

图 895 铁竹 （陈荣道绘）

1. 箨耳不发育或微小。
　2. 叶鞘鞘口具长繸毛，毛长0.8-3厘米。
　　3. 新秆无毛；叶鞘鞘口繸毛长0.8-1.5厘米；小穗具3-4小花，小穗柄长2-5厘米 ········ 1. **水银竹 I. sinicus**
　　3. 新秆节下密被贴生柔毛；叶鞘鞘口繸毛长1-3厘米；小穗具7-9小花，小穗柄长0.5-1厘米 ··············
　　　··· 1(附). **锦帐竹 I. pseudosinicus**
　2. 叶鞘鞘口无繸毛或疏生短繸毛，毛长5毫米以下。
　　4. 叶舌发达，高0.4-1厘米。
　　　5. 秆节间被脱落性刺毛；秆箨密被棕色疣基刺毛；叶具11-13对侧脉，干后平直 ·····················
　　　　··· 2. **巴山箬竹 I. bashanensis**
　　　5. 秆节间无毛或幼时有柔毛；秆箨被脱落性柔毛；叶具5-8对侧脉，干后波状皱折 ··· 3. **鄂西箬竹 I. wilsoni**
　　4. 叶舌高1-2毫米。
　　　6. 箨叶发达，与箨鞘近等长，卵状披针形，抱茎；花序、小穗及小穗柄无毛······4. **光箨箬竹 I. herklotsii**
　　　6. 箨叶小，短于箨鞘，披针形或线状披针形，不抱茎；叶宽4-11厘米，侧脉7-17对；箨基部通常无毛；花序、小穗及小穗柄被柔毛。
　　　　7. 秆箨长于节间；叶宽7-11厘米，下面沿中脉一侧有一行细毛 ·············· 5. **箬竹 I. tessellatus**
　　　　7. 秆箨短于节间；叶宽4-7厘米，下面无毛 ·························· 6. **阔叶箬竹 I. latifolius**
1. 箨耳镰形；叶鞘鞘口叶耳明显发育，繸毛长1厘米以上。
　8. 新秆密被短刺毛；箨舌、叶舌先端密被流苏状长纤毛，毛长1-3厘米；箨叶披针形或线状披针形，不抱茎。
　　9. 秆中空；秆箨、叶鞘初被红棕色刺毛，后渐脱落；箨耳长6-7毫米；叶下面无毛 ·····················
　　　··· 7. **峨眉箬竹 I. emeiensis**
　　9. 秆近实心；秆箨、叶鞘密被宿存淡黄色刺毛；箨耳长1.5-2厘米；叶下面有小刺毛 ·····················
　　　··· 7(附). **髯毛箬竹 I. barbatus**
　8. 新秆无毛，或节下有毛环，平滑；箨舌先端具短纤毛或近无毛；箨叶卵形或卵状披针形，抱茎 ···············
　　··· 8. **箬叶竹 I. longiauritus**

1. 水银竹

图896：1-7

Indocalamus sinicus (Hance) Nakai in Journ. Arn. Arb. 6: 148. 1925.

Arundinaria sinica Hance in Ann. Sci. Nat. IV. 18: 235. 1862.

秆高2-3米，径0.5-1厘米，中部节间长10-20厘米，中空；新秆绿色，无毛，秆环与箨环均较平。秆箨多长于节间，疏生白色疣基刺毛，边缘具纤毛；箨耳不发育或微小，繸毛数条，弯曲；箨叶卵状披针形，直立或外反，易脱落。每小枝4-10叶；叶鞘褐黄色，无毛，有光泽，叶耳不发育，繸毛长0.8-1.5厘米，直立，叶舌极短，无毛；叶带状披针形或披针形，长13-36厘米，宽3-6厘米，无毛，侧脉6-11

对，不甚明显；叶柄长约 5 毫米。小穗柄细，长 2-5 厘米；每小穗有 3-4 小花。

产广东、香港及海南，生阔叶林下或山谷溪边。

[附] **锦帐竹** 图 896：8-12
Indocalamus pseudosinicus McClure in Sunyatsenia 6: 37. pl. 8. 1941. 本种与水银竹的主要区别：新秆节下密被贴生柔毛；叶鞘鞘口縫毛长 1-3 厘米；小穗具 7-9 花，小穗柄长 0.5-1 厘米。产海南，生于海拔 700-1100 米山地密林中。

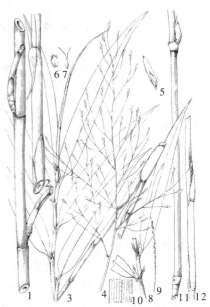

图 896：1-7.水银竹　8-12.锦帐竹
（蔡淑琴绘）

2. 巴山箬竹　　　　　　　图 897

Indocalamus bashanensis (C. D. Chu et C. S. Chao) H. R. Zhao et Y. L. Yang in Sin. 23(6): 460. 1985.

Sasa bashanensis C. D. Chu et C. S. Chao in Acta Phytotax. Sin. 18 (1): 30. f. 3. 1980.

秆高 2-3 米，径 1-1.5 厘米，中部节间长 38-42 厘米，中空，壁厚 2-3 毫米；新秆节间中部以上密被前伸、易落刺毛，毛脱落后，有凹入毛迹，有白粉；老秆无毛，秆环隆起，节内长 1-1.2 厘米。秆箨短于节间，宿存，密被前伸棕色刺毛，毛脱落后，有乳头状毛迹；无箨耳和縫毛；箨舌高 2-4 毫米，先端近平截；箨叶窄披针形，长约 2.5 厘米，反曲。每小枝 6-9 叶；叶鞘无毛，无叶耳和縫毛，叶舌高 4-7 毫米，先端微弧形，全缘或浅波状，无纤毛；叶椭圆状披针形或带状披针形，长 25-35 厘米，宽 3-8 厘米，两边有细锯齿，无毛，无白粉，侧脉 10-13 对，网脉明显；叶柄长 0.5-1 厘米。

产陕西、湖北及四川，生于海拔 600-1200 米酸性土或石灰岩山坡沟谷中。

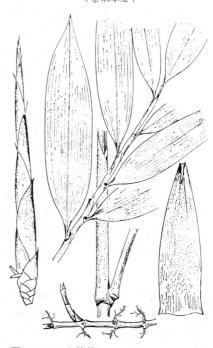

图 897　巴山箬竹　（引自《植物分类学报》）

3. 鄂西箬竹　　　　　　　图 898

Indocalamus wilsoni (Rendle) C. S. Chao et C. D. Chu in Journ. Nanjing Techn. Coll. For. Prod. 198(3): 43. 1981.

Arundinaria wilsoni Rendle in Journ. Linn. Soc. Bot. 36: 437. 1904.

秆高约 1 米，径 2-4 毫米，新秆节下具平伏淡黄色柔毛，后无毛，节间长 0.4-1.2 厘米，秆环平。秆箨长约节间 1/2，淡棕红色，干后稻

草色，密被脱落性白色绒毛，纵脉明显；无箨耳和繸毛；箨舌高不及1毫米；箨叶长0.2-1.5厘米。每小枝有3（4-5）叶；叶鞘无毛或幼时边缘有毛，无叶耳和繸毛，叶舌高2.5-9毫米；叶长椭圆状披针形，长6-17厘米，宽2.4-4.7厘米，幼时下面有柔毛，沿叶脉尤明显，后脱落无毛，侧脉6-8对，网脉明显，干后常波状曲皱。

产湖北、贵州及四川，多生于海拔2000-3000米山区。

4. 光箨箬竹　棕巴箬竹

Indocalamus herklotsii McClure in Lingnan Univ. Sci. Bull. 9: 22. 1940.

秆高约2米，径5-6毫米，节间圆筒形，近实心，无毛，具光泽，秆环较平。秆箨革质，绿色，具紫色脉纹，具光泽，幼时被细柔毛，旋脱落无毛，边缘密生纤毛；无箨耳和繸毛，或具少数繸毛；箨舌高约1毫米，先端平截或稍拱凸，无毛或有纤毛；箨叶带紫色，卵状披针形，几与箨鞘等长，基部宽而抱茎。每小枝多为3叶；叶鞘边缘密被纤毛，叶耳不发育，繸毛少数或无；叶舌极短；叶薄革质，椭圆状披针形或披针形，长15-29厘

图 898　鄂西箬竹　（蔡淑琴绘）

米，宽2.5-5厘米，两面无毛，侧脉6-9对，网脉明显。花序轴和小穗柄无毛。

产广东南部及香港，生于海拔500米以下疏林或灌丛中。

5. 箬竹　　　　　　　　　　　图 899：4-5

Indocalamus tessellatus (Munro) Keng f. in Clav. Gen. Sp. Gram. Prim. Sin. app. Nom. Syst. 152. 1957.

Bambusa tessellata Munro in Trans. Linn. Soc. 26: 110. 1868.

秆高2米，径约5毫米，中部节间长10-20厘米，中空较小，无毛，有白粉，节下尤明显，秆环平。秆箨长于节间，被棕色刺毛，边缘有棕色纤毛；无箨耳和繸毛，或具少数繸毛；箨叶披针形或线状披针形，长达5厘米，不抱茎，易脱落。每小枝2-数叶；叶鞘无毛，无叶耳和繸毛；叶椭圆状披针形，长40-50厘米，宽7-11厘米，下面沿中脉一侧有一行细毛，余无毛，

图 899：1-3.阔叶箬竹　4-5.箬竹
（蔡淑琴绘）

侧脉15-17对，网脉甚明显；叶柄长约1厘米，上面有柔毛。花序、小穗及小穗柄被柔毛。

产浙江、福建、江西、湖北及湖南，生于海拔300-1400米山坡、路旁或阔叶疏林中。

6. 阔叶箬竹　　　　　　　　　图 899：1-3

Indcalamus latifolius (Keng) McClure in Sunyatsenia 6(1): 37. 1941.

Arundinaria latifolia Keng in Sinensia 6(2): 147. 153. f. 1. 1935.

秆高 3 米，径 1 厘米，中部节间长 20-30 厘米，中空；新秆绿色，无毛，秆环微隆起。秆箨短于节间，密被棕色倒生刺毛，边缘具棕色纤毛；无箨耳和繸毛；箨舌微弧形或近平截，先端具极短纤毛；箨叶三角状披针形，长 1.5-2 厘米，宽 1-2 毫米，直立。每小枝 1-3 叶；叶鞘无毛，边缘有纤毛，叶耳不明显，繸毛不发育或疏生易落繸毛；叶椭圆状披针形或带状披针形，长 12-40 厘米，宽 4-7 厘米，无毛，侧脉 7-15 对；叶柄长约 1 厘

米。花序及小穗密被灰黄色柔毛。

产山东、河南南部、江苏、安徽、浙江、福建、江西、湖北、湖南、广东、贵州、四川及云南，多生于山坡或山谷疏林下。秆宜作竹筷（天竺筷）、毛笔秆，叶可制斗笠或包粽子。

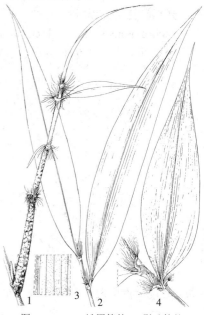

图 900：1-3.峨眉箬竹　4.髯毛箬竹
（蔡淑琴绘）

7. 峨眉箬竹　　　　　　　　　图 900：1-3

Indocalamus emeiensis C. D. Chu et C. S. Chao in Acta Phytotax. Sin. 18(1): 25. f. 1. 1980.

秆高 1.5 米，径约 8 毫米，中部节间长达 30 厘米，中空；新秆绿色，贴生白色刺毛，节间上部红棕色倒生刺毛。秆箨长不及节间 1/2，褐色，间有稻草色斑点，密被棕色倒生刺毛，边缘有褐色纤毛；箨耳新月形，长 6-7 毫米，繸毛放射状，长 1-2 厘米；箨舌宽为箨叶基部 2 倍，高约 1 毫米，先端具粗纤毛；箨叶三角状披针形，长 2-2.5 厘米，不抱茎。每小枝 4-10 叶；叶鞘初被白色柔毛和红棕色刺毛，叶耳新月形，繸毛放射状，长 2-3 厘米，叶舌短，先端具流苏状粗纤毛，

毛长达 3 厘米；叶宽带状披针形，长 18-40 厘米，宽 3.5-6.5 厘米，两边有锯齿，无毛，下面粉绿色，侧脉约 10 对；叶柄长约 5 毫米。

产四川峨眉山海拔 1200 米，生于阔叶林下或林缘。

[附] **髯毛箬竹**　图 900：4 **Indocalamus barbatus** McClure in Sunyatsenia 6: 32. 1941. 与峨眉箬竹的主要区别：秆近实心；秆箨、叶鞘密被宿存

淡黄色刺毛；箨耳长 1.5-2 厘米；叶下面有小刺毛。产广西金秀大瑶山区，生于海拔 500 米常绿阔叶林下。

8. 箬叶竹　　　　　　　　　图 901

Indocalamus longiauritus Hand.-Mazz. in Anz. Akad. Wiss. Wien, Math.-Nat. 62: 254. 1925.

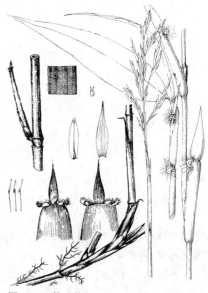

图 901 箬叶竹　（引自《云南树木志》、《中国植物志》）

秆高2-3米，径1厘米，中部节间长20-40厘米；新秆深绿色，无毛，有白粉，节下具淡棕色贴生毛环，秆环较平，箨环木栓质隆起。秆箨短于节间，绿色，被棕褐色疣基刺毛，边缘具棕褐色纤毛；箨耳镰形，长0.4-1厘米，繸毛放射状，长0.5-1厘米；箨舌极短，微弧形；箨叶卵状披针形，抱茎，绿色，直立。每小枝2-7叶；叶鞘形扁，具白粉，叶耳镰状，繸毛长达1厘米，放射状，后脱落；叶宽带状披针形，长13-35厘米，宽2.5-7厘米，下面淡绿色，无毛，侧脉7-13对；叶柄长0.5-1厘米。

产河南、陕西、安徽、浙江、福建、江西、湖北、湖南、广东、广西、贵州、四川及云南，生于山区路旁或疏林中。秆作竹筷和毛笔秆；叶制斗笠。

28. 囊稃竹属 Leptaspis R.Br.

（陈文俐 刘 亮）

多年生草本。秆直立。叶2列，具柄；叶鞘扁；叶舌短；叶片披针形，有横脉。圆锥花序。小穗单性，具1小花；雄小穗着生花序分枝末端，早落；颖小，膜质。外稃大，5-9脉；鳞被缺；雄蕊6，花丝短。雌小穗1至多枚着生花序分枝下部；两颖膜质。外稃大而质厚，呈囊状，边缘连合，5-9脉，全体被短钩毛，成熟时肿胀，扩大而变硬；内稃狭窄，分离或与外稃边缘贴生。种脐一侧有纵长沟。

6种，产东半球热带、亚州东南部。我国1种，产台湾。

囊稃竹

图 902

Leptaspis formosana C. Hsu in Taiwania 16(2): 214, pl. l. 197.

多年生。具向下直伸的短根茎。秆丛生，直立，高40-60厘米。叶鞘扁；叶舌平截，具纤毛；叶片宽大，披针形，先端尖，基部楔形渐窄；叶柄长约1厘米。圆锥花序长达20厘米，狭窄。小穗单性；雌小穗的第一颖长约1毫米，1脉；第二颖长约1.6毫米，3脉；外稃囊状球形，长约4.5毫米，生短钩毛，9脉，有横脉；内稃狭窄，长1.5毫米，先端2裂，具2脊；柱头3，子房具细毛。雄小穗小，颖片具1脉，长约1.5毫米；外稃长约2.3毫米，卵形，7脉，脉具纤毛，先端尖；内稃披针形，与外稃等长，两脊生微柔毛；雄蕊6，花药长约1.8毫米。花果期7-9月。

图 902 囊稃竹（引自《Fl. Taiwan》）

特产台湾南部，生于热带雨林下，荫湿草地。

29. 稻属 Oryza Linn.

（陈文俐 刘 亮）

一年生或多年生草本。秆直立，丛生。叶鞘无毛；叶舌长膜质，或具叶耳；叶片线形，宽大。顶生圆锥花序疏散开展，常下垂。小穗具1两性小花，其下附有2退化外稃，两侧甚扁；颖退化，仅在小穗柄顶端呈2半月形痕迹；孕性外稃硬纸质，具小疣点或细毛，5脉，先端有长芒或尖头；内稃与外稃同质，3脉，侧脉接近边缘而为外稃之二边脉所紧握；鳞被2；雄蕊6；柱头2，帚刷状，自小穗两侧伸出。颖果长圆形，平滑，胚小，长为果体1/4。

约24种。分布于两半球热带、亚热带、亚洲、非洲、大洋洲及美洲。我国4种，引种栽培2种。栽培品种变异极为丰富。稻属主要有两个栽培种，一个是世界栽培范围最广的稻，另一个是主要在非洲栽培的光稃稻。美洲产的阔叶稻也常作为实验材料引入。

1. 小穗长5-6毫米，成熟后脱落；叶舌长1-4毫米。
  2. 多年生；叶舌无毛；叶片宽1-2（3）厘米。
    3. 植株高1.5-3米；叶片长30-50厘米；圆锥花序长30-50厘米；外稃芒长0.5-1厘米 … 1. **药用稻 O. officinalis**
    3. 植株高30-70厘米；叶片长5-20厘米；圆锥花序长5-15厘米；外稃无芒 ……… 2. **疣粒稻 O. granulata**
  2. 一年生；叶舌背面被毛；叶片宽达4厘米 ……………………………… 6. **阔叶稻 O. latifolia**
1. 小穗长0.8-1厘米；叶舌长1.7-4厘米。
  4. 多年生；小穗成熟后易脱落 ……………………………………………… 3. **野生稻 O. rufipogon**
  4. 一年生；小穗宿存，成熟后穗轴延续而不易脱落。
    5. 外稃和内稃背面被细毛和方格状小乳状突起，先端尖而无喙，长6-8毫米，宽约4毫米；花药长2-3毫米；圆锥花序具数次分枝；叶舌尖，长1-2.5厘米 …………………………… 4. **稻 O. sativa**
      6. 茎杆柔软，分蘖力较强且多数偏散生，叶片较长，色较淡绿，毛较多，谷粒较细长 …………………………………………………………………………………… 4(附). **籼稻 O. sativa subsp. indica**
      6. 茎杆坚韧，分蘖力偏弱，株型较密，叶片较短，叶色较深无毛，谷粒较宽短 ………………………………………………………………………… 4(附). **粳稻 O. sativa subsp. japonica**
    5. 外稃和内稃背面无毛，黄或褐黑色，先端喙状，长7-8毫米，宽2.5-3毫米；花药长约1.5毫米；圆锥花序少有分枝；叶舌短钝圆，长3-5毫米 ………………… 5. **光稃稻 O. glaberrima**

1. 药用稻   图 903：4

Oryza officinalis Wall. ex Watt, Dict. Econ. Prod. Ind. 5: 501. 1891.

多年生草本。秆高1.5-3米，径0.7-1厘米，8-15节。叶鞘长约40厘米；叶舌长约4毫米，无毛；叶耳不明显；叶片长30-80厘米，宽2-3厘米，基部渐窄呈柄状，上面散生长柔毛，基部贴生微毛。圆锥花序疏散，长30-50厘米，基部常为顶生叶鞘所包，主轴节间长约5厘米，分枝长10-15厘米，3-5着生各节，具细毛，下部裸露，腋间生柔毛；顶端具2枚半月形退化颖片。小穗长4-5毫米，宽约2.5毫米，厚1.3毫米，黄绿色或带褐黑色，成熟时

易脱落。不孕外稃线状披针形，长1.6-2毫米，先端渐尖，1脉，边缘有细纤毛，成熟花外稃宽卵形，脉纹隆起，脊上部或边脉生疣基硬毛，背面疣状突起每侧24-26纵行；芒自外稃顶端伸出，长0.5-1厘米；内稃与外稃同质，宽约为外稃之半，脊疏生疣基硬毛；花药长约2.5毫米。颖果扁平，红褐色，长约3.2毫米，宽约2毫米。

产广东、海南、广西及云南，生于海拔600-1100米丘陵山坡中下部冲积地和沟边。印度、缅甸、泰国及中南半岛均有分布。

2. 疣粒稻 野稻   图 903：5, 图 904

Oryza granulata Nees et Arn. ex Hook. f. Fl. Brit. Ind. 7: 93. 1896.

Oryza meyeriana subsp. **granulata** (Nees ex Arn. ex Watt) Tateoka; 中国高等植物图鉴5: 44. 1976.

多年生草本。有时具短根茎。秆高30-70厘米，扁，5-9节。叶鞘无毛，长5-8厘米，短于节间；叶舌长1-2毫米，无毛，具叶耳；

叶片线状披针形，长5-20厘米，宽0.6-2厘米，上面沿脉有锯齿状粗糙，下面平滑，干时内卷，先端尖，基部圆。圆锥花序简单，直立，长3-12厘米，分枝2-5，上升，疏生小穗，棱粗糙。小穗长圆形，长约6毫米，约为宽的3倍，浅绿或灰色；颖退化仅留痕迹。不孕外稃锥状，长约1毫米，1脉，无毛，孕性外稃无芒，先端钝或有短小的3齿，背面具不规则小疣点；花药长3.5-4.5毫米，黄白色。颖果长3-4毫米。花果期10月至翌年2月。

产广东、海南、广西及云南，生于海拔（200-）500-1000米丘陵、林中。印度、缅甸、泰国至爪哇及马来西亚有分布。

3. 野生稻　　　　　　　　　　　图 903：6

Oryza rufipogon Griff. Notul. Pl. Asia 3: 5. pl. 244. f. 2. 1851.

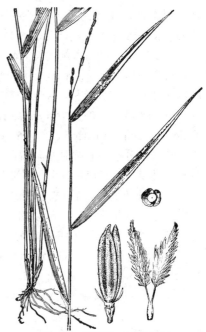

图 904 疣粒稻　（史渭清绘）

多年生草本。秆高约1.5米。叶鞘圆筒形，疏松、无毛；叶舌长达1.7厘米；叶耳明显；叶片长达40厘米，宽约1厘米。圆锥花序长约20厘米，直立后下垂；主轴及分枝粗糙。小穗长8-9毫米，宽2-2.5（3）毫米，基部具2微小半圆形退化颖片；成熟后自小穗柄关节上脱落。第一和第二外稃鳞片状，长约2.5毫米，1脉成脊；孕性外稃长圆形厚纸质，长7-8毫米，5脉，糙毛状粗糙，沿脊上部具较长纤毛；芒着生于外稃顶端具关节，长0.5-4厘米；内稃与外稃同质，被糙毛，3脉；鳞被2；花药长约5毫米。颖果长圆形，易落粒。花果期4-5月和10-11月。

产台湾、福建、湖南、广东、海南、广西及云南，生于海拔600米以下江河流域、平原地区池塘、溪沟、藕塘、稻田、沟渠、沼泽。印度、缅甸、泰国、马来西亚及东南亚广泛分布。

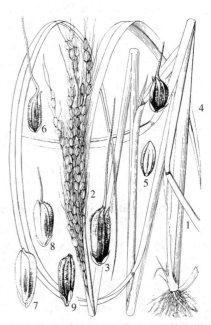

图 903：1-3.稻 4.药用稻 5.疣粒稻 6.野生稻 7.籼稻 8.粳稻 9.光稃稻
（刘春荣　刘 平绘）

4. 稻 糯 粳　　　　　　　　　图 903：1-3

Oryza sativa Linn. Sp. Pl. 333. 1753.

一年生水生草本。秆直立，高0.5-1.5米。叶鞘松散，无毛；叶舌披针形，长1-2.5厘米，两侧基部下延成叶鞘边缘，具2镰形抱茎叶耳；叶片线状披针形，长约40厘米，宽约1厘米，无毛，粗糙。圆锥花序疏展，长约30厘米，分枝多，棱粗糙，成熟期弯垂；小穗具1成熟花，两侧扁，长圆状卵形或椭圆形，长约1厘米，宽2-4毫米；颖极小，在小穗柄先端有半月形痕迹。退化外稃2枚，锥刺状，长2-4毫米；两侧孕性花外稃质厚，5脉，中脉成脊，背面有方格状小乳状突起，厚纸质，密被细毛，有芒或无芒；内稃与外稃同质，3 脉，先端尖，长 6-8 毫米；花药长 2-3 毫米。颖果长约 5 毫米，宽约 2 毫米，厚 1-1.5 毫米；胚约为颖果长 1/4。

为亚洲热带广泛种植的重要谷物，中国南方为主要产稻区，北方各地均有栽种。有 2 亚种，籼稻与粳稻。亚种包括极多栽培品种。

[附] **籼稻** 图 903：7 **Oryza sativa** subsp. **indica** Kato in Journ. Dept. Agric. Kyushu Imp. Univ. 2: 275. 1930. 与模式亚种的区别：植株较高，质地较软，分蘖力较强且多数偏散生；叶片绿色较淡，叶片较长，与茎间角度较大，有较多绒毛。圆锥花序主轴较短，小穗长 8.3 毫米，芒短，稃毛稀疏而短，谷粒较细长，含糊精少。成熟颖果较少，穗轻。为耐热短日性生态型。秦岭以南、福建、广东、海南、广西及云南较低海拔地区种植，海拔 1800 米为分布上限。

[附] **粳稻** 图 903：8 **Oryza sativa** subsp. **japonica** Kato in Journ. Dept. Agric. Kyushu Imp. Univ. 2: 275. 1930. 与模式亚种的区别：分蘖力偏弱，分蘖直立，叶色较深，无毛。植株较密，较矮，质地较硬，叶片较短，与茎间角度较小，花序主轴较长，小穗数增多，密集，穗重，稃毛较长而密，粒形卵圆。主产黄河流域、北部及东北部；南方分布于海拔 1800 米以上，较耐寒。

图 905 光稃稻 （李爱莉绘）

5. 光稃稻

图 903：9，图 905

Oryza glaberrima Steud, Syn. Pl. Glum. 1: 3. 1854.

一年生。秆直立。叶舌短钝圆，长 3-5 毫米。叶片无毛，微粗糙。圆锥花序分枝长，多不具小枝而多少紧缩。小穗长 7-9 毫米，宽 3-3.5 毫米，宿存。不孕外稃长 1.5-3 毫米，边缘疏生纤毛；孕性外稃和内稃无毛或脊具纤毛，长 7-8 毫米，宽 2.5-3 毫米，厚约 2 毫米，中上部最宽，顶端具硬质短喙，无芒，背面有规则格状细纹，无疣状粗糙，黄或暗褐色；花药长 1.5 毫米。

原产热带非洲西部，为稻属栽培种之一。华南及云南等地引种。

6. 阔叶稻

图 906

Oryza latifolia Desv. in Journ. Bot. 1: 77. 1813.

一年生。秆高约 1.5 米，径约 1 厘米。叶舌长 2-4 毫米；背面及边缘密生纤毛；叶耳较宽大，疏生纤毛；叶片长达 50 厘米，宽 3-4 厘米，基部圆，无毛，边缘粗糙。圆锥花序长约 40 厘米，分枝长达 30 厘米，下部裸露，腋生柔毛，微粗糙，上部疏生易脱落小穗。小穗柄长约 1 毫米，微粗糙；小穗长圆形，长 5-7 毫米；宽约 2.2.毫米，狭窄，两颖截圆形，长约 0.5 毫米。不孕外稃针状，长约 1.5 毫米，中脉与边缘微粗糙；外稃背面具纵行疣状突起，疏生疣基糙毛，脊部毛较长而密，先端渐尖具长 0.5-1.5 厘米的芒；内稃狭窄，先端具长约 0.8 毫米尖头，柱头羽状褐色。

原产热带南美洲、墨西哥至巴西，引入印度。北京及各地引种栽植，作为与水稻杂交的实验材料。

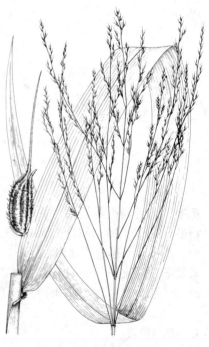

图 906 阔叶稻 （李爱莉绘）

30. 假稻属 Leersia Soland. ex Swartz

（陈文俐 刘 亮）

多年生水生或湿生沼泽草本。具长匍匐茎或根茎。秆具多数节，节常生微毛，下部伏卧地面或漂浮水面，上部直立或倾斜。叶鞘多短于节间；叶舌纸质；叶片线状披针形。顶生圆锥花序较疏散，具粗糙分枝；小穗具1小花，两侧极扁，无芒，无柄状基盘，自小穗柄顶端脱落；两颖退化。外稃硬纸质，舟状，5脉，脊生硬纤毛，边脉近边缘而紧扣内稃边脉；内稃与外稃同质，3脉，脊具纤毛；鳞被2；雄蕊6或1-3，花药线形。颖果长圆形，扁，胚长约为果体1/3。种脐线形。

　　20种，分布于两半球热带至温暖带。我国4种。用作饲料。

1. 雄蕊6，花药长2.5-3毫米；圆锥花序的分枝不具小枝，自分枝基部着生小穗。
　　2. 圆锥花序主轴较细弱；小穗长3-4毫米，两侧疏生微刺毛；花药长约2.5毫米 ………… 1. 李氏禾 L. hexandra
　　2. 圆锥花序主轴粗壮；小穗长5-6毫米，两侧平滑无毛 ………………………… 2. 假稻 L. japonica
1. 雄蕊3，花药长（0.5）1-2（3）毫米；圆锥花序的分枝多具小枝，下部常裸露。
　　3. 小穗长6-8毫米；叶鞘中无隐藏花序和小穗；雄蕊3或2，花药长1-2毫米 ………… 3. 秕壳草 L. sayanuka
　　3. 小穗长5-5.5毫米；叶鞘中常具隐花序和小穗；雄蕊3，花药长0.3-0.5毫米 ……… 3(附). 蓉草 L. oryzoides

1. 李氏禾　　　　　　　　　　　　　　　图 907

Leersia hexandra Swartz, Prodr. Veq. Ind. Occ. 21. 1788..

多年生。具发达匍匐茎和细瘦根茎。秆倾卧地面，节处生根，直立部分高40-50厘米，节部膨大密被倒生微毛。叶鞘短于节间，多平滑；叶舌长1-2毫米，基部两侧下延与叶鞘边缘相愈合成鞘边；叶片披针形，长5-12厘米，宽3-6毫米，粗糙，质硬有时卷折。圆锥花序开展，长5-10厘米，分枝较细，直升，无小枝，长4-5厘米，具角棱。小穗长3.5-4毫米，宽约1.5毫米，

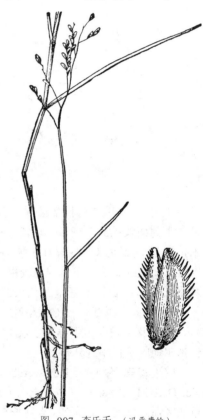

柄长约0.5毫米；颖无。外稃5脉，脊与边缘具刺状纤毛，两侧具微刺毛；内稃与外稃等长，较窄，3脉；脊生刺状纤毛；雄蕊6枚，花药长2-2.5毫米。颖果长约2.5毫米。花果期6-8月，热带地区秋冬季也开花。

　　产江苏、台湾、福建、江西、湖南、广东、香港、海南、广西、贵州、四川及云南，生于河沟、田岸、水边。分布于全球热带地区。

图 907 李氏禾 （冯晋庸绘）

2. 假稻　　　　　　　　　　　　　　　图 908

Leersia japonica (Makino) Honda in Journ. Fac. Sci. Univ. Tokyo sect. 3, Bot. 3: 7. 1930..

Leersia japonica Makino in Bot. Mag. Tokyo 4: 48. 1892, nom. nud.

Leersia hexandra var. *japonica* (Makino) Keng f；中国高等植物图鉴 5: 44. 1976.

多年生。秆下部伏卧地面，节生多分枝的须根，上部向上斜升，高60-80厘米，节密生倒毛。叶鞘短于节间，微粗糙；叶舌长1-3毫米，

基部两侧下延与叶鞘连合；叶片长6-15厘米，宽4-8毫米，粗糙或下面平滑。圆锥花序长9-12厘米，分枝平滑，直立或斜升，有角棱，稍扁。小穗长5-6毫米，带紫色。外稃具5脉，脊具刺毛；内稃具3脉，中脉生刺毛；雄蕊6，花药长3毫米。花果期夏秋季。

产河北、山东、河南、陕西南部、江苏、安徽、浙江、江西、湖北、湖南、广西、贵州、四川及云南，生于池塘、水田或溪沟湖旁水湿地。日本有分布。

3. 秕壳草
图 909：1-3

Leersia sayanuka Ohwi in Acta Phytotax. Geobot. 7(1): 36. 1938.

Leerisa oryzoides var. *japonica* Hack.；中国高等植物图鉴 5: 45. 1976.

图 908 假稻 （冯晋庸绘）

多年生。具根茎。秆直立丛生，基部倾斜上升，高0.3-1.1米，节凹陷，被倒生微毛。叶鞘小刺状粗糙；叶舌长1-2毫米，质硬，基部两侧下延与叶鞘边缘相结合；叶片灰绿色，长10-20厘米，宽0.5-1.5厘米，粗糙。圆锥花序疏散开展，长达20厘米，基部常为顶生叶鞘所包；分枝互生，长达10厘米，上升，具小枝，下部裸露，粗糙，有角棱；穗轴节间长约5毫米。小穗柄长0.5-2毫米，粗糙，被微毛，顶端膨大；小穗长6-8毫米，宽1.5-2毫米。外稃具5脉，脊刺毛较长，两侧脉间具小刺毛；内稃脉间被细刺毛，中脉刺毛较粗长；雄蕊3（2），花药长1-2毫米。颖果长圆形，长约5毫米。花果期秋季。

产山东、江苏、安徽、浙江、福建、江西、湖北、湖南、广东、广西及贵州，生于林下、溪旁或湖边水湿草地。印度西北部、克什米尔地区及日本有分布。

[附] **蓉草** 图 909：4-5 **Leersia oryzoides** (Linn.) Swartz, Prodr. Veg. Ind. Occ. 21. 1788. —— *Phalaris oryzoides* Linn. Sp. Pl. 55. 1753. 与秕壳草的区别：秆高1-1.2米；小穗长5-5.5毫米，宽1.5-2毫米；雄蕊3，花药长2-3毫米；有时上部叶鞘中具隐藏花序，其小穗多不发育，花药长0.5毫米。花果期6-9月。产湖南及新疆，生于海拔400-1100米河岸沼泽湿地。亚洲、欧洲、非洲、美洲温带与亚热带地区有分布。

图 909：1-3.秕壳草 4-5.蓉草
（冯晋庸绘）

31. 水禾属 Hygroryza Nees
（陈文俐 刘 亮）

多年生漂浮水生草本。根茎细长，节生羽状须根。茎露出水面部分长约20厘米。叶鞘肿胀，具横脉；叶舌膜质，长约0.5毫米；叶片卵状披针形，长3-8厘米，宽1-2厘米，开展，先端钝，基部圆心形，下面具小乳突；叶柄短。圆锥花序疏散，长宽均4-8厘米，基部包于叶鞘内。小穗具1两性花，两侧扁，披针形，脱节于柄状基盘之下；无颖。外稃厚纸质，长6-8毫米，5脉，脉被纤毛，脉间生短毛，芒长1-2厘米，基盘长约1厘米；内稃与其外稃同质、等长，3脉，中脉被纤毛，先端尖；鳞被2，披针形，3脉；雄蕊6，花药线形，黄色，长3-3.5毫米；花柱2。

单种属。

水禾

图 910

Hygroryza aristata (Retz.) Nees ex Wight et Arn. in Edinb. New Phil. Journ. 15: 380. 1833.

Pharus aristatus Retz. Obs. Bot. 5: 23. 1789.

形态特征同属。秋季开花。

产台湾、福建、江西、广东、海南及云南，生于池塘、湖沼或小溪。印度、缅甸及东南亚有分布。

植株可供猪、鱼及牛饲料。

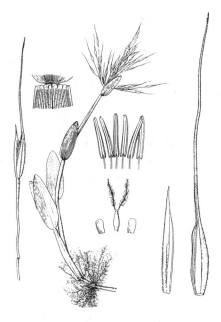

图 910 水禾 （冯晋庸绘）

32. 山涧草属 Chikusichloa Koidz.

（陈文俐 刘 亮）

多年生水生草本。丛生或具短根茎，须根发达。秆直立，扁。叶鞘长于节间，扁具脊；叶舌较长，纸质；叶片线形或披针状线形。圆锥花序大而疏散。小穗具1枚两性小花，稍两侧扁，成熟时连同柄状基盘脱落；无颖。外稃膜质，5脉，顶端有芒或无芒；内稃稍短于外稃，2-3脉；鳞被2；雄蕊1；花柱2，分离，子房无毛。颖果坚硬，纺锤形。

2种，分布于亚洲东部。我国均产。

1. 小穗无芒，柄状基盘长1-2毫米，与小穗柄近等长，花药长约2毫米；叶片宽约2厘米 ·················
·················· 1. 无芒山涧草 C. mutica

1. 小穗有芒，柄状基盘长4-6毫米，长于小穗柄，花药长约1毫米；叶片宽0.5-1厘米 ······ 2. 山涧草 C. aquatica

1. 无芒山涧草

图 911

Chikusichloa mutica Keng in Journ. Wash. Acad. Sci. 21: 527. 1931.

多年生。秆丛生，直立，高0.6-1米，径3-4毫米，基部数节生羽状须根。叶鞘平滑，长于节间，背部扁具脊；叶舌纸质，长约4毫米；叶片披针状线形，扁平或对折，长20-50厘米，宽1.5-2.5厘米，中脉

图 911 无芒山涧草
（引自《中国主要植物图说 禾本科》）

粗，具小横脉，基部收窄或略心形，边缘具上向刺状齿。顶生圆锥花序长达40厘米，宽约10厘米；分枝细长，基部主枝长7-15厘米。小穗披针形，长约4毫米。外稃具5脉，脉生微刺毛，先端渐尖无芒，基盘柄状，长1-2毫米，与小穗柄近等长，被糙毛；内稃稍短

于外稃，窄披针形，3脉，脉具微刺；花药长约2毫米。颖果深棕色，长约2毫米。花果期8-10月。

产广东、海南及广西，生于山林间溪涧旁。

2. 山涧草　　　　　　　　　　　　　　　　图 912

Chikusichloa aquatica Koidz. in Bot. Mag. Tokyo 39: 23. 1925.

多年生。具短根茎。须根粗壮，铁锈色。秆直立，疏丛生，高约1米，5-8节，下部节间长约10厘米，约为上部节间2倍。叶鞘长于节间，平滑，具脊；叶舌膜质，长约2毫米；叶片质软，扁平，长30-40厘米，宽0.6-1厘米，微粗糙，先端长渐尖，基部渐窄。顶生圆锥花序长约30厘米，宽5-7厘米，分枝直立或斜上，多单生，基部者长约10厘米。小穗披针形，长约4毫米，带

图 912　山涧草　（冯晋庸绘）

紫色。外稃具5脉，芒长约5毫米，芒与脉均粗糙；柄状基盘长4-6毫米，较小穗柄长，粗糙；花药长约1毫米。颖果平滑，长约2毫米，黄棕色。花果期9-10月。

产江苏南部，生于山涧溪沟边。日本有分布。

33. 菰属 Zizania Linn.

（陈文俐　刘　亮）

一年生或多年生水生草本。有时具长匍匐根茎。秆高大、粗壮、直立，节生柔毛。叶舌长，膜质；叶片扁平，宽大。顶生圆锥花序大型，雌雄同株。小穗单性，具1小花；雄小穗两侧扁，多位于花序下部分枝上，脱节于细弱小穗柄之上；颖退化；外稃膜质，5脉，紧抱同质内稃；雄蕊6，花药线形。雌小穗圆柱形，位于花序上部分枝上，脱节于小穗柄之上，其柄较粗壮且顶端杯状；颖退化；外稃厚纸质，5脉，中脉顶端延伸成直芒；内稃窄披针形，3脉，先端尖或渐尖；鳞被2。颖果圆柱形，为内外稃所包，胚位于果体中央，长约果体之半。

4种，1种主产东亚，余产北美。我国1种，从北美引入2种。为牲畜优良饲料。茎秆为真菌寄生后，可生产蔬菜茭瓜；颖果可食。又为固堤先锋植物。

1. 多年生，具根茎；圆锥花序花序下部的分枝着生雌雄小穗 ·················· 菰 **Z. latifolia**
1. 一年生，无根茎；圆锥花序上部分枝全为雌性，下部分枝全为雄性。
　2. 秆高1.2-3米；叶片长0.25-1米，宽1-4厘米，叶舌长1.7-2.4厘米；结实外稃具芒长4-6.5厘米 ·········· ·················· （附）. 水生菰 **Z. aquatica**
　2. 秆高0.7-1.5米；叶片长16-30厘米，宽1-1.9厘米，叶舌长0.3-1厘米；结实外稃具芒长3-4厘米 ·········· ·················· S(附). 沼生菰 **Z. palustris**

菰
图 913：1-3

Zizania latifolia (Griseb.) Stapf in Kew Bull. 1909: 385. 1909.

Hydrophyum latifolium Griseb. in Ledeb. Fl. Ross. 4: 466. 1953.

Zizania caduciflora (Turcz.) Hand.-Mazz.；中国高等植物图鉴5：46. 1976.

图 913：1-3.菰 4.水生菰 5.沼生菰
（引自《中国主要植物图说 禾本科》）

多年生，具匍匐根茎。须根粗壮。秆高1-2米，径约1厘米，多节，基部节生不定根。叶鞘长于节间，肥厚，有小横脉；叶舌膜质，长约1.5厘米，顶端尖；叶片长50-90厘米，宽1.5-3厘米。圆锥花序长30-50厘米，分枝多数簇生，上升，果期开展。雄小穗长1-1.5厘米，两侧扁，着生花序下部或分枝上部，带紫色，外稃具5脉，先端渐尖具小尖头，内稃具3脉，中脉成脊，具毛，花药长0.5-1厘米。雌小穗圆筒形，长1.8-2.5厘米，宽

1.5-2毫米，着生花序上部和分枝下方与主轴贴生处，外稃5脉粗糙，芒长2-3厘米，内稃具3脉。颖果圆柱形，长约1.2厘米，胚小形，为果体1/8。

产黑龙江、吉林、辽宁、内蒙古、河北、山东、陕西、甘肃、江苏、安徽、浙江、台湾、福建、江西、湖北、湖南、广东、海南、四川等省区，水生或沼生，常见栽培。亚洲温带、日本、俄罗斯及欧洲有分布。秆基嫩茎为真菌 Ustilago edulis 寄生后，粗大肥嫩，称茭瓜，是美味蔬菜。颖果称菰米，可食用，有营养保健价值。全草为鱼类越冬优良饲料，也是固堤造陆先锋植物。

[附] **水生菰** 图 913：4 **Zizania aquatica** Linn. Sp. Pl. 2: 991. 1753. 与菰的区别：一年生，无根茎；秆高1.2-3米；叶片长0.25-1米，宽1-4厘米，叶舌长1.7-2.4厘米；圆锥花序长约40厘米，上部分枝全为雌性，下部分枝全为雄性；雄小穗长约8毫米，通常黄绿色，雌小穗长约2厘米，宽约1.5毫米，芒长4.5-6.5厘米。花果期7-8月。江苏南京中山植物园有引种。谷粒细长，食用价值不如沼生菰。

[附] **沼生菰** 图 913：5 **Zizania palustris** Linn. Mant. 295. 1771. 与菰的区别：一年生，无根茎；秆高0.7-1.5米；叶片长15-30厘米，宽1-2厘米，叶舌长0.5-1厘米；圆锥花序长12-20厘米，上部分枝全为雌性，下部分枝全为雄性；雄小穗长约1厘米，带紫色，雌小穗长2-2.5厘米，宽1.5-2.5毫米，芒粗糙，长3-4厘米。花果期5月中至6月中旬。江苏、台湾等地均有引种。颖果作谷类营养品食用。

34. 蒲苇属 Cortaderia Stapf
（陈文俐　刘　亮）

多年生。秆直立，高大苇状，丛生。叶舌为一圈密生长柔毛；叶簇生秆基，长1-2米，较硬，边缘锐尖锯齿状粗糙。圆锥花序大型，稠密，具银色光泽或带粉红色；雄花序宽金字塔形；雌花序较狭窄；雌雄异株。小穗单性，具2-3小花；雌小穗具丝状毛，小穗轴无毛，脱节于颖之上或小花间；颖长于下部小花，质薄，狭窄，1脉；外稃具3脉，先端延伸成细弱长芒；雄小穗无毛，雄蕊3；雌小穗稃体下部密生长柔毛，基盘两侧具较短柔毛，内稃甚短于外稃，柱头呈细弱帚刷状。颖果窄长圆形，与内外稃分离。胚小型。

约10种，产南美、巴西。我国引入1种。

蒲苇 图 914

Cortaderia selloana (Schult.) Aschers.et Graebn. Syn. Mitteleur. Fl. 2: 325. 1900.

Arundo selloana Schult. & Schult. f. Mantissa 3(Add. 1): 605. 1827.

秆丛生，高 2-3 米。叶舌为一圈密生柔毛，毛长 2-4 毫米；叶片质硬，狭窄，簇生秆基，长 1-3 米，边缘具锯齿状粗糙。圆锥花序稠密，长 0.5-1 米，银白或粉红色；雌花序较宽大，雄花序较狭窄。小穗具 2-3 小花，雌小穗具丝状柔毛，雄小穗无毛；颖质薄，细长，白色，外稃顶端延伸成长而细弱之芒。

原产美洲。上海、南京、北京等公园有引种栽培，供观赏。

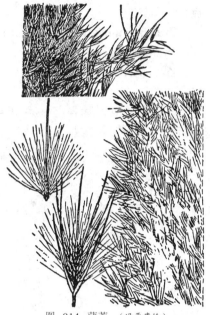

图 914 蒲苇 （冯晋庸绘）

35. 芦竹属 Arundo Linn.
（陈文俐 刘 亮）

多年生草本。具长匍匐根茎。秆直立，高大，粗壮，具多节。叶鞘无毛；叶舌纸质，背面及边缘具毛；叶片宽大，线状披针形。圆锥花序大型，分枝密生，具多数小穗。小穗具 2-7 花，两侧扁；小穗轴脱节于孕性花之下；两颖近相等，约与小穗等长或稍短，披针形，3-5 脉。外稃宽披针形，厚纸质，背部近圆，无脊，通常具 3 主脉，中部以下密生丝状长柔毛，基盘短小，顶端具尖头或短芒；内稃短，长为外稃之半，两脊上部有纤毛；雄蕊 3，花药长 2-3 毫米。颖果较小，纺锤形。

约 5 种，分布于全球热带、亚热带。我国 2 种。

1. 秆高 2-5 (-7) 米；小穗长 0.8-1 厘米，外稃背部柔毛长约 5 毫米 ·························· 1. 芦竹 A. donax
1. 秆高约 1 米；小穗长 5-7 毫米，外稃背部柔毛长约 3 毫米 ·························· 2. 台湾芦竹 A. formosana

1. 芦竹
图 915

Arundo donax Linn. Sp. Pl. 81. 1753.

多年生。秆高 3-6 米，径（1-）1.5-2.5（-3.5）厘米，坚韧，多节，常生分枝。叶鞘长于节间，无毛或颈部具长柔毛；叶舌平截，长约 1.5 毫米，先端具纤毛；叶片扁平，长 30-50 厘米，宽 3-5 厘米，上面与边缘微粗糙，基部白色，抱茎。圆锥花序长 30-60（-90）厘米，宽 3-6 厘米，分枝稠密，斜升。小穗长 1-1.2 厘米；具 2-4 小花，小穗轴节长约 1 毫米。外稃中脉延伸成长 1-2 毫米芒，背面中部以下密生长柔毛，毛长 5-7 毫米，基盘长约 0.5 毫米，两侧上部具柔毛，第一外稃长约 1 厘米；内稃长约外稃之半。颖果细小黑色。花果期 9-12 月。

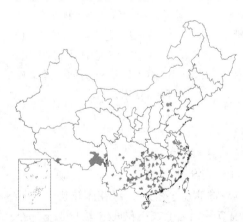

图 915 芦竹 （引自《Fl. Taiwan》）

产河北、江苏、安徽、浙江、台湾、福建、江西、湖北、湖南、广东、香港、海南、广西、贵州、四川及云南，生于河岸道旁、砂质壤土。南方各地庭园引种栽培。亚洲、非洲、大洋洲热带地区广布。秆为制管乐器的簧片。茎纤维长，长宽比值大，纤维素含量高，是制优质纸浆和人造丝原料。幼嫩枝叶的粗蛋白质达 12%，是牲畜的良好青饲料。

2. 台湾芦竹

图 916

Arundo formosana Hack. in Bull. Herb. Boissier 7: 724. 1899.

多年生。秆高约1米，较细弱，有分枝，常向下悬垂；叶鞘长于其节间，平滑无毛；叶舌长0.5-1毫米，平截或撕裂状，背面具毛；叶片披针形，长10-25厘米，宽0.8-1.5厘米，先端渐尖，基部具长毛，边缘粗糙。顶生圆锥花序长20-30厘米，较疏散。小穗具3（-5）花，长6-7毫米。颖披针形，厚纸质，长3-4毫米，3脉，先端尖或渐尖。第一外稃长5-6毫米，5脉，芒长2-3毫米之芒，背部具长约3毫米丝状柔毛，基盘长约0.3毫米，两侧具柔毛；内稃长3-4毫米；边缘密生纤毛；花药黄褐色，长约2毫米；鳞被2，具粗脉，顶端平截。颖果长1.5-3毫米。胚为果

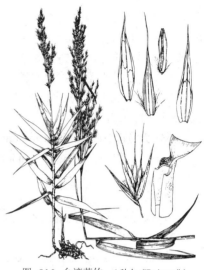

图 916 台湾芦竹 （引自《Taiwan》）

体长1/2。花果期6-12月。

产台湾，生于海拔350-450米海滨岩壁边或山坡草地。

36. 类芦属 Neyraudia Hook. f.
（陈文俐　刘　亮）

多年生。根茎木质。秆苇状至中等大小，具多节，有分枝，节间有髓部。叶鞘颈部常具柔毛；叶舌密生柔毛；叶片扁平或内卷，较硬，与叶鞘连接关节处脱落。圆锥花序大型稠密。小穗具3-8花，第一小花两性或不孕，第二小花正常发育，上部花渐小或退化；小穗轴脱节于颖之上或于诸小花之间，无毛；颖具1-3脉，短于小花。外稃披针形，3脉，背部圆，边脉近边缘有开展白柔毛，中脉自先端2裂齿间延伸成短芒；基盘短柄状，具柔毛；内稃狭窄，稍短于外稃；鳞被2；雄蕊3。

4种，分布于东半球热带、亚热带地区。我国均产。

1. 小穗最下部小花为孕性，第一外稃边脉上具柔毛。
　2. 植株高约1米；小穗具3-5花；颖片长约5毫米，外稃长5-6毫米 ·························· 1. 山类芦 **N. montana**
　2. 植株高约3米；小穗具5-7花；颖片长约3毫米，外稃长约4毫米 ·············· 1(附). 大类芦 **N. arundinacea**
1. 小穗最下部小花不育，为中性仅有外稃，第一小花仅具外稃边脉无毛 ·························· 2. 类芦 **N. reynaudiana**

1. 山类芦

图 917

Neyraudia montana Keng in Sinensia 6: 151. f. 4. 1935.

多年生。具向下伸展的根茎。秆高约1米，密丛型，径2-3毫米，具4-5节。叶鞘短于节间，上部者无毛，基部者密生柔毛，枯萎后宿存秆基；叶舌长约2毫米，密生柔毛；叶片内卷，长50-60厘米，宽5-7毫米，上面有柔毛。圆锥花序长25-60

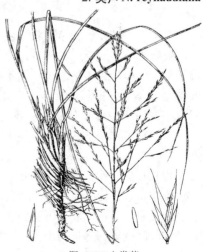

图 917 山类芦
（引自《中国主要植物图说　禾本科》）

厘米，分枝微粗糙，长约20厘米，斜升；小穗长0.7-1厘米，具3-6小花；颖具1脉，先端渐尖或锥状，第一颖长4毫米，第二颖长约5毫米。外稃具3脉，长5-6毫米，近边缘生柔毛，先端芒长1-2毫米，基盘具长约2毫米柔毛；内稃稍短于外稃。花药长约1.5毫米。

产安徽、浙江、福建、江西、湖北、湖南及四川东部，生于海拔500-1100米山坡路旁。

[附] **大类芦 Neyraudia arundinacea** (Linn.) Henr. in Meded. Rijks. Herb. Leiden 58: 8. 1929. —Aristida arundinacea Linn. Mant. Pl. Alt. 186. 1771.

与山类芦的区别：秆苇状，高约3米；小穗具5-7小花；第一颖长2.2-3毫米，第二颖长2.6-3.2毫米。产云南南部，生于海拔1200米以下山麓河谷地带。非洲、马达加斯加，热带亚洲、印度、巴基斯坦、尼泊尔有分布。

2. 类芦

图 918

Neyraudia reynaudiana (Kunth) Keng ex Hitchc. in Amer. Journ. Bot. 21: 131. 1934.

Arundo reynaudiana Kunth, Rev. Gram. 1: 275. t. 49. 1830.

多年生。根茎木质，须根粗而坚硬。秆直立，高2-3米，径0.5-1厘米，通常节具分枝，节间被白粉。叶鞘无毛，沿颈部具柔毛；叶舌密生柔毛；叶片长30-60厘米，宽0.5-1厘米，扁平或卷折，先端长渐尖，无毛或上面生柔毛。圆锥花序长30-60厘米，分枝细长，开展或下垂。小穗长6-8毫米，具5-8小花，第一外稃不孕，无毛；颖片长2-3毫米；外稃长约4毫米，边脉有长约2毫米柔毛，具长1-2毫米反曲短芒；内稃短于外稃。花果期8-12月。

图 918 类芦
（引自《中国主要植物图说 禾本科》）

产江苏、浙江、台湾、福建、江西、湖北、湖南、广东、香港、海南、广西、贵州、四川、云南及西藏，生于海拔300-1500米河边、山坡或砾石草地。印度、缅甸至马来西亚、亚洲东南部均有分布。

37. 芦苇属 Phragmites Adans.

（陈文俐 刘 亮）

多年生，具发达根茎苇状沼生草本。茎直立，具多节。叶鞘常无毛；叶舌厚膜质，边缘具毛；叶片宽大，披针形，多无毛。圆锥花序大型密集，具多数粗糙分枝。小穗具3-7小花，小穗轴节间短而无毛，脱节于第一外稃与成熟花之间；颖不等长，3-5脉，先端尖或渐尖，均短于小花。第一外稃通常不孕，具雄蕊或中性，小花外稃向上渐小，窄披针形，3脉，先端渐尖或芒状，无毛，外稃基盘棒状，具丝状柔毛，内稃窄小，短于外稃；鳞被2；雄蕊3，花药长1-3毫米。颖果与稃体分离，胚小型。

约10余种，分布于全球热带、大洋洲、非洲、亚洲。我国3种。

1. 小穗长0.6-1厘米；第一不孕外稃不明显增长，外稃基盘疏生较短柔毛，或基盘中部以上着生长丝状柔毛。

  2. 植株高大粗壮，无地面匍匐茎；秆高3-6米，粗壮，圆锥花序大型；外稃基盘细而弯，遍生短于稃体之疏柔毛；秆的髓腔周围有2-3层厚壁细胞。

    3.圆锥花序分枝腋间与小穗柄基部无丝状长柔毛 ·············· **1.卡开芦 P. karka**

3. 圆锥花序分枝腋间与小穗柄基部均具丝状长柔毛 ·························· 1(附). **丝毛芦 P. karka** var. **cincta**
　2. 植株具横走地面的发达匍匐茎；秆高 1-1.5 米，较细瘦；圆锥花序较短小；外稃基盘中上部密生丝状柔
　　毛；秆之髓腔周围由薄壁细胞组成 ··· 1(附). **日本苇 P. japonica**
1. 小穗长（1）1.3-2 厘米；第一不孕外稃明显增长；外稃基盘两侧密生等长或长于稃体之丝状柔毛。秆多直
　　立，无地面长匍匐茎；秆之髓腔周围由薄壁细胞组成 ···························· 2. **芦苇 P. australis**

1. 卡开芦　　　　　　　　　　　　　　　　　图 919

Phragmites karka (Retz.) Trin. ex Steud. Nomencl. ed. 2, 2: 324. 1841.

Arundo karka Retz. Obs. Bot. 4: 21. 1786.

多年生苇状草本。根茎粗短，节间长 1-2 厘米，径 1-1.2 厘米；节具多数粗约 4 毫米不定根。秆无分枝，高 4-6 米，径 1.5-2.5 厘米。叶鞘通常平滑，具横脉；叶舌长约 1 毫米；叶片扁平，长达 50 厘米，先端长渐尖成丝状，基部与鞘等宽，不易脱离。圆锥花序具稠密分枝与小

穗，长 30-50 厘米，宽 10-20 厘米；主轴直立，长约 25 厘米，分枝多数轮生于主轴各节，基部分枝长 10-30 厘米，斜升或开展，下部裸露。穗颈无毛；小穗柄长 5 毫米，无毛；小穗长 0.8-1（1.1）厘米，具 4-6 小花；颖窄椭圆形，1-3 脉，先端渐尖，第一颖长约 3 毫米，第二颖长约 5 毫米。第一外稃长 6-9 毫米，

图 919　卡开芦　（冯晋庸绘）

不孕；第二外稃长约 8 毫米，向上渐小，上部渐尖呈芒状；基盘细长，稍弯，疏生长约 5 毫米丝状柔毛，毛长为稃体 1/2-2/3。花果期 8-12 月。

产台湾、福建、江西、湖南、广东、香港、海南、广西、贵州、四川及云南，生于海拔 1000 米以下江河湖岸与溪旁湿地。亚洲东南部、非洲和大洋洲、印度、克什米尔地区、巴基斯坦、中南半岛、玻里尼西亚、马来西亚及澳大利亚北部均有分布。

[附] **丝毛芦 Phragmites karka** var. **cincta** Hook. f. Fl. Brit. Ind. 7: 305. 1896. 与模式变种的主要区别：圆锥花序分枝腋间与小穗柄基部均具丝状长柔毛。产台湾、福建及海南，生于河溪沟渠旁。印度西北部有分布。

[附] **日本苇 Phragmites japonica** Steud, Syn. Pl. Glum. 1: 196. 1854. 与卡开芦的主要区别：植株具横走地面匍匐茎；秆高 1-1.5 米，较细瘦；秆之髓腔周围由薄壁细胞组成；圆锥花序长约 20 厘米，宽 5-8 厘米；外稃基盘下部 1/3 裸露，上部 2/3 生丝状柔毛，毛长为稃体 3/4。产黑龙江、吉林及辽宁。日本、朝鲜半岛及乌苏里均有分布。

2. 芦苇　芦苇葭兼　　　　　　　　　　　　图 920

Phragmites australis (Cav.)Trin.ex Steud. Nom. Bot. ed. 2, 2: 324. 1841.

Arundo australis Cav. in Anal. Hist. Nat. 1: 100. 1799.

Phragmites communis Trin.；中国高等植物图鉴 5: 48. 1976.

图 920　芦苇

（引自《中国主要植物图说　禾本科》）

多年生。秆高 1-3（-8）米，径 1-4 厘米，具 20 多节，最长节间位于下部第 4-6 节，长 20-25（40）厘米，节下被腊粉。叶鞘下部者短于上部者，长于节间；叶舌边缘密生一圈长约 1 毫米纤毛，两侧缘毛长 3-5 毫米，易脱落；叶片长 30 厘米，宽 2 厘米。圆锥花序长 20-40 厘米，宽约 10 厘米，分枝多数，长 5-20 厘米，着生稠密下垂的小穗。小穗柄长 2-4 毫米，无毛；小穗长约 1.2 厘米，具 4 花。颖具 3 脉，第一颖长 4 毫米；第二颖长约 7 毫米。第一不孕外稃雄性，长约 1.2 厘米，第二外稃长 1.1 厘米，3 脉，先端长渐尖，基盘长，两侧密生等长于外稃的丝状柔毛，与无毛的小穗轴相连接处具关节，成熟后易自关节脱落；内稃长约 3 毫米，两脊粗糙。颖果长约 1.5 毫米。

产全国各省区，生于江河湖泽、池塘沟渠沿岸和低湿地。为全球广泛分布的多型种。在各种有水源的空旷地带，常形成连片芦苇群落。秆为造纸原料或作编席织帘及建棚材料；茎叶嫩时为饲料；根茎供药用；为固堤造陆先锋植物。

38. 棕叶芦属 Thysanolaena Nees
（陈文俐 刘 亮）

多年生草本。秆丛生，高 2-3 米，粗壮，髓部白色，不分枝。叶鞘无毛；叶舌长 1-2 毫米，质硬，平截，叶片披针形，长 20-50 厘米，宽 3-8 厘米，基部心形，具横脉；叶柄短。圆锥花序稠密，柔软，长达 50 厘米，分枝多，斜上，下部裸露，基部主枝长达 30 厘米。小穗长 1.5-1.8 毫米，小穗柄长约 2 毫米，具关节，具（1）2 小花；颖片无脉，长为小穗的 1/4。第一小花仅具外稃，膜质，1 脉，先端渐尖，约等长于小穗，无内稃；第二外稃较第一外稃稍短，厚纸质，背部圆，3 脉，先端具小尖头；边缘被柔毛，基盘短，无毛，内稃膜质，较短小；雄蕊 2，花药长约 1 毫米，褐色。颖果长圆形，长约 0.5 毫米。与内外稃分离。

单种属。

棕叶芦 图 921

Thysanolaena maxima (Roxb.) Kuntze, Rev. Gen. Pl. 2: 794. 1891.

Agrostis maxima Roxb. Fl. Ind. 1: 319. 1820.

形态特征同属。花果期春夏或秋季。

产台湾、福建南部、湖南、广东、香港、海南、广西、贵州、云南及西藏，生于山坡、山谷、林下或灌丛中。印度、中南半岛、印度尼西亚及新几内亚有分布。秆高大坚实，作篱笆或造纸；叶可裹粽；花序用作扫帚。栽培供观赏。

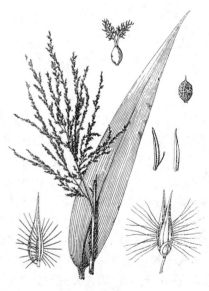

图 921 棕叶芦
（引自《中国主要植物图说 禾本科》）

39. 麦氏草属 Molinia Schrank
（陈文俐 刘 亮）

多年生。秆直立或具匍匐根茎，节常聚集基部。叶鞘闭合，顶端有柔毛；叶舌具长约 0.5 毫米白柔毛；叶片线状披针形，扁平或稍内卷。顶生圆锥花序开展，分枝较长，粗糙。小穗具 2-5 小花，两侧扁或圆柱形，小穗轴脱节于颖之上及小花之间，节间具微毛；颖披针形，1-3 脉，短于小穗。外稃厚纸质，3 脉，背部圆，无脊，先端短尖无芒；基盘短，具短毛或柔毛；内稃稍短于外稃，具 2 脊；雄蕊 3，花药长约 2 毫米。

5 种，分布于北温带，非洲北部、欧洲、亚洲和美洲。我国 2 种。

1. 小穗长 0.8-1 厘米，具 3-5 小花；颖具 3 脉，第一颖长约 3 毫米，第二颖长 3-4 毫米，外稃长 4-5 毫米，基盘具长 1-1.5 毫米柔毛 ···································· **拟麦氏草 M. hui**

1. 小穗长 1-1.4 厘米，具 4-6 小花；颖具 3 (5) 脉，第一颖长 3.5-4.5 毫米，第二颖长 4-5.5 毫米，外稃长 5.5-7 毫米，基盘具长 1.5-2.5 毫米柔毛 ·········· (附). **日本麦氏草 M. japonica**

拟麦氏草 沼原草 图 922

Molinia hui Pilg. in Scienca (Sci. Soc. China) 7: 609. 1922.

Moliniopsis hui (Pilg.) Keng；中国高等植物图鉴 5: 50. 1976.

多年生。须根径约 1 毫米。秆直立。单生，高 0.5-1 米，径约 2 毫米，通常具 2-3 节聚集秆基。叶鞘多闭合，长于节间，上部与鞘颈具柔毛，基生叶鞘被绒毛；叶舌密生一圈白柔毛，毛长 0.5-1 毫米；叶片长达 50 厘米，宽约 1 厘米，下面中脉隆起，有横脉，上面反转向下，多少具柔毛，粉绿色。圆锥花序开展，长 15-25 厘米，分枝粗糙，多枚簇生，斜上，腋间生柔毛，基部分枝长达 10 厘米。小穗具 3-5 小花，长 0.8-1.2 厘米，黄色；小穗轴节间较粗，长约 2 毫米；颖披针形，3 脉，第一颖长 2-4 毫米，第二颖长 3-5 毫米。外稃厚纸质，背部圆，3 脉，先端短尖，无芒，长 5-7 毫米，向上小花渐小，基盘具长 1-2 毫米柔毛；内稃等长或稍短于外稃，脊具微纤毛。

产安徽、浙江、福建、江西及西藏，生于海拔

图 922 拟麦氏草 （冯晋庸绘）

1500-2100 米山地、灌木林下草地和山顶草甸。

[附] **日本麦氏草 Molinia japonica** Hack. in Bull. Herb. Boissier 7: 704. 1899. 与拟麦氏草的区别：小穗长 1-1.4 厘米，具 3-6 花；颖狭窄，尾尖，第一颖具 3 脉，长 3.5-4.5 毫米，第二颖具 5 脉，长 4-5.5 毫米；外稃长 5.5-7 毫米，基盘具长 1.5-2.5 毫米柔毛。花果期 8-9 月。染色体

2n=50。产山西、安徽南部及福建，生于海拔 2000-2200 米低湿草甸、铁杉林或山顶沟旁草地。日本及朝鲜半岛有分布。

40. 酸模芒属 Centotheca Desv.

（陈文俐 刘 亮）

多年生草本。秆直立；有时具短根茎。叶鞘光滑；叶舌膜质；叶片宽披针形，具小横脉。顶生圆锥花序开展。小穗有柄，两侧扁，具 2 至数小花，上部小花退化；小穗轴无毛，脱节于颖之上和小花间；两颖不相等，较短于第一小花，3-5 脉，先端尖或渐尖，背部有脊。外稃背部圆，具 5-7 脉，两侧边缘贴生疣基硬毛，先端无芒或有小尖头；内稃较狭小，边缘内折成 2 脊，脊生纤毛或平滑；雄蕊 2。颖果与内、外稃分离。染色体小型，x=12。

4 种，分布于东半球热带区域。我国 1 种。

酸模芒 图 923

Centotheca lappacea (Linn.) Desv. in Nouv. Bull. Soc. Philom. Paris 2: 189. 1810.

Cenchrus lappaceus Linn. Sp. Pl. ed. 2, 1488. 1763.

多年生。秆直立，高 0.4-1 厘

米，4-7节。叶鞘平滑，一侧边缘具纤毛；叶舌干膜质，长约1.5毫米；叶片长椭圆状披针形，长6-15厘米，宽1-2厘米，具横脉，上面疏生硬毛，基部渐窄，成短柄状或抱茎。圆锥花序长12-25厘米，基

部主枝长达15厘米.小穗柄生微毛，长2-4毫米；小穗具2-3小花，长约5毫米；颖披针形，3-5脉，第一颖长2-2.5毫米，第二颖长3-3.5毫米。第一外稃长约4毫米，7脉，先端具小尖头，第二与第三外稃长3-3.5毫米，两侧边缘贴生硬毛，成熟后毛伸展、反折或成倒刺；内稃长约3毫米，狭窄，脊具纤毛；花药长约1毫

米。颖果长1-1.2毫米。胚长为果体1/3。花果期6-10月。

产江苏东南部、台湾、福建、广东、香港、海南、广西及云南，生于林下、林缘或山谷蔽阴处。印度、泰国、马来西亚、非洲及大洋洲有分布。

图 923 酸模芒
（引自《中国主要植物图说 禾本科》）

41. 淡竹叶属 Lophatherum Brongn.
（陈文俐 刘 亮）

多年生草本。须根中下部膨大呈纺锤形。秆直立，平滑。叶鞘长于节间，边缘生纤毛；叶舌短小，质硬；叶片披针形，宽大，具小横脉，基部收缩成柄状。圆锥花序具数枚穗状花序。小穗圆柱形，无柄，具数小花，第一小花两性，余均为中性小花；小穗轴脱节于颖之下；两颖不相等，均短于第一小花，5-7脉，先端钝。第一外稃硬纸质，7-9脉，先端钝或具短尖头；内稃较外稃窄小，脊上部具窄翼；不育外稃数枚紧密包卷，先端具短芒；内稃小或无；雄蕊2，自小花顶端伸出。颖果与内、外稃分离。

2种，分布于东南亚及东亚。我国均产。

1. 小穗线状披针形，宽1.5-2毫米；第一外稃宽约3毫米 ………………………………… 1. 淡竹叶 L. gracile
1. 小穗卵状披针形，宽2.5-3毫米；第一外稃宽约5毫米 …………………………………… 2. 中华淡竹叶 L. sinense

1. 淡竹叶

图 924

Lophatherum gracile
Brongn in Duperr. Voy. Coq. Bot. 50. pl. 8. 1831.

须根中部膨大呈纺锤形小块根。秆高40-80厘米，5-6节。叶鞘平滑或外侧边缘具纤毛；叶舌长0.5-1毫米，褐色，背有糙毛；叶片长6-20厘米，宽1.5-2.5厘米，具横脉，有时被柔毛或疣基小刺毛，基

部收缩成柄状。圆锥花序长12-25厘米，宽5-10厘米。小穗线状披针形，长0.7-1.2厘米，宽1.5-2毫米，柄极短；颖先端钝，5脉，边缘膜质，第一颖长3-4.5毫米，第二颖长4.5-5毫米。第一外稃长5-6.5毫米，宽约3毫米，7脉，先端具尖

头，内稃较短，其后具长约 3 毫米小穗轴；不育外稃向上渐窄小，密集包卷，先端具长约 1.5 毫米的芒。颖果长椭圆形。花果期 6-10 月。

产河南、江苏、安徽、浙江、台湾、福建、江西、湖北、湖南、广东、香港、海南、广西、贵州、四川及云南，生于山坡、林地、林缘或道旁蔽阴处。印度、斯里兰卡、缅甸、马来西亚、印度尼西亚、新几内及日本均有分布。叶为清凉解热药，小块根药用。

2. 中华淡竹叶   图 925

Lophaterum sinense Rendle in Journ Linn. Soc. Bot. 36: 421. 1904.

多年生。须根下部纺锤形。秆高 0.4-1 米，6-7 节。叶鞘长于节间；叶舌短小，质硬；叶片披针形，长 5-20 厘米，宽 1.5-2.5 厘米，具横脉，基部收缩成柄。圆锥花序狭窄挺直，长约 20 厘米；分枝斜上，长达 5 厘米。小穗卵状披针形，长 7-9 毫米，宽 2.5-3 毫米，着生穗轴一侧；颖宽卵形，5（7）脉，长 4-5 毫米。第一外稃长约 6 毫米，宽约 5 毫米，7 脉，先端具长约 1 毫米芒；内稃较短，不育外稃密集包卷。颖果长椭圆形。花果期 8-10 月。

产江苏、安徽、浙江、福建、江西及湖南，生于山坡林下溪旁荫处。日本及朝鲜半岛有分布。膨大块根和叶均药用。

图 924 淡竹叶
（引自《中国主要植物图说 禾本科》）

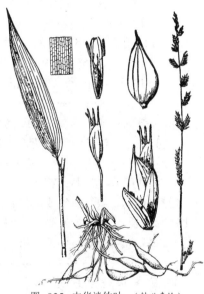

图 925 中华淡竹叶 （钟世奇绘）

42. 羊茅属 Festuca Linn.

（陈文俐 刘亮）

多年生草本，密丛或疏丛。叶片扁平、对折或纵卷，基部两侧具披针形叶耳或无；叶舌膜质或革质；叶鞘开裂或新生枝叶鞘闭合不达顶部。圆锥花序开展或紧缩。小穗具 2 至多数小花，顶花常发育不全；小穗轴微粗糙或平滑，脱节于颖之上或小花之间；颖短于第一外稃，先端钝或渐尖，第一颖较小，1 脉，第二颖具 3 脉。外稃背部圆或略圆，光滑、微粗糙或被毛，草质兼硬纸质，具窄膜质边缘，先端或裂齿间具芒或无芒，5 脉，脉常不明显。内稃等长或略短于外稃，脊粗糙或近平滑；雄蕊 3；子房顶端平滑或被毛。颖果长圆形或线形，腹面具沟槽或凹陷，分离或多少附着内稃。种脐长圆形或线形。

约 300 种，分布于全世界的温寒地带、温带及热带高山地区。我国 56 种。

多数种类为优良牧草。

1. 叶片常扁平或对折，宽 0.4-1.5 厘米；圆锥花序疏散开展或狭窄。

　2. 外稃先端具长芒或短芒，如无芒，则子房顶端多无毛。

　　3. 叶片基部具披针形叶耳。

　　　4. 叶片基部具披针形镰状弯曲叶耳；子房顶端无毛；花药长 2.5-4 毫米。

　　　　5. 外稃先端具芒，长 6 毫米以上；叶耳及叶舌边缘无纤毛。

　　　6. 圆锥花序长 20-30 厘米；第一颖长 2.5-3 毫米；叶横切面上、下表皮内均具有厚壁组织 ……………………………………………………………… 1. **大羊茅 F. gigantea**
　　　6. 圆锥花序长约 15 厘米；第一颖长 4.5-5 毫米；叶横切上表皮内均有厚壁组织，下表皮内仅主脉有厚组织 ……………………………………… 1(附). **昆明羊茅 F. mazzetiana**
　　5. 外稃先端无芒或具长 0.7-3（-5）毫米芒；叶舌及叶耳边缘具纤毛或无毛。
　　　7. 植株具短根茎；外稃先端无芒，背部平滑或上部微糙；花药长约 4 毫米 ……2. **草甸羊茅 F. pratensis**
　　　7. 植株无根茎；外稃先端无芒或具短芒。
　　　　8. 外稃先端无芒或具长约 0.5 毫米短尖；叶鞘下部粗糙 …………… 3. **苇状羊茅 F. arundinacea**
　　　　8. 外稃先端具芒，芒长 0.7-2.5（-5）毫米；叶鞘下部常平滑 …………………………………………………………… 3(附). **东方羊茅 F. arundinacea subsp. orientalis**
　　4. 叶片基部具披针形向上直伸叶耳；子房顶端具毛或无毛；花药长 1.5-2.2 毫米 … 4. **糙花羊茅 F. scabriflora**
3. 叶片基部无叶耳或有短钝的耳状突起。
　　9. 根茎细短或无；子房顶端密被毛。
　　　10. 第一颖卵圆形，长 1-1.5 毫米；花药长约 1 毫米 …………………………… 5. **小颖羊茅 F. parvigluma**
　　　10. 第一颖披针形，长 2-3（-5）毫米；花药长（1）2-4 毫米。
　　　　11. 叶舌长 2-4 毫米；第一颖长 2-3 毫米。
　　　　　12. 根茎短；花序分枝孪生；小穗长 5-7 毫米 …………… 6. **远东羊茅 F. extremiorientalis**
　　　　　12. 无根茎；花序分枝单生；小穗长 0.7-1 厘米 ……………………… 7. **高羊茅 F. elata**
　　　　11. 叶舌长 0.5-1（2）毫米；第一颖长 3.5 毫米以上。
　　　　　13. 芒长 0.6-1 厘米；花药长约 1 毫米，子房顶端具毛 …………… 8. **弱须羊茅 F. leptopogon**
　　　　　13. 芒长 5 毫米以下；花药长 2.5-3.5 毫米，子房顶端无毛或具少量毛 ……………………………………………………………………………… 8(附). **滇羊茅 F. yunnanensis**
　　9. 无根茎；子房顶端无毛或具少量毛。
　　　14. 花序分枝单生；花药长约 2 毫米；叶横切面上、下表皮内均有厚壁组织束 …………………………………………………………………… 9. **藏滇羊茅 F. vierhapperi**
　　　14. 花序分枝孪生；花药长约 1.5 毫米；叶横切面仅下表皮内有厚壁组织 ………… 10. **盅羊茅 F. fascinata**
2. 外稃先端无芒或具短尖或短芒；子房顶端通常具毛。
　15. 叶舌长（1.5）2-5 毫米；外稃先端无芒。
　　　16. 基部枯萎叶鞘被倒毛；第一外稃长 7-8 毫米；花药长 2.5-2.8 毫米，子房顶端被毛 ……………………………………………………………………… 11. **素羊茅 F. modesta**
　　　16. 第一外稃长 0.9-1.1 厘米；花药长 3-4 毫米，子房顶端无毛 ……… 11(附). **长花羊茅 F. dolichantha**
　15. 叶舌长 0.3-1.5 毫米；外稃先端无芒或具短尖。
　　　17. 小穗长 4-5.5 毫米；颖片卵圆形，第一颖长 1-1.5 毫米，第二颖长 1.5-2 毫米；第一外稃长 3.5-4 毫米，子房顶端具毛 ……………………………………………… 12. **日本羊茅 F. japonica**
　　　17. 小穗长 6 毫米以上；颖片披针形，长 2 毫米以上；第一外稃长 6 毫米以上。
　　　　18. 无根茎；花药长 1-1.8 毫米。
　　　　　19. 第一颖长约 5 毫米，第二颖长约 7 毫米；子房顶端具少量毛；叶横切面上表皮内有厚壁组织束，下表皮内仅主脉有，具泡状细胞 ……………………… 13. **中华羊茅 F. sinensis**
　　　　　19. 第一颖长约 2 毫米，第二颖长约 3.5 毫米；子房顶端具毛；叶横切面束上、下表皮内均有厚壁组织，无泡状细胞 …………………… 13(附). **曲枝羊茅 F. undata**
　　　　18. 具短根茎或稀无；花药长 3-4 毫米。
　　　　　20. 小穗长 6-8 毫米，暗紫或褐色；外稃背部平滑 …………14. **黑穗羊茅 F. tristis**
　　　　　20. 小穗长 0.8-1.2 厘米，亮淡褐色。

21. 叶片上面密被短刺毛，下面粗糙，叶横切面下表皮内均有厚壁组织束与维管束相对应，上表皮内仅主脉有厚壁组织束；第一外稃长 8-9 毫米 ·············· 15. 阿尔泰羊茅 **F. altaica**

21. 叶片两面平滑，叶横切面仅下表皮内有厚壁组织束；第一外稃长 6-6.5 毫米 ··········· ·············· 15(附). 阿拉套羊茅 **F. alatavica**

1. 叶片纵卷，稀扁平或对折；圆锥花序紧密呈穗状或狭窄开展较短；颖片边缘窄膜质或具纤毛；外稃先端具较短芒或无芒；子房顶端无毛或稀具微毛。

22. 叶片纵卷呈丝状或稀扁平；外稃先端具芒或无芒；花药长 1 毫米以上。

23. 圆锥花序紧密呈穗状或狭窄非穗形。

24. 外稃先端具芒。

25. 秆于花序下粗糙或被毛；叶横切面下表皮内厚壁组织连续成环状马蹄形。

26. 叶片内卷呈针状，径 0.3-0.6 毫米；秆于花序下粗糙或被微毛；外稃背部粗糙 ······ 16. 羊茅 **F. ovina**

26. 叶片内卷呈细线形，柔软，径约 0.2 毫米；秆于花序下密被毛；外稃背部平滑 ·········· ·············· 17. 高山羊茅 **F. airoides**

25. 秆于花序下平滑；叶横切面下表皮内具 3 束或 5-7 束厚壁组织。

27. 花药长不及 1.4 毫米 ·············· 18. 矮羊茅 **F. coelestis**

27. 花药长 1.5 毫米以上。

28. 颖片边缘具细短睫毛 ·············· 19. 东亚羊茅 **F. litvinovii**

28. 颖片边缘窄膜质。

29. 圆锥花序紧密呈穗状。

30. 颖片长 3.5-5 毫米；外稃长 4.5-6 毫米 ·············· 20. 寒生羊茅 **F. kryloviana**

30. 颖片长 1-2 毫米；外稃长 2.5-3.5 毫米 ·············· 20(附). 假羊茅 **F. pseudovina**

29. 圆锥花序狭窄或紧密非穗状。

31. 小穗褐或黄褐色。

32. 小穗长 4-5 毫米 ·············· 21. 瑞士羊茅 **F. valesiaca**

32. 小穗长 5.5-6.5 毫米，叶横切面具较细弱的厚壁组织束 3 ·········· 21(附). 三界羊茅 **F. kurtschumica**

31. 小穗常绿色带紫或草黄色 ·············· 22. 沟叶羊茅 **F. rupicola**

24. 外稃先端无芒。

33. 圆锥花序疏散；外稃背部平滑；叶片细长，叶横切面具厚壁组织 7 或 9 束 ······ 23. 雅库羊茅 **F. jacutica**

33. 圆锥花序紧密；外稃背部具细短毛或粗糙；叶较短，叶横切面具厚壁组织 3 束。

34. 圆锥花序长 6-8 厘米；叶宽（0.6）0.8-1 毫米；花药长 2.5-3 毫米 ······ 24. 达乌里羊茅 **F. dahurica**

34. 圆锥花序长 3-5 厘米；叶宽 0.6 毫米以下；花药长约 2 毫米 ·············· ·············· 24(附). 蒙古羊茅 **F. dahurica** subsp. **mongolica**

23. 圆锥花序疏散开展、狭窄或紧缩呈穗状。

35. 外稃先端芒长 5-8 毫米；圆锥花序疏散开展 ·············· 25. 细芒羊茅 **F. stapfii**

35. 外稃先端芒长 1-3（-13）毫米；圆锥花序疏散，花期开展或狭窄紧密。

36. 外稃背部被柔毛；子房顶端无毛 ·············· 26. 毛稃羊茅 **F. kirilowii**

36. 外稃背部无毛，上部微粗糙。

37. 外稃先端芒长 1-1.5 毫米；叶横切面具维管束 5，厚壁组织束 5 ·············· 27. 葱岭羊茅 **F. amblyodes**

37. 外稃先端芒长 2-5 毫米；叶横切面具维管束 5 或 7，厚壁组织束 7 或 9（11）束。

38. 圆锥花序狭窄或紧密；叶横切面具维管束 5，具厚壁组织束 7 ·············· 28. 甘肃羊茅 **F. kansuensis**

38. 圆锥花序疏散；叶横切面具维管束 5 或 7，具厚壁组织束 7 或 9（11）。

39. 无根茎；圆锥花序具少数小穗；外稃芒长 3-5（-7）毫米 ·········· 29. 玉龙羊茅 **F. forrestii**

39. 根茎短；圆锥花序具多数小穗；外稃芒长 1-3 毫米 ·············· 30. 紫羊茅 **F. rubra**

22. 叶片纵卷或对折；外稃先端芒长 1-2 毫米；花药长约 0.5 毫米。
  40. 圆锥花序紧密呈穗状，直立，长 2-3 厘米；子房顶端无毛 ·················· **31. 短叶羊茅 F. brachyphylla**
  40. 圆锥花序疏散开展，常下垂；长 5-12 厘米；子房顶端被毛 ·················· **31(附). 微药羊茅 F. nitidula**

1. 大羊茅
图 926：1-5

Festuca gigantea (Linn.) Vill. in Hist. Pl. Dauph. 2: 110. 1787.

Bromus giganteus Linn. Sp. Pl. 77. 1753.

须根稠密。秆高 0.5-1.4 米，3-4 节，基部常宿存浅褐色枯叶鞘。叶舌长约 1 毫米，平截，无毛；叶片长 20-60 厘米，宽 0.5-1.2 厘米，中脉明显，基部具披针形弯曲叶耳，叶横切面具维管束 13-29 (-33)，具泡状细胞，厚壁组织成束。圆锥花序疏散开展，长 20-30 厘米，分枝 2-4 (5)，长 6-13 厘米，1/3 以下裸露，上部着生多数小穗。小穗长 1.2-1.4 厘米，具 3-5 小花；颖片披针形，第一颖长 2.5-3 毫米，1 脉，第二颖长 4-5 毫米，3 脉。外稃背上部微粗糙，5 脉，先端芒长 0.8-1.8 厘米，直立或微弯，第一外稃长 6-8 毫米；内稃近等长于外稃；花药淡黄色，长 2.8-4 毫米；子房顶端无毛。花果期 7-8 月。

产甘肃、新疆、四川及云南，生于海拔 1050-3800 米林缘、灌丛或草地。欧洲、俄罗斯西伯利亚及克什米尔地区有分布。

[附] **昆明羊茅** 图 926：6-8 **Festuca mazzetiana** E. Alexeev in Bull. Mosk. Obshch. Isp. Prir. Biol. 82(3): 99. t. 1: H-P. 1977. 与大羊茅的区别：圆锥

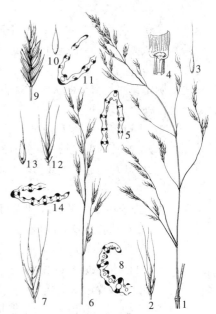

图 926：1-5.大羊茅 6-8.昆明羊茅 9-11. 草甸羊茅 12-14.小颖羊茅 （王 颖绘）

花序直立，疏散较窄，长 10-20 厘米；第一颖长 4.5-5 毫米，第二颖长 5-6 毫米；第一外稃长 0.8-1 厘米，内稃先端微 2 裂。产四川及云南，生于海拔 2600-2800 米林缘或山地草坡。

2. 草甸羊茅
图 926：9-11

Festuca Pratensis Huds. Fl. Agnl. 37. 1762.

根茎短。秆高 30-60 厘米。叶鞘无毛；叶舌长约 1 毫米，平截，齿裂状；叶片长 15-40 厘米，宽约 5 毫米，基部具披针形镰状叶耳，叶耳边缘具纤毛；叶横切面具维管束 15 以上。圆锥花序长 10-20 厘米，疏散，花期开展，长 2-8 厘米，1/4 以下裸露，上部密生小穗。小穗轴粗糙；小穗长 1-2 厘米，具（3）4-9 花；颖片平滑，第一颖长 3-4 毫米，1 脉，第二颖长 4-6 毫米，3 脉。外稃

背部平滑或点状粗糙，5 脉，边缘膜质，先端无芒或短尖，第一外稃长 5-8 毫米；内稃近等于外稃；花药长 3-3.5 毫米；子房顶端无毛。花期 5-7 月。

产黑龙江、吉林、辽宁、新疆及云南，生于海拔 700-2800 米山坡草地、河谷或水渠边；吉林、北京、青海、江苏、四川、贵州等省区有栽培。欧洲及亚洲西南部有分布。

3. 苇状羊茅

图 927

Festuca arundinacea Schreb. in Spicil. Fl. Lips. 57. 1771.

秆高 0.8-1 米，径约 3 毫米，基部达 5 毫米。叶鞘通常无毛；叶舌长 0.5-1 毫米，平截，纸质；叶片长 10-30 厘米，基生者长达 60 厘米，宽 4-8 毫米，基部具披针形镰状边缘无纤毛的叶耳，叶横切面具维管束 11-21，厚壁组织成束，与维管束相对，上、下表皮均有。圆锥花序疏散，长 20-30 厘米，每节具 2 稀 4-5 分枝，长 4-9（13）厘米，下部 1/3 裸露，中、上部着生多数小穗。小穗轴微粗糙；小穗长 1-1.3 厘米，具 4-5 小花；颖片披针形，先端尖或渐尖，第一颖具 1 脉，长 3.5-6 毫米，第二颖具 3 脉，长 5-7 毫米。外稃背部上部及边缘粗糙，先端无芒或具短尖，第一外稃长 8-9 毫米；内稃稍短于外稃；花药长约 4 毫米；子房顶端无毛。颖果长约 3.5 毫米。花期 7-9 月。

产黑龙江、甘肃及新疆，生于海拔 700-1200 米河谷阶地、灌丛、林缘等潮湿处；内蒙古、陕西、甘肃、青海、江苏等地引种栽培。欧亚大陆温带有分布。

[附] **东方羊茅 Festuca arundinace**a subsp. **orientalis** (Hack.) Tzevl. in Sched. Herb. Fl. Ross 18: 17. ——*Festuca elatior* subsp. *arundinacea* var.

图 927 苇状羊茅
（引自《中国主要植物图说 禾本科》）

genuina subvar. *orientalis* Hack. Monogr. Fest. Eur. 154. 1882. 与模式亚种的主要区别：外稃芒长 0.7-2.5（-5）毫米。产新疆，生于海拔 500-2400 米林缘和潮湿河谷草甸。欧亚大陆温带有分布。

4. 糙花羊茅

Festuca scabriflora L. Liu, Fl. Reipubl. Popul. Sin. 9 (2): 46. 2002.

疏丛。秆高 60-80 厘米，径约 3 毫米，3-4 节。叶鞘平滑；叶舌长约 0.5 毫米；叶片长 10-15（20）厘米，宽 4-6 毫米，基部具披针形叶耳。圆锥花序疏散，长 15-25 厘米；分枝孪生，长 5-8 厘米，基部主枝长达 15 厘米，下部 1/3 以下裸露，中、上部着生较多小穗。小穗轴粗糙；小穗长 1.6-1.8 厘米，具 4-5 花；颖片窄披针形，第一颖长 1.5-2.5 毫米，1 脉，先端尖，第二颖长 3-3.5 毫米，3 脉，先端渐尖；外稃背部粗糙，5 脉，边缘膜质，先端 2 裂，芒长 6-8 毫米。第一外稃长 6-7 毫米；内稃约等长外稃，脊具纤毛；花药长约 1.5 毫米；子房顶端具毛。花果期 7-8 月。

产四川、云南及西藏，生于海拔 2900-3800 米高山栎林下、沟边或山坡草地。

5. 小颖羊茅

图 926：12-14，图 928

Festuca parvigluma Steud. Syn. Pl. Glum. 1: 305. 1854.

根茎细短。秆高 30-80 厘米，具 2-3 节。叶鞘光滑或最基部有毛茸；叶舌干膜质，长 0.5-1 毫米；叶片长 10-30 厘米，宽约 5 毫米，基部具耳状突起；叶横切面具维管束 15-23，厚壁组织束状排列，无泡状细胞。

圆锥花序疏松柔软，下垂，长 10-20 厘米，分枝基部孪生，上部常单一，边缘粗糙，长 5-10 厘米，基部主枝长达 15 厘米，中部以下裸露，其上着生小枝与小穗；小穗轴微粗糙，

节间长约 0.8 毫米；小穗长 7-9 毫米，含 3-5 小花；颖片卵圆形，顶端尖或稍钝；第一外稃长 6-7 毫米；内稃近等长于外稃。子房顶端具毛。花果期 4-7 月。

产山东、河南、陕西、江苏、安徽、浙江、台湾、福建、江西、湖北、湖南、广西、贵州、四川、云南及西藏，生于海拔 1000-3700 米山坡草地、林下、河边草丛、灌丛或路旁。日本、朝鲜半岛、印度东北部及尼泊尔有分布。

6. 远东羊茅
图 929

Festuca extremiorientalis Ohwi in Bot. Mag. Tokyo 45: 194. 1931.

根茎短。秆疏丛生，高 0.5-1 米，2-4 节。叶鞘短于节间；叶舌膜质，长 2-3（4）毫米；叶片长 15-30 厘米，宽 0.6-1.3 厘米；叶横切面具维管束 13-23，具泡状细胞，厚壁组织束状排列，与维管束相对，上、下表皮内均有。圆锥花序开展，长 10-25 厘米，每节 1-2 分枝，粗糙，长 4-5 厘米，基部主枝长达 15 厘米，近中部以上再分枝和着生小穗。小穗轴节间长 0.5-0.8 毫米，被毛；小穗长 5-7 毫米，具（2-）4-5 花；颖片披针形，第一颖具 1 脉，长 2.5-3 毫米，第二颖具 3 脉，长 4-5 毫米。外稃背部平滑或上部粗糙，5 脉，先端渐尖，稀微 2 裂，芒长 5-7 毫米，第一外稃长 5-6 毫米；内稃稍短于或等长于外稃；子房顶端具短毛；花果期 6-8 月。

图 928 小颖羊茅 （冯晋庸绘）

产黑龙江、吉林、辽宁、河北、内蒙古、山东、山西、河南、陕西、宁夏、甘肃、青海、安徽、四川及云南，生于海拔 900-2800 米林下、山谷或河边草丛中。朝鲜半岛、日本及俄罗斯有分布。

图 929 远东羊茅 （冯晋庸绘）

7. 高羊茅
图 930

Festuca elata Keng ex E. Alexeev in Bull. Mosk. Obshch. Isp. Prir. Biol. 82(3): 97. 1977.

无根茎。秆疏丛或单生，高 0.9-1.2 米，径 2-2.5 毫米，3-4 节。叶鞘光滑，具纵纹；叶舌膜质，平截，长 2-4 毫米；叶片长 10-20 厘米，宽 3-7 毫米；叶横切面具维管束 11-23，具泡状细胞，厚壁组织与维管束相对，上、下表皮内均有。圆锥花序长 20-28 厘米；分枝单生，长达 15 厘米，近基部分出小枝或小穗。侧生小穗柄长 1-2 毫米；小穗

长0.7-1厘米，具2-3花；颖片披针形，第一颖具1脉，长2-3毫米，第二颖具3脉，长4-5毫米。外稃椭圆状披针形，平滑，5脉，间脉常不明显，先端膜质2裂，芒长0.7-1.2厘米，细弱，先端曲，第一外稃长7-8毫米；内稃与外稃近等长，先端2裂，两脊近平滑。颖果长约4毫米，顶端有毛茸。花果期4-8月。

产广西、贵州及四川，生于路旁、山坡或林下。

8. 弱须羊茅　　　　　　　　　　　　　　　　　　图 931

Festuca leptopogon Stapf in Hook. f. Fl. Brit. Ind. 7: 354. 1897.

根茎或根头短而下伸。秆高（30-）50-80厘米，4-6节。叶鞘无毛；叶舌长（0.5）1-2毫米，平截；叶片微糙涩或下面近平滑，长10-30厘米，宽3-8毫米，叶横切面具维管束11-17，具泡状细胞，厚壁组织束状排列，与维管束相对，上、下表皮内均有。圆锥花序下垂，

长10-25厘米；分枝单生，贴向主轴或斜伸，稍扁，边缘粗糙，长6-16厘米，近基部着生小枝和小穗。小穗轴节间长1-1.5毫米，微粗糙；小穗长0.7-1厘米，具3-4花，第一颖窄披针形，1脉，长1.5-3毫米，第二颖宽披针形，3脉，长2.5-4毫米。外稃背部平滑或上部微粗糙，5脉，先端膜质，微2裂或全缘，第一外稃长7-8毫米，芒长0.6-1厘米；内稃近等长于外稃，两脊上部粗糙；子房顶端有毛茸。花期6-8月。

产青海南部、台湾、湖北西部、湖南西北部、贵州、四川、云南及西藏，生于海拔2000-3900米山坡林下及河边草地。印度、尼泊尔、不丹及马来西亚有分布。

[附] **滇羊茅 Festuca yunnanensis** St.-Yves in Rev. Bret. No. 2. 10: 72. 1927. 与弱须羊茅的区别：叶横切面具维管束7-13；第一颖具1脉，长约4毫米，第二颖具3脉，长约5.5毫米；外稃芒长（0.5-）1-2（-5）毫米；子房顶端无毛或被少量毛。产四川及云南，生于海拔2900-3800米亚高山草甸或松栎林缘潮湿处。

9. 藏滇羊茅　　　　　　　　　　　　　　　　　　图 932

Festuca vierhapperi Hand.-Mazz. in Anz. Akad. Wiss. Wien, Math.-Nat. 57: 176. 1920.

根须状。秆疏丛生或单生，高60-90厘米，径2-3毫米，3-4节。叶鞘无毛；叶舌长约0.5毫米，平截；叶片较坚韧，边缘内卷，下面平滑，上面被微毛，长10-30厘米，宽3-5毫米；叶横切面具维管束11-17，厚壁组织成束，与维管束相对，下表皮均有，上表皮内仅主脉有，间脉无。圆锥花序长15-25厘米；分枝单生，边缘粗糙，基部主

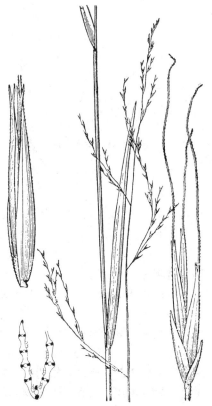

图 930　高羊茅　（冯晋庸绘）

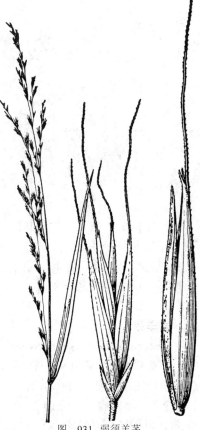

图 931　弱须羊茅

枝长 8-12 厘米，上部着生 2-4（-6）枚小穗。小穗轴粗糙；小穗长 0.9-1.5 厘米，具 3-7 花；颖片窄披针形，先端渐尖成芒状，第一颖具 1 脉，长 3-4.5 毫米，第二颖具 3 脉，长 5-6 毫米。外稃背部无毛或上部微粗糙，5 脉，先端芒长 4-8（-10）毫米。第一外稃长 7-8 毫米；内稃近等长于外稃，脊具纤毛；子房顶端无毛。花果期 6-9 月。

产四川、云南及西藏，生于海拔 2900-4100 米山坡草地、林缘或林下。

图 932　藏滇羊茅　（冯晋庸绘）

10. 蛊羊茅　　　　　　　　　　　　　　图 933

Festuca fascinata Keng ex S. L. Lu in Acta Phytotax. Sin. 30 (6): 533. 1992.

秆疏丛，高 60-80 厘米，径约 1 毫米，2-3 节。叶鞘无毛；叶舌长约 0.5 毫米，平截；叶片秆生者常扁平，基生者多内卷，长 14-30 厘米，宽 1.5-2.5 毫米；叶横切面基生叶具维管束 5-6，主脉 3，内面疏生毛，厚壁组织束仅存于下表皮内，秆生叶具维管束 7，主脉 3，内面具毛，厚壁组织束上、下表皮内均有。圆锥花序下垂，长 10-20 厘米，基部为顶生叶鞘所包；分枝下部通常孪生而上部者单生，基部主枝长 9-12 厘米，下部 1/3-1/2 多裸露。小穗长 0.6-1 厘米，具 3-5 小花；小穗轴节间长约 1.5 毫米；颖片窄，先端渐尖，第一颖具 1 脉，长 2-3 毫米，第二颖具 3 脉，长 5-6 毫米。外稃背上部微粗糙，5 脉，先端渐尖，芒细弱，微糙涩，长 4-8 毫米，

第一外稃长 6-7 毫米；内稃与外稃等长或稍短，先端窄；子房顶端无毛。花果期 7-9 月。

产陕西、甘肃、湖北、四川、云南及西藏，生于海拔 2500-4100 米林下、山坡或灌丛草甸。

图 933　蛊羊茅
（引自《中国主要植物图说　禾本科》）

11. 素羊茅　　　　　　　　　　　　　　图 934

Festuca modesta Steud. Syn. Pl. Glum. 1: 316. 1854.

根头粗短。秆高 0.8-1 米，径约 4 毫米，2-3 节，基部宿存枯萎贴生白色倒毛的叶鞘。叶鞘粗糙或平滑；叶舌膜质，平截或撕裂状，长 2-5 毫米；叶片扁平，长 10-20 厘米，基生叶长达 60 厘米，宽 5-9（15）毫米；叶横切面具维管束 11-27，或更多，厚壁组织成束，与维管束

相对，上、下表皮内均有，具泡状细胞。圆锥花序长20-25厘米；分枝单一，基部常孪生，长5-13厘米，1/3或者1/2以下裸露。小穗长0.7-1.2厘米，具（1）2-4小花；小穗轴节间长1-2毫米；颖片背部平滑，第一颖窄披针形，长2-3毫米，1脉，先端渐尖，第二颖椭圆状披针形，长3.5-5毫米，3脉。外稃具5脉，无芒，第一外稃长7-8毫米；内稃近等长或稍短于外稃，脊粗糙或具纤毛。颖果长3-4.5毫米，顶端有毛。花果期5-8月。

产河南、陕西、甘肃、青海、贵州、四川及云南，生于海拔1000-3600米林下、山坡草地、灌丛及山谷荫湿处。印度及尼泊尔有分布。

[附] 长花羊茅 Festuca dolichantha Keng ex Keng f. in Acta Bot. Yunnan. 4(3): 274. 1982. 与素羊茅的区别：小穗长1.1-1.5厘米，具3-5花，第一颖长5.5-7毫米，3脉，第一外稃长0.9-1.1厘米，子房顶端无毛；颖果长约6毫米。产四川西北部及云南，生于海拔3800-4000米林下、林间草地及山坡草甸。

12. 日本羊茅   图935

Festuca japonica Makino in Bot. Mag. Tokyo 20: 83. 1906.

根茎细弱。秆高30-75厘米，基部径0.5-1毫米，2-3节。叶鞘光滑；叶舌长约0.5毫米；叶片扁平或折叠状，长7-15厘米，宽1-3毫米；叶横切面具维管束5-7，厚壁组织束状排列，与维管束相对，仅下表皮内有，上表皮疏生毛。圆锥花序金字塔形，长7-15厘米；分枝单一或孪生，基部主枝长4.5-9厘米，2/3或3/4以下裸露，顶端疏生1-3小穗。小穗长4-5.5毫米，具2-3（4）小花；颖片卵圆形，第一颖长1-1.5毫米，1脉，第二颖长1.5-2毫米，3脉。外稃无芒，第一外稃长3.5-4毫米；内稃近等长于外稃，脊近顶端具微小纤毛；子房顶端具棕黄色毛。颖果长圆形，长约2.5毫米。花果期6-8月。

产河南、陕西、甘肃、安徽、浙江、台湾、湖北西部、湖南西北部、贵州、四川、云南及西藏，生于海拔1300-2900米山坡林下、路旁草丛、灌丛、草地或溪边。朝鲜半岛及日本有分布。

13. 中华羊茅   图936

Festuca sinensis Keng ex S. L. Lu in Acta Phytotax. Sin. 30(6): 536. 1992.

具鞘外分枝，疏丛。秆高50-80厘米，径1-2毫米，4节。叶鞘松散，无毛；叶舌长0.3-1.5毫米，革质或膜质，具纤毛；叶片硬，直立，干时卷折，长6-16厘米，宽1.5-3.5毫米；叶横切面具维管束

图934 素羊茅 （冯晋庸绘）

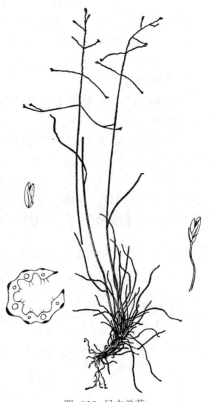

图935 日本羊茅
（引自《中国主要植物图说　禾本科》）

7-13，厚壁组织成束，与维管束相对，上表皮内均有，下表皮内仅主脉有，具泡状细胞。圆锥花序开

展，长10-18厘米；分枝下部孪生，主枝细弱，长6-11厘米，中部以下裸露，上部一至二回分出小枝，小枝具2-4小穗。小穗长8-9毫米，具3-4小花。小穗轴节间长约1毫米，具微刺毛；颖片先端渐尖，第一颖具1（3）脉，长5-6毫米，第二颖具3（4）脉，长7-8毫米。外稃上部具微毛，5脉，芒长0.8-2毫米，第一外稃长约7毫米；内稃长约6毫米，脊具纤毛；子房顶端无毛或疏被毛。颖果长约5毫米。花果期7-9月。

产甘肃、青海、四川及云南，生于海拔2600-4800米高山草甸、山坡草地、灌丛或林下。

[附] **曲枝羊茅 Festuca undata** Stapf in Hook. f. Fl. Brit. Ind. 7: 350. 1897. 与中华羊茅的区别：秆高25-60厘米，2-3节，叶片基生者常纵卷，长达15厘米，秆生者常扁平，长3-6厘米，叶横切面无泡状细胞；第一颖长2-3.5毫米，第二颖长3-4.5毫米；子房顶端被毛。产四川及西藏，生于海拔4100-4800米山坡草地或林缘。尼泊尔及印度北部有分布。

14. 黑穗羊茅　　　　　　　　　　　图 937：1-4

Festuca tristis Kryl. et Ivan. in Anim. Syst. Herb. Univ. Tomsk. 1: 1. 1928.

秆高25-60厘米。叶鞘平滑或下部疏被微毛；叶舌平截，具纤毛，长约1毫米；叶片纵卷，较硬，长6-16厘米，宽（0.6）1-2 毫米；叶横切面具维管束5或7，厚壁组织束状，上、下表皮内均有。圆锥花序长7-12厘米；分枝孪生或上部单一，长2-5.5厘米，中部以下裸露，上部着生少数小穗。小穗长6-8毫米，暗紫或褐色，具（1）2-4小花；颖片边缘膜质或稀具纤毛，第一颖窄披针形，长4-5毫米，1脉，第二颖宽披针形，长5-6毫米，3脉。外稃背部近平滑，5脉，芒长1-2（-4）毫米，第一外稃长6-6.5毫米；内稃稍短于外稃或近等长；子房顶端被毛。花果期7-9月。

产新疆，生于高山草甸、沼泽地边缘。蒙古、俄罗斯及中亚地区有分布。

图 936 中华羊茅
（引自《中国主要植物图说　禾本科》）

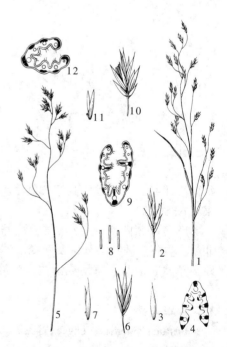

图 937：1-4.黑穗羊茅　5-9.阿尔泰羊茅
10-12.阿拉套羊茅　（王 颖绘）

15. 阿尔泰羊茅 图 937：5-9

Festuca altaica Trin. in Ledeb. Fl. Alt. 1: 109. 1829.

根茎短。秆高约 65 厘米，2 节。叶鞘糙涩；叶舌平截，具纤毛，长约 0.5 毫米；叶片线形，纵卷，下面粗糙，上面密短刺毛，秆生叶

长 4-6 厘米，基生叶长 9-20 厘米；叶横切面具维管束 9-11，具 3 粗主脉，厚壁组织成束，在下表皮内与维管束相对，在上表皮内与 3 条主脉相对，具毛状体。圆锥花序长 7-13 厘米；分枝单一，长 3-5 厘米，枝顶着生少数小穗。小穗长 0.8-1.2 厘米，亮淡褐色，具 3-5 小花；颖片宽披针形，边缘宽膜质，第一颖

具 1 脉，长 5-5.5 毫米，第二颖具 3 脉，长 6.5-7 毫米。外稃背部粗糙，先端渐尖或具短芒，5 脉，第一外稃长 8-9 毫米；内稃近等长于外稃；

16. 羊茅 图 938：1-4

Festuca ovina Linn. Sp. Pl. 73. 1753.

密丛。秆无毛或在花序下具微毛或粗糙，高 15-20 厘米。叶鞘开口几达基部；叶舌平截，具纤毛，长约 0.2 毫米；叶片内卷成针状，较软，稍粗糙，长（2-）4-10（-20）厘米，宽 0.3-0.6 毫米；叶横

切面具维管束 5-7，厚壁组织在下表皮内连续呈环状马蹄形，上表皮疏被毛。圆锥花序穗状，长 2-5 厘米，宽 4-8 毫米；分枝粗糙。侧生小穗柄短于小穗，稍粗糙；小穗淡绿或紫红色，长 4-6 毫米，具 3-5（6）小花；小穗轴节间长约 0.5 毫米；颖片披针形，第一颖具 1 脉，长 1.5-2.5 毫米，第二颖具 3 脉，长 2.5-3.5 毫米。

外稃背部粗糙或中部以下平滑，5 脉，芒粗糙，长 1-1.5 毫米，第一外稃长 3-3.5（4）毫米；内稃近等长于外稃；子房顶端无毛。花果期 6-9 月。

产黑龙江、吉林、辽宁、内蒙古、山东、山西、陕西、宁夏、甘肃、青海、新疆、安徽、台湾、湖北、贵州、四川、云南及西藏，生于海拔 2200-4400 米高山草甸、草原、山坡草地、林下、灌丛

17. 高山羊茅 图 938：5-6

Festuca arioides Lam. in Encycl. Meth. Bot. 2: 464. 1788.

子房顶端疏生毛。花果期 7-9 月。

产新疆，生于海拔 2850-3800 米高山草甸。中亚地区、俄罗斯、蒙古及北美有分布。

[附] **阿拉套羊茅** 图 937：10-12

Festuca alatavica (Hack. ex St.-Yves) Roshev. in Kom. Fl. URSS 2: 528. 1934. —— *Festuca rubra* subsp. *alatavica* Hack. ex St.-Yves in Candollea 3: 393. 1928. 与阿尔泰羊茅的区别：叶横切面厚壁组织束仅在下表皮内；第一颖长 4-4.5 毫米，第二颖长 5-5.5 毫米；第一外稃长（5）6-6.5 毫米。产新疆，生于海拔 2400-4000 米林缘、高山草甸。俄罗斯、中亚地区及喜马拉雅山西部有分布。

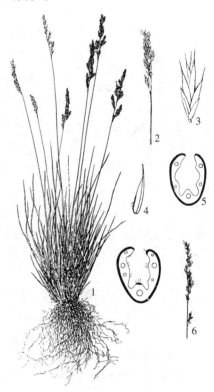

图 938：1-4.羊茅 5-6.高山羊茅
（冯晋庸绘）

及沙地；江苏有栽培。欧亚大陆的温带地区有分布。

密丛。植株细弱，秆高 10-30 厘米，于花序下密被短毛。叶鞘平

滑，闭合1/2-1/4以上；叶舌长约0.2毫米；叶片内卷呈细线形，柔软，长5-10厘米，径约0.2毫米；叶横切面厚壁组织层在下表皮内连续成环状马蹄形，有时在上表皮内仅中脉处成束状。圆锥花序穗状，长2-4（-7）厘米。小穗淡绿或紫褐色，长6-8毫米，具3-5小花；小穗轴节间长约0.8毫米；颖片背部平滑，边缘窄膜质或具纤毛，第一颖窄披针形，1脉，长2-3毫米；第二颖宽披针形，3脉，长3-4毫米。外稃背部平滑或上部微粗糙，芒长1.5-2毫米，第一外稃长3.5-4毫米；内稃近等长于外稃。花果期6-9月。

产吉林、内蒙古、新疆、四川及云南，生于海拔1600-3600米高山草甸、草原、河谷草地或高山灌丛。欧洲多数地区有分布。

18. 矮羊茅　　　　　　　　　　　图 939：1-4

Festuca coelestis (St.-Yves) Krecz. et Bobr. in Kom. Fl. URSS 2: 769. t. 40. f. 12. 1934.

Festuca ovina Linn. subsp. *coelestis* St.-Yves in Candollea 3: 376. 1928.

密丛。秆细弱，高4-10（15）厘米。叶鞘平滑；叶舌极短具纤毛；叶片纵卷呈刚毛状，较硬直，无毛，长1.5-6（10）厘米；叶横切面具维管束5-7，具厚壁组织束3，较细弱。圆锥花序穗状，长（1）2-3厘米，分枝短，微粗糙。小穗紫或褐紫色，长5-6毫米，具3-6小花；颖片背部平滑，先端渐尖，第一颖窄披针形，1脉，长约2毫米，下部边缘常具纤毛，第二颖宽披针形或倒卵形，3脉，长约3毫米。外稃背部平滑或上部常粗糙，芒长1.5-2毫米，第一外稃长3.5-4毫米；内稃近等长于外稃；子房顶端无毛。花果期6-9月。

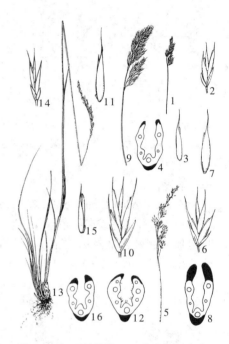

图 939：1-4.矮羊茅　5-8.东亚羊茅　9-12.寒生羊茅　13-16.假羊茅　（刘进军绘）

产内蒙古、宁夏、甘肃、青海、新疆、湖北、四川、云南及西藏，生于海拔2500-5300米山坡草地、高山草甸、草原、灌丛、高山碎石、林缘或河滩等处。克什米尔西部、帕米尔高原、俄罗斯及中亚地区有分布。

19. 东亚羊茅　　　　　　　　　　图 939：5-8

Festuca litvinovii (Tzvel.) E. Alexeev in Nov. Syst. Pl. Vasc. 13: 31. 1976.

Festuca pseudosulcata var. *litvinovii* Tzvel. in Pl. Asiae Centr 4: 170. 1968.

密丛。秆高20-50厘米。叶鞘光滑；叶舌长约1毫米，撕裂状，具纤毛；叶片纵卷呈细丝状，秆生者长2-3厘米，基生者长达15厘米，宽0.3-0.6毫米；叶横切面具维管束5-7，具较粗厚壁组织束3。圆锥花序穗状，长2-5厘米；分枝长约1厘米，被短毛，自基部生小穗。小

穗淡绿色，成熟后草黄色，长6-8毫米，具3-5小花；小穗轴节间长约1毫米，具刺毛；颖片背部被短毛，先端渐尖，边缘具睫毛，第一颖披针形，1脉，长2.5-3.5毫米，第二颖宽披针形，3脉，长3-4.5毫米。外稃背部被细毛，上部及两侧毛较密，有时中部以下无毛，上部粗糙，芒长1.5-2.5毫米，第一外稃长4-5毫米；内稃近等长于外稃。花果期6-8月。

20. 寒生羊茅　　　　　　　图 939：9-12

Festuca kryloviana Reverd. in Anim. Syst. Herb. Univ. Tomsk. 2: 3. 1927.

秆密丛。叶鞘平滑；叶舌长约0.5毫米，具纤毛；叶片纵卷或对折，秆生者长约4厘米，基生者长达15厘米；叶横切面具维管束7，厚壁组织束3，在中肋下表皮内及边缘有分布，上表皮具毛。圆锥花序穗状或簇团状，长3-5厘米，分枝长0.5-1.5厘米，自基部生小穗。小穗黄绿或黄褐色，长6-8毫米，具4-6小花；小穗轴节间长约1毫米，粗糙；颖片披针形，平滑，边缘膜质，

第一颖具1脉，长3.5-4毫米，第二颖具3脉，长4-5毫米，下部具纤毛。外稃背部圆，上部粗糙，中下部平滑，5脉，芒长（1.5）2-3（4）毫米，第一外稃长4.5-5.5（6）毫米；内稃近等长于外稃，脊

21. 瑞士羊茅　　　　　　　图 940：1-4

Festuca valesiaca Schleich ex Gaud. in Agrost. Helet. 1: 242. 1811.

密丛。秆高20-35（50）厘米，1-2节。叶鞘无毛；叶舌平截，具纤毛，长约0.2毫米；叶片细弱，常对折，刚毛状或细丝状，粗糙或稀平滑，长6-15（20）厘米；叶横切面具维管束5，厚壁组织束3，稀5。圆锥花序紧密，长2.5-5（-8）毫米，分枝直立，粗糙。小穗黄褐或褐色，稀淡绿带紫色，长4-5（6）毫米，具3-4小花；颖片背部平滑，边缘窄膜质，先端尖，第一颖窄披针形，1脉，长2-2.6毫米，第二颖宽披针形，3脉，长3-3.2毫米，

外稃背部宽披针形，3脉，长3-3.2毫米，平滑或粗糙，芒长约2毫米，第一外稃长3.2-4.2毫米；内稃长圆形，脊粗糙；子房顶端无毛。花果期6-8月。

产黑龙江、吉林、辽宁、内蒙古、河北、山西、青海及新疆，生于海拔2100-4170米山顶草地、山地草原、草甸草原、山坡草地、路旁。蒙古、俄罗斯东西伯利亚及远东地区有分布。

具纤毛；子房顶端无毛。花果期6-8月。

产河北及新疆，生于海拔1350-2400米高寒草原、高山草甸、半荒漠草原或山坡草地。蒙古、俄罗斯及中亚地区有分布。

[附] 假羊茅　图 939：13-16

Festuca pseudovina Hack. ex Wiesb. in Oesterr. Bot. Zeitrchr. 30: 126. 1880.

与寒生羊茅的区别：小穗长4-6毫米，具（2）3-4（5）小花；第一颖长1-1.5（2）毫米，第二颖长1.5-2（2.5）毫米；第一外稃长2.5-3.5（4）毫米。产新疆，生于海拔1280-1700米草原、冲积扇地及山顶草地。欧洲、俄罗斯及中亚地区有分布。

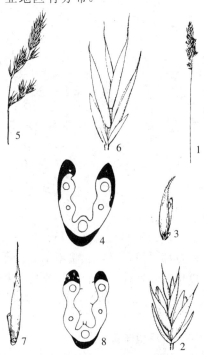

图 940：1-4.瑞士羊茅　5-8.沟叶羊茅
（刘进军绘）

产吉林、青海、新疆、贵州、四川、云南及西藏，生于海拔1000-3700米山坡草地、亚高山草甸、草原或路旁。欧洲、俄罗斯、西伯利亚及中亚地区有分布。

[附] **三界羊茅 Festuca kurtschumica** E. Alexeev in Nov. Syst. Vasc. Pl. 13: 24, t. 1. f. 6. 1976. 与瑞士羊茅的区别：小穗长5.5-6.5（7）毫

米；外稃背部平滑，上部微粗糙，5脉，芒长0.8-1.5毫米。产新疆，生于海拔2700米森林上缘或高山草甸。蒙古、俄罗斯及哈萨克斯坦东部有分布。

22. 沟叶羊茅

图 940：5-8

Festuca rupicola Heuff. in Verh. Zool.-Bot. Ges. Wien. 8: 233. 1858.

密丛。秆高20-50厘米。叶鞘平滑或稍粗糙；叶舌长约1毫米，顶端具纤毛；叶片细弱，常对折，长10-20厘米，宽0.6-0.8毫米；叶横切面具维管束5，厚壁组织3稀5，较粗。圆锥花序较狭窄疏散，长4.5-8毫米，分枝直立，粗糙。小穗淡绿或带绿色，或黄褐色，长7-8毫米，具3-5小花；颖片背部平滑，

边缘具窄膜质，先端尖，第一颖披针形，1脉，长2-2.5毫米，第二颖卵状披针形，边缘具纤毛，3脉，长3-4.5毫米。外稃背部平滑或上部微粗糙，芒长2-3毫米，第一外稃长4-5毫米；内稃两脊粗糙；子房顶端平滑。花果期6-9月。

产吉林、山西、陕西、青海、新疆、四川西北部、云南等省区，生于海拔1800-4500米山坡草地、高山草甸、高山草原、灌丛草地或岩石缝中。欧洲、俄罗斯及地中海区域有分布。

23. 雅库羊茅

图 941：1-3

Festuca jacutica Drob. in Trav. Mus. Bot. Acad. Sci. Petrograd 14: 163, t. 6. f. 14-17. 1915.

密丛。秆高50-80厘米，2-3节。叶鞘无毛；叶舌平截，具纤毛，长约0.2毫米；叶片内卷呈细丝状，柔软弯曲，茎生叶长4-8厘米，基生叶长达30厘米，宽约0.3毫米；叶横切面具维管束7，具厚壁组织束9，仅存在于下表皮内。圆锥花序较疏散，长5-10厘米，分枝细弱，下部孪生，上部单一，长2-3厘米。小穗绿或淡紫色，成熟后黄褐色，长5-7毫米，具4-7小花；颖片背部平滑，顶端与边缘宽膜质，第一颖宽披针形，1脉，长约3毫米。外稃背部平滑，上部点状粗糙，5脉，无芒，第一外稃长约4毫米；内稃稍短于外稃，两脊粗糙或具纤毛；子房顶端无毛。花果期6-8月。

产黑龙江、吉林、辽宁、内蒙古及新疆，生于海拔700-1800米林

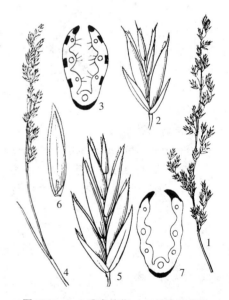

图 941：1-3.雅库羊茅 4-7.达乌里羊茅
（刘进军绘）

下、林缘、山坡、高山草地或草甸。俄罗斯东西伯利亚及远东地区有分布。

24. 达乌里羊茅

图 941：4-7

Festuca dahurica (St.-Yves) Krecz. et Bobr. in Kom. Fl. URSS 2: 517. 771, pl. 40. f. 13. a. b. 1934.

Festuca ovina Linn. subsp. *laevis* St.-Yves var. *dahurica* St.-Yves in Bull. Soc. Bot. France 71: 40.

1924.

密丛。秆高30-60厘米，1-2节。叶鞘平滑；叶舌平截，齿裂，顶具纤毛；叶片纵卷，平滑，较坚韧，秆生叶长2-3厘米，基生叶长

达15厘米，宽（0.6）0.8-1毫米；叶横切面具维管束7，厚壁组织束3，仅两边缘与中肋有。圆锥花序较紧密，长6-8厘米，分枝长1-2厘米，边缘具纤毛，余平滑，自基部着生小穗。小穗淡绿或淡紫色，成熟后淡褐色，长7-8.5毫米，具4-6小花。小穗轴节间长约0.8毫米，粗糙；颖片背部平滑，先端锐尖，边缘窄膜质，第一颖披针形，1脉，长3-4毫米，第二颖椭圆状披针形，3脉，长3.5-5毫米。外稃背部圆，被细短毛或粗糙，5脉不明显，先端锐尖，第一外稃长4.5-5.5毫米；内稃等于或稍短于外稃，脊具纤毛；

25. 细芒羊茅　　　　　　　　　　图 942：1-6

Festuca stapfii E. Alexeev in Bull. Mosk. Obshch. Isp. Prir. Biol. 83(4): 115. 1978.

丛生。秆高20-70厘米，3-4节。叶鞘无毛；叶舌长1-2毫米，

顶具纤毛；叶片纵卷，较柔软，上面粗糙或被微毛，下面平滑；叶横切面具维管束5，厚壁组织束5-7，仅存于下表皮内，上表皮疏被毛。圆锥花序开展，长10-15厘米；分枝单一，稀2，细丝状，微粗糙，长3-6厘米。小穗淡绿色，有光泽，长6-8.5毫米，具2-4小花；颖片背部平滑，边缘宽膜质，先端渐

尖，第一颖窄披针形，1脉，长2-2.5毫米，第二颖宽披针形，3脉，长3-4.5毫米。外稃背部平滑，5脉，芒长3（5）-8毫米，第一外稃长5-6.5毫米；内稃近等长于外稃；子房顶端平滑稀少毛。花果期7-9月。

产四川、云南及西藏，生于海拔3000-3200米林缘或山坡草地。尼泊尔及印度北部有分布。

26. 毛稃羊茅　　　　　　　　　　图 942：7-10

Festuca kirilowii Steud, Syn. Pl. Glum. 1: 306. 1854.

根茎细弱。秆高20-60（70）厘米，2-3节。叶鞘无毛；叶舌长

子房顶端无毛。花果期6-7月。

产黑龙江、吉林、辽宁、内蒙古、河北、甘肃及青海，生于海拔600-1400米石质山坡、草原或沙地。俄罗斯东西伯利亚及蒙古有分布。

[附] **蒙古羊茅 Festuca dahurica** subsp. **mongolica** Chang et Skv. ex S. R. Liou et Ma, Fl. Intramongol. 7: 261. pl. 29. 1983. 与模式亚种的区别植株较矮小；花序长3-5厘米；叶片宽0.6毫米以下；外稃长4-5毫米。产黑龙江、内蒙古及河北，生于海拔1200-3200米石质山坡、砾砂质丘陵、丘顶或山地草原。

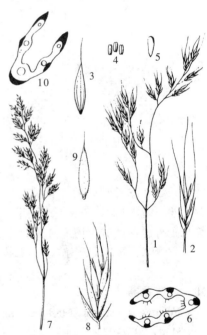

图 942：1-6.细芒羊茅　7-10.毛稃羊茅
（王 颖绘）

约1毫米，平截，具纤毛；叶片常对折，无毛或上面稀有微毛，长（8-）10-20（-35）厘米，秆生叶长2-5厘米，宽约2毫米；叶横切面具维管束5-9，厚壁组织束5-7。圆锥花序紧缩，或花期稍开展；分枝每节1-2，粗糙，长1-3（4）厘米。小穗褐紫色，长0.8-1厘米，具4-6小花；小穗轴节间长约0.8毫米，背具刺毛；颖片背上部和中脉粗糙或具短毛，先端尖或渐尖，边缘窄膜质或具纤毛，第一颖长3-4毫米，1脉，第二颖长4-5毫米，3脉。外稃背部遍被毛，5脉不明显，芒长2-3毫米，第一外稃长约5.5毫米；内稃两脊具纤毛或粗糙，

脊间具微毛；子房顶端无毛。花果期6-8月。

产河北、内蒙古、山西、甘肃、青海、新疆、四川西部及西藏，生于海拔2100-4300米灌丛、山坡草地、河谷或河滩。蒙古、俄罗斯西伯利亚和远东地区、中亚、欧洲及北美有分布。

27. 葱岭羊茅

图 943：1-4

Festuca amblyodes Krecz. et Bobr. in Kom. Fl. URSS 2: 529. 771. 1934.

密丛。秆高15-30厘米，1节。叶鞘无毛；叶舌长约0.2毫米，齿裂；叶片细线形，纵卷，长为秆高1/3-1/2，叶横切面具维管束5，厚壁组织束5（7），在下表皮内有，上表皮具毛。圆锥花序疏散，长3-5厘米，分枝单生，平滑或稀微粗糙，长（1.5）2-4厘米，中部以下裸露，上部疏生少数小穗。小穗绿或紫色，长0.7-1.1厘米，具3-4（5）小花；小穗轴节间长约1毫米，粗糙；颖片背部平滑，边缘窄膜质，或具纤毛，第一颖披针形，1脉，长2.5-3毫米，第二颖长圆状披针形，3脉，长约4毫米。外稃背上部粗糙，5脉，芒长1-2毫米，第一外稃长4.5-6.2毫米；内稃近等长于外稃，两脊粗糙；子房顶端无毛。花果期6-8月。

产青海、新疆及云南，生于海拔2200-3700米草甸草原、高山草甸

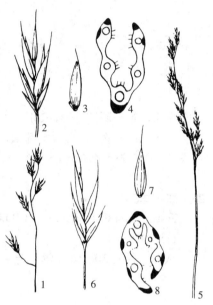

图 943：1-4.葱岭羊茅 5-8.甘肃羊茅
（王 颖绘）

或山沟。帕米尔、克什米尔及中亚地区有分布。

28. 甘肃羊茅

图 943：5-8

Festuca kansuensis Markgraf-Dann. in Acta Bot. Acad. Sci. Hung. 19 (1-4): 207. 1973.

密丛。秆直立，细弱，无毛，稀具微毛。叶舌长约0.5毫米，平截，具纤毛；叶片纵卷，细丝状，上面平滑，下面粗糙，长10-20厘米；叶横切面具维管束5，厚壁组织束7。圆锥花序直立，分枝单一或孪生，微粗糙，长1-3厘米，下部1/3裸露。小穗黄绿或微紫色，长7-8毫米，具3-4小花；小穗轴节间长约1

毫米，粗糙；颖片背部平滑，边缘窄膜质，先端渐尖，第一颖窄披针形，1脉，长3-3.5毫米，第二颖宽披针形，3脉，长4-5毫米。外稃背上部微粗糙，芒长1.5-2.7毫米，第一外稃长约5.5毫米；内稃近等长于外稃，脊粗糙；子房顶端无毛。花果期6-8月。

产甘肃及青海，生于海拔3200-3700米山坡、草甸草原、草原。

29. 玉龙羊茅

图 944

Festuca forrestii St.-Yves, Clav. Anal. Festuca (Rev Bret. No. 2) 16: 72. 1927.

密丛。秆高 30-60 厘米。叶鞘无毛；叶舌极短；叶片长为秆高 1/3-1/2，内卷，两面平滑或下面微粗糙；叶横切面具维管束 5，厚壁组织束 7，与维管束相对，仅存在于下表皮内。圆锥花序疏松，长 3-6 厘米，分枝单一，长 1-2 厘米，枝顶端着生小穗。小穗淡绿带紫色，长 0.8-1 厘米，具 5-7 小花；小穗轴节间长约 1 毫米，粗糙；颖片背部平滑或上部微粗糙，边缘常具纤毛，窄膜质，先端尖或渐尖，第一颖披针形，1 脉，长 2.5-3.5 毫米，第二颖卵状披针形，3 脉，长 4-5（6）毫米。外稃背部平滑或微粗糙，芒长 3-5（-7）毫米，第一外稃长 5-6（-7）毫米；内稃稍短于外稃，脊粗糙，脊间微粗糙；子房顶端无毛或稀具微毛。花果期 7-9 月。

产青海、四川、云南及西藏，生于海拔 2500-4400 米山坡草地或山地湿润地。

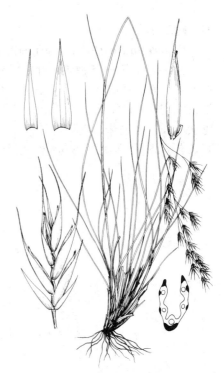

图 944 玉龙羊茅 （李爱莉绘）

30. 紫羊茅

图 945

Festuca rubra Linn. Sp. Pl. 74. 1753.

根茎短或具根头。疏丛或密丛，秆高 30-60（-70）厘米，2 节。叶鞘粗糙；叶舌平截，具纤毛，长约 0.5 毫米，叶片对折或边缘内卷，稀扁平，两面平滑或上面被短毛，长 5-20 厘米，宽 1-2 毫米；叶横切面具维管束 7-11，厚壁组织束 9-11（13），与维管束相对，存在于下表皮内，边缘有 2 束，上表皮疏生毛。圆锥花序长 7-13 厘米；分枝粗糙，长 2-4 厘米，基部者长达 5 厘米，1/3-1/2 以下裸露。小穗淡绿或深紫色，长 0.7-1 厘米；小穗轴节间长约 0.8 毫米，被短毛；颖片背部平滑或微粗糙，边缘窄膜质，先端渐尖，第一颖窄披针形，1 脉，长 2-3 毫米，第二颖宽披针形，3 脉，长 3.5-4.5 毫米。外稃背部平滑或粗糙或被毛，芒长 1-3 毫米，第一外稃长 4.5-5.5 毫米；内稃近等长于外稃，两脊上部粗糙；子房顶端无毛。花果期 6-9 月。

产黑龙江、吉林、辽宁、内蒙古、河北、山东、山西、河南、陕西、宁夏、甘肃、青海、新疆、福建、湖南、贵州、四川、云南及西藏，生于海拔 600-4500 米山坡草地、高山草甸、河滩、路旁、灌丛或林下。北半球温带地区有分布。

图 945 紫羊茅 （冯晋庸绘）

31. 短叶羊茅　　　　　　　　　　　　　图 946：1-5

Festuca brachyphylla Schult. et Schult. f. Add. ad Mant. 3: 646. 1827.

丛生。秆高5-15厘米。叶鞘平滑；叶舌长约0.2毫米，平截，具纤毛；叶片对摺或纵卷，长1.5-8厘米，宽0.5-1毫米；叶横切面具维管束5，厚壁组织束3，仅存在于叶中脉下表皮内及两边缘。圆锥花序穗状，长2-4厘米，宽约8毫米，分枝粗糙，每节1-2，长0.5-1厘米，自基部着生小穗。小穗紫红或褐紫色，长5-6毫米，具3-4小花；

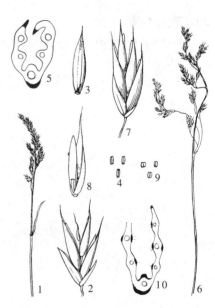

图 946：1-5.短叶羊茅　6-10.微药羊茅
（阎翠兰绘）

小穗轴节间长约0.6毫米，平滑或微粗糙；颖片平滑，边缘窄膜质，第一颖披针形，1脉，长约2毫米，第二颖椭圆状披针形，3脉，长2.5-3毫米；外稃背上部粗糙，5脉，芒长1-1.5毫米，第一外稃长4-4.5毫米；内稃近等长于外稃，两脊粗糙；子房顶端无毛。花果期7-9月。

产宁夏、甘肃、青海、新疆及西藏，生于海拔2700-4800米高山草甸、高寒草原、山坡、林下、灌丛或砾石地。欧洲、中亚、西伯利亚及北美有分布。

[附] **微药羊茅** 图 946：6-10 **Festuca nitidula** Stapf in Hook. f. Fl. Brit. Ind. 7: 350. 1897. 与短叶羊茅的区别：秆高10-40（-50）厘米；叶舌长约1毫米，叶横切面具维管束7-11（13）；圆锥花序疏散开展，长（3-）5-12厘米，子房顶端疏被微毛。产甘肃、青海、四川及西藏，生于海拔2500-5300米高山草甸、山坡草地、河滩湿草地、林间草丛或沼泽草甸。印度西北部、喜马拉雅山区有分布。

43. 鼠茅属 Vulpia C. C. Gmel

（陈文俐　刘亮）

一年生草本。叶片线形，常内卷。圆锥花序狭窄或穗状。小穗具3-8小花，两侧扁；小穗轴粗糙或被短毛；颖片窄披针形，第一颖短小，1脉，宽卵形或宽披针形，第二颖具3脉，窄披针形，与外稃近等长。外稃窄披针形，膜质或薄革质，具（3）5脉，无脊或微具脊，背部平滑或粗糙或被毛，先端延伸成芒，芒直或微弯，多较长于稃体，基盘短，光滑或被毛。内稃微短于外稃，具2脊，脊有纤毛，先端具2齿；鳞被2；雄蕊1（2），花药宽椭圆形，长约1毫米；子房平滑。颖果长圆形。

约25种，广布于地中海及中亚地区、欧洲中部、北部和南部、美洲、非洲热带山地。我国2种。

鼠茅　　　　　　　　　　　　图 947

Vulpia myuros (Linn.) C. C. Gmel. Fl. Bad. 1: 8. 1806.

Festuca myuros Linn. Sp. Pl. 74. 1753；中国高等植物图鉴 5: 60. 1976.

一年生。秆高20-60厘米，3-4节。叶鞘无毛，短于或下部者长于节间；叶舌长0.2-0.5毫米，干膜质；叶片长7-11厘米，宽1-2毫米，内卷，背面无毛，上面被毛茸。圆锥花序狭窄，基部通常为叶鞘所包或稍露出，长10-20厘米，宽约1厘米，分枝单生而偏于主轴一侧，扁平或具3棱。小穗长0.8-1厘米（芒除外），具4-5小花；小穗轴节间长约1毫米，被微毛；颖先端尖，边缘膜质，第一颖微小，1脉，长约1

毫米，第二颖窄，长 3-4.5 毫米。外稃窄披针形，背部近圆形，粗糙或边缘具较长毛，5 脉，边脉仅位于下部，第一外稃长约 6 毫米，芒长 1.3-1.8 厘米；雄蕊 1。颖果红棕色，长约 4 毫米。花果期 4-7 月。

产江苏、浙江、台湾、福建、江西、四川、西藏等省区，生于海拔 160-4200 米路边、山坡、沙滩、石缝或沟边。欧、亚、美、非各洲有分布。

44. 裂稃茅属 Schizachne Hack.
（陈文俐 刘 亮）

多年生草本。根茎短。叶鞘闭合或部分闭合；叶片扁平或稍纵卷。顶生总状圆锥花序紧缩或稍开展，分枝粗糙。小穗具 3-5 小花，小穗轴粗糙，脱节于颖以上及小花间；颖膜质，不相等，宽披针形，短于第一小花，先端锐尖或钝，第一颖较小，1-3 脉，第二颖具 5 脉。外稃草质兼硬纸质，7 脉，沿脉粗糙，先端有 2 尖齿，背部具直立或反折的芒，芒长于稃体；基盘短钝，密被柔毛；内稃短于外稃，具 2 脊，脊有柔软纤毛；雄蕊 3；子房顶端无毛，花柱顶生。颖果长圆形，与内外稃分离。

2 种，分布于东亚、俄罗斯欧洲部分和北美东部。我国 1 种。

可作牧场饲料。

图 947 鼠茅 （冯晋庸绘）

裂稃茅

Schizachne callosa (Turcz. ex Griseb.) Ohwi in Bot. Mag. Tokoy 45: 195. 1931.

Avena callosa Turcz. ex Griseb. in Ledeb. Fl. Ross. 4: 416. 1852.

Schizachne purpurascens (Torr.) Swallen subsp. *callosa* (Turcz. ex Griseb.) T. Koyama et Kawano；中国高等植物图鉴 5: 55. 1976.

多年生。根茎短。秆细弱，丛生，高 30-60 厘米，花序以下糙涩。叶鞘稍糙涩，闭合达顶端或中部以上；叶舌薄膜质，长 1-2 毫米；叶片线形，长 5-10 厘米，分蘖者长达 20 厘米，宽约 2 毫米，通常卷折，下面具横脉，上面生微柔毛。圆锥花序多成总状，长 6-8 厘米，通常具 4-6 小穗，与主轴贴生。小穗具 4-5 小花，长 1-1.4 厘米（芒除外）；小穗轴节间长约 2 毫米，粗糙；颖卵状披针形，先端尖，具宽膜质边缘，第一颖长 4-5 毫米，3 脉，侧脉不明显，第二颖长 5-7 毫米，5 脉。外稃披针形，具窄膜质边缘，先端 2 浅裂或微凹，7 脉，第一外稃长 7-9 毫米；基盘具长约 2 毫米柔毛；芒直伸，粗糙，长 1-1.5 厘米；内稃长 5-6 毫米，脊上部具纤毛。花果期 6-7 月。

产黑龙江、吉林、辽宁、河北、山西、四川北部及云南，生于

图 948 裂稃茅
（引自《中国主要植物图说 禾本科》）

阔叶针叶林林下或路旁。朝鲜半岛、日本、俄罗斯欧洲部分和西伯利亚有分布。

45. 扁穗草属 Brylkinia Schmidt.

（陈文俐 刘 亮）

多年生，疏丛。根茎短。秆高 50-70 厘米，3-5 节。叶鞘闭合，上部者短于节间，脉间密生倒向微毛；叶舌膜质，长约 0.5 毫米；叶片厚，扁平，长 20-30 厘米，宽 0.5-1 厘米，边缘稍内卷，具横脉。总状花序长 15-22 厘米，具小穗 13-20，穗轴节间角棱粗糙，下部者长 1.4-2 厘米，上部者长 0.3-1 厘米。小穗柄具刺毛，长约 5 毫米，有关节使小穗脱落，小穗脱节于颖之下，小穗长 1.2-1.4 厘米（芒除外），小穗两侧扁，小穗轴常延伸出顶生小花之后，顶生小花为孕性，下部 2-3 小花仅有外稃；颖窄披针形，革质，脊粗糙，第一颖具 3 脉，长 5-6 毫米，第二颖具 4-5 脉，侧脉不明显，长 7-7.5 毫米。不育外稃似颖，长 1-1.4 厘米，5 脉，先端具短尖头；孕性外稃长 1-1.2 厘米，质较薄，脊顶端具窄翼，翼缘粗糙，芒长 1-1.5 厘米，内稃短于外稃；雄蕊 3，花药长 4 毫米；鳞被 2，膜质；子房顶端无毛，花柱极短。颖果窄椭圆形，无毛。

单种属。

扁穗草　　　　　　　　　　　　　　　　图 949

Brylkinia caudata (Munro. ex A. Gray) Schmidt. in Mem. Acad. Imp. Sci. St. Pé tersb. ser. 7, 12: 199. pl. 8. f. 22-27. 1868.

Ehrharta caudata Munro. ex A. Gray. in Mem. Amer. Acad. n. ser. 6: 420. 1859.

形态特征同属。花果期夏季。

产吉林长白山及四川，多生于林下。俄罗斯萨哈林岛（库页岛）及日本有分布。

图 949 扁穗草
（引自《中国主要植物图说　禾本科》）

46. 鸭茅属 Dactylis Linn.

（陈文俐 刘 亮）

多年生。叶鞘闭合。圆锥花序开展或紧缩。小穗具 2 至数花，两侧扁，几无柄，紧密排列于花序分枝上部一侧；小穗轴无毛，脱节于颖片之上及小花之间；颖几相等，短于第一小花，1-3 脉，先端尖或渐尖。外稃硬纸质，5 脉，具短芒，脊粗糙或具纤毛；内稃短于外稃，脊具纤毛；雄蕊 3；雌蕊花柱顶生分离。颖果长圆而略呈三角形。

约 5 种，分布于欧亚大陆温带和北非。我国 1 种和 1 亚种。

鸭茅　　　　　　　　　　　　　　　　图 950

Dactylis glomerata Linn. Sp. Pl. 71. 1753.

秆高 0.4-1.2 米。叶鞘无毛，通常闭合达中部以上；叶舌薄膜质，长 4-8 毫米；叶片边缘或背部中脉均粗糙，长（6-）10-30 厘米，宽 4-8 毫米。圆锥花序开展，长 5-15 厘米，分枝单生或基部者稀孪生，长（3-）5-15 厘米，伸展或斜上，1/2 以下裸露，平滑；小穗多聚集分枝上部，具 2-5 花，长 5-7（-9）毫米，绿或稍带紫色；颖片披针形，长 4-5（-6.5）毫米，中脉稍凸出成脊。外稃背部粗糙或被微毛，

芒长约1毫米，第一外稃近等长于小穗；内稃窄，约等长于外稃，具2脊，脊具纤毛；花药长约2.5毫米。花果期5-8月。

产辽宁、山东、河南、陕西、宁夏、甘肃、新疆、安徽、台湾、江西、湖北、湖南、贵州、四川、云南及西藏，生于海拔1500-3600米山坡、草地或林下；河北、河南、山东、江苏等地有栽培或已野化。广布于欧、亚温带地区。春季发芽早，生长繁茂，至晚秋尚青绿、富含脂肪、蛋白质，为优良牧草，适于抽穗前收割，花后质量降低。

图 950 鸭茅
（引自《中国主要植物图说　禾本科》）

47. 洋狗尾草属 Cynosurus Linn.

（陈文俐　刘　亮）

多年生或一年生草本。叶片线形，扁平。圆锥花序穗形无间断而偏于一侧，或近头状。小穗二型，一为孕性，一为不育，孕性者无柄在上方，不育者具短柄在下部，小穗组紧密呈复瓦状排列于花序主轴一侧。不育小穗具2颖，外稃狭窄，1脉，渐尖，数枚排列于小穗轴上；孕性小穗具2-5花，两侧扁，小穗轴脱节于颖之上与小花间；颖狭窄，质较薄。外稃较宽，背部圆，具芒尖；内稃具2脊，先端2裂齿，约等长于外稃。

5-6种，分布于欧洲温带和地中海地区。我国1种。

洋狗尾草　　　　　　　　　　　　　　　　图 951

Cynosurus cristatus Linn. Sp. Pl. 72. 1753.

多年生。秆高20-70厘米，3-4节。圆锥花序穗状，长5-8厘米，宽5-7毫米，主轴成扁平"之"字形。不育小穗长约5毫米，颖线状披针形，背具1脉成脊，具纤毛，先端渐尖或成芒尖；第一颖长2-3毫米，第二颖长3-4毫米；外稃与颖同形，空虚。孕性小穗具4-5小花，长约5毫米，颖披针形，长4-4.5毫米，边缘膜质，背具1脉成脊；外稃背部圆，不明显5脉，上部小刺状粗糙，先端具长约1毫米小尖头，第一外稃长约4毫米；内稃较短于外稃，具2脊；雄蕊3，花药长约2毫米，黄色；子房长圆形，长约0.7毫米，顶端无毛；花柱2，极短，柱头帚刷状，长约1.5毫米。

图 951 洋狗尾草
（引自《中国主要植物图说　禾本科》）

产江西庐山，生于田野、道旁或林地。欧洲地中海区域广泛分布，引入美洲和亚洲。

48. 早熟禾属 Poa Linn.

（刘　亮　陈文俐）

多年生，稀一年生。疏丛或密丛。有的具匍匐根茎。叶鞘开放，或下部闭合；叶舌膜质；叶片扁平，对折或内卷。圆锥花序开展或紧缩。小穗具 2-8 小花，上部小花不育或退化；小穗轴脱节于颖之上及花之间；两颖不等或近相等，第一颖较短窄，1 脉或 3 脉，第二颖具 3 脉，均短于外稃。外稃卵状披针形或卵形，侧面观窄卵形，纸质或较厚，先端尖或稍钝，无芒，边缘多少膜质，5 脉，中脉成脊，背部多无毛，脊与边脉下部具柔毛，基盘短而钝，有绵毛，稀无毛；内稃等长或稍短于外稃，两脊微粗糙，稀具丝状纤毛；鳞被 2；雄蕊 3；花柱 2，柱头羽毛状，子房无毛。颖果长圆状纺锤形，与内外稃分离。种脐点状，胚比约 1/5。染色体大型，基数 x=7，二倍体至 12 倍体和非整倍性植物。

　　约 500 种，广布于全球温寒带、热带、亚热带高海拔山地。我国 231 种。

　　草质优良，为重要牧草资源，也是环保植物。

1. 第一颖具 1 脉，颖与外稃质较薄；外稃间脉多明显。
　2. 花药线形，长 1-3 毫米；多年生草本。
　　3. 植株具发达长匍匐根茎。
　　　4. 外稃基盘不具绵毛，脊与边脉无毛蔽有柔毛；叶鞘下部闭合，叶片粗厚。
　　　5. 外稃基盘较长尖，两侧具直伸柔毛；颖片与外稃近等长 ……………… 1(附). **类早熟禾 P. eminens**
　　　5. 外稃基盘无毛，短钝；颖片短于外稃。
　　　　6. 圆锥花序疏展，长与宽均 10-20 厘米 …………………………… 1. **散穗早熟禾 P. subfastigiata**
　　　　6. 圆锥花序近穗状，长 5-10 厘米，宽约 2 厘米。
　　　　　7. 小穗长 4-7 毫米，具 3-5 小花；第一颖长 2.5-3.5 毫米，第二颖长 4-4.5 毫米；外稃长 4-5 毫米
　　　　　………………………………………………………………………………… 2. **西藏早熟禾 P. tibetica**
　　　　　7. 小穗长 7-9 毫米，具 4-6 小花；第一颖长 4.5-5 毫米，第二颖长 5-6 毫米；外稃长 6-7 毫米 …
　　　　　……………………………………………………………………… 2(附). **毛花早熟禾 P. ciliatiflora**
　　　4. 外稃基盘具绵毛，脊与边脉下部生柔毛；叶鞘开放，叶片较柔。
　　　8. 外稃长 2.5-3.5（-4）毫米；第一颖长 2-2.5 毫米。
　　　　9. 植株高 0.5-1 米；圆锥花序长 10-20 厘米；根茎发达横生；小穗长于 4 毫米。
　　　　　10. 小穗草绿色，具 3-4 小花，长 4-5 毫米。
　　　　　　11. 叶片扁平，宽 2-4 毫米；圆锥花序金字塔形，宽 4-5 毫米；外稃长约 3.5 毫米 ………
　　　　　　………………………………………………………………………… 3. **草地早熟禾 P. pratensis**
　　　　　　11. 叶片细长内卷，宽约 1 毫米；圆锥花序长圆形，宽约 2 毫米；外稃长约 3 毫米 ………
　　　　　　………………………………………………………………………… 4. **细叶早熟禾 P. angustifolia**
　　　　　10. 小穗紫色，具 5-7 小花，长约 6 毫米。
　　　　　　12. 外稃长约 3 毫米；第一颖长 2.5 毫米；圆锥花序长达 15 厘米，为其宽的 1 倍，分枝长 3-5 枚，
　　　　　　中上部密生小枝与小穗 ………………………………………… 5. **密花早熟禾 P. pachyantha**
　　　　　　12. 外稃长 3.5-4 毫米；第一颖长 2 毫米；圆锥花序长与宽均约 12 厘米，不具密集小穗，分枝 2-3，
　　　　　　中部以下裸露 ……………………………………………… 5(附). **阿富汗早熟禾 P. afghanica**
　　　　9. 植株高 3-20 厘米；圆锥花序长 1-5 厘米；小穗长 3-4 毫米。
　　　　　13. 植株基部倾卧，根茎呈弧形上升；花药长 1-1.2 毫米；圆锥花序狭窄较密 ………………
　　　　　………………………………………………………………………… 6. **高原早熟禾 P. alpigena**
　　　　　13. 植株直立，基部宿存较厚枯鞘，根茎横生；花药长 1.5-2 毫米；圆锥花序疏散。
　　　　　　14. 小穗具 2-3 小花，长 3.5-4 毫米；颖片长 2.4-2.8 毫米；外稃长约 3.5 毫米 ………………
　　　　　　………………………………………………………………………… 7. **花丽早熟禾 P. calliopsis**
　　　　　　14. 小穗具 2 小花，长约 2.5 毫米；颖片长 2-2.2 毫米；外稃长 2.2 毫米
　　　　　　………………………………………………………………………… 7(附). **砾沙早熟禾 P. sabulosa**
　　　8. 外稃长 4-4.5 毫米；第一颖长 3-4 毫米。
　　　　15. 植株高 0.8-1.2 米；圆锥花序长 10-20 厘米，分枝长达 8 厘米。

16. 小穗长 5-6 毫米，具 2-3 小花；外稃长 4-4.5 毫米 ·············· 8. **窄颖早熟禾 P. stenachyra**

16. 小穗长 6-9 毫米，具 3-7 小花；外稃长 4.5-5 毫米 ·············· 8(附). **狭颖早熟禾 P. angustiglumis**

15. 植株高 10-40 厘米；圆锥花序长 6-18 厘米，分枝长 2-5 厘米 ·············· 9. **长稃早熟禾 P. dolichachyra**

3. 植株疏丛生或密丛生，有些具短根茎。

　17. 外稃背面无毛，基盘不具绵毛或有稀少绵毛。

　　18. 外稃全部无毛；叶鞘圆筒形。

　　　19. 植株丛生，无根茎。

　　　　20. 小穗长 6-7 毫米；外稃长 4.5-5 毫米；圆锥花序紧缩，长 6-12 厘米，分枝长 0.5-3 厘米。

　　　　　21. 第一颖长 3 毫米；花药长约 3 毫米；植株高 0.6-1 米；叶片宽 2-4 毫米 ··············

　　　　　·············· 10. **长叶早熟禾 P. longifolia**

　　　　　21. 第一颖长 4 毫米；花药长约 2 毫米；植株高 30-40 厘米；叶片宽约 1 毫米 ··············

　　　　　·············· 10(附). **脆早熟禾 P. fragilis**

　　　　20. 小穗长 4-5（6）毫米；外稃长 3.5-4.5（-5）毫米；圆锥花序疏展，分枝长 4-7 厘米。

　　　　22. 秆高 0.4-1.1 米；圆锥花序长 12-18 厘米；分枝 3-5 着生各节，粗糙；小穗长 4-5 毫米。

　　　　　23. 叶片宽 2-5 毫米；秆高 0.8-1.1 米；外稃长约 3.5 毫米 ·············· 11. **西伯利亚早熟禾 P. sibirica**

　　　　　23. 叶片宽约 1 毫米；秆高 40-70 厘米；外稃长约 4 毫米 ·············· 11(附). **异叶早熟禾 P. diversifolia**

　　　　22. 秆高 20-40 厘米；圆锥花序长 5-10 厘米；分枝孪生，平滑，花后成直角开展或俯垂；小穗长 5-

　　　　　6 毫米 ·············· 12. **艾松早熟禾 P. aitchisonii**

　　　19. 植株具根茎。

　　　　24. 秆高达 1.2 米；叶片宽 2-8 毫米；小穗长 4-5 毫米，具 2-3 小花 ·············· 13. **显稃早熟禾 P. insignis**

　　　　24. 秆高 40-80 厘米；叶片宽 1-3 毫米；小穗长（4）5-7 毫米，具 3-4（-6）小花 ··············

　　　　　·············· 13 (附). **布查早熟禾 P. bucharica**

　18. 外稃脊与边脉下部生柔毛，基盘无毛或稀有绵毛；有些叶鞘扁成脊且脊具翼。

　　25. 外稃无毛；基盘无绵毛；小穗长 8-9 毫米；叶鞘扁成脊，脊具宽翼，顶生叶片短于叶鞘，先端尖成

　　　勺形，宽 0.6-1 厘米 ·············· 14. **扁鞘早熟禾 P. chaixii**

　　25. 外稃脊与边脉下部多少有柔毛；基盘有稀少绵毛；小穗长 5-7 毫米；叶鞘扁具脊，脊有翼或无，顶

　　　生叶片长于或近等长于叶鞘，先端渐尖，宽 3-6（-8）毫米。

　　　26. 植株高 1-1.5 米；第一颖长约 3 毫米，第二颖长约 4 毫米；花药长达 3 毫米。

　　　　27. 外稃长 4-4.5 毫米；圆锥花序长达 30 厘米，分枝细，长 10 厘米以上；叶舌长 2-3 毫米 ··············

　　　　　·············· 15. **疏序早熟禾 P. remota**

　　　　27. 外稃长约 5 毫米；圆锥花序长 15-20 厘米，分枝长 5-8 厘米；叶舌长 1 毫米 ··············

　　　　　·············· 15(附). **杂早熟禾 P. hybrida**

　　　26. 植株高 30-90 厘米；第一颖长 2-2.5 毫米，第二颖长 3-3.5 毫米；花药长 1-1.5 毫米。

　　　　28. 小穗长 5-8 毫米，具 3-8 小花；外稃长 3.5-4 毫米。

　　　　　29. 叶片宽 8-9 毫米；植株高 60-90 厘米；圆锥花序长达 30 厘米，分枝长 10 厘米 ··············

　　　　　·············· 16. **匐根早熟禾 P. radula**

　　　　　29. 叶片宽 3-5 毫米；植株高 30-60 厘米；圆锥花序长 10-20 厘米，分枝长 4-5 厘米 ··············

　　　　　·············· 16 (附). **玛森早熟禾 P. masenderana**

　　　　28. 小穗长 3.5-5 毫米，具 2-3 小花；外稃长约 3 毫米 ·············· 17. **加拿大早熟禾 P. compressa**

　17. 外稃脊与边脉或脉间被毛，基盘具多量绵毛，有时稀少。

　　30. 外稃脉间贴生柔毛；小穗宽大，长 5-9 毫米，宽 4.5-7 毫米。

　　　31. 小穗长 8-9 毫米；外稃脉间无毛。

　　　　32. 圆锥花序分枝粗糙，基部无膜质苞片；内稃脊间无毛 ·············· 18. **萨哈林早熟禾 P. sachalinensis**

　　　　32. 圆锥花序分枝平滑，基部具长 3-4 毫米膜质苞片；内稃两脊之间被微毛 ··············

.... 18(附). 膜苞早熟禾 **P. bracteosa**

31. 小穗长 5-8 毫米；外稃脉间被柔毛或小刺毛。

 33. 小穗长 6-8 毫米，宽 4-6 毫米；圆锥花序分枝，多粗糙；第一颖长 4 毫米，第二颖长 5 毫米，短于小穗。

  34. 植株高 40-80 厘米；圆锥花序长达 15 厘米，分枝长达 10 厘米；颖片长 4-5 毫米；外稃长 5-5.5 毫米 .... 18(附). 匍茎早熟禾 **P. trivialiformis**

  34. 植株高 10-30 厘米；圆锥花序长 4-9 厘米，分枝长约 3 厘米；颖片长 3-4 毫米；外稃长约 4.2 毫米.....
.... 18(附). 柯氏早熟禾 **P. komarovii**

 33. 小穗长 5-6 毫米，宽 5-7 毫米，花期近圆形；圆锥花序分枝平滑。

  35. 植株高 15-40 厘米；叶片长 5-10 厘米，宽 2-4 毫米；圆锥花序长 5-10 厘米，疏生少数小穗。

   36. 植株高 25-40 厘米；叶片长约 5 厘米，宽 4 毫米；小穗长约 6 毫米，具 2-4 小花 .... 19. 史米诺早熟禾 **P. smirnowii**

   36. 植株低矮，高 15-20 厘米；叶片长约 10 厘米，宽 2 毫米；小穗长 6-7（8）毫米，具 3-4 小花 .... 19(附). 软稃早熟禾 **P. malacantha**

  35. 植株高 40-60 厘米；叶片长约 20 厘米，宽约 4 毫米；圆锥花序长 11-15 厘米，金字塔形，着生较多小穗 .... 19(附). 阔花早熟禾 **P. platyantha**

30. 外稃脉间无毛或稀有微毛；小穗长 4-7（-9）毫米，宽 3-4 毫米。

 37. 外稃基盘具绵毛。

  38. 植株具根茎。

   39. 小穗宽卵形；颖较宽，先端尖；外稃质薄，具宽膜质边缘，先端钝，基盘具多量绵毛；植株高 50 厘米以下；叶舌长不及 1 毫米。

    40. 圆锥花序长 2-4 厘米，宽 1-3 厘米；小穗长 5-7 毫米；花药长 2-3 毫米 … 20. 极地早熟禾 **P. arctica**

    40. 圆锥花序长 4-7 厘米，宽 3-4 厘米；小穗长 7-9 毫米；花药长 3.5 毫米 …… 21. 唐氏早熟禾 **P. tangii**

   39. 小穗披针形或宽披针形；颖较狭窄，先端渐尖或尖；外稃较厚，边缘膜质较窄或稍宽，先端尖，基盘有绵毛；植株高 0.2-1 米；叶舌长 0.5-1 毫米或 2-5 毫米。

    41. 小穗长 5-7 毫米，基盘具少量绵毛。

     42. 外稃脉间贴生微毛；花药长 2-2.5 毫米。

      43. 第一颖长约 4 毫米，长为第一外稃 2/3；外稃脉间贴生短毛向基部渐密 ....
.... 22. 疏花早熟禾 **P. chalarantha**

      43. 第一颖长 2.5-3 毫米，长为第一外稃 1/2；外稃脉间下部贴生细微毛。

       44. 植株高 15-30 厘米；圆锥花序长 5-10 厘米，分枝 3-5，簇生于各节；小穗轴节间无毛；花药长约 2.5 毫米 .... 23. 多鞘早熟禾 **P. polycolea**

       44. 植株高 30-50 厘米；圆锥花序长 7-12 厘米，分枝孪生，长 5-7 厘米；小穗轴节间生糙毛；花药长 2 毫米，有不育微小退化花药 .... 24. 云生早熟禾 **P. nubigena**

     42. 外稃脉间无毛；花药长 1-2 毫米。

      45. 植株高 30-70 厘米；第一颖长 3-3.5 毫米 .... 25. 天山早熟禾 **P. tianschanica**

      45. 植株高 10-20 厘米；第一颖长 1.8-3 毫米 .... 25(附). 帕米尔早熟禾 **P. pamirica**

    41. 小穗长 4-5 毫米；基盘具多量绵毛。

     46. 小穗长 2.5-4 毫米，具 2-3 小花；花药长 0.8-1.5 毫米。

      47. 植株具匍匐茎；叶舌长 4-5 毫米；外稃长 2.5 毫米 .... 26. 普通早熟禾 **P. trivialis**

      47. 植株具短根茎；叶舌长 0.5 毫米；外稃长 3.8-4 毫米 .... 27. 糙早熟禾 **P. raduliformis**

     46. 小穗长 4-5 毫米，具 3-5 小花；花药长 1-2 毫米。

      48. 植株高 30-70 厘米；圆锥花序长 6-10 厘米 .... 27(附). 托玛早熟禾 **P. tolmatchewii**

48. 植株高 15-25 厘米，绿色；圆锥花序长 4-6 厘米。

 49. 外稃长 4-5 毫米；叶舌长 3-5 毫米；花药长 2 毫米，具长约 0.5 毫米的退化花药 ·················

  ·· 28. 光轴早熟禾 **P. levipes**

 49. 外稃长 3.5 毫米；叶舌长 0.5-1.5 毫米；花药长 1 毫米，无退化花药 ·························

  ·· 28(附). 寡穗早熟禾 **P. paucispicula**

38. 植株丛生，无根茎。

 50. 小穗长 6-8 毫米。

  51. 外稃脉间贴生微毛；植株高 15-30 厘米 ·························· 29. 曲枝早熟禾 **P. pagophila**

  51. 外稃脉间无毛；植株高 30-60 厘米 ······························ 30. 开展早熟禾 **P. patens**

 50. 小穗长 3.5-5（6）毫米。

  52. 小穗长约 3.5 毫米，具 2 小花 ·································· 31. 高砂早熟禾 **P. takasagomontana**

  52. 小穗长 5-6 毫米，具 2-3 小花 ······························ 32. 石生早熟禾 **P. lithophila**

37. 外稃基盘无绵毛。

 53. 外稃脉间下部无毛；圆锥花序长达 20 厘米。

  54. 叶舌长 4-6 毫米；第一颖长 2-2.5（-3）毫米 ·················· 33. 大锥早熟禾 **P. megalothyrsa**

  54. 叶舌长 0.5-2 毫米；第一颖长 3-3.2 毫米 ···················· 33(附). 伊尔库早熟禾 **P. ircutica**

 53. 外稃脉间下部贴生微毛；圆锥花序长 8-12 厘米。

  55. 植株高 60-70 厘米，几无根茎；叶片长达 20 厘米，宽约 4 毫米；小穗长 5.5-6 毫米，具 2（-3）小
   花；花药长 3 毫米 ·· 34. 福克纳早熟禾 **P. falconeri**

  55. 植株高 20-50 厘米，具下伸根茎；叶长约 10 厘米，宽 1-3 毫米；小穗长 6-7 毫米，具 3（-6）小
   花；花药长 2 毫米 ·· 34(附). 疏穗早熟禾 **P. lipskyi**

2. 花药卵形，长 0.2-1 毫米；一年生或多年生禾草。

56. 多年生草本。

 57. 外稃基盘具绵毛。

  58. 外稃两脊粗糙。

   59. 第一颖狭小，1 脉，短于第一外稃，第二颖具 3 脉，长于第一颖；小穗轴无毛。

    60. 植株直立，疏丛，无根茎；第一颖长 2-3 毫米，宽约 1 毫米，长为第一外稃 2/3；外稃长 3-4 毫
     米；花药长 0.5-0.8 毫米。

     61. 小穗具 3-4 小花，长 5-6 毫米；第一颖长 2.5-3 毫米；第一外稃长 3.5-4 毫米；花药长 0.8 毫米；
      圆锥花序宽 2-3 厘米，分枝斜上 ·························· 35. 喀斯早熟禾 **P. khasiana**

     61. 小穗具 2-3 小花，长 3-4 毫米；第一颖长 2 毫米；第一外稃长 3-3.5 毫米；花药长 0.5 毫米；
      圆锥花序宽达 7 厘米，分枝蜿蜒状弯曲下垂 ·················· 36. 垂枝早熟禾 **P. declinata**

    60. 植株具纤细根茎；第一颖长约 2 毫米，宽约 0.5 毫米，近芒状，长为第一外稃 1/2；外稃长 4-4.5
     毫米；花药长 0.8-1 毫米 ·································· 37. 喜马拉雅早熟禾 **P. himalayana**

   59. 两颖近等长，3 脉，等长或长于外稃；小穗轴有时具毛 ·················· 38. 尖早熟禾 **P. setulosa**

  58. 内稃两脊具丝状毛，或下部具纤毛，上部粗糙。

   62. 外稃脉间无毛；花药长 0.5-0.75 毫米。

    63. 植株高约 30 厘米；叶片长约 15 厘米；圆锥花序长 10-15 厘米；小穗具 2-3 或 4-5 小花，长 3.5-
     5 毫米。

     64. 小穗长 4-4.5 毫米；外稃长约 3.5 毫米；植株具细弱根茎 39. 小药早熟禾 **P. micrandra**

     64. 小穗长 3.5-4 毫米；外稃长 2.5-3 毫米；植株具匍匐短根茎 ··· 39(附). 尼泊尔早熟禾 **P. nepalensis**

    63. 植株高约 15 厘米；叶片长 2-5 厘米；圆锥花序长 5-8 厘米，小穗长约 6 毫米，具 5-6 小花 ········
     ··· 39(附). 画眉草状早熟禾 **P. eragrostioides**

   62. 外稃脉间下部散生或密生微柔毛；花药长 0.8-1 毫米。

65. 植株具匍匐茎或细弱根茎；叶舌长 5 毫米；圆锥花序长约 20 厘米；第一颖长约 3.5 毫米，宽 1-1.5 毫米；外稃背面下部密生柔毛 ·················· 40. **斯塔夫早熟禾 P. stapfiana**

65. 植株具短匍匐根茎；叶舌长 1 毫米；圆锥花序长约 10 厘米；第一颖长约 3.8 毫米，宽约 0.5 毫米；外稃下部贴生微毛 ·················· 40(附). **缅甸早熟禾 P. burmanica**

57. 外稃基盘无绵毛。

66. 外稃脉间贴生短毛 ·················· 41. **颖毛早熟禾 P. hirtiglumis**

66. 外稃脉间无毛 ·················· 41(附). **苗壮早熟禾 P. imperialis**

56. 一年生禾草。

67. 外稃基盘具绵毛。

68. 内稃沿两脊粗糙或具纤毛，或上部粗糙，下部具纤毛。

69. 叶片宽约 1 毫米；小穗具 2-3 小花；内稃长约为外稃 1/2-2/3，两脊粗糙。

70. 颖片短于外稃，颖长 2.5-3.5 毫米；第一外稃长约 4 毫米；小穗长 4-5 毫米；植株高 20-30 厘米·················· 42. **荏弱早熟禾 P. gracilior**

70. 两颖与外稃近等长，长约 2.5 毫米；小穗长 3-3.5 毫米；植株高 10-15 厘米 ·················· 42(附). **等颖早熟禾 P. rhadina**

69. 叶片宽 2-5 毫米；小穗具 3-5 小花；内稃两脊下部具纤毛或上部粗糙，等长或稍短于外稃。

71. 叶片长约 5 厘米，叶舌长约 1 毫米；圆锥花序长 8-10 厘米，宽 2-4 厘米；第一颖长 2-2.5 毫米，第二颖长 2.5-3 毫米。

72. 外稃长约 3 毫米；花药长 0.7 毫米；小穗长 4-4.5 毫米；叶片宽 1-3 毫米 ·················· 43. **久内早熟禾 P. hisauchii**

72. 外稃长 3.5-3.8 毫米；花药长 1 毫米；小穗长 5-6 毫米；叶片宽 4-5 毫米 ·················· 43(附). **日本早熟禾 P. nipponica**

71. 叶片长约 15 厘米，叶舌长约 3 毫米；圆锥花序长约 20 厘米，宽 10 厘米；第一颖长 2.5-3 毫米，第二颖长 2.5- 4 毫米 ·················· 43(附). **史蒂瓦早熟禾 P. stewartiana**

68. 内稃沿两脊具丝状毛 ·················· 44. **白顶早熟禾 P. acroleuca**

67. 外稃基盘无绵毛。

73. 内稃两脊粗糙，或下部有纤毛，上部粗糙。

74. 外稃无毛，脊与边脉粗糙；内稃沿两脊粗糙；小穗轴粗糙。

75. 植株高 15-30 厘米 ·················· 45. **藏南早熟禾 P. tibeticola**

75. 植株高约 4 厘米 ·················· 45(附). **拟早熟禾 P. pseudamoena**

74. 外稃脊与边脉具柔毛；内稃沿脊生纤毛或下部具纤毛，上部粗糙。

76. 植株较粗壮，高 30-50 厘米；小穗长 4-6 毫米；花药长 0.5-1 毫米。

77. 叶鞘倒向粗糙，叶舌长 3-6 毫米；第一颖长 1.5-2 毫米；花药长 0.5-0.7 毫米 ·················· 46. **锡金早熟禾 P. sikkimensis**

77. 叶鞘无毛；叶舌长 0.5-3 毫米；第一颖长约 2.5 毫米；花药长 0.7-1 毫米。

78. 外稃长 2.5-3 毫米；叶片较硬，长 3-8 厘米，宽 1-3.5 毫米 ·················· 47. **套鞘早熟禾 P. tunicata**

78. 外稃长 3.2-3.8 毫米；叶片柔软，长达 15 厘米，宽约 5 毫米 ·················· 47(附). **那菲早熟禾 P. nephelophila**

76. 植株纤细柔弱，高 10-25 厘米；小穗长约 2.5 毫米；花药长 0.4-0.5 毫米 ·················· 48. **细早熟禾 P. debilior**

73. 内稃沿两脊密被长丝状毛；外稃毛端与边缘具较宽膜质。

79. 外稃长 2-2.5 毫米；小穗轴节间长约 1 毫米，外露 ·················· 49(附). **低矮早熟禾 P. infirma**

79. 外稃长 3-3.5 毫米；小穗轴不外露。

80. 花药长 0.6-0.8 毫米；外稃长 3 毫米 ·················· 49. **早熟禾 P. annua**

80. 花药长 1.2-1.8 毫米；外稃长 3.5 毫米 ·················· 50. **仰卧早熟禾 P. supina**

1. 第一颖具 3 脉，颖与外稃多较厚；外稃间脉多不明显。

　81. 颖与外稃宽卵形，外稃背部弧形，基盘无绵毛。

　　82. 外稃脉间贴生短柔毛；叶片扁平，宽 3-5 毫米，叶舌长 2-6 毫米。

　　　83. 外稃背部弧形，长 3.5-4 毫米；小穗长 4-7 毫米；第一颖长 2.5-3 毫米，第二颖长 3-4 毫米 ……………………………………………………………………………… 51. 高山早熟禾 **P. alpina**

　　　83. 外稃卵状披针形，长 4-4.5 毫米；小穗长 7-8 毫米；第一颖长 3.5-4 毫米，第二颖长 4.5 毫米 ……………………………………………………………… 51(附). 巴顿早熟禾 **P. badensis**

　　82. 外稃脉间无毛；叶片内卷，宽 0.5-2（3）毫米，叶舌长 1-3 或达 6 毫米。

　　　84. 外稃长约 2.5 毫米；第一颖长 1.5-2 毫米；圆锥花序长 1-4 厘米。

　　　　85. 叶舌长 1-2 毫米；秆高 6-20 厘米，具根茎；小穗具 2-3 小花，长 3-4 毫米 ……………………………………………………………………………… 52. 阿拉套早熟禾 **P. alberti**

　　　　85. 叶舌长 3-6 毫米；秆高 5-12 厘米，密丛；小穗具 5-10 小花 ………… 52(附). 尖舌早熟禾 **P. ligulata**

　　　84. 外稃长 3.5-4 毫米；第一颖长 2.5-3 毫米；圆锥花序紧缩，长 3-6 厘米。

　　　　86. 秆高 20-40 厘米；小穗长约 5 毫米，具 3-5 小花 ……… 53. 中间早熟禾 **P. media**

　　　　86. 秆高 0.8-2 厘米；小穗长 5-6（-7）毫米，具 4-6 小花 ……… 53(附). 矮早熟禾 **P. pumila**

　81. 颖与外稃披针形，外稃背部劲直或内曲，基盘具绵毛，或无毛。

　　87. 外稃长 4.5-6.5 毫米，脉间贴生柔毛，基盘多无毛；花药多长 2-3 毫米。

　　　88. 基盘有绵毛或具稀少绵毛。

　　　　89. 外稃长 4.5-5 毫米；小穗长 5-7 毫米。

　　　　　90. 叶片宽 3 毫米，叶舌长 1.2 毫米；圆锥花序长 20 厘米；小穗长 5-7 毫米；花药长约 2 毫米；植株具根头 …………………………………………… 54. 毛稃早熟禾 **P. ludens**

　　　　　90. 叶片宽 4-7 毫米，叶舌长 4 毫米；圆锥花序长约 10 厘米；小穗长 6-7 毫米；花药长约 1 毫米；植株具根茎 ……………………………… 54(附). 莨密早熟禾 **P. gammieana**

　　　　89. 外稃长 5.5-8 毫米；小穗长 7-8 毫米。

　　　　　91. 植株高 60-80 厘米；叶舌长达 5 毫米；圆锥花序长 10-20 厘米；外稃长 6-7 毫米，粗糙 ……………………………………………………………… 55. 大萼早熟禾 **P. macrocalyx**

　　　　　91. 植株高 20-40 厘米；叶舌长 2 毫米；圆锥花序长 5-7 厘米；外稃长约 8 毫米，被毛 ……………………………………………………………… 55(附). 绵毛早熟禾 **P. lanata**

　　　88. 基盘无绵毛。

　　　　92. 小穗长 7 毫米，具 2-3 小花；外稃长 6-6.5 毫米；小穗轴节间被微毛。

　　　　　93. 外稃长 6-6.5 毫米；叶舌长 4 毫米 ……………… 56. 闪穗早熟禾 **P. nitidespiculata**

　　　　　93. 外稃长 5-6 毫米；叶舌长 2-2.5 毫米 ……………… 56(附). 易乐早熟禾 **P. eleanorae**

　　　　92. 小穗长 5-6 毫米，具 3-4 小花；外稃长 5-5.5 毫米；小穗轴节间无毛 …… 57. 甘波早熟禾 **P. gamblei**

　　87. 外稃长 2-4 毫米，脉间无毛，稀有毛，基盘具绵毛，稀无毛；花药长 1-2 毫米。

　　　94. 叶舌长 0.2-1 毫米；秆较软；叶鞘短于节间，顶生叶鞘短于叶片 1-3 倍，小穗多具 1-3 小花。

　　　　95. 叶舌长 0.2-0.8（-1）毫米；植株丛生，无短根茎。

　　　　　96. 顶生叶鞘 2 倍短于叶片；小穗有细点状粗糙；小穗轴节间被微毛或短柔毛。

　　　　　　97. 外稃长约 4 毫米，脊与边脉下部具柔毛，基盘具绵毛 …………… 58. 林地早熟禾 **P. nemoralis**

　　　　　　97. 外稃长 3-3.5 毫米，除脊有稀少柔毛外，余近无毛 ………… 58(附). 坎博早熟禾 **P. kanboensis**

　　　　　96. 顶生叶鞘近等长、稍短或稍长于叶片；小穗较平滑；小穗轴节间多无毛，稀疏微毛。

　　　　　　98. 小穗长 3-4 毫米；外稃长 3-3.2 毫米 …………………… 59. 黄色早熟禾 **P. flavida**

　　　　　　98. 小穗长 4-6 毫米；外稃长 3.5-5 毫米。

　　　　　　　99. 小穗长 5-6 毫米；第二颖长 4.5-6 毫米，先端渐尖成小尖头而等长于小穗；圆锥花序长约 15 厘米，基部主枝长达 10 厘米 ·· 60. **尖颖早熟禾 P. acmocalyx**

99. 小穗长 4-5 毫米；第二颖长约 4 毫米，先端尖，短于小穗；圆锥花序长 5-10 厘米，基部主枝长 3-5 厘米。

　　100. 小穗轴节间生微毛；外稃长 3.5 毫米；叶片长约 10 厘米，宽 1-2 毫米 ····· 61. **贫叶早熟禾 P. oligophylla**

　　100. 小穗轴节间无毛或微粗糙；外稃长约 4 毫米；叶片长 4-8 厘米，宽 2-3 毫米 ·······

　　·· 61(附). **柯顺早熟禾 P. korshunensis**

95. 叶舌长 1-4（-6）毫米；植株多具细短根茎或根头。

　　101. 小穗长 3-4 毫米；顶生叶鞘短于叶片 ·································· 62. **纤弱早熟禾 P. malaca**

　　101. 小穗长 4-5 毫米；顶生叶鞘长于叶片。

　　　　102. 第一颖具 1 脉，长 2-3.5 毫米；第一外稃不孕，空虚而形成第三颖；花药长 1 毫米 ·······

　　　　·· 62(附). **蛊早熟禾 P. fascinata**

　　　　102. 第一颖具 3 脉，长 3-3.5 毫米；第一外稃正常发育不具第三颖；花药长 1.2-1.5 毫米。

　　　　　　103. 植株高约 45 厘米；叶舌长 2-3 毫米；圆锥花序长 8-10 厘米，主枝长 2-5 厘米；小穗轴稍有微

　　　　　　　　毛；外稃长 4 毫米 ·· 63. **柔软早熟禾 P. lepta**

　　　　　　103. 植株高约 75 厘米；叶舌长（0.5-）1-1.5 毫米；圆锥花序长 12-18 厘米，主枝长 8 厘米；小穗

　　　　　　　　轴节间密被茸毛；外稃长 3.5 毫米 ··························· 64. **毛轴早熟禾 P. pilipes**

94. 叶舌长 1-6 毫米；秆较硬；叶鞘长于节间，顶生叶鞘等长或长于叶片；小穗具 3-10 小花。

　　104. 植株丛生，或具短根茎，秆高达 1 米以上，顶节位于秆中上部；茎生叶片多数，扁平较长；圆锥花序

　　　　疏散开展，分枝伸长，下部裸露。

　　　　105. 植株高 0.8-1.2 米；圆锥花序长达 20 厘米，宽达 10 厘米。

　　　　　　106. 叶舌长 0.3-1.5 毫米；圆锥花序长 15-20 厘米；分枝长 6-10 厘米。

　　　　　　　　107. 植株具短根茎，基部节着土生根；小穗长 6-7 毫米；颖片长 4-5 毫米；外稃长 4.5-6 毫米·······

　　　　　　　　·· 65. **斯哥佐早熟禾 P. skvortzovii**

　　　　　　　　107. 植株丛生，直立；小穗长 4.5-5.5 毫米；颖片长 2.5-4.5 毫米。

　　　　　　　　　　108. 第一颖长 2.5-3 毫米，第二颖长 3-4 毫米；外稃长 3.5-4.5 毫米 ········ 66. **蒙古早熟禾 P. mongolica**

　　　　　　　　　　108. 第一颖长 4 毫米，第二颖长 4.5 毫米；外稃长 4.5-5 毫米 ····· 66(附). **乌苏里早熟禾 P. urssulensis**

　　　　　　106. 叶舌长 1.5-5 毫米；圆锥花序长 10-15 厘米，分枝长 4-6 厘米。

　　　　　　　　109. 小穗长 4.5-6 毫米，具 3-4（5）小花；有时基盘几无绵毛；植株丛生无根茎 ·················

　　　　　　　　·· 67. **克瑞早熟禾 P. krylovii**

　　　　　　　　109. 小穗长 3-5 毫米，具 2-4（5）小花；外稃基盘有绵毛；植株多少具根茎。

　　　　　　　　　　110. 植株丛生，有时具细短根茎；小穗长 4.5-5 毫米；第一颖长 2.5 毫米，第二颖长约 3 毫米；外稃

　　　　　　　　　　　　长 3-3.5 毫米 ·· 68. **泽地早熟禾 P. palustris**

　　　　　　　　　　110. 植株根茎在地面萌生分蘖枝，形成有间隔的小株丛；小穗及其各部长 2.5-3 毫米；第一颖长 1.5-2

　　　　　　　　　　　　毫米，第二颖长 2.2-2.5 毫米；外稃长 2.5-3 毫米 ··········· 68(附). **欧早熟禾 P. sylvicola**

　　　　105. 植株高（10-）30-80 厘米；圆锥花序较短而狭窄。

　　　　　　111. 小穗长 0.6-1 厘米，具 7-11 小花；花药长 2-3 毫米。

　　　　　　　　112. 植株具短根茎，秆具 4-8 节；叶片宽 4-6 毫米；圆锥花序分枝自基部着生小穗；小穗具 7-11 小花，

　　　　　　　　　　长（0.6）0.7-1 厘米 ······································ 69. **大穗早熟禾 P. grandispica**

　　　　　　　　112. 植株疏丛生，秆具 2-4 节；叶片宽 1-3 毫米；圆锥花序分枝下部裸露；小穗具 3-5 小花，长 6-68

　　　　　　　　　　毫米。

　　　　　　　　　　113. 第一颖长 4-5 毫米，第二颖长 5-6 毫米，先端渐尖；圆锥花序长 6-9 厘米；外稃基盘无绵毛 ·······

　　　　　　　　　　·· 70. **光盘早熟禾 P. elanata**

　　　　　　　　　　113. 第一颖长 3-4.5 毫米，第二颖长 4-5 毫米，先端尖；圆锥花序长 10-20 厘米；外稃基盘具绵毛。

　　　　　　　　　　　　114. 圆锥花序较紧缩，分枝长 2-3 厘米；小穗长 6-7 毫米；外稃长 3.5-4 毫米。

　　　　　　　　　　　　　　115. 叶片长 6-12 厘米，宽 1-5 毫米；圆锥花序长 7-10 厘米，秆高 30-45 厘米；颖片长 4-4.5 毫米，

等长于下部小花 ·· 71. **长颖早熟禾 P. longiglumis**

115. 叶片长 10-20 厘米，宽约 2 毫米；圆锥花序长 10-15 厘米，秆高 40-70 厘米；颖长 3-4 毫米，短于下部小花。

116. 两颖近等，长约 3 毫米；小穗长 6-7 毫米，具 5-8 小花 ·········· 71(附). **外贝加早熟禾 P. transbaicalica**

116. 两颖不等，第一颖长 3.5-4 毫米，第二颖长 4-4.2 毫米；小穗长 5-6 毫米，具 3-5 小花 ·············
·· 71(附). **新疆早熟禾 P. relaxa**

117. 外稃长 4-5 毫米；圆锥花序宽约 4 厘米，分枝每节 3 枚，上端疏生数枚小穗，下部裸露 ···········
·· 72. **恒山早熟禾 P. hengshanica**

117. 外稃长 6-7 毫米；圆锥花序宽达 10 厘米，分枝每节 4-5 枚，着生多数小穗 ·························
·· 72(附). **变色早熟禾 P. versicolor**

111. 小穗长 3-5 毫米，具 2-5 小花；花药长不及 2 毫米。

118. 第一外稃长 2-2.5 毫米。

119. 颖片长 2-2.5 毫米，先端尖，平滑；秆较硬，光滑，节下有微毛；叶舌长 1-2 毫米 ···············
·· 73. **葡系早熟禾 P. botryoides**

119. 颖片长 2.5-3 毫米，先端渐尖，粗糙；秆较软，紧接花序以下部分与节微糙涩；叶舌长 3-4 毫米 ······
·· 74. **细长早熟禾 P. prolixior**

118. 第一外稃长 3-5 毫米。

120. 叶舌长 4-8 毫米，先端尖；外稃长 3-3.5 毫米 ·················· 75. **法氏早熟禾 P. faberi**

120. 叶舌长 1-3（4）毫米，先端钝；外稃长 3.5-5 毫米。

121. 植株具短根茎；第二颖长 3.5-4.5 毫米，与其第一外稃近等长或稍短。

122. 秆高约 50 厘米，顶生叶片长达花序下部；圆锥花序长约 12 厘米，疏散开展，基部主枝长达 6 厘米
·· 76. **假泽早熟禾 P. pseudo-palustris**

122. 秆高 10-35 厘米，上部裸露，或顶生叶片长达花序中部；圆锥花序长 4-10 厘米，基部主枝长 2-3 厘米，紧缩或稀疏。

123. 秆粗糙，具 6-8 节；叶片硬，内卷，直伸，宽 1-1.5 毫米；圆锥花序紧缩，宽约 1 厘米；内稃两脊粗糙；花药长 2 毫米 ·············· 77. **多叶早熟禾 P. plurifolia**

123. 秆平滑，具 3-4 节；叶片扁平或对折，宽 1.5-3 毫米；圆锥花序稀疏，长 3-10 厘米，宽 2-3 厘米；内稃两脊生小纤毛；花药长 1.5 毫米。

124. 小穗长 4-5 毫米；颖片长 2.5-3.5 毫米；外稃长 3.5-4 毫米。

125. 叶舌长 1 毫米，叶片常内卷，宽约 2 毫米；小穗具 2-4 小花；第一外稃长约 4 毫米，间脉明显
·· 78. **灰早熟禾 P. glauca**

125. 叶舌长 2-3 毫米，叶片扁平，宽 2-3 毫米；小穗具 2-3 小花；第一外稃长约 3.5 毫米，间脉明显 ·············· 78(附). **阿尔泰早熟禾 P. altaica**

124. 小穗长 5.5-6.5 毫米；颖片长 3.5-4.5 毫米；外稃长约 5 毫米 ·········· 78(附). **湿地早熟禾 P. irrigata**

121. 植株丛生，无根茎；第二颖长 3-3.5 毫米，短于第一外稃。

126. 外稃间脉与脉间下部贴生短毛；植株高 30-40 厘米。

127. 圆锥花序长 8-11 厘米，宽 2-3 厘米，基部主枝长达 5 厘米，微糙涩；小穗轴节间生微毛 ···········
·· 79. **堇色早熟禾 P. ianthina**

127. 圆锥花序长 5-8 厘米，宽 0.5-1 厘米，基部主枝长约 2 厘米，粗糙；小穗轴节间平滑 ···············
·· 79(附). **瑞沃达早熟禾 P. reverdattoi**

126. 外稃间脉与脉间无毛；植株高 40-80 厘米。

128. 外稃长 3-3.5 毫米；第一颖长 2-2.5 毫米，第二颖长约 3 毫米；圆锥花序每节具 3-5 分枝 ···········
·· 80. **绿早熟禾 P. viridula**

128. 外稃长 3.5-4.5 毫米；第一颖长约 3 毫米，第二颖长 3.5（-4）毫米；圆锥花序分枝 2（3）。

129. 外稃基盘有绵毛；小穗长 3-5 毫米，具 2-3 小花。

　　130. 小穗长 3-4 毫米；小穗轴节间无毛；秆高 45 厘米 ················· 81. 山地早熟禾 **P. orinosa**

　　130. 小穗长 4-5 毫米；小穗轴节间粗糙；秆高 60-70 厘米 ············· 82. 疑早熟禾 **P. incerta**

129. 外稃基盘几无毛或有稀少绵毛；小穗长 5-6 毫米，具 3-4（5）小花 ········ 82(附). 贫育早熟禾 **P. sterilis**

104. 植株密丛生，无根状茎，秆高 40 厘米以下，顶节位于秆基和下部，上部裸露；茎生叶少数，短窄；圆锥花序密集，分枝短，多自基部着生小穗。

　131. 外稃基盘具绵毛，脊与边脉下部生柔毛。

　132. 小穗长 3-4 毫米，具 2-3 小花。

　　133. 植株高 15-30 厘米；叶舌长 1.5-3 毫米；外稃基盘具绵毛。

　　　134. 植株高近 30 厘米；圆锥花序长 4-8 厘米，基部主枝长 2-4 厘米。

　　　　135. 植株具 1-2 节，顶节位于秆基；花序以下裸露的茎部甚长；叶舌长 2-3 毫米；颖片与外稃近等，长 2.5-3 毫米 ···································· 83. 华灰早熟禾 **P. sinoglauca**

　　　　135. 植株具 2-3 节，顶节位于秆下部，上部裸露；叶舌长 1-2 毫米；小穗各部不等；第一颖长 3 毫米；外稃长约 4 毫米 ································· 84. 宿生早熟禾 **P. perennis**

　　　134. 植株高 15-25 厘米；圆锥花序长 1.5-4 厘米，基部主枝长约 1 厘米。

　　　　136. 外稃长 25-3 毫米，脉间无毛；第一颖长约 15 毫米，第二颖长约 25 毫米 ··· 85(附). 达呼里早熟禾 **P. dahurica**

　　　　136. 外稃长 3-3.5 毫米；第一颖长 2.5-3 毫米，第二颖长 3-3.5 毫米。

　　　　　137. 外稃背部脉间下部 1/3 贴生微毛；花药长 2 毫米；秆具 2-3 节 ·· 85. 额尔古纳早熟禾 **P. argunensis**

　　　　　137. 外稃背部脉间无毛；花药长 1-1.5 毫米；秆具 1-2 节 ············· 86. 印度早熟禾 **P. indattenuata**

　　133. 植株高近 50 厘米；叶舌长 0.5-1.5 毫米；外稃基盘几无绵毛。

　　　138. 秆具 5-6 节，顶节位于下部 1/4 处；圆锥花序长约 6 厘米；外稃长 2.5-3 毫米，脊与边脉下部具柔毛 ···································· 87. 硬叶早熟禾 **P. stereophylla**

　　　138. 秆具 2-3 节，顶节位于秆基 1/8 处；圆锥花序长 2-5 厘米；外稃长 3-3.5 毫米，脊与边脉下部具稀短柔毛 ································ 88. 冷地早熟禾 **P. crymophila**

　132. 小穗长 4-7 毫米，具（2）3-7（-10）小花。

　　139. 植株高 30-70 厘米，具 3-4 节，顶节位于秆基或 1/3 以下，上部裸露。

　　　140. 秆高 70 厘米；圆锥花序稀疏，宽约 0.5 厘米，基部主枝长 3-4 厘米，顶生 1-3 小穗，下部裸露；小穗具 2-3 小花 ·························· 89. 蔺状早熟禾 **P. schoenites**

　　　140. 秆高 30-60 厘米；圆锥花序稠密，宽 1-1.5 厘米，基部主枝长 1.5-2.5 厘米，自基部着生小穗；小穗具 4-7 小花。

　　　　141. 小穗长 5-6 毫米，宽约 3 毫米，具 5-7 小花。

　　　　　142. 叶舌长 4-5 毫米；外稃长 3-3.2 毫米，间脉不明显，基盘具绵毛 ·· 90. 硬质早熟禾 **P. sphondylodes**

　　　　　142. 叶舌长 1-2 毫米；外稃长 3.5-4 毫米，间脉明显，基盘几无绵毛 ·· 90(附). 乌库早熟禾 **P. ochotensis**

　　　　141. 小穗长 3-5 毫米，宽 2.5 毫米，具 3-5 小花 ··············· 90(附). 低山早熟禾 **P. stepposa**

　　139. 植株高 8-30 厘米，具 1-2 或 4-5 节，顶节位于秆中部或下部。

　　　143. 植株丛生，无根茎；第一颖长 2-2.5（-3）毫米；外稃长 3-3.5 毫米。

　　　　144. 秆具 4-5 节，顶节位于秆中部；两颖近等，长 2.5-3 毫米；外稃先端渐尖，长 3-3.5 毫米 ·· 91. 渐尖早熟禾 **P. attenuata**

　　　　144. 秆具 2 节，顶节位于秆下部 1/4 处；两颖不等，第一颖长 2-3 毫米，第二颖长 3-4 毫米；外稃先端尖，长约 3.5 毫米 ·················· 92. 少叶早熟禾 **P. paucifolia**

　　　143. 植株具根茎或根头；第一颖长 3-4 毫米；外稃长 3.5-4.5 毫米。

145. 圆锥花序长 5-9 厘米；小穗长 5-7 毫米 ・・・・・・・・・・・・・・・・・・・・・・・・・・・・・・ 93. 阿洼早熟禾 **P. araratica**

145. 圆锥花序长 1.5-4 厘米；小穗长 4-5 毫米 ・・・・・・・・・・・・・・・・・・・・・ 93(附). 暗穗早熟禾 **P. tristis**

131. 外稃基盘无绵毛，脊与边脉下部无柔毛，或具毛。

146. 秆基无珠芽与鳞茎状增粗，小穗正常发育；第一颖均具 3 脉。

147. 小穗长 0.6-1 厘米，具 4-6 小花；植株高 20-40（-60）厘米；圆锥花序疏散，长 6-12 厘米，分枝长 2-6 厘米，下部裸露。

148. 外稃脊与边脉下部具柔毛；颖片长 3.5-4.5 毫米；叶舌长 2-4 毫米。

149. 小穗具 4-7 小花；圆锥花序密聚，分枝长约 2 厘米 ・・・・・・・・・・・・・・・ 94. 西奈早熟禾 **P. sinaica**

149. 小穗具 3-5 小花；圆锥花序疏展，分枝长达 6 厘米 ・・・・・・・・ 94(附). 准噶尔早熟禾 **P. dschungarica**

148. 外稃无毛；颖片长 2.5-3.5 毫米；叶舌长 0.5-1.5 毫米。

150. 植株高 40-60 厘米；小穗长 3.5-5.5 毫米，具 2-4 小花 ・・・・・・・ 95. 光稃早熟禾 **P. psilolepis**

150. 植株高 20-40 厘米；小穗 0.6-1 厘米，具 4-6 小花。

151. 圆锥花序长 3-6 厘米，分枝长约 2 厘米；小穗长 6-7 毫米；叶片宽 1-1.5 毫米 ・・・・・・・・・
・・・・・・・・・・・・・・・・・・・・・・・・・・・・・・・・・・ 96. 卡拉蒂早熟禾 **P. karateginensis**

151. 圆锥花序长 5-10 厘米，分枝长约 5 厘米；小穗长 0.7-1 厘米；叶片宽约 2 毫米 ・・・・・・・
・・・・・・・・・・・・・・・・・・・・・・・・・・・・・・・・・・ 96(附). 希萨尔早熟禾 **P. hissarica**

147. 小穗长 3-6 毫米，具 2-4（-6）小花；植株高 4-20（-25）厘米；圆锥花序紧缩，长 2-6 厘米，分枝长 0.5-2 厘米，多自基部着生小穗。

152. 外稃脊与边脉下部生柔毛；基盘有稀疏绵毛或无毛。

153. 外稃基盘多少具绵毛 ・・・・・・・・・・・・・・・・・・・・・・・・・ 97. 中亚早熟禾 **P. litwinowiana**

153. 外稃基盘无毛。

154. 外稃脉间下部无毛；两颖近等，长（2.5-）3-3.5 毫米 ・・・・・・・・・ 97(附). 小密早熟禾 **P. densissima**

154. 外稃脉间下部贴生短柔毛；两颖不等长，第一颖长 2-3.5 毫米，第二颖长 3.5-4.5 毫米。

155. 小穗长 3.5-4.5 毫米；第一颖长 2-2.5 毫米 ・・・・・・・・・・ 98. 雪地早熟禾 **P. rangkulensis**

155. 小穗长 5-6 毫米；第一颖长 3-3.5 毫米 ・・・・・・・・・・・・ 99. 拉哈尔早熟禾 **P. lahulensis**

152. 外稃全部无毛，基盘无绵毛 ・・・・・・・・・・・・・・・・・・・・ 100. 波伐早熟禾 **P. poophagorum**

146. 秆基具膨大的珠芽或由叶鞘基部增厚加粗而呈鳞茎状；小穗小，第一颖具 3 脉或 1 脉；有的小花外稃为胎生。

156. 外稃脊与边脉下部具短柔毛，基盘具绵毛；第一颖具 3 脉。

157. 小穗正常发育 ・・・・・・・・・・・・・・・・・・・・・・・・ 101. 鳞茎早熟禾 **P. bulbosa** var. **bulbosa**

157. 小穗多胎生 ・・・・・・・・・・・・・・・・・ 101(附). 胎生鳞茎早熟禾 **P. bulbosa** var. **vivipara**

156. 外稃基盘无绵毛；第一颖具 1 脉。

158. 外稃脊与边脉下部具柔毛。

159. 圆锥花序密聚，长与宽 1-3 厘米；外稃长 2.5 毫米；小穗长 2-3 毫米；叶舌长 2-5 毫米 ・・・・・・・・・
・・・・・・・・・・・・・・・・・・・・・・・・・・・・・・・・・・ 102. 厚鞘早熟禾 **P. timoleontis**

159. 圆锥花序疏散，长与宽达 5 厘米；外稃长 3.5 毫米；小穗长 4-5 毫米；叶舌长约 2 毫米 ・・・・・・・・
・・・・・・・・・・・・・・・・・・・・・・・・・・・・・・・・ 102(附). 维登早熟禾 **P. vedenskyi**

158. 外稃无毛。

160. 外稃长 2.5-3.5 毫米；植株高 30-60（-80）厘米；叶片扁平，宽 2-3 毫米；圆锥花序较大，具多数小穗；花药长 1.5-2 毫米或有退化花药。

161. 叶舌长 1.5-3 毫米；圆锥花序长 2-10 厘米，分枝疏散；小穗长 4-7 毫米，具 2-4（-6）小花
・・・・・・・・・・・・・・・・・・・・・・・・・・・・・・・・・・ 103. 荒漠早熟禾 **P. bactriana**

161. 叶舌长 0.5-1.5 毫米；圆锥花序长 4-7 厘米，分枝短缩紧密；小穗长 3-5 毫米，具 2-4 小花

1. 散穗早熟禾　　　　　　　　　　图 952：1-4

Poa subfastigiata Trin. in Ledeb. Fl. Alt. 1: 96. 1829.

多年生。匍匐根茎粗壮，径 2-3 毫米。秆直立，单生，高 0.5-1 米，径约 4 毫米，平滑，2-3 节。叶鞘松散，无毛，顶生者长达 20 厘米，长于叶片；叶舌长 2-3 毫米，顶端平截；叶片线形，质硬，扁平或对折，长 4-20 厘米，宽 2-5 毫米，上面脉粗糙，下面平滑。圆锥花序金字塔形，长 15-25 厘米，宽达 20 厘米，每节 2-3 分枝，分枝粗糙，中部以上具小枝，基部主枝长 10-20 厘米。小穗紫或草黄色，卵状披针形，具 3-5 小花，长 0.6-1 厘米，宽 2-4 毫米；颖宽披针形，脊微粗糙，第一颖长 3-4 毫米，1 脉，第二颖长 4-5 毫米，3 脉。外稃宽披针形，无毛或基部贴生微毛，间脉不明显，边缘有时具小纤毛，基盘无绵毛，第一外稃长 4-5.5（-6）毫米；内稃等长或稍短于外稃，脊具纤毛；花药黄白色，长约 3 毫米。花果期 6-7 月。

图 952：1-4.散穗早熟禾 5-6.类早熟禾
（刘 平绘）

产黑龙江、吉林、内蒙古、河北北部、山西、青海等省区，生于沙漠湖盆地带、河滩湿草地、盐渍化沙地或草甸。蒙古、俄罗斯西伯利亚和远东地区有分布。饲用禾草，牛喜食，蛋白质含量占干物质 12.68%。植株粗大，根茎发达，固沙植物。

[附] **类早熟禾** 图 952：5-6 **Poa eminens** Presl. in Reliq. Haenk. 1: 273. 1830. 与散穗早熟禾的区别：叶片长达 50 厘米，宽 0.5-1 厘米；圆锥花序椭圆形，紧缩；颖片与外稃近等长；外稃基盘较长尖，两侧具直伸柔毛。产黑龙江及内蒙古（满洲里），生于河岸沙地。俄罗斯远东地区、日本及北美有分布。

2. 西藏早熟禾　　　　　　　　　　图 953

Poa tibetica Munro ex Stapf in Hook. f. Fl. Brit. Ind. 7: 339. 1896.

多年生，具匍匐横走或下伸长根茎。秆高 20-60 厘米，径 2-3 毫米，下部具 1-2 节，为残存纤维状老鞘所包。茎生叶鞘无毛，长于节间，基部者被细毛；叶舌膜质，长 1-2 毫米；叶片长 4-7 厘米，宽 3-4 毫米，常对折；蘖生叶片扁平，长 12-18 厘米。圆锥花序穗状，长 5-10 厘米，宽 1-2 厘米。小穗具 3-5 花，长 5-7 毫米；小穗轴节间长约 0.5 毫米，无毛；颖具狭膜质边缘，第一颖长 2.5-3.5 毫米，狭窄，1 脉，第二颖

长 4-5 毫米，3 脉，下部边缘具短纤毛。外稃长圆形，顶端及边缘多少具膜质，间脉不明显，脊与边脉中部以下具长柔毛，脊与脉间上部微粗糙或贴生微毛，基盘无毛，第一外稃长 4-5 毫米；内稃与外稃等长或稍短，两脊上部粗糙，下部 1/3 无毛，先端 2 浅裂；花药长约 2 毫米，紫色。花果期 7-9 月。

产甘肃、青海、新疆及西藏，生于海拔 3000-4500 米沼泽草甸、河谷湖边草地、水沟旁盐化草甸或盐土湿地。伊朗、巴基斯坦、印度西北部、帕米尔、中亚、俄罗斯西伯利亚地区及蒙古有分布。水土保持和优良牧草资源。

[附] **毛花早熟禾 Poa ciliatiflora** Roshev. in Prelim. Rep. Exped. North Mongol. I. 1925: 163. 1926. 与西藏早熟禾的区别：小穗具 4-6 小花，长 7-9 毫米，宽约 4 毫米；小穗轴长约 1.5 毫米；颖窄披针形，第一颖长 4.5-5 毫米，第二颖长 5-6 毫米；外稃长 6-7 毫米。产内蒙古、甘肃及新疆，生于河谷泽地或盐化草甸。

图 953　西藏早熟禾　（冯晋庸绘）

3. 草地早熟禾　　　　　　　　　　　图 954

Poa pratensis Linn. Sp. Pl. 67. 1753.

多年生。具发达匍匐根茎。秆疏丛生，高 50-90 厘米，2-4 节。叶鞘平滑或糙涩，长于节间，较叶片长；叶舌膜质，长 1-2 毫米；叶片线形，扁平或内卷，长约 30 厘米，宽 3-5 毫米。圆锥花序金字塔形或卵圆形，长 10-20 厘米，宽 3-5 厘米；分枝开展，每节 3-5，微粗糙或下部平滑，二次分枝，小枝着生 3-6 小穗，基部主枝长 5-10 厘米，中部以下裸露。小穗柄较短；小穗卵圆形，具 3-4 小花，长 4-6 毫米；颖卵圆状披针形，第一颖长 2.5-3 毫米，1 脉，第二颖长 3-4 毫米，3 脉。外稃膜质，脊与边脉中部以下密生柔毛，基盘具稠密长绵毛；第一外稃长 3-3.5 毫米；内稃较短于外稃，脊粗糙或具小纤毛；花药长 1.5-2 毫米。颖果纺锤形，具三棱，长约 2 毫米。花期 5-6 月，果期 7-9 月。

产黑龙江、吉林、辽宁、内蒙古、河北、山东、山西、河南、陕西、宁夏、甘肃、青海、新疆、江苏、安徽、湖北、湖南北部、贵州、四川、云南及西藏，生于海拔 500-4000 米湿润草甸、沙地或草坡。广布欧亚大陆温带及北美，为重要牧草、草坪及水土保持资源。草地早熟禾是著名的无融合生殖种，种内变异幅度极大，变种类型繁多。

图 954　草地早熟禾　（冯晋庸绘）

4. 细叶早熟禾　　　　　　　　　　　图 955

Poa angnstifolia Linn. Sp. Pl. 67. 1753.

多年生，具匍匐根茎。秆丛生，高 30-60 厘米。叶鞘稍短于节间而数倍长于叶片；叶舌平截，长 0.5-1 毫米；叶片窄线形，对折或扁平，茎生叶长 3-9 厘米，宽约 2

毫米；分蘖叶片内卷，长达20厘米，宽约1毫米。圆锥花序长圆形，长5-10厘米，宽约2厘米；分枝直立或上升，微粗糙；3-5着生于各节，基部主枝长2-5厘米，裸露部分长1-2厘米。侧生小穗柄短；小穗卵圆形，长4-5毫米，具2-5小花；颖近相等，长2-3毫米。外稃先端尖，具窄膜质，脊上部1/3微粗糙，下部2/3和边脉下部1/2具长柔毛，间脉明显，无毛，基盘密生长绵毛，第一外稃长约3毫米；内稃等长或稍长于外稃，脊具纤毛。颖果纺锤形，扁平，长约2毫米。花果期6-7月，果期7-9月。

产黑龙江、吉林、辽宁、内蒙古、河北、山东、山西、河南、陕西、宁夏、甘肃、青海、新疆、四川、云南及西藏，生于海拔500-4400米松栎林缘或较平缓山坡草原。欧洲和北半球温带广布。优良牧草和草坪绿化植物。

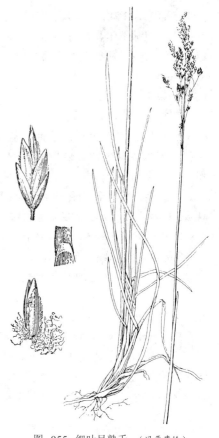

图 955 细叶早熟禾 （冯晋庸绘）

5. 密花早熟禾

图 956

Poa pachyantha Keng in Fl. Intramongol. 7: 259. 1983.

多年生。根茎纤细。秆疏丛生，无毛，高约50厘米，径约1.5毫米，2-3节。叶鞘短于节间，顶生者长约10厘米。叶舌平截，长1-2毫米；叶片线形，对折，长4-8厘米，宽2-4毫米。圆锥花序卵状长圆形，长10-15厘米，为其宽1倍，分枝上升或开展，3-5着生各节，微粗糙，中部以上密生多数小枝与小穗，下部裸露，基部主枝长达8厘米。小穗长5-7毫米，具5-7小花；颖先端尖，脊上部微粗糙，第一颖长2.5毫米，1脉，第二颖长约3毫米。

外稃长圆形，顶端窄膜质，间脉较明显，脊与边脉下部2/3-1/2具较长柔毛，基盘具绵毛；第一外稃长约3毫米；内稃两脊具纤毛，先端微凹，平滑。花果期7-9月。

产内蒙古、河北、宁夏、甘肃、青海、四川及云南，生于海拔约3500米山坡草地。

[附] **阿富汗早熟禾 Poa afghanica** Bor in Kew Bull. 1954: 501. 1954. 与密花早熟禾的区别：圆锥花序金字塔形，广开展，长与宽均约12厘米，分枝2-3枚着生于主轴各节，中部以下裸露；第一颖长2毫米；外稃长3.5-4毫米。产西藏、四川及云南，生于海拔2700-3100米山坡草地。印度西北部分布。

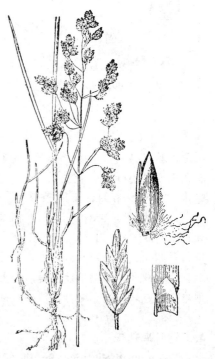

图 956 密花早熟禾 （冯晋庸绘）

6. 高原早熟禾

图 957：1-4

Poa alpigena (Blytt) Lindm. in Svensk Fanerog. Amfl. 91. 1881.

Poa pratensis Linn. var. *alpigena* Blytt, Norg. Fl. 1: 130. 1861.

多年生，具弧形匍匐根茎。秆高约15厘米，基部短倾卧而后弯曲上升，直立，单一，具1-2节。叶鞘长于节间，顶生者长于叶片，无毛；叶舌长约1毫米；叶片长2-5厘米，宽1-2毫米，扁平或沿中脉折叠，蘖生叶片长约12厘米。圆锥花序直立，较稠密，狭窄，长3-5（-7）厘米，宽约1.5厘米；分枝每节2-4，稍曲折，花期开展，微粗糙，基部主枝长1.5-3厘米，下部裸露。小穗具2-3小花，长3-4毫米，颖近相等，长2-3毫米，两脊微粗糙。外稃顶端与边缘膜质，间脉明显，脊上部粗糙，中部以下具纤毛，边脉下部1/3具柔毛，基盘密生绵毛，第一外稃长约3.5毫米；内稃与外稃近等长，脊粗糙。花果期7-8月。

产内蒙古、河北、河南、宁夏、甘肃、青海、新疆、四川、云

图 957：1-4.高原早熟禾 5-6.花丽早熟禾
（史渭清绘）

南及西藏，生于海拔700-3500米山地草甸、高寒草原或河边沙地。印度、不丹、喜马拉雅地区、伊朗、中亚及欧亚大陆温带有分布。

7. 花丽早熟禾

图 957：5-6

Poa calliopsis Litw. ex Ovcz. in Izv. Tadzhik. Bazy Bot. 1: 11. 18. 1933.

多年生。具根茎。秆高5-15厘米，基部残存撕裂或纤维状枯老叶鞘。叶舌长1.5-2毫米；叶片对折或扁平，长1-4厘米，宽1.5-2毫米，先端骤缩成钝头，边缘微粗糙。圆锥花序长圆形或金字塔形，长2-5厘米；分枝单生或孪生，纤细而曲折，平滑或微粗糙，花后平展或下弯。小穗簇生分枝先端，具2-3小花，长3.5-4毫米，宽椭圆形或卵形；两颖近相等，椭圆形或卵形，长

2.3-2.8毫米，第一颖具1（-3）脉，第二颖较宽，3脉。外稃宽长圆形，脊与边脉下部具长柔毛，基盘具密绵毛，第一外稃长约3.5毫米；内稃稍短于外稃，脊下部平滑，上部具少数钝锯齿。花果期7-8月。

8. 窄颖早熟禾

图 958

Poa stenachyra Keng ex L. Liu, Fl. Reipubl. Popul. Sin. 9(2): 402. 2002.

多年生。具短根茎。秆单生，高0.8-1.1米，2-4节，顶节距基部约20厘米。叶鞘微糙涩，顶生者长约20厘米；叶舌长1-2毫米；叶

产甘肃、青海、新疆、四川、云南及西藏，生于海拔3000-3700（-5400）米高山带、草甸或水边草地。印度西北部、巴基斯坦、伊朗、俄罗斯及中亚有分布。

[附] 砾沙早熟禾 Poa sabulosa (Roshev.) Turcz. ex Roshev. in Kom. Fl. URSS 2: 394. 1934. —— *Poa pratensis* var. *sabulosa* Roshev. in Izv. Glavn. Bot. Sada SSSR 28: 383. 1929.

与花丽早熟禾的区别：秆高10-20厘米；叶舌长约1毫米；圆锥花序长4-6厘米；小穗卵形，长2.5-3毫米，具2小花；两颖宽披针形，长2-2.5毫米；外稃5脉，长2.4-2.8毫米。产黑龙江，生于低湿河湖海岸沙砾地或盐生草甸。俄罗斯东西伯利亚地区及蒙古有分布。

片质地柔软，长10-16厘米，宽3-4毫米，上面微糙。圆锥花序开展，长10-15厘米，宽4-8厘米，分枝每节2-4，主枝长达8厘米，中部以下

裸露，平展或下垂。小穗长5-6毫米，具2-3小花；颖窄，先端渐尖，脊粗糙，第一颖具1脉，长3.5-4毫米，第二颖具3脉，长4-5毫米；外稃先端与上部边缘膜质，其下古铜色，间脉明显，脊与边脉下部1/3具长柔毛，脊上部稍糙涩，基盘具绵毛，第一外稃长4-4.5毫米；内稃脊糙。花期6-8月。

产青海、四川及云南西北部，生于海拔3700-4300米山坡林缘或灌丛草地。

[附] **狭颖早熟禾 Poa angustiglumis** Roshev. in Bull. Jard. Bot. Acad. Sci. URSS 30: 771. 1932. 与窄颖早熟禾的区别：圆锥花序长圆状金字塔形，长15-20厘米，宽达10厘米；小穗具3-5（-7）小花，长6-8（9）毫米；外稃长4.5-5毫米。产东北、四川北部及西藏，生于高海拔山地河谷草甸或林缘。俄罗斯远东地区有分布。

9. 长稃早熟禾 图 959

Poa dolichachyra Keng ex L. Liu, Fl. Reipubl. Popul. Sin. 9(2): 391. 2002.

多年生。具根茎。秆高30-40厘米，2节，顶节位于秆下部1/3处。叶鞘下部闭合，顶生者长约10厘米，数倍长于叶片；叶舌长1.5-3毫米；叶片长3-7厘米，宽2-3毫米，沿中脉折叠，先端尖，上面有微毛，分蘖叶片长20-25厘米，宽1-2毫米。圆锥花序开展，长约6厘米，分枝孪生，长3-5厘米，下部裸露，上部微粗糙。小穗卵形，长4.5-6毫米，具2-4小花，带紫色；小穗轴长约0.5毫米，无毛；第一颖具1脉，长3毫米，第二颖具3脉，长约4毫米。外稃具5脉，脊与边脉中部以下具长柔毛，脊上部微粗糙，基盘具长绵毛，第一外稃长4-4.5毫米；内稃两脊具纤毛。花果期8-9月。

产青海、四川及云南西北部，生于海拔3400-3800米河滩泽地、水旁或草坡。

10. 长叶早熟禾

Poa longifolia Trin. in Bull. Sci. Acad. Imp. Sci. St. Petersb 1: 69. 1836.

多年生。具根茎。秆高0.6-1米，径1.5-2毫米，丛生，稍扁。

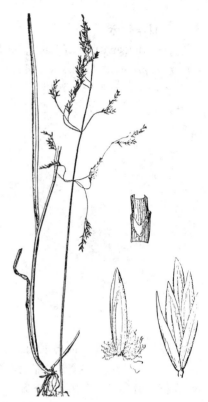

图 958 窄颖早熟禾 （冯晋庸绘）

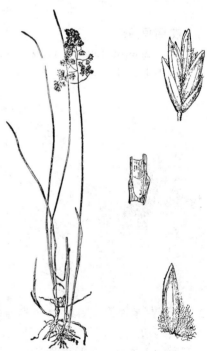

图 959 长稃早熟禾 （冯晋庸绘）

叶舌短，长1-2毫米；叶片窄线形，茎生叶长约5厘米，宽2-4毫米，先端渐尖；分蘖叶片长达40厘米，宽

1-2毫米，内卷。圆锥花序狭窄，长6-12厘米，分枝短，2-4生于穗轴各节。小穗长5-7（8）毫米，具3（-5）小花；颖窄披针形，第一颖长3-3.5毫米，具1脉，第二颖长4-4.5毫米。外稃无毛，长4.5-5毫米，脉与脊无毛，基盘无绵毛；内稃两脊微粗糙，花药长3毫米。花期6-8月。

据文献记载产新疆，生于海拔1000-3000米林缘、石质山坡、亚高山或高山草甸。欧洲、高加索、俄罗斯、伊拉克、地耳其及伊朗有分布。

11. 西伯利亚早熟禾

图 960：1-4

Poa sibirica Roshev. in Bull. Jard. Bot. St. Petersb. 7: 121. 1912.

多年生。秆高0.5-1米，3-4节，质软，光滑。叶鞘短于节间，顶生者长12-18厘米；叶舌长0.5-2毫米；叶片扁平，平滑，茎生者

长5-10厘米，宽2-5毫米，分蘖叶细长。圆锥花序金字塔形，疏展，长10-15厘米，主轴每节具2-5分枝，下部节间长2-4厘米；分枝微粗糙或下部平滑，基部主枝长达7厘米，中部以下裸露；小穗长4-5毫米，具2-5小花，绿或带紫黑色；颖披针形，脊上部和脉微粗糙，第一颖长2-2.5毫米，1脉，第二颖长2.5-3毫米，3脉。外稃具5脉，无毛，基盘无绵毛，先端尖，上部稍粗糙，第一外稃长3-3.5（-3.8）毫米；内稃等长或稍长于外稃，先端微凹，脊具细锯齿，脊间散生微毛；花药长1.5-2毫米。花期6-7月。

产黑龙江、吉林、辽宁、内蒙古、河北、山西、河南、宁夏、新疆、四川及云南西北部，生于海拔1700-2800米林缘、灌丛间草甸、山坡草地河谷或亚高山草甸。俄罗斯西伯利亚、蒙古、中亚及欧洲有分布。

[附] **异叶早熟禾** 图 960：5 **Poa diversifolia** (Boiss. et Balansa) Hack. ex Boiss. Fl. Orient. 5: 600. 1884. —— *Festuca diversifolia* Boiss. et Balansa, Bull. Soc. Bot. France 4: 306. 1857. 本种与西伯利亚早熟禾的区别：秆高40-70厘米；叶片宽约1毫米；外稃长约4毫米。产新疆，生于海拔

12. 艾松早熟禾

Poa aitchisonii Boiss. Fl. Orient. 5: 602. 1884.

多年生，丛生。秆高25-40厘米，直立或膝曲上升，有时下部节生根。叶舌撕裂，长约1毫米；叶片扁平，长4-15厘米，宽2-4毫米，柔软，先端渐尖或具短尖头，边缘粗糙。圆锥花序披针形或卵形，长7-10厘米；分枝孪生，平滑，上升，下部裸露，长3-4厘米，花后开展俯垂。小穗具4-5小花，卵状椭圆形，长4.5-5.5毫米，绿或苍白色；第一颖窄披针形，侧面锥形，长2.5-3毫米，1脉，第二颖较

[附] **脆早熟禾 Poa fragilis** Ovcz. et Czuk. in Fl. Tajssr 1: 150. 1957. 与长叶早熟禾的区别：秆高30-40厘米；叶片宽约1毫米；第一颖长约4毫米；花药长2毫米。产新疆，生于山坡石质草地。俄罗斯、中亚及帕米尔高原有分布。

图 960：1-4.西伯利亚早熟禾 5.异叶早熟禾 （史渭清绘）

1100-1300米山坡、林缘、草地。地中海东部及土耳其有分布。

宽，长3-3.5毫米，3脉。外稃长圆形，无毛，第一外稃长3.5-4毫米；内稃短于外稃，两脊粗糙；花药长2-2.5毫米。花期5-7月。

据文献记载产西藏，生于海拔2700-3800米山地草坡。巴基斯坦、印度西北部、伊朗及阿富汗有分布。

13. 显稃早熟禾

图 961

Poa insignis Litw. ex Roshev. in Kom. Fl. URSS 2: 384. 753. 1934.

多年生。具匍匐根茎。秆高达 1.2 米，径 2-4 毫米，无毛。下部叶鞘长 2-3 厘米，上部叶鞘长达 15 厘米；叶舌平截，长 1.5 毫米，具纤毛；叶片扁平，线形，宽 2-8 毫米，先端收缩成舟形，边缘粗糙。圆锥花序卵状长圆形，穗轴微粗糙或有糙毛；分枝开展，4-5 着生各节，微粗糙。小穗具 2（3）小花，长 4-5 毫米，第一颖披针形，长 2.5-3 毫米，1 脉，边缘膜质，第二颖长 3 毫米，3 脉；小穗轴微粗糙。外稃卵形，5 脉较粗，脊微粗糙，脉与基盘无毛，第一外稃长 3.5-4.5 毫米；鳞被披针形；花药长 2-2.5 毫米。花期 6-8 月。

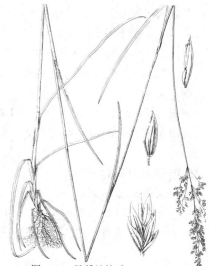

图 961 显稃早熟禾 （孙英宝绘）

产新疆及云南西北部，生于海拔 2000-2800 米山坡、草地、林缘或草甸。俄罗斯及中亚有分布。

[附] **布查早熟禾 Poa bucharica** Roshev. in Not. Syst. Herb. Hort. Petrop. 4: 94. 1923. 与显稃早熟禾的区别：秆高 40-80 厘米；叶片宽 1-3 毫米；小穗长（4）5-7 毫米，具 3-4（-6）小花。产新疆，生于海拔 2800-3500 米高原山坡草地。俄罗斯、中亚帕米尔高原有分布。

14. 扁鞘早熟禾

图 962

Poa chaixii Vill. in Fl. Delph. Ap. Gilib. Syst. Pl. Europ. 1: 7. 1785.

多年生。丛生。秆粗壮，高 0.8-1.2 米，扁，具 2 棱，粗糙。叶鞘微粗糙；叶舌长 1-2 毫米，平截；叶片扁平，长 10-20 厘米，宽 0.7-1（-1.5）厘米，先端渐尖成勺形，边缘微粗糙。圆锥花序长 10-20 厘米，稍紧缩；分枝短，直立斜升，粗糙。小穗具 4-5 小花，长 6-8 毫米，绿色；两颖不等，先端尖，脊粗糙，第一颖长 2.5-3 毫米，1 脉，第二颖长约 3.5 毫米。外稃无毛，长约 4 毫米，微粗糙，5 脉明显，基盘无绵毛。花期 5-7 月。

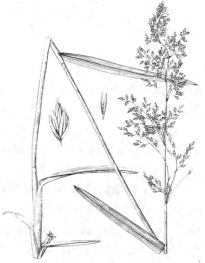

图 962 扁鞘早熟禾 （孙英宝绘）

产黑龙江及新疆，生于林缘或亚高山草甸。欧洲大多数国家、地中海区域、瑞典、黑海、小亚细亚及北美有分布。

15. 疏序早熟禾

图 963

Poa remota Fors. in Linn. Inst. Skrift. 1: 1. tab. 1. 1807.

多年生。根茎短。秆直立，高 0.6-1.5 米，扁，具 2 棱，平滑。叶鞘沿脉微粗糙；叶舌钝，长 2-3 毫米；叶片宽 3-8 毫米，柔软，先

端短渐尖。圆锥花序开展，长达 30 厘米；分枝细，长 10 厘米以上，粗糙。小穗具 3-5 小花，长约 6 毫米，绿色，稀带紫色；颖窄披针形，脊粗糙，第一颖较短于第二颖。外稃无毛，脉粗糙，基盘有少量绵毛；第一外稃长 4-4.5 毫米。花果期 6-7 月。

产新疆，生于林缘潮湿灌丛草甸。欧洲、中亚及俄罗斯西伯利亚地区有分布。

[附] **杂早熟禾 Poa hybrida** Gaud. in Agrost. Helv. 215. 1811. 与疏序早熟禾的区别：叶舌长约 1 毫米；圆锥花序长 15-20 厘米，基部主枝长 5-8 厘米；小穗长达 7 毫米，第一外稃长约 5 毫米。产新疆，生于亚高山或高山草甸。俄罗斯、欧洲中部、高加索及小亚细亚有分布。

16. 匍根早熟禾

Poa radula Fr. et Sav. in Enum. Pl. Japon 2: 174. 602. 1879.

多年生。匍匐根茎短。秆粗壮，高 60-90 厘米，扁。叶鞘粗糙；叶舌长约 2 毫米；叶片长 15 厘米以上，宽 8-9 毫米，上面粗糙。圆锥花序开展，长 20-30 厘米，分枝长 10 厘米，下部裸露，微粗糙。小穗长 5-7 毫米，绿色，具 4-6 小花；颖窄披针形，边缘白膜质，第一颖长约 2.5 毫米，1 脉，第二颖长 3.5-4 毫米，3 脉。外稃窄披针形，长 4 毫米，边缘膜质，脊稍有柔毛，基盘无绵毛；花药长约 1 毫米。花期 6-7 月。

据文献记载产吉林，生于低山林缘灌丛草地。俄罗斯及日本有分布。

[附] **玛森早熟禾** 图 964 **Poa masenderana** Freyn et Sint. in Bull. Herb. Boissier. ser. 2, 2: 915. 1902. 与匍根早熟禾的区别：秆高 30-60 厘米；叶舌长 0.5-1.5 毫米；叶片宽 3-5 毫米；圆锥花序长 10-20 厘米，分枝长 4-5 厘米；小穗 3-4 小花。产新疆，生于海拔 1300-2200 米林缘湿地。伊拉克、高加索、土耳其及伊朗有分布。

17. 加拿大早熟禾

图 965

Poa compressa Linn. Sp. Pl. 69. 1753.

多年生。具匍匐根茎。秆扁平，高 30-50 厘米，径 1.5-2 毫米，5-6 节。叶鞘平滑，上部者短于节间；叶舌平截，长 1-2 毫米；叶片扁平，长 5-12 厘米，宽 2-4 毫米，平滑或上面微粗糙。圆锥花序狭窄，长 4-11 厘米，宽 0.5-1 厘米，分枝粗糙，1-3 着生主轴各节，直立，基部主枝长 2-4 厘米，1/3 以下裸露，有时自基部着生小穗。小穗柄短；小穗卵圆状披针形，长 3.5-5 毫米，具 2-4 小花，排列较密；两颖披针形，近相等，3 脉，长 2-3 毫米，先端尖或具细短尖头，脊微粗糙，边缘与先端有窄膜质。外稃长圆形，先端钝而具窄膜质，脊上部粗糙，下部与边脉基部有少量柔毛或近无毛，基盘有稀绵毛或无毛，第一外稃长约 3 毫米；内稃等长于外稃；花药长 1 毫米。颖果纺缍形，具 3 棱，长约 1.5 毫米。花果期 6-8 月。

产欧洲、亚洲及北美。河北、山东、新疆及江西引种栽培。

图 963 疏序早熟禾 （孙英宝绘）

图 964 玛森早熟禾 （孙英宝绘）

图 965 加拿大早熟禾 （史渭清绘）

18. 萨哈林早熟禾　　　　　　　　　　　　　图 966

Poa sachalinensis (Koidz.) Honda in Bot. Mag. Tokyo 41: 641. 1927.

Poa macrocalyx var. *sachalinensis* Koidz. in Bot. Mag. Tokyo 31: 255. 1917.

多年生。具根茎。秆高30-60厘米。叶鞘中部以下闭合，粗糙；叶舌长2-3毫米；叶片扁平，长10厘米以上，宽约3毫米。圆锥花序疏展，长约15厘米；分枝先端密生小穗，下部裸露，粗糙。小穗长8-9毫米，宽约4毫米，具5小花，绿色；小穗轴长约1.5毫米，外露；颖先端渐尖，边缘膜质，第一颖长约4毫米，1脉，第二颖长约5毫米。外稃先端尖，长约5毫米，5脉，脉间无毛，脊与边脉具柔毛，基盘有密绵毛；内稃两脊粗糙。花期6-8月。

据文献记载产黑龙江，生于低山带河岸丛草地。俄罗斯、蒙古及日本有分布。

[附] **膜苞早熟禾 Poa bracteosa** Kom. in Not. Syst. Herb. Hort. Petrop. 5: 147. 1924. 与萨哈林早熟禾的区别：秆高约20厘米；圆锥花序长4-5厘米，基部具长3-4毫米的膜质苞片，分枝平滑；小穗长约6毫米，具2-4小花；内稃两脊具纤毛及上部粗糙。产新疆，生于高山河谷岸边草地。俄罗斯远东地区及堪察加有分布。

[附] **匍茎早熟禾 Poa trivialiformis** Kom. in Not. Syst. Herb. Hort. Petropol. 5: 150. 1924. 与萨哈林早熟禾的区别：秆高40-80厘米；圆锥花序长10-15厘米，分枝长达10厘米；小穗长7-8毫米，具4-5小花；颖片长4-5毫米；外稃长5-5.5毫米。产黑龙江，生于河岸草地、山坡草甸。俄罗斯远东地区有分布。

[附] **柯氏早熟禾 Poa komarovii** Roshev. in Bull. Jard. Bot. Acad. Sci. URSS 26(3): 286. 1927. 与萨哈林早熟禾的区别：秆高10-30厘米；圆锥

图 966　萨哈林早熟禾　（孙英宝绘）

花序长4-9厘米，分枝长3-4厘米；小穗长5-8毫米，具4-6小花；颖片长3-4毫米；外稃长约4.2毫米。产吉林，生于高山草甸、石质草地。俄罗斯远东北极地区及堪察加有分布。

19. 史米诺早熟禾

Poa smirnowii Roshev. in Bull. Jard. Bot. Princ. 28: 381. 1929.

多年生，具短根茎。秆直立，疏丛生，高25-40厘米。叶舌长约3毫米；叶片长约5厘米，宽达4毫米。圆锥花序金字塔形，疏散开展，长6-8厘米，宽5厘米；分枝长约3厘米，先端着生少数小穗，下部裸露。小穗长约6毫米，具2-4小花，稍带紫色；第一颖长3.5毫米，1脉，第二颖长4毫米，3脉。外稃长4.5-5毫米，边缘膜质，其下紫色，下部具柔毛，脊与边脉具柔毛，基盘有密绵毛；花药长2毫米。花期7-8月。

据文献记载产新疆，生于海拔2000-2600米山坡阴处河边草地。俄罗斯东西伯利亚地区及蒙古北部有分布。

[附] **软稃早熟禾 Poa malacantha** Kom. in Bot. Mat. 5(10): 148. 1924. 与史米诺早熟禾的区别：秆高15-20厘米；叶片长10-12厘米，宽约2毫米；小穗长6-7（8）毫米，具3-4小花；外稃长约6毫米。

20. 极地早熟禾　　　　　　　　　　　　　图 967

Poa arctica R. Br. Suppl. App. Parry's Voy. Bot. 288. 1824.

产新疆，生于海拔约3500米亚高山草甸。俄罗斯远东北极、堪察加、乌苏里及北美有分布。

[附] **阔花早熟禾 Poa platyantha** Kom. in Not. Syst. Herb. Hort. Petrop. 5: 148. 1924. 与史米诺早熟禾的区别：秆高30-50（-80）厘米；叶片长20厘米，宽4毫米；圆锥花序长圆状金字塔形，长11-15厘米，着生较多小穗；颖片长4-4.5毫米。产黑龙江，生于林缘草甸、中山带以下河岸草地。俄罗斯远东地区和堪察加有分布。

多年生。具发达长根茎。秆单生，高20-40厘米，径约1.5毫米，

2-3节。叶鞘薄，平滑，下部闭合，上部者短于节间；叶舌长约1毫米，平截或细齿状；叶片扁平或对折，上面微粗糙，茎生叶长1-3厘米，蘖生叶线形，长10-20厘米。圆锥花序金字塔形，长3-6厘米，宽2-3厘米；分枝孪生，长1-2厘米，先端具3-4小穗，下部裸露，近平滑。小穗具3-5小花，长5-6毫米；颖先端与边缘宽膜质，卵圆状披针形，第一颖长2.5-3毫米，1脉，第二颖长3-3.5毫米。外稃薄，先端钝，边缘宽膜质，脉间贴生微毛，脊上部微粗糙，下部具柔毛，边脉下部1/3具柔毛，基盘具密绵毛，第一外稃长3.5-4毫米；内稃稍短，脊间被微毛，两脊糙涩；花药长约2.5毫米。颖果纺锤形。花果期6-8月。

产吉林、内蒙古、河北、宁夏、甘肃、青海、新疆、云南西北部及西藏，生于海拔800-2900（-4300）米山坡湿草甸或河滩沟谷阶地。俄罗斯及北美有分布。

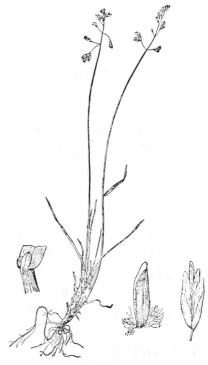

图 967 极地早熟禾 （冯晋庸绘）

21. 唐氏早熟禾　　　　　　　　　　图 968

Poa tangii Hitchc. in Proc. Biol. Soc. Wash. 43: 94. 1930.

多年生。具匍匐细长根茎。秆高约50厘米，细弱，2节，上部露出鞘外。叶鞘下部2/3闭合，长于叶片，平滑；叶舌平截，长约1毫米；叶片扁平，柔软，宽2-3毫米，茎生者长2-4厘米，蘖生者长约10厘米。圆锥花序疏展，长5-8厘米，分枝孪生，长2-4厘米，平滑细弱，先端着生2-3小穗，下部裸露。小穗具3-6小花，长7-8毫米，宽约3毫米，灰绿色，质薄；小穗轴细长外露；第一颖窄披针形，长3-3.5毫米，1脉，第二颖长4.5-5毫米，宽约2毫米。外稃长圆形，长4-5毫米，先端钝，与边缘均具透明宽膜质，脉间微粗糙，脊与边脉下部1/4具柔毛，基盘有绵毛；内稃近等长于外稃，两脊上部微粗糙；花药长3-3.5毫米。花期5-7月。

产内蒙古、河北、山西及河南北部，生于海拔1700米林缘湿草地。

图 968 唐氏早熟禾 （冯晋庸绘）

22. 疏花早熟禾　　　　　　　　　　图 969：1-4

Poa chalarantha Keng ex L. Liu, Fl. Reipubl. Popul. Sin. 9(2): 390. 2002.

多年生。根茎细短。秆细弱，高20-30厘米，径约0.8毫米，2节。

叶鞘无毛，顶生叶鞘长5-7厘米；叶舌长约0.3毫米，平截具微齿；叶片扁平，质薄，微粗糙，长3-6厘

米，宽约 1 毫米，蘖生叶片长 8-15 厘米。圆锥花序疏展，金字塔形，长与宽 5-9 厘米；分枝孪生，平展或下垂，微粗糙，长 4-5 厘米，先端着生 1-3（4）小穗，2/3 以下裸露。小穗具 2-4 小花，长 6-7 毫米；颖片薄，先端尖，顶端与边缘白膜质，脊上部微粗糙，第一颖长约 4 毫米，1 脉，第二颖较宽，长 3.5-4（5）毫米。外稃先端稍膜质，锐尖，脊上部微粗糙，下部 1/4 被细短柔毛，脉间贴生短毛，向基部较密，基盘疏生绵毛，第一外稃长约 5 毫米；内稃两脊粗糙；花药长 2-3 毫米。花期 6-7 月。

产宁夏、青海、四川、云南及西藏，生于海拔 3500-4400 米高山栎及针叶林林缘、岩坡灌丛草甸或河漫滩。

23. 多鞘早熟禾

图 969：5-6

Poa polycolea Stapf in Hook. f. Fl. Brit. Ind. 7: 342. 1896.

多年生。具横走匍匐茎。秆高 15-40 厘米。叶鞘草黄色，枯后干膜质聚集秆基；叶舌长 1.5-3 毫米；叶片扁平或内卷成刚毛状，长 4-8 厘米，宽 1-2.5 毫米，有时基部近圆，边缘或下面粗糙。圆锥花序疏展，长 5-10 厘米，分枝平滑，2-5 着生主轴下部各节，细长，开展，曲折。小穗具 2-4 小花，长 4-7 毫米，带紫色；小穗轴节间较长；颖不等长，第一颖窄披针形，长 2.5-3（-3.5）毫米，1 脉；第二颖椭圆形，长 3-3.5（-5）毫米，3 脉。外稃长圆状椭圆形，脊与边脉下部具柔毛，脉间被细毛或无毛，基盘具稀少或无绵毛，第一外稃长约 5.5 毫米，上部小花外稃长 3.5-4 毫米；内稃短于外稃，两脊粗糙；花药长 2-2.5 毫米。花果期 6-8 月。

产青海、四川、云南西北部及西藏，生于海拔 3000-5000 米高山草甸或山坡疏林下。印度克什米尔地区、尼泊尔、巴基斯坦、阿富汗及伊朗有分布。

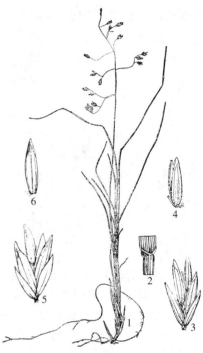

图 969：1-4.疏花早熟禾 5-6.多鞘早熟禾
（史渭清绘）

24. 云生早熟禾

图 970：1-6

Poa nubigena Keng ex L. Liu, Fl. Reipubl. Popul. Sin. 9 (2): 400. 2002.

多年生。根茎短。秆高 30-50 厘米，2-3 节，顶节位于秆下部 1/3 处。叶鞘中部以下闭合，顶生者长 6-12 厘米，长于叶片；叶舌长 2-4 毫米；叶片长 3-11 厘米，宽 1-2 毫米，对折或内卷；蘖生叶片长 20 厘米。雌雄异株。圆锥花序金字塔形，长 7-12 厘米，分枝孪生，细弱，平展或下垂；主枝长 5-7 厘米，下部 2/3 裸露，小枝生 1-2 小穗。小穗长 4-6 毫米，具 2-3 小花，紫色；小穗轴具刺毛；颖较薄，脊粗糙，第一颖长 2.5-3.5 毫米，1 脉，第二颖长 3-4.5 毫米，3 脉。外稃先端膜质，间脉不明显，脊下部 1/2 与边

脉基部 1/4 具柔毛，下部脉间贴生微毛，基盘具少量绵毛，第一外稃长 4-5 毫米；内稃窄，两脊微粗糙；花药长 2 毫米。颖果长 2 毫米。花果期 6-8 月。

产四川、云南西北部及西藏东南部，生于海拔 2200（-3400）-3700 米山坡草甸、河岸山谷石质草地。

25. 天山早熟禾 图 970:7

Poa tianschanica (Regel) Hack. ex O. Fedtsch. in Tr. Petersb. Bot. Sada 21: 441. 1903.

Poa macrocalyx β. *tianschanica* Regel in Tr. Peterb. Bot. Sada 2: 619. 1881.

多年生。具根茎。疏丛。秆高 30-70 厘米。叶鞘无毛；叶舌钝圆，长 2-4 毫米，被微毛；叶片扁平或对折，质厚，长约 8 厘米，宽 3-4 毫米，上面贴生细毛，边缘微粗糙。圆锥花序稠密，长 5-9 厘米，宽约 2 厘米，分枝 3-6，簇生各节，平滑，上部密生 4-5 小穗。小穗长 5-6（7）毫米，第一颖长 3-3.5 毫米，1 脉，第二颖长 3-4 毫米；小穗轴被细毛。外稃长 3.5-4.2 毫米，紫色，间脉明显，脊与边脉下部具柔毛，基盘具绵毛，内稃两脊具丝状毛，上部粗；花药紫色，长 2-2.5 毫米。花果期 7-8 月。

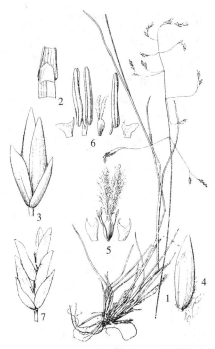

图 970：1-6.云生早熟禾 7.天山早熟禾
（冯晋庸绘）

2: 414. 1934. 与天山早熟禾的区别：秆高 10-20 厘米；第一颖长 1.8-3 毫米。产西藏，生于海拔 4100 米沙地。中亚及帕米尔高原有分布。

产青海、新疆及西藏，生于海拔 1800-4200 米山地草原、森林沼泽草甸。俄罗斯、中亚、帕米尔、喜马拉雅西部、蒙古及日本有分布。

[附] **帕米尔早熟禾 Poa pamirica** Roshev. ex Ovcz. in Kom. Fl. URSS

26. 普通早熟禾 图 971:1-4

Poa trivialis Linn. Sp. Pl. 67. 1753.

多年生。秆丛生，具匍匐茎。秆高 0.5-0.8（1）米，3-4 节，花序与鞘节以下微粗糙。叶鞘糙涩，顶生叶鞘长 8-15 厘米；叶舌长 3.5-5 毫米；叶片扁平，长 8-15 厘米，宽 2-4 毫米。圆锥花序长圆形，长 9-15 厘米，宽 2-4 厘米，每节具 4-5 分枝；分枝粗糙，斜上，主枝长约 4 厘米，中部以下裸露。小穗柄极短；小穗具 2-3 小花，长 2.5-3.5（-4）毫米；颖片中脊粗糙，第一颖窄，1 脉，长 2 毫米，第二颖具 3 脉，长 2.5-3 毫米。外稃背部略弧形，具稍隆起 5 脉，先端带膜质，脊与边脉下部具柔毛，脉间无毛，基盘具长绵毛，第一外稃长 2.5 毫米；内稃等长或稍短于外稃；花药长 1.5 毫米，黄色。花果期 5-7 月。

吉林、内蒙古、河北、河南、新疆、江苏、江西北部、四川及云南庭园种植，有时野化，生于潮湿山坡草地。广布欧美各国、西伯

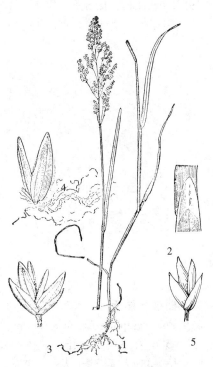

图 971：1-4.普通早熟禾 5.糙早熟禾
（冯晋庸绘）

利亚、中亚、小亚细亚、伊朗及日本。优良饲草、供放牧与调制干草，家畜喜食而常种植。

27. 糙早熟禾 图 971:5

Poa raduliformis Probat. in Nov. Sist. Vyssh. Rast. 13: 40. 1976.

多年生。根茎短。秆高40-60厘米，径3-4毫米，3节，顶节位于秆中部。叶鞘长10-20厘米，无毛；叶舌长约0.5毫米，边缘及背面有细毛；叶片扁平，长8-15厘米，宽3-5毫米，上面贴生柔毛。圆锥花序长10-15厘米，分枝长3-5厘米，小枝密生小穗，下部裸露，微粗糙。小穗绿色，具2小花，长约4毫米；颖先端渐尖，脊疏生小糙刺，3脉，第一颖长约3毫米，第二颖长约3.5毫米。外稃长3.8-4毫米，脊与边脉下部生柔毛，基盘有密绵毛；内稃

稍短，两脊粗糙。花药长约0.8毫米。花果期6-7月。

产山西，生于海拔2600米林缘、灌丛路旁。俄罗斯、蒙古及日本有分布。

[附] **托玛早熟禾 Poa tolmatchewii** Roshev. in Bull. Jard. Bot. Ac. Sc. URSS 30: 299. 1932. 与糙早熟禾的区别：下部叶鞘有短柔毛；叶舌长约2毫米；叶片长6厘米，宽1.5-2.5毫米；圆锥花序长6-10厘米，宽达9厘米；花药长1.5毫米。产黑龙江，生于冰川河湖边缘湿地。欧洲、亚洲和美洲北极地区、俄罗斯东西伯利亚和远东地区有分布。

28. 光轴早熟禾

Poa levipes (Keng) L. Liu, Fl. Reipubl. Popul. Sin. 9(2): 397. 2002.

Poa nubigena var. *levipes* Keng; 中国主要植物图说·禾本科163. 1959, sine latin. descr.

多年生。根茎短。秆高15-25厘米，2节。顶生叶鞘长4-7厘米，无毛；叶舌长2-5毫米；叶片对折，上面被微柔毛，长1-4厘米，蘖生者长约8厘米，宽1毫米。圆锥花序疏散，长4-6厘米；分枝孪生，细弱，平展或下垂，长2-3厘米，中部以下裸露。小穗长4.5-5.5毫米，具2-3小花；小穗轴无毛，第一颖长3-4毫米，1脉，第二颖长4-4.5毫米，3脉。外稃长3.5-5毫米，脉间与脊上部粗糙，脊与边脉下部具柔

毛，基盘疏生绵毛；内稃两脊具纤毛；花药长约2毫米，不育者长0.5毫米。颖果长约2毫米。花果期7-8月。

产四川、云南西北部及西藏东南部，生于海拔3200-4000米高山灌丛草甸。

[附] **寡穗早熟禾 Poa paucispicula** Scribn. et Merr. in Contr. U. S. Nat. herb. 13: 69, tab. 15, 1910. 与光轴早熟禾的区别：叶舌长0.5-1.5毫米；圆锥花序长5-15厘米；小穗具3-4小花；第一颖长2.8毫米，第二颖长约3毫米；外稃长约3.5毫米，内稃两脊平滑；花药长1毫米。产东北，生于海拔约600米山坡灌丛草甸。

29. 曲枝早熟禾 图 972:5

Poa pagophila Bor in Kew Bull. 1949: 239. 1949.

多年生。秆丛生，高15-30厘米。叶鞘无毛；叶舌长0.5-1.3毫米；叶片长2-4厘米，折叠或内卷呈线形。圆锥花序长约10厘米，宽约5厘米；

分枝孪生，长2-4厘米，2/3以下裸露，开展或反折。小穗具3-4小花，长约6毫米，椭圆状卵形；第一颖长2.5-3毫米，1脉，第二颖

长 3.5-4 毫米，3 脉。第一外稃长 4.5-5 毫米，具宽膜质边缘，5 脉不甚明显，边脉与脊下部具柔毛，脉间粗糙或具微毛，基盘疏生绵毛或无毛；内稃脊粗糙；花药长 3 毫米或退化。花期 6-8 月。

产青海、云南西北部及西藏，生于海拔（3600-）4700-5200 米山坡草地或灌丛中。伊朗、阿富汗、巴基斯坦、印度北部、阿塞姆及尼泊尔有分布。

图 972：1-4

30. 开展早熟禾

Poa patens Keng ex Keng f. in Acta Bot. Yunnan. 4(3): 276. 1982.

多年生。秆密丛，高 30-60 厘米，径约 2 毫米，2 节，顶节位于下部 1/3 处。叶鞘无毛，聚集秆基，顶生者长 10-14 厘米，下部 2/3 闭合；叶舌厚，长 0.2-1 毫米；叶片对折或内卷，质硬，下面微粗糙，茎生者长 3-8 厘米，宽 1-2（3）毫米，蘖生者长约 15 厘米。圆锥花序开展，长 8-12 厘米；分枝孪生或单生，小穗具 2-3 小花；颖较厚，先端尖或渐尖，脊微粗糙，第一颖长 3-4 毫米，1 脉，第二颖长 4-5 毫米。外稃先端锐尖稍膜质，其下带紫色，5 脉，脊上部微粗糙，下部具柔毛，边脉与间脉基部 1/4 疏生细毛，脉间无毛，基盘疏生绵毛，第一外稃长 5-6 毫米；内稃稍短于外稃，两脊微粗糙或具小纤毛；花药长 2.5 毫米。花果期 6-9 月。

产四川及云南，生于海拔 2700-4100 米灌丛草甸、山坡或草甸。

图 972：1-4.开展早熟禾 5.曲枝早熟禾
（冯晋庸绘）

31. 高砂早熟禾

Poa takasagomontana Ohwi in Fedde, Repert. Sp. Nov. 36: 41. 1934.

图 973

多年生。秆细弱，丛生，高 40-50 厘米，径约 0.4 毫米；叶舌长约 1 毫米，顶端尖；叶片扁平，长 10-15 厘米，宽 1-1.5 毫米。圆锥花序稀疏开展，长约 10 厘米，具少数长 1-2 厘米粗糙分枝，分枝上部着生 2-4 小穗。小穗具 2 花，长约 3.5 毫米；颖片脊粗糙，第一颖窄披针形，长

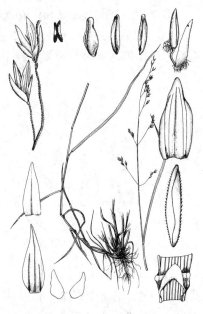

图 973 高砂早熟禾 （引自《台湾的禾草》）

约 1.5 毫米，1 脉，第二颖长约 3 毫米，3 脉。外稃具 5 脉，中脉下部具纤毛，侧脉无毛，基盘有绵毛，第一外稃长 3-3.5 毫米；内稃窄披针形，长约 3 毫米；花药长约 1 毫米。颖果长约 1.5 毫米。花果期 7-8 月。

产台湾，生于高山林缘潮湿地。

32. 石生早熟禾

图 974

Poa lithophila Keng ex L. Liu, Fl. Reipubl. Popul. Sin. 9(2): 397. 2002.

多年生，具根头。秆疏丛生，高约 50 厘米，径约 1 毫米，细弱，膝曲上升，2 节；叶鞘下部闭合，无毛；顶生者长约 8 厘米；叶舌长 0.2-0.8 毫米，边缘有钝齿；叶片长 4-8 厘米，宽 1-2 毫米，上面沿脉微粗糙，蘖生者长约 30 厘米，扁平或边缘内卷。圆锥花序极疏散开展，长宽均 8-10 厘米，每节 2-4 分枝，分枝中部以上生小枝，顶生 1-2 小穗，基部主枝长约 4 厘米。小穗长 5-6 毫米，具 2-3 小花，紫色；第一颖长 2-2.5 毫米，1 脉，第二颖长 3-3.5 毫米，脊上微粗糙。第一外稃长 4-4.5 毫米，间脉明显，脊下部 1/3 及边脉基部具柔毛，基盘具少量绵毛；内稃与外稃等长，先端渐尖，脊

图 974 石生早熟禾 （史渭清绘）

上部具纤毛，下部 1/3 平滑；花药长约 2 毫米。6-7 月开花。

产四川、云南西北部及西藏，生于海拔 2800-4300 米高山栎林、落叶松和松林下、云杉林缘、砾石间湿润草地或河漫滩。

33. 大锥早熟禾

图 975

Poa megalothyrsa Keng ex Tzvel. in Akad. Nauk URSS Bot. Inst. Komor. Rast. Tsentr. Azii Fasc. 4, 136. 1968.

多年生。秆疏丛，高 60-80 厘米，径约 1 毫米，3-4 节。叶鞘短于节间，无毛，顶生叶鞘长约 13 厘米；叶舌膜质，长 4-6 毫米，顶端钝圆或撕裂状；叶片扁平，散生，长 10-15 厘米，宽约 2 毫米，上面与边缘微粗糙，质较硬。圆锥花序疏散，长达 20 厘米；分枝孪生，微粗糙，纤细上升，后开展，基部主枝长达 10 厘米，下部裸露，先端疏生 1-4 小穗。小穗具 3-4 小花，小花疏散，长 5.5-6.5 毫米；小穗轴节间较长；颖披针形，脊上部稍粗糙，第一颖长 2-3 毫米，1 脉，第二颖长 3-4 毫米，3 脉。外稃带紫色，间脉尚明显，脊上部粗糙，下部 1/3 及边脉基部具柔毛，基盘无绵毛或稀少；第一外稃长 3.5-4 毫米；内稃等长或稍短于外稃，脊粗糙；花

图 975 大锥早熟禾 （史渭清绘）

药长约 2 毫米。花果期 7-9 月。

产青海、四川、云南及西藏，

生于海拔3200-4500米山坡草地及灌丛林缘。

[附] **伊尔库早熟禾 Poa ircutica** Roshev. in Bot. Mat. (Leningrad) 3: 91. 1922. 与大锥早熟禾的区别：叶舌长0.5-2毫米；叶片宽5-7毫米；小穗具4-5小花；第一颖长3-3.2毫米。产东北，生于亚高山草甸。俄罗斯东西伯利亚有分布。

34. 福克纳早熟禾

图 976

Poa falconeri Hook. f. Fl. Brit. Ind. 7: 342. 1896.

多年生。秆较粗，高60-70厘米。叶鞘无毛；叶舌长达4毫米；叶片扁平，长10-20厘米，宽约4毫米，顶生叶片长于叶鞘。圆锥花序狭窄，长8-12厘米，具少数分枝与小穗，疏散下垂；分枝1-2着生下部各节，再分小枝，末端具单一小穗。小穗具2-3小花，长5.5-6毫米；小穗轴长约2.5毫米；颖片脊粗糙，背面有腺点，紫色，第一颖长3.5-4毫米，1 (-3)脉，第二颖长4.5-5毫米，3脉。外稃长约4.5毫米，边缘窄膜质，5脉不明显，背面有腺点，1/2被短毛，脊上部粗糙，脊与边脉下部具柔毛，基盘无绵毛；内稃两脊粗糙，先端有2短齿，脊间被毛；花药长达3毫米；鳞被有不等2齿裂。花期6-8月。

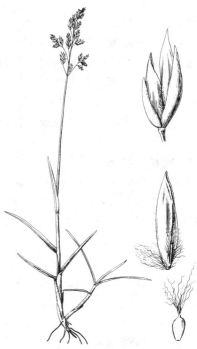

图 976 福克纳早熟禾 （孙英宝绘）

产西藏，生于海拔3700-4000米高山草甸。印度东部、克什米尔及西喜马拉雅有分布。

[附] **疏穗早熟禾 Poa lipskyi** Roshev. in Bull. Jard. Bot. Acad. Sci. URSS 30: 303. 1932. 与福克纳早熟禾的区别：植株高20-50厘米，根茎下伸；叶片长约10厘米，宽1-3毫米；小穗具3-6小花，长6-7毫米；花药长约2毫米。产青海、新疆及西藏，生于海拔2200-3600米草甸或山坡砾石地。中亚、俄罗斯西伯利亚南部及帕米尔有分布。

35. 喀斯早熟禾

图 977

Poa khasiana Stapf in Hook. f. Fl. Brit. Ind. 7: 343. 1896.

多年生。秆疏丛，高30-60厘米，径约1毫米，4-5节。叶鞘短于节间，带紫色，中部以下闭合，顶生叶鞘长约15厘米；叶舌长1-2毫米；叶片扁平，长约10厘米，宽1.5-3毫米。圆锥

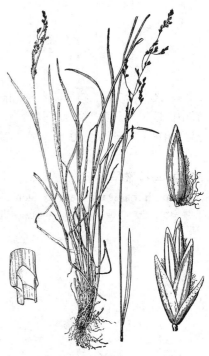

图 977 喀斯早熟禾（冯晋庸绘）

花序长10-18厘米，宽2-3厘米，每节具2-4分枝，分枝细弱，粗糙，基部主枝长5-6厘米，中部以下裸露，平滑，小穗具3-4小花，长5-6毫米，卵状长圆形，淡绿色；颖疏生微毛，质较硬，脊上部粗糙，第一

颖长 2.5-3 毫米，1 脉，第二颖长 3-3.5 毫米，3 脉，较宽。外稃间脉明显，脊下部 2/3 与边脉中部以下有柔毛，边缘疏生纤毛，基盘具多量绵毛，第一外稃长 3.5-4 毫米；内稃短于外稃 1/4，两脊具纤毛；花药长约 0.8 毫米。花期 7 月。

产贵州、四川、云南及西藏，生于海拔 3000-4000（-5000）米高山疏林下、山坡灌丛草地或路旁。印度、缅甸及尼泊尔有分布。

36. 垂枝早熟禾　　　　　　　　　　图 978：1-4

Poa declinata Keng ex L. Liu, Fl. Reipubl. Popul. Sin. 9(2): 390. 2002.

多年生。秆疏丛，高 50-60 厘米，径约 1.5 毫米，4-5 节，基部稍膝曲。叶鞘长于节间，无毛，下部闭合，顶生者长约 15 厘米；叶舌长 2-4 毫米，平截，具微齿；叶片扁平，长 5-8 厘米，宽 2-3 毫米，柔软，上面与边缘微粗糙。圆锥花序疏散开展，长 10-20 厘米，宽达 7 厘米，分枝 2-3 着生各节，长 4-8 厘米，上部小枝密生 2-5 小穗，下部裸露，弯曲下垂，微粗糙。小穗长 3-4 毫米，具 2-3 小花，灰绿色；颖片脊上部微粗糙，第一颖长约 2 毫米，1 脉，第二颖长约 3 毫米，3 脉，较宽。外稃长 3-3.5 毫米，5 脉，脊中部以下与边脉下部 1/4 具柔毛，基盘绵毛稀少；内稃稍短于外稃，沿脊粗糙；花药长约 0.5 毫米。颖果三棱形，长约 2 毫米。花果期

图 978：1-4.垂枝早熟禾 5.喜马拉雅早熟禾 6.尖早熟禾 （冯晋庸绘）

6-8 月。

产陕西、宁夏、甘肃、青海、贵州、四川西北部、云南西北部及西藏东北部，生于海拔 3100-3500 米亚高山草甸或山坡草地。

37. 喜马拉雅早熟禾　　　　　　　图 978：5

Poa himalayana Nees ex Steud. in Syn. Pl. 256. 1854.

多年生。丛生，具细弱匍匐根茎；秆无毛，径 0.5-1 毫米。叶鞘干膜质，无毛；叶舌长 2 毫米；叶片长 15-18 厘米，宽 2 毫米，常具柔毛。圆锥花序疏散，长达 16 厘米，宽达 8 厘米；穗轴无毛；分枝孪生，开展，纤细弯曲，粗糙，基部主枝长达 6 厘米。小穗窄长圆形，具 3 花，稀 1 花，长 4.5-6 毫米；第一颖长约 2 毫米，宽 0.5 毫米，1 脉，脊稍弯弓，近芒状，第二颖长 2.7-3.5 毫米，宽 1 毫米，3 脉。外稃长 4-4.5 毫米，宽 1.5 毫米，具 5 条达先端的长脉，脊下部具长纤毛，上部粗糙，边脉下部具短纤毛，脉间微粗糙，边缘与顶端膜质，基盘具绵毛；内稃窄，长 3 毫米，两脊延伸成齿裂；小穗轴节间长 1.5-2 毫米。花药长 0.8-1 毫米。花期 5-7 月。

产云南西北部及西藏南部，生于海拔 2700-4000 米高山草地。印度北部、尼泊尔、不丹及克什米尔有分布。

38. 尖早熟禾　　　　　　　　　　图 978：6

Poa setulosa Bor in Kew Bull. 1948: 142. 1948.

多年生。秆丛生，无匍匐根茎，高 15-30 厘米。叶舌长 2-3 毫

米，撕裂；叶片扁平或对折，长 6-10 厘米，宽 1.5-2 毫米。圆锥花序长（7-）9-12 厘米，宽约 5 毫米，有时下垂；分枝孪生或单生，斜升，粗糙。小穗具 4-5 小花，宽楔形，长 4-4.5 毫米，绿色；小穗轴有时具毛；两颖近相等，披针形，长 3.5-4 毫米，均具 3 脉；外稃长圆形，脊与边脉下部具纤毛，基盘有绵毛，第一外稃长 2.7-3 毫米；内稃短于外稃，两脊粗糙；花药长 0.6-0.8 毫米。花期 5-7 月。

产西藏，生于海拔 2400-3000 米高山草甸。印度西北部、巴基斯坦及喜马拉雅有分布。

39. 小药早熟禾

图 979：1-4

Poa micrandra Keng in Fl. Tsinling. 1(1): 435. 1976.

多年生。根茎细弱。秆直立或基部倾卧，3-4 节，高 30-45 厘米。叶鞘闭合达鞘口，顶生者长 6-10 厘米；叶舌长 0.5-1 毫米，钝圆；叶片柔软，长约 10 厘米，宽 3-5 毫米，上面与边缘微粗糙。圆锥花序长 10-15 厘米，每节 2-4 分枝；基部主枝长 3-8 厘米，中部以下裸露，微粗糙，上部小枝较多，小枝先端具 2-5 小穗。小穗草黄色，具 4-5 小花，长 4-5 毫米；颖披针形，脊上部微粗糙，边缘窄膜质，第一颖具 1 脉，长 1.5-2 毫米，第二颖长 2-2.8 毫米。第一外稃长 3-3.2 毫米，先端钝，其边缘具窄膜质，脊下部 2/3 与边脉基部具长柔毛，基盘生绵毛；内稃稍短，两脊具较长丝状毛；花药长约 0.5 毫米。花果期 4-7 月。

产山西、陕西、甘肃、青海、贵州、四川及云南西北部，生于海拔 2500-3200 米山谷或沟边草地。

[附] **尼泊尔早熟禾** 图 979：5 **Poa nepalensis** Wall. ex Duthie, Grass. N. W. Ind. 40. 1883. 与小药早熟禾的区别：植株具匍匐短根颈；小穗具

图 979：1-4.小药早熟禾 5.尼泊尔早熟禾 6.斯塔夫早熟禾 7.颖毛早熟禾 8.苗壮早熟禾
（冯晋庸绘）

3-4 小花，长 3.5-4 毫米；第一外稃长 2.5-3 毫米。产四川及西藏，生于海拔 2300-4000 米山坡草甸。印度西北部、克什米尔地区、巴基斯坦、尼泊尔及西喜马拉雅有分布。

[附] **画眉草状早熟禾 Poa erag-rostioides** L. Liu, Fl. Reipubl. Popul. Sin. 9(2): 392. 2002. 与小药早熟禾的区别：植株高约 15 厘米；叶片长 2-5 厘米；圆锥花序长 5-8 厘米；小穗长约 6 毫米，具 5-6 小花。产四川及云南，生于海拔（1800-）2600-3700 米山坡草甸或半沼泽化草地。

40. 斯塔夫早熟禾

图 979：6

Poa stapfiana Bor in Kew Bull. 1949: 239. 1949.

多年生。具匍匐茎。秆高 20-60 厘米，基部偃卧，下部节生根。叶舌长 2.5-5 毫米；叶片扁平或对折，长 5-14 厘米，宽 1-5 毫米，柔软。圆锥花序疏散，长 12-25 厘米；分枝孪生细长，平滑，反曲，开展。小穗具 3-6 小花，椭圆状长圆形，长 4-6 毫米，绿或灰白色，簇生分枝先端；第一颖披针形或椭圆形，长 2.8-3.8 毫米，1（3）脉，第二颖长圆形，长 3-4.5 毫米，3 脉。

外稃长圆形，脊与边脉具纤毛，脉间生微柔毛，基盘具绵毛，第一外稃长3-4毫米；内稃短于外稃，脊下部具长纤毛，上部粗糙；花药长0.8-1.5毫米。花果期7-9月。

据文献记载产西藏，生于海拔2500-4300米高山草甸。印度西北部、克什米尔地区、巴基斯坦及伊朗有分布。

[附] **缅甸早熟禾 Poa burmanica** Bor in Kew Bull. 1948: 141. 1948. 与斯塔夫早熟禾的区别：匍匐根茎短；叶舌长约1毫米；叶片长3-6厘米，

41. 颖毛早熟禾　　　　　　　　　　图 979：7

Poa hirtiglumis Hook. f. Fl. Brit. Ind. 7: 343. 1896.

多年生。秆高20-30厘米，较粗壮，下部节间较短。叶鞘宿存秆基；叶舌长2-4毫米；叶片线形，长6-12厘米，宽3-4毫米。圆锥花序金字塔形，长5-9厘米，下部分枝孪生，长约3.5厘米，先端着生小穗，裸露部分短而平滑，小枝粗糙。小穗倒卵形，长4-4.5毫米，具2-3小花，带紫色；小穗轴具柔毛；两颖近相等，第一颖具1脉，先端尖，长约3毫米，质厚，脊稍粗

糙，第二颖长约3.2毫米，3脉，先端尖，脊上部粗糙。外稃长约2.5毫米，宽长圆形，脉不明显，脊与边脉下部有密柔毛，背部脉间被毛，基盘无毛；内稃两脊具长纤毛；花药长0.7-1毫米。颖果两侧扁，椭圆状长圆形。花果期5-8月。

42. 荏弱早熟禾　　　　　　　　　　图 980

Poa gracilior Keng ex L. Liu, Fl. Reipubl. Popul. Sin. 9(2): 393. 2002.

一年生。秆细弱，高20-30厘米，径约0.8毫米，2-3节。叶鞘中部以下闭合，质薄，无毛，短于节间，顶生者长5-10厘米；叶舌长0.5-1毫米，平截；叶片扁平，柔软，上面具微毛，长3-4厘米，宽0.5-1毫米，分蘖叶长约10厘米。圆锥花序细弱狭窄，长6-9厘米；分枝孪生，长约5厘米，先端小枝生3-5小穗，微粗糙，下部2/3裸露，平滑斜升。小穗具2-3小花，长4-5毫米，

绿色；颖先端尖，边缘窄膜质，脊微粗糙，第一颖长约2.5毫米，1脉，第二颖长3-3.5毫米。外稃先端具窄膜质，长约4毫米，间脉不

宽约1.5毫米；圆锥花序长达10厘米；小穗具2-3小花；第一颖长约3毫米，宽约0.5毫米；外稃下部贴生柔毛。产云南，生于海拔3700米高山草甸。缅甸有分布。

产甘肃、青海、四川及西藏，生于海拔2700-4900（-5500）米亚高山与高山草甸。印度北部、尼泊尔及喜马拉雅有分布。

[附] **茁壮早熟禾** 图 979：8 **Poa imperialis** Bor in Kew Bull. 1958：414. 1958. 与颖毛早熟禾的区别：植株高约80厘米；叶舌长4-6毫米；圆锥花序长达20厘米；小穗具6小花，长达7毫米；外稃长4-5毫米，背部无毛，内稃两脊下半部具丝状毛，花药长0.6毫米。产四川，生于海拔3700-4500米冷杉林缘山坡草地。尼泊尔及印度有分布。

图 980　荏弱早熟禾　（冯晋庸绘）

明显，脊下部 2/3 与边脉下部 1/2 被柔毛，基盘具绵毛；内稃长为外稃 1/2-2/3，两脊有疏长纤毛；花药长约 0.6 毫米。花期 5-6 月。

产四川及云南，生于海拔约 2500-3500 米林缘湿草地。

[附] **等颖早熟禾 Poa rhadina** Bor in Kew Bull. 1948: 138. 1948. 与荏弱早熟禾的区别：植株高 10-15 厘米；叶舌长 3 毫米；叶片长 4-6 厘米，宽约 1 毫米；小穗长 3-3.5 毫米，两颖近相等，长约 2.5 毫米；外稃长约 2.5 毫米。产西藏，生于海拔 4000-4500 米高山草地。印度及克什米尔地区有分布。

43. 久内早熟禾 图 981：1-4

Poa hisauchii Honda in Bot. Mag. Tokyo 42: 132. 179. 1928.

多年生。秆丛生，细弱，高 30-40 厘米，3-4 节。叶鞘短于节间，平滑或微粗糙；质薄，下部闭合；叶舌长 1.5 毫米，平截；叶片扁平，长 4-5 厘米，宽 1-3 毫米；灰绿色，两面微粗糙。圆锥花序长 8-12 厘米，长圆形，较紧密；分枝每节 2-3 或 5，粗糙，下部裸露，平滑。

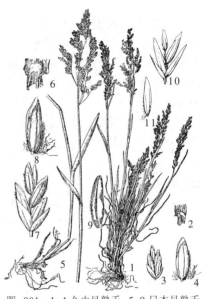

图 981：1-4.久内早熟禾 5-9.日本早熟禾 10-11.史蒂瓦早熟（冯晋庸绘）

小穗绿色，稍带紫色，具 3-4 小花，长约 4 毫米；第一颖披针形，长约 2 毫米，1 脉；第二颖长圆状披针形，长约 2.5 毫米，3 脉，脊粗糙。外稃长约 3 毫米，脊与边脉下部具柔毛，基盘有绵毛；内稃长约 2 毫米，具 2 脊；花药长 0.5 毫米。花期 6-7 月。

产陕西、宁夏、湖北西部、四川、云南及西藏，生于海拔约 2100 米阴湿草地。日本有分布。

[附] **日本早熟禾** 图 981：5-9 **Poa nipponica** Koidz. in Bot. Mag. Tokyo 31: 256. 1917. 与久内早熟禾的区别：一年生；叶片宽 3-6 毫米；小穗长 5-6 毫米；外稃长 3.5-3.8 毫米，花药长约 1 毫米。

产四川及云南，生于海拔 2500-3000 米阳坡灌丛湿地草甸。朝鲜半岛及日本有分布。

[附] **史蒂瓦早熟禾** 图 981：10-11 **Poa stewartiana** Bor in Kew Bull. 1951: 185. 1951. 与久内早熟禾的区别：一年生；叶舌长 1-3 毫米；叶片长 8-15 厘米，宽 2-4 毫米；圆锥花序长 10-20 厘米；第一颖长 2.5-3 毫米，第二颖长 2.5-4 毫米；花药长 0.8-1 毫米。产四川、云南及西藏，生于海拔 2300-3000 米山坡草地。印度西北部、克什米尔地区及巴基斯坦有分布。

44. 白顶早熟禾 图 982：1-5

Poa acroleuca Steud. Syn. Pl. Glum. 1: 256. 1845.

一年生或越年生。秆高 30-50 厘米，径约 1 毫米，3-4 节。叶鞘闭合，顶生叶鞘短于叶片；叶舌膜质，长 0.5-1 毫米；叶片长 7-15 厘米，宽 2-4（-6）毫米。圆锥花序金字塔形，长 10-20 厘米；分枝 2-5，细弱，微糙涩，

图 982：1-5.白顶早熟禾 6-7.藏南早熟禾 8.拟早熟禾 （冯晋庸绘）

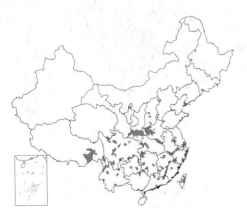

基部主枝长 3-8 厘米，中部以下裸露。小穗卵圆形，具 2-4 小花，长 2.5-3.5（-4）毫米，灰绿色；颖披针形，质薄，具窄膜质边缘，脊上部微粗糙，第一颖长 1.5-2 毫米，1 脉，第二颖长 2-2.5 毫米，3 脉。外稃长圆形，脊与边脉中部以下具长柔毛，间脉稍明显，无毛，第一外稃长 2-3 毫米；内稃较短于外稃，脊具长柔毛；花药淡黄色，长 0.8-1 毫米。颖果纺锤形，长约 1.5 毫米。花果期 5-6 月。

产吉林、辽宁、河北、山东、山西、河南、陕西、宁夏、江苏、安徽、浙江、台湾、福建、江西、湖北、湖南、广东、广西、贵州、四川、云南及西藏，生于海拔 500-1500（-2400）米沟边阴湿草地。朝鲜半岛及日本有分布。

45. 藏南早熟禾　　　　　　　　图 982:6-7

Poa tibeticola Bor in Kew Bull. 1948: 139. 1948.

一年生。秆高 25 厘米。叶鞘微粗糙；叶舌长 2-3 毫米，背面粗糙；叶片长达 25 厘米，宽约 2 毫米，先端渐尖，边缘粗糙，两面微粗糙。圆锥花序长达 10 厘米，宽 5 厘米。小穗长圆形，长 3.2 毫米，具 2-3 小花；颖披针形或椭圆状披针形，第一颖长约 1.5 毫米，1-3 脉，第二颖长约 2 毫米，3 脉。外稃长 2-2.5 毫米，先端和边缘膜质，边脉粗糙，脊下部有柔毛，基盘无绵毛；内稃较短于外稃，脊粗糙；花药长 0.4-0.5 毫米。花期 6-8 月。

产四川、云南及西藏，生于海拔 3500-4000 米山地疏林或高山草地。印度北部及尼泊尔有分布。

[附]　**拟早熟禾**　图 982:8　**Poa pseudamoena** Bor in Kew Bull. 1953: 276. 1953. 与藏南早熟禾的区别：秆细，高约 4 厘米；叶片长约 4 厘米，宽 1-1.5 毫米；圆锥花序长约 2.5 厘米；小穗具 3-4 小花，长约 5 毫米；第一颖长 4-4.5 毫米，第二颖长 4.5-5 毫米；第一外稃长 3.5-4 毫米。产西藏，生于海拔 3000-4000 米高山草地。印度西北部有分布。

46. 锡金早熟禾　　　　　　　　图 983

Poa sikkimensis (Stapf) Bor in Kew Bull. 1952: 130. 1952.

Poa annua var. *sikkimensis* Stapf in Hook. f. Fl. Brit. Ind. 7: 346. 1896.

一年生或越年生草本。秆丛生，高 10-40 厘米，1-2 节。叶鞘达花序下部，枯后聚集秆基；叶舌膜质，长 3-6 毫米；叶片扁平或对折，长 3-10 厘米，宽 2-5 毫米。圆锥花序长圆形或金字塔形，长 6-15 厘米；分枝孪生，下部裸露，斜升或下弯，基部主枝长约 5 厘米。小穗披针形，具 3-5 小花，长 4-5（6）毫米，稍带紫色；两颖不等长，第一颖长 1.5-2 毫米，1（2-3）脉，第二颖长约 2.5 毫米，脊上部微粗糙。外稃贴生微毛，边缘窄膜质，间脉明显，脊微粗糙，脊与边脉无柔毛，基盘无绵毛，第一外稃长 2.7-3 毫米，宽约 2 毫米；内稃稍短于外稃，脊下部具纤毛，上部粗糙；花药黄色，长 0.5-0.8 毫米，花果期 7-9 月。

产青海、四川西部、云南及西藏，生于海拔约 4000 米山坡草地。

图 983　锡金早熟禾　（冯晋庸绘）

印度西北部、尼泊尔及克什米尔地区有分布。

47. 套鞘早熟禾 图 984:1-5

Poa tunicata Keng ex C. Ling in Acta Phytotax Sin. 17(1): 104. 1981.

一年生。秆疏丛，高 15-60 厘米，径 1-2 毫米，3-4 节。叶鞘长于节间，顶生叶鞘位于秆中部，有时达花序基部；叶舌膜质，长 1-4 毫米；叶片长 3-8 厘米，宽 1-3.5 毫米。圆锥花序开展，长 6-13 厘米，宽 3-10 厘米，每节具分枝 2-3；分枝细弱，平滑或微粗糙，基部主枝长 3-7 厘米，中部以下裸露；小穗长 3.5-6 毫米，具 3-5（6）花；颖片脊上部微粗糙，第一颖较窄，长 1.5-2.5 毫米，1 脉，第二颖长 2-3.2 毫米，3 脉。外稃长卵形，先端及边缘宽膜质，5 脉，间脉稍明显，脊中部以下及边脉下部 1/4 具柔毛，脉间无毛，基盘无绵毛，第一外稃长 2.5-3 毫米；内稃与外稃等长或稍短，脊上部粗糙或下部有纤毛；花药长 0.75-1 毫米。花期 6-8 月。

产甘肃、青海、四川、云南及西藏，生于海拔 3700-4300 米山坡沙地及沼泽草甸。

[附] **那菲早熟禾** 图 984:6-7 **Poa nephelophila** Bor in Kew. Bull. 1948: 139. 1948. 与套鞘早熟禾的区别：叶片长约 15 厘米，宽约 5 毫米；外稃长 3.2-3.8 毫米。产西藏，生于海拔 3300-3800 米高山草地。缅甸有分布。

图 984：1-5.套鞘早熟禾 6-7.那菲早熟禾
（冯晋庸绘）

48. 细早熟禾 图 985

Poa debilior Hitchc. in Proc. Biol. Soc. Wash. 43: 93. 1930.

多年生。秆柔软细弱，高 20-25 厘米，3-4 节。叶鞘多短于节间，具倒向粗糙；叶舌长约 1 毫米，顶端尖；叶片扁平，无毛，长 6-8 厘米，宽约 1 毫米。圆锥花序细弱，开展，长 7-8 厘米；分枝纤细，单生各节，长 2-3 厘米，上部着生小穗。小穗具 2 小花，长约 2.5 毫米，绿色；颖披针形，第一颖具 1 脉，长 1-1.5 毫米，第二颖具 3 脉，长 1.5-2 毫米。外稃椭圆形，被糙毛，脉基部生柔毛，基盘无绵毛，第一外稃长约 2 毫米；花药长约 4 毫米。花期 8 月。

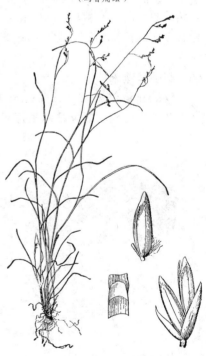

图 985 细早熟禾 （冯晋庸绘）

产河北、山西及云南西北部，生于山沟溪边阴湿草地。

49. 早熟禾 图 986:1-6

Poa annua Linn. Sp. Pl. 68. 1753.

一年生或冬性禾草。秆高 6-30 厘米，全株无毛。叶鞘稍扁，中部以下闭合；叶舌长 1-3（-5）毫米，圆头；叶片扁平或对折，长 2-12 厘米，宽 1-4 毫米，柔软，常有横脉纹，先端骤尖呈船形。圆锥花序宽卵形，长3-7厘米，开展；分枝1-3，平滑。小穗卵形，具3-5小花，长3-6毫米，绿色；颖薄，第一颖披针形，长1.5-2（3）毫米，1脉，第二颖长2-3（4）毫米，3脉。外稃卵圆形，先端与边缘宽膜质，5脉，脊与边脉下部具柔毛，间脉近基部有柔毛，基盘无绵毛，第一外稃长3-4毫米；内稃与外稃近等长，两脊密生丝状毛；花药黄色，长0.6-0.8毫米。颖果纺锤形，长约2毫米。花期4-5月，果期6-7月。

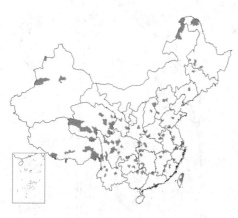

产黑龙江、吉林、辽宁、内蒙古、河北、山东、山西、河南、陕西、甘肃、青海、新疆、江苏、安徽、浙江、台湾、福建、江西、湖北、湖南、广东、香港、广西、贵州、四川、云南及西藏，生于海拔100-4800米平原、丘陵路旁草地、田野水沟或阴蔽荒坡湿地。欧洲、亚洲及北美有分布。

[附] **低矮早熟禾 Poa infirma** H. B. K. Nov. Gen. Sp. 1: 158. 1816. 与早熟禾的区别：小穗具4-6小花；小穗轴节间长约1毫米，外露；外稃长2-2.5毫米，花药长约0.3毫米。产浙江及四川，生于海拔1000-

图 986：1-6.早熟禾 7-8.仰卧早熟禾
（冯晋庸绘）

2000米湿地草甸。地中海区域、中亚、小亚细亚、伊朗、巴基斯坦、欧洲南部及美洲有分布。

50. 仰卧早熟禾　　　　　图 986：7-8

Poa supina Schrad. Fl. Germ.1: 289. 1806.

多年生。根茎短。秆丛生，高10-20厘米，无毛。叶舌钝，长1-1.5毫米；叶片扁平，对折，长2-6厘米，宽2-3毫米，柔软，无毛，边缘微粗糙，先端窄成尖头。圆锥花序长2-3厘米，宽约2厘米，疏生小穗；分枝平滑，单生或孪生。小穗卵形，具4-6小花，长3.5-5毫米，带紫色；两颖不相等，第一颖长圆形，长1.5毫米，1脉，第二颖椭圆形，长2-2.5毫米，3脉。

外稃椭圆形或长圆状卵形，脊与边脉具柔毛，基盘无绵毛，第一外稃长约3.5毫米；内稃短于外稃，两脊具纤毛；花药长1.2-1.8毫米。花果期6-8月。

产新疆、四川、云南及西藏，生于海拔800-3100米山坡草甸或湿地牧场。印度克什米尔、巴基斯坦、伊拉克、阿富汗、俄罗斯西伯利亚、中亚及欧洲有分布。

51. 高山早熟禾　　　　　图 987

Poa alpina Linn. Sp. Pl. 67. 1753.

多年生。秆密丛，高10-30厘米，2节。叶鞘无毛，枯萎白褐色老鞘包秆基；叶舌长3-5毫米，多撕裂，蘖生者长1-2毫米；叶片扁平，有时对折，长3-10（-16）厘米，宽2-5毫米。圆锥花序长3-7厘米，宽2-3厘米，带紫色；分枝孪生，平滑，中部以下裸露。小穗卵形，具4-7小花，长4-8毫米；颖片宽卵形，质薄，边缘宽膜质，

3脉，脊微粗糙，第一颖长2.5-3（4）

毫米，第二颖长 3.4-4.5 毫米。外稃宽卵形，质薄，先端和边缘宽膜质，背部弧拱，5 脉，间脉不明显，下部脉间被微毛，脊下部 2/3 与边脉中部以下有长柔毛，基盘无绵毛，第一外稃长 3-4（5）毫米；内稃等长或稍长于外稃，先端凹陷，脊上部具微齿糙涩，下部具纤毛；花药长 1.5-2 毫米。花果期 7-9 月。

产新疆及西藏，生于海拔 2400-3800 米高山坡地草甸、沟旁石缝或沙地。欧洲大部分国家、地中海区域、俄罗斯、中亚，伊朗、阿富汗、巴基斯坦及印度有分布。

[附] **巴顿早熟禾 Poa badensis** Haenke ex Willd. Sp. Pl. 1: 392. 1797. 与高山早熟禾的区别：小穗长 7-8 毫米，具 6-9 小花；第一颖长 3.5-4 毫米，第二颖长 4.5 毫米；外稃卵状披针形，长 4.5-5 毫米。产新疆，生于海拔约 2000 米阳坡草地。欧洲中部、匈牙利、保加利亚、罗马尼亚及中亚地亚有分布。

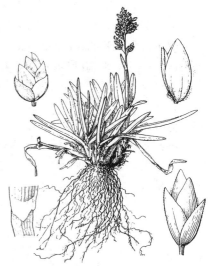

图 987 高山早熟禾 （冯晋庸绘）

52. 阿拉套早熟禾　　　　　　　　　　图 988

Poa alberti Regel in Acta Hort. Petrop. 7: 611. 1881.

多年生。根茎斜升。秆高 6-20 厘米，粗糙，基部为多数老鞘所包，顶节位于茎下部 1/3。顶生叶鞘长约 8 厘米；叶舌长 1-2 毫米；叶片窄线形，常对折，宽约 1.5 毫米，微粗糙，顶生叶片长约 2 厘米，宽约 1 毫米。圆锥花序长圆形，狭窄，密聚，长 2-4 厘米；分枝长约 1 厘米，粗糙。小穗披针形，具 2-3 小花，长 3-4 毫米，带紫色或有彩斑；颖先端尖，第一颖长 1.5-2 毫米，第二颖长 2-2.5 毫米。外稃窄披针形，长约 2.5 毫米，较厚，边缘白膜质，脊与边脉下部有柔毛，基盘无绵毛。花果期 7-8 月。

产山西、甘肃、青海、新疆、四川及西藏，生于高山草原。俄罗斯及中亚有分布。

[附] **尖舌早熟禾 Poa ligulata** Boiss. in Voy. Bot. Midi Esp. 2: 659. 1842. 与阿拉套早熟禾的区别：密丛小草本，秆高 5-12 厘米；叶舌长 3-6 毫米；圆锥花序宽 3-5 毫米；小穗具 5-10 小花。产新疆及西藏，生于山坡草地。欧洲及西班牙有分布。

图 988 阿拉套早熟禾 （孙英宝绘）

53. 中间早熟禾　　　　　　　　　　图 989

Poa media Schur in Verh. Mitt. Siebenb. Ver. Naturw. 4 Sert. 87. 1853.

多年生。秆高 20-30（-40）厘米，灰绿色。叶舌长 1-2.5 毫米，多少撕裂；叶片长 4-10 厘米，宽 1-1.5 毫米，扁平或对折，多基生。圆锥花序紧缩，长 3-5 厘米，椭圆状长圆形；分枝 1-2 生于下部各节。小穗带堇色，具 3-5 小花，长约 5 毫米；颖稍不等长，第一颖长约 3 毫米。外稃长约 4 毫米，脊与边脉下部有毛，基盘无绵毛；内稃两脊下半部具纤毛；花药长约 1.6 毫米。花期 7-8 月。

图 989 中间早熟禾 （李爱莉绘）

据文献记载产新疆，生于山地草甸。欧洲有分布。

[附] **矮早熟禾 Poa pumila** Host. Fl. Austr. 1: 146. 1827. 与中间早熟禾的区别：秆高 8-20 厘米；小穗具 4-6 小花，长 5-6（7）毫米；花药长 1-1.5 毫米。产新疆，生于高山草甸。欧洲及罗马尼亚有分布。

54. 毛稃早熟禾　　　　　　　　　　　图 990：1-3

Poa ludens Stew. in Brittonia 5(4): 420. 1945.

多年生。根头粗壮。秆高 20-50 厘米，平滑。叶鞘无毛或微粗糙，下部叶鞘短，上部叶鞘长达 15 厘米；叶舌长约 1.2 毫米；叶片通常对折，长 3-9 厘米，宽约 3 毫米，分蘖叶较长。圆锥花序疏展，长 10-20 厘米，宽达 8 厘米，疏生小穗；分枝每节 3-5，长 5-8 厘米，下部裸露，小枝粗糙，基部主枝长而弯曲。小穗长 5.5-6.5 毫米，具 2-3 小花，紫堇色，密集，椭圆形；颖卵状长圆形，边缘窄膜质，第一颖质硬，长 3.5-4 毫米，1 脉，或有 2 侧脉，脊微粗糙，边缘膜质，第二颖先端渐尖，长 4-5 毫米；小穗轴具柔毛。外稃长 4.5-5.5 毫米，具小疣点，脊与边脉之中部以下具柔毛，脉间生短毛，基盘无绵毛；内稃短，两脊粗糙或下部具纤毛；花药长约 2 毫米。花果期 7-8 月。

产四川、云南西北部及西藏南部，生于海拔 3600-4000 米山坡灌丛草地或草甸。印度北部、不丹及尼泊尔有分布。

图 990：1-3.毛稃早熟禾 4.莨密早熟禾 5.大萼早熟禾 6.闪穗早熟禾 7.甘波早熟禾
（刘　平绘）

[附] **莨密早熟禾** 图 990：4 **Poa gammieana** Hook. f. Fl. Brit. Ind. 7: 345. 1896. 与毛稃早熟禾的区别：植株具根茎；叶舌长达 4 毫米；叶片长 8-10 厘米，宽 4-7 毫米；圆锥花序长约 10 厘米；小穗长 6-7 毫米，具 3-5 小花；花药长约 1 毫米。产西藏，生于海拔 4000-4300 米高山草坡。印度有分布。

55. 大萼早熟禾　　　　　　　　　　　图 990：5

Poa macrocalyx Trautv. et Mey. in Middend. Sib. Reise 1(2): 103. 1856.

多年生。根茎匍匐发达。秆高 60-80 厘米，无毛。叶舌长达 5 毫米，基生叶较短；叶片扁平，宽 3-5 毫米，脉粗糙。圆锥花序长 10-20 厘米，分枝粗糙，长约 6 厘米。小穗长 6-8 毫米，顶生者长达 9 毫米，宽 6 毫米，多具 5 小花，绿白色，稍带褐紫色；颖片披针形，3 脉，边缘膜质粗糙，第一颖长 5 毫米，第二颖长 5.5-6 毫米。外稃长 6-7 毫米，边缘膜质，先端尖至渐尖，5 脉，脉间具柔毛，脊与边脉下部具柔毛，基盘具长绵毛；内稃长约 5 毫米，两脊下部具柔毛，上部粗糙。花期 6-9 月。

产黑龙江，生于湖滩、河岸、草地。俄罗斯西伯利亚和远东地区、日本、北美有分布。

[附] **绵毛早熟禾 Poa lanata** Scribn. et Merr. in Contr. U. S. Nat. Herb. 13: 72, t. 16. 1910. 与大萼早熟禾的区别：秆高 20-40 厘米；叶舌长约 2 毫米；叶片窄线形，宽 2-3 毫米；圆锥花序长 5-7 厘米，宽约 3 厘米；小穗长 6-8 毫米，具 3-4（5）小花；外稃长约 8 毫米，密生柔毛。产黑龙江，生于河岸、灌丛、草地。俄罗斯远东和堪察加与北美阿拉斯加有分布。

56. 闪穗早熟禾

图 990：6

Poa nitidespiculata Bor in Kew Bull. 1948: 139. 1948.

多年生。具匍匐茎。秆高约30厘米，无毛。叶鞘无毛或稍有微毛；

叶舌长4毫米，背面粗糙；叶片长约12厘米，宽2.5毫米，具柔毛。圆锥花序疏散，金字塔形，长16厘米，宽达8厘米；分枝孪生，微粗糙，开展，曲折。小穗卵圆状长圆形，具2-3小花，长达7毫米；小穗柄长；小穗轴节间具微毛；颖披针形或长圆形，边缘与先端宽膜质，3脉，脊上部粗糙，第一颖长约4.5毫米，第二颖长约5毫米。外稃长圆形，边缘宽膜质，脊下部具纤毛，下部脉间具短毛，先端粗糙，基盘无绵毛；第一外稃长6-6.5毫米；内稃两脊粗糙，脊间具细柔毛。花期6-8月。

产西藏南部，生于海拔4400-4700米高山阳坡或河谷草地。印度北部及尼泊尔有分布。

[附] **易乐早熟禾 Poa eleanorae** Bor in Kew Bull. 1948: 142. 1948. 与闪穗早熟禾的区别：叶舌长2-2.5毫米；叶片长约18厘米，宽约1毫米；圆锥花序长达24厘米，约占植株2/3；第一颖长6-6.5毫米，第二颖长6.5-7毫米；第一外稃长5-6毫米。产四川、云南及西藏，生于海拔3800-4000米高山草地。印度北部、尼泊尔及不丹有分布。

57. 甘波早熟禾

图 990：7

Poa gamblei Bor in Kew Bull. 1948: 144. 1948.

多年生。具匍匐根茎。秆高30-45厘米，基部短倾卧，为干膜质枯鞘所包，花序以下部分微粗糙。叶鞘粗糙；叶舌长约1.5毫米；叶片扁平或对折，长6-8厘米，宽2-3毫米，边缘粗糙，先端尖。圆锥花序疏散，下部分枝孪生，长达7厘米，粗糙，反折。小穗长6-6.5毫米，宽达6毫米，楔形，具2-4小花；两颖近等长，长5-5.5毫米，均具3脉，背脊近顶端粗糙，第二颖较宽或稍长。外稃长约5.5毫米，宽约2.5毫米，先端钝圆，带紫色，背脊粗糙，边脉与脊下部几无柔毛，基盘无绵毛；内稃窄长圆形，两脊粗糙；花药长约2.8毫米。花期5-6月。

据文献记载产云南及西藏，生于海拔约2500米山地草坡。印度有分布。

58. 林地早熟禾

图 991

Poa nemoralis Linn. Sp. Pl. 1: 69. 1753.

多年生。无根茎。秆疏丛，高30-70厘米，3-5节，较软。叶鞘平滑或糙涩，顶生叶鞘长约10厘米；叶舌长0.5-1毫米；叶片长5-12厘米，宽1-3毫米。圆锥花序狭窄柔弱，长5-15厘米，分枝开展，2-5着生主轴，疏生1-5枚小穗，微粗糙，下部长裸露，基部主枝长约5厘米。小穗披针形，多具3小花，长4-5毫米；小穗轴具微毛；颖披针形，3脉，边缘膜质，脊上部糙涩，长3.5-4毫米，第一颖较短而窄。外稃长圆状披针形，先端膜质，间脉不明

显，脊中部以下与边脉下部1/3具柔毛，基盘具少量绵毛，第一外稃长约4毫米；内稃长约3毫米，两脊粗糙；花药长约1.5毫米。花期5-6月。

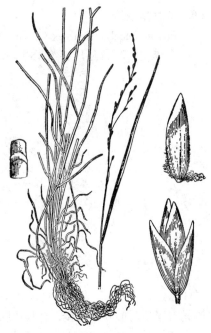

图 991 林地早熟禾 （史渭清绘）

产黑龙江、吉林、辽宁、内蒙古、河北、山西、河南、陕西、甘肃、青海、新疆、湖北、湖南、贵州、四川、云南及西藏，生于海拔 1000-4200 米山坡林地、林缘或灌丛草地。广布于全球温带地区。

[附] **坎博早熟禾 Poa kanboensis** Ohwi in Acta Phytotax. Geo bot. 10 (2): 125. 1941. 与林地早熟禾的区别：颖片长 3-3.5 毫米；外稃长 3-3.5 毫米，除脊下部有稀少柔毛外近无毛。产辽宁及山东，生于山坡草地。朝鲜半岛有分布。

59. 黄色早熟禾 图 992

Poa flavida Keng ex L. Liu, Fl. Reipubl. Popul. Sin. 9(2): 393. 2002.

多年生。秆丛生，高约 60 厘米，径约 1 毫米，具 1-2，位于秆下部 10-15 厘米处。顶生叶鞘长 6-10 厘米；叶舌长 0.5 毫米；叶片长约 8 厘米，宽 1-1.5 毫米，上面微糙涩。圆锥花序长 9-14 厘米，宽 1-3 厘米，每节具 2-5 分枝；基部主枝长 5-7 厘米，细弱，稍开展，中部或 2/3 以下裸露，糙涩。小穗长 2.8-3.8 毫米，具 2 小花；小穗轴具微毛；颖先端尖，3 脉，脊上部糙涩，长 2-3 毫米，两颖近相等或第一颖稍短。外稃长约 3 毫米，先端稍膜质，间脉不明显，脊与边脉的中部以下具较长柔毛，基盘具少量绵毛；内稃等长于外稃，膜质，两脊粗糙；花药长 1.5 毫米；花期 6-8 月。

产山西、四川及云南西北部，生于海拔 2500-4000 米冷杉林缘或落叶松林下。

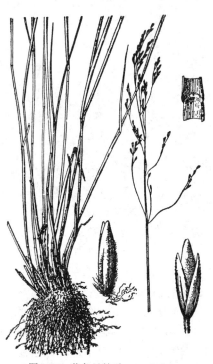

图 992 黄色早熟禾 （冯晋庸绘）

60. 尖颖早熟禾 图 993

Poa acmocalyx Keng ex L. Liu, Fl. Reipubl. Popul. Sin. 9(2): 398. 2002.

多年生。秆疏丛，高约 45 厘米，径约 1.5 毫米，3-4 节，顶节位于下部 1/4 处。叶鞘长于节间，无毛，顶生者长 10-15 厘米；叶舌长 0.5-0.8 毫米；叶片上面粗糙，长 7-14 厘米，宽 2-3 毫米。圆锥花序伸展，长 12-16 厘米；分枝 2-4，细长，粗糙，直立，上部疏生 1-4 小穗，主枝长 5-10 厘米。小穗长 5-6 毫米，具 2-3 小花；小穗轴无毛；颖披针形，背部点状糙涩，第一颖具 3 脉，长 4.5-5 毫米，第二颖具 3-5 脉，长 5-6 毫米。外稃较薄，先端稍有膜质，间脉稍明显，脊与边脉下部 1/3 疏具柔毛，基盘具少量绵毛，第一外稃长 4-5 毫米；内稃脊糙涩；花药长约 1.5 毫米。花果期 6-8 月。

图 993 尖颖早熟禾 （史渭清绘）

产黑龙江、吉林及四川西北部，生于海拔 1000-3900 米阳坡草地。

61. 贫叶早熟禾 图 994

Poa oligophylla Keng in Fl. Tsinling. 1(1): 83. 1976.

多年生。秆疏丛，高20-40厘米，2节，顶节位于秆基4厘米处，紧接花序以下糙涩。顶生叶鞘长6-9厘米，微粗糙；叶舌长0.5-1毫米；叶片长2-10厘米，宽1-2毫米，先端渐尖，上面粗糙。圆锥花序长6-11厘米，宽0.5-1.5厘米，每节2-4分枝；基部主枝长3-5厘米，粗糙，下部1/2或1/3裸露。小穗长4-5毫米，具3小花，带紫色；小穗轴疏生微毛；颖具3脉，脊上部粗糙，先端尖，第一颖长3-3.5毫米，第二颖长3.5-4毫米，较长于第一外稃。外稃长3.5毫米，间脉不明显，脊上部粗糙，中部以下与边脉下部1/3具较长柔毛，基盘具绵毛；内稃稍短，脊粗糙；花药黄色，长约1.5毫米。花期7月。

图 994 贫叶早熟禾 （史渭清绘）

产内蒙古、河南西部、陕西、宁夏、四川及云南西北部，生于海拔1500-3500米山坡草地。

[附] **柯顺早熟禾 Poa korshunensis** Golosk. in Not. Syst. Herb. Inst. Bot. Acad. Sci. URSS 14: 72. 1955. 与贫叶早熟禾的区别：叶片长4-8厘米，宽2-3毫米；小穗轴无毛或微粗糙；外稃具长约4毫米；基盘近无毛，稀具少量绵毛。产新疆，生于海拔（1300-）1700-3200米山地草甸草原、林缘、灌丛草甸或河谷沙砾阶地。中亚、俄罗斯及西伯利亚有分布。

62. 纤弱早熟禾 图 995：1-4

Poa malaca Keng in Fl. Tsinling. 1(1): 85. 1976.

多年生，具细弱短根茎。秆高30-40厘米，3-4节。叶鞘无毛，顶生者长约5厘米；叶舌长约1毫米；叶片软，长5-10厘米，上面微糙涩，蘖生叶片长约12厘米，宽约0.5毫米。圆锥花序狭窄，长约7厘米，每节具2分枝，基部主枝长2-4厘米，直立，细弱粗糙，侧枝自基部着生小穗。小穗灰绿色，长3.5-4毫米，具2小花；小穗轴具柔毛；颖具3脉，脊上部微糙，边缘窄膜质，第一颖长2.5-3毫米；第二颖长3.5-4毫米。外稃间脉明显，脉间生微柔毛，脊与边脉下部1/3具柔毛，基盘疏生绵毛，第一外稃长3-3.5毫米；内稃等长于外稃，两脊微糙涩；花药长1.5-2毫米，黄色，花期6-8月。

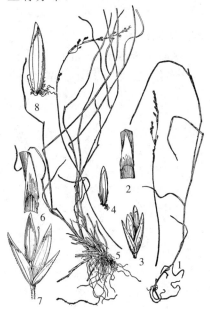

图 995：1-4.纤弱早熟禾 5-8.蛊早熟禾
（史渭清绘）

产陕西、青海、四川、云南及西藏，生于海拔2600-4200米河岸林缘灌丛草甸中。

[附] **蛊早熟禾** 图 995：5-8 **Poa fascinata** Keng ex L. Liu, Fl. Reipubl. Popul. Sin. 9(2): 398. 2002. 与纤弱早熟

禾的区别：秆高 60-70 厘米；叶舌长 2-4 毫米；第一颖较窄，长 2-3.5 毫米，1 脉；第一外稃不孕；花药长 1 毫米。

产甘肃、四川西北部及云南，生于海拔 2900-4400 米林缘灌丛草甸、河岸阳坡草地。

63. 柔软早熟禾　　　　　　　　　　　图 996

Poa lepta Keng ex L. Liu, Fl. Reipubl. Popul. Sin. 9(2): 396. 2002.

多年生。根头短。秆疏丛，高约 45 厘米，径约 1 毫米，3-4 节，顶节位于下部 1/3 处，较软。

叶鞘微糙涩，多长于节间，顶生者长约 15 厘米；叶舌长 2-3 毫米，分蘖叶叶舌长约 1 毫米；叶片较薄，长 5-15 厘米，宽 1-2 毫米，微粗糙，先端渐尖。圆锥花序长 8-10 厘米，宽约 1 厘米；分枝孪生，直立，粗糙，长 2-5 厘米，中部以上疏生 1-4 小穗。小穗灰绿色，长 4-5 毫米，具 3-4 小花；小穗轴稍有微毛；颖质薄，披针形，3 脉，脊上部粗糙，第一颖长 3-4 毫米，第二颖长 3.5-4.5 毫米。外稃较薄，先端膜质，间脉明显，脊下部 1/3 与边脉基部 1/4 具柔毛，脊上部 2/3 微糙涩，基盘有稀少绵毛，第一外稃长约 4 毫米；内稃长约 3.5 毫米，两脊上部稍糙，

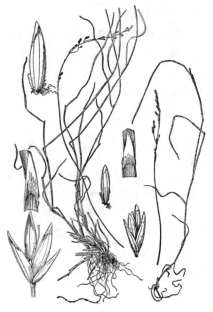

图 996 柔软早熟禾 （史渭清绘）

基部平滑；花药长 1.2 毫米。7 月开花。

产河北、宁夏、青海、四川西北部及西藏，生于海拔 1500-3900 米山坡林缘草地。

64. 毛轴早熟禾　　　　　　　　　　　图 997

Poa pilipes Keng in Fl. Intramongol. ed. 2, 5: 594. 1994.

多年生。根茎短。秆基有多数分蘖，高约 75 厘米，下部 2-3 节，中上部裸露。叶鞘无毛，顶生者长 10-15 厘米；叶舌长 0.5-1.5 毫米；叶片柔软，长 10-15 厘米，宽 1-3 毫米。圆锥花序长 12-18 厘米，稀疏，带紫色，每节 2-5 分枝；分枝细弱上升，微糙涩，基部主枝长达 8 厘米，上部疏生小穗。小穗长 4-5 毫米，具 2-3 花；小穗轴密被茸毛，节间长约 1 毫米；颖上部点状粗糙，3 脉，先端锐尖，第一颖长 3-3.5 毫米，

第二颖长 3.5-4 毫米。外稃长约 3.5 毫米，先端窄膜质，间脉不明显，背面上部点状粗糙，脊下部 2/3 和边脉中部以下具长柔毛，基盘具中量绵毛；内稃两脊中部以上具小纤毛；花药长 1.5 毫米。颖果纺锤形，长约 2 毫米。花果期 6-9 月。

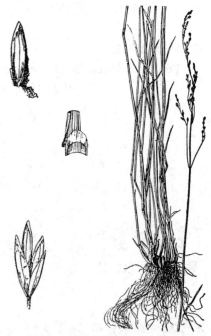

图 997 毛轴早熟禾 （史渭清绘）

产内蒙古、河北、四川及西藏东部，生于海拔 2000-4200 米山坡草地或高山草甸。

65. 斯哥佐早熟禾 图 998

Poa skvoctzovii Probat. in Bot. Zhurn. (Moscow & Leningrad) 57: 72. 1972.

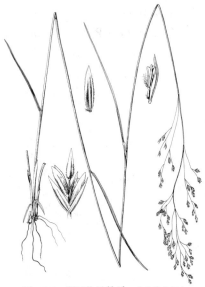

多年生。秆疏丛，高达 1 米，径 4-5 毫米，下部节着土生根，具短根茎，顶节位于下部 1/3 处。叶鞘粗糙；叶舌长约 1 毫米；叶片长 15-20 厘米，宽 2-4 毫米，粗糙。圆锥花序长 15-20 厘米，宽约 10 厘米；分枝长 5-8 厘米，下部裸露，上部着生小枝与小穗。小穗长 6-7 毫米，宽约 3 毫米，具 3-4 小花；颖边缘白膜质，先端尖或渐尖，第一颖长约 4 毫米，3 脉，第二颖长约 5 毫米。

图 998 斯哥佐早熟禾 （孙英宝绘）

外稃长 4.5-6 毫米，间脉明显，脊与边脉生柔毛，基盘有绵毛；内稃短于外稃；花药长约 1.5 毫米。颖果黑褐色，长约 2 毫米，宽 0.5 毫米。花果期 6-9 月。

产黑龙江、内蒙古及新疆，生于海拔 1700 米山地阴坡林缘或山沟草地。俄罗斯远东地区、朝鲜半岛及日本有分布。

66. 蒙古早熟禾 图 999：1-4

Poa mongolica (Rendle) Keng, 中国主要植物图说·禾本科 176, 图 126. 1959.

Poa nemoralis Linn. var. *mongolica* Rendle in Journ. Linn. Soc. Bot. 36: 426. 1904.

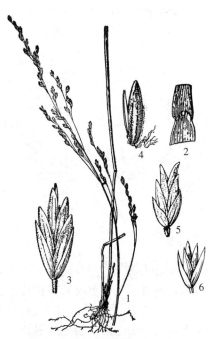

多年生。秆高 0.7-1 米，3-4 节，较软，节膝曲。叶鞘无毛，短于节间，顶生者长 17 厘米；叶舌长 0.3-1 毫米；叶片较硬，长 3-12 厘米，宽 2-3 毫米，上面微粗糙。圆锥花序疏散开展，长 10-20 厘米；分枝孪生，粗糙，中部以下裸露，上部分小枝，基部主枝长 5-9 厘米。小穗长 4.5-5.5 毫米，具 3-4 小

图 999：1-4.蒙古早熟禾 5.乌苏里早熟禾 6.克瑞早熟禾 （冯晋庸绘）

花，稍紫色；颖锐尖，3 脉，脊微粗糙，第一颖长 2.5-3 毫米，第二颖长 3-4 毫米，较宽。外稃长 3.5-4.5 毫米，先端锐尖，窄膜质，5 脉不明显，边脉下部 1/2 与脊下部 2/3 具长柔毛，基盘具中量绵毛；内稃等长或稍长于外稃，先端微凹，两脊粗糙；花药长 2 毫米。颖果纺锤形，长 2 毫米。花果期 6-8 月。

产黑龙江、吉林、辽宁、内蒙古、宁夏及四川，生于潮湿草地。

[附] **乌苏里早熟禾** 图 999：5 **Poa urssulensis** Trin. in Mem. Acad. Imp.

Sci. St. Petersb. Sav. Etrang. 2: 527. 1835. 与蒙古早熟禾的区别：秆高 40-80 厘米；叶片长约 20 厘米，宽 3-5 毫米；小穗长 5-5.5 毫米；第一颖长 3-4 毫米，第二颖长 3.5-4.5 毫米；外稃长 4.5-5 毫米，基盘有少量绵毛；花药长约 1.2 毫米。产新疆，生于海拔 1300-3200 米林缘至高山草甸草原。俄罗斯西伯利亚和远东地区、蒙古及欧洲有分布。

67. 克瑞早熟禾

图 999：6

Poa krylovii Reverd. in Sist. Zam. Gerb. Tomsk. Univ. 8: 3. 1963.

多年生。秆疏丛，高50-80厘米，4-5节。叶鞘长达秆中部以上，无毛；叶舌长约2毫米；叶片扁平，长8-15厘米，宽约3毫米，微粗糙。圆锥花序疏展，长8-15厘米；分枝粗糙，长5-8厘米，2-3或5枚着生主轴下部各节，上部密生小穗，下部裸露。小穗长4.5-6毫米，宽约2毫米，具3-4（5）小花，黄绿色；颖具3脉，脊上部微粗糙，边缘宽膜质，第一颖长约2.5毫米，3脉，第二颖长约3毫米，先端尖。外稃长3-3.5毫米，先端宽膜质，脊与边脉下部具柔毛，基盘无绵毛；内稃两脊小刺状粗糙；花药长约2毫米。花期6-8月。

产河北及新疆，生于海拔2200-3800米林缘山坡草甸草原。蒙古及俄罗斯西伯利亚有分布。

68. 泽地早熟禾

图 1000：5-6

Poa palustris Linn. Syst. Veg. ed. 10, 2: 874. 1759.

多年生。有时具细短根茎。秆疏丛，高0.4-0.8（-1.7）米，5-6节。叶鞘无毛；叶舌长1-3毫米；叶片长8-20厘米，宽约2（-4）毫米。圆锥花序长10-20（-30）厘米；分枝长约5厘米，下部裸露，4-6枚簇生主轴下部，粗糙。小穗卵状长圆形，具3-5小花，长4.5-5毫米，黄绿色；第一颖长约2.5毫米，3脉，脊上部糙涩，先端尖，第二颖较宽，长约3毫米。外稃长3-3.5

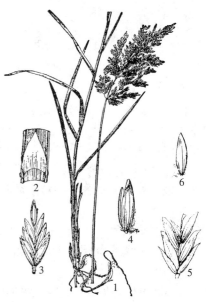

图 1000：1-4.大穗早熟禾　5-6.泽地早熟禾
（史渭清绘）

米，间脉不明显，脊与边脉下部具柔毛，基盘有绵毛；内稃与外稃近等长，两脊具细密小刺；花药长1.2-1.5毫米。花期6-7月。

产黑龙江、吉林、辽宁、内蒙古、甘肃、新疆、四川及西藏，生于海拔1500-3500米山坡疏林灌丛草甸或沼泽草地。广布于北半球温带地区、西伯利亚、中亚、欧洲及北美。

[附] **欧早熟禾 Poa sylvicola** Guss. Enun. Pl. Inst. 271. t. 18. 1854. 与泽地早熟禾的区别：地下根茎在地面萌生分蘖枝，形成有间隔的小丛；叶舌长5毫米；小穗长2.5-3毫米，宽2-2.5毫米，具2-3小花；第一颖长1.5-2毫米，第二颖长2.2-2.5毫米；外稃长2.5-3毫米。产新疆及四川北部，生于海拔1000-3500米林缘山坡草甸或低山带田野草地。欧洲、中亚、地中海、土库曼及天山山脉有分布。

69. 大穗早熟禾

图 1000：1-4

Poa grandispica Keng ex L. Liu, Fl. Reipubl. Popul. Sin. 9(2): 394. 2002.

多年生。根茎短。秆高约50厘米，径约3毫米，6-8节，紧接花序以下微粗糙。叶鞘糙涩，长于节间，顶生者长6-8厘米，达秆中部以上；叶舌长3-4毫米；叶片长15-20厘米，宽4-5毫米，两面粗糙。圆锥花序密生小穗，长12厘米，宽3-6厘米，每节3-5分枝；分枝粗糙，自基部着生小穗，主枝长达6厘米，上升。小穗长圆形，长0.7-1

厘米，具7-11小花；小穗轴微糙涩；颖具3脉，脉上部粗糙，先端锐尖，第一颖长3.5-4毫米，第二颖长4.5-5毫米。外稃长4-4.5毫米，间脉尚明显，脊中部以下和边脉下部1/4具长柔毛；基盘具少量绵毛；内稃稍短，脊上部具微纤毛；花药长2毫米。花期7月。

产河北及四川，生于海拔1000-3200米山坡草地。

70. 光盘早熟禾 图 1001

Poa elanata Keng ex Tzvel. Pl. Asiae. Centr. 4: 142. 1968.

多年生。秆疏丛，高约40厘米，径1毫米，3-4节，顶节位于茎基部1/6处。叶鞘无毛，顶生者长8-12厘米；叶舌长2-3毫米，先端细齿裂；叶片长8-15厘米，宽约1毫米，两面与边缘微糙涩。圆锥花序长6-9厘米，宽约0.8毫米；分枝孪生，粗糙，长3-3.5厘米，上部着生2-4小穗。小穗具2-4小花，长5-6.5毫米；颖具3脉，先端尖，第一颖长4-5毫米，第二颖长4.5-6毫米。外稃先端膜质，长4-5毫米，间脉不甚明显，脊下部1/3贴生微毛，边脉与基盘均无毛；内稃稍短，两脊具短纤毛；花药长2-2.5毫米。花期8月。

图 1001 光盘早熟禾 （史渭清绘）

产内蒙古、宁夏、甘肃、青海、四川及西藏，生于林缘山坡草地。

71. 长颖早熟禾 图 1002：1-4

Poa longiglumis Keng ex L. Liu, Fl. Reipubl. Popul. Sin. 9(2): 397. 2002.

多年生。秆密丛，质硬，高30-45厘米，径约1毫米，3-4节，节下与花序下微粗糙。叶鞘微粗糙，顶生者长6-10厘米；叶舌长1.5-3毫米；叶片长6-12厘米，宽1-1.5毫米，稍内卷，微粗糙，顶生者长达花序基部。圆锥花序长7-10厘米，每节2-4分枝；分枝直立，长2-3.5厘米，中部以下裸露，粗糙。小穗长4-6毫米，具3-4小花，稍开展；小穗轴无毛；颖先端渐尖，3脉，脊微粗糙，第一颖长约4毫米，第二颖等长于小花。外稃长3.5-3.8毫米，先端稍膜质，5脉，脊下部和边脉下部1/4具少量柔毛，基盘微具绵毛；内稃稍短，两脊微粗糙，先端2裂；花药长2毫米。花期6月。

产河北、宁夏、四川西北部、云南及西藏东部，生于海拔1350-4300米山坡草地。

[附] **外贝加早熟禾** 图 1002：5 **Poa transbaicalica** Roshev. in Bull. Jard.

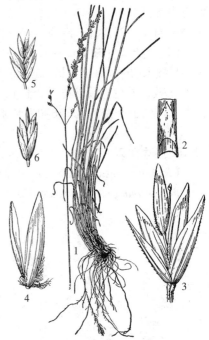

图 1002：1-4. 长颖早熟禾 5. 外贝加早熟禾 6. 新疆早熟禾（史渭清绘）

Bot. Ac. Sc. URSS 382. 1929. 与长颖早熟禾的区别：叶片长10-20厘米，宽1-2毫米；圆锥花序长12厘米；

小穗长6-7毫米，具5-8小花；两颖均长约3毫米。产内蒙古，生于海拔约1500米草原路旁。俄罗斯西伯利亚地区及蒙古有分布。

[附] **新疆早熟禾** 图 1002:6 **Poa relaxa** Ovez in Rep. Tadhikist. Base Acad. Sci. URSS. I. 1: 20, fig. 2. 1933. 与长颖早熟禾的区别：叶片长10-20厘米，宽1-2毫米；圆锥花序长8-15厘米；小穗具3-5小花，长

72. 恒山早熟禾

图 1003:1-4

Poa hengshanica Keng ex L. Liu, Fl. Reipubl. Popul. Sin. 9(2): 394. 2002.

多年生。秆高50-60厘米，2-3节，扁，多少粗糙。叶鞘微粗糙，顶生者长约10厘米；叶舌长1-2毫米；叶片扁平，长12-17厘米，宽1-2毫米，上面粗糙。圆锥花序长15-20厘米，宽约4厘米；分枝每节3枚，糙涩，主枝长达8厘米，上部疏生小穗。小穗倒卵形，长5-7毫米，具3-5小花；小穗轴具微毛；颖具3脉，先端锐尖，微粗糙，第一颖长3.5-5毫米，第二颖长4-5毫米，稍

宽，5脉。外稃先端稍膜质，其下带紫色，间脉不明显，长3.5-5毫米，脊中部以下和边脉下部1/3具长柔毛，基盘具少量绵毛；内稃稍短，两脊中部具纤毛；花药长约2毫米。花期6-7月。

产河北、四川及云南西北部，生于山坡阳处湿润草地。

[附] **变色早熟禾 Poa versicolor** Boss. Enum. Pl. Volhyn. 41. 1821. 与恒山早熟禾的区别：叶舌长2.5-3毫米；圆锥花序宽达10厘米；分枝每节4-5枚，着生多数小穗；外稃长5-7毫米，基盘密生绵毛。产青海及四川，生于海拔3000-5000米山坡林缘草甸。印度、克什米尔地区、

73. 葡系早熟禾

图 1004

Poa botryoides (Trin ex Griseb.) Roshev. in Fl. Zasauk 1: 83. 1929.

Poa serotina var. *botryoides* Trin. ex Griseb. in Ledeb. Fl. Ross. 4: 375. 1852.

多年生。秆丛生，高约60厘米，4-5节，节下生微毛。叶鞘短于节间，顶生者长8-10厘米；叶舌长1-2毫米；叶片较硬，微粗糙，长3-6厘米，宽1-2毫米。圆锥花序长10-14厘米，宽达4厘米，每节4-5分枝；分枝长达3厘米，中部以上疏生小穗，微粗糙。小穗卵形或倒

5-6毫米；第一颖长约3.5毫米，第二颖长4-4.2毫米。产新疆，生于海拔900-4300米石质山坡草原、林缘河谷草甸。俄罗斯、中亚及伊朗东北部有分布。

图 1003：1-4.恒山早熟禾 5-8.细长早熟禾
（史渭清、冯晋庸绘）

伊朗、巴其斯坦、土耳其、俄罗斯及欧洲有分布。

图 1004 葡系早熟禾 （冯晋庸绘）

卵形，长 2.5-3 毫米，具 2-3 小花，绿色带紫色，先端黄铜色；颖具 3 脉，先端尖或渐尖，长 2-2.5 毫米。外稃披针形，钝头，间脉不明显，脊中部以下与边脉下部 1/3 具柔毛，基盘具较多绵毛，第一外稃长 2.5 毫米；内稃等长于外稃，脊粗糙；花药长 1 毫米。花果期 6-8 月。

产黑龙江、辽宁、内蒙古、河北、甘肃、青海及新疆，生于干旱山坡草地。俄罗斯有分布。

74. 细长早熟禾

图 1003：5-8

Poa prolixior Rendle in Journ. Linn. Soc. Bot. 36: 427. 1904.

多年生。秆细弱，丛生，高 60-70 厘米，径 0.5-1 毫米，直立或倾斜上升，3-4 节，微糙涩。叶鞘短于节间，近平滑，顶生者稍短于叶片；叶舌长 2-4 毫米，先端撕裂状；叶片长 5-10 厘米，宽 1-1.5 毫米，扁平，上面微糙涩。圆锥花序直立或微弯，长 6-10 厘米，宽 0.5-1.2 厘米；分枝 2-3，长 3-5 厘米，粗糙，下部 1/3 裸露。小穗长 2.5-3（3.5）毫米，具 2-3 小花；小穗轴无毛；

颖片较厚，微粗糙，3 脉，先端锐尖，边缘窄膜质，长 2-3 毫米，第一颖稍短。外稃长圆状披针形，长 2-2.5 毫米，先端稍膜质，间脉不明显，脊中部以下与边脉下部 1/3 有柔毛，基盘具少量绵毛；内稃稍短，两脊粗糙；花药长 1.2 毫米。颖果长圆形，长 1.5 毫米。花果期 5-8 月。

产内蒙古、山东、山西、河南、宁夏、甘肃、江苏、浙江、湖北、四川、云南及西藏东部，生于林地山坡草甸。

75. 法氏早熟禾

图 1005

Poa faberi Rendle in Journ. Linn. Soc. Bot. 36: 423. 1904.

多年生。秆疏丛，高 30-60 厘米，3-4 节，花序以下平滑或糙涩。叶鞘常具倒向糙毛，上部扁成脊，顶生者长达 14 厘米；叶舌长 3-8 毫米，先端尖；叶片长 7-12 厘米，宽 1.5-2.5 毫米，两面粗糙。圆锥花序长 10-12 厘米，宽约 2 厘米；分枝每节 3-5，长 2-6 厘米，粗糙，下部 1/3 裸露。小穗绿色，长 4-5 毫米，具 4 小花；颖片长 3-3.5（-4）毫米，3 脉，粗糙，先端锐尖。外稃长 3-3.5 毫米，5 脉，间脉明显，脊下部 1/2 和边脉下部 1/3 具长柔毛，基盘具中量绵毛；内稃稍短于外稃，两脊微粗糙；花药长约 1.5 毫米。花果期 5-8 月。

产内蒙古、河北、河南、陕西、宁夏、甘肃、青海、江苏、安徽、浙江、江西、湖北、湖南、贵州、四川、云南及西藏，生于海拔 200-1200（-3000）米平原山坡、灌丛草地、山顶林缘、河沟路旁、

图 1005 法氏早熟禾 （冯晋庸绘）

沙滩或田边。东亚地区有分布。

多年生。具短根茎或根头，秆高约 50 厘米，径约 1.5 毫米，3 节，顶节位于下部 1/3 处。叶鞘短于节

76. 假泽早熟禾

图 1006

Poa pseudo-palustris Keng ex L. Liu, Fl. Reipubl. Popul. Sin. 9(2): 400. 2002.

间，顶生者长约10厘米；叶舌长1.5-3毫米；叶片长约12厘米，宽2毫米，微粗糙。圆锥花序长12厘米，宽1-3厘米，分枝每节2-6，微粗糙，上部疏生4-7小穗，基部主枝长达6厘米。小穗柄长2-5毫米，微粗糙；小穗长4-5.5（-6）毫米，具3小花；颖先端尖，3脉，脊微粗糙，稍带紫色，第一颖长约3.2毫米，第二颖长3.5-4毫米。外稃先端尖，具窄膜质、绿色，先端下方紫色，间脉不明显，脊与边脉下部1/2至1/3具柔毛，基盘具密绵毛，第一外稃长3.5-4毫米；内稃稍短，脊具细纤毛状粗糙；花药长1.2毫米。颖果长约1.5毫米。花期7月。

产黑龙江、吉林、辽宁、内蒙古及青海，生于林缘草甸。

图 1006 假泽早熟禾 （史渭清绘）

77. 多叶早熟禾 　　　　　　　　　　　　图 1007：1-4

Poa plurifolia Keng in Fl. Tsinling. 1(1): 436. 1976.

多年生。根茎短。秆丛生，高约25厘米，6-8节，上部1/3裸露，粗糙；叶鞘具脊，粗糙，带紫色，长于节间，顶生者长约6厘米；叶舌长1.5-2.5毫米；叶片较硬，对折或内卷，两面粗糙，长3-11厘米，宽1-1.5毫米，直伸。圆锥花序长6-8厘米，宽0.7-1.3厘米，每节具2-3分枝，基部主枝长约2.5厘米，下部裸露，与主轴近贴生，成熟时带紫色。小穗倒卵形，长4-5毫米，具3-4小花；小穗轴粗糙；颖先端尖或渐尖，3脉，第一颖长3-3.5毫米，第二颖长3.5-4毫米。外稃长约3.5毫米，先端稍膜质，其下带黄铜色，间脉不明显，脊中部以下和边脉下部1/3具柔毛，基盘具少量绵毛；内稃稍短，两脊粗糙；花药长2毫米。花果期6-8月。

产内蒙古、河北、山西、河南、陕西、宁夏及四川，生于山坡草地。

图 1007：1-4.多叶早熟禾 5.灰早熟禾 6.阿尔泰早熟禾 7-8.湿地早熟禾 （史渭清绘）

78. 灰早熟禾 　　　　　　　　　　　　图 1007：5

Poa glauca Vahl. in Fl. Dan. Fasc. 17: 3. 1790.

多年生。具短匍匐根茎。秆丛生，无毛，高25-35厘米。叶舌长约1毫米；叶片灰绿色，窄线形，常内卷，长渐尖，宽1-2毫米，边缘粗糙。圆锥花序长4-7厘米，紧缩，后开展；分枝粗糙，长2-3厘米，着生数枚小穗。小穗长圆状卵形，具2-4小花，长4-5毫米，带

紫色；颖窄披针形，不相等，长 2.5-3.5 毫米。外稃窄披针形，间脉不明显，脉间无毛，脊与边脉下部生柔毛，基盘具少量绵毛；第一外稃长约 4 毫米，间脉明显。花期 6-8 月。

产内蒙古、山西、陕西、甘肃、青海、新疆及四川，生于海拔 2000-3900 米干旱砾石山坡或河滩草地。欧洲、中亚及俄罗斯西伯利亚地区有分布。

[附] **阿尔泰早熟禾** 图 1007：6 **Poa altaica** Trin. in Ledeb. Fl. Alt. 1: 97. 1829. 与灰早熟禾的区别：叶舌长 2-3 毫米；叶片宽 2-3 毫米；小穗具 2-3 小花；第一外稃长约 3.5 毫米，间脉不明显。

产新疆，生于海拔 2300-3600 米山坡草甸。中亚、俄罗斯西伯利亚地区及蒙古有分布。

79. 董色早熟禾　　　　　　　　图 1008：1-4

Poa ianthina Keng ex H. L. Yang in Fl. Intramongol. 7: 86. pl. 36: 1-3. 1983.

多年生。秆密丛生，高 30-40 厘米，3-4 节，中部以上裸露，基部具紫红色叶鞘，紧接花序以下微粗糙。叶鞘糙涩，顶生者长 10-15 厘米；叶舌长 1-3 毫米；叶片直立，较硬，两面粗糙，长 3-8 厘米，宽 2 毫米，扁平或内卷。圆锥花序窄长圆形，紫色，长 5-11 厘米，宽 2-3 厘米，每节 2-3 分枝，基部主枝长达 5 厘米，微糙涩，中部以下裸露。小穗长 3.5-5 毫米，具 2-4 小花；小穗轴节间较粗，被微毛，长约 1 毫米；颖具 3 脉，紫色，有黄白色边缘，上部微粗糙，先端锐尖，第一颖长 2.5-3 毫米，第二颖长 3-4 毫米。外稃长 3.5-4 毫米，钝头，紫色，先端带黄铜色，基部脉间疏生微毛，脊中部以下与边脉和间脉下部 1/3 均具柔毛，基盘具少量绵毛；内稃脊间被微毛，两脊下部具纤毛；花药长 1.5-1.8 毫米。花果期 7-9 月。

产内蒙古、河北、山西、宁夏、甘肃、青海、四川及云南，生于干旱山坡草地。

[附] **瑞沃达早熟禾** 图 1008：5 **Poa reverdattoi** Roshev. in Acta Inst. Bot. Sci. URSS ser. 1, 2: 13a. 1934. 与董色早熟禾的区别：叶片宽 0.5-

80. 绿早熟禾　　　　　　　　图 1009

Poa viridula Palib. in Acta Hort. Petrop. 19: 135.

多年生。秆密丛，高 40-60 厘米，3-4 节，上部裸露，微粗糙。叶鞘短于节间，顶生者长 7-9 厘米；叶舌长 1-3 毫米；叶片长 3-9 厘米，宽约 1 毫米，微粗糙。圆锥花序长 6-10 厘米，宽约 1 厘米，每节 3-5 分枝；分枝粗糙，直伸，长达 4 厘米，中部以下裸露。小穗长约 4 毫米，具 3 小花；颖具 3 脉，先端尖，长 2.5-3 毫米，脊上端微粗糙。

[附] **湿地早熟禾** 图 1007：7-8 **Poa irrigata** Lindm. in Bot. Not. 1905: 88. 1905. 与灰早熟禾的区别：叶舌长约 2 毫米；叶片宽 1.5-4 毫米；小穗长 5.5-6.5 毫米，具 2-3 小花；颖片长 3.5-4.5 毫米；外稃长约 5 毫米。产新疆，生于海拔约 3000 米沟边湿地灌丛、草甸或河岸沙地。欧洲、俄罗斯远东堪察加、北美及加拿大有分布。

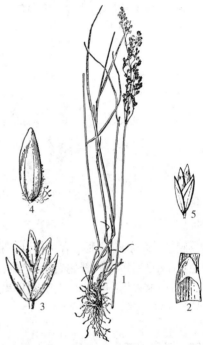

图 1008：1-4.董色早熟禾 5.瑞沃达早熟禾
（冯晋庸绘）

1.2 毫米；圆锥花序长 5-8 厘米，宽 0.5-1 厘米，基部主枝长约 2 厘米，粗糙；小穗轴节间平滑。产内蒙古，生于中高山石质山坡草原。西伯利亚地区及蒙古有分布。

外稃淡绿色，具窄膜质，先端稍钝，其下带紫色，间脉不明显，脊下部和边脉下部 1/3 具柔毛，基盘具绵毛，第一外稃长约 3 毫米；内稃稍短，脊粗糙；花药长 1.5 毫米。6 月至 7 月开花。

产黑龙江、吉林、辽宁、宁夏、四川及云南西北部，生于坡地。朝鲜半岛及日本有分布。

81. 山地早熟禾　　　　　　　　　　　　图 1010

Poa orinosa Keng in Fl. Tsinling. 1(1): 85. 439. 1976.

多年生。秆密丛，高 3-4 厘米，3-4 节，粗糙，顶节位于中部以下，基部为带紫红色的叶鞘所包。叶鞘无毛，顶生者长 10-13 厘米；叶舌长 2-4 毫米；叶片长 3-10（-15）厘米，宽 1-1.5（-2）毫米，两面微粗糙。圆锥花序长 8-10 厘米，宽约 5 毫米；分枝孪生，直立，中部以下裸露，粗糙，基部主枝长约 4 厘米。小穗倒卵形，长 3-4 毫米，具 2-3 小花；小穗轴节间长约 0.8 毫米，无毛；颖先端锐尖，紫色，脊上部粗糙，第一颖长 2.5-3 毫米，侧脉不明显，第二颖长 3-3.5 毫米。外稃长约 3.5 毫米，紫色，先端黄白色膜质，间脉不明显，脊中部以下和边脉下部 1/3 具柔毛，基盘稀生绵毛；内稃稍短，两脊粗糙；花药长 1.5 毫米，花期 7-8 月。

图 1009　绿早熟禾　（史渭清绘）

产内蒙古、陕西、青海、四川及云南，生于海拔 2600-3600 米山坡草地。

82. 疑早熟禾　　　　　　　　　　　　图 1011

Poa incerta Keng ex L. Liu, Fl. Reipubl. Popul. Sin. 9(2): 395. 2002.

多年生。秆丛生，高 60-70 厘米，径约 1 毫米，3-4 节，顶节距秆基约 20 厘米，上部裸露，近平滑，花序以下粗糙。叶鞘微粗糙，顶生者长约 14 厘米；叶舌长 1-3 毫米；叶片长 5-11 厘米，宽 1.5-2 毫米，常内卷，较硬，直立，上面粗糙。圆锥花序带紫色，长 7-11 厘米，宽约 1 厘米；分枝孪生，粗糙，基部主枝长达 6 厘米，中部以下裸露，直立。小穗倒卵形，具 2-3 小花，长 4-5 毫米，有胎生小穗；小穗轴微粗糙；颖具 3 脉，先端锐尖，点状粗糙，第一颖长约 3 毫米，第二颖长 3-3.5 毫米。外稃先端稍膜质，间脉

图 1010　山地早熟禾　（冯晋庸绘）

不明显，脊中部以下与边脉下部 1/3 具柔毛；基盘具少量绵毛，第一外稃长 3-3.5 毫米；内稃脊间被微毛，两脊粗糙；花药长 1.2 毫米。花期 6-7 月。

产山西、宁夏、四川及云南西北部，生于海拔3000-3500米山坡草地。

[附] **贫育早熟禾 Poa sterilis** M. Bieb. in Fl. Taur.-Cauc. 1: 62. 1808. 与疑早熟禾的区别：秆高25-40厘米；小穗具3-4（5）小花，长5-6毫米；基盘无毛；第一外稃长2.5-4（-5）毫米；花药长1.5-2.5毫米。产新疆及四川北部，生于海拔1300-4700米山坡草地。印度西北部、克什米尔、巴基斯坦、伊朗、俄罗斯、高加索及欧洲南部有分布。

83. 华灰早熟禾 图 1012

Poa sinoglauca Ohwi in Journ. Jap. Bot. 19: 169. 1943.

多年生。秆丛生，细长而较硬，高20-30厘米，1-2节，顶节位于秆下部1/5处，花序以下裸露，微粗糙。叶鞘无毛，基部带红色，顶生叶鞘长7-10厘米；叶舌长2-2.5毫米；叶片稍内卷或扁平，长4-8厘米，宽1-1.5毫米。圆锥花序直立，长4-6厘米，宽约1厘米；分枝孪生，长1-2厘米，基部密生小穗。小穗紫色，具2-3小花，长约5毫米；两颖均长2.5-3毫米，先端尖至渐尖，3脉，脊上部粗糙，余点状粗糙。外稃长约3毫米，边缘窄膜质，5脉不明显，脉间细点状粗糙，脊中部以下与边脉基部1/4有柔毛，基盘具少量绵毛；内稃稍短于外稃，脊具小纤毛。花药长达2毫米。花期5-7月。

产黑龙江、吉林、辽宁、内蒙古、河北、山西、河南北部、宁夏、青海、四川西北部及云南西北部，生于海拔2000-3300米黄土高原山坡草地或河谷滩地。

84. 宿生早熟禾 图 1013

Poa perennis Keng in Acta Bot. Yunnan. 4(3): 276. 1982.

多年生，秆密丛，高20-30厘米，径0.5-1毫米，平滑，2-3节。叶鞘硬，短于节间，顶生叶鞘长约4厘米，下部1/4闭合；叶舌长0.5-2毫米，先端齿裂；叶片内卷，长5-10厘米，宽约1毫米。圆锥花序长约8厘米，宽约2厘米；分枝单一或孪生，细弱，曲折，上部微粗糙，着生2-3小穗，下部裸露平滑。小穗长4-5毫米，具2-4小花，带紫色；颖披针形，质硬，第一颖长约2毫米，1脉，第二颖长约3毫米，脊上部微粗

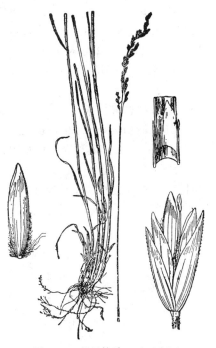

图 1011 疑早熟禾 （史渭清绘）

图 1012 华灰早熟禾 （史渭清绘）

糙。外稃长约 4 毫米，先端尖，间脉不明显，脊上部微粗糙，下部与边脉有柔毛，基盘无绵毛；内稃短于或等长于外稃，两脊具小纤毛而微糙；花药长 1.5-2 毫米。颖果纺缍形，长约 2 毫米。花果期 6-8 月。

产青海、云南及西藏东南部，生于山坡砾石草地。

85. 额尔古纳早熟禾　　　　　图 1014

Poa argunensis Roshev. in Kom. Fl. URSS 2: 404. pl. 30. f. 11. 1934.

多年生。须根具沙套。根头较硬。秆密丛，高约 20 厘米，2-3 节，顶节距秆基 2-4 厘米，上部裸露而粗糙，带灰绿色。叶鞘长于节间，微粗糙，顶生叶鞘长约 6 厘米；叶舌长 1-2 毫米；叶片质硬，内卷，长约 3 厘米，宽 1 毫米。圆锥花序紧缩，长 3-4 厘米，宽约 1 厘米，各节具 2-3 分枝；分枝极粗糙，长约 1 厘米，与主轴贴生，近基部着生小穗。小穗长 3-5 毫米，具 2-4 小花，带紫色；小穗轴节间长 0.5 毫米，较粗；颖具 3 脉，先端锐尖，上部微粗糙，第一颖长 2.5-3.0 毫米，第二颖长 3-3.5 毫米。外稃间脉不明显，脊下部 2/3 和边脉 1/2 以下具柔毛，脉间下部 1/3 贴生微毛，基盘具中量绵毛，第一外稃长 3-3.5 毫米；内稃先端平截，两脊粗糙，下部脊间贴生微毛；花药长 2 毫米。花期 6 月。

产黑龙江、辽宁、内蒙古、新疆及云南西北部，生于海拔 1400-2400 米干旱石质山坡草原。俄罗斯远东地区有分布。

[附] **达呼里早熟禾 Poa dahurica** Trin. in Mém. Acad. Imp. Sci. St. Petersb. ser. 6, 4(2): 63. 1836. 与额尔古纳早熟禾的区别：颖片先端尖，第一颖长 2 毫米，第二颖长约 2.5 毫米；第一外稃长 2.5-3 毫米；基盘几无绵毛。产内蒙古及新疆，生于海拔 1000-1200 米河谷湿地、丘陵缓坡、平坦沙窝、河谷地。俄罗斯西伯利亚及远东地区有分布。

86. 印度早熟禾　　　　　图 1015

Poa indattenuata Keng ex L. Liu, Fl. Reipubl. Popul. Sin. 9(2): 396. 2002.

多年生。秆密丛，高 15-25 厘米，径 1 毫米以下，1-2 节。叶鞘长于节间，无毛，稍长于叶片；叶舌长 1.5-2 毫米；叶片长 2-4 厘米，宽约 1 毫米，扁平或内卷，上面微粗糙。圆锥花序紧密，长 3-5 厘米，宽约 8 毫米；分枝孪生，长约 1 厘米，直立，粗糙，自基部着生小穗。小穗灰紫色，长约 4 毫米，具 2-3 小花；颖长 2.8-3.2 毫米，第一颖稍短，均具 3 脉，脊微粗糙。外稃较厚，间脉不明显，先端稍膜质，长 3-3.5 毫米，脊下部 1/3 与边脉基部 1/4 具柔毛，基盘具少量绵毛；内稃与外稃近等长，两脊粗糙或具细纤毛；花药长约 1.2 毫米。花期 7-8 月。

图 1013　宿生早熟禾　(史渭清绘)

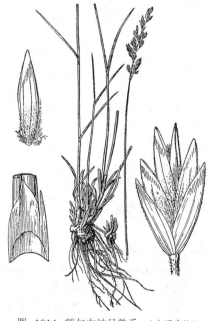

图 1014　额尔古纳早熟禾　(史渭清绘)

产内蒙古、青海、新疆、四川西北部及云南西北部，生于海拔 3500-4000 米灌丛草甸或高山草原。

87. 硬叶早熟禾

图 1016：1-4

Poa stereophylla Keng ex L. Liu, Fl. Reipubl. Popul. Sin. 9(2): 403. 2002.

多年生。秆丛生，高约 50 厘米，5-6 节，顶节距秆基约 15 厘米，裸露部分糙涩。叶鞘粗糙，多长于节间，顶生者长约 5 厘米；叶舌长 1-1.5 毫米，钝头；叶片直立，较硬，长 3-8 厘米，宽约 1.5 毫米，内卷，两面粗糙。圆锥花序较紧密，长约 6 厘米，宽约 1 厘米，草黄色；分枝孪生，直立，粗糙，长约 2 厘米，下部裸露。小穗具 2-3 小花，长约 4 毫米；两颖近相等，长 2.5-3 毫米，均具 3 脉，先端锐尖，脊粗糙。外稃长 2.8-3.2 毫米，

图 1015 印度早熟禾 （冯晋庸绘）

间脉不明显，先端较钝，窄膜质，脊与边脉下部具柔毛，基盘无绵毛；内稃等长于外稃，脊上部 2/3 具小纤毛，背部有点状微毛；花药长于 1 毫米。花期 6-8 月。

产宁夏及四川，生于海拔约 1500 米山坡草地。

88. 冷地早熟禾

图 1016：5-8

Poa crymophila Keng ex C. Ling. in Acta Phytotax. Sin. 17(1): 103. 1979.

多年生。秆丛生，高（15-）20-60 厘米，径 0.5-1 毫米，2-3 节，顶节位于秆下部约 1/8 处，紧接花序下微粗糙。叶鞘平滑；叶舌膜质，长 0.5-3 毫米；叶片较硬，内卷或对折，长 3-9 厘米，宽 0.5-1 毫米，蘖生叶片长 10 厘米以上。圆锥花序长 2-15 厘米，宽约 1 厘米；分枝上举或开展，粗糙，基部分枝每节 2（-4）枚，长 1-2 厘米，主枝下部裸露，侧枝下部着生小穗。小穗灰绿或紫色，长 3-4 毫米，具 2-3 小花；小穗轴无毛；颖片先端渐尖，脊

图 1016：1-4.硬叶早熟禾 5-8.冷地早熟禾
（冯晋庸绘）

上部微粗糙；花药长 1-1.5 毫米。花果期 7-9 月。

产宁夏、甘肃南部、青海、新疆、四川西部、云南西北部及西藏，生于海拔 2500-5000 米山坡草甸、灌丛草地、疏林或河滩湿地。

粗糙，3 脉，第一颖长 1.5-3 毫米，第二颖长 2-3.5 毫米。外稃长圆形，稍膜质，5 脉，间脉不明显，脊与边脉基部被短毛至无毛，基盘无毛或被稀少绵毛，第一外稃长 3.2-3.5 毫米；内稃与外稃等长或稍短，两脊

89. 蔺状早熟禾　　　　图 1017

Poa schoenites Keng ex L. Liu, Fl. Reipubl. Popul. Sin. 9(2): 401. 2002.

多年生，秆疏丛，高约70厘米，径约0.8毫米，3-4节，顶节位于下部1/3处，花序与节下粗糙。叶鞘微粗糙，顶生叶鞘长约10厘米；

叶片扁平，长4-10厘米，宽约1毫米，上面粗糙，下面平滑。圆锥花序长6-8厘米，宽约5毫米；分枝孪生，糙涩，下部裸露，顶生1-3小穗，基部主枝长2-4厘米。小穗草黄色，具2-3小花，长4-5毫米；颖具3脉，先端锐尖，脊上部微粗糙，第一颖长2-3毫米，第二颖长3-3.5毫米。外稃长圆形，较硬，间脉不明显，几无膜质，脊与边脉下部1/4具短而少的柔毛，基盘有少量绵毛，第一外稃长3-3.5毫米；内稃等长于外稃，两脊微粗糙；花药长约1.5毫米。花期6-7月。

产河北、宁夏、甘肃、四川及云南西北部，生于海拔约1500米山坡林缘或路边草地。

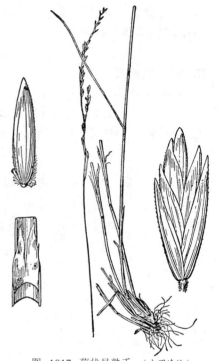

图 1017 蔺状早熟禾 （史渭清绘）

90. 硬质早熟禾　　　　图 1018：1-4

Poa sphondylodes Trin. in Mém. Acad. Imp. Sci. St. Petersb. Sav. Etrang. 2: 145. 1835.

多年生。秆密丛，高30-60厘米，3-4节，顶节位于中部以下，上部裸露，紧接花序以下和节下均多少糙涩。叶鞘基部带淡紫色，顶生者长4-8厘米；叶舌长约4毫米，先端尖；叶片长3-7厘米，宽1毫米，稍粗糙。圆锥花序稠密，长3-10厘米，宽约1厘米；分枝长1-2厘米，

4-5枚着生主轴，粗糙，小穗柄短于小穗，侧枝基部着生小穗。小穗绿色，熟后草黄色，长5-7毫米，具4-6小花；颖具3脉，先端锐尖，硬纸质，稍粗糙，长2.5-3毫米，第一颖稍短于第二颖。外稃坚纸质，5脉，间脉不明显，先端极窄膜质下带黄铜色，脊下部2/3和边脉下部1/2具长柔毛，基盘具中量绵毛，第一外稃长约3毫米；内稃等长或稍长于外稃，脊粗糙具微细纤毛，先端稍凹；花药长1-1.5毫米。颖果长约2毫米。花果期6-8月。

产黑龙江、吉林、辽宁、内蒙古、河北、山东、山西、河南、陕西、宁夏、甘肃、青海、江苏、安徽、浙江、江西、湖北、湖

图 1018：1-4.硬质早熟禾 5.乌库早熟禾 6.低山早熟禾 7.渐尖早熟禾 （仲世奇绘）

南、贵州、四川、云南及西藏，生于山坡草原干旱沙地。

[附] **乌库早熟禾** 图 1018：5 **Poa ochotensis** Trin. in Mém. Acad. Imp. Sci. St. Petersb. ser. 6, 1: 377. 1831. 与

硬质早熟禾的区别：叶舌长1-2毫米；小穗具6-7小花，长5-6毫米；外稃长3.5-4毫米，间脉明显，基盘几无绵毛。产黑龙江、吉林、内蒙古、陕西及甘肃，生于山坡草地。俄罗斯东西伯利亚地区及蒙古有分布。

[附] **低山早熟禾** 图1018：6 **Poa stepposa** (Kryl.) Roshev. in Kom. Fl. URSS 2: 401, Pl. 30. f. 6a. 1934. —— *Poa attenuata* var. *stepposa* Kryl. in Fl. Alt. 7: 1856. 1914. 与硬质早熟禾的区别：小穗具3-5小花，长3-5毫米，宽2.5毫米；外稃长3.5-4毫米，基盘有少量绵毛。产新疆，生于海拔500-2300米山坡草甸草原。欧洲、中亚、蒙古、俄罗斯西伯利亚有分布。

91. 渐尖早熟禾　　　　　　　　图 1018：7
Poa attenuata Trin. in Bunge, suppl. Fl. Alt. 9. 1830.

多年生。秆密丛，高15-25厘米，4-5节，顶节位于下部1/3处。叶鞘微粗糙，带紫色；叶舌长1.5-2.5毫米；

叶片窄线形，对折或内卷成针状，长2-10厘米，宽1-3毫米，边缘粗糙。圆锥花序长圆形，长4-7厘米，宽1-2厘米；分枝单生或孪生，长0.5-2厘米，斜升，粗糙。小穗卵状椭圆形，具2-4小花，长4-5（5.5）毫米；小穗轴无毛；两颖窄披针形，近相等，长约3毫米，3脉，脊上部微粗糙。外稃长圆状披针形，长3-3.5毫米，脉不明显，脉间无毛，脊与边脉下部具柔毛，基盘有绵毛或稀少；内稃两脊具纤毛；花药长1-1.5毫米。颖果纺锤形，长约1.5毫米。花果期5-8月。

产内蒙古、河北、山西、宁夏、甘肃、青海、新疆、四川、云南及西藏，生于海拔3300-5500米高山草甸或干旱草原。印度西北部、巴基斯坦、中亚、俄罗斯西伯利亚地区及蒙古有分布。

92. 少叶早熟禾　　　　　　　　图 1019：1-4
Poa paucifolia Keng ex Shan Chen in Fl. Intramongol. 7：261. f.10-11. 1983.

多年生。秆密丛，高15-30厘米，2节，顶节位于茎下部1/4处，花序以下微粗糙。叶鞘微糙涩，顶生叶鞘长5-7厘米；叶舌长2-4毫米；叶片较硬，多对折，长3-6厘米，宽约1毫米，两面糙涩。圆锥花序紧缩，长4-7厘米，宽0.5-1.2厘米；分枝孪生，长1.5-3厘米，直立，糙涩，中部以下裸露，上部密生较多小穗。小穗长4.5-6毫米，具3-5小花，带紫色；小穗轴无毛；颖具3脉，脊粗糙，先端尖，第一颖长2-3毫米，第二颖长3-4毫米。外稃长约3.5毫米，先端稍膜质，间脉不明显，脊下部与边脉下部1/3具柔毛，基盘具少量绵毛，内稃两脊粗糙；花药长2毫米。花期7月。

产内蒙古、宁夏、甘肃、青海、云南西北部及四川北部，生于河岸干沟或山地干旱草原。

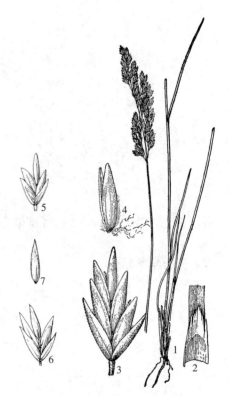

图 1019：1-4.少叶早熟禾　5.阿洼早熟禾　6-7.西奈早熟禾　（冯晋庸绘）

93. 阿洼早熟禾

图 1019:5

Poa araratica Trautv. in Acta Hort. Petrop. 2: 486. 1873.

多年生。秆密丛，具根头或短根茎。高 25-35 厘米，带绿色。叶舌撕裂，长 1.5-2.5 毫米；叶片扁平，后内卷或多少线形，长 4-10 厘米，宽 1-1.5 毫米，边缘粗糙。圆锥花序窄窄，长 4-9 厘米；分枝孪生，粗糙，上升，弯曲。小穗具 3-4 小花，扇形，长 4-6.5 毫米，先端带紫色；颖长圆形或椭圆形，均具 3 脉，第一颖长 3-3.8 毫米，第二颖较宽，长 3.2-4.5 毫米。外稃长圆形或椭圆形，脊与边脉下部具柔毛，基盘疏生绵毛，第一外稃长 3.5-4.5 毫米；内稃短于外稃，两脊粗糙，花药长 1.5-2 毫米，花期 7-8 月。

产新疆、云南及西藏（据文献记载），生于海拔 4300-5100 米高山草原。克什米尔、阿富汗、伊朗、巴基斯坦、土耳其、高加索及欧洲有分布。

[附] **暗穗早熟禾 Poa tristis** Trin. ex Regel. in Mem. Acad. Imp. Sc. St. Petersb. ser. 2, 6: 528. 1853. 与阿洼早熟禾的区别：秆高 8-15 厘米；叶片宽 0.5-1.5 毫米；圆锥花序长 1.5-4 厘米；小穗具 1-3 小花，长 4-5 毫米。产新疆，生于高山带草地。俄罗斯西伯利亚地区有分布。

94. 西奈早熟禾

图 1019:6-7

Poa sinaica Steud. Syn. Pl. Glum. 1: 256. 1854.

多年生。秆密丛，高 20-60 厘米。叶舌长 2-4 毫米，常 2 裂，粗糙；叶片多基生，对折或内卷，长 4-18 厘米，宽 1-2 毫米，先端渐尖，边缘和上面粗糙。圆锥花序长圆状椭圆形，长 6-12 厘米；分枝微粗糙，2-4 簇生各节，着生多数密集小穗。小穗具 4-7 小花，长 6-8 毫米；颖椭圆形，3 脉，有尖头，第一颖长 3-4 毫米，第二颖较宽，长 3.5-4 毫米。外稃长圆形，脊与边脉下部具纤毛，基盘无绵毛，第一外稃长 4-4.5（-5）毫米；内稃稍短于外稃，沿脊粗糙；花药长 2-2.5 毫米。花果期 4-6 月。

产青海及新疆，生于海拔 1800-3200 米石质山坡、洪积扇或干旱草地。俄罗斯、高加索、中亚、地中海东部、小亚细亚、巴基斯坦、伊朗、中东及喜马拉雅西部有分布。

[附] **准噶尔早熟禾 Poadschungarica** Roshev. in Bull. Jard. Bot. Acad. Sci. URSS 30: 778. 1932. 与西奈早熟禾的区别：叶片宽 2-3（-5）毫米；圆锥花序疏展，分枝长达 6 厘米；小穗具 3-5 小花，常有胎生小穗。产新疆，生于海拔 3000 米高山草地。俄罗斯、中亚、帕米尔及蒙古西北部有分布。

95. 光稃早熟禾

图 1020:1-4

Poa psilolepis Keng ex L. Liu, Fl. Reipubl. Popul. Sin. 9(2): 400. 2002.

多年生。秆密丛，直立或稍膝曲，高 40-60 厘米，径约 0.8 毫米，2-3 节，顶节距秆基 10 厘米以下，上部裸露，无毛。顶生叶鞘长 5-12 厘米，长于叶片；叶舌长 1-2 毫米，三角形或 2 浅裂；叶片硬，直

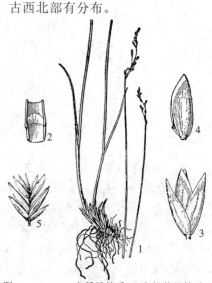

图 1020：1-4.光稃早熟禾 5.卡拉蒂早熟禾
（史渭清绘）

伸，内卷，长3-8厘米，宽1-2毫米，下面微粗糙。圆锥花序长5-10厘米，宽1-2厘米，每节着生2-5分枝，基部主枝长2-4厘米，下部1/3裸露粗糙。小穗具2-4小花，长3.5-5.5毫米，带紫色；颖具3脉，先端尖，脊上部粗糙，第一颖长2.5-3毫米，第二颖长3-3.5毫米。外稃无毛，先端稍膜质，间脉不明显，脊上微粗糙，基盘无绵毛；第一

96. 卡拉蒂早熟禾　　　　　　　　　图 1020：5

Poa karateginensis Roshev. in Kom. Fl. URSS 2: 416. 1934

多年生。秆疏丛，高20-25厘米，纤细斜升。叶鞘无毛；叶舌长约0.5毫米；叶片线形，扁平，宽1-1.5毫米。圆锥花序紫色，长3-6厘米，金字塔形，分枝长约2厘米。小穗长6-7毫米，宽达4毫米；小穗轴节间长1-1.5毫米，疏生3-4（5）小花；颖片具3脉，边缘膜质，先端尖，第一颖长约3毫米，第二颖长3.5毫米。外稃宽披针形，长约4毫米，脉不明显，边缘膜质，无毛，基盘无绵毛；内稃两脊粗糙，两侧带紫色；花药棕紫色，长约2毫米。花果期7-8月。

据文献记载产新疆，生于海拔3000米以上草坡。俄罗斯、中亚及帕米尔高原有分布。

97. 中亚早熟禾　　　　　　　　　图 1021：1-4

Poa litwinowiana Ovcz. in Bull. Tadjik. Acad. Sci. 1(1): 22. 1933.

多年生。秆密丛，高10-25厘米，顶节位于秆下部1/6处，花序以下部分粗糙。叶鞘无毛；叶舌长2.5-3毫米，钝圆，撕裂；叶片线形，长2-4厘米，宽1-1.5毫米，扁平或内卷，较硬，带灰白色，边缘与两面微粗糙。圆锥花序紧缩，长2-4厘米，宽约8毫米；分枝孪生，长0.3-1厘米，斜升，粗糙。小穗具2-3小花，长3-4（5）毫米，花期楔形，紫色；小穗轴被短毛；两颖均具3脉，椭圆形，先端尖，第一颖长2.5-3毫米，第二颖长3-3.5毫米。外稃具5脉，脊与边脉下部具纤毛，背部脉间无毛，基盘疏生绵毛，第一外稃长3.5-4毫米；内稃短于外稃，两脊粗糙；花药长1.5-2毫米。花果期6-7月。

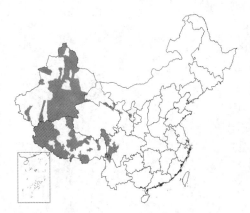

产甘肃、青海、新疆、四川、云南西北部及西藏，生于海拔4100-4700米山坡草地、砾石地或草甸。俄罗斯西伯利亚、中亚、帕米尔、伊朗、阿富汗、巴基斯坦、尼泊尔、不丹、印度北部及克什米尔地区有分布。

[附] **小密早熟禾** 图 1021：5 **Poa densissima** Roshev. ex Ovcz. in Izv. Tadhikist. Bary Ak. Nauk 1, 1: 26. 1933.与中亚早熟禾的区别：秆高4-8

外稃长2.5-3.8毫米；内稃稍短，两脊微粗糙；花药长约1毫米。花期8-10月。

产甘肃、青海、四川及云南，生于海拔3300-4200米高山栎林缘草坡。

[附] 希萨尔早熟禾 **Poa hissarica** Roshev. in Acta Inst. Bot. Sci. URSS 1: 11. 1934.与卡拉蒂早熟禾的区别：秆高20-40厘米；叶舌长约1毫米；叶片宽约2毫米；圆锥花序长5-10厘米；分枝长约5厘米；小穗长0.7-1厘米。产新疆，生于海拔3700-4000米高山石质草坡。中亚、帕米尔高原及天山有分布。

图 1021：1-4.中亚早熟禾 5.小密早熟禾
（引自《西藏植物志》）

厘米，上部无叶；叶舌长1-1.5毫米；叶片长1-2厘米，宽约1毫米；圆锥花序长1-2厘米；小穗具3-4花，长约5毫米；基盘无绵毛。产新疆，生于海拔约3500米高山草甸。中亚及帕米尔高原有分布。

98. 雪地早熟禾

图 1022：1-2

Poa rangkulensis Ovcz. et Czuk. in Uzl. AH Taguc CCP. 17: 40. 1956.

多年生。秆密丛，高 5-20 厘米，径约 1 毫米，灰绿色。叶鞘短，粗糙；叶舌先端尖，长 1-3 毫米。叶片扁平或对折，宽 1-2 毫米，上面和边缘微粗糙。圆锥花序穗状，长 2-3 厘米，分枝短，粗糙。小穗卵形，具 3 小花，长 3.5-4 毫米，紫褐色；第一颖具 3 脉，长 2-2.5 毫米，第二颖长 2.5-3.5 毫米，脊上部粗糙。外稃长 3-4 毫米，边缘膜质，脊 2/3 和边脉 1/2 以下被柔毛，下部脉间密被柔毛，基盘几无绵毛；内稃稍短于外稃，脊上部具纤毛；花药长 1.3-1.6 毫米。花期 7-8 月。

产及青海（据文献记载），及新疆，生于海拔 1500-4500 米山地河谷沼泽化草甸、高山草甸或石质山坡。俄罗斯、中亚及帕米尔有分布。

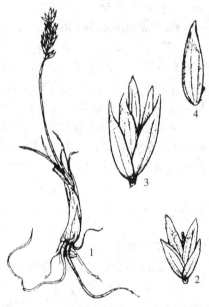

图 1022：1-2.雪地早熟禾　3-4.拉哈尔早熟禾（刘 平绘）

99. 拉哈尔早熟禾

图 1022：3-4

Poa lahulensis Bor in Kew Bull. 1948: 138. 1948.

多年生。秆密丛，高 10-30 厘米。叶鞘枯后聚集秆基；叶舌长 2-4 毫米，顶端平截；叶片扁平，长 2-6 厘米，宽 1-1.5 毫米，边缘和两面粗糙。圆锥花序紧缩，长 3-5 厘米，宽 1 厘米，分枝短，粗糙，2-3 着生各节。小穗具 2-4 小花，长 5-6 毫米，椭圆状宽楔形，先端带紫色；颖长圆状椭圆形，均具 3 脉，脊微糙，边缘膜质，第一颖长 2.6-3.5 毫米，第二颖长 3.5-4 毫米。外稃长 4-4.5 毫米，宽 2 毫米，先端钝，脊与边脉下部具柔毛，脉间生柔毛，基盘无绵毛；内稃稍短于外稃，两脊具细密糙刺；花药长 1.5 毫米。花果期 7-9 月。

产四川西北部、云南西北部及西藏西部，生于海拔 3600-4500 米沼泽草甸或山坡砂砾地草原。印度、克什米尔地区及巴基斯坦北部有分布。

100.波伐早熟禾

图 1023：1-3

Poa poophagorum Bor in Kew Bull. 1948: 143. 1948.

多年生。秆密丛，高 15-18 厘米。叶鞘疏松；叶舌长 2-3.5 毫米；叶片扁平，对折或内卷，长达 6 厘米，宽 1.5 毫米，直伸，两面粗糙，多少灰黄色。圆锥花序长 2-5 厘米，宽 0.5-1.5 厘米；分枝短，粗糙。小穗具 2-4 小花，长 3-4（5）毫米；小穗轴无毛或微粗糙，有时被微毛；第一颖长约 2.5 毫米，第二颖长约 3 毫米，均具 3 脉，带紫色，

图 1023：1-3.波伐早熟禾　4.鳞茎早熟禾 5.厚鞘早熟禾　6-7.荒漠早熟禾 （刘 平绘）

脊微粗糙。外稃纸质，先端与边缘窄膜质，黄色，其下为紫色，5脉，全部无毛，稀脊与边脉下部稍有微毛，基盘无绵毛，第一外稃长2.6-3.2毫米；内稃两脊粗糙；花药长1.5-2毫米。花期6-8月。

产宁夏、青海、新疆及西藏，生于海拔3000-5500米高原草地。尼泊尔、印度北部及西喜马拉雅有分布。

101. 鳞茎早熟禾

图 1023：4

Poa bulbosa Linn. Sp. Pl. 70. 1753.

多年生。秆疏丛，高15-40厘米，基部具鳞茎状珠芽，为枯叶鞘所包。上部叶鞘短于节间；叶舌长1-3.5毫米，先端渐尖；叶片多基生，扁平或对折，长2-10厘米，宽0.5-2毫米，平滑，边缘粗糙，先端喙状。圆锥花序长2-8厘米，紧缩；分枝短、粗糙、斜升，孪生于主轴；小穗具2-6小花，长3-6毫米，带紫色；两颖近相等，宽卵形，3脉，长2-3毫米，脊疏生短毛。外稃先端尖，脊与边脉下部具柔毛或近无毛，基盘具密绵毛，第一外

稃长3-3.5毫米；内稃等长于外稃，两脊粗糙；花药长1-1.5毫米。花果期5-7月。

产新疆及西藏，生于海拔700-4700米山前平原、山坡砾石沙地

或荒漠草原。印度西北部、克什米尔地区、巴基斯坦、伊朗及欧亚大陆温带有分布。

[附] 胎生鳞茎早熟禾 **Poa bulbosa** var. **vivipara** Koel. Descr. Gram. 189. 1802. 与模式变种的区别：小穗胎生，具2-6小花，带紫色；外稃为鳞茎状繁殖体，成熟后随风吹落，遇有条件萌发形成新植株。产新疆，生于海拔700-4300米河畔沙滩、果园荒地或芒漠草原放牧地。中亚、伊朗、西伯利亚、高加索及欧洲有分布。

102. 厚鞘早熟禾

图 1023：5

Poa timoleontis Heldr. ex Boiss. Fl. Orient. 5: 607. 1884.

多年生。秆基具鳞茎，密丛，高10-20厘米，无毛。叶鞘极短；叶舌长2-5毫米；叶片内卷线形，长3-5厘米，宽约1毫米，边缘微粗糙。圆锥花序密聚，金字塔形，长2-3厘米，宽1-2.5厘米，分枝短，孪生。小穗长2-3毫米，具3-5小花，有胎生小穗，繁殖体叶状；第一颖具1脉，长1.5（-2）毫米，第二颖长约2毫米。外稃长约2.5毫米，

先端钝，脊与边脉下部具柔毛，基盘无绵毛；内稃两脊粗糙；花药长1.2毫米。花期7-8月。

据文献记载产新疆，生于海拔500-2000米干旱山坡草地。俄罗斯、伊拉克、伊朗及土耳其有分布。

[附] 维登早熟禾 **Poa vedenskyi** Drob. in Fl. Uzbekistan 1: 538. 1941. 与厚鞘早熟禾的区别：圆锥花序疏散，长约5厘米，宽3-5厘米；小穗具3-5小花，长4-5毫米；外稃长约3.5毫米。产新疆，生于海拔3000米高山草地。伊朗，阿富汗及帕米尔高原有分布。

103. 荒漠早熟禾

图 1023：6-7

Poa bactriana Roshev. in Not. Syst. Herb. Hort. Petrop. 4: 93. 1923.

多年生。秆密丛，高10-60厘米，基部及老鞘厚硬呈鳞茎状。叶鞘平滑；叶舌钝圆，长1.5-3毫米；叶片扁平或对折，多基生，长2-15厘米，

宽1-3毫米，先端长渐尖，边缘和两面粗糙。圆锥花序长圆形或金字塔形，长2-10厘米，稠密，有时疏散具间隔；分枝2-3（4），平

滑，斜升。小穗具2-4（-6）小花，卵状椭圆形，长（3）4-7毫米，绿色或先端紫色；第一颖长2-3毫米，1脉，第二颖较宽，长3-3.5毫米，3脉。外稃椭圆状披针形，背面及脉和基盘无毛，脊与边脉微粗糙，第一外稃长2-3.5（-4）毫米；内稃稍短于外稃，脊粗糙；花药长（0.6-）1.2-2毫米。花期4-5月。

产新疆，生于海拔400-2700米荒漠草原地带山地沟谷或绿洲。俄罗斯、中亚、土耳其、巴基斯坦、阿富汗及喜马拉雅西部有分布。

[附] **密序早熟禾 Poa densa** Troitzky in Tr. Glavn. Bot. Sada (Leningrad) 27: 619. 1928. 与荒漠早熟禾的区别：叶舌长0.5-1.5毫米；叶片长约4-8

104. 季莨早熟禾　　　　　　图 1024：1-3

Poa dshilgensis Roshev. in Kom. Fl. URSS 2: 377. 1934.

多年生。秆矮小，密丛，高2-4厘米，无毛，基部鳞茎状增厚。叶鞘边缘膜质，宿存秆基；叶舌长约0.8毫米；叶片长1-2厘米，宽0.5-1毫米，多内卷，糙涩。圆锥花序长圆形，密集；分枝长1-1.5厘米，宽约5毫米，紫堇色。小穗卵形，长3.5-4毫米，具3-5小花，第一颖长2毫米，第二颖长2.5毫米。外稃长约2.5毫米，一侧宽约1毫米，边缘膜质，脉不明显，无毛，基盘无绵毛；内稃两脊粗糙。花期6-8月。

据文献记载产新疆及西藏，生于海拔3800-4200米高山草原。阿富汗、伊朗及塔吉克斯坦有分布。

[附] **光滑早熟禾** 图 1024：4 **Poa glabriflora** Roshev. ex Ovcz. in Izv. Tadzhik. Bazy. Bot. 1: 10, 14. 1933. 与季莨早熟禾的区别：秆高10-20厘米；叶片宽1-2毫米；圆锥花序长2-5厘米，宽1-2厘米；小穗具4-8小花；外稃长约2.5毫米。产新疆及西藏，生于海拔2400-4000米干旱山坡草地。俄罗斯、中亚、伊朗、巴基斯坦及克什米尔有分布。

[附] **塔吉早熟禾** 图 1024：5 **Poa zaprjagajevii** Ovcz. in Bull. Tadjik. Acad. Sci. 1, 1: 14. 1933. 与季莨早熟禾的区别：秆高5-15厘米；叶舌长约2毫米；圆锥花序长3-4厘米；小穗长约4毫米，具3-4小花；第一颖长

厘米；圆锥花序长4-7厘米，分枝短缩紧密；小穗具2-4小花，长3-5毫米；外稃长3-4毫米。产新疆，生于山坡草原。俄罗斯有分布。

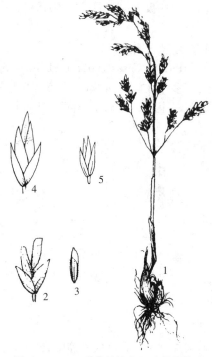

图 1024：1-3.季莨早熟禾　4.光滑早熟禾　5.塔吉早熟禾　（刘　平绘）

1.5毫米，第二颖长2毫米。产新疆，生于海拔约3000米高山砾石草地。中亚、伊朗及帕米尔高原有分布。

49. 银穗草属 Leucopoa Griseb.

（陈文俐　刘　亮）

多年生草本。秆直立，丛生。叶鞘密集，枯后宿存包茎基；叶舌短，无叶耳；叶片硬，常内卷直伸。雌雄异株或同株。顶生圆锥花序较紧缩或开展，具较少小穗。小穗具3-6（-9）小花，（雌花具不育雄蕊，雄花具不育雌蕊）。小穗轴粗糙，脱节于颖之上与小花间；颖薄，常透明膜质，两颖不相等，均短于第一小花，具中脉与不明显侧脉，无毛。外稃膜质，5脉，中脉成脊，间脉不明显，粗糙或被微毛，无芒；内稃膜质，先端钝或有不规则齿裂，两脊粗厚，具细刺状纤毛。颖果顶端有柔毛。

约15种，分布于中亚至东亚。我国7种。

1. 植株高约1米，秆具短根茎，疏丛或密丛；圆锥花序长12-25厘米，具多数小穗。
  2. 圆锥花序分枝长10-15厘米，开展或弯垂；叶片长20-30厘米，宽5-8毫米，上面粗糙；颖片长6-8毫米；外稃长0.8-1厘米 ·· 1. **硬叶银穗草 L. sclerophylla**
  2. 圆锥花序分枝长3-5厘米，上举或斜升；叶片短，宽2-4毫米；颖片长4-5毫米；外稃长5-6毫米。
    3. 外稃先端稍下方伸出长约1毫米芒尖；花药长约2毫米；植株具横走短根茎；圆锥花序长达20厘米 ·· 2. **拟硬叶银穗草 L. pseudosclerophylla**

3. 外稃先端稍钝或尖，无芒尖；花药长 3-3.5 毫米；植株密丛生，无根茎；圆锥花序长 10-12 厘米 ……………………………………………………………… 2(附). **高山银穗草 L. karatavica**

1. 植株高 15-50 厘米，秆无根茎，鞘内分蘖，紧密丛生；圆锥花序长 5-12 厘米，具 10-20 小穗。

4. 圆锥花序，具密聚小穗，分枝短或成穗状。

5. 秆基为褐色纤维状枯鞘所包，紧接花序以下无毛；外稃先端稍钝；花药长 3-3.5 毫米，黑色 ……………………………………………………………… 3. **银穗草 L. albida**

5. 秆基为秆黄色干膜质枯鞘所包，紧接花序以下部分被毛；外稃先端尖；花药长 4-4.5 毫米，黄色 ………………………………………………………… 3(附). **西山银穗草 L. olgae**

4. 圆锥花序疏生小穗，分枝与小穗柄顶端常着生 1 枚小穗。

6. 秆高 30-50 厘米，枯鞘干膜质抱茎；第一颖长 5-6 毫米，第二颖长 6-7 毫米 … 4. **中亚银穗草 L. caucasica**

6. 秆高 15-20 厘米，下部 1/4 为褐色纤维状枯鞘所包；第一颖长 3.5-4 毫米，第二颖长 4-5 毫米 ……………………………………………………………… 4(附). **藏银穗草 L. deasyi**

1. 硬叶银穗草   图 1025：3

Leucopoa sclerophylla (Boiss. et Bisch.) Krecz. et Bobr. in Kom. Fl. URSS 2: 497. pl. 39. f. 3. a-f. 1934.

Festuca scherophylla Boiss. et Bisch. in Ann. Sci. Not. ser. 3, 12: 358. 1849.

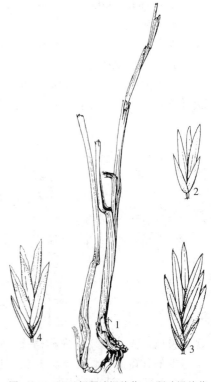

多年生。具下伸根茎。秆疏丛，高 0.8-1 米。下部叶鞘粉褐色，撕裂成纤维状抱茎；叶舌长 2-3 毫米；叶片扁平，长 20-30 厘米，宽 3-5 毫米，干后内卷，质硬。圆锥花序疏散开展，长 20-30 厘米，分枝长 6-10 厘米，平展或下垂，粗糙。小穗带粉白色，长圆状倒卵形，具 4-7 小花，长 1-1.4 厘米；小穗轴节间被小硬毛；颖膜质，先端尖或渐尖，脉明显，第一颖长 6-7 毫米，第二颖长 7-8 毫米。外稃卵状，膜质，长 0.8-1 厘米，生微柔毛，脉粗糙，先端有芒尖，上部边缘齿蚀状；内稃等长于外稃，两脊微粗糙，脊先端成小刺，其间齿蚀状；花药长 4-5 毫米。颖果有毛。花期 6-7 月。

图 1025：1-2.拟硬叶银穗茅 3.硬叶银穗草 4.高山银穗草 （刘 平绘）

产青海南部及四川西北部，生于海拔（2900-）4000-4650 米石质山坡、河谷或山顶阳坡。地中海区域、土耳其、伊朗、阿富汗及高加索有分布。

2. 拟硬叶银穗草   图 1025：1-2

Leucopoa pseudosclerophylla (Kriv.) Bor in Rech. f. Fl. Iran. 143: 73. 1970.

Festuca pseudosclerophylla Kriv. in Not. Syst. Herb. Inst. Bot. Acad. Sci. URSS 17: 73. 1955.

多年生。具横走根茎。秆疏丛，质硬，高 0.6-1 米，径 3-5 毫米，

3-4 节。叶鞘无毛，顶生叶鞘长 15-20 厘米；叶舌长 0.5 毫米；基生叶片两侧具耳，长 30-48 厘米，宽 5 毫米，顶生叶片长约 3 厘米，宽 1-2 毫米。圆锥花序狭窄，长 20 厘米，分枝长 2-5 厘米，斜升。小穗长 1-1.2 厘米，具 3-5 花；小穗柄粗糙；颖具 3 脉，先端尖，第一颖长 3.5-4.5 毫米，第二颖长 4.5-5.5 毫米，脉微粗糙。外稃长 5-6 毫米，5 脉，脊与边脉疏生小刺，具长约 1 毫米芒尖。内稃两脊具细密小刺；花药黄色，长约 2 毫米。花果期 8 月。

产新疆，生于海拔约 3000 米河滩、高山草甸或桧柏灌丛边缘。中亚及伊朗有分布。

[附] 高山银穗草 图 1025：4 **Leucopoa karatavica** (Bunge) Krecz. et Bobr.

3. 银穗草 　　　　　　　　　　　　　　　　图 1026：1-5

Leucopoa albida (Turcz. ex Trin.) Krecz. et Bobr. in Kom. Fl. URSS 2: 495. 1934.

Poa albida Turcz. ex Trin. in Mém. Acad. Imp. Sci. St. Petersb. ser. 6, 1: 387. 1831.

多年生。秆密丛，秆高 30-50 厘米，2-3 节，基部宿存撕裂成纤维状褐色叶鞘。叶鞘贴生伏毛；叶舌极短，具纤毛；叶片长 5-15 厘米，宽 1-2 毫米，质硬。雌雄异株。圆锥花序长 4-7 厘米，宽 1-1.5 厘米，小穗 10-20，疏散。小穗具 3-5 花，长 0.8-1 厘米；小穗轴节间长约 1 毫米，粗糙；颖具脊，半透明薄膜质，有光泽，第一颖长 3-4.5 毫米，卵状披针形，1 脉，第二颖长 4-5.5 毫米，3 脉。外稃长 6-8 毫米，5 脉，间脉不明显，中脉稍成脊，边缘宽膜质，先端稍钝；内稃稍长于外稃；花药长 3.5-4 毫米，黑色；子房上部具短毛。颖果长 4 毫米，具腹沟与内稃粘合。花果期 6-9 月。

产内蒙古、河北及山西，生于海拔 1500-2500 米云杉林缘或山坡草原。蒙古、日本、俄罗斯东西伯利亚地区及欧洲南部有分布。

[附] 西山银穗草 **Leucopoa olgae** (Regel) Krecz. et Bobr. in Kom. Fl. URSS 2: 495. 1934. —— *Molinia olgae* Regel in Acta Horti Petrop. 7: 625. 1881. 本种与银穗草的区别：秆基部为密集黄色枯鞘所包，不撕裂成纤维状；外稃先端尖，花药长 4-4.5 毫米，黄色。产新疆，生于海拔

4. 中亚银穗草 　　　　　　　　　　　　　图 1026：6

Leucopoa caucasica (Hack.) Krecz. et Bobr. in Kom. Fl. URSS 2: 496. 1934.

Festuca caucasica Hack. in Boiss. Fl. Orient. 5: 626. 1884.

多年生。秆密丛，高 30-50 厘米，基部为褐色干膜质枯鞘所包。叶

in Kom. Fl. URSS 2: 496. 1934. — *Poa karatavica* Bunge in Mem Acad. Imp. Sci. St. Petersb. Sav. Etrang. 7: 525. 1854. 与拟硬叶银穗草的区别：小穗具 5-7 小花；外稃先端稍钝或尖。产新疆，生于海拔 2500-3000 米云杉林缘、山地河谷或高山草甸。阿富汗、伊朗、帕米尔高原、俄罗斯及中亚有分布。

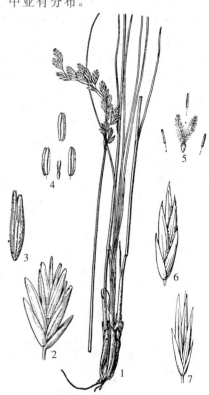

图 1026：1-5. 银穗草 6. 中亚银穗草 7. 藏银穗草 （冯晋庸绘）

1700-3600 米高山灌丛间、高山草原。俄罗斯、中帕米尔、中亚、喜马拉雅、阿富汗、伊朗、巴基斯坦、印度及克什米尔地区有分布。

舌短；叶片扁平，长6-15厘米，宽约2毫米。圆锥花序长圆形，长7-12厘米，疏散。小穗椭圆形，绿白色，具4-6小花，长0.7-1厘米；颖先端尖，具脊，先端粗糙，第一颖披针形，长5-6毫米，第二颖长6-7毫米，中脉成脊，2侧脉不明显。外稃长约8毫米，长圆状卵形或披针形，具脊，有粗脉，被微柔毛，先端尖，粗糙；内稃长圆形，先端全缘。花期6-7月。

产新疆，生于海拔2600-3500米高山草原。中亚及高加索有分布。

[附] 藏银穗草 图1026：7 **Leucopoa deasyi** (Rendle) L. Liu, Fl. Reipubl. Popul. Sin. 9(2): 232. 2002. —— *Festuca deasyi* Rendle in Journ. Bot. 38: 429.

1900. 本种与中亚银穗草的区别：秆高15-22厘米，下部为稠密的纤维状褐色枯鞘所包藏，圆锥花序长3-5厘米，第一颖长3.5-4毫米，第二颖长4-5毫米。产新疆及西藏，生于海拔约3400米新藏公路阿卡子北坡的干旱草原上。

50. 旱禾属 Eremopoa Roshev.

（陈文俐　刘　亮）

一年生矮小草本。秆直立，无毛。叶鞘基部闭合，稍糙涩；叶舌膜质；叶片线形，扁平或稍内卷，两面粗糙。圆锥花序疏散，长约占植株1/2；分枝粗糙。小穗具多数小花，长3-6毫米，不孕性小花2朵以上；小穗轴微粗糙，脱节于小花之下；颖短于小穗，第一颖具1（3）脉，第二颖具3脉。外稃披针形，纸质，5脉，小刺状粗糙，沿脊和边脉生柔毛，先端钝或渐尖或具短尖，基盘短钝，无毛；内稃稍短于外稃，2裂；雄蕊3，花药长0.5-2.5毫米。颖果长1.5-2.5毫米，常与外稃贴生。种脐卵形，胚小，约为颖果1/7。

8种，分布于地中海区域、地耳其、巴尔干半岛和非洲东部至中国西部。我国4种。

1. 植株高15-40厘米；圆锥花序长10-15厘米，分枝5-13轮生于主轴；小穗具4-9小花；外稃长2-3.5毫米，先端钝或骤渐尖，内稃约等长或稍短于外稃。
　2. 外稃长3-3.5毫米，先端钝；花药长2（-2.5）毫米 ································· 1. 旱禾 E. persica
　2. 外稃长2-2.5毫米，先端渐尖；花药长0.5-0.6毫米。
　　3. 叶片宽约0.5毫米，分枝纤细如丝，平展，光滑；小穗具1-2小花，长3-4毫米；外稃长约3毫米
　　　 ································· 2. 新疆旱禾 E. songarica
　　3. 叶片宽约2毫米，分枝斜上，微粗糙；小穗具3-5小花，长约5毫米；外稃长约2毫米 ·····
　　　 ································· 2(附). 尖颖旱禾 E. oxyglumis
1. 植株高5-10（-15）厘米；圆锥花序长2-6厘米，分枝2-4；小穗具3-6小花；外稃长4（-4.5）毫米，有长尖头或长0.5毫米芒尖；内稃短于外稃1/4 ································· 1(附). 阿尔太旱禾 E. altaica

1. 旱禾

图 1027：1-5

Eremopoa persica (Trin.) Roshev. in Kom. Fl. URSS 2: 430. pl. 32. f. 9. 1934.

Poa persica Trin. in Mém. Acad. Imp. Sci. St. Petersb. ser. 6, 1: 373. 1830.

一年生。秆高20-50厘米。叶鞘无毛；叶舌长3-4毫米；叶片线形，扁平，长5-20厘米，宽2-5毫米，先端渐尖，上面与边缘微粗糙。圆锥花序疏散，长10-20厘米，宽2-10厘米；分枝约10枚轮生于主轴各节，下部裸露。小穗长圆形，长5-6毫米，具4-9小花；第一颖披针形，长约1.毫米，第二颖长约2毫米。外稃长3-3.5毫米，背部圆，先端钝或骤渐尖，紫或绿褐色；花药长约2毫米。花期4-5月。

据文献记载产新疆，生于海拔1300-2000米干旱草原或砾石草地。地中海区域、伊拉克、伊朗、阿富汗、巴基斯坦、叙利亚、土库曼、俄罗斯及中亚地区有分布。

图 1027：1-5.旱禾　6-8.新疆旱禾

（李爱莉绘）

[附] **阿尔太旱禾 Eremopoa altaica** (Trin.) Roshev. in Kom. Fl. URSS 2: 431. pl. 32. f. 13. 1934. —— *Aira altaica* Trin. in Mem. Etrang Acad. Imp. Sci. St. Petersb. Sav. 2: 526. 1835. 与旱禾的区别：秆高5-15厘米；叶片长2-5厘米，宽约1毫米；圆锥花序长2-6厘米；小穗具3-6小花；外稃长4（-4.5）毫米，有长尖头或长0.5毫米芒尖；内稃短于外稃1/4。

产新疆，生于海拔1800-4000米高山砾石地。西西伯利亚、中亚、帕米尔高原及小亚细亚有分布。

2. 新疆旱禾

图 1027：6-8

Eremopoa songarica (Schrenk) Roshev. in Kom. Fl. URSS 2: 431. pl. 32. f. 1. 1934.

Glyceria songarica Schrenk, Enum. Pl. Nov. 1: 1. 1841.

一年生。秆高（5-）15-30厘米，无毛。叶舌膜质，长0.5-1毫米；叶片线形，长约3厘米，宽0.3（-1）毫米，多少对折，先端长渐尖，上面微粗糙。圆锥花序长圆形，长10-15厘米，稀疏，分枝3-8枚着生于主轴各节，长2-5厘米，又分平展，纤细如丝，顶端着生1小穗，裸露，平滑。小穗披针形，常具1-2小花，长3-4毫米，绿或带褐紫色；颖先端尖，

第一颖长约1毫米，第二颖长1.5毫米，3脉。外稃窄披针形，长2.5-3毫米，边缘膜质；内稃与外稃等长或稍短；花药长0.5毫米。花果期5-8月。

产新疆及西藏（据文献记载），生于湖边。阿富汗、克什米尔地区、帕米尔高原、高加索、中亚及俄罗斯西伯利亚有分布。

[附] **尖颖旱禾 Eremopoa oxyglumis** (Boiss.) Roshev. in Kom. FL. URSS 2: 430. 1934. —— *Poa persica* Trin. var. *oxyglumis* Boiss. Fl. Orient. 5: 610. 1884. 与新疆旱禾的区别：叶片扁平，长3-5厘米，宽约2毫米；圆锥花序长5-15厘米；分枝斜上疏展，微粗糙；小穗长约5毫米，具3-5小花；外稃长约2毫米。产新疆，生于海拔约1300米山坡沟边草地。俄罗斯、中亚地区有分布。

51. 碱茅属 Puccinellia Parl.

（刘 亮 陈文俐）

多年生草本。秆直立，丛生。叶鞘散生全秆或聚集基部，无毛；叶舌膜质；叶片线形，内卷，粗糙或无毛。圆锥花序开展或紧缩。小穗具2-8小花，两侧稍扁或圆筒形；小穗轴无毛，脱节于颖之上与小花之间；小花覆瓦状排成2列；颖披针形或宽卵形，纸质，不等长，均短于第一小花，常干膜质，第一颖较小，1（-3）脉，第二颖具3脉。外稃长圆形、披针形或卵形，纸质，背部圆，有平行5脉，膜质，具缘毛或不整齐细齿裂，背部无毛或下部脉与脉间与基部两侧生柔毛；内稃等长或稍短于外稃；鳞被2，常2裂；雄蕊3，较小。颖果小，长圆形，无沟槽，与内外稃分离。种脐圆形或卵形。

约200种，分布于北半球温寒带，生于滨海、内陆盐碱地及高原咸水湖滩。我国67种。为优良牧草。

1. 外稃无毛，稃体基部与下部脉与脉间均无毛。
 2. 花药长1.2-2.5毫米。
  3. 小穗长0.7-1.1厘米；外稃长3-4毫米。
   4. 植株高40-50厘米；圆锥花序长约15厘米 ················· 1. **多花碱茅 P. multiflora**
   4. 植株高5-15厘米；圆锥花序长2-5厘米。
    5. 植株无根茎；小穗具3-7小花，长0.8（-1）厘米 ················· 2. **穗序碱茅 P. subspicata**
    5. 植株具根茎；小穗具3-4小花，长6-8毫米 ················· 2(附). **佛利碱茅 P. phryganodes**
  3. 小穗长2.5-6毫米；外稃长1.5-3.5毫米。

6. 颖片先端尖，第一颖长 2-2.5（-3）毫米，第二颖长 2.5-3 毫米。

  7. 圆锥花序狭窄，长 5-10 厘米，宽约 1.5 厘米；小穗长 5-6 毫米；外稃长 3.2-3.5 毫米 ·············

    ·· 3. 藏北碱茅 **P. stapfiana**

  7. 圆锥花序开展，长 12-20 厘米，宽 2-3 厘米；小穗长 6（-9）毫米；外稃长 3.5-4.5 毫米 ···············

    ··· 3(附). 长穗碱茅 **P. thomsonii**

6. 颖片先端钝圆或稍尖，第一颖长 0.5-1.5 毫米，第二颖长 1-2 毫米。

  8. 小穗长 2.5-3.5 毫米，具 2-3（4）小花；第一颖长 0.5-1 毫米 ················· 4. 星星草 **P. tenuiflora**

  8. 小穗长 4-6 毫米，具 3-6 小花；第一颖长 1.5（2）毫米。

    9. 圆锥花序紧缩，分枝下部密生小穗。

      10. 外稃长 2.5-3 毫米；小穗长 4-5 毫米 ·············· 5. 帕米尔碱茅 **P. pamirica**

      10. 外稃长 3-3.5 毫米；小穗长 5-7 毫米 ·············· 5(附). 膝曲碱茅 **P. geniculata**

    9. 圆锥花序疏散开展，或花前稍紧缩。

      11. 内稃两脊无毛或上部有少数小刺；植株高 8-30 厘米。

        12. 第二颖长 1.8-2 毫米；外稃长 3-3.2 毫米 ·············· 6. 少枝碱茅 **P. pauciramea**

        12. 第二颖长约 2.5 毫米；外稃长 3.2-3.5 毫米 ·············· 6(附). 拉达克碱茅 **P. ladakhensis**

      11. 内稃两脊上部密生小刺；植株高 30-60 厘米 ·············· 6(附). 格海碱茅 **P. grossheimiana**

2. 花药长 0.3-0.8（-1）毫米。

3. 圆锥花序长（10-）20-30 厘米，宽 3-10 厘米；分枝长达 10 厘米，疏展。

  14. 叶片宽 3-4 毫米；小穗具 2-4 小花，长约 4.5 毫米 ·············· 7. 塞文碱茅 **P. sevangensis**

  14. 叶片宽 2-2.5 毫米；小穗具 4-5 小花，长 5-6 毫米。

    15. 植株高约 50 厘米；圆锥花序长 10-20 厘米 ·············· 7(附). 灰绿碱茅 **P. glauca**

    15. 植株高 10-30 厘米；圆锥花序长 5-10 厘米 ·············· 7(附). 腋枕碱茅 **P. pulvinata**

13. 圆锥花序长 2-8（-10）厘米，多狭窄紧缩，宽约 1 厘米；分枝短，贴生或后期开展。

  16. 植株高 3-5 厘米，密丛，1/3 以下为稠密枯鞘所包；圆锥花序长约 2 厘米，下部为叶鞘所包 ···············

    ·· 8(附). 侏碱茅 **P. minuta**

  16. 植株高 5-25 厘米，密丛或疏丛，有些秆基为枯鞘所包；圆锥花序长 4-10 厘米。

    17. 小穗长 4-6 毫米，具（4）5-7 小花。

      18. 圆锥花序极窄，长 3-4 厘米，宽约 5 毫米；外稃长 3.2-3.5 毫米，先端尖或具小尖头，紫色，内

        稃两脊平滑 ·············· 8. 克什米尔碱茅 **P. kashmiriana**

      18. 圆锥花序长 5-8 厘米，宽 1-2 厘米；外稃长 2.2-2.8 毫米，先端钝圆，有缘毛状细齿裂，内稃两

        脊粗糙。

        19. 外稃长 2.5-2.8 毫米；小穗具 4 小花，长 5-5.5 毫米 ·············· 9. 裸花碱茅 **P. nudiflora**

        19. 外稃长 2-2.2 毫米；小穗具 5-7 小花，长 4-6 毫米 ·············· 9(附). 光稃碱茅 **P. leiolepis**

    17. 小穗长 2.5-4 毫米，具 2-3 小花。

      20. 秆疏丛生；叶片长 3-4 厘米；第一颖长 1 毫米，第二颖长 1.5 毫米；外稃长 1.6-2 毫米，先端钝

        尖，有时具小尖头 ·············· 10. 喜马拉雅碱茅 **P. himalaica**

      20. 秆密丛生；叶片长 1-2 厘米；第一颖长 0.5 毫米，第二颖长 1 毫米；外稃长 1.5 毫米，先端圆，

        具密生缘毛的细齿裂 ·············· 10(附). 伊犁碱茅 **P. iliensis**

1. 外稃被毛，稃体下部脉与脉间或基部两侧具短柔毛。

  21. 外稃长 3-4（5）毫米，先端尖；花药长 1-2 毫米。

    22. 外稃长 3-4（5）毫米。

      23. 第一颖长 2-2.5（-3）毫米，第二颖长 3-3.5 毫米。

        24. 外稃长 3.5-4 毫米，先端渐尖或尖。

25. 小穗具 6-9 小花，长 6-8 毫米；叶片长约 10 厘米，宽约 2 毫米；秆基不为枯老叶鞘所聚集。

　　26. 花药长约 2 毫米；秆高约 50 厘米；叶舌长 3-4 毫米；圆锥花序长 10-20 厘米 ·············
　　··································· 11. **羊茅状碱茅 P. festuciformis**

　　26. 花药长约 1 毫米；秆高 15-30 厘米；叶舌长约 1 毫米；圆锥花序长 5-10 厘米 ·············
　　··································· 11(附). **千岛碱茅 P. kurilensis**

25. 小穗具 3-6 小花，长 5-6 毫米；叶片长 2-6 厘米，宽 1-1.5 毫米；秆基为褐色老鞘所包 ·········
　　··································· 12. **矮碱茅 P. humilis**

24. 外稃长 3-3.5 毫米，先端尖。

　　27. 植株高 20-40 厘米，基部不为老鞘所包；叶片宽 0.5-1.5 毫米 ············ 13. **卷叶碱茅 P. convoluta**

　　27. 植株高 50-80 厘米，基部为红褐色老鞘所包；叶片宽 2-4 毫米 ······· 13(附). **西域碱茅 P. roshevitsiana**

23. 第一颖长 1-1.5（-2）毫米，第二颖长 1.5-2（2.5）毫米。

　　28. 植株疏丛型，秆高 0.3-0.8（-1）米；圆锥花序开展，长 15-20 厘米，宽（5-）8-10 厘米；叶片
　　　　通常扁平，宽达 5 毫米。

　　29. 小穗长（5）6-8 毫米；花药 1.5 毫米。

　　　　30. 秆高达 1 米，径 3-5 毫米；叶片宽 3-5 毫米；外稃长 3.5-4 毫米 ·········· 14. **异枝碱茅 P. anisoclada**

　　　　30. 秆 30-60 厘米，径约 2 毫米；叶片宽 2-3 毫米；外稃长 2.8-3 毫米。

　　　　　　31. 小穗具 6-9 小花；圆锥花序狭窄，分枝长 2-3 厘米；叶片长 3-6 厘米 ······ 15. **斑稃碱茅 P. poecilantha**

　　　　　　31. 小穗具 5-7 小花；圆锥花序开展，宽 4-8 厘米；叶片长 8-15 厘米 ······ 15(附). **中间碱茅 P. intermedia**

　　29. 小穗长 5-6 毫米；花药长 1.8-2.4 毫米。

　　　　32. 花药长约 1.8 毫米，外稃长 2.3-3.4 毫米；圆锥花序疏展，宽约 10 厘米，具多数小穗 ·················
　　　　··································· 16. **热河碱茅 P. jeholensis**

　　　　32. 花药长 2-2.4 毫米，外稃长 3.4-3.8 毫米；圆锥花序较窄，具少数小穗 ······················
　　　　··································· 16(附). **勃氏碱茅 P. przewalskii**

　　28. 植株为较低矮密丛，高 10-30 厘米；圆锥花序多狭窄，长 5-15 厘米，稀宽短；叶片常对折内卷，稀
　　　　扁平较宽。

　　33. 小穗长 4.5-5.5 毫米；外稃长 2.5-2.8（-3）毫米。

　　　　34. 第一颖长 1.5-1.8 毫米，小穗具 5-7 小花，长约 6 毫米；叶片宽 1-2 毫米 ······ 17. **斯碱茅 P. schischkinii**

　　　　34. 第一颖长 1-1.2 毫米，小穗具 3-5 小花，长约 5 毫米；叶片宽 0.7 毫米 ·····························
　　　　··································· 17(附). **阿尔泰碱茅 P. altaica**

　　33. 小穗长 5-7 毫米；外稃长 3-3.5（-4）毫米。

　　　　35. 秆高 20（-30）厘米，具 1-2 节位于秆基，无聚集老鞘；外稃长 3（3.5）毫米，花药长 2 毫米
　　　　··································· 18. **疏穗碱茅 P. roborovskyi**

　　　　35. 秆高 30（-50）厘米，基部黄褐色叶鞘所包；外稃长 3.5（4）毫米，花药长 1.5 毫米 ···········
　　　　··································· 18(附). **毛稃碱茅 P. dolicholepis**

22. 外稃长 1.5-2.5 毫米。

　　36. 第一颖长 0.5-1 毫米。

　　　　37. 小穗长 5-7 毫米，具 5-7 小花；花药长 1-1.2 毫米。

　　　　　　38. 植株高 60-80 厘米；圆锥花序宽 8 厘米，分枝长 6-8 厘米；叶片扁平，长 5-10 厘米，宽 2-3 毫米
　　　　　　··································· 19. **朝鲜碱茅 P. chinampoensis**

　　　　　　38. 植株高 15-30 厘米；圆锥花序宽 3-5 厘米，分枝长 2-3 厘米；叶片长 2-6 厘米，宽约 2 毫米。

　　　　　　39. 植株基部有鞘内和鞘外两种分蘖而不增厚；外稃长 1.5-2 毫米 ········· 20. **科氏碱茅 P. koeieana**

　　　　　　39. 植株基部增厚变粗；外稃长 2-2.5 毫米 ··································· 20(附). **鳞茎碱茅 P. bulbosa**

　　　　37. 小穗长 3.5-4.5 毫米，具 3-5 小花；花药长 1.5 毫米。

40. 秆径 1-2 毫米，秆基无宿存枯鞘；圆锥花序具多数小穗。

    41. 秆高 20-40 厘米；圆锥花序长约 10 厘米；外稃长约 2 毫米 ············· 21. **柔枝碱茅 P. manchuriensis**

    41. 秆高 50-70 厘米；圆锥花序长 15-20 厘米；外稃长 2.2-2.5 毫米 ········· 21(附). **沼泞碱茅 P. limosa**

40. 秆径约 0.5 毫米，叶鞘宿存包基部；圆锥花序具少数小穗 ················· 21(附). **纤细碱茅 P. tenuissima**

36. 第一颖长 1.2-2 毫米；外稃长 2-2.5 毫米。

  42. 圆锥花序，分枝长 5-10 厘米，开展；叶片扁平，长 10-15 厘米，宽 2-4 毫米。

    43. 植株高 0.5-0.8（-1）米；第一颖长 1.5-2 毫米，第二颖长 2-2.5 毫米；外稃长 2-2.5 毫米，先端三

        角形 ··· 22. **大碱茅 P. gigantea**

    43. 植株高约 30 厘米；第一颖长 1-1.2 毫米，第二颖长 1.5 毫米；外稃长 2-2.2 毫米，先端钝圆 ·········

        ··· 22(附). **高丽碱茅 P. coreensis**

  42. 圆锥花序，分枝长 2-4 厘米；叶片内卷或扁平，较短小，宽 1-2（3）毫米。

    44. 第一颖长 1.2 毫米；外稃长 2-2.3 毫米 ································· 23. **展穗碱茅 P. diffusa**

    44. 第一颖长 1.5 毫米；外稃长 2.5 毫米 ····························· 23(附). **硬碱茅 P. sclerodes**

21. 外稃长 1.5-2.8 毫米，先端钝圆，具缘毛或细齿；花药长 0.3-0.8 毫米。

  45. 外稃长 3-4 毫米。

    46. 植株高 0.5-1 米；圆锥花序长 15-20 厘米，金字塔形，疏散开展。

      47. 第一颖长约 1.5 毫米，第二颖长约 2 毫米；外稃长 3 毫米；小穗具 5-6 小花 ·············

        ··· 24. **西伯利亚碱茅 P. sibirica**

      47. 第一颖长 2-2.5 毫米，第二颖长约 3 毫米；外稃长 3.2-3.5 毫米；小穗具 3-4 小花 ·········

        ·· 24(附). **日本碱茅 P. nipponica**

    46. 植株高 10-20 厘米；圆锥花序狭窄，长 10 厘米以下，分枝较短或向上直伸。

      48. 外稃长 2.5-3 毫米；第二颖长约 2 毫米；圆锥花序长 6-10 厘米，主轴各节着生 2-5 分枝 ·········

        ·· 25. **高山碱茅 P. hackeliana**

      48. 外稃长 3.5-4 毫米；第二颖长 2.5-3 毫米；圆锥花序长 3-5 厘米，分枝近总状偏生穗轴一侧 ·········

        ·· 25(附). **侧序碱茅 P. angustata**

  45. 外稃长 1.5-2.5（2.8）毫米。

    49. 第一颖长 0.5-0.8 毫米，常无脉，第二颖长 1.2-1.5 毫米。

      50. 植株高达 1 米；圆锥花序长 20 厘米，分枝长约 10 厘米，稀疏开展 ····· 26(附). **天山碱茅 P. tianshanica**

      50. 植株高 20-30 厘米；圆锥花序长 8-10 厘米，分枝长 2-5 厘米，较密集。

        51. 圆锥花序稀疏，分枝下部裸露；小穗具 5-8 小花，长 4-5 毫米；外稃长 1.8-2 毫米 ·············

        ··· 26. **鹤甫碱茅 P. hauptiana**

        51. 圆锥花序较密集，分枝下部少裸露；小穗具 2-4 小花，长约 3 毫米；外稃长约 1.5 毫米 ·········

        ·· 27. **微药碱茅 P. micrandra**

    49. 第一颖长 1-1.5 毫米，第二颖长 1.5-2 毫米。

      52. 小穗长 6-7 毫米，具 5-9 小花；外稃长 2.5-2.8 毫米。

        53. 内稃长于外稃外露；多年生，秆丛生，无匍匐茎 ··············· 28. **堪察加碱茅 P. kamtschatica**

        53. 内稃等长或略短于外稃；二年生，秆下部节着土生根具匍匐茎 ····· 28(附). **短生碱茅 P. choresmica**

      52. 小穗长 3-5 毫米，具 4-6 小花；外稃长 2-2.3 毫米。

        54. 植株高 30-50 厘米；圆锥花序长 10 厘米，具多数分枝与小穗。

          55. 花序主轴与分枝粗糙，多反折，下；外稃长 2-2.2 毫米，基部疏生柔毛 ···· 29. **碱茅 P. distans**

          55. 花序主轴与分枝平滑，伸展；外稃长 2.5-3 毫米，下部密生柔毛 ········ 29(附). **北方碱茅 P. borealis**

        54. 植株高约 10 厘米；圆锥花序长 4-7 厘米，具较少小穗 ··············· 29(附). **细雅碱茅 P. tenella**

1. 多花碱茅

图 1028：6

Puccinellia multiflora L. Liu, Fl. Xizang. 5: 123. 1987.

多年生。秆疏丛，高 40-50 厘米，3-4 节，基部节膝曲。叶鞘疏散，无毛，顶生叶鞘长约 10 厘米，达花序下部；叶舌长 1-2.5 毫米；叶片长 5-10 厘米，宽 2-3 毫米，柔软，上面及边缘微粗糙。圆锥花序长约 15 厘米，宽约 4 厘米，开展，基部主枝长 5-8 厘米，2-3 簇生各节，微粗糙；中部以下裸露，上部着 2-4 小穗。侧生小穗柄粗短，微粗糙；小穗长圆状披针形，具 6-9 花，长 0.8-1.1 厘米，宽 3-4 毫米，带紫褐色；小穗轴长约 1.5 毫米，外露；颖片先端钝圆，第一颖长约 1.5 毫米，第二颖长 2-2.5 毫米。外稃长 3-3.5 毫米，边缘膜质，先端有小纤毛；内稃两脊上部微粗糙；花

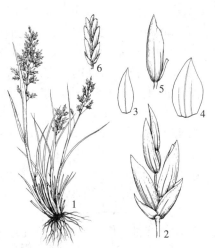

图 1028：1-5.穗序碱茅 6.多花碱茅
（李爱莉绘）

药长约 1.5 毫米。花果期 6-8 月。

产青海及西藏西部，生于海拔 2900-4200 米湖边沙质盐土或沟旁冲积扇。

2. 穗序碱茅

图 1028：1-5

Puccinellia subspicata Krecz. in Kom. Fl. URSS 2: 474. 1934, nom. altern..

多年生。无根茎。秆高 5-15 厘米，较软。叶鞘褐色，包秆基；叶片扁平或对折，宽约 2 毫米，质软平滑。圆锥花序长圆形，长 2-5 厘米，开展；分枝长 1-2 厘米，顶端着生 1-2 小穗，下部裸露，平滑。小穗具 3-7 疏生小花，长 8 (-10) 毫米；颖卵形，紫色，稍钝，第一颖长 1-1.5 毫米，第二颖长 2-2.5 毫米。外稃椭圆形，长 4-5 毫米，具脊，5 脉，基部无毛，先端骤窄成尖头，边缘膜质，紫色，中下部绿色；内稃较短，两脊疏生锯齿状粗糙；花药暗色，长约 2 毫米。花期 6-7 月。

产新疆及西藏，生于高山带草甸湿地。帕米尔高原有分布。

[附] **佛利碱茅 Puccinellia phryganodes** (Trin.) Scribn. et Merr. in Contr. U. S. Nat. Herb. 13: 78. 1910. —— *Poa phryganodes* Trin. in Mém. Acad. Imp. Sci. St. Petersb. ser. 6, 1: 389. 1830. 与穗序碱茅的区别：具长匍匐根茎；小穗具 3-4 小花，长 5-8 毫米；第一颖长 1.5-2 毫米，第二颖长

2.5-3 毫米；外稃长 3-3.5 毫米。产新疆，生于海拔约 3500 米河滩草地。欧美北极地区及俄罗斯有分布。

3. 藏北碱茅

图 1029

Puccinellia stapfiana R. R. Stew. in Brittonia 5: 418. 1945.

多年生。秆高 30-40 厘米。叶鞘密聚茎基，顶生者达花序部分；

图 1029 藏北碱茅 （李爱莉绘）

叶舌长约 1 毫米；叶片对折，长 3-10 厘米，宽 1-2.5 毫米，上面与边缘微粗糙。圆锥花序长 5-10 厘米，宽约 1.5 厘米；分枝 2-3 着生各节，斜伸，长 2-3 厘米，下部裸露，上部有 2-4 小穗。小穗长 5-6 毫米，具 2-4 小花，后带紫色；小穗柄平滑或上部微粗糙；颖有时具纤毛，第一颖长 2-2.2 毫米，第二颖长 2.5-2.8 毫米。外稃长 3.2-3.5（4）毫米，5 脉，边缘具纤毛状细齿裂，先端钝圆，基部无毛；内稃两脊平滑或上部微粗糙；花药长约 2 毫米。花果期 7-8 月。

产西藏西北部，生于海拔 4500-4800 米高山草地、盐湖旁沙地或沼泽草甸。巴基斯坦西部、印度及克什米尔地区有分布。

[附] **长穗碱茅 Puccinellia thomsonii** (Stapf) R. R. Stew. in Brittonia 5: 418. 1945. —— *Glyceria thomsonii* Stapf in Hook. f. Fl. Brit. Ind. 7: 347. 1896. 与藏北碱茅的区别：叶舌长约 3 毫米；叶片长 6-18 厘米；圆锥花序开展，长 12-20 厘米，宽 2-3 厘米；小穗具 3-5 小花，长 6（-9）毫米；外稃长 3.5-4（-4.5）毫米。产西藏，生于海拔 4300-5200 米盆地平缓开旷坡地。

4. 星星草 图 1030

Puccinellia tenuiflora (Griseb. ex Ledeb.) Scribn. et Merr. in Contr. U. S. Nat. Herb. 13: 78. 1910.

Atropis tenuiflora Griseb. ex Ledeb. Fl. Ross. 4: 389. 1852.

多年生。秆疏丛，高 30-60 厘米，3-4 节，顶节位于下部 1/3 处。

叶鞘短于节间，顶生者长 5-10 厘米，无毛；叶舌膜质，长约 1 毫米；叶片长 2-6 厘米，宽 1-3 毫米。圆锥花序长 10-20 厘米，疏散开展，主轴平滑；分枝 2-3 生于各节，下部裸露，细弱平展，微粗糙。小穗柄短而粗糙；小穗具 2-3（4）小花，长约 3 毫米，带紫色；小穗轴节间长约 0.6 毫米；颖较薄，边缘具纤毛状细齿裂，第一颖长约 0.6 毫米，1 脉，第二颖长约 1.2 毫米，3 脉。外稃具不明显 5 脉，长 1.5-1.8 毫米，宽约 0.8 毫米，先端钝，基部无毛；内稃等长于外稃，无毛或脊有数小刺；花药线形，长 1-1.2 毫米。花果期 6-8 月。

产黑龙江、吉林、辽宁、内蒙古、河北、山东、山西、河南、宁夏、甘肃、青海、新疆及江苏，生于海拔 500-4000 米草原盐化湿地、固定沙滩或沟旁渠岸草地。为盐生草甸的建群种。中亚、俄罗斯西伯利亚地区、蒙古、伊朗、日本及北美有分布。

5. 帕米尔碱茅 图 1031

Puccinellia pamirica Krecz. in Kom. Fl. URSS 2: 474. 760. pl. 35. f. 6. 1934, nom. altern.

图 1030 星星草 （冯晋庸绘）

多年生。秆高20-40厘米。叶鞘较厚，黄褐色，多数聚集秆基；叶舌长约1毫米；叶片长3-4厘米，宽1-1.5毫米，对折或内卷，无毛，上面及边缘微粗糙。圆锥花序长6-10厘米，分枝具多数小穗，少裸露，上升，长2-4厘米，无毛。小穗具3-4小花，长4-5毫米；颖先端稍尖，第一颖长1.5-1.8毫米，第二颖长2-2.5毫米，3脉不明显。外稃长2.5-3毫米，背部有脊，先端尖或渐尖，有细齿裂，带紫色，有膜质边缘，基部无毛；内稃短于外稃，脊上部疏具小刺；花药黄色，长1.8-2毫米。花果期7月。

产青海、新疆及西藏，生于海拔3500-4800米湖边沙砾冲积滩地。帕米尔、中亚及阿富汗有分布。

[附] **膝曲碱茅 Puccinellia geniculata** Krecz. in Kom. Fl. URSS 2: 471. 758. 1934, nom altern. 与帕米尔碱茅的区别：圆锥花序长3-8厘米；小穗具疏生3-5小花，长5-7毫米；外稃长3-3.5毫米。产黑龙江，生于河岸草地。

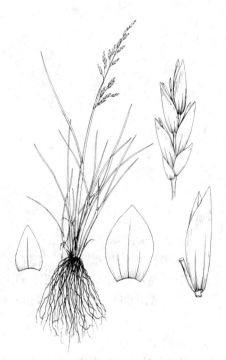

图 1031 帕米尔碱茅 （李爱莉绘）

6. 少枝碱茅 图 1032

Puccinellia pauciramea (Hack.) Krecz. in Kom. Fl. URSS. 2: 477. pl. 36. f. 8. 1934, nom. altern.

Atropis distans (Wahlb.) Griseb. var. *pauciramea* Hack. in Acta Hort. Petrop. 21: 442. 1903.

多年生。秆高达30厘米，具多数低矮分蘖植株，高5-10厘米，密丛，节膝曲上升。叶鞘基部较宽，无毛；叶片短，宽1-2毫米，对折或内卷，上面与边缘微粗糙。圆锥花序长4-6厘米，广叉开，分枝孪生，微粗糙，顶端着生1-2小穗。小穗具3-4小花，长5-6毫米；颖卵状椭圆形，具缘毛，第一颖长1.2-1.5毫米，第二颖长1.8-2毫米。外稃宽倒卵形，具脊，长3-3.2毫米，先端钝三角形，具细缘毛，背部无毛，边脉基部具微柔毛，紫色，具金黄色膜质边缘；内稃稍短，两脊无毛或具1-2疏刺；花药长圆形，黄色，长1.5-1.8毫米。花果期6-8月。

产新疆、青海及西藏，生于海拔2600-3500米至4550-5000米湖岸沙丘、河谷砾石沙地、冲积扇或山地盐土。帕米尔、天山及阿富汗有分布。

[附] **拉达克碱茅 Puccinellia ladakhensis** (Hartm.) N. B. Dickore in Stapfia 39: 182. 1995. —— *Poa ladakhensis* Hartm. in Candollea 39(2): 510. 1984. 与少枝碱茅的区别：秆高8-18厘米；叶片宽0.2-0.5毫米；第一颖长1.5-1.8毫米，第二颖长2.5毫米；外稃长3.2-3.5毫米。产西藏，生于盐化河湖漫滩。印度、克什米尔及喜马拉雅地区有分布。

[附] **格海碱茅 Puccinellia grossheimiana** (Krecz.) Krecz. in Kom. Fl. URSS 2: 477. 1934, nom. altern. —— *Atropis grosheimiana* Krecz. in Kom.

图 1032 少枝碱茅 （李爱莉绘）

Fl. URSS 2: 761. 1934. 与少枝碱茅的区别：秆高30-60厘米；圆锥花序长宽均约10厘米；第一颖长约1.5毫米，第二颖长约2.5毫米；外稃长约3毫米，内稃两脊上部密生小刺。

花期6-7月。产新疆，生于海拔约2000米河岸盐土湿地。俄罗斯、高加索、伊朗及土耳其有分布。

7. 塞文碱茅

Puccinellia sevangensis Grossh in Fl. Kavkaza 1: 114. 1928.

多年生。秆高60-80厘米，无毛。叶片长约10厘米，宽3-4毫米，上面与边缘粗糙。圆锥花序宽大疏散，长20-30厘米；分枝粗糙，长10-15厘米，花后开展下垂。小穗长圆形，具2-4（5）花，长4-5毫米，着生于粗糙分枝，小枝与小穗柄顶端后变紫色。第一颖长约1毫米，第二颖长1.5-1.8毫米，稍尖。外稃宽倒卵形，长2-2.2毫米，先端钝圆，具缘毛，脉不明显，基部无毛；内稃两脊有小纤毛；花药长0.4-0.5毫米。花果期6-7月。

据文献记载产青海及新疆，生于海拔1200-3000米山地或河岸盐土湿地。俄罗斯、高加索、阿富汗及伊朗有分布。

[附] **灰绿碱茅 Puccinellia glauca** (Regel.) Krecz. in Kom. Fl. URSS 2: 762. pl. 36. f. 19. 1934, nom. altern. —— *Atropis distans* (Wahlb.) Griseb. var. *glauca* Regel. in Act. Hort. Petrop. 7(2): 623. 1881. 与塞文碱茅的区别：叶片宽2-2.5毫米；圆锥花序长10-20厘米；小穗具4-5小花，疏生，长5-6毫米；第一颖长1.5毫米，第二颖长1.8-2毫米。产新疆及青海，

8. 克什米尔碱茅　　　　　　　　　图 1033

Puccinellia kashmiriana Bor in Kew Bull. 1953: 270. 1953.

多年生。秆密丛，须根细密。高10-15厘米。叶鞘聚集秆基，无毛；叶舌长约1.5毫米；叶片短线形，基部叶片长5厘米，上部叶长约2厘米，宽1-1.5毫米，对折，上面与边缘微粗糙。圆锥花序长3-4厘米，宽约5毫米；分枝孪生，长约1.5厘米，斜上，无毛，上部着生1-2小穗，下部裸露。小穗具3-5小花，长约5毫米；颖先端尖，边缘稍膜质，无毛，带紫色，第一颖长1.2-1.5毫米，1脉，第二颖长2-2.5毫米，侧脉达中部。外稃长3.2-3.5毫米，宽椭圆形，先端尖或具小尖头，紫色，边缘膜质，背部圆，5脉，无毛；内稃窄小，两脊平滑；花药长0.6-0.8毫米。花果期8月。

产新疆及西藏，生于海拔4700-5100米高山宽谷砂砾地。印度、克什米尔地区、阿富汗、巴基斯基、伊朗及喜马拉雅西部有分布。

[附] **侏碱茅 Puccinellia minuta** Bor in Wend. ex Nytt in Mag. Bot.

9. 裸花碱茅　　　　　　　　　图 1034

Puccinellia nudiflora (Hack.) Tzvel. in Bot. Mater. (Tashkent) 17: 75.

生于山地、河谷、沙地或为田间杂草。俄罗斯、中亚、高加索及帕米尔有分布。

[附] **腋枕碱茅 Puccinellia pulvinata** (Franch.) Krecz. in Kom. Fl. URSS 2: 761. pl. 36. f. 11. 1934, nom. altern. —— *Glyceria distans* Wahlb. var. *pulvinata* Franch. in Nov. Fl. Succ. Mant. 2: 11. 1839. 与塞文碱茅的区别：秆高10-30厘米；圆锥花序长5-10厘米；小穗具4-6小花，长5-6毫米；外稃长2.2-2.5毫米，花药长0.5-0.6毫米。花期6-7月。产青海，生于海河岸旁或盐化湿地。欧洲、俄罗斯及中亚有分布。

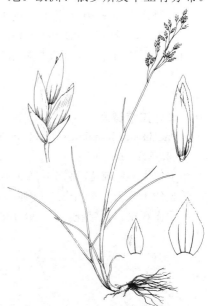

图 1033 克什米尔碱茅 （李爱莉绘）

1: 19. f. 8. 1952. 与克什米尔碱茅的区别：秆高约5厘米；叶舌长约1毫米，叶片长1-2厘米，宽0.5-1毫米；圆锥花序长约2厘米；小穗具2-3小花，长约3.5毫米，第一颖长0.8毫米，第二颖长1.2毫米；外稃长2.2-2.5（-2.8）毫米。产青海及西藏，生于海拔4370-5100米高山沙石湖滨或盐土草甸。巴基斯坦有分布。

1962.

Poa nudiflora Hack. in Oesterr.

Bot. Zeitschr. 52: 453. 1901.

多年生。秆丛生，高10-20厘米。叶鞘无毛，顶生叶鞘长约10厘米，常达花序基部；叶舌长约1毫米；叶片对折或内卷，长3-5厘米，分蘖叶密聚成刷状，上面脉粗糙，顶生叶片长约1厘米。圆锥花序长4-6厘米，分枝长2-4厘米，上部二叉状，着生2-4小穗。侧生小穗柄较粗厚，平滑；小穗长圆状卵形，具4小花，长5-5.5毫米；颖片卵形，有缘毛，第一颖长1-1.2毫米，第二颖长1.5毫米。外稃宽卵形，长2.5-2.8（-3）毫米，上部有脊，边缘有金黄色膜质，或有缘毛，基部无毛；内稃稍短，两脊疏生糙刺，无毛；花药长0.6-0.8毫米。花果期7月。

产青海、新疆及西藏，生于海拔2400-4900米湖边砾石盐滩草甸或高山沟谷渠边沼泽。中亚及帕米尔有分布。

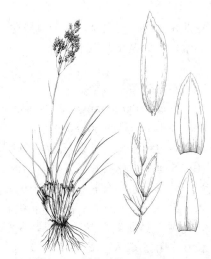

图 1034 裸花碱茅 （李爱莉绘）

[附] **光稃碱茅 Puccinellia leiolepis** L. Liu, Fl. Xizang. 5: 126. 1987. 与裸花碱茅的区别：小穗长4-6毫米，具5-7小花；外稃长2.2毫米。产西藏及青海，生于海拔3000-4500米山沟湿地或带盐碱高山草甸。

10. 喜马拉雅碱茅 图 1035

Puccinellia himalaica Tzvel. in Not. Syst. Herb. Inst. Bot. Acad. Sci. URSS 17: 66. 1955.

多年生。秆疏丛，高10~20厘米，基部倾卧或节生根。叶鞘无毛；叶舌长约1毫米；叶片长3-4厘米，宽约1毫米，对折或内卷，无毛或上面微粗糙。圆锥花序长4-8厘米，宽约1厘米，后期开展；分枝孪生，上举，长1-2厘米，下部裸露，上部有3-5小穗。小穗长3-3.5（-4）毫米，具2-3小花，黄色；颖先端尖，中脉明显，全缘，第一颖长约1毫米，1脉，第二颖长1.2-1.5毫米，3脉。外稃长1.6-2毫米，无毛，先端钝尖，有时具小尖头；内稃两脊先端微粗糙；花药长约0.6毫米。花果期6-8月。

产新疆及西藏，生于海拔4000-5000米平台草地、湖滨沼泽沙砾地、沟边河滩草甸或山谷温泉湖旁湿地。伊朗、阿富汗、印度及巴基斯坦西部有分布。

[附] **伊犁碱茅 Puccinellia iliensis** Krecz. in Kom. Fl. URSS 2: 485. pl. 36. f. 22. 1934, nom. altern. 与喜马拉雅碱茅的区别：秆密丛；叶片长1-2厘米，宽约0.5毫米；第一颖长约0.5毫米，第二颖长约1毫米；外

图 1035 喜马拉雅碱茅 （李爱莉绘）

稃长约1.5毫米，先端圆，具细齿裂，密生缘毛。产新疆，生于海拔650-2000米河谷沙岸、湿草地。中亚及俄罗斯有分布。

11. 羊茅状碱茅 图 1036

Puccinellia festuciformis (Host) Parl. in Fl. Ital. 1: 368. 1848.

Poa festucaeformis Host. in Host. Icon. Gram. Austr. 3: 12. pl. 17. 1805.

多年生。秆疏丛，高约 50 厘米，径约 3 毫米，粉白色，2-3 节，顶节位于下部 1/4 处。叶鞘无毛；叶舌长 3-4 毫米；叶片对折，长 10-15 厘米，宽约 2 毫米，上面沿脉有小刺毛，先端尖，边缘及沿脉粗糙。圆锥花序窄窄，长 10-20 厘米；分枝数枚簇生各节，长 2-5 厘米，沿棱刺毛状粗糙；小穗具 5-9 小花，长 6-8 毫米，黄绿色；颖卵形，先端钝，第一颖长 2-2.5 毫米，第二颖长约 3 毫米，中脉成脊。外稃长 3.5-4 毫米，先端钝，中脉直达先端，下部沿脉具柔毛；内稃近等长于外稃，两脊纤毛状粗糙；花药长 2 毫米。花期 6-8 月。

据文献记载产新疆，生于盐化泽地。欧洲、罗马尼亚及土耳其有分布。

[附] **千岛碱茅 Puccinellia kurilensis** Honda in Journ. Fac. Sci. Univ. Tokyo sect. 3, Bot. 3: 59. 1930. 与羊茅状碱茅的区别：秆高 15-30 厘米；叶舌长约 1 毫米；圆锥花序长 5-10 厘米；小穗具 6-7（-9）小花，长 6-8（-10）毫米；第一颖长 2.5-3 毫米，第二颖长 3-3.5 毫米；花药长 1 毫米。产黑龙江，生于海岸或砾石草甸。俄罗斯远东地区、朝鲜半岛、日本及北美有分布。

图 1036 羊茅状碱茅 （李爱莉绘）

12. 矮碱茅

Puccinellia humilis Litw. ex Krecz. in Kom. Fl. URSS 2: 759. pl. 35. f. 5. 1934, nom. altern.

多年生。秆密丛，高 4-15 厘米，灰绿色，基部为黄褐色老鞘所包。叶片长 1-3 厘米，对折或内卷，宽约 1 毫米，平滑。圆锥花序长圆状穗形，长 2-4 厘米，宽 0.5-1 厘米；分枝平滑，着生 1-2 小穗。小穗椭圆形，长 6-7 毫米，具 5-6 小花；颖片披针形，钝尖，第一颖长约 2.2 毫米，第二颖长 2.5-3 毫米。外稃长 3.5-4 毫米，堇色，脉不明显，基部生短毛，先端与边缘膜质，稍钝；内稃较短，两脊上部小刺状粗糙；花药长 1.1 毫米。花果期 6-8 月。

产新疆及西藏（据文献记载），生于海拔 3000-3600（-4200）米高山草坡。中亚、喜马拉雅及帕米尔高原有分布。

13. 卷叶碱茅 图 1037

Puccinellia convoluta (Horn.) Fourr. in Ann. Soc. Linn. Lyon ser. 2, 17: 184. 1869.

Poa convoluta Horn. in Hort. Bot. Hafn. 2: 953. 1815.

多年生。秆丛生，高 20-40 厘米，无毛。叶舌长 2-4 毫米；叶片

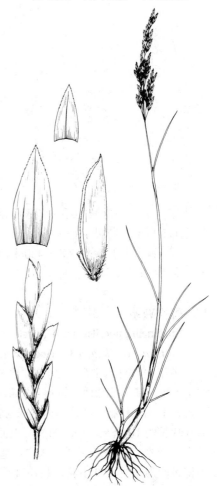

图 1037 卷叶碱茅 （李爱莉绘）

内卷，长4-14厘米，宽0.5-1.5毫米，先端渐尖，平滑，边缘与上面微粗糙。圆锥花序紧缩，长5-15厘米，宽1-5厘米；分枝细，微粗糙，3-6着生于下部各节。小穗具4-7小花，长5-7毫米；颖披针形，第一颖长1.5-2毫米，第二颖长2.5-2.8毫米。外稃长3-3.5毫米，三角形尖，近先端稍有脊，黄绿或紫色具黄色先端，背面下部1/3有毛；内稃下部有毛，上部粗糙；花药长1.5-2毫米。花期6-8月。

据文献记载产甘肃、青海及新疆，生于海拔约1000米河湖岸边、盐生草甸或沼泽地。欧洲及土耳其有分布。

[附] **西域碱茅 Puccinellia roshevitsiana** (Schischk.) Krecz. ex Tzvel. in Bot. Mat. Leningrad 17: 60. 1955. —— *Atropis roshevitsiana* Schischk.

14. 异枝碱茅

图 1038

Puccinellia anisoclada Krecz. in Kom. Fl. URSS 2: 487. pl. 38. f. 26. 1934, nom. altern..

多年生。秆疏丛，高达1米，径3-5毫米，3-4节，节稍膝曲，顶节位于秆下部1/5处，花序以下微粗糙。叶鞘疏散，顶生者长约15厘米；叶舌厚，长约5毫米，背面小刺状粗糙；叶片长10-20厘米，宽2.5-5毫米，先端尖，上面粗糙。圆锥花序长10-20厘米；分枝粗糙，长2-5厘米，簇生于主轴各节，下部裸露。小穗柄较粗厚；小穗具5-8小花，长5-8毫米；颖片脊具糙刺，先端钝，具缘毛，第一颖长约1.5毫米，1脉，第二颖长2-2.2毫米，3脉。外稃脊不明显，长3.5-4毫米，先端尖，基部具柔毛；内稃较外稃窄小，两脊具纤毛；花药长约1.5毫米，黄色。颖果纺锤形，长约1.5毫米。花果期6-9月。

产新疆，生于海拔1200-1400米田野低草地、干旱钙质土壤或河滩草地。俄罗斯、中亚、土库曼、帕米尔、天山及伊朗有分布。

15. 斑稃碱茅

图 1039

Puccinellia poecilantha (C. Koch) Krecz. in Kom. Fl. URSS 2: 470. 1934. *Festuca poecilantha* C. Koch in Linnacea 21: 411. 1848.

多年生。秆丛生，高30-40厘米，灰白色，3-4节，顶节位于下部1/3处，基部节膝曲，较粗。叶鞘长于节间，带褐色，颗粒状糙涩；叶舌长1-1.5毫米；叶片半内卷或对折，长3-6厘米，宽2-3毫米，分蘖叶片长约10厘米，先端渐尖，上面与边缘微粗糙。圆锥花序长8-15厘米，紧缩；分枝长2-3厘米，自基部着生小穗，微粗糙，花后开展。小穗长圆形，具6-9小花，长6-8毫米，宽约2毫米；第一颖长约1.5毫米，1脉，上部隆起成脊，粗糙，第二颖长1.5-2毫米，3脉不明显，

in Anim. Syst. Univ. Tomsk. 3: 1. 1929. 与卷叶碱茅的区别：秆高50~80厘米，基部聚集红褐色叶鞘；叶舌长约1.5毫米；叶片宽2-4毫米；小穗具5-6小花，长6-8毫米；外稃长约3.2毫米。产新疆，生于海拔约540米盐土戈壁、河边平滩砾石地。中亚、俄罗斯西伯利亚地区及蒙古有分布。

图 1038 异枝碱茅 （李爱莉绘）

图 1039 斑稃碱茅 （李爱莉绘）

先端钝，边缘具纤毛。外稃倒卵形，具脊，长2.5-3毫米，带紫色，先端平截有三角状尖头，边缘具纤毛，下部脉具柔毛；内稃两脊小刺状粗糙；花药长约1.5毫米。花期5-7月。

产青海及新疆，生于海拔3000米戈壁水边、干旱草原、盐地或盐湖岸边。欧洲、黑海、高加索、土库曼、中亚、阿富汗及伊朗有分布。

[附] **中间碱茅** Puccinellia intermedia (Schur.) Janch. in Wien. Bot. Zeitschr. 93: 84. 1944. —— *Atropis intermedia* Schur. Enum. Pl. Transs. 779. 1866. 与斑稃碱茅的区别：秆高40-60厘米；叶舌长2-3毫米，叶片长8-15厘米；圆锥花序开展，宽4-8厘米；小穗长7-8毫米，具5-7小花；第一颖长1.5-2毫米，第二颖长2-2.5毫米；花药长1.5-2毫米。产新疆，生于海拔约900米盐化草地。奥地利、罗马尼亚及匈牙利有分布。

16. 热河碱茅

图 1040

Puccinellia jeholensis Kitag. in Rep. First. Sci. Exped. Manch. sect. 4, 4: 102. 1936.

多年生。秆丛生，高约60厘米，径约2毫米，3-5节，顶节位于中部以下。叶鞘无毛，稍紫色，顶生者长达15厘米；叶舌长约1毫米；叶片长6-10厘米，宽2-3毫米，蘖生叶片较长，宽3毫米，灰绿色，下面无毛，上面及边缘具小刺毛而粗糙。圆锥花序长约15厘米，宽约10厘米，每节具2-3分枝；基部主枝长约5厘米，平展，上部微粗糙。侧生小穗柄长0.5-2毫米；小

穗具4-5小花，长5-6毫米；第一颖长1.2毫米，先端尖，1脉，第二颖长1.8毫米，3脉，先端钝，具细齿。外稃长3-3.5毫米，紫色，先端钝具细齿裂，边缘膜质，黄色，下部1/4具短毛；内稃等长于外稃，两脊下部有毛，上部微糙，先端具裂齿；花药长约1.8毫米。颖果长1毫米。花果期6-8月。

产内蒙古、河北、宁夏、江苏北部等地，生于湖边沉积土、缓坡沙地或盐化低湿草甸。

[附] **勃氏碱茅** Puccinellia przewalskii Tzvel. in Not. Syst. Herb. Inst.

图 1040 热河碱茅 （冯晋庸绘）

Bot. Acad. Sci. URSS 17: 63. 1955. 与热河碱茅的区别：秆高25-40厘米；叶舌长2-3毫米；圆锥花序狭窄，着生少数小穗；小穗长5-6毫米，具5-7小花，第一颖长约1.5毫米，第二颖长2-2.5毫米；外稃长3.2-3.8毫米，花药长2-2.4毫米。产甘肃及青海，生于沙石盐土湿地。俄罗斯及中亚地区有分布。

17. 斯碱茅

图 1041

Puccinellia schischkinii Tzvel. in Bot. Mag. Leningrad 17: 57. 1955.

多年生。秆密丛，高20-40厘米，径1-2毫米，柔软，无毛。叶鞘褐色；叶舌长1-2毫米；叶片长4-5厘米，宽1-2毫米，较硬，灰绿色。圆锥花序长10-20厘米，狭窄；分枝长1-2厘米，直伸，微粗糙，从基部着生小穗，常贴生。小穗长约6毫米，具5-7小花，绿色；颖披针形，常具脊，脊上部粗糙，先端尖，边缘具纤毛状细齿裂，第

一颖长 1.5-1.8 毫米，1 脉，第二颖长 2-2.5 毫米，3 脉；小穗轴长约 1 毫米。外稃长 2.8-3 毫米，先端尖或渐尖，5 脉，中脉上部微粗糙，边缘膜质，先端具纤毛状细齿裂，基部疏生短毛；内稃脊上部粗糙，下部有纤毛；花药长（0.8-）1-1.2 毫米。颖果长 1.6-1.8 毫米。花果期 6-8 月。

产甘肃、青海、新疆及西藏，生于海拔（600-）3000-4300 米山地盐化草甸、沼泽、低地砾石沙滩或咸水湖边草地。帕米尔、中亚、俄罗斯西伯利亚地区及蒙古有分布。

[附] **阿尔泰碱茅 Puccinellia altaica** Tzvel. Pl. Asiat. Centr. 4: 152. 1968. 与斯碱茅的区别：叶片长 3-8 厘米，宽约 1 毫米；小穗具 3-4 小花，长约 4.5 毫米；第一颖长 1-1.2 毫米，第二颖长 1.5-2 毫米。花药长 1.2-1.6 毫米。产新疆及西藏，生于海拔达 4300 米平缓河滩沙地或山坡盐生草甸草原。俄罗斯西伯利亚地区及蒙古有分布。

图 1041 斯碱茅 （李爱莉绘）

18. 疏穗碱茅

图 1042

Puccinellia roborovskyi Tzvel. in Fl. Asiae Centr. 4: 157. 1968.

多年生。秆丛生，高 20（-30）厘米，1-2 节，顶节位于下部 1/4 处。叶鞘无毛；叶舌长约 2 毫米；叶片内卷，宽约 1 毫米。圆锥花序长 5-10 厘米，疏散；分枝孪生，腋间有枕，长 3-5 厘米，纤细平展，下部裸露，上部生有 1-3 小穗。小穗柄平滑或微粗糙；小穗具 3-5 小花，长 6-7 毫米，带紫色；小穗轴细直，长约 1 毫米；颖先端尖，第一颖长约 1.5 毫米，第二颖长 2 毫米。外稃长 3（3.5）毫米，披针形，边缘黄色膜质，基部脉有柔毛；内稃两脊微粗糙；花药长 2 毫米。花果期 8-9 月。

产青海及西藏，生于海拔 3200-4550 米湖滨河谷沙地或湿润盐滩草地。中亚地区有分布。

[附] **毛稃碱茅 Puccinellia dolicholepis** Krecz. in Kom. Fl. URSS 2: 488. pl. 38. f. 27. 1934, nom. altern.. 与疏穗碱茅的区别：秆高 30（50）厘米，基部为黄褐色叶鞘所包；小穗长 4-7 毫米，具 2-4 小花；第一颖长 1.1-1.4 毫米，第二颖长 2-2.5 毫米；外稃长 3.5（-4）毫米，花药长约 1.5 毫米。产青海，生于海拔 1150-14300 米干旱草原、重盐碱沼泽地、盐生草甸或沙砾滩地。欧洲、高加索、中亚及俄罗斯西伯利亚有分布。

图 1042 疏穗碱茅 （李爱莉绘）

19. 朝鲜碱茅

图 1043

Puccinellia chinampoensis Ohwi in Acta Phytotax. et Geobot. 4(1): 31. 1935.

多年生。须根密集。秆丛生，高 60-80 厘米，2-3 节，顶节位于下部 1/3 处。叶鞘顶生者长达 15 厘米；叶舌长约 1 毫米；叶片扁平或内卷，长 4-9 厘米，宽 1.5-3 毫米。

圆锥花序疏散，金字塔形，长10-15厘米，宽5-8厘米，每节具3-5分枝；分枝斜上，花后开展或稍下垂，长6-8厘米，微粗糙，中部以下裸露。侧生小穗柄长约1毫米，微粗糙；小穗具5-7小花，长5-6毫米；颖先端与边缘具纤毛状细齿裂，第一颖长约1毫米，1脉，第二颖长约1.4毫米，3脉，先端钝。外稃长1.6-2毫米，5脉不明显，近基部沿脉生短毛，先端平截，具细齿裂，膜质，其下黄色，后带紫色；内稃等长或稍长于外稃，脊上部微粗糙，下部疏生柔毛；花药线形，长1.2毫米。颖果卵圆形。花果期6-8月。

产黑龙江、吉林、辽宁、内蒙古、河北、山东、山西、河南、陕西、宁夏、甘肃、青海、新疆、江苏及安徽北部，生于海拔500-2500（-3500）米较湿润的盐碱地、湖边或滨海盐渍土。日本、蒙古、俄罗斯西伯利亚地区有分布。

图 1043 朝鲜碱茅 （冯晋庸绘）

20. 科氏碱茅

Puccinellia koeieana Meld. in Dan, Biol. Skr. 14, 4: 72. 1965.

多年生。秆疏丛或密丛，有鞘内和鞘外分蘖，高15-30厘米，无毛，直立或膝曲上升。叶片扁平或多少内卷，长2-5厘米，宽约2毫米，灰绿色，上面沿脉粗糙。圆锥花序长7-8厘米，宽约5厘米，紧缩，后期开展；分枝长2-3厘米，孪生下部各节，纤细，微粗糙，花后反折。小穗长4.5-5毫米，具4-7小花，窄长圆形，常带紫色；颖宽披针形或卵形，第一颖长约1毫米，1脉，第二颖长约1.5毫米，1-3脉，边缘宽膜质，具细齿裂，有纤毛。外稃长1.5-2毫米，长圆形或椭圆形，背部无毛，紫色，中脉隆起，顶端成尖头，基部贴生微毛；内稃等长于外稃；花药长1-1.2毫米。花期5-7月。

据文献记载产西藏，生于海拔2000-3000米高原盐土湿地。伊朗及阿富汗有分布。

[附] **鳞茎碱茅 Puccinellia bulbosa** (Grossh.) Grossh. Fl. Kavk. 1: 114. 1928. —— *Atropis bulbosa* Grossh. in Monit. Jard. Bot. Tiflis 46: 36. t. 2. 1919. 与科氏碱茅的区别：植株基部粗厚；圆锥花序长8-15厘米；小穗具5-6小花，长5-7毫米；外稃长2-2.5毫米。产新疆，生于海拔1100-2500米干旱草原或盐化沙土上。欧洲、俄罗斯、高加索、阿富汗、土耳其及伊朗有分布。

21. 柔枝碱茅 图 1044

Puccinellia manchuriensis Ohwi in Acta Phytotax. Geobot. 4(1): 31. 1935.

多年生。秆丛生，高20-40厘米。叶鞘无毛；叶舌长1-2毫米；叶片长10-15厘米，宽1.5-3毫米，扁平，柔软，上面沿脉密生小刺粗糙；分蘖叶细长，密集，常内卷。圆锥花序长约10厘米，每节具3-5分枝；分枝长2-4厘米，平滑，着生多数小穗。小穗具3-5小花，长3.5-4毫米；第一颖长约0.8毫米，第二颖长约1.2毫米，边缘膜质。外稃长约2毫米，质薄，边缘宽膜质，先端钝，具缘毛状细裂，基盘具微柔毛；内稃沿脊生小刺糙涩；花药长1-1.2毫米。颖果卵球形，长约1毫米，桔黄色。花果期5-7月。

产内蒙古、山西、宁夏、江苏北部等地，生于河边湿地、沙质海涂或盐土草甸。俄罗斯远东地区、蒙古及日本有分布。

[附] **沼泞碱茅 Puccinellia limosa** (Schur.) Holmb. in Bot. Not. 110. 1920. ——*Atropis distans* var. *limosa* Schur. in Enum. Pl. Transs. 779. 1866. 与柔枝碱茅的区别：秆高 50-70 厘米；叶片长 3-8 厘米，宽 0.5-1 毫米；圆锥花序长 15-20 厘米；小穗具 3-5 小花，长 4-4.5 毫米；第一颖长 1 毫米，第二颖长 1.8 毫米；外稃长 2.2-2.5 毫米，花药长 1.2-1.5 毫米。产内蒙古，生于河岸盐土湿地。欧洲、黑海、地中海、高加索、匈牙利及小亚细亚有分布。

[附] **纤细碱茅 Puccinellia tenuissima** Litv. ex Krecz. in Kom. Fl. URSS 2: 489. pl. 38. f. 32. 1934, nom. altern.. 与柔枝碱茅的区别：秆径约 0.5 毫米；叶鞘宿存包秆基；叶片宽约 1 毫米；圆锥花序具少数小穗。产青海，生于海拔约 1500 米滩地低湿处或盐化干旱草甸。俄罗斯西西伯利亚地区、中亚及土库曼有分布。

图 1044 柔枝碱茅 （引自《江苏植物志》）

22. 大碱茅　　　　图 1045：1-5

Puccinellia gigantea (Grossh.) Grossh. Fl. Kavk. 1: 114. 1928.

Atropis gigantea Grossh. in Monit. Jard. Bot. Tiflis 46: 35, t. 2. 1919.

多年生。秆疏丛，高 0.5-0.8（-1）米，直立或基部膝曲上升，平滑或花序下部粗糙。叶鞘下部带紫红色；叶舌长 1-3 毫米，背面微糙；叶片扁平或对折内卷，长 5-15 厘米，宽 2-4 毫米，上面粗糙，先端有尖头。圆锥花序长 10-20 厘米，较密后开展，分枝粗糙；基部主枝长 6-10 厘米，有较短分枝 5-6 簇生主轴各节。小穗窄披针形，具 4-7 小花，长 5-7 毫米，紫色；颖长圆状卵形，先端钝，边缘有纤毛，第一颖长 1.5-2 毫米，1 脉，第二颖长 2-2.5 毫米，1-3 脉。外稃倒卵圆形，长 2-2.5 毫米，脊不明显，先端三角状圆形，边缘黄色，脉下部稍有柔毛；内稃较短，脊上部疏生纤毛；花药长 1.2-1.4 毫米。花期 6-8 月。

据文献记载，产青海及新疆，生于海拔 2500-3500 米盐生草甸或湖岸。欧洲、俄罗斯、高加索、中亚、伊朗、阿富汗及巴基斯坦有分布。

[附] **高丽碱茅 Puccinellia coreensis** (Hack. ex Mlori) Honda in Journ. Fac. Sci. Univ. Tokyo sect. 3, Bot. 3: 57. 1930. —— *Agrostis distans* Grossh. var. *coreensis* Hack. ex Mlori, Boum. Pl. Cor. 36. 1922, nom. nud. 与大碱茅的区别：秆高约 30 厘米；圆锥花序长约 10 厘米；分枝长约 5 厘米；小穗具 5-7 小花，长 5-6 毫米；第一颖长 1-1.2 毫米，第二颖长约 1.5 毫米。产东北及青海，生于海拔 2900 米丘陵、山坡或路旁湿处。朝鲜半岛有分布。

图 1045：1-5. 大碱茅　6. 展穗碱茅 （李爱莉绘）

23. 展穗碱茅　　　　图 1045：6

Puccinellia diffusa Krecz. in Kom. Fl. URSS 2: 490. pl. 38. f. 31. 1934, nom. altern..

多年生。秆高 30-60 厘米，基部增厚为稠密老鞘所包。叶鞘先端边缘膜质；叶舌长约 1.5 毫米；叶片短线形，扁平或半内卷，宽 1-1.3 毫米，上面粗糙。圆锥花序开展，长 10-20 厘米，主轴平滑；分枝纤细，

长 2-4 厘米，2-4 簇生各节，疏展，下部裸露，平滑，末端近小穗处粗糙，顶端单生 1 小穗。小穗具 4-8 小花，长 5-6 毫米；颖先端较钝圆，第一颖长约 1.2 毫米，第二颖长约 2 毫米。外稃倒卵形，长 2-2.3 毫米，先端钝圆，紫色有黄色边缘，具纤毛，基部有柔毛；内稃两脊微糙，基部具柔毛；花药长 1.5 毫米。花果期 5-8 月。

产青海、新疆及西藏，生于海拔 1900-3700（-4300）米干旱河滩、砾石沙地或盐碱草地。中亚地区有分布。

[附] **硬碱茅 Puccinellia sclerodes** Krecz. in Kom. Fl. URSS 2: 488. 765.

24. 西伯利亚碱茅　　　　　　　图 1046：1-5

Puccinellia sibirica Holmb. in Bot. Not. 206. 1927.

多年生。秆高 40-80 厘米，径 3-4 毫米，4-5 节，节膝曲。叶鞘无毛，下部者短于节间，顶生叶鞘长达 30 厘米；包花序下部；叶舌长 2-3 毫米，先端尖；叶片长 10-20 厘米，宽 3-4 毫米，分蘖叶片宽 1-2 毫米，无毛或上面与边缘微粗糙。圆锥花序长 15-20（-30）厘米，约为宽的两倍，疏散；分枝孪生，长约 10 厘米，上部小枝长 1-4 厘米，着生多数小穗，下部裸露，微

粗糙。小穗长 5-6 毫米，具 4-6 小花；颖卵形，先端钝圆，具纤毛状细齿裂，第一颖长约 1.2 毫米，具脊，第二颖长约 2 毫米。外稃倒卵形，长约 3 毫米，脉明显，下部生柔毛，先端圆钝，有纤毛状细齿裂；内稃两脊上部粗糙，中部以下具纤毛；花药长 0.6-0.8 毫米。颖果长约 1.5 毫米。花果期 6-8 月。

产新疆，生于海拔 1650 米田边或山地草甸。俄罗斯西伯利亚地区有分布。

[附] **日本碱茅 Puccinellia nipponica** Ohwi in Bot. Mag. Tokyo 45: 379. 1931. 与西伯利亚碱茅的区别：秆高 0.3-1 米；小穗长 4-6 毫米，具 3-4

25. 高山碱茅　　　　　　　　图 1046：6

Puccinellia hackeliana Krecz. in Kom. Fl. URSS 2: 484. pl. 36. f. 20. 762. 1934, nom altern..

多年生。秆密丛，高 15-35 厘米，节膝曲。基生叶鞘较宽，淡色或暗褐色，多数聚集秆基；叶片长 1-3 厘米，宽 1-1.5 毫米，内卷或对折，无毛。圆锥花序长 5-10 厘米，主轴平滑；分枝每节 2-5，粗糙。小穗紫色，具 3-6 小花，长 4-5（-8）毫米；颖卵形，先端钝，具纤毛，第一颖长 1.5-2 毫米，无脊，第二颖长 2-2.5 毫米。外稃长 2.5-3 毫米，先端三角状圆形细齿裂，具宽膜质边缘，基部生柔毛；内稃稍短，两脊上部刺状粗糙，下部有柔毛；花药长 0.8-1 毫米。花期 7-8 月。

1934, nom. altern.. 与展穗碱茅的区别：叶舌长约 2 毫米，叶片宽 2-3 毫米；小穗具 5-7 小花，长 5.5-7 毫米；第一颖长约 1.5 毫米；外稃长约 2.5 毫米。产新疆，生于干旱盐化草原地带。欧洲、俄罗斯及中亚地区有分布。

图 1046：1-5.西伯利亚碱茅　6.高山碱茅
（李爱莉绘）

小花，第一颖长 2-2.5 毫米，第二颖长 3 毫米；外稃长 3-3.5 毫米。产内蒙古，生于海岸沙石地、盐地、涨潮海水泥滥淹没草地。俄罗斯远东地区、朝鲜半岛及日本有分布。

产新疆，据文献记载内蒙古、青海及西藏有分布，生于海拔 1600-4000 米高山带荒漠草原、盐化草甸、砾石山坡、田边地埂、湖岸。中亚、帕米尔及蒙古亦有。

[附] **侧序碱茅 Puccinellia angustata** (R. Br.) Rand et Redf. in Fl. Mount Desert Is. Naine 181. 1894. —— *Poa angustata* R. Br. Chlor. Melv. 29. 1823. 与高山碱茅的区别：秆高 10-20 厘米；叶片长 5-8 厘米，宽 2-2.5 (-3) 毫米；圆锥花序长 3-5 厘米，稍偏生一侧。小穗具 3-5 小花，长 5-

26. 鹤甫碱茅　　　　　　　　　　　图 1047

Puccinellia hauptiana (Trin. ex V. I. Krecz.) Krecz. in Kom. Fl. URSS 2: 485. pl. 36. f. 21. 1934, nom. altern.

Atropis hauptiana Trin ex V. I. Krecz., Flora URSS 2: 485, 763, pl. 36, f. 21. 1934.

多年生。秆疏丛，高 20-60 厘米，径 1-2 毫米。叶舌长 1-1.5 毫米；叶片扁平，长 2-6 厘米，宽 1-2 毫米，上面与边缘微粗糙。圆锥花序开展，长 15-20 厘米；分枝微粗糙，长 3-5 厘米，下部裸露无小枝，平展或反折。小穗具 5-8 小花，长 4-5 毫米；颖卵形，第一颖长 0.7-1 毫米，第二颖长 1.2-1.5 毫米。外稃倒卵形，长 1.6-1.8 毫米，先端宽圆，具纤毛状细齿，绿色，脉不明显，基部

具柔毛；内稃等长或长于外稃，脊纤毛状粗糙；花药窄椭圆形，长 0.5-0.6 毫米，花果期 6-7 月。

产黑龙江、吉林、辽宁、内蒙古、河北、山东、山西、陕西、宁夏、甘肃、青海、新疆、江苏及安徽，生于海拔（900-）1600-2900（-4800）米河滩、湖畔沼泽、田边沟旁、低湿盐碱地或河谷沙地。俄罗斯西伯利亚地区、中亚、蒙古、朝鲜半岛、日本及北美有分布。

[附] **天山碱茅 Puccinellia tianshanica** (Tzvel.) S. S. Ikonni in Kov. Opred. Vyssh. Rast. Badskhshana 80. 1979. —— *Puccinellia tenuiflora*

27. 微药碱茅　　　　　　　　　　　图 1048：1-4

Puccinellia micrandra (Keng) Keng et S. L. Chen in Bull. Bob. Res. (Harbin) 14(2): 140. 1994.

Puccinellia distans (L.) Parl. var. *micrandra* Keng in Sunyatsenia 6: 58. 1941.

多年生。秆疏丛，高 10-20 厘米，径约 1 毫米，3 节，顶节位于下部 1/4 处。叶鞘无毛，灰绿色，长于节间，顶生者长达 10 厘米；叶舌长约 1 毫米，平截或三角形；叶片长 2-4 厘米，宽 1-2 毫米，内卷，

8 毫米；第一颖长 1.8-2 毫米，第二颖长 2.5-3 毫米。外稃长 3.5-4 毫米；花药长 0.6-0.8 毫米。产新疆，生于沙滩或盐土草地。欧洲、俄罗斯西伯利亚地区及北美有分布。

图 1047 鹤甫碱茅 （李爱莉绘）

subsp. *tianshanica* Tzvel. in Fed. Poac. URSS 508. 1976. 与鹤甫碱茅的区别：秆高 60-90 厘米；叶舌长约 2 毫米；圆锥花序极疏散，长达 20 厘米，宽 10 厘米，分枝多单生，长 8-10 厘米。小穗长 3-4 毫米，具 3-4 小花。外稃长 1.8-2 毫米；花药长约 0.8 毫米。产新疆，生于海拔 1100 米干旱草原或局部较湿润草地。俄罗斯及中亚有分布。

上面与边缘粗糙，较硬，直伸，先端渐尖。圆锥花序广金字塔形，长5-8厘米，宽达5厘米；分枝每节2，长2-4厘米，下部裸露平滑。侧生小穗柄长约0.5毫米，微粗糙；小穗长约2.5毫米，具2-3花，淡黄色，后带紫色；颖先端尖，与其边缘具缘毛细齿，第一颖长0.6-1毫米，第二颖长1.2毫米，3脉。外稃长圆形，先端平截，具缘毛细齿裂，5脉不明显，长约1.5毫米，基盘有短毛；内稃两脊上部平滑，先端具毛状细齿；花药长0.5毫米。花果期6-8月。

产黑龙江、内蒙古、河北、山东、宁夏、甘肃、青海及江苏北部，生于海拔1000-3100米水边湿地或草丛。

28. 堪察加碱茅

图 1048:5

Puccinellia kamtschatica Holmb. in Bot. Not. 208. 1927.

多年生。秆疏丛，高10-30厘米，较软。叶舌长约1毫米；叶片等长于秆，扁平，宽约2毫米，上面与边缘粗糙。圆锥花序长5-12厘米，主轴与分枝粗糙；分枝长3-4厘米，花后开展。小穗长圆形，长6-7毫米，具6-9小花；颖卵形，先端与边缘具纤毛状细齿，第一颖长1-1.5毫米，第二颖长约2毫米。外稃倒卵形，长2毫米，先端钝圆，具纤毛状细齿，边缘秆黄色，脉不明显，近基部具柔毛；内稃长于外稃，两脊基部具纤毛，上部粗糙；花药黄绿色，长0.7-0.8毫米。花期6月。

据文献记载产吉林，生于低山带河岸潮湿草地。俄罗斯西伯利亚和远东地区、北美有分布。

[附] **短生碱茅** Puccinellia choresmica Krecz. in Kom. Fl. URSS 2: 479. pl. 36. f. 14. 1934, nom. altern.. 与堪察加碱茅的区别：二年生；秆下部

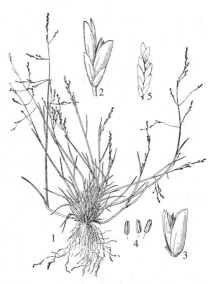

图 1048：1-4.微药碱茅 5.堪察加碱茅
（冯晋庸绘）

节生根，具短匍匐茎；小穗具5-8小花，长5-7毫米，第一颖长1.5-1.8毫米，第二颖长2-2.5毫米；外稃长2-2.7毫米。产黑龙江，生于河沟岸边、盐化沙地或路旁。欧洲、俄罗斯及中亚有分布。

29. 碱茅

图 1049:1-5

Puccinellia distans (Jacq.) Parl. Fl. Ital. 1: 367. 1848, pra parte

Poa distans Jacq. in Observ. Bot. 1: 42. 1764.

多年生。秆高20-30（-60）厘米，径约1毫米，2-3节，常扁。叶鞘长于节间，无毛，顶生者长约10厘米；叶舌长1-2毫米，平截或齿裂；叶片线形，长2-10厘米，宽1-2毫米，扁平或对折，微粗糙或下面平滑。圆锥花序开展，长5-15厘米，宽5-6厘米，每节2-6分枝；分枝细长，平展或下垂，下部裸露，微粗糙，基部主枝长达8厘米。小穗柄短；小穗具5-7小花，长4-6毫米；小穗轴节间长约0.5毫米，无毛；颖质薄，先端钝，具细齿裂，第一颖具1脉，长1-1.5毫米，第二颖长1.5-2毫米，3脉。外稃具不明显5脉，先端平截或钝圆，与边缘均具细齿，基部有柔毛；

图 1049：1-5.碱茅 6.北方碱茅
（史渭清绘）

第一外稃长约2毫米；内稃等长或稍长于外稃，脊微粗糙；花药长约0.8毫米。颖果长约1.2毫米。花果期5-7月。

产黑龙江、吉林、辽宁、内蒙古、河北、山东、山西、河南、陕西、宁夏、甘肃、青海、新疆、江苏北部及西藏，生于海拔200-3000米轻度盐碱性湿润草地、田边、水溪河谷或低地草甸盐化沙地。蒙古、朝鲜半岛、日本、俄罗斯、地中海区域、土耳其、伊朗、巴基斯坦、欧洲、亚洲、非洲西北部及北美有分布。

[附] 北方碱茅 图 1049：6 **Puccinellia borealis** Swall. in Journ. Wash. Acad. Sci. 34: 19. 1944. 本种与碱茅的区别：秆高40-60厘米；叶片长约10厘米，宽2-3毫米；圆锥花序宽大疏散，长达20厘米；分枝伸长开展，密生刺状粗糙。小穗长约5毫米，具3-5小花。外稃长2.5-3毫米，下部脉与脉间密生柔毛；内稃两脊小刺状粗糙。产内蒙古，生于海拔约500米平坦草地、路旁或河边沙滩湿地。俄罗斯东西伯利亚和远东地区及北美有分布。

[附] **细雅碱茅 Puccinellia tenella** (Lange ex Kjellin) Holmb. ex Porsild

in Medd. Groenl. 58: 45. 1926. —— *Glyceria tenella* Lange ex Kjellin in Nordensk. Vega Exped. 1: 313. pl. 6. 1882. 与碱茅的区别：秆高5-11（-15）厘米；叶片长2-4厘米，宽2.5毫米；圆锥花序长4-7厘米，具较少小穗；小穗具3-4（-6）小花，长3-4.5毫米；外稃长2.2-2.5毫米，内稃稍短于外稃，两脊平滑；花药长约0.5毫米。产西藏，生于海拔4650米干旱河滩或盐土沙地。欧洲、俄罗斯西伯利亚和远东地区及北美有分布。

52. 硬草属 Sclerochloa Beauv.

（陈文俐　刘　亮）

一年生丛生草本。秆直立或倾斜上升。叶鞘下部闭合，无毛；叶舌膜质；叶片线形或线状披针形，扁平或内卷。圆锥花序坚硬直立，由一侧着生小穗的总状花序组成，分枝粗短，自基部着生小穗。小穗具3-8小花，上部小花不育；小穗柄粗，轴无毛，脱节于颖之上与小花之间；颖纸质，边缘膜质，卵形，先端钝，第一颖具（1）3-5脉，第二颖具（3）5-7脉。外稃披针形，纸质，具脊，先端钝圆，无毛，平行5-7脉，内稃两脊粗糙；鳞被2；雄蕊3，花药长约1毫米。颖果长圆形，与稃体分离，顶端有2花柱残存之喙。种脐卵形，长约为果体1/7。

3种，分布于欧洲、地中海区域、亚洲及喜马拉雅。我国2种。

1. 植株高20-30厘米；圆锥花序长8-12厘米；小穗长4-5.5毫米，第一颖具1脉 ········ **耿氏硬草 S. kengiana**
1. 植株高5-15厘米；圆锥花序长5厘米；小穗长达1厘米，第一颖具3-5脉 ················· （附）. **硬草 S. dura**

耿氏硬草

图 1050

Sclerochloa kengiana (Ohwi) Tzvel. in Not. Syst. Herb. Inst. Bot. Acad. Sci. URSS 18: 28. 1957.

Puccinellia kengiana Ohwi in Journ. Jap. Bot. 12: 654. 1936.

一年生草本。秆疏丛，高20-30厘米，径约2毫米，3节，节部较肿胀。叶鞘平滑，下部闭合，长于节间；叶舌长2-3.5毫米；叶片线形，长5-14厘米，宽3-4毫米，扁平或对折，平滑或上面与边缘微粗糙。圆锥花序直立，紧缩，长8-12厘米，宽1-3厘米；分枝平滑，粗

图 1050 耿氏硬草 （冯晋庸绘）

壮，直立开展，常一长一短孪生各节，长者达 3 厘米，短者具 1-2 小穗；小穗具 2-5（-7）小花，长 4-5.5 毫米，草绿或淡褐色；小穗轴节间粗厚，长约 1 毫米；颖卵状长圆形，第一颖长 1.5 毫米，1 脉，第二颖长 2-3 毫米，3 脉。外稃宽卵形，5 脉，中脉成脊，边缘具窄膜质，先端微糙涩，基部无毛，第一外稃长约 3 毫米；内稃长 2-2.5 毫米，宽约 0.8 毫米，脊微粗糙；花药长约 1 毫米。颖果纺锤形，长约 1.5 毫米。花果期 4-6 月。

产山东、河南、江苏、安徽、江西及湖北东部，生于丘陵沟渠旁或田间。

[附] **硬草 Sclerochloa dura** (Linn.) Beauv. in Ess. Agrost. 98. 1812. ——

Cynosurus durus Linn. Sp. Pl. 72. 1753. 与耿氏硬草的区别：秆高 5-15 厘米；圆锥花序长约 5 厘米；小穗具 3-5 小花，长约 1 厘米；第一颖具 3-5 脉。产新疆（天山），生于海拔 500-1000 米石质地带。广布欧洲、地中海区域、俄罗斯、小亚细亚、伊朗、亚洲及喜马拉雅地区。

53. 凌风草属 Briza Linn.

（陈文俐　刘　亮）

一年生或多年生草本。叶片扁平。圆锥花序顶生，开展；小穗宽，柄纤细，具少数至多花，小花紧密排列成覆瓦状而向两侧水平伸展；小穗轴无毛，脱节于颖之上及诸小花之间；两颖几相等，均稍短于第一外稃，宽广，具 3-5 脉，纸质，边缘膜质；外稃具 5 至多脉，舟形，下部质厚而凸出，边缘宽膜质而扩展，基部呈心形；内稃较短于外稃；子房顶端无毛。

约 20 种，主产南美洲，欧洲、美洲北部及亚洲西北部有分布。我国包括引种 3 种。

1. 圆锥花序下垂，具少数小穗；小穗长约 1.2 厘米，宽约 1 厘米，具 10-12 小花 ············ 1. **大凌风草 B. maxima**
1. 圆锥花序直立，具多数小穗；小穗长 3-6 毫米，宽 4-7 毫米，具 3-8 花。
　2. 多年生；上部叶舌长 0.5-1.5 毫米；小穗长 4-6 毫米；花药长约 2 毫米 ····················· 2. **凌风草 B. media**
　2. 一年生；上部叶舌长约 5 毫米；小穗长 3-4 毫米；花药长约 0.4 毫米 ························· 3. **银鳞茅 B. minor**

1. 大凌风草

图 1051：1

Briza maxima Linn. Sp. Pl. 70. 1753.

一年生。秆高约 20 厘米。叶鞘无毛，与叶片无明显界限；叶舌先端撕裂，上部者长达 5 毫米；叶片扁平，质薄，长 4-10 厘米，宽约 5 毫米。圆锥花序开展，长 7-10 厘米，顶端常下垂，具少数小穗；分枝单一，顶端具 1-3 小穗。小穗柄细弱，光滑，俯垂；小穗红褐色，卵形，下垂，长约 1.2 厘米，具 10-12 小花；第一颖具 5 脉，长 5-6 毫米，第二颖具 7 脉，长 6-7 毫米，边缘紫或黄铜色，先端近圆。外稃具 7 脉，近边缘具柔毛，第一外稃长 7-8 毫米；内稃倒卵形，长为外稃 1/2-2/3。

原产欧洲。我国庭园引种栽培供观赏。

2. 凌风草

图 1051：2-5

Briza media Linn. Sp. Pl. 70. 1753.

多年生。秆疏丛，高 40-60 厘米。叶鞘平滑，与叶片无明显界限；叶舌薄膜质，先端平截，长 0.5-1.5 毫米；叶片扁平，长达 10 厘米，宽约 5 毫米，顶生者短小。圆锥花序卵状金字塔形，

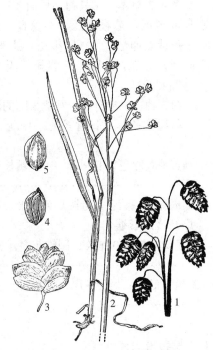

图 1051：1.大凌风草　2-5.凌风草
（引自《中国主要植物图说　禾本科》）

开展，长 8-10 厘米，多 2 歧或 3 歧分叉。小穗柄细弱，长于小穗；小

穗宽卵形，带紫色，长4-6毫米，宽5-7毫米，具4-8小花；颖片边
缘膜质，先端近圆，第一颖具3脉，长2.5-3毫米，第二颖具3-5脉，
长3-3.5毫米。外稃边缘膜质，5脉，第一外稃长约4毫米；内稃倒卵
形，稍短于外稃，脊具窄翼；花药长1.5-2毫米。花果期7-9月。

产四川南部、云南西北部及西藏，生于海拔3600-3800米林间草地
或山坡草甸。尼泊尔及印度有分布。

3. 银鳞茅

图 1052

Briza minor Linn. Sp. Pl. 70. 1753.

一年生。秆细弱，高20-30厘米。叶鞘柔软，疏散包茎，平滑；
叶舌薄膜质，上部者先端尖，长约5毫米；叶片薄，扁平，与叶鞘无明
显界限，长4-12厘米，宽0.4-1厘米。圆锥花序开展，直立，长5-10
厘米，分枝细弱，向上伸展，2歧或3歧分叉。小穗柄细弱，稍糙涩，
长约1.4厘米；小穗宽卵形，长3-4毫米，具3-6小花，基部宽约4毫
米；颖片较宽，长2-2.5毫米，3-5脉，先端近圆形。外稃具宽膜质
边缘，7-9脉；第一外稃长约2毫米；内稃稍短于外稃，卵形，背面
具小鳞毛；花药长约0.4毫米；颖果三角形。花果期夏季。

原产欧洲。江苏、台湾及福建引种栽培，浙江杭州有野化。植株
含氰酸配糖体而有毒。

图 1052 银鳞茅
（引自《中国主要植物图说 禾本科》）

54. 沿沟草属 Catabrosa Beauv.

（陈文俐 刘 亮）

多年生草本。常具匍匐地面或沉水的茎。叶鞘闭合达1/2-3/4；叶片线形，扁平柔软，无毛。圆锥花序
密集或疏展，分枝光滑。小穗具（1）2（3）小花，小穗轴无毛，每小花下具关节；颖膜质，不等长，
近圆形或宽卵形，均短于小花，脉不清晰，先端钝或平截或蚀齿状。外稃草质，宽卵形或长圆形，先端钝，
干膜质，无芒，3脉；基盘短，无毛；内稃约等长于外稃，具2脊，无毛；鳞被2；雄蕊3。颖果。种
脐宽椭圆形。

约3种，主要分布于欧亚大陆的温带，我国2种1变种.

草质柔软，适口性较好，中等饲草。

1. 颖黄或黄绿色，长圆形，第一颖长1.5-2毫米，第二颖长2-2.3毫米；外稃长2-2.7毫米；圆锥花序紧缩狭
窄 ··· 1. 长颖沿沟草 C. capusii
1. 颖褐绿色或褐紫色，近圆形或卵形，第一颖长0.5-1.2毫米，第二颖长1-2毫米；外稃长1.5-3毫米；圆锥花
序开展或紧缩。
　2. 植株高20-70厘米；圆锥花序开展，分枝较长，斜升或稀与主轴垂直；外稃长2-3毫米 ··················
　　··· 2. 沿沟草 C. aquatica
　2. 植株低矮；圆锥花序狭窄紧缩，分枝短，常紧贴主轴或斜上升；外稃长1.5-2.2毫米 ··························
　　·· 2(附). 窄沿沟草 C. aquatica var. angusta

1. 长颖沿沟草

图 1053

Catabrosa capusii Franch. in Ann. Sci. Nat. (Paris) ser. 6, 18: 282. 1884.

多年生。秆直立，高6-20厘米，基部有长匍匐茎或沉水的茎，节
生根。叶鞘闭合达1/2，松散，光滑，长于节间；叶舌透明膜质，顶

端钝圆，长约2毫米；叶片柔软，
扁平，长3-8厘米，宽2-4毫米，

两面无毛。圆锥花序稍开展或近穗形，长2-5厘米，宽0.8-2.5厘米；分枝长约2厘米，常紧贴主轴或斜升。小穗具1-2小花，长3-3.5毫米；颖半透明膜质，先端钝圆或啮蚀状，长圆形，1-3脉，不清晰，第一颖长1.5-2毫米，第二颖长2-2.3毫米。外稃先端及边缘质薄，长2-2.7毫米，先端常平截，有时具齿，3脉隆起，光滑；内稃与外稃近等长；花药黄色，长0.8-1.5毫米。花期6-8月。

产西藏，生于海拔3740-4900米高山沼泽边、水湿地或河滩。土耳其、伊朗、塔吉克斯坦、吉尔吉斯坦及帕米尔有分布。

2. 沿沟草 图 1054

Catabrosa aquatica (Linn.) Beauv. in Ess. Agrost. 97. t. 19. f. 8. 1812.

Aira aquatica Linn. Sp. Pl. 64. 1753.

多年生。须根细弱。秆直立，高20-70厘米，基部有横卧或斜升长匍匐茎。叶鞘闭合达中部，松散，光滑，上部者短于节间；叶舌长2-5毫米；叶片柔软，扁平，长5-20厘米，宽4-8毫米，先端舟形。圆锥花序开展，长10-30厘米，宽4-12厘米；分枝细长，斜升或稀与主轴垂直，在基部各节多半轮生，主枝长2-6厘米，基部裸露，或疏生小穗。小穗柄长于0.5毫米；小穗具（1）2（3）小花，长2-4（5.8）毫米；颖半透明膜质，第一颖长0.5-1.2毫米，第二颖长1-2毫米，脉不清晰。外稃边缘及脉间质薄，长2-3毫米，先端平截，3脉隆起；内稃与外稃近等长；花药黄色，长约1毫米。颖果纺锤形，长约1.5毫米。花果期4-8月。

产内蒙古、河北、甘肃、青海、新疆、贵州、四川、云南及西藏，生于河旁、池沼或溪边。欧洲、亚洲温带地区及北美有分布。

[附] **窄沿沟草 Catabrosa aquatica** var. **angusta** Stapf in Hook. f. Fl. Brit. Ind. 7: 311. 1896. 与模式变种的区别：植株低矮，有时具匍匐茎；叶片窄短；圆锥花序狭窄，紧缩，分枝短，斜升或紧贴主轴，主枝长1-2厘米；小穗及颖片均较小；外稃长1.5-2.2毫米。产青海、四川及西藏，生于溪河水旁。印度有分布。

图 1053 长颖沿沟草 （刘进军绘）

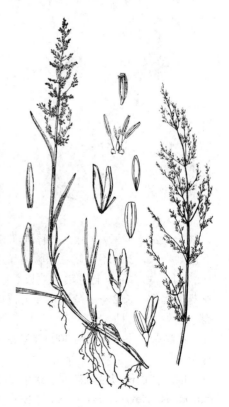

图 1054 沿沟草
（引自《中国主要植物图说 禾本科》）

55. 假拟沿沟草属 Paracolpodium (Tzvel.) Tzvel.

（陈文俐　刘亮）

多年生草本。具匍匐根茎。叶鞘闭合达 1/4-3/4，无毛；叶舌膜质，长 1.5-5 毫米，无毛；叶片扁平或疏散纵卷，光滑或被钝毛状物。圆锥花序紧缩或开展，分枝光滑。小穗具两性小花 1 枚；小穗柄无毛，颖下具关节，小花基部不延伸，稀为光滑小棒状；颖薄革质，先端膜质，披针形或长圆形披针形，短于或稍长于外稃，第一颖具 1 脉，第二颖具 1-3 脉。外稃薄膜质，尖端膜质，长圆形，3-5 脉，下面 1/2 沿脉或遍生白色长柔毛；基盘短钝，光滑或有柔毛；内稃具凸起 2 脊，沿脊有柔毛或光滑；鳞被 2，常 2 浅裂；雄蕊 2-3 枚，花药黄或紫色。颖果与内外稃分离。种脐线形。

约 4 种，分布于高加索、西伯利亚及亚洲中部。我国 2 种。

为高山牧草。

1. 叶片绿色，光滑，稀上面疏被钝毛状物；小穗长 4 毫米，常紫色；外稃长 3.5-4 毫米 ·················
·· 假拟沿沟草 **P. altaicum**
1. 叶片灰绿色，两面或仅上面被钝毛状物；小穗长 4.5-5.5 毫米，常白绿色；外稃长 4-5.5 毫米 ·················
·· （附）. **高山假拟沿沟草 P. altaicum** subsp. **leucolepis**

假拟沿沟草　　　　　　　　　　　　　图 1055：1-6

Paracolpodium altaicum (Trin.) Tzvel. in Bot. Zurn. SSSR 50(9): 1320.1965.

Colpodium altaicum Trin. in Ledeb. Fl. Alt. 1: 100. 1829.

多年生。秆高 15-30 厘米，2-3 节。叶鞘闭合 1/4-1/3，较节间长，叶舌长约 3 毫米；叶片长达 8 厘米，宽 2-5 毫米，先端钝，有短尖头。圆锥花序紧缩，下部分枝开展，长 3-8 厘米，宽 1-3 厘米；分枝斜上升，下部最长者达 2 厘米。小穗白绿带紫色，具 1 小花，长约 4 毫米，花期展开，基部有细小棒状小穗轴；颖先端及边缘膜质，长圆状披针形，先端渐尖，第一颖长 2.8-3.4 毫米，1 脉，第二颖长 3.2-4 毫米，3 脉。外稃顶端膜质，长 3.5-4 毫米，先端钝，有不规则锯齿，3 脉不明显，侧脉紧靠边缘，长为稃体 1/2，沿脉或稃体 1/2 以下遍生柔毛；内稃沿脊被长柔毛；花柱 1，柱头羽毛状；雄蕊 2，花药暗紫色，长 2.4-3 毫米，伸出稃体；鳞被长约 1 毫米，膜质，2 齿裂。花期 6-7 月。

产新疆，生于海拔约 3000 米草地或多石山坡。俄罗斯及哈萨克斯坦有分布。

[附] **高山假拟沿沟草** 图 1055：7-12 **Paracolpodium altaicum** subsp. **leucolepis** (Nevski) Tzvel. Nov. Syst. Pl. Vasc. 33. 1966. —— *Colpodium leucolepis* Nevski in Bull. Soc. Nat. Mosc. 43: 224. 1934. 与模式亚种的区别：叶片灰绿色，两面或仅上面被钝毛状物；圆锥花序狭窄；小穗长 4.5-5.5 毫米，常白绿色，有时稍紫色；外稃长 4-5.5 毫米。产新疆，

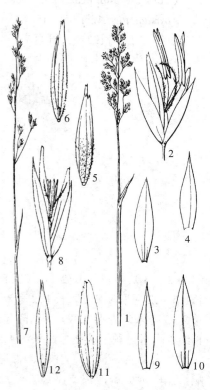

图 1055：1-6.假拟沿沟草　7-12.高山假拟沿沟草　（刘进军绘）

生于海拔 2600-4800 米高山、草甸、砾石滩或石缝中。伊朗、阿富汗、俄罗斯、巴基斯坦、克什米尔及印度有分布。

56. 小沿沟草属 Catabrosella (Tzvel.) Tzvel.

（陈文俐 刘 亮）

多年生草本。秆直立。叶鞘闭合达 1/6-1/4，稀分裂近基部，无毛；叶片扁平或疏松纵卷。圆锥花序疏展，稀紧缩。小穗具（1）2-3（4）小花，小穗轴无毛，每小花下具关节；颖膜质，卵圆形或披针形，先端钝或渐尖，1-3 脉。外稃草质，约 1/2 以上膜质，3-5 脉，沿脉下部均被柔毛，先端钝或渐尖，基盘短钝光滑；内稃与外稃等长，具 2 脊，脊被柔毛或光滑；鳞被 2，2 浅裂；雄蕊 3。颖果与稃体分离或部分粘合。种脐椭圆形或长圆状线形。

约 6 种，主要分布于欧洲和亚洲温带地区。我国 1 种。

矮小沿沟草　　　　　　　　　　　　　　　　　　图 1056

Catabrosella humilis (Bieb.) Tzvel. in Bot. Zurn. SSSR 50(9): 1320. 1965.

Aira humilis Bieb. Fl. Taur. - Cauc. 1: 57. 1808.

多年生。秆密丛，高 10-30 厘米，径约 1 毫米，基部被老叶鞘，呈鳞茎状。叶鞘闭合达 1/6；叶舌长 1-2 毫米；叶片扁平或疏松纵卷，长 1-6 厘米，宽 1-2 毫米。圆锥花序金字塔形，疏展或稍紧缩，长 3.5-7 厘米，宽 2-5 厘米，每节 2-6 分枝。小穗有光泽，具 2-4 小花，长 3-5 毫米；小穗轴节间长 0.3-0.8 毫米，无毛；颖透明膜质，第一颖卵形，长 1.5-2 毫米，1 脉，第二颖宽卵形，长 2-2.3 毫米，3 脉。外稃薄草质，1/2 以上膜质，先端啮齿状，第一外稃长 2.5-3 毫米，3 脉，沿脉下部密被柔毛，脉间无毛；内稃与外稃近等长，脊密被柔毛，先端 2 裂；花药黄或带紫色，长 1.5-1.8 毫米。花期 4-6 月。

图 1056 矮小沿沟草 （王 颖绘）

产新疆，生于海拔 480-700 米沙质荒滩草地、山前洪积扇、沟谷台地或路旁。俄罗斯欧洲部分及亚洲中部有分布。

57. 黑麦草属 Lolium Linn.

（陈文俐 刘 亮）

多年生或一年生草本。茎直立或斜升。叶舌膜质，钝圆；常具叶耳；叶片线形扁平。顶生穗形穗状或穗形总状花序直立，穗轴不断落，具交互着生 2 列小穗，小穗具 4-20 小花，两侧扁，无柄，单生穗轴各节，背面（即第一、三、五等外稃背面）对向穗轴；小穗轴脱节于颖之上及小花间；颖 1 枚，第一颖退化或仅在顶生小穗中存在；第二颖为离轴性，位于背轴一方，披针形，等长或短于小穗，5-7 脉。外稃椭圆形，纸质或硬，5 脉，背部圆，无脊，有芒或无芒；内稃等长或稍短于外稃，两脊具窄翼，常有纤毛，先端尖；鳞被 2；雄蕊 3；子房无毛，花柱顶生，柱头帚刷状。颖果腹部，具纵沟，与内稃粘合不易脱离，有些成熟后肿胀，顶端具茸毛。胚小形，长为果体 1/4，种脐窄线形。

约 10 种，主产地中海区域，分布于欧亚大陆温带地区。我国 7 种，多为国外引入。除毒麦外，均为优良牧草资源。

1. 颖片长于小穗；颖果成熟后肿胀，厚约 2 毫米，长不及宽 3 倍。

　2. 外稃芒粗糙，芒长 1.2-1.8 厘米；小穗长 0.8-1 厘米 矮小沿沟草 ⋯⋯⋯⋯⋯⋯⋯⋯⋯⋯⋯⋯⋯⋯⋯ 1. **毒麦 L. temulentum**

2. 外稃无芒，有时具芒长 2-3 毫米；小穗长 1-1.5 厘米 ·················· 1(附). **田野黑麦草 L. arvense**
1. 颖片短于小穗，长约小穗之半；颖果成熟后不肿胀，厚约 0.5 毫米（L. remotum 较厚），长超过宽 3 倍。
　　3. 多年生，花期具分蘖叶；外稃无芒 ·· 2. **黑麦草 L. perenne**
　　3. 一年生，花期无分蘖叶；外稃有芒 (L. remotum 除外)。
　　　4. 外稃近卵形，长 4-5 毫米，无芒 ·· 3. **疏花黑麦草 L. remotum**
　　　4. 外稃长圆形或披针形，长 0.6-1.2 厘米，先端有芒。
　　　　5. 小穗具 11-22 小花，侧生于穗轴 ·· 4. **多花黑麦草 L. multiflorum**
　　　　5. 小穗具 3-10 小花，多少嵌陷于穗轴中。
　　　　　6. 外稃长 0.9-1.5 厘米，芒长 1-1.5 厘米 ······························· 5. **欧黑麦草 L. persicum**
　　　　　6. 外稃长 5-8 毫米，芒长 4-8 毫米 ······························· 5(附). **硬直黑麦草 L. rigidum**

1. 毒麦

图 1057：1

Lolium temulentum Linn. Sp. Pl. 93. 1753.

一年生。秆高 0.2-1.2 米，3-5 节。叶鞘长于节间，疏散；叶舌长 1-2 毫米；叶片长 10-25 厘米，宽 0.4-1 厘米。穗形总状花序长 10-15 厘米，宽 1-1.5 厘米；穗轴增厚，质硬，节间长 0.5-1 厘米，无毛。小穗具 4-10 小花，长 0.8-1 厘米，宽 3-8 毫米；小穗轴节间长 1-1.5 毫米，无毛；颖长 0.8-1 厘米，宽约 2 毫米，5-9 脉，具窄膜质边缘。外稃长 5-8 毫米，椭圆形或卵形，成熟时肿胀，5 脉，先端膜质透明，基盘微小，芒近外稃顶端伸出，长 1.2-1.8 厘米，粗糙；内稃约等长于外稃。颖果长 4-7 毫米，为其宽的 2-3 倍，厚 1.5-2 毫米。花果期 6-7 月。

产地中海区域、欧洲、中亚、西伯利亚、高加索及小亚细亚。陕西、甘肃、安徽、浙江的麦田有野化植株。颖果具有形成毒麦碱（C17H12N2O）的菌丝，产生麻醉性毒素，危害人畜；注意检疫防除。

[附] **田野黑麦草** 图 1057：2 **Lolium arvense** With. in Nat. Arr. Brit. Pl. ed. 3, 2: 168. 1796. 与毒麦的区别：穗形总状花序长 15-30 厘米，穗轴节间长 1-3 毫米；小穗长 1.1-1.5 厘米；颖长 1.5-2.2 厘米；外稃无芒或有细芒，芒长约 3 毫米。产欧洲、地中海区域及小亚细亚。浙江及湖南的麦田或荒地有野化植株。

图 1057：1.毒麦　2.田野黑麦草　3.黑麦草　4.疏花黑麦草　5-7.多花黑麦草　（引自《中国主要植物图说　禾本科》、《中国植物志》）

2. 黑麦草

图 1057：3

Lolium perenne Linn. Sp. Pl. 83. 1753.

多年生。秆高 30-90 厘米，3-4 节，基部节生根。叶舌长约 2 毫米；叶片线形，长 5-20 厘米，宽 3-6 毫米，有时具叶耳。穗形穗状花序长 10-20 厘米，宽 5-8 毫米。小穗轴节间长约 1 毫米，无毛；颖披针形，为其小穗长 1/3，5 脉，边缘窄膜质。外稃长圆形，长 5-9 毫米，5 脉，基盘明显，无芒，或上部小穗具短芒，第一外稃长约 7 毫米；内稃与外稃等长。颖果长约为宽的 3 倍。花果期 5-7 月。

产印度克什米尔地区、巴基斯坦、欧洲、亚洲暖温带及非洲北部。各地普遍引种栽培的优良牧草，生于草甸草场，路旁湿地常见。

3. 疏花黑麦草

图 1057：4

Lolium remotum Schrank, Baier. Fl. 1: 382. 1789.

一年生。秆直立，细弱，高 30-80 厘米，花序以下微粗糙。叶鞘平滑；叶片线形，扁平，上面微粗糙。穗形总状花序长 6-12 厘米，穗轴平滑。小穗长 0.8-1.6 厘米，具 5-7 小花；颖线形，长 0.6-1.6 厘米，短于小穗；外稃长 4-5 毫米，无芒。颖果长 3-4.5 毫米。胚小形。花果期 7-8 月。

4. 多花黑麦草
图 1057：5-7

Lolium multiflorum Lamk. in K. Fl. France 3: 621. 1778.

一年生，越年生或短期多年生。秆高 0.5-1.3 米，4-5 节。叶鞘疏散；叶舌长达 4 毫米，有时具叶耳；叶片长 10-20 厘米，宽 3-8 毫米。穗形总状花序长 15-30 厘米，宽 5-8 毫米；穗轴柔软，节间长 1-1.5 厘米，无毛。小穗具 10-15 小花，长 1-1.8 厘米，宽 3-5 毫米；小穗轴节间长约 1 毫米，无毛；颖披针形，5-7 脉，长 5-8 毫米，具窄膜质边缘，先端钝，通常与第一小花等长。外稃长约 6 毫米，5 脉，芒长

5. 欧黑麦草
图 1058：1-4

Lolium persicum Boiss. et Hoh. ex Boiss. Diagn. Pl. Orient. ser. 1, 13: 66. 1853.

一年生。秆高 20-70 厘米，3-4 节，花序以下微粗糙。叶鞘无毛；叶舌长约 0.5 毫米；叶片线形，长 10-15 厘米，宽 2-3（-8）毫米。穗形总状花序长 10-20 厘米，穗轴节间长 1-2 厘米，粗糙。小穗具 5-7 小花，长 1-1.5 厘米；小穗轴节间长约 0.5 毫米，被微小刺毛；颖长约 1 厘米，5 脉。外稃披针形，长 0.9-1.5 厘米，5 脉，边缘膜质，芒细而微弯，长 0.7-1.2 厘米，第一外稃长约 8 毫米；内稃与外稃近等长或稍短，脊具纤毛。花果期 6-7 月。

产甘肃、青海、新疆等省区，生于海拔 1400-2300 米河边、山坡、路旁或盐化草甸土。伊朗、中亚、高加索及帕米尔有分布。

[附] **硬直黑麦草** 图 1058：5 **Lolium rigidum** Gaud. in Agrost. Helv. 1: 334. 1811. 与欧黑麦草的区别：外稃长 5-8 毫米，芒长 4-8 毫米。产河南及甘肃，生于海拔 200-1800 米田间和台地。广泛分布于伊拉克、阿

产新疆，黑龙江有栽培，生于亚麻田间或路旁。俄罗斯西伯利亚地区、欧洲、地中海区及小亚细亚有分布。

5（-15）毫米，或上部小花无芒；内稃约与外稃等长。颖果长圆形，长为宽的 3 倍。花果期 7-8 月。

产非洲、欧洲及西南亚洲，引入世界各地种植。河北、陕西、新疆、江西、湖南、贵州、四川及云南，多作优良牧草普遍引种栽培。

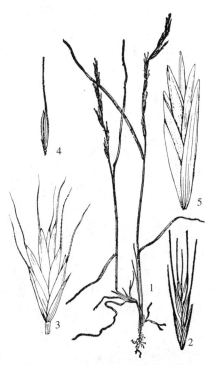

图 1058：1-4.欧黑麦草 5.硬直黑麦草
（引自《中国主要植物图说 禾本科》）

富汗、巴基斯坦、伊朗、土库曼、地中海区域及欧洲。

58. 龙常草属 Diarrhena Beauv.
（陈文俐 刘 亮）

多年生。根茎短。秆直立，节与花序下部常被微毛或粗糙。叶鞘被短毛，叶舌短膜质；叶片线状披针形，基部渐窄或成柄状，疏生短毛或粗糙。顶生圆锥花序开展，具粗糙分枝。小穗具 2-4 小花，上部小花退化，小穗轴脱节于颖之上与小花间；颖微小，短于小穗，1（3）脉。外稃厚纸质，3 脉，脉平滑或微糙，无脊，先端钝，无芒，基盘无毛；内稃等长或略短于外稃，脊具纤毛或粗糙；雄蕊 2。颖果顶端具圆锥形喙。

5 种，1 种产北美，3 种产东亚。我国 3 种。

1. 外稃长（3.5-）4-5 毫米；花药长约 2 毫米；内稃两脊具纤毛或糙涩。

2. 圆锥花序稍分散，分枝再分枝，各枝具 6-13 小穗；外稃长 3.5-4 毫米，脉平滑；颖果长约 2.5 毫米，具斑点，顶端喙色较浅 ·· **1. 法利龙常草 D. fauriei**

2. 圆锥花序较紧缩，分枝贴向主轴，单一，各枝具 2-5 小穗；外稃长 4.5-5 毫米，脉糙涩；颖果长约 4 毫米，黑褐色，顶端圆锥形喙黄色 ··· **2. 龙常草 D. manshurica**

1. 外稃长约 3 毫米；花药长约 1 毫米；内稃两脊平滑 ·························· **2(附). 日本龙常草 D. japonica**

1. 法利龙常草

图 1059：1-4

Diarrhena fauriei (Hack.) Ohwi in Acta Phytotax. Geobot. Boisser ser. 10(2): 135. 1941.

Molinia fauriei Hack. in Bull. Herb. Boisser. ser. 2, 3: 504. 1903.

多年生。芽体被鳞状苞片。秆高 60-80 厘米，径 2-3 毫米，5-7 节。叶鞘无毛，短于节间，叶舌厚，长约 0.5 毫米，顶端平截具齿裂；叶片较薄，长 20-30 厘米，宽 0.8-2 厘米，上面散生柔毛，下面粗糙。圆锥花序稍疏散，长 10-15 厘米，每节具 2-5 分枝，分枝直立，粗糙，再分小枝，各枝具 6-13 小穗；小穗具 2（1）花，长约 4 毫米；小穗轴节间平滑；颖微小，1 脉，第一颖长 1-1.5 毫米，第二颖长约 2 毫米。外稃长 3.5-4 毫米，3-5 脉；内稃几等长于外稃，脊中部以上粗糙；花药长约 2 毫米。颖果长约 2.5 毫米，成熟后肿胀，具斑点，顶端喙色较浅。花果期 7-9 月。

产黑龙江、吉林、辽宁及内蒙古，生于山地草坡和腾格里沙漠湖滩草地。俄罗斯远东地区、朝鲜半岛及日本有分布。

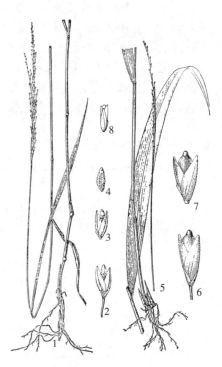

图 1059：1-4.法利龙常草 5-7.龙常草 8.日本龙常草 （引自《中国主要植物图说 禾本科》）

2. 龙常草

图 1059：5-7

Diarrhena manshurica Maxim. in Mel. Biol. 12: 932. 1888.

多年生。芽体被鳞状苞片。秆高 0.6-1.2 米，5-6 节。叶鞘密生微毛，短于节间，叶舌长约 1 毫米，顶端平截或有齿裂；叶片长 15-30 厘米，宽 0.5-2 厘米，较薄，上面密生毛，下面粗糙，基部渐窄。圆锥花序基部主枝长 5-7 厘米，贴主轴，通常单一，各枝具 2-5 小穗；小穗轴节间长约 2 毫米，被微毛。小穗长 5-7 毫米，具 2-3 小花；颖具 1（3）脉，第一颖长 1.5-2 毫米，第二颖长 2.5-3 毫米。外稃具 3-5 脉，脉糙涩，长 4.5-5 毫米；内稃与其外稃几等长，脊上部 2/3 具纤毛。颖果成熟时肿胀，长达 4 毫米，黑褐色，

顶端圆锥形喙黄色。花果期 7-9 月。

产黑龙江、吉林、辽宁、内蒙古、河北、山东、山西、河南、陕西、甘肃、江苏北部及浙江北部，生于海拔约 1900 米林缘、灌木丛中或草地。日本、朝鲜半岛、俄罗斯西伯利亚和远东有分布。

[附] **日本龙常草** 图 1059：8

Diarrhena japonica Franch. et Sav. Enum. Pl. Jap 2: 603. 1879. 与龙常草的区别：圆锥花序长 10-20 厘米；小穗长 3-3.5 毫米；外稃长约 3 毫米，内稃两脊平滑，花药长约 1 毫米。产

东北，生于山坡林缘。俄罗斯远东地区、朝鲜半岛及日本有分布。

59. 臭草属 Melica Linn.
（陈文俐 刘 亮）

多年生草本。叶鞘几全闭合，粗糙或被毛。叶片扁平或内卷，常粗糙或被柔毛。顶生圆锥花序穗状、总状或开展。小穗柄细长，上部弯曲被柔毛，自弯转处折断，与小穗一同脱落；小穗具孕性小花1至数枚，上部1-3小花退化，仅具外稃，2-3枚者紧包成球形或棒状，脱节于颖之上，并在小花间断落；小穗轴无毛，粗糙或被毛；颖膜质或纸质，常有膜质先端和边缘，等长或第一颖较短，1-5脉。外稃下部革质或纸质，先端膜质，全缘，齿裂或2裂，5-7（-9）脉，背面圆，光滑，粗糙或被毛，无芒，稀于先端裂齿间着生一芒，基盘无毛；内稃短于外稃，或上部者与外稃等长，沿脊有纤毛或近平滑；雄蕊3。颖果倒卵形或椭圆形，具细长腹沟。

约80种，分布于两半球温带、亚热带和热带山区。我国25种，2变种。含氢氰酸为有毒草本。

1. 圆锥花序分枝细长，伸展，直立或上升；小穗线状披针形，顶生不育外稃通常1枚，非粗棒状或小球形。
  2. 小穗长1-1.4厘米，具孕性小花3-5，颖卵状披针形；第一外稃长7-8毫米 ……… 1. **糙臭草 M. scaberrima**
  2. 小穗长0.5-9（1.1）厘米，具孕性小花2-3，颖窄披针形；第一外稃长4-6.5（7.5）毫米。
    3. 第一颖长2-3.5毫米，第二颖长3-5.5毫米；第一外稃长4-6毫米。
      4. 植株粗壮，高0.75-1.5米；圆锥花序稍开展，分枝伸展 ………………… 2. **广序臭草 M. onoei**
      4. 植株较细，高0.4-1米；圆锥花序较紧密，分枝直立或上升 ……… 3. **甘肃臭草 M. przewalskyi**
    3. 第一颖长3-4.8毫米，第二颖长5-6.5毫米；第一外稃长5.2-6.5毫米 ……… 4. **藏东臭草 M. schuetzeana**
1. 圆锥花序分枝较短或稍长，常穗状或总状，少数稍疏展；小穗椭圆形或椭圆状披针形，顶生数枚不育外稃聚集成粗棒状或小球形。
  5. 外稃被长柔毛。
    6. 外稃背面沿边缘脉被直立长柔毛。
      7. 植株高0.3-1米，常单生，偶有短根茎；小穗长4.5-7.5毫米 ……… 5. **德兰臭草 M. transsilvanica**
      7. 植株高25-50厘米，密集丛生，具短根茎；小穗长3-6毫米 ……… 5(附). **小穗臭草 M. taurica**
    6. 外稃背面遍生或沿脉被直立长柔毛。
      8. 秆光滑；叶鞘基部被毛；叶片上面被毛；小穗疏散，长4-6毫米，具孕性小花2；外稃背面沿脉疏被长约1毫米柔毛 ……………………………………………………… 6. **伊朗臭草 M. persica**
      8. 秆与叶鞘及叶片两面均密被白柔毛；小穗紧密，长6-8毫米，具孕性小花1枚；外稃背面密被长3-4毫米直立柔毛 ……………………………… 6(附). **毛鞘臭草 M. canescens**
  5. 外稃无毛或被糙毛。
    9. 外稃先端2裂，稀具缺刻。
      10. 圆锥花序具较少小穗；叶舌微凹，中间长0.5-1.5毫米，两侧长3毫米；外稃先端常有缺刻 …………………………………………………………………… 7. **柴达木臭草 M. kozlovii**
      10. 圆锥花序具较多小穗，稠密；叶舌平截或圆；外稃顶端2裂或具缺刻。
        11. 小穗淡绿色，长4-7毫米；外稃先端2浅裂或具缺刻，第一外稃长3-4.5毫米；叶舌长2-6.5毫米，背面无毛 ……………………………………………… 7(附). **青甘臭草 M. tangutorum**
        11. 小穗紫红或黄色，长0.5-1.1厘米；外稃先端2裂，第一外稃长3.5-7毫米；叶舌长1-4毫米，背面常被短毛 …………………………………………………… 8. **藏臭草 M. tibetica**
    9. 外稃顶端钝或尖，不裂。
      12. 圆锥花序花期开展，具较少小穗；小穗紫或褐紫色；外稃背面中部以下被糙毛 ……………………………………………………………………………………… 9. **大臭草 M. turczaninowiana**
      12. 圆锥花序常狭窄或近总状。

13. 圆锥花序长 6-30 厘米，常具较多小穗；颖和外稃较薄，较狭窄，外稃先端渐尖或稍钝。

  14. 小穗长 1-1.2 厘米；植株高达 1.5 米；叶片宽 0.9-1.2 厘米 ················· 9(附). **高臭草 M. altissima**

  14. 小穗长 3.5-8 毫米；植株高不及 1 米；叶片宽 1-7 毫米。

    15. 两颖不等长，第一颖长为第一外稃 1/2；外稃有时疏被糙毛；小穗带紫红色 ·········· 10. **抱草 M. virgata**

    15. 两颖几等长，约等于或稍短于第一外稃；小穗常草黄色，稀带紫色。

      16. 花序具较密集小穗；叶片扁平，宽 2-7 毫米。

        17. 下部叶鞘光滑或微粗糙 ······················· 11. **臭草 M. scabrosa**

        17. 下部叶鞘被长毛 ··················· 11（附）. **毛臭草 M. scabrosa var. puberula**

      16. 花序具少数小穗；叶片较窄，常纵卷，宽 1-3 毫米。

        18. 叶舌长约 0.5 毫米；小穗具孕性小花 2；花序不偏向一侧 ············· 12. **细叶臭草 M. radula**

        18. 叶舌长 2-4 毫米；小穗具孕性小花 2-4；花序常偏向一侧 ········· 12(附). **偏穗臭草 M. secunda**

13. 圆锥花序狭窄，常总状，长 3-12 厘米，具少数小穗；颖和外稃较厚，宽圆，外稃先端钝。

  19. 植株密丛，无根茎；叶鞘具窄窄翅脊，鞘口及叶舌背面均被柔毛 ··············· 13. **鞘翅臭草 M. komarovii**

  19. 植株疏丛，具匍匐根茎；叶鞘无窄翅；鞘口及叶舌均无毛。

    20. 小穗柄弯曲，顶端下垂；小穗长 5-7 毫米，紫红色，两颖近等长 ·········· 13(附). **俯垂臭草 M. nutans**

    20. 小穗柄直立，顶端不下垂；小穗长 0.7-1 厘米，淡绿或有时带紫色，两颖不等长。

      21. 颖卵形或宽卵形，先端稍钝；第一外稃长于第二颖 ············· 14. **大花臭草 M. grandiflora**

      21. 颖披针形，先端尖；第一外稃近等长于第二颖 ············· 14(附). **北臭草 M. pappiana**

1. 糙臭草 图 1060：1-5

Melica scaberrima (Nees ex Steud.) Hook. f. Fl. Brit. Ind. 7: 330. 1897.

Festuca scaberrima Nees ex Steud. in Syn. Pl. Glumac. 1: 316. 1854.

图 1060：1-5.糙臭草 6-10.藏东臭草
（王　颖绘）

多年生。秆疏丛，高 0.9-2 米，径 2-3 毫米，8-17 节。叶鞘闭合近顶端，粗糙，膜质，常撕裂，叶舌膜质，紫褐色，顶端平截，长 1-2 毫米；叶片扁平，长 15-25 厘米，宽 0.4-1 厘米，两面均粗糙。圆锥花序疏散开展，长 15-30 厘米，分枝长达 15 厘米。小穗长 1-1.4 厘米，具 1-3 发育小花及 1 顶生不育小花；小穗轴节间长约 2.7 毫米，粗糙；颖草质，卵状披针形，紫色，粗糙，先端和边缘膜质，第一颖长约 4 毫米，1 脉，第二颖长 6.2-7.5 毫米，3 脉。外稃草质，窄披针形，粗糙，先端膜质，全缘，第一外稃长 7-8 毫米，5-7 脉；内稃卵状披针形，长 5.5-6 毫米，粗糙，脊被纤毛；花药长约 2 毫米。花期 7-8 月。

产云南西北部及西藏，生于海拔 2800-4000 米林缘或山坡草地。巴基斯坦、克什米尔地区、尼泊尔及印度有分布。

2. 广序臭草 图 1061

Melica onoei Franch. et Sav. Enum. Pl. Jap. 2: 603. 1879.

多年生。须根细弱。秆高 0.75-1.5 米，10 余节。叶鞘闭合近鞘口，

无毛或基部者被倒生柔毛，叶舌顶端平截，长约 0.5 毫米；叶片长 10-25
厘米，宽 0.3-1.4 厘米。圆锥花序金字塔形，长 15-35 厘米，每节 2-3 分枝；
基部主枝长达 15 厘米，粗糙或下部光滑，开展。小穗柄细弱，侧生者
长 1-4 毫米，顶生者长达 1.4 厘米，先端弯曲被毛；小穗绿色，线状披
针形，长 5-7 毫米，具孕性小花 2-3，顶生不育外稃 1；小穗轴节间粗
糙，长约 2 毫米；颖薄膜质，先端尖，第一颖长 2-3 毫米，1 脉，第
二颖长 3-4.5 毫米，3-5 脉（侧脉极短）。外稃硬纸质，边缘和先端具
膜质，细点状粗糙，第一外稃长 4-4.5 毫米，7 脉隆起；内稃长 4-4.5
毫米，先端钝或有 2 微齿；花药长 1-1.5 毫米。颖果纺锤形，长约 3 毫
米。花果期 7-10 月。

产河北、山东、山西、河南、陕西、宁夏、甘肃、江苏、安
徽、浙江、台湾、江西、湖北、湖南、贵州、四川、云南及西藏，
生于海拔 400-2500 米路旁、草地、山坡、阴湿处、山沟或林下。朝
鲜半岛及日本有分布。

图 1061 广序臭草 （仲世奇绘）

3. 甘肃臭草　　　　　　　　　　　　　　图 1062

Melica przewalskyi Roshev. in Not. Syst. Herb. Hort. Petrop. 2: 25. 1921.

多年生。具细弱根茎。秆疏丛，细弱，高 0.4-1 米，多节。叶
鞘闭合近鞘口，向上粗糙或基生者密被柔毛，通常撕裂；叶舌极短或
无；叶片斜上，长 10-22 厘米，宽 2-6 毫米。圆锥花序狭窄，长 12-30 厘米，每节 2-3 分枝，分枝直立。小穗线状披针形，长 5-9 (-11) 毫米，具孕性小花 3，顶生不育外稃 1，极小；小穗轴长 2-2.5 毫米；颖薄草质，边缘与先端膜质，先端尖，中脉粗糙，第一颖长 2-3.5 毫米，1 脉，第二颖长 3-5 毫米，3-5 脉。外稃硬纸质，先端钝，边缘膜质，背面细点状粗糙，第一外稃长 4-6 毫米，7 脉；
内稃长 3.5-5 毫米，脊上部具纤毛；花药带紫色，长 0.5-1 毫米。花期
6-8 月。

产陕西、宁夏、甘肃、青海、湖北西部、贵州、四川及西藏，
生于海拔 2300-4180 米林下、灌丛中、河漫滩、路旁或潮湿处。

图 1062 甘肃臭草（仲世奇绘）

4. 藏东臭草　　　　　　　　　　　　图 1060:6-10

Melica schuetzeana Hempel in Fedde, Repert. Sp. Nov. 83(1-2): 4. f.
2-4. 1972.

多年生。须根细长。秆疏丛，高 0.8-1.1 米，径 2-3 毫米，7-11
节。叶鞘闭合至顶端，粗糙，基部者膜质撕裂，疏被柔毛，叶舌膜质，
长 1-4 毫米，平截或披针状卵形；叶片扁平，硬直，长 15-25 厘米，
宽 3-5 毫米。圆锥花序疏散开展，长达 35 厘米，多分枝；分枝细长，
平展或直立，光滑或稍粗糙。小穗柄纤细，近小穗处被毛；小穗紫红

或绿带紫红色，长6-8毫米，具孕性小花2-3，顶生不育外稃1；小穗轴节间微粗糙，长约2毫米；颖膜质，基部红色，窄披针形或披针形，中脉微粗糙，第一颖长3-4.8毫米，1-3脉，第二颖长5-6.5毫米，3-5脉。外稃草质，窄披针形，粗糙，先端膜质，齿裂或不裂，第一外稃长5.2-6.5毫米，5-7脉；内稃长圆形，较外稃短，脊被纤毛；花

药长1.3-1.8毫米。花期7-8月。

产青海、四川、云南及西藏，生于海拔3200-3500米林地边或林缘灌丛中。

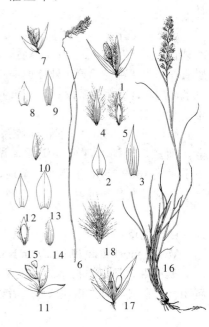

5. 德兰臭草　　　　　　　图 1063：1-5

Melica transsilvanica Schur, Enum. Pl. Transs. 764. 1866.

多年生。须根细长；偶有短根茎。秆常单生，高0.3-1米，径2-3毫米，4-8节。叶鞘闭合近鞘口，叶舌膜质，长2-5毫米，顶端平截，常撕裂；叶片长10-20厘米，宽3-6毫米。圆锥花序穗状，长5-11厘米，宽1-1.5厘米，小穗稠密，有时下部间断，花序轴和小穗柄粗糙或被短毛。小穗长4.5-7.5毫米，常具孕性小花1，上面2-3不育外稃聚集成粗棒状；小穗轴节间长约1毫米，光滑；颖纸质，粗糙，脉具纤毛，第一颖宽披针形，长3.5-4.5毫米，1中脉和4侧脉，第二颖长披针形，长6-7.5毫米，5脉。外稃草质，披针形，长5-5.5毫米，7脉，背面颗粒状粗糙，两侧边脉被长柔毛，毛长达5毫米；内稃短于外稃，先端钝，脊被微纤毛；鳞被3，极

小；花药黄色，长0.6-1.2毫米。颖果长约1毫米。花期5-8月。

产新疆，生于海拔800-2000米落叶阔叶林下、干旱灌丛中或向阳山坡。欧洲、中亚地区、俄罗斯的西伯利亚及高加索有分布。

[附] **小穗臭草** 图 1063：6-10 **Melica taurica** C. Koch in Linnaea 21: 346. t. 26. f. 2. 1934. 与德兰臭草的区别：秆密丛，高25-50厘米；叶片长

图 1063：1-5.德兰臭草　6-10.小穗臭草　11-15.伊朗臭草　16-18.毛鞘臭草
（王　颖绘）

6-10厘米，宽约2毫米；第一颖长2.5-3.5毫米，第二颖长4-5毫米；外稃长2.5-3.2毫米，2边脉被柔毛长2.5-3毫米。产新疆，生于海拔约1500米山沟或草地。欧洲、中亚、俄罗斯及伊朗有分布。

6. 伊朗臭草　　　　　　　图 1063：11-15

Melica persica Kunth in Rev. Gram. 1: 122. 351. t. 89. 1830.

多年生。具匍匐细根茎。秆密丛，高15-50厘米，径约1毫米。叶鞘闭合至鞘口，上部者无毛或稍粗糙，下部者被长柔毛并稍带紫色，叶舌膜质，长约1毫米；叶片长5-15厘米，宽约2毫米，上面被柔毛，下面无毛。圆锥花序近穗状，疏散，长5-10厘米，分枝短，无毛，每节分枝着生4-5小穗；小穗长4-6毫米，具孕性小花2，顶生不育外稃聚集

成倒锥状球形，粗糙，无毛；颖膜质，第一颖卵圆状披针形，长约4.5毫米，先端锐尖，3脉，侧脉弱，中脉粗糙，第二颖长圆状披针形，长约5毫米，5脉，中脉粗糙。外稃草质，颗粒状粗糙，7-9脉，沿脉疏被稍粗毛，毛长约1毫米，先端长约1毫米膜质，第一外稃长约3.5毫米；内稃倒卵形，长约2.8毫米，脊粗糙；花药黄色，长约0.6毫米。颖果褐色，有光泽，纺锤形，长约1.5毫米。花果期5-8月。

产甘肃南部及四川北部，生于海拔约800米山坡草丛。印度、俄罗斯、伊朗、伊拉克、土耳其、西班牙及非洲北部有分布。

[附] **毛鞘臭草** 图 1063：16-18 **Melica canescens** (Regel) Lavr. in Kom. Fl. URSS 2: 344. 752. pl. 26. f. 1. 1934. —— *Melica cupani* Guss. var. *canescens* Regel, Descr. Pl. Nov. 8: 88. 1880. 与伊朗臭草的区别：秆花序以下、叶鞘、叶片两面均密被倒生白柔毛，小穗长6-8毫米，具孕性

7. 柴达木臭草

图 1064：1-6

Melica kozlovii Tzvel. in Pl. Asiae Centr. 4: 125. t. 7. f. 2. 1968.

多年生，须根细长，具短根茎。秆高20-60厘米，径约1毫米，2-3节。叶鞘闭合达鞘口，粗糙或被毛；叶舌膜质，无毛，有缺刻，中间部分长0.5-1.5毫米，侧生的长达3毫米；叶片长5-10厘米，宽1-3

毫米。圆锥花序疏散，穗状，长6-16厘米，分枝短，粗糙，具少数小穗，偏向一侧。小穗柄纤细，长1-6毫米，被柔毛；小穗长6.8-8.3毫米，具孕性小花2-3，顶生不孕外稃聚集成粗棒状；颖膜质，无毛或脉微粗糙，第一颖宽卵形或椭圆形，长5-6.5毫米，3-5脉，第二颖长圆形，长6-8.2毫米，5-7脉。外稃硬草质，先端1/4-1/5为膜质，常有缺刻，背面点状粗糙，第一外稃长圆形，长5-8毫米，7-9脉；内稃硬草质，长卵形，长约4毫米，被微毛，脊被纤毛；花药紫或黄色，长1.2-2.2毫米。花期5-7月。

产甘肃及青海，生于海拔2000-3830米向阳干旱山坡、多石山坡或谷底湿处。蒙古有分布。

[附] **青甘臭草** 图 1064：7-12 **Melica tangutorum** Tzvel. in Pl. Asiae Centr. 4: 126. t. 7. f. 1. 1968. 与柴达木臭草的区别：叶舌平截或圆；圆

8. 藏臭草

图 1065

Melica tibetica Roshev. in Not. Syst. Herb. Hort. Petrop. 2: 27. 1921.

多年生。秆高15-60厘米，径2-3毫米，3-6节。叶鞘闭合近鞘口，叶舌膜质，长约1毫米，顶端平截，背面被毛；叶片长10-20厘米，宽3-6毫米。圆锥花序狭窄，长6-18厘米，宽1-1.5厘米，小穗较密集，分枝向上，粗糙，基部主枝长达5厘米。小穗柄上部被微毛；小穗长5-8毫米，具孕性小花2（稀1或

小花1，外稃背面密被长3-4毫米直立白柔毛。产西藏，生于海拔约3500米河滩砾石地。克什米尔、印度西北部、巴基斯坦、阿富汗、伊朗东北部、土耳其、爱琴岛东部及俄罗斯西南部有分布。

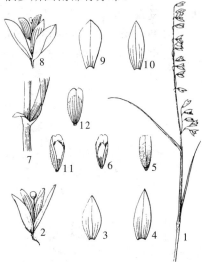

图 1064：1-6.柴达木臭草 7-12.青甘臭草
（王 颖绘）

锥花序狭窄，较稠密；小穗长4-7毫米；顶生不育外稃聚集成小球形，外稃先端2浅裂或具缺刻，第一外稃长3-4.5毫米，内稃长2.5-3毫米，花药长0.7-1毫米。产甘肃、青海及四川，生于海拔1600-3200米河谷山坡、灌丛下或多石山坡。蒙古有分布。

图 1065 藏臭草 （仲世奇绘）

3），顶生不育外稃聚集成小球形；小穗轴节间长1-1.5毫米，光滑；颖膜质，倒卵状长圆形，脉被微毛，第一颖长（4）5-7毫米，1-3脉（侧脉不明显），第二颖长5-8毫米，3-5脉。外稃草质，倒卵状长圆形，无毛或被微硬毛及颗粒状粗糙，先端约1/3膜质，具2圆裂片，第一外稃长3.5-6毫米，5-7脉；内稃短于外稃，长3-4.5毫米，粗糙，

先端钝，脊具微纤毛；花药长0.6-1毫米。花期7-9月。

产内蒙古、青海、四川及西藏，生于海拔3500-4300米高山草甸、灌丛下或山地阴坡。

9. 大臭草

图 1066

Melica turczaninowiana Ohwi in Acta Phytotax. Geobot. 1(2): 142. 1932.

多年生。秆高0.4-1.3米，5-7节。叶鞘闭合近鞘口，叶舌膜质，长2-4毫米；叶片长8-18厘米，宽3-6毫米，上面被柔毛，下面粗糙。圆锥花序开展，长10-20厘米，每节具分枝2-3；分枝细弱，微粗糙或下部光滑，上升或平展，基部主枝长达9厘米。小穗柄细，被微毛，侧生者长3-7毫米；小穗卵状长圆形，长0.8-1.3厘米，具孕性小花2-3，顶生不育外稃聚集成球形；小

穗轴节间长约2毫米，光滑；颖纸质，卵状长圆形，两颖长0.8-1.1厘米，边缘膜质，5-7脉。外稃草质，先端稍钝，边缘膜质，7-9脉或基部11脉，中部以下脉被糙毛，余颗粒状粗糙；内稃倒卵状长圆形，长约为外稃2/3，先端窄或钝头，脊无毛或上部具小纤毛；鳞被3，极小；花药长1.5-2毫米。花果期6-8月。

产黑龙江、辽宁、内蒙古、河北、山西及河南，生于海拔700-2200米山地林缘、针叶林和白桦林内、灌丛、草甸或阴坡草丛中。蒙古、俄罗斯西伯利亚和远东地区有分布。

[附] **高臭草** 图 1070：13-16 **Melica altissima** Linn. Sp. Pl. 66. 1753. 与

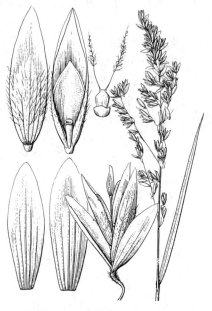

图 1066 大臭草 （仲世奇绘）

大臭草的区别：秆高0.8-1.5米；叶片宽0.9-1.2厘米；小穗长1-1.2厘米。产新疆，生于海拔800-1400米灌丛下或林缘。欧洲中亚地区及俄罗斯西伯利亚地区有分布。新鲜植株具氢氰酸，牲畜采食，易中毒。花序稠密，优雅，可供观赏。

10. 抱草

图 1067

Melica virgata Turcz. ex Trin. in Mem. Acad. Imp. Sci. St. Petersb. ser. 6, 1: 367. 1831.

多年生。秆高30-80厘米。叶鞘闭合近鞘口，叶舌干膜质，长约1毫米；叶长7-15厘米，宽（1）2-4（-6）毫米，上面粗糙，稀生柔毛，下面微粗糙。圆锥花序长8-25厘米，宽约1厘米；分枝直立或斜上，粗糙，小穗少数。小穗柄纤细，长1.5-5毫米，被微毛；小穗

图 1067 抱草 （仲世奇绘）

长 3.5-6（7）毫米，具孕性小花 2-3（4 或 5），顶生不育外稃聚集成小球形；小穗轴节间长约 1 毫米；颖草质，先端及边缘白色膜质，第一颖卵形，长 1.5-3 毫米，（1）3-5 脉不明显，第二颖宽披针形，长 2.5-4 毫米，5 脉。外稃草质，披针形，边缘膜质，背面颗粒状或细点状粗糙，有时沿脉疏具糙毛，第一外稃长 3.5-5 毫米，具 7 脉；内稃略短于或等于外稃，脊被细纤毛；花药长 1.5-1.8 毫米。颖果倒卵形，长约 1.8 毫米，褐色。花果期 5-7 月。

产内蒙古、河北、山西、宁夏、甘肃、青海、四川西北部及西藏东北部，生于海拔 1000-3900 米山坡草地、阳坡多砾石处或沟底路旁。俄罗斯西伯利亚地区及蒙古有分布。有毒禾草，牲畜（羊）嚼食过多，发生停食，腹胀，痉挛。

11. 臭草　　　　　　　　　　　　　　　图 1068

Melica scabrosa Trin. in Mém. Acad. Imp. Sci. St. Petersb. Sav. Etrang. 2: 146. 1832.

多年生。秆高 20-90 厘米，径 1-3 毫米，基部密生分蘖。叶鞘闭合近鞘口，常撕裂，光滑或微粗糙，叶舌膜质，长 1-3 毫米，顶端撕裂而两侧下延；叶片较薄，长 6-15 厘米，宽 2-7 毫米，两面粗糙或上面疏被柔毛。圆锥花序长 8-22 厘米，宽 1-2 厘米；分枝直立或斜上，主枝长达 5 厘米。小穗柄短，被微毛；小穗长 5-8 毫米，具孕性小花 2-4（-6），顶端由数个不育外稃集成小球形；小穗轴节间长约 1 毫米；颖膜质，窄披针形，两颖长 4-8 毫米，3-5 脉，背面中脉常生微小纤毛。外稃草质，7 脉隆起，背面颗粒状粗糙，第一外稃长 5-8 毫米；内稃短于外稃或相等，倒卵形，脊被微小纤毛；花药长约 1.3 毫米。颖果褐色，纺锤形，有光泽，长约 1.5 毫米。花果期 5-8 月。

产黑龙江、吉林、辽宁、内蒙古、河北、山东、山西、河南、陕西、宁夏、甘肃、青海、江苏、安徽、湖北、四川、云南及西藏，生于海拔 200-3300 米山坡草地、荒芜田野或渠边路旁。朝鲜半岛有分布。

[附] **毛臭草 Melica scabrosa** var. **puberula** Papp in Bull. Sect. Sci. Acad. Roumaine 18: 32. 1936. 与模式变种的主要区别：下部叶鞘被长柔毛。产甘肃、陕西、河北、山东、江苏、湖北及四川，生于海拔 500-3200 米山坡草地、山谷岸边或路旁。

12. 细叶臭草　　　　　　　　　　　　图 1069

Melica radula Franch. in Pl. David. 1: 336. 1884.

多年生。秆高 30-40 厘米，径 1-2 毫米，基部密生分蘖。叶鞘闭合至鞘口，叶舌膜质，长约 0.5 毫米；叶片常纵卷成线形，长 5-12 厘米（分蘖者长达 20 厘米），宽 1-2 毫米，两面粗糙或上面被短毛。圆锥花序极窄，长 6-15 厘米；分枝少，直立，着生稀少小穗或总状。小

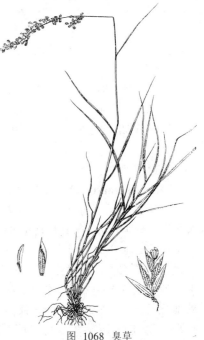

图 1068 臭草
（引自《中国主要植物图说　禾本科》）

图 1069 细叶臭草　（仲世奇绘）

穗柄短，被微毛；小穗长圆状卵形，长5-8毫米，具孕性小花2（稀1或3），顶生不育外稃聚集成棒状或小球形；小穗轴节间长1-1.5毫米；颖膜质，两颖先端尖，长4-7毫米，无毛，第一颖具1脉（侧脉不明显），第二颖具3-5脉。外稃草质，卵状披针形，先端膜质，背面颗粒状粗糙，第一外稃长4.5-7毫米，

北西部、四川及云南西北部，生于海拔350-2100米砂质土沟边、石砂质土山坡、田野或路旁。

[附]偏穗臭草 **Melica secunda** Regel in Acta Hort. Petrop. 7: 629. 1881. 与细叶臭草的区别：秆高40-80厘米；叶舌长2-4毫米，先端渐尖，常2裂，两侧下延；圆锥花序花期常偏于一侧；小穗具孕性小花2-4。产甘肃、新疆、四川及西藏，生于海拔2400-3300米山坡草地或石质山坡。印度西北部、巴基斯坦、阿富汗、伊朗及中亚地区有分布。

7脉。内稃卵圆形，短于外稃，长3-4毫米，背面稍弯曲，脊被纤毛；花药长1.5-2毫米。花果期5-8月。

产内蒙古、河北、山东、山西、河南、陕西、宁夏、甘肃、湖

13. 鞘翅臭草　　　　　　　　　　图 1070：1-2

Melica komarovii Luczn. in Bull. Acad. Sci. URSS 31: 124. f. 2. 1938.

多年生。无匍匐根茎。秆密丛，高30-50厘米，3-6节。叶鞘闭合至鞘口，具窄翅，与叶片连接处下面被柔毛，叶舌长不及1毫米，背面被柔毛；叶片较薄，长6-14厘米，宽2-4毫米，具小横脉，上面粗糙疏被长柔毛，下面无毛。圆锥花序似总状。小穗柄细，先端被微毛；小穗长6-8毫米，具孕性小花2，顶生不育外稃聚集成粗棒状；小穗轴节间长1-1.5毫米；颖草质，先端及边缘透明膜质，第一颖长4-6毫米，宽约3毫米，3-5脉，第二颖长5-7毫米，宽约3毫米，5脉。外稃硬草质，先端钝圆，第一外稃长6-8毫米，宽约3.8毫米，7-9脉；内稃短于外稃，长约5毫米，先端钝，背面被毛，脊被纤毛；花药长1.2-1.5毫米。花果期4-6月。

据文献记载，产黑龙江、吉林及辽宁，生于海拔500-1480米林下或林缘稍湿润草地。俄罗斯远东地区及朝鲜半岛有分布。

[附]**俯垂臭草** 图 1070：3-7 **Melica nutans Linn.** Sp. Pl. 66. 1753. 与鞘翅臭草的区别：植株具长匍匐根茎；秆高25-90厘米，5-8节；叶片长10-26厘米；圆锥花序有时偏向一侧；第一颖长约6毫米，5-7脉。产新疆，生于海拔1300-2300米草甸草原、山坡或林缘草丛中。欧洲、中亚地区和俄罗斯西伯利亚、日本及克什米尔地区有分布。植株常具氢氰酸，引起牲畜中毒。

14. 大花臭草　　　　　　　　　　图 1071

Melica grandiflora Koidz. in Bot. Mag. Tokyo 39: 17. 1925.

多年生。具细长匍匐根茎。秆高20-60厘米，径1-2毫米，5-7节。叶鞘闭合至鞘口，光滑或微粗糙，叶舌长约0.5毫米；叶片长7-15厘米，宽2-5毫米，上面常被柔毛，下面无毛，具小横脉。圆锥花序狭窄，常总状，花序轴粗糙或被微毛，具少数小穗，长3-10厘米。小穗柄细长，顶端被微毛；小穗长0.7-1厘米，具孕性小花2，顶生不育

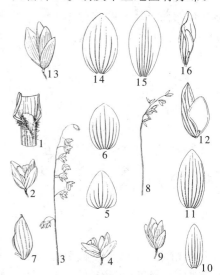

图 1070：1-2.鞘翅臭草　3-7.俯垂臭草　8-12.北臭草　13-16.高臭草　（刘进军绘）

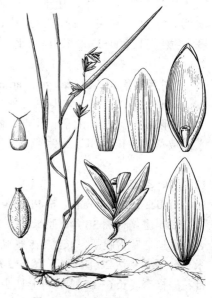

图 1071 大花臭草 （仲世奇绘）

外稃聚集成粗棒状；小穗轴节间长 1.2-1.8 毫米；颖膜质，宽卵形，第一颖长 4-6 毫米，3-5 脉，第二颖 5-7 毫米，5脉。外稃硬草质，先端钝，窄膜质，7-9 脉或基部多脉，长达外稃 1/2，背面粗糙或被微毛，第一外稃长 0.7-1 厘米；内稃先端钝，短于外稃，被微毛，脊被纤毛；花药长约 1.5 毫米。花果期 4-7 月。

产黑龙江、吉林、辽宁、山东、山西、河南、江苏、安徽、浙江、江西、湖南及四川，生于海拔 500-3200 米林下、灌丛、山坡、潮湿处或路旁草地。俄罗斯的远东地区、朝鲜半岛及日本有分布。

[附] **北臭草** 图 1070：8-12 **Melica pappiana** Hempel in An. Sti. Univ. Al-I. Cuza Iasi, 2. Biol. 17(2): 379. t. 1-2. 1971. 与大花臭草的区别：颖膜质，披针形，有时具小横脉；第一外稃长约 6.5 毫米。产吉林及山西，生于海拔 500-2000 米疏林下或山坡草地。

60. 甜茅属 Glyceria R. Br.
（陈文俐 刘 亮）

多年生，水生或沼泽草本。通常具匍匐根茎。秆直立，上升或平卧。叶片扁平；叶鞘全部或部分闭合。圆锥花序开展或紧缩。小穗具数个至多数小花，两侧扁或稍圆柱形，小穗轴无毛或粗糙，脱节于颖之上及小花之间；颖膜质或纸质兼膜质，1 脉，稀第二颖 3 脉，不等或几等长，均短于第一小花。外稃卵圆形或披针形，草质或兼革质，先端及边缘常膜质，背圆，具平行且常隆起的脉 5-9，沿脉粗糙；基盘钝，无毛或粗糙；内稃稍短，等长或稍长于外稃，具 2 脊，脊粗糙，具窄翼或无翼；鳞被 2，小；雄蕊 2-3；子房光滑，花柱 2，柱头羽毛状。颖果倒卵圆形或长圆形，具腹沟，与内外稃分离或粘合。

约 50 种，分布于两半球温带，有些在亚热带、热带山地。我国 10 种，1 变种。本属植物的鲜干草，牲畜喜食，若颖果感染黑粉菌，则具有氢氰酸的配糖体，可使牲畜中毒。

1. 圆锥花序开展或紧缩，具多数或较少小穗；小穗卵形或细长圆形，稍两侧扁；内稃脊无窄翼；雄蕊 2-3。
  2. 植株高 20-50 厘米；根茎细；圆锥花序紧缩，具少数小穗；叶片宽 1.5-3.5 毫米 … **1. 细根茎甜茅 G. leptorhiza**
  2. 植株高 50 厘米以上，根茎较粗；圆锥花序大型，开展，具多数小穗；叶片宽 0.3-1.6 厘米。
    3. 雄蕊 2，花药小，长 0.5-0.8 毫米；花序主轴密被细刺；叶舌长 0.3-2 毫米。
      4. 秆具 13-16 节；叶舌长 0.3-1 毫米，较硬；小穗绿色，成熟后黄褐色 ………… **2. 假鼠妇草 G. leptolepis**
      4. 秆具 6-8 节；叶舌长 2-3 毫米，膜质；小穗紫色 ………………………… **3. 两蕊甜茅 G. lithuanica**
    3. 雄蕊 3，花药长 1-2 毫米；花序主轴光滑或具少数短的粗刺；叶舌长 2-4 毫米。
      5. 颖披针形，第一颖长 3-4 毫米，第二颖长 4-4.5 毫米；叶片宽 3-5 毫米 …… **4. 窄叶甜茅 G. spiculosa**
      5. 颖卵圆形或长圆形，第一颖长 1.5-3 毫米，第二颖 2-4 毫米；叶片宽 0.5-1.6 厘米。
        6. 圆锥花序疏散，分枝上升或伸展；秆径 4-8 毫米；第一颖长 1.5-2 毫米，第二颖长 2-3 毫米 ………
        …………………………………………………………………… **5. 东北甜茅 G. triflora**
        6. 圆锥花序稍稠密，分枝近直立；秆径达 1 厘米；第一颖长 2-3 毫米，第二颖长 3-4 毫米 …………
        …………………………………………………………………… **5(附). 水甜茅 G. maxima**
1. 圆锥花序紧缩或稍开展，具较少小穗；小穗细长，几圆柱状；内稃脊具窄翼；雄蕊 3。
  7. 内稃长于外稃；小穗长 2-2.5 厘米 ………………………… **6. 甜茅 Glyceria acutiflora subsp. japonica**
  7. 内稃等长或稍长于外稃；小穗长 0.4-2 厘米。
    8. 植株高达 1 米；叶片宽 4-7 毫米 ………………………………………………… **7. 折甜茅 G. plicata**
    8. 植株高 10-60 厘米；叶片宽 2-3（3.5）毫米。
      9. 小穗卵形，长 4.2-9 毫米；第一外稃长 2.8-3.2 毫米；叶舌长 1-3 毫米 …… **8. 卵花甜茅 G. tonglensis**
      9. 小穗线形，长 1.1-1.4 厘米；第一外稃长 4-4.5 毫米；叶舌长 5-6 毫米 …… **9. 中华甜茅 G. chinensis**

1. 细根茎甜茅 图 1072

Glyceria leptorhiza (Maxim.) Kom. in Acta Hort. Petrop. 20: 307. 1901.

Glyceria fluitans (Linn.) R. Br. var. *leptorhiza* Maxim. in Mém. Acad. Imp. Sci. St. Petersb. Sav. Etrang. 9: 320. 1859.

多年生。具匍匐细根茎。秆疏丛，高20-50厘米，径1-2毫米，3-5节。叶鞘闭合近口部，光滑，基部者有时撕裂，叶舌透明膜质，长约1毫米，顶端齿裂；叶片长7-10厘米，宽1.5-2.5毫米，先端尖，两面光滑。圆锥花序狭窄，稀疏，长6-15厘米，每节1-3分枝；分枝光滑，直立紧贴主轴，着生1-4小穗。小穗细长，两侧扁，具5-9（-11）小花，长0.8-1.4厘米，宽约3毫米；颖膜质，卵状长圆形，1脉，第一颖长2-3毫米，第二颖长3-4毫米。外稃草质，粗糙，第一外稃长3-4毫米，7脉；内稃稍长于外稃，先端微凹，具2极短刺尖，脊无窄翼；雄蕊3，长约1.3毫米。颖果黑褐色，长约1.5毫米，腹沟长。花果期7-8月。

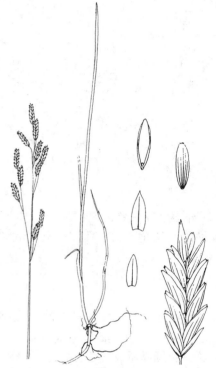

图 1072 细根茎甜茅 （刘进军绘）

产黑龙江，生于河岸浅水中、灌丛下、沼泽草地。俄罗斯西伯利亚及远东沿阿穆尔河流域有分布。

2. 假鼠妇草 图 1073

Glyceria leptolepis Ohwi in Bot. Mag. Tokyo 45: 381. 1931.

多年生。有时具根茎。秆单生，高0.8-1.1米，径5-8毫米，13-16节。叶鞘光滑无毛，闭合几达鞘口，具横脉，叶舌厚，长0.3-1毫米，先端圆；叶片长达30厘米，宽0.5-1厘米，具横脉。圆锥花序长15-20厘米，每节2-3分枝；主枝粗，长达12厘米。小穗卵形或长圆形，绿色，成熟后黄褐色，具4-7小花，长6-8毫米，宽2-3毫米；颖透明膜质，先端钝圆或平截，1脉，第一颖长1.5-2毫米，第二颖长2-2.5毫米。外稃草质，尖或稍钝，7脉；第一外稃长3-3.5毫米；内稃等于或稍长于外稃，先端微凹，脊粗糙，无窄翼；雄蕊2，花药长0.6-0.7毫米。颖果红棕色，倒卵形，长约1.5毫米。

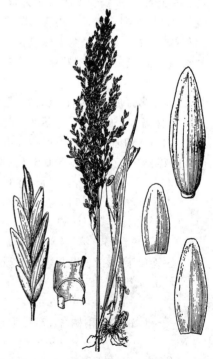

图 1073 假鼠妇草 （冯晋庸绘）

花果期6-9月。

产黑龙江、吉林、辽宁、内蒙古、山东、河南、陕西、甘肃、安徽、浙江、台湾、江西、湖北及湖南，生于林下、湿草地、溪流、湖泊边缘、山坡、河岸浅水旁或水沟中。俄罗斯、远东、朝鲜半岛及日本有分布。

3. 两蕊甜茅 图 1074:1-5

Glyceria lithuanica (Gorski) Gorski, Icon. Bot. Char. Cyper. Gram. Lith. 20. 1849.

Poa lithuanica Gorski in Eichw. Naturhist. Skizze 117. 1830.

多年生。秆疏丛，高 0.5-1.5 米，径 3-5 毫米，6-8 节。叶鞘闭合近鞘口，微粗糙；叶舌膜质，长 2-3 毫米，先端圆，常齿牙状；叶片柔软，扁平，长达 30 厘米，宽 4-9 毫米。圆锥花序疏展，长 15-30 厘米，每节 2-4 分枝；穗轴粗，分枝细，粗糙，长达 8 厘米。小穗长圆形，常带紫色，具 3-6 小花，长 0.5-1 厘米；小穗轴节间长约 0.6 毫米，光滑；颖膜质，卵形或长卵形，1 脉，第一颖长 1.2-1.5 毫米，第二颖长 1.8-2.5 毫米。外稃草质，长圆状披针形，膜质，5-7 脉，第一外稃长 3-4 毫米；内稃等长或稍长于外稃，无窄翼；雄蕊 2，花药长 0.5-0.8 毫米。花期 6-8 月。

产黑龙江、吉林及内蒙古，生于海拔 600-1800 米林下、林缘或溪

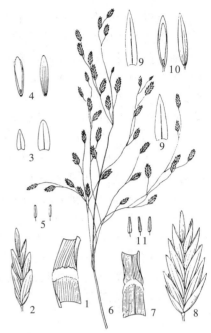

图 1074：1-5.两蕊甜茅 6-11.窄叶甜茅
（刘进军绘）

边水中。欧洲中部和东北部、中亚地区至日本有分布。

4. 窄叶甜茅 图 1074:6-11

Glyceria spiculosa (Fr. Schmidt) Roshev. in Fedtsch. Fl. Zabaik. 1: 85. 1929.

Scolochloa spiculosa Fr. Schmidt in Mém. Acad. Imp. Sci. St. Petersb. ser. 7, 12: 201. 1868.

多年生，根茎粗长，节密生须根。秆单生或基部分枝呈疏丛，高 0.5-1.2 米，径 2.5-7 毫米，9-12 节。叶鞘闭合近口部，无毛，具横脉纹，叶舌透明膜质，先端钝圆，长约 1 毫米；叶片硬，长 20-30 厘米，宽 3-5 毫米。圆锥花序长 15-25 厘米，每节 3-4 分枝；分枝细长，无毛。小穗具 5-9 小花，长 4-8（-10）毫米，黄绿带灰白或带紫色；颖膜质，披针形，1 脉，第一颖长 3-4 毫米，第二颖长 4-4.5 毫米。外稃草质，长圆状披针形，有时带紫色，膜质，第一外稃长 3.2-4.5 毫米，7 脉；内稃短于或等长于外稃，长 3-4 毫米，脊无窄翼；雄蕊 3，长 1-2 毫米。花期 6-7 月。

产黑龙江、吉林、辽宁及内蒙古，生于草甸、湿地、湖泊或沼泽地。俄罗斯西伯利亚和远东地区有分布。

5. 东北甜茅 图 1075

Glyceria triflora (Korsh.) Kom. Fl. URSS 2: 459. 1934.

Glyceria aquatica var. *triflora* Korsh. in Acta Hort. Petrop. 12: 418. 1892.

Glyceria aquatica auct. non. Wahlb.: 中国高等植物图鉴 5: 51.1976.

多年生，具根茎。秆单生，高 0.5-1.5 米，粗壮，基部径 4-8 毫米。叶鞘闭合近口部，无毛，具横脉纹，叶舌膜质透明，长 2-4 毫米，顶端平截、钝圆或有小凸尖；叶片长 15-25 厘米，宽 0.5-1 厘米，基部具 2 褐色斑点。圆锥花序开展，长 20-30 厘米，每节 3-4 分枝；分枝上升，主枝长达 18 厘米，粗糙至光滑。小穗具 5-8 小花，长 5-8 毫米；颖膜质，卵形或卵圆形，1 脉，第一颖长 1.5-2 毫米，第二颖长 2-3 毫米。外稃草质，7 脉，脉粗糙，第一外稃长 2.5-3 毫米；内稃较短或等长于外稃，脊无窄翼；雄蕊 3，花药长 0.8-1.5 毫米。颖果红棕色，倒卵形，长约 1.2 毫米。花期 6-7 月，果期 7-9 月。

产黑龙江、吉林、辽宁、内蒙古、河北、河南、陕西、新疆、四川及云南，生于海拔 200-3300 米沼泽中、溪边或湿地。蒙古、中亚地区和俄罗斯西伯利亚地区及欧洲有分布。

[附] **水甜茅 Glyceria maxima** (Hartm.) Holmb. in Bot. Not. 1919: 97. 1919.——*Molinia maxima* Hartm. in Handb. Skand. Fl. 1: 56. 1820. 与东北甜茅的区别：叶片长 25-50 厘米，宽 0.8-1.6 厘米；圆锥花序稍稠密，每节 4-10 分枝；第一颖长 2-3 毫米，第二颖长 3-4 毫米；第一外稃长 3-4 毫米。产新疆，生于河滩地或水沟边。斯堪的纳维亚半岛、大西洋和欧洲中部、地中海北部及北美洲有分布。

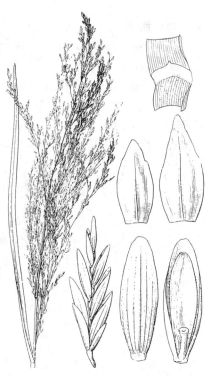

图 1075 东北甜茅 （冯晋庸绘）

6. 甜茅   图 1076：1-5

Glyceria acutiflora Torr. subsp. **japonica** (Steud.) T. Koyama et Kawano in Canad. Journ. Bot. 42(7): 868. t. 5. f. 4c. et 7. 1964.

Hemibromus japonicus Steud. Syn. Pl. Glum. 1: 317. 1855.

多年生。秆常高 40-70 厘米。叶鞘闭合达中部或中部以上，光滑，叶舌透明膜质，长 4-7 毫米；叶片薄，扁平，长 5-15 厘米，宽 4-5 毫米。圆锥花序总状，狭窄，长 15-30 厘米，基部常包于叶鞘内，下部各节具直立分枝，分枝着生 2-3 小穗，上部各节具 1 有短柄的小穗。小穗线形，长 2-3.5 厘米，具 5-12 小花；小穗轴第一节间长约 2.5 毫米，光滑；颖长圆形或披针形，1 脉，第一颖长 2.5-4 毫米，第二颖长 4-5 毫米。外稃先端窄，7 脉，点状粗糙，第一外稃长 7-9 毫米；内稃较长于外稃，先端 2 裂，脊具窄翼，翼缘粗糙；雄蕊 3，花药长 1-1.5 毫米。颖果长圆形，具腹沟，长约 3 毫米。花期 3-6 月。

产河南、江苏、安徽、浙江、福建、江西、湖北、湖南、广西北部、贵州、四川南部及云南东北部，生于海拔 470-1030 米农田、小溪、水沟。朝鲜半岛及日本有分布。

图 1076：1-5.甜茅 6-10.卵花甜茅 （刘进军绘）

7. 折甜茅   图 1077

Glyceria plicata (Fries) Fries in Nov. Fl. Suec. Mant. 3: 176. 1842.

Glyceria fluitans Fries var. *plicata* Fries in Nov. Fl. Suec. Mant. 2: 6. 1839.

多年生。具根茎。秆高0.3-1米，径3-6毫米。叶鞘闭合近顶端，叶舌长3-6毫米，撕裂或齿牙状；叶片薄，长6-15厘米，宽4-7毫米。圆锥花序长达30厘米，下部各节具3-5分枝，分枝光滑，具棱角，下部主枝长达11厘米，侧枝具1或2小穗，稍偏向一边。小穗具4-12小花，长1-2厘米，宽约2毫米；小穗轴第一节间长约1毫米，光滑；颖卵形，1脉，第一颖长1.4-2毫米，第二颖长2.5-3毫米。外稃长圆形，点状粗糙，第一外稃长3.8-4.5毫米，7脉；内稃长于外稃，脊有窄翼，翼上部较宽，先端具2齿尖；雄蕊3，花药黄色，长0.8-1.4毫米。颖果褐色，长2-2.5毫米，具纵长腹沟。花期6-8月。

产新疆，生于海拔700-1900米湿润草地、沟旁或水渠中。中亚地区、俄罗斯西伯利亚地区及欧洲有分布。

图 1077 折甜茅
（引自《中国主要植物图说 禾本科》）

8. 卵花甜茅

图 1076：6-10

Glyceria tonglensis C. B. Clarke in Journ. Linn. Soc. Bot. 15: 119. 1876.

多年生。秆高10-50（-75）厘米，径1-2毫米，3-6节；叶鞘闭合近鞘口，无毛，叶舌膜质，长1-3毫米；叶片长6-10厘米，宽2-3.5（-5）毫米。圆锥花序长10-20厘米，下部各节2-4分枝；分枝直立或上升，粗糙，基部主枝长达8.5厘米。小穗具（4）5-8小花，长4.2-9毫米；颖膜质，卵形或卵状长圆形，1脉，第一颖长1-2（2.5）毫米，第二颖长1.8-2.8毫米。外稃卵状长圆形，具窄膜质边缘，有7脉

隆起。第一外稃长2.8-3.2毫米；内稃等于或稍短于外稃，脊上部具极窄翼；雄蕊3，花药带紫色，长约1毫米。颖果长约1.3毫米，具腹沟。花期5-6月，果期7-9月。

产贵州、四川、云南等省，生于海拔1500-3600米疏林下、潮湿处、山坡、灌丛、草地、溪边、沼泽中、池塘边、路旁或水沟。喜马拉雅西北部、克什米尔、印度北部、缅甸及日本有分布。

9. 中华甜茅

图 1078

Glyceria chinensis Keng ex Z. L. Wu in Acta Phytotax. Sin. 30(2): 174. 1992.

多年生。秆高30-60厘米，径1.5-2毫米。叶鞘光滑，闭合至中部以上，叶舌膜质，长5-6毫米；叶片柔软或上部者直立，扁平或干后内卷，长5-12厘米，宽2-3毫米。圆锥花序窄窄，长15-19厘米，下部常包于叶鞘内或稍伸出，上部各节小穗单生，下部者具2-3分枝；分枝单一，直立，着生1-3小穗。小穗窄线形，长1.1-1.4厘米，具6-8小花；颖膜质，卵形或长卵形，1脉，第一颖长约2毫米，第二颖长约3毫米。外稃草质，长圆状卵形，具

图 1078 中华甜茅 （冯晋庸绘）

窄膜质，7 脉，脉微粗糙，有时脉间粗糙，第一外稃长 4-4.5 毫米；内稃等长于或稍长于外稃，先端微凹，脊具窄翼；雄蕊 3，花药长 0.8-1 毫米。花期 5-7 月。

产贵州，生于湿润草地。

61. 水茅属 Scolochloa Link
（陈文俐　刘 亮）

多年生。具匍匐根茎。秆高 0.7-2 米，基部节生根。叶鞘无毛；叶鞘不闭合，叶舌膜质，长 3-8 毫米；叶片扁平，长 15-40 厘米，宽 0.4-1 厘米，无毛，边缘粗糙。圆锥花序稍开展，长 15-30 厘米，分枝稍粗糙。小穗具 3-4 小花；小穗轴微粗糙，脱节于颖之上及小花间；颖膜质，宽披针形，先端撕裂状，第一颖长 5-9 毫米，1-3 脉，第二颖长 7-9.5 毫米，3-5 脉，近等长于小穗。外稃厚膜质至近革质，宽披针形，长 6-8 毫米，5-7 脉，背部圆，上半部粗糙，先端常具 3 齿，齿有短芒；基盘尖，长约 0.5 毫米，基部两侧各具 1 簇髯毛，毛长 1-1.6 毫米；内稃披针形，长 6-7 毫米，先端具尖齿，脊上部短毛；鳞被 2；雄蕊 3，花药长 2.5-3.4 毫米；子房长圆形，长约 0.8 毫米，上半部被毛。染色体大，基数 x=7。

单种属。

水茅　　　　　　　　　　　　　　　　　图 1079

Scolochloa festucacea Link, Hort. Bot. Berol. 1: 137. 1827.

形态特征同属。花期 6-8 月。

据文献记载，产黑龙江、吉林、辽宁、内蒙古及四川，生于水边

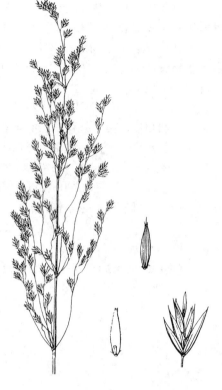

图 1079 水茅 （王 颖绘）

或沼泽地。欧洲、俄罗斯、蒙古及北美有分布。植株供饲料；颖果为鸟食。

62. 雀麦属 Bromus Linn.
（刘 亮　陈文俐）

多年生或一年生草本。秆直立，丛生或具根茎。叶鞘闭合，叶舌膜质；叶片线形，扁平。圆锥花序开展或紧缩，分枝粗糙或有柔毛，伸长或弯曲；小穗较大，具 3 至多数小花，上部小花常不孕；小穗轴脱节于颖之上与花间，微粗糙或有毛；颖不等长或近相等，较短于小穗，披针形或近卵形，（3）5-7 脉，先端尖或长渐尖或芒状。外稃背部圆或扁成脊，5-9（-11）脉，草质或近革质，边缘常膜质，基盘无毛或两侧被细毛，先端全缘或具 2 齿，芒顶生或自外稃顶端稍下方裂齿间伸出，稀无芒，内稃窄，通常短于外稃 1/3，两脊生纤毛或粗糙；雄蕊（2）3；鳞被 2；子房顶端常 2 浅裂，具唇状附属物，被毛，2 花柱自其前面下方伸出。颖果长圆形，顶端簇生毛茸，腹面具沟槽，成熟后紧贴内、外稃。

约 250 种，分布欧洲、亚洲、美洲温带和非洲、亚洲及南美洲热带山地。我国 71 种。

为天然草地和人工牧场优良牧草资源。

1. 小穗稍圆筒形或两侧扁，外稃具 5-9 脉，背部圆或中脉成脊。
　2. 多年生；外稃具长或短芒或无芒。
　　3. 颖片短于其下部小花；芒较细直，多短于稃体；植株大型；圆锥花序多次分枝，疏展。
　　　4. 植株通常高 1 米以上；外稃具长或短芒。
　　　　5. 植株无根茎或匍匐茎。
　　　　　6. 外稃具 3-5 脉；秆具 6-9 节。

7. 小穗轴节间长 3-4 毫米；外稃具 5 脉，长约 1.2 厘米 ·················· **1. 大雀麦 B. magnus**

7. 小穗轴节间长 1-2 毫米；外稃具 3 脉，长约 1 厘米 ·················· **2. 多节雀麦 B. plurinodes**

6. 外稃常具 7 脉；秆具节少于 9 数。

8. 分枝长 3-5 厘米，具 1-3 小穗 ·················· **3. 假枝雀麦 B. pseudoramosus**

8. 分枝长达 20 厘米，具 2-9 小穗 ·················· **3(附). 类雀麦 B. ramosus**

5. 植株具短根茎或长根茎与匍匐茎。

9. 植株具匍匐茎。

10. 圆锥花序紧缩；叶片宽 3-5 毫米 ·················· **4. 甘蒙雀麦 B. korotkiji**

10. 圆锥花序总状；叶片宽 2-3 毫米 ·················· **4(附). 窄序雀麦 B. stenostachys**

9. 植株具长或短根茎。

11. 植株具长横走根茎。

12. 圆锥花序开展；小穗具 9-13 小花 ·················· **5. 耐酸草 B. pumpellianus**

12. 圆锥花序狭窄紧缩；小穗具 4-8 小花 ·················· **5(附). 西伯利亚雀麦 B. sibiricus**

11. 植株具短根茎。

13. 圆锥花序各节具 2-5 分枝。

14. 第一颖长 6-7 毫米，第二颖长 8-9 毫米；花药长 1-1.2 毫米 ······· **6. 加拿大雀麦 B. canadensis**

14. 第一颖长 7-8 毫米，第二颖长 0.9-1.1 厘米；花药长 2.5-3 毫米 ····· **6(附). 密丛雀麦 B. benekeni**

13. 圆锥花序各节具 6-9 分枝。

15. 外稃先端具芒长 0.5-1 厘米 ·················· **7. 疏花雀麦 B. remotiflorus**

15. 外稃先端具长 1-1.5 毫米芒尖 ·················· **7(附). 普康雀麦 B. pskemensis**

4. 植株低矮至中型，高不及 1 米；如过 1 米，则外稃无芒。

16. 外稃无芒，如有芒，芒长不及 2 毫米。

17. 植株具横走根茎；花药长 3-4 毫米 ·················· **8. 无芒雀麦 B. inermis**

17. 植株具匍匐根茎；花药长 5-6 毫米 ·················· **9. 沙地雀麦 B. ircutensis**

16. 外稃具芒，芒长 2 毫米以上。

18. 植株具向下延伸长根茎 ·················· **10. 台湾雀麦 B. formosanus**

18. 植株常无明显根茎 ·················· **11. 大花雀麦 B. grandis**

3. 颖片近等长于下部小花，先端渐尖或成芒状，芒较粗外曲，多等长于稃体；植株中型；圆锥花序分枝单一，窄小。

19. 颖片较短，第一颖长 5-7 毫米，第二颖长 8-9 毫米；外稃长 0.8-1 厘米 ······ **12. 喜马拉雅雀麦 B. himalaicus**

19. 颖片窄长，第一颖长 0.8-1.5 厘米，第二颖长 1.1-1.7 厘米；外稃长 0.9-1.6 厘米。

20. 颖片无毛；外稃无毛或两侧边缘与下部有毛 ·················· **13. 梅氏雀麦 B. mairei**

20. 颖片被柔毛；外稃密生或贴生柔毛。

21. 圆锥花序分枝 2-4 小穗；小穗长 1.2-2 厘米；外稃具 5 脉，花药长 2-3 毫米 ··· **14. 华雀麦 B. sinensis**

21. 圆锥花序单一，分枝顶端具 1 小穗；小穗长 1.8-2.5 厘米；外稃具 7 脉，花药长 1.5-2 毫米 ·················· **14(附). 大药雀麦 B. porphyranthos**

2. 一年生；外稃具芒长为其 1-6 倍。

22. 小穗楔形；颖窄，第一颖具 1 脉，第二颖具 3 脉。

23. 外稃线状披针形，背部多少脊状；芒长为外稃 1-3 倍。

24. 小穗偏生于穗轴一侧；圆锥花序分枝弯曲或反折。

25. 第一颖具 1 脉，第二颖具 3 脉；外稃长约 1 厘米，芒长 1-1.5 厘米 ·················· **15. 旱雀麦 B. tectorum**

25. 第一颖具 3 脉，第二颖具 5 脉；外稃长约 2 厘米，芒长 1.5-2.5 厘米 ········ **15(附). 绢雀麦 B. sericeus**

24. 小穗非侧生于穗轴一侧；圆锥花序分枝，直伸或下垂。

26. 圆锥花序稠密直伸；外稃基盘尖椭圆形；雄蕊 2，花药长约 1 毫米 ·················· 16. **硬雀麦 B. rigidus**

26. 圆锥花序疏散下垂；外稃基盘圆形；雄蕊 3，花药长 3-5 毫米 ·············· 16(附). **双雄雀麦 B. diandrus**

23. 外稃长圆形，短小，背部圆；芒长为外稃 4-6 倍 ····························· 17. **细雀麦 B. gracillimus**

22. 小穗长圆状披针形；颖片宽，第一颖具 3-5 脉，第二颖具 5-9 脉。

27. 外稃先端具 1 芒。

28. 外稃长 0.5-1.1 厘米；小穗长（1）1.5-2.5（3）厘米。

29. 颖果纵长增厚；外稃边缘内卷，不复盖相邻小花；小穗轴节间外露 ······ 18. **黑麦状雀麦 B. secalinus**

29. 颖果较薄而扁平；外稃边缘复盖相邻小花；小穗轴节间被包而不外露。

30. 外稃宽卵状椭圆形，一侧宽 3-4 毫米，展平近圆形，边缘宽膜质，具棱角；圆锥花序近总状，分枝上端具 1-2 小穗 ··· 19. **偏穗雀麦 B. squarrosus**

30. 外稃椭圆形，一侧宽约 2 毫米，边缘无棱角。

31. 花药长 4 毫米，内稃与外稃近等长；叶鞘无毛 ················· 20. **田雀麦 B. arvensis**

31. 花药长 0.5-2 毫米，内稃短于外稃；叶鞘被柔毛。

32. 圆锥花序疏散开展，长 15-25 厘米，分枝与小穗柄长于小穗。

33. 芒细直，长 5-9 毫米；小穗小花与芒近等长 ················· 21. **总状雀麦 B. racemosus**

33. 芒外弯曲，长 0.9-1.6 厘米，小穗下部小花之芒短于上部小花 ········· 22. **雀麦 B. japonica**

32. 圆锥花序较稠密，长 3-10 厘米，分枝与小穗柄短于小穗。

34. 第一颖长约 7 毫米；外稃长 0.9-1.1 厘米，芒长 0.8-1.5 厘米 ······· 23. **密穗雀麦 B. sewerzowii**

34. 第一颖长 5-6 毫米；外稃长 8-9 毫米，芒长 7-8 毫米 ·········· 23(附). **直芒雀麦 B. gedrosianus**

28. 外稃长 1.4-1.8 厘米；小穗长（2）3-4 厘米。

35. 外稃先端深裂，裂齿尖或渐尖，长 2-3 毫米；圆锥花序疏展，分枝数倍长于小穗，下垂。

36. 第一颖长 6-8 毫米；外稃芒长 1-1.7 厘米 ················· 24. **篦齿雀麦 B. pectinatus**

36. 第一颖长 0.9-1.1 厘米；第二颖芒长 1.5-2.5 厘米 ············· 24(附). **尖齿雀麦 B. oxyodon**

35. 外稃先端浅裂，裂齿短尖，长 1-2 毫米；圆锥花序稍紧缩，分枝等长或较短于小穗，斜升 ··· 25. **大穗雀麦 B. lanceolatus**

27. 外稃先端具 3 芒 ··· 26. **三芒雀麦 B. danthoniae**

1. 小穗两侧扁，外稃具 11 脉，中脉成脊 ····························· 27. **扁穗雀麦 B. catharticus**

1. 大雀麦

图 1080

Bromus magnus Keng in Sunyatsenia 6(1): 53. 1941.

多年生。秆疏丛，高 1-1.2 米，6-8 节。叶鞘具柔毛，叶舌长 3-4 毫米，顶端撕裂；叶片长 20-30 厘米，宽 6-8 毫米，上面具柔毛，微粗糙。圆锥花序开展，长约 30 厘米，稍弯垂；分枝长达 15 厘米，孪生各节。小穗具 5-7 小花，长约 2.5 厘米，宽 5-6 毫米；成熟后叉开，宽达 1 厘米，各部较薄。小穗轴节间长 3-4 毫米，被微毛，外露；颖窄，边缘膜质，第一颖长 7-8 毫米，1 脉，第二颖长 0.9-1.1 厘米，3 脉；外稃长约 1.2 厘米，宽约 1 毫米（一侧），5 脉，间脉不明显，下部疏生糙毛，

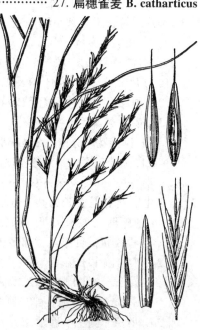

图 1080 大雀麦 （仲世奇绘）

具长 4-7 毫米细弱直芒；花药长 3 毫米。花果期 7-8 月。

产甘肃、青海、四川及西藏，生于海拔 2300-3800 米云杉林缘、灌丛砾石、河岸或草甸。

2. 多节雀麦
图 1081

Bromus plurinodes Keng ex Keng f. in Acta Bot. Yunnan. 4(4): 436. 1982.

多年生。秆高达 1 米余，径约 5 毫米，7-9 节，无毛。叶鞘长于节间，微粗糙，枯萎后残留，叶舌长 2-4 毫米，褐色膜质；叶片长 20-30 厘米，宽 6-8 毫米，上面生柔毛，边缘粗糙。圆锥花序长 20-30 厘米，每节具 2-4 分枝；分枝斜上，长达 15 厘米，粗糙。小穗具 5-7 花，长 1.5-2 厘米，宽约 2 毫米；小穗轴节间长 2-2.5 毫米，被毛；颖边缘膜质，先端渐尖，第一颖长约 5 毫米，1 脉，第二颖长 6-9 毫米，3 脉，长渐尖。外稃长约 1 毫米，每侧宽 1 毫米，3 脉，脊微粗糙，下部边缘与脉生微毛，被柔毛，具长 1-1.4 厘米细直芒；内稃长 6-7 毫米，脊生纤毛；花药长 2 毫米。花果期 6-8 月。

产陕西、宁夏、甘肃、青海、四川、云南及西藏，生于海拔 2000-3600 米林缘灌丛、草甸、石质山坡或沟边草地。

图 1081 多节雀麦
（引自《中国主要植物图说 禾本科》）

3. 假枝雀麦
图 1082

Bromus pseudoramosus Keng ex L. Liu, Reipubl. Popul. Sin. 9(2): 387. 2002.

多年生。秆疏丛，高 0.7-1.2 米，径 2-3 毫米，5-8 节，无毛。叶鞘无毛或疏生倒毛，上部者具叶耳，叶舌长约 1.5 毫米；叶片长 20-45 厘米，宽 4-9 毫米，上面生柔毛，下面粗糙。圆锥花序开展，长 20-30 厘米，下垂；分枝孪生，长 3-5 厘米，粗糙，细弱，弯曲，具 1-3 小穗。小穗具 6-10 小花，长 2-2.5 厘米，宽 0.6-1 厘米，带紫色；小穗轴节间长约 2 毫米，生微毛，外露；颖锥形，先端渐尖成短尖头，边缘具柔毛，第一颖长 0.8-1 厘米，1 脉，第二颖长 1.1-1.3 厘米，3 脉，无膜质边缘。外稃披针形，长 1.2-1.5 厘米，宽 1.5-2 毫米（一侧），7 脉不

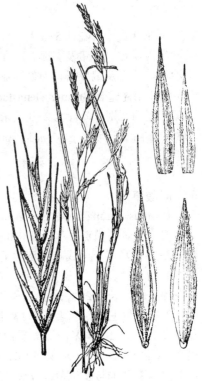

图 1082 假枝雀麦 （冯晋庸绘）

明显，边缘生柔毛，具长 4-9 毫米细弱直芒；内稃稍短而窄，脊生纤

毛；花药长 2 毫米。

产贵州西部、四川、云南及西藏，生于海拔 3600 米高山草甸。

[附] **类雀麦 Bromus ramosus** Hudson, Fl. Angl. 40. 1762. 本种与假枝雀麦的区别：叶鞘与叶片相接处密被倒生柔毛；圆锥花序分枝长达 20 厘米，分枝具 2-9 小穗，最下部分枝基部具生纤毛苞片，第一颖长 6-8 毫米，第二颖长 0.9-1.1 厘米。产西藏，生于海拔 2900-3500 米林地灌丛或路旁草地。欧洲、非洲北部、美洲、亚洲西部和中部、巴基斯坦及克什米尔地区有分布。

4. 甘蒙雀麦　　　　　　图 1083

Bromus korotkiji Drob. in Trav. Bot. Muz. Akad. Nauk. 12: 238. 1914.

多年生。具匍匐长根茎。秆高达 1 米，基部为老鞘所包。叶鞘密生柔毛或无毛，叶舌长 1-2 毫米；叶片长 15-20 厘米，宽 3-5 毫米，上面有柔毛。圆锥花序紧缩，分枝长 1-2（-5）厘米，2-5 着生主轴。

小穗具短柄或近无；小穗具 5-8 小花，长 1.5-3 厘米，宽约 1 厘米；小穗轴长 3-4 毫米，密生柔毛；两颖无毛，第一颖长 7-8 毫米，第二颖长 0.8-1.1 厘米，紫色，被长柔毛。外稃卵状披针形，长 1.2-1.5 厘米，5-7 脉，下部背脊与脉被长 1-2 毫米柔毛，两侧具毛，芒长 3-4 毫米；内稃两脊上部具纤毛；花药长 6-7 毫米。花期 5-7 月。

产内蒙古、甘肃及新疆，生于低山河岸湿地、牧场、小沙丘或固定沙地。蒙古及俄罗斯东西伯利亚有分布。

[附] **窄序雀麦 Bromus stenostachys** Boiss. Fl. Orient. 5: 643. 1884. 与甘蒙雀麦的区别：叶片宽 2-3 毫米；圆锥花序总状，分枝短；小穗长 2-2.5 毫米。产新疆，生于海拔 3000-4200 米山坡。伊朗、阿富汗及巴基斯坦有分布。

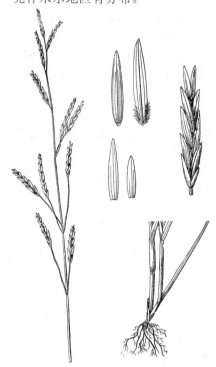

图 1083 甘蒙雀麦
（引自《中国沙漠植物志》）

5. 耐酸草　　　　　　图 1084

Bromus pumpellianus Scribn. in Bull. Torrey Bot. Club. 15: 9. 1888.

多年生。具横走根茎。秆高 0.6-1.2 米，4-6 节，节密生倒毛。叶鞘常宿存秆基，无毛或疏生倒柔毛，叶舌长约 1 毫米，先端齿蚀状；叶片长约 15 厘米，宽 6-7 毫米，上面疏生柔毛，下面与边缘粗糙。圆锥花序开展，长约 20 厘米；分枝长 2-6 厘米，具 1-2 小穗，棱具细刺毛，2-4 着生主轴。小穗具 9-13 花，长 2.5-4 厘米，宽 5-8 毫米；小穗轴节间长 2-2.5 毫米，被柔毛；颖先端尖，具膜质边缘，第一颖长 7-9 毫米，1 脉，第二颖长 0.9-1.1 厘米，3 脉。外稃披针形，长 1-1.4 厘米，宽约 1.5 毫米，下面与边缘膜质，7 脉，间脉和边脉较短或不明显，中部以下脊和边缘常具长 1-2 毫米柔毛，具长 2-5 毫米的芒；内稃脊具纤毛，稍短于外稃；花药长 4-6 毫米。颖果常不发育。花果期 6-8 月。

据文献记载，产黑龙江、内蒙古及山西，生于海拔 1000-2500 米草甸、河谷灌丛草地。欧亚大陆、俄罗斯西伯利亚和远东地区、北美有

图 1084 耐酸草（仲世奇绘）

分布。

[附] **西伯利亚雀麦 Bromus sibiricus** Drob. in Trav. Mus. Bot. Ac. Sc. Petrogr. 12: 229. 1914. 与耐酸草的区别：叶舌长约0.5毫米，圆锥花序直立，狭窄，较紧缩，长8-15（-20）厘米；小穗长1.5-2.5厘米，具4-8小花；花药长2-4毫米。产东北、内蒙古、河北，生于海拔500-1000米草地。欧洲、俄罗斯西伯利亚及蒙古有分布。

6. 加拿大雀麦

Bromus canadensis Michx. Fl. Bor. Amer. 1: 65. 1803.

多年生，具短根茎。秆高0.7-1.2米，6节，节被倒生柔毛。叶舌长约1毫米，叶鞘被倒柔毛；叶片长2-3厘米，宽0.6-1厘米，无毛或被疏柔毛。圆锥花序下垂，宽卵形，长15-25厘米；分枝2-3生一节，分枝弯曲，着生1-3小穗。小穗绿色，先端黄褐色，具6-7小花，长1.5-2厘米；小穗轴长1-2厘米，疏被柔毛；颖脊糙，第一颖长6-7毫米，1脉，第二颖长8-9毫米，3脉，狭窄。外稃长1-1.2厘米，5-7脉，近边缘中部以下贴生柔毛，或中脉下部1/3，先端钝或具2齿，芒长2-6毫米；内稃长8-9毫米，脊具纤毛；花药黄色，长1-1.2毫米。花果期7-9月。

产黑龙江及内蒙古，生于中山带、低湿林地或草甸。日本、蒙古、俄罗斯远东地区及北美有分布。

[附] **密丛雀麦 Bromus benekeni** (Lange) Trim. in Journ. Bot. London 10: 333. 1872. —— *Schedonorus benekeni* Lange in Fl. Dan. Fasc. 48: 5. 1871. 与加拿大雀麦的区别：小穗长1.5-3厘米，具5-9小花；第一颖长7-8毫米，第二颖长0.9-1.1厘米；外稃长1.1-1.4厘米，花药长2.5-3毫米。产新疆，生于林缘、灌丛、山地草甸草原或河谷草地。欧洲、中亚及俄罗斯西伯利亚地区有分布。

7. 疏花雀麦

Bromus remotiflorus (Steud.) Ohwi in Acta Phytotax. Geobot. 4(1): 58. 1935.

Festuca remotiflorus Steud. Syn. Pl. Glum. 1: 315. 1984.

多年生。具短根茎。秆高0.6-1.2米，6-7节，节生柔毛。叶鞘闭合，密被倒生柔毛，叶舌长1-2毫米；叶片长20-40厘米，宽4-8毫米，上面生柔毛。圆锥花序疏展，长20-30厘米，每节2-4分枝；分枝细长孪生，粗糙，具少数小穗，成熟时下垂。小穗疏生5-10小花，长（1.5-）2-2.5（-4）厘米，宽3-4毫米；颖窄披针形，先端渐尖或具小尖头，第一颖长5-7毫米，1脉，第二颖长0.8-1.2厘米，3脉。外稃窄披针形，长1-1.2（-1.5）厘米，每侧宽约1.2毫米，边缘膜质，7脉，先端渐尖，具长0.5-1厘米直芒；内稃窄，短于外稃，脊具纤毛；小穗轴节间长3-4毫米，花疏散外露；

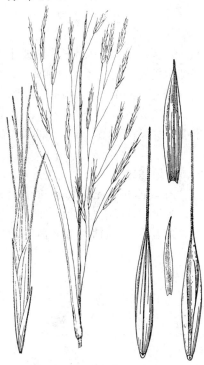

图 1085 疏花雀麦 （史渭清绘）

花药长2-3毫米。颖果长0.8-1厘米，贴生稃内。花果期6-7月。

产山东、河南、陕西、甘肃、

青海、江苏、安徽、浙江、福建、江西、湖北、湖南、贵州、四川、云南及西藏，生于海拔1800-3200（-4100）米山坡、林缘、路旁或河边草地。日本及朝鲜半岛有分布。

[附] **普康雀麦 Bromus pskemensis** N. Pavl. Becth. AH. Kaz. URSS Fl. 1: 273. pl. 21. f. 8. 1956. 与疏花雀麦的区别：秆高达1-1.5米；外稃长0.8-1厘米，先端具长1-1.5毫米芒尖。产新疆，生于海拔3000米山坡草地。中亚及哈萨克斯坦有分布。

8. 无芒雀麦 图 1086

Bromus inermis Leyss. Fl. Hal. 16. 1761.

多年生。具横走根茎。秆疏丛，高0.5-1.2米，无毛或节下具倒毛。叶鞘闭合，无毛或有短毛；叶舌长1-2毫米；叶片扁平，长20-30厘

米，宽4-8毫米，先端渐尖，两面与边缘粗糙，无毛或边缘疏生纤毛。圆锥花序长10-20厘米，较密集，花后开展；分枝长达10厘米，微粗糙，着生2-6小穗，3-5轮生于主轴各节。小穗具6-12花，长1.5-2.5厘米；小穗轴节间长2-3毫米，生小刺毛；颖披针形，具膜质边缘，第一颖长4-7毫米，1脉，第二颖长

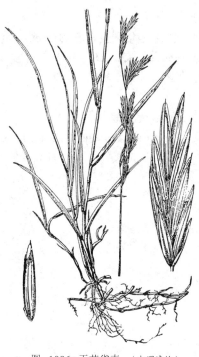

图 1086 无芒雀麦 （史渭清绘）

0.6-1厘米，3脉。外稃长圆状披针形，长0.8-1.2厘米，5-7脉，无毛，基部微粗糙，先端无芒，钝或浅凹缺；内稃膜质，短于外稃，脊具纤毛；花药长3-4毫米。颖果长圆形，褐色，长7-9毫米。花果期7-9月。

产黑龙江、吉林、辽宁、内蒙古、河北、山东、山西、陕西、宁夏、甘肃、青海、新疆、四川、云南及西藏，生于海拔1000-3500

米林缘草甸、山坡谷地或河边路旁，为山地草甸草场优势种。广布于欧亚大陆温带地区。著名优良牧草，营养价值高，产量大，适口性好，利用季节长，耐寒耐旱，耐放牧，为建立人工草场和固沙主要草种。世界各地均有引种栽培。

9. 沙地雀麦 图 1087

Bromus ircutensis Kom. in Not. Syst. Herb. Hort. Petrop. 2: 130. 1921.

多年生。根茎匍匐粗壮伸长。秆高70-90厘米，花序和节以下密生倒向微柔毛。叶鞘基生者多撕裂成纤维状，密生柔毛或无毛，叶舌长约

1毫米；叶片质韧，长20-30厘米，宽3-6毫米，或被柔毛。圆锥花序直立，狭窄，长15-30厘米，主轴具5-7节，每节2-5分枝；分枝直立，被毛，各具1-2小穗，稀疏。小穗具5-10小花，长2.5-3.5厘米；小穗轴长2-2.5毫米，疏生短毛；颖膜质，第一颖窄披针形，长6-7毫米，1脉，第二颖窄披针形，长6-7毫

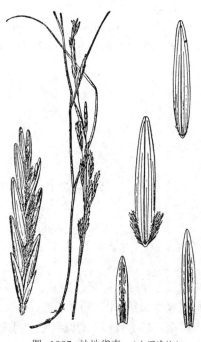

图 1087 沙地雀麦 （史渭清绘）

米，3脉。外稃宽披针形，长1-1.2厘米，5-7脉，先端钝圆，无芒，基部边缘密生长1-2毫米白色柔毛；内稃窄，与外稃近等长，两脊具纤毛；花药褐色，长5-6毫米；子房长2-3毫米。颖果褐色，长约1厘米。花果期6-9月。

产内蒙古及河北，生于山地固定和半固定沙丘，多生于小沙丘背风坡，沙丘边缘或流动沙丘，迎风坡裸露流沙上也生长良好。蒙古和俄罗斯西伯利亚地区有分布。根茎横走，繁殖力强，为沙地草场先锋植物，也是培育耐旱抗风沙，固定沙丘的良好材料；供饲料，产量大。

图 1088 台湾雀麦 （史渭清绘）

10. 台湾雀麦 图 1088

Bromus formosanus Honda in Bot. Mag. Tokyo 42: 136. 1928.

多年生。具向下伸展长根茎，须根稠密。秆高20-30厘米。叶鞘残存，叶舌长约0.5毫米；叶片长10-20厘米，宽3-5毫米，无毛。圆锥花序长10-12厘米，分枝孪生细弱，顶生1小穗，花序近总状。小穗长椭圆状披针形，具5-7花，长约2厘米，宽5-9毫米；小穗轴节间长2-3毫米，外露，具柔毛；第一颖线状披针形，长8-9毫米，1脉，先端锐尖，第二颖长1-1.2厘米，3脉。外稃长椭圆形，长1.5（-1.8）厘米，每侧宽约2毫米，7脉，粗糙，边缘密生柔毛，具长3-7毫米直芒；内稃长约9毫米，两脊密生纤毛；花药长2毫米。花期7-8月，果期9-10月上旬。

产台湾，生于海拔3500-3800米高山带，在阳坡土层浅薄的岩石缝隙、陡坡峭壁和岩屑裸地生长良好。

11. 大花雀麦

Bromus grandis (Stapf) Meld. in Hara, Enum. Fl. Pl. Nepal. 1: 125. 1978.

Bromus himalaicus Stapf ex Hook. f. var. *grandis* Stapf in Hook. f. Fl. Brit. Ind. 7: 359. 1986.

多年生。常无明显根茎。秆高40-70厘米，4-6节。叶鞘闭合，无毛，叶舌短而平截；叶片扁平，长10-20厘米，宽4-6毫米，上面生柔毛。圆锥花序长10-15厘米；分枝长2-6厘米，通常单一，微粗糙。小穗长圆形，具6-9小花，长1.6-2.2厘米，宽0.6-1厘米；小穗轴微粗糙；第一颖长约7毫米，窄针形，1脉成脊，第二颖较宽，长约

9毫米，3-5脉，先端有长1-2毫米尖头，脊或上部稍有毛。第一外稃长0.8-1厘米，5-7脉，背部无毛，两侧边缘生糙毛，基盘较大，芒与外稃近等长，外曲，微粗糙；内稃稍短，先端钝，两脊疏生纤毛；花药长约2毫米。颖果长圆形，与稃体贴生。花果期6-8月。

产四川、云南及西藏，生于海拔2700-4000米草甸。印度北部及尼泊尔有分布。

12. 喜马拉雅雀麦 图 1089

Bromus himalaicus Stapf ex Hook. f. Fl. Brit. Ind. 7: 358. 1897.

多年生。秆疏丛，高50-70厘米，3-4节，节生倒向柔毛。叶鞘闭合，生柔毛，叶舌短，棕色；叶片扁平，长10-20厘米，宽4-6

毫米，上面生柔毛，下面及边缘微粗糙。圆锥花序长 10-15 厘米，分枝 1-2 或 3-5 生于主轴各节，开展或反折。小穗具 6-9 小花，长 1.5-2 厘米；第一颖窄窄，长 5-7.5 毫米，1 脉成脊，第二颖长 7.5-8 毫米，3（-5）脉，脊粗糙。外稃长 0.8-1 厘米，5-7 脉，较薄，先端渐尖，基盘钝圆；芒等长或较长于稃体，长 1-1.5 厘米，微粗糙，外曲；内稃短于外稃，先端钝圆，沿脊生硬纤毛；花药长约 2 毫米。花果期 6-8 月。

产云南及西藏，生于海拔 3000-3500 米高山草甸。尼泊尔、印度北部及喜马拉雅地区有分布。

13. 梅氏雀麦　　　　　　　　　　　　图 1090

Bromus mairei Hack. ex Hand.-Mazz. Symb. Sin. 7: 1290. 1936.

多年生。秆疏丛，高 0.5-1 米，7-8 节。叶鞘疏生柔毛，叶舌长约 1 毫米，具细裂齿；叶片长 20-30 厘米，宽 4-6 毫米，上面与颈部具柔毛。圆锥花序开展，长约 20 厘米，每节 3-5 分枝，下垂，分枝长 5-7 厘米，具细小糙刺，上部着生 1-3 小穗。小穗具 6-8 小花，长 2-2.5 厘米，宽约 1 厘米；小穗轴长约 3 毫米，生细毛；颖先端渐尖成 1-3 毫米芒，第一颖长 0.8-1 厘米，1 脉，第二颖长 1-1.3 厘米，3 脉，边缘膜质。外稃长 0.9-1.2 厘米，7 脉，其中 3 脉粗壮，背部两侧及下部疏生糙毛，芒顶生，外曲，长 1-1.5 厘米；内稃长约 8 毫米，脊具纤毛；花药长约 3 毫米。花期 8 月。

图 1089　喜马拉雅雀麦　（李爱莉绘）

产青海、四川、云南及西藏，生于海拔 3900-4300 米冷杉林缘灌丛、河漫滩或高山草地。

14. 华雀麦　　　　　　　　　　　　图 1091

Bromus sinensis Keng f. in Acta Bot. Yunnan. 4(4): 349. 1982.

多年生。秆疏丛，高 50-70 厘米，径约 2 毫米，3-4 节，无毛或有倒毛。叶鞘生柔毛，具叶耳，顶生叶鞘长约 10 厘米，叶舌长 1-3 毫米，背面与边缘具毛；叶片直立或卷折，长 15-25 厘米，宽 3-5 毫米，多少生柔毛。圆锥花序开展，长 12-24 厘米，垂头，各节具 2-4 分枝；分枝微粗糙，长达 10 厘米，具 1-3 小穗或基部分枝有 4-5 小穗。小穗柄顶端粗；小穗具 5-8 小花，长约

图 1090　梅氏雀麦　（冯晋庸绘）

1.5 厘米，宽 6-8 毫米，各部被毛；小穗轴节间长 2-3 毫米，背面被短毛；颖先端渐尖或芒状，被短毛，第一颖长约 8 毫米，1 脉，第二颖长 1-1.5 毫米，3 脉。外稃披针形，长 1-1.5 厘米，一侧宽 1.5

毫米，5 脉，背面生柔毛，芒长 0.8-1.5 厘米，反曲；内稃长 0.8-1 厘米，脊生小纤毛；花药长 2-3 毫米，花期 7 月。

产青海、四川、云南及西藏，生于海拔 3500-4240 米阳坡草地或裸露石隙。

[附] **大药雀麦 Bromus porphyranthos** T. A. Cope in E. Nasir, Fl. Pakist. 143: 524. 1982. 与华雀麦的区别：圆锥花序单一，分枝顶端着生 1 小穗；小穗长 1.8-2.5 厘米，第一颖长 1.2-1.5 厘米，第二颖长 1.4-1.7 厘米；外稃具 7 脉，花药长 1.5-2 毫米。产西藏，生于海拔 3700 米高山、砂地或草甸。尼泊尔、印度北部及巴基斯坦有分布。

图 1091 华雀麦
（引自《中国主要植物图说 禾本科》）

15. 旱雀麦

图 1092

Bromus tectorum Linn. Sp. Pl. 77. 1753.

一年生。秆直立，高 20-60 厘米，3-4 节。叶鞘生柔毛，叶舌长约 2 毫米；叶片长 5-15 厘米，宽 2-4 毫米，被柔毛。圆锥花序开展，长 8-15 厘米，下部节具 3-5 分枝，分枝粗糙，有柔毛，细弱，多弯曲，着生 4-8 小穗。小穗密集，偏生一侧，稍弯垂，具 4-8 小花，长 1-1.8 厘米；小穗轴节间长 2-3 毫米；颖窄披针形，边缘膜质，第一颖长 5-8 毫米，1 脉，第二颖长 0.7-1 厘米，3 脉。外稃长 0.9-1.2 厘米，一侧宽 1-1.5 毫米，7 脉，粗糙或生柔毛，先端渐尖，边缘薄膜质，有光泽，芒细直，长 1-1.5 厘米；内稃短于外稃，脊具纤毛；花药长 0.5-2 毫米。颖果长 0.7-1 厘米，贴生内稃。花果期 6-9 月。

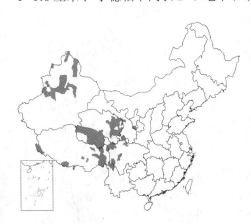

产陕西、宁夏、甘肃、青海、新疆、四川、云南及西藏，生于海拔 100-2300（-4200）米荒野干旱山坡、路旁河滩或草地。广泛分布于欧洲、亚洲、非洲北部及北美洲。温性荒漠区的早春牧草。

[附] **绢雀麦 Bromus sericeus** Drob. in Fedde, Repert. Sp. Nov. 21: 39. 1925. 与旱雀麦的区别：小穗长 2-3.5（-5）厘米；第一颖披针形，长 0.8-1（-1.4）厘米，3 脉，第二颖长 1.1-1.5 厘米，5 脉；外稃长 1.5-2.2 厘米，7-9 脉，芒长 1.5-2.5 厘米；颖果长约 1.5 厘米。产云南及西藏，生于海拔 2700-3400 米干旱沙地。中亚、帕米尔、土耳其、伊朗、伊拉克、巴基斯坦及印度西北部有分布。

图 1092 旱雀麦 （史渭清绘）

16. 硬雀麦

图 1093

Bromus rigidus Roth in Bot. Mag. Zurich 4(10): 21. 1790.

一年生。秆丛生，高 20-70 厘米，花序以下被柔毛。叶鞘被开展柔毛，叶舌长 3-5 毫米；叶片长 10-25 厘米，宽 4-6 毫米，两面密生短毛。圆锥花序密集，直立，长 10-25 厘米；分枝短，粗糙，有毛，

小穗直立，长1.5-3厘米，宽7-8毫米，具5-7小花；小穗轴长约2毫米；第一颖长2-2.5厘米，1脉；第二颖长2-2.5厘米，3脉。外稃窄披针形，长2-2.5厘米，一侧宽1-1.5毫米，7脉，粗糙，芒长2-4厘米，直伸；内稃长约1.5厘米；雄蕊2，花药长1毫米。颖果与内稃近等且贴生。花果期4-7月。

产江西，生于海拔1000米溪旁湿地。欧洲中部和西南部、非洲北部、亚洲西南部及地中海地区有分布。

[附] **双雄雀麦 Bromus diandrus** Rot. Bot. Abh. 44. 1787. 与硬雀麦的区别：圆锥花序极疏散，下垂，长与宽均达20厘米；小穗具5-7小花，长3-4厘米，宽1.5-2厘米（不包括芒），第一颖长1.5-2厘米，1-3脉；外稃长2.5-3.5厘米，芒长3.5-6厘米，花药长约2毫米。产西藏，生于海拔1000米山坡、路边或草地。地中海区域、伊拉克、伊朗及巴基斯坦有分布。

17. 细雀麦　图 1094：1-2

Bromus gracillimus Bunge in Mém. Acad. Imp. Sci. St. Petersb. 7: 527. 1851.

一年生。秆高20-40厘米，较细瘦，节或节间生细毛。叶鞘闭合，具柔毛，叶舌长约2毫米，先端撕裂；叶片扁平，长10-15厘米，宽约3毫米，两面生柔毛，边缘粗糙。圆锥花序开展，长约10厘米，宽3-5厘米；分枝4-8枚轮生各节，长2-6厘米，疏生1-4小穗，无毛。小穗宽椭圆形，具3-6小花，长5-8毫米；颖片边缘膜质，先端尖，第一颖长3-4毫米，1脉，第二颖长4-5毫米，3脉。外稃倒披针形，长3.5-4.5毫米，5-7脉，边缘内卷，生纤毛，芒长1.5-2厘米，细直；内稃与外稃近等，脊具纤毛；花药长约0.5毫米。颖果扁平，长约3毫米。花果期6-8月。

产新疆西部及西藏西部，生于海拔2000-3400（-4200）米山坡或河岸灌丛草地。喜马拉雅西北部、巴基斯坦、伊朗、阿富汗、土耳其及俄罗斯有分布。

18. 黑麦状雀麦　图 1094：3

Bromus secalinus Linn. Sp. Pl. 76. 1753.

一年生。秆高30-60（-100）厘米，较粗。叶鞘无毛；叶片长5-15厘米，宽3-6毫米，被微柔毛。圆锥花序疏散，长5-15厘米，宽2-6厘米，偏向一侧，下垂，分枝近轮生。小穗窄长圆形，长15-20厘米，宽6-8毫米，具5-15小花；两颖近相等，较厚，脉不明显，第一颖长4-5毫米，3-5脉，脉细，微粗糙，第二颖长6-7毫米，7脉，先端钝，中脉在顶端成小尖头。外稃椭圆形，长8-9毫米，宽4-5毫

图 1093 硬雀麦
（引自《中国主要植物图说　禾本科》）

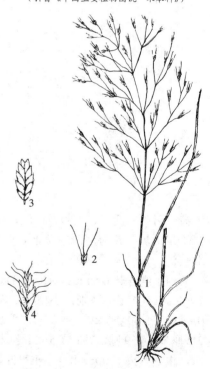

图 1094：1-2.细雀麦 3.黑麦状雀麦
4.偏穗雀麦 （刘 平绘）

米，7脉，无毛，芒短于稃体，长5-7毫米，稍反折；内稃等长或稍短于外稃；花药长约2毫米。颖果长约5毫米，宽1毫米，纵长内卷，棕红色。花果期5-8月。

据文献记载，产甘肃、新疆及

西藏，生于海拔 500-1500 米山坡草地。日本、欧洲、俄罗斯西伯利亚

及亚洲西南部有分布。

19. 偏穗雀麦

图 1094：4

Bromus squarrosus Linn. Sp. Pl. 76. 1753.

一年生。秆高 20-60 厘米，3-4 节。叶鞘被柔毛，叶舌长约 1 毫米；叶片扁平，长约 15 厘米，宽 2-5 毫米，生柔毛。圆锥花序疏散开展，长约 20 厘米，宽 4-6 厘米；分枝细长，着生 1-2 小穗。小穗卵圆形，具 10-25 小花，长 2-4 厘米，宽 0.5-1.5 厘米；小穗轴长约 2 毫米，无毛；颖片宽，长圆形或椭圆形，第一颖长 5-7 毫米，5 脉，第二颖长 6-8 毫米，9 脉，一侧宽约 2 毫米。外稃长（0.9-）1.1 厘米，一侧宽 3-4 毫米，9 脉，边缘白膜质，微粗糙，芒长 0.7-1.2 厘米，外展，下部小花芒较短；内稃窄小，长为外稃 1/3，两脊疏生硬纤毛；花药长 1-1.5 毫米。花果期 5-7 月。

产甘肃及新疆，生于海拔 900-3000 米田边山坡、草原、沙石湿地。高加索、中亚、西伯利亚、蒙古及欧洲南部、非洲北部有分布。春季牧草。

20. 田雀麦

图 1095

Bromus arvensis Linn. Sp. Pl. 77. 1753.

一年生。秆高 0.4-1 厘米。叶鞘被毛；叶片长 10-20 厘米，宽 3-6 毫米，散生柔毛，边缘与上面粗糙。圆锥花序疏散，长 15-30 厘米，宽 10-20 厘米；分枝粗糙，开展或下垂，上部着生 5-8 小穗。小穗具 5-8 小花，长 1.2-2.2 厘米，宽 3-4 毫米；小穗轴长约 2 毫米；第一颖长 4-6 毫米，3 脉，第二颖长 6-8 毫米，5-7 脉。外稃长 7-9 毫米，7 脉，无毛，边缘膜质，先端具 2 微齿，芒长 0.7-1 厘米；内稃与外稃近等长；花药长约 4 毫米。颖果黑褐色，长 7-9 毫米，宽约 1 毫米，顶端具茸毛，果体紧贴内外稃一并脱落。花果期 6-8 月。

原产欧洲、地中海区域、喜马拉雅、中亚及俄罗斯西伯利亚地区。甘肃、江苏等地引种的牧草，生于田间路旁、山坡林缘或湿地。

图 1095 田雀麦 （李爱莉绘）

21. 总状雀麦

图 1096：5

Bromus racemosus Linn. Sp. Pl. ed. 2. 114. 1762.

一年生。秆高 25-60（-100）厘米，无毛或具微柔毛。下部叶鞘被毛；叶片长 5-20 厘米，宽 2-4 毫米，疏生柔毛。圆锥花序直立，长 12 厘米，宽 2-4 厘米；分枝 4-6 生于各节，基部主枝长达 6 厘米，着生 1-4 小穗。小穗长圆形，稍扁，长 1.2-1.6 厘米，宽 4-5 毫米，具 5-8 小花；第一颖长 4-6 毫米，3 脉，第二颖长 5-7 毫米，先端尖。外稃长 6-8 毫米，一侧宽 2-2.5 毫米，背部微粗糙，7-9 脉，芒直伸，长 5-9 毫米。花果期 6-8 月。

产新疆及西藏，生于海拔 4400 米河谷或潮湿草地。欧洲、高加索及阿富汗有分布。

22. 雀麦   图 1096：1-4

Bromus japonica Thumb. ex Murr. in Syst. Veg. ed. 14: 119. 1784.

一年生。秆高 40-90 厘米。叶鞘闭合，被柔毛，叶舌先端近圆形，长 1-2.5 毫米；叶片长 12-30 厘米，宽 4-8 毫米，两面生柔毛。圆锥花序疏展，长 20-30 厘米，宽 5-10 厘米，2-8 分枝，弯垂；分枝细，长 5-10 厘米，上部着生 1-4 小穗。小穗黄绿色，密生 7-11 小花，长 1.2-2 厘米，宽约 5 毫米；颖近等长，脊粗糙，边缘膜质，第一颖长 5-7 毫米，3-5 脉，第二颖长 5-7.5 毫米，7-9 脉。外稃长 0.8-1 厘米，一侧宽约 2 毫米，9 脉，芒长 0.5-1.6 厘米，基部稍扁平，后外弯；内稃长 7-8 毫米，宽约 1 毫米，两脊疏生纤毛；小穗轴短棒状，长约 2 毫米；花药长 1 毫米。颖果长 7-8 毫米。花果期 5-7 月。

产辽宁、内蒙古、河北、山东、山西、河南、陕西、宁夏、甘肃、青海、新疆、江苏、安徽、浙江、江西、湖北、湖南、贵州、四川、云南及西藏，生于海拔 50-2500（-3500）米山坡林缘、荒野路旁或河漫滩湿地。欧亚温带广泛分布。

图 1096：1-4.雀麦 5.总状雀麦
（引自《中国主要植物图说　禾本科》）

23. 密穗雀麦   图 1097：6

Bromus sewerzowii Regel in Acta Hort. Petrop. 75(2): 601. 1881.

一年生。秆高 30-70 厘米，贴生柔毛。叶鞘被柔毛，叶舌长 2-3 毫米，背面与边缘生纤毛；叶片扁平，长 10-20 厘米，宽 3-5 毫米，被柔毛。圆锥花序紧密，直立，长约 10 厘米；分枝着生 1-3 小穗，被柔毛。小穗长 1.5-2.5 厘米，具 6-10 花；第一颖线状披针形，长约 7 毫米，3 脉，第二颖具 5 脉，稍长于第一颖。

外稃披针形，边缘宽膜质，长 0.9-1.2 厘米，芒长 0.8-1.5 厘米；内稃短于外稃约 2 毫米；花药长约 1 毫米。颖果长椭圆形，长约 5 毫米，宽 1 毫米，淡褐色。花果期 6-7 月。

产新疆，生于海拔 700-1400 米草原化荒漠。蒙古、俄罗斯及中亚有分布。早春萌发，速生，生育期短，6 月结实，为春季放牧的草种资源。

[附] **直芒雀麦 Bromus gedrosianus** Penz. in Bot. Kozlem. 33: 111. 1936. 与密穗雀麦的区别：第一颖长 5-6 毫米；外稃长 8-9 毫米，芒细直，长 7-9 毫米。产新疆、青海及西藏，生于海拔 700-1400 米阳坡渠边或草地。中亚、帕米尔、伊朗、阿富汗、巴基斯坦、印度及克什米尔地区有分布。优良牧草。

24. 篦齿雀麦   图 1097：1-5

Bromus pectinatus Thunb. Prodr. Fl. Cap. 1: 22. 1794.

一年生。秆疏丛，高 50-80 厘米。叶鞘被柔毛；叶片长 15-30 厘米，宽 4-8 毫米。圆锥花序长 15-25 厘米，开展，分枝与小穗柄长于小穗，反折或下垂。小穗披针形，长 2-3 厘米，具 6-10 花；第一颖窄披针形，长 6-8 毫米，3 脉，第二颖长 0.8-1 厘米，5 脉，先端尖。外稃窄倒披针形，长1-1.5厘米，草质，具膜质边缘，先端具长2-3毫米尖裂齿，芒长1-1.7厘米，自齿间伸出，直伸或外张；内稃两脊疏生长0.5毫米纤毛；花药长0.5-1.2毫米。花果期5-9月。

产内蒙古、河北、山西、河南、陕西、甘肃、青海、新疆、四川、云南及西藏，生于山坡草地。非洲、埃及、阿拉伯、伊朗、阿富汗、巴基斯坦、印度及欧洲有分布。

[附] **尖齿雀麦 Bromus oxyodon** Schrenk. in Bull. Acad. Imp. Sci. St. Petersb. 10: 355. 1842. 与篦齿雀麦的区别：第一颖长0.9-1.1厘米，第二颖长1.1-1.4厘米，芒长1.5-2.5厘米；花药长1.2-1.8毫米。产新疆，生于海拔500-2600米沙质荒漠草原、半干旱坡地、山地沟谷或溪岸路旁。中亚、帕米尔、蒙古、阿富汗、印度、克什米尔及天山有分布。荒漠带优质牧草。秋冬季节骆驼喜食其果穗。

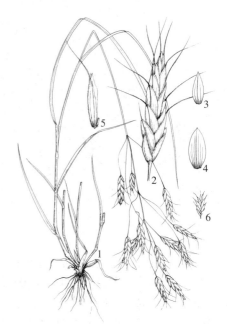

图 1097：1-5.篦齿雀麦 6.密穗雀麦
（李爱莉绘）

25. 大穗雀麦 图 1098

Bromus lanceolatus Roth, Catalect. Bot. 1: 18. 1797.

一年生。秆高60-80（-100）厘米。叶鞘被柔毛；叶片长15（-20）厘米，宽3-6毫米，两面被柔毛。圆锥花序长8-15厘米，较狭窄，具较短于小穗的粗糙分枝。小穗披针状圆柱形，具10-16小花，长2-3厘米，宽0.6-1厘米；第一颖先端尖，长6-8毫米，3-5脉，第二颖长0.9-1.1厘米，5-7脉。外稃长1.2-1.5厘米，一侧宽2-2.5毫米，草质，具膜质边缘，无毛或生柔毛，7-9脉，先端2裂齿，长1-2毫米，芒自其间伸出，长1-2厘米，基部稍扁平，成熟后外曲；顶端不孕小花2裂齿渐尖成芒状；内稃稍短于外稃，两脊生纤毛；花药长约1.5毫米。颖果较大。花果期4-7月。

产新疆，生于海拔300-1800米林缘、湿地、干旱山坡、灌丛或草原。广泛分布于欧洲、地中海、非洲北部、土耳其、中亚、高加索及西伯利亚。

图 1098 大穗雀麦 （李爱莉绘）

26. 三芒雀麦 图 1099

Bromus danthoniae Trin. in C. A. Meyer. Verz. Pl. Cauc. 24. 1831.

一年生。秆高30-50厘米，花序以下生微柔毛。叶鞘具柔毛；叶片长10-15厘米，宽2-4毫米，两面密生柔毛或渐无毛。圆锥花序较紧密或成总状，长5-10厘米，宽1-5厘米；分枝与小穗柄均短于小穗，粗糙。小穗长圆状披针形，长2-4厘米，宽0.6-1.2厘米，具8-16花；颖片较宽，先端尖，3-5脉，第二颖长7-9毫米，7-9脉。外稃宽椭圆形，长0.9-1.2厘米，边缘宽膜质，中部以上增宽成钝角，9-11脉，脉微粗糙，背部无毛或有柔毛及绢状绵毛，芒3枚，自顶端以下2-4毫米处的裂片间伸出，主芒长1.5-2.5厘米，基部扁平或扭曲外弯，侧芒长0.4-1厘米，细直或弯，下部花外稃常具一芒；内稃较短而窄，脊生纤毛；花药长约1.5毫米。花期5-8月。

产西藏西部，生于海拔
1500-3000米荒野或砾石山坡干
旱草地。欧洲南部、亚洲西
南部、俄罗斯、中亚、伊朗、
阿富汗、帕米尔、巴基斯坦、
印度西北部及克什米尔地区有
分布。

图 1099 三芒雀麦 （李爱莉绘）

27. 扁穗雀麦   图 1100

Bromus catharticus Vahl in Symb. Bot. 2: 22. 1791.

一年生。秆直立，高 0.6-1 米，径约 5 毫米。叶鞘闭合，被柔毛，叶舌长约 2 毫米，具缺刻；叶片长 30-40 厘米，宽 4-6 毫米，散生柔毛。圆锥花序开展，长约 20 厘米；分枝长约 10 厘米，粗糙，具 1-3 小穗。小穗两侧扁，具 6-11 小花，长 1.5-3 厘米，宽 0.8-1 厘米；小穗轴节间长约 2 毫米，粗糙；颖窄披针形，第一颖长 1-1.2 厘米，7 脉，第二颖稍长，7-11 脉。外稃长 1.5-2 厘米，11 脉，沿脉粗糙，先端具芒尖，基盘钝圆，无毛；内稃窄小，长约为外稃 1/2，两脊生纤毛；雄蕊 3，花药长 0.3-0.6 毫米。颖果长 7-8 毫米，顶端具毛茸。花果期 5 月和 9 月。

原产美洲。内蒙古、江苏及台湾等地引种栽培，生于山坡阴蔽沟边。牧草产量较高，质地较粗。

63. 扇穗茅属 Littledalea Hemsl.
（陈文俐　刘亮）

多年生。根茎匍匐或分枝。秆直立，丛生。叶鞘下部闭合，上部开裂，生短毛或粗糙，叶舌膜质，具短毛；下部叶具长披针形叶耳；叶片线形，扁平或内卷，被毛或粗糙。圆锥花序疏展，或成总状花序，分枝顶端着生 1 或 2 小穗。小穗具 3-11 小花，顶生小花不育；小穗轴脱节于颖之上和小花之间，节间伸长，平滑或微粗糙；颖不等长，披针形，短于第一小花；第一颖 1-3 脉，第二颖具 3-5 脉。外稃椭圆状披针形，厚纸质，边缘宽膜质，5-11 脉，无芒，无脊，先端钝，全缘或有缺刻，基盘钝圆。内稃窄披针形，短于外稃，为其长约 1/2，脊有纤毛或微粗糙；雄蕊 3，花药长；子房顶端常 2 浅裂，生柔毛，无花柱，柱头长羽状。颖果长圆形，长 6-7 毫米。

图 1100 扁穗雀麦 （李爱莉绘）

4 种，分布于青藏高原、喜马拉雅高海拔山地，1 种产中亚帕米尔高原。我国均产。

1. 圆锥花序具 3-7 小穗成总状；小穗长 1.3-1.8 厘米，第一颖长 5-6 毫米；外稃长约 1.2（1.4）厘米，被微毛，花药长约 4 毫米 ·· **1. 寡穗茅 L. przevalskyi**
1. 圆锥花序具较多大型小穗；小穗长 2-4.5 厘米，第一颖长 0.7-1.4 厘米；外稃长 1.5-3.2 厘米，无毛，花药长 5-7 毫米。

2. 第一外稃长 2.2-3.2 厘米，花药长 6-7 毫米 ⋯⋯⋯⋯⋯⋯⋯⋯⋯⋯⋯⋯⋯ 2. 扇穗茅 **L. racemosa**

2. 第一外稃长 1.5-1.8 厘米，花药长 5-6 毫米。

　3. 植株高约 60 厘米；叶舌无纤毛；小穗具 4 小花，第二颖长约 9 毫米 ⋯⋯⋯⋯ 3. 藏扇穗茅 **L. tibetica**

　3. 植株高 15-25 厘米；叶舌密生柔毛；小穗具 5-11 小花，第二颖长 1-1.3 厘米 ⋯⋯⋯⋯

⋯⋯⋯⋯⋯⋯⋯⋯⋯⋯⋯⋯⋯⋯⋯⋯⋯⋯⋯⋯⋯⋯⋯⋯ 3(附). 帕米尔扇穗茅 **L. alaica**

---

1. 寡穗茅　　　　　　　　　　　　　　　　　　　　图 1101

Littledalea przevalskyi Tzvel. in Pl. Asiae Centr. 4: 173. t. 7. f. 3. 1968.

　多年生。秆高 40-60 厘米。叶鞘平滑，下部者生微毛，老后撕裂成纤维状聚集秆基，叶舌长圆形，长 1-3 毫米；叶片长 2-10 厘米，

宽 1-3 毫米，分蘖叶片长达 15 厘米。圆锥花序成总状，具 3-4 分枝，分枝长 7-10 厘米，顶生 1 小穗。小穗具 3-6 花，长 1.3-1.8 厘米，宽 0.6-1.2 厘米，带紫色；颖片无毛，第一颖长 5-6 毫米；第二颖长 0.9-1 厘米。外稃被微毛，第一外稃长 1.2（1.4）厘米；内稃长 7-9 毫米，背面具微毛，脊生

纤毛；花药长约 4 毫米。花果期 7-8 月。

　产甘肃西南部、青海及西藏，生于海拔 3700-4700 米高山草坡、灌丛或冲积沙砾滩地。

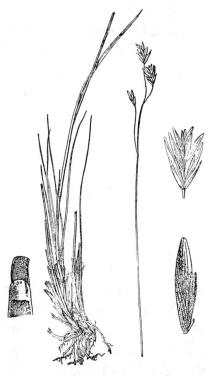

图 1101 寡穗茅 （冯晋庸绘）

---

2. 扇穗茅　　　　　　　　　　　　　　　　　　　　图 1102

Littledalea racemosa Keng in Contr. Biol. Lab. Sci. Soc. China 9: 136. f. 15. 1934.

　多年生。具短根茎。秆高 30-40 厘米，径约 2 毫米，3 节，顶节距秆基 6-10 厘米。叶鞘平滑松散，叶舌长 2-5 毫米，顶端撕裂；叶片

长 4-7 厘米，宽 2-5 毫米，下面平滑，上面生微毛。圆锥花序近总状；分枝单生或孪生，长 2-5 厘米，细弱弯曲，顶端着生一大形小穗，下部裸露。小穗扇形，长 2-3 厘米，具 6-8 小花；小穗轴节间平滑，长约 2.5 毫米；颖披针形，干膜质，先端钝，第一颖长 5-9 毫米，1 脉，第二颖长 1.2-1.4 厘米，3 脉。外稃

具 7-9 脉，边缘与上部膜质，先端不规则缺刻，第一外稃长 2-2.5 厘米，

图 1102 扇穗茅
（引自《中国主要植物图说　禾本科》）

宽 4-5 毫米；内稃窄小，长不及外稃 1/2，背部具微毛，两脊生纤毛；花药长 6 毫米。花果期 7-8 月。

产甘肃西部、青海、四川、云南北部及西藏，生于海拔 2900-4000 米高山草坡、河谷边沙滩地或灌丛草甸。

3. 藏扇穗茅 图 1103

Littledaeea tibetica Hemsl. in Kew Bull. Misc. Inf. 1896: 215. 1896.

图 1103 藏扇穗茅
（引自《中国主要植物图说 禾本科》）

多年生。秆高约 60 厘米，顶节外露，位于秆下部 1/3 处。叶鞘疏散，上部开张，无毛或生微毛，叶舌长约 4 毫米；叶片长 5-7 厘米，宽约 4 毫米，两面具微毛，先端尖，基部具小刺毛，分蘖叶片较长。圆锥花序疏展，长 8-12 厘米；分枝长 1-4 厘米，上部着生 2-3 大形小穗。小穗扇形，扁，具 4 花，长约 2.5 厘米，约为宽的 2 倍；颖先端钝，短于小花，第一颖长约 6 毫米，第二颖长

约 9 毫米。外稃干膜质，7-9 脉，先端钝圆，第一外稃长 1.2-1.5 厘米，宽约 4 毫米；内稃较窄，长约 8 毫米，两脊粗糙；花药长 5-6 毫米；鳞被披针形，长 3-4 毫米，子房椭圆形，上部生柔毛。花果期 7-8 月。

产青海、云南西北部及西藏，生于海拔 3000-5500 米高山谷地或高寒砾砂山坡。尼泊尔有分布。

[附] **帕米尔扇穗茅 Littledalea alaica** (Korsh.) Petr. ex N. Vevski in Kom. Fl. URSS 2: 553. pl. 43. f. 8a-e. 1934. —— *Bromus alaicus* Korsh. in Mem. Acad. Imp. Sci. St. Petersb. ser. 8, 4: 101. 1896. 与藏扇穗茅的区别：秆高 15-25 厘米；叶舌密生短柔毛；圆锥花序紧缩；小穗具 5-11 小花，第一颖长 0.8-1 厘米，第二颖长 1-1.3 厘米；第一外稃长 1.5-1.7 厘米。产青海及西藏，生于山谷砾石。中亚帕米尔高原有分布。

64. 短柄草属 Brachypodium Beauv.
（陈文俐 刘 亮）

多年生。秆直立，节生柔毛。叶鞘无毛或有柔毛，叶舌膜质；叶片线形，扁平，粗糙或有毛。穗形总状花序顶生，具 3 至 10 余枚小穗。小穗具短柄，被微毛，单生穗轴各节，具 3 至多数小花，两侧扁或略圆柱形；小穗轴脱节于颖之上和小花之间，粗糙或生短毛；颖片披针形，纸质，第一颖短小，有 3-7 脉，第二颖具 5-9 脉。外稃长圆状披针形，厚纸质，5-9 脉，背部圆，有时生短毛，先端具短尖头或直芒；内稃等长或稍短于外稃，脊粗糙或具纤毛，先端平截或微凹；雄蕊 3，花药长线形。颖果窄长圆形，先端有毛茸，具腹沟，分离或多少附着内稃。

约 20 种，大多分布于欧亚大陆温带、地中海区域、非洲和美洲热带高海拔山地。我国 7 种。

1. 外稃芒长 1-3 毫米，芒短于外稃 ·· 1. 羽状短柄草 B. pinnatum
1. 外稃芒长 0.6-1.2 厘米，芒等长或稍短于外稃。
　2. 小穗具 6-10 小花，长 1.5-2 厘米；第一颖长 3-4 毫米，3-5 脉；花药长 2 毫米 ··············
　　··· 3 (附). 小颖短柄草 B. sylvaticum var. breviglume
　2. 小穗具 10-30 小花，长 2-4 厘米；颖与外稃多少被柔毛，第一颖长 0.5-1.2 厘米，5-7 脉；花药长 3-5 毫米。
　　3. 总状花序主轴下部各节有分枝；小穗柄长 3-5 毫米 ················ 2. 草地短柄草 B. pratense

3. 总状花序主轴各节无分枝；小穗柄长 1-2 毫米。

    4. 秆高 60-90 厘米，6-7 节；叶片散生；总状花序长 10-20 厘米，具多数小穗；芒长 1-1.5 厘米 ⋯⋯⋯⋯⋯

    ⋯⋯⋯⋯⋯⋯⋯⋯⋯⋯⋯⋯⋯⋯⋯⋯⋯⋯⋯⋯⋯⋯⋯⋯⋯⋯⋯⋯⋯⋯⋯⋯⋯ 3. **短柄草 B. sylvaticum**

    4. 秆高 10-40 厘米，2-3 节；叶片聚集秆基；总状花序长 3-5 厘米，具 2-4 小穗；芒细弱，长 1-8 毫米。

      5. 第一颖长 0.6-1 厘米，5-7 脉，第二颖长 1-1.3 厘米，7 脉；花药长 3 毫米 ⋯ 4. **川上短柄草 B. kawakamii**

      5. 第一颖长 5-6 毫米，3-5 脉，第二颖长 6-9 毫米，5 脉；花药长 4 毫米 ⋯⋯⋯⋯⋯⋯⋯⋯⋯⋯⋯⋯

      ⋯⋯⋯⋯⋯⋯⋯⋯⋯⋯⋯⋯⋯⋯⋯⋯⋯⋯⋯⋯⋯⋯⋯⋯ 3(附). **细株短柄草 B. sylvaticum var. gracile**

1. 羽状短柄草　　　　　　　　　　　　　　　图　1104：1-2

Brachypodium pinnatum (Linn.) Beauv. Ess. Agrost. 155. 1812.

Bromus pinnatus Linn. Sp. Pl. 78. 1753.

多年生。根茎匍匐横走；被有光泽革质苞片。秆高 40-80（-120）厘米，4-5 节。叶舌长约 2 毫米，被微毛，叶鞘短于节间，生倒向柔毛；叶片长 20-30（-40）厘米，宽 4-8（-12）毫米，较硬，散生柔毛或无毛。穗形总状花序，直立，长 5-20 厘米。小穗圆筒形，长 2-3 厘米，具 8-18 小花；颖披针形，常被柔毛，第一颖长 5-7 毫米，3-5 脉，第二颖长 7-9 毫米，7 脉。外稃长 0.8-1 厘米，9 脉，无毛或背面与边缘生柔毛，芒长 1-3（-5）毫米；内稃短于外稃，脊具长纤毛；花药长 3-4 毫米。花果期 6-7 月。

产黑龙江、青海、新疆、云南、西藏等省区，生于海拔 2800-4300 米云杉林、落叶林或针阔叶混交林缘。印度、伊拉克、伊朗、欧洲及亚洲山地有分布。

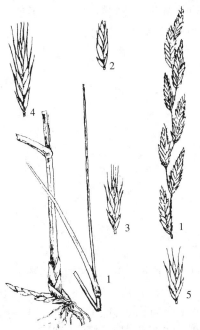

图 1104：1-2.羽状短柄草　3.草地短柄草
4.短柄草　5.川上短柄草　（刘 平绘）

2. 草地短柄草　　　　　　　　图　1104：3，图　1105

Brachypodium pratense Keng ex Keng f. in Acta Bot. Yunnan. 4 (3): 278. 1982.

多年生。秆具分枝，高约 90 厘米，5 节，节部及其下部具微毛。叶鞘被柔毛，上部者短于节间，叶舌长约 2 毫米，撕裂；叶片长 10-20 厘米，宽 3-7 毫米，上面生柔毛。穗形总状花序长 10-15 厘米，穗轴尤其节部被微毛。小穗柄长 2-3（-5）毫米，被微毛；小穗长 2.5-4 厘米，具 10-20 花；小穗披针形，第二颖长 7-9 毫米，7 脉。外稃 7 脉，上部微粗糙，基盘无毛，芒长 3-8 毫米，细弱；

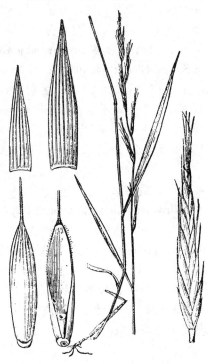

图　1105 草地短柄草 （仲世奇绘）

内稃稍长于外稃，脊具纤毛；花药长 4 毫米，黄色。花果期秋季。

产青海、贵州、四川及云南，生于草地。

3. 短柄草

图 1104：4，图 1106

Brachypodium sylvaticum (Huds.) Beanv. Ess. Agrost. 101. 1812.

Festuca sylvatica Huds. in Fl. Angl. 1: 38. 1762.

多年生。秆丛生，高 50-90 厘米，6-7 节，节密生细毛。叶鞘多短于节间，被倒向柔毛；叶舌长 1-2 毫米；叶片长 10-30 厘米，宽 0.6-1.2 厘米。穗形总状花序长 10-18 厘米，着生 10 余枚小穗；穗轴

节间长 1-2 厘米。小穗柄长约 1 毫米，被微毛；小穗圆筒形，长 2-3（4）厘米，具 6-12（-16）小花；小穗轴节间长约 2 毫米，贴生细毛；颖披针形，先端尖或具短芒，上部与边缘被毛；第一颖长 7-9 毫米，5-7 脉；第二颖长 0.8-1.2 厘米，7-9 脉。外稃长圆状披针形，长 0.6-1.3 厘米，7-9 脉，背面上部与基盘贴生短毛，芒长 0.8-1.2 厘米，微糙涩；内稃短于外稃，先端平截钝圆，脊具纤毛；花药长约 3 毫米；子房顶端具毛。花果期 7-9 月。

产河南、陕西、甘肃、青海、新疆、江苏、安徽、浙江、台湾、江西北部、湖北、湖南、贵州、四川、云南及西藏，生于海拔 1500-3600 米林下、林缘、灌丛中、山地草甸、田野或路旁。欧洲、亚洲温带和热带山区、中亚、俄罗斯西伯利亚地区、日本、印度、伊朗、巴基斯坦及伊拉克有分布。

[附] **细株短柄草 Brachypodium sylvaticum** var. **gracile** (Weig.) Keng in Sunyatsenia 6: 54. 1941. —— *Bromus gracilis* Weig. Obs. Bot. 15. t. 1. f. 11. 1772. 与模式变种的区别：秆高 20-30 厘米，2-3 节；叶片聚集秆基，长 2-6 厘米；总状花序长 3-5 厘米，具 1-3 小穗；小穗长 1-2 厘米，具 5-9 花；芒细弱，长 1-8 毫米。产甘肃、青海、四川西北部及西藏，生于海拔 2700-3700 米高山砾石灌丛草地。欧洲有分布。

4. 川上短柄草

图 1104：5，图 1107

Brachypodium kawakamii Hayata in Bot. Mag. Tokyo 2: 51. 1907.

多年生。秆密丛，高 15-25 厘米，基部斜卧，具分枝。叶鞘无毛，叶舌长约 0.5 毫米；叶片长 3-5 厘米，宽 1 毫米，内卷狭窄，无毛。花序具 1-2 小穗；小穗长 1.5-2.5 厘米，具 5-9 花；小穗轴节间长约 1.5 毫米，贴生细毛；颖被短毛，第一颖长 0.6-1 厘米，5-7 脉，第二颖长 1-1.3 厘米，7-9 脉。外稃被柔毛，长 1-1.2 厘米，7 脉，脉间有横脉，基盘无毛或具短毛；芒细，长 3-7 毫米；内稃先端平截稍凹，脊具纤

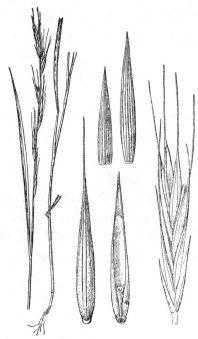

图 1106 短柄草 （仲世奇绘）

[附] **小颖短柄草 Brachypodium sylvaticum** var. **breviglume** Keng, 中国主要植物图说 禾本科 279. 1959. 与模式变种的区别：第一颖长 3-4 毫米，3-5 脉，第二颖长 5-7 毫米，5-7 脉。产贵州、四川、云南及西藏东部，生于海拔 3100-4150 米山坡林下或灌丛草地。

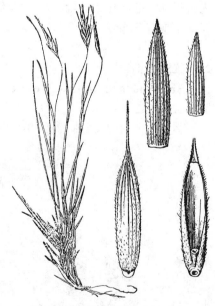

图 1107 川上短柄草 （仲世奇绘）

毛；花药长 3 毫米；子房顶端具毛。花果期 7-11 月。

产台湾，生于海拔 3300 米高山草坡。据文献记载产新疆，生于山地草甸。欧洲有分布。

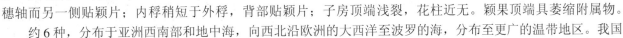

65. 假牛鞭草属 **Parapholis** C. E. Hubb.
（吴珍兰）

一年生草本。叶线形。穗状花序圆柱形；小穗具 1 小花，嵌生于圆柱形而逐节断落的穗轴中，脱节于颖之上，成熟后与穗轴节间一同脱落；颖片 2，生于小穗正前方，两侧不对称，似 1 枚而对分为 2，3-7 脉，先端尖。外稃短于颖片，质较薄，两侧扁，具 1 中脉，一侧贴穗轴而另一侧贴颖片；内稃稍短于外稃，背部贴颖片；子房顶端浅裂，花柱近无。颖果顶端具萎缩附属物。

约 6 种，分布于亚洲西南部和地中海，向西北沿欧洲的大西洋至波罗的海，分布至更广的温带地区。我国 1 种。

假牛鞭草　　　　　　　　　　　　　　图 1108

Parapholis incurva (Linn.) C. E. Hubb. in Blumea Suppl. 3: 14. 1946.

Aegilops incurva Linn. Sp. Pl. 1051. 1753.

一年生草本。须根细长，稀疏。秆圆柱形或具棱，光滑，高 10-40 厘米，具 2-6 节，自基部第二节具分枝，节部常膝曲，植株铺散状。叶鞘松散，光滑，短于节间，叶舌膜质，长 0.5-1 毫米；叶线形，平展或折叠，长 2.5-12 厘米。穗状花序长 4-10 厘米，多镰状弯曲，分枝短缩，3-5 枚簇生鞘内；穗轴节间长 4-6 毫米，无毛。小穗长 6-8 毫米；颖先端钝，背上部具微毛，下部较平滑，3-5 脉，绿色，边缘膜质，外侧边缘内折，具翼，翼缘具小硬纤毛。

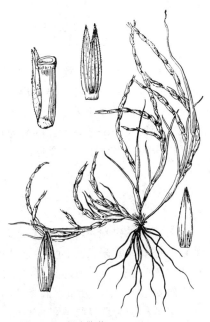

图 1108 假牛鞭草 （阎翠兰 王 颖绘）

外稃披针形，长 4-5 毫米，具中脉，2 侧脉极短；内稃稍短于外稃，两侧内折成窄矩形，先端浅裂，2 脉；雄蕊自小花顶端伸出，花药淡黄色，长约 0.8 毫米。颖果黄褐色，长约 3.5 毫米。花期 4-6 月。

产浙江东北部及福建东部，多生于海滨、海堤下盐土中。广布于欧洲地中海区域，至印度西北部、巴基斯坦和阿富汗。

66. 细穗草属 **Lepturus** R. Br.
（吴珍兰）

低矮一年生或多年生草本。叶舌膜质，边缘具纤毛。花序穗状。小穗具 1-2 小花，两性，背腹扁，单生，背腹面对穗轴，嵌生于穗轴凹穴中，穗轴圆筒形，逐节断落。第一颖除顶端小穗外缺如，第二颖革质，具数脉，先端渐尖。外稃膜质，1-3 脉，无芒；内稃与外稃同质近等长，2 脉；鳞被 2；雄蕊 3；花柱 2。颖果长圆形。胚长于颖果一半；种脐圆点形，基生；淀粉粒单一型。染色体 2n=18，42，54。

约 8 种，分布于印度海岸及西太平洋。我国 1 种。

细穗草

图 1109

Lepturus repens (G. Forst.) R. Br. in Prodr. Fl. Nov. Holl. 207. 1810.

Rottboellia repens G. Forst. Prodr. 9. 1786.

秆丛生，坚硬，高 20-40 厘米，具分枝，基部节常生根或有时匍匐状。叶鞘无毛，松散，叶舌纸质，长 0.3-0.8 毫米，先端平截具纤毛；叶质硬，通常内卷，长 3-20 厘米，先端锥状，无毛或上面通常近基部被柔毛，边缘小刺状粗糙。穗状花序直立，长 5-10 厘米，径约 1.5 毫米；花序轴节间长 3-5 毫米。小穗具 2 小花，长约 1.2 厘米，小穗轴节间长约 4 毫米；第一颖薄膜质，三角形，长 0.8 毫米，第二颖革质，披针形，长 0.6-1.2 厘米，先端渐尖或锥尖，多少反曲。外稃宽披针形，长约 4 毫米，3 脉，两侧脉近边缘，先端尖，基部被微细毛；内稃长椭圆形，与外稃近等长；花药长约 2 毫米。颖果长 1.6-2 毫米。胚长为颖果 1/2。

产台湾，多生于海边珊瑚礁上。肯尼亚、斯里兰卡、泰国、越南、柬埔寨、老挝、马来西亚至澳大利亚北部有分布。

图 1109 细穗草 （阎翠兰 王 颖绘）

67. 披碱草属 Elymus Linn.

（吴珍兰）

多年生丛生草本。叶柔软，多平展，稀内卷。穗状花序顶生，直立或下垂。小穗常 2-4（-6）同生于穗轴的每节，或在上、下两端每节可有单生者，具 3-7 小花，颖锥形、条形至披针形，先端尖或渐尖成长芒，3-5（7）脉，脉粗糙。外稃具 5 脉，先端具长芒、短芒或无芒，芒多少反曲；内稃与外稃通常等长。

约 40 种以上，分布于北半球温寒地带，东亚与北美各占一半，少数种类分布欧洲。我国约 15 种。

多数种类为优良牧草。

1. 颖短于第一小花；花序常下垂。
　　2. 外稃先端具长不及 5 毫米直芒 ·· 1. 短芒披碱草 E. breviaristatus
　　2. 外稃先端具芒长 5 毫米以上，开展或外曲。
　　　　3. 花序较紧密，长 5-12 厘米，穗轴坚挺，小穗排列多少偏于穗轴一侧；叶片宽 2-5 毫米 ·· 2. 垂穗披碱草 E. nutans
　　　　3. 花序疏散，长 15-20 厘米，穗轴柔弱，小穗排列不偏于穗轴一侧；叶片宽 0.5-1 厘米 ·· 3. 老芒麦 E. sibiricus
1. 颖等长于或稍短于第一小花；花序常直立。
　　4. 外稃先端无芒或具长不及 5 毫米短芒 ·· 4. 硕穗披碱草 E. barystachyus
　　4. 外稃先端具芒，芒长于 5 毫米。
　　　　5. 颖先端具长 1-4 毫米短芒；外稃先端芒长（0.3-）0.5-1.3 厘米，直立或稍开展。
　　　　　　6. 植株粗壮，秆高约 1.2 米，4-5 节；叶片宽 0.6-1.4 厘米；花序径 0.8-1 厘米；外稃无毛或下部被微小短毛 ·· 5. 麦宾草 E.tangutorum
　　　　　　6. 植株较细瘦，秆高 40-80 厘米，2-3 节；叶片宽约 5 毫米；花序径约 5 毫米；外稃背面被微小短毛 ·······

·· 6. 圆柱披碱草 E. cylindricus

5. 颖先端具长 5-7 毫米的芒；外稃先端芒长 1-3（4）厘米，外展。

7. 外稃两面密生短小糙毛；花序径 0.5-1 厘米，穗轴中部各节具 2 小穗而近顶端和基部各节具 1 小穗；叶片宽 5-9（-12）毫米 ·· 7. 披碱草 E. dahuricus

7. 外稃背面无毛，粗糙或先端、脉上和边缘被微小短毛；花序径 1-1.2 厘米，穗轴每节具 2-3（-4）小穗；叶片宽 1-1.6 厘米 ·· 8. 肥披碱草 E. excelsus

1. 短芒披碱草 图 1110

Elymus breviaristatus Keng ex Keng f. in Bull. Bot. Res. (Harbin) 4 (3): 1911. 1984.

秆疏丛，高约 70 厘米，直立或基部膝曲，常被少量白粉，具短而下伸根茎。叶鞘光滑；叶片平展，长 4-12 厘米，宽 3-5 毫米，粗糙或下面平滑。穗状花序疏散，下垂，长 10-15 厘米，通常每节具 2 枚小穗，有时近顶端各节具 1 枚小穗；穗轴边缘粗糙或具小纤毛。小穗灰绿稍带紫色，长 1.3-1.5 厘米，具 4-6 小花；颖长圆状披针形或卵状披针形，长 3-4 毫米，1-3 脉，先端渐尖或具长 1 毫米尖头。外稃披针形，5 脉，被短小微毛或背面无毛，或两侧边缘被短刺毛；第一外稃长 8-9 毫米，芒长（1）2-5 毫米，粗糙；内稃与外稃等长，先端钝圆或微凹，沿脊被纤毛，脊间具微毛。花果期 6-9 月。

产宁夏、青海、新疆、四川及西藏，生于海拔 2700-4300 米山坡草地、湖岸或河边。

2. 垂穗披碱草 图 1111

Elymus nutans Griseb. in Nachr. Ges. Wiss. Gottingen, Math. - Phys. 3: 72. 1868.

秆高 50-70 厘米，基部稍膝曲。基部和根出叶鞘被柔毛；叶平展，上面有时疏具柔毛，下面粗糙或平滑，长 6-8 厘米，宽 3-5 毫米。穗状花序较紧密，通常下垂，长 5-12 厘米；穗轴边缘粗糙或具小纤毛。小穗初绿色，后带紫色，长 1.2-1.5 厘米，具 3-4 小花，偏向穗轴一侧，近无柄或具极短柄；颖长圆形，几相等，长 4-5 毫米，3-4 脉，先端渐尖或具长

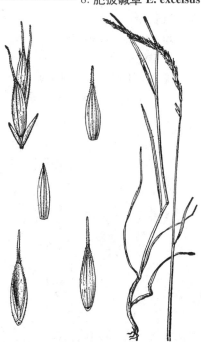

图 1110 短芒披碱草 （史渭清绘）

图 1111 垂穗披碱草 （史渭清绘）

1-4毫米芒。外稃长披针形，5脉，被微小短毛，第一外稃长约1厘米，先端芒长1.2-2厘米，粗糙，外曲或稍展开；内稃与外稃等长，先端钝圆或平截，脊具纤毛，脊间被稀少微短毛。花果期7-10月。2n=42。

产内蒙古、河北、河南、陕西、宁夏、甘肃、青海、新疆、四

川、云南及西藏，生于海拔1100-4600米山坡道旁、林缘、灌丛、田边路旁或河谷砂地。西亚、中亚、喜马拉雅山区、蒙古及俄罗斯西伯利亚有分布。为优良牧草。

3. 老芒麦

图 1112

Elymus sibiricus Linn. Sp. Pl. 83. 1753.

秆单生或疏丛生，高60-90厘米。叶鞘光滑；叶平展，长10-20厘米，宽0.5-1厘米，有时上面被柔毛。穗状花序较疏散下垂，长15-20厘米，每节具2小穗，穗轴柔弱，边缘粗糙或具小纤毛。小穗排列不偏向穗轴一侧，灰绿或稍紫色，长1.3-1.9厘米，具（3）4-5小花；颖窄披针形，长4-5毫米，3-5粗糙脉，先端尖或具长3-5毫米芒。外稃披针形，背部粗糙，无毛或密被微毛，上部5脉，芒长0.8-2厘米，粗糙，反曲；第一外稃长0.8-1.1厘米；内稃与外稃近等长，先端2裂，脊被纤毛，脊间被稀少微小短毛。花果期6-9月。2n=28。

产黑龙江、吉林、辽宁、内蒙古、河北、山西、河南、陕西、宁夏、甘肃、青海、新疆、四川、云南及西藏，生于海拔1500-4600米山坡、丘陵、林缘或草甸。朝鲜半岛、日本及俄罗斯西伯利亚有分布。

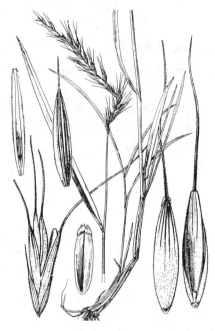

图 1112 老芒麦 （史渭清绘）

4. 硕穗披碱草

图 1113

Elymus barystachyus L. B. Cai in Acta Bot. Boreal -Occident Sin. 70. f. 1. 1993.

秆疏丛生或单生，高50-80厘米，具3-5节，基部节膝曲。叶鞘光滑，叶舌长约1毫米；叶平展，长7-22厘米，无毛。穗状花序较紧密，直立，长8-18厘米；穗轴边缘具小纤毛。小穗长1-1.8厘米，具4-6小花；颖条状披针形，长0.7-1厘米，先端尖或具长不及1.5毫米尖头，4-7脉，脉被微小短毛。外稃长披针形，5脉，上部及边缘密被短毛，先端无芒或具长1-2毫米芒；第一外稃长7-8毫米；内稃与外稃近等

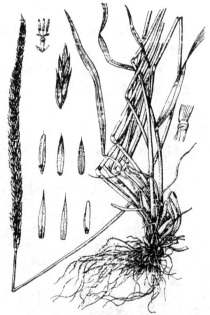

图 1113 硕穗披碱草 （王 颖绘）

长，先端钝圆，脊上部具纤毛，脊间无毛；花药黑或黄色，长约2毫米。花果期7-8月。

产青海及四川，生于海拔 2700-3300 米杂草地、林下、河岸或湖岸。

5. 麦宾草 图 1114

Elymus tangutorum (Nevski) Hand. -Mazz. Symb. Sin. 7: 1292. 1936.

Clinelymus tangutorum Nevski in Bull. Jard. Bot. Petersb. 30: 647. 1932.

秆粗壮，高达 1.2 米，具 4-5 节，基部膝曲。叶鞘光滑；叶平展，

长 10-20 厘米，宽 0.6-1.4 厘米，粗糙或上面疏被柔毛，下面无毛。穗状花序较紧密，直立，有时小穗稍偏向穗轴一侧，长 8-15 厘米，宽 0.8-1 厘米；穗轴边缘具小纤毛。小穗绿稍带紫色，长 0.9-1.5 厘米，具 3-4 小花；颖披针形或线状披针形，长 0.7-1 厘米，具粗糙 5 脉，先端具长 1-3 毫米芒。外稃披针形，无毛或上半部被微小短毛，5 脉，芒长（0.3-）0.5-1.1 厘米，直立，粗糙；第一外稃长 0.8-1.2 厘米；内稃与外稃近等长，先端钝，脊具纤毛。花果期 7-9 月。

产内蒙古、山西、宁夏、甘肃、青海、新疆、湖北西部、贵州西部、四川、云南西北部及西藏，生于海拔 1400-4000 米山坡草地、河滩灌丛草甸、林缘或田边地埂。尼泊尔有分布。

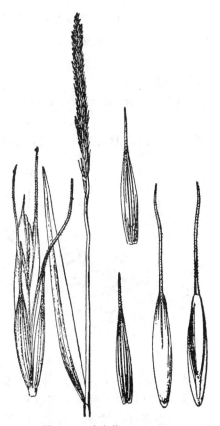

图 1114 麦宾草 （史渭清绘）

6. 圆柱披碱草 图 1115

Elymus cylindricus (Franch.) Honda in Journ. Fac. Sci. Univ. Tokyo sect. 3. Bot. 3: 17. 1930.

Elymus dahuricus Turcz. var. *cylindricus* Franch. in Nouv. Arch. Mus. Hist. Nat. (Paris) ser. 2, 7: 152. 1884.

秆细弱，高 40-80 厘米，具 2-3 节。叶鞘无毛；叶平展，干后内卷，长 5-12 厘米，宽约 5 毫米，上面粗糙，下面光滑。穗状花序直

立，长 7-14 厘米，径约 5 毫米，通常每节具 2 小穗；穗轴边缘具小纤毛。小穗绿或带紫色，2-3 小花，1-2 小花发育，长 0.9-1.1 厘米；颖披针形或线状披针形，长 7-8 毫米，3-5 脉，脉粗糙，先端尖或具长达 4 毫米芒。外稃披针形，被微小短毛，5 脉，芒长 0.6-1.3 厘米，粗糙，直立或稍展开，第一外稃长 7-8 毫

图 1115 圆柱披碱草 （史渭清绘）

期 7-9 月。染色体 2n=42。

产内蒙古、河北、河南、陕西、宁夏、甘肃、青海、新疆、

米；内稃与外稃近等长，先端钝，脊被纤毛，脊间被微小短毛。花果

贵州西部、四川、云南及西藏，生于海拔3800米以下山坡草甸、沟谷、田边、灌丛中或林缘。

7. 披碱草 图 1116

Elymus dahuricus Turcz. in Bull. Soc. Nat. Mosc. 29(1): 61. 1856.

秆疏丛，高0.7-1.4米，直立，基部膝曲。叶鞘无毛；叶平展，稀内卷，上面粗糙，下面光滑，长15-25厘米，宽5-9（-12）毫米。

穗状花序较紧密，直立，长14-18厘米，径0.5-1厘米；穗轴边缘具小纤毛。中部各节具2小穗，近顶端和基部各节具1小穗。小穗绿后草黄色，长1-1.5厘米，具3-5小花；颖披针形或线状披针形，长0.8-1厘米，3-5脉，脉粗糙，先端芒长达5毫米。外稃披针形，两面密被短小糙毛，上部具5脉，芒长1-2厘米，粗糙外展，第一外稃长约9毫米；内稃与外稃近等长，先端平截，脊具纤毛，脊间疏被短毛。花果期7-9月。2n=28，42。

产黑龙江、吉林、辽宁、内蒙古、河北、山东、山西、河南、陕西、宁夏、甘肃、青海、新疆、四川、云南及西藏，生于海拔500-4100米山坡草地。河滩、沼泽草甸、路旁、灌丛或林缘。中亚地区、蒙古、日本、朝鲜半岛、伊朗、尼泊尔、克什米尔地区及印度尼西亚有分布。

图 1116 披碱草 （史渭清绘）

8. 肥披碱草 图 1117

Elymus excelsus Turcz. in Bull. Soc. Nat. Mosc. 29(1): 62. 1856.

秆粗壮，高达1.4米。叶鞘无毛，有时下部叶鞘具柔毛；叶平展，长20-30厘米，宽1-1.6厘米，两面粗糙或下面平滑，常带粉绿色。穗状花序直立，粗壮，长15-22厘米；穗轴边缘具纤毛，每节具2-3（4）枚小穗；小穗长1.2-1.5（2.5）厘米（芒除外），具4-5小花；颖窄披针形，长1-1.3厘米，具5-7粗糙的脉，先端芒长达7毫米。外稃上部具5脉，背部无毛，粗糙，或先端和脉

上及边缘被有微小短毛，第一外稃长0.5-1.2厘米，先端芒粗糙，反曲，长1.5-2（-4）厘米；内稃稍短于外稃，脊具纤毛，脊间被稀少短毛。

产黑龙江、吉林、辽宁、内蒙古、河北、山东、山西、河南、

图 1117 肥披碱草 （史渭清绘）

陕西东南部、甘肃南部、青海、新疆、四川及云南东北部，多生于山坡、草地或路旁。朝鲜半岛、日本及俄罗斯西伯利亚有分布。

68. 赖草属 Leymus Hochst.
（吴珍兰）

多年生草本。具横走和下伸根茎。秆基部具纤维状宿存叶鞘；叶耳小，叶舌短，平截；叶常内卷，质较硬。穗状花序顶生；小穗1-5簇生穗轴每节，具2-数小花；小穗轴多少扭转，外稃背面裸露；颖锥针状、窄披针形或披针形，质硬，（1）3-5脉。外稃披针形，无芒或具小尖头；内稃脊被细刺毛或无毛；子房被毛。颖果扁长圆形。

约40种，分布于北温带，多数种产中亚地区及北美，南半球和热带山地有分布。我国约19种。多数种类为优良牧草，返青期早，生长旺盛，供刈草之用；根茎坚韧，为护堤岸及固沙植物；为小麦和大麦的近缘种，异花传粉，具JX染色体组。

1. 秆高达1米以上，径约1厘米；叶片长20-40厘米，宽0.8-1.8厘米，叶舌长2-3毫米；穗状花序长15-30厘米，宽1-3厘米；颖披针形，基部扩大，长1.2-2厘米；第一外稃长1.5-2厘米，内稃脊无毛 ·· 1. 大赖草 L. racemosus
1. 秆高1米以下，径2-8毫米；叶片长10-30厘米，宽3-8毫米；穗状花序长6-15（-20）厘米；颖披针形或细锥形；第一外稃长0.5-1.5厘米，内稃脊具纤毛。
　2. 颖细锥形，或下部稍扩展，1脉，无膜质边缘。
　　3. 颖细锥刺形，长5-7毫米，中脉被细刺；第一外稃长5-8毫米，常无毛 ········ 2. 多枝赖草 L. multicaulis
　　3. 颖近锥形，下部稍宽，长0.6-1.2厘米，背面被毛或无毛；第一外稃长0.6-1厘米，被长1-1.5毫米柔毛 ·································· 3. 毛穗赖草 L. paboanus
　2. 颖披针形或线状披针形，3-5脉，下部多少扩展，常具膜质边缘。
　　4. 颖长圆状披针形，3-5脉，长1.5-2厘米，宽约3毫米；第一外稃长1-1.5厘米 ········· 4. 滨麦 L. mollis
　　4. 颖披针形，下部扩展，3脉，具1脉者下部有膜质边缘，长0.5-1.5厘米（天山赖草长达1.8厘米，锥披针形），宽1-1.5毫米；第一外稃长0.6-1.2（-1.4）厘米。
　　　5. 颖短于小穗，长6-8毫米；第一外稃长7-9毫米 ······························ 5. 羊草 L. chinensis
　　　5. 颖等于或长于小穗，长1-1.4（-1.8）厘米；第一外稃长1-1.5厘米。
　　　　6. 小穗具2-3小花；颖基部膜质边较宽，紧包外稃，基部不外露 ············ 6. 窄颖赖草 L. angustus
　　　　6. 小穗具3-7（-10）小花；颖基部膜质边窄，不紧包外稃，基部外露。
　　　　　7. 小穗具4-7（-10）小花，颖短于小穗；外稃具膜质边缘，无纤毛 ········ 7. 赖草 L. secalinus
　　　　　7. 小穗具3-5小花，颖等于或长于小穗；外稃边缘具纤毛 ········ 8. 天山赖草 L. tianschanicus

1. 大赖草

Leymus racemosus (Lam.) Tzvel. in Not. Syst. Crypt. Inst. Bot. Kom. Acad. Sci. URSS 20: 429. 1960.

图 1118：1-6

Elymus racemosus Lam. Tabl. Encycl. Meth. 1: 207. 1792.

匍匐根茎长。秆高0.4-1米，径约1厘米，微糙涩，6-7节。叶鞘包茎，具膜质边缘，叶舌长1-4毫米；叶稍扭曲，长20-40厘米，宽0.8-1.5厘米。穗状花序直立，长15-30厘米，宽1-3厘米；穗轴坚硬，扁圆形，棱边具细毛，每节具4-7小穗（顶端具2-3小穗）。小穗具3-5小花；颖披针形，长1.2-2厘米，无毛，中脉粗。第一外稃长1.5-2厘米，背面被白色细毛；内稃比外稃短1-2毫米，2脊无毛；花药长约5毫米。花果期6-9月。染色体2n=28。

产新疆，生于沙地与沙丘。蒙古、俄罗斯西伯利亚及哈萨克斯坦有分布。秆粗壮而挺拔，穗状花序粗长，多花（每个花序有300朵以上的小花），耐旱、耐盐碱、耐瘠薄、抗病虫害，可用于和小麦杂交试验。

2. 多枝赖草　　　　　　　　　　　图　1118：12-15

Leymus multicaulis (Kar. et Kir.) Tzvel. in Not. Syst. Crypt. Inst. Bot. Kom. Acad. Sci. URSS 20: 430. 1960.

Elymus multicaulis Kar. et Kir. in Bull. Soc. Nat. Mosc. 14: 868. 1841.

多年生，根茎下伸或横走。秆单生或丛生，高 50-80 厘米，径 1.5-3 毫米，3-5 节，无毛或花序下粗糙。叶鞘光滑，残留于基部者枯黄色，多纤维状，有时稍带紫色，叶舌长约 1 毫米；叶片长 10-30 厘米，宽 3-8 毫米，扁平或内卷，灰绿色，上面粗糙，下面较平滑。穗状花序长 5-12 厘米，宽 0.6-1 厘米，穗轴粗糙或被短毛，边缘具纤毛，节间长 3-8（-10）毫米，每节小穗 2-3 枚，绿或稍紫色，后黄色，具 2-6 小花；小穗轴节间长约 1 毫米，被短毛；颖锥状，短于或等长于第一小花，1 脉，被刺毛，不覆盖第一外稃基部，长 5-7 毫米；外稃宽披针形，无毛，芒长 2-3 毫米，具不明显 5 脉，基盘稍具微毛，第一外稃长 5-8 毫米；内稃短于外稃，脊具睫毛；花药长约 3 毫米。花果期 5-7 月。

图 1118：1-6. 大赖草　7-11. 毛穗赖草　12-15. 多枝赖草　（宁汝莲绘）

产新疆，生于平原绿洲盐渍化荒漠草甸。中亚及欧洲有分布。可供割制干草。

3. 毛穗赖草　　　　　　　　　　　图　1118：7-11

Leymus paboanus (Claus) Pilg. in Engl. Bot. Jahrb. 74: 7. 1947.

Elymus paboanus Claus in Beitr. Pflanzenk. Russ. Reiches. 8: 170. 1851.

多年生，具下伸根茎。秆单生或少数丛生，基部残留枯黄色、纤维状叶鞘，高 45-90 厘米，3-4 节，无毛。叶鞘无毛，叶舌长约 0.5 毫米；叶扁平或内卷，长 10-30 厘米，宽 4-7 毫米，上面微粗糙，下面光滑。穗状花序直立，长 10-18 厘米，宽 0.8-1.3 厘米；穗轴较细弱，上部密被柔毛，向下渐无毛，边缘具睫毛，节间长 3-6 毫米，基部者长达 1.2 厘米；小穗 2-3 枚生于 1 节，长 0.8-1.3 厘米，具 3-5 小花；小穗轴节间长约 1.5 毫米，密被柔毛；颖近锥形，长 0.6-1.2 厘米。内稃与外稃近等长，脊上半部具睫毛；花药长约 3 毫米。花果期 6-7 月。

产内蒙古、宁夏、甘肃、青海及新疆，生于平原及河边。蒙古、哈萨克斯坦及俄罗斯西伯利亚有分布。

4. 滨麦　　　　　　　　　　　　图　1119

Leymus mollis (Trin.) Hara in Bot. Mag. Tokyo 52: 232. 1939.

Elymus mollis Trin. in Spreng. Neue Entdeck. 2: 72. 1821.

Leymus mollis (Trin.) Hochst. var. *coreensis* (Hack.) Keng f.; 中国高等植物图鉴 5: 86. 1976.

植株具下伸根茎，须根外被沙套。秆单生或少数丛生，直立，高

30-80 厘米，紧接花序下被茸毛。叶鞘下部者长于节间，上部者则短于节间；叶内卷，长 10-15 厘米，宽 4-7 毫米，上面微粗糙，下面光滑。穗状花序长 9-15 厘米，宽 1-1.5 厘米；穗轴节间长 0.6-1 厘米，被柔毛。小穗 2-3 生于穗轴每节，或花序上下两端者单生，长 1.5-2 厘米，具 2-5 小花；小穗轴节间长 2-3 毫米，被短毛；颖长圆状披针形，长 1.2-2 厘米，3-5 脉，背部被细毛，边缘膜质。外稃披针形，5 脉，被细柔毛，先端具小尖头，第一外稃长 1.2-1.4 厘米；内稃长 1-1.2 厘米，脊被小纤毛；花药长 5-6 毫米。花果期 5-7 月。

产辽宁、河北及山东，生于海岸沙滩。朝鲜半岛北部有分布。为固沙植物；幼嫩植株作饲料。

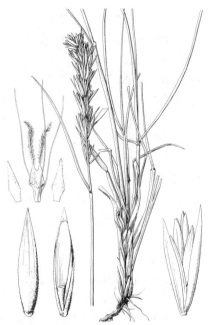

图 1119 滨麦 （仲世奇绘）

5. 羊草 图 1120

Leymus chinensis (Trin.) Tzvel. in Pl. Asiae Centr. 4: 205. 1968.

Triticum chinensis Trin. in Bunge, Enum. Pl. China Bor. 146. 1832.

Aneurolepidium chinensis (Trin.) Kitag.; 中国高等植物图鉴 5: 87. 1976.

须根具沙套。秆疏丛生或单生，高 40-90 厘米，无毛，具 4-5 节。叶鞘无毛；叶平展或内卷，长 7-18 厘米，宽 3-6 毫米，上面粗糙或被柔毛，下面无毛。穗状花序直，长 7-15 厘米，径 1-1.5 厘米；穗轴边缘具微纤毛。小穗粉绿色，熟后黄色，2 枚生于穗轴每节，长 1-2.2 厘米，具 5-10 小花；小穗轴节间长 1-1.5 毫米，无毛；颖锥状，长 5-8 毫米，具不显著 3 脉，上部粗糙，边缘微具纤毛。外稃披针形，无毛，5 脉，边缘窄膜质，先端渐尖或具芒状尖头，基盘无毛，第一外稃长 8-9 毫米；内稃与外稃近等长，先端微 2 裂，脊上半部具微纤毛或近无毛；花药长 3-4 毫米。花果期 6-8 月。2n=28。

产黑龙江、吉林、辽宁、内蒙古、河北、山东、山西、河南、陕西、宁夏、甘肃、青海及新疆，生于开阔平原、丘陵、河滩、盐渍低地、草原地带和亚高山草甸。哈萨克斯坦、蒙古、俄罗斯西伯利亚及朝鲜半岛有分布。为优质牧草，为家畜喜食。耐寒、耐旱、耐碱、耐牛马践踏，为内蒙古草原主要牧草资源，亦为秋季收割干草的重要饲草。

图 1120 羊草 （仲世奇绘）

6. 窄颖赖草 图 1121

Leymus angustus (Trin.) Pilg. in Engl. Bot. Jahrb. 74: 6. 1947.

Elymus angustus Trin. in Ledeb. Fl. Alt. 1: 119. 1829.

植株具下伸根茎。秆单生或丛生，高 0.6-1 米，具 3-4 节，无毛或节下及花序下部被柔毛。叶鞘常短于节间；叶片粉绿色，内卷，长 15-25

厘米，宽 5-7 毫米，粗糙或下面近平滑。穗状花序直立，长 15-20 厘米，宽 0.7-1 厘米；穗轴节间长 0.5-1 厘米，被柔毛。小穗 2（3）枚生于每节，长 1-4 厘米，具 2-3 小花；小穗轴节间长 2-3 毫米，被柔毛；颖线状披针形，长 1-1.3 厘米，下部较宽，覆盖第一外稃基部，先端具芒，具一粗脉。外稃披针形，密被柔毛，5-7 脉，先端渐尖或芒长约 1 毫米，基盘被毛，第一外稃长 1-1.4 厘米；内稃稍短于外稃，脊上部被纤毛；花药长 2.5-3 毫米。花果期 6-8 月。染色体 2n=28，42，56，84。

产内蒙古、宁夏、青海、新疆等省区，生于海拔 1200-2000 米沟谷、灌丛、河边滩地、盐渍化草地或石质化山坡。中亚、蒙古、俄罗斯西伯利亚及欧洲有分布。

7. 赖草

图 1122

Leymus secalinus (Georgi) Tzvel. in Pl. Asiae Centr. 4: 209. 1968.

Triticum secalinum Georgi, Bemerk. einer Reise 1: 198. 1775.

Aneurolepidium dasystachys (Trin.) Nevski; 中国高等植物图鉴 5: 87. 1976.

植株具下伸和横走根茎。秆单生或疏丛生，直立，高 0.4-1 米，上部密

生柔毛，花序下部毛密，具 3-5 节。叶鞘无毛或幼时上部边缘具纤毛；叶平展或干时内卷，长 8-30 厘米，宽 4-7 毫米，上面及边缘粗糙或被柔毛，下面无毛，微粗糙或被微毛。穗状花序灰绿色，直立，长 10-15（24）厘米，径 1-1.7 厘米；穗轴节间长 3-7 毫米，被柔毛。小穗（1）2-3（4）生于穗轴每节，长 1-2 厘米，具 4-7（-10）小花；小穗轴节间长 1-1.5 毫米，贴生毛；颖线状披针形，1-3 脉，先端芒尖，边缘被纤毛，第一颖长 0.8-1.3 厘米，第二颖长 1.1-1.7 厘米。外稃披针形，5 脉，被柔毛，先端芒长 1-3 毫米，基盘被柔毛，第一外稃长 0.8-1.4 厘米；内稃与外稃近等长，脊上半部被纤毛；花药长 3.5-4 毫米。花果期 6-10 月。2n=28，42。

产辽宁、内蒙古、河北、山西、河南、陕西、宁夏、甘肃、青海、新疆、四川、西藏等省区，生于海拔 5000 米以下草甸草原、沙丘地、山坡草地、田间或路旁。朝鲜半岛、日本、蒙古、俄罗斯西伯利亚、哈萨克斯坦及塔吉克斯坦有分布。

8. 天山赖草

图 1123

Leymus tianschanicus (Drob.) Tzvel. Not. Syst. Crypt. Inst. Bot. Kom. Acad. Sci. URSS 20: 469. 1960.

Elymus tianschanicus Drob. in Fedde, Repert. Nov. Sp. 21: 45. 1925.

图 1121　窄颖赖草　（仲世奇绘）

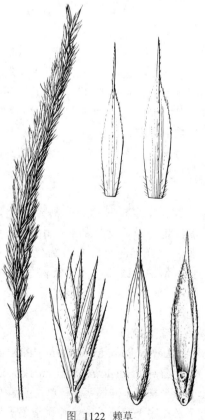

图 1122　赖草

（引自《中国主要植物图说　禾本科》）

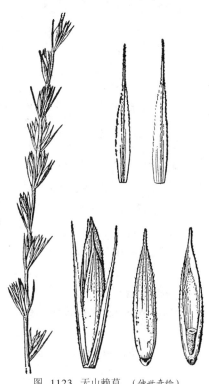

多年生，具下伸根茎。秆单生或丛生，基部残留纤维状叶鞘，高0.7-1.2米，3-4节，无毛，花序下稍粗糙。叶鞘无毛，叶舌膜质，圆头，长2-3毫米；叶长20-40厘米，宽约1厘米。穗轴粗糙或密被柔毛，边缘具睫毛，基部节间长达2厘米，上部者长6毫米；小穗常3枚生于1节，长1.5-1.9厘米，具3-5小花；小穗轴节间长约3毫米，密被柔毛。颖线状披针形，稍长或等长于小穗，两颖相等，先端狭窄如芒，基部具窄膜质边缘，不覆盖或稍覆盖第一外稃基部。外稃长圆状披针形，先端具小尖头，5脉，背部被柔毛，边缘具纤毛；基盘两侧及上端毛较长，第一外稃长1-1.3厘米，芒尖长1-3毫米；内稃近等长外稃，脊具睫毛；花药长约5毫米；子房顶端具白色细毛。花果期6-10月。

产内蒙古及新疆，生于天山草原带上部及草甸草原。哈萨克斯坦及吉尔吉斯斯坦（西天山）有分布。

图 1123 天山赖草 （仲世奇绘）

69. 新麦草属 Psathyrostachys Nevski

（吴珍兰）

多年生草本，具根茎或成密丛。叶舌短小；叶平展或内卷。穗状花序紧密，线形或长圆形；穗轴成熟后逐节断落，每节具2-3小穗。小穗近背腹扁，2-3枚生于穗轴各节，无柄，具1-2（3）小花，均可育或顶生小花棒状。颖锥状，具不明显1脉，被柔毛或粗糙。外稃背部圆，被柔毛或刺毛，先端渐尖或具芒。2n=14。

约10种，主要分布于中亚。我国4种。

为山地草原及荒漠草原优良牧草；也是小麦和大麦的近缘种，可用作杂交材料。异花传粉，具有 N 染色体组。

1. 外稃无毛，先端具长5-7毫米的芒；颖长于小花（不长于外稃的毛）；具斜伸长根茎；秆散生 ·············· ··· 1. **华山新麦草 P. huashanica**
1. 外稃被柔毛或刺毛；先端具长1-2毫米的尖头；颖等于或短于小花；无根茎或具下伸短根茎；秆丛生。
  2. 穗状花序长2-4厘米，穗轴逐节断落至基部，侧棱具宽约0.4毫米的翅，连同翅及外稃均长1-2毫米的白柔毛 ··· 2. **毛穗新麦草 P. anuginosa**
  2. 穗状花序长5厘米以上，穗轴不逐节断落至基部，侧棱不显著，连同颖及外稃均具1毫米以下的刺毛。
    3. 秆在花序以下无毛；穗状花序长9-12厘米；小穗具2-3小花；内稃稍短于外稃 ·············· ··· 3. **新麦草 P. juncea**
    3. 秆在花序以下有毛；穗状花序长5-7厘米；小穗具1可育小花，第二小花不育；内稃与外稃等长或稍长 ·· 4. **单花新麦草 P. kronenburgii**

1. 华山新麦草

图 1124：1-3

Psathyrostachys huashanica Keng ex P. C. Kuo, Fl. Tsinling. 1(1): 99. 440. f. 77. 1976.

植株具斜伸长根茎。秆散生，高40-60厘米。叶鞘无毛，长于节间；叶扁平或边缘稍内卷，分蘖者长10-20厘米，秆生者长3-8厘米，宽2-4毫米，上面被柔毛，下面无毛，边缘粗糙。穗状花序长4-8厘

米，宽约 1 厘米，穗轴成熟时逐节断落，节间长 3.5-4.5 毫米，侧棱具硬纤毛，背腹面具微毛，每节具 2-3 小穗。小穗黄绿色，具 1-2 小花；小穗轴节间长约 3.5 毫米；颖锥形，长 1-1.2 厘米，粗糙。外稃粗糙，第一外稃长 0.8-1 厘米，先端具芒长 5-7 毫米；内稃等长于外稃，具 2 脊，脊上部疏生微小纤毛；花药长约 6 毫米。花果期 5-7 月。

产陕西华山，生于山坡道旁岩石残积土。

图 1124 : 1-3.华山新麦草　4-7.毛穗新麦草　（阎翠兰绘）

2. 毛穗新麦草　　　　　　　图 1124 : 4-7

Psathyrostachys lanuginosa (Trin.) Nevski in Kom. Fl. URSS 2: 714. 1934.

Elymus lanuginosa Trin. in Ledeb. Fl. Alt. 1: 121. 1829.

植株密丛生；秆高 25-40 厘米，径 1.5-2 毫米，无毛或花序下被少量柔毛。叶鞘短于节间；叶灰绿色，平展或内折，长 3-10 厘米，宽 1.5-3 毫米，无毛或两面被绒毛。穗状花序长椭圆形，长 1.5-4 厘米，径 0.8-1 厘米；穗轴逐节断落至基部，侧棱翅宽 0.5 毫米，翅被长 1-1.5 毫米柔毛，每节具 2-3 小穗；小穗长 0.8-1 厘米，灰白或灰绿色，通常具 2 小花，有时 1 小花；颖锥形，长 6-8 毫米，密被长柔毛。外稃披针形，长 5-8 毫米，密被长柔毛，芒长 1-1.5 毫米；内稃与外稃近等长或稍长，具 2 脊，脊密被纤毛；花药长约 4 毫米。花果期 5-8 月。

产甘肃及新疆，生于海拔约 1200 米山地荒漠、荒漠草原、石质山坡。中亚及俄罗斯西伯利亚有分布。

3. 新麦草　　　　　　　　　图 1125

Psathyrostachys juncea (Fisch.) Nevski in Kom. Fl. URSS 2: 714. 1934.

Elymus junceus Fisch. in Mem. Soc. Nat. Mosc. 1: 45. 1806.

多年生，具直伸短根茎，密集丛生。秆高 40-80 厘米，径约 2 毫米，无毛，花序下部稍粗糙，基部残留枯黄色、纤维状叶鞘。叶鞘短于节间，无毛，叶舌长约 1 毫米，膜质，顶端不规则撕裂；叶耳膜质，长约 1 毫米；叶深绿色，长 5-15 厘米，平展或边缘内卷，两面均粗糙。

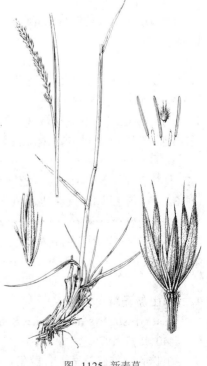

图 1125 新麦草

（引自《中国主要植物图说　禾本科》）

穗状花序下部为叶鞘所包，长 9-12 厘米，径 0.7-1.2 厘米；穗轴易断，侧棱具纤毛，节间长 3-5 毫米或下部者长达 1 厘米；小穗 2-3 枚生于每节，长 0.8-1.1 厘米，淡绿色，成熟后黄或棕色，具 2-3 小花；颖锥形，长 4-7 毫米，被毛，具 1 不明显脉。外稃披针形，被硬毛或柔毛，5-7 脉，先端渐尖成 1-2 毫米长的芒，第一外稃长 0.7-1 厘米；内稃稍短于外稃，脊具纤毛，两脊间被微毛；花药黄色，长 4-5 毫米。花期 5-7 月，果期 8-9 月。

产甘肃、新疆等省区，生于山地草原。蒙古、哈萨克斯坦、俄罗斯西伯利亚及欧洲有分布。

4. 单花新麦草　　　　　　　　　　　　　　图　1126

Psathyrostachys kronenburgii (Hack.) Nevski in Kom. Fl. URSS 2: 713. 1934.

Hordeum kronenburgii Hack. in Allg. Bot. Zeitschr. Syst. 11: 133. 1905.

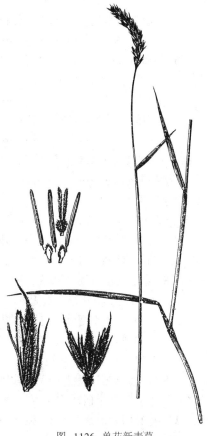

图　1126　单花新麦草
（引自《中国主要植物图说　禾本科》）

多年生，具直伸短根茎，密集丛生。秆高 30-60 厘米，基部残留枯黄纤维状叶鞘。叶鞘无毛，短于节间，叶舌长 1-2 毫米，先端撕裂；叶灰绿或绿色，分蘖者长约 10 厘米，秆生者长 3-5 厘米，宽 3-5 毫米，扁平或内卷，两面粗糙。穗状花序下部被柔毛，长 5-7 厘米，宽 8-10 厘米，穗轴易断，侧棱具柔毛，毛长 2.5-3.5 毫米，节间长 2-4 毫米；小穗 3 枚生于 1 节，具 1 小花和 1 枚棒状不孕小花，有时基部具 2 小花，长 7-9 毫米；颖锥形，密被柔毛，长 6-8 毫米。外稃披针形，5 脉，被柔毛，第一外稃长 0.6-1 厘米，先端芒长 1-3 毫米；内稃与外稃等长，具 2 脊，脊被纤毛。花果期 6-8 月。

产内蒙古、甘肃、青海及新疆，生于山地草原或半荒漠地带的河谷阶地。中亚地区有分布。

70. 大麦属 Hordeum Linn.
（吴珍兰）

一年生或多年生草本。叶平展，具叶耳。穗状花序顶生或穗状圆锥花序；穗轴成熟时逐节断落，栽培种坚韧不断，小穗 3 枚生于穗轴各节，顶生小穗常退化；三联小穗同型者无柄且可育，异型者中间无柄的可育，两侧有柄的可育或不育。小穗具 1（2）小花，颖窄披针形、线形、针状或刺芒状，侧生小穗颖同型或异型且位于外稃两侧，中间小穗的颖同型且位于外稃背面。外稃前部扁圆形，5 脉，先端具芒或无；内稃与外稃近等长。颖果腹面具纵沟，与稃体粘着或分离。

约 40 种，分布于温带。我国包括引种栽培约 15 种。栽培大麦为主要粮食作物之一，其它种类多为优良牧草。

1. 多年生草本。
　2. 秆基部无球茎，三联小穗的颖同型。
　　3. 颖通常稍长于中间小花的外稃；外稃的芒与稃体近等长。
　　　4. 穗常灰绿色；中间小花外稃长 6-7 毫米，芒长 6-7 毫米，背部密生细刺毛，花药长 2-3 毫米；秆节被灰白茸毛 ⋯⋯⋯⋯⋯⋯⋯⋯⋯⋯⋯⋯⋯⋯⋯⋯⋯⋯⋯⋯⋯⋯⋯⋯⋯⋯⋯⋯⋯⋯⋯⋯⋯ **1. 布顿大麦草 H. bogdanii**

4. 穗常带紫色；中部小花外稃长 5-6 毫米，芒长 4-5 毫米，背部无毛，花药长 1-1.5 毫米；秆节无毛 …………………………………………………………………………… 2. 小药麦草 H. roshevitzii

3. 颖通常短于中间小花外稃；外稃芒短于稃体，花药长约 3 毫米。

5. 中间小花外稃长 5-6 毫米，背部无毛或被细刺毛，芒长 1-2 毫米；颖稍短于外稃 …………………………………………………………………………… 3. 短芒大麦草 H. brevisubulatum

5. 中间小花外稃长约 5 毫米，背部具细刺毛，芒长 2-3 毫米；颖与外稃等长或稍长 …………………………………………………………………………… 4. 糙稃大麦草 H. turkestanicum

2. 秆基部具径 1-1.5 厘米球茎；三联小穗的颖异型，中间者的颖均披针形，两侧小穗的颖上方为披针形，下方为锥刺形 ………………………………………………… 5. 球茎大麦 H. bulbosum

1. 一年生草本。

6. 三联小穗两侧者具柄，不育或可育。

7. 三联小穗者均可育，侧小穗外稃芒长数厘米 …………………… 8(附). 野生瓶形大麦 H. lagunculiforme

7. 三联小穗两侧者不育，侧小穗外稃无芒或芒长 2-3 毫米。

8. 穗轴成熟时逐节断落；农田杂草。

9. 侧生小穗外稃先端无芒。

10. 侧生小穗外稃先端钝圆 ………………………………… 6. 钝稃野大麦 H. spontaneum

10. 侧生小穗外稃先端尖三角形 …………………… 6(附). 尖稃野大麦 H. spontaneum var. ischnatherum

9. 侧生小穗外稃具短芒 …………………… 6(附). 芒稃野大麦 H. spontaneum var. prostowetzii

8. 穗轴成熟时坚韧不断；栽培作物 …………………………… 7. 栽培二棱大麦 H. distichon

6. 三联小穗全无柄，均可育。

11. 穗轴成熟时逐节断落 ………………………………… 8(附). 野生六棱大麦 H. agriocrithon

11. 穗轴成熟时坚韧不断。

12. 颖果成熟时粘着稃体，不脱出 …………………………………………………… 8. 大麦 H. vulgare

12. 颖果成熟时脱离稃体，不粘着。

13. 外稃具 1 直伸长芒 …………………………………… 8(附). 青稞 H. vulgare var. nudum

13. 外稃具 3 裂片，两侧裂片顶部具短芒或无芒 …………………… 8(附). 藏青稞 H. vulgare var. trifurcatum

1. 布顿大麦草　　　　　　　　　　　　　　　　　　图 1127

Hordeum bogdanii Wilensky in Izv. Sarat. Op. Stan. 1(2): 13. 1918.

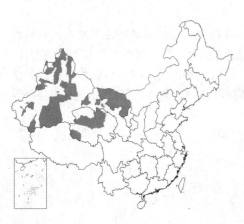

多年生草本，具根茎。秆丛生，高 30-80 厘米，径 1.5-2 厘米，5-6 节，节密被灰白色绒毛，基部常膝曲。叶鞘多短于节间，叶舌膜质，长约 1 毫米；叶片长 6-15 厘米，宽 3-6 毫米。穗状花序稍下垂，灰绿色，长 5-10 厘米，径 3-7 毫米；穗轴间长约 1 毫米，易断落。三联小穗两侧生者柄长 1-1.5 毫米，颖长 6-7 毫米。外稃长约 5 毫米（包括芒），被平伏细毛；中间小穗无柄，颖针状，长 7-8 毫米。外稃长 6-7 毫米，芒长 6-7 毫米，背部生平伏细刺毛；内稃短于外稃；花药黄色，长 2-3 毫米。花果期 6-9 月。染色

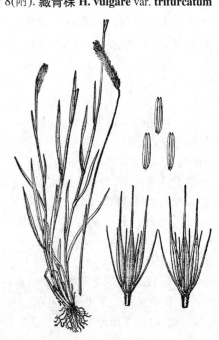

图 1127 布顿大麦草 （冯晋庸绘）

体 2n=14。

产内蒙古、甘肃、青海及新疆，生于海拔 480-3000 米湿润草地、沟谷河滩地或盐化和碱化草甸。蒙古、俄罗斯西伯利亚、哈萨克斯坦、克什米尔地区、阿富汗、巴基斯坦及伊朗有分布。为良好牧草，家畜喜食。

2. 小药大麦草 紫大麦草　　　　　　　图 1128
Hordeum roshevitzii Bowd. in Canad. Journ. Genet. Cytol. 7(3): 395. 1965.
Hordeum violaceum auct. non Boiss. et Hohen.: 中国高等植物图鉴 5: 89.1976; 中国植物志 9(3): 28. 1987.

多年生草本，根茎短。秆丛生，高 30-70 厘米，3-4 节，节无毛。叶鞘基部长于节间，叶舌膜质，长 0.5-1 毫米；叶片长 3-14 厘米，宽 3-4 毫米。穗状花序绿或带紫色，长 3-7 厘米，径 5-6 毫米；穗轴节间长约 2 毫米，边缘具纤毛。三联小穗两侧者具长约 1 毫米的柄，不育，颖与外稃均刺芒状；中间小穗无柄，可育，颖长 5-8 毫米，背部无毛，芒长 4-5 毫米。内稃与外稃等长；花药长 1-1.5 毫米。花果期 6-9 月。染色体 2n=14。

图 1128 小药大麦草 （冯晋庸绘）

产内蒙古、河北西北部、陕西北部、宁夏北部、甘肃、青海及新疆，生于海拔 700-3200 米河岸湖边、沙质土草地、林缘、路旁。蒙古、日本和俄罗斯西伯利亚有分布。

3. 短芒大麦草　　　　　　　图 1129
Hordeum brevisubulatum (Trin.) Link in Linnaea 17: 391. 1843.
Hordeum secalinum Schreb. var. *brevisubulatum* Trin. in Sp. Gram. Icon. et Descr. 1: t. 4. 1828.

多年生草本，具根状茎。秆丛生，高 40-80 厘米，径约 1.5 毫米，3-4 节，基部节常弯曲。叶鞘短于节间，叶耳淡黄色，先端尖；叶舌膜质，长约 1 毫米；叶片长 2-15 厘米，宽 2-6 毫米，上面粗糙，下面较平滑。穗状花序长 3-9 厘米，宽 2.5-5 毫米；穗轴节间长 2-6 毫米，边缘具纤毛。三联小穗的两侧生者常较小或发育不全，具短柄，颖针状，长 4-5 毫米。外稃长约 5 毫米，无芒；中间小穗无柄，其颖与侧生小穗的相似，长 4-5 毫米，外稃长 6-7 毫米，无毛或具细刺毛，芒长 1-2 毫米；内稃与外稃近等长；花药长约 3 毫米。颖果长约 3 毫米，先端具毛。花果期 6-9 月。染色体 2n=28。

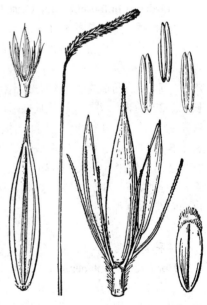

图 1129 短芒大麦草 （史渭清绘）

产黑龙江、吉林、辽宁、内蒙古、河北、山西北部、陕西北部、宁夏、甘肃、青海、新疆及西藏，生于海拔 600-4500 米河边、湖滨、沼泽草甸或湿润草地。中亚、俄罗斯西伯利亚、蒙古、伊朗、巴基斯坦及欧洲有分布。为优良牧草。

4. 糙稃大麦草 图 1130

Hordeum turkestanicum Nevski in Acta Univ. Asiae Mediae. Bot. ser. 8b, Fasc. 17: 45. 1934.

多年生草本。须根细弱，稠密。秆高 20-40 厘米，基部残存叶鞘，无毛或节生细毛。叶鞘短于节间，基部者被细毛，叶舌长 0.5 毫米；叶灰绿色，长 3-8 厘米，顶生者长 2-3 厘米。穗状花序灰绿并常褐紫色，干后脆断，穗轴扁，棱具纤毛。中间小穗无柄，颖刺芒状，长约 6 毫米。外稃披针形，长约 5 毫米，背部密生刺毛，芒长 2-3 毫米；花药黄色，长约 3 毫米；两侧小穗柄长 1-1.5 毫米，颖长 6-7 毫米，具刺毛，花退化。花期 6-7 月，果期 8-9 月。

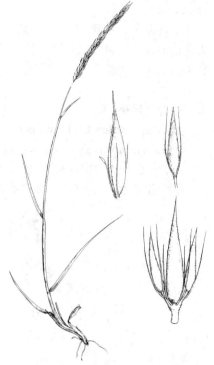

图 1130 糙稃大麦草
（引自《中国植物志》）

产新疆及西藏阿里地区，生于海拔 3300-4200 米高山草甸及湖滨草甸。塔吉克斯坦有分布。

5. 球茎大麦 图 1131

Hordeum bulbosum Linn. Cent. Pl. 2: 8. 1756.

多年生，基部具径 1-1.5 厘米球茎，秆高 0.6-1 米，径 3-5 毫米，无毛，4-5 节。叶鞘下部者短于节间；叶长 12-16 厘米，粗糙，有时疏生柔毛。穗状花序长 7-13 厘米，径 0.6-1 厘米；穗轴成熟时逐节断落。三联小穗两侧生者雄性，柄长约 1 毫米，颖 2 枚不同型，1 芒状，长 1.5-2.5 厘米，另 1 枚线状披针形，连芒长 1-2 厘米，外稃披针形，先端短尖，长约 1.1 厘米；中间无柄小穗两性，颖同型，线状披针形，长 1.5-2 厘米，3 脉，先端成芒。外稃披针形，5 脉，长约 1.1 厘米，芒长 2-3.5 厘米。花果期 4-6 月。

原产欧洲及亚洲中部。江苏、河北、青海等地栽培。为优良牧草，可作单倍体育种材料。

6. 钝稃野大麦 图 1132 : 1-5

Hordeum spontaneum C. Koch. in Linnaea 21: 430. 1848.

一年生草本。秆高 40-50 厘米，具 5-6 节，无毛，微被灰白色蜡粉。叶鞘短于节间，无毛，包茎，叶舌黄褐色，平截，长约 1 毫米，叶耳环抱茎，长 2-3 毫米；叶长 5-10 厘米，宽 4-6 毫米。穗状花序长 4-6 厘米（连同芒）径约 1 厘米，成熟时黑褐色，穗轴节间扁，长约 3 毫米，两侧棱具毛，成熟后逐节断落，居中无柄小穗长 1-1.4 厘米，颖长约 5 毫米，宽不及 1 毫米。外稃芒长 4-6 厘米，芒具向上刺毛，背

图 1131 球茎大麦 （冯晋庸绘）

面被细毛。颖果长圆稍扁，长 6-7 毫米，宽约 2 毫米，顶具细毛，两侧小穗柄长约 2 毫米，颖窄披针形，长 5-6 毫米，芒长约 1 厘米。外稃长约 5 毫米，先端钝圆，不育性。

花期6-7月，果期8-9月。

产青海、四川西部及西藏，生于海拔3500-4000米农田或地埂，为农田杂草。巴勒斯坦、伊朗、阿富汗及印度西北部有分布。

[附] **尖稃野大麦** 图1132：6 **Hordeum spontaneum** var. **ischnatherum** (Coss.) Thell. Fl. Advent. Montpell. 38: 161. 1912.

— *Hordeum ithaburense* Boiss var. *ischnatherum* Coss. in Bull. Sco. Bot. France 11: 163. 1864. 与模式变种的区别：侧生不育小穗外稃先端具长1-2毫米的尖三角形。产地与生境与钝稃野大麦相同。

[附] **芒稃野大麦** 图1132：7 **Hordeum spontaneum** var. **prostowetzii** Nabel. in Publ. Fac. Sci. Univ. (Brno) 111: 32. 1929. 与模式变种的区别：侧生不育小穗外稃先端芒长0.6-1厘米。产地与生境与钝稃野大麦相同。

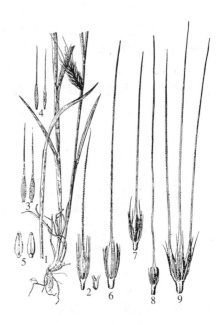

图 1132：1-5.钝稃野大麦 6.尖稃野大麦 7.芒稃野大麦 8.栽培二棱大麦 9.野生六棱大麦 （宁汝莲绘）

7. 栽培二棱大麦 图 1132：8

Hordeum distichon Linn. Sp. Pl. 85. 1753.

一年生，须根较细弱。秆高60-80厘米，具5-6节，无毛。叶鞘短于节间；叶耳弯月形，环包茎；叶舌膜质，长约1.5毫米；叶长15-20厘米。穗状花序长达20厘米（连同芒），径7-8毫米；穗轴节间长2-3毫米，扁平，两侧棱具细毛，成熟时坚韧不断落；中间小穗可育，颖长约5毫米，具长约5毫米的细芒；外稃长约1厘米，芒长达15厘米。颖果扁平，长约1厘米；两侧小穗不育，小穗柄长约2毫米，颖长约5毫米，宽约0.5毫米，具长约5毫米的细芒，不育外稃长约8毫米。花期7-8月，果期8-9月。

原产欧洲。河北、青海及西藏有栽培。欧洲有栽培。颖果作饲料。

8. 大麦 图 1133：1-3

Hordeum vulgare Linn. Sp. Pl. 84. 1753.

一年生。秆粗壮，直立，高0.5-1米，无毛。叶鞘松散抱茎，无毛或基部者被柔毛；叶耳披针形；叶舌膜质，长1-2毫米；叶长5-20厘米，宽0.4-2厘米。穗状花序稠密，长3-8厘米（芒除外），径约1.5厘米；穗轴每节着生3枚发育小穗。小穗无柄，长1-1.5厘米；颖条状披针形，被柔毛，先端芒长0.8-1.4厘米。外稃长圆形，长1-1.1厘米，5脉，芒边棱具细刺，长0.8-1.5厘米；内稃与外稃几等长。颖果成熟时与稃体粘着，不易分离。染色体2n=14。

原产欧洲。各省区均有栽培。为重要粮食作物。世界各地广泛栽培。

[附] **野生六棱大麦** 图1132：9 **Hordeum agriocrithon** Aberg. in Chron. Bot. 4: 390. 1938. 与大麦的区别：穗轴成熟时逐节断落。产青海、四川西部及西藏，生于农田。

[附] **青稞 Hordeum vulgare** var. **nudum** Hook. f. Fl. Brit. Ind. 7: 371. 1897. 与模式变种的区别：颖果成熟时与稃体分离，易脱出。宁夏、甘肃、青海、四川、云南及西藏多栽培，适宜高原气候，为青藏高原主要粮食作物和优良饲料。

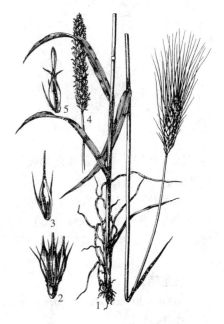

图 1133：1-3.大麦 4-5.藏青稞 （引自《中国主要植物图说 禾本科》）

[附] **藏青稞** 图 1133：4-5 **Hordeum vulgare** var. **trifurcatum** (Schlecht.) Alef. in Landw. Fl. 341. 1866. — *Hordeum coeleste* var. *trifurcatum* Schlecht. in Linnaea 11: 543. 1837. 与模式变种的主要区别：颖果成熟时与稃体分离，易脱出。与青稞的区别：外稃先端具三个基部扩张的裂片，两侧裂片反折或平展，先端渐尖呈弯曲短芒状或无芒。宁夏、甘肃、青海、四川、云南及西藏有栽培。印度尼西亚、尼泊尔、印度北部、不丹、蒙古及欧洲和美洲均有栽培。为重要粮食作物，并常用于酿酒。茎秆为优良饲料。

71. 猬草属 Hystrix Moench
（吴珍兰）

多年生草本。秆直立，较高大。叶平展，披针形。穗状花序细长；穗轴无关节。小穗常孪生，稀单生，其背腹面对向穗轴两侧棱，具 1-3 小花，顶端小花多不育；小穗轴脱节于颖上，延伸于内稃之后而成细柄；颖具短小的芒或无。外稃披针形，背部圆，5-7 脉，先端具长芒；内稃具 2 脊，脊被小纤毛；鳞被 2；雄蕊 3；花柱极短。颖果窄长，先端被毛，腹面具浅沟，与内稃粘合。

约 9 种，分布于北美和亚洲温带及新西兰。我国 2 种。

1. 小穗具 1 小花；颖通常退化，尤以下方小穗为然，稀芒状 ……………………………… 1. 猬草 **H. duthiei**
1. 小穗具 2-3 小花；颖通常存在，长 3-6 毫米 ……………………………… 2. 东北猬草 **H. komarovii**

1. 猬草
图 1134

Hystrix duthiei (Stapf ex Hook. f.) Bor in Indian. Forester. 66: 544. 1940.
Asperella duthiei Stapf ex Hook. f. Fl. Brit. Ind. 7: 375. 1896; 中国高等植物图鉴 5: 90. 1976.

秆高 0.8-1 米，4-5 节。叶鞘光滑或下部者被微毛，叶舌长约 1 毫米，顶端平截；叶长 10-20 厘米，无毛或下面疏生柔毛。花序细弱，下垂，长 10-15 厘米；穗轴节间长 4-6 毫米，被白色柔毛；小穗孪生，具 1 小花，小穗轴长 3-4 毫米；颖常退化，稀芒状，长 1-6 毫米，外侧颖常宿存。外稃披针形，长 0.9-1.1 厘米，5 脉，背部被贴生刺毛，基盘钝圆，被毛，芒长 1.5-2.5 厘米；内稃稍短于外稃；鳞被及雌蕊均被毛；花药黄色，长约 5 毫米。花果期 5-8 月。

产河南、安徽、陕西、浙江、湖北、湖南、贵州、四川、云南及西藏，生于海拔 1000-3700 米山谷林缘、林下荫湿处或灌丛中。印度、尼泊尔、喜马拉雅西北部山区及日本有分布。

2. 东北猬草
图 1135

Hystrix komarovii (Roshev.) Ohwi in Acta Phytotax. Geobot. ser. 2, 1: 31. 1933.
Asperella komarovii Roshev. in Not. Syst. Leningrad 5: 152. 1924; 中

图 1134 猬草 （史渭清绘）

国高等植物图鉴 5: 90. 1976.

秆少数丛生或单生，高 1-1.3

米，4-6 节，无毛。叶鞘无毛或微粗糙，叶舌质较硬，长约 1.5 毫米；叶线形，长 10-20 厘米，上面被柔毛，下面微粗糙。花序较细弱，稍下垂，长 10-20 厘米；穗轴节间长 3-5 毫米，背面被短柔毛，边缘有纤毛。小穗孪生，具 2-3 小花；小穗轴节间具微毛，长 1-2 毫米。颖锥状，长 3-6 毫米（上部小穗颖有时退化，长 1-2 毫米），1 脉。外稃披针形，7 脉，背面具短刺毛，基盘密被短毛，第一外稃长约 1.2 厘米，芒长 1-1.5 厘米；内稃窄长圆形，短于外稃 2-3 毫米。花果期 6-8 月。

产黑龙江、吉林、辽宁、河北、河南及陕西，生于海拔 1000-2000 米山谷林下。日本及俄罗斯有分布。

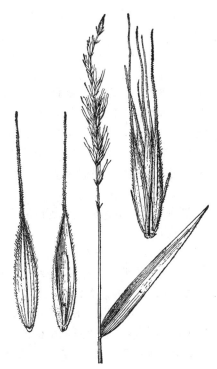

图 1135 东北猬草　（史渭清绘）

72. 黑麦属 Secale Linn.

（吴珍兰）

一年生或多年生。叶舌短，平截；叶平展。穗状花序顶生，紧密；穗轴延续而不断落，每节具 1 小穗。小穗无柄，具 2 可育小花，两侧扁，其侧面对向穗轴之一扁平面；小穗轴脱节于颖上，且延伸于第二小花之后而形成 1 棒状物；颖锥形，1 脉，先端渐尖或具芒。外稃具 5 脉，脊具纤毛，先端渐尖或具芒；内稃与外稃等长；雄蕊 3；子房顶端具毛。颖果具纵长腹沟，易与稃体分离。

约 5 种，分布于欧洲东部至亚洲中部、西班牙和南非。我国引入栽培 1 种。

黑麦　　　　　　　　　　　　　　　　　　　　图 1136

Secale cereale Linn. Sp. Pl. 84. 1753.

一年生草本。秆丛生，高 6-1.2 米，5-6 节，无毛或花序下被柔毛。叶长 5-20 厘米，上面边缘粗糙，下面平滑。穗状花序长 5-10 厘米，径约 1 厘米；穗轴节间长 2-4 毫米，具柔毛。小穗长约 1.5 厘米，具 2-3 小花；下部 2 小花可育，另 1 退化小花位于延伸的小穗轴上；颖几相等，长约 1 厘米，具膜质边缘，沿中脉成脊，常具细刺毛。外稃长 1.2-1.5 厘米，先端芒长 3-5 厘米，具内褶膜质边缘；内稃与外稃近等长。颖果长圆形，淡褐色，长约 8 毫米。2n=14。

北方山区或较寒冷地区有栽培。亚洲、欧洲及美国均有栽培。谷粒可食；植株作家畜饲料；秆可造纸或供纺织；与小麦杂交可育成八倍体小黑麦新种及异代换系、异附加系等各种小麦新类型，是小麦叶锈病和白粉病的抗源。

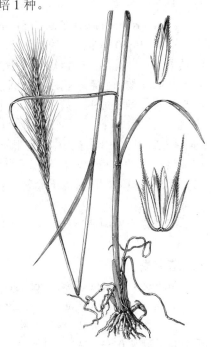

图 1136 黑麦

（引自《中国主要植物图说　禾本科》）

73. 山羊草属 Aegilops Linn.
（吴珍兰）

一年生草本。穗状花序圆柱形，顶生；穗轴每节具紧贴单生小穗，节间顶端膨大，成熟后逐节断落或自花序基部整个断落。小穗具2-5小花，近圆柱形；颖长圆形或矩圆形，革质或软骨质，扁平无脊，具7-13平行的或略叉开的脉，先端平截或具1-5齿，齿常向上延伸成芒，其下部收缩为颈状或不收缩。外稃披针形，5脉，背部圆，无脊，先端具3齿，并延伸成芒；内稃具2脊，脊绿色且具纤毛。

约21种，主要分布于地中海和中东至巴基斯坦。我国1种，栽培8种。与小麦亲缘关系密切，多用作远缘杂交、抗病育种的试验材料。

1. 穗轴粗壮，具凹陷，小穗镶嵌于凹陷内，形成圆柱形花序，成熟后逐节断落；颖顶具2钝齿，或其1延伸成芒。
　 2. 颖背部膨胀，先端具2钝齿，齿下收缩为颈状 ·················· 1. 偏凸山羊草 A. ventricosa
　 2. 颖背部平坦，先端平截或具2齿，齿下不收缩为颈状。
　　 3. 颖先端平截或有2齿，齿为钝圆突头 ·················· 2. 节节麦 A. tauschii
　　 3. 颖先端具2齿，外侧者延伸成长0.5-2厘米的芒，内侧者为钝圆突头 ············· 3. 圆柱山羊草 A. cylindrica
1. 穗轴较细弱，无凹陷，小穗稍外展，成熟后自基部断落（有的全穗断落），颖顶具2-6长达数厘米的芒。
　 4. 花序长4-7厘米（除去芒），穗轴节间长0.6-1厘米；颖顶具3芒，芒下部不收缩 ·················
　　 ·················· 4. 三芒山羊草 A. triuncialis
　 4. 花序长1-2厘米（除去芒），穗轴节间长5-6毫米；颖顶具3-6芒，芒下部收缩为颈状。
　　 5. 颖顶具3-4芒。
　　　 6. 颖顶具3芒 ·················· 5. 短穗山羊草 A. triaristata
　　　 6. 颖顶具4芒 ·················· 5(附). 卵穗山羊草 A. ovata
　　 5. 颖顶具5-6芒 ·················· 6. 伞穗山羊草 A. umbellulata

1. 偏凸山羊草　　　　　　　　　　图 1137：1-2

Aegilops ventricosa Tausch in Flora 39: 108. 1837.

秆高40-60厘米，径约3毫米，4-5节。叶鞘短于节间，鞘口及外缘具柔毛，叶耳小，叶舌短小，平截；叶片长8-15厘米，宽3-6毫米，两面疏被细白毛。花序线状圆柱形，长8-15厘米（除去芒），径约5毫米；穗轴扁平，具凹陷，无毛，节间长约1厘米，宽约3毫米，成熟后逐节脱落；小穗嵌于穗轴凹陷内，长约1厘米（除去芒），宽约5毫米，具2-3小花；颖卵圆形，长6-7毫米，6-7脉，顶部具2钝圆齿，长约1毫米，齿下部颈状，背部膨胀。外稃披针形，5脉，芒长0.5-2厘米，两侧齿不显著；内稃稍短于外稃，两脊绿色；子房顶端具毛。

可能原产地中海沿岸。河北、陕西及青海有栽培。

2. 节节麦　　　　　　　图 1137：3-8，图 1138

Aegilops tauschii Coss. Not. Quelq. Pl. Crit. Rar. Nouv. 2: 69. 1849.

Aegilops squarrosa auct. non Linn.：中国高等植物图鉴5: 83. 1976.

秆少数丛生，高20-40厘米。叶鞘包茎，无毛，边缘具纤毛，叶舌薄膜质，长0.5-1毫米；叶片宽约3毫米，微粗糙，上面疏被柔毛。穗状花序圆柱形，连芒长约10厘米，具（5-）7-10（-13）小穗；

图 1137：1-2.偏凸山羊草　3-8.节节麦
9-10.圆柱山羊草　（宁汝莲绘）

穗轴具凹陷,成熟时逐节断落;小穗圆柱形,嵌于穗轴凹陷内,长约9毫米,具3-4(5)小花。颖长圆形,长4-6毫米,革质,7-9脉,或10脉以上,先端平截或具2齿,齿均钝圆突头,下部不收缩。外稃披针形,先端稍平截,芒长约1厘米,穗顶部者芒长达4厘米,5脉,脉于先端显著,第一外稃长约7毫米;内稃与外稃近等长,脊具纤毛。花果期5-8月。染色体2n=14。

产山西南部、河南北部、陕西及新疆,生于海拔600-1500米荒芜草地或麦田中。土耳其、伊朗、克什米尔地区、阿富汗、哈萨克斯坦及格鲁吉亚有分布。六倍体普通小麦的亲体种之一,D染色体组的供予者;利用本种抗秆锈和叶锈病的基因作为抗源已引入到普通小麦中;也可作牧草栽培。

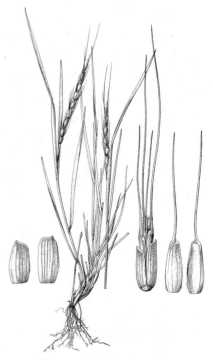

图 1138 节节麦 (冯晋庸绘)

3. 圆柱山羊草 图 1137:9-10

Aegilops cylindrica Host, Icon. Gram. Austr. 2: 6. t. 7. 1802.

秆无毛,4-5节,高50-60厘米,径约2毫米。叶鞘包茎,短于节间,叶舌膜质,长约1毫米;叶片长7-14厘米,宽2-3毫米,两面疏生细毛。穗状花序长10-15厘米(连同芒),径4-5毫米;穗轴节间长0.8-1厘米,扁平,具凹陷,小穗嵌于穗轴凹陷内。颖长圆形,长7-8毫米,8-9脉,脉具小刺毛,顶具2齿,外侧者延伸成长0.5-2厘米的芒,穗顶部者长达5厘米,内侧钝圆,不显著。外稃披针形,长约1厘米,5脉,先端3齿裂,中间者具长1-2毫米尖头,两侧齿钝圆;内稃稍短于外稃,两脊具细纤毛。

可能原产欧洲地中海区域。河北、陕西及青海有栽培。

4. 三芒山羊草 图 1139:3-4

Aegilops triuncialis Linn. Sp. Pl. 1051. 1753.

秆高30-50厘米;径约2毫米,无毛,4-5节。叶鞘包茎,短于节间,边缘及鞘口具白毛,叶舌膜质,长不及1毫米;叶片长5-8厘米,宽约3毫米,两面有时被细白毛。穗状花序长4-7厘米,径6-7毫米,成熟后自基部断落;穗轴节间扁平,无凹陷,长7-8毫米,两面散生糙毛。颖长圆形,长约1厘米,背面平,9-10脉,脉具刺毛,先端具3芒,芒长3-8厘米,下部不收缩,基部凹陷。外稃长圆状披针形,6-7脉,先端具3齿,并延伸为长0.1-1厘米的芒尖;内稃与外稃近等长,脊绿色,具纤毛。颖果扁平,长圆形,顶端密生白毛。

可能原产欧洲地中海沿岸。陕西、青海、江苏等地有栽培。

图 1139:1-2.短穗山羊草 3-4.三芒山羊草

(宁汝莲绘)

5. 短穗山羊草 图 1139：1-2

Aegilops triaristata Willd. Sp. Pl. 4(2): 943. 1806.

秆高 20-30 厘米，径约 2 毫米，3-5 节。叶鞘短于节间，边缘及鞘口具细长白毛，叶舌短小，平截；叶片长 3-4 厘米，宽约 3 毫米，两面稀被细毛。穗状花序长约 2 厘米（除去芒），宽 7-8 毫米，常具 3 小穗；穗轴节间长 5-6 毫米，成熟后自基部脱落；小穗长约 1 厘米（除去芒），具 2-3 小花。颖倒卵形，长 7-8 毫米，10 脉，脉被细刺毛，先端具 3 齿，并延伸为长 3-5 厘米的芒，芒下部颈状，颖基部窄，并于着生处下凹。外稃披针形，长约 8 毫米，5 脉，顶部具 3 齿，延伸为长 0.2-2 厘米的芒；内稃与外稃近等长，两脊绿色，具纤毛。

可能原产于欧洲地中海区域。河北、陕西及青海有栽培。

[附] **卵穗三羊草** 图 1140：3-4 **Aegilops ovata** Linn. Sp. Pl. 1050. 1753. 与短穗山羊草的区别：颖先端具 4 芒。可能原产于欧洲地中海区域，河北、陕西、青海有栽培。

6. 伞穗山羊草 图 1140：1-2

Aegilops umbellulata Zhuk. in Bull. Appl. Bot. Leningrad. 18(1): 449. 1928.

秆高 30-50 厘米，径约 2 毫米，3-5 节。叶鞘短于节间，鞘口及边缘被细白毛，叶舌短小，顶端平截；叶片长 4-8 厘米，宽 3-4 毫米，两面有时被细白毛。穗状花序长 2-3 厘米；成熟后自基部断落；穗轴扁平，节间长 5-6 毫米，无毛，棱微被细毛；小穗具 3-4 小花。颖长圆形，长 7-8 毫米，8-10 脉，先端具 5-6 芒，芒长 2-3 厘米，下部颈状。外稃披针形，5 脉，先端具芒，芒长 1-2 厘米；内稃与外稃近等长。

图 1140：1-2.伞穗山羊草 3-4.卵穗三羊草
（宁汝莲绘）

颖果长卵圆形，长约 6 毫米，先端具细毛。

可能原产于亚洲西部。陕西、青海等地有栽培，作远缘杂交的试验材料或作牧草。

74. 小麦属 Triticum Linn.

（吴珍兰）

一年生或越年生草本。叶片扁平。穗状花序直立，顶生；穗轴不逐节断落，每节具单一小穗。小穗具 3-9 小花（稀 1），两侧扁，侧面对向穗轴。颖卵形或长圆形，革质或草质，3-7（9）脉，边缘稍膜质，背部具脊，先端常具短尖头。外稃背部扁圆或多少具脊，先端 2 裂齿或不裂，具芒或无芒。内稃边缘内折；鳞被边缘具纤毛。颖果卵圆形或长圆形，先端具毛，腹面具纵沟，与稃体分离易脱落（栽培种）或紧包稃体不易脱落（野生种）。

约 20 种，分布于地中海东部至伊朗。重要粮食作物，欧亚大陆和北美广为栽培。我国栽培的有 11 种和 4 变种。

1. 颖背部圆，中部以上主脉凸起具脊，向上延伸为齿或短芒尖；小穗具 3-9 小花 ………… **普通小麦 T. aestivum**
1. 颖背部具脊，自基部直达先端；小穗具 5-7 花 ……………………………… (附). **硬粒小麦 T. turgidum** var. **durum**

普通小麦 图 1141：1-3

Triticum aestivum Linn. Sp. Pl. 85. 1753.

秆丛生，高 0.6-1.2 米，6-7 节。叶鞘无毛，下部者长于节间，叶舌长约 1 毫米，膜质；叶片长披针形，长 10-20 厘米，宽 0.5-1 厘米。穗状花序长 0.5-1 厘米，宽 1-1.5 厘米。小穗具 3-9 小花，长约 1 厘米，

顶生小花不孕。颖卵圆形，长 6-8 毫米，背面主脉上部呈脊，先端延伸为短尖头或短芒。外稃长圆状披针形，长 0.8-1 厘米，5-9 脉，顶

端无芒或具芒，芒长 1-15 厘米，其上密生细短刺；内稃与外稃近等长。颖果长 6-8 毫米。花果期 5-7 月。染色体 2n=42。

南北各地广为栽培，品种很多，性状有差异。为我国北方重要粮食作物。

[附] **硬粒小麦** 图 1141：4-6 **Triticum turgidum** Linn. var. **durum** (Desf.) Yan ex P. C. Kuo, Fl. Reipub. Popul. Sin. 9(3): 48. 1987. ——*Triticum durum* Desf. Fl. Atlant. 1: 114. 1798. 与普通小麦的区别：颖背面具脊，自基部直达先端；小穗具 5-7 小花。原产欧洲和亚洲中部。我国栽培面积较少。适应性强，麦粒品质较好。

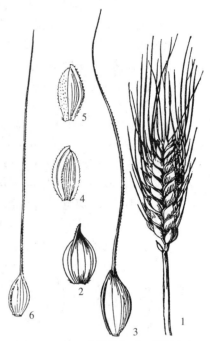

图 1141：1-3.普通小麦 4-6.硬粒小麦
（宁汝莲绘）

75. 鹅观草属 Roegneria C. Koch

（吴珍兰）

多年生草本，丛生，无根茎，稀具短根茎。叶鞘无毛或疏被柔毛，叶舌膜质，平截；叶片平展或内卷。穗状花序窄长；穗轴节间延长，不逐节断落，每节具 1 小穗，顶生小穗正常发育。小穗具 2-10 余小花，于颖之上脱落，小穗轴于诸小花之间折断。颖披针形或长圆状披针形，背部圆，（1）3-9 脉，粗糙或平滑，先端无芒或具短芒。外稃披针形，背部圆，光滑、糙涩或被毛，先端无芒或具直伸或反曲长芒；内稃与外稃等长或稍有长短，具 2 脊，脊粗糙或被纤毛；具基盘；雄蕊 3，花药等于或短于内稃长度之半。颖果顶端具毛茸，腹面微凹陷或具浅沟。

约 110 余种，主要分布于北半球温寒地带。我国 70 余种，主产西北、西南和华北地区。

多为草原和草甸组成成分，许多种类为优良牧草；有些种类抗病、抗寒、耐旱、耐碱。穗长、多粒，是小麦和大麦的近缘种。

1. 外稃无芒，或具较稃体短的芒，或芒长至多不超过稃体之长度，如芒长于稃体，则在结实期劲直或稍屈曲，稃体无毛或有毛，但边缘无透明纤毛或具微小纤毛。
2. 外稃具较稃体长之芒，下部小花更明显，结实期芒劲直或稍屈曲。
3. 颖短于第一外稃。
4. 外稃与颖具宽膜质边缘；内稃脊具翼，翼缘密生细纤毛；叶片宽 0.2-1.3 厘米；穗状花序长 7-20 厘米 ·················· 1. 鹅观草 **R. tsukushiensis** var. **transiens**
4. 外稃与颖无膜质边缘或具窄膜质边缘；内稃脊无翼，疏生粗纤毛。
5. 颖卵状披针形，先端尖或稍锐，具 5-7 粗脉，脉隆起密接；外稃背部无毛 ·················· 2. 山东鹅观草 **R. shandongensis**
5. 颖窄披针形或长圆状披针形，先端渐尖或芒状，具 3-5 分离的脉（或第二颖具较密接 6-7 脉）；外稃背部粗糙或散生硬毛或基部两侧密生毛。
6. 内稃长于外稃，先端常微裂，脊具短硬纤毛几达基部 ·················· 3. 钙生鹅观草 **R. calcicola**
6. 内稃短于外稃，脊中部以上粗糙 ·················· 4. 长芒鹅观草 **R. dolichathera**
3. 颖与第一外稃近等长，或第一颖长为第一外稃 2/3-3/4。
7. 外稃边缘或于接近边缘外具较长纤毛。
8. 植株秆节无毛；叶鞘基部者具倒毛；颖长 0.7-1 厘米 ·················· 5. 缘毛鹅观草 **R. pendulina**
8. 植株秆节及叶鞘密被白色倒毛；第一颖长 1-1.4 厘米 ····· 5(附). 毛节缘毛草 **R. pendulina** var. **pubinodis**
7. 外稃边缘粗糙或具与稃体相同的短毛，无较长纤毛。
9. 花序较疏散，或花序下部有间断而上部密集，小穗两侧排列于穗轴。

10. 秆具 3-4 节；小穗通常长约 1.6 厘米，具 5 小花 ·················· 6. **五龙山鹅观草 R. hondai**

10. 秆具 4-5 节；小穗通常具 5-8 小花，长 1.5-2.5 厘米。

 11. 植株秆节与叶鞘均无毛。

  12. 叶片无毛 ································· 7. **毛盘鹅观草 R. barbicalla**

  12. 叶片上面被柔毛 ·············· 7(附). **毛叶毛盘草 R. barbicalla** var. **pubifolia**

 11. 植株秆节密生柔毛及紧接节的部分多少具柔毛；下部叶鞘多少有毛 ·················

   ································· 7(附). **毛节毛盘草 R. barbicalla** var. **pubinodis**

9. 花序较紧密而小穗多少偏生穗轴一侧；外稃背部较粗糙或具短毛。

 13. 外稃全部被短毛 ·················· 8(附). **偏穗鹅观草 R. komarovii**

 13. 外稃上部稍粗糙或近平滑，下部两侧具微毛。

  14. 秆具 3-6 节；外稃背部无毛或脉微粗糙，或接近边缘具微毛。

   15. 秆基部曲膝，稍倾斜；植株高 70-90 厘米，具 3-4 节；小穗轴节间长 2-2.5 毫米，被微小短毛 ···

    ························· 8. **涞源鹅观草 R. aliena**

   15. 秆直立，植株高 30-60 厘米，具 4-6 节；小穗轴节间长约 1 毫米，具细柔毛 ···········

    ························· 9. **多叶鹅观草 R. foliosa**

  14. 秆具 2-3 节；外稃背部贴生稀疏微毛或点状粗糙。

   16. 植株无短根茎；叶宽 3-7 毫米；外稃基盘具长约 0.4 毫米的毛。

    17. 穗状花序长 8-10 厘米；颖先端锐尖；叶片宽 3-4 毫米 ·········· 10. **中华鹅观草 R. sinica**

    17. 穗状花序长 10-15 厘米；颖具长 1-3 毫米的芒；叶片宽达 7 毫米 ···

     ························· 10(附). **中间鹅观草 R. sinica** var. **media**

   16. 植株具短根茎；叶片宽 1-2 毫米；外稃基盘具长 0.1-0.3 毫米的毛 ·················

    ························· 10(附). **狭叶鹅观草 R. sinica** var. **angustifolia**

2. 外稃无芒或具较稃体短之芒。

 18. 穗状花序直立；外稃无芒或具长不及 1 毫米尖头，小穗长 1-1.6 厘米，具 3-6 小花，第一外稃长 0.8-1.1

  厘米，基盘无毛 ·················· 11. **贫花鹅观草 R. pauciflora**

 18. 穗状花序多少下垂或直立；外稃具（1）2-6 毫米长的芒。

  19. 秆具 2 节，高 20-25 厘米；颖具紫色窄膜质边缘 ·········· 12. **矮鹅观草 R. humilis**

  19. 秆具 3-6 节，高 0.6-1.6 米；颖具白色膜质边缘或无膜质边缘。

   20. 外稃密被毛或贴生糙毛，或上部及边缘微糙涩；小穗两侧排列，具 3 小花，长 1.2-1.4 厘米 ·······

    ························· 13. **林地鹅观草 R. sylvatica**

   20. 外稃无毛。

    21. 穗状花序直立，淡黄色；外稃无毛，先端尖或钝 ·········· 14. **阿拉善鹅观草 R. alashanica**

    21. 穗状花序下垂，紫色；外稃疏被小刺毛；先端具长 2-4 毫米的芒尖 ·················

     ························· 14(附). **玉树鹅观草 R. yushuensis**

1. 外稃通常具较稃体长的芒，结实期芒外曲，稃体边缘具透明纤毛或无。

 22. 颖与外稃近等长或稍短于第一外稃，具 5-7 脉。

  23. 内稃长圆状倒卵形，长为外稃 1/2-2/3。

   24. 植株高 0.9-1.3 米；叶片两面及边缘密被柔毛，或被短毛，脉及边缘有白色长毛；颖先端渐尖，长

    与外稃几相等 ·················· 15. **毛叶鹅观草 R. amurensis**

   24. 植株高 40-90 厘米；叶片两面及边缘无毛或具柔毛；颖先端具小尖头，两侧或一侧有齿，稍短于外稃。

    25. 外稃背部粗糙，稀被短毛，边缘具透明纤毛；颖边缘无纤毛。

     26. 叶片宽约 9 毫米；第一外稃先端芒长 2-2.5 厘米 ·········· 16. **竖立鹅观草 R. japonensis**

     26. 叶片宽（3）4-6 毫米；外稃先端芒长 0.5-1.4 厘米 ··· 16(附). **细叶鹅观草 R. japonensis** var. **hackeliana**

25. 外稃背部密生或疏生粗毛，边缘具较长透明纤毛；颖边缘具纤毛。

　　27. 外稃先端芒长 1-3（-7）毫米或近无芒 ·················· 17(附). **短芒纤毛草 R. japonensis** var. **submutica**

　　27. 外稃先端芒长 1 厘米以上。

　　　　28. 叶片两面及边缘均无毛 ··· 17. **纤毛鹅观草 R. ciliaris**

　　　　28. 叶片两面及边缘具柔毛 ··························· 17(附). **毛叶纤毛草 R. ciliaris** var. **lasiophylla**

23. 内稃长圆形，与外稃等长或稍短。

　　29. 外稃背部无毛或上部微粗糙或基部及边缘被微小硬毛。

　　　　30. 穗状花序紧密，长 3-13（15）厘米。

　　　　　　31. 植株高 17-40（-60）厘米；叶较硬而内卷，宽 1-3 毫米；穗状花序长 3-10 厘米，小穗两侧排于穗轴；第一颖长 4.5-8 毫米；外稃芒长 1-1.7 厘米 ·················· 18. **多变鹅观草 R. varia**

　　　　　　31. 植株高 0.75-1.5 米；叶软而平展，宽 0.4-1.1 厘米。

　　　　　　　　32. 小穗多少偏于穗轴的一侧；外稃芒长 1.8-2.2 厘米 ·················· 19. **吉林鹅观草 R. nakaii**

　　　　　　　　32. 小穗两侧排列；外稃芒长 1.5-1.8 厘米 ···························· 19(附). **犬草 R. canina**

　　　　30. 穗状花序疏散，长 14-24 厘米。

　　　　　　33. 叶灰绿色或被粉质，上面被毛；小穗灰绿色；小穗轴被毛；第一颖长 0.9-1 厘米，第二颖长 1.1-1.3 厘米；外稃脉粗糙 ·· 20. **肃草 R. stricta**

　　　　　　33. 叶绿色，上面粗糙，疏被毛；小穗淡绿色，小穗轴无毛或疏被毛；第一颖长 4-9 毫米，第二颖长 5.5-1 厘米；外稃脉上疏被刺毛或无毛。

　　　　　　　　34. 秆具 4-5 节；穗状花序长 14-18 厘米；颖具 5-7 脉；外稃脉疏被刺毛，花药长约 2 毫米 ·· 21. **粗壮鹅观草 R. crassa**

　　　　　　　　34. 秆具 2-3 节；穗状花序长 5-12 厘米；颖具 3-5 脉；外稃脉无毛，花药长 3-5 毫米 ·· 21(附). **光穗鹅观草 R. glaberrima**

　　29. 外稃被微小硬毛，或背部疏被微小硬毛。

　　　　35. 植株高 25-30 厘米；叶两面被柔毛，上面较密；花序长 8-9 厘米；外稃芒长约 1.2 厘米 ·· 22. **小株鹅观草 R. minor**

　　　　35. 植株高 50 厘米至 1 米；叶下面无毛，上面糙涩或被微毛；花序长（8-）10-18 厘米；外稃芒长 1.6-4.5 厘米。

　　　　　　36. 穗状花序直立，穗轴较粗；叶片软而平展，宽 3-8 毫米。

　　　　　　　　37. 秆径 1.5-2 毫米；两颖不等长，均短于第一外稃 ·················· 23. **直穗鹅观草 R. turczaninovii**

　　　　　　　　37. 秆径约 3 毫米；两颖几等长，且等长于第一外稃或过之 ··············· 23(附). **大芒鹅观草 R. turczaninovii** var. **macrathera**

　　　　　　36. 穗状花序下垂，穗轴较细弱；叶片较硬而内卷或对折。

　　　　　　　　38. 叶片宽 2-2.5 毫米；穗状花序宽 2-3 毫米；小穗具 3 小花及 1 不孕外稃 ············· 23(附). **细穗鹅观草 R. turczaninovii** var. **tenuiseta**

　　　　　　　　38. 叶片宽 2.5-6 毫米；穗状花序宽 3-6 毫米；小穗具 5-7 小花 ············· 23(附). **百花山鹅观草 R. turczaninovii** var. **pohuashanensis**

22. 颖短于第一外稃，长不及外稃 1/2，或第一颖长为第一外稃 2/3，3-5 脉，稀 1-3 脉。

　　39. 小穗轴节间长约 3 毫米；外稃被较粗长毛，近边缘及上部的毛更显。

　　　　40. 外稃密被粗而长的毛；穗状花序长 8-9 厘米 ·················· 24. **假花鳞草 R. anthosachnoides**

　　　　40. 外稃无毛或疏被短刺毛；穗状花序长 10-16 厘米 ·················· 24(附). **糙稃花鳞草 R. anthosachnoides** var. **scabrilemmate**

　　39. 小穗轴节间长不及 2 毫米，或长 2-3 毫米；外稃无毛或粗糙，或贴生微毛或具细短刺毛。

　　　　41. 叶片常内卷，宽 1-3 毫米；穗状花序弯曲下垂；植株细弱，高不及 60 厘米。

　　　　　　42. 穗轴常弯曲蜿蜒状；外稃先端芒长 0.7-1.8 厘米 ·················· 25. **垂穗鹅观草 R. nutans**

42. 穗轴下垂，非蜿蜒状；外稃先端芒长 2-3 厘米。

  43. 颖长圆状披针形，第一颖长 5-6 毫米 ·· **26. 秋鹅观草 R. serotina**

  43. 颖卵状披针形或披针形，第一颖长 1.5-4 毫米。

    44. 小穗无柄，排列于穗轴两侧，具 2-3 小花及 1 不孕外稃；外稃疏被短硬毛 ················

·· **27. 短颖鹅观草 R. breviglumis**

    44. 小穗具长 0.5-2 毫米的柄，常偏于穗轴一侧，具 4-7 小花；外稃微粗糙或近平滑 ·············

··· **27(附). 短柄鹅观草 R. brevipes**

41. 叶片常平展或边缘内卷，宽（0.15）0.3-1 厘米；花序直立或稍下垂；植株高 60 厘米以上，稀较矮。

  45. 第一颖长 2-3 毫米，长为第一外稃 1/4-1/3 ····································· **28. 小颖鹅观草 R. parvigluma**

  45. 第一颖长 4-8 毫米，长为第一外稃 1/3-2/3。

    46. 小穗柄长 1-2 毫米；花药黑色。

      47. 颖无芒；内稃脊间被微毛 ······································· **27. 岷山鹅观草 R. dura**

      47. 颖具长 3-7 毫米的短芒；内稃遍生小糙毛 ······························· **30. 芒颖鹅观草 R. aristiglumis**

    46. 小穗无柄或几无柄；花药非黑色。

      48. 植株高 0.7-1.5 米，具 5-7 节；叶扁平，秆生叶宽 0.6-1 厘米；外稃芒不显著反曲；小穗淡绿或微带

紫色 ·· **31. 高株鹅观草 R. altissima**

      48. 植株高 60-90 厘米，具 2-4 节；叶内卷，秆生叶宽 3-6 毫米；外稃芒常显著反曲；小穗带紫色 ······

··· **32. 紫穗鹅观草 R. purpurascens**

1. 鹅观草   图 1142

Roegneria tsukushiensis (Honda) B. R. Lu, Yen et J. L. Yang var. **transiens** (Hack.) B. R. Lu, Yen et J. L. Yang in Acta Bot. Yunnan. 12 (3): 245. 1990.

Agropyron semicostatum (Steud.) Nees ex Boiss. var. *transiens* Hack. in Bull. Herb. Boissier. 11(3): 507. 1903.

Roegneria kamoji Ohwi; 中国高等植物图鉴 5: 76. 1976; 中国植物志 9(3): 59. 1987.

图 1142 鹅观草 （冯晋庸绘）

秆直立或基部倾斜，高 0.3-1 米。叶鞘外侧边缘具纤毛；叶长 5-40 厘米，宽 0.2-1.3 厘米，被毛或无毛。穗状花序长 7-20 厘米，弯曲或下垂。小穗绿或带紫色，长 1.3-2.5 厘米，具 3-10 小花；颖卵状披针形或长圆状披针形，3-5 脉，先端锐尖或具长 2-7 毫米的芒，边缘具宽膜质，第一颖长 4-7.5 毫米，第二颖长 0.5-1 厘米。外稃披针形，边缘宽膜质，背部无毛，有时基盘两侧具极微小毛，上部具 5 脉，第一外稃长 0.8-1.4 厘米，先端芒长 2-4 厘米，直立或上部稍弯曲；内稃较外稃稍长或稍短，脊具翼，翼缘具微小纤毛。花果期 5-8 月。

产黑龙江、吉林、辽宁、内蒙古、河北、山东、山西、河南、陕西、甘肃、新疆、江苏、安徽、浙江、福建、江西、湖北、湖南、广东、广西、贵州、四川及云南，生于海拔 100-3200 米山坡草地、河岸、沟谷或路旁。朝鲜半岛及日本有分布。

2. 山东鹅观草

图 1143

Roegneria shandongensis (Salom.) L. B. Cai in Acta Phytotax. Sin. 35 (2): 166. 1997.

Elymus shandongensis Salom. in Willdenowia 19(1): 449. 1990.

Roegneria mayebarana auct. non (Honda) Ohwi: 中国高等植物图鉴 5: 76. 1976; 中国植物志 9(3): 62. 1987.

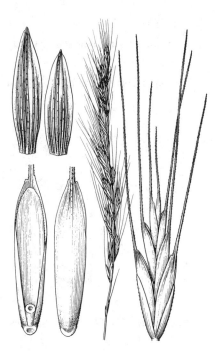

秆单生或疏丛生，高 60-90 厘米，直立或基部略倾斜。叶片较硬，平展或边缘内卷，长 10-25 厘米，宽 4-8 毫米，两面粗糙或下面光滑。穗状花序直立或稍弯曲，长 8-20 厘米；长 1.3-1.9 厘米，具 5-8 小花；颖卵状披针形，具 5-7 脉，脉粗糙，先端具小尖头或具长约 3 毫米芒，边缘窄膜质。外稃长圆状披针形，有时先端两侧具小裂片，背部无毛，上部具 5 脉，边缘具窄膜质，先端芒长（1.2）2-3 厘米，粗糙、直立；内稃与外稃等长或稍短，脊上部具短刺状纤毛。花果期 5-9 月。染色体 2n=28。

图 1143 山东鹅观草 （冯晋庸绘）

产河北、山东、山西、河南、陕西、甘肃南部、江苏、安徽、台湾、湖北、四川等省区，生于海拔 1900 米以下草地、荒坡、路边、河谷、林缘或林下。

3. 钙生鹅观草

图 1144

Roegneria calcicola Keng et S. L. Chen in Journ. Nanj. Univ. (Biol.) 1: 21. 1963.

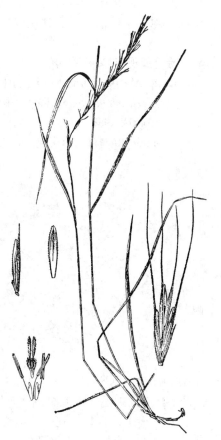

秆细弱，高约 1 米。叶片质厚，长 10-20 厘米，宽 4-5 毫米，上面粉绿色，有毛，下面绿色，无毛或沿脉被毛。穗状花序长 12-20 厘米，多少下弯；小穗具 3-6 小花，长 1.2-1.7 厘米（芒除外），排列稀疏，基部 1-2 个常退化而仅留痕迹；颖窄披针形，两侧不均等，边缘膜质，先端渐尖，平滑或脉微粗糙。外稃上部 5 脉，无毛或常被小刺毛而微糙涩，先端具芒长 1.5-2.5 厘米；内稃长于外稃，先端较窄而钝圆，常微裂，背部贴生微毛，脊具短硬纤毛几至基部。

产湖北西部、贵州、四川及云南，生于海拔 1600-1980 米石灰岩土上或潮湿向阳地带。

图 1144 钙生鹅观草
（引自《中国主要植物图说 禾本科》）

4. 长芒鹅观草 图 1145

Roegneria dolichathera Keng et S. L. Chen in Journ. Nanj. Univ. (Biol.)
1: 19. 1963.

秆高 60-90 厘米，常被白粉，4-5 节。叶鞘无毛或边缘被纤毛；叶片平展或边缘内卷，长 10-20 厘米，宽 3-7 毫米，上面密被柔毛，下面无毛。穗状花序长 10-17 厘米，穗轴节有时被微毛；小穗柄短。小穗绿或带紫色，长 1.2-2 厘米，具 3-6 小花；颖长圆状披针形，长 4-5 毫米，具稍疏离 3-5 脉，脉粗糙，边缘膜质，先端渐尖或具芒状小尖头。外稃两侧或一侧具齿，上半部具 5 脉，边脉达侧齿顶端，第一外稃长 0.9-1 厘米，芒长（1）1.5-3 厘米；内稃稍短于外稃，脊中部以上被纤毛；花药黄色，长 1.8-2 毫米。花果期 6-9 月。

产宁夏、贵州、四川、云南及西藏东南部，生于海拔 800-3700 米山坡草地、山地灌丛中、林缘或林下。

图 1145 长芒鹅观草
（引自《中国主要植物图说 禾本科》）

5. 缘毛鹅观草 多秆鹅观草 图 1146

Roegneria pendulina Nevski in Kom. Fl. URSS 2: 616. 1934.

Roegneria multiculmis Kitag; 中国高等植物图鉴 5: 77. 1976; 中国植物志 9(3): 69. 1987.

秆高 30-80 厘米，节无毛。叶鞘基部生者具倒毛；叶片长 8-21 厘米，宽 1.5-9 毫米，无毛或上面疏被柔毛。穗状花序长 9.5-20 厘米；穗轴棱边具纤毛。小穗长 1.5-2.5 厘米，具 4-8 小花。小穗轴密被毛；颖长圆状披针形，先端锐尖或长渐尖，5-7 脉，第一颖长 0.7-1 厘米，第二颖长 0.7-1 厘米。外稃椭圆状披针形，边缘具长纤毛，背部无毛或被柔毛，基盘具长 0.4-0.7 毫米的毛，第一外稃长 0.9-1.1 厘米，先端芒长 1-2.8 厘米；内稃与外稃几等长，脊上部具纤毛，脊间被毛。花果期 6-8 月。染色体 2n=28。

产黑龙江、吉林、辽宁、内蒙古、河北、山东、山西、陕西、甘肃、青海、新疆、江苏及四川，生于海拔 500-3500 米路旁、山坡草地、山沟、河边或灌丛林下。日本及俄罗斯远东地区有分布。

[附] **毛节缘毛草 Roegneria pendulina** var. **pubinodis** Keng et S. L. Chen

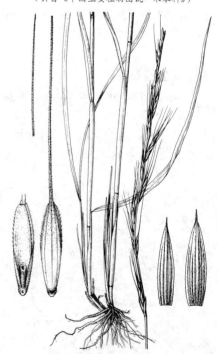

图 1146 缘毛鹅观草 （冯晋庸绘）

in Journ. Nanj. Univ. (Biol.) 3: 28. 1963.
——*Roegneria pubicaulis* Keng et S. L. Chen; 中国植物志 9(3): 70. 1987. 与

模式变种的区别：秆节及叶鞘密被白色倒毛。产辽宁、陕西、甘肃及云南，生于海拔 100-2600 米山沟、路旁、草地或河边。

6. 五龙山鹅观草 图 1147

Roegneria hondai Kitag. in Rep. Inst. Sci. Res. Manch. 6(4): 118-119. 1942.

秆高 0.7-1 米，3-4 节，无毛。基部叶鞘常具倒毛。叶片平展，长 13-20 厘米，宽 3-7 毫米，上面粗糙，脉具糙毛，下面较平滑。穗状花序长约 15 厘米，多少带紫，具小穗 11 枚；小穗较疏散排列于穗轴两侧，长约 1.5 厘米（芒除外），通常具 5 小花；颖宽披针形，先端渐尖或具小尖头，脉粗糙，边缘无毛，第一颖长 0.7-1 厘米，第二颖长 0.8-1.1 厘米。外稃上部具 5 脉，粗糙，先端两侧或一侧具微齿，第一外稃长约 1 厘米，先端芒长 1.5-2.5 厘米；内稃稍短于外稃，先端钝圆而微下凹成 2 齿，脊中部以上具纤毛，脊间上部被微毛而下部无毛。

产黑龙江、内蒙古、河北、山西、河南及青海，生于山坡。

图 1147 五龙山鹅观草 （史渭清绘）

7. 毛盘鹅观草 图 1148

Roegneria barbicalla Ohwi in Acta Phytotax. Geobot. 11(4): 257. 1942.

秆高 0.7-1 米，4-5 节，节与叶鞘均无毛。叶片长 15-20 厘米，宽 6-8 毫米，粗糙，无毛。穗状花序绿色，长（12-）18-22 厘米；小穗两侧排列，长（1.5-）2-2.5 厘米，具 5-8 小花；颖披针形，先端渐尖，第一颖具（3）4-5 脉，长 7-8 毫米，第二颖具 5-6 脉，长 8-9 毫米。外稃宽披针形，上部具细弱 5 脉，近基部与边缘及脉稍粗糙，第一外稃长 0.8-1 厘米，芒长（1.6-）2-3 厘米；内稃几与外稃等长，顶端圆或微凹，脊上部具纤毛，脊间上部疏生硬毛。

产黑龙江、内蒙古、河北、山西、陕西、宁夏、甘肃、青海及四川，生于山坡、林缘、沟边。

[附] **毛叶毛盘草 Roegneria barbicalla** var. **pubifolia** Keng et S. L. Chen in Journ. Nanj. Univ. (Biol.) 1: 25. 1963. 与模式变种的主要区别：叶片上部被柔毛。产河北及山西，生于海拔 1350-1700 米山谷草地。

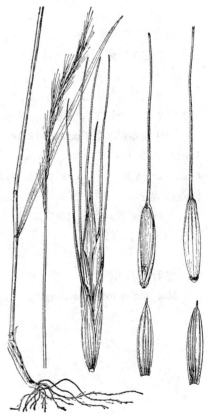

图 1148 毛盘鹅观草 （史渭清绘）

[附] **毛节毛盘草 Roegneria barbicalla** var. **pubinodis** Keng et S. L. Chen in Journ. Nanj. Univ. (Biol.)

1: 24. 1963. 与模式变种的主要区别：植株秆节密生柔毛，紧接节下部分多少被柔毛；下部叶鞘多少被毛。产内蒙古及河北，生于山坡或山沟。

8. 涞源鹅观草 　　　　　　　　　　　　　　　　图 1149

Roegneria aliena Keng et S. L. Chen in Journ. Nanj. Univ. (Biol.) 1: 31. 1963.

秆疏丛或单生，具下伸短根茎，高 0.7-1.2 米，基部曲膝，3-4 节。叶鞘基部生者具微毛；叶片长 10-30 厘米，宽 0.4-1 厘米，上面被柔毛，下面平滑或糙涩。穗状花序较紧密，长 12-15 厘米；穗轴棱边具纤毛。小穗多少偏生于穗轴一侧，绿或带紫色，长 1.3-1.7 厘米，具 5-6 小花；小穗轴被微小短毛；颖长圆状披针形，先端成短芒，一侧或有时两侧具微齿，具 3-5 脉，第一颖长 0.7-1 厘米，第二颖长 0.8-1.1 厘米。外稃披针形，先端具小尖头，一侧或

两侧具微齿，背部无毛，上部具 5 脉，第一外稃长 0.8-1.2 厘米，先端芒长 1.2-2.5 厘米，直立且粗糙；内稃较外稃稍短，脊具纤毛；花药长 2-2.2 毫米，花果期 6-9 月。

产内蒙古、河北、山西、河南及陕西东南部，生于海拔 600-1500 米石质坡地、林缘草地或山坡路旁。

[附] **偏穗鹅观草 Roegneria komarovii** (Nevski) Nevski in Kom. Fl. URSS 2: 615. t. 45. f. 4. 1934. —— *Agropyron komarovii* Nevski in Bull. Jard. Bot. Acad. Sci. URSS 30: 620. 1932. 与涞源鹅观草的区别：小穗具 3 花；小穗轴棱边粗糙；颖先端芒长 2-7 毫米；外稃被短毛或柔毛，内稃脊平滑。产新疆，生于海拔 1800-2900 米山坡草地。蒙古、哈萨克斯坦及俄罗斯西伯利亚有分布。

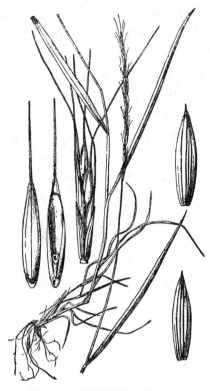

图 1149 涞源鹅观草 （仲世奇绘）

9. 多叶鹅观草 　　　　　　　　　　　　　　　　图 1150

Roegneria foliosa Keng et S. L. Chen in Journ. Nanj. Univ. (Biol.) 1: 32. 1963.

植株具根头，疏丛，秆高 30-60 厘米，4-6 节。基部叶鞘密生倒毛。叶片长 15-20 厘米，宽 4-9 毫米，上面疏生柔毛，下面无毛。穗状花序长 7-13 厘米；小穗具 4-6 小花，长 1.4-1.6 厘米（芒除外）；小穗轴节间长约 1 毫米，具柔毛；颖长圆状披针

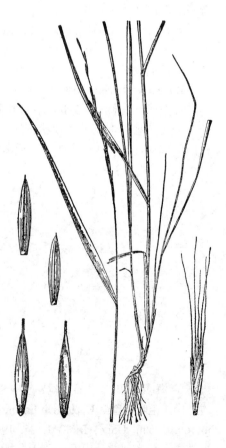

图 1150 多叶鹅观草 （仲世奇绘）

形，先端锐尖或渐尖，具3-5脉，脉平滑或微粗糙，第一颖长7-8毫米，第二颖长0.9-1厘米。外稃披针形，上部具5脉，背部无毛或近边缘具微毛，第一外稃长0.9-1厘米，芒劲直或微屈曲，长1-1.8厘米；内稃短于外稃约1-2毫米，先端钝圆，背面无毛或近先端贴生微毛，脊上半部具短硬纤毛。

产内蒙古及山西，生于岩石间阴暗处。

10. 中华鹅观草   图 1151：1-5

Roegneria sinica Keng et S. L. Chen in Journ. Nanj. Univ. (Biol.) 1: 33. 1963.

秆疏丛，高30-90厘米，基部曲膝，2-3节。叶鞘无毛；叶片硬，内卷，直立，长6-20厘米，宽3-4毫米，上面疏被柔毛，下面无毛。穗状花序直立，长8-10厘米；穗轴棱边被糙纤毛。小穗绿或黄褐色带紫色，长1.2-1.5厘米，具4-5小花；颖不等长，长圆状披针形，偏斜，先端锐尖，具3-5脉，第一颖长6-8毫米，第二颖长0.8-1厘米。外稃长圆状披针形，上部具5脉，背部贴生疏微毛，基盘两侧具长约0.4毫米的毛，第一外稃长8-9毫米，芒长1-1.8厘米；内稃与外稃等长，顶端平截或稍下凹，脊上部具刺状纤毛，脊间上部被微毛。花果期7-9月。

产内蒙古、山西、陕西、宁夏、甘肃、青海、四川及云南，生于海拔600-3700米山坡草地、林缘、田边或路旁。

[附] **狭叶鹅观草** 图 1151：6 **Roegneria sinica** var. **angustifolia** C. P. Wang et H. L. Yang in Bull. Bot. Res. (Herbin) 4(4)：88 pl. 6. 1984. 与模式变种的主要区别：植株具短根茎；叶片宽1-2毫米，内卷；基盘两侧被毛长0.1-0.3毫米。产内蒙古，生于路边或山坡草地。

[附] **中间鹅观草** 图 1152 **Roegneria sinica** var. **media** Keng et S. L. Chen in Journ. Nanj. Univ. (Biol.) 1: 35. 1963. 与模式变种的主要区别：叶片宽达7毫米；穗状花序长10-15厘米；颖具长1-3毫米的芒。产山西及甘肃，生于路旁荒地。

11. 贫花鹅观草   图 1153

Roegneria pauciflora (Schwein.) Hylander in Uppsala Univ. Arskr. 7: 36, 89. 1945.

Triticum pauciflorum Schwein. in Keat. Narr. Exped. St. Peter's River 2: 383. 1824.

秆直立或基部稍倾斜，高60-90厘米，具4-6节。叶鞘无毛；叶片平展，长9-20厘米，宽3-7毫米，无毛，粗糙。穗状花序细长，

图 1151：1-5.中华鹅观草 6.狭叶鹅观草
（引自《中国主要植物图说 禾本科》）

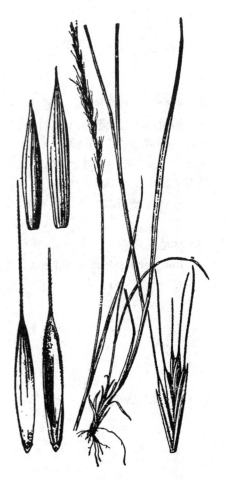

图 1152 中间鹅观草 （仲世奇绘）

直立，长 12-25 厘米；小穗灰绿或带黄色，长 1-1.6 厘米，具 3-6 小花；颖宽披针形，先端锐尖或芒状，边缘膜质，具 5 脉或第二颖脉 6-7 脉，脉粗糙，长 1-1.5 厘米。外稃椭圆状披针形，无毛，先端具 2-6 毫米的短芒或具小尖头，稀无芒，上部具 5 脉，脉稍糙涩，第一外稃长 0.8-1.1 厘米，基盘无毛；内稃较外稃短 1-2 毫米，脊被纤毛。

原产北美。河北、宁夏、甘肃、青海等地有栽培。为优良牧草。

12. 矮鹅观草　　　　　　　　　　　　　　图 1154

Roegneria humilis Keng et S. L. Chen in Journ. Nanj. Univ. (Biol.) 1: 40. f. 3. 1963.

秆疏丛，基部曲膝，高 20-25 厘米，通常具 2 节，节常带褐色。基部叶鞘枯时碎裂呈纤维状，棕褐色；叶片窄线形，通常内卷，长 2.5-5.5 厘米，宽 1-4 毫米，上面具柔毛，下面密生细毛。穗状花序长 4.5-7 厘米，穗轴棱边具短硬纤毛；小穗稍偏于穗轴一侧，长 0.8-1.3 厘米，具 3-5 小花；颖披针形，偏斜，边缘具带紫色窄膜质，先端长渐尖或具长 1-3 毫米略带紫色的芒状尖头，具 2-4（5）脉，侧脉有时不明显，第一颖长 0.7-1 厘米，与第一

小花的外稃等长或稍长。外稃披针形，边缘具略紫色窄膜质，上部具 5 脉，稍糙涩，先端渐窄而延伸成长 2-5 毫米的短芒，芒劲直，稍紫色；内稃与外稃等长，先端渐窄，微下凹，背部有微毛，2 脊具翼，翼缘具硬纤毛，毛在中部以上者长约 0.5 毫米，向下渐短而稀疏；花药幼时带紫色。

产青海及新疆，生于路旁。

13. 林地鹅观草　　　　　　　　　　　　图 1155

Roegneria sylvatica Keng et S. L. Chen in Journ. Nanj. Univ. (Biol.) 1: 36. f. 1. 1963.

秆丛生，高约 1 米，4-5 节。叶鞘短于节间，无毛；叶片平展，质较软，长 13-25 厘米，宽 6-9 毫米，无毛。穗状花序长 7.5-16 厘米；穗轴棱边被短硬纤毛，节间长 4-5 毫米。小穗两侧排列，呈覆瓦状，长 1.2-1.4 厘米，通常具 3 小花；颖披针形，几等长，长 0.8-1 厘米，糙涩，3-5 脉，边缘窄膜质，先端长渐尖或成

图 1153 贫花鹅观草 （冯晋庸绘）

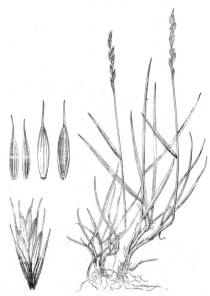

图 1154 矮鹅观草 （史渭清绘）

图 1155 林地鹅观草 （蒋杏墙绘）

长 1-2 毫米的芒尖。外稃披针形，背面被糙毛，或上部及边缘粗糙，上部具不明显 5 脉，边缘窄膜质，先端成长 1-3 毫米的芒尖，有时一侧具微齿，第一外稃长 0.9-1.1 厘米；内稃与外稃几等长，背面被微毛，顶端微凹，脊被较密纤毛，中部以下毛细短，基部渐无；花药黄色，长约 2 毫米。花果期 7-9 月。

产青海及新疆，生于海拔 1300-3300 米山坡草甸、灌丛中或林缘草甸。

14. 阿拉善鹅观草

图 1156：1-5

Roegneria alashanica Keng et S. L. Chen in Journ. Nanj. Univ. (Biol.) 1: 73. 1963.

植株具鞘外分蘖，有时横走或下伸成根茎状。秆刚硬，高 40-60 厘米。叶鞘紧密裹茎；叶片内卷成针状，长 5-15 厘米，宽 1-2.5 毫米，两面均被微毛或下面无毛。穗状花序直立，窄细，长 5-10 厘米；穗轴棱边微糙涩。小穗淡黄色，长 1.2-1.7 厘米，具 3-6 小花；小穗轴无毛；颖长圆状披针形，3 脉，先端尖或钝圆，边缘膜质，第一颖长 5-7 毫米，第二颖长（0.6）0.8-1 厘米。外稃披针形，无毛，3-5 脉，先端尖或钝，无芒，第一外稃长 0.8-1.1 厘米；内稃与外稃等长或稍短或略长，脊微糙涩或下部近平滑；花药乳白色，长约 3 毫米。花果期 6-8 月。

产内蒙古、宁夏、甘肃及新疆，生于海拔 1200-3100 米山地荒漠草原或石质山坡。叶量丰富，马、牛、羊、骆驼均喜食，为当地冬季

图 1156：1-5.阿拉善鹅观草 6-14.玉树鹅观草 （史渭清绘）

牧场主要牧草之一。

[附] **玉树鹅观草** 图 1156：6-14
Roegneria yushuensis L. B. Cai in Bull. Bot. Res. (Harbin) 14(4): 338. f. 1. 1994. 与阿拉善鹅观草的区别：穗状花序紫色，下垂；穗轴纤细，常蜿蜒；外稃疏被小刺毛，先端具长 2-4 毫米的芒尖。产青海及四川，生于海拔 3500-4100 米山坡、路边或灌丛中。

15. 毛叶鹅观草

图 1157

Roegneria amurensis (Drob.) Nevski in Kom. Fl. URSS 2: 606. 1934.
Agropyron amurense Drob. in Trav. Mus. Bot. Acad. Sci Petrogr. 12: 50. 1914.

秆疏丛，高 0.8-1.3 米，下部径 4-5 毫米，直立或基部膝曲。叶鞘无毛；叶片平展，两面及边缘密被柔毛，或被短毛而于脉上及边缘有白色长毛，长 9-25 厘米，宽 4-8 毫米。穗状花序直立或垂头，长 11-22 厘米；小穗绿色，长 1.2-2 厘米，具 5-9 小花；颖

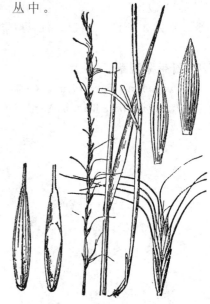

图 1157 毛叶鹅观草 （仲世奇绘）

长圆状披针形，与外稃近等长，先端渐尖，具5-7脉，脉及上部边缘粗糙，第一颖长0.8-1.1厘米，第二颖长0.9-1.3厘米。外稃背部粗糙或具短硬毛，边缘具透明短硬纤毛，第一外稃长0.9-1.2厘米，芒长2-2.5厘米，粗壮，结实期反曲；内稃长圆状倒卵形，长为外稃2/3。

产黑龙江、吉林、辽宁、内蒙古及山西北部，生于干旱山坡草地。俄罗斯远东地区有分布。

16. 竖立鹅观草　　　　　　　　　图 1158

Roegneria japonensis (Honda) Keng et S. L. Chen in Journ. Nanj. Univ. (Biol.) 1: 63. 1963.

Agropyron japonensis Honda in Bot. Mag. Tokyo 49: 698. 1935. non Tracy 1891.

图 1158 竖立鹅观草 （冯晋庸绘）

秆疏丛，直立，高70-90厘米。叶片线形，平展，长17-25厘米，宽约9毫米，上面及边缘粗糙，下面较平滑。穗状花序直立或曲折稍下垂，长10-22厘米；小穗长1.4-1.7厘米（芒除外），具7-9小花；颖椭圆状披针形，先端锐尖或具短尖头，偏斜，两侧或一侧具齿，边缘无毛，具5-7脉，第一颖长6-7毫米，第二颖长7-8毫米。外稃长圆状披针形，边缘具透明纤毛，背部粗糙，稀具短毛，先端两侧具细齿，上部具5脉，第一外稃长8-8.5毫米，芒长2-2.5厘米，粗糙、反曲；内稃长圆状倒卵形，长约为外稃2/3，先端平截，脊上部1/3粗糙。

产黑龙江、辽宁、河北、山东、山西、河南、陕西、甘肃、江苏、安徽、浙江、福建、江西、湖北、湖南、广东、贵州、四川及云南，生于山坡或路边。日本有分布。

[附] **细叶鹅观草 Roegneria japonensis** var. **hackeliana** (Honda) Keng et S. L. Chen in Journ. Nanj. Univ. (Biol.) 1: 33. 1963. ——*Agropyron japonicum* Honda var. *hackelianum* Honda in Bot Mag. Tokyo 41: 385. 1927. 与模式变种的区别：叶片宽（3）4-6毫米；第一外稃先端芒长0.5-1.4厘米。产江苏及浙江，生于山坡草地。朝鲜半岛及日本有分布。

17. 纤毛鹅观草　　　　　　　　　图 1158

Roegneria ciliaris (Trin.) Nevski in Kom. Fl. URSS 2: 607. 1934.

Triticum ciliare Trin. in Mem. Acad. Imp. Sci. St. Petersb. Sav. Etrang. 2: 246. 1833 vel. 1832.

秆单生或成疏丛，基部节常膝曲，高40-80厘米，无毛，常被白粉。叶鞘无毛，稀基部叶鞘于接近边缘具柔毛；叶片长10-20厘米，宽0.3-1厘米，两面无毛，边缘粗糙。穗状花序长10-20厘米；小穗通常绿色，长1.5-2.2厘米（除芒外），具（6）7-12小花；颖椭圆状披针

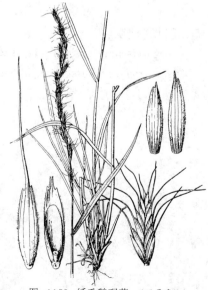

图 1158 纤毛鹅观草 （冯晋庸绘）

形，先端常具短尖头，两侧或一侧常具齿，5-7脉，边缘与边脉具纤毛，第一颖长7-8毫米，第二颖长8-9毫米。外稃长圆状披针形，背部被粗毛，边缘具长而硬透明纤毛，上部具5脉，通常在顶端两侧或一侧具齿，第一外稃长8-9毫米，先端延伸成粗糙反曲的芒，芒长1-3厘米；内稃长圆状倒卵形，长为外稃2/3，先端钝头，脊上部具少许短小纤毛。

产黑龙江、吉林、辽宁、内蒙古、河北、山东、山西、河南、陕西、宁夏、甘肃、江苏、安徽、浙江、福建、江西、湖北、湖南、广西、贵州、四川及云南，生于路旁、潮湿草地或山坡。俄罗斯远东地区、朝鲜半岛及日本有分布。幼嫩秆叶为家畜喜吃，至穗成熟时，秆叶粗韧，有硬芒，不宜利用。

[附] **短芒纤毛草 Roegneria ciliaris** var. **submutica** (Honda) Keng et S. L. Chen in Journ. Nanj. Univ. (Biol.) 1: 62. 1963. —— *Agropyron ciliare* Trin var. *submuticum* Honda in Journ. Fac. Sci. Univ. Tokyo sect. 3, Bot. 3: 27. 1930. 与模式变种的区别：外稃先端的芒长1-3（-7）毫米或近无芒。产河北、山东、陕西、安徽及浙江，生于山坡草地。日本有分布。

[附] **毛叶纤毛草 Roegneria ciliaris** var. **lasiophylla** (Kitag.) Kitag. in Rep. Inst. Sci. Res. Manch. 2: 285. 1938. —— *Agropyron ciliare* var. *lasiophyllum* Kitag. Rep. First. Sci. Exp. Manch. sect. 4, pl. 4. 60. 98. 1936. 与模式变种的区别：叶片两面及边缘密生柔毛。产黑龙江、吉林、辽宁、内蒙古、河北、山东、山西、陕西、宁夏及甘肃，生于海拔1500-1540米路边、田野或山坡。

18. 多变鹅观草

图 1160

Roegneria varia Keng et S. L. Chen in Journ. Nanj. Univ. (Biol.) 1: 70. 1963.

植株具细短根茎。秆疏丛，高17-40（60）厘米，直立或基部微膝曲。叶鞘无毛；叶片通常内卷，长3.5-19厘米，宽1-3毫米，无毛或上面疏生细短柔毛。穗状花序直立，长3.5-10厘米；穗轴棱边具短硬纤毛；小穗排列于穗轴两侧，绿色，熟后常带紫色，长0.8-1.5厘米，具3-5小花；颖长圆状披针形，略偏斜，先端锐尖或具小尖头，3-5脉，脉粗糙，第一颖长4.5-8毫米，第二颖一侧常有齿，长0.6-1厘米。外稃披针形，无毛或先端边缘及下部贴生微小短毛，上部具5脉，第一外稃长0.7-1.2厘米，先端芒长1-1.7厘米，芒粗糙，外曲；内稃长圆形，等长于外稃，脊上半部具纤毛，脊间贴生微毛。花果期7-9月。

图 1160 多变鹅观草 （史渭清绘）

产内蒙古、山西、河南、宁夏、甘肃、青海、贵州、四川、云南及西藏，生于海拔600-3200米山坡、河岸草地、坡地、灌丛或林缘草地。

19. 吉林鹅观草

图 1161

Roegneria nakaii Kitag. in Rep. Inst. Sci. Res. Manch. 5(5): 151. 1941.

秆直立，基部曲膝而倾斜，高0.55-1.05米，节稍被微毛。叶鞘无毛或下部者具倒生柔毛；叶片平展，质较软，长8-24厘米，宽4-7毫米，上面疏生柔毛，下面无毛、粗糙或被短刺毛。穗状花序直立，长10-20厘米；穗轴长0.8-1.4厘米，棱边具短硬纤毛。小穗排列较紧密，多少偏于穗轴一侧，长1.4-1.7厘米，具5-6小花；颖披针形，先端渐尖或具小尖头，具（3）5-7脉，脉粗糙，边缘膜质，无毛，第一

颖长 0.9-1 厘米，第二颖长 1-1.2 厘米（包括尖头）。外稃披针形，上部具 5 脉，无毛或脉与近边缘部分及基部具微小硬毛，第一外稃长 1-1.2 厘米，芒长 1.8-2.2 厘米，粗糙而反曲；内稃长圆形，与外稃等长，先端圆、平截或微下凹，脊上部具硬纤毛，脊间上部被微毛。花果期 6-8 月。2n=28。

产黑龙江、吉林、辽宁、内蒙古、河北、山西、陕西及宁夏，生于海拔 600-1700 米山地林缘、草甸或沟谷草甸。

[附] **犬草 Roegneria canina** (Linn.) Nevski in Kom. FL. URSS 2: 617. 1934. —— *Triticum caninum* Linn. Sp. Pl. 86. 1753. 与吉林鹅观草的区别：小穗两侧排列；外稃先端芒长 1.5-1.8 厘米。产新疆，生于海拔 1300-2000 米山地。哈萨克斯坦、俄罗斯西伯利亚、格鲁吉亚、伊朗及欧洲有分布。

图 1161 吉林鹅观草 （史渭清绘）

20. 肃草 图 1162

Roegneria stricta Keng et S. L. Chen in Journ. Nanj. Univ. (Biol.) 1: 68. 1963.

秆成疏丛，高 0.5-1 米，直立，质较硬，基部微膝曲状。叶鞘无毛；叶片灰绿色或被粉质，内卷，较坚硬，长 8-30 厘米，宽 3-7 毫米，上面被毛，下面无毛。穗状花序直，长 14-24 厘米；穗轴棱边粗糙或具纤毛。小穗排列疏散，灰绿色，长 1.4-2 厘米，具 5-8 小花；小穗轴被微小短毛；颖长圆状披针形，顶端尖或具小尖头，具 5-7 脉，脉粗糙，第一颖长 0.9-1 厘米，第二颖长 1.1-1.3 厘米。外稃披针形，上部具 5 脉，脉粗糙，第一外稃长 0.9-1 厘米，先端芒长 1.4-2.4 厘米，粗糙，略反曲；内稃长圆形，与外稃等长，脊及脊间上部被纤毛或微毛。花果期 7-9 月。

产内蒙古、河北、山西、河南、陕西、宁夏、甘肃、青海、新疆、贵州、四川及西藏，生于海拔 700-3800 米山坡、山沟、林缘或路旁草地。

21. 粗壮鹅观草 图 1163：1-4

Roegneria crassa L. B. Cai in Acta Phytotax. Sin. 34(3): 332. f. 2: 10-16. 1996.

秆疏丛，高 50-90 厘米，直立或基部微膝曲，4-5 节，微粗糙。叶鞘短于节间；叶片平展或边缘内卷，长 11-18 厘米，宽 3-7 毫米，上面粗糙或疏生长柔毛，下面无毛或粗糙。穗状花序浅绿色，直立，长 14-18 厘米；穗轴边缘具纤毛。小穗具 6-8 小花，长 1.6-2.2 厘米；小穗轴无毛；颖长圆状披针形，5-7 脉，脉粗糙，先端尖或具小尖头，第一颖长 8-9 毫米，第二颖长 0.9-1 厘米。外稃披针形，5 脉，脉上部

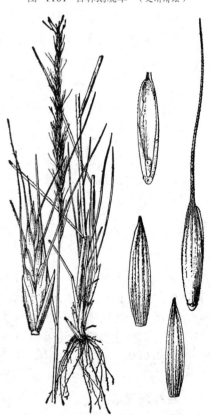

图 1162 肃草 （冯晋庸绘）

疏生刺毛，第一外稃长 0.8-1 厘米，先端芒长 1.5-1.8 厘米，糙涩，反曲；内稃长圆形，近等长于外稃，脊上部具纤毛；花药长约 2 毫米。

花果期7-9月。

据文献记载，产宁夏及青海，生于海拔1800-3900米山坡草地。

[附] **光穗鹅观草** 图1163∶5-9 **Roegneria glaberrima** Keng et S. L. Chen in Journ. Nanj. Univ. (Biol.) 1: 72. f. 5. 1963. 与粗壮鹅观草的区别：秆具2-3节；穗状花序长5-12厘米；颖具3-5脉；外稃脉无毛；花药长3-5毫米。产青海及新疆，生于海拔1400-2300米山地、山坡潮湿处、林缘或较干旱砾石坡底。

22. 小株鹅观草 图 1164

Roegneria minor Keng et S. L. Chen in Journ. Nanj. Univ. (Biol.) 1: 71. 1963.

秆直立或基部稍曲膝，高25-30厘米。叶鞘无毛或分蘖叶鞘被微小茸毛；叶片内卷或对折，两面均具柔毛，上面为密，长8-10厘米（蘖生叶长达15厘米），宽2-4毫米。穗状花序直立，长8-9厘米；小穗两侧排列，绿色，具（2）3-5小花；颖长圆状披针形，具5-6脉，脉粗糙，先端锐尖或上部一侧有齿，第一颖长5-7毫米，第二颖长6-8毫米。外稃披针形，背部被微小硬毛，上部5脉，第一外稃长约8.5毫米，芒反曲，长约1.2厘米；内稃长圆形与外稃近等长，先端钝圆，脊上部具硬纤毛，脊间先端具微毛。

产内蒙古、河北、山西、宁夏、甘肃及青海，生于海拔1600米草坡。

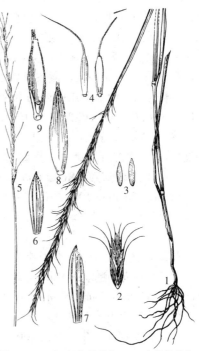

图 1163∶1-4. 粗壮鹅观草 5-9. 光穗鹅观草
（王 颖绘）

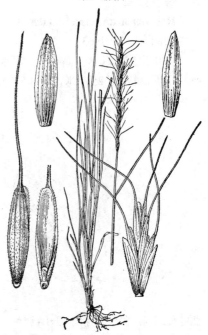

图 1164 小株鹅观草 （冯晋庸绘）

23. 直穗鹅观草 图 1165

Roegneria turczaninovii (Drobov) Nevski in Kom. Fl. URSS 2: 607. 1934. *Agropyron turczaninovii* Drobov in Trav. Mus. Bot. Acad. Sci. Petrograd 12: 47. 1914.

秆疏丛，高0.6-1.05米，径1.5-2毫米。叶鞘上部者无毛，下部者常具倒毛；叶片平展，质软，长9-20厘米（分蘖叶长达26厘米），宽3-8毫米，上面被细纤毛，下面无毛。穗状花序直立，常偏于一侧，长10-15厘米，宽3-6毫米。小穗黄绿或微蓝紫色，具5-7小花，长1.4-2.5厘米；颖披针形，先端尖或具小尖头，5-7脉，脉粗糙，第一颖长0.6-1.1厘米，第二颖长0.9-1.2厘米。外稃披针形，被较硬短毛，上部具5脉，第一外稃长1-1.3厘米，先端具粗糙反曲芒，芒长1.6-4.3厘米；内稃长圆形，与外稃几等长或稍短，脊上部具短硬纤毛，脊间上部微被硬毛；花药

深黄色。花果期7-9月。染色体2n=28。

产黑龙江、吉林、辽宁、内蒙古、河北、山西、河南、陕西、宁夏、甘肃、青海及新疆，生于海拔400-2900米山地林缘草甸或林下或沟谷草甸。中亚地区、蒙古及俄罗斯西伯利亚有分布。

[附] **大芒鹅观草** Roegneria turczaninovii var. **macrathera** Ohwi in Acta Phytotax. Geobot. 10(2): 98. 1941. 与模式变种的区别：秆粗壮，径达3毫米；两颖近等长，且与第一外稃近等长或过之。产黑龙江、吉林、辽宁、内蒙古及新疆，生于路旁草丛。

[附] **细穗鹅观草** Roegneria turczaninovii var. **tenuiseta** Ohwi in Acta Phytotax. Geobot. 10(2): 67. 1941. 与模式变种的区别：穗状花序下垂，径2-3毫米；叶片质较硬，内卷或对折，宽2-2.5毫米；小穗具3小花及1不孕外稃。产河北、山西、陕西、宁夏及甘肃，生于海拔400-2500米林缘、林下或沟谷。朝鲜半岛及日本有分布。

[附] **百花山鹅观草** Roegneria turczaninovii var. **pohuashanensis** Keng et S. L. Chen in Journ. Nanj. Univ. (Biol.) 1: 63. 1963. 与模式变种的区别：穗状花序多少下垂；叶片质较硬，内卷，宽2.5-6毫米。染色体2n=28。产内蒙古及河北，生于海拔400-2000米的山地、沟谷及林缘。

24. 假花鳞草 图 1166

Roegneria anthosachnoides Keng et S. L. Chen in Journ. Nanj. Univ. (Biol.) 1: 65. 1963.

秆单生或成疏丛，高60-75厘米，基部径1.5-2.5毫米。叶鞘无毛；叶片平展，长11-25厘米，宽3.5-7毫米，两面被长柔毛或少数无毛，或仅上面疏被柔毛。穗状花序下垂，长8-9厘米，基部3-4节常无小穗。小穗淡黄绿或带紫色，具5-7小花，长2.4-3厘米；小穗轴节间长约3毫米，被长柔毛；颖披针形，具3-5粗壮的及1-2细弱的脉，脉粗糙，第一颖长5-7.5毫米，第二颖长7-9毫米。外稃披针形，密被粗长毛，近边缘及上部的毛更显著，具5脉，中脉粗壮，侧脉较细弱，第一外稃长1.3-1.4厘米，芒粗壮，粗糙而反曲，长2-3.5厘米；内稃与外稃约等长或稍短，脊间上部疏被小纤毛；花药红褐色，长约2毫米。花果期7-8月。

产四川、云南及西藏，生于海拔3800-4200米高山草甸、林下或森林伐后的荒山坡。

25. 垂穗鹅观草 图 1167

Roegneria nutans (Keng) Keng et S. L. Chen in Journ. Nanj. Univ. (Biol.) 1: 48. 1963.

Agropyron nutans Keng in Sunyatsenia 6(1): 63. 1941.

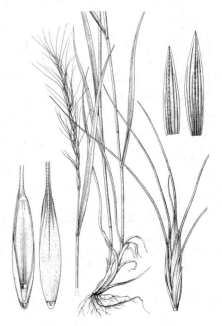

图 1165 直穗鹅观草 （史渭清绘）

图 1166 假花鳞草 （史渭清绘）

[附] **糙稃花鳞草** Roegneria anthosachnoides var. **scabrilemmata** L. B. Cai in Acta Phytotax. Sin. 35(2): 165. f. 2: 10-12. 1997. 与模式变种的区别：外稃无毛或疏被短刺毛；穗状花序长10-16厘米。产青海及四川，生于海拔2700-3600米林下。

植株基部分蘖形成密丛。秆细而质坚，高23-60厘米，无毛。叶鞘疏散，无毛，叶舌短或几缺；叶片内卷，长2-8.5（17）厘米，宽

1-2.5毫米，无毛或上面疏生柔毛。穗状花序下垂，长5-7厘米；穗轴细弱，无毛或棱边被小纤毛，节间长5-7（-10）毫米，常弯曲作蜿蜒状，基部2-4节常无小穗。小穗草黄色，长0.7-1.5厘米，具3-4（5）小花；小穗轴被微毛，节间长约2毫米；颖披针形，具3脉，先端尖，第一颖长4-7毫米，第二颖长5-9毫米。外稃披针形，贴生微毛，上部具5脉，第一外稃长0.8-1厘米，芒粗壮，反曲，糙涩，长1-1.8（2.8）厘米；内稃与外稃等长或稍短；花药黑色，长约1.2毫米。花果期7-10月。

产内蒙古、山西、甘肃、青海、新疆、四川、云南及西藏，生于海拔2500-5500米山坡草地、河滩、河谷灌丛、林缘、亚高山草甸或碎石坡。

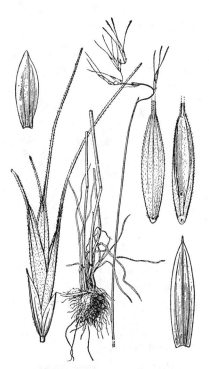

图 1167 垂穗鹅观草 （史渭清绘）

26. 秋鹅观草 图 1168

Roegneria serotina Keng et S. L. Chen in Journ. Nanj. Univ. (Biol.) 1: 50. 1963.

秆丛生，直立，基部斜上或膝曲，高20-80厘米，径1.5-2毫米。叶鞘松散，基部者被微毛或边缘具纤毛；叶片内卷，长9-20厘米，宽2-5毫米，上面粗糙或被白柔毛，下面无毛。穗状花序下垂，长6-10厘米；穗轴劲直。小穗黄褐色或略紫色，长1.2-1.3厘米，具3-6小花；小穗轴节间长2-3毫米；颖长圆状披针形，先端锐尖或急尖，疏被细毛，3-5脉，脉粗糙，第一颖长5-6毫米，第二颖长7-8毫米，中脉延伸成2-5毫米的芒尖。外稃披针形，背部密被硬毛，5脉，第一外稃长约1厘米，芒反曲，长2.5-3厘米；内稃与外稃等长或稍短，脊间被微毛。颖果长约5毫米。花果期7-9月。

产内蒙古、山东、河南、陕西及宁夏，生于海拔700-2800米山坡草地、灌丛下或林缘。全草入药，可清热、凉血、镇痛。

图 1168 秋鹅观草 （史渭清绘）

27. 短颖鹅观草 图 1169：1-5

Roegneria breviglumis Keng et S. L. Chen in Journ. Nanj. Univ. (Biol.) 1: 48. 1963.

秆直立，基部稍倾斜，高45-60厘米。叶鞘无毛；叶片边缘内卷，长5-9厘米，宽1.5-3毫米，上面粗糙，下面光滑。穗状花序下垂，长6-10厘米，基部小穗有时不育。小穗无柄，排列于穗轴两侧，长1.2-1.5毫米，具2-3小花及1不孕外稃；小穗轴节间长约2毫米；颖卵状披针形，无毛，顶端尖，第一颖长3-4毫米，3脉，第二颖长约5毫米，4-5脉。外稃上部具脉，疏被短硬毛，第一外稃长约1厘米，先端具长2-2.5厘米且反曲的芒；内稃与外稃等长，先端钝，脊被极短小纤毛，脊间具微毛；花药黑色，长约1.5毫米。花果期 7-8 月。

产甘肃、青海、新疆、四川及西藏，生于海拔 2500-4800 米草甸、湖边及河边草地、灌丛或林下。

[附] **短柄鹅观草** 图 1169：6-8 **Roegneria breviglumis** var. **brevipes** (Keng et S. L. Chen) L. B. Cai in Acta Phytotax. Sin. 35 (2): 160. 1997. —— *Roegneria brevipes* Keng et S. L. Chen in Journ. Nanj. Univ. (Biol.) 1: 49. 1963. 与模式变种的区别：小穗常偏于穗轴一侧，柄长 0.5-2 毫米，具 4-7 小花；外稃微粗糙或近平滑。产青海及四川，生于海拔 3000-4500 米岩石岭、灌丛、河边林下或沟谷草甸。

图 1169：1-5.短颖鹅观草　6-8.短柄鹅观草（史渭清绘）

28. 小颖鹅观草　　　　　　　　　　图 1170

Roegneria parvigluma Keng et S. L. Chen in Journ. Nanj. Univ. (Biol.) 1: 47. 1963.

秆直立，高约 70 厘米，下部节有时膝曲。叶鞘无毛或基部者具柔毛；叶片长 6-15 厘米，平展，宽 2.5-8 毫米，两面沿脉及边缘均具纤毛。穗状花序稍成弧形，长 10-15 厘米，着生 6-10 小穗；小穗轴节间长约 2 毫米。小穗长 1.6-3 厘米（芒除外），具 5-9 小花；颖长圆形，具小尖头，具 3 脉或第二颖具 5 脉，第一颖长 2-3 毫米，第二颖长 4-5 毫米。外稃披针形，贴生短小刺毛，基部及顶端的毛较密，中部以上具 5 脉，第一外稃长 0.8-1 厘米，先端芒长 1-1.7 厘米；内稃与外稃等长，先端平截或微凹，脊上部疏生刺状小纤毛。

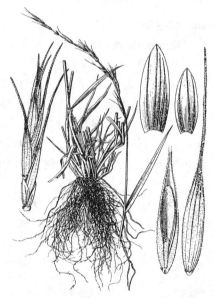

图 1170　小颖鹅观草　（史渭清绘）

产甘肃、青海、四川、云南及西藏，生于河边低湿地。

29. 岷山鹅观草　　　　　　　　　　图 1171

Roegneria dura (Keng) Keng et S. L. Chen in Journ. Nanj. Univ. (Biol.) 1: 54. 1963.

Brachypodium durum Keng in Synyatsenia 6(1): 54. 1941.

秆高 55-80 厘米，节有时带紫色而常具白霜。叶鞘有时基部者被倒生柔毛；叶片平展或内卷，长 6-20（-25）厘米，宽 1-4.5 毫米，上面微粗糙或疏被毛。穗状花序下垂，长 5-11 厘米；穗轴无毛或棱边粗糙，节间长 0.4-1.2（-3）厘米。小穗轴节间长约 2 毫米；小穗绿色，长 1.6-2.2 厘米，具 3-5（7）小花；小穗柄长 0.8-1.5（2）毫米；颖披针形，脉粗糙，第一颖长 4-7 毫米，1-5 脉，第二颖长 5-9 毫米，3-7

脉。外稃披针形，5 脉，背部贴生微刺毛或脉具硬毛，脉间粗糙，第一外稃长约 1.1 厘米，先端芒粗壮、反曲且粗糙，长 1.5-2.8 厘米；内稃与外稃几等长或稍短，脊间被微毛；花药黑色，长约 1.5 毫米。花果期 7-9 月。

产甘肃、青海、新疆、四川、云南及西藏，生于海拔 2000-5200 米草原、山坡、云杉和高山栎林缘或亚高山草甸。

30. 芒颖鹅观草　光花芒颖鹅观草　　　　　图 1172

Roegneria aristiglumis Keng et S. L. Chen in Journ. Nanj. Univ. (Biol.) 1: 55-56. f. 4. 1963.

Reogneria aristiglumis var. *hirsuta* H. L. Yang, 中国植物志 9(3): 97. 1987.

秆单生或基部丛生，高 45-60 厘米，1-2 节，节下稍被白粉。叶鞘无毛；叶片长 6-8 厘米，宽 4-5 毫米，蘖生者长达 11 厘米，宽约 1.5 厘米，上面粗糙，下面较平滑，边缘疏生纤毛。穗状花序下垂，紫色，长 6-8 厘米（除芒外）；小穗轴节间长约 2 毫米；小穗具短柄，排列较紧密，稍偏于一侧，长 1.2-1.5 厘米（除芒外），具 2-3 小花，基生者常不育，柄稍糙涩，长 0.5-1 毫米；颖窄披针形，稍偏斜，芒长 3-7 毫米，第一颖 1-2（3）脉，长 3-4 毫米，第二颖 3 脉，长 3-5 毫米，脉粗糙。外稃长圆状披针形，除基部外遍生刺毛，上部具 5 脉，第一外稃长约 1 厘米，先端芒糙涩反曲，长 2-3 厘米；内稃与外稃等长，先端渐窄，微下凹，被小糙毛，上部毛较密，向基部渐稀，脊具硬纤毛，中部以下渐稀；花药黑色。

产甘肃、青海、新疆、四川及西藏，生于山坡草地。

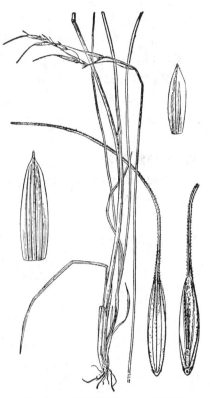

图 1171 岷山鹅观草 （史渭清绘）

31. 高株鹅观草　　　　　　　　　图 1173

Roegneria altissima Keng et S. L. Chen in Journ. Nanj. Univ. (Biol.) 1: 53. 1963.

秆丛生，坚硬，直立，高 0.7-1.5 米，5-7 节，节常稍膝曲。叶片灰绿色，长 7-25（40）厘米，宽 0.6-1 厘米，上面疏生柔毛，下面无毛，边缘粗糙。穗状花序长 15-18 厘米；小穗轴间长约 2 毫米；无柄，长约 1.1 厘米，具 1-3 小花；颖淡绿或微带紫色，长圆形，先端尖，具 5-7

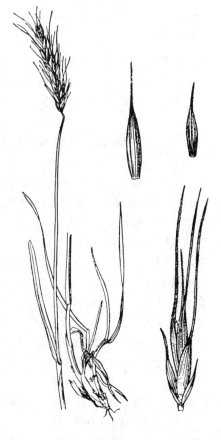

图 1172 芒颖鹅观草 （杨锡麟　刘进军绘）

脉或第一颖具3脉，长5-6毫米。外稃长圆状披针形，黄绿或带紫色，基部及边缘贴生短毛，余无毛，上半部具5脉，第一外稃长约1厘米，先端具较稍反曲的芒，芒长1-2厘米；内稃稍短于外稃，先端钝圆或微凹。

产青海、新疆、云南西北部及西藏东南部，生于海拔3400米松林内或1700米草丛中。

32. 紫穗鹅观草 图1174

Roegneria purpurascens Keng et S. L. Chen in Journ. Nanj. Univ. (Biol.) 1: 56. 1963.

秆单生或成疏丛，坚硬，直立，高60-90厘米。叶鞘光滑；叶片硬，边缘内卷，长11-22厘米，宽3-6毫米，上面及边缘粗糙或上面有毛，下面无毛。穗状花序稍下垂，带紫色，长13-15厘米，着生8-13小穗；小穗几无柄，长1.5-2.3厘米（芒除外），具4-7小花；颖长圆状披针形，先端尖，具5脉，粗糙，或第一颖边脉不明显而具3脉，长5-8毫米，第一颖较短于第二颖。外稃披针形，背部粗糙或具硬毛，中部以上具5脉，第一外稃长0.9-1.1厘米，芒粗，糙涩，带紫色，反曲，长1.8-2.8厘米；内稃几等长于外稃，背部具微毛，脊上部1/3具纤毛。

产内蒙古、宁夏、甘肃、青海、四川及云南，生于山坡。

76. 以礼草属 Kengyilia Yen et J. L. Yang

（吴珍兰）

多年生草本。秆直立或基部稍膝曲。叶鞘通常短于节间，叶舌膜质；叶内卷或扁平。穗状花序顶生，通常密集；穗轴无毛或被柔毛。小穗单生于穗轴各节，无柄，具3-9小花。小穗轴脱节于颖之上；颖卵状披针形或长圆状披针形，1-3（4）脉，背略有脊，边缘质薄或膜质，先端尖或具短芒。外稃披针形，5脉，通常密被长柔毛或糙硬毛，先端具短芒，稀无芒；内稃与外稃近等长，具2脊，脊疏生刺毛或纤毛，先端常凹陷；雄蕊3，花药黑或铅绿色，稀黄色。颖果长圆形，顶端具茸毛。染色体2n=42。

约26种，主产我国青藏高原及以北毗邻地区，少数种分布俄罗斯、中亚、阿富汗和巴基斯坦。我国22种。

1. 穗状花序具疏散小穗，长6-20厘米，宽0.5-1厘米，下垂或近直立；
穗轴节间长0.4-1.5厘米。

2. 穗轴无毛，沿棱边粗糙或被长硬毛；颖具3-4脉，第一颖长2-4毫

图 1173 高株鹅观草 （冯晋庸绘）

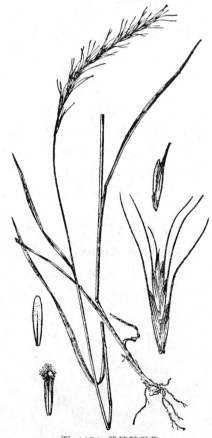

图 1174 紫穗鹅观草
（引自《中国主要植物图说 禾本科》）

米，第二颖长 3-5 毫米；外稃疏被柔毛，花药带黑或黄色，长 2-2.5 毫米 ········ **1. 硬秆以礼草 K. rigidula**

  2. 穗轴被微柔毛或上部被微柔毛；颖无毛；外稃芒长 2-6 毫米；叶片常内卷，宽 2-4 毫米 ·············· ··· **2. 疏花以礼草 K. laxiflora**

1. 穗状花序具稠密小穗，长 1-7 厘米，宽 0.7-1.5 厘米，直立或稍弯曲，常偏于穗轴一侧，穗轴节间长 1-5 毫米，稀较长。

  3. 颖及外稃均密被柔毛或长硬毛。

    4. 颖及外稃均密被柔毛；穗轴无毛 ···························· **3. 梭罗草 K. thoroldiana**

    4. 颖及外稃均密被长硬毛；穗轴密被柔毛。

      5. 叶鞘及叶片无毛；穗状花序长 5-6 厘米；小穗具 3-4 小花；颖长 3-4 毫米，1-3 脉；外稃芒长 4-6 毫米，花药长 2-2.2 毫米 ···························· **4. 青海以礼草 K. kokonorica**

      5. 叶鞘及叶上面密被柔毛；穗状花序长 3-4 厘米；小穗具 5-6 小花；颖长 5-6.6 毫米，3-5 脉；外稃芒长 1-1.2 厘米，花药长 2.5-2.7 毫米 ···························· **4(附). 矮生以礼草 K. nana**

  3. 颖无毛或疏被微毛，有时脉粗糙。

    6. 第一颖长 7-9 毫米，等于或长于第一外稃。

      7. 穗轴无毛；颖长 0.8-1 厘米，3 脉；外稃密被长糙毛，花药黑或暗绿色 ········ **5. 大颖草 K. grandiglumis**

      7. 穗轴被柔毛；颖长 7-9 毫米，5 脉；外稃被紧贴柔毛，花药黄色 ········· **5(附). 毛稃以礼草 K. alatavica**

    6. 第一颖长 3.5-6（-7）毫米，短于第一外稃。

      8. 穗轴密被柔毛；外稃无芒，内稃长于外稃 ···························· **6. 无芒以礼草 K. mutica**

      8. 穗轴无毛或背面及棱边被柔毛；外稃具长 0.2-1.2 厘米的芒，内稃等于或稍短于外稃。

        9. 穗状花序柱形，长 6-8 厘米，宽 0.7-1 厘米；外稃密被黄棕色长硬毛，第一外稃长 0.8-1.1 厘米 ····· ································· **7. 糙毛以礼草 K. hirsuta**

        9. 穗状花序椭圆形，长 2.5-7.5 厘米，宽 0.9-1.5 厘米；外稃密被长柔毛或短毛，第一外稃长 7-8 毫米。

          10. 颖具 3-5 脉，先端尖或具短尖头；外稃密被长柔毛，长 7-8 毫米，芒长 2-4 毫米，花药长约 2 毫米，黑色 ···························· **8. 黑药以礼草 K. melanthera**

          10. 颖具 5-7 脉，先端渐尖或具齿；外稃密被短毛，长约 8 毫米，芒长 0.5-1.3 厘米，花药长 3-4 毫米，黄色 ···························· **8(附). 巴塔林以礼草 K. batalinii**

1. 硬秆以礼草 硬秆鹅观草   图1175

Kengyilia rigidula (Keng et S. L. Chen) J. L. Yang, Yen et Baum in Hereditas 116: 27. 1992.

Roegneria rigidula Keng et S. L. Chen in Journ. Nanj. Univ. (Biol.) 1: 77. 1963; 中国植物志 9(3): 99. 1987.

秆疏丛，高 40-90 厘米，无毛，3-4 节。叶鞘短于节间，无毛，分蘖叶鞘倒生柔毛，叶舌平截，长约 0.5 毫米；叶内卷，长 3-16 厘米，宽 2-4 毫米，两面具柔毛，边缘具纤毛。穗状花序疏散，稍下垂，长 6-13 厘米；穗轴无毛，沿棱边粗糙，节间长 3-9 毫米。小穗常带紫色，具 3-6 小花，长 0.9-1.5 厘米；颖卵状披针形，无毛，3-4 脉，顶端尖，第

图 1175 硬秆以礼草 （仲世奇绘）

一颖长 2-4 毫米，有时 1-2 脉，第二颖长 3-5 毫米。外稃背面疏被柔毛，5 脉，第一外稃长 7-8 毫米，芒长 1-4 毫米；内稃与外稃等长或稍长，顶端下凹，脊具刺毛；花药带黑或黄色，长 2-2.5 毫米。花果期 7-9 月。

产甘肃、青海、四川西北部及西藏，生于海拔 3000-3800 米干旱山坡草地、灌丛或河谷。

2. 疏花以礼草 疏花鹅观草 图 1176

Kengyilia laxiflora (Keng et S. L. Chen) J. L. Yang, Yen et Baum in Hereditas 116: 27. 1992.

Roegneria laxiflora Keng et S. L. Chen in Journ. Nanj. Univ. (Biol.) 1: 75. 1963; 中国植物志 9(3): 68. 1987.

秆丛生，高 50-70（-110）厘米，直立或基部膝曲，光滑或花序下被微毛，3-4 节。叶鞘短于节间，无毛，叶舌平截，长约 0.5 毫米；叶内卷，长 6-20 厘米，宽 2-4 毫米，无毛或上面疏生长柔毛。穗状花序疏散，稍下垂，长 6-16 厘米，宽 6-8 毫米；穗轴多弯折，背面被微毛，节间长 0.1-1.5 厘米，基部者长达 2 厘米。小穗具 6-9 小花，长 1.2-2.2 厘米；颖卵状披针形，3-5 脉，无毛，顶端尖，第一颖长 3-5 毫米，第二颖长 5-7 毫米。外稃披针形，5 脉，背面密被柔毛，第一外稃长 8-9.5 毫米，芒长 2-6 毫米；内稃与外稃等长或稍长，先端凹缺，脊具纤毛；花药黄色，长约 3 毫米。花果期 7-9 月。

产甘肃、青海及四川，生于海拔 2800-3900 米山地、河谷或林缘。

图 1176 疏花以礼草 （冯晋庸绘）

3. 梭罗草 图 1177

Kengyilia thoroldiana (Oliv.) J. L. Yang, Yen et Baum in Hereditas 116: 27. 1992.

Agropyron thoroldianum Oliv. in Hook. Icon. Pl. t. 2262. 1893.

Roegneria thoroldiana (Oliv.) Keng et S. L. Chen; 中国植物志 9(3): 98. 1987.

秆密丛生，高 12-15 厘米，无毛，1-2 节。叶鞘稍短于节间，无毛，叶舌长约 0.5 毫米；叶内卷似针，长 2-5 厘米，分蘖叶片长达 8 厘米，宽 2-3.5 毫米，上面及边缘粗糙，近基部疏生柔毛，下面无毛。穗状花序卵圆形或长圆状卵圆形，长 3-4 厘米，宽 1-1.5 厘米；穗轴无毛，节间长 1-3（-6）毫米。小穗紧密排列而偏于穗轴一侧，具 4-6 小花，长 1-1.3 厘米；颖长圆状披针形，顶端尖，被柔毛，上部毛密，第一颖长 5-6 毫米，3（4）脉，第二颖长 6-7

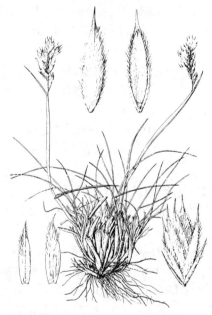

图 1177 梭罗草 （仲世奇绘）

毫米，5 脉。外稃密被长柔毛，5 脉，第一外稃长 7-8 毫米，芒长 1-2.5 毫米；内稃稍短于外稃，先端下凹或 2 裂，脊上部被纤毛；花药黑色，长 1.5-1.9 毫米。花果期 7-9 月。

产甘肃、青海、新疆、四川西北部及西藏，生于海拔 3300-5200 米山坡草地、高寒草原多沙处、河岸阶地或沙砾滩地。

4. 青海以礼草　　　　　　　　　　图 1178

Kengyilia kokonorica (Keng et S. L. Chen) J. L. Yang, Yen et Baum in Hereditas 116: 27. 1992.

Roegneria kokonorica Keng et S. L. Chen, in Journ. Nanj.(Univ. Bio.) 1 : 88.

1963; 中国植物志 9(3): 104. pl. 24: 24-27. 1987.

秆高 30-50 厘米，花序以下被柔毛，2-3 节，顶端 1 节膝曲状。叶鞘短于节间，无毛，叶舌长约 0.4 毫米；叶内卷，长 2-15（-18）厘米，宽 2-5 毫米，无毛。穗状花序紧密，长 5-6 厘米，宽 7-8 毫米；穗轴密被柔毛，节间下部者长 4-7 毫米，上部者长 2-3 毫米。小穗绿或带紫色，具 3-5（6）小花，长 0.8-1.3 厘米；颖披针状卵圆形，长 3-5 毫米，密被硬毛，1-3 脉，中脉稍隆起，背面绿色，边缘白色膜质，芒长 2-3 毫米。外稃背面密被硬毛，5 脉，第一外稃长 6-8 毫米，长 4-6 毫米，内稃与外稃近等长，脊上部被纤毛，先端凹陷；花药长 2-2.2 毫米。花果期 7-9 月。

产甘肃、青海、新疆及西藏，生于海拔 3200-4200 米干旱草原、砾石坡地或河边。为优良牧草，宁夏盐池草原实验站有栽培。

图 1178　青海以礼草　（冯晋庸绘）

[附] 矮生以礼草 Kengyilia nana J. L. Yang, Yen et Baum in Canad. Journ. Bot. 71: 341. 1993. 与青海以礼草的区别：植株高 12-25（-35）厘米；叶鞘和叶片上面密被长 1 毫米白色长柔毛；穗状花序长 3-4 厘米；颖长 5-6.6 毫米，3-5 脉；外稃芒长 1-1.2 厘米，花药长 2.5-2.7 毫米。产新疆，生于海拔 3800-4200 米高山草原或荒漠。塔吉克斯坦及阿富汗有分布。

5. 大颖草　　　　　　　　　　图 1179

Kengyilia grandiglumis (Keng et S. L. Chen) J. L. Yang, Yen et Baum in Hereditas 116: 28. 1992.

Roegneria grandiglumis Keng et S. L. Chen in Journ. Nanj. Univ. (Biol.)3: 82. 1963; 中国植物志9(3): 103. 1987.

秆疏丛，高 30-90 厘米，无毛，3-4 节，下部稍膝曲。叶鞘无毛，通常基部者长于节间，叶舌长约 0.5 毫米；叶内卷或扁平，长 5-18 厘米，宽 2-4 毫米，上面微粗糙，下面平滑。穗状花序下部稍疏散，

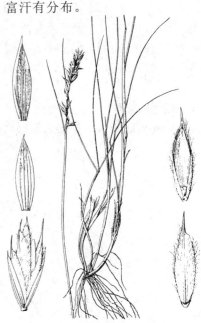

图 1179　大颖草　（仲世奇绘）

上部紧密而偏于一侧，长5-9厘米；穗轴多弯折，无毛，上部节间长2-6毫米。小穗绿或带紫色，具3-6小花，长1-1.5厘米；颖长圆状披针形，边缘薄膜质，上部偏斜，无毛或上部疏生柔毛，3脉，顶端长渐尖或具短尖头，第一颖长8-9毫米，第二颖长0.9-1厘米。外稃背面密被长糙毛，第一外稃长8-9毫米，芒长1-5毫米；内稃稍短于外稃，顶端凹缺，上部被微毛，脊上部疏生小刺毛；花药长约3毫米。花果期7-9月。

产甘肃、青海及四川西北部，生于海拔2300-4100米山坡草地、河滩沙地、湖岸或田边。为优良牧草，在青海省贵南军马场有大量栽培，生长良好。

[附] **毛稃以礼草 Kengyilia alatavica** (Drobov) J. L. Yang, Yen et Baum

6. 无芒以礼草 无芒鹅观草　　　　图 1180

Kengyilia mutica (Keng et S. L. Chen) J. L. Yang, Yen et Baum in Hereditas 116: 28. 1992.

Roegneria mutica Keng et S. L. Chen in Journ. Nanj. Univ. (Biol.) 1: 87. 1963; 中国植物志 9(3): 102. 1987.

秆疏生，高35-60厘米，花序之下被微毛，2-3节，节有时膝曲。

叶鞘无毛，叶舌平截，长约0.8毫米；叶扁平或内卷，长7-22厘米，宽3-6毫米，无毛或疏生长柔毛。穗状花序具稠密小穗，直立，长4-7厘米，宽0.8-1厘米；穗轴被柔毛，节间长2-7毫米。小穗淡黄绿色，具4-6小花，长1-1.2厘米；颖长圆状卵圆形，长5-6毫米，无毛或具微毛，3脉，先端尖。外稃密被长柔毛，5脉，先端尖，无芒或具微小短尖头（长不及1毫米），第一外稃长7-9.5毫米；内稃长于外稃，顶端微凹或钝，脊上部具纤毛。花期7月。

产青海及四川西北部，生于海拔2900-4000米河岸、沙滩或草地。

7. 糙毛以礼草 糙毛鹅观草　　　　图 1181

Kengyilia hirsuta (Keng et S. L. Chen) J. L. Yang, Yen et Baum in Hereditas 116: 28. 1992.

Roegneria hirsuta Keng et S. L. Chen in Journ. Nanj. Univ. (Biol.) 3: 84. 1963; 中国植物志 9(3): 101. 1987.

秆丛生，高30-70（-150）厘米，花序下被柔毛，余无毛，2-3节，节常膝曲。叶鞘常短于节间，无毛，叶舌长0.4-0.8毫米，平截；叶扁平

in Can. Jour. Bot. 71: 343. 1993. ——*Agropyron alatavicum* Drobov in Fedde, Repert. Sp. Nov. 21: 43. 1925. 与大颖草的区别：穗轴被柔毛；颖长7-9毫米，5脉；外稃被紧贴柔毛，花药黄色。产新疆及西藏，生于海拔1500-3000米山地草甸草原。中亚地区有分布。

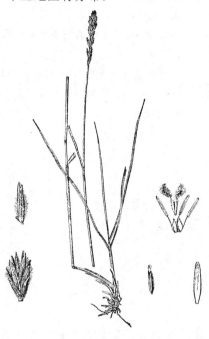

1180　无芒以礼草
（引自《中国主要植物图说　禾本科》）

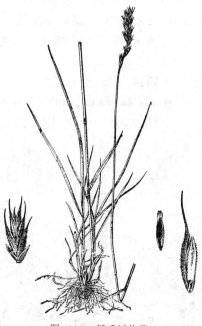

图 1181　糙毛以礼草
（引自《中国主要植物图说　禾本科》）

或边缘内卷，长5-13厘米，宽2-5毫米，无毛或被微毛，有时边缘疏被长纤毛。穗状花序紧密、直立，长4-8厘米，宽0.7-1厘米；穗轴背面及棱边被短毛，节间长2-5毫米。小穗带紫色，具4-7小花，长1-1.5厘米；颖卵状披针形，长3.5-7毫米，3-4脉，无毛或主脉粗糙，顶端尖或具短尖头。外稃背面密被黄棕色长硬毛，5脉，第一外稃长0.8-1.1厘米，芒长1.5-6毫米；内稃等于或稍短于外稃，顶端微凹，脊疏

被刺状纤毛。花果期7-9月。

产甘肃、青海、新疆及西藏，生于海拔2900-4300米山坡草地、河滩或湖岸。

8. 黑药以礼草　黑药鹅观草　　　　图1182

Kengyilia melanthera (Keng) J. L. Yang, Yen et Baum in Hereditas 116: 28. 1992.

Agropyron melanthera Keng in Sunyatsenia 6(1): 62. 1941.

Roegneria melanthera (Keng) Keng et S. L. Chen; 中国植物志9(3): 98. 1987.

秆疏丛生或单生，高15-45厘米，光滑，2-3节。叶鞘无毛，长于节间，叶舌长0.3-0.5毫米；叶扁平或内卷，长2.5-12厘米，宽2-5毫米，无毛或密生微毛。穗状花序直立或稍弯曲，长（1-）2.5-7厘米，宽1-1.5厘米；穗轴无毛，棱边粗糙，节间长1-3毫米，下部者长达6毫米。小穗微紫色，紧密排列而偏于穗轴一侧，具3-5小花，长1-1.4厘米；颖长圆状披针形，3-5脉，光滑或脉粗糙，先端尖或具短尖头，第一颖长4-7毫米，第二颖长5-9毫米。外稃背部密生长柔毛，5脉，第一外稃长7-8毫米，芒长2-4毫米；内稃与外稃近等长或稍短，先端平截或微凹陷，脊具纤毛；花药黑色，长约2毫米。花果期7-9月。

产青海、新疆及西藏，生于海拔3800-4700米河滩草地、山坡砾石缝及河谷阶地。

图 1182 黑药以礼草 （冯晋庸绘）

[附] **巴塔林以礼草 Kengyilia batalinii** (Krassn.) J. L. Yang, Yen et Baum in Canad. Jour. Bot. 71: 343. 1993.——*Triticum batalinii* Krassn. in Scripta Bot. Univ. Petrop. 2(1): 21. 1887-1888. 与黑药以礼草的区别：颖具5-7脉，先端渐尖或具齿；外稃密被短毛，长约8毫米，芒长0.5-1.3厘米；花药长3-4毫米，黄色。产新疆，生于海拔2100-3500米山地草原或河谷。中亚地区有分布。

77. 偃麦草属 Elytrigia Desv.
（吴珍兰）

多年生，具根茎。叶片内卷或平展。穗状花序直立。小穗具3-10（12）小花，两侧扁，无柄，单生于穗轴两侧，其侧面对向穗轴扁平面，顶生小穗以其背腹面对向穗轴扁平面，成熟时自穗轴整个脱落，脱节于颖下。颖披针形或长圆形，具（3）5-7（11）脉，无脊，无毛或被柔毛，基部具横沟。外稃披针形，5脉，无芒或具短芒，基盘无毛。颖果长圆形，顶端被毛，腹面具纵沟。

约50种，分布于两半球寒温带。我国约10种（包括引种栽培），为优良牧草，是小麦和大麦的近缘种；异花传粉，现用于小麦远缘杂交材料。

1. 颖与外稃先端钝圆或稍凸尖，无芒；小穗具4-7小花，长1-1.2厘米；内稃等长于外稃 ……………………………………………………………………………………… 1. 费尔干偃麦草 E. ferganensis

1. 颖先端具短尖头或芒长4毫米外稃芒长0.2-2.3厘米；小穗具5-10小花，长1.2-1.8厘米；内稃短于外稃。

2. 植株疏丛；穗状花序长10-18厘米；小穗具6-10小花，长1.2-1.8厘米；颖与外稃先端具长1-2毫米的短
尖头或芒 ·· 2. **偃麦草 E. repens**

2. 植株密丛；穗状花序长7-11厘米；小穗具5-7小花，长1.3-1.8厘米；颖先端具长1-4毫米的芒；外稃
先端具弯曲、长1.5-2.3厘米的芒 ·· 2(附). **曲芒偃麦草 E. aegilopoides**

1. 费尔干偃麦草 图 1183

Elytrigia ferganensis (Drobov) Nevski in Acta Univ. Asiae Med. VIIIb. Bot. 17: 61. 1934.

Agropyron ferganense Drobov in Trav. Mus. Bot. Acad. Sci. Petrograd 16: 138. 1916.

秆丛生，高40-70厘米，基部膝曲，无毛或花序下有时粗糙。叶鞘短于节间，无毛，外侧边缘被纤毛，叶舌平截，长约0.5毫米；叶片硬，平展，宽达3毫米，上面疏被柔毛，下面沿脉粗糙。穗状花序稀疏，长9-15厘米，具6-8枚小穗；穗轴无毛，棱边粗糙。小穗长椭圆形，长1-1.2厘米；具5-7小花；颖披针形，边缘膜质，先端钝，5-6脉，第一颖长4-7毫米，第二颖长6-8毫米。外稃宽披针形，长0.8-1厘米，5脉，边缘具纤毛；内稃披针形，与外稃等长，脊被纤毛。花果期6-8月。

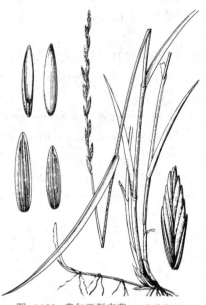

图 1183 费尔干偃麦草 （张荣生绘）

产新疆，生于海拔1100-1400米草原灌丛及落叶阔叶林带阳坡。中亚地区有分布。

2. 偃麦草 图 1184

Elytrigia repens (Linn.) Nevski in Acta Bot. Acad. Sci. URSS ser. 1, 1: 14. 1933.

Triticum repens Linn. Sp. Pl. 86. 1753.

秆疏丛生，高40-80厘米，无毛。叶鞘无毛或分蘖叶的叶鞘被倒生柔毛，叶耳膜质，长约1毫米，叶舌长约0.5毫米，撕裂或缺；叶片长9-20厘米，宽0.35-1厘米，上面粗糙或疏被柔毛，下面粗糙。穗状花序长8-18厘米，宽0.8-1.5厘米；穗轴节间长1-1.5厘米，无毛或棱边被纤毛。小穗长1.2-1.8厘米，具5-10小花；小穗轴节间无毛；颖披针形，长1-1.5厘米（包括长1-2毫米芒尖），5-7脉，无毛，有时脉间粗糙，边

图 1184 偃麦草
（引自《中国主要植物图说 禾本科》）

缘膜质。外稃长圆状披针形。5-7脉，芒尖长1-2毫米，第一外稃长0.9-1.2厘米；内稃短于外稃，脊被纤毛。

花果期6-8月。染色体2n=28，42，56。

产黑龙江、吉林、辽宁、内蒙古、甘肃、青海、新疆、云南及西藏，生于海拔3000米以下河谷草甸、山坡草地、田边地梗或荒地路旁。蒙古、中亚地区及俄罗斯有分布。本种与中间偃麦草双二倍体杂种可与小麦杂交，杂种具强大根茎，也可直接与小麦进行杂交，育成新杂种。

[附] **曲芒偃麦草 Elytrigia aegilopoides** (Drobov) N. R. Cui, 新疆植物检索表 1: 163. 1982. ——*Agropyron aegilopoides* Drobov in Trav. Mus. Bot. Acad. Sci. Petrograd 12: 46. 1914. 与偃麦草的区别：植株密丛生；穗状花序长7-11厘米；小穗长1.3-1.8厘米，具5-7小花；颖先端芒长1-4毫米；外稃先端具弯曲长1.5-2.3厘米的芒。产新疆，生于海拔1400-2000米森林草甸。蒙古、中亚及俄罗斯西伯利亚有分布。

78. 冰草属 Agropyron Gaertn.

（吴珍兰）

多年生。根外被沙套。叶鞘包茎，叶舌膜质；叶片内卷，稀平展。穗状花序宽线形或窄长圆形；穗轴密被毛，每节具1小穗。小穗覆瓦状，具3-11小花；颖线形或窄卵形，坚硬，1-5脉，两侧具宽膜质边缘，背部具脊，先端芒尖或具短芒。外稃或被毛，5脉，中脉成脊，先端具芒尖或短芒，基盘明显；内稃与外稃近等长或稍长，先端2裂，脊具小刺毛；花药长为内稃一半。颖果与稃体粘合而不易脱落。

约15种，主要分布于地中海、亚洲西南部、中国、澳大利亚和新西兰。我国6种、4变种及1变型。均为优良牧草，也是小麦和大麦的近缘种，异花传粉。

1. 小穗排列紧密；穗轴节间长不及2毫米；颖长不及第一外稃一半，芒长2-4毫米。
  2. 花序宽扁，长圆形或卵状披针形；小穗整齐排列呈篦齿状2列或近篦齿状覆瓦状排列。
    3. 植株无根茎。
      4. 颖与外稃被长柔毛 ·· 1. **冰草 A. cristatum**
      4. 颖与外稃无毛或疏被刺毛 ··········· 1(附). **光穗冰草 A. cristatum** var. **pectiniforme**
    3. 植株具匍匐根茎 ··· 1(附). **根茎冰草 A. michnoi**
  2. 花序窄，条形或长圆状条形；小穗排列整齐，向上斜升，非篦齿状 ········· 2. **沙生冰草 A. desertorum**
1. 小穗排列疏散；穗轴节间长3-5毫米；颖通常长过第一外稃的一半，先端无芒或仅具长约1.5毫米的芒尖。
  5. 穗状花序宽4-6（-10）毫米；小穗长0.5-1.4厘米，无苞片，具（2）3-8小花；颖具3脉；外稃具5脉 ·· 3. **沙芦草 A. mongolicum**
  5. 穗状花序宽1-1.5厘米；小穗长1.5-2厘米，具苞片，具9-11（-13）小花；颖具5-7脉；外稃具7-9脉 ··· 4. **西伯利亚冰草 A. fragile**

1. 冰草

图 1185 : 1-8

Agropyron cristatum (Linn.) Gaertn. in Novi Comment. Acad. Sci. Imp. Petrop. 14(1): 540. 1770.

Bromus cristatus Linn. Sp. Pl. 78. 1753.

秆丛生，高15-75厘米，上部被柔毛。叶鞘粗糙或边缘微具毛，叶舌长0.5-1毫米；叶片内卷，长4-20厘米，宽2-5毫米，上面叶脉隆起并密被小硬毛。穗状花序长圆形或两端稍窄，长2-7厘米，宽0.8-1.5厘米；穗轴节间长0.5-1毫米。小穗紧密排成两行，篦齿状，长6-9（12）毫米，具（3-）5-7小花；颖舟形，背部被长柔毛，或粗糙，稍无毛，第一颖长2-4毫米；第二颖长3-4.5毫米，具稍短或稍长于颖的芒。外稃被长柔毛，边缘窄膜质，被刺毛，第一外稃长4.5-6毫米，芒长2-4毫米；内稃与外稃近等长，脊具刺毛。花果期7-9月。染色体2n=14，28，42。

产黑龙江、吉林、辽宁、内蒙古、河北、山西、陕西、宁夏、甘肃、青海及新疆，生于海拔600-4000米干旱草地、山坡、丘陵或沙地。中亚、俄罗斯西伯利亚及远东地区、蒙古及北美有分布。为优良牧草，青鲜时马、羊、牛与骆驼喜食，为催肥饲料。

[附] **光穗冰草** 图 1185:9 **Agropyron cristatum** (Linn.) Gaertn. var. **pectiniforme** (Roem. et Schult.) H. L. Yang, Fl. Reipubl. Popul. Sin. 9(3): 111. 1987. —— *Agropyron pectiniforme* Roem. et Schult. Syst. Veg. 2: 758. 1817. 与冰草的区别：颖与外稃无毛或疏被短刺毛。产黑龙江西部、辽宁西部、内蒙古、河北、青海及新疆，生于干旱地区山坡。格鲁吉亚有分布。

[附] **根茎冰草 Agropyron michnoi** Roshev. in Bull. Jard. Bot. Petersb. 28: 384. 1929. 与冰草的区别：具多分枝匍匐根茎；穗状花序的小穗密集覆瓦状排列呈篦齿状。产内蒙古，生于沙地或坡地。蒙古及俄罗斯西伯利亚有分布。

2. 沙生冰草

图 1186:4-7

Agropyron desertorum (Fisch. ex Link) Schult. Mant. 2: 412. 1824.

Triticum desertorum Fisch. ex Link, Enum. Pl. Hort. Berol. 1: 97. 1821.

植株疏丛生，根外具沙套。秆高20-70厘米，无毛或花序下被柔毛。叶鞘无毛，叶舌短小或缺；叶片多内卷成锥形，长4-12厘米，宽1-3毫米。穗状花序窄细圆柱形，长4-9厘米，宽0.5-1厘米；穗轴节间长1-1.5（3）毫米，无毛或棱具微柔毛。小穗紧密排列向上斜升，非篦齿状，长0.5-1厘米，具4-7小花；颖舟形，无毛，脊粗糙或疏生纤毛，第一颖长（2）3-4毫米，第二颖长4.5-6毫米，芒长1-2毫米。外稃舟形，背部及边脉多少具柔毛，芒长1-3毫米，第一外稃长5-7毫米；内稃与外稃等长或稍长，脊疏被纤毛。花果期7-9月。染色体2n=28，29，32。

产黑龙江西部、辽宁西部、内蒙古、山西、陕西、宁夏、甘肃、青海及新疆，生于海拔1500米以下低山干旱草原、沙地、丘陵地、山坡或沙后间低地。欧洲、中亚、蒙古、俄罗斯西伯利亚及北美有分布。为优良牧草，家畜喜食。

3. 沙芦草

图 1186:1-3

Agropyron mongolicum Keng in Journ. Wash. Acad. Sci. 28: 305. f. 4. 1938.

秆疏丛生，高20-60厘米，具2-3（-6）节。叶鞘无毛，叶舌具纤毛；叶片内卷成针状，长5-15厘米，宽1.5-3毫米，脉密被细刚毛。穗状花序长3-9厘米，宽4-6毫米；穗轴节间长3-5（10）毫米，无

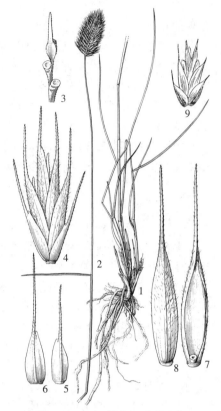

图 1185: 1-8.冰草 9.光穗冰草
（冯晋庸绘）

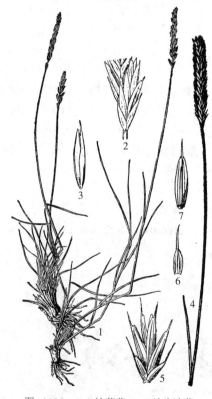

图 1186: 1-3.沙芦草 4-7.沙生冰草
（引自《中国主要植物图说 禾本科》）

毛或具微毛。小穗疏散排列，向上斜升，长0.5-1.4厘米，具（2）3-8小花；颖两侧常不对称，3-5脉，先端芒尖长约1毫米，第一颖长3-5毫米，第二颖长4-6毫米。外稃无毛或疏生微毛，5脉，边缘膜质，先端芒尖长1-1.5毫米，第一外稃长5-6毫米；内稃近

等长于外稃，脊具纤毛，脊间无毛或先端具微毛。花果期7-9月。染色体2n=14。

产内蒙古、山西、陕西、宁夏、甘肃及新疆，生于干旱草原、沙地或石砾地。为优良牧草，家畜喜食；也是防风固沙、防止水土流失的固沙植物。

4. 西伯利亚冰草　　　　　　　　图 1187

Agropyron fragile (Roth) Candargy in Arch. Biol. Veg. Athenes 1: 58. 1901.

Triticum fragile Roth in Catalecta Bot. 2: 7. 1800.

Agropyron sibiricum (Willd.) Beauv.; 中国植物志 9(3): 115. 1987.

秆疏丛生，高50-95厘米，4-5节。叶鞘无毛，叶舌质硬，短小；叶片平展或干时折叠，长10-20厘米，宽3-6毫米，上面糙涩或被微毛，

下面光滑。穗状花序微弯曲，长7-12厘米，宽1-2厘米；穗轴节间长4-7毫米，被微毛。小穗长1.5-2厘米，宽4-6毫米，具9-11（-13）小花；有时基部具1枚苞片；颖卵状披针形，两侧不对称，5-7脉，先端具短尖头，脊粗糙，第一颖长5-7毫米，第二颖长6-9（10）毫米。外稃披针形，背部无毛或微糙涩，7-9脉，

图 1187 西伯利亚冰草 （张海燕绘）

第一外稃长0.6-1厘米；内稃稍短于外稃，脊具纤毛。花果期7-9月。染色体2n=14，28。

产内蒙古，生于沙地。蒙古、俄罗斯西伯利亚、中亚及欧洲有分布。饲用价值同冰草。

79. 旱麦草属 Eremopyrum (Ledeb.) Jaub. et Spach
（吴珍兰）

一年生草本。叶片扁平；叶舌短。穗状花序稠密，长圆形或球形；穗轴具关节而逐节断落，每节具1小穗。小穗无柄，两侧扁，排列于穗轴两侧，具3-6小花，顶生小穗通常不发育；颖等长，具脊，两颖基部多少合生，边缘在成熟时增厚或角质，无芒或具短芒。外稃革质，5脉，背面具脊，先端渐尖或具短芒，有基盘；内稃短于外稃，膜质，具2脊，脊上部被纤毛；鳞被边缘须状；雄蕊3。

约5种，主要分布土耳其至亚洲中部和巴基斯坦。我国4种。均为早春短命植物，蛋白质丰富而纤维少，是家畜早春喜食的优良牧草。

1. 穗状花序长1-1.7厘米；颖披针形，具2条靠近的脉，无毛；外稃下部被微毛 ·········· **旱麦草 E. triticeum**
1. 穗状花序长2-3厘米；颖线状披针形，具2-3脉，被柔毛；外稃全密被柔毛 ·······················
　　　　　　　　　　　　　　　　　　　　　　　··········· （附）. **东方旱麦草 E. orientale**

旱麦草

图 1188：6-9

Eremopyrum triticeum (Gaertn.) Nevski in Kom. Fl. URSS 2: 662. 1934.

Agropyron triticeum Gaertn. in Novi Comment. Acad. Sci. Imp. Petrop. 14(1): 540. 1770.

秆高约30厘米，具3-4节，花序下被微毛。叶鞘短于节间，上部膨大，无毛或下部者被微毛；叶舌平截，长0.5-1毫米，薄膜质；叶片长1.5-8厘米，宽2-3毫米，两面粗糙或被微柔毛。穗状花序长1-1.7厘米，宽0.6-1.6厘米。小穗与穗轴成直角，长0.6-1厘米；具3-6小花；小穗轴扁平，节间长约0.6毫米；颖披针形，长4-6毫米，无毛，背部隆起，具靠近2粗脉。外稃稍粗糙，第一外稃长5-6毫米，基部被微毛，先端渐尖或具芒长1-1.5毫米，基盘长约0.4毫米；第一内稃长约3.8毫米，先端微齿状，脊上部粗糙。花果期4-6月。染色体2n=14。

产新疆，生于海拔850-1440米草地或河床砾石滩。欧洲东南部、中亚及俄罗斯西伯利亚、土耳其及伊朗有分布。

[附] **东方旱麦草** 图1188：1-5 **Erymopyrum orientale** (Linn.) Jaub. et Spach, Ill. Pl. Or. 4: 26. 1851. —— *Secale orientale* Linn. Sp. Pl. 84. 1753. 与旱麦草的区别：穗状花序长2-3厘米；颖线状披针形，2-3脉，被柔

图 1188：1-5.东方旱麦草 6-9.旱麦草
（引自《中国主要植物图说 禾本科》）

毛；外稃密被柔毛。产新疆及西藏西部，生于海拔580-1600米荒漠草原或干旱瘠薄山坡。伊朗、西喜马拉雅山区、中亚、俄罗斯东西伯利亚、克鲁吉亚及欧洲有分布。

80. 燕麦草属 Arrhenatherum Beauv.
（吴珍兰）

多年生草本。植株粗壮、高大。叶片平展。圆锥花序顶生，狭窄；小穗具2小花，第一小花雄性，第二小花两性；小穗轴脱节于颖之上并延伸于顶生小花之后。颖质薄，边缘近膜质，第一颖具1脉，第二颖长于第一颖，3脉。外稃具5脉，基盘被毛，第一外稃近基部具1膝曲扭转的芒，芒长出小穗，第二外稃近先端外具1细直短芒。子房被毛。种脐线形。

约6种，分布于欧洲、地中海区域和亚洲西南部。我国引入栽培1种和1变型。

燕麦草

图 1189

Arrhenatherum elatius (Linn.) Presl, Fl. Cechina 17. 1819.

Avena elatior Linn. Sp. Pl. 79. 1753.

秆高1-1.5米，4-5节。叶鞘无毛，短于或基部者长于节间；叶片平展，粗糙或下面较平滑，长14-25厘米，宽3-9毫米。圆锥花序灰绿或略带紫色，有光泽，疏散，长20-25厘米，宽1-2.5厘米；分枝簇生，直立，粗糙，基部主枝长7.5-11厘米。小穗长7-9毫米；颖点

图 1189 燕麦草
（引自《中国主要植物图说 禾本科》）

状粗糙，第一颖长 4-6 毫米，第二颖几与小穗等长。外稃先端微 2 裂，1/3 以上粗糙，2/3 以下疏被柔毛，7 脉；第一小花雄性，雄蕊 3，花药长约 4 毫米，第一外稃基部芒长为稃体 2 倍；第二小花两性，花药长约 4 毫米，雌蕊顶端被毛，第二外稃先端芒长 1-2 毫米。

原产欧洲。我国引入栽培，为饲料及观赏植物。

[附] **银边草 Arrhenatherum elatius** var. **bulbosum** (Willd.) Hyland f.

variegatum Hitchc. in Bailey, Stand. Cycl. Hort. 1: 397. 1914. 与燕麦草的区别：秆基部膨大呈念珠状；叶片长 20-30 厘米，具黄白色边缘。原产英国。我国引入栽培，供观赏。

81. 绒毛草属 Holcus Linn.

（吴珍兰）

多年生草本。叶片扁平。圆锥花序中等稠密。小穗具 2 小花，两侧扁，第一小花两性，第二小花雄性；小穗轴短，脱节于颖之下，且不延伸于第二小花之后；颖薄纸质，几相等，长于第二小花，第一颖具 1 脉，第二颖具 3 脉。第一外稃成熟后硬革质，光亮，无芒，具等长的内稃；第二外稃背部具芒，内稃较短；鳞被 2，线形；雄蕊 3；花柱短。胚乳有时柔软。

约 6 种，分布于欧洲、北非和亚洲西南部。我国引入栽培 1 种。

绒毛草　　　　　　　　　　　　　图 1190

Holcus lanatus Linn. Sp. Pl. 1048. 1753.

秆直立或基部弯曲，被柔毛，高 30-80 厘米，4-5 节。叶鞘基部者长于节间，密被绒毛，叶舌膜质，长 2-3 毫米，先端平截或有裂齿；叶片较厚而柔软，长 6-18 厘米，宽 3-8 毫米，两面均被柔毛。圆锥花序较紧密，穗状，长达 12 厘米，宽 2-3 厘米；分枝斜上，被短毛。小穗灰白或带紫色，长 3.5-4 毫米；小穗轴长约 0.5 毫米；颖背部被微毛，脉具硬毛，先端具微小尖头。外稃长约 2 毫米，第一小花外稃成熟后质硬，无毛，内稃与外稃约等长，花药长约 2 毫米；雌蕊具短花柱，第二小花的外稃背部具 1 钩状芒，内稃较外稃短，花药细小，长约 1.5 毫米。花果期 5-10 月。

江西庐山栽培，云南昆明郊区野化，生于海拔约 1900 米草地或潮湿处。可用于铺建草地。

图 1190 绒毛草
（引自《中国主要植物图说　禾本科》）

82. 鹧鸪草属 Eriachne R. Br.

（吴珍兰）

多年生草本。叶片纵卷如针状。圆锥花序顶生，开展。小穗具 2 小花，两性；小穗轴极短，不延伸于顶生小花之后，脱节于颖之上及小花之间；颖纸质，几相等或略短于小穗，具数脉。外稃成熟时硬，背部被短糙毛，有芒或无芒；内稃无明显脊；鳞被 2；雄蕊 2-3；雌蕊具分离花柱和帚刷状柱头。

约 20 多种，多数分布于大洋洲。我国 1 种。

鹧鸪草　　　　　　　　　　　　　图 1191

Eriachne pallescens R. Br. Prodr. Fl. Nov. Holl. 184. 1810.

须根较粗而坚韧。秆直立，丛生，高 20-60 厘米，无毛，5-8 节，基部有分枝。叶鞘圆筒形，鞘口或边缘被短毛，多短于节间，叶舌硬

图 1191 鹧鸪草
（引自《中国主要植物图说　禾本科》）

长约0.5毫米，被纤毛；叶片长2-10厘米，被疣毛。圆锥花序长5-10厘米；分枝纤细，单生，长达5厘米，无毛，着生少数小穗。小穗带紫色，长4-5.5毫米；颖硬纸质，卵形兼披针形，长3-4毫米，背部圆，无毛，9-10脉。外稃较硬，长约3.5毫米，密被糙毛，具1直芒，与稃体几

等长或稍短；内稃与外稃质同，等长，背部被糙毛；雄蕊3，花药长约2毫米。颖果长圆形，长约2毫米。花果期5-10月。

产福建、江西、广东、香港、海南及广西，生于干旱山坡、松林下或潮湿草地。印度东部、缅甸、马来西亚、泰国及澳大利亚有分布。干花序可扎扫帚，为饲料植物。

83. 银须草属 Aira Linn.
（吴珍兰）

一年生草本。秆直立，丛生，纤细。叶片纵卷。圆锥花序开展或紧缩，分枝纤细，末端着生较小的小穗；小穗具2小花，均两性，脱节于颖之上，小穗轴不延伸于第二小花之后；颖膜质，几相等，微粗糙，具1脉或不明显3脉，先端尖。外稃硬，背部圆，粗糙，先端具2渐尖细齿，基盘被毫毛，稃体下部或中部具芒，或第一小花无芒，芒膝曲；内稃膜质，具2脊；鳞被2；花药小。

约10种，分布于欧洲和亚洲温带。我国1种。

银须草
图 1192

Aira caryophyllea Linn. Sp. Pl. 66. 1753.

秆单一或丛生，直立或节稍弯曲，纤细，高5-30厘米，粗糙。叶鞘褐色，粗糙，短于节间，叶舌披针形，膜质，长1-4毫米；叶片纵卷，细线形，长1-3厘米。圆锥花序开展，分枝3出。小穗银灰或银白色，卵形，长2-3毫米，具长梗，颖与小穗等长，膜质，卵圆形，先端渐尖，具1脉。外稃褐色，质硬，上端粗糙，长2-2.5毫米，先端具渐尖2细齿（2小花均有）；基盘微被毫毛，稃体下部具芒，芒长约4毫米，纤细，弯曲；内稃短于外稃。

图 1192 银须草 （李爱莉绘）

产西藏西部，生于海拔3600米高山草地。欧洲、亚洲西部、非洲北部、美洲北部及南部、印度有分布。

84. 扁芒草属 Danthonia DC.
（吴珍兰）

多年生草本。根粗；根茎木质化。叶片较硬，内折或纵卷。圆锥花序开展或紧缩，有时成总状。小穗具4至数小花；小穗轴无毛，脱节于颖之上及各小花之间。颖膜质，几相等，其长度多超于顶花之上，具（1-）3-9脉。外稃硬，草质或纸质，7-9脉，边缘或全部被长柔毛，先端2裂，裂片先端尖或具芒，裂片间具1扁平膝曲的芒，芒柱扁平扭转；基盘窄长圆形，先端钝圆，被长柔毛；内稃等于或短于外稃，无

毛或脊微粗糙；鳞被 2。

约 20 种，分布于欧洲及南北美洲。我国约 3 种。

扁芒草

图 1193

Danthonia schneideri Pilger in Fedde, Repert. Sp. Nov. 17: 131. 1921.

秆丛生，高 15-60 厘米，2-4 节。叶鞘常短于节间，无毛或被柔毛，叶舌为 1 圈长 0.5-3 毫米的柔毛；叶片长 5-25 厘米，宽 1-2 毫米，分蘖叶片长达 35 厘米，无毛或下面疏生柔毛。圆锥花序长 2-10 厘米，宽 1-2.5 厘米；分枝或小穗柄被微毛或顶端具 1 圈长柔毛。小穗带紫色，具 4-6 小花；颖披针形，长 1-2 厘米，3-7 脉。外稃上部 1/3 以上 2 裂，芒长 0.5-1 厘米，裂片以下和边缘被长柔毛或无毛，第一外稃长 7-9 毫米，芒长 1.5-2.5 厘米，芒柱长 2-4 毫米，扁平扭转，棕色；花药黄色、桔红或粉红色，长 2.5-4 毫米。花果期 5-10 月。

产四川、云南及西藏，生于海拔 2900-4500 米高山草原草甸、林下灌丛

图 1193 扁芒草
（引自《中国主要植物图说　禾本科》）

中或河边多石处。为牦牛的好饲料。

85. 毛蕊草属 Duthiea Hack.
（吴珍兰）

多年生草本。叶片常纵卷。花序窄小，为紧密或延伸偏向一侧的总状花序。小穗具 1-3 小花，两侧扁或背部稍圆；小穗轴脱节于颖之上及各小花之间；颖草质，长圆状披针形，5-9 脉，脉间常疏生横脉，边缘膜质，背部微具脊或圆。外稃膜质或草质，被硬毛或柔毛，先端 2 深裂，裂片间具 1 粗壮、宿存芒，芒柱扭转，芒针状；内稃膜质，较外稃短而窄，具 2 脊，脊粗糙，先端细刚毛状；无鳞被；雄蕊 3，花药细长，顶端生小刺毛；子房密被糙毛，花柱 1，柱头 2，自小穗顶端伸出。颖果长圆形，扁平，具纵沟，被糙毛，有钻状喙。

约 3 种，分布于阿富汗、印度北部、尼泊尔至中国西部。我国 1 种。

毛蕊草

图 1194

Duthiea brachypodia (P. Candargy) Keng et Keng f. in Acta Phytotax. Sin. 10(2): 182. 1965.

Triavenopsis brachypodium P. Candargy, Trib. Hordees, Mus. Hist. Nat. Paris 65. 1897-99.

秆密丛，高 0.25-1 米，径 1.2-2 毫米，1-3 节。叶鞘短于节间，叶舌膜质，长 5-8 毫米，具齿裂；叶片硬，纵卷，长 2.5-13 厘米，下面粗糙，基部分蘖，叶长达 35 厘米，宽 2-3.5 毫米。总状花序长 8-10 厘米，宽 5-7 毫米，具 8-18 小穗。小穗灰绿色，具 1 小花，长 1.2-2.1 厘

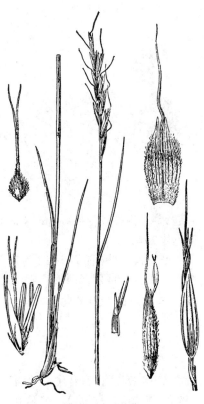

图 1194 毛蕊草
（引自《中国主要植物图说　禾本科》）

米；小穗柄长 1.5-5 毫米；小穗轴节间长约 2 毫米，顶端具长约 0.8 毫米的退化小花；颖长 1.3-2.1 厘米。外稃革质，等长于小穗，10-11 脉，1/2 以下被柔毛，基盘的毛密，先端 2 裂片长 0.7-1 厘米，基部具柔毛，芒微粗糙，芒柱长 0.8-1 厘米，芒针长 1-1.6 厘米；内稃长 1.1-1.5 厘米；花药黄色，长 7-9 毫米；花柱长 6-7 毫米，柱头帚刷状，长 7-9 毫米。花果期 6-10 月。

产青海、四川、云南及西藏，生于海拔 3000-5300 米高山疏林下、灌丛中或阳坡草地。尼泊尔有分布。

86. 齿稃草属 Schismus Beauv.
（吴珍兰）

一年生草本。叶片窄线形。圆锥花序紧缩或穗状。小穗具数小花，两性；小穗轴脱节颖之上和各小花之间；颖膜质，等长或几等长于小穗，具膜质边缘，5-7 脉。外稃膜质，较宽，7-9 脉，背部圆，和边缘均被柔毛，先端具 2 裂片或具缺刻，基盘短；内稃膜质，长圆形；鳞被 2，被纤毛；雄蕊 3，花药小；柱头羽毛状，子房长圆形。

约 5 种，分布于南非、地中海区域及亚洲西南部。我国 1 种。

齿稃草
图 1195

Schismus arabicus Nees, Fl. Afr. Austr. 422. 1841.

秆纤细，丛生，高 5-15 厘米，无毛，2-3 节，节部多弯曲。叶鞘基部者长于节间，上部者短，脉纹突出，边缘膜质，无毛，叶舌为 1 圈长约 1.5 毫米的柔毛；叶片长约 1.5 厘米，无毛。圆锥花序灰绿色，长 1-2 厘米；分枝纤细且较短，疏被短毛；小穗轴节间长约 1 毫米，弯曲；小穗长 5-7 毫米，具 5-7 小花；颖具宽膜质边缘，第一颖长约 5 毫米，第二颖长约 5.5 毫米。外稃背面和边缘均被长 0.3-1.2 毫米柔毛，先端 2 裂片长约 1 毫米，渐尖；第一外稃长 2.5-

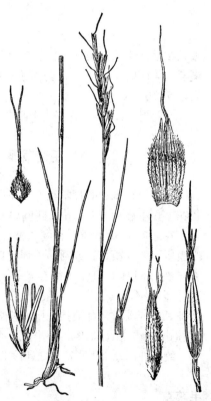

3 毫米；内稃较外稃短，2 脉；花药长约 0.5 毫米。花果期 6-7 月。染色体 2n=12。

产新疆及西藏西部，生于海拔 350-2500 米山地草原或沙漠边缘荒漠地区。中亚、俄罗斯西伯利亚、巴基斯坦及印度有分布。全株营养丰富，家畜喜食，为早春优良牧草。

图 1195 齿稃草
（引自《中国主要植物图说　禾本科》）

87. 落草属 Koeleria Pers.
（吴珍兰）

多年生草本，密丛生。叶鞘在基部分蘖者常闭合，秆生者常纵裂；叶片扁平或纵卷。圆锥花序有光泽，顶生，穗状，分枝较短，被柔毛。小穗具 2-4 两性小花；小穗轴脱节于颖之上，延伸于顶生内稃之后呈刺状；颖披针形或长圆状披针形，不等或近相等，通常较外稃短，边缘膜质而有光泽，1-3（-5）脉。外稃纸质，有光泽，3–5 脉，脊明显，边缘及先端宽膜质，基盘钝圆，具微毛，先端具芒尖或近顶端具 1 短芒；内稃膜质，与外稃几等长，先端 2 裂，具 2 脊；鳞被 4；雄蕊 3；子房无毛。

约 35 种，分布于温带地区。我国 4 种 3 变种。

为山地草原牧草。

1. 外稃背部先端以下 1 毫米处生芒，芒长 0.5–2.5 毫米；小穗轴被长 0.5–1 毫米的柔毛。
　　2. 植株高 25–50 厘米，具 1–2 节；花序长 4.5–12 厘米；小穗长 5–6 毫米 ·················· 1. **芒落草 K. litvinowii**
　　2. 植株高 3–15 厘米，无节；花序长 1.5–3 厘米；小穗长不及 5 毫米 ····· 1(附). **矮落草 K. litvinowii var. tafelii**
1. 外稃背部先端具芒尖；小穗轴无毛或被微柔毛。
　　3. 无根状茎。
　　　　4. 叶片纵卷或平展；小穗长 3–5 毫米，具 2–3 小花；花序分枝长约 1 厘米。
　　　　　　5. 小穗长 4–5 毫米；第一外稃长约 4 毫米，黄褐色；颖几等长，脊具刺毛；植株高 30–50 厘米 ·········
　　　　　　　　·· 2. **落草 K. cristata**
　　　　　　5. 小穗长 3–4 毫米；第一外稃长 3–3.5 毫米，紫灰色；颖不等长，脊具微刺；植株高 5–25 厘米 ·········
　　　　　　　　··· 2(附). **小花落草 K. cristata var. poaeformis**
　　　　4. 叶片平展；小穗长 5–7 毫米，具 4 小花；花序分枝长达 3 厘米。
　　　　　　··· 2(附). **大花落草 K. cristata var. pseudocristata**
　　3. 具根状茎 ··· 3. **匍茎落草 K. asiatica**

1. 芒落草

图 1196

Koeleria litvinowii Dom. in Biblioth. Bot. 65: 116. 1907.

秆高 25–50 厘米，花序下被绒毛。叶鞘被柔毛，上部者膨大，叶舌膜质，长 1–2 毫米；叶片长 3–5 厘米，宽 2–4 毫米，分蘖者长达 15 厘米，宽 1–2 毫米，两面被柔毛或无毛，边缘具纤毛。圆锥花序穗状，长圆形，下部常间断，长 4.5–12 厘米，草绿或带淡褐色，有光泽；小穗具 2 (3) 小花，长 5–6 毫米，小穗轴被长约 1 毫米柔毛。颖长圆形或披针形，边缘宽膜质，脊粗糙，第一颖长 4–4.5 毫米，1 脉，第二颖长约 5 毫米，基部 3 脉。外稃披针形，具不明显 5 脉，背部具柔毛，芒长 1–2.5 毫米，第一外稃长约 5 毫米；内稃稍短于外稃，脊微粗糙。花果期 6–9 月。

产内蒙古、山西、宁夏、甘肃、青海、新疆、四川、云南及西藏，生于海拔 2500–4500 米亚高山草甸、灌丛草甸或河岸碎石地。中亚和土耳其有分布。

图 1196 芒落草 （史渭清绘）

[附] **矮落草 Koeleria litvinowii** var. **tafelii** (Dom.) P. C. Kuo et Z. L. Wu, Fl. Reipubl. Popul. Sin. 9(3): 130. 1987.——*Koeleria hosseana* Dom. var. *tafelii* Dom. in Fedde, Repert. Sp. Nov. 10: 54. 1911. 与模式变种的区别：植株高 3–15 厘米，无节；圆锥花序长圆形或卵圆状长圆形，长 1.5–3 厘米；小穗长不及 5 毫米，具 2 小花；外稃背部具芒长 0.5–1 毫米。

产青海及西藏，生于海拔 3200–5200 米高山草甸或河滩草地。

2. 落草 图 1197:1-5

Koeleria cristata (Linn.) Pers. Syn. Pl. 1: 97. 1805.

Aira cristata Linn. Sp. Pl. 63. 1753. pro parte

秆高 30-50 厘米, 花序下密被绒毛, 2-3 节。叶鞘无毛或被柔毛, 基部具撕裂叶鞘, 叶舌膜质, 平截或边缘细齿状, 长 0.5-2 毫米; 叶片灰绿色, 常内卷或平展, 长 1.5-30 厘米, 宽 1-2 毫米, 被柔毛或上面无毛, 上部叶近无毛。圆锥花序草绿或黄褐色, 有光泽, 下部有间断, 长 5-12 厘米, 宽 0.7-1.8 厘米。小穗具 2-3 小花, 长 4-5 厘米; 小穗轴间长约 1 毫米; 颖倒卵状长圆形或长圆状披针形, 边缘宽膜质, 脊具刺毛, 第一颖长 2.5-3.5 毫米, 1 脉, 第二颖长 3-4.5 毫米, 3 脉。外稃披针形, 3 脉, 无芒, 稀先端具长约 0.3 毫米小尖头, 第一外稃长约 4 毫米, 黄褐色; 内稃稍短于外稃, 脊光滑或微粗糙。花果期 5-9 月。

产黑龙江、吉林、辽宁、内蒙古、河北、山东、山西、河南、陕西、宁夏、甘肃、青海、新疆、江苏、安徽、浙江、福建、湖北、湖南、四川、云南及西藏, 生于海拔 4000 米以下亚高山草甸、山地草原、林缘、灌丛、山坡草地或路旁。欧亚大陆温带地区及北美有分布。

[附] **小花落草** 图 1197:6-8 **Koeleria cristata** var. **poaeformis** (Dom.) Tzvel. Poac. URSS 275. 1976. —— *Koeleria poaeformis* Dom. in Biblioth. Bot. 65: 171. 1907. 与模式变种的区别: 植株高 5-25 厘米; 小穗紫灰色, 具 2 小花, 长 3-4 毫米; 颖不等长, 脊具微刺, 第一颖长 1.5-3 毫米, 第二颖长 2.5-3.5 毫米; 第一外稃长 3-3.5 毫米, 紫灰色。产黑龙江、吉林、辽宁、内蒙古、青海及新疆, 生于海拔 1300-3600 米山坡草地。俄罗斯西伯利亚、蒙古及日本有分布。

[附] **大花落草** 图 1197:9-11 **Koeleria cristata** var. **pseudocristata** (Dom.) P. C. Kuo et Z. L. Wu, Fl. Reipubl. Popul. Sin. 9(3): 132. 1987. —— *Koeleria pseudocristata* Dom. Allg. Bot. Zeitschr. Syst. 9: 42. 80. 1903. 与模式变种的区别: 叶平展; 花序分枝长达 3 厘米; 小穗长 5-7 毫米, 具 4 小花; 第一颖长 3.2-4 毫米, 第二颖长 4-5.5 毫米; 第一外稃长 4.5-5.5 毫米, 内稃长约 4 毫米。产陕西、甘肃及青海, 生于海拔 1800-3900 米山坡草

3. 匍茎落草 图 1198

Koeleria asiatica Dom. in Bull. Herb. Boissier ser. 2, 5(10): 947. 1905.

须根细长, 具地下根茎。秆直立或基部膝曲, 花序下具柔毛, 高 30-60 厘米, 2-3 节。基部叶鞘被毛, 长于节间, 上部者粗糙, 短于节间, 叶舌膜质, 长约 0.2 毫米; 叶片平展或纵卷, 上面粗糙或微被

图 1197: 1-5.落草 6-8.小花落草 9-11.大花落草 （阎翠兰绘）

地或林下。欧洲和亚洲有分布。草质柔软, 适口性好, 营养价值较高, 为优良饲料。适应性强, 为改良天然草场的优良草种。

图 1198 匍茎落草 （引自《中国植物志》）

柔毛，下面被柔毛；秆生叶片长 1-3 厘米，宽约 2 毫米，分蘖叶长达 15 厘米，宽 1-2 毫米。圆锥花序穗状，长 2.5-8 厘米，宽 0.5-1 厘米，分枝短，和主轴均被毛。小穗卵形，紫灰色，长 4-5 毫米，具 2-3 小花；小穗轴节间长约 0.8 毫米，被柔毛；颖不等，先端尖，边缘宽膜质，脊微粗糙，第一颖窄，长约 3 毫米，1 脉，第二颖卵形，长约 4 毫米，3 脉。外稃草质，窄卵形，背点状粗糙，第一外稃长约 4 毫米，基盘钝圆，被微毛；内稃膜质，长约 3 毫米，先端 2 裂，具 2 脊，脊粗糙。花期 6-8 月。

据文献记载，产青海及西藏，生于海拔 2900-4600 米干旱山坡草地。欧洲和亚洲有分布。

88. 三毛草属 Trisetum Pers.
（吴珍兰）

多年生草本。叶片窄而扁平。圆锥花序开展或穗状。小穗具（1）2-3（4-5）小花，小穗轴被柔毛，并延伸于顶生内稃之后，呈刺状或具不育小花；颖草质或膜质，不等长并短于小穗，第一颖较第二颖短，1-3 脉，先端尖或渐尖。外稃膜质或纸质，披针形，两侧扁，具膜质边缘，背部具脊，先端 2 齿裂，基盘被微毛，稀无毛，背部 1/2 以上处生芒，芒膝曲或反折；内稃银色，膜质，等长或较短于外稃，具 2 脊，脊粗糙，鳞被 2，膜质，长圆形或披针形，先端 2 裂或 2 齿裂；雄蕊 3；子房无毛。

约 70 多种，除非洲外全世界温带地区均有分布。我国约 10 余种。多为饲料植物。

1. 圆锥花序穗形，稀疏散；分枝短，直立，常被柔毛，稀无毛；茎花序下部常被柔毛，稀无毛；植株多较矮，疏丛或密丛。
  2. 花序的长宽比 5 倍以上，浅褐、浅绿或草黄色，穗状长圆形，小穗较稀疏，下部有间断；颖窄披针形 ……………………………………………………………………………………………… 1. 长穗三毛草 **T. clarke**
  2. 花序的长宽比常不及 5 倍，浅褐、浅灰、浅绿或紫红色，有光泽，穗形、卵圆形或长圆形，小穗稠密或较稀疏；颖卵形。
    3. 穗状圆锥花序较稠密，常不间断，稀下部有间断，浅灰或紫红色；植株较矮。
      4. 花序近线形；叶片、叶鞘和茎几无毛或密被柔毛；颖长卵形，与外稃等长或稍短；外稃芒长 4-6 毫米，常反曲 ……………………………………………………………………………… 2. 穗三毛 **T. spicatum**
      4. 花序卵圆形；叶片、叶鞘和茎几无毛或疏被微毛；颖卵圆形，与外稃等长，外稃芒长 3-4 毫米，直立或稍弯曲 ……………………………………………………………… 2(附). 蒙古穗三毛 **T. spicatum** var. **mongolicum**
    3. 穗状圆锥花序较稀疏，下部具间断，浅绿、浅褐稀紫红色；植株较高。
      5. 小穗长 6-9 毫米，具 2-3 小花；第一外稃长 5-7 毫米，芒 6-7 毫米；茎、叶片和叶鞘密被柔毛 …… ………………………………………………………………… 2(附). 大花穗三毛 **T. spicatum** var. **alascanum**
      5. 小穗长 4.5-6 毫米，具 2 小花；第一外稃长 4-5.5 毫米，芒长 3-4 毫米，近基部反折，和稃体成直角 ………………………………………………………………… 2(附). 喜马拉雅穗三毛 **T. spicatum** var. **himalaicum**
1. 圆锥花序疏散，开展，长圆形；分枝较细长，斜上，无毛；花序下的茎无毛；植株高大，具根茎，常少数丛生或单生。
  6. 内稃短，长为外稃 1/2-2/3；叶鞘松散，多短于节间。
    7. 外稃粗糙；内稃背部外拱作弧形；花序分枝每节多枚；芒向外反曲 ……………………… 3. 三毛草 **T. bifidum**
    7. 外稃背脊粗糙，余光滑；内稃背部直或稍弯，非弧形；花序分枝基部 1 节常单生或 2 枚；芒膝曲且芒柱扭转 ………………………………………………………………………………………… 4. 优雅三毛草 **T. scitulum**
  6. 内稃与外稃等长或略短；叶鞘基部多少闭合或闭合至顶部。
    8. 植株少数丛生；叶鞘基部多少闭合，短于节间，叶舌膜质；第一外稃的芒长 7-9 毫米 ……………… ………………………………………………………………………………………… 5. 西伯利亚三毛草 **T. sibiricum**
    8. 植株少数丛生或单生；叶鞘常闭合至顶部，长于节间，叶舌质厚；第一外稃的芒长 3-6 毫米 ……… ………………………………………………………………………………………………… 6. 湖北三毛草 **T. henryi**

1. 长穗三毛草 图 1199：1-4

Trisetum clarkei (Hook. f.) R. R. Stewart in Brittonia 5(4): 431. 1945.

Avena clarkei Hook. f. Fl. Brit. Ind. 7: 278. 1896.

秆丛生，花序以下被柔毛，1-3 节，高 30-70 厘米。叶鞘松散，多长于节间，被柔毛；叶舌膜质，长 1-2 毫米；叶片柔软，长 5-20 厘米，被柔毛或粗糙。圆锥花序穗状长圆形，下部常间断，长 5-12 厘米，宽约 1 厘米，有光泽，浅褐、浅绿或草黄色，分枝短细（下部较长），被柔毛。小穗较窄，长 4-6 毫米，具 2-3 小花；小穗轴节间和毛被均长约 1 毫米；颖不等，膜质，窄披针形，中脉粗糙，第一颖长 4-4.5 毫米，1 脉，第二颖长 5-6 毫米，3 脉。

外稃窄披针形，粗糙，先端具 2 裂齿，第一外稃长 3.5-4 毫米，5 脉，基盘被微毛，稃体先端约 2 毫米处生芒，芒长约 4 毫米，反曲；内稃膜质，稍短于外稃，具粗糙 2 脊；鳞被 2，膜质，先端 2 齿裂；雄蕊 3，花药黄色，长约 1 毫米。花期 7-9 月。

产山西、陕西、甘肃、青海、新疆、四川、云南及西藏，生于

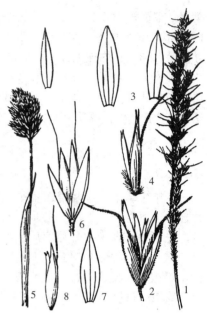

图 1199：1-4. 长穗三毛草 5-8. 蒙古穗三毛
（王 颖绘）

海拔 1700-4300 米林下、灌丛间、山坡草地及草原。印度北部、克什米尔地区及巴基斯坦有分布。

2. 穗三毛 图 1200

Trisetum spicatum (Linn.) Richt. Pl. Eur. 1: 59. 1890.

Aira spicata Linn. Sp. Pl. 64. 1753.

秆高 8-30 厘米，密集丛生，花序以下被绒毛，1-3 节。叶鞘密被柔毛。叶舌长 1-2 毫米，顶端常撕裂；叶片长 2-15 厘米，宽 2-4 毫米，被柔毛，稀无毛。圆锥花序浅绿或紫红色，有光泽，穗状，近线形，通常不间断稀下部间断，长 1.5-7 厘米，宽 0.5-2 厘米；分枝短，被柔毛。

小穗卵圆形，长 4-6 毫米，具 2（3）小花；小穗轴长 1-1.5 毫米，被柔毛；颖近相等，长卵形，第一颖长 4-5.5 毫米，具 1 脉，第二颖长 5-6 毫米，3 脉。外稃背部粗糙，第一外稃长 4-5 毫米，芒长 4-6 毫米，反曲；内稃稍短于外稃。花果期 6-9 月。

产黑龙江、吉林、内蒙古、河北、山西、河南、陕西、宁夏、甘肃、青海、新疆、湖北、贵州、四川、云南及西藏，生于海拔 1700-5500 米山坡草地、高山草原、高山草甸或流石滩。北半球温带至极地和热带高海拔地区均有分布。为良好牧草。

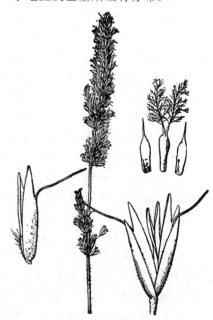

图 1200 穗三毛 （冯晋庸绘）

[附] **蒙古穗三毛** 图 1199：5-8

Trisetum spicatum var. **mongolicum** (Hult.) P. C. Kuo et Z. L. Wu, Fl. Reipubl. Popul. Sin. 140. Pl. 35: 7-10. 1987. —— *Trisetum spicatum* subsp.

mongolicum Hult. in Svensk Bot. Tidskr. 53(2): 214. 1959. 与模式变种的区别：秆、叶片和叶鞘被微毛或几无毛；圆锥花序短粗，卵圆形，长1.5-5厘米；颖几相等，卵圆形，第一颖长3-5毫米，第二颖长4-6毫米；第一外稃与颖近等长，芒直立或稍弯曲，长3-4毫米。产青海、新疆、四川及西藏，生于海拔2000-5150米山坡草地、高山草甸、林下或灌丛中。中亚、蒙古及俄罗斯西伯利亚有分布。

[附] **大花穗三毛** 图 1201：1-4 **Trisetum spicatum** var. **alascanum** Malte ex Louis-Marie in Rhodora 30: 239. 1929. 与模式变种的区别：植株高15-50厘米；茎、叶片和叶鞘均密被柔毛；圆锥花序稀疏，穗状，常下部间断；小穗长6-9毫米，具2-3小花；颖卵圆形，近等长，先端尖，芒长3-4毫米，第一颖长4.5-8毫米，1-3脉，第二颖长5.5-9毫米，3脉；外稃与颖近等长，第一外稃长5-7毫米，芒长6-7毫米，直立或稍弯曲。产台湾、四川、云南及西藏，生于海拔3800-5600米高山砾石坡、林下或高山草甸。日本、朝鲜半岛、俄罗斯远东地区、喜马拉雅山区及北美洲有分布。

[附] **喜马拉雅穗三毛** 图 1201：5-8 **Trisetum spicatum** var. **himalaicum** (Hult.) P. C. Kuo et Z. L. Wu, Fl. Reipubl. Popul. Sin. 141. t. 35: 11-14. 1987. —— *Trisetum spicatum* subsp. *himalaicum* Hult. in Svensk Bot. Tidskr. 53(2): 213. 1959. 与模式变种的区别：植株较高；穗状圆锥花序较稀疏，常下部间断，小穗长4.5-6毫米，具2小花；第一外稃长4-5.5毫米，芒长3-4毫米，近基部反折，与稃体成直角。产青海、四川、云南及西藏，生于海拔3200-5000米高山山坡、草地或草甸。尼泊尔及印度北部有分布。

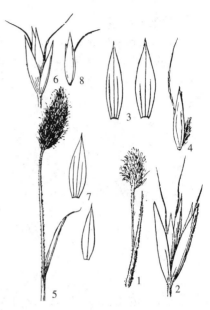

图 1201：1-4.大花穗三毛 5-8.喜马拉雅穗三毛 （王 颖绘）

3. 三毛草　　　　　　　　　　　　　　图 1202

Trisetum bifidum (Thunb.) Ohwi in Bot. Mag. Tokyo 45: 191. 1931.

Bromus bifidus Thunb. Fl. Jap. 53. 1784.

秆高0.3-1米，无毛，2-5节。叶鞘常短于节间，叶舌长0.5-2毫米；叶片长5-15厘米，宽3-6毫米，常无毛。圆锥花序黄绿或褐绿色，

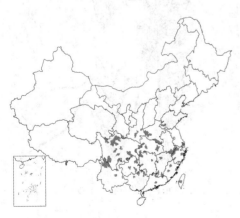

有光泽，疏散，开展，长圆形，长10-25厘米，宽2-4厘米；分枝细长，斜上，无毛，每节多枚，长达10厘米。小穗具2-3小花，长6-8毫米；小穗轴节间长约1.5毫米，被柔毛；颖背脊粗糙，第一颖长2-3.5毫米，1脉，第二颖长4-6毫米，3脉。外稃黄绿色、褐色，纸质，先端2裂片长1-1.5毫米，背部点状粗糙，第一外稃长6-7毫米，芒细弱，长0.7-1厘米，反曲；内稃长3.4-4毫米，背部弧形，2脊被小纤毛；鳞被长约1毫米，顶端齿裂。花期4-6月。

产山东、河南、陕西、甘肃南部、江苏、安徽、浙江、台湾、

图 1202 三毛草
（引自《中国主要植物图说　禾本科》）

福建、江西、湖北、湖南、广东、广西、贵州、四川、云南及西藏南部，生于海拔490-4200米山坡路旁、沟边湿草地、林缘或高山灌丛草甸。朝鲜半岛及日本有分布。

4. 优雅三毛草 图 1203

Trisetum scitulum Bor in Kew Bull. 1956: 212. 1956.

具短根茎。秆丛生，无毛，高30-60厘米，2-3节。叶鞘被柔毛，

常短于节间，叶舌膜质，长1-3毫米，先端齿裂；叶片线形，长5-20厘米，宽2-4毫米，多少被毛。圆锥花序开展，长7-15厘米，分枝细长，斜上，无毛，长达5厘米。小穗轴节部长约2毫米，被柔毛；颖膜质，不相等，紫红色，第一颖长3.5-4.8毫米，1脉，先端渐尖，第二颖长6-7.5毫米，3脉，先端尖。外稃硬纸质，褐色，先端和边缘膜质，顶端具长约1.5毫米芒状2裂齿，粗糙，第一外稃长6.5-7.8毫米，脊部粗糙，基盘钝，无毛，稃体顶端以下约2毫米处生芒，芒膝曲，粗糙，长0.9-1.4厘米，芒柱扭转；内稃膜质，长4-5毫米，背部直立或稍弯，具2脊，脊粗糙；鳞被2，膜质，长约1毫米，披针形，先端齿裂。花期7-9月。

产四川、云南及西藏，生于海拔4000-5000米高山灌丛、流石

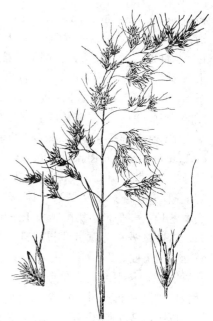

图 1203 优雅三毛草 （王 颖绘）

滩及高山草甸。喜马拉雅山山区、欧洲、亚洲北部、日本和北非有分布。

5. 西伯利亚三毛草 图 1204

Trisetum sibiricum Rupr. in Beitr. Pflanzenk. Russ. Reiches 2: 65. 1845.

秆少数丛生，高0.5-1.2米，无毛，3-4节。叶鞘基部者长于节间，

上部者短于节间，基部多少闭合，叶舌长1-2毫米，膜质；叶片长6-20厘米，宽4-9毫米，粗糙或上面被柔毛。圆锥花序长圆形，长10-20厘米，宽3-5厘米，分枝向上直立或稍伸展，长达6厘米，每节多枚丛生。小穗黄绿或褐色，有光泽，具2-4小花，长0.5-1厘米；小穗轴长1.5-2毫米，被柔毛；颖无毛，第一颖长4-6毫米，1脉，第二颖长5-8毫米，3脉。外稃硬纸质，背部粗糙，第一外稃长5-7毫米，芒长7-9毫米，反曲，下部直立或微扭转；内稃略短于外稃，脊粗糙；鳞被长0.5-1毫米。花果期6-8月。

产黑龙江、吉林、辽宁、内蒙古、河北、山西、河南、陕西、宁夏、甘肃、青海、新疆、湖北西部、贵州西部、四川、云南及西藏，生于海拔750-4200米山坡草地、草原、林下或灌丛中潮湿处。欧

图 1204 西伯利亚三毛草 （冯晋庸绘）

洲及亚洲温带地区有分布。为优良饲料。

6. 湖北三毛草 图 1205

Trisetum henryi Rendle in Journ. Linn. Soc. Bot. 36: 400. 1904.

秆直立，少数丛生，无毛，高 0.8-1.4 米，径 2-4 毫米，5-9 节。叶鞘多长于节间，下部者闭合至顶端，无毛或被微毛，叶舌硬膜质，黄褐色，长 1.5-2 毫米，具不整齐裂齿，近无毛；叶片线形，长 15-35 厘米，宽 0.5-1.5 厘米，粗糙或上面被微毛。圆锥花序开展，密生小穗，长 10-20 厘米，宽 3-6 厘米，分枝纤细，每节多枝，稍开展。小穗浅绿或银褐色，有光泽，长 5-7 毫米，具 2-3 小花；小穗轴节间长 1-1.8 毫米，被柔毛；颖膜质，第一颖长 3-4 毫米，1 脉，第二颖长 4-6 毫米，3 脉。外稃背部稍粗糙，先端具 2 微齿，

第一外稃长 5-6 毫米，基盘钝，被短毛，稃体先端以下约 2 毫米生芒，芒长 5-6 毫米，反曲；内稃略短于外稃，具 2 脊，脊粗糙；鳞被 2，膜质，先端 2 浅裂，长约 0.5 毫米。花果期 6-9 月。

产山西南部、河南、陕西、江苏、安徽、浙江、江西、湖北西部及四川，生于海拔 2380 米以下山坡草地或林下潮湿处。

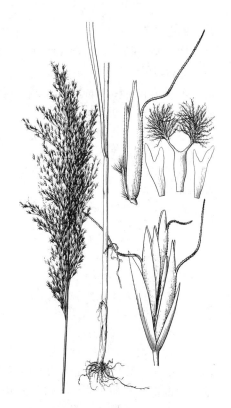

图 1205 湖北三毛草 （冯晋庸绘）

89. 发草属 Deschampsia Beauv.

（吴珍兰）

多年生（稀一年生）草本。叶片卷折或扁平，圆锥花序顶生，开展或穗状。小穗具 2-3 小花，稀 3-5 小花；小穗轴脱节于颖以上，被柔毛，并延伸于顶生内稃之后；颖膜质，几相等，1-3 脉。外稃膜质或骨质，先端常平截或啮蚀状，稃体背圆，1/2 以下具芒，稀无芒，基盘被柔毛或髯毛；内稃薄膜质，几等于外稃；鳞被 2；雄蕊 3；花柱短，柱头帚刷状。胚乳实心。

约 40 种，多分布于北半球温带。我国 6 种 4 变种。多数种为饲料植物。

1. 芒膝曲，长于外稃且伸出小穗之外；叶片纵卷如针状，宽约 1 毫米 ················ **1. 曲芒发草 D. flexuosa**
1. 芒直立或稍弯曲，长于或短于外稃，通常不伸出小穗之外；叶片平展或纵卷，宽 1 毫米以上。
　2. 圆锥花序紧缩，穗状圆柱形、长卵形或椭圆形，分枝短，稀不分枝 ·············· **2. 穗发草 D. koelerioides**
　2. 圆锥花序疏散，分枝细长，非穗状。
　　3. 小穗长 5-7 毫米，具 2-3 小花；颖等于或稍长于小穗，第一颖长于第一外稃 1/3。
　　　4. 花序聚集多数小穗，长 10-20 厘米，常长圆形，分枝细长，伸展，长达 10 厘米；颖先端尖 ··········
　　　　··· **3. 滨发草 D. littoralis**
　　　4. 花序聚集较少小穗，开展，长 5-10 厘米，常卵圆形，分枝较短，曲折或伸展，长 2-7 厘米；颖先端长渐尖 ·· 3(附). **短枝发草 D. littoralis var. ivanovae**
　　3. 小穗长 2.5-4.5 毫米，常具 2 小花；颖短于小穗，稍长于或等于第一外稃。
　　　5. 小穗长 4-4.5 毫米；芒自稃体基部 1/4-1/5 处伸出或无 ·················· **4. 发草 D. caespitosa**
　　　5. 小穗长 2.5-3.5 毫米；芒自稃体背中部或稍下处伸出 ········· 4(附). **小穗发草 D. caespitosa var. microstachya**

1. 曲芒发草　　　　　　　　　　　　　　　　　图 1206

Deschampsia flexuosa (Linn.) Trin. in Bull. Acad. Imp. Sci. St. Petersb. 1: 66. 1836.

Aira flexuosa Linn. Sp. Pl. 65. 1753.

植株具下伸的根茎。秆直立，丛生，高 15-30 厘米，径约 0.8 毫米，2-3 节。叶鞘紧密裹茎，光滑，长于节间，叶舌披针形，长 2-4 毫米，膜质；叶片纵卷如丝状，长 3-5 厘米，宽约 1 毫米，无毛。圆锥花序开展，长 5-10 厘米；分枝细弱，屈曲，无毛，多孪生，具少数小穗于三叉分枝末梢。小穗柄细长；小穗具 2 小花，长 6-8 毫米；颖窄长披针形，膜质，1 脉，先端尖或长渐尖，第一颖较第二颖短 1-2 毫米。第一外稃长 5.5-6 毫米，背部点状粗糙，基盘两侧被长 1-2 毫米的毛，芒自外稃基部稍上处伸出，长约 8 毫米，中部以下膝曲，芒柱稍扭转；内稃稍短于外稃。颖果长圆形，长约 3 毫米。花果期 7-9 月。

图 1206　曲芒发草 （史渭清绘）

产台湾，生于海拔 3000-3400 米苔地草原或高山草原。欧洲至亚洲高山地区有分布。

2. 穗发草　　　　　　　　　　　　　　　　　图 1207

Deschampsia koelerioides Regel in Bull. Soc. Nat. Mosc. 41: 299. 1868.

秆密集丛生，高 5-30 厘米，无毛，基部具多数残存叶鞘。叶鞘无毛，叶舌披针形，长 2-4 毫米；叶多基生，茎生者 1-2 枚，叶片纵卷，宽 1-4 毫米，基生叶长达 8 厘米，茎生叶长 1-3 厘米。圆锥花序穗状圆柱形、长卵形或椭圆形，长 2-7 厘米，宽 1-2.5 厘米；分枝短或近不分枝。小穗褐黄或褐紫色，具 2 小花，长 4-6 毫米；颖与小穗几等长，两颖等长或第一颖稍短于第二颖，第一颖具 1 脉，第二颖具 3 脉。外稃长 3-4 毫米，芒自基部 1/5-1/4 处伸出，

图 1207　穗发草 （张荣生绘）

直立或稍弯曲，与稃体等长或略短；内稃略短于外稃，具 2 脊。花果期 6-9 月。染色体 2n=26。

产内蒙古、甘肃、青海、新疆、四川、云南及西藏，生于海拔 2600-5100 米高山草甸、河漫滩、灌丛下或潮湿处。印度北部、克什米尔地区、不丹、土耳其、俄罗斯西伯利亚、蒙古及中亚有分布。

3. 滨发草　　　　　　　　　　　　　　　　　图 1208

Deschampsia littoralis (Gaud.) Reuter, Cat. Pl. Genev. ed. 2, 236. 1861.

Aira caespitosa Linn. β. *littoralis* Gaud. Fl. Helv. 1: 323. 1823.

多年生。秆丛生，无毛，高 30-90 厘米，常 2 节。叶鞘无毛，叶舌膜质，长 5-7 毫米，顶端渐尖

且常 2 裂；叶片线形，直立，通常卷折，上面粗糙，下面无毛，长 2-8 厘米，宽 1-2 毫米，基部分蘖叶长达 30 厘米，宽达 3 毫米，有时平展。圆锥花序稍开展，长圆形，长 10-20 厘米，分枝较屈曲，多 3 叉分歧，

长达 10 厘米，1/3-1/2 以下裸露，顶具多数小穗。小穗长卵形，长 5-7 毫米，具 2-3 小花；小穗轴节间长 1.2-2 毫米，具柔毛；颖等于或长于小穗，两颖近相等，先端尖，第一颖长（4）5-7 毫米，1 脉，第二颖长 6-7 毫米，3 脉。第一外稃长（3.5）4-4.5 毫米，先端平截啮蚀状，基盘两侧毛长约 1 毫米，芒自稃体近基部伸出，第二小花的芒自中部伸出，劲直，等于或略长于稃体；内稃约与外稃等长，脊粗糙。花果期 7-9 月。

产陕西、甘肃、青海、四川、云南及西藏，生于海拔 3400-4300 米草甸草原。欧亚大陆温寒带有分布。

[附] **短枝发草** Deschampsia littoralis var. ivanovae (Tzvel.) P. C. Kuo et Z. L. Wu in Fl. Reipul . Popul. Sin. 9(3): 151. 1987. —— *Deschampsia ivanovae* Tzvel. in Not. Syst. Herb. Inst. Bot. Acad. Sci. URSS 21: 49. 1961. 与模式变种的区别：花序聚集较少小穗，开展，长 5-10 厘米，常卵圆形；分枝较短，曲折或伸展，长 2-7 厘米；颖先端长渐尖。产青海、四川及西藏，生于海拔 3200-5100 米高山草甸、河滩草地或湿润草地。

图 1208 滨发草 （史渭清绘）

4. 发草 图1209：1-3

Deschampsia caespitosa (Linn.) Beauv. Ess. Agrost. 160. 1812.

Aira caespitosa Linn. Sp. Pl. 64. 1753.

秆丛生，高 0.3-1.5 米，2-3 节。叶鞘上部者短于节间，无毛，叶

舌膜质，先端渐尖或 2 裂，长 5-7 毫米；叶片纵卷或平展，长 3-7 厘米，宽 1-3 毫米，分蘖者长达 20 厘米。圆锥花序开展，下垂，长 10-20 厘米；分枝中部以下裸露，上部疏生少数小穗。小穗具 2 小花，长 4-4.5 毫米；颖不等，第一颖具 1 脉，长 3.5-4.5 毫米，第二颖具 3 脉，等于或稍长于第一颖。第一外稃长 3-3.5 毫米，先端啮蚀状，基盘两侧毛长达稃体 1/3，芒自稃体基部 1/4-1/5 处伸出，劲直，稍短于或略长于稃体，稀无芒；内稃等长或略短于外稃。花果期 7-9 月。

图 1209：1-3.发草 4-6.小穗发草
（引自《中国主要植物图说 禾本科》）

产黑龙江、吉林、辽宁、内蒙古、河北、山东、山西、河南、陕西、宁夏、甘肃、青海、新疆、台湾、湖北西部、贵州西部、四川、云南及西藏，生于海拔 1500-4500 米亚高山草甸、河漫滩灌丛或草甸草原。亚洲、非洲高

山和欧亚温带广泛分布。结实前为牲畜所喜吃，营养价值不高；秆细长柔韧，适于编织草帽。

[附] **小穗发草** 图 1209：4-6 **Deschampsia caespitosa** var. **microstachya** Roshev. in Bull. Jard. Bot. St. Petersb. 28: 381. 1929. 与模式变种的区别：小穗长 2.5-3.5 毫米；芒自稃体背中部或稍下处伸出，长于稃体。产内蒙古、青海、新疆及四川，生于海拔 1000-3200 米草甸或水边湿草地。

90. 异燕麦属 Helictotrichon Bess.
（吴珍兰）

多年生草本。圆锥花序顶生，直立，开展或穗状。小穗直立或开展，具 2 至数枚可孕性小花和顶端 1-2 枚退化小花；小穗轴被柔毛，脱节于颖之上和各小花之间；颖不等长，短于小穗并短于或等于外稃，膜质，1-5 脉，脊粗糙。外稃成熟时下部较硬，上部薄膜质，背部圆或略有脊，无毛，5-9 脉，先端浅裂 2 尖齿，背面中部附近着生扭转而膝曲的芒，基盘钝被柔毛；内稃具 2 脊，脊被纤毛；雄蕊 3；子房顶端被茸毛。

约 100 种，分布于欧亚大陆温带及热带山地，少数产北美洲。我国约 20 种，均可作饲料。

1. 秆单生或少数丛生，具地下茎；叶片平展或稍内卷；秆生叶舌披针形，稀平截，长 3-8 毫米（高异燕麦 H. altius 平截，长 1-2 毫米）。
  2. 花序窄，每节具 1-2 分枝；第一颖具 3 脉，第二颖具 3-5 脉；小穗轴节间具长 1-2.6 毫米柔毛；秆节无毛。
    3. 秆单生，具长匍匐地下茎；叶片宽 0.6-1.2 厘米；小穗长 2-2.5 厘米，小穗轴节间具长 1.5-2.6 毫米的柔毛 ……………………………………………… 1. 大穗异燕麦 H. dahuricum
    3. 秆少数丛生，具较短或不明显地下茎；叶片宽 2-4 毫米；小穗长 1.1-1.7 厘米，小穗轴节间具长 1-2 毫米柔毛 ……………………………………………… 2. 异燕麦 H. schellianum
  2. 花序较开展，每节具 4-6 分枝；第一颖具 1-3 脉，第二颖具 3 脉；小穗轴节间具长 2.5-6 毫米的柔毛；秆节无毛或具细短毛。
    4. 秆节被细短毛；叶舌平截或啮齿状，长 1-2 毫米；小穗轴节间具长 2-3 毫米柔毛；第一颖长 0.6-1 厘米 ……………………………………………… 3. 高异燕麦 H. altius
    4. 秆节无毛；叶舌披针形，长 3-6 毫米；小穗轴节间具长 4-6 毫米柔毛；第一颖长 1-1.7 厘米 ……………………… 3(附). 毛轴异燕麦 H. pubescens
1. 秆丛生或散生；地下茎极短或无；叶片内卷或平展；秆生叶舌平截或齿裂，长 0.5-2 毫米。
  5. 花序开展；分枝长达 10 厘米。
    6. 小穗轴节间上部具柔毛，下部无毛；外稃先端钝，无齿 ……………… 4. 光花异燕麦 H. leianthum
    6. 小穗轴节部具柔毛；外稃先端具 1-2 毫米长的细齿裂。
      7. 小穗长 1.6-1.9 厘米；外稃长 1.2-1.3 厘米；第一颖长 7-9 毫米 ……… 5. 长稃异燕麦 H. polyneurum
      7. 小穗长 1-1.4 厘米；外稃长 0.9-1.1 厘米；第一颖长 4-6 毫米 ……… 6. 变绿异燕麦 H. virescens
  5. 花序窄；分枝长不及 4 厘米。
    8. 花序窄并稀疏，具少数小穗；芒距稃体近顶端 1/3 以上处伸出。
      9. 花序长 10-17 厘米，径 1-1.5 厘米；分枝短，每节 2-3 枚，紧贴花序主轴；叶集中茎基部，上部少而短。
        10. 植株较粗壮，直立；小穗长 0.8-1 厘米；颖粗糙，第一颖长 4-6 毫米，第二颖长 5.5-7 毫米 …… 7. 粗糙异燕麦 H. schmidii
        10. 植株细弱；小穗长约 7 毫米；颖光滑，第一颖长 1.5-3.5 毫米，第二颖长 3-5.5 毫米 ……………… 7(附). 小颖异燕麦 H. schmidii var. parviglumum
      9. 花序长 5-8 厘米，径 2-3 厘米；分枝光滑，长 1-2 厘米，上升，每节 2 枚；叶遍生植株上下 ……………… 8. 云南异燕麦 H. delavayi
    8. 花序窄且紧缩，具多数小穗；芒距稃体顶端 1/3-1/2 处伸出。

11. 花序稠密，穗状，卵形或长圆形。

    12. 花序紧缩，长2-5厘米，分枝长0.3-1.3厘米；小穗具2小花 ·················· 9. 藏异燕麦 **H. tibeticum**

    12. 花序较疏散，长6-14厘米，分枝长1-2厘米；小穗3-4小花 ··· 9(附). 疏花异燕麦 **H. tibeticum** var. **laxiflorum**

11. 花序较稠密，非穗状，窄长圆形或长椭圆形。

    13. 植株疏丛生；茎基部无残留叶鞘；叶长达茎1/2以上；小穗长约1.2厘米，褐黄带紫色 ·················

    ·················· 10. 蒙古异燕麦 **H. mongolicum**

    13. 植株密丛生；茎基部具多数残留叶鞘；叶长达茎1/8-1/2；小穗长0.9-1厘米，褐黄色 ·················

    ·················· 10(附). 天山异燕麦 **H. tianschanicum**

1. 大穗异燕麦

图 1210

Helictotrichon dahuricum (Kom.) Kitag. Rep. Inst. Sci. Res. Manch. 3, App. 1: 77. 1939.

Avena planiculmis Schrad. subsp. *dahurica* Kom. Fl. Kamt. 1: 159. 1927.

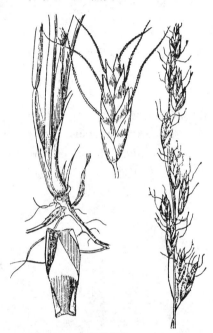

具长的匍匐根茎。秆无毛，单生或少数丛生，高0.5-1米，2-3节。叶鞘粗糙或边缘有粗毛，秆生叶舌长5-7（-10）毫米，披针形；叶片平展，宽线状披针形，长8-25厘米，宽0.4-1.2厘米，上面粗糙或被粗毛，下面无毛，边缘具粗毛。圆锥花序窄，长约25厘米，分枝直立，紧贴花序主轴，顶端有1-2小穗。小穗淡褐或稍紫色，窄披针形，具5-6小花，长2-2.5厘米；小穗轴节间长约4毫米，被长1-1.5毫米的柔毛；颖不等长，膜质，披针形，第一颖长约1.1厘米，第二颖长约1.5厘米，3脉。外稃褐色，草质，先端膜质，粗糙或被微毛，齿裂，第一外稃长约1.4厘米，5脉，基盘被毛，芒自稃体上部伸出，膝曲，长约1.7厘米，芒柱扁，扭曲；内稃较外稃略短，具2脊，被短毛。花果期7-9月。

图 1210 大穗异燕麦 （阎翠兰绘）

产黑龙江、内蒙古及新疆，生于海拔700-975米森林草地和灌丛中。俄罗斯、欧洲东部及朝鲜有分布。

2. 异燕麦

图 1211

Helictotrichon schellianum (Hack.) Kitag. Lineam. Fl. Mansh. 78. 1939.

Avena schelliana Hack. in Acta Hort. Petrop. 12: 419. 1892.

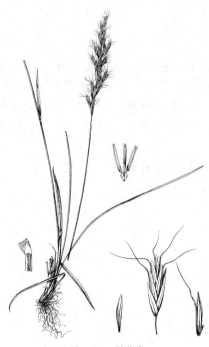

具根茎。秆少数丛生，高25-75厘米，无毛，通常具2节。叶鞘较粗糙，叶舌披针形，长3-6毫米；叶片平展，长5-10厘米，宽2-4毫米，基部分蘖者长达25厘米，两面粗糙。圆锥花序紧缩，淡褐色，有光泽，长8-12厘米，宽1.5-2厘米；分枝常孪生，粗糙，直立或稍斜升。小穗轴节间具1-2毫米长的柔毛；小穗具3-6小花（顶花退化），长1.1-1.7厘米；颖披针形，第一颖长0.9-1.2厘米，第二颖长1-1.3厘米。外稃具9脉，第一外稃长1-1.3厘米，芒长1.2-1.5厘米，下部约

图 1211 异燕麦

（引自《中国主要植物图说 禾本科》）

1/3 处膝曲，芒柱稍扁，扭转；内稃甚短于外稃，第一内稃长7-8毫米，脊上部被细纤毛。花果期6-9月。

产黑龙江、吉林、辽宁、内蒙古、河北、山西、河南、宁夏、甘肃、青海、新疆、四川及云南，生于海拔160-4000米山坡草地、林缘、高山灌丛草甸或高山草地。中亚地区、蒙古、俄罗斯西伯利亚、朝鲜及日本有分布。家畜喜食，为优良牧草。

图 1212：1-4.高异燕麦 5-8.毛轴异燕麦
（阎翠兰绘）

3. 高异燕麦 图 1212：1-4

Helictotrichon altius (Hitchc.) Ohwi in Journ. Jap. Bot. 17: 440. 1941.

Avena altius Hitchc. in Proc. Biol. Soc. Wash. 43: 96. 1930.

具短的下伸根茎。秆单生或少数丛生，高1-1.2米，无毛，3-4节，节被细毛。叶鞘通常短于节间，秆生叶舌平截或啮蚀状，长1-2毫米；叶片平展，长达15厘米，宽4-8毫米，被柔毛或无毛。圆锥花序开展，长10-20厘米；分枝粗糙，纤细且常弯曲，长达7厘米。小穗草绿或带紫色，具3-4（5）小花，长0.8-1.4厘米；小穗轴节间长约2毫米，被长2-3毫米的柔毛；颖薄，第一颖长0.6-1厘米，1脉，第二颖长0.8-1.1厘米，3脉。外稃厚，第一外稃等长于第二颖，5-7脉，芒长1-1.5厘米，下部1/3处膝曲，芒柱扭转；内稃稍短于外稃，2脊具微纤毛。花果期7-8月。

产黑龙江、宁夏、甘肃、青海、四川、云南及西藏，生于海拔

2100-3900米湿润草坡、灌丛及云杉林下。

[附] **毛轴异燕麦** 图 1212：5-8
Helictotrichon pubescens (Huds.) Pilger in Fedde, Repert. Sp. Nov. 45: 6. 1938. —— *Avena pubescens* Huds. Fl. Angl. 42. 1762. 与高异燕麦的区别：秆节无毛；叶舌披针形，长3-6毫米；小穗轴节间具长4-6毫米柔毛；第一颖长1.1-1.7厘米。产新疆，生于海拔1600-2600米山坡草地、林缘和灌丛中。欧洲、亚洲中部及蒙古有分布。

4. 光花异燕麦 图 1213

Helictotrichon leianthum (Keng) Ohwi in Journ. Jap. Bot. 17: 440. 1941.

Avena leiantha Keng in Bull. Fan. Mem. Inst. Biol. 7(1): 35. 1936.

秆密丛生，高达70厘米，2-3节。叶鞘长于节间，叶舌平截，长约1毫米；叶片平展或内卷，长10-20厘米，宽

图 1213 光花异燕麦 （史渭清绘）

3-6毫米，分蘖叶长达30厘米，上面被柔毛。圆锥花序开展，下垂，长15-18厘米；分枝孪生，细弱并弯曲，长约10厘米。小穗具3-4小花，长1-1.3厘米；小穗轴节间长约2毫米，上部被长达2毫米的柔毛；颖不等长，第一颖具1脉，长约5毫米，第二颖具3脉，长约7毫米，均无毛。外稃无毛，先端钝，第一外稃长0.9-1厘米，7脉，芒自稃体上部2/5处伸出，长1.5-2厘米，下部1/3处膝曲，芒柱稍扭转；内

稃窄，稍短于外稃，2脊具纤毛。花果期5-8月。

产山西、河南、陕西、宁夏、甘肃、青海、安徽、浙江、湖北、四川及云南，生于海拔700-3700米林下、山谷、荫蔽山坡或潮湿草地。

5. 长稃异燕麦　　　　　图 1214：1-3

Helictotrichon polyneurum (Hook. f.) Henr. in Blumea 3(3): 425. 1940.

Avena polyneurum Hook. f. Fl. Brit. Ind. 7: 277. 1896.

秆少数丛生，高60-90厘米，无毛，2-3节。叶鞘长于节，无毛或被向下柔毛，叶舌长约1毫米，先端平截，无毛；叶片长达30厘米，宽4-7毫米，上面粗糙，下面被短毛。圆锥花序开展，长15-25厘米，分枝长4-10厘米，平展或下垂。小穗绿带红褐色，卵状披针形，长1.6-1.9厘米；具3-4小花；小穗轴节间长2.5-4毫米，被长1-2毫米柔毛；颖带紫红色，脉靠近且稍凸起，

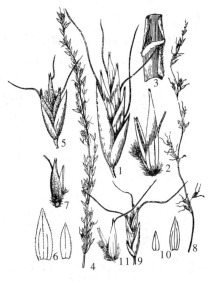

图 1214：1-3.长稃异燕麦　4-7.粗糙异燕麦
8-11.小颖异燕麦　（阎翠兰绘）

第一颖长7-9毫米，1-3脉，第二颖长1-1.4厘米，5脉。外稃披针形，先端具1-2毫米长的细齿裂，第一外稃长1.2-1.3厘米，7-9脉，芒自稃体中部伸出，长1.7-2.3厘米，芒柱扭转，芒针带紫色；内稃长约9毫米，2脊具纤毛。花期6-7月。

产贵州、四川、云南及西藏，生于海拔2800-3500米高山河谷阶地、山坡林下或林缘草地。印度有分布。

6. 变绿异燕麦　　　　　图 1215

Helictotrichon virescens (Nees ex Steud.) Henr. in Blumea 3(3): 425. 1940.

Trisetum virescens Nees ex Steud. Syn. Pl. Glum. 1: 226. 1854.

秆丛生，无毛，高0.6-1.2米，3-5节。叶鞘无毛，基部者密生微毛，多长于节间，叶舌平截，长1-2毫米；叶片平展或边缘稍内卷，长10-25厘米，宽3-5毫米，粗糙或上面疏生短毛。圆锥花序开展，长达20厘米，分枝细长，长达10厘米，下部裸露，上部疏生1-9小穗。小穗淡绿或稍紫色，具2-5小花，顶花常退

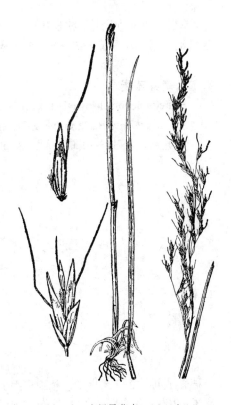

图 1215　变绿异燕麦　（史渭清绘）

化，长1-1.4厘米，小穗轴节间长2-3毫米，被长达2毫米柔毛；两颖不等，第一颖长4-6毫米，1-3脉，第二颖长0.7-1厘米，3-5脉。第一外稃长0.9-1.1厘米，5-7脉，先端具长1-2毫米2裂齿，基盘具长达1.5毫米柔毛，芒自稃体近中部以上伸出，有时带紫色，长约1.5厘米，下部约1/3处膝曲，芒柱稍扭转；内稃短于外稃2-3毫米，具2脊，脊具纤毛。花果期6-8月。

产河南西部、陕西东南部、甘肃、青海、贵州四川、云南及西藏，生于海拔2000-3900米山坡草地及林下潮湿处。尼泊尔、印度西北部及克什米尔地区有分布。

7. 粗糙异燕麦
图 1214：4-7

Helictotrichon schmidii (Hook. f.) Henr. in Blumea 3(3): 427. 1940.

Avena aspera Munro var. *schmidii* Hook. f. Fl. Brit. Ind. 7: 277. 1896.

秆丛生，高50-70厘米，上部直立，3节，基部的1节常膝曲，无毛。叶集生茎基部；叶鞘基部者长于节间，密被柔毛，叶舌长约2毫米，多撕裂；叶片平展、对折或纵卷，长7-12厘米，宽2-4毫米，粗糙或被短毛。花序窄，长10-17厘米，具少数小穗，分枝长不及4厘米；紧贴花序主轴，粗糙或被毛。小穗浅绿或带紫红色，常具3小花，长0.8-1厘米；颖粗糙，先端及边缘膜质，边缘和中脉常散生纤毛，第一颖长4-6毫米，1脉，第二颖长5.5-7毫米，3脉。外稃顶端具2枚长0.5-1毫米的细裂片，粗糙或边缘和中脉散生纤毛，第一外稃长6-7毫米，5-7脉，芒自稃体的顶端2裂片处伸出，

长0.5-1厘米，常反折或膝曲，粗糙；内稃稍短于外稃，膜质，先端2齿裂，具2脊，脊密被长纤毛。花果期4-8月。

产贵州、四川及云南，生于海拔1700-3500米林下、灌丛草甸或沟旁潮湿处。印度有分布。

[附] **小颖异燕麦** 图 1214：8-11

Helictotrichon schmidii var. **parvig-lumum** Keng ex Z. L. Wu in Acta Biol. Plat. Sin. 2: 15. 1984. 与模式变种的区别：秆细弱；圆锥花序窄，稍稀疏，分枝短，对生，末端具1-3个小穗；小穗长约7毫米；颖光滑，第一颖长1.5-3.5毫米，第二颖长3-5.5毫米。产四川及云南，生于海拔2800-3300米河岸潮湿处或林下。

8. 云南异燕麦
图 1216：1-4

Helictotrichon delavayi (Hack.) Henr. in Blumea 3(3): 430. 1940.

Avena delavayi Hack. in Neue Graser. Oest. Bot. Zeitschr. 52: 189. 1902.

秆光滑，高35-50厘米，2-3节。叶遍生植株上下；叶鞘具倒生瘤毛，短于节间；叶舌膜质，长约1.5毫米，顶端平截，常撕裂；叶片边缘内卷，长6-11厘米，宽1.5-2毫米，两面粗糙。圆锥花序窄疏散，卵状长圆形，长5-8厘米，宽2-3厘米，每节2分枝，分枝光滑，长1-2厘米，每枝着生1-2小穗。小穗绿带紫红色，长圆形，具3-4小花，长0.8-1厘米（除芒）；

小穗轴节间长2-2.5毫米，被细白毛；颖膜质，披针形，第一颖长5.5-7毫米，1脉，第二颖长7-8毫米，3脉。外稃粗糙，顶端2齿裂，每一外

图 1216：1-4.云南异燕麦 5-7.蒙古异燕麦
（阎翠兰绘）

稃长 7.5-9 毫米，5 脉，基盘具细白毛，芒自稃体中部以上伸出，长 1.3-1.5 厘米，成熟时一回膝曲；内稃略短于外稃，具 2 脊，脊具纤毛。花果期 6-8 月。

产陕西、四川、云南及西藏，生于海拔 2100-3700 米草甸草原或林下。

9. 藏异燕麦　　　　　　　　　　　图 1217：1-4

Helictotrichon tibeticum (Roshev.) Holub, Preslia 31(1): 50. 1959.

Avena tibetica Roshev. in Bull. Jard. Bot. St. Petersb. 27: 98. 1928.

秆丛生，高 15-70 厘米，2-3 节，花序以下被微毛。叶鞘常短于节间，密被毛或无毛，叶舌长约 0.5 毫米，先端具纤毛；叶片内卷如针状，长

1-5 厘米，宽 1-2 毫米，分蘖叶长达 30 厘米，粗糙或上面被短毛。圆锥花序穗状，长 2-6 厘米；分枝长 0.3-1.3 厘米，与主轴及小穗柄均被微毛。小穗黄褐或深褐色，长约 1 厘米，具 2 小花，第三小花常退化；颖无毛，脊粗糙，第一颖长 7-9 毫米，1 脉，第二颖较第一颖稍长，3 脉。外稃先端 2 齿裂，背部粗糙或具纤毛，第一外稃

图 1217：1-4.藏异燕麦　5-6.疏花异燕麦
（引自《中国主要植物图说　禾本科》）

var. laxiflorum Keng ex Z. L. Wu, in Acta Biol. Plat. Sin. 2: 16. 1984. 与模式变种的区别：秆高 0.5-1 米；圆锥花序较疏散，长 6-14 厘米，宽 3-4 厘米，分枝长 1-2 厘米；小穗具 3-4 小花，第一颖长 1-1.1 厘米。花期 6-7 月。产青海及四川，生于海拔 3200-3400 米山坡草地。

长 7-9 毫米，7 脉，芒自稃体中部稍上处伸出，长 1-1.5 厘米，膝曲，芒柱稍扭转；内稃略短于外稃，2 脊具微纤毛。花果期 6-9 月。

产内蒙古、甘肃、青海、新疆、四川、云南西北部及西藏，生于海拔 2600-4600 米草甸、林下或草地。

[附] **疏花异燕麦** 图 1217：5-6 **Helictotrichon tibeticum** (Roshev) Holub.

10. 蒙古异燕麦　　　　　　　　　　图 1216：5-7

Helictotrichon mongolicum (Roshev.) Henr. in Blumea 3(3): 431. 1940.

Avena mongolica Roshev. in Bull. Jard. Bot. St. Petersb. 27: 96. 1928.

秆疏丛生，高 10-30（-60）厘米，1-2 节。叶长达茎 1/2 以上；

叶鞘长于节间，秆生叶舌长约 0.5 毫米，分蘖叶舌长 2-3 毫米；叶片纵卷，基生叶长 15-30 厘米，秆生叶长 2-5 厘米。圆锥花序常偏向一侧，长 3-9 厘米，宽 1-2 厘米；分枝 2 枚，长 1-2 厘米，被短毛。小穗褐黄带紫红色，长 1-1.2 厘米，具 3 小花；小穗轴长 2-3 毫米，被长 1.5-3 毫米柔毛；颖紫红色，披针形，近相等，

柱扭转；内稃稍短于外稃，2 脊粗糙。花果期 6-9 月。

产内蒙古及新疆，生于海拔 1200-2700 米高山林下、亚高山草甸或河岸山坡。蒙古、俄罗斯西伯利亚及中亚有分布。

[附] **天山异燕麦 Helictotrichon tianschanicum** (Roshev.) Henr. in Blumea 3(3): 429. 1940. —*Avenastrum tianschanicum* Roshev. in Bull. Jard. Bot. Acad. Sci. URSS 30: 771. 1932. 与蒙古异燕麦的区别：植株密丛生；茎基部具多数残留叶鞘；叶长达茎 1/8-1/2；小穗长 0.9-1 厘米，褐黄色。产内蒙古、甘肃及新疆，生于海拔 1400-2700 米山坡阴处或林下。俄罗斯西伯利亚及吉尔吉斯斯坦有分布。

长 0.9-1.1 厘米，1-3 脉，先端长渐尖，边缘膜质。外稃窄披针形，长 0.8-1 厘米，5-7 脉，芒自稃体中部伸出，长 1.3-1.5 厘米，膝曲，芒

91. 燕麦属 Avena Linn.

（吴珍兰）

一年生草本。圆锥花序疏散，下垂。小穗具 2 至数小花，长 1-4 厘米；小穗柄纤细，常弯曲；小穗轴被毛或无毛，脱节于颖之上与各小花之间（栽培种各小花间无关节，不易断落）；两颖近等长，颖草质或膜质，常等长于小穗，7-11 脉，背圆，光滑。外稃坚硬，先端软纸质，齿裂，裂片有时芒状，5-9 脉，常自稃体中部伸出 1 膝曲芒，芒柱扭转，稀无芒，基盘尖，无毛或被柔毛；雄蕊 3；子房具毛。

约 25 种，主要分布于地中海和亚洲西南部至欧洲北部，至温带地区。我国 7 种 2 变种（包括栽培种）。均为有很高营养价值的粮食作物；秆供造纸原料。

1. 颖长 2.5-3 厘米；外稃长 2-2.5 厘米；小穗轴具关节，成熟时易脱落 ····················· 1. **南燕麦 A. meridionalis**
1. 颖长 2.5 厘米以下；外稃长 2 厘米以下。
  2. 小穗具 3-6 小花，长 2-4 厘米；外稃草质；小穗轴无毛，弯曲，第一节间长达 1 厘米 ··· 2. **莜麦 A. chinensis**
  2. 小穗具 1-3 小花，长不及 2.5 厘米；外稃坚硬；小穗轴有毛或无毛，不弯曲，第一节间长不及 5 毫米。
    3. 小穗具 1-2 小花；小穗轴的节不易断落；外稃无毛，第二外稃无芒 ····················· 3. **燕麦 A. sativa**
    3. 小穗具 2-3 小花；小穗轴的节易断落；外稃被硬毛或无毛，第二外稃有芒。
      4. 外稃被硬毛 ····················· 4. **野燕麦 A. fatua**
      4. 外稃无毛。
        5. 小穗轴密被浅棕色或白色硬毛 ····················· 4(附). **光稃野燕麦 A. fatua** var. **glabrata**
        5. 小穗轴无毛或微被贴生柔毛 ····················· 4(附). **光轴野燕麦 A. fatua** var. **mollis**

1. 南燕麦

图 1218

Avena meridionalis (Malz.) Roshev. in B. Fedtsch. Fl. Turkm. 1: 105. 1932.

Avena fatua Linn. subsp. *meridionalis* Malz. Monogr. 304. 1930.

须根粗壮，有时具砂套。秆无毛稀节部被毛，高 0.4-1 米，径 3-5 毫米，3-5 节。叶鞘光滑或粗糙，叶舌膜质，长 3-5 毫米，先端常撕裂；叶片无毛，粗糙，长 20-30 厘米，宽达 1.5 厘米。圆锥花序开展，长 30-40 厘米，分枝纤细，具棱且粗糙，下垂。小穗轴节间长约 3 毫米，一侧被长 1-2 毫米的毛，具关节，成熟时易脱落；小穗卵状披针形，长 2.5-3 厘米，具 3-4 小花；颖草质，与小穗等长，两颖均具 9 脉，脉间有小横脉。外稃坚硬，披针形，先端具 2 齿，背部散生长柔毛，基盘被毛，第一外稃长 2-2.5 毫米，自稃体 1/3 处伸出 1 膝曲且粗糙的芒，芒柱扭转，长约 1.5 厘米，芒针细直，长 2-2.7 厘米；内稃长约 1.5 厘米，具 2 脊，脊具纤毛。花果期 6-9 月。

产甘肃、新疆及云南，生于海拔约 1950 米田边。中亚、阿富汗、非洲东部至美洲均有分布。

图 1218 南燕麦 （李爱莉绘）

2. 莜麦

图 1219

Avena chinensis (Fisch. ex Roem. et Schult.) Metzg. Europ. Cereal. 53. 1824.

Avena nuda Linn. var. *chinensis* Fisch. ex Roem. et Schult. Syst. Veg. 2: 669. 1817.

Avena nuda auct. non Linn.: 中国高等植物图鉴 5: 96. 1976.

秆丛生，高 0.6-1 米，2-4 节。叶鞘基生者长于节间，常被微毛，叶舌长约 3 毫米；叶片质软，长 8-40 厘米，宽 0.3-1.6 厘米。圆锥花序开展，长 12-20 厘米；分枝纤细，刺状粗糙。小穗具 3-6 小花，长 2-4 厘米；小穗轴坚韧，无毛，弯曲，第一节间长达 1 厘米；颖近相等，长 1.5-2.5 厘米，7-11 脉。外稃草质较软，9-11 脉，先端 2 裂，第一外稃长约 2 厘米，基盘无毛，背部无芒或上部 1/4 以上伸出 1-2 厘米的芒，芒细弱，直立或反曲；内稃长 1.1-1.5 厘米，先端芒尖，2 脊密被纤毛。颖果长约 8 毫米，与稃体分离。花果期 6-8 月。染色体 2n=14，42。

产内蒙古、河北、山西、河南、陕西、宁夏、甘肃、青海、湖北、四川、云南等省区，生于山坡路旁、高山草甸或潮湿处。果可磨面制粉作面食，或栽培作牲畜精饲料。

图 1219 莜麦
（引自《中国主要植物图说 禾本科》）

3. 燕麦

图 1220

Avena sativa Linn. Sp. Pl. 79. 1753.

秆高 7-1.5 米。叶鞘无毛，叶舌膜质；叶片长 7-20 厘米，宽 0.5-1 厘米。圆锥花序顶生，开展，长达 25 厘米，宽 10-15 厘米。小穗具 1-2 小花，长 1.5-2.2 厘米；小穗轴近无毛或疏生毛，不易断落，第一节间长不及 5 毫米；颖质薄，卵状披针形，长 2-2.3 厘米。外稃坚硬，无毛，5-7 脉，第一外稃长约 1.3 厘米，无芒或背部有 1 较直的芒，第二外稃无芒；内稃与外稃近等长。颖果长圆柱形，长约 1 厘米，黄褐色。2n=42，48，63。

黑龙江、吉林、辽宁、内蒙古、河北、山东、山西、河南、陕西、宁夏、甘肃、青海、新疆、湖北、湖南、广东、广西、贵州、四川、云南及西藏多栽培。谷粒磨面食用或作饲料，营养价值很高。栽培品种较多，品质好，产草量高，是优良牧草。

图 1220 燕麦
（引自《中国主要植物图说 禾本科》）

4. 野燕麦

图 1221：1-3

Avena fatua Linn. Sp. Pl. 80. 1753.

秆高 0.6-1.2 米，无毛，2-4 节。叶鞘光滑或基部者被微毛；叶舌膜质；长 1-5 毫米；叶片长 10-30 厘米，宽 0.4-1.2 厘米，微粗糙，或上面和边缘疏生柔毛。圆锥花序金

字塔形，长 10-25 厘米；分枝具棱角，粗糙。小穗具 2-3 小花，长 1.8-2.5 厘米；小穗柄下垂，先端膨胀；小穗轴密生淡棕或白色硬毛，节脆硬易断落，第一节间长约 3 毫米；颖草质，几相等，长 2.5 厘米以下，9 脉。外稃坚硬，第一外稃长 1.5-2 厘米，背面中部以下具淡棕或白色硬毛，芒自稃体中部稍下处伸出，长 2-4 厘米，膝曲，芒柱棕色，扭转，第二外稃有芒。颖果被淡棕色柔毛，腹面具纵沟，长 6-8 毫米。花果期 4-9 月。染色体 2n=42。

产黑龙江、内蒙古、河北、山西、河南、陕西、宁夏、甘肃、青海、新疆、江苏、安徽、浙江、台湾、福建、江西、湖北、湖南、广东、广西、贵州、四川、云南及西藏，生于山坡林缘、荒芜田野或田埂路旁，为田间杂草。欧、亚、非三洲寒温带地区有分布，北美有传入。可作粮食代用品及牛、马青饲料。为小麦田间杂草，是小麦黄矮病寄主。秆可作造纸原料。

图 1221：1-3.野燕麦 4.光稃野燕麦 5.光轴野燕麦 （引自《中国主要植物图说 禾本科》）

[附] **光稃野燕麦** 图 1221：4 **Avena fatua** var. **glabrata** Peterm. Fl. Bienitz. 13. 1841. 与模式变种的主要区别：外稃无毛。产我国南北各地，生于山坡草地、路旁或农田中（海拔高达 4000 米）；分布于欧洲、亚洲及北非。用途同模式变种。

[附] **光轴野燕麦** 图 1221：5 **Avena fatua** var. **mollis** Keng in Sinensia 11: 411. 1940. 与模式变种的主要区别：外稃无毛；小穗轴无毛或微被平伏柔毛；小穗长约 1.7 厘米。产陕西、江苏、安徽、江西、湖北、湖南、广东、广西、贵州、四川及云南，生于农田、路边。用途与野燕麦同。

92. 虉草属 Phalaris Linn.
（吴珍兰）

一年生或多年生草本。叶片平展。圆锥花序穗状。小穗两侧扁，具 1 枚两性小花及其下的（1）2 枚线形或鳞片状外稃；小穗轴脱节于颖之上，通常不延伸或很少延伸于内稃之后；颖草质，近等长，披针形，长于小花，3-5 脉，主脉成脊，脊具翼。可孕小花的外稃短于颖，软骨质，无芒，具 5 条不明显脉；内稃与外稃同质；鳞被 2；雄蕊 3；子房光滑。花柱 2。颖果包于稃体内。

约 15 种，分布于北温带，主产地中海地区，其次是北美加利福尼亚州，南美有分布。我国 3 种及 1 变种。

虉草   图 1222

Phalaris arundinacea Linn. Sp. Pl. 55. 1753.

多年生，有根茎。秆单生或少数丛生，高 0.6-1.4 米，6-8 节。叶鞘下部者长于节间，上部者短于节间，叶舌薄膜质，长 2-3 毫米；叶片平展，幼时粗糙，长 6-30 厘米，宽 1-1.8 厘米。圆锥花序紧密，长 8-15 厘米；分枝直，上举，密生小穗。小穗长 4-5 毫米，无毛或疏

图 1222 虉草
（引自《中国主要植物图说 禾本科》）

被毛；颖脊粗糙，上部有极窄的翼。可孕小花外稃宽披针形，长 3-4 毫米，上部被柔毛；内稃舟形，背具脊，脊两侧疏被柔毛；不孕小花外稃 2 枚，线形，被柔毛。花果期 6-8 月。染色体 2n=14，28。

产黑龙江、吉林、辽宁、内蒙古、河北、山东、山西、河南、陕西、甘肃、青海、新疆、江苏、安徽、浙江、台湾、江西、湖北、湖南、四川及云南，生于海拔 50-3700 米沟谷林下、灌丛中、河滩草甸或水湿处。中亚、俄罗斯西伯利亚及欧洲有分布。植株高大，草质柔嫩，适口性好，营养价值高，为家畜喜食，可作栽培优良牧草。

[附] **丝带草 Phalaris arundinacea** var. **picta** Linn. Sp. Pl. 55. 1753. 与模式变种的区别：叶片绿色有白或黄色条纹，柔软似丝带。庭园栽培，供观赏。

93. 茅香属 Hierochloe R. Br.

（吴珍兰）

多年生草本，植株有香味。根茎蔓延。叶片扁平。圆锥花序开展，卵形或金字塔形，或果时紧缩。小穗褐色有光泽，圆筒形，具 1 顶生两性小花和 2 侧生雄性小花，两侧扁；小穗轴脱节于颖之上，不在小花间断落；3 小花一同脱落；颖几等长，宽卵形，薄膜质，1-5 脉，先端尖。雄性小花的外稃舟形，等长于颖，质硬，边缘具纤毛，无芒或具芒，雄蕊 3。两性小花的外稃等长或稍短于雄性小花的外稃，下部有光泽，上部多少被柔毛，无芒或先端具短尖头；雄蕊 2；内稃质较薄，1-2 脉；鳞被 2。

约 30 种，分布于寒温地带和高山地区。我国 6 种和 1 变种。

1. 雄花外稃均具短芒或第一雄花外稃具短芒，第二雄花外稃具 1 多少长而膝曲之芒。
　2. 植株高 10-14 厘米；叶片宽 2-4 毫米；圆锥花序长约 3 厘米；雄花外稃背部具短毛，向上毛渐长，边缘具纤毛；第二雄花外稃具稍弯曲芒，两性花外稃具短小尖头，上部具细毛 ⋯⋯⋯⋯ 1. **高山茅香 H. alpina**
　2. 植株高 80 厘米；叶片宽 1-1.5 厘米；圆锥花序长 10-15 厘米；雄花外稃背部粗糙，边缘具纤毛；第二雄花外稃先端具直芒；两性花外稃先端无小尖头，背部平滑，上部微粗涩 ⋯⋯⋯ 1(附). **松序茅香草 H. laxa**
1. 雄花外稃无芒或具小尖头。
　3. 植株高 15-22 厘米；圆锥花序长 3-5 厘米，小穗长 2.5-3 毫米；雄花外稃等长或较长于颖片，背部向上渐被微毛或几无毛，边缘具纤毛 ⋯⋯⋯⋯⋯⋯⋯⋯⋯⋯⋯ 2. **光稃香草 H. glabra**
　3. 植株高 50-60 厘米；圆锥花序长 8-10 厘米；小穗长 3.5-6 毫米，雄花外稃稍短于颖片，背部向上渐被微毛，边缘具纤毛。
　　4. 叶鞘无毛；小穗长 5-6 毫米 ⋯⋯⋯⋯⋯⋯⋯⋯⋯⋯⋯⋯⋯⋯⋯⋯⋯ 3. **茅香 H. odorata**
　　4. 叶鞘密生柔毛；小穗长 3.5-5 毫米 ⋯⋯⋯⋯⋯⋯⋯⋯ 3(附). **毛鞘茅香 H. odorata** var. **pubescens**

1. 高山茅香

图 1223：1-4

Hierochloe alpina (Sw.) Roem. et Schult. Syst. Veg. 2: 515. 1817.

Holcus alpinus Sw. in Willd. Sp. Pl. 4, 2: 937. 1806.

具短根茎。秆高 10-14 厘米。叶鞘长于节间，叶舌膜质，长 1-2 毫米；秆生叶长约 5 厘米，宽 2-4 毫米，基生叶较长而窄。圆锥花序长约 3 厘米，宽 1-2 厘米，紧缩。小穗长圆形，长 5-6 毫米；颖膜质，第一颖略短，1-3 脉，第二颖具 3-5 脉。雄花外稃背部具短毛，向上毛渐长，边缘具纤毛，第二雄花之第一外稃近先端具短芒，第二外稃于背

部中央具1膝曲芒，芒长4-5毫米；内稃具2脊，脊具纤毛。两性花外稃长约4毫米，具短小尖头，上部具短毛；内稃与外稃等长，1脉，脊上部具纤毛。花果期7-8月。

产黑龙江、吉林及辽宁，生于海拔约2300米高山草原。欧亚大陆寒冷地区有分布。

[附] **松序茅香草** 图 1223 : 5-8 **Hierochloe laxa** R. Br. ex Hook. f. Fl. Brit. Ind. 7: 222. 1897. 与高山茅香的区别：植株高达80厘米；叶片宽1-1.5厘米；圆锥花序长10-15厘米；雄花外稃背部粗糙，边缘具纤毛；第二雄花外稃先端具直芒；两性花外稃先端无小尖头，背部平滑，上部微粗糙。产甘肃西南部及四川西部，生于海拔2500-3000米山谷草丛中或林缘。喜马拉雅山区有分布。

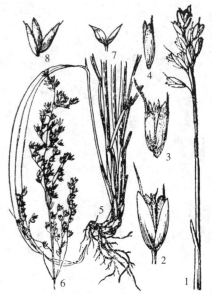

图 1223 : 1-4.高山茅香 5-8.松序茅香草
（阎翠兰绘）

2. 光稃香草 图 1224

Hierochloe glabra Trin. in Spreng. Neue Entdeck 2: 66. 1821.

根茎细长。秆高15-22厘米，2-3节，上部裸露。叶鞘密被微毛或无毛，长于节间，叶舌膜质，长1-5毫米，先端啮蚀状；叶片披针形，质较厚，秆生者长2-5厘米，宽1.5-3毫米，茎生者较窄长，两面无毛或稍粗糙，边缘具微纤毛。圆锥花序长3-5厘米，宽1.5-2厘米。小穗黄褐色，长2.5-3毫米；颖膜质，近等长或第一颖稍短，1-3脉。雄性小花外稃等长或较长于颖，背部无毛至粗糙，向上渐被微毛，边缘具纤毛，先端无芒。两性小花外稃长2-2.5毫米，先端渐尖，边缘被较密纤毛，上部被短毛，其余无毛；内稃与外稃等长或较短。花果期6-9月。

产黑龙江、吉林、辽宁、内蒙古、河北、山东、山西、陕西、青海、新疆、江苏、安徽及浙江，生于海拔450-4100米林缘灌丛、山坡湿草地、河漫滩、湖边草甸及田野路旁。哈萨克斯坦、蒙古、俄罗斯西伯利亚及远东地区、日本有分布。

图 1224 光稃香草
（引自《中国主要植物图说 禾本科》）

3. 茅香 图 1225

Hierochloe odorata (Linn.) Beauv. Ess. Agrost. 62. 164. pl. 12. f. 5. 1812.

Holcus odorata Linn. Sp. Pl. 1048. 1753.

根茎细长横走，长达30厘米以上。秆高50-60厘米，无毛，3-4节。叶鞘长于节间，无毛，叶舌膜质，长2-5毫米，顶端啮蚀状；叶片长4-10（分蘖叶达40）厘米，宽4-7毫米，上面被微毛。圆锥花序卵形，长8-10厘米；分枝长1-3厘米，2-3枚簇生，下部裸露。小穗黄褐色，长5-6毫米；颖等长或第一颖稍短，1-3脉；雄花外稃稍短于颖，顶端具小尖头，背部向上渐被微毛，边缘具纤毛；两性花

外稃长 2.5-3.5 毫米，上部被短毛。花果期 6-9 月。

产黑龙江、吉林、内蒙古、河北、山东、山西、河南、陕西、宁夏、甘肃、青海、新疆、四川及西藏，生于海拔 450-4500 米阴蔽山坡、河漫滩或湿润草地。欧、亚、美三洲温带地区广泛分布。植株含香豆素，供药用；根状茎蔓延可巩固坡地防止水土流失。

[附] **毛鞘茅香 Hierochloe odorata** var. **pubescens** Kryl. Fl. Alt. 7: 1553. 1914. 与模式变种的区别：叶鞘密生柔毛；小穗长 3.5-5 毫米。产河北、山西、陕西、青海、新疆及四川，生于海拔 470-2450 米山坡或湿润草地。全草药用。

94. 黄花茅属 Anthoxanthum Linn.
（吴珍兰）

一年生或多年生草本；具芳香。叶片平展。圆锥花序穗状，紧缩或开展。小穗两侧扁，黄、绿或镶有紫色，具 1 顶生两性花和二侧生雄性或中性花；小穗轴脱节于颖之上；颖不等长，边缘宽膜质，第一颖较短，常为第二颖长 1/2，具 1（-3）脉，第二颖具 3（-5）脉；不孕小花外稃稍硬，短于或等长于第二颖，先端 2 裂，背部具芒，被柔毛，雄蕊 3。两性花外稃硬纸质，具 5 脉或无明显脉，无芒，雄蕊 2；内稃具 1 脉或脉不明显；雌蕊 2 花柱较长，花时由稃体顶端伸出；无鳞被。颖果纺锤形，胚长约为其 1/4。

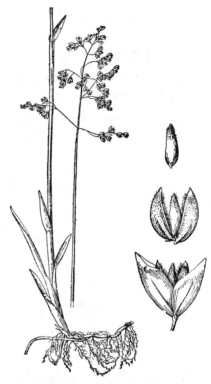

图 1225 茅香 （史渭清绘）

约 18 种，分布于欧洲和亚洲温带、非洲热带山地及中美洲。我国 6 种 2 变种。

1. 第一不孕花雄性，雄蕊 3，具内稃 ·· 1. **藏黄花茅 A. hookeri**
1. 第一和第二不孕花均中性，无雄蕊和内稃。
  2. 圆锥花序长 2-4 厘米；小穗长 7-9 毫米，金黄色。
    3. 叶鞘口部具细柔毛，叶舌长 1-2 毫米；植株高 15-20 厘米 ········ 2. **日本黄花茅 A. odoratum** var. **nipponicum**
    3. 叶鞘口部无毛，叶舌长 2-3 毫米；植株高 20-40 厘米 ············· 2(附). **高山黄花茅 A. odoratum** var. **alpinum**
  2. 圆锥花序长 4-5 毫米；小穗长 3-5 毫米，黄色或带紫色 ·················· 2(附). **锡金黄花茅 A. sikkimense**

1. 藏黄花茅   图 1226：1-4

Anthoxanthum hookeri (Griseb.) Rendle in Journ. Linn. Soc. Bot. 36: 380. 1904..

Ataxia hookeri Griseb. in Goett. Nachr. 77. 1868.

植株具短根茎。秆高 30-50 厘米，3-4 节。叶鞘无毛或被微毛，上部者短于节间，叶舌膜质，长 1-3 毫米；叶片线状披针形，长 5-25 厘米，宽 2-6 毫米，被柔毛或下面无毛。圆锥花序窄，长 6-10 厘米。小穗长 5-8 毫米，绿色，后紫褐色；第一颖长 3-5 毫米，宽膜质，1-3 脉，第二颖与小穗等长，

3-5 脉。不孕花外稃长 4-5 毫米，5-7 脉，背部被柔毛，第一外稃先端 2 裂达上部 1/3，裂片间具长 2-4 毫米的直芒，内稃具 2 脉，顶端有齿，第二外稃先端 2 裂，空虚而无内稃，芒于稃体下部 1/4 处伸出，长达 9 毫米，膝曲。两性花外稃硬纸质，长 2.5-3 毫米，具 5 脉，无芒，内稃稍短于外稃，无脉；雌蕊具 2 长花柱和帚刷状柱头。花果期 5-12 月。

产四川、云南及西藏，生于海拔 2100-4000 米亚高山稀疏和栎树灌丛下、山坡草地或河谷草甸。印度

北部、不丹及尼泊尔有分布。

2. 日本黄花茅

图 1226：5-8

Anthoxanthum odoratum Linn. var. **nipponicum** (Honda) Tzvel. Ind. Pl. Herb. Fl. URSS 17: 31. 1967.

Anthoxanthum nipponicum Honda in Bot. Mag. Tokyo 40: 317. 1926.

多年生。须根细弱。秆高 15-20 厘米，1-2 节。叶鞘光滑，短于节间，鞘口具白柔毛，叶舌膜质，长 1-2 毫米；叶片扁平，秆生者长 1.5 厘米，基生者长 7-8 厘米，宽 2-4 毫米，无毛。圆锥花序穗状，长 2-3 厘米。小穗柄无毛，多孪生，1 长 1 短；小穗金黄色，长 6-7 毫米；颖膜质，第一颖具 1 脉，长 3.5-4 毫米，第二颖具 3 脉，与小穗同长。第一和第二不孕花均中性，无雄蕊和内稃，外

稃几等长，长约 5 毫米，先端钝圆而浅裂，下部棕色而具刺毛，第一外稃中部以上具长约 3 毫米的直芒，第二外稃近基部处具 1 膝曲的芒，芒长 7-8 毫米。孕花长约 2.2 毫米，外稃光滑，脉不明显。颖果长圆状卵形，两侧扁，长约 1.5 毫米。花果期 7-8 月。

产吉林，生于海拔 1600-2500 米灌丛或草地。朝鲜半岛北部及日本有分布。

[附] **高山黄花茅 Anthoxanthum odoratum** var. **alpinum** Max et Uechtr. Flora 5, 2: 426. 1822. 与日本黄花茅的区别：植株高 20-40 厘米；叶鞘口部无毛；叶舌长 2-3 厘米。产新疆，生于海拔 1400-2900 米草地或林缘。中亚及欧洲有分布。

图 1226：1-4. 藏黄花茅 5-8. 日本黄花茅 （引自《中国主要植物图说 禾本科》）

[附] **锡金黄花茅 Anthoxanthum sikkimense** (Maxm.) Ohwi in Bull. Tokyo Sci. Mus. 18: 8. 1947. —— *Hierochloe sikkimensis* Maxim. in Bull. Acad. Imp. Sci. St. Petersb. 32: 626. 1888. 与日本黄花茅的区别：圆锥花序长 4-5 厘米；小穗长 3-5 毫米，黄或带紫色。产四川及云南，生于海拔 2000-3800 米山坡草地或灌丛中。印度北部及尼泊尔有分布。

95. 异颖草属 Anisachne Keng

（吴珍兰）

多年生草本。叶片扁平或内卷。圆锥花序疏散开展或狭窄。小穗具 1 小花，两性，脱节于颖之上；小穗轴延伸于小花之后，微小而疏生长柔毛；颖不等长，第一颖较短，1 脉，第二颖基部具 3 脉，先端锐尖或稍钝。外稃长于颖片，具不明显 5 脉，无芒或顶端具小尖头，基盘被长柔毛，毛长为稃体 1/3；内稃长约外稃 1/2；雄蕊 3。

我国特产，单种属。

异颖草

图 1227

Anisachne gracilis Keng in Journ. Wash. Acad. Sci. 48(4): 117. f. 2. 1958.

形态特征同属。

产贵州、四川及云南，生于海拔 1400-3600 米林缘、山坡草地或酸性沙壤土。

96. 沟稃草属 Aulacolepis Hack.
（吴珍兰）

多年生草本。叶片扁平。圆锥花序开展。小穗具1小花，脱节于颖之上；小穗轴延伸于内稃后为短小刺毛；颖不等长，第一颖微小，无脉或具1脉，第二颖具1-3脉。外稃与小穗等长，纸质，5脉，先端稍膜质，无芒，基盘常具短毛；内稃与外稃等长，膜质，具2脊；鳞被2，楔形；雄蕊3，花药线形；子房长圆形，无毛，花柱短，柱头羽状。颖果细长，与稃体分离，胚小。

约4种，分布于中国、日本、菲律宾、马来西亚、印度尼西亚及印度。我国3种。

1. 第一颖长1-1.8毫米，具1脉；叶片宽0.5-1.5厘米 ························
·· 沟稃草 **A. treutleri**
1. 第一颖长0.2-0.5毫米，无脉；叶片宽3-5毫米 ······················
·· （附）. 小颖沟稃草 **A. formosana**

图 1227 异颖草 （冯晋庸绘）

沟稃草　　　　　　　　　　　　　　图 1228

Aulacolepis treutleri (Kuntze) Hack. in Fedde, Repert. Sp. Nov. 3: 242. 1907.

Milium treutleri Kuntze, Rev. Gen. Pl. 2: 278. 1891. pro parte

秆少数丛生，高0.75-1.1米，无毛或节上具柔毛，3-7节。叶鞘长于或上部者短于节间，无毛或边缘被细毛，叶舌膜质，长2-4毫米；叶片长15-30厘米，宽0.6-1厘米，光滑或粗糙。圆锥花序长15-25厘米，宽0.8-5厘米，下部各节具5-6枚近轮生分枝；分枝细弱，微粗糙，疏生小穗。小穗灰绿色，长2.5-3毫米；小穗轴长约1毫米；颖卵状披针形，顶端尖，脊粗糙，第一颖长1-1.8毫米，第二颖稍窄，长2-2.5毫米。外稃顶端钝，点状粗糙，基盘被短毛，腹面及两侧毛较长；内稃与外稃等长。花期7-8月。

图 1228 沟稃草 （仲世奇绘）

产台湾、福建、江西、湖北、广西、贵州、四川及云南，生于海拔1300-2000米山坡常绿阔叶林间、林缘草地或山谷阴湿处。缅甸及印度北部有分布。为优良牧草。

[附] **小颖沟稃草 Aulacolepis formosana** (Ohwi) L. Liou, Vascul. Pl. Hengduan Mount. 2: 2254. 1994. —— *Aulacolepis agrostoides* (Merr.) Ohwi var. *formosana* Ohwi in Acta Phytotax. Geobot. 4: 30. 1935. 与沟稃草的区别：第一颖长0.2-0.5毫米，无脉；叶片宽3-5毫米。产台湾、湖南及四川，生于海拔约2500米林下或湿草地。

97. 短颖草属 Brachyelytrum Beauv.
（吴珍兰）

多年生草本。秆直立。叶鞘短于节间，边缘具纤毛。叶舌膜质，顶端常啮蚀状；叶片扁平，窄披针形，基部收缩。圆锥花序窄窄如线形，具较少的小穗；分枝细弱，简短，与主轴贴生。小穗线形，具1小花，背腹扁，脱节于颖之上；小穗轴延伸于内稃之后成1细长刺毛；颖2，微小，质薄，第一颖常缺，第二颖锥形，长等于小花长度的1/10-1/4，具1-3脉，顶端渐尖呈芒状；外稃质较硬，具5脉，基部具偏斜的基盘，顶端延伸成1细直芒；内稃等长于外稃，2脉，纵卷；鳞被2；雄蕊2。颖果线形。染色体2n=22。

单种属，产北美东部和中国东部至日本。我国1变种。

日本短颖草

图 1229

Brachyelytrum erectum (Schreb.) Beauv. var. **japonicum** Hack. in Bull. Herb. Boissier 7: 647. 1899.

与模式变种的区别：叶片长10-15厘米，宽6-9毫米；第二颖长1-2.2毫米；外稃长0.8-1厘米，芒长1.5-1.8厘米。花期6-7月。

产江苏、安徽、浙江及

图 1229 日本短颖草
（引自《中国主要植物图说 禾本科》）

江西，生于林下。日本及北美东部有分布。

98. 拂子茅属 Calamagrostis Adans.
（吴珍兰）

多年生草本。圆锥花序穗状或开展。小穗常具1（2）小花，脱节于颖之上，有或无常被丝状柔毛的小穗轴；颖近膜质，1-3脉，先端尖或渐尖。外稃膜质或草质，短于颖，3-5脉，先端2裂或不规则齿裂，有时脉端延伸，芒自外稃先端齿间、中部或基部伸出，直立或膝曲，稀无芒，基盘两侧密生柔毛，毛长超过或短于外稃长度1/2；内稃质薄，2脉，与外稃近等长或较短。

约270种，分布于温带地区和热带山地。我国50余种20余变种。多数种类于抽穗前收割，为优良饲料。

1. 外稃透明膜质，短于颖，3脉，稀不明显5脉，基盘两侧柔毛长于稃体，芒细直；小穗轴不延伸或稍延伸至内稃之后，无毛。
   2. 小穗长（0.6）0.9-1.2厘米；外稃长（3.5-）4.5-5毫米，基盘柔毛长7-9毫米。
      3. 第一颖长0.9-1.2厘米，第二颖长7-9毫米；外稃背部平滑 ·················· **1. 大拂子茅 C. macrolepis**
      3. 第一颖长7.5-8（-10）毫米；第二颖长4.5-6（-8）毫米；外稃背部倒刺状粗糙 ·················· **1(附). 刺稃拂子茅 C. macrolepis var. rigidula**
   2. 小穗长4-7毫米；外稃长2-4毫米，基盘柔毛长3-7毫米。
      4. 外稃的芒自背中部附近伸出；圆锥花序紧密。
         5. 圆锥花序紧密，具间断 ·················· **2. 拂子茅 A. epigejos**
         5. 圆锥花序紧缩而密集，无间断 ·················· **2(附). 密花拂子草 C. epigejos var. densiflora**
      4. 外稃的芒自顶端或裂齿间伸出；圆锥花序疏散开展。

6. 雄蕊 1；外稃具不明显 5 脉，先端 2 深裂，芒自裂齿间伸出，长 5-9 毫米 ……… 3. **单蕊拂子茅 C. emodensis**

6. 雄蕊 3；外稃具 3 脉，先端全缘或微齿裂，芒自先端附近或细齿间伸出，长 0.5-3 毫米。

    7. 圆锥花序长 4-13 厘米；第一颖长 4-5 毫米，第二颖长 2-4 毫米；外稃长 2-3 毫米，先端微齿裂，芒自齿间伸出，长 0.5-1 毫米 ……………………………… 4. **短芒佛子茅 C. hedinii**

    7. 圆锥花序长 10-25 厘米；第一颖长 5-7 毫米，第二颖长 4-5 毫米；外稃长 3-4 毫米，先端全缘，稀具微齿裂，芒自先端附近伸出，长 1-3 毫米 ……………… 5. **假苇拂子茅 C. pseudophragmites**

1. 外稃草质或膜质，微短于颖，4-5 脉，基盘两侧柔毛短于或等长于稃体，具芒，稀无芒，芒常膝曲或稍弯，细直者中部以下常扭转；小穗轴延伸至内稃之后，常被丝状柔毛。

  8. 外稃无芒；圆锥花序开展。

    9. 小穗长 3.5-4 毫米；外稃长 3-3.5 毫米，基盘两侧柔毛长等于稃体 2/3-4/5；叶片宽 1-4 毫米 ……………………………………………………………… 6. **柔弱野青茅 C. flaccida**

    9. 小穗长 2-3 毫米；外稃长 1.5-2.5 毫米，基盘两侧柔毛等长于稃体；叶片宽 6-8 毫米 ………………………………………………………………… 6(附). **散穗野青茅 C. diffusa**

  8. 外稃有芒；圆锥花序紧密成穗状或疏散开展。

    10. 外稃基盘两侧柔毛长于或等长于稃体，或长为稃体 1/2 以上，稀 1/3。

      11. 圆锥花序疏散开展；植株具横走根茎。

        12. 叶舌长约 1 毫米；花序分枝常孪生，直立斜升；外稃基盘两侧柔毛长为稃体 1/2-2/3 ………………………………………………………………… 7. **箱根野青茅 D. hakonensis**

        12. 叶舌长 0.3-1 厘米；花序分枝 3-5 枚簇生，平展或斜升；外稃基盘两侧柔毛稍长于或等于稃体。

          13. 植株高 0.75-1.5 米；外稃长 3-4 毫米，芒长 3-4 毫米；花药长 2-2.5 毫米 ………………………………………………………………… 8. **大叶章 C. langsdorffii**

          13. 植株高 33-50 厘米；外稃长 2.5-2.8 毫米，芒长约 1.2 毫米；花药长约 1 毫米 ………………………………………………………………… 8(附). **四川野青茅 C. sichuanensis**

      11. 圆锥花序紧密，常穗状。

        14. 芒长 5-6 毫米，膝曲扭转，伸出小穗之外 ……………… 9. **高山野青茅 C. holciformis**

        14. 芒长 1-6 毫米，细直或微弯且下部稍扭转，包于小穗内。

          15. 叶舌长约 0.5 毫米；外稃先端 2 裂，裂片长达稃体 1/2-1/3，芒自裂齿间伸出，长 5-6 毫米，细直 ………………………………………………… 10. **宝兴野青茅 C. moupinensis**

          15. 叶舌长 1-7 毫米；外稃先端 4 齿裂，芒自外稃背中部以下伸出，长 1-4 毫米，微弯或细直。

            16. 叶舌长 4-6 毫米；小穗长 4-5.5（-6.5）毫米；外稃基盘两侧柔毛等长于或稍长于稃体，芒长 2.5-4 毫米 ……………………………………………… 11. **密穗野青茅 C. conferta**

            16. 叶舌长 1-3 毫米；小穗长 3-5 毫米；外稃基盘两侧柔毛长为稃体 1/2-2/3，芒长 1-3 毫米。

              17. 小穗长 3-3.5 毫米，紫褐色；外稃长 2-3 毫米，基盘两侧柔毛长为稃体 2/3，芒长 1-2 毫米 …………………………………………………………… 12. **小花野青茅 C. neglecta**

              17. 小穗长（3.5-）4-5 毫米，草黄或紫带古铜色；外稃长 3.5-4 毫米，基盘两侧柔毛长为稃体 1/3-1/2，芒长 2.5-3 毫米。

                18. 叶鞘稍粗糙；外稃的芒自背基部 1/7 处伸出，微弯，下部稍扭转 ……………………………………………………………… 13. **青海野青茅 C. kokonorica**

                18. 叶鞘平滑；外稃的芒自背部 1/2-1/3 处伸出，细直或微弯 ……… 13(附). **瘦野青茅 C. macilenta**

    10. 外稃基盘两侧柔毛甚短，长为稃体 1/8-1/3，稀达 1/2 或 3/4。

      19. 芒自外稃背中部以上至先端下方伸出，长于或短于稃体，细直或微弯，稀膝曲。

        20. 芒长 0.5-2.5 毫米，细直，自外稃先端至以下 1/6-1/4 外伸出；小穗长 4-5 毫米；外稃长 3-4.5 毫米，基盘两侧柔毛长为 1/5-1/3，芒长 1.5-2.5 毫米；叶鞘内无小穗 …………… 14. **小丽茅 C. pulchella**

20. 芒长 4-8 毫米，膝曲或细直，自外稃背中部至先端以下 1/4-1/3 处伸出。

 21. 圆锥花序紧密，分枝粗糙；颖披针形，第一颖边缘具纤毛；花药长 2-2.5 毫米。

  22. 秆高 0.6-1 米，径 2-4 毫米，花序下粗糙；圆锥花序长 15-20 厘米；芒自外稃背中部伸出，膝曲，芒柱扭转 ·· 15. 糙野青茅 **C. scabrescens**

  22. 秆高 30-60 厘米，径约 1 毫米，花序下光滑；圆锥花序长 6-8 厘米；芒自外稃背中部以上伸出，细直 ··· 15(附). 小糙野青茅 **C. scabrescens** var. **humilis**

 21. 圆锥花序疏散开展，分枝平滑；颖窄披针形，第一颖边缘无纤毛；花药长约 1 毫米 ··· 15(附). 林芝野青茅 **C. nyingchiensis**

19. 芒自外稃背基部至中部外伸出，长于稃体，膝曲扭转。

 23. 圆锥花序疏散开展，长（5-）15-40 厘米；分枝长而下部常裸露。

  24. 内稃短于外稃 1/3-1/4；小穗黄褐或紫色，长 4.5-7 毫米；外稃短于颖，先端具 2 枚长约 1 毫米的芒尖 ······················· 16. 黄花野青茅 **C. flavens**

  24. 内稃近等长于外稃。

   25. 叶舌长 0.4-2 厘米，长圆状披针形，先端常撕裂；小穗长 4-7 毫米。

    26. 叶鞘常被微糙毛；外稃基盘两侧柔毛长为稃体 1/3 或 1/4 ··········· 17. 房县野青茅 **C. henryi**

    26. 叶鞘无毛；外稃基盘两侧柔毛长约为稃体 3/4 ··········· 17(附). 华高野青茅 **C. sinelatior**

   25. 叶舌微小或长 0.5-2（-4）毫米，先端平截或钝圆；小穗长 3-4 毫米。

    27. 植株高 1-1.2 米，径 3-5 毫米；叶舌长 1-2（-4）毫米；圆锥花序长 20-35 厘米 ·· 18. 疏穗野青茅 **C. effusiflora**

    27. 植株高 20-60 厘米，秆纤细；叶舌微小或长约 0.5 毫米；圆锥花序长约 5 厘米。

     28. 叶片扁平，宽 1 毫米以上；外稃基盘两侧柔毛长为稃体 1/2；花药长约 2 毫米 ·· 18(附). 短舌野青茅 **C. matsudana**

     28. 叶片细丝状，宽约 0.5 毫米；外稃基盘两侧柔毛长为稃体 1/3；花药长约 1.6 毫米 ·· 18(附). 水山野青茅 **C. suizanensis**

 23. 圆锥花序紧密穗状或疏散开展；分枝较短。

  29. 小穗具 2 小花，长 4-5.5 毫米；芒长 0.6-1 厘米；叶片纵卷 ····· 19. 窄叶野青茅 **C. stenophylla**

  29. 小穗具 1 小花。

   30. 植株高 15-30 厘米；圆锥花序紧密呈穗状，长 3-6.5 厘米，宽 3-7 毫米；分枝和小穗柄无毛 ·· 20. 光柄野青茅 **C. levipes**

   30. 植株高 0.3-1.4 米；圆锥花序疏散或紧密，长 6-17 厘米，宽 1-3 厘米；分枝和小穗柄粗糙或无毛。

    31. 小穗长 3-4 毫米；第一颖边缘具纤毛；外稃长约 3 毫米，基盘两侧柔毛长为稃体 1/4，芒长约 6 毫米 ·· 21. 湖北野青茅 **C. hupehensis**

    31. 小穗长 5-7 毫米；颖平滑或粗糙；外稃长 4-5 毫米，基盘两侧柔毛长为稃体 1/8-1/3，芒长 5.5-9 毫米。

     32. 叶片两面粗糙；叶舌长 2-5 毫米；秆基部具被鳞片的芽；颖粗糙；外稃基盘两侧柔毛长为稃体 1/3 ·· 22. 野青茅 **C. arundinacea**

     32. 叶片两面平滑；叶舌长 5-7.5 毫米；秆基部具短根茎；颖平滑或中脉微粗糙；外稃基盘两侧柔毛长为稃体 1/8-1/3 ·················· 23. 兴安野青茅 **C. turczaninowii**

1. 大拂子茅   图 1230

Calamagrostis macrolepis Litv. in Not. Syst. Leningrad 2: 125. 1921.

Calamagrostis gigantea Roshev.；中国高等植物图鉴 5: 849. 1976.

植株具根茎。秆高 0.75-1.2 米，径 3-4 毫米，花序下稍糙涩，4-5 节。叶鞘无毛，叶舌长 0.5-1.2 厘米，顶端尖；叶片扁平或边缘内卷，长 15-40 厘米，宽 5-9 毫米，上面及边缘稍粗糙，下面平滑。圆锥花序窄披针形，有间断，长 20-25 厘米，宽 3-4.5 厘米；分枝长 1-3 厘米，粗糙，基部密生小穗。小穗淡绿色，成熟时带紫色，长0.9-1.2厘米；颖不等长，锥状披针形，主脉粗糙，第一颖长0.9-1.2厘米，1脉，第二颖长7-9毫米，1-3脉。外稃长4.5-5毫米，先端微2裂，芒自裂齿间或稍下处伸出，细直，长3-4毫米，基盘被长7-9毫米柔毛；内稃短于外稃约1/3；小穗轴不延伸于内稃之后；雄蕊3，花药长2.5-3毫米。花果期7-9月。

产黑龙江、吉林、辽宁、内蒙古、河北、山东、山西、宁夏、青海及新疆，生于海拔160-3200米山坡草地、沙丘间草甸或河边湿草地。中亚地区有分布。

图 1230 大拂子茅 （冯晋庸绘）

[附] **刺稃拂子茅** **Calamagrostis macrolepis** var. **rigidula** T. F. Wang in Acta Phytotax. Sin. 10: 310. pl. 57. 1965. 与模式变种的区别：第一颖长7.5-8（-10）毫米，第二颖长4.5-6（-8）毫米；外稃长3.5-4.5毫米，背部倒刺状粗糙；小穗轴延伸于内稃之后，长0.1-0.4毫米，无毛。花期7-8月。产黑龙江松嫩平原，多生于林场基地或撂荒地，土壤为沙质碳酸盐黑钙土。

2. 拂子茅

图 1231

Calamagrostis epigejos (Linn.) Roth, Tent. Fl. Germ. 1: 34. 1788.

Arundo epigejos Linn. Sp. Pl. 81. 1753.

植株具根茎。秆高0.45-1.35米，径2-3毫米，无毛或花序下稍粗糙。叶鞘平滑或稍粗糙，叶舌膜质，长圆形，长5-9毫米，常撕裂；叶片扁平或边缘内卷，长10-29厘米，宽（2-）4-8（-13）毫米，上面及边缘粗糙，下面较平滑。圆锥花序圆筒形，有间断，长10-25（-30）厘米；分枝直立或斜上，粗糙。小穗淡绿或带淡紫色，长5-7毫米；颖近等长或第二颖稍短，主脉粗糙，顶端渐尖，第一颖具1脉，第二颖具3脉。外稃长约为颖之半，具2微齿，芒自背中部附近伸出，细直，长2-3毫米，基盘毛被几与颖等长；内稃长约外稃2/3，齿裂；小穗轴不延伸于内稃之后；雄蕊3，花药黄色，长约1.5毫米。花果期5-9月。

除海南外，全国其余省区均有，生于海拔160-3900米沟渠旁、河滩湿地、田埂地旁或山地潮湿处。欧亚大陆温带地区均有分布。为牲畜喜食牧草；根茎发达，抗盐碱土壤，耐水湿，为固沙、保护河岸的良好材料；秆可编席、草垫或

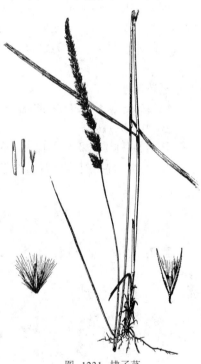

图 1231 拂子茅
（引自《中国主要植物图说 禾本科》）

覆盖房顶。

[附] **密花拂子茅** **Calamagrostis epigejos** var. **densiflora** Griseb. in Ledeb. Fl. Ross. 4: 433. 1853. 与模式变种的区别：圆锥花序紧缩密集，几无间断。分布与生长习性、用途均与模式变种同。

3. 单蕊拂子茅

图 1232

Calamagrostis emodensis Griseb. Nochr. Ges. Wiss. Goettingen 80. 1868.

秆高 1-1.3 米，基径 3-4 毫米，无毛。叶鞘无毛，一侧具叶耳，叶舌干膜质，长 0.5-2 毫米，顶端平截；叶片扁平或边缘内卷，长 25-45 厘米，宽 0.5-1 厘米，粗糙或下面较光滑。圆锥花序开展，下垂，长 15-25 厘米；分枝纤细，稍粗糙。小穗淡绿或苍白带紫色，长 5.5-6 毫米；颖质薄，条状披针形，第一颖长于第二颖约 1 毫米，具 1 脉，第二颖具 3 脉，主脉粗糙。外稃透明膜质，长约 2 毫米，具不明显 5 脉，先端 2 深裂达稃体 1/3，芒自裂齿间伸出，细弱，长 5-9 毫米，稍粗糙，基盘两侧毛约等长于第二颖；内稃稍短于外稃；小穗轴不延伸于内稃之后；雄蕊 1，花药长约 1 毫米。颖果椭圆形，长约 1 毫米。花果期 8-9 月。

产陕西、四川、云南及西藏，生于海拔 1900-3800 米山坡草地、林缘或河谷石砾地。克什米尔地区、不丹及印度北部有分布。

图 1232 单蕊拂子茅
（引自《中国主要植物图说　禾本科》）

4. 短芒拂子茅

图 1233

Calamagrostis hedinii Pilger, Ostenf. et Paulsen in Hedin, S. Tibet 6 (3): Bot. 93. 1922.

秆高 50-80 厘米，径 1-3 毫米，无毛。叶鞘平滑，叶舌膜质，长 3-5 毫米，顶端撕裂；叶片常纵卷，上面及边缘稍粗糙，秆生叶片长 5-10 厘米，基生者长达 20 厘米。圆锥花序开展，长 4-13 厘米；分枝粗糙。小穗灰褐色或基部带紫色，成熟时草黄色，长 4-5 毫米；颖披针形，不等大，中脉粗糙，第一颖长 4-5 毫米，1 脉，第二颖长 2-4 毫米，3 脉。外稃透明膜质，长 2-3 毫米，先端具细齿，芒自齿间伸出，长 0.5-1（-2）毫米，基盘两侧柔毛长于稃体；内稃长约 1.5 毫米；小穗轴不延伸于内稃之后；雄蕊 3，花药黄色，长约 2 毫米。花果期 6-9 月。

产青海、新疆、四川及西藏，生于海拔 700-4200 米山坡草地、林下灌丛中或沟边潮湿处。

图 1233 短芒拂子茅　（李爱莉绘）

5. 假苇拂子茅

图 1234

Calamagrostis pseudophragmites (Haller f.) Koeler, Descr. Gram. 106. 1802.

Arundo pseudophragmites Haller f. in Arch. Bot. (Roemer) 1(2): 11. 1796.

秆高 0.4-1.2 米，径 1.5-4 毫米。叶鞘短于或有时下部者长于节间，无毛或稍粗糙，叶舌膜质，长 4-9 毫米，长圆形，易撕裂；叶片扁平或内卷，长 10-30 厘米，宽 1.5-5（-7）毫米，上面及边缘粗糙，下面平滑。圆锥花序开展，长圆状披针形，长 10-25（-35）厘米，宽（2-）3-5 厘米；分枝簇生，直立，稍糙涩。小穗草黄或紫色，长

5-7 毫米；颖条状披针形，成熟后张开，不等长，第二颖较第一颖短 1/4-1/3，先端长渐尖，具 1 脉或第二颖具 3 脉。外稃长 3-4 毫米，3 脉，先端全缘，稀具微齿，芒自顶端或稍下伸出，细直，长 1-3 毫米，基盘两侧柔毛等长于或稍短于小穗；内稃长为外稃 1/3-2/3；雄蕊 3，花药长 1-2 毫米。花果期 6-9 月。

产黑龙江、吉林、辽宁、内蒙古、河北、山东、山西、河南、陕西、宁夏、甘肃、青海、新疆、江苏、台湾、湖北、湖南、贵州、四川、云南及西藏，生于海拔 350-3900 米高山灌丛中、山坡草地、河漫滩碎石地及河岸阴湿处。欧亚大陆温带地区有分布。中等饲用禾草；可作防沙固堤植物。

6. 柔弱野青茅　　　　　　　　图 1235：1-3

Calamagrostis flaccida Keng ex Keng f. in Bull. Bot. Res. (Harbin.) 4(3): 195. 1984.

Deyeuxia flaccida Keng, 中国植物志9(3): 223. pl. 55: 4-6. 1987.

秆高约 1 米，径约 1 毫米，稍扁，糙涩，6 节。叶鞘短于或近中部长于节间，叶舌膜质，长 1-4 毫米，易破碎；叶片扁平，质薄，长 5-17 厘米，宽 1-4 毫米，无毛；圆锥花序开展，长约 18 厘米，宽约 14 厘米；分枝下垂，2-5 枚簇生且在中部以上一至三回 3 叉分出小枝。小穗柄粗糙，小穗灰绿顶端带紫色，长 3.5-4 毫米；颖披针形，第一颖较第二颖长 0.5 毫米，先端尖，1-3 脉，主脉呈脊，脊粗糙或较平滑。外稃长 3-3.5 毫米，先端钝，5 脉，脉至先端渐消失，基盘两侧毛长为稃体 2/3 或 4/5，无芒；内稃长约为外稃 1/2；延伸小穗轴长约 0.8 毫米，与毛共长达 2.5 毫米；花药长约 0.7 毫米。颖果黄棕色，纺锤形，长约 2 毫米。花果期 7-9 月。

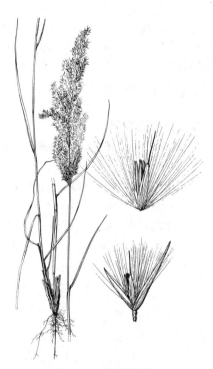

图 1234 假苇拂子茅
（引自《中国主要植物图说　禾本科》）

图 1235：1-3.柔弱野青茅 4-6.散穗野青茅
（宁汝莲　王　颖绘）

产四川、云南及西藏，生于海拔2200-3800米山坡林下草地或路旁潮湿处。

[附] 散穗野青茅 图 1235：4-6

Calamagrostis diffusa (Keng) S. L. Lu et Z. L. Wu, comb. nov. ——*Deyeuxia*

diffusa Keng in Sunyatsenia 6(2): 94. 1942; 中国植物志 9(3): 223. 图版55: 1-3. 1987. 与柔弱野青茅的区别：植株高30-60厘米；小穗长2-3毫米；外稃长1.5-2.5毫米，基盘两侧毛等长于稃体。产贵州、四川及云南，生于海拔1900-3000米山坡草地、灌丛中或撂荒地草丛中。

7. 箱根野青茅　　　　　　　　　　　　　　　图 1236

Calamagrostis hakonensis Franch. et Sav. in Enum. Pl. Jap. 2: 1599. 1789.

Deyeuxia hakonensis (Franch. et Sav.) Keng; 中国植物志 9(3): 219. pl. 54: 1-3. 1987.

图 1236 箱根野青茅 （冯晋庸绘）

植株具横走根茎。秆高30-60厘米，径0.5-1毫米。叶鞘短于节间，边缘及鞘口常疏生柔毛；叶舌膜质，平截或钝圆，长约1毫米；叶片扁平或边缘内卷，长10-25厘米，宽2-6毫米，上面被微柔毛，下面无毛。圆锥花序疏散，长6-15厘米，宽1-3厘米；分枝常孪生，稀1或3，粗糙，下部常裸露。小穗草黄或稍带紫色，长4-5毫米；颖近等长或第二颖稍短，先端稍钝，1-3脉，中脉粗糙。外稃长3-4毫米，先端钝或具细齿，基盘两侧毛长

为稃体2/3或1/2，芒自稃体基部伸出，细直，长2-4毫米；内稃近等长于或稍短于外稃，先端钝或微凹；延伸小穗轴长1-1.5毫米，与毛共长2.5-3毫米；花药长约1.5毫米。花果期7-10月。

产安徽、浙江、江西、湖北、广东、贵州及四川，生于海拔 650-2100米山坡林缘、林间草地、灌丛中或山谷溪边石缝中。日本及俄罗斯远东地区有分布。

8. 大叶章　　　　　　　　　　　　　　　　图 1237

Calamagrostis langsdorffii (Link.) Trin. in Gram. Unifl. 225. pl. 4. f. 10. 1824.

Arundo langsdorffii Link. in Enum. Fl. Hort. Berol. 1: 77. 1812.

Deyeuxia langsdorffii (Link) Kunth; 中国植物志 9(3): 221. pl. 54: 8-10. 1987.

图 1237 大叶章 （冯晋庸绘）

植株具横走根茎。秆高0.75-1.5米，径1-4毫米，无毛。叶鞘短于节间，无毛，叶舌长圆形，长0.5-1厘米，顶端易撕裂；叶片长12-30厘米，宽3-8毫米，两面稍糙涩。圆锥花序开展，长10-20厘米，宽5-10厘米；分枝细弱，粗糙，中部以下常裸露。

小穗黄绿带紫色，成熟后黄褐色，长4-5毫米；颖披针形，近等长或第二颖稍短，先端尖或渐尖，与边缘呈膜质，1-3脉，中脉被纤毛。外稃膜质，长3-4毫米，先端2裂，基盘两侧毛近等长或稍长于稃体，芒自背中部附近伸出，细直，长3-4毫米；内稃长为外稃1/2或2/3，膜质，先端细齿裂；延伸小穗轴长约0.5毫米，与毛共长达4毫米；花药淡褐色，长2-2.5毫米。花果期6-9月。

产黑龙江、吉林、辽宁、内蒙古、河北、河南、山西、陕西、宁夏、新疆、湖北及四川，生于海拔700-3600米林下、沟谷潮湿处或山坡草地。蒙古、日本、朝鲜半岛北部、俄罗斯及北美洲有分布。

9. 高山野青茅 青藏野青茅   图 1238：1-3

Calamagrostis holciformis Jaub. et Spoch, in Ill. Pl. Orient. 4: 61. t. 340. 1851.

Deyeuxia holciformis (Jaub. et Spach) Bor; 中国植物志 9(3): 214. 1987.

植株具根茎。秆高15-30厘米，径1-3毫米，花序下常粗糙。叶鞘短于节间，微糙涩或平滑，叶舌膜质，长1-4毫米，顶端齿裂；叶片扁平或纵卷，长2-12厘米，宽2-4毫米，两面粗糙或下面平滑。圆锥花序穗状，稀稍疏展，长2-7厘米，宽1-3厘米；分枝短，粗糙。小穗紫或黄褐带紫色，长4-7毫米；颖披针形，近等长，微粗糙，1-3脉。外稃长3-5毫米，先端具4齿裂，基盘两侧柔毛长1-3毫米，芒自稃体基部伸出，长5-6毫米，伸出小穗之外，近中部膝曲，芒柱扭转；内稃稍短于外稃，先端钝且微齿裂；延伸小穗轴长1.5-2.5毫米，与毛共长3.5-5毫米；花药长1.5-3毫米。花果期7-9月。

10. 宝兴野青茅   图 1238：4-7

Calamagrostis moupinensis Franch. in Nouv. Arch. Mus. Hist. Nat. 2 (10): 106. 1888.

Deyeuxia moupinensis (Franch.) Pilg.; 中国植物志 9(3): 219. 1987.

植株具短根茎。秆高40-60厘米，径2-3毫米，无毛，3-4节。叶鞘上部者短于节间，被倒向短毛或无毛，叶舌平截，长约0.5毫米；叶片扁平或内卷，长10-20

[附] **四川野青茅 Calamagrostis sichuanensis** J. L. Yang in Acta Bot. Yunnan. 5(1): 47. f.1. 1983. 与大叶章的区别：植株高33-50厘米，圆锥花序稍紧缩，宽1-2厘米；外稃长2.5-2.8毫米，芒长1.2毫米，花药长1毫米。产四川，生于海拔约2800米林缘。

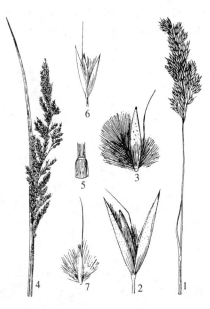

图 1238：1-3.高山野青茅 4-7.宝兴野青茅 （宁汝莲 王颖绘）

产青海、新疆及西藏，生于海拔2400-4800米高寒草原、高寒草甸、山坡草地或河滩沙地。阿富汗、喜马拉雅山西北部、印度及中亚地区有分布。

厘米，宽2-5毫米，两面粗糙。圆锥花序紧密，稀疏散，长8-14厘米，宽1.5-3厘米；分枝2-5枚簇生，粗糙，直立贴生或斜伸。小穗草黄或带淡紫色，长3.5-4毫米；颖近等长，先端尖，粗糙，1-3脉。外稃长约3毫米，先端2裂，裂片长达稃体1/2-1/3，芒自裂齿间伸出，长5-6毫米，细直，伸出小穗之外，基盘两侧毛等长于外稃；内稃较外稃短1/3，先端微2裂；延伸小穗轴与毛共长达3毫米；花药长约1.2毫米。

花果期7-10月。

产四川及云南，生于海拔1300-2600米山坡林下或沟边草地。

11. 密穗野青茅　　　　　图 1239

Calamagrostis conferta (Keng) P. C. Kuo et S. L. Lu, Fl. Intramong. 7: 172. pl. 65. f. 8-9. 1983.

Deyeuxia conferta Keng in Sunyatsenia 6(1): 68. 1941; 中国植物志 9 (3): 216. 1987.

秆丛生，高0.75-1.2米，径2-3.5毫米，无毛，2-3节。叶鞘上部者短于节间，无毛，叶舌长4-6毫米，顶端2裂或破碎；叶片常内卷，

长10-45厘米，宽3-6毫米，上面脉被刺毛，下面较平滑。圆锥花序穗状，长10-15（-20）厘米，宽1-2.5厘米；分枝簇生，稍粗糙。小穗长4-5.5（-6.5）毫米，成熟后草黄带紫色；颖近等长或第二颖稍短，1-3脉，脉粗糙。外稃长3.5-4（-5）毫米，先端微齿裂，基盘两侧柔毛等长于或稍长于稃体，芒自稃体基部伸出，长2.5-4毫米，细直；内稃短于外稃约1/3，先端具细齿；延伸小穗轴长约0.5毫米，与毛共长达3毫米；花药黄带紫色，长1.5-2.5毫米。

图 1239　密穗野青茅　（冯晋庸绘）

花果期7-9月。

产内蒙古、河南西部、陕西、甘肃及青海，生于海拔2000-3400米林缘、沟谷草甸或山坡草地。

12. 小花野青茅　　　　　图 1240

Calamagrostis neglecta (Ehrh.) Gaertner in Mey. et Scherb. Fl. Wett. 1: 94. 1799.

Arundo neglecta Ehrh. Beitr. Naturk. 6: 137. 1791.

Deyeuxia neglecta (Ehrh.) Kunth; 中国植物志 9(3): 215. 1987.

根茎短。秆高40-80厘米，平滑或微粗糙，2节。叶鞘短于节间，无毛，叶舌膜质，长1-2毫米，顶端平截或钝圆；叶片扁平或内卷，

长10-30厘米，宽1-3毫米，上面脉及边缘均被微刺毛，下面较平滑。圆锥花序穗状，有间断，长6-12厘米，宽1-2厘米；分枝短，簇生，粗糙。小穗紫褐色，长3-3.5毫米；颖宽披针形，近等长，第一颖具1脉，第二颖具3脉，中脉粗糙。外稃长2-3毫米，先端钝具细齿，基盘两侧毛长为稃体2/3，芒自稃体基部1/3-1/4处伸出，细直，长1-2毫米，不伸出小穗之外；内稃较外稃短1/3，先端钝且具细齿；延伸小穗轴长约0.8毫米，与毛共长2-2.5毫米；

图 1240　小花野青茅　（冯晋庸绘）

花药淡紫色，长约2毫米。花果期7-9月。

产吉林、黑龙江、内蒙古、甘肃、新疆及四川，生于海拔2000-

4200米林下草地、沼泽草甸或沟旁潮湿处。蒙古、中亚地区、俄罗斯西伯利亚地区及欧洲有分布。

13. 青海野青茅

图 1241

Calamagrostis kokonorica Keng ex. Tzvel. Rast. Tsentr. Azii 4: 84. 1968.

Deyeuxia kokonorica Keng, 中国主要植物图说·禾本科521.图447. 1959; 中国植物志 9(3): 216. 1987.

图 1241 青海野青茅 （冯晋庸绘）

根茎细弱。秆高15-60厘米，径1-1.5毫米，平滑，2节。叶鞘上部者短于节间，稍糙涩，叶舌膜质，长1-3毫米，顶端钝且细齿裂；叶片扁平或内卷，长1-2厘米，宽0.5-4毫米，上面和边缘粗糙，下面无毛。圆锥花序穗状，长2-8厘米，宽0.6-1厘米；分枝短，直立，粗糙，自基部生小穗和小枝。小穗紫色，顶端带古铜色，长3.5-4.5毫米；颖宽披针形，近等长，背部具小刺毛，1-3脉。外稃长约3.5毫米，中部以上具小刺毛，先端细齿裂，基盘两侧毛约等于稃体1/3，芒自稃体基部1/7处伸出，长约3毫米，微弯，下部稍扭转，不伸出小穗之外；内稃较外稃稍短，沿2脊带紫色；延伸小穗轴长约1.5毫米，与毛共长达3毫米；花药紫色，长约2毫米。花果期7-9月。

产青海、新疆及四川，生于海拔3000-4300米高山草甸、灌丛下、湖边或山坡草地。

[附] **瘦野青茅 Calamagrostis macilenta** (Griseb.) Litv. in Not. Syst. Leningrad 2: 119. 1921. —— *Calamagrostis varia* Beauv. var. *macilenta* Griseb. in Ledeb. Fl. Ross. 4: 427. 1852. —— *Deyeuxia micilenta* (Griseb.) Keng; 中国植物志 9(3): 215. 1987. comb. illeg. 与青海野青茅的区别：叶鞘无毛；小穗常草黄色，长4-5毫米；外稃长约4毫米，基盘两侧毛约等于稃体1/2，芒自外稃背部1/2-1/3处伸出，细直或微弯。产内蒙古、青海、新疆及四川，生于海拔1100-4500米山坡草地。蒙古及俄罗斯西伯利亚有分布。

14. 小丽茅

图 1242

Calamagrostis pulchella Griseb. Nachr. Ges. Wiss. Goettingen 78. 1868.

Deyeuxia pulchella (Griseb.) Hook. f.; 中国植物志 9(3): 194. 1987.

图 1242 小丽茅 （冯晋庸绘）

根茎横走，被膜质鳞片。秆疏丛，高30-40厘米，径1-1.5毫米，平滑，花序下粗糙，2-3节。叶鞘短于节间，粗糙，叶舌薄膜质，长2-4毫米；叶片扁平（干后内卷），长2-13厘米，宽1-4毫米，两面稍粗糙。圆锥花序穗状，长圆形或卵状长圆形，长3-7厘米，宽0.8-1.5

厘米；分枝直立，粗糙。小穗深紫色，长 3-5（6）毫米；颖披针形，近等长或第一颖稍短，粗糙，第一颖具 1 脉，第二颖具 3 脉。外稃膜质，长 3-4.5 毫米，基盘两侧毛长约 1 毫米，芒自先端下 1/6-1/4 处伸出，长 1-2.5 毫米，细直；内稃约短于外稃 1/3；延伸小穗轴长约 1.5 毫米，密被长 3-3.5 毫米柔毛；花药紫或深褐色，长约 2 毫米。花

果期 6-9 月。

产四川、云南及西藏，生于海拔 2700-5200 米高山灌丛草甸、林缘或石质草地。不丹、尼泊尔、印度及克什米尔地区有分布。

15. 糙野青茅 　　　　　　　　　　　 图 1243：1-4

Calamagrostis scabrescens Griseb. Nachr. Ges. Wiss. Goettingen 79. 1868.

Deyeuxia scabrescens (Griseb.) Munro ex Duthie; 中国植物志 9(3): 195. 1987.

植株具根头。秆高 0.6-1 米，径 2-4 毫米，花序以下极粗糙，3-4 节。叶鞘除基部者外均短于节间，稍粗糙，叶舌披针形，长 4-6 毫米；叶片内卷，直立，长 15-25 厘米，宽 3-5 毫米，两面粗糙。圆锥花序紧密，长 15-20 厘米，宽约 3 厘米；分枝数枚簇生，直立或斜上，粗糙。小穗草黄或紫色，长 4.5-6 毫米；颖长圆状披针形，粗糙，近等长或第一颖稍长且边缘具纤毛，1 脉，第二颖具 3 脉。外稃长 4-5 毫米，先端具细齿，背部粗糙，基盘两

侧毛长 1-1.5 毫米，芒自背中部伸出，长 6-8 毫米，基部 1/3 以下膝曲，芒柱扭转；内稃约短于外稃 1/3；延伸小穗轴长 1.5-2 毫米，与所被柔毛共长 3-4 毫米；花药长 2-2.5 毫米。花果期 7-10 月。

产河南、陕西、甘肃、青海、湖南、湖北、贵州、四川、云南及西藏，生于海拔 2000-4600 米亚高山草甸、山谷路旁、林下或灌丛中。印度、尼泊尔及缅甸有分布。

[附] **小糙野青茅 Calamagrostis scabrescens** var. **humilis** Griseb. Nachr. Ges. Wiss. Goettingen 79. 1868. —— *Deyeuxia scabrescens* var. *humilis* (Griseb.) Hook. f.; 中国植物志 9(3): 197. 1987. 与模式变种的区别：植株细弱，高 30-60 厘米，径约 1 毫米，秆花序下平滑；叶片扁平，长 7-10 厘米，宽 1-2 毫米；圆锥花序长 6-8 厘米，宽 1.5-2 厘米；芒自外稃背中部以上伸出，细直而不膝曲扭转。产四川、云南及西藏，生境与模式变种相同。印度北部有分布。

图 1243：1-4. 糙野青茅 5-9. 林芝野青茅
（王 颖绘）

[附] **林芝野青茅** 图 1243：5-9
Calamagrostis nyingchiensis (P. C. Kuo et S. L. Lu) Z. L. Wu, comb. nov. —— *Deyeuxia nyingchiensis* P. C. Kuo et S. L. Lu, Fl. Xizang. 5: 221. f. 113. 1987; 中国植物志 9(3): 195. 1987. 与糙野青茅的区别：秆径 1.5-2 毫米，无毛；圆锥花序开展，分枝细弱，平滑或稍粗糙；颖窄披针形；芒自外稃先端 1/4-1/3 处伸出，细直，长约 4 毫米。产四川及西藏，生于海拔 2900-4000 米的林下或山坡草地。

16. 黄花野青茅

Calamagrostis flavens (Keng) S. L. Lu et Z. L. Wu, comb. nov. *Deyeuxia flavens* Keng in Sunyatsenia 6(1): 67. 1941; 中国植物志 9(3): 201. 1987.

秆无毛，高达 60 厘米，2 节。叶鞘平滑，上部者短于节间，叶舌膜质，长 2.5-4 毫米，顶端具齿裂；叶扁平，长 3-12 厘米，宽 3-5 毫

米，两面粗糙。圆锥花序开展，长 8-15 厘米，宽 5-8 厘米；常孪生，稀 3 或 4 枚簇生，1/2 以下裸露。小穗长 4-6 毫米；颖片卵状披针形，第一颖约长于第二颖 1 毫米，1 脉，脉纹粗糙。外稃长 3.5-5 毫米，先端具 2 芒尖，长约 1 毫米，基盘两侧柔毛长 5-6 毫米，近中部膝曲，芒柱扭转；内稃约短于外稃 1/3，膜质，先端微齿裂，2 脉；小穗轴长 0.5-1 毫米，与所被柔毛共长约 2.5 毫米；花药长 1-1.5 毫米，黄或淡紫色。颖果黄褐色，椭圆形，长约 2 毫米。花果期 8-9 月。

产甘肃南部、青海、四川西北部及西藏，生于海拔 3000-4500 米高山草甸、林间草地、河谷草丛或灌丛下。

17. 房县野青茅
图 1244

Calamagrostis henryi (Rendle) S. L. Lu et Z. L. Wu, comb. nov.

Deyeuxia henryi Rendle in Journ. Linn. Soc. Bot. 36: 393. 1904; 中国植物志 9(3): 199. 1987.

秆少数丛生，高 1-1.3 米，径 3-5 毫米，花序下粗糙，3-4 节。叶鞘被微毛或平滑；叶舌长披针形，长 0.5-1.5 厘米；叶片扁平，长 15-90 厘米，宽 0.4-1 厘米，主脉粗糙，上面被柔毛，下面及边缘粗糙。圆锥花序开展，长 20-40 厘米，宽达 15 厘米；分枝簇生，粗糙，下部 1/4 至 1/2 裸露。小穗带紫色，长 4-5（-7）毫米；颖披针形，近等长，中脉粗糙，1-3 脉。外稃长 3.5-4（-5.5）

毫米，先端具 4 微齿，基盘两侧面柔毛长为稃体 1/3（稀 1/2），芒自背基部 1/6 处伸出，长 5-7 毫米，近中部膝曲，芒柱扭转，内稃与外稃近等长或稍短，顶端具细齿；小穗轴长 1-1.5 毫米，与所被柔毛共长 2.5-3.5 毫米；花药长 2-2.5 毫米。花果期 7-10 月。

产河南、陕西、安徽、浙江、江西、湖北、湖南、贵州、四

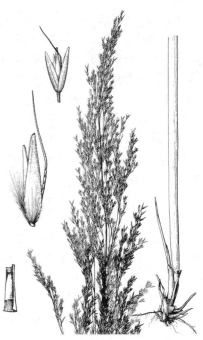

图 1244 房县野青茅 （冯晋庸绘）

川及云南，生于海拔 450-2600 米山坡草地、林下、沟边或路旁。

[附] **华高野青茅 Calamagrostis sinelatior** (Keng ex P. C. Kuo) S. L. Lu et Z. L. Wu, comb. nov. —— *Deyeuxia sinelatior* Keng ex P. C. Kuo, Fl. Tsinling. 1(1): 137. 441. f. 109. 1976; 中国植物志 9(3): 200. 1987. 与房县野青茅的区别：叶鞘无毛；外稃基盘两侧柔毛长为稃体约 3/4。产河南、陕西及四川，生于海拔 700-3200 米林下、河沟农田边或山坡草地。

18. 疏穗野青茅
图 1245

Calamagrostis effusiflora (Rendle) S. L. Lu et Z. L. Wu, comb. nov.

Deyeuxia effusiflora Rendle in Journ. Linn. Soc. Bot. 36: 392. 1904; 中国植物志 9(3): 197. 1987.

秆疏丛，高 1-1.2 米，径 3-5 毫米，花序下和节下常贴生细毛。叶鞘脉间贴生倒向微毛，叶舌长 1-2（-4）毫米，

顶端平截或钝圆；叶片扁平稍卷，长 30-70 厘米，宽 0.5-1 厘米，上面密被毛，下面粗糙。圆锥花序开展，长 20-35 厘米，宽达 15 厘米；分枝簇生，长达 15 厘米，稍糙涩，下部裸露。小穗灰绿色，基部带紫色，长 3-4 毫米；颖披针形，近等长，1-3 脉，主脉中部以上稍粗糙。外稃稍短于颖，先端 4 微裂，基盘两侧毛长为稃体约 1/3，芒自基部 1/5 处伸出，长 4-5 毫米，细直或微弯，下部稍扭转；内稃近等长于外稃，先端具细齿；小穗轴长 0.5-0.7

毫米，与毛共长 2-3 毫米；花药长 1.5-2 毫米。花果期 7-10 月。

产河南、陕西、甘肃、安徽、浙江、贵州、四川及云南，生于海拔 600-2600 米林下、林缘、山坡或沟边潮湿处。

[附] **短舌野青茅 Calamagrostis matsudana** Honda in Bot. Mag. Tokyo 40: 439. 1926. —— *Deyeuxia matsudana* (Honda) Keng; 中国植物志 9(3): 199. 1987. 与疏穗野青茅的区别：植株高 20-30 厘米，秆纤细；叶舌微小；圆锥花序长约 5 厘米；小穗轴长约 1.5 毫米。产台湾，生于中海拔林地。

[附] **水山野青茅 Calamagrostis suizanensis** (Hayata) Honda in Bot. Mag. Tokyo 40: 440. 1926. ——*Agrostis suizanensis* Hayata, Ic. Pl. Formos 7: 83. f. 50. 1918. —— *Deyeuxia suizanensis* (Hayata) Hsu; 中国植物志 9(3): 199. 1987. 与疏穗野青茅的区别点同短舌野青茅；与短舌野青茅的区别：植株无根状茎；叶片细丝状，宽约 0.5 毫米；外稃基盘两侧柔毛长为稃体 1/3。产台湾，生于中海拔林地山坡。

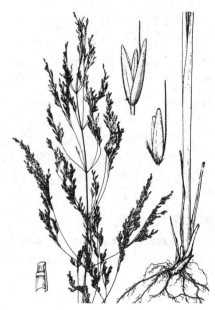

图 1245 疏穗野青茅 （冯晋庸绘）

19. 窄叶野青茅　会理野青茅　　　　　图 1246

Calamagrostis stenophylla Hand.-Mazz. Symb. Sin. 7: 1298. t. 40. f. 1. 1936.

Deyeuxia grata Keng in Sunyatsenia 6(2): 87. f. 2. 1942; 中国植物志 9(3): 211. 1987.

秆高 30-55 厘米，径 1-1.8 毫米，3-5 节，无毛。叶鞘常短于节间，无毛，叶舌长 1-3 毫米，顶端啮蚀状；叶片纵卷，长 8-20 厘米，宽 0.5-3 毫米，两面平滑。圆锥花序窄，基部为叶鞘所包或稍露出，长 8-14 厘米；分枝簇生，平滑，下部 1/2-2/3 裸露。小穗灰绿带紫色，长 4-5.5 毫米，通常具（1）2 小花，小穗轴长约 1 毫米；颖披针形，近等长或第一颖稍长，1-3 脉，先端渐尖，平滑。外稃长 3.5-4.5 毫米，先端啮蚀状，基盘两侧毛长为外稃 1/4-1/3，芒自稃体基部 1/5-1/4 处伸出，长 0.6-1 厘米，近中部膝曲，芒柱扭转；内稃短于外稃 1/4 或 1/3，先端啮蚀状，2 脉；延伸小穗轴长 1.2-2 毫米，与毛共长 3.5 毫米；花药长 2-3 毫米。花果期 7-9 月。

产四川及云南，生于海拔 2600-3700 米山顶草地、山坡灌丛或林下。

20. 光柄野青茅　　　　　　　　　　图 1247

Calamagrostis levipes (Keng) S. L. Lu et Z. L. Wu, comb. nov.

Deyeuxia levipes Keng in Sunyatsenia 6(2): 98. f. 4. 1942; 中国植物志 9(3): 202. 1987.

秆高 15-30 厘米，径 0.5-1 毫米，平滑，1-2 节，基部节常膝曲。

图 1246 窄叶野青茅 （王 颖绘）

叶鞘无毛，叶舌膜质，长 1-3 毫米；叶片扁平或内卷，长 1-6 厘米，宽 1-2 毫米，上面及边缘粗糙，下面平滑。圆锥花序长 3-6.5 厘米，宽

3-7毫米；分枝直立，无毛，主枝下部裸露；小穗柄无毛。小穗淡绿或带紫色，长4-6（7）毫米；颖披针形，近等长，1脉，平滑或脉上部稍粗糙。外稃长3-4毫米，先端啮蚀状，基盘两侧毛长约1毫米，芒近基部伸出，长5-6毫米，近中部膝曲，芒柱扭转；内稃长2-2.5毫米，先端钝或齿蚀状；小穗轴长2-3.5毫米，与毛共长3-3.5毫米；花药长1-1.5毫米。颖果圆筒形，长约2毫米。花果期7-9月。

产青海、四川、云南及西藏，生于海拔3000-4800米高山草甸、灌丛中、林下或河滩草地。

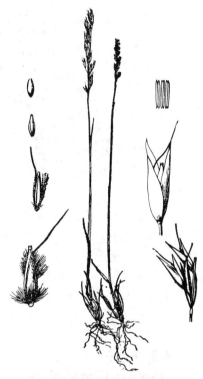

图 1247 光柄野青茅
（引自《中国主要植物图说 禾本科》）

21. 湖北野青茅　　　　　　　　　　图 1248：1-3

Calamagrostis hupehensis (Rendle) S. L. Lu et Z. L. Wu, comb. nov.

Deyeuxia hupehensis Rendle in Journ. Linn. Soc. Bot. 36: 394. 1904; 中国植物志 9(3): 204. 1987.

秆疏丛，高约60厘米，基径约2毫米，平滑，2（3）节。叶鞘无毛，稍糙涩，叶舌膜质，长1-3毫米，顶端钝圆；叶片常纵卷，长20-40厘米，宽3-6毫米，上面被微毛，下面无毛。圆锥花序紧密，稍弯垂，长10-17厘米，宽1-2厘米；分枝簇生，无毛。小穗草黄色或基部带紫色，长3-4毫米；颖披针形，近等长或第二颖稍短，第一颖边缘具纤毛，1脉，第二颖具3脉，脉粗糙。外稃长约3毫米，先端具细齿，背上部稍粗糙，基盘两侧毛长为稃体1/4，芒近基部伸出，长约6毫米，近中部膝曲，芒柱扭转；内稃稍短于外稃；小穗轴长约1毫米，与毛共长2-2.5毫米；花药长约2毫米。花果期6-11月。

产河南、陕西、安徽、福建、江西、湖北、湖南、广西及四川，生于海拔800-1400米林缘或山坡草地。

22. 野青茅　　　　　　　　　　　　图 1249

Calamagrostis arundinacea (Linn.) Roth, Tent. Fl. Germ. 2(1): 33. 1789.

Agrostis arundinacea Linn. Sp. Pl. 61. 1753.

Deyeuxia arundinacea (Linn.) Beauv.; 中国植物志 9(3): 207. 1987.

秆高50-60厘米，平滑，基部具被鳞片的芽。叶鞘无毛或鞘口及边

图 1248：1-3.湖北野青茅 4-6.兴安野青茅
（引自《中国植物志》）

缘被柔毛，叶舌长2-5毫米，顶端常撕裂；叶片扁平或边缘内卷，长

5-25 厘米，宽 2-7 毫米，两面粗糙。圆锥花序穗状，长 6-10 厘米，宽 1-2 厘米；分枝 3 至数枚簇生，直立，粗糙。小穗草黄带紫色，长 5-6 毫米；颖披针形，近等长或第一颖较长，稍粗糙，1-3 脉。外稃长 4-5 毫米，稍粗糙，顶端微齿裂，基盘两侧毛长为稃体1/5-1/3，芒自稃体近基部或下部 1/5 处伸出，长 5.5-8.5 毫米，近中部膝曲，芒柱扭转；内稃与外稃近等长或较短；小穗轴长 1.5-2 毫米，与柔毛共长 3-4 毫米；花药长 2-3 毫米。花果期 6-10 月。

除华南地区外，其余省区均有，生于海拔 360-4200 米山坡草地、沟边荫蔽湿处、河滩草丛、灌丛中或林缘草地。欧亚大陆温带地区有分布。

23. 兴安野青茅　　　　　　　　图 1248：4-6

Calamagrostis turczaninowii Litv. in Not. Syst. Leningrad 2: 115. 1921.

Deyeuxia turczaninowii (Litv.) Y. L. Chang; 中国植物志9(3): 205. 1987.

图 1249　野青茅　（冯晋庸绘）

根茎短。秆疏丛生，高 30-80 厘米，平滑。叶鞘平滑，稀被微毛，叶舌长圆形，长 5-7.5 毫米，顶端常撕裂；叶片长 4-20 厘米，宽 0.4-1.1 厘米，两面平滑，边缘微糙涩。圆锥花序穗状，有间断，长 7-15 厘米，宽约 1 厘米；分枝 3-5 簇生，直立，粗糙。小穗草黄带紫色，长 5-7 毫米；颖披针形，第一颖长于第二颖约 1 毫米，1 脉，第二颖具 3 脉。外稃长 4-5 毫米，先端微齿裂，基盘两侧毛长 0.5-1.5 毫米，芒自稃体近基部伸出，长 7-9 毫米，近中部膝曲，芒柱扭转；内稃近等长于或稍短于外稃，先端微齿裂；小穗轴长 1-2 毫米，与柔毛共长 2.5-4 毫米；花药长约 3 毫米。花果期 7-9 月。

产黑龙江、内蒙古及新疆，生于海拔 350-2500 米山地林缘草甸或山地草甸。日本、蒙古、俄罗斯西伯利亚地区及远东有分布。

99. 剪股颖属 Agrostis Linn.
（吴珍兰）

一年生或多年生草本。圆锥花序疏散至紧缩，稀穗状。小穗具 1 小花，小穗轴不延伸；颖等长或不等长，等于或长于小花，膜质，有光泽，1 脉，先端尖或渐尖。外稃透明膜质或软骨质，较颖薄，无毛或被毛，先端圆钝，5 脉，稀 3 脉，脉有时在顶端稍突出，无芒或近基部或近顶部具 1 直立或膝曲芒，基盘光滑或两侧簇生短毛。内稃通常短于外稃且非常小，有时退化仅残留一点痕迹，具 2 脉；鳞被 2，近披针形，透明膜质；雄蕊 3，花药为外稃3/4-1/10；子房光滑，柱头 2，羽毛状。颖果与外稃分离或被外稃所包，长圆形，具纵槽，胚小，脐长或斑点状。

约 220 种，分布于温带地区和热带山地。我国约 30 余种。

多为家畜喜食的禾草；有些种类是很好的草坪植物。

1. 内稃较大，长为外稃 1/3 以上。

  2. 外稃具芒，背部 3/4 以下密被柔毛；圆锥花序椭圆形；小穗长 3-3.5 毫米；叶舌长 2.5-3 毫米；内稃长为
    外稃 1/3 ·· 1. **毛稃剪股颖 A. muliensis**

  2. 外稃通常无芒，或芒十分短小，背部通常粗糙或平滑。

    3. 植株具发达根茎。

      4. 叶舌长 2-3.5 毫米；圆锥花序紧缩，长 6-10 厘米；基盘无毛；内稃长为外稃 1/2 ··············
      ··· 2. **西伯利亚剪股颖 A. sibirica**

      4. 叶舌长 3-6（-11）毫米；圆锥花序疏散，长 10-30 厘米；基盘两侧簇生长 0.2-0.4 毫米的毛；内稃
      长为外稃 2/3-3/4 ··· 3. **巨序剪股颖 A. gigantea**

    3. 植株具根头，丛生或单生。

      5. 植株高 40-70 厘米，4-5 节；花序分枝下部 2/3 裸露，基部无小穗；内稃长为外稃 2/3，花药长 1-1.5
      毫米 ··· 4. **歧序剪股颖 A. divaricatissima**

      5. 植株高 1-1.3 米，5-7 节；花序分枝基部着生小穗；内稃长为外稃 1/3，花药长 0.5-0.7 毫米 ·······
      ··· 5(附). **大锥剪股颖 A. megathyrsa**

1. 内稃通常较小，长为外稃 1/4 以下。

  6. 外稃具芒。

    7. 芒长 0.8-2 毫米，细直或微弯，芒自外稃 1/2 处以下伸出，基盘粗糙；内稃长 0.5 毫米 ···············
    ··· 5. **台湾剪股颖 A. canina var. formosana**

    7. 芒长 3-8 毫米，膝曲。

      8. 植株具根茎；小穗暗紫色，长 2-2.5 毫米；芒自外稃近基部伸出，长 3-4 毫米，花药长约 1.2 毫米 ·····
      ··· 6. **芒剪股颖 A. trinii**

      8. 植株无根茎；小穗黄绿色，长 2.8-3.2 毫米；芒自外稃中部稍上处伸出，长 4-8 毫米，花药长 0.6-0.8 毫
      米 ·· 7. **疏花剪股颖 A. perlaxa**

  6. 外稃无芒，稀具芒。

    9. 植株高 35 厘米以下；秆具 1-2（3）节；小穗暗紫色。

      10. 小穗长 2.8-4 毫米；外稃长 2-2.5 毫米，基盘两侧被长约 0.2 毫米的毛。

        11. 外稃无芒或顶端具极短芒；小穗长 3-4 毫米 ································· 8. **甘青剪股颖 A. hugoniana**

        11. 外稃自中部伸出一膝曲长 3.5-4 毫米的芒；小穗长 2.8-3.1 毫米 ·······························
        ······································· 9(附). **川西剪股颖 A. hugoniana var. aristata**

      10. 小穗长约 2 毫米；外稃长 1.5-1.6 毫米，基盘无毛 ···················· 9. **大理剪股颖 A. taliensis**

    9. 植株高于 30 厘米；秆具（2）3-7 节。

      12. 秆基部数节呈匍匐茎状；叶片扁平，宽 0.2-1.1 厘米。

        13. 两颖近等长；外稃短于颖；叶片披针形，宽达 1.1 厘米 ·············· 10. **多花剪股颖 A. myriantha**

        13. 两颖不等长；外稃与颖近等长；叶片宽线形，宽 2 毫米 ·········· 10(附). **锡金剪股颖 A. sikkimensis**

      12. 秆直立，具根头或细弱根茎；叶片通常（或干时）线形或针状。

        14. 花序分枝平展或斜上，每节具 2-3 枚三叉状分枝，分枝顶端生 1-2 小穗，基部裸露；第一颖长 2.4-
        2.6 毫米，第二颖长 2-2.2 毫米；基盘无毛 ····················· 11. **玉山剪股颖 A. morrisonensis**

        14. 花序分枝直立或上升，每节具 2-6 枚非三叉状分枝，具少至多数小穗，基部着生小穗或裸露。

          15. 叶舌长 2-4 毫米；外稃长 1.8-2.2 毫米，与颖近等长，基盘两侧被长 0.1 毫米的毛；花序分枝长达
          15 厘米，基部裸露，无小穗。

            16. 小穗长 2-2.2 毫米；两颖近等长；内稃先端具齿，花药长 0.4-0.6 毫米 ·······················
          ··· 12. **华北剪股颖 A. clavata**

16. 小穗长约 3 毫米；两颖不等长；内稃近全缘，花药长 0.7-0.8 毫米 ····················
······················· **13(附). 四川剪股颖 A. clavata** var. **szechuanica**
15. 叶舌长 0.5-2 毫米；外稃长 1.2-1.5 毫米，短于颖，基盘无毛；花序分枝长 3-6 厘米，基部着生小穗。
17. 植株具细弱根茎；秆 2 节；叶舌长 1-1.5 毫米 ····················· **13. 剪股颖 A. matsumurae**
17. 植株无根茎；秆 3-4 节；叶舌长 0.5-2 毫米 ····················· **14. 小花剪股颖 A. micrantha**

1.　毛稃剪股颖　　　　　　　　　　　　　　图 1250：1-7

Agrostis muliensis J. L. Yang, in Acta Bot. Yunnan. 5(1): 50. f. 4. 1983.

多年生。秆高 6-45 厘米，光滑，（1）2-4 节。叶鞘光滑，叶舌干膜质，披针形，长 1.8-3 毫米，顶端常撕裂；叶片扁平，长 3-10 厘米，宽 1.5-3 毫米，上面粗糙。圆锥花序开展，长 6-14 厘米，每节具 2-7 分枝，分枝长 2-5 厘米，被粗毛或光滑。小穗绿紫色，披针形；颖不等长，脊被刺毛，第一颖长 3-4 毫米，第二颖长 2.8-3.8 毫米。外稃长 1.5-2 毫米，先端钝，具齿裂，背部 3/4 以下密被柔毛，余光滑，芒自中部以下伸出，长 3-4 毫米，常膝曲，基盘被长 0.4-0.5 毫米柔毛；内稃长 0.7-0.8 毫米，长为外稃 1/3-1/2；花药长 0.7-0.8 毫米。颖果红褐色，长圆状椭圆形，长约 1.2 毫米。花果期 6-8 月。

产青海、四川及云南，生于海拔 3600-5000 米亚高山草甸、山坡草地或沼泽中。

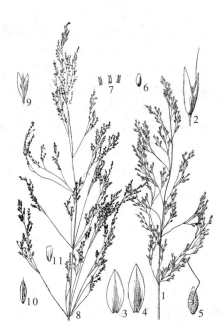

图 1250：1-7. 毛稃剪股颖　8-11. 歧序剪股颖
（宁汝莲绘）

2.　西伯利亚剪股颖　　　　　　　　　　　　图 1251

Agrostis sibirica V. Petr. in Fl. Jakutiae 1: 175. f. 57. 1930.

多年生，具根茎或根茎头。秆丛生，高 30-35 厘米，径约 0.8 毫米，4-5 节。叶鞘长于节间，平滑；叶舌膜质，长 2-3.5 毫米，顶端撕裂状；叶片窄披针形，长 4-5 厘米，宽 2-3.5 毫米，两面粗糙。圆锥花序长椭圆形，长 6-10 厘米，宽 1-4 厘米，每节具 2-4 分枝；分枝长 0.8-1.5 厘米，上举，无毛或微粗糙，自基部着生小穗。小穗黄绿或稍带紫色，长 1.8-2 毫米；颖近等长，披针形，脊微粗糙，第一颖长 1.8-2 毫米。外稃膜质，长约 1.5 毫

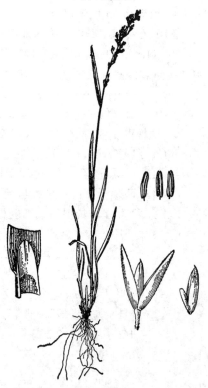

图 1251　西伯利亚剪股颖　（冯晋庸绘）

米，先端尖，无芒，基盘无毛；内稃长为外稃之半；花药长 0.8-1 毫米。花果期 7-9 月。

产黑龙江、内蒙古、山东、宁夏及新疆，生于海拔约 400 米林间草甸或路边潮湿地。俄罗斯及日本有分布。

3. 巨序剪股颖 小糠草 匐茎剪股颖 图 1252

Agrostis gigantea Roth, Fl. Germ. 1: 31. 1788.

多年生。具根茎。秆高 0.3-1.3 米，平滑，2-6 节。叶鞘短于节间，

叶舌干膜质，长圆形，长 3-6（-11）毫米，顶端齿裂；叶片扁平，长 5-30 厘米，宽 3-8 毫米，边缘和脉粗糙。圆锥花序长圆形或金字塔形，长 10-30 厘米，宽 3-15 厘米，每节具 5 至多数分枝；分枝稍粗糙，基部不裸露，小穗腋生。小穗草绿或带紫色，长 2-2.5 毫米；颖舟形，等长或第一颖稍长，先端尖且稍粗糙，具脊，脊上部略粗糙。外稃长 1.8-2 毫米，先端钝圆，无芒，基盘两侧簇生长 0.2-0.4 毫米的毛；内稃长为外稃 2/3-3/4，长圆形，先端圆或有微齿；花药长 1-1.2 毫米。花果期 7-9 月。染色体 2n=28，42。

产黑龙江、吉林、辽宁、内蒙古、河北、山东、山西、河南、陕西、宁夏、甘肃、青海、新疆、江苏、安徽、浙江、福建、江

图 1252 巨序剪股颖 （冯晋庸绘）

西、湖北、湖南、贵州、四川、云南及西藏，生于海拔 3800 米以下林下、山谷、山坡草地或潮湿处。欧洲和亚洲大陆温带及北美有分布。优良饲用禾草。也是很好的草坪植物。

4. 歧序剪股颖 图 1250：8-11

Agrostis divaricatissima Mez in Fedde, Repert. Sp. Nov. 18: 4. 1922.

多年生，具短根头。秆高 40-70 厘米，径约 2 毫米，无毛，4-5 节。

叶鞘短于节间，平滑，叶舌干膜质，长 1.5-2.5 毫米，顶端微裂；叶片扁平，长 4-8（-15）厘米，宽 1-2.5 厘米，两面脉及边缘粗糙，先端渐尖。圆锥花序卵形，长 20-22 厘米，宽 11-12 厘米，基部分枝 6-8 枚，向上渐少；分枝细瘦而斜展，下部 2/3 裸露，无小穗。小穗深紫色；颖等长，披针形，长 2-2.5 毫米，先端稍膜质，脊粗糙，余光滑。外稃膜质，长 1.4-1.8 毫米，稍短于颖，脉明显，无芒或具微小芒；内稃倒卵形或倒披针形，长为外稃长度 2/3，先端平截，具齿；花药长 1-1.5 毫米。颖果长圆形或近椭圆形，红褐色，长约 1 毫米。果期 7-9 月。

产黑龙江、吉林、辽宁、内蒙古、河北、山西、陕西等省区，生于海拔 500-1500 米湖边、洼地或沼泽草甸。俄罗斯、蒙古、朝鲜半岛及日本有分布。为河滩、谷地、低地草甸的建群种、优势种或伴生种。

[附] **大锥剪股颖 Agrostis megathyrsa** Keng ex P. C. Keng, in Bull. Bot. Res. (Harbin) 4(3): 197. 1984. 与歧序剪股颖的区别：植株高 1-1.3 米；圆锥花序长达 27 厘米，宽达 16 厘米，分枝基部着生小穗；外稃顶端无芒，花药长 0.5-0.7 毫米。产甘肃、四川及云南，生于海拔 600-2900 米林下、山坡草地或沟谷路旁。

5. 台湾剪股颖

图 1253

Agrostis canina Linn. var. **formosana** Hack. Bull. Herb. Boissier 2. 4: 528. 1904.

多年生，具根茎。秆丛生，高 30-90 厘米，径 1-1.5 毫米，3-5 节。叶鞘无毛，叶舌干膜质，长 2-6 毫米，顶端钝或平截；叶片扁平或内卷，长 7-20（-30）厘米，宽 2-5 毫米，微粗糙。圆锥花序金字塔形或长圆形，长 15-30 厘米，宽 3-10 厘米；分枝每节多至 10 余枚，少者 2-4 枚，细弱，微粗糙，上举，下部 1/2-2/3 裸露。小穗绿或带紫色，长 2-2.5 毫米；颖近等长或第一颖稍长，先端尖或渐尖，脊微粗糙。外稃长 1.5-2 毫米，先端钝或平截，具微齿，5 脉，芒自中部以下伸出，长 0.8-2 毫米，细直或稍扭曲，基盘被长 0.2 毫米的毛；内稃长约 0.5 毫米；花药线形，长 1-1.2 毫米。花果期 7-9 月。

产河南、江苏、安徽、浙江、台湾、江西、湖北、湖南、四川等省区，生于海拔 1000-3700 米山坡草地、路边或潮湿处。欧洲、高加索、西伯利亚、巴基斯坦及亚洲温带和北美洲有分布。

图 1253 台湾剪股颖 （冯晋庸绘）

6. 芒剪股颖

图 1254

Agrostis trinii Turcz. in Bull. Soc. Nat. Mosc. 29(1): 18. 1856.

多年生，具细弱根茎。秆细弱丛生，高 30-60 厘米，径约 1 毫米，平滑，3 节。叶鞘具膜质边缘，通常短于节间，平滑，叶舌膜质，长 1-2.5 毫米，顶端平截；叶片长 5-12 厘米，宽 1-3 毫米，边缘内卷。圆锥花序窄卵形，长 6-16 厘米，宽 2-5 厘米，每节具 2-5 分枝；分枝纤细，下部波状，微粗糙。小穗暗紫色，长 2-2.5 毫米；颖等长或第一颖稍长，长圆状披针形，脊或上部边缘粗糙。外稃膜质，长 1.6-2 毫米，先端钝，芒自背面近基部伸出，长 3-4 毫米，膝曲，芒柱扭转，基盘具长约 0.2 毫米的毛；内稃长约 0.3 毫米或缺，花药长约 1.2 毫米。花果期 7-9 月。

产黑龙江、吉林、辽宁、内蒙古、四川及云南，生于海拔 1500-3100

图 1254 芒剪股颖 （冯晋庸绘）

米林缘、山坡草地、沟谷或河滩草地。俄罗斯西伯利亚及远东有分布。

7. 疏花剪股颖 图 1255

Agrostis perlaxa Pilger in Fedde, Repert. Sp. Nov. Beih. 12: 306. 1922.

多年生。秆细弱，高 30-50 厘米，平滑，3 节。叶鞘无毛，叶舌膜质，长 2-3 毫米，顶端常撕裂；叶片长 6-10 厘米，宽 1.5-2 毫米，微粗糙。圆锥花序宽线形或披针形，花后开展，长 10-20 厘米，宽 1-4 厘米，每节具 2-3 分枝；分枝纤细，下部 1/2-2/3 裸露，微粗糙。小穗黄绿色，长 2.8-3.2 毫米；颖不等长，窄披针形，脊微粗糙，第一颖长 2.8-3（-3.2）毫米，第二颖较短。外稃长 1.5-1.9 毫米，先端平截，具齿，脉明显，被糠秕状物或平滑，芒自中部稍上处伸出，长（2-）4-8 毫米，稍膝曲，基盘被长约 0.2 毫米的毛；内稃长约 0.3 毫米；花药长 0.6-0.8 毫米。颖果长圆形，略扁，长约 1.2 毫米。花果期 8-9 月。

产青海、四川、云南及西藏，生于海拔 2400-4000 米沟谷林下、林缘、阴坡灌丛中、沟边湿润处或山坡草地。

图 1255 疏花剪股颖 （冯晋庸绘）

8. 甘青剪股颖 图 1256：1-5

Agrostis hugoniana Rendle in Journ. Linn. Soc. Bot. 36: 389. 1904.

多年生，具根头。秆密集丛生，高 15-33 厘米，径 1-2 毫米，2 节。叶鞘基部者常呈纤维状，叶舌膜质，长约 2 毫米，顶端平截，背部微粗糙；叶片长 2-8 厘米，宽 1.5-3 毫米，先端渐尖，两面及边缘粗糙。圆锥花序穗状，长 3.5-9 厘米，宽 0.5-1.5 厘米，每节具 3-6 分枝；分枝长达 4 厘米，微粗糙。小穗暗紫色，长 3-4 毫米；第一颖较第二颖长约 0.2 毫米，上部边缘和脊具小刺毛。外稃长 2-2.5 毫米，先端钝，5 脉，无芒或顶端具极短芒，基盘两侧具长约 0.2 毫米的毛；内稃长约 0.5 毫米；花药长 0.7-0.8 毫米。颖果纺锤形，长约 1.5 毫米。花果期 7-9 月。

产陕西、甘肃、青海、四川及西藏，生于海拔 2500-4500 米灌丛草甸、山坡草地或沟谷河滩。

[附] **川西剪股颖** 图 1256：6-8 **Agrostis hugoniana** var. **aristata** Keng ex Y. C. Yang in Bull. Bot. Res. (Harbin) 4(4): 99. 1984. 与模式变种的区别：花序稍开展或开展；外稃具膝曲之芒，芒长 3.5-4 毫米，自外稃中部伸

图 1256：1-5.甘青剪股颖 6-8.川西剪股颖
（冯晋庸绘）

出；小穗长2.8-3.1毫米。产甘肃、青海、四川、云南及西藏，生于海拔2000-4100米山坡或谷地。

9. 大理剪股颖 侏儒剪股颖 图 1257

Agrostis taliensis Pilger in Fedde, Repert. Sp. Nov. 17: 130. 1921.

Agrostis limprichtii Pilger; 中国植物志9(3): 239. 1987.

多年生。秆细弱，丛生，高6-30厘米，径约0.3毫米，1-3节。叶鞘长于节间，无毛，叶舌干膜质，长约2毫米，顶端平截或具细齿；叶片长1.5-2.5厘米，宽1-2毫米，内卷成线形。圆锥花序窄卵形，长3-4厘米，宽约1厘米，每节具2或少数分枝；分枝长约1厘米，平滑。小穗暗紫色，穗柄长0.5-2.5毫米；颖近等长或第一颖较第二颖长0.1-0.3毫米，第一颖长约2毫米，脊微粗糙。外稃与颖近等长，长1.5-1.6毫米，先端钝圆或具细齿，脉不明显，通常无芒或有时具芒，基盘无毛；内稃长约0.3毫米；花药长约0.6毫米。颖果纺锤形，长约1毫米。花果期5-10月。

产四川、云南及西藏，生于海拔2600-4200米林下、水边、山坡草地或湿润处。

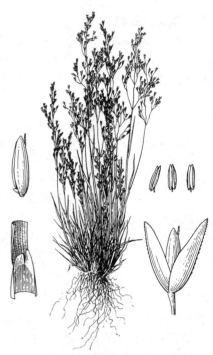

图 1257 大理剪股颖 （冯晋庸绘）

10. 多花剪股颖 图 1258

Agrostis myriantha Hook. f. Fl. Brit. Ind. 7: 257. 1897.

多年生。秆丛生，高0.4-1米，径1-2毫米，4-5（-8）节。叶鞘平滑，叶舌干膜质，长达2毫米，顶端平截或破裂；叶片披针形，长3-10厘米，宽0.4-1.1厘米，边缘和下面微粗糙。圆锥花序绿色或稍带紫，花后渐开展，椭圆形，长10-15（-20）厘米，每节具多数分枝；分枝纤细，长达10厘米。小穗长1.5-1.8毫米；颖等长，脊微粗糙。外稃稍短于颖，长约1.5毫米，背面无芒，基盘无毛；内稃长0.3-0.5毫米，长为外稃1/3以下；花药长0.3-0.5毫米。颖果纺锤形，红褐色，长约1毫米。花果期7-9月。

产河南、陕西、甘肃、福建、江西、湖北、湖南、广西、贵州、四川、云南及西藏，生于海拔1000-3500米林下、河谷沟边、沼泽、河边或潮湿路旁。东喜马拉雅山有分布。

图 1258 多花剪股颖 （冯晋庸绘）

[附] **锡金剪股颖 Agrostis sikkimensis** Bor in Kew Bull. 1954: 502. 1954. 与多花剪股颖的区别：植株高30-80厘米；叶片宽约2毫米；颖不等长；外稃与颖近等长。产四川、云南及西藏，生于海拔2000-4400米常绿阔叶林下、冷杉林下或林缘荒地。尼泊尔及印度北部有分布。

11. 玉山剪股颖　　　　　　　　　　　　图 1259

Agrostis morrisonensis Hayata, Ic. Pl. Formos. 7: 86. 1918.

多年生，具根头。秆丛生，高 20-40 厘米，径 0.5-1 毫米，平滑，3 节。叶鞘通常长于节间，平滑，叶舌干膜质，长达 1.5 毫米，顶端截平，背面微粗糙；叶片多集中在下部，上部稀少，常内卷，长 4-9 厘米，宽约 1.5 毫米，先端尖锐，上面微粗糙，下面近平滑。圆锥花序椭圆形，长 3-10 厘米，宽 2-7 厘米，每节具 2-3（-6）分枝。小穗暗紫色，长 2.4-2.6 毫米；颖不等长，披针形，脊或上部边缘微粗糙，第一颖长 2.4-2.6 毫米；第二颖长 2-2.2 毫米。外稃长 1.8-2 毫米，先端钝，5 脉，微粗糙，无芒，基盘无毛；内稃透明膜质，长 0.3-0.7 毫米，先端平截，微有齿；花药长 0.5-0.8 毫米。颖果长椭圆形，扁平，长约 1.2 毫米。花果期 7-11 月。

产台湾，生于高山、草地、灌丛中和苔地。

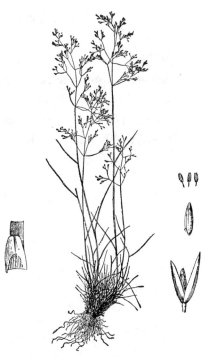

图 1259　玉山剪股颖　（冯晋庸绘）

12. 华北剪股颖　　　　　　　　　　　　图 1260

Agrostis clavata Trin. in Sprengel, Neue Entdeck. 2: 55. 1821.

多年生，具细弱根茎。秆丛生，高 30-90 厘米，径 1-2 毫米，平滑，3-4 节。叶鞘通常短于节间，无毛，叶舌膜质，长 2-4 毫米，顶端撕裂，背面微粗糙；叶片扁平，长 6-15 厘米，宽 1.5-3（-6）毫米，微粗糙。圆锥花序开展，长 8-25 厘米，宽 5-10 厘米，每节具 2 至多数分枝。小穗黄绿或带紫色，长 2-2.2 毫米；小穗柄长 2-3 毫米，顶端膨大，微粗糙；颖近等长，第一颖较第二颖长达 0.2 毫米，脊粗糙。外稃长 1.8-2.2 毫米，先端钝，脉不明显，无芒，基盘两侧具长 0.2 毫米毛；内稃微小，长不及外稃 1/4，长 0.2-0.5 毫米，先端平截，具齿；花药长 0.4-0.6 毫米。颖果纺锤形，长约 1.2 毫米。花果期 6-9 月。2n=28，42。

产黑龙江、吉林、辽宁、内蒙古、河北、山东、山西、河南、陕西、甘肃、湖北、贵州北部、四川及云南，生于海拔 3000 米以下林下、林缘、丘陵、山坡草地或路旁潮湿处。亚洲及欧洲有分布。

[附] **四川剪股颖 Agrostis clavata** Trin var. **szechuanica** Y. C. Tong et Y. C. Yang in Bull. Bot. Res. (Harbin) 4(4): 99. 1984. 与模式变种的区别：

图 1260　华北剪股颖　（冯晋庸绘）

小穗长约 3 毫米；颖不等长；内稃近全缘，花药长 0.7-0.8 毫米。产四川及云南，生于海拔3000-4000米山坡草地上。

13. 剪股颖
图 1261

Agrostis matsumurae Hack. ex Honda in Journ. Fac. Sci. Univ. Tokyo sect. 3, Bot. 3: 191. 1930.

Agrostis clavata Trin. var. *matsumurae* (Hack. ex Honda) Tateoka; 中国高等植物图鉴5: 111. 1976.

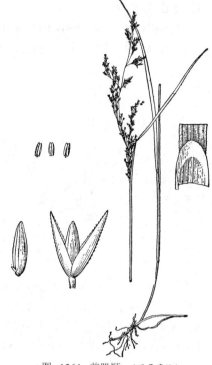

多年生，具细弱根茎。秆丛生，高20-60厘米，径0.6-1毫米，2-4节。叶鞘平滑，叶舌透明膜质，长达1-1.5毫米，顶端圆或微具齿；叶片干后内卷，长1.5-10厘米，宽1-3毫米，微粗糙，分蘖叶片长达20厘米。圆锥花序窄，花后开展，长5-15厘米，宽0.5-3厘米，每节具2-5枚分枝；分枝细长，光滑。小穗柄棒状，长1-2毫米，小穗绿色，长1.8-2毫米；第一颖稍长于第二颖，先端尖，平滑，脊微粗糙。外稃长1.2-1.5毫米，先端钝，5脉，无芒，基盘无毛；内稃卵形，长约0.3毫米；花药长0.3-0.4毫米。花果期4-7月。

图 1261 剪股颖 （冯晋庸绘）

产河南、陕西、江苏、安徽、浙江、台湾、福建、江西、湖北、湖南、广东、广西、贵州、四川及云南，生于海拔300-3200米草地、山坡林下、路边湿地或田野。朝鲜半岛、日本及菲律宾有分布。

14. 小花剪股颖
图 1262

Agrostis micrantha Steud. Syn. Pl. Glum. 1: 170. 1854.

多年生。秆丛生，高30-52厘米，径0.8-1毫米，3-4节。叶鞘多短于或基部者长于节间，有纵纹，无毛或上部边缘被柔毛，顶生叶鞘长8-12厘米，叶舌干膜质，长0.5-2毫米，背部被柔毛，基部下延；叶片长5-8厘米，宽1.2-2毫米，被微毛，稍粗糙或下面近平滑。圆锥花序紧缩，果期展开，长10-17厘米，每节具2-6枚分枝簇生；分枝微粗糙。小穗柄长1-1.5毫米，棒状；小穗灰绿色，长1.8-3毫米；颖近等长或第一颖较长0.5毫米，先端渐尖，脊微粗糙。外稃长约1.5毫米，具不明显3-5脉，无芒，基盘无毛；内稃长为外稃1/4；花药乳白色，长0.5-0.6毫米。颖果窄圆形，长约1毫米。花果期6-9月。

图 1262 小花剪股颖 （冯晋庸绘）

产河南西部、陕西、甘肃、青海、四川、云南及西藏，生于海拔1600-3400米山坡草地、河边、田边、灌丛下或林缘。印度、尼泊尔及缅甸有分布。

100. 单蕊草属 Cinna Linn.
（吴珍兰）

多年生高大草本。叶片扁平。圆锥花序疏松开展。小穗具1小花，脱节于颖之下；小穗轴延伸于内稃之后似1短刺，有时顶端着生1个不孕小花；颖等长或近等长，稍长于或等长于外稃，膜质，1-3脉。外稃硬膜质，3脉，顶端之下着生短直芒；内稃稍短于外稃，两侧扁，具脊；雄蕊1；子房长圆形，花柱基部联合。

约3种，分布于北温带和墨西哥至秘鲁。我国1种。

单蕊草　　　　　　　　　　　　　图　1263

Cinna latifolia (Trev.) Griseb. in Ledeb. Fl. Ross. 4: 435. 1852.

Agrostis latifolia Trev. in Goepp. Beschr. Bot. Gart. Breslau 82. 1830.

秆单生或少数丛生，高0.6-1.6米，基部径2-3毫米，粗糙，7-9节。

叶鞘大多长于或中部者可稍短于节间，粗糙，叶舌膜质，长3-6毫米；叶片长15-30厘米，宽1-1.5厘米，两面及边缘粗糙。圆锥花序下垂，长15-48厘米，每节具3-6分枝；分枝细弱，开展，粗糙，基部分枝长达10厘米。小穗淡绿色，长3-4毫米；颖线状披针形，边缘膜质，1脉，被微毛。外稃长2.5-3毫米，长圆状披针形，边缘及先端窄膜质，微粗糙，无端具长0.2-1毫米的芒；内稃具2脉，接近，脉粗糙；花药长约0.7毫米。颖果长圆形，长约2毫米。花果期7-9月。

图　1263　单蕊草
（引自《中国主要植物图说　禾本科》）

产黑龙江、吉林、辽宁及河北，生于林缘、林间草地或水湿地。欧、亚及北美温带地区有分布。

101. 棒头草属 Polypogon Desf.
（吴珍兰）

一年生或多年生草本。叶片扁平。圆锥花序穗状，稀金字塔形。小穗具1小花，两侧扁，小穗轴不延伸；小穗柄具关节，自节处脱落而使小穗具柄状基部；两颖基部不联合，颖近相等，先端2浅裂或深裂，1脉，粗糙，芒细直，自裂片间或顶端以下伸出。外稃膜质，长约为小穗之半，5脉，光滑，中脉延伸为1易落之短芒或无芒；内稃长为外稃1/2，透明膜质，2脉；雄蕊3或1，花药细小。颖果与外稃等长，连同稃体脱落。

约18种，分布于温带地区和热带山地。我国4种。

1. 颖端芒长与小穗近等长或长不及小穗2倍；圆锥花序较紧密；小穗柄较短；内稃与外稃近等长 ·················
·· 1. 棒头草 **P. fugax**
1. 颖端芒长为小穗3-4倍。
　2. 颖先端2浅裂，裂片先端稍尖；外稃具短芒 ····················· 2. 长芒棒头草 **P. monspeliensis**
　2. 颖无端2深裂，裂片先端钝圆；外稃无芒 ···················· 2(附). 裂颖棒头草 **P. maritimus**

1.　棒头草　　　　　　　　　　　图　1264

Polypogon fugax Nees ex Steud. Syn. Pl. Glum. 1: 184. 1854.

一年生。秆丛生，高10-75厘米，基部膝曲，光滑。叶鞘常短于

或下部者长于节间，无毛，叶舌长圆形，长 3-8 毫米，膜质，顶端具不整齐裂齿；叶片长 2.5-15 厘米，宽 3-4 毫米，微粗糙或下面光滑。圆锥花序穗状，长圆形或卵形，长 3-15 厘米，宽 1.5-3 厘米，有间断；分枝长达 4 厘米。小穗灰绿或带紫色，长 2-2.5 毫米；颖长圆形，疏被纤毛，先端 2 浅裂，芒长 1-3 毫米，微粗糙。外稃长约 1 毫米，光滑，先端具微齿，芒长约 2 毫米，易脱落；内稃近等长于外稃；花药长约 0.7 毫米。颖果椭圆形，一面扁平，长约 1 毫米。花果期 4-9 月。染色体 2n=42。

产河北、山东、山西、河南、陕西、甘肃、新疆、江苏、安徽、浙江、台湾、福建、江西、湖北、湖南、广东、广西、贵州、四川、云南及西藏，生于海拔 100-3900 米田边、山坡、湿草地或杂木林下。朝鲜半岛、日本、俄罗斯、巴基斯坦、印度、尼泊尔、不丹及缅甸有分布。

图 1264 棒头草
（引自《中国主要植物图说 禾本科》）

2. 长芒棒头草　　　　　　　　　　图 1265

Polypogon monspeliensis (Linn.) Desf. Fl. Atlant. 1: 67. 1788.

Alopecurus monspeliensis Linn. Sp. Pl. 61. 1753.

一年生。秆高 8-60 厘米，无毛，4-5 节。叶鞘松散，短于或下部者长于节间，叶舌长 2-8 毫米，撕裂状；叶片长 2-13 厘米，宽 2-9 毫米，上面和边缘粗糙，下面较光滑。圆锥花序穗状，长 1-10 厘米，宽 0.5-3 厘米（包括芒）。小穗淡灰绿色，成熟后枯黄色，长 2-2.5 毫米；颖倒卵状长圆形，被纤毛，先端 2 浅裂，芒长 3-7 毫米，细而粗糙。外稃长 1-1.2 毫米，先端具微齿，芒约与稃体等长而易脱落；花药长约 0.8 毫米。花果期 5-10 月。染色体 2n=28。

产内蒙古、河北、山东、山西、河南、陕西、宁夏、甘肃、青海、新疆、江苏、安徽、浙江、台湾、福建、江西、湖北、湖南、广东、香港、广西、四川、云南及西藏，生于海拔 100-4000 米湿润草地、溪边或浅流水中。广布于热带、温带地区。

[附] **裂颖棒头草 Polypogon maritimus** Willd. in Neue Schrift. Ges. Nat. Fr. Berl. 3: 442. 1891. 与长芒棒头草的区别：颖先端 2 深裂，裂片钝圆；

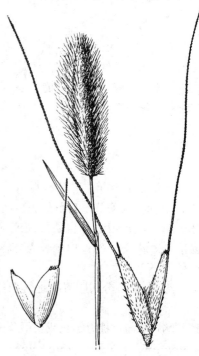

图 1265 长芒棒头草 （史渭清绘）

外稃先端无芒。产新疆，生于海拔 400-2100 米山坡草地、溪边或湿润草地。中亚地区、蒙古、俄罗斯西伯利亚和欧洲部分地区有分布。

102. 茵草属 Beckmannia Host

（吴珍兰）

一年生草本。叶片扁平。圆锥花序窄，具多数简短斜生穗状花序。小穗常圆形，具1（2）小花，两侧扁，近无柄，成两行覆瓦状排列于穗轴一侧，小穗脱节于颖之下；小穗轴亦不延伸于内稃之后；颖等长，半圆形，草质，具较薄白色边缘，3脉，先端钝或锐尖。外稃披针形，5脉，稍露出颖外，先端尖或具短尖头；内稃稍短于外稃，具脊；雄蕊3。

2种及1变种，广布北温带。我国1种及1变种。

茵草　　　　　　　　　　　　　　　　　　　　图 1266

Beckmannia syzigachne (Steud.) Fern. in Rhodora 30: 27. 1928.

Panicum syzigachne Steud. Flora 29: 19. 1846.

秆丛生，高15-90厘米，1-4节。叶鞘无毛，多长于节间，叶舌长3-8毫米，膜质；叶片长5-20厘米，宽0.3-1厘米。圆锥花序长10-30厘米；分枝稀疏，直立或斜升。小穗灰绿色，具1小花，长约3毫米；颖背部灰绿色，具淡色横纹。外稃常具伸出颖外之短尖头；花药黄色，长约1毫米。颖果黄褐色，长圆形，长约1.5毫米，顶端具丛生毛。花果期4-10月。染色体2n=14。

产黑龙江、吉林、辽宁、内蒙古、河北、山东、山西、河南、陕西、宁夏、甘肃、青海、新疆、江苏、安徽、浙江、福建、江西、湖北、湖南、贵州、四川、云南及西藏，生于海拔3800米以下亚高山草甸、半沼泽、河漫滩或水旁潮湿处。广布于全世界。为优良饮料，质量较高。再生力强，耐盐碱，宜于花序抽出前收割；谷粒可食，滋养健胃；也是水田中杂草。

图 1266 茵草
（引自《中国主要植物图说　禾本科》）

[附] **毛颖茵草 Beckmannia syzigachne** var. **hirsutiflora** Roshev. in Kom. Fl. URSS 2: 288. 1934. 与模式变种的区别：颖具硬毛。产东北，生于水边或湿地。俄罗斯远东地区有分布。

103. 梯牧草属 Phleum Linn.

（吴珍兰）

一年生或多年生草本，常具根茎。叶片扁平。圆锥花序圆柱状或穗状。小穗具1小花，两侧扁，脱节于颖之上，几无柄；颖等长，膜质，长于并包小花，3脉，中脉成脊，脊具纤毛，先端平截或尖，具粗尖头或短硬芒。外稃质薄，短于颖，3-7脉，先端平截或稍尖，无芒；内稃常短于外稃，脊具微纤毛；雄蕊3；子房光滑，花柱细，柱头细长，伸出颖外。

约15种，分布于北温带和南美洲。我国4种。均为优良牧草。

1. 一年生；小穗楔形或倒卵形；颖质较厚，脉间具深沟 ·· 1. **鬼蜡烛 P. paniculatum**
1. 多年生；小穗长圆形；颖质较薄，脉间扁平或具浅沟。
　　2. 圆锥花序长圆状圆柱形或卵形，暗紫色；颖具长1.5-3毫米的短芒 ·················· 2. **高山梯牧草 P. alpinum**

2. 圆锥花序窄圆柱形，灰绿色；颖具长 0.5-1 毫米的短尖头。

　　3. 秆基部球状；颖脊具硬纤毛 ┄┄┄┄┄┄┄┄┄┄┄┄┄┄┄┄┄┄┄┄┄┄┄┄┄┄┄┄┄┄┄┄┄┄ 3. 梯牧草 P. pratense

　　3. 秆基部非球状；颖脊粗糙 ┄┄┄┄┄┄┄┄┄┄┄┄┄┄┄┄┄┄┄┄┄┄┄┄┄┄┄┄┄┄┄┄┄┄┄ 3(附). 假梯牧草 P. phleoides

1. 鬼蜡烛 　　　　　　　　　　　　　　　　　　　　图 1267

Phleum paniculatum Huds. Fl. Angl. 23. 1762.

　　一年生。秆丛生，高 3-45 厘米，直立，基部常膝曲，3-5 节。叶鞘短于节间，无毛或稍粗糙，叶舌长 2-4 毫米，膜质；叶片长 1.5-15 厘米，宽 2-6 毫米，先端尖。圆锥花序窄圆柱形，成熟后草黄色，长 0.8-10 厘米，宽 4-8 毫米。小穗楔形或倒卵形，长 2-3 毫米；颖脉间具深沟，脊无毛或具硬纤毛，先端具长约 0.5 毫米的尖头。外稃卵形，长 1.3-2 毫米，被贴生短毛；内稃几等长于外稃；花药长约 0.8 毫米。颖果长约 1 毫米。花果期 4-8 月。染色体 2n=28。

　　产山西、河南、陕西、甘肃、新疆、江苏、安徽、浙江、江西、湖北、湖南及四川，生于海拔 2000 米以下灌木林下、山坡草地、道旁、田野或池旁。欧亚大陆温带地区有分布。

图 1267 鬼蜡烛 （史渭清绘）

2. 高山梯牧草 　　　　　　　　　　　　　　　　　图 1268

Phleum alpinum Linn. Sp. Pl. 59. 1753.

　　多年生，具短根茎。秆高 14-60 厘米，直立，基部倾斜，具纤维状枯萎叶鞘，3-4 节。叶鞘松散，下部者长于节间，上部者稍膨大，短于节间，无毛，叶舌长 2-3 毫米，膜质；叶片长 2-13 厘米，宽 2-9 毫米，先端尖或渐尖，基部圆。圆锥花序长圆状圆柱形或卵形，常暗紫色，长 1-3 厘米，宽 0.8-1 厘米。小穗长圆形，长 3-4 毫米；颖脊具硬纤毛，先端近平截，具长 1.5-3 毫米的短芒。外稃长约 2 毫米，先端钝圆，5 脉，脉具微纤毛；内稃稍短于外稃，2 脊具微纤毛；花药长 1-1.5 毫米。颖果长圆形，短于稃体。花果期 6-9 月。染色体 2n=14。

　　产黑龙江、吉林、河南、陕西、甘肃、新疆、台湾、湖北、四川、云南及西藏，生于海拔 2000-3900 米冷杉林缘、山坡草地或水边。欧亚大陆北部和美洲有分布。

图 1268 高山梯牧草 （史渭清绘）

3. 梯牧草

图 1269

Phleum pratense Linn. Sp. Pl. 59. 1753.

多年生，具短根茎。秆高 0.4－1.2 米，直立，基部常球状，枯萎叶鞘宿存，5－6 节。叶鞘无毛，叶舌长 2-5 毫米，膜质；叶片长 10-30 厘米，宽 3-8 米，两面及边缘粗糙。圆锥花序窄圆柱状，灰绿色，长 4-15 厘米，宽 5-6 毫米。小穗长圆形，长约 3 毫米；颖脊具硬纤毛，先端平截，具长 0.5-1 毫米的尖头。外稃长约 2 毫米，7 脉，脉具微毛，先端钝圆；内稃稍短于外稃；花药长约 1.5 毫米。颖果长圆形，长约 1 毫米。花果期 6-8 月。染色体 2n=14，28。

产新疆，生于海拔 1100-2200 米林下、山地草甸或河谷草甸。欧洲、中亚、俄罗斯西伯利亚及远东地区有分布。为世界著名栽培牧草之一，我国有野生的，也有栽培，有不少栽培品种。

[附] **假梯牧草 Phleum phleoides** (Linn.) Karst. Deutsche Fl. 374. 1880.
—— *Phalaris phleoides* Linn. Sp. Pl. 55. 1753. 与梯牧草的区别：秆基部不膨大；颖脊粗糙。产内蒙古及新疆，生于海拔 1000-2500 米山坡草地或山坡草甸。欧亚大陆寒温带有分布。

图 1269 梯牧草
（引自《中国主要植物图说 禾本科》）

104. 看麦娘属 Alopecurus Linn.

（吴珍兰）

一年生或多年生草本。叶片扁平。圆锥花序穗状，圆柱形。小穗具 1 小花，两侧扁，脱节于颖之下；颖等长，膜质或薄革质，稍长于小花，常于基部合生，先端钝或渐尖，3 脉。外稃膜质，下部边缘合生，具不明显 5 脉，有脊，先端平截或尖，背面中部以下具直立或弯曲芒；内稃常很小或无；无鳞被；雄蕊 3；柱头被柔毛。颖果与稃体分离。

36 种，分布于北温带和南美洲。我国 9 种。多数种类为优良牧草。

1. 多年生；秆较粗壮；圆锥花序长圆状卵形或圆柱形，宽 0.6-1.2 厘米。
　2. 圆锥花序圆柱状，长 2.5-7 厘米，宽 0.6-1 厘米；颖两侧无毛或疏生短毛，芒长 1-5 毫米 ·············
　　·· **1. 苇状看麦娘 A. arundinaceus**
　2. 圆锥花序长圆状卵形，长 1-4 厘米，宽 0.6-1.2 厘米；颖两侧密被柔毛，芒长 4-8 毫米。
　　3. 颖先端钝；外稃与颖等长，芒膝曲 ···························· **2. 短穗看麦娘 A. brachystachyus**
　　3. 颖先端渐尖呈芒尖；外稃短于颖，芒直 ················· **2(附). 喜马拉雅看麦娘 A. himalaicus**
1. 一年生；秆较细；圆锥花序细条状圆柱形，宽 2-5（10）毫米。
　4. 小穗长 2-3 毫米；芒长 2-3 毫米，内藏或稍外露；花药长 0.5-0.8 毫米，橙黄色 ········ **3. 看麦娘 A. aequalis**
　4. 小穗长 3-6 毫米；芒长 0.6-1.2 厘米，外露；花药长 0.6-2 毫米，灰白或橙黄色。
　　5. 小穗长 4-6 毫米；花药长 1-2 毫米，灰白色；圆锥花序较粗大。
　　　6. 小穗长 5-6 毫米，芒长 0.8-1.2 厘米；花药长约 1 毫米 ···················· **4. 日本看麦娘 A. japonicus**
　　　6. 小穗长 4-5 毫米，芒略长于小穗；花药长约 2 毫米 ············· **4(附). 大穗看麦娘 A. myosuroides**

5. 小穗长约3毫米；花药长0.6-0.8毫米，橙黄色；圆锥花序瘦小。

　　7. 颖脊上部粗糙，芒长0.6-1厘米，芒小刺向下 ·············· 5. **东北看麦娘 A. mandshuricus**

　　7. 颖脊具长纤毛，芒长5-8毫米，芒小刺向上 ·············· 5(附). **长芒看麦娘 A. longiaristatus**

1. 苇状看麦娘　　　　　　　　　　　图 1270

Alopecurus arundinaceus Poir. in Lamk. Enucycl. Meth. Bot. 8: 776. 1808.

多年生，具根茎。秆单生或少数丛生，高20-80厘米，3-5节。叶

鞘常短于节间，叶舌长5-7毫米，膜质，撕裂状；叶片长5-20厘米，宽3-7毫米，上面粗糙，下面平滑。圆锥花序灰绿或成熟后黑色，长2.5-7.5厘米，宽0.6-1厘米。小穗卵形，长3.5-5毫米；颖基部约1/4连合，先端尖，外曲，脊具长1-2毫米纤毛，两侧及边缘疏生毛或无毛。外稃稍短于颖，先端钝且被微毛，芒自

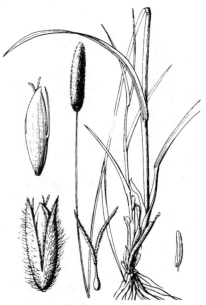

图 1270　苇状看麦娘　（张荣生绘）

稃体中部伸出，直且近光滑，长1-5毫米，藏于颖内或稍外露；花药长2.5-3毫米。花果期7-9月。染色体2n=28。

　　产黑龙江、内蒙古、河北、山西、宁夏、甘肃、青海、新疆等省区，生于海拔3300米以下山坡草地、沼泽化草甸或水边湿地。欧亚大陆的寒温带有分布。

2. 短穗看麦娘　　　　　　　　　　　图 1271

Alopecurus brachystachyus Bieb. Fl. Taur.–Cauc. 3: 56. 1819.

多年生，具短根茎。秆少数丛生，高15-65厘米，直立，光滑，3-5节。叶鞘短于节间，无毛，叶舌长1-4毫米，膜质；叶片长3-19厘米，宽2-5毫米，上面粗糙，下面平滑。圆锥花序长圆形或卵状长圆形，长1.5-4厘米，宽0.6-1.2厘米。小穗卵状椭圆形，长3-5毫米；

颖基部1/4连合，先端钝，脊被长1-2毫米纤毛，两侧密生柔毛。外稃近等长或稍短于颖，先端边缘具微毛，芒自稃背下部伸出，长5-8毫米，成熟后近中部膝曲；花药黄色，长2-2.5毫米。花果期6-9月。

　　产黑龙江、吉林、辽宁、内蒙古、河北、甘肃、青海及新疆，生于海拔3800米

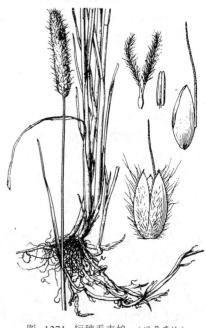

图 1271　短穗看麦娘　（冯晋庸绘）

238. 1897. 与短穗看麦娘的区别：颖先端渐尖呈芒尖；外稃短于颖，芒直。产新疆，生于海拔3000-4100米河谷沼泽化草甸或河滩湿地。中亚、伊朗、克什米尔及西喜马拉雅地区有分布。

以下高山草甸、河滩草地或山沟湿地。蒙古及俄罗斯有分布。

　　[附] **喜马拉雅看麦娘 Alopecurus himalaicus** Hook. f. Fl. Brit. Ind. 7:

3. 看麦娘 图 1272

Alopecurus aequalis Sobol. Fl. Petropol. 16. 1799.

一年生。秆少数丛生，高 15-45 厘米，光滑。叶鞘无毛，短于节间，叶舌长 2-6 毫米，膜质；叶片长 3-11 厘米，宽 1-6 毫米，上面脉疏被微刺毛，下面粗糙。圆锥花序灰绿色，细条状圆柱形，长 2-7 厘米，宽 3-5 毫米。小穗椭圆形或卵状长圆形，长 2-3 毫米；颖近基部连合，脊被纤毛，侧脉下部被毛。外稃膜质，等于或稍长于颖，先端钝，芒自稃体下部 1/4 处伸出，长 1.5-3.5 毫米，内藏或稍外露；花药橙黄色，长 0.5-0.8 毫米。颖果长约 1 毫米。花果期 4-9 月。染色体 2n=14。

产黑龙江、吉林、辽宁、内蒙古、河北、山东、山西、河南、陕西、甘肃、新疆、江苏、安徽、浙江、台湾、福建、江西、湖北、湖南、广东、香港、广西、贵州、四川、云南、西藏等省区，生于较低海拔林下、路旁田边或潮湿地。欧亚大陆的寒温与温暖地带及北美有分布。

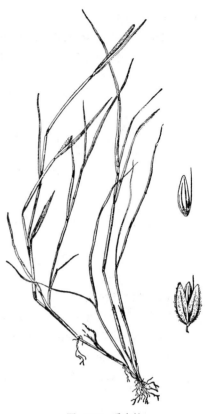

图 1272 看麦娘
（引自《中国主要植物图志 禾本科》）

4. 日本看麦娘 图 1273

Alopecurus japonicus Steud. Syn. Pl. Gram. 1: 149. 1854.

一年生。秆少数丛生，高 20-50 厘米，3-4 节。叶鞘松散，其内常有分枝，叶舌长 2-5 毫米，膜质；叶片粉绿色，质软，长 0.3-1.2 厘米，宽 3-7 毫米，上面粗糙，下面光滑。圆锥花序圆柱状，长 3-10 厘米，宽 0.4-1 厘米。小穗长圆状卵形，长 5-6 毫米；颖脊具纤毛。外稃略长于颖，厚膜质，下部边缘连合，芒自近稃体基部伸出，长 0.8-1.2 厘米，上部粗糙，中部稍膝曲；花药淡黄或灰白色，长约 1 毫米。颖果半椭圆形，长 2-2.5 毫米。花果期 2-5 月。

产山东、陕西、江苏、安徽、浙江、福建、湖北、湖南、广东、香港、广西、贵州、四川、云南等省区，生于较低海拔田边、草地或湿地。日本及朝鲜半岛北部有分布。

[附] **大穗看麦娘 Alopecurus myosuroides** Huds. Fl. Angl. 23. 1764. 与日本看麦娘的区别：小穗长 4-5 毫米；芒稍长于小穗；花药长约 2 毫米。产台湾北部。欧亚两洲温带有分布。

图 1273 日本看麦娘
（引自《中国主要植物图志 禾本科》）

5. 东北看麦娘　　　　　　　　　　　　　　　　图 1274

Alopecurus mandshuricus Litv. in Sched. Herb. Fl. Ross. 6: 138. 1908.

一年生。秆高达20厘米，细瘦，光滑，节处常膝曲，3-5节。叶

鞘短于节间，叶舌长约2毫米，膜质；叶片薄而软，长5-7厘米，宽2-3毫米。圆锥花序条状圆柱形，长3-7厘米，宽约4毫米，基部常为叶鞘包围。小穗长约3毫米；颖膜质，基部互相连合，3脉，脊无纤毛，上部粗糙。外稃略长于颖，膜质，下部边缘连合，芒自背面下部伸出，长0.6-1厘米，基部有向下小

图 1274　东北看麦娘　（冯晋庸绘）

刺；花药橙黄色，长约0.6毫米。颖果半椭圆形，长约2毫米。

产黑龙江，生于田野或河边。

[附] **长芒看麦娘 Alopecurus longiaristatus** Maxim. in Mém. Sav. Etr. Petersb. 9: 327. 1859. 与东北看麦娘的区别：颖脊被长纤毛，芒长5-8毫米，具向上小刺。产东北，生于湿地。俄罗斯远东地区有分布。

105. 粟草属 Milium Linn.

（吴珍兰）

多年生草本。叶片扁平，质较薄。圆锥花序稀疏开展。小穗具1小花，背腹扁，脱节于颖之上；颖草质，几等长，宿存，3脉。外稃略短于颖，果熟时与内稃均软骨质，无毛，脉不明显，先端无芒，基盘短钝，边缘向内卷折扣裹同质内稃，其形状如黍的谷粒；内稃具2脉，无脊，钝圆；鳞被2，有时具齿；雄蕊3。

约4种，分布于欧亚北温带地区及北美东部地区。我国1种。

粟草　　　　　　　　　　　　　　　　　　　图 1275

Milium effusum Linn. Sp. Pl. 61. 1753.

秆高0.7-1.5米，质较软，无毛，3-5节。叶鞘无毛，基部者长于节间，上部者短于节间，叶舌透明膜质，有时紫褐色，披针形，先端尖或平截，长0.2-1厘米；叶片条状披针形，质软而薄，平滑，长5-20厘米，宽0.3-1厘米，常翻转。圆锥花序长10-20厘米；分枝细弱，每节多数簇生，光滑或微粗糙，下部裸露，上部着生小穗。小穗窄椭圆形，灰绿或带紫红色，长

图 1275　粟草
（引自《中国主要植物图说　禾本科》）

3-3.5毫米；颖光滑或微粗糙。外稃乳白色，长约3毫米，光亮；内稃与外稃同质等长，成熟时深褐色，被微毛；鳞被卵状披针形；花药

长约 2 毫米。花果期 5-7 月。

产黑龙江、吉林、辽宁、河北、山西、河南、陕西、宁夏、甘肃、青海、新疆、江苏、安徽、浙江、台湾、江西、湖北、湖南、贵州、四川、云南及西藏，生于海拔 700-3500 米林下、沟边或荫湿草地。分布于全世界温带地区。草质柔软，为牲畜喜爱的饲料；谷粒是家禽优良饲料；秆为编织草帽材料。

106. 针茅属 Stipa Linn.
（吴珍兰）

多年生草本。叶有基生叶与秆生叶，叶舌同形或异形；叶片窄，常纵卷如线，稀纵折或扁平，粗糙。圆锥花序开展或紧缩。小穗具 1 小花，两性，脱节于颖之上；颖披针形，近等长或第一颖稍长，膜质或纸质，3-5 脉，先端长尾尖或具短尖头。外稃细长圆柱形，纸质或革质，背部散生细毛或毛沿脉成纵行，5 脉，脉在外稃先端结合向上延伸成芒，芒基与外稃先端连接处具关节，芒一回或二回膝曲，两侧棱无毛或具羽状毛，有时芒柱或芒针具羽状毛，芒柱扭转，基盘尖，具髭毛；内稃等长或稍短于外稃，薄革质，2 脉，无脊，背部被毛或无毛，常被外稃紧包几不外露；鳞被披针形，3-2。颖果细长柱状，具纵腹沟。

约 250 种，分布于温带、亚热带及热带地区的高寒草原、荒漠草原和草原。我国 33 种。本属植物在抽穗前和落果后均为优良牧草，成熟颖果具有尖锐基盘，粘在绵羊身上可降低皮毛品质，刺入羊体造成伤亡，在秋季果熟期不宜在针茅草场放牧绵羊。有些种类的秆可作造纸原料。本属植物是构成草原植被的重要成分，多数种类是建群种，不同种及其地理分布作为草原植被分类的依据。

1. 芒通常无毛、粗糙或具细刺毛，二回膝曲。
  2. 秆基部鞘内有小穗；基生叶舌钝圆，长 0.5-1 毫米，秆生叶舌披针形，长 3-5 毫米，顶端常 2 裂；颖长 0.9-1.5 厘米；外稃长 4.5-6 毫米，芒微粗糙 ·········· 1. 长芒草 S. bungeana
  2. 秆基部鞘内无小穗。
    3. 圆锥花序不为顶生叶鞘所包，通常伸出鞘外；芒具长 0.5 毫米细刺毛，芒针常直伸。
      4. 圆锥花序较开展，顶端芒不扭结；基生叶舌钝圆，长 0.5-1 毫米，秆生叶舌披针形，长 2-3 毫米，无毛；颖长 1.2-1.5 厘米 ·········· 2. 甘肃青针茅 S. przewalskyi
      4. 圆锥花序紧缩，顶端芒常扭结如鞭状；基生与秆生叶舌均长约 0.6 毫米，顶端平截，具缘毛；颖长 2.5-3 厘米 ·········· 3. 丝颖针茅 S. capillacea
    3. 圆锥花序常为顶生叶鞘所包，不全部伸出；芒粗糙，芒针常弧形或环形。
      5. 颖长 1.7-2.5 厘米；外稃长 0.9-1.2 厘米，第一芒柱长 1.5-2 厘米，第二芒柱长约 1 厘米 ·········· 4. 西北针茅 S. krylovii
      5. 颖长 2.5-4.5 厘米；外稃长 1-1.7 厘米，第一芒柱长 3-10 厘米，第二芒柱长 1.2-2.5 厘米。
        6. 秆生叶舌钝圆或 2 裂，长 1.5-2 毫米；外稃长 1.2-1.5 毫米，第一芒柱长 3-5 厘米，第二芒柱长 1.5-2 厘米，芒针长达 10 厘米 ·········· 5. 狼针茅 S. baicalensis
        6. 秆生叶舌披针形，长 0.3-1 厘米；外稃长 1-1.7 厘米。
          7. 颖长 3-4.5 厘米；外稃长 1.5-1.7 厘米，第一芒柱长 6-10 厘米，第二芒柱长 2-2.5 厘米，芒针长 12-18 厘米 ·········· 6. 大针茅 S. grandis
          7. 颖长 2.5-3.5 厘米；外稃长 1-1.2 厘米，第一芒柱长 3.5-5 厘米，第二芒柱长 1.5-2 厘米，芒针长约 10 厘米 ·········· 6(附). 针茅 S. capillata
1. 芒具长 1 毫米以上羽状毛，一回或二回膝曲。
  8. 芒一回膝曲；外稃背部的毛成纵行；秆生叶舌与基生者均钝圆形，长 1-2 毫米。
    9. 芒全部具羽状毛。
      10. 叶鞘具短柔毛或粗糙；叶片下面密生刺毛；颖长 2-3.5 厘米；芒长 4.5-7 厘米，芒柱与芒针间膝曲，非镰刀状 ·········· 7. 沙生针茅 S. glareosa

10. 叶鞘无毛；叶片下面无毛，稀微粗糙；颖长 3.5-4 厘米；芒长 7-14 厘米，芒柱与芒针间膝曲，镰刀状 ··· 7(附). 镰芒针茅 **S. caucasica**

9. 芒柱无毛，芒针具羽状毛。

11. 颖长 2-2.5 厘米；外稃长 7.5-8.5 毫米，芒柱长 1-1.5 厘米，芒针长 4-6 厘米，常劲直折曲 ··· 8. 戈壁针茅 **S. gobica**

11. 颖长 3-3.5 厘米，外稃长约 1 厘米；芒柱长 2-2.5 厘米，芒针长 10-15 厘米，常弧曲 ··· 8(附). 小针茅 **S. klemenzii**

8. 芒二回膝曲（有时不明显）；外稃背部毛成纵行或散生；秆生叶舌与基生者同形或异形。

12. 芒全部具羽状毛。

13. 圆锥花序基部不为顶生叶鞘所包，通常伸出；小穗紫色；颖草质，宽披针形，先端具短尖；外稃背部散生细毛或毛成纵行。

14. 基生叶舌顶端钝，长约 1 毫米；圆锥花序开展，分枝长 3-6 厘米；外稃背部散生细毛，芒长 6-8.5 厘米 ··· 9. 紫花针茅 **S. purpurea**

14. 基生叶舌披针形，长 2-5 毫米；圆锥花序紧缩，分枝长 2-3 厘米；外稃背部具成纵行的毛，芒长 3-4.5 厘米 ··· 9(附). 昆仑针茅 **S. roborowskyi**

13. 圆锥花序基部常为顶生叶鞘所包；小穗灰绿色；颖纸质，窄披针形，先端长尾尖；外稃背部沿脉具纵行毛。

15. 叶舌顶端钝，基生者长约 0.5-1.5 毫米，秆生者长达 2 毫米；颖长 1-1.5 厘米；外稃长 5.5-7 毫米 ··· 10. 短花针茅 **S. breviflora**

15. 叶舌披针形，长 0.2-1 厘米；颖长 1.8-3 厘米；外稃长 0.7-1 厘米。

16. 叶舌长 2-4 毫米；颖长 1.8-2 厘米；外稃长 7-8 毫米，基盘密被柔毛，芒柱具长 1-2 毫米细柔毛 ··· 11. 东方针茅 **S. orientalis**

16. 叶舌长 0.5-1 厘米；颖长 2-3 厘米；外稃长 0.9-1 厘米，基盘无毛，第一芒柱被微小刺毛 ··· 11(附). 伊犁针茅 **S. szovitsiana**

12. 芒柱或芒针具羽状毛。

17. 芒柱具羽状毛，芒针无毛（有时具长 0.5 毫米以下细刺毛），芒全长 2-3 厘米；外稃背部散生细毛。

18. 圆锥花序穗状，宽 1-2 厘米；分枝长 1-3 厘米，贴向主轴。

19. 叶片先端具黄褐色尖头，干后呈画笔状细毛；叶舌长 5-6 毫米；颖长 1.1-1.4 厘米；芒柱具长 1 毫米以下短毛 ··· 12. 窄穗针茅 **S. regeliana**

19. 叶片先端无画笔状细毛；叶舌长不及 3 毫米；颖长 6-7 毫米；芒柱具长约 3 毫米的毛 ··· 12(附). 座花针茅 **S. subsessiliflora**

18. 圆锥花序宽卵形，宽（2）3-7 厘米；分枝长 3-6 厘米，伸展或斜上。

20. 叶鞘及叶片粗糙；叶舌披针形，长 3-7 毫米；花序分枝伸展，腋内具枕状物；芒柱具长 2-3 毫米羽状毛 ··· 13. 疏花针茅 **S. penicillata**

20. 叶鞘及叶片无毛；叶舌钝圆，长 1-1.5 毫米；花序分枝斜上，腋内无枕状物；芒柱具长 1-1.5 毫米羽状毛 ··· 13(附). 异针茅 **S. aliena**

17. 芒柱无羽状毛，芒针具长 2-5 毫米羽状毛，芒长 11 厘米以上；外稃背部散生细毛或成纵行短毛。

21. 叶片细软，纵卷如线状；叶舌长 0.2-2 毫米；颖长 2-2.2 厘米；外稃长 0.8-1 厘米，背部下面密被散生细毛，芒针具长 2-3 毫米羽状毛 ··· 14. 细叶针茅 **S. lessingiana**

21. 叶片较粗硬，纵卷如针状；叶舌长 1-2 毫米；颖长 3-6 厘米；外稃长 1.5-1.6 厘米，背部被纵行毛，芒针具长 3-5 毫米羽状毛。

22. 叶舌长 0.4-1.2 厘米，无缘毛；颖长 3-4 厘米；第一芒柱长 3.5-4.5 厘米，芒针具长 3-4 毫米羽状毛 ··· 14(附). 长舌针茅 **S. macroglossa**

22. 叶舌长达4毫米，具长1-2毫米缘毛；颖长4-6厘米；第一芒柱长5-6厘米，芒针具长4-5毫米淡黄色羽状毛 ·················· 14(附). **长羽针茅 S. kirghisorum**

1. 长芒草

图 1276

Stipa bungeana Trin. in Mém. Sav. Etr. Petersb. 2: 144. 1835.

秆丛生，高20-60厘米，2-5节。叶鞘无毛或边缘具纤毛，基生者有内藏小穗，基生叶舌钝圆，长约1毫米，顶端具柔毛，秆生者披针形，长3-5毫米，顶端常2裂；叶片纵卷似针状，茎生者长3-15厘米，基生者长5-20厘米。圆锥花序基部被顶生叶鞘包裹，成熟后伸出鞘外，长10-30厘米；分枝细弱，每节2-4枚。小穗灰绿或紫色；颖近等长，边缘膜质，长0.9-1.5厘米，3-5脉，先端延伸成芒状；外稃长4.5-6毫米，5脉，背部沿脉密生毛，基盘长约1毫米，密生柔毛，芒二回膝曲、扭转，微粗糙，第一芒柱长1-1.5厘米，第二芒柱长0.5-1厘米，芒针长3-5厘米；内稃与外稃等长。内藏小穗的颖果卵圆形，被无芒、无毛之稃体紧密包裹。花果期6-8月。

产辽宁、内蒙古、河北、山东、山西、河南、陕西、宁夏、甘肃、青海、新疆、江苏、安徽、四川及西藏，生于海拔500-4500米石质山坡、河谷阶地、灌丛草甸或路旁。中亚、蒙古及日本有分布。

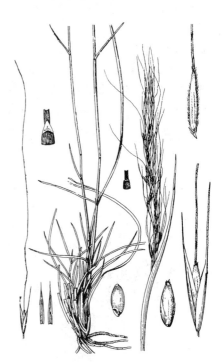

图 1276 长芒草 （史渭清绘）

本种返青早，是草原或森林草原地区夏季草场的主要牧草。

2. 甘肃青针茅

图 1277

Stipa przewalskyi Roshev. in Not. Syst. Leningrad 1(6): 3. 1920.

秆少数丛生，高30-80厘米，基部宿存枯萎叶鞘。叶鞘基部者稍长于而上部者短于节间，基生叶舌钝圆，长0.5-1毫米，秆生者长2-3毫米；叶片纵卷成线形，上面被微毛，下面微粗糙，秆生者长10-15厘米，基生者长达30厘米。圆锥花序长15-30厘米，成熟时伸出鞘外；分枝孪生，上部着生少数小穗。小穗灰绿后变紫色；颖几等长，长1.2-1.5厘米，3-5脉，先端尖尾状。外稃长8-9毫米，5脉，背部具排列成纵行短毛，基盘长约2毫米，密生柔毛，芒二回膝曲、扭转，角棱具短刺毛，第一芒柱长1.5-2.5厘米，第二芒柱长约1厘米，芒针长1.5-2.5厘米，劲直；内稃具2脉，背面无毛或疏生短毛。花果期5-8月。

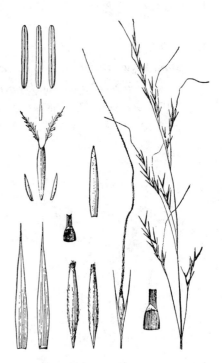

图 1277 甘肃青针茅 （仲世奇绘）

产内蒙古、河北、山西、河南、陕西、宁夏、甘肃、青海、四川及西藏，生于海拔 850-3600 米林缘、山坡草地或路旁。本种为草原或森林草原地区夏季草场主要牧草。

3. 丝颖针茅　　　　　　　　　　　　　　　　图 1278

Stipa capillacea Keng in Sunyatsenia 6(2): 100. pl. 15. 1941.

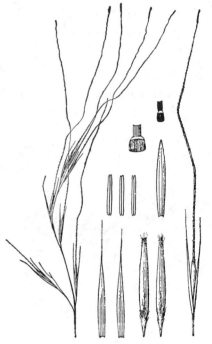

图 1278　丝颖针茅　（仲世奇绘）

秆高 20-50 厘米，2-3 节。叶鞘长于节间，光滑；基生叶与秆生叶叶舌均长约 0.6 毫米，顶端平截，具缘毛；叶片纵卷似针状，基生叶常对折，长为秆高 1/3-1/2，下面被糙毛。圆锥花序紧缩，常伸出叶鞘外，顶端芒常扭结如鞭状，长 14-18 厘米；分枝直立，基部者孪生，具 2-3 或 1 小穗。小穗淡绿或淡紫色；颖长披针形，长 2.5-3 厘米，先端丝状，3-5 脉。外稃长约 8 毫米，5 脉，背面下半部与腹面边缘均具 1 行贴生短毛，基盘长约 2 毫米，密生柔毛，芒一回膝曲，扭转，具微毛或芒针具长约 0.5 毫米细刺毛，第一芒

柱长 1-2 厘米，第二芒柱长 0.6-1 厘米，芒针长约 6 厘米，常直伸；花药长约 4 毫米。花果期 7-9 月。

产甘肃、青海、四川、云南及西藏，生于海拔 2900-5000 米高山草甸、高山灌丛、丘陵顶部、山前平原或河谷阶地。为高寒草原或高寒草甸地区牧草之一；秆、叶可供造纸或人造棉的原料。

4. 西北针茅　　　　　　　　　　　　　　　　图 1279

Stipa krylovii Roshev. in Bull. Jard. Bot. St. Petersb. 28: 379. 1929.

Stipa sareptana Becker var. *krylovii* (Roshev.) P. C. Kuo et Y. H. Sun; 中国植物志 9(3): 275. 1987.

图 1279　西北针茅　（仲世奇绘）

秆高 30-60 厘米，3-4 节。叶鞘上部者短于节间，无毛，基生叶舌与秆生叶舌均长 1-3 毫米；叶片纵卷如针状，下面无毛，秆生叶长 10-20 厘米，基生叶长达 30 厘米。圆锥花序基部包于叶鞘内，长 10-30 厘米；分枝细弱，每节 2-4 枚。小穗草绿色，老熟时紫色；颖披针形，长（1.7）2-2.5 厘米，第一颖稍长，先端细丝状，3-5 脉。外稃长 0.9-1.2 厘米，先端关节被短毛，背部具成纵

行短毛，基盘长约 3 毫米，密被毛，芒二回膝曲，扭转，边缘稍粗糙，第一芒柱长 1.5-2 厘米，第二芒柱长约 1 厘米，芒针长 9-10 厘米，丝状弯曲；内稃与外稃约等长，无毛；花药长 3-4.5 毫米。花果期 6-8 月。

产内蒙古、河北、山西、宁夏、甘肃、青海、新疆及西藏，生于海拔 400-4500 米干旱山坡、山前洪积扇、平滩地或河谷阶地。中亚、俄罗斯西伯利亚、蒙古及日本有分布。为亚洲中部草原区典型草原植被的建群种；是良好饲料植物。

5. 狼针草 图 1280

Stipa baicalensis Roshev. in Bull. Jard. Bot. St. Petersb. 28: 380. 1929.

秆丛生，高 50-80 厘米，3-4 节。叶鞘下部者常长于节间，平滑或粗涩，基生叶舌长 0.5-1 毫米，平截或 2 裂，秆生叶舌钝圆或 2 裂，长

1.5-2 毫米，均具睫毛；叶片纵卷成线形，基生叶长达 40 厘米，上面被疏柔毛，下面平滑。圆锥花序基部常包于叶鞘内，长 20-50 厘米；分枝细弱，向上伸展。小穗灰绿或紫褐色；颖披针形，长 2.5-3.5 厘米，先端细丝状尾尖，3-5 脉。外稃长 1.1-1.4 厘米，先端关节被毛，背部具成纵行短毛，基盘长约 4 毫米，密被柔毛，芒一回膝曲，无毛，边缘微粗糙，第一芒柱长 3-5 厘米，扭转，第二芒柱长 1.5-2 厘米，稍扭转，芒针长约 10 厘米，卷曲；内稃具 2 脉；花药长约 5 毫米。花果期 6-10 月。

产黑龙江、吉林、辽宁、内蒙古、河北、山西、河南、陕西、宁夏、甘肃、青海、新疆、四川及西藏，生于海拔 700-4000 米山坡草地或河谷灌丛下。日本、蒙古、俄罗斯西伯利亚及远东地区有分布。幼嫩时为干草原、草甸草原地区牲畜喜食的牧草。

图 1280 狼针草 （仲世奇绘）

6. 大针茅 图 1281

Stipa grandis P. Smirn. in Fedde, Repert. Sp. Nov. 26: 267. 1929.

秆高 0.5-1 米，3-4 节。叶鞘下部者通常长于节间，粗糙或平滑；基生叶钝圆，长 0.5-1 毫米，缘具睫毛，秆生者披针形，长 0.3-1 厘米，

叶片纵卷似针状，上面具微毛，下面光滑，基生叶长达 50 厘米。圆锥花序基部包于叶鞘内，长 20-50 厘米；分枝细弱，向上伸展，被短刺毛。小穗淡绿或紫色；颖披针形，长 3-4.5 厘米，先端丝状长尾尖，3-5 脉，第一颖略长。外稃长 1.5-1.7 厘米，5 脉，顶生 1 圈短毛，背部具成纵行短毛，基盘长约 4 毫米，被柔毛，芒二回膝曲，扭转，光滑或微粗糙，第一芒柱长 6-10 厘米，第二芒柱长 2-2.5 厘米，芒针长（10-）12-18 厘米，丝状卷曲；内稃与外稃等长，2 脉；花药长约 7 毫米。花果期 6-8 月。

产黑龙江、吉林、辽宁、内蒙古、河北、山西、河南、陕西、宁夏、甘肃及青海，生于海拔 150-3500 米山坡草地或干旱草原。蒙古、日本、俄罗斯东西伯利亚有分布。是良好的饲料植物。

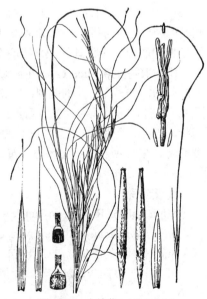

图 1281 大针茅 （仲世奇绘）

[附] **针茅 Stipa capillata** Linn. Sp. Pl. ed. 2. 116. 1762. 与大针茅的区别：颖长 2.5-3.5 厘米；外稃长 1-1.2 厘米，第一芒柱长 3.5-5 厘米，第二芒柱长 1.5-2 厘米，芒针长 7-12 厘米。产新疆，生于海拔 600-2350 米山间谷地、准平原或干旱山坡草地。蒙古、俄罗斯西伯利亚、中亚地区及欧洲有分布。营养成分、适口性和耐牧性均很高，是草原地带优良饲料植物。

7. 沙生针茅 图 1282

Stipa glareosa P. Smirn. in Fedde, Repert. Sp. Nov. 26: 266. 1929.

秆高 15-50 厘米，1-2 节。叶鞘具短柔毛或粗糙，基生与秆生叶舌

长约 1 毫米，钝圆，边缘具纤毛；叶片纵卷如针，上面被短毛，下面密生刺毛，秆生叶长 2-4 厘米，基生叶长达 20 厘米。圆锥花序常包于顶生叶鞘内；分枝短，具 1 小穗。颖尖披针形，近等长，长 2-3.5 厘米，先端细丝状尾尖，3-5 脉。外稃长 0.7-1 厘米，背部具成纵行毛，先端关节生 1 圈短毛，基盘长约 2 毫米，密被

柔毛，芒一回膝曲、扭转，芒柱长约 1.5 厘米，具长约 2 毫米羽状毛，芒针长 3-5.5 厘米，常弧曲，具长约 4 毫米羽状毛；内稃与外稃近等长，1 脉，背部略具柔毛。花果期 5-10 月。

产内蒙古、河北、河南、陕西、宁夏、甘肃、青海、新疆、四川及西藏，生于海拔 500-5200 米石质山坡、戈壁沙滩或河滩砾石地。俄罗斯西伯利亚、中亚地区及蒙古有分布。为优等饲料植物。

[附] **镰芒针茅 Stipa caucasica** Schmalh. in Ber. Deutsch. Bot. Ges. 10: 293. 1892. 与沙生针茅的区别：叶鞘无毛；叶片下面无毛；颖长 3.5-4 厘米；芒长 7-14 厘米，芒柱毛长约 1 毫米，芒柱与芒针间膝曲形成镰刀状。产新疆及西藏，生于海拔 1200-3500 米石质山坡或沟坡崩塌处。波罗的海、帕米尔及中亚地区有分布。为荒漠草原早春饲料植物。

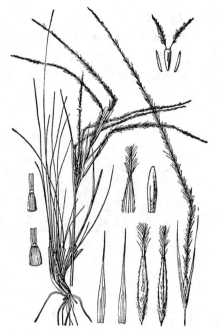

图 1282 沙生针茅 （仲世奇绘）

8. 戈壁针茅 图 1283：5-9

Stipa gobica Roshev. in Not. Syst. Leningrad 5: 13. 1924.

Stipa tianschanica Roshev. var. *gobica* (Roshev.) P. C. Kuo et Y. H. Sun; 中国植物志 9(3): 277. 1987.

秆高 10-50 厘米，2-3 节。叶鞘光滑或微粗糙，基生叶舌与秆生者

均长约 1 毫米，边缘具纤毛；叶片纵卷如针状，基生者长达 20 厘米，秆生者长 2-4 厘米，上面光滑，下面脉被刺毛。圆锥花序紧缩，基部为顶生叶鞘所包；分枝单生或孪生，光滑。小穗绿或灰绿色；颖窄披针形，近等长，长 2-2.5 厘米，1-3 脉，先端丝状长尾尖。外稃长 7.5-8.5 毫米，背部具纵行毛，先端关节光滑，

基盘长 0.5-2 毫米，密被柔毛，芒一回膝曲，芒柱扭转，长 1-1.5 厘米，

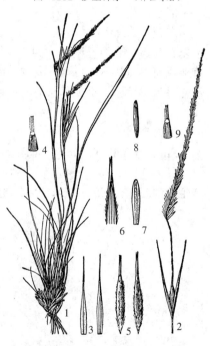

图 1283：1-4.小针茅 5-9.戈壁针茅 （仲世奇绘）

光滑，芒针常劲直折曲，长 4-6 厘米，具长 3-5 毫米羽状毛；内稃与外稃近等长，2 脉。花果期 6-7 月。

产内蒙古、河北、山西、陕西、宁夏、甘肃、青海、新疆及西藏，生于海拔 300-4600 米砾石山坡、戈壁滩、石质丘陵顶部或洪积

扇中部平原。蒙古有分布。为荒漠草原优等饲料植物。

[附] **小针茅** 图 1283 : 1-4 **Stipa klemenzii** Roshev. in Not. Syst. Leningrad 5: 12. 1942. ——*Stipa tianschanica* Roshev. var. *klemenzii* (Roshev.) Norl.; 中国植物志 9(3): 277. 1987. 与戈壁针茅的区别：颖长 3-3.5 厘米；外稃长约 1 厘米；芒柱长 2-2.5 厘米，芒针长 10-15 厘米，常弧曲。产内蒙古，生于海拔 1200-2100 米砾石山坡。俄罗斯东西伯利亚及蒙古有分布。饲料植物。

9. 紫花针茅　　　　　　　　　　　图 1284

Stipa purpurea Griseb. in Nachr. Ges. Wiss. Gottingen Math.-Phys. Kl. 3: 82. 1868.

秆高 20-50 厘米，1-2 节。叶鞘长于节间，无毛，基生叶舌长约 1 毫米，秆生叶舌披针形，长 3-6 毫米，均具缘毛；叶片纵卷如针状，秆生叶稀少，长 3.5-5 厘米，基生叶密，长约 10 厘米，下面微粗糙。圆锥花序基部通常伸出，开展，长达 15 厘米；分枝单生或孪生，长 3-6 厘米，细弱，常弯曲，光滑。小穗紫色；颖宽披针形，长 1.3-1.7 厘米，边缘白色膜质，先端芒状，3 脉。外稃长 0.8-1 厘米，背部散生细毛，先端与芒相接处具关节，基盘长约 2 毫米，密被柔毛，芒二回膝曲，扭转，具长 2-3 毫米白色长柔毛，第一芒柱长 1.5-1.8 厘米，第二芒柱长约 1 厘米，芒针长 5-7 厘米；内稃背面具短毛。花果期 7-9 月。

产内蒙古、甘肃、青海、新疆、四川及西藏，生于海拔 1900-5200 米山坡草甸、山前洪积扇或河谷阶地。中亚及喜马拉雅有分布。草质较硬，牲畜喜食，耐牧性强，产草量高，可收贮青干草，为优良牧草。

10. 短花针茅　　　　　　　　　　　图 1285

Stipa breviflora Griseb. in Nachr. Ges. Wiss. Gottingen Math.-Phys. Kl. 3: 82. 1868.

秆高 20-60 厘米，2-3 节。叶鞘短于节部，基部者被柔毛，基生叶舌钝，长 0.5-1.5 毫米，秆生叶舌先端针状；秆生叶长 3-7 厘米，基生叶长 10-15 厘米。圆锥花序长 10-20 厘米，基部常为顶生叶鞘所包；分枝细而光滑，每节 2-4 枚，有时二回分枝，先端具少

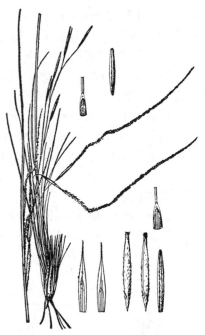

图 1284 紫花针茅 （仲世奇绘）

[附] **昆仑针茅 Stipa roborowskyi** Roshev. in Not. Syst. Leningrad 1(6): 1. 1920. 与紫花针茅的区别：叶舌基生者长 2-5 毫米，秆生者长 3-7 (-12) 毫米；圆锥花序较紧缩，分枝长 2-3 厘米；外稃长 6.5-8 毫米，背部具纵行毛，芒长 3-4.5 厘米。产青海、新疆及西藏，生于海拔 2600-5100 米山坡草地、冲积扇或湖畔砾石地。喜马拉雅西部有分布。为优良牧草。

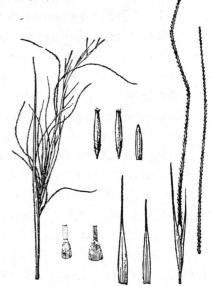

图 1285 短花针茅 （仲世奇绘）

数小穗。小穗灰绿或浅褐色；颖窄披针形，等长或第一颖长 1-1.5 厘米，先端渐尖，3 脉。外稃长 5.5-7 毫米，5 脉，先端关节处生一圈短毛，背部具纵行毛，基盘长约 1 毫米，密被柔毛，芒二回膝曲，扭转，全芒着生短于 1 毫米柔毛，第一芒柱长 1-1.6 厘米，第二芒柱长 0.7-1 厘米，芒针弧曲，长 3-6 厘米；内稃与外稃近等长，具疏柔毛。花果期 5-8 月。

产内蒙古、河北、山西、河南、陕西、宁夏、甘肃、青海、新疆、四川及西藏，生于海拔 700-4700 米石质山坡、干旱山坡或河谷阶地。尼泊尔有分布。为牲畜喜食的优良牧草。

图 1286 东方针茅 （引自《西藏植物志》）

11. 东方针茅 图 1286

Stipa orientalis Trin. in Ledeb. Fl. Alt. 1: 83. 1829.

秆丛生，高 15-35 厘米，2-3 节，节常紫色，其下具细毛。叶鞘粗糙，具细刺毛，叶舌披针形，长 2-4 毫米，边缘具纤毛；叶片纵卷似线，上面被细毛，下面粗糙，基生叶长为秆高 1/2-2/3。圆锥花序紧缩，常为顶生叶鞘所包，长 4-8 厘米。颖等长或第一颖稍长，长 1.8-2 厘米，基部浅褐色，上部白膜质，渐尖，3 脉。外稃长 7-8 毫米，先端生一圈毛，背部具纵行毛，基盘长约 2 毫米，密被柔毛，芒二回膝曲（稀不明显），扭转，第一芒柱

长 0.8-1.2 厘米，第二芒柱长 5-8 毫米，均具长 1-2 毫米羽状毛，芒针弯曲，长 3-4 厘米，具长 3-4 毫米羽状毛；内稃与外稃等长，2 脉。颖果长圆柱形，长约 4 毫米。花果期 5-8 月。

产青海、新疆及西藏，生于海拔 400-5100 米石质山坡、河谷阶地或山坡草地。中亚、印度西北部及蒙古西部有分布。

[附] **伊犁针茅 Stipa szovitsiana** (Trin.) Griseb in Ledeb. Fl. Ross. 4: 450. 1852. —— *Stipa arabica* var. *szovitsiana* Trin. in Mém. Acad. Sci. Petersb. Ser. 7. Sci. Nat. 5: 77. 1843. —— *Stipa turgaica* Roshev.；中国植物志 9(3):

280. 1987. 与东方针茅的区别：叶舌长 0.5-1 厘米；颖长 2-3 厘米；外稃长 0.9-1 厘米，基盘无毛，第一芒柱的毛为微小刺毛。产新疆，生于海拔 400-600 米戈壁滩地或石质山坡。中亚有分布。

12. 窄穗针茅 图 1287

Stipa regeliana Hack. in Sitz.-Ber. Bohm. Ges. Wiss. 89. 130. 1884.

Achnatherum regelianum (Hack.) Keng f.；中国高等植物图鉴5: 119. 1976.

秆丛生，高 20-50 厘米，1-2 节，无毛。叶鞘无毛，叶舌披针形，长 5-6 毫米，被贴生微毛，先端常 2 裂；叶片纵卷似线，先端具黄褐色尖头，干后呈画笔状细毛，基生叶长为秆高 1/3-1/2。圆锥花序穗状，长 3-10 厘米，宽 1-2 厘米；分枝短，贴主轴。小穗紫或褐色；颖披针形，近等长或第一颖长 1.1-1.4 厘米，先端白色膜质，5-7 脉。外稃长 7-8 毫米，5 脉，背部散生细毛，基盘长约 1 毫米，被柔毛，芒二回膝曲，第一芒柱长 0.5 厘米，第二芒柱长约 0.5 厘米，均具长 1 毫米以

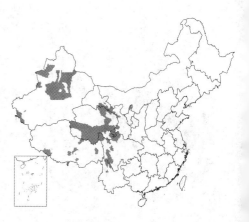

下毛，芒针长约1厘米，具长0.5毫米以下刺毛；内稃与外稃等长，背部被疏毛。颖果圆柱形，褐色，长约5毫米。花果期7-9月。

产宁夏、甘肃、青海、新疆、四川、云南及西藏，生于海拔1600-4600米高山草甸、山谷冲积平原或山坡草地。中亚有分布。为草原或草甸草原牧草。

[附] **座花针茅 Stipa subsessiliflora** (Rupr.) Roshev. in B. Fedtsch. Fl. Asiat. Ross. 12: 128. 1916. —— *Lasiagrostis subsessiliflora* Rupr. in Osten-Sacken et Rupr. Sert. Tiansch. 35. 1869. 与窄穗针茅的区别：叶舌长2-3毫米，叶片先端无画笔状细毛；小穗长6-7毫米；芒柱毛长约3毫米。产甘肃、青海及新疆，生于海拔2300-4400米山坡草甸、冲积平原、砂砾地或河谷阶地。中亚及俄罗斯西伯利亚有分布。草质柔软，适口性好，是草原或草甸草原的优良牧草。

13. 疏花针茅
图 1288

Stipa penicillata Hand.-Mazz. in Oesterr. Bot. Zeitschr. 85: 226. 1936.

秆高30-70厘米，1-2节。叶鞘粗糙，基生叶舌与秆生者均披针形，长3-7毫米；叶片纵卷如针状，长10-20厘米，粗糙，基生者长达30厘米。圆锥花序开展，长15-25厘米；分枝孪生（上部者有单生），长1-4厘米，腋内具枕状物，下部裸露，上部疏生2-4小穗。小穗紫或绿色；颖披针形，几等长或第一颖长0.8-1厘米，先端细渐尖，5脉。外稃长5-7毫米，背部被柔毛，基盘长约1毫米，芒二回膝曲（有时不明显），扭转，第一芒柱长3-7毫米，第二芒柱长4-5毫米，均具长3-4毫米白色柔毛，芒针长0.7-1.8厘米，无毛，粗糙；内稃背部具毛；花药长约4毫米。颖果长约5毫米。花果期6-9月。

产陕西、甘肃、青海、新疆、四川及西藏，生于海拔1400-5200米高山草甸、山坡灌丛下、河谷阶地或干旱山坡。抽穗前和落果后，为高寒草原及高寒草甸的优良牧草。

[附] **异针茅 Stipa aliena** Keng in Sunyatsenia 6(1): 74. 1941. 与疏花针茅的区别：植株高20-40厘米；叶鞘无毛，叶舌长1-1.5毫米，钝圆或2裂；圆锥花序较紧缩，长10-15厘米，分枝短，腋内无枕状物，先端具少数小穗；芒柱具长1-2毫米柔毛。产甘肃、青海、四川及西藏，生于海拔2900-4600米高山灌丛草甸、冲积扇或河谷阶地。叶柔软，为高山寒草原和高寒草甸地区的优良牧草。

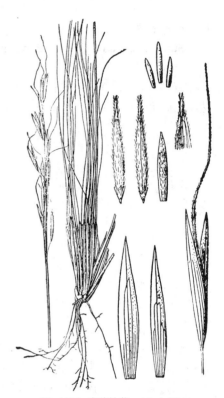

图 1287 窄穗针茅 （仲世奇绘）

图 1288 疏花针茅 （仲世奇绘）

14. 细叶针茅 图 1289：1-5

Stipa lessingiana Trin. et Rupr. in Mém. Acad. Imp. Sci. St. Petersb. ser. 6, 5(1): 79. 1842.

秆丛生，高30-60厘米，无毛，2-3节。叶鞘长于节间，平滑或边缘具刺毛，叶舌基生者长0.2-0.5毫米，秆生者长1-2毫米，顶端钝圆

或2裂，缘具睫毛；叶片纵卷如线状，下面粗糙，基生叶长为秆高1/2-2/3。圆锥花序窄，基部常被顶生叶鞘所包，长10-15厘米。小穗草黄色；颖披针形，长2-2.2厘米，3-5脉。外稃长0.8-1厘米，背部下面密被毛，向上渐疏，基盘长约2毫米，密被柔毛，芒二回膝曲，扭转，芒柱无羽状毛，第一芒柱长2-3厘米，第

二芒柱长1-1.5厘米，芒针弯曲，长8-15厘米，具长2-3毫米羽状毛；内稃与外稃近等长，2脉；花药长3-4毫米。花果期5-8月。

产新疆，生于海拔800-1600米石质低山及山地草原带。高加索西部、俄罗斯西伯利亚、中亚及伊朗北部有分布。为草原放牧场和刈草场的优良饲草。

[附] **长舌针茅 Stipa macroglossa** P. Smirn. in Not. Syst. Leningrad 5: 47. 1924. 与细叶针茅的区别：叶片较粗硬，纵卷如针状，叶舌披针形，秆生者长4-5毫米，有时长达1.2厘米；颖长3-4厘米；外稃长1.5-1.6厘米，背部被纵行毛；芒针具长3-4毫米羽状毛。产新疆，生于海拔700-2100米石质斜坡、山地草甸草原。中亚有分布。抽穗前和果落后为草原地区的好牧草。

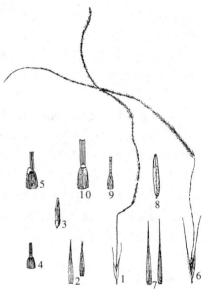

图 1289：1-5.细叶针茅 6-10.长羽针茅
（宁汝莲绘）

[附] **长羽针茅** 图 1289：6-10
Stipa kirghisorum P. Smirn. in Fedde, Repert. Sp. Nov. 21: 232. 1925. 与长舌针茅的区别：叶舌钝圆，长达4毫米，具长1-2毫米缘毛；颖长4-6厘米；第一芒柱长5-6厘米，芒针具长4-5毫米淡黄色羽状毛。产新疆，生于海拔350-2400米石质山坡、准平原或冲积扇。蒙古及中亚有分布。为草原地区牧场和刈草场品质中等牧草。

107. 落芒草属 Oryzopsis Michx.
（吴珍兰）

多年生草本。叶片扁平或纵卷。圆锥花序开展或穗状。小穗具1小花，两性，卵形或窄披针形，脱节于颖之上；颖几等长，宿存，草质或膜质，先端渐尖或钝圆，通常长于、稀等长于或短于外稃。外稃革质或软骨质，背腹扁或近圆，果期常褐至黑褐色，多被贴生柔毛或无毛，常有光泽，先端全缘，稀微2裂，基盘钝圆，被毛或无毛，芒自先端、稀裂齿基部伸出，细弱，直立，微粗糙，易早落，稀不断落；内稃扁平，与外稃同质，常稍短或近等长，2脉，被短毛，稀光滑，几被外稃所包或边缘被外稃所包；鳞被3-2；花药先端常具髯毛，稀无毛。

约35种，主要分布于北半球温带和亚热带地区，特别是亚洲西南部。我国约15种。

1. 内稃几全部被外稃所包；颖倒卵形，先端钝圆，上部脉间常具小横脉纹；外稃果期略长于颖或与颖等长，无毛，花药先端无毛 ·· 1. **钝颖落芒草 O. obtusa**
1. 内稃边缘被外稃所包；颖披针形，先端钝或渐尖，脉间无小横脉纹或侧脉先端向中脉弓曲；外稃果期短于颖或相等，全部或部分被细毛（稀无毛），花药先端常具毫毛。
  2. 叶舌长约0.5毫米或缺如，叶鞘口部常被白柔毛；外稃全部（包括基盘）被贴生柔毛。

3. 密丛；秆基部无根头；叶片多纵卷呈线形；花序分枝每节 2；颖具 3-5 脉，侧脉不达先端；芒长 4-7 毫米 ·· 2. **中华落芒草 O. chinensis**

3. 疏丛；秆基部常具短根头；叶片多平展；花序分枝每节 3；颖具 3 条凸起脉纹，直达先端；芒长 0.8-1.2 厘米 ·· 3. **湖北落芒草 O. henryi**

2. 叶舌长 2 毫米以上，叶鞘口部常无毛；外稃背部被细毛（稀无毛），基盘无毛。

  4. 花序线形，分枝短，长约 1 厘米，紧贴花序主轴；植株低矮细弱，径约 1.5 毫米 ··· 4. **小落芒草 O. gracilis**

  4. 花序开展，卵圆形，分枝长 3 厘米以上，稀短，上部 1/3 生小穗，下部裸露；植株径 1.5-4 毫米。

    5. 花序分枝每节常为 2；颖长于外稃。

      6. 植株高 30-45 厘米；叶片常纵卷；圆锥花序长 5-12 厘米，分枝短，先端具少数小穗 ·· 5. **小穗落芒草 O. wendelboi**

      6. 植株高达 1 米；叶片常扁平；圆锥花序长 10-30 厘米，分枝长，先端具较多小穗。

        7. 颖草质，先端常紫红色，卵状长圆形，长 4.5-7 毫米；外稃背部被细毛。

          8. 小穗长 5-7 毫米；外稃长 4-5 毫米，芒长 3-7 毫米，花药长 2-2.5 毫米 ········ 6. **落芒草 O. munroi**

          8. 小穗长 4.5-5 毫米；外稃长 2.5-3 毫米，芒长 7-9 毫米，花药长 1-1.8 毫米 ·· 6(附). **小花落芒草 O. munroi var. parviflora**

        7. 颖膜质，常灰褐色，宽披针形，长 0.7-1 厘米；外稃背面上部被细毛，下部无毛 ·· 6(附). **新疆落芒草 O. songarica**

    5. 花序分枝每节 3-5；颖与外稃等长或稍长。

      9. 小穗卵圆形，长 3.5-5 毫米；外稃长 2.5-4 毫米，花药长约 1 毫米。

        10. 外稃长 2.5-3.5 毫米，幼嫩时全被贴生柔毛，果期脊光滑 ·············· 7. **藏落芒草 O. tibetica**

        10. 外稃长 3-4 毫米，幼嫩时无毛 ·············· 7(附). **光稃落芒草 O. tibetica var. psilolepis**

      9. 小穗长披针形，长 5-7 毫米；外稃长 5-7 毫米；花药长 3-4 毫米 ········· 8. **等颖落芒草 O. aequiglumis**

1. 钝颖落芒草 图 1290

Oryzopsis obtusa Stapf in Hook. Icon. Pl. 4(4): pl. 2393. 1895.

根状茎粗短。秆丛生，高 0.9-1.2 米，粗糙，2-3 节。叶鞘多短于节间或基部者长于节间，叶舌长 1-3 毫米，先端常齿裂；叶片多扁平或内卷，质较硬，长 10-25 厘米，宽 0.5-1.2 厘米，先端渐尖，分蘖叶上面被短毛。圆锥花序线形，长 15-25 厘米；分枝孪生，向上直伸。小穗草绿或枯黄色，长 4-5 毫米，宽 3.5-4 毫米，柄粗糙；颖近相等或第一颖稍短，草质，倒卵状椭圆形，先端钝圆略膜质，5-7 脉，脉间具小横脉。外稃褐或黑棕色，椭圆形，质坚硬，长 4-5 毫米，光亮无毛，5 脉，基盘光滑，芒长 1-1.7 厘米，细弱，易落；鳞被 3，卵圆形；花药长约 2.5 毫米，先端无毛。颖果椭圆状球形，长约 3 毫米。花果期 4-7 月。

产河南、陕西、浙江、湖北、湖南、贵州、四川、云南等省区，

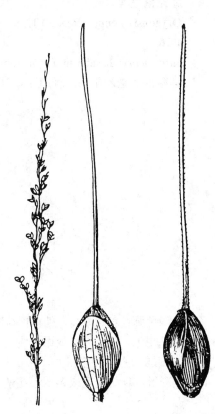

图 1290 钝颖落芒草 （引自《中国植物志》）

生于海拔650-1900米路旁、崖石阴湿处或灌丛下。日本有分布。

2. 中华落芒草 图 1291

Oryzopsis chinensis Hitchc. in Proc. Biol. Soc. Wash. 43: 92. 1930.

植株具短根头。秆密丛或少数丛生,高30-80厘米,无毛,2-4节。叶鞘多短于节间,无毛或鞘口部及边缘被疏生纤毛,叶舌极短或缺;叶片多内卷,密集秆基,茎生者少,长3.5-10厘米,基部者长达30厘米,

宽0.8-2毫米,上面及边缘粗糙,下面光滑或主脉上部微粗糙。圆锥花序开展,有时下垂;分枝常孪生,细长,粗糙。小穗绿或浅绿色,披针形,长3.5-5.5毫米;颖几相等,膜质,粗糙或微粗糙,3-5脉,先端尖;外稃浅褐色,果期黑褐色,卵圆形,长2-3毫米,3脉,被贴生毛(包括基盘),芒长4-8毫

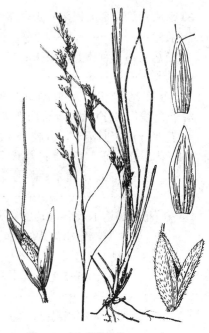

图 1291 中华落芒草 (冯晋庸绘)

米,粗糙,易脱落。内稃与外稃等长,被毛,2脉;鳞被3,长约0.5毫米;花药长约1.8毫米,顶生毫毛。花果期5-7月。

产内蒙古、河北、山西、河南、陕西、宁夏、甘肃及青海,生

于海拔500-2400米干旱山坡、路旁草丛中或林缘草地。根头簇生,对保持水土起较大作用。

3. 湖北落芒草 图 1292

Oryzopsis henryi (Rendle) Keng ex P. C. Kuo, Fl. Tsinling. 1(1): 145. 1976.

Stipa henryi Rendle in Journ. Linn. Soc. Bot. 36: 382. 1904.

具粗约8毫米根头。秆疏丛,高40-95厘米,光滑,3-4节。叶

鞘短于或下部者长于节间,口部被纤毛,叶舌甚短或缺;叶片扁平或多纵卷,长6-30厘米,宽1-5毫米,上面及边缘微粗糙,下面光滑。圆锥花序较窄,长10-18厘米,每节分枝3枚以上;分枝直立或斜上,微粗糙。小穗草绿或草黄色,长圆状披针形,长3-4.5毫米;颖几相等,透明,微粗糙,先端钝,具3

图 1292 湖北落芒草
(引自《中国主要植物图说 禾本科》)

条凸起绿色脉并直达先端。外稃长圆形,长2.5-3.5毫米,近革质,3-5脉,被贴生毛,先端全缘或微2浅裂,基盘短被毛,芒自先端或裂齿间伸出,细弱,直立或稍扭曲,长0.8-1.2厘米,粗糙,易落;花药长1.5-2毫米,顶生毫毛或无毛。花期4-6月。

产河南、陕西、甘肃、湖北、贵州及四川,生于海拔100-2400米山坡林下草地、路旁树荫下或荒地。

4. 小落芒草 图 1293

Oryzopsis gracilis (Mez) Pilger in Notizbl. Bot. Gart. Berlin-Dahlem 14: 347. 1939.

Piptatherum gracile Mez in Fedde, Repert. Sp. Nov. 17: 211. 1921.

秆密集丛生，高10-40厘米，光滑，1-3节。叶鞘短于节间，叶舌披针形，长2-7毫米；叶片基生者常纵卷如针，茎生者对折或扁平，长1-8厘米，宽1-2毫米，被短毛或粗糙。圆锥花序近线形，常被先端叶鞘所包，长2-14厘米；分枝紧贴花序主轴，长1-4厘米，先端着生少数小穗。小穗绿或带紫红色，披针形，长5-8毫米；颖先端渐尖，第一颖长5-6毫米，第二颖长5-7毫米，

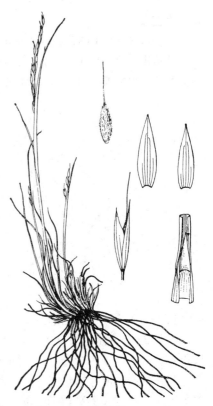

5-7脉，侧脉先端弯达中脉。外稃栗褐色，窄披针形或卵状披针形，长3-5毫米，5脉，被贴生柔毛，果期黑褐色，脊毛脱落，基盘无毛，芒直立，长2-7毫米，微粗糙，易断落；内稃稍短于外稃，被贴生柔毛；鳞被卵状披针形；花药长约2毫米，顶生毫毛；花果期6-8月。

产四川、云南及西藏，生于海拔3300-4900米干旱山坡或砾石滩。印度西北部、尼泊尔、克什米尔地区及巴基斯坦有分布。

图 1293 小落芒草 （宁汝莲绘）

5. 少穗落芒草 图 1294

Oryzopsis wendelboi Bor in Nytt Mag. Bot. 1: 16. 1952.

秆高30-45厘米，无毛，2-3节。叶鞘常短于节间，边缘膜质，叶舌披针形，长3-6毫米；叶片常纵卷，稀扁平，长达10厘米，宽约2毫米，粗糙。圆锥花序开展，长5-12厘米，每节分枝2枚；先端着生1或2小穗。小穗紫红或灰绿色，卵圆状披针形，长5-6毫米，颖几相等或第一颖稍短，第一颖具3脉，第二颖具3-5脉。外稃褐色，长3.5-4毫米，被白或金黄色柔毛，膨胀，果期黑褐色，脊光滑，5脉，基盘无毛，芒紫色，直立，长

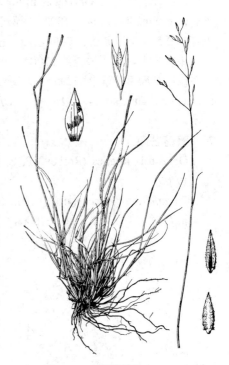

2.5-4毫米，微粗糙，易脱落；内稃等长于外稃，被柔毛；鳞被卵状披针形；花药长约2.5毫米。颖果长卵形，长约3毫米。花果期7-9月。

产西藏，生于海拔3100-4500米河谷阶地或台地。巴基斯坦有分布。

图 1294 少穗落芒草 （王 颖绘）

6. 落芒草

图 1295：1-3

Oryzopsis munroi Stapf ex Hook. f. Fl. Brit. Ind. 7: 234. 1897.

秆丛生，高 30-80 厘米，平滑，3-5 节。叶鞘基部者多长于节间或短于节间，叶舌披针形，长 2-5 毫米；叶片多生基部，长（3）6-30

厘米，宽 2-5 毫米，无毛或微粗糙。圆锥花序开展，长 10-25 厘米，宽 3-15 厘米，每节分枝常 2（稀 1 或 3）枚；分枝长达 20 厘米，下部 2/3 裸露，粗糙或几光滑。小穗灰绿色或先端及边缘紫红色，卵状长圆形，长 5-7 毫米；颖几等长或第一颖稍长，草质，先端渐尖喙状，3-7 脉，脉间有小横脉。外稃褐色，披针形，长 4-5 毫米，被贴生柔毛，果期黑褐色，脊光滑，5 脉，基盘光滑，芒长 3-7 毫米，直立或稍弯曲，粗糙；鳞被卵状披针形；花药长 2-2.5 毫米，顶生毫毛。花果期 6-8 月。

产甘肃、青海、贵州、四川、云南及西藏，生于海拔 2200-5000 米农田路旁、山地阳坡或高山灌丛中。印度、克什米尔地区、巴基斯坦及阿富汗有分布。

[附] **小花落芒草 Oryzopsis munroi** var. **parviflora** Z. L. Wu in Acta Phytotax. Sin. 30(2): 174. 1992. 与模式变种的区别：小穗长 4.5-5 毫米；外稃长 2.5-3 毫米，芒长 7-9 毫米，花药长 1-1.8 毫米。花果期 6-9 月。产甘肃及青海，生于海拔约 2700 米冲积扇上或山坡草地。

[附] **新疆落芒草** 图 1295：4-7 **Oryzopsis songarica** (Trin. et Rupr.) B. Fedtsch. Fl. Turkest. 94. 1915. —— *Urachne songarica* Trin. et Rupr. in

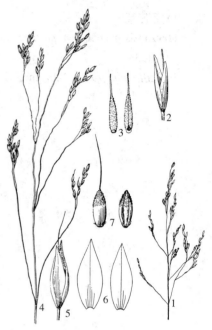

图 1295：1-3.落芒草 4-7.新疆落芒草
（宁汝莲绘）

Mém. Acad. Sci. Petersb. ser. 6, 5: 15. 1842. 与落芒草的区别：叶舌长 5-8 毫米，先端渐尖；花序分枝细长，微波状上升；颖透明膜质，常灰褐色，宽披针形，长 0.7-1 厘米；外稃长 3-4 毫米，背上部被细毛，下部无毛。产新疆，生于海拔 700-1900 米多石山坡或山地潮湿处。伊朗、哈萨克斯坦及俄罗斯有分布。

7. 藏落芒草

图 1296

Oryzopsis tibetica (Roshev.) P. C. Kuo, Fl. Tsinling 1(1): 145. f. 113. 1976.

Piptatherum tibeticum Roshev. in Not. Syst. Leningrad 11: 23. 1949.
根茎短。秆丛生，高 0.3-1 米，平滑，2-5 节。叶鞘常短于节间，

叶舌卵圆形、披针形或长披针形，长 0.3-1 厘米；叶片扁平或稍内卷，长 5-25 厘米，宽 2-4 毫米，无毛或微粗糙。圆锥花序开展，长 10-20 厘米，宽 3-14 厘米，最下一节具 3-5 分枝；分枝伸展，粗糙。小穗黄绿、紫或灰白色，先端紫红色，长 3.5-5 毫米；颖几等长，卵圆形，先端渐尖，

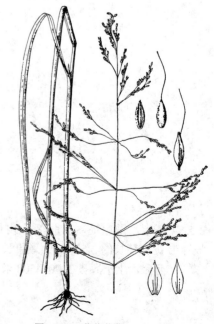

图 1296 藏落芒草 （宁汝莲绘）

无毛或被短毛，5-7脉，侧脉先端弓曲与中脉结合。外稃褐色，长2.5-3.5毫米，5脉，被贴生柔毛，果期黑褐色，脊光滑，基盘光滑，芒细弱，长5-7毫米，粗糙；内稃扁平，被贴生柔毛；鳞被3；花药长约1毫米，顶端具毫毛。颖果卵形，长约2毫米。花果期6-8月。

产陕西、甘肃、青海、四川、云南及西藏，生于海拔1300-3900米路旁田边、山坡草地、灌丛或林缘。

[附] **光稃落芒草 Oryzopsis tibetica** var. **psilolepis** P. C. Kuo et Z. L. Wu in Acta Plytotax. Sin. 19(4): 435. 1981. 与模式变种区别：外稃长3-4毫米，无毛。花期7月。产四川及西藏，生于海拔2400-3300米山坡草地。

8. 等颖落芒草　　　　　　　　　图　1297

Oryzopsis aequiglumis Duthie ex Hook. f. Fl. Brit. Ind. 7: 234. 1897.

秆丛生，高0.6-1.3米，径2-4毫米，平滑，3-5节。叶鞘粗糙，叶舌卵形或披针形，长3-5毫米，纸质或膜质；叶片扁平，长达30厘米，宽0.5-1厘米，两面粗糙。圆锥花序开展，长10-25厘米，宽4-20厘米，每节具3-5分枝；分枝上升或开展，粗糙，下部1/2裸露。小穗灰绿或先端紫红色，长披针形，长5-7毫米；颖等长或近等长，先端渐尖，被微毛或粗糙，边缘有时膜质，5-7脉，侧脉先端弓曲与中脉结合。外稃黄褐色，与颖等长或稍短，披针形，被贴生柔毛，果期栗褐色，有光泽，背脊毛稀疏，基盘光滑，芒长0.6-1.3厘米，直立，粗糙，易落或不落；内稃与外稃等长，被贴生柔毛；花药长3-4毫米。花果期6-9月。

图　1297　等颖落芒草　（王　颖绘）

产青海、四川、云南及西藏，生于海拔1800-4000米溪边石隙中、山坡或路旁。尼泊尔、印度、克什米尔地区、巴基斯坦及阿富汗东部有分布。

108. 三蕊草属 Sinochasea Keng
（吴珍兰）

多年生草本。秆高7-45厘米，径1-2毫米，2-3节。叶鞘上部者短于节间，顶生者长于叶片，叶舌长0.5-2毫米，平截，具纤毛；叶片线形，内卷，长3-8.5厘米，宽1-2毫米，顶生者锥状，长约1厘米，基生者长达16厘米，两面粗糙。圆锥药序穗状，长3-8.5厘米，宽约1厘米，分枝直立。小穗具1花，柄具刺激毛，小穗长0.8-1.1厘米，紫色或淡绿上部带紫色；脱节于颖之上；小穗轴延伸于小花之后，微小。颖草质，几等长，或第一颖稍长，披针形，边缘窄膜质，5-7脉。外稃稍薄于颖，长（6）8-9毫米，背部被长柔毛，先端2深裂近稃体中部，5脉，中脉自裂片间延伸成膝曲扭转的芒，芒长0.9-1.3厘米，基盘钝圆，具毛；内稃长6-8毫米，2脉，脉间具毛，先端2裂；鳞片2，披针形，长1-2毫米；雄蕊3，花药长约1毫米，黄色；子房无毛，花柱3，短，柱头3，长约3毫米，黄褐色，帚刷状。颖

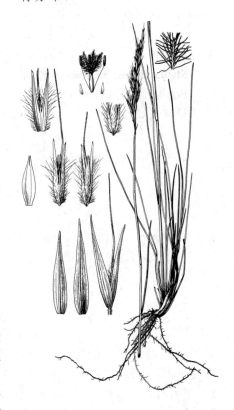

图　1298　三蕊草　（冯晋庸绘）

果长 4-5 毫米。延伸小颖轴长 0.5-1 毫米。

我国特有单种属。

三蕊草 图 1298

Sinochasea trigyna Keng in Journ. Wash. Acad. Sci. 48(4): 115. 1958.

形态特征同属。花果期 8-9 月。

产青海、四川及西藏，生于海拔 3400-5100 米高山草甸、高山灌丛草甸或山沟冲积坡。

109. 冠毛草属 Stephanachne Keng

（吴珍兰）

多年生草本。圆锥花序穗状。小穗具 1 小花，两性，脱节于颖之上，小穗轴微延伸于内稃之后。颖披针形，几等长，膜质，1-5 脉，脊粗糙。外稃短于颖，草质兼膜质，先端深裂，裂片先端渐尖成短尖头，或成细弱短芒，裂片基部侧生一圈冠毛状柔毛，基盘短而钝，被柔毛，芒自裂片间伸出，膝曲；内稃等于或短于外稃，窄披针形，背部被柔毛；鳞被 3-2，细小；雄蕊 3-1；子房卵状椭圆形，无毛，花柱不明显，具帚刷状 2 柱头。

约 3 种，分布于中亚和中国西部。我国均产。

1. 小穗暗黑色，长 1.2-1.5 厘米；外稃长 0.9-1 厘米，先端裂片延伸呈芒状，长 4-5 毫米，芒长 1-1.5 厘米 ·· 1. 黑穗茅 S. nigrescens

1. 小穗黄绿或草黄色，有光泽，长 5-7 毫米；外稃长 3-4 毫米，先端裂片延伸为长 0.5-3.5 毫米的芒尖，芒长 6-8 毫米 ·· 2. 冠毛草 S. pappophorea

1. 黑穗茅 图 1299

Stephanachne nigrescens Keng in Contrib. Biol. Lab. Sci. Soc. China Bot. ser. 9(2): 135. f. 4. 1934.

植株暗绿色。秆丛生，高约 90 厘米，光滑，3-4 节。叶鞘无毛，上部者短于节间，叶舌膜质，长 1-5 毫米，先端具裂齿；叶片长 3-20 厘米，宽 1-5 毫米，稍粗糙或上面被微毛。圆锥花序基部常间断，灰黑色，长 4-10 厘米，宽约 1.5 厘米。小穗长 1.2-1.5 厘米；颖几等长或第一颖稍长，先端芒状渐尖，具 3 脉或第一颖基部具 5 脉。外稃具不明显 5 脉，先端深裂近中部，裂片延伸芒状，长 4-5

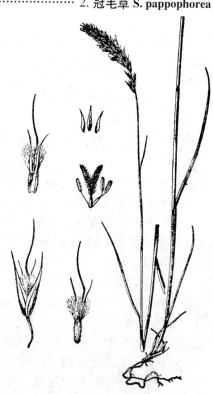

毫米，裂片基部有一圈长 4-5 毫米的冠毛状柔毛，其下贴生短毛，芒自裂片间伸出，长 1-1.5 厘米，下部 1/3 处膝曲，芒柱扭转，基盘被长约 1.5 毫米的毛；内稃长 7-8 毫米，2 脉，脉间贴生柔毛；鳞被 3，长约 3 毫米；花药长 1.2-2 毫米。花果期 7-9 月。

图 1299 黑穗茅

（引自《中国主要植物图说　禾本科》）

产陕西、甘肃、宁夏、青海及四川，生于海拔3300-4600米高山灌丛草甸或山坡林下。

2. 冠毛草 图 1300

Stephanachne pappophorea (Hack.) Keng in Contrib. Biol. Lab. Sci. Soc. China Bot. ser. 9(2): 136. 1934.

Calamagrostis pappophorea Hack. in Ann. Cons. Jard. Bot. Geneve 78: 325. 1904.

秆丛生，高10-40厘米。叶片无毛或边缘微粗糙，长5-25厘米，宽1-3毫米。圆锥花序穗状。小穗黄绿或草黄色，长5-7毫米。颖窄披针形，先端渐尖呈芒状，中脉粗糙；外稃长3-4毫米，先端裂片延伸成长0.5-3.5毫米的芒尖，裂片基部有一圈长3.5-4毫米的冠毛状柔毛，芒自裂片间伸出，长6-8毫米；鳞被3或2；雄蕊3，花药深黄色。花果期7-9月。

产内蒙古、宁夏、甘肃、青海、新疆及西藏，生于海拔1800-3200米干旱山坡、干旱草原、干旱河滩或路旁。蒙古及哈萨克斯坦有分布。

图 1300 冠毛草
（引自《中国主要植物图说 禾本科》）

110. 直芒草属 Orthoraphium Nees
（吴珍兰）

多年生草本。圆锥花序窄、直立。小穗具1小花，背腹扁，脱节于颖之上；颖披针形，革质，5-9脉，脉间有时具横脉。外稃革质，背部贴生短毛或先端具倒生硬刺，成熟后褐色，边缘覆盖或成熟后露出内稃，基盘短而钝，具髭毛，芒自外稃先端或其裂齿间伸出，劲直，基部与稃体连接处无关节；内稃与外稃同质，2脉，疏生柔毛；鳞被3；雄蕊3。

约3种，分布于亚洲东部至喜马拉雅。我国2种。

1. 植株高达1米，7-8节；颖近等长，长1.3-1.5厘米，7-9脉；外稃背部贴生短毛，先端无硬刺，芒自稃端2裂齿间伸出，长2.5-3.5厘米 ·················· **大叶直芒草 O. grandifolium**

1. 植株高40-60厘米，1-2节；颖不等长，长0.5-1.1厘米，3-5脉；外稃背基部疏生短毛，先端具2至数枚倒生硬刺，芒自稃体先端伸出，长约1.5厘米 ·················· (附). **直芒草 O. roylei**

大叶直芒草 图 1301

Orthoraphium grandifolium (Keng) Keng ex P. C. Kuo, Fl. Tsinling 1 (1): 150. f. 118. 1976.

Stipa grandifolium Keng in Sinensia 4(11): 322. 1934.

根茎短。秆高达1米，7-8节。叶鞘常长于节间，粗糙或被微毛，叶舌硬，长0.5-2毫米，先端平截具裂齿；叶片长10-35厘米，宽1-1.8厘米，粗糙。圆锥花序长20-35厘米；分枝单生或孪生，贴向主轴；小穗柄短，被微毛。小穗灰绿或深绿色，长1.3-1.5厘米；颖近等长，披针形，7-9脉，脉间有小横脉。外稃长1-1.2厘米，成熟后褐色，具5条不明显脉，背部稀疏贴生短毛，

先端微 2 裂，裂齿被微毛，基盘短而钝，具髯毛，芒自裂齿间伸出，长 2.5-3.5 厘米，劲直，基部两侧有纵沟纹；内稃与外稃同质，脉间疏生短毛；花药长约 7 毫米。花果期 7-10 月。

产河南、河北、陕西、江苏、安徽、浙江、江西及湖北西北部，生于海拔 400-1500 米山谷林下、山坡、山沟草丛或路旁。

[附] **直芒草 Orthoraphium roylei** Nees in Proc. Linn. Soc. Lond. 1: 94. 1841. 与大叶直芒草的区别：植株高 40-60 厘米，1-2 节；叶鞘无毛；叶舌长 4-5 毫米；颖不等长，长 0.5-1.1 厘米，3-5 脉；外稃背基部疏生短毛，先端具 2 至数枚倒生硬刺，芒自稃体先端伸出，长约 1.5 厘米。产四川、云南及西藏，生于海拔 2700-3500 米高山林下或山坡草地。印度及缅甸有分布。

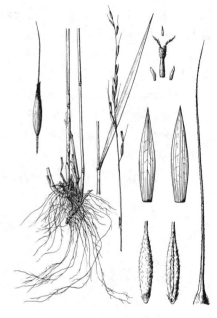

图 1301　大叶直芒草　（仲世奇绘）

111. 沙鞭属 Psammochloa Hitchc.

（吴珍兰）

多年生草本，根茎长 2-3 米。秆高 1-2 米，径 0.8-1 厘米，光滑，基部有黄褐色枯萎叶鞘。叶鞘几包裹全部植株，叶舌披针形，长 5-8 毫米，膜质；叶片坚硬，长达 50 厘米，宽 0.5-1 厘米，平滑。圆锥花序紧缩直立，长达 50 厘米，宽 3-4.5 厘米；分枝数枚生于主轴一侧，斜向上升，微粗糙。小穗柄短，小穗淡黄白色，长 1-1.6 厘米；颖披针形，近等长或第一颖稍短，被微毛，3-5 脉。外稃圆柱形，长 1-1.2 厘米，纸质，密被长柔毛，5-7 脉，先端 2 微裂，基盘钝且无毛，芒自裂齿间伸出，长 0.7-1 厘米，直立，早落；内稃几等长于外稃，背部圆被柔毛，5-7 脉，中脉不明显，边缘内卷，不为外稃紧密包裹；鳞被 3，卵状椭圆形；雄蕊 3，花药长约 7 毫米，顶生毫毛。

单种属。

沙鞭　　　　　　　　　　　　　　　　　　　图 1302

Psammochloa villosa (Trin.) Bor in Kew Bull. 1951: 191. 1951.

Arundo villosa Trin. Sp. Gram. Icon. et Descr. 3. t. 352. 1836.

形态特征同属。花果期 5-9 月。

产内蒙古、陕西、宁夏、甘肃及青海，生于海拔 900-2900 米沙丘上。蒙古有分布。根茎发达，是很好的固沙植物。

图 1302 沙鞭
（引自《中国主要植物图说　禾本科》）

112. 细柄茅属 Ptilagrostis Griseb.
（吴珍兰）

多年生草本。叶片纵卷，细丝状。圆锥花序开展或狭窄。小穗柄细长，具1小花，两性，脱节于颖之上；颖基部常紫色，披针形，近等长，膜质，3-5脉。外稃短于颖，纸质，被柔毛，3-5脉，先端2微裂，基盘短钝，被柔毛，芒自裂齿间伸出，被羽状柔毛，膝曲，芒柱扭转；内稃与外稃等长或稍短，膜质，背部圆，常裸露于外稃之外，1-2脉，脉间被柔毛；鳞被3；雄蕊3。

约6种，分布于亚洲北部至喜马拉雅。我国均产。均为优良牧草。

1. 外稃芒长2-3厘米，芒柱与芒针被近等长柔毛。
　2. 叶舌平截，长0.2-1毫米，先端具纤毛；外稃长3-4毫米，背部被柔毛；颖披针形，光滑，先端渐尖 ··· 1. **中亚细柄茅 P. pelliotii**
　2. 叶舌长圆形，长1-3毫米，无毛；外稃长5-6毫米，背上部粗糙，下部被柔毛；颖长圆状披针形，粗糙，先端尖或较钝 ···································· 1(附). **细柄茅 P. mongholica**
1. 外稃芒长1-1.7厘米，芒柱被较长柔毛，芒针的毛向先端渐短且少。
　3. 圆锥花序开展，长9-14厘米；分枝细长，通常单生，上部一至三回二出叉分，叉顶着生小穗。
　　4. 小穗长5-6毫米，淡褐或草黄色；外稃长4-5毫米，芒长1.2-1.5厘米，芒柱扭转具长约3毫米柔毛，芒针被长约1毫米毛，花药先端具毛；秆生叶舌披针形，长2-3毫米 ·············· 2. **双叉细柄茅 P. dichotoma**
　　4. 小穗长3-4毫米，淡黄色，基部常带褐色；外稃长2.5-3毫米，芒长0.8-1厘米，被长1.2-2毫米柔毛，花药先端常无毛；秆生叶舌先端圆，长0.5-1毫米 ······· 2(附). **小花细柄茅 P. dichotoma var. roshevitsiana**
　3. 圆锥花序窄，长2-8厘米；分枝较短，常孪生。
　　5. 小穗长4-5（6）毫米，深紫或紫红色；外稃长3.5-4毫米，芒长1-1.4厘米，花药先端常具毛 ·· 3. **优雅细柄茅 P. concinna**
　　5. 小穗长6-7毫米，淡褐色，基部带紫色；外稃长4.5-6毫米，芒长1.5-1.7厘米，花药先端常无毛毛 ······································ 3(附). **窄穗细柄茅 P. junatovii**

1. 中亚细柄茅
图 1303 : 1-7

Ptilagrostis pelliotii (Danguy) Grub. in Consp. Fl. Mongol. 62. 1955.

Stipa pelliotii Danguy in Lecomte, Not. Syst. 2: 167. 1912.

秆密丛，高20-50厘米，径1-2毫米，光滑，2-3节。叶鞘短于节间，光滑，叶舌平截，长0.2-1毫米，先端具纤毛；叶片灰绿色，纵卷如刚毛状，长6-10厘米，秆生者长达3厘米，微粗糙。圆锥花序疏散，长达10厘米，宽3-4厘米；分枝常孪生，细弱，长2.5-4厘米，下部裸露。小穗淡黄色，长5-6毫米；颖披针形，几等大，膜质，光滑，3脉。外稃长3-4毫米，先端2齿裂，背部被柔毛，3脉，脉于先端汇合，芒长2-2.5厘米，被柔毛，不明显一回膝曲；内稃稍短于外稃，1脉，疏被柔毛；花药长约2.5毫米，先端无毫毛。花果期6-9月。

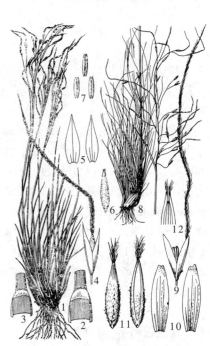

图 1303 : 1-7.中亚细柄茅 8-12.细柄茅
（宁汝莲绘）

产内蒙古、宁夏、甘肃、青海及新疆，生于海拔1000-3500米戈壁荒漠的砾石坡地、荒漠平原、岩石上或岩缝中。蒙古及中亚地区有分布。

[附] **细柄茅** 图1303：8-12 **Ptilagrostis mongholica** (Turcz. ex Trin.) Criseb. in Ledeb. Fl. Ross. 4: 447. 1852. —— *Stipa mongholica* Turcz. ex Trin. in Bull. Sci. St. Acad. Imp. Sci. Petersb. 1: 67. 1836. 与中亚细柄茅的区别：叶舌长圆形，长1-3毫米，无毛；颖长圆状披针形，粗糙，先端尖或较钝；外稃长5-6毫米，背上部粗糙，下部被柔毛。产黑龙江、吉林、辽宁、内蒙古、河北、山西、陕西、甘肃、宁夏、青海、新疆、四川及西藏，生于海拔1600-4600米高山灌丛下或高寒草甸草原。蒙古、俄罗斯、克什米尔地区、印度、尼泊尔及巴基斯坦有分布。

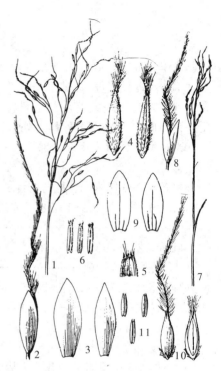

图 1304：1-6.双叉细柄茅 7-11.小花细柄茅
（宁汝莲绘）

2. 双叉细柄茅 图 1304：1-6

Ptilagrostis dichotoma Keng ex Tzvel. in Pl. Asiae Centr. 4: 43. 1968.

秆密丛生，高15-50厘米，光滑，1-2节。叶鞘微粗糙，叶舌三角形或披针形，膜质，秆生叶舌长2-3毫米；叶片丝线状，秆生者长1.5-2.5厘米，基生者长达20厘米，粗糙。圆锥花序开展，长9-14厘米；分枝丝状，常曲折，单生，光滑，下部裸露，上部一至三回二出叉分，叉顶着生小穗，小穗柄长0.5-1.5厘米，柄基部及分枝腋间具枕。小穗灰褐色，长5-6毫米；颖膜质，先端略尖，3脉。外稃长3.5-4.5毫米，下部被柔毛，上部微糙涩或被微毛，先端2裂，基盘稍钝，长约0.5毫米，被短毛，芒长1.2-1.5厘

米，膝曲，芒柱扭转且被长2.5-3毫米柔毛，芒针被长约1毫米柔毛；内稃与外稃近等长，被柔毛；花药长1.3-2毫米，顶具毫毛。花果期7-8月。

产内蒙古、陕西、宁夏、甘肃、青海、四川、云南及西藏，生于海拔2800-4800米高山草甸、高山针叶林下、灌丛下及山沟冰水冲积河滩。印度、蒙古至俄罗斯及中亚地区有分布。

[附] **小花细柄茅** 图1304：7-11 **Ptilagrostis dichotoma** var. **roshevitsiana** Tzvel. in Pl. Asiae Centr. 4: 43. 1968. 与模式变种的区别：小穗长3-4毫米，淡黄色，基部常带褐色；外稃长2.5-3毫米，芒长0.8-1厘米，被长1.5-2毫米柔毛，花药先端常无毛；秆生叶舌先端圆，长0.5-1毫米。产甘肃、青海、四川西部及西藏，生于海拔2400-5000米高山草甸、河谷阶地、灌丛或河边草丛。

3. 优雅细柄茅 太白细柄茅 图 1305

Ptilagrostis concinna (Hook. f.) Roshev. in Kom. Fl. URSS 2: 75. 1934. *Stipa concinna* Hook. f. Fl. Brit. Ind. 7: 230. 1897.

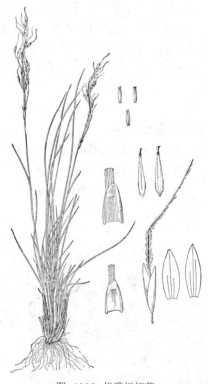

图 1305 优雅细柄茅
（引自《西藏植物志》）

秆密丛，高10-30厘米，光滑，具2节。叶鞘平滑，叶舌钝圆，长1-2毫米，粗糙，边缘下延与叶鞘

边缘结合，秆生叶舌先端2裂，常紫色；叶片纵卷，长5-15厘米，秆生者长1-2厘米。圆锥花序窄，长2-5厘米，宽1-2厘米；分枝多孪生，长1-2厘米，贴向主轴，基部分枝处常有披针形膜质苞片；小穗柄平滑。小穗深紫或紫红色，长4-5（6）毫米；颖宽披针形，几等长，光滑，第一颖具1-3脉，第二颖具3-5脉。外稃长3.5-4毫米，背上部粗糙，基部被柔毛，先端2裂，基盘长约0.5毫米，被短毛，芒长1-1.4厘米，被柔毛，一回或不明显二回膝曲，芒柱微扭转；内稃与外稃近等长，脉间疏被柔毛；花药长约1.5毫米，顶具毫毛。花果期7-9月。

产陕西、甘肃、青海、新疆、四川、云南及西藏，生于海拔2400-5100米林间草场、高山灌丛、山谷潮湿处、河滩草丛、沼泽地或山坡草地。帕米尔、克什米尔、印度北部、喜马拉雅及中亚地区有分布。

[附] **窄穗细柄茅 Ptilagrostis junatovii** Grub. in Not. Syst. Leningrad 17: 3. 1955. 与优雅细柄茅的区别：花序基部分枝处无膜质苞片；小穗淡褐色，基部带紫色，长6-7毫米；外稃长4.5-6毫米，芒长1.5-1.7厘米，花药先端常无毛。产青海、新疆、四川、云南及西藏，生于海拔3200-4500米高山灌丛、林下、高山草甸、山坡或河滩草丛。蒙古、哈萨克斯坦及俄罗斯有分布。

113. 三角草属 Trikeraia Bor

（吴珍兰）

多年生草本。具横走根茎。叶片常纵卷或下部稍扁平。圆锥花序窄或开展。小穗柄短。小穗具1小花，两性，内稃后有小穗轴的痕迹，脱节于颖之上；颖几等长，草质，粗糙或平滑，3脉，先端稍钝或渐尖。外稃略短于颖，薄纸质，背部被长柔毛，3-5脉，先端具刺芒状或膜质2裂齿，两侧边脉先端达裂齿内，不与中脉汇合，中脉向上延伸成粗糙、稍弯曲、下部略扭转的芒，基盘短钝，被短毛；内稃膜质，2脉，脉间被柔毛；鳞被3，披针形；雄蕊3，花药顶端无毫毛；花柱短，2，柱头帚刷状。

2种1变种，分布于中国西部、印度、克什米尔地区及喜马拉雅等高海拔地区。我国均产。

1. 圆锥花序较窄，长10-20厘米；外稃具5脉，背部密被长约2毫米柔毛，先端裂齿长2-3.2毫米呈刺芒状 ………………………………………………………… 1. 三角草 T. hookeri
1. 圆锥花序开展，长达30厘米；外稃具3脉，背上部被长约5毫米的柔毛，下部疏生长0.5-1毫米的毛，先端裂齿长1-2毫米且膜质 ……………………………… 2. 假冠毛草 T. pappiformis

1. 三角草

图 1306

Trikeraia hookeri (Stapf) Bor in Kew Bull. 1954: 555. 1955.

Stipa hookeri Stapf in Journ. Linn. Soc. Bot. 30: 120. 1894.

具坚韧为鳞芽覆盖的根茎。秆少数丛生，高60-80厘米，平滑，2-3节。叶鞘上部者短于节间，稍粗糙，叶舌平截，长约2毫米，顶端不规则撕裂被短毛；叶片硬，长10-40厘米，宽约5毫米，

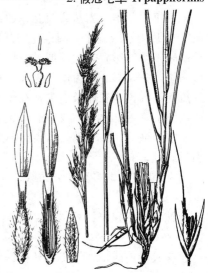

图 1306 三角草 （仲世奇绘）

稍粗糙。圆锥花序较窄，长10-20厘米，宽约2厘米；分枝较粗硬，微糙涩，长2-5厘米，下部1/3裸露，上部密生小穗。小穗褐紫或灰褐色，长约8毫米；颖长圆状披针形，近等长或第二颖稍长，3脉。外稃几等长于颖，背部密被长约2毫米柔毛，先端深2裂达稃1/3处，裂齿长（1）2-3.2毫米，刺芒状，5脉，基盘具短毛，芒长1.2-1.5厘米；内稃长6-7毫米；鳞被长1.5-2毫米；花药长约5毫米。花果期7-9月。

产四川及西藏，生于海拔3500-5100米高山湖边沙地或河岸砾石草地。印度、克什米尔地区及巴基斯坦有分布。

2. 假冠毛草　　　　　　　　　　　　图 1307

Trikeraia pappiformis (Keng) P. C. Kuo et S. L. Lu, Fl. Reipubl. Popul. Sin. 9(3): 317. 1987.

Stipa pappiformis Keng in Sunyatsenia 6(1): 71. 1941.

具粗壮被鳞芽根状茎。秆常单生，高0.9-1.5米，3-5节，节黄褐色。叶鞘上部者短于节间，光滑，叶舌长约1毫米，钝圆，不规则撕裂且被小纤毛；叶片纵卷，先端刺毛状且微粗糙，下部稍扁平，长40-50厘米，宽2-4毫米。圆锥花序开展，长达30厘米；分枝光滑，每节常2-3（4）枚簇生，长达15厘米。小穗黄绿或草黄色，长7-9毫米；颖窄披针形，几等长或第一颖稍短，先端具芒尖。外稃长6-7毫米，背上部被长约5毫米柔毛，下部疏生长0.5-1

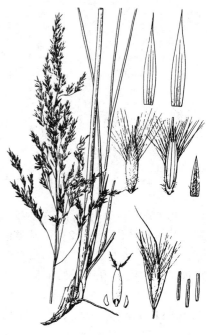

图 1307　假冠毛草　（仲世奇绘）

毫米毛，先端裂齿膜质，长1-2毫米，3脉，基盘长约0.5毫米，被毛，芒长5-7毫米；内稃长约4毫米；鳞被长1-1.2毫米；花药长约3毫米。颖果长3-3.5毫米。花果期7-10月。

产甘肃、青海、四川、云南及西藏，生于海拔2300-4300米林缘、灌丛草甸、河岸湿地或山坡草地。

114. 芨芨草属 Achnatherum Beauv.
（吴珍兰）

多年生草本，密丛或疏丛，通常具鞘外分枝，稀具鞘内分枝。秆直立，基部常具鳞芽或根茎。叶舌膜质；叶片内卷或扁平。圆锥花序开展或窄，有时穗状。小穗具1两性小花，小穗轴脱节于颖之上；颖近等长或略不等，宿存，膜质或兼草质，先端尖或渐尖，稀钝圆。外稃圆柱形，较颖短，膜质或厚纸质，成熟后稍硬，先端具2微齿，稀无齿，背被柔毛，3-5脉，中间3脉于先端结合，不形成关节，稍具关节，基盘短而钝圆，少数稍长而尖，被髯毛，芒自齿间伸出，膝曲，芒柱扭转，宿存，稀劲直而脱落，无毛或芒柱被细小刺毛；内稃具2脉，脉间被柔毛，成熟后不被外稃密包，背部多少裸露；鳞被3；雄蕊3，花药顶端常具毫毛，稀无毛。颖果纺锤形或圆柱形，种脐较颖果短；胚为羊茅型（Festucoid）。染色体中等大小，x=7，12。

约20多种，多数种分布欧、亚大陆温寒地带，少数分布北美。我国16种。多用作饲料。

1. 植株具鞘外分枝；外稃具3脉，芒与外稃间有关节，芒细直，长2.5-4毫米，易脱落；花药顶端无毛 ………………………………………………………………………………………………… 1. 钝基草 **A. saposhnikovii**
1. 植株具鞘内或鞘外分枝；外稃具3-5脉，芒与外稃间无关节或具关节，芒宿存，稀脱落，花药先端具毫毛或无毛。

2. 秆基部通常无鳞芽；外稃具 3-5 脉，基盘短而钝圆，稀尖，芒细直或一回膝曲，脱落或宿存，基部有关节或不明显。

 3. 芒细直或微弯，易脱落；圆锥花序开展。

  4. 植株为密丛大草本；秆径 3-5 毫米，具白色髓；叶舌长 1（-1.7）厘米，叶片宽 5-6 毫米；颖不等长，第一颖短；外稃具 5 脉 ·············· 2. 芨芨草 A. splendens

  4. 植株成小草丛；纤细，径 1.5-3 毫米，空心；叶舌长达 1 毫米，叶片宽 1-2.5 毫米；颖近等长；外稃具 3 脉 ·············· 2(附). 小芨芨草 A. caragana

 3. 芒一回膝曲，宿存；圆锥花序窄（除 A. chingii var. laxum 外）。

  5. 叶舌平截，长 0.5-1 毫米；外稃具 3 脉，芒柱粗糙，花药先端无毛。

   6. 小穗紫色；颖近等长或第一颖稍短；外稃背部散生短毛 ············· 3. 光药芨芨草 A. psilantherum

   6. 小穗淡绿或灰白色；颖不等长，第一颖长于第二颖；外稃背部近先端被超出稃体的长柔毛，下部被短毛 ·············· 3(附). 异颖芨芨草 A. inaequiglume

  5. 叶舌披针形或长圆形，长 2-4 毫米；外稃具 5 脉，芒柱被短微毛，花药先端具毫毛。

   7. 叶片柔软，长 1-6 厘米；第一颖具 1 脉，第二颖具 3 脉；基盘钝圆或较尖。

    8. 圆锥花序窄，宽约 1 厘米，分枝斜上；小穗长 0.7-1 厘米；基盘长 1 毫米，钝圆，花药长约 2 毫米 ·············· 4. 细叶芨芨草 A. chingii

    8. 圆锥花序开展，宽 10-12 厘米，分枝平展；小穗长 1.1-1.2 厘米；基盘长 0.5 毫米，较尖，花药长 3.8-4.5 毫米 ·············· 4(附). 林阴芨芨草 A. chingii var. laxum

   7. 叶片较硬，直立，长 10-30 厘米；第一颖具 3 脉，第二颖具 5 脉；基盘尖锐。

    9. 小穗长 0.9-1.4 厘米；外稃长 8-9 毫米；植株具鞘内分枝；圆锥花序窄，宽约 1 厘米，分枝贴主轴 ·············· 5. 藏芨芨草 A. duthiei

    9. 小穗长 5-7 毫米；外稃长 4-5 毫米；植株具鞘外分枝；圆锥花序开展，宽 3-8 厘米，分枝斜上或平展 ·············· 5(附). 干生芨芨草 A. jacqumontii

2. 秆基部通常有鳞芽；外稃具 3 脉，基盘较长而尖或较钝，芒较粗壮，二回或一回膝曲，芒柱扭转，宿存，基部无关节。

 10. 圆锥花序穗状；外稃长 3.5-4 毫米，花药长约 2 毫米；秆节下贴生微毛 ············· 6. 醉马草 A. inebrians

 10. 圆锥花序开展，或紧缩但不为穗状；外稃长 4.5-8 毫米，花药长 4-6 毫米；秆节下无毛。

  11. 颖先端稍钝，背部被短毛；芒一回或不明显二回膝曲。

   12. 植株高 0.6-1.2 米；叶片上面密被柔毛；圆锥花序稍紧缩；小穗长 8-9 毫米；芒长 2-2.5 厘米，花药顶端具较多毫毛 ·············· 7. 毛颖芨芨草 A. confusum

   12. 植株高 40-60 厘米；叶片上面光滑或边缘微粗糙；圆锥花序疏散；小穗长 5-6.5 毫米；芒长 1-1.5 厘米，花药顶端具 1-3 根毫毛或无毛 ·············· 7(附). 朝阳芨芨草 A. nakaii

  11. 颖先端渐尖，背部光滑、粗糙或中脉被短刺毛；芒二回或一回膝曲。

   13. 圆锥花序较紧缩，宽 2-3 厘米，分枝稍弯曲或贴主轴；外稃先端被长 1-2 毫米柔毛，其下被较短柔毛，基盘长尖，长约 1 毫米 ·············· 8. 羽茅 A. sibiricum

   13. 圆锥花序开展，宽 3-8 厘米，分枝直伸或成熟后平展；外稃背部被长 0.5-1 毫米柔毛，基盘较短且钝圆，长 0.3-0.8 毫米。

    14. 小穗长 1.1-1.3 厘米；颖近等长或第一颖稍长；叶片基部或叶鞘鞘口密被柔毛 ·············· 9. 京芒草 A. pekinense

    14. 小穗长 0.6-1 厘米；颖近等长或第一颖稍短；叶片及叶鞘无毛或稍粗糙。

     15. 圆锥花序分枝 3-6 枚簇生；小穗和外稃均较长；外稃先端具 2 微齿，芒长 2-2.5 厘米，一回膝曲 ·············· 10. 远东芨芨草 A. extreminorientale

15. 圆锥花序分枝通常孪生；小穗和外稃均较小；外稃先端无齿或具极小微齿，芒长 1-1.8 厘米，二回膝曲……
…………………………………… 10(附). **展序芨芨草 A. brandisii**

1. **钝基草** 帖木 儿草　　　　　　　　　图 1308

Achnatherum saposhnikowii (Roshev.) Nevski in Acta Inst. Bot. Acad. Sci. URSS ser. 1, 4: 224. 1937.

Timouria saposhnikowii Roshev. in Fl. Asiat. Ross. 12: 174. t. 12. 1916; 9(3): 310. 1987.

根茎短，具鞘外分枝。秆丛生，高 20-60 厘米，无毛，2-3 节。叶鞘平滑，叶舌长约 0.5 毫米，膜质；叶片纵卷针状，长 5-15 厘米。

圆锥花序穗状，长 4-7 厘米，宽 6-8 毫米；分枝长 0.5-2 厘米，贴主轴，微粗糙。小穗草黄色，长 5-6 毫米；颖披针形，3 脉，背部点状粗糙，第一颖长 5-6 毫米，第二颖长 4.5-5 毫米。外稃长 2.5-3.5 毫米，3 脉，背部贴生毛，先端 2 齿裂，基盘长约 0.3 毫米，钝圆，被毛，芒长 2.5-4 毫米，细直或基部稍扭转，微粗糙，基部具关节，易脱落；内稃等长或稍短于外稃，2 脉间被短毛；花药长约 2 毫米，顶端无毛。花果期 6-9 月。

产内蒙古、宁夏、甘肃、青海及新疆，生于海拔 1500-3600 米干旱山坡、河谷或河岸草地。蒙古及中亚有分布。是优良牧草。

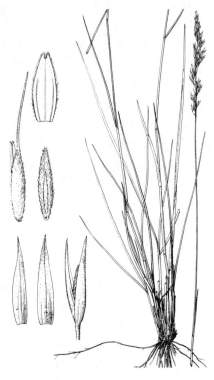

图 1308 钝基草
（引自《中国主要植物图说 禾本科》）

2. **芨芨草**　　　　　　　　　图 1309：1-3

Achnatherum splendens (Trin.) Nevski in Acta Inst. Bot. Acad. Sci. URSS ser. 1, 4: 224. 1937.

Stipa splendens Trin. in Spreng. Neue Entdeck 2: 54. 1821.

植株密丛，具鞘内分枝。秆具白色髓，高 0.5-2.5 米，径 3-5 毫米，2-3 节，无毛。叶鞘无毛，具膜质边缘，叶舌披针形，长 0.5-1 （-1.7）厘米；叶片纵卷，坚韧，长 30-60 厘米，宽 5-6 毫米，上面粗糙，下面无毛。

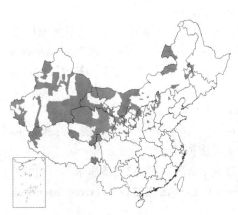

圆锥花序开展，长 30-60 厘米；分枝每节 2-6 枚，长 8-17 厘米。小穗灰绿色，基部带紫褐色，成熟后常草黄色；颖披针形，第一颖长 4-5 毫米，第二颖长 6-7 毫米，均具 3 脉。外稃长 4-5 毫米，先端 2 微齿裂，背部密被柔毛，5 脉，基盘钝圆，长约 0.5 毫米，被柔毛，芒长 0.5-1.2 厘米，直

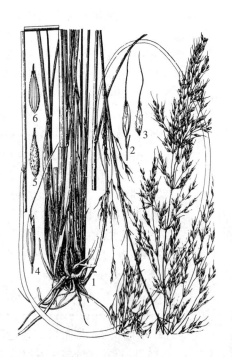

图 1309：1-3.芨芨草 4-6.小芨芨草
（引自《中国主要植物图说 禾本科》）

立或微弯，不扭转，粗糙，基部具关节，早落；内稃长3-4毫米；花药长2.5-3.5毫米，顶端具毫毛。花果期6-9月。

产黑龙江、吉林、内蒙古、河北、山西、河南北部、陕西、宁夏、甘肃、青海、新疆、四川西北部及西藏，生于海拔450-4500米阳坡草甸、微碱性草滩或砂土山坡。日本、蒙古、俄罗斯、中亚及喜马拉雅有分布。早春幼嫩时，为牲畜良好的饲料，也是造纸、人造纤维和编织物的原料。

[附] **小芨芨草** 图 1309：4-6 **Achnatherum caragana** (Trin. et Rupr.) Nevski in Acta Inst. Bot. Acad. Sci. URSS ser. 1, 4: 337. 1937. —— *Stipa caragana* Trin. et Rupr. in Mem. Acad. Imp. Sci. St. Petersb. ser. 6, 1: 74. 1830. 与芨芨草的区别：植株为小草丛；秆径1.5-3毫米，空心；叶舌长达1毫米，叶片宽1-2.5毫米；小穗淡绿色，颖近等长；外稃具3脉。产新疆，生于海拔700-1700米干旱石质山坡。阿富汗、伊朗、哈萨克斯坦、巴基斯坦、俄罗斯、塔吉克斯坦、土耳其及欧洲东部有分布。

3. 光药芨芨草　　　　　图 1310：1-8

Achnatherum psilantherum Keng ex Tzvel. Pl. Asiae Centr. 4: 41. 1968.
Achnatherum psilentherum Keng ex Keng f.; 中国植物志9(3): 326. 1987.

秆丛生，高40-60厘米，径1-1.5毫米，2-3节，基部具分蘖及宿存叶鞘。叶鞘短于节间，平滑，叶舌长约0.5毫米，先端平截，常齿裂；叶片内卷成细线状，稍粗糙，秆生者长8-9厘米，基生者长达12厘米。圆锥花序窄，长5-12厘米，宽约1厘米；分枝细弱，每节2至数枚，稍斜上，长达2.5厘米。小穗紫色，长约6毫米；颖披针形，几等长或第一颖稍短，膜质，先端渐尖白色透明，下部紫色，3脉。外稃长约4毫米，先端具2微齿，背部密被柔毛，3脉，脉于先端汇合，基盘短而钝圆，长约0.3毫米，被毛，芒长约1.5厘米，一回膝曲，中部以下扭转；内稃具2脉，脉间被微毛；花药长约2毫米，顶端无毛。花果期6-9月。

产甘肃、青海及四川，生于海拔2000-4100米山坡草地、干旱河谷或沟边草丛。

[附] **异颖芨芨草** 图 1310：9-11 **Achnatherum inaequiglume** Keng ex P. C. Kuo, Fl. Tsinling. 1(1): 151. 443. f. 120. 1976. 与光药芨芨草的区别：

4. 细叶芨芨草　　　　　图 1311

Achnatherum chingii (Hitchc.) Keng ex P. C. Kuo, Fl. Tsinling. 1(1): 152. f. 121. 1976.
Stipa chingii Hitchc. in Proc. Biol. Soc. Wash. 43: 94. 1930.

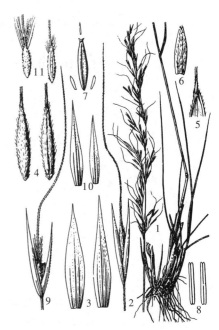

图 1310：1-8.光药芨芨草　9-11.异颖芨芨草
（仲世奇绘）

小穗淡绿或灰白色；两颖不等长，第一颖长7-8毫米，第二颖长5-6毫米；外稃背面近先端被超出稃体长柔毛，下部被短毛，芒下部1/4-1/3处弯曲不明显扭转。产甘肃及四川，生于海拔900-2200米干旱河谷、灌丛草地或石质山坡。

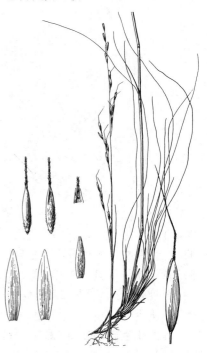

图 1311 细叶芨芨草 （仲世奇绘）

Achnatherum chingii (Hitchc.) Keng; 中国主要植物图说 禾本科 595. 图 533. 1959.

根状茎直伸。秆高 40-70 厘米，无毛，2-3 节。叶鞘无毛；叶舌披针形，长 2-4 毫米，先端常 2 裂或钝圆；叶片纵卷线状，长 3-6 厘米，宽 0.5-1 毫米，稍粗糙，基生叶长达 25 厘米。圆锥花序长 12-20 厘米，宽约 1 厘米；分枝孪生，斜上，下部裸露，上部疏生小穗。小穗草绿或基部深紫色，长 0.7-1 厘米；颖膜质，光亮，第一颖长 7-8 毫米，1-3 脉，第二颖长 0.8-1 厘米，3 脉。外稃长 6-8 毫米，背下部被短柔毛，具不明显 5 脉，基盘短且钝圆，被微毛，芒长 1-1.5 厘米，一回膝曲，芒柱扭转，被短毛，芒针无毛；内稃稍短于外稃，2 脉间被柔毛；鳞被长 1.5-2.5 毫米；花药长约 2 毫米，顶端无毛或具毫毛。花果期 7-8 月。

5. 藏芨芨草　　　　　图 1312：1-6

Achnatherum duthiei (Hook. f.) P.C. Kuo et S. L. Lu, Fl. Reipubl. Popul. Sin. 9(3): 322. pl. 80: 9-14. 1987.

Stipa duthiei Hook. f. Fl. Brit. Ind. 7: 232. 1897.

秆丛生，高 50-80 厘米，无毛，3 节。叶鞘微粗糙，基生叶舌平截，长约 0.5 毫米，秆生叶舌长圆形，先端微 2 裂，长约 2 毫米；叶片纵折，长 10-30 厘米，宽 1-1.5 毫米，无毛。圆锥花序长 20-25 厘米，宽约 1 厘米；分枝孪生，长 3-10 厘米，贴主轴，无毛。小穗淡黄色，基部带紫褐色，长 0.9-1.4 厘米；颖窄长披针形，近等长，3-5 脉，上部微粗糙。外稃长 8-9 毫米，背中部以下密生长柔毛，上部疏生柔毛，先端及边缘被纤毛，5 脉，脉于先端汇合，基盘尖，长约 1 毫米，具柔毛，芒较粗硬，长 1.4-1.8 厘米，一回膝曲，芒柱扭转被细毛，芒针粗糙；内稃长 6-7 毫米；鳞被长约 2 毫米；花药长 3-3.5 毫米，顶端具毫毛。花果期 7-9 月。

产四川、云南西北部及西藏，生于海拔 4000-4300 米山坡草甸或针叶林下。尼泊尔、不丹及印度有分布。

[附] **干生芨芨草** 图 1312：7-11 **Achnatherum jacquemontii** (Jaub. et Spach) P. C. Kuo et S. L. Lu, Fl. Reipubl. Popul. Sin. 9(3): 323. pl. 80: 15-

产山西、陕西、甘肃、青海、四川、云南及西藏，生于海拔 2200-4000 米林下、林缘、山坡灌丛或草地。

[附] **林阴芨芨草 Achnatherum chingii** var. **laxum** S. L. Lu in Acta Biol. Plat. Sin. 2: 19. 1984. 与模式变种的主要区别：叶舌被纤毛；秆生叶长 1-2 厘米；圆锥花序长 10-20 厘米，宽 10-12 厘米，分枝常平展；小穗长 1.1-1.2 厘米；外稃长约 7 毫米，基盘长约 0.5 毫米，较尖，芒长 1.4-1.8 厘米；花药长 3.8-4.5 毫米，顶端具毫毛。花果期 8-9 月。产陕西、青海、四川及西藏，生于海拔 2500-4500 米山地林下。

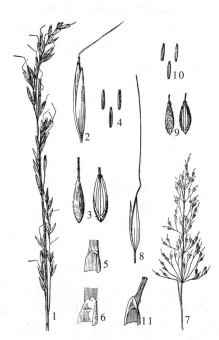

图 1312：1-6.藏芨芨草　7-11.干生芨芨草
（宁汝莲绘）

19. 1970. —— *Stipa jacquemontii* Jaub. et Spach, Ill. Fl. Or. 4: 60. 1851. 与藏芨芨草的区别：秆生叶舌与基生叶舌均披针形，长 2-4 毫米；圆锥花序开展，分枝斜伸或平展；小穗长 5-7 毫米；外稃长 4-5 毫米。产西藏，生于海拔约 3300 米干旱山坡。印度、巴基斯坦、克什米尔地区及阿富汗有分布。

6.　醉马草　　　　　　　　　　　　　　　　图　1313

Achnatherum inebrians (Hance) Keng ex Tzvel. in Pl. Asiae Centr. 4: 40. 1968.

Stipa inebrians Hance in Journ. Bot. 14: 212. 1876.

秆少数丛生，高0.6-1.2米，平滑，3-4节，节下贴生微毛，基部具鳞芽。叶鞘上部者短于节间，稍粗糙，鞘口被微毛，叶舌长约1毫米，厚膜质，先端平截；叶片平展或边缘内卷，直立，长10-40厘米，宽0.2-1厘米。圆锥花序穗状，长10-25厘米，宽1-2.5厘米；分枝每节6-7，被细刺毛。小穗灰绿或基部带紫色，后褐铜色，长5-6毫米；颖几等长，先端常破裂，微粗糙，3脉。

图　1313　醉马草
（引自《中国主要植物图说　禾本科》）

外稃长3.5-4毫米，先端具2微齿，背部密被柔毛，3脉，脉于先端汇合，基盘钝圆，长约0.5毫米，被密毛，芒长1-1.3厘米，一回膝曲，芒柱稍扭转且被微毛，基部无关节；内稃具2脉，脉间被柔毛；花药长约2毫米，顶端具毫毛。花果期7-9月。

产内蒙古、陕西、宁夏、甘肃、青海、新疆、四川及西藏，生于海拔900-4200米山地河谷灌丛草甸、高山草原、山坡草地、田边或河滩。有毒植物，家畜误食后，轻则致疾，重则死亡。

7.　毛颖芨芨草　　　　　　　　　　　　　　图　1314

Achnatherum confusum (Litv.) Tzvel. Probl. Ecol. Geobot. Bot. Geogr. Florist. 140. 1977.

Stipa confusa Litv. in Bull. Acad. Sci. URSS 7: 53. pl. 3. f. 2. 1928.

Achnetherum pubicalyx (Ohwi) Keng ex P. C. Kuo；中国植物志9(3): 328. 1987.

植株具鞘外分枝，基部有鳞芽。秆丛生，高0.6-1.2米，花序下微粗糙，3-4节。叶鞘上部者短于节间，稍粗糙，叶舌长约1毫米，平截，先端齿裂；叶片边缘常内卷，长20-40厘米，宽3-5毫米，上面密被柔毛，下面粗糙。圆锥花序稍紧缩，长15-25厘米；分枝细弱，每节2-4枚，稍粗糙，斜上升。小穗紫红或浅褐色，长8-9毫米；颖长圆

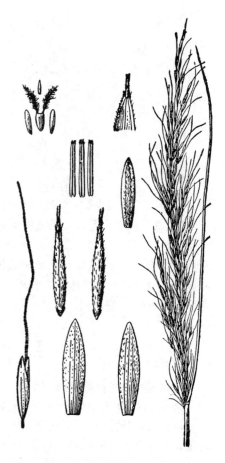

图　1314　毛颖芨芨草　（仲世奇绘）

状披针形，近等长，先端稍钝，背部贴生短毛，第二颖毛密较长。外稃长 6-7 毫米，背部密被较长柔毛，3 脉，脉于先端汇合，基盘较钝，长约 0.8 毫米，密被毛，芒长 2-2.5 厘米，一回膝曲，芒柱扭转且被细毛，基部无关节；内稃与外稃等长，2 脉间被柔毛；花药长 4-5 毫米，顶端具较多毫毛。花果期 7-10 月。

产黑龙江、吉林、内蒙古、河北、山西、河南、陕西、甘肃及青海，生于海拔 600-2700 米林缘、灌丛或山坡草地。朝鲜半岛北部及俄罗斯有分布。青鲜时作牲畜饲料；全草供造纸原料。

[附] **朝阳芨芨草 Achnatherum nakaii** (Honda) Tateoka in Journ. Jap. Bot. 30(7): 208. 1955. —— *Stipa nakaii* Honda in Rep. First. Sci. Exped. Manch.

sect. 47, 4: 65. 104. 1936. 与毛颖芨芨草的区别：植株高 40-60 厘米；叶片上面光滑或边缘微粗糙；圆锥花序疏散；小穗长 5-6.5 毫米；芒长 1-1.5 毫米，花药顶端具 1-3 根毫毛或无毛。产辽宁、内蒙古、河北及山西，生于海拔 1200-1800 米山坡草地或河滩砂地。

8. 羽茅   图 1315

Achnatherum sibiricum (Linn.) Keng ex Tzvel. Probl. Ecol. Geobot. Bot. Geogr. Florist. 140. 1977.

Avena sibirica Linn. Sp. Pl. 79. 1753.

植株具鞘外分枝，基部有鳞芽；秆疏丛生，高 0.5-1.5 米，平滑，3-4 节。叶鞘无毛，叶舌长 0.5-2 毫米，截平，先端齿裂；叶片扁平或边缘内卷，直立，长 20-60 厘米，宽 3-7 毫米，上面与边缘粗糙，下面平滑。圆锥花序长 10-30（60）厘米，宽 2-3 厘米；分枝每节 3 至数枚，长 2-5 厘米，具微毛。小穗草绿或紫色，长 0.8-1 厘米；颖长圆状披针形，近等长，微粗糙，3 脉，脉上被刺毛。外稃长 6-7 毫米，先端 2 微齿不明显，密被长 1-2 毫米柔毛，下被较短柔毛，3 脉，脉于先端汇合，基盘状，长约 1 毫米，被毛，芒长 1.8-2.5 厘米，一回或不明显二回膝曲，芒柱扭转被细微毛；内稃约等长于外稃，2 脉间被短毛；花药长约 4 毫米，顶端具毫毛。花果期 7-9 月。

产黑龙江、吉林、辽宁、内蒙古、河北、山东、山西、河南、陕西、宁夏、甘肃、青海、新疆、四川、云南西北部及西藏，生于海拔 150-3600 米山坡林缘、灌丛草甸、河边或路旁。阿富汗、印度、克什米尔地区、尼泊尔、蒙古、俄罗斯西伯利亚、朝鲜半岛及日本有分布。

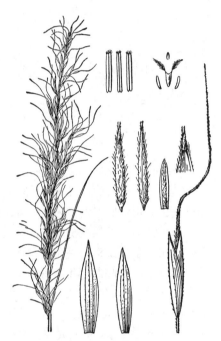

图 1315 羽茅 （仲世奇绘）

9. 京芒草   图 1316

Achnatherum pekinense (Hance) Ohwi, Fl. Jap. 101. 1953.

Stipa pekinensis Hance in Journ. Bot. 15: 268. 1877.

植株具鞘外分枝，基部有光滑鳞芽；秆少数丛生，高 0.6-1.2 米，光滑，3-4 节。叶鞘无毛，边缘被睫毛，叶舌平截，长 0.5-1.5 毫米，

图 1316 京芒草
（引自《中国主要植物图说 禾本科》）

具裂齿；叶片扁平或边缘稍内卷，长 20-50 厘米，宽 0.4-1 厘米，上面及边缘微粗糙，下面平滑，基部密被柔毛。圆锥花序开展，长 12-30 厘米；分枝细弱，每节 2-4 枚，中部以下裸露。小穗草绿或紫色，长 1.1-1.3 厘米；颖披针形，几等长或第一颖稍长，背部平滑，3 脉。外稃长 6-8 毫米，先端 2 微裂，背部被柔毛，3 脉，脉于先端汇合，基盘较钝，长 0.5-0.8 毫米，被毛，芒二回膝曲，长 2-3 厘米，芒柱扭转，具微毛，

基部无关节；内稃近等长于外稃，2 脉间被柔毛；花药长 5-6 毫米，顶端具毫毛。花果期 7-10 月。

产黑龙江、吉林、辽宁、内蒙古、河北、山东、山西、河南、江苏、安徽、浙江及湖北东部，生于海拔 100-1600 米林下、山坡草地、河滩或路旁。

10. 远东芨芨草 图 1317

Achnatherum extremiorientale (Hara) Keng ex P. C. Kuo, Fl. Tsingling, 1(1): 153. 1976.

Stipa extremiorientale Hara in Journ. Jap. Bot. 15(7): 459. 1939.

植株具鞘外分枝，基部有鳞芽；秆疏丛生，高 0.8-1.5 米，平滑，

3-4 节。叶鞘平滑，叶舌长约 1 毫米，截平，具裂齿；叶片扁平或边缘稍内卷，长达 50 厘米，宽 0.4-1 厘米，上面及边缘微粗糙，下面平滑。圆锥花序开展，长 20-40 厘米；分枝每节 3-6 枚，细长，微粗糙。小穗灰白或淡紫色，长 0.7-1 厘米；颖长圆状披针形，几等长或第一颖稍短，平滑，3 脉。外稃长 6-8 毫米，

先端 2 微齿明显，背部密被短毛（长 0.6-1 毫米），3 脉，脉于先端汇合，基盘钝圆，长 0.3-0.5 毫米，具短毛，芒一回膝曲，长 2-2.5 厘米，芒柱扭转，具微毛，基部无关节；内稃约等长于外稃，2 脉间被柔毛；花药长 4-5 毫米，顶端具毫毛。花果期 7-9 月。

产黑龙江、吉林、辽宁、内蒙古、河北、山东、山西、河南、陕西、宁夏、甘肃、青海、安徽、四川、云南及西藏，生于海拔 300-3600 米林下、灌丛中、山谷草丛、山坡草地或路边。朝鲜半岛、日本、俄罗斯东西伯利亚及远东地区有分布。

[附] **展序芨芨草 Achnatherum bran**disii (Mez) Z. L. Wu in Acta Phytotax. Sin. 34(2): 154. 1996. —— *Stipa brandisii* Mez in Fedde, Repert. Nov. Sp. 17: 207. 1921. 与远东芨芨草的区别：圆锥花序分枝孪生，较

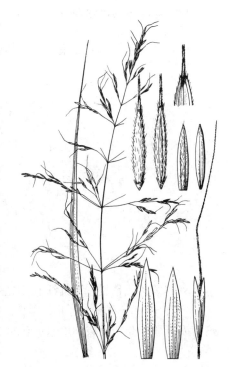

图 1317 远东芨芨草 （仲世奇绘）

短；小穗和外稃均较短；外稃先端 2 微齿不明显或无，芒二回膝曲，长 1-1.8 厘米。产甘肃、青海、四川、云南及西藏，生于海拔 1800-3600 米林缘、山坡草地或路旁。阿富汗、喜马拉雅及尼泊尔有分布。

115. 九顶草属 Enneapogon Desv. ex Beauv.
（金岳杏）

多年生丛生草本。叶窄长。圆锥花序顶生，有时紧缩或呈穗状。小穗具2-3（-5）小花，上部花有时退化；小穗轴脱节于颖之上，小花间不断落；颖膜质，具1至数脉，无芒。外稃短于颖，质厚，具9至多脉，于先端形成9至多数粗糙或具羽毛状芒，呈冠毛状；内稃近等长于外稃，具2脊，脊具纤毛；鳞被2；雄蕊3；花柱短，分离，柱头羽毛状。

约40种，分布于干旱地区。我国1种。

九顶草 冠芒草　　　　　　　　　图 1318

Enneapogon borealis (Griseb.) Honda in Rep. First. Sci. Exped. Manch. Sect. 4, 4: 101. 1936.

Pappophorum borealis Griseb. in Ledeb. Fl. Ross. 4: 404. 1853.

Enneapogon brachystachyus auct. non Stapf: 中国高等植物图鉴 5: 126. 1976.

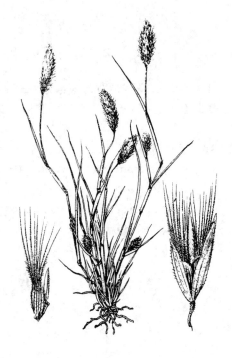

图 1318 九顶草
（引自《中国主要植物图说　禾本科》）

秆高5-25（35）厘米，节常膝曲，斜生，被柔毛。叶鞘密被柔毛，基部叶鞘常包小穗，叶舌极短，上部具纤毛；叶长2-12厘米，宽1-3毫米，常卷，密生柔毛。圆锥花序短穗状，长（1）1.5-3.5厘米，宽0.5-1厘米，铅灰或草黄色。小穗通常2-3小花，顶部小花退化；颖薄，披针形，背面被柔毛，具3-5脉。外稃被柔毛，先端具9条直立羽毛状芒，芒长2-4毫米；内稃与外稃等长或稍长，脊具纤毛；花药长约0.5毫米。染色体2n=36。

产辽宁、内蒙古、河北、山西、河南北部、陕西、宁夏、甘肃、青海及新疆，生于海拔900-1900米干旱山坡和草地。俄罗斯、蒙古、哈萨克、乌兹别克、印度及非洲有分布。可作饲料。

116. 獐毛属 Aeluropus Trin.
（金岳杏）

低矮多年生草本，多分枝。叶坚硬，常卷折。圆锥花序多紧密呈穗状或头状。小穗卵状披针形，具4至多数小花，成2行排列于穗轴一侧，小花紧密排成覆瓦状，小穗轴脱节于颖之上及各小花之间；颖常短于小穗，稍不等长，革质，边缘干膜质，1-7脉。外稃卵形，先端尖或具小尖头，7-11脉；内稃几等长于外稃，先端平截，脊微粗糙或具纤毛；雄蕊3，花药线形。颖果卵圆形或长圆形。

约20种，分布亚洲北部、喜马拉雅、中亚细亚和地中海区域。我国4种、1变种。

1. 花序分枝排列紧密而重叠；外稃通常无毛 ·················· 1. 獐毛 A. sinensis
1. 花序分枝排列较疏离；外稃边缘具纤毛，基部较密 ·················· 2. 小獐毛 A. pungens

1. 獐毛　　　　　　　　　图 1319

Aeluropus sinensis (Debeaux) Tzvel. Pl. As. Centr. 4: 128. 1968.

Aeluropus littoralis (Gouan) Darl. var. *sinensis* Debeaux in Actes

Soc. Linn. Bordeaux 33: 50. 1879; 中国高等植物图鉴5: 126. 1976.

多年生。秆高15-35厘米，基部具匍匐枝。叶鞘长于或上部短于节间，鞘口有柔毛；叶舌平截；叶长3-6厘米，宽3-6毫米。圆锥花序穗状，密接而重叠，长2-5厘米。小穗长4-6毫米，具4-6小花；颖和外稃均无毛，或背脊粗糙，第一颖稍短于第二颖，革质，有膜质边缘。外稃上部较薄，9-10脉，长约3.5毫米。

产辽宁、内蒙古、河北、山东、山西、河南、宁夏、甘肃、新疆、江苏等省区，生于海岸边至海拔3200米内陆盐碱地。为沿海地区优良固沙植物。

图 1319 獐毛
（引自《中国主要植物图说 禾本科》）

2. 小獐毛 图 1320

Aeluropus pungens (M. Bieb.) C. Koch in Linnaea 21: 408. 1848.

Poa pungens M. Bieb. Beschreib. Land. Zwisch. Fluss. Terek. u. Kur. 130. 1800.

Aeluropus littoralis auct. non Parl.: 中国高等植物图鉴5: 126. 1976.

多年生。秆直立或倾斜，高5-25厘米，花序以下粗糙或被毛，基部密生鳞叶，多分枝，形成四周伸展匍枝。叶鞘多聚于秆基，无毛，叶舌短，具1圈纤毛；叶窄线形，质硬，先端尖，长0.5-6厘米，宽1.5毫米，扁平或内卷，无毛。圆锥花序穗状，长2-7厘米，分枝单生，疏离。小穗长2-4毫米，具（2-）4-8小花，排成2行；颖卵形，边缘膜质，疏生纤毛，脊粗糙，第一颖短于第二颖，约0.5毫米。外稃卵形，5-9脉，边缘具纤毛，基部较密；内稃先端平截或具缺刻；花柱2，顶生。

产内蒙古、甘肃及新疆，生于盐碱地及沙地。亚洲西北部、中亚、印度及欧洲有分布。

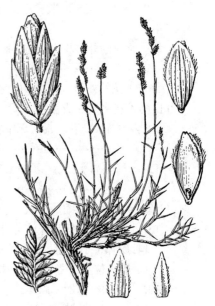

图 1320 小獐毛 （仲世奇绘）

117. 画眉草属 Eragrostis Wolf

（陈守良）

多年生或一年生草本。秆常丛生。叶线形。圆锥花序。小穗两侧扁，有柄。有数至多数小花，小花常疏散或紧密覆瓦状排列；小穗轴常作“之”字形曲折，脱节于颖之上，渐断落或不折断；颖不等长，通常短于第一小花，1脉，宿存或个别脱落。外稃无芒，3脉；内稃具2脊，常弓形弯曲，宿存或与外稃同落。颖果球形或扁，与稃体分离。

　　约 300 种，多分布于热带与温带区域。我国连同引种约 30 种。

1. 小穗轴节间自上而下逐节断落，每一节间和小花同时脱落。
　　2. 圆锥花序紧缩成穗状 ·· 19. **纤毛画眉草 E. ciliata**
　　2. 圆锥花序开展，不成穗状。
　　　　3. 内稃沿脊具长纤毛；分枝腋间有长柔毛；小枝和小穗柄有腺点 ········ 20. **鲫鱼草 E. tenella**
　　　　3. 内稃沿脊无纤毛或具短纤毛；分枝腋间无毛，小穗成熟后紫色；小枝和小穗柄无腺点 ······
　　　　　　··· 21. **乱草 E. japonica**
1. 小穗轴节间不断落，每一节间和小花不同时脱落。
　　4. 一年生。
　　　　5. 每一小花的外稃与内稃同时脱落；小穗长圆形或锥形，长 0.5-1 厘米，宽 2-4 毫米，有 10-20 小花 ······
　　　　　　·· 18. **牛虱草 E. unioloides**
　　　　5. 每一小花的外稃与内稃不同时脱落。
　　　　　　6. 植株具腺点。
　　　　　　　　7. 小穗宽 2-3 毫米；第一外稃长约 2.5 毫米 ·············· 16. **大画眉草 E. cilianensis**
　　　　　　　　7. 小穗宽 1.5-2 毫米；第一外稃长约 2 毫米 ·············· 17. **小画眉草 E. minor**
　　　　　　6. 植株无腺点。
　　　　　　　　8. 第一颖无脉，长 1 毫米以下，第二颖长约 1.5 毫米 ·············· 14. **画眉草 E. pilosa**
　　　　　　　　8. 第一颖具 1 脉，长 1.5-2 毫米，第二颖长约 2 毫米。
　　　　　　　　　　9. 小穗长 0.7-2 厘米，有 14-40 小花 ·············· 2. **扭枝画眉草 E. reflexa**
　　　　　　　　　　9. 小穗长 3-5 毫米，有 3-10 小花 ·············· 15. **秋画眉草 E. autumnalis**
　　4. 多年生。
　　　　10. 每一小花的外稃与内稃同时脱落；花序分枝粗硬，小穗长 0.5-1 厘米，宽约 2.5 毫米 ······
　　　　　　·· 5. **鼠妇草 E. atrovirens**
　　　　10. 每一小花的外稃与内稃不同时脱落。
　　　　　　11. 圆锥花序紧缩成穗状。
　　　　　　　　12. 内稃先端无齿，沿脊无窄翼，有纤毛；圆锥花序长 2-8 厘米，分枝腋间具柔毛 ··········
　　　　　　　　　　··· 3. **短穗画眉草 E. cylindrica**
　　　　　　　　12. 内稃先端有 2 齿，沿脊有窄翼，或具极短纤毛；圆锥花序长 9-18 厘米；分枝腋间无柔毛 ·······
　　　　　　　　　　·· 4. **华南画眉草 E. nevinii**
　　　　　　11. 圆锥花序不紧缩成穗状。
　　　　　　　　13. 小枝和小穗柄具腺体。
　　　　　　　　　　14. 腺体位于花序小枝和小穗柄先端 ·············· 12. **梅氏画眉草 E. mairei**
　　　　　　　　　　14. 腺体位于花序小枝和小穗柄中部或中部以上 ·············· 13. **知风草 E. ferruginea**
　　　　　　　　13. 小枝和小穗柄无腺体。
　　　　　　　　　　15. 花序分枝较短而坚硬，基部常密生小穗 ·············· 1. **长画眉草 E. zeylanica**
　　　　　　　　　　15. 花序分枝较长而细软，基部裸露，无小穗。
　　　　　　　　　　　　16. 植株基部叶鞘不扁；小穗黄而带紫色或灰绿而外稃具粉红色脉。
　　　　　　　　　　　　　　17. 内稃脱落 ······························ 7. **多毛知风草 E. pilosissima**
　　　　　　　　　　　　　　17. 内稃宿存。
　　　　　　　　　　　　　　　　18. 分枝腋间无毛 ·············· 8. **疏穗画眉草 E. perlaxa**
　　　　　　　　　　　　　　　　18. 分枝腋间有毛；小穗黄带紫色，长 0.5-2 厘米；外稃侧脉非粉红色 ·············

1. 长画眉草　　　　　　　　　　　图 1321：1-2

Eragrostis zeylanica Nees ex Mey in Nov. Acta Acad. Caes Leop.-Carol. German. Nat. Cur. 19(Suppl.): 204. 1843.

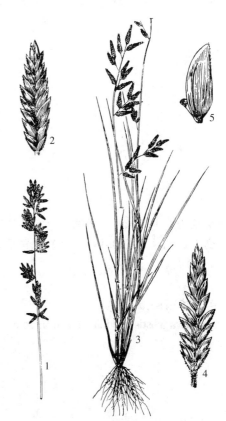

多年生。秆高 15-50 厘米，径 0.5-1 毫米，3-5 节。叶鞘短于或等于节间，无毛，鞘口有长柔毛，叶舌膜质，长约 0.2 毫米；叶常集生基部，线形，内卷或平展，长 3-10 厘米，宽 1-3 毫米。圆锥花序开展或紧缩，长 3-7 厘米，宽 1.5-3.5 厘米，分枝较粗短，单生，基部密生小穗。小穗铅绿或暗棕色，长椭圆形，长 0.4-1.5 厘米，宽 1.5-2 毫米，具 7 至多数小花，小穗柄极短或近无柄；颖卵状披针形，第一颖长约 1.2 毫米，1 脉，第二颖长约 1.8 毫米，1-（3）脉。外稃卵圆形，长约 2 毫米，先端锐尖；内稃稍短于外稃，脊有纤毛，先端微凹；雄蕊 3，花药长 1-3 毫米。颖果黄褐色，长约 0.5 毫米。花果期春夏之交。

　产安徽、浙江、福建、广东、香港、海南、四川南部及云南。东南亚、大洋洲各地有分布。

图 1321：1-2. 长画眉草　3-5. 扭枝画眉草
（史渭清绘）

2. 扭枝画眉草　　　　　　　　　　图 1321：3-5

Eragrostis reflexa Hack. in Philipp. Journ. Sci. Bot. 3: 168. 1908.

　一年生。秆扁，高约 25 厘米，节 3-4 不明显。叶鞘无毛，扁，常短于节间，叶舌膜质；叶线形，常卷曲，长 1-10 厘米，宽 2-3 毫米。圆锥花序开展，长约 13 厘米，宽约 3 厘米；分枝单生，常排于主轴一侧，长 1-3 厘米，下部分枝开展，小枝常扭转或反折。小穗密生成簇，常排小枝一侧，黄或稍带紫色，线形或披针形，长 0.7-2 厘米，宽约 2.5 毫米，具 14-40 小花，基部小花常开展。小穗柄极短；颖披针形，长约 2 毫米，1 脉。外稃卵形，第一外稃长约 2 毫米，侧脉明显；内稃宿存，长约 1.4 毫米，先端圆钝，脊有纤毛；花药紫黑色，长约 0.2 毫米。花果期 7-9 月。

　产福建、广东、香港及广西，生于沙质土草地。菲律宾有分布。

3. 短穗画眉草　　　　　　　　图　1322：1-2

Eragrostis cylindrica (Roxb.) Nees in Hook. et Arc. Bot. Beech. Voy. 251. 1838.

Poa cylindrica Roxb. Fl. Ind. 1: 335. 1820.

多年生。秆坚硬，无毛，高30-90厘米，径1-2.5毫米，3-4节。叶鞘短于节间，有柔毛，鞘口毛长，叶舌为一圈毛；叶线形，多内卷，被柔毛，长3-15厘米，宽2-5毫米。圆锥花序紧缩成穗状，长2-8厘米，宽1-2.5厘米；分枝短，向上紧贴，腋间有毛。小穗黄褐或微紫色，长圆形，长约7毫米，宽2.5-3毫米，具4-17小花；颖披针形，1脉，第一颖长约1.5毫米，第二颖长约2毫米。外稃长圆形，侧脉明显，先端尖，第一外稃长约2毫米；内稃长约1.8毫米，稍弯曲，沿脊及边缘具纤毛，先端尖；雄蕊3；花药淡黄色，长约0.4毫米。颖果黄色，椭圆形，长约1毫米。花果期4-10月。

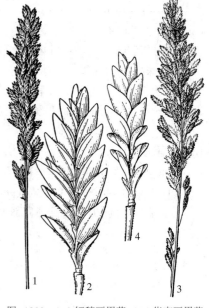

图　1322：1-2.短穗画眉草　3-4.华南画眉草
（冯晋庸绘）

产台湾、福建、广东、香港、海南、广西等省区，生于山坡荒地。东南亚各地有分布。

4. 华南画眉草　　　　　　　　图　1322：3-4

Eragrostis nevinii Mance in Journ. Bot. 18: 302. 1880.

多年生。秆高20-50厘米，径2-4毫米，5-6节。叶鞘具长柔毛，叶舌为一圈短毛；叶线形，多内卷，长4-11厘米，宽3-4毫米，两面被毛。圆锥花序穗状，分枝长1.5-2.5厘米，腋间无毛或有短毛。小穗长圆形或线状长圆形，长4-8毫米，宽2-3毫米，有4-14小花，黄或稍带紫色；颖披针形，1脉，第一颖长约1.5毫米，第二颖长约2毫米。外稃卵圆形，先端尖，侧脉明显，第一外稃长约2.5毫米；内稃宿存，长约2毫米，弯曲，沿脊有翼，先端有齿；雄蕊3，花药长约0.5毫米。颖果长圆形，稍扁，长约1毫米。花果期4-10月。

产江苏南部、台湾、福建、广东、海南及广西，生于荒地或山坡。

5. 鼠妇草　　　　　　　　图　1323：1-2

Eragrostis atrovirens (Desf.) Trin. ex Steud. Novencl. Bot. ed. 2, 1: 562. 1840.

Poa atrovirens Desf. Fl. Atlant. 1: 73. t. 14. 1798.

多年生。秆稀疏，直立而基部稍膝曲，高0.5-1米，径约4毫米，5-6节。叶鞘光滑，鞘口有毛；叶扁平或内卷，下面光滑，上面粗糙，近基部疏生长毛，长4-17厘米，宽2-3毫米。圆锥花序开展，长5-20厘米，宽2-4厘米；分枝单生，下部多少裸露，腋间无毛。小穗深灰

或灰绿色，长0.5-1厘米，宽约2.5毫米，有8-20小花；小穗柄长0.5-1厘米；颖具1脉，第一颖卵圆形，长约1.2毫米，先端尖，第二颖长卵圆形，长约2毫米，先端渐尖。外稃宽卵形，侧脉明显，先端尖，第一外稃长约2.2毫米；内稃长约1.8毫米，脊疏生纤毛，与外稃同时脱落；花药长约0.8毫米。颖果长约1毫米。夏秋抽穗。染色体2n=40。

产台湾、福建、广东、香港、海南、广西、贵州西南部、四川及云南，多生于路边或溪旁。亚洲热带和亚热带有分布。

6. 弯叶画眉草　　　　　　　　　图 1323：3-4

Eragrostis curvula (Schrad.) Nees, Fl. Atr. Austr. 397. 1841.

Poa curvula Schrad. in Goett. Gel. Anz. 3: 2073. 1821.

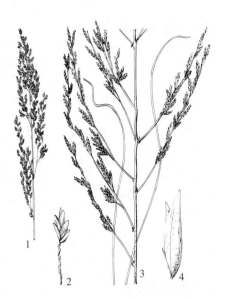

图 1323：1-2.鼠妇草 3-4.弯叶画眉草
（引自《中国主要植物图说　禾本科
《中国植物志》）

多年生。秆密丛，直立，高0.9-1.2米，5-6节。叶鞘在基部互相跨覆，长于节间而在上部短于节间，鞘口有长柔毛，下部者常粗糙或疏生刺毛；叶细长丝状，外曲，长10-40厘米，宽1-2.5毫米。圆锥花序开展，长15-35厘米，宽6-9厘米；分枝单生至轮生，枝腋间有毛。小穗铅绿色，长0.6-1.1厘米，宽1.5-2毫米，有5-12小花；颖披针形，1脉，第一颖长约1.5毫米，第二颖长约2.5毫米。外稃长圆形，第一外稃长约2.5毫米；内稃近等长

于外稃，宿存或迟落，先端钝圆；雄蕊3，花药长约1.2毫米。染色体2n=20-80。花果期4-9月。

产新疆，生于沙丘；江苏、湖北、广西等省区常引种栽培作牧草或布置庭园。中亚及俄罗斯有分布。

7. 多毛知风草　　　　　　　　　图 1324：1-3

Eragrostis pilosissima Linn, Hort. Berol. 1: 187. 1827.

多年生。秆直立，纤细而坚硬，高30-40厘米，径约2毫米。叶鞘密生长柔毛，除基部者外，常短于节间，叶舌为一圈短毛；叶多内卷，长5-10厘米，宽1-2毫米，两面均密生长柔毛。圆锥花序疏散，长4-10厘米，宽2-5厘米；分枝纤细，常单生，腋间无毛。小穗黄色，长圆形，长3-7毫米，宽约2毫米，有7-14小花；颖卵圆形，近等长，长1-1.5毫米。外稃卵圆形，侧脉不明显，第一外稃长约1.6毫米；内稃宿存或迟落，稍弯曲，稍短于

外稃，沿脊有短纤毛；雄蕊3；花药长约0.8毫米。花果期8月。

产台湾、福建、江西、广东、香港、海南及广西，多生于干旱山坡草地。东南亚有分布。

图 1324：1-3.多毛知风草 4-5.疏穗画眉草
（冯晋庸绘）

8. 疏穗画眉草

图 1324：4-5

Eragrostis perlaxa Keng ex Keng f. et L. Liou in Acta Bot. Sin. 9: 66. 1960.

多年生。秆高 40-90 厘米，径约 1 毫米，2-3 节。叶鞘紧包秆，无毛，鞘口有毛。叶舌为一圈纤毛；叶内卷，直立，长 3-8 厘米，宽 1-2.5 毫米，上面疏生长柔毛。圆锥花序开展，长 7-25 厘米，宽 4-9 厘米；分枝单生，长 4-8 厘米，腋间无毛，小枝疏生 2-5 小穗。小穗草黄或灰绿色，长 0.5-2.5 厘米，宽约 3 毫米，具 6-60 小花；颖具 1 脉，第一颖窄卵形，长约 1.2 毫米，先端渐尖；第二颖卵形，长约 1.5 毫米，先端尖。外稃宽卵形，侧脉明显，先端尖，长约 1.2 毫米；内稃宿存，稍短于外稃，沿脊有纤毛；花药长约 0.3 毫米。颖果长约 0.6 毫米。果期 8 月。

产安徽、福建、江西、广东、香港及广西，生于山坡或草地。

9. 珠芽画眉草

图 1325

Eragrostis cumingii Steud. Syn. Glum. 1: 266. 1854.

Eragrostis bulbillifera Steud.; 中国高等植物图鉴 5: 127. 1976.

多年生。秆基部有鳞片包被的珠芽，无毛，高 20-70 厘米，径 1-1.5 毫米，3-4 节。叶鞘无毛，鞘口有长柔毛，叶舌膜质或成束状毛，长 0.1-0.2 毫米；叶纤细内卷，长 5-19 厘米，宽 1-2 毫米，下面无毛，上面近基部疏生长柔毛。圆锥花序开展，长 8-30 厘米，宽 4-8 厘米；分枝单生，枝腋间无毛，一至二回分枝，小枝着生 2-3 小穗。小穗黄或铅绿色，长椭圆形，长 5-13 厘米，宽约 2 毫米，具 8-24 小花，小穗柄无腺点，长 0.5-1.5 厘米；

颖披针形，具 1 脉成脊，沿脊粗糙，第一颖长约 1 毫米，第二颖长约 1.3 毫米，有时具 3 脉。外稃宽卵形，侧脉粗，第一外稃长约 2 毫米；内稃常宿存或迟落，长约 1.5 毫米，脊或边缘有纤毛；花药长约 0.2 毫米。颖果椭圆形，长 0.8-1 毫米。花果期 9-10 月。

产江苏、安徽、浙江、台湾、福建、江西、湖南、贵州及云南，生于路边田野。日本及东南亚有分布。

10. 宿根画眉草

图 1326

Eragrostis perennans Keng in Sunyatsenia 3: 16. 1935.

多年生。秆高 0.5-1.1 米，径 1-3 毫米，2-3 节。叶鞘质较硬，鞘口密生长柔毛，叶舌常为一圈纤毛；叶平展，质硬，无毛，上面较粗糙。圆锥花序开展，长 20-35 厘米，宽 3-6 厘米；分枝常单生或基部具数分枝，枝腋疏生柔毛。小穗黄带紫色，长 0.5-2 厘米，宽 2-3 毫米，有 7-24 小花；颖宽披针形，1 脉，第一颖长约 1.6 毫米，第二颖长约

图 1325 珠芽画眉草
（引自《中国主要植物图说 禾本科》）

2 毫米。外稃长圆状披针形，侧脉突出，第一外稃长约 2.5 毫米；内稃长约 2 毫米，沿脊具纤毛，宿存；花药长约 1 毫米。颖果棕褐色，椭圆形，微扁，长约 0.8 毫米。花果期夏秋季。

产浙江、福建、江西、湖南西部、广东、香港、海南、广西、贵州及四川，生于田野路边或山坡草地。分布于东南亚。

11. 黑穗画眉草   图 1327

Eragrostis nigra Nees ex Steud. Syn. Pl. Glum. 1: 267. 1854.

图 1326 宿根画眉草
（引自《中国主要植物图说 禾本科》）

多年生。秆高 30-60 厘米，径 1.5-2.5 毫米，基部常扁，2-3 节。叶鞘松包秆，鞘口有白色柔毛，边缘常有长纤毛，叶舌长约 0.5 毫米；叶线形，长 2-25 厘米，宽 3-5 毫米，无毛。圆锥花序开展，长 10-23 厘米，宽 3-7 厘米；分枝单生或轮生，纤细、曲折，腋间无毛。小穗黑或墨绿色，长 3-5 毫米，宽 1-1.5 毫米，有 3-8 小花，小穗柄长 0.2-1 厘米；颖披针形，膜质，第一颖具 1 脉，长约 1.5 毫米，第二颖具 3 脉，长 1.8-2 毫米。外稃长卵圆形，先端膜质，第一外稃长约 2.2 毫米；内稃宿存，稍短于外稃，弯曲，脊具纤毛，先端钝圆；雄蕊 3，花药长约 0.6 毫米。颖果椭圆形，长约 1 毫米。花果期 4-9 月。

产河南、陕西、甘肃、青海、广西、贵州、四川、云南及西藏，生于海拔 500-4000 米山坡草地。印度及东南亚有分布。

12. 梅氏画眉草   图 1328

Eragrostis mairei Hack. in Fedde, Repert. Sp. Nov. 8: 533. 1910.

多年生。秆高 50-90 厘米，径 2-4 毫米，3 节。叶鞘扁，常短于节间，鞘口和鞘的一侧边缘有短毛，叶舌干膜质，长约 0.1 毫米；叶线形，长 4-25 厘米，宽 2-3 毫米，下面无毛，上面基部疏生柔毛。圆锥花序开展，长 15-22 厘米，宽 4-11 厘米；分枝单生，稀双生，纤细而波状弯曲，小枝及小穗柄先端有腺点，枝腋无毛。小穗铅绿或紫黑色，长 5-7 毫米，宽约 2 毫米，有 4-7 小花，小花排列疏散；颖披针形，1 脉，第一颖长约 2 毫米，先端钝尖，第二颖长约 2.5 毫米，先端尖。外稃长圆形，先端膜质而圆钝，侧脉不

图 1327 黑穗画眉草 （仲世奇绘）

明显，第一外稃长约 3 毫米；内稃长约 2.2 毫米，宿存，具不明显 2 脊，脊无毛；雄蕊 3，花药长 0.8-1 毫米。颖果长约 0.7 毫米，褐红色，

圆柱形，一侧扁。花果期6-10月。

产贵州、四川、云南及西藏，多生于荒山草地。

13. 知风草　　　　　　　　　　　　图 1329

Eragrostis ferruginea (Thunb.) Beauv. Ess. Agrost. 71. 162. 174. 1812.

Poa ferruginea Thunb. Fl. Jap. 50. 1784.

多年生。秆高0.3-1米，径约4毫米。叶鞘极两侧扁，基部相互跨覆，长于节间，无毛，鞘口两侧密生柔毛，主脉有腺点，叶舌为一圈短毛，长约0.3毫米；叶平展或折叠，长2-4厘米，宽3-6，两面无毛或上面近基部偶生疏毛。圆锥花序大而开展，每节有1-3分枝；分枝上举，枝腋间无毛；小枝中部及小穗柄有长圆形腺体。小穗多黑紫色，稀黄绿色，长圆形，长0.5-1厘米，宽2-2.5毫米，有7-12小花，颖披针形，1脉，第一颖长1.4-2毫米，第二颖长2-3毫米。外稃卵状披针形，先端稍钝，第一外稃长约3毫米；内稃宿存，短于外稃，脊有纤毛；花药长约1毫米。颖果棕红色，长约1.5毫米。花果期8-12月。染色体2n=80。

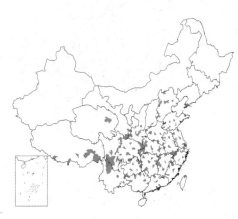

辽宁、河北、山东、山西、河南、陕西、甘肃、青海、江苏、安徽、浙江、台湾、福建、江西、湖北、湖南、广东、香港、广西、贵州、四川、云南及西藏，生于海拔3300米以下的路边或山坡草地。朝鲜半岛、日本及东南亚有分布。

14. 画眉草　　　　　　　　　　　　图 1330

Eragrostis pilosa (Linn.) Beauv. Ess. Agrost. 162. 175. 1812.

Poa pilosa Linn. Sp. Pl. 68. 1753.

一年生。秆高15-60厘米，径1.5-2.5毫米，4节。叶鞘扁，疏散包茎，鞘缘近膜质，鞘口有长柔毛，叶舌为一圈纤毛，长约0.5毫米；叶无毛，线形扁平或卷缩，长6-20厘米，宽2-3毫米。圆锥花序开展或紧缩，长10-25厘米，宽2-10厘米；分枝单生、簇生或轮生，上举，腋间有长柔毛。小穗长0.3-1厘米，宽1-1.5毫米，有4-14小花；颖膜质，披针形，第一颖长约1毫米，

图 1328　梅氏画眉草　（冯晋庸绘）

图 1329　知风草　（冯晋庸绘）

无脉，第二颖长约1.5毫米，1脉。外稃宽卵形，先端尖，第一外稃长约1.8毫米；内稃迟落或宿存，长约1.5毫米，稍弓形弯曲，脊有纤毛；雄蕊3，花药长约0.3毫米。颖果长圆形，长约0.8毫米。花果期8-11月。染色体2n=40。

除海南外，全国其余省区均有，多生于海拔500-2000米荒芜田野或草地。几遍布全世界温暖地区。

15. 秋画眉草

图 1331

Eragrostis autumnalis Keng in Contr. Biol. Lab. Sci. Soc. China 10: 178. 1936.

一年生。秆高15-45厘米，径1-2.5毫米，3-4节，基部数节常有分枝。叶鞘扁，无毛，鞘口有脱落性长柔毛，叶舌为一圈纤毛；叶多内卷或对折，长6-12厘米，宽2-3毫米。圆锥花序长6-15厘米，宽3-5厘米；分枝簇生、轮生或单生，腋间无毛。小穗灰绿色，长3-5毫米，宽约2毫米，有3-10小花；颖披针形，1脉，第一颖长约1.5毫米，第二颖长约2毫米。外稃宽卵形，先端尖，第一外稃长约2毫米；内稃长1.5毫米，脊有纤毛，迟落或宿存；雄蕊3，花药长约0.5毫米。颖果红褐色，椭圆形，长约1毫米。花果期7-11月。

产辽宁、河北、山东、山西、河南、江苏、安徽、浙江、福建、江西、广东、香港及贵州，常生于路旁草地。

16. 大画眉草

图 1332

Eragrostis cilianensis (All.) Link ex Vignolo–Lutati in Malpighia 18: 386. 1904.

Poa cilianensis All. Fl. Pedem. 2: 246. t. 91. f. 2. 1785.

一年生。秆粗，高30-90厘米，径3-5毫米，3-5节，节下有一圈腺体。叶鞘脉上有腺体，鞘口具长柔毛，叶舌为一圈成束短毛，叶线形，长6-20厘米，宽2-6毫米，无毛，叶脉及叶缘有腺点。圆锥花序长圆形或尖塔形，长5-20厘米；分枝粗，单生；小枝及小穗柄有腺点。小穗铅绿、

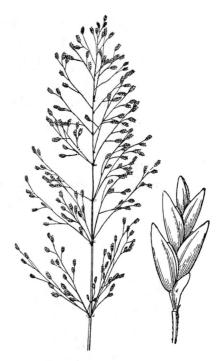

图 1330 画眉草 （史渭清绘）

图 1331 秋画眉草
（引自《中国主要植物图说 禾本科》）

淡绿或乳白色，长0.5-2厘米，宽2-3毫米，有5-40小花；颖近等长，约2毫米，具1脉或第二颖具3脉，脊有腺点。外稃宽卵形，侧脉明显，主脉有腺点，第一外稃长约2.5毫米，宽约1毫米；内稃宿存，稍短于外稃，脊具纤毛；雄蕊3，花药长约0.5毫米。颖果近圆形，径约0.7毫米。花果期7-10月。染色体2n=40。

产全国各地，生于荒芜草地。全世界热带至温带地区有分布。

17. 小画眉草　　　　　　　　　　　　　　　　图 1333

Eragrostis minor Host. Icon. et Descr. Gram. Aust. 4: 15. 1809.

Eragrostis poaeoides Beauv. 中国高等植物图鉴5: 130. 1976.

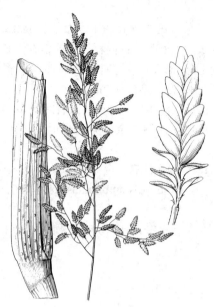

一年生。秆纤细，膝曲上升，高15-50厘米，径1-2毫米，3-4节，节下有一圈腺体。叶鞘松包秆，短于节间，脉有腺点，鞘口有长毛，叶舌为一圈长柔毛；叶线形，扁平或干后内卷，长3-15厘米，宽2-5毫米，下面平滑，上面粗糙并疏生柔毛，主脉及边缘有腺点。圆锥花序开展，长6-15厘米，宽4-6厘米；分枝单生，腋间无毛；花序轴、小枝及小穗柄均具腺点。小穗绿至深绿色，长圆形，长3-8毫米，宽1.5-2毫米，有3-16小花，颖卵状长圆形，先端尖，1脉，脉有腺点，第一颖长约1.6毫米，第二颖长约1.8毫米。外稃宽卵形，先端圆钝，侧脉靠近边缘，主脉有腺点；内稃宿存，弯曲，长约1.6毫米，沿脊有纤毛；雄蕊3，花药长约0.3毫米。颖果红褐色，近球形，径约0.5毫米。花果期6-9月。染色体2n=90。

除广东及海南外，全国其余省区均产，生于荒芜田野或路旁。全世界温暖地区有分布。

18. 牛虱草　　　　　　　　　　　　　　　　图 1334

Eragrostis unioloides (Retz.) Nees ex Steud. Syn. Pl. Glum 1: 264. 1854.

Poa unioloides Retz. Obs. Bot. 5: 19. 1789.

一年生或多年生。秆具匍匐枝，高20-60厘米，径2-3毫米，3-5节。叶鞘无毛，鞘口具长毛，叶舌膜质，长约0.8毫米；叶线状披针形，长2-20厘米，宽3-6毫米，下面平滑，上面粗糙，疏生长毛。

图 1332　大画眉草
（引自《中国主要植物图说　禾本科》）

图 1333　小画眉草
（引自《中国主要植物图说　禾本科》）

圆锥花序长圆形，开展，长 5-20 厘米，宽 3-5 厘米；分枝单生，腋间无毛。小穗卵状长圆形，两侧极扁，成熟时紫色，长 0.5-1 厘米，宽 2-4 毫米，有 10-20 小花；小穗轴宿存；颖披针形，具 1 脉，第一颖长 1.5-2 毫米，第二颖长 2-2.5 毫米。外稃宽卵形，密生细点，侧脉隆起，先端尖，第一外稃长约 2 毫米；内稃成熟时与外稃同落，长约 1.8 毫米，脊有纤毛；雄蕊 2，花药紫色，长约 0.5 毫米。颖果椭圆形，长约 0.8 毫米。花果期 8-10 月。

产台湾、福建、江西南部、广东、香港、海南、广西及云南，生于荒山、草地、庭园或路旁草地。亚洲和非洲热带地区有分布。

19. 纤毛画眉草 图 1335

Eragrostis ciliata (Roxb.) Nees. Agrost. Bras. 512. 1829.

Poa ciliata Roxb. Fl. Ind. 336. 1820.

多年生。秆坚硬多节，节下有一圈腺点，高 30-90 厘米，径约 2 毫米。叶鞘无毛，鞘口被长柔毛，叶舌成一圈纤毛状；叶扁平，线状披针形，无毛，长 4-17 厘米，宽 3-5 毫米。圆锥花序圆柱形，长 1.5-7 厘米，宽 0.5-1.5 厘米，基部分枝处密生长硬毛；分枝极短。小穗长 4-6 毫米，宽约 3 毫米，有 7-13 小花，成熟后小穗轴自上而下渐断落；颖膜质，披针形，背脊及边缘均有毛，先端短尖，第一颖长约 1.8 毫米，第二颖长 1.8-2 毫米。外稃膜质，侧脉远离边缘，先端具短尖头，被短柔毛，第一外稃长 2-2.5 毫米；内稃稍短于外稃，边缘具纤毛，脊有长纤毛；雄蕊 2，花药长约 0.4 毫米。颖果红褐色，卵圆形，长约 0.5 毫米。冬季抽穗。

产海南及云南，多生于山坡灌木丛下。印度、斯里兰卡、缅甸及越南有分布。

20. 鲫鱼草 图 1336

Eragrostis tenella (Linn.) Beauv. ex Roem. et Schult. Syst. Veg. 2: 576. 1817.

Poa tenella Linn. Sp. Pl. 69. 1753.

一年生。秆纤细，直立或基部膝曲或匍匐状，高 15-60 厘米，3-4 节。叶鞘短于节间，鞘口及边缘疏生长柔毛，叶舌为一圈短纤毛；叶扁平，长 2-10 厘米，宽 3-5 毫米，下面无毛，上面粗糙。圆锥花序开展；分枝单生或簇生，腋间有长柔毛；小枝和小穗柄具腺点。小穗卵圆形或长圆状卵圆形，长约 2 毫米，有 4-10 小花，成熟后自上

图 1334 牛虱草
（引自《中国主要植物图说 禾本科》）

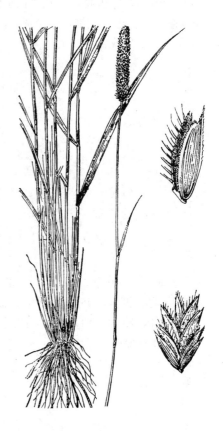

图 1335 纤毛画眉草 （史渭清绘）

而下逐节断落；颖膜质，1脉，第一颖长约0.8毫米，第二颖长约1毫米。外稃有紧靠边缘的侧脉，先端钝，第一外稃长约1毫米；内稃沿脊被长纤毛；雄蕊3，花药长约0.3毫米。颖果深红色，长圆形，长约0.5毫米。花果期4-8月。染色体 x=10。

产山东、江苏、安徽、台湾、福建、江西、湖北、湖南、广东、香港、海南、广西、云南及西藏，生于田野或荫蔽之处。东半球热带地区有分布。

图 1336 鲫鱼草 （冯晋庸绘）

21. 乱草 图 1337

Eragrostis japonica (Thunb.) Trin. in Mem. Acad. Imp. Sci. St. Petersb. ser. 6. 1: 405. 1831.

Poa japonica Thunb. Fl. Jap. 51. 1784.

一年生。秆高0.3-1米，径1.5-2.5毫米，3-4节。叶鞘无毛，通常长于节间，叶舌膜质，长约0.5毫米；叶平滑，长3-25厘米，宽3-5毫米，无毛。圆锥花序长圆形，长6-15厘米，宽1.5-6厘米；分枝纤细，簇生或轮生，腋间无毛。小穗卵圆形，成熟后紫色，长1-2毫米，有4-8小花，自小穗轴自上而下逐节断落；颖近等长，长约0.8毫米，1脉，先端钝。外稃宽椭圆形，侧脉明显，先端钝，第一外稃长约1毫米；内稃长约0.8毫米，先端3齿裂，脊疏生短纤毛；雄蕊2，花药长约0.2毫米。颖果棕红色并透明，卵圆形，长约0.5毫米。花果期6-11月。

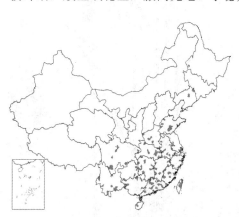

产辽宁、山东、河南、江苏、安徽、浙江、台湾、福建、江西、湖北、湖南、广东、香港、海南、广西、贵州、四川及云南，生于田野、路旁、河边或潮湿地。朝鲜半岛、日本、印度、澳大利亚及非洲有分布。

图 1337 乱草 （冯晋庸绘）

118. 镰稃草属 Harpachne Hochst.

（盛国英）

多年生。秆密丛生。叶线形，卷折。总状花序顶生。小穗线状长圆形，有4-10小花；小穗柄细弱具微毛，基部弯曲而整个断落；颖不等长，通常第一颖较短，1脉，脊微粗糙。外稃膜质兼硬纸质，3脉，先端锐尖或骤渐尖，脊与上部两侧均微粗涩，边缘薄而下部具微毛。内稃长为外稃1/4-2/3，先端钝，背部弧形，脊上部具宽翼。颖果扁，背圆。

2种，1种分布中国至中亚细亚，另1种分布热带非洲。

镰稃草

图 1338

Harpachne harpachnoides (Hack.) Keng, Fl. Reipubl. Popul. Sin. 10(1): pl. 8: 1-2. 1990.

Eragrostis harpachnoides Hack. in Oesterr. Bot. Zeitschr. 52: 306. 1902.

多年生。秆直立，微膝曲，高15-30厘米，径约1毫米。叶鞘质硬，短于节间，叶舌纤毛状；叶质硬，两面或上面有柔毛，通常卷折成针状。总状花序长3-6厘米，通常具有偏向一侧的小穗，花序轴有柔毛。小穗柄被短糙毛，顶端膨大，基部扭曲具关节。小穗质厚，线状长圆形，具4-8小花，长4-8毫米，宽2-2.5毫米；颖短小，1脉，第一颖长1-1.5毫米，先端平截，第二颖长2-2.5毫米，先端钝圆。外稃卵形，边缘稍薄，具微纤毛，先端锐尖，3脉，第一外稃长约2.5毫米；内稃短于外稃，先端钝，脊具翼，翼缘具微纤毛。花果期6-11月。

产四川南部及云南，生于海拔1800-2600米山坡、草地、平地。中亚细亚有分布。

119. 羽穗草属 Desmostachya (Stapf) Stapf

（盛国英）

多年生。根茎被鳞片。秆硬。叶多集生基部，质硬，线状披针形，先端长渐尖。圆锥花序窄长呈穗状，主轴和穗轴被短硬毛。小穗线形，排列于穗轴一侧，具数小花，无芒，脱节于颖之下，两侧扁，无柄或几无柄，于穗柄一侧排列2行；颖膜质，短于小花，背具1脉成脊。外稃卵形，先端尖或近锐尖，厚膜质，无毛，3脉；内稃和外稃等长或稍短，具2脊。

单种属。

图 1338 镰稃草
（引自《中国主要植物图说 禾本科》）

图 1339 羽穗草 （冯晋庸绘）

羽穗草　　　　　　　　　　　　　　　　图　1339

Desmostachya bipinnata (Linn.) Stapf in Dyer, Fl. Cap. 7: 632. 1900.

Briza bipinnata Linn. Syst. Nat. ed. 10, 2: 875. 1759.

形态特征同属。

产海南，生于沙荒地或半沙荒地。非洲及印度有分布。植株枝条广展，为优良固沙植物，亦可作沙荒地的牧草。

120. 弯穗草属 Dinebra Jacq.

（盛国英）

一年生草本。秆丛生，基部倾斜。叶片扁平。总状圆锥花序顶生，由若干穗状花序沿主轴作不规则排列而成。小穗具 1-3 小花，两性，无柄，成 2 行覆瓦状排列轴一侧；小穗轴在颖上及各小花间具关节，延伸出顶生小花内稃之后，顶生小花发育不全；颖片 2，宿存，长于小花，披针形，具短芒，背具 1 脉成脊。外稃透明膜质，3 脉，无芒；内稃透明膜质，不长于外稃，具 2 脉成脊；雄蕊 3；花柱分离，柱头羽毛状。颖果长卵圆形，疏散包于内外稃中。

约 3 种和 1 变种，主要分布于旧热带西部地区。我国 1 种。

弯穗草　　　　　　　　　　　　　　　　图　1340

Dinebra retroflexa (Vahl) Panz. Denkschr. Acad. Wiss. Munch. 270. t. 12. 1814.

Cynosurus retroflexus Vahl, Symb. Bot. 2: 20. 1791.

图 1340 弯穗草 （张迦德绘）

秆高 14-17 厘米，4-5 节。叶鞘无毛，短于或基部者长于节间，下部者边缘不互相覆盖，叶舌透明膜质，顶端不规则撕裂；叶窄披针形，先端长渐尖，质硬，被稀疏疣基长柔毛。顶生总状圆锥花序由若干穗状花序沿主轴作不规则排列而成；穗状花序幼时向上伸展，后渐下垂，成熟时自花序总轴上整体脱落。小穗具 2-3 小花，两侧扁，无柄，成两行覆瓦状排列于穗轴一侧；小穗轴圆柱状，"之"形曲折，无毛，各小花间具关节，成熟后与小花一起逐节断落；颖等长或第二颖较长，均比小花长，草质，先端长渐尖成短芒。第一外稃薄膜质，具 3 脉，中脉延伸成小尖头；内稃略短于外稃，具 2 脉成脊。颖果具腹沟。花果期 11-12 月。

产云南元谋干热河谷，常生于海拔 1150 米耕地或墙脚边。非洲向东经苏丹、埃塞俄比亚、伊拉克至印度有分布。

121. 尖稃草属 Acrachne Wight et Ann. ex Chiov.

（金岳杏）

一年生草本。叶薄而平展。穗状花序通常呈假轮生或疏离，近指状排列。小穗无柄，两侧扁，覆瓦状排列于穗轴一侧，有小花 6-12 朵或更多；穗轴不延伸于顶端小穗之外。小穗轴脱节于颖之上和小花之间；颖不等长，1 脉，先端具芒尖。外稃具 3 脉，中脉成脊，延伸成短芒尖，两侧脉延伸成小裂齿；内稃稍短，具 2 脊。颖果皮质薄，易分离。

2 种，分布非洲、亚洲、大洋洲及美洲热带和亚热带。我国 1 种。

尖稃草　　　　　　　　　　　　　　　　图　1341

Acrachne racemosa (Heyne ex Roem. et Schult.) Ohwi in Bull. Tokyo Sci. Mus. 18: 1. 1947.

Eleusine racemosa Heyne ex

Roem. et Schult. Syst. Veg. 2: 583. 1817.

一年生。秆直立或膝曲状上升，高8-25厘米。叶鞘光滑，扁，短于节间，叶舌膜质，边缘具纤毛；叶窄披针形，长1.5-6厘米，宽3-8毫米，先端渐尖，基部上面具疏生疣毛。穗状花序数个，在主轴上排成假轮生或对生，长4-12厘米。小穗长椭圆形，无柄，两侧扁，长0.6-1厘米，具6-17小花；颖硬纸质或膜质，1脉，第一颖卵状长圆形，长2-3毫米，第二颖稍大。外稃硬纸质或厚膜质，宽卵形，3脉，主脉延伸成芒，芒长0.5-1毫米；内稃透明膜质，具2脊。

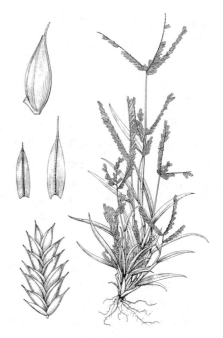

产海南、四川南部及云南，生于海拔350-900米干旱山坡、田坝及江边。亚洲、大洋洲及美洲热带地区有分布。为优良饲料。

图 1341 尖稃草 （陈宝联绘）

122. 细画眉草属 Eragrostiella Bor
（金岳杏）

多年生草本。秆质硬，基部具宿存叶鞘。叶线形，坚硬。穗状花序直立，单生秆顶。小穗卵形或近长圆形，疏松排于穗轴一侧，具6-40小花，两侧扁，无柄或近无柄；颖等长或第二颖稍长，1-3脉。外稃卵形或披针形，3脉，中脉呈脊，侧脉细弱；外稃与内稃等长或稍长，具2脊，脊上多少呈翼，具小纤毛。囊果椭圆形兼三棱形。

约9种，主要分布于南亚。我国1种。

细画眉草　　　　　　　　　　　　　　　　图 1342

Eragrostiella lolioides (Hand.-Mazz.) Keng f. in Acta Bot. Sin. 9(1): 51. f. 1. 1960.

Eragrostis lolioides Hand.-Mazz. Symb. Sin. 7: 1282. 1283. 1936.

多年生。须根根头有多数分蘗和鳞茎状珠芽。秆丛生而密，直立或下部膝曲，高20-50厘米，无毛，通常具1节，节外露。叶鞘短，无毛，集于秆基，跨覆状，老后纤维状，叶舌纤毛状；叶坚硬，内卷成线形，长4-11厘米。穗状花序直立，长10-15厘米。小穗无柄，常偏于一侧，疏生成2行，下部小穗常发育不全，中、上部小穗卵状椭圆形，直立，长5-8毫米，具5-12小花；颖硬纸质，第一颖短于第二颖，1脉。外稃硬纸质，宽卵形，先

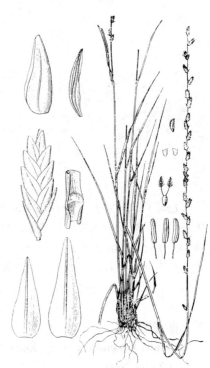

图 1342 细画眉草
（引自《植物分类学报》）

端钝圆，3 脉；内稃膜质，宽卵形，具 2 脊，沿脊微具翼。囊果半椭圆形兼三棱形，长不及 1 毫米。

产云南，常生于海拔 1200-2000 米干旱山坡草地。

123. 固沙草属 Orinus Hitchc.

（盛国英）

多年生草本。根茎细长多节，被革质有光泽的鳞片。秆常直立，质较硬。叶扁平或内卷，易自叶鞘顶端脱落。圆锥花序由数枝单生总状花序组成。小穗具（1）2 至数小花，具短柄，较疏散地排列于穗轴一侧；小穗轴节间无毛或疏生短毛，脱节于颖之上及各小花之间；颖质薄，先端尖，无毛或多少被柔毛，第一颖稍短，1 脉，第二颖具 3 脉。外稃全部或下部及边缘具柔毛；内稃与外稃等长或稍短，具 2 脊，脊生纤毛或稍糙涩，脊间及两侧多少具柔毛；鳞被 2；雄蕊 3。颖果长圆形，具 3 棱。

约 3 种，分布于中国西部及克什米尔地区。

1. 外稃全体密生柔毛，全部或上半部具黑褐色斑点（有时连片）；小穗轴无毛；叶鞘常被长柔毛 ·· 1. 固沙草 O. thoroldii
1. 外稃下半部或脊两侧边缘疏生柔毛，黄绿、暗绿或黑褐色而先端及基部黄褐色；小穗轴多少具短毛；叶鞘常无毛或被短糙毛 ····································· 2. 青海固沙草 O. kokonorica

1. 固沙草　　　　　　　　　　　　　　　图 1343

Orinus thoroldii (Stapf ex Hemsl.) Bor in Kew Bull. 1951: 1951.

Diplachne thoroldii Stapf ex Hemsl. in Journ. Linn. Soc. Bot. 30: 121. 1894.

多年生。根茎径 1-3 毫米，密被有光泽鳞片。秆高 12-20（-25）厘米。叶鞘被长柔毛，叶舌膜质，先端常撕裂状；叶扁平或内卷呈刺毛状，长 2-6（-9）厘米，宽 2-5 毫米，两面均疏被柔毛。圆锥花序 4.5-7.5（-15）厘米，分枝单生。小穗具 2-5 小花。小穗轴无毛；颖宽披针形，质薄，第一颖具 1 脉，长 3-4 毫米，第二颖具 3 脉，长 4-5 毫米。外稃被长柔毛，3 脉，背部具浅褐至

黑褐色斑点成片，第一外稃长 4.5-5（-7）毫米，与内稃等长或稍长，先端齿裂，脊及两侧均被长柔毛，脊间上半部具黑褐色斑点。颖果窄长圆形，具棱。花期 8 月。

产青海、新疆及西藏，生于海拔 3300-4300 米干旱沙地、沙丘或低矮山坡。克什米尔地区有分布。为良好的固沙植物。抽穗前质较柔软，

2. 青海固沙草　　　　　　　　　　　　图 1344

Orinus kokonorica (Hao) Keng, Fl. Reipubl. Popul. Sin. 10(1): 40. pl. 1: 7-12. 1990.

Cleistogenes kokonorica Hao in Engl. Bot. Jahrb. 68: 582. 1938.

图 1343　固沙草　（冯晋庸绘）

家畜喜食，绵羊为最，抽穗后适口性下降，冬季枯萎后仍为羊群采食，营养价值较丰富。

多年生。根茎密被鳞片。秆高（20-）30-50 厘米。叶鞘无毛或粗糙，有时被糙毛，叶舌膜质平截；

叶较硬，常内卷刺毛状，基部稍耳形，长4-9厘米，基部宽2-3毫米，两面均糙涩或被刺毛。圆锥花序线形，长4-7（9）厘米，分枝单生，棱边具刺毛。小穗长（4-）7-8.5毫米，具2-3（-5）小花，小穗轴节间疏生细毛。颖披针形，质薄，背部带黑紫色，第一颖具1脉，长3.5-5毫米，第二颖具3脉，长4.5-6毫米。外稃薄，背部黄绿、暗绿色而先端及基部黄褐色，3脉，先端细齿状或小尖头，脊两侧及边缘或下部疏生长柔毛。第一外稃长5-5.5毫米；内稃与外稃等长，先端尖或微凹，具2脊，脊及两侧疏生毛。颖果窄长圆形，具3棱。花期8月。

产甘肃、青海及四川，生于海拔约3325米以下干旱山坡或草原。地下根茎发达，耐瘠薄，是良好的保土固沙植物。枝叶茂盛，全株柔软，无气味，果前期适口性好，家畜喜食，为优良牧草。

图 1344 青海固沙草
（引自《中国主要植物图说 禾本科》）

124. 隐子草属 Kengia Packer
（陈守良）

多年生草本。秆常丛生，多节。叶鞘内常有小穗；叶较硬，与鞘口相接处有横痕，易自该处脱落。圆锥花序窄而开展。小穗具1至数小花，两侧扁，具短柄。颖近膜质，第一颖常具1脉，稀无脉，第二颖具3-5脉，较长。外稃灰绿色，被深绿色花纹，常染紫色，3-5脉，无毛或边缘疏生柔毛，先端具细短芒或小尖头，2微裂，稀不裂而渐尖，基盘短钝，具短毛；内稃具2脊；雄蕊3，花药线形；柱头羽毛状，紫色。

约20余种，分布于欧洲南部及亚洲中部和北部。我国12种2变种。多数种为优良牧草。

1. 外稃无毛或具长约0.5毫米的小尖头；秆基部常具密集枯叶鞘。
　2. 叶多扁平；圆锥花序开展，分枝近平展；外稃卵状披针形，较薄，上部具宽膜质边缘，第一外稃长3-4毫米 ·············· 1. 无芒隐子草 **K. songorica**
　2. 叶常内卷，稀扁平；圆锥花序窄，分枝斜上；外稃披针形，较厚，先端稍膜质，第一外稃长4-6毫米。
　　3. 第二颖具1脉；第一外稃长5-6毫米 ·············· 2. 细弱隐子草 **K. gracilis**
　　3. 第二颖具3脉；第一外稃长3-4.5毫米 ·············· 3. 小尖隐子草 **K. mucronata**
1. 外稃有芒，芒长0.5-9毫米；秆基部常具鳞芽，枯叶鞘较少。
　4. 植株细弱，常铺散，秋霜后常紫红色；秆干后成蜿蜒状或回旋状弯曲；花序常具少数小穗 ··············
　　·············· 4. 糙隐子草 **K. squarrosa**
　4. 植株直立或稍倾斜，秋霜后草黄或灰褐色；秆干后非蜿蜒状或回旋状弯曲，有时稍左右弯曲；花序常具多数小穗。
　　5. 秆劲直，径0.5-1毫米，基部鳞芽短小，贴近根头上部，鳞片薄；叶鞘除鞘口外余无毛，叶宽1-2（4）毫米。
　　　6. 外稃芒长1-3毫米；叶宽1-2毫米。
　　　　7. 圆锥花序开展，伸出鞘外。

8. 小穗具 1-3 小花；第一外稃长 6-7 毫米 ·· 5. 长花隐子草 **K. longiflora**

8. 小穗具 3-5 小花；第一外稃长 5-6 毫米 ·· 6. 中华隐子草 **K. chinensis**

7. 圆锥花序紧缩，基部为叶鞘所包 ·· 8. 包鞘隐子草 **K. foliosa**

6. 外稃芒长 0.5-1 毫米；叶宽 2-4 毫米 ·· 7. 丛生隐子草 **K. caespitosa**

5. 秆直立或稍倾斜向上，径 1-2.5 毫米，基部鳞芽较长，向外斜伸，鳞片硬，稀无鳞芽；叶鞘多少具疣毛；叶宽（2）3-8 毫米。

9. 小穗长 0.8-1.4 厘米，具 3-7 小花；外稃先端芒长 0.5-2 毫米。

10. 秆基常无鳞芽；叶斜上，较多，硬，长 2-6.5 厘米，宽 2-4 毫米；圆锥花序较紧缩，基部为叶鞘所包 ·· 9. 多叶隐子草 **K. polyphylla**

10. 秆基具鳞芽；叶常平展，较少，较薄，长（2）3-12 厘米，宽 3-8 毫米；圆锥花序开展，伸出鞘外 ·· 10. 北京隐子草 **K. hancei**

9. 小穗长 7-9 毫米，具 2-5 小花；外稃先端芒长 3-9 毫米。

11. 叶长 3-6 厘米，宽 3-5 毫米；小穗长 5-7 毫米；第一外稃长 4-5 毫米，芒长 2-5 毫米 ·································· 11. 朝阳隐子草 **K. hackeli**

11. 叶长 6-13 厘米，宽 4-8 毫米；小穗长 7-8 毫米；第一外稃长 5-6 毫米，芒长 3-7 毫米 ·································· 11(附). 宽叶隐子草 **K. nakai**

1. 无芒隐子草

图 1345：1-6

Kengia songorica (Roshev.) Packer in Bot. Not. 113(3): 293. 1960.

Diplachne songorica Roshev. Fl. URSS 2: 311. 1934.

Cleistogenes songorica (Roshev.) Ohwi; 中国高等植物图鉴5: 136. 1976; 中国植物志 10(1): 43. 1990.

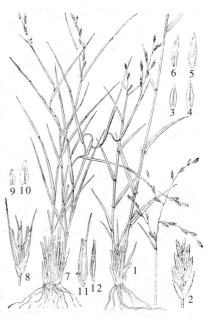

图 1345：1-6.无芒隐子草　7-12.糙隐子草
（史渭清绘）

多年生。秆直立或稍倾斜，高 15-50 厘米。叶鞘无毛，鞘口有长柔毛；叶舌长约 0.5 毫米，具短纤毛；叶线形，长 2-6 厘米，宽 1.5-2.5 毫米，上面粗糙，扁平或边缘稍内卷。圆锥花序长 2-8 厘米，宽 4-7 毫米，分枝开展，枝腋间有柔毛。小穗绿或带紫色，有 3-6 小花；颖卵状披针形，近膜质，具 1 脉，先端尖，第一颖长 2-3 毫米，第二颖长 3-4 毫米。外稃卵状披针形，边缘膜质，5 脉，先端无芒或具短尖头，第一外稃长 3-4 毫米；内稃短于外稃，脊具长纤毛；花药黄或紫色，长 1.2-1.6 毫米。颖果长约 1.5 毫米。花果期 7-9 月。

产黑龙江、辽宁、内蒙古、河南北部、陕西、宁夏、甘肃、青海及新疆，生于干旱草原、荒漠或半荒漠沙地。中亚及俄罗斯西伯利亚有分布。

2. 细弱隐子草

图 1346：1-5

Kengia gracilis (Keng) Packer in Bot. Not. 113(3): 293. 1960.

Cleistogenes gracilis Keng ex Keng f. et L. Liou in Acta Bot. Sin. 9 (1): 69. 1960; 中国植物志10(1): 43. 1990.

多年生草本。秆细弱，直立，多节，高 30-75 厘米，径约 1 毫米。

叶鞘无毛，鞘口具白色长柔毛，叶舌具短纤毛；叶线形，常内卷成针状，长 1.5-7 毫米，宽 1-2 毫米，上面粗糙，下面平滑。圆锥花序开展，长 5-12 厘米；分枝单生，粗

糙，基部具小枝与小穗。小穗长 1-1.4 厘米，黄绿或带紫色，有 5-8 小花；颖披针形，近膜质，1 脉，先端尖，第一颖长 2-4 毫米，第二颖长 3.5-5 毫米。外稃披针形，5 脉，第一外稃长约 5 毫米，先端具小尖头长约 0.2 毫米；内稃几等长于外稃。花果期 7-9 月。

产河南、陕西及宁夏，生于海拔 1500 米山坡草地。

3. 小尖隐子草

图 1346：6-10

Kengia mucronata (Keng ex Keng f. et. L. Liou) Packer in Bot. Not. 113 (3): 293. 1960.

Cleistogenes mucronata Keng ex Keng f. et L. Liou in Acta Bot. Sin. 9(1): 70. 1960; 中国植物志 10(1): 45. 1990.

图 1346：1-5.细弱隐子草 6-10.小尖隐子草
（冯晋庸绘）

多年生草本，具短根头。秆丛生，高 15-45 厘米，径 0.5-1 毫米，无毛，基部密集枯叶鞘。叶鞘长于节间，鞘口具长柔毛；叶舌为一圈纤毛；叶线形，内卷，长 1.5-6 厘米，宽 1-2 毫米，无毛，上面及边缘粗糙。圆锥花序开展，长 3-11 厘米；分枝单生，粗糙，自基部即着生小穗。小穗长（0.6）0.8-1 厘米，有 4-6 小花，黄褐色或上部带紫色；颖披针形，先端尖，第一颖长约 3 毫米，1 脉，第二颖长约 4 毫米，3 脉。外稃披针形，5 脉，第一外稃长 3-4.5 毫米，先端具长约 0.5 毫米短尖头；内稃等长或稍短于外稃；花药黄色，长约 2 毫米。花果期 7-9 月。

产甘肃及青海，生于山坡碎石或山麓冲积地。

4. 糙隐子草

图 1345：7-12

Kengia squarrosa (Trin.) Packer in Bot. Not. 113(3): 293. 1960.

Molinia squarrosa Trin. in Ledeb. Fl. Ait. 1: 105. 1829.

Cleistogenes squarrosa (Trin.) Keng; 中国植物志 10(1): 47. 1990.

多年生草本。秆纤细，直立或铺散，高 10-30 厘米，多节，干后常蜿蜒状或回旋状弯曲，绿色，霜后常紫红色。叶鞘无毛，多长于节间，叶舌具短纤毛；叶线形，扁平或内卷，粗糙，长 3-6 厘米，宽 1-2 毫米，圆锥花序窄，长 4-7 厘米，宽 0.5-1 厘米。小穗长 5-7 毫米，有 2-3 小花，绿或带紫色；颖边缘膜质，1 脉，第一颖长 1-2 毫米，第二颖长 3-5 毫米。外稃披针形，5 脉，第一外稃长 5-6 毫米，先端具芒等长或短于稃体；花药长约 2 毫米。花果期 7-9 月。

产黑龙江、吉林、辽宁、内蒙古、河北、山东、山西、陕西、宁夏、甘肃、青海及新疆，多生于干旱草原、丘陵坡地、沙地、固定或半固定沙丘、山坡等处。蒙古、俄罗斯西伯利亚、高加索及欧洲部分有分布。优良牧草。

5. 长花隐子草　　　　　　　　图 1347

Kengia longiflora (Keng ex Keng f. et L. Liou) Packer in Bot. Not. 113 (3): 293. 1960.

Cleistogenes longiflora Keng ex Keng f. et L. Liou in Acta Bot. Sin. 9(1): 69. 960; 中国植物志 10(1): 47. 1990.

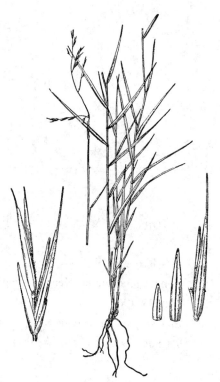

多年生。秆纤细，直立或干后稍左右弯曲，基部密生短小鳞芽，高 20-45 厘米，径约 1 毫米。叶鞘无毛，鞘口疏生长达 3 毫米柔毛，叶舌为长约 2 毫米的纤毛；叶线状披针形，扁平或内卷，长 2-7 厘米，宽 0.5-2 毫米。圆锥花序长 6-11 厘米，宽 2-5 厘米；分枝斜上，基部分枝长 2-4 厘米。小穗灰绿或紫褐色，长

（0.6）0.8-1 厘米，具 1-3 小花；颖薄，有光泽，窄披针形，1 脉，第一颖长 2-4 毫米，第二颖长 4-6 毫米。外稃披针形，5 脉，边缘疏生细柔毛，第一外稃长约 6 毫米，先端具长 2-3 毫米的芒；内稃稍短于外稃；花药长约 2.5 毫米。花果期 7-9 月。

产内蒙古、河北及宁夏，生于山坡草地或林缘灌丛。优良牧草。

图 1347　长花隐子草　（冯晋庸绘）

6. 中华隐子草　　　　　　　　图 1348

Kengia chinensis (Maxim.) Packer in Bot. Not. 113(3): 291. 1960.

Diplachne serotina Link. var. *chinensis* Maxim. in Bull. Soc. Nat. Mosc. 54, 70. 1879.

Cleistogenes chinensis (Maxim.) Keng; 中国植物志 10(1): 47. 1990.

多年生。秆纤细，直立，基部密生贴近根头的鳞芽，高 15-60 厘米，径 0.5-1 毫米。叶鞘长于节间，鞘口常具柔毛，叶舌短，边缘具纤毛；叶扁平或内卷，长 3-7 厘米，宽 1-2 毫米。圆锥花序长 5-10 厘米，具 3-5 分枝，基部分枝长 3-6 毫米。小穗黄绿或稍带紫色，长 7-9 毫米，有 3-5 小花；颖披针形，先端渐尖，第一颖长 3-4.5 毫米，第二颖长 4-5.5 毫米。外稃披针形，5 脉，边缘具长柔毛，第一外稃长 5-6 毫米，先端芒长 1-2（3）毫米；内稃几等长于外稃。花果期 7-10 月。

产黑龙江、吉林、辽宁、内蒙古、河北、山东、山西、河南、陕西、甘肃、宁夏及青海，生于山坡、丘陵或草地。良好牧草。

图 1348　中华隐子草
（引自《中国主要植物图说　禾本科》）

7. 丛生隐子草 图 1349

Kengia caespitosa (Keng) Packer in Bot. Not. 113(3): 292. 1960.

Cleistogenes caespitosa Keng in Sinensis 5: 154. f. 4. 1934; 中国植物志 10(1): 49. 1990.

秆丛生，黄绿或紫褐色，高 20-45 厘米，径约 1 毫米，基部常具鳞芽。叶鞘无毛，鞘口具长柔毛，叶舌具纤毛；叶线形，扁平或内卷，长 3-6 厘米，宽 2-4 毫米。圆锥花序开展；分枝斜上，长 1-3 厘米。小穗长 0.5-1.1 厘米，具 (1-) 3-5 小花；颖卵状披针形，1 脉，先端钝，近膜质，第一颖长 1-2 毫米，第二颖长 2-3.5 毫米。外稃披针形，5 脉，边缘具柔毛，第一外稃长 4-5.5 毫米，先端具 0.5-1 毫米短芒；内稃几等长于外稃；花药黄色，长约 3 毫米。花果期 7-10 月。

产辽宁、内蒙古、河北、山东、山西、河南、陕西、宁夏及甘肃，生于干旱山坡或林缘灌丛中。良好牧草。

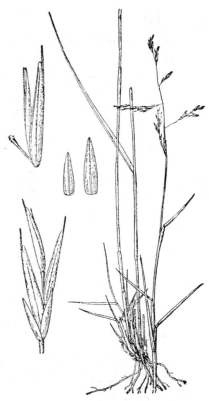

图 1349 丛生隐子草 （冯晋庸绘）

8. 包鞘隐子草 图 1350

Kengia foliosa (Keng) Packer in Bot. Not. 113(3): 292. 1960.

Cleistogenes foliosa Keng in Journ. Wash. Acad. Sci. 28: 298. 1938.

Cleistogenes kitagawai Honda var. *foliosa* (Keng) S. L. Chen et C. P. Wang; 中国植物志 10(1): 50. 1990.

秆直立，全部为叶鞘所包，高 20-30 厘米，径约 1 毫米。叶鞘均长于节间，无毛或鞘口有毛；叶舌为一圈纤毛状；叶扁平或干后内卷，长 3-6 厘米，宽 1.5-2 毫米，先端常卷成锥状而粗糙。圆锥花序线形，下部为叶鞘所包，长 4-7 毫米；分枝单生，贴生，微粗糙。小穗草黄色，成熟时稍紫色，长 6-7 毫米（芒除外），有 3-4 小花；小穗轴节间长约 1 毫米，顶端稍膨大而具微毛。颖具 1 脉，先端锐尖或渐尖，第一颖长 1.5-3 毫米，第二颖长 3.5-4.5 毫米。外稃披针形，近边缘疏生柔毛，基盘具短毛，先端微 2 裂，5 脉，主脉延伸成 1.5-3 毫米粗糙的芒，第一外稃长约 6 毫米；内稃等长于外稃，先端微凹，二脊具微小纤毛且延伸呈小尖头。花期 8 月。

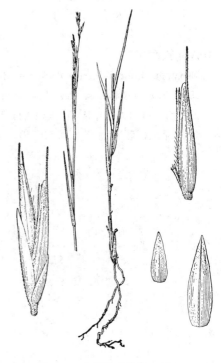

图 1350 包鞘隐子草 （冯晋庸绘）

产内蒙古、河北等省区，生于山坡、林缘或灌丛。良好牧草。

9. 多叶隐子草

图 1351

Kengia polyphylla (Keng ex Keng f. et L. Liou) Packer in Bot. Not. 113 (3): 293. 1960.

Cleistogenes polyphylla Keng ex Keng f. et L. Liou in Acta Bot. Sin. 9(1): 69. 1960; 中国植物志 10 (1): 50. 1990.

秆直立粗壮，高 15-40 厘米，径 1-2.5 毫米，具多节。叶鞘多少具疣毛，层层包被，达花序基部；叶舌平截，长约 5 毫米，具短纤毛；叶披针形或线状披针形，长 2-7 厘米，宽 2-4 毫米，坚硬，多直立上升，扁平或内卷，常自鞘口处脱落。花序长 4-7 厘米，宽 0.4-1 厘米。小穗绿或带紫色，长 0.8-1.3 厘米，具 3-7 小花；颖披针形或长圆形，1-3（-5）脉，第一颖长 1.5-2（4）毫米，第二颖长 3-4（5）毫米。外稃披针形，5 脉，第一外稃长 4-5 毫米，先端具长 0.5-1.5 毫米的芒；内稃几等长于外稃；花药长约 2 毫米。花果期 7-10 月。

产黑龙江、吉林、辽宁、内蒙古、河北、山东、山西、河南、陕西、甘肃、江苏及安徽，生于干旱山坡、沟岸或灌丛中。良好山地牧草。

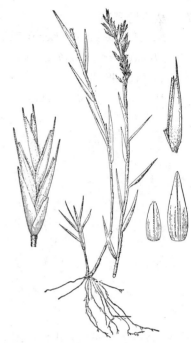

图 1351 多叶隐子草 （冯晋庸绘）

10. 北京隐子草

图 1352

Kengia hancei (Keng) Packer in Bot. Not. 113(3): 292. 1960.

Cleistogenes hancei Keng in Sinensis 11: 408. 1940; 中国高等植物图鉴5: 134. 1976; 中国植物志10(1): 52. 1990.

秆疏丛，粗壮直立，高 50-70 厘米，基部具鳞芽。叶鞘短于节间，

无毛或疏生疣毛，叶舌短，顶端裂成细毛；叶线形，长 3-12 厘米，宽 3-8 毫米，扁平或稍内卷，质硬，绿或稍带紫色，两面粗糙。圆锥花序开展，长 6-9 厘米，具多数分枝；分枝斜上，基部分枝长 3-5 厘米。小穗灰绿或带紫色，较密，长 0.8-1.4 厘米，具 3-7 小花；颖具 3-5 脉，侧脉常不明显，第一颖长 2-3.5 毫米，第二颖长 3.5-5 毫米。外稃披针形，有紫黑色斑纹，5 脉，第一外稃长约 6 毫米，先端具长 1-2 毫米的短芒；内稃等长或较长于外稃，先端微凹，脊粗糙。花果期 7-11 月。

产吉林、辽宁、内蒙古、河北、山东、山西、河南、陕西、江苏、安徽、福建及江西，生于山坡、路旁或林缘灌丛。优良牧草及水土保持植物。

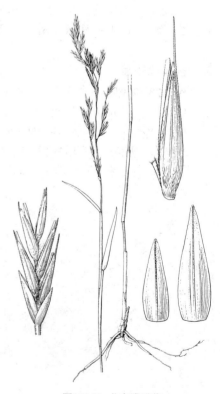

图 1352 北京隐子草
（引自《中国主要植物图说 禾本科》）

11. 朝阳隐子草   图 1353

Kengia hackeli (Honda) Packer in Bot. Not. 113(3): 291. 1960.

Diplachne hackeli Honda in Journ. Fac. Sci. Univ. Tokyo sect. 3, Bot. 3: 112. 1930.

Cleistogenes hackeli (Honda) Honda; 中国植物志 10(1): 52. 1990.

秆丛生，基部具鳞芽，高30-85厘米，径0.5-1毫米，多节。叶鞘疏生疣毛，鞘口有较长柔毛，叶舌具长约0.5毫米纤毛；叶扁平或内卷，两面无毛，长3-10厘米，宽2（-5）6毫米。圆锥花序开展，长4-10厘米，基部分枝长3-5厘米。小穗长5-7（-9）毫米，有2-4小花；颖膜质，1脉，第一颖长1-2毫米，第二颖长2-3毫米。外稃边缘及先端带紫色，背部具青色斑纹，

5脉，边缘及基盘具短纤毛，第一外稃长4-5毫米，先端芒长2-5毫米；内稃与外稃近等长。花果期7-11月。染色体2n=40（Tateok 1954）。

产河北、山东、山西、河南、陕西、甘肃、江苏、安徽、浙江、福建、江西、湖北、湖南、贵州及四川，生于山坡林下或林缘灌丛中。朝鲜半岛及日本有分布。

[附] **宽叶隐子草 Kengia nakai** (Keng) Packer in Bot. Not. 113(3): 291. 1960. —— *Cleistogenes chinensis* (Maxim.) Keng var. *nakai* Keng in Sinensis 5: 151. 1934. —— *Cleistogeres hackeli* (Honda) Packer var. *nakai* (Keng) Ohwi; 中国植物志 10(1): 54. 1990. 与朝阳隐子草的区别：小穗灰绿色，长7-9毫米，具2-5小花；颖近膜质，具1脉或第一颖无脉，第一颖长0.5-

图 1353 朝阳隐子草
（引自《中国主要植物图说　禾本科》）

2毫米，第二颖长1-3毫米；外稃披针形，黄绿色，常具灰褐色斑纹，外稃边缘及基盘均具短柔毛，第一外稃长5-6毫米，先端芒长3-9毫米。花果期7-9月。产辽宁、内蒙古、河北、山东、山西、河南、陕西、甘肃、江苏、浙江及湖北，生于山坡林缘或林下灌丛。朝鲜半岛有分布。

125. 双稃草属 Diplachne Beauv.
（金岳杏）

一年生或多年生草本。圆锥花序具多数总状花序。小穗两侧扁，具数小花，有短柄，成2行排列于穗轴一侧，脱节于颖之上和各小花之间；颖不等，1脉，先端锐尖。外稃先端2-4齿，1-3脉，主脉隆起成脊，延伸成短芒或小尖头；雄蕊3；花柱分离。

约14种，分布于热带和温暖地区。我国1种。

双稃草   图 1354

Diplachne fusca (Linn.) Beauv. Ess. Agrost. 80, 163, 1812.

Festuca fusca Linn. Sp. Pl. ed. 2. 109. 1762.

多年生。秆直立或膝曲上升，高20-90厘米，无毛，有分枝。叶舌膜质，长3-6毫米；叶常内卷，粗糙，下面平滑，长5-25厘米，宽1.5-3毫米。圆锥花序长15-25厘米，主轴和分枝微粗糙。小穗灰绿色，近圆柱形，长0.6-1厘米，具柄，长1毫米，具5-10小花；颖

图 1354 双稃草
（引自《中国主要植物图说　禾本科》）

片膜质，1 脉。外稃背部稍圆，3 脉，中脉从齿间延伸成短芒，芒长 1 毫米，侧脉下部有疏毛，基盘两侧有疏柔毛；第一外稃长 4-5 毫米；内稃稍短，沿脊有短毛；花药乳脂色。颖果长约 2 毫米。

产辽宁、河北、山东、山西、河南、江苏、安徽、浙江、台湾、福建、湖北、香港、海南、云南等省区，生于低海拔潮湿地及微碱荒地。亚洲东南、非洲、大洋洲有分布。

126. 千金子属 Leptochloa Beauv.
（金岳杏）

一年生或多年生草本。叶线形。多数细弱穗形总状花序组成圆锥花序。小穗有 2 至数小花，具短柄或无柄，两侧扁，成 2 行覆瓦状排列于穗轴一侧，小穗轴脱节于颖之上和各小花之间。颖不等长，具 1 脉，无芒或有短尖头，通常短于第一小花，稀第二颖长于第一小花。外稃具 3 脉，通常无芒；内稃等长于或稍短于外稃，有 2 脊。

约 20 种，主要分布于温暖地区。我国 2 种。

千金子　　　　　　　　　　　　　　　图 1355

Leptochloa chinensis (Linn.) Nees in Syll. Pl. Nov. Ratisb. 1: 4. 1824.

Poa chinensis Linn. Sp. Pl. 69. 1753.

一年生。秆直立，基部膝曲或倾斜，高 30-90 厘米，无毛。叶鞘无毛，短于节间，叶舌膜质；叶扁平或多少内卷，两面微粗糙或下面平滑，长 5-25 厘米，宽 2-6 毫米。圆锥花序长 10-30 厘米，分枝和主轴均微粗糙。小穗多少紫色，长 2-4 毫米，具 3-7 小花；颖不等长，1 脉，脊粗糙。外稃先端无毛或下部有微毛，第一外稃长 1.5 毫米；内稃稍短于外稃；花药长 0.5 毫米。颖果长圆球形，长约 1 毫米。

产河北、山东、山西、河南、陕西南部、江苏、安徽、浙江、台湾、福建、江西、湖北、湖南、广东、香港、海南、广西、贵州、四川及云南，生于 1000 米以下潮湿荒地和路边。东南亚地区有分布。

图 1355　千金子
（引自《中国主要植物图说　禾本科》）

127. 草沙蚕属 Tripogon Roem. et Schult.
（陈守良）

多年生细弱草本。秆常密丛。叶细长，常内卷。穗状花序单一顶生。小穗具少至多数小花，几无柄，成 2 行排列于纤细穗轴一侧，小穗轴脱节于颖之上及各小花之间；颖不等长，常具 1 脉。外稃卵形，背部拱形，先端 2-4 裂，3 脉，中脉自裂片间延伸成芒，侧脉自外侧裂片先端有时延伸成短芒，基盘具柔毛；内稃宽或窄，褶叠，与外稃等长或较短；雄蕊 3；花柱短。

约 30 种，多分布于亚洲和非洲，大洋洲 1 种，美洲 2 种。我国 6 种。多作饲料。

1. 外稃主芒短于或近等长于稃体。

  2. 外稃主芒长 3-4 毫米，与稃体近等长。

    3. 植株高 15-30 厘米；花序长 6-13 厘米；第二颖先端 2 裂，裂齿间具长 0.5-0.8（1.2）毫米短芒 ··········

    ··· 1. 草沙蚕 **T. bromoldes**

    3. 植株高 7.5-12.5 厘米；花序长 2-4 厘米；第二颖先端不裂，具小尖头 ············· 2. 小草沙蚕 **T. nanus**

  2. 外稃主芒长 0.5-2.5 毫米，短于稃体 ·································· 5. 中华草沙蚕 **T. chinensis**

1. 外稃主芒长于稃体，且反曲。

  4. 颖下常具长不及 1.5 毫米的小苞片，小穗有 3 颖片；外稃主芒长 5-8 毫米，侧芒长 1-3 毫米 ···········

  ··· 3. 线形草沙蚕 **T. filiformis**

  4. 颖下无小苞片；外稃主芒长约 4 毫米，侧芒为长约 1 毫米小尖头 ············· 4. 长芒草沙蚕 **T. longi-aristatus**

1. 草沙蚕　　　　　　　　　　　　图 1356

Tripogon bromoides Roem. et Schult. Syst. Veg. 2: 600. 1817.

秆高 15-30 厘米，细弱直立，无毛。叶鞘常无毛或鞘口被长柔毛，叶舌短或近无；叶较硬而内卷，长 3-10 厘米，宽 1-2 毫米，上面常疏生柔毛，下面无毛。穗状花序长 6-13 厘米；穗轴微扭卷，无毛，或棱边被刺毛，宽 0.5-0.8 毫米。小穗铅绿色，排列较紧密，长 0.5-0.8（-1）厘米，具 5-8（9）小花；颖膜质，1 粗脉，第一颖长 2.5-3 毫米，上部贴向穗轴一侧常具小裂片，第二颖长 3.5-4.5 毫米，先端 2 裂，裂齿间具长 0.5-0.8（-1.2）毫米的芒。外稃无毛，第一外稃长 3-3.5 毫米，主芒长 3-4 毫米，侧芒长 1-1.5 毫米，芒间裂片锐尖，长 0.5-1 毫米；内稃短于外稃，沿脊具小纤毛，先端具纤毛；花药长 1.5-2 毫米。花果期 9 月。

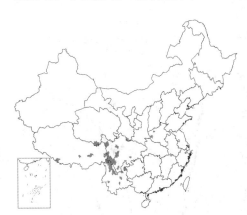

产河南、甘肃南部、青海南部、贵州西部、四川、云南及西藏，生于海拔 2700-4300 米干河谷或山坡。印度及斯里兰卡有分布。

图 1356 草沙蚕（史渭清绘）

2. 小草沙蚕　　　　　　　　　　图 1357

Tripogon nanus Keng ex Keng f. et L. Liou in Acta Bot. Sin. 9(1): 71. 1960.

秆光滑，高 7.5-12.5 厘米，1-2 节。叶鞘位于基部者常草黄色，秆生者紧密包茎，无毛，常短于节间，叶舌长约 0.2 毫米，具小纤毛；叶硬，直立，内卷，长 1-1.8 厘米，宽约 1.2 毫米，上面有柔毛。穗状花序长 2-4 厘米，宽约 3 毫米，成熟时灰棕色；穗轴平滑，宽约 0.5 毫米。小穗常紧密覆瓦状排列于穗状花序上部，有 4-6 小花，长 4-6 毫米，小穗轴节间长 0.8-1 毫米，无毛。颖沿脊稍粗糙，第一颖长约 2 毫米，二侧具缺刻，第二颖长 3-3.5 毫米，全缘，具小尖头。外稃无毛，第一外稃长 2.5-3 毫米，主芒长 3-4 毫米，粗糙，侧芒长 2-3 毫米，芒

间具线形长约 1 毫米裂片，基盘密生长约 0.3 毫米柔毛；内稃长 2-2.5 毫米，脊与先端均具小纤毛；花药乳白色，长约 1 毫米。颖果红棕色，线形，长 1.2-1.5 毫米。花果期 7-10 月。

产四川、云南及西藏，生于海拔 2000-4100 米山坡草地或干旱沙质山坡。

3. 线形草沙蚕　　　　　　　　　　图 1358
Tripogon filiformis Nees ex Steud. Syn. Pl. Glum. 1: 301. 1854.

秆丛生，直立或基部膝曲，无毛，高 15-35 厘米。叶鞘无毛，鞘口常有毛，叶舌短；叶长 4.5-10 厘米，宽 1-1.5 毫米，常内卷，上面粗糙而沿脉被短刺毛或散生长柔毛，下面无毛。穗状花序长 10-20 厘米；

穗轴细弱，无毛。小穗铅绿色，长 0.8-1.3 厘米，有 4-8 小花，排列疏散或 2-3 枚生于一节，小穗轴常具毛。两颖下常有长不及 1.5 毫米小苞片，第一颖长 2-3 毫米，第二颖长 4-5 毫米，先端尖或 2 裂，裂齿间有小尖头。外稃无毛或近先端被微刺毛，3 脉，均延伸成芒，主芒反曲，长 5-8 毫米，侧芒长 1-3 毫米，芒间裂片先端尖或钝，第一外稃长 3-3.5 毫米，基盘毛长 0.5-2 毫米；内稃稍长或稍短于外稃，脊密被纤毛，脊间有微小刺毛，先端钝并具纤毛；花药长约 1 毫米。花果期 8-10 月。

产河南、陕西、甘肃南部、浙江、福建、江西、湖南、广东、贵州、四川、云南及西藏，生于海拔 300-3200 米山坡草地、河谷灌丛中、路边、岩石或墙上。尼泊尔及印度有分布。

4. 长芒草沙蚕　　　　　　　　　　图 1359
Tripogon longe-aristatus Nakai, Veg. Isl. Quelpaert. 19: 147. 1914.

秆直立丛生，细弱，高约 30 厘米。叶鞘无毛，鞘口常有毛，叶舌纤毛状或近无；叶硬，内卷针状，长 4-13 厘米，宽约 1 毫米，上面疏生短毛，下面无毛。穗状花序长 10-15 厘米。小穗成熟时草黄色，较疏，有 3-4 小花，长 0.5-1 厘米；第一颖上部贴向穗轴一侧常具缺刻，长 2.5-3 毫米，第二颖长 4-4.5 毫米，先端具长约 0.5 毫米尖头。外稃先端 2 裂，主脉延伸成长约 4 毫米

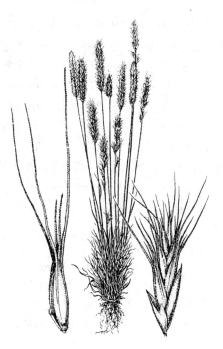

图 1357　小草沙蚕
（引自《中国主要植物图说　禾本科》）

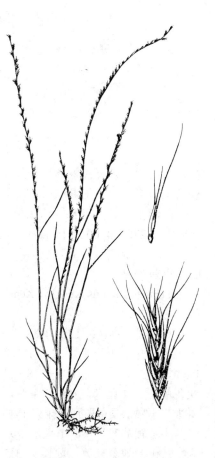

图 1358　线形草沙蚕
（引自《中国主要植物图说　禾本科》）

外曲芒，侧脉延伸成 1 毫米小尖头，第一外稃长约 3.5 毫米；内稃等长于外稃；花药长约 2 毫米。花果期秋季。

产福建、广东、广西、贵州西部及云南，生于山坡草地。日本及朝鲜半岛有分布。

5. 中华草沙蚕　　　　　　图 1360

Tripogon chinensis (Franch.) Hack. in Bull. Herb. Boissier 2(3): 503. 1903.
Festuca filiformis Nees ex Steud. var. *chinensis* Franch. in Nouv. Arch.
Mus. Mist. Nat. ser. 2, 7: 149. 1884.

秆细弱直立，无毛，高 10-30 厘米。叶鞘仅鞘口有白色长柔毛，叶舌膜质，长约 0.5 毫米，具纤毛；叶线形，内卷针状，上面微粗糙，

向基部疏生柔毛，下面无毛，长 5-15 厘米，宽约 1 毫米。穗状花序细弱，长 8-11（-15）厘米；穗轴三棱形，宽约 0.5 毫米，无毛。小穗铅绿色，线状披针形，长 5-8（-10）毫米，有 3-5 小花；颖具宽而透明膜质边缘，第一颖长 1.5-2 毫米，第二颖长 2.5-3.5 毫米。外稃近膜质，先端 2 裂，主脉延伸成长 1-2 毫米直芒，侧脉延伸

图 1359 长芒草沙蚕 （史渭清绘）

成 0.2-0.5 毫米小尖头。第一外稃长 3-4 毫米，基盘被长约 1 毫米柔毛；内稃膜质，等长或稍短于外稃，脊粗糙或具小纤毛；花药长 1-1.5 毫米。花果期 1-9 月。

产黑龙江、辽宁、内蒙古、河北、山东、山西、河南、陕西、宁夏、甘肃、新疆、江苏、安徽、台湾、江西、四川、云南及西藏，生于海拔 200-3200 米山坡干旱草地或撩荒地。蒙古、朝鲜半岛及俄罗斯有分布。

128. 穇属 Eleusine Gaertn.
（庄体德）

一年生或多年生草本。秆硬，簇生或具匍匐茎，常 1 长节间与数个短节间交互排列。叶平展或卷折。穗状花序较粗壮，常数个成指状排列于秆顶，稀单一顶生；穗轴不延伸于顶生小穗之外。小穗无柄，两侧扁，无芒，覆瓦状排列于穗轴一侧。小穗轴脱节于颖上或小花之间；小花数朵紧密地排列于小穗轴上；颖不等长，颖和外稃背部均具扁脊。外稃先端尖，3-5 脉，侧脉极近中脉，成宽脊；内稃短于外稃，具 2 脊；鳞被 2，折叠，3-5 脉；雄蕊 3。囊果皮膜质，宽椭圆形。胚基生，近圆形，种脐基生，点状。染色体基数 x＝9。

约 9 种，分布于热带和亚热带。我国 2 种。

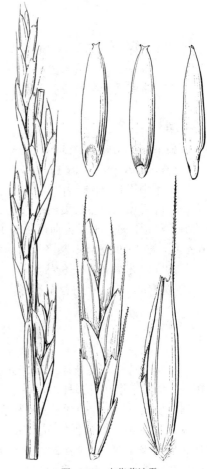

图 1360 中华草沙蚕
（引自《中国主要植物图说　禾本科》）

1. 植株高不及 1 米；花序分枝不弯曲；种子卵圆形；野生 ·········· 1. **牛筋草 E. indica**

1. 植株高 1 米以上；花序分枝成熟时向内弯曲；种子球形；栽培 ………………………………… 2. 穆 **E. coracana**

1. 牛筋草

图 1361：1-9

Eleusine indica (Linn.) Gaertn. Fruct. Sem. Pl. 1: 8. 1788.

Cynosurus indicus Linn. Sp. Pl. 72. 1753.

一年生草本。根系发达。秆丛生，高 10-90 厘米，基部倾斜。叶鞘两侧扁而具脊，松散，无毛或疏生疣毛，叶舌长约 1 毫米；叶线形，长 10-15 厘米，宽 3-5 毫米，无毛或上面被疣基柔毛。穗状花序 2-7 个指状着生秆顶，稀单生，长 3-10 厘米，宽 3-5 毫米。小穗长 4-7 毫米，宽 2-3 毫米，具 3-6 小花；颖披针形，脊粗糙，第一颖长 1.5-2 毫米，第二颖长 2-3 毫米。第一外稃长 3-4 毫米，卵形，膜质，脊带窄翼；内稃短于外稃，具 2 脊，脊具窄翼；鳞被 2，折叠，5 脉。囊果卵圆形，长约 1.5 毫米，基部下凹，具波状皱纹。染色体 2n=18。

产除青海及新疆外，全国其余省区均产，多生于荒地及路旁。温带

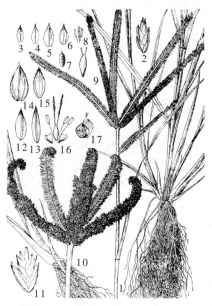

图 1361：1-9.牛筋草 10-17.穆 （王伟民绘）

和热带地区有分布。全草煎水服，防治乙型脑炎。全株作饲料；为优良保土植物。

2. 穆

图 1361：10-17

Eleusine coracana (Linn.) Gaertn. Fruct. Sem. Pl. 1: 8. t: 1. f. 11. 1788.

Cynosurus coracanus Linn. Syst. ed. 10, 2: 875. 1759.

一年生粗壮草本。秆直立、簇生，高 0.5-1.2 米。叶鞘长于节间，光滑，叶舌顶端密生长柔毛，长 1-2 毫米；叶线形。穗状花序 5-8 指状着生秆顶，成熟时常内曲，长 5-10 厘米，宽 0.8-1 厘米。小穗具 5-6 小花，长 7-9 毫米；颖坚纸质，先端尖，第一颖长约 3 毫米，第二颖长约 4 毫米。外稃三角状卵形，先端尖，背部具脊，脊缘有窄翼，长约 4 毫米，5 脉；内稃窄卵形，具 2 脊，粗糙；鳞被折叠，3 脉；花柱自基部分离。种子近球形，黄棕色，皱缩；胚长为种子 1/2-3/4，种脐点状。染色体 2n=36。

山东、河南、陕西、西藏及长江以南各省区有栽培。东半球热带及亚热带地区广泛栽植。秆用作编织、造纸或家畜饲料；种子可食或供酿造。

129. 龙爪茅属 Dactyloctenium Willd.

（庄体德）

一年生或多年生草本。秆直立或匍匐，多少扁，无毛，节间长或一短一长交替。叶扁平。穗状花序粗短，2 至数个指状排列秆顶，稀单生；穗轴延伸于顶生小穗之外，成小尖头。小穗无柄，两侧扁，生于窄而扁平穗轴一侧，成两行紧密覆瓦状排列，脱节于颖上或小花之间；颖不等长，背具 1 脉呈脊状，第一颖小，先端尖，宿存，第二颖先端尖锐或有小尖头，脱落。外稃具 3 脉，中脉成脊，先渐尖或具短芒，内稃短，具 2 脊，脊有翼；鳞被 2，小，楔形，折叠；雄蕊 3；子房球形，花柱 2，分离，基部联合，柱头帚状。囊果椭圆形、圆柱形或扁，果皮薄而易分离。种子近球形，具皱纹；种脐点状，胚长于种子 1/2。染色体基数 x=9，10。

约 10 种，广布东半球温暖地区。我国 1 种。

龙爪茅 图 1362

Dactyloctenium aegyptium (Linn.) Beauv. Ess. Agrost. Expl. Pl. 15. 1812.

Cynosurus aegyptius Linn. Sp. Pl. 72. 1753.

一年生草本。秆直立，高 15-60 厘米，或基部横卧，节处生根且分枝。叶鞘松散，边缘被柔毛，叶舌膜质，长 1-2 毫米，顶端具纤毛；叶扁平，长 5-18 厘米，宽 2-6 毫米，先端尖或渐尖，两面被疣基毛。穗状花序 2-7 个指状排列秆顶，长 1-4 厘米，宽 3-6 毫米。小穗长 3-4 毫米，具 3 小花；第一颖沿脊具短硬纤毛，第二颖先端具短芒，芒长 1-2 毫米。外稃脊被短硬毛，第一外稃长约 3 毫米；内稃与第一外稃近等长，先端 2 裂，背部具 2 脊，

背缘有翼，翼缘具细纤毛；鳞被 2，5 脉。囊果球形，长约 1 毫米。染色体 2n=20。

产江苏东南部、浙江、台湾、福建、江西、湖南南部、广东、香港、海南、广西、贵州、四川及云南，生于山坡草地或海滩地。热带及亚热带地区均有分布。

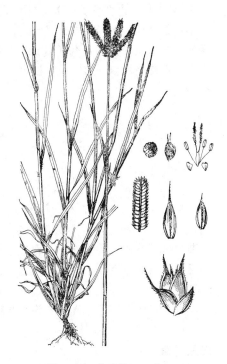

图 1362 龙爪茅 （王伟民绘）

130. 总苞草属 Elytrophorus Beauv.
（庄体德）

一年生直立草本。叶舌短，薄膜质；叶窄而扁平。穗状圆锥花序顶生，圆柱形，由多数小穗组成圆球状小穗簇，密生或间断着生于花序轴，每小穗簇托以 3 至数枚颖状苞片组成的总苞。小穗两侧扁，无柄或近无柄，具 3-5 小花，脱节于颖上或各小花之间；颖几相等，膜质，1 脉，常脊状，先端延伸成短尖头。外稃具 3 脉，内稃较外稃短，具 2 脊，脊具宽翼；鳞被 2，斜长方形；雄蕊 1-3，花药微小；花柱长，分离，柱头羽毛状。颖果长圆形。染色体基数 x=13。

约 4 种，产热带非洲、亚洲和大洋洲。我国 1 种。

总苞草 图 1363

Elytrophorus spicatus (Willd.) A. Camus in Lecomte, Fl. Gen. Indo-Chine 7: 547. 1932.

Dactylis spicata Willd. in Ges. Naturf. Freunde Berlin, Neue Schr. 3: 416. 1801.

一年生草本。秆丛生，直立或基部膝曲，高 6-20 厘米。叶鞘松散，无毛，叶舌薄膜质，长 0.5-1 毫米；叶线状披针形，长 2.5-15 厘米，宽 2-4 毫米，上面稍粗糙或疏生柔毛，下面无毛。圆锥花序穗状，长 2-10 厘米，径 6-8 毫米，下部小穗簇较上部的疏离，小穗簇下面的苞片

图 1363 总苞草 （陈荣道绘）

长 2-4 毫米，边缘膜质，下部具纤毛。小穗宽卵圆形，长约 3.5 毫米，有小花 3-7 朵；颖长 2-2.5 毫米。第一外稃长约 3.5 毫米；内稃长约 1.5 毫米，先端具裂齿；花药长约 0.5 毫米。染色体 2n=26。

产海南及云南南部，生于田野潮湿地方。热带亚洲、非洲及大洋洲有分布。

131. 格兰马草属 Bouteloua Lag.
（庄体德）

多年生或一年生草本。秆直立，丛生。穗状花序 2 至多枚，总状排列于主轴，有时单生秆顶，主轴顶端常裸露。小穗无柄，少数至多数栉齿状或较疏两行排列于穗轴一侧，具 1 孕性小花及 1 至数枚退化小花。颖渐尖或具短芒，1 脉，第一颖较短较窄。外稃较长或等长于第二颖，3 脉，中脉延伸成短芒或小尖头，先端常具裂片或裂齿；内稃具 2 脉，先端有时裂开而具 2 短芒；不孕外稃常具 3 芒，芒长于孕花。染色体基数 x=7，10。

约 40 种，全产美洲，多数产北美。我国引入 2 种作牧草。

格兰马草　　　　　　　　　　　　图 1364

Bouteloua gracilis (H. B. K.) Lag. ex Steud. Nom. Bot. ed. 2(1): 219. 1840.

Chondrosium gracile H. B. K. Nov. Gen. et Sp. 1: 176. t. 58. 1816.

多年生草本。秆丛生，直立，高 20-60 厘米。叶鞘光滑，紧包茎，叶舌长不及 1 毫米，柔毛状；叶窄长，扁平或微卷，长 20-30 厘米，宽 1-2 毫米，上面微粗糙。穗状花序常 2 个，稀 1-3 或更多，长 2.5-5 厘米，熟时镰形弯曲，穗轴不延伸至顶生小穗之后。小穗长 5-6 毫米，紧密栉齿状排成 2 行，小穗轴脱节于颖之上；颖窄披针形，1 脉，宿存，第一颖长约 3 毫米，第二颖长 3.5-6 毫米，脊疏生长疣毛。第一外稃背面具柔毛，长 5-5.5 毫米，先端 2 裂，3 脉均延伸成短芒，基盘具长柔毛；内稃具 2 脊，稍短于外稃；不孕外稃退化，长约 2 毫米，深裂至基部，基部具长柔毛，先端具 3 芒，芒长约 5 毫米。染色体 2n=28，35，42，61，77。

原产中美洲。我国引入作牧草。

图 1364 格兰马草
（引自《中国主要植物图说　禾本科》）

132. 虎尾草属 Chloris Sw.
（陈守良）

一年生或多年生草本，有或无匍匐茎。秆常丛生。叶鞘主脉常成脊，叶舌短小；叶扁平或对折。少数至多数穗状花序于秆顶簇生呈指状。小穗常 2 行覆瓦状排列于穗轴一侧，有 2-3（4）小花，第一小花两性，上部其余小花退化不孕而包卷呈球形，孕性小花脱节于颖之上；颖窄披针形或具短芒，不等长，1 脉，宿存。第一外稃两侧扁，较厚，先端尖或钝，全缘或 2 浅裂，中脉延伸成直芒，基盘具柔毛；内稃约等长于外稃，具 2 脊，脊具短纤毛；不孕小花常仅具外稃，无毛，先端平截或稍尖，常具直芒。颖果长圆柱形。染色体基数 x=10。

约 50 种，分布于热带至温带，美洲种类最多。我国 4 种。

1. 小穗除颖外，具 3 芒；第二小花有内稃 ··· 1. 台湾虎尾草 Ch. formosana
1. 小穗除颖外，具 2 芒；第二小花无内稃 ··· 2. 虎尾草 Ch. virgata

1. 台湾虎尾草   图 1365

Chloris formosana (Honda) Keng, Clav. Gram. Prim. Sin. 197. 1957.

Chloris barbata Sw. var. *formosana* Honda in Bot. Mag. Tokyo 40: 437. 1926.

一年生。秆直立或基部伏卧而于节处生根并分枝，高 20-70 厘米，径约 3 毫米，无毛。叶鞘无毛，叶舌长 0.5-1 毫米，无毛；叶线形，

两面无毛或鞘口处偶有疏柔毛，长达 20 厘米，宽达 7 毫米。穗状花序 4-11 枚，长 3-8 厘米，穗轴被微柔毛。小穗长 2.5-3 毫米，具 1 孕性及 2 不孕小花；第一颖三角钻形，长 1-2 毫米，1 脉，被微毛，第二颖长椭圆状披针形，膜质，长 2-3 毫米，先端常具长 2-3 毫米芒或无芒；第一小花两性，与小穗近等长，倒卵状

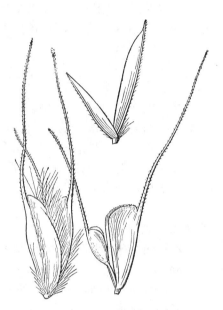

图 1365 台湾虎尾草 （史渭清绘）

披针形。外稃纸质，3 脉，侧脉近边缘，密被白色柔毛，上部毛较长，有芒长 4-6 毫米；内稃倒长卵形，透明膜质，先端钝，2 脉；第二小花长约 1.5 毫米，宽约 1 毫米，上缘平钝，具芒长约 4 毫米，有内稃；第三小花偏倒梨形，具长约 2 毫米的芒，无内稃，不孕小花间的小穗轴长 0.6-0.7 毫米。颖果纺锤形，长约 2 毫米；胚长约为颖果 3/4。花果期 8-10 月。

产台湾、福建、广东、香港、海南及广西东南部，生于海边沙地。

2. 虎尾草   图 1366

Chloris virgata Sw. Fl. Ind. Occ. 1: 203. 1797.

一年生。秆无毛，直立或基部膝曲，高 12-75 厘米，径 1-4 毫米。叶鞘松散包秆，无毛，叶舌长约 1 毫米，无毛或具纤毛；叶线形，长

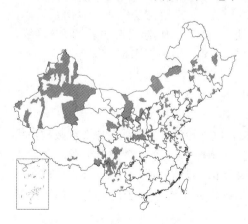

3-25 厘米，宽 3-6 毫米，两面无毛或边缘及上面粗糙。秆顶穗状花序 5-10 余枚，穗状花序长 1.5-5 厘米。小穗成熟后紫色，无柄，长约 3 毫米；颖膜质，1 脉，第一颖长约 1.8 毫米，第二颖等长或略短于小穗，主脉延伸成 0.5-1 毫米小尖头。第一小花两性，倒卵状披针形，长 2.8-3 毫米，外稃纸质，沿脉及边缘疏生柔毛或无毛，先端尖或 2 微裂，芒自顶端稍下方伸出，长 0.5-1.5 厘米，基盘具长约 0.5 毫米的毛；内稃膜质，稍短于外稃，脊被微毛；第二小花不孕，长楔形，长约 1.5 毫米，先端平截或微凹，芒长 4-8 毫米，自背上部一侧

图 1366 虎尾草
（引自《中国主要植物图说 禾本科》）

伸出。颖果淡黄色，纺锤形，无毛而半透明。胚长约为颖果2/3。花果期6-10月。染色体2n=20。

产黑龙江、吉林、辽宁、内蒙古、河北、山东、山西、河南、陕西、宁夏、甘肃、青海、新疆、江苏、安徽、台湾、福建、湖北、湖南、广东、香港、贵州、四川、云南、西藏等省区，多生于海拔3700米以下路旁荒野、河岸沙地、土墙或房顶。热带至温带均有分布。

133. 肠须草属 Enteropogon Nees

（盛国英）

多年生草本。秆多少两侧扁。穗状花序数枚指状着生或单一顶生。小穗无柄，窄披针形，具1-2小花；2行覆瓦状排列于穗轴一侧。小穗轴脱节于颖之上并延伸至内稃之后，如有第二小花，则常为雄性或退化；颖膜质，短于或第二颖等长于第一外稃。第一小花外稃多少背腹扁，3脉，先端具2微齿，中脉延伸成细芒，边缘及侧脉无毛；内稃等长于外稃，具2脊，基盘钝，具柔毛。颖果长椭圆形。染色体基数x=10。

约7种，分布于东半球热带。我国2种。

肠须草 图 1367

Enteropogon dolichostachyus (Lag.) Keng ex Lazarides in Austral. J. Bet., Suppl. Ser., 5 : 31. 1972.

Chloris dolichostachya Lag. Nov. Gen. et Sp. Pl. 5. 1816.

多年生草本。秆高0.3-1（2）米，无毛，稍扁。叶鞘松散，叶舌长约0.5毫米，具纤毛；叶线形，长15-30厘米，宽0.4-1厘米，两面被疣毛或无毛。穗状花序4-5，长10-20（-25）厘米，指状着生秆顶，常带紫红色。小穗近无柄，披针形，长5.5-7毫米；颖膜质，1脉，第一颖卵状披针形，长约2毫米，先端渐尖，第二颖披针形，长4.5-5毫米。第一小花两性，等长于小穗；

外稃纸质，3脉，脉间被疏短毛，先端具2微齿，芒长0.8-1.6厘米；内稃膜质，等长于外稃，2脉，基盘钝，具长约1毫米柔毛；花药淡黄色；不孕小花具长约5毫米细芒。颖果长椭圆形，褐红色，长约3

图 1367 肠须草 （张迎德绘）

毫米。花果期8-10月。

产台湾、广东、海南及云南，多生于旷野或海边。阿富汗经印度、缅甸至东南亚有分布。

134. 狗牙根属 Cynodon Rich.

（金岳杏）

多年生草本。具根茎和匍匐枝。秆纤细。叶较短而平展；叶舌短，具一轮纤毛。穗状花序2至数枚指状着生秆顶。小穗无芒，两侧扁，具1-2小花，无柄，常覆瓦状排列于穗轴一侧。小穗轴脱节于颖之上，并伸出内稃之后成针芒状，有时顶端有退化小花；颖窄长，近等长，均为1脉或第二颖为3脉。外稃草质或膜质，3脉，侧脉近边缘；内稃膜质，2脉，与外稃等长；鳞被小；花药黄或紫色；子房无毛，柱头红紫色。颖果长圆柱形或两侧稍扁。种脐线形，胚微小。

约10种，分布亚洲亚热带、热带和欧洲。我国2种1变种。

1. 小穗有两性花1枚 .... 狗牙根 C. dactylon

1. 小穗有两性花2枚 ···························· (附). 双花狗牙根 C. dactylon var. biflorus

狗牙根
图 1368

Cynodon dactylon (Linn.) Pers. Syn. Pl. 1: 85. 1805.

Panicum dactylon Linn. Sp. Pl. 85. 1753.

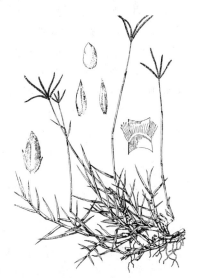

多年生低矮草本。秆细而坚韧，直立或下部匍匐，节生不定根，蔓延生长，秆无毛。叶鞘微具脊，无毛或被疏柔毛，鞘口常具柔毛，叶舌有一轮纤毛；叶线形，长1-12厘米，宽1-3毫米，通常无毛。穗状花序通常3-5，长1.5-5厘米。小穗灰绿色，稀带紫色，具1小花，长2-2.5毫米。颖长1.5-2毫米，第二颖稍长，均具1脉，边缘膜质。外稃舟形，5脉，背部成脊，脊被柔毛；内稃与外稃等长，2脉；鳞被上缘近平截；花药淡紫色。颖果长圆柱形。

图 1368 狗牙根
（引自《中国主要植物志图说 禾本科》）

产河北、山东、山西、河南、陕西、甘肃、新疆、江苏、安徽、浙江、台湾、福建、江西、湖北、湖南、广东、香港、海南、广西、贵州、四川、云南及西藏，生于村庄、河岸、道路、荒坡。世界温暖地区均有分布。为优良牧草，耐放牧；根茎药用；蔓生力强，为良好保土植物，用于铺建草坪和球场。生于果园和耕地中为有害杂草。

[附] 双花狗牙根 **Cynodon dactylon** var. **biflorus** Merino, Fl. Descr. Illustr. Galicia 3: 310. 1909. 与模式变种的主要区别：小穗通常有2小花，长约2.5毫米，小穗轴在两小花间有时长达1毫米。产江苏、浙江、福建及云南。欧洲有分布。

135. 真穗草属 Eustachys Desv.

（盛国英）

多年生草本。秆直立或匍匐，两侧扁。叶鞘扁而具脊，叶舌常发育不良；叶扁平，先端圆钝。穗状花序2至数枚指状着生秆顶。小穗无柄，具2小花，1-2行覆瓦状排列于穗轴一侧；颖近等长，1脉，无芒或第二颖具短芒，宿存。第一小花两性，外稃厚，棕或红棕色，两侧扁，先端钝或具小尖头；内稃膜质，与外稃近等长；第二小花不育，外稃薄，较小，先端平截或棒状，陷于第一小花腹面凹槽中。

约12种，多分布于热带美洲、西印度群岛和热带南非。我国1种。

真穗草
图 1369

Eustachys tener (J. S. Presl ex Presl.) A. Camus in Rev. Bot. Appl. Agr. Colon. 5: 208. 1925.

Cynodon tener J. S. Presl ex Presl, Rel. Haenk. 1: 291. 1830.

多年生草本。具匍匐茎。秆两侧扁，无毛，直立部分高15-30厘米。叶鞘两侧扁而具脊，无毛，叶舌极短；叶长圆状线形，长1.5-7厘米，宽约5毫米，先端圆钝。穗状花序3-6枚，长约5厘米；穗轴三棱形，棱具短柔毛。小穗长1-1.5毫米；颖薄纸质，1脉，第一颖

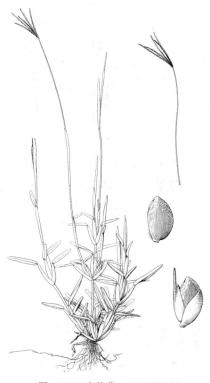

图 1369 真穗草 （冯晋庸绘）

舟形，具脊，第二颖先端具短尖头，背部粗糙。第一小花与小穗等长，外稃薄革质，卵形，3脉，先端钝，侧缘内卷，中脉及边缘具白色短柔毛；内稃倒卵形，先端圆钝，具2脊；第二小花有退化外稃，连同小穗轴长约1毫米。颖果浅棕色，具3棱。花果期7-11月。

产台湾、福建及云南，多生于低海拔开旷草地或灌丛林下。越南、马来西亚及菲律宾有分布。为牛喜食的牧草。

136. 小草属 Microchloa R. Br.
（盛国英）

多年生或一年生草本。植株矮小，密丛生。秆纤细。叶线形，常窄而内卷，集生基部。穗状花序单生秆顶，线形，稍弓曲。小穗无柄，甚窄，背腹扁，具1小花，2列交互着生，覆瓦状排列于穗轴一侧；颖近等长，先端尖，具1脉或第二颖具2脉。小花短于颖；外稃薄，3脉，常被毛；内稃稍短，脊有短纤毛，基盘尖锐；鳞被平截。染色体基数x=10。

约5种，3种产非洲，1种广布热带、亚热带干旱环境。我国1种及1变种。

小草 图 1370

Microchloa indica (Linn. f.) Beauv. Ess. Agrost. Explic. Planch. 20. 1812.

Nardus indica Linn. f. Suppl Sp. Pl. 105. 1781.

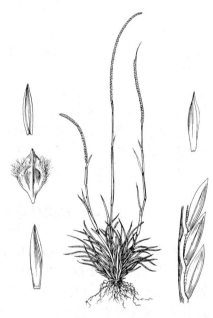

图 1370 小草
（引自《中国主要植物图说 禾本科》）

矮小草本，常成紧密植丛。秆纤细，无毛，高10-25厘米。叶生于基部，叶鞘近地面处密集成纤维状，叶舌极短，具短纤毛；叶窄线形，常卷折成针状，长1-6厘米，上面有时疏生白色柔毛，边缘厚。穗状花序单一顶生，着生处具关节，多少弧形，长（3-）5-8（-10）厘米。小穗披针形，长2.2-2.8毫米；颖膜质，等长于小穗，无芒，1脉，第一颖稍不对称，第二颖背部扁

平。外稃膜质透明，长约1.5毫米，先端长渐尖，背部具柔毛，3脉，侧脉近边缘具长纤毛；内稃膜质，披针形，稍短于外稃，具2脊，脊被柔毛。花果期7-9月。

产福建、广东、海南、四川、云南及西藏，多生于海拔3000米以下旷野干旱地或石上，也生于海边沙地。欧、亚、非洲热带和亚热带均有分布。

137. 野牛草属 Buchloe Engelm.
（金岳杏）

多年生低矮草本。秆纤细直立，高5厘米，具匍匐茎。叶鞘疏生柔毛，叶舌短，有柔毛；叶线形，长3-10厘米或更长，宽1-2毫米，粗糙，疏生柔毛。雌雄异株或同株；雄穗状花序1-3总状排列；雌花序常头状，为膨大叶鞘所包。雄性小穗具2小花，无柄，2列覆瓦状排列于穗一侧；颖宽，1脉。外稃稍长，白色，3脉；内稃几与外稃等长，2脉。雌小穗具1小花，常4-5簇生成头状，常2个并生于上部叶鞘内短梗

上；第一颖位于花序内侧，质薄，可退化，第二颖位于另一侧，硬质，先端3裂，脉不明。外稃膜质，背腹扁，3脉，先端3裂，中裂片较大；内稃等长，2脉。

单种属。

野牛草

图 1371

Buchloe dactyloides (Nutt.) Engelm. in Trans. Acad. Sci. St. Louis 1: 432. t. 12. f. 1-17. 1859.

Sesleria dactyloides Nutt. Gen. Am. 1: 64. 1818.

形态特征同属。

原产美国，为水土保持植物和饲料。我国引种作草皮。

图 1371 野牛草
（引自《中国主要植物图说 禾本科》）

138. 米草属 Spartina Schreb. ex J. F. Gmel.

（傅晓平）

多年生直立草本，常有地下茎。叶硬。2至多枚穗状花序总状着生主轴。小穗无柄，无退化的不孕小花，脱节于颖之下，具1小花，两侧扁，覆瓦状排列于穗轴。小穗轴不延伸至小花之后；颖具1脉，先端尖或有短芒，背部常具脊，第一颖常较短，第二颖有时具3脉，较外稃为长。外稃稍硬，中脉在背面常凸起成脊，侧脉不明显；内稃有时稍长于外稃，2脉距较近，常成脊；无鳞被。染色体x=10。

约20余种，分布于欧、美沿海地区，主产北美及欧洲沿海海滩。我国从英国和丹麦引入数种，1种在我国沿海广泛栽培。

大米草

图 1372

Spartina anglica Hubb. Grass. ed. 2, 359. f. 358. 1968.

秆直立，分蘖多而密聚成丛，高0.1-1.2米，无毛。叶鞘多长于节间，无毛，基部叶鞘常撕裂成纤维状而宿存，叶舌具白色纤毛；叶线形，长约20厘米，宽0.8-1厘米。穗状花序长7-11厘米，劲直近主轴，先端常延伸成芒刺状，穗轴具3棱，无毛，2-6总状着生主轴。小穗单生，长卵状披针形，疏生柔毛，长1.4-1.8厘米，无柄，成熟时整个脱落；第一颖草质，长6-7毫米，1脉，第二颖先端稍钝，长1.4-1.6厘米，1-3脉。外稃草质，长约1厘米，1脉；内稃膜质，长约1.1厘米，2脉。颖果圆柱形。花果期8-10月。

原产欧洲。北起辽宁，南至广东等沿海地区栽培，生于潮水能经常到达的海滩沼泽中。为优良海滨先锋植物，耐淹、耐盐、耐淤，能增加土壤有机质，改良土壤结构，使软泥滩坚实；又能改良盐土；可作绿肥、燃料、造纸、制绳等；秆叶可饲养牲畜，嫩叶及地下茎有甜味，草粉淡香，为家畜喜食；大米草不与粮棉争地，除多种用途外，可开发沿海海涂荒滩，有较好的促淤、消浪、保滩、护堤等作用。

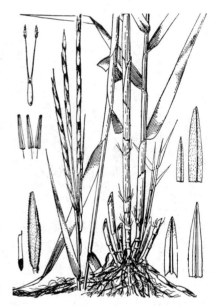

图 1372 大米草 （张迦德绘）

139. 鼠尾粟属 Sporobolus R. Br.

（陈守良）

一年生或多年生草本。秆常丛生。叶舌极短，纤毛状；叶窄披针形或线形，通常内卷。圆锥花序紧缩或开展。小穗近圆柱形或两侧扁，具1两性小花，脱节于颖之上；颖透明膜质，不等长，具1脉或第一颖无脉，先端钝或渐尖。外稃膜质，1-3脉，无芒；内稃透明膜质，几等长于外稃但常较宽，具2脉，成熟后易自脉间纵裂；鳞被2，宽楔形；雄蕊2-3。囊果成熟后易从稃体脱落，果皮质薄，成熟后遇湿易破裂。果皮与种子易分离。

约150种，广布全球热带，美洲最多。我国5种。饲料或秆供编织。

1. 一年生；叶窄披针形，上面及边缘疏具疣毛 ·· 1. 毛鼠尾粟 S. piliferus
1. 多年生；叶线形，无疣毛。
　2. 第一颖长约0.5毫米，无脉，先端钝，第二颖长为外稃1/2-2/3；叶长10-65厘米。
　　3. 圆锥花序分枝纤细，较长，排列稀疏；雄蕊2，稀3，花药长约0.5毫米 ········ 2. 双蕊鼠尾粟 S. diander
　　3. 圆锥花序分枝稍坚硬，较短，排列紧密；雄蕊3，花药长0.8-1毫米 ·················· 3. 鼠尾粟 S. fertilis
　2. 第一颖长约2毫米，先端尖或稍钝，具1脉，第二颖等于或稍短于外稃；叶长3-11厘米。
　　4. 植株具根茎；圆锥花序灰绿色，紧缩呈穗状，线形，分枝贴生；小穗长2.5-3毫米 ·········
　　 ·· 4. 盐地鼠尾粟 S. virginicus
　　4. 植株无根茎；圆锥花序紫色，稍疏散，常间断，分枝稍开展；小穗长2-2.5毫米 ·················
　　 ·· 5. 广州鼠尾粟 S. hancei

1. 毛鼠尾粟　　　　　　　　　　　　　　图 1373

Sporobolus piliferus (Trin.) Kunth, Enum. Pl. 1: 211. 1833.

Vilfa piliferus Trin. Diss. Bot. 157. 1824.

一年生。秆细弱，高5.5-25厘米，直立或近基部膝曲。叶鞘具长疣基纤毛，叶舌长约0.5毫米，纤毛状；叶线状披针形，扁平或边缘稍内卷，两面疏生细毛或长疣基毛，长1.5-6.5厘米，宽1-4毫米，先端渐尖。圆锥花序线形，长1.5-8厘米，宽3-7毫米，每节1至数分枝，分枝极短，直立而贴生。小穗紫色，长2-3毫米；颖先端渐尖，第一颖无脉，长约为小穗1/2，第二颖具1脉，等长或稍短于小穗。外稃等长于小穗，先端渐尖，具1脉或有不明显侧脉；内稃等长或稍短于外稃，先端钝，成熟后易纵裂；雄蕊3，花药黄或带紫色，长约0.5毫米。囊果椭圆形，成熟后红褐色，长约1.8毫米。花果期4-9月。

产河北、山东、江苏、安徽、浙江、江西北部、湖北东部、广东、海南、广西及贵州，，生于湿地或田野。日本、朝鲜半岛、印度、尼泊尔及菲律宾有分布。

图 1373 毛鼠尾粟 （冯晋庸绘）

2. 双蕊鼠尾粟　　　　　　　　　　　　　图 1374

Sporobolus diander (Retz.) Beauv. Ess. Agrost. 26. 147. 178. 1818.

Agrostis diandra Retz. Obs. Bot. 5: 19. 1789.

多年生。秆直立丛生，无毛，高30-90厘米，基部径1-2毫米。

叶鞘较硬，无毛或边缘具极短纤毛，叶舌纤毛状或近无；叶线形，常内卷，两面近无毛，上面基部疏

生柔毛，长 5-20（-30）厘米，宽 1-3.5 毫米，先端渐尖。圆锥花序窄，长为植株 1/3-1/2，分枝纤细，无毛，紧贴主轴或稍开展。小穗深灰绿色，长 1.5-2 毫米；颖膜质，第一颖小，先端钝或裂齿，无脉，第二颖长达 1 毫米，先端尖或钝，1 脉。外稃等长于小穗，1 脉，先端稍尖，内稃略短于外稃；雄蕊 2（3），花药黄或带紫色，长约 0.5 毫米。囊果倒卵圆形或长圆形，长约 1 毫米，成熟后红棕色。花果期 5-8 月。染色体 2n=36。

产台湾、福建、广东、香港、海南、广西、贵州、四川及云南，生于山坡、路旁草地、海岸或田野。印度、缅甸、巴基斯坦、印度尼西亚至澳大利亚有分布。

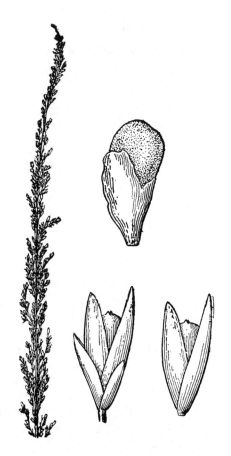

图 1374 双蕊鼠尾粟 （史渭清绘）

3. 鼠尾粟 图 1375

Sporobolus fertilis (Steud.) W. D. Clayt. in Kew Bull. 19(2): 291. 1965.

Agrostis fertilis Steud. Syn. Pl. Glum. 1: 170. 1854.

Sporobolus indicus R. Br. var. *purpureo-suffusus* (Ohwi) Kovamain；中国高等植物图鉴 5: 858. 1976.

多年生。秆较硬，直立丛生，无毛，高 0.25-1.2 厘米，径 2-4 毫米。叶鞘疏散，无毛或边缘具短纤毛，叶舌长约 0.2 毫米，纤毛状；叶较硬，常内卷，稀扁平，两面无毛或上面基部疏生柔毛，长 15-65 厘米，宽 2-5 毫米，先端长渐尖。圆锥花序线形，常间断，长 7-44 厘米，宽 0.5-1.2 厘米；分枝稍硬，直立，与主轴贴生或倾斜，长 1-2.5（-6）厘米。小穗灰绿略带紫色，长 1.7-2 毫米；颖膜质，第一颖长约 0.5 毫米，无脉，先端钝或平截，第二颖长 1-1.5 毫米，卵形或卵状披针形，1 脉。外稃等长于小穗，具中脉及 2 不明显侧脉，先端稍尖；雄蕊 3，花药黄色，长 0.8-1 毫米。囊果成熟后红褐色，长 1-1.2 毫米。花果期 3-12 月。染色体 2n=18，24，36。

产河北、山东、河南、陕西、甘肃、江苏、安徽、浙江、福建、江西、湖北、湖南、广东、香港、海南、广西、贵州、四川、云南及西藏，生于海拔 120-2600 米田野路边或山坡草地。俄罗斯、日本、印度、缅甸、斯里兰卡、泰国、越南、马来西亚、印度尼西亚及菲律宾有分布。

图 1375 鼠尾粟
（引自《中国主要植物图说 禾本科》）

4. 盐地鼠尾粟

图 1376：1-3

Sporobolus virginicus (Linn.) Kunth, Rev. Gram. 1: 67. 1821.

Agrostis virginica Linn. Sp. Pl. 63. 1753.

多年生。根茎被鳞片。秆细硬，直立或基部倾斜，无毛，高15-60厘米，径1-2毫米，上部多分枝。叶鞘紧包茎，无毛，鞘口常有毛，叶舌长约0.2毫米，纤毛状；叶较硬，扁平或内卷针状，长3-10厘米，宽1-3毫米，上面粗糙，下面无毛。圆锥花序穗状，长3.5-10厘米，宽0.4-1厘米；分枝直立且贴生，下部分出小枝与小穗。小穗灰绿至草黄色，披针形，长2-3毫米；颖薄，无毛，先端尖，1脉，第一颖长约为小穗2/3，第二颖等长或稍长于小穗。外稃宽披针形，先端钝，具中脉及2不明显侧脉；内稃等长于外稃，2脉；雄蕊3，花药黄色，长1-1.5毫米。花果期6-9月。染色体2n=18。

产江苏南部、浙江、台湾、福建、广东、香港及海南，生于海滩、田野沙土、河岸或石缝中。西半球热带地区有分布。为海边或沙滩固土植物。

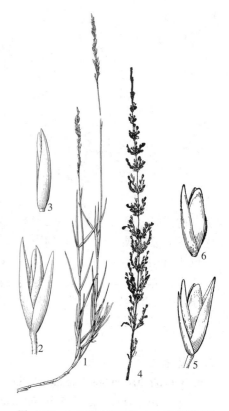

图 1376：1-3.盐地鼠尾粟 4-6.广州鼠尾粟
（冯晋庸绘）

5. 广州鼠尾粟

图 1376：4-6

Sporobolus hancei Rendle in Journ. Linn. Soc. Bot. 36: 387. 1904.

多年生。秆细弱，丛生直立，无毛，高10-50厘米。叶鞘疏包茎，无毛或鞘口疏生纤毛，分蘖鞘常具微毛，叶舌纤毛状；叶内卷针状，长（0.5-）3-11厘米，宽0.5-2毫米，上面被细毛，下面无毛。圆锥花序窄，稍疏散，长4-12厘米，宽0.5-1厘米；分枝近轮生或孪生，长0.7-1.5厘米。小穗灰白带紫色，披针形，长2-2.5毫米；两颖透明膜质，第一颖窄披针形，长为小穗2/3-3/4，无脉，第二颖几等长于小穗，1-3脉，先端尖。外稃等长于小穗，1脉，先端尖；内稃等长于外稃，2脉，成熟后纵裂；雄蕊3，花药黄色，长约1毫米。囊果成熟后红褐色，椭圆状球形，长约1.5毫米。花果期3-5月。

产台湾、福建、广东、海南及广西，生于低丘陵山坡草地。

140. 隐花草属 Crypsis Ait.

（金岳杏）

一年生草本。秆无毛，斜升或平卧。叶披针形，扁平，先端常内卷成针刺状。圆锥花序穗状、头状或圆柱状，花序为苞片状叶鞘所托。小穗具1小花，两侧扁，脱节于颖之下；颖不等长，膜质，1脉，脉具纤毛或粗糙，第一颖线形，第二颖披针形。外稃薄，略长于颖，披针形，1脉，先端无芒；内稃薄，2脉靠近，成熟时中部开裂；无鳞被；雄蕊2-3。果囊果状，成熟时由稃内脱出。

约12种，分布欧亚大陆温带和寒带。我国2种。

1. 圆锥花序头状或卵圆形，紧托两枚苞片状叶鞘；小穗长约4毫米；雄蕊2 ⋯⋯⋯⋯⋯⋯⋯ 隐花草 C. aculeata
1. 圆锥花序穗状，托以苞片状叶鞘；小穗长约3毫米；雄蕊3 ⋯⋯⋯⋯⋯⋯⋯ (附). 蔺状隐花草 C. schoenoides

隐花草

图 1377：1-7

Crypsis aculeata (Linn.) Ait. Hort. Kew 1: 48. 1789.

Schoenus aculeata Linn. Sp. Pl. 42. 1753.

秆平卧或斜升，高5-30厘米。叶鞘短于节间，松散或膨大，叶舌短，具纤毛；叶线状披针形，先端针刺状，长2-8厘米，宽1-5毫米。圆锥花序头状，长约1.5厘米，宽0.5-1.4厘米，下有2片苞片状叶鞘所托。小穗长约4毫米，具1小花；颖不等长，1脉，有纤毛或粗糙。外稃、内稃均薄，外稃稍长，1脉；内稃2脉靠近；雄蕊2。囊果长圆形，长约2毫米。

产黑龙江、吉林、辽宁、内蒙古、河北、山东、山西、河南、陕西、宁夏、甘肃、青海、新疆、江苏北部及安徽北部，生于沟边和盐碱地。欧亚大陆温寒地区有分布。可作牲畜饲料。

[附] **蔺状隐花草** 图 1377：8-11 **Crypsis schoenoides** (Linn.) Lam. Tabl. Encycl. Meth. Bot. 1: 166. t. 42. 1791. —— *Phleum schoenoides* Linn. Sp. Pl. 60. 1753. 与隐花草的区别：圆锥花序穗状或长圆形，长达3厘米，为膨大苞片状叶鞘所托；小穗长约3毫米；雄蕊3。产河北、山西、河

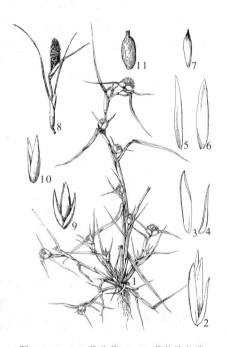

图 1377：1-7.隐花草 8-11.蔺状隐花草
（引自《图鉴》、《中国植物志》）

南、新疆、江苏及安徽，生于砂质盐碱化沟边。亚洲北部、地中海沿岸及北美东部有分布。

141. 乱子草属 Muhlenbergia Schreb.

（陈守良）

多年生。匍匐根茎被鳞片。秆直立或基部倾斜、横卧。圆锥花序窄或开展。小穗具1小花，脱节于颖之上；颖薄，宿存，几等长或第一颖稍短，常具1脉或第一颖无脉。外稃膜质，具草绿色蛇纹，下部疏生软毛，基部具微小而钝的基盘，先端尖或微2裂，3脉，主脉延伸成细弱而糙涩的芒；内稃膜质，与外稃等长，2脉；鳞被2。颖果圆柱形或稍扁。染色体基数 x=7，10。

约120种，主产北美西南部和墨西哥、印度及亚洲东部有分布。我国约6种。

1. 秆基部伏卧或倾斜上升，常无匍匐根茎，稀具短根茎。
　2. 秆基部伏卧；颖长1.5-2.2毫米 ⋯⋯⋯⋯⋯⋯⋯⋯⋯⋯ 1. 日本乱子草 M. japonica
　2. 秆基部倾斜上升；颖长3-4毫米 ⋯⋯⋯⋯⋯⋯⋯⋯⋯⋯ 2. 喜马拉雅乱子草 M. himalayensis
1. 秆基部直立，具长匍匐根茎，被较厚鳞片。
　3. 颖卵形，先端钝，无脉或第二颖具1脉，长0.5-1.2毫米 ⋯⋯⋯⋯⋯⋯ 3. 乱子草 M. hugelii
　3. 颖披针形，先端尖或渐尖，1脉，长1.5-2.5毫米。
　　4. 秆上部具多数分枝；小穗长约3毫米；颖长为小穗1/2-2/3；花药长约0.5毫米 ⋯⋯⋯⋯⋯⋯

1. 日本乱子草　　　　　　　　图 1378

Muhlenbergia japonica Steud. Syn. Pl. Glum. 1: 422. 1854.

多年生。常无根茎，稀具较短根茎，根茎鳞片厚纸质。秆基部倾斜或横卧，无毛，上部向上直立，高 15-50 厘米，径约 1 毫米。叶鞘

无毛，常短于节间，叶舌膜质，长 0.2-0.4 毫米，先端平截，纤毛状；叶扁平，窄披针形，长 2-9.5 厘米，宽 1.5-4 毫米，两面及边缘粗糙，先端渐尖。圆锥花序窄，稍弯曲，长 4-12 厘米；分枝单生，粗糙，自基部生小枝和小穗。小穗灰绿带紫色，披针形，长 2.5-3 毫米；外稃与小穗等长，具铅绿色斑纹，有时带

紫色，主脉延伸成长 5-9 毫米细直芒，芒常染紫色，下部 1/4 部分具柔毛；花药黄色，长约 0.6 毫米。花果期 7-11 月。染色体 2n=40。

产黑龙江、吉林、辽宁、河北、山东、河南、陕西、江苏、安徽、浙江、福建、江西北部、湖北、湖南、广东北部、贵州、四川、云南及西藏，生于海拔 1400-3000 米河谷低湿地或山坡林缘灌丛中。日本有分布。

图 1378 日本乱子草 （阎翠兰绘）

2. 喜马拉雅乱子草　　　　　图 1379

Muhlenbergia himalayensis Hack. ex Hook. f. Fl. Brit. Ind. 7: 259. 1896.

多年生。秆细弱，丛生，无毛，常染红紫色，高 30-50 厘米，径 0.5-1 毫米，多分枝。叶鞘疏包茎，无毛，叶舌膜质，长约 0.5 毫米，

撕裂状，无毛；叶线形，扁平，柔软，长 1-9 厘米，宽 1-3 毫米，两面无毛而粗糙。圆锥花序线形或线状长圆形，长 5-15 厘米；分枝纤细，曲折，每节 1-2 枚，主枝下部 1/2 常裸露。小穗灰绿带紫色，窄披针形，长 3-4 毫米；颖膜质，披针形，两颖近等长或第一颖稍短，先端长渐尖或芒状，1 脉，粗糙。外稃

与颖等长或稍长，背面下部 1/3 以下被柔毛，毛不露颖外，先端尖，中脉延伸为紫色芒，芒纤细，粗糙，长 0.9-1.4 厘米；内稃等长于外稃，粗糙，2 脉；雄蕊 3，花药黄色，长约 1.5 毫米。花果期 7-10 月。

图 1379 喜马拉雅乱子草 （阎翠兰绘）

产四川及云南，生于海拔 2000-2500 米山谷湿地、沟边、林下灌丛中或山坡草地。喜马拉雅西部有分布。

3. 乱子草

图 1380

Muhlenbergia hugelii Trin. in Mem. Acad. Imp. Sci. St. Petersb. Sav. Etrang. 6(2): 293. 1841.

多年生。具鳞片根茎长 5-30 厘米，径 3-4.5 毫米，鳞片硬纸质，有光泽。秆较硬，直立，高 70-90 厘米，径 1-2 毫米，常染紫色，节下常有白色微毛。叶鞘疏散，无毛，除顶端 1-2 节外多短于节间；叶舌膜质，长约 1 毫米，无毛或具纤毛；叶扁平，窄披针形，深绿色，两面及边缘糙涩，长 4-14 厘米，宽 0.4-1 厘米。圆锥花序稍疏散开展，有时下垂，长 8-27 厘米，每节簇生数分枝，分枝斜升或稍开展，糙涩，细弱。小穗灰绿有时带紫色，披

图 1380 乱子草
（引自《中国主要植物图说　禾本科》）

针形，长 2-3 毫米；颖薄膜质，白色透明，部分稍带紫色，先端钝，有时尖，无脉或第二颖具 1 脉，长 0.5-1.2 毫米，较长于第一颖。外稃等长于小穗，糙涩，下部 1/5 具露出颖外的柔毛，3 脉，主脉延伸成细芒，芒灰绿或紫色，微糙涩，长 0.8-1.6 厘米；花药黄色，长约 0.8 毫米。花果期 7-10 月。染色体 2n=40，42。

产黑龙江、吉林、辽宁、河北、山东、山西、河南、陕西、甘肃、安徽、浙江、台湾、江西北部、湖北、湖南、贵州、四川、云南、西藏等省区，生于海拔 900-3000 米山谷、河边湿地、林下或灌丛中。俄罗斯、日本、朝鲜半岛、印度、巴基斯坦及菲律宾有分布。

4. 多枝乱子草

图 1381

Muhlenbergia ramosa (Hack.) Makino in Journ. Jap. Bot. 1: 13. 1917.

Muhlenbergia japonica Steud. var. *ramosa* Hack. in Bull. Herb. Boissier 7: 647. 1899.

多年生。匍匐根茎长 11-30 厘米，径约 2 毫米，被厚纸质鳞片。秆较硬，基部直立，高 0.3-1.2 米，径 1-2.5 毫米，部分带紫色，无毛，上部具多数分枝。叶鞘松散，无毛，叶舌干膜质，平截，长约 0.5 毫米；叶扁平，较薄，两面及边缘粗糙，长 5-12 厘米，宽 3-6 毫米，先端渐尖。圆锥花序窄，长 10-18 厘米；分枝单生或孪生，粗糙，直立或稍开展。小穗灰绿或稍带紫色，窄披针形，长约 3 毫米；颖膜质，宽披针形，1 脉，长 1.5-2.2 毫米，第一颖常较短。外稃具铅绿色斑纹而染紫色，

图 1381 多枝乱子草 （史渭清绘）

与小穗等长，下部 1/4 具柔毛，毛露出颖外，3 脉，主脉延伸成粗糙长 0.5-1 厘米的芒；花药黄色，长约 0.5 毫米。颖果窄长圆形，棕色，长约 1.8 毫米。花果期 7-10 月。

产山东、陕西、江苏、安徽、浙江、福建、江西、湖北、

湖南、广西北部、贵州、四川及云南，生于海拔 120-1800 米山谷疏林下或山坡路旁潮湿处。日本有分布。

5. 弯芒乱子草 日本弯芒乱子草　　　图 1382

Muhlenbergia curviaristata (Ohwi) Ohwi in Bot. Mag. Takyo 55: 397. 1941.

Muhlenbergia ramosa (Hack.) Makino var. *curviaristata* Ohwi in Acta Phytotax. et Geobot. (Tokyo) 6: 293. 1937.

Muhlenbergia tenuiflora (Willd.) B. S. P. subsp. *curviaristata* (Ohwi) T. Koyama et Kawano; 中国高等植物图鉴 5: 146. 1976.

多年生。匍匐根茎长达 10 厘米，径 2-3 毫米，具较硬而具脊鳞片。秆直立，高 0.6-1 米，径约 2 毫米，无分枝，节下贴生微毛或无毛。叶

图 1382 弯芒乱子草 （史渭清绘）

鞘无毛或微粗糙，背部具脊，叶舌膜质，长 0.5-1 毫米，先端平截或破碎状；叶线形，扁平，长 8-19 厘米，宽 3-6 毫米，两面及边缘粗糙，先端渐尖。圆锥花序长 15-35 厘米，宽 0.5-1.5 厘米；分枝孪生，斜升，主枝基部裸露，侧枝自基部生小枝与小穗。小穗灰白带紫色，披针形，长 3-3.5 毫米；颖膜质，先端尖，无毛，具 1 粗糙的脉，第一颖长 1.5-2 毫米，第二颖长 2-2.5 毫米。外稃与小穗等长，下部 1/4 具柔毛，毛不露出颖外，3 脉，主脉延伸成

粗糙的芒，芒灰白染紫色，直立或微弯曲，长 0.5-1 厘米；雄蕊 3，花药黄色，长约 1 毫米。花果期 7-9 月。染色体 2n=40。

产吉林、河北等省区，生于海拔 900-1400 米山坡草地、潮湿地或草丛中。日本有分布。

142. 显子草属 Phaenosperma Munro ex Benth. et Hook. f.

（金岳杏）

多年生草本。秆直立坚挺，无毛，高 1-1.5 米，单生或丛生。叶鞘光滑，通常短于节间，叶舌坚硬；叶宽线形，长 10-40 厘米，宽 1-3 厘米，常反卷，灰绿色，下面向上，深绿色。圆锥花序顶生，长达 40 厘米，下部分枝多轮生，幼时向上斜升，成熟时开展。小穗长 4-4.5 毫米，小穗轴不延伸，具 1 小花，无芒，脱节于颖之下；颖膜质，卵状披针形，第一颖短于第二颖，1-3 脉，第二颖具 3-5 脉，两侧脉稍短。外稃草质或膜质，3-5 脉，与第二颖等长；内稃稍短于外稃，2 脉；鳞被 3；雄蕊 3，花药长 2.5 毫米。颖果倒卵圆形，成熟后黑褐色，有皱纹，花柱部分宿存，成熟时露出稃外。

单种属。

显子草　　　图 1383

Phaenosperma globosa Munro ex Benth. in Journ. Linn. Soc. Bot. 19:

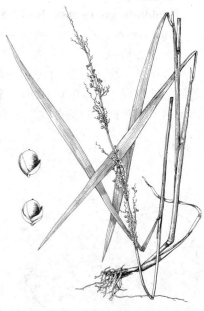

图 1383 显子草
（引自《中国主要植物图说 禾本科》）

59. 1881.

形态特征同属。

产河南、陕西、甘肃、江苏、安徽、浙江、台湾、福建、江西、湖北、湖南、广东、广西、贵州、四川、云南及西藏东南部，生于海拔 1500 米以下山谷坡地。日本及朝鲜半岛有分布。

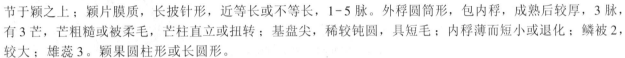

143. 三芒草属 Aristida Linn.
（陈守良）

一年生或多年生。秆丛生，叶鞘平滑或被长柔毛；叶通常纵卷，稀扁平。圆锥花序顶生，窄或开展。小穗线形，两性，具 1 小花，脱节于颖之上；颖片膜质，长披针形，近等长或不等长，1-5 脉。外稃圆筒形，包内稃，成熟后较厚，3 脉，有 3 芒，芒粗糙或被柔毛，芒柱直立或扭转；基盘尖，稀较钝圆，具短毛；内稃薄而短小或退化；鳞被 2，较大；雄蕊 3。颖果圆柱形或长圆形。

约 150 种，广布温带和亚热带干旱地区。我国 11 种。

1. 芒全体被羽状柔毛；颖具 3-5 脉 ·· 1. **羽毛三芒草** A. pennata
1. 芒粗糙，颖具 1 脉。
  2. 多年生；秆多无分枝；小穗长 0.7-1.4 厘米。
    3. 圆锥花序开展，分枝平展，枝腋生白色柔毛；小穗长（0.7-）1-1.4 厘米 ····· 2. **华三芒草** A. chinenaia
    3. 圆锥花序窄，分枝贴主轴，枝腋无毛；小穗长 0.7-1 厘米 ··························· 3. **三刺草** A. triseta
  2. 一年生；秆多具分枝；小穗长 0.3-1 厘米。
    4. 植株高 10-12 厘米；小穗长约 3 毫米；外稃长 1.8-2 毫米，主芒长 5-8 毫米 ····· 4. **黄草毛** A. cumingiana
    4. 植株高 15-50 厘米；小穗长 0.6-1 厘米；外稃长 0.5-1 厘米，主芒长 1-1.5 厘米。
      5. 颖近等长或第一颖稍短；外稃短于颖，内稃长 1.5-2.5 毫米 ··············· 5. **三芒草** A. heymannii
      5. 颖不等长，第一颖长为第二颖 1/2-2/3；外稃近等长于第二颖，长 5-8 毫米，内稃长约 1 毫米··········
      ·· 6. **异颖三芒草** A. depressa

1. 羽毛三芒草
图 1384

Aristida pennata Trin. in Mem. Acad. Imp. Sci. St. Petersb. Sav. Etrang. 6(2): 488. 1815.

多年生。须根外包砂套。秆直立，无毛，高 20-60 厘米，基部具分枝。叶鞘无毛或稍糙涩，叶舌短小平截，缘具纤毛；叶坚硬，纵卷如针，长 10-30 厘米，上面具微毛，下面无毛。圆锥花序疏散，基部常被顶生叶鞘所包，长 5-20 厘米；分枝多孪生，稀单生，直立斜升。小穗草黄色，长 1.5-1.7 厘米；颖窄披针形，无毛，第一颖具 3-5 脉，等长于小穗，下部边缘覆盖，第二颖具 3 脉，稍短于第一颖且基部被其包裹。外稃光滑，长 5-7 毫米，3 脉，先端平截，具短毛，基盘尖，长约 1 毫

图 1384 羽毛三芒草 （史渭清绘）

米，具短毛，芒长 2-4 毫米，被柔毛，主芒长约 1 厘米，侧芒稍短；内稃椭圆形，长约 2.2 毫米；鳞被 2，长约 2 毫米；花药长约 4 毫米。花果期 7-9 月。

产新疆，生于海拔 300-800 米荒漠沙地。欧洲及亚洲中部有分布。

2. 华三芒草　　　　　　　　　　　　　　　　图 1385

Aristida chinensis Munro in Proc. Amer. Acad. Arts. 4: 363. 1860.

多年生。秆直立纤细，无毛，高 30-60 厘米。叶鞘紧密抱茎，光滑，长于节间，叶舌短小，具纤毛；叶内卷，细弱，长 10-20 厘米，宽 1-1.5 毫米。圆锥花序开展，长为全株 1/3-1/2；分枝单生或成对，平展，粗糙，长 3-15 厘米，下部裸露，枝腋生白色柔毛。小穗线形，灰绿或紫色，长（0.7）1-1.4 厘米；颖窄披针形，1 脉，脉粗糙，第一颖长 0.8-1.4 厘米，第二颖长为其 1/2-2/3。外稃长 5-8 毫米，背部平滑，基盘尖硬，具短毛，毛长约 0.5 毫米，芒粗糙而无毛，主芒长 0.6-1.5 厘米，侧芒较短或与主芒等长；内稃宽披针形，长约 2 毫米，基部具不明显 2 脉；鳞被 2，长 1-1.5 毫米；花药长 1-2 毫米。花果期 4-12 月。

产台湾、福建、广东、香港、海南及广西，多生于海拔 10-450 米山坡草地。中南半岛有分布。

3. 三刺草　　　　　　　　　　　　　　　　图 1386

Aristida triseta Keng in Sunyatsenia 6: 102. t. 16. 1942.

多年生。秆直立，基部宿存叶鞘，无毛，高 10-40 厘米，具 1-2 节。叶鞘松散，光滑，叶舌短小，具长约 0.2 毫米纤毛；叶常弯曲卷折，长 3.5-15 厘米，宽 1-2 毫米。圆锥花序线形，长 3.5-9 厘米，分枝短，贴主轴。小穗紫或古铜色，长 0.7-1 厘米；颖近等长或第二颖较长，窄披针形，具 1 粗糙的脉，先端渐尖或具小尖头。外稃长 6.5-8 毫米，3 脉，背被紫褐色斑点，上部微粗糙，基盘短钝，具短毛，芒粗糙，主芒长 4-8 毫米，侧芒长 1.5-3 毫米；

内稃长约 2.5 毫米，薄膜质；鳞被长约 2 毫米；花药黄或紫色，长 3-4 毫米。颖果长约 5 毫米。花果期 7-9 月。

抽穗前为牲畜喜食牧草，优良固沙植物。

图 1385 华三芒草
（引自《中国主要植物图说　禾本科》）

图 1386 三刺草
（引自《中国主要植物图说　禾本科》）

产甘肃、青海、四川、云南及西藏，多生于海拔 2400-4700 米干旱草原、山坡草地、河谷或灌丛下。

4. 黄草毛　　　　　　　　　　　　　　　图 1387：1-3

Aristida cumingiana Trin. et Rupr. Sp. Gram. Stip. 141. 1842.

多年生。秆细弱，无毛，直立或基部膝曲，具分枝，高 6-20 厘米。叶鞘松散包茎，短于节间，平滑，叶舌短小，纤毛状；叶柔软，卷折如线，上面被毛，下面无毛，长 2.5-10 厘米。圆锥花序疏散，长 5-10 厘米；分枝孪生或 3 枚簇生，丝状，斜上升。小穗绿或紫色，长 3-3.5 毫米；颖披针形，膜质，1 脉粗糙，第一颖长 2-2.5 毫米，第二颖长 3-4 毫米。外稃长 1.8-2 毫米，上部粗糙，基盘微小而钝，芒粗糙，主芒长 5-8 毫米，侧芒长为主芒之半；内稃长约 0.3 毫米，包于外稃内；花药长约 0.5 毫米。花果期夏秋季。

产江苏南部、安徽东南部、浙江、福建、湖南、广东、香港及广西东南部，生于海拔 200-750 米山坡或干旱草地。印度及菲律宾有分布。

图 1387：1-3.黄草毛　4-5.三芒草
（引自《中国主要植物图说　禾本科》）

5. 三芒草　　　　　　　　　　　　　　　图 1387：4-5

Aristida heymannii Reg. in Acta Hort. Petrop. 7, 2: 649. 1881.

Aristida adscensionis auct. non Linn.: 中国高等植物图鉴 5: 149. 1976; 中国植物志 10(1): 120. 1990.

一年生。秆直立或基部膝曲，高 15-45 厘米。叶鞘短于节间，包茎，无毛，叶舌膜质，具纤毛，长约 0.5 毫米；叶纵卷，长 3-20 厘米。圆锥花序窄，长 4-20 厘米；分枝单生，细弱，贴生或斜上。小穗绿或紫色，线形；颖膜质，1 脉粗糙，第一颖长 4-9 毫米，第二颖长 0.6-1 厘米。外稃平滑或稍粗糙，长 0.6-1 厘米，主脉粗糙，主芒长 1-2 厘米，侧芒稍短，基盘尖，被长约 1 毫米柔毛；内稃披针形，长 1.5-2.5 毫米；鳞被长约 1.8 毫米；花药长 1.8-2 毫米。花果期 6-10 月。

产吉林、辽宁、内蒙古、河北、山东、山西、河南、陕西、宁夏、甘肃、青海、新疆、江苏、安徽及四川，生于海拔 300-1800 米山坡、黄土坡、河滩沙地或石隙内。广布全世界温带地区。为良好饲用禾草，羊、马和骆驼均喜食。

6. 异颖三芒草　　　　　　　　　　　　　图 1388

Aristida depressa Retz. Obtz. Bot. 4: 22. 1786.

一年生。秆细而平滑，直立或基部膝曲，高 30-50 厘米。叶鞘无毛，包茎，短于节间，叶舌短小，缘具纤毛；叶纵卷如线，长 4-15

厘米，上面被毛，下面平滑。圆锥花序长7-18厘米；分枝丝状，长2-5厘米，2-3枚簇生，斜上升或微下弯。小穗淡绿或草黄色，小穗柄粗糙；颖窄披针形，1脉，第一颖长约4毫米，沿脉及背部稍粗糙，先端渐尖，第二颖长7-8毫米，无毛，先端凸尖。外稃长5-8毫米，背部平滑或点状粗糙，3脉，沿中脉具短纤毛，基盘较钝，长约0.3毫米，被长约0.8毫米柔毛，芒粗糙，主芒长约1.5厘米，侧芒长约1厘米；内稃窄披针形，长约1毫米，具不明显2脉；鳞被长约0.8毫米，窄长；花药长1.5-2毫米。花果期7-9月。

产四川及云南，多生于海拔700-1600米山坡草地或河谷路旁。印度及缅甸有分布。

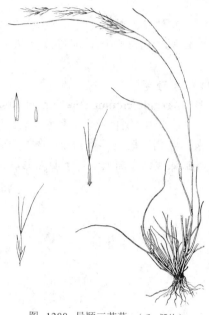

图 1388 异颖三芒草 （王 颖绘）

144. 茅根属 Perotis Ait.

（汤傲杉）

一年生或多年生细弱草本。叶片较短，基部宽心形。穗形总状花序单一而直立。小穗具1小花，两性，线形，单生，小穗柄短或几无柄，小穗脱落后柄宿存主轴；颖线形，膜质，几等长，背部具1脉，先端延伸为细弱长芒。内外稃均透明膜质，内稃较外稃稍窄而短；鳞被3，短小而分离；雄蕊3，花药细小；花柱2，短小，柱头帚状。颖果圆柱形，上端尖细，短于或几等于颖片。染色体基数x=9，10。

约10种，分布于亚洲、非洲和大洋洲热带和亚热带地区。我国3种。

大花茅根

图 1389

Perotis macrantha Honda in Bot. Mag. Tokyo 41: 638. 1927.

一年生或多年生草本。须根柔韧。秆丛生，基部通常倾斜或卧伏，高25-40厘米。叶鞘无毛，秆上部者略短于节间，叶舌膜质，极短小；

叶硬，披针形或窄披针形，长1.5-3厘米，宽2-5毫米，扁平或稍内卷，两面无毛，边缘稍粗糙，基盘宽，略心形抱茎。穗形总状花序直立，长10-20厘米，宽2-3厘米（连芒），穗轴具纵沟，小穗脱落后小穗柄宿存主轴。小穗线形，长3.5-4.5毫米（不连芒），基部具基盘，长0.5-1毫米，成熟后向外反转，几与穗轴成水平开展；颖披针形，均具1脉，背部具微细柔毛，先端渐尖延伸成1-2厘米细芒。外稃长约1.5毫米，1脉；内稃长约1.2毫米，较窄，2脉不明显；花药淡黄色，长约0.6毫米。颖果成熟后棕褐色，细柱形，向上渐窄，长约2.5毫米。花果期6-11月。

产台湾、福建及海南，生于潮湿海边平原沙土草地。

图 1389 大花茅根
（引自《中国主要植物图说 禾本科》）

145. 结缕草属 Zoysia Willd. nom. conserv.
（汤 徽 杉）

多年生草本。具根茎或匍匐枝。叶质坚，常内卷而窄。总状花序穗形；小穗两侧扁，一侧贴向穗轴，紧密覆瓦状排列，稀有距离，斜向脱节于小穗柄之上。小穗通常具 1 两性花，稀单性；第一颖退化或稍有痕迹，第二颖对折呈舟状，硬纸质，成熟后革质，无芒，或由中脉延伸成短芒，两侧边缘基部连合，包膜质外稃。内稃退化；无鳞被；雄蕊 3；花柱 2 叉，分离或基部联合，柱头帚状，花时伸出颖片外。颖果卵圆形，与稃体分离。染色体 2n=40。

约 10 种，分布于非洲、亚洲和大洋洲热带和亚热带地区。我国 5 种。多用作固沙保土、铺建草坪或运动场。

1. 花序基部为叶鞘所包；小穗宽约 2 毫米或过之，在主轴排列较紧密 ·················· 1. **大穗结缕草 Z. macrostachya**
1. 花序基部伸出叶鞘；小穗宽不及 1.5 毫米，在主轴排列较疏。
　2. 小穗卵形，颖基部质硬而稍有光泽；小穗柄弯曲，通常长于小穗 ·················· 3. **结缕草 Z. japonica**
　2. 小穗披针形，稀卵状披针形；颖基部无光泽；小穗柄劲直，通常短于小穗。
　　3. 小穗长 4 毫米以上，宽 1.2-1.5 毫米；叶扁平或内卷 ················· 2. **中华结缕草 Z. sinica**
　　3. 小穗长 2-3 毫米，宽不及 1 毫米；叶内卷针状 ················· 4. **沟叶结缕草 Z. matrella**

1.　大穗结缕草　　　　　　　　　　　　　　　图 1390

Zoysia macrostachya Franch. et Sav. Enum. Pl. Jap. 2: 608. 1879.

多年生。根茎横走。秆直立，高 10-20 厘米，基部节上常残存枯萎叶鞘。叶鞘无毛，鞘口具长柔毛，叶舌不明显；叶线状披针形，较硬，常内卷，长 1.5-4 厘米，宽 1-4 毫米。总状花序穗状，基部常包于叶鞘内，长 3-4 厘米，宽 0.5-1 厘米。小穗黄褐或略带紫褐色，长 6-8 毫米，宽约 2 毫米，小穗柄粗短，顶端扁宽而倾斜，具细柔毛；第二颖长 6-8 毫米，7 脉不明显，中脉近顶端与颖离生而成芒状小尖头。外稃膜质，1 脉，长约 4 毫米；花药长约 2.5 毫米；花柱 2，柱头帚状。颖果卵状椭圆形，长约 2 毫米。花果期 6-9 月。

产山东、江苏及安徽，生于山坡、平地沙质土或海滨沙地。日本有分布。耐盐碱，可用作保土、护堤、固沙或铺建草坪。

2.　中华结缕草　　　　　　　　　　　　　　　图 1391

Zoysia sinica Hance in Journ. Bot. 7: 169. 1869.

多年生。根茎横走。秆直立，高 13-30 厘米，基部常具宿存枯萎叶鞘。叶鞘无毛，长于或上部者短于节间，鞘口具长柔毛，叶舌短而不明显；叶淡绿或灰绿色，下面色较淡，长达 10 厘米，宽 1-3 毫米，无毛，稍坚硬，扁平或边缘内卷。总状花序穗形，小穗排列稍疏，长 2-4（-8）厘米，宽 4-5 毫米，伸出叶鞘外。小穗披针形或卵状披针形，

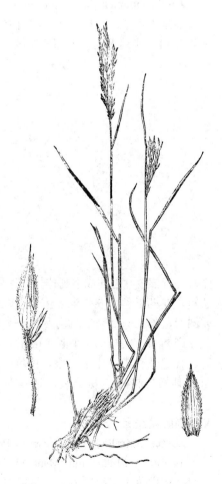

图 1390 大穗结缕草
（引自《中国主要植物图说　禾本科》）

黄褐或稍带紫色，长4-8毫米，宽1-1.5毫米，具长约3毫米小穗柄；颖无毛，侧脉不明显，中脉近顶端与颖分离，延伸成小芒尖。外稃膜质，长约3毫米，具中脉；花药长约2毫米；花柱2，柱头帚状。颖果成熟时棕褐色，长椭圆形，长约3毫米。花果期5-10月。

产辽宁、山东、河南、江苏、安徽、浙江、台湾、福建、湖南、广东、香港及广西，生于海边沙滩、河岸或路旁草丛中。日本及朝鲜半岛有分布。叶片质硬，耐践踏，宜铺建球场草坪。

3. 结缕草　　　　　　　　　　图 1392

Zoysia japonica Steud. Syn. Pl. Glum. 1: 414. 1855.

多年生草本。须根细弱。秆直立，高15-20厘米，基部常有宿存枯萎叶鞘。叶鞘无毛，下部者松散而互相跨覆，上部者紧密包茎，叶舌纤毛状，长约1.5毫米；叶扁平或稍内卷，长2.5-5厘米，宽2-4毫米，上面疏生柔毛，下面近无毛。总状花序穗状，长2-4厘米，宽3-5毫米。小穗柄通常弯曲，长达5毫米；小穗长2.5-3.5毫米，宽1-1.5毫米，卵形，淡黄绿或带紫褐色；第一颖退化，第二颖质硬，稍有光泽，1脉，先端钝头或渐尖，于近

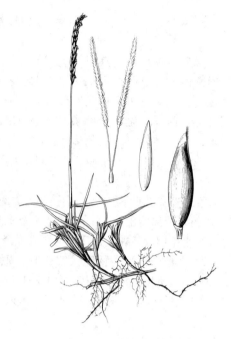

图 1391 中华结缕草
（引自《中国主要植物图说　禾本科》）

先端处背部中脉延伸成小刺芒。外稃膜质，长圆形，长2.5-3毫米；花丝短，花药长约1.5毫米；花柱2，柱头帚状，花时伸出稃体。颖果卵圆形，长1.5-2毫米。花果期5-8月。染色体2n=40。

产吉林、辽宁、河北、山东、河南、江苏、安徽、浙江、台湾、福建及香港，生于平原、山坡或海滨草地。日本及朝鲜半岛有分布。具横走根茎，易繁殖，适作草坪。

4. 沟叶结缕草　　　　　　　图 1393

Zoysia matrella (Linn.) Merr. in Philipp. Journ. Sci. Bot. 7: 20. 1912.

Agrostis matrella Linn. Mant. Pl. 2: 185. 1767.

多年生草本。根茎横走，须根细弱。秆直立，高12-20厘米，基部节间短，每节具一至数枚分枝。叶鞘长于节间，鞘口具长柔毛，余无毛，叶舌短而不明显，顶端撕裂为短柔毛；叶质硬，内卷，上部具

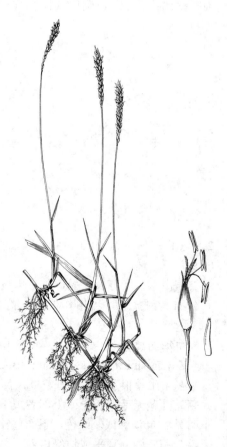

图 1392 结缕草
（引自《中国主要植物图说　禾本科》）

沟，无毛，长达 3 厘米，宽 1-2 毫米，先端尖锐。总状花序细柱状，长 2-3 厘米，宽约 2 毫米。小穗柄长约 1.5 毫米，紧贴穗轴；小穗长 2-3 毫米，宽约 1 毫米，卵状披针形，黄褐或略带紫褐色；第一颖退化，第二颖革质，3（5）脉，沿中脉两侧扁。外稃膜质，长 2-2.5 毫米，宽约 1 毫米；花药长约 1.5 毫米。颖果长卵圆形，成熟后棕褐色，长 1.5 毫米。花果期 7-10 月。染色体 2n=40。

产台湾、福建、广东、香港、海南及广西，生于海岸沙地。亚洲及大洋洲热带地区有分布。

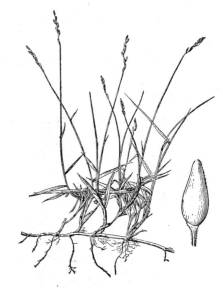

图 1393 沟叶结缕草 （仲世奇绘）

146. 锋芒草属 Tragus Hall. nom. conserv.

（汤傚杉）

一年生或多年生草本。叶片扁平。穗形总状花序顶生，通常 2-5 小穗聚集成簇，每一小穗簇近无柄或有柄着生花轴，成熟后全簇小穗一起脱落；每一小穗簇中下方 2 小穗为孕性，结合为刺球状，余 1-3 小穗不孕；第一颖薄膜质，微小或完全退化；第二颖革质，背部圆，5-6 肋，肋生钩状刺，为 2 孕性小穗所形成的刺球体之半。外稃膜质，扁平，3 脉；内稃较外稃稍短，较薄，背部凸起，2 脉不明显；雄蕊 3，花丝细弱，花药卵圆形；花柱单一，柱头分叉，帚状。颖果细瘦而长，与稃体分离。

约 8 种，分布于非洲、欧洲、亚洲和美洲温带地区，我国 2 种。

1. 小穗 4-4.5 毫米，通常 3 个簇生，其中 1 个退化；第二颖先端具伸出刺外的小尖头 … **1. 锋芒草 T. racemosus**
1. 小穗 2-3 毫米，通常 2 个并生，均发育，稀 1 个发育；第二颖先端无伸出刺外的小尖头 ……………………………………………………………… **2. 虱子草 T. berteronianus**

1. 锋芒草

图 1394：1-6

Tragus racemosus (Linn.) All. Fl. Pedemont 2: 241. 1785.

Cenchrus racemosus Linn. Sp. Pl. 1049. 1753.

一年生。须根细弱。秆丛生，基部常膝曲卧伏，高 15-25 厘米。叶鞘短于节间，无毛，叶舌纤毛状；叶长 3-8 厘米，宽 2-4 毫米，边缘软骨质，疏生小刺毛。花序穗状，长 3-6 厘米，宽约 8 毫米。小穗长 4-4.5 毫米，通常 3 个簇生，1 个退化，或残存为柄状；第一颖退化或极微小，薄膜质，第二颖革质，背部有 5（-7）肋，肋具钩刺，先端具伸出刺外的小尖头。外稃膜质，长约 3 毫米，具 3 条不明显脉；内稃较外稃

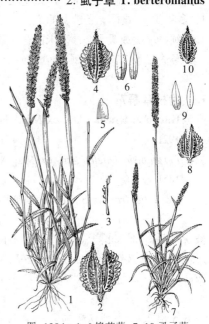

图 1394：1-6.锋芒草 7-10.虱子草

（史渭清绘）

稍短，脉不明显。颖果成熟时棕褐色，稍扁，长2-3毫米。花果期7-9月。染色体2n=40。

产内蒙古、河北、山西、陕西、宁夏、甘肃、青海、四川、云南及西藏，生于海拔3000米以下荒野、路旁、丘陵或山坡草地。全世界温暖地区均有分布。

2. 虱子草　　　　　　　　　　　图 1394：7-10

Tragus berteronianus Schult. Mant. 2: 205. 1824.

一年生。须根细弱。秆倾斜，基部常伏卧，直立部分高15-30厘米。叶鞘短于节间或近等长，松散包茎，叶舌膜质，顶端具长约0.5毫米柔毛；叶披针形，长3-7厘米，宽3-4毫米，边缘软骨质，疏生细刺毛。花序几穗状，长4-11厘米，宽约5毫米。小穗长2-3毫米，通常2个簇生，均发育，稀1个发育；第一颖退化，第二颖革质，背部有5肋，肋具钩刺，刺生于近顶端，刺外无明显伸出小尖头。外稃膜质，卵状披针形，疏生柔毛；内稃较窄而短；花药椭圆形，细小。颖果椭圆形，稍扁，与稃体分离。染色体2n=20。

产辽宁、内蒙古、河北、山东、山西、河南、陕西、甘肃、青海、江苏、安徽、四川、云南及西藏，生于海拔1200米以下荒野路旁草地。东西两半球温暖地带均有分布。

147. 耳稃草属 Garnotia Brongn.

（陈守良）

多年生或一年生。秆直立或基部倾斜，节常被毛。叶舌短，膜质，缘撕碎状或纤毛状；叶线形或披针形，扁平或内卷。圆锥花序开展或紧缩。小穗背腹扁，具1小花，脱节于颖之下，常孪生，具不等长小穗柄；颖几等长，3脉，先端渐尖或具芒。外稃膜质，1-3脉，具芒，稀无芒；内稃透明膜质，2脉，两侧脉边缘在中部以下具耳。

约30种，主要分布于亚洲东南部、澳洲东北部至太平洋诸岛屿。我国4种2变种。

1. 一年生；外稃具膝曲芒，颖无毛或粗糙 ················· 1. **脆枝耳稃草 G. tenella**
1. 多年生；外稃无芒或具直芒。
　2. 颖先端尖或具长2-8毫米的芒；外稃先端渐尖或具长0.7-1.5厘米的芒 ········ 2. **耳稃草 G. patula**
　2. 颖先端渐尖或第一颖具小尖头；外稃先端渐尖，无芒 ········ 2(附). **无芒耳稃草 G. petula** var. **mutica**

1. 脆枝耳稃草　　　　　　　　　图 1395

Garnotia tenella (Arn. ex Miq.) Jan. in Fedde, Repert. Sp. Nov. 17: 86. 1921.

Berghausia tenella Arn. ex Miq. Verh. Honink. Nederi. Inst. III, 4: 34. 1851.

Garnotia fragilis Santos; 中国植物志 10(1): 139. 1990.

一年生。秆高15-60厘米，无毛或节被毛。叶鞘松包茎，无毛或被疣基毛，下部长于上部，短于节间，叶舌长约0.5毫米，平截，被纤毛；叶窄披针形，扁平，长5-15厘米，宽5-9毫米，两面被糙毛或疣基毛，边缘微波状。圆锥花序窄，疏散，长6-18厘米；分枝上举，长1.5-7厘米，下部簇生，上部双生或单生。小穗窄披针形，长4-6.5厘米；小穗柄粗糙；颖片等长或第一颖稍长，3脉，粗糙，先

端尖、渐尖或具长 1-2.5 毫米的芒。外稃无毛，等长于第二颖，1 脉不明显，边缘透明膜质，2 齿间伸出膝曲的芒，芒柱棕色，长约 2 毫米，芒针长约 7 毫米；内稃短于外稃，两耳近基部。花果期 8-10 月。

产广东及云南，喜生于河边、树荫下或山坡阴湿地。越南、缅甸、尼泊尔、印度北部、泰国及马来西亚有分布。

2. 耳稃草　　　　　　　　　　　　图 1396：1-2

Garnotia patula (Munro) Benth. Fl. Hongkong. 416. 1861.

Berghausia patula Munro in Proc. Amer. Acad. Arts. 4: 362. 1860.

多年生。秆高（0.3-）0.6-1.3 米，直立，无毛或节有毛。叶鞘无毛或被毛，鞘口密被毛，叶舌膜质，长 2-5 毫米，有纤毛；叶线状披针形，扁平或对摺，长 15-60 厘米，宽 0.4-1.2 厘米，两面被疣基毛或疏柔毛或上面无毛，边缘粗糙。圆锥花序开展，长 15-40（-65）厘米，下部常为顶生叶鞘所包；下部分枝 3 枚，上部为孪生或单生。小穗窄披针形，长 3.7-6.3 毫米，基部被一圈短毛；两颖等长或第一颖稍短，3 脉，沿脉粗糙，先端尖、渐尖或芒状。外稃等长于颖，无毛，3 脉，成熟时棕黑色，先端渐尖或具 0.7-1 厘米细弱粗糙的芒；内稃被柔毛，膜质，稍短于外稃；花药长约 1.5 毫米。花果期 8-12 月。

产安徽、福建、广东、香港、海南及广西，生于海拔 500-1000 米林下、山谷、湿润田野或路旁。缅甸东部及越南北部有分布。

[附] **无芒耳稃草** 图 1396：3-6 **Garnotia patula** var. **mutica** (Munro) Rendle in Journ. Linn. Soc. Bot. 36: 387. 1904. —— *Berghausia mutica* Munro in Proc. Amer. Acad. Arts. 4: 362. 1860. —— *Garnotia mutica* (Munro) Druce; 中国高等植物图鉴 4: 145. 1976; 中国植物志 10(1): 136. 1990. 与模式变种的区别：颖先端渐尖或第一颖先端有小尖头；外稃先端渐尖，常无芒。花果期 9-10 月。产广东、香港及广西，常生于潮湿地。

图 1395 脆枝耳稃草 （王 颖绘）

图 1396：1-2.耳稃草　3-6.无芒耳稃草
（引自《中国主要植物图说　禾本科》）

148. 野古草属 Arundinella Raddi

（陈守良）

多年生或一年生。秆直立或基部倾斜。叶舌短小或近无，常具纤毛；叶线形或披针形。圆锥花序开展或紧缩。小穗孪生，稀单生，具柄，具 2 小花；发育小花常为圆柱形，第一小花常为雄性或中性，稀雌性或两性；第二小花两性，短于第一小花；颖草质，近等长或第一颖稍短，3-5（-7）脉，宿存或迟落。第一外稃膜质或坚纸质，3-7 脉，等长或稍长于第一颖；第二外稃花时纸质，果时坚纸质，带棕褐色，边缘内卷，背部粗糙或具疏柔毛，先端有或无芒，或芒基部两侧具刺毛或齿，基盘半月形，有或无毛；第二内稃膜质，为外稃紧包而与其近等长；鳞被 2，楔形；雄蕊通常 3，花药紫、褐或黄色；子房无毛，柱头 2，常紫红色，帚刷状。颖果背腹扁，长卵圆形或长椭圆形，成熟时褐色。胚长为颖果1/4-2/3，种脐点状。染色体基数x=7，8，9，10。

约50种，广布于热带、亚热带，少数至温带。我国21种，3变种。有些种类是纤维、造纸的优良原料、牲畜饲料或水土保持植物。

1. 第二外稃先端无芒或具长不及1毫米的小尖头。
　2. 花序柄及秆具硬疣毛 ·· 11. **毛秆野古草 A. hirta**
　2. 花序柄及秆均无毛。
　　3. 秆节淡黄色，无毛；叶线形，鲜时黄绿色，宽5-6毫米 ·········· 9. **溪边野古草 A. fluviatilis**
　　3. 秆节黑褐色，常具髯毛；叶线状披针形，鲜时粉绿色，宽0.5-1.5厘米 ·········· 12. **野古草 A. anomala**
1. 第二外稃先端具芒，芒膝曲或不膝曲。
　4. 第二外稃先端芒两侧各具1侧刺，若无侧刺，则小穗柄顶端有数至多枚白色长刺毛；小穗长5-7毫米，两颖无毛，稀具短柔毛 ·································· 10. **刺芒野古草 A. setosa**
　4. 第二外稃先端芒两侧无侧刺；小穗柄顶端无白色长刺毛。
5. 圆锥花序分枝短，小穗密集成穗状，若较疏离，则小穗具疣毛。
　6. 圆锥花序窄，较疏离，分枝基部或腋内无毛；小穗被疣毛 ·········· 4. **硬叶野古草 A. flavida**
　6. 圆锥花序穗状，分枝短而不再分枝，分枝基部或腋内有白色长柔毛。
　　7. 秆高于1米；小穗具芒长不及2毫米而易脱落；花序长（6-）10-35（-60）厘米 ·················
　　　··· 3. **孟加拉野古草 A. bengalensis**
　　7. 秆高不及1米；小穗具芒长约4毫米而常宿存；花序长3-12厘米 ·········· 5. **西南野古草 A. hookeri**
5. 圆锥花序分枝长而纤细，分枝长达20余厘米；小穗在分枝上排列疏离而非穗状；如分枝短而呈穗状，则小穗无毛。
　8. 圆锥花序长20-70厘米；植株高于1米；小穗长不及6毫米。
　　9. 小穗长约5毫米，芒长达4毫米而宿存；叶宽达2.5厘米 ·············· 1. **大序古野草 A. cochinchinensis**
　　9. 小穗长3-5毫米，芒长3-5毫米；叶宽1-1.5厘米 ·················· 2. **石芒草 A. nepalensis**
　8. 圆锥花序长不及20厘米；植株高不及1米，若高于1米，则小穗长于6毫米。
　　10. 秆高0.7-1.1（-1.8）米；小穗长6-7毫米 ·················· 6. **大花野古草 A. grandiflora**
　　10. 秆高30-80厘米；小穗长3.5-5毫米。
　　　11. 小穗长3.5-4毫米；第一颖具5-7脉 ·················· 7. **岩生野古草 A. rupestris**
　　　11. 小穗长4.5-5.2毫米；第一颖具3（-5）脉 ·················· 8. **云南野古草 A. yunnanensis**

1. 大序野古草　　　　　　　　　　　　　　　　图 1397

Arundinella cochinchinensis Keng in Nat. Centr. Univ. Sci. Rep. ser. B, 2(3): 24. f. 8. 1936.

多年生。具粗壮横走根茎；根茎木质化，长达28厘米，径达1厘米。秆高1.5-3米，径2-8毫米，无毛；节淡灰色，密被短毛。叶鞘密被硬疣毛至无毛，边缘具长纤毛；叶长40-60厘米，宽达2.5厘米，两面密被硬疣毛至无毛，边缘粗糙，中脉宽达2毫米，淡绿白色。圆锥花序长40-60厘米，宽10-15厘米，主轴圆柱形，具纵棱，无毛，沿棱粗糙；分枝近轮生，斜升。小穗排列较密，长（4）5毫米；颖无毛，沿脊粗糙，第一颖卵状披针形，长2.5-3.5毫米，3-5脉，先端短尖；第二颖披针形，长3.6-5毫米，5脉，先端具短喙。第一外稃无毛，长3.2-4毫米，3-5脉不明显；第二外稃成熟时黑褐或棕色，上部微粗糙，长2-2.8毫米，芒宿存，芒柱深棕色，长1.2-1.5毫米，

扭转，芒针长 1.8-2.5 毫米；基盘具毛长为稃体 1/2-1/4。颖果淡灰色，长椭圆形，长约 1.6 毫米，顶端尖。花果期 9-12 月。

产贵州及云南，常生于山坡草地。越南北部有分布。

2. 石芒草

图 1398

Arundinella nepalensis Trin. Gram. Panic. 62. 1826.

多年生。根茎具鳞片。秆直立，下部坚硬，高 0.9-1.9 米，径 2-5 毫米，无毛；节淡灰色，被柔毛，节间上部常具白粉。叶鞘无毛或被柔毛，边缘具脱落性纤毛，叶舌干膜质，极短，平截而具纤毛；叶线状披针形，长 10-40 厘米，宽 1-1.5 厘米，无毛或具短疣毛及白色柔毛，基部圆。圆锥花序疏散或稍收缩，主轴具纵棱，无毛；分枝细长，近轮生。小穗灰绿至紫黑色，长 3.5-4 毫米；颖无毛，第一颖卵状披针形，长 2.2-3.9 毫米，3-5 脉，沿脊稍

粗糙，先端渐尖；第二颖等长于小穗，5 脉，先端长渐尖。第一小花雄性，长 2.5-3 毫米，外稃具不明显 5 脉，先端钝；第二小花两性，长 1.6-2 毫米，成熟时外稃棕褐色，薄革质，无毛或微粗糙，芒宿存，芒柱棕黄色，长 1-1.2 毫米，芒针长 1.7-3.4 毫米；基盘具长 0.3-0.7 毫米的毛。颖果成熟时棕褐色，长卵圆形，长约 1 毫米，宽约 0.3 毫米，顶端平截。染色体 2n=40，20。花果期 9-11 月。

产福建、江西、湖南、广东、香港、海南、广西、贵州、四川、云南及西藏，生于海拔 2000 米以下山坡草丛中。尼泊尔、印度、越南、日本、大洋洲及非洲广泛分布。

3. 孟加拉野古草

图 1399

Arundinella bengalensis (Spreng.) Druce in Rep. Bot. Exchang. Club. Brit. Isles 605. 1916.

Panicum bengalense Spreng. Syst. Veg. 1: 311. 1825.

多年生。根茎具覆瓦状鳞片。秆无毛或疏被柔毛，高（0.3-）1-1.7 米，径 1.2-5 毫米，节无毛或具白色髯毛。叶鞘常具硬疣毛或刺毛，稀无毛，边缘具纤毛，叶舌干膜质，具长柔毛；叶两面具硬疣毛或无毛，长 6-30 （-60）厘米，宽 0.5-1.5 厘米，边缘粗糙。圆锥花序穗状或窄圆柱

图 1397 大序野古草 （仲世奇绘）

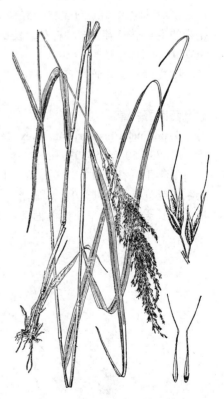

图 1398 石芒草
（引自《中国主要植物图说 禾本科》）

状，长6-35（-60）厘米，径1-3厘米；分枝（2）3-6簇生或轮生，常靠主轴，腋间具长柔毛。小穗常带紫色，长3-3.5毫米，排列紧密；颖疏生疣毛至近无毛，沿脉粗糙，第一颖卵形，长2.2-2.5毫米，3-5脉，先端尖，第二颖等长于颖，5脉。第一小花雄性，长2-2.5毫米，外稃具5脉；第二小花两性，长约2毫米，芒易断落，芒柱棕色，长约0.5毫米，芒针长0.7-1毫米，基盘具毛长0.3-0.4毫米；花药黄棕色；柱头淡紫色。花果期8-10月。

产广东、海南、广西、贵州、四川、云南及西藏，生于海拔2000米以下平地、河谷、灌丛、山坡草地或林缘。尼泊尔、印度东北部、缅甸、泰国及中南半岛有分布。

4. 硬叶野古草　　　　　　　　　　　图 1400：7-13

Arundinella flavida Keng in Nat. Centr. Univ. Sci. Rep. ser. B, 2(3): 44. 1936.

多年生。根茎粗壮，密被淡黄色鳞片，鳞片圆钝，密被淡黄或淡褐色柔毛。秆高1.5-1.2米，径约2毫米，无毛或节黄褐色，被柔毛。叶鞘无毛或具短疣毛，边缘具纤毛；叶无毛，薄革质，长（6-）15-30厘米，宽0.5-1厘米。圆锥花序窄，长（9-）15-27厘米，径1-1.5厘米，主轴及分枝具纵棱，沿棱粗糙。小穗黄褐色，长4-5毫米，具疏疣毛；两颖不等长，第一颖长3.1-3.7毫米，具5-7凸起的脉，先端渐尖，第二颖长3.8-4.1毫米，5脉，先端长渐尖。第一小花等长于第一颖或稍长，外稃具3脉，先端略钝，内稃略短于外稃；第二小花长卵形，成熟时棕褐色，长2.5-2.6毫米，背部微粗糙，基盘具长0.6-0.7毫米的毛；芒宿存，芒柱棕色，长0.8-1毫米，芒针长1-1.2毫米。花果期9-11月。

据文献记载，产广西及贵州，常生于干旱山坡。越南有分布。

5. 西南野古草　　　　　　　　　　　图 1400：1-6

Arundinella hookeri Munro ex Keng in Nat. Centr. Univ. Sci. Rep. ser. B, 2(3): 50. f. 25. 1936.

多年生。秆质软，直立，高（18-）30-60厘米，径1-3毫米，无毛或节黄褐色而具柔毛。叶鞘密被柔毛，叶舌干膜质，长0.2-0.5毫米，具长柔毛；叶草质，两面密被柔毛，长5-20（-27）厘米，宽2-8毫米。圆锥花序穗状或窄金字塔形，长3-12厘米，分枝短，常不及2厘米且贴近主轴；主轴具纵棱，棱密生长柔毛。小穗密生，灰绿或褐紫色，长5-6（-6.5）毫米；颖片上部疏生硬疣毛，5脉，第一颖卵状披针形，长3.5-4.6毫米；第二颖长4.5-6.2毫米，先端长渐尖。第一小花雄性，长卵形，长3.5-5.5毫米，外稃具3-5脉；第二小花长2.5-3.5毫米，芒宿存，芒柱棕色，长1-2毫米，芒针长2-3毫米；基盘具毛长

图 1399　孟加拉野古草
（引自《中国主要植物图说　禾本科》）

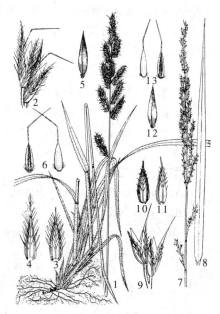

图 1400：1-6.西南野古草 7-13.硬叶野古草
（张迎德绘）

为稃体 1/3-1/2；花药紫黑色，长 1.7-2.8 毫米。颖果成熟时淡棕色，基部常黑色，长卵圆形，长约 2.2 毫米。花果期 8-10 月。

产贵州西部、四川、云南及西藏，生于海拔 3000 米以下山坡草地

或疏林中。尼泊尔、不丹、印度及缅甸北部有分布。

6. 大花野古草

图 1401：1-7

Arundinella grandiflora Hack. in Fedde. Repert. Spert. Nov. 8: 514. 1910.

多年生。根茎粗壮，具淡黄色多脉鳞片，脉间具白色长柔毛。秆质软，直立，高 0.7-1.1（-1.3）米，径 2-4 毫米，抽穗时常带紫红色并具灰粉，无毛；节黑褐色，被柔毛至无毛。叶鞘具脱落性白色长柔毛，叶舌长约 0.5 毫米，平截，具白色纤毛；叶线形，长 10-25 厘米，宽约 1 厘米。花序窄圆锥形或线形，长 13-15（-20）厘米，径 1-3（4）厘米，主轴无毛，下部分枝长不及 5 厘米。小穗紫或淡灰红色，无毛，长卵状披针形，长（5.5-）6-7 毫米；第一颖卵形，长约 4.5 毫米，（3-）5-7 脉，第二颖长卵形，长 5.8-6 毫米，5 脉。第一小花中性，长 5-6 毫米，外稃厚纸质，5-7 脉；内稃边缘具短纤毛；第二小花长卵形，长约 3 毫米，外稃成熟时革质，棕黑色，疏被微柔毛，芒宿存，芒柱棕褐色，长 1.3-2 毫米，芒针长 2-3 毫米；基盘毛长约 0.8 毫米。颖果长椭圆形，长约 2 毫米，成熟时

图 1401：1-7.大花野古草 8-13.岩生野古草 （张迎德绘）

黄褐色。花果期 6-10 月。

产贵州西部、四川西南部及云南，生于海拔 2100-2800 米次生针阔叶混交林中或山坡草丛中。

7. 岩生野古草

图 1401：8-13

Arundinella rupestris A. Camus in Bull. Mus. Hist. Nat. (Paris) 25: 367. 1919.

多年生，常成垫状密丛。秆直立，高 30-80 厘米，径约 1 毫米，节黄褐色。叶鞘无毛，边缘有纤毛，叶舌极短，两侧生长柔毛；叶线形，长 7-30 厘米，宽 4-5 毫米，两面无毛。圆锥花序窄而疏离，分枝短，与主轴均疏被柔毛或粗糙。小穗紫或黄绿色，长 3.5-4 毫米，无毛；

颖不等长，第一颖长 2.2-3.6 毫米，5-7 脉，先端尖，第二颖等长于小穗，5 脉。第二小花长 2.1-3 毫米，无毛或上部微粗糙，芒宿存，芒长 1-3 毫米，膝曲或不膝曲，芒柱棕色，不扭转或扭转；基盘毛长为稃体 1/3-1/2；内稃稍短。花果期 5-10 月。

产湖南西南部、广西北部、贵州南部及云南东南部，常生于洪水期间常被淹没的河床两岸石隙间或河滩。越南北部有分布。

8. 云南野古草

图 1402：1-7

Arundinella yunnanensis Keng ex B. S. Sun et Z. H. Hu in Acta Bot. Yunnan 2(3): 326. 1980.

多年生。根茎细弱。秆密生，高 30-60 厘米，径 1-1.5 毫米，质

硬，无毛，节黄色。叶鞘仅边缘有毛，叶舌纤毛状；叶较硬，常内卷成针状，长 3-10 厘米，宽 1-3 毫米，两面被短疣毛或无毛。圆锥花

序窄，长 7-14 厘米，主轴无毛或稍粗糙。小穗灰绿或淡紫色，稀疏，无毛，长 4.5-5.2 毫米；颖不等长，第一颖卵状披针形，长约 3 毫米，3（-5）脉，第二颖与小穗等长，5 脉。第一小花雄性，长约 4 毫米，外稃具 5 脉；第二小花长 2.6-3 毫米，外稃上部被微柔毛，芒柱棕色，长 1.3-2 毫米，芒针长约 2 毫米，基盘具长约为稃体 1/3-1/2 的毛；内稃稍长于外稃，无毛。颖果长卵圆形，茶褐色，长约 1.6 毫米。花果期 8-9 月。

产云南西北部及西藏，生于海拔约 3000 米高山草地。

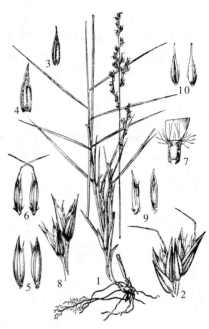

图 1402：1-7.云南野古草 8-10.溪边野古草
（张迎德绘）

9. 溪边野古草　　　　　　　　图 1402：8-10

Arundinella fluviatilis Hand.-Mazz. in Anz. Akad. Wiss. Wien, Nath.-Nat. 63(12): 111. 1926.

多年生。秆常达数十枝密集成丛，较硬，高 40-80 厘米，径 1-2 毫米，无毛，节淡黄色，叶鞘光滑，边缘膜质而常有纤毛，叶舌长约 0.1 毫米，平截，两侧有长柔毛；叶常挺直，无毛，长 6-20 厘米，宽 5-6 毫米。圆锥花序窄，长 10-18 厘米，主轴与分枝具棱，沿棱有短柔毛。小穗长 3.5-4.5 毫米，常带淡紫色，无毛；两颖不等长，第一颖长 2.6-3.5 毫米，5 脉，第二颖等长或稍短于小穗，5 脉，先端尖。第一小花雄性，等长于第二颖；外稃具 5 脉，先端尖，基盘有或无毛；内稃稍短；第二小花长 2.6-3.4 毫米，外稃背上部粗糙，具 0.3-1.5 毫米

的芒状小尖头，基盘毛长约为稃体 1/2；花药紫色，长约 1.3 毫米。花果期 9-11 月。

产湖北、湖南等省，生于河床两岸石灰岩或砂岩石隙间或沙滩。

10. 刺芒野古草　　　　　　　　　图 1403

Arundinella setosa Trin. Gram. Pan. 63. 1826.

多年生。秆无毛，单生或丛生，高（0.35-）0.6-1.6（-1.9）米，径 1-4 毫米；节淡褐色。叶鞘无毛或具刺毛，边缘有纤毛，叶舌长约 0.8 毫米，两侧具长柔毛，上缘具纤毛；叶基部圆，先端长渐尖，长 10-30（-70）

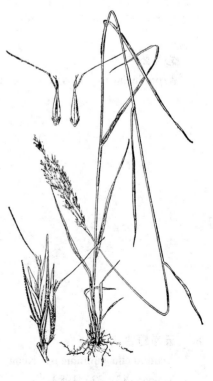

图 1403 刺芒野古草
（引自《中国主要植物图说　禾本科》）

厘米，宽4-7毫米，两面无毛或具疣毛。圆锥花序疏散，长10-25（-35）厘米，分枝细长，主轴及分枝纵棱粗糙；孪生小穗柄分别长约2毫米及5毫米，顶端具白色长刺毛。小穗长5.5-7毫米；颖不等长，第一颖长4-6毫米，3-5脉，沿脉粗糙或具柔毛；第二颖长5-7毫米，5脉。第一小花中性或雄性，外稃长3.8-4.6毫米，3-5（7）脉，内稃长3.6-5毫米；第二小花披针形或卵状披针形，长2.2-3毫米，成熟时黄棕色，上部微粗糙，芒宿存，芒柱黄棕色，长2-4毫米，芒针长4-6毫米，侧刺毛长1.4-2.8毫米，白色，基盘毛长为稃体2/5-1/3；花药紫色。颖果成熟时褐色，长卵圆形，长约1毫米。花果期8-12月。

染色体2n=32，48，54。

产河南、江苏、安徽、浙江、台湾、福建、江西、湖北、湖南、广东、香港、海南、广西、贵州、四川及云南，生于海拔2500米以下山坡草地、灌丛、松林或松栎林下。亚洲热带及亚热带地区均有分布。

11. 毛秆野古草

图 1404

Arundinella hirta (Thunb.) Tanaka in Bull. Sci. Fak. Tark. Kyushu Imp. Univ. 1: 196. 1925.

Poa hirta Thunb. Fl. Jap. 49. 1784.

多年生，根茎粗壮，被淡黄色鳞片。秆直立，高0.9-1.5米，径2-4毫米，具脱落性白色疣毛及长柔毛；节密被柔毛。叶鞘被疣毛，边缘具纤毛，叶舌长约0.2毫米，平截，具长纤毛；叶长15-40厘米，宽约1厘米，两面被疣毛，先端长渐尖。圆锥花序长15-40厘米，花序柄、主轴及分枝节均被疣毛；孪生小穗柄分别长约1.5毫米及4毫米，较粗糙，具疏长柔毛。小穗长3-4.2毫米，无毛；颖具5脉或第一颖3或7脉，第一颖长2.4-3.4毫米，先端渐尖，第二颖长2.8-3.6毫米。第一小花雄性，长3-3.5毫米，外稃具3-5脉，内稃略短；第二小花长卵形，外稃长2.4-3毫米，无芒，常具0.2-0.6毫米小尖头，基盘具毛长约为稃体1/2。花果期8-10月。染色体2n=28，56。

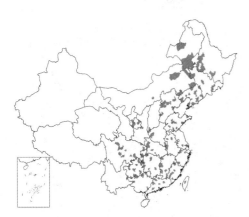

产黑龙江、吉林、辽宁、内蒙古、河北、山东、山西、河南、陕西、宁夏、甘肃、江苏、安徽、浙江、台湾、福建、江西、湖北、湖南、广东、广西、贵州及四川，多生于海拔1000米以下山坡、

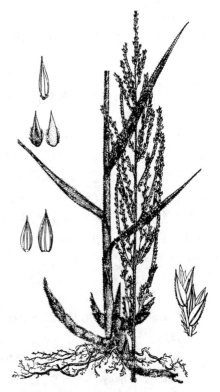

图 1404 毛秆野古草 （张迤德绘）

路旁或灌丛中。俄罗斯、朝鲜半岛及日本有分布。可固堤，作纤维原料，幼嫩植株作饲料。

12. 野古草

图 1405

Arundinella anomala Steud. Syn. Pl. Glum. 1: 116. 1854.

Arundinella hirta auct. non (Thunb.) Tanaka: 中国高等植物图鉴 5: 154. 1976. pro parte.

多年生，粗壮长根茎具多脉鳞片。秆疏丛，无毛，高0.6-1.1米，径2-4毫米，直立或近地面数节倾斜并生不定根；节黑褐色，具髯毛或无毛。叶鞘无毛或被疣毛，叶舌短，圆凸，具纤毛；叶长12-35厘米，宽0.5-1.5厘米，常无毛或背面边缘疏生一列疣毛至全部被短疣毛。花序

开展或略收缩，长 10-40（-70）厘米，主轴与分枝沿棱粗糙或具短硬毛。孪生小穗柄分别长约 1.5 毫米及 3 毫米，无毛；第一颖长 3-3.5 毫米，3-5 脉，第二颖长 3-5 毫米，5 脉。第一小花雄性，约等长于第二颖，外稃长 3-4 毫米，5 脉，先端钝；花药紫色，长约 1.6 毫米；第二小花长 2.8-3.5 毫米，外稃上部稍粗糙，3-5 脉不明显，无芒或具 0.6-1 毫米芒状尖头，基盘毛长约为稃体 1/2；柱头紫红色。花果期 7-10 月。染色体 2n=34，36。

产黑龙江、吉林、辽宁、内蒙古、河北、山东、山西、河南、陕西、甘肃、江苏、安徽、浙江、福建、江西、湖北、湖南、广东、广西、贵州、四川及云南，常生于海拔 2000 米以下山坡灌丛、道旁、林缘、田边或沟旁。俄罗斯、朝鲜半岛、日本及中南半岛有分布。幼嫩时牲畜喜食，秆叶为造纸原料。

图 1405 野古草
（引自《中国主要植物图说 禾本科》）

149. 莎禾属 Coleanthus Seidel

（陈守良）

矮小一年生草本。秆直立，高约 5 厘米。叶鞘膨大，鞘内常有分枝，叶舌膜质，长约 0.5 毫米；叶常镰刀形，长约 1 厘米。花序长 0.5-1 厘米，托以苞片状叶鞘，具 2-3 轮分枝，分枝（小穗柄）多数轮生。小穗具 1 孕性小花；二颖完全退化。外稃透明膜质，窄卵形，先端具短芒；内稃较宽而短，先端 2 深齿裂；鳞被无；雄蕊 2；花柱 2。颖果窄长圆形，长于稃体。

单种属。

莎禾 图 1406

Coleanthus subtilis (Tratt.) Seidel in Roem. et Schult. Syst. Veg. 2: 275. 1817.

Schmidtia subtilis Tratt. Fl. Oesterr. Kaiserth. 1: 92. 1827.

形态特征同属。

据文献记载，产东北及江西，多生于河岸、湖泊边或沼泽等水湿地。欧亚大陆寒温地带均有分布。

图 1406 莎禾 （史渭清绘）

150. 稗荩属 Sphaerocaryum Nees ex Hook. f.

（陈守良）

矮小一年生草本。秆下部常卧伏地面，节易生根，上部常斜升，多节。叶鞘短于节间，被基部膨大的柔毛，叶舌短小，沿缘有纤毛；叶卵状心形，基部常抱茎，长 1-1.5 厘米，宽 0.6-1 厘米，边缘粗糙，疏生硬毛。圆锥花序卵形，长 2-3 厘米，宽 1-2 厘米。小穗具 1 小花，长约 1 毫米，小穗柄长 1-3 毫米，中部具黄色腺点；颖透明膜质，无毛，第一颖长约小穗 2/3，无脉，第二颖与小穗等长或稍短，具 1 脉。稃片为薄膜质，常被微毛；雄蕊 3；花柱自子房顶端 2 叉裂，柱头帚状。颖果卵圆形，与稃体分离。

单种属。

稗荩 图 1407

Sphaerocaryum malaccense (Trin.) Pilger in Fedde, Repert. Sp. Nov. 45: 2. 1938.

Panicum malaccense Trin. Gram. Panic. 204. 1926.

形态特征同属。

产浙江、台湾、福建、江西、湖南、广东、香港、海南、广西及云南，多生于海拔 1500 米以上灌丛或草甸中。印度、斯里兰卡、马来西亚、菲律宾、越南及缅甸有分布。

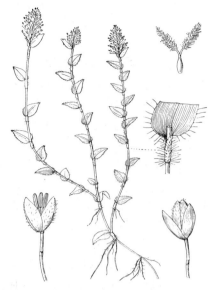

图 1407 稗荩 （史渭清绘）

151. 小丽草属 Coelachne R. Br.

（陈守良）

柔弱直立或匍匐草本。秆纤细。叶鞘松散包茎，叶舌常无；叶常柔软。圆锥花序窄。小穗具柄，通常具 2 小花，均两性或第二小花雌性，小穗脱节于颖之上；两颖几等长，约为小穗之半，膜质或草质，先端钝，1-3 （-5）脉不明显。外稃纸质或硬纸质，无脉，边缘稍内卷；内稃等长于外稃，边缘内卷，背部有凹槽；雄蕊 2-3；花柱 2，分离，柱头帚状。颖果卵状椭圆形。

约 4 种，分布于非洲、亚洲和大洋洲的热带和亚热带地区。我国 1 种。

小丽草 图 1408

Coelachne simpliciuscula (Wight et Arn. ex Steud.) Munro ex Benth. in Journ. Linn. Soc. Bot. 19: 93. 1881.

Panicum simpliciusculum Wight et Arn. ex Steud. Syn. Pl. Glum. 1: 96. 1854.

一年生草本。秆基部常伏卧，节处生根，高 10-15 厘米。叶鞘无毛或上部边缘具微毛，叶舌无，叶柔软，披针形，长 1-3 厘米，宽 2-5 毫米，无毛，或沿脉具短刺毛。圆锥花序窄，长 3-8 厘米，宽 0.5-1 厘米。小穗 3-7 着生穗轴和分枝，长 2-3 毫米，淡绿或微带紫色；颖草质，边缘膜质，第一颖长约 1.2 毫米，1-3 （-5）脉，第二颖长约 1.5 毫米，5-7 脉。外稃纸质，长 2.5-3 毫米；内稃等长于外稃；雄蕊 3，花药长约 0.3 毫米；第一小花两性，

图 1408 小丽草 （仲世奇绘）

产福建、广东、海南、广西、贵州、四川及云南，生于潮湿谷中或溪旁草丛中。印度、斯里兰卡、柬埔寨、泰国及越南有分布。

第二小花常雌性，小花梗长约 0.7 毫米。颖果成熟时棕色，卵状椭圆形，长约 1.2 毫米。花果期 9-12 月。

152. 柳叶箬属 Isachne R. Br.

（陈守良）

多年生或一年生草本。秆直立或基部倾斜横卧；叶鞘常短于节间；叶扁平。圆锥花序疏散顶生。小穗具2小花，均两性或第一小花雄性，第二小花雌性，均无芒，两小花节间甚短，连同两小花一起脱落；两颖近等长，草质，迟落；小花背部拱凸，腹面扁平。两小花内外稃均革质，或第一小花内外稃为草质，第二小花为革质，无毛或被毛；鳞被2，微小；雄蕊3；花柱2叉裂，柱头帚状。颖果椭圆形或近球形，与稃体分离。

约140余种，分布于热带或亚热带地区。我国约16种7变种。

1. 小穗的两小花同形同质，常均为两性，若第一小花为雄性，则大小形状均同第二小花，且两小花同质。
　　2. 植株常匍匐地面，节生根；叶常卵状披针形；圆锥花序长 2-6 厘米。
　　　　3. 小穗长约2毫米或过之；颖具 7-11 脉 ·· 1. 匍匐柳叶箬 **I. repens**
　　　　3. 小穗长不及2毫米；颖具 5-7 脉。
　　　　　　4. 圆锥花序长 3-8 厘米；叶长 2-5 厘米，宽 0.7-1.5 厘米 ················ 2. 日本柳叶箬 **I. nipponensis**
　　　　　　4. 圆锥花序长约2厘米；叶长 1-2 厘米，宽 3-5 毫米 ·················· 3. 荏弱柳叶箬 **I. debilis**
　　2. 植株直立或基部倾斜卧地；叶常线状披针形或披针形；圆锥花序长 8-25 厘米。
　　　　5. 颖片先端平截或微凹 ··· 4. 平颖柳叶箬 **I. truncata**
　　　　5. 颖片先端渐尖或钝圆。
　　　　　　6. 叶鞘位于下部者具疣基小刺毛 ·· 5. 浙江柳叶箬 **I. hoi**
　　　　　　6. 叶鞘均无疣基小刺毛。
　　　　　　　　7. 花序分枝及小穗柄无腺斑 ··· 6. 白花柳叶箬 **I. albens**
　　　　　　　　7. 花序分枝及小穗柄具腺斑 ··· 7. 小花柳叶箬 **I. beneckei**
1. 小穗的两小花异质异形；第一小花为雄性，形体较第二小花窄而长，稃体草质；第二小花两性，稃体革质。
　　8. 花序分枝和小穗柄均具腺体。
　　　　9. 叶披针形，长 3-10 厘米，宽 3-8 毫米；小穗椭圆状球形，长 2-2.5 毫米 ·············· 8. 柳叶箬 **I. globosa**
　　　　9. 叶卵状披针形或卵形，长 1-2.5 厘米，宽 0.3-1 厘米；小穗长约 1.6 毫米 ·········· 9. 二型柳叶箬 **I. dispar**
　　8. 花序分枝及小穗柄无腺体 ··· 10. 海南柳叶箬 **I. hainannensis**

1. 匍匐柳叶箬 图 1409

Isachne repens Keng in Sunyatsenia 1: 129. pl. 33. 1933.

多年生。秆柔软，匍匐地面，直立部分高 5-15 厘米，节被毛。叶鞘被细毛，常短于节间，鞘口及边缘密被纤毛，叶舌纤毛状，长约2毫米；叶宽披针形或卵状披针形，长 3-7 厘米，宽 0.5-1.5 厘米，两面疏生疣基毛，稀无毛，边缘厚，具微齿。圆锥花序卵形，长 2.5-3.5 厘米，宽 1.2-2 厘米，分枝粗壮斜升，疏生 1-2 刚毛，余无毛。小穗长约2毫米，灰绿色；小穗柄粗直，

长 1-6 毫米，与花序分枝均无腺体；两颖近等长或稍短于小穗，先端圆

图 1409 匍匐柳叶箬 （史渭清绘）

钝，背被短毛，边缘窄膜质，第一颖较窄，7-9脉，第二颖具9-11脉；两小花同质同形，均结实，稃体被细柔毛。颖果扁圆形，成熟时黑褐色，长约1.2毫米。花果期10-12月。

产台湾、福建、广东、海南及广西，生于山坡林中或阴湿草地。

2. 日本柳叶箬　　　　　　　　　　图 1410

Isachne nipponensis Ohwi in Acta Phytotax. Geobot. 4: 30. 1935.

多年生。秆细柔蜿曲，横卧地面，多节，节被细柔毛，直立部分高15-30厘米。叶鞘无毛或有短柔毛，边缘及鞘口具纤毛，叶舌纤毛状，长约1毫米。叶卵状披针形，长2-5厘米，宽0.7-1.5厘米，边缘稍厚，微波状，具微细锯齿，上面疏生疣状细毛，下面具微柔毛。圆锥花序近倒卵形，基部常被叶鞘所包，裸露部分长3-8厘米，宽1.5-4厘米；分枝细弱，斜展，与小穗柄均无腺体，常蜿形弯曲。小穗淡绿色，长约1.5毫米；颖等长或略长于小穗，卵状椭圆形，5-7脉，背部自中部以上疏生纤毛；两小花同质同形，均结实，长约1.3毫米。外稃被微毛，与内稃均革质。颖果半球形，长

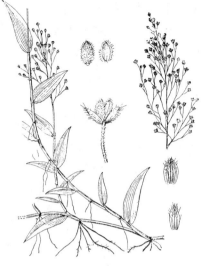

图 1410 日本柳叶箬　（史渭清绘）

约0.8毫米。染色体2n=40。花果期夏秋季。

产河南、安徽、浙江、台湾、福建、江西、湖北、湖南、广东、海南、广西、贵州及四川，生于海拔1000米以下山坡、路旁等潮湿草地。朝鲜半岛及日本有分布。

3. 荏弱柳叶箬　　　　　　　　　　图 1411

Isachne debilis Rendle in Journ. Linn. Soc. Bot. 36: 322. 1904.

一年生。秆细弱，下部伏卧地面，节易生根，直立部分高3-10厘米。叶鞘疏生柔毛，鞘口及边缘具纤毛，叶舌极短，端缘具纤毛；叶卵状披针形，长1-2厘米，宽3-5毫米，两面被贴生细毛，无明显软骨质边缘。圆锥花序卵圆形，长约2厘米，宽约1厘米，分枝短，近基部有分枝和小穗，每一分枝具2-6小穗，花序分枝与小穗柄无腺斑。小穗近球形，长约1.2毫米；两颖近等长，先端钝或骤尖，5脉，中部以上疏生短硬毛。两小花同质同形，长

约1毫米，均为两性或第一小花有时为雄性；内外稃均密生短柔毛。颖果椭圆形。染色体2n=20。

产台湾及福建，生于低海拔湿润草地。菲律宾有分布。

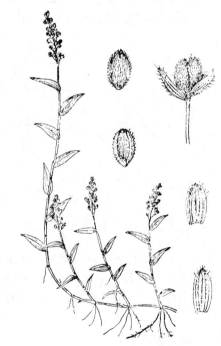

图 1411 荏弱柳叶箬　（史渭清绘）

4. 平颖柳叶箬　　　　　　　　　　　　　　　　图 1412

Isachne truncata A. Camus in Not. Syst. Finet 2: 205. 1912.

多年生。根茎短。秆较坚硬,高 30-50 厘米,节间短,节被细毛。叶鞘长于节间,无毛或上半部疏生细柔毛,边缘及鞘口具纤毛;叶舌纤毛状;长约 2 毫米;叶披针形,长 4-9 厘米,宽 0.5-1 厘米,基部略心形,两面被细毛,下面较密,稍粗糙,边缘软骨质,常具微小刺毛。圆锥花序开展,长 8-20 厘米,每节具 1-4 分枝,互生或近轮生,分枝及小穗柄无毛,有腺斑,常作蛇形弯曲。小穗绿或带紫色,倒卵形或近球形,长约 2 毫米;颖宽,先端平截或微凹,(8)10(12)脉,边缘近膜质,上半部疏生短毛或无毛,第一颖常稍短。两小花同形同质,均两性,内外稃软骨质,均被细毛。颖果近球形。花果期 8-10 月。

产浙江、福建、江西、湖南、广东、广西、贵州、四川及云南,生于海拔 1000-1500 米山坡草地或林缘。

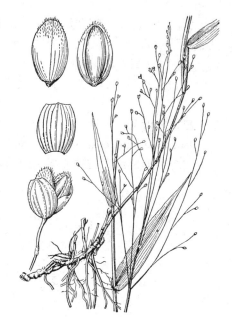

图 1412 平颖柳叶箬　（史渭清绘）

5. 浙江柳叶箬　　　　　　　　　　　　　　　　图 1413

Isachne hoi Keng f. in Acta Phytotax. Sin. 10(1): 11. Pl. 1. 1965.

多年生。秆细而坚挺,下部常倾卧地面,节生根,直立部分高 45-85 厘米,节无毛。叶鞘短于节间,边缘及鞘口具纤毛,下部叶鞘常具疣基细刺毛,叶舌纤毛状,长约 2 毫米;叶宽披针形,长 5-14 厘米,宽 1-1.8 厘米,基部钝圆,两面有微细毛,稍粗糙,边缘白色软骨质,具微细锯齿。圆锥花序开展,长达 20 厘米,宽 8-12 厘米,分枝细弱而蛇曲,疏生小穗,与小穗柄均具淡黄色腺斑。小穗宽椭圆形或倒卵形,长约 2 毫米;两颖近等长,淡绿或稍带紫色,7-9 脉,边缘宽膜质,背中部以上具细刺毛。小花淡黄色,第一小花两性,第二小花雌性;鳞被膜质,几方形。颖果椭圆形,成

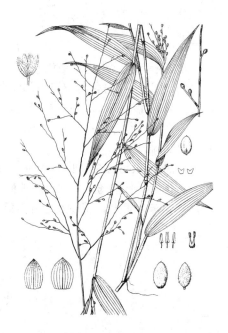

图 1413 浙江柳叶箬
（引自《植物分类学报》）

熟时棕褐色。

产浙江、湖南及广东,生于山坡林荫草地或山谷水旁阴湿处。

6. 白花柳叶箬　　　　　　　　　　　　　　　　图 1414

Isachne albens Trin. in Sp. Gram. Icon. 1: pl. 65. 1928.

多年生。秆坚硬,直立或基部倾斜,节生根,高 0.5-1 米,无毛。叶鞘常短于节间,无毛,具缘毛,叶舌纤毛状;叶披针形,质较硬,

长 7-15 厘米,宽 0.8-1.8 厘米,上面具硬毛,下面无毛,边缘软骨质。圆锥花序椭圆形或倒卵状椭圆形,开展,长 15-25 厘米,分枝单

生，每分枝再 1-2 次分枝，每小枝具 1-2 小穗；分枝及小穗柄无腺体。小穗灰白色，椭圆状球形，长 1-1.5 毫米；颖草质，约等长于小穗，5－7 脉，背上部疏生小硬毛或无毛。两小花同质同形，内外稃均被微毛，第一小花两性，第二小花常雌性。颖果椭圆形。染色体数 2n=60。花果期夏秋季。

产台湾、福建、湖北西部、广东、香港、广西、贵州、四川、云南及西藏，生于海拔 1000-2600 米山坡、谷地、溪边或林缘草地。分布自尼泊尔、印度东部经我国南部至中南半岛、菲律宾、印度尼西亚，向东达巴布亚新几内亚。

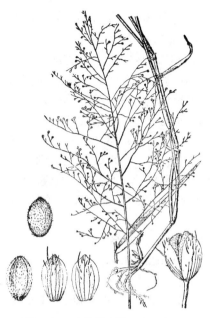

图 1414 白花柳叶箬 （史渭清绘）

7. 小花柳叶箬 图 1415

Isachne beneckei Hack. in Oesterr. Bot. Zeitschr. 51: 459. 1901.

多年生。秆丛生，斜升，高 15-35 厘米，无毛。叶鞘常短于节间，边缘及鞘口具纤毛，叶舌纤毛状，长约 1.5 毫米；叶线状披针形，长 3-7 厘米，宽约 5 毫米，无毛或粗糙，边缘软骨质。圆锥花序卵圆形，长 8-14 厘米，每节常具 1 分枝；分枝开展，稍蛇曲，与小穗柄均无腺体。小穗柄长于小穗 2-3 倍；小穗淡绿或稍带紫色，宽椭圆形或球形，长约 1.5 毫米；两颖近等长，等长或稍短于小穗，先端钝或圆，常无毛，稀具毛，5-7 脉不明显。两小花同质同

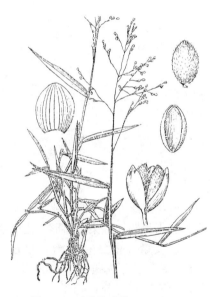

图 1415 小花柳叶箬 （史渭清绘）

形，或第一小花稍窄长，均两性；外稃微具细毛或第一外稃被毛较少；内稃无毛或先端被微毛。颖果球形，长约 1.2 毫米。花果期 7-11 月。

产台湾、福建、贵州西南部及云南，生于海拔 2000 米以下谷地、溪边或沟边草丛中。越南、马来西亚、菲律宾及印度尼西亚有分布。

8. 柳叶箬 图 1416:1-3

Isachne globosa (Thunb.) Kuntze, Rev. Gen. Pl. 2: 778. 1891.

Milium globosum Thunb. in Fl. Jap. 49. 1784.

多年生。秆直立或基部倾斜，节生根，高 30-60 厘米，节无毛。叶鞘短于节间，无毛，一侧边缘常具疣基毛，叶舌纤毛状，长 1-2 毫米；叶披针形，长 3-10 厘米，宽 3-8 毫米，基部钝圆或微心形，两面具微细毛，边缘厚至软骨质，全缘或微波状。圆锥花序卵形，长 3-11

厘米，分枝斜升或开展，每分枝有1-3小穗，分枝及小穗柄均具黄色腺斑。小穗椭圆状球形，长2-2.5毫米，淡绿或成熟后带紫褐色；两颖近等长，坚纸质，6-8脉，无毛，先端钝或圆，边缘窄膜质。第一小花常为雄性，较第二小花质软而窄；第二小花雌性，近球形，外稃边缘和背部常有微毛；鳞被楔形，先端平截或微凹。颖果近球形。染色体2n=60。花果期夏秋季。

产辽宁、河北、山东、河南、陕西、江苏、安徽、浙江、台湾、福建、江西、湖北、湖南、广东、香港、广西、贵州、四川、云南等省区，生于低海拔缓坡或平原草地。日本、印度、马来西亚、菲律宾、太平洋诸岛及大洋洲均有分布。

图 1416：1-3.柳叶箬 4-10.海南柳叶箬 （引自《中国主要植物图说 禾本科》、《中国植物志》）

9. 二型柳叶箬　　图 1417

Isachne dispar Trin. Sp. Gram. Icon. 1: t. 86. 1827.

一年生。秆细弱，多分枝，伏卧地面，直立部分高10-25厘米，多节，节有毛。叶鞘短于节间，无毛或疏生细毛，边缘及鞘口具纤毛，叶舌纤毛状；叶卵状披针形或卵形，边缘微波状，先端尖，基部心形，长1-2.5厘米，宽0.3-1厘米，花序分枝及小穗柄无毛，有黄色腺体。小穗灰绿或带紫色，长约1.6毫米；颖等长或稍短于小穗，无毛或有微毛，第一颖较窄，5脉，第二颖具5-7脉。第一小花雄性，椭圆形，窄长，稃体草质，无毛；第二小花两性或雌性，顶端圆钝，稃体革质，被细毛；两小花间有长约0.3毫米的小穗轴。颖果椭圆形。花果期5-10月。

产安徽、浙江、台湾、福建、江西、湖南、广东、广西、贵州及云南，生于海拔300-1300米山谷或山坡潮湿草地。尼泊尔、印度、越南及菲律宾有分布。

10. 海南柳叶箬　　图 1416：4-10

Isachne hainanensis Keng f. in Acta Phytotax. Sin. 10(1): 23. pl. 2. 1965.

一年生。秆纤细柔弱匍匐地面，节易生根，直立部分高8-15厘米。叶鞘短于节间，疏生白色细疣基毛，鞘口及边缘具较密茸毛，无叶舌；叶卵状椭圆形，长0.8-1.5厘米，宽3-6毫米，质薄柔软，先端

图 1417 二型柳叶箬 （引自《图鉴》）

短尖，基部圆，两面疏生白细毛或无毛，叶缘不增厚，常疏生疣基长毛，基部较密。圆锥花序卵形，长2-3.5厘米，每节具1-2分枝，分枝细弱，斜升，无腺体。小穗淡绿或带紫色，

长约1.8毫米；颖长椭圆形，等长或略短于小穗，3-5脉，无毛。第一小花雄性，长圆形，长约1.8毫米，稃体质薄而软，淡绿色；花药淡棕色，长约1.3毫米；第二小花两性，半球形，长约为第一小花之半，稃体软骨质，黄白色，密生细毛茸；基部有小花轴；鳞被膜质，几方形，先端浅裂。颖果椭圆形。花果期10-12月。

产广西西部及海南，生于海拔300-500米山谷湿地或沼泽中。

153. 弓果黍属 Cyrtococcum Stapf.

（庄体德）

一年生或多年生草本。秆下部多平卧地面，节生根，上部直立。叶线状披针形或披针形。圆锥花序开展或紧缩。小穗两侧扁，斜卵形或半卵形，成熟后整个脱落，有2小花，第一小花不孕，第二小花两性；颖不等长，膜质或较厚，先端钝或尖，3-5脉，第一颖较小，卵形，第二颖舟形。第一外稃与小穗等长，5脉，先端钝或尖。第一内稃短小或无；第二外稃花后硬，背部隆起，先端稍喙状，边缘质硬，包卷同质而背部微凸的内稃；鳞被褶叠，薄，3脉，基部有舌状突起；花柱基分离。种脐点状。染色体基数 x=9。

约10余种，主产非洲和亚洲热带地区。我国2种2变种。

1. 圆锥花序紧缩；小穗柄粗短，常短于小穗；植株通常无毛 ·················· 1. 尖叶弓果黍 C. oxyphyllum
1. 圆锥花序开展；小穗柄细长；植株通常被毛。
  2. 颖及第一外稃无瘤体。
    3. 圆锥花序较开展，长不及15厘米，宽不及6厘米；叶长3-8厘米，宽0.3-1厘米 ··· 2. 弓果黍 C. patens
    3. 圆锥花序大而开展，长达30厘米，宽达15厘米；叶长7-15厘米，宽1.5-2厘米 ·············
      ·················· 2(附). 散穗弓果黍 C. patens var. latifolium
  2. 颖及第一外稃具瘤体 ·················· 2(附). 瘤穗弓果黍 C. patens var. schmidtii

1. 尖叶弓果黍

图 1418：1-8

Cyrtococcum oxyphyllum (Hochst. ex Steud.) Stapf in Hook. Icon. Pl. 31: sub t. 3096. 1922.

Panicum oxyphyllum Hochst. ex Steud. Syn. Pl. Gram. 1: 65. 1854.

Cyrtococcum pilipes (Nees et Arn.) A. Camus; 中国高等植物图鉴5: 161. 1976.

一年生草本。秆无毛，高15-50厘米。叶鞘通常长于节间，上部一侧边缘被纤毛，叶舌膜质，长1-1.5毫米，先端近圆或齿裂，无毛；叶长5-18厘米，宽0.5-1.5厘米，先端长渐尖，两面均无毛。圆锥花序紧缩，具多数密集小穗，长3-12厘米，抽出鞘外很短；分枝上举，长达3厘米，腋间常具疏柔毛。小穗长约2毫米，基部疏生细毛，毛长达第一颖2/3；颖及第一外稃红褐色，无毛；颖具3脉，第一颖宽卵形，长1.2-1.5毫米，先端渐尖；第二颖舟形，稍短于小穗。第一外稃与小穗等长，宽椭圆形，5脉，先端钝或近平截；第二外稃长约1.5毫米，近先端有鸡冠状小瘤体，边缘

图 1418：1-8.尖叶弓果黍 9.散穗弓果黍 10-12.瘤穗弓果黍 （引自《中国植物志》）

包卷内稃。染色体2n=36。花果期10月至翌年3月。

产海南、云南等省区，生于山

地疏林下或阴湿地。越南、印度、缅甸、斯里兰卡、马来西亚及菲律宾有分布。

2. 弓果黍　　　　　　　　　　　　　　　　　　　图 1419

Cyrtococcum patens (Linn.) A. Camus in Bull. Mus Hist. Nat. (Paris) 27: 118. 1921.

Panicum patens Linn. Sp. Pl. 58. 1753.

图 1419　弓果黍　（冯晋庸绘）

一年生。秆较纤细，高 15-30 厘米。叶鞘常短于节间，边缘、鞘口和脉间被疣基毛，叶舌膜质，长 0.5-1 毫米，顶端圆；叶线状披针形，长 3-8 厘米，宽 0.3-1 厘米，两面贴生短毛，老时渐脱落，近基部边缘具疣基纤毛。圆锥花序长 5-15 厘米，分枝纤细，腋内无毛。小穗柄长于小穗，小穗长 1.5-1.8 毫米，被细毛或无毛；颖具 3 脉，第一颖卵形，长为小穗 1/2，先端尖头，第二颖舟

形，长为小穗 2/3，先端钝。第一外稃与小穗近等长，5 脉，先端钝，边缘具纤毛，第二外稃长约 1.5 毫米，背部弓状隆起，先端具鸡冠状小瘤体。染色体 2n=18。

产台湾、福建、江西、湖南、广东、香港、海南、广西、贵州、四川及云南，生于丘陵杂木林或草地较阴湿处。

[附] **散穗弓果黍** 图 1418：9 **Cyrtococcum patens** var. **latifolium** (Honda) Ohwi in Acta Phytotax. Geobot. 11: 47. 1942. —— *Panicum patens* Linn. var. *latifolium* Honda in Journ. Pac. Sci. Univ. Tokyo sect. 3, Bot. 5: 252. 1950. 与模式变种的区别：叶舌长 1-1.2 毫米，叶薄，长 7-15 厘米，宽 1.5-2 厘米，脉间具小横脉；圆锥花序长达 30 厘米，宽达 15 厘米。染色体 2n=36。产台湾、江西、湖南、广东北部、海南、广西、贵州西南部、云南南部及西藏东南部，生于山地或丘陵林下。印度至马来西亚及

日本南部有分布。

[附] **瘤穗弓果黍** 图 1418：10-12 **Cyrtococcum patens** var. **schmidtii** (Hack.) A. Camus in Lecomte, Fl. Gen. Indo-Chine 7: 465. 1922. —— *Panicum schmidtii* Hack. Bot . Tidsskr. 24: 99. 1901. 与模式变种的主要区别：第二颖及第一外稃具点状瘤体及短毛。产台湾、福建、广东、海南、广西西部及云南东南部，生于丘陵草丛中。亚洲南部有分布。

154. 黍属 Panicum Linn.

（庄体德）

一年生或多年生。具根茎。秆直立或基部膝曲或匍匐。叶舌膜质，顶端无毛或具毛，或具一列毛；叶线形或卵状披针形，通常扁平。圆锥花序顶生，分枝开展。小穗具柄，熟时脱节于颖下或第一颖先落，背腹扁，具 2 小花；第一小花雄性或中性，第二小花两性；第一颖较小穗短小，有时基部包小穗，第二颖等长而同形。第一外稃同第二颖；具内稃或无；第二外稃硬纸质或革质，边缘包同质内稃；鳞被 2，肉质程度、折叠、脉数等因种而异；雄蕊 3；花柱 2，分离，柱头帚状。染色体基数 x=9，10。

约 500 种，分布于热带和亚热带，少数至温带。我国 18 种 2 变种。

1. 第二小花（谷粒）平滑。

  2. 鳞被纸质，多脉。

3. 第一颖长为小穗 1/3 以上。

  4. 多年生。

    5. 植株无毛；具根茎；第一小花通常雄性；叶两面通常无毛 ················· 1. **柳枝稷 P. virgatum**

    5. 植株被毛；无根茎；第一小花通常中性；叶两面密被疣基毛 ················· 2. **旱黍草 P. trypheron**

  4. 一年生。

    6. 小穗长 4-5 毫米 ··· 3. **稷 P. miliaceum**

    6. 小穗长 1.5-3 毫米。

      7. 叶鞘无毛；颖及第一外稃无横脉 ··· 4. **南亚稷 P. walense**

      7. 叶鞘被疣毛；颖及第一外稃具横脉 ···································· 5. **大罗网草 P. cambogiense**

3. 第一颖长为小穗 1/3 以下。

  8. 植株无地下茎。

    9. 第一颖长为小穗约 1/3。

      10. 第一小花具内稃 ··· 6. **细柄黍 P. psilopodium**

      10. 第一小花无内稃 ················· 6(附). **无稃细柄黍 P. psilopodium** var. **epaleatum**

    9. 第一颖长为小穗 1/4-1/5；多年生；小穗长 3.5-4 毫米 ············· 7. **水生黍 P. paludosum**

  8. 植株具地下茎；秆坚硬；叶线形，宽 2.5-5 毫米；第一颖长为小穗 1/4 ······ 8. **铺地黍 P. repens**

2. 鳞被膜质，具 3-5 脉。

  11. 多年生；第一颖长为小穗 1/2 以上。

    12. 秆直立或基部倾斜；第一小花无内稃；叶基部心形 ·················· 9. **心叶稷 P. notatum**

    12. 秆攀援或蔓生；第一小花具内稃；叶基部圆 ······················ 10. **藤竹草 P. incomtum**

  11. 一年生；第一颖长为小穗 1/3-1/2 ··································· 11. **糠稷 P. bisulcatum**

1. 第二小花（谷粒）具横皱或乳突。

  13. 多年生；圆锥花序分枝粗壮；第二小花（谷粒）具横皱纹 ············· 12. **大黍 P. maximum**

  13. 一年生；圆锥花序分枝纤细；第二小花（谷粒）具乳突。

    14. 圆锥花序基部常为叶鞘所包；小穗长约 1.3 毫米；第一颖长为小穗 1/2 ············· 13. **发枝稷 P. trichoides**

    14. 圆锥花序常伸出鞘外，花序分枝及小穗柄的着生处有黄色腺点；第一颖稍短于小穗；小穗长 1.5-2 毫米

      ·· 14. **短叶黍 P. brevifolium**

1. 柳枝稷 图 1420

Panicum virgatum Linn. Sp. Pl. 59. 1753.

多年生草本。根茎被鳞片。秆直立，较坚硬，高 1-2 米。叶鞘无毛，上部的短于节间，叶舌长约 0.5 毫米，顶端具睫毛；叶线形，长 20-40 厘米，宽约 5 毫米，先端长尖，两面无毛或上面基部具长柔毛。圆锥花序开展，长 20-30 厘米，分枝粗糙，疏生小枝与小穗。小穗椭圆形，顶端尖，无毛，长约 5 毫米，绿或带紫色；第一颖长约为小穗 2/3-3/4，先端尖或喙尖，5 脉；第二颖与小穗等长，先端喙尖，7 脉。第一外稃与第二颖同形稍短，7 脉，先端喙尖，内稃较短，内包 3 雄蕊；第二外稃长椭圆形，先端稍尖，长约 3 毫米，平滑，光亮。染色体 2n=21，25，30，32，36，72。花果期 6-10 月。

原产北美。我国引种栽培作牧草。

2. 旱黍草 图 1421

Panicum trypheron Schult. Syst. Veg. 2: Mant. 244. 1824.

多年生簇生草本。秆直立，高 20-60 厘米。叶鞘密生疣基长柔毛，

图 1420 柳枝稷
（引自《中国主要植物图说 禾本科》）

叶舌极短，顶端具长睫毛；叶硬，线形，长7-25厘米，宽2-5毫米，两面密被疣基长柔毛。圆锥花序开展，长10-30厘米，分枝纤细，坚挺，具糙毛。小穗卵状椭圆形，长2.5-4毫米，绿或紫褐色，无毛，有长柄，顶端疏生硬毛；第一颖宽卵形，长为小穗1/2-2/3，先端尖，5脉；第二颖与第一外稃等长，与小穗等长，先端喙尖，7脉。第一外稃具9脉，先端喙尖，内稃较短小，薄膜质，2脉；第二小花卵状椭圆形或长圆状披针形，长约2.5毫米，灰白或乳黄色；鳞被较厚，多脉，长约0.3毫米，宽约0.45毫米，部分折叠。染色体2n=36。花果期5-10月。

产台湾、福建、广东、香港、海南、广西、四川南部、云南及西藏，生于草坡或干旱丘陵。热带非洲、印度及亚洲东南部有分布。

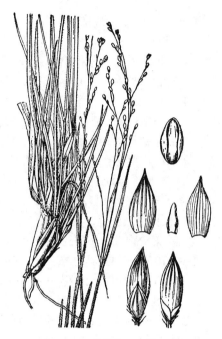

图 1421　旱黍草　（史渭清绘）

3. 稷　　　　　　　　　　　　　　　　　　　图 1422

Panicum miliaceum Linn. Sp. Pl. 58. 1753.

一年生栽培草本。秆粗壮，高0.4-1.2米，节密被髭毛，节下被疣基毛。叶鞘松散，被疣基毛，叶舌膜质，长约1毫米，先端具睫毛；叶线形，长10-30厘米，宽0.5-2厘米，两面具疣基长柔毛或无毛，边缘粗糙。圆锥花序长10-30厘米，分枝具棱槽，边缘有糙刺毛。小穗卵状椭圆形，长4-5毫米；颖纸质；无毛；第一颖三角形，长为小穗1/2-2/3，5-7脉，第二颖与小穗等长，11脉，脉端汇合呈喙状。第一外稃形似第二颖，11-13脉，内稃透明膜质，长1.5-2毫米，先端微凹或2深裂；第二小花长约3毫米，第二外稃背部圆，平滑，7脉，内稃具2脉；鳞被长0.4-0.5毫米，多脉。颖果熟时黄、乳白、褐、红和黑色。染色体2n=36。

新疆偶有野生，全国各地均有栽培。亚洲、欧洲、非洲和美洲等温暖地区均有栽培。人类最早的栽培谷物之一，供食用或酿酒。

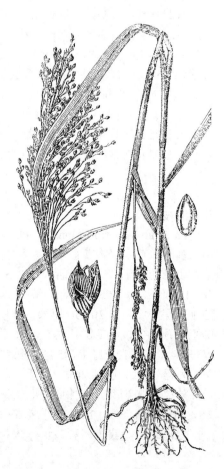

图 1422　稷
（引自《中国主要植物图说　禾本科》）

4. 南亚稷　　　　　　　　　　　　　　　　　图 1423

Panicum walense Mez in Engl. Bot. Jahrb. 34: 146. 1904.

*Panicum austro-*asiaticum Ohwi; 中国高等植物图鉴 5: 159. 1976.

一年生簇生草本。秆纤细，基部膝曲，高10-40厘米。叶鞘通常短于节间，松散，无毛或边缘被纤毛，叶舌膜质，长0.5-1毫米，先

端具睫毛；叶平展或内卷，窄线形，长 3-15 厘米，宽 1.5-4 毫米，基部微收窄，边缘光滑。圆锥花序长 5-10 厘米，分枝细，斜展，粗糙，疏生小穗。小穗具柄，椭圆形或卵状长圆形，长约 1.5 毫米，顶端尖，无毛，熟时紫红色；第一颖尖卵形，长为小穗 2/3-3/4，先端渐尖，基部包小穗，3-5 脉，边缘膜质，第二颖先端喙尖，5 脉。第一外稃稍短于第二颖，先端喙尖，5 脉，内稃薄膜质，短于第一外稃，第二外稃革质，长圆形或窄长圆形，长约 1.2 毫米，背面弓形，平滑，白色后淡灰色；鳞被细小，多脉，长约 0.2 毫米。染色体 2n=18。花果期 8-12 月。

产台湾、福建南部、湖南西南部、广东、香港、海南、广西、贵州西南部、云南西部及西藏，生于旷野。印度、斯里兰卡、马来西亚和西非有分布。

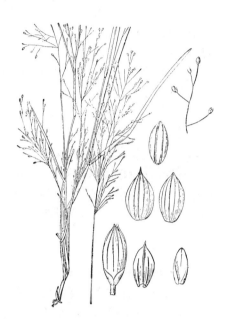

图 1423　南亚稷　(史渭清绘)

5. 大罗网草　　　　　　　　　　　　　　　　　　图 1424

Panicum cambogiense Balansa in Journ. de Bot. 4: 142. 1890.

一年生草本，除小穗外全株多少被疣基毛。秆直立或膝曲，高 30-60 厘米，节密生硬刺毛。叶鞘松散，叶舌极短，先端睫毛长约 1.5 毫米；叶线状披针形，长 5-15 厘米，宽 0.3-1 厘米。圆锥花序长 15-30 厘米，主轴被疣基毛。小穗椭圆形，长 2-2.5 毫米，绿或带紫色，具柄；第一颖宽卵形，长为小穗 1/2，5-7 脉，脉间具横纹，第二颖卵状椭圆形，与小穗等长，先端喙尖，9-11 脉，脉间具横纹。第一外稃与第二颖等长同形，7-9 脉，脉间具横纹，第二外稃椭圆形，革质，长 1.5-1.8 毫米，平滑；鳞被有多数脉，长约 0.26 毫米，宽约 0.32 毫米。染色体 2n=18。

产台湾、广东、海南、广西东北部、贵州西南部及云南东南部，生于田间或林缘。印度、斯里兰卡、缅甸、柬埔寨、菲律宾及印度尼西亚有分布。

图 1424　大罗网草　(史渭清绘)

6. 细柄黍　　　　　　　　　　　　　　　　　　图 1425

Panicum psilopodium Trin. Gram. Painc. 217. 1826.

一年生。秆直立或微膝曲，高 20-60 厘米。叶鞘松散，下部者常长于节间，叶舌膜质，平截，长约 1 毫米，先端有睫毛；叶线形，长 8-15 厘米，宽 4-6 毫米。圆锥花序开展，长 10-20 厘米，基部常为顶生叶鞘所包。小穗卵状长圆形，长约 3 毫米，柄长于小穗；第一颖宽

卵形，长为小穗1/3，3-5脉，第二颖长卵形，与小穗等长，先端喙尖，11-13脉。第一外稃与第二颖同形，近等长，9-11脉，内稃薄膜质，具2脊，几与外稃等长，第二外稃长圆形，革质，平滑，长约2.2毫米；鳞被多脉，长约0.3毫米，宽约0.38毫米，部分折叠，肉质。染色体2n=54。

产山东、江苏、安徽、浙江、台湾、福建、江西、广东、香港、海南、广西、贵州、四川、云南及西藏，生于丘陵灌丛中或荒野路旁。印度至斯里兰卡及菲律宾有分布。

[附] **无稃细柄黍 Panicum psilopodium** Trin. var. **epaleatum** Keng ex S. L. Chen in Bull. Bot. Res. (Harbin) 4(2): 124. 1984. 与模式变种的区别：第一小花无内稃。产云南佛海及贵州，生于山坡路旁。

图 1425 细柄黍
（引自《中国主要植物图说　禾本科》）

7. 水生黍   图 1426

Panicum paludosum Roxb. Fl. Ind. 1: 310. 1820.

多年生。秆柔软，下部横卧地面，节生根，上部常漂浮水上，高达1米，径约1厘米。叶鞘松散，薄，叶舌薄膜质，顶端具长纤毛；

叶线状披针形，长5-25厘米，宽0.4-1厘米，上面粗糙。圆锥花序开展，长5-20厘米，主轴直立，分枝斜上，边缘具糙刺。小穗长圆状披针形，顶渐尖，长3.5-4毫米，绿或桔黄色；第一颖薄而透明，长为小穗1/4-1/5，先端平截或圆钝，脉不明显，第二颖椭圆状披针形，与小穗等长，7-9脉。第一外稃与第二外稃同形，等长，内稃无或小；第二小花长圆形，长约2.5毫米；鳞被多脉，宽约0.5毫米，部分折叠。染色体2n=54。

产台湾、福建、江西、广东、海南、广西、四川南部及云南，多生于静水或池边淤泥中。印度、马来西亚及大洋洲有分布。

8. 铺地黍   图 1427

Panicum repens Linn. Sp. Pl. ed. 2, 87. 1762.

多年生草本。根茎粗壮。秆坚挺，高0.5-1米。叶鞘光滑，边缘被纤毛，叶舌长约0.5毫米，先端被睫毛；叶片硬，线形，长5-25厘米，宽2.5-5毫米，干时内卷，锥形，上面粗糙或被毛。圆锥花序开展，长5-20厘米，分枝粗糙，具棱槽。小穗长圆形，长约3毫米，顶端尖；第一颖薄膜质，长为小穗1/4，基部包卷小穗，先端平或圆钝，脉不明

图 1426 水生黍 （史渭清绘）

显，第二颖与小穗近等长，先端喙尖，7脉。第一小花雄性，外稃与第二颖等长，第二小花结实，长圆形，长约2毫米，先端尖；鳞被长约0.3毫米，宽约0.24毫米，脉不清晰。染色体2n=40。

产江苏、浙江东南部、台湾北部、福建、江西、广东、香港、海南、广西、四川及云南，生于海边、溪边或潮湿之处。广布世界热带和亚热带地区。

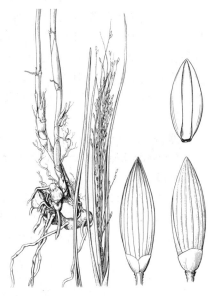

图 1427 铺地黍 （史渭清绘）

9. 心叶稷

图 1428

Panicum notatum Retz. Obs. Bot. 4: 18. 1786.

Panicum cordatum auct. non Buse: 中国主要植物图说 禾本科649.1959.

多年生。秆坚硬，直立或基部倾斜，高0.6-1.2米，具分枝。叶鞘短于节间，边缘被纤毛，叶舌短，为一圈毛；叶线状披针形，长5-12厘米，宽1-2.5厘米，基部心形，无毛或疏生柔毛，近基部常具疣基毛，主脉偏斜，脉间具横脉。圆锥花序开展，长10-23厘米，分枝纤细，上部疏生小穗。小穗椭圆形，绿或深紫色，长2.3-2.5毫米，具长柄；第一颖宽卵形，与小穗近等长，5脉。第一外稃与第二颖同形，5脉，内稃无，第二外稃革质、平滑，椭圆形，具脊，稍短于小穗，灰绿或褐色；鳞被长约0.35毫米，宽约0.26毫米，5脉，透明，部分折叠。染色体2n=36。

产台湾、福建、湖南南部、广东、海南、广西、贵州南部、云南及西藏，常生于林缘。菲律宾及印度尼西亚有分布。

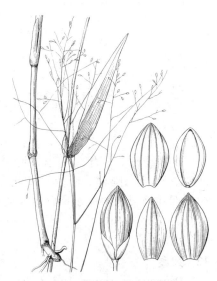

图 1428 心叶稷 （史渭清绘）

10. 藤竹草

图 1429

Panicum incomtum Trin. Gram. Panic. 200. 1826.

多年生草本。秆木质，攀援或蔓生，多分枝，长1至10余米，无毛或花序下部被柔毛。叶鞘松散，被毛，老时渐脱落，叶舌长0.5-1毫米，先端被纤毛；叶披针形或线状披针形，长8-20厘米，宽1-2.5厘米，两面被柔毛，老时渐脱落。圆锥花序开展，长10-15厘米，主轴直立，分枝纤细，常有胶粘物。小穗卵圆形，长2-2.2毫米，顶端钝或稍尖，小穗柄成熟后开展，具胶粘状物；第一颖卵形，顶端尖，或具纤毛，基部包卷小穗，长为小穗1/2或过，3-5脉。第一外稃与第二颖等长同形，均具5脉，第一内稃薄膜

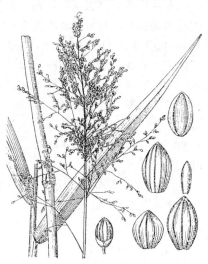

图 1429 藤竹草 （史渭清绘）

质，窄小，长为外稃2/3；第二外稃长约2毫米，平滑，成熟时褐色，具脊，先端上弯；鳞被5-7脉，长约0.32毫米，宽约0.35毫米，部分折叠，透明。染色体2n=36。花果期7至翌年3月。

产台湾、福建、江西、广东、海南、广西及云南，生于林地草丛中。印度、马来西亚、菲律宾及印度尼西亚有分布。

11. 糠稷 图 1430

Panicum bisulcatum Thunb. in Nov. Acta Regiae Soc. Upsal. 7: 141. 1815.

一年生。秆纤细，高0.5-1米，直立或基部伏地，节生根。叶鞘松散，边缘被纤毛，叶舌膜质，长约0.5毫米，先端具纤毛；叶薄，线状披针形，长5-20厘米，宽0.3-1.5厘米，基部近圆。圆锥花序长15-30厘米，分枝纤细。小穗椭圆形，长2-2.5毫米，绿或带紫色，具细柄；第一颖近三角形，长为小穗1/2，1-3脉，第二颖与第一外稃同形等长，5脉，外被细毛，后脱落；第二外稃椭圆形，长约1.8毫米，先端尖，平滑，熟时黑褐色；鳞被长约0.26毫米，宽约0.19毫米，3脉，折叠。染色体2n=36。

图 1430 糠稷 （史渭清绘）

产黑龙江、辽宁、山东、河南南部、陕西南部、江苏、安徽、浙江、台湾、福建、江西、湖北、湖南、广东、海南、广西、贵州、四川及云南，生于荒野潮湿地。印度、菲律宾、日本、朝鲜半岛及大洋洲有分布。

12. 大黍 图 1431

Panicum maximum Jacq. Collect. Bot. 1: 76. 1786.

多年生簇生高大草本。根茎肥壮。秆高1-3米，节密生柔毛。叶鞘疏生疣基毛，叶舌膜质，长约1.5毫米，先端被长睫毛；叶宽线形，长20-60厘米，宽1-1.5厘米，上面近基部被疣基硬毛，基部耳状或圆。圆锥花序大而开展，长20-35厘米，分枝细，下部轮生，腋内疏生柔毛。小穗长圆形，长约3毫米；第一颖卵圆形，长为小穗1/3，3脉，第二颖椭圆形，与小穗等长，5脉，先端喙尖。第一外稃与第二颖同形等长，5脉，第二外稃长圆形，革质，长约2.5毫米，与内稃上面均具横皱纹；鳞被长约0.3毫米，宽约0.38毫米，肉质，折叠。染色体2n=32。

原产热带非洲。台湾、广东南部、香港、海南、广西、四川及云南多栽培作饲料，已野化。

图 1431 大黍
（引自《中国主要植物图说 禾本科》）

13. 发枝稷 图 1432

Panicum trichoides Swartz, Prod. Veg. Ind. Occ. 24. 1788.

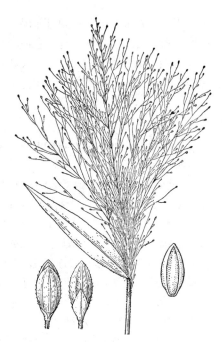

图 1432 发枝稷 （冯晋庸绘）

一年生草本。秆纤细，基部膝曲，多分枝，高 15-40 厘米。叶鞘短于节间，松散，被疣基纤毛，叶舌长约 0.2 毫米，先端被纤毛；叶薄，卵状披针形，两侧不对称，长 4-8 厘米，宽 1-2 厘米，基部心形或近圆，两面疏生细毛，边缘近基部被疣基纤毛。圆锥花序开展，长 10-15 厘米，常为剑叶叶鞘所包，分枝上举或开展。小穗疏生，卵形，长约 1.3 毫米；颖薄纸质，被细毛，第一颖长为小穗 1/2，先端尖，基部包卷小穗，3 脉；第二颖宽椭圆形，略短于小穗，先端钝，5 脉。第一外稃椭圆形，与小穗等长，质地与颖同，被细毛，5 脉，有长为外稃 1/2 的膜质内稃；第二外稃革质，卵状椭圆形，长约 1 毫米，先端尖。染色体 2n=18。花果期 9-12 月。

产海南，生于荒野或路旁。亚洲热带地区、北美、西印度群岛有分布。

14. 短叶黍 图 1433

Panicum brevifolium Linn. Sp. Pl. 59. 1753.

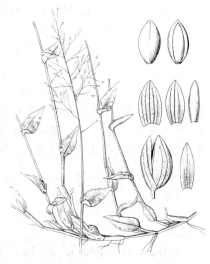

图 1433 短叶黍 （史渭清绘）

一年生。秆基部常伏卧，节生根，高 10-50 厘米。叶鞘短于节间，松散，被柔毛或边缘具纤毛，叶舌长约 0.2 毫米，顶端被纤毛；叶卵状披针形，长 2-6 厘米，宽 1-2 厘米，基部心形，两面疏生粗毛，基部具疣基纤毛。圆锥花序开展，长 5-15 厘米，被柔毛，分枝和小穗柄着生处具黄色腺点。小穗椭圆形，长 1.5-2 毫米，具蜿蜒的长柄；颖背部被疏刺毛，第一颖长圆状披针形，短于小穗，3 脉；第二颖薄纸质，较宽，与小穗等长，先端喙尖，5 脉。第一外稃长圆形，与第二颖近等长，先端喙尖，5 脉；第二小花卵圆形，长约 1.2 毫米，具不明显乳突；鳞被长约 0.28 毫米，宽约 0.22 毫米，3 脉。染色体 2n=36。

产台湾、福建南部、江西南部、湖南、广东、香港、海南、广西、贵州及云南，多生于阴湿地和林缘。非洲和亚洲热带地区有分布。

155. 二型花属 **Dichanthelium** (Hitche. et A. Chase) Gould.

（庄体德）

多年生草本，植株有二型，春型：秆多纤细，簇生。叶鞘短于节间，叶线形或线状披针形；秆顶着生圆锥花序，开展；小穗常不结实。秋型：秆于中部各节多回分枝，分枝簇生，着生宽短的叶片，呈莲座状；

花序侧生，短而密聚或包藏于鞘内；小穗结实，闭花授精。本属自黍属分出，除上述宏观形态特征外，在幼秆顶原套层数、叶片解剖构造和内稃顶部表皮电镜扫描特征等方面均与黍属有别。

约 40 种，主产美国东部，大西洋沿岸海湾平坦地带，少数种产美国西部、墨西哥、中美洲、加勒比至哥伦比亚南部和委内瑞拉。我国引入 1 种。

渐尖二型花   图 1434

Dichanthelium acuminatum (Swartz) Gould et Clarke in Ann. Missouri Bot. Gard. 65: 1121. 1978.

Panicum acuminatum Swartz, Prodr. Veg. Ind. Occ. 25. 1788.

多年生。春型植株：秆丛生，纤细，高 16-60 厘米，节下一段无毛，余均被疣基柔毛。叶鞘短于节间，叶舌短，呈一列柔毛状；叶厚，线状披针形，长 5-10 厘米，宽 0.5-1 厘米，基部圆，边缘具疣基睫毛。圆锥花序开展，长 5-8 厘米，主轴被柔毛，疏生小穗。小穗椭圆状倒卵形，长 1.6-2.5 毫米，顶端钝，密被细毛；第一颖宽卵形，长为小穗 1/4-1/3，第二颖长圆形，与小穗等长，7 脉。第一外稃与第二颖同形等长；第二小花椭圆形，长约 1.4 毫米，多不孕。秋型植株：秆中部以上多回分枝簇生呈莲座状；叶鞘内具花序，小穗结实，闭花授精。染色体 2n=18。

原产北美东部。江西庐山引种栽培，已野化，生于沟谷或山坡林下。

图 1434 渐尖二型花 （陈荣道绘）

156. 距花黍属 Ichnanthus Beauv.
（庄体德）

一年生或多年生草本。秆伏地，下部分枝。叶平展，常较宽。圆锥花序疏散或紧密。每小穗具 2 小花，脱节于颖下或第二小花先落，单生或基部孪生，具不等长小穗柄，着生于花序侧；颖草质，3-7 脉，近等长或第一颖较短。第一小花雄性或中性，外稃常与第二颖相似，有膜质、窄小的内稃，第二小花两性，外稃革质，边缘包被同质内稃，基部具附属物或凹痕；鳞被 2，纸质，折叠，具 5 脉；花柱基部分离。种脐点状。染色体基数 x=10。

约 26 种，分布于热带，主产南美。我国 1 种。

距花黍   图 1435

Ichnanthus vicinus (F. M. Bail.) Merr. in Enum. Philipp. Fl. Pl. 1: 70. 1923.

Panicum vicinum F. M. Bail. Syn. Queens. Fl. Suppl. 3: 82. 1890.

多年生。秆匍匐地面，节生根，高 15-50 厘米。叶鞘短于节间，被毛或边缘具纤毛，叶舌膜质，先端平截，有纤毛；叶卵状披针形，长 3-8 厘米，宽 1-2.5 厘米，基部斜心形，两面有短柔毛或无毛，脉间有小横纹。圆锥花序长约 15 厘米。小穗披针形，长 3-5 毫米；颖草质，两颖

图 1435 距花黍 （王伟民绘）

间有节相隔，第一颖长 3-3.5 毫米，3 脉，第二颖与第一颖近等长，5 脉。第一外稃草质，先端稍钝，5 脉，第二外稃革质，长 2-2.5 毫米，长圆形，先端钝，基部两侧贴生膜质附属物，干枯时成 2 缢痕；鳞被 2，折叠，纸质，5 脉。染色体 2n=40。

产台湾、福建、江西、湖南南部、广东、香港、海南、广西及云南，常生于山谷林下阴湿处或水旁。亚洲、大洋洲、非洲及南美洲热带地区有分布。秆叶可作饲料。

157. 露籽草属 Ottochloa Dandy

（庄体德）

多年生草本。秆蔓生。叶披针形，平展。圆锥花序顶生，开展；小穗有短柄，均匀着生或数枚簇生于细弱分枝。每小穗有 2 小花，背腹扁，椭圆形，顶端尖或稍钝，成熟后整个脱落；颖长为小穗 1/2，3-5 脉。第一小花不育，外稃膜质，与小穗等长，7-9 脉；第二小花发育，外稃质硬，平滑，先端尖，极窄的膜质边缘包被同质内稃；鳞被薄，折叠，5 脉；花柱自基部分离。种脐点状。染色体基数 x=9。

约 4 种，分布于印度、马来西亚、非洲及大洋洲。我国 1 种 1 变种。

1. 叶先端渐尖；小穗长 2.8-3.2 毫米；第一颖具 5 脉 ·················· 露籽草 O. nodosa
1. 叶先端长渐尖；小穗长 2-2.5 毫米；第一颖具 3-5 脉 ·················· (附). 小花露籽草 O. nodosa var. micrantha

露籽草　　　　图 1436：1-9

Ottochloa nodosa (Kunth) Dandy in Journ. Bot. 69: 55. 1931.

Panicum nodosa Kunth, Rev. Gram. 1 (suppl.): 9. 1830.

多年生蔓生草本。秆下部横卧，节生根，上部斜立。叶鞘短于节间，一侧边缘具纤毛，叶舌膜质，长约 0.3 毫米；叶披针形，质薄，长 4-11 厘米，宽 0.5-1 厘米，基部圆或近心形，边缘略粗糙。圆锥花序长 10-15 厘米，分枝上举，纤细，疏离，粗糙，具棱。小穗有短柄，椭圆形，长 2.8-3.2 毫米；颖草质，第一颖长为小穗 1/2，5 脉，第二颖长为小穗 1/2-2/3，5-7 脉。第一外稃草质，与小穗近等长，7 脉，第一内稃无；第二外稃骨质，与小穗近等长，平滑，先端两侧扁，呈极小鸡冠状。染色体 2n=18。

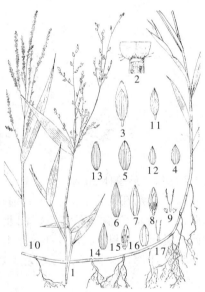

图 1436：1-9. 露籽草　10-17. 小花露籽草
（王伟民绘）

产台湾、福建、广东、海南、广西及云南，多生于海拔 100-1700 米疏林下或林缘。印度、斯里兰卡、缅甸、马来西亚及菲律宾有分布。

[附] **小花露籽草**　图 1436：10-17 **Ottochloa nodosa** var. **micrantha** (Balansa) Keng f. 5: 160. 1976. —— *Panicum nodosa* Kunth var. *micranthum* Balansa in Journ. de Bot. 4: 142. 1890. 与模式变种的区别：叶先端长渐尖；小穗长 2-2.5 毫米；第一颖卵形，3-5 脉，最外 1 对脉近边缘或不显，第二颖长为小穗之半，7 脉；第一外稃具 5-7 脉，第二外稃薄革质。产华南及云南南部，生于山谷或林缘湿地。印度及马来西亚有分布。

158. 囊颖草属 Sacciolepis Nash

（庄体德）

一年生或多年生草本。秆直立或基部膝曲。叶较窄。圆锥花序穗状。小穗一侧偏斜，有 2 小花，自盘状的小穗柄顶端脱落；颖不等长，第一颖较短，具透明窄边和数条粗脉；第二颖较宽，三角状卵形，背部圆凸呈浅囊状，7-11脉，脉粗。第一小花雄性或中性；第一外稃较第二颖窄，等长，平展或背部略圆凸状，具数脉；第一内稃窄，膜质透明；第二小花两性；第二外稃长圆形，厚纸质或薄革质，背部圆凸，边缘内卷，包被同质的内稃；鳞被2，宽楔形，折叠，3脉；花柱自基部分离。种脐点状。染色体基数 x=9。

约30种，分布于热带和温带地区，主产非洲。我国3种1变种。

1. 小穗卵状披针形，长2-3毫米；第二颖背部囊状 ·················· 1. 囊颖草 S. indica
1. 小穗卵状椭圆形，长1.5-2毫米；第二颖背部囊状不明显 ·········· 2. **鼠尾囊颖草 S. myosuroides**

1. 囊颖草 图 1437

Sacciolepis indica (Linn.) A. Chase in Proc. Biol. Soc. Wash. 21: 8. 1908.

Panicum indicum auct. Non Mill. 1768: L. Mant. Pl. 2: 184. 1771.

一年生丛生草本。秆高0.2-1米，基部膝曲，有时节生根。叶鞘具棱脊，短于节间，松散，叶舌长0.2-0.5毫米，先端被短纤毛；叶线形，长5-20厘米，宽2-5毫米，基部较窄，无毛或被毛。圆锥花序细圆筒状，长1-16厘米，宽3-6毫米，主轴无毛，具棱。小穗卵状披针形，顶端渐尖弯曲，绿或带紫色，长2-3毫米，无毛或被疣基毛；第一颖为小穗长1/3-2/3，3脉，第二颖背部呈囊状，与小穗等长，7-11脉，通常9脉。第一外稃等长于第二颖，9脉，第二外稃平滑，长为小穗1/2，内稃小。颖果椭圆形，长约0.8毫米。染色体2n=18。

产黑龙江、辽宁、山东、河南南部、陕西南部、江苏、安徽、浙江、台湾、福建、江西、湖北、湖南、广东、香港、海南、广西、贵州、四川、云南及西藏，生于湿地或淡水中，常见于林下和稻田边。印度、东南亚、日本及大洋洲有分布。

图 1437 囊颖草
（引自《中国主要植物图说 禾本科》）

2. 鼠尾囊颖草 图 1438

Sacciolepis myosuroides (R. Br.) A. Chase ex E. G. Camus et A. Camus in Lecomte, Fl. Gen. Indo-Chine 7: 460. 1922.

Panicum myosuroides R. Br. Prodr. 189. 1810.

一年生草本。秆簇生，高0.3-1米，基部常倾斜，常节生根。叶鞘光滑，短于节间，叶舌长约0.5毫米；叶线形，长10-20厘米，宽2-5毫米，先端渐尖。圆锥花序窄圆柱形，长6-20厘米，宽2-5毫米，主轴无毛，具棱。小穗常紫色，卵状椭圆形，稍弯曲，长1.5-2毫米，顶端尖或近钝，无毛或被微毛；第一颖长为小穗1/2-2/3，3-5脉，第二颖与小穗等长，背部囊状不明显，7-9脉。第一外稃与第二颖等长，7-9脉，第二外稃略短于小穗，平滑，边缘包被同质而较小的内稃。染色体2n=36。

产福建、江西、湖南南部、广东、海南、广西、贵州、云南及西藏东南部，多生于湿地、稻田边或浅水中。亚洲热带和大洋洲有分布。

159. 糖蜜草属 Melinis Beauv.
（庄体德）

多年生或一年生草本。秆下部常匍匐，节生根。叶鞘短于节间，叶舌退化至很短，膜质，顶端具长毛；叶扁平。圆锥花序多分枝，末级分枝纤细、弓曲。小穗卵状椭圆形，多少两侧扁，脱节于颖下，具2小花；第一颖微小，无脉，第二颖薄膜质，先端2裂，无芒或裂齿间生1短芒，5脉。第一小花退化至仅1外稃，常与第二颖近等长，先端2裂，裂齿间生1纤细长芒；第二小花两性，外稃较第二颖短，膜质，脉不明显，无芒，内稃与其等长；鳞被2，3脉；雄蕊3；花柱2，基部联合，柱头羽毛状。颖果长圆形，种脐小，基生，胚长约为颖果1/2。染色体基数 x=9。

约17种，主产热带非洲和南美洲。我国引入1种。

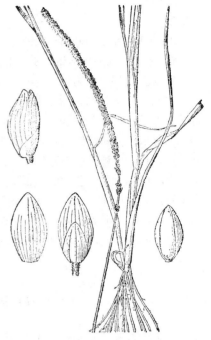

图 1438 鼠尾囊颖草 （冯晋庸绘）

糖蜜草　　　　　　　　　　　　　　　图 1439

Melinis minutiflora Beauv. Ess. Agrost. 54. t. 11. f. 4. 1812.

多年生栽培牧草，植株被腺毛，有糖蜜味。秆多分枝，高达1米，基部平卧，上部直立，节具柔毛。叶鞘疏被长柔毛和瘤基毛，叶舌先端具睫毛；叶线形，长5-10厘米，宽5-8毫米，两面被毛，叶缘具睫毛。圆锥花序开展，长10-20厘米。小穗卵状椭圆形，长约2毫米；第一颖小，三角形，无脉，第二颖长圆形，7脉，先端裂齿间具短芒或无。第一外稃窄长圆形，5脉，裂齿间具1长达1厘米的细长芒，第二外稃卵状长圆形，3脉，先端微2裂，透明，内稃与外稃形状、质地相似。颖果长圆形。染色体2n=36。

原产非洲。台湾栽培，已野化，四川等地引种作牧草。热带国家广为引种栽培。

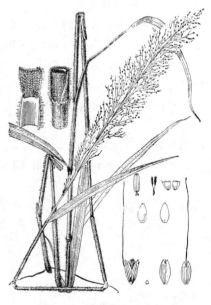

图 1439 糖蜜草 （陈荣道绘）

160. 红毛草属 Rhynchelytrum Nees
（庄体德）

一年生或多年生草本。叶舌为一毛环；叶常线形。圆锥花序开展或紧缩。小穗两侧扁，被长丝状毛，整个由小穗柄脱落，具2小花，第一小花常雄性，第二小花两性，小穗轴有时在第一颖与第二颖间具节间；第一颖微小，第二颖与第一外稃等大同形，背部圆，5脉，除先端外，被绢毛，先端喙状，微外展，微凹或微2裂，裂片间具短尖头或短芒。内稃窄；第二外稃较小穗短，近舟形，厚纸质，先端钝，无芒，包被同质内稃边缘；鳞被2，折叠，5脉；雄蕊3，花药线形；子房无毛，花柱2，分离，柱头羽毛状。种脐点状，基生，胚长为颖果1/2。染色体基数 x=9。

约400种，主产非洲和马达加斯加。我国引入1种。

红毛草

图 1440

Rhynchelytrum repens (Willd.) Hubb. in Kew Bull. 1934: 110. 1934.

Saccharum repens Willd. Sp. Pl. 1: 322. 1798.

多年生。根茎粗壮。秆直立，常分枝，高达1米，节间具疣毛，节具软毛。叶鞘松散，短于节间，下部散生疣毛，叶舌由长约1毫米的柔毛组成；叶线形，长达20厘米，宽2-5毫米。圆锥花序开展，长10-15厘米，分枝纤细，长达8厘米。小穗柄纤细弯曲，顶端稍膨大，疏生长柔毛；小穗长约5毫米，被粉红色绢毛；第一颖长约为小穗1/5，长圆形，1脉，被硬毛，第二颖和第一外稃具5脉，被疣基长绢毛，先端微裂，裂片间生1短芒。第一内稃膜质，具2脊，脊有睫毛；第二外稃近软骨质，平滑；鳞被2，折叠；花药长约2毫米。染色体2n=36。

原产南非。台湾屏东及广东珠海等地引种栽培，已野化。

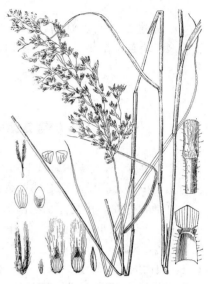

图 1440 红毛草 （陈荣道绘）

161. 刺毛头黍属 Setiacis S. L. Chen et Y. X. Jin
（金岳杏）

多年生草本。秆粗壮，下部平卧，花枝上举，高0.6-1米，节无毛，易生根。叶鞘短于节间，扁，具脊，边缘一侧被纤毛，叶舌短；叶扁平，披针形，长10-15厘米，宽1-1.5厘米。圆锥花序顶生，长15厘米，宽约9厘米。小穗背腹扁，长圆形，多单生，近基部双生，长3毫米，成熟后脱落于颖下，具2小花；颖草质，第一颖卵状披针形，5-7脉，第二颖9-11脉，与小穗近等长。第一小花中性，11脉，内稃窄，具2脊，脊具纤毛；第二小花两性，第二外稃骨质，背部凸起，先端厚，具刺毛，边缘内卷，包卷同质内稃；内稃先端撕裂；鳞被2，5-7脉；雄蕊3。颖果椭圆形。种脐点状。

我国特有单种属。

刺毛头黍

图 1441

Setiacis diffusa (Chia) S. L. Chen et Y. X. Jin in Acta Phytotax. Sin. 26: 219. 1988.

Acroceras diffusum Chia, Fl. Hainan. 4: 414. f. 538. 1977.

形态特征同属。

产海南，生于林下阴湿处。

图 1441 刺毛头黍 （史渭清绘）

162. 山鸡谷草属
Neohusnotia A. Camus
（金岳杏）

多年生草本。秆基部平卧，节易生根。叶披针形或线状披针形，扁平，具不明显细脉纹。圆锥花序顶生，多次分枝。小穗背腹扁，孪生或单生，呈不明显2行，排列于穗轴一侧，成熟时脱落于颖之下，具2小花；颖厚纸质，等长或第一颖稍短，5脉。第一小花雄性或中性，第一外稃与小穗等长，5脉，先端厚；第二小花两性，第二外稃骨质，背部凸起，先端厚，尖头状，边缘内卷，包被同质内稃；内稃具2脊，先端2浅裂；鳞被2，折叠，5-7脉；雄蕊3；花柱基部分离。颖果椭圆形。种脐长圆形。染色体基数 x=9。

约8种，分布亚洲、非洲热带。我国1种。

山鸡谷草 图 1442：1-5

Neohusnotia tonkinensis (Balansa) A. Camus in Bull. Mus. Hist. Nat. (Paris) 26: 664. 1921.

Panicum tonkinensis Balansa in Journ. de Bot. 4: 140. 1890.

Acroceras tonkinensis (Balansa) Hubb. ex Bor.; 中国主要植物图说 禾本科 668. 1995.

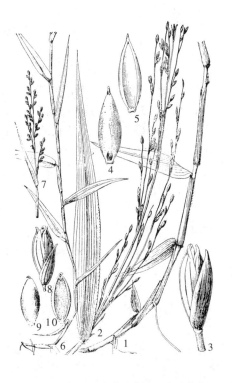

秆较粗壮，高1米，节密生白色细柔毛。叶鞘通常短于节间，无毛或被长纤毛或被疣基长柔毛，叶舌厚膜质，长1毫米；叶披针形，长10-20厘米，宽1-2.5厘米，边缘具刺毛。复合总状花序组成圆锥状，长15-25厘米，主轴粗壮，具棱。小穗孪生或上部单生；第一颖宽椭圆形，短于小穗，5脉；第二颖与第一外稃同形，5脉，先端增厚。第一小花中性，内稃透明膜质，2脉；第二小花两性，平滑，光亮，近顶端厚，尖头状。颖果椭圆形，长3.5毫米。

图 1442：1-5.山鸡谷草 6-10.凤头黍
（引自《中国植物志》）

产海南及云南，生于山地林下阴湿处。东南亚有分布。

163. 凤头黍属 Acroceras Stapf

（金岳杏）

多年生或一年生草本。秆基平卧，节生根。叶扁平，披针形，常有不明显细横脉。圆锥花序由总状花序组成，顶生。小穗背腹扁，孪生或单生，不明显2行排列于穗轴一侧，成熟后脱落于颖之下，有2小花；第一小花雄性或中性；第二小花两性；颖和外稃先端具两侧扁而质坚硬凸头，颖纸质，近等长，或第一颖稍短，3-5脉；第一外稃5脉，第二外稃骨质，背部凸起，先端两侧扁，扭卷呈凤头状，边缘内卷，包同质内稃；内稃具2脊，先端具反卷2尖凸；鳞被2，折叠，5-7脉；雄蕊3；花柱基部分离。颖果椭圆形。种脐长圆形；胚倒卵形。

约10种，分布全世界热带。我国1种。

凤头黍 图 1442：6-10

Acroceras munroanum (Balansa) Henr. in Blumea 3: 445. 1940.

Panicum munroanum Balansa in Journ. de Bot. 4: 140. 1890.

多年生。秆直立，下部平卧，节生根，花枝高15-40厘米。叶舌长0.4毫米；叶披针形，长3-7厘米，宽4-9毫米，基部浅微心形，下面有横脉。圆锥花序长4-6厘米，宽2-3厘米，具3-6枚斜升总状花序。小穗绿色，成熟时枯黄色，长4毫米，孪生，上部为单生，具2小花；颖纸质，先端厚，第一颖宽卵形，长3.5毫米，5脉，第二颖与第一

外稃同形，与小穗等长。第一小花多中性，内稃透明膜质，窄小；第二小花两性，可结实；外稃平滑光亮，骨质，先端扭卷呈凤头状凸起。颖果椭圆形。

产海南，多生于丘陵山地、林缘或草坡。东南亚及南亚有分布。秆叶为牲畜饲料。

164. 钩毛草属 Pseudochinolaena Stapf
（金岳杏）

一年生草本。秆细弱，下部平卧，节易生根，节间疏生短毛，花枝上举，高40-80厘米。叶鞘短于节间，边缘一侧密被纤毛，叶舌膜质，先端撕裂；叶扁平，质薄，披针形，无毛或疏生短硬毛。圆锥花序窄，长5-15厘米，具3-5排列稀疏的总状分枝。小穗斜卵形，两侧扁，具短柄，单生于穗轴一侧，有2小花，脱落于颖之下；颖等长或第一颖稍短，第一颖草质，3脉，第二颖舟形，7脉，脉间具钩状刺毛或贴生细毛。第一小花中性或雄性，外稃纸质，边缘膜质，7脉；第二小花两性，纺锤形，渐尖头，平滑，外稃软骨质，腹面向轴，背面隆起，边缘内卷，包同质内稃；鳞被2；花柱基部联合。颖果纺锤形，顶端尖。单种属。

钩毛草　　　　　　　　　　图 1443

Pseudochinolaena polystachya (H. B. K.) Stapf in Prin, Fl. Trop. Afr. 9: 495. 1919.

Echinolaena polystachya H. B. K. Nov. Gen et Sp . 1: 119.1816.

形态特征同属。

产福建南部、海南、广西、云南及西藏，生于山地疏林下。亚洲、非洲和南美有分布。

图 1443 钩毛草 （引自《中国植物志》）

165. 求米草属 Oplismenus Beauv.
（金岳杏）

一年生或多年生草本。秆基部多匍卧，具分枝。有叶舌；叶薄，卵形或披针形。圆锥花序窄，分枝或不分枝，常为数枚小穗聚生于主轴一侧，或为穗形总状花序排列其上。小穗卵圆形或卵状披针形，多少两侧扁，近无柄，孪生或单生，具2小花；颖近等长，第一颖具长芒，第二颖的芒短或近无芒。第一小花中性，外稃与小穗等长，无芒或具小尖头，内稃有或无；第二小花两性，外稃纸质，后坚硬，先端具尖头，边缘薄，内卷，包被同质内稃；鳞被2，膜质，折叠，3脉；花柱基部分离。颖果椭圆形。

约20种，广布世界温带地区；我国4种11变种。

1. 花序不分枝或分枝短，有时下部分枝长达2厘米；小穗簇生或孪生。

　2. 花序分枝短，有时下部长达2厘米；小穗簇生。

　　3. 花序轴、穗轴、叶鞘及叶密被疣基毛、短硬毛或长刺毛 ………………………… 1. **求米草 O. undulatifolius**

　　3. 花序轴、穗轴、叶鞘及叶无毛或粗糙。

　　　4. 叶窄披针形或窄卵状椭圆形，长5-12厘米，宽1.2-3厘米 …………………………

·· 1(附). **日本求米草 O. undulatifolius** var. **japonicus**

　4. 叶披针形或线状披针形，长 1-9 厘米，宽 0.5-1 厘米 ········· 1(附). **狭叶求米草 O. undulatifolius** var. **imbecillis**

　2. 花序不分枝；小穗孪生于主轴。

　　5. 花序轴、叶鞘及叶密被疣基毛、短硬毛或长刺毛 ············· 1(附). **双穗求米草 O. undulatifolius** var. **binatus**

　　5. 花序轴、叶鞘及叶无毛或粗糙；叶长 5-10 厘米 ··········· 1(附). **光叶求米草 O. undulatifolius** var. **glabrus**

1. 花序分枝延伸，形成总状花序，长 2-6 厘米；小穗孪生或单生。

　6. 小穗孪生。

　　7. 花序轴、穗轴、叶鞘及叶无毛、或被微毛或叶鞘口缘具毛。

　　　8. 叶长 3-9 厘米；小穗长 2.5-3.5 毫米；第二颖先端芒长 1-2 毫米 ····················· 2. **竹叶草 O. compositus**

　　　8. 叶长 9-10 厘米；小穗长约 4 毫米；第二颖先端芒长 0.5 毫米 ········

　　　··· 2(附). **台湾竹叶草 O. compositus** var. **formosanus**

　　7. 花序轴、穗轴、叶鞘及叶密被长柔毛、长硬毛或疣基毛；第一颖先端芒长为颖片 1-3 倍。

　　　9. 叶长 3-10 厘米，宽 0.5-1.8 厘米 ················· 2(附). **中间型竹叶草 O. compositus** var. **intermedium**

　　　9. 叶长 10-20 厘米，宽 2-3 厘米 ··················· 2(附). **大叶竹叶草 O. compositus** var. **owaterii**

　6. 小穗单生。

　　10. 第二颖芒长为第一颖芒 1/3-1/2；叶长圆状披针形或卵状披针形，长 10-15 厘米，宽 2-3.5 厘米··········

　　　·· 3. **疏穗竹叶草 O. patens**

　　10. 第二颖芒长为第一颖芒 1/5；叶窄披针形或线状披针形，长 5-9 厘米，宽 4-7 厘米 ·····················

　　　·· 3(附). **狭叶竹叶草 O. patens** var. **angustifolius**

1. 求米草　　　　　　　　　　　　　图 1444

Oplismenus undulatifolius (Arduino) Beauv. Ess. Agrost. 54. 168. 171. 1812.

Panicum undulatifolius Arduino, Animad. Spec. Alt. 14. pl. 4. 1764.

秆纤细，基部横卧，节生根，高 20-50 厘米。叶鞘密被疣基毛，叶舌膜质，长约 1 毫米；叶卵状披针形，通常皱，长 2-8 厘米，宽 0.5-1.8 厘米，基部略圆或斜心形，具细毛。圆锥花序长 2-10 厘米，轴密被疣基长刺柔毛；分枝短，基部的长达 2 厘米。小穗卵圆形，长 3-4 厘米，簇生或部分孪生；颖草质，第一颖具 3 脉，有硬直芒，第二颖具短芒，较第一颖长。第一外稃草质，7-9 脉，先端有短芒，第二外稃革质，平滑，边缘内卷，包被同质内稃。

产辽宁西部、河北、山东、山西、河南、陕西、甘肃、江苏、安徽、浙江、福建、江西、湖北、湖南、广东、海南、广西、贵州、四川及云南，生于林下阴湿处。旧大陆热带和温带有分布。

[附] **日本求米草 Oplismenus undulatifolius** var. **japonicus** (Steud.) Koidz. in Bot. Mag. Tokyo 39: 302. 1925. —— *Panicum japonicum* Steud.

图 1444 求米草
（引自《中国主要植物图说　禾本科》）

in Flora 29: 18. 1846. 与模式变种的主要区别：叶鞘无毛，边缘生纤毛；叶宽披针形或窄卵状椭圆形，长 5-15 厘米，宽 1.2-3 厘米；花序长达 15 厘米，主轴无毛；小穗近无毛。产河北、山东、陕西、江苏、安徽、浙江、福建、江西、广东、广西、四川及云南,生于路边或林下草地阴湿处。日本有分布。

[附] **狭叶求米草** Oplismenus undulatifolius var. **imbecillis** (R. Br.) Hack. in Gov. Lab. Publ. Man. Philipp. 25: 82. 1905. ——*Orthopogon imbecillis* R. Br. Prodr. 194. 1810. 与模式变种的区别:秆纤细;叶鞘无毛或边缘有纤毛;叶窄披针形或线状披针形,无毛或被微毛,长 4-8 厘米,宽 0.5-1.2 厘米;花序轴及穗轴无毛;小穗疏生毛。产陕西、江苏、安徽、浙江、台湾、江西、湖北、湖南、贵州及云南,生于山坡或草地阴湿处。日本有分布。

[附] **双穗求米草** Oplismenus undulatifolius var. **binatus** S. L. Chen et Y. X. Jin in Acta Phytotax. Sin. 22(6): 471. 1984. 与模式变种的主要区别:花序主轴各节均为 2 小穗;第一外稃具 5-7 脉。产河北、江苏、安徽及浙江,生于疏林下阴湿处。

[附] **光叶求米草** Oplismenus undulatifolius var. **glabrus** S. L. Chen et Y. X. Jin in Acta Phytotax. Sin. 22(6): 471. 1984. 与模式变种的主要区别:植株除叶鞘边缘有毛外,余无毛;植株上升部分高 30-70 厘米;叶长 5-10 厘米,宽 1-2 厘米;小穗孪生于花序主轴。产山西、安徽、浙江、湖南及四川,生于林下阴湿处。

2. 竹叶草

图 1445:1-5

Oplismenus compositus (Linn.) Beauv. Ess. Agrost. 54. 168. 169. 1812. *Panicum compositus* Linn. Sp. Pl. 57. 1753.

秆纤细,下部平卧,节生根,上升部分高 20-80 厘米。叶鞘短于节间,近无毛或疏生毛;叶披针形,基部多少抱茎,长 3-8 厘米,宽 0.5-2 厘米,具横脉。圆锥花序长 5-15 厘米,分枝互生而疏离,长 2-6 厘米。小穗孪生,上部稀单生,长约 3 毫米;颖革质,近等长,边缘常被纤毛,第一颖芒长 0.7-2 厘米,第二颖芒长 1-2 毫米。第一外稃革质,先端具芒尖,第二外稃平滑、光亮,边缘内卷,包被同质内稃;鳞片 2,薄膜质,折叠;花柱基部分离。

产浙江、台湾、福建、江西、湖南、广东、海南、广西、贵州、四川、云南及西藏,生于疏林阴湿处。东半球热带有分布。

[附] **台湾竹叶草** Oplismenus compositus var. **formosanus** (Honda) S. L. Chen et Y. X. Jin in Acta Phytotax. Sin. 22(6): 470. 1984. ——*Oplismenus formosanus* Honda in Fedde, Repert. Sp. Nov. Reg. Veg. 20: 361. 1924. 与模式变种的区别:叶披针形,长 9-13 厘米,宽 1.2-2.5 厘米;小穗长 3.5-4 毫米;第二颖的芒长达 3 毫米;第二外稃先端芒尖或具长约 0.5 毫米的芒。产台湾、广东、广西、贵州、四川及云南,生于草地、疏林阴湿处。

[附] **中间型竹叶草** Oplismenus compositus var. **intermedius** (Honda) Ohwi in Acta Phytotax. Geobot. 11: 35. 1942. ——*Oplismenus burmanni* Beauv. var. *intermedium* Honda in Bot. Mag. Tokyo 38: 191. 1924. 与模式变种的区别:叶鞘密被疣基硬毛,边缘被纤毛,叶披针形或卵状披针

图 1445:1-5.竹叶草 6-8.大叶竹叶草
(陈荣道绘)

形,长 5-10 厘米,宽 0.5-1.5 厘米,基部斜心形;花序轴及穗轴密被长柔毛和长硬毛;小穗孪生,稀上部者单生,长 3-3.5 毫米;两颖均具 5 脉,第一颖具芒长 0.5-1 厘米;第一外稃先端具小尖头,7-9 脉。产浙江南部、台湾、广东、广西、四川及云南,生于山地、丘陵或疏林下阴湿处。日本及菲律宾有分布。

[附] **大叶竹叶草** 图 1445:6-8

Oplismenus compositus var. **owatarii** (Honda) Ohwi in Acta Phytotax.

Geobot. 11: 35. 1942. —— *Oplismenus owatarii* Honda in Fedde, Repert. Sp. Nov. Reg. Veg. 20: 316. 1924. 与模式变种的区别：秆纤细，上升部分高 30-80 厘米；叶鞘、叶、花序轴密生长柔毛或疣基毛；叶披针形，长 10-20 厘米，宽 1.5-3 厘米；小穗孪生，长约 4 毫米，第一颖的芒长约 8 毫米，5 脉，第二颖有长约 1 毫米的芒，5-7 脉；第一外稃先端具小尖头，7-9 脉。产台湾、广东、贵州及云南，生于山地疏林下阴湿处。日本及泰国北部有分布。

3. 疏穗竹叶草　　　　　　　　　　图 1446：1-4

Oplismenus patens Honda in Fedde, Repert. Sp. Nov. Reg. Veg. 20: 362. 1924.

秆纤细，基部平卧，节生根，上升部分高 30-60 厘米，节无毛。叶鞘无毛，边缘被纤毛，叶舌膜质，先端被长约 1 毫米纤毛；叶较厚，长圆状披针形或卵状披针形，长 10-15 厘米，宽 2-3.5 厘米，两面无毛。圆锥花序长 20-25 厘米，主轴及穗轴三棱形，无毛或被微毛；分枝 5-8，互生而疏离，长 6-10 厘米。小穗单生，卵状披针形，长约 4 毫米；第一颖先端芒长 1-1.4 厘米，3-5 脉；第二颖芒长为第一颖一半。第一外稃与小穗近等长，背部疏生短毛，边缘被纤毛，先端具短芒，芒长 2-2.5 毫米，7-9 脉，内稃无?第二外稃?纸质或革?，??于第一外稃，光滑，先端具长 0.5-1 毫米的芒，边缘包被同

质内稃，先端稍露出；鳞片 2，折叠，3 脉；花柱基部分离。花果期 9-11 月。

产台湾、福建、广东、海南及云南，生于山地林下阴湿处。日本有分布。

[附] **狭叶竹叶草** 图 1446：5-7 **Oplismenus patens** var. **angustifolius**

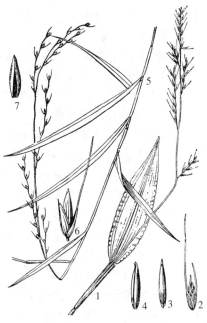

图 1446：1-4.疏穗竹叶草　5-7.狭叶竹叶草
（陈荣道绘）

(Chia) S. L. Chen et Y. X. Jin in Acta Phytotax. Sin. 22(6): 470. 1984. —— *Oplismenus compositus* var. *angustifolius* Chia, Fl. Hainan. 4: 416. f. 1218. 1977. 与模式变种的区别：叶鞘无毛，边缘被纤毛，叶披针形或线状披针形，长 5-9 厘米，宽 4-7 毫米，基部近心形；花序轴及穗轴被微毛或近无毛；小穗单生穗轴，疏离、长约 4 毫米，第一颖芒长达 5 毫米，第二颖芒长为第一颖 1/5；第一外稃具 7 脉。产海南及云南，生于山地疏林下阴湿处。

166. 稗属 Echinochloa Beauv.
（陈守良）

一年生或多年生草本。叶舌常无；叶扁平，线形。圆锥花序由穗形总状花序组成。小穗具 1-2 小花，背腹一面扁平，一面凸起，单生或 2-4 个不规则聚集穗轴一侧，近无柄；颖草质，第一颖三角形，长为小穗 1/3-1/2 或 3/5，先端常尖，第二颖与小穗等长或稍短，先端尖或短芒状。第一小花中性或雄性，外稃草质或近革质，先端渐尖或具长芒，内稃膜质，稀缺；第二小花两性，外稃成熟时硬，平滑、光亮，先端渐尖呈喙状，边缘厚而内抱同质内稃，内稃先端外露；鳞被 2，折叠，5-7 脉；花柱基部分离。种脐点状。染色体基数 x=9。

约 40 种，分布全世界热带和温带。我国 9 种 5 变种。多为田间杂草；有的为优良牧草；栽培种的颖果富含淀粉，可食用或制糖与酿酒。

1. 第二颖等长于小穗；小穗卵形、卵状披针形或卵状椭圆形；谷粒易脱落。
　　2. 第一外稃草质。
　　　3. 圆锥花序柔软，下垂或点头；叶上下表皮细胞结构不相似。
　　　　4. 小穗长 2.5-4 毫米，芒长 1.5-5 毫米。
　　　　　5. 小穗卵状披针形，长 2.5-3 毫米，芒长 1-1.5 毫米 ······ 3. 孔雀稗 E. cruspavonis
　　　　　5. 小穗卵状椭圆形，长 3-4 毫米，芒长 1.5-5 厘米 ······ 4. 长芒稗 E. caudata
　　　　4. 小穗长 4-6 毫米，芒长 0.5-1.5 厘米 ······ 6. 旱稗 E. hispidula
　　　3. 圆锥花序常挺直；叶上下表皮细胞结构相似。
　　　　6. 小穗长不及 2 毫米；叶宽不及 1 厘米；圆锥花序分枝无小枝，常窄 ······ 1. 光头稗 E. colonum
　　　　6. 小穗长及 3 毫米；叶宽 0.5-1.2 厘米；圆锥花序开展。
　　　　　7. 小穗卵状椭圆形，无芒；花序分枝无小枝 ······ 2(附). 西来稗 E. crusgalli var. zelavensis
　　　　　7. 小穗卵形，常具芒；花序分枝常具小枝。
　　　　　　8. 花序分枝较柔；小穗具芒长 0.5-1.5 厘米 ······ 2. 稗 E. crusgalli
　　　　　　8. 花序分枝挺直；小穗具芒长不及 0.5 毫米 ······ 2(附). 无芒稗 E. crusgalli var. mitis
　　2. 第一外稃近革质或中部革质 ······ 5. 硬稃稗 E. glabrescens
1. 第二颖稍短于小穗，小穗宽卵形；谷粒不易脱落。
　　9. 小穗成熟时淡绿色，无芒 ······ 7. 湖南稗子 E. frumentacea
　　9. 小穗成熟时紫褐色，顶端常具长 0.5-2 厘米的芒 ······ 7(附). 紫穗稗 E. utilis

1. 光头稗　芒稗　　　　　　　　　　　　　　　　图 1447

Echinochloa colonum (Linn.) Link. Hort. Berol 2: 209. 1833.

Panicum colonum Linn. Syst. Not. ed. 10, 2: 876. 1759.

一年生。秆直立，高 10-60 厘米。叶鞘扁而背具脊，无毛；叶扁平，线形，长 3-20 厘米，宽 3-7 毫米，无毛，边缘稍粗糙。圆锥花序窄，长 5-10 厘米，主轴及分枝的棱边粗糙，常无疣基长毛。小穗卵圆形，长 2-2.5 毫米，具小硬毛，无芒，成 4 行排列于穗轴一侧，第一颖三角形，长约为小穗 1/2，3 脉，第二颖与第一外稃等长而同形，5-7 脉，间脉常不达基部，先端具小尖头。第一小花常中性，外稃具 7 脉，内稃膜质，稍短于外稃，脊被短纤毛；第二外稃椭圆形，平滑，光亮，边缘内卷，包被同质内稃；鳞被膜质。花果期夏秋季。染色体 2n=36。

产河北、河南、陕西南部、江苏、安徽、浙江、台湾、福建、江西、湖北、湖南、广东、香港、海南、广西、贵州、四川、云南及西藏，多生于田野、园圃或路边湿润地。全世界温暖地区均有分布。

图 1447 光头稗

（引自《中国主要植物图说 禾本科》）

2. 稗 图 1448

Echinochloa crusgalli (Linn.) Beauv. Ess. Agrost. 53. 1812.

Panicum crusgalli Linn. Sp. Pl. 56. 1753.

一年生。秆无毛，高 0.5-1.5 米。叶鞘无毛；叶线形，扁平，无毛，长 10-40 厘米，宽 0.5-2 厘米，边缘粗糙。圆锥花序直立，长 6-20 厘米，主轴、分枝及穗轴粗糙或生疣基长刺毛。小穗卵形，长 3-4 毫米，密集穗轴一侧，具短柄或近无柄；第一颖三角形，长为小穗 1/3-1/2，3-5 脉，沿脉具疣毛，基部包卷小穗，先端尖，第二颖与小穗等长，5 脉，脉有疣基毛，先端渐尖或具小尖头。第一小花常中性，外稃具 7 脉，沿脉具疣基刺毛，先端具芒长 0.5-1.5（-3）厘米，内稃窄，具 2 脊；第二外稃椭圆形，先端具小尖头，尖头有一圈细毛。染色体 2n=36，48，54，72。花果期夏秋色。

产全国各地，多生于沼泽地、沟边或水稻田。全世界温暖地区均有分布。

[附] **无芒稗** **Echinochloa crusgalli** var. **mitis** (Pursh) Peterm. Fl. Lips. 82. 1838. —— *Panicum crusgalli* Linn. var. *mite* Pursh, Fl. Amer. Sept. 66. 1814. 与模式变种的区别：小穗卵状椭圆形，长约 3 毫米，无芒或具极短芒，芒长不及 0.5 毫米；颖及第一外稃被疣基硬毛。产东北、华北、西北、华东、华南、西南等省区，多生于水边或路边草地。全世界温暖地区均有分布。

[附] **西来稗** **Echinochloa crusgalli** var. **zelavensis** (H. B. K.) Hitchc. in U. S. Dept. Agr. Bull. 772: 238. 1920. —— *Oplismensis zelavensis* H. B. K. Nov. Gen. et Sp. 1: 108. 1915. 与模式变种的区别：小穗卵状椭圆形，

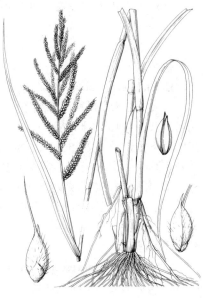

图 1448 稗
（引自《中国主要植物图说 禾本科》）

长 3-4 毫米，顶端无芒，具小尖头；颖及第一外稃脉疏生硬刺毛。产华北、华东、西北、华南及西南各省区，多生于水边或稻田。美洲有分布。

3. 孔雀稗 图 1449：1-4

Echinochloa cruspavonis (H. B. K.) Schult. Mantissa 2: 269. 1824.

Oplismenus cruspavonis H. B. K. Nov. Gen. et Sp. 1: 108. 1816.

秆粗壮，基部倾斜，节生根，高 1.2-1.8 米。叶鞘无毛；叶扁平，线形，长 10-40 厘米，宽 1-1.5 厘米，两面无毛，边缘厚而粗糙。圆锥花序下垂，长 15-25 厘米，分枝常具小枝。小穗卵状披针形，带紫色，长 2-2.5 毫米；第一颖三角形，长为小穗 1/3-2/5，3 脉，第二颖等长于小穗，5 脉，沿脉具硬刺毛，先端有小尖头。第一小花常中性，外稃草质，顶生 1-1.5 厘米的芒，5-7 脉，脉具刺毛；第二外稃革质，平滑。颖果椭圆形，长约 2 毫米。胚长为颖果 2/3。染色体 2n=36，54。花果期夏秋季。

图 1449：1-4. 孔雀稗 5. 长芒稗 6-9. 硬稃稗（陈荣道绘）

产江苏东南部、安徽东部、福建、广东、海南、广西西部及贵州

西南部，多生于沼泽地或沟边。全世界热带地区均有分布。

4. 长芒稗　　　　　　　　图 1449:5

Echinochloa caudata Roshev. in Kom. Fl. URSS 2: 91. 1934.

秆高 1-2 米。叶鞘无毛或边缘有毛或有糙毛或具脱落性疣基毛；叶线形，长 10-40 厘米，宽 1-2 厘米，两面无毛，边缘厚而粗糙。圆锥花序稍下垂，长 10-25 厘米，宽 1.5-4 厘米，主轴粗糙，具棱，沿棱常具疣基毛；分枝密集，常具小枝。小穗卵状椭圆形，带紫色，长 3-4 毫米，沿脉具硬刺毛或疣基毛；第一颖三角形，长为小穗 1/3-2/5，3 脉，先端尖，第二颖等长于小穗，5 脉，先端具芒长 0.1-0.2 毫米。第

一外稃草质，先端具芒长 1.5-5 厘米，5 脉，脉疏生刺毛；内稃先端具细毛，边缘具细睫毛；第二外稃革质，光亮。花果期夏秋季。

除西藏外，几遍全国，多生于田边、路旁或河边湿润处。俄罗斯、日本、朝鲜半岛有分布。

5. 硬稃稗　　　　　　　　图 1449:6-9

Echinochloa glabrescens Munro ex Hook. f. Fl. Brit. Ind. 7: 21. 1897.

秆直立或基部稍倾斜，高 0.5-1.2 米。叶鞘无毛；叶线形，扁平，长 10-30 厘米，宽 0.6-1.2 厘米，两面无毛，边缘厚，绿白色，先端渐尖。圆锥花序长 8-15 厘米，宽 1-3 厘米，分枝长 1-3 厘米，无小枝。小穗长 3-3.5 毫米，脉无毛或具疣基毛，有或无芒；颖具 5 脉，第一颖长为小穗 1/3-1/2，先端尖，第二颖等长于小穗，脉具硬刺毛。第一小花中性，

外稃革质或中间硬革质，5 脉，脉具疣基毛；内稃膜质；第二外稃革质，光滑；鳞被具 5 脉。颖果宽椭圆形，长约 3 毫米。胚长为颖果 3/4。花果期夏秋季。

产江苏、香港、广西、贵州、四川、云南等省区，多生于田间水塘边或湿润地。朝鲜半岛及日本有分布。

6. 旱稗　　　　　　　　　图 1450

Echinochloa hispidula (Retz.) Nees in Royl. Bot. Himal. 416. 1830.

Panicum hispidula Retz. Obs. Bot. 5: 18. 1789.

秆高 40-90 厘米。叶鞘无毛；叶扁平，线形，长 10-30 厘米，宽 0.6-1.2 厘米。圆锥花序长 5-15 厘米，宽 1-1.5 厘米；分枝无小枝，常在中部轮生。小穗卵状椭圆形，长 4-6 毫米；第一颖三角形，长为小穗 1/2-2/3，基部包卷小穗，第二颖与小穗等长，具小尖头，5 脉，沿脉有刚毛或疣基毛，具芒长 0.5-1.5 厘米。第一小花常中性，外稃草质，7 脉，有

图 1450 旱稗 （陈荣道绘）

膜质内稃；第二外稃革质，坚硬。花果期7-10月。

产黑龙江、吉林、内蒙古、河北、山东、山西、河南、甘肃、新疆、江苏、安徽、浙江、福建、江西、湖北、湖南、广东、海南、广西、四川、云南等省区，生于田野水湿处。朝鲜半岛、日本及印度有分布。

7. 湖南稗子　　　　　　　　　　　　　　图　1451

Echinochloa frumentacea (Roxb.) Link, Hort. Berol. 1: 204. 1827.

Panicum frumentacea Roxb. Fl. Ind. 1: 307. 1820.

秆粗壮，高1-1.5米，径0.5-1厘米。叶鞘无毛，常短于节间；叶线形，质软，无毛，边缘厚或波状，长15-40厘米，宽1-2.4厘米。圆锥花序直立，长10-20厘米；主轴粗壮，具棱，棱边粗糙，具疣基长刺毛；分枝微呈弓状弯曲。小穗绿白色，卵状椭圆形或椭圆形，长3-5毫米，无疣基毛或疏被硬刺毛，无芒；第一颖短小，三角形，长为小穗1/4-2/5，第二颖稍短于小穗。第一小花常中性，外稃草质，等长于小穗，内稃窄膜质；第二外稃革质，平滑而光亮，成熟时露出颖外。染色体2n=36，54。花果期8-9月。

河南、安徽、台湾、广西、四川、云南等省区栽培。作粮食或饲料。广泛栽培于亚洲热带及非洲温暖地区。

[附]**紫穗稗 Echinochloa utilis** Ohwi et Yabuno in Acta Phytotax. Geobot. 20: 50. 1962. 与湖南稗子的区别：花序分枝常再分小枝；小穗紫色，倒卵形或倒卵状椭圆形，长2.5-3厘米，脉被疣基毛；第一外稃先端具长0.5-2厘米的芒。染色体2n=54，56，72。贵州引种栽培。作粮食或饲料。全世界温带地区均有栽培。

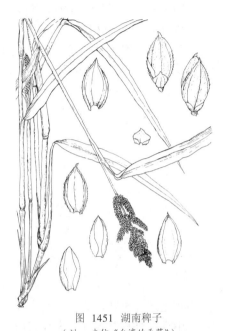

图　1451　湖南稗子
（刘　　杰仿《台湾的禾草》）

167. 臂形草属 Brachiaria Briseb.
（金岳杏）

一年生或多年生草本。叶平展。圆锥花序顶生，具2至数枚总状花序。小穗背腹扁，具短柄或近无柄，单生或孪生，交互成2行，排列穗轴一侧，具1-2小花；第一小花雄性或中性；第二小花两性；第一颖约为小穗一半，向轴而生，基部包卷小穗；第二颖与第一外稃等长，同质、同形。第二外稃骨质，先端尖或无小尖头，背面离轴而生，以单生小穗者明显，边缘稍内卷，包被同质内稃；鳞被2，折叠，5-7脉；花柱基部分离。种脐点状。

约50种，广布世界热带地区。我国6种4变种，引种栽培1种。

1. 植株高10-80厘米；花序分枝10枚以下。
　2. 小穗孪生或有时在花序上部单生，疏被短硬毛 ···················· 1. **多枝臂形草 B. ramosa**
　2. 小穗单生，稀在花序基部孪生。
　　3. 小穗长圆形，先端渐尖，长3-4毫米，小穗及小穗轴无毛 ·············· 2. **四生臂形草 B. subquadripara**
　　3. 小穗卵形，长2-2.5毫米。
　　　4. 叶卵状披针形；第一颖长为小穗1/2-2/3，3脉；第二外稃与小穗等长，先端尖，无毛；植株密被柔毛 ······················· 3. **毛臂形草 B. villosa**

4. 叶线状披针形；第一颖长为小穗1/10，无脉；第二外稃先端钝 ·················· 4. 臂形草 B. eruciformis

1. 植株高1.5-2.5米；花序分枝10-20 ···································· 4(附). 巴拉草 B. mutica

1. 多枝臂形草　　　　　　　图 1452

Brachiaria ramosa (Linn.) Stapf in Prain, Fl. Trop. Afr. 9: 542. 1919.

Panicum ramosa Linn. Mant. Pl. 1: 29. 1769.

一年生。秆高30-60厘米，基部倾斜，节被柔毛，下部节生根。叶鞘松散，光滑，边缘及鞘被毛，叶舌短小，密生纤毛；叶窄披针形，长4-12厘米，宽4-8毫米，边缘略厚而粗糙，常微波状皱折。圆锥花序具3-6枚总状花序；总状花序长2-5厘米；主轴具3棱，被刺毛；穗轴具3棱，通常被刺毛，有时疏生长硬毛。小穗椭圆状长圆形，长约3.5毫米，疏生硬毛，通常孪生，有时上部单生，稍疏离，一具短柄，一近无柄；第一颖宽卵形，长为小穗之半，5脉，第二颖与小穗等长，先端具小尖头，5脉。第一小花中性，外稃具5脉，内稃膜质，窄而短小；第二外稃革质，长约2.5毫米，先端尖，背部凸起，具横皱纹，边缘内卷，包被同质的内稃。染色体2n=32。花果期夏秋季。

产海南、四川南部及云南，生于丘陵荒野草地。印度、马来西亚及非洲有分布。

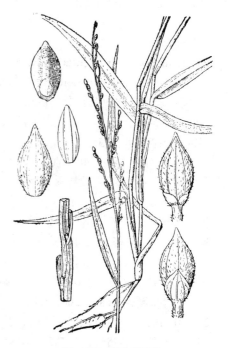

图 1452 多枝臂形草
（引自《中国主要植物图说 禾本科》）

2. 四生臂形草　　　　　　　图 1453

Brachiaria subquadripara (Trin.) Hitchc. in Lingan Sci. Journ. 7: 218. 1931.

Panicum subquadripara Trin. Gram. Pan. 145. 1826.

一年生草本。秆纤细，上升部分高20-60厘米，下部平卧，节生根，节膨大而生柔毛，节间具窄槽。叶鞘松散，被疣基毛，边缘被毛；叶披针形或线状披针形，宽0.4-1厘米，无毛或稀生短毛。圆锥花序具3-6枚总状花序，主轴与穗轴无刺毛。小穗长圆形，长3.5-4毫米，通常单生；第一颖宽卵形，长为小穗一半，5-7脉，第二颖与小穗等长，7脉。第一小花中性，外稃与小穗等长，内稃窄而短小；第二外稃革质，先端钝，有细横皱纹，边缘内卷，包被同质内稃。

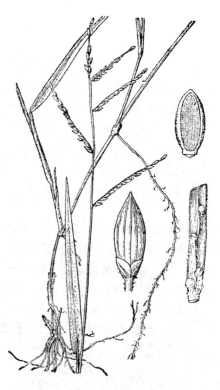

图 1453 四生臂形草
（引自《中国主要植物图说 禾本科》）

产台湾、福建、江西南部、湖南南部、广东、香港、海南、广西东北部、贵州及云南，生于丘陵山坡。亚洲热带及大洋洲有分布。

3. 毛臂形草　　　　　　　　　　图 1454

Brachiaria villosa (Lam.) A. Comus in Lécomte, Fl. Gen. Indo-Chine 7: 433. 1922.

Panicum villosum Lam. Tab. Encucl. Math. Bot. 1: 173. 1791.

一年生草本。秆直立，基部倾斜，高 10-40 厘米，全株密被柔毛。

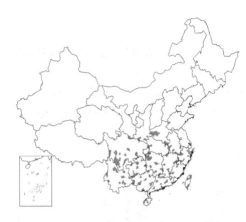

叶鞘被柔毛，鞘口及边缘密；叶卵状披针形，长 1-4 厘米，宽 0.3-1 厘米，两面被柔毛。圆锥花序具 4-8 总状花序；主轴和穗轴密生柔毛。小穗卵形，长约 2.5 毫米，通常单生；第一颖长为小穗之半，3 脉，第二颖稍长，与小穗等长或稍短，5 脉。第一小花中性，外稃具 5 脉，内稃膜质，窄；第二外稃革质，包卷同质内稃，具横细皱纹；鳞被 2；花柱基部分离。

产河南、陕西南部、甘肃南部、安徽、浙江、台湾、福建、江

图 1454 毛臂形草
（引自《中国主要植物图说 禾本科》）

西、湖北、湖南、广东、海南、广西、贵州、四川及云南，生于田野和山坡。亚洲东南部有分布。

4. 臂形草　　　　　　　　　　图 1455

Brachiaria eruciformis (J. E. Smith) Griseb. in Ledeb. Fl. Ross. 4: 469. 1853.

Panicum eruciformis J. E. Smith in Sibth. et J. E. Smith, Fl. Graeca 1: 44. t. 59. 1806.

一年生草本。秆斜生，纤细，高 30-40 厘米，基部节生根，多分枝。

叶鞘无毛或边缘疏生疣毛，叶舌为一圈白色縫毛；叶线状披针形，扁平，内卷，长 1.5-10.5 厘米，宽 3-6 毫米。圆锥花序具 4-5 总状花序，长 5-12 厘米；穗轴被纤毛。小穗卵形，长约 2 毫米，被纤毛，柄较短；第一颖膜质，无毛，先端下凹；第二颖与小穗等长，5 脉。第一外稃具 5 脉，内稃窄；第二外稃长圆形，坚硬，光滑，边缘内卷，包被同质内稃。

产台湾、福建、广东、广西、贵州及云南，生于草地及旱田。印度、北非及地中海有分布。

[附] **巴拉草 Brachiaria mutica** (Forsk.) Stapf in Prain, Fl. Trop. Afr.

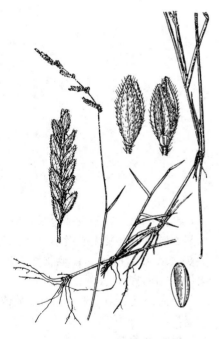

图 1455 臂形草 （冯晋庸绘）

9: 526. 1919. —— *Panicum mutica* Forsk. Fl. Aegypt.-Arab. 20. 1775. 与臂形草的区别：植株高 1.5-2.5 米；花序分枝 10-15 枚。台湾引种栽培。

作牧草。原产美国、印度及非洲热带。

168. 尾稃草属 Urochloa Beauv.

（金岳杏）

一年生或多年生草本。圆锥花序具少数至多数总状花序。小穗背腹扁，孪生或单生，成2行排列于穗轴一侧，具短柄或近无柄，有1-2小花；颖纸质，第一颖短小，离轴而生，第二颖与小穗等长，与第一外稃同形、同质。第一小花雄性或中性；第二小花两性，第二外稃骨质，背面向穗轴，具横皱纹，先端具小尖头，边缘稍内卷，包同质内稃；鳞被2，折叠，5脉；花柱基部分离。种脐点状。

约25种，分布全世界热带。我国5种2变种。

1. 第一颖较长，几与小穗等长或稍短 ·· 1. 雀稗尾稃草 U. paspaloides
1. 第一颖微小或短于小穗1/3。
　2. 小穗长4-5毫米，单生或基部孪生；叶长5-15厘米 ·················· 2. 类黍尾稃草 U. panicoides
　2. 小穗稍短，长2-2.5毫米，孪生；叶长2-6厘米 ···························· 3. 尾稃草 U. reptans

1.　雀稗尾稃草 雀稗臂形草　　　　　　　　　　　图 1456

Urochloa paspaloides J. S. Presl ex Presl, Rel. Haenk. 1: 318. 1830.

Brachiaria paspaloides (J. S. Presl ex Presl) Hubb.; 中国高等植物图鉴 5: 165. 1975.

一年生草本。秆纤细，多分枝，高20-60厘米或更高，下部节生根。叶鞘松散，短于节间，无毛或疏生疣基毛，边缘一侧被毛，叶舌为一圈长约1毫米的纤毛；叶线状披针形，长5-10厘米，宽3-8毫米，两面被疣基毛。圆锥花序具2-4总状花序；总状花序长2-4厘米，疏离排列于主轴；主轴与穗轴均被柔毛。小穗长圆状披针形，长约4毫米，无毛，通常孪生；第一颖稍短于小穗，5脉；第二颖与小穗等长，5-7脉。第一外稃与小穗等长，具不明显5脉，内稃常无或极小；第二外稃骨质，先端具长约0.2毫米小尖头，具微细横皱纹；鳞被2，膜质，有细脉。染色体2n=36。花果期5-10月。

产海南及云南，生于旷野山坡或疏林下。印度及马来群岛有分布。

图 1456　雀稗尾稃草　（冯晋庸绘）

2.　类黍尾稃草　　　　　　　　　　　图 1457

Urochloa panicoides Beauv. Ess. Agrost. 53. t. 11. f. 1. 1812.

一年生草本。秆纤细，基部横卧，高15-80厘米。叶鞘松散，具疣基硬毛，边缘密被纤毛，叶舌成纤毛；叶披针形，长5-15厘米，宽0.5-1.5厘米，两边疏生疣基刺毛。圆锥花序具3-10总状花序；总状花序长3-6厘米；主轴与穗轴均三棱形，具粗刺。小穗卵状椭圆形，长

4-5毫米，无毛，单生或基部孪生；第一颖卵形，长为小穗1/4-1/3，3-5脉，脉先端有横脉汇合；第二颖与小穗等长，5-7脉，先端汇合。第二外稃短于小穗，先端具小尖头，具横细皱纹，边缘内卷，包同质内稃。

产四川及云南，生于草地或湖边潮湿地。印度、热带非洲东部和南部有分布。

3. 尾稃草 匍匐臂形草　　　　　　　　　　图 1458

Urochloa reptans (Linn.) Stapf in Prain, Fl. Trop. Afr. 9: 601. 1920.

Panicum reptans Linn. Syst. Nat. ed. 10, 870. 1759.

Brachiaria reptans (Linn.) Gard. et Hubb.; 中国高等植物图鉴 5: 165. 1976.

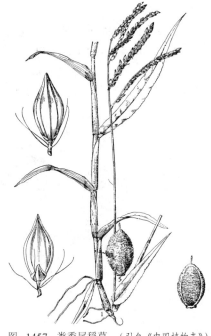

图 1457 类黍尾稃草　（引自《中国植物志》）

一年生草本。秆纤细，斜升，下部平卧，节生根，高15-50厘米。叶鞘短于节间，无毛，边缘密被纤毛，叶舌短，具1毫米长纤毛；叶卵状披针形，长2-6厘米，宽0.3-1.2厘米，基部疏被疣基毛，边缘波状皱折。圆锥花序具3-6总状花序；总状花序长0.5-4厘米；主轴具疣毛。

小穗卵状椭圆形，长2-2.5毫米，孪生，具一长一短的柄，具白刺毛；第一颖短小，长为小穗1/4，先端平凹，脉不明显；第二颖稍长，几与小穗等长，7-9脉。第一外稃具5脉，内稃膜质；第二外稃椭圆形，具横皱纹，先端微具小尖头，边缘内卷，包被同质内稃。

产台湾、湖南、广西、贵州、四川及云南，生于田野与草地。广布全世界热带。

169. 野黍属 Eriochloa Kunth

（金岳杏）

一年生或多年生草本。秆分枝。叶平展或卷合。圆锥花序顶生而窄，具数枚总状花序。小穗背腹扁，柄短或近无柄，单生或孪生，成2行覆瓦状排列于穗轴一侧，有2小花；第一颖退化，与第二颖之下穗轴愈合膨大成环状或珠状小穗基盘；第二颖、第一外稃均与小穗等长，均近膜质。第一小花中性或雄性，外稃包同质内稃或无内稃；第二小花两性，背着穗轴而生，第二外稃革质，边缘内卷，包被同质而钝头的内稃；鳞被2，折叠，5-7脉；花柱基部分离。种脐点状。

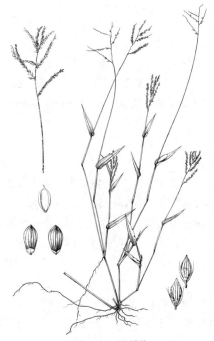

图 1458 尾稃草
（引自《中国主要植物图说 禾本科》）

约25种，分布世界热带和温带地区。我国2种。

1. 总状花序密被柔毛；小穗单生，长4.5-5毫米；第二外稃钝头 ……………………………………… **野黍 E. villosa**

1. 总状花序无毛；小穗孪生或3个簇生，长约3毫米；第二外稃具长约0.5毫米小尖头 ………………………

…………………………………………………………………………………………… (附). **高野黍 E. procera**

野黍　　　　　　　　　　　　　　　图 1459：1-4

Eriochloa villosa (Thunb.) Kunth, Rev. Gram. 1: 30. 1829.

Panicum villosa Thunb. Fl. Jap. 45. t. 8. 1784.

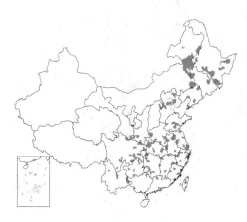

一年生草本。秆直立，基部分枝，高 0.3-1 米。叶鞘有毛或一侧边缘被毛，松散包茎，节具髭毛，叶舌具长 1 毫米纤毛；叶扁平，长 5-25 厘米，宽 0.5-1.5 厘米，上面具微毛，下面光滑。圆锥花序窄长，具 4-8 总状花序，总状花序长 1.5-4 厘米，密生柔毛，常排列于主轴一侧。小穗卵状椭圆形，长 4.5-5 毫米；基盘长约 0.6 毫米；小穗柄极短，密被长柔毛；第一颖微小；第二颖与第一外稃均膜质并被细毛，第二外稃革质，稍短于小穗，具细点状皱纹。

产黑龙江、吉林、辽宁、内蒙古、河北、山东、山西、河南、陕西、宁夏、甘肃、江苏、安徽、浙江、台湾、福建、江西、湖北、湖南、广东、香港、广西、贵州、四川及云南，生于山坡或平原潮湿地区。日本、印度有分布。

[附] **高野黍** 图 1459：5-8 **Eriochloa procera** (Retz.) Hubb. in Kew. Bull. 1930: 256. 1930. —— *Agrostis procera* Retz. Obs. Bot. 4: 19. 1786. 与野黍

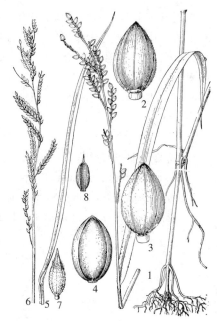

图 1459：1-4.野黍　5-8.高野黍　（张泰利绘）

的区别：叶长 10-12 厘米，宽 2-5 毫米；总状花序无毛；小穗孪生或 3 个簇生；第二外稃有长 0.5 毫米的小尖头。产台湾、广东雷州半岛及海南，生于荒山或沙地。东半球热带地区有分布。为较好的牧草。

170. 地毯草属 Axonopus Beauv.
（金岳杏）

多年生或一年生草本。秆丛生或匍匐。叶扁平或卷曲，先端钝圆或略尖。穗形总状花序细弱，2 至数枚指状或总状排列花序轴。小穗长圆形，背腹扁，单生，近无柄，互生或成 2 行排列于三棱形穗轴一侧，有 1-2 小花；第一颖无，第二颖与第一外稃近等长。第一内稃无；第二小花两性，外稃坚硬，腹面向穗轴，钝头，边缘内卷，包被同质内稃；鳞被 2，折叠，薄纸质，3-5 脉；雄蕊 3；花柱基部分离。种脐点状。

约 40 种，主产美洲热带。我国引入 2 种。

1. 叶宽 0.6-1.2 厘米；节密被灰白色柔毛；小穗长 2.2-2.5 毫米；柱头白色 ·················· **地毯草 A. compressus**
1. 叶宽 3-5 厘米；节无毛；小穗长约 2 毫米；柱头紫色 ·················· （附）. **类地毯草 A. affinis**

地毯草　　　　　　　　　　　　　　　图 1460

Axonopus compressus (Sw.) Beauv. Ess. Agrost. 12: 154. 1812.

Milium compressum Sw. Prodr. Veg. Ind. Occ. 24. 1788.

多年生草本。具长匍匐枝。秆扁平，高 8-60 厘米，节密生灰白色柔毛。叶鞘松散，扁，具脊，鞘口常疏生毛；叶扁平，长 5-10 厘米，宽 0.5-1.2 厘米，无毛或上面被柔毛，基部边缘具疏生纤毛。总状花序 2-5 枚，长 4-8 厘米，指状排列于主轴上部。小穗长圆形状披针形，长 2-2.5 毫米，疏生柔毛，单生；第二颖与第一外稃等长或稍短。第二外

稃革质，具细点状横皱纹，先端钝，疏生柔毛，边缘紧包内稃；花柱基部分离，柱头帚刷状，白色。

原产美洲热带。台湾、广东、海南、广西、贵州及云南引入栽培，或已野化，生于荒野、路旁较潮湿处。世界热带、亚热带栽培。

作草坪，为良好的保土植物，亦为优质牧草。

[附] **类地毯草 Axonopus affinis** A. Chase in Journ. Wash. Acad. Sci. 28: 180. f. 1-2. 1938. 本种与地毯草的区别：叶宽 3-5 毫米；节无毛；小枝长约 2 毫米；柱头紫色。原产热带美洲。台湾引入栽培。作牧草。

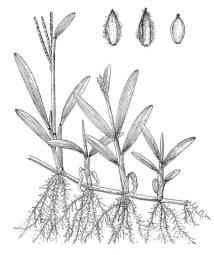

图 1460 地毯草 （史渭清绘）

171. 雀稗属 Paspalum Linn.

（傅晓平）

多年生或一年生。秆丛生，直立，或具匍匐茎和根茎。叶舌短，膜质；叶线形或窄披针形，扁平或卷折。穗形总状花序 2 至多枚呈指状或总状排列于茎顶或伸长主轴上；穗轴扁平，具窄或较宽翼。小穗具一成熟小花在上，几无柄或具短柄，单生或孪生，2-4 行互生于穗轴一侧，背腹扁，椭圆形或近圆形；第一颖通常无；第二颖与第一外稃相似，膜质或厚纸质，具 3-7 脉，等长于小穗，有时第二颖较短或无。第一小花中性，内稃无；第二外稃背部隆起，对向穗轴，成熟后硬，近革质，先端钝圆，有光泽，边缘窄内卷，内稃背部外露；鳞被 2；雄蕊 3；柱头帚状，自顶端伸出。胚大，长为颖果 1/2；种脐点状。染色体基数 x=10。

约 300 种，分布于全世界热带与亚热带，主产热带美洲。我国连同引种栽培 16 种。

1. 小穗无毛，有时被微毛，无丝状柔毛。
  2. 小穗近圆形，长 2-3 毫米，顶端钝圆，第二颖有中脉。
    3. 小穗与小穗柄均无毛。
      4. 第二颖与第一外稃具 5-7 脉。
        5. 小穗长 2.5-3 毫米；有时第一外稃边缘具横皱纹；叶披针形或线状披针形，宽 0.4-1.2 厘米；秆有时基部横卧，下部节生根 ·············· 1. **鸭嘴草 P. scrobiculatum**
        5. 小穗长约 2.3 毫米；第一外稃边缘无横皱纹；叶线形，宽 2-6 毫米；秆直立丛生 ·············· 2. **南雀稗 P. commersonii**
      4. 第二颖与第一外稃均具 3 脉；小穗椭圆形或倒卵形，长 2-2.3 毫米 ············ 3. **圆果雀稗 P. orbiculare**
    3. 小穗被微毛或无毛，小穗柄具长柔毛或无毛。
      6. 第二颖与第一外稃具 3-7 脉；小穗无毛，小穗柄具长柔毛 ············ 4. **台湾雀稗 P. formosanum**
      6. 第二颖与第一外稃具 3 脉；小穗生微毛，小穗柄无毛。
        7. 小穗单生，长 2.6-2.8 毫米，在穗轴上排成两行；第二颖与第一外稃均生微柔毛，第一外稃无短皱纹 ·············· 5. **雀稗 P. thunbergii**
        7. 小穗孪生，长约 2 毫米，在穗轴排成 4 行 ············ 6. **长叶雀稗 P. longifolium**
  2. 小穗卵状披针形，长 3-3.5 毫米，顶端尖，第二颖无中脉；匍匐茎草质，甚长；叶长 5-10 厘米；总状花序长 2-5 厘米；第二外稃先端尖，具白色短毛，短于小穗 ············ 9. **海雀稗 P. vaginatum**
1. 小穗边缘或顶端具长 1-2 毫米丝状柔毛。
  8. 总状花序 2，对生。
    9. 小穗长 1.5-1.8 毫米，卵圆形；总状花序长 6-12 厘米；穗轴细软 ············ 7. **两耳草 P. conjugatum**
    9. 小穗长约 3 毫米，倒卵状长圆形；总状花序长 2-6 厘米；穗轴硬直 ············ 8. **双穗雀稗 P. paspaloides**
  8. 总状花序 4-10，互生于主轴；小穗长 3-3.5 毫米，第二小颖等长于小穗 ········· 10. **毛花雀稗 P. dilatatum**

1. 鸭嘴草   图 1461

Paspalum scrobiculatum Linn. Mant. Pl. 1: 29. 1767.

多年生或一年生。秆粗壮，直立或基部倾卧，下部节生根，高 30-90

（-150）厘米。叶鞘多无毛，长于节间或上部者短于节间，常扁成脊，叶舌长 0.5-1 毫米；叶披针形或线状披针形，长 10-20 厘米，宽 0.4-1.2 厘米，通常无毛，边缘微粗糙，基部近圆。总状花序 2-5（-8），长 3-10 厘米，主轴长 2-6 厘米，直立或开展；穗轴宽 1.5-2.5 毫米，边缘粗糙。小穗圆形或宽椭圆形，长 2.5-3 毫米，无毛；第一颖无；第二颖具 5 脉。第一外稃具 5-7 脉，膜质或硬，边缘有横皱纹；第二外稃革质，暗褐色，等长于小穗。染色体 2n=40。花果期 5-9 月。

产台湾、福建、湖南、广东、香港、海南、广西、贵州及云南，生于海拔 500 米以下路旁草地或低湿地。印度、东南亚及世界热带地区均有分布。饲料或作谷物栽培。

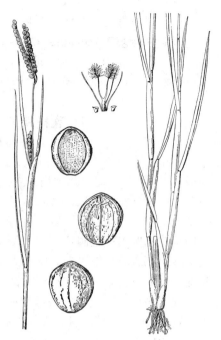

图 1461 鸭嘴草 （引自《中国植物志》）

2. 南雀稗　　　　　　　　　　　图 1462：6-10

Paspalum commersonii Lam. Tab. Encycl. Meth. Bot. 1: 175. t. 43. f. 1. 1791.

多年生。秆丛生，直立，高 30-50 厘米，2-3 节。叶鞘被疣基柔毛，背部常具脊，鞘口生疣基长柔毛，叶舌长约 0.5 毫米；叶线形，长 5-15 厘米，宽 2-6 毫米，顶生叶片多不发育，无毛或生柔毛。总状花序 2-3 枚，长 3-4 厘米，分枝腋间具长柔毛；穗轴宽约 1.5 毫米，微粗糙，边缘密锯齿状粗糙。小穗柄长约 0.5 毫米，微粗糙；小穗长约 2.3 毫米，排列成 2 行，无毛；第一颖有时存在；第二颖与第一外稃具 5 或 7 脉，带粉白色。第一外稃边缘无横皱纹；第二外稃近革质，褐色，先端钝圆，等长于小穗。染色体 2n=40，60，90。花果期 7-10 月。

图 1462：1-5.台湾雀稗 6-10.南雀稗
（引自《中国植物志》）

产浙江、台湾、福建、江西、广东、香港、海南、广西、贵州西南部、四川西南部及云南，生于海拔 200 米以下低丘陵山坡草地。东半球热带及亚热带地区有分布。为牧草。

3. 圆果雀稗　　　　　　　　　　　图 1463：1-5

Paspalum orbiculare Forst. Fl. Insul. Austr. Prodr. 7. 1876.

多年生。秆直立，丛生，高 30-90 厘米。叶鞘长于节间，无毛，鞘口有少数长柔毛，基部者生有白色柔毛，叶舌长约 1.5 毫米；叶长披针形或线形，长 10-20 厘米，宽 0.5-1 厘米，多无毛。总状花序长 3-8

厘米，2-10枚间距排列于长1-3厘米主轴，分枝腋间有长柔毛；穗轴宽1.5-2毫米，边缘微粗糙。小穗椭圆形或倒卵形，长2-2.3毫米，单生于穗轴一侧，覆瓦状排成2行，无毛；小穗柄微粗糙，长约0.5毫米；第二颖与第一外稃等长，3脉，先端稍尖；第二外稃等长于小穗，成熟后褐色，革质，有光泽，具细点状粗糙。染色体2n=20，40，54。花果期6-11月。

产江苏、安徽、浙江、台湾、福建、江西、湖北、湖南、广东、香港、海南、广西、贵州、四川、云南及西藏，生于低海拔区荒坡、草地、路旁或田间。亚洲东南部至大洋洲均有分布。

图 1463：1-5.圆果雀稗 6-11.雀稗 12-16.长叶雀稗 （引自《中国植物志》）

4. 台湾雀稗　　　　　　　图 1462：1-5

Paspalum formosanum Honda in Bot. Mag. Tokyo 36: 115. 1922.

多年生。秆丛生，高20-40厘米，节与花序下部具柔毛。叶鞘扁，短于节间，被柔毛，叶舌长约2毫米；叶披针形，长5-10厘米，宽3-5毫米，两面生柔毛。总状花序2-4枚，长2-3厘米。小穗柄有白色柔毛；小穗椭圆状圆形，长约2毫米，成2行排列于具翼穗轴一侧；第二颖具3-5脉。第一外稃具5-7脉，先端渐尖，等长于小穗；第二外稃软骨质，边缘窄内卷。花果期5-10月。

产台湾、广东及广西，生于丘陵草地。亚洲热带地区有分布。

5. 雀稗　　　　　　　图 1463：611

Paspalum thunbergii Kunth ex Steud. Nom. 2(2): 273. 1841.

多年生。秆直立，丛生，高0.5-1米，节被长柔毛。叶鞘具脊，长于节间，被柔毛，叶舌膜质，长0.5-1.5毫米；叶线形，长10-25厘米，宽5-8毫米，两面被柔毛。总状花序3-6枚，长5-10厘米，互生于长3-8厘米主轴，形成总状圆锥花序，分枝腋间具长柔毛；穗轴宽约1毫米。小穗柄长0.5或1毫米；小穗单生，椭圆状倒卵形，长2.6-2.8毫米，散生微柔毛，顶端圆或微凸，在穗轴排成2行；第二颖与第一外稃相等，膜质，3脉，边缘有微柔毛；第二外稃等长于小穗，革质，具光泽。染色体2n=20。花果期5-10月。

产山东、河南、陕西、甘肃、江苏、安徽、浙江、台湾、福建、江西、湖北、湖南、广东、广西、贵州、四川及云南，生于荒野潮湿草地。日本及朝鲜半岛有分布。

6. 长叶雀稗　　　　　　　图 1463：12-16

Paspalum longifolium Roxb. Fl. Ind. 1: 283. 1820.

多年生。秆丛生，直立，高0.8-1.2米，粗壮，多节。叶鞘较长于节间，背部具脊，边缘生疣基长柔毛，叶舌长1-2毫米；叶长10-20厘米，宽0.5-1厘米，无毛。总状花序长5-8厘米，6-20着生于主轴；穗轴宽1.5-2毫米，边缘微粗糙。小穗柄孪生，长0.2-0.5毫米，微粗糙，被柔毛；小穗成4行排列于穗轴一侧，宽倒卵形，长约2毫米，被微毛；第二颖与第一外稃被卷曲细毛，3脉，先端稍尖；第二外稃黄绿色，后硬；花药长1毫米。花果期7-10月。

产浙江、台湾、福建、湖南、广东、香港、海南、广西及云南，生于潮湿山坡、田边。印度、马来西亚至大洋洲及日本有分布。

7. 两耳草
图 1464：1-6

Paspalum conjugatum Berg. in Acta Helv. Phys.-Math. 7: 129. pl. 8. 1762.

多年生。植株具长达 1 米的匍匐茎，秆直立部分高 30-60 厘米。叶鞘具脊，无毛或鞘口具柔毛，叶舌极短，与叶片交接处具长约 1 毫米的一圈纤毛；叶披针状线形，长 5-20 厘米，宽 0.5-1 厘米，质薄，无毛或边缘具疣柔毛。总状花序 2，对生，长 6-12 厘米，开展；穗轴细软，宽约 0.8 毫米，边缘有锯齿。小穗柄长约 0.5 毫米；小穗卵形，长 1.5-1.8 毫米，宽约 1.2 毫米，顶端稍尖，覆瓦状排列成 2 行；第二颖与第一外稃较薄，无脉，第二颖边缘具长丝状柔毛，毛长与小穗近等。第二外稃硬，背面略隆起，卵形，包卷同质内稃。颖果长约 1.2 毫米。胚长为颖果 1 / 3。染色体

2n=40，80。花果期 5-9 月。

产台湾、广东、香港、海南、广西及云南，生于田野、林缘或潮湿草地。全世界热带及温暖地区均有分布。为优良牧草。

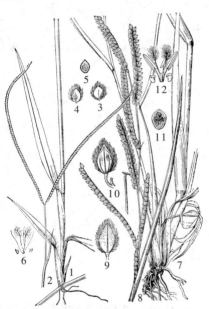

图 1464：1-6.两耳草 7-12.毛花雀稗
（引自《中国植物志》）

8. 双穗雀稗
图 1465：6-11

Paspalum paspaloides (Michx.) Scribn. in Mem. Torrey Bot. Club. 5: 29. 1894.

Digitaria paspaloides Michx. Fl. Bor. Amer. 1: 46. 1803.

多年生。匍匐茎横走、粗壮，长达 1 米，直立部分高 20-40 厘米，节生柔毛。叶鞘短于节间，背部具脊，边缘或上部被柔毛，叶舌长 2-3 毫米，无毛；叶披针形，长 5-15 厘米，宽 3-7 毫米，无毛。总状花序 2，对生，长 2-6 厘米；穗轴硬直，宽 1.5-2 毫米。小穗倒卵状长圆形，长约 3 毫米，顶端尖，疏生微柔毛；第一颖退化或微小；第二颖贴生柔毛，具中脉。第一外稃具 3-5 脉，通常无毛，先端尖；第二外稃草质，等长于小穗，黄绿色，先端尖，被毛。染色体 2n=40，48，60。花果期 5-9 月。

产世界热带、亚热带地区。江苏、安徽、浙江、台湾、福建、湖北、湖南、广东、香港、海南、广西、贵州、云南等省区曾作为优良牧

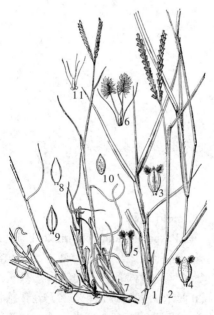

图 1465：1-5.海雀稗 6-11.双穗雀稗
（刘春荣绘）

草引种，生于田边路旁，但在局部地区为造成作物减产的恶性杂草。

9. 海雀稗
图 1465：1-5

Paspalum vaginatum Sw. Prodr. Veg. Ind. Occ. 21. 1788.

多年生。具根茎与长匍匐茎，节间长约 4 厘米，节上抽出直立枝秆，秆高 10-50 厘米。叶鞘长约 3 厘米，具脊，大多长于节间，并在基部形成跨覆状，鞘口具长柔毛，叶舌长约 1 毫米；叶长 5-10 厘米，宽 2-5 毫米，线形，先端渐尖，内卷。总状花序常 2，对生，有时 1 或 3，直立，后开展或反折，长 2-5 厘米；穗轴宽约 1.5 毫米，无毛。小穗卵状披针形，长约 3.5 毫米，顶端尖；第二颖膜质，中脉不明显，近边缘有 2 侧脉。第一外稃具 5 脉，具中脉；第二外稃软骨质，短于小穗，先端尖，有白色短毛；花药长约 1.2 毫米。染色体 2n=20。花果期 6-9 月。

产台湾、广东南部、香港、海南及云南，生于海滨或沙地。印度、马来西亚及全世界热带亚热带地区均有分布。

10. 毛花雀稗
图 1464：7-12

Paspalum dilatatum Poir. in Lam. Encycl. Meth. Bot. 5: 35. 1804.

多年生。根茎短。秆丛生，直立，粗壮，高 0.5-1.5 米，径约 5 毫米。叶长 10-40 厘米，宽 0.5-1 厘米，中脉明显，无毛。总状花序长 5-8 厘米，4-10 呈总状着生于长 4-10 厘米主轴，形成大型圆锥花序，分枝腋间具长柔毛。小穗柄微粗糙，长 0.2 或 0.5 毫米；小穗卵形，长 3-3.5 毫米，宽约 2.5 毫米；第二颖等长于小穗，7-9 脉，散生短毛，边缘具长纤毛。第一外稃相似于第二颖，边缘无纤毛。染色体 2n=40，50-63。花果期 5-7 月。

原产南美。江苏、浙江、台湾及湖北栽培，已野化，生于路旁。为优良牧草。

172. 膜稃草属 Hymenachne Beauv.
（傅晓平）

多年生湿生草本。匍匐茎长。植株中等或较高大。叶线形。圆锥花序顶生，穗状或较疏散。小穗披针形，背腹扁，簇生于穗轴一侧，柄极短，具 2 小花，第一小花雄性或中性，第二小花两性；第一颖微小；第二颖与第一外稃草质，近相等，5 脉，先端尖或渐尖锥状，或短芒状。第二外稃膜质或薄纸质，平滑，先端尖或渐尖，边缘薄，稍内卷或扁平，覆盖同质内稃；雄蕊 3。染色体基数 x=10。

约 10 余种，分布于两半球热带和温暖地区。我国 4 种。

1. 圆锥花序较开展，宽达 5 厘米，分枝较长，并具小枝；小穗柄长 1-2 毫米，平滑，疏生于穗轴之一侧；节密生柔毛 ·· **1. 展穗膜稃草 H. patens**
1. 圆锥花序穗状或较疏散，宽 1-2 厘米；小穗柄长 0.2-1 毫米，微粗糙，密聚于稍扁平穗轴一侧；节生短毛或纤毛。
　2. 圆锥花序穗状；小穗长 4.5-5.5 毫米，小穗顶端具小尖头或长约 2 毫米短芒；叶长 30-40 厘米，宽约 2 厘米 ·· **2. 膜稃草 H. acutigluma**
　2. 圆锥花序较疏散；小穗长 2-2.2 毫米，小穗顶端尖，无芒；叶长 10-20 厘米，宽 4-8 毫米 ·· **3. 长耳膜稃草 H. insulicola**

1. 展穗膜稃草
图 1466

Hymenathne patens Linn. Liou in Bull. Bot. Res. (Harbin.) 4. 1988.

多年生。秆下部长匍匐，节生根；直立部分高约 50 厘米，4-5 节。叶鞘短于节间，节密生柔毛，叶舌长约 0.5 毫米；叶长披针形，长 10-20 厘米，宽 0.5-1 厘米，基部圆抱茎，无毛。圆锥花序长约 20 厘米，几为植株一半，宽约 5 厘米，分枝疏展，长 5-12 厘米，具

小枝。小穗柄长1-2毫米，2-3枚疏生穗轴一侧；小穗绿色带褐色，长3.2-4毫米，宽约1毫米，顶端尖；第一颖长为小穗1/3-1/2，3脉；第二颖与第一外稃草质，较短于小穗，先端尖，5脉隆起，边缘膜质。第二外稃膜质，长约3毫米，平滑，先端尖，包卷同质内稃；花药长约1毫米。花果期7-10月。

产安徽南部、福建及江西，生于海拔约80米田边。

2. 膜稃草　　　　　　　　　　图 1467

Hymenachne acutigluma (Steud.) Gill. in Gard. Bull. Straits Settlem. 20: 314. 1964.

Panicum acutigluma Steud. Syn. Pl. Glum. 1: 66. 1854.

Hymenachne pseudointerrupta C. Muell.; 中国高等植物图鉴5: 168. 1976.

图 1466　展穗膜稃草　（引自《中国植物志》）

多年生。秆高大粗壮，多节，下部长匍匐，节轮生多数须根；直立部分高达1米，径0.6-1厘米，髓部海绵质，无毛。叶鞘长8-12厘米，稍短于节间，鞘节褐色，具短毛，叶舌膜质，长1-2毫米；叶扁平，较厚，长30-40厘米，宽约2厘米，先端长渐尖，基部近圆，无毛或上面及边缘散生疣基柔毛。圆锥花序穗状，长20-40厘米，宽1-2厘米；分枝长0.5-2厘米，穗轴有翼，粗糙，一侧簇生小穗。小穗柄粗糙，长0.5-1毫米；小穗窄披针形，长4.5-5.5毫米，宽约1毫米，顶端具小尖头或具长约2毫米的芒尖；第一颖膜质，长约1.2毫米，中脉粗糙；第二颖与第一外稃草质，披针形，长3-4毫米，先端具长0.5-2毫米芒，脉具刺状糙毛。第二外稃膜质，长约3毫米，先端渐尖，微粗糙；内稃先端有2尖头；花药长约1毫米。颖果长约1.5毫米，顶端圆。花果期夏季至秋季。

产台湾、广东、海南、广西及云南，生于海拔1000米以下溪边、沼泽浅水处。印度、缅甸、泰国、爪哇及马来西亚有分布。

3. 长耳膜稃草　　　　　　　　图 1468

Hymenachne insulicola (Steud.) L. Liou, Fl. Reipubl. Popul. Sin. 10(1): 298. 1990.

Panicum insulicola Steud. Syn. Pl. Glum. 1: 78. 1854.

多年生。秆高0.5-1米，径2-4毫米，节膨大，下部节生根。

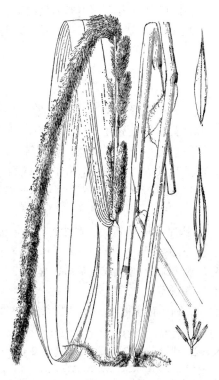

图 1467　膜稃草　（引自《中国植物志》）

叶鞘短于节间，边缘密生疣基纤毛，叶舌长约0.5毫米；叶较硬，长10-20厘米，宽4-8毫米，先

端长渐尖，无毛，基部稍圆，与叶舌相连处密生柔毛。圆锥花序长10-15厘米，分枝长1-4厘米，直立或斜升，较疏散。小穗柄长约1毫米，微粗糙，簇生穗轴一侧；小穗草黄色，卵状披针形，长2-2.2毫米，宽约1毫米，顶端尖，无芒；第一颖宽卵形；第二颖与第一外稃近等长，草质，5脉，近平滑。第二外稃长约2毫米，薄纸质，黄绿色，先端尖。花果期8-10月。

产福建、海南及云南，生于水旁、海边、林缘或疏林下。印度、斯里兰卡、爪哇、马来西亚有分布。

173. 毛颖草属 Alloteropsis J. S. Presl ex Presl

（傅晓平）

多年生或一年生草本。秆丛生，直立或横卧。叶扁平或卷褶。总状花序数枚，近指状排列于秆顶。小穗椭圆形，具2小花，背腹扁，柄不等长，孪生或数枚簇生于三棱形穗轴一侧；第一颖短，膜质，3脉；第二颖长于小穗，草质，5脉，边缘密生纤毛。第一外稃与第二颖同质或稍厚，边缘无毛，雄性。第二外稃厚纸质，光滑，先端具短芒，边缘薄，包卷同质内稃。颖果椭圆形。种脐点状。染色体基数 x=9。

约10余种，主要分布东半球热带地区，非洲、印度、马来西亚及大洋洲、南美洲有分布。我国2种1变种。

图 1468 长耳膜稃草 （冯晋庸绘）

1. 多年生直立草本；叶线形，基部窄；穗轴生柔毛；第二外稃平滑。
  2. 小穗第一外稃无紫色横条纹 ·· 1. **毛颖草 A. semialata**
  2. 小穗第一外稃具紫色横条纹 ··················· 1(附). **紫纹毛颖草 A. semialata var. eckloniana**
1. 一年生草本；秆基部横卧；叶线状披针形，基部心形抱茎；穗轴无毛；第二外稃具小疣状突起 ············
  ··· 2. **臭虫草 A. cimicina**

1. 毛颖草

图 1469：1-4

Alloteropsis semialata (R. Br.) Hitchc. in Contr. U. S. Natl. Herb. 12: 210. 1909.

Panicum semialatum R. Br. Prodr. Pl. 192. 1810.

多年生。根茎短。秆丛生，直立，高30-70厘米，节密生髭毛。叶鞘厚，宿存，密生白色柔毛，上部者无毛或边缘与鞘口具柔毛，叶舌厚膜质，长约1毫米；叶长线形，长20-30厘米，宽2-8毫米，内卷，质硬，上面被疣柔毛，

下面无毛。总状花序3-4，长4-12厘米，近指状排列；穗轴生柔毛。小穗卵状椭圆形，长5-6毫米；小穗柄长2-3毫米，短者长约1毫米；第一颖卵圆形，长2-3毫米，3脉先端汇合，先端具短尖头；第二颖与小穗等长，5脉，边缘具宽约1毫米翼及密生开展纤毛，先端具长2-3毫米芒。第一外稃与第二颖等长，无翼或上部边缘生细毛；第二外稃卵状披针形，长约4毫米，平滑，

先端具长 2-3 毫米芒；雄蕊 3，花药橙黄色，长约 3 毫米。染色体 2n=18。花果期 2-8 月。

产台湾、福建、湖南南部、广东、香港、海南、广西、四川及云南，生于海拔约 200 米旷野或丘陵荒坡。热带非洲、印度、马来西亚和大洋洲有分布。

[附] **紫纹毛颖草** 图 1469:5-6 **Alloteropsis semialata** var. **eckloniana** (Nees) Hubb. in Bor, Grass. Burm. Ceyl. Ind. Pakist. 277. 1960.—— *Bluffa eckloniana* Nees in Lehm. Ind. Sem. Hort. Hamburg. 1834: 8. 1834. 与模式变种的区别：第一外稃具紫色横条纹。染色体 2n=54，系六倍体植物，其植株、叶、花序及小穗均较大于二倍体的模式变种，花序分枝基部有小穗。为优良牧草。产广西，生于海拔约 200 米丘陵荒野。热带非洲、印度、中南半岛至大洋洲有分布。

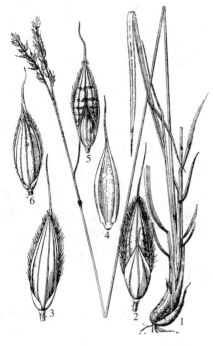

图 1469：1-4.毛颖草 5-6.紫纹毛颖草
（引自《中国植物志》）

2. 臭虫草 图 1470

Alloteropsis cimicina (Linn.) Stapf in Prain, Fl. Trop. Afr. 9: 487. 1934.

Milium cimicinum Linn. Mant, Alt. 184. 1771.

一年生。秆下部横卧，节生根，直立部分高约 60 厘米。叶鞘生疣基柔毛，叶舌长约 1 毫米，具纤毛；叶线状披针形，基部心形抱茎，长 3-8 厘米，宽约 1 厘米，无毛，边缘及下部脉具纤毛。总状花序 4-6，长 10-15 厘米，指状排列，直立，较纤细，下部裸露；穗轴无毛。小穗长约 3.5 毫米，孪生或单生；第一颖卵状披针形，长约 2 毫米，3 脉；第二颖与小穗等长，薄纸质，先端尖，5 脉，边缘具长约 1 毫米硬纤毛。第一外稃与第二颖相似，质较厚，无毛；内稃小，2 深裂；第二外稃卵状椭圆形，长约 2.5 毫米，有小疣状突起，先端具长 2-3 毫米芒；雄蕊 3，花药紫色，长约 1 毫米。染色体 2n=36。花期 9 月。

产海南，生于疏林下。热带非洲、印度、缅甸、越南至大洋洲有分布。

图 1470 臭虫草 （冯晋庸绘）

174. 薄稃草属 Leptoloma A. Chase
（傅晓平）

多年生草本。秆直立或具根茎。叶舌膜质；叶扁平或内卷。圆锥花序具多数疏散分枝。小穗柄细长、单生；小穗具 1 两性花，长椭圆形，背腹扁，第一颖微小，无脉；第二颖具 3-5 脉，草质，先端尖，与第一外稃等长或稍短，脉间和边缘多少有微毛。第一外稃等长于小穗，5-7 脉，脉间与边缘生柔毛，空虚或有一微小内稃；第二外稃软骨质，椭圆形，先端尖、边缘薄膜质，扁平，覆盖同质内稃；雄蕊 3；柱头 2。颖果椭圆形。胚长为果体 1/4。

约 10 种，主产北美东南部。我国 1 种。

福建薄稃草　　　　　　　　　　　　　　　　　　图 1471

Leptoloma fujianensis L. Liou in Bull. Bot. Res. (Harbin) 1: 41. 1983.

多年生。秆直立，丛生，高 30-50 厘米，4-5 节。叶鞘较长于节间，散生疣基柔毛，叶舌褐色，膜质，长 2-3 毫米；叶线形或线状披针形，长 6-20 厘米，宽 3-6 毫米，边缘较厚，无毛。圆锥花序长 12-18 厘米，分枝开展，裸露，长 5-10 厘米，数枚生于主轴各节。小穗披针状椭圆形，长 3.5-4 毫米，宽约 1 毫米，顶端尖；小穗柄细长，单生，微粗糙；第一颖长约 0.5 毫米，先端钝或凹缺，无脉；第二颖长约 3 毫米，3-5 脉，侧脉间及边缘贴生微毛。第一外稃等长于小穗，7 脉，边缘及脉间生细柔毛；第二成熟小花外稃软革质，先端渐尖，黄绿色，无毛，边缘扁平，质薄，覆盖内稃；花药线形，长约 2 毫米，带紫色；柱头紫褐色。花果期 7 月。

产福建连城，生于岩石间。

图 1471　福建薄稃草　（引自《中国植物志》）

175. 马唐属 Digitaria Hall.

（傅晓平）

多年生或一年生草本。秆直立或基部横卧，节生根。叶线状披针形或线形，多柔软，扁平。总状花序较纤细，2 至多枚指状排列于茎顶或着生于短缩主轴。小穗具 1 两性花，背腹扁，椭圆形或披针形，顶端尖，2 或 3-4 枚着生穗轴各节，互生或 4 行排列于穗轴一侧；穗轴扁平具翼或窄三棱状线形；小穗柄长短不等，下方 1 枚近无柄；第一颖短小或无；第二颖披针形，较短于小穗，常生柔毛。第一外稃与小穗等长或稍短，3-9 脉，脉间距离近等或不等，通常生柔毛或具多种毛被；第二外稃厚纸质或软骨质，先端尖，背部隆起，贴穗轴，边缘膜质扁平，覆盖同质内稃而不内卷，苍白、紫或黑褐色，有光泽，常具颗粒状微细突起；雄蕊 3；鳞被 2；柱头 2。颖果长圆状椭圆形。胚占果体约 1/3，种脐点状。染色体基数 x=9。

约 300 余种，分布全世界热带地区。我国 24 种。多具柔嫩繁茂叶片，为富有营养的饲料植物。

1. 小穗 2-3，簇生，卵圆形，长 1.2-2.2（-3）毫米，为其宽 1-2 倍；第一颖常无；第二小花成熟后黑紫或棕褐色；穗轴三棱形，多具窄翼；小穗柄圆筒形，较平滑，顶端盘状或杯形。

  2. 小穗被柔毛，柔毛先端不膨大，毛常有疣状突起。

   3. 小穗长 1.3-1.8 毫米；第二颖具 3 脉。

    4. 多年生；植株具长匍匐茎；总状花序 2-3；小穗长 1.2-1.4 毫米 ·················· 1. **长花马唐 D. longiflora**

    4. 一年生；秆直立；总状花序 4-10；小穗长 1.5-1.8 毫米 ·················· 2. **紫马唐 D. violascens**

   3. 小穗长 2-2.2 毫米；第二颖具 5 脉。

    5. 植株无毛或疏生柔毛 ································ 3. **宿根马唐 D. thwaitesii**

    5. 植株（秆、节、叶鞘及叶两面）密生疣基柔毛 ················ 4. **绒马唐 D. mollicoma**

  2. 小穗被棒毛或无毛，毛先端膨大成圆柱状、细粒状、圆头状或匙状，毛平滑。

   6. 秆基密聚撕裂成纤维状叶鞘；小穗长约 3 毫米，被棕褐色柔毛；叶线形，宽 1-1.5 毫米，上面生柔毛；花序以下部分及第一外稃中脉两侧间无毛 ················ 5. **纤维马唐 D. fibrosa**

6. 秆基无纤维状叶鞘；小穗长不逾2.2毫米，通常被白色柔毛或无毛。

  7. 小穗柄平滑或微粗糙，无长糙毛。

    8. 穗轴扁平具翼，宽约1毫米，穗轴节间与小穗柄短于小穗；小穗具柔毛与稍膨大细柱状棒毛 ··· 6. **止血马唐 D. ischaemum**

    8. 穗轴三棱形，具窄翼，宽约0.5毫米，穗轴节间与小穗柄细长，多长于小穗；小穗被头状棒毛。

      9. 小穗长1.3-1.6毫米，被细头状棒毛；第二外稃先端小尖头外露 ············ 7. **粒状马唐 D. abludens**

      9. 小穗长约2毫米，被圆头状棒毛或匙状短棒毛；第二外稃先端不明显外露 ··· 7(附). **横断山马唐 D. hengduanensis**

  7. 小穗柄顶端有长糙毛。

    10. 小穗长约2.2毫米；第二颖长为小穗2/3；秆高达1米；叶长10-30厘米 ········ 8. **三数马唐 D. ternata**

    10. 小穗长约1.2毫米；第二颖极微小；秆高10-30厘米；叶长4-10厘米 ·········· 9. **露子马唐 D. denudata**

1. 小穗孪生，披针形，长（2.5-）3-4毫米，为其宽的3-4倍；第一颖小，三角形，有时无；第二小花成熟后浅绿或带铅色；穗轴扁平，具翼；小穗柄三棱形，边缘粗糙，顶端平截。

  11. 孪生小穗同型。

    12. 第一颖无；第二颖长不及小穗1/4。

      13. 小穗长约3毫米；穗轴下部与腋间无长刚毛 ·············· 10. **短颖马唐 D. microbachne**

      13. 小穗长2-2.5毫米；穗轴下部及腋间有少数长刚毛 ·········· 10(附). **海南马唐 D. setigera**

    12. 第一颖微小，三角形；第二颖长为小穗1/3-2/3。

      14. 第一外稃脉平滑，无锯齿状粗糙。

        15. 第二外稃先端包于第一外稃内，不外露；第二颖先端尖，长为小穗1/2以上。

          16. 小穗长约2.5毫米；第一外稃具7脉 ················· 11. **亨利马唐 C. henryi**

          16. 小穗长3-3.5毫米；第一外稃中脉两侧脉距较宽。

            17. 小穗窄披针形，宽约0.7毫米；第一外稃具3脉；叶长2-6厘米 ······ 12. **红尾翎 D. radicosa**

            17. 小穗披针形，宽1-1.2毫米；第一外稃具5脉；叶长5-20厘米。

              18. 第一外稃脉间及边缘具柔毛 ··············· 13. **升马唐 D. ciliaris**

              18. 第一外稃边缘与侧脉间具柔毛与疣基长刚毛，毛被于成熟后开展 ·· 13(附). **毛马唐 D. chrysoblephara**

        15. 第二外稃先端具小尖头，延伸于第一外稃之上而外露；第二颖先端钝圆，长为小穗1/3 ··· 14. **十字马唐 D. crudiata**

      14. 第一外稃侧脉上部具小刺状粗糙 ·············· 15. **马唐 D. sanguinalis**

  11. 孪生小穗异型，短柄小穗无毛，长柄小穗具丝状柔毛。

    19. 总状花序2（3），长5-15（-20）厘米，挺直；小穗长约4毫米；第一外稃具7-9隆起粗脉，脉间距离缝隙状 ·· 16. **二型马唐 D. heterantha**

    19. 总状花序5-7，长不及10厘米，柔软；小穗长约3毫米；第一外稃具5-7脉，脉间距离较宽 ·· 16(附). **异马唐 D. bicornis**

1. 长花马唐

图 1472：1-5

Digitaria longiflora (Retz.) Pers. Syn. Pl. 1: 85. 1805.

Panicum longiflorum Retz. Obs. Bot. 4: 15. 1786.

多年生。匍匐茎长，节间长1-2厘米，节生根及分枝。秆直立部分高10-40厘米，纤细，无毛。叶鞘具柔毛或无毛，短于其节间，叶舌膜质，长1-1.5毫米；叶线形或披针形，长2-5厘米，宽2-4毫米，无毛或基部具疣柔毛。总状花序2-3，长3-5厘米，直立或开展；穗轴三棱形，边缘具翼，宽0.5-0.8毫米。小穗3，簇生，椭圆形，长1.2-1.4毫米，宽约0.7毫米，顶端渐尖；第

一颖无；第二颖与小穗近等长，3脉，背部及边缘密生柔毛。第一外稃等长于小穗，7脉，除中脉两侧脉间无毛外，侧脉间及边缘生柔毛，毛具疣状突起；第二外稃先端渐尖或外露，黄褐或褐色。染色体 2n=18。花果期 4-10 月。

图 1472：1-5.长花马唐 6-10.紫马唐
（张泰利绘）

产台湾、福建、江西南部、湖南南部、广东、香港、海南、广西、贵州、四川南部、云南及西藏，生于海拔 600-1100 米田边草地。东半球热带、亚热带、印度至俄罗斯南部均有分布。

2. 紫马唐
图 1472：6-10

Digitaria violascens Link, Hort. Berol. 1: 229. 1827.

一年生草本。秆直立，疏丛生，高 20-60 厘米，基部倾斜，具分枝，无毛。叶鞘短于节间，无毛或生柔毛，叶舌长 1-2 毫米；叶线状披针形，较软，长 5-15 厘米，宽 2-6 毫米，粗糙，基部圆，无毛或上面基部及鞘口生柔毛。总状花序长 5-10 厘米，4 至 10 指状排列于茎顶或散生于长 2-4 厘米主轴上；穗轴三棱形，宽 0.5-0.8 毫米，边缘微粗糙。小穗 3，簇生，椭圆形，长 1.5-1.8 毫米，宽 0.8-1 毫米，2 至 3 枚生于各节；小穗柄稍粗糙；第一颖无；第二颖稍短于小穗，3 脉，脉间及边缘生柔毛。第一外稃与小穗等长，5-7 脉，脉间及边缘生柔毛；毛有小疣突，中脉两侧无毛或毛较少；第二外稃与小穗近等长，中部宽约 0.7 毫米，先端尖，有纵行颗粒状粗糙，紫褐色，革质，有光泽；花药长约 0.5 毫米。染色体 2n=18，36。花果期 7-11 月。

产吉林、河北、山东、山西、河南、陕西、甘肃、青海、新疆、江苏、安徽、浙江、台湾、福建、江西、湖北、湖南、广东、香港、海南、广西、贵州、四川、云南及西藏，生于山坡草地、路边或荒野。美洲及亚洲的热带地区均有分布。

3. 宿根马唐
图 1473：1-5

Digitaria thwaitesii (Hack.) Henr. in Blumea 1: 101. 1934.

Panicum thwaitesii Hack. in Oesterr. Bot. Zeitschr. 51: 334. 1901.

多年生。秆直立，高 60-80 厘米，基部节间密集，根茎粗短。叶鞘具中脊，向上延伸为叶片中脉，下部有毛或无毛，叶舌长 1-2 毫米，平截；叶较厚，长约 15 厘米，宽 3-6 毫米，粗糙。

总状花序 2-3，长 7-10 厘米，互生于长约 2 厘米主轴上，腋间具柔毛，花序以下散生柔毛；穗轴三棱形，具翼，边缘微粗糙。小穗椭圆形，长 2.2 毫米，密生柔毛；小穗 3，簇生，长柄约长 3 毫米，顶端盘状；第一颖有时有，微小，薄膜质；第二颖具 5 脉，等长于小穗，脉间及边缘具柔毛，毛有疣突。第一外稃具等距 7 脉，脉间及边缘具较长柔毛，有时中脉两侧毛较少；第二外稃栗褐色，椭圆形，有尖头，具纵行细粒状突起。花果期6-10月。

产福建、广东及海南，生于草地。印度、斯里兰卡至中南半岛有分布。

4. 绒马唐　　图 1474

Digitaria mollicoma (Kunth) Henr. in Blumea 1: 97. 1934.

Panicum mollicomum Kunth, Enum. Pl. 1: 47. 1833.

多年生。秆下部倾卧或具长匍匐茎，匍匐茎节间长1-2厘米，径约2毫米，质硬，密生疣基柔毛，节具分枝，直立部分高20-50厘米。叶鞘具脊，稍短于节间，密生疣基柔毛，叶舌长1-2毫米，平截；叶披针形或线状披针形，长2-6厘米，宽3-5毫米，边缘厚，微粗糙，两面密生疣基柔毛，基部等宽或较宽于叶鞘。总状花序2-4（-7），长3-6厘米，互生于长约2厘米主轴，伞房状；穗轴三棱形，具翼，宽约1毫米，边缘粗糙。小穗3，簇生，椭圆形，顶端尖，长2-2.2（-2.4）毫米，宽约1.1毫米；小穗柄圆柱形，具短毛，上部有少数较长糙毛，长柄长约2毫米，短柄长约1毫米；第一颖长约0.4毫米，透明膜质，先端平截；第二颖近等长或稍短于小穗，3-5脉，边缘生柔毛，脉间多少贴生柔毛。第一外稃等长于小穗，5脉近等距，于先端汇合，脉间与边缘具柔毛，有时脉间毛少；第二外稃黄或褐色，有细条纹。果期10月。

产安徽、浙江、台湾及江西，生于海拔1200米以下干旱沙丘或滨海沙地。太平洋诸岛至马来西亚有分布。

图 1473：1-5.宿根马唐 6-9.横断山马唐
（引自《中国植物志》）

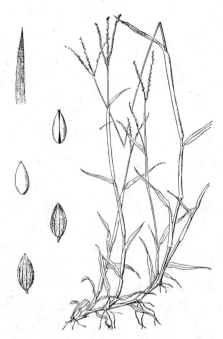

图 1474 绒马唐 （张泰利绘）

5. 纤维马唐　　图 1475

Digitaria fibrosa (Hack.) Stapf in Kew Bull. 1912: 428. 1912.

Panicum fibrosa Hack. in Oesterr. Bot. Zeitschr. 51: 330. 1901.

多年生。秆直立，丛生，高30-50厘米，较细瘦，具2节，无毛，基部为撕裂纤维状枯鞘紧包。叶鞘下部及鞘口有柔毛，叶舌膜质平截，长约0.5毫米；叶线形，扁平或卷折，较硬，长3-10厘米，宽1-1.5毫米，先端渐尖，上面被柔毛或无毛，顶生叶短小。总状花序2-3，长4-8厘米，直立，单生于长达3厘米主轴；穗轴三棱形，无翼，稍曲折，平滑，腋间无毛。小穗长圆状披针形，长3-（3.5-）毫米，2-3着生各节，或穗轴上部者单生；小穗柄长短不一，长者达6毫米，三棱形，边缘粗糙，顶端圆盘状；第一颖小，先端钝圆；第二颖短于小穗1/5，3脉明显，脉间及边缘生淡棕色柔毛。第一外稃等长于小穗，7脉，中脉两侧脉间无毛，脉间及边缘生淡棕色柔毛，缘毛较长，先端渐尖；第二外稃暗褐色，有细纵条，长2.7-3毫米，稍短或等长于小穗。花果期5-8月。

产广东、广西、四川及云南，生于山坡草地。缅甸及泰国有分布。

6. 止血马唐 图 1476：1-5

Digitaria ischaemum (Schreb. ex Schw.) Schreb. ex Descr. Gram. Pl. Calam. 131. 1817.

Panicum ischaemum Schreb. ex Schw. Spec. Fl. Erlang. 1: 16. 1804.

一年生。秆直立或基部倾斜，高15-40厘米，下部常有毛。叶鞘具脊，无毛或疏生柔毛，叶舌长约0.6毫米；叶扁平，线状披针形，长5-12厘米，宽4-8毫米，基部近圆，多少生长柔毛。总状花序长2-9厘米；穗轴具白色中肋，两侧翼缘粗糙，节间与小穗柄短于小穗。小穗长2-2.2毫米，宽约1毫米，2-3着生于各节，具柔毛与稍膨大细柱状棒毛；第一颖无；第二颖具3-5脉，等长或稍短于小穗。第一外稃具5-7脉，与小穗等长，脉间及边缘具细柱状棒毛与柔毛；第二外稃成熟后紫褐色，长约2毫米，有光泽。染色体2n=36。花果期6-11月。

产黑龙江、吉林、辽宁、内蒙古、河北、山东、山西、河南、陕西、宁夏、甘肃、新疆、江苏、安徽、浙江、台湾、湖南、广西、四川、云南及西藏，生于田野或河边湿地。欧亚温带地区广泛分布，北美温带地区已野化。

7. 粒状马唐 图 1477

Digitaria abludens (Roem. et Schult.) Veldk. in Blumea 21: 53. 1973.

Panicum abludens Roem. et Schult. Syst. Veg. 2: 457. 1817.

一年生。秆直立，高30-60厘米，单一或下部分枝，有时基部倾卧，叶鞘生疣基糙毛或无毛，叶舌长1-1.5毫米；叶披针形或线形，长2-15厘米，宽2-4毫米，两面或上面有疣基长柔毛。总状花序长3-8厘米，2-4互生于较长主轴，腋间生短髭毛或柔毛，穗轴三棱形，无翼，宽约0.5毫米，直

图 1475 纤维马唐
（引自《中国主要植物图说 禾本科》）

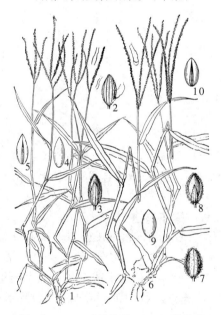

图 1476：1-5.止血马唐 6-10.三数马唐
（张泰利绘）

立或斜升，边缘粗糙；小穗3，簇生，椭圆形或倒卵形，长1.3-1.6毫米，宽约0.7毫米；小穗柄细，长1毫米或2-3毫米不等，顶端浅盘状；第一颖无；第二颖长为小穗3/4，3脉，脉间及边缘具较长细头状棒毛，毛平滑。第一外稃先端圆，短于小穗，

5-7 脉等距，脉间与边缘具细头状棒毛；第二外稃黄褐色，具颗粒状纵行粗糙，先端小尖头外露；花药长约0.5毫米。染色体2n=36。花果期6-10月。

产河南南部、广东、海南及云南，生于海拔1000米以下山坡草地或林缘。印度、缅甸至马来西亚有分布。

[附] **横断山马唐** 图 1473：6-9 **Digitaria hengduanensis** L. Liou in Bull. Bot. Res. (Harbin) 4. 1988. 与粒状马唐的主要区别：小穗长约2毫米，被圆头状棒毛或匙状短棒毛；第二外稃先端不明显外露。产四川及云南，生于海拔2300-2650米沙地、草坡或阳披松树林缘。

8. 三数马唐   图 1476：6-10

Digitaria ternata (Hochst. ex Steud.) Stapf ex Dyer, Fl. Cap. 7: 376. 1896.

Panicum ternatum Hochst. ex Steud. Syn. Plan. Glum. 1: 40. 1853.

一年生。秆单生或少数丛生，直立，高达1米，径约2毫米。叶鞘下部者长于上部者短于其节间，叶舌长1-2毫米；叶线状披针形，长10-30厘米，宽0.6-1厘米，基部圆，上面生疣基长柔毛。总状花序3-6，长10-20厘米，排列于较短主轴成指状；主轴及花序以下具长柔毛；穗轴三棱形，宽约1毫米，中肋白色，具翼，边缘糙涩。小穗长约2.2毫米；小穗柄长者约2毫米，粗糙，

上部具糙毛，渐向顶端毛愈长；第一颖无；第二颖具3脉，长为小穗2/3，边缘及脉间具圆头状棒毛。第一外稃具5脉，主脉两侧脉间无毛，

9. 露子马唐   图 1478

Digitaria denudata Link in Hort. Reg. Bot. Berol. 1: 222. 1827.

一年生。秆少数丛生，直立，高10-30厘米，2-4节，下部有分枝。叶鞘散生柔毛或无毛，叶舌长约1毫米；叶扁平，长4-10厘米，宽3-5毫米，上面基部与鞘口具疣基长柔毛。总状花序长3-6厘米，较纤细，2-6枚互生于茎顶主轴；穗轴三棱形，宽约0.5毫米，无翼，腋间生髭毛。小穗长约1.2毫米，宽约0.7毫米；小穗柄长短不一，2-3簇生于各节，顶端盘形，生有长糙毛；第一颖无，第二颖极微小。第一外稃等长或稍短于小穗，3-5脉，间脉多不明显，边脉近先端与中脉汇合，

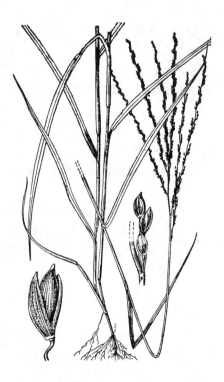

图 1477 粒状马唐 （引自《海南植物志》）

余均被圆头状棒毛；第二外稃等长于小穗，成熟后黑褐色；花药长约0.8毫米。染色体2n=36。花果期6-9月。

产广西西部、四川及云南，生于林地或田野。非洲、印度至马来西亚有分布。为优良牧草。

图 1478 露子马唐 （张泰利绘）

脉间及边缘具圆头状棒毛；第二外稃黑褐色，具颗粒状纵纹，背部裸露，先端具小尖头，成熟后稍外露。花果期10月。

产四川南部、云南西部及西藏南部，生于海拔1000-1800米河滩沙地或草地。印度及尼泊尔有分布。

10. 短颖马唐   图 1479：1-5

Digitaria microbachne (Presl) Henr. in Meded. Rijks Herb. Leidenn. 61, 13. 1930.

Panicum microbachne Presl, Rel. Haenk. 1: 298. 1830.

多年生。秆基部横卧，节生根，高达1米，多节，无毛。叶鞘短于节间，多少被疣基糙毛，叶舌膜质，长2-3毫米；叶宽线形，长10-20厘米，宽0.4-1.2厘米，先端渐尖，边缘及两面粗糙。总状花序7-9，长约10厘米，伞房状排列于茎顶主轴上，腋间无毛；穗轴宽约1毫米，具翼，边缘粗糙，下部与腋间无长刚毛。小穗披针形，长约3毫米，孪生；第一颖无；第二颖长为小穗1/3以下，1-3脉或无脉，边缘具柔毛。第一外稃与小穗等长，5-7脉，

中央3脉明显，且脉间较宽而无毛，边缘被长柔毛；第二外稃浅绿色。染色体2n=27。花果期6-10月。

产福建、广东、香港、海南、广西及云南，生于林缘或旷野。广泛分布于亚洲热带地区。

[附] **海南马唐** 图 1479：6-9 **Digitaria setigera** Roth ex Roem. et Schult.

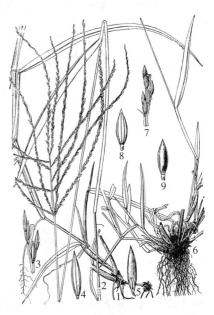

图 1479：1-5.短颖马唐 6-9.海南马唐
（引自《中国植物志》）

Syst. Veg. 2: 474. 1817.本种与短颖马唐的主要区别：小穗长2-2.5毫米；穗轴下部及其腋间有少数长刚毛。产台湾及海南，生于山坡、路旁或沙地。印度及缅甸有分布。

11. 亨利马唐   图 1480

Digitaria henryi Rendle in Journ. Linn. Soc. Bot. 36: 323. 1904.

一年生。秆基部倾卧，节生根，高20-50厘米，具分枝。叶鞘无毛，叶舌长1-2毫米；叶窄披针形，长3-8厘米，宽2-5毫米，无毛或散生糙毛。总状花序长4-8厘米，3-9指状排列；穗轴扁平，具窄翼，宽约0.5毫米。小穗孪生，长约2.5毫米，顶端尖；第一颖长约0.2毫米；第二颖长为小穗1/2，3脉，边缘具柔毛。第一外稃7脉，侧脉间与边缘具柔毛；第二外稃近革质，稍短于小穗，先端渐尖。颖果长约1.5毫米，为其宽2倍。染色体2n=18。花果期夏秋季。

产台湾、福建、广东、香港及广西，生于山坡草地。越南有分布。

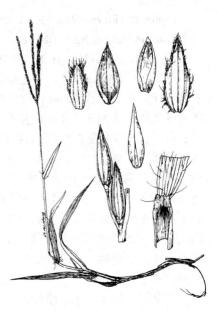

图 1480 亨利马唐 （引自《Fl.Taiwan》）

12. 红尾翎 图 1481

Digitaria radicosa (Presl) Miq. Fl. Ind. Bat. 3: 437. 1857.

Panicum radicosum Presl, Rel. Haenk. 1: 297. 1830. excl. synon.

一年生。秆匍匐，下部节生根，直立部分高 30-50 厘米，叶鞘短

于节间，无毛至密生或散生柔毛或疣基柔毛，叶舌长约 1 毫米；叶披针形，长 2-6 厘米，宽 3-7 毫米，下面及先端微粗糙，无毛或贴生短毛，下部有少数疣柔毛。总状花序 2-3 （4），长 4-10 厘米，着生于长 1-2 厘米主轴，穗轴扁平，具翼，无毛，边缘近平滑至微粗糙。小穗孪生，窄披针形，长 2.8-3 毫米，为其宽 4-5 倍，顶端尖或渐尖；小穗柄三棱形，顶端平截，粗糙；第一颖三角形，长约 0.2 毫米；第二颖长为小穗 1/3-2/3，1-3 脉，长柄小穗的颖较长大，脉间与边缘生柔毛。第一外稃等长于小穗，5-7 脉，中脉与其两侧的脉间距离较宽，正面 3 脉，侧脉及边缘生柔毛；第二外稃黄色，厚纸质，有细条纹，包于第一外稃内；花药 3，长 0.5-1 毫米。染色体 2n=18。花果期夏秋季。

产台湾、福建、广东、香港、海南、广西西部、云南及西藏，生于丘陵、路边或湿润草地。东半球热带、印度、缅甸、菲律宾、马来西亚、印度尼西亚至大洋洲有分布。为优良牧草，也是果园、旱田有害杂草。

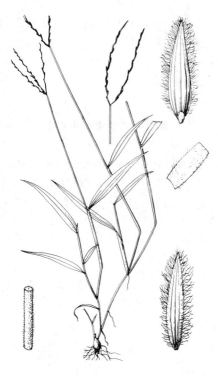

图 1481 红尾翎 （引自《江苏植物志》）

13. 升马唐 图 1482：1-4

Digitaria ciliaris (Retz.) Koel. Descr. Gram. 27. 1802.

Panicum ciliare Retz. Obs. Bot. 4: 16. 1786.

Digitaria abscendens (H. B. K.) Henr.; 中国高等植物图鉴 5: 171. 1976.

一年生。秆基部横卧，节生根和分枝，高 30-90 厘米。叶鞘常短于其节间，多少具柔毛，叶舌长约 2 毫米；叶线形或披针形，长 5-20 厘米，宽 0.3-1 厘米，上面散生柔毛，边缘稍厚，微粗糙。总状花序长 5-8，长 5-12 厘米，呈指状排列于茎顶；穗轴扁平，宽约 1 毫米，边缘粗糙。小穗披针形，宽 1-1.2 毫米，孪生于穗轴一侧；小穗柄三棱形，微粗糙，顶端平截；第一颖小，三角形；第二颖披针形，长为小穗 2/3，3 脉，脉间及边缘生柔毛。第一外稃等长于小穗，7 脉，脉平滑，中脉两侧脉间较宽而无毛，其它脉间贴生柔毛，边缘具长柔毛，正面 5 脉；第二外稃椭圆状披针形，革质，黄绿或带铅色，先端渐尖，等长于小穗。花药长 0.5-1 毫米。染色体 2n=36，54。花果期 5-10 月。

产全国各省区，生于路旁、荒野或荒坡。优良牧草，也是果园旱田中危害庄稼的主要杂草。广泛分布于热带、亚热带地区。

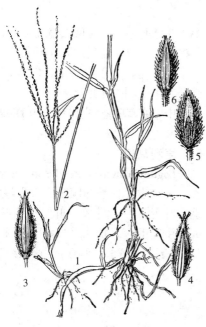

图 1482：1-4.升马唐 5-6.毛马唐
（张泰利绘）

[附] **毛马唐** 图 1482：5-6

Digitaria chrysoblephara Fig. et De Not. in Mem. Accad. Sci. Torino 2, 14: 364. pl. 27. 1851. 与升马唐的主要区别：第一外稃边缘与侧脉间具柔

毛与疣基长刺毛，两种毛被于成熟后开展。产东北、华北、陕西、甘肃、江苏、安徽及四川，生于路旁田野。牧草、杂草。

14. 十字马唐　　　　图 1483

Digitaria cruciata (Nees ex Steud.) A. Camus in Lecomte, Fl. Gen. Indo-chine 7: 399. 1922.

Panicum cruciatum Nees ex Steud. Syn. Pl. Glum. 1: 39. 1854.

一年生。秆高0.3-1米，基部倾斜，多节，节生髭毛，着土后生根并抽出花枝。叶鞘常短于节间，疏生柔毛或无毛，鞘节生硬毛，叶舌长1-2.5毫米；叶线状披针形，长5-20厘米，宽0.3-1厘米，两面生疣基柔毛或上面无毛，边缘微波状，稍粗糙。总状花序长3-15厘米，5-8着生于长1-4厘米主轴，广开展，腋间生柔毛；穗轴扁平，宽约1毫米，边缘微粗糙。小穗长2.5-3毫米，宽约1.2毫米，孪生；第一颖微小，无脉；第二颖宽卵形，先端钝圆，边缘膜质，长为小穗1/3，3脉，多无毛。第一外稃稍短于小穗，先端钝，7脉，脉距近相等或中部脉间稍宽，上面无毛，边缘反卷，疏生柔毛；第二外稃成熟后肿胀，呈铅绿色，先端渐尖成粗硬

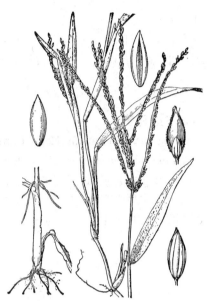

图 1483　十字马唐　（冯晋庸绘）

小尖头，伸出第一外稃外；花药长约1毫米。染色体2n=18，36，72。花果期6-10月。

产湖北、湖南西北部、贵州、四川、云南及西藏，生于海拔900-2700米山坡草地。印度及尼泊尔有分布。为优良牧草，谷粒可食用。

15. 马唐　　　　图 1484：1-3

Digitaria sanguinalis (Linn.) Scop. Fl. Carn. ed. 2, 1: 52. 1772.

Panicum sanguinale Linn. Sp. pl. 57. 1753.

一年生。秆直立或下部倾斜，膝曲上升，高10-80厘米，无毛或节生柔毛。叶鞘短于节间，无毛或散生疣基柔毛，叶舌长1-3毫米；叶线状披针形，长5-15厘米，宽0.4-1.2厘米，边缘较厚，微粗糙，具柔毛或无毛。总状花序长5-18厘米，4-12指状着生于长1-2厘米主轴；穗轴扁平，两侧具宽翼，边缘粗糙。小穗孪生，椭圆状披针形，长3-3.5毫米；第一颖小，短三角形，无脉；第二颖具3脉，披针形，长为小穗约1/2，脉间及边缘多具柔毛。第一外稃等长于小穗，7脉，中脉平滑，两侧的脉间距离较宽，无毛，边脉小刺状粗糙，脉间及边缘生柔毛；第二外稃近革质，灰绿色，先端渐尖，等长于第一外稃；花药长约1毫米。染色体2n=28，36。花

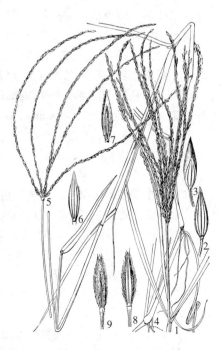

图 1484：1-3.马唐　4-9.异马唐
（引自《中国植物志》）

果期6-9月。

产黑龙江、吉林、辽宁、河北、山东、山西、河南、陕西、宁夏、甘肃、新疆、江苏、安徽、台湾、湖北、湖南、广东、香港、广西、贵州、四川、西藏等省区，生于路旁或田野，优良牧草，也是危害农田、果园的杂草。广布于两半球温带和亚热带山地。

16. 二型马唐 图 1485

Digitaria heterantha (Hook. f.) Merr. Enum. Philipp. Fl. pl. 1: 54. 1923.

Panicum heteranthum Hook. f. Fl. Brit. Ind. 7: 16. 1896, pro comb.

一年生。秆较粗壮，直立部分高0.5-1米，下部匍匐，节生根并分枝。叶鞘常短于节间，较扁，具疣基柔毛，基部者密生柔毛，叶舌长1-2毫米；叶长5-15厘米，宽3-6毫米，粗糙，下部两面生疣基柔毛。总状花序粗硬，2或3，长5-10(-20)厘米，基部多少裸露；穗轴扁平，挺直，具粗厚白色中肋，有窄翅，宽约1毫米，节间长为小穗2倍。孪生小穗异性，无毛，长约4毫米；小穗柄长0.4毫米；第一颖微小；第二颖披针形，5脉，长为小穗1/2-2/3。第一外稃具粗壮7-9脉，脉隆起，脉间距仅有缝隙，先端渐尖。长柄小穗密生长柔毛，长约4.5毫米，与无毛小穗柄近等长；第二颖短于小穗，3-5脉。第一外稃有5-7脉，脉间与边缘均密生丝状柔毛；第二外稃披针形，薄革质，灰白色，稍短于小穗。染色体2n=36，72。花果期6-10月。

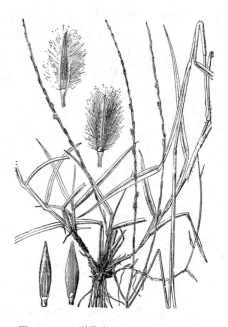

图 1485 二型马唐 （引自《中国植物志》）

与二型马唐的主要区别：总状花序5-7，长不及10厘米，柔软；小穗长约3毫米；第一外稃具5-7脉，脉间距离较宽。产福建及海南，生于河岸海滩边沙地。分布于印度、缅甸、爪哇、马来西亚等地区，非洲较少。

产台湾、福建、广东及海南，生于滨海沙地。印度、斯里兰卡、越南、马来西亚、印度尼西亚等亚洲热带地区均有分布。

[附] **异马唐** 图 1484:4-9 **Digitaria bicornis** (Lam.) Roem. et Schult. Syst. 2: 470. 1817. —— *Paspalum bicorne* Lam. Encycl. 1: 176. 1791.本种

176. 狗尾草属 Setaria Beauv.
（盛国英）

一年生或多年生草本。有或无根茎。秆直立或基部膝曲。叶线形或长披针形，扁平或具折襞，基部钝圆或窄成柄状。圆锥花序通常穗状或总状圆柱形。小穗具1-2小花，全部或部分小穗基部具1-数枚芒状刚毛，脱节于极短杯状小穗柄上，并与宿存刚毛分离；颖不等长，第一颖宽卵形或三角形，第二颖与第一外稃等长或较短。第一小花雄性或中性，第一外稃与第二颖同质，通常包被纸质或膜质内稃；第二小花两性，第二外稃软骨质或革质，成熟时背部隆起或否，平滑或具点状、横条状皱纹，包被同质内稃；鳞被2，楔形；雄蕊3；花柱2，基部联合，稀分离。颖果椭圆状球形或卵圆形，稍扁。种脐点状；胚长为颖果1/3-2/5。染色体基数x=9。

约130种，广布于全世界热带和温带地区，北至北极圈，多数产非洲。我国15种3亚种5变种。多数种具重要经济价值，栽培作物小米为我国北方主要粮食之一；某些狗尾草的嫩叶、秆和成熟谷粒为优良饲料和牧草；有些可作为编织材料或供庭园观赏；某些种类是水土保持、固沙护堤植物。

1. 圆锥花序金字塔状、圆锥状、披针状或稍线状；部分小穗或每小穗下有 1-2 刚毛。
　2. 叶纺锤状宽披针形或线状披针形，质厚，具折襞，基部常窄成柄状。
　　3. 植株较粗壮高大，基部直立；叶鞘常被较密疣基毛，叶纺锤状宽披针形，质厚，宽 2-7 厘米；第一颖
　　　三角状卵形，先端尖；第二外稃皱纹不显著 ·· 1. **棕叶狗尾草** S. palmifolia
　　3. 植株矮小细弱，基部倾斜或横卧；叶鞘常无疣基毛或有较细疣毛，叶披针形或线状披针形，质薄，宽
　　　0.5-3 厘米；第一颖宽卵形，先端钝，边缘通常膜质透明；第二外稃皱纹明显 ·······················
　　　··· 2. **皱叶狗尾草** S. plicata
　2. 叶线状披针形或线形，扁平，无折襞，基部不窄缩成柄状。
　　4. 小穗沿穗轴一侧单生，卵状披针形或椭圆形，主枝和分枝顶具 1 枚刚毛和个别小穗下具 1 枚刚毛 ·······
　　　··· 3. **云南狗尾草** S. yunnanensis
　　4. 小穗沿穗轴一侧单生或在主轴上近簇生，卵圆球形、椭圆形或椭圆状披针形，全部小穗下具 1- 数枚刚毛。
　　　5. 根系粗壮，无横走根茎；第一小花通常雄性，第一内稃与第二小花等宽等长；刚毛长为小穗 3 倍 ·······
　　　··· 4. **西南莩草** S. forbesiana
　　　5. 具鳞片状横走根茎；第一小花中性；小穗椭圆形，第一外稃与小穗等长，第一内稃窄披针形，第二
　　　　小花背部较隆起，先端尖，第二外稃无毛 ··· 5. **莩草** S. chondrachne
1. 圆锥花序穗形或圆柱形；每小穗下有数枚或多数刚毛。
　6. 花序主轴每小枝通常具 3 枚以上成熟小穗，第二颖等长于第二外稃或短于第二外稃 1/4-1/3。
　　7. 小穗长 2-2.5 毫米，顶端钝，第二颖与第二外稃等长，成熟后小穗微肿胀。
　　　8. 谷粒连同第一外稃脱落。
　　　　9. 植株高 20-60 厘米；花序长 2-10 厘米，通常直立或微倾斜 ··························· 6. **狗尾草** S. viridis
　　　　9. 植株高 60-90 厘米；花序长（7-）15-20（-24）厘米，通常多少下垂 ·························
　　　　··· 6(附). **巨大狗尾草** S. viridis subsp. **pycnocoma**
　　　8. 谷粒自颖与第一外稃分离而脱落。
　　　　10. 植株粗壮；圆锥花序长 10-40 厘米，刚毛长为小穗 2-5 倍；有的小枝延伸呈裂片状 ······ 7. **粱** S. italica
　　　　10. 植株较瘦小；圆锥花序圆柱形，长 6-12 厘米，刚毛长为小穗 1-3 倍；小枝不延伸 ··················
　　　　··· 7(附). **粟** S. italica var. **germanica**
　　7. 小穗长 2.5-3 毫米，顶端尖，第二颖短于第二外稃 1/3-1/4，成熟后小穗肿胀 ··········· 8. **大狗尾草** S. faberii
　　11. 花序主轴每小枝具 1 枚成熟小穗，第二颖长为小穗 1/2。
　　　12. 小穗长 3-4 毫米，第一小花常具雄蕊，第一内稃等宽于第二小花，纸质，无皱纹，第二外稃背部
　　　　具较粗皱纹 ··· 9. **金色狗尾草** S. glauca
　　　12. 小穗长 2-2.5 毫米，第一小花常中性，第一内稃披针形或等宽于第二小花，第二外稃背部具较细皱纹。
　　　　13. 一年生，无根茎；叶较薄，线状披针形；第一小花内稃与第二小花等宽，质较薄 ··················
　　　　··· 10. **褐毛狗尾草** S. pallidifusca
　　　　13. 多年生，具多节根茎；叶质硬，常卷折呈线形；第一小花内稃比第二小花窄呈披针状，质较厚
　　　　··· 11. **莠狗尾草** S. geniculata

1. 棕叶狗尾草　　　　　　　　　　　　图 1486
Setaria palmifolia (Koen.) Stapf in Journ. Linn. Soc. Bot. 42: 186. 1914.
Panicum palmaefolia Koen. Naturforscher 23: 208. 1788.

　多年生。秆高 0.75-2 米。叶鞘松散，具疣毛，稀无毛，上部边缘具较密疣基纤毛，毛易脱落，下部边缘无毛，叶舌长约 1 毫米，具纤毛；叶纺锤状宽披针形，长 20-59 厘米，宽 2-7 厘米，基部窄缩呈柄状，近基部边缘有疣基毛，具纵皱折。圆锥花序长 20-60 厘米，宽 2-10 厘米，

主轴具棱角，分枝疏散，长达 30 厘米。小穗卵状披针形，长 2.5-4 毫米，排列于小枝一侧，部分小穗下具 1 刚毛；第一颖三角状卵形，长为小穗 1/3-1/2，3-5 脉；第二颖长为小穗 1/2-3/4 或稍短于小穗，先端尖，5-7 脉。第一小花雄性或中性，

第一外稃与小穗等长或略长，先端渐尖，呈稍弯小尖头，5脉，内稃膜质，窄三角形，长为外稃2/3；第二小花两性，第二外稃具不明显横皱纹，等长或稍短于第一外稃，先端为小而硬的尖头，成熟小穗不易脱落；鳞被楔形微凹，基部沿脉色深；花柱基部联合。颖果卵状披针形，成熟时不带颖片脱落，长2-3毫米，具不明显横皱纹。染色体2n=36，54。花果期8-12月。

产安徽南部、浙江、台湾、福建、江西、湖北西部、湖南、广东、香港、海南、广西、贵州、四川、云南及西藏，生于山坡或谷地林下阴湿处。非洲、大洋洲、美洲、亚洲热带、亚热带地区有分布。颖果富含淀粉，供食用；根药用治脱肛、子宫脱垂。

2. 皱叶狗尾草

图 1487

Setaria plicata (Lam.) T. Cooke, Fl. Bomb. 2: 919. 1908.

Panicum plicatum Lam. Tab. Encycl. Meth. Bot. 4: 736.

多年生。秆细弱，高0.45-1.3米。叶鞘背脉常呈脊，疏生细疣毛或短毛，毛易脱落；叶薄，椭圆状披针形或线状披针形，长4-43厘米，宽0.5-3厘米，基部渐窄呈柄状，具较浅纵皱折。圆锥花序窄长圆形或线形，疏散开展，下部具分枝。小穗常着生于小枝一侧，卵状披针形，长3-4毫米，部分小穗下具1刚毛；颖薄纸质，第一颖宽卵形，先端钝圆，边缘膜质，长为小穗1/4-1/3，3（5）脉，第二颖长为小穗3/4-1/2，5-7脉。第一小花通常中性或具3雄蕊，第一外稃与小穗等长或稍长，5脉，内稃膜质，稍短于外稃，边缘内卷；第二小花两性，第二外稃等长或稍短于第一外稃，具横皱纹。颖果窄长卵形。花果期6-10月。

产陕西南部、江苏、安徽南部、浙江、台湾、福建、江西、湖北、湖南、广东、香港、海南、广西、贵州、四川及云南，生于山坡林下、沟谷地阴湿处或路边杂草地。印度、尼泊尔、斯里兰卡、马来西亚、马来群岛及日本南部有分布。果药用、酿酒或制饴糖。全草入药，有解毒杀虫、驱风的功效。嫩叶作牲畜饲料，牛喜食。叶供造纸原料。

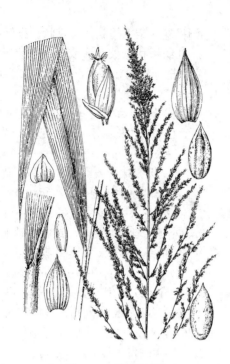

图 1486 棕叶狗尾草
（引自《中国主要植物图说 禾本科》）

图 1487 皱叶狗尾草 （韦力生绘）

3. 云南狗尾草

图 1488

Setaria yunnanensis Keng et K. D. Yu ex Keng f. et Y. K. Ma in Acta Bot. Yunnan. 2(4): 418. f. 1. 1980.

一年生。秆较瘦弱，基部2-3节具分枝，高70厘米，光滑，秆节贴生微毛。叶鞘短于节间，边缘具极细纤毛，上部叶鞘边缘有疣基毛，叶舌极短，边缘纤毛状；叶线状披针形，质薄，长3-14厘米，宽0.4-1.2厘米，基部窄成柄状，两面具疣毛，下面毛密。圆锥花序窄长圆形，窄塔状，长4-17厘米，宽0.5-3厘米，主轴具棱角，具细短纤毛，分枝斜上，长达8厘米，下部分枝常再生小枝，每小枝具1-数小穗，在各级分枝顶具1枚刚毛，稀下部个别小穗下具1刚毛。小穗淡黄绿色，卵状披针形或椭圆形，长约2.4毫米；颖膜质，第一颖三角形，长为小穗1/3，先端尖或渐尖，1-3脉，第二颖与小穗等长或稍短，5脉。第一小花中性或雄性，第一外稃与小穗等长，先端具尖头，与第二颖相同，紫色，3-5脉，内稃膜质透明，长为第一外稃1/3或2/3或等长，第二外稃与第一外稃等长，边缘内卷

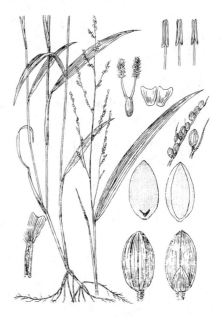

图 1488 云南狗尾草 （史渭清绘）

包同质内稃。

产广西西部、四川、云南及西藏，生于海拔2300-3900米阳坡、常绿疏林或溪边砾石处。

4. 西南莩草

图 1489

Setaria forbesiana (Nees ex Steud.) Hook. f. Fl. Brit. Ind. 7: 81. 1897.

Panicum forbesianum Nees ex Steud. Syn. Pl. Glum. 1: 98. 1854.

多年生。根系粗壮，无横走根茎。秆直立或基部膝曲，无毛，高0.6-1.7米，坚硬。叶鞘无毛，边缘具密纤毛；叶线形或线状披针形，长10-40厘米，宽0.4-2厘米。圆锥花序窄尖塔形、披针形或呈穗状，长10-32厘米，宽1-4厘米，直立或微下垂，分枝斜上或较开展。小穗下均具1刚毛，长为小穗3倍；第一颖宽卵形，长为小穗1/3-1/2，边缘较薄，3-5脉，第二颖短于小穗1/4或2/3，先端钝圆，（5-）7-9脉。第一小花雄性或中性，第一外稃与小穗等长，3-5脉，内稃与第二小花等长等宽，第二外稃等长于第一外稃，硬骨质，具细点状皱纹，背部隆起，包同质内稃，先端具小硬尖头。花果期7-10月。

产河南西部、陕西、甘肃、江苏、安徽、浙江、湖北、湖南、广东北部、广西、贵州、四川及云南，生于海拔2300-3600米山谷、

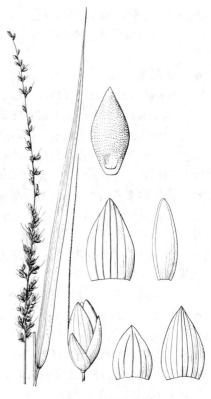

图 1489 西南莩草
（引自《中国主要植物图说 禾本科》）

沟边、山坡草地，或溪边阴湿处。尼泊尔、印度北部及缅甸有分布。全草入药，功效同狗尾草；为优良饲草，牲畜喜食。

5. 荩草

图 1490

Setaria chondrachne (Steud.) Honda in Journ. Fac. Sci. Imp. Univ. Tokyo sect. 3, Bot. 3: 234. 1930.

Panicum chondrachne Steud. Syn. Pl. Glum. 1: 51. 1854.

多年生。具鳞片状横走根茎，鳞片密生棕色毛。秆高 0.6-1.7 米，光滑或鞘节有密毛。叶鞘边缘及鞘口具白色长纤毛，余无毛，稀疏生疣基毛，叶舌长约 0.5 毫米，边缘撕裂状具纤毛；叶扁平，线状披针形或线形，长 5-38 厘米，宽 0.5-2 厘米，两面无毛，稀具疏疣基毛。圆锥花序长圆状披针形、圆锥形或线形，长 10-34 厘米，主轴具角棱，具短毛和极疏长柔毛，分枝处毛较密。小穗椭圆形，顶端尖，长约 3 毫米，常具 1 刚毛，刚毛长 0.4-1 厘米；第一颖卵形，长为小穗 1/3-1/2，3 (-5) 脉，第二颖长为小穗 3/4，先端尖，5 (7) 脉。第一小花中性，第一外稃与小穗等长，先端尖，5 脉，第一内稃窄披针形，短于外稃，第二外稃等长于第一外稃，先端具喙状小尖头，平滑无毛，有微细纵纹。染色体 2n=36。花

图 1490 荩草 （仲世奇绘）

果期 8-10 月。

产河南、江苏、安徽、浙江、湖北、湖南、贵州、四川及云南，生于路旁、林下、山坡阴湿处或山谷水边。日本及朝鲜半岛有分布。

6. 狗尾草

图 1491

Setaria viridis (Linn.) Beauv. Ess. Agrost. 51. 171. 178. pl. 13. f. 3. 1812.

Panicum glaucum β. *viridis* Linn. Sp. Pl. 56. 1753.

一年生。秆高 0.1-1 米。叶鞘松散，边缘具较长密绵毛状纤毛；叶长三角状窄披针形或线状披针形，长 4-30 厘米，宽 0.2-1.8 厘米。圆锥花序圆柱状或基部稍疏离，直立或稍弯垂，主轴被较长柔毛。小穗 2-5 簇生主轴或更多小穗着生短枝，椭圆形，顶端钝，长 2-2.5 毫米，铅绿色；第一颖卵形、宽卵形，长为小穗 1/3，3 脉，第二颖几与小穗等长，椭圆形，5-7 脉。第一外稃与小穗等长，5-7 脉，先端钝，内稃小、窄；第二外稃椭圆形，具细点状皱纹，边缘内卷。颖果灰白色。花果期 5-10 月。

产全国各地，生于海拔 4000 米以下荒野或道旁，为旱地常见杂草。原产欧亚大陆温带和暖温带地区，现广布于全世界温带和亚热带地区。秆叶柔软，鲜草或青干草及草场枯草为优良牧草及饲料，马、牛、羊喜食。茎秆纤维作造纸原料。谷粒具淀粉，可食用或酿酒。全草加水煮沸 20 分钟后，滤出液可喷杀菜虫、棉蚜。全草干燥后入药，有清热解毒、祛风明目的功效。

[附] **巨大狗尾草** Setaria viridis var. **pycnocoma** (Steud.) Tzvel. in Fed.

图 1491 狗尾草 （韦力生绘）

Poaceae URSS 167. 1976. — *Panicum pycnocomum* Steud. Syn. Pl. Glum. 1: 462. 1854. 与模式变种的主要区别：植株高60-90厘米；叶线形；花序长7-24厘米，通常多少下垂；小穗长2.5毫米以上。产黑龙江、吉林、内蒙古、河北、山东、陕西、甘肃、新疆、湖北、湖南、贵州及四川，生于海拔2700米以下山坡、路边或灌木林。欧洲、亚洲中部、西伯利亚、乌苏里及日本有分布。

7. 粱 小米

图 1492 彩片100

Setaria italica (Linn.) Beauv. Ess. Agrost. 51. 170. 178. 1812.

Panicum italicum Linn. Sp. Pl. 56. 1753.

一年生栽培作物。须根粗大。秆粗壮。叶鞘密具疣毛或无毛；叶长披针形或线状披针形。圆锥花序圆柱状或近纺锤状，通常下垂，基部多少有间断，主轴密生柔毛，刚毛显著长于或稍长于小穗，黄、褐或紫色。小穗椭圆形或近圆球形，长2-3毫米，黄、桔红或紫色；第一颖长为小穗1/3-1/2，3脉，第二颖稍短于或长为小穗3/4，先端钝，5-9脉。第一外稃与小穗等长，5-7脉，内稃薄纸质，披针形，第二外稃等长于第一外稃，卵圆形或圆球形，坚硬，平滑或具细点状皱纹，成熟后自第一外稃基部和颖分离脱落。

广泛栽培于欧亚大陆温带和热带。我国黄河中上游为主要栽培区，其他地区有少量栽种。是我国北方主要粮食之一，谷粒营养价值高，富含蛋白质、脂肪和维生素，也可制酒、酿醋、制饴糖。茎叶营养丰富，家畜喜食。茎常有白瑞香类配糖体，用秆喂牛马时要防止中毒。茎叶作造纸原料。

[附] **粟 Setaria italica** var. **germanica** (Mill.) Schred. in Linnaea 12: 432. 1838. — *Panicum germanicum* Mill. Gard. Dict. ed. 8, 1. 1768. 与模式变种的主要区别：植株细弱矮小，高20-70厘米；圆锥花序长6-12厘米；小穗卵形或卵状披针形，黄色，刚毛长为小穗1-3倍；小枝不延伸。南北各地均有栽培。谷粒可食。

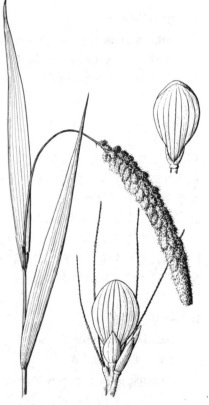

图 1492 粱 （仲世奇绘）

8. 大狗尾草

图 1493

Setaria faberii Herrm. in Beitr. Biol. Pflanzen 10: 51. 1910.

一年生。秆高0.5-1.2米，无毛。叶鞘松散，边缘具细纤毛，部分基部叶鞘边缘无毛，叶舌具密集纤毛；叶线状披针形，长10-40厘米，宽0.5-2厘米，基部钝圆或渐窄几呈柄状，具细锯齿。圆锥花序圆柱状，长5-24厘米，宽0.6-1.3厘米（芒除外），垂头，主轴具较密长柔毛，花序基部不间断，稀间断。小穗椭圆形，长约3毫米，顶端尖，具1-3较粗直刚毛，刚毛长0.5-1.5厘米；

第一颖长为小穗1/3-1/2，宽卵形，3脉，第二颖长为小穗3/4或稍短于小穗，稀长为小穗1/2，先端尖，5-7脉。第一外稃与小穗等长，5脉。

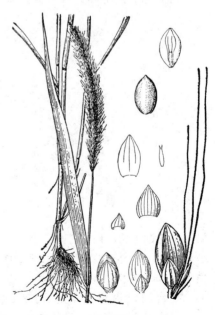

图 1493 大狗尾草 （仲世奇绘）

其内稃膜质，披针形，长为其 1/2-1/3，第二外稃与第一外稃等长，具细横皱纹，先端尖，成熟后背部隆起。颖果椭圆形，顶端尖。染色体 2n=36。花果期 7-10 月。

产黑龙江、辽宁、山东、江苏、安徽、浙江、台湾、福建、江西、湖北、湖南、广东、香港、广西、贵州、四川及云南东南部，生于山坡、路旁、田园或荒野。日本西南至南海诸岛有分布。秆、叶作牲畜饲料；种子产量高，是各种畜禽的优质精饲料。根及果穗入药，清热消疳、杀虫止痒。

9. 金色狗尾草　　　　　　　　图 1494

Setaria glauca (Linn.) Beauv. Ess. Agrost. 51. 178. 1812.

Panicum glaucum Linn. Sp. Pl. 56. 1756. pro parte.

一年生。秆高 20-90 厘米，无毛。叶鞘下部扁，具脊；叶线状披针形或窄披针形，长 5-40 厘米，宽 0.2-1 厘米。圆锥花序圆柱状或窄圆锥状，直立，主轴具柔毛，刚毛金黄或稍带褐色。通常在一簇中具一个发育小穗，长 3-4 毫米；第一颖宽卵形或卵形，长为小穗 1/3-1/2，3 脉，第二颖宽卵形，长为小穗 1/2-2/3，先端稍钝，5-7 脉。第一小花雄性或中性，第一外稃与小穗等长或微短，5 脉，内稃膜质，等长等宽于第二小花，雄蕊 3 或无；第二小花两性，外稃革质，等长于第一外稃，先端尖，成熟时背部极隆起，具明显横皱纹。花果期 6-10 月。

产全国各地，生于林缘、山坡、路边、荒芜园地或荒野。欧亚大陆温暖地带有分布。为田间杂草，秆叶作牧草、刈割青饲或调制干草，为家畜喜食。果可磨面及酿酒。全草入药，清热、明目、止泻。

10. 褐毛狗尾草　　　　　　　　图 1495

Setaria pallidifusca (Schumach.) Stapf et Hubb. in Kew Bull. 1930: 259-260. 1930.

Panicum pallide-fuscum Schumach. Beskr. Guin. Pl. 58. 1827.

一年生。无根茎，须根较细密。秆高 20-80 厘米。叶鞘扁，微呈脊，均无毛；叶较薄，线状披针形，边缘微卷或对折叠，长 5-15 厘米，宽 4-6 毫米，基部与叶鞘同宽，或宽于鞘口。圆锥花序圆柱状，花序轴被微毛而粗糙，刚毛多，托于小穗周围，黄、褐或紫色，等长或长为小穗 1 倍多。小穗浅绿、带紫、黄褐色，椭圆形，长 2-3 毫米；第一颖三角状卵形或宽卵形，长为小穗 1/2，3 脉，第二颖长为小穗 1/2，5 脉。第一小花中性，外稃与第一小花近等长，内稃与第二小花等宽近等长，边缘内折具 2 脊；第二小花两性，外稃软骨质，具较细皱纹，先端骤尖呈小尖头，边缘内卷，稍包于同质内稃。颖果浅黄色。

产台湾、福建、湖南、广东、香港、海南、广西、贵州、四川、云南及西藏，生于海拔 2000 米以下山坡、石灰岩缝、田边、荒

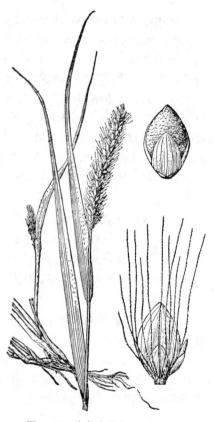

图 1494　金色狗尾草　（仲世奇绘）

图 1495　褐毛狗尾草
（引自《海南植物志》）

草丛或沟边阳坡。非洲南部、亚洲南部至澳大利亚地区有分布。秆叶作 牲畜饲料。

11. 莠狗尾草 图 1496

Setaria geniculata (Lam.) Beauv. Ess. Agrost. 51. 178. 1812.

Panicum geniculatum Lam. Encycl. Meth. Bot. 4: 727. (err. typ. 737) 1798.

多年生。具多节根茎。丛生。秆高 30-90 厘米。叶鞘扁具脊，近基部常具枯萎纤维老叶鞘，叶舌为一圈短纤毛；叶质硬，常卷折呈线

形，长 5-30 厘米，宽 2-5 毫米，无毛或上面近基部具长柔毛，先端渐尖，基部稍收窄，干时常卷折。圆锥花序圆柱状，长 2-7 厘米，宽约 5 毫米（刚毛除外），主轴具细毛，刚毛 8-12 枚，长 0.5-1 厘米，金黄、褐锈、淡紫或紫色。小穗椭圆形，长 2-2.5 毫米，顶端尖；第一颖卵形，长为小穗 1/3，先端尖，3 脉，第二颖宽卵形，长为小穗 1/2，5 脉，先端稍钝；第一外稃与小穗等长或稍短，5 脉，内稃扁平薄纸质或膜质，窄于且稍短于第二小花，具 2 脊，通常中性；第二小花两性，外稃软骨质或革质，具横皱纹，先端尖，边缘内卷包同质扁平内稃；鳞被楔形，具多数脉纹。染色体 2n=72。花果期 2-11 月。

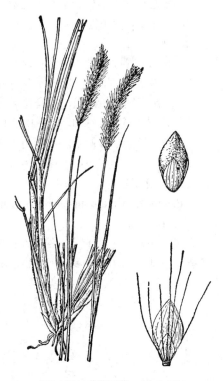

图 1496 莠狗尾草 （仲世奇绘）

产台湾、福建南部、江西南部、湖南、广东、香港、海南、广西及云南，生于海拔 1500 米以下山坡、旷野或路边。秆叶柔嫩，牛、羊、兔极喜食。全草入药，清热利湿、解毒。

177. 狼尾草属 Pennisetum Rich.
（金岳杏）

一年生或多年生草本。秆坚硬。叶线形，扁平或内卷。圆锥花序穗状圆柱形。小穗单生或 2-3 聚生成簇，无柄或具短柄，具 1-2 小花，下具总苞状刚毛，刚毛与小穗等长或稍短，光滑、粗糙或具羽毛状柔毛，同小穗一起脱落；颖不等长，第一颖质薄微小，第二颖较第一颖长。第一小花雄性或中性，第一外稃与小穗等长或稍短，通常包 1 内稃；第二小花两性，第二外稃平滑，与第一外稃等长或稍短，包同质内稃，先端常分离；鳞被 2，楔形，折叠，3 脉；雄蕊 3，花药顶端有或无毫毛；花柱基部多少联合，稀分离。颖果长圆形或椭圆形，背腹扁。

约 140 种，主要分布世界热带和亚热带，少数种达寒温地带。我国 11 种 2 变种（包括栽培种及引种）。多为优良牧草，可作造纸、编织、盖屋等原料；有些谷粒可食用。

1. 总苞状刚毛多少具柔毛或羽毛状。
　2. 花药顶端无毫毛。
　　3. 秆直立；花序露出鞘外；小穗长 5-6 毫米 ·················· 1. 乾宁狼尾草 **P. qianningense**
　　3. 秆匍匐；花序包于上部叶鞘中，柱头、花药伸出鞘外；小穗长达 1.5 厘米 ··· 2. 铺地狼尾草 **P. cladestinum**
　2. 花药顶端具毫毛；多年生；刚毛长于小穗，常生柔毛而羽毛状 ·················· 6. 象草 **P. purpureum**
1. 总苞状刚毛粗糙，非羽毛状。

4. 小穗总梗长1-3毫米 ··· 3. **狼尾草 P. alopecuroides**

4. 小穗总梗不明显或长不及1毫米。

　5. 刚毛多短于小穗 ··· 3(附). **四川狼尾草 P. sichuanense**

　5. 刚毛长于小穗。

　　6. 花序轴近光滑，残留主轴上的总梗长0.5-1毫米；圆锥花序紧密，宽约1厘米；刚毛柔软细弱；叶长
　　　10-25厘米，宽0.5-1厘米 ··· 4. **白草 P. centrasiaticum**

　　6. 花序轴被短纤毛，残留主轴上的总梗极短或呈一束纤毛，刚毛坚硬粗壮。

　　　7. 花序长20-30厘米；叶宽1.2-2厘米 ································· 5. **长序狼尾草 P. longissimum**

　　　7. 花序长20厘米以下；叶宽0.5-1.2厘米 ·············· 5(附). **中型狼尾草 P. longissimum var. intermedium**

1. 乾宁狼尾草 图 1497

Pennisetum qianningense S. L. Zhong in Journ. Southwest. Agr. 4: 75. pl. 1. 1982.

多年生草本。秆直立，高0.5-1.3米，一侧具钩，节疏生柔毛。叶鞘鞘口具柔毛，叶舌具纤毛；叶线形，扁平，长10-40厘米，宽0.4-

1厘米，两面无毛。圆锥花序长10-17厘米，宽1.5-3厘米，主轴微被柔毛；刚毛紫褐色，上下层排列，最长最粗的刚毛及部分刚毛基部生白色长柔毛。小穗通常单生，稀2-3簇生，披针形，长5-6毫米；第一颖卵形，膜质，长1-1.5毫米，无脉，第二颖披针形，长约4毫米，5脉，背部中脉有紫色条纹。第一小花雄性或中性，外稃稍长于第二小花，5脉，内稃具2脊；第二小花两性，外稃草质，边缘内卷，包同质内稃；花药顶端无毛。花果期5-9月。

产四川及云南，生于海拔1500-3200米干旱河谷山坡及路旁。

图 1497 乾宁狼尾草 （陈荣道绘）

2. 铺地狼尾草 图 1498

Pennisetum cladestinum Hochst. ex Chiov. in Ann. Inst. Bot. Roma. 8: 41. 5. f. 2. 1903.

多年生草本。根茎发达，具长匍匐茎，走茎节间短小，生根蔓延。叶鞘多重叠，长于节间，无毛，边缘一侧有长纤毛；叶长4-5厘米，宽2-2.5毫米，多少有毛。花序具2-4小穗，包藏上部叶鞘中，柱头、花药伸出鞘外；刚毛短于小穗。小穗线状披针形，长达1.5厘米，有长短不等的刚毛与毛茸衬托；第一颖膜质，圆头，长约6毫米，包围小穗基部，第二颖三角形，与小穗等长；13脉；第一外稃与小穗等长，第二外稃软骨质，鳞被无。染色体2n=36。

原产东非洲热带地区。台湾引入作水土保持植物，在中部已野化。

图 1498 铺地狼尾草 （引自《Fl.Taiwan》）

3. 狼尾草

图 1499：1-4

Pennisetum alopecuroides (Linn.) Spreng. Syst. 1: 303. 1825.

Panicum alopecuroides Linn. Sp. Pl. 55. 1753.

多年生。秆直立，高 0.3-1.2 米，丛生，花序下密生柔毛。叶线形，长 10-80 厘米，宽 3-8 毫米，基部生疣毛。圆锥花序直立，长 5-25 厘米，宽 1.5-3.5 厘米，主轴密生柔毛；刚毛粗糙，淡绿或紫色。小穗通常单生，稀双生，线状披针形，长 3-8 毫米；第一颖微小或无，膜质，先端钝，第二颖卵状披针形，长为小穗 1/3-2/3；具短尖，3-5 脉。第一外稃与小穗等长，7-11 脉，第二外稃

等长于小穗，5-7 脉，边缘包同质内稃；花药顶端无毫毛。颖果长圆形，长约 3.5 毫米。

产黑龙江、吉林、辽宁、河北、山东、山西、河南、陕西、甘肃、江苏、安徽、浙江、台湾、福建、江西、湖北、湖南、广东、香港、海南、广西、贵州、四川、云南及西藏东南部，多生于海拔 50-3200 米荒坡或山地。日本、朝鲜半岛、菲律宾、马来西亚、越南、缅甸、印度、巴基斯坦、非洲、大洋洲均有分布。可作饲料、编织、造纸，也可作固堤防坡植物。

[附] **四川狼尾草** 图 1500 **Pennisetum sichuanense** S. L. Chen et Y. X. Jin in Bull. Nanj. Bot. Gard. Mem. Sun Yat Sen 1988-1989: 5. 1988-1989. 与狼尾草的主要区别：小穗总梗极短。与白草的区别：刚毛多短于小穗。产四川中西部，生于海拔 2000-3000 米河岸或山坡。

4. 白草

图 1501

Pennisetum centrasiaticum Tzvel. Pl. Asiat. Centr. 4: 30. 1968.

Pennisetum flaccidum auct. non Griseb. 中国高等植物图鉴 5: 79. 1976.

多年生。根茎横走。秆直立，单生或丛生，高 20-90 厘米。叶鞘疏散包茎，近无毛，叶舌短，具 1-2 毫米长纤毛；叶窄线形，长 10-25 厘米，宽 0.5-1 厘米，两面无毛。圆锥花序紧密，直立或稍弯，长 5-15 厘米；主轴具棱角；刚毛柔软，细弱，长 0.8-1.5 厘米，灰绿或紫色。小穗单生，卵状披针形，长 3-8 毫米；第一颖微小，脉不明显，第二颖长为小穗 1/3-3/4，先端芒

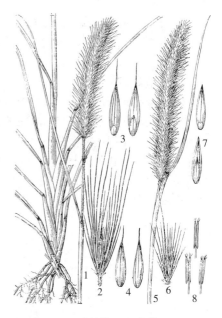

图 1499：1-4.狼尾草 5-8.象草 （史渭清绘）

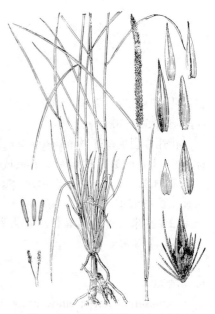

图 1500 四川狼尾草 （史渭清绘）

尖，1-3 脉。第一小花常雄性，稀中性，第一外稃厚膜质，3-5 脉，第一内稃透明膜质或退化；第二小花两性，第二外稃具 5 脉，先端芒尖，与内稃均纸质。颖果长圆形。约 2.5 毫米。

产黑龙江、吉林、辽宁、内蒙古、河北、山西、河南、陕西、宁夏、甘肃、青海、新疆、安徽、

湖北、湖南西北部、四川、云南及西藏，多生于海拔 800-4600 米干旱山坡。日本、俄罗斯、印度、巴基斯坦、中亚、西亚有分布。

5. 长序狼尾草   图 1502

Pennisetum longissimum S. L. Chen et Y. X. Jin ex S. L. Chen in Bull. Nanj. Bot. Gard. Mem. Sun Yat Sen 1988-1989: 5. 1988-1989.

多年生。无根茎或根茎不横走，须根发达。秆高 1.2-1.8 米，下部节肿胀或膝曲。叶鞘长于节间，无毛或有脱落性疣毛；叶线形，长 50-90 厘米，宽 1-2 厘米。圆锥花序下垂，长 20-30 厘米，宽 2.5-3 厘米；主轴密被短硬毛；刚毛坚硬，挺直。小穗单生，稀 2-3 簇生，长 6-8 毫米；颖近草质，常具紫色纵纹，第一颖卵形，脉 0-1，先端钝，第二颖具 1-3 脉，先端渐尖。第一小花中性，第一外稃先端渐尖，5-7 脉；第二小花两性，稍短于第一外稃，第二外稃先端渐尖，5-7 脉；鳞被 2，先端平或微凹；花药无毛。颖果圆形，长约 2.5 毫米。

产河南西部、陕西南部、甘肃南部、青海、湖北西部、湖南西部、贵州、四川及云南，生于海拔 500-2000 米山坡。

[附] **中型狼尾草 Pennisetum longissimum** var. **intermedium** S. L. Chen et Y. X. Jin in Bull. Bot. Res. (Harbin) 4(1): 67. 1984. nom. illegit. ex S. L. Chen in Bull. Nanj. Bot. Gard. Mem. Sun Yat Sen 1988-1989: 6-7. 1988-1989. 与模式变种的主要区别：植株高不及 1 米；叶宽 0.2-1.2 厘米；花序长不及 20 厘米。产陕西、甘肃、青海、湖南、贵州、四川及云南，生于路边、田边、岸边。

6. 象草   图 1499：5-8

Pennisetum purpureum Schum. Beaskr. Guin. Pl. 44. 18. 1827.

多年生丛生草本。秆直立，高 2-4 米，光滑，花序基部密生柔毛。叶舌短小，具 1.5-5 毫米长纤毛；叶线形，质较硬，长 20-50 厘米，宽 1-3 厘米。圆锥花序主轴密生长柔毛；刚毛金黄、淡褐或紫色，长 1-2 厘米，生长柔毛呈羽毛状。小穗单生或 2-3 簇生，披针形，长 5-8 毫米；第一颖微小至退化，第二颖披针形，长为小穗 1/3，具 1 脉或无；第一外稃长为小穗 4/5，5-7 脉，第二外稃与小穗等长，5 脉；花药顶

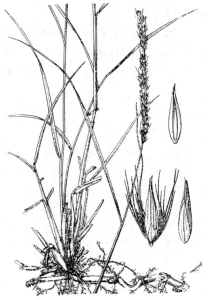

图 1501 白草
（引自《中国主要植物图说 禾本科》）

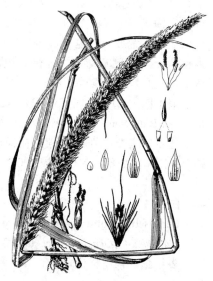

图 1502 长序狼尾草 （陈荣道绘）

端具毛。

原产非洲。南方省区引种栽培，海南已野化。为良好饲料。

178. 蒺藜草属 Cenchrus Linn.

（盛国英）

一年生或多年生草本。秆通常低矮，下部分枝较多。叶扁平。穗形总状花序顶生，由多数不育小枝形成的刚毛常部分愈合而成球形刺苞，总梗粗短，基部脱节，连同刺苞脱落，刺苞刚毛直立或弯曲，具簇生小穗

1 至数枚，成熟时小穗与刺苞一起脱落，种子常在刺苞内萌发。小穗无柄；颖不等长，第一颖常短小或无，第二颖通常短于小穗。第一小花雄性或中性，雄蕊 3，外稃薄纸质或膜质，内稃发育良好；第二小花两性，外稃成熟时质硬，通常肿胀，先端渐尖，边缘包卷同质内稃；鳞被退化；雄蕊 3，花药线形，顶端无毛或具毫毛；花柱 2，基部联合。颖果椭圆状扁球形。种脐点状；胚长为果 2/3。

约 25 种，分布于热带和温带地区，主产美洲和非洲温带干旱地区。印度、亚洲南部和西部到澳大利亚有少数分布。我国 2 种。

蒺藜草
图 1503

Cenchrus echinatus Linn. Sp. Pl. 1050. 1753.

Cenchrus calyculatus auct. non. Gavan: 中国主要植物图说 禾本科 716. 1959.

一年生草本。秆高约 50 厘米，基部膝曲或横卧，节生根。叶鞘松散，扁具脊；叶线形或窄长披针形，较软，长 5-20 厘米，宽 0.4-1 厘米。总状花序直立，花序主轴具棱，粗糙，刺苞稍扁圆球形，长 5-7 毫米，刚毛在刺苞上轮状着生，刺苞背部具较密细毛和长绵毛，刺苞裂片于 1/3 或中部稍下处连合，边缘被平展较密白色纤毛，刺苞基部楔形，总梗密被短毛，每刺苞具 2-4 小穗。小穗椭圆状披针形，顶端长渐尖，具 2 小花；颖薄质或膜质，第一颖三角状披针形，长为小穗 1/2，1 脉，第二颖长为小穗 3/4-2/3，5 脉。第一小花雄性或中性，第一外稃与小穗等长，5 脉；第二小花两性，第二外稃具 5 脉，包卷同质内稃。颖果椭圆状扁球形。花果期夏季。

产台湾、福建、广东、香港、海南及云南南部，多生于干热地区

图 1503 蒺藜草
（引自《中国主要植物图说 禾本科》）

近海砂土草地。日本、印度、缅甸及巴基斯坦有分布。抽穗前为牛喜食饲料。

179. 伪针茅属 Pseudoraphis Griff.
（盛国英）

多年生水生或沼生草本。叶舌膜质、无毛；叶线形或披针形。圆锥花序顶生，排列其上的总状花序穗轴纤细，延伸于顶生小穗之外成一纤细刚毛。小穗披针形，有 2 小花；第一小花雄性，第二小花雌性，具极短柄或近无柄，常 1- 多个着生于穗轴，小穗成熟后整个穗轴自花序主轴脱落；第一颖微小，薄膜质，无脉；第二颖长超出其他部分，先端渐尖或有短尖，5- 多脉，背部无毛或有短硬毛。第一外稃几等长或稍短于第二颖，内有透明膜质无脉内稃；第二外稃纸质或先端膜质，与内稃均短于第二颖；雄蕊 2-3；子房椭圆形，花柱 2，柱头帚刷状。颖果倒卵状椭圆形，成熟后露出稃外。

约 7 种，分布于亚洲热带和温带，至大洋洲。我国 2 种 1 变种。

1. 圆锥花序多伸出叶鞘外，每分枝有 1-2（-4）小穗；雄蕊 3 ························· **伪针茅 P. spinescens**
1. 圆锥花序基部常包于叶鞘内，每分枝单生 1 小穗；雄蕊 2 ··········· (附). **瘦脊伪针茅 P. spinescens var. depauperata**

伪针茅 图 1504：1-11

Pseudoraphis spinescens (R. Br.) Vickery in Proc. Roy. Soc. Queensland. 62. n. 7, 69. 1952.

Panicum spinescens R. Br. Prodr. Fl. Nov. Holl. 193. 1810.

多年生水生草本。秆高 20-40 厘米，较软而扁，基部常匍匐。叶鞘长于节间，鞘口有 2 尖锐叶耳；叶线状披针形，长 3-9 厘米，宽 3-6 毫米。圆锥花序长 6-14 厘米，多伸出叶鞘外，分枝粗糙，互生或少数簇生，具 1-2（-4）小穗。小穗披针形，长 4-7 毫米，小穗柄长约 0.5 毫米，刚毛长于小穗 2-3 倍；第一颖微小，膜质，先端平截或圆；第二颖纸质，披针形，几与小穗等长，10 余脉，脉有刚毛。第一外稃略短于第二颖，7 脉，内稃薄膜质，长为外稃 2/3，雄蕊 3；第二外稃长圆状披针形，内外稃片均厚纸质。颖果成熟后裸露花外。花果期 7-8 月。

产台湾、福建及广东，多生于海拔较低田洼、池旁或沟畔潮湿处。日本、印度、东南亚、加里曼丹、新几内亚至大洋洲有分布。秆叶柔软，为优良牧草。

[附] **瘦脊伪针茅** 图 1504：12-13 **Pseudoraphis spinescens** var. **depauperata** (Nees) Bor, Grass. Burm. Ceyl. Ind. Pakist. 354. 1960. —— *Chamaeraphis depauperata* Nees in Steud. Syn. Pl. Glum. II: 49. 1854. 与模式变种的区别：秆细弱，蔓延，多分枝；叶长 1-5 厘米，宽 2-4 毫

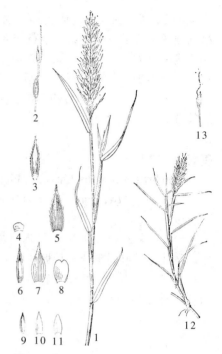

图 1504：1-11.伪针茅 12-13.瘦脊伪针茅 （陈荣道绘）

米；圆锥花序基部包于叶鞘内，长 2-5 厘米，分枝多直立，1 小穗，第一小花具 2 雄蕊。花果期秋季。产山东、江苏、浙江、湖北、湖南及云南，生于海拔 100-500 米池塘、沟旁或溪边潮湿地。印度及斯里兰卡有分布。秆叶柔软，为优良牧草。

180. 类雀稗属 Paspalidium Stapf
（盛国英）

多年生草本。秆粗壮而倾斜。叶线形，扁平或内卷。穗状花序交互排列主轴成顶生圆锥花序；穗轴略三棱形，着生小穗一面有弯曲龙骨状突起。小穗椭圆形，背腹扁，顶端尖，无芒，沿龙骨状突起密集交互排成 2 行，具 2 小花。第一小花雄性或中性，第二小花两性；第一颖微小，第二颖等长或较短于小穗；第一外稃与第二颖均圆形，内稃有或无；第二外稃骨质，背部隆起对穗轴，先端尖，边缘内卷，包卷同质内稃；鳞被 2；雄蕊 3；花柱 2，柱头帚刷状，近顶端伸出。颖果平凸。染色体基数 x=9。

约 20 种，分布于热带地区，旧大陆分布较广。我国 2 种。

类雀稗 图 1505

Paspalidium flavidum (Retz.) A. Camus in Lécomte, Fl. Gén. Indo-chine 7: 419. 1922.

Panicum flavidum Retz. Obs. 4: 15. 1786.

图 1505 类雀稗 （陈荣道绘）

多年生草本。秆高 0.3-1 米。叶鞘光滑，两侧扁而具脊；叶线状披针形，长 5-30 厘米，宽 0.5-1 厘米。穗状花序 6-9，长 1.5-2.5 厘米，稀疏排列于长达 40 厘米主轴，穗轴具小尖头。小穗卵形，长 1.5-2.5 毫米，左右排列穗轴一侧，背部隆起，乳白或稍带紫色，具 2 小花，第二小花结实；第一颖宽卵形，先端圆，长为小穗之半，3 脉，第二颖略短于小穗，7 脉。第一外稃与小穗等长，5 脉，第二外稃骨质，具细点状；内稃透明膜质，稍短于外稃。颖果骨质，椭圆形。花果期 7-10 月。

产台湾、贵州、云南等省，多生于海拔 150-1500 米山坡、路旁、荒地或田边阴湿处。热带非洲、印度至大洋洲有分布。

181. 钝叶草属 Stenotaphrum Trin.

（盛国英）

多年生草本。具匍匐枝。叶宽而平展，先端钝或尖。穗状圆锥花序主轴扁平或圆柱状，具翼或无；穗状花序嵌生于主轴一侧凹穴，穗轴顶端具小尖头。小穗卵状披针形或披针形，无柄，于穗轴一侧互生；颖不等长，第一颖较短小。第一小花中性或雄性；第一外稃与第二颖近等长或较长，先端渐尖，内稃膜质，具雄蕊或无；第二外稃硬，平滑，包卷同质内稃，内稃先端外露。染色体基数 x=9。

7-8 种，分布于太平洋各岛屿、美洲和非洲。我国 2 种。

钝叶草　　　　　　　　　　　　　　图 1506

Stenotaphrum helferi Munro ex Hook. f. Fl. Brit. Ind. 7: 91. 1896.

图 1506 钝叶草
（引自《中国主要植物图说　禾本科》）

多年生草本。秆下部匍匐，节生根，向上抽出高 10-40 厘米直立花枝。叶鞘松散，通常长于节间，扁，背部具脊；叶带状，长 5-17 厘米，宽 0.5-1.1 厘米，先端具短尖头，基部平截或近圆，两面无毛。花序主轴扁平叶状，具翼，长 10-15 厘米，宽 3-5 毫米；穗状花序嵌生于主轴凹穴内，长 0.7-1.8 厘米，穗轴三棱形，顶端具小尖头。小穗互生，卵状披针形，具 2 小花，第二小花结实；颖先端尖，脉间有小横脉，第一颖长为小穗 1/2-2/3，第二颖与小穗近等长。第一小花雄性；第一外稃与小穗等长，内稃厚膜质，第二外稃革质，小尖头被微毛，边缘包卷内稃。花果期秋季。

产福建、广东、香港、海南、广西及云南，多生于海拔约 1100 米以下湿润草地、林缘或疏林中。缅甸、马来西亚等亚洲热带地区有分布。秆叶肥厚柔嫩，为牛、羊喜食的优良牧草。

182. 蒭雷草属 Thuarea Pers.

（盛国英）

多年生匍匐草本。叶常平展，坚韧。穗状花序单一顶生，下托具鞘佛焰苞；小穗披针形，无柄，单生于扁平穗轴一侧，穗轴下部具 1-2 宿存两性或雌性小穗，上部有 2-6 个开花后脱落的雄性小穗；成熟后穗轴条状卷曲成坚硬瘤状体；颖不相等，第一颖微小或无。第一外稃与小穗等长，具内稃，内具雄蕊或无；第二外稃质硬，平滑，具宽而内折的膜质边缘，先端被柔毛，内稃除先端外全被外稃所包卷。染色体基数 x=9。

2 种，分布于东半球热带地区。我国 1 种。

蒭雷草

图 1507

Thuarea involuta (Forst.) R. Br. ex Roem. et Schult. Syst. Veg. 2: 808. 1817.

Ischaemum involutum Forst. Fl. Ins. Austr. Prodr. 73. 1786.

多年生。秆匍匐，节处向下生根，向上抽出叶和花序，直立部分高 4-10 厘米。叶鞘松散；叶披针形，长 2-3.5 厘米，宽 3-8 毫米，两面有细柔毛，边缘部分波状皱折。穗状花序长 1-2 厘米；佛焰苞长约 2 厘米，穗轴叶状，密被柔毛，下部具 1 两性小穗，上部具 4-5 雄性小穗，顶端具尖头。两性小穗卵状披针形，长 3.5-4.5 毫米，具 2 小花，第二小花结实；第一颖退化或窄小膜质，第二颖与小穗几等长，革质，7 脉。第一外稃具 5-7 脉，内稃具 2 脉；雄蕊 3；第二外稃具 7 脉，内稃具 2 脉。雄性小穗长圆状披针形，第一颖无，第二颖草质；第一外稃纸质，宽披针形，5 脉，内

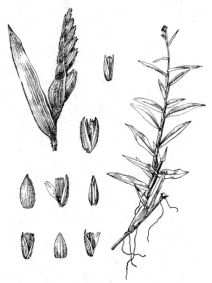

图 1507 蒭雷草 （陈荣道绘）

稃先端 2 裂；雄蕊 3；第二外稃具 5 脉，内稃具 2 脉。花果期 4-12 月。

产台湾、广东、香港及海南，生于海岸沙滩。日本、东南亚、太平洋及马达加斯加有分布。

183. 鬣刺属 Spinifex Linn.
（金岳杏）

多年生草本。秆坚硬。叶线形，边缘内卷。花单性，雌雄异株；小穗披针形；雄小穗有 1-2 小花，单生于总梗穗状花序，多数穗状花序组成有苞片的伞形花序；雌小穗单生于针状并托有苞片穗轴基部，多数穗轴集成星芒状头状花序。颖草质，具数脉，雄小穗第一颖长为小穗 1/2，雌小穗第一颖与小穗等长或稍短；第一外稃与小穗近等长，先端渐尖；雌小穗的第二外稃厚纸质，包同质内稃。

约 4 种，分布亚洲和大洋洲热带地区。我国 1 种。

老鼠芳

图 1508

Spinifex littoreus (Burm. f.) Merr. in Philipp. Journ. Sci. Bot. 7: 229. 1912.

Stipa littorea Burm. f. Fl. Ind. 29. 1876.

多年生。秆粗壮、坚实，平卧长达数米，向上部分高 0.3-1 米。叶鞘宽，边缘有缘毛；叶线形，厚而坚，长 5-20 厘米，宽 2-3 毫米，上

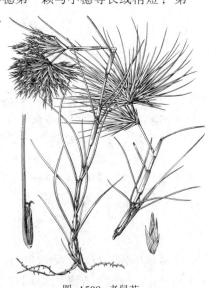

图 1508 老鼠芳
（引自《中国主要植物图说 禾本科》）

部卷合针状，常弓状弯曲。雄穗轴长4-9厘米；雄小穗长0.9-1.1厘米；颖草质，宽披针形，第一颖长为小穗1/2，第二颖稍长；外稃长0.8-1厘米，内稃与其相等。雌穗轴针状，长6-16厘米；雌小穗长约1.2厘米；颖草质，11-13脉，第一颖稍短于小穗；第一外稃与小穗等长，无内稃，第二外稃纸质，有等长内稃。

产台湾、福建、广东、香港、海南及广西，生于海边沙滩。菲律宾、越南、马来西亚、缅甸、斯里兰卡及印度有分布。平卧地面，防海浪冲刷，为优良海岸固沙植物。

184. 芒属 Miscanthus Anderss.
（傅晓平）

多年生高大草本。秆粗壮，中空。叶宽大。顶生圆锥花序具多数总状花序。小穗具一两性花，小穗柄不等长，孪生于总状花序轴各节，基盘具长丝状柔毛；两颖近相等，厚纸质或膜质，第一颖背腹扁，先端尖，边缘内折成2脊，2-4脉；第二颖舟形，1-3脉。外稃膜质，第一外稃内空，第二外稃具1脉，先端2裂，微齿间有扭转膝曲芒，内稃微小；鳞被2，楔形；雄蕊3，先雌蕊成熟；花柱2，短，柱头帚刷状，近小穗中部之两侧伸出。颖果长圆形。胚大型。染色体基数 x=10。

约10种，主要分布于东南亚，非洲有少数种。我国6种。

1. 小穗颖片背部无毛。
　2. 小穗长 3-3.5 毫米；圆锥花序具极多分枝，主轴长为花序2/3以上，长于总状花序分枝 ……………………………………………………………………………………… 1. 五节芒 M. floridulus
　2. 小穗长 4-7.5 毫米；圆锥花序的主轴长至花序中部以下，短于总状花序分枝。
　　3. 小穗长 4.5-5 毫米；总状花序数 10 枚组成圆锥花序 ……………………… 2. 芒 M. sinensis
　　3. 小穗长 5.5-7.5 毫米；总状花序 5-15 枚组成圆锥花序。
　　　4. 小穗长 6-7.5 毫米，第一颖具 3-4 脉，脉间上部微粗糙，无横脉，边缘无毛 … 3. 金县芒 M. jinxianensis
　　　4. 小穗长约 5.5 毫米，第一颖具 5 脉，脉间上部有横脉相连，边缘具纤毛 ………………………………………………………………………………… 3(附). 高山芒 M. transmorrisonensis
1. 小穗颖片背部具柔毛，小穗长 5-5.5 毫米，芒长 1-1.4 厘米；基盘柔毛带紫色 ………… 4. 紫芒 M. purpurascens

1. 五节芒　　　　　　　　　　　图 1509

Miscanthus floridulus (Labill.) Warb. ex Schum. et Laut. Fl. Deutsch. Schutzg. Sudsee 166. 1901.

Saccharum floridulum Labill. Sert. Austr. Caled. 13. pl. 18. 1824.

具根茎。秆高 2-4 米，无毛，节下具白粉。叶鞘无毛，鞘节具微毛，长于或上部者稍短于节间，叶舌长 1-2 毫米，顶端具纤毛；叶披针状线形，长 25-60 厘米，宽 1.5-3 厘米，两面无毛，或上面基部有柔毛，边缘粗糙。圆锥花序稠密，长 30-50 厘米，具极多分枝，主轴长达花序2/3以上，无毛；分枝长 15-20 厘米，通常 10 多枚簇生基部各节，具 2-3 回小枝，腋间生柔毛；总状花序轴节间长 3-5 毫米，无毛。小穗柄无毛，短柄长 1-1.5 毫米，长柄外曲，长 2.5-3 毫米；小穗卵状披针形，长 3-3.5 毫

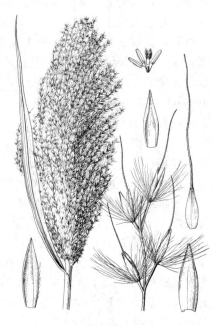

图 1509 五节芒
（引自《中国主要植物图说　禾本科》）

米，黄色，基盘具较长于小穗的丝状柔毛；第一颖无毛，先端渐尖或有2微齿，侧脉内折呈2脊，脊间中脉不明显，上部及边缘粗糙；第二颖等长于第一颖，先端渐尖，3脉，中脉呈脊，粗糙，边缘具纤毛。第一外稃长圆状披针形，稍短于颖，边缘具纤毛；第二外稃卵状披针形，长约2.5毫米，先端尖或具2微齿，无毛或下部边缘具少数纤毛，芒长0.7-1厘米，微粗糙；内稃微小；柱头紫黑色。染色体2n=38。花果期5-10月。

产河南东南部、江苏、安徽、浙江、台湾、福建、江西、湖北、湖南、广东、香港、海南、广西、贵州、四川及云南，生于低海拔撂荒地、丘陵谷地或草地。分布自亚洲东南部太平洋诸岛屿至波利尼西亚。幼叶作饲料，秆作造纸原料。根药用，利尿。

2. 芒 图1510

Miscanthus sinensis Anderss. Oefv. Svensk. Vet. Akad. Forh. 166. 1855.

秆高1-2米，无毛或在花序以下疏生柔毛。叶鞘无毛，长于节间，叶舌膜质，长1-3毫米，先端及背面具纤毛；叶线形，长20-50厘米，宽0.6-1厘米，下面疏生柔毛，被白粉，边缘粗糙。圆锥花序直立，长15-40厘米，有数10枚总状花序，主轴无毛，长至花序中部以下，节与分枝腋间具柔毛；分枝较粗，直立，长10-30厘米；小枝节间三棱形，边缘微粗糙。小穗短柄长2毫米，长柄长4-6毫米，小穗披针形，长4.5-5毫米，黄色有光泽，基盘具等长于小穗的白或淡黄色丝状毛；第一颖具3-4脉，边脉上部粗糙，先端渐尖，背部无毛；第二颖常具1脉，粗糙，上部内折之边缘具纤毛。第一外稃长圆形，膜质，长约4毫米，边缘具纤毛；第二外稃短于第一外稃，先端2裂，芒长0.9-1厘米，膝曲，芒柱稍扭曲，长约2毫米，第二内稃长约外稃1/2；花药紫褐色，先于雌蕊成熟；柱头羽状，长约2毫米，紫褐色。颖果长圆形，暗紫色。染色体2n=35，36，38，40，41，57。花果期7-12月。

产黑龙江、吉林、河北、山东、河南、陕西、甘肃、江苏、

图1510 芒 （张荣生绘）

安徽、浙江、台湾、福建、江西、湖北、湖南、广东、香港、海南、广西、贵州、四川及云南，生于海拔1800米以下山地、丘陵和荒坡原野，常组成优势群落。朝鲜半岛及日本有分布。秆纤维用作造纸原料等。

3. 金县芒 图1511

Miscanthus jinxianensis L. Liu in Pl. Res. Gram. 11: 36. 1989.

短根茎被厚鳞片。秆丛生，高约1米以上，节具细髭毛或无毛，紧接花序部分生柔毛，有时无毛。叶鞘长于节间，鞘口或上部边缘具柔毛，叶舌长约2毫米，顶端密生纤毛；叶披针状线形，长约50厘米，宽1-1.5厘米，下面灰绿色，被柔毛，基部边缘或上面具柔毛，边缘微粗糙。圆锥花序长约25厘米，总状花序5-15，着生短主轴；分枝长约15厘米，腋生柔毛；总状花序轴节间长0.5-1.4厘米。小穗柄先端棒状，长柄长5-9毫米，短柄长约3毫米；小穗披针形，长6-7.5毫米，金黄色，基盘具长0.9-1.2厘米白色丝状毛；第一颖与小穗等长或稍短，先

端膜质渐尖，无毛，3-4脉，脉间无横脉，边缘无毛；第二颖等长于小穗，3脉，无毛，渐尖。第一外稃稍短于颖，膜质，无毛；第二外稃长3-6毫米，几无毛，先端具长达2毫米2裂齿，具长1-1.6厘米膝曲芒，芒柱长2-4毫米，扭转；花药紫色；柱头紫黑色。花期夏秋季。

产黑龙江、吉林、辽宁、河南、陕西及湖北西部。

[附] 高山芒 **Miscanthus transmorrisonensis** Hayata in Journ. Coll. Sci. Univ. Tokyo 30: 404. 1911. 与金县芒的区别：小穗长约5.5毫米；第一颖具5脉，脉间上部有横脉相接，边缘具纤毛。染色体2n=38。花期7-9月，果期10-12月。产台湾，生于海拔2000-3600米高山阳坡。

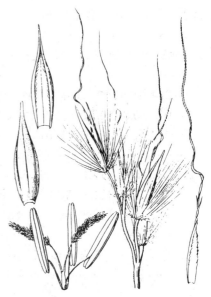

图 1511 金县芒 （引自《中国植物志》）

4. 紫芒　　　　　　　　　　　　图 1512

Miscanthus purpurascens Anderss. Oefv. Svensk. Vet. Akad. Forh. 12: 167. 1855.

秆较粗壮，高1米以上，无毛或在紧接花序部分具柔毛。叶鞘稍短于节间，鞘节具髭毛，鞘口及上部边缘具纤毛，叶舌长1-2毫米，顶端具纤毛；叶宽线形，长60厘米以上，宽约1.5厘米，无毛或下面贴生柔毛。圆锥花序长达30厘米，主轴长至花序下部，分枝较少，腋间具柔毛，分枝长10-20厘米，总状花序轴节间长6-8毫米，无毛。小穗柄无毛，稍膨大，短柄长约2毫米，长柄长约5毫米；小穗披针形，长5-5.5毫米，基盘柔毛带紫色，稍长或等长于小穗；第一颖先端渐尖，具2脊，背面中部以上及边缘有长柔毛，第二颖与第一颖近等长，1脉，先端渐尖，背部及边缘具柔毛。第一外稃长圆状披针形，较颖稍短，具纤毛，第二外稃窄披针形，长4-4.5毫米，上部边缘具纤毛，先端2齿裂，芒长1-1.4厘米，芒柱膝曲；第二内稃长约外稃之半；花药桔黄色；柱头紫黑色。染色体2n=38-40。花果期8-10月。

图 1512 紫芒 （李爱莉绘）

产吉林、辽宁、河北、山东、河南、陕西、甘肃东南部、安徽、江西、湖北及湖南，生于海拔1000米以下低山阳坡、路旁、林缘、灌丛中。分布于日本、朝鲜半岛及俄罗斯远东地区。

185. 双药芒属 Diandranthus L. Liu
（傅晓平）

多年生草本。秆高约1米。叶线形。圆锥花序伞房状，具数枚或多数总状花序。小穗两性，一具长柄，一具短柄，孪生于总状花序之节，成熟后自柄上脱落；总状花序轴连续，节间无毛或边缘具柔毛；基盘具柔毛。颖厚纸质，先端及边缘常膜质，第一颖背腹扁，披针形或长圆形，先端尖或平截，等长或较短于第二颖，3-9脉，边缘内卷成2脊，脊间或边缘常被柔毛；第二颖舟形。外稃膜质，第一外稃内空，第二外稃先端尖或2裂，具细直或扭转膝曲芒；雄蕊2，花药较大，后于雌蕊成熟；花柱2，延伸，柱头紫褐色，帚刷状，自小穗顶端伸出。颖果长圆形；胚大型。染色体基数 10。

1. 小穗颖片无毛或边缘有长柔毛，小穗长 2.1-2.5 毫米，基盘具金黄色丝状柔毛，毛长为小穗 4-5 倍 ⋯⋯⋯⋯⋯
⋯⋯⋯⋯⋯⋯⋯⋯⋯⋯⋯⋯⋯⋯⋯⋯⋯⋯⋯⋯⋯⋯⋯⋯⋯ 1. **尼泊尔双药芒 D. nepalensis**
1. 小穗的颖片具柔毛或密生柔毛，基盘丝状柔毛较短，长为小穗 1/3-2/3 或更短。
　2. 植株高 0.8-1.2 米；圆锥花序长 10-20 厘米，主轴长为花序 1/2 以上；小穗长 4-4.5 毫米，第二外稃芒长 1
　（-1.2）厘米，直伸或稍曲折，无芒针与芒柱之分；总状花序轴节间长 5-8 毫米，小穗疏生 ⋯⋯⋯⋯⋯
　⋯⋯⋯⋯⋯⋯⋯⋯⋯⋯⋯⋯⋯⋯⋯⋯⋯⋯⋯⋯⋯⋯⋯⋯ 2. **西南双药芒 D. yunnanensis**
　2. 植株高 40-80 厘米；伞房状圆锥花序长 8-15 厘米，主轴短或长达花序中下部，小穗具长 5-8 毫米芒，总状
　　花序轴节间长 2-4 毫米，小穗密生。
　　3. 秆紧接花序的部分密生丝状柔毛；小穗长 5-5.5 毫米，基盘毛长为小穗 2/3 或稍短于小穗；第二外稃长
　　　6-8 毫米 ⋯⋯⋯⋯⋯⋯⋯⋯⋯⋯⋯⋯⋯⋯⋯⋯⋯⋯⋯⋯⋯⋯⋯ 3. **双药芒 D. nudipes**
　　3. 秆紧接花序的部分无毛；小穗长 4-4.5（-5）毫米，基盘毛长 1-2 毫米；第一外稃先端尖，无芒 ⋯⋯⋯
　　⋯⋯⋯⋯⋯⋯⋯⋯⋯⋯⋯⋯⋯⋯⋯⋯⋯⋯⋯⋯⋯⋯⋯⋯ 4. **短毛双药芒 D. brevipilus**

1.　尼泊尔双药芒　尼泊尔芒　　　　　　　图 1513

Diandranthus nepalensis (Trin.) L. Liu, Fl. Xizang. 5: 313. f. 174. 1987.

Eulalia nepalensis Trin. in Mem. Acad. Imp. Sci. Petersb. ser. 6(2): 333. 1832.

秆高 0.6-1.5 米，径约 4 毫米，4-5 节，根茎短，紧接花序部分有丝状柔毛。叶鞘扁，具脊，上部与叶片连接处密生柔毛，叶舌长 2-4 毫米，无毛或具纤毛，耳部有少数长糙毛。叶披针状线形，长 20-50 厘米，宽 0.6-1.4 厘米，边缘微粗糙，下面疏生柔毛。圆锥花序伞房状，长 10-18 厘米，主轴长至花序中部以下；总状花序 10 多枚，长 8-15 厘米，金黄色；总状花序轴节间长 4-5 毫米。小穗柄长者 2.5-3 毫米，短者 1-2 毫米，均无毛；小穗长 2.1-2.5

毫米，基盘具金黄色丝状柔毛，毛长为小穗 4-5 倍；第一颖短于第二颖，先端平截，有 2 小齿，微粗糙，具 2 脊，脊间脉不明显，背部无毛，边缘有长柔毛；第二颖先端尖，等长于小穗，无毛。第一外稃长约 1.8 毫米，无脉；第二外稃线状披针形，长 1.8-2.2 毫米，先端 2 裂，无毛，中脉延伸成芒，芒细而弯，粗糙，带紫色，长 1-1.5 厘米；第二内稃长约 1 毫米。颖果长圆形，紫色，长约 2 毫米。染色体 2n=40。

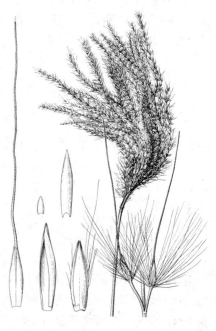

图 1513　尼泊尔双药芒　（史渭清绘）

花果期 6-11 月。

　产贵州、四川、云南及西藏，生于海拔 1900-2800 米山坡或河谷漫滩草地。印度北部、尼泊尔、缅甸至马来西亚山地有分布。

2.　西南双药芒　川芒　　　　　　　图 1514

Diandranthus yunnanensis (A. Camus) L. Liu, Fl. Reipubl. Popul. Sin. 10(2): 14. 1977.

Miscanthus nudipes (Griseb.) Hack subsp. *yunnanensis* A. Camus in

Bull. Mus. Hist. Nat. (Paris) 25: 670. 1919.

　具木质被鳞片根茎。秆丛生，高 0.8-1.2 米，无毛或上部节具髭

毛，紧接花序下部稍有柔毛。叶鞘无毛，叶舌长约2毫米，顶端钝圆，具纤毛；叶线形，长10-50厘米，宽0.4-1厘米，上面基部具长柔毛，下面被柔毛。圆锥花序长10-20厘米，主轴无毛，长为花序1/2以上；具多数总状花序，总状花序长5-12厘米，总状花序轴节间长5-8毫米，无毛。小穗柄无毛，短柄长1.5-3毫米，长柄长3-6毫米；小穗疏生，披针形，长4-4.5毫米，基盘毛长2-4毫米，白或带紫黑色；第一颖稍短于小穗，先端膜质，平截，7脉，二脊间背部具长约3毫米白色柔毛；第二颖舟形，与小穗等长，1脉，背部几无毛，先端和上部边缘膜质并具纤毛。第一外稃稍短于第一颖；第二外稃长约3毫米，先端具2微齿或近全缘，中脉延伸成长约1（-1.2）厘米直芒，微粗糙；第二内稃长为第二外稃之半，无毛。花果期6-8月。

产贵州、四川、云南及西藏，生于海拔1500-2500米山坡、疏林、灌丛、草地。

图 1514 西南双药芒 （史渭清绘）

3. 双药芒 光柄芒 图 1515

Diandranthus nudipes (Griseb.) L. Liu, Fl. Xizang. 5: 312. f. 173. 1987.

Erianthus nudipes Griseb. in Nachr. Akad. Wiss. Goett. 92. 1868.

秆高60-70厘米，3-4节，紧接花序的部分密生丝状柔毛。叶鞘短于节间，上部生柔毛，鞘口与叶片交接处密生疣基柔毛，节无毛，叶舌厚膜质，顶端钝，长1-2毫米，具纤毛；叶线形，长7-30厘米，宽3-6毫米，两面疏生疣基柔毛或柔毛。伞房状圆锥花序长10-15厘米，主轴长2-4厘米，被丝状柔毛，具5-10分枝，分枝长6-12厘米；总状花序轴节间长3-4（-6）毫米，三棱形，边缘具黄色柔毛。小穗柄棒状，无毛或被柔毛，长柄长2-4毫米，短柄长1-1.5毫米；小穗长圆形，长5（-5.5）毫米，金黄或稍褐色，基盘毛长为小穗2/3或稍短于小穗，淡黄或带紫色；第一颖长圆形，长约4.5毫米，先端膜质，平截或微凹，背部扁平，5脉，脉间疏生柔毛，边缘内卷，密生柔毛；第二颖稍长于第一颖，先端具微齿或生纤毛。第一外稃线状披针形，边缘具纤毛；第二外稃线状披针形，长约3毫米，无毛，中脉延伸成粗糙芒，芒长6-8毫米；内稃窄小。染色

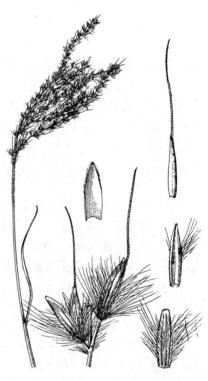

图 1515 双药芒 （史渭清绘）

体2n=40。花果期6-11月。

产贵州、四川南部、云南及西藏南部，生于海拔2800-4000米山地、山坡林缘、河边路旁或溪流沙滩中。不丹、尼泊尔及印度有分布。

4.　短毛双药芒　短毛芒　　　　　　　　　　　　　图 1516

Diandranthus brevipilus (Hand.–Mazz.) L. Liu, Fl. Reipubl. Popul. Sin. 10(2): 16. 1997.

Miscanthus brevipilus Hand.–Mazz. Symb. Sin. 7: 1306. 1936.

秆高 40-80 厘米，径 3-5 毫米，基部分枝密集。叶鞘无毛或蘖生叶鞘疏生柔毛，鞘节具短毛，叶舌顶端钝，长约 1 毫米，鞘口具长柔毛；叶线形，长 10-40 厘米，宽 4-6 毫米，两面被柔毛，上面基部的毛较长而密。圆锥花序长 8-14 厘米，主轴无毛，分枝长达 10 厘米，腋间具少数柔毛；总状花序轴节间无毛，长 2-4 毫米。小穗无毛，长柄长 2-4 毫米，短柄长 1-2 毫米；小穗披针形，长 4-4.5（-5）毫米，基盘具长 1-2 毫米白色柔毛；第一颖棕黄色，7 脉，5 脉达中部，2 脊不明显，背面下部 2/3 密生柔毛，边缘密生

白色柔毛，毛长 2-3 毫米；第二颖舟形，较长于第一颖，5 脉，具柔毛。第一外稃披针形，与颖等长，3 脉，无芒；第二外稃稍短于颖，先端 2 裂，芒长 5-6 毫米，膝曲，芒针劲直，紫褐色，微粗糙，芒柱稍扭曲；第二内稃较短，先端齿裂。花果期夏秋季。

图 1516　短毛双药芒
（引自《中国主要植物图说　禾本科》）

产四川及云南，生于海拔 1800-3000 米山坡草地。

186. 荻属 Triarrhena Nakai
（傅晓平）

多年生高大草本。根茎横走。叶带状；叶舌与耳部具长毛。顶生圆锥花序具多数总状花序。小穗具 1 两性小花，孪生于总状花序轴，小穗柄不等长；基盘具长于小穗 2 倍的长柔毛；颖厚纸质，第一颖两侧内折成 2 脊，边缘和上部或背部具长柔毛，脊间无脉或脉不明显。外稃膜质，第一外稃内空；第二小花两性，外稃先端无芒；雄蕊 3，先于雌蕊成熟，柱头从小穗下部二侧伸出。染色体小型，基数 x=10。

约 3 种，分布于中国及日本。我国 2 种 8 变种 8 变型。重要纤维植物。

1. 秆高 3-6（-7.2）米，径 1.5-2.5（-4.7）厘米，30-42 节，节多无毛；圆锥花序长 30-40 厘米，分枝腋间无毛；小穗柄基部与总状花序轴节间无毛或偶有毛；花药长 1.5-2 毫米；颖果长 2-2.5 毫米。
    2. 秆高（1.5-）5-6（-7.2）米，径 2-3.5（-4.7）厘米，35-47 节；秆壁厚 2-2.5 毫米；叶鞘无毛；芽粗壮，高 5-10 厘米。
        3. 秆高 5.5-6（-7.2）米，径 2-3.5（-4.7）厘米，42-47 节；秆成熟后蜡被宿存；两颖不等长，第一颖长 5.5 毫米，第二颖长为第一颖 3/4 ·· 1. **南荻 T. lutarioriparia**
        3. 秆高 4-5.2（-5.5）米，径 1.5-2 厘米，32-37 节；秆成熟后蜡被常脱落；两颖近等长。
            4. 小穗背部无毛，黄色；花药与颖果黄或黄褐色；小穗柄平滑；颖果长约 1.8 毫米 ·································
            ······························ 1(附). **突节荻 T. lutarioriparia var. elevatinodis**
            4. 小穗背部微糙，紫红色；花药与颖果带紫红色；小穗柄微糙；颖果长约 2.5 毫米；秆绿色，高达 5.5 米，径 2 厘米 ································· 1(附). **岗柴 T. lutarioriparia var. gongchai**
    2. 秆高约 1.7 米，径 0.5-1 厘米，20-30 节；秆绿或黄绿色，秆壁厚不及 1 毫米；节无分枝；叶与秆的夹角约 60 度，呈披散型，根茎短，长约 20 厘米；叶鞘密被锈色毛 ······ 1(附). **刹柴 T. lutarioriparia var. shachai**

1. 秆高 1-1.5 米，径约 5 毫米，10 余节，节密生柔毛；伞房状圆锥花序长 10-20 厘米，分枝腋间具柔毛；小穗柄基部与总状花序节间常具柔毛；花药长 2.5-3 毫米；颖果长约 1.5 毫米 ·············· **2. 荻 T. sacchariflora**

1. 南荻 图 1517：1-5

Triarrhena lutarioriparia L. Liu in Pl. Res. Gram. 2: 13. 27. pl. 3: 1-5. 27. 1989.

多年生高大竹状草本。秆深绿或带紫至褐色，常被蜡粉，宿存，高 5.5-7.2 米，径 2-3.5（-4.7）厘米，具 42-47 节，节部膨大，秆环隆起，及芽均无毛，分枝长约 1 米，上部节间长 2-5 厘米，上下部节间长 20-24 厘米；秆壁厚 2-2.5 毫米。叶鞘淡绿色，无毛，与节间近等长，鞘节无毛，叶舌具绒毛，耳部被细毛；叶带状，长 90-98 厘米，宽约 4 厘米，锯齿较短，上面中脉白色。圆锥花序长 30-40 厘米，主轴长达花序中部，具 100 枚以上总状花序，腋间无毛；总状花序轴节部长约 5.5 毫米。小穗短柄长 1.5 毫米，长柄长 3.5 毫米，小穗长 5-5.5 毫米，宽 0.9 毫米；两颖不等长，第一颖先端渐尖，长于第二颖 1/4，背部无毛，边缘与上部有长柔毛，基盘柔毛长为小穗约 2 倍。第一与第二外稃短于颖片，边缘有纤毛，先端无芒；花药长约 2 毫米。颖果黑褐色，长 2-2.5 毫米，宽 0.7-0.8 毫米，顶端具宿存二叉状花柱基。花果期 9-11 月。

产江苏南部、安徽、江西、湖北、湖南等省，生于海拔 30-40 米江洲湖滩。纤维质优、高产，供制高级用纸及静电复印纸，是有发展前途的优良植物纤维。

[附] **突节荻** 图 1517：6 **Triarrhena lutarioriparia** var. **elevatinodis** L. Liu et P. F. Chen in Pl. Res. Gram. 2: 17. 29. 1989. 与模式变种的区别：秆高 4.5-5 米，径 1.5-1.8 厘米，约 35 节，节突出，叶质薄，宽约 3 厘米，顶节以上秆的部分长 50-60 厘米；小穗较短，两颖近等长，第一颖长约 5 毫米；颖果长约 1.8 毫米。产湖南洞庭湖区，生于海拔约 30 米湖洲沙壤土。

[附] **岗柴 Triarrhena lutarioriparia** var. **gongchai** L. Liu in Pl. Res. Gram. 2: 18. 29. 1989. 与模式变种的区别：秆高 3-5（-5.5）米，径 1.1-2

2. 荻 图 1518

Triarrhena sacchariflora (Maxim.) Nakai in Journ. Jap. Bot. 25: 7. 1950.
Imperata sacchariflora Maxim. in Mém. Sav. Etv. Petersb. 9: 331. 1859.
Miscanthus sacchariflorus (Maxim.) Benth.; 中国高等植物图鉴 5: 180. 1976.

具被鳞片长匍匐根茎，节有粗根与幼芽。秆高 1-1.5 米，径约 5 毫米，10 多节，节密生柔毛。叶鞘无毛，叶舌长 0.5-1 毫米，具纤毛；

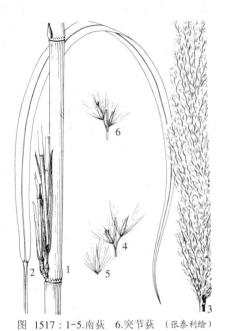

图 1517：1-5.南荻 6.突节荻 （张泰利绘）

厘米，秆壁厚约 2 毫米，约 30 节以上，节间长 13-18 厘米，分枝多；圆锥花序长约 30 厘米；小穗长 4.5-5 毫米；第一颖背部微粗糙，有时具少数柔毛；颖果常紫红色。染色体 2n=38。产湖北汉江平原，生于荒洲、湖滩、江岸、河边或堤旁。

[附] **刹柴 Triarrhena lutarioriparia** var. **shachai** L. Liu in Pl. Res. Gram. 2: 32. 1989. 与模式变种的区别：地下根茎具多数分枝，地上直立茎无分枝；秆较细矮密集，绿或黄绿色，高（1.5）2-3 米，秆壁厚不及 1 毫米；叶鞘密被毛，叶片及花序各部均短小。染色体 2n=76。产湖北，生于湖岸或堤旁。

叶宽线形，长 20-50 厘米，宽 0.5-1.8 厘米，上面基部密生柔毛，余无毛，边缘锯齿状粗糙，基部常缢缩成柄。圆锥花序伞房状，长 10-20 厘米，宽约 10 厘米；主轴无毛，分枝 10-20，腋间生柔毛；总状花序轴节间长 4-8 毫米，或具短柔毛。小穗基部腋间常生柔毛，短柄长 1-2 毫米，长柄长 3-5 毫米；小穗线状披针形，长 5-5.5 毫米，基盘具长为小穗 2 倍的丝状柔毛；第一颖 2 脊间具 1 脉或无脉，先端膜质长渐尖，边缘和背部具长柔毛；第二颖与第一颖近等长，先端渐尖，与边缘均膜质，具纤毛，3 脉，背部无毛或有少数长柔毛。第一外稃稍短于颖，先端尖，具纤毛；第二外稃窄披针形，短于颖片 1/4，具小纤毛，无脉或 1 脉，稀有芒状尖头；第二内稃长约外稃之半，具纤毛；花药长 2.5-3 毫米；柱头紫黑色。颖果长圆形，长 1.5 毫米。花果期 8-10 月。

产黑龙江、吉林、辽宁、河北、山东、山西、河南、陕西、宁夏、甘肃、安徽、浙江、湖北、贵州、四川等省区，生于山坡草地、平原岗地、河岸湿地。日本、朝鲜半岛及俄罗斯西伯利亚有分布。优良防沙护坡植物。

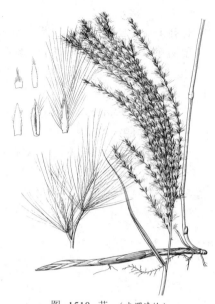

图 1518 荻 （史渭清绘）

187. 坚轴草属 Tenacistachya L. Liu

（傅晓平）

多年生草本。秆直立，丛生。叶鞘聚集秆基，稍扁；叶长线形。顶生圆锥花序窄长或成穗状；总状花序分枝直立，具多对小穗，单生于主轴各节。小穗具 1 两性小花，同形，孪生，一具长柄，一具短柄，成熟后自柄上脱落，基盘具髭毛，毛长不及小穗 1/5；总状花序轴坚韧而不逐节脱落；第一颖近革质，背腹扁，具 2 脊，边缘内折，有柔毛，脊间无脉或 3 脉，背部扁平无毛或生短毛，先端钝，平截或蚀齿状，短于第二颖。第一外稃质较厚，内空，无第一内稃，第二外稃先端有小尖头或具芒长 2-5 毫米；鳞被 2；雄蕊 3；花柱 2，子房长圆形。

2 种，我国特产。

坚轴草

图 1519

Tenacistachya sichuanensis L. Liu in Pl. Res. Gram. 11: 89. 1989.

多年生丛生草本。秆直立，高 0.7-1 米，径 3-4 毫米，3-4 节，节被柔毛。叶鞘无毛，稍扁，2 列聚集秆基，长于节间，顶生叶鞘长达 20 厘米，叶舌膜质，三角形，长 0.5-1.5 毫米，具纤毛，鞘口具缘毛；叶线形，长 10-30 厘米，宽 2-8 毫米，基部渐窄或稍柄状，边缘粗糙，无毛，下部叶疏生疣基柔毛。圆锥花序长约 10 厘米，宽约 5 毫米，主轴无毛，边缘微粗糙；分枝直立，常单生或下部者常具 2 次分枝，分枝基部裸露；小穗孪生，均具柄，或单生，小枝节被髭毛，节间长 3-7 毫米。小穗柄无毛，顶端略肥大，长柄长 3-4 毫米，短柄长 1-2 毫米，小穗长圆形，长约 6 毫米，带棕

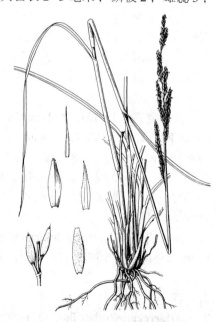

图 1519 坚轴草 （张泰利绘）

色；第一颖稍短于第二颖，先端蚀齿状或微 2 裂，无毛，微粗糙，2-3 脉不明显，具 2 脊，脊具锯齿状粗

糙或具少数硬毛；第二颖先端渐尖，中脉呈脊，粗糙，无脉或3-5脉极不明显，粗糙，边缘具柔毛。第一外稃长披针形，等长于小穗，纸质，被微毛，边缘具柔毛，3-5脉；第二外稃窄线形，干膜质，长约5毫米，边缘生柔毛，1-3脉；花药长约2毫米；鳞被长约1毫米，

顶端具不规则齿裂，无毛。花果期8月。

产四川西南部及云南，生于干旱荒山草坡。

188. 白茅属 Imperata Cyrillo

（傅晓平）

多年生草本。具多节长根茎。秆直立，常不分枝。叶多数基生，线形；叶舌膜质。圆锥花序顶生，穗状。小穗具1两性小花，基盘密生丝状柔毛，小穗具柄，孪生于细长总状花序轴上，两颖近相等，披针形，膜质或下部草质，具数脉，背部被长柔毛。外稃膜质，无脉，具裂齿和纤毛，先端无芒；无第一内稃，第二内稃较宽，膜质，包雌、雄蕊；无鳞被；雄蕊2或1；花柱细长，下部多少连合，柱头2，线形，自小穗顶端伸出。颖果椭圆形。胚大型，种脐点状。染色体小型，基数10。

约10种，分布于热带和亚热带。我国4种。

1. 植株高不及1米；叶长10-40厘米，宽2-8毫米；圆锥花序长10-20厘米。
  2. 小穗长4.5-5（6）毫米；花药长3-4毫米；秆节无毛，常为叶鞘所包；圆锥花序稠密，长达20毫米，宽达3厘米 ·· 1. 白茅 I. cylindrica
  2. 小穗长2.5-3.5（-4）毫米；花药长2-3毫米；秆节裸露，具白色长毛；圆锥花序穗状，较稀疏，长6-15厘米，宽1-2厘米 ·· 2. 丝茅 I. koenigii
1. 植株高约2米；叶长达1米，宽约2厘米；圆锥花序长达50厘米 ·················· 3. 宽叶白茅 I. latifolia

1. 白茅

图 1520

Imperata cylindrica (Linn.) Beauv. Ess. Agrost. 165. 1812.

Lagurus cylindricus Linn. Syst. Nat. ed. 10, 2: 878. 1759.

秆直立，高30-80厘米，1-3节，节无毛，常为叶鞘所包。叶鞘聚集秆基，长于节间，老后纤维状，叶舌膜质，长约2毫米，紧贴背部或鞘口具柔毛，分蘖叶长约20厘米，宽约8毫米，扁平，质较薄；秆生叶长1-3厘米，窄线形，通常内卷，先端刺状，下部渐窄，或具柄，质硬，被白粉，基部上面具柔毛。圆锥花序稠密，长20厘米，宽达3厘米。小穗长4.5-5（6）毫米，基盘具长1.2-1.6厘米丝状柔毛；两颖草质及边缘膜质，近相等，5-9脉，常具纤毛，脉间疏生长丝毛。第一外稃卵状披针形，长为颖片2/3，透

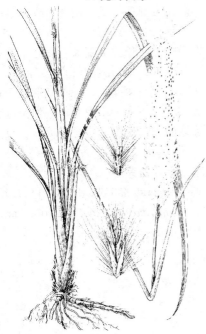

图 1520 白茅 （引自《乐昌植物志》）

明膜质，无脉，先端尖或齿裂，第二外稃与内稃近相等，长约颖之半，卵圆形，先端具齿裂及纤毛。颖果椭圆形，长约1毫米。染色体2n=20。花果期4-6月。

产黑龙江、吉林、辽宁、内蒙古、河北、山东、山西、河南、陕西、甘肃、安徽、浙江、福建、湖南、海南、广西西部、贵州、

云南及西藏，生于低山带平原、河岸草地、沙质草甸、荒漠与海滨。非洲北部、土耳其、伊拉克、伊朗、中亚、高加索及地中海区域有分布。

2.　丝茅 茅针 茅根 白茅根 丝毛草根　　　　图 1521：1-8

Imperata koenigii (Retz.) Beauv. Ess. Agrost. 165. 1812.

Saccharum koenigii Retz. Obs. Bot. 5: 16. 1788.

Imperata cylindrica (Linn.) Beauv. var. *major* (Nees) C. E. Hubb.; 中国高等植物图鉴 5: 181. 1976.

秆直立，高 25-90 厘米，2-4 节，节裸露，具白柔毛。叶鞘无毛或上部及边缘具柔毛，鞘口具疣基柔毛，鞘常集于秆基，老时纤维状，

叶舌干膜质，长约 1 毫米，先端具细纤毛；叶线形或线状披针形，长 10-40 厘米，宽 2-8 毫米，边缘粗糙，上面被柔毛；顶生叶长 1-3 厘米。圆锥花序穗状，长 6-15 厘米，宽 1-2 厘米，分枝密集。有时基部较稀疏；小穗无毛或疏生丝状柔毛，长柄长 3-4 毫米，短柄长 1-2 毫米；小穗披针形，长 2.5-3.5（-4）毫米，基部密生长 1.2-1.5 厘米丝状柔毛；两颖几相等，膜质或下部质较厚，先端渐尖，5 脉，背部脉间疏生长于小穗 3-4 倍丝状柔毛。第一外稃卵状长圆形，长为颖之半或更短，先端尖，具齿裂及少数纤毛；第二外稃长约 1.5 毫米；内稃宽约 1.5 毫米，先端平截，具微小齿裂。颖果椭圆形，长约 1 毫米。染色体 2n=20。花果期 5-8 月。

产河北、山东、山西、河南、陕西、甘肃、江苏、安徽、浙江、台湾、福建、江西、湖北、湖南、广东、香港、海南、广西、贵州、四川、云南及西藏，为南方草地优势植物，是森林砍伐或火烧迹地的先锋植物，也是空旷地、果园、撂荒地、田坎、堤岸和路边常

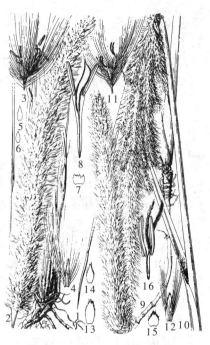

图 1521：1-8.丝茅　9-16.宽叶白茅
（引自《中国植物志》）

见杂草。自非洲东南部、马达加斯加、阿富汗、伊朗、印度、斯里兰卡、马来西亚、印度尼西亚爪哇、菲律宾、日本至大洋洲有分布。根茎具果糖、葡萄糖等，味甜可食；入药为利尿剂、清凉剂；茅花可止血；茎叶为牲畜牧草，秆为造纸原料。

3.　宽叶白茅　　　　图 1521：9-16

Imperata latifolia (Hook. f.) L. Liu, Fl. Reipubl. Popul. Sin. 10(2): 34. 1977.

Imperata arundinacea Cyrillo var. *latifolia* Hook. f. Fl. Brit. Ind. 7: 106. 1897.

根茎长。秆高约 2 米，径约 1 厘米，3-4 节，节无毛。叶鞘长于节间，多数聚集秆基，叶舌干膜质，长约 2 毫米，先端具细纤毛；叶带形或线状披针形，长达 1 米，宽约 2 厘米，下面无毛，上面基部密生黄色疣基长柔毛，边缘粗糙。圆锥花序密穗状，圆锥形，长达 50 厘米，宽 2-2.5（-3）厘米，分枝

细弱密集，长 2-4 厘米；总状花序轴节间长 1-4 毫米，无毛，每节具 1 短柄和 1 长柄小穗或基部具 3 枚小穗。小穗柄微粗糙，长 1-3 毫米，小穗常着生于总状花序轴一侧，披针形，长 3-3.5（-4）毫米，基盘密生长约 1.2 毫米丝状柔毛；两颖等长或第一颖稍短，下部纸质上部膜质，先端渐尖，第一颖较窄，5-7 脉，中脉至上部，下部疏生长柔毛，先端具纤毛；第二颖较宽，下部 3 脉，中脉达上部，微粗糙，边缘具纤毛。第一与第二外稃近似，长约 2.5 毫米，无脉，无芒，上部边缘具纤毛；第二内稃长约 1.5 毫

米，宽卵形，先端具 3 圆裂，无脉，边缘具纤毛。花果期夏秋季。

产四川西南部金沙江河谷，生于海拔 800 米潮湿草地。印度有分布。

189. 河八王属 **Narenga** Bor
（傅晓平）

多年生草本。秆高大直立。叶线形，顶生叶退化；叶舌膜质。顶生圆锥花序大型，稠密；分枝直立，总状着生主轴；小穗具 1 两性小花，成对着生于总状花序轴各节，1 无柄，1 有柄；总状花序轴节间通常较短于小穗，不易逐节断落。两颖近革质，等长；第一颖具 2 脊，扁平，边缘内折，顶端钝，基盘具等长或短于小穗的紫或金黄色丝状毛。外稃膜质或第一外稃下部较厚，内空；第二外稃先端无芒或具短芒；雄蕊 3；柱头 2，帚刷状，自小穗上部两侧伸出。染色体小型，x=10。

2 种 1 变种，分布于亚洲东南部热带地区。我国均产。

1. 小穗长约 3 毫米，第一颖背部无毛或疏生柔毛；基盘具白或稍带紫色丝状毛，约等长于小穗 ………… ……………………………………………………………………………… 1. 河八王 N. porphyrocoma

1. 小穗长 3.5-4 毫米，第一颖背部有锈色柔毛；基盘具黄锈色柔毛，短于小穗。
　2. 第二外稃通常无芒 ………………………………………………………… 2. 金猫尾 N. fallax
　2. 第二外稃具长 4-8 毫米伸出小穗之外的短芒 ………………… 2(附). 短芒金猫尾 N. fallax var. aristatum

1. 河八王　　　　　　　　　　　图 1522

Narenga porphyrocoma (Hance ex Trim.) Bor in Ind. For. 66: 267. 1940.

Eriochrysis porphyrocoma Hance ex Trim. in Journ. Bot. 26: 294. 1876.

秆高 1-3 米，径 5-8 毫米，节具长髭毛，节上下均被柔毛或白粉。叶鞘被疣基柔毛，鞘口密生疣基柔毛，边缘锯齿状粗糙。圆锥花序长 20-30 厘米，主轴被白色柔毛，节具柔毛，有 4 分枝；总状花序轴节间与小穗柄长约 2.5 毫米，边缘疏生纤毛。无柄小穗披针形，长约 3 毫米，基盘具白或稍带紫色丝状毛，毛等长或稍短于小穗；第一颖有不明显 3 脉，先端钝，上部边缘具纤毛；第二颖舟形，3 脉，背部无毛。第一外稃长圆形，近等长于颖，边缘具纤毛；第二外稃较窄，稍短于颖，先端钝，与边缘均具纤毛；第二外稃长约 1.5 毫米，先端具长纤毛；鳞被楔形，长与宽均 0.5 毫米，先端平截，具长 0.8 毫米纤毛。染色体 2n=30。花果期 8-11 月。

产河南东南部、江苏、安徽、浙江、台湾、福建、江西、湖北、湖南、广东、广西、贵州、四川及云南，多生于山坡草地。亚洲东南部有分布。为甘蔗的杂交亲本。

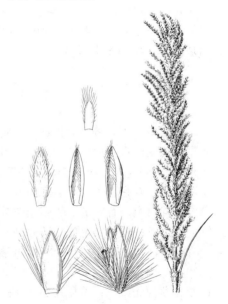

图 1522 河八王 （史渭清绘）

2. 金猫尾　　　　　　　　　　　图 1523

Narenga fallax (Balansa) Bor in Kew Bull. 1948: 162. 1948.

Saccharum fallax Balansa in Journ. de Bot. 4: 80. 1890; 中国高等植物图鉴 5: 183. 1976.

秆中空，高达 3 米，径 0.8-1.2 厘米，节部被金黄色绒毛，节下被蜡粉或黄色柔毛。叶鞘边缘密生纤毛，鞘节被黄色柔毛，叶舌厚膜质，长约 1.5 毫米，紧贴背部密生纤毛；叶长达 80 厘米，宽 1-1.5 厘米，两面疏生疣基柔毛或无毛，基部与叶鞘相连处及中脉密生柔毛，边缘锯齿状粗糙。圆锥花序长 30-60 厘米，直立，主轴及其花序以下部分均被黄褐色柔毛，每节具多数分枝，节生锈色柔毛；总状花序轴节间与小穗柄长 2-3（4）毫米，被黄锈色纤毛；无柄小穗长（3.5）-4 毫米，长圆状披针形，基盘具短于其小穗 1/3 黄锈色柔毛；第一颖先端稍尖，边缘具纤毛，背部被锈色柔毛，脊间无脉；第二颖舟形，3 脉。第一外稃披针形，较短于颖，边缘具纤毛；第二外稃长圆形，长约颖之半，通常无芒，先端钝圆具纤毛；第二内稃微小。花果期 8-10 月。

产广东、香港、海南、广西、贵州及云南，生于海拔 400-1000 米山坡草地。亚洲东南部有分布。

[附] **短芒金猫尾 Narenga fallax** var. **aristata** (Balansa) L. Liu, Fl. Reipubl. Popul. Sin. 10(2): 37. 1997. —— *Saccharum fallax* Balansa var. *aristata* Balansa in Journ. de Bot. 4: 81. 1890. 与模式变种的区别：小穗芒长 4-8 毫米，自第二外稃先端之二裂片中伸出，扭转，具光泽，露出小穗之外。产海南及云南，生于海拔 900 米以下干旱山坡草地。中南半岛有分布。

图 1523　金猫尾　（史渭清绘）

190. 甘蔗属 Saccharum Linn.

（傅晓平）

多年生草本。秆高大粗壮，常实心，节多数，基部数节生气生根。叶舌发达，或具纤毛；叶线形，中脉粗。顶生圆锥花序大型稠密，具多数总状花序；小穗孪生，一无柄，一有柄，均具 1 两性小花；总状花序轴逐节折断。有柄小穗自柄上脱落，无柄小穗连同小穗柄一并脱落；两颖近等长；草质或上部膜质，背部无毛或具长柔毛，第一颖常具 2 脊，第二颖常舟形；基盘多具长于小穗的丝状柔毛。外稃膜质，边缘具纤毛，第一外稃内空，有时具 1 脉；第二外稃窄线形，先端无芒；第二内稃常存在；雄蕊 3；柱头自小穗中部两侧伸出，花柱短。染色体基数 x=10。

约 8 种，主产亚洲热带与亚热带。我国 5 种。

1. 小穗背部无柔毛；基盘具长于小穗 2-4 倍丝状柔毛；第二外稃先端尖，无芒；秆具蔗糖，味甜。
　2. 秆高 1-2 米，径 4-8 毫米，5-10 节，节间中空，具糖分少，纤维多；叶线形，宽 4-8 毫米；鳞被顶端具纤毛；颖果发育 ·· 1. **甜根子草 S. spontaneum**
　2. 秆高 2-6 米，径 2-6 厘米，20-40 节，节间实心，具糖分高，纤维较少；叶线状披针形，宽 2-5 厘米；鳞被无毛；多不开花结实。
　　3. 圆锥花序主轴及其以下秆的部分无丝状柔毛，总状花序轴节间无毛；小穗长 3.5-4 毫米 ·· 2. **甘蔗 S. officinarum**
　　3. 圆锥花序主轴及其以下秆的部分具白色丝状柔毛，总状花序轴节间边缘具柔毛；小穗长 4.5 毫米。
　　　4. 秆高 3-4 米，径 3-4 厘米；叶长 1 米以上，宽 3-5 厘米 ············ 3. **竹蔗 S. sinense**
　　　4. 秆高约 2 米，径 1-2 厘米；叶长 50 厘米以上，宽 1-2 厘米 ······ 3(附). **细秆甘蔗 S. barberi**
1. 小穗背部具长柔毛；基盘具短于小穗的柔毛；第二外稃先端具短芒尖；秆无蔗糖，无甜味 ·· 4. **斑茅 S. arundinaceum**

1. 甜根子草

图 1524

Saccharum spontaneum Linn. Mant. Alt. 2: 183. 1771.

Imperata spontanea (Linn.) Beauv.; 中国高等植物图鉴 5: 187. 1977.

秆高 1-2 米，径 4-8 毫米，中空，5-10 节，节具短毛，节下常有白色蜡粉，紧接花序以下被白色柔毛。叶鞘鞘口具柔毛，有时鞘节或上部边缘有柔毛，稀全被疣基柔毛，叶舌膜质，长约 2 毫米，褐色，先端具纤毛；叶线形，长 30-70 厘米，宽 4-8 毫米，无毛，灰白色，边缘锯齿状粗糙。圆锥花序长 20-40 厘米，稠密，主轴密生丝状柔毛；总状花序轴节间长约 5 毫米，边缘与外侧面疏生长丝毛。小穗柄长 2-3 毫米；无柄小穗披针形，长 3.5-4 毫米，基盘具长于小穗 3-4 倍丝毛；两颖近相等，无毛，下部厚纸质，上部膜质，渐尖；第一颖上部边缘具纤毛；第二颖中脉成脊，边缘具纤毛。第一外稃卵状披针形，等长于小穗，边缘具纤毛，第二外稃窄线形，长约 3 毫米，边缘具纤毛，第二内稃微小；鳞被倒卵形，长约 1 毫米，先端具纤毛。染色体 2n=40-128。花果期 7-8 月。

产河南、陕西、甘肃南部、江苏、安徽、台湾、福建、江西、湖北、湖南、广东、香港、海南、广西、贵州、四川、云南等省区，生于海拔 2000 米以下平原、山坡、河旁、溪边、砾石沙滩。东

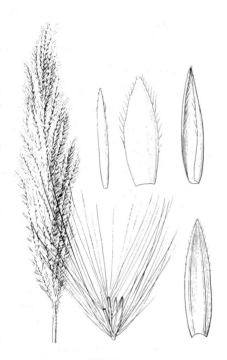

图 1524 甜根子草 （引自《图鉴》）

南亚、澳大利亚东部至日本、欧洲南部有分布。根茎固土力强，适应干旱沙地生长，为固堤保土植物。秆供造纸，嫩枝叶作牲畜饲料。为培育甘蔗新品种，进行有性杂交育种的野生材料。

2. 甘蔗

图 1525

Saccharum officinarum Linn. Sp. Pl. 54. 1753.

Saccharum sinensis Roxb.; 中国高等植物图鉴 5: 182. 1976.

秆高 3-5（6）米，径 2-4（5）厘米，实心，20-40 节，下部节间较粗短，被白粉。叶鞘长于节间，鞘口具柔毛，叶舌极短，生纤毛；叶长达 1 米，宽 4-6 厘米，无毛，中脉白色，边缘锯齿状粗糙。圆锥花序长约 50 厘米，主轴节具毛，余无毛，花序以下部分无丝状柔毛；总状花序多数轮生，稠密；总状花序轴节间与小穗柄无毛。小穗线状长圆形，长 3.5-4 毫米；基盘具长于小穗 2-3 倍丝状柔毛；第一颖脊间无脉，无柔毛，先端尖，边缘膜质；第二颖具 3 脉，中脉成脊，粗糙。第一外稃膜质，与颖近等长，无毛；第二外稃微小，第二内稃披针形；鳞被无毛。染色体 2n=60，80，90，68，80。

台湾、福建、广东、海南、广西、四川及云南南部广泛种植。全世界热带糖料生产国的主要经济作物，东南亚太平洋诸岛国、大洋洲岛屿和古巴盛产。茎秆为重要制糖原料。纤维素供造纸；秆梢与叶片作牛羊等家畜饲料，还可药用、制酒精、养酵母、作建筑材料等。

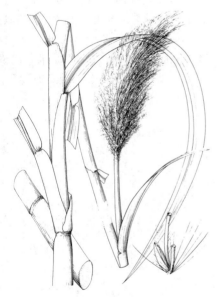

图 1525 甘蔗 （张荣生绘）

3. 竹蔗

图 1526

Saccharum sinense Roxb. Pl. Coromand. 3: pl. 232. 1818.

秆实心，高 3-4 米，径 3-4 厘米，节多数，节下被蜡粉，花序以下部分具白色丝状柔毛。叶鞘较长于节间，鞘口具长柔毛，叶舌长约 2 毫米，背部密生细毛；叶线状披针形，长达 1 米以上，宽 3-5 厘米，无毛，带灰白色，边缘锯齿状粗糙。圆锥花序长 30-60 厘米，主轴被白色丝状柔毛，分枝细长，腋间密生柔毛；总状花序轴节间长 6-8 毫米，边缘疏生长丝状毛。小穗柄长约 4 毫米，无毛；无柄小穗披针形，长约 4.5 毫米，带暗褐色，基盘具长于小穗 2-3 倍丝状柔毛；颖几等长，上部膜质，边缘具纤毛；第一颖侧脉短；第二颖 3 脉，上部有微毛。第一外稃长圆状披针形，1 脉，具纤毛，第一内稃长约 0.5 毫米或无，第二外稃窄线形，长 1.2-3 毫米或退化，第二外稃宽卵形或长圆形，长 1.5-2 毫米，先端 2 裂，钝圆或平截，具纤毛；雄蕊 3，柱头紫褐色，长 1.5-2 毫米，自小穗中部两侧伸出。颖果卵圆形，长约 1.2 毫米。花果期 11 月至翌年 3 月，多不开花结实。染色体 2n=116-118，118-120。

台湾、福建、江西、湖南、广东、广西、四川及云南有种植。秆具糖分较高，为制糖原料；秆供生食并入药，蔗梢与叶片为牛等家畜饲料，蔗渣纤维是造纸原料及压制隔音板材料。

[附] **细秆甘蔗 Saccharum barberi** Jesw. in Arch. Sukerind. Nederland. Ind. 33: 404. 1925. 本种与竹蔗的主要区别：秆高约 2 米，径 1-2 厘米；叶长 50 厘米以上，宽 1-2 厘米。染色体 2n=82-124。花果期秋冬季。广

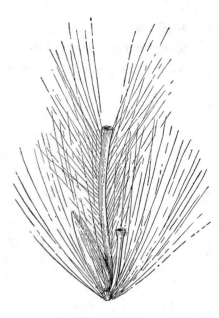

图 1526 竹蔗
（引自《中国主要植物图说　禾本科》）

西、云南等地种植。分布于印度。秆中糖分具量较高，供制糖，纤维和淀粉多。

4. 斑茅

图 1527

Saccharum arundinaceum Retz. Obs. Bot. 4: 14. 1786.

丛生。秆高 2-4（-6）米，径 1-2 厘米，节多数，无毛。叶鞘长于节间，基部或上部边缘和鞘口具柔毛，叶舌膜质，长 1-2 毫米，顶端平截；叶线状披针形，长 1-2 米，宽 2-5 厘米，上面基部被柔毛。圆锥花序稠密，长 30-80 厘米，宽 5-10 厘米，主轴无毛，每节有 2-4 分枝，分枝 2-3 回分出，腋间被微毛；总状花序轴节间与小穗柄细线形，长 3-5 毫米，被长丝状柔毛。小穗窄披针形，长 3.5-4 毫米，基盘具长约 1 毫米柔毛；两颖近等长，渐尖，第一颖沿脊微粗糙，两侧脉不明显，背部具长于小穗 1 倍以上丝状柔毛；第二颖具 3（-5）脉，脊粗糙，上部具纤毛，背部无毛，有柄小穗背部具长柔毛。第一外稃等长或稍短于颖，1-3 脉，先端尖，上部边缘具小纤毛；第二外稃披针

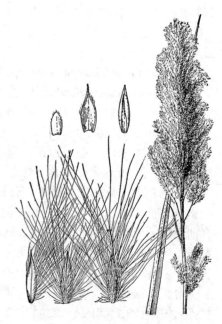

图 1527 斑茅
（引自《中国主要植物图说　禾本科》）

形，稍短或等长于颖，先端具小尖头，或有柄小穗具长 3 毫米芒，上部边缘具细纤毛；第二内稃长圆形，长约外稃之半，先端具纤毛。颖果长圆形，长约 3 毫米。2n=30，40，50，60。花果期 8-12 月。

产河南、陕西、甘肃南部、江苏、安徽、浙江、台湾、福建、江西、湖北、湖南、广东、香港、海南、广西、贵州、四川、云南及西藏，生于山坡、河岸、溪涧、草地。印度、东南亚有分布。嫩叶供牛马饲料；秆可编席和造纸。茎秆无甜味，有性杂交育种上利用其分蘖力强、高大丛生、抗旱性强等特性。

191. 蔗茅属 Erianthus Michaux.

（傅晓平）

多年生丛生草本。秆高大粗壮，节间中空。叶舌发达；叶线形或线状披针形。圆锥花序顶生，较密集，具丝状柔毛。小穗具 1 两性花，孪生，一无柄，一有柄，同形同性，成熟后穗轴逐节断落；总状花序轴节间与小穗柄及无柄小穗一同脱落。两颖近等长，第一颖背部扁平，边缘内折，纸质或薄革质。外稃膜质，第二外稃中脉从先端或 2 微齿间伸出或稍弯或直芒；第二内稃常存在；鳞被楔形；雄蕊（2）3；柱头 2，自小穗两侧伸出。颖果长圆形。胚大型，约为果体 1/2，种脐点状。染色体基数 x=10。

约 50 种，分布于美洲、非洲、亚洲热带地区、地中海、欧洲南部和喜马拉雅海拔较高温暖地区。我国 8 种。

1. 圆锥花序主轴长；基盘丝状柔毛长为小穗 2-3 倍；第一颖背部无毛或具柔毛（沙生蔗茅的基部丝状柔毛等长于小穗，小穗的第一颖背部无毛）。
  2. 第二外稃芒长 4-8 毫米，等长或较短于小穗；植株高（1.5-）2-3（4）米，径 1 厘米；叶宽 0.5-1.5 厘米；第一颖两脊粗糙 ·· **1. 沙生蔗茅 E. ravennae**
  2. 第二外稃芒长 1-2.4 厘米，长为小穗 2-4 倍。
    3. 颖片背部无毛。
      4. 小穗长 4-5 毫米；秆紧接花序下无毛；叶宽达 4 厘米，与鞘口连接处有一横痕而易自该处脱落 ·· **2. 滇蔗茅 E. rockii**
      4. 小穗长 2.5-3.5 毫米；秆紧接花序下具白色丝状毛；叶宽 1-2 厘米，与叶鞘连接处无横痕 ·· **3. 蔗茅 E. rufipilus**
    3. 颖片背面下部被丝状柔毛；小穗长约 5 毫米，先端渐尖，芒长约 1 厘米；基盘毛短于小穗；秆紧接花序下部被丝状柔毛 ·············· **4. 西南蔗茅 E. hookeri**
1. 圆锥花序伞房状，花序主轴短；第一颖背部具长丝状柔毛。
  5. 秆高不及 1 米；叶长 30-50 厘米；花序长 8-15 厘米；具栗褐色丝状柔毛；植株各部较小 ·· **5. 台蔗茅 E. formosanus**
  5. 秆高达 1.5 米；叶长达 1 米；花序长约 20 厘米，具紫红色丝状柔毛；植株各部较粗大 ··· **5(附). 紫台蔗茅 E. formosanus var. pollinioides**

1. 沙生蔗茅

Erianthus ravennae (Linn.) Beauv. Ess. Agrost. 14. 1812.

Andropogon ravennae Linn. Sp. Pl. ed. 2, 1481. 1763.

根茎粗短，常形成大丛。秆高（1.5-）2-3（4）米，径约 1 厘米，节多数，实心，下部节有黄色柔毛。叶鞘圆筒形，紧包秆，下部密生淡黄色柔毛，毛长 1-1.5 毫米，叶舌短，具长约 2 毫米纤毛；叶带形，长 0.5-1.2 米，宽 0.5-1.5 厘米，基部有黄色长丝状毛。圆锥花序

直立，长30-60厘米，宽10-15厘米，分枝稠密，小枝具3-4节；节间与小穗柄近等长，密生长柔毛。小穗常有异形，长3-5（6）毫米，带紫色；基盘具等长于小穗的丝状柔毛；第一颖革质，先端尖至长渐尖或有2小齿，脊具小刺，背部无毛，或有柄小穗散生柔毛；第二颖中脉成脊，有小尖头。第一外稃膜质，脊具纤毛，第二外稃长约3毫米，3脉，先端有长4-8毫米芒。染色体2n=20，20+1B，60。花果期秋季。

2. 滇蔗茅
图 1528：1-6

Erianthus rockii Keng in Sinensia 10: 291. 1939.

秆高约2米，径约1厘米，有时下部具分枝，紧接花序以下无毛，节多数，节下被白粉。叶鞘较长于节间，无毛或口部具柔毛，叶舌质厚，长2-3毫米，顶端钝，无毛，两侧下延与叶鞘边缘相连；叶线状披针形，长15-40厘米，宽1-4厘米，与叶鞘相接处有一横痕而易自该处脱落，下面粉绿色，疏生柔毛，近基部毛较密。圆锥花序较密集，长15-50厘米，主轴无毛，分枝多数；基部主枝有2次分枝，长3-9厘米，腋间被柔毛；总状花序轴节间扁平，长3-7毫米，疏生长柔毛。小穗披针形，长4-5毫米，黄棕色，上部1/3膜质浅黄色；基盘具黄色丝状柔毛，毛长为小穗1/3至2倍；第一颖先端膜质，渐尖或具2齿，被微毛，疏生纤毛，背部革质无毛，脊间具1-3脉；第二颖渐尖，背部无毛，3脉，边缘具纤毛。第一外稃较颖短1/4，边缘具纤毛；第二外稃窄线形，长约3毫米，芒细弱，稍弯曲，微粗糙，长1.5-2厘米；内稃长约1毫米。花果期8-11月至翌年

3. 蔗茅
图 1529

Erianthus rufipilus (Steud.) Griseb. in Nachr. Ges. Wiss. Gottingen 93. 1868.

Saccharum rufipilum Steud. Syn. Pl. Glum. 1: 409. 1855.

丛生。秆高1.5-3米，花序以下具白色丝状毛，有多数具髭毛的节，节下被白粉。叶鞘多长于节间，上部和边缘被柔毛，鞘口生繸毛，叶舌质厚，长1-2毫米，顶端平截，具纤毛；叶宽线形，长20-60

产新疆，生于海拔1200-3000米固定沙丘、戈壁滩、沙地。印度西北部、克什米尔地区、巴基斯坦、伊朗、中亚、欧洲地中海地区有分布。为优良固沙植物；幼嫩期作家畜饲料。

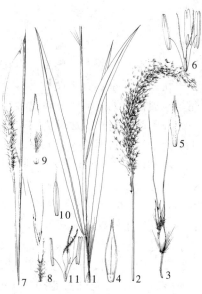

图 1528：1-6.滇蔗茅　7-11.西南蔗茅
（引自《中国植物志》）

4月。

产广西西部、贵州西南部、四川及云南，生于海拔500-2700米干旱山坡草地。中南半岛有分布。

图 1529 蔗茅
（引自《中国主要植物图说　禾本科》）

厘米，宽 1-2 厘米，扁平或内卷，无毛，下面被白粉。圆锥花序长 20-30 厘米，宽 2-3 厘米，主轴密生丝状柔毛；分枝密，长 2-5 厘米，二回分出小枝，总状花序轴节间与小穗柄长为小穗 2/3-3/4，边缘具长丝状毛。小穗长 2.5-3.5 毫米，基盘具白或浅紫色长为小穗 3 倍的丝状毛，第一颖厚纸质，脊间无脉，扁平，无毛，近边缘具一短脉，生丝状柔毛，先端膜质，渐尖；第二颖稍长于第一颖，先端膜质，渐尖，3 脉，上部边缘具纤毛。第一外稃披针形，等长或稍短于颖，先端尖或芒状，有柄小穗芒长达 6 毫米；第二外稃长约 1 毫米，线状披针形，无毛，先

端芒长 1-1.4 厘米；第二内稃长约 0.5 毫米。染色体 2n=20。花果期 6-10 月。

产河南、陕西南部、甘肃南部、湖北、贵州、四川、云南及西藏，生于海拔 1300-2400 米山坡谷地。尼泊尔及印度北部有分布。

4. 西南蔗茅
图 1528：7-11

Erianthus hookeri Hack. in DC. Monogr. Phan. 6: 142. 1889.

秆高 1 米余，径约 5 毫米，节多数，紧接花序以下被丝状柔毛。叶鞘长于节间，鞘口具柔毛，叶舌长约 1 毫米，平截，具细纤毛；叶宽线形，长达 50 厘米，宽达 5 厘米，基部具柔毛。圆锥花序直立，稠密；主轴粗壮，密生丝状柔毛，分枝短，直立；总状花序轴节间及小穗柄长为小穗 1/2-2/3，密生白色丝状柔毛。无柄小穗披针形，长约 5 毫米，锈褐色，基盘毛短于小穗；第一颖薄革质，先端膜质，渐尖，背部扁平或稍凹陷，下部 1/3 及内折边

缘被白色丝状柔毛，脊间无脉或 1 脉，具毛；第二颖与第一颖等长，3 脉，中脉成脊粗糙。第一外稃稍短于小穗，黄棕色，先端膜质，边缘具纤毛；第二外稃长约 2 毫米，窄，先端全缘或具 2 微齿，芒长约 1 厘米；第二内稃长约 1 毫米。有柄小穗与无柄小穗相似，第一颖中部以下和边缘密生长丝状柔毛，5 脉；第二颖中部被丝状柔毛。染色体 2n=30。花果期 8-12 月。

产广西西部及云南，生于海拔 300-1000 米丘陵山坡草地。印度北部及不丹有分布。

5. 台蔗茅
图 1530

Erianthus formosanus Stapf in Kew Bull. 1896: 228. 1896.

秆高 0.7-1 米，径 2-4 毫米，紧接花序以下被丝状毛或无毛。叶鞘质厚，通常较长于节间，上部者较短，鞘口具柔毛，叶舌短，先端圆截，具纤毛；叶线形，扁平或内卷，长 30-50 厘米，宽 3-4 毫米，基部贴生柔毛，两面无毛。圆锥花序伞房状，长 8-15 厘米，宽约 3 厘米；主轴被丝状柔毛，长约 7 厘米；分枝 15-20，长约 12 厘米，总状花序轴节间长约 2.5 毫米，等长或稍长于小穗柄，边缘均具长约 5 毫米丝状柔毛。无柄小穗披针形，长 3-3.5 毫米；

基盘丝状毛长于小穗；第一颖厚纸质，紫褐色，先端膜质渐尖或具 2 小齿，2 脊上部具纤毛，脊间无脉或 1 脉，背部具长为小穗 2-3 倍丝状柔毛，白或带褐色；第二颖舟形，先端尖，3 脉，背部无毛，或有柄

图 1530　台蔗茅　（引自《海南植物志》）

小穗疏生长柔毛，边缘具纤毛。第一外稃窄长圆形，稍短于颖，顶端具纤毛；第二外稃窄，长约1.5毫米，芒长6-8毫米，基部稍弯转；第二内稃微小，先端具细齿裂。有柄小穗长约3毫米。染色体2n=60。花果期8-11月。

产台湾、福建、江西、海南、广西、贵州、云南等省区，生于山坡、草地。

[附] **紫台蔗茅 Erianthus formosanus** var. **pollinioides** (Rendle) Ohwi in Acta Phytotax. Geobot. 11: 152. 1942. —— *Erianthus pollinioides* Rendle in Journ. Linn. Soc. Bot. 36: 350. 1904. 与模式变种的主要区别：秆高达1.5米；叶长达1米；伞房状圆锥花序具约30总状花序，长约20厘米，被紫红色丝状柔毛。染色体2n=30。产台湾、江西及广东，生于阳坡草地。

192. 大油芒属 Spodiopogon Trin.
（傅晓平）

多年生高大草本。具匍匐根茎。叶线形或窄披针形；叶舌膜质。顶生圆锥花序开展，具多数具1-3节有梗总状花序。小穗孪生，一有柄，一无柄，第二小花均两性；总状花序轴节间及小穗柄顶端棒状，成熟后逐节断落。小穗卵形，不明显扁；颖草质，具多数脉纹，背部具柔毛，基部有短髭毛。外稃透明膜质，多无毛或边缘具细纤毛，有时具1-3脉，第一小花具3雄蕊或中性；第一外稃及内稃均膜质透明；第二外稃2深裂，裂齿间有扭转膝曲芒；鳞被楔形，先端平截，无毛或疏生柔毛；雄蕊3；柱头帚刷状。颖果圆筒形。胚大，长为果体1/2或2/3。染色体基数x=10。

约20种，分布于亚洲。我国10种。

1. 植株高1-1.5米，常无分枝；叶长15-30厘米，宽0.8-1.5厘米；圆锥花序长10-20厘米 ··· 1. **大油芒 S. sibiricus**
1. 植株高50厘米以下，具多数分枝；叶长4-8厘米，宽2-8毫米；圆锥花序长6-10厘米 ··· 2. **分枝大油芒 S. ramosus**

1. 大油芒

图 1531

Spodiopogon sibiricus Trin. Fund. Agrost. 192. 1820.

秆高0.7-1.5米，5-9节，常无分枝。叶鞘多长于节间，无毛或上部有柔毛，鞘口具长柔毛，叶舌干膜质，平截，长1-2毫米；叶线状披针形，长15-30厘米，宽0.8-1.5厘米，两面贴生柔毛或基部被疣基柔毛。圆锥花序长10-20厘米，主轴无毛，腋间生柔毛；分枝近轮生，上部单一或具2小枝；总状花序长1-2厘米，具2-4节，节具髯毛，节间及小穗柄短于小穗1/3-2/3，两侧具长纤毛，背部粗糙，顶端杯状。小穗长5-5.5毫米，宽披针形，基盘具长约1毫米毛；第一颖先端尖或具2微齿，7-9脉，脉粗糙隆起，脉间被长柔毛，边缘内折膜质；第二颖与第一颖近等长，先端尖或具小尖头，无柄者具3脉，脊与边缘具柔毛，余无毛，有柄者具5-7脉，脉间生柔毛。第一外稃卵状披针形，与小穗等长，先端尖，边缘具纤毛；第二小花两性，外稃稍短于小穗，无

图 1531 大油芒
（引自《中国主要植物图说　禾本科》）

毛，先端深裂达稃体 2/3，2 裂片间芒长 0.8-1.5 厘米，中部膝曲，芒柱栗色，扭转无毛；内稃先端尖，短于外稃，无毛。颖果长圆状披针形，棕栗色，长约 2 毫米。染色体 2n=40，40-42。花果期 7-10 月。

产黑龙江、吉林、辽宁、内蒙古、河北、山东、山西、河南、陕西、宁夏、甘肃、江苏、安徽、浙江、江西、湖北、湖南、贵州及四川，生于山坡、林荫下。日本、西伯利亚、亚洲北部温带广布。

2. 分枝大油芒　　　　　　　　　　图 1532

Spodiopogon ramosus Keng in Sinensia 10: 295. 1936.

根茎密被革质鳞片。秆高 20-50 厘米，多节，节间较短，常被蜡粉，分枝多。叶鞘上部及边缘具毛或疣基柔毛，叶舌膜质，长约 1 毫米，钝头，有纤毛；叶线状披针形，粉绿色，长 4-8 厘米，宽 2-8 毫米，无毛或疏生柔毛。圆锥花序长 6-10 厘米，分枝单生或下部者轮生，无毛，上部 1-3 节具小穗，节部膨大，具短髯毛；节间长 3-5 毫米。小穗柄长 3-4 毫米，两者边缘均具长 2-3 毫米纤毛；小穗长 4.5-5.5 毫米，基盘具长约 1 毫米柔毛，上部边缘具纤毛，先端渐尖或 2 齿裂；第二颖稍短或等长于小穗，3-5 脉，脊延伸成小尖头，中部以上疏生柔毛，边缘密生纤毛。第一外稃长约 4.5 毫米，先端具细纤毛；第一内稃稍短于外稃，或无；第二小花两性，第二外稃窄披针形，长约 4 毫米，无毛，深裂达中部以下，裂齿间有膝曲扭转芒，芒长 0.7-1 厘米；第二内稃先端及边缘具纤毛。花果期 6-9 月。

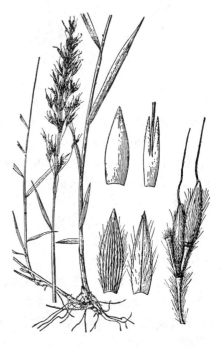

图 1532 分枝大油芒　（仲世奇绘）

产河南西部、陕西西南部、甘肃南部、四川、云南西北部及西藏，生于海拔 2300-3400 米山坡。

193. 油芒属 Eccoilopus Steud.

（傅晓平）

多年生。秆直立，丛生。叶舌纸质，或具纤毛；叶片线形或窄披针形，有时箭形，常具柄。顶生圆锥花序开展，具多数有梗总状花序；孪生小穗两性，一长柄，一短柄，成熟后自柄上脱落，总状花序轴不逐节断落。两颖近等长，草质或近革质，多脉，基盘具毛。第一小花常中性，外稃膜质，有内稃；第二小花两性，第二外稃裂齿间有膝曲扭转芒。胚大型。染色体基数 x=10。

约 4 种，分布于印度北部、中国和日本。我国 3 种。

1. 小穗线状披针形，长 5-6 毫米，芒长 1.2-1.5 厘米，芒刺稍扭转，伸出小穗 ·················· 油芒 **E. cotulifer**
1. 小穗披针形，长 4-5 毫米，芒直，长不及 5 毫米，不外露 ·················· （附）. 台湾油芒 **E. formosanus**

油芒　　　　　　　　　　　　　图 1533

Eccoloipus cotulifer (Thunb.) A. Camus in Ann. oc. Linn. Lyon 70: 92. 1923.

Andropogon cotuliferum Thunb. Fl. Jap. 41. 1784.

秆高 60-80 厘米，径 3-8 毫米，5-13 节，秆节稍膨大，与鞘节相距约 5 毫米，节下被白粉，无分枝，节间无毛。叶鞘疏散包茎，无毛，下部者扁成脊，长于节间，上部者圆筒形较短于节间，鞘口具柔毛，叶舌膜质，褐色，长 2-3 毫米，先

端具小纤毛，紧贴背部具柔毛；叶披针状线形，长15-60厘米，宽0.8-2厘米，基部渐窄呈柄状，下面贴生疣基柔毛。圆锥花序长15-30厘米，先端下垂；分枝轮生，长5-15厘米，上部具6-15节，节生髭毛；每节具一长柄一短柄小穗，节间无毛，等长或较长于小穗。小穗柄上部膨大，边缘具细毛，长柄约与小穗等长，短柄长约2毫米；小穗线状披针形，长5-6毫米，基部具柔毛；第一颖草质，9脉，脉间疏生及边缘密生柔毛，先端渐尖具2微齿或有小尖头；第二颖具7脉，中部脉间疏生柔毛，先端具小尖头至短芒。第一外稃长圆形，先端具齿裂或中间一齿突出，边缘具细纤毛；第一内稃较窄，长约3毫米，无毛；第二外稃窄披针形，长约4毫米，中部以上2裂，裂齿间芒长1.2-1.5厘米，芒柱长约4毫米，芒针稍扭转，伸出小穗。染色体2n=40。花果期9-11月。

产山东、河南、陕西、甘肃、江苏、安徽、浙江、台湾、福建、江西、湖北、湖南、广东北部、广西北部、贵州、四川及云南，生于海拔200-1000米山坡、山谷、荒地、路旁。印度西北部至日本有分布。

[附] **台湾油芒** Eccoilopus formosanus (Rendle) A. Camus in Ann. Soc. Linn. Lyon. 70: 93. 1923. —— *Spodiopogon formosanus* Rendle in Journ.

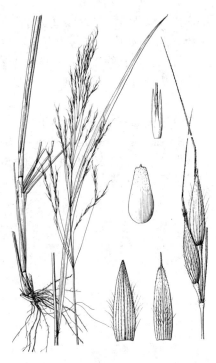

图 1533　油芒
（引自《中国主要植物图说　禾本科》）

Linn. Soc. Bot. 36: 251. 1904. 与油芒的主要区别：小穗披针形，长4-5毫米，芒直，长不及5毫米，不外露。产台湾，生于低海拔山地阳坡。

194. 旱茅竹属 Ischnochloa Hook. f.

（傅晓平）

多年生小草本。秆具多节与分枝。叶鞘长于节间，叶舌膜质；叶披针形或线形。总状花序细，单生，或下部为叶鞘包被；总状花序轴节间逐节断落，与小穗柄较粗厚、扁，边缘具纤毛，顶端平截；小穗成对着生，一无柄，一有柄，均两性。第一颖长圆形，厚纸质，边缘内折呈脊，2-4脉，中央具纵沟；第二颖舟形。第一外稃及内稃膜质，第二外稃短小，先端2裂片中伸出芒，扭转膝曲；雄蕊3，有柄小穗花药较小；子房长圆形，花柱2，柱头帚刷状，近小穗顶端伸出。

2种，分布于印度及中国。我国1种。

单穗旱茅竹　　　　　　　　　　　　图 1534

Ischnochloa monostachya L. Liu in Pl. Res. Gram. 11: 33. 1989.

秆倾斜上升，高10-20厘米，节多，节间长1-2厘米，各节抽出直立分枝，紧接花序以下与节间均有柔毛。叶鞘2-4倍长于节间，贴生柔毛，上部毛较少，鞘节毛较密，叶舌膜质，长约1毫米；叶线状披针形或线形，长2-5厘米，宽2-5毫米，顶生者宽约1毫米，两面被柔毛或上面毛较少。总状花序单生于分枝顶端，长2-3厘米，宽约2毫

图 1534　单穗旱茅竹　（张泰利绘）

米，下部为上端叶鞘所包。小穗柄较短，边缘具纤毛，顶端平截；孪生小穗同形，长约 3 毫米，基盘毛长约 1 毫米；第一颖上部内折成 2 脊，脊间有 2 脉，被细毛；第二颖舟形。第一外稃披针形，略短于小穗；第一内稃长约小穗 2/3，第二外稃卵圆形，长约 1 毫米，芒自先端 2 枚三角形裂片中伸出，长约 5 毫米，近中下部膝曲。花果期夏秋季。

产云南南部，生于干热河谷草地。

195. 莠竹属 Microstegium Nees
（傅晓平）

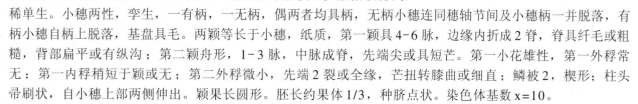

多年生或一年生蔓性草本。秆多节，下部节易生根，具分枝。叶披针形，质软，基部圆，有时具柄。总状花序数枚至多数指状排列，稀单生。小穗两性，孪生，一有柄，一无柄，偶两者均具柄，无柄小穗连同穗轴节间及小穗柄一并脱落，有柄小穗自柄上脱落，基盘具毛。两颖等长于小穗，纸质，第一颖具 4-6 脉，边缘内折成 2 脊，脊具纤毛或粗糙，背部扁平或有纵沟；第二颖舟形，1-3 脉，中脉成脊，先端尖或具短芒。第一小花雄性，第一外稃常无；第一内稃稍短于颖或无；第二外稃微小，先端 2 裂或全缘，芒扭转膝曲或细直；鳞被 2，楔形；柱头帚刷状，自小穗上部两侧伸出。颖果长圆形。胚长约果体 1/3，种脐点状。染色体基数 x=10。

约 40 种，分布于东半球热带与暖温带。我国 16 种。饲料植物。

1. 总状花序轴节间粗短，较短于小穗，两侧边缘具纤毛。
　2. 叶鞘内有小穗；无第一外稃，有内稃，花药常不育。
　　3. 小穗具扭转膝曲、长达 9 毫米芒，无柄小穗长 5-6 毫米 ·················· **5. 莠竹 M. nodosum**
　　3. 小穗无芒，无柄小穗长 4-4.5 毫米 ·················· **6. 柔枝莠竹 M. vimineum**
　2. 叶鞘内无小穗；具第一外稃与内稃，或均退化，花药多正常发育（少数例外）。
　　4. 小穗长 2-4 毫米。
　　　5. 小穗长 3-4 毫米。
　　　　6. 小穗第一颖背部无毛，边缘有纤毛；第二外稃具长 0.8-1（-1.4）厘米稍曲折芒；花药长 1-1.5 毫米
　　　　·················· **1. 刚莠竹 M. ciliatum**
　　　　6. 小穗第一颖背面沿脉刺毛状粗糙；第二外稃具长 0.8-1 厘米扭转膝曲芒；花药长 2-2.5 毫米 ··········
　　　　·················· **2. 蔓生莠竹 M. vagans**
　　　5. 小穗长约 2.5 毫米；第二外稃具长约 6 毫米芒，芒外露部分长约 5 毫米；总状花序轴节间扁平，先端扩大，钝或平截 ·················· **4. 单花莠竹 M. monanthum**
　　4. 小穗长约 4 毫米；第二颖先端具长 2-4 毫米芒；叶无毛或疏生柔毛 ·················· **3. 二芒莠竹 M. biaristatum**
1. 总状花序轴节间细长，等长或长于小穗，无毛，有时具散生毛。
　7. 孪生小穗均具柄，一具长柄，一具短柄。
　　8. 小穗第一颖、第二颖与第一外稃顶端无芒和裂齿，第二外稃先端具长约 1 厘米芒 ··········
　　·················· **7. 日本莠竹 M. japonicum**
　　8. 小穗第一颖先端渐尖或 2 齿裂，第二颖先端具长 2 毫米芒，第一外稃先端具长达 1 厘米细芒，第二外稃具长约 1.5 厘米直芒；雄蕊 2，花药长 0.6-0.8 毫米 ·················· **8. 多芒莠竹 M. somai**
　7. 孪生小穗一具长柄，一近无柄。
　　9. 雄蕊 3，花药长 1.5 毫米；第二颖先端具长 1-3 毫米芒。
　　　10. 第二外稃长约 0.3 毫米，先端具长约 1.5 厘米细直芒；秆节与叶片两面密生柔毛 ··········
　　　·················· **9. 膝曲莠竹 M. geniculatum**
　　　10. 第二外稃长约 1 毫米，先端 2 裂齿间具长约 2.5 厘米曲折粗糙芒；秆节与叶片无毛或上面有疣毛 ·········

1. 刚莠竹　　　　　　　　　　　图 1535

Microstegium ciliatum (Trin.) A. Camus in Ann. Soc. Linn. Lyon n. s. 68: 201. 1921.

Pollinia ciliata Trin. in Mém. Acad. St. Petersb. ser. 6, 2: 305. 1833.

多年生蔓生草本。秆高 1 米以上，花序以下和节均被柔毛。叶鞘背部具柔毛或无毛，叶舌膜质，长 1-2 毫米，具纤毛；叶披针形或线状披针形，长 10-20 厘米，宽 0.6-1.5 厘米，两面具柔毛或无毛，或近基部有疣基柔毛。总状花序 5-15 成指状排列，长 6-10 厘米；总状花序轴节间长 2.5-4 毫米，稍扁，顶端膨大，两侧边缘密生长 1-2 毫米纤毛。无柄小穗披针形，长约 3.2 毫米，基盘毛长 1.5 毫米；第一颖背部具凹沟，无毛或上部具微毛，边缘具纤毛，先端钝或有 2 微齿，第二颖舟形，3 脉，中脉脊状，上部具纤毛，顶端延伸成小尖头或具长约 3 毫米芒；第一内稃长约 1 毫米；第二外稃窄长圆形，芒长 0.8-1（-1.4）厘米，稍曲折；雄蕊 3，花药长 1-1.5 毫米。颖果长圆形，长 1.5-2 毫米。有柄小穗与无柄者同形，小穗柄长 2-3 毫米，边缘密生纤毛。染色体 2n=40。花果期 9-12 月。

产台湾、福建南部、江西南部、湖南南部、广东、香港、海南、

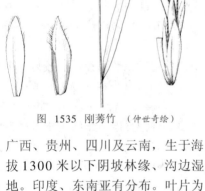

图 1535　刚莠竹　（仲世奇绘）

广西、贵州、四川及云南，生于海拔 1300 米以下阴坡林缘、沟边湿地。印度、东南亚有分布。叶片为家畜优质饲料。

2. 蔓生莠竹　　　　　　　　　　图 1536

Microstegium vagans (Nees ex Steud.) A. Camus in Ann. Soc. Linn. Lyon n. s. 68: 200. 1921.

Pollinia vagans Nees ex Steud. Syn. Pl. Glum. 1: 410. 1855.

多年生草本。秆高达 1 米，多节。叶鞘无毛或鞘节具毛；叶长 12-15 厘米，宽 5-8 毫米，先端丝状渐尖，基部窄，无柄，两面无毛。总状花序 3-5，带紫色，长约 6 厘米，主轴无毛；总状花序轴节间棒状，稍短于小穗 1/3，边缘具纤毛。无柄小穗长圆形，长 3.5-4 毫米；基盘具长约 1 毫米柔毛；第一颖纸质，先端微凹缺，脊中上部具硬纤毛，背部常刺毛状粗糙；第一颖膜质，稍尖或有小尖头。第一小花雄性，花药长约 2 毫

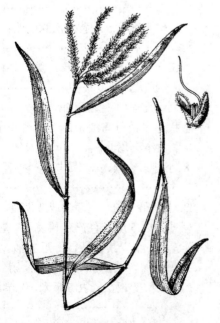

图 1536　蔓生莠竹　（引自《海南植物志》）

米；第二外稃卵形，长约0.5毫米，2裂，芒长0.8-1厘米，中部膝曲，芒柱扭转；第二内稃卵形，先端钝或具3齿，无脉，长为外稃2倍；雄蕊3，花药长2-2.5毫米。有柄小穗与无柄小穗相似，第一颖脊粗糙。染色体2n=80。花果期8-10月。

产广东、香港、海南、广西及云南，生于海拔800米以下林缘、林下阴湿地。印度、东南亚有分布。

3. 二芒莠竹 图 1537

Microstegium biaristatum (Steud.) Keng in Sinensia 3: 92. 1932.

Andropogon biaristatus Steud. Syn. Pl. Glum. 1: 379. 1854.

一年生蔓生草本。秆基部匍匐地面，节生根向上分枝，高30-80厘米，无毛。叶鞘无毛或边缘有纤毛，叶舌紫色，长1-2毫米，背部有毛；叶线状披针形，长5-10厘米，宽0.4-1厘米，无毛或上面疏生柔毛。总状花序3-5，长5-7厘米，指状排列；总状花序轴节间长约3毫米。小穗柄长约2毫米，具纤毛；无柄小穗线状披针形，长约4毫米，基盘毛长约1毫米；第一颖背部具纵沟，先端有2微齿，两脊中上部疏生纤毛，2-4脉；第二颖具3脉，脊具纤毛，先端延伸成长2-4毫米芒。第二外稃长约0.5毫米，先端2微齿间有芒，芒长1.5-2厘米，稍扭转；第二内稃长约0.8毫米；雄蕊3，花药长1-1.8毫米。有柄小穗稍小于无柄小穗。花果期夏秋季。

产广东，生于阴湿草地。印度及尼泊尔有分布。

图 1537 二芒莠竹 （仲世奇绘）

4. 单花莠竹 图 1538

Microstegium monanthum (Nees ex Steud.) A. Camus in Ann. Soc. Linn. Lyon n. s. 68: 200. 1921.

Pollinia monantha Nees ex Steud. Syn. Pl. Glum. 1: 410. 1855.

蔓生草本。秆高30-90厘米，下部匍匐。叶鞘口部及鞘节有柔毛，叶舌长约1毫米；叶长10-20厘米，宽0.5-1.5厘米，先端渐尖，基部窄，被短毛。总状花序长5-10厘米，4-6伞房状着生秆顶；总状花序轴节间短于小穗，向上宽，扁，边缘具纤毛。无柄小穗长约2.5毫米；基盘具短毛；第一颖较宽，中央有沟，先端钝，窄平截，脊上部有纤毛；第二颖先端尖或具短芒尖。第二外稃极小，具长约6毫米、扭转膝曲芒；第二内稃卵形，长约0.5毫米，无脉；雄蕊3，花药长约1.5毫

图 1538 单花莠竹 （张泰利绘）

米。有柄小穗与无柄者相似。花果期9-11月。

产广东、香港、海南、贵州及云南，生于海拔约1500米林缘、草地。

5. 莠竹 图 1539

Microstegium nodosum (Kom.) Tzvel. in Bot. Mat. (Leningrad) 21: 23. 1961.

Arthraxon nodosus Kom. in Tr. Peterb. Bot. Sada 18: 448. 1901.

Microstegium vimineum (Trim.) A.Camus var. *imberbe* (Nees) Honda; 中国高等植物图鉴5: 186. 1976.

一年生蔓生草本。秆高0.8-1.2米，节无毛，下部横卧地面，节生根，向上抽出花枝。叶鞘短于节间，稍扁，边缘与鞘口具长纤毛，叶舌短；叶线状披针形，长4-8厘米，宽0.6-1.2厘米，两面被柔毛。总状花序长3-5厘米，2-6互生于主轴；总状花序轴节间长3-4毫米，边缘具纤毛或散生柔毛。无柄小穗长5-6毫米，基盘微有毛；第一颖披针形，草质，先端稍尖，全缘或具二微齿，背部有浅沟，脊间具2脉；第二颖中脉成脊，具纤毛，无芒。第一小花微小或仅具内稃；第二外稃长约1毫米，中脉延伸成扭曲芒，芒伸出小穗，长7-9毫米；无第二内稃，花药长0.3-0.5毫米。有柄小穗稍短于无柄小穗。花果期8-11月。

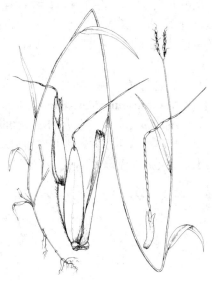

图 1539 莠竹 （李爱莉绘）

产吉林、辽宁、河北、山东、河南、陕西、江苏、福建、江西、湖南、香港、广西、贵州、四川等省区，生于海拔400-1200米林地、河岸、沟边、田野路旁阴湿草丛中。印度、朝鲜半岛北部、日本、俄罗斯有分布。用作饲料。

6. 柔枝莠竹 图 1540

Microstegium vimineum (Trin.) A. Camus in Ann. Soc. Linn. Lyon n. s. 68: 201. 1921.

Andropogon vimineus Trin. in Mém. Acad. Sci. Petersb. ser. 6, 2: 268. 1832.

一年生草本。秆下部匍匐地面，高达1米，无毛。叶鞘短于节间，鞘口具柔毛，叶舌平截，长约0.5毫米，背面生毛；叶长4-8厘米，宽5-8毫米，先端渐尖，基部窄。总状花序2-6，长约5厘米，近指状排列于长5-6毫米主轴，总状花序轴节间稍短于小穗，较粗扁，生微毛，边缘疏生纤毛。无柄小穗长4-4.5毫米，基盘具短毛或无毛；第一颖披针形，背部有沟，贴生微毛，顶端具网状横脉，沿脊锯齿状粗糙，内折边缘具丝状毛，先

图 1540 柔枝莠竹
（引自《中国主要植物图说 禾本科》）

端尖或具 2 齿；第二颖先端渐尖，无芒。雄蕊 3，花药长约 1 毫米或较长。颖果长圆形，长约 2.5 毫米。染色体 2n=40。花果期 8-11 月。

产河北、山东、山西、河南、陕西、江苏、安徽、浙江、台湾、福建、江西、湖北、湖南、广东、广西、贵州、四川及云南，生于林缘、阴湿草地。印度、缅甸至菲律宾，北至朝鲜半岛及日本有分布。

7. 日本莠竹　　图 1541：1-2

Microstegium japonicum (Miq.) Koidz. in Bot. Mag. Tokyo 43: 394. 1929.

Pollinia japonica Miq. in Ann. Mus. Bot. Lund-Bat. 2: 290. 1886.

一年生蔓生草本。秆高约 50 厘米，节膝曲，无毛，有分枝。叶鞘短于节间，长 2-4 厘米，边缘与上部具疣基柔毛，叶舌平截，长约 0.2 毫米；叶卵状披针形，长 2-4 厘米，宽 0.6-1.2 厘米，无毛，基部圆。总状花序长 4-6 厘米，4-5 互生于长 2-3 厘米主轴，无毛；花序轴节间长 4-5 毫米，每节着生一短柄和一长柄小穗。短小穗柄长 1.5 毫米，长小穗柄长约 3 毫米；小穗同形，长 3.5-4 毫米，第一颖宽约 1 毫米，披针形，背部扁平，无毛；基盘具短毛；第二颖舟形。芒自第二外稃先端伸出，长约 1 厘米。花果期 6-9 月。

产江苏、安徽、浙江、江西、湖北、湖南及贵州东北部，生于林缘、沟边、山坡、路旁。东亚有分布。

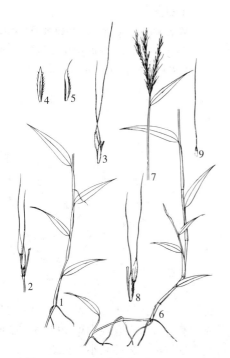

图 1541：1-2.日本莠竹　3-5.法利莠竹 6-9.竹叶茅（张泰利绘）

8. 多芒莠竹　　图 1542：1-7

Microstegium somai (Hayata) Ohwi in Acta Phytotax. Geobot. 11: 155. 1942.

Polliniopsis somai Hayata, Icon. Pl. Formos. 7: 76. 1918.

一年生草本。秆高 30-60 厘米，径约 1 毫米，无毛或被微毛。叶鞘长 1-5 厘米，边缘具纤毛，鞘口有柔毛，叶舌长 0.2-0.5 毫米，背面生纤毛；叶卵状披针形，长 3-4 厘米，宽 3-6 毫米，两面无毛。总状花序长 3-6 厘米，3-5 略成指状排列于长约 1.5 厘米主轴；花序轴节间纤细，无毛，长 4-5 毫米，每节着生一长柄和一短柄小穗，短柄长约 1（-1.5）毫米，长柄长 2.5-3 毫米。小穗披针形，长 4-4.5 毫米，宽约 0.7 毫米，基盘毛长约小穗 1/3，第一颖薄革质，背部扁平无毛，3 脉，二脊粗糙，先端渐尖成长约 0.5 毫米的 2 齿裂；第二颖边缘薄膜质，内折，具

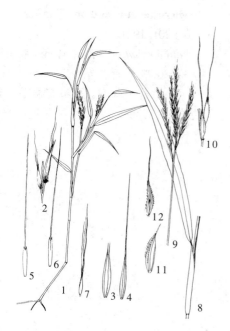

图 1542：1-7.多芒莠竹　8-12.膝曲莠竹（张泰利绘）

丝状柔毛，先端2齿间具长约2毫米芒。第一外稃线状披针形，1脉，先端具长达1厘米直芒；第二外稃长约2毫米，先端具长约1.5厘米细芒，无第二内稃；雄蕊2，花药长0.6-0.8毫米。花果期秋冬季。

产安徽南部、台湾及福建，生于山地林下。

9. 膝曲莠竹 图 1542：8-12

Microstegium geniculatum (Hayata) Honda in Journ. Fac. Sci. Univ. Tokyo sect. 3, Bot. 410. 1930.

Pollinia geniculatum Hayata, Icon. Pl. Formos. 7: 73. f. 40. 1918.

一年生蔓生草本。秆高达1米，径约1毫米，具分枝，节密生柔毛。叶鞘短于节间，边缘及鞘口具纤毛，叶舌长约2毫米，先端钝，背面贴生微毛；叶长10-20厘米，宽0.5-1厘米，两面密生柔毛，基部窄。总状花序长7-8厘米，细弱；花序轴节间细长，无毛，等长或较长于小穗，每节着生一有柄与一无柄小穗。无柄小穗长3.5（-4.5）毫米，基盘具短毛；第一颖披针形，先端有2微齿，脊疏生短硬纤毛，脊间有不明显2脉；第二颖舟形，中脉具硬纤毛，先端具小尖头或有长约3毫米芒。无第一外稃；第二外稃长约0.3毫米，具长约1.5厘米直芒；第二内稃长圆形；雄蕊3，花药长约1.5毫米。颖果纺锤形，长约2.5毫米。有柄小穗与无柄者相似，小穗柄长2-3毫米，下部边缘具纤毛。花果期9-11月。

产台湾、福建等省，生于林下阴湿处或溪边。

[附] **法利莠竹** 图 1541：3-5
Microstegium fauriei (Hayata) Honda in Journ. Fac. Sci. Univ. Tokyo (Bot.) 3: 404. 1930. —— *Pollinia fauriei* Hayata, Icon. Pl. Formos. 7: 73. 1918. 与膝曲莠竹的区别：第二外稃长约1毫米，先端2裂齿间具长2-2.5厘米、稍曲折、微粗糙的芒；秆节无毛；叶片上面有疣毛。染色体2n=40。花果期8-10月。台湾特产，生于中海拔林地，多连片成群落。

10. 竹叶茅 图 1541：6-9

Microstegium nudum (Trin.) A. Camus in Ann. Soc. Linn. Lyon n. s. 68: 201. 1921.

Pollinia nuda Trin. in Mém. Acad. Imp. Sci. St. Petersb. ser. 6, 2(3): 307. 1823.

一年生蔓生草本。秆节有微毛，具分枝，高20-80厘米。叶鞘上部边缘及鞘口具纤毛，叶舌无毛，平截，长约0.5毫米；叶披针形，长3-8厘米，宽0.5-1.1厘米，无毛或上面基部贴生疣毛。总状花序长4-8厘米，3-5着生长1-2厘米无毛主轴；花序轴节间长0.5-1厘米，两侧边缘微粗糙，无毛，每节着生一有柄与一无柄小穗。无柄小穗长4-4.5（-5）毫米，基盘具短毛；第一颖披针形，背部具浅沟，具2脊，脊间有2-4脉，无毛，先端渐尖，具2齿；第二颖背部近圆，或稍有脊，脊粗糙，余无毛，先端尖，无芒。第一外稃膜质，披针形，长约1.5毫米；第二外稃线形，长1-2毫米，宽0.3毫米，全缘，无毛，先端具细芒，长约1.5厘米，灰绿色，第二内稃短小；雄蕊2，花药长约1毫米。颖果长圆形，长2-3毫米，棕色。有柄小穗与无柄者相似，小穗柄长2-3毫米，无毛。染色体4n=20。花果期8-10月。

产河南、陕西、江苏、安徽、浙江、台湾、福建、江西、湖北、湖南、贵州、四川、云南及西藏，生于海拔3100米以下疏林下或沟边，为杂草。印度、巴基斯坦、尼泊尔、克什米尔、大洋洲和非洲有分布。

196. 黄金茅属 Eulalia Kunth

（陈守良）

多年生丛生草本。叶片通常扁平。总状花序常指状排于秆顶，花序轴成熟时常逐节断落，每节具2同形小穗，常一无柄，一有柄。小穗有2小花；两颖近等长，草质或厚纸质，第一颖背扁平或微凹，具2脊，第二颖舟形，1-3脉，中脉常对折成脊。第一小花雄性或退化；第二小花两性，第二外稃膜质，先端稍2裂，稀全缘，常具膝曲扭转芒；具第二内稃披针形、长圆形或卵状长圆形，或无；雄蕊3；花时柱头由小穗两侧或顶端伸出。

约30种，广布于东半球热带、亚热带地区。我国11种1变种。

1. 叶鞘位于秆基部密被绒毛。
　2. 叶鞘位于秆基部被黄棕色毛；花序长，伸出鞘外，紧接花序下的秆多无毛或疏生柔毛 … 1. **金茅 E. speciosa**
　2. 叶鞘位于秆基部被深褐或褐色毛；紧接花序下的秆常有丝状毛 ················· 2. **棕茅 E. phaeothrix**
1. 叶鞘位于秆基部无密毛。
　3. 叶片线形；第二外稃的芒常一回膝曲；第二内稃常有。
　　4. 第一颖二脊间无脉。
　　　5. 秆具6节；第二颖的中脉不延伸成小尖头或芒；花药土黄色 ················· 3. **红健秆 E. splendens**
　　　5. 秆具3节；第二颖的中脉延伸成长达2.5毫米的芒；花药黑紫色 ··········· 3(附). **白健秆 E. pallens**
　　4. 第一颖二脊间有2-4脉，脉顶端成网状汇合 ·················· 4. **四脉金茅 E. quadrinervis**
　3. 叶片线状披针形；第二外稃的芒二回膝曲；第二内稃常无 ·················· 5. **龚氏金茅 E. leschenaultiana**

1. 金茅

图 1543

Eulalia speciosa (Debeaux) Kuntze, Rev. Gen. Pl. 2: 775. 1891.

Erianthus speciosus Debeaux in Actes Soc. Linn. Bordeaux. 32: 53. 1878.

秆高0.7-1.2米，紧接花序下的秆常无毛或疏生白色柔毛，节常被白粉。

叶鞘无毛，叶鞘位于秆基部密生黄棕色绒毛，叶舌平截，长约1毫米；叶片长25-50厘米，宽4-7毫米，扁平或边缘内卷，上面近基部有柔毛，余无毛。总状花序5-8；花序轴节间长3-4毫米，边缘具纤毛。小穗长圆形，长约5毫米，基盘毛长为小穗1/6-1/3；第一颖背部微凹，下半部常具柔毛，具2脊，先端稍钝；第二颖脊两侧常具柔毛，上部边缘具纤毛。第一小花有长圆状披针形外稃；第二外稃长约3毫米，先端2浅裂，裂齿间具长约1.5厘米的芒，芒2回膝曲；第二内稃卵状长圆形，长约2毫米，具小纤毛；花药长约3.5毫米。花果期8-11月。

产山东、河南、陕西、江苏、安徽、浙江、台湾、福建、江西、湖北、湖南、广东、香港、海南、广西、贵州、四川及云南，常生于山坡草地。朝鲜半岛及印度有分布。

图 1543 金茅
（引自《中国主要植物图说　禾本科》）

2. 棕茅 图 1544

Eulalia phaeothrix (Hack.) Kuntze, Rev. Gen. Pl. 2: 775. 1891.

Pollinia phaeothrix Hack. in DC. Monogr. Phan. 6: 168. 1889.

秆高 0.4-1 米，3-6 节，紧接花序下的秆常有丝状毛。叶鞘位于秆基部常密被绒毛，鞘口常有毛，叶舌长 0.5-1 毫米；叶片长 15-45 厘米，宽 3-6 毫米。总状花序 5-8，长 5-10 厘米；花序轴节间长为无柄小穗约 1/2，与小穗柄均被纤毛。小穗深褐色，长圆状披针形，长 4-6 毫米，基盘具长为小穗约 1/8 的毛；第一颖纸质，长圆形，下部 2/3 具长柔毛，脊间无脉；第二颖舟形，先

端具 3 微齿，上部边缘及脊背有柔毛。第一小花长圆状披针形，上部边缘具纤毛；无第一内稃；第二外稃无脉或具不明显 3 脉，上部 2 浅裂，裂齿间具芒长 1-2 厘米，芒稍 2 回膝曲；第二内稃卵形，长约 1 毫米；花药长 2.5-3 毫米。花果期 8-11 月。

产湖南、广东、香港、海南、贵州、四川、云南及西藏，常生于草地。印度、斯里兰卡及越南有分布。

图 1544 棕茅 （史渭清绘）

3. 红健秆 图 1545

Eulalia splendens Keng et S. L. Chen in Bull. Bot. Res. (Harbin) 12(4): 315. f. 1. 1992.

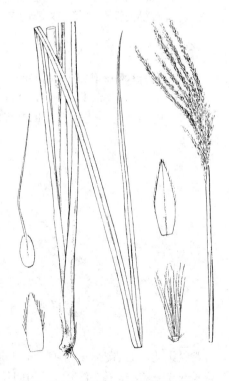

秆高约 1 米，约 6 节，无毛，花序下常有白色柔毛。叶鞘无毛，长于节间，叶舌干膜质，长约 0.5 毫米，近平截，有波状齿。叶线形，长 15-30 厘米，基部者长达 45 厘米，顶生 1-2 片常不及 1 厘米，宽 3-4 毫米，上面常疏生柔毛。圆锥花序长约 10 厘米，下部常为顶生叶鞘所包，主轴长约 5 厘米；总状花序单生或孪生于主轴，节间与小穗柄长 2-3 毫米，除腹面外均疏生白色长柔毛，最顶端的毛长达 4

毫米。小穗长约 4 毫米，基盘具毛长 1-2 毫米；颖膜质，第一颖长圆状披针形，中部以下疏生长达 4 毫米柔毛，二脊间无脉，脊缘无纤毛；第二颖舟形，背具 1 脉，不延伸成小尖头或芒，无毛或近基部及沿脊有柔毛。外稃膜质，第一外稃卵状披针形，长约 3 毫米；第二外稃椭圆形，先端微具 2 钝齿，裂齿间具膝曲芒，芒长 5-8 毫米，芒柱扭转；花药土黄色，长约 2 毫米。

图 1545 红健秆 （引自《植物研究》）

产广西西北部及贵州南部，生于海拔约 800 米山坡草地。

[附] **白健秆** 图 1546 **Eulalia pallens** (Hack.) Kuntze, Gen. Pl. 2: 775. 1891. —— *Pollinia pallens* Hack. in

DC. Monogr. Phan. 6: 156. 1889. 与红健秆的区别：秆具 3 节；第二颖中脉延伸成长达 2.5 厘米的芒；花药黑紫色。花果期 10-11 月。产云南，生于山坡草地。印度有分布。

4. 四脉金茅 图 1547

Eulalia quadrinervis (Hack.) Kuntze, Rev. Gen. Pl. 2: 775. 1891.

Pollinia quadrinervis Hack. in DC. Monogr. Phan. 6: 158. 1889.

秆高 0.6-1.2 米。叶鞘无毛或具毛，叶舌平截，长 1-1.5 毫米；叶下面常粉绿色，两面或下面无毛或两面有毛。总状花序 3-4 顶生，常被灰白带紫色柔毛；花序轴节间长 2.5-3 毫米，有白色纤毛。小穗长圆状披针形，长 5-6 毫米，基盘毛长为小穗 1/6-1/3；两颖等长，先端尖，膜质，第一颖背部微凹，中部以下被长柔毛，具 2 脊，沿脊上部具小刺状纤毛，脊间具 2-4 脉，脉

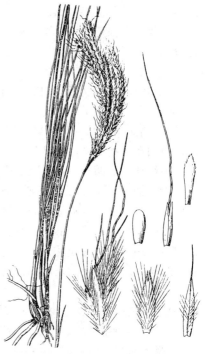

图 1546 白健秆
（引自《中国主要植物图说 禾本科》）

在顶端网状汇合；第二颖舟形。第一小花仅具长圆状披针形外稃，近等长于颖；第二外稃长圆状卵形，长约 2.5 毫米，先端 2 裂，芒长 1.2-1.6 厘米，一回膝曲；内稃长圆状披针形，长约 1.5 毫米，先端具小微毛；花药长约 3 毫米。花果期 9-11 月。

产河南、江苏、安徽、浙江、台湾、福建、江西、湖南、广东、香港、广西、贵州、四川、云南及西藏，生于山坡草地。日本、印度、菲律宾及非洲有分布。

5. 龚氏金茅 图 1548

Eulalia leschenaultiana (Decne.) Ohwi in Bull. Tokyo Sci. Mus. 18: 2. 1947.

Andropogon leschenaultianus Decne. Herb. Timor. Descr. 29. 1835.

秆疏丛，高 30-70 厘米，紧接花序下具白色柔毛。叶鞘无毛，叶舌长约 0.5 毫米，具纤毛；叶线状披针形，长 4-10 厘米，宽 2-4 毫米，无毛或上面疏被长柔毛。总状花序 3-4 顶生，长 4-8 厘米；花序轴节间长 2-4.5 毫米，边缘具长纤毛。小穗披针形，长 3-4 毫米，基盘具毛长达小穗 1/4；第一颖被黄棕色长柔毛，二脊间无脉，先端平截或稍钝圆，具纤毛或有 2 齿；第二颖舟形，被黄棕色柔毛，先端 4-5 齿裂，具纤毛。无

图 1547 四脉金茅
（引自《中国主要植物图说 禾本科》）

第一小花；第二外稃窄，长约 2 毫米，先端 2 齿裂，齿间具长 0.8-1.5 厘米的芒，芒一回或不明显二回膝曲，芒柱扭转，被柔毛；第二内

稃常无；花药长约 2 毫米。

产台湾、福建、江西及广东，生于山坡草地。马来西亚至大洋洲有分布。

197. 假金发草属 Pseudopogonatherum A. Camus

（陈守良）

一年生草本。叶片窄线形，常内卷。穗形总状花序 2 至多数簇生秆顶，穗轴在小穗成熟时逐节折断，或成熟小穗由柄上脱落，穗轴不折断。小穗细小，两性小花成对着生于穗轴，同形，一具柄，一无柄或两者均有柄；两颖等长，纸质，先端近膜质，第一颖边缘下部内卷，上部内折成 2 脊，背常圆；第二颖舟形，先端具小尖头或有芒。第一小花常仅存外稃；第二小花的外稃常退化成芒的基部，芒 1-2 回膝曲，芒柱多少扭转；内稃退化。

约 6 种，分布亚洲东南部，南至澳大利亚。我国 3 种及 2 变种。

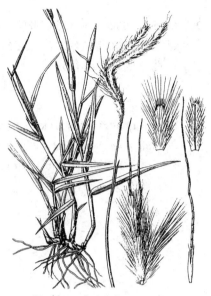

图 1548 龚氏金茅 （史渭清绘）

1. 总状花序轴成熟后不折断，每节的 2 小穗均有柄。
  2. 总状花序轴各节的 2 小穗具不等长小穗柄，长柄数倍长于短柄；花序轴节间长 1.7-2.2 毫米；第二颖具长达 4 毫米的芒 ·························· **1. 线叶笔草 P. contortum** var. **linearifolium**
  2. 总状花序轴各节的 2 小穗柄及其节间均等长，长约 1.2 毫米；第二颖具长达 1 毫米的小尖头 ············· ···················· 1(附). **中华笔草 P. contortum** var. **sinense**
1. 总状花序轴成熟后易逐节折断，每节具一有柄及一无柄小穗 ·························· **2. 刺叶假金发草 P. setifolium**

1. 线叶笔草

图 1549：1-6

Pseudopogonatherum contortum (Brongn.) A. Camus var. **linearifolium** S. L. Chen in Acta Phytotax. Sin. 18(4): 489. 1980.

秆无毛，高 20-45 厘米。叶鞘无毛，叶舌纤毛状；叶线形，对折或边缘内卷，下面无毛，上面疏生长柔毛，长 5-12 厘米，宽不及 2 毫米，顶生者针状。总状花序 1-5 束生秆顶，长 3-5 厘米；花序节间长 1.7-2.2 毫米，边缘有白色纤毛，每节同形 2 小穗一具长柄，另一具短柄，成熟后序轴不折断。小穗披针形，成熟后自柄上脱落，长约 2 毫米，基盘具毛长达小穗之半；第一颖上部具不明显 2 脊，脊间无脉，中部以下具白色柔毛，先端具 2 微齿；第二颖脊两侧疏生柔毛，先端芒长达 4 毫米。第一外稃卵形；第二外稃成芒的基部，芒长 2.2-2.5 厘米，二回膝曲，芒柱扭转，具柔毛。颖果长圆形，长约 1.2 毫米。花果期 10-11 月。

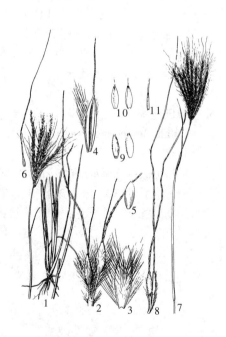

图 1549：1-6.线叶笔草 7-11.中华笔草
（史渭清 陈荣道绘）

产香港、广西西部、四川西南部及云南，生于海拔 1100-1700 米山坡草地。

[附] **中华笔草** 图1549：7-11 **Pseudopogonatherum contortum** (Brongn.) A. Camus var. **sinense** (Keng et S. L. Chen) Keng et S. L. Chen, Fl. Hainan. 4: 455. 540. 1977. —— *Eulalia contorta* (Brongn.) O. Kuntze var. *sinensis* Keng et S. L. Chen, Fl. Hainan. 4: 540. 1977. pro syn. 与线叶笔草的区别：总状花序轴各节的2小穗柄及其节间均等长，均长约1.2毫米；第二颖具长达1毫米的小尖头。产福建、广东及广西，常生于路旁荒地。

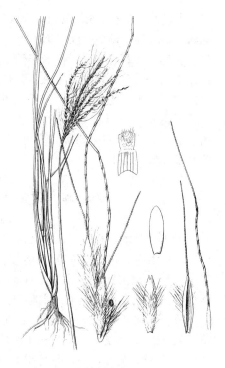

2. 刺叶假金发草 刺叶笔草　　　　　　　　图 1550

Pseudopogonatherum setifolium (Nees) A. Camus in Lecomte, Fl. Gen. Indo-China 7: 256. 1922.

Pollinia setifolia Nees in Hook. Kew Journ. Bot. 2: 101. 1850.

秆高20-60厘米，无毛。叶鞘无毛，叶舌长约0.5毫米；叶长5-20厘米，宽1-1.5毫米，常内卷，上面疏生柔毛，下面无毛。总状花序2-9，花序轴节间长约2毫米，具白色纤毛，每节具一有柄及一无柄小穗，成熟后序轴易逐节断落。小穗披针形，长2.5-3毫米，基盘具毛长为小穗1/5-1/4，成对小穗一具柄，一无柄；第一颖下部2/3被白色长柔毛，先端具2微齿；第二颖具长3-6毫米的芒。第一外稃长约1毫米，无毛，先端钝；第二外稃具芒长1.5-2厘米，芒不明显2回膝曲，芒柱扭转，具柔毛；花药长约0.7毫米。花果期

图 1550 刺叶假金发草 （史渭清绘）

9-11月。

产安徽、浙江、福建、江西、广东、香港、海南、广西及云南东南部，多生于山坡路旁。马来西亚及印度尼西亚有分布。

198. 拟金茅属 Eulaliopsis Honda

（陈守良）

多年生草本。秆常直立。叶片窄线形。总状花序排成指状或近圆锥状，节间易断；两小穗同形，成对着生，一无柄，一有柄，基盘密被淡黄色丝状柔毛。两颖片背面中部以下密生长柔毛；第一颖披针形，先端钝，通常有2-3齿，边缘窄内折，5-9脉；第二颖3-9脉，先端尖或具2齿，齿间常有小尖头或芒。外稃膜质，第一外稃先端钝，无芒，第二外稃先端全缘或具2齿，有芒；第二内稃宽卵形，无毛或先端具长纤毛。雄蕊3。

约3种，分布于中国、尼泊尔、泰国、缅甸、印度北部及菲律宾。我国1种。

拟金茅　　　　　　　　图 1551

Eulaliopsis binata (Retz.) C. E. Hubb. in Hook. Icon. Pl. sub. t. 3262. 1935.

Andropogon binatus Retz. Obs. Bot. 5: 21. 1789.

秆高30-80厘米，无毛，上部常分枝，一侧具纵沟，3-5节。叶鞘无毛，基生叶鞘密被白色绒毛，鞘口具纤毛，叶舌成一圈纤毛状；叶长10-30厘米，宽1-4毫米，常卷摺成针状，稀扁平，顶生叶常锥形，无毛。总状花序密被绒毛，2-4着生主秆或分枝顶端，长2-4.5厘

米。小穗长 3.8-6 毫米，基盘具丝状长柔毛；颖片中部以下密生乳黄色丝状柔毛，第一颖 7-9 脉，第二颖稍长于第一颖，5-9 脉，先端常有小尖头。第一外稃长圆形，等长于第一颖；第二外稃窄长圆形，等长或稍短于第一外稃，不明显 3 脉，芒长 2-9 毫米，不明显一回膝曲；第二内稃宽卵形，先端微凹有纤毛；花药长约 2.5 毫米。

产河南、陕西、台湾、湖北、湖南、广东、广西、贵州、四川及云南，生于向阳山坡、草丛中。日本、中南半岛、印度、阿富汗及菲律宾有分布。

图 1551 拟金茅 （陈荣道绘）

199. 单序草属 Polytrias Hack.
（傅晓平）

多年生草本。秆匍匐，花枝直立，高 10-30 厘米，扁，无毛，4-5 节。叶鞘扁，鞘口有流苏状柔毛，中脉隆起，叶舌平截，透明，有纤毛；叶线状披针形，长 2-5 厘米，宽 2-4 毫米，基部骤窄，粉绿带紫色，两边或上面有疣毛，主脉及侧脉细。总状花序单生秆或分枝顶端，长 2-7 厘米，密被直立柔毛；花序轴节间小穗成熟后易逐节折断，每节具（2）3 小穗。小穗均具 1 两性小花，背稍扁，长圆形或线状长圆形，长 4-5 毫米，被暗黄色柔毛；基盘长约 0.6 毫米，被近红色髯毛；第一颖膜质，先端平截，具啮蚀状齿，下部及边缘密被锈色毛，毛长于颖片；背部扁平，有 2 脊及不明显 4 脉，第二颖长圆形，先端平截，有纤毛，背脊钝。第二外稃较第二颖短 2-4 倍，近楔形或倒卵状长圆形，有 2 钻形齿，齿端具芒长 1-1.2 厘米，芒柱有细硬毛，稍短于芒针；第二内稃近圆形或宽卵形，无毛；雄蕊 3，花药长 2.5-3 毫米；柱头紫色，与花柱近等长，由小穗顶端伸出。

单种属。

1. 第一颖背部中部以下具长于颖片的毛；第二外稃近楔形 ·· 单序草 P. amaura
1. 第一颖背部中部以下具短于颖片的毛；第二外稃长圆形 ·· （附）. 短毛单序草 P. amaura var. nana

单序草　　　　　　　　　　　图 1552：1-5

Polytrias amaura (Buse) Kuntze, Rev. Gen. Pl. 788. 1891.

Andropogon amaurus Buse in Miq. Pl. Jangh. 3: 360. 1854.

形态特征同属。

产香港，草坪常见。亚洲东南部及诸岛屿有分布。

[附] **短毛单序草** 图 1552: 6-9 **Polytrias amaura** var. **nana** (Keng et S. L. Chen) S. L. Chen, Fl. Reipubl. Popul. Sin. 10(2): 101. pl. 23: 6-8. 1997. —— *Eulalia nana* Keng et S. L. Chen, Fl. Hainan. 4: 454. 530. f. 1243. 1977. 与模式变种的区别：花序轴每节具 3 小穗，另有 2 小穗（一无柄，一有柄）；第一颖背部中部以下具柔毛，毛长不及颖片；第二外稃长圆形。产海南，生于向阳砂岩草坡。

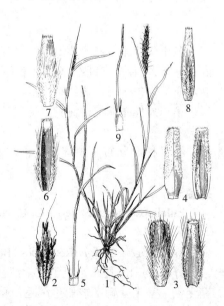

图 1552：1-5.单序草 6-9.短毛单序草 （陈荣道绘）

200. 金发草属 Pogonatherum Beauv.

（盛国英）

多年生草本，常分枝。秆细长而硬。叶片线形或线状披针形，近直立。穗形总状花序单生秆顶，小穗孪生，一有柄，一无柄，覆瓦状排列于易逐节折断的花序轴一侧。无柄小穗有 1-2 小花，第一小花雄性或仅具外稃，第二小花两性；有柄小穗具 1 小花，两性或雌性；颖膜质，近等长，第一颖背腹扁，无脊，先端平截或稍凹下，具纤毛，或两侧扁，具脊延伸成芒；第二颖背具脊，先端 2 齿裂，裂齿间具细长稍曲折芒。外稃膜质，第一外稃无芒，先端有纤毛，第二内稃有或无；第二外稃膜质，先端 2 裂，裂齿间具细长曲折芒；第二内稃膜质，无脉；雄蕊 1 或 2；花柱 2，柱头帚刷状，伸出小穗。颖果长圆形。

约 4 种，分布于亚洲、大洋洲热带和亚热带地区。我国 3 种。

1. 植株高 30-60 厘米；无柄小穗长 2.5-3 毫米，第一小花雄性，雄蕊 2；第二小花具雄蕊 2，花药长达 1.5 毫米 ·················· 1. 金发草 P. paniceum
1. 植株高 30 厘米以下；无柄小穗长约 2 毫米，第一小花退化或仅具外稃；第二小花具雄蕊 1，花药长约 1 毫米 ·················· 2. 金丝草 P. crinitum

1. 金发草

图 1553

Pogonatherum paniceum (Lam.) Hack. in Allg. Bot. Zeitschr. Syst. 12: 178. 1906.

Saccharum paniceum Lam. Encycl. Meth. Bot. 1: 595. 1785.

秆基部具被密毛鳞片，高 30-60 厘米，径 1-2 毫米，3-8 节，节常稍凸，被髯毛，上部多回分枝。叶鞘短于节间，分枝叶鞘长于节间，边缘薄纸质或膜质，上部边缘和鞘口被疣毛，叶舌长约 0.4 毫米，具纤毛，背部具疏毛；叶线形，扁平或内卷，长 1.5-5.5 厘米，宽 1.5-4 毫米。总状花序长 1.3-3 厘米，径约 2 毫米，花序轴节间与小穗柄几等长，长为无柄小穗之半，两侧具纤毛。无柄小穗长 2.5-3 毫米，基盘毛长 1-1.5 毫米；第一颖扁平，稍短于第二颖，先端平截密具流苏状纤毛，背部 3-5 脉，无芒；第二颖舟形，与小穗等长，近先端边缘被流苏状纤毛，1 脉延伸成芒，芒长 1.3-2 厘米，稍曲折。第一小花雄性，外稃长圆状披针形，膜质，无芒，1 脉，内稃长圆形，膜质，2 脉，先端平或稍凹，具纤毛；雄蕊 2，花药黄色，长约 1.8 毫米；第二小花两性，外稃先端 2 裂，裂齿芒长 1.5-1.8 厘米；内稃与外稃等长，膜质；雄蕊 2，花药黄色，长约 1.8 毫米；无毛。有柄小穗较小，第一小花缺，第二小花雄性或两性，雄蕊 1，花药长达 1.5 毫米或不育。花果期 4-10 月。

产台湾、湖北、湖南、广东、香港、海南、广西、贵州、四

图 1553 金发草
（引自《中国主要植物图说 禾本科》）

川、云南及西藏，生于海拔 2300 米以下山坡、路边、溪旁、草地干旱向阳处。印度、马来西亚至大洋洲均有分布。全草入药，清热、止渴、利尿，治黄疸型肝炎、糖尿病。优良牧草。

2. 金丝草　　　　　　　　　　　　　　　　　　　　　　　　图　1554

Pogonatherum crinitum (Thunb.) Kunth, Enum. Pl. 1: 478. 1833.

Andropogon crinitus Thunb. Fl. Jap. 40. pl. 7. 1784.

秆丛生，高 10-30 厘米，节被白色髯毛。叶线形，扁平，稀内卷或对折，长 1.5-5 厘米，宽 1-4 毫米。穗形总状花序单生秆顶，乳黄色；花序轴节间与小穗柄均扁，长为无柄小穗1/3-2/3，两侧具纤毛。无柄小穗长不及 2 毫米，具 1 两性花，基盘毛长与小穗等长或稍长；第一颖背腹扁，先端具流苏状纤毛，第二颖与小穗等长，舟形，1脉，先端 2 裂，裂缘有纤毛，脉延伸成弯曲金黄色芒；第一小花退化或仅具外稃；第二小花外稃稍短于第一颖，先端裂齿间具弯曲芒；内稃宽卵形，短于外稃，雄蕊1，花药长约 1 毫米。颖果卵状长圆形。花果期 5-9 月。

产安徽、浙江、台湾、福建、江西、湖北、湖南、广东、香港、海南、广西、贵州、四川及云南，生于海拔 2000 米以下田埂、溪边、石缝或灌木下阴湿地。日本、中南半岛及印度有分布。全株入药，解毒、利尿，治咳血、血崩，可作清凉饮料。是牛、马、羊优良饲料。

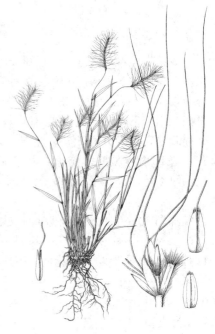

图 1554 金丝草
（引自《中国主要植物图说 禾本科》）

201. 楔颖草属 Apocopis Nees
（陈守良）

多年生或一年生草本。叶鞘圆筒形，上部具疣毛，叶舌短，膜质，钝圆或平截；叶扁平，两面常具疣毛，顶生者常退化。总状花序常 2 枚贴生成圆柱形，稀 2 枚以上排成指状；小穗1-2 着生于花序轴。具柄小穗退化或为雌性，芒膝曲；无柄小穗通常两性，覆瓦状排列于花序轴一侧，成熟时与花序轴断落。第一小花雄性，雄蕊2；第二小花雌性，稀两性，或中性；第一颖先端平截或下凹，或有小尖头，边缘扁平，第二颖中脉多脊状。第一外稃膜质，与内稃相似，第二外稃先端常具齿，脉延伸成小尖头或膝曲的芒；第二内稃膜质，较外稃宽短，无脉；鳞被常退化；雄蕊2。颖果圆柱形。胚长为颖果之半。

约 17 种，主要分布热带亚洲，北至亚热带。我国 4 种及 1 变种。

1. 无柄小穗无芒，第一颖栗褐色，上部有黄棕色宽带，2 边脉与其近脉在先端以下汇合，稍伸出成小尖头 ………
………………………………………………………………………………………………… 1. **楔颖草 A. paleacea**
1. 无柄小穗有芒伸出颖外，第一颖上部有暗红色宽带，脉非上述形态。
　2. 无柄小穗长 4.5-6 毫米，第一颖草质，倒卵形，具 7 条脉纹不伸达先端，脉间有小横脉。
　　3. 无柄小穗长约 4.5 毫米，第二外稃芒约 1.5 厘米；有柄小穗退化仅具柄 ………… 2. **瑞氏楔颖草 A. wrightii**
　　3. 无柄小穗长 5-6 毫米，第二外稃芒长 2-2.5 厘米；有柄小穗有时发育为雌性 …………………
………………………………………………………………………………… 2(附). **大花楔颖草 A. wrightii** var. **macrantha**
　2. 无柄小穗长 3.5-4.5 毫米，第一颖纸质，倒卵状楔形，脉纹不明显 ………… 3. **短颖楔颖草 A. breviglumis**

1. 楔颖草　　　　　　　　　　　　　　　　　图　1555

Apocopis paleacea (Trin.) Hochr. in Bull. New York. Bot. Gard. 6: 262.

1910.

Ischaemum paleaceum Trin. in

Mém. Acad. Imp. Sci. St. Petersb. ser. 6, 2: 293. 1832.

多年生。秆具3-7节，节有毛。叶鞘无毛或上部具疣毛，叶舌钝圆，长0.5-1毫米；叶线状披针形，长2.5-7厘米，宽2-6毫米，两面及下部边缘疏生柔毛，中脉下部至叶鞘成脊。总状花序轴节间扁平，长2-2.5毫米，边缘具纤毛。小穗柄长约1.5毫米，具黄色纤毛，下半部与无柄小穗第一颖基部愈合；无柄小穗长3.8-4.5毫米，无芒，基部具黄色髯毛，第一颖栗褐色，先端有黄棕色

宽带，7脉，中脉及2边脉与近脉在先端以下汇合后稍伸出颖外，成小尖头；第二颖膜质，3脉，先端具微齿，齿缘具纤毛。外稃膜质；第一外稃先端窄而平截，有微齿，齿缘具纤毛；第二外稃先端微齿裂，有1脉伸出成短芒；第二内稃长约2.5毫米，宽卵形，先端具齿。有柄小穗仅具弯曲小穗柄。花果期秋冬季。

产海南、广西、四川、云南等省区，生于山坡、草地。印度及中南半岛有分布。

图 1555 楔颖草
（引自《中国主要植物图说　禾本科》）

2. 瑞氏楔颖草　　　　　　　　　　图 1556

Apocopis wrightii Munro in. Proc. Amer. Acad. Arts. 8: 363. 1860.

多年生。秆高30-60厘米，6-7节，常无毛。叶鞘常无毛，叶舌长约1毫米，边缘有纤毛；叶线状披针形或线形，长4-15厘米，宽2-6毫米，两面或上面具疣毛，稀无毛。总状花序2在秆顶合成圆柱形，长2.7-5厘米，径3-5毫米，节间具黄棕色长柔毛。无柄小穗长约4.5毫米，芒伸出颖外，基盘长约0.3毫米，具长柔毛，第一颖草质，倒卵形，上部有暗赤色宽带，长约4.5毫米，上部宽约2毫米，先端平截或微凹下，边缘常有纤毛，具7枚不伸达顶端的脉纹，脉间有横脉；第二颖长圆形，近膜质，上部暗红色，有糙毛，

3脉，先端微凹，有纤毛。第一外稃长圆状披针形，先端有纤毛，上部微红色；第一内稃较宽，2脉不明显；第二外稃窄长圆形，长3.3-5毫米，先端微2裂或近全缘，背脉延伸成长约1.5厘米扭转芒。有柄小穗仅具柄，具黄棕色长柔毛。花果期秋季。

产安徽、浙江、福建、江西、广东、香港、广西及云南，生于山坡、草地。印度及印度尼西亚有分布。

图 1556 瑞氏楔颖草
（引自《中国主要植物图说　禾本科》）

[附] **大花楔颖草 Apocopis wrighyii** var. **macrantha** S. L. Chen in Bull. Bot. Res. (Harbin) 12(4): 317. 1992. 与模式变种的主要区别：无柄小穗长5-6毫米；第二外稃卵圆形或卵状长圆形，长4-5毫米，芒长2-2.5厘米；有柄小穗有时发育，雌性，长约3毫米，有扭转芒。产浙江及广东，生于路边草丛中。

3. 短颖楔颖草　　　　图 1557

Apocopis breviglumis Keng et S. L. Chen in Acta Phytotax. Sin. 13(1): 59. pl. 3. 1975.

多年生。秆疏丛，无毛，高约50厘米，7-9节，节无毛。叶线形或线状披针形，两面具柔毛，长3-13厘米，宽2.5-6毫米。总状花序2在秆顶紧贴成圆柱形，长2.5-4.5厘米，径2-3毫米。无柄小穗长3.5-4.5毫米，基盘疏生0.5-2毫米毛；两颖片无毛，第一颖长3.5-4毫米，倒卵状楔形，纸质，先端平截，有微齿，齿缘有纤毛，上部边缘有暗红色环带，具不明显脉纹；第二颖长约4.5毫米，上部宽约2毫米，3脉，楔形，先端宽平，具微齿。第一小花雄性，两稃片膜质，先端微暗红色，第一内稃稍长；第二小花结实，外稃厚膜质，土黄色，宽线形，等长于小穗，1脉延伸成扭转的芒，芒长2.2-2.8厘米，芒柱长0.8-1厘米；第二内稃宽卵形。颖果长圆形，长约1.5毫米。有柄小穗不发育。

产四川南部及云南西部，生于山坡、草地。

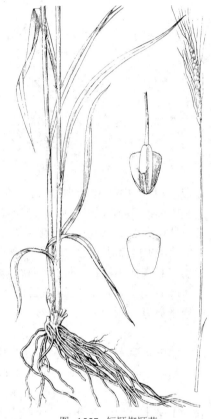

图 1557　短颖楔颖草
（引自《植物分类学报》）

202. 吉曼草属 Germainia Bal. et Poitr.

（陈守良）

多年生或一年生草本。秆常直立。叶常线形。总状花序在秆顶紧缩呈头状，花序基部4-6雄性小穗轮生成总苞状，有2-3对小穗，每对有一具柄雌小穗及1-2无柄雄小穗或有3有柄雌性而无雄性小穗；总苞状雄小穗无芒，有2小花。每小花有2雄蕊；第一颖硬革质，先端平截；第二外稃膜质，为芒的基部；无鳞被；雄蕊2；花柱分离。

约9种，分布于东亚至大洋洲。我国1种。

吉曼草　　　　图 1558

Germainia capitata Bal. et Poitr. in Bull. Soc. Hist. Nat. Toulouse. 7: 345. 1873.

多年生。秆高50-60厘米。叶鞘无毛或疏生柔毛，叶舌长约1毫米；叶线形，长5-16厘米，宽3-5毫米，两面疏生柔毛。总状花序圆筒状，芒除外长约1.5厘米，径3-5毫米；4个总苞状无柄雄性小穗与花序等长。第一颖硬革质，平滑，7-9脉，背圆，先端常凹下；第二颖膜质，红

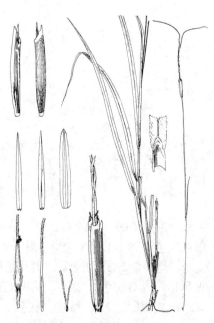

图 1558　吉曼草　（陈荣道绘）

褐色，3 脉；两小花花药长 6-8 毫米，内外稃薄膜质，红褐色。有柄雌小穗 3，柄长约 5 毫米，柄具细毛；小穗长约 1 厘米，基盘尖，具黑褐色硬毛；第一颖革质，具细毛；第二颖长约 7 毫米。第一外稃略长方形，长约 5 毫米；第二外稃为芒的基部；芒 2 回膝曲，第一芒柱长 2.5-3 厘米，第二芒柱长约 1 厘米，均具白色硬毛，芒针长约 2.5 厘米，无毛。花果期秋季。

产广东，生于旷野。印度有分布。

203. 高粱属 Sorghum Moench, nom. conserv.
（汤傲杉）

一年生或多年生草本。秆多粗壮直立。叶片宽线形、线形或线状披针形。圆锥花序直立，稀弯曲，具多数总状花序；小穗孪生，一无柄，一有柄，花序节间与小穗柄线形，边缘常具纤毛。无柄小穗两性，有柄小穗雄性或中性，无柄小穗第一颖革质，背部凸起或扁平，成熟时硬而有光泽，边缘窄而内卷，向先端渐内折；第二颖舟形，具脊。第一外稃膜质，第二外稃长圆形或椭圆状披针形，全缘，无芒，或具 2 齿裂，裂齿间具芒。

约 20 余种，分布于热带、亚热带和温带地区。我国 11 种（包括野化种），多为谷物和饲料栽培。

1. 秆节密生环状髯毛；圆锥花序的分枝不再分枝 ·· 1. **光高粱 S. nitidum**
1. 秆节无毛，或稍具柔毛，非环状；圆锥花序的分枝再分枝。
  2. 多年生，具根茎。
    3. 叶宽 0.5-2.5 厘米；秆高 0.5-1.5 米，基部径 4-6 毫米；圆锥花序径 5-10 厘米；无柄小穗椭圆形或卵状椭圆形，顶端稍钝，具 3 小齿 ·· 2. **石茅 S. halepense**
    3. 叶宽 3-5 厘米；秆高 1.5-3 米，基部径 1-3 厘米；圆锥花序径 6-15 厘米；无柄小穗多少卵形，顶端尖，或具不明显 3 小齿 ·· 3. **拟高粱 S. propinquum**
  2. 一年生稀多年丛生，无根茎。
    4. 无柄小穗近椭圆形，第一颖纸质或硬纸质，第二颖革质，第一颖的脉由顶端延至基部。
      5. 圆锥花序的分枝较短，紧密，主轴延伸整个花序 ·· 4. **多脉高粱 S. nervosum**
      5. 圆锥花序的分枝较长，疏散，主轴短，花序呈伞房状或近伞状 ··
      ·· 4(附). **散穗高粱 S. nervosum var. flexibile**
    4. 无柄小穗卵形、倒卵形、倒卵状椭圆形或近圆形，两颖均革质或亚革质，第一颖的脉顶端明显，稀延至中部及中部以下。
      6. 无柄小穗倒卵形或倒卵状椭圆形，稀椭圆形或近圆球形，毛较少；颖果大小和形状与无柄小穗相似，成熟时为颖所包或仅顶端裸露。
        7. 无柄小穗的颖片较薄，成熟时硬纸质；第一颖的脉延至中部或中部以下。
          8. 圆锥花序的主轴长，延伸整个花序 ·· 5. **甜高粱 S. dochna**
          8. 圆锥花序的主轴短，花序呈伞房状或近伞形 ·· 5(附). **工艺高粱 S. dochna var. technicum**
        7. 无柄小穗的颖片硬革质；第一颖的脉在先端明显 ·· 6. **高粱 S. bicolor**
      6. 无柄小穗卵状长圆形或长卵形，常具较密长柔毛；颖果大小和形状与无柄小穗不相似，成熟时 1/3 或更多露出颖外 ·· 6(附). **卡佛尔高粱 S. caffrorum**

1. 光高粱

Sorghum nitidum (Vahl) Pers. Syn. Pl. 1: 101. 1805.

图 1559   *Holcus nitidum* Vahl, Sym. Bot. 2: 102. 1791.

多年生草本。秆高0.6-1.5米，节密被长约3.5毫米灰白色环状髯毛。叶鞘抱茎，无毛或疏生疣基长毛，叶舌长1-1.5毫米，具毛；叶线形，长10-40（-50）厘米，宽4-6毫米，两面具粉屑状柔毛或疣基细毛，边缘具小刺毛。圆锥花序长圆形，长15-45厘米，主轴具棕褐色毛；分枝近轮生，长2-5厘米，基部裸露，不再分枝；花序具1-5节，着生分枝顶端，长1-2厘米。无柄小穗卵状披针形，长4-5毫米，基盘钝圆，具棕褐色髯毛；颖革质，无毛，上部及边缘具棕色柔毛，第一颖背部略扁，先端渐钝尖，第二颖略舟形。第一外稃膜质，上部具细毛，边缘内折；第二外稃无芒或具芒，芒长1-1.5厘米，膝曲；第二内稃短小。颖果长卵形，棕褐色，成熟时不露颖外。有柄小穗雄性，长椭圆形，较无柄小穗略小而窄；颖革质，黑棕色。花果期夏秋季。染色体2n=20。

产山东、江苏、安徽、浙江、台湾、福建、江西、湖北、湖南、广东、香港、海南、广西、贵州、四川及云南，生于海拔300-1400米向阳山坡草丛中。印度、斯里兰卡、中南半岛、日本、菲律宾及大洋洲有分布。全株作牧草；种子可食。

2. 石茅

图 1560

Sorghum halepense (Linn.) Pers. Syn. Pl. 1: 101. 1805.

Holcus halepensis Linn. Sp. Pl. 1047. 1753.

多年生草本。具根茎。秆高0.5-1.5米，基部径4-6毫米。叶鞘无毛或基部节微有柔毛，叶舌硬膜质，顶端无毛；叶线形或线状披针形，长20-70厘米，宽0.5-2.5毫米，两面无毛，边缘软骨质，具微刺齿。圆锥花序长20-40厘米，分枝1至数枚在主轴轮生或一侧着生，基部腋间具灰白色柔毛；总状花序具2-5节，其下裸露部分长1-4厘米，节间易折断。无柄小穗椭圆形或卵状椭圆形，顶端稍钝，具3小齿，长4-5毫米，具柔毛，基盘钝，被柔毛；颖薄革质，第一颖具5-7脉，先端两侧具脊，延伸成3小齿；第二颖上部具脊，略舟形。第一外稃披针形，膜质，2脉；第二外稃先端多少2裂或几不裂，有芒或无芒而具小尖头。有柄小穗雄性，较无柄小穗窄。花果期夏秋季。染色体2n=20，40。

台湾、广东及四川引入栽培，现已野化，生于山谷、河边、荒野或耕地。地中海沿岸及西非、印度、斯里兰卡有分布。秆、叶作饲料和造纸原料，含少量氰氢酸，饲养牲畜时应注意。

图 1559 光高粱
（引自《中国主要植物图说 禾本科》）

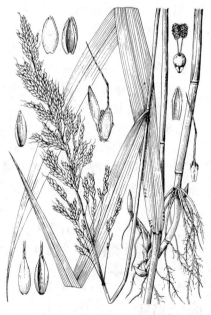

图 1560 石茅 （史渭清绘）

3. 拟高粱 图 1561

Sorghum propinquum (Kunth) Hitchc. in Linn. Sci. Journ. 7: 249. 1929.

Andropogon propinquum Kunth, Enum. Pl. 1: 502. 1833.

密丛多年生草本。具根茎。秆高 1.5-3 米，基部径 1-3 厘米，多节，节具灰白色柔毛。叶鞘无毛，或鞘口内面及边缘具柔毛，叶舌长 0.5-1 毫米，具长约 2 毫米细毛；叶线形或线状披针形，长 40-90 厘米，宽 3-5 毫米，两面无毛，中脉绿黄色，边缘软骨质，疏生细刺毛。圆锥花序长 30-50 厘米，分枝 3-6 枚轮生，下部者长 15-20 厘米，基部腋间具柔毛；总状花序具 3-7 节，其下裸露部分长 2-6 厘米。小穗成熟后，其柄与小穗均易脱落，无柄小穗多少卵形，顶端尖或具不明显 3 小齿，长 3.8-4.5 毫米，疏生柔毛，基盘钝，具细毛；颖薄革质，具不明显横脉，第一颖具 9-11 脉，边缘内折，两侧具不明显脊，先端无齿或具不明显 3 小齿；第二颖具 7 脉，上部具脊，略舟形，疏生柔毛。第一外稃膜质，宽披针形，具纤毛；第二外稃短于第一外稃，先端尖或微凹，无芒或具扭曲芒。颖果倒卵圆形，棕褐色。有柄小穗雄性，约与无柄小穗等长。花果期夏秋季。染色体 2n=20。

台湾、福建、江西、湖南、海南、云南等省区有引种栽培。中南半岛、马来半岛、菲律宾及印度尼西亚有分布。作饲料。

图 1561 拟高粱 （史渭清绘）

4. 多脉高粱 图 1562

Sorghum nervosum Bess. ex Schult. in Roem. et Schult. Syst. Veg. 2, Mant. 669. 1827.

一年生栽培谷物。秆基部具支撑根。秆高 2-4 米，基径 1-3 厘米。叶鞘无毛，叶舌半圆形，顶端密生纤毛；叶长达 1 米，宽 6-10 厘米，上面中脉宽约 5 毫米，白色，凹陷。圆锥花序圆筒形或椭圆状长圆形，长 15-35 厘米，分枝 6-10 枚轮生，较短，紧密，主轴延伸整个花序，具柔毛和糙毛；总状花序具 2-5 节，疏生糙毛。无柄小穗椭圆形，长 4-5 毫米，无毛或边缘具纤毛。两颖近等长，第一颖 12-14 脉，脉自先端达基部，中部以下边缘内折，两侧具脊，脊有窄翅，粗糙；第二颖革质或薄革质，背部圆，先端具脊，略舟形。第一外稃膜质，长椭圆形，长 4-4.5 毫米，疏生纤毛，2 脉；第二外稃卵形，长约 3.5 毫米，先端微 2 裂，芒长 4-6 毫米，扭曲。颖果成熟时顶端微外露，长 3-5 毫米，椭圆形或倒卵状椭圆形。有柄小穗长约 1.5 毫米，线状长圆形或线状钻形，长 3-6 毫米，棕褐色，雄性或中性，宿存或连柄一起脱落，第一颖 9-19 脉，第二颖 7-9 脉。花果期 7-9 月。染色体数 2n=20。

东北曾作为主要谷物栽培，华北及黄河流域以南各省有少量栽培。印度、日本、美国有栽培。秆可作农舍建筑材料，或作编织及农家厨房用具。谷粒可酿酒。

[附] **散穗高粱 Sorghum nervosum** var. **flexibile** Snowden in Kew Bull.

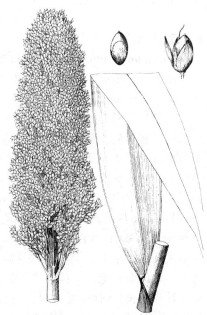

图 1562 多脉高粱 （王伟民绘）

1935: 232. 1935. 与模式变种的区别：圆锥花序的分枝较长，疏散，主轴缩短而使花序呈伞房或近伞形。花果期 6-10 月。产东北，南部各地有少量栽培。用途同模式变种。

5. 甜高粱 图 1563

Sorghum dochna (Forssk.) Snowden in Kew Bull. 1935: 234. 1935.

Holcus dochna Forssk. Fl. Aegypt.-Atab. 174. 1775.

一年生。秆高 2-4 米，基径 2-2.5 厘米，汁液味甜。叶 7-12 或较多，长约 1 米，宽约 8 厘米；叶鞘无毛或有白粉，叶舌硬膜质。圆锥花序紧密，椭圆形，主轴长，延伸整个花序，长 20-40 厘米；花序梗直立，具数节至多节，分枝多数至数枚于节上近轮生，疏生柔毛或具细刺毛。无柄小穗椭圆形或倒卵状长圆形，长 4.5-6 毫米，基盘无毛或具髯毛；第一颖先端钝，12-15 脉，横脉 3-6，上部 1/3 具脊，微呈窄翅，脊有微刺毛，先端具 3 小齿；第二颖舟形，不明显 7-9 脉，横脉 1-4，先端具脊，有纤毛。外稃膜质，椭圆形，多少具毛，长 4-6 毫米；内稃椭圆形或卵形，先端近全缘，或微 2 裂，芒长 1.5-2 毫米或无芒。颖果成熟时顶端或两侧裸露，椭圆形或倒卵状椭圆形，长 3.5-5 毫米。有柄小穗披针形，长 4-6 毫米，雄性或中性，宿存，第一颖 7-9 脉，第二颖 5-7 脉。花果期 6-9 月。染色体数 2n=20。

原产印度及缅甸。全国均有栽培，黄河流域以南诸省为多。世界各大洲有栽培。

[附] **工艺高粱 Sorghum dochna** var. **technicum** (Koern.) Snowden in Kew Bull. 1935: 235. 1935.——*Andropogon sorghum* (Linn.) Brot. var. *technicus* Koern. in Syst. Uebers 20. 1873. 与模式变种的主要区别：圆锥花序的主轴缩短，花序呈伞房状或近伞形。东北至华南均有栽培，黄河流域为多。世界各大洲有栽培。

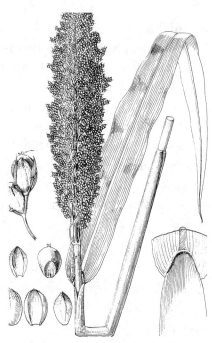

图 1563 甜高粱 （陈荣道绘）

6. 高粱 蜀黍 图 1564

Sorghum bicolor (Linn.) Moench, Meth. Pl. 207. 1794.

Holcus bicolor Linn. Mant. Alt. 2 : 301. 1771.

Sorghum vulgare Pers.; 中国高等植物图鉴 5: 198. 1976.

一年生。秆高 3-5 米，径 2-5 厘米。叶鞘无毛或稍有白粉，叶舌先端圆，有纤毛；叶线形或线状披针形，长 40-70 厘米，宽 3-8 厘米，基部圆或微耳形，下面淡绿或有白粉，两面无毛，边缘软骨质，具微小刺毛。圆锥花序疏散，主轴裸露，长 15-45 厘米，主轴具纵棱，疏生柔毛，基部较密；总状花序具 3-6 节。无柄小穗倒卵形或倒卵状椭圆形，长 4.5-6 毫米，基盘钝，有髯毛；两颖均革质，上部及边缘具毛；第一颖背部圆凸，边缘内折，具窄翼，12-16 脉，达中部，有横脉，先端尖或具 3 小齿；第二颖 7-9 脉，背部圆，近先端具不明显脊，略舟形，边缘有细毛。外稃膜质，第一外稃披针形，有长纤毛；第二外稃披针形或长椭圆形，2-4 脉，先端稍 2 裂，裂齿间具膝曲芒，芒长约 1.4 厘米。颖果两面平凸，长 3.5-4 毫米，淡红至红棕色，熟时宽 2.5-3 毫米，顶端微外露。有柄小穗的柄长约 2.5 毫米，小穗线形或披针形，长 3-5 毫米，雄性或中性，宿存；第一颖 9-12 脉，第二颖 7-10 脉。花果期 6-9 月。染色体 2n=20。

全国南北各地均有栽培。

[附] **卡佛尔高粱 Soeghum caffrorum** (Retz.) Beauv. Ess. Agrost. 131. 178. 1812. —— *Panicum caffrorum* Retz. Obs. Bot. 2: 7. 1781. 本种的鉴别

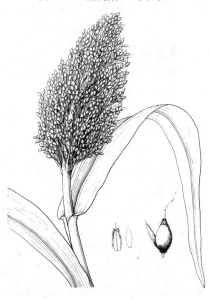

图 1564 高粱 （张荣生绘）

特征：无柄小穗卵状长圆形或长卵形，常具较密长柔毛；颖果大小和形状与无柄小穗不相似，成熟时 1/3 或更多露出颖外。原产南非，现世界各国多引种栽培。我国各省农业科研单位和试验场站有引种。

204. 香根草属 Vetiveria Bory

（傅晓平）

多年生草本。具粗壮根茎，须根含香精油。秆高大粗壮。叶鞘多少侧扁成脊，叶舌短；叶片线形，质硬，对折而背部具脊。圆锥花序大型顶生，具多数轮生细长总状花序；小穗孪生，一无柄，一具柄，成熟总状花序轴节间逐节断落。无柄小穗两性，稍两侧扁；颖片近革质，边缘稍内折，3-5脉。第一小花具有2脉之膜质外稃；第二小花两性，外稃膜质，先端2裂或全缘，具芒或具小尖头；内稃稍短于外稃；鳞被2；雄蕊3；柱头帚刷状，自小穗两侧伸出。有柄小穗背部扁平；第一小花具外稃，第二小花雄性。染色体基数x=10。

约10种，分布于东半球热带。我国1种。

香根草

图 1565

Vetiveria zizanioides (Linn.) Nash in Small, Fl. South-East U. S. 67. 1903.

Phalaris zizanioides Linn. Mant. Pl. Alt. 2: 183. 1771.

须根含香精油。秆丛生，高1-2.5米，径约5毫米，中空。叶鞘无毛，具背脊，叶舌长约0.5毫米，具纤毛；叶线形，下部对折，与叶鞘相连，长30-70厘米，宽0.5-1厘米，无毛，顶生叶较小。圆锥花序顶生，长20-30厘米，主轴粗，各节具多数轮生分枝，分枝细长上举，长10-20厘米，花序轴节间与小穗柄无毛。无柄小穗线状披针形，长4-5毫米，基盘无毛；第一颖革质，背部圆，边缘稍内折，近两侧扁，5脉不明显，疏生纵行疣基刺毛；第二颖脊粗糙或具刺毛。第一外稃边缘具丝状毛；第二外稃较短，1脉，先端2裂齿间有小尖头。有柄小穗背部扁平，等长或稍短于无柄小穗。染色体2n=20。花果期8-10月。

江苏、浙江、台湾、福建、广东、海南及四川有引种，栽培于平原、丘陵和山坡；喜生于溪旁和疏松粘壤土。热带非洲至印度、斯里兰卡、泰国、缅甸、印度尼西亚爪哇、马来西亚广泛种植。须根具香精油，油浓褐色，稠性大，紫罗兰香型，挥发性低，用作定香剂。幼叶为良好饲料。茎秆作造纸原料。

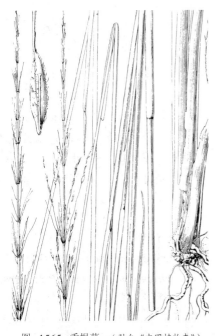

图 1565 香根草 （引自《中国植物志》）

205. 金须茅属 Chrysopogon Trin. nom. conserv.

（汤微杉）

多年生草本。叶片窄。圆锥花序顶生，疏散；分枝细弱，稀基部再分枝，轮生于花序主轴；小穗通常3枚生于分枝顶端，1枚无柄为两性，另2枚为雄性或中性，成熟时3枚均脱落，基盘略厚而倾斜，具髯毛。颖坚纸质或亚革质，通常具疣基刺毛；第一颖背部圆，上部具脊，边缘内卷；第二颖舟形，多少具脊，通常具短芒。第一小花的外稃膜质，2脉，无内稃；第二小花外稃线形，全缘或具2齿，通常齿间具膝曲的芒；无内稃，或小而膜质，无脉；鳞被2，楔形；雄蕊3；花柱2，分离，柱头帚状。颖果线形。

约20种，分布于热带和亚热带地区。我国3种。

1. 无柄小穗第二颖有芒；第二外稃膝曲，芒扭转；有柄小穗有芒；小穗柄被锈色毛 ·····················
····················· 1. 金须茅 C. orientalis
1. 无柄小穗第二颖渐尖或具小短芒；第二外稃平长，芒劲直；有柄小穗无芒；小穗柄无毛 ·····················
····················· 2. 竹节草 C. aciculatus

1. 金须茅

图 1566

Chrysopogon orientalis (Desv.) A. Camus. in Lecomte, Fl. Gen. Indo-Chine 7: 332. 1922.

Rhaphis orientalis Desv. Opusc. 69. 1831.

秆高30-90厘米，无毛或紧接花序下被微毛。叶鞘无毛或被微毛，叶舌白色，长约0.5毫米，具纤毛；叶线形，近无毛，边缘和基部疏生

疣基长柔毛，长 3-10 厘米，宽 2-4 毫米。圆锥花序长圆形，稍开展，黄褐色，长 6-20 厘米，径 2-3 厘米；分枝纤细，通常 4-9 枚轮生花序主轴。无柄小穗长约 6 毫米，背部无毛，基盘长约 3 毫米，密生锈色柔毛；颖草质，第一颖具 4 脉，无芒，第二颖具 1 脉，先端具长 1.2-1.8 厘米直芒。第一外稃线形，稍短于颖，具纤毛，无第一内稃；第二外稃膝曲，芒长 4-6 厘米，扭转；第二内稃极小或缺。有柄小穗长约 7.5 毫米，紫褐色，有芒，柄长约 7 毫米，被锈色柔毛，下部与无柄小穗的基盘愈合；颖坚纸质，第一颖具 7 脉，先端具长约 1 厘米直芒，第二颖具 3 脉。外稃膜质。花果期 6-9 月。

产福建、广东及海南，生于山坡草地或海滨沙地。印度和中南半岛有分布。

图 1566 金须茅 （仲世奇绘）

2. 竹节草 图 1567

Chrysopogon aciculatus (Retz.) Trin. Fund. Agrost. 188. 1820.

Andropogon aciculatus Retz. Obs. Bot. 5: 22. 1789.

秆基部常膝曲，高 20-50 厘米。叶鞘无毛或鞘口疏生柔毛，叶舌长约 0.5 毫米；叶披针形，长 3-5 厘米，宽 4-6 毫米，基部圆，两面无毛或基部疏生柔毛，边缘具小刺毛，秆生叶短小。圆锥花序直立，长圆形，紫褐色，长 5-9 厘米；分枝细弱，长 1.5-3 厘米，通常数枚轮生于主轴。无柄小穗圆筒状披针形，长约 4 毫米，基盘长 4-6 毫米，初与穗轴顶端愈合，基盘顶端被锈色柔毛；颖革质，与小穗近等长；第一颖披针形，7 脉，上部具 2 脊，具小刺毛，下部背面圆，无毛；第二颖舟形，背面及脊上部具小刺毛，

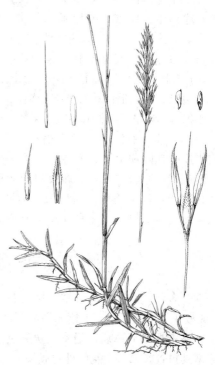

图 1567 竹节草
（引自《中国主要植物图说 禾本科》）

产台湾、福建、江西南部、广东、香港、海南、广西、贵州及云南，生于海拔 500-1000 米向阳贫瘠山坡、草地或荒野中。分布于亚洲和大洋洲热带地区。根茎发达，耐贫瘠土壤。为保持水土植物。

先端渐尖或具小刺芒，边缘膜质，具纤毛。第一外稃稍短于颖；第二外稃等长而较窄于第一外稃，先端全缘，具长 4-7 毫米直芒；内稃缺或微小。有柄小穗长约 6 毫米，无芒，柄长 2-3 毫米，无毛；颖纸质，3 脉。花果期 6-10 月。染色体数 n=10。

206. 双花草属 Dichanthium Willemet
（庄体德）

多年生，稀一年生草本。秆有分枝或无，节具髯毛或无毛。叶片窄，扁平或卷曲。总状花序指状或单生

秆顶；花序轴节间及小穗柄纤细，无纵沟；小穗成对着生于各节，一无柄，一具柄，形态相似。无柄小穗两性，背腹扁，基盘具毛，近水平脱落；颖近等长，薄革质，第一颖边缘窄，内折成2脊，先端钝圆，基部无凹穴，第二颖舟形，具脊。第一小花仅具膜质外稃；第二小花两性，外稃膜质，成芒基部，内稃微小或缺；鳞被2，细小；雄蕊3。颖果长圆形，背扁。胚长为颖果约1/2。有柄小穗雄性或中性，无芒。

约10种，分布于东半球热带和亚热带。我国3种。

1. 叶长1.5-8厘米；花序梗被柔毛 ·························· 1. **毛梗双花草 D. aristatum**
1. 叶长8-30厘米；花序梗无毛。
　2. 无柄小穗第一颖卵状长圆形或长圆形，脊无翅，中脉明显；叶鞘圆柱状 ············· 2. **双花草 D. annulatum**
　2. 无柄小穗第一颖倒卵形或长圆形，脊具翅，中脉不明显；叶鞘扁 ·················· 2(附). **单穗草 D. caricosum**

1. 毛梗双花草　　　　　　　　　图 1568:11

Dichanthium aristatum (Poir.) C. E. Hubb. in Kew Bull. 1939: 654. 1939.

Andropogon aristatus Poir. in Lam. Encyl. Meth. Bot. Suppl. 1: 585. 1810.

多年生草本。具匍匐茎。秆高20-60厘米，基部膝曲。叶鞘基部松散，长于节间，叶舌短，膜质，上缘撕裂状；叶线状披针形，长1.5-8厘米，宽3-6毫米，两面疏生瘤基毛。总状花序单生或2-4生于秆顶，长2-5厘米，花序梗被柔毛，基部1-3对小穗中性或雄性；小穗对覆瓦状着生花序轴。第一颖薄革质，长椭圆形，8-10脉，下部边缘内卷，上半部具2脊，沿脊及边缘具纤毛，第二颖椭圆形，边缘内卷撕裂状，背部具2沟。第二外稃线形，1脉，芒长1.2-2厘米，内稃膜质，披针形，边缘内卷，无脉。

产台湾及云南，生于海拔500-1600米山坡草地。印度有分布。

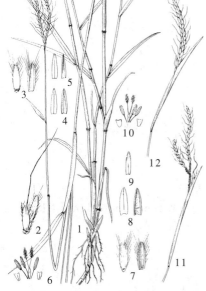

图 1568：1-10.双花草 11.毛梗双花草
12.单穗草 （史渭清绘）

2. 双花草　　　　　　　图 1568：1-10, 图 1569

Dichanthium annulatum (Forssk.) Stapf. in Prain, Fl. Trop. Afr. 9: 178. 1917.

Andropogon annulatus Forssk. Fl. Aegypt.-Arab. 173. 1775.

多年生。秆常丛生，高0.3-1米，节密生髯毛。上部叶鞘圆柱形，短于节间，叶舌长约1毫米，上缘撕裂状；叶线形，长8-30厘米，宽2.5-4毫米，中脉明显，上面具疣基毛。总状花序2-8

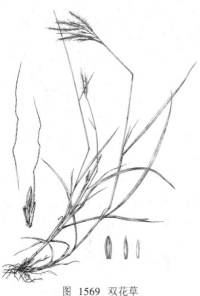

图 1569 双花草
（引自《中国主要植物图说　禾本科》）

枚生于秆顶，长4-5厘米，基部腋内有白色柔毛，花序梗无毛，花序轴节间与有柄小穗柄长1.5-2.5毫米，边缘被纤毛。无柄小穗卵状长圆形，长3-5毫米，第一颖先端钝，边缘具窄脊或内折，背部扁，5-9脉，脊状，脊上部和边缘被纤毛，第二颖窄披针形，无芒，3脉。第一外稃线状长圆形，长2.8-3.3毫米，无脉，第二外稃为芒基部，芒长1.6-2.4厘米，扭转。颖果倒卵状长圆形。有柄小穗与无柄小穗几等长。

产台湾、湖北西部、湖南、广东、香港、海南、广西、贵州、四川及云南，生于海拔500-1800米山坡草地。亚洲东南部、非洲及大洋洲有分布。

[附] **单穗草** 图 1568:12 **Dichanthium caricosum** (Linn.) A. Camus in Bull. Mus. Hist. Nat. (Paris) 27: 549. 1921. —— *Andropogon caricosus* Linn. Sp. Pl. ed. 2, 1480. 1763. 与模式变种的主要区别：叶鞘扁；穗形总状花序单生或2-4着生秆顶；无柄小穗第一颖倒卵形或长圆形，脊具翅，中脉不明显。产云南，生于海拔300-1000米山坡、路旁或田边。印度、缅甸及斯里兰卡有分布。

207. 旱茅属 Eremopogon Stapf
（庄体德）

多年生稀一年生草本。秆较纤细，常丛生或下部膝曲，上部有分枝，聚生成帚状。叶鞘包秆，基部者长于节间，叶舌短，干膜质；叶线形，边缘粗糙。总状花序单生主秆或分枝顶端，托以窄舟形佛焰苞，花序轴节间与小穗柄细长，扁，具纤毛。小穗孪生，一无柄，一具柄；无柄小穗两性，基盘钝圆，具髯毛，脱落；两颖近相等，第一颖厚纸质，背部扁，边缘窄内折成2脊；第二颖舟形，具锐脊。第一外稃膜质，无脉；第二外稃窄，先端2裂，裂齿间具膝曲芒；鳞被2；雄蕊3；柱头自小穗近中部两侧伸出，花柱较长。有柄小穗雄性或中性，无芒。

约4种，分布于热带和旧大陆温暖地区。我国1种。

旱茅　　　　　　　　　　　　　　　　　　图 1570

Eremopogon delavayi (Hack.) A. Camus in Ann. Soc. Linn. Lyon. 68: 208. 1921.

Andropogon delavayi Hack. in DC. Monogr. Phan. 6: 404. 1889.

多年生。秆丛生，高0.4-1.5米，上部节间一侧扁平，边缘上部具纤毛。叶鞘下部毛长于节间，鞘口具柔毛，叶舌钝圆，长1-1.5毫米；叶线形，长6-30厘米，无毛或疏生柔毛。总状花序长1-4厘米，花序梗短于或长于紧抱花序基部的佛焰苞；佛焰苞鞘状，长2-3厘米；花序轴节间和小穗柄均扁，多少具膜质齿状附属物。无柄小穗长圆状披针形，长4-6毫米，基盘长约0.5毫米；第一颖长圆状披针形，具数脉，脊中上部具窄翼，翼缘粗糙，先端钝，有或无裂齿；第二颖与第一颖近等长，脊中上部粗糙。第一外稃长圆状披针形，长为第一颖3/4-4/5，具纤毛；第二外稃长为第一颖1/2-3/4，先端芒长0.8-1厘米。

产湖南、广西、贵州、四川、云南及西藏，生于海拔1200-3400

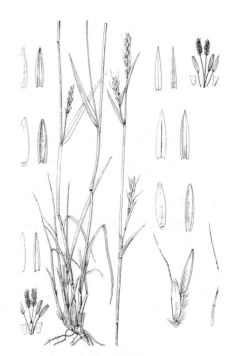

图 1570 旱茅 （史渭清绘）

米山坡林下，有时成草地优势种。缅甸、印度北部及不丹有分布。

208. 孔颖草属 Bothriochloa Kuntze

（汤傲杉）

多年生草本。秆实心。叶鞘背部具脊或圆，鞘口或节具疣基毛，叶舌短，具纤毛或无毛；叶线形或披针形，通常秆生，稀基生。总状花序圆锥状、伞房状或指状，总状花序轴节间与小穗柄边缘质厚，中间具纵沟；小穗孪生，一有柄，一无柄，均披针形，背扁。无柄小穗水平脱落，基盘钝，具髯毛，两性；第一颖草质或硬纸质，先端渐尖或具小齿，边缘内折，两侧具脊，7-11脉，第二颖舟形，3脉，先端尖。第一外稃膜质，无脉，内稃退化；第二外稃膜质线形，先端延伸成膝曲芒；鳞被2；雄蕊3；子房光滑，花柱2，柱头帚状。有柄小穗似无柄小穗，无芒，为雄性或中性；第一外稃和内稃通常无。

约35种，分布于温带和热带地区。我国7种和1变种。

1. 总状花序指状排列或伞房状。
　2. 无柄小穗第一颖背部无圆形凹点 ·· 1. 白羊草 **B. ischaemum**
　2. 无柄小穗第一颖背部有一圆形凹点 ·· 2. 孔颖草 **B. pertusa**
1. 总状花序圆锥状排列。
　3. 圆锥花序分枝单一，分枝不分出小枝。
　　4. 无柄小穗第一颖背部无圆穴，偶有不明显小圆孔 ·············· 3. 臭根子草 **B. bladhii**
　　4. 无柄小穗第一颖背部具1-2圆穴 ············· 3(附). 孔颖臭根子草 **B. bladhii** var. **punctata**
　3. 圆锥花序分枝轮生，每分枝常分出小枝；无柄小穗长3-3.5毫米 ·············· 4. 光孔颖草 **B. glabra**

1. 白羊草 图 1571

Bothriochloa ischaemum (Linn.) Keng in Contr. Biol. Lab. Sci. China 10: 201. 1936.

Andropogon ischaemum Linn. Sp. Pl. 1047. 1753.

秆丛生，高25-70厘米，径1-2毫米，3至多节，节无毛或具髯毛。叶鞘无毛，多密集基部，常短于节间，叶舌长约1毫米，具纤毛；叶线形，长5-16厘米，宽2-3毫米，两面疏生疣基柔毛或下面无毛。总状花序4至多数指状着生秆顶，长3-7厘米，纤细；花序轴节间与小穗柄两侧具白色丝状毛。无柄小穗长圆状披针形，长4-5毫米，基盘具髯毛；第一颖草质，背部中央略下陷，5-7脉，下部1/3具丝状柔毛，边缘内卷成两脊；第二颖舟形，中部以上具纤毛，边缘膜质。第一外稃长圆状披针形，长约3毫米；第二外稃线形，先端具扭转芒长1-1.5厘米；第一内稃长圆状披针形，长约0.5毫米；第二内稃退化。有柄小穗雄性；第一颖背部无毛，9脉；第二颖具5脉，背部扁平，两侧内折，边缘具纤毛。花果期秋季。染色体2n=40，50，60。

产辽宁、内蒙古、河北、山东、山西、河南、陕西、甘肃、宁

图 1571 白羊草
（引自《中国主要植物图说 禾本科》）

夏、青海、新疆、江苏、安徽、浙江、台湾、福建、江西、湖北、湖南、广东、香港、海南、广西、贵州、四川、云南及西藏，生于山坡草地和荒地。热带和温带地区均有分布。作牧草；根可制刷子。

2. 孔颖草

图 1572

Bothriochloa pertusa (Linn.) A. Camus in Ann. Sci. Linn. Lyon n. s. 76: 164. 1930.

Holcus pertusus Linn. Mant. Alt. 2 : 301. 1771.

秆丛生，高 0.6-1 米，多节，下部节常具分枝，节通常具白色髯毛。

叶鞘无毛，或鞘口疏生疣状长毛，叶舌平截，长 0.5-2 毫米；叶线形，长 10-20 厘米，宽 1-4 毫米，基部圆，两面疏生疣毛，或下面无毛，边缘软骨质。总状花序指状排列于分枝或秆顶，长 4-8 厘米，主轴长 3-5 厘米，花序轴的节与小穗柄两侧具丝状毛，小穗基盘具白色髯毛。无柄小穗披针形，长约 4 毫米；第一颖纸质，上部 1/3 处具一圆形凹点，5-7 脉，无毛或中部以下疏生细毛，边缘内折成脊，脊粗糙；第二颖舟形；第一外稃长圆形，长约 3 毫米；第二外稃线形，芒膝曲，长 1-1.5 毫米，有柄小穗雄性或中性；第一颖具 7-9 脉，背部有或无圆凹点；第二颖扁平，5 脉，无毛。花果期 7-10 月。染色体 2n=40。

产湖南南部、广东、香港、四川南部及云南，生于海拔约 1500 米山坡草丛中。印度有分布。

图 1572 孔颖草
（引自《中国主要植物图说　禾本科》）

3. 臭根子草

图 1573

Bothriochloa bladhii (Retz.) S. T. Blake in Proc. Roy. Soc. Queensland. 80: 62. 1969.

Andropogon bladhii Retz. Obs. Bot. 2: 27. 1761.

秆疏丛，高 0.5-1 米，一侧有凹沟，多节，节被白色髯毛或无毛。叶鞘无毛，叶舌平截，长 0.5-2 毫米；叶线形，长 10-25 厘米，宽 1-4 毫米，两面疏生疣毛或下面无毛。圆锥花序长 9-11 厘米，主轴长 3-5 厘米，分枝单一，每节具 1-3 总状花序，花序长 3-8 厘米，具总梗，花序轴节间与小穗柄两侧具丝状纤毛。无柄小穗两性，长圆状披针形，长 3.5-4 毫米，

基盘具白色髯毛；第一颖背腹扁，5-7 脉，背部稍下凹，无毛或中部以下疏生白色柔毛，边缘内折，上部微 2 脊，脊具小纤毛；第二颖舟形，与第一颖等长，3 脉，边缘上部具纤毛。第一外稃卵形或长圆状披针形，长 2-3 毫米；第二外稃线形，芒膝曲，长 1-1.6 厘米。有柄小穗中性，稀雄性，

图 1573 臭根子草
（引自《中国主要植物图说　禾本科》）

较无柄者窄，无芒；第一颖7-9脉，无毛；第二颖扁平。花果期7-10月。

产陕西、台湾、福建、江西、湖北、湖南、广东、香港、海南、广西、贵州、四川及云南，生于山坡草地。非洲、亚洲于大洋洲的热带和亚热带地区有分布。

[附] **孔颖臭根子草 Bothriochloa bladhii** var. **punctata** (Roxb.) Steward in Kew Bull. 29(2): 444. 1974. —— *Andropogon punctatus* Roxb. Fl. Ind. 1: 268. 1820. 与模式变种的区别：植株高达1.3米；叶长达40厘米，宽4-8毫米；圆锥花序长达15厘米，基部分枝具2-5总状花序；无柄小穗和有柄小穗的第一颖背部具孔穴；第一外稃稍短于第一颖。产福建、台湾、贵州、四川及云南，生于海拔400-1600米山坡草地或石缝中。印度有分布。

4. 光孔颖草 图 1574

Bothriochloa glabra (Roxb.) A. Camus in Ann. Soc. Linn. Lyon n. s. 76: 164. 1931.

Andropogon glaber Roxb. Fl. Ind. 1: 217. 1820.

秆丛生，高0.6-1米，基部径约3毫米，多节，节具髯毛。叶鞘无毛，鞘口具长柔毛，叶舌顶端微撕裂状，具纤毛，长约1.5毫米；叶线形，基部微心形，边缘微反卷，两面疏生疣状毛，长15-25厘米，宽1.5-4毫米。圆锥花序长8-15厘米，主轴长6-10厘米，分枝近轮生，分枝常分出小枝；花序轴节间与小穗柄两侧具丝状纤毛。无柄小穗两性，披针形，长3-3.5毫米，基盘疏生髯毛；第一颖背腹扁，中部具浅槽，无毛，不明显5-7脉，先端渐尖，边缘内折或成2脊，脊具小纤毛，背上部无孔或有孔；第

图 1574 光孔颖草 （引自《海南植物志》）

二颖与第一颖近等长，舟形，3脉，先端渐尖，边缘具小纤毛。第一外稃长圆状披针形，长约2.5毫米，无毛；第二外稃线形，先端具膝曲芒，长约1.5厘米。有柄小穗与无柄小穗近等长，略窄，紫褐色，中性或雄性；第一颖7-9脉，近无毛；第二颖扁平，边缘内折，无毛。花果期7-11月。染色体数2n=40。

产台湾、广东、香港、海南及云南，生于海拔1000-1500米山坡草丛中。印度、马来西亚、菲律宾、澳大利亚及非洲有分布。

209. 细柄草属 Capillipedium Stapf

（汤徽杉）

多年生草本。秆实心，常丛生。叶鞘光滑或有毛，叶舌膜质，具纤毛；叶片线形，干时叶片常内卷。圆锥花序具1至数节的总状花序；小穗孪生，一无柄，一有柄，或3枚同生总状花序顶端，一无柄，2枚有柄，无柄者两性，有柄者雄性或中性；花序分枝与小穗柄纤细，中央具浅槽而边缘厚。无柄小穗水平脱落，基盘钝而具髯毛，顶端常具膝曲芒，成熟时自花序轴的关节与有柄小穗一起脱落。第一颖约等长于小穗，草质或坚纸质，边缘内卷成两脊；第二颖舟形，背脊钝圆，脊两侧凹陷。第一外稃膜质，无脉；第二外稃线形，具膝曲芒；无内稃；鳞被2；雄蕊3或退化；花柱2，柱头常自两侧伸出。有柄小穗无芒，无内稃或极小，雄蕊3。

约10种，分布于旧大陆温带、亚热带和热带地区。我国3种。

1. 叶基部被疣基毛，长约10厘米 ·· 1. 绿岛细柄草 C. kwashotensis
1. 叶两面无毛或被糙毛，长达15-30厘米。
　　2. 秆单一或具侧生分枝；叶片线形，长15-30厘米，无白粉；有柄小穗较短于无柄小穗，无柄小穗的第一
　　　颖背部稍凹下具沟槽 ··· 2. 细柄草 C. parviflorum
　　2. 秆多具开展分枝；叶片窄长披针形，长6-15厘米，常具白粉；有柄小穗较无柄小穗长1/2或为其2倍；
　　　无柄小穗的第一颖背部具2脊 ··· 3. 硬秆子草 C. assimile

1. 绿岛细柄草　　　　　　　　　　　　　　　　图 1575

Capillipedium kwashotensis (Hayata) Hsu in Journ. Jap. Bot. 37: 280. 1962.

Andropogon kwashotensis Hayata, Icon. Pl. Formos. 7: 80. 1918.

　　秆丛生，坚硬。叶线状披针形，长约10厘米，宽约4毫米，基部被疣基毛；叶鞘边缘和鞘口具纤毛，叶舌长约1毫米，上端和背部具

纤毛。圆锥花序小。小穗孪生，两型，上部具有柄小穗，下部为无柄小穗，孕性，长约4.2毫米（不包括芒）；第一颖近革质，披针形，长约4毫米，侧面具2沟槽，先端具微小尖芒，边缘内卷具纤毛；第二颖披针形，约与第一颖等长，边缘内卷，上部具2脊，沿脊具纤毛，有不明显5-7脉。第二外稃长约2毫米，先端具芒，芒长约为外稃5倍；第二内稃膜质，长约2.5毫米。

产台湾。为优良饲料植物。

图 1575 绿岛细柄草
（引自《台湾的禾草》）

2. 细柄草　　　　　　　　　　　　　　　　图 1576：1-5

Capillipedium parviflorum (R. Br.) Stapf in Prain. Fl. Trop. Afr. 9: 169. 1917.

Holcus parviflorum R. Br. Prodr. Fl. Nov. Holl. 199. 1810.

　　簇生草本。秆高0.5-1米，不分枝或具数直立、贴生分枝。叶鞘无毛或有毛，叶舌干膜质，长0.5-1毫米，具纤毛；叶线形，长15-30

厘米，宽3-8厘米，基部近圆，两面无毛或被糙毛。圆锥花序长圆形，长7-10厘米，近基部宽2-5厘米，分枝簇生，具1-2回小枝，无毛，枝腋具细柔毛，小枝为具1-8节总状花序。无柄小穗长3-4毫米，基部具髯毛；第一颖背腹扁，先端钝，背部稍下凹，被糙毛，4脉，边缘窄，

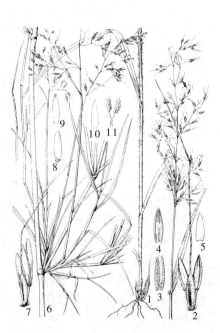

图 1576：1-5.细柄草　6-11.硬秆子草
（史渭清绘）

内折成脊，脊上部具糙毛；第二颖舟形，与第一颖等长，先端尖，3脉，脊稍粗糙，上部边缘具纤毛。第一外稃长为颖1/4-1/3，先端钝或钝齿状；第二外稃线形，先端具膝曲芒，芒长1.2-1.5厘米。有柄小穗中性或雄性，等长或短于无柄小穗，无芒，二颖均背腹扁，第一颖具7脉，第二颖具3脉。花果期8-12月。

产辽宁、河北、山东、河南、陕西、甘肃南部、江苏、安徽、浙江、台湾、福建、江西、湖北、湖南、广东、香港、海南、广西、贵州、四川、云南及西藏，生于山坡草地、河边或灌丛中。广布于旧大陆热带与亚热带地区。

3. 硬秆子草 图 1576：6-11

Capillipedium assimile (Steud.) A. Camus in Lecomte, Fl. Gen. Indo-Chine 7: 314. 1922.

Andropogon assimilis Steud. in Zoll. Syst. Verz. 58. 1854.

亚灌木状草本。秆高1.8-3.5米，多分枝，分枝外展。叶窄长披针形，长6-15厘米，宽3-6毫米，常具白粉，先端刺尖，无毛或被糙毛。圆锥花序长5-12厘米，宽约4厘米，分枝簇生，疏散开展，枝腋有柔毛，小枝顶端有2-5节总状花序，花序轴节间易断落，长1.5-2.5毫米，边缘厚，被纤毛。无柄小穗长圆形，长2-3.5毫米，背腹扁，具芒，淡绿或淡紫色，有被毛基盘；第一颖先端窄而平截，背部粗糙或疏被小糙毛，具2脊，脊被硬纤毛，脊间有不明显2-4脉；第二颖与第一颖等长，3脉。第一外稃长圆形，长为颖2/3，芒膝曲扭转，长0.6-1.2厘米。具柄小穗线状披针形，常较无柄小穗长。花果期8-12月。

产山东、河南、浙江、台湾、福建、江西、湖北、湖南、广东、香港、海南、广西、贵州、四川、云南及西藏，生于河边、林中或湿地。印度东北部、东南亚及日本有分布。

210. 鸭嘴草属 Ischaemum Linn.
（陈守良）

多年生或一年生草本。有时具根茎或匍匐茎。叶披针形或线形。总状花序孪生成圆柱形或数枚指状顶生；花序轴节间多三棱形或稍扁，成熟时易逐节断落。小穗孪生，背腹扁，一有柄，一无柄，具2小花；第二颖长圆形或披针形，坚纸质或下部革质，有时具横向皱纹或瘤，先端常鸭嘴状；第二颖舟形，质较薄。第一小花雄性或中性；第二小花两性，外稃先端常2齿裂，齿间有或无芒；鳞被2，倒楔形，上缘有齿缺；雄蕊3，花药线形。颖果长圆形。叶表皮的硅质体十字形或哑铃形，有时结节形，气孔副卫细胞多三角形。染色体基数x=10。

约60种，分布热带至温带南部，主产亚洲南部至大洋洲。我国10种。

1. 无柄小穗第一颖具横皱纹。
  2. 横皱纹（1）2-3（4）条，极浅或不明显；无柄小穗长8-9毫米 ················· 1. 圆柱鸭嘴草 I. goebelii
  2. 横皱纹2-5条，深而显著，连续或不连续；无柄小穗长4.5-7毫米。
    3. 横皱纹不连续；总状花序轴不肿胀；无柄小穗长6-7毫米 ················· 2. 粗毛鸭嘴草 I. barbatum
    3. 横皱纹连续；总状花序轴肿胀；无柄小穗长4.5-5.5毫米 ················· 3. 田间鸭嘴草 I. rugosum
1. 无柄小穗第一颖无横皱纹。
  4. 有柄小穗具膝曲芒 ················· 4. 细毛鸭嘴草 I. indicum
  4. 有柄小穗无芒或具细直芒。
    5. 无柄小穗长约1厘米；小穗背面、总状花序轴和小穗柄均有长柔毛 ················· 5. 毛鸭嘴草 I. antephoroides
    5. 无柄小穗长7-8毫米，背面无柔毛。

1. 圆柱鸭嘴草

图 1577：1-5

Ischaemum goebelii Hack. in Ost. Boter. Zeitschr. 51. 149. 1901.

多年生。秆高60-90厘米，径约3毫米，节无毛，下部节间一侧有槽。叶鞘多少具脊，疏生脱落性疣基毛，叶舌长约2毫米，叶耳被毛；叶线状披针形，常卷，长达25厘米，宽达5毫米，两面有疏柔毛。总状花序轴节间三棱形，沿外棱有纤毛。无柄小穗披针状长圆形，长8-9毫米；第一颖背紫褐色，无毛，下部两侧具（1）2-3（4）条浅皱纹，不连续，上部外缘具窄翅，先端具微齿；第二颖微粗糙，先端长渐尖。第一小花雄性，稃膜质；第二小花两性，外稃膜质，长约6毫米，两侧具长齿，背中部有长约1厘米的芒。有柄小穗长约7毫米；第一颖卵状披针形，紫褐色，背无毛，6脉，外侧上部有宽翅，先端具微齿；第二颖纸质，稍短于第一颖，先端尖。颖果卵状披针形，淡黄褐色，长约2.5毫米，宽约1毫米。花果期夏秋季。

据文献记载，产海南、广西及云南，生于田边、草丛中。印度、斯里兰卡、中南半岛及马来西亚有分布。

图 1577：1-5.圆柱鸭嘴草 6-11.粗毛鸭嘴草
（曾孝濂绘）

2. 粗毛鸭嘴草

图 1577：6-11，图 1578

Ischaemum barbatum Retz. Obs. Bot. 6: 35. 1791.

多年生。秆高达1米，径达3毫米，无毛，节被髯毛。叶鞘被柔毛，老时脱落，叶舌长1-2毫米；叶线状披针形，长达20厘米，宽3-8毫米，基部短柄状。总状花序孪生秆顶，长5-10厘米；花序轴节间三棱柱形，长约4毫米，外棱和小穗柄外侧均有纤毛。无柄小穗长6-7毫米，基盘有髯毛；第一颖无毛，背下部有2-4横皱纹，上部1-2条横皱纹的中部不连续，上部具3-5脉，边缘内折成脊，沿脊粗糙或具窄翅，先端有微齿；第二颖等长于第一颖，边缘常有纤毛，先端尖。第一小花雄性，外稃舟形，长约4毫米，1脉；内稃具2脊；第二小花两性，外稃膜质，先端2裂达中部，裂齿间有膝曲芒。有柄小穗较无柄小穗稍短，柄长约1毫米；第一颖半宽卵形，外缘上部翅较宽，下部常有2-3小疣。花果期夏秋季。

产河北东南部、江苏、安徽南部、福建、湖南、广东、香港、海南、广西北部及云南南部，多生于山坡草地。南亚及东南亚有分布。饲料。

图 1578 粗毛鸭嘴草 （仲世奇绘）

3. 田间鸭嘴草　　　　　　　　　　　　　　　　图 1579

Ischaemum rugosum Salisb. Icon. Strip. Rar. 1. t. 1. 1791.

Ischaemum rugosum Salisb. var. *segetum* (Trin.) Hack.; 中国高等植物图鉴5: 190. 1976.

一年生。秆高60-70厘米，无毛，节密被髯毛。叶鞘无毛，鞘口有纤毛，叶舌膜质；叶卵状披针形，长10-15厘米，宽约1厘米，两面疏生疣基毛。孪生总状花序紧贴，长8-10厘米，极易逐节脱落；花序轴肿胀，无毛，外侧边缘有纤毛。无柄小穗卵形，长4.5-5.5毫米，第一颖背无毛，具4-5横向连续深皱纹，下部革质，上部具脉纹，基盘具纤毛，先端钝；第二颖等长于第一颖，上部具脊。第一小花雄性，卵形，两稃被微毛或粗糙，先端渐尖；第二小花外稃膜质，长约3毫米，先端2深裂，具膝曲芒，芒柱长约6毫米，芒针长约1厘米。有柄小穗常退化。花果期夏秋季。

产台湾、福建、湖南南部、广东、香港、海南、广西、贵州南

图 1579 田间鸭嘴草 （仲世奇绘）

部、四川南部及云南，多生于田边、路旁湿润处。印度、中南半岛及东南亚各国有分布。

4. 细毛鸭嘴草　　　　　　　　　　　　　　　　图 1580

Ischaemum indicum (Houtt.) Merr. in Journ. Arn. Arb. 19: 320. 1938.

Phleum indicum Houtt. in Nat. Hist. II(13): 198. t. 90. f. 2. 1782.

多年生。秆高40-50厘米，径1-2毫米，节密被白色髯毛。叶鞘疏生疣毛，叶舌膜质，长约1毫米；叶线形，长达12厘米，宽达1厘米，两面疏被毛。总状花序常孪生，稀3-4，长5-7厘米；花序轴节间和小穗柄棱边有长纤毛。无柄小穗倒卵状长圆形；第一颖革质，长4-5毫米，上部5-7脉，两侧有宽翅，先端具2微齿；第二颖等长于第一颖，上部具脊和窄翅，先端渐尖。第一小花雄性，外稃脉不明显，先端渐尖；第二小花两性，外稃较短，先端2裂达中部，裂齿间有中部膝曲的芒。有柄小穗具膝曲的芒。花果期夏秋季。

产安徽南部、浙江、台湾、福建、江西、湖北、湖南、广东、香港、广西、贵州、四川及云南，多生于山坡草丛中、路旁或旷野

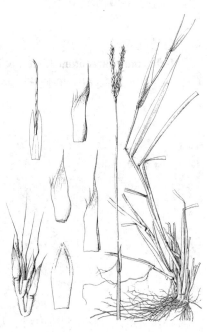

图 1580 细毛鸭嘴草
（引自《中国主要植物图说　禾本科》）

草地。印度、中南半岛及东南亚有分布。

5.　毛鸭嘴草　　　　　　　　　　　　　　　图 1581

Ischaemum antephoroides (Steud.) Miq. in Ann. Nus. Bot. Lugduno-
Batavum 3: 193. 1876.

Andropogon antephoroides Steud. Flora 29: 22. 1846.

多年生。秆高 30-55 厘米，一侧有凹槽，无毛，节具髯毛。叶鞘常被柔毛，叶舌长 2-4 毫米，上缘撕裂状，叶耳圆钝，直立；叶扁平或对折，线状披针形，长 3-14 厘米，宽 3-7 毫米，两面密被长柔毛，叶缘软骨质。两总状花序贴合成圆柱形，长 6.5-8 厘米，径约 1 厘米，被白色长柔毛。无柄小穗长约 1 厘米，第一颖倒长卵形，背密被长柔毛，长约 1 厘米，宽约 3 毫米，下部草质，上部坚纸质具膜质边缘，先端有微齿；第二颖略短于第一颖，被微柔毛，先端尖具微齿。第一小花雄性，有膜质内外稃；第二小花两性或雌性，等长于第一小花，外稃先端 2 裂，裂齿间具膝曲芒，芒柱长约 5 毫米，芒针长约 6 毫米；内稃卵形，先端具长喙。有柄小穗密被长柔毛。花果期夏秋季。

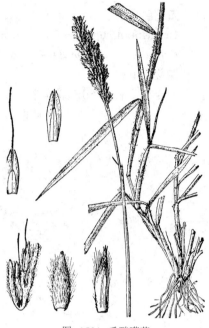

图 1581　毛鸭嘴草
（引自《中国主要植物图说　禾本科》）

产山东、江苏、浙江、福建、广东及香港，多生于海滩沙地和近海河岸。朝鲜半岛及日本有分布。

6.　有芒鸭嘴草　　　　　　　　　　　　　　　图 1582

Ischaemum aristatum Linn. Sp. Pl. 1049. 1753.

多年生。秆高 60-80 厘米，径约 2 毫米，节无毛或被髯毛。叶鞘疏生疣基毛；叶舌长 2-3 毫米；叶线状披针形，长达 18 厘米，宽 4-8 毫米，两面被脱落性疣基毛。总状花序孪生成圆柱形，长 4-6 厘米；花序轴节间及小穗柄有白色纤毛。无柄小穗披针形，长 7-8 毫米；第一颖 5-7 脉，两侧具脊和翅，下部无毛，先端具 2 微齿；第二颖下部无毛，有纤毛，先端渐尖。第一小花雄性，有纸质外稃与膜质内稃；第二小花两性，外稃长约 5 毫米，先端 2 深裂，具长约 1 厘米的芒，芒中部以下膝曲。有柄小穗较小，雄性或中性。花果期夏秋季。

产山东、河南东南部、江苏、安徽、浙江、台湾、福建、江西、湖北、湖南、广东、香港、广西及贵州，多生于山坡路旁。印度、中南半岛及东南亚各国有分布。

[附] 鸭嘴草 Ischaemum aristatum var. **glaucum** (Honda) T. Kovama

图 1582　有芒鸭嘴草　（仲世奇绘）

in Journ. Jap. Bot. 37(8): 239. 1962.
—— *Ischaemum crassipes* (Steud.)
Thell. var. *glaucum* Honda in Journ.

Fac. Sci. Univ. Tokyo sect. 3, Bot. 3: 355. 1930. 与模式变种的区别：叶舌长 3-4 毫米；总状花序轴节间和小穗柄的外棱无纤毛；无柄小穗第一颖上部两侧无翅或有极窄翅，先端渐窄具 2 微齿；第二外稃先端 2 浅裂，齿间具短芒或较裂齿短的小尖头。花果期夏秋季。产江苏、浙江及台湾，多生于水边湿地。日本有分布。

211. 沟颖草属 Sehima Forssk.

（盛国英）

一年生或多年生草本。叶线形。总状花序穗状，单生秆顶；多节，花序轴扁，具凹槽，侧缘被白色纤毛，成熟时连同小穗柄逐节偏斜脱落。小穗孪生，具 2 小花；两颖纸质，几等长；无柄小穗两性，第一颖背面具纵槽，先端 2 裂具 2 短尖头，边缘内卷；第二颖舟形，上部具脊，有细芒。第一小花雄性，外稃膜质，全缘，无芒；内稃薄膜质，稍短；第二小花两性，外稃先端 2 裂，裂齿间具膝曲芒；雄蕊 3。颖果长圆形。有柄小穗雄性，无芒，第一颖背部扁平，具隆起脉纹。

6 种，分布于旧大陆热带地区。我国 1 种。

沟颖草　　　　　　　　　　　　　图 1583：1-7

Sehima nervosa (Rottl. et Willd.) Stapf in Prain, Fl. Frop. Afr. 9: 36. 1917.

Andropogon nervosa Rottl. et Willd. in Verh. Ges. Naturf. Freund. Berlin 4: 218. 1806.

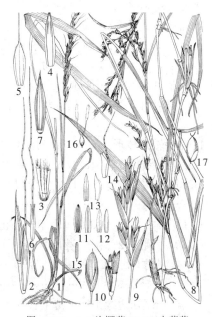

图 1583：1-7.沟颖草　8-17.水蔗草
（引自《中国植物志》）

多年生。秆丛生，高 0.3-1 米。叶鞘无毛或被疣基毛；叶长 10-25 厘米。总状花序窄穗状，长 8-12 厘米，单生秆顶，花序轴间长约 5 毫米，关节偏斜，一面具槽，穗柄常具数行柔毛。小穗孪生，有柄小穗常褐色，无柄小穗色淡，排列于穗轴一侧。无柄小穗长圆状披针形，基部具基盘和髯毛；第一颖纸质，长约 7 毫米，背部具纵槽，两侧有 2 侧脉和边缘内卷脊，先端 2 裂，

两边具柔毛；第二颖硬膜质，舟形，先端具脊窄翅状，具细直芒，两侧上缘具长纤毛。第一小花雄性，第二小花两性，外稃窄，膜质，具纤毛，先端 2 裂，裂齿间具中部以上膝曲的芒。有柄小穗披针形，第一颖草质，有 5 隆起脉，第二颖厚膜质，小花均雄性。花果期夏秋季。

产广东南部及云南南部，多生于海拔 1600 米以下路边草丛中。亚洲东南部、澳大利亚和非洲有分布。为优良饲料。

212. 水蔗草属 Apluda Linn.

（金岳杏）

多年生丛生草本。秆高 0.5-3 米，节有白粉，无毛。叶舌膜质，叶耳小；叶线状披针形，长 10-35 厘米，基部渐窄成柄。圆锥状花序具数枚总状花序，顶生，顶端常弯曲；总状花序具舟形总苞，具一节；轴顶着生 3 小穗，两枚具扁平小穗柄，一有柄小穗仅具第一外稃，另一为雄性，稀两性，花后自小穗柄顶端与颖脱落；无柄小穗两性，具 2 小花，通常 1 小花结实。第一颖长卵形，第二颖舟形，质薄透明。第二小花外稃舟形，先端 2 齿裂，齿间具膝曲芒；小花内稃常膜质；雄蕊 3；柱头羽毛状，花柱基部合生。颖果卵形，长约 1.5 毫米，腊黄色，无腹沟。

单种属。

水蔗草 图 1583：8-17

Apluda mutica Linn. Sp. Pl. 82. 1753.

形态特征同属。花果期夏秋季。

产台湾、福建、江西、湖南南部、广东、香港、海南、广西、贵州、四川、云南及西藏，多生于田边、潮湿地或山谷草丛中。日本、东南亚、印度、非洲及澳大利亚有分布。

213. 觿茅属 Dimeria R. Br.

（盛国英）

一年生或多年生细弱草本。秆直立或基部倾斜。叶窄线状披针形，最上叶常钻状，两面均具疣基毛或柔毛或无毛。总状花序单生或数枚着生秆顶成指状。小穗具1两性小花和1退化小花，两侧扁，单生，柄短，成二行互生于花序轴一侧，花序轴三棱形，或一面较扁平，细弱，不逐节断落。颖草质或薄纸质，第一颖较窄，对折，具脊；第二颖较宽，脊翼状或脊不明显。第一小花外稃较小，膜质，无脉，无内稃；第二小花外稃膜质，先端2裂，裂齿间具芒，芒膝曲或微扭转，或无芒；鳞被2，小或无，雄蕊2，花丝短；花柱短，基部分离。颖果由外稃包被，易脱落，线状椭圆形或长圆形，两侧扁。

约40种，产亚洲热带和澳大利亚，主产亚洲东南部。我国7种3亚种2变种。

1. 花序轴三棱形，宽0.3-0.5毫米，小穗柄疏散交互排列轴的一侧。
  2. 第二颖背部较圆，或先端呈脊状；小穗长1.7-3毫米 ·················· 1. 觿茅 D. ornithopoda
  2. 第二颖背部脊状，自基部或颖上部2/3呈窄翼状；小穗长3-4.5毫米 ·····································
    ·················· 1(附). 具脊觿茅 D. ornithopoda subsp. subrobosta
1. 花序轴近扁，宽0.6-1毫米，小穗柄较密集两行交互着生一侧。
  3. 总状花序2-3枚，花序轴边缘无毛或具纤毛；第二颖脊不明显或窄翼状。
    4. 花序轴边缘常锐尖，翼状，粗糙，无密的长纤毛；小穗柄间距1.5-2毫米，第二颖脊不明显，先端以下脊窄翼状 ·················· 2. 镰形觿茅 D. falcata
    4. 花序轴边缘稍钝，密生长纤毛；小穗柄间距1-1.2毫米，第二颖脊窄翼状 ·····································
    ·················· 2(附). 台湾觿茅 D. falcata var. taiwaniana
  3. 总状花序单一，花序边缘密被纤毛；第二颖的脊宽翼状 ·················· 3. 华觿茅 D. sinensis

1. 觿茅 雁股茅 图 1584

Dimeria ornithopoda Trin. Fund. Agrost. 167. t. 14. 1820.

一年生。秆末端常丝状，高3-40厘米，2-5节，节具倒髯毛。叶

鞘具脊，常具长疣毛；叶线形，长1.5-5厘米，宽1-2.5毫米。绿色，老后浅红色。总状花序2-3枚着生于秆顶或分枝顶，花序轴三棱形，小穗柄疏散交互排列轴的一侧。小穗两侧极扁，线状长圆形，长1.7-3毫米，草质，基盘圆有倒髯毛或无毛，先端有放射状毛；第一颖线形、极扁；

第二颖两侧扁，背部较圆，背脊不明显或先端稍脊状。第一外稃长圆状披针形，第二外稃窄椭圆状，比第二颖略短，先端尖，2裂，裂齿间具芒，芒长约5毫米，芒柱扭转。颖果线状长圆形，长约1.8毫米。花果期10-11月。

产河南东南部、江苏南部、安徽、浙江、台湾、福建、江西、湖南、广东、香港、广西、贵州、四川及云南，生于海拔2000米以下林间草地或岩缝。幼嫩茎叶供牲畜饲料。

[附] **具脊蠵茅** 图 1585：10-19 **Dimeria ornithopoda** subsp. **subrobusta** (Hack.) S. L. Chen et G. Y. Sheng in Bull. Bot. Res. (Harbin.) 13(1): 77. 1993. —— *Dimeria ornithopoda* Trin. var. *subrobusta* Hack. in DC. Monogr. Phan. 6: 82. 1889. 与模式亚种的区别：总状花序 2-4（5），长 2-8.5（10）厘米；小穗长（2.5）3-3.5（4.5）毫米，第二颖与小穗等长，先端尖，近端无毛或有几根毛，背脊自基部起或颖上部 2/3 呈窄翼状；颖果长圆形，长约 2.5 毫米。产华东、华南、西南，生于海拔 1100 米以下山坡、山沟、岩缝、干旱荒地或较阴湿地。日本有分布。幼嫩秆叶作饲料。

2. 镰形蠵茅

图 1585：1-9

Dineria falcata Hack. in DC. Monogr. Phan. 6: 85. 1889.

秆丛生，高 50-60 厘米，6-9 节，节有白色倒髯毛，分枝极少。叶窄线形，长 4-15 厘米，两面密被绢毛。总状花序梗短裸露，花序 2-3 着生秆顶，花序轴扁平，宽约 0.7 毫米，边缘翼状。小穗柄长 0.5-0.75 毫米，具纤毛，小穗柄间隔长 1.5-2 毫米，小穗互生密集排列于轴一侧，长 3.5-4 毫米，基部圆有髯毛；颖坚纸质，侧面具较长绢毛或粗糙，背具 1 脉成脊，沿脊具较硬纤毛，第一颖稍短窄，第二颖披针形，脊不明显，先端以下脊窄翼状。第一外稃倒披针形，1 脉，第二外稃长圆状披针形，芒长约 7 毫米，膝曲，芒柱扭转。花期 10 月。

产台湾、福建、广东、香港及广西，生于较潮湿山坡草地。幼嫩茎叶为牛喜食饲料。

[附] **台湾蠵茅** Dimeria falcata var. **taiwaniana** (Ohwi) S. L. Chen et G. Y. Sheng in Bull. Bot. Res. (Harbin.) 13(1): . 1993. ——*Dimeria taiwaniana* Ohwi in Acta Phytotax. Geobot. 4: 58. 1935. 与模式变种的区别：总状花序梗较长裸露，花序轴宽约 0.6 毫米，边缘稍钝，具较密直硬纤毛；小穗柄间隔较密，长 1-1.2 毫米，第二颖具脊，窄翼状。产台湾及福建。

3. 华蠵茅

图 1586

Dimeria sinensis Rendle in Journ. Linn. Soc. Bot. 36: 359. 1904.

一年生。秆高 12-40 厘米，5-8 节，节具髯毛。叶线形，长 1.5-9 厘米，宽 2-4 毫米。总状花序单生秆顶，花序轴一面扁平，近边缘有脉呈沟状，边缘密生纤毛；小穗柄成两行交互密生于轴的另一面。小穗纸质，长约 4 毫米。基盘平截，具髯毛；第一颖稍短于小穗，先端以下近边缘疏生硬刺毛，背脊密生髯毛，边缘和侧面具纤毛；第二颖与小穗等长，稍弯呈弧状，近边缘疏生硬刺毛，脊具宽翼，侧面具纤毛。第一外稃披针形，无脉，边缘疏生纤毛，第二外稃先端 2 裂，裂口有芒，

图 1584 蠵茅
（引自《中国主要植物图说 禾本科》）

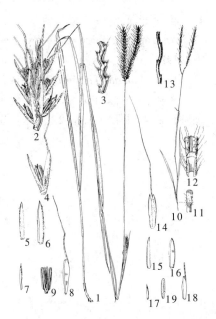

图 1585：1-9.镰形蠵茅 10-19.具脊蠵茅
（陈荣道绘）

中部以下膝曲，芒柱黄棕色，扭转。颖果长圆形，长约2.5毫米。花果期秋季。

产江苏南部、安徽南部、浙江、福建、江西、广东、香港及广西，生于海拔1000米以下山顶草地、山坡、路旁潮湿荒地或岩石边。

图 1586　华菅茅　*(仲世奇绘)*

214. 须芒草属 Andropogon Linn.
（庄体德）

多年生草本，无香味。秆常丛生。叶舌膜质或成毛圈；叶线形。总状花序孪生或指状排列于主秆或分枝顶端，基部有鞘状佛焰苞，花序轴易逐节折断，节间和小穗柄多少向上渐粗，顶端多少环状；小穗成对着生于轴的各节，一无柄，一有柄。无柄小穗常两性，扁，多少具纵沟，基盘具髯毛，常脱落，具2小花；颖近等长，膜质或近革质，第一颖中部以上呈二脊，常无芒；第二颖舟形，1-3脉，主脉成脊。第一小花具膜质外稃，第二外稃膜质，先端2裂，裂齿间具膝曲的芒；鳞被2，无毛；雄蕊1-3。颖果窄长圆、披针形或近圆柱形。有柄小穗雄性或中性，有时退化，无芒。染色体x=10。

约100种，主产温暖地区。我国3种。

1. 总状花序孪生；小穗第二颖具芒 ··········	1. 华须芒草 **A. chinensis**
1. 总状花序常多于2数；小穗第二颖无芒 ··········	2. 须芒草 **A. yunnanensis**

1.　华须芒草　　图 1587

Andropogon chinensis (Nees) Merr. in Philipp. Journ. Sci. Bot. 12: 101. 1917.

Homoeatherum chinensis Nees in Lindl. Nar. Syst. Bot. ed. 2, 448. 1936.

多年生。秆高0.4-1米。叶鞘无毛或被柔毛，叶舌长1-2.5毫米，顶圆钝；叶线形，长8-22厘米，宽2-3毫米，两面常有柔毛。总状花序孪生，长1.5-3厘米；佛焰苞舟形；小穗柄与花序轴节间等长，长2.5-4毫米，顶端膨大，有齿状附属物，中下部边缘被白色纤毛。无柄小穗线状披针形，长约5毫米；第一颖在脊顶端具短芒，第二颖背上部被毛，先端2齿裂，裂齿间具长0.6-1厘米的芒。第一外稃线状长圆形，长约4毫米，第二外稃长约3毫米，先端具芒，芒长2-3厘米，中

图 1587　华须芒草　*(引自《图鉴》)*

部膝曲，内稃长为第一颖1/2，边缘具纤毛。有柄小穗长圆状披针形，长约4毫米。

产广东、香港、海南、广西西部、四川南部及云南，生于海拔1800米以下山坡草地、灌丛或疏林较干旱地带。越南、老挝及柬埔寨有分布。

2. 须芒草 图 1588

Andropogon yunnanensis Hack. in DC. Monogr. Phan. 6: 440. 1889.

多年生。秆丛生，带紫色，高20-70厘米。叶鞘侧扁，无毛，叶舌长1-1.5毫米，先端圆截；

叶线形，长10-30厘米，宽2.5-3.5厘米，边缘疏生瘤基毛或无毛。总状花序常多于2数，长1-3厘米，带紫色，基部具线状披针形鞘状佛焰苞；花序轴节间和小穗柄长2-4毫米，顶略膨大，具齿状或杯状附属物，边缘密被白色绒毛。无柄小穗长约5毫米，基盘钝，疏生髯毛；第一颖先端具齿或无齿；第二颖沿脊中上部粗糙，无芒。第二外稃线形，先端2裂达1/5-1/3，芒膝曲，长约1厘米，内稃较短。有柄小穗披针形，无芒。

图 1588 须芒草
（引自《中国主要植物图说 禾本科》）

产四川、云南及西藏，生于海拔2000-4000米山坡草地或灌丛中。

215. 香茅属 Cymbopogon Spreng.
（傅晓平）

多年生草本。鞘内或鞘外分裂。秆直立，多不分枝。叶舌干膜质；叶片有香味，富含香精油，宽线形或线形，基部圆心形或窄。圆锥花序大型复合或窄窄单一；总状花序成对着生总梗，具舟形佛焰苞；下方无梗总状花序之基部常为一同性对（其无柄与有柄小穗对不孕而无芒）；总状花序具3-6节，总状花序轴节间与小穗柄边缘具长柔毛，有时背部被毛。无柄小穗两性，基盘钝圆，水平脱落；第一颖背部扁平或具凹槽，有时中央下部具纵沟，边缘内折成2脊，脊具翼或无翼，脊间具2-5脉或无脉；第二颖舟形，具中脊。第一外稃膜质，常中空；第二外稃窄小，先端2裂齿间具扭转膝曲芒，或具短芒或无芒；鳞被2，楔形；雄蕊3；花柱2，柱头羽毛状。颖果长圆状披针形。胚大型，约为果体1/2。有柄小穗雄性、中性或退化，与其无柄小穗等长或较短，背部圆，无芒。染色体小型，x=10，2n=20，40，60。

70余种，分布于东半球热带与亚热带。我国约20余种。叶片可提取芳香油，供香料与医药用；也可作饲料或造纸。

1. 总状花序轴节间与小穗柄被等长于小穗的丝状柔毛而遮盖小穗；无柄小穗第一颖质较薄，两脊常无翼；第二外稃具细直短芒。
  2. 植株高0.8-1.5（-2）米；叶舌长0.5-1毫米，基部叶鞘扭转反卷，叶常内卷；圆锥花序复合，长20-40厘米 ·· **1. 辣薄荷草 C. jwarancusa**
  2. 植株高20-40厘米；叶舌长1-2（-4）毫米，基部叶鞘直伸，叶线形；圆锥花序单一，长10-15厘米 ···
    ·· 1(附). **西亚香茅 C. olivieri**
1. 总状花序轴节间与小穗柄两侧边缘和先端具纤毛与柔毛，毛短于小穗，两颖片各部可见；无柄小穗第一颖纸质或近革质，两脊常具翼；第二外稃常具扭曲芒，稀无芒。

3. 无柄小穗第一颖的背部下方具深沟；叶散生全秆多数节上，秆基常裸露，疏丛生。

　4. 植株高 1.5-3 米；叶宽 2-3 厘米，基部心形抱茎；下方总状花序基部与邻近小穗常肿大而相愈合；总状花序长 1.5-2 厘米 ·········· **2. 鲁沙香茅 C. martinii**

　4. 植株高 30-80 厘米；叶宽 2-6 毫米，基部窄圆，不抱茎；下方总状花序基部与邻近小穗柄不膨大或稍肿大；总状花序长约 1.2 厘米 ·········· **3. 青香茅 C. caesius**

3. 无柄小穗第一颖背部扁平或凹陷，无纵沟。

　5. 无柄小穗无芒或具短芒尖；栽培植物。

　　6. 无柄小穗长 5-6 毫米；第一颖宽约 0.7 毫米，脊间无脉；基部叶鞘老后不外卷，内面苍绿色；第二颖无芒或具长约 0.2 毫米的芒尖 ·········· **4. 柠檬草 C. citratus**

　　6. 无柄小穗长 4-5 毫米；第一颖宽 1-1.2 毫米，脊间具 3-4 脉或脉不明显；基部叶鞘老后外卷，内面桔红色。

　　　7. 圆锥花序密而有间隔；无柄小穗两脊具窄翼；第二外稃无芒 ·········· 4(附). **亚香茅 C. nardus**

　　　7. 圆锥花序常呈之字形弯曲开展；无柄小穗两脊具宽翼；第二外稃具短芒尖，芒长 1-5 毫米 ·········· **5. 枫茅 C. winterianus**

　5. 无柄小穗常具多少扭转膝曲芒，芒长 0.5-2 厘米；野生植物。

　　8. 植株高大粗壮，径约 1 厘米，具多节，节具毛；叶舌厚膜质，长 4-6 毫米，叶基部近圆，常宽于叶鞘；圆锥花序大型，多回复合，分枝长而弯曲、反折、开展。

　　　9. 秆高 1.5-2 米；叶长约 50 厘米，宽约 1 厘米；花序分枝常不呈"之"字形曲折；无柄小穗第一颖长约 5 毫米，具 5 (-7) 脉，中脉自基达顶端，两脊具宽翼 ·········· **6. 卡西香茅 C. khasianus**

　　　9. 秆高达 2.5 米；叶长达 1 米，宽约 1.5 厘米；花序分枝常呈"之"字形曲折；无柄小穗第一颖长 4 (-4.5) 毫米，具不明显 3 脉，两脊具窄翼 ·········· 6(附). **曲序香茅 C. flexuosus**

　　8. 植株中等，径约 5 毫米，具数节，节常无毛；叶舌长 0.5-3 毫米；叶基部窄于叶鞘；圆锥花序较单一狭窄，分枝 1-3 回，较短，簇生，常上举。

　　　10. 秆基部叶鞘老后外卷，内面红棕或桔红色。

　　　　11. 无柄小穗长约 5.5 毫米，芒长约 1.2 厘米 ·········· **7. 橘草 C. goeringii**

　　　　11. 无柄小穗长 1-4 毫米，芒长 0.7-1 厘米。

　　　　　12. 无柄小穗长 3.5-4 毫米，芒长 7-8 毫米；有柄小穗长 3-3.5 毫米；圆锥花序较窄，二回分枝多单生 ·········· **8. 扭鞘香茅 C. hamatulus**

　　　　　12. 无柄小穗长约 5 毫米，芒长约 1 厘米；有柄小穗长约 4.5 毫米；圆锥花序具 2-4 回密集分枝，宽达 8 厘米 ·········· 8(附). **香酚草 C. eugenolatus**

　　　10. 秆基叶鞘老后多不外卷，内面苍绿或黄或稍浅红色。

　　　　13. 无柄小穗长约 7 毫米；第一颖 2 脊间具 2-4 脉；叶鞘内面稍浅红色 ·········· **9. 芸香草 C. distans**

　　　　13. 无柄小穗长 4-5 毫米，第一颖脊间常无脉或有 2 短脉；叶舌长约 1.5 毫米，叶无毛；无柄小穗具芒，长约 1.5 厘米 ·········· 9(附). **喜马拉雅香茅 C. stracheyi**

1. 辣薄荷草 图 1589

Cymbopogon jwarancusa (Jones) Schult. Syst. Veg. Mant. 2: 458. 1824.

Andropogon jwarancusa Jones in Asiat. Res. 4: 109. 1795.

多年生草本。秆具鞘内分蘖，丛生，高 0.8-1.5 (-2) 米，4-6 节。叶鞘苍白色，无毛，基部宽约 1.5 厘米，宿存，扭转反卷，草黄色，叶舌长 0.5-1 毫米；叶线形，长 20-50 (-80) 厘米，常内卷，秆生者宽 2-5 毫米，无毛，先端长渐尖成丝形，基部窄，下面及边缘微粗糙。圆锥花序直立，长 20-40 厘米，窄，稠密，基部主枝具 3-5

节，第二次分枝上部着生2-4花序；佛焰苞长1.5-2厘米，一侧宽约2毫米；总梗长3-5毫米；总状花序长1.5-1.8（-2.2）厘米，具5节，基部与小穗柄不膨大；花序轴节间与小穗柄长约2毫米，密生等长于小穗的丝状柔毛。无柄小穗长4.5-5毫米，基盘具柔毛；第一颖披针形，亚纸质，宽约0.8毫米，具2脊，几无翼，微粗糙，脊间无脉，具凹槽，先端尖，第二颖与第一外稃等长或短于其第一颖，边缘具纤毛；第二外稃长约2毫米，具纤毛，先端或裂齿间具芒，芒长6-8毫米，微粗糙。颖果长圆形。有柄小穗雄性，长约5毫米；第一颖具5-7脉，中脉明显。染色体2n=20。花果期第一次3-5月，第二次7-8月。

产四川西南部、云南北部及西藏东南部，生于金沙江及怒江干热河谷流域，海拔1400米以下山坡草地和砾石沙滩，有时形成单纯群落。印度、巴基斯坦、不丹及尼泊尔有分布。秆叶是提取挥发油辣薄荷酮的原料，供医药用。

[附] **西亚香茅 Cymbopogon olivieri** (Boiss.) Bor in Notes Roy. Bot. Gard. Edinb. 25: 63. 1963. ——*Andropogon olivieri* Boiss. Diagn. Pl. Or. Nov. Ser. 1, 1(5): 76. 1844. 与辣薄荷草的区别：植株高20-40厘米；叶舌长1-2（-4）毫米，基部叶鞘直伸；圆锥花序单一，长10-15厘米。产西藏西部，生于海拔2900-3500米干旱河谷洪积阶地、山坡和砾石滩。印度西北部、克什米尔地区、巴基斯坦、阿富汗、伊朗及伊拉克有分布。

图 1589 辣薄荷草 （张泰利绘）

2. 鲁沙香茅　　　　　　　　　图 1590：1-7

Cymbopogon martinii (Roxb.) Wats. in Atkins. Gaz. N. W. Prov. India 382. 1882.

Andropogon martinii Roxb. Fl. Ind. ed. Carey et Wall. 1: 280. 1820.

多年生。根茎粗短。秆疏丛生，高1.5-3米，节多数，基部裸露，秆节肿大，节内长约3毫米，常被白粉。叶鞘短于节间，无毛，叶舌纸质，长1.5-3毫米；叶披针形，长50厘米，宽2-3厘米，基部圆心形抱茎，无毛，边缘粗糙。圆锥花序直立，长20-30厘米，密集；佛焰苞成熟时带红色，长约2毫米，总梗上部有毛；孪生总状花序长1.5-2厘米；下方总状花序基部与下部小

柄肿大且相愈合，总状花序轴节间与小穗柄长约2毫米，背部有时具毛。无柄小穗长圆形，长约3.5毫米；第一颖宽约1毫米，下部中央具纵沟，脊上部有宽翼，先端钝，无脉或具3脉。第二外稃长约3毫米，窄，2裂片不明显，芒长1.4-1.8厘米，下部1/3处膝曲。

图 1590：1-7.鲁沙香茅 8-14.青香茅
（引自《中国植物志》）

有柄小穗长约4毫米，无毛，第一颖披针形，具多脉。染色体2n=20。花果期7-10月。

产云南，生于海拔约1000米开旷阳坡草地。巴基斯坦、缅甸、印度、泰国及马来西亚有分布。全世界热带地区引种栽培。

3. 青香茅　　　　　　　　图 1590：8-14，图 1591

Cymbopogon caesius (Nees ex Hook. et Arn.) Stapf in Kew Bull. 1906: 341, 360. 1906.

Andropogon caesius Nees ex Hook. et Arn. Bot. Beech. Voy. 244. 1838.

多年生草本。秆丛生，高 30-80 厘米，节多数，常被白粉。叶鞘无毛，短于节间，叶舌长 1-3 毫米；叶线形，长 10-25 厘米，宽 2-6 毫米，基部窄圆。圆锥花序窄，长 10-20 厘米，分枝单一，宽 2-4 厘米；佛焰苞长 1.4-2 厘米，黄色或成熟时带红棕色；总状花序长约 1.2 厘米，花序轴节间长约 1.5 毫米，边缘具白色柔毛；下部总状花序基部与小穗柄稍肿大增厚。无柄小穗长约 3.5 毫米；第一颖卵状披针形，宽 1-1.2 毫米，脊上部具稍宽翼，先端钝，脊间无脉或有不明显 2 脉，中部以下具纵沟。第二外稃长约 1 毫米，中下部膝曲，芒针长约 9 毫米。有柄小穗长 3-3.5 毫米，第一颖具 7 脉。染色体 2n=20，20+2b，22。花果期 7-9 月。

产广东、香港、海南及广西，生于海拔约 1000 米干旱草地。印度、

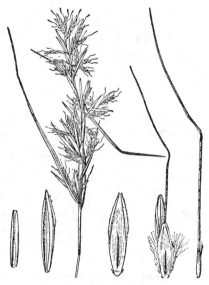

图 1591　青香茅　（史渭清绘）

阿富汗、巴基斯坦、斯里兰卡和中南半岛、东非和阿拉伯有分布。植株具芳香油，主成分为香叶醇和柠檬醛，含量少，作香水原料。可作牛羊饲料。

4. 柠檬草　　　　　　　　图 1592，图 1593：8-14

Cymbopogon citratus (DC ex Nees) Stapf in Kew Bull. 1906: 322, 357. 1906.

Andropogon citratus DC ex Nees, Allgeum. Gartenz. 3: 267. 1835.

多年生具香味密丛草本。秆高达 2 米，粗壮，节下被白色蜡粉。叶鞘无毛，不外卷，内面浅绿色，叶舌长约 1 毫米；叶长 30-90 厘米，宽 0.5-1.5 厘米，先端长渐尖。圆锥花序具多次复合分枝，长约 50 厘米，疏散，分枝细长，顶端下垂；佛焰苞长 1.5（-2）厘米；总状花序具 3-4 或 5-6 节，长约 1.5 厘米；总梗无毛；花序轴节间及小穗柄长 2.5-4 毫米，边缘疏生柔毛，顶端膨大或具齿裂。无柄小穗线状披针形，长 5-6 毫米；第一颖背部扁平或有槽，无脉，上部具窄翼，边缘有纤毛。第二外稃长约 3 毫米，先端具 2 微齿，无芒或具长约 0.2 毫米芒尖。有柄小穗长 4.5-5 毫米。染色体 2n=40，60。花果期夏季。

台湾、广东及海南栽培。广泛种植于热带地区，西印度群岛与非洲东部有栽培。茎叶提取柠檬香精油，供制香水、肥皂，可食用，嫩茎叶供制咖喱调香料；药用，有通络驱风之效。

[附] **亚香茅** 图 1594 **Cymbopogon nardus** (Linn.) Rendle in Cat. Welw. Afr. Pl. 2: 155. 1898. ——*Andropogon nardus* Linn. Sp. Pl. 1046. 1753. 与柠檬草的主要区别：圆锥花序紧密有间隔；无柄小穗长 4-4.5 毫米，两脊具窄翼。花果期 11 月至翌年 4 月。台湾、广东、海南栽培。原产斯里兰卡。亚洲热带地区常栽培。植株含香精油，用作肥皂、驱虫药

图 1592　柠檬草
（引自《中国主要植物图说　禾本科》）

和除蚊药水的香料，又为制薄荷脑原料。

5. 枫茅 图 1593：1-7

Cymbopogon winterianus Jowitt in Ann. Roy. Bot. Gard. (Perandiya) 4: 189. 1908.

多年生大型丛生草本，具浓香。叶鞘宽大，外卷，上部具脊，无毛或与叶连接处被微毛，叶舌长 2-3 毫米，顶端尖，具纤毛；叶长 0.4-0.8（-1）米，宽 1-1.5（-2.5）厘米，基部窄于叶鞘，上面具微毛，先端长渐尖，下弯，边缘锯齿状粗糙，下面粉绿色。圆锥花序疏散，长 20-50 厘米，下垂，分枝节部具毛，呈"之"字形膝曲；佛焰苞长约 1.5 厘米；前叶脊无毛；总状花序长 1.5-2.5 厘米，有 3-4 对小穗；小穗柄及花序轴边缘或背部具长 1（中下部）-2（先端）毫米柔毛。无柄小穗长约 5 毫米，第一颖椭圆状倒披针形，背部扁平或下凹，宽 1-1.2 毫米，上部具翼，边缘粗糙，脊间常具 3 脉或脉不明显。第二外稃具芒尖或芒长约 5 毫米，多不伸出小穗。有柄小穗长约 5 毫米，第一颖披针形，7 脉，边缘上部锯齿状粗糙。染色体 2n=20，40。

台湾及海南引种栽培。印度、斯里兰卡、马来西亚、印度尼西亚爪哇至苏门答腊有分布。栽培香料植物，茎叶是提取精油香草醛 (Citronellal) 原料。鲜叶含油量 0.6-0.7%，精油中总香叶醇(Geraniol)具量 83%-92%，品质优于亚香茅。

图 1594 亚香茅 （引自《海南植物志》）

6. 卡西香茅 图 1595：1-8

Cymbopogon khasianus (Munro ex Hack.) Bor in Indian Forest. Rec. Bot. 1(13): 92. 1938.

Andropogon nardus var. *khasianus* Munro ex Hack. in DC. Monogr. Phan. 6: 603. 1889.

图 1593：1-7.枫茅 8-14.柠檬草
（引自《中国植物志》）

多年生。秆高 1.5-2 米，无毛或节生髭毛。叶鞘无毛，基生者常具绒毛，叶舌长约 4 毫米；叶长 40-60 厘米，宽约 1 厘米，基部两侧与叶鞘连接处具绒毛，两面无毛。圆锥花序长约 50 厘米；佛焰苞长 1.2-1.5（-2）厘米；总梗长约 9 毫米，上部散生细毛；总状花序长 1.5（-2）厘米，花序轴节间与小穗柄边缘生柔毛；背部无毛。无柄小穗长 4.5-5 毫米；第一颖近纸质，

背部扁平，下面具 1-2 皱褶，上部具宽翼，5（-7）脉。第二外稃芒长 1.2 厘米。有柄小穗长 4.5 毫米；第一颖宽披针形，翼缘微粗糙，宽约 1 毫米，7 脉。染色体数 2n=60。花果期 9-11 月。

产广西及云南，生于海拔 800-2000 米干旱山坡、草地和松林下。印度、泰国及缅甸有分布。

[附] **曲序香茅** 图 1595：9-16 **Cymbopogon flexuosus** (Nees ex Steud.) Wats. in Atkins, Gaz. N. W. Prov. Ind. 392. 1882. —— *Andropogon flexuosus*

图 1595：1-8.卡西香茅 9-16.曲序香茅
（引自《中国植物志》）

Nees ex Steud. Syn. Pl. Glum. 1: 388. 1854. 与卡西香茅的区别: 叶长达1米, 宽约1.5厘米, 两面粗糙; 第二外稃芒长0.8-1厘米; 第一颖窄披针形。染色体2n=20, 40, 20+2b。产云南南部, 生于海拔1000米以下荒坡草地。印度、缅甸、泰国、印度尼西亚及马来西亚有分布。叶

具柠檬香精, 蒸馏出暗红色精油, 用作人造香精油、香皂原料, 驱蚊油或药用; 嫩叶作食用调料。

图 1596 橘草
（引自《中国主要植物图说 禾本科》）

7. 橘草　　　　　　　　图 1596, 图 1597: 8-14

Cymbopogon goeringii (Steud.) A. Camus in Rev. Bot. Appl. Colon. 1: 286. 1921.

Andropogon goeringii Steud. Flora. 29: 22. 1846.

多年生。秆丛生, 高0.6-1米, 3-5节, 节下被白粉或微毛。叶鞘无毛, 下部者聚集秆基, 老后外卷, 上部者均短于节间, 叶舌长0.5-3毫米, 两侧有三角形耳状物下延为叶鞘边缘膜质部分, 叶颈常被微毛; 叶线形, 长15-40厘米, 宽3-5毫米, 先端长渐尖成丝状。圆锥花序长15-30厘米, 窄, 具1-2回分枝; 佛焰苞长1.5-2厘米, 宽约2毫米（一侧）, 带紫色; 总梗长0.5-1厘米; 总状花序长1.5-2厘米, 反折; 花序轴节间与小穗柄长

2-3.5毫米, 先端杯形, 边缘被长1-2毫米柔毛。无柄小穗长圆状披针形, 长约5.5毫米, 中部宽约1.5毫米; 第一颖背部扁平, 下部稍窄, 稍凹陷, 上部具宽翼, 翼缘密生锯齿状。第二外稃长约3毫米, 芒长约1.2厘米, 中部膝曲。有柄小穗长4-5.5毫米, 花序上部的较短, 披针形; 第一颖背部较圆, 7-9脉, 上部侧脉与翼缘微粗糙, 具纤毛。染色体数2n=20。花果期7-10月。

产辽宁南部、河北、山东、河南、江苏、安徽、浙江、台湾、福建、江西、湖北、湖南、广东、香港、广西、贵州及云南, 生于海拔1500米以下丘陵山坡草地、荒野和平原路旁。朝鲜半岛南部及日本有分布。

8. 扭鞘香茅　　　　　　图 1597: 1-7

Cymbopogon hamatulus (Nees ex Hook. et Arn.) A. Camus in Rev. Bot. Appl. Colon. 1: 284. 1921.

Andropogon hamatulus Nees ex Hook. et Arn. Bot. Beech. Voy. 244. 1838.

多年生, 密秆型具香味草本。秆高0.5-1.1米。叶鞘无毛, 秆生者短于节间, 基生者枯后破裂外卷, 内面红棕色, 叶舌截圆, 长约2毫米; 叶线形, 无毛, 长30-60厘米, 宽3-5毫米。圆锥花序较窄, 长20-35厘米; 二回分枝多单生; 佛焰苞长1.2-1.5

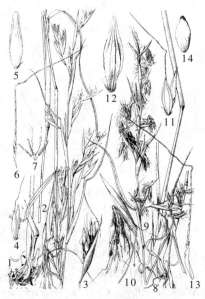

图 1597: 1-7.扭鞘香茅 8-14.橘草
（引自《中国植物志》）

厘米，红褐色；总梗长约3毫米；总状花序具3-5节，长0.8-1.2厘米，成熟时花序叉开反折；花序轴间与小穗柄长1.5-2毫米，边缘具长0.5-1毫米柔毛。无柄小穗长3.5-4毫米；第一颖背部扁平，2（-4）脉，脊缘具翼，先端具微齿裂。第二外稃长约1.5毫米，2裂片间具长7-8毫米芒；芒柱短，芒针钩曲，长4-5毫米。有柄小穗长3-3.5毫米，第一颖具7脉。染色体2n=20。花果期7-10月。

产台湾、湖南、广东、香港、海南、广西及云南，生于海拔600米以下草地。太平洋岛屿、越南、菲律宾及马鲁古群岛有分布。

9. 芸香草 图 1598：1-6

Cymbopogon distans (Nees) Wats. in Atkins. Gaz. N. W. Prov. Ind. 392. 1882.

Andropogon distans Nees in Steud. Syn. Pl. Glum. 1: 387. 1854.

多年生草本。秆丛生，高0.5-1.1（-1.5）米，较细瘦。叶鞘无毛，老后不外卷，内面稍浅红色，叶舌长2-3毫米；叶窄线形，上部渐尖成丝形，长10-30（-50）厘米，宽1.5-5毫米，扁平或折叠，粉白色，无毛。圆锥花序窄，单一，长15-30厘米，基部主枝长5-10厘米，稀具第二回分枝；佛焰苞窄，长2-3.5厘米；总状花序长2-2.5（-3）厘米，4-6节，腋间具黑色被毛枕块，成熟后叉开下反；花序轴节间及小穗柄长约3毫米，边缘具白色

柔毛，背部生微毛。无柄小穗窄披针形，长（6）7毫米，基盘具长0.5毫米毛；第一颖背部扁平，上部无翼或其翼宽0.1-0.5毫米，脊间具2-4自基部达先端的脉，下部稍浅凹或有1-2横皱褶，先端长渐尖，具2齿裂。第二外稃长2-3毫米，先端裂齿间芒长1.5-1.8厘米，芒柱长0.7-1厘米，芒针微粗糙。有柄小穗长5-7毫米，宽约1毫米，上部脊粗糙。染色体2n=20，40。花果期6-10月。

产陕西南部、甘肃南部、广西、贵州、四川、云南及西藏，生于海拔2000-3500米河谷或干旱草坡。印度西北部、克什米尔地区、尼泊尔及巴基斯坦有分布。茎叶提取芳香油，供医疗及工业用。

[附] **喜马拉雅香茅** 图 1598：7-8 **Cymbopogon stracheyi** (Hook. f.) Raiz. et Jain in Indian Forest. Rec. 80: 44. 1954. —— *Andropogon nardus* Linn.

[附] **香酚草 Cymbopogon eugenolatus** L. Liu in Pl. Res. Gram. 11: 13. 1989. 与扭鞘香茅的区别：无柄小穗长约5毫米，芒长约1厘米，有柄小穗长约4.5毫米；圆锥花序具2-4回密集分枝，宽达8厘米。花果期9-12月。产广西及贵州，生于山坡草地。

图 1598：1-6.芸香草 7-8.喜马拉雅香茅
（引自《中国主要植物图说 禾本科》）

var. *stracheyi* Hook. f. Fl. Brit. Ind. 7: 207. 1897. 与芸香草的区别：叶舌长约1.5毫米，叶无毛，宽2-3毫米，对折或内卷；无柄小穗长4-5毫米，有柄小穗与无柄小穗等长。花果期7-12月。产四川、云南及西藏，生于海拔1600-3000米干旱河谷冲积沙地、草地及疏林灌丛间。喜马拉雅西北部、印度西部、克什米尔地区、巴基斯坦、尼泊尔有分布。

216. 裂稃草属 Schizachyrium Nees
（庄体德）

一年生或多年生草本。秆纤细，直立或平卧。叶扁平或折叠，线形或线状长圆形。总状花序单生、顶生或腋生，基部有鞘状总苞，花序轴节间和小穗柄具硬毛或无毛，顶端常粗，具齿状附属物。小穗孪生，一无柄，一具柄；无柄小穗背腹扁，基盘稍尖或钝圆，具髯毛；具2小花，第一小花仅具外稃，第二小花两性；

第一颖长圆状披针形，厚纸质或近革质，边缘窄内折，具2脊，无芒；第二颖窄舟形，质较薄。第一外稃膜质，具纤毛；第二外稃膜质，2深裂，裂齿间具膝曲芒，内稃缺或细小；鳞被2，细小；雄蕊3；柱头自两侧伸出。颖果窄线形。有柄小穗仅具一颖，颖通常具芒。

约50种，分布于热带和亚热带。我国3种。

1. 叶长1.5-4厘米，先端钝；总状花序长0.5-2厘米，纤细 ·················· 1. 裂稃草 S. brevifolium
1. 叶长4-20厘米，先端尖或稍钝；总状花序长3-8厘米，较粗。
　2. 总状花序轴无毛或具纤毛，顶端具2齿状附属物 ·················· 2. 红裂稃草 S. sanguineum
　2. 总状花序轴外侧与顶端密被白色柔毛，顶端具偏斜环状附属物 ·················· 3. 斜须裂稃草 S. obliquiberbe

1. 裂稃草

图 1599

Schizachyrium brevifolium (Sw.) Nees ex Buse in Miq. Pl. Jungh. 359. 1854.

Andropogon brevifolium Sw. Prodr. Veg. Ind. Occ. 26. 1788.

一年生。秆高10-70厘米，基部常平卧。叶鞘具脊，叶舌上缘撕裂，具睫毛；叶线形或长圆形，长1.5-4厘米，宽1-7毫米，先端钝，有小尖头。总状花序长0.5-2厘米，花序轴节间扁平，顶端近杯状倾斜，具2齿。无柄小穗线状披针形，长约3毫米；第一颖近革质，背扁平，2齿裂，4-5脉，第二颖厚膜质，3脉，脊稍粗糙。第一外稃线状披针形，第二外稃短于第一颖1/3，2深裂达基部，裂片线形，芒长约1厘米。颖果线形，长约2.5毫米。有柄小穗退化，顶端具芒。

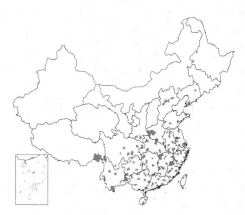

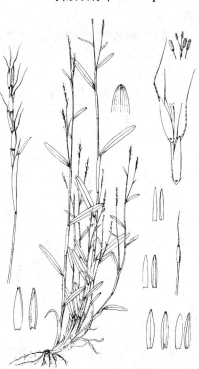

图 1599 裂稃草 （史渭清绘）

产辽宁东部、河北、山东、河南、陕西南部、江苏、安徽、浙江、台湾、福建、江西、湖北、湖南、广东、香港、海南、广西、贵州、四川、云南及西藏东南部、及，生于海拔20-2000米阴湿山坡或草地。广布于全世界温暖地区。秆叶作饲料。

2. 红裂稃草

图 1600

Schizachyrium sanguineum (Retz.) Alston, Suppl. Fl. Ceyl. 334. 1931.

Rottboellia sanguinea Retz. Obs. Bot. 3: 25. 1783.

多年生。秆高0.5-1.2米，上部节间一侧具凹槽。叶鞘无毛，背部具脊；叶舌长约1毫米；叶线形，长5-20厘米，

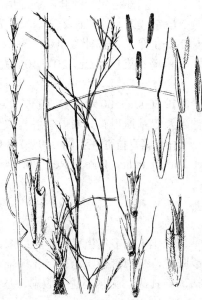

图 1600 红裂稃草 （史渭清绘）

宽1-5毫米。总状花序长3-8厘米，花序轴节间一侧扁平，等长或稍短于无柄小穗，边缘无毛或具纤毛，顶端具2齿状附属物。无柄小穗窄线形，长6-8毫米，稍陷入序轴凹穴；第一颖背部粗糙，先端微2齿裂，第二颖脊具窄翼。第一外稃线状披针形，具纤毛，第二外稃长为颖约2/3，2深裂近基部，芒长约1.5厘米。颖果线形，长约4毫米。有柄小穗的柄长为无柄小穗约4/5，芒长2-3毫米。

产福建、江西南部、湖南、广东、香港、海南、广西、四川、云南及西藏，生于海拔50-3600米山坡草地。印度、缅甸、斯里兰卡及马来西亚有分布。

3. 斜须裂稃草　　　图 1601

Schizachyrium obliquiberbe (Hack.) A. Camus in Ann. Soc. Linn. Lyon. 70: 89. 1923.

Andropogon obliquiberbe Hack. Flora 117. 1885.

一年生草本。秆高15-60厘米，无毛，上部有分枝，节间一侧具沟。叶鞘松散，叶舌厚膜质，长0.2-0.5毫米；叶线形，长4-8厘米，宽1-2毫米，脉不明显。总状花序单生，长4-8厘米，多少为鞘状总苞所包，鞘状总苞宽披针形；总状花序节间一侧扁平，稍短于无柄小穗，外侧与顶端密生白色柔毛，顶端具偏斜杯状附属物。无柄小穗线状披针形，长6-7毫米，基盘密生白色髯毛，第一颖下部密生白色柔毛，先端钝；第二颖舟形，与第一颖几等长，

脊上部具极窄翼。第一外稃稍短于颖，边缘具纤毛；第二外稃2深裂近基部，芒膝曲，芒柱扭转，芒长约1.5厘米。有柄小穗仅具1或2颖，第一颖先端具芒，长约3毫米，小穗柄与总状花序轴间近等长，外侧、内侧及顶端均密生白色柔毛。花果期8-12月。

图 1601 斜须裂稃草
（引自《中国主要植物图说 禾本科》）

产福建东南部、江西南部、湖南南部、广东东南部及广西南部，生于海拔1000米以下山坡。

217. 荩草属 Arthraxon Beauv.
（金岳杏）

一年生或多年生纤细草本。叶披针形或卵状披针形，基部心形抱茎。总状花序1-数枚指状排列秆顶；小穗成对着生于轴。有柄小穗雄性或中性，或成针状柄，小穗单生于节。无柄小穗两侧扁或第一颖背腹扁，具一两性小花，有芒或无芒；第一颖厚纸质，第二颖等长或稍长于第一颖，对折使主脉成2脊，先端尖。第一小花退化，仅具透明外稃；第二小花外稃膜质，全缘或先端具2微齿，基部具芒；内稃微小或无；雄蕊2-3；柱头2，基部分离；鳞被2。颖果近线形。

约20种，分布于东半球热带和亚热带。我国10种6变种。

1. 一年生；无柄小穗第一颖两侧扁，有柄小穗伏具一短柄或两颖片。
　　2. 有柄小穗仅具针状短柄或柄的痕迹，无柄小穗长4-6毫米；花序轴无毛或疏被毛；第一颖与第二颖等长或稍长；花药长0.5-1毫米。
　　　3. 芒长而伸出小穗外。
　　　　4. 叶仅下部边缘具疣基毛 ⋯⋯⋯⋯⋯⋯⋯⋯⋯⋯⋯⋯⋯⋯⋯⋯⋯⋯ **1. 荩草 A. hispidus**

  4. 叶两面有毛 ···························· 1(附). **中亚荩草** A. hispidus var. **centrasiaticus**

 3. 芒甚短，不伸出小穗外 ···················· 1(附). **匿芒荩草** A. hispidus var. **cryptatherus**

2. 有柄小穗仅具两颖片；无柄小穗长 2.5-3.5 毫米，花序轴密被白色纤毛。

  5. 无柄小穗的第一颖脉 5-7 不明显 ·················· 2. **小叶荩草** A. **lancifolius**

  5. 无柄小穗的第一颖 7 脉成棱肋 ·················· 2(附). **小荩草** A. **microphyllus**

1. 多年生；无柄小穗第一颖背腹扁，有柄小穗常为雄性。

 6. 第二外稃先端 2 裂；内稃常存在。

  7. 无柄小穗两侧不呈龙骨无篦齿状疣基钩毛，仅顶端具少数小刺毛 ············· 3. **贵州荩草** A. **guizhouensis**

  7. 无柄小穗两侧呈龙骨具 1 行篦齿状疣基钩毛。

   8. 总状花序紧密，花序轴节间长为无柄小穗 2/3-4/5 ·················· 4. **西南荩草** A. **xinanensis**

   8. 总状花序稀疏，花序轴节间长于无柄小穗或等长于小穗 ········· 4(附). **疏序荩草** A. xinanensis var. **laxiflorus**

 6. 第二外稃先端尖而不裂；无柄小穗两侧呈龙骨，具 2 行篦齿状疣基钩毛；内稃常无。

  9. 小穗无白色绒毛 ······························· 5. **矛叶荩草** A. **lanceolatus**

  9. 小穗密被白色绒毛 ··················· 5(附). **毛颖荩草** A. lanceolata var. **raizadae**

1. 荩草   图 1602

Arthraxon hispidus (Thunb.) Makino in Bot. Mag. Tokyo 26: 214. 1912.

Phalaris hispidus Thunb. Fl. Jap. 44. 1784.

  一年生草本。秆细弱，基部倾斜，高 30-60 厘米。叶鞘短于节间，被硬疣毛，叶舌膜质，长 0.5-1 毫米；叶卵状披针形，长 2-4 厘米，基部心形抱茎，下部边缘具疣基毛。总状花序 2-10 指状排列，轴节间无毛。有柄小穗具短柄。无柄小穗长 4-4.5 毫米，卵状披针形；第一颖草质，边缘膜质；第二颖近膜质，与第一颖等长。第一外稃长圆形，透明；第二外稃与第一外稃等长，近基部具膝曲芒；雄蕊 2。颖果长圆形。

  遍布全国各地，生于山坡草地阴湿处。旧大陆温暖地区均有分布。

  [附] **中亚荩草 Arthraxon hispidus** var. **centrasiaticus** (Griseb.) Honda in Bot. Mag. Tokyo 39: 278. 1925. —— *Pleuroplitis centrasiatica* Griseb. in Ledeb. Fl. Ross. 4: 477. 1853. 与模式变种的主要区别：叶两面有毛；小穗具较长的毛。花果期 8-9 月。产东北、西北、华中、华东。中亚、西亚及日本有分布。

  [附] **匿芒荩草 Arthraxon hispidus** var. **cryptatherus** (Hack.) Honda in Bot. Mag. Tokyo 39: 277. 1925. —— *Arthraxon ciliaris* Beauv. subsp. *langsdorffii* var. *cryptatherus* Hack. in DC. Monogr. Phan. 6: 355. 1889. 与模式变种的主要区别：芒甚短或长为小穗 1/2，通常包于小穗内而不外露。产华北、华中、华东、华南、西南。日本有分布。

图 1602 荩草　（陈荣道绘）

2. 小叶荩草   图 1603：1-3

Arthraxon lancifolius (Trin.) Hochst. Flora 39: 188. 1856.

Andropogon lancifolius Trin. in Mém. Acad. Imp. Sci. St. Petersb. VI. Sect. Math. Phys. Nat. 2: 217. 1833.

  一年生。秆细弱，高 10-20 厘米，花序以下疏生毛。叶鞘上部被微毛，叶舌甚短，具纤毛；叶卵状披针形，长 0.5-3 厘米，基部心形

抱茎，被绒毛或疣基毛。总状花序 2-6 指状排列，细弱，长 1-3 厘米。有柄小穗卵状披针形，长 2-2.5 毫米，具两颖；无柄小穗线形，长 2.5-3 毫米，基部具纤毛；第一颖线状披针形，具不明显 5-7 脉；第二颖舟形，短于第一颖，均膜质。第一外稃长圆状披针形，长为第一颖 1/4。第二外稃稍长，近基部具芒，中部以下膝曲，扭转；无内稃；雄蕊 2。颖果线形，长 2.5 毫米。

产贵州、四川及云南，生于山坡阴湿处。中南半岛、印度及非洲有分布。

[附] 小荩草 图 1603：4-5 **Arthraxon microphyllus** (Trin.) Hochst. Fl. 39: 188. 1856. —— *Andopogon microphyllus* Trin. in Mém. Acad. Sci. St. Petersb. Nat. 2: 275. 1833. 与小叶荩草的区别：第一颖具 7 条棱肋；花序以下节有毛；叶两面无疣基毛。产云南，生于海拔 2000-3000 米干旱山坡。尼泊尔及印度有分布。

图 1603：1-3.小叶荩草 4-5.小荩草
（陈荣道绘）

3. 贵州荩草　　　　　　　　　　　图 1604

Arthraxon guizhouensis S. L. Chen et Y. X. Jin in Bull. Bot. Res. (Harbin) 13(1): 104. f. 3. 1993.

多年生。秆多分枝，多节，节被毛。叶鞘边缘被短毛，余无毛，叶舌具长约 1.5 毫米纤毛；叶披针形，长 6-9 厘米，宽 0.7-1.2 厘米，先端尾尖，边缘基部具短疣基毛，两面无毛。总状花序长 4-10 厘米，2-6 指状排于枝顶，花序下部无毛；花序轴节间长为小穗2/3-4/5，密被白色纤毛。无柄小穗线状披针形，长 5-5.5 毫米；第一颖线状披针形，长约 5.5 毫米，背圆，薄草质，5-7 脉，两侧非龙骨状，无篦齿状疣基钩毛；第二颖与第一颖等长，

舟形，先端具纤毛。第一外稃长约 3.5 毫米，膜质。第二外稃长约 4.5 毫米，先端 2 裂，近基部 1/3 具膝曲芒，芒长约 1 厘米，基部扭转；第二内稃长约 1 毫米。有柄小穗披针形，长约 4.5 毫米，柄长为小穗约 1/2，被白毛；第一颖薄草质，5-7 脉，先端尖，边缘质薄，包第二颖；第二颖边缘内折成 2 脊，3 脉。第一外稃与第二外稃长为颖 3/5，膜质；雄蕊 3。花果期 9-11 月。

产贵州西北部及云南东南部，生于路边草丛中。

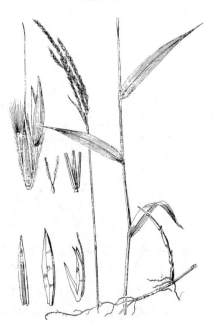

图 1604 贵州荩草　（陈荣道绘）

4. 西南荩草　　　　　　　　　　　图 1605

Arthraxon xinanensis S. L. Chen et Y. X. Jin in Bull. Bot. Res. (Harbin) 13(2): 105. f. 4. 1993.

多年生。秆高 30-60 厘米。叶鞘被疏疣基毛及边缘被纤毛，叶舌被纤毛；叶披针形，长 3-6 厘米，宽 0.5-1.5 厘米，先端尾尖，基部心

形抱茎，边缘被疣基毛。总状花序2至数枚指状排于枝顶，小穗排列紧密，花序轴节间长为无柄小穗2/3-4/5。有柄小穗披针形，雄性；无柄小穗披针形，长5-5.5毫米；第一颖草质，背腹扁，两侧龙骨状，具1行篦齿状疣基钩毛，7-9脉；第二颖与第一颖等长，舟形，质薄。第二外稃先端2裂；雄蕊3。

产陕西南部、甘肃南部、贵州西北部、四川、云南西北部及西藏东南部，生于山坡灌丛中。

[附] **疏序荩草 Arthraxon xinanensis** var. **laxiflorus** S. L. Chen et Y. X. Jin in Bull. Bot. Res. (Harbin) 13(2): 107. 1993. 与模式变种的主要区别：小穗在总状花序轴排列稀疏，花序轴节间长于无柄小穗或等长于小穗。产四川及贵州，生于河边草丛中。

5. 矛叶荩草 图 1606：1-4

Arthraxon lanceolatus (Roxb.) Hochst. in Flora 39: 188. 1856.

Andropogon lanceolatus Roxb. Fl. Ind. 1: 262. 1820.

多年生。秆高40-60厘米，常分枝。叶鞘无毛或疏生疣基毛，叶舌膜质，被纤毛；叶片披针形或卵状披针形，长2-7厘米，边缘常具疣基毛。总状花序2-数枚指状排于枝顶，轴节密被白色纤毛。有柄小穗披针形，长4.5-5.5毫米，雄性，无芒；无柄小穗长圆状披针形，质较硬，背腹扁，无毛；第一颖两侧龙骨状，具2行篦齿状疣基钩毛，6-7脉；第二颖舟形，质薄，3脉。第一外稃长2-2.5毫米；第二外稃稍长，基部具膝曲芒，先端尖，芒长1.2-1.4厘米；雄蕊3。

产河北、山东、山西、河南、陕西、甘肃南部、江苏、安徽、浙江、福建、江西、湖北、湖南、广东、香港、海南、广西、贵州、四川、云南及西藏，生于山坡或沟边。亚洲东南部至南部及东非有分布。

[附] **毛颖荩草** 图 1606：5 **Arthraxon lanceolata** var. **raizadae** (Jain et al.) Welzen in Blumea 27(1): 287. 1981. —— *Arthraxon raizadae* Jain et al. in Journ. Ind. Bot. Soc. 51. 103. pl. 21. 1972. 与模式变种的主要区别：小穗密被白色绒毛。产四川及云南，生于海拔2000-4500米林地、林缘或田边。印度有分布。

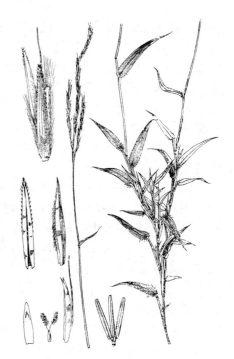

图 1605 西南荩草 （陈荣道绘）

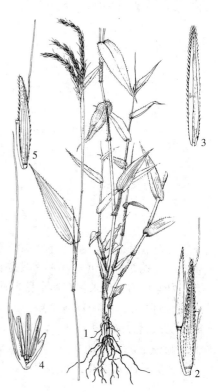

图 1606：1-4.矛叶荩草 5.毛颖荩草
（陈荣道绘）

218. 苞茅属 Hyparrhenia Anderss. ex Fourn.

（庄体德）

多年生粗壮草本。秆基常膝曲，丛生。叶舌干膜质，先端平截或圆。圆锥花序具多数托以线形佛焰苞的孪生总状序，每总状花序最上一节着生3小穗，1无柄，2有柄，其下每节为1无柄和1有柄的小穗对，无柄小穗两性稀雌性，有柄小穗雄性或中性，最下1-2对小穗对均雄性或中性，均无芒。无柄小穗基盘密生髯毛，具2小花，第一小花常退化；颖近等长，第一颖背部扁圆，先端较钝，第二颖舟状，3脉，具脊，边缘常具纤毛。第一外稃与第一颖几等长，2脉，第二外稃膜质，较第二颖短1/3-1/2，先端稍2裂，具膝曲旋扭芒，芒柱常被硬毛，内稃小；鳞被2，细小；雄蕊3或退化。颖果胚长为果约1/3。有柄小穗常较无柄小穗长，基盘短而圆钝。

约60余种，主产非洲热带和亚热带，少数种至亚洲、大洋洲和南美。我国3种1变种。

1. 上部总状花序基密被黄色硬直长髯毛，总状花序基部有苞片状附属物 ……………………………… 1. 苞茅 **H. bracteata**
1. 上部总状花序基无毛，总状花序基部无附属物 …………………………………………………………… 2. 短梗苞茅 **H. diplandra**

1. 苞茅 图 1607

Hyparrhenia bracteata (Humb. et Bonpl. ex Willd.) Stapf in Prain, Fl. Trop. Afr. 9: 360. 1918.

Andropogon bracteata Humb. et Bonpl. ex Willd. Sp. Pl. 4: 914. 1806.

多年生。秆高0.5-2米，无毛或节下被柔毛。叶鞘疏散，常密生柔毛或淡黄色绒毛，叶舌红褐色，长0.5-2毫米，顶平截；叶线形，长20-60厘米，宽2-6毫米，两面被柔毛或上面无毛。圆锥花序较窄，长30-40厘米；佛焰苞披针形，长2-4厘米；孪生总状花序具2-4芒；总状花序长0.5-1.5厘米，果时反折，基部有苞片状附属物，披针形，长1-1.5毫米，上部总状花序基近圆，长1.5-2毫米，密被黄色硬直长髯毛。无柄小穗窄长圆形，长4-6毫米，基盘被髯毛；第一颖5-7脉，先端2齿裂，第二颖具3脉。第一外稃窄长圆形，具纤毛，第二外稃线形，芒长2-4厘米，膝曲，芒柱被棕色毛。颖果长约2毫米。有柄小穗与无柄小穗相似，长4-5毫米。

产广西南部及云南西南部，生于海拔600-1200米山坡草地。中南半岛、热带非洲及南美洲有分布。

图 1607 苞茅
（引自《中国主要植物图说 禾本科》）

2. 短梗苞茅 图 1608

Hyparrhenia diplandra (Hack.) Stapf in Prain, Fl. Trop. Afr. 9: 368. 1918.

Andropogon diplandra Hack. Flora 68: 123. 1885.

多年生。秆高1-2米。叶鞘无毛，叶舌长约2毫米，具纤毛；叶线形，长30-60厘米，宽3-6毫米，基部被白

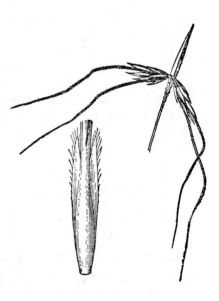

图 1608 短梗苞茅 （冯晋庸绘）

色长粗毛或无毛。圆锥花序稀疏；佛焰苞长3-5厘米，宽1-3毫米；孪生总状花序具4-6芒，序梗上部密生金黄色瘤基长硬毛，上部总状花序基扁圆形，长4-6毫米，无毛，下部总状花序基扁圆形，长4-6毫米，无毛，下部者被柔毛。无柄小穗披针形，长6-8毫米，基盘尖，密被髯毛；第一颖披针形，边缘具纤毛。第二外稃线形，芒膝曲，芒柱被棕色硬毛，内稃常退化。有柄小穗第一颖被毛，第二颖边缘具纤毛。

产香港及云南，生于海拔130-1800米山坡草地或灌丛中。中南半岛、印度尼西亚及热带非洲有分布。

219. 假铁秆草属 Pseudanthistiria (Hack.) Hook. f.
（庄体德）

一年生草本。秆实心。下部叶鞘常短于节间。叶线形。圆锥花序由具佛焰苞的总状花序组成，总状花序有5-9小穗，最上一节有3小穗，1无柄（两性），2有柄（雄性或中性），其下为1-3对孪生，每对为1无柄（两性）和1具柄（雄性或中性）小穗组成。无柄小穗基盘短而钝，具髯毛；颖硬膜质或革质，第一颖椭圆形，背部凸或扁平，包第二颖；第二颖椭圆状披针形，具脊。第一小花外稃常退化，第二小花外稃柄状，先端具膝曲状芒或无芒，芒柱常被短毛，第二内稃退化；花柱长，柱头羽毛状。有柄小穗披针形，柄线形，长达小穗之半；颖草质，第一颖中脉显著，第二颖披针形，小花均退化。

约5种，产印度、斯里兰卡和南非等地。我国2种。

假铁秆草   图 1609

Pseudanthistiria heteroclita (Roxb.) Hook. f. Fl. Brit. Ind. 7: 219. 1896.

Anthistiria heteroclita Roxb. Fl. Ind. 1: 249. 1820.

一年生草本。秆细弱，高30-50厘米，基部膝曲。叶鞘无毛或边缘具瘤基毛，叶舌短，膜质；叶线形，长8-15厘米，宽3-5毫米，两面疏生瘤基毛。圆锥花序长10-30厘米；总状花序长6-8毫米，披针形佛焰苞近边缘具1-2列瘤基毛，脊被短毛；总状花序轴节间一侧边缘具纤毛。无柄小穗线状长圆形，长3.5-5毫米；颖硬膜质，第一颖先端近平截。第二外稃具芒基，柄

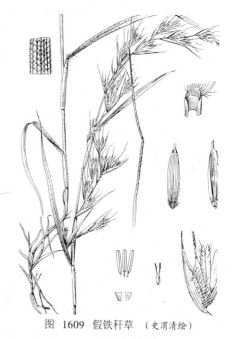

图 1609 假铁秆草 （史渭清绘）

状，芒长1.8-3厘米，1-2回膝曲，芒柱扭旋，被短毛；鳞被2，楔形；雄蕊3；花柱自基部分离，柱头帚状。有柄小穗披针形，第一颖背部近先端疏生瘤基毛。

产香港。印度东部有分布。

220. 黄茅属 Heteropogon Pers.
（庄体德）

一年生或多年生草本。秆粗壮，丛生。叶鞘常扁具脊，叶舌短，膜质，顶端具纤毛；叶线形。穗形总状花序单生主秆和分枝顶端，小穗对覆瓦状排列于花序轴，下部的1-10对为雄性或中性同性对，无芒，常宿存，上部的为异性对。无柄小穗近圆柱形，两性或雌性，有芒，基盘长尖，熟时偏斜脱落，具2小花；第一颖包第二颖，第二颖2脉，背部无明显脊，先端钝。第一小花具膜质外稃；第二小花外稃退化为芒基部，芒常粗，膝曲扭转，内稃小或缺；鳞被2；雄蕊0-3；花柱2。颖果近圆柱形。有柄小穗披针状长圆形，雄性或中性；第一颖草质，多脉，第二颖膜质，披针状长圆形，3脉。外稃透明，1脉，发育或多少退化。染色体x=10。

约 10 余种，分布于热带和亚热带地区。我国 3 种。

1. 总状花序除芒外长 3-7 厘米，下部 3-10 (-12) 对为同性小穗 ······························· **黄茅 H. contortus**
1. 总状花序除芒外长 8-15 厘米，下部 12-15 对为同性小穗 ····························· (附). **麦黄茅 H. triticeus**

黄茅 图 1610：1-11

Heteropogon contortus (Linn.) Beauv. ex Roem. et Schult. Syst. Veg. 2: 836. 1817.

Andropogon contortus Linn. Sp. Pl. 1045. 1753.

多年生。秆高 0.2-1 米。叶鞘无毛，鞘口常具柔毛；叶线形，长 10-20 厘米，宽 3-6 毫米，两面粗糙或上面基部疏生柔毛。总状花序芒除外长 3-7 厘米，芒常于花序顶扭卷成束，花序下部 3-10 对为同性小穗。无柄小穗线形，长 6-8 毫米，基盘具棕褐色髯毛；第一颖窄长圆形，第二颖较窄，2 脉。第二外稃极窄，芒长 6-10 厘米，2 回膝曲，芒柱扭转被毛。有柄小穗长圆状披针形，常偏斜扭转覆盖无柄小穗；第一颖长圆状披针形。染色体 2n=40。

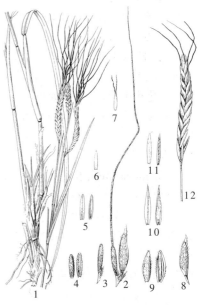

图 1610：1-11.黄茅 12.麦黄茅
（史渭清绘）

产河南、陕西南部、甘肃南部、台湾、福建、江西、湖北、湖南、广东、香港、海南、广西、贵州、四川、云南及西藏，生于海拔 400-2300 米山坡草地。世界温暖地区有分布。嫩时牲畜喜食，花果期小穗芒及基盘为害牲畜；秆供造纸、编织；根、秆、花可为清凉剂。

[附] **麦黄茅** 图 1610：12 **Heteropogon triticeus** (R. Br.) Stapf ex Craib in Kew Bull. 1912: 432. 1912. —— *Andropogon triticeus* R. Br. Prodr. 201. 1810. 与黄茅的主要区别：植株高大粗壮，秆高达 3 米；叶长 30-60 厘米；总状花序除芒外长 8-15 厘米，下部 12-15 对为同性小穗。产海南。越南、泰国、印度、马来西亚及澳大利亚有分布。

221. 菅属 Themeda Forssk.
（庄体德）

多年生或一年生草本。秆实心，坚硬。叶鞘具脊；叶线形。总状花序具梗或几无梗，具舟形佛焰苞，单生或数枚镰状聚生成簇，组成扇状花束，花束托有叶状佛焰苞，再组成大型圆锥状复花序；总状花序具 7-17 小穗，最下 2 节着生 1 对同为雄性或中性总苞状小穗，最上一节具 3 小穗，中央 1 无柄小穗具芒，两侧各 1 有柄小穗无芒，余均为孕性小穗对。总苞状小穗披针形，第一颖草质，具 2 脊和多脉，第二颖膜质，3-5 脉。外稃披针形，1 脉，稀先端具短芒；无柄小穗圆柱形，基盘密生髯毛，颖革质，枣红、深褐或黄白色，第二颖背部具龙骨状突起，两侧具沟。第二外稃具芒基部，中脉粗，延伸成芒；鳞被 2，楔形。颖果线状倒卵形，具沟。染色体 x=10。

约 30 余种，产亚洲和非洲温暖地区，大洋洲有分布。我国 13 种。

1. 总状花序具 7 枚以上小穗，总苞状小穗不着生同一平面。
  2. 小穗第一颖边缘具瘤基刚毛。
    3. 总状花序具 13-17 小穗，总苞状小穗长 2.5-4 厘米 ······················· 1. **浙皖菅 T. unica**

　　3. 总状花序具7-9小穗，总苞状小穗长1-1.5厘米 ·· 1(附). **苇菅 T. arundinacea**
　2. 总苞状小穗第一颖被柔毛或无毛。
　　4. 两性小穗具不完全芒或几无芒 ··· 2. **菅 T. villosa**
　　4. 两性小穗具完全发育的芒。
　　　5. 植株无毛或疏生柔毛。
　　　　6. 纤细草本，高20-60厘米；圆锥花序具2-3佛焰苞总状花序 ······················ 3. **西南菅草 T. hookeri**
　　　　6. 粗壮高大草本，高1-3米；大型圆锥花序具多回复出佛焰苞总状花序 ·············· 4. **苞子草 T. caudata**
　　　5. 植株的秆、叶鞘、叶片、花序梗等均密被长毛 ··· 4(附). **毛菅 T. trichiata**
1. 总状花序具7枚小穗，总苞状小穗着生在同一平面。
　7. 总苞状小穗长0.7-1厘米；第二外稃的芒长3-6厘米 ··· 5. **黄背草 T. japonica**
　7. 总苞状小穗长4-5毫米；第二外稃的芒长2-3.5厘米 ··· 5(附). **中华菅 T. chinensis**

1. 浙皖菅　　　　　　　　　　　　　　　　　　　图 1611

Themeda unica S. L. Chen et T. D. Zhuang in Bull. Bot. Res. (Harbin.) 9(2): 56. f. 1. 1989.

多年生。秆具7-8节，高1-2.5米。叶鞘鞘口疏生瘤基刚毛，叶舌长2-7毫米；叶线形，长30-60厘米，宽0.4-1厘米。圆锥花序长达1-1.5米，3-4节；总状花序具13-17小穗，长3-6厘米，总梗长4-7厘米，顶端密生金黄色刚毛；佛焰苞舟形，长4-9厘米；总苞状小穗不着生同一平面，长2.5-4厘米，雄性。第一颖披针形，近缘具白色瘤基刚毛，第二颖先端芒状；无柄小穗两性，芒除外长达1厘米，颖被黄褐色粗毛，第一颖宽卵形，11脉，第二颖长圆形，3脉。第二外稃芒长2-4厘米，芒柱膝曲，芒针直。有柄小穗似总苞状小穗。

产安徽及浙江，生于海拔200-1000米山坡或路边。

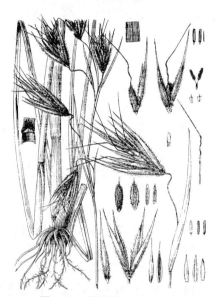

图 1611 浙皖菅 （史渭清绘）

[附] 苇菅 Themeda arundinacea (Roxb.) Ridley in Trans. Linn. Soc. ser. 2, 3: 401. 1893. —— *Anthistiria arundinacea* Roxb. Fl. Ind. 1: 256. 1820. 与浙皖菅的主要区别：总状花序具7-9小穗，总苞状小穗长1-1.5厘米。产广西、贵州西南部及云南，生于海拔700-2000米山坡草丛或山谷湿地。印度、孟加拉、缅甸及菲律宾有分布。

2. 菅　　　　　　　　　　　　　　　　　　　　图 1612

Themeda villosa (Poir.) A. Camus in Lecomte, Fl. Gen. Indo-Chine 7: 364. 1922.

Anthistiria villosa Poir. in Lamak. Encycl. Menth. Bot. Suppl. 1: 396. 1814.

多年生。秆簇生，高1-2米。叶鞘下部具粗脊；叶舌顶端具纤毛，叶线形，长达1米，宽0.7-1.5厘米。圆锥花序长达1米；总状花序具

图 1612 菅
（引自《中国主要植物图说　禾本科》）

9-11 小穗，长 2-3 厘米，总花梗长 0.5-2 厘米；佛焰苞长 2-3.5 厘米，多脉，具脊；总苞状小穗不着生同一平面。第一颖窄披针形，长 1-1.5 厘米，13 脉；第二颖长约 8 毫米，5 脉。外稃长 7-8 毫米，边缘具睫毛。无柄小穗长 7-8 毫米，第一颖长圆状披针形，长 7-8 毫米，先端平截，背部及边缘密生褐色短毛，7-8 脉。第二外稃窄披针形，具小尖头或芒柱短芒。颖果熟时黑褐色。

产浙江东南部、福建、江西、湖北、湖南、广东、香港、海南、广西、贵州、四川、云南及西藏东南部，生于海拔300-2500米山坡灌丛、草地或林缘向阳处。印度、中南半岛、马来西亚及菲律宾有分布。

3. 西南菅草　　　　　　图 1613

Themeda hookeri (Griseb.) A. Camus Bull. Mus. Hist. Nat. (Paris) 26: 425. 1920.

Anthistiria hookeri Griseb. in Goett. Nachr. 91. 1868.

多年生纤细草本。具匍匐根茎。秆基膝曲，被鳞片状叶鞘，高 20-60 厘米。叶舌长不及 1 毫米，顶端具睫毛；叶线形，长 3-13 厘米，宽 2-5 毫米。圆锥花序具 2-3 具佛焰苞总状花序；总状花序有 7-9 小穗，长 1-2.5 厘米；佛焰苞线形，长 3-6 厘米；总苞状小穗不着生同一水平，雄性，长 1.2-1.6 厘米。第一颖无毛或疏生柔毛；无柄小穗两性，长 0.8-1 厘米，第一颖先端近平截，背部贴生微毛，第二颖与第一颖近等长，先端近平截，边缘为第一颖所包卷，背部贴生疏柔毛；芒长 2.5-4 厘米，1-2 回膝曲，芒柱扭曲，被微毛。有柄小穗与总苞状小穗相似。

产贵州西南部、四川及云南，生于海拔 1100-3400 米草丛或林下。印度有分布。

图 1613 西南菅草
（引自《中国主要植物图说　禾本科》）

4. 菅子草　　　　　　图 1614：1-4

Themeda caudata (Nees) A. Camus in Lecomte, Fl. Gen. Indo-Chine 7: 364. 1922.

Anthistiria caudata Nees in Hook. et Arn. Bot. Beech. Voy. 245. 1838.

Themeda gigantia (Cav.) Hack. var. *caudata* (Nees) Keng; 中国高等植物图鉴5: 247. 1976.

多年生。秆簇生，高 1-3 米。叶鞘在秆基套叠，叶舌有睫毛；叶线形，长 20-80 厘米，宽 0.5-1 厘米，下面疏生柔毛。大型圆锥花序多回复出佛焰苞总状花序，佛焰苞长 2.5-5 厘米；总花梗长 1-2 厘米；总状花序具 9-11 小穗；总苞状小穗不着生同一水平，线状披针形，长

1.2-1.5厘米。第一颖背常无毛；无柄小穗圆柱形，长0.9-1.1厘米，颖背被金黄色柔毛。第一外稃披针形，边缘具睫毛或流苏状，第二外稃芒长2-8厘米，1-2回膝曲，芒柱旋扭，内稃长圆形，长约2毫米。颖果长圆形，长约5毫米。

产浙江南部、台湾、福建、江西、湖北西部、湖南、广东、香港、海南、广西、贵州、四川、云南及西藏南部，生于海拔320-2200米山坡草丛或林缘。印度、东南亚有分布。

[附] **毛菅** 图1614：5-7 Themeda trichiata S. L. Chen et T. D. Zhuang in Bull. Bot. Res. (Harbin) 9(2): 58,. 1989. 与苞子草的主要区别：植株的秆、叶鞘、叶片、花序梗等均密被长毛。产广西西部及云南，生于山坡阳处。

5. 黄背草　　　　　　　　　　　图 1615：1-11

Themeda japonica (Willd.) Tanaka in Bull. Sci. Fak. Terkult. Kyushu. Imp. Univ. 1: 194. 207. 1925.

Anthistiria japonica Willd. Sp. Pl. 4: 901. 1805.

Themeda triandra Forsk. var. *japonica* (Willd.) Makino; 中国高等植物图鉴5: 208. 1976.

多年生、簇生草本，秆高0.5-1.5米，有时节处被白粉。叶鞘包秆，常被疣基硬毛，叶舌长1-2毫米，有睫毛；叶线形，长10-50厘米，

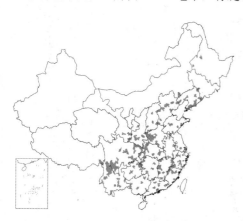

宽4-8毫米，两面无毛或疏被柔毛，下面常粉白色。大型圆锥花序多回复出，长为植株1/3-1/2；佛焰苞长2-3厘米；总状花序长1.5-1.7厘米，具7小穗；总苞状小穗轮生于同一平面，无柄，雄性，长圆状披针形，长0.7-1厘米。第一颖背面常生瘤基毛，多脉；无柄小穗纺锤状圆形，长0.8-1厘米，第一颖背部圆，被刚毛。第二外稃芒长3-6厘米，1-2回膝曲。颖果长圆形。胚线形，长为颖果1/2。有柄小穗似总苞状小穗，较短。

产黑龙江、吉林、辽宁、河北、山东、山西、河南、陕西、宁夏、甘肃、江苏、安徽、浙江、台湾、福建、江西、湖北、湖南、广东、香港、海南、广西、贵州、四川、云南及西藏东南部，生于海拔80-2700米干旱山坡、草地、路旁或林缘。日本及朝鲜半岛有分布。

[附] **中华菅** 图1615：12 Themeda chinensis (A. Camus) S. L. Chen et T. D. Zhuang in Bull. Bot. Res. (Harbin.) 9(2): 59. 1989. ——*Themeda ciliata* Hack. subsp. *chinensis* A. Camus in Bull. Mus. Hist. Nat. (Paris) 26. 424.

图 1614：1-4.苞子草 5-7.毛菅 （史渭清绘）

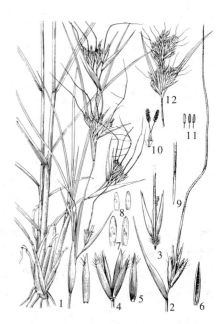

图 1615：1-11.黄背草 12.中华菅
（史渭清绘）

1920. 与黄背菅的主要区别：总苞状小穗长4-5毫米；第二外稃的芒长2-3.5厘米。产海南、广东、贵州及云南，生于海拔400-2000米山坡草地阳处。

222. 锥茅属 Thyrsia Stapf
（金岳杏）

多年生草本。秆粗壮，高大。叶扁平，中脉显著。总状花序多数，圆锥状或伞房兼指状排于秆顶；小

穗孪生，一有柄，一无柄，均卵状，背腹扁，均无芒。有柄小穗的柄与穗轴节间分离，均三棱形，易逐节脱落；无柄小穗具2小花；第一小花仅具外稃；第二小花两性，内、外稃均膜质；鳞被2，楔形；雄蕊3；花柱分离。颖果长圆形，背腹扁；胚约为果体1/2。

约4种，主产非洲热带，亚洲南部1种。我国1种。

锥茅　　　　　　　　　　　　　图　1616：1-5

Thyrsia zea (Clarke) Stapf in Hook. Icon. Pl. sub. t. 3078. 1922.

Rottboellia zea Clarke in Journ. Linn. Soc. Bot. 25: 86. t. 35. 1889.

多年生。粗壮坚硬，高达2米，径约1厘米，节有时被纤毛。叶鞘扁，脉凸起，无毛，叶舌硬，密生纤毛；叶线状披针形，长30-

60厘米，宽约2厘米。圆锥花序顶生，长25-30厘米，多数圆柱形总状花序轮生主轴；有柄小穗柄棒状，与轴分离，长约为总状花序轴节间1/2-1/3；无柄小穗卵形，约与轴节间等长。第一颖硬纸质，两侧具脊及窄翅，背面稍粗糙；第二颖厚膜质，舟形；第一小花仅具膜质外稃；第二小花两性，内、外稃近等长，均稍短于第二颖。

产广西西部及云南，生于山坡草丛。中南半岛与印度有分布。

图　1616：1-5.锥茅　6-8.束尾草
（李锡畴绘）

223. 束尾草属 Phacelurus Griseb.
（盛国英）

多年生草本。秆粗壮，多节。叶舌常厚膜质；叶扁平，中脉显著。总状花序数枚指状或伞房兼指状排于秆顶，稀单生；总状花序轴节间和小穗柄均三棱形，无毛；脱节面平截；小穗孪生，同形，背腹扁或有柄小穗近两侧扁，均无芒。无柄小穗具2小花；第一小花雄性或中性，有或无内稃，第二小花两性；第一颖膜质或革质，边缘内折呈2脊，脊缘有或无翼；第二颖常舟形。有柄小穗多少退化。

8种，分布于非洲东部、欧洲南部、亚洲东部及南部。我国1种2变种。

1. 总状花序2至多枚。
　2. 叶宽1.5-3厘米；总状花序4-10 ·················· **束尾草 P. latifolius**
　2. 叶宽0.2-1厘米；总状花序2-4 ·············（附）**窄叶束尾草 P. latifolius var. angustifolius**
1. 总状花序1枚 ·····················（附）**单穗束尾草 P. latifolius var. monostachyus**

束尾草　　　　　　　　　　　　图　1616：6-8

Phacelurus latifolius (Steud.) Ohwi in Acta Phytotax. Geobot. 4: 59. 1935.

Rottboellia latifolius Steud. in Flora 29: 21. 1846.

秆高1-1.8米，节常有白粉。叶鞘无毛；叶线状披针形，长达40厘米，宽1.5-3厘米。总状花序4-10，指状排于秆顶；花序轴节间及小穗柄均等长于或稍短于无柄小穗；无柄小穗披针形，长0.8-1厘米，嵌生于总状花序轴节间与小穗柄之间。第一颖革质，背部扁或稍下凹，边缘内折，两脊上缘疏生细刺；第二颖舟形，脊上部有细刺；小花内外稃均膜质；第一小花雄性，雄蕊3；第二小花两性；有柄小穗两侧扁。颖果披针形，长约4毫米。花果期夏秋季。

产山东、江苏、浙江等省沿海

地区，多成片生长在河流、海滨、潮湿岸滩或海滩草丛中。日本及朝鲜半岛有分布。秆叶作燃料。

[附] **窄叶束尾草 Phacelurus latifolius** var. **angustifolius** (Debeaux) Keng in Sinensia 10: 305. 1939. —— *Rottboellia latifolia* Steud. var. *angustifolia* Debeaux in Acta Soc. Linn. Bordeaux 30: 123. 1875. 与模式变种的主要区别：叶宽0.2-1厘米；总状

花序 2-4，长 10-12 厘米。花果期夏秋季。产山东、江苏及浙江沿海地区。

[附] **单穗束尾草 Phacelurus latifolius** var. **monostachyus** Keng ex S. L. Chen in Bull. Bot. Res. (Harbin.) 14(2): 139. 1994. 与模式变种的主要区别：总状花序 1，顶生，长约 10 厘米。花果期夏秋季。产江苏、浙江沿海地区及云南昆明滇池畔。

224. 牛鞭草属 Hemarthria R. Br.
（金岳杏）

多年生草本。秆直立丛生或平卧斜上。叶扁平，线形。总状花序圆柱形微扁，常单一顶生或 1-3 腋生，穗轴坚韧，不逐节脱落。小穗孪生，同形或有柄小穗窄小；有柄小穗的小花中性或雄性；无柄小穗嵌生于穗轴凹穴内；第一颖革质或纸质，背部扁平，先端钝或渐尖；第二颖膜质，多少与穗轴贴生，舟形。内、外稃均膜质，无芒；具 1 小花，两性；雄蕊 3。颖果卵圆形或长圆形，稍扁。胚长为颖果 2/3。

约 12 种，分布于旧大陆热带至温带。我国 4 种。

1. 有根茎；总状花序成熟后逐节脱落。
　　2. 无柄小穗长 5-8 毫米，第一颖先端以下收缩 ················ 1. **牛鞭草 H. altissima**
　　2. 无柄小穗长 4-5 毫米，第一颖先端以下不收缩 ············ 2. **扁穗牛鞭草 H. compressa**
1. 无根茎；总状花序成熟后不易逐节脱落；颖长尾尖。
　　3. 无柄小穗第一颖长约 7 毫米；先端具 2 微齿 ················ 3. **小牛鞭草 H. protensa**
　　3. 无柄小穗第一颖长达 1.6 厘米，先端长尾尖 ············ 3(附). **长花牛鞭草 H. longiflora**

1. 牛鞭草
图 1617

Hemarthria altissima (Poir.) Stapf et Hubb. in Kew Bull. 1934: 109. 1934. *Rottboellia altissima* Poir. Voy. Barb. 2: 105. 1789.

多年生，根茎长而横走。秆高达 1 米。叶鞘无毛，边缘膜质，叶舌成一圈纤毛；叶线形，长达 20 厘米，两面无毛。总状花序长约 10 厘米。有柄小穗长渐尖，长约 8 毫米，第一小花中性，仅具膜质外稃；第二小花均膜质；无柄小穗卵状披针形，第一颖革质，背面扁平，7-9 脉，两侧具脊，先端以下略紧缩；第二颖纸质，贴生于轴凹穴中。第一小花具膜质外稃；第二小花两性，外稃长卵形，膜质，内稃薄膜质，无脉。

产黑龙江、吉林、辽宁、内蒙古、河北、山东、山西、

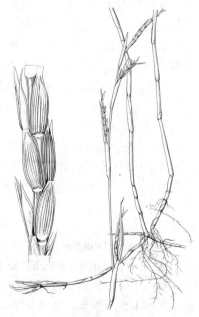

图 1617 牛鞭草
（引自《中国主要植物图说 禾本科》）

河南、陕西、江苏、安徽、浙江、福建、江西、湖北、湖南、广东、海南、广西、贵州、四川及云南，生于田边、水沟、河滩湿润处。亚洲、北非、欧洲地中海沿岸有分布。

2. 扁穗牛鞭草 图 1618

Hemarthria compressa (Linn. f.) R. Br. Prodr. 207. 1810.

Rottboellia compressa Linn. f. Suppl. Sp. Pl. 114. 1781.

多年生。根茎横走，节生不定根及鳞片。秆高 20-40 厘米。叶鞘

鞘口具纤毛，叶舌具纤毛；叶线形，长达 10 厘米，两面无毛。总状花序长 5-10 厘米，稍扁，无毛。有柄小穗披针形，第一小花中性，第二小花两性；无柄小穗长卵形；第一颖近革质，背面扁平，5-9 脉，下部不明显收缩；第二颖纸质，与总状花序轴的穴凹愈合；第一小花具外稃；第二小花两性，外稃膜质，内稃稍短；雄蕊 3。颖果长卵形，长约 2 毫米。

产台湾、福建、江西南部、湖南、广东、香港、海南、广西、贵州、四川及云南，生于田边或路边。中南半岛及印度有分布。

图 1618 扁穗牛鞭草
（引自《中国主要植物图说 禾本科》）

3. 小牛鞭草 图 1619

Hemarthria protensa Steud. Syn. Pl. Glum. 1: 359. 1854.

多年生草本。秆密丛生，高 30-35 厘米，径 1-2 毫米，节无毛。叶鞘无毛，叶舌膜质；叶线形，长 8-10 厘米，宽约 5 毫米，两面无

毛。总状花序单一顶生，长达 10 厘米，径约 2 毫米，稍扁。无柄小穗紧贴总状花序轴；第一颖卵状披针形，长约 7 毫米，背面扁平，具密脉纹，边缘内折成脊，先端具 2 微齿，齿长约 0.5 毫米；第二颖贴生总状花序轴。第一小花中性，仅具膜质外稃，长卵形，长约 4 毫米，先端具长约 1 毫米尖头；第二小花两

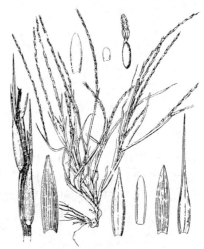

图 1619 小牛鞭草
（引自《中国主要植物图说 禾本科》）

[附] **长花牛鞭草 Hemarthria longiflora** (Hook. f.) A. Camus in Lecomte, Fl. Gen. Indo-Chine 7: 379. 1922. —— *Rottboellia longiflora* Hook. f. Fl. Brit. Ind. 7: 154. 1896. 与小花牛鞭草的主要区别：无柄小穗第一颖连同尾尖长约 7 毫米，先端具 2 微齿；第二颖先端贴生于总状花序轴。产海南及云南南部，多生于水田或浅水塘洼地。中南半岛及印度有分布。

性，等长于第一小花，外稃膜质，先端渐尖；内稃膜质，具 2 脊，长约 3 毫米。有柄小穗与无柄小穗近等长，雄性，具 1 小花；外稃膜质，长约 4 毫米，先端渐尖，内稃长约 3.5 毫米，具 2 脊。花果期秋季。

产广西及云南，多生于田野或路旁湿润处。印度、尼泊尔及中南半岛有分布。

225. 空轴茅属 Coelorachis Brongn.
（金岳杏）

多年生草本，根茎粗壮，常被鳞片及枯萎叶鞘。秆直立，高大。叶扁平，中脉显著。总状花序圆柱形，直立，具梗，总状花序轴节间中空，易逐节脱落；小穗孪生，无柄小穗单生，背腹扁，嵌入花序轴节凹穴中。第一颖质厚，两侧具不等宽窄翅；第二颖舟形，脊上部具膜质窄翅。内外稃膜质，近等长，具脉纹；鳞被2，较大；雄蕊3；花柱离生；有柄小穗具游离的小穗柄，小穗与无柄者相似或退化。小花中性或雄性，稀两性，有时无。颖果通常长圆形。

约12种，分布亚洲南部和东南部及热带非洲。我国1种1变种。

空轴茅　　　　　　　　　　　　　　　　　　　图 1620

Coelorachis striata (Nees ex Steud.) A. Camus in Ann. Soc. Linn. Lyon n. s. 68: 197. 1921.

Rottboellia striata Nees ex Steud. Syn. Pl. Glum. 1: 361. 1854.

多年生。秆高达3米，基部具鳞芽。叶鞘无毛或上部边缘被纤毛，叶舌棕色膜质，长2-3毫米；叶线状披针形，长达50厘米，宽约2厘米，两面无毛，下部和边缘粗糙。总状花序圆柱形，长5厘米，极易逐节脱落，总状花序节间中空。无柄小穗长圆状披针形，第一颖革质，光滑，下部具数条凹陷条纹和横格，先端脊具不等宽窄翅，先端具2微齿；第二颖舟形，脊具窄翅，5脉。

图 1620 空轴茅
（引自《中国主要植物图说 禾本科》）

第一小花雄性或中性，第二小花两性；雄蕊3。有柄小穗的柄扁平，小穗仅具2颖，卵形。颖果倒卵状长圆形，红棕色。

产云南，生于湿热地区疏林或灌草丛中。新加坡、缅甸及印度有分布。

226. 筒轴茅属 Rottboellia Linn. f.
（金岳杏）

一年生或多年生草本。秆直立，基部常有支柱根。叶扁平，较宽。总状花序圆柱形，较粗，逐节脱落；小穗孪生；有柄小穗雄性或退化，其柄与总状花序轴节间愈合；无柄小穗两性，嵌生于总状花序节间凹穴中。第一颖革质，背面具脉或光滑；第二颖舟形。第一小花中性或雄性，有时仅存膜质内稃，第二小花两性，两稃膜质，近等长；雄蕊3；花柱分离。颖果卵圆形或长圆形。

约4种，广布旧大陆热带、亚热带。我国2种。

1. 无柄小穗卵形，长约5毫米，背面微糙涩 ·· **筒轴茅 R. exaltata**
1. 无柄小穗长圆状披针形，长0.7-1厘米，背面平滑 ····························· (附). **光穗筒轴茅 R. laevispica**

筒轴茅　　　　　　　　　　　　　　　　　　　图 1621

Rottboellia exaltata Linn. f. Nov. Gram. Gen. 37. t. 1. 1779.

一年生草本。秆高达2米，无毛。叶鞘具硬刺毛或脱落；叶舌长约2毫米，上缘具纤毛；叶线形，长达50厘米，宽约2厘米，中脉粗，无毛或疏生硬毛，边缘粗糙。总状

花序圆柱形，粗糙，单生枝顶，长达15厘米，总状花序轴节间肥厚，长约5毫米，逐节脱落。无柄小穗嵌生于节间凹穴中，长4-5毫米；第一颖厚，卵形，多脉，有细疣点，边缘具窄翅；第二颖薄，舟形。第一小花雄性，第二小花两性。有柄小穗柄与总状花序轴节间愈合，小穗卵状长圆形，具2雄性小花或退化。颖果长圆形。

产浙江南部、台湾、福建、江西、湖南、广东、香港、海南、广西、贵州、四川及云南，生于田边路旁。热带亚洲、非洲及大洋洲有分布。

[附] **光穗筒轴茅 Rottboellia laevispica** Keng in Journ. Wash. Acad. Sci. 21: 157. f. 2. 1931. 与筒轴茅的区别：多年生草本，秆高达1米；叶鞘平滑或具乳突；总状花序光滑；无柄小穗长圆状披针形，长0.7-1厘米。产江苏南部及安徽，生于林下阴湿地。

图 1621 筒轴茅
（引自《中国主要植物图说　禾本科》）

227. 蜈蚣草属（假俭草属）Eremochloa Büse

（盛国英）

多年生细弱草本。秆直立，有时具匍匐茎。叶线形，扁平。总状花序单生秆顶，背腹扁；总状花序轴节间常棒状，迟落。无柄小穗扁平，不嵌入轴中，常覆瓦状排于总状花序轴一侧。第一颖平滑，两侧常具栉齿状刺；第二颖略舟形，3脉。第一小花两稃膜质；无雄蕊；第二小花两性或雌性，外稃膜质，全缘，无脉或中脉在上部无；内稃较窄。颖果长圆形。

约10种，分布于东南亚至大洋洲。我国4种。

1. 植株具长匍匐茎；第一颖先端两侧具宽翅，边缘具不明显短刺 ·············· 1. **假俭草 E. ophiuroides**
1. 植株无匍匐茎；第一颖先端两侧无翅或翅极窄，边缘具长刺。
　2. 第一颖先端尖，两侧无翅，背面通常密生柔毛 ·············· 2. **蜈蚣草 E. ciliaris**
　2. 第一颖先端钝或微尖，两侧具极窄翅，背面无毛 ·············· 3. **马陆草 E. zeylanica**

1. 假俭草　　　　　　　　　　　　　　　　　图 1622

Eremochloa ophiuroides (Munro) Hack. in DC. Monogr. Phan. 6: 261. 1889.

Ischaemum ophiuroides Munro in Proc. Amen. Acad. Arts. 4: 363. 1860.

匍匐茎粗壮。秆斜升，高约20厘米。叶鞘扁；叶线形，长3-8厘米，宽2-4毫米。总状花序顶生，扁，长4-6厘米，花序轴节间具柔毛。无柄小穗长圆形，长约3.5毫米。第一颖硬纸质，5-7脉，两侧下部有篦状短刺或几无刺，先端具宽翅；第二颖舟形，厚膜质，3脉。第一外稃膜质，近等长；第二小花两性，外稃先端钝；花药长约2毫米；柱头红棕色。有柄小穗退化或具小穗柄，披针形，长约3毫米，与总状花序轴贴生。花果期夏秋季。

产山东南部、河南、江苏、安徽、浙江、台湾、福建、江西、湖北、湖南、广东、香港、海南、广西、贵州、四川及云南，生于潮湿草地、河岸或路旁。中南半岛有分布。匍匐茎蔓生，可作饲料或铺建草坪及保土护堤；能吸收工业排放的二氧化硫，有良好的滞尘作用，宜作工厂区域的环境保护植物。

2. 蜈蚣草 百足草　　图 1623

Eremochloa ciliaris (Linn.) Merr. in Phillipp. Journ. Sci. Bot. 1. Suppl. 4: 331. 1906.

Nardus ciliaris Linn. Sp. Pl. 53. 1753.

秆密丛生，高 40-60 厘米。叶鞘扁；叶常直立，长 2-5 厘米，宽 2-3 毫米。总状花序单生，长 2-4 厘米，花序总梗及序轴节间被微柔毛。无柄小穗卵形；第一颖厚纸质，长约 3 毫米，先端突尖，无翅，两侧具多数长 2.5-3 毫米，近平展的刺；第二颖厚膜质，3 脉，脊下部有窄翅。第一小花雄性，外稃先端钝，内稃较窄；第二小花两性或雌性。颖果长圆形。有柄小穗退化，仅具长约 2 毫米小穗柄。花期夏秋季。

产台湾、福建、江西、广东、香港、海南、广西及云南，生于山坡或草丛中。印度、缅甸及中南半岛有分布。青鲜干草马、牛、羊都喜食，宜放牧，可作水土保持草种。

3. 马陆草　　图 1624

Eremochloa zeylanica Hack. ex Trin. in DC. Monogr. Phan. 6: 963. 1889.

秆丛生，高 20-40 厘米。叶鞘扁，具脊，密集秆基部，无毛，具膜质边，鞘口无毛，叶舌膜质，全缘，无毛；叶线形，多直立，长 2-7 (-15) 厘米，疏生柔毛。总状花序节间长约 2 毫米，基部有一圈柔毛。无柄小穗长卵形，长约 4 毫米；第一颖背面微凸，3-5 脉，先端尖而具窄翅，边缘有斜刺；第二颖舟形，具 2 脊。第一小花中性，仅具膜质内外稃；第二小花两性，稍短于第一小花。花果期夏秋季。

产湖北、广西、贵州、四川及云南，生于海拔 2100 米以下丘陵或

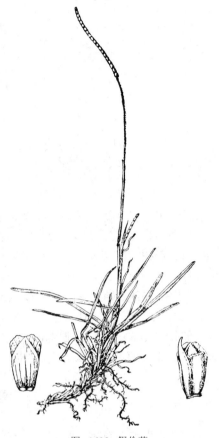

图 1622 假俭草
（引自《中国主要植物图说　禾本科》）

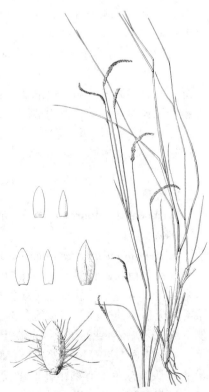

图 1623 蜈蚣草
（引自《中国主要植物图说　禾本科》）

路旁草丛中。中南半岛、印度及斯里兰卡等有分布。可作牧草。

228. 蛇尾草属 Ophiuros Gaertn. f.
（盛国英）

多年生草本。叶扁平。总状花序圆柱形，单生秆顶；有柄小穗退化，其柄与总状花序轴节间愈合；无柄小穗嵌入轴的凹穴中，在轴的两侧互生；生于轴同侧的无柄小穗均排在一条直线上。第一颖革质，长卵形，两侧对称，先端尖，基部平截，背面圆拱；第二颖纸质，舟形。第一小花常雄性；第二小花两性。

约4种，分布于亚洲、大洋洲和非洲热带地区。我国1种。

蛇尾草   图 1625

Ophiuros exaltatus (Linn.) Kuntze Rev. Gen. Pl. 2. 780. 1891.

Aegilops exaltata Linn. Mant. Pl. App. 2: 575. 1771.

秆坚硬，高1-2米，径4-6毫米，基部常具宿存叶鞘，无毛。叶线状披针形，长30-40厘米，基部圆或心形，边缘有疣基毛。总状花序多数，生于秆顶和上部叶鞘中，细长圆柱形，直立或微弯，长达12厘米，花序轴节间与无柄小穗长3-4毫米。无柄小穗卵状长圆形，嵌生于轴节间的凹穴中，在两侧互生，长约3毫米；第一颖质厚，背面有4行小窝点或无窝点；第二颖与第一颖等长，贴生凹穴中。第一小花内外稃均膜质，雄性；第二小花两性。花果期夏秋季。

产福建、广东、海南、广西及云南东南部，多生于山间草丛、山坡草地。印度及马来西亚有分布。

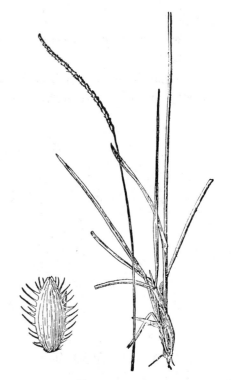

图 1624 马陆草
（引自《中国主要植物图说 禾本科》）

229. 假蛇尾草属 Heteropholis C. E. Hubb.
（金岳杏）

多年生或一年生草本。秆直立。叶线形。总状花序圆柱形，梗无毛，基部无关节，总状花序轴易逐节脱落；有柄小穗常退化，其柄与总状花序轴节间愈合成凹穴；无柄小穗单生，嵌入凹穴中，排于一侧，具2小花。第一小花仅具外稃，第二小花两性。第一颖背部微凸起，略不对称，质坚，5-11脉，脉间平滑或有纵列窝点；第二颖舟形，膜质，3-7脉；鳞被宽楔形或长圆状楔形，先端平截。雄蕊3，花药紫色；花柱分离。颖果卵状椭圆形，背部扁平，脐点状，位于近基部。

约4种，分布于热带亚洲和非洲。我国1种1变种。

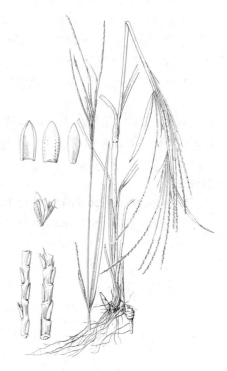

图 1625 蛇尾草 （吴锡麟绘）

假蛇尾草　　　　　　　　　　　　图 1626

Heteropholis cochinchinensis (Lour.) Clayton in Kew Bull. 1981: 816. 1981.

Phleum cochinchinensis Lour. Fl. Cochinch. 48. 1790.

多年生。秆高约70厘米，有分枝。叶鞘稍扁，无毛，叶舌不明显，具纤毛；叶线形，长约20厘米，宽1-3毫米，先端钝，无毛。总状花序圆柱形，长达10厘米，无毛；总状花序轴节间长约4毫米，无毛。无柄小穗卵状长圆形，长3-4毫米；第一颖稍偏斜，质硬，先端钝，不明显6脉，边缘内折；第二颖舟形，膜质，3脉。内、外稃均膜质，稍短于颖。

产台湾、福建、广东、香港、海南及广西，生于路边草丛。菲律宾、中南半岛及印度有分布。

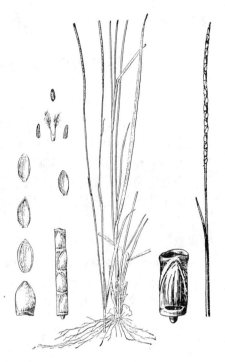

图 1626 假蛇尾草
（引自《中国主要植物图说　禾本科》）

230. 球穗草属 Hackelochloa Kuntze
（盛国英）

一年生草本。秆直立，分枝。叶线形或线状披针形。总状花序较短小，串珠形，顶生或腋生；小穗孪生，序轴易逐节脱落。无柄小穗球形，两性，第一颖革质，背面具蜂窝状浅穴，腹面具半圆形凹口；第二颖厚纸质，紧贴于序轴节间同嵌入第一颖腹面的凹口中。内、外稃均膜质，无脉。有柄小穗卵形，雄性或中性，颖厚纸质，雄蕊3。颖果宽椭圆形。

2 种，分布于热带地区。我国均产。

1. 无柄小穗长约1毫米，基部与花序轴连接处无穿孔；花序梗被毛 ·························· **球穗草 H. granularis**
1. 无柄小穗长约2毫米，基部与花序轴连接处有穿孔；花序梗无毛 ·················· （附）**穿孔球穗草 H. porifera**

球穗草　　　　　　　　　　　　图 1627：1-3

Hackelochloa granularis (Linn.) Kuntze Rev. Gen. Pl. 2: 776. 1891.

Cenchrus granularis Linn. Mant. Pl. App. 2: 575. 1771.

高0.2-1米，径2-3毫米，无毛或疏被疣基毛。叶鞘被疣基糙毛，边缘具纤毛；叶片线状披针形，长5-15厘米，宽约1厘米，两面被疣基毛。总状花序纤弱，下部常包于顶生叶鞘中，梗被毛；有柄小穗与无柄小穗交互排于序轴一侧成2行。无柄小穗半球形，径约1毫米，成熟后黄绿色；

图 1627：1-3.球穗草　4-5.穿孔球穗草
（肖　溶绘）

第一颖背面具方格状窝穴；第二颖厚膜质，3 脉，嵌入第一颖腹面凹槽并包序轴节间。第一小花仅具膜质外稃；第二小花两性，稃膜质。有柄小穗卵形，长 1.5-2 毫米，第一颖纸质，4 脉，背部扁平，两侧翅约等宽；第二颖舟形，5 脉，脊具翅。花果期夏季至秋冬。

产安徽南部、浙江、台湾、福建、江西、湖南、广东、香港、海南、广西、贵州、四川及云南，生于海拔 190-2000 米田边草丛和山坡空旷草地。全球热带有分布。秆叶柔软，为牛、羊喜食。

[附] **穿孔球穗草** 图 1627：4-5 **Hackelochloa porifera** (Hack.) Rhind, Grass. Burma 77. 1945. —— *Manisuris porifera* Hack. in Oster. Bot. Zeitschr. 41: 48. 1891. 本种与球穗草的主要区别：无柄小穗长约 2 毫米，基部与花序轴连接处有穿孔；花序梗无毛。产云南，多生于荒地草丛中。印度、缅甸及越南有分布。

231. 毛俭草属 Mnesithea Kunth
（盛国英）

多年生草本。秆直立，丛生。叶扁平。总状花序圆柱状，单生枝顶；序轴每节间凹穴中并生 3 小穗，逐节断落，节间顶端凹陷。无柄小穗 2，同形，两性，第一颖革质，斜卵形，一侧平直，边缘内折；第二颖膜质，舟形，第一小花常中性，仅具膜质外稃或具内稃；第二小花两性，内外稃膜质，雄蕊 3。有柄小穗仅具棒形小穗柄，位于无柄小穗间，小穗柄两侧平直，顶端钝圆。

约 8 种，分布于中国、印度、马来西亚和中南半岛。我国 1 种。

毛俭草 图 1628

Mnesithea mollicoma (Hance) A. Camus in Bull. Mus. Hist. (Paris) 25: 57. 1919.

Rottboellia mollicoma Hance in Journ. Bot. 9: 134. 1871.

秆高达 1.5 米，径达 5 毫米，全株被柔毛。秆基部叶鞘略扁；叶线状披针形，两面密被毛。总状花序圆柱形，单生秆顶，长 5-10 厘米，花序轴节间长约 3 毫米，顶端凹陷，基部周围生柔毛，外侧有数条纵纹延伸至节间 2/3 处，每节间凹穴中并生 2 个无柄、1 个有柄小穗。无柄小穗第一颖背面被长方格形凹穴和细毛，脊外侧有极窄翅；第二颖厚膜质，5 脉，先端具极窄翅。第一小花常退化，外稃膜质，3 脉，内稃短小；第二小花两性，内外稃等长；花药红棕色。有柄小穗仅具长约 0.5 毫米颖，小穗柄宽约 0.5 毫米，着生于 2 无柄小穗之间。花果期秋季。

产广东、香港、海南及广西，生于草地和灌丛中。中南半岛有分布。为牛采食的牧草。

图 1628 毛俭草
（引自《中国主要植物图说　禾本科》）

232. 多裔草属 Polytoca R. Br.
（傅晓平）

多年生或一年生草本。秆直立，具分枝。叶披针形或线状披针形。雄性小穗排成总状花序指状着生秆顶及腋生于上部叶腋内的总状花序之上部。雄小穗的颖纸质或膜质；雌小穗位于腋生总状花序下部或顶生总状花序中部；无柄小穗为雌性，另有一有柄小穗退化仅具一扁平披针形偏斜扭转之第一颖；雌小穗长圆形；第一颖革质，后变硬，其内折之边缘包序轴节间；雄穗序轴延续而整个脱落；雌穗序轴脆弱，逐节断落；序轴节间与小穗柄愈合，边缘具纤毛，雌性者顶端凹陷呈杯状，基部伸入雌小穗中空的基盘内。外稃膜质；雄蕊3；雌蕊具2褐色细长柱头。颖果扁，长圆形。种脐点状。染色体基数 x=10。

约9种，产热带非洲和大洋洲。我国2种。

多裔草   图 1629

Polytoca digitata (Linn. f.) Druce in Rep. Bot. Exch. Club Brit. Isles 4: 641. 1916.

Apluda digitata Linn. f. Suppl. Sp. Pl. 434. 1781.

多年生。秆少数，高达1.5米，径4-8毫米，6-10节，节密生髯毛。叶鞘无毛或疏生疣基硬毛，叶舌长2-5毫米，无毛，先端撕裂；叶线状披针形或线形，下部者长达80厘米，宽达2.5厘米，基部渐窄成柄状，上部者较短小而无柄，下面带白粉色，贴生柔毛或无毛，边缘锯齿状粗糙。总状花序2-4，长5-10厘米，指状排于主秆或分枝顶端，基部常为叶鞘所包；总状花序轴节间与小穗柄愈合，柄上端分离，均短于小穗。雌小穗长圆状披针形，长0.8-1.1厘米，第一颖革质，背部扁平，被短毛，下部内卷与序轴镶合，

上部边缘具宽翼，翼缘具纤毛；第二颖嵌生于第一颖内，长6-8毫米，先端长渐尖，中脉明显，无毛，边缘内卷。第一小花仅具外稃，似第二颖，7-9脉；第二外稃长圆状披针形，膜质，3脉，内稃稍短于外稃。颖果橙黄色，扁长圆形。种脐点状，紫褐色。雄穗部分有柄小穗退化，仅第一颖，长达1.5厘米。无柄雄小穗长圆状披针形，长约8毫米；第一颖草质，10脉，边缘内折，具宽翼。内、外稃薄膜质；

图 1629 多裔草
（引自《中国主要植物图说 禾本科》）

有柄雄小穗与无柄者相似，小穗柄上部与序轴节间分离。花果期7-9月。

产广东、海南、广西及云南，生于丘陵山坡草地。印度及马来西亚有分布。

233. 磨擦草属 Tripsacum Linn.
（傅晓平）

多年生高大丛生草本。叶长披针形。指状或圆锥花序具数枚总状花序，稀总状花序单生，顶生或腋生；小穗单性，雌雄同序，雌花序位于总状花序基部，轴逐节断落；雄花序长，成熟后整个脱落。雄小穗具2小花，孪生于各节，均雄花；雌小穗单生，嵌陷于肥厚序轴凹穴中；第一颖质硬，包小花。第一小花中性，第二小花雌性，孕性外稃薄膜质，无芒。染色体小型，x=10。

约5种，分布于南美与北美温暖地带，热带、亚热带引种或野化。我国引入栽培1种。

磨擦草   图 1630:5

Tripsacum laxum Nash in N. Amer. Fl. 17: 81. 1909.

秆高达3米，基部径达2.5厘米。叶鞘无毛，老后宿存；叶长披针形，长达1米，宽达9厘米。圆锥花序具数枚细弱总状花序，小穗单性，雌雄同序。雄小穗长约4毫米。雌小穗位于雄花序基部，嵌埋于肥厚序轴中。

原产西半球、墨西哥和南美洲。

台湾引种，适生于热带肥沃土壤。东半球热带、马来西亚、菲律宾等国引种栽培。高产优质饲料植物。

234. 类蜀黍属 Euchlaena Schrad.
（傅晓平）

一年生草本。秆高大，基部分枝，实心。叶鞘无毛，叶舌膜质；叶宽大，中脉粗，基部圆。小穗单性；雄花序为大型开展圆锥花序；雌花序为穗形总状花序，腋生于苞鞘内。雄小穗具 2 小花，1 有柄，1 无柄，成对着生于序轴一侧；颖草质，近等长。外稃薄膜质；鳞被 2，肉质。雌小穗单生于肥厚序轴，嵌陷于凹穴中；颖近革质而边缘质薄。外稃与内稃膜质；无鳞被；雄蕊退化；子房卵圆形，花柱 1，伸长而露出于鞘苞之外，柱头具短毛。颖果具大型胚。染色体基数 x=10。

2 种，分布于中美洲墨西哥。我国引入栽培 1 种。

类蜀黍　　　　　　　　　　图 1630:6

Euchlaena mexicana Schrad. Ind. Sem. Hort. Goettingen 1832.

秆多分蘖，高 2-3 米。叶舌平截，顶端具不规则齿裂；叶长约 50 厘米，宽达 8 厘米。花序单性；雌花序圆柱状，腋生，雌小穗长约 7.5 毫米，着生肥厚序轴凹穴内，全部为数枚苞鞘所包；雄花序组成顶生圆锥花序，雄小穗长约 8 毫米，孪生于序轴一侧。第一颖具 10 多条脉纹，先端尖；第二颖 5 脉；鳞被 2，先端平截有齿，具数脉。染色体 2n=20。花果期秋冬季。

原产墨西哥。台湾有引种栽培。草质优良，产量高，为牛喜食的饲草，热带地区种植，一年可割草 4-6 次。

235. 玉蜀黍属 Zea Linn.
（傅晓平）

一年生草本。秆粗壮，高 1-4 米，节多数，实心，近基部数节有一圈支柱根。叶鞘具横脉，叶舌膜质，长约 2 毫米；叶扁平宽大，线状披针形，基部圆呈耳状，无毛或具疣柔毛，中脉粗，边缘微粗糙。顶生雄性圆锥花序大型，主轴与总状花序轴及其腋间均被细柔毛；雄性小穗孪生，长达 1 厘米，小穗柄一长一短，分别长 1-2 毫米及 2-4 毫米，被细柔毛；两颖近等长，膜质，约 10 脉，被纤毛。外稃及内稃膜质，稍短于颖；雄蕊 3，花药橙黄色；长约 5 毫米。雌花序生于叶腋，被多数鞘状苞片所包；雌小穗孪生，成 16-30 纵行排列于粗壮序轴，两颖等大，宽大，无脉，具纤毛。外稃及内稃膜质，雌蕊具极长细弱线形花柱。颖果球形或扁球形，成熟后露出颖片和稃片之外，长 0.5-1 厘米，宽略过于长。胚长为颖果 1/2-2/3。染色体 2n=20，40，80。

单种属。

玉蜀黍　玉米　包谷　　　　图 1630:1-4

Zea mays Linn. Sp. Pl. 971. 1753.

形态特征同属。花果期秋季。

原产美洲。各地均有栽培。全世界热带和温带地区广泛种植，为重要谷物。

图 1630：1-4.玉蜀黍（张泰利绘）5.磨擦草 6.类蜀黍　（引自《台湾的禾草》）

236. 薏苡属 Coix Linn.
（傅晓平）

一年生或多年生草本。秆直立，常实心。叶扁平宽大。总状花序腋生成束，总梗较长；小穗单性，雌雄小穗位于同一花序之不同部位；雄小穗具2小花，2-3生于一节，一无柄，一或二枚有柄，排列于细弱而连续的总状花序上部而伸出念珠状总苞外；雌小穗常生于总状花序基部而被包于一骨质或近骨质念珠状总苞内，雌小穗2-3生于一节，常仅1枚发育。孕性小穗第一颖宽，下部膜质，上部质厚渐尖；第二颖与第一外稃较窄；第二外稃及内稃膜质；柱头细长，自总苞顶端伸出。颖果近圆球形。染色体小型，x=10。

约10种，分布于热带亚洲。我国5种及2变种。

1. 总苞珐琅质，坚硬，平滑有光泽；颖果不饱满，淀粉少。
　2. 多年生草本，野生；植株高0.5-1米，直立；叶无毛；雄小穗长约5毫米，总苞先端无喙，长约5毫米，宽3-4毫米 ·· 1. 小珠薏苡 C. puellarum
　2. 一年生草本，常栽培；植株高1-2米；总苞先端无喙。
　　3. 总苞卵圆形，长0.7-1厘米，宽6-8毫米，基端孔大 ·························· 3. 薏苡 C. lacryma-jobi
　　3. 总苞圆球形，径约1厘米 ······································· 3(附). 念珠薏苡 C. lacryma-jobi var. maxima
1. 总苞甲壳质，质较软薄，具纵长条纹，易破，灰白、暗褐或浅棕褐色；颖果饱满，淀粉丰富，长、宽厚3-8毫米；总苞椭圆形，长0.8-1厘米，宽约4毫米，先端具颈状喙，一侧具斜口，基部短收缩，基端小 ··· 2. 薏米 C. chinensis

1. 小珠薏苡　　　　　　　　　　图 1631：10

Coix puellarum Balansa in Journ. de Bot. 4: 77. 1890.

多年生草本。秆高0.5-1米。叶鞘短于节间，无毛，叶舌极短；叶长达30厘米以上，宽约3厘米，无毛，边缘微粗糙。总状花序簇生叶腋，长约2厘米，总梗长2-3厘米；总苞长约5毫米，宽3-4毫米，灰白色，坚硬。雌小穗与总苞近等长；颖纸质，渐尖，质较厚；雄性总状花序长约1厘米，小穗密集。无柄小穗长约5毫米，宽2-3毫米；第一颖两侧具翼。有柄小穗与无柄者相似。花果期秋冬季。

产云南西双版纳，生于海拔约1400米山谷较荫湿林地。亚洲东南部、中南半岛及印度尼西亚有分布。

2. 薏米　苡米　回回米　　　　图 1631：9

Coix chinensis Tod. Ind. Sem. Hort. Bot. Pan. Ann. 5. 1861.

一年生草本。秆高1-1.5米，6-10节，多分枝。叶宽大开展，无毛。总状花序腋生，雄花序位于花序上部，具5-6对雄小穗；雌小穗位于花序下部，为甲壳质总苞所包，总苞椭圆形，先端具颈状喙，具斜口，基部短收缩，长0.8-1.2厘米，宽4-7毫米，有纵纹，质较薄，易破裂，暗褐或浅棕色。颖果长圆形，长5-8毫米，宽4-6毫米，厚3-4毫米，腹面具沟，基部有棕色种脐，富具淀粉，白或黄白色。雄小穗长约9毫米，宽约5毫米。染色体2n=20。花果期7-12月。

东南部常见栽培或野化，在辽宁、河北、河南、陕西、江苏、安徽、浙江、台湾、福建、江西、湖北、广东、广西、四川及云南生于海拔2000米以下潮湿地和山谷溪沟。亚洲热带、亚热带有分布。颖果称苡仁，味甘淡微甜，营养丰富，具碳水化合物52%-80%，蛋白质13%-17%，脂肪4%-7%，油以不饱和脂肪酸为主，亚麻油酸占34%，并有薏仁酯；磨粉面食，为高级保健食品。苡仁入药，健脾、利尿、清热、镇咳，叶与根均可药用。秆叶为家畜优良饲料。

3. **薏苡** 菩提子　　　　　　　　图　1631：1-8 彩片101

Coix lacryma-jobi Linn. Sp. Pl. 972. 1753.

一年生草本。秆丛生，高1-2米，10多节，节多分枝。叶鞘无毛，叶舌长约1毫米；叶长10-40厘米，

宽1.5-3厘米，基部圆或近心形，无毛。总状花序腋生成束，长4-10厘米，具长梗；雌小穗位于花序下部，外包骨质念珠状总苞，总苞卵圆形，长0.7-1厘米，径6-8毫米，珐琅质。第一颖卵圆形，先端喙状，10余脉，包第二颖及第一外稃。第二外稃3脉，第二内稃较小。颖果小，具淀粉少，常不饱满。雄小穗2-3对，着生总状花序上部，

长1-2厘米；无柄雄小穗长6-7毫米，第一颖草质，边缘内折成脊，具不等宽翼，多脉，第二颖舟形。外稃与内稃膜质；第一及第二小花常具3雄蕊，花药桔黄色，长4-5毫米。染色体2n=10，20。花果期6-12月。

产吉林、辽宁、河北、山东、山西、河南、陕西、江苏、安徽、浙江、台湾、福建、江西、湖北、湖南、广东、香港、海南、广西、贵州、四川及云南，多生于海拔200-2000米湿润屋旁、池塘、河沟、山谷、溪涧或易受涝农田。野生或栽培。分布于亚洲东南部与太平洋岛屿。为念佛穿珠用的菩提珠子，总苞坚硬，美观，有白、灰、蓝紫等各色，基端孔大，易穿线成串，具工艺价值。

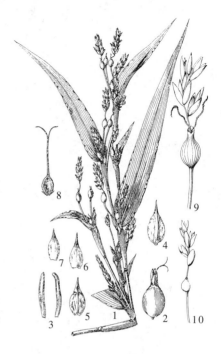

图 1631：1-8.薏苡　9.薏米　10.小珠薏苡
（引自《中国药用植物志》）

[附] **念珠薏苡 Coix lacryma-jobi** var. **maxima** Makino in Bot. Mag. Tokyo 20: 10. 1906. 与模式变种的主要区别：总苞大，圆球形，径约1厘米。产台湾，华东、华南有栽培。

本卷审校、图编、绘图、摄影及工作人员

审　校	林　祁	傅立国				

图　编　傅立国　林　祁（形态图）　林　祁　杨奠安（分布图）　郎楷永（彩片）

绘　图　（按绘图量排列）　冯晋庸　史渭清　蔡淑琴　孙英宝　仲世奇　李爱莉

陈宝联　肖　溶　陈荣道　刘　泗　王　颖　冀朝祯　张泰利　邓盈丰

宁汝莲　阎翠兰　杨　林　刘进军　张世经　刘　平　许梅娟　马炜梁

张迦德　王红兵　张荣生　吴彰桦　王伟民　李　楠　马　平　许基衍

王金凤　刘怡涛　范国才　傅远辉　黄应钦　吴锡麟　曾孝濂　赵南先

蒋杏墙　李锡畴　刘春荣　田　虹　王　勋　韦力生　张海燕　张宝联

陈荫香　余　峰　林万涛　俞义甫　贾小辉　路桂兰　杨锡麟

摄　影　（按彩片数量排列）　郎楷永　李泽贤　武全安　曾孝濂　韦毅刚　陈三阳

刘玉琇　崔　超　吴光弟　李　恒　李光照　李延辉　吕胜由　杨增宏

邬家林　李振宇　李渤生　陈家瑞　陈虎彪　喻勋林　谭策铭　熊济华

工作人员　李　燕　孙英宝　陈慧颖　姜会强　童怀燕

Contributors

(Names are listed in alphabetical order)

Revisers   Fu Likuo and Lin Qi

Graphic Editors   Fu Likuo, Lang Kaiyung, Lin Qi and Yang Dianan

Illustrations   Cai Shuqin, Chen Baolian, Chen Rongdao, Chen Shixiang, Deng Yingfen, Fan Guocai, Feng Jinyong, Fu Yuanhui, Huang Yingqin, Ji Chaozhen, Jia Xiaohui, Jiang Xingqiang, Li Aili, Li Nan, Li Xichou, Lin Wantao, Liu Chunrong, Liu Jinjun, Liu Ping, Liu Si, Liu Yitao, Lu Guilan, Ma Ping, Ma Weiliang, Ning Rulian, Shi Weiqin, Sun Yingbao, Tian Hong, Wan Jinfeng, Wang Hongbing, Wang Weimin, Wang Xun,Wang Ying, Wei Lisheng, Wu Zhanghua,Wu Xilin, Xiao Rong, Xu Jiyan, Xu Meijuan, Yan Cuilan, Yang Lin, Yang Xilin, Yu Feng, Yu Yifu, Zeng Xiaolian, Zhang Baolian, Zhang Haiyang, Zhang Jiade, Zhang Rongsheng, Zhang Shijing, Zhang Taili, Zhao Nanxian and Zhong Shiqi

Photographs   Chen Hubiao, Chen Jiarui, Chen Sanyang, Cui Chao, Lang Kaiyung, Li Bosheng, Li Guangzhao, Li Heng, Li Yanhui, Li Zexian, Li Zhenyu, Liu Yuxiu, Lǚ Shengyou, Tan Ceming, Wei Yigang, Wu Guangdi, Wu Jialin, Wu Quanan, Xiong Jihua, Yang Zenghong, Yu Xunlin and Zeng Xiaolian

Clerical Assistance   Chen Huiying, Jiang Huiqiang, Li Yan, Sun Yingbao and Tong Huaiyan

彩片 1　野慈姑　*Sagittaria trifolia*（吕胜由）

彩片 2　东方泽泻　*Alisma orientale*（武全安）

彩片 3　龙舌草　*Ottelia alismoides*（李泽贤）

彩片 4　海菜花　*Ottelia acuminata*（武全安　李光照）

彩片 5　水鳖　*Hydrocharis dubia*（喻勋林）

彩片 6　水麦冬　*Triglochin palustre*（郎楷永）

彩片 7　海韭菜　*Triglochin maritimum*（郎楷永）

彩片 8　喜荫草　*Sciaphila tenella*（崔　超）

彩片 9　江边刺葵　*Phoenix roebelenii*（陈三阳）

彩片 12　龙棕　*Trachycarpus nana*（杨增宏）

彩片 10　刺葵　*Phoenix hanceana*（李泽贤）

彩片 11　棕榈　*Trachycarpus fortunei*（武全安）

彩片 13　石山棕　*Guihaia argyrata*（韦毅刚）

彩片 14　棕竹　*Rhapis excelsa*（刘玉琇）

彩片 15　蒲葵　*Livistona chinensis*（郎楷永）

彩片 16　黄藤　*Daemonorops margaritae*（陈三阳）

彩片 17　勐捧省藤　*Calamus viminalis* var. *fasciculatus*
（陈三阳）

彩片 18　杖藤　*Calamus rhabdocladus*（李泽贤）

彩片 19　白藤　*Calamus tetradactylus*（李泽贤）

彩片 20　桄榔　*Arenga westerhoutii*（李延辉）

彩片 21　山棕　*Arenga engleri*（陈三阳）

彩片 22　单穗鱼尾葵　*Catyota monostachya*（陈三阳）

彩片 23　鱼尾葵　*Catyota ochlandta*（李泽贤）

彩片 24　董棕　*Catyota urens*（杨增宏）

彩片 25　大董棕　*Catyota no*（陈三阳）

彩片 26　散尾葵　*Dypsis lutescens*（崔　超）

彩片 28　假槟榔　*Archontophoenix alexandrae*（郎楷永）

彩片 27　王棕　*Roystonea regia*（郎楷永）

彩片 29　槟榔　*Areca catechu*（刘玉琇）

彩片 30　三药槟榔　*Areca triandra*（崔　超）

彩片 31　椰子　*Cocos nucifera*（刘玉琇）

彩片 32　金山葵　*Syagrus romanzoffiana*（郎楷永）

彩片 33　露兜树　*Pandanus tectorius*（吕胜由）

彩片 34　小露兜　*Pandanus gressittii*（李泽贤）

彩片 35　菖蒲　*Acorus calamus*（刘玉琇）

彩片 36　石菖蒲　*Acorus tatarinowii*（李泽贤）

彩片 37　金钱蒲　*Acorus gramineus*（邬家林）

彩片 38　百足藤　*Pothos repens*（李泽贤）

彩片 39　爬树龙　*Rhaphidophora decursiva*（韦毅刚）

彩片 40　龟背竹　*Monstera deliciosa*（郎楷永）

彩片 41　刺芋　*Lasia spinosa*（郎楷永）

彩片 42　马蹄莲　*Zantedeschia aethiopica*（武全安）

彩片 43　落檐　*Schismatoglottis hainanensis*（李泽贤）

彩片 44　广东万年青　*Aglaonema modestum*（曾孝廉）

彩片 45　曲苞岩芋　*Remusatia pumila*（曾孝廉）

彩片 47　野芋　*Colocasia esculenta* var. *antiquorum*
（邬家林）

彩片 46　大野芋　*Colocasia gigantea*（武全安）

彩片 48　尖尾芋　*Alocasia cucullata*（韦毅刚）

彩片 49　海芋　*Alocasia odora*（郎楷永）

彩片 50 磨芋 *Amorphophallus konjac*（武全安）

彩片 51 东亚磨芋 *Amorphophallus kiusianus*
（曾孝廉）

彩片 52 白磨芋 *Amorphophallus albus*（曾孝廉）

彩片 53 南蛇棒 *Amorphophallus dunnii*
（韦毅刚）

彩片 54 疣柄磨芋 *Amorphophallus paeoniifolius*
（曾孝廉）

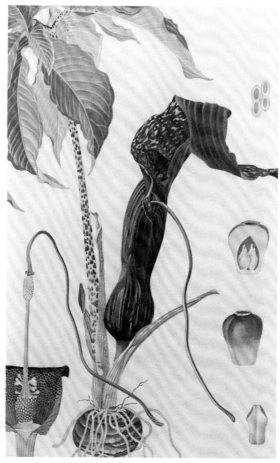

彩片 58 斑龙芋 *Sauromatum venosum*（曾孝廉）

彩片 55 独角莲 *Typhonium giganteum*（陈虎彪）

彩片 56 鞭檐犁头尖 *Typhonium flagelliforme*（李泽贤）

彩片 57 犁头尖 *Typhonium blumei*（李泽贤）

彩片 59　银南星　*Arisaema bathycoleum*（武全安）

彩片 60　山珠南星　*Arisaema yunnanense*（曾孝廉）

彩片 61　白苞南星　*Arisaema candidissimum*（曾孝廉）

彩片 62　象头花　*Arisaema franchetianum*（武全安）

彩片 63　网檐南星　*Arisaema utile*（郎楷永）

彩片 64　高原南星　*Arisaema intermedium*（郎楷永）

彩片 65　疣序南星　*Arisaema handelii*（李 恒）

彩片 66　川中南星　*Arisaema wilsonii*（郎楷永）

彩片 67　象南星　*Arisaema elephas*（郎楷永）

彩片 69　花南星　*Arisaema lobatum*（吴光第）

彩片 68　粗序南星　*Arisaema dilatatum*（郎楷永）

彩片 70　曲序南星　*Arisaema tortuosum*（郎楷永）

彩片 71　天南星　*Arisaema heterophyllum*（熊济华）

彩片 72　长耳南星　*Arisaema auriculatum*（吴光第）

彩片 74　灯台莲　*Arisaema bockii*（吴光第）

彩片 73　黄苞南星　*Arisaema flavum*（郎楷永）

彩片 75　云台南星　*Arisaema du-bois-reymondiae*
（谭策铭）

彩片 76 湘南星 *Arisaema hunanense*（韦毅刚）

彩片 78 刺棒南星 *Arisaema echinatum*（李 恒）

彩片 77 一把伞南星 *Arisaema erubescens*（郎楷永）

彩片 79 半夏 *Pinellia ternate*（刘玉琇）

彩片 80　隐棒花　*Crytocoryne sinensis*（李延辉）

彩片 81　大藻　*Pistia stratiotes*（李振宇）

彩片 82　竹叶子　*Streptolirion volubile*（崔　超）

彩片 83　竹叶吉祥草　*Spatholirion longifolium*（韦毅刚）

彩片 84　穿鞘花　*Amischotolype hispida*（李泽贤）

彩片 85　聚花草　*Floscopa scandens*（李泽贤）

彩片 86　水竹叶　*Murdannia triquetra*（韦毅刚）

彩片 87　杜若　*Pollia japonica*（崔超）

彩片 88　大杜若　*Pollia hasskarlii*（李渤生）

彩片 89　川杜若　*Pollia miranda*（吴光第）

彩片 90　密花杜若　*Pollia thyrsiflora*（李泽贤）

彩片 91　长花枝杜若　*Pollia secundiflora*（陈家瑞）

彩片 92　鸭跖草　*Commelina communis*（刘玉琇）

彩片 93　节节草　*Commelina diffusa*（韦毅刚）

彩片 94　饭包草　*Commelina bengalensis*（郎楷永）

彩片 95　须叶藤　*Flagellaria indica*（李泽贤）

彩片 96　羽状穗砖子苗　*Mariscus javanicus*（李泽贤）

彩片 97　浆果薹草　*Carex baccans*（郎楷永）

彩片 98　黄金间碧玉　*Bambusa vulgaris* cv. 'Vittata'
（武全安）

彩片 99　佛肚竹　*Bambusa ventricosa*
（李光照）

彩片 100　梁　*Setaris italica*
（郎楷永）

彩片 101　薏苡　*Coix lacryma-jobi*
（郎楷永）